赵维良　谢　恬　主编

# 植物化学成分汉英名称集

科学出版社
北京

# 内 容 简 介

《植物化学成分汉英名称集》共收载化学成分名称汉英词条 60 000 余条。内容主要为植物化学成分名称，也酌情收载有机化学、分析化学、生物化学（含动物和真菌化学成分）、无机化学和化学对照品等名称。其中约 2000 英文词条以往无中文名称，系本书第一次翻译得中文名称，对这些成分英文名称进行拆分分析，结合参考文献，得到第一次提取该成分的原植物拉丁学名，再根据拉丁学名的中文名称，参照化学成分大类的词尾翻译而得；对个别无法得到原植物拉丁学名的，则用意译或音译方法得中文名称。另对有混淆的中文名称和英文名称进行规范的整理归纳，消除了中文名称相同而成分不同的现象；对同一成分的不同名称则予归纳至同一词条中。

本书可作为植物化学、有机化学、分析化学、药物化学、生物化学、中药鉴定分析等领域从事研究、教育、生产和检验等有关专业人员参考阅读的工具书。

**Brief Introduction**

The book "Collection of Chinese-English Names of Plant Chemical Constituents" consists of a total of more than 60 000 name entries of chemical constituents in Chinese and English. Its content is mainly the names of chemical constituents of plants, and other chemical material names of organic chemistry, analytical chemistry, biochemistry (including chemical components of animals and fungi), and inorganic chemistry as appropriate, and chemical reference substances are also included. Among them, about 2000 English entries did not have Chinese names previously, and they were translated to Chinese here for the first time. Together with references, the English names were analyzed and their Latin scientific names of the plant origin where the components were extracted initially were obtained. Finally, the translation was completed based on the suffixes of the component categories. For those plants having unavailable Latin scientific names, their Chinese names were obtained by free translation or transliteration. For the phenomena of names confusion, this book standardized the rules for translation and eliminated the discrepancy between the Chinese name and components. Different names of the same component in previous version are now summarized into the same entries.

This is a suitable reference book for relevant personnel engaged in research, education, production and inspection in the fields of phytochemistry, organic chemistry, analytical chemistry, medicinal chemistry, biochemistry, identification and analysis of Traditional Chinese Medicine, etc.


**图书在版编目（CIP）数据**

植物化学成分汉英名称集：全 2 册：汉英对照 / 赵维良，谢恬主编 . —北京：科学出版社，2023.8

ISBN 978-7-03-076045-6

Ⅰ. ①植… Ⅱ. ①赵… ②谢… Ⅲ. ①植物－化学成分－名词术语－汉、英 Ⅳ. ① Q946.91-61

中国国家版本馆 CIP 数据核字（2023）第 142240 号

责任编辑：刘 亚 / 责任校对：刘 芳
责任印制：肖 兴 / 封面设计：黄华斌

科 学 出 版 社 出版

北京东黄城根北街 16 号
邮政编码：100717
http://www.sciencep.com

北京汇瑞嘉合文化发展有限公司 印刷

科学出版社发行 各地新华书店经销

*

2023 年 8 月第 一 版 开本：889 × 1194 1/16
2023 年 8 月第一次印刷 印张：108
字数：2 830 000

**定价：888.00 元**

（如有印装质量问题，我社负责调换）

# 主编简介

**赵维良**（1959—），籍贯浙江诸暨，1979—1986年就读并毕业于浙江医科大学药学系（现浙江大学药学院），获学士和硕士学位。历任浙江省药品检验所、浙江省食品药品检验所副所长、浙江省食品药品检验研究院副院长，主任中药师（二级）；杭州师范大学讲座教授。国家药典委员会第八至第十二届委员、国家药品审评专家库专家、国家保健食品审评专家、国家药品监督管理局中成药质量控制与评价研究重点实验室（浙江）第一任主任，《中草药》、《中国现代应用药学》和《中国药业》杂志编委。主持及参与完成科技部、国家药监局、国家药典委和香港卫生署等部门科研课题 20 余项，获浙江省科学技术进步奖二等奖（2 项，排名均第一）、教育部高等学校科学研究优秀成果奖（科学技术进步奖）一等奖（1 项排名第三）等奖项。发表学术论文 80 余篇。主持或参与起草修订国家和浙江省中药质量标准 80 余项。获授权国家发明专利和实用新型专利 5 项。主编《中国法定药用植物》《药材标准植物基源集》《法定药用植物志》（华东篇第一册至第六册）《植物化学成分名称汉英对照》和《植物化学成分汉英名称集》等著作，作为副主任委员组织和参与编写《浙江省中药炮制规范》（2005 年版、2015 年版）及《浙江省医疗机构制剂规范》（2005 年版），参与编写《中药志》、《现代实用本草》、《中华人民共和国药典》（2005 年版、2010 年版、2015 年版、2020 年版）及《中华人民共和国药典一部注释》等 10 余部中药著作及标准。

**谢　恬**（1962—），籍贯浙江金华，毕业于成都中医药大学中药学专业，1990 年获医学博士学位。现任中国医学科学院学部委员、杭州师范大学药学院院长、整合肿瘤学研究院院长、浙江省榄香烯类抗癌中药研究重点实验室主任、浙江省中药资源开发与利用工程研究中心主任、浙江省药学和中药学教学指导委员会副主任委员，教授（二级）。国务院政府特殊津贴专家、岐黄学者、浙江省特级专家，国家一流药学专业建设点负责人、国家重点学科“治未病与健康管理”带头人。中国中西医结合学会常务理事及中药学专委会副主任、中国抗癌协会中西医整合肿瘤专业委员会创始主任委员和中国抗癌协会中西医整合控瘤新药研究专委会主任委员等。主持国家自然科学基金重点项目、国家重大新药创制科技专项等国家级和省市级科研项目 20 余项，以第一完成人获国家科技进步二等奖 2 项、教育部高校优秀科研成果一等奖 3 项、中国发明专利金奖 2 项，还荣获吴阶平医药创新奖、何梁何利科技创新奖和中国药学发展奖创新药物突出成就奖等。在 *PNAS*、*SciTranslMed* 和 *NatCommun* 等发表论文 160 余篇。授权国内外发明专利 50余项。主编《榄香烯脂质体抗肿瘤基础与临床研究——分子配伍研发抗癌新药理论与实践》、《医林翰墨》《临床药理学》、*Elemene Antitumor drugs* 和《植物化学成分汉英名称集》等著作，主审《类药性：概念、结构设计与方法》《药物研发基本原理》《成功药物研发》《早期药物开发：将候选药物推向临床》及《图解药理学》等译著，作为副主编组织编写《系统中药学》《法定药用植物志》（华东篇第五册、第六册）《植物化学成分名称英汉对照 》等 20 余部著作、教材和译著。

# 编 委 会

# 序　一

植物及其他天然产物中所含的化学成分犹如一座座巨大的矿藏，对医药学、工业、农业和其他各个方面起着极其重要的作用，尤其是屠呦呦因青蒿素而获诺贝尔生理学或医学奖后，其日益受到世界范围学者的重视。植物化学成分的总数达 20 余万种，但因美国 SciFinder 网页和植物化学的研究论文多为英文，故其大部分名称亦为英文，仅有少部分的植物化学成分有中文名称，与此相关的著作亦较少，收载植物化学成分名称在 10 000 条目以上者，仅有《中药原植物化学成分手册》（2004 年）、《中华本草》（十）（1999 年）和《中英中草药化学成分词汇》（2006 年），收载条目达 50 000 以上的著作则更少，仅有《植物化学成分名称英汉对照》和《中国药用植物志》第十三卷·中国药用植物志词汇（上册）。但其收载的化学成分名称尚需进一步的归纳整理，数量上也有待于进一步提升。

该书编者在上述著作的基础上，查阅了数量巨大的植物化学研究文献，经过长期的不懈努力，积累了大量的植物化学成分名称的中英文资料，还对部分仅有英文名称的成分根据首次发表的文献的基原，做了合乎科学的翻译，如成分 corniculatin A，系首次从酢浆草科植物酢浆草 *Oxalis corniculata* Linn. 中分离得到的黄酮类成分，故将其中文名翻译为酢浆草素 A，既表明成分所来源的基原植物，其词干 corniculat- 也对应于酢浆草拉丁学名的种加词 corniculata，词尾 -（t）in 在植物化学成分中含“素”之义。另外对一种成分具有多个中文名或一个成分的中文名与其他成分的名称重复的问题，则通过反复查询各种资料，结合基原植物的拉丁学名、化学成分的命名原则和 SciFinder 网页中的副名，再进行系统的归纳整理，结果得到植物化学成分名称汉英对照 60 000 余词条，编著成《植物化学成分汉英名称集》一书。

该书凝集了编者们大量的精力和时间，积累的植物化学成分词条数量庞大，归纳整理和翻译工作科学规范，为植物化学成分名称的规范作出了重要的贡献，在药学和化学等相关领域具有较高的参考价值，故乐之为序！

中国科学院院士
上海中医药大学原校长　陳凱先
中国科学院上海药物研究院

2023 年 5 月

# 序　二

随着科学技术的飞速发展，人们对植物化学成分的分离鉴定能力日益增强，化学数据库中成分也变得种类繁多，数量庞大，目前成分总数已达20余万种，且仍在持续快速增长。植物成分的化学名称虽有比较规范的命名原则，但大部分有机化合物结构复杂，实际使用中需要以通用名来表达，而通用名的命名仍缺少规范的命名原则，故不同的化学文献和著作常对同一成分使用不同的名称，有时又见不同的成分采用相同的名称，以此造成了名称的混淆。此外新的化学成分常以外文发表，故缺少中文名称，以至于不少中文的化学文献，对于某一化学成分，因无法找到中文名称，只能以英文表示，且随着新成分的日益增加，植物成分仅有英文名称，而无中文名称的情况越来越多。故植物成分名称的中文通用名的翻译和著作的编写及数据库的研究显得十分必要。

赵维良主任中药师和谢恬教授团队成员在日常工作的基础上，查阅了数以万计的植物化学研究文献，参考了大量已出版的有关植物化学汉英名称相关的书籍和未出版或发表的参考资料，经过数年的辛勤努力，收集、整理、归纳和翻译了6万余条化学成分名称的汉英词条，所代表的化学成分总数达8万左右。对于文献中无中文名称的词条，根据该成分名称命名时所依据的植物拉丁学名，对词根和词尾进行拆分分析，作出贴切的翻译，如无法确定命名时依据的植物拉丁学名，则根据词根和词尾的词意进行意译，无法确定词意的，则进行音译。另对一种成分具多个名称的，首先根据成分的结构，确证这些名称为相同的成分，而后根据使用的频率或外文的词意，确定一个名称作为正名，其余的作为副名。对于不同成分间中英文名称交叉的，查阅原始的化学成分结构鉴定的文献和美国SciFinder网页，预予归纳整理及订正，最大程度地避免了成分中英文“同名异物”和“同物异名”的混淆。

《植物化学成分汉英名称集》一书中，收集的植物化学成分词条数量比以往同类书籍有较大幅度的增加，归纳、整理和翻译工作科学精准。本书的出版，对于植物化学成分名称的规范具有重要意义，也给植物化学和中药等相关领域工作者的使用和查阅带来极大的方便，故乐之为序！

中国科学院院士
中国科学院昆明植物研究所研究员　孙汉董

2023年5月

# 前　言

## ——植物化学成分通用名命名概述

植物化学成分多因结构复杂而造成化学名冗长繁复，实际使用时，常需用简洁明了的通用名来表达。植物成分的化学名有比较明确而规范的命名原则，而通用名尚无命名原则，尤其是中文通用名，在不同的论文或著作中，常出现不同的成分采用相同的名称，或同一成分采用不同的名称，以此造成了名称和化学成分的混淆。

本书根据已经命名的植物化学成分通用名，结合与植物化学成分通用名命名相关的植物拉丁学名及其异名的情况，总结了基本的命名类型。植物化学成分的英文通用名称，一般与植物拉丁学名的属名、种加词、亚种加词（变种加词或变形加词）相关，一般与定名人无关，而拉丁学名有正名和异名之分。由于植物分类观点不同，一部著作（或一个国家）习惯使用的正名，在另一部著作（或另一个国家）中却作为异名，反之亦然。因命名者在命名植物化学成分通用名时，认为其依据的拉丁学名系正名，但在另一位植物分类学者的观点中可能是异名，故正名和异名是相对的。本文中所指的拉丁学名，均包含了正名和异名。中文通用名一般根据英文通用名翻译而得。

第一种较常见的通用名命名方法是以该成分第一次分离得到的植物的拉丁学名的完整属名或属名的前几个字母为词根（通常取一个完整的音节，下同）加化学成分种类的词尾组成，而中文翻译一般由属名或种名加成分类型组成。如 echinops base 系从蓝刺头属植物中分离而得，echinops 则来源于该属的拉丁学名 *Echinops* Linn.，中文翻译为蓝刺头属碱；同类的名称有 erythrina base 刺桐属碱、artemisia alcohol 蒿属醇（牡蒿醇）等；又如 cynaratriol 和 cynarolide，均由植物菜蓟的拉丁学名 *Cynara scolymus* Linn. 的属名 cynara（或去 a），分别加词尾 -triol 及 -olide 组成，中文则分别译为菜蓟三醇和菜蓟内酯；aesculusosides A ～ F 七叶树皂苷 A ～ F，系从植物七叶树 *Aesculus chinensis* Bunge. 分离而得，命名的情况相同。

这种命名方法仅适合于某一属植物第一、二次分离得到成分的命名，后续分离得到的成分如再按此方法命名，则易产生名称的混淆。

第二种较常见的命名方法为以该成分第一次分离得到的植物拉丁学名的完整种加词或种加词的前几个字母为词根（偶尔也取种加词的后面完整音节的字母为词根），加化学成分种类的词尾组成，中文翻译则由种名加成分类型组成，也有音译者。如 caeruleosides A ～ C 系从植物蓝果忍冬 *Lonicera caerulea* Linn. 中分离而得，系把种加词 caerulea 去 a，加 -oside 组成，中文名译为蓝果忍冬苷 A ～ C；如 contorine 由植物苍山乌头 *Aconitum contortum* Finet et Gagnep 的种加词 contortum 的前二个音节，加词尾 -ine 组成，中文则译为苍山乌头碱（苍山乌头灵）。

该方法仅适合于某一种植物第一、二次分离得到成分的命名，后续分离得到的成分如再按此方法命名，则易产生名称的混淆。且植物的种加词仅在同属内才具唯一性，属外可能存在相同的种加词，故该方法具有一定的局限性。

第三种比较科学的命名方法，为以第一次分离得到的植物拉丁学名的属名和种加词的前几个字母的组合为词根，加化学成分种类的词尾组成，中文翻译也由种名加成分类型组成。如 jasmesoside 和 jasmesosidic acid，分别由植物野迎春的拉丁学名 *Jasminum mesnyi* Hance 的属名和种加词的前三个字母之组合，加词尾 -oside 和 -dic acid 组成，中文分别译为野迎春苷和野迎春酸；又如 plantamajoside 由植物大车前的拉丁学名 *Plantago major* Linn. 的属名 Plantago 和种加词 major 的前二音节所组成，加词尾 -side 组成，中文译为大车前苷。

偶尔也有属名加种加词中间字母的完整音节为词根组成的，如 cleomiscosins A ～ E 由植物黄花草（黄花菜、臭矢菜）的拉丁学名 *Cleome viscosa* Linn. 的属名去 e，加种加词去 v 和 a 后之组合，再加词尾 -in 组成，中文译为黄花草素（臭矢菜素、黄花菜木脂素）A ～ E；erythristemine 由植物黑刺桐的拉丁学名 *Erythrina lysistemon* Hutch. 的属名之前三音节，加种加词 lysistemon 的中间音节，再加词尾 -ine 组成，中文译为黑刺桐碱。

该方法的命名相对不容易产生成分名称之间的混淆，因属名和种加词的组合具有唯一性，这是一种值得推荐的命名方法。

第四种是以第一次分离得到的植物拉丁学名的亚种加词、变种加词或变型加词的前几个字母为词根，加化学成分种类的词尾组成，中文翻译由亚种、变种或变型名称，加成分类型组成。如 hypoglaucins A ～ G，系由粉背薯蓣 *Dioscorea collettii* Hook. f. var. *hypoglauca*（Palibin）Pei et C.T.Ting 的变种加词 hypoglauca 的前三个音节加词尾 -in 组成，中文译为粉背薯蓣苷（粉背皂苷）A ～ G；又如 articulatin 由植物问荆的拉丁异名 *Equisetum arvense* Linn. f. *arcticum*（Ruprecht）M. Broun 的变形加词 arcticum 的前 3 个音节，加词尾 -latin 组成，中文译为问荆色苷。

该方法对于植物的亚种、变种或变型中的成分的命名是合适的，如果以上述第三和第四种命名方法相结合，则名称的专属性更强。当然由于分类观点的不同，一部分类著作中的亚种、变种或变型，在另一部分类著作中可能分别作为原亚种、原变种或原变型处理，但这基本不影响其所含化学成分的命名。

上述方法系最常见的命名类型，除此之外，尚有很多其他命名方法，如以第一次分离得到的植物或药材的中文、英文、德文、法文和日文等拉丁文以外的植物名或发音的拼音字母为词根，加化学成分种类的词尾组成；以通用名和化学名的组合方式命名，在母核已有通用名、其余结构也不复杂的情况下常采用这一方式，通常在原已命名成分的母核的基础上，加基团或前后缀等组成；同类型的系列成分，在一种组成的成分名称后加英文字母 A ～ Z、罗马数字 Ⅰ ～ Ⅹ 或阿拉伯数字等表示，如系列成分较多，或成分结构非常相似时，可在字母或罗马数字右侧以数字用下标表示；同类系列成分，还有在化学成分种类的词根和某一词尾之间通过字母的变化，命名不同的成分；根据第一次分离得到的植物拉丁学名结合活性或治疗作用命名；根据第一次分离得到的植物拉丁学名属名前若干字母，加该植物的英文名称，再加化学成分种类的词尾组成；对于苷元，常把苷的名称去词尾，再加 -genin，或苷的名称，直接加词尾作为苷元的名称；从植物和其内生菌的结合体中分离的成分，常结合植物和其内生菌的拉丁学名共同命名。

因植物化学成分通用名的命名尚无规范的命名原则，故可能尚有其他的命名方式。上述第四类以后的命名方法中，同类型的系列成分，采用字母变化或下标标注数字的方法是可行的；上述内生菌中分离成分的命名也是比较科学的。采用这些建议的方法命名，可有效避免化学成分名称之间的混淆。建议有关的国际组织能够起草颁布规范的化学成分通用名命名原则，使该项命名早日走上正轨。

# 编写说明

## 一、收载原则

1. 本书主要收载 SciFinder 已收载的化学成分名称汉英对照词条，共计 60 000 余条，以植物化学成分名称为主，也酌情收载有机化学、分析化学、生物化学（含动物和真菌化学成分）、无机化学领域和化学对照品等相关成分的名称。本书收载的化学成分名称以通用名称为主，也酌情收载一些尚无通用名称的化学名称，但大于 5 个单元组成的化学名称一般不予收载。

2. SciFinder 未收载的英文名称，如文献著作有报道或使用，或作为系统名习惯使用，或有该成分的结构研究，且名称不与其他词条相混淆的名称，本书仍予收载；SciFinder 未收载、文献著作中也有使用，但应用不普遍的英文名称，不作正名，仅仅作为副名收载。

3. SciFinder 未收载且属不规范用法的英文名称，本书不予收载。

## 二、排列次序

1. 全书为汉英对照，按词条汉语拼音排序，多音字以植物学或中药学名称中的发音为准。

2. 位于词首的表示位置、构型等其后带短杠的符号、阿拉伯数字、阿拉伯数字与希文字母或与英文字母的组合、英文字母及英文缩写、希文字母等，均不计入排序内容，如：（ ），（–）-，（+）-，（±）-，1-，2-，3-，4-，1′-，2′-，3′-，4′-，1α-，2β-，3β-，4α-，（2*R*，3*S*），*d*-，*l*-，*dl*-，*D*-，*L*-，*DL*-，*N*-，*S*-，*O*-，（*Z*）-，（*E*）-，（*R*）-，（*S*）-，*m*-，*o*-，*p*-，anti-，*cis*-，*ent*-，*eso*-，*sec*-，*sym*-，*syn*-，*threo*-，*trans*-，tri-，α-，β-，γ-，δ-，ε-，ζ-，τ-，ψ-，ω- 等；但位于词中的上述内容，均计入排序内容，不同类型的排序按上述次序，同一类型，按其常规次序排列，数字按第一位数字由小到大排列。

## 三、正名和副名

1. 一个中文名词有正名和副名者，正名置前，副名加括号置正名后。为便于查阅，如一个化学成分的两个或以上中文名称使用频率相似，则均作为正名词条收载，如表山道楝酸（表卡托酸）3-epikatonic acid，表卡托酸（表山道楝酸）3-epikatonic acid；翅果草碱（凌德草碱）rinderine，凌德草碱（翅果草碱）rinderine 等。

2. 某些化学成分的中文名称虽有正名和副名，但以该成分作为母核出现在其他词条时，其中文名称尊重原文，不强求统一使用本书的正名，如欧洲赤松烯（依兰油烯、木罗烯）muurolene，在其他词条中可能出现其中文正名或副名，如 β- 衣兰油烯、1，10- 开环 -4ζ- 羟基衣兰油烯 -1，10- 二酮等。

## 四、省略形式

1. 英文的烯基、炔基等基团位于词条中间时，均省略“e”，分别用“-en-”、“yn-”表示，位于结尾位置时，不省略“e”，分别用“-ene”、“-yne”表示。

2. 系列成分主词后的字母、阿拉伯数字或罗马数字，仅标示首尾二个，中间用连字符，省略首尾之间的字母或数字。

## 五、其他

1. 英文苷类成分在每个糖（链）的结尾，均用“苷 -side”表示，故“苷 -side”的出现频率与糖（链）数相同，如槲皮素 -3-*O*- 葡萄糖苷 -3′-*O*- 二葡萄糖苷 quercetin-3-*O*-glucoside-3′-*O*-diglucoside，说明该成分苷元的两个位置与糖连接。

2. 对某些基团的中文名称不强调完全统一，基本遵照原文的用法，如 acetyl，根据原文译作“乙酰基”或“乙酰”，如 D-acetyl ephalotaxine 译作 D- 乙酰基三尖杉碱，deacetyl vindorosine 译作去乙酰文朵尼定碱等；hydroxy 译作“羟基”或“羟”，如 D-dihydroxytropane 译作 D- 二羟基托品烷，dehydroxythalifaroline 译作去羟大叶唐松草灵碱等。

3. 化学名称中有不同类型括号时，先小括号，再中括号，后大括号，但名称中的螺、桥和并环等结构，则按化学命名规定使用中括号。

4. -lactone 和 -olide 均译为“内酯”，“交酯”统一为“内酯”；“xanthone”除母核标注副名“呫吨酮”外，其余统一译为“屾酮”，同理，“xanthene”除母核标注副名“呫吨”外，其余统一译为“屾烯”。

# 参考书籍

赵维良 . 2018. 法定药用植物志・华东篇（第一册）. 北京：科学出版社

赵维良 . 2018. 法定药用植物志・华东篇（第二册）. 北京：科学出版社

赵维良 . 2019. 法定药用植物志・华东篇（第三册）. 北京：科学出版社

赵维良 . 2020. 法定药用植物志・华东篇（第四册）. 北京：科学出版社

赵维良 . 2020. 法定药用植物志・华东篇（第五册）. 北京：科学出版社

赵维良 . 2021. 法定药用植物志・华东篇（第六册）. 北京：科学出版社

赵维良，谢恬，陈碧莲 . 2022. 植物化学成分名称英汉对照 . 北京：科学出版社

江苏新医学院 . 1979. 中药大辞典・附编 . 上海：上海科学技术出版社

国家中医药管理局《中华本草》编委会 . 1999. 中华本草・第 10 卷索引 . 上海：上海科学技术出版社

苏子仁，赖小平 . 2006. 中英中草药化学成分词汇 . 北京：中国中医药出版社

周家驹，谢桂荣，严新建 . 2004. 中药原植物化学成分手册 . 北京：化学工业出版社

汤立达 . 2011. 植物药活性成分大辞典（上册、中册、下册）. 北京：人民卫生出版社

艾铁民，刘培贵，林尤兴 . 2021. 中国药用植物志・第一卷 . 北京：北京大学医学出版社

艾铁民，李安仁 . 2021. 中国药用植物志・第二卷 . 北京：北京大学医学出版社

艾铁民，韦发南 . 2016. 中国药用植物志・第三卷 . 北京：北京大学医学出版社

艾铁民，陆玲娣 . 2015. 中国药用植物志・第四卷 . 北京：北京大学医学出版社

艾铁民，朱相云 . 2016. 中国药用植物志・第五卷 . 北京：北京大学医学出版社

艾铁民，王印政 . 2020. 中国药用植物志・第六卷 . 北京：北京大学医学出版社

艾铁民，李世晋 . 2018. 中国药用植物志・第七卷 . 北京：北京大学医学出版社

艾铁民，刘启新 . 2021. 中国药用植物志・第八卷 . 北京：北京大学医学出版社

艾铁民，秦路平 . 2017. 中国药用植物志・第九卷 . 北京：北京大学医学出版社

艾铁民，陈艺林 . 2014. 中国药用植物志・第十卷 . 北京：北京大学医学出版社，

艾铁民，张树仁 . 2014. 中国药用植物志・第十一卷 . 北京：北京大学医学出版社

艾铁民，戴伦凯 . 2013. 中国药用植物志・第十二卷 . 北京：北京大学医学出版社

艾铁民，张英涛 . 2021. 中国药用植物志・第十三卷・中国药用植物志词汇（上册）. 北京：北京大学医学出版社

吴寿金，赵泰，秦永祺 . 2002. 现代中草药成分化学 . 北京：中国医药科技出版社

张礼和 . 2018. 有机化合物命名原则 . 北京：科学出版社

| | |
|---|---|
| L-吖丁啶-2-甲酸 (L-氮杂环丁烷-2-甲酸、L-铃兰氨酸) | L-azetidine-2-carboxylic acid |
| 吖啶 {二苯并 [*b*, *e*] 吡啶} | acridine {dibenzo [*b*, *e*] pyridine} |
| 吖啶木脂宁碱 A | acrignine A |
| 吖啶香豆素碱 F | acrimarine F |
| 阿巴马皂苷元 [(25*R*)-螺甾-5-烯-23 (或 24)-二氯甲基-1β, 3β-二醇] | abamagenin [(25*R*)-spirost-5-en-23 (or24)-dichloromethyl-1β, 3β-diol] |
| 阿巴新 (白坚木辛碱、白坚木瑞辛) | apparicine |
| 阿坝当归素 | apaensin |
| 阿拜星尼 | abyssinin |
| 阿包碱 | alborine |
| 阿贝苦酮 | abbeokutone |
| 阿比西尼亚刺桐黄烷酮 Ⅳ、Ⅵ | abyssinoflavanones Ⅳ, Ⅵ |
| 阿比西尼亚刺桐素 Ⅰ、Ⅱ | erythrabyssins Ⅰ, Ⅱ |
| 阿比西尼亚刺桐酮 (埃塞俄比亚刺桐查耳酮) Ⅰ～Ⅴ | abyssinones Ⅰ～Ⅴ |
| (2*S*)-阿比西尼亚刺桐酮 Ⅱ | (2*S*)-abyssinone Ⅱ |
| 阿比西尼亚千金藤碱 (千金藤拜星碱) | stephabyssine |
| 阿波醇酸 | ambolic acid |
| 阿波罗灰毛豆素 | apollinin |
| 阿波酮酸 | ambonic acid |
| 阿布藤甾酮 | abutasterone |
| D-阿茶碱 (D-去甲伪麻黄碱) | D-cathine (D-norpseudoephedrine) |
| 阿彻瑞克酸 (黑茶渍酸) | atraric acid |
| 阿德森刺桐酮 Z | erythraddison Z |
| 阿蒂莫耶番荔枝素 1、2 | annotemoyins 1, 2 |
| 阿多尼弗林碱 | adonifoline |
| 阿尔加定 | argadin |
| 阿尔马唑 A～D | almazoles A～D |
| 阿尔米鞘丝藻酰胺 A～C | almiramides A～C |
| 阿尔泰狗娃花酸 | heteraltaic acid |
| 阿尔泰藜芦宁 | germinalinine |
| 阿尔泰橐吾素 A～D | altaicalarins A～D |
| 阿尔瓦橙桑𠮿酮 | alvaxanthone |
| 阿芳碱 | alphonsine |
| (–)-阿夫儿茶素 | (–)-afzelechin |
| (+)-(2*R*, 3*S*)-阿夫儿茶素 | (+)-(2*R*, 3*S*)-afzelechin |
| 阿夫儿茶素 (缅茄儿茶素、阿夫儿茶精、阿福豆素) | afzelechin |
| (+)-阿夫儿茶素 [(+)-阿福豆素、(+)-缅茄儿茶素] | (+)-afzelechin |
| (+)-阿夫儿茶素-(4α→8)-(+)-阿夫儿茶素 | (+)-afzelechin-(4α→8)-(+)-afzelechin |
| (–)-(2*R*, 3*S*)-阿夫儿茶素-(4α→8)-(2*R*, 3*R*)-表阿夫儿茶素 | (–)-(2*R*, 3*S*)-afzelechin-(4α→8)-(2*R*, 3*R*)-epiafzelechin |

| | |
|---|---|
| (–)-(2*R*, 3*S*)-阿夫儿茶素-(4α→8)-(2*R*, 3*S*)-阿夫儿茶素 | (–)-(2*R*, 3*S*)-afzelechin-(4α→8)-(2*R*, 3*S*)-afzelechin |
| 阿夫儿茶素-(4α→8)-儿茶素 | afzelechin-(4α→8)-catechin |
| 阿夫儿茶素-3-*O*-L-α-吡喃鼠李糖苷 | afzelechin-3-*O*-L-α-rhamnopyranoside |
| (+)-阿夫儿茶素-3-*O*-α-L-吡喃鼠李糖苷 | (+)-afzelechin-3-*O*-α-L-rhamnopyranoside |
| (+)-阿夫儿茶素-3-*O*-β-吡喃阿洛糖苷 | (+)-afzelechin-3-*O*-β-allopyranoside |
| 阿夫儿茶素-4′-*O*-β-D-吡喃葡萄糖苷 | afzelechin-4′-O-β-D-glucopyranoside |
| (+)-阿夫儿茶素-5-*O*-β-D-吡喃葡萄糖苷 | (+)-afzelechin-5-*O*-β-D-glucopyranoside |
| (+)-阿夫儿茶素-6-*C*-β-吡喃葡萄糖苷 | (+)-afzelechin-6-C-β-glucopyranoside |
| 阿夫儿茶素-7-*O*-β-D-吡喃葡萄糖苷 | afzelechin-7-*O*-β-D-glucopyranoside |
| (–)-阿夫儿茶素-7-*O*-β-D-吡喃葡萄糖苷 | (–)-afzelechin-7-*O*-β-D-glucopyranoside |
| 阿夫雷恩酰胺 | avrainvillamide |
| 阿弗苷A | aferoside A |
| 阿伏巴苷(对香豆酰飞燕草苷) | awobanin (*p*-coumaroyl delphin) |
| 阿佛罗苷(钉头果洛苷、芳香蓍苷)A、B | afrosides A, B |
| 阿福豆苷(山柰酚-3-鼠李糖苷、缅茄苷) | afzelin (afzeloside, kaempferol-3-L-rhamnoside, kaempferin) |
| 阿福豆苷-2″-*O*-没食子酸酯 | afzelin-2″-*O*-gallate |
| 阿福豆苷-3″-*O*-没食子酸酯 | afzelin-3″-*O*-gallate |
| 2″-阿富汗丁香苷 | 2″-epiframeroside |
| 阿富汗丁香苷 | syringafghanoside |
| 阿富汗丁香苷A～H | safghanosides A～H |
| 阿盖草醇 | argyol |
| 阿戈那缩酚酸A | agonodepside A |
| 阿格兰酚 | agrandol |
| 阿根廷马兜铃碱 | argentinine |
| 阿艮亭 | argentine |
| 阿古林A、B | aguerins A, B |
| 阿藿硫戊烷 | ajothiolane |
| 阿基德醇 | agidol |
| 阿吉马蛇根宁碱 | ajimalicinine |
| 阿吉马蛇根辛碱(阿吗碱、四氢蛇根碱、阿马里新、δ-育亨宾) | ajmalicine (δ-yohimbine, vincaine, raubasine) |
| 阿吉马蛇根辛碱B | ajmalicine B |
| 阿吉木素(环纹海红树素、杨梅树皮素-3-*O*-甲醚、杨梅素-3-*O*-甲醚) | annulatin (myricetin-3-*O*-methyl ether) |
| 阿加芹素 | agasyllin |
| 阿江榄仁苷Ⅰ | arjunglycoside Ⅰ |
| 阿江榄仁尼酸 | arjunic acid |
| 阿江榄仁尼酸-28-*O*-葡萄糖酯苷 | arjunic acid-28-*O*-glucoside ester |
| 阿江榄仁树葡萄糖苷(阿琼苷)Ⅰ、Ⅱ | arjunglucosides Ⅰ, Ⅱ |
| 阿江榄仁树素 | arjunin |

| 阿江榄仁素 (阿江榄仁苷元) | arjugenin |
|---|---|
| 阿江榄仁酸 | arjunolic acid |
| 阿江榄仁酸 -28-*O*- 吡喃葡萄糖苷 | arjunolic acid-28-*O*-glucopyranoside |
| 阿江榄仁糖苷 Ⅰ、Ⅱ | arjunoglucosides Ⅰ, Ⅱ |
| 阿江榄仁亭 | arjunetin |
| 阿聚糖 | arabinan |
| 阿卡明 X | alkamine X |
| 阿克定 | acsinidine |
| 阿克罗宁 (降真香碱、山油柑碱) | acronine (acronycine) |
| 阿克尼茄素 A～E | acnistins A～E |
| 阿克替定 | acsinatidine |
| 阿枯门宁 | akuammenine |
| (19*Z*)- 阿枯米定碱 | (19*Z*)-akuammidine |
| 阿枯米定碱 (苦籽木定碱、阿枯米定、热嗪碱、热嗪) | akuammidine (rhazine) |
| 阿枯米定碱 *N*- 氧化物 | akuammidine *N*-oxide |
| 阿枯米京碱 (阿枯米精、苦籽木精碱) | akuammigine |
| (4*R*)- 阿枯米京碱 *N*- 氧化物 | (4*R*)-akuammigine *N*-oxide |
| (4*S*)- 阿枯米京碱 *N*- 氧化物 | (4*S*)-akuammigine *N*-oxide |
| 阿枯米灵碱 (阿枯米林、苦籽木林碱) | akuammiline |
| 阿枯米灵碱 *N* (4)- 氧化物 | akuammiline *N* (4)-oxide |
| 阿枯明 (长春利啶、苦籽木明碱) | akuammine (vincamajoridine) |
| 阿库阿米辛 | acuamicine |
| 阿库阿明 | acuamine |
| 阿拉贝林 | arabellin |
| 阿拉伯 -2- 己酮糖 (果糖) | arabino-2-hexulose (fructose, fruit sugar) |
| 阿拉伯 -3, 6- 半乳聚糖 | arabino-3, 6-galactan |
| 1-*O*-[α-L- 阿拉伯吡喃糖基 -(1→6)]-β-D- 吡喃葡萄糖基水杨酸甲酯 | 1-*O*-[α-L-arabinopyranosyl-(1→6)]-β-D-glucopyranosyl methyl salicylate |
| D- 阿拉伯茶氨 (D- 巧茶酮) | D-cathinone |
| 阿拉伯茶定 | cathidine |
| 阿拉伯茶碱 $E_2$ | catheduline $E_2$ |
| 阿拉伯茶宁 | cathinine |
| D-(+)- 阿拉伯醇 | D-(+)-arabitol |
| L-(–)- 阿拉伯醇 | L-(–)-arabitol |
| 阿拉伯醇 | arabitol |
| D- 阿拉伯醇 (D- 阿拉伯戊糖醇、D- 阿拉伯糖醇、D- 来苏醇) | D-arabitol (D-arabino-pentitol, D-arabinitol, D-lyxitol) |
| DL- 阿拉伯醇 (阿拉伯糖醇、阿糖醇) | DL-arabitol (arabinitol, arabite) |
| 3-*O*-[α-L- 阿拉伯呋喃糖基 -(1→4)-6′-*O*- 丁基 -β-D- 吡喃葡萄糖醛酸基] 齐墩果酸 -28-*O*-β-D- 吡喃葡萄糖酯 | 3-*O*-[α-L-arabinofuranosyl-(1→4)-6′-*O*-butyl-β-D-glucuronopyranosyl] oleanolic acid-28-*O*-β-D-glucopyranosyl ester |

| | |
|---|---|
| 3-*O*-[α-L-阿拉伯呋喃糖基-(1→4)-6′-*O*-甲基-β-D-吡喃葡萄糖醛酸基]齐墩果酸-28-*O*-β-D-吡喃葡萄糖酯 | 3-*O*-[α-L-arabinofuranosyl-(1→4)-6′-*O*-methyl-β-D-glucuronopyranosyl] oleanolic acid-28-*O*-β-D-glucopyranosyl ester |
| 3-*O*-[α-L-阿拉伯呋喃糖基-(1→4)-β-D-吡喃葡萄糖醛酸基]齐墩果酸 | 3-*O*-[α-L-arabinofuranosyl-(1→4)-β-D-glucuronopyranosyl] oleanolic acid |
| α-D-阿拉伯己-2-吡喃酮糖酸 | α-D-arabinohex-2-ulopyranosonic acid |
| D-阿拉伯己-2-酮糖(D-果糖) | D-arabino-2-hexulose (D-fructose) |
| 阿拉伯聚糖 | araban |
| 阿拉伯葡萄半乳聚糖 | arabinoglucogalactan |
| 阿拉伯酸(阿拉伯杂多糖酸) | arabic acid |
| 阿拉伯唐松草苷 | arabinothalictoside |
| D-(–)-阿拉伯糖 | D-(–)-arabinose |
| DL-阿拉伯糖 | DL-arabinose |
| D-阿拉伯糖 | D-arabinose |
| L-(+)-阿拉伯糖 | L-(+)-arabinose |
| 阿拉伯糖 | arabinose |
| 阿拉伯糖醇(DL-阿拉伯醇、阿糖醇) | arabinitol (DL-arabitol, arabite) |
| D-阿拉伯糖醇(D-阿拉伯醇、D-阿拉伯戊糖醇、D-来苏醇) | D-arabinitol (D-arabitol, D-arabino-pentitol, D-lyxitol) |
| 1-D-阿拉伯糖醇单亚油酸 | 1-D-arabinitol monolinoleate |
| 3-*O*-(3′-*O*-阿拉伯糖基)葡萄糖醛酸基齐墩果酸-28-*O*-β-D-吡喃葡萄糖苷 | 3-*O*-(3′-*O*-arabinosyl) glucuronyl oleanolic acid-28-*O*-β-D-glucopyranoside |
| 6″-阿拉伯糖基染料木素葡萄糖苷 | 6″-arabinopyranosyl genistein glucoside |
| 阿拉伯糖酸 | arabinonic acid |
| D-阿拉伯戊糖醇(D-阿拉伯醇、D-阿拉伯糖醇、D-来苏醇) | D-arabino-pentitol (D-arabitol, D-arabinitol, D-lyxitol) |
| 阿拉毒伞素定 | ala-viroidin |
| 阿拉去氧毒伞素定 | ala-desoxoviroidin |
| 阿拉诺品 | alanopine |
| 阿拉善马先蒿苷(阿拉善尼木脂)A～D | alaschaniosides A～D |
| (–)-阿拉善马先蒿苷A | (–)-alaschanioside A |
| α-阿拉斯加扁柏烯 | α-alaskene |
| 阿莱克辛碱(补豆碱、阿来新宁碱) | alexine |
| 阿兰藤黄屾酮A～C | allanxanthones A～C |
| 阿勒勃素 | fistucacidin |
| 阿里达橄榄萜苷[3β, 25-环氧-3α-羟基-20 (29)-羽扇豆烯-28-酸] | benulin (3β, 25-epoxy-3α-hydroxylup-20 (29)-en-28-oic acid) |
| 阿里红酸 | fomeffic acid |
| 阿里纳新 | arianacin |
| 阿里山五味子二内酯A | arisandilactone A |
| 阿里山五味子内酯(绿叶五味子内酯)A～D | arisanlactones A～D |

| 阿里山五味子宁(绿叶五味子素)A～N | arisanschinins A～N |
|---|---|
| 阿里山五味子四氢萘酮 A～D | arisantetralones A～D |
| 阿里山五味子素(阿里山五味子灵)A～E | schiarisanrins A～E |
| 阿里苏青霉素 A～D | arisugacins A～D |
| 阿里瓦素 A、B | arrivacins A, B |
| 阿立菲妥酸 | aliphitolic acid |
| 阿立普里斯酸 | aleprestic acid |
| 阿立普里酸 | aleprylic acid |
| 阿立普诺酸(环戊烯甲酸) | aleprolic acid (cyclopentene carboxylic acid) |
| 阿立普酸 | alepric acid |
| 阿伦多茄碱 | arudonine |
| 阿罗海纳普烯 A～D | arohynapenes A～D |
| 阿罗马灵 | aromaline |
| 阿罗明 A | aromin A |
| D-阿洛醇(D-阿洛糖醇) | D-allitol |
| D-阿洛己糖 | D-allo-hexose |
| D-阿洛糖 | D-allose |
| β-D-阿洛糖 | β-D-allose |
| 阿洛糖(阿罗糖) | allose |
| D-阿洛糖醇(D-阿洛醇) | D-allitol |
| 阿洛糖基 | allosyl |
| D-阿洛酮糖(D-核己-2-酮糖) | D-psicose (D-ribo-hex-2-ulose) |
| 阿麻拉树素 | amooranin |
| (17*R*, 21*R*)-阿马林-17, 21-二醇 | (17*R*, 21*R*)-ajmalan-17, 21-diol |
| 阿吗定 | ajmalidine |
| 阿吗碱(δ-育亨宾、四氢蛇根碱、阿马里新) | raubasine (δ-yohimbine, ajmalicine) |
| 阿吗碱(阿吉马蛇根辛碱、四氢蛇根碱、阿马里新、δ-育亨宾) | ajmalicine (δ-yohimbine, vincaine, raubasine) |
| 阿吗碱氧化吲哚 A(7-异帽柱叶碱) | ajmalicine oxindole A (7-isomitraphylline) |
| 阿迈灵 | amellin |
| 阿卖异喹啉碱 | gyrocarpine |
| 阿曼苏丹没药甾醇 Y | guggulsterol Y |
| 阿曼苏丹没药甾酮 M | guggulsterone M |
| 阿美特宁碱 | amataine (grandifoline, subsessiline) |
| 阿米醇 | ammiol |
| 阿米芹定(阿密茴定、氢吡豆素、齿阿米定) | carduben (cardine, visnadin, provismine, vibeline, visnamine) |
| 阿米茴定(氢吡豆素、齿阿米定、阿密芹定) | cardine (visnadin, carduben, provismine, vibeline, visnamine) |

| 阿米芹灵素 | ammirin |
|---|---|
| 阿米芹内酯 (凯诺内酯、凯林内酯) Ⅰ、Ⅱ | khellactones Ⅰ, Ⅱ |
| 阿米芹诺醇 (维斯阿米醇、齿阿米醇、阿密茴醇) | visamminol |
| (+)-阿米芹诺醇 [(+) 维斯阿米醇、(+)-齿阿米醇、(+)-阿密茴醇] | (+)-visamminol |
| 阿米芹诺醇-4′-*O*-β-D-吡喃葡萄糖苷 | visamminol-4′-*O*-β-D-glucopyranoside |
| (2′*S*)-阿米芹诺醇-4′-*O*-β-D-呋喃芹糖基-(1→6)-*O*-β-D-吡喃葡萄糖苷 | (2′*S*)-visamminol-4′-*O*-β-D-apiofuranosyl-(1→6)-*O*-β-D-glucopyranoside |
| 阿米芹素 (齿阿米素) | visnagin |
| 阿密茴定 (氢吡豆素、阿米芹定、齿阿米定) | visnadin (cardine, carduben, provismine, vibeline, visnamine) |
| 阿密茴定 (氢吡豆素、阿米芹定、齿阿米定) | visnamine (cardine, carduben, provismine, vibeline, visnadin) |
| 阿密茴素 | visnacorin |
| 阿模楷灵碱 (长春莫卡林) | ammocalline |
| 阿模绕生碱 (长春莫洛辛) | ammorosine |
| 阿莫奈群 | almunequin |
| 阿姆布二醇酸 | ambradiolic acid |
| 阿姆布酮酸 (模绕酮酸、摩拉豆酮酸) | ambronic acid (moronic acid) |
| 阿呐宁 Ⅰ、Ⅱ | arnenins Ⅰ, Ⅱ |
| 阿纳尼合蕊木酮 (阿纳尼酮) | ananixanthone |
| 阿南鱼鳞云杉醛 A、B | jezananals A, B |
| 阿尼塞库醇 | anicequol |
| 阿奴卡苹果酸 | annurcoic acid |
| 阿诺番荔枝素 | annomolin |
| 阿诺花椒素 | arnottianin |
| 阿诺花椒亭 Ⅰ | arnottin Ⅰ |
| 阿诺花椒酰胺 (阿尔洛花椒酰胺) | arnottianamide |
| 阿诺碱 | anopterine |
| 阿诺毛叶番荔枝素 | annocherimolin |
| 阿诺香豆素 (阿诺花椒香豆素) | arnocoumarin |
| 阿坡加拿糖苷 | apocannoside |
| β-阿朴-8′-胡萝卜醛 | β-apo-8′-carotenal |
| 10′-阿朴-β-胡萝卜素-10′-醛 | 10′-apo-β-caroten-10′-al |
| 阿朴阿托品 (去水阿托品、离阿托品) | atropyltropeine (atropamine, apoatropine) |
| 阿朴巴豆素 | apocrotonosine |
| 阿朴长春胺 (原蔓长春花胺) | apovincamine |
| 阿朴东莨菪碱 (离天仙子碱、离东莨菪碱、阿朴天仙子碱) | aposcopolamine (apohyoscine) |
| 阿朴啡生物碱 | aporphine alkaloid |
| 阿朴格氏樟桂碱 (原格氏绿心樟碱) | apoglaziovine |

| | |
|---|---|
| 阿朴雷定 | aporheidine |
| 阿朴雷因 | aporheine |
| 阿朴良姜酮 | apoalpinone |
| 阿朴羟基马桑毒素 (原马桑素) | apotutin |
| 阿朴网球花胺 | apohaemanthamine |
| 阿普拉鞘丝藻毒素 A、D | apratoxins A, D |
| 阿普拉鞘丝藻酰胺 A～G | apramides A～G |
| 阿契哈内酯 | akihalin |
| 阿日丹素 | aridanin |
| 阿茹明 | asperumine |
| 阿瑞兰素 G | arrilanin G |
| (–)-阿瑞罗甫碱 | (–)-araliopsine |
| 阿瑞罗甫碱 | araliopsine |
| 阿萨宁 | arsanin |
| 阿萨任 | asarine |
| 阿塞拉素 A～C | aselacins A～C |
| 阿什越橘素 A | vaccihein A |
| 阿氏颤藻肽 A | agardhipeptin A |
| 阿氏桂竹香苷 | alliside |
| e, a-阿斯汉亭 | e, a-ashantin |
| 阿斯卡脂质 A～D | ascolipids A～D |
| 阿斯考马拉酸 | ascorbalamic acid |
| 阿斯脱力酸 | aspterric acid |
| 阿塔曼素 | athamantin |
| 阿塔钠德雷格内酯 | athanadregeolide |
| 阿塔崖椒宁 (阿塔宁 Ⅰ) | atanine I |
| 阿台奎 | aztequine |
| 阿糖胞嘧啶 | arabinocytosine |
| 阿糖醇 (DL-阿拉伯醇、阿拉伯糖醇) | arabite (DL-arabitol, arabinitol) |
| 阿糖配半乳聚糖 | arabinogalactan |
| 阿糖配木聚糖 | arabinoxylan |
| 阿糖配葡聚糖 | arabinoglucan |
| 阿糖酸 | arabinic acid |
| (5β, 8α, 9β, 10α, 12α)-阿替-16-醇 | (5β, 8α, 9β, 10α, 12α)-atisan-16-ol |
| 阿替定 | atidine |
| 阿替生 (阿替新) | atisine |
| 阿替生-16β-醇 (阿替烷-16β-醇) | atisan-16β-ol |
| 阿替西烯 | atisirene |
| 阿托品 | atropine |
| 阿娃乌头碱 | avadharidine |

| | |
|---|---|
| 阿维A酯[依曲替酯、3, 7-二甲基-9-(4-甲氧基-2, 3, 6-三甲苯基)-2, 4, 6, 8-壬四烯酸乙酯] | etretinate [3, 7-dimethyl-9-(4-methoxy-2, 3, 6-trimethylphenyl)-2, 4, 6, 8-nonatetraenoic acid ethyl ester] |
| 阿魏精 | ferugin |
| 阿魏精宁 | feruginin |
| 阿魏尼定 | feruginidin |
| (*E*)-阿魏醛 | (*E*)-ferulaldehyde |
| 阿魏醛(松柏醛) | ferulaldehyde (coniferyl aldehyde, coniferaldehyde) |
| 阿魏醛-4-*O*-β-D-吡喃葡萄糖苷 | ferulaldehyde-4-*O*-β-D-glucopyranoside |
| 阿魏醛-β-D-葡萄糖苷 | ferulaldehyde-β-D-glucoside |
| 阿魏树脂鞣醇 | asarensinotannol |
| 阿魏酸 | ferulic acid |
| (*E*)-阿魏酸(咖啡酸-3-甲基醚、3-*O*-甲基咖啡酸) | (*E*)-ferulic acid (caffeic acid-3-methyl ether, 3-*O*-methyl caffeic acid) |
| 阿魏酸L-龙脑酯 | L-bornyl ferulate |
| 5-*O*-阿魏酸-2-脱氧-D-核糖酸-γ-内酯 | 5-*O*-feruloyl- 2-deoxy-D-ribono-γ-lactone |
| 阿魏酸-β-D-葡萄糖苷 | ferulic acid-β-D-glucoside |
| 阿魏酸苯乙酯 | phenethyl ferulate |
| 阿魏酸吡喃葡萄糖苷 | ferulic acid glucopyranoside |
| 阿魏酸对羟基苯乙醇酯 | ferulic acid *p*-phenethyl alcohate |
| 阿魏酸对羟基苯乙酯 | *p*-hydroxyphenyl ethanol ferulate |
| 阿魏酸二十八醇酯(阿魏酸二十八酯) | cluytyl ferulate (octacosyl ferulate) |
| 阿魏酸二十八酯(阿魏酸二十八醇酯) | octacosyl ferulate (cluytyl ferulate) |
| 阿魏酸二十醇酯 | eicosyl ferulate |
| 阿魏酸二十二醇酯 | docosyl ferulate |
| 阿魏酸二十六醇酯 | hexacosyl ferulate |
| 阿魏酸二十七醇酯 | heptacosyl ferulate |
| 阿魏酸二十三醇酯 | tricosyl ferulate |
| 阿魏酸二十四醇酯 | tetracosyl ferulate |
| 阿魏酸二十五醇酯 | pentacosyl ferulate |
| 阿魏酸二十一醇酯 | heneicosyl ferulate |
| 阿魏酸二糖苷 | ferulic acid diglycoside |
| 阿魏酸甘油酯 | glycerol ferulate |
| 6″-*O*-[(*E*)-阿魏酸基]京尼平龙胆二糖苷 | 6″-*O*-[(*E*)-feruloyl] genipingentiobioside |
| ε-阿魏酸基羽扇豆烷 | ε-feruoyloxylupinane |
| 阿魏酸己苷 Ⅰ～Ⅳ | ferulic acid hexosides Ⅰ～Ⅳ |
| (*E*)-阿魏酸甲酯 | methyl (*E*)-ferulate |
| 阿魏酸甲酯 | ferulic acid methyl ester (methyl ferulate) |
| 阿魏酸甲酯 | methyl ferulate (ferulic acid methyl ester) |
| 阿魏酸木蜡醇酯 | lignoceryl feralate |
| 阿魏酸钠 | sodium ferulate |

| | |
|---|---|
| 阿魏酸葡萄糖酯 | glucose ferulate |
| 阿魏酸十九醇酯 | nonadecyl ferulate |
| (*E*)-阿魏酸十六醇酯 | hexadecyl (*E*)-ferulate |
| (*Z*)-阿魏酸十六醇酯 | hexadecyl (*Z*)-ferulate |
| 阿魏酸十六醇酯 | hexadecyl ferulate |
| 阿魏酸松柏酯 (松柏醇阿魏酸酯) | coniferyl ferulate |
| 阿魏酸烷酯 | alkyl ferulate |
| 阿魏酸酰胺 | ferulamide |
| 阿魏酸乙氧基酯 | ethoxyl ferulate |
| 阿魏酸乙酯 | ethyl ferulate |
| 阿魏酸硬脂醇酯 | stearyl ferulate |
| 阿魏酸蔗糖酯 | sucrosyl ferulic acid ester |
| 阿魏酸正丁酯 | *n*-butyl ferulate |
| 阿魏替定 | ferutidin |
| 阿魏萜宁 (阿魏亭宁) | ferutinin |
| 阿魏亭 | ferutin |
| 阿魏酮 | feruone |
| 阿魏烯 A | ferulene A |
| 3-阿魏酰-1-芥子酰基蔗糖 | 3-feruloyl-1-sinapoyl sucrose |
| 6-*O*-阿魏酰-3-*O*-2-羟甲基-5-羟基-2-戊酸远志糖醇 | 6-*O*-feruloyl-3-*O*-2-hydroxymethyl-5-hydroxy-2-pentenoic acid polygalytol |
| 阿魏酰-6′-*O*-α-D-吡喃葡萄糖苷 | feruloyl-6′-*O*-α-D-glucopyranoside |
| 1-*O*-阿魏酰-β-D-葡萄糖苷 | 1-*O*-feruloyl-β-D-glucoside |
| 阿魏酰柄球菊酸 A、B | feruloyl podospermic acids A, B |
| 阿魏酰菜油甾醇 | feruloyl campesterol |
| 3-阿魏酰赤那素 | 3-feruloyl chinasueure |
| 阿魏酰豆甾醇 | feruloyl stigmasterol |
| 1-阿魏酰甘油 | 1-feruloyl glycerol |
| 1-*O*-阿魏酰甘油酯 | 1-*O*-feruloyl glyceride |
| 6″-*O*-阿魏酰哈巴苷 (6″-*O*-阿魏酰哈帕苷、6″-*O*-阿魏酰钩果草苷) | 6″-*O*-feruloyl harpagide |
| 8-*O*-阿魏酰哈巴苷 (8-*O*-阿魏酰基钩果草吉苷) | 8-*O*-feruloyl harpagide |
| 6-*O*-阿魏酰鸡屎藤次苷甲酯 | 6-*O*-feruloyl scandoside methyl ester |
| 6-*O*-α-L-(2″-*O*-阿魏酰基) 吡喃鼠李糖基梓醇 | 6-*O*-α-L-(2″-*O*-feruloyl) rhamnopyranosyl catalpol |
| 6-*O*-α-L-(3″-*O*-阿魏酰基) 吡喃鼠李糖基梓醇 | 6-*O*-α-L-(3″-*O*-feruloyl) rhamnopyranosyl catalpol |
| 6-*O*-α-L-(4″-*O*-阿魏酰基) 吡喃鼠李糖基梓醇 | 6-*O*-α-L-(4″-*O*-feruloyl) rhamnopyranosyl catalpol |
| 3-*O*-β-D-(2-*O*-阿魏酰基) 葡萄糖基-7, 4′-二-*O*-β-D-葡萄糖基山柰酚 | 3-*O*-β-D-(2-*O*-feruloyl) glucosyl-7, 4′-di-*O*-β-D-glucosyl kaempferol |
| 6-*O*-[(*E*)-阿魏酰基] 焦地黄素 D | 6-*O*-[(*E*)-feruloyl] jioglutin D |
| 1-*O*-阿魏酰基-2-*O*-对香豆素酰甘油 | 1-*O*-feruloyl-2-*O*-*p*-coumaroyl glycerol |

| 23-*O*-(*E*)-阿魏酰基-2α, 3α-二羟基熊果-12-烯-28-酸 | 23-*O*-(*E*)-feruloyl-2α, 3α-dihydroxyurs-12-en-28-oic acid |
|---|---|
| 23-*O*-(*E*)-阿魏酰基-2α, 3β-二羟基熊果-12-烯-28-酸 | 23-*O*-(*E*)-feruloyl-2α, 3β-dihydroxyurs-12-en-28-oic acid |
| 阿魏酰基-2-β-D-葡萄糖苷 | feruloyl- β-D-glucoside |
| 1-*O*-阿魏酰基-3-*O*-对香豆素酰甘油 | 1-*O*-feruloyl-3-*O*-*p*-coumaroyl glycerol |
| 5-阿魏酰基-3-丁香葡糖二酸 | 5-feruloyl-3-syringoyl glucaric acid |
| 2/5-阿魏酰基-4/3-丁香葡糖二酸 | 2/5-feruloyl- 4/3-syringic glucaric acid |
| 3/4-阿魏酰基-4/3-丁香葡糖二酸 | 3/4-feruloyl- 4/3-syringic glucaric acid |
| (+)-9′-*O*-(*E*)-阿魏酰基-5, 5′-二甲氧基落叶松脂素 | (+)-9′-*O*-(*E*)-feruloyl-5, 5′-dimethoxylariciresinol |
| (+)-9′-*O*-(*Z*)-阿魏酰基-5, 5′-二甲氧基落叶松脂素 | (+)-9′-*O*-(*Z*)-feruloyl-5, 5′-dimethoxylariciresinol |
| 4-*O*-阿魏酰基-5-*O*-咖啡酰奎宁酸 | 4-*O*-feruloyl-5-*O*-caffeoyl quinic acid |
| 4-*O*-阿魏酰基-5-*O*-咖啡酰奎宁酸甲酯 | 4-*O*-feruloyl-5-*O*-caffeoyl quinic acid methyl ester |
| 3β-*O*-(*E*)-阿魏酰基-D: C-异齐墩果-7, 9 (11)-二烯-29-醇 | 3β-*O*-(*E*)-feruloyl-D: C-friedoolean-7, 9 (11)-dien-29-ol |
| 6-*O*-(*E*)-阿魏酰基-α-吡喃葡萄糖苷 | 6-*O*-(*E*)-feruloyl- α-glucopyranoside |
| 6-*O*-阿魏酰基-α-葡萄糖 | 6-*O*-feruloyl-α-glucose |
| 3-*O*-[5‴-*O*-阿魏酰基-β-D-呋喃芹糖基-(1‴→2″)-β-D-吡喃葡萄糖基] 鼠李柠檬素 | 3-*O*-[5‴-*O*-feruloyl- β-D-apiofuranosyl-(1‴→2″)- β-D-glucopyranosyl] rhamnocitrin |
| 6-*O*-(*E*)-阿魏酰基-β-吡喃葡萄糖苷 | 6-*O*-(*E*)-feruloyl- β-glucopyranoside |
| 6-*O*-阿魏酰基-β-葡萄糖 | 6-*O*-feruloyl-β-glucose |
| 7-*O*-阿魏酰基哈巴苷 (7-*O*-阿魏酰基哈帕苷) | 7-*O*-feruloyl harpagide |
| (*E*)-6-*O*-阿魏酰基鸡屎藤次苷甲酯 | (*E*)-6-*O*-feruloyl scandoside methyl ester |
| 阿魏酰基甲烷 (姜黄素、姜黄色素、酸性黄) | diferuloyl methane (turmeric yellow, curcumin) |
| 6-*O*-(*E*)-阿魏酰基筋骨草醇 | 6-*O*-(*E*)-feruloyl ajugol |
| 6-*O*-(*Z*)-阿魏酰基筋骨草醇 | 6-*O*-(*Z*)-feruloyl ajugol |
| 5-*O*-阿魏酰基奎尼酸甲酯 | methyl 5-*O*-feruloyl quinate |
| 3-*O*-阿魏酰基奎宁酸甲酯 | methyl 3-*O*-(*E*)-feruloyl quinate |
| 3-*O*-阿魏酰基奎宁酸正丁酯 | *n*-butyl 3-*O*-feruloyl quinate |
| *N*-阿魏酰基酪胺 | *N*-feruloyl tyramine |
| 4-*O*-阿魏酰基葡萄糖苷 | 4-*O*-feruloyl glucoside |
| *N*-阿魏酰基去甲变肾上腺素 | *N*-feruloyl normetanephrine |
| *N*-阿魏酰基色胺 | *N*-feruloyl tryptamine |
| 3-*O*-β-阿魏酰基熊果酸 | 3-*O*-β-feruloylursolic acid |
| *N*-阿魏酰基章胺 (*N*-阿魏酰真蛸胺、*N*-阿魏酰基去甲辛弗林) | *N*-feruloyl octopamine |
| 6′-*O*-阿魏酰基蔗糖 | 6′-*O*-feruloyl sucrose |
| 6-*O*-阿魏酰筋骨草醇 | 6-*O*-feruloyl ajugol |
| *O*-阿魏酰奎尼内酯 | *O*-feruloyl quinide |
| 4-*O*-阿魏酰奎尼酸甲酯 | methyl 4-*O*-feruloyl quinate |
| 3′-阿魏酰奎宁酸 | 3′-feruloyl quinic acid |
| 3-*O*-阿魏酰奎宁酸 | 3-*O*-feruloyl quinic acid |

| 4-*O*-阿魏酰奎宁酸 | 4-*O*-feruloyl quinic acid |
|---|---|
| 5-阿魏酰奎宁酸 | 5-feruloyl quinic acid |
| 5-*O*-阿魏酰奎宁酸 | 5-*O*-feruloyl quinic acid |
| 3-阿魏酰奎宁酸 | 3-feruloyl quinic acid |
| 4-阿魏酰奎宁酸 | 4-feruloyl quinic acid |
| 5′-阿魏酰奎宁酸 | 5′-feruloyl quinic acid |
| 4-*O*-阿魏酰奎宁酸丁酯 | butyl 4-*O*-feruloyl quinate |
| 5-*O*-阿魏酰奎宁酸丁酯 | butyl 5-*O*-feruloyl quinate |
| 3-*O*-阿魏酰奎宁酸乙酯 | ethyl 3-*O*-feruloyl quinate |
| 4-*O*-阿魏酰奎宁酸乙酯 | ethyl 4-*O*-feruloyl quinate |
| 5-*O*-阿魏酰奎宁酸乙酯 | ethyl 5-*O*-feruloyl quinate |
| 6‴-*O*-阿魏酰兰香草苷 D | 6‴-*O*-feruloyl incanoside D |
| 阿魏酰酪胺 | feruloyl tyramine |
| 2″-*O*-阿魏酰芦荟苦素 | 2″-*O*-feruloyaloesin |
| 2″-*O*-阿魏酰芦荟苦素 | 2″-*O*-feruloyl aloesin |
| 阿魏酰苹果酸酯 | feruloyl malate |
| 阿魏酰葡萄糖 | feruloyl glucose |
| 阿魏酰葡萄糖苷 | feruloyl glucoside |
| 6′-*O*-阿魏酰去葡萄糖基波叶刚毛果苷 | 6′-*O*-feruloyl desglucouzarin |
| 10-*O*-(*E*)-阿魏酰水晶兰苷 | 10-*O*-(*E*)-feruloyl monotropein |
| 6′-*O*-(*E*)-阿魏酰水晶兰苷 | 6′-*O*-(*E*)-feruloyl monotropein |
| 6-阿魏酰酸枣素 | 6-feruloyl spinosin |
| 6‴-阿魏酰酸枣素 (6‴-阿魏酰斯皮诺素) | 6‴-feruloyl spinosin |
| 3α-[(*E*)-阿魏酰氧基]-D: C-无羁齐墩果-7, 9 (11)-二烯-29-酸 | 3α-[(*E*)-feruloyloxy]-D: C-friedoolean-7, 9 (11)-dien-29-oic acid |
| 3β-[(*E*)-阿魏酰氧基]-D: C-无羁齐墩果-7, 9 (11)-二烯-29-酸 | 3β-[(*E*)-feruloyloxy]-D: C-friedoolean-7, 9 (11)-dien-29-oic acid |
| 16-阿魏酰氧基棕榈酸 | 16-feruloyloxypalmitic acid |
| 6‴-阿魏酰异酸枣素 (6‴-阿魏酰异酸刺素) | 6‴-feruloyl isospinosin |
| 6-*O*-阿魏酰远志糖醇 | 6-*O*-feruloyl polygalytol |
| 6‴-阿魏酰皂草黄素 | 6‴-feruloyl saponarin |
| 3-*O*-阿魏酰蔗糖 | 3-*O*-feruloyl sucrose |
| 6-阿魏酰梓醇 | 6-feruloyl catalpol |
| 6′-*O*-阿魏酰紫花前胡苷 | 6′-*O*-feruloyl nodakenin |
| 阿魏酰组胺 | feruloyl histamine |
| 阿魏种素 | assafoetidin |
| 阿牙潘泽兰内酯 (阿牙泽兰品) | ayapin |
| 阿牙潘泽兰素 | ayapanin |
| 阿牙品 | aiapin |
| 阿亚黄素 | ayanin |

| D-阿卓呋喃庚酮糖-3 | D-altrofuranoheptulose-3 |
|---|---|
| 阿卓庚酮吡喃糖 | altroheptulopyranose |
| D-阿卓糖 | D-altrose |
| 阿兹卡品 | azcarpine |
| 阿佐贝查耳酮 A | azobechalcone A |
| 埃阿拉钩枝藤碱 A、B | ancistroealaines A, B |
| 埃贝母定 (鄂贝乙素) | eduardine (ebeinone) |
| 埃贝母碱 (埃替灵) | edpetiline |
| 埃必定 | ipalbidine |
| 埃布任 | eburine |
| 埃尔贡芦荟二聚素 A、B | elgonicadimers A, B |
| (+)-埃法特莲叶桐胺 | (+)-vateamine |
| (+)-埃法特莲叶桐胺-2′-β-*N*-氧化物 | (+)-vateamine-2′-β-*N*-oxide |
| 埃飞任 | efirine |
| 埃格尔内酯 | egelolide |
| 埃哈明 | irehamine |
| 埃浩灵 | esholine |
| 埃及刺酮黄烷酮 | lysisteisoflavanone |
| 埃拉布青霉酚 A、B | erabulenols A, B |
| 埃勒宾 | ipalbine |
| 埃伦苷 | ehrenoside |
| 埃默里酮 | emorydone |
| 埃诺基波素 (金针菇定) A～D | enokipodins A～D |
| 埃佩立宁 | edpetilidinine |
| 埃奇文宁 (毒鸡骨常山宁碱) | echitovenine |
| 埃瑞二胺 | irehediamine |
| 埃瑞非灵 | eremophilline |
| 埃瑞碱 | irehine |
| (+)-埃瑞碱 | (+)-irehine |
| 埃瑞灵 | irehline |
| 埃瑞辛 | eburicine |
| 埃塞俄比亚南山藤苷元 (阿比西尼亚南山藤苷元) G、J | drebyssogenins G, J |
| 埃塞俄比亚鼠尾草酮 | salvipisone |
| 埃散京 | esenbeckine |
| 埃沃碱 | ivorine |
| 埃沃宁 | ivonine |
| 埃西宁 | excelsinine |
| 埃谢韦勒树酚 A～C | eschweilenols A～C |
| 矮艾素 A | arbusculin A |
| 矮火绒草内酯 | leontonanin |

| | |
|---|---|
| 矮木波罗素 C | artochamin C |
| 矮牵牛素(矮牵牛花素、碧冬茄素) | petunidin |
| 矮牵牛素-3-(6′-丙二酰基)葡萄糖苷 | petunidin-3-(6′-malonyl) glucoside |
| 矮牵牛素-3, 5-二葡萄糖苷 | petunidin-3, 5-diglucoside |
| 矮牵牛素-3, 7-二-*O*-(β-D-吡喃葡萄糖苷) | petunidin-3, 7-di-*O*-(β-D-glucopyranoside) |
| 矮牵牛素-3-*O*-(4-对-反式-香豆酰基-α-L-吡喃鼠李糖基)-(1→6)-*O*-β-D-吡喃葡萄糖苷 | petunidin-3-*O*-(4-*p*-*trans*-coumaroyl-α-L-rhamnopyranosyl)-(1→6)-*O*-β-D-glucopyranoside |
| 矮牵牛素-3-*O*-(6′-丙二酰基)-β-D-吡喃葡萄糖苷 | petunidin-3-*O*-(6′-malonyl)-β-D-glucopyranoside |
| 矮牵牛素-3-*O*-阿魏酰基芸香糖苷-5-*O*-葡萄糖苷 | petunidin-3-*O*-feruloyl-rutinoside-5-*O*-glucoside |
| 矮牵牛素-3-*O*-吡喃葡萄糖苷 | petunidin-3-*O*-glucopyranoside |
| 矮牵牛素-3-*O*-对香豆酰基芸香糖苷-5-*O*-葡萄糖苷 | petunidin-3-*O*-*p*-coumaroyl rutinoside-5-*O*-glucoside |
| 矮牵牛素-3-*O*-对香豆酰基芸香糖苷-7-*O*-葡萄糖苷 | petunidin-3-*O*-*p*-coumaroyl rutinoside-7-*O*-glucoside |
| 矮牵牛素-3-*O*-鼠李糖苷-5-*O*-葡萄糖苷 | petunidin-3-*O*-rhamnoside-5-*O*-glucoside |
| 矮牵牛素-3-*O*-芸香糖苷-5-*O*-葡萄糖苷 | petunidin-3-*O*-rutinoside-5-*O*-glucoside |
| 矮牵牛素-3-阿拉伯糖苷 | petunidin-3-arabinoside |
| 矮牵牛素-3-对香豆酰基鼠李葡萄糖苷-5-葡萄糖苷 | petunidin-3-(*p*-coumaroyl)-rhamnosyl glucoside-5-glucoside |
| 矮牵牛素-3-咖啡酰基芸香糖苷-5-葡萄糖苷 | petunidin-3-caffeoyl rutinoside-5-glucoside |
| 矮牵牛素-3-葡萄糖苷 | petunidin-3-glucoside |
| 矮牵牛素非乙酰化-3-鼠李糖基葡萄糖苷-5-葡萄糖苷 | petunidin-nonacylated-3-rhamnosyl glucoside-5-glucoside |
| 矮牵牛素糖苷 | petunidin glycoside |
| 矮桃苷 A～H | clethroidosides A～H |
| 矮桃花心木内酯(墨西哥桃花心木内酯)A～E | humilinolides A～E |
| 矮陀陀胺碱(板凳果胺)A、B | pachyaximines A, B |
| 矮陀陀苷(板凳果苷)A、B | pachyaxiosides A, B |
| 矮陀陀碱(板凳果碱)A～F | axillarines A～F |
| 矮陀陀酰胺碱(板凳果定碱)A | axillaridine A |
| 矮陀陀酯碱 A | pachysanaximine |
| 矮野桐苷 A | mallonanoside A |
| 矮紫玉盘素 | chamanetin |
| 艾醇 A | yomogi alcohol A |
| 艾杜糖 | idose |
| D-艾杜糖 | D-idose |
| 艾杜糖醇 | iditol |
| 艾杜糖醛酸 | iduronic acid |
| 艾杜糖酸 | idonic acid |
| 艾蒿醇内酯 | artemisolide |
| 艾蒿聚内酯 A、B | artemisians A, B |
| 艾蒿内酯 | moxartenolide |

| 艾蒿酮 | moxartenone |
|---|---|
| 艾黄素 (蒿黄素、六棱菊亭、蒿亭、5-羟基-3, 6, 7, 3′, 4′-五甲氧基黄酮) | artemisetin (artemetin, 5-hydroxy-3, 6, 7, 3′, 4′-pentamethoxyflavone) |
| 艾菊蒿酰胺 A、B | tanacetamides A, B |
| 艾菊萜 (菊蒿萜) | tanacetene |
| 艾菊亭 | tanetin |
| 艾菊酮 | tanacelone |
| 艾里花素 B～L | iryantherins B～L |
| 艾里莫戊内酯 $B_3$ | eremopetasitenin $B_3$ |
| 艾纳山千里光碱 | senaetnine |
| 艾纳香苷 A～D | blumeosides A～D |
| 艾纳香内酯 A～C | blumealactones A～C |
| 艾纳香素 (5, 3′, 5′-三羟基-7-甲氧基二氢黄酮) | blumeatin (5, 3′, 5′-trihydroxy-7-methoxy-dihydroflavone) |
| 艾纳香烯 A～J | blumeaenes A～J |
| 艾纳香氧杂蒽 | blumeaxanthene |
| 艾耐壳酮 | ineketone |
| 艾诺酮 | irenolone |
| 艾让尼马碱 | daphnimacrine |
| 艾柔兰素 | eriolangin |
| 艾脂麻素 (蒿脂麻木质体) | sesartemin |
| 砹烷 | astatane |
| 爱得尔庭 | libanotin |
| 爱木藻碘化物 B | eiseniaiodide B |
| (–)-爱那非宁碱 | (–)-anaferine |
| 爱森藻氯化物 A～C | eiseniachlorides A～C |
| 爱妥宾碱 | androcymbine |
| 安巴立宁 | ambalinine |
| 安巴灵 | ambaline |
| 安贝卫拉酰胺 A | ambewelamide A |
| 安刍酸 (紫草红、欧紫草素、紫朱草素) | anchusa acid (alkanna red, anchusin) |
| (+)-安次邦克碱 | (+)-angchibangkine |
| 安达拉素 (奶桑辛) A、B | andalasins A, B |
| 安达曼胡椒素 | andamanicin |
| 安的列斯鞘丝藻毒素 (安替拉毒素) A、B | antillatoxins A, B |
| 安多洛宾碱 | endolobine |
| 安告佛醇 | angophorol |
| 安哥拉花椒灵碱 (安哥灵) | angoline |
| 安哥拉内雄楝酸甲酯 | methyl angolensate |
| 安哥拉紫檀素 | angolensin C |
| 安哥拉紫玉盘素 | uvangoletin |

| | |
|---|---|
| 安哥宁 | angolinine |
| 安格洛苷 C | angroside C |
| 安古树碱 | angustureine |
| 安徽乌头碱 | anhweiaconitine |
| 安徽银莲花苷 C～F | anhuienosides C～F |
| 安卡拉玄参苷 (安哥拉苷A、安哥劳苷、安格洛苷) A～C | angorosides A～C |
| 安可灵 | ankoline |
| 安枯斯特定碱 | angustidine |
| 安木非宾碱 (水陆枣碱、两棲枣碱) A～H | amphibines (discarines) A～H |
| 安纳基林 (臭豆碱、安那吉碱) | monolupine (anagyrine, rhombinin) |
| 安那吉碱 (臭豆碱、安纳基林) | anagyrine (monolupine, rhombinin) |
| 安乃近 | analgin |
| 安尼索碱 (异唇爵床碱) | anisotine |
| 安纽洛灵 | annuloline |
| 安杷文 | annapawine |
| 安石榴碱 | punigratane |
| 安塔尼鞘丝藻肽素 A～D | antanapeptins A～D |
| 安托芬 | antofine |
| (–)-(10β, 13aα)-安托芬 *N*-氧化物 | (–)-(10β, 13aα)-antofine *N*-oxide |
| 安妥苷 (安托苷、解毒萝藦苷) | antoside |
| 安五酸 | anwuweizic acid |
| 安五酮酸 | anwuweionic acid |
| DL-安五脂素 | DL-anwulignan |
| (+)-安五脂素 | (+)-anwulignan |
| 安五脂素 | anwulignan |
| 安息香苷 A、B | styraxosides A, B |
| 安息香木脂素 A | styrlignan A |
| 安息香木脂素内酯 (安息香木内酯、安息香木脂苷) A～F | styraxlignolides A～F |
| 安息香宁 F | styranins F, S |
| 安息香醛 (苯甲醛) | benzaldehyde (benzoic aldehyde) |
| 安息香树胶 | resin benzoin |
| 安息香豚脂 | benzoinated lard |
| 安息香乙醚 | benzoin ethyl ether |
| 安息香皂苷 (野茉莉苷) A～C | styraxjaponosides A～C |
| 安息香脂素 | styraxin |
| 安洋艾素 | anabsinthin |
| 安则拉酸 | azelaric acid |
| 桉杯伞烯 A、B | eucalyptenes A, B |

| 桉醇厚朴酚 (桉醇日本厚朴酚) A、B | eudesobovatols A, B |
|---|---|
| 桉醇酸 | eucalyptolic acid |
| 桉酚苷 | calyptoside |
| 桉酚醛 A～E | eucalyptals A～E |
| 桉树蜡 | eucalyptus wax |
| 桉树脑 (1, 8-桉叶素、桉油醇、桉叶素、桉油精) | eucalyptol (1, 8-cineole, cajeputol, cineole) |
| 桉树素 (5-羟基-7, 4″-二甲氧基-6, 8-二甲黄酮) | eucalyptin (5-hydroxy-7, 4″-dimethoxy-6, 8-dimethyl flavone) |
| 桉树酸 A、B | eucalyptic acids A, B |
| 桉酮 | eucalyptone |
| (–)-桉烷-3-烯-6α-乙酰氧-7α-醇 | (–)-eudesm-3-en-6α-acetoxy-7α-ol |
| 桉叶-1, 3, 11 (13)-三烯-12-酸 | eudesm-1, 3, 11 (13)-trien-12-oic acid |
| 桉叶-11-烯-2, 4α-二醇 | eudesm-11-en-2, 4α-diol |
| 桉叶-3, 6-二酮 | eudesm-3, 6-dione |
| 桉叶-3, 7-二烯 | eudesm-3, 7 (11)-diene |
| (+)-桉叶-3-烯-7α-醇 | (+)-eudesm-3-en-7α-ol |
| 桉叶-4 (14), 11-二烯-3β-醇 | eudesm-4 (14), 11-dien-3β-ol |
| 桉叶-4 (14), 7 (11)-二烯 | eudesm-4 (14), 7 (11)-diene |
| (+)-桉叶-4 (14), 7 (11)-二烯-8-酮 | (+)-eudesm-4 (14), 7 (11)-dien-8-one |
| (1β, 7α)-桉叶-4 (14)-烯-1, 7-二醇 | (1β, 7α)-eudesm-4 (14)-en-1, 7-diol |
| (1β, 5α)-桉叶-4 (14)-烯-1, 5-二醇 | (1β, 5α)-eudesm-4 (14)-en-1, 5-diol |
| (1β, 6α)-桉叶-4 (14)-烯-1, 6-二醇 | (1β, 6α)-eudesm-4 (14)-en-1, 6-diol |
| (+)-桉叶-4 (14)-烯-11, 13-二醇 | (+)-eudesm-4 (14)-en-11, 13-diol |
| 桉叶-4 (14)-烯-1β, 6α-二醇 | eudesm-4 (14)-en-1β, 6α-diol |
| (3β, 6β)-桉叶-4 (14)-烯-3, 5, 6, 11-四醇 | (3β, 6β)-eudesm-4 (14)-en-3, 5, 6, 11-tetraol |
| 桉叶-4 (15), 7 (11)-二烯-8-酮 | eudesm-4 (15), 7 (11)-dien-8-one |
| (5*R*, 10*S*)-桉叶-4 (15), 7-二烯-11-羟基-9-酮 | (5*R*, 10*S*)-eudesm-4 (15), 7-dien-11-hydroxy-9-one |
| 桉叶-4 (15), 7-二烯-9α, 11-二醇 | eudesm-4 (15), 7-dien-9α, 11-diol |
| 7-桉叶-4 (15)-烯-1β, 6α-二醇 | 7-eudesm-4 (15)-en-1β, 6α-diol |
| 桉叶-4 (15)-烯-1β, 6α-二醇 | eudesm-4 (15)-en-1β, 6α-diol |
| 桉叶-4 (15)-烯-7α, 11-二醇 | eudesm-4 (15)-en-7α, 11-diol |
| 桉叶-4 (15)-烯-7β, 11-二醇 | eudesm-4 (15)-en-7β, 11-diol |
| 7α*H*-桉叶-4, 11 (12)-二烯-3-酮-2β-羟基-13-β-D-吡喃葡萄糖苷 | 7α*H*-eudesm-4, 11 (12)-dien-3-one-2β-hydroxy-13-β-D-glucopyranoside |
| 桉叶-4, 11-二烯 | eudesm-4, 11-diene |
| 7α*H*, 10α-桉叶-4-烯-3-酮-2β, 11, 12-三醇 | 7α*H*, 10α-eudesm-4-en-3-one-2β, 11, 12-triol |
| 桉叶-7 (11)-烯-4-醇 | eudesm-7 (11)-en-4-ol |
| 桉叶倍半萜内酯 B | eudebeiolide B |
| (+)-β-桉叶醇 | (+)-β-eudesmol |
| 桉叶醇 | eudesmol |

| α-桉叶醇 | α-eudesmol |
| --- | --- |
| β-桉叶醇 | β-eudesmol |
| γ-桉叶醇 | γ-eudesmol |
| 4 (15), 11-桉叶二烯 | 4 (15), 11-eudesmadiene |
| 桉叶二烯 | eucalyptus diene |
| 11-桉叶二烯-8, 12-内酯 | 11-eudesmadien-8, 12-olide |
| 桉叶非洲蒿白前内酯 | eudesmaafraglaucolide |
| 桉叶苷 (赤桉苷) | camaldulenside |
| 桉叶内酯 (2α-羟基土木香内酯) | eudesmanolide (2α-hydroxyalantolactone) |
| 1, 4-桉叶素 | 1, 4-cineole |
| 桉叶素 (桉树脑、1, 8-桉叶素、桉油醇、桉油精) | cineole (eucalyptol, 1, 8-cineole, cajeputol) |
| 1, 8-桉叶素 (桉树脑、桉油醇、桉叶素、桉油精) | 1, 8-cineole (eucalyptol, cajeputol, cineole) |
| 1, 8-桉叶素-(+)-*C*-β-罗勒烯 | 1, 8-cineole-(+)-*C*-β-ocimene |
| 1, 8-桉叶素对伞花烃 | 1, 8-cineole-*p*-cymene |
| 桉叶酸甲酯 | methyleudesmate |
| 桉叶萜内酯 | eudesmanomolide |
| 4α*H*-桉叶烷 | 4α*H*-eudesmane |
| 桉叶烷 K | eudesmane K |
| 桉叶烯 | eudesmene |
| α-桉叶烯 | α-eudesmene |
| β-桉叶烯 | β-eudesmene |
| 4 (15)-桉叶烯-1α, 7β-二醇 | 4 (15)-eudesmen-1α, 7β-diol |
| 11-桉叶烯-1β, 3α, 4β-三醇 | 11-eudesmen-1β, 3α, 4β-triol |
| 4 (15)-桉叶烯-1β, 5α-二醇 | 4 (15)-eudesmen-1β, 5α-diol |
| 4 (15)-桉叶烯-1β, 6α-二醇 | 4 (15)-eudesmen-1β, 6α-diol |
| (3β, 5α, 6β, 7β, 14β)-桉叶烯-3, 5, 6, 11-四醇 | (3β, 5α, 6β, 7β, 14β)-eudesmen-3, 5, 6, 11-tetraol |
| γ-桉叶油醇-11-α-L-鼠李糖苷 | γ-eudesmol-11-α-L-rhamnoside |
| 桉油醇 (1, 8-桉叶素、桉树脑、桉叶素、桉油精) | cajeputol (1, 8-cineole, eucalyptol, cineole) |
| 1, 8-桉油酚 | 1, 8-cineol |
| (–)-桉油烯醇 | (–)-espatulenol |
| (+)-桉脂素 | (+)-eudesmin |
| 桉脂素 | eudesmin |
| (–)-桉脂素 [(–)-桉叶明] | (–)-eudesmin |
| 桉脂酸 (3, 4, 5-三甲氧基苯甲酸) | eudesmic acid (3, 4, 5-trimethoxybenzoic acid) |
| 氨 (氮烷) | ammonia (azane) |
| 氨苯砜 | dapsone |
| 氨丙基刀豆四胺 | aminopropyl canavalmine |
| 氨丙基高精脒 | aminopropyl homospermidine |
| 氨草树脂醇 | ammoresinol |
| 4, 4′-氨叉基二苯腈 | 4, 4′-azanediyl dibenzonitrile |

| 氨茶碱 | aminophylline hydrate |
|---|---|
| 氨丁基刀豆四胺 | aminobutyl canavalmine |
| $N^{5}$-氨丁基均己胺 | $N^{5}$-aminobutyl homohexamine |
| $N^{10}$-氨丁基均己胺 | $N^{10}$-aminobutyl homohexamine |
| $N^{5}$-氨丁基均精胺 | $N^{5}$-aminobutyl homospermine |
| $N^{10}$-氨丁基均戊胺 | $N^{10}$-aminobutyl homopentamine |
| $N^{5}$-氨丁基均戊胺 | $N^{5}$-aminobutyl homopentamine |
| 氨化甘草甜素 | glycyrrhizin ammoniacal |
| 氨茴酸 (邻氨基苯甲酸) | anthranilic acid (aminobenzoic acid) |
| 氨茴酸甲酯 (邻氨基苯甲酸甲酯) | methyl anthranilate (methyl *o*-aminobenzoate) |
| 2-氨基-2-脱氧-D-吡喃葡萄糖 | 2-amino-2-deoxy-D-glucopyranose |
| (2*S*, 3*S*, 4*R*)-2-氨基-1, 3, 4-十八碳三醇 | (2*S*, 3*S*, 4*R*)-2-amino-1, 3, 4-octadecanetriol |
| 1-[氨基 ($^{14}$C) 甲基] 环戊醇 | 1-[amino ($^{14}$C) methyl] cyclopentanol |
| 2′-氨基-1′-(1, 3-苯二氧基-5-基)-1′, 3′-丙二醇 | 2′-amino-1′-(1, 3-benzodioxol-5-yl)-1′, 3′-propanediol |
| 7-氨基-1, 4-二甲基嘧啶基 [4, 5-*c*] 哒嗪-3, 5-(1*H*, 2*H*)-二酮 | 7-amino-1, 4-dimethyl pyrimido [4, 5-*c*] pyridazine-3, 5-(1*H*, 2*H*)-dione |
| (2ξ, 3ξ, 4ξ, 14ξ)-3-氨基-14-氯-2-羟基-4-甲基十六酸 | (2ξ, 3ξ, 4ξ, 14ξ)-3-amino-14-chloro-2-hydroxy-4-methyl hexadecanoic acid |
| 2-氨基-1-*N*-苯基乙酰胺 | 2-amino-1-*N*-phenyl acetamide |
| 10-氨基-2, 4-二甲氧基菲-1-甲酸内酰胺 | 10-amino-2, 4-dimethoxyphenanthrene-1-carboxylic acid lactam |
| 3-氨基-2-苯丙酸 | 3-amino-2-benzyl propanoic acid |
| 3-氨基-2-环己烯-1-酮 | 3-amino-2-cyclohexen-1-one |
| 3-氨基-2-羟基戊二酸 | 3-amino-2-hydroxypentanedioic acid |
| 1-[(2*S*)-2-氨基-2-羧基乙基]-4ξ-羟基环己-1-甲酸 | 1-[(2*S*)-2-amino-2-carboxyethyl]-4ξ-hydroxycyclohex-1-carboxylic acid |
| (2*S*)-2-氨基-3-(3, 5-二羟苯基) 乙酸 | (2*S*)-2-amino-3-(3, 5-dihydroxyphenyl) acetic acid |
| (2*R*, 3*R*)-2-氨基-3-(3-氯苯基)-3-羟基丙酸 | (2*R*, 3*R*)-2-amino-3-(3-chlorophenyl)-3-hydroxypropanoic acid |
| 1β-氨基-3β, 4β, 5α-三羟基环庚烷 | 1β-amino-3β, 4β, 5α-trihydroxycycloheptane |
| 2-氨基-3-苯基丙酸 | 2-amino-3-phenyl propionic acid |
| 5α-*O*-(3′-氨基-3′-苯基丙酰基) 烟酸紫杉碱 | 5α-*O*-(3′-amino-3′-phenyl propionyl) nicotaxine |
| 2-氨基-3-环丙基丁酸 | 2-amino-3-cyclopropyl butanoic acid |
| 2-氨基-3-甲氨基丙酸 | 2-amino-3-(methyl amino)-propanoic acid |
| (*S*)-2-氨基-3-甲基丁-1-醇 | (*S*)-2-amino-3-methylbut-1-ol |
| 4-氨基-3-甲氧基苯酚 | 4-amino-3-methoxyphenol |
| 1-氨基-3-氯丙-2-酮 | 1-amino-3-chloropropan-2-one |
| 2-氨基-3-羧基-1, 4-萘醌 | 2-amino-3-carboxy-1, 4-naphthoquinone |
| 2-氨基-4-甲基己-5-炔酸 | 2-amino-4-methylhex-5-ynoic acid |
| 2-氨基-4-甲基戊醛 | 2-amino-4-methyl pentanal |
| 2-氨基-4-甲基戊酸 | 2-amino-4-methyl pentanoic acid |

| 2-氨基-4-羟基-6-(L-赤-1, 2-二羟基丙基) 蝶啶 | 2-amino-4-hydroxy-6-(L-*erythro*-1, 2-dihydroxypropyl) pteridine |
|---|---|
| 2-氨基-4-羟基-6-庚炔酸 | 2-amino-4-hydroxy-6-heptynoic acid |
| 2-氨基-4-羟甲基己-5-炔酸 | 2-amino-4-hydroxymethyl hex-5-ynoic acid |
| (4-氨基-4-羧基) 丁酰胺基 | (4-amino-4-carboxy) butanamido |
| *N*'-(4-氨基-4-羧基丁基) 甲咪基氨基 | *N*'-(4-amino-4-carboxybutyl) carbamimidoyl amino |
| 2-氨基-5-(2-氯-4-羟基丁基)-6-甲基壬-1, 9-二醇 | 2-amino-5-(2-chloro-4-hydroxybutyl)-6-methylnon-1, 9-diol |
| 氨基-5-磷酰基缬草酸 | amino-5-phosphonovaleric acid |
| 2-氨基-5-氯-4-戊烯酸 | 2-amino-5-chloro-4-pentenoic acid |
| (5-氨基-5-羧基戊基) 氨基 | (5-amino-5-carboxypentyl) amino |
| 1-*C*-(5-氨基-5-脱氧-β-D-吡喃半乳糖基) 丁烷 | 1-*C*-(5-amino-5-deoxy-β-D-galactopyranosyl) butane |
| $6^{1}$-氨基-$6^{1}$-脱氧环麦芽六糖 | $6^{1}$-amino-$6^{1}$-deoxycyclomaltohexaose |
| 2-氨基-6-羟基蝶啶 | 2-amino-6-hydroxypteridine |
| 6-氨基-9-[1-(3, 4-二羟苯基) 乙基]-9*H*-嘌呤 | 6-amino-9-[1-(3, 4-dihydroxyphenyl) ethyl]-9*H*-purine |
| 3-氨基-L-丙氨酸 | 3-amino-L-alanine |
| 3-氨基-L-脯氨酸 | 3-amino-L-proline |
| 7-氨基-*N*-甲基丁酸 | 7-amino-*N*-methyl butanoic acid |
| γ-氨基-α-亚甲基丁酸 | γ-amino-α-methylene butanoic acid |
| α-氨基-β-(1-咪唑基) 丙酸 | α-amino-β-(1-imidazolyl) propanoic acid |
| α-氨基-β-(吡唑-*N*) 丙酸 | α-amino-β-(pyrazolyl-*N*) propionic acid |
| (2*S*)-2-氨基-β-丙氨酸 | (2*S*)-2-amino-β-alanine |
| L-α-氨基-β-草酰氨基丙酸 | L-α-amino-β-oxalyl aminopropionic acid |
| (*S*)-α-氨基-β-氰基丙酸 (L-β-氰丙氨酸、β-氰基-L-丙氨酸) | (*S*)-α-amino-β-cyanopropanoic acid (L-β-cyanoalanine, β-cyano-L-alanine) |
| L-α-氨基-γ-草酰氨基丁酸 | L-α-amino-γ-oxalyl aminobutanoic acid |
| α-氨基-γ-羟基戊二酸酯 | α-amino-γ-hydroxyglutarate |
| L-α-氨基-δ-脒基己酸 (L-2-氨基-6-脒基己酸) | L-indospicine |
| L-α-氨基-δ-羟基缬草酸 | L-α-amino-δ-hydroxyvaleric acid |
| 氨基氨亚基脲 | carbazone |
| 氨基半乳聚糖 | galactosaminoglycan |
| 2-氨基苯甲酸 | 2-aminobenzoic acid |
| 4-氨基苯甲酸 | 4-aminobenzoic acid |
| 2-氨基苯甲酸甲酯 | methyl 2-amino-benzoate |
| 3-氨基吡唑 | 3-aminopyrazol |
| *N*-(3-氨基丙基) 氨基丙醇 | *N*-(3-aminopropyl) aminopropanol |
| *N*-(3-氨基丙基) 氨基乙醇 | *N*-(3-aminopropyl) aminoethanol |
| β-氨基丙腈 | β-aminopropionitrile |
| L-氨基丙酸 | L-aminopropionic acid |
| 4-氨基丁内酯 | 4-aminobutyrolactone |

| γ- 氨基丁酸 | piperidic acid (γ-aminobutanoic acid) |
|---|---|
| γ- 氨基丁酸 | γ-aminobutanoic acid (piperidic acid) |
| β- 氨基丁酸 | β-aminobutanoic acid |
| α- 氨基丁酸 (2- 氨基丁酸) | α-aminobutanoic acid (2-aminobutanoic acid) |
| 2- 氨基丁酸 (α- 氨基丁酸) | 2-aminobutanoic acid (α-aminobutanoic acid) |
| (2*S*, 3*R*)-2- 氨基二十碳 -1, 3- 二醇 | (2*S*, 3*R*)-2-aminoeicos-1, 3-diol |
| 2- 氨基庚二酸 | 2-aminopimelic acid |
| α- 氨基琥珀酰胺酸 (天冬酰胺、门冬酰胺、天门冬酰胺、天门冬氨酸 β- 酰胺) | α-aminosuccinamic acid (asparamide, asparagine, aspartic acid β-amide) |
| 1- 氨基环丙 -1- 甲酸 | 1-aminocycloprop-1-carboxylic acid |
| 4- 氨基环己 -2- 烯 -1- 醇 | 4-aminocyclohex-2-en-1-ol |
| L-α- 氨基己二酸 | L-α-aminoadipic acid |
| 2- 氨基己二酸 | 2-aminoadipic acid |
| α- 氨基己二酸 | α-aminoadipic acid |
| 氨基己二酸 (氨基肥酸) | aminoadipic acid |
| α- 氨基己酸 (去甲亮氨酸、正亮氨酸) | α-aminohexanoic acid (norleucine) |
| [2-(氨基甲基) 丙 -1, 3- 叉基] 二胺 | [2-(aminomethyl) propan-1, 3-diyl] diamine |
| 2-(氨基甲基) 丙 -1, 3- 二胺 | 2-(aminomethyl) prop-1, 3-diamine |
| 1-(氨基甲基) 环戊 -1-[$^{18}$O] 醇 | 1-(aminomethyl) cyclopentan-1-[$^{18}$O] ol |
| 氨基甲酸 | carbamic acid |
| 氨基甲酸苯酯 | phenyl carbamate |
| 2- 氨基甲酰基 -3- 甲氧基 -1, 4- 萘醌 | 2-carbamoyl-3-methoxy-1, 4-naphthoquinone |
| 2- 氨基甲酰基 -3- 羟基 -1, 4- 萘醌 | 2-carbamoyl-3-hydroxy-1, 4-naphthoquinone |
| 2- 氨基咪唑 | 2-aminoimidazole |
| 氨基脲 | semicarbazide |
| 6- 氨基嘌呤 (腺嘌呤、掌叶半夏碱 B) | 6-aminopurine (adenine, pedatisectine B) |
| 2-(6- 氨基嘌呤 -9- 基)-5- 羟甲基四氢呋喃 -3, 4- 二醇 | 2-(6-aminopurin-9-yl)-5-hydroxymethyl tetrahydrofuran-3, 4-diol |
| 氨基葡萄糖 | aminoglucose |
| 2- 氨基葡萄糖 (葡萄糖胺) | 2-aminoglucose (glucosamine) |
| (2*S*, 3*S*)-2- 氨基十八碳 -1, 3- 二醇 | (2*S*, 3*S*)-2-aminooctadec-1, 3-diol |
| (2*S*, 3*R*)-2- 氨基十八碳 -1, 3- 二醇 | (2*S*, 3*R*)-2-aminooctadec-1, 3-diol |
| (2*S*, 3*R*, 4*E*)-2- 氨基十八碳 -4- 烯 -1, 3- 二醇 | (2*S*, 3*R*, 4*E*)-2-aminooctadec-4-en-1, 3-diol |
| (2*S*, 3*R*, 4*Z*)-2- 氨基十八碳 -4- 烯 -1, 3- 二醇 | (2*S*, 3*R*, 4*Z*)-2-aminooctadec-4-en-1, 3-diol |
| 氨基酸 | amino acid |
| 氨基酸浆苦素 A | aminophysalin A |
| 4- 氨基 -4- 羧基苯并二氢吡喃 -2- 酮 | 4-amino-4-carboxychroman-2-one |
| 2-(氨基羰基)-3- 溴苯甲酸 | 2-(aminocarbonyl)-3-bromobenzoic acid |
| (2*E*)-3-(氨基羰基氨基)-2- 氨基丙 -2- 烯酸 | (2*E*)-3-(carbamoyl amino)-2-aminoprop-2-enoic acid |
| 3- 氨基羰基丙酸 | 3-aminocarbonyl propanoic acid |

| 氨基糖 | amino sugar |
|---|---|
| 氨基团花碱A、B | aminocadambines A, B |
| 2-氨基芴 | 2-aminofluorene |
| 3-氨基香豆素 | 3-aminocoumarin |
| β-氨基乙苯(β-苯基乙胺) | β-phenyl ethyl amine |
| 2-氨基乙基磷酸酯 | 2-aminoethyl phosphate |
| 2-氨基乙基膦酸 | 2-aminoethyl phosphonic acid |
| 2-氨基乙基十四酸酯 | 2-aminoethyl tetradecanoate |
| α-氨基乙基亚磺酸 | α-aminoethanesulfiaic acid |
| 2-氨基乙酰胺 | 2-aminoacetamide |
| (2*R*)-3-{[(2-氨基乙氧基)羟基磷酰基]氧基}丙-1, 2-二基二(十六酸)酯 | (2*R*)-3-{[(2-aminoethoxy) hydroxyphosphoryl] oxy} propane-1, 2-diyl dihexadecanoate |
| 2-{2-[1-(2-氨基乙氧基)乙氧基]乙氧基}丙腈 | 2-{2-[1-(2-aminoethoxy) ethoxy] ethoxy} propanenitrile |
| α-氨基异丁酸 | α-aminoisobutanoic acid |
| 6-氨基异喹啉 | 6-aminoisoquinoline |
| *N*-(4-氨基正丁基)-3-(3-羟基-4-甲氧苯基)-(*E*)-丙烯酰胺 | *N*-(4-aminobutyl)-3-(3-hydroxy-4-methoxyphenyl)-(*E*)-acrylamide |
| *N*-(4-氨基正丁基)-3-(3-羟基-4-甲氧苯基)-(*Z*)-丙烯酰胺 | *N*-(4-aminobutyl)-3-(3-hydroxy-4-methoxyphenyl)-(*Z*)-acrylamide |
| D-α-氨基正丁酸 | D-α-amino-*n*-butanoic acid |
| 5-氨亚基吡咯烷-2-酮 | 5-iminopyrrolidin-2-one |
| 氨亚基替次膦酸 | phosphinimidic acid |
| 氨亚基替磺酸 | sulfonimidic acid |
| 氨亚基替硫代膦-*O*, *S*-酸 | phosphonimidothioic *O*, *S*-acid |
| 氨亚基替戊酸(戊氨亚基替酸) | pentaimidic acid |
| 氨亚基替亚磺酸 | sulfinimidic acid |
| L-γ-氨氧基-α-氨基丁酸 | L-γ-aminoxy-α-aminobutyric acid |
| 氨爪基 | azanetriyl |
| 2, 2′, 2″-氨爪基三乙酸 | 2, 2′, 2″-nitrilotriacetic acid |
| 氨爪基三乙酸 | nitrilotriacetic acid |
| 庵蔄醇A～D | artekeiskeanols A～D |
| 1-胺甲酰基-β-咔啉 | 1-carbamoyl-β-carboline |
| 暗褐菌次素 | fuscinarin |
| 暗红罂粟碱 | latericine |
| 暗黄猪屎豆碱 | fulvine |
| 暗罗醛酸 | polyalthialdoic acid |
| 暗罗素 | zinc polyanemine |
| (+)-暗罗酸 | (+)-polyalthic acid |
| 暗罗酰胺 | kalasinamide |
| 暗石松定 | obscuridine |

| | |
|---|---|
| 昂天莲碱 | abromine |
| 昂天莲酸 (昂天莲三萜酸) | augustic acid |
| (3*Z*)- 凹顶藻炔 | (3*Z*)-laurenyne |
| 凹顶藻烯 (劳藻烯) | laurene |
| β- 凹顶藻烯 | β-laurene |
| 凹脉丁公藤碱 | erycibelline |
| 凹脉鹅掌柴酸 | impressic acid |
| 凹陷蓍萜 | aperessin |
| 凹叶瑞香素 A、B | daphneretusins A, B |
| 凹叶瑞香酸 | daphnretusic acid |
| 奥巴叩酸 (黄柏酮酸) | obacunoic acid (obacunonic acid) |
| 奥德蘑素 | oudemansin |
| 奥地灵芝素 | oregonensin |
| 奥多诺二糖 | odorobiose |
| 奥多诺二糖苷 G | odorobioside G |
| 奥多诺苷 (香夹竹桃苷) A～K | odorosides A～K |
| 奥多诺三糖 | odorotriose |
| 奥多诺三糖苷 G | odorotrioside G |
| (+)- 奥尔木庚内酯 A | (+)-almuheptolidea |
| 奥尔索内酯 | altholactone |
| 奥古斯碱 | augustine |
| (12, 13*E*)- 奥济丹尼豆酸甲酯 [(12, 13*E*)- 甲基奥济酸酯] | (12, 13*E*)-methyl ozate |
| (–)- 奥济酸 [(–)- 奥济丹尼豆酸] | (–)-ozic acid |
| 奥靠美任 | ocodemerine |
| 奥可梯木种碱 (格氏绿心樟碱、*N*- 甲基散花巴豆碱) | glaziovine (*N*-methyl crotsparine) |
| 奥寇梯白木碱 | leucoxylonine |
| 奥寇梯木醇 (福桂树醇、拟人参皂苷元) Ⅰ、Ⅱ | ocotillols Ⅰ, Ⅱ |
| (20*R*)- 奥寇梯木醇 [(20*R*)- 福桂树醇、(20*R*)- 拟人参皂苷元] | (20*R*)-ocotillol |
| 奥寇梯木醇 II-3-*O*- 咖啡酸酯 | ocotillol II-3-*O*-caffeate |
| 奥寇梯木醇 -3- 乙酸酯 | ocotillol-3-acetate |
| 奥寇梯木醇 Ⅱ -3-*O*- 棕榈酸酯 (拟人参皂苷元 Ⅱ -3-*O*- 棕榈酸酯) | ocotillol Ⅱ -3-*O*-palmitate |
| 奥寇梯木醇单乙酸酯 | ocotillol monoacetate |
| 奥寇梯木醇乙酸酯 | ocotillol acetate |
| 奥寇梯木碱 (绿心樟碱、小唐松草碱、亚欧唐松草碱) | ocoteine (thalicmine) |
| (+)- 奥寇梯木碱 [(+)- 绿心樟碱] | (+)-ocoteine |
| 奥寇梯木素 | ocotosine |

| | |
|---|---|
| 奥寇梯木亭 | ocotine |
| 奥寇梯木酮(福桂树酮) | ocotillone |
| 奥拉明(2-乙酰基石蒜碱) | aulamine (2-acteyl lycorine) |
| 奥来毒素 | orellanine |
| 奥利毒素 | orellinine |
| 奥利宁 | orelline |
| 奥利异黄酮 | aureole |
| 3, 21-奥内那二烯 | aonena-3, 21-diene |
| 奥乔科杯头树木脂素A | ocholignan A |
| 奥沙京 | osayin |
| 奥氏黄檀素A | olibergin A |
| 奥氏千里光碱 | otosenine |
| 奥索千里光碱 | othosenine (tomentosine) |
| 奥索千里光碱 | tomentosine (othosenine) |
| 奥索千里光裂碱 | otonecine |
| 奥台蕈素 | odyssin |
| 奥台蕈酸 | odyssic acid |
| 奥梯瓦素 | otivarin |
| 奥图索苷 | obtusoside |
| 奥托肉豆蔻酮 | otobanone |
| 奥托肉豆蔻脂素 | otobain |
| 奥万定 | alvanidine |
| 奥万宁 | alvanine |
| 奥孕酸钾 | oxprenoate potassium |
| 奥佐木内酯 | ozoroalide |
| 薁(甘菊环、甘菊蓝、甘菊环烃、茂并芳庚) | azulene (cyclopentacycloheptene) |
| [μ-(1, 2, 3, 3a, 8a-η: 4, 5, 6-η)-薁]-五羰基二铁 | [μ-(1, 2, 3, 3a, 8a-η: 4, 5, 6-η)-azulene]-pentacarbonyl diiron |
| 薁-3a (1*H*)-甲酸 | azulene-3a (1*H*)-carboxylic acid |
| 薁并[6, 5-*b*]吡啶 | azuleno [6, 5-*b*] pyridine |
| 薁内酯 | azulene lactone |
| 5-薁乙酸 | 5-azuleneacetic acid |
| 澳白木脂素(木兰藤木脂素)-5、7 | austrobailignans-5, 7 |
| 澳白檀醇 | lanceol |
| 澳白檀苷 | lanceolarin |
| 澳斯特贝林内酯 | austrapine |
| 澳洲倒提壶碱(琉璃草灵、澳琉璃草碱) | cynaustraline |
| 澳洲红豆杉碱 | austrotaxine |
| 澳洲茄胺(澳洲茄次碱、茄定碱、茄解啶) | solasodine (solancarpidine, purapuridine) |

| | |
|---|---|
| 澳洲茄胺-3-*O*-α-L-吡喃鼠李糖基-(1→2)-*O*-[β-D-吡喃葡萄糖基-(1→4)]-β-D-吡喃葡萄糖苷 | solasodine-3-*O*-α-L-rhamnopyranosyl-(1→2)-*O*-[β-D-glucopyranosyl-(1→4)]-β-D-glucopyranoside |
| 澳洲茄胺-3-*O*-β-D-吡喃葡萄糖苷 | solasodine-3-*O*-β-D-glucopyranoside |
| 1, 4-澳洲茄胺二烯-3-酮 | 1, 4-solasodadien-3-one |
| 澳洲茄醇 (澳洲茄醇胺) | solanaviol |
| 澳洲茄醇-3-*O*-β-茄三糖苷 | solanaviol-3-*O*-β-solatrioside |
| 3, 5-澳洲茄二烯 | 3, 5-solasodiene |
| β-澳洲茄碱 | β-solasonine |
| 澳洲茄碱 (羟基茄碱) | solasonine |
| 澳紫云英苷 | astroside |
| 八芬 | octaphene |
| 2, 3, 4, 5, 2′, 4′, 5′, 6′-八甲氧基查耳酮 | 2, 3, 4, 5, 2′, 4′, 5′, 6′-octamethoxychalcone |
| 八甲氧基黄酮 | octamethoxyflavone |
| 3, 3′, 4′, 5, 5′, 6, 7, 8-八甲氧基黄酮 (月橘素、爱克受梯新、九里香替辛) | exoticin (3, 3′, 4′, 5, 5′, 6, 7, 8-octamethoxyflavone) |
| 八降葫芦素 A～D | octanorcucurbitacins A～D |
| 八角二酮 A～C | illicidiones A～C |
| 八角枫碱 | alangine |
| 八角枫京 | alamarckine |
| 八角枫马京 | alangimarckine |
| 八角枫木脂苷 C、D | alangilignosides C, D |
| 八角枫宁 | alanginine |
| 八角枫宁苷 | alanchinin |
| 八角枫属碱 | alangium base |
| 八角枫酰胺 | alangamide |
| 八角枫香堇苷 (八角枫苷) A～L、O | alangionosides A～L, O |
| 八角枫辛 | alangicine |
| 八角呋酮 A～E | illifunones A～E |
| (2*R*, 4*S*, 11*R*)-八角呋酮 C | (2*R*, 4*S*, 11*R*)-illifunone C |
| 八角黄皮内酯 | anisolactone |
| 八角茴香醇 A～J | verimols A～J |
| 八角茴香醇 K (八角醇酯 K、2, 6-二羟基苯甲酸苯甲酯) | verimol K (benzyl 2, 6-dihydroxybenzoate) |
| 八角茴香素 A | illiverin A |
| 八角茴香亭素 A、B | veranisatins A, B |
| 八角金盘萜苷 A | fatsioside A |
| 八角莲醇 | dysosmarol |
| 八角莲蒽醌 | dysoanthraquinone |
| 八角莲黄酮 A～F | dysosmaflavones A～F |
| 八角莲去甲木脂素 A、B | dysosmanorlignans A, B |

| 八角莲素 A～F | podoverines A～F |
|---|---|
| 八角莲酮醇 | dysosmajol |
| 八角醚 | illicinole |
| 八角内酯(八角醇内酯)A～C | illicinolides A～C |
| 八角酮 | illicinone |
| 八聚异戊二烯类化合物 | polyoctapentene |
| 八里麻毒素 | rhomotoxin |
| 八螺旋烃 | octahelicene |
| 2, 3, 4, 5, 6, 6a, 7, 7-八氯-1a, 1b, 5, 5a, 6, 6a-六氢-2, 5-亚甲基-2*H*-茚并 [1, 2-*b*] 环氧乙烯 | oxychlordan (2, 3, 4, 5, 6, 6a, 7, 7-octachloro-1a, 1b, 5, 5a, 6, 6a-hexahydro-2, 5-methylene-2*H*-indeno [1, 2-*b*] oxirene) |
| 八氯樟烯 | octachlorocamphene |
| 1α, 2, 3, 3α, 4, 5, 6, 7-八氢-1-环丙基萘 | 1α, 2, 3, α, 4, 5, 6, 7-octahydro-1-cyclopropyl naphthalene |
| 1, 2, 3, 5, 6, 8, 8a-八氢-1-甲基-6-亚甲基-4-(1-甲乙基)-萘 | 1, 2, 3, 5, 6, 8, 8a-octahydro-1-methyl-6-methylene-4-(1-methyl ethyl)-naphthalene |
| 八氢-1-(1-甲氧基-2-甲丙基)-3a-甲基-7-亚甲基-1*H*-茚-4-醇 | octahydro-1-(1-methoxy-2-methyl propyl)-3a-methyl-7-methylene-1*H*-inden-4-ol |
| 1a, 2, 3, 4, 4a, 5, 6, 7b-八氢-1, 1, 4, 7-四甲基-1*H*-环丙 [*e*] 薁 | 1a, 2, 3, 4, 4a, 5, 6, 7b-octahydro-1, 1, 4, 7-tetramethyl-1*H*-cycloprop [*e*] azulene |
| 2, 3, 4, 4a, 5, 6, 7, 8-八 氢-1, 1, 4a, 7-四 甲 基-顺式-1*H*-苯并-7-环庚烯醇 | 2, 3, 4, 4a, 5, 6, 7, 8-octahydro-1, 1, 4a, 7-tetramethyl-*cis*-1*H*-benzocyclohepten-7-ol |
| 1, 1a, 4, 5, 6, 7, 7b, 8-八氢-1, 1, 7, 7a-四甲基-2*H*-环丙基 [*a*] 萘-2-酮 | 1, 1a, 4, 5, 6, 7, 7b, 8-octahydro-1, 1, 7, 7a-tetramethyl-2*H*-cyclopropa [*a*] naphtha-2-one |
| 1, 1α, 4, 5, 6, 7, 7α, 7β-八氢-1, 1, 7, 7α-四甲基-2*H*-环丙 [α]-萘-2-酮 | 1, 1α, 4, 5, 6, 7, 7α, 7β-octahydro-1, 1, 7, 7α-tetramethyl-2*H*-cyclopropa [α]-naphthalen-2-one |
| 1, 1α, 2, 4, 6, 7, 7α-八氢-1, 1, 7, 7α-四甲基-5*H*-环丙 [α]-萘-5-酮 | 1, 1α, 2, 4, 6, 7α-octahydro-1, 1, 7, 7α-tetramethyl-5*H*-cyclopropa [α]-naphthalen-5-one |
| 1, 2, 3, 4, 5, 6, 7, 8α-八氢-1, 4-二甲基-7-(1-甲基乙烯基)薁 | 1, 2, 3, 4, 5, 6, 7, 8α-octahydro-1, 4-dimethyl-7-(1-methyl ethenyl) azulene |
| 1, 2, 3, 4, 5, 6, 7, 8-八氢-1, 4-二甲基-7-(1-亚异丙基)甘菊环烃 | 1, 2, 3, 4, 5, 6, 7, 8-octahydro-1, 4-dimethyl-7-(1-methyl ethylidene) azulene |
| 1, 2, 3, 3a, 4, 5, 6, 7-八 氢-1, 4-二 甲 基-7-异 丙 烯 基-[1*R* (1α, 3aβ, 4α, 7β)]-薁 | 1, 2, 3, 3a, 4, 5, 6, 7-octahydro-1, 4-dimethyl-7-(1-methyl vinyl)-[1*R* (1α, 3aβ, 4α, 7β)]-azulene |
| 八氢-1-甲基-6-亚甲基-4-(1-甲基乙烯基)-2 (1*H*)-萘酮 | octahydro-1-methyl-6-methylene-4-(1-methyl ethenyl)-2 (1*H*)-naphthalenone |
| (3*R*, 5a*S*, 6*R*, 8a*S*, 9*R*, 12*S*, 12a*R*)-八氢-3, 12-环氧-3, 6, 9-三甲基-12*H*-吡喃并 [4, 3-*j*]-1, 2-苯并二氧(杂)环庚熳-10 (3*H*)-酮 | (3*R*, 5a*S*, 6*R*, 8a*S*, 9*R*, 12*S*, 12a*R*)-octahydro-3, 12-epoxy-3, 6, 9-trimethyl-12*H*-pyrano [4, 3-*j*]-1, 2-benzodioxepin-10 (3*H*)-one |
| 3, 3a, 4, 4a, 7a, 8, 9, 9a-八氢-3, 4a, 8-三甲基-4-(2-甲基-1-氧丙基)甘菊环烃并 [6, 5-*b*] 呋喃-2, 5-二酮 | 3, 3a, 4, 4a, 7a, 8, 9, 9a-octahydro-3, 4a, 8-trimethyl-4-(2-methyl-1-oxopropyl) azuleno [6, 5-*b*] furan-2, 5-dione |

| | |
|---|---|
| (1*R*, 3a*R*, 4*R*, 7a*S*)-八氢-3a-甲基-7-亚甲基-1-(2-甲基-1-丙烯-1-基)-1*H*-茚-4-醇 | (1*R*, 3a*R*, 4*R*, 7a*S*)-octahydro-3a-methyl-7-methylene-1-(2-methyl-1-propen-1-yl)-1*H*-inden-4-ol |
| [(1*R*)-(1α, 3*a*β, 4β, 7*a*α)]-八氢-3*a*-甲基-7-亚甲基-1-(2-甲基-2-丙烯基)-1*H*-茚-4-醇 | (1*R*)-(1α, 3*a*β, 4β, 7*a*α)]-octahydro-3*a*-methyl-7-methylene-1-(2-methyl-2-propenyl)-1*H*-inden-4-ol |
| 4b, 5, 6, 7, 8, 8a, 9, 10-八氢-4b, 8, 8-三甲基-2-(1-甲乙基)-4-菲酚 | 4b, 5, 6, 7, 8, 8a, 9, 10-octahydro-4b, 8, 8-trimethyl-2-(1-methyl ethyl)-4-phenanthrenol |
| (1*R*, 3a*S*, 4*R*, 8a*S*)-1, 2, 3, 3a, 4, 5, 6, 8a-八氢-4-甲氧基-1, 4-二甲基-7-(1-甲乙基)-1-薁醇 | (1*R*, 3a*S*, 4*R*, 8a*S*)-1, 2, 3, 3a, 4, 5, 6, 8a-octahydro-4-methoxy-1, 4-dimethyl-7-(1-methyl ethyl)-1-azulenol |
| (1*S*, 3a*R*, 4*R*, 8a*S*)-1, 2, 3, 3a, 4, 5, 6, 8a-八氢-4-甲氧基-1, 4-二甲基-7-(1-甲乙基)-1-薁醇 | (1*S*, 3a*R*, 4*R*, 8a*S*)-1, 2, 3, 3a, 4, 5, 6, 8a-octahydro-4-methoxy-1, 4-dimethyl-7-(1-methyl ethyl)-1-azulenol |
| 八氢-4-羟基-(3*R*)-甲基-7-亚甲基-(*R*)-(1-甲乙基)-1*H*-茚-1-甲醇 | octahydro-4-hydroxy-(3*R*)-methyl-7-methylene-(*R*)-(1-methyl ethyl)-1H-indene-1-methanol |
| [(1S)-(1α, 3aβ, 4β, 7aα)]-八氢-4-羟基-α, α, 3a-三甲基-7-亚甲基-1H-茚-1-甲醇 | [(1S)-(1α, 3aβ, 4β, 7aα)]-octahydro-4-hydroxy-α, α, 3a-trimethyl-7-methylene-1H-indene-1-methanol |
| 1, 2, 4a, 5, 6, 7, 8, 8a-八氢-5-(1-羟基-1-甲乙基)-3, 8-二甲基-2-萘酸酯 | 1, 2, 4a, 5, 6, 7, 8, 8a-octahydro-5-(1-hydroxy-1-methyl ethyl)-3, 8-dimethyl-2-naphthalenyl ester |
| 八氢-5, 8-二羟基-5, 8a-二甲基-3-(1-甲基亚乙基) | octahydro-5, 8-dihydroxy-5, 8a-dimethyl-3-(1-methyl ethylidene) |
| 1, 2, 3, 4, 4a, 5, 6, 8a-八氢-7-甲基-4-亚甲基-1-(1-亚甲基)萘 | 1, 2, 3, 4, 4a, 5, 6, 8a-octahydro-7-methyl-4-methylene-1-(1-methylene) naphthalene |
| 1, 2, 3, 4, 4a, 5, 6, 8a-八氢-8-四甲基-2-萘甲醇 | 1, 2, 3, 4, 4a, 5, 6, 8a-octahydro-8-tetramethyl-2-naphthalene methanol |
| 八氢番茄烃(八氢番茄红素) | phytoene |
| [(1*S*)-(1α, 4α, 7α)]-1, 2, 3, 4, 5, 6, 7, 8-八氢化-1, 4-二甲基-7-(1-甲基乙烯基)薁 | [(1*S*)-(1α, 4α, 7α)]-1, 2, 3, 4, 5, 6, 7, 8-octahydro-1, 4-dimethyl-7-(1-methyl ethenyl) azulene |
| 八氢姜黄素 | octahydrocurcumin |
| 八氢萘 | octahydronaphthalene |
| 八氢异吲哚-1, 3-二酮 | octahydroisoindole-1, 3-dione |
| 八朔柑橘定 | hassanidin |
| 八朔柑橘酮 | hassanon |
| 八仙花酚(绣球酚) | hydrangenol |
| (–)-八仙花酚-4′-*O*-葡萄糖苷[(–)-绣球酚-4′-*O*-葡萄糖苷] | (–)-hydrangenol-4′-*O*-glucoside |
| 八仙花酚-8-*O*-D-半乳糖苷 | hydrangenol-8-*O*-D-galactoside |
| 八仙花酚-8-*O*-葡萄糖苷 | hydrangenol-8-*O*-glucoside |
| 八仙花素(中国绣球亭) | hydrangetin |
| 八仙花酸 | hydrangeic acid |
| 巴比翠雀林碱 | barbaline |
| 巴比格酮 | barbigerone |
| 巴比妥酸(丙二酰脲) | barbituric acid |
| 巴比异黄酮A(2-羟基异樱黄素) | barpisoflavone A (2-hydroxyisoprunetin) |
| 巴布金丝桃素A～E | papuaforins A～E |

| | |
|---|---|
| 巴布列酯 (2-羟基-3-苯基丙酸甲酯) | papuline (2-hydroxy-3-benzenepropanoic acid methyl ester) |
| 巴茨草苷 (巴尔蒂苷) | bartsioside |
| 巴达薇甘菊素 (薯叶假泽兰素) | batatifolin |
| 巴德拉阿魏素 (巴德拉克明) | badrakemin |
| 巴德拉阿魏素乙酸酯 | badrakemin acetate |
| 巴德拉阿魏酮 | badrakemone |
| 巴德来因 (巴德来金眼菊素) A、B | budleins A～B |
| 巴德来因 (巴德来金眼菊素、芽菜素) | budlein |
| 巴德来因 A 巴豆酸酯 (巴德来金眼菊素 A 巴豆酸酯) | budlein A tiglate |
| 巴德来因 A 丙烯酸甲酯 (巴德来金眼菊素 A 丙烯酸甲酯) | budlein A methyl acrylate |
| 巴德来因 A 甲基丙烯酸酯 | budlein A methyl acrylate |
| 巴德来因 A 异丁酸酯 | budlein A isobutanoate |
| 巴德来因 A 异丁酸酯 (巴德来金眼菊素 A 异丁酸酯) | budlein A isobutanoate |
| 巴德来因 $A_2$ 甲基丁酸酯 (巴德来金眼菊素 $A_2$ 甲基丁酸酯) | budlein $A_2$ methyl butanoate |
| 巴东过路黄素 | patungensin |
| 巴豆吡喃酮 A～C | crotonpyrones A～C |
| 巴豆醇 | phorbol |
| 巴豆醇-12-(2-甲基) 丁酸乙酯 | phorbol-12-(2-methyl) butanoate |
| 巴豆醇-12-α-苯甲酸酯-13-苯甲酸酯 | phorbol-12-α-benzoate-13-benzoate |
| 巴豆醇-12-α-甲基丁酸酯-13-癸酸酯 | phorbol-12-α-methyl butanoate-13-caprate |
| 巴豆醇-12-α-甲基丁酸酯-13-辛烯酸酯 | phorbol-12-α-methyl butanoate-13-caprylenate |
| 巴豆醇-12-α-甲基丁酸酯-13-月桂酸酯 | phorbol-12-α-methyl butanoate-13-laurate |
| 巴豆醇-12-巴豆酸酯 | phorbol-12-tigliate |
| 巴豆醇-12-巴豆酸酯-13-丁酸酯 | phorbol-12-tiglate-13-butanoate |
| 巴豆醇-12-巴豆酸酯-13-癸酸酯 | phorbol-12-tiglate-13-decanoate |
| 巴豆醇-12-巴豆酸酯-13-辛烯酸酯 | phorbol-12-tiglate-13-caprylenate |
| 巴豆醇-12-巴豆酸酯-13-月桂酸酯 | phorbol-12-tiglate-13-laurate |
| 巴豆醇-12-苯甲酸酯-13-苯甲酸酯 | phorbol-12-benzoate-13-benzoate |
| 巴豆醇-12-丁酸酯-13-月桂酸酯 | phorbol-12-butanoate-13-laurate |
| 巴豆醇-12-癸酸酯-13-乙酸酯 | phorbol-12-caprate-13-acetate |
| 巴豆醇-12-肉豆蔻酸酯-13-乙酸酯 | phorbol-12-myristate-13-acetate |
| 巴豆醇-12-十四酸酯 | phorbol-12-tetradecanoate |
| 巴豆醇-12-乙酸酯-13-癸酸酯 | phorbol-12-acetate-13-caprate |
| 巴豆醇-12-乙酸酯-13-月桂酸酯 | phorbol-12-acetate-13-laurate |
| 巴豆醇-12-异丁酸酯 | phorbol-12-isobutanoate |
| 巴豆醇-12-月桂酸酯-13-乙酸酯 | phorbol-12-laurate-13-acetate |
| 巴豆醇-12-棕榈酸酯-13-乙酸酯 | phorbol-12-palmitate-13-acetate |

| | |
|---|---|
| 巴豆醇-13-癸酸酯 | phorbol-13-decanoate |
| 巴豆醇-13-癸酸酯-12-巴豆酸酯 | phorbol-13-decanoate 12-tiglate |
| 巴豆醇-13-十二酸酯 | phorbol-13-dodecanoate |
| 巴豆醇-13-乙酸酯 | phorbol-13-acetate |
| 巴豆醇-4-甲氧基-12-肉豆蔻酸酯-13-乙酸酯 | phorbol-4-methoxy-12-myristate-13-acetate |
| 3-巴豆醇苯甲酸酯 | 3-benzoate-phorbol |
| 巴豆醇二酯 | phorbol diester |
| 巴豆醇肉豆蔻酰乙酯 | phorbol myristate acetate |
| 巴豆醇三酯 | phorbol triesters |
| 巴豆毒素Ⅰ、Ⅱ | crotins Ⅰ, Ⅱ |
| 巴豆苷 | crotonoside |
| 巴豆碱 | crotonine |
| 巴豆醛 | tiglaldehyde |
| 巴豆属碱 | croton base |
| 巴豆素 | crotonosine |
| 巴豆酸[惕各酸、顺芷酸、(*E*)-2-甲基丁-2-烯酸、α-甲基巴豆油酸] | tiglic acid [(*E*)-2-methyl-2-butenoic acid, α-methyl crotonic acid] |
| 巴豆酸百里香酚酯 | thymyl tiglate |
| 巴豆酸颈花脒(惕各酸颈花脒) | trachelanthamidine tiglate |
| 巴豆酸伪莨菪醇酯 | tigloiline |
| 巴豆萜A、B | badounoids A, B |
| 巴豆五针松醛 | neocrotocembranal |
| 巴豆酰胺 | crotonamide |
| (+)-14-巴豆酰北五味子素 $K_3$ | (+)-14-tigloyl gomisin $K_3$ |
| *O*-巴豆酰环锦熟黄杨烯碱B | *O*-tigloylcyclovirobuxeine B |
| 巴豆酰环维黄杨碱(巴豆酰环锦熟黄杨辛碱)B | tigloycyclovirobuxine B |
| 巴豆香堇苷A～G | crotonionosides A～G |
| 巴豆盐酸 | crotonate |
| 巴豆油酸 | crotonic acid |
| 巴豆扎贝呋喃A～C | crotozambefurans A～C |
| 12-*O*-巴豆酯基-7-氧亚基-5-烯基佛波醇-13-(2-甲基)丁酸酯 | 12-*O*-tigloyl-7-oxo-5-en-phorbol-13-(2-methyl) butanoate |
| 巴尔巴地衣酸(坝巴酸、须松萝酸) | barbatic acid (barbatinic acid) |
| 巴尔巴酰胺(巴巴拉鞘丝藻酰胺) | barbamide |
| 巴尔波皂苷元 | barbourgenin |
| 巴尔米拉鞘丝藻酰胺A | palmyramide A |
| 巴尔恰宁 | balchanin |
| 巴伐利亚龙胆苷 | gentiabavaroside |
| D-巴福定(羟基月芸任) | D-balfourodine (hydroxylunacrine) |
| 巴福木季铵碱盐酸盐 | balfourodinium chloride |

| | |
|---|---|
| (+)-巴福木碱 [(+)-巴福定] | (+)-balfourodine |
| 巴黄杨定 | baleabuxidine |
| 巴黄杨星 | baleabuxine |
| (+)-巴基斯坦小檗胺 | (+)-pakistanamine |
| 巴基斯坦小檗胺 | pakistanamine |
| 巴基斯坦小檗碱 | pakistanine |
| 巴戟林素 | morindolin |
| 巴戟醚萜 (丰花草苷元) | borreriagenin |
| 巴戟萘烯酮 | morinaphthalenone |
| 巴戟内酯 | morindolide |
| 巴戟天苷 | morofficianloside |
| 巴戟天素 {1-丁氧基-4, 5, 7-三羟基-6-羟甲基-2-氧杂双环 [4.1.0] 庚烷} | officinalisin {1-butyloxy-4, 5, 7-trihydroxy-6-hydroxymethyl-2-oxabicyclo [4.1.0] heptane} |
| 巴戟酮 (巴戟醌) | morindone |
| 巴戟酮 -3-*O*-β- 樱草糖苷 | morindone-3-*O*-β-primeveroside |
| 巴戟酮 -5- 甲醚 | morindone-5-methyl ether |
| 巴戟酮 -6-*O*-β-D- 樱草糖苷 | morindone-6-*O*-β-D-primeveroside |
| 巴戟酮 -6- 甲醚 | morindone-6-methyl ether |
| 巴加可马钱碱 | bacancosin |
| 巴考素 | bakankosine |
| 巴拉次薯蓣皂苷元 A | prazerigenin A |
| 巴拉次薯蓣皂苷元 A-3-*O*-α-L- 吡喃鼠李糖基 -(1→2)-β-D- 吡喃葡萄糖苷 | prazerigenin A-3-*O*-α-L-rhamnopyranosyl-(1→2)-β-D-glucopyranoside |
| 巴拉次薯蓣皂苷元 A-3-*O*-β-D- 吡喃葡萄糖苷 | prazerigenin A-3-*O*-β-D-glucopyranoside |
| 巴拉圭茶皂苷 2～5 | matesaponins 2～5 |
| 巴拉圭冬青苷 | mateside |
| 巴兰吉枝木碱 | geibalansine |
| 巴兰精 (千解草精) | bharangin |
| 巴兰精宁 (千解草精宁) | bharanginin |
| 巴兰奇呋喃 | bharangifuran |
| (+)-巴伦西亚橘烯 | (+)-valencene |
| 巴洛草四糖苷 (夏至草四苷) | ballotetroside |
| 巴马素 | palmatisine |
| 巴马亭红碱 | palmatrubine |
| 巴拿马黄檀异黄酮 (雷杜辛、微凹黄檀素、5-羟基-3, 3′, 4′, 7-四甲氧基黄酮) | retusin (5-hydroxy-3, 3′, 4′, 7-tetramethoxyflavone) |
| 巴拿马黄檀异黄酮 -7, 8- 二 -*O*-β-D- 吡喃葡萄糖苷 | retusin-7, 8-di-*O*-β-D-glucopyranoside |
| 巴拿马黄檀异黄酮 -8- 甲基乙酯 | retusin-8-methyl ether |
| 巴拿甜叶菊素 | panamin |
| 巴内加素 | banegasine |

| | |
|---|---|
| 巴奴次碱(班努长春碱) | bannucine |
| 巴婆碱(阿西米洛宾、三裂泡泡碱) | asimilobine |
| 巴塞洛内酸A | barceloneic acid A |
| 巴氏九节苷A、B | bahienosides A, B |
| 巴氏美盒果碱 | lonicerine |
| 巴塔哥尼亚酸 | patagonic acid |
| 巴塘紫菀皂苷A～K | asterbatanosides A～K |
| 巴天酸模酚 | batiansuanmol |
| 巴天酸模苷A、B | patientosides A, B |
| 巴西伽蓝菜苷A、B | kalambrosides A, B |
| 巴西果蛋白(高大臭椿素、高大胡椒素) | excelsin |
| 巴西黑黄檀素 | caviunin |
| 巴西黑黄檀素-7-*O*-[β-D-呋喃芹糖基-(1→6)-β-D-吡喃葡萄糖苷] | caviunin-7-*O*-[β-D-apiofuranosyl-(1→6)-β-D-glucopyranoside] |
| 巴西黑黄檀素-7-*O*-β-D-吡喃葡萄糖苷 | caviunin-7-*O*-β-D-glucopyranoside |
| 巴西黑黄檀素-7-*O*-β-D-龙胆二糖苷 | caviunin-7-*O*-β-D-gentiobioside |
| 巴西红厚壳定[红厚壳素B、6-(3, 3-二甲烯丙基)-1, 5-二羟基呫酮] | guanandin [calophyllin B, 6-(3, 3-dimethyl allyl)-1, 5-dihydroxyxanthone] |
| 巴西红厚壳素 | jacareubin |
| 巴西红厚壳酸 | brasiliensic acid |
| 巴西红厚壳呫酮A～F | brasixanthones A～F |
| 巴西胡椒定 | jaborandine |
| 巴西胡桐素A～C | brasimarins A～C |
| 巴西胡桐酮(巴西酮) | brasilixanthone |
| 巴西金丝桃酚A～C | hyperbrasilols A～C |
| 巴西金丝桃酮 | hyperbrasilone |
| 巴西菊内酯(香草斯明、荒漠菊素) | eremanthin (vanillosmin) |
| 巴西菊素(单蕊菊内酯)A～C | eremantholides A～C |
| 巴西灵(巴西苏木素) | brazilin (brasilin) |
| 巴西马钱碱 | strychnobrasiline |
| 巴西人参苷A | pfaffoside A |
| 巴西人参素酸 | pfaffic acid |
| 巴西苏木红素(巴西木色素) | brasilein |
| 巴西苏木内酯A | brazilide A |
| 巴西苏木素(巴西灵) | brasilin (brazilin) |
| 巴西苏木素衍生物 | brazilin derivatives |
| 巴西酸亚乙酯 | ethylene brassylate |
| 巴西野牡丹素(巴西野牡丹鞣质、诺波丹宁)A～H | nobotanins A～H |
| 巴西棕榈酸 | carnaubic acid |
| 粑特美宁 | parostemenine |

| 菝葜苯丙素苷 A～F | smilasides A～F |
|---|---|
| 菝葜木脂素 A | smilgnin A |
| 菝葜素 A～D | smilaxins A～D |
| 菝葜屾酮 A、B | smilones A, B |
| 菝葜皂苷 A～D | smilaxchinosides A～D |
| 菝葜皂苷元 (异洋菝葜皂苷元) | smilagenin (isosarsasapogenin) |
| 菝葜皂苷元-3-*O*-[β-D-吡喃葡萄糖基-(1→2)]-β-D-吡喃半乳糖苷 | smilagenin-3-*O*-[β-D-glucopyranosyl-(1→2)]-β-D-galactopyranoside |
| 菝葜皂苷元-3-*O*-[β-D-吡喃葡萄糖基-(1→2)]-β-D-吡喃甘露糖苷 | smilagenin-3-*O*-[β-D-glucopyranosyl-(1→2)]-β-D-mannopyranoside |
| 菝葜皂苷元酮 | sarsapogenone |
| 霸贝菜碱 | nirurine |
| 霸贝菜素 | nirphyllin |
| 霸贝菜素乙酸酯 | phyllnirurin |
| 霸王精 | zygofabagine |
| 白桉宁 C | eucalbanin C |
| 白斑网球花碱 | albomaculine |
| 白苞芹脑 | nothoapiole |
| 白孢肉齿菌素 α、γ | sarcodonins α, γ |
| 白背枫苷 A～D | asiatisides A～D |
| 白背枫酸酯 A、B | asiatoates A, B |
| 白背叶灵 A～D | malloapelins A～D |
| 白背叶脑苷脂 | mallocerebroside |
| 白背叶素 | malloapeltin |
| 白背叶酸 | malloapeltic acid |
| 白背叶萜 A、B | malloapeltas A, B |
| 白背叶亭 (白背叶氰碱) | malloapeltine |
| 白背叶烯 | malloapeltene |
| 白背叶酰胺 | malloceramide |
| 白扁豆多糖 | dolichos bean polysaccharide |
| 白菜菊灵 | baileyolin |
| α-白菖考烯 (α-二去氢菖蒲烯) | α-calacorene |
| γ-白菖考烯 (γ-二去氢菖蒲烯) | γ-calacorene |
| 白菖考烯 (去二氢菖蒲烯) | calacorene |
| 白菖酮 | calacone |
| 白菖烯 | calarene |
| 白菖烯醇 | calarenol |
| 白刺花酚 A～D | davidiols A～D |
| 白刺碱 | nitrain |
| 白刺喹啉胺 | nitramine |

| 白刺喹嗪胺(白刺胺) | nitraramine |
|---|---|
| 白刺灵碱 | nitrarine |
| 白刺米定碱 | nitramidine |
| 白达玛脂树酚 A | vateriaphenol A |
| 白达木酸 | tsudzuic acid |
| 白大凤素Ⅰ、Ⅱ | chettaphanins Ⅰ, Ⅱ |
| 白蛋白(清蛋白) | albumin |
| 白蛋巢菌素 $A_3$～$A_7$、$B_{11}$、$C_1$～$C_3$ | salfredins $A_3$～$A_7$, $B_{11}$, $C_1$～$C_3$ |
| 白当归脑(白当归醇、比克白芷内酯) | byakangelicol |
| 白当归素(比克白芷素) | byakangelicin |
| 白当归素水合物(水合白当归素) | byakangelicin hydrate |
| 白蝶呤 A、B | leucopterin A, B |
| 白啶{萘并[1, 8-*de*]嘧啶} | perimidine {naphtho [1, 8-*de*] pyrimidine} |
| 白毒马草醇 A、B | candols A, B |
| 白饭树醇碱 | fluggeainol |
| 白饭树定碱 A | flueggedine A |
| 白饭树碱 | flueggeaine |
| 白饭树碱醚 | fluggeaineether |
| 白饭树精碱 A、B | flueggines A, B |
| 白饭树宁碱 A～D | flueggenines A～D |
| 白饭树辛碱 A～D | fluevirosines A～D |
| 白饭树辛宁 A | fluevirosinine A |
| 白饭树因碱 A、B | virosaines A, B |
| 白飞燕草苷元(无色飞燕草素) | leucodelphinidin |
| 白飞燕草苷元甲酯 | leucodelphinidin methyl ether |
| 白蜂斗菜素 | petasalbin |
| 白蜂斗菜素当归酸酯 | albopetasin |
| 白蜂斗菜素甲醚 | petasalbin methyl ether |
| 白腐菌内酯 D | echinolactone D |
| 白附子凝集素 | typhonium giganteum lectin |
| 白栝楼碱(麦芽毒素、白毛花柱碱、坎狄辛) | candicine |
| 白桂木新黄酮 A～C | hypargyflavones A～C |
| 白桂木芪 A | hypargystilbene A |
| 白桂皮醛 | canellal |
| 白果醇(银杏醇) | ginnol |
| 白果酚 | ginkgol |
| 白果内酯 | bilobalide |
| 白果素(白果黄素) | bilobetin |
| 白果酮 | ginnone |
| 白海榄雌醌(海榄雌醌) A～C | avicequinones A～C |

| | |
|---|---|
| 白海榄雌素(海榄雌醇)A～C | avicenols A～C |
| 白海榄雌酮 | avicenone |
| 白蒿宁 | sieversinin |
| 白蒿素 | sieversin |
| 白鹤灵芝醌A～Q | rhinacanthins A～Q |
| 白喉乌头碱A、B | leucostines A, B |
| 白喉乌头宁 | leuconine |
| 白花败酱醇(长毛灰毛豆酚) | villosol |
| 白花败酱醇苷 | villosolside |
| 白花败酱酚 | villosinol |
| 白花败酱苷(毛叶腹水草苷)A、B | villosides A, B |
| 白花败酱内酯A、B | patrinialactones A, B |
| 白花菜醇 | cleogynol |
| 白花菜苷(白花菜子苷) | glucocapparin |
| 白花菜聚戊烯醇9～12 | cleomeprenols 9～12 |
| 白花草木犀素(克洛万) | clovin |
| 白花臭矢菜素 | polacandrin |
| 白花丹胺苷A～D | plumbagosides A～D |
| 白花丹醇 | plumbaginol |
| 白花丹儿茶素A、B | plumbocatechins A, B |
| 白花丹苷(白花丹巴苷)A～C | plumbasides A～C |
| 白花丹萘酮 | chitanone |
| 白花丹内酯A、B | plumbolactones A, B |
| 白花丹素(白花丹碱)A～G | plumbagines A～G |
| 白花丹素(蓝雪醌、白花丹醌、石苁蓉萘醌、矶松素、2-甲基-5-羟基-1, 4-萘醌) | plumbagin (plumbagine, 2-methyl-5-hydroxy-1, 4-naphthoquinone) |
| 白花丹酸 | plumbagic acid |
| 白花丹酸-3′-*O*-β-吡喃葡萄糖苷 | plumbagic acid-3′-*O*-β-glucopyranoside |
| 白花丹酸丁酯 | butyl plumbagate |
| 白花丹酮 | zeylanone |
| 白花地胆草内酯(白花地胆草平)A、B | tomenphantopins A, B |
| 白花地胆草宁素(柔毛地胆宁) | molephantinin |
| 白花地胆草素A、B | tomenphantins A, B |
| 白花瓜叶乌头定 | leueandine |
| 白花蒿素 | lactiflorasine |
| 白花蒿烯醇 | lactiflorenol |
| 白花牛角瓜定(牛角瓜素) | uscharidin |
| 白花牛角瓜苷元 | proceragenin |
| 白花牛角瓜灵 | uscharin (uscharine) |
| 白花牛角瓜甾醇 | procesterol |

| | |
|---|---|
| 白花前胡醇 (前胡醇) | peucedanol |
| 白花前胡醇-2′-*O*-β-D-呋喃芹糖基-(1→6)-β-D-吡喃葡萄糖苷 | peucedanol-2′-*O*-β-D-apiofuranosyl-(1→6)-β-D-glucopyranoside |
| (*R*)-白花前胡醇-3′-*O*-β-D-吡喃葡萄糖苷 | (*R*)-peucedanol-3′-*O*-β-D-glucopyranoside |
| (*S*)-白花前胡醇-3′-*O*-β-D-吡喃葡萄糖苷 | (*S*)-peucedanol-3′-*O*-β-D-glucopyranoside |
| (*S*)-白花前胡醇-3′-*O*-β-D-呋喃芹糖基-(1→6)-β-D-吡喃葡萄糖苷 | (*S*)-peucedanol-3′-*O*-β-D-apiofuranosyl-(1→6)-β-D-glucopyranoside |
| (*R*)-白花前胡醇-7-*O*-β-D-吡喃葡萄糖苷 | (*R*)-peucedanol-7-*O*-β-D-glucopyranoside |
| (*S*)-白花前胡醇-7-*O*-β-D-吡喃葡萄糖苷 | (*S*)-peucedanol-7-*O*-β-D-glucopyranoside |
| 白花前胡醇-7-*O*-β-D-呋喃芹糖基-(1→6)-β-D-吡喃葡萄糖苷 | peucedanol-7-*O*-β-D-apiofuranosyl-(1→6)-β-D-glucopyranoside |
| 白花前胡定 (前胡啶素) | peucenidin |
| 白花前胡豆苷 A、B | peucedanosides A, B |
| 白花前胡苷 Ⅰ～Ⅶ | praerosides Ⅰ～Ⅶ |
| (±)-白花前胡甲素、乙素 | (±)-praeruptorins A, B |
| 白花前胡素 Ⅰ～Ⅲ | praeruptorins Ⅰ～Ⅲ |
| 白花前胡素 Ⅰb [(3″R)-当归酰氧基-4″-甲酮基-3″, 4″-二氢邪蒿素] | praeruptorin Ⅰb [(3″R)-angeloyloxy-4″-keto-3″, 4″-dihydroseselin] |
| (+)-白花前胡素 A～E | (+)-praeruptorins A～E |
| 白花前胡素 A～F (白花前胡甲素～己素) | praeruptorins A～F |
| 白花前胡酮 (前胡酮) | peucedanone |
| 白花前胡香豆素 Ⅰ～Ⅲ | peucedanocoumarins Ⅰ～Ⅲ |
| 白花山菊内酯 | leucanthanolide |
| 白花蛇舌草多糖 | hedyotisdiffusa polysaccharides |
| 白花蛇舌草环肽 DC1～3 | diffusa cyclotides DC1～3 |
| 白花蛇舌草环烯醚萜苷 A、B | diffusosides A, B |
| 白花蛇舌草碱 A | hedyotis A |
| 白花蛇舌草醚萜苷 A～C | hedyoiridoidsides A～C |
| 白花蛇舌草啮苷 D～G | hedyocerenosides D～G |
| 白花蛇舌草酰胺 A、B | hedyoceramides A, B |
| 白花松潘乌头碱 D | leucanthumsine D |
| 白花酸藤子酸酯 | embeliaribyl ester |
| 白花延龄草苷 B | trilloside B |
| 白花延龄草甾苷 A～E | trikamsterosides A～E |
| 白花阴生香茶菜乙素 | leukamenin B |
| 白花油麻藤素 A～F | mucodianins A～F |
| 白桦醇-3-*O*-棕榈酸酯 | betulin-3-*O*-palmitate |
| 白桦醇-3-乙酸酯 | betulin-3-acetate |
| 白桦醇二乙酸 | betulin diacetate |
| 白桦醇苷 Ia、Ib、II | betulaplatosides Ia, Ib, II |

| 白桦苷 | betuloside |
|---|---|
| 白桦属酮 | betulone |
| 白桦素 | platyphyllin |
| 白桦素 A | platyphyllin A |
| 白桦酸葡萄糖苷 | betulinic acid glucoside |
| 白桦萜苷 A、B | betulalbusides A, B |
| 白桦酮 (白桦酮醇) | platyphyllone (platyphyllonol) |
| 白桦酮醇 (白桦酮) | platyphyllonol (platyphyllone) |
| 白桦酮醇-5-*O*-β-D-吡喃木糖苷 | platyphyllonol-5-*O*-β-D-xylopyranoside |
| 白桦酮苷 | platyphylloside |
| 白桦烯酮 | platyphyllenone |
| 白桦脂醇 (桦木醇、白桦醇、桦木脑) | betulinol (betulin, trochol) |
| 白桦脂醛 | betulinaldehyde |
| 白桦脂酸 (白桦酸、桦木酸) | betulinic acid (betulic acid) |
| 白桦脂酸-3-*O*-α-L-吡喃阿拉伯糖苷 | betulinic acid-3-*O*-α-L-arabinopyranoside |
| 白桦脂酸-3-*O*-β-D-吡喃木糖基-(1→3)-α-L-吡喃鼠李糖基-(1→2)-α-L-吡喃阿拉伯糖苷 | betulinic acid-3-*O*-β-D-xylopyranosyl-(1→3)-α-L-rhamnopyranosyl-(1→2)-α-L-arabinopyranoside |
| 白桦脂酸-3-*O*-硫酸酯 | betulinic acid-3-*O*-sulfate |
| 白桦脂酸甲酯 | methyl betulinate |
| 白桦脂酮酸 (路路通酮酸、桦木酮酸、白桦酮酸、路路通酸) | betulonic acid (liquidambronic acid, liquidambaric acid) |
| 白桦酯醇 | botulin |
| 白环菌素 | albocycline |
| 白黄芩素 A | scutalbin A |
| 白及丙素苷 A | bletilloside A |
| 白及黄烷醇 A、B | bletillanols A, B |
| 白及苹果酸酯 A、B | bletimalates A, B |
| 白及亭 A～C | blestritins A～C |
| 白及苄醚 A～C | bletilols A～C |
| 白及二氢菲并吡喃酚 A～C | bletlols A～C |
| 白及菲螺醇 | blespirol |
| 白及甘露聚糖 | bletilla mannan |
| 白及联菲 (白及素、白芨烯) A～C | blestriarenes A～C |
| 白及联菲醇 (白芨酚、白及醇) A～C | blestrianols A～C |
| 白及双菲醚 A～D | blestrins A～D |
| 白雀胺 | quebrachamine |
| (+)-白雀胺 | (+)-quebrachamine |
| 14β, 15β-20*S*-白雀胺 | 14β, 15β-20*S*-quebrachamine |
| 白坚木胺 | aspidosamine |
| 白坚木必定 | aspidoalbidine |

| 白坚木宾 | aspidoalbine |
|---|---|
| 白坚木狄醇 | aspidolimidinol |
| 白坚木飞灵 | aspidofiline |
| 白坚木苷 A | aspidoside A |
| 白坚木加森 | aspidovargasine |
| 白坚木碱 | aspidospermine |
| 白坚木碱-17-醇单氢溴酸盐 | aspidosine hydrobromide |
| 白坚木卡品 | aspidocarpine |
| 白坚木勒任 | aspidofendlerine |
| 白坚木立米定 | aspidolimidine |
| 白坚木立明 | aspidolimine |
| 白坚木米定(白坚木定) | aspidospermidine |
| 白坚木米定-3-羧酸 | aspidospermidine-3-carboxylic acid |
| 白坚木米辛 | aspidospermicine |
| 白坚木宁 | aspidospermanine |
| 白坚木杷因 | aspidocuspaine |
| 白坚木瑞亭 | aspidofractine |
| 白坚木瑞辛(阿巴新、白坚木辛碱) | apparicine |
| (–)-白坚木瑞辛 | (–)-apparicine |
| 白坚木属碱 | aspidosperma base |
| 白坚木替定 | aspidospermatidine |
| 白坚木替宁(急折白坚木宁) | aspidofractinine |
| (3*R*)-白坚木替宁-3-甲酸甲酯 | (3*R*)-aspidofractinine-3-carboxylic acid methyl ester |
| 白坚木亭 | aspidospermatine |
| 白坚木西卡品 | aspidosycarpine |
| 白坚皮醇(婆罗胶肌醇、婆罗胶树醇、1-*O*-甲基-D-肌-肌醇) | bornesitol (1-*O*-methyl-D-*myo*-inositol) |
| D-(–)-白坚皮醇[D-(–)-甲基肌醇] | D-(–)-bornesitol |
| L-(+)-白坚皮醇[L-(+)-甲基肌醇、L-(+)-婆罗胶醇] | L-(+)-bornesitol |
| 白僵菌环三肽 A、B | beauverilides A, B |
| 白僵菌环四肽 | bassianolide |
| 白僵菌环缩醇酸肽 A～I、Ba～Ka | beauverolides A～I, Ba～Ka |
| 白僵菌黄色素 | bassianin |
| 白僵菌内酯 Ⅰ～Ⅲ | beauveriolides Ⅰ～Ⅲ |
| 白僵菌素 | beauvericin |
| 白僵菌肽素 | beauverin |
| 白僵菌亭 | bassiatin |
| 白芥子苷 | sinalbin |
| 白芥子酸(芥子酸) | sinapinic acid (sinapic acid) |
| 白金雀儿碱(羽扇烷宁、羽扇豆烷宁) | hydrorhombinine (lupanine) |

| 白茎香科二醇 | teucladiol |
|---|---|
| 白茎香料三醇 | teuclatriol |
| 白酒草吡喃酮 A、B | conyzapyranones A, B |
| 白酒草内酯 | conyzalactone |
| 白酒草皂苷 A～Q | conyzasaponins A～Q |
| 白酒草皂苷元 A、B | conyzagenins A, B |
| 白菊醇 | chrysol |
| 白菊木内酯 | gochnatiolide |
| 白菊酮 | chrysantone |
| 白蜡树苷 (秦皮苷、梣皮苷、秦皮素 -8- 葡萄糖苷 ) | fraxoside (fraxin, fraxetin-8-glucoside) |
| 白蜡树酚 ( 白蜡树精 ) | fraxinol |
| 白蜡树酚甲醚 | fraxinol methyl ether |
| 白蜡树精 -6-β-D- 吡喃半乳糖苷 | fraxinol-6-β-D-galactopyranoside |
| 白蜡树裂苷 | fraxisecoside |
| 白蜡树诺苷 | frachinoside |
| 白莱菊素 ( 多梗白莱氏菊内酯 ) | baileyin |
| 白兰花碱 ( 白兰碱、去甲含笑碱 A) | michelalbine (normicheline A) |
| 白蓝翠雀芬碱 | uraphine |
| 白藜芦醇 ( 藜芦酚、3, 5, 4′- 三羟基芪 ) | resveratrol (3, 5, 4′-trihydroxystilbene) |
| 白藜芦醇 -(*E*)- 脱氢二聚物 -11-*O*-β-D- 吡喃葡萄糖苷 | resveratrol-(*E*)-dehydrodimer-11-*O*-β-D-glucopyranoside |
| 白藜芦醇 -3-*O*-β-D- 吡喃葡萄糖苷 | resveratrol-3-*O*-β-D-glucopyranoside |
| 白藜芦醇 -3-*O*-β-D- 吡喃葡萄糖基 -(1→3)-β-D- 吡喃葡萄糖苷 | resveratrol-3-*O*-β-D-glucopyranosyl-(1→3)-β-D-glucopyranoside |
| 白藜芦醇 -3-*O*- 葡萄糖苷 ( 云杉新苷、虎杖苷 ) | resveratrol-3-*O*-glucoside (piceid, polydatin, polygonin) |
| 白藜芦醇 -4′-*O*-(6″-*O*- 没食子酰基 )-β-D- 吡喃葡萄糖苷 | resveratrol-4′-*O*-(6″-*O*-galloyl)-β-D-glucopyranoside |
| 白藜芦醇 -4′-*O*-β-D- 吡喃葡萄糖苷 | resveratrol-4′-*O*-β-D-glucopyranoside |
| 白藜芦醇苷 | resveratroloside |
| 白藜芦任 ( 计默任碱、胚牙儿碱、哥美任 ) | germerine |
| 白藜芦特林 ( 哥特春 ) | germitetrine |
| 白鳢肠碱 | ecliptalbine |
| 白莲蒿黄酮 A、B | sacriflavones A, B |
| 白莲蒿酸 A、B | sacric acids A, B |
| 白亮独活二聚素 A～H | candibirins A～H |
| 白亮独活酚 A～C | candinols A～C |
| 白亮独活苷 A～D | candinosides A～D |
| 白亮独活海松酸 | candicopimaric acid |
| 白亮独活三聚素 A～E | canditririns A～E |
| 白亮独活四聚素 A、B | canditetrarins A, B |
| 白亮独活素 | candicanin |
| 白鳞炭角素 A～E | curtachalasins A～E |

| | |
|---|---|
| 白柳苷 A、B | albosides A, B |
| 白炉贝素 (白炉贝母碱) | beilupeimine |
| 白麻苷 (槲皮素 -3-*O*- 槐糖苷) | baimaside (quercetin-3-*O*-sophoroside) |
| 白曼陀罗苷 A～H | baimantuoluosides A～H |
| 白曼陀罗碱 | datumetine |
| 白曼陀罗林素 A～G | datumetelins A～G |
| 白曼陀罗灵 A～K | baimantuoluolines A～K |
| 12α- 白曼陀罗素 A、B | 12α-hydroxydaturametelins A, B |
| 白曼陀罗素 A～J | daturametelins A～J |
| 白毛丁菌素 A～C | dasyscyphins A～C |
| L- 白毛茛碱 (L- 黑瑞亭) | L-hydrastine |
| 白毛茛碱 (北美黄连碱、黑瑞亭) | hydrastine |
| 白毛茛宁 (北美黄连次碱、白毛茛分碱) | hydrastinine |
| 白毛夏枯草苷 (金疮小草苷) A～D | decumbesides A～D |
| 白茅醇 A、B | cylindols A, B |
| 白茅呋喃苷 | impecyloside |
| 白茅苷 (欧前胡素、欧前胡内酯、欧芹属素乙) | ammidin (marmelosin, imperatorin) |
| 白茅素 | cylindrin |
| 白茅萜烯 | cylindrene |
| 白茅酮 | impecylone |
| 白茅烯 | imperanene |
| 白茅烯内酯 | impecylenolide |
| 白绵马素 AB、AP、BA、BB、iBiB、PA、PB、PP | albaspidins AB, AP, BA, BB, iBiB, PA, PB, PP |
| (+)- 白木绿心樟碱 | (+)-leucoxylonine |
| (+)- 白木绿心樟碱 *N*- 氧化物 | (+)-leucoxylonine *N*-oxide |
| 白木香醇 | baimuxinol |
| 白木香呋喃醇 (呋喃白木香醇) | sinenofuranol |
| 白木香呋喃醛 (呋喃白木香醛) | sinenofuranal |
| 白木香呋喃酸 | baimuxinfuranic acid |
| 白木香醛 | baimuxinal |
| 白木香酸 | baimuxinic acid |
| 白木香酮 A～I | aquilarones A～I |
| 白蓬草分任 | thalifendlerine |
| 白蓬草卡文 | thalictricavine |
| 白蓬草美任 | thalidimerine |
| 白蓬草宁 | thalictrinine |
| 白蓬草任 | thalicopirine |
| 白蓬草茹宁 | thalibrunine |
| 白蓬草属碱 | thalictrum base |
| 白蓬草辛敏碱 (鹤氏唐松草碱、海兰地嗪) | thalicsimine (hernandezine) |

| 白蓬西米定 | thalicismidine |
|---|---|
| 白皮杉醇 (3, 5, 3′, 4′- 四羟基芪、3, 3′, 4, 5′- 四羟基二苯乙烯、云杉芪酚、云杉鞣酚) | astringenin (3, 3′, 4, 5′-tetrahydroxystilbene, piceatannol) |
| 白皮杉醇葡萄糖苷 (云杉收敛苷) | astringin |
| 白千层刺凌德草碱 (绿花琉璃草那亭) | viridinatine |
| 白千层素 | melaleucin |
| 白千层酸 | melaleucic acid |
| 白千层酮 A～D | leucadenones A～D |
| 白前二糖 | glaucobiose |
| 白前苷 B (芫花叶白前苷 B、田基黄苷) | glaucoside (vincetoxicoside) B |
| 白前内酯 E | glaucolide E |
| 白茜素 (去氧茜素, 1, 2, 10- 蒽三酚, 二羟基蒽酚) | leucoalizarin (1, 2, 10-anthracenetriol, anthrarobin, dihydroxyanthranol) |
| 白枪杆苷 | fraximalacoside |
| 白楸苷 | panoside |
| 白屈菜胺 | chelidamine |
| 白屈菜赤碱 (白屈菜红碱) | toddaline (chelerythrine) |
| 白屈菜醇 | chelidoniol |
| 白屈菜定 | chelamidine |
| 白屈菜红碱 (白屈菜赤碱) | chelerythrine (toddaline) |
| 白屈菜红碱 -φ- 氰化物 | chelerythrine-φ-cyanide |
| 白屈菜红碱 -ψ- 氰化物 | chelerythrine-ψ-cyanide |
| 白屈菜红碱甲醇化物 | chelerythrine methanolate |
| 白屈菜红默碱 | chelerythridimerine |
| 白屈菜黄碱 | chelilutine |
| D- 白屈菜碱 | D-chelidonine |
| L- 白屈菜碱 | L-chelidonine |
| (+)- 白屈菜碱 | (+)-chelidonine |
| 白屈菜碱 | chelidonine (stylophorine) |
| 白屈菜碱 | stylophorine (chelidonine) |
| 白屈菜明碱 (白屈菜明) | chelamine |
| 白屈菜默碱 | chelidimerine |
| 白屈菜酸 | chelidonic acid |
| 白屈菜玉红碱 (博落回碱、白屈菜如宾碱、白屈菜宾) | chelirubine (bocconine) |
| D- 白雀胺 | D-quebrachamine |
| L- 白雀胺 | kamassine (L-quebrachamine) |
| L- 白雀胺 | L-quebrachamine (kamassine) |
| (16*R*, 20*S*)- 白雀胺 -22- 酸甲酯 | (16*R*, 20*S*)-quebrachamin-22-oic acid methyl ester |
| 白雀定 (白坚木钦定) | quebrachidine |
| 白雀木醇 (橡醇、橡胶木醇、2-*O*- 甲基手性肌醇) | quebrachitol (2-*O*-methyl *chiro*-inositol) |

| | |
|---|---|
| (–)-白雀木醇 [(–)-橡醇、(–)-橡胶木醇] | (–)-quebrachitol |
| 白雀西定 | quebrachacidine |
| 白柔毛香茶菜素 A | albopilosin A |
| 白桑八醇 (桑八酚) | alboctalol |
| 白桑酚 (桑树酚、阿尔本酚) A、B | albanols A, B |
| 白色包叶木内酯 | candidalactone |
| 白色毒蕈素 | muscarin |
| 白色耳状桩菇素 -5、6 | leucomentins-5, 6 |
| 白色素细胞素 | chromatophorotropin |
| 白射干素 A | dichotomitin A |
| 白矢车菊苷元 | catergen |
| 白矢车菊素 | veneen |
| 白首乌二苯甲酮 | baishouwu benzophenone |
| 白首乌苷 (牛皮消苷、耳叶牛皮消奥苷、耳叶牛皮消洛苷) A～H | cynauricuosides A～H |
| 白首乌双二苯甲酮 | baishouwu bibenzophenone |
| 白首乌四酮 (前胡四酮) | cynantetrone |
| 白首乌酮 (白前二酮、牛皮消二酮、鹅绒藤二酮) A～E | cynandiones A～E |
| 白首乌新苷 (鹅绒藤苷) Ⅰ、Ⅱ | cynanauriculosides (cynanosides) Ⅰ, Ⅱ |
| 白首乌新酮 (白前酮、鹅绒藤酮) A | cynanchone A |
| 白首乌乙素 [2, 6, 2′-三羟基-3-乙酰基-4′-(2″, 6″-二羟基-3″-乙酰基) 苯基-6′-甲基二苯酮] | cynabunone B [2, 6, 2′-trihydroxy-3-acetyl-4′-(2″, 6″-dihydroxy-3″-acetyl) phenyl-6′-methyl benzophenone] |
| 白树内酯 A | suregadolide A |
| 白水仙胺 (臭水仙碱) | papyramine |
| 白苏酮 | naginataketone |
| 白苏烯 | naginatene |
| α-白苏烯 | α-naginatene |
| β-白苏烯 | β-naginatene |
| 白苏烯酮 (白苏酮) | egomaketon (egomaketone) |
| β-白檀酮 (β-香树脂酮、齐墩果-12-烯-3-酮) | β-amyrone (β-amyrenone, olean-12-en-3-one) |
| δ-白檀酮 (δ-香树脂酮) | δ-amyrone (δ-amyrenone) |
| α-白檀油烯醇 | α-arheol |
| 白檀子油酸 | ximenynic acid |
| 白藤素 A～I | calamusins A～I |
| (1*R*, 4*R*, 10*S*)-白藤素 Ⅰ | (1*R*, 4*R*, 10*S*)-calamusin Ⅰ |
| (1*S*, 4*S*, 10*R*)-白藤素 Ⅰ | (1*S*, 4*S*, 10*R*)-calamusin Ⅰ |
| 白天竺葵苷 | leucopelargonin |
| 白头婆内酯 | eupanin |
| 白头婆素 A～E | eupachifolins A～E |

| | |
|---|---|
| 白头翁苷 A～D | pulsatosides A～D |
| 白头翁苷 C | pulsatoside C |
| 白头翁灵 | okinalin |
| 白头翁洛苷 D、E、H | pulsatillosides D, E, H |
| 白头翁脑 (白头翁素) | pulsatilla camphor (anemonin, anemonine) |
| 白头翁素 (白头翁脑) | anemonin (anemonine, pulsatilla camphor) |
| 白头翁酸 | pulsatillic acid |
| 白头翁萜苷 A～D | pulchinenosides A～D |
| 白头翁英 | okinalein |
| 白头翁皂苷 A、B、D | pulsatilla saponins A, B, D |
| 白头翁皂酸元 (23-羟基白桦酸、23-羟基白桦脂酸) | anemosapogenin (23-hydroxybetulinic acid) |
| 白薇白前苷 A、B | atratoglaucosides A, B |
| 白薇洛苷 (白薇皂苷) A～C | cynatrosides A～C |
| 白薇素 | cynanchol |
| 白薇新苷 (新变色白前苷) | neocynaversicoside |
| 白乌头碱 (印度乌头碱) | bikhaconitine |
| 白乌头原碱 (印度乌头原碱) | bikhaconine |
| 白细胞介素 -2 | interleukin-2 |
| 白鲜胺 | dictamine |
| 白鲜醇 | dictamnol |
| 白鲜醇苷 A | dasycarpuside A |
| 白鲜二醇 | dictamdiol |
| 白鲜酚碱 (白鲜碱二醇) | dictamnaindiol |
| 白鲜苷 A | dictamnoside A |
| 白鲜碱 A | dictangustine A |
| 白鲜苦醇 | dasycarpol |
| 白鲜灵碱 | dasycarine |
| 白鲜明碱 | dasycarpamin |
| 白鲜内酯 | dictamnolide |
| 白鲜皮内酯 (吴茱萸内酯、柠檬苦素、黄柏内酯) | dictamnolactone (evodin, limonin, obaculactone) |
| 白鲜双酮 | fraxinellonone |
| 白鲜酸 | dasycarpus acid |
| 白鲜萜醇 (白鲜那二醇) | dictamnadiol |
| 白鲜萜内酯 A、B | dasyl actones A, B |
| 白鲜萜素 A～C | dictamins A～C |
| 白鲜酮 (秦皮酮、梣酮、白蜡树酮) | fraxinellone |
| 白鲜烯酯 A | dasycarpusenester A |
| 白鲜新素 | dictamnusine |
| 白鲜酯 B | dasycarpusester B |
| (–)- 白香草木犀紫檀酚 A、D | (–)-melilotocarpans A, D |

| | |
|---|---|
| 白香草木犀紫檀酚 A～D | melilotocarpans A～D |
| 白雪花酮 | chitranone |
| 白杨苷 (杨素) | populin |
| 白杨素 (白杨黄素、柯因) | chrysin |
| 白杨素 -6, 8- 二 -*C*-β-D- 葡萄糖苷 | chrysin-6, 8-di-*C*-β-D-glucoside |
| 白杨素 -6-*C*-α-L- 阿拉伯糖苷 -8-*C*-β-D- 葡萄糖苷 | chrysin-6-*C*-α-L-arabinoside-8-*C*-β-D-glucoside |
| 白杨素 -6-*C*-β-D- 葡萄糖苷 -8-*C*-α-L- 阿拉伯糖苷 | chrysin-6-*C*-β-D-glucoside-8-*C*-α-L-arabinoside |
| 白杨素 -7-*O*-β-D- 吡喃半乳糖醛酸苷 | chrysin-7-*O*-β-D-galactopyranuronoside |
| 白杨素 -7-*O*-β-D- 吡喃葡萄糖苷 | chrysin-7-*O*-β-D-glucopyranoside |
| 白杨素 -7-*O*-β-D- 吡喃葡萄糖醛酸苷 | chrysin-7-*O*-β-D-glucuronopyranoside |
| 白杨素 -7-*O*-β-D- 龙胆二糖苷 | chrysin-7-*O*-β-D-gentiobioside |
| 白杨素 -7-*O*-β-D- 葡萄糖醛酸苷 | chrysin-7-*O*-β-D-glucuronide |
| 白杨素 -7-*O*- 芸香糖苷 | chrysin-7-*O*-rutinoside |
| 白杨素二甲醚 | chrysin dimethyl ether |
| 白叶瓜馥木碱 | fissicesine |
| 白叶瓜馥木碱 *N*- 氧化物 | fissicesine *N*-oxide |
| 白叶瓜馥木酰胺 | glaucenamide |
| 白叶蒿定 (鲁考定) | leucodin |
| 白叶藤苷 | cryptolepisin |
| 白叶藤奴苷 A～D | cryptanosides A～D |
| 白叶藤庚碱 | cryptoheptine |
| 白叶藤碱 | cryptolepine |
| 白叶香茶菜素 | leucophyllin |
| 白蚁伞酚 A～D | termitomycesphins A～D |
| 白蚁亭 B、C | nasutins B, C |
| 白英醇 A～G | lyratols A～G |
| 白英碱 A、B | solalyratines A, B |
| 白英素 A、B | solalyratins A, B |
| 白英亭 A～C | lyratins A～C |
| 白柚明碱 A、B | baiyumines A, B |
| 白羽扇豆宾 | albine |
| 白羽扇豆碱 | trilupine |
| (–)- 白玉兰亭 A、B | (–)-denudatins A, B |
| 白鸢尾醛 | iripallidal |
| 白元胡碱 | ambinine |
| 白云参苷 | baiyunoside |
| 白沼水苏呋喃 | hiziprafuran |
| (–)- 白汁藤内酰胺 [(–)- 留柯诺内酰胺] | (–)-leuconolam |
| 白汁藤辛碱 | leuconoxine |
| 白芷醇 A～C | angdahuricaols A～C |

| 白芷毒素 | angelicotoxin |
|---|---|
| 白芷内酯 | angelicone |
| (*R*)- 白芷属脑 [(*R*)- 独活属醇、(*R*)- 独活醇] | (*R*)-heraclenol |
| 白芷双豆素 H～J | dahuribiethrins H～J |
| 白芷素 (异补骨脂素、当归素) | angelicin (isopsoralen) |
| 白珠树林碱 A | gaultherialine A |
| 白珠亭素 | gautin |
| 白术醚 | atractylenother |
| 白术内酰胺 | atractylenolactam |
| 白术内酯 (苍术内酯) Ⅰ、Ⅱ | atractylolides (atractylenolides) Ⅰ, Ⅱ |
| 白术炔素 A～G | atractylodemaynes A～G |
| 白术三醇 | atractylentrid |
| 白术萜醇 A～E | atractylmacrols A～E |
| 白术烯内酯 A | beishulenolide A |
| 白紫马头亭 | alborionitine |
| 白紫乌头碱 (两色乌碱) A～D | alboviolaconitines A～D |
| 百部胺 A、B | stemona-amines A, B |
| 百部定碱 | stemonidine |
| 百部二醇 | stemodiol |
| 百部菲 A～E | stemanthrenes A～E |
| 百部酚菲 A～C | stemophenanthrenes A～C |
| 百部呋喃 A～K | stemofurans A～K |
| 百部碱 | stemonine |
| 百部聚酮 A、B | stemonones A, B |
| 百部螺环林碱 | tuberostemospiroline |
| 百部螺碱 | stemospironine |
| 百部内酰胺 M～S | stemonalactams M～S |
| 百部宁碱 A、B | stenines A, B |
| 百部宁酮 | stemoninone |
| 百部醛 | stemonal |
| 百部缩醛 | stemonacetal |
| 百部烯碱 | stemoenonine |
| 百部酰胺 | stemonamide |
| 百部新碱 A、B | stemoninines A, B |
| 百部新酰胺碱 | stemoninoamide |
| 百部叶碱 (蔓生百部叶碱) | stemofoline |
| 百合苷 A～C | liliosides A～C |
| 百合碱 $A_5$、$B_4$、$B_5$ | hyacinthacines $A_5$, $B_4$, $B_5$ |
| 百合糖苷 H、K | lilioglycosides H, K |
| 百合皂苷 (野百合苷) | brownioside |

| 百金花醇 | centauriol |
|---|---|
| 百金花灵 | kantaurin |
| 百金花内酯 (百金花素) | centaurin |
| 百金花酮 | centaurione |
| 百金菊碱 | stizolophine |
| 百里氢醌 (麝香草氢醌) | thymoquinol (thymohydroquinone) |
| 百里氢醌-2, 5-二-*O*-β-D-吡喃葡萄糖苷 | thymoquinol-2, 5-di-*O*-β-D-glucopyranoside |
| 百里氢醌-2-*O*-β-D-吡喃葡萄糖苷 | thymoquinol-2-*O*-β-D-glucopyranoside |
| 百里氢醌-5-*O*-β-D-吡喃葡萄糖苷 | thymoquinol-5-*O*-β-D-glucopyranoside |
| 百里氢醌二甲基醚 | thymoquinol dimethyl ether |
| 百里氢醌二甲醚 | hydrothymoquinone dimethyl ether |
| 百里香酚乙酸酯 | thymyl acetate |
| 百里香醌 | thymoquinone |
| 百里香辛 (百里香新) | thymusin |
| 百两金皂苷 (百两金素) A～C | ardisiacrispins A～C |
| 百脉根苷 (澳百脉根苷) | lotaustralin |
| 百脉根黄素 | lotoflavin |
| 百脉根瘤碱 | rhizolotine |
| 百脉根素 | corniculatusin |
| 百脉根素-3, 7-二-*O*-β-D-吡喃葡萄糖苷 | corniculatusin-3, 7-di-*O*-β-D-glucopyranoside |
| 百脉根素-3-*O*-β-D-半乳糖苷 | corniculatusin-3-*O*-β-D-galactoside |
| 百脉根异黄烷 | lotisoflavan |
| 百秋李醇 (广藿香醇) | patchouli alcohol (patchoulol) |
| 百日青内酯 A～E | podolactones A～E |
| SR-百日青内酯 D | SR-podolactone D |
| 百蕊草宁碱 | thesinine |
| 百蕊草素 | thesine |
| 百蕊草素-3-*O*-鼠李糖苷 | kaempeerol-3-*O*-rhamnoside |
| 百蕊草素-7-*O*-β-D-葡萄糖苷 | kaempeerol-7-*O*-β-D-glucoside |
| 百蕊草辛 | thesinicine |
| 百烷 | hectane |
| 百眼藤醌 (鸡眼藤素) A、B | morindaparvins A, B |
| 百叶晶 B | baiyecrystal B |
| 百子莲皂苷 A～D | agapanthussaponins A～D |
| (–)-γ-柏芳醇 [(–)-γ-花侧柏醇] | (–)-γ-cuparenol |
| (+)-γ-柏芳醇 [(+)-γ-花侧柏醇] | (+)-γ-cuparenol |
| γ-柏芳醛 | γ-cuparenal |
| 柏芳酸 | cuparenic acid |
| α-柏芳烃 (α-花侧柏烯) | α-cuparene |
| (*R*)-(–)-α-柏芳酮 [(*R*)-(–)-α-花侧柏酮] | (*R*)-(–)-α-cuparenone |

| | |
|---|---|
| 柏木-3α-醇 | cedr-3α-ol |
| 柏木-3β, 12-二醇 | cedr-3β, 12-diol |
| 柏木-3-烯-15-醇 | cedr-3-en-15-ol |
| 柏木-8β-醇 | cedr-8β-ol |
| 柏木醇 | cupresol |
| 柏木苷 A | cupressoside A |
| 8, 14-柏木内酯 | 8, 14-cedranolide |
| 柏木双黄桐 | cupressuflavone |
| 柏木双黄酮单甲醚 | cupressuflavone monomethyl ether |
| 柏木酸 | cedrolic acid |
| α-柏木萜烯 | α-funebrene |
| 9-柏木酮 | 9-cedranone (cedran-9-one) |
| 柏木烷(香松烷) | cedrane |
| 8, 14-柏木烷二醇 | 8, 14-cedranediol |
| 柏脂海松酸(异右旋海松酸、隐海松酸、山达海松酸) | cryptopimaric acid (isodextropimaric acid, sandaracopimaricacid) |
| 柏子仁双醇(侧柏二醇) | platydiol |
| 败坏翘摇素(双香豆素、紫苜蓿酚、双香豆精) | dicumarol (melitoxin, dicoumarin, dufalone, dicumol) |
| 败酱阿洛糖苷 | patrinalloside |
| 败酱草烯 | patrinene |
| 败酱环烯醚萜苷 A～I | patriridosides A～I |
| 败酱黄烷酮(败酱二氢黄酮)A | patriniaflavanone A |
| 败酱醚萜素(败酱二聚合醚萜素)A～L | patriscabioins A～L |
| 败酱醚萜酯 | patrinovalerosidate |
| 败酱属皂苷 H3 | patrinia saponin H3 |
| 败酱糖苷 A-Ⅰ、B-Ⅰ、B-Ⅱ | patrinia glycosides A-Ⅰ, B-Ⅰ, B-Ⅱ |
| 败酱萜内酯 A～D | patrinolides A～D |
| 败酱烯苷 | patrinioside |
| 败酱新木脂素 A、B | patrineolignans A, B |
| 败酱皂苷(败酱苷)A-1～D-1、A～M | patrinosides A-1～D-1, A～M |
| 拜佛苷 A | bifloride A |
| 稗草素 | crusgallin (sawamilletin) |
| 稗草素 | sawamilletin (crusgallin) |
| 斑地锦烯醇酮 | supineolone |
| 斑点弗林碱 | maculosine |
| 斑点酸(牛皮叶酸) | stictic acid |
| D-斑点亚洲罂粟碱(D-莲碱、D-疆罂粟碱、D-绕默碱) | D-isoroemerine |
| L-斑点亚洲罂粟碱(L-疆罂粟碱、L-绕默碱) | L-roemerine |
| 斑点亚洲罂粟碱(莲碱、疆罂粟碱、绕默碱) | roemerine (remerine) |

| | |
|---|---|
| 斑沸林草碱(斑点弗林定、斑点巨盘木定) | maculosidine |
| 斑花黄堇碱 | consperine |
| 斑鸠菊醇 | vernodanol |
| 斑鸠菊大苦素 | vernodalin |
| 斑鸠菊苷 D | vernonioside D |
| 斑鸠菊黄烷苷 | vernovan |
| 斑鸠菊苦素 | vernolepin |
| 斑鸠菊门苦素 | vernomenin |
| 斑鸠菊米苦素 | vernomygadin |
| 斑鸠菊内酯 A、B | vernolides A, B |
| 斑鸠菊酸 | vernolic acid |
| 斑鸠菊甾醇[豆甾-8, 14, 24(24′)-三烯醇] | vernosterol (stigmast-(14), 15, 24 (28)-trienol) |
| 斑巨盘木亭 | flindulatin |
| 斑蝥素 | cantharidin |
| 斑乳牛肝菌红素 | variegatorubin |
| 斑乳牛肝菌酸 | variegatic acid |
| 斑纹脂素 | maculatin |
| 斑叶地锦素 A～E | eumaculins A～E |
| 斑叶兰苷 A、B | goodyerosides A, B |
| 斑叶兰素 | goodyerin |
| 斑玉蕈异戊烯醇 A～C、AA、BA、AA8、A9、AA9、A11、A12、AA12、B9、B10、BA10 | hypsiziprenols A～C, AA, BA, AA8, A9, AA9, A11, A12, AA12, B9, B10, BA10 |
| 斑疹异叶茜素 | pustulin |
| 斑籽宁素(高山香科素)A～D | montanins A～D |
| 斑籽宁素二乙酸酯 | montanin diacetate |
| 板蓝苷 A、B | cusianosides A, B |
| 板蓝根碱 A、B | baphicacanthins A, B |
| 板蓝根香豆素 A | strobilanthes A |
| 板蓝碱 A～C | strobilanthosides A～C |
| 板栗醛苷[板栗鞣辛、3, 4, 5-三羟基苯甲醛-3-*O*-(6′-*O*-没食子酸)-β-D-吡喃葡萄糖苷] | castamollissin [3, 4, 5-trihydroxybenzaldehyde-3-*O*-(6′-*O*-gallic acid)-β-D-glucopyranoside] |
| 版纳九里香素 | bannamurpanisin |
| 版纳藤黄屾酮 Ⅰ | bannaxanthone Ⅰ |
| 半-α-胡萝卜酮 | semi-α-carotenone |
| 半边莲胺(雷迪克胺、辐桔胺)A、B | radicamines A, B |
| 半边莲次碱 | lelobrine |
| L-半边莲定 Ⅰ～Ⅲ | L-lelobanidines Ⅰ～Ⅲ |
| 半边莲啶 A～C | lobechidines A～C |
| 半边莲果聚糖 | lobelinin |
| 半边莲木脂素碱 A～D | lobechinenoids A～D |

| 半边莲木脂素碱葡萄糖苷 | lobechinenoid glucoside |
|---|---|
| 半边莲属碱 | lobelia base |
| 半边莲素 | lobechine |
| 半边莲酮碱 | lelobanonoline |
| 半翅盐肤木内酯 | semialactone |
| 半翅盐肤木酸 | semialaetic acid |
| 半毒马钱碱Ⅰ | hemitoxiferine Ⅰ |
| 半丰满鞘丝藻酰胺 A～G | semiplenamides A～G |
| 半甘草异黄酮 A、B | semilicoisoflavones A, B |
| L-半胱氨酸 | L-cysteine |
| 半胱氨酸 | cysteine |
| L-半胱氨酸盐酸盐一水物 | L-cysteine hydrochloride monohydrate |
| 半环扁尾海蛇毒素 Ⅲ | laticauda semifasciata Ⅲ |
| 半己酸 | coproic acid |
| (–)-半堇菜黄质-9-*O*-β-D-吡喃葡萄糖苷 | (–)-semivioxanthin-9-*O*-β-D-glucopyranoside |
| 半裂翠雀醇 | delfissinol |
| 半裸毛壳素 A、B | chetoseminudins A, B |
| 半棉酚 | hemigossypol |
| 3, 25-半模绕酮酸 | 3, 25-semimoronic acid |
| 半扭旋马先蒿苷 A、B | semitortosides A, B |
| 半皮桉苷 [半蒎苷、(2*S*)-柚皮素-6-*C*-β-D-吡喃葡萄糖苷] | hemipholin [(2*S*)-naringenin-6-*C*-β-D-glucopyranoside] |
| 半日花-(13*E*)-烯-8α, 15-二醇 | labd-(13*E*)-en-8α, 15-diol |
| 半日花-(13*E*)-烯-8α, 15-二醇乙酸酯 | labd-(13*E*)-en-8α, 15-diol acetate |
| (7*S*, 12*Z*)-半日花-12, 14-二烯-7, 8-二醇 | (7*S*, 12*Z*)-labd-12, 14-dien-7, 8-diol |
| 半日花-2α, 13-二羟基-8 (17), 14-二烯-19-酸 | labd-8 (17), 14-dien-2α, 13-diol-19-oic acid |
| 半日花-7, (12*E*), 14-三烯 | labd-7, (12*E*), 14-triene |
| 半日花-7, (12*E*), 14-三烯-17-醇 | labd-7, (12*E*), 14-trien-17-ol |
| 半日花-7, (12*E*), 14-三烯-17-醛 | labd-7, (12*E*), 14-trien-17-al |
| 半日花-7, (12*E*), 14-三烯-17-酸 | labd-7, (12*E*), 14-trien-17-oic acid |
| 半日花-8 (17), (13*Z*)-二烯-15, 18-二酸-15-甲酯 | labd-8 (17), (13*Z*)-dien-15, 18-dioic acid-15-methyl ester |
| (12*Z*, 14*R*)-半日花-8 (17), 12-二烯-14, 15, 16-三醇 | (12*Z*, 14*R*)-labd-8 (17), 12-dien-14, 15, 16-triol |
| (*E*)-半日花-8 (17), 12-二烯-15, 16-二醛 | (*E*)-labd-8 (17), 12-dien-15, 16-dial |
| 半日花-8 (17), 12-二烯-15, 16-二醛 | labd-8 (17), 12-dien-15, 16-dial |
| 半日花-8 (17), 13 (14)-二烯-15, 16-内酯 | labd-8 (17), 13 (14)-dien-15, 16-olide |
| (+)-半日花-8 (20)-烯-15, 18-二酸 | (+)-labd-8 (20)-en-15, 18-dioic acid (pinifolic acid) |
| (+)-半日花-8 (20)-烯-15, 18-二酸 | pinifolic acid [(+)-labd-8 (20)-en-15, 18-dioic acid] |
| (4*S*, 9*R*, 10*R*)-半日花-8, (13*E*) 二烯-18-羧基-15-酸甲酯 | (4*S*, 9*R*, 10*R*)-labd-8, (13*E*)-dien-18-carboxy-15-oic acid methyl ester |

| (11*E*, 13*R*)-11, 14-半日花二烯-8, 13-二醇 | (11*E*, 13*R*)-labd-11, 14-dien-8, 13-diol |
|---|---|
| (11*E*, 13*S*)-11, 14-半日花二烯-8, 13-二醇 | (11*E*, 13*S*)-labd-11, 14-dien-8, 13-diol |
| L-(+)-半日花酚碱 | L-(+)-laudanidine |
| 8 (17), (12*E*), 14-半日花三烯-6, 19-内酯 | 8 (17), (12*E*), 14-labd-trien-6, 19-olide |
| 半日花三烯醇 | communol |
| 半日花三烯酸甲酯 (欧洲刺柏酸甲酯) | communic acid methyl ester |
| 半日花烷 | labdane |
| 3-*O*-{[β-D-半乳吡喃糖基-(1→6)]-*O*-β-D-吡喃半乳糖基}-(23*R*, 24*R*), 25-三羟基葫芦-5-烯 | 3-*O*-{[β-D-galactopyranosyl-(1→6)]-*O*-β-D-galactopyranosyl}-(23*R*, 24*R*), 25-trihydroxycucurbit-5-ene |
| 半乳甘露聚糖 | galactomannan |
| 半乳甘露聚糖胶 | galactomannan gums |
| L-半乳庚酮糖 | L-galactoheptulose |
| 半乳聚糖 | galactan |
| L-半乳糖 | L-galactose |
| α-D-半乳糖 | α-D-galactose |
| D-半乳糖 | D-galactose |
| 半乳糖 | galactose |
| 半乳糖胺 | galactosamine |
| D-半乳糖胺五乙酸酯 | D-galactosamine pentaacetate |
| 1-{[(5-α-D-半乳糖吡喃糖基甲基)-1*H*-吡咯-2-甲醛-1-基]-乙基}-1*H*-吡唑 | 1-{[(5-α-D-galactopyranosyloxymethyl)-1*H*-pyrrol-2-carbaldehyde-1-yl]-ethyl}-1*H*-pyrazole |
| D-半乳糖醇 | D-galacititol |
| 半乳糖醇 | galactitol |
| 半乳糖苷酶 | tilactase |
| α-半乳糖苷酶 | α-galactosidase |
| 半乳糖黄杨素 | galactobuxin |
| β-半乳糖基 1-6β-半乳糖基刺芒柄花素 | β-galactosyl 1-6β-galactosyl formononetin |
| 半乳糖基甘油二酯 | galactosyl diglycerides |
| 半乳糖基角胡麻苷 | galactosyl martynoside |
| 半乳糖木糖葡萄聚糖 | galactoxyloglucan |
| D-半乳糖醛酸 | D-galacturonic acid |
| 半乳糖醛酸 | galacturonic acid |
| α-半乳糖醛酸-(1→4)-半乳糖 | α-galactosyluronic acid-(1→4)-galactose |
| D-半乳糖醛酸一水物 | D-galacturonic acid monohydrate |
| 半乳糖酸-γ-内酯 | galactonic acid γ-lactone |
| β-D-(+)-半乳糖五乙酸酯 | β-D-(+)-galactose pentaacetate |
| 半乳糖原 | galactogen |
| (*R*)-半呫玫色癣菌素 [(*R*)-半玫色毛癣菌素] | (*R*)-semixanthomegnin |
| 半秃灰毛豆醇 | semiglabrinol |

| (–)-半秃灰毛豆素 | (–)-semiglabrin |
|---|---|
| 半秃灰毛豆素 (半秃灰叶双呋并黄素) | semiglabrin |
| 半秃灰毛豆酮 | semiglabrinone |
| 半秃灰叶呋黄素 | tephroglabrin |
| 半夏苷 | pinelloside |
| 半夏酸 | pinellic acid |
| 半夏总蛋白 | pinellin |
| 半纤维素 | hemicellulose |
| 半纤维素 A-2 | hemicellulose A-2 |
| 半纤维素多糖 | hemicellulosic polysaccharides |
| 半纤维素酶 | hemicatalepsy |
| 半香桃木酮 | semimyrtucommulone |
| 半柚木酚 | hemitectol |
| 半月苔素 | lunularin |
| 半月苔素-4-*O*-β-D-葡萄糖苷 | lunularin-4-*O*-β-D-glucoside |
| 半月苔酸 (半月薹酸) | lunularic acid |
| 半月旋孢腔菌宁 | lunatinin |
| 半枝莲碱 (半枝莲亭碱) A～D | barbatines A～D |
| 半枝莲灵素 A～F | barbatellarines A～F |
| 半枝莲内酯 A～D | scuterivulactones A～D |
| 半枝莲素 | scutevulin |
| 半枝莲酸 | scutellaric acid |
| 半枝莲萜 A～Z、$A_1$～$C_1$ | scutebatas A～Z, $A_1$～$C_1$ |
| 半枝莲萜素 A～F | scubatines A～F |
| 半枝莲亭素 A～G | barbatins A～G |
| 半枝莲新碱 A～Z | scutebarbatines A～Z |
| 半枝莲酯 A～L | scutolides A～L |
| 半枝莲种素 | rivularin |
| 伴巢菜碱苷 (伴野豌豆碱) | convicine |
| 伴刀豆球蛋白 (洋刀豆血球凝集素) A | concanavalin A |
| 伴葎草酮 | adhumulone |
| 伴清蛋白 | conalbumin |
| 伴蛇麻酮 | adlupulone |
| 瓣苞芹皂苷元 4 | hacquetiasaponin 4 |
| 瓣蕊豆酚 | petalostemumol |
| (±)-瓣蕊花格拉文 [(±)-盖尔格拉文] | (±)-galgravin |
| 瓣蕊花格拉文 (盖尔格拉文) | galgravin |
| (–)-瓣蕊花素 | (–)-galbelgin |
| (+)-瓣蕊花素 | (+)-galbelgin |
| 瓣蕊唐松草灵 | thalpetaline |

| 瓣状盒子草苷 (裂叶盒子草苷) A～O | lobatosides A～O |
|---|---|
| 绑曲霉素 | patulin |
| 棒柄杯伞内酯 A～D | clavilactones A～D |
| 棒柄花萜素 A～C | cleidbrevoids A～C |
| 棒槌瓜苷元 B | neoalsogenin B |
| 棒锤瓜苷 A、$A_2$～$A_5$、$C_1$、$C_2$、$D_1$～$L_1$、$M_1$～$M_3$、$N_1$、$O_1$、$O_2$ | neoalsosides A, $A_2$～$A_5$, $C_1$, $C_2$, $D_1$～$L_1$, $M_1$～$M_3$, $N_1$, $O_1$, $O_2$ |
| 棒锤瓜素 A | neoalsomitin (neoalsogenin) A |
| 棒萼桉醇 | cladocalol |
| 棒麦角黄素 (麦角黄辛) | clavoxanthin |
| 棒麦角碱 | clavine |
| 棒麦角玉红碱 (麦角红素) | clavorubin |
| 棒盘孢素 | corynecandin |
| 棒曲霉肽 C | clavatustide C |
| 棒石松醇 (东北石松醇) | clavatol |
| 棒石松毒 | clavatoxin |
| 棒石松碱 (东北石松碱、扇石松碱) | clavatine (flabelliformine) |
| 棒石松宁碱 (石松宁碱、东北石松洛宁) | clavolonine |
| 棒叶万代兰苷 Ⅱ | vandateroside Ⅱ |
| 包达胺 | bodamine |
| 包公藤丙素 (2β, 6β-二羟基去甲莨菪烷) | baogongteng C (2β, 6β-dihydroxynortropane) |
| 包公藤甲素 (2β-羟基-6β-乙酰氧基去甲莨菪烷) | baogongteng A (2β-hydroxy-6β-acetoxynortropane) |
| 包宁树花酸 | boninic acid |
| 苞脚菇毒素 | volvotoxin |
| 苞叶胺 | bractamine |
| 苞叶碱 | bracteine |
| 苞叶灵 | bracteoline |
| 苞叶文 | bractavine |
| 苞叶香茶菜素 | melissoidesin |
| 胞啶酸 A、B | cytidylic acids A, B |
| 胞苷 (胞嘧啶核苷) | cytidine |
| 5′-胞苷酸 | 5′-cytidylic acid |
| 胞嘧啶 | cytosine |
| 胞丝霉酸 A、B | cytonic acids A, B |
| 薄贝酮碱 | puqietinone |
| D-薄荷醇 | D-menthol |
| L-薄荷醇 | L-menthol |
| (–)-薄荷醇 | (–)-menthol |
| DL-薄荷醇 (薄荷脑) | DL-menthol (menthacamphor, peppermint camphor) |
| 薄荷二酮 | mintglyoxal |

| 薄荷二烯 | menthadiene |
|---|---|
| 薄荷呋喃 | menthofuran |
| 薄荷苷 (薄荷异黄酮苷) | menthoside |
| 薄荷木酚素 | menthalignin |
| 薄荷脑 (DL-薄荷醇) | menthacamphor (DL-menthol, peppermint camphor) |
| 薄荷脑 (DL-薄荷醇) | peppermint camphor (menthacamphor, DL-menthol) |
| 薄荷内酯 | menthalactone |
| D-薄荷酮 | D-menthone |
| L-薄荷酮 | L-menthone |
| (–)-薄荷酮 | (–)-menthone |
| 薄荷酮 | menthone |
| 薄荷烷 (䓣烷) | menthane |
| 1-薄荷烯-8-醇 | 1-menthen-8-ol |
| 薄荷烯酮 | menthenone |
| 薄荷乙酸酯 Ⅰ、Ⅱ | menthyl acetates Ⅰ, Ⅱ |
| 薄片变豆菜黄素 A、B | saniculamins A, B |
| 薄片变豆菜萜 (薄片变豆菜萜素) $A_1$、A～D | saniculamoids $A_1$, A～D |
| 薄叶红厚壳酚 A～C | calophymembranols A～C |
| 薄叶红厚壳酚苷 A、B | calophymembransides A, B |
| 薄叶红厚壳屾酮 A、B | membraxanthones A, B |
| 薄叶黄芩苷 Ⅰ | ikonnikoside Ⅰ |
| 薄叶牛皮消苷 A～E | taiwanosides A～E |
| 薄叶山橙碱 | tenuicausin |
| 薄叶山橙辛碱 | tenuicausine |
| 薄枝节节木碱 (甲基四氢哈尔满) | leptocladine (methyl tetrahydroharman) |
| 饱食桑木酮 (饱食桑明) B | brosimine B |
| 宝盖草苷 A～C | lamiuamplexosides A～C |
| 宝藿苷 Ⅰ～Ⅶ | baohuosides Ⅰ～Ⅶ |
| 宝藿素 | baohuosu |
| 宝山堇菜环肽 | viba |
| 保利毒马草二醇 | jabugodiol |
| 保幼激素 Ⅰ～Ⅲ | juvenile hormones Ⅰ～Ⅲ |
| 保幼酮 | juvabione |
| 堡树酮 | castelanone |
| 报春花素 (粗毛报春定) | hirsutidin |
| 报春花素-3, 5-二-*O*-β-D-吡喃葡萄糖苷 | hirsutidin-3, 5-di-*O*-β-D-glucopyranoside |
| 报春花素-3, 5-二葡萄糖苷 | hirsutidin-3, 5-diglucoside |
| 报春花皂苷元 A | primulagenin A |
| 报春黄苷 (藏报春素、藏报春苷、香橙素-7-*O*-β-D-吡喃葡萄糖苷) | sinensin (aromadendrin-7-*O*-β-D-glucopyranoside) |

| 报春宁素 A | primulanin A |
|---|---|
| 报春色素三水合物 | hirsutidintrihydrate |
| 抱茎闭花马钱素-1-*O*-β-D-吡喃葡萄糖苷 | amplexine-1-*O*-β-D-glucopyranoside |
| 抱茎闭花木素 | amplexin |
| 抱茎苦荬菜宁素 B | sonchifolinin B |
| 抱茎蓼素 | amplexicine |
| 抱茎獐牙菜苷 | swertifrancheside |
| 孢片拟纹毒蛋白 | bolaffinin |
| 豹皮菇萜醚 | lentideusether |
| 鲍登尼润碱 (鲍登素) | bowdensine |
| 鲍迪木醌 (鲍迪豆醌) | bowdichione |
| 鲍尔-7-烯-3β, 16α-二醇 | bauer-7-en-3β, 16α-diol |
| 鲍尔山油柑烯醇 (降香萜烯醇、降香醇、鲍尔烯醇) | baurenol (bauerenol) |
| 鲍尔山油柑烯酮 | bauerenone |
| 鲍灵 Ⅱ | paolin Ⅱ |
| 鲍氏树花酸 | bourgeanic acid |
| 鲍威氏文殊兰碱 | powelline |
| 暴马子醛酸甲酯 | methyl syramuraldehydate |
| 爆竹柳素 | fragilin |
| 杯冠水仙花碱 | nartazine |
| 杯菊醇乙酸酯 | lyratyl acetate |
| 杯伞碱 | clitocine |
| 杯伞素 A | clitocybin A |
| 杯苋甾酮 | cyasterone |
| 杯形秃马勃甾醇 | cyathisterol |
| 北艾醇 | vulgarole |
| 北艾内酯 | vulgaris lactone |
| 北艾酮 (菊蒿酮) A、B | vulgarones A, B |
| 北艾烯醇 | vulgarenol |
| 北苍术炔 | atractyloyne |
| 北点地梅苷 A～L | androseptosides A～L |
| 北点地梅苷 A 甲酯 | androseptoside A methyl ester |
| 北豆根苷 (蝙蝠葛兴安苷) | dauricoside |
| 北方乌头春定 | acoseptridine |
| 北方乌头定碱 | septentriodine |
| 北方乌头定宁 | acoseptridinine |
| 北方乌头碱 | septentrionine |
| 北方乌头灵 | acoseptrine |
| 北方乌头钦碱 | septentriocine |
| 北方乌头替辛 | acosepticine |

| | |
|---|---|
| 北方乌头亭 | sepaconitine |
| 北方乌头辛 | septatisine |
| 北拐枣苷 Ⅰ～Ⅸ | hodulosides Ⅰ～Ⅸ |
| 北海道乌头碱 (荷克布星) A、B | hokbusines A, B |
| 北卡堆心菊醇 | carolenalol |
| 北卡堆心菊宁 | carolenin |
| 北卡堆心菊宁 -3-*O*- 惕各酰北卡堆心菊素 | carolenin-3-*O*-tigloyl carolenalin |
| 北卡堆心菊素 | carolenalin |
| 北卡堆心菊素 -4-*O*-β-D- 葡萄糖苷 | carolenalin-4-*O*-β-D-glucoside |
| 北卡堆心菊酮 | carolenalone |
| 北美刺参醇 | neroplomacrol |
| 北美鹅掌楸醇 | tulirinol |
| 北美鹅掌楸碱 | liriotulipiferine |
| 北美鹅掌楸尼定碱 (鹅掌楸尼定) | lirinidine |
| 北美枫香酸 G | massagenic acid G |
| 北美红杉黄酮 (红杉黄酮) | sequoiaflavone |
| 北美红杉酮 A～F | sequoiatones A～F |
| β- 北美乔柏素醇 | β-thujaplicinol |
| (2*S*)- 北美乔松黄烷酮 | (2*S*)-pinostrobin |
| 北美乔松宁素 (球松吡宁) | strobopinin |
| 北美乔松宁素 -7-*O*-β-D- 吡喃木糖基 -(1→3)-β-D- 吡喃木糖苷 | strobopinin-7-*O*-β-D-xylopyranosyl-(1→3)-β-D-xylopyranoside |
| (–)- 北美乔松素 | (–)-pinostrobin |
| 北美芹素 (波翅芹素) | pteryxin |
| 北升麻宁 (兴安升麻宁) | cimidahurinine |
| 北升麻瑞 (北升麻灵、兴安升麻灵) | cimidahurine |
| 北升麻萜 | cimicilen |
| 北水苦荬醇 | aquaticol |
| 北水苦荬苷 A～C | aquaticosides A～C |
| 北乌碱 (北草乌碱) | beiwutine |
| 北乌生 A、B | beiwusines A, B |
| 北乌头碱 | septentrionaline |
| 北五加皮苷 (杠柳苷) A～G、M、N | periplocosides A～G, M, N |
| 北五加皮苷 (杠柳苷、杠柳毒苷、萝藦毒苷) | periplocoside (periplocin) |
| 北五加皮寡糖 $C_1$、$D_2$、$F_1$、$F_2$ | periplocae oligosaccharides $C_1$, $D_2$, $F_1$, $F_2$ |
| 北五味子二内酯 A、B | schinesdilactones A, B |
| 北五味子内酯 A～C | schinchinenlactones A～C |
| 北五味子宁 A～H | schinchinenins A～H |
| 北五味子素 (戈米辛、五味子脂素) A～U、$L_1$、$K_3$、$M_1$、$M_2$ | gomisins A～U, $L_1$, $K_3$, $M_1$, $M_2$ |

| | |
|---|---|
| (–)-北五味子素 [(–)-戈米辛] G、$L_1$、$L_2$、$M_1$、$M_2$、$K_1$～$K_3$ | (–)-gomisins G, $L_1$, $L_2$, $M_1$, $M_2$, $K_1$～$K_3$ |
| (±)-北五味子素 [(±)-戈米辛] $M_1$ | (±)-gomisin $M_1$ |
| (+)-北五味子素 K、$K_2$、$K_3$、$M_1$、$M_2$ | (+)-gomisins K, $K_2$, $K_3$, $M_1$, $M_2$ |
| *R*-(+)-北五味子素 $M_1$ | *R*-(+)-gomisin $M_1$ |
| 北五味子素T醇 | gomisin T-ol |
| 北玄参苷 $A_1$、$B_1$、$B_2$、$C_1$ | buergerisides $A_1$, $B_1$, $B_2$, $C_1$ |
| 北玄参素 A～G | buergerinins A～G |
| 北枳椇苷 $A_1$ | hovenidulcioside $A_1$ |
| L-贝比碱 | L-currine |
| 贝尔夫季铵碱 | balfourodinum |
| 贝尔格真菌精 A～D | bergofungins A～D |
| 贝加尔灵 (贝加尔唐松草碱) | baicaline |
| 贝加尔宁 (贝加尔唐松草里定) | baicalidine |
| 贝加尔唐松草定碱 | thalbaicalidine |
| 贝加尔唐松灵碱 | thalbaicaine |
| 贝壳杉-15-烯-17-醇 | kaur-15-en-17-ol |
| 贝壳杉-16α, 17-二醇 | kaur-16α, 17-diol |
| 贝壳杉-16α-醇 | kaur-16α-ol |
| 贝壳杉-16β, 17, 18-三醇 | kaur-16β, 17, 18-triol |
| 贝壳杉-16β, 17-二醇 | kaur-16β, 17-diol |
| 贝壳杉-16β, 19-二醇 | kaur-16β, 19-diol |
| 贝壳杉-16β-醇 | kaur-16β-ol |
| 16β*H*-贝壳杉-16-醇 | 16β*H*-kaur-16-ol |
| 贝壳杉-16-烯-19-醛 | kaur-16-en-19-al |
| (–)-贝壳杉-16-烯-19-酸 | (–)-kaur-16-en-19-oic acid |
| 贝壳杉-16-烯-19-酸 (贝壳杉烯酸) | kaur-16-en-19-oic acid (kaurenoic acid) |
| (16*R*)-贝壳杉-2, 12-二酮 | (16*R*)-kaur-2, 12-dione |
| (2α, 13α)-贝壳杉-2, 16-二醇 | (2α, 13α)-kaur-2, 16-diol |
| 贝壳杉醇 | kauranol |
| 贝壳杉醇酸 | agatholic acid |
| 贝壳杉二醇 | agathodienediol (agathadiol) |
| 16α*H*-16, 19-贝壳杉二酸 | 16α*H*-16, 19-kaurandioic acid |
| 贝壳杉二烯酸 | kauradienioc acid |
| 贝壳杉萘甲酸-19-单甲酯 | agathic acid-19-monomethyl ester |
| 贝壳杉醛 | agatholal |
| 贝壳杉树脂醇 | agatharesinol |
| 贝壳杉双黄酮 (贝壳杉双芹素) | agathisflavone |
| 贝壳杉酸 | kauranoic acid |
| 贝壳杉烷酸苷 A | kaurane acid glycoside A |

| | |
|---|---|
| 贝壳杉烯-2β, 16α-二醇 | kauren-2β, 16α-diol |
| 贝壳杉烯酸(贝壳杉-16-烯-19-酸) | kaurenoic acid (kaur-16-en-19-oic acid) |
| 贝壳杉烯酸侧柏醇酯 | kaur-16-en-19-oic acid thujanol ester |
| 贝壳松烯 | kaurene |
| 贝壳硬蛋白 | conchiolin |
| 贝拉瓜斯绿心樟素(外拉樟桂脂素、蔚瑞昆森) | veraguensin |
| 贝母醇 | propeimine |
| 贝母丁碱 | peimidine |
| 贝母芬碱 | peimiphine |
| 贝母碱酮(脱氢浙贝母碱、去氢贝母碱、贝母素乙、浙贝乙素) | verticinone (peiminine) |
| 贝母兰宁(2, 7-二羟基-4-甲氧基-9, 10-二氢菲) | coelonin (2, 7-dihydroxy-4-methoxy-9, 10-dihydrophenanthrene) |
| 贝母兰宁素 | coeloginin |
| 贝母兰素 | coelogin |
| 贝母灵A、B | fritillines A, B |
| 贝母尼定碱(贝母尼丁) | baimonidine |
| 贝母宁碱(贝母素乙、浙贝乙素、浙贝素乙、脱氢浙贝母碱、去氢贝母碱、贝母碱酮) | peiminine (verticinone) |
| 贝母属碱A | fritillarine A |
| 贝母素甲 | peimine |
| 贝母替定 | peimitidine |
| 贝母西定碱 | petisidine |
| 贝母辛(贝母辛碱) | peimisine |
| 贝母辛 *N*-氧化物 | peimisine *N*-oxide |
| 贝母新碱 | forticine |
| 贝内苏酮 | benesudon |
| (+)-贝叶-15-烯-3α, 17, 19-三醇 | (+)-beyer-15-en-3α, 17, 19-triol |
| 贝叶醇 | beyerol |
| 苝 | perylene |
| 背白鼠尾草素A～F | hypargenins A～F |
| 背柄芝萜A～E | cochlearoids A～E |
| 倍半桉叶油素 | sesquicineole |
| 倍半蒈烯 | sesquicarene |
| 倍半摩洛哥冷杉醇A五乙酸酯 | sesquimarocanol A pentaacetate |
| 倍半摩洛哥冷杉醇B六乙酸酯 | sesquimarocanol B hexaacetate |
| 倍半木质素AL-D、AL-F | sesquilignans AL-D, AL-F |
| 倍半水芹烯 | sesquiphellandrene |
| β-倍半水芹烯(β-倍半菲兰烯) | β-sesquiphellandrene |
| 倍半萜呋喃Ⅰ、Ⅱ | sesquiterpenefurans Ⅰ, Ⅱ |

| 倍半萜内酯Ⅰ、Ⅱ | sesquiterpene lactones Ⅰ, Ⅱ |
|---|---|
| 倍半萜酮内酯 | sesquiterpene ketolactone |
| 倍半萜烯醇 | sesquiterpene alcohol |
| 倍半萜榆耳三醇 | gloeosteretriol |
| 倍半西班牙冷杉醇 (西班牙冷杉倍半脂醇) A、B | sesquipinsapols A, B |
| 倍半香桧烯 | sesquisabinene |
| 倍半香茅萜烯 | sesquicitronellene |
| 被粉毛蕊花苷 I | pulverulentoside I |
| L-蓓豆氨酸 (L-蓓豆碱) | L-baikiain |
| 蓓豆碱 | baikiaine |
| 本都山蒿环氧化物 | ponticaepoxide |
| 本都乌头碱 | pontaconitine |
| 本州乌毛蕨甾酮 [日本乌毛蕨甾酮、(22*R*), 25-环氧-2β, 3β, 14, 20-四羟基-5β-胆甾-7-烯-6-酮] | shidasterone [(22*R*), 25-epoxy-2β, 3β, 14, 20-tetrahydroxy-5β-cholest-7-en-6-one] |
| 苯 | benzene |
| 4-[苯 (基) 硫基] 哌啶 | 4-(phenyl sulfanyl) piperidine |
| 苯-1, 3, 5-三乙酸 | benzene-1, 3, 5-triacetic acid |
| 苯-1, 4-叉基二胺 (对苯叉基二胺) | 1, 4-phenylenediamine (*p*-phenylenediamine) |
| 苯-1, 4-二胺 | benzene-1, 4-diamine |
| 2-*N*-苯氨萘 | 2-*N*-phenyl aminonaphthalene |
| 苯胺 | aniline |
| 4-[(苯胺基) 羰基] 丙酸 | 4-[(phenyl amino) carbonyl] propanoic acid |
| 苯吡咯素 | phenopyrrozin |
| 苯丙-1, 2, 3-三醇 | phenyl prop-1, 2, 3-triol |
| *anti*-1-苯丙-1, 2-二醇 | *anti*-1-phenyl prop-1, 2-diol |
| *anti*-1-苯丙-1, 2-二羟基-2-*O*-β-D-吡喃葡萄糖苷 | *anti*-1-phenyl prop-1, 2-dihydroxy-2-*O*-β-D-glucopyranoside |
| DL-苯丙氨酸 | DL-phenyl alanine |
| D-苯丙氨酸 | D-phenyl alanine |
| L-(–)-苯丙氨酸 | L-(–)-phenyl alanine |
| 苯丙氨酸 | phenyl alanine |
| L-苯丙氨酸 (3-苯基-L-丙氨酸) | L-phenyl alanine (3-phenyl-L-alanine) |
| 苯丙氨酸解氨酶 | phenyl alanine ammonialyase |
| L-苯丙氨酰-L-丝氨酸酐 | L-phenyl alanyl-L-serine anhydride |
| 苯丙醇 | phenyl propanol |
| 苯丙腈 | benzenepropanenitrile (β-phenyl propionitrile) |
| 苯丙腈 | β-phenyl propionitrile (benzenepropanenitrile) |
| 苯丙醛 | phenyl propanal (phenyl propyl aldehyde) |
| 苯丙醛 | phenyl propyl aldehyde (phenyl propanal) |
| 苯丙素 | phenyl propanoid |

| 苯丙酸 | benzene propanoic acid (phenyl propionic acid, benzene propionic acid) |
|---|---|
| 苯丙酸 | benzene propionic acid (phenyl propionic acid, benzene propanoic acid) |
| 苯丙酸 | phenyl propionic acid (benzene propanoic acid, benzene propionic acid) |
| β-苯丙酸 | β-phenyl propionic acid |
| 苯丙酸乙酯 | ethyl phenyl propionate |
| 苯丙酮 (苯基丙酮) | phenyl acetone (phenyl propanone) |
| 苯丙酮酸 | phenyl pyruvic acid |
| (*E*)-苯丙烯-3-甲氧苯基-[6″-*O*-没食子酰基]-4-*O*-β-D-吡喃葡萄糖苷 | (*E*)-phenyl propene-3-methoxyphenyl-[6″-*O*-galloyl]-4-*O*-β-D-glucopyranoside |
| 3-苯丙烯醛 | 3-phenyl acrolein |
| 3-(2′-苯丙酰氧基) 托品烷 | 3-(2′-phenyl propionyloxy) tropane |
| 苯并 (1, 2: 5, 4) 联噻吩 | benzo (1, 2: 5, 4) bithiophene |
| 苯并 [1″, 2″: 3, 4;4″, 5″: 3′, 4′] 双环丁熳并 [1, 2-*b*: 1′, 2′-*c*' ] 二呋喃 | benzo [1″, 2″: 3, 4;4″, 5″: 3′, 4′] dicyclobuta [1, 2-*b*: 1′, 2′-*c*' ]-difuran |
| 苯并 [1″, 2″: 3, 4;4″, 5′: 3′, 4′] 双环丁熳并 [1, 2-*d*: 1′, 2′-*d*] 双氮杂环庚熳 {苯并 [1″, 2″: 3, 4;4″, 5′: 3′, 4′] 双环丁二烯并 [1, 2-*d*: 1′, 2′-*d*] 双氮杂环庚熳} | benzo [1″, 2″: 3, 4;4″, 5′: 3′, 4′] dicyclobuta [1, 2-*d*: 1′, 2′-*d*] bisazepine |
| 苯并 [1, 2-*d*: 4, 5-*d*] 双氮杂环庚熳 | benzo [1, 2-*d*: 4, 5-*d*] bisazepine |
| $8\delta^2$-苯并 [9] 轮烯 | $8\delta^2$-benzo [9] annulene |
| 苯并 [*b*] 吡嗪 (喹喔啉、喹噁啉) | benzo [b] pyrazine (quinoxaline) |
| 苯并 [*b*] 萘并 [2, 3-*d*] 呋喃 | benzo [*b*] naphtho [2, 3-*d*] furan |
| 苯并 [*c*] 哒嗪 (曾嗪) | benzo [c] pyridazine (cinnoline) |
| 苯并 [*c*] 喹啉 (菲啶) | benzo [*c*] quinoline (phenanthridine) |
| 2-{苯并 [*d*] [1, 3] 二噁茂-5-基} -丙-1, 3-二醇 | 2-{benzo [*d*] [1, 3] dioxol-5-yl} prop-1, 3-diol |
| 1*H*-苯并 [*d*] 咪唑 | 1*H*-benzo [*d*] imidazole |
| 苯并 [*d*] 噻唑-2 (3*H*)-酮 | benzo [*d*] thiazol-2 (3*H*)-one |
| 苯并 [*e*] 芘 | benzo [*e*] pyrene |
| 苯并-(α)-芘 | benzo-(α)-pyrene |
| 3, 4-苯并芘 | 3, 4-benzopyrene |
| 2, 3-苯并吡咯 (吲哚) | 2, 3-benzopyrrole (indole) |
| 2-苯并吡喃 (异色烯) | 2-benzopyran (isochromene) |
| 1*H*-苯并吡唑 (1*H*-吲唑) | 1*H*-benzopyrazole (1*H*-indazole) |
| 2*H*-1, 4-苯并噁嗪-3-酮 | 2*H*-1, 4-benzoxazin-3-one |
| 苯并噁唑啉-2 (3*H*)-酮 | benzoxazolin-2 (3*H*)-one |
| 2 (3*H*)-苯并噁唑啉酮 | 2 (3*H*)-benzoxazolinone |
| 2-苯并噁唑啉酮 | 2-benzoxazolinone |
| 2-(3)-苯并噁唑啉酮 | 2-(3)-benzoxazolinone |
| 2-苯并噁唑酮 | benzoxazoline-2-one |

|  |  |
|---|---|
| 1λ$^{4,5}$-苯并二噻庚环 | 1λ$^{4,5}$-benzodithiepine |
| 1, 3-苯并二氧杂茂 | 1, 3-benzodioxole |
| 苯并呋喃 | benzofuran |
| 1-苯并呋喃-2-胺 | 1-benzofuran-2-amine |
| 1-苯并呋喃-2-氮烷 | 1-benzofuran-2-azane |
| 2*H*-1-苯并呋喃-2-酮 (香豆素、香豆精、零陵香豆樟脑、顺式-*O*-苦马酸内酯、1, 2-苯并哌喃酮) | 2*H*-1-benzopyran-2-one (coumarin, tonka bean camphor, *cis*-*O*-coumarinic acid lactone, 1, 2-benzopyrone) |
| 苯并呋喃酮 | benzofuranone |
| 1*H*-苯并环庚烯 | 1*H*-benzocycloheptene |
| 5-苯并环辛烯醇 (5-苯并辛因醇) | 5-benzocyclooctenol |
| 5, 6-苯并黄酮 | 5, 6-benzoflavone |
| 7, 8-苯并黄酮 | 7, 8-benzoflavone |
| 1, 3-苯并间二氧杂环戊烯-5-(2, 4, 8-三烯壬酸甲酯) | 1, 3-benzodioxole-5-(2, 4, 8-trien-methyl nonanoate) |
| 1, 3-苯并间二氧杂环戊烯-5-(2, 4, 8-三烯壬酸异丁酯) | 1, 3-benzodioxole-5-(2, 4, 8-trien-isobutyl nonanoate) |
| 1, 3-苯并间二氧杂环戊烯-5-丙醇 | 1, 3-benzodioxole-5-propanol |
| 苯并锦葵色素苷 A～C | benzomalvins A～C |
| 5, 6-苯并嘧啶 (喹唑啉) | 5, 6-benzopyrimidine (quinazoline) |
| 1, 2-苯并哌喃酮 (零陵香豆樟脑、顺式-*O*-苦马酸内酯、香豆素, 2*H*-1-苯并呋喃-2-酮) | 1, 2-benzopyrone (tonka bean camphor, *cis*-*O*-coumarinic acid lactone, coumarin, 2*H*-1-benzopyran-2-one) |
| 苯并噻吩 | thianaphthene |
| 苯并噻唑 | benzothiazole |
| 1-苯并硒吡喃 | 1-benzoselenopyran |
| 苯并野花椒碱 | benzosimuline |
| 苯并唑噁啉酮 | benzoxazolinone |
| *O*-苯叉基 | *O*-phenylene |
| 1, 4-苯叉基二 (氧亚基-λ$^{4}$-硫烷基) | 1, 4-phenylenebis (oxo-λ$^{4}$-sulfanyl) |
| 1, 4-苯叉基二 (氧亚基甲基) | 1, 4-phenylenebis (oxomethyl) |
| 苯代丙腈 | hydrocinnamonitrile |
| 苯丁酮葡萄糖苷 [4-(*p*-羟苯基) 丁酮-*O*-葡萄糖苷] | phenyl butanone glucoside [4-(*p*-hydroxyphenyl) butanone-*O*-glucoside] |
| 2*H*-1, 4-苯二氮-2-酮 | 2*H*-1, 4-benzodiazepin-2-one |
| 1, 2-苯二酚 (1, 2-二羟基苯、儿茶酚、焦儿茶酚、邻苯二酚) | 1, 2-benzenediol (1, 2-dihydroxybenzene, catechol, pyrocatechol, pyrocatechin, *o*-benzenediol) |
| 1, 4-苯二酚 (对苯二酚、对羟基苯酚、氢醌、对二氢醌) | 1, 4-benzenediol (*p*-benzenediol, *p*-hydrophenol, hydroquinone, *p*-dihydroquinone, *p*-dihydroxybenzene) |
| 1, 2-苯二甲酸 (酞酸、邻苯二甲酸、1, 2-二甲酸苯) | 1, 2-benzenedicarboxylic acid (*o*-phthalic acid, phthalic acid, 1, 2-phthalic acid) |
| 1, 2-苯二甲酸单 (2-乙己基) 酯 | 1, 2-benzenedicarboxylic acid mono (2-ethyl hexyl) ester |

| 1, 2-苯二甲酸-单-2-乙基己基酯 | mono-2-ethyl hexyl 1, 2-benzenedicarboxylate |
|---|---|
| 1, 2-苯二甲酸二 (1-丁基-2-异丁基) 酯 | bis (1-butyl-2-methyl propyl) 1, 2-benzenedicarboxylate |
| 1, 2-苯二甲酸-二 (2-甲基庚酯) | 1, 2-benzendicarboxylic acid-bis (2-methyl heptyl ester) |
| 1, 2-苯二甲酸二丁酯 | dibutyl 1, 2-benzenedicarboxylate (dibutyl 1, 2-phthalate) |
| 1, 2-苯二甲酸二异辛酯 | 1, 2-benzenedicarboxylic acid diisooctyl ester |
| 1, 2-苯二甲酸双 (苯甲基) 酯 | diphenmethyl-1, 2-benzenedicarboxylate |
| 1, 2-苯二酸二辛酯 | dioctyl 1, 2-phenyl dicarboxylate |
| 1, 2-苯二羧酸二异丁基酯 | diisobutyl 1, 2-benzenedicarboxylate |
| 1, 2-苯二羧酸双 (2-甲丙基) 酯 | bis (2-methyl propyl) 1.2-benzene dicarboxylate |
| 1, 2-苯二羧酸异丁酯 | isobutyl 1, 2-benzene dicarboxylate |
| 苯菲啶 | benzophenanthridine |
| 苯酚 (石炭酸、羟基苯) | phenol (phenylic acid, hydroxybenzene) |
| 苯酚二葡萄糖苷 | phenolic diglucoside |
| 苯酚樱草糖苷 | phenolic primeveroside |
| 苯磺酸 | benzenesulfonic acid |
| 苯磺酸酐 | benzenesulfonic anhydride |
| 苯磺酰胺 | benzenesulfonamide |
| 苯磺酰基氰化物 | benzenesulfonyl cyanide |
| 2-苯基-2-丁烯醛 | 2-phenyl-2-butenal |
| 苯基 (喹林-7-基) 硒砜 | phenyl 7-quinolyl selenone |
| 苯基 [*g*] 异喹啉-5, 10-二酮 | benz [*g*] isoquinolin-5, 10-dione |
| 1-苯基-1, 3, 5-庚三炔 | 1-phenyl-1, 3, 5-heptatriyne |
| 1-苯基-1, 3-二丁酮 | 1-phenyl-1, 3-butanedione |
| 1-苯基-1, 3-二炔-5-烯-7-醇乙酸酯 | 1-phenyl-1, 3-diyn-5-en-7-ol acetate |
| 5-苯基-1, 3-戊二炔 | 5-phenyl-1, 3-pentadiyne |
| 4-苯基-1-丁烯 | 4-phenyl-1-butene |
| *N*-苯基-1-萘胺 | *N*-phenyl-1-naphthyl amine |
| 2-苯基-2, 3-二氢-1*H*-异吲哚-1, 3-二酮 | 2-phenyl-2, 3-dihydro-1*H*-isoindole-1, 3-dione |
| 1-苯基-2, 4-己二炔-1-醇 | 1-phenyl-2, 4-hexadiyn-1-ol |
| 2-苯基-2, 6, 3′, 4′-四羟基香豆-3-酮 | 2-phenyl-2, 6, 3′, 4′-tetrahydroxycoumaran-3-one |
| 苯基-2-丙酮 | phenyl-2-propanone |
| 3-苯基-2-丙烯醛 | 3-phenyl-2-propenal |
| (*E*)-3-苯基-2-丙烯酸 | (*E*)-3-phenyl-2-propenoic acid |
| 7-苯基-2-庚烯-4, 6-二炔-1-醇 | 7-phenyl-2-hepten-4, 6-diyn-1-ol |
| 7-苯基-2-庚烯-4, 6-二炔-1-醇乙酸酯 | 7-phenyl-2-hepten-4, 6-diyn-1-ol acetate |
| 7-苯基-2-庚烯-4, 6-二炔醛 | 7-phenyl-2-hepten-4, 6-diynal |
| 1-苯基-2-环五亚乙基六胺-1-醇 | 1-phenyl-2-cyclopentaethylidene hexaamine-1-ol |
| *N*-苯基-2-萘胺 | *N*-phenyl-2-naphthyl amine |
| 2-*C*-苯基-2-脱氧-α-D-吡喃葡萄糖 | 2-*C*-phenyl-2-deoxy-α-D-glucopyranose |

| | |
|---|---|
| (3*R*, 5*R*)-1-(4-羟苯基)-7-苯基-3, 5-庚二醇 | (3*R*, 5*R*)-1-(4-hydroxyphenyl)-7-phenyl-3, 5-heptanediol |
| (*E*)-4-苯基-3-丁烯-2-酮 | (*E*)-4-phenyl-3-buten-2-one |
| 4-苯基-3-丁烯基-2-酮 | 4-ben-3-butenyl-2-one |
| 2-苯基-4, 4-二甲基癸烷 | 2-phenyl-4, 4-dimethyl decane |
| 2-苯基-5-(1′-丙炔基)噻吩 | 2-phenyl-5-(1′-propynyl) thiophene |
| (3*S*)-6-(3-苯基-5-乙酰氧基-6-甲氧基苯并[*b*]呋喃-2-基甲基)驴食草酚三乙酸酯 | (3*S*)-6-(3-phenyl-5-acetoxy-6-methoxybenzo [*b*] furan-2-yl-methyl) vestitol triacetate |
| 苯基-6-*O*-β-D-吡喃木糖基-*O*-β-D-吡喃葡萄糖苷 | phenyl-6-*O*-β-D-xylopyranosyl-*O*-β-D-glucopyranoside |
| 3-苯基-L-丙氨酸(L-苯丙氨酸) | 3-phenyl-L-alanine (L-phenyl alanine) |
| 2-(苯基-*ONN*-氧(化)偶氮基)-1-萘甲酸 | 2-(phenyl-*ONN*-azoxy)-1-naphthoic acid |
| 苯基-*O*-β-吡喃木糖基-(1→6)-*O*-β-吡喃葡萄糖苷 | phenyl-*O*-β-xylopyranosyl-(1→6)-*O*-β-glucopyranoside |
| 2-*C*-苯基-α-D-吡喃葡萄糖 | 2-*C*-phenyl-α-D-glucopyranose |
| 苯基-β-D-吡喃半乳糖苷 | phenyl-β-D-galactopyranoside |
| 1-*C*-苯基-β-*D*-吡喃葡萄糖 | 1-*C*-phenyl-β-D-glucopyranose |
| 苯基-β-D-吡喃葡萄糖苷 | phenyl-β-D-glucopyranoside |
| 苯基-β-D-葡萄糖苷 | phenyl-β-D-glucoside |
| β-苯基-β-丙氨酸 | β-phenyl-β-alanine |
| *N*-苯基-β-萘胺 | *N*-phenyl-β-naphthaleneamine |
| 苯基-β-萘胺 | phenyl-β-naphthyl amine |
| 苯基巴豆油醛 | phenyl crotonaldehyde |
| *N*-苯基苯胺 | *N*-phenyl aniline |
| *N*-苯基苯二甲酰亚胺 | *N*-phenyl benzene phthalimide |
| α-苯基苯酚 | α-phenyl phenol |
| 苯基吡喃萜 A～C | phenyl pyropenes A～C |
| 苯基苄基氢化金 | benzyl hydridophenyl gold |
| L-苯基丙氨基开环马钱素 | L-phenyl alaninosecologanin |
| 3-苯基丙基-β-D-吡喃葡萄糖苷 | 3-phenyl propyl-β-D-glucopyranoside |
| 3-苯基丙醛 | 3-phenyl propanal |
| 苯基丙酮(苯丙酮) | phenyl propanone (phenyl acetone) |
| 苯基氮宾 | phenyl nitrene |
| 苯基叠氮 | phenyl azide |
| 4-苯基丁-2-酮 | 4-phenyl butan-2-one |
| 苯基二羟基二氢异香豆素 | phenyl dihydroxydihydroisocoumarin |
| 1-苯基庚-1, 3, 5-三炔 | 1-phenylhept-1, 3, 5-triyne |
| 1-苯基庚-1, 3-二炔-5-烯 | 1-phenylhept-1, 3-diyn-5-ene |
| 7-苯基庚-2, 4, 6-三炔-1-醇乙酸酯 | 7-phenylhept-2, 4, 6-triyn-1-ol acetate |
| 7-苯基庚-2, 4, 6-三炔-2-醇 | 7-phenylhept-2, 4, 6-triyn-2-ol |
| 7-苯基庚-4, 6-二炔-1, 2-二醇 | 7-phenylhept-4, 6-diyn-1, 2-diol |

| 7-苯基庚-4, 6-二炔-2-醇 | 7-phenylhept-4, 6-diyn-2-ol |
|---|---|
| 7-苯基庚-4, 6-二炔-2-烯-1-醇乙酸酯 | 7-phenylhept-4, 6-diyn-2-en-1-ol acetate |
| 7-苯基庚醇 | 7-phenyl heptanol |
| 苯基庚三炔 | phenyl heptatriyne |
| 3-苯基-8-癸氧基-2, 4, 7-三氧杂二环 [4.4.0]-9-癸烯 | 8-decyloxy-3-phenyl-2, 4, 7-trioxabicyclo [4.4.0] dec-9-ene |
| α-苯基桂皮腈 | α-phenyl cinnamic acid nitrile |
| α-苯基桂皮酸 | α-phenyl cinnamic acid |
| *N*-苯基琥珀酰胺酸 | *N*-phenyl succinamic acid |
| 2-(2-苯基环己氧基) 乙醇 | 2-(2-phenyl cyclohexyloxy) ethanol |
| 苯基己二烯 | phenyl hexadiene |
| 1-苯基己烷 | 1-phenyl hexane |
| 3-苯基己烷 | 3-phenyl hexane |
| 4-(苯基甲酰基) 丙酸 | 4-(phenyl carbamoyl) propanoic acid |
| D-8-苯基降山梗醇醇 Ⅰ | D-8-phenyl norlobelol Ⅰ |
| 2-苯基喹啉 | 2-phenyl quinoline |
| *N*-苯基邻苯二甲酰亚胺 | *N*-phenyl phthalimide |
| 苯基膦酸 | phenyl phosphonic acid |
| 苯基氯替膦酸 | phenyl phosphonochloridic acid |
| *N*-苯基吗啉 | *N*-phenyl morpholine |
| 2-苯基萘 | 2-phenyl naphthalene |
| *N*-苯基羟胺 | *N*-phenyl hydroxyamine |
| 苯基氢三硒化物 | phenyl hydrotriselenide |
| 6-苯基壬酸 | 6-phenyl nonanoic acid |
| L-苯基乳酸 | L-phenyl lactic acid |
| 3-苯基乳酸 | 3-phenyl lactic acid |
| D-β-苯基乳酸 | D-β-phenyl lactic acid |
| 5-苯基噻唑 | 5-phenyl thiazole |
| 苯基三硒烷 | phenyl triselane |
| 1-8-苯基山梗醇 Ⅰ | 1-8-phenyl obelol Ⅰ |
| 苯基胂酸 | phenyl arsonic acid |
| 2-苯基十二烷 | 2-phenyl dodecane |
| 4-苯基十二烷 | 4-phenyl dodecane |
| 5-苯基十二烷 | 5-phenyl dodecane |
| 6-苯基十二烷 | 6-phenyl dodecane |
| 13-苯基十三酸 | 13-phenyl tridecanoic acid |
| 4-苯基十三烷 | 4-phenyl tridecane |
| 2-苯基十四烷 | 2-phenyl tetradecane |
| 3-苯基十四烷 | 3-phenyl tetradecane |
| 4-苯基十一烷 | 4-phenylundecane |

| | |
|---|---|
| 6-苯基十一烷 | 6-phenyl undecane |
| 4-苯基双环 [2.2.2]-1-辛醇 | 4-phenyl bicyclo [2.2.2] oct-1-ol |
| *O*-(*N*-苯基四唑基) 瓜馥木定碱 | *O*-(*N*-phenyltetrazolyl) fissoldine |
| 1-苯基戊-2, 3-二酮 | 1-phenyl pent-2, 3-dione |
| 苯基戊二烯醛 | phenyl pentadienal |
| 7-(苯基硒酰基) 喹啉 | 7-(phenyl selenonyl) quinoline |
| 苯基亚甲基丁二酸 (苯基衣康酸) | phenyl itaconic acid |
| 2-苯基乙醇 | 2-phenyl ethyl alcohol |
| 4-(苯基乙氮烯基) 苯磺酸 | 4-(phenyl diazenyl) benzenesulfonic acid |
| *N*-苯基乙酰胺 | *N*-phenyl acetamide |
| β-苯基乙氧基-β-D-吡喃葡萄糖苷 | β-phenyl ethoxy-β-D-glucopyranoside |
| α-苯基吲哚 | α-phenyl indol |
| 苯甲胺 (辣木碱) | benzyl amine |
| [1, 4] 苯甲叉基 | [1, 4] benzenomethano |
| 苯甲醇 (苄醇) | benzenemethanol (phenyl methanol, benzyl alcohol) |
| 苯甲醇 (苄醇) | phenyl methanol (benzenemethanol, benzyl alcohol) |
| 2-苯甲基-*O*-α-阿拉伯呋喃糖基-(1→6)-*O*-β-D-吡喃葡萄糖苷 | 2-benzyl-*O*-α-arabinofuranosyl-(1→6)-*O*-β-D-glucopyranoside |
| 2-苯甲基-*O*-β-D-吡喃木糖基-(1→6)-*O*-β-D-吡喃葡萄糖苷 | 2-benzyl-*O*-β-D-xylopyranosyl-(1→6)-*O*-β-D-glucopyranoside |
| 苯甲基腈 | benzyl nitrile |
| 2-苯甲基辛醛 | 2-benzyl octanal |
| 苯甲腈氧化物 | benzonitrile oxide |
| 苯甲硫醛 | benzenecarbothialdehyde |
| 苯甲醚 (茴香醚、茴芹醚、甲氧基苯) | phenyl methyl ether (anisole, methoxybenzene) |
| 苯甲醛 (安息香醛) | benzoic aldehyde (benzaldehyde) |
| 苯甲醛肟 | benzaldehyde oxime |
| 苯甲酸-2-己烯醇酯 | 2-hexenyl benzoate |
| 苯甲酸 (安息香酸) | benzoic acid |
| 苯甲酸-2-苯乙酯 | ethyl 2-phenyl benzoate |
| 苯甲酸苯乙酯 | phenyl ethyl benzoate |
| 苯甲酸苄酯 | benzyl benzoate |
| 苯甲酸雌二醇酯 | estradiol benzoate |
| 苯甲酸丁子香酯 | eugenyl benzoate |
| 苯甲酸芳樟醇酯 | linaloyl benzoate |
| 苯甲酸酚苷硫酸酯 | turgorin |
| 苯甲酸桂皮酯 | cinnamyl benzoate |
| 12-苯甲酸基瑞香毒素 | 12-benzoxydaphnetoxin |
| 苯甲酸己酯 | hexyl benzoate |
| 苯甲酸甲酯 | methyl benzoate |

| | |
|---|---|
| 苯甲酸颈花脒 | trachelanthamidine benzoate |
| 苯甲酸硫代酸酐 | benzoic thioanhydride |
| 苯甲酸硫代乙酸酐 | benzoic thioacetic anhydride |
| 苯甲酸钠 (安息香酸钠) | sodium benzoate |
| 苯甲酸顺式-2-己烯醇酯 | *cis*-2-hexenyl benzoate |
| 苯甲酸松柏醇酯 | lubanyl benzoate |
| 苯甲酸乙酯 | ethyl benzoate |
| 苯甲酸酯 | benzoate |
| 12-*O*-苯甲酰-14-*O*-(2*E*, 4*E*)-癸二烯酰-5β, 12β-二羟基瑞香树脂酮醇-6α, 7α-环氧化物 | 12-*O*-benzoyl-14-*O*-(2*E*, 4*E*)-decadienoyl-5β, 12β-dihydroxyresiniferonol-6α, 7α-oxide |
| 1-*O*-苯甲酰-β-D-葡萄糖苷 | 1-*O*-benzoyl-β-D-glucoside |
| (+)-(20*S*)-3-(苯甲酰氨基)-20-(二甲基氨基)-5α-孕甾-2-烯-4β-醇 | (+)-(20*S*)-3-(benzoyl amino)-20-(dimethyl amino)-5α-pregn-2-en-4β-ol |
| (+)-(20*S*)-3-(苯甲酰氨基)-20-(二甲基氨基)-5α-孕甾-2-烯-4β-醇乙酸酯 | (+)-(20*S*)-3-(benzoyl amino)-20-(dimethyl amino)-5α-pregn-2-en-4β-ol acetate |
| 苯甲酰氨甲酸 | phthalamic acid |
| 苯甲酰胺 | benzamide |
| 3″-*O*-苯甲酰巴东荚蒾苷 | 3″-*O*-benzoyl henryoside |
| *N*-苯甲酰巴黄杨定 F | *N*-benzoyl baleabuxidine F |
| 6-*O*-苯甲酰北五味子素 (6-*O*-苯甲酰戈米辛) | 6-*O*-benzoyl gomisin |
| 苯甲酰北五味子素 (苯甲酰戈米辛) H～U | benzoyl gomisins H～U |
| 6-*O*-苯甲酰北五味子素 O | 6-*O*-benzoyl gomisin O |
| *N*-苯甲酰苯丙氨酸-2-苯甲酰氨基-3-苯丙酯 | *N*-benzoyl phenyl alanine-2-benzoyl amino-3-phenyl propyl ester |
| *N*-苯甲酰苯基丙氨酰-*N*-苯甲酰苯基丙氨酸酯 | *N*-benzoyl phenyl alanyl-*N*-benzoyl phenyl alaninate |
| 10-苯甲酰布朗翠雀碱 | 10-benzoyl browniine |
| 苯甲酰次乌头原碱 | benzoyl hypaconine |
| 3′-*O*-苯甲酰钉头果勾苷 | 3′-*O*-benzoylfrugoside |
| 1-苯甲酰多根乌头萨明 | 1-benzoyl karasamine |
| 苯甲酰多花芍药素 | benzoyl wurdin |
| *N*-苯甲酰二氢环小叶黄杨林碱 F | *N*-benzoyl dihydrocyclomicrophylline F |
| 12-*O*-苯甲酰佛波醇-13-(2-甲基) 丁酸酯 | 12-*O*-benzoyl phorbol-13-(2-methyl) butanoate |
| 14-*O*-苯甲酰佛罗里达八角内酯 | 14-*O*-benzoyl floridanolide |
| *N*-苯甲酰环黄杨定 F | *N*-benzoyl cyclobuxidine F |
| *N*-苯甲酰环黄杨灵 F | *N*-benzoyl cyclobuxoline F |
| *N*-苯甲酰环黄杨星 F | *N*-benzoyl cyclobuxine F |
| 10-苯甲酰环小花茴香酮 | 10-benzoyl cycloparvifloralone |
| *N*-苯甲酰环小叶黄杨菲灵 F | *N*-benzoyl cyclomicrophylline F |
| *N*-苯甲酰环原黄杨灵 A～F | *N*-benzoyl cycloprotobuxolines A～F |
| 10-*O*-苯甲酰黄花夹竹桃维苷 | 10-*O*-benzoyl theveside |

| | |
|---|---|
| 10-*O*-苯甲酰基-1-*O*-(6-*O*-α-L-吡喃阿拉伯糖基)-β-D-吡喃葡萄糖基京尼平苷酸 | 10-*O*-benzoyl-1-*O*-(6-*O*-α-L-arabinopyranosyl)-β-D-glucopyranosyl geniposidic acid |
| 3β-14-*O*-苯甲酰基-10-脱氧-3-羟基佛罗里达八角内酯 | 3β-14-*O*-benzoyl-10-deoxy-3-hydroxyfloridanolide |
| 11α-*O*-苯甲酰基-12β-*O*-乙酰通关藤苷元 B | 11α-*O*-benzoyl-12β-*O*-acetyl tenacigenin B |
| 20-*O*-苯甲酰基-13-*O*-十二酰巨大戟烯醇 | 20-*O*-benzoyl-13-*O*-dodecanoyl ingenol |
| 20-*O*-苯甲酰基-17-苯甲酰氧基-13-辛酰氧基巨大戟烯醇 | 20-*O*-benzoyl-17-benzoyloxy-13-octanoyloxyingenol |
| 5-*O*-苯甲酰基-20-脱氧巨大戟烯醇 | 5-*O*-benzoyl-20-deoxyingenol |
| 2-*O*-苯甲酰基-2-去乙酰美登木因 | 2-*O*-benzoyl-2-deacetyl mayteine |
| 2-*O*-苯甲酰基-3-*O*-去苯甲酰锡兰紫玉盘烯酮 (2-*O*-苯甲酰基-3-O-去苯甲酰山椒子烯酮) | 2-*O*-benzoyl-3-*O*-debenzoyl zeylenone |
| 6β-苯甲酰基-3α-(*Z*)-(3, 4, 5-三甲氧基肉桂酰氧基)托品烷 | 6β-benzoyl-3α-(*Z*)-(3, 4, 5-trimethoxycinnamoyloxy) tropane |
| 5-*O*-苯甲酰基-3β-羟基-20-脱氧巨大戟烯醇 | 5-*O*-benzoyl-3β-hydroxy-20-deoxyingenol |
| 1-苯甲酰基-3-苯基丙炔 | 1-benzoyl-3-phenyl propyne |
| 5α-苯甲酰基-4α-羟基-1β, 8α-二烟酰二氢沉香呋喃 | 5α-benzoyl-4α-hydroxy-1β, 8α-dinicotinoyl-dihydr-oagarofuran |
| 6''''-*O*-苯甲酰基-6'''-*O*-β-D-吡喃葡萄糖基芍药苷 (牡丹二糖苷 B) | 6''''-*O*-benzoyl-6'''-*O*-β-D-glucopyranosyl paeoniflorin (suffruyabioside B) |
| 6β-苯甲酰基-7β-羟基柯桠树烯-5α-醇 | 6β-benzoyl-7β-hydroxyvouacapen-5α-ol |
| 14-苯甲酰基-8-*O*-甲基乌头胺 I | 14-benzoyl-8-*O*-methyl-aconine I |
| 14-*O*-苯甲酰基-8-甲氧基印度乌头原碱 | 14-*O*-benzoyl-8-methoxybikhaconine |
| 14-*O*-苯甲酰基-8-乙氧基印度乌头原碱 | 14-*O*-benzoyl-8-ethoxybikhaconine |
| 9-*O*-苯甲酰基-9-脱氧乙酰基-11 (15→1) 迁浆果赤霉素 VI | 9-*O*-benzoyl-9-de-*O*-acetyl-11 (15→1)-*abeo*-baccatin VI |
| 1β-*O*-苯甲酰基-D-吡喃葡萄糖苷 | 1β-*O*-benzoyl-D-glucopyranoside |
| *O*-苯甲酰基-L-(+)-伪麻黄碱 | *O*-benzoyl-L-(+)-pseudoephedrine |
| *N*δ-苯甲酰基-L-γ-羟基鸟氨酸 | *N*δ-benzoyl-L-γ-hydroxyornithine |
| *N*-(*N*-苯甲酰基-L-苯丙氨酰基)-*O*-乙酰基-L-苯丙氨醇 | *N*-(*N*-benzoyl-L-phenyl alanyl)-*O*-actyl-L-phenyl alaninol |
| *N*-苯甲酰基-L-苯基氨基丙醇 | *N*-benzoyl-L-phenyl alaninol |
| *N*δ-苯甲酰基-L-鸟氨酸 | *N*δ-benzoyl-L-ornithine |
| *N*-苯甲酰基-*O*-乙酰环氧黄杨灵 F | *N*-benzoyl-*O*-acetyl cycloxobuxoline F |
| *N*-苯甲酰基-*O*-乙酰基长叶黄杨碱 | *N*-benzoyl-*O*-acetyl buxalongifoline |
| *N*-(*N'*-苯甲酰基-*S*-苯丙氨酰基)-*S*-苯丙氨醇 | *N*-(*N'*-benzoyl-*S*-phenyl alanyl)-*S*-benzoyl-*S*-phenyl alaninol |
| *N*-(*N'*-苯甲酰基-*S*-苯丙氨酰基)-*S*-苯丙氨醇乙酸酯 | *N*-(*N'*-benzoyl-*S*-phenyl alanyl)-*S*-benzoyl-*S*-phenyl alanyl acetic acid ester |
| 6-*O*-苯甲酰基-α-D-葡萄糖 | 6-*O*-benzoyl-α-D-glucose |
| β-苯甲酰基-α-甲氧基丙酸甲酯 | β-benzoyl-α-methoxypropionic acid methyl ester |
| 2-*O*-苯甲酰基-β-D-葡萄糖 | 2-*O*-benzoyl-β-D-glucose |

| | |
|---|---|
| 苯甲酰基苯基氨醇 | benzoyl phenyl aninol |
| 21β-苯甲酰基长刺群戟柱苷元-3-*O*-β-D-吡喃葡萄糖醛酸苷 (21β-苯甲酰基长刺皂苷元-3-*O*-β-D-吡喃葡萄糖醛酸苷) | 21β-benzoyl longispinogenin-3-*O*-β-D-glucuronopyranoside |
| 21β-*O*-苯甲酰基冲绳黑鳗藤苷元-3-*O*-β-D-吡喃葡萄糖基-(1→3)-β-D-吡喃葡萄糖醛酸苷 | 21β-*O*-benzoyl sitakisogenin-3-*O*-β-D-glucopyranosyl-(1→3)-β-D-glucuronopyranoside |
| 7-苯甲酰基川楝素 | 7-benzoyl toosendanin |
| 苯甲酰基次乌头碱 | benzoyl hypaconitine |
| 6′-*O*-苯甲酰基胡萝卜苷 | 6′-*O*-benzoyl daucosterol |
| 10-*O*-苯甲酰基鸡矢藤苷酸甲酯 | methyl 10-*O*-benzoyl paederosidate |
| 6-*O*-苯甲酰基坚硬糙苏苷 A、B | 6-*O*-benzoyl phlorigidosides A, B |
| 苯甲酰基柳匍匐苷 | benzoyl salireposide |
| 8-苯甲酰基猫眼草素 | 8-benzoyl esulatin A |
| 苯甲酰基氰化物 | benzoyl cyanide |
| 10-*O*-苯甲酰基去乙酰基车叶草苷酸甲酯 | 10-*O*-benzoyl deacetyl asperulosidic acid methyl ester |
| 21β-苯甲酰基斯塔克素-3-*O*-β-D-吡喃葡萄糖基-(1→3)-β-D-吡喃葡萄糖苷 | 21β-benzoyl sitakisogenin-3-*O*-β-D-glucopyranosyl-(1→3)-β-D-glucopyranoside |
| 21β-苯甲酰基斯塔克素-3-*O*-β-D-吡喃葡萄糖醛酸苷 | 21β-benzoyl sitakisogenin-3-*O*-β-D-glucuronopyranoside |
| 苯甲酰基脱氧乌头原碱 | benzoyl deoxyaconine |
| 苯甲酰基乌头原碱 | benzoyl aconine |
| *N*-苯甲酰基希尔卡尼亚黄杨碱 | *N*-benzoyl buxahyrcanine |
| 14-苯甲酰基新欧乌林碱 | 14-benzoyl neoline |
| 苯甲酰基氧基芍药苷 | benzoyl oxypaeoniflorin |
| 14-苯甲酰基伊犁翠雀碱 | 14-benzoyl iliensine |
| 2′-*O*-苯甲酰金银花苷 | 2′-*O*-benzoyl kingiside |
| 苯甲酰肼 | benzohydrazide |
| 20-*O*-苯甲酰巨大戟烯醇 | 20-*O*-benzoyl ingenol |
| 苯甲酰蕨素 A、B | benzoyl pterosins A, B |
| *N*-苯甲酰酪胺 | *N*-benzoyl tyramine |
| 苯甲酰萝藦酮 | benzoyl ramanone |
| 2′-苯甲酰芒果苷 | 2′-benzoyl mangiferin |
| 2′-*O*-苯甲酰莫罗忍冬吉苷 | 2′-*O*-benzoyl kingiside |
| 8-*O*-苯甲酰欧牡丹苷 | 8-*O*-benzoyl paeonidanin |
| 苯甲酰热马酮 | benzoyl ramanone |
| 苯甲酰日本南五味子素 (苯甲酰日本南五味子木脂素) A | benzoyl binankadsurin A |
| 苯甲酰日本南五味子素 (苯甲酰日本南五味子木脂素) | benzoyl binankadsurin |
| 12-*O*-苯甲酰肉珊瑚素-3-*O*-β-D-吡喃欧洲夹竹桃糖基-(1→4)-β-D-吡喃欧洲夹竹桃糖基-(1→4)-β-D-吡喃洋地黄毒糖苷 | 12-*O*-benzoyl sarcostin-3-*O*-β-D-oleandropyranosyl-(1→4)-β-D-oleandropyranosyl-(1→4)-β-D-digitoxopyranoside |

| | |
|---|---|
| 12-*O*-苯甲酰肉珊瑚素 (12-*O*-苯甲酰肉珊瑚苷元) | 12-*O*-benzoyl sarcostin |
| 2′-苯甲酰山拐枣苷 | 2′-benzoyl poliothrysoside |
| 4′-苯甲酰山拐枣苷 | 4′-benzoyl poliothrysoside |
| 4′-*O*-苯甲酰芍药苷 | 4′-*O*-benzoyl paeoniflorin |
| 苯甲酰芍药苷 | benzoyl paeoniflorin |
| 2″-苯甲酰水杨苷 | 2″-tremuloidin |
| 苯甲酰水杨苷 | tremuloidin |
| 3-苯甲酰泰国树脂酸 | 3-benzoyl siaresinolic acid |
| 苯甲酰托品因 | benzoyl tropeine |
| 10-*O*-苯甲酰五福花苷酸 | 10-*O*-benzoyl adoxosidic acid |
| 12-*O*-苯甲酰细纹厚果草酮-3-*O*-α-L-吡喃磁麻糖基-(1→4)-β-D-吡喃磁麻糖基-(1→4)-α-L-吡喃洋地黄糖基-(1→4)-β-D-吡喃磁麻糖苷 | 12-*O*-benzoyl lineolon-3-*O*-α-L-cymaropyranosyl-(1→4)-β-D-cymaropyranosyl-(1→4)-α-L-diginopyranosyl-(1→4)-β-D-cymaropyranoside |
| 苯甲酰新乌头原碱 | benzoyl mesaconine |
| 苯甲酰芽子碱 | benzoyl ecgonine |
| 苯甲酰氧代南五味子烷 | benzoyl oxokadsurane |
| 3β-苯甲酰氧基-10-脱氧佛罗里达八角内酯 | 3β-benzoyloxy-10-deoxyfloridanolide |
| 17-苯甲酰氧基-13-辛酰氧基巨大戟烯醇 | 17-benzoyloxy-13-octanoyloxyingenol |
| 9β-苯甲酰氧基-1α, 8β, 13-三乙酰氧基-β-二氢沉香呋喃 | 9β-benzoyloxy-1α, 8β, 13-triacetoxy-β-dihydroagarofuran |
| 17-苯甲酰氧基-20-*O*-(2, 3-二甲丁酰基)-13-(2, 3-二甲丁酰氧基) 巨大戟烯醇 | 17-benzoyloxy-20-*O*-(2, 3-dimethyl butanoyl)-13-(2, 3-dimethyl butanoyloxy) ingenol |
| 17-苯甲酰氧基-20-*O*-(2, 3-二甲丁酰基)-13-辛酰氧基巨大戟烯醇 | 17-benzoyloxy-20-*O*-(2, 3-dimethyl butanoyl)-13-octanoyloxyingenol |
| 19-苯甲酰氧基-20-*O*-(2, 3-二甲基丁酰基)-13-辛酰氧基巨大戟烯醇 | 19-benzoyloxy-20-*O*-(2, 3-dimethyl butanoyl)-13-octanoyloxyingenol |
| 16-苯甲酰氧基-20-脱氧巨大戟烯醇-5-苯甲酸酯 | 16-benzoyloxy-20-deoxyingenol-5-benzoate |
| 17-苯甲酰氧基-3-*O*-(2, 3-二甲丁酰基)-13-(2, 3-二甲丁酰氧基)-20-脱氧巨大戟烯醇 | 17-benzoyloxy-3-*O*-(2, 3-dimethyl butanoyl)-13-(2, 3-dimethyl butanoyloxy)-20-deoxyingenol |
| 17-苯甲酰氧基-3-*O*-(2, 3-二甲丁酰基)-13-(2, 3-二甲丁酰氧基) 巨大戟烯醇 | 17-benzoyloxy-3-*O*-(2, 3-dimethyl butanoyl)-13-(2, 3-dimethyl butanoyloxy) ingenol |
| 17-苯甲酰氧基-3-*O*-(2, 3-二甲丁酰基)-13-辛酰氧基巨大戟烯醇 | 17-benzoyloxy-3-*O*-(2, 3-dimethyl butanoyl)-13-octanoyloxyingenol |
| 17-苯甲酰氧基-3-*O*-(2, 3-二甲丁酰基)-20-脱氧巨大戟烯醇 | 17-benzoyloxy-3-*O*-(2, 3-dimethyl butanoyl)-20-deoxyingenol |
| 1α-苯甲酰氧基-3α-乙酰氧基-7α-羟基-12α-乙氧基印楝波力宁 (1α-苯甲酰氧基-3α-乙酰氧基-7α-羟基-12α-乙氧基印楝波灵素) | 1α-benzoyloxy-3α-acetoxy-7α-hydroxy-12α-ethoxynimbolinin |
| 1α-苯甲酰氧基-3α-乙酰氧基-7α-羟基-12β-乙氧基印楝波力宁 (1α-苯甲酰氧基-3α-乙酰氧基-7α-羟基-12β-乙氧基印楝波灵素) | 1α-benzoyloxy-3α-acetoxy-7α-hydroxy-12β-ethoxynimbolinin |
| 7-苯甲酰氧基-4-羟基-1-甲氧基-(2*E*, 4*Z*)-庚二烯-1, 6-二酮 | 7-benzoyloxy-4-hydroxy-1-methoxy-(2*E*, 4*Z*)-heptadien-1, 6-dione |

| | |
|---|---|
| 2α-苯甲酰氧基-5α-桂皮酰氧基-1β, 13α-二羟基-4 (20), 11-紫杉二烯 | 2α-benzoyloxy-5α-cinnamoyloxy-1β, 13α-dihydroxy-4 (20), 11-taxdiene |
| (4*E*)-7-苯甲酰氧基-6-羟基-2, 4-庚二烯-4-内酯 | (4*E*)-7-benzoyloxy-6-hydroxy-2, 4-heptadien-4-olide |
| (4*Z*)-7-苯甲酰氧基-6-羟基-2, 4-庚二烯-4-内酯 | (4*Z*)-7-benzoyloxy-6-hydroxy-2, 4-heptadien-4-olide |
| 7-苯甲酰氧基-6-氧亚基-2, (4*Z*)-庚二烯-1, 4-内酯 | 7-benzoyloxy-6-oxo-2, (4*Z*)-heptadien-1, 4-olide |
| (4*Z*)-6-苯甲酰氧基-7-羟基-2, 4-庚二烯-4-内酯 | (4*Z*)-6-benzoyloxy-7-hydroxy-2, 4-heptadien-4-olide |
| 2α-苯甲酰氧基-9α, 10β, 13α-三乙酰氧基-1β, 5α-二羟基-4 (20), 11-紫杉二烯 | 2α-benzoyloxy-9α, 10β, 13α-triacetoxy-1β, 5α-dihydroxy-4 (20), 11-taxdiene |
| 2α-苯甲酰氧基-9α, 10β-二乙酰氧基-1β, 5α, 13α-三羟基-4 (20), 11-紫杉二烯 | 2α-benzoyloxy-9α, 10β-diacetoxy-1β, 5α, 13α-trihydroxy-4 (20), 11-taxdiene |
| 3-苯甲酰氧基丙酸 | 3-benzoyloxypropanoic acid |
| (1*R*, 4*R*, 5*R*)-5-苯甲酰氧基莰烷-2-酮 | (1*R*, 4*R*, 5*R*)-5-benzoyloxybornan-2-one |
| 12-苯甲酰氧基瑞香毒素 (芫花灵、芫花瑞香宁) | 12-benzoyloxydaphnetoxin (genkwadaphnin) |
| 10-苯甲酰伊犁翠雀碱 | 10-benzoyl iliensine |
| 苯甲酰异北五味子素 (苯甲酰异戈米辛) O | benzoyl isogomisin O |
| 苯甲酰异厚果酮 | benzoyl isolineolone |
| 12-*O*-苯甲酰异厚果酮 | 12-*O*-benzoyl isolineolone |
| 1-苯甲酰印楝波灵素 (1-苯甲酰印楝波力宁) A～C | 1-benzoyl nimbolinins A～C |
| 苯甲酰中乌头碱 | benzoyl mesaconitine |
| 1, 4-苯醌 | 1, 4-benzoquinone |
| 苯醌 | benzoquinone |
| 苯膦酰二氯 | phenyl phosphonic dichloride (phenyl phosphonyl dichloride) |
| 苯硫代甲酸酐 | thiobenzoic anhydride |
| 苯硫酚 | benzenethiol |
| 苯六酚 | benzenehexol |
| [1, 3] 苯桥 | [1, 3] benzeno |
| 9, 10-[1, 2] 苯桥蒽 | 9, 10-[1, 2] benzenoanthracene |
| 苯炔 (1, 2-双脱氢苯) | benzyne (1, 2-didehydrobenzene) |
| 1, 2, 4-苯三酚 | 1, 2, 4-benzenetriol |
| 1, 3, 5-苯三酚 (间苯三酚、根皮酚) | 1, 3, 5-benzenetriol (phloroglucin, phloroglucinol) |
| 苯松弛素 A、B | phenochalasins A, B |
| 苯酞 (酞内酯) | phthalide |
| 苯乌头原碱 (苦乌头碱) | benzaconine (isaconitine, picraconitine) |
| 苯乌头原碱 (苦乌头碱) | isaconitine (benzaconine, picraconitine) |
| 苯芴 (萤蒽、荧蒽) | fluoranthene |
| 苯硒代甲酸 | selenobenzoic acid |
| 苯硒酸 | benzeneselenonic acid |
| 苯烯 | diplopten |
| 1-(2-苯酰氧乙酰基) 苯 | 1-(2-phenylcarbonyloxyacetyl) benzene |

| | |
|---|---|
| 苯酰异叶乌头碱(苯甲酰异叶乌头替素) | benzoyl heteratisine |
| 苯亚磺酸钠 | sodium benzenesulfinate |
| 苯亚磺酸乙磺酸酐 | benzenesulfinic ethanesulfonic anhydride |
| 苯亚磺酰氯 | benzenesulfinyl chloride |
| 苯亚甲基丙二醛 | benzylidenemalonaldehyde |
| 苯亚硒酰氯 | benzeneseleninyl chloride |
| 1-苯氧基-2, 3-丙二醇 | 1-phenoxy-2, 3-propanediol |
| 苯氧甲基苯 | phenoxymethyl benzene |
| 苯氧乙酸烯丙酯 | allyl phenoxyacetate |
| β-苯乙胺 | β-phenethyl amine |
| 苯乙胺 | phenethyl amine |
| 1-苯乙醇 | 1-phenyl ethanol (1-phenyl ethyl alcohol) |
| 2-苯乙醇 | 2-phenyl ethanol (2-phenyl ethyl alcohol) |
| 苯乙醇 | phenyl ethanol (phenyl ethyl alcohol) |
| 苯乙醇-8-*O*-α-L-吡喃鼠李糖基-(1→6)-β-D-吡喃葡萄糖苷 | phenyl ethanol-8-*O*-α-L-rhamnopyranosyl-(1→6)-β-D-glucopyranoside |
| 苯乙醇-8-*O*-β-D-吡喃葡萄糖苷 | phenyl ethanol-8-*O*-β-D-glucopyranoside |
| 苯乙醇-*O*-β-D-吡喃葡萄糖基-(1→2)-*O*-β-D-吡喃葡萄糖苷 | phenyl ethanol-*O*-β-D-glucopyranosyl-(1→2)-*O*-β-D-glucopyranoside |
| 苯乙醇-*O*-β-D-吡喃葡萄糖基-(2→1)-*O*-β-D-吡喃葡萄糖苷 | phenyl ethanol-*O*-β-D-glucopyranosyl-(2→1)-*O*-β-D-glucopyranoside |
| 苯乙醇-β-D-龙胆二糖苷 | phenyl ethanol-β-D-gentiobioside |
| 苯乙醇-β-巢菜糖苷 | phenyl ethanol-β-vicianoside |
| β-苯乙醇咖啡酸酯 | β-phenylethyl caffeate |
| β-苯乙醇乙酸酯 | β-phenylethyl acetate |
| 苯乙氮烯醇 | phenyl diazenol |
| 苯乙氮烯醇钠 | sodium phenyl diazenolate |
| 苯乙氮烯磺酸钠 | sodium phenyl diazenesulfonate |
| 苯乙二醇 | styrene glycol |
| 苯乙基 | phenethyl |
| (5*R*, 6*R*, 7*S*, 8*R*)-2-(2-苯乙基)-(5′*E*, 6a, 7*E*, 8′*E*)-四羟基-5, 6, 7, 8-四氢色原酮 | (5*R*, 6*R*, 7*S*, 8*R*)-2-(2-phenyl ethyl)-(5′*E*, 6a, 7*E*, 8′*E*)-tetrahydroxy-5, 6, 7, 8-tetrahydrochromone |
| 1-(2-苯乙基)-1, 2-乙二醇 | 1-(2-phenylethyl)-1, 2-ethanediol |
| 1-(4-苯乙基)-1, 2-乙二醇 | 1-(4-ethyl phenyl)-1, 2-ethanediol |
| (5*S*, 6*S*, 7*R*, 8*S*)-2-(2-苯乙基)-5, 6, 7-三羟基-5, 6, 7, 8-四氢-8-[2-(2-苯乙基)-7-羟基-色酰-6-氧]色原酮 | (5*S*, 6*R*, 7*R*, 8*S*)-2-(2-phenyl ethyl)-5, 6, 7-trihydroxy-5, 6, 7, 8-tetrahydro-8-[2-(2-phenyl ethyl)-7-hydroxy-chromonyl-6-oxy] chromone |
| (5*S*, 6*R*, 7*R*, 8*S*)-2-(2-苯乙基)-5, 6, 7-三羟基-5, 6, 7, 8-四氢-8-[2-(2-苯乙基)色酰-6-氧]色原酮 | (5*S*, 6*R*, 7*R*, 8*S*)-2-(2-phenyl ethyl)-5, 6, 7-trihydroxy-5, 6, 7, 8-tetrahydro-8-[2-(2-phenyl ethyl) chromonyl-6-oxy] chromone |

| | |
|---|---|
| (5*S*, 6*S*, 7*R*, 8*S*)-2-(2-苯乙基)-6, 7, 8-三羟基-5, 6, 7, 8-四氢-5-[2-(2-苯乙基)-7-羟基-色酰-6-氧] 色原酮 | (5*S*, 6*S*, 7*R*, 8*S*)-2-(2-phenyl ethyl)-6, 7, 8-trihydroxy-5, 6, 7, 8-tetrahydro-5-[2-(2-phenyl ethyl)-7-hydroxy-chromonyl-6-oxy] chromone |
| (5*S*, 6*S*, 7*S*, 8*R*)-2-(2-苯乙基)-6, 7, 8-三羟基-5, 6, 7, 8-四氢-5-[2-(2-苯乙基) 色酰-6-氧] 色原酮 | (5*S*, 6*S*, 7*S*, 8*R*)-2-(2-phenyl ethyl)-6, 7, 8-trihydroxy-5, 6, 7, 8-tetrahydro-5-[2-(2-phenyl ethyl) chromonyl-6-oxy] chromone |
| 2-(2-苯乙基) 色原酮 | 2-(2-phenyl ethyl) chromone |
| 苯乙基-2-β-D-葡萄糖苷 | phenyl ethyl-2-β-D-glucoside |
| *N*-β-苯乙基-3-(3, 4-二甲氧苯基) 丙烯酰胺 | *N*-β-phenethyl-3-(3, 4-dimethoxyphenyl) propenamide |
| *N*-β-苯乙基-3-(3, 4-亚甲二氧苯基) 丙烯酰胺 | *N*-β-phenethyl-3-(3, 4-methylenedioxyphenyl) propenamide |
| (*E*)-*N*-苯乙基-3, 4-(亚甲二氧基) 丙烯酰胺 | (*E*)-*N*-phenethyl-3, 4-(methylenedioxy) acrylamide |
| 2-苯乙基-3-*O*-α-L-吡喃鼠李糖基-β-D-吡喃葡萄糖苷 | 2-phenyl ethyl-3-*O*-α-L-rhamnopyranosyl-β-D-glucopyranoside |
| 苯乙基-6′-*O*-没食子酰基-β-D-吡喃葡萄糖苷 | phenethyl-6′-*O*-galloyl-β-D-glucopyranoside |
| 2-苯乙基-D-芸香糖苷 | 2-phenyl ethyl-D-rutinoside |
| 2-苯乙基-*O*-α-L-吡喃阿拉伯糖基-(1→6)-*O*-β-D-吡喃葡萄糖苷 | 2-phenyl ethyl-*O*-α-L-arabinopyranosyl-(1→6)-*O*-β-D-glucopyranoside |
| 苯乙基-*O*-α-L-吡喃阿拉伯糖基-(1→6)-β-D-吡喃葡萄糖苷 | phenethyl-*O*-α-L-arabinopyranosyl-(1→6)-β-D-glucopyranoside |
| 苯乙基-*O*-α-L-吡喃鼠李糖基-(l→6)-β-D-吡喃葡萄糖苷 | phenethyl-*O*-α-L-rhamnopyranosyl-(l→6)-β-D-glucopyranoside |
| 2-苯乙基-*O*-β-D-吡喃木糖基-(1→6)-β-D-吡喃葡萄糖苷 | 2-phenyl ethyl-*O*-β-D-xylopyranosyl-(1→6)-β-D-glucopyranoside |
| 2-苯乙基-*O*-β-D-吡喃葡萄糖苷 | 2-phenyl ethyl-*O*-β-D-glucopyranoside |
| 苯乙基-*O*-β-D-吡喃葡萄糖苷 | phenethyl-*O*-β-D-glucopyranoside |
| 苯乙基-*O*-芸香糖苷 | phenethyl-*O*-rutinoside |
| 2-苯乙基-β-D-吡喃葡萄糖苷 | 2-phenyl ethyl-β-D-glucopyranoside |
| 2-苯乙基-β-樱草糖苷 | 2-phenyl ethyl-β-primeveroside |
| 2-苯乙基-β-芸香糖苷 | 2-phenyl ethyl-β-rutinoside |
| 苯乙基吡咯-2-甲酸酯 | phenethyl pyrrole-2-carboxylate |
| 苯乙基醇 (β-羟乙基苯) | phenethyl alcohol (β-hydroxyethyl benzene) |
| 苯乙基甲醚 | phenethyl methyl ether |
| 2-苯乙基甲酯 | 2-phenyl ethyl methyl ether |
| 2-苯乙基芥子油苷 | 2-phenyl ethyl glucosinolate |
| 苯乙基葡萄糖苷 | phenethyl glucoside |
| 2-苯乙基异缬草酸酯 | 2-phenyl ethyl isovalerate |
| 苯乙基芸香糖苷 | phenethyl rutinoside |
| 2-苯乙基芸香糖苷 | 2-phenyl ethyl rutinoside |
| 苯乙腈 (苄基氰化物) | benzyl cyanide (phenyl acetonitrile) |
| (*R*)-苯乙腈-2-*O*-β-D-吡喃葡萄糖苷 (野樱皮苷、野樱苷、杏仁腈苷、扁桃腈苷、野黑樱苷) | (*R*)-2-*O*-β-D-glucopyranosyloxyphenyl acetonitrile (prunasin) |

| | |
|---|---|
| 2-苯乙醛 | 2-phenyl acetaldehyde |
| 苯乙醛 | phenyl acetaldehyde |
| 5-(2-苯乙炔基)-2-β-葡萄糖甲基噻吩 | 5-(2-phenyl ethynyl)-2-β-glucosyl methyl thiophene |
| 5-(2-苯乙炔基)-2-噻吩甲醇 | 5-(2-phenyl ethynyl)-2-thiophene methanol |
| 苯乙酸 | benzeneacetic acid (phenyl acetic acid) |
| 苯乙酸 | phenyl acetic acid (benzeneacetic acid) |
| 苯乙酸-α, 3, 4-三(三甲基硅氧基)三甲基硅酯 | benzeneacetic acid-α, 3, 4-tris (trimethyl silyl-oxy) trimethyl silyl ester |
| 苯乙酸丙酯 | propyl phenyl acetate |
| 苯乙酸芳樟醇酯 | linaloyl phenyl acetate (linalyl phenyl acetate) |
| 苯乙酸甲酯 | methyl phenyl acetate |
| 苯乙酸乙酯 | ethyl phenyl acetate |
| 苯乙酸酯 | phenyl acetate |
| 苯乙酮(乙酰苯) | phenyl ethanone (acetophenone) |
| 苯乙烯(苏合香烯) | styrene |
| 5-苯乙烯呋喃-2-酸甲酯 | methyl 5-styryl furan-2-carboxylate |
| 苯乙烯基 | styryl |
| 苯乙烯醚 | vinyphenyl ether |
| 苯乙酰蕨素 A～C | phenyl acetyl pterosins A～C |
| 3-苯乙酰氧基-6, 7-环氧托品烷 | 3-phenyl acetoxy-6, 7-epoxytropane |
| 3-苯乙酰氧基-6-羟基托品烷 | 3-phenyl acetoxy-6-hydroxytropane |
| 3-苯乙酰氧基托品烷 | 3-phenyl acetoxytropane |
| 3α-苯乙酰氧基托品烷 | 3α-phenyl acetoxytropane |
| 3β-苯乙酰氧托品烷 | 3β-phenyl acetoxytropane |
| 苯异氰化物 | phenyl isocyanide |
| 荸荠素 | puchiin |
| 比克白芷素乙醚 | byakangelicin ethoxide |
| 比枯枯灵碱(毕枯枯灵) | bicuculline |
| 比枯枯灵宁 | bicucullinine |
| 吡嗪并[2, 1, 6-*cd*: 3, 4, 5-*c'd'*]二吡咯嗪 | pyrazino [2, 1, 6-*cd*: 3, 4, 5-*c'd'*] dipyrrolizine |
| 比氏刺桐碱 | erybidine |
| 比氏穴果木碱 | coelobillardierine |
| 芘(嵌二萘) | pyrene |
| 芘秧辛 | bryonicine |
| 3β-*O*-β-D-吡喃半乳糖基-(1→2)-[β-D-吡喃木糖基-(1→3)]-β-D-吡喃葡萄糖醛酸基石头花苷元-28-*O*-β-D-吡喃葡萄糖基-(1→3)-[β-D-吡喃木糖基-(1→4)]-α-L-吡喃鼠李糖基-(1→2)-β-D-岩藻糖苷 | 3β-*O*-β-D-galactopyranosyl-(1→2)-[β-D-ylopyranosyl-(1→3)]-β-D-glucuronopyranosyl-gypsogenin-28-*O*-β-D-glucopyranosyl-(1→3)-[β-D-xylopyranosyl-(1→4)]-a-L-rhamnopyranosyl-(1→2)-β-D-fucopyranoside |

| 3-*O*-β-D-吡喃半乳糖基-(1→2)-[β-D-吡喃木糖基-(1→3)] β-D-吡喃葡萄糖醛酸基石头花苷元-28-*O*-α-L-吡喃阿拉伯糖基-(1→4)-α-L-吡喃阿拉伯糖基-(1→3)-β-D-吡喃木糖基-(1→4)-α-L-吡喃鼠李糖基-(1→2)-β-D-吡喃岩藻糖基酯 | 3-*O*-β-D-galactopyranosyl-(1→2)-[β-D-xylopyranosyl-(1→3)]-β-D-glucuronopyranosylgypsogenin-28-*O*-α-L-arabinopyranosyl-(1→4)-α-L-arabinopyranosyl-(1→3)-β-D-xylopyranosyl-(1→4)-α-L-rhamnopyranosyl-(1→2)-β-D-fucopyranosyl ester |
|---|---|
| 吡啶 | pyridine |
| 吡啶 *N*-氧化物 | pyridine *N*-oxide |
| 吡啶-1-氧化物 | pyridine-1-oxide |
| 吡啶-2 (1*H*)-酮 | pyridine-2 (1*H*)-one |
| 吡啶-2, 5-二甲酸 | pyridine-2, 5-dicarboxylic acid |
| 吡啶-3-基-甲醇 | pyridine-3-yl-methanol |
| 4-(吡啶-4-基) 苯甲酰胺 | 4-(4-pyridyl) benzamide |
| 吡啶吡喃萜 A～R | pyripyropenes A～R |
| 吡啶并 [1″, 2″: 1′, 2′] 咪唑并 [4′, 5′: 5, 6] 吡嗪并 [2, 3-*b*] 吩嗪 | pyrido [1″, 2″: 1′, 2′] imidazo [4′, 5′: 5, 6] pyrazino [2, 3-*b*] phenazine |
| 5*H*-吡啶并 [2, 3-*d*] [1, 2] 噁嗪 | 5*H*-pyrido [2, 3-*d*] [1, 2] oxazine |
| 9*H*-吡啶并 [3, 4-*b*] 吲哚 (9*H*-β-咔啉) | 9*H*-pyrido [3, 4-*b*] indole (9*H*-β-carboline) |
| 吡啶并 [3, 4-*b*] 吲哚 (β-咔啉、β-咔巴啉) | pyrido [3, 4-*b*] indole (β-carboline) |
| 3, 5-吡啶二甲酰胺 | 3, 5-pyridine dicarboxamide |
| 吡啶核苷酸 | pyridine nucleotide |
| 5-吡啶基-3-氨基-3, 5-氮杂环己二烯酮 | 5-pyridyl-3-amino-3, 5-azacyclohexanedione |
| 2-(3-吡啶基氧基) 吡嗪 | 2-(3-pyridyloxy) pyrazine |
| 吡啶芍药苷 | pyridine paeoniflorin |
| 3-吡啶羧酸 | 3-pyridine carboxylic acid |
| 2-吡啶氧基 | 2-pyridyloxy |
| 17 (5, 2)-吡啶杂-5 (4, 2)-呋喃杂-13 (4, 2) 噻吩杂双环 [8.5.3] 十八蕃 | 17 (5, 2)-pyridina-5 (4, 2)-furana-13 (4, 2)-thiophenabicyclo [8.5.3] octadecaphane |
| $6^2$*H*-1 (2, 5)-吡啶杂-6 (2, 5)-吡喃杂环十蕃 | $6^2$*H*-1 (2, 5)-pyridina-6 (2, 5)-pyranacyclodecaphane |
| 吡哆白僵菌素 (吡啶并百部碱) | pyridovericin |
| 吡哆白僵菌素-*N*-*O*-(4-*O*-甲基-β-D-吡喃葡萄糖苷) | pyridovericin-*N*-*O*-(4-*O*-methyl-β-D-glucopyranoside) |
| 吡哆素 | pyridoxine |
| 吡哆甾醇 | cellobiosyl sterol |
| 吡咯 | pyrrole |
| 3*H*-吡咯 | 3*H*-pyrrole |
| 1*H*-吡咯-2, 5-二甲酸 | 1*H*-pyrrol-2, 5-dicarboxylic acid |
| 吡咯-2-醛 | pyrrol-2-aldehyde |
| 6*H*-吡咯并 [3, 2, 1-*de*] 吖啶 | 6*H*-pyrrolo [3, 2, 1-*de*] acridine |
| 吡咯花椒碱 | pyrrolezanthine |
| 吡咯花椒碱-6-甲醚 | pyrrolezanthine-6-methyl ether |
| 吡咯基-α-甲基酮 | pyrryl-α-methyl ketone |
| α-吡咯基甲酮 | α-pyrryl methyl ketone |

| 2-吡咯甲酸 | 2-minaline |
|---|---|
| 2-吡咯甲酸-13-羟基羽扇烷宁酯(狭翼荚豆碱) | 13-hydroxylupanine-2-pyrrole-carboxylate (calpurnine, oroboidine) |
| 吡咯赖氨酸 | pyrrolysine |
| 吡咯里西啶生物碱(吡咯双烷生物碱) | pyrrolizidine alkaloid |
| 1-吡咯啉 | 1-pyrroline |
| 2, 5-吡咯啉二酮 | 2, 5-pyrrolidinedione |
| 1*H*-吡咯嗪 | 1*H*-pyrrolizine |
| 吡咯双烷羧酸 | hastanecinic acid |
| *O*-2-吡咯碳基灌豆碱 | *O*-2-pyrrolyl carbonyl virgiline |
| 吡咯烷(四氢吡咯) | pyrrolidine |
| L-吡咯烷-2, 5-二酸 | L-pyrrolidine-2, 5-dicarboxylic acid |
| 吡咯烷-2, 5-二酮 | pyrrolidin-2, 5-dione |
| 吡咯烷-2-甲酸 | pyrrolidin-2-carboxylic acid |
| 吡咯烷-2-酮(2-吡咯烷酮) | pyrrolidin-2-one (2-pyrrolidone) |
| 4-吡咯烷吡啶 | 4-pyrrolidinopyridine |
| 吡咯烷甲酸 | pyrrolidine carboxylic acid |
| 吡咯烷酮 | pyrrolidinone |
| 2-吡咯烷酮(吡咯烷-2-酮) | 2-pyrrolidone (pyrrolidin-2-one) |
| 8-(2-吡咯烷酮-5)-(–)-表儿茶素 | 8-(2-pyrrolidinone-5)-(–)-epicatechin |
| 8-(2″-吡咯烷酮-5″-基)槲皮素 | 8-(2″-pyrrolidinone-5″-yl) quercetin |
| 2-吡咯烷酮-5-甲酸(氧脯氨酸) | 2-pyrrolidone-5-carboxylic acid (pidolic acid) |
| 2-吡咯烷酮-5-甲酸丁酯 | butyl 2-pyrrolidone-5-carboxylate |
| (*S*)-2-吡咯烷酮-5-甲酸乙酯 | ethyl (*S*)-2-pyrrolidinone-5-carboxylate |
| 1-(2′-吡咯烷亚硫-3′-基)-1, 2, 3, 4-四氢-β-咔巴啉-3-甲酸 | 1-(2′-pyrrolidinethion-3′-yl)-1, 2, 3, 4-tetrahydro-β-carbolin-3-carboxylic acid |
| 2*H*-吡喃 | 2*H*-pyran |
| 4*H*-吡喃 | 4*H*-pyran |
| 吡喃 | pyran |
| 2*H*-吡喃-2-酮 | 2*H*-pyran-2-one |
| 4*H*-吡喃-4-酮 | 4*H*-pyran-4-one |
| 吡喃-4-酮 | pyran-4-one |
| 2*H*-吡喃-6-甲酸 | 2*H*-pyran-6-carboxylic acid |
| 吡喃阿拉伯糖 | arabinopyranose |
| L-吡喃阿拉伯糖 | L-arabinopyranose |
| 16β-[(α-L-吡喃阿拉伯糖)氧基]-3β-[(β-D-吡喃葡萄糖)氧基]-17α-羟基胆甾-5-烯-22-酮 | 16β-[(α-L-arabinopyranosyl) oxy]-3β-[(β-D-glucopyranosyl) oxy]-17α-hydroxycholest-5-en-22-one |

| | |
|---|---|
| 3β-{*O*-α-L-吡喃阿拉伯糖基-(1→2)-*O*-[β-D-吡喃木糖基-(1→3)]-*O*-β-D-吡喃葡萄糖醛酸基}-石头花苷元-28-{*O*-β-D-吡喃木糖基-(1→3)-*O*-β-D-吡喃木糖基-(1→4)-*O*-α-L-吡喃鼠李糖基-(1→2)-4-*O*-[(*E*)-4-甲氧基桂皮酰基]-β-D-吡喃岩藻糖基}酯 | 3β-{*O*-α-L-arabinopyranosyl-(1→2)-*O*-[β-D-xylopyranosyl-(1→3)]-*O*-β-D-glucopyranuronosyl}-gypsogenin-28-{*O*-β-D-xylopyranosyl-(1→3)-*O*-β-D-xylopyranosyl-(1→4)-*O*-α-L-rhamnopyranosyl-(1→2)-4-*O*-[(*E*)-4-methoxycinnamoyl]-β-D-fucopyranosyl} ester |
| 3-*O*-α-L-吡喃阿拉伯糖基-(1→3)-β-D-吡喃葡萄糖醛酸基齐墩果酸-28-*O*-β-D-吡喃葡萄糖苷 | 3-*O*-α-L-arabinopyranosyl-(1→3)-β-D-glucuropyranosyl oleanolic acid-28-*O*-β-D-glucopyranoside |
| (2*E*, 6*S*)-8-[α-L-吡喃阿拉伯糖基-(1″→6′)-β-D-吡喃葡萄糖氧基]-2, 6-二甲基辛-2-烯醇-1, 2″-内酯 | (2*E*, 6*S*)-8-[α-L-arabinopyranosyl-(1″→6′)-β-D-glucopyranosyloxy]-2, 6-dimethyloct-2-enol-1, 2″-lactone |
| 3-*O*-α-L-吡喃阿拉伯糖基-(1→6)-β-D-三羟基齐墩果-12-烯-28-酸 | 3-*O*-α-L-arabinopyranosyl-(1→6)-β-D-trihydroxyolean-12-en-28-oic acid |
| 3-*O*-[α-L-吡喃阿拉伯糖基-(1→2)]-6-*O*-甲基-β-D-吡喃葡萄糖醛酸基]积雪草酸甲酯 | 3-*O*-[α-L-arabinopyranosyl-(1→2)]-6-*O*-methyl-β-D-glucuronopyranosyl asiatic acid methyl ester |
| 3-*O*-[α-L-吡喃阿拉伯糖基-(1→2)]-6-*O*-甲基-β-D-吡喃葡萄糖醛酸基]山楂酸甲酯 | 3-*O*-[α-L-arabinopyranosyl-(1→2)]-6-*O*-methyl-β-D-glucuronopyranosyl methyl maslinate |
| 3-*O*-[α-L-吡喃阿拉伯糖基-(1→3)-β-D-吡喃葡萄糖醛酸基]齐墩果酸-β-D-吡喃葡萄糖基-(1→28)酯 | 3-*O*-[α-L-arabinopyranosyl-(1→3)-β-D-glucuronopyranosyl] oleanolic acid-β-D-glucopyranosyl-(1→28) ester |
| 3-*O*-(α-L-吡喃阿拉伯糖基)-23-羟基熊果酸 | 3-*O*-(α-L-arabinopyranosyl)-23-hydroxyursolic acid |
| 3-*O*-[α-L-吡喃阿拉伯糖基]-2α, 3β, 6β, 23α-四羟基熊果-12-烯-28-酸 | 3-*O*-[α-L-arabinopyranosyl]-2α, 3β, 6β, 23α-tetrahydroxyurs-12-en-28-oic acid |
| 3-*O*-α-L-吡喃阿拉伯糖基-19α-羟基熊果-12-烯-28-酸 | 3-*O*-α-L-arabinopyranosyl-19α-hydroxyurs-12-en-28-oic acid |
| 3-*O*-α-L-吡喃阿拉伯糖基-2α, 3β, 6β, 23α-四羟基熊果-12-烯-28-酸 | 3-*O*-α-L-arabinopyranosyl-2α, 3β, 6β, 23α-tetrahydroxyurs-12-en-28-oic acid |
| 6-*O*-α-L-吡喃阿拉伯糖基-β-D-吡喃葡萄糖 | 6-*O*-α-L-arabinopyranosyl-β-D-glucopyranose |
| 3-*O*-α-L-吡喃阿拉伯糖基常春藤皂苷元-28-*O*-β-D-吡喃葡萄糖基-(1→6)-β-D-吡喃葡萄糖酯 | 3-*O*-α-L-arabinopyranosyl hederagenin-28-*O*-[β-D-glucopyranosyl-(1→6)-β-D-glucopyranosyl] ester |
| 3-*O*-α-L-吡喃阿拉伯糖基果渣酸 (3-*O*-α-L-吡喃阿拉伯糖基坡模酸) | 3-*O*-α-L-arabinopyranosyl pomolic acid |
| 3-*O*-α-L-吡喃阿拉伯糖基果渣酸-28-*O*-(6′-*O*-甲基)-β-D-吡喃葡萄糖苷 | 3-*O*-α-L-arabinopyranosyl pomolic acid-28-*O*-(6′-*O*-methyl)-β-D-glucopyranoside |
| 3β-*O*-α-L-吡喃阿拉伯糖基齐墩果-12-烯-28-酸-6-*O*-β-D-吡喃葡萄糖基-β-D-吡喃葡萄糖酯 | 3β-*O*-α-L-arabinopyranosyl olean-12-en-28-oic acid-6-*O*-β-D-glucopyranosyl-β-D-glucopyranosyl ester |
| 3-*O*-α-L-吡喃阿拉伯糖基齐墩果酸-28-*O*-β-D-吡喃葡萄糖基-(1→6)-β-D-吡喃葡萄糖苷 | 3-*O*-α-L-arabinopyranosyl oleanolic acid-28-*O*-β-D-glucopyranosyl-(1→6)-β-D-glucopyranoside |
| 3β-*O*-α-L-吡喃阿拉伯糖基泰国树脂酸-28-*O*-β-D-吡喃葡萄糖酯 | 3β-*O*-α-L-arabinopyransyl siaresinolic acid-28-*O*-β-D-glucopyranosyl ester |
| β-D-吡喃阿拉伯糖甲苷 | methyl β-D-arabinopyranoside |
| β-L-吡喃阿拉伯糖甲苷 | methyl-β-L-arabinopyranoside |
| (2*E*, 6*S*)-6-α-L-吡喃阿拉伯糖氧基-2, 6-二甲基-2, 7-辛二烯酸 | (2*E*, 6*S*)-6-α-L-arabinopyranosyloxy-2, 6-dimethyl-2, 7-octadienoic acid |
| (20*R*)-3-*O*-α-L-吡喃阿拉伯糖孕甾-5-烯-3β, 20-二醇 | (20*R*)-3-*O*-α-L-arabinopyranosyl pregn-5-en-3β, 20-diol |

| | |
|---|---|
| (20*R*)-*O*-(3)-α-L-吡喃阿拉伯糖孕甾-5-烯-3β, 20-二醇 | (20*R*)-*O*-(3)-α-L-arabinopyranosyl pregn-5-en-3β, 20-diol |
| 吡喃阿洛糖 | allopyranose |
| 3-*O*-β-D-吡喃阿洛糖基-7β, 25-二羟基葫芦-5, (23*E*)-二烯-19-醛 | 3-*O*-β-D-allopyranosyl-7β, 25-dihydroxycucurbita-5, (23*E*)-dien-19-al |
| 23-*O*-β-吡喃阿洛糖基葫芦-5, 24-二烯-7α, 3β, (22*S*, 23*S*)-四羟基-3-*O*-β-吡喃阿洛糖苷 | 23-*O*-β-allopyranosyl cucurbit-5, 24-dien-7α, 3β, (22*S*, 23*S*)-tetrahydroxy-3-*O*-β-allopyranoside |
| β-D-吡喃半乳基-(3→3)-*O*-β-D-吡喃半乳糖 | β-D-galactopyranosyl-(3→3)-*O*-β-D-galactopyranose |
| 吡喃半乳糖 | galactopyranose |
| α-D-吡喃半乳糖苷甲苷 | methyl α-D-galactopyranoside |
| β-D-吡喃半乳糖苷甲苷 | methyl β-D-galactopyranoside |
| 4-S-β-D-吡喃半乳糖苷甲苷 | methyl 4-thio-β-D-galactopyranoside |
| α-D-吡喃半乳糖基-(1→1′)-肌肉肌醇 | α-D-galactopyranosyl-(1→1′)-myoinositol |
| 3-*O*-β-D-吡喃半乳糖基-(1→2)-[α-L-吡喃鼠李糖基-(1→3)]-6′-*O*-甲基-β-D-吡喃葡萄糖醛酸基皂皮酸 | 3-*O*-β-D-galactopyranosyl-(1→2)-[α-L-rhamnopyranosyl-(1→3)]-6′-*O*-methyl-β-D-glucuronopyranosyl quillaic acid |
| 3-*O*-β-D-吡喃半乳糖基-(1→2)-[β-D-吡喃半乳糖基-(1→3)]-β-D-吡喃葡萄糖醛酸基皂树皮酸 | 3-*O*-β-D-galactopyranosyl-(1→2)-[β-D-galactopyranosyl-(1→3)]-β-D-glucuronopyranosyl quillaic acid |
| 3-*O*-β-D-吡喃半乳糖基-(1→2)-[β-D-吡喃木糖基-(1→3)]-β-D-吡喃葡萄糖糖醛酸基石头花苷元甲酯 | 3-*O*-β-D-galactopyranosyl-(1→2)-[β-D-xylopyranosyl-(1→3)]-β-D-glucuronopyranosyl gypsogenin methyl ester |
| 3-*O*-β-D-吡喃半乳糖基-(1→2)-[β-D-吡喃木糖基-(1→3)]-β-D-6-*O*-甲基吡喃葡萄糖醛酸基石头花苷元 | 3-*O*-β-D-galactopyranosyl-(1→2)-[β-D-xylopyranosyl-(1→3)]-β-D-6-*O*-methyl glucuronopyranosyl gypsogenin |
| 3β-*O*-β-D-吡喃半乳糖基-(1→2)-[β-D-吡喃木糖基-(1→3)]-β-D-吡喃葡萄糖醛基石头花苷元-28-*O*-β-D-吡喃木糖基-(1→4)-α-L-吡喃鼠李糖基-(1→2)-β-D-岩藻糖苷 | 3β-*O*-β-D-galactopyranosyl-(1→2)-[β-D-xylopyranosyl-(1→3)]-β-D-glucuronopyranosyl-gypsogenin-28-*O*-β-D-xylopyranosyl-(1→4)-α-L-rhamnopyranosyl-(1→2)-β-D-fucopyranoside |
| 3-*O*-β-D-吡喃半乳糖基-(1→2)-[β-D-吡喃木糖基-(1→3)]-β-D-吡喃葡萄糖醛酸基石头花苷元-28-*O*-(6-*O*-乙酰基)-β-D-吡喃葡萄糖基-(1→3)-[β-D-吡喃木糖基-(1→4)]-α-L-吡喃鼠李糖基-(1→2)-β-D-吡喃岩藻糖苷 | 3-*O*-β-D-galactopyranosyl-(1→2)-[β-D-xylopyranosyl-(1→3)]-β-D-glucuronopyranosyl gypsogenin-28-*O*-(6-*O*-acetyl)-β-D-glucopyranosyl-(1→3)-[β-D-xylopyranosyl-(1→4)]-α-L-rhamnopyranosyl-(1→2)-β-D-fucopyranoside |
| 3-*O*-β-D-吡喃半乳糖基-(1→2)-[β-D-吡喃木糖基-(1→3)]-β-D-吡喃葡萄糖醛酸基-石头花苷元-28-*O*-α-L-吡喃阿拉伯糖基-(1→3)-β-D-吡喃木糖基-(1→4)-α-L-吡喃鼠李糖基-(1→2)-β-D-吡喃岩藻糖苷 | 3-*O*-β-D-galactopyranosyl-(1→2)-[β-D-xylopyranosyl-(1→3)]-β-D-glucuronopyranosyl-gypsogenin-28-*O*-α-L-arabinopyranosyl-(1→3)-β-D-xylopyranosyl-(1→4)-α-L-rhamnopyranosyl-(1→2)-β-D-fucopyranoside |
| 3-*O*-β-D-吡喃半乳糖基-(1→2)-[β-D-吡喃木糖基-(1→3)]-β-D-吡喃葡萄糖醛酸基-石头花苷元-28-*O*-β-D-6-*O*-乙酰基-吡喃葡萄糖基-(1→3)-[β-D-吡喃木糖基-(1→4)]-α-L-吡喃鼠李糖基-(1→2)-β-D-吡喃岩藻糖苷 | 3-*O*-β-D-galactopyranosyl-(1→2)-[β-D-xylopyranosyl-(1→3)]-β-D-glucuronopyranosyl-gypsogenin-28-*O*-β-D-6-*O*-acetyl-glucopyranosyl-(1→3)-[β-D-xylopyranosyl-(1→4)]-α-L-rhamnopyranosyl-(1→2)-β-D-fucopyranoside |

| | |
|---|---|
| 3-*O*-β-D-吡喃半乳糖基-(1→2)-[β-D-吡喃木糖基-(1→3)]-β-D-吡喃葡萄糖醛酸基-石头花苷元-28-*O*-β-D-*O*-乙酰基-吡喃葡萄糖基-(1→3)-[β-D-吡喃木糖基-(1→3)-β-D-吡喃木糖基-(1→4)]-α-L-吡喃鼠李糖基-(1→2)-β-D-吡喃岩藻糖苷 | 3-*O*-β-D-galactopyranosyl-(1→2)-[β-D-xylopyranosyl-(1→3)]-β-D-glucuronopyranosyl-gypsogenin-28-*O*-β-D-*O*-acetyl-glucopyranosyl-(1→3)-[β-D-xylopyranosyl-(1→3)-β-D-xylopyranosyl-(1→4)]-α-L-rhamnopyranosyl-(1→2)-β-D-fucopyranoside |
| 3-*O*-β-D-吡喃半乳糖基-(1→2)-[β-D-吡喃木糖基-(1→3)]-β-D-吡喃葡萄糖醛酸基-石头花苷元-28-*O*-β-D-吡喃木糖基-(1→3)-β-D-吡喃木糖基-(1→4)-α-L-吡喃鼠李糖基-(1→2)-β-D-吡喃岩藻糖苷 | 3-*O*-β-D-galactopyranosyl-(1→2)-[β-D-xylopy-ranosyl-(1→3)]-β-D-glucuronopyranosyl-gypsogenin- 28-*O*-β-D-xylopyranosyl-(1→3)-β-D-xylopyranosyl-(1→4)-α-L-rhamnopyranosyl-(1→2)-β-D-fucopyranoside |
| 3-*O*-β-D-吡喃半乳糖基-(1→2)-[β-D-吡喃木糖基-(1→3)]-β-D-吡喃葡萄糖醛酸基石头花苷元-28-*O*-β-D-吡喃木糖基-(1→4)-[β-D-吡喃葡萄糖基-(1→3)]-α-L-吡喃鼠李糖基-(1→2)-β-D-吡喃岩藻糖苷 | 3-*O*-β-D-galactopyranosyl-(1→2)-[β-D-ylopyranosyl-(1→3)]-β-D-glucuronopyranosyl-gypsogenin-28-*O*-β-D-xylopyranosyl-(1→4)-[β-D-glucopyranosyl-(1→3)]-α-L-rhamnopyranosyl-(1→2)-β-D-fucopyranoside |
| 3-*O*-β-D-吡喃半乳糖基-(1→2)-[β-D-吡喃木糖基-(1→3)]-β-D-吡喃葡萄糖醛酸基-石头花苷元-28-*O*-β-D-吡喃葡萄糖基-(1→3)-[β-D-吡喃木糖基-(1→3)-β-D-吡喃木糖基-(1→4)]-α-L-吡喃鼠李糖基-(1→2)-β-D-吡喃岩藻糖苷 | 3-*O*-β-D-galactopyranosyl-(1→2)-[β-D-xylopy-ranosyl-(1→3)]-β-D-glucuronopyranosyl-gypsogenin- 28-*O*-β-D-glucopyranosyl-(1→3)-[β-D-xylopyranosyl-(1→3)-β-D-xylopyranosyl-(1→4)]-α-L-rhamnopyranosyl-(1→2)-β-D-fucopyranoside |
| 3-*O*-β-D-吡喃半乳糖基-(1→2)-[β-D-吡喃木糖基-(1→3)]-β-D-吡喃葡萄糖醛酸基-石头花苷元-28-*O*-β-D-吡喃葡萄糖基-(1→3)-[β-D-吡喃木糖基-(1→4)]-α-L-吡喃鼠李糖基-(1→2)-β-D-吡喃岩藻糖苷 | 3-*O*-β-D-galactopyranosyl-(1→2)-[β-D-xylopyranosyl-(1→3)]-β-D-glucuronopyranosyl-gypsogenin-28-*O*-β-D-glucopyranosyl-(1→3)-[β-D-xylopyranosyl-(1→4)]-a-L-rhamnopyranosyl-(1→2)-β-D-fucopyranoside |
| 3-*O*-β-D-吡喃半乳糖基-(1→2)-[β-D-吡喃木糖基-(1→3)-吡喃葡萄糖醛酸基石头花苷元 | 3-*O*-β-D-galactopyranosyl-(1→2)-[β-D-xylopyranosyl-(1→3)]-β-D-glucuronopyranosyl-gypsogenin |
| 3-*O*-β-D-吡喃半乳糖基-(1→2)-6′-*O*-甲基-β-D-吡喃葡萄糖醛酸基皂皮酸 | 3-*O*-β-D-galactopyranosyl-(1→2)-6′-*O*-methyl-β-D-glucuronopyranosyl quillaic acid |
| 3-*O*-β-D-吡喃半乳糖基-(1→2)-6′-甲基-β-D-吡喃葡萄糖醛酸基棉根皂苷元 | 3-*O*-β-D-galactopyranosyl-(1→2)-6′-methyl-β-D-glucuronopyranosyl gypsogenin |
| 3-*O*-[β-D-吡喃半乳糖基-(1→2)-β-D-吡喃葡萄糖醛酸基]齐墩果酸 | 3-*O*-[β-D-galactopyranosyl-(1→2)-β-D-glucuronopyranosyl] oleanolic acid |
| 3-*O*-β-D-吡喃半乳糖基-(1→2)-β-D-吡喃葡萄糖醛酸基石头花苷元 | 3-*O*-β-D-galactopyranosyl-(1→2)-β-D-glucuronopyranosyl gypsogenin |
| 3-*O*-β-D-吡喃半乳糖基-(1→2)-β-D-吡喃葡萄糖醛酸基石头花苷元-28-*O*-β-D-吡喃吡喃木糖基-(1→4)-[β-D-吡喃葡萄糖基-(1→3)]-α-L-吡喃鼠李糖基-(1→2)-β-D-吡喃岩藻糖苷 | 3-*O*-β-D-galactopyranosyl-(1→2)-β-D-glucuronopyranosyl-gypsogenin-28-*O*-β-D-xylopyranosyl-(1→4)-[β-D-glucopyranosyl-(1→3)]-α-L-rhamnopyranosyl-(1→2)-β-D-fucopyranoside |
| 3-*O*-β-D-吡喃半乳糖基-(1→2)-β-D-吡喃葡萄糖醛酸基石头花苷元-28-*O*-β-D-吡喃木糖基-(1→4)-α-L-吡喃鼠李糖基-(1→2)-β-D-吡喃岩藻糖苷 | 3-*O*-β-D-galactopyranosyl-(1→2)-β-D-glucuronopyranosyl gypsogenin-28-*O*-β-D-xylopyranosyl-(1→4)-α-L-rhamnopyranosyl-(1→2)-β-D-fucopyranoside |
| 3β-*O*-β-D-吡喃半乳糖基-(1→3)-β-D-吡喃葡萄糖基石头花苷元-28-*O*-β-D-吡喃葡萄糖基-(1→3)-[β-D-吡喃木糖基-(1→4)]-α-L-吡喃鼠李糖基-(1→2)-[β-D-吡喃岩藻糖基-(1→3)]-α-L-吡 喃阿拉伯糖基酯 | 3β-*O*-β-D-galactopyranosyl-(1→3)-β-D-glucopyranosyl-gypsogenin-28-*O*-[β-D-glucopyranosyl-(1→3)-[β-D-xylopyranosyl-(1→4)]-α-L-rhamnopyranosyl-(1→2)-[β-D-fucopyranosyl-(1→3)]-α-L-arabinopyranosyllester |

| | |
|---|---|
| 3β-*O*-[β-D-吡喃半乳糖基-(1→3)-β-D-吡喃葡萄糖醛酸基]齐墩果酸-28-*O*-β-吡喃葡萄糖苷 | 3β-*O*-[β-D-galactopyranosyl-(1→3)-β-D-glucuronopyranosyl] oleanolic acid-28-*O*-β-glucopyranoside |
| 3-*O*-β-D-吡喃半乳糖基-(1→3)-β-D-吡喃葡萄糖醛酸基石头花苷元-28-*O*-β-D-吡喃木糖基-(1→3)-β-D-吡喃木糖基-(1→4)-α-L-吡喃鼠李糖基-(1→2)-β-D-吡喃岩藻糖基酯 | 3-*O*-β-D-galactopyranosyl-(1→3)-β-D-glucuronopyranosylgypsogenin-28-*O*-β-D-xylopyranosyl-(1→3)-β-D-xylopyranosyl-(1→4)-α-L-rhamnopyranosyl-(1→2)-β-D-fucopyranosyl ester |
| β-D-吡喃半乳糖基-(1→4)-α-D-吡喃葡萄糖(α-乳糖) | β-D-galactopyranosyl-(1→4)-α-D-glucopyranose (α-lactose) |
| α-D-吡喃半乳糖基-(1→6)-α-D-吡喃半乳糖基-(1→1′)-肌肉肌醇 | α-D-galactopyranosyl-(1→6)-α-D-galactopyranosyl-(1→1′)-myoinositol |
| α-D-吡喃半乳糖基-(1→6)-α-D-吡喃葡萄糖基-β-D-呋喃果糖苷(棉籽糖) | α-D-galactopyranosyl-(1→6)-α-D-glucopyranosyl-β-D-fructofuranoside |
| 3-*O*-(β-D-吡喃半乳糖基)-25-*O*-β-D-吡喃半乳糖基-(7*R*, 22*S*, 23*R*, 24*R*), 25-五羟基葫芦-5-烯 | 3-*O*-[β-D-galactopyranosyl]-25-*O*-β-D-galactopy-ranosyl-(7*R*, 22*S*, 23*R*, 24*R*), 25-pentahydroxycucurbit-5-ene |
| 1-D-5-*O*-(α-D-吡喃半乳糖基)-4-*O*-甲基肌肉肌醇 | 1-D-5-*O*-(α-D-galactopyranosyl)-4-*O*-methyl myoinositol |
| 3-*O*-[3′-(O-β-D-吡喃半乳糖基)-β-D-吡喃葡萄糖基]-2β-羟基齐墩果酸 | 3-*O*-[3′-(O-β-D-galactopyranosyl)-β-D-glucopyranosyl]-2β-hydroxyoleanolic acid |
| (2*R*)-3-(*O*-β-D-吡喃半乳糖基)丙-1, 2-二基二(十八酸)酯 | (2*R*)-3-(*O*-β-D-galactopyranosyl) prop-1, 2-diyl dioctadecanoate |
| 3-*O*-β-D-吡喃半乳糖基-1, 2-二-*O*-十八碳酰基-*sn*-甘油 | 3-*O*-β-D-galactopyranosyl-1, 2-di-*O*-octadecanoyl-*sn*-glycerol |
| 6″-*O*-α-D-吡喃半乳糖基哈巴酯苷 | 6″-*O*-α-D-galactopyranosyl harpagoside |
| 6-*O*-α-D-吡喃半乳糖基哈巴酯苷 | 6-*O*-α-D-galactopyranosyl harpagoside |
| 2″-*O*-β-L-吡喃半乳糖基荭草素 | 2″-*O*-β-L-galactopyranosyl orientin |
| 6′-*O*-α-D-吡喃半乳糖基山栀苷甲酯 | 6′-*O*-α-D-galactopyranosyl shanzhiside methyl ester |
| *N*-[(2*S*, 3*R*, 4*E*, 14*E*)-1-(β-D-吡喃半乳糖基氧基)-3-羟基十八碳-4, 14-二烯-2-基]十六酰胺 | *N*-[(2*S*, 3*R*, 4*E*, 14*E*)-1-(β-D-galactopyranosyloxy)-3-hydroxyoctadec-4, 14-dien-2-yl] hexadecanamide |
| α-D-吡喃半乳糖醛酸棉根皂苷元 | α-D-galacturopyranosyl gypsogenin |
| α-D-吡喃半乳糖乙苷 | ethyl α-D-galactopyranoside |
| β-D-吡喃半乳糖乙苷 | ethyl β-D-galactopyranoside |
| 吡喃并[2′, 3′: 4, 5]环庚熳并[1, 2-g]喹啉 | pyrano [2′, 3′: 4, 5] cyclohepta [1, 2-g] quinoline |
| 吡喃波伊文糖(吡喃波依文糖) | boivinopyranose |
| 吡喃甘露糖 | mannopyranose |
| 4-*O*-β-D-吡喃甘露糖基-2, 5-亚胺基-2, 5, 6-三脱氧-D-甘露庚糖醇 | 4-*O*-β-D-mannopyranosyl-2, 5-imino-2, 5, 6-trideoxy-D-mannoheptitol |
| α-D-吡喃甘露糖甲苷 | methyl-α-D-mannopyranoside |
| α-D-吡喃甘露糖醛酸 | α-D-mannopyranuronic acid |
| 吡喃哥纳香素 | pyragonicin |
| 吡喃果糖 | fructopyranose |
| α-D-吡喃果糖 | α-D-fructopyranose |
| 吡喃果糖基-(1→4)-吡喃葡萄糖 | fructopyranosyl-(1→4)-glucopyranose |
| 10-*O*-β-D-吡喃果糖基黄花夹竹桃醚萜苷 | 10-*O*-β-D-fructofuranosyl theviridoside |

| | |
|---|---|
| *O*-β-D-吡喃果糖甲苷 | methyl-*O*-β-D-fructopyranoside |
| β-D-吡喃果糖甲苷 | methyl β-D-fructopyranoside |
| β-D-吡喃果糖乙苷 | ethyl β-D-fructopyranoside |
| α-D-吡喃果糖正丁苷 | *n*-butyl-α-D-fructopyranoside |
| β-D-吡喃果糖正丁苷 | *n*-butyl β-D-fructopyranoside |
| 3-*O*-吡喃海藻糖基柴胡皂苷元 F | 3-*O*-fucopyranosyl saikogenin F |
| β-D-吡喃核糖 | β-D-ribopyranose |
| β-D-吡喃黄花夹竹桃糖基-(1→4)-α-D-吡喃欧洲夹竹桃糖乙苷 | ethyl-β-D-thevetopyranosyl-(1→4)-α-D-oleandropyranoside |
| β-D-吡喃黄花夹竹桃糖基-(1→4)-β-D-吡喃欧洲夹竹桃糖乙苷 | ethyl-β-D-thevetopyranosyl-(1→4)-β-D-oleandropyranoside |
| 吡喃加拿大麻糖 (吡喃磁麻糖) | cymaropyranose |
| *O*-α-L-吡喃加拿大麻糖基-(1→4)-β-D-吡喃洋地黄毒糖甲苷 | methyl-*O*-α-L-cymaropyranosyl-(1→4)-β-D-digitoxopyranoside |
| 吡喃加那利毛地黄糖 | canaropyranose |
| 3-*O*-[β-吡喃奎诺糖基-(1→6)-β-吡喃葡萄糖基-(1→6)-β-吡喃葡萄糖基] 绿皂苷元 | 3-*O*-[β-quinovopyranosyl-(1→6)-β-glucopyranosyl-(1→6)-β-glucopyranosyl] chlorogenin |
| 6α-*O*-β-D-吡喃奎诺糖基-(25*R*)-5α-螺甾-3β-醇 | 6α-*O*-β-D-quinovopyranosyl-(25*R*)-5α-spirost-3β-ol |
| 3β-*O*-β-D-吡喃奎诺糖基鸡纳酸-28-*O*-β-D-吡喃葡萄糖酯 | 3β-*O*-β-D-quinovopyranosyl quinovic acid-28-*O*-β-D-glucopyranosyl ester |
| 吡喃毛泡桐酮 | tomentone |
| 吡喃木糖 | xylopyranose |
| 9-β-吡喃木糖基-(+)-异落叶松脂素 | 9-β-xylopyranosyl-(+)-isolariciresinol |
| 3-*O*-[β-D-吡喃木糖基-(1→2)-6′-*O*-丁基-β-D-吡喃葡萄糖醛酸基] 齐墩果酸-28-*O*-β-D-吡喃葡萄糖酯 | 3-*O*-[β-D-xylopyranosyl-(1→2)-6′-*O*-butyl-β-D-glucuronopyranosyl] oleanolic acid-28-*O*-β-D-glucopyranosyl ester |
| 3-*O*-β-D-吡喃木糖基-(1→2)-*O*-β-D-吡喃葡萄糖醛酸基-29-羟基齐墩果酸-28-*O*-β-D-吡喃葡萄糖苷 | 3-*O*-β-D-xylopyranosyl-(1→2)-*O*-β-D-glucur-onopyranosyl-29-hydroxyoleanolic acid-28-*O*-β-D-glucopyranoside |
| (20*S*)-6-*O*-[β-D-吡喃木糖基-(1→2)-β-D-吡喃木糖基] 达玛-24-烯-3β, 6α, 12β, 20-四醇 | (20*S*)-6-*O*-[β-D-xylopyranosyl-(1→2)-β-D-xylopyranosyl] dammar-24-en-3β, 6α, 12β, 20-tetraol |
| 3β-*O*-[β-D-吡喃木糖基-(1→2)-β-D-吡喃葡萄糖基-(1→4)-α-L-吡喃阿拉伯糖基] 仙客来亭 A | 3β-*O*-[β-D-xylopyranosyl-(1→2)-β-D-glucopyranosyl-(1→4)-α-L-arabinopyranosyl] cyclamiretin A |
| 3-*O*-β-D-吡喃木糖基-(1→2)-β-D-吡喃葡萄糖基-12β, 30-二羟基-28, 13β-齐墩果内酯 | 3-*O*-β-D-xylopyranosyl-(1→2)-β-D-glucopyranosyl-12β, 30-dihydroxyolean-28, 13β-olide |
| 3-*O*-β-D-吡喃木糖基-(1→3)-[β-D-吡喃半乳糖基-(1→2)]-β-D-吡喃葡萄糖醛酸基石头花苷元-28-*O*-β-D-吡喃木糖基-(1→3)-β-D-吡喃木糖基-(1→4)-[β-D-吡喃葡萄糖基-(1→3)]-α-L-吡喃鼠李糖基-(1→2)-β-D-4-*O*-乙酰岩吡喃藻糖苷 | 3-*O*-β-D-xylopyranosyl-(1→3)-[β-D-galactopyranosyl-(1→2)]-β-D-glucuronopyranosyl-gypsogenin-28-*O*-β-D-xylopyranosyl-(1→3)-β-D-xylopyranosyl-(1→4)-[β-D-glucopyranosyl-(1→3)]-α-L-rhamnopyranosyl-(1→2)-β-D-4-*O*-acetyl fucopyranoside |
| 3-*O*-β-D-吡喃木糖基-(1→3)-[β-D-吡喃半乳糖基-(1→2)]-β-D-吡喃葡萄糖醛酸基石头花苷元-28-*O*-β-D-吡喃木糖基-(1→4)-[β-D-吡喃葡萄糖基-(1→3)]-α-L-吡喃鼠李糖基-(1→2)-β-D-4-*O*-乙酰岩吡喃藻糖苷 | 3-*O*-β-D-xylopyranosyl-(1→3)-[β-D-galactopyranosyl-(1→2)]-β-D-glucuronopyranosylgypsogenin-28-*O*-β-D-xylopyranosyl-(1→4)-[β-D-glucopyranosyl-(1→3)]-α-L-rhamnopyranosyl-(1→2)-β-D-4-*O*-acetyl fucopyranoside |

| | |
|---|---|
| 3β-*O*-β-D-吡喃木糖基-(1→3)-[β-D-吡喃半乳糖基-(1→2)]-β-D-吡喃葡萄糖醛酸基石头花苷元-28-*O*-β-D-吡喃葡萄糖基-(1→3)-[β-D-吡喃木糖基-(1→4)]-α-L-吡喃鼠李糖基-(1→2)-β-D-吡喃岩藻糖苷 | 3β-*O*-β-D-xylopyranosyl-(1→3)-[β-D-galactopyranosyl-(1→2)]-β-D-glucuronopyranosyl-gypsogenin-28-*O*-β-D-glucopyranosyl-(1→3)-[β-D-xylopyranosyl-(1→4)]-α-L-rhamnopyranosyl-(1→2)-β-D-fucopyranoside |
| 3-*O*-β-D-吡喃木糖基-(1→3)-α-L-吡喃鼠李糖基-(1→2)-β-D-吡喃木糖基-12β, 30-二羟基-28, 13β-齐墩果内酯 | 3-*O*-β-D-xylopyranosyl-(1→3)-α-L-rhamnopy-ranosyl-(1→2)-β-D-xylopyranosyl-12β, 30-dihydroxy-olean-28, 13β-olide |
| 3β-*O*-β-D-吡喃木糖基-(1→3)-α-L-吡喃鼠李糖基鸡纳酸 | 3β-*O*-β-D-xylopyranosyl-(1→3)-α-L-rhamnopyranosyl quinovic acid |
| 3β-*O*-β-D-吡喃木糖基-(1→3)-α-L-吡喃鼠李糖基鸡纳酸-28-*O*-β-D-吡喃葡萄糖酯 | 3β-*O*-β-D-xylopyranosyl-(1→3)-α-L-rhamnopyranosyl quinovic acid-28-*O*-β-D-glucopyranosyl ester |
| 3β-*O*-β-D-吡喃木糖基-(1→3)-α-L-吡喃鼠李糖基金鸡纳酸-28-*O*-β-D-吡喃葡萄糖酯 | 3β-*O*-β-D-xylopyranosyl-(1→3)-α-L-rhamnopyranosyl cincholic acid-28-*O*-β-D-glucopyranosyl ester |
| 6α-*O*-β-D-吡喃木糖基-(1→3)-β-D-吡喃奎诺糖基-(25*R*)-5α-螺甾-3β-醇 | 6α-*O*-β-D-xylopyranosyl-(1→3)-β-D-quinovopyranosyl-(25*R*)-5α-spirost-3β-ol |
| β-D-吡喃木糖基-(1→3)-β-D-吡喃木糖基-(1→4)-α-L-吡喃鼠李糖基-(1→2)-β-D-吡喃木糖基丝石竹苷元酯 | β-D-xylopyranosyl-(1→3)-β-D-xylopyranosyl-(1→4)-α-L-rhamnopyranosyl-(1→2)-β-D-xylopyranosyl gypsogenin ester |
| 3-*O*-[β-D-吡喃木糖基-(1→3)-β-D-吡喃葡萄糖醛酸基]齐墩果酸-28-*O*-β-D-吡喃葡萄糖苷 | 3-*O*-[β-D-xylopyranosyl-(1→3)-β-D-glucuronopyranosyl] oleanolic acid-28-*O*-β-D-glucopyranoside |
| 3β-*O*-[β-D-吡喃木糖基-(1→4)-(2-*O*-乙酰基)-β-D-吡喃葡萄糖醛酸基]-28-*O*-[β-D-吡喃葡萄糖基]-摩拉豆酸 | 3β-*O*-[β-D-xylopyranosyl-(1→4)-(2-*O*-acetyl)-β-D-glucuronopyranosyl]-28-*O*-[β-D-glucopyranosyl]-morolic acid |
| 28-*O*-[β-D-吡喃木糖基-(1→4)-α-L-吡喃鼠李糖基-(1→2)-α-L-吡喃阿拉伯糖基]-3-*O*-β-D-吡喃葡萄糖苜蓿酸酯苷 | 28-*O*-[β-D-xylopyranosyl-(1→4)-α-L-rhamnopyranosyl-(1→2)-α-L-arabinopyranosyl]-3-*O*-β-D-glucopyranosyl medicagenate |
| 28-*O*-[β-D-吡喃木糖基-(1→4)-α-L-吡喃鼠李糖基-(1→2)-α-L-吡喃阿拉伯糖基]苜蓿酸酯苷 | 28-*O*-[β-D-xylopyranosyl-(1→4)-α-L-rhamnopyranosyl-(1→2)-α-L-arabinopyranosyl] medicagenate |
| 1-*O*-[β-D-吡喃木糖基-(1→4)-β-D-吡喃葡萄糖基]-3, 8-二羟基-4, 5-二甲氧基呫酮 | 1-*O*-[β-D-xylopyranosyl-(1→4)-β-D-glucopyranosyl]-3, 8-dihydroxy-4, 5-dimethoxyxanthone |
| 8-*O*-[β-D-吡喃木糖基-(1→6)-β-D-吡喃葡萄糖基]-1-羟基-2, 3, 4, 5-四甲氧基呫酮 | 8-*O*-[β-D-xylopyranosyl-(1→6)-β-D-glucopyranosyl]-1-hydroxy-2, 3, 4, 5-tetramethoxyxanthone |
| 8-*O*-[β-D-吡喃木糖基-(1→6)-β-D-吡喃葡萄糖基]-1-羟基-3, 4, 5-三甲氧基呫酮 | 8-*O*-[β-D-xylopyranosyl-(1→6)-β-D-glucopyranosyl]-1-hydroxy-3, 4, 5-trimethoxyxanthone |
| 1-*O*-[β-D-吡喃木糖基-(1→6)-β-D-吡喃葡萄糖基]-3, 8-二羟基-4, 5-二甲氧基呫酮 | 1-*O*-[β-D-xylopyranosyl-(1→6)-β-D-glucopyranosyl]-3, 8-dihydroxy-4, 5-dimethoxyxanthone |
| 1-*O*-[β-D-吡喃木糖基-(1→6)-β-D-吡喃葡萄糖基]-8-羟基-2, 3, 4, 5-四甲氧基呫酮 | 1-*O*-[β-D-xylopyranosyl-(1→6)-β-D-glucopyranosyl]-8-hydroxy-2, 3, 4, 5-tetramethoxyxanthone |
| 1-*O*-[β-D-吡喃木糖基-(1→6)-β-D-吡喃葡萄糖基]-8-羟基-3, 4, 5-三甲氧基呫酮 | 1-*O*-[β-D-xylopyranosyl-(1→6)-β-D-glucopyranosyl]-8-hydroxy-3, 4, 5-trimethoxyxanthone |
| 6α-*O*-β-D-吡喃木糖基-(25*R*)-5α-螺甾-3β-醇 | 6α-*O*-β-D-xylopyranosyl-(25*R*)-5α-spirost-3β-ol |
| 7-*O*-β-D-吡喃木糖基-1, 8-二羟基-3-甲氧基呫酮 | 7-*O*-β-D-xylopyranosyl-1, 8-dihydroxy-3-methoxyxanthone |

| | |
|---|---|
| 3-*O*-β-D-吡喃木糖基-16α-羟基石头花苷元酸-28-*O*-[β-D-吡喃葡萄糖基-(1→3)]-[α-D-吡喃半乳糖基-(1→6)-α-D-吡喃半乳糖基-(1→6)-β-D-吡喃葡萄糖基-(1→6)]-β-D-吡喃葡萄糖苷 | 3-*O*-β-D-xylopyranosyl-16α-hydroxygypsogenic acid-28-*O*-[β-D-glucopyranosyl-(1→3)]-[α-D-galactopyranosyl-(1→6)-α-D-galactopyranosyl-(1→6)-β-D-glucopyranosyl-(1→6)]-β-D-glucopyranoside |
| 3-*O*-β-D-吡喃木糖基-16α-羟基石头花苷元酸-28-*O*-[β-D-吡喃葡萄糖基-(1→6)]-β-D-吡喃葡萄糖苷 | 3-*O*-β-D-xylopyranosyl-16α-hydroxygypsogenic acid-28-*O*-[β-D-glucopyranosyl-(1→6)]-β-D-glucopyranoside |
| 2-*O*-β-D-吡喃木糖基-3β, 19α, 24-三羟基齐墩果酸-28-*O*-β-D-吡喃葡萄糖酯 | 2-*O*-β-D-xylopyranosyl-3β, 19α, 24-trihydroxyoleanolic acid-28-*O*-β-D-glucopyranosyl ester |
| *O*-β-D-吡喃木糖基-L-丝氨酸 | *O*-β-D-xylopyranosyl-L-serine |
| (α*R*)-3′-*O*-β-D-吡喃木糖基-α, 3, 4, 2′, 4′-五羟基二氢查耳酮 | (α*R*)-3′-*O*-β-D-xylopyranosyl-α, 3, 4, 2′, 4′-pentahydroxydihydrochalcone |
| 6″-吡喃木糖基染料木素葡萄糖苷 | 6″-xylopyranosyl genistein glucoside |
| 3-*O*-β-D-吡喃木糖基石头花苷元酸-28-*O*-[β-D-吡喃葡萄糖基-(1→3)]-[6-*O*-(3-羟基-3-甲基戊二酰基)-β-D-吡喃葡萄糖基-(1→6)]-β-D-吡喃葡萄糖苷 | 3-*O*-β-D-xylopyranosyl-gypsogenic acid-28-*O*-[β-D-glucopyranosyl-(1→3)]-[6-*O*-(3-hydroxy-3-methylglutaryl)-β-D-glucopyranosyl-(1→6)]-β-D-glucopyranoside |
| 6′-*O*-β-D-吡喃木糖基水杨苷 | 6′-*O*-β-D-xylopyranosyl salicin |
| β-D-吡喃木糖甲苷 | methyl-β-D-xylopyranoside |
| α-D-吡喃木糖乙苷 | ethyl-α-D-xylopyranoside |
| β-D-吡喃木糖乙苷 | ethyl-β-D-xylopyranoside |
| 吡喃欧洲夹竹桃糖 | oleandropyranose |
| 吡喃葡萄糖 | glucopyranose |
| α-D-吡喃葡萄糖 | α-D-glucopyranose |
| β-D-吡喃葡萄糖 | β-D-glucopyranose |
| D-吡喃葡萄糖 | D-glucopyranose |
| (*R*)-2-[5-(4-β-D-吡喃葡萄糖)-3-甲氧基苯氧基]-3-(4-羟基-3-甲氧基苯氧基)丙醇 | (*R*)-2-[5-(4-β-D-glucopyranose)-3-methoxyphenoxyl]-3-(4-hydroxy-3-methoxyphenoxyl) propanol |
| D-吡喃葡萄糖-6-[(2*E*)-3-(4-羟苯基)丙-2-烯酯] | D-glucopyranose-6-[(2*E*)-3-(4-hydroxyphenyl) prop-2-enoate] |
| D-吡喃葡萄糖-6-磷酸二氢酯 | D-glucopyranose-6-dihydrogen phosphate |
| D-吡喃葡萄糖-6-磷酸二盐(6-*O*-磷酰-D-吡喃葡萄糖盐) | D-glucopyranose-6-phosphate (6-*O*-phosphonato-D-glucopyranose) |
| 2-*O*-β-D-吡喃葡萄糖苯甲酸甲酯 | methyl 2-*O*-β-D-glucopyranosyl benzoate |
| 3-*O*-β-D-吡喃葡萄糖刺囊酸-28-*O*-β-D-吡喃葡萄糖苷 | 3-*O*-β-D-glucopyranosyl echinocystic acid-28-*O*-β-D-glucopyranoside |
| *N*′-β-D-吡喃葡萄糖靛玉红 | *N*′-β-D-glucopyranosyl indirubin |
| α-D-吡喃葡萄糖丁苷 | butyl-α-D-glucopyranoside |
| 3-*O*-β-D-吡喃葡萄糖苷-27-*O*-β-D-吡喃葡萄糖基金鸡纳酸酯苷 | 3-*O*-β-D-glucopyranoside-27-*O*-β-D-glucopyranosyl cincholate |
| 5-*O*-β-D-吡喃葡萄糖基铃兰皂苷元B | 5-*O*-β-D-glucopyranosyl convallagenin B |
| α-D-吡喃葡萄糖基-1-十六酸酯 | α-D-glucopyranosyl-1-hexadecanoate |

| | |
|---|---|
| 7-*O*-β-D-吡喃葡萄糖基-(–)-阿夫儿茶素 | 7-*O*-β-D-glucopyranosyl-(–)-afzelechin |
| 7-*O*-β-D-吡喃葡萄糖基-(–)-表阿夫儿茶素 | 7-*O*-β-D-glucopyranosyl-(–)-epiafzelechin |
| α-D-吡喃葡萄糖基-(1→1′)-3′-氨基-3′-脱氧-β-D-吡喃葡萄糖苷 | α-D-glucopyranosyl-(1→1′)-3′-amino-3′-deoxy-β-D-glucopyranoside |
| α-D-吡喃葡萄糖基-(1→1′)-3′-叠氮-3′-脱氧-β-D-吡喃葡萄糖苷 | α-D-glucopyranosyl-(1→1′)-3′-azido-3′-deoxy-β-D-glucopyranoside |
| 3β-*O*-β-D-吡喃葡萄糖基-(1→2)- β-D-吡喃葡萄糖基鸡纳酸-28-*O*-β-D-吡喃葡萄糖酯 | 3β-*O*-β-D-glucopyranosyl-(1→2)-β-D-glucopyranosyl quinovic acid-28-*O*-β-D-glucopyranosyl ester |
| 3-*O*-[β-D-吡喃葡萄糖基-(1→2)-α-L-吡喃阿拉伯糖基]-28-*O*-β-D-吡喃葡萄糖常春藤皂苷元 | 3-*O*-[β-D-glucopyranosyl-(1→2)-α-L-arabinopyranosyl]-28-*O*-β-D-glucopyranoside hederagenin |
| 3-*O*-β-D-吡喃葡萄糖基-(1→2)-α-L-吡喃阿拉伯糖基仙客来亭 A | 3-*O*-β-D-glucopyranosyl-(1→2)-α-L-arabinopyranosyl cyclamiretin A |
| (20*R*)-*O*-(3)-β-D-吡喃葡萄糖基-(1→2)-α-L-吡喃阿拉伯糖基孕甾-5-烯-3β, 20二醇 | (20*R*)-*O*-(3)-β-D-glucopyranosyl-(1→2)-α-L-arabinopyranosyl pregn-5-en-3β, 20-diol |
| 3-*O*-[β-D-吡喃葡萄糖基-(1→2)-β-D-吡喃半乳糖基-(1→2)-β-D-吡喃葡萄糖醛酸基]-12-齐墩果烯-3β, 22β, 24-三醇 | 3-*O*-[β-D-glucopyranosyl-(1→2)-β-D-galactopyranosyl-(1→2)-β-D-glucuronopyranosyl] olean-12-en-3β, 22β, 24-triol |
| 3-*O*-β-D-吡喃葡萄糖基-(1→2)-β-D-吡喃葡萄糖基-(1→4)-β-D-吡喃半乳糖基-(25ξ)-茄甾-3β, 23β-二醇 | 3-*O*-β-D-glucopyranosyl-(1→2)-β-D-glucopyranosyl-(1→4)-β-D-galactopyranosyl-(25ξ)-solanidan-3β, 23β-diol |
| 3-*O*-β-D-吡喃葡萄糖基-(1→2)-β-D-吡喃葡萄糖基-(1→4)-β-D-吡喃岩藻糖基-(25*R*)-螺甾-5-烯-3β, 17α-二醇 | 3-*O*-β-D-glucopyranosyl-(1→2)-β-D-glucopyranosyl-(1→4)-β-D-fucopyranosyl-(25*R*)-spirost-5-en-3β, 17α-diol |
| 3-*O*-[β-D-吡喃葡萄糖基-(1→2)-β-D-吡喃葡萄糖基]-18-烯-齐墩果酸-28-*O*-β-D-吡喃葡萄糖苷 | 3-*O*-[β-D-glucopyranosyl-(1→2)-β-D-glucopyranosyl]-18-en-oleanlic acid-28-*O*-β-D-glucopyranoside |
| 3-*O*-[β-D-吡喃葡萄糖基-(1→2)-β-D-吡喃葡萄糖基]齐墩果酸-28-*O*-β-D-吡喃葡萄糖苷 | 3-*O*-[β-D-glucopyranosyl-(1→2)-β-D-glucopyranosyl] oleanolic acid-28-*O*-β-D-glucopyranoside |
| 3-*O*-β-D-吡喃葡萄糖基-(1→2)-β-D-吡喃葡萄糖基齐墩果-18-烯酸-28-*O*-β-D-吡喃葡萄糖苷 | 3-*O*-β-D-glucopyranosyl-(1→2)-β-D-glucopyranosyl oleanlic-18-ene acid-28-*O*-β-D-glucopyranoside |
| 3-*O*-[β-D-吡喃葡萄糖基-(1→2)-β-D-吡喃葡萄糖醛酸基]赤豆皂醇甲酯 | 3-*O*-[β-D-glucopyranosyl-(1→2)-β-D-glucuronopyranosyl] azukisapogenol methyl ester |
| 3-*O*-β-D-吡喃葡萄糖基-(1→2)-β-D-吡喃葡萄糖醛酸基-22-*O*-当归酰基-A1-玉蕊精醇 | 3-*O*-β-D-glucopyranosyl-(1→2)-β-D-glucuronopyranosyl-22-*O*-angeloyl-A1-barrigenol |
| 3-*O*-β-D-吡喃葡萄糖基-(1→2)-β-D-吡喃葡萄糖醛酸基-22-*O*-当归酰基-$R_1$-玉蕊精醇 | 3-*O*-β-D-glucopyranosyl-(1→2)-β-D-glucuronopyranosyl-22-*O*-angeloyl-$R_1$-barrigenol |
| 3β-*O*-β-D-吡喃葡萄糖基-(1→2)-β-D-吡喃葡萄糖醛酸基石头花苷元-28-*O*-β-D-吡喃葡萄糖基-(1→3)-[β-D-吡喃木糖基-(1→4)]-α-L-吡喃鼠李糖基-(1→2)-β-D-吡喃岩藻糖苷 | 3β-*O*-β-D-glucopyranosyl-(1→2)-β-D-glucuronopyranosyl-gypsogenin-28-*O*-β-D-glucopyranosyl-(1→3)-[β-D-xylopyranosyl-(1→4)]-α-L-rhamnopyranosyl-(1→2)-β-D-fucopyranoside |
| β-D-吡喃葡萄糖基-(1→2)-β-D-吡喃葡萄糖基苯乙醇 | β-D-glucopyranosyl-(1→2)- β-D-glucopyranosyl phenethyl alcohol |
| 3-*O*-[β-D-吡喃葡萄糖基-(1→3)-*O*-β-D-吡喃葡萄糖基]-15-α-羟基齐墩果-12-烯-16-酮 | 3-*O*-[β-D-glucopyranosyl-(1→3)-*O*-β-D-glucuronopyranosyl]-15-α-hydroxyolean-12-en-16-one |

| | |
|---|---|
| 3-*O*-β-D-吡喃葡萄糖基-(1→3)-α-L-吡喃鼠李糖基墨西哥仙人掌皂苷元-28-α-L-吡喃鼠李糖苷 | 3-*O*-β-D-glucopyranosyl-(1→3)-α-L-rhamnopyranosyl-chichipegenin-28-α-L-rhamnopyranoside |
| 3-*O*-[β-D-吡喃葡萄糖基-(1→3)-β-D-6-*O*-甲基吡喃葡萄糖醛酸基]-3β, 15α, 23-三羟基齐墩果-12-烯-16-酮 | 3-*O*-[β-D-glucopyranosyl (1→3)-β-D-6-*O*-methyl glucuronopyranosyl]-3β, 15α, 23-trihydroxyolean-12-en-16-one |
| 3-*O*-[β-D-吡喃葡萄糖基-(1→3)-β-D-吡喃半乳糖基]齐墩果-12-烯-3β-羟基-28-酸 | 3-*O*-[β-D-glucopyranosyl-(1→3)-β-D-galact-opyranosyl] olean-12-en-3β-hydroxy-28-oic acid |
| 3-*O*-[β-D-吡喃葡萄糖基-(1→3)-β-D-吡喃葡萄糖基]-28-*O*-β-D-吡喃葡萄糖苜蓿酸酯苷 | 3-*O*-[β-D-glucopyranosyl-(1→3)-β-D-glucopyranosyl]-28-*O*-β-D-glucopyranoside medicagenate |
| 3-*O*-[β-D-吡喃葡萄糖基-(1→3)-β-D-吡喃葡萄糖基]齐墩果酸-28-*O*-β-吡喃葡萄糖苷 | 3-*O*-[β-D-glucopyranosyl-(1→3)-β-D-glucopyranosyl] oleanolic acid-28-*O*-β-glucopyranoside |
| 3-*O*-[β-D-吡喃葡萄糖基-(1→3)-β-D-吡喃葡萄糖基]商陆原酸-28-*O*-β-D-吡喃葡萄糖酯 | 3-*O*-[β-D-glucopyranosyl-(1→3)-β-D-glucopyranosyl] phytolaccagenic acid-28-*O*-β-D-glucopyranosyl ester |
| 3-*O*-β-D-吡喃葡萄糖基-(1→3)-β-D-吡喃葡萄糖基-2β, 12α, 16α, 23α-四羟基齐墩果烷-28 (13)-内酯 | 3-*O*-β-D-glucopyranosyl-(1→3)-β-D-glucopyranosyl-2β, 12α, 16α, 23α-tetrahydroxyoleanane-28 (13)-lactone |
| 3-*O*-β-D-吡喃葡萄糖基-(1→3)-β-D-吡喃葡萄糖基远志酸 | 3-*O*-β-D-glucopyranosyl-(1→3)-β-D-glucopyranosyl polygalacic acid |
| {1-[4-(β-D-吡喃葡萄糖基-(1→3)-β-D-吡喃葡萄糖氧基) 苄基]-2-[4-(β-D-吡喃葡萄糖氧基) 苄基]}柠檬酸酯 | {1-[4-(β-D-glucopyranosyl-(1→3)-β-D-glucopy-ranosyloxy) benzyl]-2-[4-(β-D-glucopyranosyloxy) benzyl]} citrate |
| (25*S*)-3β-{β-D-吡喃葡萄糖基-(1→4)-[α-L-吡喃鼠李糖基-(1→2)]-β-D-吡喃葡萄糖基氧基}螺甾-5-烯-27-醇 | (25*S*)-3β-{β-D-glucopyranosyl-(1→4)-[α-L-rhamnopy-ranosyl-(1→2)]-β-D-glucopyranosyloxy} spirost-5-en-27-ol |
| α-D-吡喃葡萄糖基-(1→4)-[α-D-吡喃葡萄糖基-(1→6)]-D-吡喃葡萄糖 [4, 6-二-*O*-(α-D-吡喃葡萄糖基)-D-吡喃葡萄糖] | α-D-glucopyranosyl-(1→4)-[α-D-glucopyranosyl-(1→6)]-D-glucopyranose [4, 6-di-*O*-(α-D-glucopy-ranosyl)-D-glucopyranose] |
| 3-*O*-β-{[β-D-吡喃葡萄糖基-(1→4)-*O*-β-D-吡喃木糖基]}-11β-甲氧基商陆尼酸-30-甲酯-28-*O*-β-D-吡喃葡萄糖苷 | 3-*O*-β-{[β-D-glucopyranosyl-(1→4)-*O*-β-D-xylopyranosyl]}-11β-methoxyjaligonic acid-30-methyl ester-28-*O*-β-D-glucopyranoside |
| 3β-*O*-[β-D-吡喃葡萄糖基-(1→4)-α-L-吡喃阿拉伯糖基]-13β, 28-环氧-16α, 30-齐墩果烷二醇 | 3β-*O*-[β-D-glucopyranosyl-(1→4)-α-L-arabinopy-ranosyl]-13β, 28-epoxy 16α, 30-oleananediol |
| β-D-吡喃葡萄糖基-(1→4)-α-L-吡喃鼠李糖基-(1→3)-D-(4-*O*-咖啡酰基) 吡喃葡萄糖 | β-D-glucopyranosyl-(1→4)-α-L-rhamnopyranosyl-(1→3)-D-(4-*O*-caffeoyl) glucopyranose |
| 3-*O*-β-D-吡喃葡萄糖基-(1→4)-α-L-吡喃鼠李糖基印第安麻苷元 | 3-*O*-β-D-glucopyranosyl-(1→4)-α-L-rhamnopyranosyl cannogenin |
| 3-*O*-β-D-吡喃葡萄糖基-(1→4)-β-D-吡喃半乳糖基-(25*R*/*S*)-螺甾-5-烯-3β-羟基-12-酮 | 3-*O*-β-D-glucopyranosyl-(1→4)-β-D-galactopyranosyl-(25*R*/*S*)-spirost-5-en-3β-hydroxy-12-one |
| 3-*O*-β-D-吡喃葡萄糖基-(1→4)-β-D-吡喃半乳糖基-(25*S*)-螺甾-5-烯-3β-二醇 | 3-*O*-β-D-glucopyranosyl-(1→4)-β-D-galactopyranosyl-(25*S*)-spirost-5-en-3β-ol |
| 3-*O*-β-D-吡喃葡萄糖基-(1→4)-β-D-吡喃葡萄糖基-(25*R*)-5β-呋甾-1β, 3β, 22α, 26-四羟基-26-*O*-β-D-吡喃葡萄糖苷 | 3-*O*-β-D-glucopyranosyl-(1→4)-β-D-glucopyranosyl-(25*R*)-5β-furost-1β, 3β, 22α, 26-tetrahydroxy-26-*O*-β-D-glucopyranoside |

| | |
|---|---|
| 3-*O*-β-D-吡喃葡萄糖基-(1→4)-β-D-吡喃葡萄糖基-(25*S*)-5β-呋甾-1β, 3β, 22α, 26-四羟基-26-*O*-β-D-吡喃葡萄糖苷 | 3-*O*-β-D-glucopyranosyl-(1→4)-β-D-glucopyranosyl-(25*S*)-5β-furost-1β, 3β, 22α, 26-tetrahydroxy-26-*O*-β-D-glucopyranoside |
| α-D-吡喃葡萄糖基-(1→4)-β-D-吡喃葡萄糖基-(4-*O*-α-D-吡喃葡萄糖基-β-D-吡喃葡萄糖）(β-麦芽糖） | α-D-glucopyranosyl-(1→4)-β-D-glucopyranosyl-(4-*O*-α-D-glucopyranosyl-β-D-glucopyranose) |
| 3-*O*-[β-D-吡喃葡萄糖基-(1→4)-β-D-吡喃葡萄糖基]齐墩果酸 | 3-*O*-[β-D-glucopyranosyl-(1→4)-β-D-glucopyranosyl] oleanolic acid |
| 3-*O*-β-D-吡喃葡萄糖基-(1→4)-β-D-吡喃葡萄糖基-5β-呋甾-25 (27)-烯-1β, 3β, 22α, 26-四羟基-26-*O*-β-D-吡喃葡萄糖苷 | 3-*O*-β-D-glucopyranosyl-(1→4)-β-D-glucopyranosyl-5β-furost-25 (27)-en-1β, 3β, 22α, 26-tetrahydroxy-26-*O*-β-D-glucopyranoside |
| 3-*O*-[β-D-吡喃葡萄糖基-(1→4)-β-D-吡喃葡萄糖醛酸基］齐墩果酸-28-*O*-β-D-吡喃葡萄糖酯 | 3-*O*-[β-D-glucopyranosyl-(1→4)-β-D-glucuronopyranosyl] oleanolic acid-28-*O*-β-D-glucopyranosyl ester |
| 3-*O*-α-D-吡喃葡萄糖基-(1→4)-β-D-吡喃葡萄糖氧基水合氧化前胡素 | 3-*O*-α-D-glucopyranosyl-(1→4)-β-D-glucopyranosyl-oxypeucedanin hydrate |
| 3-*O*-β-D-吡喃葡萄糖基-(1→4)-β-D-吡喃岩藻糖基-(25*R*)-螺甾-5-烯-3β, 17α-二醇 | 3-*O*-β-D-glucopyranosyl-(1→4)-β-D-fucopyranosyl-(25*R*)-spirost-5-en-3β, 17α-diol |
| 3-*O*-β-D-吡喃葡萄糖基-(1→4)-β-D-吡喃岩藻糖基-(25*R*/*S*)-螺甾-5-烯-3β, 12β-二醇 | 3-*O*-β-D-glucopyranosyl-(1→4)-β-D-fucopyranosyl-(25*R*/*S*)-spirost-5-en-3β, 12β-diol |
| 3-*O*-β-D-吡喃葡萄糖基-(1→4)-β-D-吡喃岩藻糖基-(25*S*)-螺甾-5-烯-3β, 17α-二醇 | 3-*O*-β-D-glucopyranosyl-(1→4)-β-D-fucopyranosyl-(25*S*)-spirost-5-en-3β, 17α-diol |
| 3-*O*-β-D-吡喃葡萄糖基-(1→6)-(2′-当归酰基)-β-D-吡喃葡萄糖基-28-*O*-β-D-吡喃葡萄糖基-(1→6)［α-L-吡喃鼠李糖基-(1→2)-β-D-吡喃葡萄糖基］-16-脱氧玉蕊皂醇C | 3-*O*-β-D-glucopyranosyl-(1→6)-(2′-angeloyl)-β-D-glucopyranosyl-28-*O*-β-D-glucopyranosyl-(1→6)［α-L-rhamnopyranosyl-(1→2)-β-D-glucopyranosyl］-16-deoxybarringtogenol C |
| 3-*O*-[β-D-吡喃葡萄糖基-(1→6)-(3′-*O*-当归酰基)-β-D-吡喃葡萄糖基]-28-*O*-β-D-吡喃葡萄糖基-(1→6) [α-L-吡喃鼠李糖基-(1→2)-β-D-吡喃葡萄糖基]-16-脱氧玉蕊皂醇C | 3-*O*-[β-D-glucopyranosyl-(1→6)-(3′-*O*-angeloyl)-β-D-glucopyranosyl]-28-*O*-β-D-gulcopyranosyl-(1→6) [α-L-rhamnopyranosyl-(1→2)-β-D-glucopyranosyl]-16-deoxybarringtogenol C |
| 3-*O*-β-D-吡喃葡萄糖基-(1→6)-［α-L-呋喃阿拉伯糖基-(1→2) ］-β-D-吡喃葡萄糖基-21, 22-二-*O*-当归酰基-$R_1$-玉蕊精醇 | 3-*O*-β-D-glucopyranosyl-(1→6)-［α-L-arabinofuranosy-(1→2) ］-β-D-glucopyranosyl-21, 22-di-*O*-angeloyl-$R_1$-barringenol |
| (20*S*)-20-*O*-[β-D-吡喃葡萄糖基-(1→6)-β-D-吡喃葡萄糖基-(1→6)-β-D-吡喃葡萄糖基] 达玛-24-烯-3β, 6α, 12β, 20-四醇 | (20*S*)-20-*O*-[β-D-glucopyranosyl-(1→6)-β-D-glucopyranosyl-(1→6)-β-D-glucopyranosyl] dammar-24-en-3β, 6α, 12β, 20-tetraol |
| 8-*O*-[β-D-吡喃葡萄糖基-(1→6)-β-D-吡喃葡萄糖基]-1, 7-二羟基-3-甲氧基𠮿酮 | 8-*O*-[β-D-glucopyranosyl-(1→6)-β-D-glucopyranosyl]-1, 7-dihydroxy-3-methoxyxanthone |
| 1-*O*-[β-D-吡喃葡萄糖基-(1→6)-β-D-吡喃葡萄糖基]-3, 8-二羟基-4, 5-二甲氧基𠮿酮 | 1-*O*-[β-D-glucopyranosyl-(1→6)-β-D-glucopyranosyl]-3, 8-dihydroxy-4, 5-dimethoxyxanthone |
| 3-*O*-β-D-吡喃葡萄糖基-(1→6)-β-D-吡喃葡萄糖基-28-*O*-［α-L-吡喃鼠李糖基-(1→2)-β-D-吡喃葡萄糖基-16-脱氧玉蕊皂醇C］ | 3-*O*-β-D-glucopyranosyl-(1→6)-β-D-glucopyranosyl-28-*O*-［α-L-rhamnopyranosyl-(1→2)-β-D-glucopyranosyl-16-deoxybarringtogenol C］ |
| 3-*O*-β-D-吡喃葡萄糖基-(1→6)-β-D-吡喃葡萄糖基-28-*O*-β-D-吡喃葡萄糖基-(1→6)［α-L-吡喃鼠李糖基-(1→2)-β-D-吡喃葡萄糖基-16-脱氧玉蕊皂醇C］ | 3-*O*-β-D-glucopyranosyl-(1→6)-β-D-glucopyranosyl-28-*O*-β-D-glucopyranosyl-(1→6)［α-L-rhamnopyranosyl-(1→2)-β-D-glucopyranosyl-16-deoxybarringtogenol C］ |

| | |
|---|---|
| 3-*O*-β-D-吡喃葡萄糖基-(1→6)-β-D-吡喃葡萄糖基齐墩果酸-28-*O*-β-D-吡喃葡萄糖酯 | 3-*O*-β-D-glucopyranosyl-(1→6)-β-D-glucopyranosyl oleanolic acid-28-*O*-β-D-glucopyranosyl ester |
| 3-*O*-β-D-吡喃葡萄糖基-(22*E*, 24*R*)-5α, 8β-表二氧麦角甾-6, 22-二烯 | 3-*O*-β-D-glucopyranosyl-(22*E*, 24*R*)-5α, 8β-epidioxy-ergost-6, 22-diene |
| 26-*O*-β-D-吡喃葡萄糖基-(22*S*, 25*S*)-5β-呋甾-22, 25-环氧-1β, 3α, 26-三羟基-3-*O*-β-D-吡喃葡萄糖苷 | 26-*O*-β-D-glucopyranosyl-(22*S*, 25*S*)-5β-furost-22, 25-epoxy-1β, 3α, 26-trihydroxy-3-*O*-β-D-glucopyranoside |
| 26-*O*-β-D-吡喃葡萄糖基-(22*S*, 25*S*)-5β-呋甾-22, 25-环氧-1β, 3β, 26-三羟基-3-*O*-β-D-吡喃葡萄糖苷 | 26-*O*-β-D-glucopyranosyl-(22*S*, 25*S*)-5β-furost-22, 25-epoxy-1β, 3β, 26-triolhydroxy-3-*O*-β-D-glucopyranoside |
| 26-*O*-β-D-吡喃葡萄糖基-(22*S*, 25*S*)-呋甾-22, 25-环氧-1β, 3α, 5β, 26-四羟基-3-*O*-β-D-吡喃葡萄糖苷 | 26-*O*-β-D-glucopyranosyl-(22*S*, 25*S*)-furost-22, 25-epoxy-1β, 3α, 5β, 26-tetrahydroxy-3-*O*-β-D-glucopyranoside |
| 26-*O*-β-D-吡喃葡萄糖基-(22*S*, 25*S*)-呋甾-22, 25-环氧-3β, 5β, 26, 27-四羟基-5-*O*-β-D-吡喃葡萄糖苷 | 26-*O*-β-D-glucopyranosyl-(22*S*, 25*S*)-furost-22, 25-epoxy-3β, 5β, 26, 27-tetrahydroxy-5-*O*-β-D-glucopyranoside |
| 26-*O*-β-D-吡喃葡萄糖基-(22ξ, 25*S*)-3β, 26-二羟基-22-甲氧基呋甾-5-烯-3-*O*-α-L-吡喃鼠李糖基-(1→2)-β-D-吡喃葡萄糖醛酸苷 | 26-*O*-β-D-glucopyranosyl-(22ξ, 25*S*)-3β, 26-dihydroxy-22-methoxyfurost-5-en-3-*O*-α-L-rhamnopyranosyl-(1→2)-β-D-glucuronopyranoside |
| 3-*O*-β-D-吡喃葡萄糖基-(24*S*)-乙基-(22*E*)-二氢胆甾醇 | 3-*O*-β-D-glucopyranosyl-(24*S*)-ethyl-(22*E*)-dihydrocholesterol |
| 26-*O*-β-D-吡喃葡萄糖基-(25*R*)-3β, 22ζ, 26-三羟基-5α-呋甾-3-*O*-β-卡茄三糖苷 | 26-*O*-β-D-glucopyranosyl-(25*R*)-3β, 22ζ, 26-trihydroxy-5α-furost-3-*O*-β-chacotrioside |
| 26-*O*-β-D-吡喃葡萄糖基-(25*R*)-5α-呋甾-20 (22)-烯-3β, 26-二醇 | 26-*O*-β-D-glucopyranosyl-(25*R*)-5α-furost-20 (22)-en-3β, 26-diol |
| 26-*O*-β-D-吡喃葡萄糖基-(25*R*)-呋甾-5-烯-3β, 17α-二羟基-3-*O*-[α-L-吡喃鼠李糖基 (1→2)]-α-L-吡喃鼠李糖苷 | 26-*O*-β-D-glucopyranosyl-(25*R*)-furost-5-en-3β, 17α-diol-3-*O*-[α-L-rhamnopyranosyl-(1→2)]-α-L-rhamnopyranoside |
| 3-*O*-β-D-吡喃葡萄糖基-(25*S*)-22-*O*-甲基-5β-呋甾-1β, 3β, 5β, 22α, 26-五羟基-26-*O*-β-D-吡喃葡萄糖苷 | 3-*O*-β-D-glucopyranosyl-(25*S*)-22-*O*-methyl-5β-furost-1β, 3β, 5β, 22α, 26-pentahydroxy-26-*O*-β-D-glucopyranoside |
| 26-*O*-β-D-吡喃葡萄糖基-(25*S*)-3β, 5β, 6α, 22ζ, 26-五羟基-5β-呋甾-3-*O*-α-L-吡喃鼠李糖基-(1→4)-β-D-吡喃葡萄糖苷 | 26-*O*-β-D-glucopyranosyl-(25*S*)-3β, 5β, 6α, 22ζ, 26-pentahydroxy-5β-furostane-3-*O*-α-L-rhamnopyranosyl-(1→4)-β-D-glucopyranoside |
| 26-*O*-β-吡喃葡萄糖基-(25*S*)-5α-呋甾-12-酮-3β, 22α, 26-三羟基-3-*O*-β-吡喃葡萄糖基-(1→2)-β-吡喃半乳糖苷 | 26-*O*-β-glucopyranosyl-(25*S*)-5α-furost-12-one-3β, 22α, 26-trihydroxy-3-*O*-β-glucopyranosyl-(1→2)-β-galactopyranoside |
| 1′-*O*-β-D-吡喃葡萄糖基-(2*R*, 3*S*)-3-羟基紫花前胡内酯 | 1′-*O*-β-D-glucopyranosyl-(2*R*, 3*S*)-3-hydroxynodakenetin |
| 1-*O*-β-D-吡喃葡萄糖基-(2*S*, 3*R*, 4*E*, 8*E*)-2-[(2-羟基十六酰) 胺基]-4, 8-十八碳二烯-1, 3-二醇 | 1-*O*-β-D-glucopyranosyl-(2*S*, 3*R*, 4*E*, 8*E*)-2-[(2-hydroxyhexadecanoyl) amido]-4, 8-octadecadien-1, 3-diol |
| 1-*O*-β-D-吡喃葡萄糖基-(2*S*, 3*R*, 4*E*, 8*Z*)-2-[(2*R*)-羟基二十酰胺基]-4, 8-十八碳二烯-1, 3-二醇胡萝卜苷 | 1-*O*-β-D-glucopyranosyl-(2*S*, 3*R*, 4*E*, 8*Z*)-2-[(2*R*)-hydroxyeicosanoyl amido]-4, 8-octadecadien-1, 3-diol daucosterol |
| 1-*O*-β-D-吡喃葡萄糖基-(2*S*, 3*R*, 4*E*, 8*Z*)-2-[(2*R*)-氢化十八碳酰基胺基]-4, 8-十八碳二烯-1, 3-二醇 | 1-*O*-β-D-glucopyranosyl-(2*S*, 3*R*, 4*E*, 8*Z*)-2-[(2*R*)-hydrooctadecanoyl amido]-4, 8-octadecadien-1, 3-diol |

B

| | |
|---|---|
| 1-*O*-β-D-吡喃葡萄糖基-(2*S*, 3*R*, 4*E*, 8*Z*)-2-[(2-羟基十八酰)胺基]-4, 8-十八碳二烯-1, 3-二醇 | 1-*O*-β-D-glucopyranosyl-(2*S*, 3*R*, 4*E*, 8*Z*)-2-[(2-hydroxyoctadecanoyl) amido]-4, 8-octadecadien-1, 3-diol |
| 1-*O*-β-D-吡喃葡萄糖基-(2*S*, 3*R*, 4*E*, 8*Z*)-2-[(2-羟基十六酰)胺基]-4, 8-十八碳二烯-1, 3-二醇 | 1-*O*-β-D-glucopyranosyl-(2*S*, 3*R*, 4*E*, 8*Z*)-2-[(2-hydroxyhexadecanoyl) amido]-4, 8-octadecadien-1, 3-diol |
| 1-*O*-β-D-吡喃葡萄糖基-(2*S*, 3*R*, 4*E*, 8*Z*)-2-*N*-(2′-羟基棕榈酰基)十八鞘氨-4, 8-二烯醇 | 1-*O*-β-D-glucopyranosyl-(2*S*, 3*R*, 4*E*, 8*Z*)-2-*N*-(2′-hydroxypalmitoyl) octadecasphinga-4, 8-dienine |
| 1-*O*-β-D-吡喃葡萄糖基-(2*S*, 3*R*, 4*E*, 8*Z*)-2-*N*-[(2′*R*)-羟基烷酰基]十八鞘氨-4, 8-二烯醇 | 1-*O*-β-D-glucopyranosyl-(2*S*, 3*R*, 4*E*, 8*Z*)-2-*N*-[(2′*R*)-hydroxyalkanoyl] octadecasphinga-4, 8-dienine |
| 1-*O*-β-D-吡喃葡萄糖基-(2*S*, 3*R*, 4*E*, 8*Z*)-2-*N*-棕榈酰基十八鞘氨-4, 8-二烯醇 | 1-*O*-β-D-glucopyranosyl-(2*S*, 3*R*, 4*E*, 8*Z*)-2-*N*-palmitoyl octadecasphinga-4, 8-dienine |
| 1-*O*-β-D-吡喃葡萄糖基-(2*S*, 3*R*, 8*E*)-2-[(2′*R*)-2-羟基棕榈酰胺基]-8-十八烯-1, 3-二醇 | 1-*O*-β-D-glucopyranosyl-(2*S*, 3*R*, 8*E*)-2-[(2′*R*)-2-hydroxypalmitoyl amido]-8-ctadecen-1, 3-diol |
| 1-*O*-β-D-吡喃葡萄糖基-(2*S*, 3*S*, 4*R*, 5*E*, 9*Z*)-2-*N*-(2′-羟基二十四酰基)-1, 3, 4-三羟基十八碳-5, 9-二烯 | 1-*O*-β-D-glucopyranosyl-(2*S*, 3*S*, 4*R*, 5*E*, 9*Z*)-2-N-(2′-hydroxytetracosanoyl)-1, 3, 4-trihydroxy-5, 9-octadecadiene |
| 1-*O*-β-D-吡喃葡萄糖基-(2*S*, 3*S*, 4*R*, 8*E*)-2-[(2′*R*)-2′-羟基二十二酰胺基]-(8E)-十七烯-1, 3, 4-三醇 | 1-*O*-β-D-glucopyranosyl-(2*S*, 3*S*, 4*R*, 8*E*)-2-[(2′*R*)-2′-hydroxydocosanoyl amido]-(8*E*)-heptadecen-1, 3, 4-triol |
| 1-*O*-β-D-吡喃葡萄糖基-(2*S*, 3*S*, 4*R*, 8*E*)-2-[(2′*R*)-2′-羟基二十二酰胺基]-8-十八烯-1, 3, 4-三醇 | 1-*O*-β-D-glucopyranosyl-(2*S*, 3*S*, 4*R*, 8*E*)-2-[(2′*R*)-2′-hydroxydocosanoyl amido]-8-octadecen-1, 3, 4-triol |
| 1-*O*-β-D-吡喃葡萄糖基-(2*S*, 3*S*, 4*R*, 8*E*)-2-[(2′*R*)-2-羟基二十二酰胺基]-8-十八烯-1, 3, 4-三醇 | 1-*O*-β-D-glucopyranosyl-(2*S*, 3*S*, 4*R*, 8*E*)-2-[(2′*R*)-2-hydroxybehenoyl amido]-8-octadecen-1, 3, 4-triol |
| 1-*O*-β-D-吡喃葡萄糖基-(2*S*, 3*S*, 4*R*, 8*E*)-2-[(2′*R*)-2′-羟基二十三酰胺基]-8-十八烯-1, 3, 4-三醇 | 1-*O*-β-D-glucopyranosyl-(2*S*, 3*S*, 4*R*, 8*E*)-2-[(2′*R*)-2′-hydroxytricosanoyl amido]-8-octadecen-1, 3, 4-triol |
| 1-*O*-β-D-吡喃葡萄糖基-(2*S*, 3*S*, 4*R*, 8*E*)-2-[(2′*R*)-2′-羟基二十四酰胺基]-8-十八烯-1, 3, 4-三醇 | 1-*O*-β-D-glucopyranosyl-(2*S*, 3*S*, 4*R*, 8*E*)-2-[(2′*R*)-2′-hydroxytetracosanoyl amido]-8-octadecen-1, 3, 4-triol |
| 1-*O*-β-D-吡喃葡萄糖基-(2*S*, 3*S*, 4*R*, 8*E*)-2-[(2′*R*)-2′-羟基二十四酰基]-8-十八烯-1, 3, 4-三醇 | 1-*O*-β-D-glucopyranosyl-(2*S*, 3*S*, 4*R*, 8*E*)-2-[(2′*R*)-2′-hydroxytetracosanoyl]-8-octadecen-1, 3, 4-triol |
| 1-*O*-β-D-吡喃葡萄糖基-(2*S*, 3*S*, 4*R*, 8*E*)-2-[(2′*R*)-2′-羟基十五碳酰胺基]十九碳-8-烯-1, 3, 4-三醇 | 1-*O*-β-D-glucopyranosyl-(2*S*, 3*S*, 4*R*, 8*E*)-2-[(2′*R*)-2′-hydroxypentadecanoyl amino] nonadec-8-en-1, 3, 4-triol |
| 1-*O*-β-D-吡喃葡萄糖基-(2*S*, 3*S*, 4*R*, 8*E*)-2-[(2′*R*)-2′-羟基棕榈酰胺基]-8-十八烯-1, 3, 4-三醇 | 1-*O*-β-D-glucopyranosyl-(2*S*, 3*S*, 4*R*, 8*E*)-2-[(2′*R*)-2′-hydroxypalmitoyl amido]-8-octadecen-1, 3, 4-triol |
| 1-*O*-β-D-吡喃葡萄糖基-(2S, 3*S*, 4*R*, 8*E*/*Z*)-2-[(2*R*)-2-羟基二十二酰胺基]-8-十八烯-1, 3, 4-三醇 | 1-*O*-β-D-glucopyranosyl-(2*S*, 3*S*, 4*R*, 8*E*/*Z*)-2-[(2*R*)-2-hydroxydocosanoyl amido]-8-octadecen-1, 3, 4-triol |
| 1-*O*-β-D-吡喃葡萄糖基-(2*S*, 3*S*, 4*R*, 8*E*/*Z*)-2-[(2*R*)-2-羟基二十三酰胺基]-8-十八烯-1, 3, 4-三醇 | 1-*O*-β-D-glucopyranosyl-(2*S*, 3*S*, 4*R*, 8*E*/*Z*)-2-[(2*R*)-2-hydroxytricosanoyl amido]-8-octadecen-1, 3, 4-triol |
| 1-*O*-β-D-吡喃葡萄糖基-(2*S*, 3*S*, 4*R*, 8*E*/*Z*)-2-[(2*R*)-2-羟基二十四酰胺基]-8-十八烯-1, 3, 4-三醇 | 1-*O*-β-D-glucopyranosyl-(2*S*, 3*S*, 4*R*, 8*E*/*Z*)-2-[(2*R*)-2-hydroxytetracosanoyl amido]-8-octadecen-1, 3, 4-triol |
| 1-*O*-β-D-吡喃葡萄糖基-(2*S*, 3*S*, 4*R*, 8*E*/*Z*)-2-[(2*R*)-2-羟基二十五酰胺基]-8-十八烯-1, 3, 4-三醇 | 1-*O*-β-D-glucopyranosyl-(2*S*, 3*S*, 4*R*, 8*E*/*Z*)-2-[(2*R*)-2-hydroxypentacosanoyl amido]-8-octadecen-1, 3, 4-triol |

| | |
|---|---|
| 1-O-β-D-吡喃葡萄糖基-(2S, 3S, 4R, 8Z)-2-[(2R)-2-羟基二十二酰胺基]-8-十八烯-1, 3, 4-三醇 | 1-O-β-D-glucopyranosyl-(2S, 3S, 4R, 8Z)-2-[(2R)-2-hydroxydocosanoyl amido]-8-octadecen-1, 3, 4-triol |
| 1-O-β-D-吡喃葡萄糖基-(2S, 3S, 4R, 8Z)-2-[(2′R)-2′-羟基二十二酰胺基]-8-十八烯-1, 3, 4-三醇 | 1-O-β-D-glucopyranosyl-(2S, 3S, 4R, 8Z)-2-[(2′R)-2′-hydroxydocosanoyl amido]-8-octadecen-1, 3, 4-triol |
| 1-O-β-D-吡喃葡萄糖基-(2S, 3S, 4R, 8Z)-2-[(2′R)-2′-羟基二十三酰胺基]-8-十八烯-1, 3, 4-三醇 | 1-O-β-D-glucopyranosyl-(2S, 3S, 4R, 8Z)-2-[(2′R)-2′-hydroxytricosanoyl amido]-8-octadecen-1, 3, 4-triol |
| 1-O-β-D-吡喃葡萄糖基-(2S, 3S, 4R, 8Z)-2-[(2′R)-2′-羟基二十四酰胺基]-8-十八烯-1, 3, 4-三醇 | 1-O-β-D-glucopyranosyl-(2S, 3S, 4R, 8Z)-2-[(2′R)-2′-hydroxytetracosanoyl amido]-8-octadecen-1, 3, 4-triol |
| 1-O-β-D-吡喃葡萄糖基-(2S, 3S, 4R, 8Z)-2-[(2R)-2-羟基二十五酰胺基]-8-十八烯-1, 3, 4-三醇 | 1-O-β-D-glucopyranosyl-(2S, 3S, 4R, 8Z)-2-[(2R)-2-hydroxypentacosanoyl amido]-8-octadecen-1, 3, 4-triol |
| 1-O-β-D-吡喃葡萄糖基-(2S, 3S, 4R, 8Z)-2-[(2′R)-2′-羟基棕榈酰胺基]-8-十八烯-1, 3, 4-三醇 | 1-O-β-D-glucopyranosyl-(2S, 3S, 4R, 8Z)-2-[(2′R)-2′-hydroxypalmitoyl amido]-8-octadecen-1, 3, 4-triol |
| 1-O-β-D-吡喃葡萄糖基-(2S, 3S, 4R, 8Z)-2-N-(2′-羟基二十四酰基)-3, 4-二羟基-8-十八烯 | 1-O-β-D-glucopyranosyl-(2S, 3S, 4R, 8Z)-2-N-(2′-hydroxytetracosanoyl)-3, 4-dihydroxy-8-octadecene |
| 1-O-β-D-吡喃葡萄糖基-(2S, 4E, 8E, 2′R)-2-N-(2′-羟基十六酰胺基)-9-甲基-4, 8-神经鞘胺二烯素 | 1-O-β-D-glucopyranosyl-(2S, 4E, 8E, 2′R)-2-N-(2′-hydroxypentadeca-amido)-9-methyl-4, 8-sphingadienine |
| 1β-O-β-D-吡喃葡萄糖基-(6′-O-对甲氧基苯乙酰基)-15-O-(对羟基苯乙酰基)-5α, 6βH-桉叶-3, 11 (13)-二烯-12, 6α-内酯 | 1β-O-β-D-glucopyranosyl-(6′-O-p-methoxyphenyl acetyl)-15-O-(p-hydroxyphenyl acetyl)-5α, 6βH-eudesma-3, 11 (13)-dien-12, 6α-olide |
| 1β-O-β-D-吡喃葡萄糖基-(6′-O-对羟基苯乙酰基)-15-O-(对羟基苯乙酰基)-5α, 6βH-桉叶-3, 11 (13)-二烯-12, 6α-内酯 | 1β-O-β-D-glucopyranosyl-(6′-O-p-hydroxyphenyl acetyl)-15-O-(p-hydroxyphenyl acetyl)-5α, 6βH-eudesma-3, 11 (13)-dien-12, 6α-olide |
| 1-O-(β-D-吡喃葡萄糖基)-(2S, 3R, 4E, 8Z)-2-[(2′R)-2′-羟基十九酰胺基]-4, 13-十九碳二烯-3-醇 | 1-O-(β-D-glucopyranosyl)-(2S, 3R, 4E, 8Z)-2-[(2′R)-2′-hydroxynonadecanoyl amido]-4, 13-nonadecadien-3-ol |
| 1-O-(β-D-吡喃葡萄糖基)-(2S, 3S, 4E, 8E)-2-[(2′R)-2′-羟基十六酰胺基]-(4E, 8E)-十八碳二烯-1, 3-二醇 | 1-O-(β-D-glucopyranosyl)-(2S, 3S, 4E, 8E)-2-[(2′R)-2′-hydroxyhexadecanoyl amido]-(4E, 8E)-octadecadien-1, 3-diol |
| 1-O-(β-D-吡喃葡萄糖基)-(2S, 3S, 4R, 8E)-2-(2′-羟基二十二酰胺基)-8-十八烯-1, 3, 4-三醇 | 1-O-(β-D-glucopyranosyl)-(2S, 3S, 4R, 8E)-2-(2′-hydroxydocosyl amido)-8-octadecen-1, 3, 4-triol |
| 1-O-(β-D-吡喃葡萄糖基)-(2S, 3S, 4R, 8E)-2-(2′-羟基二十四酰胺基)-8-十八烯-1, 3, 4-三醇 | 1-O-(β-D-glucopyranosyl)-(2S, 3S, 4R, 8E)-2-(2′-hydroxyignoceroyl amido)-8-octadecen-1, 3, 4-triol |
| 1-O-(β-D-吡喃葡萄糖基)-(2S, 3S, 4R, 8Z)-2-[(2R)-2′-羟基二十三酰胺基]-8-十九烯-3, 4-二醇 | 1-O-(β-D-glucopyranosyl)-(2S, 3S, 4R, 8Z)-2-[(2′R)-2′-hydroxytricosanoyl amido]-8-nonadecen-3, 4-diol |
| 3-O-(2-O-β-D-吡喃葡萄糖基)-(6-O-甲基)-β-D-吡喃葡萄糖醛酸基-21, 22-二-O-当归酰基-$R_1$-玉蕊精醇 | 3-O-(2-O-β-D-glucopyranosyl)-(6-O-methyl)-β-D-glucuronopyranosyl-21, 22-di-O-angeloy-$R_1$-barringenol |
| 3-O-(2-O-β-D-吡喃葡萄糖基)-(6-O-甲基)-β-D-吡喃葡萄糖醛酸基-21-O-(3′, 4′-二-O-当归酰基)-β-D-吡喃岩藻糖基-22-O-乙酰基-$R_1$-玉蕊精醇 | 3-O-(2-O-β-D-glucopyranosyl)-(6-O-methyl)-β-D-glucuronopyranosyl-21-O-(3′, 4′-di-O-angeloyl)-β-D-fucopyranosyl-22-O-acetyl-$R_1$-barrigenol |
| 5α-O-(β-D-吡喃葡萄糖基)-10β-苯甲酰东北紫杉酮 | 5α-O-(β-D-glucopyranosyl)-10β-benzoyl taxacustone |
| (R)-1-O-(β-D-吡喃葡萄糖基)-2-(2-甲氧基-4-羟丙基苯氧基)丙-3-醇 | (R)-1-O-(β-D-glucopyranosyl)-2-(2-methoxy-4-hydroxypropyl phenoxyl) propan-3-ol |

| | |
|---|---|
| (2*S*, 3*S*, 4*R*, 10*E*)-1-(β-D-吡喃葡萄糖基)-2-[(2′*R*)-2-羟基二十四酰氨基]-10-十八烯-1, 3, 4-三醇 | (2*S*, 3*S*, 4*R*, 10*E*)-1-(β-D-glucopyranosyl)-2-[(2′*R*)-2-hydroxytetracosanoyl amino]-10-octadecen-1, 3, 4-triol |
| (*S*)-1-*O*-(β-D-吡喃葡萄糖基)-2-[2-甲氧基-4-羟丙苯氧基]丙-3-醇 | (*S*)-1-*O*-(β-D-glucopyranosyl)-2-[2-methoxy-4-hydroxypropyl phenoxyl] prop-3-ol |
| 26-*O*-(β-D-吡喃葡萄糖基)-22-甲氧基-25D, 5α-呋甾-3β, 26-二羟基-3-*O*-β-石蒜四糖苷 | 26-*O*-(β-D-glucopyranosyl)-22-methoxy-25D, 5α-furost-3β, 26-dihydroxy-3-*O*-β-lycotetraoside |
| 3-*O*-(β-D-吡喃葡萄糖基)-23-羟基熊果酸 | 3-*O*-(β-D-glucopyranosyl)-23-hydroxyursolic acid |
| 3-*O*-(β-D-吡喃葡萄糖基)-24β-乙基-5α-胆甾-7, 22, 25 (27)-三烯-3β-醇 | 3-*O*-(β-D-glucopyranosyl)-24β-ethyl-5α-cholest-7, 22, 25 (27)-trien-3β-ol |
| 7-*O*-(β-D-吡喃葡萄糖基)-8-羟基香豆素 | 7-*O*-(β-D-glucopyranosyloxy)-8-hydroxycoumarin |
| (4*E*, 8*Z*)-1-*O*-(β-D-吡喃葡萄糖基)-*N*-(2′-羟基十六酰基)鞘氨-4, 8-二烯 | (4*E*, 8*Z*)-1-*O*-(β-D-glucopyranosyl)-*N*-(2′-hydroxyhexadecanoyl) sphinga-4, 8-diene |
| 3-*O*-(6-*O*-β-D-吡喃葡萄糖基)-β-D-吡喃葡萄糖基矢车菊素 | 3-*O*-(6-*O*-β-D-glucopyranosyl)-β-D-glucopyranosyl cyanidin |
| (+)-(7*S*, 8*S*, 8′*S*)-9-*O*-(β-D-吡喃葡萄糖基)阿斯利诺酮 | (+)-(7*S*, 8*S*, 8′*S*)-9-*O*-(β-D-glucopyranosyl) asarininone |
| 4-(β-D-吡喃葡萄糖基)苯甲醇 | 4-(β-D-glucopyranosyloxy) benzyl alcohol |
| 6‴-(4⁗-*O*-β-D-吡喃葡萄糖基)苯甲酰酸枣素 | 6‴-(4⁗-*O*-β-D-glucopyranosyl) benzoyl spinosin |
| 2-(3′-*O*-β-D-吡喃葡萄糖基)苯甲酰氧基龙胆酸 | 2-(3′-*O*-β-D-glucopyranosyl) benzoyloxygentisic acid |
| 7-*O*-(β-D-吡喃葡萄糖基)促乳激素 | 7-*O*-(β-D-glucopyranosyl) galactin |
| 2-(4-*O*-β-D-吡喃葡萄糖基)丁香酚基丙-1, 3-二醇 | 2-(4-*O*-β-D-glucopyranosyl) syringyl prop-1, 3-diol |
| 3-*O*-(β-D-吡喃葡萄糖基)黄化碱 | 3-*O*-(β-D-glucopyranosyl) etioline |
| 3-*O*-(β-D-吡喃葡萄糖基)没食子酸甲酯 | 3-*O*-(β-D-glucopyranosyl) gallic acid methyl ester |
| (+)-3α-*O*-(β-D-吡喃葡萄糖基)南烛木树脂酚 | (+)-3α-*O*-(β-D-glucopyranosyl) lyoniresinol |
| 3-*O*-(β-D-吡喃葡萄糖基)齐墩果酸-28-*O*-(6-*O*-乙酰基-β-D-吡喃葡萄糖基)酯 | 3-*O*-(β-D-glucopyranosyl) oleanolic acid-28-*O*-(6-*O*-acetyl-β-D-glucopyranosyl) ester |
| 3-*O*-(β-D-吡喃葡萄糖基)齐墩果酸-28-*O*-β-D-吡喃葡萄糖苷 | 3-*O*-(β-D-glucopyranosyl) oleanoic acid-28-*O*-β-D-glucopyranoside |
| 4-(*O*-β-D-吡喃葡萄糖基)羟基-7-(3′, 4′-二羟基苯甲酰基)苯甲醇 | 4-(*O*-β-D-glucopyranosyl) hydroxy-7-(3′, 4′-dihydroxy-benzoyl) benzyl alcohol |
| 6‴-(4⁗-*O*-β-D-吡喃葡萄糖基)香荚兰酰酸枣素 | 6‴-(4⁗-*O*-β-D-glucopyranosyl) vanilloyl spinosin |
| (25*R*)-26-[(β-D-吡喃葡萄糖基)氧基]-5α-呋甾-3β, 22α-二醇 | (25*R*)-26-[(β-D-glucopyranosyl) oxy]-5α-furost-3β, 22α-diol |
| (6*R*, 7*S*, 8*S*)-7a-[(β-吡喃葡萄糖基)氧基]南烛木树脂酚 | (6*R*, 7*S*, 8*S*)-7a-[(β-glucopyranosyl) oxy] lyoniresinol |
| (6*S*, 7*R*, 8*R*)-7α-[(β-D-吡喃葡萄糖基)氧基]南烛木树脂酚 | (6*S*, 7*R*, 8*R*)-7α-[(β-D-glucopyranosyl) oxy] lyoniresinol |
| 3β-(β-D-吡喃葡萄糖基)异海松-7, 15-二烯-11α, 12α-二醇 | 3β-(β-D-glucopyranosyl) isopimar-7, 15-dien-11α, 12α-diol |
| (+)-(7′*S*, 8*S*, 8′*S*)-9′-*O*-[β-D-吡喃葡萄糖基]芝麻酮 | (+)-(7′*S*, 8*S*, 8′*S*)-9′-*O*-[β-D-glucopyranosyl] sesaminone |
| (2*E*, 6*E*)-10-β-D-吡喃葡萄糖基-1, 11-二羟基-3, 7, 11-三甲基十二碳-2, 6-二烯 | (2*E*, 6*E*)-10-β-D-glucopyranosyl-1, 11-dihydroxy-3, 7, 11-trimethyl dodec-2, 6-diene |
| 2-β-D-吡喃葡萄糖基-1, 13-二羟基-(11*E*)-十三烯-3, 5, 7, 9-四炔 | 2-β-D-glucopyranosyl-1, 13-dihydroxy-(11*E*)-tridecen-3, 5, 7, 9-tetrayne |

| | |
|---|---|
| 2-β-D-吡喃葡萄糖基-1, 2, 3, 7-四羟基-4, 8-二呲酮 | 2-β-D-glucopyranosyl-1, 2, 3, 7-tetrahydroxy-4, 8-bisxanthone |
| 2-β-D-吡喃葡萄糖基-1, 3, 7-三羟基呲酮 (新玉山双蝴蝶灵) | 2-β-D-glucopyranosyl-1, 3, 7-trihydroxyxanthone (neolancerin) |
| 3-*O*-β-D-吡喃葡萄糖基-1, 3-二羟基-4, 5-二甲氧基呲酮 | 3-*O*-β-D-glucopyranosyl-1, 3-dihydroxy-4, 5-dimethoxyxanthone |
| 8-*O*-β-D-吡喃葡萄糖基-1, 5-二羟基-3-甲氧基呲酮 | 8-*O*-β-D-glucopyranosyl-1, 5-dihydroxy-3-methoxyxanthone |
| 3-*O*-β-D-吡喃葡萄糖基-1, 8-二羟基-5-甲氧基呲酮 | 3-*O*-β-D-glucopyranosyl-1, 8-dihydroxy-5-methoxyxanthone |
| 15-*O*-β-D-吡喃葡萄糖基-11β, 13-二氢金子菊醛 A | 15-*O*-β-D-glucopyranosyl-11β, 13-dihydrourospermal A |
| 7β-D-吡喃葡萄糖基-11-甲基齐墩果苷 | 7β-D-glucopyranosyl-11-methyl oleoside |
| 2′-*O*-β-D-吡喃葡萄糖基-11-羟基小蔓长春花苷内酰胺 | 2′-*O*-β-D-glucopyranosyl-11-hydroxyvincoside lactam |
| 4′-*O*-β-D-吡喃葡萄糖基-12β-羟基钉头果勾苷 | 4′-*O*-β-D-glucopyranosyl-12β-hydroxyfrugoside |
| 2β-*O*-β-D-吡喃葡萄糖基-15α-羟基贝壳杉-16-烯-18, 19-二甲酸 | 2β-*O*-β-D-glucopyranosyl-15α-hydroxykaur-16-en-18, 19-dicarboxylic acid |
| 28-*O*-β-D-吡喃葡萄糖基-16α-羟基-23-脱氧原雾冰藜酸 (28-*O*-β-D-吡喃葡萄糖基-16α-羟基-23-脱氧原椴树酸) | 28-*O*-β-D-glucopyranosyl-16α-hydroxy-23-deoxyprotobassic acid |
| 28-*O*-β-吡喃葡萄糖基-16α-羟基-23-脱氧原雾冰藜酸 | 28-*O*-β-glucopyranosyl-16α-hydroxy-23-deoxyprotobassic acid |
| 3′-*O*-β-D-吡喃葡萄糖基-16α-羟基牛角瓜素 | 3′-*O*-β-D-glucopyranosyl-16α-hydroxycalotropin |
| 3-*O*-β-D-吡喃葡萄糖基-16-脱氧玉蕊皂醇 C | 3-*O*-β-D-glucopyranosyl-16-deoxybarringtogenol C |
| 3-*O*-β-D-吡喃葡萄糖基-1-羟基-(4*E*, 6*E*)-十四烯-8, 10, 12-三炔 | 3-*O*-β-D-glucopyranosyl-1-hydroxy-(4*E*, 6*E*)-tetradecen-8, 10, 12-triyne |
| 3-*O*-β-D-吡喃葡萄糖基-1-羟基-4, 5-二甲氧基呲酮 | 3-*O*-β-D-glucopyranosyl-1-hydroxy-4, 5-dimethoxyxanthone |
| 吡喃葡萄糖基-1-十八碳-9′, 12′, 15′-三烯酰基-6-十八碳-9″, 12″-二烯酸酯 | glucopyranosyl-1-octadec-9′, 12′, 15′-trienoyl-6-octadec-9″, 12″-dienoate |
| β-D-吡喃葡萄糖基-2-(甲硫基)-1*H*-吲哚-3-甲酸酯 | β-D-glucopyranosyl-2-(methylthio)-1*H*-indole-3-carboxylate |
| 2-*O*-β-D-吡喃葡萄糖基-2, 4, 6-三羟基苯甲酸甲酯 | 2-*O*-β-D-glucopyranosyl-2, 4, 6-trihydroxybenzoic acid methyl ester |
| 2-*O*-α-D-吡喃葡萄糖基-2, 7-二羟基-1, 6-二甲基-9, 10, 12, 13-四氢芘 | 2-*O*-α-D-glucopyranosyl-2, 7-dihydroxy-1, 6-dimethyl-9, 10, 12, 13-tetrahydropyrene |
| (2*S*, 3*S*, 4*R*, 9*Z*)-1-*O*-β-吡喃葡萄糖基-2-[(2′*R*)-2′-羟基棕榈酸酰氨基]-8-二十二烯-1, 3, 4-三醇 | (2*S*, 3*S*, 4*R*, 9*Z*)-1-*O*-β-glucopyranosyl-2-[(2′*R*)-2′-hydroxy-palmitoyl amino]-8-docosen-1, 3, 4-triol |
| 1-*O*-β-吡喃葡萄糖基-2-[(2-羟基十八碳酰基) 氨基]-4, 8-十八碳二烯-1, 3-二醇 | 1-*O*-β-glucopyranosyl-2-[(2-hydroxyoctadecanoyl) amido]-4, 8-octadecadien-1, 3-diol |
| (25*R*)-26-*O*-β-D-吡喃葡萄糖基-20 (22)-烯-呋甾-1β, 3β, 5β, 26-四羟基-3-*O*-β-D-葡萄糖苷 | (25*R*)-26-*O*-β-D-glucopyranosyl-20 (22)-en-furost-1β, 3β, 5β, 26-tetrahydroxy-3-*O*-β-D-glucoside |
| 6-*O*-β-D-吡喃葡萄糖基-20-*O*-β-D-吡喃葡萄糖基-(20*S*)-原人参二醇-3-酮 | 6-*O*-β-D-glucopyranosyl-20-*O*-β-D-glucopyranosyl-(20*S*)-protopanaxadiol-3-one |
| 23-*O*-β-D-吡喃葡萄糖基-20-异藜芦甾二烯胺 | 23-*O*-β-D-glucopyranosyl-20-isoveratramine |
| 28-*O*-β-D-吡喃葡萄糖基-21-*O*-当归酰基-$R_1$-玉蕊精醇 | 28-*O*-β-D-glucopyranosyl-21-*O*-angeloyl-$R_1$-barrigenol |

| | |
|---|---|
| 26-*O*-β-D-吡喃葡萄糖基-22-*O*-甲基-(25*S*)-呋甾-5-烯-3β, 14α, 26-三羟基-3-*O*-β-石蒜四糖苷 | 26-*O*-β-D-glucopyranosyl-22-*O*-methyl-(25S)-furost-5-en-3β, 14α, 26-trihydroxy-3-*O*-β-lycotetraoside |
| 26-*O*-β-D-吡喃葡萄糖基-22-*O*-甲基-(25*S*)-呋甾-5-烯-3β, 14α, 26-三羟基-3-*O*-β-石蒜四糖苷 [14α-羟基西伯利亚蓼苷 A] | 26-*O*-β-D-glucopyranosyl-22-*O*-methyl-(25S)-furost-5-en-3β, 14α, 26-trihydroxy-3-*O*-β-lycotetraoside [14α-hydroxysibiricoside A] |
| (25*S*)-26-*O*-β-D-吡喃葡萄糖基-22α-甲氧基-5β-呋甾-3β, 26-二羟基-12-酮-3-*O*-β-D-吡喃葡萄糖苷 | (25*S*)-26-*O*-β-D-glucopyranosyl-22α-methoxy-5β-furost-3β, 26-dihydroxy-12-one-3-*O*-β-D-glucopyranoside |
| 26-*O*-β-D-吡喃葡萄糖基-22-甲氧基-1β, 3β, 4β, 5β, 26-五羟基-5β-呋甾-4-*O*-硫酸酯 | 26-*O*-β-D-glucopyranosyl-22-methoxy-1β, 3β, 4β, 5β, 26-pentahydroxy-5β-furost-4-*O*-sulfate |
| 26-*O*-β-D-吡喃葡萄糖基-22-甲氧基-5β-呋甾-1β, 2β, 3β, 4β, 5β, 26-六羟基-5-*O*-β-D-吡喃葡萄糖苷 | 26-*O*-β-D-glucopyranosyl-22-methoxy-5β-furost-1β, 2β, 3β, 4β, 5β, 26-hexahydroxy-5-*O*-β-D-glucopyranoside |
| 26-*O*-β-D-吡喃葡萄糖基-22-甲氧基-5β-呋甾-1β, 3β, 4β, 5β, 26-五羟基-2β-基-硫酸镁单羟化物 | Mg-26-*O*-β-D-glucopyranosyl-22-methoxy-5β-furost-1β, 3β, 4β, 5β, 26-pentahydroxy-2β-yl-sulfate monohydroxide |
| 26-*O*-β-D-吡喃葡萄糖基-22-甲氧基-5β-呋甾-1β, 3β, 4β, 5β, 26-五羟基-5-*O*-β-D-吡喃葡萄糖苷 | 26-*O*-β-D-glucopyranosyl-22-methoxy-5β-furost-1β, 3β, 4β, 5β, 26-pentahydroxy-5-*O*-β-D-glucopyranoside |
| 26-*O*-β-D-吡喃葡萄糖基-22-甲氧基呋甾-3β, 26-二羟基-3-*O*-α-L-吡喃鼠李糖基-(1→6)-β-D-吡喃葡萄糖苷 | 26-*O*-β-D-glucopyranosyl-22-methoxyfurost-3β, 26-dihydroxy-3-*O*-α-L-rhamnopyranosyl-(1→6)-β-D-glucopyranoside |
| 26-*O*-β-D-吡喃葡萄糖基-22-甲氧基呋甾-3β, 26-二羟基-3-*O*-β-D-吡喃木糖基-(1→4)-β-D-吡喃葡萄糖苷 | 26-*O*-β-D-glucopyranosyl-22-methoxyfurost-3β, 26-dihydroxy-3-*O*-β-D-xylopyranosyl-(1→4)-β-D-glucopyranoside |
| 26-*O*-β-D-吡喃葡萄糖基-22-甲氧基呋甾-3β, 26-二羟基-3-*O*-β-D-吡喃木糖基-(1→6)-β-D-吡喃葡萄糖苷 | 26-*O*-β-D-glucopyranosyl-22-methoxyfurost-3β, 26-dihydroxy-3-*O*-β-D-xylopyranosyl-(1→6)-β-D-glucopyranoside |
| 26-*O*-β-D-吡喃葡萄糖基-22-甲氧基呋甾-5-烯-3β, 20-二羟基-3-*O*-α-L-吡喃鼠李糖基 (1→2)-β-D-吡喃葡萄糖苷 | 26-*O*-β-D-glucopyranosyl-22-methoxyfurost-5-en-3β, 20-dihydroxy-3-*O*-α-L-rhamnopyranosyl (1→2)-β-D-glucopyranoside |
| (25*S*)-26-*O*-β-D-吡喃葡萄糖基-22-羟基-5β-呋甾-3β, 26-二醇 | (25*S*)-26-*O*-β-D-glucopyranosyl-22-hydroxy-5β-furost-3β, 26-diol |
| (25*R*)-26-*O*-β-D-吡喃葡萄糖基-22-羟基-5β-呋甾-3β, 26-二羟基-3-*O*-β-D-吡喃葡萄糖基-(1→2)-β-D-吡喃半乳糖苷 | (25*R*)-26-*O*-β-D-glucopyranosyl-22-hydroxy-5β-furost-3β, 26-dihydroxy-3-*O*-β-D-glucopyranosyl-(1→2)-β-D-galactopyranoside |
| (25*S*)-26-*O*-β-D-吡喃葡萄糖基-22-羟基-5β-呋甾-3β, 26-二羟基-3-*O*-β-D-吡喃葡萄糖基-(1→2)-β-D-吡喃半乳糖苷 | (25*S*)-26-*O*-β-D-glucopyranosyl-22-hydroxy-5β-furost-3β, 26-dihydroxy-3-*O*-β-D-glucopyranosyl-(1→2)-β-D-galactopyranoside |
| (25*R*)-26-*O*-β-D-吡喃葡萄糖基-22-羟基-5β-呋甾-3β, 26-二羟基-3-*O*-β-D-吡喃葡萄糖基-(1″-2′)-β-D-吡喃半乳糖苷 | (25*R*)-26-*O*-β-D-glucopyranosyl-22-hydroxy-5β-furost-3β, 26-dihydroxy-3-*O*-β-D-glucopyranosyl-(1″-2′)-β-D-galactopyranoside |
| (25*R*)-26-*O*-β-D-吡喃葡萄糖基-22-羟基呋甾-3β, 26β-二羟基-3-*O*-β-D-吡喃葡萄糖基-(1→2)-β-D-吡喃半乳糖苷 | (25*R*)-26-*O*-β-D-glucopyranosyl-22-hydroxy-furost-3β, 26β-dihydroxy-3-*O*-β-D-glucopyranosyl-(1→2)-β-D-galactopyranoside |

| | |
|---|---|
| 26-*O*-β-D-吡喃葡萄糖基-25D-呋甾-5-烯-3β, 17α, 22ξ, 26-四羟基-3-*O*-[α-L-吡喃鼠李糖基(1→4)]-β-D-马铃薯三糖苷 | 26-*O*-β-D-glucopyranosyl-25D-furost-5-en-3β, 17α, 22ξ, 26-tetrahydroxy-3-*O*-[α-L-rhamnopyranosyl (1→4)]-β-D-chacotrioside |
| 3-*O*-β-D-吡喃葡萄糖基-28-*O*-α-L-吡喃鼠李糖基-16α-羟基-23-脱氧原雾冰藜酸 | 3-*O*-β-D-glucopyranosyl-28-*O*-α-L-rhamnopyranosyl-16α-hydroxy-23-deoxyprotobassic acid |
| 3-*O*-β-D-吡喃葡萄糖基-28-*O*-α-L-吡喃鼠李糖基-16α-羟基原雾冰藜酸 | 3-*O*-β-D-glucopyranosyl-28-*O*-α-L-rhamnopyranosyl-16α-hydroxyprotobassic acid |
| (2*R*)-2-*O*-β-D-吡喃葡萄糖基-2*H*-1, 4-苯并噁嗪-3(4*H*)-酮 | (2*R*)-2-*O*-β-D-glucopyranosyl-2*H*-1, 4-benzoxazin-3(4*H*)-one |
| 30-*O*-β-D-吡喃葡萄糖基-2α, 3α, 24, 30-四羟基熊果-12 (13), 18 (19)-二烯-28-酸-*O*-β- D-吡喃葡萄糖苷 | 30-*O*-β-D-glucopyranosyl-2α, 3α, 24, 30-tetrahydroxyurs-12 (13), 18 (19)-dien-28-oic acid-*O*-β-D-glucopyranoside |
| 3-*O*-β-D-吡喃葡萄糖基-2α, 3β, 12β, (20*S*)-3-羟基达玛-24-烯-20-*O*-β-D-吡喃葡萄糖苷 | 3-*O*-β-D-glucopyranosyl-2α, 3β, 12β, (20*S*)-3-hydroxydammar-24-en-20-*O*-β-D-glucopyranoside |
| 3-*O*-β-D-吡喃葡萄糖基-2α-羟基-24-达玛烯-(20*S*)-*O*-β-D-吡喃木糖基-(1→6)-β-D-吡喃葡萄糖苷 | 3-*O*-β-D-glucopyranosyl-2α-hydroxy-24-dammaren-(20*S*)-yl-*O*-β-D-xylopyranosyl-(1→6)-β-D-glucopyranoside |
| 3-*O*-β-D-吡喃葡萄糖基-2β, 3β, 16α, 23, 24-五羟基齐墩果-12-烯-28-酸 | 3-*O*-β-D-glucopyranosyl-2β, 3β, 16α, 23, 24-pentahydroxyolean-12-en-28-oic acid |
| 3-*O*-β-D-吡喃葡萄糖基-2β, 3β, 16α, 23, 24-五羟基齐墩果-28 (13)-内酯 | 3-*O*-β-D-glucopyranosyl-2β, 3β, 16α, 23, 24-pentahydroxyolean-28 (13)-lactone |
| (2*S*)-2-*O*-β-D-吡喃葡萄糖基-2-羟基苯乙酸 | (2*S*)-2-*O*-β-D-glucopyranosyl-2-hydroxyphenyl acetic acid |
| β-D-吡喃葡萄糖基-3-(β-D-吡喃葡萄糖氧基)齐墩果酸酯 | β-D-glucopyranosyl-3-(β-D-glucopyranosyloxy) oleanate |
| 12-*O*-β-D-吡喃葡萄糖基-3, 11, 16-三羟基松香-8, 11, 13-三烯 | 12-*O*-β-D-glucopyranosyl-3, 11, 16-trihydroxyabieta-8, 11, 13-triene |
| 1-β-D-吡喃葡萄糖基-3, 4, 5-三甲氧基苯 | 1-β-D-glucopyranosyl-3, 4, 5-trimethoxybenzene |
| 4-(4′-*O*-β-D-吡喃葡萄糖基-3′, 5′-二甲氧苯基)-2-丁酮 | 4-(4′-*O*-β-D-glucopyranosyl-3′, 5′-dimethoxyphenyl)-2-butanone |
| β-D-吡喃葡萄糖基-3-[β-D-吡喃半乳糖基-(1→2)-(β-D-吡喃葡萄糖氧基)]齐墩果酸酯 | β-D-glucopyranosyl-3-[β-D-glactopyranosyl-(1→2)-(β-D-glucopyranosyloxy)] oleanate |
| 3-*O*-β- D-吡喃葡萄糖基-30-(32, 33, 34-三甲戊基)-16-烯何帕烷 | 3-*O*-β-D-glucopyranosyl-30-(32, 33, 34-trimethyl pentyl)-16-enhopane |
| 5-*C*-β-D-吡喃葡萄糖基-3-*C*-(6-*O*-反式-对香豆酰基)-β-D-吡喃葡萄糖苷乙酰间苯三酚 | 5-*C*-β-D-glucopyranosyl-3-*C*-(6-*O*-*trans*-*p*-coumaroyl)-β-D-glucopyranoside phloroacetophenone |
| 4-*O*-β-D-吡喃葡萄糖基-3-*O*-甲基鞣花酸 | 4-*O*-β-D-glucopyranosyl-3-*O*-methyl ellagic acid |
| 3-*O*-β-D-吡喃葡萄糖基-3α, 11α-二羟基羽扇豆-20(29)-烯-28-酸 | 3-*O*-β-D-glucopyranosyl-3α, 11α-dihydroxylup-20(29)-en-28-oic acid |
| β-D-吡喃葡萄糖基-3-α-L-吡喃鼠李糖基-(1→3)-(β-D-吡喃葡萄糖氧基)齐墩果酸酯 | β-D-glucopyranosyl-3-α-L-rhamnopyranosyl-(1→3)-(β-D-glucopyranosyloxy) oleanate |
| β-D-吡喃葡萄糖基-3β-(*O*-β-D-葡萄糖醛酸氧基)齐墩果酸酯 | β-D-glucopyranosyl-3β-(*O*-β-D-glucopyranuronosyloxy) oleanolate |

| | |
|---|---|
| 16-*O*-β-D-吡喃葡萄糖基-3β, 20-环氧-3-羟基松香-8, 11, 13-三烯 | 16-*O*-β-D-glucopyranosyl-3β, 20-epoxy-3-hydroxy-abieta-8, 11, 13-triene |
| (25*S*)-24-*O*-β-D-吡喃葡萄糖基-3β, 24β-二羟基-5α-螺甾-6-酮 | (25*S*)-24-*O*-β-D-glucopyranosyl-3β, 24β-dihydroxy-5α-spirost-6-one |
| 26-*O*-β-D-吡喃葡萄糖基-3β, 26-二羟基-(25*R*)-呋甾-5, 20 (22)-二烯-3-*O*-α-L-吡喃鼠李糖基-(1→2)-*O*-β-D-吡喃葡萄糖苷 | 26-*O*-β-D-glucopyranosyl-3β, 26-dihydroxy-(25*R*)-furost-5, 20 (22)-dien-3-*O*-α-L-rhamnopyranosyl-(1→2)-*O*-β-D-glucopyranoside |
| 26-*O*-β-D-吡喃葡萄糖基-3β, 26-二羟基-5-胆甾烯-16, 22-二氧亚基-3-*O*-α-L-吡喃鼠李糖基-(1→2)-β-D-吡喃葡萄糖苷 | 26-*O*-β-D-glucopyranosyl-3β, 26-dihydroxy-5-cholesten-16, 22-dioxo-3-*O*-α-L-rhamnopyranosyl-(1→2)-β-D-glucopyranoside |
| 26-*O*-β-D-吡喃葡萄糖基-3β, 26-二羟基胆甾-16, 22-二氧亚基-3-*O*-α-L-吡喃鼠李糖基-(1→2)-β-D-吡喃葡萄糖苷 | 26-*O*-β-D-glucopyranosyl-3β, 26-dihydroxycholest-16, 22-dioxo-3-*O*-α-L-rhamnopyranosyl-(1→2)-β-D-glucopyranoside |
| (20*R*, 25*R*)-26-*O*-β-D-吡喃葡萄糖基-3β, 26-二羟基胆甾-5-烯-16, 22-二氧亚基-3-*O*-α-L-吡喃鼠李糖基-(1→2)-β-D-吡喃葡萄糖苷 | (20*R*, 25*R*)-26-*O*-β-D-glucopyranosyl-3β, 26-dihydroxycholest-5-en-16, 22-dioxo-3-*O*-α-L-rhamnopyranosyl-(1→2)-β-D-glucopyranoside |
| (20*S*, 25*R*)-26-*O*-β-D-吡喃葡萄糖基-3β, 26-二羟基胆甾-5-烯-16, 22-二氧亚基-3-*O*-α-L-吡喃鼠李糖基-(1→2)-β-D-吡喃葡萄糖苷 | (20*S*, 25*R*)-26-*O*-β-D-glucopyranosyl-3β, 26-dihydroxycholest-5-en-16, 22-dioxo-3-*O*-α-L-rhamnopyranosyl-(1→2)-β-D-glucopyranoside |
| 26-*O*-β-D-吡喃葡萄糖基-3β, 26-二羟基胆甾烯-16, 22-二氧亚基-3-*O*-α-L-吡喃鼠李糖基-(1→2)-β-D-吡喃葡萄糖苷 | 26-*O*-β-D-glucopyranosyl-3β, 26-dihydroxycholesten-16, 22-dioxo-3-*O*-α-L-rhamnopyranosyl-(1→2)-β-D-glucopyranoside |
| 5-*O*-β-D-吡喃葡萄糖基-3β, 6α, 12β, (20*S*, 24*S*)-五羟基达玛-25-烯-20-*O*-β-D-吡喃葡萄糖苷 | 5-*O*-β-D-glucopyranosyl-3β, 6α, 12β, (20*S*, 24*S*)-pentahydroxydammar-25-en-20-*O*-β-D-glucopyranoside |
| β-D-吡喃葡萄糖基-3β-[*O*-α-L-吡喃鼠李糖基-(1→3)-*O*-β-D-葡萄糖醛酸氧基]齐墩果酸酯 | β-D-glucopyranosyl-3β-[*O*-α-L-rhamnopyranosyl-(1→3)-*O*-β-D-glucopyranuronosyloxy] oleanolate |
| β-D-吡喃葡萄糖基-3β-[*O*-β-D-吡喃半乳糖基-(1→2)-*O*-β-D-葡萄糖醛酸氧基]齐墩果酸酯 | β-D-glucopyranosyl-3β-[*O*-β-D-galactopyranosyl-(1→2)-*O*-β-D-glucopyranuronosyloxy] oleanolate |
| 1-(4-*O*-β-D-吡喃葡萄糖基-3-甲氧苯基)-3, 5-二羟基癸烷 | 1-(4-*O*-β-D-glucopyranosyl-3-methoxyphenyl)-3, 5-dihydroxydecane |
| 3-(4-*O*-β-D-吡喃葡萄糖基-3-甲氧苯基)丙酸甲酯 | 3-(4-*O*-β-D-glucopyranosyl-3-methoxyphenyl) propionic acid methyl ester |
| 3-(4-*O*-β-D-吡喃葡萄糖基-3-甲氧苯基)丙酸乙酯 | 3-(4-*O*-β-D-glucopyranosyl-3-methoxyphenyl) propionic acid ethyl ester |
| 7-*O*-(4-*O*-β-D-吡喃葡萄糖基-3-甲氧基苯甲酰基)开环马钱子酸 | 7-*O*-(4-*O*-β-D-glucopyranosyl-3-methoxybenzoyl) secologanolic acid |
| 5-*O*-β-D-吡喃葡萄糖基-3-羟基-1-(4-羟基-3-甲氧苯基)癸烷 | 5-*O*-β-D-glucopyranosyl-3-hydroxy-1-(4-hydroxy-3-methoxyphenyl) decane |
| (3*R*, 9*R*)-9-*O*-β-D-吡喃葡萄糖基-3-羟基-7, 8-二脱氢-β-紫罗兰醇 | (3*R*, 9*R*)-9-*O*-β-D-glucopyranosyl-3-hydroxy-7, 8-didehydro-β-ionol |
| (*E*)-3′-*O*-β-D-吡喃葡萄糖基-4, 5, 6, 4′-四羟基-7, 2′-二甲氧噢哢 | (*E*)-3′-*O*-β-D-glucopyranosyl-4, 5, 6, 4′-tetrahydroxy-7, 2′-dimethoxyaurone |
| 1-(3-*O*-β-D-吡喃葡萄糖基-4, 5-二羟苯基)乙酮 | 1-(3-*O*-β-D-glucopyranosyl-4, 5-dihydroxyphenyl) ethanone |

| 1-*O*-β-D-吡喃葡萄糖基-4-表抱茎闭花木素 | 1-*O*-β-D-glucopyranosyl-4-epiamplexine |
|---|---|
| 3-(2-*O*-β-D-吡喃葡萄糖基-4-羟苯基)丙酸 | 3-(2-*O*-β-D-glucopyranosyl-4-hydroxyphenyl) propanoic acid |
| 3-(2-*O*-β-D-吡喃葡萄糖基-4-羟苯基)丙酸甲酯 | 3-(2-*O*-β-D-glucopyranosyl-4-hydroxyphenyl) propanoic acid methyl ester |
| 2-(3′-*O*-β-D-吡喃葡萄糖基-4′-羟苯基)乙醇 | 2-(3′-*O*-β-D-glucopyranosyl-4′-hydroxyphenyl) ethanol |
| (2*R*)-2-*O*-β-D-吡喃葡萄糖基-4-羟基-2*H*-1, 4-苯并噁嗪-3 (4*H*)-酮 | (2*R*)-2-*O*-β-D-glucopyranosyl-4-hydroxy-2*H*-1, 4-benzoxazin-3 (4*H*)-one |
| 2-*O*-β-吡喃葡萄糖基-4-羟基-7-甲氧基-2*H*-1, 4-苯并噁嗪-3 (4*H*)-酮 | 2-*O*-β-glucopyranosyl-4-hydroxy-7-methoxy-2*H*-1, 4-benzoxazin-3 (4*H*)-one |
| (1*R*, 7*R*, 10*S*)-11-*O*-β-D-吡喃葡萄糖基-4-愈创木烯-3-酮 | (1*R*, 7*R*, 10*S*)-11-*O*-β-D-glucopyranosyl-4-guaien-3-one |
| (25*R*)-26-*O*-β-D-吡喃葡萄糖基-5 (6), 20 (22)-二烯呋甾-3β, 26-二醇 | (25*R*)-26-*O*-β-D-glucopyranosyl-5 (6), 20 (22)-dien-furost-3β, 26-diol |
| (22*S*, 23*R*, 25*S*)-23-*O*-β-D-吡喃葡萄糖基-5, 11, 13-藜芦甾三烯胺-3β, 23-二醇 | (22*S*, 23*R*, 25*S*)-23-*O*-β-D-glucopyranosyl-5, 11, 13-veratratrienine-3β, 23-diol |
| 6β-*C*-吡喃葡萄糖基-5, 7-二羟基-2-甲基色原酮 | 6β-*C*-glucopyranosyl-5, 7-dihydroxy-2-methyl chromone |
| 6β-*C*-吡喃葡萄糖基-5, 7-二羟基-2-异丙基色原酮 | 6β-*C*-glucopyranosyl-5, 7-dihydroxy-2-isopropyl chromone |
| 8β-*C*-吡喃葡萄糖基-5, 7-二羟基-2-异丙基色原酮 | 8β-*C*-glucopyranosyl-5, 7-dihydroxy-2-isopropyl chromone |
| (25*R*)-26-*O*-β-D-吡喃葡萄糖基-5α-20 (22)-烯呋甾-3β, 26-二醇 | (25*R*)-26-*O*-β-D-glucopyranosyl-5α-20 (22)-en-furost-3β, 26-diol |
| (25*R*)-26-*O*-β-D-吡喃葡萄糖基-5α-呋甾-12-酮-3β, 22α, 26-三醇 | (25*R*)-26-*O*-β-D-glucopyranosyl-5α-furost-12-one-3β, 22α, 26-triol |
| (25*R*)-26-*O*-β-D-吡喃葡萄糖基-5β-呋甾-1β, 3α, 22α, 26-四羟基-3-*O*-β-D-吡喃葡萄糖苷 | (25*R*)-26-*O*-β-D-glucopyranosyl-5β-furost-1β, 3α, 22α, 26-tetrahydroxy-3-*O*-β-D-glucopyranoside |
| (25*S*)-26-*O*-β-D-吡喃葡萄糖基-5β-呋甾-1β, 3β, 22α, 26-四羟基-1-*O*-α-L-吡喃鼠李糖基-(1→2)-β-D-吡喃木糖苷 | (25*S*)-26-*O*-β-D-glucopyranosyl-5β-furost-1β, 3β, 22α, 26-tetrahydroxy-1-*O*-α-L-rhamnopyranosyl-(1→2)-β-D-xylopyranoside |
| 26-*O*-β-D-吡喃葡萄糖基-5β-呋甾-20 (22), 25 (27)-二烯-3β, 12β, 26-三羟基-3-*O*-β-D-吡喃葡萄糖基-(1→2)-β-D-吡喃半乳糖苷 | 26-*O*-β-D-glucopyranosyl-5β-furost-20 (22), 25 (27)-dien-3β, 12β, 26-trihydroxy-3-*O*-β-D-glucopyranosyl-(1→2)-β-D-galactopyranoside |
| (25*S*)-26-*O*-β-D-吡喃葡萄糖基-5β-呋甾-20 (22)-烯-1β, 3β, 14β, 26-四羟基-1-*O*-α-L-吡喃鼠李糖基-(1→2)-β-D-吡喃木糖苷 | (25*S*)-26-*O*-β-D-glucopyranosyl-5β-furost-20 (22)-en-1β, 3β, 14β, 26-tetrahydroxy-1-*O*-α-L-rhamnopyranosyl-(1→2)-β-D-xylopyranoside |
| (25*S*)-26-*O*-β-D-吡喃葡萄糖基-5β-呋甾-20 (22)-烯-3β, 26-二羟基-3-*O*-β-D-吡喃葡萄糖基-(1→2)-β-D-吡喃葡萄糖苷 | (25*S*)-26-*O*-β-D-glucopyranosyl-5β-furost-20 (22)-en-3β, 26-dihydroxy-3-*O*-β-D-glucopyranosyl-(1→2)-β-D-glucopyranoside |
| 26-*O*-β-D-吡喃葡萄糖基-5β-呋甾-25 (27)-烯-3β, 22α, 26-三羟基-3-*O*-β-D-吡喃葡萄糖基-(1→4)-β-D-吡喃葡萄糖苷 | 26-*O*-β-D-glucopyranosyl-5β-furost-25 (27)-en-3β, 22α, 26-trihydroxy-3-*O*-β-D-glucopyranosyl-(1→4)-β-D-glucopyranoside |

| | |
|---|---|
| (25*S*)-26-*O*-β-D-吡喃葡萄糖基-5β-呋甾-3β, 22α, 26-三醇 | (25*S*)-26-*O*-β-D-glucopyranosyl-5β-furost-3β, 22α, 26-triol |
| (25*S*)-26-*O*-β-D-吡喃葡萄糖基-5β-呋甾-3β, 22α, 26-三羟基-12-酮-3-*O*-β-D-吡喃葡萄糖苷 | (25*S*)-26-*O*-β-D-glucopyranosyl-5β-furost-3β, 22α, 26-trihydroxy-12-one-3-*O*-β-D-glucopyranoside |
| (25*S*)-26-*O*-β-D-吡喃葡萄糖基-5β-呋甾-3β, 22α, 26-三羟基-3-*O*-β-D-吡喃葡萄糖苷 | (25*S*)-26-*O*-β-D-glucopyranosyl-5β-furost-3β, 22α, 26-trihydroxy-3-*O*-β-D-glucopyranoside |
| (25*R*)-26-*O*-β-D-吡喃葡萄糖基-5β-呋甾-3β, 22α, 26-三羟基-3-*O*-β-D-吡喃葡萄糖基-(1→4)-β-D-吡喃葡萄糖苷 | (25*R*)-26-*O*-β-D-glucopyranosyl-5β-furost-3β, 22α, 26-trihydroxy-3-*O*-β-D-glucopyranosyl-(1→4)-β-D-glucopyranoside |
| (25*S*)-26-*O*-β-D-吡喃葡萄糖基-5β-呋甾-3β, 22α, 26-三羟基-3-*O*-β-D-吡喃葡萄糖基-(1→4)-β-D-吡喃葡萄糖苷 | (25*S*)-26-*O*-β-D-glucopyranosyl-5β-furost-3β, 22α, 26-trihydroxy-3-*O*-β-D-glucopyranosyl-(1→4)-β-D-glucopyranoside |
| (25*S*)-26-*O*-β-D-吡喃葡萄糖基-5β-呋甾-3β, 26-二醇 | (25*S*)-26-*O*-β-D-glucopyranosyl-5β-furost-3β, 26-diol |
| (25*R*)-26-*O*-β-D-吡喃葡萄糖基-5β-呋甾-3β, 26-二羟基-3-*O*-β-D-吡喃葡萄糖苷 | (25*R*)-26-*O*-β-D-glucopyranosyl-5β-furost-3β, 26-dihydroxy-3-*O*-β-D-glucopyranoside |
| (25*S*)-6-*O*-β-D-吡喃葡萄糖基-5β-呋甾-3β, 6β, 22α, 26-四羟基-26-*O*-β-D-吡喃葡萄糖苷 | (25*S*)-6-*O*-β-D-glucopyranosyl-5β-furost-3β, 6β, 22α, 26-tetrahydroxy-26-*O*-β-D-glucopyranoside |
| 7-*O*-β-D-吡喃葡萄糖基-5-羟基-6, 8, 4-三甲氧基黄酮 | 7-*O*-β-D-glucopyranosyl-5-hydroxy-6, 8, 4-trimethoxyflavone |
| β-D-吡喃葡萄糖基-6′-(β-D-吡喃芹糖基)哥伦比亚苷元 | β-D-glucopyranosyl-6′-(β-D-apiopyranosyl) columbianetin |
| (*E*)-6-*O*-β-D-吡喃葡萄糖基-6, 7, 3′, 4′-四羟基橙酮 | (*E*)-6-*O*-β-D-glucopyranosyl-6, 7, 3′, 4′-tetrahydroxyaurone |
| 6-*O*-β-D-吡喃葡萄糖基-6, 7, 3′, 4′-四羟基橙酮 | 6-*O*-β-D-glucopyranosyl-6, 7, 3′, 4′-tetrahydroxyaurone |
| 7-*O*-β-D-吡喃葡萄糖基-6, 7, 3′, 4′-四羟基橙酮 | 7-*O*-β-D-glucopyranosyl-6, 7, 3′, 4′-tetrahydroxyaurone |
| (*Z*)-6-*O*-β-D-吡喃葡萄糖基-6, 7, 3′, 4′-四羟基橙酮 | (*Z*)-6-*O*-β-D-glucopyranosyl-6, 7, 3′, 4′-tetrahydroxyaurone |
| (*Z*)-7-*O*-β-D-吡喃葡萄糖基-6, 7, 3′, 4′-四羟基橙酮 | (*Z*)-7-*O*-β-D-glucopyranosyl-6, 7, 3′, 4′-tetrahydroxyaurone |
| 4″-*O*-β-D-葡萄糖基-6′-*O*-(4-*O*-β-D-葡萄糖基咖啡酰基)狭叶龙胆苷 | 4″-*O*-β-D-glucosyl-6′-*O*-(4-*O*-β-D-glucosyl caffeoyl) linearoside |
| 7-*O*-β-D-吡喃葡萄糖基-6-甲氧基色原酮 | 7-*O*-β-D-glucopyranosyl-6-methoxychromone |
| 8-*O*-β-D-吡喃葡萄糖基-6-羟基-2-甲基-4*H*-1-苯并吡喃-4-酮 | 8-*O*-β-D-glucopyranosyl-6-hydroxy-2-methyl-4*H*-1-benzopyran-4-one |
| 3-*O*-β-D-吡喃葡萄糖基-7-*O*-α-L-吡喃鼠李糖基山柰酚 | 3-*O*-β-D-glucopyranosyl-7-*O*-α-L-glucopyranosyl kaempferol |
| (22*R*)-27-*O*-β-D-吡喃葡萄糖基-7α-甲氧基-1-氧亚基睡茄-3, 5, 24-三烯内酯 | (22*R*)-27-*O*-β-D-glucopyranosyl-7α-methoxy-1-oxo-witha-3, 5, 24-trienolide |
| 8-*O*-β-D-吡喃葡萄糖基-8α-羟基-6, 10-二脱氧环小花茴香内酯 | 8-*O*-β-D-glucopyranosyl-8α-hydroxy-6, 10-dideoxy-cycloparviflorolide |
| 1-*O*-α-D-吡喃葡萄糖基-D-甘露糖醇 | 1-*O*-α-D-glucopyranosyl-D-mannitol |
| 2-*O*-α-D-吡喃葡萄糖基-D-葡萄糖 | 2-*O*-α-D-glucopyranosyl-D-glucose |
| 2-*O*-β-D-吡喃葡萄糖基-α-D-吡喃葡萄糖(α-槐糖) | 2-O-β-D-glucopyranosyl-α-D-glucopyranose (α-sophorose) |
| 7-*O*-β-D-吡喃葡萄糖基-α-高野尻霉素 | 7-*O*-β-D-glucopyranosyl-α-homonojirimycin |

| | |
|---|---|
| D-吡喃葡萄糖基-β-(1→3)-D-吡喃葡萄糖基-β-(1→3′)-β-谷甾醇 | D-glucopyranosyl-β-(1→3)-D-glucopyranosyl-β-(1→3′)-β-sitosterol |
| (*R*)-2-(2-*O*-β-D-吡喃葡萄糖基-β-D-吡喃葡萄糖氧基)苯基乙腈 | (*R*)-2-(2-*O*-β-D-glucopyranosyl-β-D-glucopyranosyloxy) phenyl acetonitrile |
| 7-*O*-β-D-吡喃葡萄糖基-β-高野尻霉素 | 7-*O*-β-D-glucopyranosyl-β-homonojirimycin |
| 6″-*O*-β-D-吡喃葡萄糖基巴东荚蒾苷 | 6″-*O*-β-D-glucopyranosyl henryoside |
| 3′-*O*-β-D-吡喃葡萄糖基白花丹酸甲酯 | methyl 3′-*O*-β-D-glucopyranosyloxy-plumbagate |
| 3-*O*-吡喃葡萄糖基白花丹酸甲酯 | 3-*O*-glucopyranosyl plumbagic acid methyl ester |
| 3′-*O*-β-吡喃葡萄糖基白花丹酸甲酯 | 3′-*O*-β-glucopyranosyl plumbagic acid methyl ester |
| 28-*O*-β-D-吡喃葡萄糖基白桦脂酸-3β-*O*-β-D-吡喃葡萄糖苷(28-*O*-β-D-吡喃葡萄糖基桦木酸-3β-*O*-β-D-吡喃葡萄糖苷) | 28-*O*-β-D-glucopyranosyl betulinic acid-3β-*O*-β-D-glucopyranoside |
| 1-*O*-β-D-吡喃葡萄糖基抱茎闭花木素 | 1-*O*-β-D-glucopyranosyl amplexine |
| 3-(4-*O*-β-D-吡喃葡萄糖基苯基)丙酸甲酯 | 3-(4-*O*-β-D-glucopyranosyl phenyl) propionic acid methyl ester |
| 4-β-D-吡喃葡萄糖基苯甲酸 | 4-β-D-glucopyranosyl benzoic acid |
| 2-*O*-β-吡喃葡萄糖基苯甲酸甲酯 | methyl 2-*O*-β-glucopyranosyl benzoate |
| 4-*O*-β-D-吡喃葡萄糖基苯甲酸甲酯 | 4-*O*-β-D-glucopyranosyl benzoic acid methyl ester |
| α-D-吡喃葡萄糖基-α-D-吡喃葡萄糖苷(α, α-海藻糖) | α-D-glucopyranosyl-α-D-glucopyranoside (α, α-trehalose) |
| 4‴-*O*-β-D-吡喃葡萄糖基糙龙胆苷 | 4‴-*O*-β-D-glucopyranosyl scabraside |
| 1-*O*-(3-*O*-β-D-吡喃葡萄糖基丁酰基)水鬼蕉碱 | 1-*O*-(3-*O*-β-D-glucopyranosyl butyryl) pancratistatin |
| 4′-*O*-β-D-吡喃葡萄糖基钉头果伏苷 | 4′-*O*-β-D-glucopyranosyl gofruside |
| 4′-*O*-β-D-吡喃葡萄糖基钉头果勾苷 | 4′-*O*-β-D-glucopyranosyl frugoside |
| β-D-吡喃葡萄糖基-对映-2-氧亚基-15, 16-二羟基海松-8 (14)-烯-19-酸 | β-D-glucopyranosyl-*ent*-2-oxo-15, 16-dihydroxypimar-8 (14)-en-19-oic-acid |
| 19-*O*-β-D-吡喃葡萄糖基-对映-半日花-8 (17), 13-二烯-15, 16, 19-三醇 | 19-*O*-β-D-glucopyranosyl-*ent*-labd-8 (17), 13-dien-15, 16, 19-triol |
| 6′-*O*-β-吡喃葡萄糖基鄂西香茶菜苷 | 6′-*O*-β-glucopyranosyl henryoside |
| 吡喃葡萄糖基二甲基齐墩果苷异构体 1 | glucopyranosyl dimethyl oleoside isomer 1 |
| β-D-吡喃葡萄糖基二氢红花菜豆酸苷 | β-D-glucopyranosyl dihydrophaseoside |
| (7*S*, 8*R*)-9′-*O*-β-D-吡喃葡萄糖基二氢脱氢二松柏醇 | (7*S*, 8*R*)-9′-*O*-β-D-glucopyranosyl dihydrodehydrodiconiferyl alcohol |
| (7*S*, 8*R*)-9-*O*-β-D-吡喃葡萄糖基二氢脱氢二松柏醇 | (7*S*, 8*R*)-9-*O*-β-D-glucopyranosyl dihydrodehydrodiconiferyl alcohol |
| 4-*O*-β-D-吡喃葡萄糖基反式-咖啡酸乙酯 | ethyl 4-*O*-β-D-glucopyranosyl *trans*-caffeate |
| (8*R*, 8′*R*)-9′-*O*-β-D-吡喃葡萄糖基菲律宾胡椒素 VI | (8*R*, 8′*R*)-9′-*O*-β-D-glucopyranosyl piperphilippinin VI |
| (8*R*, 8′*R*)-9-*O*-β-D-吡喃葡萄糖基菲律宾胡椒素 VI | (8*R*, 8′*R*)-9-*O*-β-D-glucopyranosyl piperphilippinin VI |
| (25*S*)-26-*O*-β-D-吡喃葡萄糖基呋甾-1β, 3β, 22α, 26-四羟基-3-*O*-β-D-葡萄糖苷 | (25*S*)-26-*O*-β-D-glucopyranosyl furost-1β, 3β, 22α, 26-tetrahydroxy-3-*O*-β-D-glucoside |

| | |
|---|---|
| 26-*O*-β-D-吡喃葡萄糖基呋甾-1β, 3β, 5β, 22α, 26-五羟基-25 (27)-烯-3-*O*-β-D-葡萄糖苷 | 26-*O*-β-D-glucopyranosyl furost-1β, 3β, 5β, 22α, 26-penthydroxy-25 (27)-en-3-*O*-β-D-glucoside |
| (25*S*)-26-*O*-β-D-吡喃葡萄糖基呋甾-1β, 3β, 5β, 22α, 26-五羟基-3-*O*-β-D-吡喃葡萄糖苷 | (25*S*)-26-*O*-β-D-glucopyranosyl furost-1β, 3β, 5β, 22α, 26-pentahydroxy-3-*O*-β-D-glucopyranoside |
| (25*R*)-26-*O*-β-D-吡喃葡萄糖基-呋甾-1β, 3β, 5β, 22α, 26-五羟基-3-*O*-β-D-吡喃葡萄糖苷 | (25*R*)-26-*O*-β-D-glucopyranosyl-furost-1β, 3β, 5β, 22α, 26-pentahydroxy-3-*O*-β-D-glucopyranoside |
| (25*S*)-26-*O*-β-D-吡喃葡萄糖基呋甾-1β, 3β, 5β, 22α, 26-五羟基-3-*O*-β-D-葡萄糖苷 | (25*S*)-26-*O*-β-D-glucopyranosyl furost-1β, 3β, 5β, 22α, 26-pentahydroxy-3-*O*-β-D-glucoside |
| (25*R*)-26-*O*-β-D-吡喃葡萄糖基-呋甾-1β, 3β, 5β, 22α, 26-五羟基-3-*O*-β-D-葡萄糖苷 | (25*R*)-26-*O*-β-D-glucopyranosyl-furost-1β, 3β, 5β, 22α, 26-pentahydroxy-3-*O*-β-D-glucoside |
| (25*S*)-26-*O*-β-D-吡喃葡萄糖基呋甾-20 (22)-烯-1β, 2β, 3β, 4β, 5β, 26-六羟基-4-*O*-β-D-吡喃木糖苷 | (25*S*)-26-*O*-β-D-glucopyranosyl furost-20 (22)-en-1β, 2β, 3β, 4β, 5β, 26-hexahydroxy-4-*O*-β-D-xylopyranoside |
| 26-*O*-β-D-吡喃葡萄糖基呋甾-25 (27)-烯-1β, 3β, 5β, 22α, 26-五羟基-3-*O*-β-D-吡喃葡萄糖苷 | 26-*O*-β-D-glucopyranosyl furost-25 (27)-en-1β, 3β, 5β, 22α, 26-penthydroxy-3-*O*-β-D-glucopyranoside |
| 26-*O*-β-D-吡喃葡萄糖基呋甾-25 (27)-烯-3β, 4β, 5β, 22α, 26-五羟基-5-*O*-β-D-吡喃葡萄糖苷 | 26-*O*-β-D-glucopyranosyl furost-25 (27)-en-3β, 4β, 5β, 22α, 26-penthydroxy-5-*O*-β-D-glucopyranoside |
| 26-*O*-β-D-吡喃葡萄糖基呋甾-25 (27)-烯-3β, 5β, 22α, 26-四羟基-5-*O*-β-D-吡喃葡萄糖苷 | 26-*O*-β-D-glucopyranosyl furost-25 (27)-en-3β, 5β, 22α, 26-tetrahydroxy-5-*O*-β-D-glucopyranoside |
| 26-*O*-β-D-吡喃葡萄糖基呋甾-3β, 22, 26-三羟基-3-*O*-β-D-吡喃葡萄糖基-(1→2)-*O*-β-D-吡喃葡萄糖苷 | 26-*O*-β-D-glucopyranosyl furost-3β, 22, 26-trihydroxy-3-*O*-β-D-glucopyranosyl-(1→2)-*O*-β-D-glucopyranoside |
| 26-*O*-β-D-吡喃葡萄糖基呋甾-3β, 26-二羟基-22-甲氧基-3-*O*-α-L-吡喃鼠李糖基-(1→4)-*O*-β-D-吡喃葡萄糖苷 | 26-*O*-β-D-glucopyranosyl furost-3β, 26-dihydroxy-22-methoxy-3-*O*-α-L-rhamnopyranosyl-(1→4)-*O*-β-D-glucopyranoside |
| (25*S*)-26-*O*-β-D-吡喃葡萄糖基呋甾-3β, 5β, 22α, 26-四羟基-5-*O*-β-D-吡喃葡萄糖苷 | (25*S*)-26-*O*-β-D-glucopyranosyl furost-3β, 5β, 22α, 26-tetrahydroxy-5-*O*-β-D-glucopyranoside |
| 26-*O*-α-D-吡喃葡萄糖基呋甾-5 (6), 20 (22)-二烯-3α, 26-二醇 | 26-*O*-α-D-glucopyranosyl furost-5 (6), 20 (22)-dien-3α, 26-diol |
| 26-*O*-β-D-吡喃葡萄糖基呋甾-5, 25 (27)-二烯-1β, 3β, 22β, 26-四羟基-1-*O*-α-L-吡喃阿拉伯糖苷 | 26-*O*-β-D-glucopyranosyl furost-5, 25 (27)-dien-1β, 3β, 22β, 26-tetrahydroxy-1-*O*-α-L-arabinopyranoside |
| *O*-吡喃葡萄糖基苷香豆酸 | *O*-glucopyranosyl coumaric acid |
| 4-*O*-β-D-吡喃葡萄糖基桂皮酸酯 | 4-*O*-β-D-glucopyranosyl cinnamate |
| 28-*O*-β-D-吡喃葡萄糖基果渣酸 | 28-*O*-β-D-glucopyranosyl pomolic acid |
| 3β-*O*-β-D-吡喃葡萄糖基果渣酸-28-*O*-β-D-吡喃葡萄糖基酯 | 3β-*O*-β-D-glucopyranosylpomolic acid-28-*O*-β-D-glucopyranosyl ester |
| 6″-*O*-β-吡喃葡萄糖基哈巴酯苷 (6″-*O*-β-吡喃葡萄糖基哈帕酯苷、6″-*O*-β-吡喃葡萄糖钩果草酯苷) | 6″-*O*-β-glucopyranosyl harpagoside |
| 10-*O*-β-D-吡喃葡萄糖基黄花夹竹桃醚萜苷 | 10-*O*-β-D-glucopyranosyl theviridoside |
| 3′-*O*-β-D-吡喃葡萄糖基黄花夹竹桃醚萜苷 | 3′-*O*-β-D-glucopyranosyl theviridoside |
| 6′-*O*-吡喃葡萄糖基黄花夹竹桃醚萜苷 | 6′-*O*-glucopyranosyl theviridoside |
| 6′-*O*-β-D-吡喃葡萄糖基黄花夹竹桃醚萜苷 | 6′-*O*-β-D-glucopyranosyl theviridoside |
| 4′-*O*-β-D-吡喃葡萄糖基火索麻酸 | 4′-*O*-β-D-glucopyranosyl isorinic acid |

| | |
|---|---|
| 3β-*O*-β-D-吡喃葡萄糖基鸡纳酸-27-*O*-β-D-吡喃葡萄糖酯 | 3β-*O*-β-D-glucopyranosyl quinovic acid-27-*O*-β-D-glucopyranosyl ester |
| 吡喃葡萄糖基甲基齐墩果苷苷 | glucopyranosyl methyl oleoside |
| 吡喃葡萄糖基甲基齐墩果苷异构体 | glucopyranosyl methyl oleoside isomer |
| 3β-*O*-β-D-吡喃葡萄糖基金鸡纳酸-27-*O*-β-D-吡喃葡萄糖酯 | 3β-*O*-β-D-glucopyranosyl cincholic acid-27-*O*-β-D-glucopyranosyl ester |
| 15-*O*-β-D-吡喃葡萄糖基金子菊醛 A | 15-*O*-β-D-glucopyranosylurospermal A |
| 2′-*O*-β-D-吡喃葡萄糖基苦瓜定 Ic、IIc | 2′-*O*-β-D-glucopyranosyl momordins Ic, IIc |
| 6′-*O*-β-吡喃葡萄糖基开环马钱醇 | 6′-*O*-β-glucopyranosyl secologanol |
| 3-*O*-β-D-吡喃葡萄糖基桔梗酸 A 二甲酯 | dimethyl 3-*O*-β-D-glucopyranosyl platycogenate A |
| 3-*O*-β-D-吡喃葡萄糖基桔梗皂苷元甲酯 | 3-*O*-β-D-glucopyranosyl platycodigenin methyl ester |
| α-D-吡喃葡萄糖基磷酸盐 | α-D-glucopyranosyl phosphate |
| 3′-*O*-β-D-吡喃葡萄糖基龙胆苦苷 | 3′-*O*-β-D-glucopyranosyl gentiopicroside |
| 4′-*O*-β-D-吡喃葡萄糖基龙胆苦苷 | 4′-*O*-β-D-glucopyranosyl gentiopicroside |
| 6′-*O*-β-D-吡喃葡萄糖基龙胆苦苷 | 6′-*O*-β-D-glucopyranosyl gentiopicroside |
| β-D-吡喃葡萄糖基马铃薯酮酸乙酯 | β-D-glucopyranosyl tuberonic acid ethyl ester |
| 4‴-*O*-β-D-吡喃葡萄糖基卯花苷 | 4‴-*O*-β-D-glucopyranosyl scabraside |
| 4-*O*-β-D-吡喃葡萄糖基没食子酸甲酯 | methyl 4-*O*-β-D-glucopyranosyl gallate |
| 7-*O*-β-吡喃葡萄糖基木棉酮 | 7-*O*-β-glucopyranosyl bombaxone |
| 3′-*O*-β-吡喃葡萄糖基牛角瓜素 | 3′-*O*-β-glucopyranosyl calotropin |
| 26-*O*-β-D-吡喃葡萄糖基纽替皂苷元-3-*O*-α-L-吡喃鼠李糖基-(1→2)-[β-D-吡喃葡萄糖基-(1→6)]-β-D-吡喃葡萄糖苷 | 26-*O*-β-D-glucopyranosyl nuatigenin-3-*O*-α-L-rhamnopyranosyl-(1→2)-[β-D-glucopyranosyl-(1→6)]-β-D-glucopyranoside |
| 26-*O*-β-D-吡喃葡萄糖基纽替皂苷元-3-*O*-α-L-吡喃鼠李糖基-(1→2)-*O*-[β-D-吡喃葡萄糖基-(1→4)]-β-D-吡喃葡萄糖苷 | 26-*O*-β-D-glucopyranosyl nuatigenin-3-*O*-α-L-rhamnopyranosyl-(1→2)-*O*-[β-D-glucopyranosyl-(1→4)]-β-D-glucopyranoside |
| 26-*O*-β-D-吡喃葡萄糖基纽替皂苷元-3-*O*-α-L-吡喃鼠李糖基-(1→2)-β-D-吡喃葡萄糖苷 | 26-*O*-β-D-glucopyranosyl nuatigenin-3-*O*-α-L-rhamnopyranosyl-(1→2)-β-D-glucopyranoside |
| 26-*O*-β-D-吡喃葡萄糖基纽替皂苷元-3-*O*-β-D-吡喃葡萄糖苷 | 26-*O*-β-D-glucopyranosyl nuatigenin-3-*O*-β-D-glucopyranoside |
| 3-*O*-β-D-吡喃葡萄糖基齐墩果酸-28-*O*-(6-*O*-乙酰基)-β-D-吡喃葡萄糖苷 | 3-*O*-β-D-glucopyranosyl oleanolic acid-28-*O*-(6-*O*-acetyl)-β-D-glucopyranoside |
| 3-*O*-β-D-吡喃葡萄糖基齐墩果酸-28-*O*-β-D-吡喃葡萄糖苷 | 3-*O*-β-D-glucopyranosyl oleanolic acid-28-*O*-β-D-glucopyranoside |
| (3*R*)-β-D-吡喃葡萄糖基羟基丁酯 | (3*R*)-β-D-glucopyranosyl hydroxybutanolide |
| 4‴-*O*-β-D-吡喃葡萄糖基三花龙胆苷 | 4‴-*O*-β-D-glucopyranosyl trifloroside |
| 6-*O*-β-D-吡喃葡萄糖基芍药新内酯 (6-*O*-β-D-吡喃葡萄糖基白芍醇内酯) | 6-*O*-β-D-glucopyranosyl lactinolide |
| 3′-*O*-β-吡喃葡萄糖基石南密穗草苷 | 3′-*O*-β-glucopyranosyl stilbericoside |
| 3′-*O*-β-D-吡喃葡萄糖基石南密穗草苷 | 3′-*O*-β-D-glucopyranosyl stilbericoside |

| | |
|---|---|
| 3-*O*-β-D-吡喃葡萄糖基石头花苷元酸-28-*O*-α-D-吡喃半乳糖基-(1→6)-β-D-吡喃葡萄糖基-(1→6)-[β-D-吡喃葡萄糖基-(1→3)]-β-D-吡喃葡萄糖酯苷 | 3-*O*-β-D-glucopyranosyl gypsogenic acid-28-*O*-α-D-galactopyranosyl-(1→6)-β-D-glucopyranosyl-(1→6)-[β-D-glucopyranosyl-(1→3)]-β-D-glucopyranosyl ester |
| 7-*O*-β-吡喃葡萄糖基水杨苷 | 7-*O*-β-glucopyranosyl salicin |
| β-D-吡喃葡萄糖基睡菜酸酯 | β-D-glucopyranosyl menthiafolate |
| 28-*O*-β-D-吡喃葡萄糖基铁冬青二酸 | 28-*O*-β-D-glucopyranosyl rotundioic acid |
| 14-*O*-β-D-吡喃葡萄糖基伪大八角酮 | 14-*O*-β-D-glucopyranosyl pseudomajucinone |
| 4″-*O*-β-D-吡喃葡萄糖基狭叶龙胆苷 | 4″-*O*-β-D-glucopyranosyl linearoside |
| 9-β-D-吡喃葡萄糖基腺嘌呤 | 9-β-D-glucopyranosyl adenine |
| (3*R*, 4*R*)-4-*O*-β-D-吡喃葡萄糖基洋川芎内酯 | (3*R*, 4*R*)-4-*O*-β-D-glucopyranosyl senkyunolide |
| (3*S*)-3-β-D-吡喃葡萄糖基氧化丁内酯 | (3*S*)-3-β-D-glucopyranosyloxybutanolide |
| 2α-(β-D-吡喃葡萄糖基氧基)-5α, 11α*H*-桉叶-4 (15)-烯-12, 8β-内酯 | 2α-(β-D-glucopyranosyloxy)-5α, 11α*H*-eudesm-4 (15)-en-12, 8β-olide |
| 5-[3″-(β-D-吡喃葡萄糖基氧基) 丙基]-7-甲氧基-2-(3′, 4′-二甲氧苯基) 苯并呋喃 | 5-[3″-(β-D-glucopyranosyloxy) propyl]-7-methoxy-2-(3′, 4′-dimethoxyphenyl) benzofuran |
| β-D-吡喃葡萄糖基乙腈 | β-D-glucopyranosyl acetonitrile |
| 28-β-D-吡喃葡萄糖基玉蕊精酸 | 28-β-D-glucopyranosyl bartogenic acid |
| 6′-*O*-β-D-吡喃葡萄糖基圆锥黄檀醇 | 6′-*O*-β-D-glucopyranosyl dalpanol |
| 3-*O*-β-D-吡喃葡萄糖基远志酸甲酯 | 3-*O*-β-D-glucopyranosyl polygalacic acid methyl ester |
| 27-*O*-β-D-吡喃葡萄糖基粘酸浆内酯 A、B | 27-*O*-β-D-glucopyranosyl viscosalactones A, B |
| 3′-*O*-β-D-吡喃葡萄糖基獐牙菜苷 | 3′-*O*-β-D-glucopyranosyl sweroside |
| α-D-吡喃葡萄糖甲苷 | methyl-α-D-glucopyranoside |
| β-D-吡喃葡萄糖甲苷 | methyl-β-D-glucopyranoside |
| β-D-吡喃葡萄糖醛酸 | β-D-glucopyranosiduronic acid |
| β-D-吡喃葡萄糖醛酸苷 | β-D-glucuronopyranoside |
| 3-*O*-(β-D-吡喃葡萄糖醛酸苷甲酯) 齐墩果酸-28-*O*-β-D-吡喃葡萄糖苷 | 3-*O*-(β-D-glucuronopyranoside methyl ester) oleanolic acid-28-*O*-β-D-glucopyranoside |
| 3-*O*-[β-D-吡喃葡萄糖醛酸基-(1→2)-*O*-β-D-吡喃葡萄糖醛酸基]-24-羟基甘草内酯 | 3-*O*-[β-D-glucuronopyranosyl-(1→2)-*O*-β-D-glucuronopyranosyl]-24-hydroxyglabrolide |
| 28-*O*-β-D-吡喃葡萄糖醛酸基-(1→4)-β-D-吡喃葡萄糖基常春藤皂苷元 | 28-*O*-β-D-glucuronopyranosyl-(1→4)-β-D-glucopyranosyl hederagenin |
| 3-*O*-(β-D-吡喃葡萄糖醛酸基) 齐墩果酸-28-*O*-β-D-吡喃葡萄糖苷 | 3-*O*-(β-D-glucuronopyranosyl) oleanolic acid-28-*O*-β-D-glucopyranoside |
| 7-*O*-β-D-吡喃葡萄糖醛酸基-3′-*O*-甲基小麦亭 | 7-*O*-β-D-glucuronopyranosyl-3′-*O*-methyl tricetin |
| β-D-吡喃葡萄糖醛酸基大豆皂醇 B 甲酯 | β-D-glucuronopyranosyl soyasapogenol B methyl ester |
| 3-*O*-β-D-吡喃葡萄糖醛酸基齐墩果酸-28-*O*-α-L-吡喃阿拉伯糖苷 | 3-*O*-β-D-glucuronopyranosyl oleanolic acid-28-*O*-α-L-arabinopyranoside |
| 3-*O*-β-D-吡喃葡萄糖醛酸基齐墩果酸-28-*O*-β-D-吡喃甘露糖苷 | 3-*O*-β-D-glucuronopyranosyl oleanolic acid-28-*O*-β-D-mannopyranoside |
| 3-*O*-β-D-吡喃葡萄糖醛酸基齐墩果酸-28-*O*-β-D-吡喃葡萄糖苷 | 3-*O*-β-D-glucuronopyranosyl oleanolic acid-28-*O*-β-D-glucopyranoside |

| | |
|---|---|
| 3-*O*-β-D-吡喃葡萄糖醛酸基齐墩果酸-28-*O*-β-D-吡喃葡萄糖基-(1→6)-β-D-吡喃葡萄糖苷 | 3-*O*-β-D-glucuronopyranosyl oleanolic acid-28-*O*-β-D-glucopyranosyl-(1→6)-β-D-glucopyranoside |
| 3β-[(*O*-β-D-吡喃葡萄糖酸基) 氧基]-28-*O*-β-D-吡喃葡萄糖基齐墩果-12-烯-28-酸 | 3β-[(*O*-β-D-glucopyranuronosyl) oxy]-28-*O*-β-D-glucopyranosyl olean-12-en-28-oic acid |
| 3β-[(*O*-β-D-吡喃葡萄糖酸基) 氧基] 齐墩果-12-烯-28-酸 | 3β-[(*O*-β-D-glucopyranuronosyl) oxy] olean-12-en-28-oic acid |
| 4″-*O*-β-D-吡喃葡萄糖线环萜苷 | 4″-*O*-β-D-glucopyranosyl linearoside |
| 7β-(β-D-吡喃葡萄糖氧基)-12α-二羟基贝壳杉内酯素 | 7β-(β-D-glucopyranosyloxy)-12α-hydroxykaurenolide |
| (2β, 9β, 10α, 16α, 20β, 24*Z*)-2-(β-D-吡喃葡萄糖氧基)-16, 20, 26-三羟基-9-甲基-19-去甲羊毛甾-5, 24-二烯-3, 11-二酮 | (2β, 9β, 10α, 16α, 20β, 24*Z*)-2-(β-D-glucopyranosyloxy)-16, 20, 26-trihydroxy-9-methyl-19-norlanost-5, 24-dien-3, 11-dione |
| (3β, 5α, 22α, 25*R*)-26-(β-D-吡喃葡萄糖氧基)-22-羟基呋甾-3-*O*-β-D-吡喃葡萄糖基-(1→2)-β-D-吡喃半乳糖苷 | (3β, 5α, 22α, 25*R*)-26-(β-D-glucopyranosyloxy)-22-hydroxyfurost-3-*O*-β-D-glucopyranosyl-(1→2)-β-D-galactopyranoside |
| 18-(β-D-吡喃葡萄糖氧基)-28-*O*-齐墩果-12-烯-3β-基-3-*O*-(β-D-吡喃葡萄糖基)-β-D-吡喃葡萄糖醛酸苷甲酯 | 18-(β-D-glucopyranosyloxy)-28-*O*-olean-12-en-3β-yl-3-*O*-(β-D-glucopyranosyl)-β-D-glucuronopyranoside methyl ester |
| 3-(β-D-吡喃葡萄糖氧基)-2-羟基苯甲酸甲酯 | 3-(β-D-glucopyranosyloxy)-2-hydroxybenzoic acid methyl ester |
| 6′-*O*-[3-(β-D-吡喃葡萄糖氧基)-2-羟基苯甲酰基] 獐牙菜苷 | 6′-*O*-[3-(β-D-glucopyranosyloxy)-2-hydroxybenzoyl] sweroside |
| 1-[4-(β-D-吡喃葡萄糖氧基)-3, 5-二甲氧苯基] 丙酮 | 1-[4-(β-D-glucopyranosyloxy)-3, 5-dimethoxyphenyl] propanone |
| 3-(β-D-吡喃葡萄糖氧基)-4-甲氧基苯甲酸 | 3-(β-D-glucopyranosyloxy)-4-methoxybenzoic acid |
| β-[3-(β-D-吡喃葡萄糖氧基)-4-羟苯基]-L-丙氨酸 | β-[3-(β-D-glucopyranosyloxy)-4-hydroxyphenyl]-L-alanine |
| 12α-(β-D-吡喃葡萄糖氧基)-7β-二羟基贝壳杉内酯素 | 12α-(β-D-glucopyranosyloxy)-7β-dihydroxykaurenolide |
| 2β-(β-D-吡喃葡萄糖氧基)-8β-(4″-甲氧苯基乙酰氧基)-愈创木-4 (15), 10 (14), 11 (13)-三烯-1α, 5α, 6β, 7αH-12, 6-内酯 | 2β-(β-D-glucopyranosyloxy)-8β-(4″-methoxyphenyl acetoxy)-guaia-4 (15), 10 (14), 11 (13)-trien-1α, 5α, 6β, 7αH-12, 6-olide |
| 2-(β-D-吡喃葡萄糖氧基)-8-羟基-3-甲基-1-甲氧基-9, 10-蒽醌 | 2-(β-D-glucopyranosyloxy)-8-hydroxy-3-methyl-1-methoxy-9, 10-anthraquinone |
| 16-{[δ-(β-D-吡喃葡萄糖氧基)-γ-甲基] 戊酰氧基}-1β, 2β, 3α-三羟基-5β-孕甾-20-酮-1-*O*-α-L-吡喃阿拉伯糖苷 | 16-{[δ-(β-D-glucopyranosyloxy)-γ-methyl] valeroxy}-1β, 2β, 3α-trihydroxy-5β-pregn-20-one-1-*O*-α-L-arabinopyranoside |
| 3-(2′-*O*-β- D-吡喃葡萄糖氧基) 苯基丙酸甲酯 | 3-(2′-*O*-β-D-glucopyranosyloxy) phenyl propionic acid methyl ester |
| 4-(β-D-吡喃葡萄糖氧基) 苯甲酸 | 4-(β-D-glucopyranosyloxy) benzoic acid |
| 1-[4-(β-D-吡喃葡萄糖氧基) 苄基] (*S*)-(–)-2-异丙基苹果酸甲酯 | 1-[4-(β-D-glucopyranosyloxy) benzyl] (*S*)-(–)-2-isopropyl malic acid methyl ester |
| 1-[4-(β-D-吡喃葡萄糖氧基) 苄基] (*S*)-(–)-2-异丙基苹果酸钠 | sodium 1-[4-(β-D-glucopyranosyloxy) benzyl] (*S*)-(–)-2-isopropyl malate |
| (–)-(2*R*, 3*S*)-1-[(4-*O*-β-D-吡喃葡萄糖氧基) 苄基]-4-甲基-2-异丁基酒石酸酯 | (–)-(2*R*, 3*S*)-1-[(4-*O*-β-D-glucopyranosyloxy) benzyl)-4-methyl-2-isobutyl tartrate |

| | |
|---|---|
| 5-[3-(β-D-吡喃葡萄糖氧基) 丙基]-7-甲氧基-2-(3′, 4′-亚甲二氧苯基) 苯并呋喃 | 5-[3-(β-D-glucopyranosyloxy) propyl]-7-methoxy-2-(3′, 4′-methylenedioxyphenyl) benzofuran |
| *N*-{(8*E*)-1-[(β-D-吡喃葡萄糖氧基) 甲基]-2, 4-二羟基-8-二十六烯} 十五酰胺 | *N*-[(8*E*)-1-[(β-D-glucopyranosyloxy) methyl]-2, 4-dihydroxy-8-hexacosenyl] pentadecanamide |
| (–)-5′-(β-D-吡喃葡萄糖氧基) 茉莉酸 | (–)-5′-(β-D-glucopyranosyloxy) jasmonic acid |
| (*E*)-4-[3′-(β-D-吡喃葡萄糖氧基) 亚丁基]-3, 5, 5-三甲基-2-环己烯-1-酮 | (*E*)-4-[3′-(β-D-glucopyranosyloxy) butylidene]-3, 5, 5-trimethyl-2-cyclohexen-1-one |
| 2-*O*-β-D-吡喃葡萄糖氧基-1, 7, 8-三甲氧基-3-甲基蒽醌 | 2-*O*-β-D-glucopyranosyloxy-1, 7, 8-trimethoxy-3-methyl anthraquinone |
| 3-*O*-β-D-吡喃葡萄糖氧基-1-羟基-(4*E*, 6*E*)-十四烯-8, 10, 12-三炔 | 3-*O*-β-D-glucopyranosyloxy-1-hydroxy-(4*E*, 6*E*)-tetradecen-8, 10, 12-triyne |
| 2-*O*-β-D-吡喃葡萄糖氧基-1-羟基-(5*E*)-十三烯-7, 9, 11-三炔 | 2-*O*-β-D-glucopyranosyloxy-1-hydroxy-(5*E*)-tridecen-7, 9, 11-triyne |
| 3β-吡喃葡萄糖氧基-1-羟基-(6*E*)-十四烯-7, 9, 11-三炔 | 3β-glucopyranosyloxy-1-hydroxy-(6*E*)-tetradecen-7, 9, 11-triyne |
| 3-*O*-β-D-吡喃葡萄糖氧基-1-羟基-(6*E*)-十四烯-8, 10, 12-三炔 | 3-*O*-β-D-glucopyranosyloxy-1-hydroxy-(6*E*)-tetradecen-8, 10, 12-triyne |
| 3-β-D-吡喃葡萄糖氧基-1-羟基-(6*E*)-十四烯-8, 10, 12-三炔 | 3-β-D-glucopyranosyloxy-1-hydroxy-(6*E*)-tetradecen-8, 10, 12-triyne |
| 6-*O*-β-D-吡喃葡萄糖氧基-1-羟基-2, 8-二甲氧基-3-甲基蒽醌 | 6-*O*-β-D-glucopyranosyloxy-1-hydroxy-2, 8-dimethoxy-3-methyl anthraquinone |
| 2-*O*-β-D-吡喃葡萄糖氧基-1-羟基十三碳-3, 5, 7, 9, 11-五炔 | 2-*O*-β-D-glucopyranosyloxy-1-hydroxytridec-3, 5, 7, 9, 11-pentayne |
| 2-β-D-吡喃葡萄糖氧基-1-羟基十三碳-3, 5, 7, 9, 11-五炔 | 2-β-D-glucopyranosyloxy-1-hydroxytridec-3, 5, 7, 9, 11-pentayne |
| 2-*O*-β-D-吡喃葡萄糖氧基-1-羟基十三碳-5, 7, 9, 11-四炔 (鬼针草聚炔苷) | 2-*O*-β-D-glucopyranosyloxy-1-hydroxytridec-5, 7, 9, 11-tetrayne (cytopiloyne) |
| 1-β-D-吡喃葡萄糖氧基-2-(3-甲氧基-4-羟苯基) 丙-1, 3-二醇 | 1-β-D-glucopyranosyloxy-2-(3-methoxy-4-hydroxyphenyl) prop-1, 3-diol |
| 26-β-D-吡喃葡萄糖氧基-22α-甲氧基呋甾-5-烯-3β-*O*-α-L-吡喃鼠李糖基)-(1→2)-β-D-吡喃葡萄糖醛酸苷 | 26-β-D-glucopyranosyloxy-22α-methoxyfurost-5-en-3β-*O*-α-L-rhamnopyranosyl)-(1→2)-β-D-glucuronopyranoside |
| 5-β-D-吡喃葡萄糖氧基-2-羟基间孜然芹烃 | 5-β-D-glucopyranosyloxy-2-hydroxy-*m*-cymene |
| (3*S*, 6*E*, 10*R*)-10-β-D-吡喃葡萄糖氧基-3, 11-二羟基-3, 7, 11-三甲基十二碳-1, 6-二烯 | (3*S*, 6*E*, 10*R*)-10-β-D-glucopyranosyloxy-3, 11-dihydroxy-3, 7, 11-trimethyl dodec-1, 6-diene |
| 2β-吡喃葡萄糖氧基-3, 16, 20, 22-四羟基-9-甲基-19-去甲羊毛甾-5, 24-二烯 | 2β-glucopyranosyloxy-3, 16, 20, 22-tetrahydroxy-9-methyl-19-norlanost-5, 24-diene |
| 2-β-D-吡喃葡萄糖氧基-3, 16, 20-三羟基-9-甲基-19-去甲羊毛甾-5, 24-二烯-22-酮 | 2-β-D-glucopyranosyloxy-3, 16, 20-trihydroxy-9-methyl-19-norlanost-5, 24-dien-22-one |
| 2-*O*-β-D-吡喃葡萄糖氧基-3α, 19α-二羟基齐墩果酸 | 2-*O*-β-D-glucopyranosyloxy-3α, 19α-dihydroxyoleanolic acid |
| 2-*O*-β-D-吡喃葡萄糖氧基-3α, 19α-二羟基熊果酸 | 2-*O*-β-D-glucopyranosyloxy-3α, 19α-dihydroxyursolic acid |
| 2β-吡喃葡萄糖氧基-3-甲基-(2*R*)-丁腈 | 2β-glucopyranosyloxy-3-methyl-(2*R*)-butyronitrile |

| | |
|---|---|
| 1-*O*-β-D-吡喃葡萄糖氧基-3-甲基丁-2-烯-1-醇 | 1-*O*-β-D-glucopyranosyloxy-3-methylbut-2-en-1-ol |
| 2-吡喃葡萄糖氧基-3-甲基丁腈(生氰苷、大麦氰苷、鹧鸪木苷) | 2-glucopyranosyloxy-3-methyl butyronitrile (heterodendrin) |
| 4-(4-β-D-吡喃葡萄糖氧基-3-羟苯基)-2-丁酮 | 4-(4-β-D-glucopyranosyloxy-3-hydroxyphenyl)-2-butanone |
| β-D-吡喃葡萄糖氧基-3-羟基-6-(*E*)-十四烯-8, 10, 12-三炔 | β-D-glucopyranosyloxy-3-hydroxy-6-(*E*)-tetradecen-8, 10, 12-triyne |
| 3′-β-D-吡喃葡萄糖氧基-4, 5′-二羟基-3-甲氧基-1, 2-二苯基乙烷 | 3′-β-D-glucopyranosyloxy-4, 5′-dihydroxy-3-methoxy-1, 2-diphenyl ethane |
| (2*R*)-2-β-D-吡喃葡萄糖氧基-4, 7-二甲氧基-2*H*-1, 4-苯并噁嗪-3 (4*H*)-酮 | (2*R*)-2-β-D-glucopyranosyloxy-4, 7-dimethoxy-2*H*-1, 4-benzoxazin-3 (4*H*)-one |
| 2-β-D-吡喃葡萄糖氧基-4-对羟基苯甲酰氧-3-亚甲基丁腈 | 2-β-D-glucopyranosyloxy-4-*p*-hydroxybenzoyloxy-3-methylenebutyronitrile |
| 2-β-D-吡喃葡萄糖氧基-5-丁氧基苯乙酸 | 2-β-D-glucopyranosyloxy-5-butoxyphenyl acetic acid |
| 4-β-D-吡喃葡萄糖氧基-5-甲基香豆素 | 4-β-D-glucopyranosyloxy-5-methyl coumarin |
| 2-β-D-吡喃葡萄糖氧基-5-甲氧基苯甲酸甲酯 | 2-β-D-glucopyranosyloxy-5-methoxymethyl benzoate |
| 2-β-D-吡喃葡萄糖氧基-5-羟基间孜然芹烃 | 2-β-D-glucopyranosyloxy-5-hydroxy-*m*-cymene |
| 2-{[(2-β-D-吡喃葡萄糖氧基-6-甲氧基苯甲酰基)氧基]甲基}苯基-β-D-吡喃葡萄糖苷 | 2-{[(2-β-D-glucopyranosyloxy-6-methoxybenzoyl) oxy] methyl} phenyl-β-D-glucopyranoside |
| 6-*O*-β-D-吡喃葡萄糖氧基-8-羟基-1, 2, 7-三甲氧基-3-甲基蒽醌 | 6-*O*-β-D-glucopyranosyloxy-8-hydroxy-1, 2, 7-trimethoxy-3-methyl anthraquinone |
| 2-*O*-β-D-吡喃葡萄糖氧基-8-羟基-1, 7-二甲氧基-3-甲基蒽醌 | 2-*O*-β-D-glucopyranosyloxy-8-hydroxy-1, 7-dimethoxy-3-methyl anthraquinone |
| 5′-β-吡喃葡萄糖氧基-*O*-茉莉酸 | 5′-β-glucopyranosyloxy-*O*-jasmonic acid |
| 3′-*O*-β-D-吡喃葡萄糖氧基白花丹酸 | 3′-*O*-β-D-glucopyranosyloxyplumbagic acid |
| 4-*O*-β-D-吡喃葡萄糖氧基苯甲酸 | 4-*O*-β-D-glucopyranosyloxybenzoic acid |
| 1-(4-β-D-吡喃葡萄糖氧基苄基)-4-甲基-(2*R*)-2-苄基苹果酸酯 | 1-(4-β-D-glucopyranosyloxybenzyl)-4-methyl-(2*R*)-2-benzyl malate |
| 1-(4-β-D-吡喃葡萄糖氧基苄基)-4-甲基-(2*R*)-2-异丁基苹果酸酯 | 1-(4-β-D-glucopyranosyloxybenzyl)-4-methyl-(2*R*)-2-isobutyl malate |
| 1-(4-β-D-吡喃葡萄糖氧基苄基)-4-甲氧基-(2*R*)-2-羟基异丁基苹果酸酯 | 1-(4-β-D-glucopyranosyloxybenzyl)-4-methoxy-(2*R*)-2-hydroxyisobutyl malate |
| 1-(4-β-D-吡喃葡萄糖氧基苄基)-4-乙基-(2*R*)-2-异丁基苹果酸酯 | 1-(4-β-D-glucopyranosyloxybenzyl)-4-ethyl-(2*R*)-2-isobutyl malate |
| *O*-β-D-吡喃葡萄糖氧基苄基胺 | *O*-β-D-glucopyranosyloxybenzyl amine |
| (6*S*, 7*E*, 9*S*)-9-β-D-吡喃葡萄糖氧基大柱香波龙-4, 7-二烯-3-酮 | (6*S*, 7*E*, 9*S*)-9-[(β-D-glucopyranosyl) oxy] megastigm-4, 7-dien-3-one |
| 4-β-D-吡喃葡萄糖氧基丁酸甲酯 | methyl 4-β-D-glucopyranosyl butanoate |
| 5′-β-D-吡喃葡萄糖氧基茉莉酸 | 5′-β-D-glucopyranosyloxyjasmonic acid |
| 5′-β-D-吡喃葡萄糖氧基茉莉酮酸丁酯 | butyl 5′-β-D-glucopyranosyloxyjasmonate |
| 3-(β-D-吡喃葡萄糖氧基羟甲基)-2-(4-羟基-3-甲氧苯基)-5-(3-羟丙基)-7-甲氧基苯并二氢呋喃 | 3-(β-D-glucopyranosyloxymethyl)-2-(4-hydroxy-3-methoxyphenyl)-5-(3-hydroxypropyl)-7-methoxydihydrobenzofuran |

| | |
|---|---|
| α-D-吡喃葡萄糖乙苷 | ethyl-α-D-glucopyranoside |
| β-D-吡喃葡萄糖乙苷 | ethyl-β-D-glucopyranoside |
| β-D-吡喃葡萄糖乙硫苷 | ethyl-1-thio-β-D-glucopyranoside |
| 吡喃葡萄糖乙酯苷 | ethyl glucopyranoside |
| 12*H*-5, 10-[2, 5] 吡喃桥苯并 [*g*] 喹啉 | 12*H*-5, 10-[2, 5] epipyranobenzo [*g*] quinoline |
| 4-*O*-β-D-吡喃芹糖基-(1→2)-β-D-吡喃葡萄糖基-2-羟基-6-甲氧基苯乙酮 | 4-*O*-β-D-apifuranosyl-(1→2)-β-D-glucopyranosyl-2-hydroxy-6-methoxyacetophenone |
| 5, 6-吡喃山小橘灵 | 5, 6-pyranoglycozoline |
| 吡喃鼠李糖 | rhamnopyranose |
| L-吡喃鼠李糖 (6-脱氧-L-吡喃甘露糖) | L-rhamnopyranose (6-deoxy-L-mannopyranose) |
| 3-*O*-α-吡喃鼠李糖基-(1→2)-α-吡喃阿拉伯糖基日中花仙人棒精酸 | 3-*O*-α-rhamnopyranosyl-(1→2)-α-arabinopyranosyl mesembryanthemoidigenic acid |
| 3-*O*-[α-L-吡喃鼠李糖基-(1→2)-β-D-吡喃半乳糖基-(1→2)-β-D-吡喃葡萄糖醛酸基] 大豆皂醇 E | 3-*O*-[α-L-rhamnopyranosyl-(1→2)-β-D-galactopyranosyl-(1→2)-β-D-glucuronopyranosyl] soyasapogenol E |
| 7-*O*-[α-L-吡喃鼠李糖基-(1→2)-β-D-吡喃木糖基]-1, 8-二羟基-3-甲氧基屾酮 | 7-*O*-[α-L-rhamnopyranosyl-(1→2)-β-D-xylopyranosyl]-1, 8-dihydroxy-3-methoxyxanthone |
| 3-*O*-α-L-吡喃鼠李糖基-(1→2)-β-D-吡喃木糖基-12β, 30-二羟基-28, 13β-齐墩果内酯 | 3-*O*-α-L-rhamnopyranosyl-(1→2)-β-D-xylopyranosyl-12β, 30-dihydroxyolean-28, 13β-olide |
| 3-*O*-[α-L-吡喃鼠李糖基-(1→2)-β-D-吡喃葡萄糖基-(1→2)-β-D-吡喃葡萄糖基] 苜蓿酸酯 | 3-*O*-[α-L-rhamnopyranosyl-(1→2)-β-D-glucopyranosyl-(1→2)-β-D-glucopyranosyl] medicagenate |
| 3-*O*-[α-L-吡喃鼠李糖基-(1→2)-β-D-吡喃葡萄糖基-(1→4)-β-D-吡喃葡萄糖醛酸基] 大豆皂醇 B | 3-*O*-[α-L-rhamnopyranosyl-(1→2)-β-D-glucopyranosyl-(1→4)-β-D-glucuronopyranosyl] soyasapogenol B |
| 3-*O*-[α-L-吡喃鼠李糖基-(1→3)-(β-D-吡喃葡萄糖醛酸基) 齐墩果酸 | 3-*O*-[α-L-rhamnopyranosyl-(1→3)-(β-D-glucuronopyranosyl)] oleanolic acid |
| 3-*O*-α-L-吡喃鼠李糖基-(1→3)-6′-*O*-甲基-β-D-吡喃葡萄糖醛酸基棉根皂苷元 | 3-*O*-α-L-rhamnopyranosyl-(1→3)-6′-*O*-methyl-β-D-glucuronopyranosyl gypsogenin |
| 3-*O*-[α-L-吡喃鼠李糖基-(1→3)-β-D-吡喃葡萄糖基-(1→6)-β-D-吡喃葡萄糖醛酸基] 大豆皂醇 B | 3-*O*-[α-L-rhamnopyranosyl-(1→3)-β-D-glucopyranosyl-(1→6)-β-D-glucuronopyranosyl] soyasapogenol B |
| 3-*O*-[α-L-吡喃鼠李糖基-(1→3)-β-D-吡喃葡萄糖醛酸基]-3β-羟基-12-齐墩果烯-28-酸 | 3-*O*-[α-L-rhamnopyranosyl-(1→3)-β-D-glucuronopyranosyl]-3β-hydroxyolean-12-en-28-oic acid |
| 3-*O*-[α-L-吡喃鼠李糖基-(1→3)-β-D-吡喃葡萄糖醛酸基] 齐墩果酸-28-*O*-β-D-吡喃葡萄糖苷 | 3-*O*-[α-L-rhamnopyranosyl-(1→3)-β-D-glucuronopyranosyl]-28-*O*-β-D-glucopyranosyl oleanolic acid |
| 3-*O*-[*O*-α-L-吡喃鼠李糖基-(1→3)-β-D-吡喃葡萄糖醛酸基] 丝石竹皂苷元 | 3-*O*-[*O*-α-L-rhamnopyranosyl-(1→3)-β-D-glucuronopyranosyl] gypsogenin |
| 3-*O*-[α-L-吡喃鼠李糖基-(1→4)-β-D-吡喃葡萄糖基]-26-*O*-(β-D-吡喃葡萄糖基)-(25*R*)-呋甾-5, 20-二烯-3β, 26-二醇 | 3-*O*-[α-L-rhamnopyranosyl-(1→4)-β-D-glucopyranosyl]-26-*O*-(β-D-glucopyranosyl)-(25*R*)-furost-5, 20-dien-3β, 26-diol |
| 3-*O*-[α-L-吡喃鼠李糖基-(1→4)-β-D-吡喃葡萄糖基]-26-*O*-(β-D-吡喃葡萄糖基)-(25*S*)-5β-螺甾-3β-醇 | 3-*O*-[α-L-rhamnopyranosyl-(1→4)-β-D-glucopyranosyl]-26-*O*-[β-D-glucopyranosyl]-(25*S*)-5β-spirost-3β-ol |
| α-L-吡喃鼠李糖基-(1→5)-β-D-呋喃木糖基-(1→3)-α-香树脂醇 | α-L-rhamnopyranosyl-(1→5)-β-D-xylofuranosyl-(1→3)-α-amyrin |
| 3-*O*-α-L-吡喃鼠李糖基-(1→6)-β-D-吡喃葡萄糖基-7-*O*-β-D-吡喃葡萄糖基山柰酚 | 3-*O*-α-L-rhamnopyranosyl-(1→6)-β-D-glucopyranosyl-7-*O*-β-D-glucopyranosyl kaempferol |

| | |
|---|---|
| 9′-(α-吡喃鼠李糖基)-3, 5′-二甲氧基-3′: 7, 4′: 8-二环氧新木脂素-4, 9-二醇 | 9′-(α-rhamnopyranosyl)-3, 5′-dimethoxy-3′: 7, 4′: 8-diepoxyneolignan-4, 9-diol |
| 6-*O*-(4″-*O*-α-L-吡喃鼠李糖基)香草酰基筋骨草醇 | 6-*O*-(4″-*O*-α-L-rhamnopyranosyl) vanilloyl ajugol |
| (22*S*)-16β-[(α-L-吡喃鼠李糖基)氧基]-3β, 22-二羟基胆甾-5-烯-1β-基-α-L-吡喃鼠李糖苷 | (22*S*)-16β-[(α-L-rhamnopyranosyl) oxy]-3β, 22-dihydroxycholest-5-en-1β-yl-α-L-rhamnopyranoside |
| 6′-*O*-α-L-吡喃鼠李糖基-4-表鳞盖蕨苷 | 6′-*O*-α-L-rhamnopyranosyl-4-epimicrolepin |
| 2″-α-吡喃鼠李糖基-7-*O*-甲基牡荆素 | 2″-α-rhamnopyranosyl-7-*O*-methyl vitexin |
| 2″-*O*-α-L-吡喃鼠李糖基车轴草苷 | 2″-*O*-α-L-rhamnopyransoyl trifoliside |
| 2″-*O*-α-L-吡喃鼠李糖基三叶豆苷 | 2″-*O*-α-L-rhamnopyranosyl trifolin |
| 7-*O*-α-L-吡喃鼠李糖基山柰酚-3-*O*-α-L-鼠李糖苷 | 7-*O*-α-L-rhamnopyranosyl kaempferol-3-*O*-α-L-rhamnoside |
| 7-*O*-α-L-吡喃鼠李糖基山柰酚-3-*O*-β-D-吡喃葡萄糖苷 | 7-*O*-α-L-rhamnopyranosyl kaempferol-3-*O*-β-D-glucopyranoside |
| 7-*O*-α-L-吡喃鼠李糖基山柰酚-3-*O*-β-D-吡喃葡萄糖基-(1→2)-β-D-葡萄糖苷 | 7-*O*-α-L-rhamnopyranosyl kaempferol-3-*O*-β-D-glucopyranosyl-(1→2)-β-D-glucoside |
| 7-*O*-α-L-吡喃鼠李糖基山柰酚-3-*O*-β-D-葡萄糖苷 | 7-*O*-α-L-rhamnopyranosyl kaempferol-3-*O*-β-D-glucoside |
| 3-*O*-α-L-吡喃鼠李糖基山柰酚-7-*O*-α-L-吡喃鼠李糖苷 | 3-*O*-α-L-rhamnopyranosyl kaempferol-7-*O*-α-L-rhamnopyranoside |
| 3-*O*-α-L-吡喃鼠李糖基山柰酚-7-*O*-β-D-吡喃葡萄糖苷 | 3-*O*-α-L-rhamnopyranosyl kaempferol-7-*O*-β-D-glucopyranoside |
| 2″-*O*-吡喃鼠李糖基异荭草素 | 2″-*O*-rhamnopyransoyl isoorientin |
| 2″-*O*-L-吡喃鼠李糖淫羊藿次苷 Ⅰ | 2″-*O*-L-rhamnopyranosylicariside Ⅰ |
| 吡喃素 | pyranicin |
| α-吡喃酮 | α-pyrone |
| 1-(2′-γ-吡喃酮)-6-咖啡酰基-α-D-吡喃葡萄糖苷 | 1-(2′-γ-pyranone)-6-caffeoyl-α-D-glucopyranoside |
| 吡喃酮 [7, 28-*b*] 贯叶金丝桃素 | pyrano [7, 28-*b*] hyperforin |
| 吡喃脱氧毛地黄糖(吡喃迪吉糖) | diginopyranose |
| 吡喃乌干达羽叶楸酮 A、B | pyranokunthones A, B |
| 吡喃岩藻糖 | fucopyranose |
| α-L-吡喃岩藻糖(6-脱氧-α-L-吡喃半乳糖) | α-L-fucopyranose (6-deoxy-α-L-galactopyranose) |
| 3β-*O*-β-D-吡喃岩藻糖基鸡纳酸-28-*O*-β-D-吡喃葡萄糖酯 | 3β-*O*-β-D-fucopyranosyl quinovic acid-28-*O*-β-D-glucopyranosyl ester |
| 吡喃洋地黄毒糖 | digitoxopyranose |
| 吡喃异黄酮 | pyranoid isoflavone |
| 吡哌酸 | pipemidic acid |
| 吡嗪 | pyrazine |
| 4-吡嗪-2-基-丁-3-烯-1, 2-二醇 | 4-pyrazin-2-yl-but-3-en-1, 2-diol |
| 6*H*-吡嗪并 [2, 3-*b*] 咔唑 | 6*H*-pyrazino [2, 3-*b*] carbazole |
| 吡嗪并 [*g*] 喹喔啉 | pyrazino [*g*] quinoxaline |
| 吡嗪重氮基氢氧化物 | pyrazine diazohydroxide |

| | |
|---|---|
| 吡唑 | pyrazole |
| 2-吡唑啉 | 2-pyrazoline |
| 1-吡唑啉 | 1-pyrazoline |
| 3-吡唑啉 | 3-pyrazoline |
| 吡唑烷 | pyrazolidine |
| 彼得壳素 A | petriellin A |
| 笔管草苷 A～C | debilosides A～C |
| 笔管草碱 | equidebiline |
| 笔管草三醇 | debilitriol |
| 必枯辛 | bicucine |
| 毕澄茄烯醇 | cubebenol |
| 毕平多苷(比皮德苷、比平达羊角拗苷) | bipindoside |
| 毕平多苷元(比平达羊角拗苷元) | bipindogenin |
| 毕平多苷元-3-*O*-6′-脱氧-β-D-古洛糖苷 | bipindogenin-3-*O*-6′-deoxy-β-D-guloside |
| 毕平多苷元-3-*O*-L-鼠李糖苷 | bipindogenin-3-*O*-α-L-rhamnoside |
| 毕平多苷元-3-*O*-α-L-鼠李糖苷-6′-脱氧-β-D-阿洛糖苷 | bipindogenin-3-*O*-α-L-rhamnoside-6′-deoxy-β-D-alloside |
| 毕平多苷元-3-*O*-β-D-阿洛糖苷 | bipindogenin-3-*O*-β-D-alloside |
| 毕平多苷元-3-*O*-β-D-吡喃阿洛糖苷 | bipindogenin-3-*O*-β-D-allopyranoside |
| 毕平多苷元-3-*O*-β-D-吡喃木糖基-(1→4)-β-D-吡喃阿洛糖苷 | bipindogenin-3-*O*-β-D-xylopyranosyl-(1→4)-β-D-allopyranoside |
| 毕平多苷元-6-脱氧古洛糖苷 | bipindogulomethyloside |
| 毕平多苷元-6-脱氧古洛糖葡萄糖苷 | glucobipindogulomethyloside |
| 毕氏盐角草苷 A、B | salbiges A, B |
| 闭花木醇 | cleistanthol |
| 闭花木苷(地菲林葡萄糖苷) | cleistanthin |
| 闭花木酮 | cleistanone |
| 闭盔木碱 | cleistopholine |
| 荜茇苷 A、B | longumosides A, B |
| 荜茇吉明碱 A、B | piperlongimines A, B |
| 荜茇精 | piperlongine |
| 荜茇明碱(荜拨亭) | piperlongumine (piplartine) |
| 荜茇明宁碱(荜茇宁酰胺) | piperlonguminine |
| 荜茇纳灵(荜茇壬二烯哌啶) | pipernonaline |
| 荜茇十八碳三烯哌啶 | piperoctadecalidine |
| 荜茇十一碳三烯哌啶 | piperundecalidine |
| 荜茇酰胺 A～C | piperlongumamides A～C |
| 荜拨亭(荜茇明碱) | piplartine (piperlongumine) |
| (–)-荜澄茄-4α-醇 | (–)-cubeban-4α-ol |
| 荜澄茄醇 | cubebanol |

| | |
|---|---|
| 5, 10 (15)-荜澄茄二烯-4-醇 | 5, 10 (15)-cadien-4-ol |
| 荜澄茄脑 | cubeben camphor |
| 荜澄茄内酯 | cubebinolide |
| 荜澄茄素 (荜澄茄脂素、荜澄茄苦素) | cubebin |
| 荜澄茄酸 | cubebic acid |
| 荜澄茄油宁烯 | cubenene |
| β-荜澄茄油烯 (β-毕澄茄烯) | β-cubebene |
| 荜澄茄油烯 (荜澄茄烯) | cubebene |
| α-荜澄茄油烯 (α-荜澄茄烯) | α-cubebene |
| 荜澄茄油烯醇 (库贝醇) | cubenol |
| 荜澄茄脂素灵 | cubebinin |
| 荜澄茄脂素灵内酯 | cubebininolide |
| 荜澄茄脂酮 | cubebinone |
| 铋烷 | bismuthane (bismuthine) |
| 铋杂 | bisma |
| 蓖麻毒蛋白 D～T | ricins D～T |
| 蓖麻碱 | ricinine |
| 蓖麻三甘油酯 | ricintriglyceride |
| 蓖麻酸 (蓖麻油酸) | ricinic acid (ricinoleic acid) |
| 蓖麻酸钠 (蓖麻油酸钠) | sodium ricinate (sodium ricinoleate) |
| 蓖麻烯 | cosbene |
| 蓖麻油酸 (蓖麻酸) | ricinoleic acid (ricinic acid) |
| 蓖麻油酸钠 (蓖麻酸钠) | sodium ricinoleate (sodium ricinate) |
| 碧冬茄苷 F | petunin F |
| 碧冬茄宁 | petanin |
| 碧冬茄甾苷 L～N | petuniosides L～N |
| 碧冬茄甾酮 R | petuniasterone R |
| 薜荔苷 (中泰南五味子苷) A | pumilaside A (ananosmoside A) |
| 篦齿状婆婆纳苷 A～C | verpectosides A～C |
| 5″, 7, 7″-篦子三尖杉双黄酮 | oliveriflavone |
| 边户醇 A～C | hedaols A～C |
| α-边茄碱 (α-澳洲茄边碱、α-茄边碱) | α-solamargine |
| β1-边茄碱 (β1-澳洲茄边碱) | β1-solamargine |
| β2-边茄碱 (β2-澳洲茄边碱) | β2-solamargine |
| β-边茄碱 (β-澳洲茄边碱) | β-solamargine |
| γ-边茄碱 (γ-澳洲茄边碱、γ-茄边碱) | γ-solamargine |
| 边生单果碱 | monomargine |
| 边缘鳞盖蕨苷 A、B | marginatosides A, B |
| 边缘鳞盖蕨素 A～C | fumotoshidins A～C |

| | |
|---|---|
| 边缘鳞盖蕨柚皮苷 [柚皮素-7-*O*-(4-甲基)-葡萄糖基-(1→2)-鼠李糖苷] | fumotonaringin [naringenin-7-*O*-(4-methyl)-glucosyl-(1→2)-rhamnoside] |
| 边缘绵马酚 | margaspidin |
| 萹蓄苷 (广寄生苷、槲皮素-3-α-L-阿拉伯糖苷) | avicularin (avicularoside, quercetin-3-α-L-arabofuranoside) |
| 萹蓄苷-2″-(4‴-*O*-*n*-戊酰基) 没食子酸 | avicularin-2″-(4‴-*O*-*n*-pentanoyl) gallate |
| 萹蓄素 (萹蓄脂素) | aviculin |
| 蝙蝠葛波芬碱 | menisporohine |
| 蝙蝠葛波酚碱 (蝙蝠葛朴啡碱) | menisporphine |
| 蝙蝠葛定 | bianfugedine |
| 蝙蝠葛定碱 | dauricumidine |
| 蝙蝠葛苷 | meniscoside |
| 蝙蝠葛碱 (山豆根碱) | dauricine |
| 蝙蝠葛林 (蝙蝠葛任碱、*N*-甲基异紫堇定) | menisperine (*N*-methyl isocorydine) |
| 蝙蝠葛林碱 (蝙蝠葛新林碱) | dauriciline (guattegaumerine) |
| 蝙蝠葛明 | menispermine |
| 蝙蝠葛内酯 | menisdaurilide |
| 蝙蝠葛宁 | bianfugenine |
| 蝙蝠葛宁酚碱 (蝙蝠葛朴啡灵、北豆根波芬诺灵碱) | dauriporphinoline |
| 蝙蝠葛宁碱 (北豆根朴啡碱) | dauriporphine |
| 蝙蝠葛诺林碱 (蝙蝠葛醇灵碱) | daurinoline |
| 蝙蝠葛氰苷元 | coclauril |
| 蝙蝠葛属碱 | menispermum base |
| 蝙蝠葛苏林碱 (北豆根苏林碱) | daurisoline |
| 蝙蝠葛素 (蝙蝠葛氰苷) | menisdaurin |
| 蝙蝠葛辛 | bianfugecine |
| 蝙蝠葛新苛林碱 | dauricicoline |
| 蝙蝠葛新林碱 (蝙蝠葛林碱) | guattegaumerine (dauriciline) |
| 蝙蝠葛新诺林碱 (去甲山豆根碱、山豆根异醇灵碱) A | dauricinoline A |
| 蝙蝠葛氧亚基异阿朴啡碱 A、B | daurioxoisoporphines A, B |
| 蝙蝠茄素 (魏斯泼蒂灵) | vespertilin |
| 鞭苔醇 | bazzanenol |
| 扁柏醇 (花柏酚、白扁柏酚) | hinokiol |
| 扁柏定 | chamaecydin |
| (–)-β-扁柏螺烯 [(–)-β-花柏烯、(–)-β-恰米烯] | (–)-β-chamigrene |
| β-扁柏螺烯-10α-醇 | β-chamigrene-10α-ol |
| β-扁柏螺烯-1β-醇 | β-chamigrene-1β-ol |
| β-扁柏螺烯醛 | β-chamigrenal |
| 扁柏双黄酮 (桧双黄酮、桧黄素) | hinokiflavone |
| 扁柏双黄酮甲醚 | hinokiflavone methyl ether |
| 扁柏酸 | hinokiic acid |

| | |
|---|---|
| (–)- 扁柏脂素 | (–)-hinokinin |
| (+)- 扁柏脂素 | (+)-hinokinin |
| 7-*O*- 扁柏脂素 | 7-*O*-hinokinin |
| 扁柏脂素 (扁柏内酯、扁柏脂内酯) | hinokinin |
| 扁柄草辛 | lallemancine |
| 扁担叶碱 | hamayne |
| 扁豆苷 A～F | lablabosides A～F |
| 扁豆酮 | dolineone |
| 扁豆皂苷 Ⅰ | lablab saponin Ⅰ |
| 扁果绞股蓝皂苷Ⅰ～Ⅳ | gycomosides Ⅰ～Ⅳ |
| 扁果菊素 (脱氢粉状菊内酯) | encelin (dehydrofarinosin) |
| 扁囊衣酸 | placodiolic acid |
| 扁平石松碱 | complanatine (lycopodium base) |
| 扁蒴藤酚 | pristimerol |
| 扁蒴藤素 | pristimerin |
| 扁桃苷 (苦杏仁苷) | amygdalin |
| 扁桃腈 (苯乙醇腈) | mandelonitrile |
| 扁桃内酯 | amygdalactone |
| 扁桃酸 (苦杏仁酸) | amygdalic acid (mandelic acid) |
| 扁芝酸 A～H | elfvingic acids A～H |
| 扁枝槲寄生苷 A～F | visartisides A～F |
| 扁枝石松醇 A～D | complanatumols A～D |
| 扁枝石松定 A | diphaladine A |
| 扁枝石松定碱 (地刷子石松碱) A、B | complanadines A, B |
| 扁枝衣尼酸甲酯 -2-*O*-β-D- 吡喃木糖基 -(1→6)-β-D- 吡喃葡萄糖苷 | everninic acid methyl ester-2-*O*-β-D-xylopyranosyl-(1→6)-β-D-glucopyranoside |
| 扁枝衣酸 (煤地衣酸、地钱酸、去甲环萝酸) | evernic acid |
| 扁枝衣酸甲酯 | methyl everninate |
| 扁枝衣酸乙酯 | ethyl everninate |
| 扁轴木素 A、B | parkinsonins A, B |
| 扁轴木亭 | parkintin |
| 6- 苄胺嘌呤 | 6-benzyl aminopurine |
| (*R*)-4, 6-*O*- 苄叉基 -α-D- 葡萄糖甲苷 | methyl (*R*)-4, 6-*O*-benzylidene-α-D-glucopyranoside |
| 苄醇 (苯甲醇) | benzyl alcohol (benzenemethanol, phenyl methanol) |
| 苄基 | benzyl |
| *N*- 苄基 -(9*Z*, 12*Z*, 15*Z*)- 十八三烯酰胺 | *N*-benzyl-(9*Z*, 12*Z*, 15*Z*)-octadecatrienamide |
| 1-*O*- 苄基 -[5-*O*- 苯甲酰基 -β-D- 呋喃芹糖基 -(1→2)-β-D- 吡喃葡萄糖苷 | 1-*O*-benzyl-[5-*O*-benzoyl-β-D-apiofuranosyl-(1→2)]-β-D-glucopyranoside |
| 苄基 -1-*O*-β-D- 吡喃葡萄糖苷 | benzyl-1-*O*-β-D-glucopyranoside |
| 2- 苄基 -2, 3′, 4′, 6- 四羟基苯并 [*b*] 呋喃 -3 (2*H*)- 酮 | 2-benzyl-2, 3′, 4′, 6-tetrahydroxybenzo [*b*] furan-3 (2*H*)-one |

| | |
|---|---|
| 5-苄基-2, 3-二(4-甲氧苯基)-1, 4-二甲基哌嗪 | 5-benzyl-2, 3-bis (4-methoxyphenyl)-1, 4-dimethyl piperazine |
| 苄基-2, 6-二羟基苯甲酸酯-6-*O*-α-L-吡喃鼠李糖基-(1→3)-β-D-吡喃葡萄糖苷 | benzyl-2, 6-dihydroxybenzoate-6-*O*-α-L-rhamnopyranosyl-(1→3)-β-D-glucopyranoside |
| 苄基-2-*O*-β-D-吡喃葡萄糖苷-2, 6-二羟基苯甲酸酯 | benzyl-2-*O*-β-D-glucopyranoside-2, 6-dihydroxybenzoate |
| (4*S*)-4-苄基-3, 4-二氢-3-氧亚基-1*H*-吡咯并[2, 1-*c*][1, 4]噁嗪-6-甲醛 | (4*S*)-4-benzyl-3, 4-dihydro-3-oxo-1H-pyrrolo [2, 1-c][1, 4] oxazine-6-carbaldehyde |
| 苄基-5-*O*-(4-羟基苯甲酰基)-β-D-呋喃芹糖基-(1→2)-β-D-吡喃葡萄糖苷 | benzyl-5-*O*-(4-hydroxybenzoyl)-β-D-apiofuranosyl-(1→2)-β-D-glucopyranoside |
| 苄基-6′-*O*-没食子酰基-β-D-葡萄糖苷 | benzyl-6′-*O*-galloyl-β-D-glucopyranoside |
| 苄基-7-*O*-α-L-吡喃鼠李糖基-(1→6)-β-D-吡喃葡萄糖苷 | benzyl-7-*O*-α-L-rhamnopyranosyl-(1→6)-β-D-glucopyranoside |
| 苄基-7-*O*-β-D-呋喃芹糖基-(1→6)-β-D-吡喃葡萄糖苷 | benzyl-7-*O*-β-D-apiofuranosyl-(1→6)-β-D-glucopyranoside |
| 苄基-7-*O*-β-D-葡萄糖苷 | benzyl-7-*O*-β-D-glucoside |
| 5′-苄基-8β, 12′α-二羟基-2′β-甲基麦角胺-17, 3′, 6′-三酮 | 5′-benzyl-8β, 12′α-dihydroxy-2′β-methyl ergotaman-17, 3′, 6′-trione |
| 苄基-D-吡喃葡萄糖苷 | benzyl-D-glucopyranoside |
| (*S*)-苄基-L-半胱氨酸 | (*S*)-benzyl-L-cysteine |
| 苄基-*O*-(2′-*O*-β-D-吡喃木糖基-3′-*O*-β-D-吡喃葡萄糖基)-β-D-吡喃葡萄糖苷 | benzyl-*O*-(2′-*O*-β-D-xylopyranosyl-3′-*O*-β-D-glucopyranosyl)-β-D-glucopyranoside |
| 苄基-*O*-α-L-吡喃阿拉伯糖基-(1→6)-β-D-吡喃葡萄糖苷 | benzyl-*O*-α-L-arabinopyranosyl-(1→6)-β-D-glucopyranoside |
| 苄基-*O*-α-L-吡喃鼠李糖基-(1→6)-β-D-吡喃葡萄糖苷 | benzyl-*O*-α-L-rhamnopyranosyl-(1→6)-β-D-glucopyranoside |
| 苄基-*O*-β-D-吡喃木糖基-(1→6)-β-D-吡喃葡萄糖苷 | benzyl-*O*-β-D-xylopyranoxyl-(1→6)-β-D-glucopyranoside |
| 苄基-*O*-β-D-吡喃葡萄糖苷 | benzyl-*O*-β-D-glucopyranoside |
| 苄基-*O*-β-D-吡喃葡萄糖基-(1→2)-*O*-β-D-吡喃葡萄糖苷 | benzyl-*O*-β-D-glucopyranosyl-(1→2)-*O*-β-D-glucopyranoside |
| 苄基-*O*-β-D-呋喃芹糖基-(1→2)-β-D-吡喃葡萄糖苷 | benzyl-*O*-β-D-apiofuranosyl-(1→2)-β-D-glucopyranoside |
| 苄基-α-L-吡喃鼠李糖基-(1→6)-β-D-吡喃葡萄糖苷 | benzyl-α-L-rhamonopyranosyl-(1→6)-β-D-glucopyranoside |
| 1′-*O*-苄基-α-L-吡喃鼠李糖基-(1″→6′)-β-D-吡喃葡萄糖苷 | 1′-*O*-benzyl-α-L-rhamnopyranosyl-(1″→6′)-β-D-glucopyranoside |
| 苄基-β-D-吡喃木糖基-(1→6)-β-D-吡喃葡萄糖苷 | benzyl-β-D-xylopyranosyl-(1→6)-β-D-glucopyranoside |
| 苄基-β-D-吡喃木糖基-(1″→6′)-β-D-吡喃葡萄糖苷 | benzyl-β-D-xylopyranosyl-(1″→6′)-β-D-glucopyranoside |
| 苄基-β-D-吡喃葡萄糖苷-2-磺酸酯 | benzyl-β-D-glucopyranoside-2-sulfate |
| 苄基-β-D-吡喃葡萄糖基-(1→2)-[β-D-吡喃木糖基-(1→6)]-β-D-吡喃葡萄糖苷 | benzyl-β-D-glucopyranosyl-(1→2)-[β-D-xylopyranosyl-(1→6)]-β-D-glucopyranoside |

| 苄基-β-D-呋喃芹糖基-(1→6)-β-D-吡喃葡萄糖苷 | benzyl-β-D-apiofuranosyl-(1→6)-β-D-glucopyranoside |
|---|---|
| 苄基-β-樱草糖苷 | benzyl-β-primeveroside |
| 苄基丙酮 | benzyl acetone |
| 苄基叠氮 | benzyl azide |
| 12-*O*-苄基-二氢肉珊瑚素-3-*O*-β-D-吡喃磁麻糖基-(1→4)-β-D-吡喃夹竹桃糖基-(1→4)-β-D-吡喃洋地黄毒糖基-(1→4)-β-D-吡喃磁麻糖苷 | 12-*O*-benzyl-dihydrosarcostin-3-*O*-β-D-thevetopyranosyl-(1→4)-β-D-oleandropyranosyl-(1→4)-β-D-digitoxopyranosyl-(1→4)-β-D-cymaropyranoside |
| 2-苄基黄紫茜素 (1, 3-二羟基蒽醌-2-苄酯) | 2-benzyl xanthopurpurin (2-benzyl-1, 3-dihydroxyanthraquinone) |
| 苄基芥子油 (异硫氰酸苄酯) | benzyl mustard oil (benzyl isothiocyanate, tromalyt) |
| 苄基硫苷 | benzyl thioglycoside |
| 苄基葡萄糖苷 | benzyl glucoside |
| *N*-苄基十六烷酰胺 | *N*-benzyl hexadecanamide |
| *N*-苄基十七酰胺 | *N*-benzyl heptadecanamide |
| *N*-苄基十五酰胺 | *N*-benzyl pentadecanamide |
| 12-苄基泰勒纤冠藤酮-3-*O*-β-D-吡喃磁麻糖基-(1→4)-β-D-吡喃夹竹桃糖基-(1→4)-β-D-吡喃洋地黄毒糖基-(1→4)-β-D-吡喃磁麻糖苷 | 12-benzyltayloron-3-*O*-β-D-thevetopyranosyl-(1→4)-β-D-oleandropyranosyl-(1→4)-β-D-digitoxopyranosyl-(1→4)-β-D-cymaropyranoside |
| *N*-苄基酞酰亚胺 | *N*-benzyl phthalimide |
| 6-苄基腺嘌呤 | 6-benzyl adenine |
| 苄基腺嘌呤 | benzyl adenine |
| 苄基乙基二酮 | benzyl ethyl diketone |
| *N*-苄基硬脂酰胺 (*N*-苄基十八烷酰胺) | *N*-benzyl stearamide |
| 苄甲胺 | benzyl methylamine |
| 苄甲基琥珀酸酯 | benzyl methyl succinate |
| 苄腈 | benzonitrile |
| 苄硫醇 | benzyl mercaptane |
| 苄硫基二苯脲 | benzyl sulfur-diphenylurea |
| 苄醚 (二苄醚、双苄醚) | benzyl ether (dibenzyl ether) |
| 苄乙酯 | benzyl acetate |
| 变绿卵孢苷 A～Q | virescenosides A～Q |
| 变色泡波曲霉三醇 | varitriol |
| 变色泡波曲霉叫酮 | varixanthone |
| 变色曲霉红宁 | averufanin |
| 变色曲霉红素 | averufin |
| 变视紫红 | metarhodopsin |
| 变叶美登木醇 | maytenfoliol |
| 变叶美登木素 A～C | maytensifolins A～C |
| 变叶美登木酮 | maytenfolone |
| 变叶美登木酮 (美登福隆) A | maytenfolone A |
| 变应素 | allergen |

| 变种向日葵内酯 A～E | helivypolides A～E |
|---|---|
| 遍地金素 | wightianin |
| 杓兰醌 A | cypripediquinone A |
| 杓蓝素 | cypripedin |
| 标准仙掌藻醛 | halitunal |
| 14-表-14-羟基-10, 23-二氢-24, 25-脱氢黄曲霉碱 | 14-epi-14-hydroxy-10, 23-dihydro-24, 25-dehydroaflavinine |
| 16-表-(19*S*)-长春立宁 | 16-epi-(19*S*)-vindolinine |
| 16-表-(19*S*)-长春立宁 *N*-氧化物 | 16-epi-(19*S*)-vindolinine *N*-oxide |
| 7′-表-(7″*R*, 8″*S*)-4″-去甲三白草醇 | 7′-epi-(7″*R*, 8″*S*)-4″-demethyl saucerneol |
| 16-表-(*Z*)-异西特斯日钦碱 | 16-epi-(*Z*)-isositsirikine |
| 13-表-10-去乙酰基浆果赤霉素 Ⅰ～Ⅲ | 13-epi-10-deacetyl baccatins Ⅰ～Ⅲ |
| 7-表-10-去乙酰基印度三尖杉碱 | 7-epi-10-deacetyl cephalomannine |
| 7-表-10-去乙酰基云南紫杉宁 A | 7-epi-10-deacetyl taxuyunnanine A |
| 7-表-10-去乙酰紫杉醇 | 7-epi-10-deacetyl taxol |
| 表-10-酮蕊木醇 | epi-10-lactamkopsanol |
| 8-表-11β, 13-二氢齿叶黄皮素 A | 8-epi-11β, 13-dihydrodentatin A |
| 22-表-14α-羟基乙酰基羽状凹顶藻甾醇 | 22-epi-14α-hydroxyacetyl pinnasterol |
| 12-表-14-脱氧-12-甲氧基穿心莲内酯 | 12-epi-14-deoxy-12-methoxyandrographolide |
| 23-表-15-脱氧尤可甾醇多聚己糖 | 23-epi-15-deoxyeucosterol hexasaccharide |
| 20-表-16′-去甲氧羰基-19, 20-二氢硬锥喉花胺 | 20-epi-16′-decarbomethoxy-19, 20-dihydroconoduramine |
| 20-表-19, 20-二氢脱羰甲氧基伏康碱 | 20-epi-19, 20-dihydrodecarbomethoxyvobasine |
| 3′-表-19-去甲钉头果洛苷 | 3′-epi-19-norafroside |
| 7-表-19-羟基浆果赤霉素 Ⅲ | 7-epi-19-hydroxybaccatin Ⅲ |
| 20-表-19-氧亚基二氢苦籽木辛碱 | 20-epi-19-oxodihydroakuammicine |
| 11-表-21-羟基红椿希内酯 | 11-epi-21-hydroxytoonacilide |
| 11-表-23-羟基红椿希内酯 | 11-epi-23-hydroxytoonacilide |
| 23-表-26-脱氧类叶升麻素 | 23-epi-26-deoxyactein |
| 1, 3-表-29-(2-甲基丁酰氧基)-2α-羟基崖摩抑酮 | 1, 3-epi-29-(2-methyl butanoyloxy)-2α-hydroxyamoorastatone |
| 2′-表-2′-*O*-乙酰黄花夹竹桃素 B | 2′-epi-2′-O-acetyl thevetin B |
| 表-2-普普科亚膜海绵酮 | epi-2-pupukeanone |
| 3-表-23-羟基白桦脂酸 | 3-epi-23-hydroxybetulinic acid |
| 13-表-2-氧亚基克拉文洛醇 (13-表-2-氧亚基羽叶哈威豆洛醇) | 13-epi-2-oxokolavelool |
| 3-表-30-去甲齐墩果-12, 20 (29)-二烯-28-酸 | 3-epi-30-norolean-12, 20 (29)-dien-28-oic acid |
| 20-表-3-去羟基-3-氧亚基-5, 6-二氢-4, 5-脱氢藜芦嗪 | 20-epi-3-dehydroxy-3-oxo-5, 6-dihydro-4, 5-dehydroverazine |
| 19-表-3-氧亚基非洲伏康树碱 | 19-epi-3-oxovoacristine |
| 19-表-3-异阿吉马蛇根辛碱 | 19-epi-3-isoajmalicine |
| 10-表-5α-氢过氧基-β-桉叶醇 | 10-epi-5α-hydroperoxy-β-eudesmol |
| 4, 10-表-5β-羟基二氢桉叶醇 | 4, 10-epi-5β-hydroxydihydroeudesmol |

| | |
|---|---|
| 10-表-5β-氢过氧基-β-桉叶醇 | 10-epi-5β-hydroperoxy-β-eudesmol |
| 19-表-5-氧亚基伏康树斯亭 | 19-epi-5-oxovoacristine |
| 表-6-甲基丹参隐螺内酯 | epi-6-methyl cryptoacetalide |
| 4-表-7α-*O*-乙酰野甘草属酸 A | 4-epi-7α-*O*-acetyl scoparic acid A |
| 4-表-7α-羟基野甘草诺醛-13-酮 | 4-epi-7α-hydroxydulcinodal-13-one |
| (7*S*)-4-表-7-羟基野甘草属酸 A | (7*S*)-4-epi-7-hydroxyscoparic acid A |
| 6-表-7-异西葫芦子酸 | 6-epi-7-isocucurbic acid |
| 6-表-8-*O*-乙酰哈巴苷 (6-表-8-*O*-乙酰钩果草吉苷) | 6-epi-8-*O*-acetyl harpagide |
| 6-表-8β-乙酰氧基东北石松文碱 | 6-epi-8β-acetoxylycoclavine |
| 7′-表-8-羟基松脂素 | 7′-epi-8-hydroxypinoresinol |
| 7-表-9, 10-去乙酰基浆果赤霉素 Ⅵ | 7-epi-9, 10-deacetyl baccatin Ⅵ |
| 8‴-表-9′-甲基丹酚酸 B | 8‴-epi-9′-methyl salvianolic acid B |
| 13-表-9-脱氧毛喉鞘蕊花素 | 13-epi-9-deoxyforskolin |
| 17-表-*N*-去甲卡尔齐什止泻木碱 | 17-epi-*N*-demethyl holacurtine |
| 12-表-*N*-氧亚基石松灵碱 | 12-epi-*N*-oxolycodoline |
| 16-表-(*Z*)-异长春钦碱 | 16-epi-(*Z*)-isositsirikine |
| 表-α-杜松醇 | epi-α-cadinol |
| 表-α-欧洲赤松醇 | epi-α-muurolol |
| 表-α-夏天无新碱 | epi-α-neodecumbensine |
| 表-α-夏无新碱 (表-α-夏天无碱) | epi-α-decumbensine |
| 表-α-香树素 | epi-α-amyrin |
| 3-表-α-香树脂醇 | 3-epi-α-amyrin |
| 3-表-α-育亨宾 (异柯楠醇碱) | 3-epi-α-yohimbine (isorauhimbine) |
| 表-β-檀香稀 (表-β-檀香萜烯) | epi-β-santalene |
| 3-表-β-香树脂醇 | 3-epi-β-amyrin |
| 10-表-γ-桉叶醇 | 10-epi-γ-eudesmol |
| (–)-10-表-γ-桉叶醇 | (–)-10-epi-γ-eudesmol |
| 16-表-$\Delta^{14}$-长春蔓胺 (16-表-$\Delta^{14}$-蔓长春花胺) | 16-epi-$\Delta^{14}$-vincamine |
| 16-表-$\Delta^{14}$-蔓长春花醇 | 16-epi-$\Delta^{14}$-vincanol |
| 3-表-δ-香树脂醇 | 3-epi-δ-amyrin |
| 表阿贝树状大戟素 F | epiabeodendroidin F |
| 24-表阿布藤甾酮 | 24-epiabutasterone |
| (–)-(2*R*, 3*R*)-表阿夫儿茶素 | (–)-(2*R*, 3*R*)-epiafzelechin |
| 表阿夫儿茶素 (表阿夫儿茶精、表阿福豆素、表缅茄儿茶素) | epiafzelechin |
| (–)-表阿夫儿茶素 [(–)-表缅茄儿茶素、(–)-表阿福豆素] | (–)-epiafzelechin |
| 表阿夫儿茶素-(4→8)-表儿茶素 | epiafzelechin-(4→8)-epicatechin |
| 表阿夫儿茶素-(4β→6)-表儿茶素-3-*O*-没食子酸酯 | epiafzelechin-(4β→6)-epicatechin-3-*O*-gallate |
| (–)-表阿夫儿茶素-(4β→8)-4α-羧甲基-(–)-表阿夫儿茶素甲酯 | (–)-epiafzelechin-(4β→8)-4α-carboxymethyl-(–)-epiafzelechin methyl ester |

| | |
|---|---|
| (−)-表阿夫儿茶素-(4β→8)-4β-羧甲基-(−)-表阿夫儿茶素甲酯 | (−)-epiafzelechin-(4β→8)-4β-carboxymethyl-(−)-epiafzelechin methyl ester |
| 表阿夫儿茶素-(4β→8)-4β-羧甲基-表阿福豆素甲酯 | epiafzelechin-(4β→8)-4β-carboxymethyl-epiafzelechin methyl ester |
| (−)-表阿夫儿茶素-(4β→8)-(−)-表阿夫儿茶素 | (−)-epiafzelechin-(4β→8)-(−)-epiafzelechin |
| (−)-表阿夫儿茶素-(4β→8)-(−)-表阿夫儿茶素-(4β→8)-4β-羧甲基-(−)表阿夫儿茶素甲酯 | (−)-epiafzelechin-(4β→8)-(−)-epiafzelechin-(4β→8)-4β-carboxymethyl-(−) epiafzelechin methyl ester |
| 表阿夫儿茶素-(4β→8)-表儿茶素 | epiafzelechin-(4β→8)-epicatechin |
| 表阿夫儿茶素-(4β→8)-表儿茶素-(4β→8)-表儿茶素 | epiafzelechin-(4β→8)-epicatechin-(4β→8)-epicatechin |
| 表阿夫儿茶素-(4β→8)-表儿茶素-3-*O*-β-D-吡喃阿洛糖苷 | epiafzelechin-(4β→8)-epicatechin-3-*O*-β-D-allopyranoside |
| 表阿夫儿茶素-(4β→8)-表儿茶素-3-*O*-没食子酸酯 | epiafzelechin-(4β→8)-epicatechin-3-*O*-gallate |
| (−)-表阿夫儿茶素-3, 5-二-*O*-β-D-呋喃芹糖苷 | (−)-epiafzelechin-3, 5-di-*O*-β-D-apiofuranoside |
| (−)-表阿夫儿茶素-3-*O*-β-D-吡喃阿洛糖苷 | (−)-epiafzelechin-3-*O*-β-D-allopyranoside |
| (−)-表阿夫儿茶素-3-*O*-对香豆酸酯 | (−)-epiafzelechin-3-*O*-*p*-coumarate |
| 表阿夫儿茶素-3-*O*-没食子酸酯-(4β→8)-表儿茶素-3-*O*-没食子酸酯 | epiafzelechin-3-*O*-gallate-(4β→8)-epicatechin-3-*O*-gallate |
| (−)-表阿夫儿茶素-5-*O*-β-D-吡喃葡萄糖苷 | (−)-epiafzelechin-5-*O*-β-D-glucopyranoside |
| (−)-表阿夫儿茶素-7-*O*-β-D-吡喃葡萄糖苷 | (−)-epiafzelechin-7-*O*-β-D-glucopyranoside |
| 表阿夫儿茶素-表儿茶素 | epiafzelechin-epicatechin |
| (−)-表阿夫儿茶素-(−)-表儿茶素-4, 6-二聚体 | (−)-epiafzelechin-(−)-epicatechin-4, 6-dimer |
| (−)-表阿夫儿茶素-(−)-表儿茶素-4, 8-二聚体 | (−)-epiafzelechin-(−)-epicatechin-4, 8-dimer |
| 表阿佛罗苷 | epiafroside |
| 3′-表阿佛罗苷 | 3′-epiafroside |
| 3′-表阿佛罗苷-3′-乙酸酯 | 3′-epiafroside-3′-acetate |
| 19-表阿吗碱 (19-表四氢蛇根碱、19-表阿吉马蛇根辛碱) | 19-epiajmalicine |
| 8-表阿普色苷 | 8-epiapodantheroside |
| 表安五酸 | epianwuweizic acid |
| (1β, 6β)-5, 7-表桉叶-4 (14)-烯-1, 6-二醇 | (1β, 6β)-5, 7-epieudesm-4 (14)-en-1, 6-diol |
| 6α-表桉叶-4 (14)-烯-6-醇 | 6α-epieudesm-4 (14)-en-6-ol |
| 5-表桉叶-4 (15)-烯-1β, 6β-二醇 | 5-epieudesm-4 (15)-en-1β, 6β-diol |
| 表桉脂素 (表桉素、表桉叶明) | epieudesmin |
| (3*E*)-13-表凹顶藻烯炔 | (3*E*)-13-epilaurencienyne |
| (3*Z*)-13-表凹顶藻烯炔 | (3*Z*)-13-epilaurencienyne |
| 10-表奥尔京素 (10-表奥古山香素) | 10-epiolguine |
| 3-表奥寇梯木醇乙酸酯 (3-表福桂树醇乙酸酯) | 3-epiocotillol acetate |
| 1-表澳大利亚栗籽豆碱 | 1-epiaustraline |
| 3-表澳大利亚栗籽豆碱 | 3-epiaustraline |
| 4-表巴戟醚萜 (4-表丰花草苷元) | 4-epiborreriagenin |
| 表菝葜皂苷元 | epismilagenin |

| | |
|---|---|
| 表白孢肉齿菌素 | episarcodonin |
| 表白毒马草二醇 | epicandicandiol |
| 2'-表白花牛角瓜灵 | 2'-epiuscharin |
| 表白花延龄草烯醇苷 C-PA | epitrillenoside C-PA |
| 3-表白桦脂酸 | 3-epibetulinic acid |
| 表白桦脂酸 | epibetulinic acid |
| 3-表白桦脂酸-28-*O*-[α-L-吡喃鼠李糖基-(1→4)-*O*-β-D-吡喃葡萄糖基-(1→6)]-β-D-吡喃葡萄糖苷 | 3-epibetulinic acid-28-*O*-[α-L-rhamnopyranosyl-(1→4)-*O*-β-D-glucopyranosyl-(1→6)]-β-D-glucopyranoside |
| 3-表白桦脂酸-3-*O*-硫酸酯 | 3-epibetulinic acid-3-*O*-sulfate |
| 3-表白桦脂酸乙酸酯 | 3-epibetulinic acid acetate |
| 9α-表百部螺环碱 | 9α-epituberospironine |
| 表柏木烷二醇 | epicedranediol |
| 表斑鸠菊醇 | epivernodalol |
| 4-表抱茎闭花马钱素-1-*O*-β-D-吡喃葡萄糖苷 | 4-epiamplexine-1-*O*-β-D-glucopyranoside |
| 表杯苋甾酮 | epicyasterone |
| 表北五味子素 O | epigomisin O |
| 4-表贝壳杉二醇 | 4-epiagathadiol |
| 表荜澄茄油烯醇 | epicubenol |
| 15-表波斯益母草素 A～C | 15-epileopersins A～C |
| D-表布蕃素 | D-epibuphanisihe |
| 9-表布卢门醇 A～C | 9-epiblumenols A～C |
| 3-表布斯苷元 | 3-epiberscillogenin |
| 8-表苍耳亭-1α, 5α-环氧化物 | 8-epixanthatin-1α, 5α-epoxide |
| 8-表苍耳亭-1β, 5β-环氧化物 | 8-epixanthatin-1β, 5β-epoxide |
| 8-表苍术内酯 Ⅰ～Ⅲ | 8-epiatractylenolides Ⅰ～Ⅲ |
| 7-表糙苏醇 | 7-epiphlomiol |
| 表草蔻素 A～K | epicalyxins A～K |
| 表叉枝莸素 | epicaryptin |
| 3-表叉枝莸素 | 3-epicaryoptin |
| 表茶复没食子素-3-*O*-没食子酸酯 | epitheaflagallin-3-*O*-gallate |
| 表菖蒲螺酮 | epiacorone |
| 表菖蒲螺酮烯 | epiacoronene |
| 3-表长春花朵宁 | 3-epivindolinine |
| 20-表长春立宁 | 20-epivindolinine |
| 20-表长春立宁 *N*-氧化物 | 20-epivindolinine *N*-oxide |
| 16-表长春蔓胺 (16-表蔓长春花胺) | 16-epivincamine |
| 4-表长春藤皂苷元 | 4-epihederagenin |
| 6-表长寿花糖苷 | 6-epiroseoside |
| 表常春藤皂苷元 | epihederagenin |
| 10-表巢菊酸 | 10-epinidoresedic acid |

| 表虫胶酸 | epishellolic acid |
|---|---|
| 3-表川藏香茶菜萜素 B | 3-epipseurata B |
| 3-表川藏香茶菜萜素 B 丙酮化物 | 3-epipseurata B acetonide |
| 14-表穿心莲内酯 | 14-epiandrographolide |
| (–)-表穿叶膺靛碱 | (–)-epibaptifoline |
| 16-表刺囊酸-3-*O*-α-L-吡喃阿拉伯糖苷 | 16-epiechinocystic acid-3-*O*-α-L-arabinopyranoside |
| 表刺桐替定碱 | epierythratidine |
| (–)-表葱莲碱 | (–)-epizephyranthine |
| 3-表簇毛石冬青碱 | 3-epicomosine |
| 5-表达拉内酯 A、B | 5-epidilatanolides A, B |
| 8-表大花山牵牛酸 (大楼子花酸) | 8-epigrandifloric acid |
| 3-表大花文殊兰碱 | 3-epimacronine |
| 20-表大戟脑 (20-表大戟二烯醇) | 20-epieuphol |
| 表大木姜子素 | epigrandisin |
| 表大叶柴胡皂苷 | epichikusaikoside |
| 16-表大叶柴胡皂苷 | 16-epichikusaikoside |
| 表带状网翼藻烯 | epizonarene |
| 表丹参螺缩酮内酯 Ⅱ | epidanshenspiroketallactone Ⅱ |
| 表丹参隐螺内酯 | epicryptoacetalide |
| 8′, 8‴-表丹酚酸 Y | 8′, 8‴-episalvianolic acid Y |
| 表单盖铁线蕨烷二醇 | epihakonanediol |
| 20-表德雷状康树碱 (山辣椒碱) | 20-epidregamine (tabernaemontanine) |
| 表灯台树次碱 | epischolaricine |
| 19-表灯台树次碱 (19-表糖胶树辛碱) | 19-epischolaricine |
| (–)-表丁香树脂酚 | (–)-episyringaresinol |
| 表丁香树脂酚 (表丁香脂素、表紫丁香树脂酚) | episyringaresinol |
| (+)-表丁香树脂酚-4-*O*-β-D-吡喃葡萄糖苷 | (+)-episyringaresinol-4-*O*-β-D-glucopyranoside |
| (–)-表丁香树脂酚-4-葡萄糖苷 | (–)-episyringaresinol-4-glucoside |
| 3′-表钉头果洛苷 | 3′-epiafroside |
| 3′-表钉头果洛苷乙酸酯 | 3′-epiafroside acetate |
| 3-表东北石松诺醇 | 3-epilycoclavanol |
| 24-表毒鱼割舌树醇 A | 24-epipiscidinol A |
| 7-表短柄野芝麻萜苷 | 7-epilamalbide |
| 3-表短小蛇根草苷 | 3-epipumiloside |
| 13-表-对映-泪柏醚-19-酸 | 13-epi-*ent*-manoyl oxide-19-oic acid |
| 表多果树胺-*N*4-氧化物 | epipleiocarpamine-*N*4-oxide |
| 6″-表多花萼翅藤黄酮 A～C | 6″-epicalyflorenones A～C |
| 4-表莪术醇 | 4-epicurcumol |
| 4-表莪术烯醇 | 4-epicurcumenol |
| 表恩施辛 | epienshicine |

| | |
|---|---|
| 表恩施辛甲醚 | epienshicine methyl ether |
| 表儿茶酚 (表儿茶素、表儿茶精) | epicatechol (epicatechin) |
| 表儿茶酚 -(–)- 表儿茶酚 | epicatechol-(–)-epicatechol |
| (–)- 表儿茶素 | (–)-epicatechin |
| (+)- 表儿茶素 | (+)-epicatechin |
| 2β, 3β- 表儿茶素 | 2β, 3β-epicatechin |
| L- 表儿茶素 (L- 表儿茶精) | L-epicatechin |
| 表儿茶素 (表儿茶精、表儿茶酚) | epicatechin (epicatechol) |
| (–)- 表儿茶素 -(–)- 表儿茶素 -4, 6- 二聚体 | (–)-epicatechin-(–)-epicatechin-4, 6-dimer |
| 表儿茶素 -(–)- 表儿茶素 -4, 8 (或 6)- 二聚体 | epicatechin-(–)-epicatechin-4, 8 (or 6)-dimer |
| (–)- 表儿茶素 -(–)- 表儿茶素 -4, 8- 二聚体 | (–)-epicatechin-(–)-epicatechin-4, 8-dimer |
| 表儿茶素 -(2β→7, 4β→8)- 表阿夫儿茶素 -(4α→8)- 表儿茶素 | epicatechin-(2β→7, 4β→8)-epiafzelechin-(4α→8)-epicatechin |
| 表儿茶素 -(2β→*O*→7, 4β→8)- 表阿夫儿茶素 -(4α→8)- 表儿茶素 | epicatechin-(2β→*O*→7, 4β→8)-epiafzelechin-(4α→8)-epicatechin |
| 表儿茶素 -(2β→*O*→7, 4β→8)- 对映 - 儿茶素 -(4β→8)- 表儿茶素 | epicatechin-(2β→*O*→7, 4β→8)-ent-catechin-(4β→8)-epicatechin |
| 表儿茶素 -(4→8′)- 表儿茶素 -(4′→8″)- 表儿茶素 | epicatechin-(4→8′)-epicatechin-(4′→8″)-(–)-epicatechin |
| 表儿茶素 -(4α→8′)-(–)- 表儿茶素 | epicatechin-(4α→8′)-(–)-epicatechin |
| 表儿茶素 -(4β→6)- 表儿茶素 -(4β→8)- 表儿茶素 -(4β→6)- 表儿茶素 | epicatechin-(4β→6)-epicatechin-(4β→8)-epicatechin-(4β→6)-epicatechin |
| 表儿茶素 -(4β→6)- 表儿茶素 -(4β→8)- 儿茶素 | epicatechin-(4β→6)-epicatechin-(4β→8)-catechin |
| 表儿茶素 -(4β→6)- 表儿茶素 -(4β→8, 2β→O→7)- 儿茶素 | epicatechin-(4β→6)-epicatechin-(4β→8, 2β→O→7)-catechin |
| 表儿茶素 -(4β→8)-4β- 羧甲基表儿茶素 | epicatechin-(4β→8)-4β-carboxymethyl epicatechin |
| 表儿茶素 -(4β→8)- 表儿茶素 | epicatechin-(4β→8)-epicatechin |
| 表儿茶素 -(4β→8′)- 表儿茶素 | epicatechin-(4β→8′)-epicatechin |
| 表儿茶素 -(4β→8)- 表儿茶素 -(4β→6) 表儿茶素 | epicatechin-(4β→8)-epicatechin-(4β→6)-epicatechin |
| 表儿茶素 -(4β→8)- 表儿茶素 -(4β→8)- 表儿茶素 -(4β→8)- 表儿茶素 | epicatechin-(4β→8)-epicatechin-(4β→8)-epicatechin-(4β→8)-epicatechin |
| 表儿茶素 -(4β→8)- 表儿茶素 -(4β→8)- 儿茶素 | epicatechin-(4β→8)-epicatechin (4β→8)-catechin |
| 表儿茶素 -(4β→8)- 表儿茶素 -(4β→8)- 儿茶素 -3-*O*-β-D- 吡喃阿洛糖苷 | epicatechin-(4β→8)-epicatechin-(4β→8)-catechin-3-*O*-β-D-allopyranoside |
| 表儿茶素 -(4β→8)- 表儿茶素 -(4β→8, 2β→*O*→7)- 儿茶素 | epicatechin-(4β→8)-epicatechin-(4β→8, 2β→*O*→7)-catechin |
| 表儿茶素 -(4β→8)- 儿茶素 | epicatechin-(4β→8)-catechin |
| 表儿茶素 -(4β→8′)- 儿茶素 | epicatechin-(4β→8′)-catechin |
| 表儿茶素 -(4β→8)- 儿茶素 -(4α→8)- 表儿茶素 | epicatechin-(4β→8)-catechin-(4α→8)-epicatechin |
| 表儿茶素 -(4β→8)- 儿茶素 -(4α→8)- 儿茶素 | epicatechin-(4β→8)-catechin-(4α→8)-catechin |
| 表儿茶素 -(4β→8, 2→*O*→7)- 表儿茶素 | epicatechol (4β→8, 2→*O*→7)-epicatechin |

| | |
|---|---|
| 表儿茶素-(4β→8, 2→*O*→7)-儿茶素 | epicatechin-(4β→8, 2→*O*→7)-catechin |
| 表儿茶素-(4β→8, 2β→*O*→7)-表儿茶素-(4α→8)-表儿茶素-(4β→6)-儿茶素 | epicatechin-(4β→8, 2β→*O*→7)-epicatechin-(4α→8)-epicatechin-(4β→6)-catechin |
| 表儿茶素-[8, 7-*e*]-4β-(4-羟苯基)-3, 4-二羟基-2 (3*H*)-吡喃酮 | epicatechin-[8, 7-*e*]-4β-(4-hydroxyphenyl)-3, 4-dihydroxy-2 (3*H*)-pyranone |
| (–)-表儿茶素-3-(3″-*O*-甲基) 没食子酸酯 | (–)-epicatechin-3-(3″-*O*-methyl) gallate |
| 表儿茶素-3-*O*-β-D-(2″-*O*-香草酰基) 吡喃阿洛糖苷 | epicatechin-3-*O*-β-D-(2″-*O*-vanillyl) allopyranoside |
| 表儿茶素-3-*O*-β-D-(2″-反式-桂皮酰基) 吡喃阿洛糖苷 | epicatechin-3-*O*-β-D-(2″-*trans*-cinnamoyl) allopyranoside |
| 表儿茶素-3-*O*-β-D-(3″-*O*-香草酰基) 吡喃阿洛糖苷 | epicatechin-3-*O*-β-D-(3″-*O*-vanillyl) allopyranoside |
| 表儿茶素-3-*O*-β-D-(3″-反式-桂皮酰基) 吡喃阿洛糖苷 | epicatechin-3-*O*-β-D-(3″-*trans*-cinnamoyl) allopyranoside |
| (–)-表儿茶素-3-*O*-β-D-吡喃阿洛糖苷 | (–)-epicatechin-3-*O*-β-D-allopyranoside |
| (+)-表儿茶素-3-*O*-β-D-吡喃阿洛糖苷 | (+)-epicatechin-3-*O*-β-D-allopyranoside |
| 表儿茶素-3-*O*-β-D-吡喃阿洛糖苷 | epicatechin-3-*O*-β-D-allopyranoside |
| (–)-表儿茶素-3-*O*-没食子酸酯 | (–)-epicatechin-3-*O*-gallate |
| 表儿茶素-3-*O*-没食子酸酯 | epicatechin-3-*O*-gallate |
| (–)-表儿茶素-5-*O*-β-D-吡喃葡萄糖苷 | (–)-epicatechin-5-*O*-β-D-glucopyranoside |
| 表儿茶素-5-*O*-β-D-吡喃葡萄糖苷 | epicatechin-5-*O*-β-D-glucopyranoside |
| (–)-表儿茶素-5-*O*-β-D-葡萄糖基-3-苯甲酸酯 | (–)-epicatechin-5-*O*-β-D-glucosyl-3-benzoate |
| 表儿茶素-8-*C*-β-D-吡喃半乳糖苷 | epicatechin-8-*C*-β-D-galactopyranoside |
| (–)-表儿茶素-8-*C*-β-D-吡喃葡萄糖苷 | (–)-epicatechin-8-*C*-β-D-glucopyranoside |
| 表儿茶素-儿茶素 | epicatechin-catechin |
| (–)-表儿茶素二没食子酸酯 | (–)-epicatechin digallate |
| (–)-表儿茶素没食子酸酯 | (–)-epicatechin gallate |
| 表儿茶素没食子酸酯 | epicatechin gallate (ECG) |
| 表儿茶素没食子酸酯-(4β→6)-表儿茶素没食子酸酯 | epicatechin gallate-(4β→6)-epicatechin gallate |
| 表儿茶素没食子酸酯-(4β→6)-表没食子儿茶素没食子酸酯 | epicatechin gallate-(4β→6)-epigallocatechin gallate |
| (–)-表儿茶素五乙酸酯 | (–)-epicatechin pentaacetate |
| 表二环倍半水芹烯 | epibicyclosesquiphellandrene |
| 1-表二环倍半水芹烯 | 1-epibicyclosesquiphellandrene |
| 表二氢法氏石松定碱 | epidihydrofawcettidine |
| (+)-表二氢黄钟花宁 | (+)-epidihydrotecomanine |
| 5-表二氢柳叶黄薇碱 | 5-epidihydrolyfoline |
| 5-表二氢柳叶黄薇碱 *N*-氧化物 | 5-epidihydrolyfoline *N*-oxide |
| 表二氢马桑素 | epidihydrotutin |
| 3″-表二氢瑞香多灵 (3″-表二氢毛瑞香素) B | 3″-epidihydrodaphnodorin B |
| 表二氢异乌药内酯 | epidihydroisolinderalactone |
| 5, 8-表二氧-22, 24-麦角甾-6, 22-二烯-3β-醇 | 5, 8-epidioxy-22, 24-ergost-6, 22-dien-3β-ol |
| (22*E*, 24*S*)-5α, 8α-表二氧-24-甲基胆甾-6, 22-二烯-3β-醇 | (22*E*, 24*S*)-5α, 8α-epidioxy-24-methyl cholest-6, 22-dien-3β-ol |

| (22E, 24S)-5α, 8α-表二氧-24-甲基胆甾-6, 9 (11), 22-三烯-3β-醇 | (22E, 24S)-5α, 8α-epidioxy-24-methyl cholest-6, 9 (11), 22-trien-3β-ol |
|---|---|
| 1α, 8α-表二氧-4α-羟基-5αH-愈创木-7 (11), 9-二烯-12, 8-内酯 | 1α, 8α-epidioxy-4α-hydroxy-5αH-guai-7 (11), 9-dien-12, 8-olide |
| 5, 8-表二氧-5α, 8α-麦角甾-6, (22E)-二烯-3β-醇 | 5, 8-epidioxy-5α, 8α-ergost-6, (22E)-dien-3β-ol |
| 8, 11-表二氧-8-羟基-4-氧亚基-6-卡拉布烯 | 8, 11-epidioxy-8-hydroxy-4-oxo-6-carabren |
| 5α, 8α-表二氧胆甾-6-烯-3β-醇 | 5α, 8α-epidioxycholest-6-en-3β-ol |
| 5, 8-表二氧豆甾-6, 22-二烯-3-醇 | 5, 8-epidioxystigmast-6, 22-dien-3-ol |
| (20α)-5α, 8α-表二氧多花白树-6, 9 (11)-二烯-3α, 29-二羟基-3, 29-二苯甲酸酯 | (20α)-5α, 8α-epidioxymultiflora-6, 9 (11)-dien-3α, 29-dihydroxy-3, 29-dibenzoate |
| 5α, 8α-表二氧基-(20S, 22E, 24R)-麦角甾-6, 22-二烯-3β-醇 | 5α, 8α-epidioxy-(20S, 22E, 24R)-ergost-6, 22-dien-3β-ol |
| 5α, 8α-表二氧基-(22E, 24R)-麦角甾-6, 22-二烯-3β-醇 | 5α, 8α-epidioxy-(22E, 24R)-ergost-6, 22-dien-3β-ol |
| 5α, 8α-表二氧基-(24R)-甲基胆甾-6, 22-二烯-3β-D-吡喃葡萄糖苷 | 5α, 8α-epidioxy-(24R)-methylcholest-6, 22-dien-3β-D-glucopyranoside |
| 5α, 8α-表二氧基-(24R)-甲基胆甾-6-烯-3β-醇 | 5α, 8α-epidioxy-(24R)-methylcholest-6-en-3β-ol |
| 5α, 8α-表二氧基-(24S)-麦角甾-6-烯-3β-醇 | 5α, 8α-epidioxy-(24S)-ergost-6-en-3β-ol |
| (3β, 5α, 8α, 22E)-5, 8-表二氧基麦角甾-6, 22-二烯-3-醇 | (3β, 5α, 8α, 22E)-5, 8-epidioxyergost-6, 22-dien-3-ol |
| 5α, 8α-表二氧麦角甾-(6, 22E)-二烯-3β-醇 | 5α, 8α-epidioxyergost-(6, 22E)-dien-3β-ol |
| 5α, 8α-表二氧麦角甾-[6, 9 (11), (22E)]-三烯-3β-醇 | 5α, 8α-epidioxyergost-[6, 9 (11), (22E)]-trien-3β-ol |
| (22E)-5α, 8α-表二氧麦角甾-6, 22-二烯-3β-醇 | (22E)-5α, 8α-epidioxyergost-6, 22-dien-3β-ol |
| (22E, 20S, 24R)-5α, 8α-表二氧麦角甾-6, 22-二烯-3β-醇 | (22E, 20S, 24R)-5α, 8α-epidioxyergost-6, 22-dien-3β-ol |
| 5, 8-表二氧麦角甾-6, 22-二烯-3β-醇 | 5, 8-epidioxyergost-6, 22-dien-3β-ol |
| 5β, 8β-表二氧麦角甾-6, 22-二烯-3β-醇 | 5β, 8β-epidioxyergost-6, 22-dien-3β-ol |
| 表二氧麦角甾-6, 22-二烯-3β-醇 | epidioxyergost-6, 22-dien-3β-ol |
| (22E, 24R)-5α, 8α-表二氧麦角甾-6, 22-二烯-3β-醇 | (22E, 24R)-5α, 8α-epidioxyergost-6, 22-dien-3β-ol |
| 5α, 8α-表二氧麦角甾-6, 22-二烯-3β-醇亚油酸酯 | 5α, 8α-epidioxyergost-6, 22-dien-3β-ol linoleate |
| (22E, 24R)-5α, 8α-表二氧麦角甾-6, 9 (11), 22-三烯-3β-醇 | (22E, 24R)-5α, 8α-epidioxyergost-6, 9 (11), 22-trien-3β-ol |
| 9α, 13α-表二氧松香-8 (14)-烯-18-酸 | 9α, 13α-epidioxyabiet-8 (14)-en-18-oic acid |
| 9β, 13β-表二氧松香-8 (14)-烯-18-酸 | 9β, 13β-epidioxyabiet-8 (14)-en-18-oic acid |
| 表菲律宾大叶藤苷 | epitinophylloloside |
| 6α-表菲瑞木苷 | 6α-epiferetoside |
| 表粉蕊黄杨胺 (表富贵草胺碱) A～F、A Ⅰ、A Ⅱ | epipachysamines A～F, A Ⅰ, A Ⅱ |
| 表粉蕊黄杨碱 (表富贵草碱) A | epipachysandrine A |
| 表粪甾醇 | epicoprosterol |
| 3-表缝籽木嗪甲醚 | 3-epigeissoschizine methyl ether |
| 6-表弗斯生 (6-表丽乌辛) | 6-epiforesticine |
| 表伏康任碱 (表老刺木亭、表伏康树灵碱) | epivoacangarine |
| 19-表伏康任碱 (19-表老刺木亭、19-表伏康树灵碱) | 19-epivoacangarine |
| 表伏康树卡平碱 (表伏康树卡品) | epivoacarpine |

| 16- 表伏康树卡平碱 (16- 表伏康树卡品) | 16-epivoacarpine |
|---|---|
| (19*E*)-16- 表伏康树卡品 [(19*E*)-16- 表伏康树卡品] | (19*E*)-16-epivoacarpine |
| 19- 表伏康树斯亭 | 19-epivoacristine |
| (19*R*)- 表伏康树斯亭 | (19*R*)-epivoacristine |
| 16- 表伏康树辛 | 16-epivobasine |
| 表福桂树醇 | epiocotillol |
| 表福建三尖杉碱 (表三尖杉因碱) | epicephalofortuneine |
| 表甘遂烯酮 | epikansenone |
| 表甘蔗甾醇 | epiikshusterol |
| 表刚果胡椒素 (表几内亚胡椒素) | epiaschantin |
| (+)- 表高大胡椒素 | (+)-epiexcelsin |
| 表高夫苷 | epigomphoside |
| 3′- 表高夫苷 | 3′-epigomphoside |
| 3′- 表高夫苷 3′- 乙酸酯 | 3′-epigomphoside 3′-acetate |
| 8- 表高良姜萜内酯 | 8-epi-galanolactone |
| 表告依春 (表告伊春) | epigoitrin |
| 表钩吻素戊 (表钩吻米定) | epikoumidine |
| 3- 表栝楼二醇 (3- 表栝楼仁二醇) | 3-epikarounidiol |
| 表光泽乌头碱 | epilucidusculine |
| 12- 表光泽乌头碱 | 12-epilucidusculine |
| 表鬼臼毒素 | epipodophyllotoxin |
| 6- 表哈巴苷 (6- 表哈帕苷) | 6-epiharpagide |
| 19- 表海涅狗牙花碱 | 19-epiheyneanine |
| 13- 表海松 -16- 烯 -8α, 18- 二醇 | 13-epipimar-16-en-8α, 18-diol |
| 表海兔素 -20 | epiaplysin-20 |
| 表黑面神素 A～H | epibreynins A～H |
| 7- 表黑冢白蚁醇 | 7-epiamiteol |
| 11- 表红椿林素 | 11-epitoonacilin |
| 18- 表红豆裂碱 | 18-epiormosanine |
| 4- 表红茴香甲素 | 4-epihenryine (4-epihenryin) A |
| 表红藜芦碱 | epirubijervine |
| 表荭草素 | epiorientin |
| 3- 表厚皮香酸 | 3-epiternstroemic acid |
| 表花椒杜松碱 A | epizanthocadinanine A |
| 表花椒欧洲赤松碱 | epizanthomuurolanine |
| 3- 表华泽兰丝素 B～D | 3-epieupachinisins B～D |
| 10- 表滑桃树定 | 10-epitrenudine |
| 3- 表环桉烯醇 | 3-epicycloeucalenol |
| 4- 表环桉烯酮 | 4-epicycloeucalenone |
| 3- 表环大蕉烯醇 | 3-epicyclomusalenol |

| 4- 表环大蕉烯酮 | 4-epicyclomusalenone |
|---|---|
| 表环鸦片甾烯醇 | epicyclolaudenol |
| 3- 表环鸦片甾烯醇 | 3-epicyclolaudenol |
| 2′- 表环异短萼斑鸠菊香豆酮环氧化物 | 2′-epicycloisobrachycoumarinone epoxide |
| 2′- 表环异青藓香豆素 | 2′-epicycloisobrachycoumarin |
| 8′- 表黄花菜木脂素 A | 8′-epicleomiscosin A |
| (–)- 表黄栌素 [(–)- 表黄颜木素] | (–)-epifustin |
| (–)- 表黄栌素 -3-*O*- 没食子酸酯 [(–)- 表黄颜木素 -3-*O*- 没食子酸酯] | (–)-epifustin-3-*O*-gallate |
| 3- 表黄麻酸 (3- 表科罗索酸) | 3-epicorosolic acid |
| 3- 表黄麻酸内酯 | 3-epicorosolic acid lactone |
| 表黄体黄质 | epiluteoxanthin |
| 表黄药子素 | epidiosbulbin |
| 8- 表黄药子素 *E* 乙酸酯 | 8-epidiosbulbin *E* acetate |
| 表黄帚橐吾内酯 | epivirgauride |
| (–)- 表辉片豆碱 | (–)-epilamprolobine |
| (–)-β- 表辉片豆碱 *N*- 氧化物 | (–)-β-epilamprolobine *N*-oxide |
| (1*E*)-7- 表吉玛 -1 (10)- 烯 -5, 8- 二酮 | (1*E*)-7-epigermacr-1 (10)-en-5, 8-dione |
| (+)- 表加巴辛 [(+)- 表浆果瓣蕊花素] | (+)-epigalbacin |
| 表加兰他敏 (表雪花胺、表雪花莲胺碱) | epigalanthamine |
| 5- 表加拿大紫杉烷 | 5-epicanadense |
| 5- 表加拿大紫杉烯 | 5-epicanadensene |
| 5- 表荚蒾宁 A～H | 5-epivibsanins A～H |
| 表甲基谢汉墨异次碱 | epimethyl schellhammericine |
| 3- 表甲基谢汉墨异次碱 (3- 表甲基谢氏百合辛碱 B) | 3-epimethyl schelhammericine B |
| 表甲氧基东方乌檀灵 | epimethoxynaucleaorine |
| 13- 表甲氧基羽扇烷宁 | 13-epimethoxylupanine |
| 表假荆芥内酯 | epinepetalactone |
| 9- 表假荆芥内酯 | 9-epinepetalactone |
| 22- 表假鸢尾三萜醇 A～F | 22-epiiritectols A～F |
| 19- 表假鸢尾三萜醇 H | 19-epiiritectol H |
| 30- 表柬埔寨藤黄素 | 30-epicambogin |
| 表浆果瓣蕊花素 (表加巴辛) | epigalbacin |
| D- 表浆果瓣蕊花素 (D- 表加巴辛) | D-epigalbacin |
| 8- 表金银花苷 | 8-epikingiside |
| 3- 表旌节皂苷元 -3-β-D- 吡喃葡萄糖苷 (3- 表塞普屈姆吉宁 -3-β-D- 吡喃葡萄糖苷) | 3-episceptrumgenin-3-β-D-glucopyranoside |
| 8- 表巨大鞘丝藻酰胺 C | 8-epimalyngamide C |
| 表蕨素 L | epipterosin L |
| 17- 表卡尔齐什止泻木碱 | 17-epiholacurtine |

| | |
|---|---|
| 3-表卡托酸(3-表山道楝酸) | 3-epikatonic acid |
| 3-表奎胺 | 3-epiquinamine |
| 表奎胺(康硅胺、康奎明、康奎胺) | epiquinamine (conchinamin, conquinamine) |
| 表奎宁 | epiquinine |
| 表奎宁丁(表奎尼定) | epiquinidine |
| 表兰桉醇 | epiglobulol |
| 表雷公藤内酯三醇 | epitriptriolide |
| 2-表雷公藤乙素 | 2-epitripdiolide |
| 12-表雷藤内酯三醇 | 12-epitriptriolide |
| 13-表泪柏醇 | 13-epimanool |
| 表藜芦生碱 | epiverazine |
| 表丽钵花苷 | epieustomoside |
| 表栗色鼠尾草内酯 | epicastanolide |
| 表两花全能花两定 | epipancrassidine |
| 2-表两花全能花西定 | 2-epipancrassidine |
| 表辽东桤木酮醇 | epihirsutanonol |
| 表鳞盖蕨苷 | epimicrolepin |
| 7-表灵芝酸A甲酯 | methyl 7-epiganoderate A |
| 7-表灵芝酸$C_2$甲酯 | methyl 7-epiganoderate $C_2$ |
| 7-表灵芝酸甲酯 | methyl 7-epiganoderate |
| 表柳叶喙花素 | epiboscialin |
| 表六氢姜黄素 | epihexahydrocurcumin |
| 表隆纹菌酸(表隆纹黑蛋巢菌酸) | epistriatic acid |
| 1-表陆得威蒿内酯C(狭叶墨西哥蒿素) | 1-epiludovicin C (armexifolin) |
| 表罗汉松甾酮 | epimakisterone |
| 24-表罗汉松甾酮A | 24-epimakisterone A |
| 3-表罗斯考皂苷元(3-表假叶树苷元) | 3-epiruscogenin |
| 3-表罗斯考皂苷元-3-β-D-吡喃葡萄糖苷 | 3-epiruscogenin-3-β-D-glucopyranoside |
| 17-表萝芙木碱A、B | 17-epi-rauvovertines A, B |
| 12-表洛柯皂苷元 | 12-epirockogenin |
| 表洛柯皂苷元 | epirockogenin |
| 3, 2′-表落叶松诺醇 | 3, 2′-epilarixinol |
| 3-表落叶松诺醇 | 3-epilarixinol |
| 表驴蹄草内酯 | epicaltholide |
| 7-表马钱素 | 7-epiloganin |
| 8-表马钱素 | 8-epiloganin |
| 8-表马钱子苷酸-6′-*O*-β-D-葡萄糖苷 | 8-epiloganic acid-6′-*O*-β-D-glucoside |
| 8-表马钱子酸(8-表番木鳖酸、8-表马钱子苷酸、8-表马钱苷酸) | 8-epiloganic acid |
| 表马钱子酸(表番木鳖酸、表马钱子苷酸、表马钱苷酸) | epiloganic acid |

| | |
|---|---|
| 3-表马斯里酸 | 3-epimaslinic acid |
| 3-表麦珠子酸 | 3-epialphitolic acid |
| 表曼苏宾醇 | epimansumbinol |
| 表蔓长春花胺 | epivincamine |
| $\Delta^{14}$-16-表蔓长春花胺 | $\Delta^{14}$-16-epivincamine |
| 表蔓长春花醇 | epivincanol |
| 表玫瑰萜醛 A～D | epirugosals A～D |
| 2″-表美国白梣苷 (2″-表美国白蜡苷) | 2″-epifraxamoside |
| 表美瑞花椒苷 A | epimeridinoside A |
| 表美洲茶酸 | epiceanothic acid |
| 表迷迭香酚 | epirosmanol |
| 8-表密花豚草素 | 8-epiconfertin |
| 表棉根皂苷元 (表石头花苷元、表丝石竹皂苷元) | epigypsogenin |
| L-表没食子儿茶素 | L-epigallocatechin |
| 2β, 3β-表没食子儿茶素 | 2β, 3β-epigallocatechin |
| (–)-(2*R*, 3*R*)-表没食子儿茶素 | (–)-(2*R*, 3*R*)-epigallocatechin |
| (–)-表没食子儿茶素 | (–)-epigallocatechin |
| (+)-表没食子儿茶素 | (+)-epigallocatechin |
| 表没食子儿茶素 (表没食子儿茶精) | epigallocatechin (EGC) |
| 表没食子儿茶素-(4β→8)-表儿茶素-3-*O*-没食子酸酯 | epigallocatechin-(4β→8)-epicatechin-3-*O*-gallate |
| (–)-表没食子儿茶素-3-*O*-没食子酸酯 | (–)-epigallocatechin-3-*O*-gallate |
| 表没食子儿茶素没食子酸酯 | epigallocatechin gallate (EGCG) |
| 表没食子儿茶素没食子酸酯-(4β→6)-表没食子儿茶素没食子酸酯 | epigallocatechin gallate-(4β→6)-epigallocatechin gallate |
| 表茉莉酮酸甲酯 | methyl epijasmonate |
| 3-表莫顿湾无花果醇 (3-表莫雷亭醇、3-表矛瑞屯醇) | 3-epimoretenol |
| 表莫顿湾无花果醇 (表莫雷亭醇、表矛瑞屯醇) | epinmoretenol |
| 22-表莫维查灵 | 22-epimolvizarin |
| 3-表木姜子烯醇内酯 $D_2$ | 3-epilitsenolide $D_2$ |
| (+)-表木兰脂素 A | (+)-epimagnolin A |
| 表木兰脂素 A、B | epimagnolins A, B |
| 表木栓醇 (表无羁萜醇) | epifriedelanol (epifriedelinol) |
| 表木通萜酸 | epiakebonoic acid |
| 3-表木通萜酸 | 3-epiakebonoic acid |
| 表木犀草黄醇 | epiluteoforol |
| (–)-7′-表南烛木树脂酚-4, 9′-二-*O*-β-D-吡喃葡萄糖苷 | (–)-7′-epilyoniresinol-4, 9′-di-*O*-β-D-glucopyranoside |
| (–)-7′-表南烛木树脂酚-9′-*O*-β-D-吡喃葡萄糖苷 | (–)-7′-epilyoniresinol-9′-*O*-β-D-glucopyranoside |
| 16-表拟佩西木宁碱 | 16-epiaffinine |
| 3-表黏霉烯醇 (3-表黏霉醇) | 3-epiglutinol |
| 表诺多星醇 (表香茶菜辛醇、毛叶香茶菜醇) | epinodosinol |

| | |
|---|---|
| 13-表欧丹参醇 (13-表香紫苏醇) | 13-episclareol |
| 9-表欧牡丹苷 | 9-epipaeonidanin |
| 12-表欧乌头碱 | 12-epinapelline |
| 表欧乌头碱 | epinapelline |
| 1-表欧乌头碱 | 1-epinapelline |
| α-表欧洲赤松醇 | α-epimuurolol |
| 4-表欧洲刺柏酸 (4-表半日花三烯酸) | 4-epicommunic acid |
| 表欧洲桤木烯醇 (表欧洲桤木醇、表黏霉醇、表黏霉烯醇) | epiglutinol |
| 19-表攀援山橙酮碱 | 19-epimeloscandonine |
| 表攀援山橙辛碱 | epimeloscine |
| 4-表泡番荔枝三醇 | 4-epibullatantriol |
| 4, 10-表蓬莪二醇 | 4, 10-epizedoarondiol |
| 表蓬莪术烯酮 (表莪术呋喃烯酮) | epicurzerenone |
| 3, 6-表苹果蔷薇黄素 | 3, 6-epikarpoxanthin |
| 7-表萍蓬草碱 | 7-epinupharidine |
| 3-表坡模酸 (3-表坡模醇酸、3-表果渣酸) | 3-epipomolic acid |
| 表葡萄糖山芥素 (葡糖塞薄林) | epiglucobarbarin (glucosibarin) |
| 表蒲公英赛醇 (3α-蒲公英赛醇) | epitaraxerol (3α-taraxerol) |
| 3-表齐墩果酸 | 3-epioleanolic acid |
| 3-表齐墩果酸-28-*O*-α-L-吡喃鼠李糖基-(1→4)-β-D-吡喃葡萄糖基-(1→6)-β-D-吡喃葡萄糖苷 | 3-epioleanolic acid-28-*O*-α-L-rhamnopyranosyl-(1→4)-β-D-glucopyranosyl-(1→6)-β-D-glucopyranoside |
| 21-表千层塔萜烯二醇 (21-表山芝烯二醇) | 21-episerratenediol |
| 21-表千层塔萜烯二醇-3-乙酸酯 | 21-episerratenediol-3-acetate |
| 21-表千层塔烯三醇 | 21-episerratriol |
| 表千金藤碱 | epistephanine |
| 表千金藤默星碱 | epistephamiersine |
| 13-表前益母草灵素 | 13-epipreleoheterin |
| 3-表荞麦碱 | 3-epifagomine |
| 8-表窃衣醇酮-8-*O*-β-D-吡喃葡萄糖苷 | 8-epitorilolone-8-*O*-β-D-glucopyranoside |
| 表青刺果酮 | epiutililactone |
| 表球壳孢酮 | episphaeropsidone |
| 1-表去氯尖防己碱 (1-表去氯风龙明碱) | 1-epidechloroacutumine |
| 10-表去水聚伞凹顶藻醇 | 10-epidehydrothyrsiferol |
| 表去酰洋蓟苦素 | epidesacyl cynaropicrin |
| 16-表去乙酰阿枯米灵碱氮氧化物 | 16-epideacetyl akuammiline *N*4-oxide |
| 8-表去乙酰基洋蓟苦素 | 8-epidesacyl cynaropicrin |
| 8-表去乙酰基洋蓟苦素葡萄糖苷 | 8-epidesacyl cynaropicrin glucoside |
| 表去乙酰基异缬草三酯 | epideacetyl isovaltrate |
| 7-表去乙酰基异缬草三酯 | 7-epideacetyl isovaltrate |

| | |
|---|---|
| 16-表去乙酰苦籽木林碱 | 16-epideacetyl akuammiline |
| 1-表全缘叶漏芦甾酮 A | 1-epiintegristerone A |
| 3-表日本当药苷 C | 3-episwertiajaposide C |
| 表汝兰醇碱 | epihernandolinol |
| 表蕊木醇 | epikopsanol |
| 1-表瑞诺素 | 1-epireynosin |
| 表撒马尔罕阿魏素 | episamarcandin |
| 表萨杷晋碱 | episarpagine |
| 16-表萨杷晋碱 | 16-episarpagine |
| 6-表萨杷晋碱 | 6-episarpagine |
| 3-表萨皮林 A (3-表柱果内雄楝素 A) | 3-episapelin A |
| 1-表塞氏罗汉松素 | 1-episellowin |
| 表赛络文 (表塞氏罗汉松素) A～C | episellowins A～C |
| 1′-表三白脂酮 (1′-表三白草酮) | 1′-episauchinone |
| 1-表三齿蒿定 B | 1-epitatridin B |
| 1-表三齿蒿素 B (千叶菊蒿素、1β-羟基-1-去氧多叶菊蒿素) | 1-epitatridin B (tanachin, 1β-hydroxy-1-desoxotamirin) |
| 表三尖杉碱 | epicephalotaxine |
| 7-表三尖杉宁碱 | 7-epicephalomannine |
| 2-表三尖杉因碱 | 2-epicephalofortuneine |
| 3-表三尖杉种碱 (3-表三尖杉烯碱) | 3-epifortuneine |
| 3-表瑟伯群戟柱苷元 | 3-epithurberogenin |
| 表森林生米仔兰醇 | episilvestrol |
| 16, 20-表沙地狗牙花碱 | 16, 20-episilicine |
| 20-表沙地狗牙花碱 | 20-episilicine |
| 20-表山道楝酸 (20-表卡托酸) | 20-epikatonic acid |
| 表山道楝酸 (表卡托酸) | epikatonic acid |
| 3-表山道楝酸甲酯 | 3-epikatonic acid methyl ester |
| 14-表山柑子-7-烯-3β-基甲酸酯 | 14-epiarbor-7-en-3β-yl formate |
| 14-表山柑子-7-烯-3-酮 | 14-epiarbor-7-en-3-one |
| 表山藿香定 | epiteucvidin |
| 12-表山藿香定 (12-表血见愁素) | 12-epiteucvidin |
| 表珊瑚樱品碱 | episolacapine |
| 15-表蛇麻素 A | 15-epilupulin A |
| 表石榴皮素 A | epipunicacortein A |
| 6-表石南密穗草苷 | 6-epistilbericoside |
| 表石松隐四醇 (表柳杉石松醇) | epilycocryptol |
| 21-表石松隐四醇 (21-表柳杉石松醇) | 21-epilycocryptol |
| 2-表石蒜碱 | 2-epilycorine |
| 表石蒜碱 | epilycorine |

| | |
|---|---|
| 3-表薯蓣皂苷元-3-β-D-吡喃葡萄糖苷 | 3-epidiosgenin-3-β-D-glucopyranoside |
| 表树舌灵芝明碱A、B | epiganoapplanatumines A, B |
| (+)-表双环倍半水芹烯 | (+)-epibicyclosesquiphellandrene |
| 表水菖蒲酮 | epishyobunone |
| 表水菖蒲乙酯 | epishyobunol |
| 34-表-顺式-田方骨宁 | 34-epi-*cis*-goniodonin |
| 3-表松叶菊萜酸 | 3-epimesembryanthemoidigenic acid |
| (–)-表松脂素 | (–)-epipinoresinol |
| (±)-表松脂素 | (±)-epipinoresinol |
| 表松脂素(表松脂醇、表松脂酚) | epipinoresinol |
| (+)-表松脂素[(+)-表松脂醇、(+)-表松脂酚] | (+)-epipinoresinol |
| 表松脂素-3-*O*-β-D-吡喃葡萄糖苷 | epipinoresinol-3-*O*-β-D-glucopyranoside |
| 表松脂素-4, 4′-二-*O*-β-D-吡喃葡萄糖苷 | epipinoresinol-4, 4′-di-*O*-D-glucopyranoside |
| (+)-表松脂素-4′-*O*-β-D-吡喃葡萄糖苷 | (+)-epipinoresinol-4′-*O*-β-D-glucopyranoside |
| 表松脂素-4-*O*-β-D-吡喃葡萄糖苷 | epipinoresinol-4-*O*-β-D-glucopyranoside |
| (+)-表松脂素-4′-*O*-β-D-葡萄糖苷 | (+)-epipinoresinol-4′-*O*-β-D-glucoside |
| 表松脂素-4-*O*-β-D-葡萄糖苷 | epipinoresinol-4-*O*-β-D-glucoside |
| 表菘蓝碱苷 | epiglucoisatisin |
| 表苏木酚 | episappanol |
| 3-表算盘子二醇 | 3-epiglochidiol |
| *C*-3-表台湾三尖杉碱 | *C*-3-epiwilsonine |
| 表台湾三尖杉碱 | epiwilsonine |
| 5-表特勒内酯 | 5-epitelekin |
| 8-表-8-惕各酰岩生三裂蒿内酯A、B | 8-epi-8-tigloyl rupicolins A, B |
| 3-表替告皂苷元[(25*R*)-5α-螺甾-3α-醇] | 3-epitigogenin [(25*R*)-5α-spirost-3α-ol] |
| 34-表田方骨宁 | 34-epigoniodonin |
| 34-表田方骨七醇素 | 34-epidonhepocin |
| 34-表田方骨素A～D | 34-epidonnaienins A～D |
| 表条纹碱[(+)-表文殊兰碱] | epivittatine [(+)-epicrinine] |
| 表桐叶千金藤醇碱 | epihernandolinol |
| 3-表脱氢茯苓酸 | 3-epidehydropachymic acid |
| 表脱氢光泽乌头碱 | epidehydrolucidusculine |
| 12-表脱氢光泽乌头碱 | 12-epidehydrolucidusculine |
| 表脱氢欧乌头碱 | epidehydronapelline |
| 12-表脱氢欧乌头碱 | 12-epidehydronapelline |
| 3-表脱氢栓菌烯醇酸(3-栓菌醇酸) | 3-epidehydrotrametenolic acid |
| 4-表脱氢松香酸 | 4-epidehydroabietic acid |
| 3-表脱氢土莫酸(3-表脱氢丘陵多孔菌酸) | 3-epidehydrotumulosic acid |
| 表脱水射干呋喃醛 | epianhydrobelachinal |
| 表脱氧马钱子苷酸 | epideoxyloganic acid |

| | |
|---|---|
| 1, 5, 9-表脱氧马钱子苷酸 | 1, 5, 9-epideoxyloganic acid |
| 8-表脱氧马钱子苷酸 | 8-epideoxyloganic acid |
| 7-表脱氧萍蓬草碱 | 7-epideoxynupharidine |
| 表脱氧萍蓬草碱 | epideoxynupharidine |
| 表脱氧青蒿素(脱氧异青蒿素)B | epideoxyarteannuins (deoxyisoartemisinins) B |
| 表万年青皂苷元 | epirhodeasapogenin |
| 22-表万年青皂苷元 | 22-epirhodeasapogenin |
| 7-表温郁金螺内酯 | 7-epicurcumalactone |
| 3-表文殊兰胺(网球花胺、赫门塔明碱) | 3-epicrinamine (natalensine, haemanthamine) |
| (+)-表文殊兰碱(表条纹碱) | (+)-epicrinine (epivittatine) |
| 7-表沃格闭花苷(7-表沃格花闭木苷、7-表断马钱子苷半缩醛内酯) | 7-epivogeloside |
| 表沃格闭花苷(表沃格花闭木苷、表断马钱子苷半缩醛内酯、表西非灰毛豆苷) | epivogeloside |
| 3-表乌勒因 | 3-epiuleine |
| 8-表乌毛蕨酸 | 8-epiblechnic acid |
| 17-表乌檀艾定醛 | 17-epinaucleidinal |
| 19-表乌檀定醛 | 19-epinaucleidinal |
| 10-表乌韦苷 | 10-epiuveoside |
| 表无羁萜(表木栓酮) | epifriedelin |
| 表无羁萜醇(表木栓醇) | epifriedelinol (epifriedelanol) |
| 表无羁萜醇乙酸酯 | epifriedelinol acetate |
| 表五加前胡精 | episteganangin |
| 表五味子酮(表华中五味子酮) | epischisandrone |
| 表五脂素 $A_1$ | epiwulignan $A_1$ |
| 表西葫芦子酸 | epicucurbic acid |
| 17-表西萝芙木碱(17-表萝芙木碱、山德维辛碱) | 17-epiajmaline (sandwicine) |
| 表西南獐牙菜内酯 B | episwercinctolide B |
| 13-表西藏柏木醇 | 13-epitorulosol |
| 13-表西藏柏木醛 | 13-epitorulosal |
| 1-表锡兰紫玉盘烯醇(1-表锡兰紫玉盘环己烯醇) | 1-epizeylenol |
| 表喜光花酚 A | epiactephilol A |
| 15-表细叶益母草新酮 A～E | 15-episibiricinones A～E |
| 11-表细锥香茶菜萜 A | 11-epirabdocoestin A |
| 6-表狭叶香茶菜素(6-表狭叶南五味子素、6-表狭叶芸香素) | 6-epiangustifolin |
| 15-表夏至草素 A～D | 15-epilagopsins A～D |
| 表香茶菜辛(表诺多星) | epinodosin |
| 表香根草油醇 | epikhusinol |
| 表香树脂醇 | epiamrcin |

| 8-表香紫苏醇 (8-表欧丹参醇) | 8-episclareol |
|---|---|
| 11-表向日葵肿柄菊内酯 | 11-episundiversifolide |
| 表小檗碱 | epiberberine |
| 3-表泻根醇 | 3-epibryonolol |
| 20-表泻根醇酸 | 20-epibryonolic acid |
| 表泻根苷元 | epibryodulcosigenin |
| 表谢汉墨异次碱 (表谢氏百合辛碱) | epischelhammericine |
| 3-表谢汉墨异次碱 B | 3-epischelhammericine B |
| 3-表谢汉墨异次碱 (3-表谢氏百合辛碱) | 3-epischelhammericine |
| 3-表谢氏百合定 (3-表谢汗莫次碱) | 3-epischelhammeridine |
| 表蟹甲草酮 | epicacalone |
| 表心形阿帕里斯木素 | epicordatime |
| 3-表新罗斯考皂苷元 | 3-epineoruscogenin |
| 3-表新罗斯考皂苷元-3-β-D-吡喃葡萄糖苷 | 3-epineoruscogenin-3-β-D-glucopyranoside |
| 表新西兰鸡蛋果氰苷 B-4-硫酸酯 | epitetraphyllin B-4-sulfate |
| 1-表新异柿萘醇酮 (1-表新异信浓山柿酮) | 1-epineo-isoshinanolone |
| 表新有色质 | epineochrome |
| 3-表熊果酸 | 3-epiursolic acid |
| 4-表绣球茜宁 (4-表绣球茜醚萜) | 4-epidunnisinin |
| 表旋孢腔醌 A | epicochlioquinone A |
| 2-表雪花莲胺碱 | 2-epigalanthamine |
| (–)-表雪松醇 | (–)-epicedrol |
| 表雪松醇 | epicedrol |
| 10-表勋章菊内酯 | 10-epigazaniolide |
| 表蕈毒碱 | epimuscarine |
| 表延龄草烯苷元 | epitrillenogenin |
| 表扬甘比胡椒素 (鹅掌楸树脂酚 A 二甲醚) | epiyangambin (*O*, *O*-dimethyl lirioresinol A) |
| 11-表洋艾素 | 11-epiabsinthin |
| 10′, 11′-表洋艾素 | 10′, 11′-epiabsinthin |
| 11, 10′, 11′-表洋艾素 | 11, 10′, 11′-epiabsinthin |
| 表洋菝葜皂苷元 | episarasasapogenin |
| 9-表氧基芍药单宁 | 9-epioxypaeonidanin |
| 4-表野甘草西酸 | 4-episcopadulcic acid |
| 表叶黄素 | epilutein |
| 3′-表叶黄素 | 3′-epilutein |
| 表叶绿素 | epichlorophyll |
| *C*10-表叶绿素 | *C*10-epichlorophyll |
| 11-表依生依瓦菊素 | 11-epiivaxillin |
| 3-表乙酰薄果菊素 | 3-epiacetyl leptocarpin |
| 表乙酰石栗萜酸 | epiacetylaleuritolic acid |

| | |
|---|---|
| 3-表乙酰氧基熊果-12-烯-28-醛 | 3-epiacetoxyurs-12-en-28-al |
| 23-表异次-3β, 23-二羟基环木菠萝-24-烯-26-酸 | 23-epimeric-3β, 23-dihydroxycycloart-24-en-26-oic acid |
| 5′-表异都丽菊香豆素A、B | 5′-epi-isoethuliacoumarins A, B |
| 19-表异伏康树斯亭 | 19-epiisovoacristine |
| 3-表异葫芦素D | 3-epiisocucurbitacin D |
| 8-表异利皮珀菊二醇 | 8-epiisolipidiol |
| 表异黏性旋覆花内酯 | epiisoinuvisolide |
| 3-表异乳香二烯酸 | 3-epiisomasticadienolic acid |
| 4-表异瑟模环烯醇 | 4-epiisocembrol |
| 7-表异藤黄酚 | 7-epi-isogarcinol |
| 表异信浓山柿酮 | epiisoshinanolone |
| 表异叶大风子腈苷 | epivolkenin |
| 4-表异粘性旋覆花内酯 | 4-epiisoinuviscolide |
| 15-表益母草萜酮A～E | 15-epileoheteronones A～E |
| 3-表硬皮地星醇 | 3-epiastrahygrol |
| 表鱼藤黄烷酮 | epiderriflavanone |
| 3-表羽扇豆醇 | 3-epilupeol |
| 表羽扇豆醇 | epilupeol |
| 表羽扇豆醇乙酸酯 | epilupeol acetate |
| D-表羽扇豆碱 | D-epilupinine |
| 表羽扇豆碱 | epilupinine |
| (3*E*)-13-表羽状凹顶藻烯炔 | (3*E*)-13-epipinnatifidenyne |
| 24-表羽状牡荆甾酮 | 24-epipinnatasterone |
| 表玉柏石松醇碱 | epilobscurinol |
| 3-表玉蕊精酸 | 3-epibartogenic acid |
| 8-表玉叶金花诺苷 | 8-epimussaenoside |
| 表郁金香内酯(表美国鹅掌楸内酯、表美鹅掌楸内酯) | epitulipinolide |
| 表郁金香内酯二表环氧化物 | epitulipinolide diepoxide |
| 表愈创吡啶 | epiguaipyridine |
| 表愈创二醇A | epiguaidiol A |
| 表原莪术烯醇 | epiprocurcumenol |
| 表原告伊春苷 | epiprogoitrin |
| 4-表云南石梓二醇-4-*O*-β-D-吡喃葡萄糖苷 | 4-epigummadiol-4-*O*-β-D-glucopyranoside |
| 7-表云南紫杉宁A | 7-epitaxuyunnanine A |
| 3-表杂康丝碱(3-表杂锥丝碱、3-表异止泻木奈辛) | 3-epiheteroconessine |
| 表杂锥丝碱 | epiheteroconessine |
| 表甾醇[麦角甾-7, 24 (28)-二烯醇] | episterol [ergost-7, 24 (28)-dienol] |
| 表皂皮酸 | epiquillaic acid |
| 16-表皂皮酸 | 16-epiquillaic acid |

| | |
|---|---|
| 16-表皂皮酸甲酯 | methyl 16-epiquillate |
| 表泽兰氧化苦内酸酯 | epieupatoroxin |
| 10-表泽兰氧化苦内酯 | 10-epieupatoroxin |
| 表泽漆平(表泽漆品)A～F | epieuphoscopins A～F |
| 表泽泻醇 A | epialisol A |
| 1-表粘性旋覆花内酯 | 1-epiinuviscolide |
| 8-表粘性旋覆花内酯 | 8-epiinuviscolide |
| 表樟脑 | epicamphor |
| 表芝麻素(表芝麻脂素) | episesamin |
| (+)-表芝麻素酚-6-儿茶酚 | (+)-episesaminol-6-catechol |
| (+)-表芝麻素酮 | (+)-episesaminone |
| 表芝麻素酮 | episesaminone |
| (+)-表芝麻素酮-9-*O*-β-D-槐糖苷 | (+)-episesaminone-9-*O*-β-D-sophoroside |
| D-表芝麻脂素 | D-episesamin |
| 表栀素馨苷(表栀子诺苷)A～H | epijasminosides A～H |
| (–)-表珠果黄堇碱 | (–)-epicorynoxidine |
| 7-表猪胶树酮 | 7-epiclusianone |
| 表竹柏内酯 | epinagilactone |
| 3-表竹柏内酯 A～C | 3-epinagilactones A～C |
| 16-表竹柴胡苷 I | 16-epichikusaikoside I |
| 表锥丝胺 | epiconamine |
| 3-表锥丝胺 | 3-epiconamine |
| 髭脉桤叶树酸(马尾柴酸) | 4-epibarbinervic acid |
| 4-表髭脉桤叶树酸(4-表马尾柴酸) | 4-epibarbinervic acid |
| 表梓酚 | epicatalponol |
| 表梓素 | epicatalpin |
| 表紫草茸虫胶酸 | epilaccishellolic acid |
| 表紫花前胡醇 | epidecursinol |
| 3′-表紫花前胡醇 | 3′-epidecursinol |
| (+)-14-表紫堇醇灵碱 | (+)-14-epicorynoline |
| 表紫堇醇灵碱 | epicorynoline |
| 表紫堇西明碱 | epicoryximine |
| 7-表紫杉醇 | 7-epitaxol |
| (+)-表紫杉叶素 | (+)-epitaxifolin |
| 表紫菀醇 | epishionol |
| 8-表紫菀内酯 | 8-epiasterolide |
| 别赤霉低酸 | allogibberic acid |
| 别胆酸 | allocholic acid |
| 别胆甾醇 | allocholesterol |
| 别鹅脱氧胆酸 | allochenodeoxycholic acid |

| | |
|---|---|
| 别甘草异黄酮 A | allolicoisoflavone A |
| 别古太酚 | bigutol |
| α-别红藻氨酸 (α-别海人草酸) | α-allokainic acid |
| 别荒漠木烯酮 | alloeremophilone |
| L-别景天胺 | L-allosedamine |
| 别孔雀草素 (别万寿菊素) | allopatuletin |
| (+)-别苦参碱 | (+)-allomatrine |
| 别苦参碱 | allomatrine |
| 别硫双萍蓬定 | allothiobinupharidine |
| 别罗勒烯 | alloocimene |
| 别美花椒内酯 | alloxanthoxyletin |
| 别木天蓼醇 | allomatatabiol |
| 别欧前胡素 (别欧前胡内酯、别欧芹属素乙) | alloimperatorin |
| 别欧前胡素甲醚 (别欧前胡内酯甲醚) | alloimperatorin methyl ether |
| 别鳝藤碱 | alloanodendrine |
| 别石胆酸 | allolithocholic acid |
| 别苏氨酸 | allothreonine |
| 别藤黄酸 | allogambogic acid |
| 别蹄盖蕨酚 | alloathyriol |
| 别土木香内酯 | alloalantolactone |
| 别维一叶萩碱 | allovirosecurinine |
| 别喜马拉雅杉醇 | alohimachlol |
| 别喜马雪松醇 | allohimachalol |
| 别香橙-4β, 10α-二醇 | alloaromadendr-4β, 10α-diol |
| 别香橙烯 (别香树烯) | alloaromadendrene |
| (+)-别香树-4α, 10β-二醇 | (+)-alloaromadendrane-4α, 10β-diol |
| 4-别香树醇-4-*O*-(2′-乙酰氧基-β-D-吡喃岩藻糖苷) | 4-alloaromadendrol-4-*O*-(2′-acetoxy-β-D-fucopyranoside) |
| 4-别香树醇-4-*O*-[2′-(2″-甲丙酰基)-β-D-吡喃岩藻糖苷] | 4-alloaromadendrol-4-*O*-[2′-(2″-methyl propanoyl)-β-D-fucopyranoside] |
| 4-别香树醇-4-*O*-[2′-(2″-甲基-2″-丁烯酰基)-β-D-吡喃岩藻糖苷] | 4-alloaromadendrol-4-*O*-[2′-(2″-methyl-2″-crotonoyl)-β-D-fucopyranoside] |
| 4-别香树醇-4-*O*-[2′-(5″-甲丁酰基)-β-D-吡喃岩藻糖苷] | 4-alloaromadendrol-4-*O*-[2′-(5″-methyl butyryl)-β-D-fucopyranoside] |
| 4-别香树醇-4-*O*-[2′-(6″-甲戊烯酰基)-β-D-吡喃岩藻糖苷] | 4-alloaromadendrol-4-*O*-[2′-(6″-methyl pentenoyl)-β-D-fucopyranoside] |
| 别小叶厚壳树醌 (别基及树酮) | allomicrophyllone |
| 别新吉托司廷 | alloneogitostin |
| 别蕈毒碱 | allomuscarine |
| 别洋地黄苷 | allodigitalin |
| 别药水苏苷 | allobetonicoside |

| | |
|---|---|
| 别一叶萩碱 | allosecurinine |
| 别异亮氨酸 | alloisoleucine |
| 别异欧前胡素(别异欧前胡内酯) | alloisoimperatorin |
| 别异闪白酸 | alloisoleucic acid |
| α-别隐品碱(α-崖椒碱、α-花椒碱) | α-allocryptopine (α-fagarine) |
| 别育亨宾 | alloyohimbine |
| 别孕烯醇酮 | allopregenolone |
| 别甾基甲酸 | alloetianic acid |
| 别藻青素 | allophycocyanin |
| 宾乌碱(宾川乌头碱) | duclouxine |
| 宾夕法尼亚碱 | pennsylvanine |
| 滨海前胡醇A、B | peujaponisinols A, B |
| 滨海前胡苷 | peujaponiside |
| 滨海前胡素(防葵素) | peujaponisin |
| 滨蒿内酯(七叶树内酯二甲醚、二甲基七叶苷元、七叶亭二甲醚、6, 7-二甲氧基香豆素、蒿属香豆精、马栗树皮素二甲醚) | scoparone (aesculetin dimethyl ether, 6, 7-dimethoxycoumarin) |
| 滨蒿醛 | scoparal |
| 滨蓟黄苷(蓟素) | cirsitakaoside (cirsimarin) |
| 滨蓟素 | cirsimartin |
| 滨藜叶分药花苷 | atroside |
| 滨生全能花星碱(朱顶红精碱) | pancracine (hippagine) |
| 槟榔次碱(槟榔因) | arecaidine (arecaine) |
| 槟榔次碱盐酸盐 | arecaidine hydrochloride |
| 槟榔啶 | arecaidine |
| 槟榔副碱(槟榔里定) | arecolidine |
| 槟榔红色素 | areca red |
| 槟榔碱 | arecoline |
| 槟榔鞣质A、B | arecatannins A, B |
| 槟榔三聚体 | AC-trimer |
| 槟榔生物碱 | areca alkaloid |
| 槟榔素 | arecin |
| 槟榔因(槟榔次碱) | arecaine (arecaidine) |
| 髌骨海鞘酰胺A～C | patellamides A～C |
| 冰草烯 | agropyrene |
| 冰岛青霉灵 | skyrin |
| 冰岛衣醌 | isolandoquinone |
| 冰岛衣酸 | cetraric acid |
| 冰岛罂粟醇 | nudicaulinol |
| 冰片烯 | bornylene |

| | |
|---|---|
| 2-(丙-1-炔基)-5-(5, 6-二羟基-1, 3-己二炔基) 噻吩 | 2-(prop-1-ynyl)-5-(5, 6-dihydroxy-1, 3-hexadiynyl) thiophene |
| 2-(丙-1-炔基)-5-(6-乙酰氧基-5-羟基-1, 3-己二炔基) 噻吩 | 2-(prop-1-ynyl)-5-(6-acetoxy-5-hydroxy-1, 3-hexadiynyl) thiophene |
| 6, 7-(丙 [1] 烯 [1] 基 [3] 亚基) 苯并 [*a*] 庚环并 [*e*] [8] 轮烯 | 6, 7-(prop [1] en [1] yl [3] ylidene) benzo [*a*] cyclohepta [*e*] [8] annulene |
| 丙-1, 2, 3-三醇三 (十八酸酯) | prop-1, 2, 3-triyl tri (octadecanoate) |
| (2*S*)-丙-1, 2-二羟基-1-*O*-(6-*O*-咖啡酰基)-β-D-吡喃葡萄糖苷 | (2*S*)-prop-1, 2-dihydroxy-1-*O*-(6-*O*-caffeoyl)-β-D-glucopyranoside |
| (2*S*)-丙-1, 2-二羟基-1-*O*-β-D-吡喃葡萄糖苷 | (2*S*)-prop-1, 2-dihydroxy-1-*O*-β-D-glucopyranoside |
| 丙-1, 3-叉基二氰化物 | propane-1, 3-diyl dicyanide |
| (2*S*)-丙-1, 2, 3-三醇-2-乙酸酯-1-十六酸酯-3-[(9*Z*)-十八碳-9-烯酸酯] | (2*S*)-prop-1, 2, 3-triol-2-acetate-1-hexadecanoate-3-[(9*Z*)-octadec-9-enoate] |
| 丙-2-酮 | propan-2-one |
| 1-(丙-2-亚基)-2, 4-二甲基氨基脲 | 1-(propan-2-ylidene)-2, 4-dimethyl semicarbazide |
| 4-(丙-2-亚基肼亚基) 环己-2, 5-二烯-1-甲酸 | 4-(propan-2-ylidenehydrazinylidene) cyclohex-2, 5-dien-1-carboxylic acid |
| 4-(丙-2-亚基腙基) 环己-2, 5-二烯-1-甲酸 | 4-(propan-2-ylidenehydrazono) cyclohex-2, 5-dien-1-carboxylic acid |
| DL-丙氨酸 | DL-alanine |
| D-丙氨酸 | D-alanine |
| L-丙氨酸 | L-alanine |
| 丙氨酸 | alanine |
| α-丙氨酸 | α-alanine |
| β-丙氨酸 | β-alanine |
| L-丙氨酸丁氨酸硒醚 | L-selenocystathionine |
| 丙氨酸甲酯 | methyl L-alaninate |
| L-丙氨酰-L-亮氨酸酐 | L-alanyl-L-leucine anhydride |
| L-丙氨酰-L-缬氨酸 | L-alanyl-L-valine |
| L-丙氨酰-L-异亮氨酸 | L-alanyl-L-isoleucine |
| L-丙氨酰-L-异亮氨酸酐 | L-alanyl-L-isoleucine anhydride |
| 丙胺 | propyl amine |
| 丙醇 | propanol (propyl alcohol) |
| 1, 2-丙二醇 | 1, 2-propanediol |
| 丙二醇 | propanediol |
| 丙二酸 | malonic acid (propanedioic acid) |
| 丙二酸 | propanedioic acid (malonic acid) |
| 7-(6-*O*-丙二酸单酰基-β-D-吡喃葡萄糖氧基)-3-(4-羟苯基)-4*H*-1-苯并吡喃-4-酮 | 7-(6-*O*-malonyl-β-D-glucopyranosyloxy)-3-(4-hydroxyphenyl)-4*H*-1-benzopyran-4-one |
| 6-*O*-丙二酸单酰基-β-甲基-D-吡喃葡萄糖苷 | 6-*O*-malonyl-β-methyl-D-glucopyranoside |
| 丙二酸单酰基阿伏巴苷 | malonyl awobanin |

| 丙二酸单酰基-反式-紫苏宁 | malonyl-*trans*-shisonin |
|---|---|
| 丙二酸单酰基矢车菊素-3-单葡萄糖苷 | malonyl cyanidin-3-monoglucoside |
| 丙二酸单酰基-顺式-紫苏宁 | malonyl-*cis*-shisonin |
| 丙二酸单酰基紫苏宁 | malonyl shisonin |
| 3-*O*-丙二酸单酰苦瓜素 I | 3-*O*-malonyl momordicine I |
| 19-丙二酸单酰氧基-对映-异海松-8 (9), 15-二烯 | 19-malonyloxy-*ent*-isopimar-8 (9), 15-diene |
| 丙二酸丁酯 | butyl malonate |
| 丙二酸乙甲酯 | ethyl methyl malonate |
| 丙二酰柴胡皂苷 A～D | malonyl saikosaponins A～D |
| 丙二酰大豆黄素 | malonyl daidzein |
| 丙二酰基 (丙二酰、丙二酸单酰基) | malonyl |
| 6″-丙二酰基绞股蓝皂苷 Ⅴ (6″-丙二酸单酰基绞股蓝苷 Ⅴ) | 6″-malonyl gypenoside Ⅴ |
| 6″-*O*-丙二酰基染料木苷 | 6″-*O*-malonyl genistin |
| 丙二酰染料木素 | malonyl genistein |
| 6″-丙二酰人参皂苷 | 6″-malonyl ginsenoside |
| 6″-丙二酰人参皂苷 (丙二酸单酰基人参皂苷) Rb1～Rb3、Rc、Rd | 6″-malonyl ginsenosides Rb1～Rb3, Rc, Rd |
| 丙二酰人参皂苷 Rb1～Rb3、Rc、Rd、Rg1 | malonyl ginsenosides Rb1～Rb3, Rc, Rd, Rg1 |
| 丙二酰田七皂苷 Fa、$R_4$ | malonyl notoginsenosides Fa, $R_4$ |
| 丙二酰乌巴宁 | malonyl awabanin |
| 丙二酰溴氯 | malonyl bromide chloride |
| 2-丙基-2-庚烯醛 | 2-propyl-2-heptenal |
| 2-*N*-丙基-1, 3-二氧戊环 | 2-*N*-propyl-1, 3-dioxolane |
| 4-丙基-1, 6-庚二烯-4-醇 | 4-propyl-1, 6-heptadien-4-ol |
| 8-丙基-10-乙基半边莲碱酮醇 | 8-propyl-10-ethyl lobelionol |
| 2-丙基-1-癸醇 | 2-propyl-1-decanol |
| 2-丙基-1-炔基-5′-(2-羟基-3-氯化丙基) 二噻吩 | 2-prop-1-inyl-5′-(2-hydroxy-3-chloropropyl) dithiophene |
| α-丙基-2-呋喃乙醛 | α-propyl-2-furanacetaldehyde |
| 丙基-3-(2, 4, 5-三甲氧基) 苄氧基戊-2, 4-二酮 | propyl-3-(2, 4, 5-trimethoxy) benzyloxypent-2, 4-dione |
| 24-丙基-3β-羟基胆甾-5-烯 | 24-propyl-3β-hydroxycholest-5-ene |
| 丙基-4-羟丁基邻苯二甲酸二酯 | propyl-4-hydroxybutyl phthalate |
| (*S*)-丙基-L-半胱氨酸 | (*S*)-propyl-L-cysteine |
| 丙基柏木醚 | cedrol propyl ether |
| *n*-丙基苯 | *n*-propyl benzene |
| 1-丙基苯 | 1-propyl benzene |
| (*S*)-2-[5-(3-β-D-丙基吡喃葡萄糖氧基)-4-羟基-3-甲氧苯氧基] 丙醇 | (*S*)-2-[5-(3-β-D-glucopyranoxypropyl)-4-hydroxy-3-methoxyphenoxy] propanol |
| 丙基丙烯基三硫化物 | propyl propenyl trisulfide |

| | |
|---|---|
| 2-丙基呋喃 | 2-propyl furan |
| 丙基环己烷 | propyl cyclohexane |
| 2-丙基环戊酮 | 2-propyl cyclopentanone |
| 丙基环戊烷 | propyl cyclopetane |
| 丙基烯丙基二硫化物 | propyl allyl disulfide |
| 丙基异丙基二硫化物 | propyl isopropyl disulfide |
| 丙硫醇 | propane-1-thiol |
| 丙硫代酸酐 | thiopropionic anhydride |
| 9-(丙硫基)-2, 5, 8, 11-四氧杂十三烷 | 9-(propyl sulfanyl)-2, 5, 8, 11-tetraoxatridecane |
| 丙硫醛 *S*-氧化物 | propanethial *S*-oxide |
| 丙硫酮 | thioketone |
| 2$\lambda^6$-丙硫烷 | 2$\lambda^6$-trisulfane |
| 丙硫烷二磺酸 | trisulfanedisulfonic acid |
| β-丙内酯 | β-propiolactone |
| 丙桥 | propano |
| 1, 1′-丙桥二茂铁 | 1, 1′-propanoferrocene |
| 1*H*-1, 3-丙桥环丁熳并 [*a*] 茚 | 1*H*-1, 3-propanocyclobuta [*a*] indene |
| 丙醛 | propanal (propionaldehyde) |
| 丙醛-*O*-乙基单硫半缩醛 | propanal-*O*-ethyl monothiohemiacetal |
| 丙醛-*O*-乙基肟 | propanal-*O*-ethyl oxime |
| 丙醛-*S*-乙基-*O*-甲基单硫缩醛 | propanal-*S*-ethyl-*O*-methyl monothioacetal |
| 丙醛二甲基缩醛 | propanal dimethyl acetal |
| 丙醛二乙基缩醛 (1, 1-二乙氧基丙烷) | propanal diethyl acetal (1, 1-diethoxypropane, propionaldehyde diethyl acetal) |
| 丙醛环-1, 2-乙叉基缩醛 (2-乙基-1, 3-二氧杂戊环烷) | propanal cyclic 1, 2-ethanediyl acetal (2-ethyl-1, 3-dioxolane) |
| 丙醛酸 | malonaldehydic acid |
| 丙醛肟 | propanal oxime |
| 丙醛乙基二硫半缩醛 | propanal ethyl dithiohemiacetal |
| 丙醛腙 | propanal hydrazone |
| 丙炔酸 | propiolic acid |
| 丙三醇-α-L-呋喃阿拉伯糖基-(1→4)-β-D-吡喃葡萄糖苷 | propanetriol-α-L-arabinofuranosyl-(1→4)-β-D-glucopyranoside |
| 丙酸 | propanoic acid (propionic acid) |
| 丙酸 α-松油醇酯 | α-terpenyl propionate |
| 丙酸苄酯 | benzyl propionate |
| 丙酸橙花醇酯 | nerol propionate |
| 丙酸丁酯 | butyl propionate |
| 丙酸对羟基苯乙酯 | *p*-hydroxyphenyl ethyl propanoate |
| 丙酸芳樟醇酯 | linalyol propionate |

| 丙酸桂皮酯 | cinnamyl propionate |
|---|---|
| 丙酸己酯 | hexyl propionate |
| 丙酸甲酯 | methyl propionate |
| 丙酸龙脑酯 | bornyl propionate |
| 丙酸牻牛儿醇酯 | geranyl propionate (geraniol propionate) |
| 丙酸牻牛儿醇酯 | geraniol propionate (geranyl propionate) |
| 丙酸松油酯 | terpineol propionate |
| α-丙酸松油酯 | α-terpinyl propionate |
| 丙酸酰肼 | propionic acid hydrazide |
| 丙酸香茅酯 | citronellyl propionate |
| 丙酸乙硫代酸硫代酸酐 | propionic thioacetic thioanhydride |
| 丙酸乙硫代酸酸酐 | propionic thioacetic anhydride |
| 丙酸乙酯 | ethyl propionate |
| 丙酮 | acetone (propanone) |
| 丙酮 | propanone (acetone) |
| 丙酮-2, 4-二甲基缩氨基脲 | acetone-2, 4-dimethyl semicarbazone |
| 丙酮二甲基腙 | acetone dimethyl hydrazone |
| 丙酮基牻牛儿素 (叶下珠素 D) | acetonyl geraniin A (phyllanthusiin D) |
| 19-丙酮基异伏康树碱 | 19-acetonyl isovoacangine |
| 丙酮双腙 | acetone azine |
| 丙酮水合氧基前胡素 | oxypeucedanin hydrate acetonide |
| 丙酮酸 | pyroracemic acid (pyruvic acid) |
| 丙酮酸钠盐 | pyruvic acid sodium salt |
| 丙酮酸乙酯 | ethyl pyruvate |
| 丙烷 | propane |
| 5′-丙烷二醇穗罗汉松树脂酚苷 | 5′-propanediolmatairesinoside |
| 丙烯 | propene (propylene) |
| 2-丙烯-1-硫代亚璜酸 *S*-甲酯 | *S*-methyl 2-propen-1-thiosulfinate |
| 2-丙烯-1-亚磺酸基硫代酸 *S*-1-丙烯酯 | 2-propen-1-sulfinothioic acid *S*-1-propenyl ester |
| 丙烯二醇 | propylene glycol |
| 5-(2-丙烯基)-1, 3-苯并二氧杂环戊烯 | 5-(2-propenyl)-1, 3-benzodioxole |
| 5-(2-丙烯基)-7-甲氧基-2-(3, 4-亚甲基二氧苯基) 苯并呋喃 | 5-(2-propenyl)-7-methoxy-2-(3, 4-methylenedioxyphenyl) benzofuran |
| (*S*)-(1-丙烯基)-L-半胱氨酸 *S*-氧化物 | (*S*)-(1-propenyl)-L-cysteine *S*-oxide |
| 2-(2-丙烯基) 苯酚 | 2-(2-propenyl) phenol |
| 2-(2-*O*-丙烯基) 乙醛 | 2-(2-*O*-propenyl) acetaldehyde |
| (*S*)-丙烯基-L-半胱氨酸 | (*S*)-propenyl-L-cysteine |
| T-丙烯基-T-D-4-铵基甘露糖 | T-propenyl-T-D-4-ammonium mannose |
| 2-丙烯基苯 | 2-propenyl benzene |
| 4-丙烯基苯酚 | 4-propenyl phenol |

| | |
|---|---|
| 2-丙烯基二硫化物 (2-烯丙基二硫化物) | 2-propenyl disulfide (2-allyl disulfide) |
| 1-丙烯基环己烷 | 1-propenyl cyclohexane |
| 2-丙烯基芥子油苷 | 2-propenyl glucosinolate |
| 1-丙烯基硫代亚磺酸甲酯 | methyl 1-propenyl thiosulfinate |
| (*E*)-1-丙烯基硫代亚磺酸甲酯 | (*E*)-1-propenyl thiosulfinic acid methyl ester |
| 丙烯基异丙基硫醚 [3-(1-甲乙基硫醇)-1-丙烯] | 3-(1-methyl ethyl thiol)-1-propene |
| (*E*)-丙烯醛基烯丙基二硫化物 | (*E*)-allyl disulfanyl propenal |
| 丙烯酸 | acrylic acid (propenoic acid) |
| 丙烯酸 | propenoic acid (acrylic acid) |
| (2*E*)-2-丙烯酸-3 (3, 4-二羟苯基) 二十二酯 | (2*E*)-2-propenoic acid-3 (3, 4-dihydroxyphenyl) decosyl ester |
| 2-丙烯酸-3 (4′-羟苯基)-(4″-羧基苯基) 酯 | 2-propenoic acid-3-(4′-hydroxyphenyl)-(4″-carboxyl)-phenyl ester |
| 丙烯酸丁酯 | butyl acrylate |
| 丙烯酸甲酯 | methyl acrylate |
| 1-(3-丙烯酸乙酯)-7-醛基咔啉 | 1-(3-ethyl acrylate)-7-aldehydocarboline |
| 丙烯酰胺 | acrylamide (acrylic amide, propenamide) |
| 丙烯酰胆碱 | acryloyl choline |
| 丙烯酰基 | acryloyl (acryl) |
| 4-丙烯氧基香豆素 | 4-propenoxycoumarin |
| 4-丙烯愈创木酚 (异丁香酚、异丁香油酚) | 4-propenyl guaiacol (isoeugenol) |
| (*Z*)-6-*O*-(6″-丙酰基-β-D-吡喃葡萄糖基)-6, 7, 3′, 4′-四羟基橙酮 | (*Z*)-6-*O*-(6″-propionyl-β-D-glucopyranosyl)-6, 7, 3′, 4′-tetrahydroxyaurone |
| 丙酰基胆碱 | propionyl choline |
| 8β-丙酰基旋覆花索尼内酯 | 8β-propionyl inusoniolide |
| 丙酰基氧代南五味子烷 | propionyl oxokadsurane |
| 丙酰基紫草素 | propionyl shikonin |
| 8α-丙酰氧基脱氢木香内酯 | 8α-propionyloxydehydrocostuslactone |
| 1′-丙氧基-2′, 3′-二羟基土荆皮乙酸酯 | 2′, 3′-dihydroxy-1′-propoxypseudolarate B |
| 16-丙氧基番木鳖碱 | 16-propoxystrychnine |
| 4-丙氧亚基-3, 5-二甲氧基对苯二酚 | 4-acetonyl-3, 5-dimethoxy-*p*-quinol |
| 丙氧亚基白屈菜红碱 | acetonyl chelerythrine |
| 丙氧亚基斑点亚洲罂粟米定碱 | acetonyl reframidine |
| 丙氧亚基二氢白屈菜红碱 | acetonyl dihydrochelerythrine |
| 8-丙氧亚基二氢白屈菜红碱 | 8-acetonyl dihydrochelerythrine |
| (±)-8-丙氧亚基二氢白屈菜红碱 (丙酮基二氢白屈菜红碱) | (±)-8-acetonyl dihydrochelerythrine |
| 11-丙氧亚基二氢光叶花椒碱 | 11-acetonyl dihydronitidine |
| 8-丙氧亚基二氢簕欓碱 | 8-acetonyl dihydroavicine |
| 丙氧亚基二氢血根碱 | acetonyl dihydrosanguinarine |

| 6-丙氧亚基二氢血根碱 | 6-acetonyl dihydrosanguinarine |
|---|---|
| 丙氧亚基麝香草酚-8, 9-二缩酮 | acetonyl thymol-8, 9-diyl ketal |
| 丙氧亚基隐掌叶防己碱 | acetonyl muramine |
| 6-丙氧亚基紫堇醇灵碱 | 6-acetonyl corynoline |
| 柄果花椒素 A | zanthpodocarpin A |
| 柄果花椒酰胺 | podocarpumide |
| 柄果木醇 1、2 | schleicheols 1, 2 |
| 柄果木斯泰汀 1～7 | schleicherastatins 1～7 |
| 柄果脂素 Ⅰ、Ⅱ | podocarpins Ⅰ, Ⅱ |
| 柄花茜草酮 A | Rubipodanone A |
| 柄苣醌 | pedicinin |
| 柄苣素 (柄花长蒴苣苔素) | pedicin |
| 并八苯 | octacene |
| 并庚轮 (并庚轮烯、并庚熳环、庚塔烯) | heptalene |
| 并菇素 | lecythophorin |
| 并九苯 | nonacene |
| 并六苯 | hexacene |
| 并轮 | polyalene |
| 并没食子鞣酸 | ellagitannic acid |
| 并没食子鞣质 D-1～D-13 | ellagitannins D-1～D-13 |
| 并没食子酸 (鞣花酸、胡颓子酸) | benzoaric acid (gallogen, ellagic acid, elagostasine) |
| 并没食子酸 (鞣花酸、胡颓子酸) | gallogen (ellagic acid, elagostasine, benzoaric acid) |
| 并七苯 | heptacene |
| 并十苯 | decacene |
| 并四苯 | naphthacene |
| 并五苯 | pentacene |
| 并戊轮 (并环戊熳、并环戊二烯) | pentalene |
| (+)-波翅芹素 | (+)-pteryxin |
| 8 (14)-波的卡本-13-酮-18-酸 | 8 (14)-podocarpen-13-one-18-oic acid |
| (+)-波尔定 | (+)-boldine |
| 波尔定碱 (波尔定、包尔定) | boldine |
| 波尔定碱二甲基醚 (海罂粟碱) | boldine dimethyl ether (glaucine) |
| 波尔号内酯 | polhovolide |
| 波戈甾醇 | pogosterol |
| 波哈斯卡素 A～C | pawhuskins A～C |
| 波拉霉素 A、B | polaramycins A, B |
| 波棱瓜丙烯醛 | herpepropenal |
| 波棱瓜定 | herpecaudin |
| 波棱瓜灵 A、B | herpetosperins A, B |
| 波棱瓜内酯 A、B | herpetolides A, B |

| 波棱瓜三醇 (波棱瓜三聚托醇) | herpetoriol |
|---|---|
| 波棱瓜三聚酮 | herpetrione |
| 波棱瓜四聚二酮 | herpetetradione |
| 波棱瓜四聚酮 | herpetetrone |
| 波棱瓜亭 | herpetin |
| 波棱瓜五聚醇 | herpepentol |
| 波棱瓜烯醇 | herpetenol |
| 波棱瓜脂醇 (波棱瓜醇) | herpetol |
| 波棱瓜脂醇 B、C | herpetols B, C |
| 波棱醛 | herpetal |
| 波棱三醇 (波棱瓜三聚醇) | herpetriol |
| 波棱四醇 | herpetetraol |
| 波棱酮 | herpetone |
| 波利安替宁 | polyanthinin |
| 波利麻疯树宁 A～C | pohlianins A～C |
| 波鲁酯 | berulide |
| 波罗蜜宾 | artocarbene |
| 波罗蜜酚宁 A | heteroartonin A |
| 波罗蜜呋喃 | carpelastofuran |
| 波罗蜜呋喃醇 | artocarpfuranol |
| 波罗蜜黄烷香豆素 | artoflavanocoumarin |
| 波罗蜜米亭 A～C | artocarmitins A～C |
| 波罗蜜明 A～D | artocarmins A～D |
| 波罗蜜普辛 A～C | artocarpusins A～C |
| 波罗蜜素 (桂木黄素、波罗蜜品) | artocarpin |
| 波罗蜜素 A～J | artoheterophyllins A～J |
| 波罗蜜亭 (降桂木生黄亭、次桂木黄素) | artocarpetin |
| 波罗蜜亭 A、B | artocarpetins A, B |
| 波罗蜜酮 B | artocarpone B |
| 波罗蜜烯 | artocarpene |
| 波罗蜜芪 A | artocarstilbene A |
| 波罗皮醇 A、B | boropinols A, B |
| 波那拉酮 A | ponalactone A |
| β-波旁烯 (β-波旁老鹳草烯) | β-bourbonene |
| 波旁烯 (波旁老鹳草烯) | bourbonene |
| 波氏吴萸素 | evorubodinin |
| 波斯常春藤皂苷 F | hederacholichiside F |
| 波斯菊萜 | cosmene |
| 波斯石蒜明 (恩其明) | ungeremine |
| 波斯益母草素 A～G | leopersins A～G |

| 波特二醇 | pteroglycol |
|---|---|
| 波特藁本聚肽 | triligustilide |
| 波特色酚 (嚏木色烯醇) | pterochromenol (ptaerochromenol) |
| 波特色酚甲醚 | ptaerochromenol methyl ether |
| 波纹桩菇素 A～Q | curtisians A～Q |
| 波希鼠李苷 (美鼠李苷、药鼠李素苷) C、D | cascarosides C, D |
| 波叶刚毛果苷 | uzarin |
| (3*R*, 5*S*, 8*R*, 9*S*, 10*S*, 13*R*, 14*S*, 17*R*, 20*Z*, 2′*R*)-3-*O*-波叶刚毛果苷元乳酸酯 | (3*R*, 5*S*, 8*R*, 9*S*, 10*S*, 13*R*, 14*S*, 17*R*, 20*Z*, 2′*R*)-3-*O*-uzarigenin lactate |
| (3*R*, 5*S*, 8*R*, 9*S*, 10*S*, 13*R*, 14*S*, 17*R*, 20*Z*, 2′*S*)-3-*O*-波叶刚毛果苷元乳酸酯 | (3*R*, 5*S*, 8*R*, 9*S*, 10*S*, 13*R*, 14*S*, 17*R*, 20*Z*, 2′*S*)-3-*O*-uzarigenin lactate |
| 波叶鸡骨常山碱 | undulifoline |
| 波叶碱 | undulatine |
| 波叶尼润碱 | nerundine |
| 波叶青牛胆醇 A | tinocrispol A |
| 波叶青牛胆苷 | tinocrisposide |
| 波叶青牛胆苷 A | tinoscorside A |
| 波叶青牛胆萜醇 E | rumphiol E |
| 波叶素 (大黄酯素) | rheumin |
| 波叶血桐宁 A | repandinin A |
| 波叶因 | undunerine |
| 波状酮 (波叶苦樗酮) | undulatone |
| 玻热米酸 (积雪草咪酸、6β-羟基积雪草酸) | brahmic acid (madecassic acid, 6β-hydroxyasiatic acid) |
| 玻色因 (羟丙基四氢吡喃三醇) | hydroxypropyl tetrahydropyrantriol |
| 菠菜苷 C、D | spinacosides C, D |
| 菠菜亭素 | spinatin |
| 菠菜托苷 | spinatoside |
| 菠菜烯 | spicnacene |
| A-菠菜甾醇 | A-spinasterol |
| 5α-菠菜甾醇 | 5α-spinasterol |
| γ-菠菜甾醇 | γ-spinasterol |
| $\Delta^7$-菠菜甾醇 | $\Delta^7$-spinasterol |
| β-菠菜甾醇 | β-spinasterol |
| α-菠菜甾醇 (α-菠甾醇、7, 22-豆甾二烯-3β-醇) | bessisterol (α-spinasterin, α-spinasterol, stigmast-7, 22-dien-3β-ol) |
| α-菠菜甾醇 (α-菠甾醇、7, 22-豆甾二烯-3β-醇) | α-spinasterol (α-spinasterin, bessisterol, stigmast-7, 22-dien-3β-ol) |
| 菠菜甾醇 (菠甾醇) | spinasterol |
| α-菠菜甾醇-3-*O*-β-D-(6′-亚油酰基) 吡喃葡萄糖苷 | α-spinasteryl-3-*O*-β-D-(6′-linoleoyl) glucopyranoside |
| α-菠菜甾醇-3-*O*-β-D-(6′-棕榈酰基) 吡喃葡萄糖苷 | α-spinasteryl-3-*O*-β-D-(6′-palmitoyl) glucopyranoside |

| 菠菜甾醇-3-*O*-β-D-吡喃葡萄糖苷 | spinasterol-3-*O*-β-D-glucopyranoside |
|---|---|
| α-菠菜甾醇-3-*O*-β-D-吡喃葡萄糖苷 | α-spinasteryl-3-*O*-β-D-glucopyranoside |
| α-菠菜甾醇-3-*O*-β-D-吡喃葡萄糖苷-6′-*O*-棕榈酸酯 | α-spinasteryl-3-*O*-β-D-glucopyranoside-6′-*O*-palmitate |
| α-菠菜甾醇-3-*O*-β-D-葡萄糖苷 | α-spinasteryl-3-*O*-β-D-glucoside |
| α-菠菜甾醇-β-D-吡喃葡萄糖基-(1→2)-β-D-吡喃葡萄糖基-(1→2)-β-D-吡喃葡萄糖苷 | α-spinasteryl-β-D-glucopyronosyl-(1→2)-β-D-glucopyranosyl-(1→2)-β-D-glucopyranoside |
| α-菠菜甾醇-β-D-吡喃葡萄糖基-(1→4)-β-D-吡喃葡萄糖苷 | α-spinasteryl-β-D-glucopyranosyl-(1→4)-β-D-glucopyranoside |
| α-菠菜甾醇二十八酸酯 | α-spinasteryl octacosanoate |
| α-菠菜甾醇己酸酯 (α-菠甾醇己酸酯) | α-spinasteryl caproate |
| α-菠菜甾醇龙胆二糖苷 | α-spinasteryl gentiobioside |
| α-菠菜甾醇葡萄糖苷 | α-spinasteryl glucoside |
| α-菠菜甾醇乙酸酯 | α-spinasteryl acetate |
| α-菠菜甾醇棕榈酸酯 | α-spinasteryl palmitate |
| 菠菜甾酮 (菠甾酮) | spinasterone |
| 菠菜皂苷 | oleragenoside |
| 菠菜皂苷 A、B | spinasaponins A, B |
| 菠萝蛋白酶 | bromelin |
| 菠萝酸酯 | ananasate |
| 菠叶素 (菠菜亭) | spinacetin |
| 菠叶素-3-*O*-β-D-(2″-阿魏酰基吡喃葡萄糖基)-(1→6)-[β-D-呋喃芹糖基-(1→2)]-β-D-吡喃葡萄糖苷 | spinacetin-3-*O*-β-D-(2″-feruloyl glucopyranosyl)-(1→6)-[β-D-apiofuranosyl-(1→2)]-β-D-glucopyranoside |
| 菠叶素-3-*O*-β-D-(2″-对香豆酰吡喃葡萄糖基)-(1→6)-[β-D-呋喃芹糖 (1→2)]-β-D-吡喃葡萄糖苷 | spinacetin-3-*O*-β-D-(2″-*p*-coumaroylglucopyranosyl)-(1→6)-[β-D-apiofuranosyl-(1→2)]-β-D-glucopyranoside |
| 菠叶素-3-*O*-β-D-(2″阿魏酰基吡喃葡萄糖基)-(1→6)-β-D-吡喃葡萄糖苷 | spinacetin-3-*O*-β-D-(2″feruloyl glucopyranosyl)-(1→6)-β-D-glucopyranoside |
| 菠叶素-3-*O*-β-D-吡喃葡萄糖基-(1→6)-[β-D-呋喃芹糖基-(1→2)]-β-D-吡喃葡萄糖苷 | spinacetin-3-*O*-β-D-glucopyranosyl-(1→6)-[β-D-apiofuranosyl-(1→2)]-β-D-glucopyranoside |
| 菠叶素-3-龙胆二糖苷 | spinacetin-3-gentiobioside |
| α-菠甾醇 (α-菠菜甾醇、7, 22-豆甾二烯-3β-醇) | α-spinasterin (α-spinasterol, bessisterol, stigmast-7, 22-dien-3β-ol) |
| α-菠甾酮 | α-spinasterone |
| 播娘蒿素 | descurainin |
| 播娘蒿素 A、B | descurainins A, B |
| 伯-*O*-吡喃葡萄糖基当归因 | *prim*-*O*-glucopyranosyl angelicain |
| 伯-*O*-葡萄糖升麻素 (升麻素苷) | *prim*-*O*-glucosyl cimifugin (cimicifuga glycoside) |
| 伯恩鸡骨常山素 | boonein |
| 伯兰菊素 | berlandin |
| 伯乐树苷 A～C | bretschneiderosides A～C |
| 伯乐树嗪嗪 A、B | bretschneiderazines A, B |
| 伯鲁斯花素 Ⅱ～Ⅳ | bolusanthins Ⅱ～Ⅳ |

| | |
|---|---|
| 伯氏雏菊苷 $B_2$ | bernardioside $B_2$ |
| 伯氏雏菊苷A(远志酸-3-*O*-β-D-吡喃葡萄糖苷) | bernardioside A (polygalacic acid-3-*O*-β-D-glucopyranoside) |
| 伯氏亚丁花素 | echujin |
| 帛斑蝶胺B | ideamine B |
| 帛斑蝶胺B-*N*-氧化物 | ideamine B-*N*-oxide |
| 博杰三醇 | borjatriol |
| 博拉丝苷A～E | borassosides A～E |
| (±)-博落回波尔碱A、B | (±)-bocconarborines A, B |
| 博落回醇碱 | bocconoline |
| 博落回碱(白屈菜玉红碱、白屈菜如宾碱、白屈菜宾) | bocconine (chelirubine) |
| 博落回卡品碱A～E | maclekarpines A～E |
| 博落回属碱 | macleaya base |
| 博南尼酮A、B | bonanniones A, B |
| (+)-博氏木林素 | (+)-boscialin |
| 卟吩胆色素 | porphobilin |
| 卟啉 | porphyrin |
| 补骨脂苯并呋喃酚(补骨脂酮酚) | corylifonol |
| 补骨脂查耳酮(补骨脂酮、破故纸酮)A、B | bavachalcones A, B |
| 补骨脂查耳酮(补骨脂酮、破故纸酮、构树查耳酮B) | bavachalcone (broussochalcone B) |
| 补骨脂醇(补骨脂异黄酮醇) | psoralenol |
| 补骨脂定 | psoralidin |
| 补骨脂定-2′, 3′-环氧化物 | psoralidin-2′, 3′-oxide |
| 补骨脂定-2″, 3″-环氧化物 | psoralidin-2″, 3″-oxide |
| 补骨脂二氢黄酮(补骨脂辛、补骨脂甲素、补骨脂黄酮) | bavachin (corylifolin) |
| 补骨脂二氢黄酮甲醚(补骨脂辛宁、甲基补骨脂黄酮) | bavachinin |
| (+)-补骨脂酚 | (+)-backuchiol |
| 补骨脂酚 | bakuchiol |
| 补骨脂酚醇A～E | psoracorylifols A～E |
| 补骨脂呋喃查耳酮 | bakuchalcone |
| 补骨脂苷 | psoralenoside |
| 补骨脂甲素(补骨脂二氢黄酮、补骨脂辛、补骨脂黄酮) | corylifolin (bavachin) |
| 补骨脂可素(补骨脂呋喃香豆素) | bakuchicin |
| 补骨脂黎酚(补骨弗醇)A～E | corylifols A～E |
| 补骨脂里定(双羟异补骨脂定) | corylidin |
| 补骨脂宁(补骨脂林素) | corylin |
| 补骨脂醛(补骨脂异黄酮醛) | corylinal |
| 补骨脂色酚酮 | bavachromanol |

| | |
|---|---|
| 补骨脂色烯素 (补骨色烯素、补骨脂色烯查耳酮) | bavachromene |
| 补骨脂素 (补骨脂内酯、补骨脂香豆素、榕素) | psoralen (ficusin) |
| 补骨脂香豆雌烷 A、B | bavacoumestans A, B |
| 补骨脂香豆素 (补骨脂素、补骨脂内酯、榕素) | ficusin (psoralen) |
| 补骨脂乙素 (异补骨脂查耳酮、异补骨脂酮、异破故纸酮) | corylifolinin (isobavachalcone) |
| 补骨脂异黄酮苷 | bavadin |
| 补身树醇 (八氢三甲基萘甲醇、林仙烯醇) | drimenol |
| 不等胡桐丙基醇 B | disparpropylinol B |
| 不等胡酮醇 B | disparinol B |
| 不老蒜定 | ungeridine |
| 不老蒜碱 | ungerine |
| 不育带毛蕨素 (毛蕨素) A～G | interruptins A～G |
| 布比林仙定 | bubbialidine |
| 布昌假橄榄苷 | buchaninoside |
| 布当宁 | brunsdonnine |
| (+)-布尔萨唐松草碱 | (+)-bursanine |
| 布蕃君 (非洲箭毒草林碱) | buphanidrine (distichine) |
| 布蕃明 | buphanamine |
| 布蕃宁 | buphanine |
| 布蕃星碱 (非洲箭毒草辛碱) | buphanisine |
| 布该宁 | budrugainine |
| 布卡儿芸香草酰胺 | bucharaine |
| 布拉宁 | bullanin |
| 布拉钦碱 (霹雳萝芙木碱) | perakine |
| 布拉素 | bullatin |
| 布莱德美耶苷 B | bredemeyeroside B |
| 布朗翠雀碱 (布氏翠雀花碱、布朗翠雀碱、布鲁宁碱) | browniine |
| 布雷巨盘木素 (布拉易林) | braylin |
| 布雷青霉菌素 (布雷菲德菌素) A | brefeldin A |
| 布藜醇 | bulnesol |
| 布藜烯 | bulnesene |
| α-布藜烯 | α-bulnesene |
| 布里斯苷元 [波锐斯巴皂苷元、(25*R*)-5α-螺甾-1β, 3β-二醇] | brisbagenin [(25*R*)-5α-spirost-1β, 3β-diol] |
| 布里斯苷元-1-*O*-[*O*-α-L-吡喃鼠李糖基-(1→3)-4-*O*-乙酰基-α-L-吡喃阿拉伯糖苷] | brisbagenin-1-*O*-[*O*-α-L-rhamnopyranosyl-(1→3)-4-*O*-acetyl-α-L-arabinopyranoside] |
| 布卢门醇 (布卢竹柏醇) A～C | blumenols A～C |
| 布卢门醇 A (布卢竹柏醇 A、催吐萝芙木醇、吐叶醇、催吐萝芙叶醇) | blumenol A (vomifoliol) |

| | |
|---|---|
| 布卢门醇 B-9-*O*-α-L-吡喃鼠李糖基-(1→6)-β-D-吡喃葡萄糖苷 | blumenol B-9-*O*-α-L-rhamnopyranosyl-(1→6)-β-D-glucopyranoside |
| 布卢门醇 B-9-*O*-β-D-呋喃芹糖基-(1→6)-β-D-吡喃葡萄糖苷 | blumenol B-9-*O*-β-D-apiofuranosyl-(1→6)-β-D-glucopyranoside |
| 布卢门醇 C-9-*O*-α-L-吡喃鼠李糖基-(1→6)-β-D-吡喃葡萄糖苷 | blumenol C-9-*O*-α-L-rhamnopyranosyl-(1→6)-β-D-glucopyranoside |
| 布卢门醇 C-9-*O*-β-D-吡喃葡萄糖苷 | blumenol C-9-*O*-β-D-glucopyranoside |
| 布卢门醇 C-9-*O*-β-D-呋喃芹糖基-(1→6)-β-D-吡喃葡萄糖苷 | blumenol C-9-*O*-β-D-apiofuranosyl-(1→6)-β-D-glucopyranoside |
| 布卢门醇 C-*O*-α-L-吡喃鼠李糖基-(1→6)-β-D-吡喃葡萄糖苷 | blumenol C-*O*-α-L-rhamnopyranosyl-(1→6)-β-D-glucopyranoside |
| 布卢门醇 C-*O*-β-D-呋喃芹糖基-(1→6)-β-D-吡喃葡萄糖苷 | blumenol C-*O*-β-D-apiofuranosyl-(1→6)-β-D-glucopyranoside |
| 布卢门醇 C-葡萄糖苷 | blumenol C-glucoside |
| 布罗草苷 A、B | brodiosides A, B |
| 布满灵 | burmannaline |
| 布木柴胺 A～K、$L_1$～$L_5$ | budmunchiamines A～K, $L_1$～$L_5$ |
| 布茹干 | budrugaine |
| 布沙迪苷元-1, 3, 5-原乙酸酯 | bersaldegenin-1, 3, 5-orthoacetate |
| 布沙迪苷元-3-乙酸酯 | bersaldegenin-3-acetate |
| 布氏假橄榄素 | mutangin |
| 布氏菊素 | brickellin |
| (+)-布氏玫香木素 | (+)-burchellin |
| 布氏玫香木素 (布尔乞灵、布氏安尼樟素) | burchellin |
| 布氏鼠尾草醇 | iguestol |
| 布斯苷元 | berscillogenin |
| 布替刺桐醇 A～D | burttinols A～D |
| 布托品 | butropine |
| 布维精 | brunsvigine |
| 布西内辛 | brasilinecine |
| 布耶水仙碱 | bujeine |
| 布永鞘丝藻苷 | lyngbouilloside |
| 布约巨盘木醇酮 A、B | bourjotinolones A, B |
| 彩苞鼠尾草醇 | salviviridinol |
| 彩苞鼠尾草素 | viroxocin |
| (9′*Z*)-彩椒黄质 | (9′*Z*)-latoxanthin |
| (–)-菜豆啶素 | (–)-phaseollidin |
| 菜豆二氢异黄酮 (奇维酮) | kievitone |
| 菜豆酚酸 | phaselic acid |
| 菜豆苷 (亚麻苦苷) | phaseolunatin (linamarin) |
| 菜豆林素 | phaseollin |

| | |
|---|---|
| 菜豆凝血素 | phasin |
| 菜豆树萜内酯 (菜豆树宁) | radermasinin |
| 菜豆素 | phaseolin |
| 菜豆素蛋白多肽 | phaseolin polypeptide |
| 菜豆素定 (菜豆定、菜豆啶素) | phaseollidin |
| 菜豆素异黄烷 | phaseollinisoflavan |
| 菜豆异黄酮 A | phaseolutone |
| 菜豆甾苷 A | phaseoluside A |
| 菜豆皂苷 A～E | phaseolosides A～E |
| 菜豆植物凝集素 | kidney bean lectin |
| 菜蓟苷 | cynaroside |
| 菜蓟苷 (木犀草苷、香蓝苷、加拿大麻糖苷、山羊豆木犀草素、木犀草素 -7-*O*-β-D- 葡萄糖苷) | cynaroside (cinaroside, galuteolin, luteoloside, glucoluteolin, luteolin-7-*O*-β-D-glucoside) |
| 菜蓟内酯 | cynarolide |
| 菜蓟三醇 | cynaratriol |
| 菜蓟素 | plemocil |
| 菜蓟皂苷 (刺菜蓟皂苷) A～K | cynarasaponins A～K |
| 菜蓟皂苷 E 甲酯 | cynarasaponin E methyl ester |
| 菜蓟皂苷 A 甲酯 | cynarasaponin A methyl ester |
| 菜蓟皂苷 H 甲酯 | cynarasaponin H methyl ester |
| 菜椒苷 C～I | capsiansides C～I |
| 菜椒酰胺 (大海米酰胺、克罗酰胺) | grossamide |
| 菜椒酰胺 (克罗酰胺) K | grossamide K |
| 菜普亭 (勒帕茄碱) | leptine |
| (3β, 5α, 22*E*, 24*S*)- 菜油烷甾 -7, 22- 二烯 -3-*O*-β-D- 吡喃葡萄糖苷 | (3β, 5α, 22*E*, 24*S*)-campest-7, 22-dien-3-*O*-β-D-glucopyranoside |
| 菜油烷甾醇 | campestanol |
| 菜油甾 -5- 烯 -3β- 羟基 -7- 酮 | campest-5-en-3β-hydroxy-7-one |
| $\Delta^7$- 菜油甾醇 (7- 麦角甾烯醇) | $\Delta^7$-campesterol (7-ergostenol) |
| 菜油甾醇 (芸苔甾醇) | campesterol |
| 菜油甾醇 -3-*O*-β-D-(6-*O*- 油酸) 吡喃葡萄糖苷 | campesterol-3-*O*-β-D-(6-*O*-oleyl) glucopyranoside |
| 菜油甾醇 -3-*O*-β-D-(6-*O*- 棕榈酰基) 吡喃葡萄糖苷 | campesterol-3-*O*-β-D-(6-*O*-palmityl) glucopyranoside |
| 菜油甾醇 -3-*O*-β-D- 吡喃葡萄糖苷 | campesterol-3-*O*-β-D-glucopyranoside |
| 菜油甾醇 -3-*O*-β-D- 葡萄糖苷 | campesteryl-3-*O*-β-D-glucoside |
| 菜油甾醇 -*O*-β-D- 葡萄糖苷 -6′- 棕榈酸酯 | campesteryl-*O*-β-D-glucoside-6′-palmitate |
| 菜油甾醇阿魏酸酯 | campesteryl ferulate |
| 菜油甾醇葡萄糖苷 | campesteryl glucoside |
| 菜油甾醇棕榈酸酯 | campesteryl palmitate |
| 4- 菜油甾烯 -3- 酮 | 4-campesten-3-one |
| 7- 菜油甾烯醇 | 7-campestenol |

| | |
|---|---|
| 菜子甾醇 [(3β, 22*E*)- 麦角甾 -5, 22- 二烯醇] | brassicasterol [(3β, 22*E*)-ergost-5, 22-dienol] |
| 蔡帕里红厚壳酸 | chapelieric acid |
| 残余蟾蜍配基 (脂蟾毒配基、蟾毒配基、蟾蜍毒苷元) | resibufogenin (recibufogenin, bufogenin) |
| 蚕豆炔呋喃酮 | wyerone |
| 蚕豆炔呋喃酮酸 | wyerone acid |
| 蚕戊烯酮 | bombiprenone |
| 灿烂尼润碱 | coruscine |
| 仓敷素 A、B | kurasoins A, B |
| 苍白粉藤醇 (苍白粉藤酚) | pallidol |
| 苍耳醇 | xanthanol |
| 苍耳醇脂素 A～E | xanthiumnolics A～E |
| 苍耳苷 | stiumaroside |
| 苍耳苷 (刺五加苷 A、β- 谷甾醇 -3-*O*-β-D- 吡喃葡萄糖苷、胡萝卜苷、芫荽甾醇苷) | strumaroside (eleutheroside A, β-sitosteryl-3-*O*-β-D-glucopyranoside, daucosterin, daucosterol, sitogluside, coriandrinol) |
| 苍耳硫氮二酮 | xanthiazone |
| 苍耳硫氮二酮 -*O*-β-D- 葡萄糖苷 (苍耳硫氮二酮苷、噻嗪二酮苷) | xanthiazone-*O*-β-D-glucoside (xanthiside) |
| 苍耳硫氮二酮苷 (噻嗪二酮苷、苍耳硫氮二酮 -*O*-β-D- 葡萄糖苷) | xanthiside (xanthiazone-*O*-β-D-glucoside) |
| 苍耳明 | xanthumin |
| 苍耳内酰硫氮二酮 | xanthiazinone |
| 苍耳内酯 (苍耳倍半内酯) A、B | sibiriolides A, B |
| 苍耳农 | xanthnon |
| 苍耳噻吩醇 | sibiricumthionol |
| 苍耳素 (黄质宁) | xanthinin |
| 苍耳亭 (去乙酰苍耳素) | xanthatin (deacetyl xanthinin) |
| 苍耳烷 | xanthane |
| (–)- 苍耳烯吡喃 | (–)-xanthienopyran |
| (+)- 苍耳烯吡喃 | (+)-xanthienopyran |
| 苍耳烯吡喃 | xanthienopyran |
| 苍耳甾醇 | stiumasterol |
| 苍耳皂素 | xanthinosin |
| (–)- 苍耳脂素 A | (–)-sibiricumin A |
| (+)- 苍耳脂素 A | (+)-sibiricumin A |
| 苍耳子苷 | xanthostrumarin |
| 苍耳子萜内酯 A、B | sibirolides A, B |
| 苍毛金发藓素 A、B | pallidisetins A, B |
| 苍山乌头碱 (苍山乌头灵) | contorine |
| 苍山乌头明 | contortumine |

| 苍山乌头亭 | contortine |
|---|---|
| 苍山香茶菜素 | bulleyanin |
| 苍术醇 | atractylol |
| 苍术苷(苍术糖苷) A～I | atractylosides A～I |
| 苍术苷 A-14-*O*-β-D-呋喃果糖苷 | atractyloside A-14-*O*-β-D-fructofuranoside |
| (2*R*, 3*R*, 5*R*, 7*R*, 10*S*)-苍术苷 G-2-*O*-β-D-吡喃葡萄糖苷 | (2*R*, 3*R*, 5*R*, 7*R*, 10*S*)-atractyloside G-2-*O*-β-D-glucopyranoside |
| 苍术苷二钾盐 | atractyloside dipotassium salt |
| 苍术苷钠盐 | atractyloside sodium salt |
| 苍术聚糖 A～C | atractans A～C |
| 苍术醚 | atractyloxide |
| 苍术内酯(白术内酯) Ⅳ～Ⅶ | atractylenolides Ⅳ～Ⅶ |
| 苍术内酯(白术内酯) Ⅰ、Ⅱ | atractylenolides (atractylolides) Ⅰ, Ⅱ |
| 苍术内酯 Ⅲ(党参内酯) | atractylenolide Ⅲ (codonolactone) |
| 苍术内酯酮 | atractylenolidone |
| 苍术噻吩苷 A、B | atracthioenynesides A, B |
| 苍术色烯 | atractylochromene |
| (1*Z*)-苍术素 | (1*Z*)-atractylodin |
| 苍术素(苍术呋喃烃) | atractylodin |
| (1*Z*)-苍术素醇 | (1*Z*)-atractylodinol |
| 苍术素醇(苍术二酮、苍术呋喃醇、苍术呋喃烃醇) | atractylodinol |
| 苍术酸 | atractylic acid |
| 苍术糖苷 | atractylin |
| 苍术烃 | atractydin |
| 苍术酮 | atractylone |
| 苍术烯 | atractylene |
| (1*S*, 5*R*, 9*R*)-糙龙胆苷 | (1*S*, 5*R*, 9*R*)-scabraside |
| 糙龙胆苷 | scabraside |
| 糙龙胆素 $G_3$～$G_5$ | scabrans $G_3$～$G_5$ |
| 糙皮桦酸 | karachic acid |
| 糙赛菊芋碱 | scabrine |
| 糙苏醇 | phlomiol |
| 糙苏醇苷 A、B | phlomisumbrosides A, B |
| 糙苏四醇 B | phlomistetraol B |
| 糙苏酸 | phlomisoic acid |
| 糙苏酮 | phlomisone |
| 糙天芥菜碱(细叶天芥菜碱) | strigosine |
| 糙叶败酱酚 A | scabrol A |
| 糙叶败酱苷 Ⅰ～Ⅲ | patriscabrosides Ⅰ～Ⅲ |
| 糙叶败酱碱 | patriscabratine |

| | |
|---|---|
| 糙叶败酱素 (糙叶败酱醚萜素) A～J | patriscabrins A～J |
| 糙叶依瓦菊灵 | asperilin |
| 糙枝金丝桃素 A～C | hyperscabrins A～C |
| 糙枝金丝桃酮 A～L、L-a、L-b | hyperibones A～L, L-a, L-b |
| 草氨酸 | oxamic acid |
| 草本蔓长春花辛碱 | herboxine |
| 草本威灵仙苷 | versibirioside |
| 草本威灵仙醌 (斩龙剑醌) A、B | sibiriquinones A, B |
| 草苁蓉苯丙烯醇苷 A～D | rossicasides A～D |
| 草苁蓉苷 (草苁蓉那苷) A | boschnaside A |
| 草苁蓉内酯 | boschnialactone |
| 草苁蓉醛苷 | boschnaloside |
| 草苁蓉醛碱 | boschniakine |
| 草苁蓉素 A、B | rossicasins A, B |
| 草苁蓉新内酯 | onikulactone |
| 草大戟素 (草原大戟苷元) | steppogenin |
| 草大戟素 -4′-*O*-β-D- 葡萄糖苷 | steppogenin-4′-*O*-β-D-glucoside |
| 草地乌头芬碱 | umbrophine |
| 草地乌头碱 | umbrosine |
| 草甸菌素 | poine |
| 草豆蔻素 A～C | sumadains A～C |
| 草多索 (藻草灭) | endothall |
| 草果芳酮 | tsaokoaryl one |
| 草蒿脑 (对烯丙基茴香醚、爱草脑、甲基胡椒酚) | estragole (*p*-allyl anisole, methyl chavicol) |
| 草胡椒素 (石蝉草素) A～F | peperomins A～F |
| 草夹竹桃苷 (盾叶夹竹桃苷、美国茶叶花素) | androsin |
| 草茎点霉素 Ⅰ～Ⅲ | herbarumins Ⅰ～Ⅲ |
| 草居蕈素 | nemotin |
| 草居蕈酸 | nemotinic acid |
| 草蔻达因 A、B | katsumadains A, B |
| 草蔻定 | katsumadin |
| 草蔻素 A～L | calyxins A～L |
| 草履虫素 | paramecin |
| 草莓树苷 | unedoside |
| 草棉二乙炔 | santolindiacetylene |
| 草棉苷 (异问荆色苷) | herbacitrin (isoarticulatin) |
| 草木犀苷 (邻香豆酸葡萄糖苷) | melilotoside (*o*-coumaric acid-β-D-glucoside) |
| 草木犀苷元 | melilotigenin |
| (+)- 草木犀卡朋 A | (+)-melilotocarpan A |
| (–)- 草木犀卡朋 C、D | (–)-meliotocarpans C, D |

| | |
|---|---|
| 草木犀属皂角苷 $O_1$、$O_2$ | melilotus saponins $O_1$, $O_2$ |
| 草木犀素 | melitin |
| 草木犀酸 (邻羟基氢化桂皮酸) | melilotic acid (*o*-hydroxyhydrocinnamic acid) |
| 草木犀酸葡萄糖苷 (β-D- 葡萄糖氧基邻羟基氢化桂皮酸) | melilotic acid glucoside [(β-D-glucosyloxy)-*o*-hydroxyhydrocinnamic acid] |
| 草木犀紫檀烷 A | meliotocarpan A |
| 草珊瑚宝苷 A、B | sarcabosides A, B |
| 草珊瑚醇 A、B | glabranols A, B |
| 草珊瑚醇内酯 A、B | sarcanolides A, B |
| 草珊瑚二醇 A | sarcaglabdiol A |
| 草珊瑚酚苷 C、D | glabraosides C, D |
| 草珊瑚苷 (肿节风苷、草珊瑚内酯) A～J | sarcaglabosides A～J |
| 草珊瑚琼酮 A～D | sarcandrones A～D |
| 草珊瑚酮 A | sarcaglabetone A |
| 草珊瑚香豆素 | sarcandracoumarin |
| 草酸 | oxalic acid |
| 草酸铵 | ammonium oxalate |
| 草酸丁二酯 | oxalic acid-bis-*n*-buthyl ester |
| 草酸丁基异己酯 | butyl isohexyl oxalate |
| 草酸钙 | calcium oxalate |
| 草酸甲酯 | methyl oxalate |
| 草酸钾 | potassium oxalate |
| 草酸醛 (乙二醛) | glyoxal (ethanedial, biformyl) |
| 草酸烯丙基十五醇酯 | allyl pentadecyl oxalate |
| 草苔虫内酯 1～19 | bryostatins 1～19 |
| 草乌桕精 | stillingine |
| β-*N*- 草酰氨基 -L- 丙氨酸 (三七素、田七氨酸) | β-*N*-oxalylamino-L-alanine (dencichine) |
| β-*N*- 草酰基 -α, β- 二氨基丙酸 | β-*N*-oxalo-α, β-diaminopropionic acid |
| 草酰乙酸 (草乙酸) | oxaloacetic acid (oxalacetic acid) |
| 草酰乙酸钠 | sodium oxalacetate |
| 草酰乙酸酯 | oxalacetate |
| 草乙酸 (草酰乙酸) | oxalacetic acid (oxaloacetic acid) |
| 草玉梅苷 A | anemonerivulariside A |
| 草玉梅宁 | rivularinin |
| 草玉梅皂苷 | rivularinin |
| 草原文殊兰胺 | pratorimine |
| 草原文殊兰宁碱 | pratorinine |
| 草原文殊兰星碱 | pratosine |
| 草质倔海绵酰胺 B | herbamide B |
| 草质素 -7-*O*-α-L- 吡喃鼠李糖苷 (红景天宁) | herbacetin-7-*O*-α-L-rhamnopyranoside (rhodionin) |

| 草质素苷 | rhodiosin |
|---|---|
| 侧柏醇 | thujyl alcohol (thujanol) |
| 4-侧柏醇 | 4-thujanol |
| 侧柏醇 | thujanol (thujyl alcohol) |
| α-侧柏醇 | α-thujyl alcohol |
| 2, 4 (10)-侧柏二烯 | 2, 4 (10)-thujadiene |
| 侧柏萜醇 | biotol |
| α-侧柏萜醇 | α-biotol |
| 1-侧柏酮 | 1-thujone |
| β-侧柏酮 | β-thujone |
| D-α-侧柏酮 (D-α-崖柏酮) | D-α-thujone |
| α-侧柏酮 (α-崖柏酮、α-苧酮) | α-thujone |
| 侧柏酮 (崖柏酮、苧酮) | thujone |
| α-(–)-侧柏酮 [α-(–)-崖柏酮、α-(–)-苧酮] | α-(–)-thujone |
| 2-侧柏烯 | 2-thujene |
| β-侧柏烯 | β-thujene |
| α-侧柏烯 (α-苧烯、α-崖柏烯) | α-thujene |
| 侧柏烯 (崖柏烯、苧烯) | thujene |
| 3-侧柏烯-2-酮 (伞形萜酮、伞形花酮、伞桂酮) | 3-thujen-2-one (umbellulone) |
| 侧扁软柳珊瑚醇 (暗罗醇) A、B | suberosols A, B |
| 侧扁软柳珊瑚烯醇 A、B | suberosenols A, B |
| 侧扁软柳珊瑚烯酮 | suberosenone |
| 侧巢泡波曲霉素 A | nidulalin A |
| 侧花玄参苷 | laterioside |
| 侧金盏花醇 (福寿草醇) | adonitol |
| (3*S*)-侧金盏花红素 | (3*S*)-adonirubin |
| 侧金盏花黄质 | adonixanthin |
| 侧金盏花内酯 | adonilide |
| 侧茎橐吾碱 | bulgarsenine |
| 侧生花山竹子酮 | lateriflorone |
| 侧籽厚壳桂碱 | pleurospermine |
| 箣柊酚苷 A～E | scolochinenosides A～E |
| 箣柊苷 C | scoloposide C |
| 箣柊洛苷 A | scoloside A |
| 箣柊酯 A | scolopianate A |
| 梣皮素 | fraxitin |
| 层孔菌毒素 | fomannoxin |
| 曾嗪 {苯并 [*c*] 哒嗪} | cinnoline {benzo [*c*] pyridazine} |
| 叉开内酯 A～G | divarolides A～G |
| β-叉开网翼藻醇 | β-dictyopterol |

| 叉蕊皂苷Ⅰ～Ⅳ | collettinsides Ⅰ～Ⅳ |
|---|---|
| β-叉叶苔醇 | β-herbertenol |
| 叉柱花素1 | strogin 1 |
| 插田泡苷 $F_1$ | coreanoside $F_1$ |
| L-茶氨酸 | L-theanine |
| 茶氨酸 | theanine |
| 茶多酚A | theasinensin A |
| 茶花粉黄酮(茶花粉亭、3, 5, 8, 4″-四羟基-7-甲氧基黄酮) | pollenitin (3, 5, 8, 4″ -tetrahydroxy-7-methoxyflavone) |
| 茶花粉黄酮苷A、B | pollenins A, B |
| 茶花粉黄酮(茶花粉亭)B | pollenitin B |
| 茶花皂苷A～C | floratheasaponins A～C |
| 茶黄素 | theaflavin (theaflavine) |
| 茶黄素-3, 3′-双没食子酸酯 | theaflavin-3, 3′-digallate |
| 茶黄素-3′-没食子酸酯 | theaflavin-3′-gallate |
| 茶黄素-3-没食子酸酯 | theaflavin-3-gallate |
| 茶痂衣酸(厚鳞茶渍酸) | psoromic acid |
| 茶碱 | theophylline |
| 茶碱DL-赖氨酸盐(赖氨酸茶碱) | theophylline DL-lysinate (paidomal) |
| 茶碱-9-葡萄糖苷 | theophylline-9-glucoside |
| 7-茶碱乙酸(茶碱乙酸、乙酰茶碱) | 7-theophyllineacetic acid (acefylline) |
| 茶碱乙酸(乙酰茶碱、7-茶碱乙酸) | acefylline (7-theophyllineacetic acid) |
| 茶可灵碱(1, 3, 7, 9-四甲基尿酸) | theacrine (1, 3, 7, 9-tetramethyluric acid) |
| 茶螺酮 | theaspirone |
| (*E*)-茶螺烷 | (*E*)-theaspirane |
| 茶螺烷(茶香螺烷) | theaspirane |
| 茶梅醇 | sasanquol |
| 茶梅素 | sasanquin |
| 茶曲霉酚 | teasperol |
| 茶曲霉素 | teasperin |
| 茶树槲皮苷A～D | camelliquercetisides A～D |
| 茶条碱乙素 | chatiaoqisu B |
| 茶条槭甲素(槭树单宁) | aceritannin |
| 茶条槭素A～C | ginnalins A～C |
| 茶条槭乙素、丙素 | ghatiaoqisus B, C |
| 茶烯酚A～C | teadenols A～C |
| 茶叶皂苷Ⅰ | theafolisaponin Ⅰ |
| 茶银耳醇B、C | trefoliols B, C |
| 茶银耳素A | trefolane A |
| 茶甾酮 | teasterone |

| 茶皂醇 A～D | theasapogenols A～D |
|---|---|
| 茶皂醇 B (玉蕊皂醇 C、玉蕊皂苷元 C) | theasapogenol B (barringtogenol C) |
| 茶皂苷 (茶叶茶素) $A_1$～$A_3$、$E_2$、$F_1$～$F_3$ | theasaponins $A_1$～$A_3$, $E_2$, $F_1$～$F_3$ |
| 茶皂苷元 D | theasapogenin D |
| 茶茱萸苷 | cantleyoside |
| 茶茱萸碱 (香茶茱萸碱、坎特莱因碱、坎氏木碱) | cantleyine |
| 查包苷 (短小蛇根草波苷) | chaboside |
| 查耳桑拉素 (查耳桑辛素) | chalcomoracin |
| 查耳酮 | chalcone |
| 查耳酮柑橘苷元-2′, 4′-二-*O*-β-D-吡喃葡萄糖苷 | chalcononaringenin-2′, 4′-di-*O*-β-D-glucopyranoside |
| 查耳酮柑橘苷元-2′-*O*-β-D-吡喃葡萄糖苷 | chalcononaringenin-2′-*O*-β-D-glucopyranoside |
| 查米纳酮 | charminarone |
| 查帕拉马林 | chaparramarin |
| 察克明 | chakramine |
| 察克素 (山扁豆碱) | chaksine (cassine) |
| 察枯品 A、B | chalchupines A, B |
| 差向异构南瓜色素 1、2 | epimeric cucurbitachromes 1, 2 |
| 拆裂白坚木定 | refractidine |
| 拆裂白坚木碱 | refractine |
| 柴胡醇 | bupleurumol |
| 柴胡毒素 | bupleurotoxin |
| 柴胡酚 | buplerol |
| 柴胡苷 Ⅰ～ⅩⅢ | bupleurosides Ⅰ～ⅩⅢ |
| 柴胡木脂素苷 | saikolignanoside A |
| 柴胡萘酮 | chaihunaphthone |
| 柴胡炔醇 | bupleurynol |
| 柴胡色原酮 A | saikochromone A |
| 柴胡色原酮苷 A | saikochromoside A |
| 柴胡色原酮酸 | saikochromonic acid |
| 柴胡属苷元 b | bupleurogenin b |
| 柴胡酮醇 | bupleuonol |
| 柴胡新苷 A、B | chaihuxinosides A, B |
| 柴胡异黄酮苷 A | saikoisoflavonoside A |
| 柴胡皂苷 A～D | saikosaponins A～D |
| 柴胡皂苷 a～z、$b_1$～$b_4$、$d_3$、$q_{-1}$、$s_1$、$v_1$、$v_2$、$y_{-1}$、$y_{-2}$ | saikosaponins a～z, $b_1$～$b_4$, $d_3$, $q_{-1}$, $s_1$, $v_1$, $v_2$, $y_{-1}$, $y_{-2}$ |
| 柴胡皂苷 $B_2$-2″-*O*-β-D-吡喃木糖苷 | saikosaponin $B_2$-2″-*O*-β-D-xylopyranoside |
| 柴胡皂苷 $B_2$-2″-*O*-β-D-吡喃葡萄糖苷 | saikosaponin $B_2$-2″-*O*-β-D-glucopyranoside |
| 柴胡皂苷 I | saikosaponin I |
| 柴胡皂苷元 A～Q | saikogenins A～Q |
| 柴胡皂苷元 F-3-*O*-β-D-吡喃岩藻糖苷 | saikogenin F-3-*O*-β-D-fucopyranoside |

| | |
|---|---|
| 豺皮樟醇 | oblongifolinol |
| 禅君碱 | chandrine |
| 禅那因 | channaine |
| 缠结霍夫曼云实素 | intricatin |
| 缠结素酚 (缠结霍夫曼云实酚) | intricatinol |
| 蝉翼藤酚酮 A、B | securiphenones A, B |
| 蝉翼藤苷 A、B | securiosides A, B |
| 蝉翼藤兰素 I | securigran I |
| 蝉翼藤吅酮苷 B、C | securixansides B, C |
| 蝉翼藤萜苷 (蝉翼藤萜酸苷) | securiterpenoside |
| 蝉翼藤甾苷 | securisteroside |
| 潺槁木姜碱 (潺槁木姜子碱) | litseferine |
| 潺槁木姜子灵 | sebiferine |
| 潺槁木姜子素 | glutin |
| 潺槁木姜子亭 A、B | litseglutines A, B |
| 潺槁木姜子酯 A | litseaglutinan A |
| 蟾蜍胆酸 | bufonic acid |
| 蟾蜍毒 | toad poison |
| 蟾蜍毒苷 | bufotalis |
| 蟾蜍毒苷元 (脂蟾毒配基、蟾毒配基、残余蟾蜍配基) | bufogenin (resibufogenin, recibufogenin) |
| 蟾蜍二羟基胆烷酸 | bufodihydroxycholanic acid |
| 蟾蜍二烯内酯 | bufadienolide |
| 蟾蜍苷元 | bufolin |
| 蟾蜍季铵 (蟾蜍特尼定) | bufotenidine |
| 蟾蜍精 | bufagin |
| 蟾蜍硫堇 | bufothionine |
| 蟾蜍色素 | bufochrome |
| 蟾蜍素 | bufogin (buiotenine) |
| 蟾蜍它里定 (华蟾蜍素、蟾毒它里定、铁筷子苷元、嚏根草苷元) | bufotalidin (hellebrigenin, gellebrigenin) |
| 蟾蜍它里宁 (蟾毒它灵宁) | bufotalinin |
| 蟾蜍它酮 | bufotalon |
| 3-蟾毒灵辛二酸酯 | 3-bufolyl suberic acid |
| 蟾毒它灵 (蟾蜍它灵) | bufotalin |
| 蟾毒它灵-3-丁二酰精氨酸酯 | bufotalin-3-succinoyl arginine ester |
| 3-蟾毒它灵辛二酸酯 | 3-bufotalyl suberic acid |
| 蟾酥毒 | bufotoxin |
| 蟾酥碱 (蟾蜍色胺) | bufotenine (bufotenin) |
| 蟾酥碱 *N*-氧化物 | bufotenine *N*-oxide |
| 蟾酥灵 (蟾毒灵) | bufalin |

| 蟾酥灵-3-硫酸酯 | bufalin-3-sulfate |
|---|---|
| 蟾酥灵-3-酸性辛二酸酯 | bufalin-3-hydrogen suberate |
| 蟾酥灵-3-辛二酸精氨本酯酸 | bufalin-3-suberyl arginate |
| 产色芽生菌曲霉酮 A | fonsecinone A |
| 产油肉豆蔻素 (油维罗蔻木素) C～H | oleiferins C～H |
| 颤杨苷 (特里杨苷、欧洲山杨辛) | tremulacin |
| 颤藻素 | oscillatorin |
| 颤藻肽 B～J | oscillapeptins B～J |
| 颤藻肽内酯 97-A、B | oscillapeptilides 97-A, B |
| 颤藻酰胺 Y | oscillamide Y |
| 菖蒲烃 (脱氢白菖蒲烯) | calamenene |
| (–)-菖蒲-4-烯-3-酮 | (–)-acor-4-en-3-one |
| 菖蒲倍半萜醇 | calamensesquiterpinenol |
| 菖蒲醇 | acorusnol |
| 菖蒲醇酮 | calamenone |
| 菖蒲大牻牛儿酮 (水菖蒲吉玛酮) | acoragermacrone |
| 菖蒲定 (菖蒲二聚素) | acoradin |
| 3 (4), 7 (8)-菖蒲二烯 | acora-3 (4), 7 (8)-diene |
| 3 (4), 8 (15)-菖蒲二烯 | acora-3 (4), 8 (15)-diene |
| 菖蒲二烯 | acoradiene |
| α-菖蒲二烯 | α-acoradiene |
| β-菖蒲二烯 | β-acoradiene |
| γ-菖蒲二烯 | γ-acoradiene |
| δ-菖蒲二烯 | δ-acoradiene |
| 菖蒲呋喃 | acorafuran |
| 菖蒲苷 | acorin |
| 菖蒲碱 (石菖蒲碱) A～E | tatarines A～E |
| 菖蒲碱 C-4′-*O*-β-D-吡喃葡萄糖苷 | tatarine C-4′-*O*-β-D-glucopyranoside |
| 菖蒲螺酮 | acorone |
| 菖蒲螺酮烯 | acoronene |
| 菖蒲螺烯酮 (菖蒲螺环烯酮) | acorenone |
| 菖蒲螺新酮 | acoramone |
| 菖蒲酸 | calamonic acid |
| 菖蒲萜烯 | calamus |
| 菖蒲酮 (菖蒲新酮、白菖新酮) | acolamone |
| 菖蒲烯 | calamene |
| α-菖蒲烯醇 | α-acorenol |
| β-菖蒲烯醇 | β-acorenol |
| 菖蒲烯醇 (菖蒲螺烯醇) | acorenol |
| 菖蒲烯二醇 (菖蒲二醇、水菖蒲二醇) | calamendiol |

| 菖蒲烯酮 | calamusenone |
|---|---|
| 长白楤木酸 | continentalic acid |
| 长苞凹舌兰素甲 | coelovirin A |
| 长苞醛酸苷 (异山柰素-7-*O*-葡萄糖醛酸苷) | bracteoside (isokaempferide-7-*O*-glucuronide) |
| 长贝壳杉素 (长榜利素、长管贝壳杉素、长管香茶菜贝壳杉素) A～G | longikaurins A～G |
| 长柄胡椒碱 | sylvatine |
| 长柄胡椒酮 | sylvone |
| 长柄胡椒酰胺 | sylvamide |
| 长柄胡椒脂素 | sylvatesmin |
| 长柄交让木定碱 A | macrodaphnidine (yuzurimine) A |
| 长柄交让木定碱 A | yuzurimine (macrodaphnidine) A |
| 长柄交让木克林碱 (交让木灵) | daphmacrine |
| 长柄交让木克林碱氢溴酸盐 | daphmacrine hydrobromide |
| 长柄交让木利定碱 | macrodaphniphyllidine |
| 长柄交让木宁碱 (大交让木宁) | macrodaphnine |
| 长柄交让木坡定碱 | daphmacropodine |
| 长柄七叶树素 Ⅰ～Ⅷ | assamicins Ⅰ～Ⅷ |
| 长柄山蚂蝗苷 A | podocarioside A |
| 长柄山蚂蝗酮 | podocarnone |
| 长柄唐松草定 | przewalstidine |
| 长柄唐松草定宁 | przewalstidinine |
| 长柄唐松草灵 | przewaline |
| 长柄唐松草宁 | przewalskinine |
| 长柄唐松草亭 | przewalstine |
| 长柄唐松草亭宁 | przewalstinine |
| 长柄唐松草酮 | thalprzewalskiinone |
| 长柄唐松草因 | przewalskine |
| 长柄香薷酮 | naginata ketone |
| 长春醇 | vincanol |
| 长春刀立定 (文朵尼定碱) | vindolidine (vindorosine) |
| 长春多灵 (文多灵、长春刀灵) | vindoline |
| 长春甘脂 | vinglycinate |
| 长春艮替阿宁 (长春龙胆碱) | vindogentianine |
| 长春花胺 (长春蔓胺、长春胺) | minorin (vincamine) |
| 长春花苷 (小蔓长春花苷) | vincoside |
| 长春花苷内酰胺 (小蔓长春花苷内酰胺、小蔓长春花酰胺、喜果苷) | vincoside lactam (vincosamide) |
| 长春花碱 (长春碱、文拉亭) | vincaleucoblastine (vincaleukoblastine, vinblastine) |
| 长春花碱 (长春碱、文拉亭) | vincaleukoblastine (vinblastine, vincaleucoblastine) |

| | |
|---|---|
| (4′α)-长春花碱 (异长春碱、长春西定、长春洛西定、留绕西定碱) | (4′α)-vincaleukoblastine (vinrosidine, leurosidine) |
| 长春花明碱 | catharoseumine |
| 长春碱 (文拉亭、长春花碱) | vinblastine (vincaleukoblastine, vincaleucoblastine) |
| 长春碱 *N′b*-氧化物 | vinblastine *N′b*-oxide |
| (–)-长春碱裂胺 | (–)-velbanamine |
| 长春茎属碱 | vinca base |
| 长春考灵 (文考灵碱) | vincoline |
| (19*R*)-长春里宁 | (19*R*)-vindolinine |
| (19*S*)-长春里宁 | (19*S*)-vindolinine |
| 长春里宁 (长春立宁、文朵尼宁碱、长春尼宁、长春花朵宁) | vindolinine |
| 长春里宁 *N*-氧化物 | vindolinine *N*-oxide |
| 长春里宁二盐酸盐 | vindolinine-2HCl |
| 长春利定 | vinzolidine |
| 长春利啶 (苦籽木明碱、阿枯明) | vincamajoridine (akuammine) |
| 长春林碱 (蔓长春花任碱) | vincarine |
| 长春灵碱 (卡擦任碱) | catharine |
| 长春芦竹碱 (长春禾草碱、长春籽胺) | vingramine |
| 长春罗宾 (蔓长春花红碱) | vincarubine |
| 长春罗新 (环氧长春碱、洛诺生) | vinleurosine (leurosine) |
| 长春花荣胺 | vinrosamine |
| $\Delta^{14}$-长春蔓胺 ($\Delta^{14}$-蔓长春花胺) | $\Delta^{14}$-vincamine |
| 长春蔓胺 (长春胺、长春花胺、蔓长春花胺) | vincamine (minorin) |
| 长春蔓必宁 | vincaherbinine |
| 长春蔓宾 | vincaherbine |
| 长春蔓定 (蔓长春花卡定) | vincadine |
| 长春蔓芬 (蔓长春异碱、异形蔓长春花芬碱) | vincadiffine |
| D-长春蔓佛明 | D-vincadifformine |
| 长春蔓佛明 (异型蔓长春花胺、异型长春碱) | vincadifformine |
| 长春蔓碱 (蔓长春雷碱、蔓长春花因碱) | vincamajoreine |
| 长春蔓灵 | vincaline |
| 长春蔓美定 (蔓长春花美定) | vincamedine |
| 长春蔓米宁 (小蔓长春花宁) | vincaminine |
| 长春蔓米任 | vincamirine |
| 长春蔓脒 (劲直胺、直立拉齐木胺、蔓长春花米定) | vincamidine (strictamine) |
| 长春蔓尼定 | vincanidine |
| 长春蔓宁 (蔓长春宁) | vincanine |
| 长春蔓诺定 (小蔓长春花瑞定) | vincaminoridine |
| 长春蔓诺仞 (小蔓长春花瑞因) | vincaminoreine |

| 长春蔓诺任 (小蔓长春花灵) | vincanorine |
|---|---|
| 长春蔓诺文 (蔓长春花诺文) | vincanovine |
| 长春蔓绕定 (长春罗定) | vincarodine |
| 长春蔓绕素 | vincarosine |
| 长春蔓日定 | vincaridine |
| 长春蔓替辛 (长春西碱) | vincathicine |
| 长春米辛碱 (长春米辛) | vincamicine |
| 长春耐灵 | lochvinerine |
| 长春内任 | vinerine |
| 长春内日定 (异卡博西碱 A) | vineridine (isocaboxine A) |
| 长春尼定碱 (长春立定) | vincolidine |
| 长春尼辛 (长春立辛) | vindolicine |
| 长春宁 | vinine |
| 长春诺定 (文洛西定碱) | vinosidine |
| 长春派瑞辛 -*N*- 氧化物 | pericine-*N*-oxide |
| 长春匹定 | vinepidine |
| 长春泊林 | vinpoline |
| 长春普辛碱 | vincapusine |
| 长春七甲素 | libanotin A |
| 长春茄甾苷 B | solaviaside B |
| (16*R*-*E*)- 长春钦碱 | (16*R*-*E*)-sitsirikine |
| (16*S*-*E*)- 长春钦碱 | (16*S*-*E*)-sitsirikine |
| 长春曲醇 | vintriptol |
| 长春曲尔 | vincantril |
| 长春绕素 (长春花辛、去乙酰文朵尼定碱) | catharosine (deacetyl vindorosine) |
| 长春任 (蔓长春花考灵) | vincorine (vinocovine) |
| 长春任 -*N*4- 氧化物 | vincorine-*N*4-oxide |
| 长春日定 (小蔓长春花定) | vincoridine |
| 长春日辛 (卡擦里辛碱) | catharicine |
| 长春瑟定 | vinsedine |
| 长春瑟辛 | vinsedicine |
| 长春瑟因 | cathalanceine |
| 长春素 (白饭树洛辛) | virosine |
| 长春替酯 | vintenate |
| 长春文碱 | vinervine |
| 长春文辛 (咖文辛碱、咖文辛、卡文辛碱) | cavincine |
| 长春西定 [长春洛西定、留绕西定碱、异长春碱、(4′α) - 长春碱] | vinrosidine [leurosidine, (4′α) -vincaleukoblastine] |
| 长春西宁 (蔓长春花辛宁) | vincinine |
| 长春西汀 | cavinton (vinpocetine) |

| | |
|---|---|
| 长春西汀 | vinpocetine (cavinton) |
| 长春西文 (留绕西文碱) | leurosivine |
| 长春酰胺 (去乙酰长春花碱酰胺) | desacetyl vinblastine amide |
| 长春酰氧 | vinformide |
| 长春象牙碱 | vindeburnol |
| 长春象牙宁 | vinburnine |
| 长春辛碱 (长春西辛) | rosicine |
| 长春新碱 (醛基长春碱、新长春碱、留卡擦辛碱) | vincristine (leurocristine) |
| 长春质碱 | catharanthine |
| 长刺皂苷元 (龙吉苷元、长刺群戟柱苷元) | longispinogenin |
| 长刺皂苷元-3-*O*-β-D-吡喃葡萄糖基-(1→3)-β-D-吡喃葡萄糖醛酸苷 | longispinogenin-3-*O*-β-D-glucopyranosyl-(1→3)-β-D-glucuronopyranoside |
| 长刺皂苷元-3-*O*-β-D-吡喃葡萄糖醛酸苷 | longispinogenin-3-*O*-β-D-glucuronopyranoside |
| (±)-长豆蔻素 | (±)-virolongin |
| 长匐茎树发素 | alectosarmentin |
| 长梗冬青苷 (具柄冬青苷) | pedunculoside |
| 长梗绞股蓝苷 A、B | gylongosides A, B |
| 长梗绞股蓝皂苷 (长梗绞股蓝坡苷) I | gylongiposide I |
| 长梗绞股蓝皂苷 | gylongiposide |
| 长梗南五味子内酯 A～I | longipedlactones A～I |
| 长梗南五味子素 (长梗南五味子脂) A～D | longipedunins A～D |
| 长梗五味子内酯 (南五味子长梗内酯) A～F | kadlongilactones A～F |
| 长梗五味子素 (长梗南五味子灵) A、B | kadlongirins A, B |
| 长梗星粟草苷元酸 A | spergulagenic acid A |
| 长管假茉莉素 A～F | cleroindicins A～F |
| 长管香茶菜内酯 A～G | longirabdolides A～G |
| 长管香茶菜素 | longirabdosin |
| 长管香茶菜萜内酯 | longirabdolactone |
| 长管香茶菜新素 A | rabdolongin A |
| 长管栀子内酯甲酯 | tubiferolide methyl ester |
| 长胡椒酰胺二烯 | pergumidiene |
| 长花尖药木苷 H、K | acolongiflorosides H, K |
| 长花龙血树皂苷 (纳姆人参皂苷) A～F | namonins A～F |
| 长花龙血树皂苷元 A～C | namogenins A～C |
| (22*R*)-长花龙血树皂苷元 B | (22*R*)-namogenin B |
| (25*S*)-长花龙血树皂苷元 B | (25*S*)-namogenin B |
| (7*S*, 8*R*)-长花马先蒿苷 A、B | (7*S*, 8*R*)-longiflorosides A, B |
| 长花马先蒿苷 A～D | longiflorosides A～D |
| 长花排草酮 | longiflorone |
| 长花啤酒草酮 | angelone |

| | |
|---|---|
| 长花蕊木碱 | kopsiflorine |
| 长棘脑苷 A、B | acanthacerebrosides A, B |
| 长棘糖苷 C | acanthaclycoside C |
| β-长荚千里光碱 (倒千里光碱) | β-longilobine (retrorsine) |
| 长尖紫玉盘内酯 | acuminolide |
| 长节珠鞣质 A-1～A-3 | parameritannins A-1～A-3 |
| 长距石斛酚 A | longicornuol A |
| 长鳞红景天洛素 | gelolin |
| 长鳞红景天素 | gelidolin |
| 长毛杯盏素 $A_1$、$A_2$ | crinatusins $A_1$, $A_2$ |
| 长毛鸡骨常山定碱 F | villalstonidine F |
| 长毛鸡骨常山碱 | villalstonine |
| 长毛囊链藻醇 | crinitol |
| 长毛籽远志糖 A～J | watteroses A～J |
| 长毛籽远志呫酮 A、B | wattersiixanthones A, B |
| 长南酸 (长梗南五味子酸) | changnanic acid |
| (+)-长蒎-3-烯-2-酮 | (+)-longipin-3-en-2-one |
| 16α-长蒎烯-12-醇 | 16α-longipinen-12-ol |
| 长前胡甲素～丙素 | turgeniifolins A～C |
| 长柔毛薯蓣皂苷 A | dioscoreavilloside A |
| 长孺孢素 (三羟甲基蒽醌) | helminthosporin |
| 长蠕孢菌醛醇 | helminthosporol |
| 长蕊石头花碱 A、B | oldhamiaines A, B |
| 长蕊石头花皂苷 A | gypoldoside (gypsosaponin) A |
| 长生盘菌素 B～D | lachnellins B～D |
| 长寿花灵 | jonquilline |
| 长寿花糖 | roseose |
| (6*S*, 7*E*, 9*R*)-长寿花糖苷 | (6*S*, 7*E*, 9*R*)-roseoside |
| (6*S*, 9*R*)-长寿花糖苷 | (6*S*, 9*R*)-roseoside |
| (6*S*, 9*S*)-长寿花糖苷 | (6*S*, 9*S*)-roseoside |
| 长寿花糖苷 | roseoside |
| (6*R*, 9*S*)-长寿花糖苷 | (6*R*, 9*S*)-roseoside |
| 长蒴黄麻苷 (黄麻属苷) A、B | olitorisides (corchorosides) A, B |
| 长蒴黄麻辛素 | olitoriusin |
| 长蒴黄麻素 (长蒴黄麻灵、黄麻属醇苷) | olitorin (corchorosol) |
| 长蒴黄麻素 (长蒴黄麻灵、黄麻属醇苷) A | olitorin (corchorosol) A |
| 长松萝酚 | useanol |
| 长松萝酚酮 (长松萝醚酮) A、B | longissiminones A, B |
| 长松萝素 | longiusnine |
| 长松萝酮 | longissimausnone |

| | |
|---|---|
| 长松萝烯碱 A～F | usenamines A～F |
| 长松针酮 | carone |
| 长穗巴豆环氧素 (巴豆环氧化物、长穗巴豆素) | crotepoxide |
| (+)-长穗巴豆环氧素 [(+)-巴豆环氧化物、(+)-长穗巴豆素] | (+)-crotepoxide |
| 长穗决明酮酸 | didyronic acid |
| 长莎草醇 (甜莎草醇) $A_1$、C、D | cyperusols $A_1$, C, D |
| 长莎草酚 A～C | longusols A～C |
| 长莎草酮 A | longusone A |
| 长筒琉璃草属碱 | solenanthus base |
| 长突仙人掌胺 | longimammamine |
| 长突仙人掌碱 | longimammine |
| 长突仙人掌米定碱 | longimammidine |
| 长突仙人掌亭碱 | longimammatine |
| 长突仙人掌辛碱 | longimammosine |
| 长吻海蛇毒 A、B | pelamitoxins A, B |
| 长序虎皮楠胺 E | daphlongamine E |
| 长序虎皮楠定碱 | daphnilongeridine |
| 长序虎皮楠宁碱 A～D | daphnilongeranins A～D |
| 长序荆苷 | pedunculariside |
| 长序荆素 | peduncularisin |
| 长序三宝木素 A | trigowiin A |
| 长药隔重楼苷 A～C | parispseudosides A～C |
| 长叶艾菊内酯异构体 | tanaphillin isomer |
| 长叶薄荷醇 (胡薄荷醇、唇萼薄荷醇、蒲勒醇) | pulegol |
| (*R*)-(+)-长叶薄荷酮 | (*R*)-(+)-pulegone |
| (*S*)-(–)-长叶薄荷酮 | (*S*)-(–)-pulegone |
| 长叶薄荷酮 (番薄荷酮、胡薄荷酮、唇萼薄荷酮) | pulegone |
| (2*S*)-长叶长春花碱 | (2*S*)-cathafoline |
| 长叶长春花碱 | cathafoline |
| 长叶地榆苷 Ⅰ～Ⅲ | changyediyuines Ⅰ～Ⅲ |
| 长叶哥纳香内酯 A、B | gardnerilins A, B |
| 长叶环烯 | longicyclene |
| 长叶黄肉楠素 | actifolin |
| 长叶九里香内酯醇酮 | murranganon |
| 长叶九里香醛 (九里香醛) | murralonginal |
| 长叶九里香素 | murralongin |
| 长叶九里香亭 (长叶九里香内酯二醇、九里香亭) | murrangatin |
| 长叶九里香亭-2′-棕榈酸酯 | murrangatin-2′-palmitate |
| 长叶九里香亭丙酮化物 | murrangatin acetonide |

| 长叶九里香亭乙酸酯 | murrangatin acetate |
|---|---|
| 长叶九里香亭异缬草酸酯 | murrangatin isovalerate |
| 长叶考里素 | longicoricin |
| 长叶宽树冠木内酯 | longilactone |
| 长叶宽树冠木烯过氧化物 | longilene peroxide |
| 长叶龙脑 | longiborneol |
| 长叶牛尾菜苷 A | smilanipin A |
| α-长叶蒎烯 (α-长蒎烯) | α-longipinene |
| 长叶泡泡灵素 | longifolicin |
| 长叶泡泡素 A～D | longimicins A～D |
| 长叶山金草内酯 | xanthalongin |
| 长叶世界爷双黄酮 | sesquoiaflavone |
| (+)-长叶松龙脑醇 | (+)-longiborneol |
| 长叶松酸 (8, 13-松香二烯-18-酸) | palustric acid (8, 13-abietadien-18-oic acid) |
| (–)-长叶松烯 | (–)-longifolene |
| (+)-长叶松烯 | (+)-longifolene |
| 长叶松香芹酮 | longipinocarvone |
| (+)-长叶松樟烯酮 | (+)-longicamphenylone |
| 长叶烷 (长叶松烷) | longifolane |
| 长叶烯 (长叶松烯、刺柏烯) | kuromatsuene (longifolene, junipene) |
| 长叶烯 (长叶松烯、刺柏烯) | longifolene (junipene, kuromatsuene) |
| 长叶烯氧化物 | longifolene oxide |
| 长叶野扇花醇 | longifolol |
| 长叶紫荆木皂苷 B | misaponin B |
| 长圆冬青苷 B～K | oblonganosides B～K |
| 长圆小檗碱 (长圆叶小檗碱) | oblongine |
| 长圆叶波罗蜜酮 | artogomezianone |
| (*R*)-长圆叶小檗碱 | (*R*)-oblongine |
| (–)-长圆叶小檗碱 | (–)-oblongine |
| (+)-长圆叶小檗碱 | (+)-oblongine |
| 长枝黄花内酯 | elongatolide |
| 长舟马先蒿苷 A～D | dolichocymbosides A～D |
| 长柱虎皮楠碱 A～C | longistylumphyllines A～C |
| 长柱琉璃草胺 | lindelofamine |
| 长柱琉璃草定 (D-异倒千里光裂醇) | lindelofidine (D-isoretronecanol) |
| 长柱琉璃草属碱 Ⅰ | lindelofia base Ⅰ |
| 长柱矛果豆素 A～C | longistylins (longistylines) A～C |
| 肠果澄广花内酰胺 I、II | enterocarpams I, II |
| 常春藤次酮酸 | hederagonic acid |
| 常春藤皮皂苷 A～C | hederasaponins A～C |

| | |
|---|---|
| 常春藤柔皂苷 $A_1$、$D_2$ | hederosides $A_1$, $D_2$ |
| 常春藤酸 | hederagenic acid |
| 常春藤酸-28-*O*-β-D-吡喃葡萄糖苷 | hederagenic acid-28-*O*-β-D-glucopyranoside |
| 常春藤萜苷 (常春藤苷) A～D | hederacosides A～D |
| 常春藤叶茑萝碱 $D_{10}$、$X_2$ | ipangulines $D_{10}$、$X_2$ |
| 常春藤皂苷 | hederin |
| α-常春藤皂苷 (α-常春藤素) | α-hederin |
| β-常春藤皂苷 (β-常春藤素) | β-hederin |
| δ-常春藤皂苷 (δ-常春藤素) | δ-hederin |
| 常春藤皂苷元 | hederagenin |
| 常春藤皂苷元-28-*O*-α-L-吡喃鼠李糖基-(1→4)-*O*-β-D-吡喃葡萄糖基-(1→6)-*O*-β-D-吡喃葡萄糖酯 | hederagenin-28-*O*-α-L-rhamnopyranosyl-(1→4)-*O*-β-D-glucopyranosyl-(1→6)-*O*-β-D-glucopyranosyl ester |
| 常春藤皂苷元-28-*O*-β-D-吡喃葡萄糖苷 | hederagenin-28-*O*-β-D-glucopyranoside |
| 常春藤皂苷元-28-*O*-β-D-吡喃葡萄糖基-(1→4)-β-D-吡喃葡萄糖苷 | hederagenin-28-*O*-β-D-glucuronopyranosyl-(1→4)-β-D-glucopyranoside |
| 常春藤皂苷元-28-*O*-β-D-吡喃葡萄糖基-(1→6)-β-D-吡喃葡萄糖苷 | hederagenin-28-*O*-β-D-glucopyranosyl-(1→6)-β-D-glucopyranoside |
| 常春藤皂苷元-28-*O*-β-D-吡喃葡萄糖基-(1→6)-β-D-吡喃葡萄糖酯苷 | hederagenin-28-*O*-β-D-glucopyranosyl-(1→6)-β-D-glucopyranoside] ester |
| 常春藤皂苷元-28-*O*-β-D-吡喃葡萄糖酯 | hederagenin-28-*O*-β-D-glucopyranosyl ester |
| 常春藤皂苷元-2′-*O*-乙酰基-3-*O*-α-L-吡喃阿拉伯糖苷 | hederagenin-2′-*O*-acetyl-3-*O*-α-L-arabinopyranoside |
| 常春藤皂苷元-3-*O*-[α-L-吡喃阿拉伯糖基-(1→3)-α-L-吡喃鼠李糖基-(1→2)-α-L-吡喃阿拉伯糖苷] | hederagenin-3-*O*-[α-L-arabinopyranosyl-(1→3)-α-L-rhamnopyranosyl-(1→2)-α-L-arabinopyranoside] |
| 常春藤皂苷元-3-*O*-[α-L-吡喃鼠李糖基-(1→2)-α-L-吡喃阿拉伯糖苷] | hederagenin-3-*O*-[α-L-rhamnopyranosyl-(1→2)-α-L-arabinopyranoside] |
| 常春藤皂苷元-3-*O*-[β-D-吡喃葡萄糖基-(1→3)-*O*-α-L-吡喃鼠李糖基]-(1→2)-α-L-吡喃阿拉伯糖苷 | hederagenin-3-*O*-[β-D-glucopyranosyl-(1→3)-*O*-α-L-rhamnopyranosyl]-(1→2)-α-L-arabinopyranoside |
| 常春藤皂苷元-3-*O*-[β-D-吡喃鼠李糖基-(1→4)-α-L-吡喃阿拉伯糖苷] | hederagenin-3-*O*-[β-D-rhamnopyranosyl-(1→4)-α-L-arabinopyranoside] |
| 常春藤皂苷元-3-*O*-α-L-吡喃阿拉伯糖苷-28-*O*-β-吡喃葡萄糖酯 | hederagenin-3-*O*-α-L-arabinopyranoside-28-*O*-β-glucopyranosyl ester |
| 常春藤皂苷元-3-*O*-α-L-吡喃阿拉伯糖基-(1→2)-α-L-吡喃阿拉伯糖苷 | hederagenin-3-*O*-α-L-arabinopyranosyl-(1→2)-α-L-arabinopyranoside |
| 常春藤皂苷元-3-*O*-α-L-吡喃阿拉伯糖基-(1→2)-α-L-吡喃阿拉伯糖基-(1→2)-α-L-吡喃鼠李糖苷 | hederagenin-3-*O*-α-L-arabinopyranosyl-(1→2)-α-L-arabinopyranosyl-(1→2)-α-L-rhamnopyranoside |
| 常春藤皂苷元-3-*O*-α-L-吡喃阿拉伯糖基-(1→3)-α-L-吡喃鼠李糖基-(1→2)-α-L-吡喃阿拉伯糖苷 | hederagenin-3-*O*-α-L-arabinopyranosyl-(1→3)-α-L-rhamnopyranosyl-(1→2)-α-L-arabinopyranoside |
| 常春藤皂苷元-3-*O*-α-L-吡喃鼠李糖基-(1→2)-α-L-吡喃阿拉伯糖苷 | hederagenin-3-*O*-α-L-rhamnopyranosyl-(1→2)-α-L-arabinopyranoside |
| 常春藤皂苷元-3-*O*-α-L-吡喃鼠李糖基-(1→2)-α-L-吡喃阿拉伯糖苷-28-*O*-β-D-吡喃葡萄糖苷 | hederagenin-3-*O*-α-L-rhamnopyranosyl-(1→2)-α-L-arabinopyranoside-28-*O*-β-D-glucopyranoside |
| 常春藤皂苷元-3-*O*-α-L-吡喃鼠李糖基-(1→2)-β-D-吡喃木糖苷 | hederagenin-3-*O*-α-L-rhamnopyranosyl-(1→2)-β-D-xylopyranoside |

| | |
|---|---|
| 常春藤皂苷元-3-*O*-α-L-吡喃鼠李糖基-(1→4)-β-D-吡喃葡萄糖基-(1→2)-α-L-吡喃阿拉伯糖苷 | hederagenin-3-*O*-α-L- rhamnopyranosyl-(1→4)-β-D-glucopyranosyl-(1→2)-α-L-arabinopyranoside |
| 常春藤皂苷元-3-*O*-β-D-吡喃核糖基-(1→3)-α-L-吡喃鼠李糖基-(1→2)-β-D-吡喃木糖苷 | hederagenin-3-*O*-β-D-ribopyranosyl-(1→3)-α-L-rhamnopyranosyl-(1→2)-β-D-xylopyranoside |
| 常春藤皂苷元-3-*O*-β-D-吡喃木糖基-(1→3)-α-L-吡喃鼠李糖基-(1→2)-α-L-吡喃阿拉伯糖苷 | hederagenin-3-*O*-β-D-xylopyranosyl-(1→3)-α-L-rhamnopyranosyl-(1→2)-α-L-arabinopyranoside |
| 常春藤皂苷元-3-*O*-β-D-吡喃葡萄糖苷 | hederagenin-3-*O*-β-D-glucopyranoside |
| 常春藤皂苷元-3-*O*-β-D-吡喃葡萄糖基-(1→2)-α-L-阿拉伯糖苷 | hederagenin-3-*O*-β-D-glucopyranosyl-(1→2)-α-L-arabinoside |
| 常春藤皂苷元-3-*O*-β-D-吡喃葡萄糖基-(1→2)-α-L-吡喃阿拉伯糖苷 | hederagenin-3-*O*-β-D-glucopyranosyl-(1→2)-α-L-arabinopyranoside |
| 常春藤皂苷元-3-*O*-β-D-吡喃葡萄糖基-(1→3)-α-L-吡喃阿拉伯糖苷 | hederagenin-3-*O*-β-D-glucopyranosyl-(1→3)-α-L-arabinopyranoside |
| 常春藤皂苷元-3-*O*-β-D-吡喃葡萄糖基-(1→3)-α-L-吡喃阿拉伯糖苷-28-*O*-β-D-吡喃葡萄糖酯苷 | hederagenin-3-*O*-β-D-glucopyranosyl-(1→3)-α-L-arabinopyranoside-28-*O*-β-D-glucopyranoside ester |
| 常春藤皂苷元-3-*O*-β-D-吡喃葡萄糖基-(1→4)-α-L-吡喃阿拉伯糖苷 | hederagenin-3-*O*-β-D-glucopyranosyl-(1→4)-α-L-arabinopyranoside |
| 常春藤皂苷元-3-*O*-β-D-吡喃葡萄糖基-(1→4)-β-D-吡喃葡萄糖苷 | hederagenin-3-*O*-β-D-glucopyranosyl-(1→4)-β-D-glucopyranoside |
| 常春藤皂苷元-3-*O*-β-D-吡喃葡萄糖基-(6→1)-*O*-β-D-吡喃葡萄糖苷 | hederagenin-3-*O*-β-D-glucopyranosyl-(6→1)-*O*-β-D-glucopyranoside |
| 常春藤皂苷元-3-*O*-β-D-吡喃葡萄糖醛酸苷 | hederagenin-3-*O*-β-D-glucuronopyranoside |
| 常春藤皂苷元-3-*O*-β-D-吡喃葡萄糖醛酸苷-6′-*O*-甲酯 | hederagenin-3-*O*-β-D-glucuronopyranoside-6′-*O*-methyl ester |
| 常春藤皂苷元-3-*O*-β-D-木糖基-(1→3)-α-L-吡喃阿拉伯糖苷 | hederagenin-3-*O*-β-D-xylosyl-(1→3)-α-L-arabinopyranoside |
| 常春藤皂苷元-3-*O*-β-D-木糖基-(1→3)-α-L-鼠李糖基-(1→2)-α-L-吡喃阿拉伯糖苷 | hederagenin-3-*O*-β-D-xylosyl-(1→3)-α-L-rhamnosyl-(1→2)-α-L-arabinopyranoside |
| 常春藤皂苷元-3-*O*-β-D-葡萄糖醛酸甲酯苷 | hederagenin-3-*O*-β-D-methyl glucuronide |
| 常春藤皂苷元-3-*O*-阿拉伯糖苷 | hederagenin-3-*O*-arabinoside |
| 常春藤皂苷元-3-鼠李糖基-(1→2)-α-L-吡喃阿拉伯糖苷 | hederagenin-3-*O*-α-L-rhamnosyl-(1→2)-α-L-arabinopyranoside |
| 常春藤皂苷元-3-酮 | hederagenin-3-one |
| 常春藤皂苷元-α-L-呋喃阿拉伯糖基-(1→3)-α-L-吡喃鼠李糖基-(1→2)-α-L-吡喃阿拉伯糖苷 | hederagenin-α-L-arabinofuranosyl-(1→3)-α-L-rhamnopyranosyl-(1→2)-α-L-arabinopyranoside |
| 常春藤皂苷元甲酯 | hederagenin methyl ester |
| 常花萝芙碱 | semperflorine |
| 常绿钩吻碱(钩吻碱丙) | sempervirine (sempervine) |
| 常绿钩吻碱硝酸盐 | sempervirine nitrate |
| 常绿钩吻萜 | gelsemide |
| α-常山碱(常山碱甲、黄常山碱甲、异常山碱乙) | α-dichroine (isofebrifugine) |
| β-常山碱(常山碱乙、黄常山碱乙) | β-dichroine (febrifugine) |

| 常山碱乙 (β-常山碱、黄常山碱乙) | febrifugine (β-dichroine) |
|---|---|
| 常山素 A (伞形花内酯、八仙花苷、绣球花苷、伞花内酯、伞形酮、7-羟基香豆素) | dichrin A (umbelliferon, umbelliferone, hydrangin, , skimmetin, 7-hydroxycoumarin) |
| 常山酮 | halofuginone |
| 巢菜碱苷 (野豌豆碱、蚕豆苷) | vicine |
| 巢菜糖 (荚豆二糖) | vicianose |
| 朝藿定 A～C、$A_1$、$B_1$、K | epimedins A～C, $A_1$, $B_1$, K |
| 朝藿菲苷 A | epimedoicarisoside A |
| 朝藿苷 A～E | caohuosides A～E |
| 朝藿苷甲～丙 | korepimedosides A～C |
| 朝藿宁素 A～D | epimedonins A～D |
| 朝藿素 (朝鲜淫羊藿素) A～D | epimedokoreanins A～D |
| 朝藿酮 A | eipimedokoreanone A |
| 朝佩因 | chopeine |
| 朝鲜白头翁新苷 A～D | cernuasides A～D |
| 朝鲜白芷酮醇 (大齿当归醇) | angelikoreanol |
| 朝鲜当归醇 | gigasol |
| 朝鲜槐素 | maackiasin |
| DL-朝鲜槐英 | DL-maackiain |
| 朝鲜裸菀炔 B～F | gymnasterkoreaynes B～F |
| 朝鲜蘑菇素 | polyozellin |
| 朝鲜五加贝壳杉苷 | sumogaside |
| 朝鲜五加苷 A～D | acankoreosides A～D |
| 朝鲜淫羊藿苷 Ⅰ、Ⅱ | epinedosides Ⅰ, Ⅱ |
| 朝鲜淫羊藿碱 | epimediphine |
| 朝鲜淫羊藿属苷 (东北淫羊藿苷) Ⅰ、Ⅱ | epimedokoreanosides Ⅰ, Ⅱ |
| 朝鲜淫羊藿酮 A | epimedokoreanone A |
| 潮风草苷 D | cynascyroside D |
| 车里叶灵 | chelilanthifoline |
| 车前草苷 (车前因苷) A～F | plantainosides A～F |
| 车前草酰胺酸 (车前脒酸) B | plantagoamidinic acid B |
| 车前酚苷 | plantasioside |
| 车前酚碱 | plasiatine |
| 车前苷 | plantaginin |
| 车前胍酸 (车前草胍氨酸) | plantagoguanidinic acid |
| 车前果胶 | plantaglucide |
| 车前碱 A～I | plasiaticines A～I |
| 车前聚糖 | plantasan |
| 车前蓝蓟亭 -*N*- 氧化物 | echimiplatine-*N*-oxide |
| 车前蓝蓟酯亭 | echiuplatine |

| 车前蓝蓟酯亭-*N*-氧化物 | echiuplatine-*N*-oxide |
|---|---|
| 车前醚苷 | plantareloside |
| 车前糖 | planteose |
| 车前粘多糖A、Ⅰa、Ⅱ | plantagomucilages A, Ⅰa, Ⅱ |
| 车前酯苷 | hellicoside |
| 车前状垂头菊素A、B | crellisins A, B |
| 车前子苷A | plantagoside A |
| 车前子酸(车前烯醇酸) | plantenolic acid |
| 车前子油酸钠 | sodium psylliate |
| 车瑞灵 | cherylline |
| 车桑子苷A、B | dodoneasides A, B |
| 车桑子苷元 | doviscogenin |
| 车桑子灵 | aliarin |
| 车桑子内酯 | dodonolide |
| 车桑子诺苷A、B | dodonosides A, B |
| 车桑子酸 | hautriwaic acid |
| 车桑子酮A～D | dodovisones A～D |
| 车桑子维内酯A、B | dodovislactones A, B |
| 车桑子维酸甲酯A、B | methyl dodovisates A, B |
| 车烯 | scycheuene |
| 车叶草苷 | asperuloside |
| 车叶草酸(车叶草苷酸) | asperulosidic acid |
| 车叶草酸甲酯(车叶草苷酸甲酯、交让木苷) | asperulosidic acid methyl ester (daphylloside) |
| 车叶草酸乙酯 | ethyl asperulosidate |
| 车轴草佛苷 | riboside |
| 车轴草苷 | trifoliside |
| (–)-车轴草根苷 | (–)-trifolirhizin |
| (6a*R*, 11a*R*)-车轴草根苷[(6a*R*, 11a*R*)-红车轴草根苷] | (6a*R*, 11a*R*)-trifolirhizin |
| 车轴草皂苷(白车轴草皂苷)Ⅰ～Ⅴ | cloversaponins Ⅰ～Ⅴ |
| 车轴草紫檀素 | trifolian |
| 砗磲凝集素 | tridacnin |
| 尘曲霉素 | dustanin |
| 沉香薁醇(沉香酚) | jinkohol |
| 沉香醇 | agarol |
| 沉香醇Ⅱ(沉香新醇) | agarol Ⅱ |
| β-沉香呋喃 | β-agarofuran |
| α-沉香呋喃 | α-agarofuran |
| 沉香苷A、$A_1$ | aquilarinosides A, $A_1$ |
| 沉香螺醇醛 | oxoagarospirol |
| 沉香螺旋醇(沉香螺醇) | agarospirol |

| 沉香螺旋烷 | agarospirane |
|---|---|
| 沉香木脂素 (沉香木质素) | aquillochin |
| 沉香四醇 | agarotetrol |
| 沉香素 A、B | aquilarins A, B |
| 沉香西宁 | aquilarisinin |
| 沉香辛 | aquilarisin |
| 沉香雅槛蓝醇 | jinkoheremol |
| 柽柳醇 | tamarixol |
| 柽柳酚 | tamarixinol |
| 柽柳苷 | tamarixin |
| 柽柳素 (柽柳黄素) | tamarixetin |
| 柽柳素 -3, 7- 双葡萄糖苷 | tamarixetin-3, 7-bisglucoside |
| 柽柳素 -3-*O*-α-L- 鼠李糖苷 | tamarixetin-3-*O*-α-L-rhamnoside |
| 柽柳素 -3-*O*-β-D- 吡喃半乳糖苷 | tamarixetin-3-*O*-β-D-galactopyranoside |
| 柽柳素 -3-*O*-β-D- 葡萄糖苷 | tamarixetin-3-*O*-β-D-glucoside |
| 柽柳素 -3-*O*- 新橙皮糖苷 | tamarixetin-3-*O*-neohesperidoside |
| 柽柳素 -3-*O*- 洋槐二糖苷 | tamarixetin-3-*O*-robinobioside |
| 柽柳素 -3-*O*- 芸香糖苷 | tamarixetin-3-*O*-rutinoside |
| 柽柳素 -3- 葡萄糖苷 -7- 硫酸酯 | tamarixetin-3-glucoside-7-sulphate |
| 柽柳素 -5-*O*-β-D- 葡萄糖苷 | tamarixetin-5-*O*-β-D-glucoside |
| 柽柳素 -7-*O*-β-D- 葡萄糖苷 | tamarixetin-7-*O*-β-D-glucoside |
| 柽柳酮 | tamarixone |
| 称杆树醌 (7- 甲基胡桃叶醌、7- 甲基胡桃醌、7- 甲基胡桃酮) | ramentaceone (7-methyl juglone) |
| 赪桐登酮 | clerodendrone |
| 赪桐定 | clerodin |
| 赪桐定宁 A～D | clerodinins A～D |
| 赪桐二醇烯酮 (赪桐醇酮) | clerodolone |
| 赪桐苷 A | clerodenoside A |
| 赪桐环五肽 A、B | japonicum cyclic pentapeptides A, B |
| 赪桐诺苷 | clerodendronoside |
| 赪桐酮 (赪酮杜酮) | clerodone |
| 赪桐烯醇 | clerodol |
| 赪桐甾醇 | clerosterol |
| 赪桐甾醇 -3β-*O*-β-D- 吡喃葡萄糖苷 | clerosterol-3β-*O*-β-D-glucopyranoside |
| 赪桐甾醇半乳糖苷 | clerosterol galactoside |
| 赪酮二烯醇 | clerodadienol |
| 赪酮甾醇 -3-*O*-β-D- 葡萄糖苷 | clerosterol-3-*O*-β-D-glucoside |
| 成精子囊素 | antheridiogen |
| 成球红光树酚 | kneglomeratanol |

| | |
|---|---|
| 成球红光树酮 A、B | kneglomeratanones A, B |
| 呈那明 | chinamine |
| 澄广花酸 | oropheic acid |
| 橙吖啶酮 Ⅰ～Ⅲ | citracridones Ⅰ～Ⅲ |
| 橙花醇 | nerol |
| 橙花醇戊酸酯 | neryl pentanoate |
| 橙花醇乙酸酯 | neryl acetate |
| 橙花醚 | nerol oxide |
| 橙花醛 (柠檬醛 -b、β- 柠檬醛) | neral (citral-b, β-citral) |
| 橙花瑞香醇 A～C | daphnauranols A～C |
| 橙花瑞香诺醇 A～C | auranticanols A～C |
| α- 橙花叔醇 | α-nerolidol |
| β- 橙花叔醇 | β-nerolidol |
| (+)- 橙花叔醇 (橙花树醇、橙花油醇、苦橙油醇) | (+)-nerolidol (peruviol) |
| 橙花叔醇 -3-*O*-α-L- 吡喃鼠李糖基 -(1→2)-β-D- 吡喃葡萄糖苷 | nerolidol-3-*O*-α-L-rhamnopyranosyl-(1→2)-β-D-glucopyranoside |
| 橙花叔醇 -3-*O*-α-L- 吡喃鼠李糖基 -(1→4)-α-L- 吡喃鼠李糖基 -(1→2)-β-D- 吡喃葡萄糖苷 | nerolidol-3-*O*-α-L-rhamnopyranosyl-(1→4)-α-L-rhamnopyranosyl-(1→2)-β-D-glucopyranoside |
| 橙花叔醇 -3-*O*-α-L- 吡喃鼠李糖基 -(1→4)-α-L- 吡喃鼠李糖基 -(1→6)-β-D- 吡喃葡萄糖苷 | nerolidol-3-*O*-α-L-rhamnopyranosyl-(1→4)-α-L-rhamnopyranosyl-(1→6)-β-D-glucopyranoside |
| 橙花叔醇乙酸酯 | nerolidyl acetate |
| 橙花酮 | neryl acetone |
| 橙花烯 | nerolidene |
| 橙花油醇 (苦橙油醇、橙花叔醇、橙花树醇) | peruviol [(+)-nerolidol] |
| (–)- 橙黄胡椒酰胺乙酸酯 | (–)-aurantiamide acetate |
| (2*S*, 1″*S*)- 橙黄胡椒酰胺乙酸酯 | (2*S*, 1″*S*)-aurantiamide acetate |
| 橙黄胡椒酰胺乙酸酯 (金色酰胺醇酯、金色酰胺醇乙酸酯) | aurantiamide acetate |
| 橙黄决明素 (橙钝叶决明辛) | aurantio-obtusin |
| 橙黄决明素 -6-*O*-β-D- 吡喃葡萄糖苷 | aurantio-obtusin-6-*O*-β-D-glucopyranoside |
| β- 橙黄异药菊烯酸 [9- 羟基 -(10*E*, 12*E*)- 十八碳二烯酸] | β-dimorphecolic acid |
| α- 橙黄异药菊烯酸 [9- 羟基 -(10*E*, 12*Z*)- 十八碳二烯酸] | α-dimorphecolic acid [9-hydroxy-(10*E*, 12*Z*)-octadecadienoic acid] |
| 橙皮苷 (陈皮苷、橘皮苷、橙皮素 -7-*O*- 芸香糖苷、橙皮素 -7-*O*- 鼠李葡萄糖苷) | hesperidin (cirmtin, hesperetin-7-*O*-rutinoside, hesperetin-7-rhamnoglucoside) |
| 橙皮苷元 (橙皮素) | hesperitin (hesperetin) |
| 橙皮苷元 -7-*O*-β-D- 吡喃葡萄糖苷 | hesperitin-7-*O*-β-D-glucopyranoside |
| 橙皮内酯 | meranzin |
| 橙皮素 (橙皮苷元) | hesperetin (hesperitin) |
| 橙皮素 -5-*O*- 葡萄糖苷 | hesperetin-5-*O*-glucoside |
| 橙皮素 -5-β-D- 吡喃葡萄糖苷 | hesperetin-5-β-D-glucopyranoside |

| 橙皮素-7-*O*-[β-D-吡喃葡萄糖基-(1→3)]-β-D-吡喃葡萄糖苷 | hesperetin-7-*O*-[β-D-glucopyranosyl-(1→3)]-β-D-glucopyranoside |
|---|---|
| 橙皮素-7-*O*-α-葡萄糖苷 | hesperetin-7-*O*-α-glucoside |
| (2*S*)-橙皮素-7-*O*-β-D-吡喃葡萄糖醛苷 | (2*S*)-hesperetin-7-*O*-β-D-glucuronopyranoside |
| 橙皮素-7-*O*-β-D-葡萄糖苷 | hesperetin-7-*O*-β-D-glucoside |
| 橙皮素-7-*O*-芸香糖苷(橙皮苷、陈皮苷、橘皮苷、橙皮素-7-*O*-鼠李葡萄糖苷) | hesperetin-7-*O*-rutinoside (hesperidin, cirmtin, hesperetin-7-rhamnoglucoside) |
| 橙皮酸 | hesperitinic acid |
| 橙皮油内酯(葡萄柚内酯、橙皮油素、7-香叶草氧基香豆素) | aurapten (auraptene, 7-geranyloxycoumarin) |
| 橙桑呫酮(土西洛呫酮) A～D | toxyloxanthones A～D |
| 橙色素 | citraurin |
| α-橙色素 | α-citraurin |
| β-橙色素 | β-citraurin |
| 橙色罂粟碱 | oreophiline |
| 橙酮(噢哢) | aurone |
| 秤钩风皂苷(秤钩风素) | diploclisin |
| 秤星树醇(梅叶冬青醇) A～C | asprellols A～C |
| 秤星树酸甲～丙(秤星树酸 A～C) | asprellic acids A～C |
| 秤星树皂苷 A～E | asprellanosides A～E |
| 池杉素 C | taxodascen C |
| 迟氧合哌嗪 A、B | tardioxopiperazines A, B |
| 齿阿米定(阿米芹定、氢吡豆素、阿密茴定) | provismine (cardine, carduben, visnadin, vibeline, visnamine) |
| 齿孔醇 | eburicol |
| 齿孔醇乙酸酯 | eburicyl acetate |
| 齿孔二醇 | eburicodiol |
| 齿孔醛 | eburical |
| 齿孔酸 | eburicoic acid |
| 齿孔酸甲酯 | methyl eburicoate |
| 齿孔酸乙酸酯 | eburicoic acid acetate |
| 齿裂黄鹌菜苷 A、B | youngiasides A, B |
| 齿叶草苷 | odontoside |
| 齿叶黄皮酸 | dunniana acid |
| 齿叶乳香萜醇[(–)-(1*S*, 3*E*, 7*E*, 11*E*)-烟草-3, 7, 11-三烯-1-醇] | serratol [(–)-(1*S*, 3*E*, 7*E*, 11*E*)-cembr-3, 7, 11-trien-1-ol] |
| 齿叶橐吾醇 | ligudentatol |
| 齿叶橐吾甲酯酚 | liguladentanorol |
| 齿叶橐吾碱 | ligudentine |
| 齿叶橐吾亭 A、B | ligudentatins A, B |
| 齿叶橐吾酮 A、B | ligudentatones A, B |

| | |
|---|---|
| 齿叶玄参苷 A | scrodentoside A |
| 齿叶玄参萜 A～E | scrodentoids A～E |
| D-赤-L-半乳-辛糖醇 | D-*erythro*-L-galacto-octitol |
| 赤桉素 | camaldulin |
| 赤桉酸 (脱氢山楂酸) | camaldulenic acid (dehydromaslinic acid) |
| 赤瓟苷 (赤瓟皂苷) $H_1$ | thladioside $H_1$ |
| 赤道李素 | aequinoctin |
| 赤地利苷 | shakuchirin |
| 赤蝶呤 (红蝶呤) | erythropterin |
| 赤豆皂苷 Ⅰ～Ⅴ | azukisaponins Ⅰ～Ⅴ |
| 赤豆皂苷 Ⅱ 甲酯 | azukisaponin Ⅱ methyl ester |
| 赤豆皂苷 Ⅴ 甲酸酯 | azukisaponin Ⅴ carboxylate |
| 赤瓜色苷 A～F | dubiosides A～F |
| 赤箭毒碱-1 | *erythro*-curarine-1 |
| 赤胫散苷 | runcinatside |
| 赤麻醇乙酸酯 | boehmeryl acetate |
| 赤麻苷 (苎麻灵) | boehmerin |
| 赤麻木脂素 (苦麻脂素、苎麻脂素) | boehmenan |
| 赤霉素 $A_1$～$A_{73}$ | gibberellins $A_1$～$A_{73}$ |
| 赤霉素 $A_{35}$ 葡萄糖苷 | gibberellin $A_{35}$ glucoside |
| 赤霉素 $A_{73}$ 甲酯 | gibberellin $A_{73}$ methyl ester |
| 赤霉素葡萄糖苷 Ⅰ～Ⅶ、F-Ⅶ | gibberellin glucosides Ⅰ～Ⅶ, F-Ⅶ |
| 赤霉素酮 | gibberone |
| 赤霉素烷 | gibbane |
| 赤霉酸 | gibberellic acid |
| 赤球丛赤壳菌素 | haematocin |
| 赤芍药苷 | 8-debenzoyl paeoniflorin |
| 赤式-(1, 3*Z*, 11*E*)-十三碳三烯-7, 9-二烯-5, 6-二炔二乙酸酯 | *erythro*-(1, 3*Z*, 11*E*)-tridecatrien-7, 9-dien-5, 6-diynyl diacetate |
| 赤式-(1, 5*E*, 11*E*)-十三碳三烯-7, 9-二炔-3, 4-二乙酸酯 | *erythro*-(1, 5*E*, 11*E*)-tridecatrien-7, 9-diyn-3, 4-diyl acetate |
| 赤式-(3*Z*, 11*E*)-十三碳三烯-7, 9-二炔-5, 6-二乙酸酯 | *erythro*-(3*Z*, 11*E*)-tridecatrien-7, 9-diyn-5, 6-diyl diacetate |
| 赤式-(7*R*, 8*S*)-(–)-3, 4, 5-三甲氧基-7-羟基-1′-烯丙基-3′, 5′-二甲氧基-8-*O*-4′-新木脂素 | *erythro*-(7*R*, 8*S*)-(–)-(3, 4, 5-trimethoxy-7-hydroxy-1′-allyl-3′, 5′-dimethoxy)-8-*O*-4′-neolignan |
| 赤式-(7*R*, 8*S*)-愈创木基甘油-β-*O*-4′-二氢松柏醚 | *erythro*-(7*R*, 8*S*)-guaiacyl glycerol-β-*O*-4′-dihydroconiferyl ether |
| 赤式-(7*R*, 8*S*)-愈创木基甘油-β-松柏醛醚 | *erythro*-(7*R*, 8*S*)-guaiacyl glycerol-β-coniferyl aldehyde ether |

| | |
|---|---|
| 赤式-(7*S*, 8*R*)-1-(4-羟基-3-甲氧苯基)-2-{4-[(*E*)-3-羟基-1-丙烯基]-2-甲氧苯氧基}-1, 3-丙二醇 | *erythro*-(7*S*, 8*R*)-1-(4-hydroxy-3-methoxyphenyl)-2-{4-[(*E*)-3-hydroxy-1-propenyl]-2-methoxyphenoxy} -1, 3-propanediol |
| 赤式-(7*S*, 8*R*)-愈创木基甘油-β-*O*-4′-二氢松柏醚 | *erythro*-(7*S*, 8*R*)-guaiacyl glycerol-β-*O*-4′-dihydroconiferyl ether |
| 赤式-(7*S*, 8*R*)-愈创木基甘油-β-*O*-4′-二氢松柏醚-7-*O*-β-D-吡喃葡萄糖苷 | *erythro*-(7*S*, 8*R*)-guaiacyl glycerol-β-*O*-4′-dihydroconiferyl ether-7-*O*-β-D-glucopyranoside |
| 赤式-(7*S*, 8*R*)-愈创木基甘油-β-*O*-4′-二氢松柏醚-9′-*O*-β-D-吡喃葡萄糖苷 | *erythro*-(7*S*, 8*R*)-guaiacyl glycerol-β-*O*-4′-dihydroconiferyl ether-9′-*O*-β-D-glucopyranoside |
| 赤式-(7*S*, 8*R*)-愈创木基甘油-β-松柏醛醚 | *erythro*-(7*S*, 8*R*)-guaiacyl glycerol-β-coniferyl aldehyde ether |
| (6, 7-赤式)-3, 7-二甲基辛-3 (10)-烯-1, 2, 6, 7, 8-五醇 | (6, 7-*erythro*)-3, 7-dimethyl oct-3 (10)-en-1, 2, 6, 7, 8-pentol |
| 赤式, 赤式-蜥尾草亭 A | *erythro*, *erythro*-manassantin A |
| 赤式-1-(3, 4, 5-三甲氧苯基)-2-(4-烯丙基-2, 6-二甲氧基苯氧基) 丙-1, 3-二醇 | *erythro*-1-(3, 4, 5-trimethoxyphenyl)-2-(4-allyl-2, 6-dimethoxyphenoxy) propan-1, 3-diol |
| 赤式-1-(3, 4, 5-三甲氧苯基)-2-(4-烯丙基-2, 6-二甲氧基苯氧基) 丙-1-醇 | *erythro*-1-(3, 4, 5-trimethoxyphenyl)-2-(4-allyl-2, 6-dimethoxyphenoxy) propan-1-ol |
| 赤式-1-(3, 4-二甲氧苯基)-2-(4-烯丙基-2, 6-二甲氧基苯氧基) 丙-1-醇 | *erythro*-1-(3, 4-dimethoxyphenyl)-2-(4-allyl-2, 6-dimethoxyphenoxy) propan-1-ol |
| 赤式-1-(3-羟基-4, 5-二甲氧苯基)-2-(4-烯丙基-2, 6-二甲氧基苯氧基) 丙-1-醇 | *erythro*-1-(3-hydroxy-4, 5-dimethoxyphenyl)-2-(4-allyl-2, 6-dimethoxyphenoxy) propan-1-ol |
| 赤式-1-(4-羟苯基) 丙三醇 | *erythro*-1-(4-hydroxyphenyl) glycerol |
| 赤式-1-(4-羟基-3, 5-二甲氧苯基)-2-(4-烯丙基-2, 6-二甲氧基苯氧基) 丙-1-醇 | *erythro*-1-(4-hydroxy-3, 5-dimethoxyphenyl)-2-(4-allyl-2, 6-dimethoxyphenoxy) propan-1-ol |
| 赤式-1-(4-羟基-3-甲氧苯基)-2-(4-烯丙基-2, 6-二甲氧基苯氧基)-1-甲氧基丙烷 | *erythro*-1-(4-hydroxy-3-methoxyphenyl)-2-(4-allyl-2, 6-dime-thoxyphenoxy)-1-methoxypropane |
| 赤式-1-(4-羟基-3-甲氧苯基)-2-(4-烯丙基-2, 6-二甲氧基苯氧基) 丙-1-醇 | *erythro*-1-(4-hydroxy-3-methoxyphenyl)-2-(4-allyl-2, 6-dimethoxyphenoxy) propan-1-ol |
| 赤式-1-(4-羟基-3-甲氧苯基)-2-(4-烯丙基-2-甲氧基苯氧基) 丙-1-醇 | *erythro*-1-(4-hydroxy-3-methoxyphenyl)-2-(4-allyl-2-methoxy-phenoxy) propan-1-ol |
| 赤式-1-(4-羟基-3-甲氧苯基)-2-{4-[(*E*)-3-羟基-1-丙烯基]-2-甲氧基苯氧基}-1, 3-丙二醇 | *erythro*-1-(4-hydroxy-3-methoxyphenyl)-2-{4-[(*E*)-3-hydroxy-1-propenyl]-2-methoxyphenoxy} -1, 3-propanediol |
| 赤式-1′, 2′-二羟基细辛脑 | *erythro*-1′, 2′-dihydroxyasarone |
| 赤式-1, 2-双-(4-羟基-3-甲氧苯基)-1, 3-丙二醇 | *erythro*-1, 2-bis-(4-hydroxy-3-methoxyphenyl)-1, 3-propanediol |
| 赤式-1-*C*-丁香酚基丙三醇 | *erythro*-1-*C*-syringyl glycerol |
| 赤式-1-苯-(4′-羟基-3′-甲氧基)-2-苯 (4″-羟基-3″-甲氧基)-1, 3-丙二醇 | *erythro*-1-phenyl-(4′-hydroxy-3′-methoxy)-2-phenyl-(4″-hydroxy-3″-methoxy)-1, 3-propanediol |
| 赤式-2, 3-二 (4-羟基-3-甲氧苯基)-3-甲氧基丙醇 | *erythro*-2, 3-bis (4-hydroxy-3-methoxypheyl)-3-me-thoxypropanol |
| 赤式-2, 3-二-(4-羟基-3-甲氧苯基)-3-乙氧基-1-丙醇 | *erythro*-2, 3-bis-(4-hydroxy-3-methoxy-phenyl)-3-ethoxypropan-1-ol |

| | |
|---|---|
| 赤式-2, 3-十八碳二醇 | *erythro*-2, 3-octadecanediol |
| 赤式-2, 3-双(4-羟基-3-甲氧苯基)-3-甲氧基丙醇 | *erythro*-2, 3-bis (4-hydroxy-3-methoxyphenyl)-3-methoxypropanol |
| 赤式-2, 3-双(4-羟基-3-甲氧苯基)-3-乙氧基丙烷-1-醇 | *erythro*-2, 3-bis (4-hydroxy-3-methoxyphenyl)-3-ethoxypropan-1-ol |
| (7*S*, 8*R*)-赤式-4, 7, 9, 9′-四羟基-3, 3′-二甲氧基-8-*O*-4′-新木脂素 | (7*S*, 8*R*)-*erythro*-4, 7, 9, 9′-tetrahydroxy-3, 3′-dimethoxy-8-*O*-4′-neolignan |
| 7, 8-赤式-4, 9, 9′-三羟基-3, 3′-二甲氧基-8-*O*-4′-新木脂素 | 7, 8-*erythro*-4, 9, 9′-trihydroxy-3, 3′-dimethoxy-8-*O*-4′-neolignan |
| (7*S*, 8*S*)-赤式-4, 9, 9′-三羟基-3, 3′-二甲氧基-8-*O*-4′-新木脂素-7-*O*-β-D-吡喃葡萄糖苷 | (7*S*, 8*S*)-erythro-4, 9, 9′-trihydroxy-3, 3′-dimethoxy-8-*O*-4′-neolignan-7-*O*-β-D-glucopyranoside |
| (–)-(1′*R*, 2′*S*)-赤式-5-羟基-7-(1′, 2′-二羟基丙基)-2-甲基色原酮 | (–)-(1′*R*, 2′*S*)-*erythro*-5-hydroxy-7-(1′, 2′-dihydroxypropyl)-2-methyl chromone |
| 赤式-6-氧亚基-4′-(3-甲氧基-4-羟基苯乙二醇-8″)-阿魏酰筋骨草醇 | *erythro*-6-oxo-4′-(3-methoxy-4-hydroxyphenyl glycol-8″)-feruloyl ajugol |
| (7*S*, 8*R*)-赤式-7, 9, 9′-三羟基-3, 3′-二甲氧基-8-*O*-4′-新木脂素-4-*O*-β-D-吡喃葡萄糖苷 | (7*S*, 8*R*)-*erythro*-7, 9, 9′-trihydroxy-3, 3′-dimethoxy-8-*O*-4′-neolignan-4-*O*-β-D-glucopyranoside |
| (7*R*, 8*S*)-赤式-7, 9, 9′-三羟基-3, 3′-二甲氧基-8-*O*-4′-新木脂素-4-*O*-β-D-葡萄糖苷 | (7*R*, 8*S*)-*erythro*-7, 9, 9′-trihydroxy-3, 3′-dimethoxy-8-*O*-4′-neolignan-4-*O*-β-D-glucoside |
| 赤式-7′-甲氧基鹊肾树木脂醇 | *erythro*-7′-methoxystrebluslignanol |
| 赤式-β-羟基-L-天冬氨酸 | *erythro*-β-hydroxy-L-aspartic acid |
| 赤式-γ-羟基精氨酸 | *erythro*-γ-hydroxyarginine |
| 赤式-长叶九里香内酯二醇 | *erythro*-murrangatin |
| (+)-赤式-长叶九里香亭 | (+)-*erythro*-murrangatin |
| 赤式-丁香酚基甘油 | *erythro*-syringyl glycerol |
| 赤式-丁香酚基甘油-8-*O*-4′-松柏醇醚 | *erythro*-syringyl glycerol-8-*O*-4′-coniferyl alcohol ether |
| 7, 8-赤式-二羟基-3, 4, 5-三甲氧基苯丙烷-8-*O*-β-吡喃葡萄糖苷 | 7, 8-*erythro*-dihydroxy-3, 4, 5-trimethoxyphenyl propane-8-*O*-β-glucopyranoside |
| 赤式-二羟基脱氢二松柏醇 | *erythro*-dihydroxydehydrodiconiferyl alcohol |
| 赤式-茴香脑乙二醇 | *erythro*-anethole glycol |
| 赤式-木兰藤木脂素-6 (赤式-澳白木脂素-6) | *erythro*-austrobailignan-6 |
| 赤式-轻木卡罗木脂素 E | *erythro*-carolignan E |
| (7′*R*, 8′*S*)-赤式-鹊肾树醇 B | (7′*R*, 8′*S*)-*erythro*-streblusol B |
| 赤式-鹊肾树木脂醇 | *erythro*-strebluslignanol |
| (7′*R*, 8′*S*, 7″*R*, 8″*S*)-赤式-鹊肾树木脂醇 G | (7′*R*, 8′*S*, 7″*R*, 8″*S*)-*erythro*-strebluslignanol G |
| (7*R*, 8*S*, 7′*R*, 8′*S*)-赤式-鹊肾树木脂醇 H | (7*R*, 8*S*, 7′*R*, 8′*S*)-*erythro*-strebluslignanol H |
| 赤式-苏里南维罗蔻木素 (赤式-维鲁拉脂素) | *erythro*-surinamensin |
| (+)-赤式-愈创木酚基甘油 | (+)-*erythro*-guaiacyl glycerol |
| (+)-赤式-愈创木酚基甘油-β-阿魏酸乙酯 | (+)-*erythro*-guaiacyl glycerol-β-ferulic acid ester |
| 赤式-愈创木基甘油 | *erythro*-guaiacyl glycerol |
| 赤式-愈创木基甘油-8′-(4-羟甲基-2-甲氧苯基) 乙醚 | *erythro*-guaiacyl glycerol-8′-(4-hydroxymethyl-2-methoxyphenyl) ether |

| | |
|---|---|
| 赤式-愈创木基甘油-8′-香草醛醚 | *erythro*-guaiacyl glycerol-8′-vanillin ether |
| 赤式-愈创木基甘油-8-香草酸醚 | *erythro*-guaiacyl glycerol-8-vanillic acid ether |
| 赤式-愈创木基甘油-β-*O*-4′-(+)-5, 5′-二甲氧基落叶松脂素醚 | *erythro*-guaiacyl glycerol-β-*O*-4′-(+)-5, 5′-dimethoxy-lariciresinol ether |
| 赤式-愈创木基甘油-β-*O*-4′-芥子醇醚 | *erythro*-guaiacyl glycerol-β-*O*-4′-sinapyl ether |
| 赤式-愈创木基甘油-β-*O*-4′-松柏醇 | *erythro*-guaiacyl glycerol-β-*O*-4′-coniferyl alcohol |
| 赤式-愈创木基甘油-β-*O*-4′-松柏醚 | *erythro*-guaiacyl glycerol-β-*O*-4′-coniferyl ether |
| 赤式-愈创木基甘油-β-松柏醚 | *erythro*-guaiacyl glycerol-β-coniferyl ether |
| 赤式-愈创木基甘油-β-松柏醛醚 | *erythro*-guaiacyl glycerol-β-coniferyl aldehyde ether |
| 赤式-愈创木基乙氧基甘油-β-*O*-4′-松柏醛醚 | *erythro*-guaiacyl ethoxyglycerol-β-*O*-4′-coniferyl aldehyde ether |
| 赤式-愈创木基乙氧基甘油-β-*O*-4′-愈创木基醛醚 | *erythro*-guaiacyl ethoxyglycerol-β-*O*-4′-guaiacyl aldehyde ether |
| 赤式-醉鱼草醇 B、C | *erythro*-buddlenols B, C |
| 赤松素 (欧洲赤松素、银松素) | pinosylvin |
| 赤松素-3-*O*-β-D-吡喃葡萄糖苷 | pinosylvin-3-*O*-β-D-glucopyranoside |
| 赤松素甲醚 | pinosylvin methyl ether |
| 赤土茯苓苷 | smiglabrin |
| D-赤戊-2-酮糖 (D-核酮糖) | D-*erythro*-2-pentulose (D-ribulose) |
| D-赤戊-2-酮糖酸 | D-*erythro*-2-pentulosonic acid |
| 赤藓醇 (1, 2, 3, 4-丁四醇、内-赤藓醇、赤藓糖醇、赤藻糖醇) | erythritol (1, 2, 3, 4-butantetraol, *meso*-erythritol, erythrit) |
| D-赤藓醇 (赤藓糖醇、藻糖醇) | D-erythritol |
| 赤藓素 | erythrin |
| 赤藓酸 | erythric acid |
| D-赤藓糖 | D-erythrose |
| D-赤藓酮糖 (D-甘油丁酮糖) | D-erythrulose (D-glycero-tetrulose) |
| 赤星衣酸 | haematommic acid |
| 赤星衣酸乙酯 | ethyl haematommate |
| 赤型-1-(4-羟基-3-甲氧苯基)-2-[4-(3-羟基丙基)-2-甲氧基苯氧基]-1, 3-丙二醇 | *erythro*-1-(4-hydroxy-3-methoxyphenyl)-2-[4-(3-hydroxypropyl)-2-methoxyphenoxy]-1, 3-propanediol |
| 赤型愈创木基甘油-9-*O*-β-D-吡喃葡萄糖苷 | *erythro*-guaiacyl glycerol-9-*O*-β-D-glucopyranoside |
| 赤杨醇 (桤木醇) | alnusonol |
| 赤杨二醇 (桤木二醇) | alnusdiol |
| 赤杨萜烯酸 A [(24*E*)-3, 4-开环达玛-4 (28), 20, 24-三烯-3, 26-二酸-3-甲酯] | (24*E*)-3, 4-secodammar-4 (28), 20, 24-trien-3, 26-dioic acid-3-methyl ester |
| 赤杨萜烯酸 B [(24*E*)-3, 4-开环达玛-4 (28) 20, 24-三烯-3, 26-二酸] | (24*E*)-3, 4-secodammar-4 (28), 20, 24-trien-3, 26-dioic acid |
| 赤杨萜烯酸 C [(20*S*, 24*S*)-二羟基-3, 4-开环达玛-4 (28), 25-二烯-3-酸] | (20*S*, 24*S*)-dihydroxy-3, 4-secodammar-4 (28), 25-dien-3-oic acid |

| | |
|---|---|
| 赤杨萜烯酸 D [(23*E*, 20*S*)-20, 25-二羟基-3, 4-开环达玛-4 (28), 23-二烯-3-酸] | (23*E*, 20*S*)-20, 25-dihydroxy-3, 4-secondammar-4 (28), 23-dien-3-oic acid |
| 赤杨萜烯酸 E [(23*E*, 20*S*)-20, 25, 26-三羟基-3, 4-开环达玛-4 (28), 23-二烯-3-酸] | (23*E*, 20*S*)-20, 25, 26-trihydroxy-3, 4-secodammar-4 (28), 23-dien-3-oic acid |
| 赤杨萜烯酸 F [(23*E*, 12*R*, 20*S*)-12, 20, 25-三羟基-3, 4-开环达玛-4 (28), 23-二烯-3-酸] | (23*E*, 12*R*, 20*S*)-12, 20, 25-trihydroxy-3, 4-secodammar-4 (28), 23-dien-3-oic acid |
| 赤杨酮 (桤木酮) | alnusone |
| 赤杨酮环氧化物 (桤木氧化物) | alnusoxide |
| 赤杨烯酮 (桤木烯酮、粘霉酮、欧洲桤木酮、黏胶贾森菊酮、D: B-弗瑞德齐墩果-5-烯-3-酮) | alnusenone (glutinone, D: B-friedoolean-5-en-3-one) |
| 赤芝孢子内酯 A、B | ganosporelactones A, B |
| 赤芝醇 A、B | lucidumols A, B |
| 赤芝酚 A | chizhiol A |
| 赤芝内酯 A | lucidulactone A |
| (±)-赤芝内酯 B | (±)-lucidulactone B |
| 赤芝三萜二醇 (灵芝羊毛脂萜二醇) | lucidadiol |
| 赤芝酸 A 正丁基酯 | *n*-butyl lucidenate A |
| 赤芝酸 A～T 甲酯 | methyl lucidenates A～T |
| 赤芝酸 A～T、LM1 | lucidenic acids A～T, LM1 |
| 赤芝酸 N 正丁基酯 | *n*-butyl lucidenate N |
| 赤芝酸内酯 | lucidenic lactone |
| 赤芝酮 (赤芝萜酮) A～D | lucidones A～D |
| (–)-赤芝酰胺 A | (–)-sinensilactam A |
| (+)-赤芝酰胺 A | (+)-sinensilactam A |
| 翅柄多子橘酰胺 | alatamide |
| 翅柄钩藤碱 (翅果定碱、恩卡林碱 C) | pteropodin (pteropodine, uncarine C, uncarin C) |
| 翅柄钩藤碱 *N*-氧化物 | pteropodine *N*-oxide |
| 翅柄钩藤酸 | pteropodic acid |
| 翅梗石斛醇 A、B | trigonopols A, B |
| 翅果草碱 (凌德草碱) | rinderine |
| 翅果草碱-*N*-氧化物 | rinderine-*N*-oxide |
| 翅果藤苷 A、B | extensumsides A, B |
| 翅荚决明蒽酮 | alarone |
| 翅荚决明醌 | alquinone |
| 翅荚决明酮 | alatinone |
| 翅荚香槐柰亭 (富士动力精) | fujikinetin |
| 翅荚香槐宁 | fujikinin |
| 翅荚香槐亭 (香槐种异黄酮) | platycarpanetin |
| 翅荚香槐亭二葡萄糖苷 | platycarpanetin diglucoside |
| 冲绳蜂胶酮 | prokinawan |

| | |
|---|---|
| 冲绳黑鳗藤苷(日本黑蔓藤苷) Ⅰ～ⅩⅧ | sitakisosides Ⅰ～ⅩⅧ |
| 虫草吡啶酮 A～D | cordypyridones A～D |
| 虫草多糖 | cordyceps polysaccharide |
| 虫草环庚三烯酚酮 | cordytropolone |
| 虫草环肽 | cordycepeptide |
| 虫草环肽 A | cordycepeptide A |
| 虫草素 | cordycepin |
| 虫草酸(甘露糖醇、甘露醇) | cordycepic acid (mannitol, mannite, manna sugar, manicol, diosmol, mannidex, osmosal, resectisol, osmitrol) |
| 虫胶 | shellac |
| 虫胶红素 | erythrolaccin |
| 虫胶酸 | shelloic acid |
| 虫蜡素 | cerolein |
| 虫漆蜡醇 | laccerol |
| 虫漆酸 $A_1$、$A_2$、A～D | laccaic acids $A_1$, $A_2$, A～D |
| 虫眼色因 | ommine |
| 重瓣五味子环氧化物 | plenoxide |
| 重瓣萱草蒽醌(官佐醌)A～G | kwanzoquinones A～G |
| 重氮甲烷 | diazomethane |
| 重氮乙酸乙酯 | ethyl diazoacetate |
| 重菇醇(煤地衣酸甲酯) | sparassol |
| 重楼苷(重楼皂苷)Ⅶ | chonglouoside (paris saponin) Ⅶ |
| 重楼苷 H、SL-1～SL-20 | chonglouosides H, SL-1～SL-20 |
| 重楼排草苷 | paridiformoside |
| 重楼皂苷(七叶一枝花皂苷)Ⅵ | paris saponin (polyphyllin) Ⅵ |
| 重楼皂苷(重楼苷)Ⅶ | paris saponin (chonglouoside) Ⅶ |
| 重楼皂苷 Ⅰ～Ⅴ | paris saponins Ⅰ～Ⅴ |
| 重止泻木宁碱 | regholarrhenine |
| 重止泻木宁碱(区域止泻木碱)A～F | regholarrhenines A～F |
| 崇仁莪蒾苷 A～G | chongrenosides A～G |
| 稠李苷 | prupaside |
| 臭阿魏醇 | fezelol |
| 臭阿魏素 | feterin |
| 臭常山胺 | sukiramine |
| 臭常山隆酮 A～D | orixalones A～D |
| 臭椿醇 A～H | ailantinols A～H |
| 臭椿苦木素 A、B | ailanquassins A, B |
| 臭椿苦内酯 | amarolide |
| 臭椿苦内酯-11-乙酸酯 | amarolide-11-acetate |

| | |
|---|---|
| 臭椿苦酮(臭椿酯酮) | ailanthinone |
| 臭椿内酯(凤眼草内酯) | ailantholide |
| 臭椿内酯 A～O | shinjulactones A～O |
| 臭椿宁 A～E | altissimanins A～E |
| 臭椿葡萄糖苷 B | shinjuglucoside B |
| 臭椿双内酯 | shinjudilactone |
| 臭椿索醇 | ailanthol |
| 臭椿替宁 A | alianthusaltinin A |
| 臭椿萜酮 | ailanthterpenone |
| 臭椿萜酮 [(20*R*)-24, 25-三羟基达玛-3-酮] | ailanthterpenone [(20*R*)-24, 25-trihydroxydammar-3-one] |
| 臭椿铁屎米碱苷 A、B | ailantcanthinosides A, B |
| 臭椿酮(苦樗酮) | ailanthone |
| 臭椿香豆素 A～G | altissimacoumarins A～G |
| 臭椿新醇 A、B | altissinols A, B |
| 臭椿吲哚 | ailanindole |
| 臭椿甾醇 A、B | ailanthusterols A, B |
| 臭椿甾酮 A | alianthaltone A |
| 臭葱素 | odorin |
| 臭单枝夹竹桃碱 | cimicidine |
| 臭单枝夹竹桃辛 | cimicine |
| (–)-臭豆碱 | (–)-anagyrine |
| 臭豆碱(安那吉碱、安纳基林) | rhombinin (monolupine, anagyrine) |
| 臭根醇 | intermedeol |
| 臭瓜苷 A | foetidissimoside A |
| 臭花恩氏樟素 A～F | dysodanthins A～F |
| 臭黄菇素 | russlfoen |
| 臭节草内酯 | matsukaze-lactone |
| 臭冷杉苷(松香亭烯、松柏苷) | abietin (coniferoside, coniferin, laricin) |
| 臭灵丹二醇 | pterodondiol |
| 臭灵丹三醇 B | pterodontriol B |
| 臭牡丹二萜酯 A、B | bungnates A, B |
| 臭牡丹苷(赪桐烯酮) A | clerodenone A |
| 臭牡丹根苷 A | bunginoside A |
| (–)-臭牡丹环己素(臭牡丹精) A | (–)-clerobungin A |
| (+)-臭牡丹环己素 [(+)-臭牡丹精] A | (+)-clerobungin A |
| 臭牡丹素 A | bungein A |
| 臭牡丹酮 A、B | bungones A, B |
| 臭牡丹甾醇 | bungesterol |
| 臭味假紫龙树碱 A | nothapodytine A |

| 臭梧桐碱 | trichotomine |
|---|---|
| 臭梧桐素 (赪桐宁) A、B | clerodendronins A, B |
| α (β)- 臭蚁二醇 | α (β)-iridodiol |
| 臭蚁二醇 | iridodiol |
| (+)- 臭蚁二醛 | (+)-iridodial |
| 臭蚁二醛 -β-D- 龙胆二糖苷 | iridodial-β-D-gentiobioside |
| 臭蚁内酯 | iridolactone |
| 臭硬皮地星酸 C | astraodoric acid C |
| 初级苷 | prelimary glucoside |
| 初血红蛋白 | initial hemoglobin |
| 樗苦素 | ailanthin |
| 樗叶花椒醇 | ailanthoidol |
| 除虫菊醇 | pyretol |
| 除虫菊醇酮 | pyrethrolone |
| 除虫菊二甲酸 | chrysanthemum dicarboxylic acid |
| 除虫菊内酯 A～I | chrysanolides A～I |
| 除虫菊素 Ⅰ、Ⅱ | pyrethrins Ⅰ, Ⅱ |
| 除虫菊酮 | pyrethrone |
| 除虫菊新 | chrysanthin (pyrethrosin) |
| 除虫菊新 | pyrethrosin (chrysanthin) |
| 除虫菊酯 | bioresmethrin |
| 雏菊苷 Ⅰ～Ⅶ | perennisosides Ⅰ～Ⅶ |
| 雏菊属苷 A～F | bellisosides A～F |
| 雏菊双糖链苷 A | bellidioside A |
| 雏菊叶龙胆酮 (雏菊叶龙胆素、1, 5, 8- 三羟基 -3- 甲氧基屾酮) | bellidifolin (bellidifolium, 1, 5, 8-trihydroxy-3-methoxyxanthone) |
| 雏菊叶龙胆酮 -8-*O*- 葡萄糖苷 (当药醇苷、獐牙菜酚素、獐牙菜酚苷、獐牙菜屾酮苷) | bellidifolin-8-O-glucoside (swertianolin) |
| 雏菊皂苷 A～F | perennisaponins A～F |
| 雏菊紫菀苷 $C_2$ | bellidiastroside $C_2$ |
| 楚普非拉酰胺 A、B | zopfiellamides A, B |
| 触球蛋白 | haptoglobin |
| (–)- 川白芷内酯 | (–)-anomalin |
| 川白芷素 | angenomalin |
| 川贝碱 (贝母素丙) | fritimine |
| 川贝酮碱 | chuanbeinone |
| 川陈皮素 (5, 6, 7, 8, 3″, 4″- 六甲氧基黄酮、蜜橘黄素) | nobiletin (5, 6, 7, 8, 3″, 4″-hexamethoxyflavone) |
| 川陈皮素 -3-*O*-β-D- 葡萄糖苷 | nobiletin-3-*O*-β-D-glucoside |
| 川赤芍烯内酯 A～H | paeonenolides A～H |
| 川赤芍烯萜 A～C | paeonenoides A～C |

| 川滇土大黄苷 A、B | hastatusides A, B |
|---|---|
| 川附宁 | chuanfunine |
| 川甘翠雀定 | soulidine |
| 川甘翠雀碱 A～F | soulines A～F |
| 川桂降倍半萜 (川桂醇) A～L | wilsonols A～L |
| 川藿苷 A | sutchuenoside A |
| 川口藻肽 A、B | kawaguchipeptins A, B |
| 川楝达酮 A | toosendanone A |
| 川楝苷 (川楝紫罗兰酮苷、苦楝子紫罗醇苷) A、B | meliaionosides A, B |
| 川楝苦苷 (川楝内酯) A～P | meliatoosenins A～P |
| 川楝素 | chuanliansu (toosendanin) |
| 川楝素 | toosendanin (chuanliansu) |
| 川楝酸 A、B | toosendanic acids A, B |
| 川楝萜苷 E～R | mesendanins E～R |
| 川楝子苷 | toosendanoside |
| 川楝子苦素 A～D | toosendansins A～D |
| 川楝子甾醇 A、B | toosendansterols A, B |
| 川麦冬苷 A | ophiopogonoside A |
| 川木香醇 A～F | vladinols A～F |
| 川木香醇 F-9-*O*-β-D-吡喃木糖苷 | vladinol F-9-*O*-β-D-xylopyranoside |
| 川木香素 A、B | dolomiaeasins A, B |
| 川黔翠雀醇 | bonvalol |
| 川黔翠雀定 A～C | bonvalotidines A～C |
| 川黔翠雀定 A 丙酮化合物 | bonvalotidine A acetone solvate |
| 川黔翠雀亭 | bonvalotine |
| 川黔翠雀酮 | bonvalone |
| 川素馨苷 A～G | jasurosides A～G |
| 川素馨木脂苷 (乌若脂苷) | urolignoside |
| (7*S*, 8*R*)-川素馨木脂苷 [(7*S*, 8*R*)-乌若脂苷] | (7*S*, 8*R*)-urolignoside |
| 川素馨酯木脂苷 | jasurolignoside |
| 川西翠雀宁碱 | tongolinine |
| 川西荚蒾苷 (珙桐苷、珙桐酯苷) A～C | davidiosides A～C |
| 川西荚蒾苷元 | davidigenin |
| 川西荚蒾苷元-2′-*O*-(2″-*O*-对羟基苯甲酰基)-β-D-吡喃葡萄糖苷 | davidigenin-2′-*O*-(2″-*O*-4‴-hydroxybenzoyl)-β-D-glucopyranoside |
| 川西荚蒾苷元-2′-*O*-(6″-*O*-丁香酰基)-β-D-吡喃葡萄糖苷 | davidigenin-2′-*O*-(6″-*O*-syringoyl)-β-D-glucopyranoside |
| 川西獐牙菜苷 (獐牙菜萜苷) | swertiaside |
| (–)-川西獐牙菜酸 A、B | (–)-swermusic acids A, B |
| (–)-川西獐牙菜酸内酯 A | (–)-swerimuslatone A |

| 川芎醇 [川芎酚、(3*S*)-3-丁基-4-羟基苯酞] | chuangxinol [(3*S*)-3-butyl-4-hydroxyphthalide] |
|---|---|
| 川芎二内酯 A、B、$R_1$、$R_2$ | chuanxiongdiolides A, B, $R_1$, $R_2$ |
| 川芎二酞 | riligustilide |
| 川芎萘呋内酯 | wallichilide |
| 川芎内酯 (蛇床内酯) | cnidilide (cnidiumlactone) |
| 川芎嗪 (四甲基吡嗪) | chuanxiongzine (ligustrazine, 2, 3, 5, 6-tetramethyl pyrazine) |
| 川芎嗪 (四甲基吡嗪) | ligustrazine (tetramethyl pyrazine, chuanxiongzine) |
| 川芎三萜 | xiongterpene |
| 川续断皂苷 (续断皂苷、天蓝续断苷) A～K | dipsacosides (dipsacus saponins, asperosaponins) A～K |
| 川续断皂苷 Ⅵ | asperosaponin Ⅵ |
| 川藏香茶菜丁素、己素 | isodopharicins D, F |
| 川藏香茶菜苦素 N～R | pharicunins N～R |
| 川藏香茶菜萜素 (川藏香茶菜素) A～I | pseuratas A～I |
| 川藏香茶菜萜素 B 丙酮化物 | pseurata B acetonide |
| 川藏香茶菜萜素 B 乙缩醛 | pseurata B acetal |
| 氚 | tritium (chuan) |
| 氚核 | triton |
| 氚化物 | tritide |
| 穿贝海绵甾醇-3-*O*-β-D-吡喃葡萄糖苷 | clionasterol-3-*O*-β-D-glucopyranoside |
| 穿龙薯蓣醇 A～D | diosniponols A～D |
| 穿龙薯蓣醇苷 A、B | diosniposides A、B |
| 穿心莲佛内酯 | andrographolactone |
| 穿心莲苷 (穿心莲内酯苷、穿心莲内酯-19-β-D-葡萄糖苷) | andrographoside (andrographiside, andrographolide-19-β-D-glucoside) |
| 穿心莲果胶 | andrographis pectin |
| 穿心莲黄酮 F | andrographin F |
| 穿心莲黄酮苷 (穿心莲定) A～G | andrographidines A～G |
| 穿心莲黄酮素 A | andropaniculosin A |
| 穿心莲醚萜 A～E | andrographidoids A～E |
| 穿心莲内酯 (穿心莲乙素) | andrographolide |
| 穿心莲内酯-19-β-D-葡萄糖苷 (穿心莲苷、穿心莲内酯苷) | andrographolide-19-β-D-glucoside (andrographoside, andrographiside) |
| 穿心莲内酯-3-*O*-β-D-吡喃葡萄糖苷 | andrographolide-3-*O*-β-D-glucopyranoside |
| 穿心莲内酯苷 (穿心莲苷、穿心莲内酯-19-β-D-葡萄糖苷) | andrographiside (andrographoside, andrographolide-19-β-D-glucoside) |
| 穿心莲诺苷 (14-脱氧穿心莲苷、14-脱氧穿心莲内酯苷) | andropanoside (14-deoxyandrographiside) |
| 穿心莲酸 | andrographolic acid |
| 穿心莲酸二钾-19-*O*-β-D-葡萄糖苷 | dipotassium andrographate-19-*O*-β-D-glucoside |
| 穿心莲酸二钠 | disodium andrographate |

| 穿心莲酸镁 | magnesium andrographate |
|---|---|
| 穿心莲萜苷 | andrographatoside |
| 穿心莲酮 | andrographon |
| 穿心莲酮苷 A | andropaniculoside A |
| 穿心莲烷 | andrographan |
| 穿心莲甾醇 | andrographosterin |
| 穿心莲酯素 B | andropanolide B |
| 穿心莛子藨醚萜 A～C | triohimas A～C |
| 船盔乌头碱 B、C | navirines B, C |
| 船盔乌头林碱 A、B | naviculines A, B |
| 船桥烯酮 | funalenone |
| 串叶松香草醇-6-烯 | silphiperfol-6-ene |
| 串珠耳叶苔萜醇 | tamariscol |
| 垂果菊素 D | piptocarphin D |
| 垂花巴豆沃罗素 | penduliflaworosin |
| 垂花老鼠簕苷 | acanthaminoside |
| 垂花老鼠簕苷异构体 | acanthaminoside isomer |
| (+)-垂木防己碱 | cocsuline [(+)-efirine, (+)-trigilletine] |
| (+)-垂木防己灵 | (+)-cocsoline |
| 垂幕菇素 B | hypholomin B |
| 垂盆草醇 (垂盆醇) A～G | sarmentols A～G |
| 垂盆草苷 | sarmentosin |
| 垂盆草苷环氧化物 | sarmentosin epoxide |
| 垂盆草黄酮苷 Ⅴ～Ⅶ | sarmenosides Ⅴ～Ⅶ |
| 垂盆草素 | sarmentolin |
| 垂盆草酸 | sarmentoic acid |
| 垂盆草萜 (垂盆草香波龙苷) A～G、$A_1$～$A_3$、$E_1$～$E_3$、$F_1$、$F_2$ | sedumosides A～D, $A_1$～$A_3$, $E_1$～$E_3$, $F_1$, $F_2$ |
| 垂茄定 | demissdine |
| 垂茄碱 | demissine |
| 垂石松黄酮苷 | cernoside |
| 垂石松碱 (铺地蜈蚣碱、垂穗石松因碱) | cernuine |
| 垂石松酸 (垂穗石松酸) A～E | lycernuic acids A～E |
| 垂穗石松海因 A | lycopalhine A |
| 垂穗石松灵碱 A～F | palhicerines A～F |
| 垂穗石松米碱 A～D | cermizines A～D |
| (+)-垂穗石松米碱 D | (+)-cermizine D |
| (+)-垂穗石松米碱 D-*N*-氧化物 | (+)-cermizine D-*N*-oxide |
| 垂穗石松宁碱 A～C | palhinines A～C |
| 垂穗石松瑟宁 A | palcernine A |

| 垂穗石松酮 A～C | lycernuic ketones A～C |
|---|---|
| 垂头菊苷 | cremanthodioside |
| 垂笑君子兰碱 | nobilisine |
| 垂笑君子兰亭 A、B | nobilisitines A, B |
| 垂笑君子兰亭 A (君子兰辛) | nobilisitine A (cliviasin, cliviasine) |
| 垂序崖豆醌 (垂崖豆藤异黄烷醌) | pendulone |
| 垂叶黄素 (垂叶布氏菊素、垂序布氏菊素、5, 4′-二羟基-3, 6, 7-三甲氧基黄酮) | penduletin (5, 4′-dihydroxy-3, 6, 7-trimethoxyflavone) |
| 垂叶榕酰胺 | benjaminamide |
| 垂子买麻藤素 A～D | gnetupendins A～D |
| 春采胺 | sprintillamine |
| 春采灵 | sprintilline |
| 春福寿草苷 | vernadigin |
| 春黄菊苷 A、B | anthemis glycosides A, B |
| 春黄菊脑 | anthemol |
| 春黄菊脑内酯 B | anthemolide B |
| 春黄菊烷 | anthemane |
| 春黄菊烯 | anthemene |
| 春蓼查耳酮 | persicochalcone |
| 春千里光碱 | senecivernine |
| (–)-春日菊醇 | (–)-leucanthemitol |
| 春日菊醇 | leucanthemitol |
| 椿叶花椒定碱 (樗叶花椒碱) | ailanthiodine |
| 椿叶花椒二醇 | ailanthoidiol |
| 椿叶花椒酰胺 | ailanthamide |
| 纯绿青霉亭 | viridicatine |
| 纯叶大戟甾醇 | obtuslfoliol |
| (+)-(*R*)-唇萼薄荷酮 | (+)-(*R*)-pulegone |
| 唇萼薄荷烯酮 | pulespenone |
| 唇形草鞣质酸 | labiatic acid |
| 唇柱苣苔苷 C | chiritoside C |
| 醇 | alcohol |
| 醇苷 | alcoholic glycoside |
| 醇溶蛋白 | gliadin |
| 醇溶谷蛋白 | prolamin |
| β-绰苷古柯碱 | β-truxilline |
| α-绰苷古柯碱 (椰油胺) | α-truxilline (cocamine) |
| (+)-2-茨酮 | (+)-2-bornanone |
| 茨烯 | comphene |
| 慈菇醇 | sagittariol |

| | |
|---|---|
| 慈溪麦冬苷 A、B | ophiopogons A, B |
| 磁麻配基 (夹竹桃麻苦素) | cymarigenin (apocynamarin) |
| 磁性氧化铁 (氧化铁、三氧化二铁) | magnetic oxide iron (ferric oxide) |
| 17α- 雌二醇 | 17α-estradiol |
| 17β- 雌二醇 | 17β-estradiol (17β-oestradiol) |
| α- 雌二醇 | α-estradiol |
| β- 雌二醇 | β-estradiol |
| 雌酚酮 (雌酮) | oestrone (estrone, estron, folliculin, theelin) |
| 雌激素 | estrogen |
| (*S*)- 雌马酚 | (*S*)-equol |
| (±)- 雌马酚 | (±)-equol |
| 雌三醇 | estriol |
| 雌酮 (雌酚酮) | estrone (oestrone, estron, folliculin, theelin) |
| 雌甾烷三醇 | oestriol |
| 次表千金藤碱 (海波表千金藤碱) | hypoepistephanine |
| (–)- 次大风子素 | (–)-hydnocarpin |
| 次大风子酸 (副大风子酸) | hydnocarpic acid |
| 次大风子酸钠 | alepol (sodium gynocardate, sodium hydnocarpate) |
| 次大风子酸钠 | sodium gynocardate (sodium hydnocarpate, alepol) |
| 次大风子酸乙酯 | ethyl hydnocarpate |
| 次大麻二酚 (大麻二酚灵) | cannabidivarin |
| 次大麻二酚酸 | cannabidivarinic acid |
| 次大麻酚 | cannabivarin |
| 次大麻色酚酸 | cannabichromevarinic acid |
| 次大麻色烯 | cannabivarichromene |
| 次大麻萜二酚酸 | cannabidigerovarinic acid |
| 次对叶百部碱 | hypotuberostemonine |
| 次惰碱醇 | hypoignavinol |
| L- 次甘氨酸 (降血糖氨酸、亚甲基环丙基丙氨酸) | L-hypoglycin (L-hypoglycine) |
| 次甘氨酸 (降血糖氨酸、亚甲基环丙基丙氨酸) | hypoglycin (hypoglycine) |
| 次格那文 | hypognavine |
| 次贯众苷 (贯众任苷、贯众蕨苷) | cyrtopterin |
| 次胡椒酰胺 | piperylin |
| 次黄嘌呤 (6- 羟基嘌呤) | hypoxanthine (6-hydroxypurine) |
| 次黄嘌呤 -9-L- 呋喃阿拉伯糖苷 | hypoxanthine-9-L-arabinofuranoside |
| 次甲海罂粟碱 *N*- 氧化物 | glaucine methine *N*-oxide |
| 3, 4-*O*, *O*- 次甲基并没食子酸 | 3, 4-*O*, *O*-methylidyne ellagic acid |
| 次膦酸 | phosphinic acid |
| 次内酰亚胺 -7- 葡萄糖苷 | hypolactin-7-glucoside |
| 次水飞蓟素 (水飞蓟亭) A、B | silychristins (silicristins) A, B |

| 次乌头碱(海帕乌头碱) | hypaconitine |
|---|---|
| 次乌头原碱(下乌头原碱) | hypaconine |
| 次野鸢尾黄素(南欧鸢尾素、洋鸢尾素) | irisflorentin |
| 次衣草素(次衣草亭、颖苞草亭、海波拉亭3′, 4′, 5, 7, 8-五羟基黄酮) | hypoletin (hypolaetin, 3′, 4′, 5, 7, 8-pentahydroxyflavone) |
| 次衣草素-7-*O*-β-D-吡喃葡萄糖苷 | hypoletin-7-*O*-β-D-glucopyranoside |
| 次衣草亭-8-*O*-β-D-吡喃葡萄糖苷 | hypoletin-8-*O*-β-D-glucopyranoside |
| 次衣草亭-8-*O*-β-D-龙胆双糖苷 | hypoletin-8-*O*-β-D-gentiobioside |
| 次猪屎豆碱 | mucronatinine |
| 刺柏二醇A-2′-*O*-β-D-吡喃葡萄糖苷 | junipediol A-2′-*O*-β-D-glucopyranoside |
| 刺柏酚 | formosanol |
| 刺柏苷元B | junipegenin B |
| 刺柏三醇苷A、B | junipetriolosides A, B |
| 刺柏素 | formosanin |
| 刺柏素酚 | formosaninol |
| 刺柏烯(长叶烯、长叶松烯) | junipene (longifolene, kuromatsuene) |
| 刺柏香堇醇苷(杜松苷) | junipeionoloside |
| 刺苞菜蓟宁 | cynarinine |
| 刺苞菊胺内酯 | acanthiamolide |
| 刺苞菊苷(卡尔林碳苷) | carlinoside |
| 刺苞菊果醛 | acanthostral |
| 刺苞菊内酯 | acanthospermolide |
| 刺苞菊羟内酯 | acantholide |
| 刺苞菊醛A | acanthospermal A |
| 刺苞木脂素A | flagelignanin A |
| 刺苞术醚 | carlinaoxide |
| 刺檗碱 | vinetine |
| 刺齿马先蒿苷 | armaoside |
| 刺齿马先蒿苷元 | armaosigenin |
| 刺齿枝子花素A～C | peregrinumins A～C |
| 刺齿枝子花辛A | pergrinumcin A |
| 刺臭椿宁A～F | vilmorinines A～F |
| 刺番荔枝精宁 | spinencin |
| 刺番荔枝素A～D | annomuricins A～D |
| 刺番荔枝辛A～C | muricatocins A～C |
| 刺飞廉碱 | acanthoidine |
| (–)-刺飞龙掌血素 | (–)-aculeatin |
| 刺飞龙掌血素(皮刺豆蔻素)A～C | aculeatins A～C |
| 刺飞龙掌血素水合物 | aculeatin hydrate |
| 刺甘草素(刺甘草查耳酮) | echinatin |

| 刺甘草酸 | echinatic acid |
| --- | --- |
| 刺果峨参素 | nemerosin |
| 刺果番荔枝醇 A | annoionol A |
| (+)- 刺果番荔枝奥碱 | (+)-anomuricine |
| 刺果番荔枝碱 | muricine |
| 刺果番荔枝库素 (牛心果因) | annoreticuin |
| 刺果番荔枝库素 -9- 酮 (牛心果因 -9- 酮) | annoreticuin-9-one |
| 刺果番荔枝灵 | annocatalin |
| 刺果番荔枝六素 A～C | murihexocins A～C |
| 刺果番荔枝宁 | muricinine |
| 刺果番荔枝四素 A、B | muricatetrocins A, B |
| 刺果番荔枝素 Ⅰ～Ⅵ | muricatalicins Ⅰ～Ⅵ |
| 刺果番荔枝新 | muricoreacin |
| 刺果番荔枝新素 A～I | muricins A～I |
| 刺果甘草查耳酮 | glypallichalcone |
| 刺果甘草素 | pallidiflorin |
| 刺果甘草酸 | glypallidifloric acid |
| 刺果苏木素 A～E | bonducellpins A～E |
| 刺果苏木烯内酯 | bondenolide |
| 刺果酸甲酯 | methyl pallidiflorate |
| 刺果五羟基番荔枝素 | muricapentocin |
| 刺果紫玉盘醇 A～K | uvacalols A～K |
| 刺果紫玉盘素 A～G | calamistrins A～G |
| 刺花椒醇 | tambulol |
| 刺花椒毒素 | acanthotoxin |
| 刺花椒素 | tambulin |
| 刺槐波亭 | robrin |
| 刺槐定 A | robipseudin A |
| 刺槐苷 (蒙花苷、醉鱼草苷) | acaciin (linarin, buddleoside) |
| 刺槐林素 | robinlin |
| 刺槐硫黄菌素 | laetirobin |
| 刺槐双糖 (刺槐二糖、洋槐二糖) | robinobiose |
| 刺槐素 (刺槐宁、金合欢素、刺黄素) | acacetin (linarigenin, buddleoflauonol) |
| 刺槐素 -6-*C*- 新橙皮糖苷 | acacetin-6-*C*-neohesperidoside |
| 刺槐素 -7-(2″- 乙酰葡萄糖苷) | acacetin-7-(2″-acetyl glucoside) |
| 刺槐素 -7-*O*-(6″-*O*-α-L- 吡喃鼠李糖基)-β- 槐糖苷 | acacetin-7-*O*-(6″-*O*-α-L-rhamnopyranosyl)-β-sophoroside |
| 刺槐素 -7-*O*-(6-*O*- 丙二酰葡萄糖苷) | acacetin-7-*O*-(6-*O*-malonyl glucoside) |
| 刺槐素 -7-*O*-[4‴-*O*- 乙酰基 -β-D- 呋喃芹糖基 -(1→3)]-β-D- 吡喃木糖苷 | acacetin-7-*O*-[4‴-*O*-acetyl-β-D-apiofuransyl-(1→3)]-β-D-xylopyranoside |

| | |
|---|---|
| 刺槐素-7-*O*-[6‴-*O*-乙酰基-β-D-吡喃半乳糖基-(1→2)]-β-D-吡喃葡萄糖苷 | acacetin-7-*O*-[6‴-*O*-acetyl-β-D-galactopyranosyl-(1→2)]-β-D-glucopyranoside |
| 刺槐素-7-*O*-[6‴-*O*-乙酰基-β-D-吡喃半乳糖基-(1→3)]-β-D-吡喃木糖苷 | acacetin-7-*O*-[6‴-*O*-acetyl-β-D-galactopyranosyl-(1→3)]-β-D-xylopyranoside |
| 刺槐素-7-*O*-[β-D-吡喃葡萄糖醛酸基-(1→2)-*O*-β-D-吡喃葡萄糖醛酸苷] | acacetin-7-*O*-[β-D-glucuronopyranosyl-(1→2)-*O*-β-D-glucuronopyranoside] |
| 刺槐素-7-*O*-α-L-鼠李糖吡喃糖基-(1→6)-β-D-吡喃葡萄糖苷 | acacetin-7-*O*-α-L-rhamnopyranosyl-(1→6)-β-D-glucopyranoside |
| 刺槐素-7-*O*-α-L-鼠李糖苷 | acacetin-7-*O*-α-L-rhamnoside |
| 刺槐素-7-*O*-β-6″-(*E*)-丁烯酰基吡喃葡萄糖苷 | acacetin-7-*O*-β-6″-(*E*)-crotonyl glucopyranoside |
| 刺槐素-7-*O*-β-D-(3″-乙酰基)吡喃葡萄糖苷 | acacetin-7-*O*-β-D-(3″-acetyl) glucopyranoside |
| 刺槐素-7-*O*-β-D-吡喃半乳糖苷 | acacetin-7-*O*-β-D-galactopyranoside |
| 刺槐素-7-*O*-β-D-吡喃葡萄糖苷 | acacetin-7-*O*-β-D-glucopyranoside |
| 刺槐素-7-*O*-β-D-吡喃葡萄糖醛酸苷 | acacetin-7-*O*-β-D-glucuronopyranoside |
| 刺槐素-7-*O*-β-D-呋喃芹糖基-(1‴→6″)-*O*-β-D-吡喃葡萄糖苷 | acacetin-7-*O*-β-D-apiofuranosyl-(1‴→6″)-*O*-β-D-glucopyranoside |
| 刺槐素-7-*O*-β-D-葡萄糖苷 | acacetin-7-*O*-β-D-glucoside |
| 刺槐素-7-*O*-β-D-葡萄糖醛酸苷 | acacetin-7-*O*-β-D-glucuronide |
| 刺槐素-7-*O*-β-D-葡萄糖醛酸基-(1→2)-β-D-葡萄糖醛酸苷 | acacetin-7-*O*-β-D-glucuronosyl-(1→2)-β-D-glucuronide |
| 刺槐素-7-*O*-β-D-芹糖基-(1→2)-β-D-葡萄糖苷 | acacetin-7-*O*-β-D-apiosyl-(1→2)-β-D-glucoside |
| 刺槐素-7-*O*-β-D-芸香糖苷 | acacetin-7-*O*-β-D-rutinoside |
| 刺槐素-7-*O*-二葡萄糖醛酸苷 | acacetin-7-*O*-diglucuronide |
| 刺槐素-7-*O*-新橙皮糖 | acacetin-7-*O*-neohesperidose |
| 刺槐素-7-*O*-芸香糖苷 | acacetin-7-*O*-rutinoside |
| 刺槐素-7-甲醚 | acacetin-7-methyl ether |
| 刺槐素-7-鼠李糖苷 | acacetin-7-rhamnoside |
| 刺槐素-7-鼠李糖葡萄糖苷 | acacetin-7-rhamnosidoglucoside |
| 刺槐素-7-双葡萄糖醛酸苷 | acacetin-7-glucurono-(1→2)-glucuronide |
| 刺槐素-8-*C*-新橙皮糖苷 | acacetin-8-*C*-neohesperidoside |
| 刺槐素硫酸盐 | acacetin sulfate |
| 刺槐糖 | robinose |
| 刺槐糖苷 E | robinoside E |
| 刺槐因 | robtein |
| (–)-刺黄果醇 | (–)-carinol |
| 刺黄果酮 | carindone |
| 刺黄素(刺槐素、金合欢素、刺槐宁) | buddleoflauonol (acacetin, linarigenin) |
| 刺蒺藜碱{佩洛立灵、川芎哚、1-(5-羟甲基-2-呋喃基)-9*H*-吡啶并[3, 4-*b*]吲哚} | tribulusterine {perlolyrine, 1-(5-hydroxymethyl-2-furyl)-9*H*-pyrido [3, 4-*b*] indole} |
| 刺蒺藜斯特灵 | tribulusterin |
| 刺蒺藜素 A～E | tribulosins A～E |

| | |
|---|---|
| 刺蒺藜酰胺 A～D | tribulusamides A～D |
| 刺蓟苦素 (蓟苦味酯) | onopordopicrin |
| 刺壳孢酚 A | pyrenochaetoxy A |
| 刺壳孢内酯 B | pyrenochaetolide B |
| 刺壳孢酰胺 A | pyrenochaetamide A |
| 刺梨苷 (构莓苷、三裂悬钩子) $F_1$ | kajiichigoside $F_1$ |
| 刺梨素 A、B | roxbins A, B |
| 刺梨酸 (2β, 3α, 7β, 19α- 四羟基 -12- 熊果烯 -28- 甲酸) | roxburic acid (2β, 3α, 7β, 19α-tetrahydroxyurs-12-en-28-carboxylic acid) |
| 刺篱木苷 | flacourside |
| 刺篱木考苷 A～C | flacosides A～C |
| (–)- 刺篱木素 | (–)-flacourtin |
| 刺篱木素 | flacourtin |
| 刺篱木托苷 A～F | flacourtosides A～F |
| 刺篱木辛 | flacourticin |
| 刺凌德草碱 (刺翅果草碱) | echinatine |
| 刺凌德草碱 *N*- 氧化物 | echinatine *N*-oxide |
| 刺马钱子苷 | stryspinoside |
| α- 刺芒柄花素 | α-formononetin |
| 刺芒柄花素 (芒柄花素、芒柄花黄素、鹰嘴豆芽素 B) | formononetin (neochanin, biochanin B, 7-hydroxy-4′-methoxyisoflavone) |
| 刺芒柄花素 -7-(C″2- 对羟基苯甲酰基)-*O*-β-D- 葡萄糖苷 | formononetin-7-(C″2-*p*-hydroxybenzoyl)-*O*-β-D-glucoside |
| 刺芒柄花素 -7-*O*-β-D-(2″, 6″-*O*- 二乙酰基) 吡喃葡萄糖苷 | formononetin-7-*O*-β-D-(2″, 6″-*O*-diacetyl) glucopyranoside |
| 刺芒柄花素 -7-*O*-β-D- 吡喃葡萄糖苷 -6″-*O*- 丙二酸酯 | formononetin-7-*O*-β-D-glucopyranoside-6″-*O*-malonate |
| 刺芒柄花素 -7-*O*-β-D- 呋喃芹糖基 -(1→6)-β-D- 吡喃葡萄糖苷 | formononetin-7-*O*-β-D-apiofuranosyl-(1→6)-β-D-glucopyranoside |
| 刺芒柄花素 -7-*O*-β-D- 葡萄糖苷 -6″-*O*- 丙二酸酯 | formononetin-7-*O*-β-D-glucoside-6″-*O*-malonate |
| 刺芒柄花素 -7-*O*-β-D- 葡萄糖苷 -6′-*O*- 乙酸酯 | formononetin-7-*O*-β-D-glucoside-6′-*O*-acetate |
| 刺芒柄花素 -7-*O*- 葡萄糖苷 | formononetin-7-*O*-glucoside |
| 刺玫果素 $D_1$、$D_2$、$M_1$、$T_1$ | davuriciins $D_1$, $D_2$, $M_1$, $T_1$ |
| 刺茉莉苷 | salvadoraside |
| 刺茉莉明 | azimine |
| 刺囊酸 | echinocystic acid |
| 刺囊酸 -3-*O*-(6-*O*- 乙酰基) 吡喃葡萄糖苷 | echinocystic acid-3-*O*-(6-*O*-acetyl)-β-D-glucopyranoside |
| 刺囊酸 -3-*O*-α-L- 吡喃阿拉伯糖苷 | echinocystic acid-3-*O*-α-L-arabinopyranoside |
| 刺囊酸 -3-*O*-β-D- 吡喃葡萄糖苷 | echinocystic acid-3-*O*-β-D-glucopyranoside |
| 刺囊酸 -3-*O*-β-D- 吡喃葡萄糖基 -(1→3)-α-L- 吡喃阿拉伯糖苷 | echinocystic acid-3-*O*-β-D-glucopyranosyl-(1→3)-α-L-arabinopyranoside |

| | |
|---|---|
| 刺囊酸-3-*O*-β-D-吡喃葡萄糖醛酸苷甲酯 | echinocystic acid-3-*O*-β-D-glucuronopyranoside methyl ester |
| 刺囊酸-3-*O*-β-D-葡萄糖苷 | echinocystic acid-3-*O*-β-D-glucoside |
| 刺囊酸-3-*O*-β-D-葡萄糖醛酸 | echinocystic acid-3-*O*-β-D-glucuronic acid |
| 刺盘孢酸 | colletotric acid |
| (+)-刺片豆醇 | (+)-centrolobol |
| 刺片豆醇 | centrolobol |
| (–)-刺片豆醇 | (–)-centrolobol |
| 刺苹婆素 | stercurensin |
| 刺葡萄酚 | davidol |
| 刺楸苷A、B | pictosides A, B |
| 刺楸根皂苷 A～I | kalopanax saponins A～I |
| 刺楸根皂苷Ⅰ、Ⅱ | kalopanax saponins Ⅰ, Ⅱ |
| 刺楸洛苷Ⅰ～Ⅲ | septemlosides Ⅰ～Ⅲ |
| 刺楸萜苷A | septemoside A |
| 刺人参苷A～V | cirensenosides A～V |
| 刺山柑苷(刺苋苷、多刺迪氏木苷、司盘苷)A～C | spinosides A～C |
| (–)-刺参-4-酮-10-α-*O*-β-D-葡萄糖苷 | (–)-oplopan-4-one-10-α-*O*-β-D-glucoside |
| 刺参二醇 | oplopandiol |
| 刺参二醇乙酸酯 | oplopandiol acetate |
| 刺参苷A～F | stichoposides A～F |
| 刺参木脂醇(刺续断醇)A～L | morinols A～L |
| 刺参炔A、B | oploxynes A, B |
| 刺参素A～P | stichostains A～P |
| 刺树酮 | fouquierone |
| 刺蒴麻百莱素 | triumbelletin |
| 刺蒴麻素 | triumboidin |
| 刺松藻甾醇 | codisterol |
| 刺天茄苷A | indioside A |
| 刺天茄碱(喀西茄宁) | solakhasianin |
| 刺天茄素A～E | indicumines A～E |
| 刺桐阿亭碱 | erythrartine |
| 刺桐苯乙烯 | eryvariestyrene |
| 刺桐醇A、B | eryvarinols A, B |
| 刺桐醇碱 | *erythro*-culinol |
| 刺桐狄诺福林碱 | erysodinophorine |
| 刺桐定碱(刺桐定) | erysodine |
| 刺桐二烯酮碱 | erysodienone |
| 刺桐福林碱 | erysophorine |
| 刺桐甲氧二烯酮 | erythromotidienone |

| | |
|---|---|
| α-刺桐碱 | α-erythroidine |
| β-刺桐碱 | β-erythroidine |
| 刺桐枯林碱 | *erythro*-culine |
| 刺桐灵素 A～Z | eryvarins A～Z |
| 刺桐硫碱 (艾素硫文、刺桐硫文碱) | erysothiovine |
| 刺桐硫品碱 | erysothiopine |
| 刺桐宁 (刺桐宁碱) | erysonine |
| 刺桐匹诺福林碱 | erysopinophorine |
| 刺桐匹亭碱 | erysopitine |
| 刺桐品碱 (刺桐平碱) | erysopine |
| 刺桐属碱 | erythrina base |
| 刺桐素 (刺桐叶碱) A～G | erythrinins A～G |
| 刺桐特碱 (刺桐特灵碱) | erysotrine |
| 刺桐特拉米定 Ⅰ～Ⅲ | erysotramidines Ⅰ～Ⅲ |
| 刺桐特灵碱 | erythrinan |
| 刺桐替定碱 (刺桐替定) | erythratidine |
| 刺桐亭 | erythratine |
| 刺桐亭碱 | erysotine |
| 刺桐酮 A、B | erythrivarones A, B |
| 刺桐文碱 | erysovine |
| 刺桐酰胺碱 (刺桐胺) | erythramide |
| 刺桐星碱 | erythrascine |
| 刺桐亚氧二烯酮 | erythrosotidienone |
| 刺桐印素 D | indicanine D |
| 刺桐酯 B | erythrinasinate B |
| 刺桐酯碱 (刺酮衡州乌药碱) | erythlaurine |
| 刺酮灵碱 (绿刺桐碱、刺桐灵) | erythraline |
| 刺乌头原碱 | lappaconine |
| 刺五加苷 A (β-谷甾醇-3-*O*-β-D-吡喃葡萄糖苷、苍耳苷、胡萝卜苷、芫荽甾醇苷) | eleutheroside A (β-sitosteryl-3-*O*-β-D-glucopyranoside, strumaroside, daucosterin, daucosterol, sitogluside, coriandrinol) |
| 刺五加苷 A～M | eleutherosides A～M |
| 刺五加苷 B (丁香苷、丁香酚苷、紫丁香苷) | eleutheroside B (syringoside, syringin) |
| 刺五加苷 $B_1$ (异秦皮啶-7-*O*-α-D-葡萄糖苷) | eleutheroside $B_1$ (isofraxidin-7-*O*-α-D-glucoside) |
| 刺五加苷 Ⅰ (竹节香附素 B) | eleutheroside Ⅰ (raddeanin B) |
| 刺五加嗪 A、B | eleutherazines A, B |
| 刺五加酮 | ciwujiatone |
| 刺五加叶苷 $A_1$～$A_4$、B、$C_1$～$C_4$、$D_1$～$D_3$、E | ciwujianosides $A_1$～$A_4$, B, $C_1$～$C_4$, $D_1$～$D_3$, E |
| 刺五加皂苷 CP3 | acanthopanax saponin CP3 |
| 刺血红苷 A～C | saletpangponosides A～C |

| 刺叶锦鸡儿素 | acanthocarpan |
|---|---|
| 刺叶美登木碱 E-Ⅰ、E-Ⅱ | aquifoliunines E-Ⅰ, E-Ⅱ |
| 刺叶素 | stizophyllin |
| DL-刺罂粟碱 | DL-stylopine |
| 刺羽菊过氧化物 | ptiloepoxide |
| 刺针碱 | spinacine |
| 刺状小号花素 | spinescin |
| 枞醇 (松香醇) | abietyl alcohol (abietinol) |
| 8, 12-枞二烯酸 | 8, 12-abietadienoic acid |
| 枞醛 | abietinal |
| 7, 13, 15-枞三烯酸 | 7, 13, 15-abietatrienoic acid |
| 枞酸 (松香酸) | sylvic acid (abietic acid) |
| 枞油烯 | sylvestrene |
| 葱兰酰胺 A、B | candidamides A, B |
| 葱莲碱 | zephyranthine |
| 葱莲酰胺 A～D | zephyranamides A～D |
| 葱素 $A_1$～$A_3$、$B_1$～$B_3$ | kujounins $A_1$～$A_3$、$B_1$～$B_3$ |
| 葱亚砜 $A_1$～$A_3$ | allium sulfoxides $A_1$～$A_3$ |
| 葱紫轮斑交链孢霉酚C异构体 | alterporriol C isomer |
| 楤木茎苷 A～G | congmujingnosides A～G |
| 楤木鼠李宁碱 (阿拉里宁碱) A、B | aralionine A, B |
| 楤木新皂苷 (美杷木皂草苷) Ⅰ～ⅩⅥ | araliasaponins Ⅰ～ⅩⅥ |
| 楤木芽糖苷 (刺龙芽糖苷) Ⅰ、Ⅱ | congmuyaglycosides Ⅰ, Ⅱ |
| 楤木皂苷 (楤木洛苷) A～J | aralosides A～J |
| 楤木皂苷A甲酯 | araloside A methyl ester |
| 丛毛红曲嗜氮酮 | monapilosusazaphilone |
| 丛片木革菌醇 | frustulosinol |
| 丛片木革菌素 | frustulosin |
| 粗糙白千层鞣宁 A | squarrosanin A |
| 粗糙鬼针草烯 | berkheyaradulene |
| 粗糙裂片酸 | trachyloban-19-oic acid |
| 粗糙牡荆甾酮 | scabrasterone |
| 粗糙肉齿菌素 B～E | scabronines B～E |
| 粗糙莎草醌 | scabequinone |
| 粗蛋白 | crude protein |
| 粗胡椒碱 | trachyone |
| 粗藿苷 | cuhuoside |
| 粗茎鳞毛蕨苷 (绵马贯众苷) A～C | crassirhizomosides A～C |
| 粗茎乌头定 | crassicaudine |

| | |
|---|---|
| 粗茎乌头碱甲 (草乌甲素) | crassicauline A |
| 粗茎乌头里定 | crassicaulidine |
| 粗茎乌头里辛 | crassicaulisine |
| 粗茎乌头亭 | crassicautine |
| 粗茎乌头辛 | crassicausine |
| 粗糠柴查耳酮 A～E | kamalachalcones A～E |
| 粗糠柴毒碱 (粗糠柴苦素、粗糠柴毒素、卡马拉素) | rottlerin (mallotoxin) |
| 粗糠柴毒素 (卡马拉素、粗糠柴苦素、粗糠柴毒碱) | mallotoxin (rottlerin) |
| 粗糠柴宁 | mallophilinin |
| 粗糠柴素 A～F | mallotophilippens A～F |
| 粗裂豆酸 | trachylobanoic acid |
| 粗毛甘草素 A～K | glyasperins A～K |
| 粗毛果白坚木碱 | aspidodasycarpine |
| 粗毛豚草素 (高车前素、高车前苷元、高山黄芩素-6-甲醚、地纳亭、洋地黄次黄酮、毛花毛地黄亭) | hispidulin (scutellarein-6-methyl ether, dinatin) |
| 粗毛豚草素-7-[6-(*E*)-对香豆酰基-β-D-吡喃葡萄糖苷] | hispidulin-7-[6-(*E*)-*p*-coumaroyl-β-D-glucopyranoside] |
| 粗毛豚草素-7-*O*-β-D-(6-*O*-阿魏酰基) 吡喃葡萄糖苷 | hispidulin-7-*O*-β-D-(6-*O*-feruloyl) glucopyranoside |
| 粗毛豚草素-7-*O*-β-D-(6-*O*-香豆酰基) 吡喃葡萄糖苷 | hispidulin-7-*O*-β-D-(6-*O*-coumaroyl) glucopyranoside |
| 粗毛豚草素-7-*O*-β-D-吡喃葡萄糖苷 | hispidulin-7-*O*-β-D-glucopyranoside |
| 粗毛豚草素-7-*O*-β-D-葡萄糖醛酸苷 | hispidulin-7-*O*-β-D-glucuronide |
| 粗毛豚草素-7-*O*-β-D-葡萄糖醛酸苷甲酯 | hispidulin-7-*O*-β-D-glucuronide methyl ester |
| 粗毛豚草素-7-*O*-葡萄糖醛酸苷 | hispidulin-7-*O*-glucuronide |
| 粗毛豚草素-7-新橙皮糖苷 | hispidulin-7-neohesperidoside |
| 粗毛豚草素-7-芸香糖苷 | hispidulin-7-rutinoside |
| 粗毛纤孔菌酮 | hispolon |
| (–)-粗毛淫羊藿苷 | (–)-acuminatoside |
| 粗毛淫羊藿苷 | acuminatoside |
| (+)-粗毛淫羊藿素 [(+)-尖叶木兰素] | (+)-acuminatin |
| 粗毛淫羊藿素 (尖叶木兰素) | acuminatin |
| 粗梅南香豆素 C | rudicoumarin C |
| 粗细辛脑 | asarite |
| 粗叶木苷 A～C | lasianthuosides A～C |
| 粗叶木灵 A～D | lasianthurins A～D |
| 粗叶木内酯 A | lasianthuslactone A |
| 粗叶悬钩子苷 | alcesefoliside |
| 粗枝木麻黄宁 A | casuglaunin A |
| 粗壮杜楝酮 | mzikonone |
| 粗壮金鸡纳醌 D | robustaquinone D |
| 粗壮女贞苷 A～Q | ligurobustosides A～Q |
| 促蝙蝠葛明 | paramenispermine |

| 促黑激素 | melanotropin |
|---|---|
| 促红细胞生成素 | erythropoietin |
| 促黄体生成激素 | luteinizing hormone |
| 促甲状腺激素 | thyrotropin |
| 促间质细胞激素 | interstitial cell stimulating hormone |
| 促卵泡激素 | follicle stimulating hormone |
| 促肾上腺皮质激素 | adrenocorticotropin (Hcc) |
| 促性腺激素 | gonadotropin |
| 促脂激素 | lipotropin |
| 酢浆草素 A | corniculatin A |
| 醋胺丁香酚 | acetamidoeugenol |
| 醋柳黄酮 | sindacon |
| 簇凹顶藻醇 | caespitol (cespitol) |
| 簇毛石冬青定碱 | comosidine |
| 簇毛石冬青碱 | comosine |
| 簇毛石冬青明碱 (可莫西明碱) | comosimine |
| 簇生垂幕菇醇 A～F | fasciculols A～F |
| 簇生黄韧伞酸甲～庚 (簇生垂幕菇酸 A～F) | fasciculic acids A～F |
| 簇生黄韧伞酮 (簇生垂幕菇酮) A～K | fascicularones A～K |
| 簇序草苷 A | cranioside A |
| 催产素 | oxytocin |
| 催眠睡茄拉诺内酯 | somniferanolide |
| 催眠睡茄灵 | anaferine |
| 催眠睡茄米内酯 | withasomilide |
| 催眠睡茄内酯 | withasomniferanolide |
| 催眠睡茄尼内酯 | withasomnilide |
| 催眠睡茄宁 | withasomnine |
| 催眠睡茄诺内酯 | somniferawithanolide |
| 催眠睡茄萨诺内酯 | somniwithanolide |
| 催眠睡茄双内酯 | ashwagandhanolide |
| 催眠睡茄辛 | somniferícin |
| 催乳激素 (催乳素) | lactogen (prolactin, luteotropic hormone) |
| 催乳激素 (催乳素) | luteotropic hormone (prolactin, lactogen) |
| 催乳激素 (催乳素) | prolactin (luteotropic hormone, lactogen) |
| 催吐白前苷 A | hirundoside A |
| 催吐白前苷元 (何拉得苷元) | hirundigenin |
| 催吐白前苷元-14-甲醚 | hirundigenin-14-methyl ether |
| 催吐白前考苷 C | hirundicoside C |

| | |
|---|---|
| 催吐萝芙木醇(吐叶醇、催吐萝芙叶醇、布卢竹柏醇A、布卢门醇A) | vomifoliol (blumenol A) |
| (+)-催吐萝芙木醇[(+)-催吐萝芙叶醇、(+)-吐叶醇] | (+)-vomifoliol |
| (6*R*, 9*R*)-催吐萝芙木醇[(6*R*, 9*R*)-催吐萝芙叶醇、(6*R*, 9*R*)-吐叶醇] | (6*R*, 9*R*)-vomifoliol |
| (6*S*, 9*R*)-催吐萝芙木醇[(6*S*, 9*R*)-吐叶醇] | (6*S*, 9*R*)-vomifoliol |
| 催吐萝芙木醇-1-*O*-β-D-吡喃木糖苷-6-*O*-β-D-吡喃葡萄糖苷 | vomifoliol-1-*O*-β-D-xylopyranoside-6-*O*-β-D-glucopyranoside |
| 催吐萝芙木醇-9-*O*-β-D-吡喃木糖基-(1→6)-*O*-β-D-吡喃葡萄糖苷 | vomifoliol-9-*O*-β-D-xylopyranosyl-(1→6)-*O*-β-D-glucopyranoside |
| 催吐萝芙木醇-9-*O*-β-D-吡喃葡萄糖苷 | vomifoliol-9-*O*-β-D-glucopyranoside |
| 催吐萝芙木定 | mitoridine |
| 催吐萝芙木勒宁(催吐萝芙木烯宁) | vomilenine |
| 催吐萝芙木亭 | rauvomitine |
| 脆柄菇素B(多搢菌素、截短侧耳素) | drosophilin B (pleuromutilin) |
| 脆红网藻素A | martefragin A |
| 脆叶香科科素 | teugin |
| 翠菊苷 | callistephin |
| 翠雀胺(翠花胺、硬飞燕草次碱、琉璃飞燕草碱、德靠辛) | delphamine (delcosine) |
| 翠雀宾 | delbine |
| 翠雀波宁(川黔翠雀宁碱) | delbonine |
| 翠雀波亭(川黔翠雀亭碱) | delbotine |
| 翠雀波星(川黔翠雀新碱) | delboxine |
| 翠雀定 | delphinoidine |
| 翠雀芳宁 | delphonine |
| 翠雀固灵(飞燕草林碱、山地乌头宁) | delsoline (acomonine) |
| 翠雀固宁 | delsonine |
| 翠雀花定 | delgrandine |
| 翠雀花明(大花飞燕草明) | delgramine |
| 翠雀花宁(网果翠雀宁) | delectinine |
| 翠雀花属碱 | delphinium base |
| 翠雀尖任 | delpyrine |
| 翠雀碱 | delphinine |
| 翠雀卡胺 | delphoccamine |
| 翠雀拉亭 | delelatine |
| 翠雀灵 | delpheline |
| 翠雀宁 | delphidenine |
| 翠雀朴啡碱 | delporphine |
| 翠雀任 | delorine |

| | |
|---|---|
| 翠雀色明胺(翠雀色明碱、半须翠雀明)A、B | delsemines A, B |
| 翠雀素 | delphisine |
| 翠雀它胺(翠雀它明、高翠雀里定) | deltamine (eldelidine) |
| 翠雀它灵(德尔塔林) | deltaline |
| 翠雀它星 | deltatsine |
| 翠雀亭 | delphatine |
| 翠雀酰胺 | delamide |
| 翠雀辛 | delphoccine |
| 翠云草苷A、B | uncinosides A, B |
| 翠云草双黄酮A～D | uncinatabiflavones A～D |
| 哒嗪 | pyridazine |
| 达老玉兰明 | talaumine |
| 达玛-12β, 20β-二羟基-24-烯-3-酮 | dammar-12β, 20β-diol-24-en-3-one |
| 达玛-13 (17), 21-二烯 | dammar-13 (17), 21-diene |
| (20*R*)-达玛-13 (17), 24-二烯-3-酮 | (20*R*)-dammar-13 (17), 24-dien-3-one |
| (20*S*)-达玛-13 (17), 24-二烯-3-酮 | (20*S*)-dammar-13 (17), 24-dien-3-one |
| 达玛-18 (28), 21-二烯 | dammar-18 (28), 21-diene |
| 达玛-20 (22), 24-二烯-3β-醇 | dammar-20 (22), 24-dien-3β-ol |
| 达玛-20 (22)-烯-3β, 12β, 25-三羟基-6-*O*-β-D-吡喃葡萄糖苷 | dammar-20 (22)-en-3β, 12β, 25-trihydroxy-6-*O*-β-D-glucopyranoside |
| 达玛-20 (22)-烯-3β, 12β, 26-三醇 | dammar-20 (22)-en-3β, 12β, 26-triol |
| 达玛-20, 24-二烯-3β-醇乙酸酯 | dammar-20, 24-dien-3β-ol acetate |
| (20*S*)-达玛-23-烯-3β, 20, 25, 26-四醇 | (20*S*)-dammar-23-en-3β, 20, 25, 26-tetraol |
| (20*S*)-达玛-23-烯-3β, 20, 25-三醇 | (20*S*)-dammar-23-en-3β, 20, 25-triol |
| 达玛-23-烯-3β, 25-二醇 | dammar-23-en-3β, 25-diol |
| 达玛-24 (25)-烯-3β, 6α, 12β, (20*S*)-四羟基-20-*O*-β-D-吡喃葡萄糖苷 | dammar-24 (25)-en-3β, 6α, 12β, (20*S*)-tetrahydroxy-20-*O*-β-D-glucopyranoside |
| (20*S*)-达玛-24-烯-3β, 20-二醇 | (20*S*)-dammar-24-en-3β, 20-diol |
| 25-达玛-24-烯-3β, 20-二醇 | 25-dammar-24-en-3β, 20-diol |
| 达玛-24-烯-3β, 20-二醇 | dammar-24-en-3β, 20-diol |
| (20*S*)-达玛-24-烯-3β, 20-二醇-3-乙酸酯 | (20*S*)-dammar-24-en-3β, 20-diol-3-acetate |
| 达玛-24-烯-3β-乙酰氧基-(20*S*)-醇 | dammar-24-en-3β-acetoxy-(20*S*)-ol |
| (20*S*, 24*R*)-达玛-25-烯-24-氢过氧基-3β, 20-二醇 | (20*S*, 24*R*)-dammar-25-en-24-hydroperoxy-3β, 20-diol |
| (20*R*)-达玛-25-烯-3β, 20, 21, 24ξ-四醇 | (20*R*)-dammar-25-en-3β, 20, 21, 24ξ-tetraol |
| 达玛-25-烯-3β, 20, 24-三醇(墨西哥刺木醇、刺树醇) | dammar-25-en-3β, 20, 24-triol (fouquierol) |
| 达玛-25-烯-3β, 20ζ, 24ζ-三醇 | dammar-25-en-3β, 20ζ, 24ζ-triol |
| (20*R*)-达玛-3β, 12β, 20, 25-四醇 | (20*R*)-dammar-3β, 12β, 20, 25-tetraol |
| (20*R*)-达玛-3β, 6α, 12β, 20, 25-五醇 | (20*R*)-dammar-3β, 6α, 12β, 20, 25-pentaol |
| (20*R*)-达玛-3β, 6α, 12β, 20, 25-五羟基-6-*O*-α-L-吡喃鼠李糖基-(1→2)-*O*-β-D-吡喃葡萄糖苷 | (20*R*)-dammar-3β, 6α, 12β, 20, 25-pentahydroxy-6-*O*-α-L-rhamnopyranosyl-(1→2)-*O*-β-D-glucopyranoside |

| | |
|---|---|
| 达玛二烯醇 | dammaradienol |
| 达玛二烯醇乙酸酯 | dammaradienol acetate |
| 达玛烷 | dammarane |
| 达玛烯二醇 | dammarenediol |
| 达玛烯二醇 Ⅱ | dammarenediol Ⅱ |
| 达玛烯二醇-3-*O*-棕榈酸酯 | dammarenediol-3-*O*-palmitate |
| 达玛脂酸 | dammarenolic acid |
| 达提期可苷 | datiscoside |
| 打破碗花花皂苷 A～G | hupehensis saponins A～G |
| 打碗花碱 $A_3$～$A_7$、$B_1$～$B_4$、$C_1$、$C_2$、$N_1$ | calystegines $A_3$～$A_7$, $B_1$～$B_4$, $C_1$, $C_2$, $N_1$ |
| 打碗花素 Ⅰ、Ⅱ | scammonins Ⅰ, Ⅱ |
| 大阿魏素 | fercomin |
| 大八角醇 A～E | majusanols A～E |
| 大八角醇 E-13-*O*-β-D-吡喃葡萄糖苷 | majusanol E-13-*O*-β-D-glucopyranoside |
| 大八角苷 | majusanside |
| 大八角宁 A～C | majusanins A～C |
| 大八角素 | majucin |
| 大八角酸 A～F | majusanic acids A～F |
| 大白刺定 | schoberidine |
| 大白刺碱 | schoberine |
| 大白刺宁 | nazlinin |
| 大白刺辛 | schobericine |
| 大白杜鹃苷 A、B | decorosides A, B |
| 大白药醇 | griffithol |
| 大苞栝楼醇 | trichotetrol |
| 大苞水竹叶内酯 A、B | bracteanolides A, B |
| 大苞藤黄素 | bractatin |
| 大苞雪莲碱 | involucratine |
| 大苞雪莲内酯 | involucratolactone |
| 大苞雪莲内酯-8-β-D-葡萄糖苷 | involucratolactone-8-β-D-glucoside |
| 大苞鸢尾酮 A～D | irisoids A～D |
| 大孢粪壳醛 | sordarial |
| 大柄冬青糖苷 A～C | aohadaglycosides A～C |
| 大波斯菊苷 (秋英苷、芹黄素葡糖苷、芹菜素-7-*O*-葡萄糖苷) | cosmosiin (apigetrin, apigenin-7-*O*-glucoside) |
| 大驳骨酮碱 (鸭嘴花西酮碱) | adhavasinone |
| 大侧柏脂酸 | plicatic acid |
| 大车前苷 | plantamajoside |
| 大齿麻疯树二酮 | jatrogrossidione |
| 大齿麻疯树烷 | caniojane |

| 大齿杨苷 | grandidentoside |
|---|---|
| 大齿杨素 | grandidentatin |
| 大翅蓟苷 | aconiside |
| 大葱素 | fistulosin |
| 大丁草酚 (大丁草醇) | gerberinol |
| 大丁苷 | gerberinside |
| 大丁苷元 (4-羟基-5-甲基香豆素) | gerberinin (4-hydroxy-5-methyl coumarin) |
| 大丁香素 (大丁香鞣宁) | grandinin |
| 大豆菜豆素 Ⅲ、Ⅳ | glyceollins Ⅲ, Ⅳ |
| (–)-大豆醇 | (–)-glycinol |
| 大豆酚内酯 | sojagol |
| 大豆苷 (黄豆苷) | daidzin |
| 大豆苷元 (大豆黄素、大豆素、黄豆苷元、7, 4′-二羟基异黄酮) | daidzein (daizeol, 7, 4′-dihydroxyisoflavone) |
| 大豆苷元-4′, 7-二葡萄糖苷 | daidzein-4′, 7-diglucoside |
| 大豆苷元-6″-*O*-丙二酸酯 | daidzein-6″-*O*-malonate |
| 大豆苷元-6″-*O*-乙酸酯 | daidzein-6″-*O*-acetate |
| 大豆苷元-7-(6-*O*-丙二酰基) 葡萄糖苷 | daidzein-7-(6-*O*-malonyl) glucoside |
| 大豆苷元-7, 4′-*O*-葡萄糖苷 | daidzein-7, 4′-*O*-glucoside |
| 大豆苷元-7-*O*-β-D-(6″-*O*-乙酰吡喃葡萄糖苷) | daidzein-7-*O*-β-D-(6″-*O*-acetyl glucopyranoside) |
| 大豆苷元-7-*O*-β-D-木糖基-(1→6)-β-D-吡喃葡萄糖苷 | daidzein-7-*O*-β-D-xylosyl-(1→6)-β-D-glucopyranoside |
| 大豆苷元-8-*C*-芹糖基-(1→6)-葡萄糖苷 | daidzein-8-*C*-apiosyl-(1→6)-glucoside |
| 大豆黄素 (大豆苷元、大豆素、黄豆苷元、7, 4′-二羟基异黄酮) | daizeol (daidzein, 7, 4′-dihydroxyisoflavone) |
| 大豆卵磷脂 | soyabean lecithin |
| 大豆脑苷 Ⅰ、Ⅱ | soyacerebrosides Ⅰ, Ⅱ |
| 大豆球蛋白 | glycinin |
| 大豆异黄酮 | soy isoflavone |
| 大豆原皂苷 | soyaprosaponin |
| 大豆皂醇 (大豆黄醇) A～F | soyasapogenols A～F |
| 大豆皂醇 B-3-*O*-β-葡萄糖苷 A | soyasapogenol B-3-*O*-β-glucoside A |
| 大豆皂醇 *E* (12-齐墩果烯-3, 22, 24-三醇) | soyasapogenol *E* (3, 22, 24-trihydroxyolean-12-ene) |
| 大豆皂醇 *E*-3-*O*-α-L-吡喃鼠李糖基-(1→2)-β-D-吡喃葡萄糖基-(1→4)-β-D-吡喃葡萄糖醛酸苷 | soyasapogenol *E*-3-*O*-α-L-rhamnopyranosyl-(1→2)-β-D-glucopyranosyl-(1→4)-β-D-glucuronopyranoside |
| 大豆皂苷 $A_1$～$A_6$、Aa～Ac、B、Ba～Be、Ⅰ～Ⅵ | soyasaponins $A_1$～$A_6$, Aa～Ac, B, Ba～Be, Ⅰ～Ⅵ |
| 大豆皂苷 B-3-*O*-β-D-吡喃葡萄糖醛酸苷 | soyasapogenol B-3-*O*-β-D-glucuronopyranoside |
| 大豆皂苷 Be 甲酯 | soyasaponin Be methyl ester |
| 大豆皂苷Ⅰ甲酯 | soyasaponin Ⅰ methyl ester |
| 大豆皂苷Ⅱ甲酯 | soyasaponin Ⅱ methyl ester |
| 大豆皂苷Ⅲ甲酯 | soyasaponin Ⅲ methyl ester |

| 大豆植物凝集素 | soyabean lectin |
|---|---|
| 大渡乌碱 | franchitine |
| 大渡乌头灵 | francheline |
| 大萼变型香茶菜甲素～丙素 | macrocalyxoformins A～C |
| 大萼金丝桃素 (迈索尔金丝桃素) A～C | hypercalins A～C |
| 大萼香茶菜甲素～癸素 | macrocalyxins A～J |
| 大鳄梨炔内酯 | majorynolide |
| 大鳄梨烷内酯 | majoranolide |
| 大风子砜 | chaulmosulfone |
| 大风子素 (次大风子素、大风子品) D | hydnocarpin D |
| 大风子烯酸 (刺果鼻烟盒树酸) | gorlic acid |
| 大风子油酸 | chaulmoogric acid |
| 大柑橘明碱 | grandisimine |
| 大柑橘宁碱 | grandisinine |
| (–)-大根老鹳草-4 (15), (5*E*), 10 (14)-三烯-1β-醇 | (–)-germacra-4 (15), (5*E*), 10 (14)-trien-1β-ol |
| (–)-大根老鹳草醛 | (–)-germacral |
| (–)-大根老鹳草烯 D | (–)-germacrene D |
| 1 (10), 4-大根香叶二烯-2, 6, 12-三醇 | 1 (10), 4-germacradien-2, 6, 12-triol |
| D-大根香叶烯 | D-germacrene |
| 大管素-4′-异缬草酸酯 | microfalcatin-4′-isovalerate |
| 大果阿魏定 | lehmferidin |
| 大果阿魏灵 | lehmferin |
| 大果桉醛 A～E | macrocarpals A～E |
| 大果刺篱木苷 | ramontoside |
| 大果咖啡碱 [*O* (2), 1, 9-三甲基尿酸] | liberine [*O* (2), 1, 9-trimethyluric acid] |
| 大果琉璃草素 | cynodivaricatin |
| 大果茄碱 | megacarpine |
| 大果山胡椒素 | praderin |
| 大果藤黄叫酮 C | pedunxanthone C |
| 大海米菊硫素 | grosulfeimin |
| 大海米菊素 | grosshemin |
| 大韩都鞘丝藻酰胺 A、B | besarhanamides A, B |
| 大花八角醇 | macranthol |
| 大花闭花木苷 | grandifloroside |
| 大花闭花木苷-11-甲酯 | grandifloroside-11-methyl ester |
| 大花糙苏苷 (糙苏乙醇苷) | phlomisethanoside |
| 大花飞燕草碱 (格冉任) | grandiflorine |
| 大花飞燕草亭 | grandifloritine |
| 大花飞燕草辛 | grandifloricine |
| 大花哥纳香碱 | gonioffithine |

| 大花和尚菊烯酸 | grandiflorenic acid |
|---|---|
| 大花红景天苷 | crenuloside |
| 大花红天素(大花红景天素) | crenulatin |
| 大花鸡肉参碱A、B | incargranines A, B |
| 大花蒺藜强心苷 | cistocardin |
| 大花樫木素B～J | dymacrins B～J |
| 大花金鸡菊苷(小球腔菌素)A～R、$K_1$、$K_2$、$M_1$、$N_1$ | leptosins A～R, $K_1$, $K_2$, $M_1$, $N_1$ |
| 大花可可树苷Ⅰ、Ⅱ | theograndins Ⅰ, Ⅱ |
| 大花藜芦胺(特因明) | teinemine |
| 大花马齿苋醇(马齿苋烯醇) | portulenol |
| 大花马齿苋酮(马齿苋烯酮) | portulenone |
| 大花马齿苋烯(马齿苋烯) | portulene |
| 大花木巴戟苷C | morinlongoside C |
| 大花楠碱 | macranthine |
| 大花双参苷A | triplostoside A |
| 大花双参皂苷A～C | triplosides A～C |
| 大花酸(大花沼兰酸、大花和尚菊酸、大花山牵牛酸) | grandifloric acid |
| 大花菟丝子林素 | swarnalin |
| 大花菟丝子素 | reflexin |
| 大花文殊兰碱(6α-脱氧-8-氧多花水仙碱) | macronine (6α-deoxy-8-oxytazettine) |
| 大花五味子二内酯A～C | schigrandilactones A～C |
| 大花五味子素 | schisandraflorin |
| 大花旋覆花素(欧亚旋覆花内酯) | britanin (britannin) |
| 大花淫羊藿苷F | karisoside F |
| 大花沼兰酸当归酸酯 | grandifloric acid angelate |
| 大花紫薇宁A、B | reginins A, B |
| 大花紫薇素A、B | flosins A, B |
| 大花紫玉盘醇(大花紫玉盘定)A | uvarigrandin A |
| 大花紫玉盘醇酮A～D | uvarigranones A～D |
| 大花紫玉盘灵A～C | grandiuvarins A～C |
| 大花紫玉盘宁 | uvarigranin |
| 大花紫玉盘素 | uvarigrin |
| 大花紫玉盘酮 | grandiflorone |
| 大花紫玉盘辛 | grandifloracin |
| 大花紫玉盘酯酮A | grandiuvarone A |
| 大环荔枝生育三烯酚A | macrolitchtocotrienol A |
| 大环南蛇勒素(大环喙荚云实素) | macrocaesalmin |
| 大环内酯 | macrocyclic lactone |
| 大环生物碱 | macrocyclic alkaloid |
| 大环双联苄 | macrocyclic bibenzyl |

| | |
|---|---|
| 大黄定 A | reidin A |
| 大黄蒽酮 | chrysothrone |
| 大黄二蒽酮 A～C | rheidins A～C |
| 大黄酚 (大黄根酸、1, 8- 二羟基 -3- 甲基蒽醌) | chrysophanol (chrysophanic acid, 1, 8-dihydroxy-3-methyl anthraquinone) |
| 大黄酚 -10, 10′- 二蒽酮 | chrysophanol-10, 10′-bianthrone |
| 大黄酚 -1-*O*-β-D- 吡喃葡萄糖基 -(1→6)-β-D- 吡喃葡萄糖苷 | chrysophanol-1-*O*-β-D-glucopyranosyl-(1→6)-β-D-glucopyranoside |
| 大黄酚 -1-*O*-β-D- 葡萄糖苷 | chrysophanol-1-*O*-β-D-glucoside |
| 大黄酚 -1-*O*-β- 龙胆二糖苷 | chrysophanol-1-*O*-β-gentiobioside |
| 大黄酚 -1-*O*- 葡萄糖苷 | chrysophanol-1-*O*-glucoside |
| 10-(大黄酚 -7′)-10- 羟基大黄酚 -9- 蒽酮 | 10-(chrysophanol-7′)-10-hydroxychrysophanol-9-anthrone |
| 大黄酚 -8-*O*-β-D-(6′-*O*- 没食子酰基) 吡喃葡萄糖苷 | chrysophanol-8-*O*-β-D-(6′-*O*-galloyl) glucopyranoside |
| 大黄酚 -8-*O*-β-D- 吡喃葡萄糖苷 | chrysophanol-8-*O*-β-D-glucopyranoside |
| 大黄酚 -8-*O*-β-D- 葡萄糖苷 | chrysophanol-8-*O*-β-D-glucoside |
| 大黄酚 -9- 蒽酮 | chrysophanol-9-anthrone |
| 大黄酚 -β-D- 四葡萄糖苷 | chrysophanol-β-D-tetraglucoside |
| 大黄酚蒽酮 (大黄根酸 -9- 蒽酮、柯桠素、脱氧大黄酚) | chrysophanol anthrone (chrysophanic acid-9-anthrone, chrysarobin) |
| 大黄酚苷 | chrysophanein |
| 大黄酚葡萄糖苷 | chrysophanol glucoside |
| 大黄苷 | anthraglucorhein |
| 大黄根酸 (大黄酚、1, 8- 二羟基 -3- 甲基蒽醌) | chrysophanic acid (chrysophanol, 1, 8-dihydroxy-3-methyl anthraquinone) |
| 大黄根酸 -9- 蒽酮 (柯桠素、脱氧大黄酚、大黄酚蒽酮) | chrysophanic acid-9-anthrone (chrysarobin, chrysophanol anthrone) |
| 大黄明 | rheomin |
| 大黄四聚素 | tetrarin |
| 大黄素 (朱砂莲甲素、欧鼠李酸) | emodin (archin, rheum emodin, frangula emodin, frangulic acid) |
| 大黄素 -1-*O*-β-D- 吡喃葡萄糖苷 | emodin-1-*O*-β-D-glucopyranoside |
| 大黄素 -1-*O*-β-D- 龙胆二糖苷 | emodin-1-*O*-β-D-gentiobioside |
| 大黄素 -1-*O*- 葡萄糖苷 | emodin-1-*O*-glucoside |
| 大黄素 -3-*O*-α-L- 鼠李糖苷 | emodin-3-*O*-α-L-rhamnoside |
| 大黄素 -6, 8- 二甲醚 | 6, 8-dimethyl emodin |
| 大黄素 -6-*O*-β-D- 吡喃葡萄糖苷 | emodin-6-*O*-β-D-glucopyranoside |
| 大黄素 -6- 葡萄糖苷 | emodin-6-glucoside |
| 大黄素 -8-*O*-(6′-*O*- 乙酰基)-β-D- 吡喃葡萄糖苷 | emodin-8-*O*-(6′-*O*-acetyl)-β-D-glucopyranoside |
| 大黄素 -8-*O*-β-D- 吡喃葡萄糖苷 | emodin-8-*O*-β-D-glucopyranoside |
| 大黄素 -8-*O*-β-D- 龙胆二糖苷 | emodin-8-*O*-β-D-gentiobioside |

| 大黄素-8-*O*-β-D-葡萄糖苷 (蒽苷 B) | emodin-8-*O*-β-D-glucoside (anthraglycoside B) |
|---|---|
| 大黄素-8-*O*-樱草糖苷 | emodin-8-*O*-primeveroside |
| 大黄素-8-甲醚 (常现青霉素、1, 6-二羟基-8-甲氧基-3-甲基蒽醌-9, 10-二酮) | questin (1, 6-dihydroxy-8-methoxy-3-methyl anthraquinone-9, 10-dione) |
| 大黄素-9-蒽酮 | emodin-9-anthrone |
| 大黄素-L-鼠李糖苷 (欧鼠李苷 A) | emodin-L-rhamnoside (frangulin A) |
| 大黄素蒽酚 | emodin anthranol |
| 大黄素蒽酮 | emodinanthrone |
| 大黄素-1-甲醚 | 1-*O*-methyl emodin |
| 大黄素甲醚 (蜈蚣苔素、朱砂莲乙素、非斯酮) | physcion (emodin monomethyl ether, parietin, rheochrysidin) |
| 大黄素甲醚-10, 10′-二蒽酮 | physcion-10, 10′-bianthrone |
| 大黄素甲醚-1-*O*-β-D-葡萄糖苷 | physcion-1-*O*-β-D-glucoside |
| 大黄素甲醚-1-β-D-吡喃葡萄糖苷 | physcion-1-β-D-glucopyranoside |
| 大黄素甲醚-1-葡萄糖基鼠李糖苷 | physcion-1-glucosyl rhamnoside |
| 大黄素甲醚-8-*O*-β-D-龙胆二糖苷 | physcion-8-*O*-β-D-gentiobioside |
| 大黄素甲醚-8-*O*-β-D-葡萄糖苷 | physcion-8-*O*-β-D-glucoside |
| 大黄素甲醚-8-*O*-鼠李糖基-(1→2)-葡萄糖苷 | physcion-8-*O*-rhamnosyl-(1→2)-glucoside |
| 大黄素甲醚-8-葡萄糖苷 | physcion-8-glucoside |
| 大黄素甲醚-9-蒽酮 | physcion-9-anthrone |
| 大黄素甲醚-L-葡萄糖苷 | physcion-L-glucoside |
| 大黄素甲醚单葡萄糖苷 | physcionmonoglucoside |
| 大黄素甲醚蒽酮 | physcion anthrone |
| 大黄素甲醚二聚蒽酮 | physciondianthrone |
| 大黄素甲醚双葡萄糖苷 | physcion diglucoside |
| 大黄素双蒽酮 | emodin bianthrone |
| 大黄素酸 | emodic acid |
| 大黄酸 | rhein (monorhein, rheic acid) |
| 大黄酸-8-*O*-β-D-(6′-乙二酰基) 吡喃葡萄糖苷 | rhein-8-*O*-β-D-(6′-oxalyl)-glucopyranoside |
| 大黄酸-8-*O*-β-D-吡喃葡萄糖苷 | rhein-8-*O*-β-D-glucopyranoside |
| 大黄酸-8-*O*-葡萄糖苷 | rhein-8-*O*-glucoside |
| 大黄酸-9-蒽酮 | rhein-9-anthrone |
| 大黄酸苷 A～D | rheinosides A～D |
| 大黄酸双葡萄糖苷 | rhein diglucoside |
| 大黄酮 A | rheumone A |
| 大黄橐吾碱 | duciformine |
| 大黄栀子二醛 | sootependial |
| 大黄栀子二烯酮 | sootepdienone |
| 大黄栀子素 A～E | sootepins A～E |
| 大黄栀子酸 | sootepenoic acid |

| 大茴香脑 (茴香脑、对丙烯基茴香醚) | anise camphor (anethole, *p*-propenyl anisole) |
|---|---|
| 大火草苷 A～C | tomentosides A～C |
| 大火草苷Ⅰ、Ⅱ | tomentosides Ⅰ, Ⅱ |
| 大戟 -7, 21- 二烯 | eupha-7, 21-diene |
| 大戟 -7, 24- 二烯 -3β, 22β- 二醇 | eupha-7, 24-dien-3β, 22β-diol |
| (+)- 大戟 -8, 24- 二烯 -3β- 醇 | (+)-euphan-8, 24-dien-3β-ol |
| 大戟宾 | erphorbine |
| γ- 大戟醇 | γ-euphorbol |
| α- 大戟醇 (α- 大戟甲烯醇) | α-euphorbol (euphorbadienol) |
| 大戟醇二十六酸酯 | euphorbol hexacosanoate |
| 大戟二萜 F | euphorin F |
| 大戟二烯醇 (大戟脑) | euphadienol (euphol) |
| 大戟苷 A～K | euphornins A～K |
| 大戟黄素 | euphorbianin |
| α- 大戟甲烯醇 (α- 大戟醇) | euphorbadienol (α-euphorbol) |
| 大戟精醇 (绿玉树萜烯醇) | euphorginol |
| 大戟米辛 $M_1$～$M_3$ | euphormisins $M_1$～$M_3$ |
| γ- 大戟脑 | γ-euphol |
| 大戟脑 (大戟二烯醇) | euphol (euphadienol) |
| 大戟瓢虫碱 | euphococcinine |
| 大戟色素体 A～C | euphorbias A～C |
| 大戟属碱 A | euphorbia base A |
| 大戟素 A～E | euphorbins A～E |
| 大戟萜 A～N | euphorbialoids A～N |
| 大戟萜烷 | euphorbiane |
| 大戟亭 (千金子素、续随子素) | euphorbetin |
| 大戟酮 | euphorbon |
| 大戟烷 -7, 24- 二烯 -3- 醇 | halberyl-7, 24-dien-3-ol |
| 大戟烷 -7, 24- 二烯 -3- 醇乙酸酯 | halberyl-7, 24-dien-3-ol acetate |
| 大戟辛醇 (绿玉树萜醇) | euphorcinol |
| 大戟因子 $E_2$ [3-*O*-(2, 4, 6)- 癸三烯酰巨大戟萜醇] | euphorbia factor $E_2$ [3-*O*-(2, 4, 6)-decatrienoyl ingenol] |
| 大戟因子 $E_3$ [3-*O*-(2, 4, 6, 8)- 十二碳四烯酰巨大戟萜醇] | euphorbia factor $E_3$ [3-*O*-(2, 4, 6, 8)-dodecatetraenoyl ingenol] |
| 大戟因子 $L_1$～$L_{11}$、$L_7a$、$L_7b$、$Ti_1$～$Ti_4$ | euphorbia factors $L_1$～$L_{11}$, $L_7a$, $L_7b$, $Ti_1$～$Ti_4$ |
| 大戟因子 $Ti_5$ {12-*O*-[(2*Z*, 4*E*)-2, 4- 辛二烯酰基] 巴豆醇 -13- 乙酸酯} | euphorbia factor $Ti_5$ {12-*O*-[(2*Z*, 4*E*)-2, 4-octadienoyl] phorbol-13-acetate} |
| 大戟因子 $Ti_6$ {12-*O*-[(2*Z*, 4*Z*)-2, 4, 6- 癸三烯酰基] 巴豆醇 -13- 乙酸酯} | euphorbia factor $Ti_6$ {12-*O*-[(2*Z*, 4*Z*)-2, 4, 6-decatrienoyl] phorbol-13-acetate} |
| 大戟因子 $Ti_7$ [12-*O*-(2, 4, 6, 8, 10- 十四碳五烯酰基) 巴豆醇 -13- 乙酸酯] | euphorbia factor $Ti_7$ [12-*O*-(2, 4, 6, 8, 10-tetradecapentaenoyl) phorbol-13-acetate] |

D

| | |
|---|---|
| 大戟因子 $Ti_8$ [12-*O*-乙酰基巴豆醇-13-(2, 4, 6, 8-十四碳五烯酰基)巴豆醇-13-乙酸酯] | euphorbia factor $Ti_8$ [12-*O*-(2, 4, 6, 8-tetradecatetraenoyl) phorbol-13-acetate] |
| 大戟因子 $Ti_9$ [12-*O*-乙酰基巴豆醇-13-(2, 4, 6, 8, 10-十四碳五烯酸酯)] | euphorbia factor $Ti_9$ [12-*O*-acetyl phorbol-13-(2, 4, 6, 8, 10-tetradecapenaenoate)] |
| 大戟因子 $E_1$ {3-*O*-[(2E, 4Z)-癸二烯酰基] 巨大戟萜醇} | euphorbia factor $E_1$ {3-*O*-[(2E, 4Z)-decadienoyl] ingenol} |
| 大交让木明 | macrodaphniphyllamine |
| 大蕉苷(豆甾印度苷、大蕉谷甾苷) Ⅰ～Ⅸ | sitoindosides Ⅰ～Ⅸ |
| 大茎点菌素 | macrophin |
| 大口茎点霉素 A、B | macrocidins A, B |
| 大狼毒醇乙酸酯 | nematocyphol acetate |
| 大理白前苷 A | cynaforroside A |
| 大林素 | dalenin |
| 大灵碱 | macroline |
| 大楼子素(大木姜子素) | grandisin |
| 大芦荟聚糖 A、B | arborans A, B |
| 大卵叶虎刺那醛 | majoronal |
| 大麻别素 | cannabielsoin |
| 大麻二吡喃环烷(大麻柠檬烷) | cannabicitran |
| 大麻二酚 | cannabidiol |
| 大麻二酚酸(大麻二醇酸) | cannabidiolic acid |
| 大麻二洛酚 | cannabidivarol |
| 大麻酚 | cannabinol |
| 大麻酚酸 | cannabinolic acid |
| 大麻环酚 | cannabicyclol |
| 大麻环醚萜酚(大麻格伦醇) | cannabiglendol |
| 大麻环萜酚(大麻色烯、大麻色原烯) | cannabichromene |
| 大麻黄素 A、B | cannflavins A, B |
| 大麻碱 | cannabine |
| 大麻槿素(大麻苷) | cannabiscitrin |
| 大麻联苯二酚 | cannabinodiol |
| β-大麻螺醇 | β-cannabispirol |
| 大麻螺醇乙酸酯 | cannabispirol acetate |
| 大麻螺酮 | cannabispirone |
| 大麻螺烷 | cannabispiran |
| β-大麻螺烷醇 | β-cannabispiranol |
| 大麻螺烯酮 | cannabispirenone |
| 大麻洛酚 | cannabivarol |
| 大麻三醇(二羟基大麻酚) | cannabitriol |
| (+)-大麻三醇 [(+)-二羟基大麻酚] | (+)-cannabitriol |

| 大麻色烯酸 (大麻色酸) | cannabichromenic acid |
| --- | --- |
| 大麻色烯苔黑素 | cannabichromeorcin |
| 大麻色烯苔黑酸 | cannabichromeorcinic acid |
| 大麻素 (大麻酰胺) A～G | cannabisins A～G |
| 大麻苔黑环酸 | cannabiorcicyclolic acid |
| 大麻苔黑色烯酸 | cannabiorcichromenic acid |
| 大麻糖苷 | apabioside |
| 大麻萜酚 (大麻香叶酚) | cannabigerol |
| 大麻萜酚酸 (大麻香叶酚酸) | cannabigerolic acid |
| 大麻酮 | cannabinone |
| 大麻香豆酮 | cannabicoumaronone |
| 大麻叶佩兰克罗内酯 | cannaclerodanolide |
| 大麻叶佩兰内酯 | eucannabinolide |
| 大麻异戊烯 | canniprene |
| 大马士革宁 | damascenine |
| 大麦黄素 | lutonarin |
| 大麦亭 (大麦芽新碱、大麦芽胍碱) A、B | hordatines A, B |
| 大麦芽碱 (大麦芽胺、大麦碱、*N*, *N*-二甲基酪胺) | hordenine (*N*, *N*-dimethyl tyramine) |
| (*E*)-大麦芽碱-(6-*O*-肉桂酰基-β-D-吡喃葡萄糖基)-(1→3)-α-L-吡喃鼠李糖苷 | (*E*)-hordenine-(6-*O*-cinnamoyl-β-D-glucopyranosyl)-(1→3)-α-L-rhamnopyranoside |
| (*E*)-大麦芽碱-[6-*O*-(4-羟基肉桂酰基)-β-D-吡喃葡萄糖基]-(1→3)-α-L-吡喃鼠李糖苷 | (*E*)-hordenine-[6-*O*-(4-hydroxycinnamoyl)-β-D-glucopyranosyl]-(1→3)-α-L-rhamnopyranoside |
| 大麦芽碱-*O*-[(6″-*O*-反式-肉桂酰基)-4′-*O*-β-D-吡喃葡萄糖基-α-L-吡喃鼠李糖苷] | hordenine-*O*-[(6″-*O*-*trans*-cinnamoyl)-4′-*O*-β-D-glucopyranosyl-α-L-rhamnopyranoside] |
| 大麦芽碱-*O*-α-L-吡喃鼠李糖苷 | hordenine-*O*-α-L-rhamnopyranoside |
| 大麦芽因 | hordeine |
| 大牻牛儿-1 (10), 4, 7 (11)-三烯-9α-醇 | germacr-1 (10), 4, 7 (11)-trien-9α-ol |
| 大牻牛儿-1 (10) *E*, (4*E*), 11 (13)-三烯-12, 6α-内酯 | germacr-1 (10) *E*, (4*E*), 11 (13)-trien-12, 6α-olide |
| 11β*H*-大牻牛儿-1 (10) *E*, (4*E*)-二烯-12, 6α-内酯 | 11β*H*-germacr-1 (10) *E*, (4*E*)-dien-12, 6α-olide |
| 大牻牛儿-4 (15), (5*E*), 10 (14)-三烯-1β-醇 | germacr-4 (15), (5*E*), 10 (14)-trien-1β-ol |
| 大牻牛儿-4 (15), 5, 10 (14)-三烯-1β-醇 | germacr-4 (15), 5, 10 (14)-trien-1β-ol |
| 大牻牛儿内酯 | germacranolide |
| 大牻牛儿素 (吉马烷) | germacrane |
| 大牻牛儿酮 (吉马酮、大根香叶酮) | germacrone |
| (1*S*, 4*S*, 5*S*, 10*S*)-大牻牛儿酮-1 (10), 4-双环氧化物 | (1*S*, 4*S*, 5*S*, 10*S*)-germacrone-1 (10), 4-diepoxide |
| 大牻牛儿酮-1, 10-环氧化物 | germacrone-1, 10-epoxide |
| 大牻牛儿酮-13-醛 | germacrone-13-al |
| 大牻牛儿酮-4, 5-环氧化合物 | germacrone-4, 5-epoxide |
| 大牻牛儿烯 (吉马烯、大根香叶烯、大香叶烯、大根老鹳草烯) A～D | germacrenes A～D |

| 大牻牛儿烯 D-4-醇 | germacrene D-4-ol |
|---|---|
| 大牻牛儿烯 D 内酯 | germacrene D lactone |
| 大米淀粉 | starch rice |
| (+)-大木姜子素 | (+)-grandisin |
| 大尼润碱 (马扫宁) | masonine |
| 大茄碱 | solanogantine |
| 大青苷 (山大青苷) | cyrtophylin |
| 大青素 | cyrtophyllin |
| 大青酮 A、B | cyrtophyllones A, B |
| 大青香豆素 (赪酮酚胺) A、B | clerodendiods A, B |
| 大球壳孢内酯 (大环球孢内酯) A、E～H | macrosphelides A, E～H |
| 大沙叶鞣质 C-1 | pavetannin C-1 |
| 大斯配加春 (大斯氏白坚木春) | macrospegatrine |
| 大蒜吡喃酮 | allixin |
| 大蒜苷 $B_1$、C、$R_1$、$R_2$ | sativosides $B_1$, C, $R_1$, $R_2$ |
| 大蒜素 | allicin |
| 大蒜糖 | scorodose |
| 大蒜烯 (阿焦烯) | ajoene |
| 大蒜新素 (二烯丙基三硫醚) | allitridin (diallyl trisulfide) |
| 大头蒜苷 $Bs_1$ | ampeloside $Bs_1$ |
| 大头蒜皂苷 $Bf_1$、$Bf_2$ | proampelosides $Bf_1$, $Bf_2$ |
| 大头橐吾酮 | ligujapone |
| 大团囊虫草素 | ophiocoridin |
| 大托菊苷 A～C | macroclinisides A～C |
| 大王马先蒿苷 | pedicurexoside |
| 大尾摇碱 (印度天芥菜碱) | indicine |
| 大尾摇碱 *N*-氧化物 | indicine *N*-oxide |
| 大尾摇宁碱 | indicinine |
| 大尾摇辛碱 | helindicine |
| 大吴风草碱 | farfugine |
| 大吴风草素 A、B | farfugins A, B |
| 大西辛 (紫杉辛) Ⅱ | taxicin Ⅱ |
| (*Z*)-大西洋雪松酮 | (*Z*)-atlantone |
| (+)-α-大西洋雪松酮 | (+)-α-atlantone |
| (*E*)-大西洋雪松酮 | (*E*)-atlantone |
| 大仙人球碱 (大分丸碱) | macromerine |
| 大血藤醇 | sargentol |
| 大血藤苷 (截叶铁扫帚苷、紫罗兰酮苷) A～F | cuneatasides A～F |
| 大血藤木脂素苷 D | sargentodoside D |

| | |
|---|---|
| 大鸭脚木定 | macralstonidine |
| 大鸭脚木碱 | macralistonine |
| 大叶安尼巴龙乙酸酯 | megaphyllone acetate |
| 大叶桉二醛(桉二醛)A、B | robustadials A, B |
| 大叶桉酚A、B | robustaols A, B |
| 大叶桉苷A～G | robustasides A～G |
| 大叶桉酸 | robustanic acid |
| 大叶桉亭(绕布亭、粗芸香碱) | robustine |
| 大叶报春皂苷 | macrophyllicin |
| 大叶报春皂苷宁 | macrophyllicinin |
| 大叶报春皂苷元 | macrophyllogenin |
| 大叶菜酸 | doederleinic acid |
| 大叶吊兰苷A～E | chloromalosides A～E |
| 大叶冬青醇(阔叶冬青醇)A～D | ilelatifols A～D |
| 大叶冬青利苷 Ⅰ～Ⅲ | latifoliasides Ⅰ～Ⅲ |
| 大叶杜茎山醌 | bhogatin |
| 大叶凤尾蕨苷A～E | creticosides A～E |
| 大叶苷(大叶龙胆苷、大叶报春苷、大叶甲苷) | macrophylloside |
| 大叶苷(大叶龙胆苷、大叶报春苷、大叶甲苷)A～D | macrophyllosides A～D |
| 大叶钩藤季铵碱 | macrophyllionium |
| 大叶过路黄酚 | fordianol |
| 大叶过路黄醌A、B | fordianaquinones A, B |
| 大叶过路黄素A、B | fordianins A, B |
| 大叶合欢皂苷元(合欢苷元) | albigenin |
| 大叶虎皮楠宁碱A～E | daphniyunnines A～E |
| 大叶皇冠草素(大叶皇冠草碱)C | echinophyllin C |
| 大叶卡雅楝烯酮 | grandifoliolenone |
| 大叶兰酚 | gigantol |
| 大叶龙胆洛苷 | gentimacroside |
| 大叶龙胆酯A～E | gentiaphyllides A～E |
| 大叶马鞭草素A～D | cornutins A～D |
| 大叶马兜铃萘碱A～C | aristoliukines A～C |
| 大叶马尾千根草碱(龙骨石松碱)B | carinatumin B |
| 大叶南洋参苷A、B | polyfoliolides A, B |
| 大叶牛奶菜苷甲～戊 | marsdekoisides A～E |
| 大叶千斤拔素A、B | flemiphyllins A, B |
| 大叶千里光碱(大叶钩藤碱) | macrophylline |
| 大叶千里光碱(大叶钩藤碱)A、B | macrophyllines A, B |
| 大叶千里光裂碱(大叶千里光次碱) | macronecine |

| | |
|---|---|
| 大叶茜草素 | mollugin |
| 大叶茜草素 | rubimaillin |
| 大叶山楝定 A～K | aphanamgrandins A～K |
| 大叶山楝二醇 A | aphanamgrandiols A |
| 大叶山楝拉宁 A～D | aphanagranins A～D |
| 大叶山楝宁 A～G | aphagranins A～G |
| 大叶山楝萜 A～D | aphagrandinoids A～D |
| 大叶山蚂蝗碱 | gangenoid |
| 大叶山蚂蝗醛 | gangetial |
| 大叶匙羹藤苷 (匙羹藤苷) Ⅰ～ⅪⅩ | alternosides Ⅰ～ⅪⅩ |
| 大叶素 (大叶冬青苷、大叶李卡樟素、大叶香茶菜林素) Ⅰ～Ⅲ | macrophyllins Ⅰ～Ⅲ |
| 大叶素内酯 A～F | macrophyllilactones A～F |
| 大叶唐松草胺 (大叶唐松草拉明碱) | thalifaboramine |
| 大叶唐松草宾碱 (大叶唐松草宾) | thalifabine |
| 大叶唐松草定 | thalifaberidine |
| 大叶唐松草定碱 | faberidine |
| 大叶唐松草碱 | thalifaberine |
| (+)-大叶唐松草碱 | (+)-thalifaberine |
| 大叶唐松草拉宁碱 | thalifaboranine |
| 大叶唐松草拉品碱 (大叶唐松草品) | thalifarapine |
| 大叶唐松草兰定碱 (大叶唐松草兰定) | thalifalandine |
| 大叶唐松草灵碱 (高原唐松草林碱) | thalifaroline |
| 大叶唐松草明碱 | thalifaramine |
| (+)-大叶唐松草明碱 | (+)-thalifaramine |
| 大叶唐松草尼星碱 (高原唐松草辛) | thalifaricine |
| 大叶唐松草诺宁碱 | faberonine |
| 大叶唐松草嗪碱 (高原唐松草嗪) | thalifarazine |
| 大叶唐松草亭 (大叶唐松草巴亭碱) | thalifabatine |
| 大叶唐松草亭碱 (高原唐松草亭) | thalifaretine |
| 大叶唐松草星碱 (大叶唐松新碱) | thalifasine |
| 大叶糖胶树达辛 A、B、H | macrodasines A, B, H |
| 大叶糖胶树菲林碱 | alstomacrophylline |
| 大叶糖胶树弗林 | alstofoline |
| 大叶糖胶树苷 | naresuanoside |
| 大叶糖胶树碱 (鸭脚木非灵) | alstophylline |
| 大叶糖胶树精亭 | macrogentine |
| 大叶糖胶树卡帕胺 | macrocarpamine |
| 大叶糖胶树林碱 | alstomacroline |
| 大叶糖胶树灵碱 A～C | alstoniaphyllines A～C |

| 大叶糖胶树马林 | alstomaline |
|---|---|
| 大叶糖胶树米辛 | alstomicine |
| 大叶糖胶树宁碱 A～O | alstiphyllanines A～O |
| 大叶糖胶树品碱 (大白蓬草卡品、大唐松草卡品) A～H | macrocarpines A～H |
| 大叶糖胶树醛 | alstophyllal |
| 大叶糖胶树替定 A～C | perhentidines A～C |
| 大叶糖胶树替宁 | perhentinine |
| 大叶糖胶树亭碱 | alstohentine |
| 大叶糖胶树亭宁 A～D | lumutinines A～D |
| 大叶糖胶树亭西定 A～D | lumusidines A～D |
| 大叶糖胶树托宁 | macralstonine |
| 大叶糖胶树辛碱 | alstomacrocine |
| 大叶糖胶树因碱 | thungfaine |
| 大叶藤黄精酮 | gambogenone |
| 大叶藤黄酮 A～C | xanthochymones A～C |
| 大叶藤黄屾酮 A～E | garcinexanthones A～E |
| 大叶土木香内酯 | granilin |
| 大叶托沃木素 A、B | tovophyllins A, B |
| 大叶櫜吾倍半内酯 | ligolide |
| 大叶櫜吾萜醛 | ligumacrophyllal |
| 大叶櫜吾萜素 | ligumacrophyllatin |
| 大叶仙茅菲苷 | cucapitoside |
| 大叶仙茅菲醛 | curcapital |
| 大叶香茶菜庚素 (香茶菜素 C) | rabdophyllin G (rabdosin C) |
| 大叶香茶菜宁素 E、F | macrophynins E, F |
| 大叶香茶菜辛素 | rabdophyllin H |
| 大叶小檗碱 | berbamunine |
| 大叶绣球苷 A、B | hydramacrosides A, B |
| 大叶鸭脚木灵 | macrosahline |
| 大叶芸香胺 | perfamine |
| 大叶芸香定 | haplophydine |
| 大叶芸香芬碱 | haplafine |
| 大叶芸香苷 A～E | haploperosides A～E |
| 大叶芸香碱 (佩佛任) | perforine |
| 大叶芸香利定 (尖叶芸香定) | haplophyllidine |
| 大叶芸香灵 (花椒吴萸碱、吴茱萸素) | haploperine (evoxine) |
| 大叶藻素 | zosterin |
| 大叶紫玉盘洛醇 G | uvamalol G |

D

| | |
|---|---|
| 大叶紫玉盘素 A、B | macrophyllains A, B |
| 大叶紫珠素 | calliphyllin |
| 大叶紫珠萜酮 | calliterpenone |
| 大叶紫珠萜酮单乙酸酯 | calliterpenone monoacetate |
| 大叶紫珠烯 A～E | macrophypenes A～E |
| 大鱼藤黄酮 (大鱼藤树酮) | derrone |
| 大屿八角酸 A～G | angustanoic acids A～G |
| 大云实灵 A～L | caesaldekarins A～L |
| 大枣苷 (枣素) | ziziphin |
| 大枣果胶 | zizyphus pectin |
| 大枣碱 | ziziphine |
| 大枣皂苷 Ⅰ～Ⅲ | zizyphus saponins Ⅰ～Ⅲ |
| 大泽明碱 | macrozamine |
| 大泽明素 (大查米苷、大泽米铁苷) | macrozamin |
| 大直糖胶树利宁 A | alstofolinine A |
| 大猪屎豆碱 | assamicadine |
| (6*R*, 9*S*)- 大柱香波龙 -3- 酮 -4, 7- 烯 -9- 羟基 -9-*O*-α-L- 呋喃阿拉伯糖基 -(1→6)-β-D- 吡喃葡萄糖苷 | (6*R*, 9*S*)-megastigm-3-one-4, 7-en-9-hydroxy-9-*O*-α-L-arabinofuranosyl-(1→6)-β-D-glucopyranoside |
| 大柱香波龙 -4, (6*Z*, 8*E*)- 三烯 | megastigm-4, (6*Z*, 8*E*)-triene |
| 大柱香波龙 -4, 6, 8- 三烯 -3- 醇 | megastigm-4, 6, 8-trien-3-ol |
| 大柱香波龙 -4, 6, 8- 三烯 -3- 酮 | megastigm-4, 6, 8-trien-3-one |
| (6*R*, 9*R*)- 大柱香波龙 -4- 烯 -9- 羟基 -3- 酮 -*O*-β-D-(6′-*O*-β-D- 呋喃芹糖基 ) 吡喃葡萄糖苷 | (6*R*, 9*R*)-megastigm-4-en-9-hydroxy-3-one-*O*-β-D-(6′-*O*-β-D-apiofuranosyl) glucopyranoside |
| (3*R*, 5*R*, 6*S*, 7*E*, 9*S*)- 大柱香波龙 -5, 6- 环氧 -7- 烯 -3, 9- 二醇 | (3*R*, 5*R*, 6*S*, 7*E*, 9*S*)-megastigm-5, 6-epoxy-7-en-3, 9-diol |
| 大柱香波龙 -5, 8- 二烯 -4- 酮 | megastigm-5, 8-dien-4-one |
| 大柱香波龙 -5- 烯 -3, (9*R*)- 二醇 | megastigm-5-en-3, (9*R*)-diol |
| 大柱香波龙 -5- 烯 -3, 9- 二醇 | megastigm-5-en-3, 9-diol |
| (3*R*, 9*S*)- 大柱香波龙 -5- 烯 -3, 9- 二羟基 -3-*O*-β-D- 吡喃葡萄糖苷 | (3*R*, 9*S*)-megastigm-5-en-3, 9-dihydroxy-3-*O*-β-D-glucopyranoside |
| (3*R*, 5*S*, 6*S*, 7*E*, 9*S*)- 大柱香波龙 -7- 烯 -3, 5, 6, 9- 四醇 | (3*R*, 5*S*, 6*S*, 7*E*, 9*S*)-megastigm-7-en-3, 5, 6, 9-tetraol |
| (3*S*, 5*R*, 6*R*, 7*E*, 9*S*)- 大柱香波龙 -7- 烯 -3, 5, 6, 9- 四醇 | (3*S*, 5*R*, 6*R*, 7*E*, 9*S*)-megastigm-7-en-3, 5, 6, 9-tetraol |
| (3*S*, 5*R*, 6*R*, 7*E*, 9*S*)- 大柱香波龙 -7- 烯 -3, 5, 6, 9- 四羟基 -3-*O*-β-D- 吡喃葡萄糖苷 | (3*S*, 5*R*, 6*R*, 7*E*, 9*S*)-megastigm-7-en-3, 5, 6, 9-tetrahydroxy-3-*O*-β-D-glucopyranoside |
| (3*R*, 5*S*, 6*S*, 7*E*, 9*R*)- 大柱香波龙 -7- 烯 -3, 5, 6, 9- 四羟基 -9-*O*-β-D- 吡喃葡萄糖苷 | (3*R*, 5*S*, 6*S*, 7*E*, 9*R*)-megastigm-7-en-3, 5, 6, 9-tetrahydroxy-9-*O*-β-D-glucopyranoside |
| (3*S*, 5*R*, 6*R*, 7*E*, 9*S*)- 大柱香波龙 -7- 烯 -3, 5, 6, 9- 四羟基 -9-*O*-β-D- 吡喃葡萄糖苷 | (3*S*, 5*R*, 6*R*, 7*E*, 9*S*)-megastigm-7-en-3, 5, 6, 9-tetrahydroxy-9-*O*-β-D-glucopyranoside |
| (3*S*, 5*R*, 6*R*, 7*E*, 9*S*)- 大柱香波龙 -7- 烯 -3- 羟基 -5, 6- 环氧 -9-*O*-β-D- 吡喃葡萄糖苷 | (3*S*, 5*R*, 6*R*, 7*E*, 9*S*)-megastigm-7-en-3-hydroxy-5, 6-epoxy-9-*O*-β-D-glucopyranoside |
| 大柱香波龙二烯 -3, 9- 二酮 | megastigmadien-3, 9-dione |

| | |
|---|---|
| (6*R*, 7*E*)-4, 7-大柱香波龙二烯-3, 9-二酮 | (6*R*, 7*E*)-4, 7-megastigmadien-3, 9-dione |
| 5, (7*E*)-大柱香波龙二烯-3β, 4α, 9ξ-三醇 | 5, (7*E*)-megastigmadien-3β, 4α, 9ξ-triol |
| 大柱香波龙三烯酮 | megastigmatrienone |
| 大柱香波龙烷 | megastigmane |
| (3*S*, 5*R*, 6*S*, 6*E*, 9*R*)-大柱香波龙烷-7-烯-3, 5, 6, 9-四醇 | (3*S*, 5*R*, 6*S*, 6*E*, 9*R*)-megatigman-7-en-3, 5, 6, 9-tetraol |
| (3*S*, 5*R*, 6*R*, 7*E*)-大柱香波龙烷-7-烯-3-羟基-5, 6-环氧-9-*O*-β-D-吡喃葡萄糖苷 | (3*S*, 5*R*, 6*R*, 7*E*)-megatsigman-7-en-3-hydroxy-5, 6-epoxy-9-*O*-β-D-glucopyranoside |
| 7-大柱香波龙烯-3, 5, 6, 9-四醇 | 7-megastigmen-3, 5, 6, 9-tetraol |
| 7-大柱香波龙烯-3, 5, 6, 9-四羟基-9-*O*-β-D-吡喃葡萄糖苷 | 7-megastigmen-3, 5, 6, 9-tetrahydroxy-9-*O*-β-D-glucopyranoside |
| 7-大柱香波龙烯-3, 6, 9-三醇 | 7-megastigmen-3, 6, 9-triol |
| 5-大柱香波龙烯-3, 9-二醇 | 5-megastigmen-3, 9-diol |
| 4-大柱香波龙烯-3, 9-二酮 | 4-megastigmen-3, 9-dione |
| 大锥香茶菜素 A、B | megathyrins A, B |
| 大子买麻藤素 (买麻藤宁) A～D | gnetumontanins A～D |
| 大子买麻藤素 A～C | gnetumelins A～C |
| 大籽蒿素 | artesiversin |
| 大籽筋骨草素 A～E | ajugamacrins A～E |
| 大籽獐牙菜苷 | swertiamacroside |
| 呆明碱 | daemine |
| 代儿茶素 A～N | dichrostachines A～N |
| 带色孢皱孔菌酰胺 A～D | himanimides A～D |
| 带泻碱 | cordrastine |
| 带状网翼甾醇 (带状网翼藻酚) | zonarol |
| 带状网翼藻烯 | zonarene |
| 袋衣甾酸 | physodalic acid |
| 戴尔豆酮 | dalrubone |
| 戴氏伽蓝菜素 | daigremontianin |
| 戴氏马钱碱 (魔鬼马钱碱) | diaboline |
| 戴星草碱 | sphaeranthine |
| 戴星草内酯苷 | sphaeranthanolide |
| 丹酚酸 (丹参酚酸) | salvianolic acid |
| 丹酚酸 A～C 甲酯 | methyl salvianolates A～C |
| 丹酚酸 A～F | salvianolic acids A～F |
| 9‴-丹酚酸 B 单甲酯 | 9‴-methyl salvianolate B |
| 9″-丹酚酸 B 单甲酯 | 9″-methyl salvianolate B |
| 丹酚酸 D 内酯 | salvianolic acid D lactone |
| 丹酚酸丁钾盐 | potassium salvianolate D |
| 丹酚酸戊镁盐 | magnesium salvianolate E |

| 丹尼苏木醇 | daniellol |
|---|---|
| 丹皮酚 | paeonol |
| 丹皮酚 (芍药醇、牡丹酚、2′-羟基-4′-甲氧基苯乙酮) | paeonol (peonol, 2′-hydroxy-4′-methoxyacetophenone) |
| 丹皮酚原苷 (牡丹皮原苷) | paeonolide |
| 丹皮苷 | paeonoside |
| 丹皮新苷 (丹皮酚苷) A、B | paeonisides A, B |
| 丹参醇 A、B | danshenols A, B |
| 丹参二醇 A～C | tanshindiols A～C |
| 丹参二酚 (丹参酮二酚) | miltiodiol |
| 丹参酚醌 Ⅰ、Ⅱ | miltionones Ⅰ, Ⅱ |
| 丹参酚内酯 | salvinolactone |
| 丹参酚酮 | salvinolone |
| 丹参环庚三烯酚酮 (丹参烯酚酮) | miltipolone |
| 丹参醌酸 | tanshinonic acid |
| 丹参螺缩酮内酯 (丹参螺酮内酯) Ⅰ、Ⅱ | danshenspiroketallactones Ⅰ, Ⅱ |
| 丹参莫酮 | salviamone |
| 丹参内酯 | tanshinlactone |
| 丹参醛 | tanshialdehyde |
| 丹参素 [丹参酸 A、D-(+)-β-(3, 4-二羟苯基) 乳酸] | danshensu [salvianic acid A, D-(+)-β-(3, 4-dihydroxyphenyl) lactic acid] |
| 丹参素甲酯 (3, 4, α-三羟基苯丙酸甲酯、3, 4-二羟基苯基乳酸甲酯) | danshensu methyl ester (methyl 3, 4, α-trihydroxyphenyl propionate, methyl 3, 4-dihydroxyphenyl lactate) |
| 丹参素钠 [D-(+)-β-(3, 4-二羟苯基) 乳酸钠] | sodium danshensu [sodium D-(+)-β-(3, 4-dihydroxyphenyl) lactate] |
| 丹参酸 A [丹参素、D-(+)-β-(3, 4-二羟苯基) 乳酸] | salvianic acid A [danshensu, D-(+)-β-(3, 4-dihydroxyphenyl) lactic acid] |
| 丹参酸甲、乙 | salvianic acids A, B |
| 丹参酸甲酯 | methyl tanshinonate |
| 丹参酮 A～C、Ⅰ～Ⅵ、ⅡA、ⅡB | tanshinones A～C, Ⅰ～Ⅵ, ⅡA, ⅡB |
| 丹参酮 IIA 磺酸钠 | tanshinone IIA sulfonic sodium |
| 丹参酮ⅡA 酐 | tanshinone ⅡA anhydride |
| 丹参酮醛 | tanshinonal |
| 丹参酰胺 | salviamiltamide |
| 丹参新醌甲～丁 | danshenxinkuns A～D |
| 丹参新酮 | miltirone |
| 丹参隐螺内酯 | cryptoacetalide |
| 丹芝醇 (灵芝洛醇) A、B | ganoderols A, B |
| 丹芝内酯 A | ganolactone A |
| 丹芝酸 (红芝酸) A～E | ganolucidic acids A～E |
| 单-*O*-甲基穗花杉双黄酮 | mono-*O*-methyl amentoflavone |

| | |
|---|---|
| 单-*O*-乙酰纽子花苷 | mono-*O*-acetyl solanoside |
| 单-*O*-乙酰纽子花洛苷 | mono-*O*-acetyl vallaroside |
| 单-*O*-乙酰希氏尖药木苷 P | mono-*O*-acetyl acoschimperoside P |
| 单阿魏酰-(*R*, *R*)-(+)-酒石酸 | monoferuloyl-(*R*, *R*)-(+)-tartaric acid |
| 单半乳糖二酰甘油酯 | monogalactosyl diacyglyceride |
| 单半乳糖基甘油二酯 (单半乳糖基二脂酰甘油酯) | monogalactosyl diglyceride |
| 单蓖麻酸酯 | monoricinolein |
| 单刺蓬酸乙酸酯 | cornulactic acid acetate |
| 单端孢醇 A | trichothecinol A |
| 单端孢菌素 | trichothecin |
| 单对香豆酰甘油酯 | mono-*p*-coumaroyl glyceride |
| 单盖铁线蕨烷二醇 | hakonanediol |
| 单根菌内酯 C～E | monordens C～E |
| 单钩爵床醇 | monechmol |
| 单过氧己二酸 | monoperoxyhexanedioic acid |
| 单花山竹子素 A～G | oliganthins A～G |
| 单花山竹子屾酮 A | oliganthone A |
| 5, 6-单环氧-β-胡萝卜素 | 5, 6-monoepoxy-β-carotene |
| 7″-单甲基扁柏双黄酮 (异柳杉双黄酮) | 7″-monomethyl hinokiflavone (isocryptomerin) |
| 单甲基-顺式-扁柏树脂酚 | monomethyl-*cis*-hinokiresinol |
| 单甲基穗花杉双黄酮 (穗花杉双黄酮单甲醚) | monomethyl amentoflavone |
| 单茎稻花素 (单枝稻花素) | simplexin |
| 单爵床苷 (单爵床脂苷) | simplexoside |
| 单咖啡酰酒石酸 | monocaffeoyl tartaric acid |
| 单龙胆二糖基藏花酸 | monogentiobiosyl crocetin |
| 单密力特苷 | danmelittoside |
| 单木质醇葡萄糖苷 | monolignol glucoside |
| 单去甲缬草烯酮 | mononorvalerenone |
| 单去咖啡酰基吊竹梅素 | monodecaffeoyl zebrinin |
| 单水合鼠李糖 | rhamnose monohydrate |
| 单穗升麻皂苷 A～F | bugbanosides A～F |
| 单条草苷甲 | candidoside A |
| 单萜葡萄糖苷 | monoterpene glucoside |
| 单萜烯木兰醇 | monoterpenyl magnolol |
| 单西利 Ⅱ 糖苷 | monocillin Ⅱ glycoside |
| 单响尾蛇毒蛋白 | monocrotalin |
| 单亚麻酸甘油酯 (亚麻酸甘油酯) | glyceryl monolinolenate (monolinolenin, glycerol monolinoleate) |
| 2-单亚油酸甘油酯 | 2-monolinolein |

| 1-单亚油酸甘油酯 (1-单亚油精) | 1-monolinolein |
|---|---|
| 单亚油酸甘油酯 (亚油酸单甘油酯) | glycerol monolinoleate (glyceryl monolinolenate, monolinolenin) |
| 单盐酸 DL-精氨酸 | DL-arginine monohydrochloride |
| 单盐酸 L-精氨酸 | L-arginine monohydrochloride |
| 单氧甲基和厚朴酚 | mono-*O*-methyl honokiol |
| 单叶酒饼簕定 | atalaphyllidine |
| 单叶酒饼簕碱 | atalaphylline |
| 单叶酒饼簕宁 | atalaphyllinine |
| 单叶蔓荆二醛 | rotundial |
| 单叶蔓荆二萜 (单叶蔓荆新素) A～F | vitexifolins A～F |
| 单叶蔓荆果素 (单叶蔓荆林素) A、B | viterotulins A, B |
| 单叶蔓荆内酯 (牡荆内酯) A～C | vitexilactones A～C |
| 单叶蔓荆醛 A～F | vitrofolals A～F |
| 单叶蔓荆素 A、B | vitexfolins A, B |
| 单叶蔓荆脂醇 (蔓荆醇) A | vitrifol A |
| 单乙酰川楝素 | sendanin |
| 单乙酰光乌头原碱 | monoacetyl lucaconine |
| 单乙酰华北乌头碱 | monoacetyl songorine |
| 单乙酰黄花夹竹桃次苷甲 | acetyl peruvoside |
| 单乙酰黄花夹竹桃次苷乙 (单乙酰黄夹次苷乙、海杧果毒素) | monoacetyl neriifolin (cerberin) |
| 单乙酰基大花旋覆花内酯 | monoacetyl britannilactone |
| 单乙酰角胡麻苷 | monoacetyl martynoside |
| 单乙酰塔拉乌头胺 | monoacetyl talatisamine |
| 单乙酰糖基大叶芸香任 | monoacetyl glycoperine |
| 单硬脂酸甘油酯 | monostearin |
| α-单硬脂酰甘油酯 | glycerol α-monostearate |
| 1-单油酸甘油酯 | 1-monoolein |
| 单油酸甘油酯 | monoolein |
| α-单油酸甘油酯 | α-monoolein |
| β-单油酸甘油酯 | β-monoolein |
| 单杂 (熳) 环 | heteromonocyclic ring |
| 单枝稻花素 | simpleximacrin |
| 单枝夹竹桃碱 | haplophytine |
| 单猪屎豆碱 (野百合碱、农吉利甲素) | monocrotaline (crotaline) |
| 单紫杉烯 (云木香烯) | aplotaxene |
| (±)-1-单棕榈甘油酯 | (±)-1-monopalmitin |
| L-(−)-α-单棕榈酸甘油酯 | L-(−)-α-monopalmitin |
| L-α-单棕榈酸甘油酯 | L-α-monopalmitin |

| | |
|---|---|
| 胆胺 | cholamine |
| 胆红素 | bilirubin |
| 胆红素 -IXβ | bilirubin-IXβ |
| 胆红素二葡萄糖醛酸苷 | bilirubin diglucuronide |
| 胆碱 | bilineurine (choline) |
| 胆碱 | choline (bilineurine) |
| 胆碱抗坏血酸盐 | choline ascorbate |
| 胆碱缩醛磷脂 | phosphatidyl choline plasmalogen |
| 胆碱酯酶 | cholinesterase |
| 胆绿素 IXα | biliverdin IXα |
| 胆木碱庚 (乌檀糖苷) | nauclecoside |
| 胆木碱辛 (乌檀糖苷定) | nauclecosidine |
| 胆囊收缩素 | cholecystokinin |
| 胆酸 | cholic acid |
| 胆酸甲酯 | methyl cholate |
| $\Delta^5$-胆酸甲酯 -3-*O*-β-D-吡喃葡萄糖苷 | $\Delta^5$-methyl cholate-3-*O*-β-D-glucopyranoside |
| $\Delta^5$-胆酸甲酯 -3-*O*-β-D-吡喃葡萄糖醛酸基-(4→1)-α-L-鼠李糖苷 | $\Delta^5$-methyl cholate-3-*O*-β-D-glucuronopyranosyl-(4→1)-α-L-rhamnoside |
| 胆酸钠盐 | cholic acid sodium salt |
| 5β-胆烷酸 | 5β-cholanic acid |
| 胆烷酸 | cholanic acid |
| (22*S*)-胆甾 -1β, 3β, 16β, 22-四羟基-1-*O*-α-L-吡喃鼠李糖基-(1→2)-β-D-吡喃葡萄糖苷-16-*O*-β-D-吡喃葡萄糖苷 | (22*S*)-cholest-1β, 3β, 16β, 22-tetrahydroxy-1-*O*-α-L-rhamnopyranosyl-(1→2)-β-D-glucopyranoside-16-*O*-β-D-glucopyranoside |
| (22*S*)-胆甾 -1β, 3β, 16β, 22-四羟基-1-*O*-β-D-吡喃葡萄糖苷-16-*O*-β-D-吡喃葡萄糖苷 | (22*S*)-cholest-1β, 3β, 16β, 22-tetrahydroxy-1-*O*-β-D-glucopyranoside-16-*O*-β-D-glucopyranoside |
| 5α-胆甾 -3β, 6α-二醇二乙酸酯 | 5α-cholest-3β, 6α-diol diacetate |
| (5α)-胆甾 -3-β-醇 | (5α)-cholest-3-β-ol |
| 胆甾 -3-酮 | cholest-3-one |
| 胆甾 -4-烯 -3-酮 | cholest-4-en-3-one |
| 胆甾 -5 (6)-烯 -3β, 26-二羟基 -16, 22-二酮 | cholest-5 (6)-en-3β, 26-dihydroxy-16, 22-dione |
| 胆甾 -5, 22-二烯 -3β-醇 | cholest-5, 22-dien-3β-ol |
| 胆甾 -5, 7-二烯 -3β-醇 (7, 8-双脱氢胆甾醇) | cholesta-5, 7-dien-3β-ol (7, 8-didehydrocholesterol) |
| (1β, 3β, 16β, 22*S*)-胆甾 -5-烯 -1, 3, 16, 22-四羟基 -1, 16-二 (β-D-吡喃葡萄糖苷) | (1β, 3β, 16β, 22*S*)-cholest-5-en-1, 3, 16, 22-tetrahydroxy-1, 16-di (β-D-glucopyranoside) |
| (22*S*)-胆甾 -5-烯 -1β, 3β, 16β, 22-四羟基 -1-*O*-α-L-吡喃鼠李糖苷 -16-*O*-β-D-吡喃葡萄糖苷 | (22*S*)-cholest-5-en-1β, 3β, 16β, 22-tetrahydroxy-1-*O*-α-L-rhamnopyranoside-16-*O*-β-D-glucopyranoside |
| (22*S*)-胆甾 -5-烯 -1β, 3β, 16β, 22-四羟基 -1, 16-二 -*O*-β-D-吡喃葡萄糖苷 | (22*S*)-cholest-5-en-1β, 3β, 16β, 22-tetrahydroxy-1, 16-di-*O*-β-D-glucopyranoside |
| (22*S*)-胆甾 -5-烯 -1β, 3β, 16β, 22-四羟基 -16-*O*-β-D-吡喃葡萄糖苷 | (22*S*)-cholest-5-en-1β, 3β, 16β, 22-tetrahydroxy-16-*O*-β-D-glucopyranoside |

| 胆甾-5-烯-2, 3, 21-三醇 | cholest-5-en-2, 3, 21-triol |
| --- | --- |
| (22*S*)-胆甾-5-烯-3β, 11α, 16β, 22-四羟基-16-*O*-α-L-吡喃鼠李糖苷 | (22*S*)-cholest-5-en-3β, 11α, 16β, 22-tetrahydroxy-16-*O*-α-L-rhamnopyranoside |
| 24 (ξ)-胆甾-5-烯-3β, 26-二醇 | 24 (ξ)-cholest-5-en-3β, 26-diol |
| 胆甾-5-烯-3β, 7α-二醇 | cholest-5-en-3β, 7α-diol |
| 胆甾-5-烯-3β-醇 | cholest-5-en-3β-ol |
| 胆甾-5-烯-3β-羟基-7-酮 | cholest-5-en-3β-hydroxy-7-one |
| 胆甾-5-烯-3-酮 | cholest-5-en-3-one |
| 胆甾-5-烯醇 | cholest-5-enol |
| 5α-胆甾-7-烯-22ξ-醇 3-棕榈酸酯 | 5α-cholest-7-en-22ξ-ol 3-palmitate |
| 5α-胆甾-7-烯-3β, 22ξ-二醇 | 5α-cholest-7-en-3β, 22ξ-diol |
| 胆甾-7-烯-3β-醇 | cholest-7-en-3β-ol |
| 5α-胆甾-7-烯-3β-醇 | 5α-cholest-7-en-3β-ol |
| 胆甾-7-烯-6-酮 | cholest-7-en-6-one |
| 胆甾-7-烯醇 (羊毛索甾醇) | cholest-7-enol (lathosterol) |
| 胆甾-8 (14)-烯醇 | cholest-8 (14)-enol |
| 胆甾醇 (胆固醇) | cholesterol |
| 胆甾醇阿魏酸酯 | cholesterol ferulate |
| 胆甾醇半乳糖苷 | cholesterol galactoside |
| 胆甾醇苯甲酸酯 | cholesterol benzoate |
| 胆甾醇甘露糖苷 | cholesterol mannoside |
| 胆甾醇氯酯 | cholesterol chloride |
| 胆甾醇肉豆蔻酸酯 | cholesterol myristate |
| 胆甾醇乙酸酯 | cholesterol acetate |
| 胆甾醇硬脂酸酯 | cholesterol stearate |
| 胆甾醇油酸酯 | cholesterol oleate |
| 胆甾醇棕榈酸酯 | cholesterol palmitate |
| 胆甾二醇 | cholesterdiol |
| 胆甾酸 | cholanoic acid |
| 5α-胆甾烷 | 5α-cholestane |
| 胆甾烷醇 | cholestanol |
| 胆甾烯醇 | cholestenol |
| $\Delta^7$-胆甾烯醇 | $\Delta^7$-cholestenol |
| 胆汁三烯 | bilatriene |
| 胆汁色素 | bile pigment |
| 胆汁酸 | bile acid |
| 淡褐藤黄屾酮 A～E | fuscaxanthones A～E |
| 淡红忍冬苷 A～D | acuminatasides A～D |
| (+)-淡黄巴豆亭碱 | (+)-flavinantine |
| 淡黄薄子木酮 | flavesone |

| 淡黄贝母兰素(黄贝母兰定、黄菲素) | flavidin |
|---|---|
| 淡黄木层孔菌素 A～D | gilvsins A～D |
| 淡黄香茶菜素 | flavidusin |
| 淡黄紫堇碱 | ochrobirine |
| 淡灰海蛇神经毒素 | hydrophis ornatus neurous toxin |
| 弹性木波罗素 | artelastocarpin |
| 弹性素 | elastoidin |
| 弹性硬蛋白(弹性蛋白) | elastin |
| L-蛋氨酸甲基锍氯化物(维生素 U) | L-methionine methylsulfonium chloride (vitamin U) |
| 蛋氨酸脑啡肽类肽 | methionine-enkephalin-like peptide |
| 蛋氨酸亚砜 | methionine sulfoxide |
| 蛋白毒素 | proteinaceous toxin |
| 蛋白多糖 | proteoglycan |
| 蛋白酶 | protease |
| 蛋白酶稳定因子 | pepsin stabilizing factor |
| 蛋白酶抑制剂 | protease inhibitor |
| 蛋白杏素(黄鸡蛋花素、蛋花杏素) | fulvoplumierin |
| 蛋白质 | protein |
| 蛋白质合成促进因子 | prostisol |
| 蛋氮酸 | methionine |
| 氮汞杂蒽二苯并汞嗪(吩汞嗪) | phenomercazine |
| 氮磷杂蒽(二苯并磷嗪、吩磷嗪、啡磷) | phenophosphazine |
| 氮砷杂蒽(二苯并砷嗪、吩砷嗪) | phenarsazine |
| 氮烷(氨) | azane (ammonia) |
| 氮杂环丙烷(氮丙啶) | aziridine |
| 氮杂环丙烯(氮杂环丙熳) | 1*H*-azirine |
| 1-氮杂环庚-1, 3, 5-三烯 | 1-azacyclohept-1, 3, 5-triene |
| 2*H*-氮杂环庚熳(氮杂草) | 2*H*-azepine |
| 氮杂环壬酮 | azabicyclononanone |
| 氮杂环辛四烯(吖辛因、氮杂环辛熳) | azocine |
| 8-氮杂黄嘌呤 | 8-azaxanthine |
| 8-氮杂螺 [4.5] 癸-2-烯 | 8-azaspiro [4.5] dec-2-ene |
| 9-*O*-6-氮杂螺 [4.5] 癸烷 | 9-*O*-6-azaspiro [4.5] decane |
| 6-氮杂尿苷 | 6-azauridine |
| 氮杂草 | azepine |
| 当归醇 A～L | angelols A～L |
| 当归胶多糖 | angelan |
| 当归螺内酯 | sinaspirolide |
| 当归内酯 | angelica lactone |
| α-当归内酯 | α-angelica lactone |

| | |
|---|---|
| 当归醛 (白芷醛) | angelical |
| 当归萨螺内酯 | ansaspirolide |
| 当归三醇 | angelitriol |
| 当归双螺内酯 | angelicolide |
| 当归斯的明 | angelicastigmine |
| 当归酸 | angelic acid |
| 当归酸 -3, 5- 二甲氧基 -4- 乙酰氧基桂皮酯 | 3, 5-dimethoxy-4-acetoxycinnamyl angelate |
| 当归酸酐 | angelic anhydride |
| 当归酸正丁酯 | *n*-butyl angelate |
| 当归酸酯 | columbianaclin |
| 22-*O*- 当归酸酯茶皂醇 A～E | 22-*O*-angeloyl theasapogenols A～E |
| 22-*O*- 当归酸酯玉蕊精醇 $A_1$ | 22-*O*-angeloyl barrigenol $A_1$ |
| 当归酮 | angelic ketone |
| 当归烯内酯 (当归二内酯) | angeolide |
| 21-*O*- 当归酰 -$R_1$ 玉蕊精醇 | 21-*O*-angeloyl-$R_1$-barrigenol |
| 21- 当归酰 -$R_1$- 玉蕊精醇 | 22-angeloyl-$R_1$-barrigenol |
| 15- 当归酰白藜芦胺 | 15-angeloyl germine |
| 3- 当归酰白藜芦胺 (3- 当归酰基计明胺) | 3-angeloyl germine |
| 当归酰北五味子素 (当归酰戈米辛) H～R、K3 | angeloyl gomisins H～R, K3 |
| *R* (+)- 当归酰北五味子素 $M_1$ | *R* (+)-angeloyl gomisin $M_1$ |
| 当归酰北五味子素 H、O～R | angeloyl gomisins H, O～R |
| (+)- 当归酰北五味子素 $K_3$ | (+)-angeloylgomisin $K_3$ |
| 7- 当归酰翅果草碱 | 7-angeloyl rinderine |
| 8- 当归酰除虫菊内酯 H | 8-angeloyl chrysanolide H |
| 7- 当归酰刺凌德草碱 (7- 当归酰刺翅果草碱) | 7-angeloyl echinatine |
| β- 当归酰刺凌德草碱 | β-angeloyl echinatine |
| 当归酰大花和尚菊酸 | angeloyl grandifloric acid |
| 6-*O*- 当归酰多梗贝氏菊素 | 6-*O*-angeloyl plenolin |
| 3′-*O*- 当归酰亥茅酚 | 3′-*O*-angeloyl hamaudol |
| 12β-1-*O*- 当归酰基 -1-*O*- 去乙酰基印楝波力宁 B | 12β-1-*O*-tigloyl-1-*O*-deacetyl nimbolinin B |
| 当归酰基 -(+)- 北五味子素 $K_3$ | angeloyl-(+)-gomisin $K_3$ |
| 21β-*O*- 当归酰基 -22α-*O*-(2- 甲基丁酰基)-$R_1$- 玉蕊精醇 | 21β-*O*-angeloyl-22α-*O*-(2-methyl butyryl)-$R_1$-barrigenol |
| 21β- 当归酰基 -22α-*O*-(2- 甲基丁酰基) 茶皂醇 E | 21β-angeloyl-22α-*O*-(2-methyl butyryl) theasapogenol E |
| 21β-*O*- 当归酰基 -22α-*O*-(2- 甲基丁酰基) 玉蕊皂苷元 C | 21β-*O*-angeloyl-22α-*O*-(2-methyl butyryl) barringtogenol C |
| 3′- 当归酰基 -4′- 羟基 - 反式 - 阿米芹内酯 | 3′-angeloyl-4′-hydroxy-*trans*-khellactone |
| 9-*O*- 当归酰基 -8, 10- 脱氢麝香草酚 | 9-*O*-angeloyl-8, 10-dehydrothymol |
| 8- 当归酰基 -8′- 羟基除虫菊内酯 D | 8-angeloyl-8′-hydroxychrysanolide D |
| 8-*O*- 当归酰基 -9-*O*- 乙酰春黄菊脑内酯 B | 8-*O*-angeloyl-9-*O*-acetyl anthemolide B |

| 8-当归酰基埃格尔内酯 | 8-angeloyl egelolide |
|---|---|
| (*R*)-(+)-当归酰基北五味子素 $M_1$ [(*R*)-(+)-当归酰基戈米辛 $M_1$] | (*R*)-(+)-angeloyl gomisin $M_1$ |
| *O*-7-当归酰基倒千里光裂碱 | *O*-7-angeloyl retronecine |
| 6-当归酰基呋喃蜂斗菜醇 | 6-angeloyl furanofukinol |
| 当归酰基鬼臼毒素 | angeloyl podophyllotoxin |
| 22β-*O*-当归酰基马缨丹酸 | 22β-*O*-angeloyl lantanolic acid |
| 22β-*O*-当归酰基齐墩果酸 | 22β-*O*-angeloyl oleanolic acid |
| 3-当归酰基棋盘花碱 | 3-angeloyl zygadenine |
| *O*-当归酰基天芥菜定 | *O*-angeloyl heliotridine |
| 7-当归酰基天芥菜定 | 7-angeloyl heliotridine |
| *O*-7-当归酰基天芥菜定 *N*-氧化物 | *O*-7-angeloyl heliotridine *N*-oxide |
| *O*-7-当归酰基天芥菜定颈花酸酯 | *O*-7-angeloyl heliotridine trachelanthinic acid ester |
| *O*-7-当归酰基天芥菜定绿花倒提壶酸酯 | *O*-7-angeloyl heliotridine viridiflorinic acid ester |
| 10-当归酰基脱乙酰基异凹陷蓍萜 | 10-angeloyl desacetyl isoapressin |
| 8α-当归酰基氧代广木香内酯 | 8α-angeloyloxycostunolide |
| 22α-*O*-当归酰基玉蕊精醇 A1 | 22α-*O*-angeloyl barrigenol A1 |
| 当归酰基紫草素 | angeloyl shikonin |
| β-当归酰颈花胺 | β-angeloyl trachelanthamine |
| 3-*O*-当归酰巨大戟萜醇 | 3-*O*-angeloyl ingenol |
| 当归酰棋盘花碱 | angeloyl zygadenine |
| 当归酰棋盘花酸内酯 | angeloyl zygadenic acid lactone |
| 当归酰日本南五味子素 (当归酰日本南五味子木脂素) A、B | angeloyl binankadsurins A, B |
| 7-*O*-当归酰砂引草定 | 7-*O*-angeloyl turneforcidine |
| 9β-*O*-当归酰山地阿魏烯醇 | 9β-*O*-angeloyl akichenol |
| 当归酰豚草素 B | angeloyl cumambrin B |
| 当归酰亚菊素 | angeloyl ajadin |
| β-当归酰仰卧天芥菜碱 | β-angeloyl supinine |
| (1*S*, 5*S*, 6*R*, 7*S*, 10*S*)-5-当归酰氧基-1-羟基-2-氧亚基苍耳-3, 11-二烯-6, 12-内酯 | (1*S*, 5*S*, 6*R*, 7*S*, 10*S*)-5-angeloyloxy-1-hydroxy-2-oxoxantha-3, 11-dien-6, 12-olide |
| (3′*S*)-当归酰氧基-(4′*S*)-异戊酰基-顺式-阿米芹内酯 | (3′*S*)-angeloyl-(4′*S*)-isovaleryl-cis-khellactone |
| (3′*S*)-当归酰氧基-(4′*S*)-异戊酰氧基-3′, 4′-二氢邪蒿素 | (3′*S*)-angeloyloxy-(4′*S*)-isovalevyloxy-3′, 4′-dihydroseselin |
| 6-当归酰氧基-1, 10-环氧茼蒿萜素 | 6-angeloyloxy-1, 10-epoxyeuryopsin |
| (1*S*, 5*S*, 6*R*, 7*R*, 8*S*, 10*S*)-5-当归酰氧基-1, 8-二羟基-2-氧亚基苍耳-3, 11-二烯-6, 12-内酯 | (1*S*, 5*S*, 6*R*, 7*R*, 8*S*, 10*S*)-5-angeloyloxy-1, 8-dihydroxy-2-oxoxantha-3, 11-dien-6, 12-olide |
| 9-(9-当归酰氧基-10-千里光酰氧基-9, 10-二氢花椒内酯) | 9-(9-angeloyloxy-10-senecioyloxy-9, 10-dihydroxanthyletin) |
| 7β-当归酰氧基-14-羟基-石生诺顿菊酮 | 7β-angeloyloxy-14-hydroxy-notonipetranone |
| 3α-当归酰氧基-17-羟基-对映-贝壳杉-15-烯-19-酸 | 3α-angeloyloxy-17-hydroxy-*ent*-kaur-15-en-19-oic acid |

D

| | |
|---|---|
| 6α-当归酰氧基-1-氧亚基-2, 3-二氢西洋红素 | 6α-angeloyoxy-1-oxo-2, 3-dihydrosalviarin |
| 8α-当归酰氧基-3β, 4β-二羟基-5α*H*, 6β*H*, 7α*H*, 11α*H*-愈创木-1 (10)-烯-12, 6-内酯 | 8α-angelyloxy-3β, 4β-dihydroxy-5α*H*, 6β*H*, 7α*H*, 11α*H*-guai-1 (10)-en-12, 6-olide |
| 6β-当归酰氧基-3β, 8α-二羟基佛术-7 (11)-烯-12, 8β-内酯 | 6β-angeloyloxy-3β, 8α-dihydroxyeremophil-7 (11)-en-12, 8β-olide |
| 6β-当归酰氧基-3β, 8β-二羟基佛术-7 (11)-烯-12, 8α-内酯 | 6β-angeloyloxy-3β, 8β-dihydroxyeremophil-7 (11)-en-12, 8α-olide |
| (4*R*, 5*R*, 6*S*, 8*R*, 9*R*)-5-当归酰氧基-4, 8-二羟基-9-(2-甲丙酰氧基)-3-氧亚基大牻牛儿-6, 12-内酯 | (4*R*, 5*R*, 6*S*, 8*R*, 9*R*)-5-angeloyloxy-4, 8-dihydroxy-9-(2-methyl propanoyloxy)-3-oxogermacran-6, 12-olide |
| (2*S*, 4*S*, 5*R*, 6*S*, 8*R*, 9*R*)-8-当归酰氧基-4, 9-二羟基-2, 9-环氧-5-(2-甲丙酰氧基) 大牻牛儿-6, 12-内酯 | (2*S*, 4*S*, 5*R*, 6*S*, 8*R*, 9*R*)-8-angeloyloxy-4, 9-dihydroxy-2, 9-epoxy-5-(2-methyl propanoyloxy) germacran-6, 12-olide |
| (2*S*, 4*S*, 5*R*, 6*S*, 8*R*, 9*R*, 2″*R*)-8-当归酰氧基-4, 9-二羟基-2, 9-环氧-5-(2-甲丁酰氧基) 大牻牛儿-6, 12-内酯 | (2*S*, 4*S*, 5*R*, 6*S*, 8*R*, 9*R*, 2″*R*)-8-angeloyloxy-4, 9-dihydroxy-2, 9-epoxy-5-(2-methyl butanoyloxy) germacran-6, 12-olide |
| (2*S*, 4*S*, 5*R*, 6*S*, 8*R*, 9*R*, 2″*S*)-8-当归酰氧基-4, 9-二羟基-2, 9-环氧-5-(2-甲丁酰氧基) 大牻牛儿-6, 12-内酯 | (2*S*, 4*S*, 5*R*, 6*S*, 8*R*, 9*R*, 2″*S*)-8-angeloyloxy-4, 9-dihydroxy-2, 9-epoxy-5-(2-methyl butanoyloxy) germacran-6, 12-olide |
| (2*R*, 4*S*, 5*R*, 6*S*, 8*R*, 9*S*)-8-当归酰氧基-4, 9-二羟基-2, 9-环氧-5-(2-甲基丙酰氧基) 大牻牛儿-6, 12-内酯 | (2*R*, 4*S*, 5*R*, 6*S*, 8*R*, 9*S*)-8-angeloyloxy-4, 9-dihydroxy-2, 9-epoxy-5-(2-methyl propanoyloxy) germacran-6, 12-olide |
| (2*R*, 4*S*, 5*R*, 6*S*, 8*R*, 9*S*, 2″*S*)-8-当归酰氧基-4, 9-二羟基-2, 9-环氧-5-(2-甲基丁酰氧基) 大牻牛儿-6, 12-内酯 | (2*R*, 4*S*, 5*R*, 6*S*, 8*R*, 9*S*, 2″*S*)-8-angeloyloxy-4, 9-dihydroxy-2, 9-epoxy-5-(2-methyl butanoyloxy) germacran-6, 12-olide |
| (2*S*, 4*S*, 5*R*, 6*S*, 8*R*, 9*R*)-8-当归酰氧基-4, 9-二羟基-2, 9-环氧-5-(3-甲丁酰氧基) 大牻牛儿-6, 12-内酯 | (2*S*, 4*S*, 5*R*, 6*S*, 8*R*, 9*R*)-8-angeloyloxy-4, 9-dihydroxy-2, 9-epoxy-5-(3-methyl butyryloxy) germacran-6, 12-olide |
| 8β-当归酰氧基-4β, 6, 15-三羟基-14-氧亚基愈创木-9, 11 (13)-二烯-12-酸-12, 6-内酯 | 8β-angeloyloxy-4β, 6, 15-trihydroxy-14-oxoguaia-9, 11 (13)-dien-12-oic acid-12, 6-lactone |
| (+)-3′-当归酰氧基-4′-甲酮基-3′, 4′-二氢邪蒿素 | (+)-3′-angeloyloxy-4′-keto-3′, 4′-dihydroseselin |
| (3″*R*)-当归酰氧基-4″-甲酮基-3″, 4″-二氢邪蒿素 (白花前胡素 Ⅰ b) | (3″*R*)-angeloyloxy-4″-keto-3″, 4″-dihydroseselin (praeruptorin Ⅰ b) |
| 1 (10) *E*-4β, 8β-当归酰氧基-6, 14, 15-三羟基大牻牛儿-1 (10), 11 (13)-二烯-12-酸-12, 6-内酯 | 1 (10) *E*-4β, 8β-angeloyloxy-6, 14, 15-trihydroxygermacr-1 (10), 11 (13)-dien-12-oic acid-12, 6-lactone |
| 1 (10) *E*, (4*E*, 8*Z*), 8-当归酰氧基-6, 15-二羟基-14-氧亚基大牻牛儿-1 (10), 4, 8, 11 (13)-四烯-12-酸-12, 6-内酯 | 1 (10) *E*, (4*E*, 8*Z*), 8-angeloyloxy-6, 15-dihydroxy-14-oxogermacr-1 (10), 4, 8, 11 (13)-tetraen-12-oic acid-12, 6-lactone |
| 1α-当归酰氧基-6β-羟基-8β-甲氧基-10β*H*-雅槛蓝-7 (11)-烯-8α, 12-内酯 | 1α-angeloyloxy-6β-hydroxy-8β-methoxy-10β*H*-eremophil-7 (11)-en-8α, 12-olide |
| 1α-当归酰氧基-7β-(4-甲基千里光酰氧基) 日本刺参萜-3 (14) *Z*, 8 (10)-二烯-2-酮 | 1α-angeloyloxy-7β-(4-methyl senecioyloxy) oplopa-3 (14) *Z*, 8 (10)-dien-2-one |
| 3β-当归酰氧基-7-表林仙内酯 | 3β-angeloyloxy-7-epifutronolide |

| | |
|---|---|
| 6- 当归酰氧基 -7- 甲氧基 -2, 2- 二甲基色烯 | 6-angeloyloxy-7-methoxy-2, 2-dimethyl chromene |
| (8*S*, 9*R*)-9- 当归酰氧基 -8, 9- 二氢山芹醇 [(8*S*, 9*R*)-9- 当归酰氧基 -8, 9- 二氢欧罗塞醇 ] | (8*S*, 9*R*)-9-angeloyloxy-8, 9-dihydrooroselol |
| 6β- 当归酰氧基 -8β, 10β- 二羟基 -3- 氧亚基荒漠木烯内酯 | 6β-angeloyloxy-8β, 10β-dihydroxy-3-oxo-eremophilenolide |
| 3β- 当归酰氧基 -8β- 羟基 -9β- 千里光酰氧基佛术烯内酯 | 3β-angeloyloxy-8β-hydroxy-9β-senecioyloxyeremophilenolide |
| 3β- 当归酰氧基 -8- 表佛术烯内酯 | 3β-angeloyloxy-8-epi-eremophilenolide |
| 3- 当归酰氧基 -8- 环氧当归酰氧基 -10 (14)- 刺参烯 -4- 酮 | 3-angeloyloxy-8-epoxyangeloyloxy-10 (14)-oplopen-4-one |
| 3- 当归酰氧基 -8- 乙酰氧 -10 (14)- 刺参烯 -4- 酮 | 3-angeloyloxy-8-acetoxy-10 (14)-oplopen-4-one |
| 1 (10) *E*, (4*Z*)-8β- 当归酰氧基 -9, 13- 二乙氧基 -6, 15- 二羟基 -14- 氧亚基大牻牛儿 -1 (10), 4- 二烯 -12- 酸 -12, 6- 内酯 | 1 (10) *E*, (4*Z*)-8β-angeloyloxy-9, 13-diethoxy-6, 15-dihydroxy-14-oxogermacr-1 (10), 4-dien-12-oic acid-12, 6-lactone |
| 1 (10) *E*, (4*Z*)-8β- 当归酰氧基 -9α- 甲氧基 -6α, 15- 二羟基 -14- 氧亚基大牻牛儿 -1 (10), 4, 11 (13)- 三烯 -12- 酸 -12, 6- 内酯 | 1 (10) *E*, (4*Z*)-8β-angeloyloxy-9α-methoxy-6α, 15-dihydroxy-14-oxogermacr-1 (10), 4, 11 (13)-trien-12-oic acid-12, 6-lactone |
| 3α- 当归酰氧基 -9β- 羟基 - 对映 - 贝壳杉 -16- 烯 -19- 酸 | 3α-angeloyloxy-9β-hydroxy-*ent*-kaur-16-en-19-oic acid |
| 3β- 当归酰氧基 -9- 烯 -8- 表佛术烯内酯 | 3β-angeloyloxy-9-en-8-epieremophilenolide |
| 1 (10) *E*, (4*Z*)-8β- 当归酰氧基 -9- 乙氧基 -6, 15- 二羟基 -13- 甲氧基 -14- 氧亚基大牻牛儿 -1 (10), 4- 二烯 -12- 酸 -12, 6- 内酯 | 1 (10) *E*, (4*Z*)-8β-angeloyloxy-9-ethoxy-6, 15-dihydroxy-13-methoxy-14-oxogermacr-1 (10), 4-dien-12-oic acid-12, 6-lactone |
| 1 (10) *E*, (4*Z*)-8β- 当归酰氧基 -9- 乙氧基 -6, 15- 二羟基 -14- 氧亚基大牻牛儿 -1 (10), 4, 11 (13)- 三烯 -12- 酸 -12, 6- 内酯 | 1 (10) *E*, (4*Z*)-8β-angeloyloxy-9-ethoxy-6, 15-dihydroxy-14-oxogermacr-1 (10), 4, 11 (13)-trien-12-oic acid-12, 6-lactone |
| 3′- 当归酰氧基阿米芹内酯 (3′- 当归酰氧化凯林内酯 ) | 3′-angeloyloxykhellactone |
| 8α- 当归酰氧基白叶蒿定 | 8α-angeloxyleucodin |
| 3β- 当归酰氧基佛术 -7, 11- 二烯 -14β, 6α- 内酯 | 3β-angeloyloxyeremophil-7, 11-dien-14β, 6α-olide |
| 8β- 当归酰氧基枯马布内酯 | 8β-angeloyloxycumambranolide |
| 22β- 当归酰氧基马缨丹酸 (22β- 当归甲酰氧基马缨丹醇酸 ) | 22β-angeloyloxylantanolic acid |
| 7β- 当归酰氧基日本刺参萜 -3 (14) *Z*, 8 (10)- 二烯 -2- 酮 | 7β-angeloyloxyoplopa-3 (14) *Z*, 8 (10)-dien-2-one |
| 9- 当归酰氧基麝香草酚 | 9-angeloyloxythymol |
| 8- 当归酰氧基洋艾内酯 | 8-angeloxyartabsine |
| (*Z*)-2- 当归酰氧甲基 -2- 丁烯酸 | (*Z*)-2-angeloyloxymethyl-2-butenoic acid |
| *O*-[(*Z*)-2- 当归酰氧甲基 -2- 丁酰氧基 ]-3- 甲氧基 -4, 5- 亚甲二氧基桂皮醇 | *O*-[(*Z*)-2-angeloyloxymethyl-2-butenoyl]-3-methoxy-4, 5-methylenedioxycinnamyl alcohol |
| 9α- 当归酰氧松脂素 (9α- 当归酰氧松脂酚 ) | 9α-angeloyloxypinoresinol |
| 当归酰异北五味子素 ( 当归酰异戈米辛 ) O | angeloyl isogomisin O |
| 21-*O*- 当归酰玉蕊皂醇 (21-*O*- 当归酰玉蕊皂苷元 ) C | 21-*O*-angeloyl barringtogenol C |
| 21- 当归酰原七叶树苷元 | 21-angeloyprotoaescigenin |
| 6- 当归酰中亚阿魏二醇 | 6-angeloyl jaeschkeanadiol |

| 当归酰中亚阿魏宁 | angeloyl ferutinianin |
|---|---|
| 当归因 | angelicain |
| 当药醇苷 (獐牙菜酚素、獐牙菜酚苷、獐牙菜呫酮苷、雏菊叶龙胆酮-8-*O*-葡萄糖苷) | swertianolin (bellidifolin-8-*O*-glucoside) |
| 当药宁 (当药呫酮、獐牙菜宁) | swertianin |
| 当药素 (当药黄素、獐牙菜素、当药黄酮、6-*C*-β-葡萄糖芫花素) | swertisin (6-*C*-β-glucosegenkwanin) |
| 当药素-2″-*O*-β-D-吡喃葡萄糖苷 (斯皮诺素、酸枣素) | swertisin-2″-*O*-β-D-glucopyranoside (spinosin) |
| 当药素碳酸酯 | swertisincarbonate |
| 当药斋瑞呫酮 (5-*O*-甲基雏菊叶龙胆酮、3, 5-二甲氧基-1, 8-二羟基-9*H*-呫酮) | swerchirin (5-*O*-methyl bellidifolin, 3, 5-dimethoxy-1, 8-dihydroxyxanthone) |
| 党参倍半萜苷 A～C | codonopsesquilosides A～C |
| 党参吡咯烷鎓 B | codonopyrrolidium B |
| 党参次碱 | codonopsinine |
| 党参二炔苷 A～M | codonopilodiynosides A～M |
| 党参酚碱 A～C | codonopsinols A～C |
| 党参酚碱苷 A | codonopiloside A |
| 党参苷 Ⅰ～Ⅴ | tangshenosides Ⅰ～Ⅴ |
| 党参黄酮 A、B | choushenflavonoids A, B |
| 党参黄酮苷 A～C | choushenosides A～C |
| 党参碱 | codonopsine |
| 党参聚炔 A～C | choushenpilosulynes A～C |
| 党参内酯 (苍术内酯 Ⅲ) | codonolactone (atractylenolide Ⅲ) |
| 党参酸 | codopiloic acid |
| 党参烯炔苷 A、B | codonopiloenynenosides A, B |
| 党参皂苷 B～D | codopiloic saponins B～D |
| L-刀豆氨酸 | L-canavanine |
| 刀豆赤霉素 Ⅰ、Ⅱ | canavalia gibberellins Ⅰ, Ⅱ |
| 刀豆毒素 | canatoxin |
| 刀豆苷 A-1～A-3、B-1～B-3、C-1、C-2 | gladiatosides A-1～A-3, B-1～B-3, C-1, C-2 |
| 刀豆碱 | caneine |
| 刀豆宁碱 (刀豆氨酸) | canavanine |
| 刀豆凝集素 | canavalia gladiata agglutinin |
| 刀豆球蛋白 | concanavaline |
| 刀豆四胺 (刀豆胺) | canavalmine |
| 刀豆素 | canavalin |
| 刀豆酸 (副刀豆氨酸) | canaline |
| 刀豆萜苷 | canavalioside |
| 刀拉森 | douglasiine |
| 刀瑞定 | douradine |

| 氘 | daodeuterium |
|---|---|
| 3-氘代甲基-5-甲基-2, 3-二氢苯并呋喃 | 3-deuteriomethyl-5-methyl-2, 3-dihydrobenzofuran |
| 氘核 | deuteron |
| 氘化物 | deuteride |
| 岛青霉素 | islandicin |
| 岛藤碱 (海岛轮环藤碱) | insularine |
| 岛藤碱苷 (苦枥木苷) | insularoside |
| 岛藤碱苷-3′-*O*-β-D-葡萄糖苷 | insularoside-3′-*O*-β-D-glucoside |
| 岛藤碱苷-6‴-*O*-β-D-吡喃葡萄糖苷 | insularoside-6‴-*O*-β-D-glucopyranoside |
| 岛藤碱苷-6‴-*O*-β-D-吡喃葡萄糖苷-(1→3′)-β-D-吡喃葡萄糖苷 | insularoside-6‴-*O*-β-D-glucopyranoside-(1→3′)-β-D-glucopyranoside |
| 岛藤碱苷-6‴-*O*-β-葡萄糖基-(3′→1)-β-D-葡萄糖苷 | insularoside-6‴-*O*-β-glucosyl-(3′→1)-β-D-glucoside |
| 倒-α-紫罗兰酮 | retro-α-ionone |
| 倒地铃素 (倒地玲苷) | cardiospermin |
| 倒地铃素-5-(4-羟基)-反式-桂皮酸酯 | cardiospermin-5-(4-hydroxy)-*trans*-cinnamate |
| 倒吊笔胺 A、B | wrightiamines A, B |
| 倒吊笔二酮 (胭木二酮) | wrightiadione |
| 倒吊笔碱 (抗痢夹竹桃碱、锥丝碱、地麻素、康丝碱) | wrightine (neriine, conessine, roquessine) |
| 倒吊笔醛 | wrightial |
| 倒吊笔醛乙酸酯 | wrightial acetate |
| 倒扣草碱 | achyranthine |
| 倒扣草皂苷 A～D | achyranthes saponins A～D |
| 倒卵灰毛豆素 (卵叶灰毛豆素) | obovatin |
| 倒卵叶鳄梨酚 | obovatifol |
| 倒卵叶鳄梨素 | obovaten |
| 7, 21-倒卵叶伏石蕨二烯 | lemmaphylla-7, 21-diene |
| 倒卵叶算盘子苷 | glochidioboside |
| 倒捻子醇 | mangostanol |
| 倒捻子宁 | mangostanin |
| 倒捻子沙灵 | mangosharin |
| β-倒捻子素 | β-mangostin |
| γ-倒捻子素 | γ-mangostin |
| 倒捻子素 | mangostin |
| 倒捻子素酮 | mangostingone |
| 倒捻子屾酮 A～G | garcimangosxanthones A～G |
| 倒捻子烯醇 | mangostenol |
| 倒捻子烯酮 A～G | mangostenones A～G |
| 倒千里光碱 (β-长荚千里光碱) | retrorsine (β-longilobine) |
| 倒千里光裂醇 | retronecanol |

| | |
|---|---|
| 倒千里光裂碱 | retronecine |
| 倒千里光裂碱 *N*-氧化物 (2*S*)-羟基-(2*S*)-[(1*S*)-羟乙基]-4-甲基戊酰基酯 | retronecine *N*-oxide (2*S*)-hydroxy-(2*S*)-[(1*S*)-hydroxyethyl]-4-methyl pentanoyl ester |
| 倒千里光裂碱 *N*-氧化物 (菘蓝千里光裂碱) | retronecine *N*-oxide (isatinecine) |
| 倒千里光裂酸 | retronecic acid |
| 倒提壶芬碱 | cynoglossophine |
| 倒提壶灵 (倒提壶碱) | amabiline |
| 倒提壶酸 | amabilic acid |
| 倒缨木定 | paravallaridine |
| 道尔鼠尾草醇 | salvidorol |
| 道孚香茶菜甲素 | dawoensin A |
| 道氏艾素 A | arteglasin A |
| 道氏蒿素 | douglanine |
| 道依桐双苯素 A、B | doitungbiphenyls A, B |
| 稻定碱 | oryzadine |
| 稻突变酸 A | oryzamutaic acid A |
| 稻叶素 E、F | oryzalexins E, F |
| 德布尼烟草醇 | debneyol |
| 德尔塔生 | deletatsine |
| 德国甘菊苯并呋喃 | matriisobenzofuran |
| 德国鸢尾醛 A～C | irisgermanicals A～C |
| 德卡林碱 (地卡瑞碱) | decarine |
| 德勒氏素 A～G | drechslerines A～G |
| 德雷克氮杂草酮 | drazepinone |
| 德雷状康树碱 (德氏伏康树胺) | dregamine |
| 德美任 | demerarine |
| 德米尔酮 (杜拉崖豆藤酮) | durmillone |
| 德姆新 | dumsin |
| 德钦红景天苷 | rhodiolatuntoside |
| 德钦乌头定 A、B | ouvrardiandines A, B |
| 德钦乌头碱 | ouvrardianine |
| 德钦乌头亭 | ouvrardiantine |
| 德瑟匹因 | deserpideine |
| 德氏鹧鸪花素 1 | dregeana 1 |
| 德鸢尾苷 (德鸢尾素-4′-葡萄糖苷) | irilone-4′-glucoside |
| 德鸢尾素 (鸢尾异黄酮) | irilone |
| 德鸢尾素-4-*O*-β-D-吡喃葡萄糖苷-6″-*O*-丙二酸酯 | irilone-4-*O*-β-D- glucopyranoside-6″-*O*-malonate |
| 德鸢尾素-4-*O*-β-D-葡萄糖苷 | irilone-4-*O*-β-D-glucoside |
| 德鸢尾素-4′-*O*-β-D-葡萄糖苷-6″-*O*-丙二酸酯 | irilone-4′-*O*-β-D-glucoside-6″-*O*-malonate |
| 德鸢尾素-4′-*O*-β-D-葡萄糖苷-6″-*O*-乙酸酯 | irilone-4′-*O*-β-D-glucoside-6″-*O*-acetate |

| 地奥酚 | diosphenol |
|---|---|
| 地奥考非林碱 A～C | dioncophyllines A～C |
| 地奥配质 [(25*R*)- 螺甾 -5- 烯 -3β- 醇、薯蓣皂苷元、薯蓣皂苷配基] | nitogenin [(25*R*)-spirost-5-en-3β-ol, diosgenin] |
| 地奥司明 | diosimin |
| 地奥替皂苷元 | diotigenin |
| 地奥替皂苷元 -4- 乙酸酯 | diotigenin-4-acetate |
| 地不容碱 (滇川翠雀碱) A、B | delavaines A, B |
| 地蚕苷 A | stageoboside A |
| 地蚕酯 A | stageobester A |
| 地层孔菌酸 A～C | fomitellic acids A～C |
| 地茶缩酚酸 A、B | thamnoliadepsides A, B |
| 地臭酚 | barosma |
| 地胆草丁 (地胆草新内酯) | elephantin |
| 地胆草素 (地胆草内酯) | elephantopin |
| 地胆草酯素 A、B | elescabertopins A, B |
| 地胆草种内酯 | scabertopin |
| 地胆头素 | elescaberin |
| 地丁酰胺 (二十四酰基对羟基苯乙胺) | violyedoenamide (tetracosanoyl-*p*-hydroxyphenethyl amine) |
| 地丁紫堇碱 | bungeanine |
| 地蒽酚 (西格诺林、蒽林、蒽三酚) | dithranol (cignolin, anthralin, batidrol) |
| 地耳吡喃酮 A、B | japopyrones A, B |
| 地耳草吡酮 | saropyrone |
| 地耳草醇 A～H | hyperjaponols A～H |
| 地耳草内酯 | sarolactone |
| 地耳草素 A～D | japonicines A～D |
| 地耳草酮 A、B | japonicumones A, B |
| 地耳草酮 A-4′-*O*-β-D- 吡喃葡萄糖苷 | japonicumone A-4′-*O*-β-D-glucopyranoside |
| 地耳草酮 B-3′-*O*-β-D- 吡喃葡萄糖苷 | japonicumone B-3′-*O*-β-D-glucopyranoside |
| 地耳草酮 B-4′-*O*-β-D- 吡喃葡萄糖苷 | japonicumone B-4′-*O*-β-D-glucopyranoside |
| 地耳草酯 (地耳草肽酯) | saropeptate |
| (±)- 地耳醇 A～D | (±)-japonicols A～D |
| 地枫皮素 | difengpin |
| 地肤子皂苷 (地肤苷) A～C、I、Ic | kochiosides A～C, I, Ic |
| 地弗地衣酸 (环萝酸、环裂松萝酸) | diffractaic acid |
| 地高辛 (地毒苷、地谷新) | digoxin |
| 地梗鼠尾草内酯 A～I | scapiformolactones A～I |
| 地构苷 | speranskoside |
| 地构叶倍吡啶碱 A | speranberculatine A |

| | |
|---|---|
| 地构叶吡啶碱 A、B | speranskatines A, B |
| 地构叶吡咯吡啶碱 A | speranskilatine A |
| 地构叶双吡啶碱 A～C | speranculatines A～C |
| 地骨皮胺 (苦可胺、枸杞胺、地骨皮素) A、B | kukoamines A, B |
| 地瓜内酯 | erosnine |
| 地瓜酮 | erosone |
| 地果素 A、B | ficustikousins A, B |
| 地花菌素 | confluentin |
| 地槐酚 (苦参诺醇、槐黄醇) | sophoflavescenol |
| 地黄大柱香波龙烷 | rehmamegastigmane |
| 地黄定 | rehmannidine |
| 地黄多糖 SA、SB、FS-Ⅰ、FS-Ⅱ | rehmannans SA, SB, FS-Ⅰ, FS-Ⅱ |
| 地黄苷 A～D | rehmanniosides A～D |
| 地黄碱 A～C | rehmanalkaloids A～C |
| 地黄苦苷 | rehmapicroside |
| 地黄苦苷元 A | rehmapicrogenin A |
| 地黄苦苷元单甲酯 | rehmapicrogenin monomethyl eater |
| 地黄连内酯 | munronolide |
| 地黄连内酯-21-*O*-β-D-吡喃葡萄糖苷 | munronolide-21-*O*-β-D-glucopyranoside |
| 地黄连素 A～F | munronins A～F |
| 地黄连萜 A～O | munronoids A～O |
| 地黄连酰胺 | munroniamide |
| 地黄连新苷 A、B | musinisins A, B |
| 地黄内酯 A～C | glutinosalactones A～C |
| 地黄宁 | rehmannin |
| 地黄诺苷 (氯化梓醇、地黄氯化臭蚁醛苷) | glutinoside |
| 地黄素 A～D | rehmaglutins A～D |
| 地黄酸 | glutinolic acid |
| 地黄酮 A～C | rehmanones A～C |
| 地黄新苷 B～L | rehmaglutosides B～L |
| 地黄新木脂素 A、B | rehmalignans A, B |
| 地黄新素 A～E | frehmaglutins A～E |
| 地黄新萜 G、H | frehmaglutosides G, H |
| 地黄紫罗兰苷 (地黄香堇苷) A～C | rehmaionosides A～C |
| 地芰普内酯 (黑麦草内酯、黑麦内酯) | digiprolactone (loliolide) |
| (–)-地芰普内酯 [(–)-黑麦草内酯、(–)-黑麦内酯] | (–)-digiprolactone [(–)-loliolide] |
| 地锦酚 A | tricuspidatol A |
| 地锦素 A、B、M、N | parthenocissins A, B, M, N |
| 地锦辛 | parthenosin |
| 地锦芪素 A、B | parthenostilbenins A, B |

| 地卡因 | dicaine |
|---|---|
| 地麻素 (抗痢夹竹桃碱、锥丝碱、康丝碱、倒吊笔碱) | roquessine (neriine, wrightine, conessine) |
| 地木苞葡萄糖苷 | dimboaglucoside |
| 地木耳素 | noscomin |
| 地木耳亭 A～E | comnostins A～E |
| 地纳亭 (洋地黄次黄酮、毛花毛地黄亭、高山黄芩素-6-甲醚、高车前素、高车前苷元、粗毛豚草素) | dinatin (scutellarein-6-methyl ether, hispidulin) |
| 地钱素 A～L | marchantins A～L |
| 地钱素醌 | marchantinquinone |
| 地梢瓜苷 | thesioideoside |
| 地刷子石松定碱 A | lyconadin A |
| 地松筋骨草素 | ajugapitin |
| 地索苷 (延龄草苷) | diosgenin glucoside (trillin) |
| 地桃花苷 A | urenoside A |
| 地图衣尼酸 | rhizonic acid |
| 地维诺醇 | durvillonol |
| 地衣多糖 (地衣淀粉、地衣聚糖) | lichenin |
| 地衣酚糖苷 (仙茅参苷) A | corchioside A |
| 地衣高酮 | excelsione |
| (+)-地衣酸 | (+)-usnic acid |
| (+)-地衣酸钠盐 | (+)-usnic acid sodium salt |
| 地衣硬基酸 | lichesterylic acid |
| 地衣硬酸 (苔甾酸) | lichesteric acid (lichesterinic acid) |
| 地衣硬酸 (苔甾酸) | lichesterinic acid (lichesteric acid) |
| 地衣甾醇 (麦角甾-5, 8, 22-三烯-3β-醇) | lichesterol (ergost-5, 8, 22-trien-3β-ol) |
| 地涌金莲内酯 | musellactone |
| 地榆二聚苷 A～D | sanguidiosides A～D |
| 地榆苷 (地榆糖苷) Ⅰ、Ⅱ | ziguglucosides (ziyuglycosides) Ⅰ, Ⅱ |
| 地榆苷 (地榆糖苷) Ⅰ、Ⅱ | ziyuglycosides (ziguglucosides) Ⅰ, Ⅱ |
| 地榆素 (地榆鞣质) H-1～H-11 | sanguiins H-1～H-11 |
| 地榆素 H-2 乙酯 | sanguiin H-2 ethyl ester |
| 地榆酸二内酯 | sanguisorbic acid dilactone |
| 地榆皂苷 A～E | sanguisorbins A～E |
| 地榆皂苷元 | sanguisorbigenin |
| (+)-地中海柏木酚 | (+)-sempervirol |
| 地中海荚蒾苷 Ⅳ、Ⅴ | viburtinosides Ⅳ, Ⅴ |
| 地中海囊链藻酮 | mediterraneone |
| 灯架鼠尾草次醌 | candelabroquinone |
| 灯架鼠尾草次酮 | candelabrone |
| 灯架鼠尾草次酮-12-甲醚 | candelabrone-12-methyl ether |

| 灯架鼠尾草醌 | candesalvoquinone |
|---|---|
| 灯架鼠尾草内酯 | candesalvolactone |
| 灯架鼠尾草酮 B | candesalvone B |
| 灯架鼠尾草酮 B 甲酯 | candesalvone B methyl ester |
| 灯笼草碱 | physoperuvine |
| 灯笼草内酯 B | perulactone B |
| 灯笼果内酯 A～F | phyperunolides A～F |
| 灯笼果素 A | physapruin A |
| 灯笼果甾酮 | peruvianoxide |
| 灯台树次碱 (糖胶树辛碱) | scholaricine |
| 灯台树明碱 (糖胶树明碱) | alschomine |
| 灯心草醇 (灯心草酚) | juncunol |
| 灯心草二酚 (灯心草菲酚、厄弗酚) | effusol |
| 灯心草菲 A～E | effususins A～E |
| 灯心草酮 | juncunone |
| 灯心草新酚 | juncusol |
| 灯心戴尔豆酮 A、B | psorothamnones A, B |
| 灯芯草苷 Ⅰ～Ⅴ | effusides Ⅰ～Ⅴ |
| 灯芯草宁素 A～G | juncuenins A～G |
| 灯芯草三萜苷 (灯心草萜苷) Ⅰ～Ⅴ | juncosides Ⅰ～Ⅴ |
| 灯芯草斯素 | juncusin |
| 灯芯草酮 A | effusenone A |
| 灯芯草酯 A、B | juncusyl esters A, B |
| 灯芯柳珊瑚二萜 A～F | juncins A～F |
| 灯油藤醇 (锥序南蛇藤呋喃四醇) | malkanguniol |
| 灯油藤精碱 | celapagin |
| 灯油藤宁碱 | celapanin |
| 灯油藤宁精碱 | celapanigin |
| 灯油藤素 (5-苯甲酰基-4-乙酰基锥序南蛇藤呋喃四醇) | malkangunin |
| 灯盏花苷 C | erigeside C |
| 灯盏花素 | breviscapine |
| 灯盏花乙素钠 | sodium scutellarin |
| 登布茶碱 | denbufylline |
| (*R*)-α-邓氏链果苣苔醌 [(*R*)-α-邓恩扭果花酮] | (*R*)-α-dunnione |
| 低分支葡聚糖黑柄炭角菌多糖 XNW-1、XNW-2 | xylaria nigripes polysaccharides W-1、W-2 |
| 低聚黄烷醇 | lowpolymeric flavanol |
| 低绵马素 BB | desaspidin BB |
| 低三叉蕨酚 (去甲绵马酚) | desaspidinol |
| 滴滴涕 | chlorophenothane |
| 狄利格醇 (二聚木脂酚) | dilignol |

| 狄利格醇鼠李糖苷 | dilignol rhamnoside |
|---|---|
| 狄绕素 | dirosine |
| 狄瑟酚 A～C | dicerandrols A～C |
| 狄氏乌檀苷酸 | deoxycordifolinic acid |
| 狄氏乌檀苷酯 | deoxycordifoline |
| 狄他碱 (狄它胺) | ditamine |
| 狄他树皮低碱 | echitenine |
| 狄他树皮碱 (埃奇胺、埃奇定、鸡骨常山碱、糖胶树定) | echitamidine (echitamine) |
| 狄他树皮忒因 | echitein |
| 狄他树素 | echicerin |
| 狄蔚素 | dirersine |
| 迪丁香树脂酚 | diasyringaresinol |
| 迪尔斯醌 | dielsiquinone |
| 迪卡麻利苷 A | dikamaliartane A |
| 迪凯特青霉碱 A、B | decaturins A, B |
| 迪可苷 | decoside |
| 迪可苷元-3-*O*-L-欧洲夹竹桃糖苷 | decogenin-3-*O*-L-oleandroside |
| 迪克拉酸 | dykellic acid |
| 迪诺克罗素 A、B | dinochromes A, B |
| 迪普洛西林碱 | diploceline |
| 迪氏乌檀苷 | diderroside |
| 敌敌畏 (二氯乙烯基二甲基磷酸酯) | dimethyl dichlorovinyl phosphate |
| 敌克冬种碱 | vertine |
| 帝贝醇灵 | imperoline |
| 帝贝宁 | imperomine |
| 蒂巴因 | thebaine |
| 蒂氏青霉碱 A、B | thiersinines A, B |
| 棣棠花醇 | kerinol |
| 10*H*-碲氮杂蒽 (二苯并碲嗪、吩碲嗪) | 10*H*-phenotellurazine (dibenzotellurazine) |
| 碲氮杂蒽 (二苯并碲嗪、吩碲嗪) | phenotellurazine |
| 碲吩 | tellurophene |
| 碲色烯 | tellurochromene |
| 碲烷 | tellane |
| 碲杂蒽 | telluroxanthene |
| 滇白珠苷 A | gaultheroside A |
| 滇百部碱 | stemotinine |
| 滇重楼苷 Ⅲ、Ⅳ | polyphyllosides Ⅲ, Ⅳ |
| 滇重楼皂苷 Ⅰ、Pb | parisaponins Ⅰ, Pb |
| 滇刺枣碱 A～M | mauritines A～M |

| | |
|---|---|
| 滇大蓟醛（蓟醛、两面刺呋喃醛） | cirsiumaldehyde |
| 滇丁香酸 A | luculiaoic acid A |
| 滇杠柳苷（杠柳强心甾苷）Ⅰ | periforoside Ⅰ |
| 滇杠柳糖 A～D | perifosaccharides A～D |
| 滇钩藤碱Ⅰ | diangoutengjian Ⅰ |
| 滇黄芩宁苷 A～E、$A_3$ | amoenins A～E, $A_3$ |
| 滇黄芩新苷 | scuteamoenoside |
| 滇黄芩新素 | scuteamoenin |
| 滇鸡骨常山碱 A～F | alstoyunines A～F |
| 滇姜花三醇 | hedytriol |
| 滇姜花素 A～E | yunnancoronarins A～E |
| 滇南红厚壳内酯 A～D | calopolyanolides A～D |
| 滇南红厚壳酸 | calopolyanic acid |
| 滇南九节碱 | psychohenin |
| 滇南蛇藤碱（二乙酰基糠酰基烟酰基二氢沉香呋喃四醇） | celapanine |
| 滇芹内酯 A～H | sinodielides A～H |
| 滇瑞香酚 A～C | feddeiphenols A～C |
| 滇瑞香素 | feddeiticin |
| 滇桑醇 A、B | yunanensols A, B |
| 滇桑素 A、B、D | yunanensins A, B, D |
| 滇乌碱（滇乌头碱、紫草乌乙素、瓜叶乌头乙素） | yunaconitine (guayewuanine B) |
| 滇西八角内酯 | merrillianolide |
| 滇西八角酮 | merrillianone |
| 滇紫草萘呋喃宁 A～C | naphthofuranins A～C |
| 滇紫杉素 A～D | dantaxusins A～D |
| α-颠茄次碱（α-颠茄宁） | α-belladonnine |
| β-颠茄次碱（β-颠茄宁） | β-belladonnine |
| 颠茄苷 A～H | atroposides A～H |
| 颠茄碱硫酸氢盐 | belladonin hydrogen sulfate |
| 颠茄生物碱 | belladonna alkaloid |
| 颠茄酸 | chrysatropic acid |
| 颠茄叶素 | bellafolin |
| 滇藏五味子二内酯 A、B | negleschidilactones A, B |
| 滇藏五味子酚 A～F | neglectahenols A～F |
| 滇藏五味子果木脂素 A、B | schinegllignans A, B |
| 滇藏五味子茎木脂素 A～D | neglectalignans A～D |
| 滇藏五味子木脂素 A～H | neglignans A～H |
| 滇藏五味子素 A～F | neglschisandrins A～F |
| 滇藏五味子素 G | negsehisandrin G |

| 点柄黏盖牛肝素 (乳牛肝菌素) | suillusin |
|---|---|
| 点地梅苷 (北点地梅苷) | androseptoside |
| 点地梅素 | androsacin |
| 碘 | iodine |
| 2-碘-2, 3-二溴代丙烯酸 | 2-iodo-2, 3-dibromoacrylic acid |
| 4-碘-2, 6-二甲基苯胺 | 4-iodo-2, 6-dimethyl aniline |
| 1-碘-2-甲基十一烷 | 1-iodo-2-methlundecane |
| 2-碘-3-溴代丙烯酸 | 2-iodo-3-bromoacrylic acid |
| 碘氨酸 | iodoamino acid |
| 碘丙甘油 | iodopropylidene glycerol |
| 6-碘代地奥司明 | 6-iodo diosmin |
| 碘仿 | iodoform |
| 碘化木兰花碱 | magnoflorine iodide |
| 碘化氢 | hydrogen iodide |
| 碘酪氨酸 | iodotyrosine |
| 碘马尿酸 | iodohippuric acid |
| 碘马尿酸钠 | sodium iodohippurate |
| 1-碘十八烷 | 1-iodooctadecane |
| 1-碘十三烷 | 1-iodotridecane |
| $\lambda^3$-碘烷 | $\lambda^3$-iodane |
| $\lambda^5$-碘烷 | $\lambda^5$-iodane |
| 碘酰苯 | iodyl benzene |
| 1$\lambda^3$-1, 2-碘氧杂戊熳环 | 1$\lambda^3$-1, 2-iodoxole |
| 碘硬脂酸 | iodostearic acid |
| 垫型蒿素 A、D | arteminorins A, D |
| 垫状卷柏双黄酮 | pulvinatabiflavone |
| 垫状乌巢菌醛 | pulvinatal |
| 淀粉 | starch |
| 淀粉磷酸化酶 P-1、P-2 | starch phosphorylases P-1, P-2 |
| 淀粉酶 | amylase |
| α-淀粉酶 | α-amylase |
| 淀粉样蛋白 | amyloid |
| 靛红 (吲哚醌) | isatin |
| 靛红裂酸 | isatinecic acid |
| 靛红辛素 A | isatisine A |
| 靛黄 | indoyellow |
| 靛蓝 | indigo (indigotin) |
| 靛蓝唑 A～C | indigodoles A～C |
| 靛胭脂 | indigocarmin |
| 靛玉红 | indirubin |

| | |
|---|---|
| 靛棕 | indobrown |
| 凋缨菊内酯 A、B | loloanolides A, B |
| 吊裙草胺 (凹猪屎豆胺) | retusamine |
| 吊石苣苔奥苷 (内华达依瓦菊素、岩豆素、内华依菊素、石吊兰素) | lysioside (lysionotin, nevadensin) |
| 吊石苣苔苷 | paucifloside |
| 吊钟木酮 (哈里瑞酮) | halleridone |
| 吊钟木酯酮 | hallerone |
| 吊竹梅素 | zebrinin |
| (+)- 钓樟定 | (+)-linderadin |
| 钓樟黄酮 | lidroflavone |
| 钓樟黄酮 B | linderoflavone B |
| 钓樟卡品 | lindearpine |
| 钓樟灵 A | linderin A |
| (–)- 钓樟螺酮 A | (–)-linderaspirone A |
| (+)- 钓樟螺酮 A | (+)-linderaspirone A |
| 钓樟洛内酯 A～T | linderolides A～T |
| 钓樟醚内酯 | linderoline |
| 钓樟宁 A～D | linderanins A～D |
| (–)- 钓樟素 | (–)-linderane |
| 钓樟酮 | linderone |
| 钓樟烷内酯 (钓樟醇内酯) A～G | linderanolides A～G |
| 钓樟烯醇 | linderene |
| 钓樟烯醇乙酸酯 | linderene acetate |
| 钓钟柳诺苷 | penstemonoside |
| 调料九里香胺 A、B | karapinchamines A, B |
| 调料九里香醇 | murrayakoeninol |
| 调料九里香定碱 | mukonidine |
| 调料九里香碱 A、B | mukoenines A, B |
| 调料九里香咔唑碱 | kurryame |
| 调料九里香里定碱 | mukolidine |
| 调料九里香林碱 | mukoline |
| 调料九里香宁碱 | mukonine |
| 调料九里香醛 | mukonal |
| 调料九里香酸 | mukoeic acid (mukeic acid) |
| 调料九里香坦宁 (2, 5- 二羟基 -3- 甲基 -6- 十一基 -1, 4- 苯醌) | muketanin (2, 5-dihydroxy-3-methyl-6-undecyl-1, 4-benzoquinone) |
| 调料九里香亭 | murrayagetin |
| 调料九里香烯醇 | murrayenol |
| 调料九里香辛碱 | mukonicine |

| 叠氮 | azide |
|---|---|
| 叠氮苯 | azidobenzene |
| 3-叠氮萘-2-磺酸 | 3-azidonaphthalene-2-sulfonic acid |
| 叠裂翠雀碱 A | nordhagenine A |
| (7*R*)-叠籽木裂醇氧化吲哚 [(7*R*)-缝籽木醇氧化吲哚] | (7*R*)-geissoschizol oxindole |
| (7*S*)-叠籽木裂醇氧化吲哚 [(7S)-缝籽木醇氧化吲哚] | (7*S*)-geissoschizol oxindole |
| 蝶刺桐碱 | papilioerythrin |
| 蝶刺桐酮 | papilioerythrinone |
| 蝶啶 | pteridine |
| 蝶豆苷 | clitorin |
| 蝶豆素 (蝶豆亭、蜜茱萸亭、阴地蕨素) $A_2$、$B_2$、$D_1$、$D_2$ | ternatins $A_2$, $B_2$, $D_1$, $D_2$ |
| 蝶豆缩醛 | clitoriacetal |
| 蝶呤 | pterin |
| 蝶呤色素 | pterin pigment |
| 蝶色素 Ⅱ、Ⅱ a、Ⅱ b、Ⅲ a、Ⅲ b | papiliochromes Ⅱ, Ⅱ a, Ⅱ b, Ⅲ a, Ⅲ b |
| 蝶酸 | pteroic acid |
| 蝶酰谷氨酸 | pteroyl glutamic acid |
| (4*R*, 5*S*, 6*E*, 8*Z*)-4-[(*E*)-丁-1-烯基]-5-羟基十五碳-6, 8-二烯酸乙酯 | (4*R*, 5*S*, 6*E*, 8*Z*)-4-[(*E*)-but-1-enyl]-5-hydroxypentdec-6, 8-dienoic acid ethyl ester |
| 4, 5-丁 [1, 3] 二烯桥二苯并 [*a*, *d*] [8] 轮烯 | 4, 5-but [1, 3] dienodibenzo [*a*, *d*] [8] annulene |
| 4a, 9a-丁 [2] 烯桥蒽 | 4a, 9a-but [2] enoanthrance |
| 丁-1, 2, 4-三甲醛 | but-1, 2, 4-tricarbaldehyde |
| 丁-1, 3-二醇 | but-1, 3-diol |
| 2-(丁-1, 3-二炔基)-5-(4-氯-3-羟丁炔-1-基) 噻吩 | 2-(but-1, 3-diynyl)-5-(4-chloro-3-hydroxybut-1-ynyl) thiophene |
| 2-(丁-1, 3-二炔基)-5-(丁-3-烯-1-炔基) 噻吩 | 2-(but-1, 3-diynyl)-5-(but-3-en-1-ynyl) thiophene |
| 丁-1, 4-磺内酰胺 | but-1, 4-sultam |
| 丁-2, 3-二羟基-2-*O*-(6-*O*-咖啡酰基)-β-D-吡喃葡萄糖苷 | but-2, 3-dihydroxy-2-*O*-(6-*O*-caffeoyl)-β-D-glucopyranoside |
| 丁-2, 3-二羟基-2-*O*-β-D-吡喃葡萄糖苷 | but-2, 3-dihydroxy-2-*O*-β-D-glucopyranoside |
| 丁-2, 3-二羟基-3-*O*-单葡萄糖苷 | but-2, 3-dihydroxy-3-*O*-monoglucoside |
| 12-(丁-2-基)-15-丁基三十烷 | 12-(butan-2-yl)-15-butyl triacontane |
| 丁-2-硫酮 | but-2-thione |
| 丁-2-酮 | but-2-one |
| 丁-2-酮硒代缩氨基脲 | but-2-one selenosemicabazone |
| 丁-2-亚磺酸 | but-2-sulfinic acid |
| 1-(丁-2-亚基) 硒代氨基脲 | 1-(butan-2-ylidene) selenosemicarbazide |
| 5-(丁-3-炔-1, 2-二羟基)-5′-羟甲基-2, 2′-二噻吩 | 5-(but-3-yn-1, 2-dihydroxy)-5′-hydroxymethyl-2, 2′-bithiophene |
| 5-(丁-3-烯-1-炔)-2, 2′-联噻吩 | 5-(but-3-en-1-ynyl)-2, 2′-bithiophene |

| | |
|---|---|
| 丁-3-烯基芥子油苷 | but-3-enyl glucosinolate |
| 丁-4-内酰胺 | but-4-lactam |
| 丁-4-内亚氨酸 | but-4-lactim |
| 丁-4-内酯 | but-4-lactone |
| 2-丁醇 | 2-butanol |
| 丁醇 | butanol (butyl alcohol) |
| 1-丁醇(正丁醇) | 1-butanol (n-butanol) |
| 2-丁醇3-甲基乙酯 | 2-butanol 3-methyl acetate |
| 丁啶 | etidine |
| 丁二(硫代酸)锂-*S*-乙(基)酯 | lithium S-ethyl butanebis (thioate) |
| 1, 3-丁二醇 | 1, 3-butanediol |
| (2*R*, 3*R*)-丁二醇 | (2*R*, 3*R*)-2, 3-butandiol |
| 2, 3-丁二醇 | 2, 3-butanediol |
| 1, 4-丁二醇 | 1, 4-butanediol |
| 4-丁二醇丙烯酸酯 | 4-butanediol monoacrylate |
| 2, 3-丁二醇二乙酸酯 | 2, 3-butanediol diacetate |
| 1, 4-丁二酸 | 1, 4-succinic acid |
| 丁二酸(琥珀酸) | butanedioic acid (amber acid, succinic acid) |
| 丁二酸单甲酯 | monomethyl succinate |
| 丁二酸二乙酯 | diethyl butanedionate |
| 丁二酸二异丁酯 | butanedioic acid bis (2-methyl propyl) ester |
| 丁二酸酐 | succinic anhydride |
| 丁二酸钾钠 | potassium sodium succinate |
| 2-丁二烯酸二丁酯 | dibutyl 2-butenedioate |
| 丁二酰(异氰酸酯)异氰化物 | butanedioyl isocyanate isocyanide |
| 10-*O*-丁二酰京尼平苷 | 10-*O*-succinoyl geniposide |
| 丁公藤苷A | erycibosideA |
| 丁公藤碱Ⅱ | erycibe alkaloid Ⅱ |
| 2-丁基-1-氮杂环己烯亚胺盐 | 2-butyl-1-azacyclohexene iminium salt |
| 2-丁基-2-辛烯醛 | 2-butyl-2-octenal |
| 6-*C*-丁基-(2*R*, 5*R*)-双(羟甲基)-(3*R*, 4*R*)-二羟基吡咯烷 | 6-*C*-butyl-(2*R*, 5*R*)-bis (hydroxymethyl)-(3*R*, 4*R*)-dihydroxypyrrolidine |
| 丁基(乙基)甲基胺 | butyl (ethyl) methyl amine |
| 丁基(乙基)甲基氮烷 | butyl (ethyl) methyl azane |
| 3-*O*-(6′-丁基)-β-D-吡喃葡萄糖基齐墩果酸-28-*O*-β-D-吡喃葡萄糖苷 | 3-*O*-(6′-butyl)-β-D-glucopyranosyl oleanolic acid-28-*O*-β-D-glucopyranoside |
| 丁基-1, 2-苯基双环二甲酸 | butyl-1, 2-phenyl bicyclo dicarboxylic acid |
| 7-丁基-15-烯基-6, 8-二羟基-(3*R*)-戊-11-烯基异色原烷-1-酮 | 7-butyl-15-enyl-6, 8-dihydroxy-(3*R*)-pent-11-enyl isochroman-1-one |

| | |
|---|---|
| (20*S*)-6-*O*-[(*E*)-丁基-2-烯酰基-(1→6)-β-D-吡喃葡萄糖基]达玛-24-烯-3β, 6α, 12β, 20-四醇 | (20*S*)-6-*O*-[(*E*)-but-2-enoyl-(1→6)-β-D-glucopyranosyl] dammar-24-en-3β, 6α, 12β, 20-tetraol |
| 1-丁基-2-乙基环丁烷 | 1-butyl-2-ethyl cyclobutane |
| 2-丁基-3-甲基吡嗪 | 2-butyl-3-methyl pyrazine |
| 2-丁基-3-甲硫烯丙基二硫醚 | 2-butyl-3-methyl thioallyl disulfide |
| 2-(5-丁基-3-氧亚基-2, 3-二氢呋喃)乙酸 | 2-(5-butyl-3-oxo-2, 3-dihydrofuran-2-yl) acetic acid |
| (5-丁基-3-氧亚基-2, 3-二氢呋喃-2-基)乙酸 | (5-butyl-3-oxo-2, 3-dihydrofuran-2-yl) acetic acid |
| 3-丁基-4, 5, 6, 7-四氢-3α, 6β, 7β-三羟基-1 (3*H*)-异苯并呋喃酮 | 3-butyl-4, 5, 6, 7-tetrahydro-3α, 6β, 7β-trihydroxy-1 (3*H*)-isobenzofuranone |
| 3-丁基-4, 5-二氢苯酞 | 3-butyl-4, 5-dihydrophthalide |
| (3*S*)-3-丁基-4, 5-二氢苯酞 | (3*S*)-3-butyl-4, 5-dihydrophthalide |
| 2-丁基-4-己基八氢-1*H*-茚 | 2-butyl-4-hexyl octahydro-1*H*-indene |
| (3*S*)-3-丁基-4-羟基苯酞(川芎醇、川芎酚) | (3*S*)-3-butyl-4-hydroxyphthalide (chuangxinol) |
| 7-丁基-6, 8-二羟基-(3*R*)-戊-11-烯基异色原烷-1-酮 | 7-butyl-6, 8-dihydroxy-(3*R*)-pent-11-enyl isochroman-1-one |
| 7-丁基-6, 8-二羟基-(3*R*)-戊基异色原烷-1-酮 | 7-butyl-6, 8-dihydroxy-(3*R*)-pentyl isochroman-1-one |
| 3-丁基-7-羟基苯酞 | 3-butyl-7-hydroxyphthalide |
| 丁基-D-核酮糖苷 | butyl-D-ribuloside |
| (*S*)-丁基-L-半胱氨酸 | (*S*)-butyl-L-cysteine |
| 3-*O*-(6′-*O*-丁基-β-D-吡喃葡萄糖醛酸基)齐墩果酸-28-*O*-β-D-吡喃葡萄糖酯 | 3-*O*-(6′-*O*-butyl-β-D-glucuronopyranosyl) oleanolic acid-28-*O*-β-D-glucopyranosyl ester |
| 丁基苯 | butyl benzene |
| 2-丁基苯酚 | 2-butyl phenol |
| 3-丁基苯酚 | 3-butyl phenol |
| 丁基苯甲醇 | butyl benzyl alcohol |
| α-丁基苯甲醇 | α-butyl benzenemethanol |
| 丁基苯酞 | butyl phthalide |
| 3-丁基苯酞 | 3-butyl phthalide |
| 丁基环己基邻苯二甲酸酯 | butyl cyclohexyl phthalate |
| 丁基环己烷 | butyl cyclohexane |
| 2-丁基己-1-烯-1-酮 | 2-butyl hex-1-en-1-one |
| 7-*O*-丁基开环马钱子酸 | 7-*O*-butyl secologanic acid |
| 丁基锂 | butyl lithium |
| 丁基邻苯二甲酸二异丁酯 | diisobutyl butyl phthalate |
| 9′-丁基美商陆酚A | 9′-butyl americanol A |
| 7-*O*-丁基莫罗忍冬苷 | 7-*O*-butyl morroniside |
| (+)-(1*R*, 2*S*)-1-*O*-丁基尼亚小金梅草苷 | (+)-(1*R*, 2*S*)-1-*O*-butyl nyasicoside |
| (–)-(1*R*, 2*S*)-1-*O*-丁基尼亚小金梅草苷 | (–)-(1*R*, 2*S*)-1-*O*-butyl nyasicoside |
| 丁基羟甲苯(丁羟基甲苯) | butyl hydroxytoluene |
| 8α-丁基山栀子苷A、B | 8α-butyl gardenosides A, B |

| | |
|---|---|
| 9-*O*-丁基芍药单宁 | 9-*O*-butyl paeonidanin |
| 丁基松柏苷 | butyl coniferin |
| (2*R*)-丁基亚甲基丁二酸 | (2*R*)-butyl itaconic acid |
| 9-*O*-丁基氧化芍药单宁 | 9-*O*-butyloxypaeonidanin |
| 4-O-丁基氧基芍药苷 | 4-*O*-butyloxypaeoniflorin |
| 丁基乙基亚砜 | butyl ethyl sulfoxide |
| 1-丁基乙酸酯 | 1-butyl acetate |
| 丁基乙烯基醚 | butyl ethylene ether |
| 丁拉京 | dinklageine |
| 1, 4-丁内酯 | 1, 4-butanolide |
| 丁内酯 | butyrolactone |
| γ-丁内酯 | γ-butyrolactone |
| 丁醛 | butanal (butylaldehyde) |
| 丁醛二乙基单硫缩醛 | butanal diethyl monothioacetal |
| 丁醛乙基半缩醛 | butanal ethyl hemiacetal |
| 1, 2, 4-丁三醇三乙酸酯 | 1, 2, 4-butanetriol triacetate |
| (–)-丁氏千金藤碱 [(–)-丁克拉千金藤碱] | (–)-stephalagine |
| 1, 2, 3, 4-丁四醇 (赤藓醇、内-赤藓醇、赤藓糖醇、赤藻糖醇) | 1, 2, 3, 4-butantetraol (erythritol, *meso*-erythritol, erythrit) |
| 丁酸 | butanoic acid (butyric acid) |
| 丁酸 2-甲基丙酯 | 2-methyl propyl butanoate |
| 丁酸 2-甲基丁酯 | 2-methyl butyl butanoate |
| 丁酸 2-乙基-3-羟基己酯 | 2-ethyl-3-hydroxyhexyl butanoate |
| 丁酸 α-松油醇酯 | α-terpenyl butanoate |
| 9-(2-丁酸-4, 4-二甲氧基) 当归酰日本南五味子素 A | 9-(2-butenoic acid-4, 4-dimethoxy) angeloyl binankadsurin A |
| 丁酸百里香酚酯 | thymyl butanoate |
| 丁酸丙酯 | propyl butanoate |
| 丁酸丁酯 | butyl butanoate |
| 丁酸芳樟醇酯 | linalyol butanoate |
| 丁酸己酯 | hexyl butanoate |
| 1-丁酸-3-甲基丁-2-烯基酯 | 3-methylbut-2-enyl 1-butanoate |
| 丁酸甲酯 | methyl butanoate |
| 丁酸牻牛儿醇酯 | geraniol butanoate |
| 丁酸戊酯 | amyl butanoate |
| 丁酸香茅酯 | citronellyl butanoate |
| 丁酸辛酯 | octyl butanoate |
| 丁酸乙烯酯 | vinyl butanoate |
| 丁酸乙酯 | ethyl butanoate |
| 丁酸异戊酯 | isoamyl butanoate |
| 2-丁酮-3-*O*-β-芸香糖苷 | butan-2-one-3-*O*-β-rutinoside |

| | |
|---|---|
| (2-$^{14}$C) 丁烷 | (2-$^{14}$C) butane |
| (2-$^{14}$C, 3-$^{2}H_{1}$) 丁烷 | (2-$^{14}$C, 3-$^{2}H_{1}$) butane |
| (3-$^{14}$C, 2, 2-$^{2}H_{2}$) 丁烷 | (3-$^{14}$C, 2, 2-$^{2}H_{2}$) butane |
| 丁烷 | butane |
| 2-(3-丁烯-1-炔基)-5-(1, 3-戊二炔基)噻吩 | 2-(3-buten-1-ynyl)-5-(1, 3-pentadiynyl) thiophene |
| 2-丁烯-1, 2, 4-三甲酸 | 2-buten-1, 2, 4-tricarboxylic acid |
| 5-(3-丁烯-1-炔基)-2, 2′-二噻吩基 | 5-(3-buten-1-ynyl)-2, 2′-bithienyl |
| 5-(3-丁烯-1-炔基)-2, 2′-二噻吩基-5′-甲基乙酸酯 | 5-(3-buten-1-ynyl)-2, 2′-bithienyl-5′-methyl acetate |
| 5-(3-丁烯-1-炔基)-2, 2′-联噻吩 | 5-(3-buten-1-ynyl)-2, 2′-bithiophene |
| 5-(3-丁烯-1-炔基)-5′-乙氧甲基-2, 2′-二联噻吩 | 5-(3-buten-1-ynyl)-5′-ethoxymethyl-2, 2′-bithiophene |
| 5-(3-丁烯-1-炔基)联噻吩 | 5-(3-buten-1-ynyl) bithiophene |
| 3-丁烯-2-醇 | 3-buten-2-ol |
| 3-丁烯-2-酮 | 3-buten-2-one |
| 2-丁烯二酸 | 2-butene diacid |
| 5-(1-丁烯基)-2, 2′-联噻吩 | 5-(1-buten-1-yl)-2, 2′-bithiophene |
| 2-丁烯基苯 | 2-butenyl benzene |
| 3-丁烯基苯酞 | 3-butylidenephthalide |
| 3-丁烯基芥子油苷(葡萄糖芜菁芥素、葡萄糖甘蓝型油菜素) | 3-butenyl glucosinolate (gluconapin) |
| 丁烯基硫醇 | crotyl mercaptan |
| 3-丁烯腈 | 3-butenenitrile |
| 丁烯腈 | methallyl cyanide |
| 丁烯内酯 1、2 | butenolides 1, 2 |
| 丁酰基梧桐色原醇 | butyryl mallotochromanol |
| 丁酰基梧桐素 | butyryl mallotolerin |
| 丁酰基野梧桐素 | butyryl mallotojaponin |
| 丁酰鲸鱼醇 | butyrospermol |
| 丁酰鲸鱼醇乙酸酯 | butyrospermyl acetate |
| 丁酰氰化物 | butyryl cyanide |
| γ-丁酰甜菜碱 | γ-butyrobetaine |
| 丁酰野梧桐色烯 | butyryl mallotochromene |
| 丁酰紫草素 | butyryl shikonin |
| 2/5-丁香-4/3-阿魏酰葡糖二酸 | 2/5-syringic-4/3-feruloyl glucaric acid |
| 丁香单烯醇 | caryolenol |
| (–)-丁香杜鹃酚 | (–)-farrerol |
| 丁香杜鹃酚(杜鹃素) A～F | farrerols A～F |
| (2*R*)-丁香杜鹃酚-7-*O*-β-D-吡喃葡萄糖苷 | (2*R*)-farrerol-7-*O*-β-D-glucopyranoside |
| 3 (12), 6-丁香二烯-4-醇 | caryophyll-3 (12), 6-dien-4-ol |
| 丁香酚(丁香油酚、4-烯丙基愈创木酚、丁子香酚、丁香油酸) | caryophyllic acid (eugenic acid, 4-allyl guaiacol, eugenol) |

| | |
|---|---|
| 丁香酚 (丁香油酚、丁香油酸、4-烯丙基愈创木酚、丁子香酚) | eugenol (eugenic acid, 4-allyl guaiacol, caryophyllic acid) |
| 丁香酚-4-*O*-α-L-吡喃鼠李糖基-(1→6)-β-D-吡喃葡萄糖苷 | eugenol-4-*O*-α-L-rhamnopyranosyl-(1→6)-β-D-glucopyranoside |
| 丁香酚-*O*-β-D-吡喃葡萄糖苷 | eugenol-*O*-β-D-glucopyranoside |
| 丁香酚-*O*-β-D-呋喃芹糖基-(1→6)-*O*-β-D-吡喃葡萄糖苷 | eugenol-*O*-β-D-apiofuranosyl-(1→6)-*O*-β-D-glucopyranoside |
| 丁香酚-*O*-β-D-呋喃芹糖基-(1″→6′)-*O*-β-D-吡喃葡萄糖苷 | eugenol-*O*-β-D-apiofuranosyl-(1″→6′)-*O*-β-D-glucopyranoside |
| 丁香酚-*O*-β-D-芸香糖苷 | eugenol-*O*-β-D-rutinoside |
| 丁香酚-β-D-吡喃木糖基-(1→6)-β-D-吡喃葡萄糖苷 | eugenol-β-D-xylopyranosyl-(1→6)-β-D-glucopyranoside |
| 丁香酚-β-D-吡喃葡萄糖苷 | eugenol-β-D-glucopyranoside |
| 丁香酚巢菜糖苷 (水杨梅苷、路边青素) | eugenyl vicianoside (geoside, gein) |
| (7*S*, 8*R*)-丁香酚基丙三醇 | (7*S*, 8*R*)-syringyl glycerol |
| 丁香酚基丙三醇 | syringyl glycerol |
| (+)-(7*S*, 8*S*)-丁香酚基丙三醇-8-*O*-β-D-吡喃葡萄糖苷 | (+)-(7*S*, 8*S*)-syringyl glycerol-8-*O*-β-D-glucopyranoside |
| 丁香酚基丙三醇-β-丁香树脂酚醚-4″, 4‴-二-*O*-β-D-吡喃葡萄糖苷 | syringyl glycerol-β-syringaresinol ether-4″, 4‴-di-*O*-β-D-glucopyranoside |
| 丁香酚甲醚 (丁香油酚甲醚、丁子香酚甲醚) | eugenol methyl ether |
| 丁香酚乙酸酯 (乙酸丁香酚酯) | eugenol acetate |
| 丁香酚芸香糖苷 | eugenol rutinoside |
| 丁香甘油-8-*O*-β-D-吡喃葡萄糖苷 | syringoyl glycerol-8-*O*-β-D-glucopyranoside |
| 丁香甘油-9-*O*-β-D-吡喃葡萄糖苷 | syringoyl glycerol-9-*O*-β-D-glucopyranoside |
| 丁香苷 (紫丁香苷、丁香酚苷、刺五加苷 B) | syringin (syringoside, eleutheroside B) |
| 丁香苷-4-*O*-β-葡萄糖苷 | syringin-4-*O*-β-glucoside |
| 丁香苷甲醚 | syringin methyl ether |
| 丁香苷元-4′-*O*-β-D-芹糖基-(1→2)-葡萄糖苷 | syringenin-4′-*O*-β-D-apiosyl-(1→2)-glucoside |
| 丁香苷元-*O*-β-D-呋喃芹糖基-(1→2)-β-D-吡喃葡萄糖苷 | syringenin-*O*-β-D-apiofuranosyl-(1→2)-β-D-glucopyranoside |
| 丁香厚朴酚 (丁子香烷厚朴酚) | clovanemagnolol |
| 丁香苦苷 B、C | syringopicrosides B, C |
| 丁香苦素 A～F | syringopicrogenins A～F |
| 丁香醚酚 (紫丁香醇) | syringol |
| 丁香诺苷 | syringinoside |
| 丁香茄素 (糙茎牵牛素) | muricatin |
| 丁香茄素 (糙茎牵牛素) A、B、I～IX | muricatins A, B, I～IX |
| 丁香醛 | syringaldehyde |
| 丁香鞣宁 A | aromatinin A |
| 丁香三环烷 (丁香萜烷) | clovane |
| (–)-丁香三环烷-2, 9-二醇 | (–)-clovane-2, 9-diol |

| (−)- 丁香三环烷 -2β, 9α- 二醇 | (−)-clovane-2β, 9α-diol |
|---|---|
| (2β, 9α)- 丁香三环烷 -2β, 9α- 二醇 | (2β, 9α)-clovane-2β, 9α-diol |
| 8-(−)- 丁香三环烷 -2β, 9α- 二醇 | 8-(−)-clovane-2β, 9α-diol |
| 丁香三环烷 -2β, 9α- 二醇 | clovan-2β, 9α-diol |
| 丁香三环烷二醇 | clovanediol |
| 丁香三环烯 ( 丁子香烯 ) | clovene |
| 丁香三环烯 -2β, 9α- 二醇 | cloven-2β, 9α-diol |
| 丁香色原酮 ( 丁香宁、番樱桃素 ) | eugenin |
| 丁香色原酮苷 Ⅰ、Ⅱ | eugenosides Ⅰ, Ⅱ |
| (+)- 丁香树脂 | (+)-syringarenol |
| D- 丁香树脂酚 | D-syringaresinol |
| (−)-DL- 丁香树脂酚 | (−)-DL-syringaresinol |
| 丁香树脂酚 ( 丁香脂素、紫丁香树脂酚、丁香树脂素 ) | syringaresinol |
| (−)- 丁香树脂酚 [(−)- 丁香树脂醇 ] | (−)-syringaresinol |
| (+)- 丁香树脂酚 [(+)- 丁香脂素、(+)- 丁香树脂醇 ] | (+)-syringaresinol |
| (+)- 丁香树脂酚 -4, 4′-*O*- 二 -β-D- 吡喃葡萄糖苷 | (+)-syringaresinol-4, 4′-*O*-bis-β-D-glucopymnoside |
| (−)- 丁香树脂酚 -4, 4′- 二 -*O*-β-D- 吡喃葡萄糖苷 | (−)-syringaresinol-4, 4′-di-*O*-β-D-glucopyranoside |
| 丁香树脂酚 -4, 4′- 二 -*O*-β-D- 吡喃葡萄糖苷 | syringaresinol-4, 4′-bis-*O*-β-D-glucopyranoside |
| 丁香树脂酚 -4, 4′- 二 -*O*-β-D- 呋喃芹糖基 -(1→2)-β-D- 吡喃葡萄糖苷 | syringaresinol-4, 4′-bis-*O*-β-D-apiofuranosyl-(1→2)-β-D-glucopyranoside |
| 丁香树脂酚 -4, 4′- 二 -*O*-β-D- 葡萄糖苷 | syringaresinol-4, 4′-bis-*O*-β-D-glucoside |
| (−)-(7*R*, 7′*R*, 7″*S*, 8*S*, 8′*S*, 8″*S*)- 丁香树脂酚 -4-*O*-8″- 愈创木基甘油 | (−)-(7*R*, 7′*R*, 7″*S*, 8*S*, 8′*S*, 8″*S*)-syringaresinol-4-*O*-8″-guaiacyl glycerol |
| 丁香树脂酚 -4′-*O*-β-D- 吡喃葡萄糖苷 | syringaresinol-4′-*O*-β-D-glucopyranoside |
| (−)- 丁香树脂酚 -4-*O*-β-D- 吡喃葡萄糖苷 | (−)-syringaresinol-4-*O*-β-D-glucopyranoside |
| (+)- 丁香树脂酚 -4-*O*-β-D- 吡喃葡萄糖苷 | (+)-syringaresinol-4-*O*-β-D-glucopyranoside |
| 丁香树脂酚 -4-*O*-β-D- 吡喃葡萄糖苷 | syringaresinol-4-*O*-β-D-glucopyranoside |
| (+)- 丁香树脂酚 -4-*O*-β-D- 吡喃葡萄糖基 -(1→6)-β-D- 吡喃葡萄糖苷 | (+)-syringaresinol-4-*O*-β-D-glucopyranosyl-(1→6)-β-D-glucopyranoside |
| (+)- 丁香树脂酚 -4′-*O*-β-D- 单葡萄糖苷 | (+)-syringaresinol-4′-*O*-β-D-monoglucoside |
| 丁香树脂酚 -4′-*O*-β-D- 单葡萄糖苷 | syringaresinol-4′-*O*-β-D-monoglucoside |
| (−)- 丁香树脂酚 -4-*O*-β-D- 呋喃芹糖基 -(1→2)-β-D- 吡喃葡萄糖苷 | (−)-syringaresinol-4-*O*-β-D-apiofuranosyl-(1→2)-β-D-glucopyranoside |
| 丁香树脂酚 -4-*O*-β-D- 呋喃芹糖基 -(1→2)-β-D- 吡喃葡萄糖苷 | syringaresinol-4-*O*-β-D-apiofuranosyl-(1→2)-β-D-glucopyranoside |
| (−)- 丁香树脂酚 -4-*O*-β-D- 呋喃芹糖基 -(1→2)-β-D- 吡喃葡萄糖苷 -4′-*O*-β-D- 吡喃葡萄糖苷 | (−)-syringaresinol-4-*O*-β-D-apiofuranosyl-(1→2)-β-D-glucopyranoside-4′-*O*-β-D-glucopyranoside |
| 丁香树脂酚 -4-*O*-β-D- 呋喃芹糖基 -(1→2)-β-D- 吡喃葡萄糖苷 -4′-*O*-β-D- 吡喃葡萄糖苷 | syringaresinol-4-*O*-β-D-apiofuranosyl-(1→2)-β-D-glucopyranoside-4′-*O*-β-D-glucopyranoside |
| 丁香树脂酚 -4′-*O*-β-D- 葡萄糖苷 | syringaresinol-4′-*O*-β-D-glucoside |
| 丁香树脂酚 -4-*O*-β-D- 葡萄糖苷 | syringaresinol-4-*O*-β-D-glucoside |

| | |
|---|---|
| (+)-丁香树脂酚-4′-*O*-β-D-吡喃葡萄糖苷 | (+)-syringaresinol-4′-*O*-β-D-glucopyranoside |
| 丁香树脂酚-*O*-β-D-葡萄糖苷 | syringaresinol-*O*-β-D-glucoside |
| 丁香树脂酚-β-D-葡萄糖苷 | syringaresinol-β-D-glucoside |
| (+)-丁香树脂酚-二-*O*-β-D-吡喃葡萄糖苷 | (+)-syringaresinol-di-*O*-β-D-glucopyranoside |
| 丁香树脂酚-二-*O*-β-D-吡喃葡萄糖苷 | syringaresinol-di-*O*-β-D-glucopyranoside |
| 丁香树脂酚二甲醚 | syringaresinol dimethyl ether |
| 丁香树脂酚二葡萄糖苷 | syringaresinol diglucoside |
| 丁香酸(紫丁香酸) | syringic acid |
| 丁香酸-4-*O*-α-L-吡喃鼠李糖苷 | syringic acid-4-*O*-α-L-rhamnopyranoside |
| 丁香酸-4-*O*-α-L-鼠李糖苷 | syringic acid-4-*O*-α-L-rhamnoside |
| 丁香酸-4-*O*-β-D-吡喃葡萄糖苷 | syringic acid-4-*O*-β-D-glucopyranoside |
| 丁香酸甲酯 | methyl syringate |
| 丁香酸甲酯-4-*O*-β-D-呋喃芹糖基-(1→2)-β-D-吡喃葡萄糖苷 | syringic acid methyl ester-4-*O*-β-D-apiofuranosyl-(1→2)-β-D-glucopyranoside |
| 丁香酸葡萄糖苷(葡萄糖丁香酸) | syringic acid glucoside (glucosyringic acid) |
| 丁香酸乙酸酯(4-乙酰氧基-3, 5-二甲氧基苯甲酸) | syringic acid acetate (4-acetoxy-3, 5-dimethoxybenzoic acid) |
| 丁香亭(丁香黄素) | syringetin |
| 丁香亭-3-*O*-α-L-呋喃阿拉伯糖苷 | syringetin-3-*O*-α-L-arabinofuranoside |
| 丁香亭-3-*O*-α-吡喃鼠李糖基-(1→5)-α-呋喃阿拉伯糖苷 | syringetin-3-*O*-α-rhamnopyranosyl-(1→5)-α-arabinofuranoside |
| 丁香亭-3-*O*-β-D-吡喃半乳糖苷 | syringetin-3-*O*-β-D-galactopyranoside |
| 丁香亭-3-*O*-β-D-葡萄糖苷 | syringetin-3-*O*-β-D-glucoside |
| 丁香亭-3-*O*-半乳糖苷 | syringetin-3-*O*-galactoside |
| 丁香亭-3-*O*-刺槐双糖苷 | syringetin-3-*O*-robinobioside |
| 丁香亭-3-*O*-双糖苷 | syringetin-3-*O*-bioside |
| 丁香亭-3-*O*-芸香糖苷 | syringetin-3-*O*-rutinoside |
| 丁香亭-3-鼠李糖苷 | syringetin-3-rhamnoside |
| 丁香酮 | syringone |
| 丁香烯醇(石竹烯醇) | caryophyllene alcohol |
| 丁香烯酮 | syringenone |
| 18-*O*-丁香酰八角枫碱-4′-*O*-β-D-吡喃葡萄糖苷 | 18-*O*-syringoylalangine-4′-*O*-β-D-glucopyranoside |
| 6-*O*-丁香酰基-8-*O*-乙酰基山栀苷甲酯 | 6-*O*-syringyl-8-*O*-acetyl shanzhiside methyl ester |
| 11-*O*-丁香酰基岩白菜素 | 11-*O*-syringyl bergenin |
| 6-*O*-丁香酰筋骨草醇 | 6-*O*-syringoyl ajugol |
| 丁香氧化物 | syringoxide |
| 丁香油酸(丁香酚、丁香油酚、4-烯丙基愈创木酚、丁子香酚) | eugenic acid (eugenol, allyl guaiacol, caryophyllic acid) |
| 丁香酯苷 C | syringalide C |
| 丁香酯苷 A-3′-*O*-α-L-吡喃鼠李糖苷 | syringalide A-3′-*O*-α-L-rhamnopyranoside |

| 丁溴酸东莨菪碱 (丁溴酸东莨菪碱) | scopolamine butylbromide (butylscopolammonium bromide) |
|---|---|
| 丁亚氨酸 (丁氨亚基替酸) | butanimidic acid |
| 1-丁氧基-4, 5, 7-三羟基-6-羟甲基-2-氧杂双环 [4.1.0] 庚烷 (巴戟天素) | 1-butyloxy-4, 5, 7-trihydroxy-6-hydroxymethyl-2-oxabicyclo [4.1.0] heptane (officinalisin) |
| 5β-丁氧基-4-α-羟基-3-亚甲基-α-吡咯烷酮 | 5β-butoxy-4α-hydroxy-3-methylene-α-pyrrolidinone |
| 4-丁氧基苯甲醇 | 4-butoxyphenyl methanol |
| 丁氧基琥珀酸 | butoxysuccinic acid |
| 6α-丁氧基京尼平苷 | 6α-butoxygeniposide |
| 6β-丁氧基京尼平苷 | 6β-butoxygeniposide |
| 2-(丁氧基羰基甲基)-3-丁氧基羰基-2-羟基-3-丙内酯 | 2-(butoxycarbonyl methyl)-3-butoxycarbonyl-2-hydroxy-3-propanolide |
| 1-丁氧基戊烷 | 1-butoxypentane |
| 2-丁氧基亚油酸乙酯 | 2-butoxyethyl linoleate |
| 5-丁氧甲基呋喃甲醛 (5-丁氧甲基糠醛) | 5-butoxymethyl furaldehyde (5-butoxymethyl furfural) |
| 5-丁氧甲基糠醛 (5-丁氧甲基呋喃甲醛) | 5-butoxymethyl furfural (5-butoxymethyl furaldehyde) |
| 1-丁氧羰基-β-咔啉 | 1-carbobytoxy-β-carboline |
| 2′-丁氧乙基松柏苷 | 2′-butoxyethyl coniferin |
| 3-*O*-(6′-丁酯-β-D-吡喃葡萄糖醛酸基) 齐墩果酸-28-*O*-β-D-吡喃葡萄糖苷 | 3-*O*-(6′-butyl ester-β-D-glucuronopyranosyl) oleanolic acid-28-*O*-β-D-glucopyranoside |
| 丁子香酮 | eugenone |
| 丁子芽鞣素 | eugeniin |
| 丁座草苷 A、B | himalosides A, B |
| 钉头果毒素 | gomphotoxin |
| 钉头果伏苷 | gofruside |
| 钉头果勾苷 (钉头果苷) | frugoside |
| (3*R*, 5*S*, 8*R*, 9*S*, 10*R*, 13*R*, 14*S*, 17*R*, 20*Z*, 2″*R*)-19-*O*-钉头果勾苷乳酸酯 | (3*R*, 5*S*, 8*R*, 9*S*, 10*R*, 13*R*, 14*S*, 17*R*, 20*Z*, 2″*R*)-19-*O*-frugoside lactate |
| 钉头果洛苷 | atfroside |
| 钉头果洛苷元 | afrogenin |
| 钉头果亭 | gomphotin |
| 顶盖丝瓜素 A | opercurin A |
| 顶花板凳孕甾碱 A～S | terminamines A～S |
| 顶花杜茎山内酯 Ⅰ～Ⅵ | maesabalides Ⅰ～Ⅵ |
| 顶芽枝梭孢霉素 A | menisporopsin A |
| 顶羽菊倍半萜内酯 A | picrolide A |
| 顶羽菊内酯 | acroptilin (chlorohyssopifolin C) |
| 顶羽菊内酯 | chlorohyssopifolin C (acroptilin) |
| 顶羽菊素 (瑞品内酯) | repin |
| 顶羽菊萜 | acroptin |

| 顶羽菊萜内酯 | acrorepiolide |
|---|---|
| 顶枝孢霉素 A- 葡萄糖苷 | acremonin A-glucoside |
| 顶枝孢呫酮 D | acremoxanthone D |
| 鼎湖钓樟碱 A、B | lindechunines A, B |
| 鼎湖钓樟酮 | linchuniinone |
| 定心藤定碱 A～C | mappiodines A～C |
| 定心藤苷 A～G | mappiodosides A～G |
| 定心藤苷酸 | mapposidic acid |
| 定心藤碱 A | mappine A |
| 东北甘草黄酮醇 A | glycyrrhiza flavonol A |
| 东北甘草异黄酮 A～C | glycyrrhiza isoflavones A～C |
| 东北贯众醇 | dryocrassol |
| 东北贯众醇乙酸酯 | dryocrassyl acetate |
| 东北贯众素 | dryocrassin |
| 东北贯众素 (绵马贯众素) ABBA | dryocrassin ABBA |
| 东北红豆杉半缩酮 (东北紫杉定) A～P | taxezopidines A～P |
| 东北红豆杉醇 | cuspidatol |
| 东北红豆杉平 X | taxcuspine X |
| 东北红豆杉素 (紫杉杂辛) | taxacin |
| 东北红豆杉萜 (东北紫杉亭) | taxacustin |
| 东北蛔蒿素 | finitin |
| 东北雷公藤内酯 A、B | triregelolides A, B |
| 东北雷公藤素 (黑蔓酮酯) | regelin |
| 东北雷公藤素二醇 A、B | regelindiols A, B |
| 东北雷公藤酸 | triregeloic acid |
| 东北石杉醇 A～C | miyoshianols A～C |
| 东北石杉碱 A～C | miyoshianines A～C |
| 东北石松碱 (东北石松明碱) A、B | lycopoclavamines A, B |
| 东北石松亭碱 A | lycovatine A |
| 东北铁线莲酚苷 A～C | clemomandshuricosides A～C |
| 东北铁线莲皂苷 A～K | clematomandshurica saponins A～K |
| 东北铁线莲脂素 A、B | clemomanshurinanes A, B |
| 东北乌头碱 | manshuritine |
| 东北玉簪内酯 A | hostasolide A |
| 东北紫杉酮 | taxacustone |
| 东贝宁 | dongbeinine |
| 东贝素 | dongbeirine |
| 东当归果胶 A | angelica pectin A |
| 东当归内酯 A、B | tokinolides A, B |
| 东方刺桐酚 B～F | orientanols B～F |

| | |
|---|---|
| 东方荚果蕨宁 | matteuorienin |
| 东方荚果蕨素 | matteuorien |
| 东方荚果蕨酯 A～C | matteuorienates A～C |
| 东方荚蒾苷 | anatolinoside |
| 东方酸模苷 (东方铁线莲皂苷) | orientaloside |
| 东方酸模酮 | orientalone |
| 东方唐松草苷 | thalictricoside |
| 东方乌檀灵 | naucleaorine |
| 东方乌檀醛 A、B | naucleaorals A, B |
| 东方豨莶塔灵 (腺梗豨莶塔灵) | pubetalin (pubetallin) |
| (–)- 东方罂粟酮 | (–)-orientalinone |
| 东方罂粟酮 (东罂粟酮) | orientalinone |
| 东方泽泻醇 A～P | alismanols A～P |
| 东方泽泻素 A、I | alismanins A, I |
| 东方泽泻萜 A | alismanoid A |
| 东方泽泻脂素 A、B | alismaines A, B |
| 东非决明醇 (东非山扁豆醇) Ⅰ | singueanol Ⅰ |
| 东非马钱次碱 | usambarensine |
| 东非马钱碱 | usambarine |
| 东风菜苷 $A_1$～$A_4$、$B_1$～$B_9$、Ha～Hi | scaberosides $A_1$～$A_4$, $B_1$～$B_9$, Ha～Hi |
| 东风菜苷 $B_6$ 甲酯 | scaberoside $B_6$ methyl ester |
| 东风橘碱 | severifoline |
| 东风橘新碱 | severibuxine |
| 东风橘新碱乙酸酯 | severibuxine acetate |
| L- 东莨菪碱 (L- 莨菪胺) | L-hyoscine (L-scopolamine) |
| 东莨菪内酯 (东莨菪素、东莨菪亭、6- 甲氧基伞形酮、7- 羟基 -6- 甲氧基香豆素、钩吻酸) | scopoletin (scopoletol, 6-methoxyumbelliferone, 7-hydroxy-6-methoxycoumarin, gelseminic acid, escopoletin) |
| 东莨菪内酯 -7-*O*-β-D- 吡喃葡萄糖苷 | scopoletin-7-*O*-β-D-glucopyranoside |
| 东莨菪内酯甲醚 | scopoletin methyl ether |
| 东京胭脂素 -4′-*O*- 吡喃葡萄糖苷 | artonkin-4′-*O*-glucopyranoside |
| 东京紫玉盘素 A～C | tonkinesins A～C |
| 东莨菪苷 | scopoloside (scopolin) |
| 东莨菪碱 (莨菪胺、天仙子碱) | scopolamine (hyoscine) |
| 东莨菪金合欢醚 | scopofarnol |
| 东莨菪内酯 -7-*O*-α-L- 吡喃鼠李糖基 -(1→6)-β-D- 吡喃葡萄糖苷 | scopoletin-7-*O*-α-L-rhamnopyranosyl-(1→6)-β-D-glucopyranoside |
| 东莨菪内酯 -7-*O*-β-D- 吡喃半乳糖苷 | scopoletin-7-*O*-β-D-galactopyranoside |
| 东莨菪内酯 -7-*O*-β-D- 吡喃木糖基 -(1→6)-β-D- 吡喃葡萄糖苷 | scopoletin-7-*O*-β-D-xylopyranosyl-(1→6)-β-D-glucopyranoside |

| | |
|---|---|
| 东莨菪内酯-7-*O*-β-D-呋喃芹糖基-(1→6)-β-D-吡喃葡萄糖苷 | scopoletin-7-*O*-β-D-apiofuranosyl-(1→6)-β-D-glucopyranoside |
| 东莨菪内酯-β-D-吡喃葡萄糖苷 | scopoletin-β-D-glucopyranoside |
| α-东莨菪宁碱 | α-scopodonnine |
| β-东莨菪宁碱 | β-scopodonnine |
| 东莨菪素 (东莨菪内酯、东莨菪亭、6-甲氧基伞形酮、7-羟基-6-甲氧基香豆素、钩吻酸) | scopoletol (scopoletin, escopoletin, 6-methoxyumbelliferone, 7-hydroxy-6-methoxycoumarin, gelseminic acid) |
| 东莨菪辛辣木醚 A | scopodrimol A |
| 东南葡萄酚 | chunganenol |
| 东乌头定 | awadcharidine |
| 东乌头灵 | awadcharine |
| 东亚八角素 (田代八角素、峦大八角宁) | tashironin |
| 东亚八角素 (峦大八角宁、田代八角素) A～C | tashironins A～C |
| 东亚唐松草碱 | thalicthuberine |
| 东印度缎木内酯醇 | swietenol |
| 东罂粟定 | orientalidine |
| 东罂粟碱 | oripavine |
| 东紫苏奥苷 A～C | bodinosides A～C |
| 冬菇细胞毒素 | flammutoxin |
| 冬凌草丙～辛素 | rubescensins C～H |
| 冬凌草甲素 | rubescensin (rubescensine) A |
| 冬凌草内酯 A～E | rubesanolides A～E |
| 冬凌草素 | oridonin |
| 冬凌草辛 A～E | isorubesins A～E |
| 冬凌草乙素 | rubescensine B (ponicidin) |
| 冬绿苷 (白株树素) A、B | gaultherins A, B |
| 冬绿苷 (白株树素、松下兰苷) | gaultherin (monotropitoside, monotropitin) |
| 冬绿酶 | gaultherase |
| 冬青醇 (冬青萜醇) | ilexol |
| 冬青苷 $L_1$～$L_3$ | ilexins $L_1$～$L_3$ |
| 冬青木脂素 A | ilexlignan A |
| 冬青三萜苷 (枸骨叶皂苷) A～O | ilexosides A～O |
| 冬青三萜苷 (枸骨叶皂苷) Ⅰ～ⅩⅩⅨ | ilexosides Ⅰ～ⅩⅩⅨ |
| 冬青三萜苷 B 甲酯 | ilexoside B methyl ester |
| 冬青三萜苷Ⅰ甲酯 | ilexoside Ⅰ methyl ester |
| 冬青素 A、$A_2$、B | ilexgenin A, $A_2$, B |
| 冬青素 B-28-*O*-β-D-葡萄糖苷 | ilexgenin B-28-*O*-β-D-glucoside |
| 冬青素 B-3-*O*-β-D-吡喃木糖苷 | ilexgenin B-3-*O*-β-D-xylopyranoside |
| 冬青素 B-3β-*O*-D-葡萄糖醛酸甲酯 | ilexgenin B-3β-*O*-D-glucuronic acid methyl ester |
| 冬青酸 A、B | ilex acids A, B |

| 冬青豚草酸 | ilicic acid |
|---|---|
| 冬青卫矛倍半萜酯 (冬青卫矛倍半萜) 1～14 | ejaps 1～14 |
| 冬青卫矛碱 A～M | euojaponines A～M |
| 冬青卫矛鞘糖脂苷 (冬青卫矛鞘脂苷) A～C | euojaposphingosides A～C |
| 冬青卫矛素 A、B | ejaponines A, B |
| 冬青叶美登木瑞宁 E-I | cangorinine E-I |
| 冬青皂苷元 A | ilexosapogenin A |
| 冬青皂素 A | ilexgein A |
| 冬青柱枝双孢霉酸 B | ilicicolinic acid B |
| (*S*)-*N*-冬崖椒灵 [(*S*)-*N*-崖椒他灵、(*S*)-*N*-特它碱] | (*S*)-tembetarine |
| 动物银莲花碱 | zooanemonine |
| 冻沙菜素 A-1、A-2、B～D | hypnins A-1, A-2, B～D |
| 都桷子素 (京尼平) | genipin |
| 都桷子素-1, 10-二-*O*-β-D-吡喃葡萄糖苷 | genipin-1, 10-di-*O*-β-D-glucopyranoside |
| 都桷子素-1-*O*-α-D-吡喃木糖基-(1→6)-β-D-吡喃葡萄糖苷 | genipin-1-*O*-α-D-xylopyranosyl-(1→6)-β-D-glucopyranoside |
| 都桷子素-1-*O*-α-L-吡喃鼠李糖基-(1→6)-β-D-吡喃葡萄糖苷 | genipin-1-*O*-α-L-rhamnopyranosyl-(1→6)-β-D-glucopyranoside |
| 都桷子素-1-*O*-β-D-呋喃芹糖基-(1→6)-β-D-吡喃葡萄糖苷 | genipin-1-*O*-β-D-apiofuranosyl-(1→6)-β-D-glucopyranoside |
| 都桷子素-1-*O*-β-D-异麦芽糖苷 | genipin-1-*O*-β-D-isomaltoside |
| 都桷子素-1-龙胆二糖苷 | genipin-1-gentiobioside |
| 都丽菊香豆素 | ethuliacoumarin |
| (*E*, *Z*)-蚪孢壳内酯 A～C | (*E*, *Z*)-bombardolides A～C |
| 蚪孢壳内酯 D | bombardolide D |
| 豆瓣菜苷 | gluconasturtiin |
| 豆瓣绿素 | peperotetraphin |
| 豆包菌醌 | pisoquinone |
| 豆包菌内酯 | pisolactone |
| 豆包菌素 A、B | pisolithins A, B |
| 豆包菌甾醇 | pisosterol |
| 豆豉草黄酮苷 | flavoayamenin |
| 豆腐柴二聚物 | premnadimer |
| 豆腐柴苷 C、D | premnosides C, D |
| 豆腐柴苷酸 | premnosidic acid |
| 豆腐柴烯醇 | premnenol |
| 豆腐果苷 (山龙眼苷) | helicid (helicide) |
| 豆蔻苷 | amomumoside |
| 豆蔻素 | cardanomin |
| 豆薯苷 | pachyrhizid |

| 豆薯素 (沙葛内酯、豆薯内酯) | pachyrrhizin |
|---|---|
| 豆薯酮 | pachyrrhizone |
| 豆薯皂苷 A、B | pachysaponins A, B |
| 豆薯皂苷元 A、B | pachysapogenins A, B |
| (+)- 豆素 | (+)-duartin |
| 豆叶霸王苷 A～E | zygophyllosides A～E |
| 豆叶九里香吡喃碱 (吡喃满山香福林、吡喃豆叶九里香碱) A～E | pyrayafolines A～E |
| 豆叶九里香吡喃醌 A～C | pyrayaquinones A～C |
| 豆叶九里香碱 A、B | murrayafolines A, B |
| 豆叶九里香科林碱 A～D | chrestifolines A～D |
| 豆叶九里香林碱 A～I | murrafolines A～I |
| 豆叶九里香斯亭碱 | murrayastine |
| 豆叶九里香替林碱 A～F | murrastifolines A～F |
| 豆叶九里香优林碱 A～D | eustifolines A～D |
| 豆叶苦马豆碱 (苦马豆碱、苦马豆素) | swainsonine |
| (22*E*, 24*S*)- 豆甾 -1, 4, 22- 三烯 -3- 酮 | (22*E*, 24*S*)-stigmast-1, 4, 22-trien-3-one |
| (24*R*)- 豆甾 -1, 4- 二烯 -3- 酮 | (24*R*)-stigmast-1, 4-dien-3-one |
| (20*R*, 22*E*, 24*R*)- 豆甾 -22, 25- 二烯 -3, 6- 二酮 | (20*R*, 22*E*, 24*R*)-stigmast-22, 25-dien-3, 6-dione |
| (20*R*, 22*E*, 24*R*)- 豆甾 -22, 25- 二烯 -3β, 6β, 9α- 三醇 | (20*R*, 22*E*, 24*R*)-stigmast-22, 25-dien-3β, 6β, 9α-triol |
| 豆甾 -22- 烯 -3, 6, 9- 三醇 | stigmast-22-en-3, 6, 9-triol |
| 豆甾 -22- 烯 -3, 6- 二酮 | stigmast-22-en-3, 6-dione |
| (5α, 22*E*, 24ξ)- 豆甾 -22- 烯 -3- 酮 | (5α, 22*E*, 24ξ)-stigmast-22-en-3-one |
| (5β, 22*E*, 24ξ)- 豆甾 -22- 烯 -3- 酮 | (5β, 22*E*, 24ξ)-stigmast-22-en-3-one |
| 豆甾 -22- 烯 -3- 酮 | stigmast-22-en-3-one |
| 5α- 豆甾 -22- 烯 -3- 酮 | 5α-stigmast-22-en-3-one |
| 豆甾 -25- 烯 -3β, 5α, 6β- 三醇 | stigmast-25-en-3β, 5α, 6β-triol |
| 豆甾 -3, 5, 22- 三烯 | stigmast-3, 5, 22-triene |
| 豆甾 -3, 5- 二烯 -3- 酮 | stigmast-3, 5-dien-3-one |
| 豆甾 -3, 5- 二烯 -7- 酮 | stigmast-3, 5-dien-7-one |
| (24*R*)- 豆甾 -3, 5- 二烯 -7- 酮 | (24*R*)-stigmast-3, 5-dien-7-one |
| 豆甾 -3, 6- 二醇 | stigmast-3, 6-diol |
| (24*R*)-5α- 豆甾 -3, 6- 二酮 | (24*R*)-5α-stigmast-3, 6-dione |
| 5α- 豆甾 -3, 6- 二酮 | 5α-stigmast-3, 6-dione |
| 豆甾 -3, 6- 二酮 | stigmast-3, 6-dione |
| 豆甾 -3, 7- 二醇 | stigmast-3, 7-diol |
| 5α- 豆甾 -3, 7- 二酮 | 5α-stigmast-3, 7-dione |
| 豆甾 -3, 7- 二酮 | stigmast-3, 7-dione |
| 豆甾 -3-*O*-β-D- 吡喃葡萄糖苷 -6- 棕榈酸酯 | stigmast-3-*O*-β-D-glucopyranoside-6-hexadecanoate |

| | |
|---|---|
| 豆甾-3α, 5α-二羟基-3-*O*-β-D-吡喃葡萄糖苷 | stigmast-3α, 5α-dihydroxy-3-*O*-β-D-glucopyranoside |
| 豆甾-3β, 5α, 6β-三醇 | stigmast-3β, 5α, 6β-triol |
| (24*R*)-豆甾-3β, 5α, 6β-三羟基-25-烯-3-*O*-β-吡喃葡萄糖苷 | (24*R*)-stigmast-3β, 5α, 6β-trihydroxy-25-en-3-*O*-β-glucopyranoside |
| (24*R*)-豆甾-3β, 6α, 6β-三羟基-3-*O*-β-D-吡喃葡萄糖苷 | (24*R*)-stigmast-3β, 6α, 6β-trihydroxy-3-*O*-β-D-glucopyranoside |
| 豆甾-3β, 6α-二醇 | stigmast-3β, 6α-diol |
| 5α-豆甾-3β, 6α-二醇 | 5α-stigmast-3β, 6α-diol |
| 豆甾-3β, 6β-二醇 | stigmast-3β, 6β-diol |
| (24*R*)-24-豆甾-3β-羟基-5, 22-二烯-7-酮 (7-氧亚基豆甾醇) | (24*R*)-24-stigmast-3β-hydroxy-5, 22-dien-7-one (7-oxostigmasterol,) |
| (24*R*)-24-豆甾-3β-羟基-5-烯-7-酮 | (24*R*)-24-stigmast-3β-hydroxy-5-en-7-one (7-oxo-β-sitosterol) |
| 5α-豆甾-3-酮 | 5α-stigmast-3-one |
| (22*E*, 24*R*)-豆甾-4, 22, 25-三烯-3-酮 | (22*E*, 24*R*)-stigmast-4, 22, 25-trien-3-one |
| (24*R*)-24-豆甾-4, 22-二烯-3-酮 | (24*R*)-24-stigmast-4, 22-dien-3-one |
| 豆甾-4, 22-二烯-3-酮 | stigmast-4, 22-dien-3-one |
| 豆甾-4, 22-二烯-6β-醇-3-酮 | stigmast-4, 22-dien-6β-ol-3-one |
| 豆甾-4, 24 (28)-二烯-3, 6-二酮 | stigmast-4, 24 (28)-dien-3, 6-dione |
| 豆甾-4, 24 (28)-二烯-3-酮 | stigmast-4, 24 (28)-dien-3-one |
| 豆甾-4, 25-二烯-3β, 6β-二醇 | stigmast-4, 25-dien-3β, 6β-diol |
| 豆甾-4, 6, 8 (14), 22-四烯-3-酮 | stigmast-4, 6, 8 (14), 22-tetraen-3-one |
| 豆甾-4-烯-1, 3-二酮 | stigmast-4-en-1, 3-dione |
| 豆甾-4-烯-3, 6-二酮 | stigmast-4-en-3, 6-dione |
| α-豆甾-4-烯-3, 6-二酮 | α-stigmast-4-en-3, 6-dione |
| 豆甾-4-烯-3α, 6β-二醇 | stigmast-4-en-3α, 6β-diol |
| 豆甾-4-烯-3β, 6α-二醇 | stigmast-4-en-3β, 6α-diol |
| 豆甾-4-烯-3β-醇 | stigmast-4-en-3β-ol |
| (24*R*)-24-豆甾-4-烯-3-酮 | (24*R*)-24-stigmast-4-en-3-one (3-oxo-4-en-sitosterone) |
| (24*R*)-豆甾-4-烯-3-酮 | (24*R*)-stigmast-4-en-3-one |
| (24*S*)-豆甾-4-烯-3-酮 | (24*S*)-stigmast-4-en-3-one |
| 豆甾-4-烯-3-酮 | stigmast-4-en-3-one |
| 豆甾-4-烯-6α-醇-3-酮 | stigmast-4-en-6α-ol-3-one |
| 豆甾-4-烯-6β-羟基-3-酮 | stigmast-4-en-6β-hydroxy-3-one |
| 豆甾-5, 11 (12)-二烯-3β-醇 | stigmast-5, 11 (12)-dien-3β-ol |
| 豆甾-5, 17 (20)-二烯-3β-醇 | stigmast-5, 17 (20)-dien-3β-ol |
| (20*R*, 22*E*, 24*R*)-豆甾-5, 22, 25-三烯-3β, 7β-二醇 | (20*R*, 22*E*, 24*R*)-stigmast-5, 22, 25-trien-3β, 7β-diol |
| 豆甾-5, 22, 25-三烯-3β-醇 | stigmast-5, 22, 25-trien-3β-ol |
| 豆甾-5, 22, 25-三烯-7-酮-3β-醇 | stigmast-5, 22, 25-trien-7-one-3β-ol |
| 豆甾-5, 22-二烯-3-*O*-α-D-吡喃葡萄糖苷 | stigmast-5, 22-dien-3-*O*-α-D-glucopyranoside |

| | |
|---|---|
| 豆甾-5, 22-二烯-3-*O*-β-D-吡喃葡萄糖苷 | stigmast-5, 22-dien-3-*O*-β-D-glucopyranoside |
| 豆甾-5, 22-二烯-3-*O*-β-D-葡萄糖苷-6′-棕榈酸酯 | stigmast-5, 22-dien-3-*O*-β-D-glucopyranoside-6′-hexadecanoate |
| 豆甾-5, 22-二烯-3β, 7α-二醇 | stigmast-5, 22-dien-3β, 7α-diol |
| 豆甾-5, 22-二烯-3β, 7β-二醇 | stigmast-5, 22-dien-3β, 7β-diol |
| 豆甾-5, 22-二烯-3β-醇 | stigmast-5, 22-dien-3β-ol |
| 豆甾-5, 22-二烯-3β-醇-7-酮 | stigmast-5, 22-dien-3β-ol-7-one |
| 豆甾-5, 22-二烯-3β-醇乙酸酯 | stigmast-5, 22-dien-3β-ol acetate |
| 豆甾-5, 22-二烯-3-醇 | stigmast-5, 22-dien-3-ol |
| 豆甾-5, 22-二烯-3-醇乙酸酯 | stigmast-5, 22-dien-3-ol acetate |
| 豆甾-5, 22-二烯-3-酮 | stigmast-5, 22-dien-3-one |
| 豆甾-5, 23-二烯-3β-醇 | stigmast-5, 23-dien-3β-ol |
| 豆甾-5, 24 (28) *E*-二烯-3β-醇 | stigmast-5, 24 (28) *E*-dien-3β-ol |
| 豆甾-5, 24 (28) Z-二烯醇 (异岩藻甾醇) | stigmast-5, 24 (28) *Z*-dienol (isofucosterol) |
| 豆甾-5, 24 (28)-二烯-3β-*O*-α-L-鼠李糖苷 | stigmast-5, 24 (28)-dien-3β-*O*-α-L-rhamnoside |
| 豆甾-5, 24 (28)-二烯-3β-醇 | stigmast-5, 24 (28)-dien-3β-ol |
| 3β-豆甾-5, 24 (28)-二烯-3-醇 | 3β-stigmast-5, 24 (28)-dien-3-ol |
| 豆甾-5, 25-二烯-3β-醇 | stigmast-5, 25-dien-3β-ol |
| (24*R*)-豆甾-5, 28-二烯-3β, 24-二醇 | (24*R*)-stigmast-5, 28-dien-3β, 24-diol |
| (24*S*)-豆甾-5, 28-二烯-3β, 24-二醇 | (24*S*)-stigmast-5, 28-dien-3β, 24-diol |
| 豆甾-5, 9 (11) 二烯-3β-醇 | stigmast-5, 9 (11) dien-3β-ol |
| 24 ζ -豆甾-5, 反式-22-二烯-3β-醇 | 24 ζ -stigmast-5, *trans*-22-dien-3β-ol |
| (22*S*, 24*R*)-豆甾-5-烯-3α, 7α, 22-三醇 | (22*S*, 24*R*)-stigmast-5-en-3α, 7α, 22-triol |
| (3*S*, 22*R*, 24*R*)-豆甾-5-烯-3β, 22α-二醇 | (3*S*, 22*R*, 24*R*)-stigmast-5-en-3β, 22α-diol |
| 豆甾-5-烯-3β, 4β-二醇 | stigmast-5-en-3β, 4β-diol |
| 豆甾-5-烯-3β, 7α, 22α-三醇 | stigmast-5-en-3β, 7α, 22α-triol |
| 豆甾-5-烯-3β, 7α-二醇 | stigmast-5-en-3β, 7α-diol |
| 豆甾-5-烯-3β, 7β-二醇 | stigmast-5-en-3β, 7β-diol |
| 豆甾-5-烯-3β-醇 | stigmast-5-en-3β-ol |
| 豆甾-5-烯-3β-醇-7-酮 | stigmast-5-en-3β-ol-7-one |
| 豆甾-5-烯-3β-羟基-3-*O*-β-D-(2′-正三十酰基) 吡喃葡萄糖苷 | stigmast-5-en-3β-hydroxy-3-*O*-β-D-(2′-*n*-triacontanoyl) glucopyranoside |
| 豆甾-5-烯-3β-羟基-3β-*O*-D-吡喃葡萄糖基-(1→4)-β-*O*-D-吡喃葡萄糖苷 | stigmast-5-en-3β-hydroxy-3β-*O*-D-glucopyranosyl-(1→4)-β-*O*-D-glucopyranoside |
| 豆甾-5-烯-3-醇 | stigmast-5-en-3-ol |
| 豆甾-5-烯-3-醇-7-酮 | stigmast-5-en-3-ol-7-one |
| 3β-豆甾-5-烯-3-棕榈酸酯 | 3β-stigmast-5-en-3-palmitate |
| 豆甾-5-烯-6-*O*-[(9*Z*, 12*Z*)-十八碳二烯酰]-3β-*O*-β-D-吡喃葡萄糖苷 | stigmast-5-en-6-*O*-[(9*Z*, 12*Z*)-octadecadienoyl]-3β-*O*-β-D-glucopyranoside |
| 豆甾-5-烯-7-酮 | stigmast-5-en-7-one |

| | |
|---|---|
| (24*R*)- 豆甾 -7, (22*E*)- 二烯 -3α- 醇 | (24*R*)-stigmast-7, (22*E*)-dien-3α-ol |
| (24*R*)- 豆甾 -7, (22*E*)- 二烯 -3β- 醇 | (24*R*)-stigmast-7, (22*E*)-dien-3β-ol |
| 3β, 5α, 22*E*, 24 ζ - 豆甾 -7, 22, 25- 三烯 -3- 醇 | 3β, 5α, 22*E*, 24 ζ -stigmast-7, 22, 25-trien-3-ol |
| 豆甾 -7, 22, 25- 三烯 -3- 醇 | stigmast-7, 22, 25-trien-3-ol |
| 豆甾 -7, 22, 25- 三烯醇 | stigmast-7, 22, 25-trienol |
| (24*S*)- 豆甾 -7, 22*E*, 25- 三烯 -3- 酮 | (24*S*)-stigmast-7, 22*E*, 25-trien-3-one |
| 豆甾 -7, 22- 二烯 -3-*O*-β-D- 葡萄糖苷 | stigmast-7, 22-dien-3-*O*-β-D-glucoside |
| 豆甾 -7, 22- 二烯 -3β, 4β- 二醇 | stigmast-7, 22-dien-3β, 4β-diol |
| 豆甾 -7, 22- 二烯 -3β, 5α, 6α- 三醇 | stigmast-7, 22-dien-3β, 5α, 6α-triol |
| 豆甾 -7, 22- 二烯 -3β-*O*-β-D- 吡喃葡萄糖苷 ( 书带蕨顶苷 ) | stigmast-7, 22-dien-3β-*O*-β-D-glucopyranoside (vittadinoside) |
| (*E*)-5α- 豆甾 -7, 22- 二烯 -3β- 醇 | (*E*)-5α-stigmast-7, 22-dien-3β-ol |
| 5α, 24 ζ - 豆甾 -7, 22- 二烯 -3β- 醇 | 5α, 24 ζ -stigmast-7, 22-dien-3β-ol |
| 5α- 豆甾 -7, 22- 二烯 -3β- 醇 | 5α-stigmast-7, 22-dien-3β-ol |
| 豆甾 -7, 22- 二烯 -3β- 醇 | stigmast-7, 22-dien-3β-ol |
| 豆甾 -7, 22- 二烯 -3- 羟基 -3β-*O*-β-D- 吡喃葡萄糖苷 | stigmast-7, 22-dien-3-hydroxy-3β-*O*-β-D-glucopyranoside |
| (22*E*, 20*S*, 24*S*)- 豆甾 -7, 22- 二烯 -3- 酮 | (22*E*, 20*S*, 24*S*)-stigmast-7, 22-dien-3-one |
| 豆甾 -7, 22- 二烯 -3- 酮 | stigmast-7, 22-dien-3-one |
| α- 豆甾 -7, 22- 二烯 -3- 酮 | α-stigmast-7, 22-dien-3-one |
| 豆甾 -7, 24 (28) *Z*- 二烯醇 ( 燕麦甾醇、燕麦甾烯醇 ) | stigmast-7, 24 (28) *Z*-dienol (avenasterol) |
| (5α)- 豆甾 -7, 24 (28)- 二烯 -3β- 醇 | (5α)-stigmast-7, 24 (28)-dien-3β-ol |
| 5α- 豆甾 -7, 24 (28)- 二烯 -3β- 醇 | 5α-stigmast-7, 24 (28)-dien-3β-ol |
| 3β, 5α, 24 ζ - 豆甾 -7, 25- 二烯 -3- 醇 | 3β, 5α, 24 ζ -stigmast-7, 25-dien-3-ol |
| 豆甾 -7, 25- 二烯 -3- 醇 | stigmast-7, 25-dien-3-ol |
| (5α)- 豆甾 -7, 9 (11), 24 (28)- 三烯 -3β- 醇 | (5α)-stigmast-7, 9 (11), 24 (28)-trien-3β-ol |
| 豆甾 -7- 酮 | stigmast-7-one |
| (24*R*)-5α- 豆甾 -7- 烯 -22- 炔 -3β- 醇 | (24*R*)-5α-stigmast-7-en-22-yn-3β-ol |
| 豆甾 -7- 烯 -3, 6- 二醇 | stigmast-7-en-3, 6-diol |
| 豆甾 -7- 烯 -3-*O*-β-*D*- 吡喃葡萄糖苷 | stigmast-7-en-3-*O*-β-D-glucopyranoside |
| (5α)- 豆甾 -7- 烯 -3β- 醇 | (5α)-stigmast-7-en-3β-ol |
| 豆甾 -7- 烯 -3β- 醇 | stigmast-7-en-3β-ol |
| 5α- 豆甾 -7- 烯 -3β- 醇 | 5α-stigmast-7-en-3β-ol |
| 豆甾 -7- 烯 -3β- 羟基 -3-*O*-β-D- 吡喃葡萄糖苷 | stigmast-7-en-3β-hydroxy-3-*O*-β-D-glucopyranoside |
| 豆甾 -7- 烯 -3- 酮 | stigmast-7-en-3-one |
| 24α/*R*- 豆甾 -7- 烯醇 | 24α/*R*-stigmast-7-enol (schottenol) |
| 豆甾 -7- 烯醇 | stigmast-7-enol |
| 豆甾 -7- 烯醇葡萄糖苷 | stigmast-7-enol glucoside |
| 5α- 豆甾 -9 (11)- 烯 -3β- 醇 | 5α-stigmast-9 (11)-en-3β-ol |
| 豆甾 -9-(11)- 烯 -3- 醇 | stigmast-9-(11)-en-3-ol |
| β- 豆甾醇 | β-stigmasterol |

| | |
|---|---|
| 豆甾醇 | stigmasterol |
| $\Delta^7$-豆甾醇(7-脱氢豆甾醇、蚬甾醇) | $\Delta^7$-stigmasterol (7-dehydrostigmasterol, corbisterol) |
| 豆甾醇-3-(6-亚油酰基)吡喃葡萄糖苷 | stigmasteryl-3-(6-linoleoyl) glucopyranoside |
| 豆甾醇-3-(6-硬脂酰基)吡喃葡萄糖苷 | stigmasteryl-3-(6-stearoyl) glucopyranoside |
| 豆甾醇-3-(6-油酰基)吡喃葡萄糖苷 | stigmasteryl-3-(6-oleoyl) glucopyranoside |
| 豆甾醇-3-(6-棕榈酰基)吡喃葡萄糖苷 | stigmasteryl-3-(6-palmitoyl) glucopyranoside |
| 豆甾醇-3, 6-二醇 | stigmasteryl-3, 6-diol |
| 7-豆甾醇-3-*O*-β-D-(6′-亚油酰基)吡喃葡萄糖苷 | 7-stigmasteryl-3-*O*-β-D-(6′-linoleoyl) glucopyranoside |
| 7-豆甾醇-3-*O*-β-D-(6′-棕榈酰基)吡喃葡萄糖苷 | 7-stigmasteryl-3-*O*-β-D-(6′-palmitoyl) glucopyranoside |
| 豆甾醇-3-*O*-β-D-吡喃葡萄糖苷 | stigmasteryl-3-*O*-β-D-glucopyranoside |
| β-豆甾醇-3-*O*-β-D-吡喃葡萄糖苷 | β-stigmasteryl-3-*O*-β-D-glucopyranoside |
| $\Delta^{5,22}$-豆甾醇-3-*O*-β-D-吡喃葡萄糖苷 | $\Delta^{5,22}$-stigmasterol-3-*O*-β-D-glucopyranoside |
| 豆甾醇-3-*O*-β-D-葡萄糖苷 | stigmasteryl-3-*O*-β-D-glucoside |
| 豆甾醇-4-烯-3, 6-二酮 | stigmasteryl-4-en-3, 6-dione |
| 豆甾醇-5-烯-3-*O*-(6-亚麻酰基)-β-D-葡萄糖胺 | stigmasteryl-5-en-3-*O*-(6-linolyl)-β-D-glucosamine |
| 豆甾醇-7-葡萄糖醛酸苷 | stigmasteryl-7-glucuronide |
| 豆甾醇阿魏酸酯 | stigmasteryl ferulate |
| 豆甾醇花生酸酯 | stigmasteryl arachidate |
| 豆甾醇葡萄糖苷 | stigmasteryl glucoside |
| 豆甾醇肉豆蔻酸酯 | stigmasteryl myristate |
| 豆甾醇乙酸酯 | stigmasteryl acetate |
| 豆甾醇月桂酸酯 | stigmasteryl laurate |
| 豆甾醇棕榈酸酯 | stigmasteryl palmitate |
| 7, 25-豆甾二烯-3β-醇 | 7, 25-stigmastadien-3β-ol |
| 5, 22-豆甾二烯-3β-醇 | 5, 22-stigmasten-3β-ol |
| 7, 22-豆甾二烯-3β-醇(α-菠甾醇、α-菠菜甾醇) | stigmast-7, 22-dien-3β-ol (α-spinasterin, bessisterol, α-spinasterol) |
| 5, 25-豆甾二烯-3β-羟基-β-D-葡萄糖苷 | 5, 25-stigmastadien-3β-hydroxy-β-D-glucoside |
| 5, 25-豆甾二烯-3-醇 | 5, 25-stigmastadien-3-ol |
| 7, 22-豆甾二烯-3-醇 | 7, 22-stigmastadien-3-ol |
| 7, 24-豆甾二烯-3-醇 | 7, 24-stigmastadien-3-ol |
| 3β-*O*-5, 25-豆甾二烯-β-D-吡喃葡萄糖苷 | 3β-*O*-5, 25-stigmastadien-β-D-glucopyranoside |
| 7, 22-豆甾二烯醇 | 7, 22-stigmastadienol |
| 7, 24 (28)-豆甾二烯醇 | 7, 24 (28)-stigmastadienol |
| (5*E*)-23-豆甾二烯醇 | (5*E*)-23-stigmastadienol |
| 5, 22-豆甾二烯醇 | 5, 22-stigmastenol |
| 5, 23-豆甾二烯醇 | 5, 23-stigmastadienol |
| 5, 25-豆甾二烯醇 | 5, 25-stigmastadienol |
| 7, 24-豆甾二烯醇 | 7, 24-stigmastadienol |
| 7, 22, 25-豆甾三烯-3-醇 | 7, 22, 25-stigmstatrien-3-ol |

| 7, 22, 25-豆甾三烯醇 | 7, 22, 25-stigmastatrienol |
|---|---|
| 7, 16, 25 (26)-豆甾三烯醇 | 7, 16, 25 (26)-stigmastatrienol |
| 豆甾三烯醇 | stigmastatrienol |
| 7, 22, 25-豆甾三烯醇葡萄糖苷 | 7, 22, 25-stigmastatrienol glucoside |
| 豆甾酮 | stigmasterone |
| 豆甾烷 | stigmastane |
| 豆甾烷-3-酮 | stigmast-3-one |
| 豆甾烷醇 | stigmastanol |
| 豆甾烷醇葡萄糖苷 | stigmastanol glucoside |
| 7-豆甾烯-3β-醇 | 7-stigmasten-3β-ol |
| 5-豆甾烯-3-醇 | 5-stigmasten-3-ol |
| 4-豆甾烯-3-酮 | 4-stigmasten-3-one |
| 5-豆甾烯-3-酮 | 5-stigmasten-3-one |
| 7-豆甾烯-3-酮 | 7-stigmasten-3-one |
| 22-豆甾烯醇 | 22-stigmastenol |
| 豆甾烯醇 | stigmastenol |
| 22-豆甾烯醇 | 22-stigmasterol |
| 7-豆甾烯醇-3-*O*-β-D-吡喃葡萄糖苷 | 7-stigmastenol-3-*O*-β-D-glucopyranoside |
| 7-豆甾烯醇-3-*O*-β-D-葡萄糖苷 | 7-stigmastenol-3-*O*-β-D-glucoside |
| 3β-豆甾烯醇-D-葡萄糖苷 | 3β-stigmastenol-D-glucoside |
| 7-豆甾烯醇-β-D-葡萄糖苷 | 7-stigmastenol-β-D-glucoside |
| $\Delta^7$-豆甾烯酮 (7-豆甾烯酮) | $\Delta^7$-stigmastenone (7-stigmastenone) |
| 豆渣胺 A～C | okaramines A～C |
| 嘟拉乌头原碱 | dolaconine |
| 毒扁豆胺 | eseramine |
| 毒扁豆定 | eseridine |
| 毒扁豆酚碱 | eseroline |
| 毒扁豆碱 | eserine (physostol, physostigmine) |
| 毒别一叶萩碱 (别白饭树瑞宁、2-别维一叶萩碱) | viroallosecurinine (2-allovirosecurinine) |
| 毒豆碱 [(+)-颈花脒] | laburnine [(+)-trachelanthamidine] |
| 毒豆亭 (毒豆素) | laburnetin |
| 毒豆异黄酮 A | anagyroidisoflavone A |
| 毒胡萝卜精 (毒胡萝卜内酯素) | thapsigargin |
| 毒胡萝卜素 | thapsigargicin |
| β-毒灰酚 | β-toxicarol |
| α-毒灰酚 | α-toxicarol |
| 毒灰酚异黄酮 (灰毛豆黄素) | toxicarolisoflavone |
| 毒鸡骨常山卡品 A、B | venacarpines A, B |
| (–)-毒鸡骨常山林碱 | (–)-echitoveniline |
| 毒鸡骨常山林碱 | echitoveniline |

| | |
|---|---|
| 毒鸡骨常山那定 | echitovenaldine |
| 毒鸡骨常山尼定 (埃奇尼定) | echitovenidine |
| (–)- 毒鸡骨常山宁碱 [(–)- 埃奇文宁] | (–)-echitovenine |
| 毒鸡骨常山血平定 | echitoserpidine |
| 毒尖药木苷 A～C | acovenosides A～C |
| 毒尖药木苷元 A-3-*O*-α-L- 吡喃鼠李糖苷 | acovenosigenin A-3-*O*-α-L-rhamnopyranoside |
| 毒尖药木苷元 A-3-*O*-β-D- 洋地黄毒糖苷 | acovenosigenin A-3-*O*-β-D-digitoxoside |
| 毒马草黄酮 | sideritoflavone |
| 毒马草素 | siderin |
| 毒马钱碱 Ⅰ | toxiferine Ⅰ |
| 毒马钱辛碱 (马枯素、马枯星碱、马枯辛) A、B | macusines A, B |
| 毒麦碱 | temulentine |
| 毒麦灵 | temuline |
| 毒毛旋花子阿洛糖苷 (羊角拗阿洛糖苷) | strophalloside |
| 毒毛旋花子次苷 D- Ⅰ、D- Ⅱ、D- Ⅲ | strophanthins D- Ⅰ, D- Ⅱ, D- Ⅲ |
| G- 毒毛旋花子次苷 (哇巴因、苦毒毛旋花子苷、苦羊角拗苷) | G-strophanthin (ouabain, acocantherin, gratibain, astrobain) |
| K- 毒毛旋花子次苷 -α (加拿大麻苷、罗布麻苷、磁麻灵、磁麻苷) | K-strophanthin-α (cymarin) |
| K- 毒毛旋花子苷 | K-strophanthoside |
| 毒毛旋花子苷 K | strophanthoside K |
| 毒毛旋花子苷元 (羊角拗定) | strophanthidin |
| 毒毛旋花子苷元 -3-*O*-6′- 脱氧 -β-D- 阿洛糖基 -α-L- 阿拉伯糖苷 | strophanthidin-3-*O*-6′-deoxy-β-D-allosyl-α-L-arabinoside |
| 毒毛旋花子苷元 -3-*O*-6′- 脱氧 -β-D- 阿洛糖基 -α-L- 鼠李糖苷 | strophanthidin-3-*O*-6′-deoxy-β-D-allosyl-α-L-rhamnoside |
| 毒毛旋花子苷元 -3-*O*-α-L- 鼠李糖基 -2′-β-D- 葡萄糖苷 | strophanthidin-3-*O*-α-L-rhamnosyl-2′-β-D-glucoside |
| 毒毛旋花子苷元 -α-L- 鼠李糖苷 (铃兰毒苷) | strophanthidin-α-L-rhamnoside (convallatoxin, convallaton) |
| 毒毛旋花子苷元 -β-D- 毛地黄糖苷 | strophanthidin-β-D-digitaloside |
| 毒毛旋花子苷元 -β-D- 葡萄糖基 -(1→4)-β-D- 毛地黄糖苷 | strophanthidin-β-D-glucosyl-(1→4)-β-D-digitaloside |
| 毒毛旋花子酸 | strophanthus acid |
| 毒毛旋花子糖苷 | strophantojavoside |
| 毒芹醇 | cicutol |
| L- 毒芹碱 | L-coniine |
| 毒芹碱 (毒参碱) | coniine (conicine) |
| (+)- 毒芹碱 [(*S*)-2- 正丙基哌啶] | (+)-coniine [(*S*)-2-propyl piperidine] |
| 毒芹洛醇 A～C | virols A～C |
| 毒芹瑟碱 (脱氢毒芹碱、毒参亚胺碱) | coniceine |
| 毒芹素 | cicutoxin |

| 毒芹酸 | hygric acid |
|---|---|
| 毒伞素 | phalloidin |
| 毒伞素定 | viroidin |
| 毒伞素辛 | virosin |
| 毒参碱 (毒芹碱) | conicine (coniine) |
| 毒参羟碱 (羟基毒芹碱) | conhydrine |
| ψ-毒参羟碱 (伪毒参羟碱、假羟基毒芹碱、5-羟基-2-丙基哌啶) | ψ-conhydrine (pseudoconhydrine, 5-hydroxy-2-propyl piperidine) |
| 毒参亭碱 | conmaculatine |
| 毒参酮碱 | conhydrinone |
| 毒水芹酸 (庚酸) | enanthic acid (heptanoic acid) |
| 毒鼠豆素 | gliricidin |
| 毒鼠豆素-*O*-己糖苷 | gliricidin-*O*-hexoside |
| 毒鼠子素 A、I～L、T～W | dichapetalins A、I～L、T～W |
| T-2 毒素 (三隔镰孢毒素 T-2) | T-2 toxin (fusariotoxin T-2) |
| PR 毒素 (娄底青霉菌毒素) | PR toxin |
| 毒莴苣醇 (日耳曼醇、计曼尼醇) | germanicol |
| 毒莴苣醇 C | germanicol C |
| 毒莴苣醇乙酸酯 | germanicyl acetate |
| 毒莴苣酮 | germanicone |
| 毒莴苣烯 | germanicene |
| 毒蕈醇 (伞菌碱、蝇蕈素) | agarin (agarine, pantherine) |
| L-毒蕈碱 (L-毒蝇碱) | L-muscarine |
| 毒蕈碱 (毒蝇碱) Ⅰ、Ⅱ | muscarines Ⅰ, Ⅱ |
| 毒一叶萩碱 (白饭树瑞宁) | virosecurinine |
| 毒鱼豆苷元 | piscigenin |
| 毒鱼豆酸 (羟苄基酒石酸) | piscidic acid |
| 毒鱼豆酸单乙酯 | piscidic acid monoethyl ester |
| 毒鱼豆酮 (爱克赛酮) | ichthynone |
| 毒鱼豆异黄酮 A、B | piscisoflavones A, B |
| 毒鱼割舌树醇 (匹西狄醇) A | piscidinol A |
| 毒鱼菊醇乙酸酯 | ichthyothereol acetate |
| 独活内酯 (白芷属素、独活素、栓翅芹内酯) | heraclenin (prangenin) |
| (–)-独活属醇 | (–)-heraclenol |
| 独活属醇 (独活醇、白芷属脑) | heraclenol |
| 独活属醇-3′-甲基醚 | heraclenol-3′-methyl ether |
| 独脚金醇 | strigol |
| 独蒜兰醇 | shancignol |
| 独蒜兰定 C、D | bulbocodins C, D |
| 独蒜兰菲醌 A～D | bulbocodioidins A～D |

| | |
|---|---|
| 独蒜兰酚 | bulbocol |
| 独蒜兰苷 A～K | pleionosides A～K |
| 独蒜兰灵 (山慈姑灵) | shancilin |
| 独蒜兰木脂素 A、B | sanjidins A, B |
| 独蒜兰素 A～D | dusuanlansins A～D |
| 独蒜兰西醇 A～H | shanciols A～H |
| 独蒜兰西定 (山慈姑定、山慈姑亭) | shancidin |
| 独行菜二倍半萜醇 | lepidiumsesterterpenol |
| 独行菜苷 | lepidoside |
| 独行菜苷 $B_1$～$B_7$、C、D | apetalumosides $B_1$～$B_7$, C, D |
| 独行菜类萜 | lepidiumterpenoid |
| 独行菜灵 A、B | lepidilines A, B |
| 独行菜素 (独行菜碱) A、B | lepidines A, B |
| 独行菜萜烯酯 | lepidiumterpenyl ester |
| 独一味素 (独一味醇) A～C | lamiophlomiols A～C |
| 独一味素苷 | lamiophlomioside |
| 独子藤二醇 | monospermondiol |
| 独子藤诺醇 | monospermonol |
| 独子藤醛 | monospermonal |
| 笃斯越橘素 A、B | vacciuligins A, B |
| 杜宾定 | dubinidine |
| β-4, 8, 13- 杜法三烯 -1, 3- 二醇 | β-4, 8, 13-duvatrien-1, 3-diol |
| 杜法三烯二醇 | duvatrienediol |
| α-4, 8, 13- 杜法三烯二醇 | α-4, 8, 13-duvatrien-1, 3-diol |
| 杜盖木碱 | duguevanine |
| 杜格菊内酯 (达吉内酯) | dugesialactone |
| 杜衡素 A～D | asarumins A～D |
| 杜虹花酸 (总梗紫珠酸) A、B | pedunculatic acids A, B |
| 杜茎山酚 | maesol |
| 杜茎山苷 A～E | maejaposides A～E |
| 杜茎山醌 | maesaquinone |
| 杜茎山纳酚 | maesanol |
| 杜茎山宁 | maesanin |
| 杜茎山属碱 M | maesa base M |
| 杜茎山皂苷 Ⅱ～Ⅵ | maesasaponins Ⅱ～Ⅵ |
| 杜荆素 (牡荆黄素、牡荆苷) | vitexin |
| (+)- 杜鹃醇 | (+)-rhododendrol |
| 杜鹃醇 | rhododendrol |
| 杜鹃次烯 | neocurzerene |

| 杜鹃毒素 (梫木毒素、乙酰梣木醇毒、木藜芦毒素Ⅰ) | rhodotoxin (andromedotoxin, acetyl andromedol, grayanotoxin Ⅰ) |
|---|---|
| 杜鹃红素 (糙叶埃氏草素) | azafrin |
| 杜鹃花苷 | rhododendrin |
| 杜鹃花黄质 (紫杉紫素) | rhodoxanthin |
| 杜鹃花酸 (壬二酸、1, 9-壬二酸、1, 7-庚二甲酸) | azelaic acid (anchoic acid, 1, 9-nonanedioic acid, 1, 7-heptanedicarbonylic acid, lepargylic acid) |
| 杜鹃花酸二甲酯 (壬二酸二甲酯) | dimethyl azelate (dimethyl nonanedioate) |
| 杜鹃黄苷 | azalein |
| 杜鹃黄素 | azaleatin |
| 杜鹃黄素-3β-葡萄糖苷 | azaleatin-3β-glucoside |
| 杜鹃黄素-3-半乳糖苷 | azaleatin-3-galactoside |
| 杜鹃黄素-3-鼠李糖苷 | azaleatin-3-rhamnoside |
| 杜鹃兰菲 A～P | cremaphenanthrenes A～P |
| 杜鹃兰碱 | cremastrine |
| 杜鹃兰素Ⅰ、Ⅱ | cremastosines Ⅰ, Ⅱ |
| 杜鹃酮 A | rhododendrone A |
| 杜鹃酮苷 | rhododendronside |
| 杜鹃烯 | neofuranodiene |
| 杜米定 | dubimidine |
| 杜莫醇 (德氏田菁醇) | drummondol |
| 杜莫醇-11-*O*-β-D-吡喃葡萄糖苷 | drummondol-11-*O*-β-D-glucopyranoside |
| 杜松-1 (10), 4-二烯 | cadin-1 (10), 4-diene |
| 杜松-1 (10), 6, 8-三烯 | cadin-1 (10), 6, 8-triene |
| 杜松-1, 3, 5-三烯 | cadin-1, 3, 5-triene |
| 杜松-1, 4-二烯 | cadin-1, 4-diene |
| 杜松-3, 9-二烯 | cadin-3, 9-diene |
| (–)-杜松-4, 10 (15)-二烯-11-酸 | (–)-cadin-4, 10 (15)-dien-11-oic acid |
| 杜松-4, 10 (15)-二烯-3-酮 | cadin-4, 10 (15)-dien-3-one |
| 杜松-9, 11 (12)-二烯 | cadin-9, 11 (12)-diene |
| T-杜松醇 | T-cadinol |
| 杜松醇 | cadinol |
| δ-杜松醇 | δ-cadinol |
| τ-杜松醇 | τ-cadinol |
| α-杜松醇 | α-cadinol |
| γ-杜松醇 | γ-cadinol |
| 3, 9-杜松二烯 | gadina-3, 9-diene |
| 4, 7-杜松二烯 | gadina-4, 7-diene |
| 4, 9-杜松二烯 | gadina-4, 9-diene |
| 杜松萘 (卡达烯、4-异丙基-1, 6-二甲萘) | cadalene (cadalin, 4-isopropyl-1, 6-dimethyl naphthalene) |

| 杜松窃衣苷 | cardinatoriloside |
|---|---|
| 杜松三烯 | cadintriene |
| 杜松酸 (圆柏酸) | juniperic acid |
| 杜松烷 | cadinane |
| D- 杜松烯 | D-cadinene |
| L- 杜松烯 | L-cadinene |
| 2- 杜松烯 | 2-cadinene |
| (–)-β- 杜松烯 | (–)-β-cadinene |
| α- 杜松烯 | α-cadinene |
| β1- 杜松烯 | β1-cadinene |
| δ- 杜松烯 | δ-cadinene |
| ε- 杜松烯 | ε-cadinene |
| τ- 杜松烯 | τ-cadinene |
| β- 杜松烯 | β-cadinene |
| γ- 杜松烯 | γ-cadinene |
| 杜松烯 (杜松萜烯) | cadinene |
| 杜松烯醇 | cadinenol |
| 杜香醇 (杜香特醇) | palustrol |
| 杜香萜酮 | lebaicone |
| 杜香烯 (喇叭茶烯、喇叭烯) | ledene |
| (–)- 杜香烯 [(–)- 喇叭烯、(–)- 喇叭茶烯] | (–)-ledene |
| (+)- 杜香烯 [(+)- 喇叭烯、(+)- 喇叭茶烯] | (+)-ledene |
| 杜香烯醇 (喇叭烯醇) | ledene alcohol |
| 杜香烯氧化物 (喇叭烯氧化物) | ledene oxide |
| 杜英碱 | elaeocarpine |
| 杜英鞣质 | elaeocarpusin |
| 杜英辛 A～H | elaeocarpucins A～H |
| 杜仲醇 | eucommiol |
| 杜仲醇苷 Ⅰ、Ⅱ | eucommiosides Ⅰ, Ⅱ |
| 杜仲二醇 | eucommidiol |
| 杜仲苷 | ulmoside |
| 杜仲胶 (固塔波橡胶) | gutta percha |
| 杜仲莫苷 A～C | eucomosides A～C |
| 杜仲素 A (杜仲脂素 A、杜仲树脂酚 -4′-*O*-β-D- 吡喃葡萄糖苷) | eucommin A (medioresinol-4′-*O*-β-D-glucopyranoside) |
| 杜仲藤苷 A～C | parabarosides A～C |
| 杜仲萜醇 | ulmoidol |
| 杜仲萜醇 A | ulmoidol A |
| 杜仲萜苷 A～D | ulmoidosides A～D |
| 杜仲烯醇 (杜仲丙烯醇) | ulmoprenol |

| 短瓣花醇 A～C | brachystemols A～C |
| --- | --- |
| 短瓣花定碱 A～G | brachystemidines A～G |
| 短瓣花苷 A | brachystemoside A |
| 短瓣花素 A～I | brachystemins A～I |
| 短瓣花因 A～C | duanbanhuains A～C |
| 短瓣金莲花烯 | ledebourene |
| 短瓣兰菲素 A | monbarbatain A |
| 短柄乌头碱 A～D | brachyaconitines A～D |
| 短柄野芝麻半萜苷 | hemialboside |
| 短柄野芝麻苷 | lamalboside |
| 短柄野芝麻酸 (拉玛酸、拉马鲁比酸) | lamalbidic acid |
| 短柄野芝麻萜苷 | lamalbide |
| 短翅黄芪苷 A～C | brachyosides A～C |
| 短刺虎刺素 | subspinosin |
| 短萼海桐皂苷元 | pittobrevigenin |
| 短萼灰毛豆酮 | candidone |
| 短梗菝葜苷 C～F | smilscobinosides C～F |
| 短梗胡枝子素 $A_1$、$B_1$～$B_3$、$C_1$、$D_1$、$E_1$～$E_7$、$F_1$、$F_2$、$H_1$～$H_4$ | lespecyrtins $A_1$, $B_1$～$B_3$, $C_1$, $D_1$, $E_1$～$E_7$, $F_1$, $F_2$, $H_1$～$H_4$ |
| 短梗五加苷 | sessiloside |
| 短尖冬青皂苷-3 | brevicuspisaponin-3 |
| 短茎马先蒿苷 A、B | artselaerosides A, B |
| 短茎马先蒿素 Ⅰ～Ⅲ、A～C | artselaenins Ⅰ～Ⅲ, A～C |
| 短颈苔碱 (短苔草灵) | brevicolline |
| 短距乌头碱 | acobretine |
| 短绢毛波罗蜜素 B | artopetelin B |
| 短毛长春蔓碱 (毛蔓长春花碱、毛止泻木碱) | pubescine |
| 短毛小芸木素 | micropubescin |
| 短密青霉碱 A、B | brevicompanines A, B |
| 短密青霉素 | compactin |
| 短密青霉酮 A～E | breviones A～E |
| 短密青霉肟 | brevioxime |
| 短矢车菊碱 | brevicepsine |
| 短穗胡椒胺 B | brachyamide B |
| 短穗胡椒酰胺 (苯并二氧戊烷酰胺) A～E | brachystamides A～E |
| 短苔草碱 | brevicarine |
| 短葶仙茅素 A～C | breviscapins A～C |
| (3*S*)-短小蛇根草苷 | (3*S*)-pumiloside |
| 短小蛇根草苷 | pumiloside |

| | |
|---|---|
| 短小蛇根草莫苷 [伊那莫苷、2-吡喃葡萄糖氧基-4-(2-羟甲基-6, 6-二甲基-2-环己烯-1-基)-3-丁烯] | inamoside [2-glucopyranosyloxy-4-(2-hydroxymethyl-6, 6-dimethyl-2-cyclohexen-1-yl)-3-butene] |
| 短小蛇根草莫苷 A～G | inamosides A～G |
| 短序鹅掌柴灵 A、B | bodirins A, B |
| 短序鹅掌柴宁 | bodinin |
| 短序鹅掌柴亭 A～D | bodinitins A～D |
| 短序鹅掌柴酮 | bodinone |
| 短序鹅掌柴酮糖苷 | bodinone glycoside |
| 短叶老鹳草素 A | brevilin A |
| 短叶老鹳草素醇 (短叶醇、短叶紫杉醇) | brevifoliol |
| 短叶罗汉松内酯 (拉肯梅基内酯) A～J | rakanmakilactones A～J |
| 短叶罗汉松内酯 G-7-*O*-β-D-呋喃芹糖苷 | rakanmakilactone G-7-*O*-β-D-apiofuranoside |
| 短叶松素 (短叶松黄烷酮、北美短叶松素) | pinobanksin |
| 短叶松素-3-*O*-乙酸酯 | pinobanksin-3-*O*-acetate |
| 短叶松素-7-甲醚 | pinobanksin-7-methyl ether |
| 短叶苏木酚 (短叶绢蒿素) | brevifolin |
| 短叶苏木酚甲酸-10-硫酸氢钾 | brevifolin carboxylic acid-10-monopotassium sulphate |
| 短叶苏木酚酸 | brevifolincarboxylic acid |
| 短叶苏木酚酸甲酯 | methyl brevifolin carboxylate |
| 短叶苏木酚酸乙酯 | ethyl brevifolin carboxylate |
| 短叶苏木酚酸酯 | brevifolin carboxylate |
| 短叶苏木鞣质 | brevilagin |
| 短叶紫杉素 | brevitaxin |
| 短枝菊色原酮 | brachychromone |
| 短枝菊香豆素 | brachycoumarin |
| 6, 7-断-6-去甲基狭叶鸭脚树洛平碱 B (象皮木宁) | 6, 7-*seco*-6-norangustilobine B (losbanine) |
| 断节参苷 | wallicoside |
| 3, 4-断熊果-12-烯-3-酸 (二氢栎瘿酸) | 3, 4-secours-12-en-3-oic acid (dihydroroburic acid) |
| 断氧化马钱子苷酸 | secoxyloganic acid |
| 缎花胺 | lunariamine |
| 缎花定 | lunaridine |
| 缎花碱 | lunarine |
| 缎花明 | numismine |
| 缎木碱 (β-花椒碱、茵芋碱、7, 8-二甲氧基白鲜碱) | chloroxylonine (β-fagarine, skimmianine, 7, 8-dimethoxydictamnine) |
| 椴树醇 | basseol |
| 椴树苷 (银椴苷、茸毛椴苷、椴苷) | tiliroside |
| 椴树素 (椴素、田蓟苷、日本椴苷) | tilianin (tilianine) |
| 椴树素-7-*O*-β-D-吡喃葡萄糖苷 | tilianin-7-*O*-β-D-glucopyranoside |

| 椴藤碱 | tiliacorine |
|---|---|
| 椴藤君 | tiliandrine |
| 椴藤任 | tiliarine |
| 煅石膏 (干燥硫酸钙) | galcii sulfas siccus |
| 堆花石斛素 | cumulatin |
| 堆心菊苦素 | heleniamarin |
| 堆心菊灵 (6α-羟基-4-氧亚基伪愈创木-2, 11 (13)-二烯-12, 8-内酯) | helenalin [6α-hydroxy-4-oxopseudoguai-2, 11 (13)-dien-12, 8-olide (6α-hydroxy-4-oxo-ambrosa-2, 11 (13)-dien-12, 8-olide] |
| 堆心菊灵内酯-2α-*O*-巴豆酸酯 | florilenalin-2α-*O*-tiglate |
| 堆心菊灵内酯当归酸酯 | florilenalin angelate |
| 堆心菊灵内酯异丁酯 | florilenalin isobutanoate |
| 堆心菊灵内酯异戊酸酯 | florilenalin isovalerate |
| 堆心菊内酯 | florilenalin |
| 堆心菊素 | helenien |
| 对-1-盖烯 | *p*-1-menthene |
| 对-1-盖烯-3-醇 | *p*-1-menthen-3-ol |
| 对-2, 8-盖二烯-1-醇 | *p*-2, 8-menthadien-1-ol |
| 对-2-盖烯-1-醇 | *p*-2-menthen-1-ol |
| 对-2-盖烯-4-醇 | *p*-2-menthen-4-ol |
| 对-*O*-香叶基香豆酸 | *p*-*O*-geranyl coumaric acid |
| 对-α-二甲基苏合香烯 | *p*-α-dimethyl styrene |
| 对-β-D-吡喃葡萄糖氧基苄基胺 | *p*-β-D-glucopyranosyloxybenzyl amine |
| 对-β-D-葡萄糖氧基苯甲酸 | *p*-β-D-glucosyloxybenzoic acid |
| 对-β-芸香糖氧基苏合香烯 | *p*-β-rutinosyloxystyrene |
| (*E*)-6-*O*-对阿魏酰鸡屎藤次苷甲酯 | (*E*)-6-*O*-*p*-feruloyl scandoside methyl ester |
| (*Z*)-6-*O*-对阿魏酰鸡屎藤次苷甲酯 | (*Z*)-6-*O*-*p*-feruloyl scandoside methyl ester |
| 6-*O*-对阿魏酰鸡屎藤次苷甲酯 | 6-*O*-*p*-feruloyl scandoside methyl ester |
| *N*-对-阿魏酰基-*N'*-顺阿魏酰腐胺 | *N*-feruloyl-*N'*-*cis*-feruloyl putrescine |
| 1-*O*-对阿魏酰基-β-D-吡喃葡萄糖苷 | 1-*O*-*p*-feruloyl-β-D-glucopyranoside |
| 对氨基苯丙氨酸 | *p*-aminophenyl alanine |
| 对氨基苯酚 (对氨基酚) | *p*-aminophenol |
| 对氨基苯酚葡萄糖苷 | *p*-aminophenol-α-D-glucoside |
| 对氨基苯磺酸 | sulfanilic acid |
| 对氨基苯甲醛 | *p*-aminobenzaldehyde |
| 对氨基苯甲酸 | *p*-aminobenzoic acid |
| 对凹顶藻-4 (15)-烯-1β, 11-二醇 | oppsit-4 (15)-en-1β, 11-diol |
| (3*S*, 4*S*, 6*R*)-对薄荷-1-烯-3, 6-二羟基-6-*O*-β-D-吡喃葡萄糖苷 | (3*S*, 4*S*, 6*R*)-*p*-menth-1-en-3, 6-dihydroxy-6-*O*-β-D-glucopyranoside |

D

| | |
|---|---|
| (4*R*)-对薄荷-1-烯-7, 8-二羟基-7-*O*-β-D-吡喃葡萄糖苷 | (4*R*)-*p*-menth-1-en-7, 8-dihydroxy-7-*O*-β-D-glucopyranoside |
| (4*R*)-对薄荷-1-烯-7, 8-二羟基-8-*O*-β-D-吡喃葡萄糖苷 | (4*R*)-*p*-menth-1-en-7, 8-dihydroxy-8-*O*-β-D-glucopyranoside |
| (4*S*)-对薄荷-1-烯-7, 8-二羟基-8-*O*-β-D-吡喃葡萄糖苷 | (4*S*)-*p*-menth-1-en-7, 8-dihydroxy-8-*O*-β-D-glucopyranoside |
| (4*R*)-对薄荷-1-烯-7, 8-二羟基-8-*O*-β-D-呋喃芹糖基-(1→6)-β-D-吡喃葡萄糖苷 | (4*R*)-*p*-menth-1-en-7, 8-dihydroxy-8-*O*-β-D-apiofuranosyl-(1→6)-β-D-glucopyranoside |
| (4*S*)-对薄荷-1-烯-7, 8-二羟基-8-*O*-β-D-呋喃芹糖基-(1→6)-β-D-吡喃葡萄糖苷 | (4*S*)-*p*-menth-1-en-7, 8-dihydroxy-8-*O*-β-D-apiofuranosyl-(1→6)-β-D-glucopyranoside |
| 对薄荷-1 (7), 8-二烯-2-*O*-β-D-葡萄糖苷 | *p*-menth-1 (7), 8-dien-2-*O*-β-D-glucoside |
| (1*R*, 2*R*, 3*R*, 4*S*, 6*S*)-对薄荷-1, 2, 3, 6-四醇 | (1*R*, 2*R*, 3*R*, 4*S*, 6*S*)-*p*-menth-1, 2, 3, 6-tetraol |
| (1*S*, 2*S*, 4*R*)-对薄荷-1, 2, 8-三醇 | (1*S*, 2*S*, 4*R*)-*p*-menth-1, 2, 8-triol |
| (1*S*, 2*R*, 4*S*)-对薄荷-1, 2, 8-三羟基-8-*O*-β-D-吡喃葡萄糖苷 | (1*S*, 2*R*, 4*S*)-*p*-menthane-1, 2, 8-trihydroxy-8-*O*-β-D-glucopyranoside |
| 对薄荷-1, 5, 8-三烯 | *p*-menth-1, 5, 8-triene |
| 对薄荷-1, 5-二烯-8-醇 | *p*-menth-1, 5-dien-8-ol |
| 对薄荷-1, 7, 8-三醇 | *p*-menth-1, 7, 8-triol |
| 对薄荷-1, 8-二醇 (*p*-薄荷-1, 8-二醇) | *p*-menth-1, 8-diol |
| (*R*)-对薄荷-1, 8-二烯-6-酮 | (*R*)-*p*-menth-1, 8-dien-6-one |
| 对薄荷-1-醇 | *p*-menth-1-ol |
| 对薄荷-1-烯-4-醇 | *p*-menth-1-en-4-ol |
| 对薄荷-1-烯-8-醇乙酸酯 | *p*-menth-1-en-8-ol acetate |
| (−)-(1*R*, 4*S*)-对薄荷-2, 8-二烯-1-氢过氧化物 | (−)-(1*R*, 4*S*)-*p*-menth-2, 8-dien-1-hydroperoxide |
| (−)-(1*S*, 4*S*)-对薄荷-2, 8-二烯-1-氢过氧化物 | (−)-(1*S*, 4*S*)-*p*-menth-2, 8-dien-1-hydroperoxide |
| 对薄荷-2-烯-1, 7, 8-三醇 | *p*-menth-2-en-1, 7, 8-triol |
| (*E*)-对薄荷-2-烯-1, 8-二醇 | (*E*)-*p*-menth-2-en-1, 8-diol |
| 对薄荷-2-烯-1, 8-二醇 | *p*-menth-2-en-1, 8-diol |
| 对薄荷-2-烯-1β, 4β, 8-三醇 | *p*-menth-2-en-1β, 4β, 8-triol |
| 对薄荷-2-烯-7-醇 | *p*-menth-2-en-7-ol |
| 对薄荷-3, 8-二醇 | *p*-menth-3, 8-diol |
| 对薄荷-3-烯-1α, 2α, 8-三醇 | *p*-menth-3-en-1α, 2α, 8-triol |
| 对薄荷-3-烯-1-醇 | *p*-menth-3-en-1-ol |
| 对薄荷-3-烯-7-醛 | *p*-menth-3-en-7-al |
| 对薄荷-4-烯-3-酮 | *p*-menth-4-en-3-one |
| 对薄荷-8-醇 | *p*-menth-8-ol |
| 1, 4 (8)-对薄荷二烯-2-羟基-3-酮 | 1, 4 (8)-*p*-menthadien-2-hydroxy-3-one |
| 对薄荷-反式-3, 8-二醇 | *p*-menth-*trans*-3, 8-diol |
| 1, 5, 8-对薄荷三烯 | 1, 5, 8-*p*-menthatriene |
| 对薄荷-顺式-3, 8-二醇 | *p*-menth-*cis*-3, 8-diol |
| δ-对薄荷烯 | δ-*p*-menthene |

| 对薄荷烯醇 | *p*-piperitenol |
|---|---|
| 对苯叉基二胺 (苯-1, 4-叉基二胺) | *p*-phenylenediamine (1, 4-phenylenediamine) |
| 对苯单过氧二甲酸 | monoperoxyterephthalic acid |
| 对苯二酚 (1, 4-苯二酚、对羟基苯酚、氢醌、对二氢醌) | *p*-benzenediol (1, 4-benzenediol, *p*-hydrophenol, hydroquinone, *p*-dihydroquinone, p-dihydroxybenzene) |
| 对苯二酚 (对二氢醌、氢醌、对羟基苯酚、1, 4-苯二酚) | *p*-dihydroxybenzene (*p*-dihydroquinone, hydroquinone, *p*-benzenediol, *p*-hydrophenol, 1, 4-benzenediol) |
| 1, 4-对苯二甲酸 | 1, 4-terephthalic acid |
| 对苯二甲酸 | terephthalic acid |
| 对苯二甲酸二甲酯 | terephthalate dimethyl ester |
| 对苯二甲酰二氯化物 | terephthaloyl dichloride |
| 对苯二醛 | terephthaldehyde |
| 对苯二酸二甲酯 | dimethyl-*p*-phthalate |
| 对苯基氨基替膦酸 | *p*-phenyl phosphonamidic acid |
| 对苯基肼基替膦酸 | *p*-phenyl phosphonohydrazidic acid |
| 对苯甲醛 | *p*-benzaldehyde |
| 3α-对苯甲酰基多花白树-7: 9 (11)-二烯-29-苯甲酸酯 | 3α-*p*-aminobenzoyl multiflora-7: 9 (11)-dien-29-benzoate |
| 对苯乙醇 | *p*-phenyl ethyl alcohol |
| 对丙基苯甲酸 | *p*-propyl benzoic acid |
| 对丙烯基茴香醚 (大茴香脑、茴香脑) | *p*-propenyl anisole (anise camphor, anethole) |
| 对称高精脒 | symhomospermidine |
| 对二甲氨基苯甲醛 | 4-dimethylaminobenzaldehyde |
| 对二甲苯 | *p*-xylene |
| 对二没食子酸 | *p*-digalloyl acid |
| 对二没食子酸乙酯 | ethyl *p*-digallate |
| 对二羟基苯 | benzene-1, 4-diol |
| 对二氢醌 (氢醌、对羟基苯酚、1, 4-苯二酚、对苯二酚) | *p*-dihydroquinone (hydroquinone, *p*-dihydroxybenzene, *p*-benzenediol, *p*-hydrophenol, 1, 4-benzenediol) |
| 5-对-反式-羟基桂皮酰奎宁酸 | 5-*p*-*trans*-hydroxycinnamoyl quinic acid |
| *N*-(对-反式-香豆酰基) 酪胺 | *N*-(*p*-*trans*-coumaroyl) tyramine |
| 5-对-反式-香豆酰基奎宁酸 | 5-*p*-*trans*-coumaroyl quinic acid |
| 对根皮苷 (三叶苷、三裂海棠素) | trilobatin |
| 2-(对环己基苯氧基) 乙醇 | 2-(*p*-cyclohexyl phenoxy) ethanol |
| 对磺酸桂皮酸 | *p*-sulphooxycinnamic acid |
| 对茴香醛 (对茴芹醛、茴香醛、茴芹醛、4-甲氧基苯甲醛) | *p*-anisaldehyde (anisic aldehyde, 4-methoxybenzaldehyde) |
| 对茴香酸 (对茴芹酸) | *p*-anisic acid |
| 对甲苯胺 | toluidine |
| 对甲苯磺酸根 | *p*-toluenesulfonate |
| 对甲苯磺酸钠 | sodium *p*-toluenesulfonate |

| 对甲苯磺酰基 | tosyl |
|---|---|
| 对甲苯基-1-*O*-β-D-吡喃葡萄糖苷 | *p*-methyl phenyl-1-*O*-β-D-glucopyranoside |
| 对甲苯基甲基甲醇二阿魏酰基甲烷 | *p*-tolyl methyl carbinol diferuloyl methane |
| 对甲基苯酚 (对甲酚、对甲苯酚) | *p*-cresol (*p*-methyl phenol) |
| (*E*)-对甲基桂皮酸 | (*E*)-*p*-methyl cinnamic acid |
| 对甲基异丙基苯 | *p*-methyl isopropyl benzene |
| 6-对甲基梓醇 | 6-*p*-methyl catalpol |
| 对甲氧酚 (对羟基茴香醚) | mequinol (hydroxyanisole) |
| 2-(对甲氧基苯) 乙醛 | 2-(*p*-methoxyphenyl) acetaldehyde |
| 对甲氧基苯-2-丙酮 | *p*-methoxyphenyl propan-2-one |
| 对甲氧基苯丙醛 | *p*-methoxyphenyl propyl aldehyde |
| 对甲氧基苯丙酸 | *p*-methoxyphenyl propionic acid |
| 对甲氧基苯酚 (4-甲氧基苯酚) | *p*-methoxyphenol (4-methoxyphenol) |
| 对甲氧基苯甲酸 (4-甲氧基苯甲酸) | *p*-methoxybenzoic acid (4-methoxybenzoic acid) |
| 对甲氧基苯乙酸 (4-甲氧基苯乙酸) | *p*-methoxyphenyl acetic acid (4-methoxyphenyl acetic acid) |
| 对甲氧基苯乙烯 | *p*-methoxyphenyl ethylene |
| 对甲氧基苄基丙酮 | *p*-methoxybenzyl acetone |
| 对甲氧基桂皮醛 (4-甲氧基桂皮醛) | *p*-methoxycinnamal (*p*-methoxycinnamaldehyde, 4-methoxycinnamaldehyde) |
| (*E*)-对甲氧基桂皮酸 | (*E*)-*p*-methoxycinnamic acid |
| 对甲氧基桂皮酸 (对甲氧基肉桂酸) | *p*-methoxycinnamic acid |
| 对甲氧基桂皮酸甲酯 | methyl *p*-methoxycinnamate |
| 对甲氧基桂皮酸葡萄糖酯 | *p*-methoxycinnamate glucoside |
| 对甲氧基桂皮酸乙醚 | *p*-methoxycinnamic acid ethyl ether |
| 对甲氧基桂皮酸乙酯 | ethyl *p*-methoxycinnamate |
| 8-*O*-(*E*)-对甲氧基桂皮酰哈巴苷 [8-*O*-(*E*)-对甲氧基肉桂酰钩果草吉苷] | 8-*O*-(*E*)-*p*-methoxycinnamoyl harpagide |
| 8-*O*-(*Z*)-对甲氧基桂皮酰哈巴苷 [8-*O*-(*Z*)-对甲氧基肉桂酰钩果草吉苷、8-*O*-(*Z*)-对甲氧基桂皮酰哈帕苷] | 8-*O*-(*Z*)-*p*-methoxycinnamoyl harpagide |
| 5-*O*-对甲氧基桂皮酰鸡屎藤次苷甲酯 | 5-*O*-*p*-methoxycinnamoyl scandoside methyl ester |
| 6-*O*-对甲氧基桂皮酰鸡屎藤次苷甲酯 | 6-*O*-*p*-methoxycinnamoyl scandoside methyl ester |
| 对甲氧基桂皮酰桃叶珊瑚苷 | *p*-methoxycinnamoyl aucubin |
| 6-对甲氧基桂皮酰梓醇 | 6-*p*-methoxycinnamoyl catalpol |
| 对甲氧基桂皮酰梓醇 | *p*-methoxycinnamoyl catalpol |
| 对甲氧基茴香醚 | *p*-methoxyanisole |
| 对甲氧基羟基桂皮酸 | *p*-methoxyhydroxycinnamic acid |
| (*E*)-对甲氧基肉桂酸甲酯 | methyl (*E*)-*p*-methoxycinnamate |
| 对甲氧基肉桂酸乙酯 | ethyl 4-methoxycinnamate |
| 6′-*O*-(*E*)-对甲氧基肉桂酰哈巴苷 (6′-*O*-(*E*)-对甲氧基桂皮酰钩果草吉苷) | 6′-*O*-(*E*)-*p*-methoxycinnamoyl harpagide |

| | |
|---|---|
| 6′-O-(Z)-对甲氧基肉桂酰哈巴苷 [6′-O-(Z)-对甲氧基桂皮酰钩果草吉苷] | 6′-O-(Z)-p-methoxycinnamoyl harpagide |
| 4-O-(对甲氧基肉桂酰基)-α-L-吡喃鼠李糖苷 | 4-O-(p-methoxycinnamoyl)-α-L-rhamnopyranoside |
| 4-O-(对甲氧基肉桂酰基)-β-D-吡喃葡萄糖苷 | 4-O-(p-methoxycinnamoyl)-β-D-glucopyranoside |
| 6-O-α-L-(2″-O-对甲氧基肉桂酰基) 吡喃鼠李糖基梓醇 | 6-O-α-L-(2″-O-p-methoxycinnamoyl) rhamnopyranosyl catalpol |
| 6-O-α-L-(3″-O-对甲氧基肉桂酰基) 吡喃鼠李糖基梓醇 | 6-O-α-L-(3″-O-p-methoxycinnamoyl) rhamnopyranosyl catalpol |
| 6-O-α-L-(3″-O-对甲氧基肉桂酰基-4″-O-乙酰基) 吡喃鼠李糖基梓醇 | 6-O-α-L-(3″-O-p-methoxycinnamoyl-4″-O-acetyl) rhamnopyranosyl catalpol |
| 6-O-α-L-(2″-O-对甲氧基肉桂酰基-4-O-乙酰基) 吡喃鼠李糖基梓醇 | 6-O-α-L-(2″-O-p-methoxycinnamoyl-4-O-acetyl) rhamnopyranosyl catalpol |
| (E)-6-O-对甲氧基肉桂酰基鸡屎藤次苷甲酯 | (E)-6-O-p-methoxycinnamoyl scandoside methyl ester |
| (Z)-6-O-对甲氧基肉桂酰基鸡屎藤次苷甲酯 [(Z)-6-O-对甲氧基桂皮酰鸡屎藤次苷甲酯] | (Z)-6-O-p-methoxycinnamoyl scandoside methyl ester |
| 对甲氧基苏合香烯 | p-methoxystyrene |
| 对甲氧基乙酰苯酚 | p-methoxyacetophenol |
| 对甲氧基乙酰苯酮 | p-methoxyacetophenone |
| 对聚伞花素 (对伞花烃、对孜然芹烃、对伞形花素、对异丙基甲苯、百里香素) | dolcymene (p-cymene, p-cymol, p-isopropyl toluene) |
| 对聚伞花素 (对伞花烃、对孜然芹烃、对伞形花素、对异丙基甲苯、百里香素) | p-cymol (dolcymene, p-cymene, p-isopropyl toluene) |
| 对硫磷 | parathion |
| 2, 4 (8)-对蓋二烯 | 2, 4 (8)-p-menthadiene |
| 3, 8 (9)-对蓋二烯-1-醇 | 3, 8 (9)-p-menthadien-1-ol |
| 1 (7), 2-对蓋二烯-4-醇 | 1 (7), 2-p-menthadien-4-ol |
| 1 (7), 2-对蓋二烯-6-醇 | 1 (7), 2-p-menthadien-6-ol |
| 1, 3-对蓋二烯-7-醛 | 1, 3-p-menthadien-7-al |
| 1, 4-对蓋二烯-7-醛 | 1, 4-p-menthadien-7-al |
| 1 (7), 8 (10)-对蓋二烯-9-醇 | 1 (7), 8 (10)-p-menthadien-9-ol |
| 1-对蓋烯-8, 9-二醇 | 1-p-menthen-8, 9-diol |
| 对葡萄氧基扁桃腈 | p-glucosyloxymandelonitrile |
| 1-对羟苯基-1-(O-乙酰基)-2-丙烯 | 1-p-hydroxyphenyl-1-(O-acetyl) prop-2-ene |
| 1-C-(对羟苯基) 甘油 | 1-C-(p-hydroxyphenyl) glycerol |
| 2-(对羟苯基) 乙基-2, 6-双 (2S, 3E, 4S)-3-亚乙基-2-(β-D-吡喃葡萄糖氧基)-3, 4-二氢-5-(羰甲氧基)-2H-吡喃-4-乙酸酯 | 2-(p-hydroxyphenyl) ethyl-2, 6-bis (2S, 3E, 4S)-3-ethylidene-2-(β-D-glucopyranosyloxy)-3, 4-dihydro-5-(methoxycarbonyl)-2H-pyran-4-acetate |
| 1-对羟苯基-2-羟基-3-(2, 4, 6)-三羟苯基-1, 3-丙二酮 | 1-p-hydroxyphenyl-2-hydroxy-3-(2, 4, 6)-trihydroxyphenyl-1, 3-propanedione |
| 2-对羟苯基-2-氧亚基乙酸甲酯 | methyl 2-(4-hydroxyphenyl)-2-oxoacetate |
| 对羟苯基-6-O-反式-咖啡酰基-β-D-阿洛糖苷 | p-hydroxyphenyl-6-O-trans-caffeoyl-β-D-alloside |

| | |
|---|---|
| 对羟苯基-6-*O*-反式-咖啡酰基-β-D-葡萄糖苷 | *p*-hydroxyphenyl-6-*O*-*trans*-caffeoyl-β-D-glucoside |
| 对羟苯基-β-D-阿洛糖苷 | *p*-hydroxyphenyl-β-D-alloside |
| 对羟苯基阿魏酸酯 | *p*-hydroxyphenyl ferulate |
| 对羟苯基巴豆油酸 | *p*-hydroxyphenyl crotonic acid |
| 对羟苯基乳酸 (4-羟苯基乳酸) | *p*-hydroxyphenyl lactic acid (4-hydroxyphenyl lactic acid) |
| 2-对羟苯甲基苹果酸 | 2-(4-hydroxybenzyl) malic acid |
| 对羟苯乙烯基-β-D-葡萄糖苷 | *p*-hydroxystyryl-β-D-glucoside |
| 1-(对羟苄基)-2-甲氧基-4, 7-二羟基-9, 10-二氢菲 | 1-(*p*-hydroxybenzyl)-2-methoxy-4, 7-dihydroxy-9, 10-dihydrophenanthrene |
| 1-(对羟苄基)-4, 7-二甲氧基菲-2, 6-二醇 | 1-(*p*-hydroxybenzyl)-4, 7-dimethoxyphenanthrene-2, 6-diol |
| 1-(对羟苄基)-4, 7-二甲氧基菲-2, 8-二醇 | 1-(*p*-hydroxybenzyl)-4, 7-dimethoxyphenanthrene-2, 8-diol |
| 1-(对羟苄基)-4, 7-二甲氧基菲-2-醇 | 1-(*p*-hydroxybenzyl)-4, 7-dimethoxyphenanthrene-2-ol |
| 1-(对羟苄基)-4, 8-二甲氧基菲-2, 7-二醇 | 1-(*p*-hydroxybenzyl)-4, 8-dimethoxyphenanthrene-2, 7-diol |
| 3-(对羟苄基)-4-甲氧基-9, 10-二氢菲-2, 7-二醇 | 3-(*p*-hydroxybenzyl)-4-methoxy-9, 10-dihydrophenanthrene-2, 7-diol |
| 1-(对羟苄基)-4-甲氧基-2, 7-二羟基-9, 10-二氢菲 | 1-(*p*-hydroxybenzyl)-4-methoxy-2, 7-dihydroxy-9, 10-dihydrophenanthrene |
| 1-对羟苄基-2-甲氧基-9, 10-二氢菲-4, 7-二醇 | 1-*p*-hydroxybenzyl-2-methoxy-9, 10-dihydrophenanthrene-4, 7-diol |
| 2-对羟苄基-3-甲氧基联苄-3, 3′-二醇 | 2-(*p*-hydroxybenzyl)-3-methoxybibenzyl-3, 3′-diol |
| 1-对羟苄基-4-甲氧基-9, 10-二氢菲-2, 7-二醇 | 1-*p*-hydroxybenzyl-4-methoxy-9, 10-dihydrophenanthrene-2, 7-diol |
| 1-对羟苄基-4-甲氧基菲-2, 7-二醇 | 1-*p*-hydroxybenzyl-4-methoxyphenanthrene-2, 7-diol |
| 2-对羟苄基-5-甲氧基联苄-3′, 5-二醇 | 2-(*p*-hydroxybenzyl)-5-methoxybibenzyl-3′, 5-diol |
| 对羟苄基丙酮 | *p*-hydroxybenzyl acetone |
| 8-对羟苄基槲皮素 | 8-*p*-hydroxybenzyl quercetin |
| 对羟苄基甲腈 | *p*-hydroxybenzyl cyanide |
| 对羟苄基甲醚 (4-对羟苄基甲醚) | *p*-hydroxybenzyl methyl ether (4-hydroxybenzyl methyl ether) |
| 对羟苄基芥子油苷 | *p*-hydroxybenzyl glucosinolate |
| 对羟苄基酒石酸 | *p*-piscidic acid |
| 对羟苄基乙醚 (4-羟苄基乙醚) | *p*-hydroxybenzyl ethyl ether (4-hydroxybenzyl ethyl ether) |
| 对羟福林 | oxedrine |
| 对羟基苯丙醇 | *p*-hydroxyphenyl propanol |
| 对羟基苯丙酸 (根皮酸) | *p*-hydroxyphenyl propionic acid (phloretic acid) |
| 3-对羟基苯丙酸甲酯 | methyl 3-(4-hydroxyphenyl) propionate |
| 对羟基苯丙酮酸 | *p*-hydroxyphenyl pyruvic acid |

| | |
|---|---|
| (*E*)-对羟基苯丙烯酸 | (*E*)-*p*-hydroxyphenyl propenoic acid |
| 对羟基苯丙烯酸 | *p*-hydroxyphenyl propenoic acid |
| 对羟基苯丙烯酸甲酯 | methyl *p*-hydroxyphenyl propenoate |
| 对羟基苯酚 (1, 4-苯二酚、对苯二酚、对二氢醌、氢醌) | *p*-hydrophenol (*p*-benzenediol, 1, 4-benzenediol, hydroquinone, *p*-dihydroquinone, *p*-dihydroxybenzene) |
| 对羟基苯甲胺 (4-羟基苯甲胺) | *p*-hydroxybenzyl amine (4-hydroxybenzyl amine) |
| 对羟基苯甲醇 (4-羟基苯甲醇) | *p*-hydroxybenzyl alcohol (4-hydroxybenzyl alcohol) |
| 对羟基苯甲酸 2α-羟基木油树酸酯 | 2α-hydroxyaleuritolic acid *p*-hydroxybenzoate |
| 对羟基苯甲酸-4-*O*-β-D-吡喃葡萄糖基-(1→3)-α-L-吡喃鼠李糖苷 | *p*-hydroxybenzoic acid-4-*O*-β-D-glucopyranosyl-(1→3)-α-L-rhamnopyranoside |
| 对羟基苯甲酸-β-D-吡喃葡萄糖苷 | *p*-hydroxybenzoic acid-β-D-glucopyranoside |
| 对羟基苯甲酸丁酯 | butyl paraben (butyl *p*-hydroxybenzoate) |
| 对羟基苯甲酸庚酯 | heptyl *p*-hydroxybenzoate |
| 对羟基苯甲酸甲酯 (4-羟基苯甲酸甲酯、尼泊金甲酯、羟苯甲酯) | methyl *p*-hydroxybenzoate (methyl 4-hydroxybenzoate, methyl paraben) |
| 对羟基苯甲酸葡萄糖苷 | *p*-hydroxybenzoic acid glucoside |
| 对羟基苯甲酸乙酯 | ethyl *p*-hydroxybenzoate |
| 对羟基苯甲酰斑鸠菊黄烷苷 | *p*-hydroxybenzoyl vernovan |
| 6-*O*-对羟基苯甲酰地黄诺苷 | 6-*O*-*p*-hydroxybenzoyl glutinoside |
| 10-*O*-对羟基苯甲酰黄花夹竹桃臭蚁苷乙 | 10-*O*-*p*-hydroxybenzoyl theviridoside |
| 1-(对羟基苯甲酰基)-2-甲氧基-4, 7-二羟基-9, 10-二氢菲 | 1-(*p*-hydroxybenzoyl)-2-methoxy-4, 7-dihydroxy-9, 10-dihydrophenanthrene |
| (6-*O*-对羟基苯甲酰基)-β-D-吡喃葡萄糖甲苷 | methyl-(6-*O*-*p*-hydroxybenzoyl)-β-D-glucopyranoside |
| (6-*O*-对羟基苯甲酰基)-β-D-吡喃葡萄糖乙苷 | ethyl (6-*O*-*p*-hydroxybenzoyl)-β-D-glucopyranoside |
| (1*S*, 5*S*, 6*R*, 9*R*)-10-*O*-对羟基苯甲酰基-5, 6β-二羟基环烯醚萜-1-*O*-β-D-吡喃葡萄糖苷 | (1*S*, 5*S*, 6*R*, 9*R*)-10-*O*-*p*-hydroxybenzoyl-5, 6β-dihydroxyiridoid-1-*O*-β-D-glucopyranoside |
| 6''''-*O*-对羟基苯甲酰基-6'''-*O*-β-D-吡喃葡萄糖基芍药苷 (牡丹二糖苷 A) | 6''''-*O*-*p*-hydroxybenzoyl-6'''-*O*-β-D-glucopyranosyl paeoniflorin (suffruyabioside A) |
| 6-*O*-对羟基苯甲酰基-6-表美利妥单苷 | 6-*O*-*p*-hydroxybenzoyl-6-epimonomelittoside |
| 6-*O*-对羟基苯甲酰基-6-表桃叶珊瑚苷 | 6-*O*-*p*-hydroxybenzoyl-6-epiaucubin |
| 7-*O*-对羟基苯甲酰基-8-表马钱子酸 | 7-*O*-*p*-hydroxybenzoyl-8-epiloganic acid |
| 10-*O*-对羟基苯甲酰基鸡屎藤次苷甲酯 | 10-*O*-(*p*-hydroxybenzoyl) scandoside methyl ester |
| 6-*O*-对羟基苯甲酰基筋骨草醇 | 6-*O*-*p*-hydroxybenzoyl ajugol |
| 对羟基苯甲酰基鹿梨苷 | *p*-hydroxybenzoyl calleryanin |
| 3β-对-羟基苯甲酰基脱氢土莫酸 | 3β-*p*-hydroxybenzoyl dehydrotumulosic acid |
| 对羟基苯甲酰基熊果苷 | *p*-hydroxybenzoyl arbutin |
| 5α-*O*-对羟基苯甲酰山地阿魏烯醇 | 5α-*O*-*p*-hydroxybenzoyl akichenol |
| 对羟基苯甲酰芍药单宁 | *p*-hydroxybenzoyl paeonidanin |
| 6-*O*-对羟基苯甲酰十万错苷 E | 6-*O*-*p*-hydroxybenzoyl asystasioside E |
| 6-*O*-对羟基苯甲酰桃叶珊瑚素 | 6-*O*-*p*-hydroxybenzoyl aucubin |

| | |
|---|---|
| 5-对羟基苯甲酰氧基-7-(2, 3, 5-三羟基苯甲酰氧基)-8-甲氧羰基-(–)-阿夫儿茶素 | 5-*p*-hydroxybenzoxy-7-(2, 3, 5-trihydroxybenzoxy)-8-methoxycarbonyl-(–)-afzelechin |
| 5-对羟基苯甲酰氧基-7-(2, 3, 5-三羟基苯甲酰氧基)-8-乙氧羰基-(–)-阿夫儿茶素 | 5-*p*-hydroxybenzoxy-7-(2, 3, 5-trihydroxybenzoxy)-8-ethoxycarbonyl-(–)-afzelechin |
| 5-对羟基苯甲酰氧基-7-羟基-8-乙氧羰基-(–)-阿夫儿茶素 | 5-*p*-hydroxybenzoxy-7-hydroxyl-8-ethoxycarbonyl-(–)-afzelechin |
| 6″-*O*-对羟基苯甲酰野鸢尾苷 | 6″-*O*-*p*-hydroxybenzoyl iridin |
| 2′-对羟基苯甲酰玉叶金花苷酸 (2′-对羟基苯甲酰驱虫金合欢苷酸) | 2′-*p*-hydroxybenzoyl mussaenosidic acid |
| 6′-对羟基苯甲酰玉叶金花苷酸 (6′-对羟基苯甲酰驱虫金合欢苷酸) | 6′-*p*-hydroxybenzoyl mussaenosidic acid |
| 5α-对羟基苯甲酰中亚阿魏二醇 | 5α-(4-hydroxybenzoyl) jaeschkeanadiol |
| 7-*O*-对羟基苯甲酰梓醚醇-1-*O*-(6′-*O*-对羟基苯甲酰基)-β-D-吡喃葡萄糖苷 | 7-*O*-*p*-hydroxybenzoylovatol-1-*O*-(6′-*O*-*p*-hydroxybenzoyl)-β-D-glucopyranoside |
| 6′-*O*-对羟基苯甲酰梓实苷 | 6′-*O*-*p*-hydroxybenzoyl catalposide |
| 2-(对羟基苯氧基)-5, 7-二羟基-6-苯基色原酮 | 2-(*p*-hydroxyphenoxy)-5, 7-dihydroxy-6-phenyl chromone |
| 2-(对羟基苯氧基)-5, 7-二羟基-6-异戊烯基色原酮 | 2-(*p*-hydroxyphenoxy)-5, 7-dihydroxy-6-prenyl chromone |
| 对羟基苯乙胺 (酪胺) | *p*-hydroxyphenethyl amineuteramine (tyrosamine, tocosine, uteramine, tyramine) |
| 2-对羟基苯乙醇 | 2-(4-hydroxy) phenyl ethanol |
| 对羟基苯乙醇 (酪醇) | *p*-hydroxyphenyl ethyl alcohol (tyrosol) |
| 对羟基苯乙醇葡萄糖苷 | *p*-hydroxyphenyl ethanol glucoside |
| *N*-(对羟基苯乙基) 阿魏酸酰胺 | *N*-(*p*-hydroxyphenyl ethyl) ferulamide |
| *N*-(对羟基苯乙基) 对羟基桂皮酰胺 | *N*-(*p*-hydroxyphenyl ethyl)-*p*-hydroxycinnamamide |
| *N*-(对羟基苯乙基) 对香豆酰胺 | *N*-(*p*-hydroxyphenyl ethyl)-*p*-coumaramide |
| 对羟基苯乙基-*O*-β-D-吡喃葡萄糖苷 | *p*-hydroxyphenethyl-*O*-β-D-glucopyranoside |
| 对羟基苯乙基-α-D-葡萄糖苷 | *p*-hydroxyphenethyl-α-D-glucoside |
| 对羟基苯乙基-β-D-葡萄糖苷 | *p*-hydroxyphenethyl-β-D-glucoside |
| 对羟基苯乙基阿魏酸酯 | *p*-hydroxyphenethyl ferulate |
| 对羟基苯乙基对香豆酸酯 | *p*-hydroxyphenethyl-*p*-coumarate |
| 对羟基苯乙基反式-阿魏酸 | *p*-hydroxyphenethyl-*trans*-ferulate |
| 对羟基苯乙酸 (4-羟基苯乙酸) | *p*-hydroxyphenyl acetic acid (4-hydroxyphenyl acetic acid) |
| 对羟基苯乙酸甲酯 | methyl *p*-hydroxybenzene acetate |
| 对羟基苯乙酸乙酯 | ethyl *p*-hydroxyphenyl acetate |
| 对羟基苯乙酸酯 (4-羟苯乙酸酯) | *p*-hydroxyphenyl acetate (4-hydroxyphenyl acetate) |
| 对羟基苯乙酮 (对乙酰基苯酚、4-羟基苯乙酮、4-乙酰基苯酚) | *p*-hydroxyacetophenone (*p*-acetyl phenol, 4-hydroxyacetophenone, 4-acetyl phenol) |
| 对羟基苯乙酮-*O*-β-D-吡喃葡萄糖苷 | *p*-hydroxyacetophenone-*O*-β-D-glucopyranoside |
| 6-对羟基苯乙烯-2-吡喃酮-4-*O*-β-D-葡萄糖苷 | 6-*p*-hydroxystyrene-2-pyranone-4-*O*-β-D-glucoside |

| 15-*O*-[6′-(对羟基苯乙酰基)]-β-D-吡喃葡萄糖基金子菊醛 A | 15-*O*-[6′-(*p*-hydroxyphenyl acetyl)]-β-D-glucopyranosylurospermal A |
|---|---|
| 对羟基扁桃腈葡萄糖苷 | *p*-hydroxymandelonitril glucoside |
| 对羟基反式-桂皮酸乙酯 | ethyl *p*-hydroxy-*trans*-cinnamate |
| (+)-9′-*O*-对羟基反式-桂皮酰基-7-羟基落叶松脂素酯 | (+)-9′-*O*-*p*-cinnamoyl-7-hydroxylariciresinol ester |
| (+)-9′-*O*-对羟基反式-桂皮酰基落叶松脂素酯 | (+)-9′-*O*-*p*-cinnamoyl lariciresinol ester |
| 对羟基反式-邻香豆酸 | *p*-*trans*-coumarinic acid |
| *N*-对羟基反式-香豆酰酪胺 | *N*-*p*-hydroxy-*trans*-coumaroyl tyramine |
| 对羟基桂皮醛 (4-羟基桂皮醛、4-羟基肉桂醛) | *p*-hydroxycinnamaldehyde (4-hydroxycinnamaldehyde) |
| (*Z*)-对羟基桂皮酸 | (*Z*)-*p*-hydroxycinnamic acid |
| 对羟基桂皮酸 (4-羟基桂皮酸、4-羟基肉桂酸、对香豆酸、对羟基肉桂酸、对羟基苯丙烯酸) | *p*-hydroxycinnamic acid (4-hydroxycinnamic acid, *p*-coumaric acid) |
| (*E*)-对羟基桂皮酸 [(*E*)-4-羟基桂皮酸、(*E*)-对香豆酸] | (*E*)-*p*-hydroxycinnamic acid [(*E*)-4-hydroxycinnamic acid, (*E*)-*p*-coumaric acid] |
| 对羟基桂皮酸甲酯 | methyl *p*-hydroxycinnamate |
| 对羟基桂皮酸葡萄糖酯 | *p*-hydroxycinnamic acid glucoside |
| 对羟基桂皮酸十六醇酯 | *p*-hydroxycinnamic acid hexadecyl ester |
| 对羟基桂皮酸烷基酯 | alkyl *p*-hydroxycinnamate |
| 对羟基桂皮酰阿魏酰基甲烷 (去甲氧基姜黄素) | *p*-hydroxycinnamoyl feruloyl methane (demethoxy-curcumin) |
| 6-*O*-对羟基桂皮酰鸡屎藤次苷甲酯 | 6-*O*-*p*-hydroxycinnamoyl scandoside methyl ester |
| (*E*)-2′ (4″-对羟基桂皮酰基) 玉叶金花苷酸 | (*E*)-2′ (4″-hydroxycinnamoyl) mussaenosidic acid |
| (*Z*)-2′ (4″-对羟基桂皮酰基) 玉叶金花苷酸 | (*Z*)-2′ (4″-*p*-hydroxycinnamoyl) mussaenosidic acid |
| 对羟基桂皮酰乙酯 | ethyl *p*-coumarate |
| 对羟基茴香醚 (对甲氧酚) | hydroxyanisole (mequinol) |
| 对羟基间甲氧基苯甲酸 | *p*-hydroxymethoxybenzonic acid |
| 对羟基秘鲁古柯尼酸 | *p*-hydroxytruxinic acid |
| 对羟基肉桂酸乙酯 | ethyl *p*-hydroxycinnamate |
| 6-*O*-(*E*)-对羟基肉桂酰基-α-D-葡萄糖 | 6-*O*-(*E*)-*p*-hydroxycinnamoyl-α-D-glucose |
| 6-*O*-(*E*)-对羟基肉桂酰基-β-D-葡萄糖 | 6-*O*-(*E*)-*p*-hydroxycinnamoyl-β-D-glucose |
| 对羟基肉桂酰葡萄糖苷 | *p*-hydroxycinnamoyl glucoside |
| 2″-对羟基肉桂酰氧基黄芪苷 | 2″-*p*-coumaryl astragalin |
| 对羟基水杨酸 | *p*-hydroxysalicylic acid |
| *N*-对羟基顺式-香豆酰酪胺 | *N*-*p*-hydroxy-*cis*-coumaroyl tyramine |
| 对羟基香豆酸 | *p*-hydroxycoumaric acid |
| 对羟基亚苄基丙酮 | *p*-hydroxybenzalacetone |
| 对壬基苯甲醇 | *p*-nonyl benzyl alcohol |
| 对三联苯 (1, 1′: 4′, 1″-三联苯) | *p*-terphenyl (1, 1′: 4′, 1″-terphenyl) |
| 3-对伞花酚 (百里酚、百里香酚、麝香草脑、麝香草酚、6-异丙基间甲酚) | 3-*p*-cymenol (thymol, 6-isoproppyl-*m*-cresol) |

| | |
|---|---|
| 2-对伞花酚 (异百里香酚、异麝酚、香荆芥酚、异麝香草酚、香芹酚、2-羟基对伞花烃) | 2-*p*-cymenol (isothymol, carvacrol, 2-hydroxy-*p*-cymene) |
| 对伞花烃-7-*O*-β-D-吡喃葡萄糖苷 | *p*-cymen-7-*O*-β-D-glucopyranoside |
| 对伞花烯 | *p*-cymenene |
| 对生虎尾兰甾素 2 | sansevistatin 2 |
| 对生马钱碱 | decussine |
| 对叔丁基茴香醚 (叔丁对羟基茴香醚) | tert-butyl hydroxyanisole (butylated hydroxyanisole) |
| 对双 (1, 2-二溴乙基) 苯 | *p*-bis (1, 2-dibromoethyl) benzene |
| 对水杨酸 | *p*-salicylic acid |
| *N*-(对顺式-香豆酰基) 酪胺 | *N*-(*p*-*cis*-coumaroyl) tyramine |
| 5-对-顺式-香豆酰奎宁酸 | 5-*p*-*cis*-coumaroyl quinic acid |
| 对酞酸二 (2-乙基己基) 酯 | terephthalic acid bis (2-ethyl hexyl) ester |
| 对羰基苯基偶氮氰化物 | *p*-carboxyphenyl azoxycyanide |
| 对烯丙基苯酚 | *p*-allyl phenol |
| 对烯丙基茴香醚 (草蒿脑、爱草脑、甲基胡椒酚) | *p*-allyl anisole (estragole, methyl chavicol) |
| (*E*)-对香豆醇 | (*E*)-*p*-coumaryl alcohol |
| (*E*)-对香豆醇 γ-*O*-甲醚 | (*E*)-*p*-coumaryl alcohol γ-*O*-methyl ether |
| 对香豆醇苯甲酸酯 | *p*-coumaryl alcohol benzoate |
| (*E*)-对香豆醇花生酸酯 | (*E*)-*p*-coumaryl arachidate |
| (*Z*)-对香豆醇花生酸酯 | (*Z*)-*p*-coumaryl arachidate |
| (*Z*)-对香豆醇木蜡酸酯 | (*Z*)-*p*-coumaryl lignocerate |
| 对香豆醇葡萄糖苷 | *p*-coumaryl alcohol glucoside |
| (*Z*)-对香豆醇山嵛酸酯 | (*Z*)-*p*-coumaryl behenate |
| (*E*)-对香豆醇山嵛酸酯 | (*E*)-*p*-coumaryl behenate |
| 对香豆醇香草酸酯 | *p*-coumaryl alcohol vanillate |
| (*E*)-对香豆醇亚麻酸酯 | (*E*)-*p*-coumaryl linolenate |
| (*E*)-对香豆醇亚油酸酯 | (*E*)-*p*-coumaryl linoleate |
| (*Z*)-对香豆醇亚油酸酯 | (*Z*)-*p*-coumaryl linoleate |
| (*E*)-对香豆醇硬脂酸酯 | (*E*)-*p*-coumaryl stearate |
| (*Z*)-对香豆醇硬脂酸酯 | (*Z*)-*p*-coumaryl stearate |
| (*E*)-对香豆醇油酸酯 | (*E*)-*p*-coumaryl oleate |
| (*Z*)-对香豆醇油酸酯 | (*Z*)-*p*-coumaryl oleate |
| (*Z*)-对香豆酸 | (*Z*)-*p*-coumaric acid |
| 对香豆酸 (对羟基桂皮酸、4-羟基桂皮酸、4-羟基肉桂酸、对羟基肉桂酸、对羟基苯丙烯酸) | *p*-coumaric acid (*p*-hydroxycinnamic acid, 4-hydroxycinnamic acid) |
| (*E*)-对香豆酸 [(*E*)-对羟基桂皮酸] | (*E*)-*p*-coumaric acid [(*E*)-*p*-hydroxycinnamic acid] |
| 对香豆酸-4-*O*-(2″, 3″-*O*-二乙酰基-6″-*O*-对香豆酰基-β-D-吡喃葡萄糖苷) | *p*-coumaric acid-4-*O*-(2″, 3″-*O*-diacetyl-6″-*O*-*p*-coumaroyl-β-D-glucopyranoside) |
| 对香豆酸-4-*O*-(2″, 4″-*O*-二乙酰基-6″-*O*-对香豆酰基-β-吡喃葡萄糖苷) | *p*-coumaric acid-4-*O*-(2″, 4″-*O*-diacetyl-6″-*O*-*p*-coumaroyl-β-glucopyranoside) |

| 对香豆酸-4-*O*-(2″-*O*-乙酰基-6″-*O*-对香豆酰基-β-D-吡喃葡萄糖苷) | *p*-coumaric acid-4-*O*-(2″-*O*-acetyl-6″-*O*-*p*-coumaroyl-β-D-glucopyranoside) |
|---|---|
| 对香豆酸-4-*O*-(2-*O*-乙酰基-6-*O*-对香豆酰基-β-D-吡喃葡萄糖苷) | *p*-coumaric acid-4-*O*-(2-*O*-acetyl-6-*O*-*p*-coumaroyl-β-D-glucopyranoside) |
| 对香豆酸-4-*O*-(6″-*O*-对沙门酰基-β-D-吡喃葡萄糖苷) | *p*-coumaric acid-4-*O*-(6″-*O*-*p*-sementoncoacyl-β-D-glucopyranoside) |
| 对香豆酸-4-*O*-(6″-*O*-对香豆酰基-β-D-吡喃葡萄糖苷) | *p*-coumaric acid-4-*O*-(6″-*O*-*p*-coumaroyl-β-D-glucopyranoside) |
| 对香豆酸-4-*O*-(6-*O*-对香豆酰基-β-D-吡喃葡萄糖苷) | *p*-coumaric acid-4-*O*-(6-*O*-*p*-coumaroyl-β-D-glucopyranoside) |
| 对香豆酸-4-*O*-α-L-鼠李糖苷 | *p*-coumaric acid-4-*O*-α-L-rhamnoside |
| 对香豆酸-4-*O*-β-D-吡喃葡萄糖苷 | *p*-coumaric acid-4-*O*-β-D-glucopyranoside |
| 对香豆酸-β-D-葡萄糖苷 | *p*-coumaric acid-β-D-glucoside |
| 对香豆酸对羟基苯乙酯 | *p*-hydroxyphenyl ethanol-*p*-coumarate |
| 对香豆酸甲酯 | methyl *p*-coumarate |
| 对香豆酸甲酯葡萄糖苷 (4-*O*-D-吡喃葡萄糖基-*p*-香豆酸甲酯) | 4-*O*-D-glucopyranosyl-*p*-coumaric acid methyl ester |
| 对香豆酸葡萄糖苷 Ⅰ～Ⅲ | *p*-coumaric acid glucosides Ⅰ～Ⅲ |
| (*E*)-对香豆酸十八醇酯 [(*E*)-对香豆酸十八酯] | octadecyl (*E*)-*p*-coumarate |
| *N*-{2-[3′-(2-对香豆酸酰胺乙基)-5, 5′-二羟基-4, 4′-二-1*H*-吲哚-3-基]乙基}阿魏酸酰胺 | *N*-{2-[3′-(2-*p*-coumaramide ethyl)-5, 5′-dihydroxy-4, 4′-bi-1*H*-indol-3-yl] ethyl} ferulamide |
| 1-(对香豆酰)-α-L-鼠李吡喃糖苷 | 1-(*p*-coumaroyl)-α-L-rhamnopyranoside |
| 6″-*O*-[(*E*)-对香豆酰]京尼平龙胆二糖苷 | 6″-*O*-[(*E*)-*p*-coumaroyl] genipingentiobioside |
| 6′-*O*-对香豆酰-8-*O*-乙酰哈巴苷 (6′-*O*-对香豆酰-8-*O*-乙酰哈帕苷、6′-*O*-对香豆酰-8-*O*-乙酰钩果草苷) | 6′-*O*-*p*-coumaroyl-8-*O*-acetyl harpagide |
| 7-对香豆酰败酱苷 | 7-*p*-coumaroyl patrinoside |
| *O*-对香豆酰东北贯众醇 | *O*-*p*-coumaroyl dryocrassol |
| 对香豆酰飞燕草苷 (阿伏巴苷) | *p*-coumaroyl delphin (awobanin) |
| 对香豆酰飞燕草素-3, 5-二葡萄糖苷 | *p*-coumaroyl delphinidin-3, 5-diglucoside |
| 6′-*O*-对香豆酰哈巴苷 (6′-*O*-对香豆酰-8-*O*-乙酰钩果草苷、6′-*O*-对香豆酰钩果草吉苷) | 6′-*O*-*p*-coumaroyl harpagide |
| 8-*O*-对香豆酰哈巴苷 (8-*O*-对香豆酰钩果草吉苷) | 8-*O*-(*p*-coumaroyl) harpagide |
| 6″-*O*-对香豆酰哈巴苷 (6″-*O*-对香豆酰-8-*O*-乙酰钩果草苷、6″-*O*-对香豆酰钩果草吉苷) | 6″-*O*-(*p*-coumaroyl) harpagide |
| (*E*)-6-*O*-对香豆酰鸡屎藤次苷甲酯 | (*E*)-6-*O*-*p*-coumaroyl scandoside methyl ester |
| (*Z*)-6-*O*-对香豆酰鸡屎藤次苷甲酯 | (*Z*)-6-*O*-*p*-coumaroyl scandoside methyl ester |
| 6-*O*-对香豆酰鸡屎藤次苷甲酯 | 6-*O*-*p*-coumaroyl scandoside methyl ester |
| 4-[*N*-(对香豆酰基)-5-羟色胺-4″-基]-*N*-阿魏酰基血清素 | 4-[*N*-(*p*-coumaroyl) serotonin-4″-yl]-*N*-feruloylserotonin |
| *N*-(对香豆酰基)色胺 | *N*-(*p*-coumaroyl) tryptamine |
| 1-*O*-[(*E*)-对香豆酰基]-β-D-吡喃葡萄糖苷 | 1-*O*-[(*E*)-*p*-coumaroyl]-β-D-glucopyranose |

| | |
|---|---|
| [6-*O*-(*E*)-对香豆酰基]-β-D-呋喃果糖基-(2→1)-α-D-吡喃葡萄糖苷 | [6-*O*-(*E*)-*p*-coumaroyl]-β-D-fructofuranosyl-(2→1)-α-D-glucopyranoside |
| 4″-*O*-[(*E*)-对香豆酰基]京尼平龙胆二糖苷 | 4″-*O*-[(*E*)-*p*-coumaroyl] genipingentiobioside |
| 2-*O*-对香豆酰基-1-*O*-没食子酰基-β-D-葡萄糖 | 2-*O*-*p*-coumaroyl-1-*O*-galloyl-β-D-glucose |
| 1-*O*-对香豆酰基-2-*O*-阿魏酰甘油 | 1-*O*-*p*-coumaroyl-2-*O*-feruloyl glycerol |
| 23-*O*-(*Z*)-对香豆酰基-2α, 3α, 19α-三羟基熊果-12-烯-28-酸 | 23-*O*-(*Z*)-*p*-coumaroyl-2α, 3α, 19α-trihydroxyurs-12-en-28-oic acid |
| 23-*O*-(*E*)-对香豆酰基-2α, 3α-二羟基熊果-12-烯-28-酸 | 23-*O*-(*E*)-*p*-coumaroyl-2α, 3α-dihydroxyurs-12-en-28-oic acid |
| 23-*O*-(*E*)-对香豆酰基-2α, 3β-二羟基熊果-12-烯-28-酸 | 23-*O*-(*E*)-*p*-coumaroyl-2α, 3β-dihydroxyurs-12-en-28-oic acid |
| 6′-*O*-对香豆酰基-8-表莫罗忍冬吉苷 | 6′-*O*-*p*-coumaroyl-8-epikingiside |
| 6-*O*-对香豆酰基-D-吡喃葡萄糖 | 6-*O*-*p*-coumaroyl-D-glucopyranose |
| *N*-对香豆酰基-*N*′-阿魏酰腐胺 | *N*-*p*-coumaroyl-*N*′-feruloyl putrescine |
| 1-对香豆酰基-α-L-吡喃鼠李糖苷 | 1-*p*-coumaroyl-α-L-rhamnopyranoside |
| 6-*O*-对香豆酰基-α-葡萄糖 | 6-*O*-*p*-coumaroyl-α-glucose |
| 1-*O*-对香豆酰基-β-D-吡喃葡萄糖苷 | 1-*O*-*p*-coumaroyl-β-D-glucopyranoside |
| (*E*)-6-*O*-(6-*O*-对香豆酰基-β-D-吡喃葡萄糖基)-6, 7, 3′, 4′-四羟基橙酮 | (*E*)-6-*O*-(6-*O*-*p*-coumaroyl-β-D-glucopyranosyl)-6, 7, 3′, 4′-tetrahydroxyaurone |
| (*Z*)-6-*O*-(6-*O*-对香豆酰基-β-D-吡喃葡萄糖基)-6, 7, 3′, 4′-四羟基橙酮 | (*Z*)-6-*O*-(6-*O*-*p*-coumaroyl-β-D-glucopyranosyl)-6, 7, 3′, 4′-tetrahydroxyaurone |
| (*Z*)-6-*O*-(6-对香豆酰基-β-D-吡喃葡萄糖基)-6, 7, 3′, 4′-四羟基橙酮 | (*Z*)-6-*O*-(6-*p*-coumaroyl-β-D-glucopyranosyl)-6, 7, 3′, 4′-tetrahydroxyaurone |
| (*E*)-4-*O*-(6″-对香豆酰基-β-D-吡喃葡萄糖基)对香豆酸 | (*E*)-4-*O*-(6″-*p*-coumaroyl-β-D-glucopyranosyl)-*p*-coumaric acid |
| 6-*O*-(*E*)-对香豆酰基-β-D-呋喃果糖基-(2→1)-α-D-吡喃葡萄糖苷 | 6-*O*-(*E*)-*p*-coumaroyl-β-D-fructofuranosyl-(2→1)-α-D-glucopyranoside |
| 3-*O*-[5‴-*O*-对香豆酰基-β-D-呋喃芹糖基-(1‴→2″)-β-D-吡喃葡萄糖基]鼠李柠檬素 | 3-*O*-[5‴-*O*-*p*-coumaroyl-β-D-apiofuranosyl-(1‴→2″)-β-D-glucopyranosyl] rhamnocitrin |
| 1-*O*-对香豆酰基-β-D-葡萄糖苷 | 1-*O*-*p*-coumaroyl-β-D-glucoside |
| 6-*O*-对香豆酰基-β-葡萄糖 | 6-*O*-*p*-coumaroyl-β-glucose |
| (3*Z*)-对香豆酰基白桦脂醇 | (3*Z*)-*p*-coumaroyl betulin |
| 3-(*E*)-对香豆酰基白桦脂醇 | 3-(*E*)-*p*-coumaroyl betulin |
| 6″-对香豆酰基都桷子素龙胆二糖苷 | 6″-*p*-coumaroyl genipingentiobioside |
| 2-*O*-对香豆酰基甘油 | 2-*O*-*p*-coumaroyl glycerol |
| 1-*O*-对香豆酰基甘油酯 | 1-*O*-*p*-coumaroyl glyceride |
| (2*S*)-1-*O*-对香豆酰基甘油酯 | (2*S*)-1-*O*-*p*-coumaroyl glyceride |
| 2″-对香豆酰基黄芪苷 | 2″-*p*-coumaroyl astragalin |
| 6-*O*-对香豆酰基筋骨草醇 | 6-*O*-*p*-coumaroyl ajugol |
| 6″-*O*-对香豆酰基京尼平龙胆二糖苷 | 6″-*O*-*p*-coumaroyl genipingentiobioside |
| 3-*O*-(*E*)-对香豆酰基奎宁酸 | 3-*O*-(*E*)-*p*-coumaroyl quinic acid |

| 3-对香豆酰基奎宁酸 | 3-*p*-coumaroyl quinic acid |
|---|---|
| 4-*O*-对香豆酰基奎宁酸 | 4-*O*-*p*-coumaroyl quinic acid |
| 5-*O*-对香豆酰基奎宁酸甲酯 | methyl 5-*O*-*p*-coumaroyl quinate |
| 3-*O*-(*E*)-对香豆酰基奎宁酸正丁酯 | *n*-butyl 3-*O*-(*E*)-*p*-coumaroyl quinate |
| *N*-对香豆酰基酪胺 (帕拉嗪) | *N*-*p*-coumaroyl tyramine (paprazine) |
| 2″-*O*-对香豆酰基芦荟苦素 | 2″-*O*-*p*-coumaroyl aloesin |
| 4-*O*-对香豆酰基葡萄糖苷 | 4-*O*-*p*-coumaroyl glucoside |
| 5-对香豆酰基桃叶珊瑚苷 | 5-*p*-coumaroyl aucubin |
| (2′*E*)-对香豆酰基杨梅苷 | (2′*E*)-*p*-coumaroyl myricitrin |
| 3″-(*E*)-对香豆酰基杨梅苷 | 3″-(*E*)-*p*-coumaroyl myricitrin |
| *N*-对香豆酰基章胺 (*N*-对香豆酰基去甲辛弗林) | *N*-*p*-coumaroyl octopamine |
| 10-*O*-(*E*)-对香豆酰京尼平苷酸 | 10-*O*-(*E*)-*p*-coumaroyl geniposidic acid |
| 11-*O*-对香豆酰荆芥替辛 | 11-*O*-*p*-coumaryl nepecticin |
| 对香豆酰奎宁酸 | *p*-coumaroyl quinic acid |
| 5-*O*-对香豆酰奎宁酸丁酯 | butyl 5-*O*-*p*-coumaroyl quinate |
| 7-*O*-(*E*)-对香豆酰凌霄苷 Ⅰ | 7-*O*-(*E*)-*p*-coumaroyl cachineside Ⅰ |
| 7-*O*-(*Z*)-对香豆酰凌霄苷 Ⅴ | 7-*O*-(*Z*)-*p*-coumaroyl cachineside Ⅴ |
| 6″-*O*-对香豆酰芦荟苦素 | 6″-*O*-*p*-coumaroyl aloesin |
| 对香豆酰芦荟宁 | *p*-coumaroyl aloenin |
| 3-*O*-对香豆酰马斯里酸酯 | 3-*O*-*p*-coumaroyl maslinate |
| 3-*O*-对香豆酰莽草酸 | 3-*O*-*p*-coumaroyl shikimic acid |
| 2-*O*-(*E*)-对香豆酰毛果芸香苷 A、B | 2-*O*-(*E*)-*p*-coumaroyl caryocanosides A, B |
| 2‴-*O*-(*Z*)-对香豆酰毛果芸香苷 A、B | 2‴-*O*-(*Z*)-*p*-coumaroyl caryocanosides A, B |
| 2-*O*-对香豆酰美洲茶醇酸 | 2-*O*-(*p*-coumaroyl) ceanothanolic acid |
| 对香豆酰没食子酰基葡萄糖基飞燕草素 | *p*-coumaroyl galloyl glucosyl delphinidin |
| 2″-对香豆酰牡荆素-7-葡萄糖苷 | 2″-*p*-coumaroyl vitexin-7-glucoside |
| 1-对香豆酰葡萄糖-2-硫酸酯 | 1-*p*-coumaroyl glucose-2-sulphate |
| 1-对香豆酰葡萄糖-6-硫酸酯 | 1-*p*-coumaroyl glucose-6-sulphate |
| L-*O*-对香豆酰葡萄糖苷 | L-*O*-*p*-coumaroyl glucoside |
| 2′-*O*-(*E*)-对香豆酰十万错苷 | 2′-*O*-(*E*)-*p*-coumaroyl asystasioside |
| 6‴-对香豆酰酸枣素 (6‴-对香豆酰斯皮诺素) | 6‴-*p*-coumaroyl spinosin |
| 10-对香豆酰桃叶珊瑚苷 | 10-*p*-coumaroyl aucubin |
| 23-对香豆酰委陵菜酸 | 23-*p*-coumaroyl tormentic acid |
| 7-*O*-对香豆酰氧基乌干达赪桐苷 | 7-*O*-*p*-coumaroyloxyugandoside |
| (–)-*N*-对香豆酰章胺 [(–)-*N*-对香豆酰章鱼胺] | (–)-*N*-(*p*-coumaroyl) octopamine |
| 对硝基苯酚 | *p*-nitrophenol |
| 3α-对硝基苯甲酰多花白树-7: 9 (11)-二烯-29-苯甲酸酯 | 3α-*p*-nitrobenzoyl multiflora-7: 9 (11)-dien-29-benzoate |
| 对辛弗林 | *p*-synephrine |
| 对叶百部醇 | tuberostemol |
| 对叶百部醇碱 | tuberostemonol |

| 对叶百部碱 (块茎百部碱) | tuberostemonine |
|---|---|
| 对叶百部碱三氟乙酸盐 | tuberostemonine trifluoroacetate |
| 对叶百部林碱 | tuberostemoline |
| 对叶百部螺碱 | tuberostemospironine |
| 对叶百部尼醇 A、B | tuberostemoninols A, B |
| 对叶百部柔醇 A | stemonatuberonol A |
| 对叶百部柔酮 A～C | stemonatuberones A～C |
| 对叶百部酮 (对叶百部酮碱) | tuberostemonone |
| 对叶百部烯酮 | tuberostemoenone |
| 对叶百部锡林碱 | tuberostemonoxirine |
| 对叶百部酰胺 | tuberostemoamide |
| 对叶百部辛碱 A | stemonatuberosine A |
| 对叶车前苷 | plantarenaloside |
| 对叶车前因 | arenaine |
| 对叶大戟内酯 A～C | sororianolides A～C |
| 对叶当药屾酮 (交叶獐牙菜素) | decussatin |
| (*S*)-(+)- 对叶榕碱 | (*S*)-(+)-hispidine |
| 对叶榕辛碱 | hispidacine |
| 对叶延胡索碱 | corledine |
| 对叶盐蓬碱 | dipterine |
| 对叶元胡定碱 | ledeboridine |
| 对叶元胡碱 | ledeborine |
| 对叶元胡考林碱 | ledecorine |
| 对叶元胡任碱 | lederine |
| 对乙基苯酚 | *p*-ethyl phenol |
| 对乙基苯甲醛 | *p*-ethyl benzaldehyde |
| 对乙烯基苯酚 (4- 乙烯基苯酚) | *p*-vinyl phenol (4-vinyl phenol) |
| 对乙氧基 -3- 羟基苯甲酸 | *p*-ethoxy-3-hydroxybenzoic acid |
| 对乙氧基苯甲酸 | *p*-ethoxybenzoic acid |
| 对乙氧基苄醇 | *p*-ethoxybenzyl alcohol |
| 对乙氧甲基苯酚 (4- 乙氧甲基苯酚) | *p*-ethoxymethyl phenol (4-ethoxymethyl phenol) |
| 对异丙基苯酚 | *p*-isopropyl phenol |
| 7α- 对异丙基苯基锈色罗汉松酚 (7α- 对异丙基苯基铁锈醇) | 7α-*p*-isopropyl benzyl ferruginol |
| 对异丙基苯甲醇 | *p*-isopropyl benzyl alcohol |
| 对异丙基苯甲醛 (孜然芹醛、枯醛、枯茗醛) | 4-isopropyl benzaldehyde (*p*-isopropyl benzaldehyde, cumaldehyde, cuminyl aldehyde, cuminal, cuminaldehyde) |
| 对异丙基苯甲酸 | *p*-isopropyl benzoic acid |
| 对异丙基甲苯 (对伞花烃、对聚伞花素、对伞形花素、对孜然芹烃、百里香素) | *p*-isopropyl toluene (dolcymene, *p*-cymol, *p*-cymene) |

| 对映-(11S)-羟基-15-氧亚基贝壳杉-16-烯-19-酸甲酯 | *ent*-(11*S*)-hydroxy-15-oxokaur-16-en-19-oic acid methyl ester |
|---|---|
| 对映-(12*R*), 16-环氧-2α, 15*R*, 19-三羟基海松-8 (14)-烯 | *ent*-(12*R*), 16-epoxy-2α, 15*R*, 19-trihydroxypimar-8 (14)-ene |
| 对映-(15*R*), 16, 19-三羟基海松-8 (14)-烯-19-*O*-β-D-吡喃葡萄糖苷 | *ent*-(15*R*), 16, 19-trihydroxypimar-8 (14)-en-19-*O*-β-D-glucopyranoside |
| 对映-(16*S*), 17-二羟基贝壳杉-3-酮 | *ent*-(16*S*), 17-dihydroxykaur-3-one |
| 对映-(16*S*), 17-二羟基乌头-3-酮 | *ent*-(16*S*), 17-dihydroxyatisan-3-one |
| 对映-(2*R*), 15, 16, 19-四羟基海松-8 (14)-烯 | *ent*-(2*R*), 15, 16, 19-tetrahydroxypimar-8 (14)-ene |
| 对映-(3*S*)-羟基乌头-16 (17)-烯-1, 14-二酮 | *ent*-(3S)-hydroxyatis-16 (17)-en-1, 14-dione |
| 对映-(5β, 8α, 9β, 10α, 11α, 2α)-11-羟基阿替生-16-烯-3, 14-二酮 | *ent*-(5β, 8α, 9β, 10α, 11α, 2α)-11-hydroxyatis-16-en-3, 14-dione |
| 对映-(6*S*, 20*R*)-环氧-15α, (20*R*)-二羟基-(6*S*)-甲氧基-6, 7-开环贝壳杉-16-烯-1, 7β-内酯 | *ent*-(6*S*, 20*R*)-epoxy-15α, (20*R*)-dihydroxy-(6*S*)-methoxy-6, 7-secokaur-16-en-1, 7β-olide |
| 对映-11α, 15α-二羟基-16-贝壳杉烯-19-酸 | *ent*-11α, 15α-dihydroxykaur-16-en-19-oic acid |
| 对映-11α-羟基-15α-乙酰氧基贝壳杉-16-烯-19-酸 | *ent*-11α-hydroxy-15α-acetoxykaur-16-en-19-oic acid |
| 对映-11α-羟基-15-氧亚基贝壳杉-16-烯-19-酸 | *ent*-11α-hydroxy-15-oxokaur-16-en-19-oic-acid |
| (16*R*)-对映-11α-羟基-15-氧亚基贝壳杉-19-酸 | (16*R*)-*ent*-11α-hydroxy-15-oxokaur-19-oic acid |
| (–)-对映-12β-羟基贝壳杉-16-烯-19-酸-*O*-β-D-吡喃木糖基-(1→6)-*O*-β-D-吡喃葡萄糖苷 | (–)-*ent*-12β-hydroxykaur-16-en-19-oic acid-*O*-β-D-xylopyranosyl-(1→6)-*O*-β-D-glucopyranoside |
| 对映-12-氧亚基半日花-8, 13 (16)-二烯-15-酸 | *ent*-12-oxolabd-8, 13 (16)-dien-15-oic acid |
| 对映-12-氧亚基贝壳杉-9 (11), 16-烯-19-酸 | *ent*-12-oxokaur-9 (11), 16-en-19-oic acid |
| 对映-14β, 16-环氧-8-海松烯-3β, (15*R*)-二醇 | *ent*-14β, 16-epoxy-8-pimaren-3β, (15*R*)-diol |
| 对映-15, 16, 18-三羟基-2-氧亚基海松-8 (14)-烯 | *ent*-15, 16, 18-trihydroxy-2-oxopimar-8 (14)-ene |
| 对映-15, 16-二羟基-2-氧亚基海松-8 (14)-烯 | *ent*-15, 16-dihydroxy-2-oxopimar-8 (14)-ene |
| 对映-15, 16-环氧-12-氧亚基半日花-8 (17), 13 (16), 14-三烯-20, 19-内酯 | *ent*-15, 16-epoxy-12-oxolabd-8 (17), 13 (16), 14-trien-20, 19-olide |
| 对映-15, 16-环氧-9α*H*-半日花-13 (16), 14-二烯-3β, 8α-二醇 | *ent*-15, 16-epoxy-9α*H*-labd-13 (16), 14-dien-3β, 8α-diol |
| 对映-15β, 16-环氧贝壳杉-17-醇 | *ent*-15β, 16-epoxykaur-17-ol |
| 对映-15β-当归酰氧基-9α-羟基贝壳杉-16-烯-19-酸 | *ent*-15β-angeloyloxy-9α-hydroxykaur-16-en-19-oic acid |
| 对映-15-氧亚基-2α, 16, 19-三羟基海松-8 (14)-烯 | *ent*-15-oxo-2α, 16, 19-trihydroxypimar-8 (14)-ene |
| 对映-15-氧亚基-2β, 16, 19-三羟基海松-8 (14)-烯 | *ent*-15-oxo-2β, 16, 19-trihydroxypimar-8 (14)-ene |
| 对映-15-氧亚基贝壳杉-16-烯-19-酸 | *ent*-15-oxo-kaur-16-en-19-oic acid |
| (16*R*)-对映-16, 17-二羟基-19-去甲贝壳杉-4-烯-3-酮 | (16*R*)-*ent*-16, 17-dihydroxy-19-norkaur-4-en-3-one |
| 对映-16, 17-二羟基贝壳杉-19-酸 | *ent*-16, 17-dihydroxykaur-19-oic acid |
| 对映-16, 17-环氧贝壳杉-3α-醇 | *ent*-16, 17-epoxykaur-3α-ol |
| 对映-16, 18-二羟基-8 (14)-海松-15-酮 | *ent*-16, 18-dihydroxy-8 (14)-pimar-15-one |
| 对映-16α-甲氧基-17-贝壳杉醇 | *ent*-16α-methoxy-17-kaurol |
| 对映-16α-羟基贝壳杉-19-酸 | *ent*-16α-hydroxykaur-19-oic acid |
| 对映-16β, 17, 18-三羟基贝壳杉-19-酸 | *ent*-16β, 17, 18-trihydroxykaur-19-oic acid |

| | |
|---|---|
| 对映-16β, 17-二羟基贝壳杉-19-酸(腺梗豨莶萜醇酸) | *ent*-16β, 17-dihydroxykaur-19-oic acid |
| 对映-16β, 17-环氧贝壳杉烷 | *ent*-16β, 17-epoxykaurane |
| 对映-16β*H*, 17-羟基贝壳杉-19-酸 | *ent*-16β*H*, 17-hydroxykaur-19-oic acid |
| 对映-16β*H*, 17-乙酰氧基-18-异丁酰氧代贝壳杉-19-酸 | *ent*-16β*H*, 17-acetoxy-18-isobutyryloxykaur-19-oic acid |
| 对映-16β*H*, 17-异丁酰氧代贝壳杉-19-酸 | *ent*-16β*H*, 17-isobutyryloxykaur-19-oic acid |
| 对映-16-羟基-13-表泪柏醚 | *ent*-16-hydroxy-13-epimanoyl oxide |
| 对映-17α-乙酰基-16β-羟基贝壳杉-3-酮 | *ent*-17α-acetyl-16β-hydroxykaur-3-one |
| 对映-17-羟基-16α-贝壳杉-3-酮 | *ent*-17-hydroxy-16α-kaur-3-one |
| 对映-17-羟基-16β-甲氧基贝壳杉-3-酮 | *ent*-17-hydroxy-16β-methoxykaur-3-one |
| 对映-17-羟基贝壳杉-15-烯-3-酮 | *ent*-17-hydroxykaur-15-en-3-one |
| 对映-17-去甲贝壳杉-16-酮 | *ent*-17-norkaur-16-one |
| 对映-17-乙酰氧基-16β-甲氧基贝壳杉-3-酮 | *ent*-17-acetoxy-16β-methoxykaur-3-one |
| 对映-18-乙酰氧基-16-羟基-8(14)-海松-15-酮 | *ent*-18-acetoxy-16-hydroxy-8(14)-pimar-15-one |
| 对映-18-乙酰氧基-7α, 14β-二羟基贝壳杉-16-烯-15-酮 | *ent*-18-acetoxy-7α, 14β-dihydroxykaur-16-en-15-one |
| 对映-18-乙酰氧基-7α-羟基贝壳杉-16-烯-5-酮 | *ent*-18-acetoxy-7α-hydroxykaur-16-en-5-one |
| 对映-18-乙酰氧基-8(14)-海松-(15*S*), 16-二醇 | *ent*-18-acetoxy-8(14)-pimar-(15*S*), 16-diol |
| 对映-19-羟基-13-表泪柏醚 | *ent*-19-hydroxy-13-epimanoyl oxide |
| 对映-1α, 7α, 14β, 20-四羟基-11, 16-贝壳杉二烯-15-酮 | *ent*-1α, 7α, 14β, 20-tetrahydroxy-11, 16-kaurdien-15-one |
| 对映-1α-羟基贝壳杉-12-酮 | *ent*-1α-hydroxykaur-12-one |
| 对映-1β-羟基-9(11), 16-贝壳杉二烯-15-酮 | *ent*-1β-hydroxy-9(11), 16-kaurdien-15-one |
| 对映-1β-乙酰氧基-7α, 14β-二羟基贝壳杉-16-烯-15-酮 | *ent*-1β-acetoxy-7α, 14β-dihydroxykaur-16-en-15-one |
| 对映-2α, 15, 16, 19-四羟基海松-8(14)-烯-19-*O*-α-L-吡喃葡萄糖苷 | *ent*-2α, 15, 16, 19-tetrahydroxypimar-8(14)-en-19-*O*-α-L-glucopyranoside |
| 对映-2β, 15, 16, 19-四羟基海松-8(14)-烯-19-*O*-β-D-吡喃葡萄糖苷 | *ent*-2β, 15, 16, 19-tetrahydroxypimar-8(14)-en-19-*O*-β-glucopyranoside |
| 对映-2-羰基-16α-羟基贝壳杉-17-β-D-葡萄糖苷 | *ent*-2-carbonyl-16α-hydroxykaur-17-β-D-glucoside |
| 对映-2-氧亚基-15, 16, 19-三羟基海松-8(14)-烯 | *ent*-2-oxo-15, 16, 19-trihydroxypimar-8(14)-ene |
| 对映-2-氧亚基-15, 16, 19-四羟基海松-8(14)-烯-19-*O*-β-D-吡喃葡萄糖苷 | *ent*-2-oxo-15, 16, 19-tetrahydroxypimar-8(14)-en-19-*O*-β-D-glucopyranoside |
| 对映-2-氧亚基-15, 16-二羟基海松-8(14)-烯-16-*O*-α-L-吡喃葡萄糖苷 | *ent*-2-oxo-15, 16-dihydroxypimar-8(14)-en-16-*O*-α-L-glucopyranoside |
| 对映-2-氧亚基-15, 16-二羟基海松-8(14)-烯-16-*O*-β-D-吡喃葡萄糖苷 | *ent*-2-oxo-15, 16-dihydroxypimar-8(14)-en-16-*O*-β-D-glucopyranoside |
| 对映-2-氧亚基-3α, 15, 16-三羟基海松-8(14)-烯-3-*O*-α-L-吡喃葡萄糖苷 | *ent*-2-oxo-3α, 15, 16-trihydroxypimar-8(14)-en-3-*O*-α-L-glucopyranoside |
| 对映-3*S*, 16*S*, 17-三羟基贝壳杉-2-酮 | *ent*-3*S*, 16*S*, 17-trihydroxykaur-2-one |
| 对映-3α, 15, 16-三羟基海松-3, 15-双(β-D-吡喃葡萄糖苷) | *ent*-3α, 15, 16-trihydroxypimar-3, 15-bis (β-D-glucopyranoside) |
| 对映-3α, 15, 16-三羟基海松-8(14)-烯-15, 16-缩丙酮 | *ent*-3α, 15, 16-trihydroxypimar-8(14)-en-15, 16-acetonide |

| | |
|---|---|
| 对映-3β-乙酰氧基贝壳杉-15-烯-16β, 17-二醇 | *ent*-3β-acetoxykaur-15-en-16β, 17-diol |
| 对映-3β-乙酰氧基贝壳杉-16β, 17-二醇 | *ent*-3β-acetoxykaur-16β, 17-diol |
| 对映-4α, 10β-二羟基香橙烷 | *ent*-4α, 10β-dihydroxyaromadendrane |
| 对映-4β-羟基-10α-甲氧基香橙烷 | *ent*-4β-hydroxy-10α-methoxyaromadendrane |
| 对映-4-表玛瑙-18-酸甲酯 | methyl *ent*-4-epiagath-18-oate |
| 对映-7α, 14β-二羟基贝壳杉-16-烯-15-酮 | *ent*-7α, 14β-dihydroxykaur-16-en-15-one |
| 对映-8, 9-开环-7α, 11β-二羟基贝壳杉-14 (14), 16-二烯-9, 15-二酮 | *ent*-8, 9-*seco*-7α, 11β-dihydroxykaur-14 (14), 16-dien-9, 15-dione |
| 对映-8, 9-开环-7α, 11β-双乙酰氧基贝壳杉-8 (14), 16-二烯-9, 15-二酮 | *ent*-8, 9-*seco*-7α, 11β-diacetoxykaur-8 (14), 16-dien-9, 15-dione |
| 对映-8, 9-开环-7α-羟基-11β-乙酰氧基贝壳杉-8 (14), 16-二烯-9, 15-二酮 | *ent*-8, 9-*seco*-7α-hydroxy-11β-acetoxykaur-8 (14), 16-dien-9, 15-dione |
| 对映-8, 9-开环-7α-乙酰氧基-11β-羟基贝壳杉-(14), 16-二烯-9, 15-二酮 | *ent*-8, 9-*seco*-7α-acetoxy-11β-hydroxykaur-(14), 16-dien-9, 15-dione |
| 对映-8, 9-开环-7α-乙酰氧基贝壳杉-8 (14), 16-二烯-9, 15-二酮 | *ent*-8, 9-*seco*-7α-acetoxykaur-8 (14), 16-dien-9, 15-dione |
| 对映-8, 9-开环-8, 14-环氧-7α-羟基-11β-乙酰氧基-16-贝壳杉烯-9, 15-二酮 | *ent*-8, 9-*seco*-8, 14-epoxy-7α-hydroxy-11β-acetoxy-16-kauren-9, 15-dione |
| 对映-9 (11), 16-贝壳杉二烯-12, 15-二酮 | *ent*-9 (11), 16-kauradien-12, 15-dione |
| 对映-τ-欧洲赤松醇 | *ent*-τ-muurolol |
| 对映-阿替-16α-醇 | *ent*-atis-16α-ol |
| 对映-阿替-16-烯-3, 14-二酮 | *ent*-atis-16-en-3, 14-dione |
| 对映-阿替-3β, 16α, 17-三醇 | *ent*-atis-3β, 16α, 17-triol |
| 对映-桉油烯醇 | *ent*-spathulenol |
| 8 (17), 13-对映-半日花二烯-15, 16, 19-三醇 | 8 (17), 13-*ent*-labd-dien-15, 16, 19-triol |
| 8 (17), 13-对映-半日花二烯-15, 16-内酯-19-酸 | 8 (17), 13-*ent*-labd-dien-15, 16-lactone-19-oic acid |
| 对映-贝壳杉-15-烯-17, 19-二酸 | *ent*-kaur-15-en-17, 19-dioic acid |
| 对映-贝壳杉-15-烯-17-醇 | *ent*-kaur-15-en-17-ol |
| 对映-贝壳杉-15-烯-17-醛基-19-酸 | *ent*-kaur-15-en-17-al-19-oic acid |
| 对映-贝壳杉-15-烯-3α, 17-二醇 | *ent*-kaur-15-en-3α, 17-diol |
| 对映-贝壳杉-16, 17, 18-三醇 | *ent*-kaur-16, 17, 18-triol |
| 对映-贝壳杉-16α, 17-二醇 | *ent*-kaur-16α, 17-diol |
| 对映-贝壳杉-16α-醇 | *ent*-kaur-16α-ol |
| 对映-贝壳杉-16β, 17-二醇 | *ent*-kaur-16β, 17-diol |
| 对映-贝壳杉-16β, 17-二羟基-19-酸 | *ent*-kaur-16β, 17-dihydroxy-19-oic acid |
| (–)-对映-贝壳杉-16-烯 | (–)-*ent*-kaur-16-ene |
| 对映-贝壳杉-16-烯-19-醛 | *ent*-kaur-16-en-19-al |
| 对映-贝壳杉-16-烯-19-酸 | *ent*-kaur-16-en-19-oic acid |
| 16β*H*-对映-贝壳杉-17, 19-二酸 | 16β*H*-*ent*-kaur-17, 19-dioic acid |
| 对映-贝壳杉-17, 19-二酸 | *ent*-kaur-17, 19-dioic acid |

| | |
|---|---|
| 对映-贝壳杉-3, 16α-二醇 | *ent*-kaur-3, 16α-diol |
| 对映-贝壳杉-3α, 16α, 17, 19-四醇 | *ent*-kaur-3α, 16α, 17, 19-tetraol |
| 对映-贝壳杉-3α, 16α, 17-三醇 | *ent*-kaur-3α, 16α, 17-triol |
| 对映-贝壳杉-3β, 16β, 17-三醇 | *ent*-kaur-3β, 16β, 17-triol |
| 对映-贝壳杉-3β, 16β, 17-三羟基-3α-*O*-β-D-吡喃葡萄糖苷-17-*O*-β-D-吡喃葡萄糖苷 | *ent*-kaur-3β, 16β, 17-trihydroxy-3α-*O*-β-D-glucopyranoside-17-*O*-β-D-glucopyranoside |
| 对映-贝壳杉-9 (11), 16-烯-19-酸 | *ent*-kaur-9 (11), 16-en-19-oic acid |
| 对映-贝壳杉烷 | *ent*-kaurane |
| 对映-贝壳杉烯酸 | *ent*-kaurenoic acid |
| 对映-贝叶-15-烯-18-*O*-草酸酯 | *ent*-beyer-15-en-18-*O*-oxalate |
| 对映-表阿夫儿茶素-(2α→*O*→7, 4α→8)-(–)-阿夫儿茶素 | *ent*-epiafzelechin-(2α→*O*→7, 4α→8)-(–)-afzelechin |
| 对映-表阿夫儿茶素-(2α→*O*→7, 4α→8)-(+)-阿夫儿茶素 | *ent*-epiafzelechin-(2α→*O*→7, 4α→8)-(+)-afzelechin |
| 对映-表阿夫儿茶素-(2α→*O*→7, 4α→8)-表阿夫儿茶素 | *ent*-epiafzelechin-(2α→*O*→7, 4α→8)-epiafzelechin |
| 对映-表阿夫儿茶素-(4α→8, 2α→*O*→7)-山奈酚 | *ent*-epiafzelechin-(4α→8, 2α→*O*→7)-kaempferol |
| 对映-赤霉素烷 | *ent*-gibberellane |
| 对映-粗裂豆-19-醛 | *ent*-trachyloban-19-al |
| 对映-粗裂豆-19-酸 | *ent*-trachyloban-19-oic acid |
| 对映-粗裂豆-19-酸侧柏醇酯 | *ent*-trachyloban-19-oic acid thujanol ester |
| 对映-粗裂豆-3β-醇 | *ent*-trachyloban-3β-ol |
| 对映-粗裂豆酸 | *ent*-trachylobanoic acid |
| 5 (10), (13*E*)-对映-哈立烷二烯-15, 16-内酯-19α-酸 | 5 (10), (13*E*)-*ent*-halimandien-15, 16-olide-19α-oic acid |
| 5 (10), (13*E*)-对映-哈立烷二烯-15, 16-内酯-19α-酸甲酯 | 5 (10), (13*E*)-*ent*-halimandien-15, 16-olide-19α-oic acid methyl ester |
| 对映-哈威豆酸 (对映-哈氏豆属酸) | *ent*-hardwickic acid (*ent*-hardwickiic acid) |
| 对映-海松-15-烯-3α, 8α-二醇 | *ent*-pimar-15-en-3α, 8α-diol |
| 对映-海松-15-烯-8α, 19-二醇 | *ent*-pimar-15-en-8α, 19-diol |
| 对映-海松-8 (14), 15-二烯-18-酸 | *ent*-pimar-8 (14), 15-dien-18-oic acid |
| 对映-海松-8 (14), 15-二烯-19-醇 | *ent*-pimar-8 (14), 15-dien-19-ol |
| 对映-海松-8 (14), 15-二烯-19-酸 | *ent*-pimar-8 (14), 15-dien-19-oic acid |
| 对映-海松烷 | *ent*-pimarane |
| 对映-金挖耳芬 B | *ent*-divaricin B |
| 对映-泪柏醇-13-*O*-β-D-2′-乙酰基吡喃木糖苷 | *ent*-manool-13-*O*-β-D-2′-acetyl xylopyranoside |
| 对映-泪柏醇-13-*O*-β-D-吡喃木糖苷 | *ent*-manool-13-*O*-β-D-xylopyranoside |
| 对映-南烛木糖苷 | *ent*-lyoniside |
| 对映-日本刺参萜酮 | *ent*-oplopanone |
| 对映-石菖蒲阿米醇 A～D | *ent*-acoraminols A～D |
| 对映-松香烷 | *ent*-abietane |

| | |
|---|---|
| 对映-异海松-9 (11), 15-二烯-19-醇 | *ent*-isopimar-9 (11), 15-dien-19-ol |
| 对映-异海松烷 | *ent*-isopimarane |
| 对映-异落叶松脂素 | *ent*-isolariciresinol |
| 对孜然芹烃 (对伞花烃、对聚伞花素、对伞形花素、对异丙基甲苯、百里香素) | *p*-cymene (dolcymene, *p*-cymol, *p*-isopropyl toluene) |
| 对孜然芹烃-7-醇 | *p*-cymen-7-ol |
| 对孜然芹烃-8-醇 | *p*-cymen-8-ol |
| 对孜然芹烃-8-醇甲醚 | *p*-cymen-8-ol methyl ether |
| 对孜然芹烃-9-醇 | *p*-cymen-9-ol |
| 对孜然芹烃-α-醇 | *p*-cymen-α-ol |
| 吨氢醇 | xanthydrol |
| 钝凹顶藻醇 (钝叶鸡蛋花醇) | obtusol |
| 钝萼金丝桃酮 A、B | hypercalyxones A, B |
| 钝盖赤桉酸 | camaldulensic acid |
| 钝果寄生苷 A～D | taxillusides A～D |
| 钝鸡蛋花素 (钝叶鸡蛋花林素) | obtusalin |
| 钝角鱼藤酮 A、B | derriobtusones A, B |
| 钝裂银莲花宁素 | obtusilobicinin |
| 钝裂银莲花素 | obtusilobin |
| 钝叶臭黄荆苷 | premnafolioside |
| (2*R*, 3*R*)-钝叶黄檀呋喃 | (2*R*, 3*R*)-obtusafuran |
| 钝叶黄檀苏合香烯 | obtustyrene |
| 钝叶鸡蛋花林宁 | obtusilinin |
| 钝叶鸡蛋花林酸 | obtusilinic acid |
| 钝叶鸡蛋花尼定 | obtusinidin |
| 钝叶鸡蛋花酸 | obtusic acid |
| 钝叶鸡蛋花西定 | obtusidin |
| 钝叶鸡蛋花西林 | obtusilin |
| 钝叶鸡蛋花西宁 | obtusinin |
| 钝叶决明醇 (钝叶甾醇、钝叶脂醇、钝叶大戟醇) | obtusifoliol |
| 钝叶决明二烯醇 | obtusifoldienol |
| 钝叶决明素 (美决明子素) | obtusifolin |
| 钝叶决明素-2-*O*-β-D-葡萄糖苷 | obtusifolin-2-*O*-β-D-glucoside |
| 钝叶决明素-2-甲醚 (2-甲氧基钝叶决明素) | obtusifolin-2-methyl ether (2-methoxy-obtusifolin) |
| 钝叶决明辛 (决明素、钝叶鸡蛋花素) | obtusin |
| 钝叶利醇 | obtustifoliol |
| 钝叶镰刀菌素 | obtusinfolin |
| 盾木素 | peltogynol |
| 盾木烷 | peltogynane |
| 盾尼醌 | dunniene |

| | |
|---|---|
| (–)-盾叶扁柏内酯 | (–)-hibalactone |
| 盾叶扁柏内酯 (海波赖酮、洒维宁) | hibalactone (savinin) |
| α (β)-盾叶鬼臼素 | α (β)-peltatin |
| α-盾叶鬼臼素 (α-足叶草脂素) | α-peltatin |
| β-盾叶鬼臼素 (β-足叶草脂素) | β-peltatin |
| β-盾叶鬼臼素 A 甲醚 | β-peltatin A methyl ether |
| α-盾叶鬼臼素葡萄糖苷 | α-peltatin glucoside |
| β-盾叶鬼臼素葡萄糖苷 | β-peltatin glucoside |
| 盾叶三醇 | zingibertriol |
| 盾叶薯蓣宁皂苷 A～H | zingiberenins A～H |
| 盾叶薯蓣新皂苷 (盾叶新苷) | zingiberensis new saponin |
| 盾叶薯蓣甾苷 A、B | zingiberenosides A, B |
| 盾叶薯蓣皂苷 $A_1$～$A_3$ | zingiberosides $A_1$～$A_3$ |
| 盾状大胡椒酚 A～C | peltatols A～C |
| (–)-盾状轮环藤碱 | (–)-cycleapeltine |
| 多巴 | dopa |
| L-多巴 (3, 4-二羟基-L-苯丙氨酸、3-羟基-L-酪氨酸) | L-dopa (3, 4-dihydroxyphenyl-L-alanine, 3-hydroxy-L-tyrosine) |
| 多巴-*O*-β-D-葡萄糖苷 | dopa-*O*-β-D-glucoside |
| 多巴胺 (3-羟酪胺、儿茶酚乙胺、二羟基苯乙胺) | dopamine |
| 多巴胺-3-*O*-硫酸酯 | dopamine-3-*O*-sulfate |
| 多巴黄质 (番杏多巴黄素) | dopaxanthin |
| 多白莱菊定 | pleniradin |
| 多白莱菊灵Ⅰ、Ⅱ | multigilins Ⅰ, Ⅱ |
| 多白莱菊素 | multiradiatin |
| 多白莱菊亭 | multistatin |
| 多瓣驴蹄草苷 A | polypetaloside A |
| 多苞斑种草素 | bothriodumin |
| 多苞瓜馥木内酯 | bractelactone |
| (±)-多被银莲花碱 | (±)-raddeanine |
| 多被银莲花素 A | anemodeanin A |
| (±)-多被银莲花酮 | (±)-raddeanone |
| 多被银莲花皂苷 (红背银莲花皂苷、多被银莲花苷) Ra、Rb、$R_1$～$R_{23}$ | raddeanosides Ra, Rb, $R_1$～$R_{23}$ |
| 多并苯 | polyacene |
| 多齿黄芩素Ⅰ | scupolin Ⅰ |
| 多刺石蚕素 (棘刺香科科素) | teuspinin |
| 多刺水苏苷 | stachyspinoside |
| 多刺羽苔素 A | plagiochin A |
| 多芬 | polyaphene |

| 多酚酸 | polyphenol acid |
|---|---|
| 多酚氧化酶 | polyphenol oxidase |
| 多根乌头奥宁碱 | karaonine |
| 多根乌头定 | karakolidine |
| 多根乌头定碱 | karaconidine |
| 多根乌头芬碱 | acophine |
| 多根乌头碱 (乌头林碱、卡米车灵) | karakoline (carmichaeline, karacoline) |
| 多根乌头柯明碱 | karakomine |
| 多根乌头明 A、B | acofamines A, B |
| 多根乌头宁 | karakanine |
| 多根乌头萨明 | karasamine |
| 多根乌头亭 | karaconitine |
| 多梗白菜菊素 (多梗贝氏菊素、二氢堆心菊灵) | plenolin (dihydrohelenalin) |
| 多果菊烯 | pleocarpenene |
| 多果树胺 | pleiocarpamine |
| 多果树胺甲氯化物 | pleiocarpamine methochloride |
| 多果树醇 | pleiocarpaminol |
| 多果树碱 | pleiocarpine |
| 多果树酰胺 (蕊木宁内酰胺) | kopsinilam |
| 多花白蜡树素 | floribin |
| 多花白树 -5, 7, 9 (11)- 三烯 -3, 29- 二醇 3, 29- 二苯甲酸酯 | multiflora-5, 7, 9 (11)-trien-3, 29-diol 3, 29-dibenzoate |
| 多花白树 -7, 9 (11)- 二烯 -3α, 29- 二醇 3, 29- 二苯甲酸酯 | multiflora-7, 9 (11)-dien-3α, 29-diol 3, 29-dibenzoate |
| 多花白树 -7, 9 (11)- 二烯 -3α, 29- 二醇 3- 苯甲酸酯 | multiflora-7, 9 (11)-dien-3α, 29-diol 3-benzoate |
| 多花白树 -7, 9 (11)- 二烯 -3α, 29- 二醇 3- 对羟基苯甲酸 -29- 苯甲酸酯 | multiflora-7, 9 (11)-dien-3α, 29-diol 3-*p*-hydroxybenzoate-29-benzoate |
| 多花白树内酯 G | gelomulide G |
| 多花白树烯 | multiflorene |
| 多花白树烯醇 (多花独尾草烯醇、营实烯醇) | multiflorenol |
| 多花白树烯醇乙酸酯 | multiflorenol acetate |
| 8- 多花独尾草烯 | multiflor-8-ene |
| 9 (11)- 多花独尾草烯 | multiflor-9 (11)-ene |
| 7- 多花独尾草烯 (多花白树 -7- 烯) | multiflor-7-ene |
| 7- 多花独尾草烯醇 -3β- 乙酸酯 | multiflor-7-en-3β-acetate |
| 多花杜楝素 A～E | turraflorins A～E |
| 多花萼翅藤酮 A～C | calyflorenones A～C |
| 多花二醌 A～E | floribundiquinones A～E |
| 多花勾儿茶苷 A、B | berchemiasides A, B |
| 多花蒿内酯 A～D | artemyriantholides A～D |
| 多花胡枝子素 $F_1$ | lespeflorin $F_1$ |

| | |
|---|---|
| 多花科丽碱 | floramultinine |
| 多花科丽亭 | floramultine |
| 多花茉莉苷 | multifloroside |
| 多花佩雷菊素 B | pereflorin B |
| 多花蓬莱葛胺 | gardfloramine |
| 多花蓬莱葛碱 (蓬莱葛宁碱) | chitosenine |
| 多花蓬莱葛亭碱 | gardmultine |
| 多花茜草素 A～C | rubiawallins A～C |
| 多花蔷薇苷 A、B | multiflorins A, B |
| 多花山竹子素 A～C | garmultines A, C |
| 多花芍药醇 | emodinol |
| 多花芍药素 | wurdin |
| 多花水仙碱 (水仙花碱) | tazettine |
| 多花素馨奥苷 | jaspolyoside |
| 多花素馨芳樟醇苷 | jaspolinaloside |
| 多花素馨芳樟醇苷 B | jaspolinaloside B |
| 多花素馨苷 (多花素馨阿诺苷) | jaspolyanthoside |
| 多花素馨利苷 | jaspolyside |
| 多花素馨木犀苷 A～C | jaspolyoleosides A～C |
| 多花素馨诺苷 | polyanoside |
| 多花素馨睡菜苷 A～G | jaspofoliamosides A～G |
| 多花素馨香叶醇苷 A、B | jaspogeranosides A, B |
| δ- 多花藤碱 | δ-skytanthine |
| β- 多花藤碱 (β- 斯克坦宁碱) | β-skytanthine |
| 多花天芥菜碱 | floridinine |
| 多花小球根草单苷 A、B | bulbinelonesides A, B |
| 多花蟹甲草碱 | floridanine |
| 多花罂粟定 | floripavidine |
| 多花罂粟碱 | floripavine |
| (–)- 多花罂粟碱 [(–)- 沙罗泰里啶] | (–)-salutaridine |
| (+)- 多花罂粟碱 [(+)- 沙罗泰里啶] | (+)-salutaridine |
| 多花罂粟碱 *N*- 氧化物 | salutaridine *N*-oxide |
| 多花羽扇豆碱 | multiflorine |
| 多环假鸢尾醛 (多环化假鸢尾醛) A～J | polycycloiridals A～J |
| 多荚草素 A～C | polycarponins A～C |
| 多荚草皂苷 (多荚草苷) A～J | prostratosides A～J |
| 多胶阿魏素 | gummosin |
| 多胶箭仙人柱苷元 | gummosogenin |
| 多茎鼠尾草邻醌 | multiorthoquinone |
| 多茎鼠尾草素 | multicaulin |

| 多聚己糖 | haxasaccharide |
| --- | --- |
| 多聚糖 (多糖) | polysaccharose (polysaccharide) |
| 多孔癸内酯 B | xestodecalactone B |
| 多孔菌洛甾酮 | polyprosterone |
| 多孔菌酸 C 甲酯 | methyl polyporenate C |
| 多孔菌甾酮 A～C | polyporoids A～C |
| 多孔麻孢素 A～I | multiforisins A～I |
| 多孔算盘子二醇 | glochilocudiol |
| 多孔甾 -3β, 6α- 二醇 | poriferast-3β, 6α-diol |
| 多孔甾 -5, 25- 二烯 -3β, 4β- 二醇 | poriferast-5, 25-dien-3β, 4β-diol |
| 多孔甾 -5- 烯 -3β, 4β- 二醇 | poriferast-5-en-3β, 4β-diol |
| 多孔甾 -5- 烯 -3β, 7α- 二醇 | poriferast-5-en-3β, 7α-diol |
| 多孔甾醇 | poriferasterol |
| (1*R*, 3*E*, 6*R*, 7*Z*, 11*S*, 12*S*)- 多拉贝拉 -3, 7, 18- 三烯 -4, 17- 内酯 | (1*R*, 3*E*, 6*R*, 7*Z*, 11*S*, 12*S*)-dolabella-3, 7, 18-trien-4, 17-olide |
| (1*R*, 3*E*, 7*Z*, 11*S*, 12*S*)- 多拉贝拉 -3, 7, 8- 三烯 -17- 酸 | (1*R*, 3*E*, 7*Z*, 11*S*, 12*S*)-dolabella-3, 7, 8-trien-17-oic acid |
| 多拉贝匍匐枪刀药酸 A | dolabeserpenoic acid A |
| 多榔菊碱 | doronine |
| 多乐风碱 | doryphornine |
| 多里亚千里碱 | doria senine |
| 多裂乌头碱 A～D | polyschistines A～D |
| 多裂鱼黄草碱 C、E | merresectines C, E |
| 3β- 多裂鱼黄草碱 C | 3β-merresectine C |
| 多磷酸乳糖钠盐 | lactose polyphosphate sodium salt |
| 多鳞番荔枝明 A、B | squamins A, B |
| 多鳞番荔枝斯坦定 (番荔枝亭、番荔枝塔亭、番荔枝抑素) A～E | squamostatins A～E |
| 多鳞番荔枝斯坦定 C (泡状番荔枝素) | squamostatin C (bullatanocin) |
| 多鳞番荔枝酮 | squamolone |
| 多鳞番荔枝辛 $O_1$、$O_2$ | squamocins $O_1$, $O_2$ |
| 多鳞番荔枝辛 -28- 酮 | squamocin-28-one |
| 多螺旋烃 | polyhelicene |
| 多脉白坚木定 | polyneuridine |
| 多脉瓜馥木二酮 | fissilandione |
| 多莫戟酮 | domohinone |
| 多羟基二苯对二噁星 | polyhydroxy dibenzo-*p*-dioxine |
| 多羟基化胆甾烷 Ⅰ、Ⅱ | polyhydroxylated cholestanes Ⅰ, Ⅱ |
| 多羟基叶黄素 | polyhydroxyxanthophyll |
| 多球壳菌素 | myriocin |
| 多蕊商陆苷 A、B | polyandrasides A, B |

| | |
|---|---|
| 多蕊蛇菰素 A、B | balapolyphorins A, B |
| 多伞阿魏酚酮 A～H | ferulaeones A～H |
| 多伞阿魏内酯 A、B | ferulactones A, B |
| 多伞阿魏素 A～E | ferulins A～E |
| 多舌飞蓬苷 (6′-*O*-咖啡酰飞蓬苷) | 6′-*O*-caffeoyl erigeroside |
| 多石阿魏素 | lapidin |
| 多穗金粟兰醇 B | chloramultiol B |
| 多穗金粟兰内酯 C～E | multistalactones C～E |
| 多穗金粟兰素 A～D | chlomultins A～D |
| 多穗金粟兰萜内酯 | multislactone |
| 多穗金粟兰萜酯 A～D | chloramultilides A～D |
| 多穗金粟兰酯 A、B | multistalides A, B |
| 多缩苔藓酸 | vulpic acid |
| 多糖 (多聚糖) | polysaccharide (polysaccharose) |
| 多萜醇 | dolichol |
| 多烯 D～F | polyenes D～F |
| 多烯母菊醇醚 Ⅰ、Ⅱ | polyenes chamomillol esters Ⅰ, Ⅱ |
| 多烯酸 | polyenoic acid |
| 多烯紫杉醇 | docetaxel |
| 多腺茄碱 | polyadenine |
| 多型短指软珊瑚亭 B | polydactin B |
| 多序岩黄芪素 | polybotrin |
| 多穴藻苷 A、$A_2$、$A_3$、B、$B_2$ | polycavernosides A, $A_2$, $A_3$, B, $B_2$ |
| 多氧叶黄素 | polyoxyxanthophyll |
| 多叶棘豆苷 A～G | myriophyllosides A～G |
| 多叶棘豆苷 Ⅰ～Ⅲ | myriophyllosides Ⅰ～Ⅲ |
| 多叶棘豆皂苷 A～D | myriosides A～D |
| 多叶菊蒿素 (菊蒿米林) | tamirin |
| 多元酚氧化酶 | poylphenol oxidase |
| α-多汁乳菇醇 | α-sedoheptitol |
| 多汁乳菇醇 | volemitol |
| 多枝炭角菌内酯 (多倍鹿角菌内酯) A、B | multiplolides A, B |
| 多主枝孢素 A、B | herbarins A, B |
| 多子南五味子木脂素 A～K | polysperlignans A～K |
| 多子南五味子内酯 A～E | polysperlactones A～E |
| 多子南五味子素 A～N | kadpolysperins A～N |
| 多足蕨苷 A | polypodoside A |
| γ-多足蕨四烯 (γ-水龙骨萜四烯) | γ-polypodatetraene |
| 惰碱 | ignavine |
| 惰碱醇 | ignavinol |

| | |
|---|---|
| 俄勒冈桤木芳烷 A、B | oregonoyls A, B |
| 俄勒冈桤木宁 | oregonin |
| 俄罗斯前胡素 | peuruthenicin |
| 莪术奥酮 (蓬莪术酮) | zedoarone |
| 莪术奠酮二醇 (蓬莪二醇) | zedoarondiol |
| 莪术倍半萜内酯 A、B | curcumanolides A, B |
| 莪术醇 | curcumol |
| 莪术轭烯内酯 | curcuzedoalide |
| 莪术二醇 | aerugidiol |
| 莪术二酮 (姜黄二酮、莪二酮) | curdione |
| 莪术呋喃 (莪术奠呋喃) | zedoarofuran |
| 1 (10) *Z*, (4*Z*)- 莪术呋喃二烯 -6- 酮 | 1 (10) *Z*, (4*Z*)-furanodien-6-one |
| 莪术呋喃二烯酮 (呋喃二烯酮、蓬莪术环二烯酮) | furanodienone |
| 莪术呋喃醚酮 (蓬莪术环氧酮) | zederone |
| 莪术呋喃烯 (莪术烯) | curzerene |
| 莪术内酯 A～H | zedoalactones A～H |
| (1*R*, 4*R*, 5*S*, 10*S*)- 莪术内酯 B | (1*R*, 4*R*, 5*S*, 10*S*)-zedoalactone B |
| (+)- 莪术内酯 [(+)- 蓬莪术内酯] A | (+)-zedoalactone A |
| 莪术双环烯酮 | curcumenone |
| 莪术萜内酯 A、B | gajutsulactones A, B |
| 莪术酮 (蓬莪术烯酮、莪术呋喃烯酮) | curzerenone |
| 莪术烯醇 | curcumenol |
| 峨眉翠雀灵 | omeieline |
| 峨眉翠雀宁 | omeienine |
| 峨眉唐松草碱 (甲氧基铁线蕨叶碱、甲氧基铁线蕨叶唐松草碱) | methoxyadiantifoline |
| 峨参醇 [峨参树脂醇、3- 甲氧基 -4, 5- 亚甲二氧苯基 -2-(*E*)- 丙烯 -1- 醇] | anthriscinol [3-methoxy-4, 5-methylenedioxyphenyl-2-(*E*)-propen-1-ol] |
| 峨参醇甲醚 | anthriscinol methyl ether |
| 峨参醇乙醚 | anthriscinol ethyl ether |
| 峨参素 (峨参脂素) | sylvestrin |
| 峨参辛 (脱氧鬼臼脂素、脱氧鬼臼毒素、峨参内酯) | anthricin (deoxypodophyllotoxin, silicicolin) |
| 鹅不食草酚 | centipedaphenol |
| 鹅不食内酯 A～H | minimolides A～H |
| 鹅耳枥鞣质 | carpinusin |
| 鹅耳枥三醇 A、B | carpinontriols A, B |
| 鹅二醇 | chenodiol |
| 鹅膏毒肽 | amatoxin |
| 鹅膏氨酸 (鹅膏蕈氨酸) | ibotenic acid |
| α- 鹅膏菌素 | α-amanitin |

| | |
|---|---|
| β-鹅膏菌素 | β-amanitin |
| γ-鹅膏菌素 | γ-amanitin |
| ε-鹅膏菌素 | ε-amanitin |
| 鹅膏亭 | amanitine |
| 鹅肌肽 | anserine |
| 鹅绒藤苷 (白首乌新苷) Ⅰ、Ⅱ | cynanosides (cynanauriculosides) Ⅰ, Ⅱ |
| 鹅绒藤苷 (鹅绒藤新苷) A～O、$P_1$～$P_5$、$Q_1$～$Q_3$、$R_1$～$R_3$、S | cynanosides A～O, $P_1$～$P_5$, $Q_1$～$Q_3$, $R_1$～$R_3$, S |
| 鹅绒藤南苷 A、B | cynansides A, B |
| 鹅绒藤三萜 A | cynanotriterpene A |
| 鹅绒藤酮苷 B | cynanoneside B |
| 鹅绒藤酯 A | cynanester A |
| 鹅脱氧胆酸 (鹅脱氧胆酸) | chenodeoxycholic acid |
| 鹅掌草皂苷 Ⅰ | anemone flaccida saponin Ⅰ |
| 鹅掌柴达玛苷 A | heptdamoside A |
| 鹅掌柴萜苷 A～H | schefflesides A～H |
| 鹅掌柴喔苷 A～F | scheffoleosides A～F |
| 鹅掌楸定 | liridine |
| 鹅掌楸啡碱 (北美鹅掌楸灵) | lirioferine |
| 鹅掌楸苷 (鹅掌楸苦素、丁香脂双葡萄糖苷、鹅掌楸素) A、B | liriodendrins A, B |
| 鹅掌楸肌醇 | liriodendritol |
| 鹅掌楸碱 (芒籽香日定) | liriodenine (spermatheridine) |
| 鹅掌楸木脂醛 | liriolignal |
| α-鹅掌楸内酯 | α-liriodenolide |
| β-鹅掌楸内酯 | β-liriodenolide |
| γ-鹅掌楸内酯 | γ-liriodenolide |
| (+)-鹅掌楸尼定 | (+)-lirinidine |
| 鹅掌楸宁碱 | liriodendronine |
| (–)-鹅掌楸宁碱 | (–)-caaverine |
| 鹅掌楸属碱 | liriodendron base |
| 鹅掌楸树脂酚 (里立脂素) A、B | lirioresinols A, B |
| (–)-鹅掌楸树脂酚 [(–)-里立脂素] A、B | (–)-lirioresinols A, B |
| 鹅掌楸树脂酚 A 二甲醚 (表扬甘比胡椒素) | *O*, *O*-dimethyl lirioresinol A (epiyangambin) |
| (+)-鹅掌楸树脂酚 A～C | (+)-lirioresinols A～C |
| 鹅掌楸树脂酚 B 二甲醚 (扬甘比胡椒素) | irioresinol B dimethyl ether (yangambin) |
| 鹅掌楸树脂酚 B 二甲醚 [(+)-扬甘比胡椒素] | lirioresinol B dimethyl ether [(+)-yangambin] |
| 鹅掌藤苷 A～D | scheffarbosides A～D |
| 鹅掌藤素 A～G | schefflerins A～G |
| 1, 3, 5-噁二嗪 | 1, 3, 5-oxadiazine |

| | |
|---|---|
| 1, 2, 5-噁二唑 (1, 2, 5-氧二氮杂环戊熳、呋咱) | 1, 2, 5-oxadiazole (furazan) |
| 噁嗪 | oxazine |
| 1, 3-噁唑 (1, 3-氧氮杂环戊熳) | 1, 3-oxazole |
| 1, 2-噁唑 (异噁唑) | 1, 2-oxazole (isoxazole) |
| 噁唑烷 | oxazolidine |
| 2-噁唑烷硫酮 | oxazolidine-2-thione |
| 1 (3, 5)-1, 2-噁唑杂-5 (1, 4)-环己烷杂环八蕃 | 1 (3, 5)-1, 2-oxazola-5 (1, 4)-cyclohexanacyclooctaphane |
| 厄弗殊酚 A～D | effususols A～D |
| 厄克亭 | erectine |
| 厄日扣宁 | ericodinine |
| 厄日尼辛 | erinicine |
| 厄日宁 | erinine |
| 厄文狄宁 | ervinidinine |
| 厄文定 | ervindine |
| 厄文辛 | ervincine |
| 苊 | acenaphthylene |
| 苊蒽 | aceanthrylene |
| 苊菲 | acephenanthrylene |
| 鄂北贝母碱 | ebeienine |
| 鄂北梯酮 | ebeietinone |
| 鄂贝醇 | fritillebinol |
| 鄂贝定碱 | ebeiedine |
| 鄂贝甲素 | ebeinine |
| 鄂贝酸 | fritillebic acid |
| 鄂贝缩醛 A～D | fritillebinides A～D |
| 鄂贝酮碱 | ebeiedinone |
| 鄂贝辛碱 (鄂北新) | ebeiensine |
| 鄂贝新醇 | fritillaziebinol |
| 鄂贝乙素 (埃贝母定) | ebeinone (eduardine) |
| 鄂贝乙酸酯 A～D | fritillebins A～D |
| 鄂西香茶菜二酮 | henrydione |
| 鄂西香茶菜苷 (巴东荚蒾苷) | henryoside |
| 鄂西香茶菜苷-6′-*O*-β-D-吡喃葡萄糖苷 | henryoside-6′-*O*-β-D-glucopyranoside |
| 鄂西香茶菜灵 A～E | isodonhenrins A～E |
| 鄂西香茶菜宁 (香茶菜素 B) | exidonin (rabdosin B) |
| 萼翅藤素 | calycopterin |
| 萼翅藤亭 (卡来可酮) | calycopteretin |
| 萼翅藤酮 | calycopterone |
| 萼卷豆胺 | calycotamine |
| DL-萼卷豆碱 | DL-calycotomine |

| | |
|---|---|
| D-萼卷豆碱 | D-calycotomine |
| 萼状金丝桃呫酮(显萼金丝桃呫酮)A～D | calycinoxanthones A～D |
| 鳄醇 | alligatoren |
| 鳄梨醇 | perseanol |
| 鳄梨二烯 | persediene |
| 鳄梨内酯 | persealide |
| 鳄梨醛 C～F | perseals C～F |
| 鳄梨素 | avocadoin |
| 鳄梨糖醇 | perseitol |
| 鳄梨酮(鳄梨烯酮)A～C | persenones A～C |
| 鳄梨酮糖(半乳庚酮糖) | perseulose |
| 鳄梨烯醇 A～D | avocadenols A～D |
| 鳄梨辛 | persin |
| 恩比吉宁(5-羟基-7, 4′-二甲氧基黄酮-6-*C*-β-D-葡萄糖) | embigenin (5-hydroxy-7, 4′-dimethoxyflavone-6-C-β-D-glucose) |
| 恩比宁(鸢尾宁素) | embinin |
| 恩比诺定 | embinoidin |
| 恩卡林碱 C(翅果定碱、翅柄钩藤碱) | uncarin C (uncarine C, pteropodine, pteropodin) |
| 恩卡林碱 D(丽叶碱) | uncarine D (speciophylline) |
| 恩卡林碱 E(7-异翅柄钩藤碱、异翅果定碱、异坡绕定) | uncarine E (7-isopteropodine, isopoteropodin) |
| 恩克典素 F | mncodianin F |
| 恩镰孢菌素 H、I | enniatins H, I |
| 恩施辛 | enshicine |
| 蒽 | anthracene |
| (蒽-2-基)[(7-苯乙氮烯基)萘-2-基]乙氮烯 | (anthracen-2-yl) [(7-phenyl diazenyl) naphthalene-2-yl] diazene |
| 蒽-9-甲酸癸酯 | decyl anthracene-9-carboxylate |
| 蒽棓酚(三羟基蒽醌) | anthragallol |
| 蒽棓酚-1, 2, 3-三甲醚 | anthragallol-1, 2, 3-trimethyl ether |
| 蒽棓酚-1, 2-二甲醚 | anthragallol-1, 2-dimethyl ether |
| 蒽棓酚-1, 3-二甲醚 | anthragallol-1, 3-dimethyl ether |
| 蒽棓酚-2, 3-二甲醚 | anthragallol-2, 3-dimethyl ether |
| 蒽二酚 | anthrahydroquinone |
| 9-蒽酚 | 9-anthrol |
| 蒽酚 | anthranol |
| 蒽苷 A | anthraglycoside A |
| 蒽苷 B(大黄素-8-*O*-β-D-葡萄糖苷) | anthraglycoside B (emodin-8-*O*-β-D-glucoside) |
| 蒽胡麻酮 A～F | anthrasesamones A～F |
| 蒽绛酚(1, 5-二羟基蒽醌) | anthrarufin (1, 5-dihydroxyanthraquinone) |
| 1, 4-蒽醌 | 1, 4-anthraquinone |

| 蒽醌 | anthraquinone |
|---|---|
| 蒽醌-1, 6-二羟基-2-甲基-8-*O*-α-D-吡喃葡萄糖基-(1′→6)-α-L-吡喃木糖苷 | anthraquinone-1, 6-dihydroxy-2-methyl-8-*O*-α-D-glucopyranosyl-(1′→6)-α-L-xylopyranoside |
| 蒽醌-2-甲酸 | anthraquinone-2-carboxylic acid |
| 蒽醌苷 | anthraquinone clycoside |
| 蒽醌酮 | anthrakunthone |
| 蒽林(西格诺林、地蒽酚、蒽三酚) | anthralin (cignolin, dithranol, batidrol) |
| 1, 8, 9-蒽三酚 | 1, 8, 9-anthratriol |
| 蒽三酚(蒽林、西格诺林、地蒽酚) | batidrol (anthralin, cignolin, dithranol) |
| 1, 2, 10-蒽三酚(白茜素、去氧茜素、二羟基蒽酚) | 1, 2, 10-anthracenetriol (leucoalizarin, anthrarobin, dihydroxyanthranol) |
| 蒽酮 | anthrone (carbothrone, anthranone) |
| 蒽酮 | carbothrone (anthrone, anthranone) |
| 儿茶酚(焦儿茶酚、1, 2-二羟基苯、1, 2-苯二酚、邻苯二酚) | catechol (pyrocatechol, pyrocatechin, 1, 2-dihydroxybenzene, 1, 2-benzenediol, *o*-benzenediol) |
| 儿茶酚-(–)-表儿茶酚 | catechol-(–)-epicatechol |
| 儿茶酚-(+)-儿茶酚 | catechol-(+)-catechol |
| 儿茶酚胺(儿茶胺) | catecholamine |
| 儿茶钩藤碱 A～E | roxburghines A～E |
| D-儿茶精(D-儿茶素) | D-catechol (D-catechin) |
| 儿茶鞣酸 | catechutannic acid |
| 儿茶鞣质 | catechutannin |
| D-(+)-儿茶素 | D-(+)-catechin |
| DL-儿茶素 | DL-catechin |
| (–)-儿茶素 | (–)-catechin |
| (+)-(2*R*, 3*S*)-儿茶素 | (+)-(2*R*, 3*S*)-catechin |
| D-儿茶素(D-儿茶精) | D-catechin (D-catechol) |
| (+)-儿茶素[(+)-儿茶精] | (+)-catechin |
| 儿茶素-(4α→6)-表儿茶素 | catechin-(4α→6)-epicatechin |
| 儿茶素-(4α→6)-表儿茶素-(4β→8)表儿茶素 | catechin-(4α→6)-epicatechin-(4β→8) epicatechin |
| 儿茶素-(4α→6)-表儿茶素-(4β→8)-表儿茶素-(4β→8)-表儿茶素 | catechin-(4α→6)-epicatechin-(4β→8)-epicatechin-(4β→8)-epicatechin |
| 儿茶素-(4α→6)-儿茶素-(4α→6)表儿茶素 | catechin-(4α→6)-catechin-(4α→6) epicatechin |
| 儿茶素-(4α→8′)-(–)-表儿茶素 | catechin-(4α→8′)-(–)-epicatechin |
| 儿茶素-(4α→8)-儿茶素 | catechin-(4α→8)-catechin |
| 儿茶素-[5, 6-*e*]-4α-(3, 4-二羟苯基)二氢-2(3*H*)-吡喃酮 | catechin-[5, 6-*e*]-4α-(3, 4-dihydroxyphenyl) dihydro-2(3*H*)-pyranone |
| 儿茶素-[5, 6-*e*]-4β-(3, 4-二羟苯基)二氢-2(3*H*)-吡喃酮 | catechin-[5, 6-*e*]-4β-(3, 4-dihydroxyphenyl) dihydro-2(3*H*)-pyranone |
| 儿茶素-[7, 8-*bc*]-4α-(3, 4-二羟苯基)二氢-2(3*H*)-吡喃酮 | catechin-[7, 8-*bc*]-4α-(3, 4-dihydroxyphenyl) dihydro-2(3*H*)-pyranone |

| | |
|---|---|
| 儿茶素-[7, 8-*bc*]-4β-(3, 4-二羟苯基) 二氢吡喃-2(3*H*)-酮 | catechin-[7, 8-*bc*]-4β-(3, 4-dihydroxyphenyl) dihydropyran-2 (3*H*)-one |
| 儿茶素-[8, 7-*e*]-4α-(3, 4-二羟苯基) 二氢-2 (3*H*)-吡喃酮 | catechin-[8, 7-*e*]-4α-(3, 4-dihydroxyphenyl) dihydro-2 (3*H*)-pyranone |
| 儿茶素-[8, 7-*e*]-4β-(3, 4-二羟苯基) 二氢-2 (3*H*)-吡喃酮 | catechin-[8, 7-*e*]-4β-(3, 4-dihydroxyphenyl) dihydro-2 (3*H*)-pyranone |
| 儿茶素-3′, 4′-二-*O*-β-D-吡喃葡萄糖苷 | catechin-3′, 4′-di-*O*-β-D-glucopyranoside |
| 儿茶素-3-*O*-β-D-吡喃阿洛糖苷 | catechin-3-*O*-β-D-allopyranoside |
| (+)-儿茶素-3-*O*-β-D-吡喃葡萄糖苷 | (+)-catechin-3-*O*-β-D-glucopyranoside |
| 儿茶素-3′-*O*-β-D-吡喃葡萄糖苷 | catechin-3′-*O*-β-D-glucopyranoside |
| 儿茶素-3-*O*-乙酸酯-(4α→8)-儿茶素-3-*O*-乙酸酯-3′-*O*-β-D-吡喃葡萄糖苷 | catechin-3-*O*-acetate-(4α→8)-catechin 3-*O*-acetate-3′-*O*-β-D-glucopyranoside |
| 儿茶素-3β-羟基-[(1*R*)-3, 4-二羟苯基] 吡喃酮 | catechin-3β-hydroxy-[(1*R*)-3, 4-dihydroxyphenyl] pyranone |
| 儿茶素-3β-羟基-[(1*S*)-3, 4-二羟苯基] 吡喃酮 | catechin-3β-hydroxy-[(1*S*)-3, 4-dihydroxyphenyl] pyranone |
| 儿茶素-4′-*O*-β-D-吡喃葡萄糖苷 | catechin-4′-*O*-β-D-glucopyranoside |
| 儿茶素-5, 3′-二-*O*-β-D-吡喃葡萄糖苷 | catechin-5, 3′-di-*O*-β-D-glucopyranoside |
| 儿茶素-5, 4′-二-*O*-β-D-吡喃葡萄糖苷 | catechin-5, 4′-di-*O*-β-D-glucopyranoside |
| 儿茶素-5-*O*-β-D-(2″-*O*-阿魏酰基-6″-*O*-对香豆酰基) 吡喃葡萄糖苷 | catechin-5-*O*-β-D-(2″-*O*-feruloyl-6″-*O*-*p*-coumaroyl) glucopyranoside |
| (+)-儿茶素-5-*O*-β-D-(2′-*O*-没食子酰基) 吡喃葡萄糖苷 | (+)-catechin-5-*O*-β-D-(2′-*O*-galloyl) glucopyranoside |
| (+)-儿茶素-5-*O*-β-D-吡喃葡萄糖苷 | (+)-catechin-5-*O*-β-D-glucopyranoside |
| 儿茶素-5-*O*-β-D-吡喃葡萄糖苷 | catechin-5-*O*-β-D-glucopyranoside |
| (+)-儿茶素-5-*O*-β-D-葡萄糖苷 | (+)-catechin-5-*O*-glucoside |
| 儿茶素-6-*C*-β-D-吡喃葡萄糖苷 | catechin-6-*C*-β-D-glucopyranoside |
| 儿茶素-7, 3′-二-*O*-β-D-吡喃葡萄糖苷 | catechin-7, 3′-di-*O*-β-D-glucopyranoside |
| 儿茶素-7-*O*-α-L-呋喃阿拉伯糖苷 | catechin-7-*O*-α-L-arabinofuranoside |
| (+)-儿茶素-7-*O*-β-D-吡喃葡萄糖苷 | (+)-catechin-7-*O*-β-D-glucopyranoside |
| 儿茶素-7-*O*-β-D-吡喃葡萄糖苷 | catechin-7-*O*-β-D-glucopyranoside |
| 儿茶素-7-*O*-β-D-木糖苷 | catechin-7-*O*-β-D-xyloside |
| 儿茶素-7-*O*-β-D-芹糖苷 | catechin-7-*O*-β-D-apioside |
| 儿茶素-7-*O*-呋喃芹糖苷 | catechin-7-*O*-apiofuranoside |
| 儿茶素-8-*C*-β-D-吡喃葡萄糖苷 | catechin-8-*C*-β-D-glucopyranoside |
| 儿茶素没食子酸酯 | catechin gallate (CG) |
| (+)-儿茶素水合物 | (+)-catechin hydrate |
| (+)-儿茶素五乙酸酯 | (+)-catechin pentaacetate |
| 儿茶酸 | catechinic acid (catechuic acid) |
| 尔雷酚 (厚壳树醇) C | ehletianol C |
| 耳草醇 A～D | hedyotisols A～D |
| 耳草根碱 | hedyotine |

| 耳草环肽 $B_1$、$B_2$、$B_5$～$B_9$ | hedyotides $B_1$, $B_2$, $B_5$～$B_9$ |
|---|---|
| 耳草碱 | auricularine |
| 耳草酸 (水珍珠菜酸) | auricularic acid |
| 耳草酮 A、B | hedyotiscones A, B |
| 耳草托苷 | hedyotoside |
| 耳草托苷 A～E | hedyotosides A～E |
| 耳草醇 A～C | hedyotisols A～C |
| 耳草脂醇 A～D | hedyotols A～D |
| 耳草脂醇 C-4″-*O*-β-D-吡喃葡萄糖苷 | hedyotol C-4″-*O*-β-D-glucopyranoside |
| 耳草脂醇 D-7″-*O*-β-D-吡喃葡萄糖苷 | hedyotol D -7″-*O*-β-D-glucopyranoside |
| 耳草脂醇-4″, 4‴-二-*O*-β-D-吡喃葡萄糖苷 | hedyotol-4″, 4‴-di-*O*-β-D-glucopyranoside |
| 耳蕨柠檬素 | polystichocitrin |
| 耳屏茴芹酮 | traginone |
| 耳茄定 | solauricidine |
| 耳茄碱 | solauricine |
| 耳形鸡血藤黄素 | auriculatin |
| 耳形鸡血藤甲黄素 | auriculin |
| 耳形鸡血藤素 | auriculasin |
| 耳形截尾海兔内酯 B、C | aurilides B, C |
| 耳形羊耳兰碱 | auriculine |
| 耳叶牛皮消苷 (白首乌新苷) A～E、I、II | cynanauriculosides A～E, I, II |
| 耳叶牛皮消库苷 A～C | cynauricusides A～C |
| 耳叶苔内酯 | frullanolide |
| 耳叶紫菀苷 A～C | auriculatosides A～C |
| 耳叶紫菀酮 | auriculatone |
| 耳叶紫菀皂苷 A～F | auriculatusaponins A～F |
| 耳状相思树苷 (白前牛皮消苷) A、B、Ⅰ～XⅧ | auriculosides A, B, Ⅰ～XⅧ |
| 洱源橐吾碱 A、B | lankongensisines A, B |
| 2, 4-二 (1-苯乙基) 苯酚 | 2, 4-bis (1-phenyl ethyl) phenol |
| 2, 4-二 (1-甲基-1-苯乙基) 苯酚 | 2, 4-bis (1-methyl-1-phenyl ethyl) phenol |
| 2, 4-二 (1, 1-二丁基) 苯酚 | 2, 4-bis (1, 1-dibutyl) phenol |
| 2, 4-二 (1, 1-二甲乙基) 苯酚 | 2, 4-bis (1, 1-dimethlethyl) phenol |
| 二 (1-甲丙基) 琥珀酸甲酯 | methyl bis (1-methyl propyl) butanedioate |
| *N*, *N*′-二 (1-甲基)-1, 4-苯二胺 | *N*, *N*′-bis (1-methyl)-1, 4-phenylenediamine |
| 二 (2, 5-二甲基己基) 酯 | bis (2, 5-dimethyl hexyl) ester |
| 5, 8-二 (2, 3-二羟基-3-甲基丁氧基) 补骨脂素 | 5, 8-di (2, 3-dihydroxy-3-methyl butoxy) psoralen |
| 2, 4-二 (2-苯基丙烷-2-基) 苯酚 | 2, 4-bis (2-phenyl propan-2-yl) phenol |
| 2, 2′-二-(2-苯基乙基)-8, 6′-二羟基-5, 5′-二色原酮 | 2, 2′-di-(2-phenyl ethyl)-8, 6′-dihydroxy-5, 5′-bichromone |
| 二 (2-丙基苯基) 邻苯二甲酸酯 | di (2-propyl pentyl) phthalate |
| 二 (2-丁基己基) 邻苯二甲酸酯 | bis (2-butyl hexyl) phthalate |

| | |
|---|---|
| 二(2-甲丙基)-1, 2-苯二酸酯 | bis (2-methyl propyl)-1, 2-benzenedicarboxylate |
| 二(2-甲丙基)琥珀酸甲酯 | methyl bis (2-methyl propyl) butanedioate |
| 二(2-氯乙基)胺 | bis (2-chloroethyl) amine |
| 二(2-氯乙基)氮烷 | bis (2-chloroethyl) azane |
| 二(2-羟基乙氧基)乙酸 | bis (2-hydroxyethoxy) acetic acid |
| *N*, *N*-二(2-羟乙基)十二酰胺 | *N*, *N*-bis (2-hydroxyethyl) dodecanamide |
| 二(2-乙基丁基)邻苯二甲酸酯 | bis (2-ethyl butyl) phthalate |
| 1, 7-二(3, 4-二羟苯基)庚-(4*E*, 6*E*)-二烯-3-酮 | 1, 7-bis (3, 4-dihydroxyphenyl) hept-(4*E*, 6*E*)-dien-3-one |
| 二(3, 4-二羟苯基)甲烷 | bis (3, 4-dihydroxyphenyl) methane |
| (2*R*, 3*R*)-2, 3-二-(3, 4-亚甲基二氧苄基)丁内酯 | (2*R*, 3*R*)-2, 3-di-(3, 4-methylenedioxybenzyl) butyrolactone |
| 二(3, 5, 5-三甲基己基)醚 | di (3, 5, 5-trimethyl hexyl) ether |
| 5, 8-二(3-甲基-2, 3-二羟基丁氧基补骨脂素) | 5, 8-di (3-methyl-2, 3-dihydroxybutyloxypsoralen) |
| 5, 8-二(3-甲基-2, 3-二羟基氧代丁基补骨脂素 | 5, 8-di (3-methyl-2, 3-dihydroxybutyloxypsoralen |
| 3, 5-二(3-甲基-2-丁烯基)-4-*O*-(α-L-吡喃阿拉伯糖基)苯甲酸甲酯 | 3, 5-bis (3-methyl-2-butenyl)-4-*O*-(α-L-arabinopyranosyl) benzoic acid methyl ester |
| 3, 5-二(3-甲基-2-丁烯基)-4-*O*-(β-D-吡喃葡萄糖基)苯甲酸甲酯 | 3, 5-bis (3-methyl-2-butenyl)-4-*O*-(β-D-glucopyranosyl) benzoic acid methyl ester |
| 3, 5-二(3-甲基-2-丁烯基)-4-*O*-(β-D-吡喃葡萄糖基)苯甲酰胺 | 3, 5-bis (3-methyl-2-butenyl)-4-*O*-(β-D-glucopyranosyl) benzamide |
| 3, 5-二(3-甲基-2-丁烯基)-4-*O*-[β-D-吡喃葡萄糖基-(1→4)-β-D-吡喃葡萄糖基]苯甲酸 | 3, 5-bis (3-methyl-2-butenyl)-4-*O*-[β-D-glucopyranosyl-(1→4)-β-D-glucopyranosyl] benzoic acid |
| 6, 8-二-(3-甲基-2-丁烯基)染料木素 | 6, 8-di-(3-methyl-2-butenyl) genistein |
| 二(4, 5-二氢噻吩-2-基)二甲基甲锗烷 | bis (4, 5-dihydrothiophen-2-yl) dimethyl germane |
| 2, 3-二-(4, 7-二羟基-3-甲氧苄基)丁-1, 4-二醇 | 2, 3-bis-(4, 7-dihydroxy-3-methoxybenzyl) but-1, 4-diol |
| 1, 4-二(4-β-D-吡喃葡萄糖氧基苄基)-(2*R*)-2-苄基苹果酸酯 | 1, 4-bis (4-β-D-glucopyranosyloxybenzyl)-(2*R*)-2-benzyl malate |
| 二(4-二甲基氨苯基)甲酮 | bis (4-dimethyl aminophenyl) methanone |
| 1α, 7β-二(4-甲基千里光酰氧基)日本刺参萜-3 (14) Z, 8 (10)-二烯-2-酮 | 1α, 7β-di (4-methyl senecioyloxy) oplopa-3 (14) Z, 8 (10)-dien-2-one |
| 二(4-氯环己基-1-甲硫酰基)硫烷 | bis (4-chlorocyclohexyl-1-carbothioyl) sulfane |
| (1*S*, 3*S*, 5*S*)-1, 7-二(4-羟苯基)-1, 5-环氧-3-羟基庚烷 | (1*S*, 3*S*, 5*S*)-1, 7-bis (4-hydroxyphenyl)-1, 5-epoxy-3-hydroxyheptane |
| (1*S*, 3*S*, 5*R*, 6*E*)-1, 7-二(4-羟苯基)-1, 5-环氧-3-羟基庚烷-6-酮 | (1*S*, 3*S*, 5*R*, 6*E*)-1, 7-bis (4-hydroxyphenyl)-1, 5-epoxy-3-hydroxyhept-6-one |
| (+)-(1*R*, 2*S*, 5*R*, 6*S*)-2, 6-二-(4′-羟苯基)-3, 7-二氧杂双环[3.3.0]辛烷 | (+)-(1*R*, 2*S*, 5*R*, 6*S*)-2, 6-di-(4′-hydroxyphenyl)-3, 7-dioxabicyclo [3.3.0] octane |
| 2, 4-二-(4-羟苄基)苯酚 | 2, 4-bis (4-hydroxybenzyl) phenol |
| 二(4-羟苄基)硫化物 | bis (4-hydroxybenzyl) sulfide |
| 二(4-羟苄基)醚 | bis (4-hydroxybenzyl) ether |
| 二(4-羟苄基甲烷) | bis (4-hydroxyphenyl) methane |
| 2, 3-二-(4-羟基-3-甲氧苯基)-3-甲氧基丙醇 | 2, 3-bis-(4-hydroxy-3-methoxyphenyl)-3-methoxypropanol |

| | |
|---|---|
| 1, 7-二(4-羟基-3-甲氧苯基)庚-4-烯-3-酮 | 1, 7-bis (4-hydroxy-3-methoxyphenyl) hept-4-en-3-one |
| 二(5-甲酰基糠基)醚 | bis (5-formyl furfuryl) ether |
| 二(8-表儿茶素)甲烷 | bis (8-epicatechinyl) methane |
| 二-(*E*)-咖啡酰基内消旋酒石酸单甲酯 | di-(*E*)-caffeoyl-*meso*-tartaric acid monomethyl ester |
| 3β, 6α-(20*S*)-6, 20-二(β-D-吡喃葡萄糖氧基)-3-羟基达玛-24-烯-12-酮 | 3β, 6α-(20*S*)-6, 20-bis (β-D-glucopyranosyloxy)-3-hydroxydammar-24-en-12-one |
| 3, 7-二(β-D-吡喃葡萄糖氧基)-5-羟基-2-(4-羟苯基)-4*H*-1-苯并吡喃-4-酮 | 3, 7-bis (β-D-glucopyranosyloxy)-5-hydroxy-2-(4-hydroxyphenyl)-4*H*-1-benzopyran-4-one |
| *N*, *N'*-二(γ-谷氨酰基)胱氨酸 | *N*, *N'*-bis (γ-glutamyl) cystine |
| 二(氨基甲羧氧乙基)砜 | bi (amino carboxymethyl) sulfone |
| 2, 7-二(苯基乙氮烯基)萘-1, 8-二酚 | 2, 7-bis (phenyl diazenyl) naphthalene-1, 8-diol |
| 二(苄基三硫代)甲烷 | di (benzyl trithio) methane |
| 1, 2-二(丙-2-亚基)肼 | 1, 2-di (propan-2-ylidene) hydrazine |
| 2, 6-二(对羟苄基)-3, 3'-二羟基-5-甲氧基联苄 | 2, 6-bis (*p*-hydroxybenzyl)-3, 3'-dihydroxy-5-methoxybibenzyl |
| 二(对羟苄基)二硫醚 | di (*p*-hydroxybenzyl) disulfide |
| 二(对羟基顺式-苯乙烯基)甲烷 | di (*p*-hydroxy-*cis*-styryl) methane |
| *N*1, *N*8-二(二氢咖啡酰基)亚精胺 | *N*1, *N*8-bis (dihydrocaffeoyl) spermidine |
| 1, 2-二(呋喃-2-基)-2-羟基乙-1-酮 | 1, 2-di (2-furyl)-2-hydroxyethan-1-one |
| 1, 5-二(呋喃-2-基)戊-1, 5-二酮 | 1, 5-di (furyl) pentane-1, 5-dione |
| 1, 1'-二(环丙基) | 1, 1'-bi (cyclopropyl) |
| 1, 1'-二(环丙烷) | 1, 1'-bi (cyclopropane) |
| 二(甲)酰亚胺 | dicarboximide |
| *N*, *N*-二(甲氨甲酰基)甲胺 | *N*, *N*-bis (methyl carbamyl) methyl amine |
| 二(甲铅烷基甲基)甲铅烷 | bis (plumbyl methyl) plumbane |
| 1, 2-二(十八碳-9, 12-二烯酰基)-3-(十八碳-9-烯酰)甘油酯 | 1, 2-di (octadec-9, 12-dienoyl)-3-(octadec-9-enoyl) glyceride |
| {[(2*R*)-2, 3-二(十八碳酰氧基)丙氧基]羟基磷酰基}-L-丝氨酸 | {[(2*R*)-2, 3-bis (octadecanoyloxy) propoxy] hydroxyphosphoryl} -L-serine |
| 1, 2-二(十八酰基)-*sn*-甘油-3-磷酰-L-丝氨酸 | 1, 2-bis (octadecanoyl)-*sn*-glycerol-3-phospho-L-serine |
| 2-*O*-{[(2*R*)-2, 3-二(十六碳酰氧基)丙氧基]羟基磷酰基}-肌肉肌醇 | 2-*O*-{[(2*R*)-2, 3-bis (hexadecanoyloxy) propoxy] hydroxyphosphoryl} -myoinositol |
| 1, 2-二(十六酰基)-*sn*-甘油-3-磷酰氨基乙醇 | 1, 2-bis (hexadecanoyl)-*sn*-glycerol-3-phosphoethanolamine |
| 1, 2-二(十六酰基)-*sn*-甘油-3-磷酰胆碱 | 1, 2-bis (hexadecanoyl)-*sn*-glycerol-3-phosphocholine |
| 2, 6-二(叔丁基)-1, 4-苯醌 | 2, 6-di (tertbutyl)-1, 4-benzoquinone |
| 2, 6-二(叔丁基)苯醌 | 2, 6-di (tertbutyl) benzoquinone |
| *N*, *N*-二(羧基甲基)甘氨酸 | *N*, *N*-bis (carboxymethyl) glycine |
| 3, 4: 3', 4'-二(亚甲二氧基)-9'-羟基木脂素-9-甲基-*O*-β-D-吡喃葡萄糖苷 | 3, 4: 3', 4'-bis (methylene-dioxy)-9'-hydroxylignane-9-methyl-*O*-β-D-glucopyranoside |
| (+)-2, 3-二[(4-羟基-3, 5-二甲氧苯基)甲基]-1, 4-丁二醇 | (+)-2, 3-bis [(4-hydroxy-3, 5-dimethoxyphenyl) methyl]-1, 4-butanediol |

| | |
|---|---|
| 2, 3-二 [(4-羟基-3, 5-二甲氧苯基)-甲基]-1, 4-丁二醇二氢脱氢二松柏醇 | 2, 3-bis [(4-hydroxy-3, 5-dimethoxyphenyl)-methyl]-1, 4-butanediol dihydrodehydrodiconiferyl alcohol |
| 二 [4-(β-D-吡喃葡萄糖氧基) 苄基] (*S*)-2-仲丁基苹果酸酯 | bis [4-(β-D-glucopyranosyloxy) benzyl] (*S*)-2-butyl malate |
| 2, 4-二-1, 1-二甲乙基苯酚 | 2, 4-bis-1, 1-dimethlethyl phenol |
| 二-2-乙基己基邻苯二甲酸酯 | di-2-ethyl hexyl phthalate |
| 二-7-甲氧基吉九里香碱 A | bis-7-methoxygirinimbine A |
| 二-7-羟基吉九里香碱 A、B | bis-7-hydroxygirinimbines A, B |
| 1, 2-*O*-(二-9, 12, 15-十八碳三烯酰基)-3-*O*-[α-D-吡喃半乳糖基-(1→6)-*O*-β-D-吡喃半乳糖基] 甘油 | 1, 2-*O*-(bis-9, 12, 15-octadecatrienoyl)-3-*O*-[α-D-galactopyranosyl-(1→6)-*O*-β-D-galactopyranosyl] glycerol |
| 3, 5-二-*C*-β- D-吡喃葡萄糖乙酰间苯三酚 | 3, 5-di-*C*-β-D-glucopyranosyl phloroacetophenone |
| 3, 6-二-*C*-葡萄糖金合欢素 | 3, 6-di-*C*-glucosyl acacetin |
| 6, 8-二-*C*-葡萄糖木犀草素 | 6, 8-di-*C*-glucosyl luteolin |
| 二-D-呋喃果糖-1, 2′: 2, 3′-二酐 | di-D-fructofuranose-1, 2′: 2, 3′-dianhydride |
| 2, 6-二-*O*-(3-硝丙酰基)-α-D-吡喃葡萄糖 (小冠花酯) | 2, 6-di-*O*-(3-nitropropanoyl)-α-D-glucopyranose (coronarian) |
| 3, 29-二-*O*-(对甲氧基苯甲酰基) 多花白树-8-烯-3α, 29-二羟基-7-酮 | 3, 29-di-*O*-(*p*-methoxybenzoyl) multiflora-8-en-3α, 29-dihydroxy-7-one |
| 二-*O*-7, 4′-甲基大豆苷元 | di-*O*-7, 4′-methyl daidzein |
| 3, 4′-二-*O*-β-D-(2-阿魏酰基) 葡萄糖基山柰酚 | 3, 4′-di-*O*-β-D-(2-feruloyl) glucosyl kaempferol |
| 12, 19-二-*O*-β-D-吡喃葡萄糖基-11-羟基松香-8, 11, 13-三烯-19-酮 | 12, 19-di-*O*-β-D-glucopyranosyl-11-hydroxyabieta-8, 11, 13-trien-19-one |
| 3, 28-二-*O*-β-D-吡喃葡萄糖基-3β, 16β-二羟基齐墩果-12-烯-28-酸 | 3, 28-di-*O*-β-D-glucopyranosyl-3β, 16β-dihydroxyolean-12-en-28-oic acid |
| 1, 2-二-*O*-β-D-吡喃葡萄糖基-4-烯丙基苯 | 1, 2-di-*O*-β-D-glucopyranosyl-4-allyl benzene |
| 2, 7-二-*O*-β-D-吡喃葡萄糖基-2, 7-二羟基-1, 6-二甲基-9, 10, 12, 13-四氢芘 | 2, 7-di-*O*-β-D-glucopyranosyl-2, 7-dihydroxy-1, 6-dimethyl-9, 10, 12, 13-tetrahydropyrene |
| 6, 7-二-*O*-β-D-吡喃葡萄糖基秦皮乙素 | 6, 7-di-*O*-β-D-glucopyranosyl aesculetin |
| 3, 6′-二-*O*-阿魏酰基蔗糖 | 3, 6′-di-*O*-feruloyl sucrose |
| 2α, 14α-二-*O*-苯甲酰基-3β, 5α, 7β, 10, 15β-五-*O*-乙酰基-10, 18-二氢铁仔酚 | 2α, 14α-di-*O*-benzoyl-3β, 5α, 7β, 10, 15β-penta-*O*-acetyl-10, 18-dihydromyrsinol |
| 6, 7-二-*O*-苯甲酰夜花苷 | 6, 7-di-*O*-benzoyl nyctanthoside |
| 3, 4-二-*O*-苄基-6-*O*-甲磺酰基-D-吡喃半乳糖 | 3, 4-di-*O*-benzyl-6-*O*-methanesulfonyl-D-galactopyranose |
| 21-*O*-(3, 4-二-*O*-当归酰)-β-D-吡喃岩藻糖基茶皂醇 A、B | 21-*O*-(3, 4-di-*O*-angeloyl)-β-D-fucopyranosyl theasapogenol A, B |
| 21β-(3, 4-二-*O*-当归酰基-β-D-吡喃岩藻糖氧基)-3β, 16α, 22α, 24, 28-五羟基-12-齐墩果烯 | 21β-(3, 4-di-*O*-angeloyl-β-D-fucopyranosyloxy)-3β, 16α, 22α, 24, 28-pentahydroxyolean-12-ene |
| 21β, 22α-二-*O*-当归酰基茶皂醇 E | 21β, 22α-di-*O*-angeloyl theasapogenol E |
| 21β, 22α-二-*O*-当归酰基玉蕊精醇 $R_1$ | 21β, 22α-di-*O*-angeloyl barrigenol $R_1$ |
| 21β, 22α-二-*O*-当归酰基玉蕊皂醇 C | 21β, 22α-di-*O*-angeloyl barringtogenol C |

| | |
|---|---|
| 1, 6-二-*O*-丁香酰基-β-D-吡喃葡萄糖苷 | 1, 6-di-*O*-syringoyl-β-D-glucopyranoside |
| 1, 6-二-*O*-对羟基苯甲酰基-β-D-吡喃葡萄糖苷 | 1, 6-di-*O*-*p*-hydroxybenzoyl-β-D-glucopyranoside |
| 3, 4-二-*O*-二没食子酰基-1, 2, 6-三-*O*-没食子酰基-β-D-葡萄糖 | 3, 4-di-*O*-digalloyl-1, 2, 6-tri-*O*-galloyl-β-D-glucose |
| 2, 4-二-*O*-二没食子酰基-1, 3, 6-三-*O*-没食子酰基-β-D-葡萄糖 | 2, 4-di-*O*-digalloyl-1, 3, 6-tri-*O*-galloyl-β-D-glucose |
| 2, 6-二-*O*-二没食子酰基-1, 5-脱水-D-葡萄糖醇 | 2, 6-di-*O*-digalloyl-1, 5-anhydro-D-glucitol |
| 1, 6-二-*O*-反式-对香豆酰基-β-D-吡喃葡萄糖苷 | 1, 6-di-*O*-*trans*-*p*-coumaroyl-β-D-glucopyranoside |
| 2, 3-二-*O*-己酰基-α-吡喃葡萄糖苷 | 2, 3-di-*O*-hexanoyl-α-glucopyranoside |
| 5, 3′-二-*O*-甲基-(–)-表儿茶素 | 5, 3′-di-*O*-methyl-(–)-epicatechin |
| 2, 3-二-*O*-甲基-D-葡萄糖醇 | 2, 3-di-*O*-methyl-D-glucitol |
| 7, 7″-二-*O*-甲基阿曼托黄素 | 7, 7″-di-*O*-methyl amentoflavone |
| 1, 10-二-*O*-甲基巴基斯坦小檗碱 | 1, 10-di-*O*-methyl pakistanine |
| 5, 15-二-*O*-甲基巴戟酚 | 5, 15-di-*O*-methyl morindol |
| 7, 7″-二-*O*-甲基柏木双黄酮 | 7, 7″-di-*O*-methyl cupressuflavone |
| 3, 3′-二-*O*-甲基并没食子酸-4′-β-D-木糖苷 | 3, 3′-di-*O*-methyl ellagic acid-4′-β-D-xyloside |
| 1, 14-二-*O*-甲基二氢俄亥俄金发藓素 B | 1, 14-di-*O*-methyl dihydroohioensin B |
| 3, 3′-二-*O*-甲基槲皮素 | 3, 3′-di-*O*-methyl quercetin |
| 3′, 7-二-*O*-甲基槲皮素 | 3′, 7-di-*O*-methyl quercetin |
| 3, 3′-二-*O*-甲基槲皮素-4′-*O*-葡萄糖苷 | 3, 3′-di-*O*-methyl quercetin-4′-*O*-glucoside |
| 3, 7-二-*O*-甲基槲皮素-5-*O*-葡萄糖苷 | 3, 7-di-*O*-methyl quercetin-5-*O*-glucoside |
| 3′, 4′-二-*O*-甲基槲皮素-7-*O*-[(4″→13‴)-2‴, 6‴, 10‴, 14‴-四甲基十六碳-13‴-羟基-14‴-烯]-β-D-吡喃葡萄糖苷 | 3′, 4′-di-*O*-methyl quercetin-7-*O*-[(4″→13‴)-2‴, 6‴, 10‴, 14‴-tetramethyl hexadec-13‴-hydroxy-14‴-en]-β-D-glucopyranoside |
| 3, 3′-二-*O*-甲基槲皮素-7-*O*-3′-芸香糖苷 | 3, 3′-di-*O*-methyl quercetin-7-*O*-3′-rutinoside |
| 3, 7-二-*O*-甲基槲皮万寿菊素 | 3, 7-di-*O*-methyl quercetagetin |
| (21*R*, 23*R*, 24*S*)-21, 25-二-*O*-甲基苦楝二醇 | (21*R*, 23*R*, 24*S*)-21, 25-di-*O*-methyl melianodiol |
| (21*S*, 23*R*, 24*S*)-21, 25-二-*O*-甲基苦楝二醇 | (21*S*, 23*R*, 24*S*)-21, 25-di-*O*-methyl melianodiol |
| 3, 9-二-*O*-甲基尼森香豌豆紫檀酚 (3, 9-二-*O*-甲基尼氏山黧豆素) | 3, 9-di-*O*-methyl nissolin |
| 7, 4′-二-*O*-甲基芹菜素 | 7, 4′-di-*O*-methyl apigenin |
| 3′, 4′-二-*O*-甲基去甲橄榄苦苷 | 3′, 4′-di-*O*-methyl demethyl oleuropein |
| 3, 3′-二-*O*-甲基鞣花酸 (3, 3′-二-*O*-甲基并没食子酸) | 3, 3′-di-*O*-methyl ellagic acid |
| 3, 3′-二-*O*-甲基鞣花酸-4′-*O*-(6″-没食子酰基)-β-D-葡萄糖苷 | 3, 3′-di-*O*-methyl ellagic acid-4′-*O*-(6″-galloyl)-β-D-glucoside |
| 3, 3′-二-*O*-甲基鞣花酸-4′-*O*-β-D-吡喃木糖苷 | 3, 3′-di-*O*-methyl ellagic acid-4′-*O*-β-D-xylopyranoside |
| 3, 3′-二-*O*-甲基鞣花酸-4′-*O*-β-D-吡喃葡萄糖苷 | 3, 3′-di-*O*-methyl ellagic acid-4′-*O*-β-D-glucopyranoside |
| 3, 3′-二-*O*-甲基鞣花酸-4-*O*-β-D-吡喃葡萄糖苷 | 3, 3′-di-*O*-methyl ellagic acid-4-*O*-β-D-glucopyranoside |
| 3, 7-二-*O*-甲基蛇莓苷 A | 3, 7-di-*O*-methyl ducheside A |
| 5, 4′-二-*O*-甲基圣草酚-7-*O*-β-D-吡喃葡萄糖苷 | 5, 4′-di-*O*-methyl eriodictyol-7-*O*-β-D-glucopyranoside |
| 2, 4-二-*O*-甲基石茸酸 | 2, 4-di-*O*-methyl gyrophoric acid |

| | |
|---|---|
| (2*S*, 2″*S*)-7, 7″-二-*O*-甲基四氢阿曼托黄酮 | (2*S*, 2″*S*)-7, 7″-di-*O*-methyl tetrahydroamentoflavone |
| Ⅰ 7, Ⅱ 7-二-*O*-甲基穗花杉双黄酮 | Ⅰ 7, Ⅱ 7-di-*O*-methyl amentoflavone |
| 二-*O*-甲基穗花杉双黄酮 | di-*O*-methyl amentoflavone |
| 二-*O*-甲基脱氢双丁香酚 | di-*O*-methyl dehydrodieugenol |
| 9, 12-二-*O*-甲基香桂醇 | 9, 12-di-*O*-methyl subamol |
| 7, 3′-二-*O*-甲基香豌豆酚 | 7, 3′-di-*O*-methyl orobol |
| 3′, 3″-二-*O*-甲基新橄榄树脂素-3-*O*-葡萄糖苷 | 3′, 3″-di-*O*-methyl neoolivil-3-*O*-glucoside |
| (–)-3′, 4-二-*O*-甲基雪松脂素 | (–)-3′, 4-di-*O*-methyl cedrusin |
| 3, 5-二-*O*-甲基缢缩马兜铃碱 | 3, 5-di-*O*-methyl constrictosine |
| 3′, 4′-二-*O*-甲基紫铆亭-7-*O*-[(6″→1‴)-3‴, 11‴-二甲基-7‴-亚甲基十二碳-3‴, 10‴-二烯]-β-D-吡喃葡萄糖苷 | 3′, 4′-di-*O*-methyl butin-7-*O*-[(6″→1‴)-3‴, 11‴-dimethyl-7‴-methylenedodec-3‴, 10‴-dien]-β-D-glucopyranoside |
| 3, 3′-二-*O*-甲氧基鞣花酸-4′-*O*-β-D-吡喃木糖苷 | 3, 3′-di-*O*-methoxyellagic acid-4′-*O*-β-D-xylopyranoside |
| 3, 3′-二-*O*-甲氧基鞣花酸-4′-*O*-β-D-鼠李糖苷 | 3, 3′-di-*O*-methoxyellagic acid-4′-*O*-β-D-rhamnoside |
| (1*E*, 2*E*)-二-*O*-芥子酰基-β-D-吡喃葡萄糖苷 | (1*E*, 2*E*)-di-*O*-sinapoyl-β-D-glucopyranoside |
| 3, 5-二-*O*-咖啡酰基-4-*O*-(3-羟基-3-甲基) 戊二酰基奎宁酸 | 3, 5-di-*O*-caffeoyl-4-*O*-(3-hydroxy-3-methyl) glutaroyl quinic acid |
| 3, 5-二-*O*-咖啡酰基-4-*O*-(3-羟基-3-甲基) 戊二酰奎宁酸甲酯 | 3, 5-di-*O*-caffeoyl-4-*O*-(3-hydroxy-3-methyl) glutaroyl quinic acid methyl ester |
| 1, 2-二-*O*-咖啡酰基环戊二烯-3-醇 | 1, 2-di-*O*-caffeoyl cyclopentadien-3-ol |
| 1, 3-二-*O*-咖啡酰基奎宁酸 | 1, 3-di-*O*-caffeoyl quinic acid |
| 1, 5-二-*O*-咖啡酰基奎宁酸 | 1, 5-di-*O*-caffeoyl quinic acid |
| 3, 4-二-*O*-咖啡酰基奎宁酸 | 3, 4-di-*O*-caffeoyl quinic acid |
| 4, 5-二-*O*-咖啡酰基奎宁酸 | 4, 5-di-*O*-caffeoyl quinic acid |
| 4, 5-二-*O*-咖啡酰基奎宁酸-1-甲醚 | 4, 5-di-*O*-caffeoyl quinic acid 1-methyl ether |
| 4, 5-二-*O*-咖啡酰基奎宁酸丁酯 | butyl 4, 5-di-*O*-caffeoyl quinate |
| 3, 5-二-*O*-咖啡酰基奎宁酸甲酯 | methyl 3, 5-di-*O*-caffeoyl quinate |
| 4, 5-二-*O*-咖啡酰基奎宁酸甲酯 | methyl 4, 5-di-*O*-caffeoyl quinate (4, 5-di-*O*-caffeoyl quinic acid methyl ester) |
| 1, 3-二-*O*-咖啡酰基奎宁酸甲酯 | 1, 3-di-*O*-caffeoyl quinic acid methyl ester |
| 3, 5- 二-*O*-咖啡酰奎宁酸 | 3, 5-di-*O*-caffeoyl quinic acid |
| 3, 4-二-*O*-咖啡酰奎宁酸丁酯 | butyl 3, 4-di-*O*-caffeoyl quinate |
| 3, 4-二-*O*-绿原酸 | 3, 4-di-*O*-chlorogenic acid |
| 4, 5-二-*O*-绿原酸 | 4, 5-di-*O*-chlorogenic acid |
| 2, 3-二-*O*-没食子酰基-1, 4, 6-三-*O*-没食子酰基-β-D-葡萄糖苷 | 2, 3-bis-*O*-digalloyl-1, 4, 6-tri-*O*-galloyl-β-D-glucoside |
| 1, 4-二-*O*-没食子酰基-3, 6-(*R*)-六羟基二苯基-β-吡喃葡萄糖 | 1, 4-di-*O*-galloyl-3, 6-(*R*)-hexahydroxydiphenyl-β-glucopyranose |
| 3, 5-二-*O*-没食子酰基-4-*O*-二没食子酰基奎宁酸 | 3, 5-di-*O*-galloyl-4-*O*-digalloyl quinic acid |
| 1, 2-二-*O*-没食子酰基-6-*O*-桂皮酰基-β-D-葡萄糖 | 1, 2-di-*O*-galloyl-6-*O*-cinnamoyl-β-D-glucose |
| 1, 7-二-*O*-没食子酰基-D-景天庚酮糖苷 | 1, 7-di-*O*-galloyl-D-sedoheptuloside |

| 1, 2-二-*O*-没食子酰基-β-D-吡喃葡萄糖苷 | 1, 2-di-*O*-galloyl-β-D-glucopyranoside |
|---|---|
| 1, 6-二-*O*-没食子酰基-β-D-吡喃葡萄糖苷 | 1, 6-di-*O*-galloyl-β-D-glucopyranoside |
| 2, 3-二-*O*-没食子酰基-β-D-吡喃葡萄糖苷 | 2, 3-di-*O*-galloyl-β-D-glucopyranoside |
| 1, 4-二-*O*-没食子酰基-β-D-葡萄糖 | 1, 4-di-*O*-galloyl-β-D-glucose |
| 3, 6-二-*O*-没食子酰基-β-D-葡萄糖 | 3, 6-di-*O*-galloyl-β-D-glucose |
| 1, 6-二-*O*-没食子酰基-β-D-葡萄糖苷 | 1, 6-di-*O*-galloyl-β-D-glucoside |
| 2, 3-二-*O*-没食子酰基-β-D-葡萄糖苷 | 2, 3-di-*O*-galloyl-β-D-glucoside |
| 4, 6-二-*O*-没食子酰基甲基-β-D-吡喃葡萄糖苷 | methyl-4, 6-di-*O*-galloyl-β-D-glucopyranoside |
| 2′, 5-二-*O*-没食子酰基金缕梅糖 | 2′, 5-di-*O*-galloyl hamamelose |
| 3, 4-二-*O*-没食子酰基奎宁酸 | 3, 4-di-*O*-galloyl quinic acid |
| 2, 6-二-*O*-没食子酰基葡萄糖 | 2, 6-di-*O*-galloyl glucose |
| 7, 4′-二-*O*-没食子酰基小麦黄烷 | 7, 4′-di-*O*-galloyl tricetifavan |
| 2, 6-二-*O*-没食子酰基熊果酚苷 | 2, 6-di-*O*-galloyl arbutin |
| 3, 3′-二-*O*-没食子酰基原飞燕草素 B-1～B-5 | 3, 3′-di-*O*-galloyl prodelphidins B-1～B-5 |
| 7, 3′-二-*O*-没食子酰小麦黄烷 | 7, 3′-di-*O*-gallyoltricetiflavan |
| 3, 3′-二-*O*-鞣花酸甲酯-4′-*O*-β-D-吡喃木糖苷 | 3, 3′-di-*O*-methyl ellagate-4′-*O*-β-D-xylopyranoside |
| 1, 2-二-*O*-香草酰基-β-D-吡喃葡萄糖苷 | 1, 2-di-*O*-vanilloyl-β-D-glucopyranoside |
| 1, 6-二-*O*-香草酰基-β-D-吡喃葡萄糖苷 | 1, 6-di-*O*-vanilloyl-β-D-glucopyranoside |
| 6, 7-二-*O*-烟酰半枝莲新碱 G | 6, 7-di-*O*-nicotinoyl scutebarbatine G |
| 2′, 3′-二-*O*-乙酰巴东荚蒾苷 | 2′, 3′-di-*O*-acetyl henryoside |
| 2′, 6′-二-*O*-乙酰巴东荚蒾苷 | 2′, 6-di-*O*-acetyl henryoside |
| 6, 7-二-*O*-乙酰半枝莲亭素 A | 6, 7-di-*O*-acetyl barbatin A |
| 3″, 6″-二-*O*-乙酰柴胡皂苷 b2 | 3″, 6″-di-*O*-acetyl saikosaponin b2 |
| 1, 7-二-*O*-乙酰基-14, 15-脱氧哈湾鹧鸪花素 | 1, 7-di-*O*-acetyl-14, 15-deoxyhavanensin |
| 二-*O*-乙酰基-[10]-姜二醇 | di-*O*-acetyl-[10]-gingerdiol |
| 二-*O*-乙酰基-[4]-姜二醇 | di-*O*-acetyl-[4]-gingerdiol |
| 二-*O*-乙酰基-[8]-姜二醇 | di-*O*-acetyl-[8]-gingerdiol |
| 11, 12-二-*O*-乙酰基-17β-牛奶菜宁 | 11, 12-di-*O*-acetyl-17β-marsdenin |
| 2, 3-二-*O*-乙酰基-4, 6-二-*O*-甲基-α-D-吡喃半乳糖 | 2, 3-di-*O*-acetyl-4, 6-di-*O*-methyl-α-D-galactopyranose |
| 5, 7-二-*O*-乙酰基-6, 2′, 3′, 4-四甲氧基异黄酮 | 5, 7-di-*O*-acetyl-6, 2′, 3′, 4′-tetramethoxyisoflavone |
| 5, 7-二-*O*-乙酰基-6, 2′, 3′4, 5′-五甲氧基异黄酮 | 5, 7-di-*O*-acetyl-6, 2′, 3′, 4′, 5-pentamethoxyisoflavone |
| 2, 4-二-*O*-乙酰基-6-*O*-三苯甲基-D-吡喃葡萄糖 | 2, 4-di-*O*-acetyl-6-*O*-trityl-D-glucopyranose |
| 2, 3-二-*O*-乙酰基-6-*O*-三苯甲基直链淀粉 | 2, 3-di-*O*-acetyl-6-*O*-tritylamylose |
| 3, 12-二-*O*-乙酰基-8-*O*-苯甲酰巨大戟醇 | 3, 12-di-*O*-acetyl-8-*O*-benzoyl ingenol |
| 3, 12-二-*O*-乙酰基-8-*O*-惕各酰巨大戟醇 | 3, 12-di-*O*-acetyl-8-*O*-tigloyl ingenol |
| 1-*O*-[2″, 4″-二-*O*-乙酰基-α-L-吡喃鼠李糖基-(1→2)-α-L-吡喃阿拉伯糖基] 表延龄草烯苷元-24-*O*-乙酸酯 | 1-*O*-[2″, 4″-di-*O*-acetyl-α-L-rhamnopyranosyl-(1→2)-α-L-arabinopyranosyl] epitrillenogenin-24-*O*-acetate |
| 6, 7-二-*O*-乙酰基风龙木防己灵 | 6, 7-di-*O*-acetyl sinococuline |
| 3, 4-二-*O*-乙酰角胡麻苷 | 3, 4-di-*O*-acetyl martynoside |
| 11, 12-二-O-乙酰南山藤伏苷元 P (11, 12-二-O-乙酰南山藤皂苷元 P) | 11, 12-diacetyl drevogenin P |

| | |
|---|---|
| 15, 16-二-*O*-乙酰豨莶苷 | 15, 16-di-*O*-acetyl darutoside |
| 6, 14-二-*O*-乙酰羊踯躅素 XXI | 6, 14-di-*O*-acetyl rhodomollein XXI |
| 6, 7-二-*O*-乙酰氧基半枝莲亭素 A | 6, 7-di-*O*-acetoxybarbatin A |
| 11, 12-二-*O*-乙酰直立牛奶菜六醇 | 11, 12-di-*O*-acetyl marsectohexol |
| 2, 3: 4, 5-二-*O*-异丙叉基-β-D-吡喃果糖 | 2, 3: 4, 5-di-*O*-isopropylidene-β-D-fructopyranose |
| 1, 2: 3, 4-二-*O*-异丙叉基-α-D-吡喃半乳糖 | 1, 2: 3, 4-di-*O*-isopropylidene-α-D-galactopyranose |
| 1, 2: 5, 6-二-*O*-异亚丙基-D-甘露糖醇 | 1, 2: 5, 6-di-*O*-isopropylidene-D-mannitol |
| 1, 2: 3, 5-二-*O*-异亚丙基-α-D-芹糖 | 1, 2: 3, 5-di-*O*-isopropylidene-α-D-apiose |
| 6, 8-二-γ, γ-二甲基丙烯基香豌豆酚 | 6, 8-di-γ, γ-dimethyl allyl orobol |
| 8, 5′-二阿魏酸 | 8, 5′-diferulic acid |
| *N*, *N*′-二阿魏酰腐胺 | *N*, *N*′-diferuloyl putrescine |
| 3, 6-二阿魏酰基-2′, 6′-二乙酰基蔗糖 | 3, 6-diferuloyl-2′, 6′-diacetyl sucrose |
| 2-*O*-二阿魏酰基甘醇 | 2-*O*-diferuloyl glycerol |
| 1, 3-*O*-二阿魏酰基甘油 | 1, 3-*O*-diferuloyl glycerol |
| 1, 2-*O*-二阿魏酰基甘油 | 1, 2-*O*-diferuloyl glycerol |
| 9, 9′-*O*-二阿魏酰基开环异落叶松树脂醇 | 9, 9′-*O*-diferuloyl secoisolariciresinol |
| (–)-(2*R*, 3*R*)-1, 4-*O*-二阿魏酰基开环异落叶松脂素 | (–)-(2*R*, 3*R*)-1, 4-*O*-diferuloyl secoisolariciresinol |
| 1, 4-*O*-二阿魏酰开环异落叶松脂素 | 1, 4-*O*-diferuloyl secoisolariciresinol |
| 二阿魏酰奎宁酸 | diferuloyl quinic acid |
| 6″, 6‴-二阿魏酰异酸枣素 | 6″, 6‴-diferuloyl isospinosin |
| 二氨基丙酸 | diaminopropionic acid |
| α (β)-二氨基丙酸 | α (β)-diaminopropionic acid |
| (2*S*)-2, 3-二氨基丙酸 | (2*S*)-2, 3-diaminopropanoic acid |
| 2, 3-二氨基丙酸 | 2, 3-diaminopropanoic acid |
| α, β-二氨基丙酸 | α, β-diaminopropionic acid |
| 1, 3-二氨基丙烷 | 1, 3-diaminopropane |
| 二氨基丙烷 | diaminopropane |
| L-α, γ-二氨基丁酸 | L-α, γ-diaminobutanoic acid |
| 2, 3-二氨基丁酸 | 2, 3-diaminobutanoic acid |
| 二氨基丁酸 | diaminobutanoic acid |
| (3β, 20*S*)-二氨基孕甾-5-烯-18-醇 | (3β, 20*S*)-diaminopregn-5-en-18-ol |
| 二氨桥 (肼桥) | diazano |
| 二氨亚基替磺酸 | sulfonodiimidic acid |
| 二半乳糖 | digalactose |
| α, β-二半乳糖基-α’-亚麻酰甘油酯 | α, β-digalactosyl-α’-linolenic-glyceride |
| 二瓣花椒内酯 | dipetalolactone |
| 二孢镰刀菌酸 | dimerumic acid |
| 二苯胺 | diphenyl amine |
| 二苯并 [4, 5: 6, 7] 环辛熳并 [1, 2-*c*] 呋喃 | dibenzo [4, 5: 6, 7] cycloocta [1, 2-*c*] furan |
| 二苯并 [*a*, *j*] 蒽 | dibenzo [*a*, *j*] anthracene |

| | |
|---|---|
| 二苯并 [*b*, *e*] 噁嗪 (*10H*- 氧氮杂蒽) | dibenzo [*b*, *e*] xazine (10*H*-phenoxazine) |
| 二苯并 [*b*, *e*] [1, 4] 二氧杂环己熳 (二氧杂蒽) | dibenzo [*b*, *e*] [1, 4] dioxine (oxanthrene) |
| 二苯并 [*b*, *e*] 吡啶 (吖啶) | dibenzo [*b*, *e*] pyridine (acridine) |
| 二苯并 [*b*, *e*] 吡喃 (呫吨、氧杂蒽、呫烯) | dibenzo [*b*, *e*] pyran (xanthene) |
| 二苯并 [*b*, *e*] 吡嗪 (吩嗪) | dibenzo [*b*, *e*] pyrazine (phenazine) |
| 二苯并 [*c*, *g*] 菲 | dibenzo [*c*, *g*] phenanthrene |
| 二苯并碲嗪 (10*H*- 碲氮杂蒽、吩碲嗪) | dibenzotellurazine (10*H*-phenotellurazine) |
| 二苯并呋喃 (二苯呋喃、氧芴) | dibenzofuran |
| 二苯对二喔星 | dibenzo-*p*-dioxine |
| 1, 4- 二苯基 -1, 4- 丁二酮 | 1, 4-diphenyl-1, 4-butanedione |
| 2, 3- 二苯基 -2- 环丙烯基 -1- 酮 | 2, 3-diphenyl-2-cyclopropen-1-one |
| 1, 1- 二苯基 -2- 三硝基苯肼 | 1, 1-diphenyl-2-picryl hydrazyl |
| 1, 7- 二苯基 -3, 5- 二羟基 -1- 庚烯 | 1, 7-diphenyl-3, 5-dihydroxy-1-heptene |
| 1, 7- 二苯基 -3, 5- 庚二醇 | 1, 7-diphenylhept-3, 5-diol |
| 1, 7- 二苯基 -3- 乙酰氧基 -(6*E*)- 庚烯 | 1, 7-diphenyl-3-acetoxy-(6*E*)-heptene |
| 1, 7- 二苯基 -4, 6- 庚二烯 -3- 酮 | 1, 7-diphenyl-4, 6-heptadien-3-one |
| 1, 7- 二苯基 -5- 羟基 -1- 庚烯 | 1, 7-diphenyl-5-hydroxy-1-heptene |
| 1, 7- 二苯基 -5- 羟基 -3- 庚酮 | 1, 7-diphenyl-5-hydroxy-3-heptanone |
| 1, 7- 二苯基 -5- 羟基 -4, 6- 庚二烯 -3- 酮 | 1, 7-diphenyl-5-hydroxy-4, 6-heptadien-3-one |
| 1, 7- 二苯基 -5- 羟基 -6- 庚烯 -3- 酮 | 1, 7-diphenyl-5-hydroxy-6-hepten-3-one |
| 1, 5- 二苯基氨亚基硫脲 (1, 5- 二苯基硫代卡巴腙) | 1, 5-diphenyl thiocarbazone |
| α, α- 二苯基苯甲醇 (三苯甲醇) | α, α-diphenyl benzenemethanol (triphenylmethanol) |
| 2, 3- 二苯基吡咯 | 2, 3-diphenyl pyrrole |
| 1, 3- 二苯基丙 -1, 2- 二羟基 -3- 酮 | 1, 3-diphenyl propane-1, 2-dihydroxy-3-one |
| 二苯基次膦酸 | diphenyl phosphinic acid |
| 二苯基氮烷 | diphenyl azane |
| 二苯基二硫化物 | diphenyl disulfide |
| 二苯基二硫烷 | diphenyl disulfane |
| 1, 7- 二苯基庚 -4- 烯 -3- 酮 (1, 7- 二苯基 -4- 庚烯 -3- 酮) | 1, 7-diphenylhept-4-en-3-one |
| 二苯基碳烯 (二苯基卡宾) | diphenyl carbene |
| 二苯基硒砜 | diphenyl selenone |
| 二苯基锡烷 | diphenyl stannane |
| 二苯基亚砜 | diphenyl sulfoxide |
| 1, 5- 二苯基乙氮烯硫代甲酰肼 | 1, 5-diphenyl diazenecarbothiohydrazide |
| 1, 2- 二苯基乙烷 | 1, 2-diphenyl ethane |
| 二苯甲基三硫醚 | dibenzyl trisulfide |
| 二苯甲基柘树苷 A | cudrabibenzyl A |
| 二苯甲酮 (二苯酮) | benzophenone |
| 4, 4′- 二苯甲烷二氨基甲酸甲酯 | methyl diphenyl methane dicarbamate |

| | |
|---|---|
| 2α, 7β-二苯甲酰基-5β, 20-环氧-1β-羟基-4α, 9α, 10β, 13α-四乙酰氧基紫杉-11-烯 | 2α, 7β-dibenzoyl-5β, 20-epoxy-1β-hydroxy-4α, 9α, 10β, 13α-tetraacetoxytax-11-ene |
| 3, 29-二苯甲酰基栝楼仁三醇 | 3, 29-dibenzoyl rarounitriol |
| 二苯甲酰基硫烷 | dibenzoyl sulfane |
| 1, 2-二苯甲酰基乙氮烷 | 1, 2-dibenzoyl diazane |
| 二苯甲酰甲烷 | dibenzoyl methane |
| 二苯甲酰萝藦醇 | dibenzoyl gagaimol |
| 13, 16-二苯甲酰氧基-20-脱氧巨大戟烯醇-3-苯甲酸酯 | 13, 16-dibenzoyloxy-20-deoxyingenol-3-benzoate |
| 13, 17-二苯甲酰氧基-3-*O*-(2, 3-二甲基丁酰基)-20-脱氧巨大戟烯醇 | 13, 17-dibenzoyloxy-3-*O*-(2, 3-dimethyl butanoyl)-20-deoxyingenol |
| 13, 17-二苯甲酰氧基-3-*O*-(2, 3-二甲基丁酰基) 巨大戟烯醇 | 13, 17-dibenzoyloxy-3-*O*-(2, 3-dimethyl butanoyl) ingenol |
| 二苯咔唑 | dibenzocarbazole |
| 二苯醚 | diphenyl ether |
| 二苯锡 | diphenyltin |
| 二苯乙醇酸 | benzilic acid |
| 二苯乙氮烯氧化物 | diphenyl diazene oxide |
| 二苯乙烯-2, 4, 3′, 5′-四醇 | stilbene-2, 4, 3′, 5′-tetraol |
| 二苯乙烯二聚苷 A～D | stilbene dimers A～D |
| 1-(1, 3), 4-(1, 4)-二苯杂环七蕃 | 1-(1, 3), 4-(1, 4)-dibenzenacycloheptaphane |
| 1, 7 (1, 3)-二苯杂环十二蕃-2-烯-5-炔 | 1, 7 (1, 3)-dibenzenacyclododecaphan-2-en-5-yne |
| 1, 9 (1, 3)-二苯杂环十六蕃-2, 11-二烯 | 1, 9 (1, 3)-dibenzenacyclohexadecaphane-2, 11-diene |
| 二吡啶并 [1, 2-*a*: 2′, 1′-*c*] 吡嗪 | dipyrido [1, 2-*a*: 2′, 1′-*c*] pyrazine |
| 4 (5, 2), 12 (3, 5)-二吡啶杂-1, 8 (1, 3, 5)-二苯杂双环 [6.6.0] 十四蕃 | 4 (5, 2), 12 (3, 5)-dipyridina-1, 8 (1, 3, 5)-dibenzenabicyclo [6.6.0] tetradecaphane |
| 3, 12-*O*-β-D-二吡喃葡萄糖基-11, 16-二羟基松香-8, 11, 13-三烯 | 3, 12-*O*-β-D-diglucopyranosyl-11, 16-dihydroxyabieta-8, 11, 13-triene |
| 二蓖麻酸酯 | diricinolein |
| (–)-3, 4-二-表-3, 7-唇鳞薛-9, 14-二烯 | (–)-3, 4-di-epi-3, 7-trifara-9, 14-diene |
| 二表-α-雪松烯 (二表-α-柏木烯) | diepi-α-cedrene |
| 二表-α-雪松烯环氧化物 | diepi-α-cedrene epoxide |
| 7, 7a-二表阿莱克辛碱 | 7, 7a-diepialexine |
| 1, 7a-二表阿莱克辛碱 | 1, 7a-diepialexine |
| 5, 6-二表辣椒苹果蔷薇黄素 | 5, 6-diepicapsokarpoxanthin |
| 6, 7-二表栗籽豆碱 (6, 7-二表栗籽豆精胺) | 6, 7-diepicastanospermine |
| 二表柳杉石松醇-30-基-对香豆酸酯 | diepilycocryptol-30-yl-*p*-coumarate |
| 5, 6-二表苹果蔷薇黄素 | 5, 6-diepikarpoxanthin |
| 二表千层塔烯二醇 | diepiserratenediol |
| 二表石松隐四醇 (二表伸筋草萜隐醇) | diepilycocryptol |
| 二表雪松烯-1-氧化物 | diepicedrene-1-oxide |
| 5, 6-二表异味蔷薇黄素 | 5, 6-diepilatoxanthin |

| 二丙基二硫醚(二丙基二硫化物) | dipropyl disulfide |
|---|---|
| 二丙基三硫醚(二丙基三硫化物) | dipropyl trisulfide |
| 二丙酸乙-1, 1-叉双酯(二丙酸乙叉双酯) | ethane-1, 1-diyl dipropionate (ethylidene dipropinate) |
| 二丙酮胺 | diacetonamine |
| 二丙酮醇 | diacetone alcohol |
| 二丙烯基二硫醚 | dipropenyl disulfide |
| 二丙烯基硫代亚磺酸酯 | dipropenyl thiosulfinate |
| 二齿香科素 | bidentatin |
| 二翅宁碱 A | adipteronine A |
| 1, 7-二氮杂菲(1, 7-菲咯啉、菲咯啉) | 1, 7-phenanthroline (phenanthroline) |
| 1, 4-二氮杂环庚熳 | diazepine |
| 1, 4-二氮杂环-2, 4, 6-庚三烯 | 1, 4-diazacyclo-2, 4, 6-heptatriene |
| 3, 9-二氮杂螺[5.5]十一烷 | 3, 9-diazaspiro [5.5] undecane |
| 1, 5-二氮杂萘 | 1, 5-naphthyridine |
| 1, 8-二氮杂萘 | 1, 8-naphthyridine |
| 2, 6-二氮杂萘 | 2, 6-naphthyridine |
| 2, 7-二氮杂萘 | 2, 7-naphthyridine |
| 1, 6-二氮杂萘 | 1, 6-naphthyridine |
| 1, 7-二氮杂萘 | 1, 7-naphthyridine |
| 21, 22-二当归酰-(*R*')-玉蕊精醇 | 21, 22-diangeloyl-(*R*')-barrigenol |
| 3, 15-二当归酰白藜芦胺(3, 15-二当归酰基计明胺) | 3, 15-diangeloyl germine |
| (3*S*)-3-*O*-(3′, 4′-二当归酰基-β-D-吡喃葡萄糖氧基)-6-氢过氧基-3, 7-二甲基辛-1, 7-二烯 | (3*S*)-3-*O*-(3′, 4′-diangeloyl-β-D-glucopyranosyloxy)-6-hydroperoxy-3, 7-dimethyloct-1, 7-diene |
| (3*S*)-3-*O*-(3′, 4′-二当归酰基-β-D-吡喃葡萄糖氧基)-7-氢过氧基-3, 7-二甲基辛-1, 5-二烯 | (3*S*)-3-*O*-(3′, 4′-diangeloyl-β-D-glucopyranosyloxy)-7-hydroperoxy-3, 7-dimethyloct-1, 5-diene |
| 21β, 22α-二当归酰氧基-3β, 15α, 16α, 28-四羟基齐墩果-12-烯 | 21β, 22α-diangeloyloxy-3β, 15α, 16α, 28-tetrahydroxyolean-12-ene |
| (2*S*, 4*S*, 5*R*, 6*S*, 8*R*, 9*R*)-5, 8-二当归酰氧基-4, 9-二羟基-2, 9-环氧大牻牛儿-6, 12-内酯 | (2*S*, 4*S*, 5*R*, 6*S*, 8*R*, 9*R*)-5, 8-diangeloyloxy-4, 9-dihydroxy-2, 9-epoxygermacran-6, 12-olide |
| 1, 3-二当归酰氧基雅槛蓝-9, 7 (11)-二烯-8-酮 | 1, 3-diangeloyloxyeremophila-9, 7 (11)-dien-8-one |
| 21, 22-二当归酰玉蕊皂苷元 C | 21, 22-diangeloyl barringtogenol C |
| 二碲杂蒽 | telluranthrene |
| 2, 3-二碘代丙烯酸 | 2, 3-diiodoacrylic acid |
| 3, 3-二碘代丙烯酸 | 3, 3-diiodoacrylic acid |
| 二碘代乙酸 | diiodoacetic acid |
| 3, 3′-二碘甲腺氨酸 | 3, 3′-diiodothyronine |
| 二碘酪氨酸 | diiodotyrosine |
| (3*E*)-5, 5-二碘戊-3-烯酸(1*R*, 3*R*)-3-甲基-5-[(1*Z*)-丙-1-烯-1-基]环己烷酯 | (1*R*, 3*R*)-3-methyl-5-[(1*Z*)-prop-1-en-1-yl] cyclohexyl (3*E*)-5, 5-diiodopent-3-enoate |
| 2, 3-二叠氮-2, 3-二脱氧-α-D-吡喃甘露糖 | 2, 3-diazido-2, 3-dideoxy-α-D-mannopyranose |

| 二丁基-2-苯并 [*c*] 呋喃酮 | dibutyl phthalide |
|---|---|
| 2, 6-二丁基对甲酚 | 2, 6-dibutyl-*p*-cresol |
| 1′, 1″-二丁基甲基羟基柠檬酸盐 | 1′, 1″-dibutyl methyl hydroxycitrate |
| 二丁基羟基甲苯 | dibutyl hydroxytoluene |
| 二丁基锡 | dibutyltin |
| 二丁基乙烯酮 | dibutyl ketene |
| 二丁香醚 | disyringin ether |
| (+)-二丁香树脂酚 | (+)-diasyringaresinol |
| 二丁氧基丁烷 (紫薇缩醛) | dibutoxybutane (lageracetal) |
| 1, 3-二对羟苯基-4-戊烯基-1-酮 | 1, 3-di-*p*-hydroxyphenyl-4-penten-1-one |
| 2, 6-二对羟苄基-5, 3′-二甲氧基联苄-3-醇 | 2, 6-bis (*p*-hydroxybenzyl)-5, 3′-dimethoxybibenzyl-3-ol |
| 2′, 6′-二对羟苄基-5-甲氧基联苄-3, 3′-二醇 | 2′, 6′-bis (*p*-hydroxybenzyl)-5-methoxybibenzyl-3, 3′-diol |
| 1, 3-*O*-二对香豆酰基丙三醇 | 1, 3-*O*-di-*p*-coumaroyl glycerol |
| 1, 4-二噁烷 (二氧六环、1, 4-二氧杂环己烷) | 1, 4-dioxane (dioxane, 1, 4-dioxacyclohexane) |
| 1, 3-二噁烷-5-醇 (甘油缩甲醛) | 1, 3-dioxoane-5-methanol (glycerol formal) |
| (2, 2′-二噁唑定)-3, 3′-二乙醇 | (2, 2′-dioxazolidine)-3, 3′-diethanol |
| 二蒽酮 A1、J | bianthrones A1, J |
| 二番石榴酚二醛 | diguajadial |
| 6, 10-*O*-二反式-阿魏酰梓醇 | 6, 10-*O*-di-*trans*-feruloyl catalpol |
| 6, 6′-*O*-二-反式-阿魏酰梓醇 | 6, 6′-*O*-di-*trans*-feruloyl catalpol |
| (2*S*)-1, 2-*O*-二-反式-对香豆酰基甘油 | (2*S*)-1, 2-*O*-di-*trans*-*p*-coumaroyl glycerol |
| 3α, 29-*O*-二反式-桂皮酰基-D: C-无羁齐墩果-7, 9-(11)-二烯 | 3α, 29-*O*-di-*trans*-cinnamoyl-D: C-friedoolean-7, 9-(11)-diene |
| 3, 4-二-反式-咖啡酰奎宁酸 | 3, 4-di-*trans*-caffeoyl quinic acid |
| 3, 5-二-反式-咖啡酰奎宁酸 | 3, 5-di-*trans*-caffeoyl quinic acid |
| 二芳基庚酮 | diaryl heptanone |
| 二呋喃-2-甲酰胺 | di-2-furoyl amine |
| 二呋喃-2-甲酰基氮烷 | di-2-furoyl azane |
| 二呋喃并 [3, 2-*b*: 3′, 4′-*e*] 吡啶 | difuro [3, 2-*b*: 3′, 4′-*e*] pyridine |
| 二呋喃莪术烯酮 | difurocumenone |
| 7-(1, 2-二氟丁基)-5-乙基十三烷 | 7-(1, 2-difluorobutyl)-5-ethyl tridecane |
| 1, 1-二氟十二烷 | 1, 1-difluorododecane |
| (2*R*, 4*S*)-2, 4-二氟戊烷 | (2*R*, 4*S*)-2, 4-difluoropentane |
| 二高倍半萜 | dihomosesquiterpene |
| 1, 2-二高碘酰乙烷-1, 2-二酮 | 1, 2-diperiodyl ethane-1, 2-dione |
| 二汞杂蒽 | mercuranthrene phenomercurine |
| 1, 3-二栝楼酰-2-亚油酰甘油酯 | 1, 3-ditrichosanoyl-2-linoleoyl glyceride |
| 二硅氮烷 | disilazane |
| 二硅烷甲酸 | disilanecarboxylic acid |
| 二硅杂蒽 | silanthrene |

| | |
|---|---|
| 8, 11-二过氧-9α, 10α-环氧-6-烯-8β-羟基艾里莫芬烷 | 8, 11-dioxol-9α, 10α-epoxy-6-en-8β-hydroxyeremophilane |
| 二过氧碳酸 | diperoxycarbonic acid |
| 二花瓣 | dipetaline |
| 二花耳草碱 (双花耳草素) | biflorine |
| 二花耳草酮 | biflorone |
| 二环 [2.2.1] 庚-2-醇 | bicyclo [2.2.1] hept-2-ol |
| 二环 [2.2.1] 庚-2-酮 | bicyclo [2.2.1] hept-2-one |
| 二环 [2.2.1] 庚-5-烯-2-酮 | bicyclo [2.2.1] hept-5-en-2-one |
| 二环 [3.1.1]-6, 6-二甲基-3-亚甲基庚烷 | bicyclo [3.1.1]-6, 6-dimethyl-3-methylene heptane |
| 二环 [3.2.0] 庚-2-酮 | bicyclo [3.2.0] hept-2-one |
| 二环 [3.2.1] 辛-2-烯 | bicyclo [3.2.1] oct-2-ene |
| 二环 [4.2.0] 辛-1, 3, 5-三烯 | bicyclo [4.2.0] oct-1, 3, 5-triene |
| 二环 [4.2.0] 辛-6-烯 | bicyclo [4.2.0] oct-6-ene |
| *N*, *N'*-二环己基草酰胺 | *N*, *N'*-dicyclohexyloxamide |
| *N*, *N'*-二环己基脲 | *N*, *N'*-dicyclohexylurea |
| 二环己基酮 (二环己基甲酮) | dicyclohexyl ketone |
| 1, 4 (1, 3)-二环己烷杂环六蕃 | 1, 4 (1, 3)-dicyclohexanacyclohexaphane |
| 二环山豆根黄烷酮 B | dicycloeuchrestaflavanone B |
| 1, 5 (1, 5)-二环十一烷杂-3 (1, 3)-苯杂环七蕃 | 1, 5 (1, 5)-dicycloundecana-3 (1, 3)-benzenacycloheptaphane |
| 二环戊熳并 [*gh*, *mn*] 七螺旋烃 | dicyclopenta [*gh*, *mn*] heptahelicene |
| as-二环戊熳并苯 | as-indacene |
| (*S*)-二环戊熳并苯 | (*S*)-indacene |
| (3*S*, 4*R*, 10*R*, 16*S*)-3, 4: 12, 16-二环氧-11, 14-二羟基-17 (15→16), 18 (4→3)-二迁-松香-5, 8, 11, 13-四烯-7-酮 | (3*S*, 4*R*, 10*R*, 16*S*)-3, 4: 12, 16-diepoxy-11, 14-dihydroxy-17 (15→16), 18 (4→3)-di-*abeo*-abieta-5, 8, 11, 13-tetraen-7-one |
| 5α, 6α: 8α, 9α-二环氧-(22*E*, 24*R*)-麦角甾-22-烯-3β, 7α-二醇 | 5α, 6α: 8α, 9α-diepoxy-(22*E*, 24*R*)-ergost-22-en-3β, 7α-diol |
| (8α, 9β, 11β, 14β, 16β, 23*S*, 24*R*)-16, 23: 24, 25-二环氧-11, 20-二羟基达玛-13 (17)-烯-3-酮 | (8α, 9β, 11β, 14β, 16β, 23*S*, 24*R*)-16, 23: 24, 25-diepoxy-11, 20-dihydroxydammar-13 (17)-en-3-one |
| 8α, 13: 9α, 13-二环氧-15, 16-二去甲半日花烷 | 8α, 13: 9α, 13-diepoxy-15, 16-dinorlabdane |
| 3β, 17β: (24*R*), 25-二环氧-1β-羟基达玛-3-酮-2 (3*S*)-乙酸酯 | 3β, 17β: (24*R*), 25-diepoxy-1β-hydroxydammar-3-one-2 (3*S*)-acetate |
| (4β, 5β, 6β, 22*R*, 24*S*, 25*S*)-5, 6: 24, 25-二环氧-4, 20, 22-三羟基-1-氧亚基麦角甾-2-烯-26-酸-δ-内酯 | (4β, 5β, 6β, 22*R*, 24*S*, 25*S*)-5, 6: 24, 25-diepoxy-4, 20, 22-trihydroxy-1-oxoergost-2-en-26-oic acid-δ-lactone |
| (1*R*, 5*S*)-11β, 12β: 13β, 14-二环氧-6β-羟基苦味毒-8-烯-15, 3α-内酯 | (1*R*, 5*S*)-11β, 12β: 13β, 14-diepoxy-6β-hydroxy-picrotox-8-en-15, 3α-olide |
| 1β, 10α, 4β, 5α-二环氧-7α*H*-大根老鹳草-6β-醇 | 1β, 10α, 4β, 5α-diepoxy-7α*H*-germacran-6β-ol |
| 5, 6-二环氧-β-胡萝卜素 | 5, 6-diepoxy-β-carotene |
| 二环氧刺果番荔枝宁 | diepomuricanin |
| 1 (22).7 (16)-二环氧基 [20.8.0.0 (7, 16)] 三环三十烷 | 1 (22).7 (16)-diepoxy [20.8.0.0 (7, 16)] tricyclotriacontane |
| (1*S*, 4*S*, 5*S*, 10*S*)-1, 10: 4, 5-二环氧吉马酮 | (1*S*, 4*S*, 5*S*, 10*S*)-1, 10: 4, 5-diepoxygermacrone |

| | |
|---|---|
| 二环氧木香烯内酯 | costunolide diepoxide |
| 二环氧牛心果宁-1, -2 | dieporeticanins-1, -2 |
| 二环氧牛心果烯宁 | dieporelicenin |
| 8α, 9α, 13α, 14α-二环氧松香-18-酸 | 8α, 9α, 13α, 14α-diepoxyabietan-18-oic acid |
| (24*R*)-4α, 5α: 24, 25-二环氧向日葵醇 | (24*R*)-4α, 5α: 24, 25-diepoxyhelianol |
| (24*S*)-4α, 5α: 24, 25-二环氧向日葵醇 | (24*S*)-4α, 5α: 24, 25-diepoxyhelianol |
| (24*R*)-4α, 5α: 24, 25-二环氧向日葵醇辛酸酯 | (24*R*)-4α, 5α: 24, 25-diepoxyhelianyl octanoate |
| (24*S*)-4α, 5α: 24, 25-二环氧向日葵醇辛酸酯 | (24*S*)-4α, 5α: 24, 25-diepoxyhelianyl octanoate |
| 2, 19: 15, 16-二环氧-新克罗-3, 13 (16), 14-三烯-18-酸 | 2, 19: 15, 16-diepoxy-neoclerodan-3, 13 (16), 14-trien-18-oic acid |
| 5α*H*-1α, 10α: 3α, 4α-二环氧愈创木-11 (13)-烯-6α, 12-内酯 | 5α*H*-1α, 10α: 3α, 4α-diepoxyguai-11 (13)-en-6α, 12-olide |
| 二甲氨苄茶碱 | dimabefylline |
| 二甲氨基 | dimethyl amino |
| (20*S*)-二甲氨基-3α-甲氧基孕甾-5-烯 | (20*S*)-dimethyl amino-3α-methoxypregn-5-ene |
| 20β-二甲氨基-3β-二甲烯丙基胺基-5α-孕甾-11α-醇-16-烯 | 20β-dimethyl amino-3β-dimethyl allyl amido-5α-pregn-11α-ol-16-ene |
| 20β-二甲氨基-3β-二甲烯丙酰胺基-5α-孕甾-16-烯 | 20β-dimethyl amino-3β-dimethyl allyl amido-5α-pregn-16-ene |
| 20α-二甲氨基-3β-异戊烯酰氨基-16β-羟基孕甾-5 (6)-烯 | 20α-dimethyl amino-3β-senecioyl amino-16β-hydroxypregn-5 (6)-ene |
| 20α-二甲氨基-3β-异戊烯酰氨基孕甾-5-烯 | 20α-dimethyl amino-3β-senecioyl amino-pregn-5-ene |
| 二甲胺 | dimethyl amine |
| 二甲棓酸甲酯 (3-羟基-4, 5-二甲氧基苯甲酸甲酯) | gallicin (methyl 3-hydroxy-4, 5-dimethoxybenzoate) |
| 二甲苯 | xylene |
| 二甲苯酚 (二甲基苯酚) | xylenol |
| 2-甲苯基-*O*-β-D- D-吡喃木糖-(1→6)-*O*-β-D-吡喃葡萄糖苷 (玉葡萄苷 A) | 2-methylphenyl-*O*-β-D-xylopyranosyl-(1→6)-*O*-β-D-glucopyranoside (ampedelavoside A) |
| 2-甲基苯基-*O*-α-阿拉伯呋喃糖基-(1→6)-*O*-β-吡喃葡萄糖苷 (玉葡萄苷 B) | 2-methylphenyl-*O*-α-arabinofuranosyl-(1→6)-*O*-β-glucopyranoside (ampedelavoside B) |
| *N*-(2, 2-二甲丙基)-2-甲基-*N*-(2-甲基丙-2-烯-1-基)丙-2-烯-1-胺 | *N*-(2, 2-dimethyl propyl)-2-methyl-*N*-(2-methyl prop-2-en-1-yl) prop-2-en-1-amine |
| (2, 2-二甲丙基) 双 (2-甲基丙-2-烯-1-基) 胺 | (2, 2-dimethyl propyl) bis (2-methyl prop-2-en-1-yl) amine |
| (2, 2-二甲丙基) 双 (2-甲基丙-2-烯-1-基) 氮烷 | (2, 2-dimethyl propyl) bis (2-methyl prop-2-en-1-yl) azane |
| 7-(1, 1-二甲丁基)-7-(1, 1-二甲戊基) 十三烷 | 7-(1, 1-dimethyl butyl)-7-(1, 1-dimethyl pentyl) tridecane |
| 3-*O*-(2, 3-二甲丁酰基)-13-*O*-十二酰基-20-*O*-十二酰巨大戟烯醇 | 3-*O*-(2, 3-dimethyl butanoyl)-13-*O*-dodecanoyl-20-*O*-dodecanoyl ingenol |
| 3-*O*-(2, 3-二甲丁酰基)-13-*O*-十二酰基-20-*O*-脱氧巨大戟烯醇 | 3-*O*-(2, 3-dimethyl butanoyl)-13-*O*-dodecanoyl-20-*O*-deoxyingenol |

| | |
|---|---|
| 3-*O*-(2, 3-二甲丁酰基)-13-*O*-十二酰基-20-*O*-乙酰巨大戟烯醇 | 3-*O*-(2, 3-dimethyl butanoyl)-13-*O*-dodecanoyl-20-*O*-acetyl ingenol |
| 3-*O*-(2, 3-二甲丁酰基)-13-*O*-正十二酰基-13-羟基巨大戟烯醇 | 3-*O*-(2, 3-dimethyl butanoyl)-13-*O*-*n*-dodecanoyl-13-hydroxyingenol |
| 3-*O*-(2, 3-二甲丁酰基)-13-*O*-癸酰巨大戟烯醇 | 3-*O*-(2, 3-dimethyl butanoyl)-13-*O*-decanoyl ingenol |
| 3-*O*-(2, 3-二甲丁酰基)-13-*O*-十二酰基-20-*O*-[(9*Z*, 12*Z*)-十八碳-9, 12-二烯酰基]巨大戟萜醇 | 3-*O*-(2, 3-dimethyl butanoyl)-13-*O*-dodecanoyl-20-*O*-[(9*Z*, 12*Z*)-octadec-9, 12-dienoyl] ingenol |
| 3-*O*-(2, 3-二甲丁酰基)-13-*O*-十二酰基-20-*O*-[十八碳-(9*Z*)-烯氧基]巨大戟烯醇 | 3-*O*-(2, 3-dimethyl butanoyl)-13-*O*-dodecanoyl-20-*O*-[octadec-(9*Z*)-enoyl] ingenol |
| 3-*O*-(2, 3-二甲丁酰基)-13-*O*-十二酰基-20-*O*-棕榈酰基巨大戟烯醇 | 3-*O*-(2, 3-dimethyl butanoyl)-13-*O*-decanoyl-20-*O*-hexadecanoyl ingenol |
| 3-*O*-(2, 3-二甲丁酰基)-13-*O*-十二酰巨大戟烯醇 | 3-*O*-(2, 3-dimethyl butanoyl)-13-*O*-dodecanoyl ingenol |
| 3-*O*-(2, 3-二甲丁酰基)-13-辛酰氧基巨大戟烯醇 | 3-*O*-(2, 3-dimethyl butanoyl)-13-octanoyloxyingenol |
| 2, 3-二甲酚 | 2, 3-dicresol |
| 二甲砜(二甲基砜) | dimethyl sulfone (dimethyl sulphone) |
| 2, 3-二甲基-1-丁醇 | 2, 3-dimethyl-1-butanol |
| 2, 5-二甲基-1-庚烷 | 2, 5-dimethyl-1-heptane |
| 4-*O*, 8-*O*-二甲基-(1*S*, 2*E*, 4*R*, 6*E*, 8*S*, 11*E*)-2, 6, 11-烟草三烯-4, 8-二醇 | 4-*O*, 8-*O*-dimethyl-(1*S*, 2*E*, 4*R*, 6*E*, 8*S*, 11*E*)-2, 6, 11-cembr-trien-4, 8-diol |
| 4-*O*, 6-*O*-二甲基-(1*S*, 2*E*, 4*R*, 7*E*, 11*E*)-2, 7, 11-烟草三烯-4, 6-二醇 | 4-*O*, 6-*O*-dimethyl-(1*S*, 2*E*, 4*R*, 7*E*, 11*E*)-2, 7, 11-cembr-trien-4, 6-diol |
| *N*, *N*-二甲基(二茂钒-1-基)乙-1-胺 | *N*, *N*-dimethyl (vanadocen-1-yl) ethan-1-amine |
| 二甲基, 5α-乙基, 8α-丙基, 4β-甲酰, 8β-乙酰氧基, N3-乙基哌啶并[1, 2-a]哌嗪 | 6α, 9α-dimethyl, 5α-ethyl, 8α-propyl, 4β-formyl, 8β-acetoxy, *N*3-ethyl piperidino [1, 2-a] piperazine |
| 1, 4-二甲基-1, 2, 3, 4-四氢萘 | 1, 4-dimethyl-1, 2, 3, 4-tetrahydronaphthalene |
| 6, 7-二甲基-1, 2, 3, 5, 8, 8a-六氢萘 | 6, 7-dimethyl-1, 2, 3, 5, 8, 8a-hexahydronaphthalene |
| 3, 5-二甲基-1, 2, 4-三噻烷 | 3, 5-dimethyl-1, 2, 4-trithiane |
| 3, 7-二甲基-1, 3, 6-辛三烯 | 3, 7-dimethyl-1, 3, 6-octatriene |
| 2, 5-二甲基-1, 3-苯二酚 | 2, 5-dimethyl-1, 3-benzenediol |
| 5, 5-二甲基-1, 3-二氧基-2-酮 | 5, 5-dimethyl-1, 3-dioxy-2-one |
| 5, 5-二甲基-1, 3-环戊二烯 | 5, 5-dimethyl-1, 3-cyclopentadiene |
| (*E*, *E*, *E*)-1, 7-二甲基-1, 4, 7-环癸三烯(前盖介烯B) | (*E*, *E*, *E*)-1, 7-dimethyl-1, 4, 7-cyclodecatriene (pregeijerene B) |
| (*Z*, *Z*)-2, 3-二甲基-1, 4-丁烷二硫-S, S'-二氧化物 | (*Z*, *Z*)-2, 3-dimethyl-1, 4-butanedithial-S, S'-dioxide |
| 2, 3-二甲基-1, 4-双-(3, 4-亚甲二氧苯基)-1-丁醇 | 2, 3-dimethyl-1, 4-bis-(3, 4-methylenedioxyphenyl) butan-1-ol |
| 3, 7-二甲基-1, 5, 7-辛三烯-3-醇(樟三烯醇、脱氢芳樟醇) | 3, 7-dimethyl-1, 5, 7-octatrien-3-ol (hotrienol) |
| 7, 11-二甲基-1, 6, 10-十二碳三烯 | 7, 11-dimethyl-1, 6, 10-dodecatriene |
| 6, 10-二甲基-1, 6-二烯基-12-十二醇 | 6, 10-dimethyl-1, 6-dien-12-dodecanol |
| 3, 7-二甲基-1, 6-癸二烯-3-羟基-4-酮 | 3, 7-dimethyl-1, 6-decadien-3-hydroxy-4-one |
| 3, 7-二甲基-1, 6-十八二烯-3-醇 | 3, 7-dimethyl-1, 6-octadecadien-3-ol |

| | |
|---|---|
| 2, 7-二甲基-1, 6-辛二烯 | 2, 7-dimethyl-1, 6-octadiene |
| 5, 7-二甲基-1, 6-辛二烯 | 5, 7-dimethyl-1, 6-octadiene |
| 3, 7-二甲基-1, 6-辛二烯-3-醇 | 3, 7-dimethyl-1, 6-octadien-3-ol |
| 2, 6-二甲基-1, 8-辛二醇 | 2, 6-dimethyl-1, 8-octadiol |
| 3, 7-二甲基-1, 3, 7-辛三烯 | 3, 7-dimethyl-1, 3, 7-octatriene |
| 3, 7-二甲基-10-(1-甲基亚甲基)-3, 7-环癸二烯-1-酮 | 3, 7-dimethyl-10-(1-methyl ethene)-3, 7-cyclodecadien-1-one |
| 7, 11-二甲基-10-十二烯-1-醇 | 7, 11-dimethyl-10-dodecen-1-ol |
| (3*E*, 6*E*)-2, 6-二甲基-10-氧亚基-3, 6-十一碳二烯-2-醇 | (3*E*, 6*E*)-2, 6-dimethyl-10-oxo-3, 6-undecadien-2-ol |
| 4, 6-二甲基-11-二甲氧甲基-1-氧亚基-4*H*, 2, 3-二氢萘并呋喃 | 4, 6-dimethyl-11-dimethoxymethyl-1-oxo-4*H*, 2, 3-dihydronaphthofuran |
| 4, 6-二甲基-11-甲酰基-1-氧亚基-4*H*, 2, 3-二氢萘并呋喃 | 4, 6-dimethyl-11-formyl-1-oxo-4*H*, 2, 3-dihydronaphthofuran |
| 6, 7-二甲基-1-D-核糖醇基-喹噁啉-2, 3 (1*H*, 4*H*)-二酮-5′-*O*-β-D-吡喃葡萄糖苷 | 6, 7-dimethyl-1-D-ribityl quinoxaline-2, 3 (1*H*, 4*H*)-dione-5′-*O*-β-D-glucopyranoside |
| 1, 2-二甲基-1*H*-咪唑 | 1, 2-dimethyl-1*H*-imidazole |
| 3, 4-二甲基-1-苯基-3-吡唑啉-5-酮 | 3, 4-dimethyl-1-phenyl-3-pyrazolin-5-one |
| 4, 7-二甲基-1-四氢萘酮 | 4, 7-dimethyl-1-tetralone |
| 4, 4-二甲基-1-戊烯 | 4, 4-dimethyl-1-pentene |
| 3, 7-二甲基-1-辛烷 | 3, 7-dimethyl-1-octane |
| 3, 7-二甲基-1-辛烯 | 3, 7-dimethyl-1-octene |
| (2*S*)-1, 4-二甲基-2-(1*H*-吡咯-2′-甲酰氧基) 苹果酸酯 | (2*S*)-1, 4-dimethyl-2-(1*H*-pyrrol-2′-carbonyloxy) malate |
| 1, 1-二甲基-2-(3-甲基-1, 3-丁二烯基) 环丙烷 | 1, 1-dimethyl-2-(3-methyl-1, 3-butadiene) cyclopropane |
| 1, 1-二甲基-2-(丙-2-亚基) 肼 | 1, 1-dimethyl-2-(propan-2-ylidene) hydrazine |
| 3, 7, 11-二甲基-2, 10-十二烯-1-醇 | 3, 7, 11-trimethyl-2, 10-dodecadien-1-ol |
| 2-(4a, 8-二甲基-2, 3, 4, 4a, 5, 6, 7, 8-八氢-2-萘基)-2-丙醇 | 2-(4a, 8-dimethyl-2, 3, 4, 4a, 5, 6, 7, 8-octahydro-2-naphthalenyl)-2-propanol |
| 3β, 6-二甲基-2, 3-二氢苯并呋喃-2α-醇 | 3β, 6-dimethyl-2, 3-dihydrobenzofuran-2α-ol |
| 3β, 6-二甲基-2, 3-二氢苯并呋喃-2α-醇乙酸酯 | 3β, 6-dimethyl-2, 3-dihydrobenzofuran-2α-ol acetate |
| 3β, 6-二甲基-2, 3-二氢苯并呋喃-2β-*O*-β-D-吡喃葡萄糖苷 | 3β, 6-dimethyl-2, 3-dihydrobenzofuran-2β-*O*-β-D-glucopyranoside |
| 3β, 6-二甲基-2, 3-二氢苯并呋喃-2β-醇 | 3β, 6-dimethyl-2, 3-dihydrobenzofuran-2β-ol |
| 3β, 6-二甲基-2, 3-二氢苯并呋喃-2β-醇乙酸酯 | 3β, 6-dimethyl-2, 3-dihydrobenzofuran-2β-ol acetate |
| 3, 4-二甲基-2, 4, 6-辛三烯 | 3, 4-dimethyl-2, 4, 6-octatriene |
| 2, 5-二甲基-2, 4-己二烯 | 2, 5-dimethyl-2, 4-hexadiene |
| 1, 4-二甲基-2, 5-二 (1-甲乙基) 苯 | 1, 4-dimethyl-2, 5-bis (1-methyl ethyl) benzene |
| 2β-(3, 4-二甲基-2, 5-二氢-1H-吡咯-2-基)-1′-甲乙基戊酸酯 | 2β-(3, 4-dimethyl-2, 5-dihydro-1H-pyrrol-2-yl)-1′-methyl ethyl pentanoate |
| 3, 4-二甲基-2, 5-二氧亚基-2, 5-二羟基噻吩 | 3, 4-dimethyl-2, 5-dioxo-2, 5-dihydrothiophene |
| 6, 11-二甲基-2, 6, 10-十二碳三烯-1-醇 | 6, 11-dimethyl-2, 6, 10-dodecatrien-1-ol |
| 10, 10-二甲基-2, 6-二 (亚甲基) 二环 [7.2.0] 十一烷 | 10, 10-dimethyl-2, 6-bi (methylene) bicyclo [7.2.0] undecane |

| 2, 4-二甲基-2, 6-辛二烯 | 2, 4-dimethyl-2, 6-octadiene |
|---|---|
| (*E*)-3, 7-二甲基-2, 6-辛二烯-1-醇 | (*E*)-3, 7-dimethyl-2, 6-octadien-1-ol |
| (*Z*)-3, 7-二甲基-2, 6-辛二烯-1-醇 | (*Z*)-3, 7-dimethyl-2, 6-octadien-1-ol |
| 2-[(2*E*)-3, 7-二甲基-2, 6-辛二烯]-6-甲基-2, 5-环己二烯-1, 4-二酮 | 2-[(2*E*)-3, 7-dimethyl-2, 6-octadienyl]-6-methyl-2, 5-cyclohexadien-1, 4-dione |
| (2*E*, 6*Z*)-3, 7-二甲基-2, 6-辛二烯-1, 8-二醇 | (2*E*, 6*Z*)-3, 7-dimethyl-2, 6-octadien-1, 8-diol |
| 3, 7-二甲基-2, 6-辛二烯-1-醇 | 3, 7-dimethyl-2, 6-octadien-1-ol |
| 3, 7-二甲基-2, 6-辛二烯-1-醇乙酸酯 | 3, 7-dimethyl-2, 6-octadien-l-ol acetate |
| 3-(3′, 7′-二甲基-2′, 6′-辛二烯基)-4-甲氧基苯甲酸 | 3-(3′, 7′-dimethyl-2′, 6′-octadienyl)-4-methoxybenzoic acid |
| 4-[3′, 7′-二甲基-2′, 6′-辛二烯基]-2-甲酰基-3-羟基-5-甲氧基苄醇 | 4-[3′, 7′-dimethyl-2′, 6′-octadienyl]-2-formyl-3-hydroxy-5-methoxybenzyl alcohol |
| 2-[(2′*E*)-3′, 7′-二甲基-2′, 6′-辛二烯基]-4-甲氧基-6-甲基苯酚 | 2-[(2′*E*)-3′, 7′-dimethyl-2′, 6′-octadienyl]-4-methoxy-6-methyl phenol |
| 5-[(2′*E*)-3′, 7′-二甲基-2′, 6′-辛二烯基]-4-羟基-6-甲氧基-1-异吲哚酮 | 5-(2′*E*)-3′, 7′-dimethyl-2′, 6′-octadienyl]-4-hydroxy-6-methoxy-1-isoindolinone |
| (2*E*)-1, 4-二甲基-2-[(4-羟苯基)甲基]-2-丁烯二酸 | (2*E*)-1, 4-dimethyl-2-[(4-hydroxyphenyl) methyl]-2-butenedioic acid |
| (+)-24, 24-二甲基-25, 32-环-5α-羊毛脂-9 (11)-烯-3β-醇 | (+)-24, 24-dimethyl-25, 32-cyclo-5α-lanost-9 (11)-en-3β-ol |
| 24, 24-二甲基-25-环木菠萝烯醇乙酸酯 | 24, 24-dimethyl cycloart-25-enol acetate |
| 24, 24-二甲基-25-脱氢鸡冠柱烯醇 | 24, 24-dimethyl-25-dehydrolophenol |
| 2, 2-二甲基-2*H*-1-苯并吡喃-6-甲酸甲酯 | 2, 2-dimethyl-2*H*-1-benzopyran-6-carboxylic acid methyl ester |
| 7, 8-(2, 2-二甲基-2*H*-吡喃)-5, 2′-二羟基-4′-甲氧基黄烷酮醇 | 7, 8-(2, 2-dimethyl-2*H*-pyran)-5, 2′-dihydroxy-4′-methoxyflavanonol |
| 3, 5-二甲基-2-环己烯-1-酮 | 3, 5-dimethyl-2-cyclohexen-1-one |
| 4, 5-二甲基-2-环己烯-1-酮 | 4, 5-dimethyl-2-cyclohexen-1-one |
| 3, 4-二甲基-2-己酮 | 3, 4-dimethyl-2-hexanone |
| 6, 6-二甲基-2-甲基双环 [3.1.1] 庚-2-烯 | 6, 6-dimethyl-2-methylbicyclo [3.1.1] hept-2-ene |
| α, β-二甲基-2-萘乙醇 | α, β-dimethyl-2-naphthalene ethanol |
| 4, 8-二甲基-2-十六醇 | 4, 8-dimethyl-2-hexadecanol |
| 6, 10-二甲基-2-十一酮 | 6, 10-dimethyl-2-undecanone |
| 6, 10-二甲基-2-十一烷 | 6, 10-dimethyl-2-undecane |
| 6, 6-二甲基-2-亚甲基-(1*S*)-双环 [3.1.1] 庚烷 | 6, 6-dimethyl-2-methylene-(1*S*)-bicyclo [3.1.1] heptane |
| 6, 6 -二甲基-2-亚甲基二环 [3.1.1] 庚烷 | 6, 6-dimethyl-2-methylene-bicyclo [3.1.1] heptane |
| 7, 7-二甲基-2-亚甲基双环 [2.2.1] 庚烷 | 7, 7-dimethyl-2-methylene bicyclo [2.2.1] heptane |
| 6, 6-二甲基-2-亚甲基双环 [3.1.1] 庚-3-醇 | 6, 6-dimethyl-2-methylene bicyclo [3.1.1]-3-heptanol |
| (1*S*)-6, 6-二甲基-2-亚甲基双环 [3.1.1] 庚烷 | (1*S*)-6, 6-dimethyl-2-methylenebicyclo [3.1.1] heptane |
| 4, 4-二甲基-3-(3-甲基-2-亚丁烯基)辛-2, 7-二酮 | 4, 4-dimethyl-3-(3-methylbut-2-enylidene) oct-2, 7-dione |

| | |
|---|---|
| 二甲基-3, 4, 3′, 4′-四羟基-δ-秘鲁古柯尼酸酯 | dimethyl-3, 4, 3′, 4′-tetrahydroxy-δ-truxinate |
| 3′, 4′-*O*-二甲基-3, 4-*O*, *O*-亚甲基并没食子酸 | 3′, 4′-*O*-dimethyl-3, 4-*O*, *O*-methylene ellagic acid |
| 1, 1-二甲基-3, 4-二异丙烯基环己烷 | 1, 1-dimethyl-3, 4-bis (isopropenyl) cyclohexane |
| 5, 7-二甲基-3′, 4′-亚甲二氧基消旋表儿茶素 | 5, 7-dimethyl-3′, 4′-di-*O*-methylene-(±)-epicatechin |
| 2, 6-二甲基-3, 5-吡啶二甲酸二乙酯 | 2, 6-dimethyl-3, 5-pyridine-dicarboxylic acid diethyl ester |
| (3*S*)-2, 2-二甲基-3, 5-二羟基-8-羟甲基-3, 4-二氢-2*H*, 6*H*-苯并 [1, 2-*b*: 5, 4-*b*' ] 二吡喃-6-酮 | (3*S*)-2, 2-dimethyl-3, 5-dihydroxy-8-hydroxymethyl-3, 4-dihydro-2*H*, 6*H*-benzo [1, 2-*b*: 5, 4-*b*' ] dipyran-6-one |
| 2, 6-二甲基-3, 5-庚二酮 | 2, 6-dimethyl-3, 5-heptanedione |
| 2, 5-二甲基-3, 6-二硒杂壬烷 | 2, 5-dimethyl-3, 6-diselenanonane |
| 3-(4, 8-二甲基-3, 7-壬二烯基) 呋喃 | 3-(4, 8-dimethyl-3, 7-nonadienyl) furan |
| 3, 7-二甲基-3, 8-二氢辛烯 | 3, 7-dimethyl-3, 8-dihydrooctene |
| 5, 6-二甲基-3a, 4, 7, 7a-四氢-1, 3-异苯并呋喃二酮 | 5, 6-dimethyl-3a, 4, 7, 7a-tetrahydro-1, 3-isobenzofurandione |
| 2, 2-二甲基-3-苯基丙酸乙烯酯 | 2, 2-dimethyl-3-phenyl-propionic acid vinyl ester |
| (2′*S*, 3′*R*)-5-(*N*, *N*-二甲基-3′-苯基异丝氨酰基) 中国紫杉三烯甲 | (2′*S*, 3′*R*)-5-(*N*, *N*-dimethyl-3′-phenyl isoseryl) taxachitriene A |
| 1-(1, 3-二甲基-3-环己烷-1-基) 乙酮 | 1-(1, 3-dimethyl-3-cyclohexan-1-yl) ethanone |
| 1-(1, 4-二甲基-3-环己烯-1-基) 乙酮 | 1-(1, 4-dimethyl-3-cyclohexen-1-yl) ethanone |
| 2, 3-二甲基-3-己烯-2-酮 | 2, 3-dimethyl-3-hexen-2-one |
| 2-(1, 4a-二甲基-3-葡萄糖氧基-2-氧亚基-2, 3, 4, 4a, 5, 6, 7, 8-八氢萘-7-基) 异丙醇葡萄糖苷 | 2-(1, 4a-dimethyl-3-glucosyloxy-2-oxo-2, 3, 4, 4a, 5, 6, 7, 8-octahydronaphthalen-7-yl)-isopropanol glucoside |
| 1, 10-*O*-二甲基-3-脱氢绢毛向日葵素 B 二醇 | 1, 10-*O*-dimethyl-3-dehydroargophyllin B diol |
| 2, 2-二甲基-3-戊酮 | 2, 2-dimethyl-3-pentanone |
| (*E*)-7, 11-二甲基-3-亚甲基-1, 6, 10-十二碳三烯 | (*E*)-7, 11-dimethyl-3-methylene-1, 6, 10-dodecatriene |
| 7, 11-二甲基-3-亚甲基-1, 6, 10-十二碳三烯 | 7, 11-dimethyl-3-methylene-1, 6, 10-dodecatriene |
| 7, 11-二甲基-3-亚甲基-1, 6-十二碳二烯-10, 11-二羟基-10-*O*-β-D-吡喃葡萄糖基-(1→4)-β-D-吡喃葡萄糖苷 | 7, 11-dimethyl-3-methylene-1, 6-dodecadien-10, 11-dihydroxy-10-*O*-β-D-glucopyranosyl-(1→4)-β-D-glucopyranoside |
| (1*S*)-2, 2-二甲基-3-亚甲基双环 [3.1.1] 庚烷 | (1*S*)-2, 2-dimethyl-3-methylenebicyclo [3.1.1] heptane |
| (*E*)-4-(1, 5-二甲基-3-氧亚基-1-己烯基) 苯甲酸 | (*E*)-4-(1, 5-dimethyl-3-oxo-1-hexenyl) benzoic acid |
| (*E*)-4-(1, 5-二甲基-3-氧亚基-1, 4-己二烯基) 苯甲酸 | (*E*)-4-(1, 5-dimethyl-3-oxo-1, 4-hexadienyl) benzoic acid |
| (*R*)-4-(1, 5-二甲基-3-氧亚基-4-己烯基) 苯甲酸 | (*R*)-4-(1, 5-dimethyl-3-oxo-4-hexenyl) benzoic acid |
| (*R*)-4-(1, 5-二甲基-3-氧亚基己基) 苯甲酸 | (*R*)-4-(1, 5-dimethyl-3-oxohexyl) benzoic acid |
| 1, 2-二甲基-3-乙烯基-1, 4-环己二烯 | 1, 2-dimethyl-3-vinyl-1, 4-cyclohexadiene |
| 2, 5-二甲基-3-乙烯基-1, 4-己二烯 | 2, 5-dimethyl-3-vinyl-1, 4-hexadiene |
| 4α, 5-二甲基-3-异丙基八氢萘酮 | octahydro-4α, 5-dimethyl-3-(1-methyl ethyl) naphthalenone |
| 1, 8-二甲基-4-(1-甲烯基)-螺 [4.5] 十-7-烯 | 1, 8-dimethyl-4-(1-methylenyl)-spiro [4.5] dec-7-ene |

| | |
|---|---|
| 1, 7-二甲基-4-(1-甲乙基)-螺 [4.5] 癸-6-烯-8-酮 | 1, 7-dimethyl-4-(1-methyl ethyl)-spiro [4.5] dec-6-en-8-one |
| 二甲基-4, 4′-二甲氧基-5, 6, 5′, 6′-二亚甲基-二氧联苯-2, 2′-二甲酸酯 (α-联苯双酯) | dimethyl-4, 4′-dimethoxy-5, 6, 5′, 6′-dimethylene-dioxybiphenyl-2, 2′-dicarboxylate (dimethyl dicarboxylate biphenyl, α-DDB) |
| 1, 1-二甲基-4, 4-二烯丙基-5-氧亚基环己基-2-酮 | 1, 1-dimethyl-4, 4-diallyl-5-oxocyclohexyl-2-one |
| 6, 8-二甲基-4′, 5, 7-三羟基高异黄酮 | 6, 8-dimethyl-4′, 5, 7-trihydroxyhomoisoflavone |
| 1, 6-二甲基-4, 5-二氢芘-2, 7-二醇 | 1, 6-dimethyl-4, 5-dihydropyrene-2, 7-diol |
| 2, 8-二甲基-4, 6-壬二酮 (二异戊酰基甲烷) | 2, 8-dimethyl-4, 6-nonanedione (diisovaleryl methane) |
| 1, 2-二甲基-4-[(*E*)-3′-甲基环氧乙基] 苯 | 1, 2-dimethyl-4-[(*E*)-3′-methyl oxiranyl] benzene |
| 2, 6-二甲基-4-庚酮 | 2, 6-dimethyl-4-heptanone |
| 7-(1, 5-二甲基-4-己烯-1-基)-5-甲基-2, 3-二氧杂双环 [2.2.2] 辛-5-烯 | 7-(1, 5-dimethyl-4-hexen-1-yl)-5-methyl-2, 3-dioxabicyclo [2.2.2] oct-5-ene |
| 5-(1, 5-二甲基-4-己烯基)-2-甲基-1, 3-环己二烯 | 5-(1, 5-dimethyl-4-hexenyl)-2-methyl-1, 3-cyclohexadiene |
| 1-(1, 5-二甲基-4-己烯基)-4-甲基苯 | 1-(1, 5-dimethyl-4-hexenyl)-4-methyl benzene |
| 2, 5-二甲基-4-甲氧基-3 (2*H*)-呋喃酮 | 2, 5-dimethyl-4-methoxy-3 (2*H*)-furanone |
| 2, 3-二甲基-4-甲氧基苯酚 | 2, 3-dimethyl-4-methoxyphenol |
| 3, 5-二甲基-4-甲氧基苯甲酸 | 3, 5-dimethyl-4-methoxybenzoic acid |
| 2, 3-二甲基-4-喹诺酮 | 2, 3-dimethyl-4-quinolone |
| 2, 5-二甲基-4-羟基-3 (2*H*)-呋喃酮 | 2, 5-dimethyl-4-hydroxy-3 (2*H*)-furanone |
| 2, 4-二甲基-4-辛醇 | 2, 4-dimethyl-4-octanol |
| (1*S*, 5*S*, 10a*R*)-1-[(8′*S*, 8a′*R*)-8′, 8a′-二甲基-4′-氧亚基-1′, 4′, 6′, 7′, 8′, 8a′-六氢萘-2′-基]-4-羟基-1, 4, 5, 10a-四甲基-1, 2, 3, 4, 5, 6, 7, 9, 10, 10a-脱氢蒽-9-酮 | (1*S*, 5*S*, 10a*R*)-1-[(8′*S*, 8a′*R*)-8′, 8a′-dimethyl-4′-oxo-1′, 4′, 6′, 7′, 8′, 8a′-hexahydronaphthalen-2′-yl]-4-hydroxy-1, 4, 5, 10a-tetramethyl-1, 2, 3, 4, 5, 6, 7, 9, 10, 10a-dehydroanthracen-9-one |
| 1, 6-二甲基-4-异丙基萘 | 1, 6-dimethyl-4-isopropyl naphthalene |
| 2, 7-二甲基-5-(1-甲乙基)-1, 8-壬二烯 | 2, 7-dimethyl-5-(1-methyl-ethyl)-1, 8-nonadiene |
| 2, 3-二甲基-5, 6-二硫代二环 [2.1.1] 己烷 5-氧化物 | 2, 3-dimethyl-5, 6-dithiabicyclo [2.1.1] hexane 5-oxide |
| (5*E*)-6, 10-二甲基-5, 9-十一碳二烯-2-酮 | (5*E*)-6, 10-dimethyl-5, 9-undecadien-2-one |
| 6, 10-二甲基-5, 9-十一碳二烯-2-酮 | 6, 10-dimethyl-5, 9-undecadien-2-one |
| 24, 24-二甲基-5α-胆甾-3β-醇 | 24, 24-dimethyl-5α-cholest-3β-ol |
| (22*E*)-24, 24-二甲基-5α-胆甾-7, 22-二烯-3β醇 | (22*E*)-24, 24-dimethyl-5α-cholest-7, 22-dien-3β-ol |
| 24, 24-二甲基-5α-胆甾-7, 25-二烯-22-炔-3β-醇 | 24, 24-dimethyl-5α-cholest-7, 25-dien-22-yn-3β-ol |
| 24, 24-二甲基-5α-胆甾-7, 25-二烯-3β-醇 | 24, 24-dimethyl-5α-cholest-7, 25-dien-3β-ol |
| 24, 24-二甲基-5α-胆甾-7-烯-22-炔-3β-醇 | 24, 24-dimethyl-5α-cholest-7-en-22-yn-3β-ol |
| 24, 24-二甲基-5α-胆甾-7-烯-3β-醇 | 24, 24-dimethyl-5α-cholest-7-en-3β-ol |
| 24, 24-二甲基-5α-胆甾-8-烯-3β-醇 | 24, 24-dimethyl-5α-cholest-8-en-3β-ol |
| 14α, 24α-二甲基-5α-胆甾-9 (11)-烯-3β-醇 | 14α, 24α-dimethyl-5α-cholest-9 (11)-en-3β-ol |
| 14α, 24β-二甲基-5α-胆甾-9 (11)-烯-3β-醇 | 14α, 24β-dimethyl-5α-cholest-9 (11)-en-3β-ol |
| 3, 4-二甲基-5-苯基噁唑烷 | 3, 4-dimethyl-5-phenyl oxazolidine |
| *N*, *N*-二甲基-5-甲氧基色胺 | *N*, *N*-dimethyl-5-methoxytryptamine |

| | |
|---|---|
| 6″, 6″-二甲基-5-羟基-3′, 4′-二甲氧基吡喃 [2″, 3″: 7, 6] 异黄酮 | 6″, 6″-dimethyl-5-hydroxy-3′, 4′-dimethoxypyrano [2″, 3″: 7, 6] isoflavone |
| 6″, 6″-二甲基-5-羟基-3′-甲氧基-4′-羟基吡喃 [2″, 3″: 7, 6] 异黄酮 | 6″, 6″-dimethyl-5-hydroxy-3′-methoxy-4′-hydroxypyrano [2″, 3″: 7, 6] isoflavone |
| 2, 2-二甲基-5-羟基-6-乙酰基色烯 | 2, 2-dimethyl-5-hydroxy-6-acetyl chromene |
| 3′, 4′-*O*-二甲基-5′-羟基沟酸浆酮 | 3′, 4′-*O*-dimethyl-5′-hydroxydiplacone |
| 3, 3-二甲基-5-叔丁基茚酮 | 3, 3-dimethyl-5-tertbutyl indone |
| 6-[(2′*E*)-3′, 7′-二甲基-5′-氧亚基-2′, 6′-辛二烯基]-7-羟基-5-甲氧基-1 (3*H*)-异苯并呋喃酮 | 6-[(2′*E*)-3′, 7′-dimethyl-5′-oxo-2′, 6′-octadienyl]-7-hydroxy-5-methoxy -1 (3*H*)-isobenzofuranone |
| 3, 3-二甲基-5-氧亚基-2-己醇烯丙酯 | 3, 3-dimethyl-5-oxo-2-hexanolallyl ester |
| 1, 6-二甲基-5-乙烯基-9, 10-二氢菲-2, 7-二-*O*-葡萄糖苷 | 1, 6-dimethyl-5-vinyl-9, 10-dihydrophenanthrene-2, 7-di-*O*-glucoside |
| 2, 8-二甲基-5-乙酰基双环 [5.3.0]-1, 8-癸二烯 | 2, 8-dimethyl-5-acetyl bicyclo [5.3.0] dec-1, 8-diene |
| (*R*)-2, 3-二-甲基-6-(1-乙氧基) 哒嗪 | (*R*)-2, 3-di-methyl-6-(1-ethoxyl) pyridazine |
| 4, 8α-二甲基-6-(1-甲乙烯基)-3, 5, 6, 7, 8, 8α-六氢-2 (1*H*)-萘酮 | 4, 8α-dimethyl-6-(1-methyl ethenyl)-3, 5, 6, 7, 8, 8α-hexahydro-2 (1*H*)-naphthalenone |
| 2, 4-二甲基-6-(3′-甲基异丁烯-5′-异丙基) 苯基-3, 5-己二酮 | 2, 4-dimethyl-6-(3′-methyl isobuten-5′-isopropyl) phenyl-3, 5-hexanedione |
| 2, 6-二甲基-6-(4-甲基-3-丙烯基) 双环 [3.1.1] 庚-2-烯 | 2, 6-dimethyl-6-(4-methyl-3-propenyl) bicyclo [3.1.1] hept-2-ene |
| 2, 6-二甲基-6-(4-甲基-3-戊烯基) 双环 [3.1.1] 庚-2-烯 | 2, 6-dimethyl-6-(4-methyl-3-pentenyl) bicyclo [3.1.1] hept-2-ene |
| (2*E*, 6*S*)-2, 6-二甲基-6-*O*-β-D-吡喃木糖基-2, 7-三叶睡菜酸 | (2*E*, 6*S*)-2, 6-dimethyl-6-*O*-β-D-xylopyranosyl-2, 7-menthiafolic acid |
| (2*E*, 6*S*)-2, 6-二甲基-6-*O*-β-D-吡喃木糖氧基-2, 7-三叶睡菜酸 | (2*E*, 6*S*)-2, 6-dimethyl-6-*O*-β-D-xylopyranosyloxy-2, 7-menthiafolic acid |
| 2, 9-二甲基-6-甲氧基-1, 2, 3, 4-四氢-β-咔啉 | 2, 9-dimethyl-6-methoxy-1, 2, 3, 4-tetrahydro-β-carboline |
| 1-二甲基-6-甲氧基-7-羟基-1, 2, 3, 4-四羟基异喹啉 | 1-dimethyl-6-methoxy-7-hydroxy-1, 2, 3, 4-tetrahydroxyisoquinoline |
| 5′, 7′-二甲基-6′-羟基-3′-苯基-3α-氨基-β-炔-谷甾醇 | 5′, 7′-dimethyl-6′-hydroxy-3′-phenyl-3α-amine-β-yn-sitosterol |
| 2, 6-二甲基-6-羟基辛-7-烯-4-酮 | 2, 6-dimethyl-6-hydroxyoct-7-en-4-one |
| 2, 6-二甲基-6-羟基辛-2, 7-二烯-4-酮 | 2, 6-dimethyl-6-hydroxyoct-2, 7-dien-4-one |
| 3, 7-二甲基-6-辛烯-1-醇 | 3, 7-dimethyl-6-octen-1-ol |
| 3, 7-二甲基-6-辛烯-1-醇乙酸酯 | 3, 7-dimethyl-6-octen-1-ol acetate |
| (3*R*, 5*S*, 6*Z*)-2, 6-二甲基-6-辛烯-2, 3, 5-三醇 | (3*R*, 5*S*, 6*Z*)-2, 6-dimethyl-6-octen-2, 3, 5-triol |
| 5, 5-二甲基-6-亚甲基二环 [2.2.1] 庚-2-醇 | 5, 5-dimethyl-6-methylenebicyclo [2.2.1] hept-2-ol |
| 7-[(*E*)-3′, 7′-二甲基-6′-氧亚基-2′, 7′-辛二烯] 氧基香豆素 | 7-[(*E*)-3′, 7′-dimethyl-6′-oxo-2′, 7′-octadien] oxycoumarin |
| 2, 2-二甲基-6-乙酰基色烷酮 | 2, 2-dimethyl-6-acetyl chromanone |

| | |
|---|---|
| 1, 6-二甲基-7-羟基-5-乙烯基-9, 10-二氢菲-2-*O*-葡萄糖苷 | 1, 6-dimethyl-7-hydroxy-5-vinyl-9, 10-dihydrophenanthrene-2-*O*-glucoside |
| 2, 5-二甲基-7-羟基色原酮 | 2, 5-dimethyl-7-hydroxychromone |
| 3, 7-二甲基-7-辛烯醛 | 3, 7-dimethyl-7-octenal |
| 1, 8a-二甲基-7-异丙烯基-1, 2, 3, 5, 6, 7, 8, 8a-八氢萘 | 1, 8a-dimethyl-7-isopropenyl-1, 2, 3, 5, 6, 7, 8, 8a-octahydronaphthalene |
| (*S*)-(*Z*, *E*)-1, 5-二甲基-8-(1-甲乙烯基)-1, 5-环癸二烯 | (*S*)-(*Z*, *E*)-1, 5-dimethyl-8-(1-methyl ethenyl)-1, 5-cyclodecadiene |
| 2, 2-二甲基-8-(3-甲基-2-丁烯基)-2*H*-色烯-6-甲酸 | 2, 2-dimethyl-8-(3-methyl-2-butenyl)-2*H*-chromen-6-carboxylic acid |
| 2, 2-二甲基-8-(3-羟基异戊烷)苯并二氢吡喃-6-甲酸 | 2, 2-dimethyl-8-(3-hydroxyisoamyl) chroman-6-carboxylic acid |
| 2, 6-二甲基-8-(四氢吡喃-2-氧基)辛-2, 6-二烯-1-醇 | 2, 6-dimethyl-8-(tetrahydropyran-2-oxy) oct-2, 6-dien-1-ol |
| 7, 14-二甲基-8, 13-二氢-8, 13-环氧苯并[*a*]并四苯 | 7, 14-dimethyl-8, 13-dihydro-8, 13-epoxybenzo [*a*] tetracene |
| 2, 5-二甲基-8-*C*-β-D-吡喃葡萄糖基-7-羟基色原酮 | 2, 5-dimethyl-8-*C*-β-D-glucopyranosyl-7-hydroxychromone |
| (2*E*, 6*R*)-2, 6-二甲基-8-羟基-2-辛烯酸-8-*O*-[6′-*O*-(*E*)-对香豆酰基]-β-D-吡喃葡萄糖苷 | (2E, 6R)-2, 6-dimethyl-8-hydroxy-2-octenoic acid-8-*O*-[6′-*O*-(*E*)-*p*-coumaroyl]-β-D-glucopyranoside |
| 3, 5-二甲基-8-羟基-7-甲氧基-3, 4-二氢异香豆素 | 3, 5-dimethyl-8-hydroxy-7-methoxy-3, 4-dihydroisocoumarin |
| (1*R*)-5, 6*a*-二甲基-8-异丙烯基双环[4.4.0]癸-1-烯 | (1*R*)-5, 6*a*-dimethyl-8-isopropenyl bicyclo [4.4.0] dec-1-ene |
| 3, 7-二甲基-9-(4-甲氧基-2, 3, 6-三甲苯基)-2, 4, 6, 8-壬四烯酸乙酯(阿维A酯、依曲替酯) | 3, 7-dimethyl-9-(4-methoxy-2, 3, 6-trimethylphenyl)-2, 4, 6, 8-nonatetraenoic acid ethyl ester (etretinate) |
| 3β-24, 24-二甲基-9, 19-环羊毛甾-25-烯-3-醇(环新木姜子醇、新木姜子烷醇) | 3β-24, 24-dimethyl-9, 19-cyclolanost-25-en-3-ol (cycloneolitsol) |
| 6, 10-二甲基-9-十一烯-2-酮 | 6, 10-dimethyl-9-undecen-2-one |
| (*E*)-6, 10-二甲基-9-亚甲基十一碳-5-烯-2-酮 | (*E*)-6, 10-dimethyl-9-methylene undec-5-en-2-one |
| *N*, *N*-二甲基-L-色氨酸 | *N*, *N*-dimethyl-L-tryptophan |
| 14-(*N*, *N*-二甲基-L-异戊酰氧基)雀稗碱 | 14-(*N*, *N*-dimethyl-L-valyloxy) paspalinine |
| 二甲基-β-丙酸噻亭 | dimethyl-β-propiothetin |
| 3, 4′-二甲基安卡拉玄参苷A(3, 4′-二甲基安哥拉苷A) | 3, 4′-dimethyl angoroside A |
| 4-(*N*, *N*-二甲基氨)-4′-(*N*’-甲基氨)二苯甲酮 | 4-(*N*, *N*-dimethyl amino)-4′-(*N*’-methyl amino) benzophenone |
| (+)-(20*S*)-20-(二甲基氨基)-16α-羟基-3-(3′α-异丙基)内酰胺-5α-孕甾-2-烯-4-酮 | (+)-(20*S*)-20-(dimethyl amino)-16α-hydroxy-3-(3′α-isopropyl)-lactam-5α-pregn-2-en-4-one |
| (+)-(20*S*)-20-(二甲基氨基)-3-(3′α-异丙基)内酰胺-5α-孕甾-2-烯-4-酮 | (+)-(20*S*)-20-(dimethyl amino)-3-(3′α-isopropyl)-lactam-5α-pregn-2-en-4-one |
| (+)-(20*S*)-20-(二甲基氨基)-3α-(甲基异戊烯酰氨基)-5α-孕甾-12β-醇 | (+)-(20*S*)-20-(dimethyl amino)-3α-(methyl senecioyl amino)-5α-pregn-12β-ol |
| (20*S*, 2′*E*)-20-(*N*, *N*-二甲基氨基)-3β-(3′-苯基-2′-丙烯基-*N*-甲酰胺)孕甾烷 | (20S, 2′*E*)-20-(*N*, *N*-dimethyl amino)-3-β-(3′-phenyl-2′-propenyl-*N*-methyl amido) pregnane |

E

| | |
|---|---|
| (20*S*)-20-(*N*, *N*-二甲基氨基)-3β-(*N*-甲基苯甲酰胺基)孕甾烷 | (20*S*)-20-(*N*, *N*-dimethyl amino)-3β-(*N*-methyl benzamido) pregnane |
| (20*S*, 2′*Z*)-20-(*N*, *N*-二甲基氨基)-3β-[2-甲基-(2*Z*)-丁烯酰胺基]-孕甾-5, 14-二烯-4-酮 | (20*S*, 2′*Z*)-20-(*N*, *N*-dimethyl amino)-3β-[2-methyl-(2*Z*)-butenamido] pregn-5, 14-dien-4-one |
| (20*S*, 2′*Z*)-20-(*N*, *N*-二甲基氨基)-3β-[2-甲基-(2*Z*)-丁烯酰胺基]-孕甾-5-烯-4-酮 | (20*S*, 2′*Z*)-20-(*N*, *N*-dimethyl amino)-3β-[2-methyl-(2*Z*)-butenamido] pregn-5-en-4-one |
| 4-[(二甲基氨基)羰基]苯甲酸 | 4-[(dimethyl amino) carbonyl] benzoic acid |
| 1-[1-(二甲基氨基)乙基]二茂钒 | 1-[1-(dimethyl amino) ethyl] vanadocene |
| 3-二甲基氨甲基吲哚 | 3-dimethyl aminomethyl-indole |
| 二甲基铵 | dimethyl ammonium |
| 5, 15-二甲基巴戟酚 | 5, 15-dimethyl morindol |
| 二甲基白蜡树亭 | dimethyl fraxetin |
| 二甲基北美乔柏素 | dimethyl thujaplicatin |
| 二甲基北五味子素(二甲基戈米辛)J | dimethyl gomisin J |
| 1, 2-二甲基苯 | 1, 2-dimethyl benzene |
| 1, 3-二甲基苯 | 1, 3-dimethyl benzene |
| 2, 6-二甲基苯胺 | 2, 6-dimethyl aniline |
| *N*, *N*-二甲基苯丙氨酸 | *N*, *N*-dimethyl phenyl alanine |
| α, α-二甲基苯丙酸 | α, α-dimethyl benzenepropanoic acid |
| β, β-二甲基苯丙酸甲酯 | β, β-dimethyl phenyl propionic acid methyl ester |
| 2, 3-二甲基苯酚 | 2, 3-dimethyl phenol |
| 2, 4-二甲基苯酚 | 2, 4-dimethyl phenol |
| 2, 6-二甲基苯酚 | 2, 6-dimethyl phenol |
| 3, 4-二甲基苯酚 | 3, 4-dimethyl phenol |
| 3-(2, 5-二甲基苯基)-1-(2-羟苯基)丙烯酮 | 3-(2, 5-dimethyl phenyl)-1-(2-hydroxyphenyl) propenone |
| *N*, *N*-二甲基苯甲胺 | *N*, *N*-dimethyl benzyl amine |
| 2, 4-二甲基苯甲醇 | 2, 4-dimethyl benzenemethanol |
| α-二甲基苯甲醇 | α-dimethyl benzenemethanol |
| α, α-二甲基苯甲醇 | α, α-dimethyl benzenemethanol |
| 3, 4-二甲基苯甲醛 | 3, 4-dimethyl benzaldehyde |
| 3, 4-二甲基苯甲酸(3, 4-木糖酸) | 3, 4-dimethyl benzoic acid (3, 4-xylylic acid) |
| 2, 2-二甲基苯乙酸酯 | 2, 2-dimethyl phenyl acetate |
| 2, 4-二甲基苯乙酮 | 2, 4-dimethyl acetophenone |
| 3, 4-二甲基苯乙烯(3, 4-二甲基苏合香烯) | 3, 4-dimethyl phenylethylene (3, 4-dimethyl styrene) |
| 二甲基苯乙烯(二甲基苏合香烯) | dimethyl styrene |
| 6, 6-二甲基吡喃酮并[2″, 3″: 7, 6]-5-羟基-8-甲基黄烷酮 | 6, 6-dimethyl pyrano [2″, 3″: 7, 6]-5-hydroxy-8-methyl flavanone |
| 2, 5-二甲基吡嗪 | 2, 5-dimethyl pyrazine |
| 2, 6-二甲基吡嗪 | 2, 6-dimethyl pyrazine |

| | |
|---|---|
| 7, 8-二甲基吡嗪并 [2, 3-*g*] 喹唑啉-2, 4-(1*H*, 3*H*)-二酮 | 7, 8-dimethyl pyrazino [2, 3-*g*] quinazolin-2, 4-(1*H*, 3*H*)-dione |
| 3, 4-二甲基苄腈 | xylylic acid nitrile |
| 1, 1-二甲基丙-2-烯基-1-*O*-β-D-吡喃葡萄糖苷 | 1, 1-dimethylprop-2-enyl-1-*O*-β-D-glucopyranoside |
| 9-(2′, 2′-二甲基丙苯腙)-3, 6-二氯-2, 7-双-2 [2-(二乙胺)-乙氧基] 芴 | 9-(2′, 2′-dimethyl propanoilhydrazono)-3, 6-dichloro-2, 7-bis-2 [2-(diethyl amino)-ethoxy] fluorine |
| 2, 2-二甲基丙醇 | 2, 2-dimethyl propanol |
| 3-(γ, γ-二甲基丙烯基) 桑辛素 M | 3-(γ, γ-dimethyl propenyl) moracin M |
| 1, 3-二甲基丙烯醛 | 1, 3-dimethyl acrylaldehyde |
| (*Z*)-2, 3-二甲基丙烯酸 | (*Z*)- 2, 3-dimethacrylic acid |
| β-二甲基丙烯酸酯 | β-dimethyl acrylate |
| β, β-二甲基丙烯酰胆碱 | β, β-dimethyl acryl choline |
| 2, 3-二甲基丙烯酰基紫草素 | 2, 3-dimethyl acryl shikonin |
| 22β-二甲基丙烯酰氧基马缨丹醇酸 | 22β-dimethyl acryloyloxylantanolic acid |
| 二甲基丙烯酰氧基马缨丹酸 (马缨丹尼酸) | dimethyl acryloyloxylantanolic acid (lantanilic acid) |
| β, β-二甲基丙烯酰紫草醌 (β, β-二甲基丙烯酰阿卡宁) | β, β-dimethylacrylalkannin (β, β-dimethylacryloylalkannin) |
| β, β-二甲基丙烯酰紫草醌 (β, β-二甲基丙烯酰阿卡宁) | β, β-dimethylacryloylalkannin (β, β-dimethylacrylalkannin) |
| β, β-二甲基丙烯酰紫草素 | β, β-dimethyl acrylshikonin (β, β-dimethyl acryloylshikonin) |
| 21, 22β-二甲基丙烯酰紫草素马缨丹酸 | 21, 22β-dimethylacryloyloxylantanolic acid |
| α, α-二甲基丙酰基紫草素 | α, α-dimethyl propionyl shikonin |
| 二甲基丙氧烷 | dimethyl trioxidane |
| 二甲基次胂酸 | dimethyl arsinic acid |
| 4α, 14α-二甲基胆甾-5α-9 (11)-烯-3β-醇 | 4α, 14α-dimethyl cholest-5α-9 (11)-en-3β-ol |
| 4, 4-二甲基胆甾-6, 22, 24-三烯 | 4, 4-dimethyl cholest-6, 22, 24-triene |
| 4α, 24-二甲基胆甾-7, 24-二烯醇 | 4α, 24-dimethyl cholest-7, 24-dienol |
| (24*R*)-4α, 24-二甲基胆甾-7, 25-二烯-3β-醇乙酸酯 | (24*R*)-4α, 24-dimethyl cholest-7, 25-dien-3β-ol acetate |
| (二甲基氮酰基) 乙腈 [(二甲基亚硝基) 乙腈] | (dimethyl azinoyl) acetonitrile |
| *N*, *N*-二甲基灯笼草碱盐 | *N*, *N*-dimethyl physoperuvinium salt |
| 3, 3-二甲基丁苯 | 3, 3-dimethyl butyl benzene |
| 3, 5-二甲基丁苯 | 3, 5-dimethyl butyl benzene |
| (3*S*, 5*R*)-5-*O*-(2, 3-二甲基丁酰基)-13-*O*-十二酰基-20-*O*-脱氧巨大戟烯醇 | (3*S*, 5*R*)-5-*O*-(2, 3-dimethyl butanoyl)-13-*O*-dodecanoyl-20-*O*-deoxyingenol |
| 20-*O*-(2, 3-二甲基丁酰基)-13-*O*-十二酰巨大戟烯醇 | 20-*O*-(2, 3-dimethyl butanoyl)-13-*O*-dodecanoyl ingenol |
| *N*, *N*-二甲基毒芹碱 | *N*, *N*-dimethyl coniine |
| 二甲基对苯二甲酸酯 | dimethyl terephthalate |
| *N*, *N*-二甲基对苯甲酰胺甲酸 | *N*, *N*-dimethyl terephthalamic acid |
| 1, 4-二甲基蒽醌 | 1, 4-dimethyl anthraquinone |
| 2, 3-二甲基蒽醌 | 2, 3-dimethyl anthraquinone |
| 5, 5-二甲基二环 [2.2.2] 辛-2-酮 | 5, 5-dimethyl bicyclo [2.2.2] oct-2-one |

| | |
|---|---|
| (1*S*)-6, 6-二甲基二环 [3.1.1] 庚-2-烯-2-基甲醇乙酸酯 | (1*S*)-6, 6-dimethyl bicycle [3.1.1] hept-2-en-2-methanol acetate |
| 二甲基二硫化物 (二甲基二硫醚、二硫化二甲基) | dimethyl disulfide |
| 1, 1′-二甲基二茂铁 | 1, 1′-dimethyl ferrocene |
| 2-(1, 4a-二甲基-2, 3-二羟基十氢萘-7-基) 异丙基葡萄糖苷 | 2-(1, 4a-dimethyl-2, 3-dihydroxydecahydronaphthalen-7-yl) isopropyl glucoside |
| 1, 2-二甲基-2, 3-二氢-1-吲哚 | 1, 2-dimethyl-2, 3-dihydro-1-indole |
| (2*R*, 3*R*)-(+)-7, 4′-*O*-二甲基二氢山柰酚 | (2*R*, 3*R*)-(+)-7, 4′-di-*O*-methyl dihydrokaempferol |
| 6, 7-二甲基二十七烷 | 6, 7-dimethyl heptacosane |
| 2, 5-二甲基呋喃 | 2, 5-dimethyl furan |
| 二甲基呋喃皮纳灵 | dimethyl furopinarine |
| 二甲基甘氨酸 | dimethyl glycine |
| *N*, *N*-二甲基甘氨酸甲酯 | *N*, *N*-dimethyl glycine methyl ester |
| 2, 5-二甲基高粱酮 | 2, 5-dimethoxysorgoleone |
| 1, 6-二甲基庚-1, 3, 5-三烯 | 1, 6-dimethylhept-1, 3, 5-triene |
| (*Z*)-4-(2, 6-二甲基庚-1, 5-二烯-1-基)-1-甲基环丁-1-烯 | (*Z*)-4-(2, 6-dimethylhept-1, 5-dien-1-yl)-1-methyl cyclobut-1-ene |
| 2, 6-二甲基庚搭烯 | 2, 6-dimethyl heptalene |
| 4, 4-二甲基庚二酸 | 4, 4-dimethyl heptanedioic acid |
| 4-二甲基庚二酸 | 4-dimethyl heptanedioic acid |
| 2, 6-二甲基-2, 6-庚二烯 | 2, 6-dimethyl-2, 6-heptadiene |
| 2, 4-二甲基庚醛 | 2, 4-dimethyl pentanal |
| 2, 4-二甲基庚烷 | 2, 4-dimethyl heptane |
| 2, 6-二甲基庚烷 | 2, 6-dimethyl heptane |
| 2, 3-二甲基庚烷 | 2, 3-dimethyl heptane |
| *N*, *O*-二甲基瓜馥木定碱 | *N*, *O*-dimethyl fissoldine |
| 2, 3-二甲基癸烷 | 2, 3-dimethyl decane |
| 2, 6-二甲基癸烷 | 2, 6-dimethyl decane |
| 3, 7-二甲基癸烷 | 3, 7-dimethyl decane |
| 3, 3-二甲基癸烯 | 3, 3-dimethyl decene |
| 3′, 4′-二甲基槲皮素 | 3′, 4′-dimethyl quercetin |
| 3, 4′-*O*-二甲基槲皮素 | 3, 4′-*O*-dimethyl quercetin |
| 3, 7-二甲基槲皮素 | 3, 7-dimethyl quercetin |
| 3, 7-*O*-二甲基槲皮素 | 3, 7-*O*-dimethyl quercetin |
| 7, 4′-二甲基槲皮素 | 7, 4′-dimethyl quercetin |
| 3, 3′-二甲基槲皮素 | 3, 3′-dimethyl quercetin |
| 3, 4′-二甲基槲皮素-3-*O*-β-D-葡萄糖苷 | 3, 4′-dimethyl quercetin-3-*O*-β-D-glucoside |
| 二甲基琥珀酰肼 | aminozide |
| 5, 5′-[(1*R*, 2*R*, 3*R*, 4*S*)-3, 4-二甲基环丁烷-1, 2-二基] 二 (1, 2, 4-三甲氧基苯) | 5, 5′-[(1*R*, 2*R*, 3*R*, 4*S*)-3, 4-dimethyl cyclobutane-1, 2-diyl] bis (1, 2, 4-trimethoxybenzene) |

| 2, 3- 二甲基 -2, 4, 6- 环庚三烯 -1- 酮 | 2, 3-dimethyl-2, 4, 6-cycloheptatrien-1-one |
|---|---|
| 2, 4- 二甲基环己醇 | 2, 4-dimethyl cyclohexanol |
| 2, 5- 二甲基环己醇 | 2, 5-dimethyl cyclohexanol |
| 2, 6- 二甲基环己醇 | 2, 6-dimethyl cyclohexanol |
| 3, 4- 二甲基环己醇 | 3, 4-dimethyl cyclohexanol |
| 二甲基环锦熟黄杨辛碱 (二甲基环维黄杨碱) | dimethyl cyclovirobuxine |
| 2, 2- 二甲基环三硅氧烷 | 2, 2-dimethyl cyclotrisiloxane |
| 1, 2- 二甲基环戊烷 | 1, 2-dimethyl cyclopentane |
| 1, 3- 二甲基环戊烷 | 1, 3-dimethyl cyclopentane |
| 1, 2- 二甲基环氧乙烷 | 1, 2-dimethyl oxirane |
| 1, 7- 二甲基黄嘌呤 | paraxanthine |
| 6, 7- 二甲基黄芩素 | 6, 7-dimethyl baicalein |
| 二甲基磺酰甲基二硫化物 | bis [(methyl sulfonyl) methyl] disulfide |
| 1, 3-*O*- 二甲基肌肉肌醇 | 1, 3-*O*-dimethyl myoinositol |
| 2, 3- 二甲基己烷 | 2, 3-dimethyl hexane |
| 2, 4- 二甲基己烷 | 2, 4-dimethyl hexane |
| 3, 3- 二甲基己烷 | 3, 3-dimethyl hexane |
| 2, 5- 二甲基甲醛 | 2, 5-dimethyl carbaldehyde |
| *N*, *N'*- 二甲基甲酰 -4, 4'- 亚甲基双苯胺 | *N*, *N'*-dimethyl formamide-4, 4'-methylene dianiline |
| *N*, *N*- 二甲基甲酰胺 | *N*, *N*-dimethyl formamide |
| 4-(二甲基甲酰胺基) 苯甲酸 | 4-(dimethyl carboxamido) benzoic acid |
| 二甲基姜黄素 | dimethyl curcumin |
| 二甲基金丝梅屾酮宁 | dimethyl paxanthonin |
| 二甲基金松酮酸酯 | dimethyl sciadinonate |
| 二甲基肼亚基 | dimethyl hydrazinylidene |
| 二甲基咖啡酸 | dimethyl caffic acid |
| 二甲基开环氧代马钱子苷 | dimethyl secoxyloganoside |
| 5, 5'- 二甲基糠醛醚 | 5, 5'-dimethyl furfural ether |
| 21α, 25- 二甲基苦楝二醇 | 21α, 25-dimethyl melianodiol |
| 21β, 25- 二甲基苦楝二醇 | 21β, 25-dimethyl melianodiol |
| 2, 6- 二甲基喹啉 | 2, 6-dimethyl quinoline |
| 7, 7''- 二甲基拉亚纳黄酮 | 7, 7''-dimethyl lanaraflavone |
| *N*, *N*- 二甲基酪胺 (大麦芽碱、大麦芽胺、大麦碱) | *N*, *N*-dimethyl tyramine (hordenine) |
| *N*, *O*- 二甲基莲叶桐文碱 | *N*, *O*-dimethyl hernovine |
| 3, 4'- 二甲基联苯 | 3, 4'-dimethyl biphenyl |
| *N*, *N*- 二甲基邻氨基苯甲酸 | *N*, *N*-dimethyl anthranilic acid |
| *N*, *N*- 二甲基硫代甲酰胺 | N, N-dimethyl thioformamide |
| 二甲基硫代亚磺酸酯 | dimethyl thiosulfinate |
| 二甲基硫醚 (二甲硫醚、二甲基硫化物) | dimethyl sulfide |
| 2, 2- 二甲基螺 [5.7] 六硅氮烷 | 2, 2-dimethyl spiro [5.7] hexasilazane |

| | |
|---|---|
| *N*, *N'*-二甲基马尾杉碱 | *N*, *N'*-dimethyl phlegmarine |
| 4α, 14α-二甲基麦角甾-5α-7, 9 (11), 24 (28)-三烯-3β-醇 | 4α, 14α-dimethyl ergost-5α-7, 9 (11), 24 (28)-trien-3β-ol |
| 4α, 14α-二甲基麦角甾-7, 9 (11), 24 (28)-三烯-5α-3β-醇 | 4α, 14α-dimethyl ergost-7, 9 (11), 24 (28)-trien-5α-3β-ol |
| 4α, 14α-二甲基麦角甾-8, 24 (28)-二烯-3β-羟基-5α-7, 11-二酮 | 4α, 14α-dimethyl ergost-8, 24 (28)-dien-3β-hydroxy-5α-7, 11-dione |
| 4α, 14α-二甲基麦角甾-8, 24 (28)-二烯-3β-羟基-5α-7-酮 | 4α, 14α-dimethyl ergost-8, 24 (28)-dien-3β-hydroxy-5α-7-one |
| 11-*O*-(3′, 4′-二甲基没食子酰基) 岩白菜素 | 11-*O*-(3′, 4′-dimethyl galloyl) bergenin |
| 1, 7-二甲基萘 | 1, 7-dimethyl naphthalene |
| 2, 6-二甲基萘 | 2, 6-dimethyl naphthalene |
| 2, 7-二甲基萘 | 2, 7-dimethyl naphthalene |
| 2, 2-二甲基萘酚并 [1, 2-*b*] 吡喃 | 2, 2-dimethyl naphthol [1, 2-*b*] pyran |
| 2, 3-二甲基萘烷 | 2, 3-dimethyl decalin |
| *N*, *N*-二甲基尿素 | *N*, *N*-dimethyl urea |
| *N*, *N*-二甲基牛磺酸 | *N*, *N*-dimethyl taurine |
| L-2, 6-二甲基哌啶 | L-2, 6-dimethyl piperidine |
| *O*-二甲基浦卡台因 | *O*-methyl pukateine |
| 二甲基七叶内酯 (二甲基马栗树皮素) | dimethyl esculetin |
| 6, 7-二甲基七叶树内酯 (6, 7-二甲基七叶内酯、6, 7-二甲基七叶亭) | 6, 7-dimethyl esculetin |
| 2, 3 二甲基氢醌 | 2, 3-dimethyl hydroquinone |
| 二甲基氰膦 | dimethyl cyanophosphine |
| 二甲基去当归酰华中五味子酯 F | dimethyl deangeloyl schisantherin F |
| 3, 4′-*O*-二甲基鞣花酸 (3, 4′-*O*-二甲基并没食子酸) | 3, 4′-*O*-dimethyl ellagic acid |
| 3, 4′-*O*-二甲基鞣花酸-4-*O*-α-L-吡喃鼠李糖苷 | 3, 4′-*O*-dimethyl ellagic acid-4-*O*-α-L-rhamnopyranoside |
| 3, 3′-二甲基鞣花酸-4′-*O*-葡萄糖苷 | 3, 3′-di-*O*-methyl ellagic acid-4′-glucoside |
| 二甲基萨杷晋碱 Na、Nb | dimethyl sarpagines Na, Nb |
| 2, 4-二甲基噻吩 | 2, 4-dimethyl thiophene |
| 2, 4-二甲基噻唑 | 2, 4-dimethyl thiazole |
| 2, 5-二甲基噻唑 | 2, 5-dimethyl thiazole |
| 二甲基三硫化物 (二甲基三硫醚) | dimethyl trisulfide |
| 19, 21-二甲基三十碳-17, 22, 24, 26, 28-五烯-1-酸 | 19, 21-dimethyl triacont-17, 22, 24, 26, 28-pentaen-1-oic acid |
| 2, 29-二甲基三十烷 | 2, 29-dimethyl triacontane |
| 3, 4-二甲基伞形酮 | 3, 4-dimethyl umbelliferone |
| *N*, *N*-二甲基色氨酸 | *N*, *N*-dimethyl tryptophane |
| *N*, *N*-二甲基色氨酸甲酯 | *N*, *N*-dimethyl tryptophane methyl ester |
| (*S*)-(+)-*N*b, *N*b-二甲基色氨酸甲酯 | (*S*)-(+)-*N*b, *N*b-dimethyl tryptophane methyl ester |
| *N*b-二甲基色胺 | *N*b-dimethyl tryptamine |
| *N*, *N*-二甲基色胺 | *N*, *N*-dimethyl tryptamine |

| | |
|---|---|
| *N*, *N*-二甲基色胺 *N*-氧化物 | *N*, *N*-dimethyl tryptamine *N*-oxide |
| *N*, *N*-二甲基色胺甲基羟化物 | *N*, *N*-dimethyl tryptamine methyl hydroxide |
| *N*, *N*-二甲基色胺甲基氢氧化物 | *N*, *N*-dimethyl tryptamine methohydroxide |
| 2, 2-二甲基色烷-3, 6-二醇 | 2, 2-dimethyl chroman-3, 6-diol |
| 2, 2-二甲基色烷-6-甲酸 | 2, 2-dimethyl chroman-6-carboxylic acid |
| 2, 2-二甲基色烯-7-*O*-β-D-吡喃葡萄糖苷 | 2, 2-dimethyl chromen-7-*O*-β-D-glucopyranoside |
| 2, 2-二甲基色烯-7-甲氧基-6-*O*-β-D-吡喃葡萄糖苷 | 2, 2-dimethyl chromen-7-methoxy-6-*O*-β-D-glucopyranoside |
| 6, 8-二甲基山柰酚-3-*O*-α-L-鼠李糖苷 | 6, 8-dimethyl kaempferol-3-*O*-α-L-rhamnoside |
| 二甲基山药素 | dimethyl batatasin Ⅳ |
| 4, 6-二甲基十二烷 | 4, 6-dimethyl dodecane |
| 7, 9-二甲基十六烷 | 7, 9-dimethyl hexadecane |
| 9, 10-二甲基十七酸甲酯 | methyl 9, 10-dimethyl heptadecanoate |
| 2, 6-二甲基十七烷 | 2, 6-dimethyl heptadecane |
| 2, 2-二甲基十四烷 | 2, 2-dimethyl tetradecane |
| (*E*)-6, 10-二甲基十一碳-5, 9-二烯-2-酮 | (*E*)-6, 10-dimethyl undec-5, 9-dien-2-one |
| 2, 4-二甲基十一烷 | 2, 4-dimethyl undecane |
| 2, 5-二甲基十一烷 | 2, 5-dimethyl undecane |
| 2, 6-二甲基十一烷 | 2, 6-dimethyl undecane |
| 3, 6-二甲基十一烷 | 3, 6-dimethyl undecane |
| 6, 6-二甲基双环 [3.1.1] 庚-2-烯-2-乙醇 | 6, 6-dimethyl bicyclo [3.1.1] hept-2-en-2-ethanol |
| 3, 3-二甲基双环 [3.3.1] 四硅氧烷 | 3, 3-dimethyl bicyclo [3.3.1] tetrasiloxane |
| 1, 4-二甲基顺环己烷 | 1, 4-dimethyl-*cis*-cyclohexane |
| 1, 6-二甲基-顺式-环己烷 | 1, 6-dimethyl-*cis*-cyclohexane |
| 二甲基-顺式-四氢呋喃-2, 5-二羧酸酯 | dimethyl-*cis*-tetrahydrofuran-2, 5-dicarboxylate |
| 二甲基四硫化物 (二甲基四硫醚) | dimethyl tetrasulfide |
| 二甲基四乙酰开环番木鳖苷 | dimethyl secologanoside |
| 3, 5-二甲基苏合香烯 | 3, 5-dimethyl styrene |
| α-二甲基苏合香烯 (α-二甲基苯乙烯) | α-dimethyl styrene |
| 3, 4-二甲基苏合香烯 (3, 4-二甲基苯乙烯) | 3, 4-dimethyl styrene (3, 4-dimethyl phenylethylene) |
| 二甲基穗罗汉松树脂酚 (二甲基罗汉松脂素) | dimethyl matairesinol |
| 3, 3 -二甲基戊烷 | 3, 3-dimethyl pentane |
| 3-二甲基戊烷 | 3-dimethyl pentane |
| 2, 3-二甲基戊烯酰紫草素 | teracryl shikonin |
| 3, 4-二甲基戊烯酰紫草素 | 3, 4-teracryl shikonin |
| *N*-2-[4-(3′, 3′-二甲基烯丙氧基) 苯基] 乙基肉桂酰胺 | *N*-2-[4-(3′, 3′-dimethyl allyloxy) phenyl] ethyl cinnamide |
| 6, 7-二甲基香豆素 | 6, 7-dimethyl coumarin |
| 3, 7-二甲基辛-1, 2, 6, 7-四醇 | 3, 7-dimethyloct-1, 2, 6, 7-tetraol |
| 3, 7-二甲基辛-1, 5-二烯-3, 7-二醇 | 3, 7-dimethyloct-1, 5-dien-3, 7-diol |
| 1, 7-二甲基辛-1, 6-二烯-3-醇 | 1, 7-dimethyloct-1, 6-dien-3-ol |

E

| | |
|---|---|
| 3, 7-二甲基辛-1, 7-二烯-3, 6-二醇 | 3, 7-dimethyloct-1, 7-dien-3, 6-diol |
| 3, 7-二甲基辛-1-烯-3, 6, 7-三羟基-3-*O*-β-D-吡喃葡萄糖苷 | 3, 7-dimethyloct-1-en-3, 6, 7-trihydroxy-3-*O*-β-D-glucopyranoside |
| 3, 7-二甲基辛-1-烯-3, 6-7-三醇 | 3, 7-dimethyloct-1-en-3, 6, 7-triol |
| 3, 7-二甲基辛-1-烯-3, 7-二醇 | 3, 7-dimethyloct-1-en-3, 7-diol |
| 8-(3, 7-二甲基辛-2, 6-二烯基)-7-羟基-6-甲氧基-色烯-2-酮 | 8-(3, 7-dimethyloct-2, 6-dienyl)-7-hydroxy-6-methoxy-chromen-2-one |
| (2*E*)-3, 7-二甲基辛-2, 6-二烯醛 | (2*E*)-3, 7-dimethyloct-2, 6-dien-al |
| (2*S*)-3, 7-二甲基辛-3 (10), 6-二烯-1, 2-二羟基-2-*O*-β-D-吡喃葡萄糖苷 | (2*S*)-3, 7-dimethyl-oct-3 (10), 6-dien-1, 2-dihydroxy-2-*O*-β-D-glucopyranoside |
| 3, 7-二甲基辛-3 (10)-烯-1, 2, 6, 7-四醇 | 3, 7-dimethyloct-3 (10)-en-1, 2, 6, 7-tetraol |
| (2*S*, 6ζ)-3, 7-二甲基辛-3 (10)-烯-1, 2, 6, 7-四羟基-1-*O*-β-D-吡喃葡萄糖苷 | (2*S*, 6ζ)-3, 7-dimethyl oct-3 (10)-en-1, 2, 6, 7-tetrahydroxy-1-*O*-β-D-glucopyranoside |
| (2*S*, 6ζ)-3, 7-二甲基辛-3 (10)-烯-1, 2, 6, 7-四羟基-2-*O*-β-D-吡喃葡萄糖苷 | (2*S*, 6ζ)-3, 7-dimethyl oct-3 (10)-en-1, 2, 6, 7-tetrahydroxy-2-*O*-β-D-glucopyranoside |
| 3, 7-二甲基辛-7-烯醛 | 3, 7-dimethyloct-7-enal |
| (*E*)-2, 6-二甲基辛-2, 7-二烯-1-醇 | (*E*)-2, 6-dimethyloct-2, 7-dien-1-ol |
| (*E*)-2, 6-二甲基辛-2, 7-二烯-1, 6-二醇 | (*E*)-2, 6-dimethyloct-2, 7-dien-1, 6-diol |
| 2, 6-二甲基辛烷 | 2, 6-dimethyl octane |
| 3′, 4-*O*-二甲基雪松脂素 | 3′, 4-*O*-dimethyl cedrusin |
| 24, 24-二甲基羊毛甾-9 (11), 25-二烯-3-酮 | 24, 24-dimethyllanost-9 (11), 25-dien-3-one |
| 7, 4′-*O*-二甲基杨梅素-3-*O*-(*R*)-L-吡喃鼠李糖苷 | 7, 4′-*O*-dimethyl myricetin-3-*O*-(*R*)-L-rhamnopyranoside |
| *N*, *N*-二甲基乙醇胺 | *N*, *N*-dimethyl ethanolamine |
| 5-(1, 1-二甲基-乙基)-1, 3-环癸二烯 | 5-(1, 1-dimethyl ethyl)-1, 3-cyclodecadiene |
| 3-(1, 1-二甲基乙基) 苯酚 | 3-(1, 1-dimethyl ethyl) phenol |
| 二甲基乙酸癸酯 | dimethyl decyl acetate |
| 二甲基乙酰基硬飞燕草次碱 | dimethyl acetyl delcosine |
| 二甲基异乙氮烯 | dimethyl isodiazene |
| 二甲基鸢尾苷元 | dimethyl tectorigenin |
| 二甲基獐牙菜酚 | dimethyl swertianol |
| 二甲基獐牙菜酚素 (二甲基当药醇苷、二甲基獐牙菜酚苷) | dimethyl swertianolin |
| 1, 3-二甲基植基醚 | 1, 3-dimethyl phytyl ether |
| *N*, *N*-二甲基组胺 | *N*, *N*-dimethyl histamine |
| 1, 2-二甲硫基乙烯 | 1, 2-dimethyl thioethylene |
| *N*-二甲榴花胺 | *N*-dimethyl conoduramine |
| 二甲麦角新碱 | methysergide |
| 二甲醚 | dimethyl ether |
| 3′, 4′-二甲醚-7-葡萄糖苷 | 3′, 4′-dimethyl ether-7-glucoside |
| 3, 6-二甲醚槲皮万寿菊素 | 3, 6-dimethoxyquercetagetin |

| | |
|---|---|
| 2, 6: 5, 7-二甲桥茚并 [7, 1-*bc*] 呋喃 | 2, 6: 5, 7-dimethanoindeno [7, 1-*bc*] furan |
| 二甲酸 | dicarboxylic acid |
| 2-(3, 3-二甲烯丙基)-1, 3, 5, 6-四羟基呫酮 | 2-(3, 3-dimethyl allyl)-1, 3, 5, 6-tetrahydroxyxanthone |
| 2-(3, 3-二甲烯丙基)-1, 3, 5-三羟基呫酮 | 2-(3, 3-dimethyl allyl)-1, 3, 5-trihydroxyxanthone |
| (2*S*)-6-(γ, γ-二甲烯丙基)-3′, 4′-二甲氧基-6″, 6″-二甲基吡喃 [2″, 3″: 7, 8] 黄烷酮 | (2*S*)-6-(γ, γ-dimethyl allyl)-3′, 4′-dimethoxy-6″, 6″-dimethyl pyran [2″, 3″: 7, 8] flavanone |
| 9-(1, 1-二甲烯丙基)-4-羟基补骨脂素 | 9-(1, 1-dimethyl allyl)-4-hydroxypsoralen |
| 8-(γ, γ-二甲烯丙基)-5, 7, 4′-三羟基黄烷酮 | 8-(γ, γ-dimethyl allyl)-5, 7, 4′-trihydroxyflavanone |
| 8-(1, 1-二甲烯丙基)-5-羟基补骨脂素 | 8-(1, 1-dimethyl allyl)-5-hydroxypsoralen |
| 8-(3′, 3′-二甲烯丙基)-5-去甲香柑内酯 [(5-羟基-8-(3′, 3′-二甲烯丙基) 补骨脂素 ] | demethyl furopinnarin [5-hydroxy-8-(3′, 3′-dimethyl allyl) psoralen] |
| 8-(3, 3-二甲烯丙基)-6, 7-二甲氧基香豆素 | 8-(3, 3-dimethyl allyl)-6, 7-dimethoxycoumarin |
| 5′-(1‴, 1‴-二甲烯丙基)-8-(3″, 3″-二甲烯丙基)-2′, 4′, 5, 7-四羟基黄酮 | 5′-(1‴, 1‴-dimethyl allyl)-8-(3″, 3″-dimethyl allyl)-2′, 4′, 5, 7-tetrahydroxyflavone |
| 5-(3″, 3″-二甲烯丙基)-8-甲氧基呋喃香豆素 | 5-(3″, 3″-dimethyl allyl)-8-methoxyfuranocoumarin |
| 3-(γ, γ-二甲烯丙基) 白藜芦醇 | 3-(γ, γ-dimethyl allyl) resveratrol |
| 7-*O*-(3, 3-二甲烯丙基) 东莨菪内酯 | 7-*O*-3, 3-dimethyl allyl scopoletin |
| 3-(1, 1-二甲烯丙基) 花椒内酯 | 3-(1, 1-dimethyl allyl) xanthyletin |
| 8-(γ, γ-二甲烯丙基) 怀特大豆酮 | 8-(γ, γ-dimethyl allyl) wighteone |
| 3′-(γ, γ-二甲烯丙基) 奇维酮 | 3′-(γ, γ-dimethyl allyl) kievitone |
| 6-(1, 1-二甲烯丙基) 圣草酚 | 6-(1, 1-dimethyl allyl) eriodictyol |
| 5-(γ, γ-二甲烯丙基) 氧化白藜芦醇 | 5-(γ, γ-dimethyl allyl) oxyresveratrol |
| 6-(1, 1-二甲烯丙基) 柚橘素 | 6-(1, 1-dimethyl allyl) naringenin |
| 3-(1, 1-二甲烯丙基) 治疝草素 [3-(1, 1-二甲烯丙基) 脱肠草素 ] | 3-(1, 1-dimethyl allyl) herniarin |
| 3-[3′, 3′-二甲烯丙基] 香豆酸乙酸酯 | 3-[3′, 3′-dimethyl allyl] coumaric acid acetate |
| 3-二甲烯丙基-4-甲氧基-2-喹诺酮 | 3-dimethyl allyl-4-methoxy-2-quinolone |
| 二甲烯丙基对丙烯基苯醚 | dimethyl allyl-*p*-propenyl phenyl ether |
| 3, 3-二甲烯丙基对丙烯基苯醚 | 3, 3-dimethyl allyl-*p*-propenyl phenyl ether |
| 3, 3-二甲烯丙基-反式-咖啡酸酯 | 3, 3-dimethyl allyl-*trans*-caffeate |
| 8-γ, γ-二甲烯丙基怀特大豆酮 | 8-γ, γ-dimethyl allyl wighteone |
| 4, 4-二甲烯丙基色氨酸 | 4, 4-dimethyl allyl tryptophan |
| 3, 3-二甲烯丙基-顺式-咖啡酸酯 | 3, 3-dimethyl allyl-*cis*-caffeate |
| 3, 3-二甲烯丙基斯帕塞里亚色烯 | 3, 3-dimethyl allyl spatheliachromene [10-(3-methylbut-2-enyl) spatheliachromene] |
| 3, 5-二甲酰基-2, 4-二羟基-6-甲基苯甲酸 | 3, 5-diformyl-2, 4-dihydroxy-6-methyl benzoic acid |
| 9, 9′-*O*-二甲酰基雪松脂素 | 9, 9′-*O*-diformacyl cedrusin |
| 2β, 9α-*O*-二甲酰克咯烷 | 2β, 9α-*O*-diformyl clovan |
| 16, 17-二甲氧白坚木替宁 | 16, 17-dimethoxyaspidofractinine |

| 2-(3′, 4′-二甲氧苯基)-1, 3-丙二醇-1-*O*-β-D-吡喃葡萄糖苷 | 2-(3′, 4′-dimethoxyphenyl)-1, 3-propanediol-1-*O*-β-D-glucopyranoside |
|---|---|
| 1-(3′, 4′-二甲氧苯基)-1ξ-羟基-2-丙烯 | 1-(3′, 4′-dimethoxyphenyl)-1ξ-hydroxy-2-propene |
| 1-(3, 4-二甲氧苯基)-2-(4-烯丙基-2, 6-二甲氧基苯氧基)-1-丙醇 | 1-(3, 4-dimethoxyphenyl)-2-(4-allyl-2, 6-dimethoxyphenoxy) propan-1-ol |
| 1-(3, 4-二甲氧苯基)-2-(4-烯丙基-2, 6-二甲氧基苯氧基)-1-丙醇乙酸酯 | 1-(3, 4-dimethoxyphenyl)-2-(4-allyl-2, 6-dimethoxyphenoxy) propan-1-ol acetate |
| (1*S*, 3*R*)-1-(3, 4-二甲氧苯基)-2-[4-(3-羟基丙基)-2-甲氧基苯氧基]-丙-1, 3-二醇 | (1*S*, 3*R*)-1-(3, 4-dimethoxyphenyl)-2-[4-(3-hydroxypropyl)-2-methoxyphenoxy] propane-1, 3-diol |
| 3-(3, 4-二甲氧苯基)-2-丙烯醛 | 3-(3, 4-dimethoxyphenyl)-2-propenal |
| 9-(3′, 4′-二甲氧苯基)-2-甲氧基非烯-1-酮 | 9-(3′, 4′-dimethoxyphenyl)-2-methoxyphenalen-1-one |
| 2-(2-(2, 4-二甲氧苯基)-2-氧亚基乙氧基)-4-羟基苯甲酸 | 2-(2-(2, 4-dimethoxyphenyl)-2-oxoethoxy)-4-hydroxybenzoic acid |
| (2*R*, 3*S*, 4*R*, 5*R*)-2-(3, 4-二甲氧苯基)-3, 4-二甲基-5-胡椒基四氢呋喃 | (2*R*, 3*S*, 4*R*, 5*R*)-2-(3, 4-dimethoxyphenyl)-3, 4-dimethyl-5-piperonyl tetrahydrofuran |
| (+)-2-(3, 4-二甲氧苯基)-3, 7-二氧杂二环 [3.3.0] 辛烷 | (+)-2-(3, 4-dimethoxyphenyl)-3, 7-dioxabicyclo [3.3.0] octane |
| (*E*)-4-(3′, 4′-二甲氧苯基)-3-丁烯-1-醇 | (*E*)-4-(3′, 4′-dimethoxyphenyl)-3-buten-1-ol |
| 1-(3, 4-二甲氧苯基)-4-(3, 4-亚甲基二氧苯基)-2, 3-二甲基丁烷 | 1-(3, 4-dimethoxyphenyl)-4-(3, 4-methylenedioxyphenyl)-2, 3-dimethyl butane |
| 2-(2, 4-二甲氧苯基)-5-羟基-3, 7二甲氧基-4*H*-色烯-4-酮 | 2-(2, 4-dimethoxyphenyl)-5-hydroxy-3, 7-dimethoxy-4*H*-chromen-4-one |
| 1-(3, 4-二甲氧苯基)-5-羟基癸-3-酮 | 1-(3, 4-dimethoxyphenyl)-5-hydroxydecan-3-one |
| (1*R*, 2*R*, 5*R*, 6*S*)-2-(3′, 4′-二甲氧苯基)-6-(3″, 4″-亚甲二氧苯基)-3, 7-二氧杂双环 [3.3.0] 辛烷 | (1*R*, 2*R*, 5*R*, 6*S*)-2-(3′, 4′-dimethoxyphenyl)-6-(3″, 4″-methylenedioxyphenyl)-3, 7-dioxabicyclo [3.3.0] octane |
| 4-(3, 4-二甲氧苯基)-6-羟基-5-甲氧基萘并 [2, 3-*c*] 呋喃-1 (3*H*)-酮 | 4-(3, 4-dimethoxyphenyl)-6-hydroxy-5-methoxynaphtho [2, 3-*c*] furan-1 (3*H*)-one |
| 4-(3, 4-二甲氧苯基)-6-羟基-7-甲氧基萘并 [2, 3-*c*] 呋喃-1 (3*H*)-酮 | 4-(3, 4-dimethoxyphenyl)-6-hydroxy-7-methoxynaphtho [2, 3-*c*] furan-1 (3*H*)-one |
| 10-(3, 4-二甲氧苯基)-6-羟基呋喃并 [3′, 4′: 6, 7] 萘并 [1, 2-*d*]-1, 3-二氧杂环戊烯-9 (7*H*)-酮 | 10-(3, 4-dimethoxyphenyl)-6-hydroxyfuro [3′, 4′: 6, 7] naphtho [1, 2-*d*]-1, 3-dioxol-9 (7*H*)-one |
| 3-(3, 4-二甲氧苯基) 丙-1-醇 | 3-(3, 4-dimethoxyphenyl) prop-1-ol |
| 1-(3, 4 -二甲氧苯基) 丙-2-酮 | 1-(3, 4 -dimethoxyphenyl) prop-2-one |
| (2*R*, 3*R*)-2-(3, 4-二甲氧苯基)-2, 3-二氢-7-甲氧基-3-甲基-5-(1*E*)-1-丙烯-1-基-苯并呋喃 | (2*R*, 3*R*)-2-(3, 4-dimethoxyphenyl)-2, 3-dihydro-7-methoxy-3-methyl-5-(1*E*)-1-propen-1-yl-benzofuran |
| 3, 4-二甲氧苯基-1-*O*-(3-*O*-甲基-α-L-吡喃鼠李糖基)-(1→2)-β-D-吡喃葡萄糖苷 | 3, 4-dimethoxyphenyl-1-*O*-(3-*O*-methyl-α-L-rhamnopyranosyl)-(1→2)-β-D-glucopyranoside |
| 3, 4-二甲氧苯基-1-*O*-β-D-[5-*O*-(4-羟基苯甲酰基)]-呋喃芹糖基-(1→6)-*O*-β-D-吡喃葡萄糖苷 | 3, 4-dimethoxyphenyl-1-*O*-β-D-[5-*O*-(4-hydroxybenzoyl)]-apiofuranosyl-(1→6)-*O*-β-D-glucopyranoside |
| 3, 4-二甲氧苯基-1-*O*-β-D-吡喃葡萄糖苷 | 3, 4-dimethoxyphenyl-1-*O*-β-D-glucopyranoside |

| | |
|---|---|
| 3, 4-二甲氧苯基-6-*O*-(6-脱氧-α-L-吡喃甘露糖基-β-D-吡喃葡萄糖苷) | 3, 4-dimethoxyphenyl-6-*O*-(6-deoxy-α-L-mannopyranosyl-β-D-glucopyranoside) |
| 3, 4-二甲氧苯基-β-D-吡喃葡萄糖苷 | 3, 4-dimethoxyphenyl-β-D-glucopyranoside |
| (–)-(*E*)-3, 5-二甲氧苯基丙烯酸-4-*O*-β-D-(6-*O*-苄基)吡喃葡萄糖苷 | (–)-(*E*)-3, 5-dimethoxyphenyl propenoic acid-4-*O*-β-D-(6-*O*-benzoyl) glucopyranoside |
| 6, 14-二甲氧弗斯生 (6, 14-二甲氧基丽乌辛) | 6, 14-dimethoxyforesticine |
| 10, 11-二甲氧基-1-甲基去乙酰苦籽木碱-3′, 4′, 5′-三甲氧苯甲酸酯 | 10, 11-dimethoxy-1-methyldeacetylpicraline-3′, 4′, 5′-trimethoxybenzoate |
| 3, 10-二甲氧基-(±)-小檗烷-2, 9-二醇 | 3, 10-dimethoxy-(±)-berbine-2, 9-diol |
| 4, 4′-二甲氧基-(1, 1′-联菲)-2, 2′, 7, 7′-四醇 | 4, 4′-dimethoxy-(1, 1′-biphenanthrene)-2, 2′, 7, 7′-tetraol |
| 13-二甲氧基-(11*S*, 12*R*)-二氢原百部碱 | 13-demethoxy-(11*S*, 12*R*)-dihydroprotostemonine |
| 8-(3′, 6′-二甲氧基)-4, 5-环己二烯-($\Delta^{11,12}$-二氧亚甲基)稠二氢异香豆素 | 8-(3′, 6′-dimethoxy)-4, 5-cyclohexadien-($\Delta^{11,12}$-dioxide-methylene)-dense-dihydroisocoumarin |
| 1-(3, 4-二甲氧基)苯基-1, 2-乙二醇 | 1-(3, 4-dimethoxy) phenyl-1, 2-ethanediol |
| 1-(3′, 5′-二甲氧基) 苯基-2-(4″-*O*-β-D-吡喃葡萄糖基)苯乙烷 | 1-(3′, 5′-dimethoxy) phenyl-2-(4″-*O*-β-D-glucopyranosyl) phenyl ethane |
| 1-(3′, 5′-二甲氧基)苯基-2-(4″-羟苯基)乙烷 | 1-(3′, 5′-dimethoxy) phenyl-2-(4″-hydroxyphenyl) ethane |
| 1-(3′, 5′-二甲氧基) 苯基-2-[4″-*O*-β-D-吡喃葡萄糖基-(6→1)-*O*-α-L-吡喃鼠李糖基]苯乙烷 | 1-(3′, 5′-dimethoxy) phenyl-2-[4″-*O*-β-D-glucopyranosyl-(6→1)-*O*-α-L-rhamnopyranosyl] phenyl ethane |
| 2, 7-二甲氧基-1, 6-二甲基-5-乙烯基菲 | 2, 7-dimethoxy-1, 6-dimethyl-5-vinyl phenanthrene |
| 10, 15-二甲氧基-13-二十烯酸 | 10, 15-dimethoxy-13-eicosenoic acid |
| 11, 17α-二甲氧基-18β-3, 4, 5-三甲氧基苯甲酰氧基-3β, 20α-育亨-16β-甲酸甲酯 | 11, 17α-dimethoxy-18β-3, 4, 5-trimethoxybenzoyloxy-3β, 20α-yohimban-16β-carboxylic acid methyl ester |
| 10, 11-二甲氧基-19α-甲基-16, 17-双脱氢-(3β, 20α)-18-氧杂育亨-16-甲酸甲酯 | 10, 11-dimethoxy-19α-methyl-16, 17-didehydro-(3β, 20α)-18-oxayohimban-16-carboxylic acid methyl ester |
| 11, 12-二甲氧基-19α-甲基-2-氧亚基-(20α)-台湾钩藤-16-甲酸甲酯 | 11, 12-dimethoxy-19α-methyl-2-oxo-(20α)-formosanan-16-carboxylic acid methyl ester |
| 10, 11-二甲氧基-19-表阿吉马蛇根辛碱 | 10, 11-dimethoxy-19-epiajmalicine |
| 9, 10-二甲氧基-1-甲基石蒜伦-4 (12)-烯-7α-醇 | 9, 10-dimethoxy-1-methyl lycoren-4 (12)-en-7α-ol |
| 6, 7-二甲氧基-1-羟基-3-甲基咔唑 | 6, 7-dimethoxy-1-hydroxy-3-methyl carbazole |
| 3, 7-二甲氧基-1-羟基屾酮 | 3, 7-dimethoxy-1-hydroxyxanthone |
| 6, 7-二甲氧基-2-(2-苯乙基)色原酮 | 6, 7-dimethoxy-2-(2-phenyl ethyl) chromone |
| 6, 7-二甲氧基-2-(2-对甲氧基苯乙基)色原酮 | 6, 7-dimethoxy-2-[2-(p-methoxyphenyl) ethyl] chromone |
| 6, 7-二甲氧基-2 (3)-苯并噁唑啉酮 | 6, 7-dimethoxy-2 (3)-benzoxazolinone |
| 6, 7-二甲氧基-2, 2-二甲基色烯 | 6, 7-dimethoxy-2, 2-dimethyl chromene |
| 7, 8-二甲氧基-2, 2-二甲基色烯 | 7, 8-dimethoxy-2, 2-dimethyl chromene |
| 6, 6′-二甲氧基-2, 2′-二甲基筒箭-7′, 12′-二醇 | 6, 6′-dimethoxy-2, 2′-dimethyl tubocurane-7′, 12′-diol |

| | |
|---|---|
| 4, 5-二甲氧基-2, 3-亚甲二氧基-1-苯丙烯 | 4, 5-dimethoxy-2, 3-methylenedioxy-1-propenyl benzene |
| 4, 5-二甲氧基-2, 3-亚甲二氧基苯甲醇 | 4, 5-dimethoxy-2, 3-methylenedioxybenzyl alcohol |
| 4, 5-二甲氧基-2, 3-亚甲二氧基苯甲醛 | 4, 5-dimethoxy-2, 3-methylenedioxybenzaldehyde |
| 4, 5-二甲氧基-2, 3-亚甲二氧基桂皮醛 | 4, 5-dimethoxy-2, 3-methylenedioxycinnamaldehyde |
| 7, 9-二甲氧基-2, 3-亚甲基二氧苯并菲次碱 | 7, 9-dimethoxy-2, 3-methylendioxybenzophenantridine |
| 3, 4-二甲氧基-2′, 4′-二羟基查耳酮 | 3, 4-dimethoxy-2′, 4′-dihydroxychalcone |
| 3, 4-二甲氧基-2′, 5-二羟基联苄 | 3, 4-dimethoxy-2′, 5-dihydroxybibenzyl |
| 3, 5-二甲氧基-2, 7-菲二醇 | 3, 5-dimethoxy-2, 7-phenanthrenediol |
| 1, 6-二甲氧基-2, 8-二羟基呫酮 | 1, 6-dimethoxy-2, 8-dihydroxyxanthone |
| 4, 6-二甲氧基-2-[(8′*Z*, 11′*Z*)-8′, 11′, 14′-十五碳三烯]间苯二酚 | 4, 6-dimethoxy-2-[(8′*Z*, 11′*Z*)-8′, 11′, 14′-pentadecatriene] resorcinol |
| 6, 7-二甲氧基-2-[2-(4′-甲氧苯基) 乙基] 色原酮 | 6, 7-dimethoxy-2-[2-(4′-methoxyphenyl) ethyl] chromone |
| 2, 3-二甲氧基-21, 22-二氢士的宁-10-酮 | 2, 3-dimethoxy-21, 22-dihydrostrychnidin-10-one |
| 1, 4-二甲氧基-2α-羟基蒽醌 | 1, 4-dimethoxy-2α-hydroxyanthraquinone |
| 6, 6′-二甲氧基-2-甲基小檗胺-7, 12-二醇 | 6, 6′-dimethoxy-2-methyl berbaman-7, 12-diol |
| 7, 8-二甲氧基-2′-羟基-5-*O*-β-D-吡喃葡萄糖基氧基黄酮 | 7, 8-dimethoxy-2′-hydroxy-5-*O*-β-D-glucopyranosyl-oxyflavon |
| 2, 3-二甲氧基-2′-羟基查耳酮 | 2, 3-dimethoxy-2′-hydroxychalcone |
| 1, 3-二甲氧基-2-羟基蒽醌 | 1, 3-dimethoxy-2-hydroxyanthraquinone |
| 3, 4-二甲氧基-2′-羟基联苄 | 3, 4-dimethoxy-2′-hydroxybibenzyl |
| 3, 5-二甲氧基-2′-羟基联苄 | 3, 5-dimethoxy-2′-hydroxybibenzyl |
| 1, 3-二甲氧基-2-羧基蒽醌 | 1, 3-dimethoxy-2-carboxyanthraquinone |
| 1, 10-二甲氧基-2-氧亚基-7-乙炔基十氢萘 | 1, 10-dimethoxy-2-oxo-7-ethynyl decahydronaphthalene |
| 5, 6-二甲氧基-2-异丙烯基苯并呋喃 | 5, 6-dimethoxy-2-isopropenyl benzofuran |
| 6, 12-二甲氧基-3-(1, 2-二羟基乙基)-β-咔啉 | 6, 12-dimethoxy-3-(1, 2-dihydroxyethyl)-β-carboline |
| 8, 9-二甲氧基-3-(1-甲基乙氧基)-6*H*-二苯并 [*b*, *d*] 吡喃-6-酮 | 8, 9-dimethoxy-3-(1-methyl ethoxy)-6*H*-dibenzo [*b*, *d*] pyran-6-one |
| 6, 12-二甲氧基-3-(1-羟基乙基)-β-咔啉 | 6, 12-dimethoxy-3-(1-hydroxyethyl)-β-carboline |
| 2, 4′-二甲氧基-3′-(2-羟基-3-甲基-3-丁烯基) 苯乙酮 | 2, 4′-dimethoxy-3′-(2-hydroxy-3-methyl-3-butenyl) acetophenone |
| 6, 12-二甲氧基-3-(2-羟基乙基)-β-咔啉 | 6, 12-dimethoxy-3-(2-hydroxyethyl)-β-carboline |
| 3′, 5′-二甲氧基-3-(3-甲基丁-2-烯-1-基) 二苯基-2, 4′, 6-三醇 | 3′, 5′-dimethoxy-3-(3-methylbut-2-en-1-yl) biphenyl-2, 4′, 6-triol |
| 2, 2′-二甲氧基-3, 3′-二羟基-5, 5′-*O*-6, 6′-二苯基甲酸酐 (2, 2′-二甲氧基-3, 3′-二羟基-5, 5′-*O*-6, 6′-联苯二甲酸酐) | 2, 2′-dimethoxy-3, 3′-dihydroxy-5, 5′-*O*-6, 6′-biphenyl formic anhydride |
| (7′*R*, 8*S*, 8′*S*)-3, 5′-二甲氧基-3′, 4, 8′, 9′-四羟基-7′, 9-环氧-8, 8′-木脂素 | (7′*R*, 8*S*, 8′*S*)-3, 5′-dimethoxy-3′, 4, 8′, 9′-tetrahydroxy-7′, 9-epoxy-8, 8′-lignan |
| 2, 5-二甲氧基-3, 4: 3′, 4′-二 (二亚甲二氧基) 联苄 | 2, 5-dimethoxy-3, 4: 3′, 4′-bis (dimethylenedioxy) bibenzyl |

| | |
|---|---|
| 6, 7-二甲氧基-3, 4-二氢-2*H*-异喹啉-1-酮 | 6, 7-dimethoxy-3, 4-dihydro-2*H*-isoquinolin-1-one |
| (2*R*, 3*R*)-5, 7-二甲氧基-3′, 4′-亚甲二甲氧基黄烷酮醇 | (2*R*, 3*R*)-5, 7-dimethoxy-3′, 4′-methylene dimethoxyflavanonol |
| 6, 7-二甲氧基-3′, 4′-亚甲二氧基异黄酮 | 6, 7-dimethoxy-3′, 4′-methlenedioxyisoflavone |
| 3, 4-二甲氧基-3′, 4′-亚甲基二氧-7, 9′-环氧木酚素-9-醇 | 3, 4-dimethoxy-3′, 4′-methylenedioxy-7, 9′-epoxylignan-9-ol |
| 5, 7-二甲氧基-3′, 4′-亚甲基二氧黄烷酮 | 5, 7-dimethoxy-3′, 4′-methylenedioxyflavanone |
| (8*S*, 8′*S*)-3, 4-二甲氧基-3′, 4′-亚甲基二氧木脂素-9, 9′-内酯 [(+)-裂榄莲叶桐素] | (8*S*, 8′*S*)-3, 4-dimethoxy-3′, 4′-methylenedioxylignan-9, 9′-olide [(+)-dextrobursehernin] |
| 7, 5′-二甲氧基-3, 5, 2′-三羟基黄酮 | 7, 5′-dimethoxy-3, 5, 2′-trihydroxyflavone |
| (2*R*, 3*R*)-7, 5′-二甲氧基-3, 5, 2′-三羟基黄烷酮 | (2*R*, 3*R*)-7, 5′-dimethoxy-3, 5, 2′-trihydroxyflavanone |
| 6, 4′-二甲氧基-3, 5, 7-三羟基黄酮 | 6, 4′-dimethoxy-3, 5, 7-trihydroxyflavone |
| 10, 10′-二甲氧基-3α, 17α-(*Z*)-四氢东非马钱次碱 | 10, 10′-dimethoxy-3α, 17α-(*Z*)-tetrahydrousambarensine |
| 2, 4-二甲氧基-3-ψ, ψ-二甲烯丙基反式-桂皮酰哌啶 | 2, 4-dimethoxy-3-ψ, ψ-dimethyl allyl-trans-cinnamoyl piperidine |
| 6, 12-二甲氧基-3-甲酰基-β-咔啉 | 6, 12-dimethoxy-3-formyl-β-carboline |
| 1, 8-二甲氧基-3-甲酰咔唑 | clausenal |
| 4, 4′-二甲氧基-3′-羟基-7, 9′: 7′, 9-二环氧木脂素-3-*O*-β-D-吡喃葡萄糖苷 | 4, 4′-dimethoxy-3′-hydroxy-7, 9′: 7′, 9-diepoxylignan-3-*O*-β-D-glucopyranoside |
| 2, 5-二甲氧基-3-十一基苯酚 | 2, 5-dimethoxy-3-undecyl phenol |
| 6, 12-二甲氧基-3-乙基-β-咔啉 | 6, 12-dimethoxy-3-ethyl-β-carboline |
| 6, 12-二甲氧基-3-乙烯基-β-咔啉 | 6, 12-dimethoxy-3-vinyl-β-carboline |
| 2, 6-二甲氧基-4-(2-丙-l-烯基) 苯酚 | 2, 6-dimethoxy-4-(2-prop-l-enyl) phenol |
| 1, 2-二甲氧基-4-(2-丙烯基) 苯 | 1, 2-dimethoxy-4-(2-propenyl) benzene |
| (*Z*)-1, 2-二甲氧基-4-(丙-1-烯基) 苯 | (*Z*)-1, 2-dimethoxy-4-(prop-1-enyl) benzene |
| 2, 6-二甲氧基-4-(丙-2-烯基) 苯基-*O*-α-L-吡喃鼠李糖基-(1→6)-β-D-吡喃葡萄糖苷 | 2, 6-dimethoxy-4-(prop-2-enyl) phenyl-*O*-α-L-rhamnopyranosyl-(1→6)-β-D-glucopyranoside |
| 2, 6-二甲氧基-4-(丙-2-烯基) 苯基-*O*-β-D-吡喃葡萄糖基-(1→6)-β-D-吡喃葡萄糖苷 | 2, 6-dimethoxy-4-(prop-2-enyl) phenyl-*O*-β-D-glucopyranosyl-(1→6)-β-D-glucopyranoside |
| (7*S*, 8*R*, 8′*S*)-3, 3′-二甲氧基-4, 4′, 9-三羟基-7, 9′-环氧木脂素-7′-酮 | (7*S*, 8*R*, 8′*S*)-3, 3′-dimethoxy-4, 4′, 9-trihydroxy-7, 9′-epoxylignan-7′-one |
| (*E*)-3, 3′-二甲氧基-4, 4′-二羟基-1, 2-二苯乙烯 | (*E*)-3, 3′-dimethoxy-4, 4′-dihydroxystilbene |
| 2′, 6′-二甲氧基-4, 4′-二羟基查耳酮 | 2′, 6′-dimethoxy-4, 4′-dihydroxychalcone |
| 2′, 4′-二甲氧基-4, 5′, 6′-三羟基查耳酮 | 2′, 4′-dimethoxy-4, 5′, 6′-trihydroxychalcone |
| 3, 3′-二甲氧基-4′, 5, 7-三羟基黄酮 | 3, 3′-dimethoxy-4′, 5, 7-trihydroxyflavone |
| 3′, 5′-二甲氧基-4′, 5, 7-三羟基黄酮 | 3′, 5′-dimethoxy-4′, 5, 7-trihydroxyflavone |
| 1, 3-二甲氧基-4, 7-二甲基八氢环戊 [*c*] 吡喃-6, 7-二醇 | 1, 3-dimethoxy-4, 7-dimethyl octahyhrocyclopenta [*c*] pyran-6, 7-diol |
| (–)-(7*R*, 8S, 7′*E*)-3, 3′-二甲氧基-4′, 7-环氧基-8, 3′-新木脂素-7′-烯-9, 9′-二羟基-9′-丁醚-4-*O*-β-D-吡喃葡萄糖苷 | (–)-(7*R*, 8*S*, 7′*E*)-3, 3′-dimethoxy-4′, 7-epoxy-8, 3′-neolignan-7′-en-9, 9′-dihydroxy-9′-buthl ether-4-*O*-β-D-glucopyranoside |

| | |
|---|---|
| 3, 4′- 二甲氧基 -4, 9, 9′- 三羟基苯并呋喃木脂素 -7′- 烯 | 3, 4′-dimethoxy-4, 9, 9′-trihydroxybenzofuranneolignan-7′-ene |
| 1, 2- 二甲氧基 -4-[(*E*)-3′- 甲基环氧乙基 ] 苯 | 1, 2-dimethoxy-4-[(*E*)-3′-methyl oxiranyl] benzene |
| 1, 2- 二甲氧基 -4-[2- 丙烯基 ] 苯 | 1, 2-dimethoxy-4-[2-propenyl] benzene |
| 3′, 5′- 二甲氧基 -4-*O*-β-D- 吡喃葡萄糖桂皮酸 | 3′, 5′-dimethoxy-4-*O*-β-D-glucopyranosyl cinnamic acid |
| 3′, 5′- 二甲氧基 -4′-*O*-β-D- 吡喃葡萄糖基桂皮酸 | 3′, 5′-dimethoxy-4′-*O*-β-D-glucopyranosyl cinnamic acid |
| 2, 6- 二甲氧基 -4- 二氢奎宁 -1-*O*-β-D- 吡喃葡萄糖苷 | 2, 6-dimethoxy-4-dihydroquinine-1-*O*-β-D-glucopyranoside |
| 3, 5- 二甲氧基 -4- 酚羟基甲苯 -*O*-β-D- 葡萄糖苷 | 3, 5-dimethoxy-4-hydroxymethyl benzene-*O*-β-D-glucoside |
| 2, 6- 二甲氧基 -4- 甲基苯基 -1-*O*-β-D- 吡喃葡萄糖苷 | 2, 6-dimethoxy-4-methyl phenyl-1-*O*-β-D-glucopyranoside |
| 3, 5- 二甲氧基 -4- 甲基苯甲醇 | 3, 5-dimethoxy-4-methyl benzyl alcohol |
| 6, 7- 二甲氧基 -4- 甲基香豆素 | 6, 7-dimethoxy-4-methyl coumarin |
| 2, 6- 二甲氧基 -4- 甲氧甲基苯酚 | 2, 6-dimethoxy-4-methoxymethyl phenol |
| 3, 5- 二甲氧基 -4- 葡萄糖氧苯基烯丙醇 | 3, 5-dimethoxy-4-glucosyloxyphenyl allyl alcohol (3, 5-dimethoxy-4-glucosyloxyphenyl propenyl alcohol) |
| 3, 5- 二甲氧基 -4- 羟苯基 -1-*O*-β-D- 吡喃葡萄糖苷 | 3, 5-dimethoxy-4-hydroxyphenyl-1-*O*-β-D-glucopyranoside |
| 3, 5- 二甲氧基 -4- 羟苯基 -1-*O*-β- 呋喃芹糖基 -(1″→6′)-*O*-β-D- 吡喃葡萄糖苷 | 3, 5-dimethoxy-4-hydroxyphenyl-1-*O*-β-apiofuranosyl-(1″→6′)-*O*-β-D-glucopyranoside |
| 2, 5- 二甲氧基 -4- 羟基 -[2″, 3″: 7, 8] 呋喃黄烷 | 2, 5-dimethoxy-4-hydroxy-[2″, 3″: 7, 8] furanoflavan |
| 6, 7- 二甲氧基 -4- 羟基 -1- 萘甲酸 | 6, 7-dimethoxy-4-hydroxy-1-naphthoic acid |
| 3, 5′- 二甲氧基 -4- 羟基 -6″, 6″- 二甲基吡喃 [2″, 3″: 3′, 4′] 芪 | 3, 5′-dimethoxy-4-hydroxy-6″, 6″-dimethyl pyran [2″, 3″: 3′, 4′] stilbene |
| 3, 5- 二甲氧基 -4- 羟基安息香酸 | 3, 5-dimethoxy-4-hydroxybenzoic acid |
| 3, 5- 二甲氧基 -4- 羟基苯丙醇 -9-*O*-β-D- 吡喃葡萄糖苷 | 3, 5-dimethoxy-4-hydroxyphenyl propanol-9-*O*-β-D-glucopyranoside |
| 3, 5- 二甲氧基 -4- 羟基苯丙酮 | 3, 5-dimethoxy-4-hydroxypropiophenone |
| 2, 6- 二甲氧基 -4- 羟基苯酚 -1-*O*-β-D- 吡喃葡萄糖苷 | 2, 6-dimethoxy-4-hydroxyphenol-1-*O*-β-D-glucopyranoside |
| 2, 6- 二甲氧基 -4- 羟基苯酚 -1-*O*-β-D- 葡萄糖苷 | 2, 6-dimethoxy-4-hydroxyphenol-1-*O*-β-D-glucoside |
| 3, 5- 二甲氧基 -4- 羟基苯甲醇 -4-*O*-β-D- 吡喃葡萄糖苷 | 3, 5-dimethoxy-4-hydroxybenzyl alcohol-4-*O*-β-D-glucopyranoside |
| 3, 5- 二甲氧基 -4- 羟基苯甲醛 | 3, 5-dimethoxy-4-hydroxybenzaldehyde |
| 3, 5- 二甲氧基 -4- 羟基苯甲酸 | 3, 5-dimethoxy-4-hydroxybenzoic acid |
| 3, 5- 二甲氧基 -4- 羟基苯甲酸 -1-*O*-β-D- 葡萄糖苷 | 3, 5-dimethoxy-4-hydroxybenzoic acid-1-*O*-β-D-glucoside |
| (*E*)-3-(3′, 5′- 二甲氧基 -4′- 羟基苯亚甲基 )-2- 吲哚酮 | (*E*)-3-(3′, 5′-dimethoxy-4′-hydroxybenzylidene)-2-indolinone |
| 3′, 5′- 二甲氧基 -4′- 羟基苯乙酮 | 3′, 5′-dimethoxy-4′-hydroxyacetophenone |

| 3, 5-二甲氧基-4-羟基苯乙酮 | 3, 5-dimethoxy-4-hydroxyacetophenone |
|---|---|
| 3′, 5′-二甲氧基-4-羟基反式-芪 | 3′, 5′-dimethoxy-4-hydroxy-*trans*-stilbene |
| 5, 7-二甲氧基-4′-羟基黄酮 | 5, 7-dimethoxy-4′-hydroxyflavone |
| (±)-7, 3′-二甲氧基-4′-羟基黄烷 | (±)-7, 3′-dimethoxy-4′-hydroxyflavane |
| (2*S*)-3′, 7-二甲氧基-4′-羟基黄烷 | (2*S*)-3′, 7-dimethoxy-4′-hydroxyflavane |
| 3, 5-二甲氧基-4-羟基肉桂醛 | 3, 5-dimethoxy-4-hydroxycinnamaldehyde |
| 2, 6-二甲氧基-4-羟甲基苯酚-1-*O*-(6-*O*-咖啡酰基)-β-D-吡喃葡萄糖苷 | 2, 6-dimethoxy-4-hydroxymethyl phenol-1-*O*-(6-*O*-caffeoyl)-β-D-glucopyranoside |
| 2, 6-二甲氧基-4-烯丙基苯酚-1-β-D-吡喃葡萄糖苷 | 2, 6-dimethoxy-4-allyl phenol-1-β-D-glucopyranoside |
| 3, 7-二甲氧基-5, 3′, 4′-三羟基黄酮 | 3, 7-dimethoxy-5, 3′, 4′-trihydroxyflavone |
| 3, 7-二甲氧基-5, 4′-二羟基黄酮 | 3, 7-dimethoxy-5, 4′-dihydroxyflavone |
| 8, 3′-二甲氧基-5, 4′-二羟基黄酮-7-葡萄糖苷 | 8, 3′-dimethoxy-5, 4′-dihydroxyflavone-7-glucoside |
| 3, 8-二甲氧基-5, 7-二羟基-3′, 4′-亚甲基二氧黄酮 | 3, 8-dimethoxy-5, 7-dihydroxy-3′, 4′-methylenedioxy-flavone |
| 3-(3, 4-二甲氧基-5-甲苯基)-3-氧丙基乙酸酯 | 3-(3, 4-dimethoxy-5-methyl phenyl)-3-oxopropyl acetate |
| 2, 3-二甲氧基-5-甲基苯基-1-*O*-β-D-吡喃葡萄糖苷 | 2, 3-dimethoxy-5-methyl phenyl-1-*O*-β-D-glucopyranoside |
| 3, 4-二甲氧基-5-甲基苯甲酸 | 3, 4-dimethoxy-5-methyl benzoic acid |
| 2, 7-二甲氧基-5-甲基色原酮 | 2, 7-dimethoxy-5-methyl chromone |
| 3, 4-二甲氧基-5-甲氧基-1-(1-氧丙基) 苯 | 3, 4-dioxymethylene-5-methoxy-1-(1-oxopropyl) benzene |
| 6, 4′-二甲氧基-5-羟基黄酮-7-葡萄糖苷 | 6, 4′-dimethoxy-5-hydroxyflavone-7-glucoside |
| 7, 8-二甲氧基-5-羟基黄酮葡萄糖苷 | 7, 8-dimethoxy-5-hydroxyflavonoid glucoside |
| 2, 7-二甲氧基-5-异丙基-3-甲基-8, 1-萘碳酰内酯 | 2, 7-dimethoxy-5-isopropyl-3-methyl-8, 1-naphthalene carbolactone |
| 3, 6-二甲氧基-6″, 6″-二甲基色烯-(7, 8, 2″, 3″) 黄酮 | 3, 6-dimethoxy-6″, 6″-dimethyl chromen-(7, 8, 2″, 3″) flavone [3, 6-dimethoxy-6″, 6″-dimethchromen-(7, 8, 2″, 3″) flavone] |
| 6, 4′-二甲氧基-6″, 6″-二甲氧基吡喃 [2″, 3″: 7, 8] 黄酮 | 6, 4′-dimethoxy-6″, 6″- dimethoxypyran [2″, 3″: 7, 8] flavone |
| 4, 4′-二甲氧基-6, 6′-二甲基-8, 8′-二羟基-2, 2′-二萘基-1, 1′-醌 | 4, 4′-dimethoxy-6, 6′-dimethyl-8, 8′-dihydroxy-2, 2′-binaphthyl-1, 1′-quinone |
| 3, 3′-二甲氧基-6, 6′-双 [(*Z*)-十五碳-10-烯-1-基]-(1, 1′-双环己烷)-3, 3′, 6, 6′-四烯-2, 2′, 5, 5′-四酮 | 3, 3′-dimethoxy-6, 6′-di [(*Z*)-pentadec-10-en-1-yl]-(1, 1′-bicyclohexane)-3, 3′, 6, 6′-tetraen-2, 2′, 5, 5′-tetraone |
| 7, 7′-二甲氧基-6, 6′-双香豆素 | 7, 7′-dimethoxy-6, 6′-biscoumarin |
| 6′, 12′-二甲氧基-6, 7-甲叉二氧基-2, 2′-二甲基氧卡萨烷 | 6′, 12′-dimethoxy-6, 7-methylendioxy-2, 2′-dimethyl oxycanthan |
| 5, 8-二甲氧基-6, 7-亚甲二氧基黄酮 | 5, 8-dimethoxy-6, 7-methylenedioxyflavone |
| 5, 4′-二甲氧基-6, 7-亚甲二氧基黄烷酮 | 5, 4′-dimethoxy-6, 7-methylenedioxyflavanone |
| 5, 8-二甲氧基-6, 7-亚甲二氧基香豆素 | 5, 8-dimethoxy-6, 7-methylenedioxycoumarin |
| (2*R*, 3*S*, 4*S*)-5, 4′-二甲氧基-6, 8-二甲基-3, 4, 7-三羟基黄烷 | (2*R*, 3*S*, 4*S*)-5, 4′-dimethoxy-6, 8-dimethyl-3, 4, 7-trihydroxyflavane |

| | |
|---|---|
| (6a*R*, 11a*R*)-6a, 9-二甲氧基-6a, 9-二甲氧基-3-羟基紫檀碱 | (6a*R*, 11a*R*)-6a, 9-dimethoxy-3-hydroxypterocarpan |
| 2, 9-二甲氧基-6*H*-二苯并 [*b*, *d*] 吡喃-6-酮 | 2, 9-dimethoxy-6*H*-dibenzo [*b*, *d*] pyran-6-one |
| 4, 5-二甲氧基-6-甲基-1, 3-苯并间二氧杂环戊烯 | 4, 5-dimethoxy-6-methyl-1, 3-benzodioxole |
| 2, 5-二甲氧基-6-甲基-3-十三烷基-1, 4-苯醌 | 2, 5-dimethoxy-6-methyl-3-tridecyl-1, 4-benzoquinone |
| 2, 3-二甲氧基-6-甲基蒽醌 | 2, 3-dimethoxy-6-methyl anthraquinone |
| (*Z*)-4, 6-二甲氧基-7, 4′-二羟基橙酮 | (*Z*)-4, 6-dimethoxy-7, 4′-dihydroxyaurone |
| 6, 3′-二甲氧基-7, 5′-二羟基异黄酮 | 6, 3′-dimethoxy-7, 5′-dihydroxyisoflavone |
| 5, 6-二甲氧基-7, 8-亚甲二氧基香豆素 | 5, 6-dimethoxy-7, 8-methylenedioxycoumarin |
| 8-二甲氧基-7-羟基-8-甲基二苯 [*b*, *f*] 氧杂䓬 | 8-dimethoxy-7-hydroxy-8-methyl dibenz [*b*, *f*] oxepin |
| 5, 6-二甲氧基-7-羟基香豆素 | 5, 6-dimethoxy-7-hydroxycoumarin |
| 6, 8-二甲氧基-7-羟基香豆素 (异秦皮啶、异白蜡树啶、异木岑皮啶) | 6, 8-dimethoxy-7-hydroxycoumarin (isofraxidin) |
| 1, 3-二甲氧基-7-羟甲基-4-(3-甲基丁酰氧甲基)-1-氢化环戊烷-4, 7-二烯 [*c*] 吡喃-6-酮 | 1, 3-dimethoxy-7-hydroxymethyl-4-(3-methyl butyryloxymethyl)-1-hydrocyclopent-4, 7-diene [*c*] pyran-6-one |
| 1, 3-二甲氧基-7-羟甲基-4-甲氧甲基-1-氢化环戊-4, 7-二烯 [*c*] 吡喃-6-酮 | 1, 3-dimethoxy-7-hydroxymethyl-4-methoxymethyl-1-hydrocyclopent-4, 7-diene [*c*] pyran-6-one |
| 5, 5′-二甲氧基-7-氧亚基落叶松脂素 | 5, 5′-dimethoxy-7-oxolariciresinol |
| 5, 5′-二甲氧基-7-氧亚基落叶松脂素-4′-*O*-β-D-呋喃芹糖基-(1→2)-β-D-吡喃葡萄糖苷 | 5, 5′-dimethoxy-7-oxolariciresinol-4′-*O*-β-D-apiofuranosyl-(1→2)-β-D-glucopyranoside |
| 5, 7-二甲氧基-8-(2′-氧亚基-3′-甲基丁基) 香豆素 | 5, 7-dimethoxy-8-(2′-oxo-3′-methyl butyl) coumarin |
| 5, 6-二甲氧基-8-(3′-甲基-2′-氧亚基丁基) 香豆素 | 5, 6-dimethoxy-8-(3′-methyl-2′-oxobutyl) coumarin |
| 7β, 12-二甲氧基-8, 11, 13-松香三烯-11-醇 | 7β, 12-dimethoxy-8, 11, 13-abietatrien-11-ol |
| (2*S*)-5, 7-二甲氧基-8, 4′-二羟基黄烷酮 | (2*S*)-5, 7-dimethoxy-8, 4′-dihydroxyflavanone |
| (2*S*)-5, 7-二甲氧基-8-[(2*S*)-羟基-3-甲基-3-丁烯基] 黄烷酮 | (2*S*)-5, 7-dimethoxy-8-[(2*S*)-hydroxy-3-methyl-3-butenyl] flavanone |
| (2*S*)-5, 7-二甲氧基-8-甲酰黄烷酮 | (2*S*)-5, 7-dimethoxy-8-formyl flavanone |
| 1, 2-二甲氧基-8-羟基-3-甲基-9, 10-蒽醌 | 1, 2-dimethoxy-8-hydroxy-3-methyl-9, 10-anthraquinone |
| 5, 7-二甲氧基-8-羟基香豆素 | 5, 7-dimethoxy-8-hydroxycoumarin |
| 6, 7-二甲氧基-8-异戊烯基香豆素 | 6, 7-dimethoxy-8-isopentenyl coumarin |
| 2, 3-二甲氧基-9, 10-二羟基-*N*-甲基四氢原小檗碱季铵盐 | 2, 3-dimethoxy-9, 10-dihydroxy-*N*-methyl tetrahydroprotoberberine quaternary salt |
| 4, 4′-二甲氧基-9, 10-二氢-(6, 1′-双菲)-2, 2′, 7, 7′-四醇 | 4, 4′-dimethoxy-9, 10-dihydro-(6, 1′-biphenanthrene)-2, 2′, 7, 7′-tetraol |
| 2, 5-二甲氧基-9, 10-二氢菲-1, 7-二醇 | 2, 5-dimethoxy-9, 10-dihydrophenanthrene-1, 7-diol |
| 4, 7-二甲氧基-9, 10-二氢菲-2, 8-二醇 | 4, 7-dimethoxy-9, 10-dihydrophenanthrene-2, 8-diol |
| 1, 2-二甲氧基-9, 10-亚甲二氧基-7-氧亚基二苯 [*de*, *g*] 喹啉 | 1, 2-dimethoxy-9, 10-methylenedioxy-7-oxodibenzo [*de*, *g*] quinoline |
| 4, 4′-二甲氧基-9, 9′, 10, 10′-四氢-(1, 1′-双菲)-2, 2′, 7, 7′-四醇 | 4, 4′-dimethoxy-9, 9′, 10, 10′-tetrahydro-(l, l′-biphenanthrene)-2, 2′, 7, 7′-tetraol |

| | |
|---|---|
| (+)-5, 5′-二甲氧基-9-*O*-β-D-吡喃葡萄糖基开环异落叶松脂素 | (+)-5, 5′-dimethoxy-9-*O*-β-D-glucopyranosyl secoisolariciresinol |
| (+)-5, 5′-二甲氧基-9-*O*-β-D-吡喃葡萄糖基落叶松脂素 | (+)-5, 5′-dimethoxy-9-*O*-β-D-glucopyranosyl lariciresinol |
| 5, 5′-二甲氧基-9-β-D-木糖基-(–)-异落叶松脂素 | 5, 5′-dimethoxy-9-β-D-xylopyranosyl-(–)-isolariciresinol |
| (9*Z*)-1, 1-二甲氧基-9-十八烯 | (9*Z*)-1, 1-dimethoxy-9-octadecene |
| 10, 10′-二甲氧基-*N*-4′-甲基-3α, 17α-(*Z*)-四氢东非马钱次碱 | 10, 10′-dimethoxy-*N*-4′-methyl-3α, 17α-(*Z*)-tetrahydrousambarensine |
| 11, 12-二甲氧基-*N*-甲氧羰基药用蕊木碱 | 11, 12-dimethoxy-*N*-methoxycarbonylkopsinaline |
| 3, 4-二甲氧基-ω-(2′-哌啶基)苯乙酮 | 3, 4-dimethoxy-ω-(2′-piperidinyl) acetophenone |
| (3*R*)-(–)-8, 9-二甲氧基巴兰吉枝木碱 | (3*R*)-(–)-8, 9-dimethoxygeibalansine |
| 6, 7-二甲氧基白毛茛碱 | 6, 7-dimethoxyhydrastine |
| 7, 8-二甲氧基白鲜碱(β-花椒碱、茵芋碱、缎木碱) | 7, 8-dimethoxydictamnine (β-fagarine, chloroxylonine, skimmianine) |
| 6, 7-二甲氧基白鲜碱(香草木宁碱、香草木宁) | 6, 7-dimethoxydictamnine (kokusaginine) |
| 1, 4-二甲氧基苯 | 1, 4-dimethoxybenzene |
| 1, 2-二甲氧基苯 | 1, 2-dimethoxybenzene |
| 3, 4-二甲氧基苯丙醛 | 3, 4-dimethoxyphenyl propyl aldehyde |
| 3, 4-二甲氧基苯丙酸 | 3, 4-dimethoxyphenyl propionic acid |
| 3, 4-二甲氧基苯丙酰胺 | 3, 4-dimethoxyphenyl propionamide |
| 3, 6-二甲氧基苯并噁唑啉-2 (3*H*)-酮 | 3, 6-dimethoxybenzoxazolin-2 (3*H*)-one |
| 3, 4-二甲氧基苯酚 | 3, 4-dimethoxyphenol |
| 2, 6-二甲氧基苯酚(2, 6-二甲氧基酚) | 2, 6-dimethoxyphenol |
| 3, 4-二甲氧基苯酚-1-[6-*O*-α-L-鼠李糖基-(1→6)-β-D-葡萄糖苷] | 3, 4-dimethoxybenzenephenol-1-[6-*O*-α-L-rhamnosyl-(1→6)-β-D-glucoside] |
| 2, 5-二甲氧基苯甲醇 | 2, 5-dimethoxybenzyl alcohol |
| 3, 5-二甲氧基苯甲醇-4-*O*-β-D-吡喃葡萄糖苷 | 3, 5-dimethoxybenzyl alcohol-4-*O*-β-D-glucopyranoside |
| 二甲氧基苯甲醛 | dimethoxybenzaldehyde |
| 2, 4-二甲氧基苯甲醛 | 2, 4-dimethoxybenzaldehyde |
| 2, 3-二甲氧基苯甲酸 | 2, 3-dimethoxybenzoic acid |
| 2, 4-二甲氧基苯甲酸 | 2, 4-dimethoxybenzoic acid |
| 2, 5-二甲氧基苯甲酸 | 2, 5-dimethoxybenzoic acid |
| 2, 6-二甲氧基苯甲酸 | 2, 6-dimethoxybenzoic acid |
| 3, 4-二甲氧基苯甲酸 | 3, 4-dimethoxybenzoic acid |
| 3, 5-二甲氧基苯甲酸 | 3, 5-dimethoxybenzoic acid |
| 2, 6-二甲氧基苯甲酸(2-甲氧基苄基)酯 | 2-methoxybenzyl 2, 6-dimethoxy benzoate |
| 2, 6-二甲氧基苯甲酸-(2-甲氧苯基)甲酯 | 2, 6-dimethoxybenzoic acid-(2-methoxyphenyl) methyl ester |
| 3, 5-二甲氧基苯甲酸-4-*O*-β-D-吡喃葡萄糖苷 | 3, 5-dimethoxybenzoic acid-4-*O*-β-D-glucopyranoside |
| 3, 5-二甲氧基苯甲酸-4-*O*-葡萄糖苷 | 3, 5-dimethoxybenzoic acid-4-*O*-glucoside |
| 2, 6-二甲氧基苯甲酸苄酯 | benzyl 2, 6-dimethoxybenzoate |

| | |
|---|---|
| 3, 4-二甲氧基苯甲酸甲酯 | methyl 3, 4-dimethoxybenzoate |
| 2, 5-二甲氧基苯醌 | 2, 5-dimethoxybenzoquinone |
| 2, 6-二甲氧基苯醌 (2, 6-二甲氧基-1, 4-苯醌) | 2, 6-dimethoxybenzoquinone (2, 6-dimethoxy-1, 4-benzoquinone) |
| 5, 6-二甲氧基苯酞 {5, 6-二甲氧基-2-苯并 [*c*] 呋喃酮} | 5, 6-dimethoxyphthalide |
| 5-(2, 3-二甲氧基苯乙基)-6-甲基苯并 [*d*] [1, 3] 二氧杂环戊烯 | 5-(2, 3-dimethoxyphenethyl)-6-methyl benzo [*d*] [1, 3] dioxole |
| 4-(3, 5-二甲氧基苯乙基) 苯酚 | 4-(3, 5-dimethoxyphenethyl) phenol |
| 2-(3′, 4′-二甲氧基苯乙基) 喹啉 | 2-(3′, 4′-dimethoxyphenyl ethyl) quinoline |
| (3, 4-二甲氧基苄基)-2-(3, 4-亚甲二氧基苄基) 丁酸内酯 | (3, 4-dimethoxybenzyl)-2-(3, 4-methylenedioxybenzyl) butyrolactone |
| 3, 4-二甲氧基苄基-β-D-葡萄糖苷 | 3, 4-dimethoxybenzyl-β-D-glucoside |
| 3, 5-二甲氧基苄基三苯基溴化磷 | 3, 5-dimethoxybenzyl triphenyl phsophonium bromide |
| 5, 8-二甲氧基补骨脂素 | 5, 8-dimethoxypsoralen |
| 3, 4-二甲氧基查耳酮 | 3, 4-dimethoxychalcone |
| 4, 4′-二甲氧基查耳酮 | 4, 4′-dimethoxychalcone |
| 6, 5′-二甲氧基橙皮油素 | 6, 5′-dimethoxyauraptene |
| 5′, 5″-二甲氧基大风子品 D | 5′, 5″-dimethoxyhydnocarpin D |
| 5, 5′-二甲氧基狄利格醇 | 5, 5′-dimethoxydilignol |
| 2, 5-二甲氧基对苯醌 | 2, 5-dimethoxy-*p*-benzoquinone (2, 5-dimethoxy-1, 4-benzoquinone) |
| 2, 6-二甲氧基对苯醌 | 2, 6-dimethoxy-1, 4-benzoquinone |
| 二甲氧基对苯醌 | dimethoxy-*p*-benzoquinone |
| 2, 3-二甲氧基对聚伞花素 | 2, 3-dimethoxy-*p*-cymene |
| 2, 5-二甲氧基对聚伞花素 (2, 5-二甲氧基对孜然芹烃、2, 5-二甲氧基对伞花烃、2, 5-二甲氧基对伞形花素) | 2, 5-dimethoxy-*p*-cymene |
| 3, 5-二甲氧基对羟基苯丙烷 | 3, 5-dimethoxy-*p*-hydroxyphenyl propane |
| 2, 6-二甲氧基对氢醌 | 2, 6-dimethoxy-*p*-hydroquinone |
| 2, 6-二甲氧基对氢醌-1-*O*-β-D-吡喃葡萄糖苷 | 2, 6-dimethoxy-*p*-hydroquinone-1-*O*-β-D-glucopyranoside |
| 3, 5-二甲氧基二苯乙烯 | 3, 5-dimethoxystilbene |
| 1, 3-二甲氧基二环 [2.2.1] 庚烷 | 1, 3-dimethoxybicyclo [2.2.1] heptane |
| 7, 4′-二甲氧基二氢槲皮素 | 7, 4′-dimethoxy-dihydroquercetin |
| 5, 7-二甲氧基二氢杨梅素-3-*O*-α-L-吡喃木糖苷-4-*O*-β-D-吡喃葡萄糖苷 | 5, 7-dimethoxydihydromyricetin-3-*O*-α-L-xylopyranoside-4-*O*-β-D-glucopyranoside |
| 1β, 6β-二甲氧基二氢梓醇苷元 | 1β, 6β-dimethoxydihydrocatalpolgenin |
| 4, 4′-二甲氧基-反式-芪 | 4, 4′-dimethoxy-*trans*-stilbene |
| 3, 4-二甲氧基菲-2, 7-二醇 | 3, 4-dimethoxyphenanthrene-2, 7-diol |
| 5, 5′-二甲氧基甘密树脂素 (5, 5′-二甲氧基甘密脂素、5, 5′-二甲氧基甘密树素) B | 5, 5′-dimethoxynectandrin B |

| 6, 4′-二甲氧基高山黄芩苷 | 6, 4′-dimethoxyscutellarin |
|---|---|
| 3, 4-二甲氧基桂皮醇 | 3, 4-dimethoxycinnamyl alcohol |
| 3′, 4′-二甲氧基桂皮基-(*Z*)-2-当归酰氧甲基-2-丁烯酸酯 | 3′, 4′-dimethoxycinnamyl-(*Z*)-2-angeloyloxymethyl-2-butenoate |
| 3′, 4′-二甲氧基桂皮基-(*Z*)-2-惕各酰氧甲基-2-丁烯酸酯 [3′, 4′-二甲氧基肉桂基-(*Z*)-2-惕各酰氧甲基-2-丁烯酸酯] | 3′, 4′-dimethoxycinnamyl-(*Z*)-2-tigloyloxymethyl-2-butenoate |
| (*E*)-3, 4-二甲氧基桂皮酸 | (*E*)-3, 4-dimethoxycinnamic acid |
| 2, 4-二甲氧基桂皮酸 | 2, 4-dimethoxycinnamic acid |
| 2, 5-二甲氧基桂皮酸 | 2, 5-dimethoxycinnamic acid |
| 3, 5-二甲氧基桂皮酸 | 3, 5-dimethoxycinnamic acid |
| 3, 4-二甲氧基桂皮酸 (3, 4-二甲氧基肉桂酸) | 3, 4-dimethoxycinnamic acid |
| *N*-(3, 4-二甲氧基桂皮酰基)-$\Delta^3$-吡啶-2-酮 | *N*-(3, 4-dimethoxycinnamoyl)-$\Delta^3$-pyridine-2-one |
| 6-*O*-[α-L-(2″-3‴, 4‴-二甲氧基桂皮酰基) 吡喃鼠李糖基] 梓醇 | 6-*O*-[α-L-(2″-3‴, 4‴-dimethoxycinnamoyl) rhamnopyranosyl] catalpol |
| 6-*O*-[α-L-(3″-3‴, 4‴-二甲氧基桂皮酰基) 吡喃鼠李糖基] 梓醇 | 6-*O*-[α-L-(3″- 3‴, 4‴-dimethoxycinnamoyl) rhamnopyranosyl] catalpol |
| 6′-*O*-(3, 4-二甲氧基桂皮酰基) 熊果苷 | 6′-*O*-(3, 4-dimethoxycinnamoyl) arbutin |
| 11, 12-二甲氧基亨氏马钱胺 | 11, 12-dimethoxyhenningsamine |
| 7β, 25-二甲氧基葫芦-5 (6), (23*E*)-二烯-19-醛-3-*O*-β-D-吡喃阿洛糖苷 | 7β, 25-dimethoxycucurbita-5 (6), (23*E*)-dien-19-al-3-*O*-β-D-allopyranoside |
| 3′, 4′-二甲氧基槲皮苷 | 3′, 4′-dimethoxyquercitrin |
| 3, 3′-二甲氧基槲皮素 | 3, 3′-dimethoxyquercetin |
| 3′, 4′-二甲氧基槲皮素 | 3′, 4′-dimethoxyquercetin |
| 3, 7-二甲氧基槲皮素 | 3, 7-dimethoxyquercetin |
| 3, 4′-二甲氧基槲皮素-7-*O*-β-D-吡喃葡萄糖苷 | 3, 4′-dimethoxyquercetin-7-*O*-β-D-glucopyranoside |
| 3, 5-二甲氧基槲皮万寿菊素 | 3, 5-dimethoxyquercetagetin |
| 3′, 4′-二甲氧基黄酮 | 3′, 4′-dimethoxyflavone |
| 5, 7-二甲氧基黄酮 | 5, 7-dimethoxyflavone |
| 7, 8-二甲氧基黄酮 | 7, 8-dimethoxyflavone |
| 5, 7-二甲氧基黄酮-4′-*O*-α-L-鼠李糖基-(1→2)-β-D-葡萄糖苷 | 5, 7-dimethoxyflavone-4′-*O*-α-L-rhamnosyl-(1→2)-β-D-glucoside |
| 4′, 5′-二甲氧基黄酮-7-*O*-葡萄糖基木糖苷 | 4′, 5′-dimethoxyflavone-7-*O*-glucoxyloside |
| 5, 4′-二甲氧基黄酮-7-*O*-葡萄糖木糖苷 | 5, 4′-dimethoxyflavone-7-*O*-glucoxyloside |
| 5, 7-二甲氧基黄烷酮 | 5, 7-dimethoxyflavanone |
| 5, 7-二甲氧基黄烷酮-4′-*O*-α-L-吡喃鼠李糖基-β-D-吡喃葡萄糖苷 | 5, 7-dimethoxyflavanone-4′-*O*-α-L-rhamnopyranosyl-β-D-glucopyranoside |
| 3, 5-二甲氧基甲苯 | 3, 5-dimethoxytoluene |
| 二甲氧基甲硫烷 | dimethoxysulfane |
| (–)-8, 8′-二甲氧基开环异落叶松脂素-1-*O*-β-D-吡喃葡萄糖苷 | (–)-8, 8′-dimethoxy-secoisolariciresinol-1-*O*-β-D-glucopyranoside |

| | |
|---|---|
| 2, 6-二甲氧基醌 | 2, 6-dimethoxyquinone |
| 二甲氧基醌 | dimethoxyquinone |
| 3, 5-二甲氧基酪胺 | 3, 5-dimethoxytyramine |
| 5, 4′-二甲氧基联苯-4-羟基-3-*O*-β-D-葡萄糖苷 | 5, 4′-dimethoxybiphenyl-4-ol-3-*O*-β-D-glucoside |
| 3, 5-二甲氧基联苄 | 3, 5-dimethoxybibenzyl |
| 5, 4′-二甲氧基联苄-3, 3′-二醇 | 5, 4′-dimethoxybibenzyl-3, 3′-diol |
| (+)-5, 5′-二甲氧基落叶松脂素 | (+)-5, 5′-dimethoxylariciresinol |
| (±)-5, 5′-二甲氧基落叶松脂素 | (±)-5, 5′-dimethoxylariciresinol |
| 5, 5′-二甲氧基落叶松脂素 | 5, 5′-dimethoxy-lariciresinol |
| 5, 5′-二甲氧基落叶松脂素-4′-*O*-β-D-吡喃葡萄糖苷 (扭旋马先蒿苷 B) | 5, 5′-dimethoxylariciresinol-4′-*O*-β-D-glucopyranoside (tortoside B) |
| 5, 5′-二甲氧基落叶松脂素-4-*O*-β-D-呋喃芹糖基-(1→2)-β-D-吡喃葡萄糖苷 | 5, 5′-dimethoxylariciresinol-4-*O*-β-D-apiofuranosyl-(1→2)-β-D-glucopyranoside |
| 6, 8-二甲氧基马兜铃酸 C | 6, 8-dimethoxyaristolochic acid C |
| 5, 8-二甲氧基马枯灵 | 5, 8-dimethoxymaculine |
| 6, 6′-二甲氧基棉酚 | 6, 6′-dimethoxygossypol |
| 3, 8-二甲氧基棉花素 | 3, 8-dimethoxygossypetin |
| 3, 5-二甲氧基没食子酸-4-*O*-β-D-吡喃葡萄糖苷 | 3, 5-dimethoxygallic acid-4-*O*-β-D-glucopyranoside |
| 1, 7-二甲氧基萘 | 1, 7-dimethoxynaphthalene |
| 3′, 5′-二甲氧基尼鸢尾黄素-4′-*O*-β-D-葡萄糖苷 | 3′, 5′-dimethoxyirisolone-4′-*O*-β-D-glucoside |
| 7, 8-二甲氧基拟香桃木碱 | 7, 8-dimethoxymyrtopsine |
| 4′, 7-二甲氧基芹菜素-6-*C*-β-D-吡喃葡萄糖基-*O*-L-鼠李糖苷 | 4′, 7-dimethoxyapigenin-6-*C*-β-D-glucopyranosyl-*O*-L-rhamnoside |
| 3, 5-二甲氧基氢醌 | 3, 5-dimethoxyhydroquinone |
| 2, 5-二甲氧基氢醌 | 2, 5-dimethoxyhydroquinone |
| 3, 3′-二甲氧基鞣花酸 | 3, 3′-dimethoxyellagic acid |
| 3, 4-二甲氧基鞣花酸 | 3, 4-di-*O*-methyl ellagic acid |
| 2, 3-二甲氧基鞣花酸 (2, 3-二甲氧基并没食子酸) | 2, 3-dimethoxyellagic acid |
| 3, 3′-二甲氧基鞣花酸-4-(5″-乙酰基)-α-L-呋喃阿拉伯糖苷 | 3, 3′-di-*O*-methyl ellagic acid 4-(5″-acetyl)-α-L-arabino-furanoside |
| 3, 3′-二甲氧基鞣花酸-4-*O*-β-D-葡萄糖苷 | 3, 3′-dimethoxyellagic acid-4-*O*-β-D-glucoside |
| 3, 5-二甲氧基肉桂酸甲酯 | methyl 3, 5-dimethoxycinnamate |
| 5, 5′-二甲氧基三白脂素 (5, 5′-二甲氧基三白草亭) | 5, 5′-dimethoxysaucernetin |
| 3′, 3″-二甲氧基三齿拉瑞木辛 | 3′, 3″-dimethoxylarreatricin |
| 3, 5-二甲氧基山柰酚 | 3, 5-dimethoxykaempferol |
| 3, 7-二甲氧基山柰酚 | 3, 7-dimethoxykaempferol |
| 3, 6-二甲氧基山柰素 (3-甲基桦木酚) | 3, 6-dimethoxykaempferide (3-methyl betuletol) |
| 2, 5-二甲氧基麝香草酚 | 2, 5-dimethoxythymol |
| 7, 4′-二甲氧基穗花杉双黄酮 | 7, 4′-di-*O*-methyl amentoflavone |
| 10, 11-二甲氧基糖胶树林碱 | 10, 11-dimethoxynareline |

| | |
|---|---|
| 1, 11- 二甲氧基铁屎米 -6- 酮 | 1, 11-dimethoxycanthin-6-one |
| 4, 5- 二甲氧基铁屎米 -6- 酮 (苦木碱丁、甲基苦木酮碱) | 4, 5-dimethoxycanthin-6-one (methyl nigakinone) |
| 二甲氧基铁屎米酮 | dimethoxycanthinone |
| 1, 7- 二甲氧基𠯤酮 | 1, 7-dimethoxyxanthone |
| 2, 3- 二甲氧基𠯤酮 | 2, 3-dimethoxyxanthone |
| 10, 11- 二甲氧基土布洛生 -8′- 醇 | 10, 11-dimethoxytubulosan-8′-ol |
| 3, 6- 二甲氧基脱氢异 -α- 风铃木醌 | 3, 6-dimethoxydehydro-iso-α-lapachone |
| (2*R*)-5, 6- 二甲氧基脱氢异 -α- 风铃木醌 [(2*R*)-5, 6- 二甲氧基脱氢异 -α- 拉帕醌] | (2*R*)-5, 6-dimethoxydehydro-iso-α-lapachone |
| 3, 5- 二甲氧基烯丙基苯 | 3, 5-dimethoxyallyl benzene |
| 5, 8- 二甲氧基香豆素 | 5, 8-dimethoxycoumarin |
| 7, 8- 二甲氧基香豆素 | 7, 8-dimethoxycoumarin |
| 6, 7- 二甲氧基香豆素 (二甲基七叶苷元、七叶亭二甲醚、七叶树内酯二甲醚、滨蒿内酯、蒿属香豆精、马栗树皮素二甲醚) | 6, 7-dimethoxycoumarin (aesculetin dimethyl ether, scoparone) |
| 5, 7- 二甲氧基香豆素 (梨莓素、柠檬内酯、柠檬油素) | 5, 7-dimethoxycoumarin (citropten, limettin) |
| 1, 4- 二甲氧基 -2, 3- 亚甲二氧基蒽醌 | 1, 4-dimethoxy-2, 3-methylene dioxyanthraquinone |
| 1, 5- 二甲氧基 -2, 3- 亚甲二氧基蒽醌 | 1, 5-dimethoxy-2, 3-methylene dioxyanthraquinone |
| 1, 7- 二甲氧基 -2, 3- 亚甲二氧基𠯤酮 | 1, 7-dimethoxy-2, 3-methylenedioxyxanthone |
| 5, 7- 二甲氧基杨梅素 -3-*O*-α-L- 吡喃木糖基 (4→1)-*O*-β- D- 吡喃葡萄糖苷 | 5, 7-dimethoxymyricetin-3-*O*-α-L-xylopyranosyl-(4→1)-*O*-β-D-glucopyranoside |
| 2, 2- 二甲氧基乙酸 | 2, 2-dimethoxyacetic acid |
| 7, 4′- 二甲氧基异黄酮 | 7, 4′-dimethoxyisoflavone |
| 3, 4′- 二甲氧基异黄酮 -7-*O*- 葡萄糖苷 | 3, 4′-dimethoxyisoflavone-7-*O*-glucoside |
| 3′, 7- 二甲氧基异黄烷酮 -4′, 5- 二 -*O*-β-D- 吡喃葡萄糖苷 | 3′, 7-dimethoxyisoflavanone-4′, 5-di-*O*-β-D-glucopyranoside |
| 5, 6- 二甲氧基异香豆素 | 5, 6-dimethoxyisocoumarin |
| 5, 8- 二甲氧基异香豆素 | 5, 8-dimethoxyisocoumarin |
| 7, 8- 二甲氧基异香豆素 | 7, 8-dimethoxyisocoumarin |
| 8, 10- 二甲氧基硬脂酸 | 8, 10-dimethoxystearic acid |
| 8, 11- 二甲氧基硬脂酸 | 8, 11-dimethoxystearic acid |
| 5, 9- 二甲氧基愈创木基丙三醇 | 5, 9-dimethoxyguaiacyl glycerol |
| 16, 25- 二甲氧基泽泻醇 E | 16, 25-dimethoxyalisol E |
| 2′, 2″- 二甲氧基芝麻素 | 2′, 2″-dimethoxysesamin |
| 2, 5- 二甲氧基孜然芹烃 (2, 5- 二甲氧基聚伞花素、2, 5- 二甲氧基伞花烃、2, 5- 二甲氧基伞形花素) | 2, 5-dimethoxycymene |
| 9, 10- 二甲氧基紫檀碱 -3-*O*-β-D- 葡萄糖苷 | 9, 10-dimethoxypterocarpan-3-*O*-β-D-glucoside |
| 3-(1, 1- 二甲氧甲基 )-β- 咔啉 | 3-(1, 1-dimethoxyl methyl)-β-carboline |
| 二甲氧芪 | dimethoxystilbene |
| 二甲叶酸 | denopterin |
| 3′, 6- 二芥子酰基蔗糖 | 3′, 6-disinapoyl sucrose |

| | |
|---|---|
| 1, 2-二芥子酰龙胆二糖 | 1, 2-disinapoyl gentiobiose |
| 二金鸡宁 | dicinchonine |
| 二聚白色矢车菊素 | dimeric leucocyanidin |
| 二聚东莨菪内酯 | biscopoletin |
| 二聚沟斜菊素 (二聚博斯里克利宁素) Ⅰ、Ⅱ | dibothrioclinins Ⅰ, Ⅱ |
| (*M*)-二聚冠叶南蛇藤醇 A | (*M*)-bicelaphanol A |
| (*P*)-二聚冠叶南蛇藤醇 A | (*P*)-bicelaphanol A |
| (–)-二聚华宁泽兰素 A～E | (–)-dieupachinins A～E |
| 二聚华宁泽兰素 F | dieupachinin F |
| (+)-二聚华宁泽兰素 A～E | (+)-dieupachinins A～E |
| 二聚角蒿隆酮 A～D | diincarvilones A～D |
| 二聚没食子酸 (双没食子酸、二没食子酸) | digallic acid |
| β-*O*-二聚木脂酚 | β-*O*-dilignol |
| 二聚牛蒡子苷元 | diarctigenin |
| 二聚去甲蜡菊吡喃酮 | bisnorhelipyrone |
| 二聚弱小暗罗碱 (双柔弱暗罗) B～D | bidebilines B～D |
| 二聚弱小暗罗碱 (双柔弱暗罗) A | bidebiline A (unonopsine) |
| 二聚松柏醇异戊酸酯 | dimeric coniferyl isovalerate |
| 二聚天名精内酯醇 A | dicarabrol A |
| 二聚天名精内酯酮 A～C | dicarabrones A～C |
| 二聚天人菊素 A | dipulchellin A |
| 二聚尾叶香茶菜辛 A～E | biexcisusins A～E |
| 二聚细辛醚 | bisasaricin |
| 二聚邪蒿素 A、B | diseselins A, B |
| 二聚新吴茱萸叶五加苷 A、B | diinnovanosides A, B |
| 二聚血见愁酮 A、B | bisteuvisones A, B |
| 二聚原花色素 A | dimer of proanthocyanidin A |
| 二咖啡酸 | dicaffeic acid |
| 1, 5-*O*-二咖啡酰基-3, 4-*O*-二琥珀酰奎宁酸 | 1, 5-*O*-dicaffeoyl-3, 4-*O*-disuccinyl quinic acid |
| 1, 5-*O*-二咖啡酰基-3-*O*-(4-苹果酸甲酯) 奎宁酸 | 1, 5-*O*-dicaffeoyl-3-*O*-(4-malic acid methyl ester) quinic acid |
| 1, 5-*O*-二咖啡酰基-3-*O*-琥珀酰奎宁酸 | 1, 5-*O*-dicaffeoyl-3-*O*-succinyl quinic acid |
| 1, 5-*O*-二咖啡酰基-4-*O*-琥珀酰奎宁酸 | 1, 5-*O*-dicaffeoyl-4-*O*-succinyl quinic acid |
| 3, 4-二咖啡酰基-5-(3-羟-3-甲基) 戊二酰奎宁酸 | 3, 4-di-*O*-caffeoyl-5-*O*-(3-hydroxymethyl) glutaroyl quinic acid |
| 3, 4-二咖啡酰基-5-(3-羟基-3-甲基) 戊二酰基奎宁酸 | 3, 4-dicaffeoyl-5-(3-hydroxy-3-methyl) glutaroyl quinic acid |
| 1, 3-*O*-二咖啡酰基表奎宁酸 | 1, 3-*O*-dicaffeoyl epiquinic acid |
| 1, 2-*O*-二咖啡酰基环戊-3-醇 | 1, 2-*O*-dicaffeoyl cyclopentan-3-ol |
| 1, 3-二咖啡酰基奎宁酸 | 1, 3-dicaffeoyl quinic acid |

| 1, 5-二咖啡酰基奎宁酸 | 1, 5-dicaffeoyl quinic acid |
|---|---|
| (–)-3, 5-二咖啡酰基奎宁酸 | (–)-3, 5-dicaffeoyl quinic acid |
| (–)-4, 5-二咖啡酰基奎宁酸 | (–)-4, 5-dicaffeoyl quinic acid |
| 3, 5-二咖啡酰基奎宁酸 | 3, 5-dicaffeoyl quinic acid |
| 1, 4-二咖啡酰基奎宁酸 | 1, 4-dicaffeoyl quinic acid |
| 3, 5-*O*-二咖啡酰基奎宁酸 (异绿原酸 A) | 3, 5-*O*-dicaffeoyl quinic acid (isochlorogenic acid A) |
| 3, 4-*O*-二咖啡酰基奎宁酸 (异绿原酸 B) | 3, 4-*O*-dicaffeoyl quinic acid (isochlorogenic acid B) |
| 4, 5-*O*-二咖啡酰基奎宁酸 (异绿原酸 C) | 4, 5-*O*-dicaffeoyl quinic acid (isochlorogenic acid C) |
| 3, 4-二咖啡酰基奎宁酸丁酯 | butyl 3, 4-dicaffeoyl quinate |
| 1, 5-*O*-二咖啡酰基奎宁酸甲酯 | methyl 1, 5-*O*-dicaffeoyl quinate |
| 3, 4-二咖啡酰基奎宁酸甲酯 | methyl 3, 4-dicaffeoyl quinate |
| 3, 5-二咖啡酰基奎宁酸甲酯 | methyl 3, 5-dicaffeoyl quinate |
| 4, 5-二咖啡酰基奎宁酸甲酯 | 4, 5-dicaffeoyl quinic acid methyl ester |
| 3, 4-*O*-二咖啡酰基奎宁酸甲酯 (3, 4-二-*O*-咖啡酰奎宁酸甲酯) | methyl 3, 4-*O*-dicaffeoyl quinate (methyl 3, 4-di-*O*-caffeoyl quinate) |
| 3, 5-二咖啡酰基黏奎宁酸 | 3, 5-dicaffeoyl mucoquinic acid |
| 二咖啡酰酒石酸 (菊苣酸) | dicaffeoyl tartaric acid (cichoric acid) |
| 1, 3-*O*-二咖啡酰奎宁酸 | 1, 3-*O*-dicaffeoyl quinic acid |
| 1, 5-*O*-二咖啡酰奎宁酸 | 1, 5-*O*-dicaffeoyl quinic acid |
| 4, 5-二咖啡酰奎宁酸 | 4, 5-dicaffeoyl quinic acid |
| 3, 4-二咖啡酰奎宁酸 | 3, 4-dicaffeoyl quinic acid |
| 二咖啡酰奎宁酸 (朝鲜蓟酸、朝蓟素、洋蓟素、洋蓟酸) | dicaffeoyl quinic acid (cinarine, cynarin) |
| 3, 5-*O*-二咖啡酰奎宁酸乙酯 | ethyl 3, 5-di-*O*-caffeoyl quinate |
| 3, 5-二咖啡酰莽草酸 | 3, 5-dicaffeoyl shikimic acid |
| 二咖啡酰莽草酸 Ⅰ～Ⅳ | dicaffeoyl shikimic acids Ⅰ～Ⅳ |
| *N*, *N'*-二咖啡酰氧基亚精胺 | *N*, *N'*-dicaffeoyl spermidine |
| 二卡达烯酚 | dicadalenol |
| 二康奎宁 | diconquinine |
| 2, 2'-二糠基醚 {2, 2'-[氧亚基 (双亚甲基)]-双呋喃} | 2, 2'-difurfuryl ether {2, 2'-[oxybis (methylene)]-bisfuran} |
| 9, 9'-二离-10, 9'-全反胡萝卜素-9, 9'-二酮 | 9, 9'-diapo-10, 9'-retrocaroten-9, 9'-dione |
| 二联苯 | bibenzene |
| 二联苯叉基 | biphenylene |
| 2, 2'-二联吡啶 | 2, 2'-bipyridine |
| 1, 1'-二联萘 | 1, 1'-binaphthalene (1, 1'-binaphthyl) |
| 1, 2'-二联萘 | 1, 2'-binaphthalene |
| α-二联噻吩 (α-联噻吩) | 2, 2'-bithiophene |
| 二裂雏菊亭酮 (雏菊叶龙胆酮、雏菊叶龙胆素、1, 5, 8-三羟基-3-甲氧基呫酮) | bellidifolium (bellidifolin, 1, 5, 8-trihydroxy-3-methoxyxanthone) |

E

| | |
|---|---|
| 二磷酸腺苷 | adenosine diphosphate (ADP) |
| 2, 3-二磷酰甘油 | 2, 3-diphosphateglycerol |
| 二磷杂蒽 | phosphanthrene |
| 6λ$^5$, 10-二磷杂螺 [4.5] 癸烷 | 6λ$^5$, 10-diphosphaspiro [4.5] decane |
| 二磷脂酰甘油 | diphosphatidyl glycerol |
| 二硫代次膦酸 | phosphinodithioic acid |
| 二硫代丁酸 | dithiodibutyric acid |
| 二硫代磺 -*O*- 酸 | dithiosulfonic *O*-acid |
| 二硫代磺 -*S*- 酸 | dithiosulfonic *S*-acid |
| 二硫代甲酸 | carbodithioic acid |
| 二硫代膦 -*S*, *S*′- 酸 | phosphonodithioic *S*, *S*′-acid |
| 二硫代酸 | dithoic acid |
| 二硫代戊酸钾 | potassium pentanedithioate |
| 二硫代亚磺酸 | dithiosulfinic acid |
| 二硫代乙酸 | dithioacetic acid |
| 二硫化砷 | arsenic disulfide |
| 二硫化碳 | carbon disulfide |
| 二硫化铁 | ferrous disulfide |
| 二硫环戊烯 (二硫杂环戊烯) | dithiocyclopentene |
| 二硫桥 | epidithio |
| 二硫氧烷 | dithioxane |
| 二硫氧烷二醇 | dithioxanediol |
| 3, 7-二硫杂 -1 (3, 5)-1, 2-噁唑杂 -5 (1, 4)-环己烷杂环八蕃 | 3, 7-dithia-1 (3, 5)-1, 2-oxazola-5 (1, 4)-cyclohexanacyclooctaphane |
| 5, 6′-二硫杂 -2, 2′-螺二 [双环 [2.2.2] 辛 ]-7, 7′-二烯 | 5, 6′-dithia-2, 2′-spirobi [bicyclo [2.2.2] oct]-7, 7′-diene |
| 二硫杂蒽 | thianthrene |
| 二硫杂蒽 -5, 5-二氧化物 | thianthrene-5, 5-dioxide |
| 2*H*-[1, 4] 二硫杂环庚熳并 [2, 3-*c*] 呋喃 | 2*H*-[1, 4] dithiepino [2, 3-*c*] furan |
| 二罗布麻宁 | diapocynin |
| 1′*H*-二螺 [1, 3-苯并氧硫杂环戊熳 -2, 10′-[1, 4] 乙桥萘 -5′, 2″-[1, 3] 二氧杂环戊烷 ] | 1′*H*-dispiro [1, 3-benzoxathiole-2, 10′-[1, 4] ethanonaphthalene-5′, 2″-[1, 3] dioxolane] |
| 二螺 [1, 3-二氧杂环戊烷 -2, 3′-双环 [3.2.1] 辛 -6′, 2″-[1, 3] 二氧杂环戊烷 ] | dispiro [1, 3-dioxolane-2, 3′-bicyclo [3.2.1] oct-6′, 2″-[1, 3] dioxolane] |
| 二螺 [4.2.48.25] 十四烷 | dispiro [4.2.48.25] tetradecane |
| 二螺 [5.1.88.26] 十八烷 | dispiro [5.1.88.26] octadecane |
| 二螺 [5.2.89.16] 十八烷 | dispiro [5.2.89.16] octadecane |
| 2λ$^6$-二螺 [双 [ [1.3.2] 苯并二氧杂硫环戊熳 ]-2, 1″: 2′, 1-硫吡喃 -4″, 1‴-环戊烷 ] | 2λ$^6$-dispiro [bis [ [1.3.2] benzodioxathiole]-2, 1″: 2′, 1-thiopyran-4″, 1‴-cyclopentane] |
| 二螺 [ 芴 -9, 1′-环己 [2] 烯 -4′, 1″- 茚 ] | dispiro [fluorene-9, 1′-cyclohex [2] en-4′, 1″-indene] |
| 二氯 (2, 4, 6-三叔丁基苯基)-λ$^3$-金烷 | dichloro (tri-tertbutyl phenyl)-λ$^3$-aurane |

| 二氯 [2*H*2] 甲烷 | dichloro [2*H*2] methane |
|---|---|
| 5, 6- 二氯 -1, 2, 3, 4- 四氢萘 | 5, 6-dichloro-1, 2, 3, 4-tetrahydronaphthalene |
| 4, 5- 二氯 -2-[4- 氯 -2-(羟甲基)-5- 氧亚基己基] 环己 -1- 甲酸 | 4, 5-dichloro-2-[4-chloro-2-(hydroxymethyl)-5-oxohexyl] cyclohex-1-carboxylic acid |
| 4, 5- 二氯 -2-[5- 氯 -3-(羟甲基)-6- 氧亚基壬基] 环己 -1- 甲酸 | 4, 5-dichloro-2-[5-chloro-3-(hydroxymethyl)-6-oxononyl] cyclohex-1-carboxylic acid |
| 2, 4- 二氯 -3, 6- 二羟基 -5- 甲氧基甲苯 | 2, 4-dichloro-3, 6-dihydroxy-5-methoxytoluene |
| 2, 4- 二氯 -3- 羟基联苄 | 2, 4-dichloro-3-hydroxybibenzyl |
| 3, 5- 二氯 -4- 甲氧基苯 -1-*ONN*- 氧化偶氮甲酰胺 | 3, 5-dichloro-4-methoxybenzene-1-*ONN*-azoxyformamide |
| 4, 4- 二氯 -5- 羟基 -3- 甲基苯酚 -1-*O*-β-D- 吡喃葡萄糖基 -(1→6)-β-D- 吡喃葡萄糖苷 | 4, 4-dichlorine-5-hydroxy-3-methyl phenol-1-*O*-β-D-glucopyranosyl-(1→6)-β-D-glucopyranoside |
| 2, 4- 二氯 -6- 氨基吡啶 | 2, 4-dichloro-6-aminopyridine |
| 2, 4- 二氯 -6- 羟基 -3, 5- 二甲氧基甲苯 | 2, 4-dichloro-6-hydroxy-3, 5-dimethoxytoluene |
| 5, 5″- 二氯 -α- 三噻吩 | 5, 5″-dichloro-α-terthiophene |
| 1, 4- 二氯苯 | 1, 4-dichlorobenzene |
| 1, 2- 二氯苯 (邻二氯苯) | 1, 2-dichlorobenzene (*o*-dichlorobenzene) |
| 3, 4- 二氯苯基乙氮烯 | 3, 4-dichlorophenyl diazene |
| 3, 5- 二氯苯甲酸甲酯 | methyl 3, 5-dichlorobenzoate |
| 2, 3- 二氯丙烯酸 | 2, 3-dichloroacrylic acid |
| 3, 3- 二氯丙烯酸 | 3, 3-dichloroacrylic acid |
| 1, 2- 二氯代奥赫托达 -3 (8), 5- 二烯 -4- 酮 | 1, 2-dichloroochtoda-3 (8), 5-dien-4-one |
| 2, 2′- 二氯二乙基胺 | 2, 2′-dichlorodiethyl amine |
| 3, 4- 二氯环己 -1- 烯 | 3, 4-dichlorocyclohex-1-ene |
| 1, 2-*t*- 二氯环戊烷 -1-*r*- 甲酸 | 1, 2-*t*-dichlorocyclopentane-1-*r*-carboxylic acid |
| 2, 2′-*N*, *N*- 二氯甲基汉防己碱 | 2, 2′-*N*, *N*-dichloromethyl tetrandrine |
| 二氯甲烷 | dichloromethane |
| 3, 4- 二氯萘 -1, 6- 二甲酸 | 3, 4-dichloronaphthalene-1, 6-dicarboxylic acid |
| 二氯土曲霉酸甲酯 | methyl dichloroasterrate |
| 二氯乙酸 | dichloroacetic acid |
| 1, 2- 二氯乙烷 | 1, 2-dichloroethane |
| 2-(二茂锇 -1- 基) 乙醇 | 2-(osmocen-1-yl) ethanol |
| 二茂铁甲酸 | ferrocenecarboxylic acid |
| 1-(1, 1′)- 二茂铁杂环四蕃 | 1-(1, 1′)-ferrocenacyclotetraphane |
| 二蜜腺樫木素 | dysobinin |
| 4-*O*- 二没食子酰基 -1, 2, 3, 6- 四 -*O*- 没食子酰基 -β-D- 葡萄糖 | 4-*O*-digalloyl-1, 2, 3, 6-tetra-*O*-galloyl-β-D-glucose |
| 6-*O*- 二没食子酰基 -1, 2, 3- 三 -*O*- 没食子酰基 -β-D- 吡喃葡萄糖苷 | 6-*O*-digalloyl-1, 2, 3-tri-*O*-galloyl-β-D-glucopyranoside |
| 2-*O*- 二没食子酰基 -1, 3, 4, 6- 四 -*O*- 没食子酰基 -β-D- 葡萄糖 | 2-*O*-digalloyl-1, 3, 4, 6-tetra-*O*-galloyl-β-D-glucose |

| | |
|---|---|
| 6-*O*-二没食子酰基-2-*O*-没食子酰基-1, 5-脱水-D-葡萄糖醇 | 6-*O*-digalloyl-2-*O*-galloyl-1, 5-anhydro-D-glucitol |
| 1, 6-二没食子酰基-2-桂皮酰基葡萄糖 | 1, 6-digalloyl-2-cinnamoyl glucose |
| 6-*O*-二没食子酰基-β-D-吡喃葡萄糖甲苷 | methyl-6-*O*-digalloyl-β-D-glucopyranoside |
| 二没食子酰基六羟基联苯二酰葡萄糖 | digalloyl hexahydroxydiphenoyl glucose |
| 3, 6-二没食子酰基葡萄糖 | 3, 6-digalloyl glucose |
| 3, 3′-二没食子酰基原矢车菊素 (原矢车菊素 $B_2$-3, 3′-二-*O*-没食子酸酯) | 3, 3′-digalloyl procyanidin (procyanidin $B_2$-3, 3′-di-*O*-gallate) |
| 2, 4-二葡萄糖基氧化桂皮酸 | 2, 4-di-β-D-glucosyloxycinnamic acid |
| 二岐河谷木胺 (二岐洼蕾碱、瓦来西亚朝它胺) | vallesiachotamine |
| 二岐河谷木胺内酯 | vallesiachotamine lactone |
| 二铅碲烷 | diplumbatellurane |
| 二羟贝壳杉酸 (16, 17-二羟基-16β-L-贝壳杉-19-酸) | 16, 17-dihydroxy-16β-L-kaur-19-oic acid |
| 2-(2, 4-二羟苯基)-1-(4-羟基-2-甲氧苯基) 乙烯酮 | 2-(2, 4-dihydroxyphenyl)-1-(4-hydroxy-2-methoxyphenyl) ethenone |
| 1-[2-(3, 4-二羟苯基)-1-羧基] 乙氧基羰基-2-(3, 4-二羟苯基)-3-[2-(3, 4-二羟苯基)-1-甲氧基羰基] 乙氧基羰基-7, 8-二羟基-1, 2-二氢萘 | 1-[2-(3, 4-dihydroxyphenyl)-1-carboxy] ethoxycarbonyl-2-(3, 4-dihydroxyphenyl)-3-[2-(3, 4-dihydroxyphenyl)-1-methoxycarbonyl] ethoxycarbonyl-7, 8-dihydroxy-1, 2-dihydronaphthalene |
| 1-[2-(3, 4-二羟苯基)-1-羧基] 乙氧基羰基-2-(3, 4-二羟苯基)-7, 8-二羟基-1, 2-二氢萘-3-甲酸 | 1-[2-(3, 4-dihydroxyphenyl)-1-carboxy] ethoxycarbonyl-2-(3, 4-dihydroxyphenyl)-7, 8-dihydroxy-1, 2-dihydronaphthalene-3-carboxylic acid |
| (1*R*, 3*R*, 4*S*, 5*R*)-3-{[3-(3, 4-二羟苯基)-1-氧亚基-2-丙烯-1-基] 氧基} -1, 4, 5-三羟基环己烷甲酸 | (1*R*, 3*R*, 4*S*, 5*R*)-3-[ [3-(3, 4-dihydroxyphenyl)-1-oxo-2-propen-1-yl] oxy]-1, 4, 5-trihydroxycyclohexane carboxylic acid |
| 3-(3, 4-二羟苯基)-(2*E*)-2-丙烯酸 | 3-(3, 4-dihydroxyphenyl)-(2*E*)-2-propenoic acid |
| 2-(3′, 4′-二羟苯基)-(2*R*)-乳酰胺 | 2-(3′, 4′-dihydroxyphenyl)-(2*R*)-lactamide |
| 3-(3′, 4′-二羟苯基)-(2*R*)-乳酰胺 | 3-(3′, 4′-dihydroxyphenyl)-(2*R*)-lactamide |
| 7-(3, 4-二羟苯基)-1-(4-羟基-3-甲氧苯基)-4-庚烯-3-酮 | 7-(3, 4-dihydroxyphenyl)-1-(4-hydroxy-3-methoxyphenyl)-4-hepten-3-one |
| 1-(3, 4-二羟苯基)-1, 2-二氢-6, 7-二羟基-3-[1-羧基-2-(3, 4-二羟苯基) 乙基]-萘-2, 3-二甲酸酯 | 1-(3, 4-dihydroxyphenyl)-1, 2-dihydro-6, 7-dihydroxy-3-[1-carboxy-2-(3, 4-dihydroxyphenyl) ethyl]-2, 3-naphthalenedicarboxylic acid ester |
| 1-(3, 4-二羟苯基)-1, 2-二氢-6, 7-二羟基萘-2, 3-二甲酸 | 1-(3, 4-dihydroxyphenyl)-1, 2-dihydro-6, 7-dihydroxynaphthalene-2, 3-dicarboxylic acid |
| 2-(3, 4-二羟苯基)-1, 2-二氢-7, 8-二羟基-萘-1, 3-二甲酸 | 2-(3, 4-dihydroxyphenyl)-1, 2-dihydro-7, 8-dihydroxy-1, 3-naphthalenedicarboxylic acid |
| 2-(3′, 4′-二羟苯基)-1, 3-苯并间二氧杂环戊烯-5-醛 [2-(3′, 4′-二羟苯基)-1, 3-胡椒环-5-醛] | 2-(3′, 4′-dihydroxyphenyl)-1, 3-benzodioxole-5-aldehyde |
| 8-(3, 5-二羟苯基)-1-丙辛基- 2, 4-二羟基-6-十一烷苯甲酸酯 | 8-(3, 5-dihydroxyphenyl)-1-propyl octyl-2, 4-dihydroxy-6-undecyl benzoate |
| 3-[2-(3, 4-二羟苯基)-1-羧基] 乙氧基羰基-2-(3, 4-二羟苯基)-7, 8-二羟基-1, 2-二氢萘-1-甲酸 | 3-[2-(3, 4-dihydroxyphenyl)-1-carboxy] ethoxycarbonyl-2-(3, 4-dihydroxypheny1)-7, 8-dihydroxy-1, 2-dihydronaphthalene-1-carboxylic acid |

| | |
|---|---|
| 1-[(*E*)-3-(3, 4-二羟苯基)-2-丙烯酸]-β-D-吡喃葡萄糖酯 | β-D-glucopyranose 1-[(*E*)-3-(3, 4-dihydroxyphenyl)-2-propenoate] |
| 1-(3, 4-二羟苯基)-2-甲氧碳酰乙酯 | 1-(3, 4-dihydroxyphenyl)-2-methoxycarbonyl ethyl ester |
| 3-(3, 4-二羟苯基)-2-羟基丙酸酯 | 3-(3, 4-dihydroxyphenyl)-2-hydroxypropanoate |
| *N*-[2-(3, 4-二羟苯基)-2-羟基乙基]-3-(4-甲氧苯基)丙-2-烯酰胺 | *N*-[2-(3, 4-dihydroxyphenyl)-2-hydroxyethyl]-3-(4-methoxyphenyl) prop-2-enamide |
| *N*-[2-(3, 4-二羟苯基)-2-羟乙基]-3-(3, 4-二甲氧苯基)丙-2-烯酰胺 | *N*-[2-(3, 4-dihydroxyphenyl)-2-hydroxyethyl]-3-(3, 4-dimethoxyphenyl) prop-2-enamide |
| 1-(2, 4-二羟苯基)-3-(4-羟苯基)丙烷 | 1-(2, 4-dihydroxyphenyl)-3-(4-hydroxyphenyl) propane |
| (2*S*, 3*R*)-2-(3, 4-二羟苯基)-3, 5, 7-三羟基-2-甲氧基-3-(2-丙酰)色原烷-4-酮 | (2*S*, 3*R*)-2-(3, 4-dihydroxyphenyl)-3, 5, 7-trihydroxy-2-methoxy-3-(2-propanoyl) chroman-4-one |
| 1-(3, 4-二羟苯基)-3-[2-(3, 4-二羟苯基)-1-羧基]乙氧基羰基-6, 7-二羟基-1, 2-二氢萘-2-甲酸 | 1-(3, 4-dihydroxypheny1)-3-[2-(3, 4-dihydroxyphenyl)-1-carboxy] ethoxycarbonyl-6, 7-dihydroxy-1, 2-dihydronaphthalene-2-carboxylic acid |
| (–)-(3*S*, 13*Z*)-1-(3, 4-二羟苯基)-3-羟基二十二碳-13-烯-5-酮 | (–)-(3*S*, 13*Z*)-1-(3, 4-dihydroxyphenyl)-3-hydroxy-docos-13-en-5-one |
| 2-(3, 4-二羟苯基)-4, 6-二羟基-2-甲氧基苯并呋喃-3-酮 | 2-(3, 4-dihydroxyphenyl)-4, 6-dihydroxy-2-methoxy-benzofuran-3-one |
| (3*R*, 4*R*)-3-(3, 4-二羟苯基)-4-羟基环己酮 | (3*R*, 4*R*)-3-(3, 4-dihydroxyphenyl)-4-hydroxycy-clohexanone |
| 3-(3, 4-二羟苯基)-4-戊内酯 | 3-(3, 4-dihydroxyphenyl)-4-pentanolide |
| 2-(2′, 4′-二羟苯基)-5, 6-二甲氧基苯并呋喃 | 2-(2′, 4′-dihydroxyphenyl)-5, 6-dimethoxybenzofuran |
| 2-(2, 4-二羟苯基)-5, 6-亚甲基二氧基苯并呋喃 | 2-(2, 4-dihydroxyphenyl)-5, 6-methylenedioxy-benzofuran |
| 1-(3′, 4′-二羟苯基)-5-二十酮 | 1-(3′, 4′-dihydroxyphenyl) eicos-5-one |
| 1-(3, 4-二羟苯基)-6, 7-二羟基-1, 2-二氢萘-2, 3-二甲酸 | 1-(3, 4-dihydroxyphenyl)-6, 7-dihydroxy-1, 2-dihydronaphthalene-2, 3-dicarboxylic acid |
| (4*E*, 6*E*)-1-(3′, 4′-二羟苯基)-7-(4″-羟苯基) 庚-4, 6-二烯-3-酮 | (4E, 6E)-1-(3′, 4′-dihydroxyphenyl)-7-(4″-hydroxyphe-nyl) hept-4, 6-dien-3-one |
| 7′-(3′, 4′-二羟苯基)-*N*-[(4-甲氧苯基)乙基]丙烯酰胺 | 7′-(3′, 4′-dihydroxyphenyl)-*N*-[(4-methoxyphenyl) ethyl] acrylamide |
| 1-(3, 4-二羟苯基)丙三醇 | 1-(3, 4-dihydroxyphenyl) propanetriol |
| 3-(3, 4-二羟苯基)丙酸甲酯 | 3-(3, 4-dihydroxyphenyl) propanoic acid methyl ester |
| 3-(3, 4-二羟苯基)丙烯酸 | 3-(3, 4-dihydroxyphenyl) acrylic acid |
| 3-(3, 4-二羟苯基)丙烯酸-1-(3, 4-二羟苯基)-2-甲氧基羧酸乙酯 | 3-(3, 4-dihydroxyphenyl) acrylic acid-1-(3, 4-dih-ydroxyphenyl)-2-methoxycarbonyl ethyl ester |
| 4-(3′, 4′-二羟苯基)丁-2-酮-4′-*O*-β-D-葡萄糖苷 | 4-(3′, 4′-dihydroxyphenyl) but-2-one-4′-*O*-β-D-glucoside |
| (*Z*)-1-(3, 4-二羟苯基)二十二碳-13-烯-5-酮 | (*Z*)-1-(3, 4-dihydroxyphenyl) docos-13-en-5-one |
| L-(3, 5-二羟苯基)甘氨酸 | L-(3, 5-dihydroxyphenyl) glycine |
| (*R*)-(+)-β-(3, 4-二羟苯基)乳酸 | (*R*)-(+)-β-(3, 4-dihydroxyphenyl) lactic acid |
| 3-(3, 4-二羟苯基)乳酸 | 3-(3, 4-dihydroxyphenyl) lactic acid |

| | |
|---|---|
| 3-(3′, 4′-二羟苯基)乳酸甲酯 | 3-(3′, 4′-dihydroxyphenyl) lactic acid methyl ester |
| 2-(3, 4-二羟苯基)乙醇 | 2-(3, 4-dihydroxyphenyl) ethanol |
| 2′-(3′, 4′-二羟苯基)乙基-(6″-*O*-木犀榄苷-11-甲酯)-β-D-吡喃葡萄糖苷 | 2′-(3′, 4′-dihydroxyphenyl) ethyl-(6″-*O*-oleoside-11-methyl ester)-β-D-glucopyranoside |
| 8-[(7″*R*)-(3″, 4″-二羟苯基)乙基]-3′, 4′, 5, 7-四羟基黄酮 | 8-[(7″*R*)-(3″, 4″-dihydroxyphenyl) ethyl]-3′, 4′, 5, 7-tetrahydroxyflavone |
| 8-[1-(3, 4-二羟苯基)乙基]槲皮素 | 8-(1-(3, 4-dihydroxyphenyl) ethyl) quercetin |
| 8-[1-(3, 4-二羟苯基)乙基]槲皮素 | 8-[1-(3, 4-dihydroxyphenyl) ethyl] quercetin |
| 2-(3, 4-二羟苯基)乙基-3-*O*-β-D-吡喃阿洛糖基-6-*O*-咖啡酰基-β-D-吡喃葡萄糖苷 | 2-(3, 4-dihydroxyphenyl) ethyl 3-*O*-β-D-allopyranosyl-6-*O*-caffeoyl-β-D-glucopyranoside |
| 1-*O*-β-D-(3, 4-二羟苯基)乙基-6-*O*-反式-阿魏酸吡喃葡萄糖苷 | 1-*O*-β-D-(3, 4-dihydroxyphenyl) ethyl-6-*O*-*trans*-feruloyl glucopyranoside |
| 2-(3, 4-二羟苯基)乙基-6-*O*-咖啡酰基-β-D-吡喃葡萄糖苷(去鼠李糖异洋丁香酚苷) | 2-(3, 4-dihydroxyphenyl) ethyl-6-*O*-caffeoyl-β-D-glucopyranoside (desrhamnosyl isoacteoside) |
| 2-(3, 4-二羟苯基)乙基-*O*-β-D-吡喃葡萄糖苷 | 2-(3, 4-dihydroxyphenyl) ethyl-*O*-β-D-glucopyranoside |
| 1-*O*-3, 4-(二羟苯基)乙基-α-L-吡喃鼠李糖基-(1→2)-4-*O*-咖啡酰基-β-D-吡喃葡萄糖苷 | 1-*O*-3, 4-(dihydroxyphenyl) ethyl-α-L-rhamnopyranosyl-(1→2)-4-*O*-caffeoyl-β-D-glucopyranoside |
| 2-(3, 4-二羟苯基)乙基-β-D-吡喃葡萄糖苷 | 2-(3, 4-dihydroxyphenyl) ethyl-β-D-glucopyranoside |
| (*Z*, *E*)-2-(3, 4-二羟苯基)乙烯咖啡酸酯 | (*Z*, *E*)-2-(3, 4-dihydroxyphenyl) vinyl caffeate |
| (*Z*, *E*)-2-(3, 5-二羟苯基)乙烯咖啡酸酯 | (*Z*, *E*)-2-(3, 5-dihydroxyphenyl) vinyl caffeate |
| 3, 5-二羟苯基-1-*O*-(6′-*O*-反式-阿魏酰基)-β-D-吡喃葡萄糖苷 | 3, 5-dihydroxyphenyl-1-*O*-(6′-*O*-*trans*-feruloyl)-β-D-glucopyranoside |
| 3, 5-二羟苯基-1-*O*-β-D-(6-*O*-没食子酰基)吡喃葡萄糖苷 | 3, 5-dihydroxyphenyl-1-*O*-β-D-(6-*O*-galloyl) glucopyranoside |
| 3, 5-二羟苯基-1-丙辛基 2, 4-二羟基-6-十一烷苯甲酸酯 | 3, 5-dihydroxyphenyl-1-propyl octyl-2, 4-dihydroxy-6-undecyl benzoate |
| (*E*)-3-2, 4-二羟苯基-2-丙烯酸 | (*E*)-3-2, 4-dihydroxyphenyl-2-acrylic acid |
| (2*S*, 3*R*)-2-3, 4-二羟苯基-3, 5, 7-三羟基-2-甲氧基-3-2-丙酰色原烷-4-酮 | (2*S*, 3*R*)-2-3, 4-dihydroxyphenyl-3, 5, 7-trihydroxy-2-methoxy-3-2-propanoyl chroman-4-one |
| 3, 4-二羟苯基-*O*-β-D-吡喃葡萄糖苷 | 3, 4-dihydroxyphenyl-*O*-β-D-glucopyranoside |
| 3, 5-二羟苯基-β-D-吡喃葡萄糖苷 | 3, 5-dihydroxybenzene-β-D-glucopyranoside |
| 3, 4-二羟苯基乳酸甲酯(丹参素甲酯, 3, 4, α-三羟基苯丙酸甲酯) | methyl 3, 4-dihydroxyphenyl lactate (danshensu methyl ester, methyl 3, 4, α-trihydroxyphenyl propionate) |
| 3, 4-二羟苯基乳酸乙酯 | ethyl 3, 4-dihydroxyphenyl lactate |
| 3, 4-二羟苯基乳酰胺 | 3, 4-dihydroxyphenyl lactamide |
| 3, 4-二羟苯基乙醇酮 | 3, 4-dihydroxyphenyl ethanol ketone |
| 3, 4-二羟苯甲醇-4-葡萄糖苷 | 3, 4-dihydroxybenzyl alcohol-4-glucoside |
| 2-(3, 4)-二羟苯乙酸乙酯 | 2-(3, 4)-dihydroxyphenyl ethyl acetate |
| 3-(3′, 4′-二羟苄基)-4, 7-二羟基色原烷醇 | 3-(3′, 4′-dihydroxybenzyl)-4, 7-dihydroxychromanol |
| 3-(3′, 4′-二羟苄基)-7-羟基-4-甲氧基色原烷醇 | 3-(3′, 4′-dihydroxybenzyl)-7-hydroxy-4-methoxychromanol |
| 4, 4′-二羟苄基硫醚 | 4, 4′-dihydroxybenzyl sulfide |

| | |
|---|---|
| 4, 4′- 二羟苄基亚砜 | 4, 4′-dihydroxybenzyl sulfoxide |
| 2, 3- 二羟丙基 -9- 十八烯酸酯 | 2, 3-dihydroxypropyl-9-octadecenoate |
| 2, 3- 二羟丙基 -9- 烯十七酸酯 | 2, 3-dihydroxypropyl-9-en-heptadecanoate |
| 2, 3- 二羟丙基壬酸酯 | 2, 3-dihydroxypropyl nonanoate |
| 2, 3- 二羟丙基十九烯酸酯 | 2, 3-dihydroxypropyl nonadecenoate |
| 2′, 3′- 二羟丙基十五酸酯 | 2′, 3′-dihydroxypropyl pentadecanoate |
| 二羟丙硫醇 ( 硫代甘油 ) | thioglycerin (thioglycerol) |
| (3*R*, 5*R*)-3, 5- 二羟基 -1-(3, 4- 二羟苯基 )-7-(4- 羟苯基 ) 庚烷 | (3*R*, 5*R*)-3, 5-dihydroxy-1-(3, 4-dihydroxyphenyl)-7-(4-hydroxyphenyl) heptane |
| (3*R*, 5*R*)- 二羟基 -1-(3, 4- 二羟苯基 )-7-(4- 羟苯基 ) 庚烷 | (3*R*, 5*R*)-dihydroxy-1-(3, 4-dihydroxyphenyl)-7-(4-hydroxyphenyl) heptane |
| 2, 3- 二羟基 -1-(3, 4- 亚甲二氧苯基 ) 丙烷 | 2, 3-dihydroxy-1-(3, 4-ethylenedioxyphenyl) propane |
| (3*S*, 5*S*)-3, 5- 二羟基 -1-(3- 羟基 -4- 甲氧苯基 )-7-(4- 甲氧苯基 ) 庚烷 | (3*S*, 5*S*)-3, 5-dihydroxy-1-(3-hydroxy-4-methoxyphenyl)-7-(4-methoxyphenyl) heptane |
| 2, 3- 二羟基 -1-(4- 羟苯基 )-1- 丙酮 | 2, 3-dihydroxy-1-(4-hydroxyphenyl)-1-propanone |
| 2-[2, 3- 二羟基 -1-(4- 羟苯基 ) 丙基 ]-5- 甲基苯 -1, 3- 二醇 | 2-[2, 3-dihydroxy-1-(4-hydroxyphenyl) propyl]-5-methyl benzene-1, 3-diol |
| 2, 7- 二羟基 -1-(4′- 羟苄基 )-4- 甲氧基 -9, 10- 二氢菲 -4′-*O*- 葡萄糖苷 | 2, 7-dihydroxy-1-(4′-hydroxybenzyl)-4-methoxy-9, 10-dihydrophenanthrene-4′-*O*-glucoside |
| 2, 7- 二羟基 -1-(4′- 羟苄基 )-9, 10- 二氢菲 -4-*O*- 葡萄糖苷 | 2, 7-dihydroxy-1-(4′-hydroxybenzyl)-9, 10-dihydrophenanthrene-4-*O*-glucoside |
| (3*R*, 5*S*)- 二羟基 -1-(4- 羟基 -3, 5- 二甲氧苯基 )-7-(4- 羟基 -3- 甲氧苯基 ) 庚烷 | (3*R*, 5*S*)-dihydroxy-1-(4-hydroxy-3, 5-dimethoxyphenyl)-7-(4-hydroxy-3-methoxyphenyl) heptane |
| (3*S*, 5*S*)- 二羟基 -1-(4- 羟基 -3, 5- 二甲氧苯基 )-7-(4- 羟基 -3- 甲氧苯基 ) 庚烷 | (3*S*, 5*S*)-dihydroxy-1-(4-hydroxy-3, 5-dimethoxyphenyl)-7-(4-hydroxy-3-methoxyphenyl) heptane |
| 2, 3- 二羟基 -1-(4- 羟基 -3, 5- 二甲氧苯基 ) 丙 -1- 酮 | 2, 3-dihydroxy-1-(4-hydroxy-3, 5-dimethoxyphenyl) prop-1-one |
| (3*R*, 5*R*)-3, 5- 二羟基 -1-(4- 羟基 -3- 甲氧苯基 )-7-(3, 4- 二羟苯基 ) 庚烷 | (3*R*, 5*R*)-3, 5-dihydroxy-1-(4-hydroxy-3-methoxyphenyl)-7-(3, 4-dihydroxyphenyl) heptane |
| (3*R*, 5R)-3, 5- 二羟基 -1-(4- 羟基 -3- 甲氧苯基 )-7-(4- 羟苯基 ) 庚烷 | (3*R*, 5*R*)-3, 5-dihydroxy-1-(4-hydroxy-3-methoxyphenyl)-7-(4-hydroxyphenyl) heptane |
| 2, 3- 二羟基 -1-(4- 羟基 -3- 甲氧苯基 ) 丙 -1- 酮 | 2, 3-dihydroxy-1-(4-hydroxy-3-methoxyphenyl) prop-1-one |
| 2, 3- 二羟基 -1-(4- 羟基 -3- 甲氧基 ) 苯基 -1- 酮 | 2, 3-dihydroxy-1-(4-hydroxy-3-methoxy) phenyl-1-one |
| 2, 7- 二羟基 -1-( 对羟苄基 )-4- 甲氧基 -9, 10- 二氢菲 | 2, 7-dihydroxy-1-(*p*-hydroxybenzyl)-4-methoxy-9, 10-dihydrophenanthrene |
| 2, 7- 二羟基 -1-( 对羟苄基 )-4- 甲氧基菲 | 2, 7-dihydroxy-1-(*p*-hydroxybenzyl)-4-methoxyphenanthrene |
| 2, 7- 二羟基 -1-( 对羟基苯甲酰基 )-4- 甲氧基 -9, 10- 二氢菲 | 2, 7-dihydroxy-1-(*p*-hydroxybenzoyl)-4-methoxy-9, 10-dihydrophenanthrene |
| 7, 2′- 二羟基 - 4′- 甲氧基异黄烷醇 | 7, 2′-dihydroxy-4′-methoxyisoflavanol |
| (3*R*, 4*R*, 6*S*)-3, 6- 二羟基 -1- 薄荷烯 | (3*R*, 4*R*, 6*S*)-3, 6-dihydroxy-1-menthene |

| | |
|---|---|
| (3*S*, 5*S*)-二羟基-1, 7-二(3, 4-二羟苯基)庚烷 | (3*S*, 5*S*)-dihydroxy-1, 7-bis (3, 4-dihydroxyphenyl) heptane |
| (3*R*, 5*R*)-3, 5-二羟基-1, 7-二(4-羟苯基)-3, 5-庚二醇 | (3*R*, 5*R*)-3, 5-dihydroxy-1, 7-bis (4-hydroxyphenyl)-3, 5-heptanediol |
| (3*R*, 5*R*)-3, 5-二羟基-1, 7-二(4-羟苯基)庚烷 | (3*R*, 5*R*)-3, 5-dihydroxy-1, 7-bis (4-hydroxyphenyl) heptane |
| (3*R*, 5*R*)-3, 5-二羟基-1, 7-二(4-羟基-3-甲氧苯基)庚烷 | (3*R*, 5*R*)-3, 5-dihydroxy-1, 7-bis (4-hydroxy-3-methoxyphenyl) heptane |
| (3*R*, 5*S*)-3, 5-二羟基-1, 7-二(4-羟基-3-甲氧苯基)庚烷 | (3*R*, 5*S*)-3, 5-dihydroxy-1, 7-bis (4-hydroxy-3-methoxyphenyl) heptane |
| (3*S*, 5*S*)-3, 5-二羟基-1, 7-二(4-羟基-3-甲氧苯基)庚烷 | (3*S*, 5*S*)-3, 5-dihydroxy-1, 7-bis (4-hydroxy-3-methoxyphenyl) heptane |
| 2, 6-二羟基-1, 7-二甲基-5-(1-羟基乙基)-9, 10-二氢菲 | 2, 6-dihydroxy-1, 7-dimethyl-5-(1-hydroxyethyl)-9, 10-dihydrophenanthrene |
| 2, 6-二羟基-1, 7-二甲基-5-甲氧乙基-9, 10-二氢菲 | 2, 6-dihydroxy-1, 7-dimethyl-5-methoxyethyl-9, 10-dihydrophenanthrene |
| 2, 3-二羟基-1, 7-二甲基-5-乙烯基-9, 10-二氢菲 | 2, 3-dihydroxy-1, 7-dimethyl-5-vinyl-9, 10-dihydrophenanthrene |
| 2, 6-二羟基-1, 7-二甲基-5-乙烯基-9, 10-二氢菲 | 2, 6-dihydroxy-1, 7-dimethyl-5-vinyl-9, 10-dihydrophenanthrene |
| 2, 8-二羟基-1, 7-二甲基-6-乙烯基-10, 11-二氢二苯并[*b*, *f*]氧杂庚烷 | 2, 8-dihydroxy-1, 7-dimethyl-6-vinyl-10, 11-dihydrodibenzo [*b*, *f*] oxepin |
| 2, 6-二羟基-1, 7-二甲基-9, 10-二氢菲 | 2, 6-dihydroxy-1, 7-dimethyl-9, 10-dihydrophenanthrene |
| 2, 7-二羟基-1-甲基-5-醛-9, 10-二氢菲 | 2, 7-dihydroxy-1-methyl-5-aldehyde-9, 10-dihydrophenanthrene |
| 2, 7-二羟基-1-甲基-5-乙烯菲 | 2, 7-dihydroxy-1-methyl-5-vinyl phenanthrene |
| 1, 7-二羟基-1-甲基-6, 8-二甲氧基-β-咔啉 | 1, 7-dihydroxy-1-methyl-6, 8-dimethoxy-β-carboline |
| 2, 8-二羟基-1-甲基-7-甲氧基-5-乙烯基-9, 10-二氢菲 | 2, 8-dihydroxy-1-methyl-7-methoxy-5-vinyl-9, 10-dihydrophenanthrene |
| 2, 5-二羟基-1-甲氧基吡酮 | 2, 5-dihydroxy-1-methoxypyrone |
| (4*S*)-4, 8-二羟基-1-四氢萘酮 | (4*S*)-4, 8-dihydroxy-1-tetralone |
| (22*R*)-7α, 27-二羟基-1-氧亚基睡茄-2, 5, 24-三烯内酯 | (22*R*)-7α, 27-dihydroxy-1-oxowitha-2, 5, 24-trienolide |
| (2*E*, 10*E*)-1, 12-二羟基-18-乙酰氧基-3, 7, 15-三甲基十六碳-2, 10, 14-三烯 | (2*E*, 10*E*)-1, 12-dihydroxy-18-acetoxy-3, 7, 15-trimethyl hexadec-2, 10, 14-triene |
| 3β, 8β-二羟基-15-异右松脂烷烯 | 15-isopimaraen-3β, 8β-diol |
| 6, 7-二羟基-(–)-哈氏豆属酸-2′-β-D-吡喃葡萄糖基苄基酯 | 6, 7-dihydroxy-(–)-hardwickiic acid-2′-β-D-glucopyranosyl benzyl ester |
| 3β, 5α-二羟基-(22*E*, 24*R*)-麦角甾-7, 22-二烯-6-酮 | 3β, 5α-dihydroxy-(22*E*, 24*R*)-ergost-7, 22-dien-6-one |
| 3β, (20*S*)-二羟基-(24*R*)-过氧羟基-25-烯达玛烷 | 3β, (20*S*)-dihydroxy-(24*R*)-hydroperoxyl-25-endammarane |
| 3β, 26-二羟基-(25*R*)-5α-呋甾-20 (22)-烯-6-酮 | 3β, 26-dihydroxy-(25*R*)-5α-furost-20 (22)-en-6-one |
| 3β, 26-二羟基-(25*R*)-5α-呋甾-20 (22)-烯-6-酮-26-*O*-β-D-吡喃葡萄糖苷 | 3β, 26-dihydroxy-(25*R*)-5α-furost-20 (22)-en-6-one-26-*O*-β-D-glucopyranoside |

| | |
|---|---|
| 3β, 26-二羟基-(25*R*)-5α-呋甾-22-甲氧基-6-酮 | 3β, 26-dihydroxy-(25*R*)-5α-furost-22-methoxy-6-one |
| 3β, 26-二羟基-(25*R*)-呋甾-5, 20 (22)-二烯-3-*O*-α-L-吡喃鼠李糖基-(1→2)-*O*-β-D-吡喃葡萄糖苷 | 3β, 26-dihydroxy-(25*R*)-furost-5, 20 (22)-dien-3-*O*-α-L-rhamnopyranosyl-(1→2)-*O*-β-D-glucopyranoside |
| 3β, 27-二羟基-(25*S*)-5α-螺甾-6-酮 | 3β, 27-dihydroxy-(25*S*)-5α-spirost-6-one |
| 5, 7-二羟基-(2*Z*)-辛烯酸甲酯 | methyl 5, 7-dihydroxy-(2*Z*)-octenoate |
| 3β, 30β-二羟基-(3→1)-吡喃葡萄糖基-(2→1)-吡喃葡萄糖基齐墩果烷 | 3β, 30β-dihydroxy-(3→1)-glucopyranosyl-(2→1)-glucopyranosyl oleanolic acid |
| 1, 4-二羟基-(3*R*, 5*R*)-二咖啡酰氧基环己甲酸甲酯 | 1, 4-dihydroxy-(3*R*, 5*R*)-dicaffeoyloxy-cyclohexane carboxylic acid methyl ester |
| (8′, 9′-二羟基)-3-金合欢基吲哚 | (8′, 9′-dihydroxy)-3-farnesyl indole |
| 1-(3′, 5′-二羟基) 苯基-2-(4″-*O*-β-D-吡喃葡萄糖基) 苯基乙烷 | 1-(3′, 5′-dihydroxy) phenyl-2-(4″-*O*-β-D-glucopyranosyl) phenyl ethane |
| 2-(3, 4-二羟基) 苯基乙醇-1-*O*-α-L-[(1→3)-吡喃鼠李糖基-4-*O*-咖啡酰基] 吡喃葡萄糖苷 | 2-(3, 4-dihydroxy) phenyl ethanol-1-*O*-α-L-[(1→3)-rhamnopyranosyl-4-*O*-caffeoyl] glucopyranoside |
| 2-(3, 4-二羟基) 苯乙醇乙酸酯 | 2-(3, 4-dihydroxyphenyl) ethyl acetate |
| 2-(3, 4-二羟基) 苯乙基葡萄糖苷 | 2-(3, 4-dihydroxy) phenethyl glucoside |
| 2-(1, 2′-二羟基) 丙基-4-甲氧基苯酚 | 2-(1, 2′-dihydroxy) acer-4-methoxyphenol |
| 5, 4′-二羟基-[2″-(1-羟基-1-甲乙基) 二氢呋喃]-(7, 8: 5″, 4″) 黄烷酮 | 5, 4′-dihydroxy-[2″-(1-hydroxy-1-methyl ethyl) dihydrofurano]-(7, 8: 5″, 4″) flavanone |
| 2, 13-二羟基-11-十三烯-3, 5, 7, 9-四炔-1-*O*-β-D-吡喃葡萄糖苷 | 2, 13-dihydroxy-11-tridecen-3, 5, 7, 9-tetraynyl-1-*O*-β-D-glucopyranoside |
| 4, 6-二羟基-1 (3*H*)-异苯并呋喃酮 | 4, 6-dihydroxy-1 (3*H*)-isobenzofuranone |
| 5, 7-二羟基-1 (3*H*)-异苯并呋喃酮 | 5, 7-dihydroxy-1 (3*H*)-isobenzofuranone |
| 6, 7-二羟基-1, 1-二甲基-1, 2, 3, 4-四氢异喹啉 | 6, 7-dihydroxy-1, 1-dimethyl-1, 2, 3, 4-tetrahydroisoquinoline |
| 6, 7-二羟基-1, 1-二甲基-*N*-(2′-甘油基)-1, 2, 3, 4-四氢异喹啉 | 6, 7-dihydroxy-1, 1-dimethyl-*N*-(2′-glyceryl)-1, 2, 3, 4-tetrahydroisoquinoline |
| 6, 7-二羟基-1, 1-二甲基-*N*-(6′-吡喃果糖基)-1, 2, 3, 4-四氢异喹啉 | 6, 7-dihydroxy-1, 1-dimethyl-*N*-(6′-fructopyranosyl)-1, 2, 3, 4-tetrahydroisoquinoline |
| 6, 7-二羟基-1, 1-二甲基-*N*-乙基-1, 2, 3, 4-四氢异喹啉 | 6, 7-dihydroxy-1, 1-dimethyl-*N*-ethyl-1, 2, 3, 4-tetrahydroisoquinoline |
| *N*-(1′, 4′-二羟基-1′, 2′, 3′, 4′-四氢化萘基) 丙基-*N*-二苯基甲基-*N*-3, 3-二甲基丁胺 | *N*-(1′, 4′-dihydroxy-1′, 2′, 3′, 4′-tetrahydronaphthyl) propyl-*N*-diphenyl methyl-*N*-3, 3-dimethyl butylamine |
| 3, 8-二羟基-1, 2, 6-三甲氧基叫酮 | 3, 8-dihydroxy-1, 2, 6-trimethoxyxanthone |
| 6, 8-二羟基-1, 2, 7-三甲氧基-3-甲基蒽醌 | 6, 8-dihydroxy-1, 2, 7-trimethoxy-3-methyl anthraquinone |
| 3, 6-二羟基-1, 2, 7-三甲氧基叫酮 | 3, 6-dihydroxy-1, 2, 7-trimethoxyxanthone |
| 7β, 16β-二羟基-1, 23-二脱氧杰斯酸 | 7β, 16β-dihydroxy-1, 23-dideoxyjessic acid |
| 7, 8-二羟基-1, 2-二甲氧基-3-甲基蒽醌 | 7, 8-dihydroxy-1, 2-dimethoxy-3-methyl anthraquinone |
| 3, 7-二羟基-1, 2-二甲氧基叫酮 | 3, 7-dihydroxy-1, 2-dimethoxyxanthone |
| 5, 7-二羟基-1, 2-二氢化茚烷-1-螺-环己烷 | 5, 7-dihydroxy-1, 2-indan-1-spiro-cyclohexane |
| 2, 7-二羟基-1, 3-二对羟苄基-4-甲氧基-9, 10-二氢菲 | 2, 7-dihydroxy-1, 3-bis (*p*-hydroxybenzyl)-4-methoxy-9, 10-dihydrophenanthrene |

E

| | |
|---|---|
| 2-[2, 4-二羟基-1, 4 (2*H*)-苯并噁嗪-3 (4*H*)-酮]-β-D-吡喃葡萄糖苷 | 2-[2, 4-dihydroxy-1, 4 (2*H*)-benzoxazin-3 (4*H*)-one]-β-D-glucopyranoside |
| 2, 4-二羟基-1, 4-苯并氮氧杂六环-3-酮 | 2, 4-dihydroxy-1, 4-benzoxazin-3-one |
| 2, 4-二羟基-1, 4-苯并氮氧杂六环-3-酮-2-*O*-β-D-吡喃葡萄糖苷 | 2, 4-dihydroxy-1, 4-benzoxazin-3-one-2-*O*-β-D-glucopyranoside |
| 5, 8-二羟基-1, 4-萘醌 | 5, 8-dihydroxy-1, 4-naphthoquinone |
| 8, 9-二羟基-1, 5, 6, 10b-四氢-8, 9-2*H*-吡咯并 [2, 1-*a*] 异喹啉-3-酮 | 8, 9-dihydroxy-1, 5, 6, 10b-tetrahydro-8, 9-2*H*-pyrrolo [2, 1-*a*] isoquinolin-3-one |
| 3, 7-二羟基-1, 5-二氮环辛烷 | 3, 7-dihydroxy-1, 5-diazocane |
| 2, 7-二羟基-1, 6-二甲基-5-乙烯基-9, 10-二氢菲 | 2, 7-dihydroxy-1, 6-dimethyl-5-vinyl-9, 10-dihydrophenanthrene |
| 2, 8-二羟基-1, 6-二甲基-5-乙烯基-9, 10-二氢菲 | 2, 8-dihydroxy-1, 6-dimethyl-5-vinyl-9, 10-dihydrophenanthrene |
| 2, 7-二羟基-1, 6-二甲基-9, 10, 12, 13-四氢芘 | 2, 7-dihydroxy-1, 6-dimethyl-9, 10, 12, 13-tetrahydropyrene |
| 2, 7-二羟基-1, 6-二甲基-9, 10, 12, 13-四氢芘-2-*O*-β-D-吡喃葡萄糖苷 | 2, 7-dihydroxy-1, 6-dimethyl-9, 10, 12, 13-tetrahydropyrene-2-*O*-β-D-glucopyranoside |
| 2, 7-二羟基-1, 6-二甲基-9, 10, 12, 13-四氢芘-2-*O*-β-D-吡喃葡萄糖苷-7-*O*-α-D-吡喃葡萄糖苷 | 2, 7-dihydroxy-1, 6-dimethyl-9, 10, 12, 13-tetrahydropyrene-2-*O*-β-D-glucopyranoside-7-*O*-α-D-glucopyranoside |
| 2, 7-二羟基-1, 6-二甲基芘 | 2, 7-dihydroxy-1, 6-dimethyl pyrene |
| 3, 6-二羟基-1, 7, 8-三甲氧基咄酮 | 3, 6-dihydroxy-1, 7, 8-trimethoxyxanthone |
| 3, 5-二羟基-1, 7-二苯基庚烷 | 3, 5-dihydroxy-1, 7-diphenyl heptane |
| 3, 6-二羟基-1, 7-二甲基-9-甲氧基菲 | 3, 6-dihydroxy-1, 7-dimethyl-9-methoxyphenanthrene |
| 3, 6-二羟基-1, 7-二羟甲基-9-甲氧基菲 | 3, 6-dihydroxy-1, 7-dihydroxymethyl-9-methoxyphenanthrene |
| 3, 5-二羟基-1, 7-双 (4-羟基-3-甲氧苯基) 庚烷 | 3, 5-dihydroxy-1, 7-bis (4-hydroxy-3-methoxyphenyl) heptane |
| 2α, 9-二羟基-1, 8-桉叶素 | 2α, 9-dihydroxy-1, 8-cineole |
| 2, 7-二羟基-1, 8-二甲基-5-乙烯基-9, 10-二氢菲 | 2, 7-dihydroxy-1, 8-dimethyl-5-vinyl-9, 10-dihydrophenanthrene |
| 3, 7-二羟基-1, 9-二甲基二苯并呋喃 | 3, 7-dihydroxy-1, 9-dimethyl dibenzofuran |
| 10β, 14-二羟基-10 (14), 11β (13)-四氢-8, 9-二脱氢-3-脱氧愈创内酯 C-10-*O*-β-吡喃葡萄糖苷 | 10β, 14-dihydroxy-10 (14), 11β (13)-tetrahydro-8, 9-didehydro-3-deoxyzaluzanin C-10-*O*-β-glucopyranoside |
| (6*R*)-6-[(4*R*, 6*R*)-4, 6-二羟基-10-苯基癸-1-烯]-5, 6-二氢-2*H*-吡喃-2-酮 | (6*R*)-6-[(4*R*, 6*R*)-4, 6-dihydroxy-10-phenyldec-1-enyl]-5, 6-dihydro-2*H*-pyran-2-one |
| 19, 21α-二羟基-10-甲氧基-19, 20-二氢小蔓长春花碱 | 19, 21α-dihydroxy-10-methoxy-19, 20-dihydrovinorine |
| 3, 8-二羟基-10-甲氧基-5*H*-异色原酮 [4, 3-*b*] 色原-7-酮 | 3, 8-dihydroxy-10-methoxy-5*H*-isochromeno [4, 3-*b*] chromen-7-one |
| 2, 7-二羟基-11, 12-脱氢菖蒲烃 | 2, 7-dihydroxy-11, 12-dehydrocalamenene |
| (3*S*, 4*R*, 5*R*, 7*R*)-3, 11-二羟基-11, 12-二氢圆柚酮-11-*O*-β-D-吡喃葡萄糖苷 | (3*S*, 4*R*, 5*R*, 7*R*)-3, 11-dihydroxy-11, 12-dihydronootkatone-11-*O*-β-D-glucopyranoside |

| | |
|---|---|
| (1*S*, 4*S*)-7, 8-二羟基-11, 12-脱氢菖蒲烃 | (1*S*, 4*S*)-7, 8-dihydroxy-11, 12-dehydrocalamenene |
| 3, 7-二羟基-11, 15, 23-三氧亚基羊毛脂-8, 16-二烯-26-酸 | 3, 7-dihydroxy-11, 15, 23-trioxolanost-8, 16-dien-26-oic acid |
| 3β, 7β-二羟基-11, 15, 23-三氧亚基羊毛脂-8, 16-二烯-26-酸 | 3β, 7β-dihydroxy-11, 15, 23-trioxolanost-8, 16-dien-26-oic acid |
| 3, 7-二羟基-11, 15, 23-三氧亚基羊毛脂-8, 16-二烯-26-酸甲酯 | 3, 7-dihydroxy-11, 15, 23-trioxolanost-8, 16-dien-26-oic acid methyl ester |
| 10β, 14-二羟基-11α*H*-愈创木-4 (15)-烯-12, 6α-内酯 | 10β, 14-dihydroxy-11α*H*-guai-4 (15)-en-12, 6α-olide |
| 3β, 14-二羟基-11β, 13-二氢广木香内酯 | 3β, 14-dihydroxy-11β, 13-dihydrocostunolide |
| 1β, 4α-二羟基-11β*H*-桉叶-12, 6α-内酯 | 1β, 4α-dihydroxy-11β*H*-eudesm-12, 6α-olide |
| 1β, 2α-二羟基-11β*H*-桉叶-4 (15)-烯-12, 6α-内酯 | 1β, 2α-dihydroxy-11β*H*-eudesm-4 (15)-en-12, 6α-olide |
| 10β, 14-二羟基-11β*H*-愈创木-4 (15)-烯-12, 6α-内酯 | 10β, 14-dihydroxy-11β*H*-guai-4 (15)-en-12, 6α-olide |
| 11, 16-二羟基-12-*O*-β-D-吡喃葡萄糖基-17 (15→16), 18 (4→3)-迁-4-羧基-3, 8, 11, 13-松香四烯-7-酮 | 11, 16-dihydroxy-12-*O*-β-D-glucopyranosyl-17 (15→16), 18 (4→3)-*abeo*-4-carboxy-3, 8, 11, 13-abietatetraen-7-one |
| 3β, 7β-二羟基-12β-乙酰氧基-11, 15, 23-三氧亚基-5α-羊毛脂-8-烯-26-酸甲酯 | 3β, 7β-dihydroxy-12β-acetoxy-11, 15, 23-trioxo-5α-lanost-8-en-26-oic acid methyl ester |
| (5*R*, 10*S*, 16*R*)-11, 16-二羟基-12-甲氧基-17 (15→16)-迁-松香-8, 11, 13-三烯-3, 7-二酮 | (5*R*, 10*S*, 16*R*)-11, 16-dihydroxy-12-methoxy-17 (15→16)-*abeo*-abieta- 8, 11, 13-trien-3, 7-dione |
| 6, 11-二羟基-12-甲氧基-5, 8, 11, 13-松香四烯-7-酮 | 6, 11-dihydroxy-12-methoxy-5, 8, 11, 13-abietatetraen-7-one |
| 7α, 11-二羟基-12-甲氧基-8, 11, 13-松香三烯 | 7α, 11-dihydroxy-12-methoxy-8, 11, 13-abietatriene |
| 3, 13-二羟基-12-齐墩果酮 | 3, 13-dihydroxy-12-oleananone |
| 3β, 21β-二羟基-12-齐墩果烯 | 3β, 21β-dihydroxy-12-oleanene |
| 3β, 28-二羟基-12-齐墩果烯 | 3β, 28-dihydroxy-12-oleanene |
| 3β, 20ξ-二羟基-12-氧亚基-21, 23-环氧达玛-24-烯 | 3β, 20ξ-dihydroxy-12-oxo-21, 23-epoxydammar-24-ene |
| 3β, 16α-二羟基-13, 28-环氧齐墩果烷 | 3β, 16α-dihydroxy-13, 28-epoxyoleanane |
| 3β, 16α-二羟基-13β, 28-环氧齐墩果-30-醛 | 3β, 16α-dihydroxy-13β, 28-epoxyolean-30-al |
| 1β, 14-二羟基-13-甲氧基-8, 11, 13-罗汉松三烯-7-酮 | 1β, 14-dihydroxy-13-methoxy-8, 11, 13-podocarpatrien-7-one |
| 5, 8α-二羟基-13-去甲小皮伞-7-酮 (5, 8α-二羟基-13-去甲-7-马瑞斯姆烷酮) | 5, 8α-dihydroxy-13-normarasman-7-one |
| 5, 7α-二羟基-13-去甲小皮伞-8-酮 (5, 7α-二羟基-13-去甲马瑞斯姆烷-8-酮) | 5, 7α-dihydroxy-13-normarasman-8-one |
| 3, 19-二羟基-14, 15, 16-三去甲-8 (17), 11-对映-半日花烷二烯-13-酸 | 3, 19-dihydroxy-14, 15, 16-trinor-8 (17), 11-*ent*-labdadien-13-oic acid |
| (1β, 6α)-1, 6-二羟基-14-*O*-[(4-羟苯基) 乙酰基] 桉叶-3, 11 (13)-二烯-12-酸-γ-内酯 | (1β, 6α)-1, 6-dihydroxy-14-*O*-[(4-hydroxyphenyl) acetyl] eudesma-3, 11 (13)-dien-12-oic acid-γ-lactone |
| 3β, 14-二羟基-14β-孕甾-5-烯-20-酮 | 3β, 14-dihydroxy-14β-pregn-5-en-20-one |
| 3β, 14β-二羟基-14β-孕甾-5-烯-20-酮 | 3β, 14β-dihydroxy-14β-pregn-5-en-20-one |
| 19, 20-二羟基-15, 16-环氧-8 (17), 13 (16), 14-对映-半日花三烯 | 19, 20-dihydroxy-15, 16-epoxy-8 (17), 13 (16), 14-*ent*-labdtriene |

| | |
|---|---|
| 10α, 19-二羟基-15, 16-环氧-8 (17), 13 (16), 14-去甲-对映-半日花三烯 | 10α, 19-dihydroxy-15, 16-epoxy-8 (17), 13 (16), 14-nor-*ent*-labdatriene |
| 7β, 9-二羟基-15-*O*-对映-贝壳杉-16-烯-19, 6β-内酯 | 7β, 9-dihydroxy-15-*O*-*ent*-kaur-16-en-19, 6β-olide |
| 9, 12-二羟基-15-十九烯酸 | 9, 12-dihydroxy-15-nonadecenoic acid |
| 3, 16-二羟基-15-酮-对映-海松-8 (14)-烯-3-*O*-β-D-吡喃葡萄糖苷 | 3, 16-dihydroxy-15-one-*ent*-pimar-8 (14)-en-3-*O*-β-D-glucopyranoside |
| 7α, 9-二羟基-15-氧亚基-(16*S*)-贝壳杉-16, 6-内酯 | 7α, 9-dihydroxy-15-oxo-(16*S*)-kaur-16, 6-olide |
| 7α, 11α-二羟基-15-氧亚基-16-亚甲基-对映-贝壳杉-19, 6β-内酯 | 7α, 11α-dihydroxy-15-oxo-16-methylene-*ent*-kaur-19, 6β-lactone |
| 7α, 9-二羟基-15-氧亚基贝壳杉-16-烯-19, 6β-内酯 | 7α, 9-dihydroxy-15-oxo-kaur-16-en-19, 6β-olide |
| 2β, 3β-二羟基-16-*O*-β-D-吡喃葡萄糖-24α-醛齐墩果-12-烯-28-酸 | 2β, 3β-dihydroxy-16-*O*-β-D-glucopyranose-24α-al-olean-12-en-28-oic acid |
| (–)-16, 17-二羟基-16β-贝壳杉-19-酸 | (–)-16, 17-dihydroxy-16β-kaur-19-oic acid |
| 11α, 15α-二羟基-16-贝壳杉烯-19-酸 | 11α, 15α-dihydroxykaur-16-en-19-oic acid |
| 3β, 28-二羟基-16-氧亚基-12-齐墩果烯 | schimperinone |
| 7α, 12-二羟基-17 (15→16)-迁-松香-8, 12, 16-三烯-11, 14-二酮 | 7α, 12-dihydroxy-17 (15→16)-*abeo*-abieta-8, 12, 16-trien-11, 14-dione |
| 4α, 6α-二羟基-18-(4′-甲氧基-4′-氧亚基丁酰氧基)-19-惕各酰氧基新克罗-13-烯-15, 16-内酯 | 4α, 6α-dihydroxy-18-(4′-methoxy-4′-oxobutyryloxy)-19-tigloyloxyneoclerod-13-en-15, 16-olide |
| 6β, 13β-二羟基-18-乙酰氧基卡斯-14 (17), 15-二烯 | 6β, 13β-dihydroxy-18-acetoxycass-14 (17), 15-diene |
| 3β, 13-二羟基-19α*H*-熊果-28-酸-γ-内酯 | 3β, 13-dihydroxy-19α*H*-urs-28-oic acid-γ-lactone |
| 23β*H*-3β, 20ξ-二羟基-19-氧亚基-21, 23-环氧达玛-24-烯 | 23β*H*-3β, 20ξ-dihydroxy-19-oxo-21, 23-epoxydammar-24-ene |
| 2α, 15β-二羟基-19-氧亚基波叶刚毛果苷元 | 2α, 15β-dihydroxy-19-oxouzarigenin |
| 4, 6-二羟基-1*H*-异吲哚-1, 3 (2*H*)-二酮 | 4, 6-dihydroxy-1*H*-isoindole-1, 3 (2*H*)-dione |
| 3, 5-二羟基-1-*O*-β-D-吡喃葡萄糖苷 | 3, 5-dihydroxy-1-*O*-β-D-glucopyranoside |
| 1α, 11β-二羟基-1α, 11β-丙酮化物-7α, 20-环氧-对映-贝壳杉-16-烯-15-酮 | 1α, 11β-dihydroxy-1α, 11β-acetonide-7α, 20-epoxy-*ent*-kaur-16-en-15-one |
| 7β, 8α-二羟基-1α, 4α*H*-愈创-10 (15)-烯-5β, 8β-内向环氧 | 7β, 8α-dihydroxy-1α, 4α*H*-guai-10 (15)-en-5β, 8β-endoxide |
| 7β, 8α-二羟基-1α, 4α*H*-愈创-9, 11-二烯-5β, 8β-内向环氧 | 7β, 8α-dihydroxy-1α, 4α*H*-guai-9, 11-dien-5β, 8β-endoxide |
| 6β, 14α-二羟基-1α, 7β-二乙酰氧基-7α, 20-环氧-对映-贝壳杉-16-烯-15-酮 | 6β, 14α-dihydroxy-1α, 7β-diacetoxy-7α, 20-epoxy-*ent*-kaur-16-en-15-one |
| 4β, 10β-二羟基-1α*H*, 5β*H*-6-愈创木烯 | 4β, 10β-dihydroxy-1α*H*, 5β*H*-guaia-6-ene |
| 8β, 9β-二羟基-1β, 10α-环氧-11β, 13-二氢木香烯内酯 | 8β, 9β-dihydroxy-1β, 10α-epoxy-11β, 13-dihydrocostunolide |
| 5-(3″, 4″-二羟基-1″-丁炔基)-2, 2′-二噻吩 | 5-(3″, 4″-dihydroxy-1″-butynyl)-2, 2′-bithiophene |
| 5-(3, 4-二羟基-1-丁炔基)-2, 2′-联噻吩 | 5-(3, 4-dihydroxybutyn-1-yl)-2, 2′-bithiophene |
| 4, 7-二羟基-1-对羟苄基-2-甲氧基-9, 10-二氢菲 | 4, 7-dihydroxy-1-*p*-hydroxybenzyl-2-methoxy-9, 10-dihydrophenanthrene |
| 3, 8-二羟基-1-甲基-9, 10-蒽二酮 | 3, 8-dihydroxy-1-methyl-9, 10-anthracenedione |

| | |
|---|---|
| 6, 7-二羟基-1-甲基-*N*-(6′-吡喃果糖基)-1, 2, 3, 4-四氢异喹啉 | 6, 7-dihydroxy-1-methyl-*N*-(6′-fructopyranosyl)-1, 2, 3, 4-tetrahydroisoquinoline |
| 5, 8-二羟基-1-甲基萘并 [2, 3-*c*] 呋喃-4, 9-二酮 | 5, 8-dihydroxy-1-methyl naphtho [2, 3-*c*] furan-4, 9-dione |
| 3, 8-二羟基-1-甲氧基-2-甲氧基亚甲基-9, 10-蒽醌 | 3, 8-dihydroxy-1-methoxy-2-methoxymethylene-9, 10-anthraquinone |
| 6-(2, 3-二羟基-1-甲氧基-3-甲丁基)-7-甲氧基香豆素 | 6-(2, 3-dihydroxy-1-methoxy-3-methyl butyl)-7-methoxycoumarin |
| 3, 6-二羟基-1-甲氧基蒽醌 | 3, 6-dihydroxy-1-methoxyanthraquinone |
| 3, 7-二羟基-1-甲氧基屾酮 | 3, 7-dihydroxy-1-methoxyxanthone |
| 2-(1′, 2′-二羟基-1′-甲乙基)-6, 10-二甲基-9-羟基螺 [4.5] 癸-6-烯-8-酮 | 2-(1′, 2′-dihydroxy-1′-methyl ethyl)-6, 10-dimethyl-9-hydroxyspiro [4.5] dec-6-en-8-one |
| (1′*R*, 2*R*, 5*S*, 10*R*)-2-(1′, 2′-二羟基-1′-甲乙基)-6, 10-二甲基螺 [4.5] 癸-6-烯-8-酮 | (1′*R*, 2*R*, 5*S*, 10*R*)-2-(1′, 2′-dihydroxy-1′-methyl ethyl)-6, 10-dimethylspiro [4.5] dec-6-en-8-one |
| (1′*S*, 2*R*, 5*S*, 10*R*)-2-(1′, 2′-二羟基-1′-甲乙基)-6, 10-二甲基螺 [4.5] 癸-6-烯-8-酮 | (1′*S*, 2*R*, 5*S*, 10*R*)-2-(1′, 2′-dihydroxy-1′-methyl ethyl)-6, 10-dimethyl spiro [4.5] dec-6-en-8-one |
| *N*-[(8*E*)-2, 4-二羟基-1-羟甲基-8-二十六烯] 十五酰胺 | *N*-[(8*E*)-2, 4-dihydroxy-1-hydroxymethyl-8-hexacosenyl] pentadecanamide |
| 3, 6-二羟基-1-羟甲基-9-甲氧基-7-甲基菲 | 3, 6-dihydroxy-1-hydroxymethyl-9-methoxy-7-methyl phenanthrene |
| 5, 8-二羟基-1-羟甲基萘并 [2, 3-*c*] 呋喃-4, 9-二酮 | 5, 8-dihydroxy-1-hydroxymethyl naphtho [2, 3-*c*] furan-4, 9-dione |
| 4, 8-二羟基-1-四氢萘醌 (异核盘菌酮) | 4, 8-dihydroxy-1-tetrahydronaphthoquinone (isosclerone) |
| 5, 8-二羟基-1-惕各酰基甲基萘并 [2, 3-c] 呋喃-4, 9-二酮 | 5, 8-dihydroxy-1-tigloyl methyl naphtho [2, 3-*c*] furan-4, 9-dione |
| 7, 27-二羟基-1-氧亚基睡茄-2, 5, 24-三烯内酯 | 7, 27-dihydroxy-1-oxowitha-2, 5, 24-trienolide |
| 7α, 27-二羟基-1-氧亚基睡茄-2, 5, 24-三烯内酯 | 7α, 27-dihydroxy-1-oxo-witha-2, 5, 24-trienolide |
| 5, 4′-二羟基-2″, 2″-二甲基吡喃 [5, 6: 6, 7] 异黄酮 | 5, 4′-dihydroxy-2″, 2″-dimethyl pyrano [5, 6: 6, 7] isoflavone |
| (2S)-2′, 4′-二羟基-2″-(1-羟基-1-甲乙基) 二氢呋喃 [2, 3-*h*] 黄烷酮 | (2S)-2′, 4′-dihydroxy-2″-(1-hydroxy-1-methyl ethyl)-dihydrofuro [2, 3-*h*] flavanone |
| 5, 7-二羟基-2-(1, 2-异丙二氧基-4-酮-环己-5-烯) 色原酮 | 5, 7-dihydroxy-2-(1, 2-isopropdioxy-4-one-cyclohex-5-en) chromone |
| 5, 7-二羟基-2-(1, 4-二羟基-环己-2, 5-二烯) 色原酮 | 5, 7-dihydroxy-2-(1, 4-dihydroxy-cyclohex-2, 5-dien) chromone |
| 5, 7-二羟基-2-(1, 4-二羟基-环己-2, 5-二烯) 色原酮-4′-*O*-β-D-葡萄糖苷 | 5, 7-dihydroxy-2-(1, 4-dihydroxy-cyclohex-2, 5-dien) chromone-4′-*O*-β-D-glucoside |
| 5, 7-二羟基-2-(1-羟基-2, 6-二甲氧基-4-酮-环己烷) 色原酮 | 5, 7-dihydroxy-2-(1-hydroxy-2, 6-dimethoxy-4-one-cyclohexane) chromone |
| 5, 7-二羟基-2-(2, 4-二羟戊基) 色原酮 | 5, 7-dihydroxy-2-(2, 4-dihydroxypentyl) chromone |
| 5, 8-二羟基-2-(2-苯乙基) 色原酮 | 5, 8-dihydroxy-2-(2-phenyl ethyl) chromone |
| 5, 8-二羟基-2-(2-对甲氧基苯乙基) 色原酮 | 5, 8-dihydroxy-2-[2-(*p*-methoxyphenyl) ethyl] chromone |

| | |
|---|---|
| 1, 3-二羟基-2-(2′-甲丙酰基)-5-甲氧基-6-甲基苯 | 1, 3-dihydroxy-2-(2′-methoxyl propionyl)-5-methoxy-6-methyl benzene |
| 2, 4-二羟基-2-(2-羟乙基) 环己-5-烯-1-酮 | 2, 4-dihydroxy-2-(2-hydroxyethyl) cyclohex-5-en-1-one |
| 7, 8-二羟基-2-(3, 4-二羟苯基)-1, 2-二氢萘-1, 3-二甲酸 | 7, 8-dihydroxy-2-(3, 4-dihydroxyphenyl)-1, 2-dihydronaphthalene-1, 3-dicarboxylic acid |
| 3, 5-二羟基-2-(3-甲基-2-丁烯基) 联苄 | 3, 5-dihydroxy-2-(3-methyl-2-butenyl) bibenzyl |
| 5, 7-二羟基-2-(3-羟基-4-甲氧苯基)-6, 7-二甲氧基色原酮 | 5, 7-dihydroxy-2-(3-hydroxy-4-methoxyphenyl)-6, 7-dimethoxychromone |
| 3-[5, 7-二羟基-2-(4-甲氧苯基)-4-氧亚基-4*H*-色烯-8-基]-4-甲氧基苯甲酸 | 3-[5, 7-dihydroxy-2-(4-methoxyphenyl)-4-oxo-4*H*-chromen-8-yl]-4-methoxybenzoic acid |
| 3, 3′-二羟基-2-(4-羟苄基)-5-甲氧基联苄 | 3, 3′-dihydroxy-2-(4-hydroxybenzyl)-5-methoxybibenzyl |
| 3, 5-二羟基-2-(4-羟基-3-甲氧苯基)-7, 8-二甲氧基-4*H*-1-苯并吡喃-4-酮 | 3, 5-dihydroxy-2-(4-hydroxy-3-methoxyphenyl)-7, 8-dimethoxy-4*H*-1-benzopyran-4-one |
| 3′, 5-二羟基-2-(4-羟基苯甲基)-3-甲氧基联苄 | 3′, 5-dihydroxy-2-(4-hydroxybenzyl)-3-methoxybibenzyl |
| 1, 4-二羟基-2-(7′-甲基-3-亚甲基-1′-氧亚基-4′, 7′-过氧化物辛) 苯 | 1, 4-dihydroxy-2-(7′-methyl-3-methylene-1′-oxo-4′, 7′-peroxideoctyl) benzene |
| (2*S*)-7, 9-二羟基-2-(丙-1-烯-2-基)-1, 2-二羟基蒽 [2, 1-*b*] 呋喃-6, 11-二酮 | (2*S*)-7, 9-dihydroxy-2-(prop-1-en-2-yl)-1, 2-dihydroanthra [2, 1-*b*] furan-6, 11-dione |
| 1-(5, 7-二羟基-2, 2, 6-三甲基-2*H*-1-苯并吡喃-8)-3-苯基-2-丙烯-1-酮 | 1-(5, 7-dihydroxy-2, 2, 6-trimethyl-2*H*-1-benzopyran-8)-3-phenyl-2-propen-1-one |
| (4*S*, 4a*R*, 10*R*, 10a*R*)-4, 10-二羟基-2, 2-二甲基-2, 3, 4, 4*R*, 10, 10α-六氢苯并 [*g*] 色烯-5-酮 | (4*S*, 4a*R*, 10*R*, 10a*R*)-4, 10-dihydroxy-2, 2-dimethyl-2, 3, 4, 4*R*, 10, 10α-hexahydrobenzo [*g*] chromen-5-one |
| (3*R*, 4a*R*, 10b*R*)-3, 10-二羟基-2, 2-二甲基-3, 4, 4a, (10b*R*)-四氢-2*H*-萘并 [1, 2-*b*] 吡喃-5*H*-6-酮 | (3*R*, 4a*R*, 10b*R*)-3, 10-dihydroxy-2, 2-dimethyl-3, 4, 4a, (10b*R*)-tetrahydro-2*H*-naphtho [1, 2-*b*]-pyran-5*H*-6-one |
| 1, 8-二羟基-2, 3, 4, 5-四甲氧基呫酮 | 1, 8-dihydroxy-2, 3, 4, 5-tetramethoxyxanthone |
| 1, 7-二羟基-2, 3, 4, 5-四甲氧基呫酮 | 1, 7-dihydroxy-2, 3, 4, 5-tetramethoxyxanthone |
| 1, 6-二羟基-2, 3, 4, 8-四甲氧基呫酮 | 1, 6-dihydroxy-2, 3, 4, 8-tetramethoxyxanthone |
| 1, 5-二羟基-2, 3, 4-三甲氧基呫酮 | 1, 5-dihydroxy-2, 3, 4-trimethoxyxanthone |
| 1, 7-二羟基-2, 3, 4-三甲氧基呫酮 | 1, 7-dihydroxy-2, 3, 4-trimethoxyxanthone |
| 4, 8-二羟基-2, 3, 6, 7, 8, 9-六脱氢伊鲁达-1-酮 | 4, 8-dihydroxy-2, 3, 6, 7, 8, 9-hexadehydroilludalan-1-one |
| 2′, 4′-二羟基-2, 3′, 6′-三甲氧基查耳酮 | 2′, 4′-dihydroxy-2, 3′, 6′-trimethoxychalcone |
| 4′, 5-二羟基-2′, 3′, 7, 8-四甲氧基黄酮 | 4′, 5-dihydroxy-2′, 3′, 7, 8-tetramethoxyl flavone |
| 1, 4-二羟基-2, 3, 7-三甲氧基呫酮 | 1, 4-dihydroxy-2, 3, 7-trimethoxyxanthone |
| 1, 5-二羟基-2, 3, 7-三甲氧基呫酮 | 1, 5-dihydroxy-2, 3, 7-trimethoxyxanthone |
| 4, 6-二羟基-2, 3-二氢-1*H*-异吲哚-1-酮 | 4, 6-dihydroxy-2, 3-dihydro-1*H*-isoindol-1-one |
| 7α, 11β-二羟基-2, 3-开环羽扇豆-12 (13), 20 (29)-二烯-2, 3, 28-三酸 | 7α, 11β-dihydroxy-2, 3-secolup-12 (13), 20 (29)-dien-2, 3, 28-trioic acid |
| 5, 3′-二羟基-2, 3-亚甲二氧基联苄 | 5, 3′-dihydroxy-2, 3-(methylenedioxy) bibenzyl |
| 3′, 6′-二羟基-2′, 4′, 5′, 4-四甲氧基查耳酮 | 3′, 6′-dihydroxy-2′, 4′, 5′, 4-tetramethoxychalcone |
| (3*S*)-3′, 7-二羟基-2′, 4′, 5′, 8-四甲氧基异黄烷 | (3*S*)-3′, 7-dihydroxy-2′, 4′, 5′, 8-tetramethoxyisoflavane |

| 3, 7-二羟基-2, 4, 6-三甲氧基菲 | 3, 7-dihydroxy-2, 4, 6-trimethoxyphenanthrene |
|---|---|
| 1, 3-二羟基-2, 4, 7-三甲氧基吅酮 | 1, 3-dihydroxy-2, 4, 7-trimethoxyxanthone |
| 3, 7-二羟基-2, 4, 8-三甲氧基菲 | 3, 7-dihydroxy-2, 4, 8-trimethoxyphenanthrene |
| 3′, 5-二羟基-2, 4-二 (对-羟苄基)-3-甲氧基联苄 | 3′, 5-dihydroxy-2, 4-di (*p*-hydroxybenzyl)-3-methoxybibenzyl |
| (3*R*, 4*R*)-3′, 7-二羟基-2′, 4′-二甲氧基-4-[(2*R*)-4′, 5, 7-二羟基黄烷酮-6-基] 异黄烷 | (3*R*, 4*R*)-3′, 7-dihydroxy-2′, 4′-dimethoxy-4-[(2*R*)-4′, 5, 7-trihydroxyflavanone-6-yl] isoflavan |
| (3*R*, 4*R*)-3′, 7-二羟基-2′, 4′-二甲氧基-4-[(3*R*)-2′, 7-二羟基-4′-甲氧基异黄烷-5′-基] 异黄烷 | (3*R*, 4*R*)-3′, 7-dihydroxy-2′, 4′-dimethoxy-4-[(3*R*)-2′, 7-dihydroxy-4′-methoxyisoflavan-5′-yl] isoflavan |
| 5, 6-二羟基-2, 4-二甲氧基-9, 10-二氢菲 | 5, 6-dihydroxy-2, 4-dimethoxy-9, 10-dihydrophenanthrene |
| 1, 3-二羟基-2, 4-二甲氧基蒽醌 | 1, 3-dihydroxy-2, 4-dimethoxyanthraquinone |
| 1, 6-二羟基-2, 4-二甲氧基蒽醌 | 1, 6-dihydroxy-2, 4-dimethoxyanthraquinone |
| 3, 5-二羟基-2, 4-二甲氧基菲 | 3, 5-dihydroxy-2, 4-dimethoxyphenanthrene |
| 3, 7-二羟基-2, 4-二甲氧基菲 | 3, 7-dihydroxy-2, 4-dimethoxyphenanthrene |
| 3, 7-二羟基-2, 4-二甲氧基菲-3-*O*-葡萄糖苷 | 3, 7-dihydroxy-2, 4-dimethoxyphenanthrene-3-*O*-glucoside |
| 3′, 7-二羟基-2′, 4′-二甲氧基异黄酮 | 3′, 7-dihydroxy-2′, 4′-dimethoxyisoflavone |
| 3′, 7-二羟基-2′, 4′-二甲氧基异黄烷 | 3′, 7-dihydroxy-2′, 4′-dimethoxyisoflavane |
| 3, 7-二羟基-2′, 4′-二甲氧基异黄烷酮 | 3, 7-dihydroxy-2′, 4′-dimethoxyisoflavanone |
| 2, 3-二羟基-2, 4-环戊二烯-1-酮 | 2, 3-dihydroxy-2, 4-cyclopentadien-1-one |
| 1, 3-二羟基-2, 5, 6, 7-四甲氧基吅酮 | 1, 3-dihydroxy-2, 5, 6, 7-tetramethoxyxanthone |
| 1, 3-二羟基-2, 5-二甲氧基蒽醌 | 1, 3-dihydroxy-2, 5-dimethoxyanthraquinone |
| 3, 3′-二羟基-2, 5′-二甲氧基联苄 | 3, 3′-dihydroxy-2, 5′-dimethoxybibenzyl |
| 3, 5-二羟基-2′, 5′-二甲氧基联苄 | 3, 5-dihydroxy-2′, 5′-dimethoxybibenzyl |
| 5, 7-二羟基-2, 6, 8-三甲基色原酮 | 5, 7-dihydroxy-2, 6, 8-trimethyl chromone |
| 4, 4′-二羟基-2, 6-二甲氧基二氢查耳酮 | 4, 4′-dihydroxy-2, 6-dimethoxydihydrochalcone |
| 1, 8-二羟基-2, 6-二甲氧基吅酮 (甲基当药吅酮、甲基当药宁) | 1, 8-dihydroxy-2, 6-dimethoxyxanthone (methyl swertianin) |
| 1, 4-二羟基-2, 6-甲氧基苯 | 1, 4-dihydroxy-2, 6-dimethoxybenzene |
| 2, 4-二羟基-2, 6-三甲基-$\Delta^1$, α-环己烷乙酰-γ-内酯 | 2, 4-dihydroxy-2, 6-trimethyl-$\Delta^1$, α-cyclohexaneacetic-γ-lactone |
| 3, 3′-二羟基-2′, 6′-双 (对羟苄基)-5-甲氧基联苄 | 3, 3′-dihydroxy-2′, 6′-bis (p-hydroxybenzyl)-5-methoxybibenzyl |
| (1*S*, 2*E*, 4*S*, 7*E*, 10*E*, 12*S*)-4, 12-二羟基-2, 7, 10-烟草三烯-6-酮 | (1*S*, 2*E*, 4*S*, 7*E*, 10*E*, 12*S*)-4, 12-dihydroxy-2, 7, 10-cembr-trien-6-one |
| 6, 8-二羟基-2, 7-二甲氧基-3-(1, 1-二甲基丙-2-烯基)-1, 4-萘醌 | 6, 8-dihydroxy-2, 7-dimethoxy-3-(1, 1-dimethyl prop-2-enyl)-1, 4-naphthoquinone |
| 4, 8-二羟基-2, 7-二甲氧基吅酮 | 4, 8-dihydroxy-2, 7-dimethoxyxanthone |
| 1, 7-二羟基-2, 8-二甲基-4-(1-羟基乙基)-9, 10-二氢菲 | 1, 7-dihydroxy-2, 8-dimethyl-4-(1-hydroxyethyl)-9, 10-dihydrophenanthrene |
| 1-(3, 7-二羟基-2, 8-二甲基-9, 10-二氢菲-1-基) 乙酮 | 1-(3, 7-dihydroxy-2, 8-dimethyl-9, 10-dihydrophenanthren-1-yl) ethanone |

| | |
|---|---|
| 5, 7-二羟基-2, 8-二甲基色原酮 (O-去甲异甲基丁香色原酮、番樱桃醇) | 5, 7-dihydroxy-2, 8-dimethyl chromone (isoeugenitol) |
| 5, 7-二羟基-2′, 8-二甲氧基黄酮 | 5, 7-dihydroxy-2′, 8-dimethoxyflavone |
| 3, 6-二羟基-2-[2-(2-羟苯基)-乙炔基] 苯甲酸甲酯 | 3, 6-dihydroxy-2-[2-(2-hydroxpyhenyl)-ethynyl] benzoic acid methyl ester |
| 5, 8-二羟基-2-[2-(4′-甲氧苯基) 乙基] 色原酮 | 5, 8-dihydroxy-2-[2-(4′-methoxyphenyl) ethyl] chromone |
| 1, 4-二羟基-2-[3′, 7′-二甲基-1′-氧亚基-2′-(*E*), 6′-辛二烯] 苯 | 1, 4-dihydroxy-2-[3′, 7′-dimethyl-1′-oxo-2′-(*E*), 6′-octadienyl] benzene |
| 1, 4-二羟基-2-[3′, 7′-二甲基-1′-氧亚基-2′-(*Z*), 6′-辛二烯] 苯 | 1, 4-dihydroxy-2-[3′, 7′-dimethyl-1′-oxo-2′-(*Z*), 6′-octadienyl] benzene |
| 3α, 11α-二羟基-20 (29)-羽扇豆烯-23, 28-二酸 | 3α, 11α-dihydroxy-20 (29)-lup-en-23, 28-dioic acid |
| (17*R*, 20*S*, 24*R*)-17, 25-二羟基-20, 24-环氧-14 (18)-岭南臭椿烯-3-酮 | (17*R*, 20*S*, 24*R*)-17, 25-dihydroxy-20, 24-epoxy-14 (18)-malabaricen-3-one |
| 3β, 22-二羟基-20-蒲公英萜烯 | 3β, 22-dihydroxy-20-taraxastene |
| 3β, 19β-二羟基-20-蒲公英萜烯-30-酸 | 3β, 19β-dihydroxy-20-taraxasten-30-oic acid |
| 3β, 22α-二羟基-20-蒲公英萜烯-30-酸 | 3β, 22α-dihydroxy-20-taraxasten-30-oic acid |
| 6α, 15α-二羟基-20-醛-6, 7-开环-6, 11α-环氧-对映-贝壳杉-16-烯-1, 7-内酯 | 6α, 15α-dihydroxy-20-aldehyde-6, 7-*seco*-6, 11α-epoxy-*ent*-kaur-16-en-1, 7-olide |
| 5α, 6β-二羟基-21, 24-环氧-1-氧亚基醉茄-2, 25 (27)-二烯内酯 | 5α, 6β-dihydroxy-21, 24-epoxy-1-oxowitha-2, 25 (27)-dienolide |
| 3β, 24-二羟基-22-氧亚基齐墩果-12-烯-29-酸甲酯 | methyl 3β, 24-dihydroxy-22-oxoolean-12-en-29-oate |
| 3β, 16β-二羟基-23-*O*-乙酰基-13β, 28β-环氧齐墩果-11-烯-3-*O*-β-D-吡喃岩藻糖苷 | 3β, 16β-dihydroxy-23-*O*-acetyl-13β, 28β-epoxyolean-11-en-3-*O*-β-D-fucopyranoside |
| 3, 25-二羟基-23-环安坦烯 | 3, 25-dihydroxy-23-cydoartene |
| 2α, 24-二羟基-23-去甲熊果酸 | 2α, 24-dihydroxy-23-norursolic acid |
| 3, 11-二羟基-23-氧亚基-20 (29)-羽扇豆-28-酸 | 3, 11-dihydroxy-23-oxo-20 (29)-lup-28-oic acid |
| 2β, 3β-二羟基-23-氧亚基熊果-12-烯-28-酸 | 2β, 3β-dihydroxy-23-oxours-12-en-28-oic acid |
| 3α, 11α-二羟基-23-氧亚基羽扇豆-20 (29)-烯-28-酸 | 3α, 11α-dihydroxy-23-oxolup-20 (29)-en-28-oic acid |
| 2α, 12β-二-羟基-24ξ-氢过氧基-25, 26-烯达玛烷 | 2α, 12β-di-hydroxy-24ξ-hydroperoxy-25, 26-en-dammarane |
| (11*R*, 20*R*)-11, 20-二羟基-24-达玛烯-3-酮 | (11*R*, 20*R*)-11, 20-dihydroxy-24-dammaren-3-one |
| (20*S*)-3β, 20-二羟基-24-过羟基达玛-25-烯 | (20*S*)-3β, 20-dihydroxy-24-perhydroxydammar-25-ene |
| (16*S*, 24*S*)-二羟基-24-去乙酰泽泻醇 O | (16*S*, 24*S*)-dihydroxy-24-deacetyl alisol O |
| (*E*)-3β, 20-二羟基-25-过羟基达玛-23-烯 | (*E*)-3β, 20-dihydroxy-25-perhydroxydammar-23-ene |
| (23*E*)-3β, 7β-二羟基-25-甲氧基-5, 23-葫芦二烯-19-醛 | (23*E*)-3β, 7β-dihydroxy-25-methoxycucurbit-5, 23-dien-19-al |
| 3β, 7β-二羟基-25-甲氧基葫芦-5, (23*E*)-二烯-19-醛 | 3β, 7β-dihydroxy-25-methoxycucurbita-5, (23*E*)-dien-19-al |
| 3, 7-二羟基-25-甲氧基葫芦-5, 23-二烯-19-醛 | 3, 7-dihydroxy-25-methoxycucurbita-5, 23-dien-19-al |
| (23*E*)-3β, 7β-二羟基-25-甲氧基葫芦-5, 23-二烯-19-醛-3-*O*-β-D-吡喃阿洛糖苷 | (23*E*)-3β, 7β-dihydroxy-25-methoxycucurbit-5, 23-dien-19-al-3-*O*-β-D-allopyranoside |

| | |
|---|---|
| 3β, (23*R*)- 二羟基 -29- 去甲环阿屯 -24- 烯 -28- 酸甲酯 3- 磺酸盐 | methyl-3β, (23*R*)-dihydroxy-29-norcycloart-24-en-28-oate 3-sulfate |
| 6, 7- 二羟基 -2*H*- 色烯 -2- 酮 | 6, 7-dihydroxy-2*H*-chromen-2-one |
| 4, 6- 二羟基 -2-*O*-(4′- 羟丁基 ) 苯乙酮 | 4, 6-dihydroxy-2-*O*-(4′-hydroxybutyl) acetophenone |
| 9- 二羟基 -2′-*O*-(*Z*)- 桂皮酰基 -7- 甲氧基芦荟苦素 | 9-dihydroxy-2′-*O*-(*Z*)-cinnamoyl-7-methoxyaloesin |
| 3β, 19α- 二羟基 -2-*O*- 熊果 -12- 烯 -28- 酸 | 3β, 19α-dihydroxy-2-*O*-urs-12-en-28-oic acid |
| 1α, 3α- 二羟基 -2α-(2- 甲基丁酰氧基 ) 异土木香内酯 | 1α, 3α-dihydroxy-2α-(2-methyl butanoyloxy) isoalantolactone |
| 2β, 3β- 二羟基 -2α- 甲基 -γ- 内酯 | 2β, 3β-dihydroxy-2α-methyl-γ-lactone |
| 5-(1β, 2α- 二羟基 -2β- 甲基 -2-*O*-β-D- 吡喃奎诺糖基 -6β- 羟甲基 ) 环己基 -3- 甲基 -2, 4- 戊二烯酸 | 5-(1β, 2α-dihydroxy-2β-methyl-2-*O*-β-D-quinovopyranosyl-6β-hydroxymethyl) cyclohexyl-3-methyl-2, 4-pentadienoic acid |
| 4, 5β- 二羟基 -2β- 异丁酰氧基 -10β*H*- 愈创木 -11 (13)- 烯 -12, 8β- 内酯 | 4, 5β-dihydroxy-2β-isobutyryloxy-10β*H*-guai-11 (13)-en-12, 8β-olide |
| 5, 7- 二羟基 -2- 丙基色原酮 | 5, 7-dihydroxy-2-propyl chromone |
| 5, 7- 二羟基 -2- 丙基色原酮 -7-*O*-β-D- 吡喃葡萄糖苷 | 5, 7-dihydroxy-2-propyl chromone-7-*O*-β-D-glucopyranoside |
| 2, 3- 二羟基 -2- 己基 -5- 甲基呋喃 -3- 酮 | 2, 3-dihydroxy-2-hexyl-5-methyl furan-3-one |
| 8, 10- 二羟基 -2- 甲基 -(2*E*, 6*E*)- 辛二烯酰基梓醇 | 8, 10-dihydroxy-2-methyl-(2*E*, 6*E*)-octadienoyl catalpol |
| 1-[5, 7- 二羟基 -2- 甲基 -2-(4- 甲基戊 -3- 烯基 ) 色原烷 -8- 基 ]-2- 甲基丙 -1- 酮 | 1-[5, 7-dihydroxy-2-methyl-2-(4-methylpent-3-enyl) chroman-8-yl]-2-methylprop-1-one |
| 1-[5, 7- 二羟基 -2- 甲基 -2-(4- 甲基戊 -3- 烯基 ) 色原烷 -8- 基 ]-2- 甲基丁 -1- 酮 | 1-[5, 7-dihydroxy-2-methyl-2-(4-methylpent-3-enyl) chroman-8-yl]-2-methylbut-1-one |
| 5, 7- 二羟基 -2- 甲基 -4- 二氢色原酮 | 5, 7-dihydroxy-2-methyl-4-dihydrochromone |
| 1, 4- 二羟基 -2- 甲基 -5- 甲氧基蒽醌 | 1, 4-dihydroxy-2-methyl-5-methoxyanthraquinone |
| 1, 4- 二羟基 -2- 甲基 -8- 甲氧基蒽醌 | 1, 4-dihydroxy-2-methyl-8-methoxyanthraquinone |
| 1, 6- 二羟基 -2- 甲基 -9, 10- 蒽醌 | 1, 6-dihydroxy-2-methyl-9, 10-anthraquinone |
| (2*R*, 3*R*)-2, 3- 二羟基 -2- 甲基 -γ- 丁内酯 | (2*R*, 3*R*)-2, 3-dihydroxy-2-methyl-γ-butyrolactone |
| 5, 7- 二羟基 -2- 甲基苯并吡喃 -4- 酮 | 5, 7-dihydroxy-2-methyl benzopyran-4-one |
| 1-(4, 5- 二羟基 -2- 甲基苯基 ) 乙酮 | 1-(4, 5-dihydroxy-2-methyl phenyl) ethanone |
| 2, 3- 二羟基 -2- 甲基丁内酯 | 2, 3-dihydroxy-2-methyl butyrolactone |
| 1, 4- 二羟基 -2- 甲基蒽醌 | 1, 4-dihydroxy-2-methyl anthraquinone |
| 1, 3- 二羟基 -2- 甲基蒽醌 ( 甲基异茜草素、茜草定 ) | 1, 3-dihydroxy-2-methyl anthraquinone (rubiadin) |
| 1, 8- 二羟基 -2- 甲基蒽醌 -3-*O*-β-D- 吡喃半乳糖苷 | 1, 8-dihydroxy-2-methyl anthraquinone-3-*O*-β-D-galactopyranoside |
| 3, 5- 二羟基 -2- 甲基萘醌 ( 茅膏菜醌、茅膏酮、茅膏醌 ) | 3, 5-dihydroxy-2-methyl-1, 4-naphthoquinone (droserone) |
| 5, 7- 二羟基 -2- 甲基色原酮 | 5, 7-dihydroxy-2-methyl chromone |
| 5, 7- 二羟基 -2- 甲基色原酮 -7-*O*-β-D- 吡喃葡萄糖苷 | 5, 7-dihydroxy-2-methyl chromone-7-*O*-β-D-glucopyranoside |
| 5, 7- 二羟基 -2- 甲基色原酮 -7-*O*-β-D- 呋喃芹糖基 -(1→6)-β-D- 吡喃葡萄糖苷 | 5, 7-dihydroxy-2-methyl chromone-7-*O*-β-D-apiofuranosyl-(1→6)-β-D-glucopyranoside |

| | |
|---|---|
| 5, 7- 二羟基 -2- 甲基色原酮 -7-*O*-β-D- 葡萄糖苷 | 5, 7-dihydroxy-2-methyl chromone-7-*O*-β-D-glucoside |
| 6, 7- 二羟基 -2- 甲氧基 -1, 4- 菲二酮 | 6, 7-dihydroxy-2-methoxy-1, 4-phenanthrenedione |
| 1, 2- 二羟基 -2- 甲氧基 -3, 4- 二氧丁基 -(2′, 2′- 二氧丙基 ) 醚 | 1, 2-dihydroxy-2-methoxy-3, 4-dioxybutyl-(2′, 2′-dioxypropyl) ether |
| 3, 5- 二羟基 -2′- 甲氧基 -4- 甲基联苄 | 3, 5-dihydroxy-2′-methoxy-4-methyl bibenzyl |
| 5, 3′- 二羟基 2′- 甲氧基 -6, 7- 亚甲二氧基异黄酮 | 5, 3′-dihydroxy-2′-methoxy-6, 7-methylenedioxyisoflavone |
| 1, 3- 二羟基 -2- 甲氧基 -6- 羰甲氧基 -7- 乙酰基𠮿酮 | 1, 3-dihydroxy-2-methoxy-6-methoxycarbonyl-7-acetyl xanthone |
| 5, 4′- 二羟基 -2′- 甲氧基 -8-(3, 3- 二甲烯丙基 )-2″, 2″- 二甲基吡喃 [5, 6: 6, 7] 异黄烷酮 | 5, 4′-dihydroxy-2′-methoxy-8-(3, 3-dimethyl allyl)-2″, 2″-dimethyl pyrano [5, 6: 6, 7] isoflavanone |
| 1, 3- 二羟基 -2- 甲氧基 -9, 10- 蒽醌 | 1, 3-dihydroxy-2-methoxy-9, 10-anthraquinone |
| 4, 5- 二羟基 -2- 甲氧基 -9, 10- 二氢菲 | 4, 5-dihydroxy-2-methoxy-9, 10-dihydrophenanthren |
| 4, 7- 二羟基 -2- 甲氧基 -9, 10- 二氢菲 | 4, 7-dihydroxy-2-methoxy-9, 10-dihydrophenanthrene |
| 4, 7- 二羟基 -2- 甲氧基 -9, 10- 二氢菲 ( 卢斯兰菲 ) | 4, 7-dihydroxy-2-methoxy-9, 10-dihydrophenanthrene (lusianthridin) |
| 1, 4- 二羟基 -2- 甲氧基苯 | 1, 4-dihydroxy-2-methoxybenzene |
| 4, 6- 二羟基 -2- 甲氧基苯乙酮 | 4, 6-dihydroxy-2-methoxyacetophenone |
| 4, 4′- 二羟基 -2′- 甲氧基查耳酮 | 4, 4′-dihydroxy-2′-methoxychalcone |
| 1, 6- 二羟基 -2- 甲氧基蒽醌 | 1, 6-dihydroxy-2-methoxyanthraquinone |
| 3, 5- 二羟基 -2′- 甲氧基联苄 | 3, 5-dihydroxy-2′-methoxybibenzyl |
| 4, 4′- 二羟基 -2′- 甲氧基石竹酰胺 | 4, 4′-dihydroxy-2′-methoxydianthramide |
| 1, 3- 二羟基 -2- 甲氧基𠮿酮 | 1, 3-dihydroxy-2-methoxyxanthone |
| 1, 7- 二羟基 -2- 甲氧基𠮿酮 | 1, 7-dihydroxy-2-methoxyxanthone |
| (3*R*)-7, 4′- 二羟基 -2′- 甲氧基异黄烷 | (3*R*)-7, 4′-dihydroxy-2′-methoxyisoflavan |
| 1, 3- 二羟基 -2- 甲氧甲基 -9, 10- 蒽醌 | 1, 3-dihydroxy-2-methoxymethyl-9, 10-anthraquinone |
| 3, 6- 二羟基 -2- 甲氧甲基蒽醌 | 3, 6-dihydroxy-2-methoxymethyl anthraquinone |
| 1, 3- 二羟基 -2- 甲氧甲基蒽醌 | 1, 3-dihydroxy-2-methoxymethyl anthraquinone |
| 1, 3- 二羟基 -2- 羟甲基 -6- 甲氧基 -9, 10- 蒽醌 | 1, 3-dihydroxy-2-hydroxymethyl-6-methoxy-9, 10-anthraquinone |
| 3, 6- 二羟基 -2- 羟甲基 -9, 10- 蒽醌 | 3, 6-dihydroxy-2-hydroxymethyl-9, 10-anthraquinone |
| 1, 3- 二羟基 -2- 羟甲基 -9, 10- 蒽醌 -3- 羟基 -2- 羟甲基丙酮化物 | 1, 3-dihydroxy-2-hydroxymethyl-9, 10-anthraquinone-3-hydroxy-2-hydroxymethyl-acetonide |
| 1, 4- 二羟基 -2- 羟甲基蒽醌 | 1, 4-dihydroxy-2-hydroxymethyl anthraquinone |
| 1, 3- 二羟基 -2- 羟甲基蒽醌 -3-*O*- 木糖基 -(1→6)- 葡萄糖苷 ( 光泽定樱草糖苷 ) | 1, 3-dihydroxy-2-hydroxymethyl anthraquinone-3-*O*-xylosyl-(1→6)-glucoside (lucidin primeveroside) |
| 1, 3- 二羟基 -2- 十六烷基氨基 -(4*E*)- 十七烯 | 1, 3-dihydroxy-2-hexanoyl amino-(4*E*)-heptadecene |
| 1, 4- 二羟基 -2- 羰乙氧基蒽醌 | 1, 4-dihydroxy-2-carboethoxyanthraquinone |
| 15, 16- 二羟基 -2- 氧亚基 - 对映 - 海松 -8 (14)- 烯 | 15, 16-dihydroxy-2-oxo-*ent*-pimar-8 (14)-ene |
| 1, 2- 二羟基 -2- 氧亚基喹啉 -4- 甲酸甲酯 | 1, 2-dihydroxy-2-oxoquinolin-4-carboxylic acid methyl ester |

| 1, 2-二羟基-2-氧亚基喹啉-4-甲酸乙酯 | 1, 2-dihydroxy-2-oxoquinolin-4-carboxylic acid ethyl ester |
|---|---|
| 2, 19α-二羟基-2-氧亚基熊果-1, 12-二烯-28-酸 | 2, 19α-dihydroxy-2-oxours-1, 12-dien-28-oic acid |
| 1, 8-二羟基-2-乙酰基-3-甲基萘 | 1, 8-dihydroxy-2-acetyl-3-methyl naphthalene |
| 1, 3-二羟基-2-乙氧甲基-6-甲氧基-9, 10-蒽醌 | 1, 3-dihydroxy-2-ethoxymethyl-6-methoxy-9, 10-anthraquinone |
| 1, 3-二羟基-2-乙氧甲基-9, 10-蒽醌 | 1, 3-dihydroxy-2-ethoxymethyl-9, 10-anthraquinone |
| 1, 3-二羟基-2-乙氧甲基蒽醌 (针屈曲素) | 1, 3-dihydroxy-2-ethoxymethyl anthraquinone (ibericin) |
| 5, 7-二羟基-3-(2′, 4′-二羟苄基) 色烷-4-酮 | 5, 7-dihydroxy-3-(2′, 4′-dihydroxybenzyl) chroman-4-one |
| (3*R*)-5, 7-二羟基-3-(2′, 4′-二羟苄基) 色烷-4-酮 | (3*R*)-5, 7-dihydroxy-3-(2′, 4′-dihydroxybenzyl) chroman-4-one |
| 5, 7-二羟基-3′-(2-羟基-3-甲基-3-丁烯基)-3, 6, 4′-三甲氧基黄酮 | 5, 7-dihydroxy-3′-(2-hydroxy-3-methyl-3-butenyl)-3, 6, 4′-trimethoxyflavone |
| 3, 7-二羟基-3′-(2-羟基-3-甲基-3-丁烯基)-5, 6, 4′-三甲氧基黄酮 | 3, 7-dihydroxy-3′-(2-hydroxy-3-methyl-3-butenyl)-5, 6, 4′-trimethoxyflavone |
| (3*R*)-5, 7-二羟基-3-(2′-羟基-4′-甲氧基苄基) 色烷-4-酮 | (3*R*)-5, 7-dihydroxy-3-(2′-hydroxy-4′-methoxybenzyl) chroman-4-one |
| 1, 8-二羟基-3-(3, 7-二甲基-7-甲氧基辛-2-烯基氧)-6-甲基屾酮 | 1, 8-dihydroxy-3-(3, 7-dimethyl-7-methoxy-oct-2-enyloxy)-6-methyl xanthone |
| (*E*)-1-[2, 4-二羟基-3-(3-甲基-2-丁烯基) 苯基]-3-(2, 2-二甲基-8-羟基-2*H*-苯并吡喃-6-基)-2-丙烯-1-酮 | (*E*)-1-[2, 4-dihydroxy-3-(3-methyl-2-butenyl) phenyl]-3-(2, 2-dimethyl-8-hydroxy-2*H*-benzopyran-6-yl)-2-propen-1-one |
| (*E*)-1-[2, 4-二羟基-3-(3-甲基-2-丁烯基) 苯基]-3-[4-羟基-3-(3-甲基-2-丁烯基) 苯基]-2-丙烯-1-酮 | (*E*)-1-[2, 4-dihydroxy-3-(3-methyl-2-butenyl) phenyl]-3-[4-hydroxy-3-(3-methyl-2-butenyl) phenyl]-2-propen-1-one |
| 2, 7-二羟基-3-(3′-甲氧基-4′-羟基)-5-甲氧基异黄酮 | 2, 7-dihydroxy-3-(3′-methoxy-4′-hydroxy)-5-methoxyisoflavone |
| 5, 7-二羟基-3-(3-羟基-4-甲氧基苄基)-6-甲氧基色烷-4-酮 | 5, 7-dihydroxy-3-(3-hydroxy-4-methoxybenzyl)-6-methoxychroman-4-one |
| 7, 8-二羟基-3-(3-羟基-4-氧亚基-4*H*-吡喃-2-基) 香豆素 | 7, 8-dihydroxy-3-(3-hydroxy-4-oxo-4*H*-pyran-2-yl) coumarin |
| 5, 7-二羟基-3′-(3-羟甲基丁基)-3, 6, 4′-三甲氧基黄酮 | 5, 7-dihydroxy-3′-(3-hydroxymethyl butyl)-3, 6, 4′-trimethoxyflavone |
| 5, 4′-二羟基-3′-(3-羟甲基丁基)-3, 6, 7-三甲氧基黄酮 | 5, 4′-dihydroxy-3′-(3-hydroxymethyl butyl)-3, 6, 7-trimethoxyflavone |
| 3, 7-二羟基-3 (4*H*)-异卡达烯-4-酮 | 3, 7-dihydroxy-3 (4*H*)-isocadalen-4-one |
| 5, 7-二羟基-3-(4′-甲氧基苄基) 色烷-4-酮 | 5, 7-dihydroxy-3-(4′-methoxybenzyl) chroman-4-one |
| 5, 7-二羟基-3-(4′-羟苄基)-6-甲基色原酮 | 5, 7-dihydroxy-3-(4′-hydroxybenzyl)-6-methyl chromone |
| (3*R*)-5, 7-二羟基-3-(4′-羟苄基) 色烷-4-酮 | (3*R*)-5, 7-dihydroxy-3-(4′-hydroxybenzyl) chroman-4-one |

| (*S*)-5-[2, 4-二羟基-3-(4-羟基苯甲酰基)-6-甲氧苯基]吡咯烷-2-酮 | (*S*)-5-[2, 4-dihydroxy-3-(4-hydroxybenzoyl)-6-methoxyphenyl] pyrrolidin-2-one |
|---|---|
| 2-[2, 4-二羟基-3-(4-羟基苯甲酰基)-6-甲氧苯基] 乙酸甲酯 | 2-[2, 4-dihydroxy-3-(4-hydroxybenzoyl)-6-methoxypheyl] acetic acid methyl ester |
| (*E*)-5, 7-二羟基-3-(4′-羟基苯亚甲基) 色烷-4-酮 | (*E*)-5, 7-dihydroxy-3-(4′-hydroxybenzylidene) chroman-4-one |
| (*Z*, *Z*)-2, 5-二羟基-3-(十七碳-8, 11-二烯基)-1, 4-苯醌 | (*Z*, *Z*)-2, 5-dihydroxy-3-(heptadec-8, 11-dienyl)-1, 4-benzoquinone |
| (*Z*)-2, 5-二羟基-3-(十七碳-8-烯基)-1, 4-苯醌 | (*Z*)-2, 5-dihydroxy-3-(heptadec-8-enyl)-1, 4-benzoquinone |
| (*Z*)-2, 5-二羟基-3-(十五碳-8-烯基)-1, 4-苯醌 | (*Z*)-2, 5-dihydroxy-3-(pentadec-8-enyl)-1, 4-benzoquinone |
| 7β, 12β-二羟基-3, 11, 15, 23-四氧亚基-5α-羊毛脂-8-烯-26-酸 | 7β, 12β-dihydroxy-3, 11, 15, 23-tetraoxo-5α-lanost-8-en-26-oic acid |
| 7β, 23ξ-二羟基-3, 11, 15-三氧亚基羊毛脂-8, [20*E* (22)]-二烯-26-酸 | 7β, 23ξ-dihydroxy-3, 11, 15-trioxolanost-8, [20*E* (22)]-dien-26-oic acid |
| (+)-(7*R*, 7′*R*, 7″*R*, 7‴*R*, 8*S*, 8′*S*, 8″*S*, 8‴*S*)-4″, 4‴-二羟基-3, 3′, 3″, 3‴, 5, 5′-六甲氧基-7, 9′: 7′, 9-二环氧-4, 8″: 4′, 8‴-二氧基-8, 8′-二新木脂素-7″, 7‴, 9″, 9‴-四醇 | (+)-(7*R*, 7′*R*, 7″*R*, 7‴*R*, 8*S*, 8′*S*, 8″*S*, 8‴*S*)-4″, 4‴-dihydroxy-3, 3′, 3″, 3‴, 5, 5′-hexamethoxy-7, 9′: 7′, 9-diepoxy-4, 8″: 4′, 8‴-bisoxy-8, 8′-dineolignan-7″, 7‴, 9″, 9‴-tetraol |
| 4′, 4″-二羟基-3, 3′, 3″, 5, 5′, 5″-六甲氧基-7, 7′: 7′, 9-二环氧-4, 8″-氧基-8, 8′-倍半新木脂素-7″, 9″-二醇 | 4′, 4″-dihydroxy-3′, 3″, 5, 5′, 5″-hexamethoxy-7, 9′: 7′, 9-diepoxy-4, 8″-oxy-8, 8′-sesquineolignan-7″, 9″-diol |
| 4′, 4″-二羟基-3, 3′, 3″, 5, 5′-五甲氧基-7, 9′: 7′, 9-二环氧-4, 8″-氧基-8, 8′-倍半新木脂素-7″, 9″-二醇 | 4′, 4″-dihydroxy-3, 3′, 3″, 5, 5′-pentamethoxy-7, 9′: 7′, 9-diepoxy-4, 8″-oxy-8, 8′-sesquineolignan-7″, 9″-diol |
| (–)-(7*R*, 7′*R*, 7″*R*, 8*S*, 8′*S*, 8″*S*)-4′, 4″-二羟基-3, 3′, 3″, 5-四甲氧基-7, 9′: 7′, 9-二环氧-4, 8″-氧基-8, 8′-倍半新木脂素-7″, 9″-二醇 | (–)-(7*R*, 7′*R*, 7″*R*, 8*S*, 8′*S*, 8″*S*)-4′, 4″-dihydroxy-3, 3′, 3″, 5-tetramethoxy-7, 9′: 7′, 9-diepoxy-4, 8″-oxy-8, 8′-sesquineolignan-7″, 9″-diol |
| (7*R*, 7′*R*, 7″*S*, 8*S*, 8′*S*, 8″*S*)-4′, 4″-二羟基-3, 3′, 3″, 5-四甲氧基-7, 9′: 7′, 9-二环氧-4, 8″-氧基-8, 8′-倍半新木脂素-7″, 9″-二醇 | (7*R*, 7′*R*, 7″*S*, 8*S*, 8′*S*, 8″*S*)-4′, 4″-dihydroxy-3, 3′, 3″, 5-tetramethoxy-7, 9′: 7′, 9-diepoxy-4, 8″-oxy-8, 8′-sesquineolignan-7″, 9″-diol |
| (7*S*, 8*S*, 8′*R*)-4, 7-二羟基-3, 3′, 4′-三甲氧基-9-氧亚基双苄丁内酯基木脂素 | (7*S*, 8*S*, 8′*R*)-4, 7-dihydroxy-3, 3′, 4′-trimethoxy-9-oxodibenzyl butyrolactonelignan |
| (7*R*, 8*S*, 8′*R*)-4, 7-二羟基-3, 3′, 4′-三甲氧基-9-氧亚基双苄丁内酯基木脂素-4-*O*-β-D-吡喃葡萄糖苷 | (7*R*, 8*S*, 8′*R*)-4, 7-dihydroxy-3, 3′, 4′-trimethoxy-9-oxodibenzyl butyrolactonelignan-4-*O*-β-D-glucopyranoside |
| (7*S*, 8*S*, 8′*R*)-4, 7-二羟基-3, 3′, 4′-三甲氧基-9-氧亚基双苄丁内酯基木脂素-4-*O*-β-D-吡喃葡萄糖苷 | (7*S*, 8*S*, 8′*R*)-4, 7-dihydroxy-3, 3′, 4′-trimethoxy-9-oxodibenzyl butyrolactonelignan-4-*O*-β-D-glucopyranoside |
| 4, 4′-二羟基-3, 3′, 5-三甲氧基双环氧木脂素 | 4, 4′-dihydroxy-3, 3′, 5-trimethoxybisepoxylignan |
| 5, 4′-二羟基-3, 3′, 7-三甲氧基黄酮 | 5, 4′-dihydroxy-3, 3′, 7-trimethoxyflavone |
| 2, 2′-二羟基-3, 3′-二甲氧基-1, 1′-新木脂素 | 2, 2′-dihydroxy-3, 3′-dimethoxy-1, 1′-neolignan |
| 5, 4′-二羟基-3, 3′-二甲氧基-6, 7-亚甲二氧基黄酮-4′-葡萄糖醛酸苷 | 5, 4′-dihydroxy-3, 3′-dimethoxy-6, 7-methylenedioxy-flavone-4′-glucuronide |
| (7*S*, 8*R*)-4, 9′-二羟基-3, 3′-二甲氧基-7, 8-二氢苯并呋喃-1′-丙基新木脂素 | (7*S*, 8*R*)-4, 9′-dihydroxy-3, 3′-dimethoxy-7, 8-dihydrobenzofuran-1′-propyl neolignan |
| (7*R*, 8*S*)-4, 9′-二羟基-3, 3′-二甲氧基-7, 8-二氢苯并呋喃-1′-丙基新木脂素-9-*O*-β-D-吡喃葡萄糖苷 | (7*R*, 8*S*)-4, 9′-dihydroxy-3, 3′-dimethoxy-7, 8-dihydrobenzofuran-1′-propyl neolignan-9-*O*-β-D-glucopyranoside |

| | |
|---|---|
| (7*S*, 8*R*)-4, 9′-二羟基-3, 3′-二甲氧基-7, 8-二氢苯并呋喃-1′-丙基新木脂素-9-*O*-β-D-吡喃葡萄糖苷 | (7*S*, 8*R*)-4, 9′-dihydroxy-3, 3′-dimethoxy-7, 8-dihydrobenzofuran-1′-propyl neolignan-9-*O*-β-D-glucopyranoside |
| (7*R*, 8*S*)-4, 9-二羟基-3, 3′-二甲氧基-7, 8-二氢苯并呋喃-1′-丙醛新木脂素 | (7*R*, 8*S*)-4, 9-dihydroxy-3, 3′-dimethoxy-7, 8-dihydrobenzofuran-1′-propanal neolignan |
| 4, 4′-二羟基-3, 3′-二甲氧基反式-二苯乙烯 | 4, 4′-dihydroxy-3, 3′-dimethoxy-*trans*-stilbene |
| 4′, 5-二羟基-3, 3′-二甲氧基联苄 | 4′, 5-dihydroxy-3, 3′-dimethoxybibenzyl |
| 3′, 5′-二羟基-3, 4′, 5′, 6, 7-五甲氧基黄酮 | 3′, 5′-dihydroxy-3, 4′, 5′, 6, 7-pentamethoxy flavone |
| 2, 2′-二羟基-3, 4, 5′, 6′-四甲氧基-4′, 5′-亚甲二氧基查耳酮 | 2, 2′-dihydroxy-3, 4, 5′, 6′-tetramethoxy-4′, 5′-methylenedioxychalcone |
| 3′, 5-二羟基-3, 4′, 5′, 8-四甲氧基-6, 7-亚甲二氧基黄酮 | 3′, 5-dihydroxy-3, 4′, 5′, 8-tetramethoxy-6, 7-methylenedioxyflavone |
| 3, 7-二羟基-3′, 4′, 5′-三甲氧基黄酮 | 3, 7-dihydroxy-3′, 4′, 5′-trimethoxyflavone |
| 5, 7-二羟基-3′, 4′, 5′-三甲氧基黄酮 | 5, 7-dihydroxy-3′, 4′, 5′-trimethoxyflavone |
| 5, 7-二羟基-3′, 4′, 5′-三甲氧基黄烷酮 | 5, 7-dihydroxy-3′, 4′, 5′-trimethoxyflavanone |
| 1, 2-二羟基-3, 4, 5-三甲氧基屾酮 | 1, 2-dihydroxy-3, 4, 5-trimethoxyxanthone |
| 3, 5-二羟基-3′, 4′, 6, 7-四甲氧基黄酮醇 | 3, 5-dihydroxy-3′, 4′, 6, 7-tetramethoxyflavonol |
| 5, 7-二羟基-3′, 4′, 6, 8-四甲氧基黄酮 | 5, 7-dihydroxy-3′, 4′, 6, 8-tetramethoxyflavone |
| 2, 5-二羟基-3, 4, 6-三甲氧基-9, 10-二氢菲 | 2, 5-dihydroxy-3, 4, 6-trimethoxy-9, 10-dihydrophenanthrene |
| 2, 7-二羟基-3, 4, 6-三甲氧基二氢菲 | 2, 7-dihydroxy-3, 4, 6-trimethoxydihydrophenanthrene |
| 1, 8-二羟基-3, 4, 7-三甲氧基屾酮 | 1, 8-dihydroxy-3, 4, 7-trimethoxyxanthone |
| 5′, 5-二羟基-3′, 4′, 8-三甲氧基黄酮 | 5′, 5-dihydroxy-3′, 4′, 8-trimethoxyflavone |
| 1, 7-二羟基-3, 4, 8-三甲氧基屾酮 | 1, 7-dihydroxy-3, 4, 8-trimethoxyxanthone |
| 6, 7-二羟基-3, 4a, 5-三甲基-4a, 5, 6, 7-四氢-4*H*-萘并[2, 3-*b*]呋喃-2-酮 | 6, 7-dihydroxy-3, 4a, 5-trimethyl-4a, 5, 6, 7-tetrahydro-4*H*-naphtho [2, 3-b] furan-2-one |
| 7, 2′-二羟基-3′, 4′-二甲基异黄烷-7-*O*-β-D-吡喃葡萄糖苷 | 7, 2′-dihydroxy-3′, 4′-dimethyl isoflavan-7-*O*-β-D-glucopyranoside |
| 5, 7-二羟基-3′, 4′-二甲氧基-6, 8-二甲基黄酮 | 5, 7-dihydroxy-3′, 4′-dimethoxy-6, 8-dimethyl flavone |
| 2′, 6′-二羟基-3′, 4′-二甲氧基查耳酮 | 2′, 6′-dihydroxy-3′, 4′-dimethoxychalcone |
| 2, 5-二羟基-3, 4-二甲氧基菲 | 2, 5-dihydroxy-3, 4-dimethoxyphenanthrene |
| 2, 7-二羟基-3, 4-二甲氧基菲 | 2, 7-dihydroxy-3, 4-dimethoxyphenanthrene |
| 5, 7-二羟基-3, 4′-二甲氧基黄酮 | 5, 7-dihydroxy-3, 4′-dimethoxyflavone |
| 5, 7-二羟基-3′, 4′-二甲氧基黄酮 | 5, 7-dihydroxy-3′, 4′-dimethoxyflavone |
| 5, 3′-二羟基-3, 4′-二甲氧基黄酮-7-*O*-β-D-吡喃葡萄糖苷 | 5, 3′-dihydroxy-3, 4′-dimethoxyflavone-7-*O*-β-D-glucopyranoside |
| 3, 5′-二羟基-3′, 4-二甲氧基联苄 | 3, 5′-dihydroxy-3′, 4-dimethoxybibenzyl |
| 1, 7-二羟基-3, 4-二甲氧基屾酮 | 1, 7-dihydroxy-3, 4-dimethoxyxanthone |
| 7, 2′-二羟基-3′, 4′-二甲氧基异黄烷-7-*O*-β-D-吡喃葡萄糖苷 | 7, 2′-dihydroxy-3′, 4′-dimethoxyisoflavan-7-*O*-β-D-glucopyranoside |
| 7, 2′-二羟基-3′, 4′-二甲氧基异黄烷-7-*O*-β-D-葡萄糖苷 | 7, 2′-dihydroxy-3′, 4′-dimethoxyisoflavan-7-*O*-β-D-glucoside |

| | |
|---|---|
| (3*S*, 4*R*)-3, 4-二羟基-3, 4-二氢萘-1 (2*H*)-酮 | (3*S*, 4*R*)-3, 4-dihydroxy-3, 4-dihydronaphthalen-1 (2*H*)-one |
| 4, 23-二羟基-3, 4-开环齐墩果-9, 12-二烯-3-酸 | 4, 23-dihydroxy-3, 4-secoolean-9, 12-dien-3-oic acid |
| (7*S*, 8*R*, 7′*S*)-9, 9′-二羟基-3, 4-亚甲二氧基-3′, 7′-二甲氧基 [7-*O*-4′, 8-5′] 新木脂素 | (7*S*, 8*R*, 7′*S*)-9, 9′-dihydroxy-3, 4-methylenedioxy-3′, 7′-dimethoxy [7-*O*-4′, 8-5′] neolignan |
| 9, 9′-二羟基-3, 4-亚甲二氧基-3′-甲氧基 [7-*O*-4′, 8-5′] 新木脂素 | 9, 9′-dihydroxy-3, 4-methylenedioxy-3′-methoxy [7-*O*-4′, 8-5′] neolignane |
| 3, 4′-二羟基-3′, 5, 5′-三甲氧基联苄 | 3, 4′-dihydroxy-3′, 5, 5′-trimethoxybibenzyl |
| 2, 4-二羟基-3, 5, 6-三甲基苯甲酸甲酯 | 2, 4-dihydroxy-3, 5, 6-trimethyl benzoic acid methyl ester |
| (±)-4′, 5-二羟基-3′, 5′, 7-三甲氧基黄烷酮 | (±)-4′, 5-dihydroxy-3′, 5′, 7-trimethoxyflavanone |
| 1, 6-二羟基-3, 5, 7-三甲氧基屾酮 | 1, 6-dihydroxy-3, 5, 7-trimethoxyxanthone |
| (4a*R*, 5*R*, 8*R*, 8a*R*)-5, 8-二羟基-3, 5, 8α-三甲基-5, 6, 7, 8, 8α, 9-六氢萘并 [2, 3-*b*] 呋喃-4 (4α*H*)-酮 | (4a*R*, 5*R*, 8*R*, 8a*R*)-5, 8-dihydroxy-3, 5, 8α-trimethyl-5, 6, 7, 8, 8α, 9-hexahydronaphtho [2, 3-*b*] furan-4 (4α*H*)-one |
| 1-(2, 6-二羟基-3, 5-二甲基-4-甲氧苯基)-2-甲基-1-丙酮 | 1-(2, 6-dihydroxy-3, 5-dimethyl-4-methoxyphenyl)-2-methyl-1-propanone |
| 1-(2, 6-二羟基-3, 5-二甲基-4-甲氧苯基)-2-甲基-1-丁酮 | 1-(2, 6-dihydroxy-3, 5-dimethyl-4-methoxyphenyl)-2-methyl-1-butanone |
| 5, 4′-二羟基-3′, 5′-二甲氧基-7-*O*-[β-D-芹糖基-(1→2)]-β-D-吡喃葡萄糖基黄酮苷 | 5, 4′-dihydroxy-3′, 5′-dimethoxy-7-*O*-[β-D-apiosyl-(1→2)]-β-D-glucopyranosyl flavonoside |
| 1, 8-二羟基-3, 5-二甲氧基-9-屾酮 | 1, 8-dihydroxy-3, 5-dimethoxy-9-xanthone |
| 4′, 7-二羟基-3, 5-二甲氧基黄酮 | 4′, 7-dihydroxy-3, 5-dimethoxyflavone |
| 7, 4′-二羟基-3, 5-二甲氧基黄酮 | 7, 4′-dihydroxy-3, 5-dimethoxyflavone |
| 3, 5-二羟基-3′, 5′-二甲氧基黄酮-7-*O*-β-D-吡喃葡萄糖苷 | 3, 5-dihydroxy-3′, 5′-dimethoxyflavone-7-*O*-β-D-glucopyranoside |
| 2′, 4-二羟基-3, 5-二甲氧基联苄 | 2′, 4-dihydroxy-3, 5-dimethoxybibenzyl |
| 4, 4′-二羟基-3, 5-二甲氧基联苄 | 4, 4′-dihydroxy-3, 5-dimethoxybibenzyl |
| 3, 4′-二羟基-3′, 5-二甲氧基联苄 | 3, 4′-dihydroxy-3′, 5-dimethoxybibenzyl |
| 7, 4′-二羟基-3′, 5′-二甲氧基异黄酮 | 7, 4′-dihydroxy-3′, 5′-dimethoxyisoflavone |
| 2, 3-二羟基-3, 5-二甲氧基芪 | 2, 3-dihydroxy-3, 5-dimethoxystilbene |
| 1-(2′, 4′-二羟基-3′, 5′-二异戊烯基-6′-甲氧基) 苯乙酮 | 1-(2′, 4′-dihydroxy-3′, 5′-diisopentenyl-6′-methoxy) phenyl ethanone |
| 5, 7-二羟基-3, 6, 3′, 4′-四甲氧基黄酮 | 5, 7-dihydroxy-3, 6, 3′, 4′-tetramethoxyflavone |
| 5, 3′-二羟基-3, 6, 4′-三甲氧基-7-*O*-β-D-吡喃葡萄糖苷类黄酮 | 5, 3′-dihydroxy-3, 6, 4′-trimethoxy-7-*O*-β-D-glucopyranoside flavonoid |
| 5, 3′-二羟基-3, 6, 4′-三甲氧基黄酮-7-*O*-β-D-吡喃葡萄糖苷 | 5, 3′-dihydroxy-3, 6, 4′-trimethoxyflavone-7-*O*-β-D-glucopyranoside |
| 3′, 5-二羟基-3, 6, 7, 4′-四甲氧基黄酮 | 3′, 5-dihydroxy-3, 6, 7, 4′-tetramethoxyflavone |
| 5, 3′-二羟基-3, 6, 7, 4′-四甲氧基黄酮 | 5, 3′-dihydroxy-3, 6, 7, 4′-tetramethoxyflavone |
| 5, 4′-二羟基-3, 6, 7, 8, 3′-五甲氧基黄酮 | 5, 4′-dihydroxy-3, 6, 7, 8, 3′-pentamethoxyflavone |
| 4′, 5-二羟基-3, 6, 7-三甲氧基黄酮 | 4′, 5-dihydroxy-3, 6, 7-trimethoxyflavone |

| | |
|---|---|
| 5, 4′-二羟基-3, 6, 7-三甲氧基黄酮 (垂叶黄素) | 5, 4′-dihydroxy-3, 6, 7-trimethoxyflavone (penduletin) |
| 2, 4-二羟基-3, 6-二甲基苯甲酸甲酯 | 2, 4-dihydroxy-3, 6-dimethyl benzoic acid methyl ester |
| 5, 7-二羟基-3, 6-二甲氧基-4′-(3-甲基丁-2-烯基氧基) 黄酮 | 5, 7-dihydroxy-3, 6-dimethoxy-4′-(3-methylbut-2-enyloxy) flavone |
| 2′, 4′-二羟基-3′, 6′-二甲氧基查耳酮 | 2′, 4′-dihydroxy-3′, 6′-dimethoxychalcone |
| 5, 7-二羟基-3, 6-二甲氧基黄酮 | 5, 7-dihydroxy-3, 6-dimethoxyflavone |
| 1, 7-二羟基-3, 6-二甲氧基𠮿酮 | 1, 7-dihydroxy-3, 6-dimethoxyxanthone |
| 4′, 7-二羟基-3′, 6′-二甲氧基异黄酮-7-*O*-葡萄糖苷 | 4′, 7-dihydroxy-3′, 6′-dimethoxyisoflavone-7-*O*-glucoside |
| 8, 4′-二羟基-3, 7, 2′-三甲氧基黄酮 | 8, 4′-dihydroxy-3, 7, 2′-trimethoxyflavone |
| 5, 6-二羟基-3, 7, 3′, 4′-四甲氧基黄酮 | 5, 6-dihydroxy-3, 7, 3′, 4′-tetramethoxyflavone |
| 5, 4′-二羟基-3, 7, 3′-三甲氧基黄酮 | 5, 4′-dihydroxy-3, 7, 3′-trimethoxyflavone |
| 8, 3′-二羟基-3, 7, 4′-甲氧基-6-*O*-β-D-吡喃葡萄糖基黄酮 | 8, 3′-dihydroxy-3, 7, 4′-trimethoxy-6-*O*-β-D-glucopyranosyl flavone |
| 5, 4′-二羟基-3, 7, 8-三甲氧基-6-甲基黄酮 | 5, 4′-dihydroxy-3, 7, 8-trimethoxy-6-methyl flavone |
| 1, 6-二羟基-3, 7, 8-三甲氧基𠮿酮 | 1, 6-dihydroxy-3, 7, 8-trimethoxyxanthone |
| 6-(6′, 7′-二羟基-3′, 7′-二甲基辛-2′-烯基)-7-羟基香豆素 | 6-(6′, 7′-dihydroxy-3′, 7′-dimethyloct-2′-enyl)-7-hydroxycoumarin |
| 6, 7-二羟基-3, 7-二甲基辛-2-烯酸 | 6, 7-dihydroxy-3, 7-dimethyl oct-2-enoic acid |
| 7-(5′, 6′-二羟基-3′, 7′-二甲基辛烷-2′, 7′-二烯氧基) 香豆素 | 7-(5′, 6′-dihydroxy-3′, 7′-dimethyl oct-2′, 7′-dienloxy) coumarin |
| 1, 6-二羟基-3, 7-二甲氧基-2-(3-甲-2-丁烯基) 𠮿酮 | 1, 6-dihydroxy-3, 7-dimethoxy-2-(3-methylbut-2-enyl) xanthone |
| 5, 4′-二羟基-3, 7-二甲氧基-6-甲基黄酮 | 5, 4′-dihydroxy-3, 7-dimethoxy-6-methyl flavone |
| 4′, 5-二羟基-3, 7-二甲氧基黄酮 | 4′, 5-dihydroxy-3, 7-dimethoxyflavone |
| 5, 6-二羟基-3, 7-二甲氧基黄酮 | 5, 6-dihydroxy-3, 7-dimethoxyflavone |
| 4′, 5-二羟基-3, 7-二甲氧基黄酮-4′-*O*-β-D-吡喃葡萄糖苷 | 4′, 5-dihydroxy-3, 7-dimethoxyflavone-4′-*O*-β-D-glucopyranoside |
| 1, 6-二羟基-3, 7-二甲氧基𠮿酮 | 1, 6-dihydroxy-3, 7-dimethoxyxanthone |
| 1, 8-二羟基-3, 7-二甲氧基𠮿酮 | 1, 8-dihydroxy-3, 7-dimethoxyxanthone |
| 5, 7-二羟基-3, 8, 4′-三甲氧基黄酮 | 5, 7-dihydroxy-3, 8, 4′-trimethoxyflavone |
| 1, 5-二羟基-3, 8-二甲氧基𠮿酮 | 1, 5-dihydroxy-3, 8-dimethoxyxanthone |
| 1, 7-二羟基-3, 8-二甲氧基𠮿酮 | 1, 7-dihydroxy-3, 8-dimethoxyxanthone |
| 1, 7-二羟基-3, 9-二甲氧基紫檀烯 | 1, 7-dihydroxy-3, 9-dimethoxypterocarpene |
| 2, 5-二羟基-3-[(10*Z*)-十五-10-烯-1-基]-1, 4-苯醌 | 2, 5-dihydroxy-3-[(10*Z*)-pentadec-10-en-1-yl]-1, 4-benzoquinone |
| 5, 7-二羟基-3-[5-羟基-4-甲氧基-3-(3-甲基-2-丁烯基) 苯基]-2, 3-二氢-4*H*-1-苯并吡喃-4-酮 | 5, 7-dihydroxy-3-[5-hydroxy-4-methoxy-3-(3-methyl-2-butenyl) phenyl]-2, 3-dihydro-4*H*-1-benzopyran-4-one |
| 3β, 16α-二羟基-30-甲氧基-28, 30-环氧齐墩果-12-烯 | 3β, 16α-dihydroxy-30-methoxy-28, 30-epoxyolean-12-en |
| 1-[2, 4-二羟基-3-2 (羟基-3-甲基-3-丁烯基) 苯基]-3-(4-羟苯基)-2-丙烯-1-酮 | 1-[2, 4-dihydroxy-3-2 (hydroxy-3-methyl-3-butenyl) phenyl]-3-(4-hydroxyphenyl)-2-propen-1-one |

| | |
|---|---|
| 1α, 2α-二羟基-3α-(2-甲基丁酰氧基)异土木香内酯 | 1α, 2α-dihydroxy-3α-(2-methyl butanoyloxy) isoalantolactone |
| 1α, 7α-二羟基-3α-乙酰氧基-12α-乙氧基印楝波灵素 | 1α, 7α-dihydroxy-3α-acetoxy-12α-ethoxynimbolinin |
| (3*S*)-6, 8-二羟基-3-苯基-3, 4-二氢异香豆素 | (3*S*)-6, 8-dihydroxy-3-phenyl-3, 4-dihydroisocoumarin |
| 8-(2′, 3′-二羟基-3′-甲丁基)-5, 7-二甲氧基香豆素(迈月橘素) | 8-(2′, 3′-dihydroxy-3′-methylbut)-5, 7-dimethoxycoumarin (mexoticin) |
| 6-(2′, 3′-二羟基-3′-甲丁基)-7-乙酰氧基-2*H*-1-苯并吡喃-2-酮 | 6-(2′, 3′-dihydroxy-3′-methybutyl)-7-acetoxy-2*H*-1-benzopyran-2-one |
| 2-(2, 3-二羟基-3-甲丁基)-苯-1, 4-二酚 | 2-(2, 3-dihydroxy-3-methylbutyl) benzene-1, 4-diol |
| 2, 6-二羟基-3-甲基-4-甲氧基苯乙酮 | 2, 6-dihydroxy-3-methyl-4-methoxyacetophenone |
| 2, 6-二羟基-3-甲基-4-甲氧基蒽醌 | 2, 6-dihydroxy-3-methyl-4-methoxyanthraquinone |
| 1, 8-二羟基-3-甲基-6-甲氧基蒽醌 | 1, 8-dihydroxy-3-methyl-6-methoxyanthroquione |
| 2, 5-二羟基-3-甲基-6-十一基-1, 4-苯醌(调料九里香坦宁) | 2, 5-dihydroxy-3-methyl-6-undecyl-1, 4-benzoquinone (muketanin) |
| 1, 8-二羟基-3-甲基-9-蒽酮 | 1, 8-dihydroxy-3-methyl-9-anthranone |
| 1-(2′, 5′-二羟基-3′-甲基苯基)-2β, 3α, 6β-三甲基-10-甲基亚乙基-11-萘丙酸甲酯 | 1-(2′, 5′-dihydroxy-3′-methyl phenyl)-2β, 3α, 6β-trimethyl-10-methyl ethylidene-11-naphthalene propanoate |
| 5-(2′, 3′-二羟基-3′-甲基丁酰氧基)-8-(3″-甲基丁基-2-烯酰氧基)补骨脂素 | 5-(2′, 3′-dihydroxy-3′-methyl butyloxy)-8-(3″-methylbut-2-enyloxy) psoralen |
| 3-{4-[(2*R*)-2, 3-二羟基-3-甲基丁氧基]苯基}-7-羟基-4*H*-色烯-4-酮 | 3-{4-[(2*R*)-2, 3-dihydroxy-3-methyl butoxy] phenyl}-7-hydroxy-4*H*-chromen-4-one |
| 1, 5-二羟基-3-甲基蒽醌 | 1, 5-dihydroxy-3-methyl anthraquinone (ziganein) |
| 2, 7-二羟基-3-甲基蒽醌 | 2, 7-dihydroxy-3-methyl anthraquinone |
| 7, 8-二羟基-3-甲基异色烷-4-酮 | 7, 8-dihydroxy-3-methyl isochroman-4-one |
| 2, 7-二羟基-3-甲酰-1-(3-甲基-2′-丁烯基)咔唑 | 2, 7-dihydrooxy-3-formyl-1-(3-methyl-2′-butenyl) carbazole |
| 2, 2′-二羟基-3-甲氧基-1, 1′-新木脂素 | 2, 2′-dihydroxy-3-methoxy-1, 1′-neolignan |
| 5, 7-二羟基-3-甲氧基-4′-(3-甲基丁-2-烯基氧基)黄酮 | 5, 7-dihydroxy-3-methoxy-4′-(3-methylbut-2-enyloxy) flavone |
| 1, 8-二羟基-3-甲氧基-6-甲基𠮿酮 | 1, 8-dihydroxy-3-methoxy-6-methyl xanthone |
| 1, 5-二羟基-3-甲氧基-7-甲基蒽醌 | 1, 5-dihydroxy-3-methoxy-7-methyl anthraquinone |
| (−)-(7*R*, 8S, 7′*E*)-3′, 4-二羟基-3-甲氧基-8, 4′-氧基新木脂素-7′-烯-7, 9, 9′-三醇 | (−)-(7*R*, 8*S*, 7′*E*)-3′, 4-dihydroxy-3-methoxy-8, 4′-oxyneolignan-7′-en-7, 9, 9′-triol |
| 1, 8-二羟基-3-甲氧基-9-吖啶酮 | 1, 8-dihydroxy-3-methoxy-9-acridinone |
| 1, 8-二羟基-3-甲氧基蒽醌 | 1, 8-dihydroxy-3-methoxyanthraquinone |
| 7, 4′-二羟基-3′-甲氧基二氢黄酮 | 7, 4′-dihydroxy-3′-methoxyflavanone |
| 7, 4′-二羟基-3′-甲氧基黄酮 | 7, 4′-dihydroxy-3′-methoxyflavone |
| 5, 7-二羟基-3′-甲氧基黄酮-4′-*O*-D-葡萄糖苷 | 5, 7-dihydroxy-3′-methoxy-flavone-4′-*O*-D-glucoside |
| 5, 7-二羟基-3′-甲氧基黄酮-4′-*O*-葡萄糖苷 | 5, 7-dihydroxy-3′-methoxyflavone-4′-*O*-glucoside |
| (±)-7, 4′-二羟基-3′-甲氧基黄烷 | (±)-7, 4′-dihydroxy-3′-methoxyflavan |

| | |
|---|---|
| (2*S*)-7, 4′-二羟基-3′-甲氧基黄烷 | (2*S*)-7, 4′-dihydroxy-3′-methoxyflavan |
| 5, 5′-二羟基-3′-甲氧基联苯-2-*O*-β-D-吡喃葡萄糖苷 | 5, 5′-dihydroxy-3′-methoxybiphenyl-2-*O*-β-D-glucopyranoside |
| 5, 12-二羟基-3-甲氧基双苄-6-甲酸 | 5, 12-dihydroxy-3-methoxybibenzyl-6-carboxylic acid |
| 1, 5-二羟基-3-甲氧基𠮿酮 | 1, 5-dihydroxy-3-methoxyxanthone |
| 1, 7-二羟基-3-甲氧基𠮿酮 (龙胆黄素、龙胆根黄素) | 1, 7-dihydroxy-3-methoxyxanthone (gentisin) |
| 7, 6′-二羟基-3′-甲氧基异黄酮 | 7, 6′-dihydroxy-3′-methoxyisoflavone |
| 7, 8-二羟基-3-羧甲基香豆素-5-甲酸 | 7, 8-dihydroxy-3-carboxymethyl coumarin-5-carboxylic acid |
| 16α, 17-二羟基-3-羰基边枝杉烷 | 16α, 17-dihydroxy-3-carbonyl phyllocladane |
| 28, 29-二羟基-3-无羁萜酮 | 28, 29-dihydroxy-3-friedelone |
| 2, 6β-二羟基-3-氧亚基-11α, 12α-环氧基-24-去甲熊果-1, 4-二烯-28, 13β-内酯 | 2, 6β-dihydroxy-3-oxo-11α, 12α-epoxy-24-norurs-1, 4-dien-28, 13β-olide |
| 2-[(4*S*, 6*R*)-4, 6-二羟基-3-氧亚基环己-1-烯基氧) 丙烯酸甲酯 | 2-[(4*S*, 6*R*)-4, 6-dihydroxy-3-oxo-cyclohex-1-enyloxy) acrylic acid methyl ester |
| 2α, 19α-二羟基-3-氧亚基齐墩果-12-烯-28-酸-*O*-β-D-吡喃葡萄糖苷 | 2α, 19α-dihydroxy-3-oxoolean-12-en-28-oic acid-*O*-β-D-glucopyranoside |
| 12, 14-二羟基-3-氧亚基-松香-8, 11, 13-三烯 | 12, 14-dihydroxy-3-oxo-abieta-8, 11, 13-triene |
| 2α, 19α-二羟基-3-氧亚基熊果-12-烯-28-酸 | 2α, 19α-dihydroxy-3-oxours-12-en-28-oic acid |
| 5, 7-二羟基-3-乙基色原酮 | 5, 7-dihydroxy-3-ethyl chromone |
| 1-(2, 4-二羟基-3-异戊烯苯基)-3-(4-羟苯基) 丙烷 | 1-(2, 4-dihydroxy-3-prenyl phenyl)-3-(4-hydroxyphenyl) propane |
| 8β, 9α-二羟基-4 (5), 7 (11)-茚烷二烯-8α, 12-内酯 | 8β, 9α-dihydroxyindan-4 (5), 7 (11)-dien-8α, 12-olide |
| (2*R*, 3*R*)-二羟基-4-(9-腺嘌呤基) 丁酸 | (2*R*, 3*R*)-dihydroxy-4-(9-adenyl) butanoic acid |
| 3, 3′-二羟基-4-(对羟苄基)-5-甲氧基联苄 | 3, 3′-dihydroxy-4-(*p*-hydroxybenzyl)-5-methoxybibenzyl |
| 2, 6-二羟基-4, 3′, 5′-三甲氧基二苯甲酮 | 2, 6-dihydroxy-4, 3′, 5′-trimethoxybenzophenone |
| 2, 2′-二羟基-4, 4′, 7, 7′-四甲氧基-1, 1′-双菲 | 2, 2′-dihydroxy-4, 4′, 7, 7′-tetramethoxy-1, 1′-biphenanthrene |
| *N*, *N*′-[2, 2′-(5, 5′-二羟基-4, 4′-二-1*H*-吲哚-3, 3′-基) 二乙基] 二阿魏酸酰胺 | *N*, *N*′-[2, 2′-(5, 5′-dihydroxy-4, 4′-bi-1*H*-indol-3, 3′-yl) diethyl] diferulamide |
| *N*, *N*′-[2, 2′-(5, 5′-二羟基-4, 4′-二-1*H*-吲哚-3, 3′-基) 二乙基] 二对香豆酸酰胺 | *N*, *N*′-[2, 2′-(5, 5′-dihydroxy-4, 4′-bi-1*H*-indol-3, 3′-yl) diethyl] di-*p*-coumaramide |
| 2′, 7-二羟基-4, 4′-二甲氧基-1, 1′-双菲-2, 7′-二-*O*-β-D-葡萄糖苷 | 2′, 7-dihydroxy-4, 4′-dimethoxy-1, 1′-biphenanthrene-2, 7′-di-*O*-β-D-glucoside |
| 2′, 7′-二羟基-4, 4′-二甲氧基-1, 1′-双菲-2, 7-二-*O*-β-D-吡喃葡萄糖苷 | 2′, 7′-dihydroxy-4, 4′-dimethoxy-1, 1′-biphenanthrene-2, 7-di-*O*-β-D-glucopyranoside |
| 2′, 6′-二羟基-4, 4′-二甲氧基查耳酮 | 2′, 6′-dihydroxy-4, 4′-dimethoxychalcone |
| 2′, 6′-二羟基-4, 4′-二甲氧基二氢查耳酮 | 2′, 6′-dihydroxy-4, 4′-dimethoxydihydrochalcone |
| α-2′-二羟基-4, 4′-二甲氧基二氢查耳酮 | α-2′-dihydroxy-4, 4′-dimethoxydihydrochalcone |
| 3, 3′-二羟基-4, 4′-二甲氧基联苯 | 3, 3′-dihydroxy-4, 4′-dimethoxybiphenyl |
| 3, 5-二羟基-4, 4′-二甲氧基联苄 | 3, 5-dihydroxy-4, 4′-dimethoxybibenzyl |
| 2′, 4′-二羟基-4′, 5′, 6′-三甲氧基查耳酮 | 2′, 4′-dihydroxy-4′, 5′, 6′-trimethoxychalcone |

| | |
|---|---|
| 1, 3-二羟基-4, 5, 8-三甲氧基呫酮 | 1, 3-dihydroxy-4, 5, 8-trimethoxyxanthone |
| 1, 4-二羟基-4, 5, 8-三甲氧基呫酮 | 1, 4-dihydroxy-4, 5, 8-trimethoxyxanthone |
| (3*R*, 4*R*)-2′, 7-二羟基-4′, 5′-二甲氧基-4-[(3*R*)-2′, 7-二羟基-4′-甲氧基异黄烷-5′-基] 异黄烷 | (3*R*, 4*R*)-2′, 7-dihydroxy-4′, 5′-dimethoxy-4-[(3*R*)-2′, 7-dihydroxy-4′-methoxyisoflavan-5′-yl] isoflavan |
| 2′, 6′-二羟基-4′, 5′-二甲氧基查耳酮 | 2′, 6′-dihydroxy-4′, 5′-dimethoxychalcone |
| 1, 3-二羟基-4, 5-二甲氧基呫酮 | 1, 3-dihydroxy-4, 5-dimethoxyxanthone |
| 1, 3-二羟基-4, 5-二甲氧基呫酮-1-*O*-β-D-吡喃葡萄糖苷 | 1, 3-dihydroxy-4, 5-dimethoxyxanthone-1-*O*-β-D-glucopyranoside |
| 3, 8-二羟基-4, 5-二甲氧基呫酮-1-*O*-β-D-吡喃葡萄糖苷 | 3, 8-dihydroxy-4, 5-dimethoxyxanthone-1-*O*-β-D-glucopyranoside |
| 1, 3-二羟基-4, 5-二甲氧基呫酮-3-*O*-β-D-吡喃葡萄糖苷 | 1, 3-dihydroxy-4, 5-dimethoxyxanthone-3-*O*-β-D-glucopyranoside |
| 2′, 7-二羟基-4′, 5′-二甲氧基异黄酮 | 2′, 7-dihydroxy-4′, 5′-dimethoxyisoflavone |
| 3′, 4-二羟基-4, 6, 2′, 4′-四甲氧基-2, 9′-环氧-1′, 7-环木脂素-9-*O*-β-D-吡喃葡萄糖 | 3′, 4-dihydroxy-4, 6, 2′, 4′-tetramethoxy-2, 9′-epoxy-1′, 7-cyclolignan-9-*O*-β-D-glucopyranoside |
| 3′, 4-二羟基-4, 6, 2′, 4′-四甲氧基-2, 9′-环氧-1′, 7-环木脂素-9-醇 | 3′, 4-dihydroxy-4, 6, 2′, 4′-tetramethoxy-2, 9′-epoxy-1′, 7-cyclolignan-9-ol |
| 3, 5-二羟基-4′, 6, 7-三甲氧基黄酮-3′-*O*-β-D-吡喃葡萄糖苷 | 3, 5-dihydroxy-4′, 6, 7-trimethoxyflavone-3′-*O*-β-D-glucopyranoside |
| 2, 5-二羟基-4, 6-二甲氧基-9, 10-二氢菲 | 2, 5-dihydroxy-4, 6-dimethoxy-9, 10-dihydrophenanthrene |
| 2′, 4′-二羟基-4, 6′-二甲氧基查耳酮 | 2′, 4′-dihydroxy-4, 6′-dimethoxychalcone |
| 2′, 4-二羟基-4′, 6′-二甲氧基查耳酮 | 2′, 4-dihydroxy-4′, 6′-dimethoxychalcone |
| 2, 9-二羟基-4, 7-大柱香波龙二烯-3-酮 | 2, 9-dihydroxy-4, 7-megastigmadien-3-one |
| 9, 10-二羟基-4, 7-大柱香波龙二烯-3-酮 | 9, 10-dihydroxy-4, 7-megastigmadien-3-one |
| (6*S*, 7*E*, 9*R*)-6, 9-二羟基-4, 7-大柱香波龙二烯-3-酮-9-*O*-[α-L-吡喃阿拉伯糖基-(1→6)-β-D-吡喃葡萄糖苷] | (6*S*, 7*E*, 9*R*)-6, 9-dihydroxy-4, 7-megastigmadien-3-one-9-*O*-[α-L-arabinopyranosyl-(1→6)-β-D-glucopyranoside] |
| (2*R*, 3*S*)-(+)-3′, 5-二羟基-4′, 7-二甲氧基二氢黄酮醇 | (2*R*, 3*S*)-(+)-3′, 5-dihydroxy-4′, 7-dimethoxydihydroflavonol |
| 3, 5-二羟基-4, 7-二甲氧基黄酮 | 3, 5-dihydroxy-4, 7-dimethoxyflavone |
| 3, 5-二羟基-4, 7-二甲氧基黄烷酮 | 3, 5-dihydroxy-4, 7-dimethoxyflavanone |
| 6, 8-二羟基-4′, 7-二甲氧基异黄酮 | 6, 8-dihydroxy-4′, 7-dimethoxyisoflavone |
| 4, 9-二羟基-4′, 7-环氧-8′, 9′-二去甲-8, 5′-新木脂素-7′-酸 | 4, 9-dihydroxy-4′, 7-epoxy-8′, 9′-dinor-8, 5′-neolignan-7′-oic acid |
| (4*R*, 6*R*)-二羟基-4-[(10*Z*)-十七烯基]-2-环己烯酮 | (4*R*, 6*R*)-dihydroxy-4-[(10*Z*)-heptadecenyl]-2-cyclohexenone |
| 2, 6-二羟基-4-[(*E*)-5-羟基-3, 7-二甲基辛-2, 7-二烯氧基] 二苯甲酮 | 2, 6-dihydroxy-4-[(*E*)-5-hydroxy-3, 7-dimethyloct-2, 7-dienyloxy] benzophenone |
| 2, 6-二羟基-4-[(*E*)-7-羟基-3, 7-二甲基辛-2-烯氧基] 二苯甲酮 | 2, 6-dihydroxy-4-[(*E*)-7-hydroxy-3, 7-dimethyloct-2-enyloxy] benzophenone |
| 3α, 5β-二羟基-4α, 11-环氧二去甲杜松烷 | 3α, 5β-dihydroxy-4α, 11-epoxybis-norcadinane |
| (24*R*)-24, 25-二羟基-4α, 5α-环氧向日葵醇 | (24*R*)-24, 25-dihydroxy-4α, 5α-epoxyhelianol |
| (24*S*)-24, 25-二羟基-4α, 5α-环氧向日葵醇 | (24*S*)-24, 25-dihydroxy-4α, 5α-epoxyhelianol |

| (24R)-24, 25-二羟基-4α, 5α-环氧向日葵醇辛酸酯 | (24R)-24, 25-dihydroxy-4α, 5α-epoxyhelianyl octanoate |
|---|---|
| (24S)-24, 25-二羟基-4α, 5α-环氧向日葵醇辛酸酯 | (24S)-24, 25-dihydroxy-4α, 5α-epoxyhelianyl octanoate |
| 1α, 2α-二羟基-4α-乙氧基-1, 2, 3, 4-四氢萘 | 1α, 2α-dihydroxy-4α-ethoxy-1, 2, 3, 4-tetrahydronaphthalene |
| 1β, 9α-二羟基-4β, 20-环氧-2α, 5α, 7β, 10β, 13α-乙酰氧基紫杉-11-酮 | 1β, 9α-dihydroxy-4β, 20-epoxy-2α, 5α, 7β, 10β, 13α-pentaacetoxytax-11-ene |
| 1β, 7β-二羟基-4β, 20-环氧-2α, 5α, 9α, 10β, 13α-五乙酰氧基紫杉-11-烯 | 1β, 7β-dihydroxy-4β, 20-epoxy-2α, 5α, 9α, 10β, 13α-pentaacetoxytax-11-ene |
| (6R)-9, 10-二羟基-4-大柱香波龙烯-3-酮 (仙人掌酮) | (6R)-9, 10-dihydroxy-4-megastigmen-3-one (opuntione) |
| 3, 5-二羟基-4-甲基苯甲酸 | 3, 5-dihydroxy-4-methyl benzoic acid |
| 1, 8-二羟基-4-甲基蒽-9, 10-二酮 | 1, 8-dihydroxy-4-methyl anthracene-9, 10-dione |
| 1, 8-二羟基-4-甲基蒽醌 | 1, 8-dihydroxy-4-methyl anthraquinone |
| 3, 5-二羟基-4-甲基联苄 | 3, 5-dihydroxy-4-methyl bibenzyl |
| 6, 7-二羟基-4-甲基香豆素 | 6, 7-dihydroxy-4-methyl coumarin |
| 7, 8-二羟基-4-甲基香豆素 | 7, 8-dihydroxy-4-methyl coumarin |
| 5, 7-二羟基-4-甲基香豆素 | 5, 7-dihydroxy-4-methyl coumarin |
| 3, 5-二羟基-4-甲基芪 | 3, 5-dihydroxy-4-methyl stilbene |
| (2, 3-二羟基-4-甲氧苯基)-(4-羟苯基) 甲酮 | (2, 3-dihydroxy-4-methoxyphenyl)-(4-hydroxyphenyl) methanone |
| 1-(2, 6-二羟基-4-甲氧苯基)-3-(3, 4, 5-三甲氧苯基)-2-丙烯-1-酮 | 1-(2, 6-dihydroxy-4-methoxyphenyl)-3-(3, 4, 5-trimethoxyphenyl)-2-propen-1-one |
| 2-(3′, 5′-二羟基-4′-甲氧苯基)-3-甲氧基-5-羟基苯并呋喃 | 2-(3′, 5′-dihydroxy-4′-methoxyphenyl)-3-methoxy-5-hydroxybenzofuran |
| 1-(2, 5-二羟基-4-甲氧苯基) 丙酮 | 1-(2, 5-dihydroxy-4-methoxyphenyl) ethanone |
| 1, 7-二羟基-4-甲氧基-1-(2-氧丙基)-1H-菲-2-酮 | 1, 7-dihydroxy-4-methoxy-1-(2-oxopropyl)-1H-phenanthren-2-one |
| 3′, 5-二羟基-4′-甲氧基-2″, 2″-二甲基吡喃 [5″, 6″: 6, 7] 异黄酮 | 3′, 5-dihydroxy-4′-methoxy-2″, 2″-dimethyl pyrano [5″, 6″: 6, 7] isoflavone |
| 2′, 6-二羟基-4′-甲氧基-2-芳基苯并呋喃 | 2′, 6-dihydroxy-4′-methoxy-2-aryl benzofuran |
| 3, 8-二羟基-4-甲氧基-2-氧亚基-2H-1-苯并吡喃-5-甲酸 | 3, 8-dihydroxy-4-methoxy-2-oxo-2H-1-benzopyran-5-carboxylic acid |
| 5, 2′-二羟基-4′-甲氧基-6-(3-甲基丁-2-烯基)-6″, 6″-二甲基吡喃并 [2″, 3″: 7, 8] 黄烷酮 | 5, 2′-dihydroxy-4′-methoxy-6-(3-methylbut-2-enyl)-6″, 6″-dimethyl pyrano [2″, 3″: 7, 8] flavanone |
| 2, 3-二羟基-4-甲氧基-6, 6, 9-三甲基-6H-二苯并 [b, d] 吡喃 | 2, 3-dihydroxy-4-methoxy-6, 6, 9-trimethyl-6H-dibenzo [b, d] pyran |
| (−)-(2S)-5, 3′-二羟基-4′-甲氧基-6″, 6″-二甲基色原-(7, 8, 2″, 3″)-黄烷酮 | (−)-(2S)-5, 3′-dihydroxy-4′-methoxy-6″, 6″-dimethyl chromeno-(7, 8, 2″, 3″)-flavanone |
| 5, 3′-二羟基-4′-甲氧基-6, 7-亚甲二氧黄酮醇-3-O-β-葡萄糖醛酸苷 | 5, 3′-dihydroxy-4′-methoxy-6, 7-methylenedioxyflavonol-3-O-β-glucuronide |
| 5, 3′-二羟基-4′-甲氧基-7-甲氧羰基黄酮醇 | 5, 3′-dihydroxy-4′-methoxy-7-carbomethoxyflavonol |
| 5, 7-二羟基-4′-甲氧基-8-C-[2″-(2‴-甲基丁酰基)]-β-D-吡喃葡萄糖基黄酮 | 5, 7-dihydroxy-4′-methoxy-8-C-[2″-(2‴-methyl butyryl)]-β-D-glucopyranosyl flavone |
| 7, 3′-二羟基-4′-甲氧基-8-甲基黄烷 | 7, 3′-dihydroxy-4′-methoxy-8-methyl flavan |

| | |
|---|---|
| 2, 7-二羟基-4-甲氧基-9, 10-二羟基菲 | 2, 7-dihydroxy-4-methoxy-9, 10-dihydroxyphenanthrene |
| 2, 7-二羟基-4-甲氧基-9, 10-二氢菲 | 2, 7-dihydroxy-4-methoxy-9, 10-dihydrophenanthrene |
| 2, 7-二羟基-4-甲氧基-9, 10-二氢菲 (贝母兰宁) | 2, 7-dihydroxy-4-methoxy-9, 10-dihydrophenanthrene (coelonin) |
| 2, 3-二羟基-4-甲氧基苯甲酸 | 2, 3-dihydroxy-4-methoxybenzoic acid |
| 3, 5-二羟基-4-甲氧基苯甲酸甲酯 | methyl 3, 5-dihydroxy-4-methoxybenzoate |
| 2, 6-二羟基-4-甲氧基苯甲酸乙酯 | 2, 6-dihydroxy-4-methoxybenzoate |
| 2, 5-二羟基-4-甲氧基苯乙酮 | 2, 5-dihydroxy-4-methoxyacetophenone |
| 2, 3-二羟基-4-甲氧基苯乙酮 | 2, 3-dihydroxy-4-methoxyacetophenone |
| 2′, 3′-二羟基-4′-甲氧基查耳酮 | 2′, 3′-dihydroxy-4′-methoxychalcone |
| 2′, 4-二羟基-4′-甲氧基查耳酮 | 2′, 4-dihydroxy-4′-methoxychalcone |
| 2′, 4′-二羟基-4-甲氧基查耳酮 | 2′, 4′-dihydroxy-4-methoxychalcone |
| 2′, 6′-二羟基-4′-甲氧基查耳酮 | 2′, 6′-dihydroxy-4′-methoxychalcone |
| 2′, 3-二羟基-4-甲氧基查耳酮-4′-*O*-β-D-吡喃葡萄糖苷 | 2′, 3-dihydroxy-4-methoxychalcone-4′-*O*-β-D-glucopyranoside |
| 2′, 6′-二羟基-4-甲氧基查耳氧亚基-4′-*O*-新橙皮糖苷 | 2′, 6′-dihydroxy-4-methoxychalcone-4′-*O*-neohesperidoside |
| 1, 3-二羟基-4-甲氧基蒽醌 | 1, 3-dihydroxy-4-methoxyanthraquinone |
| 2, 5-二羟基-4-甲氧基二苯甲酮 (赛州黄檀素) | 2, 5-dihydroxy-4-methoxybenzophenone (cearoin) |
| 4′, 6-二羟基-4-甲氧基二苯酮-2-*O*-(2″), 3-*C*-(1″)-1″-脱氧-α-L-呋喃果糖苷 | 4′, 6-dihydroxy-4-methoxybenzophenone-2-*O*-(2″), 3-*C*-(1″)-1″-deoxy-α-L-fructofuranoside |
| 3, 5-二羟基-4′-甲氧基二苯乙烯 (3, 5-二羟基-4′-甲氧基芪) | 3, 5-dihydroxy-4′-methoxystilbene |
| 2′, 6′-二羟基-4′-甲氧基二氢查耳酮 | 2′, 6′-dihydroxy-4′-methoxydihydrochalcone |
| 2, 3-二羟基-4′-甲氧基二氢黄酮-7-*O*-β-D-木糖基-(1→6)-β-D-吡喃葡萄糖苷 | 2, 3-dihydroxy-4′-methoxydihydroflavone-7-*O*-β-D-xylosyl-(1→6)-β-D-glucopyranoside |
| 2, 3-二羟基-4′-甲氧基二氢黄酮-7-*O*-β-D-芹糖基-(1→6)-β-D-吡喃葡萄糖苷 | 2, 3-dihydroxy-4′-methoxydihydroflavone-7-*O*-β-D-apiosyl-(1→6)-β-D-glucopyranoside |
| 3′, 7-二羟基-4′-甲氧基二氢黄酮醇 | 3′, 7-dihydroxy-4′-methoxydihydroflavonol |
| 3, 4′-二羟基-4-甲氧基二氢芪 | 3, 4′-dihydroxy-4-methoxydihydrostilbene |
| 2, 5-二羟基-4-甲氧基菲 (拖鞋状石斛素) | 2, 5-dihydroxy-4-methoxyphenanthrene (moscatin) |
| 2, 7-二羟基-4-甲氧基菲-2-*O*-葡萄糖苷 | 2, 7-dihydroxy-4-methoxyphenanthrene-2-*O*-glucoside |
| 2, 7-二羟基-4-甲氧基菲-2, 7-*O*-二葡萄糖苷 | 2, 7-dihydroxy-4-methoxyphenanthrene-2, 7-*O*-diglucoside |
| 2, 3-二羟基-4′-甲氧基高异黄酮-7-*O*-木糖苷 | 2, 3-dihydroxy-4′-methoxyhomoisoflavone-7-*O*-xyloside |
| 2, 3-二羟基-4-甲氧基桂皮酸 | 2, 3-dihydroxy-4-methoxycinnamic acid |
| 7, 3′-二羟基-4′-甲氧基黄酮 | 7, 3′-dihydroxy-4′-methoxyflavone |
| 7, 3′-二羟基-4-甲氧基黄酮 | 7, 3′-dihydroxy-4-methoxyflavone |
| 5, 7-二羟基-4′-甲氧基黄酮 | 5, 7-dihydroxy-4′-methoxyflavone |
| 5, 7-二羟基-4-甲氧基黄酮-7-*O*-β-D-吡喃葡萄糖苷 | 5, 7-dihydroxy-4-methoxyflavone-7-*O*-β-D-glucopyranoside |

| | |
|---|---|
| 5, 7-二羟基-4′-甲氧基黄酮醇-3-*O*-芸香糖苷 | 5, 7-dihydroxy-4′-methoxyflavonol-3-*O*-rutinoside |
| (2*S*)-7, 3′-二羟基-4′-甲氧基黄烷 | (2*S*)-7, 3′-dihydroxy-4′-methoxyflavan |
| 3′, 5-二羟基-4′-甲氧基黄烷酮-7-*O*-α-L-鼠李糖基-(1→6)-β-D-吡喃葡萄糖苷 | 3′, 5-dihydroxy-4′-methoxyflavanone-7-*O*-α-L-rhamnosyl-(1→6)-β -D-glucopyranoside |
| 3′, 5-二羟基-4′-甲氧基黄烷酮-7-*O*-β -D-吡喃葡萄糖基-(1→2)-α-L-吡喃鼠李糖苷 | 3′, 5-dihydroxy-4′-methoxyflavanone-7-*O*-β-D-glucopyranosyl-(1→2)-α-L-rhamnoside |
| 3, 5-二羟基-4-甲氧基联苄 | 3, 5-dihydroxy-4-methoxybibenzyl |
| 11-*O*-(3′, 5′-二羟基-4′-甲氧基没食子酰基) 岩白菜素 | 11-*O*-(3′, 5′-dihydroxy-4′-methoxygalloyl) bergenin |
| 3, 4′-二羟基-4-甲氧基双苄醚 | 3, 4′-dihydroxy-4-methoxydibenzyl ether |
| 1, 3-二羟基-4-甲氧基呫酮 | 1, 3-dihydroxy-4-methoxyxanthone |
| 1, 5-二羟基-4-甲氧基呫酮 | 1, 5-dihydroxy-4-methoxyxanthone |
| 1, 7-二羟基-4-甲氧基呫酮 | 1, 7-dihydroxy-4-methoxyxanthone |
| 3, 8-二羟基-4-甲氧基香豆素 | 3, 8-dihydroxy-4-methoxycoumarin |
| 4′, 6-二羟基-4-甲氧基异橙酮 | 4′, 6-dihydroxy-4-methoxyisoaurone |
| 3′, 7-二羟基-4′-甲氧基异黄酮 | 3′, 7-dihydroxy-4′-methoxyisoflavone |
| 7, 3′-二羟基-4′-甲氧基异黄酮 | 7, 3′-dihydroxy-4′-methoxyisoflavone |
| 7, 8-二羟基-4′-甲氧基异黄酮 | 7, 8-dihydroxy-4′-methoxyisoflavone |
| 5, 7-二羟基-4′-甲氧基异黄酮-2′-*O*-β-D-吡喃葡萄糖苷 | 5, 7-dihydroxy-4′-methoxyisoflavone-2′-*O*-β-D-glucopyranoside |
| 7, 2′-二羟基-4-甲氧基异黄烷 | 7, 2′-dihydroxy-4-methoxyisoflavan |
| 7, 3′-二羟基-4′-甲氧基异黄烷酮 | 7, 3′-dihydroxy-4′-methoxyisoflavanone |
| 3, 5-二羟基-4′-甲氧基芪-3-*O*-β-D-葡萄糖苷 | 3, 5-dihydroxy-4′-methoxystilbene-3-*O*-β-D-glucopyranoside |
| 1, 2-二羟基-4-葡萄糖氧基萘 | 1, 2-dihydroxy-4-glucosyloxynaphthalene |
| 1, 8-二羟基-4-羟甲基蒽醌 | 1, 8-dihydroxy-4-hydroxymethyl anthraquinone |
| 6-(2, 3-二羟基-4-羟甲基四氢呋喃) 环戊烯 [*c*] 吡咯-1, 3-二醇 | 6-(2, 3-dihydroxy-4-hydromethyl tetrahydrofuran-1-yl) cyclopentene [*c*] pyrrol-1, 3-diol |
| 7-[3-(3, 4-二羟基-4-羟甲基四氢呋喃-2-氧基)-4, 5-二羟基-6-羟甲基四氢呋喃-2-氧基]-5-羟基-2-(4-羟基-3-甲氧苯基)-色烯-4-酮 | 7-[3-(3, 4-dihydroxy-4-hydroxymethyl-tetrahydrofuran-2-oxyl)-4, 5-dihydroxy-6-hydroxymethyl tetrahydro-pyran-2-oxyl]-5-hydroxy-2-(4-hydroxy-3-methoxy-phenyl)-chromen-4-one |
| 6-(2′, 3′-二羟基-4′-羟甲基四氢呋喃基) 环戊二烯 [*c*] 吡咯-1, 3-二醇 | 6-(2′, 3′-dihydroxy-4′-hydroxymethyl tetrahydrofuran-1′-yl) cyclopentadiene [*c*] pyrrol-1, 3-diol |
| 3, 5-二羟基-4-乙氧基-6-乙酰基-7-甲氧基-2, 2-二甲基色原烷 | 3, 5-dihydroxy-4-ethoxy-6-acetyl-7-methoxy-2, 2-dimethyl chroman |
| 2, 8-二羟基-5-(1-羟乙基)-1, 7-二甲基-9, 10-二氢菲 | 2, 8-dihydroxy-5-(1-hydroxyethyl)-1, 7-dimethyl-9, 10-dihydrophenanthrene |
| 1-[3, 4-二羟基-5-(12′*Z*)-12-十七烯-1-苯基] 乙酮 | 1-[3, 4-dihydroxy-5-(12′*Z*)-12-heptadecen-1-phenyl] ethanone |
| 2′, 4′-二羟基-5′-(1‴-二甲烯丙基)-6-异戊烯基松属素 | 2′, 4′-dihydroxy-5′-(1‴-dimethyl allyl)-6-prenyl pinocembrin |

| | |
|---|---|
| (4*R*, 5*R*, 6*S*, 8*R*, 9*R*)-4, 8-二羟基-5-(2-甲丙酰氧基)-9-(3-甲丁酰氧基)-3-氧亚基大牻牛儿-6, 12-内酯 | (4*R*, 5*R*, 6*S*, 8*R*, 9*R*)-4, 8-dihydroxy-5-(2-methyl propanoyloxy)-9-(3-methyl butyryloxy)-3-oxogermacran-6, 12-olide |
| 2′, 4′-二羟基-5′-(3-甲基-3-丁烯-l-基) 苯乙酮 | 2′, 4′-dihydroxy-5′-(3-methyl-3-buten-l-yl) acetophenone |
| 3′, 4″-二羟基-5′, 3″, 5″-三甲氧基联苄 | 3′, 4″-dihydroxy-5′, 3″, 5″-trimethoxybibenzyl |
| 7, 3′-二羟基-5, 4′, 5′-三甲氧基异黄酮 | 7, 3′-dihydroxy-5, 4′, 5′-trimethoxyisoflavone |
| 3, 4-二羟基-5, 4′-二甲氧基联苄 | 3, 4-dihydroxy-5, 4′-dimethoxybibenzyl |
| 3, 4′-二羟基-5, 5′-二甲氧基联苄 | 3, 4′-dihydroxy-5, 5′-dimethoxybibenzyl |
| 7, 5′-二羟基-5, 6, 3′, 4′-四甲氧基黄酮 | 7, 5′-dihydroxy-5, 6, 3′, 4′-tetramethoxyflavone |
| 3, 3′-二羟基-5, 6′-二甲氧基联苄 | 3, 3′-dihydroxy-5, 6′-dimethoxybibenzyl |
| 1, 3-二羟基-5, 6-二甲氧基 xanthone | 1, 3-dihydroxy-5, 6-dimethoxyxanthone |
| 1, 2-二羟基-5, 6-二甲氧基 xanthone | 1, 2-dihydroxy-5, 6-dimethoxyxanthone |
| (3*S*, 4*S*, 5*S*, 6*S*, 9*R*)-3, 4-二羟基-5, 6-二氢-β-紫罗兰醇 | (3*S*, 4*S*, 5*S*, 6*S*, 9*R*)-3, 4-dihydroxy-5, 6-dihydro-β-ionol |
| (3*S*, 5*S*, 6*S*, 9*R*)-3, 4-二羟基-5, 6-二氢-β-紫罗兰醇 | (3*S*, 5*S*, 6*S*, 9*R*)-3, 4-dihydroxy-5, 6-dihydro-β-ionol |
| (3*S*, 5*S*, 6*S*, 9*R*)-3, 6-二羟基-5, 6-二氢-β-紫罗兰醇 | (3*S*, 5*S*, 6*S*, 9*R*)-3, 6-dihydroxy-5, 6-dihydro-β-ionol |
| 7, 8-二羟基-5, 6-亚乙二氧基黄酮 | 7, 8-dihydroxy-5, 6-ethylenedioxyflavone |
| (3*R*, 4*S*)-6, 4′-二羟基-5, 7, 3′, 5′-四甲氧基-3, 4-二氢芳基萘二酸-(双)-十六醇酯 | (3*R*, 4*S*)-6, 4′-dihydroxy-5, 7, 3′, 5′-tetramethoxy-3, 4-dihydroaryl tetralin-(bis)-hexadecyl acetate |
| 6, 2′-二羟基-5, 7, 8, 6′-四甲氧基黄酮 | 6, 2′-dihydroxy-5, 7, 8, 6′-tetramethoxyflavone |
| 9, 10-二羟基-5, 7-二甲氧基-1H-萘并 [2, 3-*c*] 吡喃-1-酮 | 9, 10-dihydroxy-5, 7-dimethoxy-1*H*-naphtho [2, 3-*c*] pyran-1-one |
| 3′, 4′-二羟基-5, 7-二甲氧基-4-苯基香豆素 | 3′, 4′-dihydroxy-5, 7-dimethoxy-4-phenyl coumarin |
| (±)-3′, 4′-二羟基-5, 7-二甲氧基黄烷 | (±)-3′, 4′-dihydroxy-5, 7-dimethoxyflavan |
| 3′, 4′-二羟基-5, 7-二羟基异黄酮-7-*O*-吡喃葡萄糖苷 (香豌豆苷) | 3′, 4′-dihydroxy-5, 7-dihydroxyisoflavone-7-*O*-glucopyranoside (oroboside) |
| 6, 12-二羟基-5, 8, 11, 13-冷杉四烯-7-酮 | 6, 12-dihydroxy-5, 8, 11, 13-abietatetraen-7-one |
| 6, 12-二羟基-5, 8, 11, 13-松香四烯-7-酮 | 6, 12-dihydroxy-5, 8, 11, 13-abietetraen-7-one |
| (2*S*)-2′, 7-二羟基-5, 8-二甲氧基黄烷酮 | (2*S*)-2′, 7-dihydroxy-5, 8-dimethoxyflavanone |
| 1, 3-二羟基-5, 8-二甲氧基 xanthone | 1, 3-dihydroxy-5, 8-dimethoxyxanthone |
| 1, 3-二羟基-5-[14′-(3″, 5″-二羟苯基)-顺式-4′-十四烯基] 苯 | 1, 3-dihydroxy-5-[14′-(3″, 5″-dihydroxyphenyl)-*cis*-4′-tetradecenyl] benzene |
| 1, 3-二羟基-5-[14′-(3″, 5″-二羟苯基)-顺式-7′-十四烯基] 苯 | 1, 3-dihydroxy-5-[14′, (3″, 5″-dihydroxyphenyl)-*cis*-7′-tetradecenyl] benzene |
| 4α, 8β-二羟基-5α (*H*)-桉叶-7 (11)-烯-8, 12-内酯 | 4α, 8β-dihydroxy-5α (*H*)-eudesm-7 (11)-en-8, 12-olide |
| 4β, 8β-二羟基-5α (*H*)-桉叶-7 (11)-烯-8, 12-内酯 | 4β, 8β-dihydroxy-5α (*H*)-eudesm-7 (11)-en-8, 12-olide |
| 1β, 4α-二羟基-5α, 8β (*H*)-桉叶-7 (11) *Z*-烯-8, 12-内酯 | 1β, 4α-dihydroxy-5α, 8β (*H*)-eudesm-7 (11) *Z*-en-8, 12-olide |
| 1β, 4β-二羟基-5α, 8β (*H*)-桉叶-7 (11) *Z*-烯-8, 12-内酯 | 1β, 4β-dihydroxy-5α, 8β (*H*)-eudesm-7 (11) *Z*-en-8, 12-olide |
| (*Z*)-1β, 4α-二羟基-5α, 8β (*H*)-桉叶-7 (11)-烯-12, 8-内酯 | (*Z*)-1β, 4α-dihydroxy-5α, 8β (*H*)-eudesm-7 (11)-en-12, 8-olide |

| | |
|---|---|
| 4β, 10β-二羟基-5α*H*-1, 11 (13)-愈创木二烯-8α, 12-内酯 | 4β, 10β-dihydroxy-5α*H*-1, 11 (13)-guaidien-8α, 12-olide |
| (25*R*)-2α, 3β-二羟基-5α-螺甾-3-*O*-α-L-吡喃鼠李糖基-(1→2)-[β-D-吡喃葡萄糖基-(1→4)]-β-D-吡喃半乳糖苷 | (25*R*)-2α, 3β-dihydroxy-5α-spirost-3-*O*-α-L-rhamnopyranosyl-(1→2)-[β-D-glucopyranosyl-(1→4)]-β-D-galactopyranoside |
| (25*R*)-2α, 3β-二羟基-5α-螺甾-3-*O*-α-L-吡喃鼠李糖基-(1→2)-β-D-吡喃半乳糖苷 | (25*R*)-2α, 3β-dihydroxy-5α-spirost-3-*O*-α-L-rhamnopyranosyl-(1→2)-β-D-galactopyranoside |
| (25*R*)-2α, 3β-二羟基-5α-螺甾-3-*O*-β-D-吡喃葡萄糖基-(1→4)-β-D-吡喃半乳糖苷 | (25*R*)-2α, 3β-dihydroxy-5α-spirost-3-*O*-β-D-glucopyranosyl-(1→4)-β-D-galactopyranoside |
| (25*S*)-3β, 24β-二羟基-5α-螺甾-6-酮-3-*O*-[α-L-吡喃阿拉伯糖基-(1→6)]-β-D-吡喃葡萄糖苷 | (25*S*)-3β, 24β-dihydroxy-5α-spirost-6-one-3-*O*-[α-L-arabinopyranosyl-(1→6)]-β-D-glucopyranoside |
| (25*R*)-3β, 17α-二羟基-5-α-螺甾-6-酮-3-*O*-α-L-吡喃葡萄糖基-(1→2)-β-D-吡喃葡萄糖苷 | (25*R*)-3β, 17α-dihydroxy-5-α-spirost-6-one-3-*O*-α-L-rhamnopyranosyl-(1→2)-β-D-glucopyranoside |
| (25*R*)-2α, 3β-二羟基-5α-螺甾-9 (11)-烯-12-酮 | (25*R*)-2α, 3β-dihydroxy-5α-spirost-9 (11)-en-12-one |
| 5, 6β-二羟基-5α-麦角甾-7, 22-二烯-3β-醇乙酸酯 | 5, 6β-dihydroxy-5α-ergost-7, 22-dien-3β-ol acetate |
| 26, 27-二羟基-5α-羊毛甾-7, 9 (11), 24-三烯-3, 22-二酮 | 26, 27-dihydroxy-5α-lanost-7, 9 (11), 24-trien-3, 22-dione |
| 15α, 26-二羟基-5α-羊毛脂-7, 9, (24*E*)-三烯-3-酮 | 15α, 26-dihydroxy-5α-lanost-7, 9, (24*E*)-trien-3-one |
| 2α, 3β-二羟基-5α-孕甾-16-烯-20-酮 | 2α, 3β-dihydroxy-5α-pregn-16-en-20-one |
| 2β, 3β-二羟基-5α-孕甾-17 (20)-(*Z*)-烯-16-酮 | 2β, 3β-dihydroxy-5α-pregn-17 (20)-(*Z*)-en-16-one |
| 3β, 25-二羟基-5β, 19-环氧葫芦-6, (23*E*)-二烯 | 3β, 25-dihydroxy-5β, 19-epoxycucurbita-6, (23*E*)-diene |
| 23, 25-二羟基-5β, 19-环氧葫芦-6-烯-3, 24-二酮 | 23, 25-dihydroxy-5β, 19-epoxycucurbit-6-en-3, 24-dione |
| 4β, 8α-二羟基-5β-2-甲基丁酰氧基-9β-3-甲基丁酰氧基-3-氧亚基大牻牛儿-7β, 12α-内酯 | 4β, 8α-dihydroxy-5β-2-methyl butyryloxy-9β-3-methyl butyryloxy-3-oxogermacr-7β, 12α-olide |
| 4α, 10α-二羟基-5β*H*-古芸-6-烯 | 4α, 10α-dihydroxy-5β*H*-gurjun-6-ene |
| 4β, 8α-二羟基-5β-当归酰氧基-9β-2-甲基丁酰氧基-3-氧亚基大牻牛儿-6α, 12-内酯 | 4β, 8α-dihydroxy-5β-angeloyloxy-9β-2-methyl butyryloxy-3-oxogermacr-6α, 12-olide |
| 4β, 8α-二羟基-5β-当归酰氧基-9β-异丁酰氧基-3-氧亚基大牻牛儿-6α, 12-内酯 | 4β, 8α-dihydroxy-5β-angeloyloxy-9β-isobutyryloxy-3-oxogermacr-6α, 12-olide |
| 3β, 14β-二羟基-5β-强心甾-20 (22)-烯内酯 | 3β, 14β-dihydroxy-5β-card-20 (22)-enolide |
| 4β, 8α-二羟基-5β-异丁酰氧基-9β-3-甲基丁酰氧基-3-氧亚基大牻牛儿-6α, 12-内酯 | 4β, 8α-dihydroxy-5β-isobutyryloxy-9β-3-methyl butyryloxy-3-oxogermacr-6α, 12-olide |
| 1α, 3β-二羟基-5β-孕甾-16-烯-20-酮-3-*O*-β-D-吡喃葡萄糖苷 | 1α, 3β-dihydroxy-5β-pregn-16-en-20-one-3-*O*-β-D-glucopyranoside |
| 1β, 11-二羟基-5-桉叶烯 | 1β, 11-dihydroxy-5-eudesmene |
| 3, 7-二羟基-5-豆甾烯 | 3, 7-dihydroxystigmast-5-ene |
| 2, 4-二羟基-5-甲基-6-甲氧基查耳酮 | 2, 4-dihydroxy-5-methyl-6-methoxychalcone |
| 3, 4-二羟基-5-甲基二氢吡喃 | 3, 4-dihydroxy-5-methyl dihydropyran |
| 3, 3′-二羟基-5-甲氧基-2, 4-二 (对羟苄基) 联苄 | 3, 3′-dihydroxy-5-methoxy-2, 4-di (*p*-hydroxybenzyl) bibenzyl |
| 3, 3′-二羟基-5-甲氧基-2, 5′, 6-三 (对羟苄基) 联苄 | 3, 3′-dihydroxy-5-methoxy-2, 5′, 6-tri (*p*-hydroxybenzyl) bibenzyl |

| | |
|---|---|
| 4, 8-二羟基-5-甲氧基-2-萘甲醛 | 4, 8-dihydroxy-5-methoxy-2-naphthalene carboxaldehyde |
| (2*S*)-7, 4′-二羟基-5-甲氧基-8-(γ, γ-二甲烯丙基) 黄烷酮 | (2*S*)-7, 4′-dihydroxy-5-methoxy-8-(γ, γ-dimethyl allyl) flavanone |
| 3, 4-二羟基-5-甲氧基苯甲醛 | 3, 4-dihydroxy-5-methoxybenzaldehyde |
| 2, 4-二羟基-5-甲氧基苯乙酮 | 2, 4-dihydroxy-5-methoxyacetophenone |
| 2, 4-二羟基-5-甲氧基二苯甲酮 | 2, 4-dihydroxy-5-methoxybenzophenone |
| 2, 5-二羟基-5-甲氧基二苯甲酮 | 2, 5-dihydroxy-5-methoxybenzophenone |
| 7, 4′-二羟基-5-甲氧基二氢黄酮 | 7, 4′-dihydroxy-5-methoxydihydroflavone |
| 3, 4′-二羟基-5-甲氧基二氢芪 | 3, 4′-dihydroxy-5-methoxydihydrostilbene |
| 2, 4-二羟基-5-甲氧基桂皮酸 | 2, 4-dihydroxy-5-methoxycinnamic acid |
| 3β, 23-二羟基-5-甲氧基葫芦-6, 24-二烯-19-醛 | 3β, 23-dihydroxy-5-methoxycucurbita-6, 24-dien-19-al |
| 3′, 4′-二羟基-5-甲氧基黄烷酮-7-*O*-α-L-吡喃鼠李糖苷 | 3′, 4′-dihydroxy-5-methoxyflavanone-7-*O*-α-L-rhamnopyranoside |
| 3, 3′-二羟基-5-甲氧基联苄 | 3, 3′-dihydroxy-5-methoxybibenzyl |
| 3, 4′-二羟基-5-甲氧基联苄 | 3, 4′-dihydroxy-5-methoxybibenzyl |
| 1, 6-二羟基-5-甲氧基𠮿酮 | buchanaxanthone |
| 1, 3-二羟基-5-甲氧基𠮿酮 | 1, 3-dihydroxy-5-methoxyxanthone |
| 7, 3′-二羟基-5′-甲氧基异黄酮 | 7, 3′-dihydroxy-5′-methoxyisoflavone |
| 7, 4′-二羟基-5-甲氧基异黄酮 | 7, 4′-dihydroxy-5-methoxyisoflavone |
| 2, 7-二羟基-5-羟甲基-1-甲基-9, 10-二氢菲 | 2, 7-dihydroxy-5-hydroxymethyl-1-methyl-9, 10-dihydrophenanthrene |
| 2, 7-二羟基-5-羟甲基-1, 8-二甲基-9, 10-二氢菲 | 2, 7-dihydroxy-5-hydroxymethyl-1, 8-dimethyl-9, 10-dihydrophenanthrene |
| 7, 4′-二羟基-5-羟甲基黄酮 | 7, 4′-dihydroxy-5-hydroxymethyl flavone |
| 3, 7-二羟基-5-辛醇内酯 | 3, 7-dihydroxy-5-octanolide |
| 3, 7-二羟基-6-(2′-甲基丁酰氧基) 托品烷 | 3, 7-dihydroxy-6-(2′-methyl butyryloxy) tropane |
| 5, 4′-二羟基-6-(3, 3-二甲烯丙基)-2″, 2″-二甲基吡喃 [5, 6: 7, 8] 异黄酮 | 5, 4′-dihydroxy-6-(3, 3-dimethyl allyl)-2″, 2″-dimethyl pyrano [5, 6: 7, 8] isoflavone |
| 1-[2′, 4′-二羟基-6′-(3″, 7″二甲基辛-2″, 6″-二烯氧基)-5′-(3″-甲基-2″-丁烯基)] 苯乙酮 | 1-[2′, 4′-dihydroxy-6′-(3″, 7″-dimethyl oct-2″, 6″-dienyloxy)-5′-(3″-methyl-2″-butenyl)] phenyl ethanone |
| 2, 4-二羟基-6-(4-羟苯甲酰氧基) 苯甲酸 | 2, 4-dihydroxy-6-(4-hydroxybenzoyloxy) benzoic acid |
| 5, 7-二羟基-6-(7-羟基-3, 7-二甲基辛-2-烯-1-基)-(2*S*)-(4-羟苯基)-3, 4-二氢-2*H*-1-苯并吡喃-4-酮 | 5, 7-dihydroxy-6-(7-hydroxy-3, 7-dimethyloct-2-en-1-yl)-(2*S*)-(4-hydroxyphenyl)-3, 4-dihydro-2*H*-1-benzopyran-4-one |
| 5, 7-二羟基-6, 8-二甲基-3-(4′-羟基-3′, 5′-甲氧苄基) 色烷-4-酮 | 5, 7-dihydroxy-6, 8-dimethyl-3-(4′-hydroxy-3′, 5′-methoxybenzyl) chroman-4-one |
| (3*R*)-7, 3′-二羟基-6, 2′, 4′-三甲氧基异黄烷酮 | (3*R*)-7, 3′-dihydroxy-6, 2′, 4′-trimethoxy-isoflavanone |
| 5, 7-二羟基-6, 2′-二甲氧基异黄酮 | 5, 7-dihydroxy-6, 2′-dimethoxyisoflavone |
| 5, 7-二羟基-6, 3′, 4′-三甲氧基黄酮 (泽兰林素、半齿泽兰林素) | 5, 7-dihydroxy-6, 3′, 4′-trimethoxyflavone (eupatilin) |

| 5, 4′-二羟基-6, 3′-二甲氧基黄酮-7-*O*-β-D-吡喃葡萄糖苷 | 5, 4′-dihydroxy-6, 3′-dimethoxyflavone-7-*O*-β-D-glucopyranoside |
|---|---|
| 5, 7-二羟基-6′, 4′-二甲氧基二氢异黄酮 | homoferreirin |
| 5, 7-二羟基-6, 4′-二甲氧基黄酮 | 5, 7-dihydroxy-6, 4′-dimethoxyflavone |
| 5, 3′-二羟基-6, 4′-二甲氧基黄酮-7-*O*-β-D-葡萄糖苷 | 5, 3′-dihydroxy-6, 4′-dimethoxyflavone-7-*O*-β-D-glucoside |
| (2*R*)-7, 3′-二羟基-6, 4′-甲氧基黄烷 | (2*R*)-7, 3′-dihydroxy-6, 4′-methoxyflavan |
| 2′, 5-二羟基-6, 6′, 7, 8-四甲氧基黄酮 | 2′, 5-dihydroxy-6, 6′, 7, 8-tetramethoxyflavone |
| 1, 2-二羟基-6, 6′-二甲基-5, 5′, 8, 8′-四羰基-1, 2′-联萘 | 1, 2-dihydroxy-6, 6′-dimethyl-5, 5′, 8, 8′-tetracarbonyl-1, 2′-binaphthalene |
| 7, 7′-二羟基-6, 6′-二甲氧基-8, 8′-双香豆素 | 7, 7′-dihydroxy-6, 6′-dimethoxy-8, 8′-biscoumarin |
| 3, 5-二羟基-6, 7, 3′, 4′-四甲氧基黄酮 | 3, 5-dihydroxy-6, 7, 3′, 4′-tetramethoxyflavone |
| 3, 5-二羟基-6, 7, 3′, 4′-四甲氧基黄酮醇 | 3, 5-dihydroxy-6, 7, 3′, 4′-tetramethoxyflavonol |
| 3, 4-二羟基-6, 7, 3′, 4′-四甲氧基黄酮醇 | 3, 4-dihydroxy-6, 7, 3′, 4′-tetramethoxyflavonol |
| 5, 4′-二羟基-6, 7, 3, 5-四甲氧基黄酮 | 5, 4′-dihydroxy-6, 7, 3, 5′-tetramethoxyflavone |
| 5, 4′-二羟基-6, 7, 3′, 5′-四甲氧基黄酮 | 5, 4′-dihydroxy-6, 7, 3′, 5′-tetramethoxyflavone |
| 3, 5-二羟基-6, 7, 4′-三甲氧基黄酮 | 3, 5-dihydroxy-6, 7, 4′-trimethoxyflavone |
| 5, 3′-二羟基-6, 7, 4′-三甲氧基黄酮 (泽兰黄素、半齿泽兰素) | 5, 3′-dihydroxy-6, 7, 4′-trimethoxyflavone (eupatorin) |
| 5, 2′-二羟基-6, 7, 6′-三甲氧基黄烷酮 | 5, 2′-dihydroxy-6, 7, 6′-trimethoxyflavanone |
| 3, 5-二羟基-6, 7, 8, 3′, 4′-五甲氧基黄酮 | 3, 5-dihydroxy-6, 7, 8, 3′, 4′-pentamethoxyflavone |
| 5, 4′-二羟基-6, 7, 8, 3′-四甲氧基黄酮 | 5, 4′-dihydroxy-6, 7, 8, 3′-tetramethoxyflavone |
| 5, 3′-二羟基-6, 7, 8, 4′-四甲氧基黄酮 | 5, 3′-dihydroxy-6, 7, 8, 4′-tetramethoxyflavone |
| 1, 3-二羟基-6, 7, 8-三甲氧基-2-甲基蒽醌 | 1, 3-dihydroxy-6, 7, 8-trimethoxy-2-methyl anthraquinone |
| 2′, 5-二羟基-6′, 7, 8-三甲氧基黄酮 | 2′, 5-dihydroxy-6′, 7, 8-trimethoxyflavone |
| 5, 2′-二羟基-6, 7, 8-三甲氧基黄酮 | 5, 2′-dihydroxy-6, 7, 8-trimethoxyflavone |
| 5, 4′-二羟基-6, 7, 8-三甲氧基黄酮 (呫苏米黄素、黄姜味草醇) | 5, 4′-dihydroxy-6, 7, 8-trimethoxyflavone (xanthomicrol) |
| 3, 5-二羟基-6, 7-大柱香波龙二烯-9-酮 | 3, 5-dihydroxy-6, 7-megastigmadien-9-one |
| (2*R*)-4′, 5-二羟基-6, 7-二-*O*-β-D-吡喃葡萄糖基二氢黄酮 | (2*R*)-4′, 5-dihydroxy-6, 7-di-*O*-β-D-glucopyranosyl flavanone |
| (2*S*)-4′, 5-二羟基-6, 7-二-*O*-β-D-吡喃葡萄糖基二氢黄酮 | (2*S*)-4′, 5 -dihydroxy-6, 7-di-*O*-β-D-glucopyranosyl flavanone |
| 1, 5-二羟基-6, 7-二甲氧基-2-甲基蒽醌-3-*O*-β-D-吡喃葡萄糖苷 | 1, 5-dihydroxy-6, 7-dimethoxy-2-methyl anthraquinone-3-*O*-β-D-glucopyranoside |
| 5, 4′-二羟基-6, 7-二甲氧基-8-*C*-[β-D-吡喃木糖基-(1→2)]-β-D-吡喃葡萄糖黄酮 | 5, 4′-dihydroxy-6, 7-dimethoxy-8-*C*-[β-D-xylopyranosyl-(1→2)]-β-D-glucopyranosyl flavone |
| 5, 4′-二羟基-6, 7-二甲氧基-8-*C*-β-D-吡喃葡萄糖基黄酮 | 5, 4′-dihydroxy-6, 7-dimethoxy-8-*C*-β-D-glucopyranosyl flavone |
| 5, 4′-二羟基-6, 7-二甲氧基黄酮 | 5, 4′-dihydroxy-6, 7-dimethoxyflavone |

| | |
|---|---|
| 5, 7-二羟基-6, 7-二甲氧基黄酮 | 5, 7-dihydroxy-6, 7-dimethoxyflavone |
| 3, 5-二羟基-6, 7-二甲氧基黄酮 | 3, 5-dihydroxy-6, 7-dimethoxyflavone |
| 5, 8-二羟基-6, 7-二甲氧基黄酮 | 5, 8-dihydroxy-6, 7-dimethoxyflavone |
| 4′, 5-二羟基-6, 7-二甲氧基黄酮-8-*C*-β-D-吡喃葡萄糖苷 | 4′, 5-dihydroxy-6, 7-dimethoxyflavone-8-*C*-β-D-glucopyranoside |
| 1, 3-二羟基-6, 7-二甲氧基呫酮 (散沫花呫酮 Ⅰ) | 1, 3-dihydroxy-6, 7-dimethoxyxanthone (laxanthone Ⅰ) |
| 1, 3-二羟基-6, 7-二甲氧基呫酮-1-*O*-β-D-葡萄糖苷 | 1, 3-dihydroxy-6, 7-dimethyl xanthone-1-*O*-β-D-glucoside |
| 4′, 5-二羟基-6, 7-二甲氧基异黄酮 | 4′, 5-dihydroxy-6, 7-dimethoxyisoflavone |
| (3*S*, 6*R*)-6, 7-二羟基-6, 7-二氢芳樟醇-3-*O*-β-D-(3-*O*-磺酸钾) 吡喃葡萄糖苷 | (3*S*, 6*R*)-6, 7-dihydroxy-6, 7-dihydrolinalool-3-*O*-β-D-(3-*O*-potassium sulfo) glucopyranoside |
| (3*S*, 6*R*)-6, 7-二羟基-6, 7-二氢芳樟醇-3-*O*-β-D-吡喃葡萄糖苷 | (3*S*, 6*R*)-6, 7-dihydroxy-6, 7-dihydrolinalool-3-*O*-β-D-glucopyranoside |
| (3*S*, 6*S*)-6, 7-二羟基-6, 7-二氢芳樟醇-3-*O*-β-D-吡喃葡萄糖苷 | (3*S*, 6*S*)-6, 7-dihydroxy-6, 7-dihydrolinalool-3-*O*-β-D-glucopyranoside |
| 5, 4′-二羟基-6, 7-亚基二氧基-3′-甲氧基黄酮 | 5, 4′-dihydroxy-6, 7-methylenedioxy-3′-methoxyflavone |
| 5, 2′-二羟基-6, 7-亚甲二氧基二氢黄酮 | 5, 2′-dihydroxy-6, 7-methylenedioxyflavanone |
| 5, 4′-二羟基-6, 7-亚甲二氧基黄酮 (冠崎黄酮-2) | 5, 4′-dihydroxy-6, 7-methylenedioxyflavone (kanzakiflavone-2) |
| 2′, 5-二羟基-6, 7-亚甲二氧基异黄酮 | 2′, 5-dihydroxy-6, 7-methylenedioxyisoflavone |
| 5, 2′-二羟基-6, 7-亚甲二氧基异黄酮 | 5, 2′-dihydroxy-6, 7-methylenedioxyisoflavone |
| 5, 7-二羟基-6, 8, 2′, 3′-四甲氧基黄酮 | 5, 7-dihydroxy-6, 8, 2′, 3′-tetramethoxyflavone |
| 5, 7-二羟基-6, 8, 4′-三甲氧基黄酮 | 5, 7-dihydroxy-6, 8, 4′-trimethoxyflavone |
| 5, 7-二羟基-6, 8, 4′-三甲氧基黄酮醇 | 5, 7-dihydroxy-6, 8, 4′-trimethoxyflavonol |
| 5, 7-二羟基-6, 8-二甲基-(3*R*)-(3-’甲氧基-4′-羟苄基) 色烷-4-酮 | 5, 7-dihydroxy-6, 8-dimethyl-(3*R*)-(3-’methoxy-4′-hydroxybenzyl) chroman-4-one |
| 5, 7-二羟基-6, 8-二甲基-(3*S*)-(3′-甲氧基-4′-羟苄基) 色烷-4-酮 | 5, 7-dihydroxy-6, 8-dimethyl-(3*S*)-(3′-methoxy-4′-hydroxybenzyl) chroman-4-one |
| (±)-5, 7-二羟基-6, 8-二甲基-3-(2′, 4′-二羟苄基) 色烷-4-酮 | (±)-5, 7-dihydroxy-6, 8-dimethyl-3-(2′, 4′-dihydroxybenzyl) chroman-4-one |
| 5, 7-二羟基-6, 8-二甲基-3-(2′-甲氧基-4′-羟苄基) 色烷-4-酮 | 5, 7-dihydroxy-6, 8-dimethyl-3-(2′-methoxy-4′-hydroxybenzyl) chroman-4-one |
| (±)-5, 7-二羟基-6, 8-二甲基-3-(2′-羟基-4′-甲氧基苄基) 色烷-4-酮 | (±)-5, 7-dihydroxy-6, 8-dimethyl-3-(2′-hydroxy-4′-methoxybenzyl) chroman-4-one |
| (3*R*)-5, 7-二羟基-6, 8-二甲基-3-(2′-羟基-4′-甲氧基苄基) 色烷-4-酮 | (3*R*)-5, 7-dihydroxy-6, 8-dimethyl-3-(2′-hydroxy-4′-methoxybenzyl) chroman-4-one |
| 5, 7-二羟基-6, 8-二甲基-3-(4′-甲氧基苄基) 色烷-4-酮 | 5, 7-dihydroxy-6, 8-dimethyl-3-(4′-methoxybenzyl) chroman-4-one |
| (3*R*)-5, 7-二羟基-6, 8-二甲基-3-(4′-羟苄基) 色烷-4-酮 | (3*R*)-5, 7-dihydroxy-6, 8-dimethyl-3-(4′-hydroxybenzyl) chroman-4-one |
| 5, 7-二羟基-6, 8-二甲基-3-(4′-羟苄基) 色烷-4-酮 | 5, 7-dihydroxy-6, 8-dimethyl-3-(4′-hydroxybenzyl) chroman-4-one |

| | |
|---|---|
| 5, 7-二羟基-6, 8-二甲基-3-(4′-羟基-3′, 8′-二甲氧苄基) 色烷-4-酮 | 5, 7-dihydroxy-6, 8-dimethyl-3-(4′-hydroxy-3′, 8′-dimethoxybenzyl) chroman-4-one |
| 5, 7-二羟基-6, 8-二甲基-3-(4′-羟基-3′-甲氧苄基) 色烷-4-酮 | 5, 7-dihydroxy-6, 8-dimethyl-3-(4′-hydroxy-3′-methoxybenzyl) chroman-4-one |
| 3, 7-二羟基-6, 8-二甲基-4, 5, 4′-三甲氧基黄烷 | 3, 7-dihydroxy-6, 8-dimethyl-4, 5, 4′-trimethoxyflavane |
| 5, 7-二羟基-6, 8-二甲基黄烷酮 (去甲氧基荚果蕨酚) | 5, 7-dihydroxy-6, 8-dimethyl flavanone (demethoxymatteucinol) |
| 5, 7-二羟基-6, 8-二甲基色原酮 | 5, 7-dihydroxy-6, 8-dimethyl chromone |
| 5, 7-二羟基-6, 8-二甲氧基-4′-羟基异黄酮 | 5, 7-dihydroxy-6, 8-dimethoxy-4′-hydroxyisoflavone |
| 5, 7-二羟基-6, 8-二甲氧基黄酮 | 5, 7-dihydroxy-6, 8-dimethoxyflavone |
| 1, 2-二羟基-6, 8-二甲氧基呫酮 | 1, 2-dihydroxy-6, 8-dimethoxyxanthone |
| 5, 7-二羟基-6, 8-二异戊烯基色原酮 | 5, 7-dihydroxy-6, 8-diprenyl chromone |
| 3, 8-二羟基-6*H*-二苯并 [*b*, *d*] 吡喃-6-酮 (尿石素 A) | 3, 8-dihydroxy-6*H*-dibenzo [*b*, *d*] pyran-6-one (urolithin A) |
| (3*S*, 5*R*)-二羟基-6*S*, 7-大柱香波龙二烯-9-酮 | (3*S*, 5*R*)-dihydroxy-6*S*, 7-megastigmadien-9-one |
| 5α, 27-二羟基-6α, 7α-环氧-1-氧亚基醉茄-2, 24-二烯内酯 | 5α, 27-dihydroxy-6α, 7α-epoxy-l-oxowitha-2, 24-dienolide |
| 1β, 2β-二羟基-6α-乙酰氧基-8β, 9β-二苯甲酰氧基-β-二氢沉香呋喃 | 1β, 2β-dihydroxy- 6α-acetoxy-8β, 9β-dibenzoyloxy-β-dihydroagarofuran |
| 9α, 14-二羟基-6β-对硝基苯甲酰肉桂内酯 | 9α, 14-dihydroxy-6β-*p*-nitrobenzoyl cinnamolide |
| 15α, 20β-二羟基-6β-甲氧基-6, 7-开环-6, 20-环氧-对映-贝壳杉-16-烯-1, 7-内酯 | 15α, 20β-dihydroxy-6β-methoxy-6, 7-*seco*-6, 20-epoxy-*ent*-kaur-16-en-1, 7-olide |
| 3β, 5α-二羟基-6β-甲氧基麦角甾-7, 22-二烯 | 3β, 5α-dihydroxy-6β-methoxyergost-7, 22-diene |
| 3, 7-二羟基-6-丙酰氧基托品烷 | 3, 7-dihydroxy-6-propionyloxytropane |
| 5, 7-二羟基-6-甲基-3-(2′, 4′-二羟苄基) 色烷-4-酮 | 5, 7-dihydroxy-6-methyl-3-(2′, 4′-dihydroxybenzyl) chroman-4-one |
| 5, 7-二羟基-6-甲基-3-(4′-甲氧基苄基) 色烷-4-酮 | 5, 7-dihydroxy-6-methyl-3-(4′-methoxybenzyl) chroman-4-one |
| (3*R*)-5, 7-二羟基-6-甲基-3-(4′-羟苄基) 色烷-4-酮 | (3*R*)-5, 7-dihydroxy-6-methyl-3-(4′-hydroxybenzyl) chroman-4-one |
| 5, 7-二羟基-6-甲基-3-(4′-羟苄基) 色烷-4-酮 | 5, 7-dihydroxy-6-methyl-3-(4′-hydroxybenzyl) chroman-4-one |
| 5, 7-二羟基-6-甲基-8-甲氧基-(3*R*)-(2′-羟基-4′-甲氧苄基) 色烷-4-酮 | 5, 7-dihydroxy-6-methyl-8-methoxy-(3*R*)-(2-’ hydroxy-4′-methoxybenzyl) chroman-4-one |
| 5, 7-二羟基-6-甲基-8-甲氧基-(3*S*)-(2′-羟基-4′-甲氧苄基) 色烷-4-酮 | 5, 7-dihydroxy-6-methyl-8-methoxy-(3*S*)-(2′-hydroxy-4′-methoxybenzyl) chroman-4-one |
| (3*R*)-5, 7-二羟基-6-甲基-8-甲氧基-3-(4′-甲氧基苄基) 色烷-4-酮 | (3*R*)-5, 7-dihydroxy-6-methyl-8-methoxy-3-(4′-methoxybenzyl) chroman-4-one |
| 5, 7-二羟基-6-甲基-8-甲氧基-3-(4′-甲氧基苄基) 色烷-4-酮 | 5, 7-dihydroxy-6-methyl-8-methoxy-3-(4′-methoxyl benzyl) chroman-4-one |
| (3*R*)-5, 7-二羟基-6-甲基-8-甲氧基-3-(4′-羟苄基) 色烷-4-酮 | (3*R*)-5, 7-dihydroxy-6-methyl-8-methoxy-3-(4′-hydroxybenzyl) chroman-4-one |
| 5, 7-二羟基-6-甲基-8-甲氧基-3-(4′-羟苄基) 色烷-4-酮 | 5, 7-dihydroxy-6-methyl-8-methoxy-3-(4′-hydroxybenzyl) chroman-4-one |

| | |
|---|---|
| 2, 7-二羟基-6-甲基-8-甲氧基-1-萘甲醛 | 2, 7-dihydroxy-6-methyl-8-methoxy-1-naphthalene carbaldehyde |
| 2, 4-二羟基-6-甲基苯甲酸甲酯 | 2, 4-dihydroxy-6-methyl benzoic acid methyl ester |
| 2, 4-二羟基-6-甲基苯甲酸甲酯 (苔色酸甲酯) | methyl 2, 4-dihydroxy-6-methyl benzoate (methyl orsellinate) |
| 5, 7-二羟基-6-甲基苯酞 | 5, 7-dihydroxy-6-methyl phthalide |
| 2, 4-二羟基-6-甲基苯乙酮 | 2, 4-dihydroxy-6-methyl acetophenone |
| 1, 4-二羟基-6-甲基蒽醌 | 1, 4-dihydroxy-6-methyl anthraquinone |
| 5, 7-二羟基-6-甲酰基-8-甲基-3-(3, 4-亚基二氧苄基) 色烷-4-酮 | 5, 7-dihydroxy-6-formyl-8-methyl-3-(3, 4-methylenedioxybenzyl) chroman-4-one |
| 3, 8-二羟基-6-甲氧基-1-甲基𠮿酮 | 3, 8-dihydroxy-6-methoxy-1-methyl xanthone |
| 1, 3-二羟基-6-甲氧基-2-甲基-9, 10-蒽醌 | 1, 3-dihydroxy-6-methoxy-2- methyl-9, 10-anthraquinone |
| 1, 7-二羟基-6-甲氧基-2-甲基蒽醌 | 1, 7-dihydroxy-6-methoxy-2-methyl anthraquinone |
| 1, 3-二羟基-6-甲氧基-2-甲氧甲基-9, 10-蒽醌 | 1, 3-dihydroxy-6-methoxy-2-methoxymethyl-9, 10-anthraquinone |
| 3, 8-二羟基-6-甲氧基-2-异丙基-1, 4-萘醌 | 3, 8-dihydroxy-6-methoxy-2-isopropyl-1, 4-naphthoquinone |
| 2′, 4′-二羟基-6′-甲氧基-3′-(2-甲氧基丁酰氧基) 查耳酮 | 2′, 4′-dihydroxy-6′-methoxy-3′-(2-methoxybutyryloxy) chalcone |
| 2′, 4′-二羟基-6′-甲氧基-3′, 5′-二甲基查耳酮 | 2′, 4′-dihydroxy-6′-methoxy-3′, 5′-dimethyl chalcone |
| 2′, 4′-二羟基-6′-甲氧基-3′-当归酰氧基查耳酮 | 2′, 4′-dihydroxy-6′-methoxy-3′-angeloyloxychalcone |
| 2, 4-二羟基-6-甲氧基-3-甲基苯乙酮 | 2, 4-dihydroxy-6-methoxy-3-methyl acetophenone |
| 2, 4-二羟基-6-甲氧基-3-甲基苯乙酮-4-*O*-β-D-吡喃葡萄糖苷 | 2, 4-dihydroxy-6-methoxy-3-methyl acetophenone-4-*O*-β-D-glucopyranoside |
| 1, 8-二羟基-6-甲氧基-3-甲基蒽醌 | 1, 8-dihydroxy-6-methoxy-3-methyl anthraquinone |
| 2′, 4′-二羟基-6′-甲氧基-3′-异戊酰氧基查耳酮 | 2′, 4′-dihydroxy-6′-methoxy-3′-isovaleryloxychalcone |
| 8, 5′-二羟基-6′-甲氧基-4-苯基-5, 2′-环氧异香豆素 | 8, 5′-dihydroxy-6′-methoxy-4-phenyl-5, 2′-oxidoisocoumarin |
| (3*R*)-5, 7-二羟基-6-甲氧基-8-甲基-3-(2′, 4′-二羟苄基) 色烷-4-酮 | (3*R*)-5, 7-dihydroxy-6-methoxy-8-methyl-3-(2′, 4′-dihydroxybenzyl) chroman-4-one |
| 2, 4-二羟基-6-甲氧基苯乙酮 | 2, 4-dihydroxy-6-methoxyacetophenone |
| 2, 4-二羟基-6-甲氧基苯乙酮-2-β-D-吡喃葡萄糖苷 | 2, 4-dihydroxy-6-methoxyacetophenone-2-β-D-glucopyranoside |
| 2, 4-二羟基-6-甲氧基苯乙酮-4-*O*-β-D-吡喃葡萄糖苷 | 2, 4-dihydroxy-6-methoxyacetophenone-4-*O*-β-D-glucopyranoside |
| 2, 5-二羟基-6-甲氧基苄酰苄酯 | 2, 5-dihydroxy-6-methoxybenzoic acid benzyl ester |
| 2, 4-二羟基-6-甲氧基查耳酮 | 2, 4-dihydroxy-6-methoxychalcone |
| 2′, 4′-二羟基-6′-甲氧基查耳酮 (小豆蔻查耳酮、小豆蔻明、豆蔻明) | 2′, 4′-dihydroxy-6′-methoxychalcone (cardamonin) |
| 1, 3-二羟基-6-甲氧基蒽醌 | 1, 3-dihydroxy-6-methoxyanthraquinone |
| 3, 7-二羟基-6-甲氧基二氢黄酮醇 | 3, 7-dihydroxy-6-methoxydihydroflavonol |
| 5, 7-二羟基-6-甲氧基黄酮 | 5, 7-dihydroxy-6-methoxyflavone |
| 5, 7-二羟基-6-甲氧基黄烷酮 (二氢木蝴蝶素 A) | 5, 7-dihydroxy-6-methoxyflavanone (dihydrooroxylin A) |

| | |
|---|---|
| (2*S*)-5, 7-二羟基-6-甲氧基黄烷酮-7-*O*-β-D-吡喃葡萄糖苷 | (2*S*)-5, 7-dihydroxy-6-methoxyflavanone-7-*O*-β-D-glucopyranoside |
| 3, 5-二羟基-6-甲氧基脱氢-异-α-风铃木醌 (3, 5-二羟基-6-甲氧基脱氢异-α-拉杷醌) | 3, 5-dihydroxy-6-methoxydehydroiso-α-lapachone |
| 7, 8-二羟基-6-甲氧基香豆素 (秦皮亭、秦皮素、白蜡树亭、白蜡树内酯) | 7, 8-dihydroxy-6-methoxycoumarin (fraxetin, fraxetol) |
| 2′, 7-二羟基-6-甲氧基异黄酮醇 | 2′, 7-dihydroxy-6-methoxyisoflavonol |
| 3, 3″-二羟基-6′-去甲三联苯曲菌素 | 3, 3″-dihydroxy-6′-demethyl terphenyllin |
| 3, 7-二羟基-6-惕各酰氧基托品烷 | 3, 7-dihydroxy-6-tigloyloxytropane |
| 5, 7-二羟基-6-香叶基色原酮 | 5, 7-dihydroxy-6-geranyl chromone |
| 3β, 19α-二羟基-6-氧亚基熊果-12-烯-28-酸 | 3β, 19α-dihydroxy-6-oxours-12-en-28-oic acid |
| 2, 4-二羟基-6-正戊基苯甲酸 | 2, 4-dihydroxy-6-*n*-pentyl benzoic acid |
| 3, 4-二羟基-7-(3′-*O*-β-D-吡喃葡萄糖基-4′-羟基苯甲酰基) 苯甲醇 | 3, 4-dihydroxy-7-(3′-*O*-β-D-glucopyranosyl-4′-hydroxybenzoy1) benzyl alcohol |
| 5, 8-二羟基-7-(4-羟基-5-甲基香豆素-3)-香豆素 | 5, 8-dihydroxy-7-(4-hydroxy-5-methyl coumarin-3)-coumarin |
| 5, 8-二羟基-7-(4-羟基-5-甲基香豆素-3-基) 香豆素 | 5, 8-dihydroxy-7-(4-hydroxy-5-methyl coumarin-3-yl) coumarin |
| 15, 16-二羟基-7, 11-二氧亚基海松-8 (9)-烯 | 15, 16-dihydroxy-7, 11-dioxopimar-8 (9)-ene |
| 3β, 15α-二羟基-7, 11, 23-三氧亚基羊毛脂-8, 16-二烯-26-酸 | 3β, 15α-dihydroxy-7, 11, 23-trioxolanost-8, 16-dien-26-oic acid |
| 3β, 23β-二羟基-7, 12 (14)-二烯-5α-藜芦甾二烯胺-6-酮 | 3β, 23β-dihydroxy-7, 12 (14)-dien-5α-veratramine-6-one |
| (24*Z*)-3β, 27-二羟基-7, 24-甘遂二烯-21-醛 | (24*Z*)-3β, 27-dihydroxy-7, 24-tirucalladien-21-al |
| (2*S*)-8, 2′-二羟基-7, 3′, 4′, 5′-四甲氧基黄烷 | (2*S*)-8, 2′-dihydroxy-7, 3′, 4′, 5′-tetramethoxyflavan |
| 5, 6-二羟基-7, 3′, 4′-三甲氧基黄酮 | 5, 6-dihydroxy-7, 3′, 4′-trimethoxyflavone |
| 8, 5′-二羟基-7, 3′, 4′-三甲氧基黄酮 | 8, 5′-dihydroxy-7, 3′, 4′-trimethoxyflavone |
| 5, 6-二羟基-7, 3′, 4′-三甲氧基黄酮醇-3-*O*-β-葡萄糖醛酸苷 | 5, 6-dihydroxy-7, 3′, 4′-trimethoxyflavonol-3-*O*-β-glucuronide |
| (2*S*)-8, 5′-二羟基-7, 3′, 4′-三甲氧基黄烷 | (2*S*)-8, 5′-dihydroxy-7, 3′, 4′-trimethoxyflavane |
| 5, 4′-二羟基-7, 3′, 5′-三甲氧基黄酮 | 5, 4′-dihydroxy-7, 3′, 5′-trimethoxyflavone |
| 5, 4′-二羟基-7, 3′-二甲氧基二氢黄酮 | 5, 4′-dihydroxy-7, 3′-dimethoxyflavanone |
| 5, 4′-二羟基-7, 3′-二甲氧基黄酮 | 5′, 4-dihydroxy-7′, 3-dimethoxyflavone |
| (±)-5, 4′-二羟基-7, 3′-二甲氧基黄烷 | (±)-5, 4′-dihydroxy-7, 3′-dimethoxyflavan |
| (±)-5, 4′-二羟基-7, 3′-二甲氧基黄烷酮 | (±)-5, 4′-dihydroxy-7, 3′-dimethoxyflavanone |
| 5, 3′-二羟基-7, 4′, 5′-三甲氧基黄酮 | 5, 3′-dihydroxy-7, 4′, 5′-trimethoxyflavone |
| 3, 5-二羟基-7, 4′-二甲氧基二氢黄酮 | 3, 5-dihydroxy-7, 4′-dimethoxyflavanone |
| 3, 5-二羟基-7, 4′-二甲氧基黄酮 | 3, 5-dihydroxy-7, 4′-dimethoxyflavone |
| 5, 6-二羟基-7, 4′-二甲氧基黄酮 | 5, 6-dihydroxy-7, 4′-dimethoxyflavone |
| 5, 8-二羟基-7, 4′-二甲氧基黄酮 | 5, 8-dihydroxy-7, 4′-dimethoxyflavone |
| 5, 3′-二羟基-7, 4′-二甲氧基黄酮 | 5, 3′-dihydroxy-7, 4′-dimethoxyflavone |

| | |
|---|---|
| 3, 5-二羟基-7, 4′-二甲氧基黄酮-3-*O*-β-D-吡喃半乳糖苷 | 3, 5-dihydroxy-7, 4′-dimethoxyflavone-3-*O*-β-D-galactopyranoside |
| 5, 3′-二羟基-7, 4′-二甲氧基黄酮醇 | 5, 3′-dihydroxy-7, 4′-dimethoxyflavonol |
| 5, 3′-二羟基-7, 4′-二甲氧基黄烷酮 | 5, 3′-dihydroxy-7, 4′-dimethoxyflavanone |
| 5, 4′-二羟基-7, 8, 2′, 3′-四甲氧基黄酮 | 5, 4′-dihydroxy-7, 8, 2′, 3′-tetramethoxyflavone |
| 5, 5′-二羟基-7, 8, 2′-三甲氧基黄酮 | 5, 5′-dihydroxy-7, 8, 2′-trimethoxyflavone |
| 5, 6-二羟基-7, 8, 3′, 4′-四甲氧基黄酮 | 5, 6-dihydroxy-7, 8, 3′, 4′-tetramethoxyflavone |
| 5, 3′-二羟基-7, 8, 4′-三甲氧基黄酮 | 5, 3′-dihydroxy-7, 8, 4′-trimethoxyflavone |
| 5, 6-二羟基-7, 8, 4′-三甲氧基黄酮 | 5, 6-dihydroxy-7, 8, 4′-trimethoxyflavone |
| 3, 2′-二羟基-7, 8, 4′-三甲氧基黄酮-5-*O*-[β-D-吡喃葡萄糖基-(1→2)]-β-D-吡喃半乳糖苷 | 3, 2′-dihydroxy-7, 8, 4′-trimethoxyflavone-5-*O*-[β-D-glucopyranosyl-(1→2)]-β-D-galactopyranoside |
| 5, 3′-二羟基-7, 8, 4′-三甲氧基黄烷酮 | 5, 3′-dihydroxy-7, 8, 4′-trimethoxyflavanone |
| 5, 2′-二羟基-7, 8, 6′-三甲氧基黄烷酮 | 5, 2′-dihydroxy-7, 8, 6′-trimethoxyflavanone |
| 5, 2′-二羟基-7, 8, 6′-三甲氧基黄烷酮-2′-*O*-β-吡喃葡萄糖醛酸苷 | 5, 2′-dihydroxy-7, 8, 6′-trimethoxyflavanone-2′-*O*-β-glucuronopyranoside |
| 2-(2, 4-二羟基-7, 8-二甲氧基-2*H*-1, 4-苯并噁嗪-3[4*H*]-酮)-β-D-吡喃葡萄糖苷 | 2-(2, 4-dihydroxy-7, 8-dimethoxy-2*H*-1, 4-benzoxazin-3[4*H*]-one)-β-D-glucopyranoside |
| 4′, 5-二羟基-7, 8-二甲氧基黄酮 | 4′, 5-dihydroxy-7, 8-dimethoxyflavone |
| 5, 4′-二羟基-7, 8-二甲氧基黄酮 | 5′, 4-dihydroxy-7, 8-dimethoxyflavone |
| 5, 2′-二羟基-7, 8-二甲氧基黄酮 (黄芩黄酮Ⅰ、榄核莲黄酮) | 5, 2′-dihydroxy-7, 8-dimethoxyflavone (skullcapflavone Ⅰ, panicolin) |
| 5, 2′-二羟基-7, 8-二甲氧基黄酮-2′-*O*-β-D-吡喃葡萄糖苷 | 5, 2′-dihydroxy-7, 8-dimethoxyflavone-2′-*O*-β-D-glucopyranoside |
| (2*S*)-5, 5′-二羟基-7, 8-二甲氧基黄烷酮-2′-*O*-β-D-吡喃葡萄糖苷 | (2*S*)-5, 5′-dihydroxy-7, 8-dimethoxyflavanone-2′-*O*-β-D-glucopyranoside |
| 5, 6′-二羟基-7, 8-二甲氧基黄烷酮-2′-*O*-β-D-吡喃葡萄糖苷 | 5, 6′-dihydroxy-7, 8-dimethoxyflavanone-2′-*O*-β-D-glucopyranoside |
| 5, 5′-二羟基-7, 8-二甲氧基黄烷酮-2′-*O*-β-D-吡喃葡萄糖苷 | 5, 5′-dihydroxy-7, 8-dimethoxyflavanone-2′-*O*-β-D-glucopyranoside |
| (3*S*, 4*S*)-3′, 4′-二羟基-7, 8-亚甲二氧基紫檀碱 | (3*S*, 4*S*)-3′, 4′-dihydroxy-7, 8-methylenedioxypterocarpan |
| 5, 4′-二羟基-7-*O*-β-D-吡喃葡萄糖基氧基黄酮 | 5, 4′-dihydroxy-7-*O*-β-D-glucopyranosyloxyflavone |
| 5, 4′-二羟基-7-*O*-β-D-吡喃糖醛酸丁酯 | 5, 4′-dihydroxy-7-*O*-β-D-glucuronopyranoside butyl ester |
| 5, 6-二羟基-7-*O*-葡萄糖苷黄酮 | 5, 6-dihydroxy-7-*O*-glucoside-flavone |
| 5, 2′-二羟基-7-*O*-葡萄糖醛酸基黄酮 | 5, 2′-dihydroxy-7-*O*-glucuronyl flavone |
| 1α, 3α-二羟基-7α-惕各酰氧基-12α-乙氧基印楝波灵素 (1α, 3α-二羟基-7α-惕各酰氧基-12α-乙氧基印楝波力宁) | 1α, 3α-dihydroxy-7α-tigloyloxy-12α-ethoxynimbolinin |
| (23*E*)-3β, 25-二羟基-7β-甲氧基-19-醛基-5, 23-葫芦二烯 | (23*E*)-3β, 25-dihydroxy-7β-methoxycucurbit-5, 23-dien-19-al |
| 3β, 25-二羟基-7β-甲氧基葫芦-5, (23*E*)-二烯 | 3β, 25-dihydroxy-7β-methoxycucurbita-5, (23*E*)-diene |

| | |
|---|---|
| 7-(2′, 6′-二羟基-7′-甲氧基)-8-乙基-3′-亚甲基辛-7′-甲氧基香豆素 | 7-(2′, 6′-dihydroxy-7′-methoxy)-8-ethyl-3′-methyleneoct-7′-methoxycoumarin |
| 2-[2, 4-二羟基-7-甲氧基-1, 4 (2*H*)-苯并噁嗪-3 (4*H*)-酮]-β-D-吡喃葡萄糖苷 | 2-[2, 4-dihydroxy-7-methoxy-1, 4 (2*H*)-benzoxazin-3 (4*H*)-one]-β-D-glucopyranoside |
| 2, 4-二羟基-7-甲氧基-2*H*-1, 4-苯并噁嗪-3 (4*H*)-酮 | 2, 4-dihydroxy-7-methoxy-2*H*-1, 4-benzoxazin-3 (4*H*)-one |
| 3, 5-二羟基-7-甲氧基-3-(4-羟苄基) 色烷-4-酮 | 3, 5-dihydroxy-7-methoxy-3-(4-hydroxybenzyl) chroman-4-one |
| 6, 3′-二羟基-7-甲氧基-4′, 5′-亚甲二氧基异黄酮 | 6, 3′-dihydroxy-7-methoxy-4′, 5′-methylenedioxyisoflavone |
| 6, 3′-二羟基-7-甲氧基-4′, 5′-亚甲二氧基异黄酮-6-*O*-α-L-吡喃鼠李糖苷 | 6, 3′-dihydroxy-7-methoxy-4′, 5′-methylenedioxyisoflavone-6-*O*-α-L-rhamnopyranoside |
| 6, 3′-二羟基-7-甲氧基-4′, 5′-亚甲二氧基异黄酮-6-*O*-β-D-吡喃木糖基-(1→6)-β-D-吡喃葡萄糖苷 | 6, 3′-dihydroxy-7-methoxy-4′, 5′-methylenedioxyisoflavone-6-*O*-β-D-xylopyranosyl-(1→6)-β-D-glucopyranoside |
| 6, 3′-二羟基-7-甲氧基-4′, 5′-亚甲二氧基异黄酮-6-*O*-β-D-吡喃葡萄糖苷 | 6, 3′-dihydroxy-7-methoxy-4′, 5′-methylenedioxyisoflavone-6-*O*-β-D-glucopyranoside |
| 3, 5-二羟基-7-甲氧基-6-甲基-3-(4-羟苄基) 色烷-4-酮 | 3, 5-dihydroxy-7-methoxy-6-methyl-3-(4-hydroxybenzyl) chroman-4-one |
| 5, 4′-二羟基-7-甲氧基-6-甲基黄酮 | 5, 4′-dihydroxy-7-methoxy-6-methyl flavone |
| 5, 4′-二羟基-7-甲氧基-6-甲基黄烷 | 5, 4′-dihydroxy-7-methoxy-6-methyl flavane |
| 5, 4′-二羟基-7-甲氧基-8-*O*-β-D-吡喃葡萄糖基氧基黄酮 | 5, 4′-dihydroxy-7-methoxy-8-*O*-β-D-glucopyranosyloxyflavone |
| 5, 4′-二羟基-7-甲氧基-8-*O*-β-D-葡萄糖基黄酮 | 5, 4′-dihydroxy-7-methoxy-8-*O*-β-D-glucosyl flavone |
| 2, 5-二羟基-7-甲氧基-9, 10-二氢菲 | 2, 5-dihydroxy-7-methoxy-9, 10-dihydrophenanthrene |
| (2*R*)-6, 8-二羟基-7-甲氧基-α-邓氏链果苣苔醌 | (2*R*)-6, 8-dihydroxy-7-methoxy-α-dunnione |
| 9, 10-2*H*-2, 4-二羟基-7-甲氧基菲 | 9, 10-2*H*-2, 4-dihydroxy-7-methoxyphenanthrene |
| 3, 4′-二羟基-7-甲氧基黄酮 | 3, 4′-dihydroxy-7-methoxyflavone |
| 5, 8-二羟基-7-甲氧基黄酮 | 5, 8-dihydroxy-7-methoxyflavone |
| 5, 6-二羟基-7-甲氧基黄酮 | 5, 6-dihydroxy-7-methoxyflavone |
| 5, 4′-二羟基-7-甲氧基黄酮 (芫花素、芹菜素-7-甲醚) | 5, 4′-dihydroxy-7-methoxyflavone (genkwanin, apigenin-7-methyl ether) |
| 5′, 4′-二羟基-7-甲氧基黄酮-3-*O*-β-D-吡喃葡萄糖苷 | 5′, 4′-dihydroxy-7-methoxyflavone-3-*O*-β-D-glucopyranoside |
| 5, 4′-二羟基-7-甲氧基黄酮-3-*O*-β-D-吡喃葡萄糖苷 | 5, 4′-dihydroxy-7-methoxyflavone-3-*O*-β-D-glucopyranoside |
| 4′, 5-二羟基-7-甲氧基黄酮-6-*C*-β-D-吡喃葡萄糖苷 | 4′, 5-dihydroxy-7-methoxyflavone-6-*C*-β-D-glucopyranoside |
| 5, 4′-二羟基-7-甲氧基黄酮-6-*O*-β-D-葡萄糖苷 | 5, 4′-dihydroxy-7-methoxyflavone-6-*O*-β-D-glucoside |
| 5, 4′-二羟基-7-甲氧基黄酮-8-*O*-β-D-葡萄糖苷 | 5, 4′-dihydroxy-7-methoxyflavone-8-*O*-β-D-glucoside |
| (2*S*)-3′, 4′-二羟基-7-甲氧基黄烷 | (2*S*)-3′, 4′-dihydroxy-7-methoxyflavan |
| (2*S*)-6, 4′-二羟基-7-甲氧基黄烷 | (2*S*)-6, 4′-dihydroxy-7-methoxyflavan |
| (2*R*, 3*R*)-3, 4′-二羟基-7-甲氧基黄烷 | (2R, 3R)-3, 4′-dihydroxy-7-methoxyflavane |
| 6, 4′-二羟基-7-甲氧基黄烷酮 | 6, 4′-dihydroxy-7-methoxyflavanone |

| | |
|---|---|
| 5, 8-二羟基-7-甲氧基香豆素 | 5, 8-dihydroxy-7-methoxycoumarin |
| 3′, 4′-二羟基-7-甲氧基异黄酮 | 3′, 4′-dihydroxy-7-methoxyisoflavone |
| 3, 6-二羟基-7-羟甲基-9-甲氧基-1-甲基菲 | 3, 6-dihydroxy-7-hydroxymethyl-9-methoxy-1-methyl phenanthrene |
| 11, 14-二羟基-7-氧亚基-16-去乙烯基-对映-海松-8, 11, 13-三烯-17-酸 | 11, 14-dihydroxy-7-oxo-16-devinyl-*ent*-pimar-8, 11, 13-trien-17-oic acid |
| 3α, 29-二羟基-7-氧亚基多花白树-8-烯-3, 29-二苯甲酸酯 | 3α, 29-dihydroxy-7-oxomultiflor-8-en-3, 29-diyl dibenzoate |
| (15*S*, 16)-二羟基-7-氧亚基海松-8 (9)-烯 | (15*S*, 16)-dihydroxy-7-oxopimar-8 (9)-ene |
| 15, 19-二羟基-8 (17), (13*E*)-半日花二烯 | 15, 19-dihydroxy-8 (17), (13*E*)-labd-diene |
| 5, 4′-二羟基-8-(3, 3-二甲烯丙基)-2″, 2″-二甲基吡喃 [5, 6: 6, 7] 异黄酮 | 5, 4′-dihydroxy-8-(3, 3-dimethyl allyl)-2″, 2″-dimethyl pyrano [5, 6: 6, 7] isoflavone |
| 5, 4′-二羟基-8-(3, 3-二甲烯丙基)-2″-甲氧基异丙基呋喃并 [4, 5: 6, 7] 异黄酮 | 5, 4′-dihydroxy-8-(3, 3-dimethyl allyl)-2″-methoxyisopropyl furo [4, 5: 6, 7] isoflavone |
| 5, 4′-二羟基-8-(3, 3-二甲烯丙基)-2″-羟甲基-2″-甲基吡喃 [5, 6: 6, 7] 异黄酮 | 5, 4′-dihydroxy-8-(3, 3-dimethyl allyl)-2″-hydroxymethyl-2″-methyl pyrano [5, 6: 6, 7] isoflavone |
| 5, 7-二羟基-8-(3, 3-二甲烯丙基) 黄烷酮 | 5, 7-dihydroxy-8-(3, 3-dimethyl allyl) flavanone |
| 5, 7-二羟基-8-(4-羟基-3-甲基丁酰基)-6-(3-甲基丁-2-烯基)-4-苯色烯-2-酮 | 5, 7-dihydroxy-8-(4-hydroxy-3-methyl butyryl)-6-(3-methylbut-2-enyl)-4-phenyl chromen-2-one |
| 1, 2-二羟基-8 (9)-烯对薄荷烷 | 1, 2-dihydroxy-8 (9)-en-*p*-menthane |
| 5, 7-二羟基-8-(*r*, *r*-二甲烯丙基) 色原酮 | 5, 7-dihydroxy-8-(*r*, *r*-dimethyl allyl) chromone |
| (1*S*, 2*E*, 4*S*, 8*R*, 11*S*, 12*R*)-4, 12-二羟基-8, 11-环氧-2-烟草烯-6-酮 | (1*S*, 2*E*, 4*S*, 8*R*, 11*S*, 12*R*)-4, 12-dihydroxy-8, 11-epoxy-2-cembren-6-one |
| 13, 14-二羟基-8, 11, 13-罗汉松三烯-3, 7-二酮 | 13, 14-dihydroxy-8, 11, 13-podocarpatrien-3, 7-dione |
| 11, 14-二羟基-8, 11, 13-松香三烯-7-酮 | 11, 14-dihydroxy-8, 11, 13-abietatrien-7-one |
| 1α, 9α-二羟基-8, 12-环氧桉叶-4, 7, 11-三烯-6-酮 | 1α, 9α-dihydroxy-8, 12-epoxy-eudesm-4, 7, 11-trien-6-one |
| 5, 7-二羟基-8, 2′, 6′-三甲氧基黄酮 | 5, 7-dihydroxy-8, 2′, 6′-trimethoxyflavone |
| 5, 7-二羟基-8, 2′-二甲氧基黄酮 | 5, 7-dihydroxy-8, 2′-dimethoxyflavone |
| 5, 7-二羟基-8, 2′-二甲氧基黄酮-7-*O*-β-吡喃葡萄醛酸苷 | 5, 7-dihydroxy-8, 2′-dimethoxyflavone-7-*O*-β-glucuronopyranoside |
| (2*S*)-5, 7-二羟基-8, 2′-二甲氧基黄烷酮 | (2*S*)-5, 7-dihydroxy-8, 2′-dimethoxyflavanone |
| 5, 7-二羟基-8, 2′-二甲氧基黄烷酮 | 5, 7-dihydroxy-8, 2′-dimethoxyflavanone |
| 3β, 4α-二羟基-8α-当归酰氧基-1 (10), 11 (13)-二烯-6α, 12-内酯 | 3β, 4α-dihydroxy-8α-angelyloxy-1 (10), 11 (13)-dien-6α, 12-olide |
| (4β, 10*E*)-6α, 15-二羟基-8β-当归酰氧基-14-氧亚基大牻牛儿-1 (10), 11 (13)-二烯-12-酸-12, 6-内酯 | (4β, 10*E*)-6α, 15-dihydroxy-8β-angeloyloxy-14-oxogermacr-1 (10), 11 (13)-dien-12-oic acid-12, 6-lactone |
| (4β, 10*E*)-6α, 15-二羟基-8β-千里光酰氧基-14-氧亚基大牻牛儿-1 (10), 11 (13)-二烯-12-酸-12, 6-内酯 | (4β, 10*E*)-6α, 15-dihydroxy-8β-senecioyloxy-14-oxogermacr-1 (10), 11 (13)-dien-12-oic acid-12, 6-lactone |
| (4β, 10E)-6α, 15-二羟基-8β-惕各酰氧基-14-氧亚基大牻牛儿-1 (10), 11 (13)-二烯-12-酸-12, 6-内酯 | (4β, 10*E*)-6α, 15-dihydroxy-8β-tigloyloxy-14-oxogermacr-1 (10), 11 (13)-dien-12-oic acid-12, 6-lactone |

| | |
|---|---|
| (4β, 10*E*)-6α, 15-二羟基-8β-异丁烯酰氧基-14-氧亚基大牻牛儿-1 (10), 11 (13)-二烯-12-酸-12, 6-内酯 | (4β, 10*E*)-6α, 15-dihydroxy-8β-methacryloxy-14-oxogermacr-1 (10), 11 (13)-dien-12-oic acid-12, 6-lactone |
| (4β, 10*E*)-6α, 15-二羟基-8β-异丁酰氧基-14-氧亚基大牻牛儿-1 (10), 11 (13)-二烯-12-酸-12, 6-内酯 | (4β, 10*E*)-6α, 15-dihydroxy-8β-isobutyryloxy-14-oxogermacr-1 (10), 11 (13)-dien-12-oic acid-12, 6-lactone |
| 1 (10) *E*, (4*Z*)-9α, 15-二羟基-8β-异丁酰氧基-14-氧亚基买兰坡草内酯 | 1 (10) *E*, (4*Z*)-9α, 15-dihydroxy-8β-isobutyryloxy-14-oxomelampolide |
| 9α, 15-二羟基-8β-异丁酰氧基-14-氧亚基买兰坡草内酯 (9α, 15-二羟基-8β-异丁酰氧基-14-氧亚基黑足菊内酯) | 9α, 15-dihydroxy-8β-isobutyryloxy-14-oxo-melampolide |
| 9β, 14-二羟基-8β-异丁酰氧基木香烯内酯 | 9β, 14-dihydroxy-8β-isobutyryloxycostunolide |
| (3*R*)-5, 7-二羟基-8-甲基-3-(2′, 4′-二羟苄基) 色烷-4-酮 | (3*R*)-5, 7-dihydroxy-8-methyl-3-(2′, 4′-dihydroxybenzyl) chroman-4-one |
| (3*R*)-5, 7-二羟基-8-甲基-3-(2′-羟基-4′-甲氧基苄基) 色烷-4-酮 | (3*R*)-5, 7-dihydroxy-8-methyl-3-(2′-hydroxy-4′-methoxybenzyl) chroman-4-one |
| (3*R*)-5, 7-二羟基-8-甲基-3-(4′-羟苄基) 色烷-4-酮 | (3*R*)-5, 7-dihydroxy-8-methyl-3-(4′-hydroxybenzyl) chroman-4-one |
| 5, 7-二羟基-8-甲基-3-(4′-羟苄基) 色烷-4-酮 | 5, 7-dihydroxy-8-methyl-3-(4′-hydroxybenzyl) chroman-4-one |
| 5, 7-二羟基-8-甲基-4′, 6-二甲氧基高异黄烷酮 | 5, 7-dihydroxy-8-methyl-4′, 6-dimethoxyhomoisoflavanone |
| 5, 7-二羟基-8-甲基-6-异戊烯基黄烷酮 | 5, 7-dihydroxy-8-methyl-6-prenyl flavanone |
| (2*R*)-7, 4′-二羟基-8-甲基黄烷 | (2R)-7, 4′-dihydroxy-8-methyl flavane |
| 7, 4′-二羟基-8-甲基黄烷 | 7, 4′-dihydroxy-8-methyl flavan |
| 5, 7-二羟基-8-甲酰基-6-甲基二氢黄酮 | 5, 7-dihydroxy-8-formyl-6-methyl flavanone |
| 5, 7-二羟基-8-甲氧基-2-甲基-1, 4-萘醌 | 5, 7-dihydroxy-8-methoxy-2-methyl-1, 4-naphthoquinone |
| 1, 5-二羟基-8-甲氧基-2-甲基蒽醌-3-*O*-α-L-吡喃鼠李糖苷 | 1, 5-dihydroxy-8-methoxy-2-methyl anthraquinone-3-*O*-α-L-rhamnopyranoside |
| (3*R*)-5, 7-二羟基-8-甲氧基-3-(2′-羟基-4′-甲氧基苄基) 色烷-4-酮 | (3*R*)-5, 7-dihydroxy-8-methoxy-3-(2′-hydroxy-4′-methoxybenzyl) chroman-4-one |
| 1, 6-二羟基-8-甲氧基-3-甲基蒽醌-9, 10-二酮 (大黄素-8-甲醚) | 1, 6-dihydroxy-8-methoxy-3-methyl anthraquinone-9, 10-dione (questin) |
| 5, 7-二羟基-8-甲氧基-6-甲基-3-(2′-羟基-4′-甲氧苯甲基) 色原烷-4-酮 | 5, 7-dihydroxy-8-methoxy-6-methyl-3-(2′-hydroxy-4′-methoxybenzyl) chroman-4-one |
| (4*R*)-4, 9-二羟基-8-甲氧基-α-拉帕醌 | (4*R*)-4, 9-dihydroxy-8-methoxy-α-lapachone |
| 5, 7-二羟基-8-甲氧基黄酮 | 5, 7-dihydroxy-8-methoxyflavone |
| 3, 7-二羟基-8-甲氧基黄酮-6-*O*-β-D-吡喃葡萄糖基-(1→6)-*O*-β-D-吡喃葡萄糖苷 | 3, 7-dihydroxy-8-methoxyflavone-6-*O*-β-D-glucopyranosyl-(1→6)-*O*-β-D-glucopyranoside |
| 5, 2′-二羟基-8-甲氧基黄烷酮-7-*O*-葡萄糖醛酸苷 | 5, 2′-dihydroxy-8-methoxyflavanone-7-*O*-glucuronide |
| 5, 7-二羟基-8-甲氧基色原酮 | 5, 7-dihydroxy-8-methoxychromone |
| 7, 4′-二羟基-8-甲氧基异黄酮 | 7, 4′-dihydroxy-8-methoxyisoflavone |
| 5, 7-二羟基-8-牻牛儿基-4-黄烷酮 | 5, 7-dihydroxy-8-geranyl flavan-4-one |
| 5, 7-二羟基-8-熏衣草色原酮 | 5, 7-dihydroxy-8-lavandulyl chromone |

| | |
|---|---|
| (9*R*, 10*S*, 12*Z*)-9, 10-二羟基-8-氧亚基-12-十八烯酸 | (9*R*, 10*S*, 12*Z*)-9, 10-dihydroxy-8-oxo-12-octadecenoic acid |
| (2*R*, 3*R*)-5, 4′-二羟基-8-异戊烯基-6″, 6″-二甲基吡喃酮 [2″, 3″: 7, 6] 二氢黄酮醇 | (2*R*, 3*R*)-5, 4′-dihydroxy-8-prenyl-6″, 6″-dimethyl pyrano [2″, 3″: 7, 6] dihydroflavonol |
| 1, 7-二羟基-9 (10*H*)-吖啶酮 | 1, 7-dihydroxy-9 (10*H*)-acridinone |
| 1, 2-二羟基-9 (11)-乔木萜烯-3-酮 [1, 2-二羟基-9 (11)-乔木山小橘烯-3-酮] | 1, 2-dihydroxy-9 (11)-arborinen-3-one |
| 8, 10-二羟基-9 (2)-甲基丁氧基麝香草酚 | 8, 10-dihydroxy-9 (2)-methyl butyryloxythymol |
| 4-二羟基-9-(4′-羟苯基) 萘酮 | 4-dihydroxy-9-(4′-hydroxyphenyl) phenalenone |
| 1, 8-二羟基-9, 10-蒽酮-3-甲基-(2-羟基) 丙酸酯 | 1, 8-dihydroxy-9, 10-anthraquinone-3-methyl-(2-hydroxy) propanoic acid ester |
| 2, 3-二羟基-9, 10-二甲氧基四氢原小檗碱 | 2, 3-dihydroxy-9, 10-dimethoxytetrahydroprotoberberine |
| 2, 3-二羟基-9, 12, 15-十八碳三烯酸丙酯 | 2, 3-dihydroxy-9, 12, 15-octadecatrienoic acid propyl ester |
| 8, 10-二羟基-9-*O*-乙酰基-3-*O*-当归酰基麝香草酚 | 8, 10-dihydroxy-9-*O*-acetyl-3-*O*-angeloyl thymol |
| 2, 3-二羟基-9-当归氧基大牻牛儿烯内酯 | 2, 3-dihydroxy-9-angeloxygermacr-4-en-6, 12-olide |
| 10, 13-二羟基-9-甲基-15-氧亚基-20-去甲贝壳杉-16-烯-18-酸-γ-内酯 | 10, 13-dihydroxy-9-methyl-15-oxo-20-norkaur-16-en-18-oic acid-γ-lactone |
| (3β, 9β, 10α, 24*R*)-24, 25-二羟基-9-甲基-19-去甲羊毛脂-5-烯 | (3β, 9β, 10α, 24*R*)-24, 25-dihydroxy-9-methyl-19-norlanost-5-ene |
| 3, 8-二羟基-9-甲氧基紫檀碱 | 3, 8-dihydroxy-9-methoxypterocarpan |
| (12*S*, 13*R*)-二羟基-9-氧亚基十八碳-(10*E*)-烯酸 | (12*S*, 13*R*)-dihydroxy-9-oxo-octadec-(10*E*)-enoic acid |
| 8, 10-二羟基-9-异丁氧基麝香草酚 | 8, 10-dihydroxy-9-isobutyryloxythymol |
| 2β, 3β-二羟基-D: C-异齐墩果烷-8-烯-29-甲酯 | 2β, 3β-dihydroxy-D: C-friedoolean-8-en-29-oic acid methyl ester |
| 3, 4-二羟基-L-苯丙氨酸 (L-多巴、3-羟基-L-酪氨酸) | 3, 4-dihydroxyphenyl-L-alanine (L-dopa, 3-hydroxy-L-tyrosine) |
| 6, 11-二羟基-*N*-(2-羟基-2-甲丙基)-2, 7, 9-十二碳三烯酰胺 | 6, 11-dihydroxy-*N*-(2-hydroxy-2-methyl propyl)-2, 7, 9-dodecatrienamide |
| (10*RS*, 11*RS*)-(2*E*, 6*Z*, 8*E*)-10, 11-二羟基-*N*-(2-羟基-2-甲丙基) 十二碳-2, 6, 8-三烯酰胺 | (10*RS*, 11*RS*)-(2*E*, 6*Z*, 8*E*)-10, 11-dihydroxy-*N*-(2-hydroxy-2-methyl propyl) dodec-2, 6, 8-trienamide |
| (2*R*)-6, 8-二羟基-α-邓氏链果苣苔醌 | (2*R*)-6, 8-dihydroxy-α-dunnione |
| (*R*)-7, 8-二羟基-α-邓氏链果苣苔醌 | (*R*)-7, 8-dihydroxy-α-dunnione |
| 4, 9-二羟基-α-风铃木醌 | 4, 9-dihydroxy-α-lapachone |
| 4, 4′-二羟基-α-古柯二酸 | 4, 4′-dihydroxy-α-erythrolic acid |
| 3, 3′-二羟基-α-胡萝卜素 | 3, 3′-dihydroxy-α-carotene |
| β, γ-二羟基-α-亚甲基丁酸甲酯 | β, γ-dihydroxy-α-methylene butylic acid methyl ester |
| 3, 4-二羟基-β-苯乙基 | 3, 4-dihydroxy-β-phenethyl |
| 3, 4-二羟基-β-苯乙基三甲基铵氢氧化物 | 3, 4-dihydroxy-β-phene-thyl trimethyl ammonium hydroxide |
| 3, 4-二羟基-β-胡萝卜素 | 3, 4-dihydroxy-β-carotene |

| | |
|---|---|
| (3*R*, 3′*R*)-3, 3-二羟基-β-胡萝卜素 [(3*R*, 3′*R*)-β, β-胡萝卜素-3, 3′-二醇、玉蜀黍黄素、玉蜀黍黄质、玉米黄质] | (3*R*, 3′*R*)-3, 3-dihydroxy-β-carotene [(3*R*, 3′*R*)-β, β-carotene-3, 3′-diol, zeaxanthin] |
| 3, 4-二羟基-β-甲氧基苯乙醇 | 3, 4-dihydroxy-β-methoxyphenethyl alcohol |
| 3, 10-二羟基-β-咔啉 | 3, 10-dihydroxy-β-carboline |
| 3, 4-二羟基-β-乙氧苯基-*O*-β-D-吡喃葡萄糖基-(1→3)-4-*O*-α-L-(1→6)-4-*O*-咖啡酰基-β-D-吡喃葡萄糖苷 | 3, 4-dihydroxy-β-phenethyl-*O*-β-D-glucopyranosyl-(1→3)-4-*O*-α-L-rhmnopyranosyl-(1→6)-4-*O*-caffeoyl-β-D-glucopyranoside |
| 3, 4-二羟基-β-乙氧苯基-*O*-β-D-吡喃葡萄糖基-(1→3)-4-*O*-咖啡酰基-β-D-吡喃葡萄糖苷 | 3, 4-dihydroxy-β-phenethyl-*O*-β-D-glucopyranosyl-(1→3)-4-*O*-caffeoyl-β-D-glucopyranoside |
| 二羟基-β-紫罗兰酮 | dihydroxy-β-ionone |
| 5, 6-二羟基-β-紫罗兰酮 (5, 6-二羟基-β-香堇酮) | 5, 6-dihydroxy-β-ionone |
| 3, 5-二羟基-γ-戊内酯 | 3, 5-dihydroxy-γ-valerolactone |
| 15α, 20β-二羟基-$\Delta^4$-孕甾烯-3-酮 | 15α, 20β-dihydroxy-$\Delta^4$-pregnen-3-one |
| 3α, 16β-二羟基阿费荻珂兰烷 | 3α, 16β-dihydroxyaphidicolane |
| 2, 7-二羟基阿朴缝籽木蓁 | 2, 7-dihydroxyapogeissoschizine |
| 16α, 17-二羟基阿替生-3-酮 | 16α, 17-dihydroxyatisan-3-one |
| 2β, 11α-二羟基桉烷-5-烯-8β, 12-内酯 | 2β, 11α-dihydroxyeudesm-5-en-8β, 12-olide |
| 1β, 4α-二羟基桉叶-11-烯 | 1β, 4α-dihydroxyeudesm-11-ene |
| 1β, 4β-二羟基桉叶-11-烯 | 1β, 4β-dihydroxyeudesm-11-ene |
| 1β, 3β-二羟基桉叶-11 (13)-烯-6α, 12-内酯 | 1β, 3β-dihydroxyeudesm-11 (13)-en-6α, 12-olide |
| 1α, 6α-二羟基桉叶-3, 11 (13)-二烯-12-甲酸甲酯 | 1α, 6α-dihydroxyeudesm-3, 11 (13)-dien-12-carboxylic acid methyl ester |
| 1β, 8β-二羟基桉叶-3, 7 (11)-二烯-8α, 12-内酯 | 1β, 8β-dihydroxyeudesm-3, 7 (11)-dien-8α, 12-olide |
| 1β, 8β-二羟基桉叶-4 (15), 7 (1)-二烯-8α, 12-内酯 | 1β, 8β-dihydroxyeudesm-4 (15), 7 (1)-dien-8α, 12-olide |
| 1β, 6α-二羟基桉叶-4 (15)-烯 | 1β, 6α-dihydroxyeudesm-4 (15)-ene |
| 11, 12-二羟基桉叶-4-烯-3-酮 | 11, 12-dihydroxyeudesm-4-en-3-one |
| 1β, 3β-二羟基桉叶-6α, 12-内酯 | 1β, 3β-dihydroxyeudesm-6α, 12-olide |
| 4α, 6α-二羟基桉叶-8β, 12-内酯 | 4α, 6α-dihydroxyeudesm-8β, 12-olide |
| 12β, 27-二羟基澳洲茄胺 | 12β, 27-dihydroxysolasodine |
| 12β, 27-二羟基澳洲茄胺-3β-马铃薯三糖苷 | 12β, 27-dihydroxysolasodine-3β-chacotrioside |
| (1*S*, 4*R*)-7, 8-二羟基脱氢白菖蒲烯 | (1*S*, 4*R*)-7, 8-dihydroxycalamenene |
| 3α, 15-二羟基柏木烷 | 3α, 15-dihydroxycedrane |
| 17, 19-二羟基半日花-7 (8), (13*E*)-二烯-15-酸 | 17, 19-dihydroxylabd-7 (8), (13*E*)-dien-15-oic acid |
| 2, 3-二羟基半日花-8 (17), (12*E*), 14-三烯 | 2, 3-dihydroxylabd-8 (17), (12*E*), 14-triene |
| 12, 15-二羟基半日花-8 (17), (13*E*)-二烯-19-酸 | 12, 15-dihydroxylabd-8 (17), (13*E*)-dien-19-oic acid |
| (12*R*), 15-二羟基半日花-8 (17), (13*E*)-二烯-19-酸 | (12*R*), 15-dihydroxylabd-8 (17), (13*E*)-dien-19-oic acid |
| (12*S*), 15-二羟基半日花-8 (17), (13*E*)-二烯-19-酸 | (12*S*), 15-dihydroxylabd-8 (17), (13*E*)-dien-19-oic acid |
| 12, 15-二羟基半日花-8 (17), (13*Z*)-二烯-19-酸 | 12, 15-dihydroxylabd-8 (17), (13*Z*)-dien-19-oic acid |
| 12, 13-二羟基半日花-8 (17), 14-二烯-19-酸 | 12, 13-dihydroxylabd-8 (17), 14-dien-19-oic acid |
| 7β, (13*S*)-二羟基半日花-8 (17), 14-二烯-19-酸 | 7β, (13*S*)-dihydroxylabd-8 (17), 14-dien-19-oic acid |

| | |
|---|---|
| (12*R*), 13-二羟基半日花三烯酸 | (12*R*), 13-dihydroxycommunic acid |
| (12*R*, 13*S*)-二羟基半日花三烯酸 | (12*R*, 13*S*)-dihydroxycommunic acid |
| 二羟基半日花三烯酸 | dihydnoxyconmunic acid |
| (4α, 13α)-15, 16-二羟基贝壳杉-18-酸 | (4α, 13α)-15, 16-dihydroxykaur-18-oic acid |
| 2β, 15α-二羟基贝壳杉-16-烯-18, 19-二甲酸 | 2β, 15α-dihydroxy-kaur-16-en-18, 19-dicarboxylic acid |
| 16, 17-二羟基贝壳杉-19-酸 | 16, 17-dihydroxykaur-19-oic acid |
| 7β, 12α-二羟基贝壳杉内酯素 | 7β, 12α-dihydroxykaurenolide |
| 3α, 16α-二羟基贝壳杉烷-19-*O*-β-D-葡萄糖苷 | 3α, 16α-dihydroxykaurane-19-*O*-β-D-glucoside |
| 3α, 16α-二羟基贝壳杉烷-20-*O*-β-D-葡萄糖苷 | 3α, 16α-dihydroxykaurane-20-*O*-β-D-glucoside |
| 1, 2-二羟基苯(儿茶酚、焦儿茶酚、1, 2-苯二酚、邻苯二酚) | 1, 2-dihydroxybenzene (catechol, pyrocatechol, pyrocatechin, 1, 2-benzenediol, *o*-benzenediol) |
| L-3, 4-二羟基苯丙氨酸 | L-3, 4-dihydroxyphenyl alanine |
| 二羟基苯丙氨酸 | dihydroxyphenyl alanine |
| 3, 4-二羟基苯丙酸 | 3, 4-dihydroxybenzenepropionic acid |
| 3, 4-二羟基苯丙酸甲酯 | methyl 3, 4-dihydroxybenzenepropionate |
| 1, 4′-二羟基苯丙酮 | 1, 4′-dihydroxyphenyl acetone |
| 2, 4-二羟基苯丙烯酸 | 2, 4-dihydroxybenzene acrylic acid |
| (*E*)-3, 4-二羟基苯丙烯酸酯 | (*E*)-3, 4-dihydroxyphenyl acrylate |
| 1, 2-二羟基苯癸酸 | 1, 2-dihydroxybenzenecapric acid |
| 2, 4-二羟基苯磺酸 | 2, 4-dihydroxybenzene sulfonic acid |
| 2′-*O*-(2″, 3″-二羟基苯甲酰基)金银花苷[2′-*O*-(2″, 3″-二羟苯甲酰基)莫罗忍冬吉苷] | 2′-*O*-(2″, 3″-dihydroxybenzoyl) kingiside |
| 3, 4-二羟基苯甲醇-*O*-β-D-吡喃葡萄糖基-(1→6)-β-D-吡喃葡萄糖苷 | 3, 4-dihydroxybenzyl alcohol-*O*-β-D-glucopyranosyl-(1→6)-β-D-glucopyranoside |
| 2′-(*o*, *m*-二羟基苯甲基)獐牙菜苷 | 2′-(*o*, *m*-dihydroxybenzyl) sweroside |
| 3, 4-二羟基苯甲基芥子油苷 | 3, 4-dihydroxybenzyl glucosinolate |
| 2, 3-二羟基苯甲醛 | 2, 3-dihydroxybenzaldehyde |
| 2, 4-二羟基苯甲醛 | 2, 4-dihydroxybenzaldehyde |
| 3, 5-二羟基苯甲醛 | 3, 5-dihydroxybenzaldehyde |
| 二羟基苯甲醛 | dihydroxybenzaldehyde |
| 3, 4-二羟基苯甲醛葡萄糖苷 | 3, 4-dihydroxybenzaldehyde glucoside |
| 3, 4-二羟基苯甲醛葡萄糖苷(原儿茶醛) | 3, 4-dihydroxybenzaldehyde (protocatechuic aldehyde) |
| 2, 3-二羟基苯甲酸 | 2, 3-dihydroxybenzoic acid |
| 2, 4-二羟基苯甲酸 | 2, 4-dihydroxybenzoic acid |
| 3, 5-二羟基苯甲酸 | 3, 5-dihydroxybenzoic acid |
| 二羟基苯甲酸 | dihydroxybenzoic acid |
| 2, 5-二羟基苯甲酸(5-羟基水杨酸、龙胆酸) | 2, 5-dihydroxybenzoic acid (5-hydroxysalicylic acid, gentisic acid) |
| 2, 6-二羟基苯甲酸(γ-雷琐酸) | 2, 6-dihydroxybenzoic acid (γ-resorcylic acid) |
| 3, 4-二羟基苯甲酸(原儿茶酸) | 3, 4-dihydroxybenzoic acid (protocatechuic acid) |

| | |
|---|---|
| (*R*)-二羟基苯甲酸-1′-丙三醇酯 | (*R*)-dihydroxybenzoic acid-1′-glycerol ester |
| (*R*)-二羟基苯甲酸-1′-甘油酯 | (*R*)-dihydroxybenzoic acid-1′-glyceride |
| 2, 4-二羟基苯甲酸-2-*O*-葡萄糖苷 | 2, 4-dihydroxybenzoic acid-2-*O*-glucoside |
| 3, 4-二羟基苯甲酸-4-*O*-(4′-*O*-甲基)-β-D-吡喃葡萄糖苷 | 3, 4-dihydroxybenzonic acid-4-*O*-(4′-*O*-methyl)-β-D-glucopyranoside |
| 2, 6-二羟基苯甲酸苯甲酯 (八角醇酯 K) | benzyl 2, 6-dihydroxybenzoate (verimol K) |
| 2, 4-二羟基苯甲酸二甲基酰胺 | 2, 4-dihydroxybenzoic acid dimethyl amide |
| 3, 4-二羟基苯甲酸根皮酚酯 | phloroglucinoyl 3, 4-dihydroxybenzoate |
| 2, 4-二羟基苯甲酸甲酯 | methyl 2, 4-dihydroxybenzoate |
| 2, 5-二羟基苯甲酸甲酯 | methyl 2, 5-dihydroxybenzoate |
| 3, 4-二羟基苯甲酸甲酯 | methyl 3, 4-dihydroxybenzoate |
| 3, 5-二羟基苯甲酸甲酯 | methyl 3, 5-dihydroxybenzoate |
| 2, 5-二羟基苯甲酸乙酯 | ethyl 2, 5-dihydroxybenzoate |
| 3, 4-二羟基苯甲酸乙酯 | ethyl 3, 4-dihydroxybenzoate |
| 3, 4-二羟基苯甲酸正丁酯 | *n*-butyl 3, 4-dihydroxybenzoate |
| 6′-*O*-(2″, 3″-二羟基苯甲酰)-8-表金银花苷 | 6′-*O*-(2″, 3″-dihydroxybenzoyl)-8-epikingiside |
| 3, 4-二羟基苯甲酰胺 | 3, 4-dihydroxybenzamide |
| 1-(2, 6-二羟基苯甲酰基)-8-(3, 4-二羟苯基) 辛烷 | 1-(2, 6-dihydroxybenzoyl)-8-(3, 4-dihydroxyphenyl) octane |
| 4-{[(3′, 4′-二羟基苯甲酰基) 氧基] 甲基} 苯基-*O*-β-D-[6-*O*-(3″, 5″-二甲氧基-4″-羟苯甲酰基)] 吡喃葡萄糖苷 | 4-{[(3′, 4′-dihydroxybenzoyl) oxy] methyl} phenyl-*O*-β-D-[6-*O*-(3″, 5″-dimethoxy-4″-hydroxybenzoyl)] glucopyranoside |
| 4-{[(2′, 5′-二羟基苯甲酰基) 氧基] 甲基} 苯基-*O*-β-D-吡喃葡萄糖苷 | 4-{[(2′, 5′-dihydroxybenzoyl) oxy] methyl} phenyl-*O*-β-D-glucopyranoside |
| 4-(3, 4-二羟基苯甲酰氧甲基) 苯基-*O*-β-D-吡喃葡萄糖苷 | 4-(3, 4-dihydroxybenzoyloxymethyl) phenyl-*O*-β-D-glucopyranoside |
| 3, 4-二羟基苯腈 | 3, 4-dihydroxybenzonitrile |
| 1, 2-二羟基苯壬酸 | 1, 2-dihydroxybenzenenonanoic acid |
| (*E*)-3-(3, 4-二羟基苯亚甲基)-5-(3, 4-二羟苯基)-2 (3*H*)-呋喃酮 | (*E*)-3-(3, 4-dihydroxybenzylidene)-5-(3, 4-dihydroxyphenyl)-2 (3*H*)-furanone |
| (*E*)-3, 4-二羟基苯亚甲基丙-2-酮 | (*E*)-3, 4-dihydroxyphenyl buten-2-one |
| 3, 4-二羟基苯乙醇 | 3, 4-hydroxyphenyl ethanol |
| 3, 4-二羟基苯乙醇-3-*O*-β-D-吡喃葡萄糖苷 | 3, 4-dihydroxyphenyl ethanol-3-*O*-β-D-glucopyranoside |
| 3, 5-二羟基苯乙醇-3-*O*-β-吡喃葡萄糖苷 | 3, 5-dihydroxyphenethyl alcohol-3-*O*-β-D-glucopyranoside |
| 3, 4-二羟基苯乙醇-6-*O*-咖啡酰基-β-D-葡萄糖苷 (荷苞花苷 B、克莱瑞苷 B) | 3, 4-dihydroxyphenethyl alcohol-6-*O*-caffeoyl-β-D-glucoside (calceolarioside B) |
| 3, 4-二羟基苯乙醇-8-*O*-β-葡萄糖苷 | 3, 4-dihydroxyphenyl ethyl alcohol-8-*O*-β-glucoside |
| 3, 4-二羟基苯乙醇葡萄糖苷 | 3, 4-dihydroxyphenethyl alcohol glucoside (3, 4-dihydroxyphenyl ethanol glucoside) |
| 3, 4-二羟基苯乙二醇 | 3, 4-dihydroxybenzenestyrene glycol |

| | |
|---|---|
| 3, 4-二羟基苯乙基-(6′-咖啡酰基)-β-D-葡萄糖苷 | 3, 4-dihydroxyphenethyl-(6′-caffeoyl)-β-D-glucoside |
| 2-(3, 4-二羟基苯乙基)-*O*-α-L-吡喃阿拉伯糖基-(1→2)-α-L-吡喃鼠李糖苷-(1→3)-6-*O*-β-D-吡喃葡萄糖苷 | 2-(3, 4-dihydroxyphenethyl)-*O*-α-L-arabinopyranosyl-(1→2)-α-L-rhamnopyranoside-(1→3)-6-*O*-β-D-glucopyranoside |
| 3, 4-二羟基苯乙基-8-*O*-β-D-吡喃葡萄糖苷 | 3, 4-dihydroxyphenyl ethyl-8-*O*-β-D-glucopyranoside |
| 3, 4-二羟基苯乙基-8-*O*-β-D-葡萄糖苷 | 3, 4-dihydroxyphenyl ethyl-8-*O*-β-D-glucoside |
| (*R*)-(–)-4β-二羟基苯乙基阿魏酸酯 | (*R*)-(–)-4β-dihydroxyphenethyl ferulate |
| 2, 5-二羟基苯乙酸 | 2, 5-dihydroxybenzeneacetic acid |
| 3, 4-二羟基苯乙酸 | 3, 4-dihydroxyphenyl acetic acid |
| 二羟基苯乙酸 | dihydroxyphenyl acetic acid |
| 2, 4-二羟基苯乙酸甲酯 | methyl 2-(2, 4-dihydroxyphenyl) acetate |
| 2, 5-二羟基苯乙酸甲酯 | methyl 2, 5-dihydroxyphenyl acetate |
| 2, 4-二羟基苯乙酮 | 2, 4-dihydroxyacetophenone |
| 2, 5-二羟基苯乙酮 | 2, 5-dihydroxyacetophenone |
| 4, 8-二羟基苯乙酮 | 4, 8-dihydroxyacetophenone |
| 3′, 4′-二羟基苯乙酮 | 3′, 4′-dihydroxyacetophenone |
| 4, 8-二羟基苯乙酮-8-*O*-阿魏酸酯 | 4, 8-dihydroxyacetophenone-8-*O*-ferulate |
| 4′, 8′-二羟基苯乙酮-8-*O*-阿魏酸酯 | 4′, 8′-dihydroxyacetophenone-8-*O*-ferulate |
| 6-(3′, 4′-二羟基苯乙烯)-2-吡喃酮-4-*O*-β-D-葡萄糖苷 | 6-(3′, 4′-dihydroxystyrene)-2-pyranone-4-*O*-β-D-glucoside |
| 3, 4-二羟基苯乙氧基-*O*-α-L-吡喃鼠李糖基-(1→3)-β-D-(4-*O*-咖啡酰基)吡喃半乳糖苷 | 3, 4-dihydroxyphenethoxy-*O*-α-L-rhamnopyranosyl-(1→3)-β-D-(4-*O*-caffeoyl) galactopyranoside |
| 1α, 4β-二羟基比梢菊内酯 | 1α, 4β-dihydroxybishopsolicepolide |
| (8α)-6, 8-二羟基荜澄茄-7 (11), 10 (15)-二烯-12-酸-γ-内酯 | (8α)-6, 8-dihydroxycadina-7 (11), 10 (15)-dien-12-oic acid-γ-lactone |
| 二羟基扁桃酸 | dihydroxymandelic acid |
| 1, 3-二羟基丙基 (9*E*, 12*E*)-十八碳-9, 12-二烯酸酯 | 1, 3-dihydroxypropyl (9*E*, 12*E*)-octadec-9, 12-dienoate |
| 1, 3-二羟基丙基 (9*Z*, 12*Z*)-十八碳-9, 12-二烯酸酯 | 1, 3-dihydroxypropyl (9*Z*, 12*Z*)-octadec-9, 12-dienoate |
| 1′-(1, 2-二羟基丙基)-5′-脱氧-5′-(二甲基胂氧基)-β-呋喃核糖苷 | 1′-(1, 2-dihydroxypropyl)-5′-deoxy-5′-(dimethyl arsinoyl)-β-ribofuranoside |
| 5-(1, 2-二羟基丙基)吡啶-2-甲酸甲酯 | 5-(1, 2-dihydroxypropyl) pyridine-2-carboxylic acid methyl ester |
| α, β-二羟基丙基丁香酮 | α, β-dihydroxypropiosyringone |
| 2, 3-二羟基丙醛 (DL-甘油醛) | 2, 3-dihydroxypropanal (DL-glyceraldehyde) |
| (2*R*)-2, 3-二羟基丙酸 | (2*R*)-2, 3-dihydroxypropanoic acid |
| 1, 3-二羟基丙酮 | 1, 3-dihydroxyacetone |
| 二羟基丙酮 | dihydroxyacetone |
| 8β, 9α-二羟基苍术内酯Ⅰ、Ⅱ | 8β, 9α-dihydroxyatractylenolides Ⅰ, Ⅱ |
| 6, 8-二羟基草苁蓉内酯 | 6, 8-dihydroxyboschnialactone |
| 5β, 6β-二羟基草苁蓉醛苷 | 5β, 6β-dihydroxyboschnaloside |
| 2′, 4′-二羟基查耳酮 | 2′, 4′-dihydroxychalcone |

| | |
|---|---|
| 3, 10-二羟基菖蒲螺酮烯 | 3, 10-dihydroxyacoronene |
| (1*R*, 3*S*, 4*R*, 5*R*, 10*R*)-3, 10-二羟基菖蒲螺酮烯-3-*O*-β-D-吡喃葡萄糖苷 | (1*R*, 3*S*, 4*R*, 5*R*, 10*R*)-3, 10-dihydroxyacoronene-3-*O*-β-D-glucopyranoside |
| 7, 8-二羟基菖蒲醛 | 7, 8-dihydroxycalamenal |
| 5, 7-二羟基脱氢白菖蒲烯 (5, 7-二羟基菖蒲烃) | 5, 7-dihydroxycalamenene |
| 7α, 12α-二羟基车桑子酸-19-内酯 | 7α, 12α-dihydroxyhautriwaic acid-19-lactone |
| 22-二羟基赪桐甾醇 | 22-dihydroxyclerosterol |
| 10, 11-二羟基橙花叔醇 | 10, 11-dihydroxynerolidol |
| 3, 4-二羟基粗糠柴毒素 | 3, 4-dihydroxyrottlerin |
| 12β, 20β-二羟基达玛-23 (24)-烯-3-酮 | 12β, 20β-dihydroxydammar-23 (24)-en-3-one |
| (3β, 6α, 12β, 23*E*)-3, 12-二羟基达玛-23-烯-6, 20-双-*O*-β-D-吡喃葡萄糖苷 | (3β, 6α, 12β, 23*E*)-3, 12-dihydroxydammar-23-en-6, 20-bis-*O*-β-D-glucopyranoside |
| 20, 23-二羟基达玛-24-烯-21-酸-21, 23-内酯 | 20, 23-dihydroxydammar-24-en-21-oic acid-21, 23-lactone |
| (20*R*, 23*R*)-3β, 20-二羟基达玛-24-烯-21-酸-21, 23-内酯-3-*O*-[β-D-吡喃木糖基-(1→3)]-β-D-吡喃葡萄糖苷 | (20*R*, 23*R*)-3β, 20-dihydroxydammar-24-en-21-oic acid 21, 23-lactone-3-*O*-[β-D-xylopyranosyl-(1→3)]-β-D-glucopyranoside |
| (20*S*, 23*S*)-3β, 20-二羟基达玛-24-烯-21-酸-21, 23-内酯-3-*O*-[β-D-吡喃木糖基-(1→3)]-β-D-吡喃葡萄糖苷 | (20*S*, 23*S*)-3β, 20-dihydroxydammar-24-en-21-oic acid-21, 23-lactone-3-*O*-[β-D-xylopyranosyl-(1→3)]-β-D-glucopyranoside |
| 3β, (20*S*)-二羟基达玛-24-烯-21-酸 | 3β, (20*S*)-dihydroxydammar-24-en-21-oic acid |
| 20*S*, 21-二羟基达玛-24-烯-3-酮 | 20*S*, 21-dihydroxydammar-24-en-3-one |
| (20*S*, 24*S*)-二羟基达玛-25-烯-3-酮 | (20*S*, 24*S*)-dihydroxydammar-25-en-3-one |
| (1*R*, 5*R*, 7*R*)-1, 5-二羟基大根香叶-4 (15), 10 (14), 11 (12)-三烯 | (1*R*, 5*R*, 7*R*)-1, 5-dihydroxygermacra-4 (15), 10 (14), 11 (12)-triene |
| 3β, 16β-二羟基大戟-7, 24-二烯-21-酸甲酯 | 3β, 16β-dihydroxyeupha-7, 24-dien-21-oic acid methyl ester |
| 二羟基大麻酚 (大麻三醇) | cannabitriol |
| 3, 5′-二羟基大叶唐松草胺 | 3, 5′-dihydroxythalifaboramine |
| (6*S*, 7*E*)-6, 9-二羟基大柱香波龙-4, 7-二烯-3-酮 | (6*S*, 7*E*)-6, 9-dihydroxymegastigm-4, 7-dien-3-one |
| 6, 9-二羟基大柱香波龙-4, 7-二烯-3-酮 | 6, 9-dihydroxy-megastigm-4, 7-dien-3-one |
| (6*S*, 9*S*)-6, 9-二羟基大柱香波龙烷-4-大柱香波龙烯-3-酮-9-*O*-β-D-吡喃葡萄糖苷 | (6*S*, 9*S*)-6, 9-dihydroxymegastiman-4-megastigmen-3-one-9-*O*-β-D-glucopyranoside |
| (6*S*, 9*S*)-6, 9-二羟基大柱香波龙烷-4-大柱香波龙烯-3-酮-9-*O*-β-D-呋喃芹糖基-(1→6)-β-D-吡喃葡萄糖苷 | (6*S*, 9*S*)-6, 9-dihydroxymegastiman-4-megastigmen-3-one-9-*O*-β-D-apiofuranosyl-(1→6)-β-D-glucopyranoside |
| 3, 9-二羟基大柱香波龙烷-5-烯 | 3, 9-dihydroxymegastigma-5-ene |
| (3*S*, 5*S*, 8*R*)-3, 5-二羟基大柱香波龙烷-6, 7-二烯-9-酮 | (3*S*, 5*S*, 8*R*)-3, 5-dihydroxymegastigma-6, 7-dien-9-one |
| 3β, 26-二羟基胆甾-5-烯 | 3β, 26-dihydroxycholest-5-ene |
| 2-(3, 4-二羟基丁-1-炔基)-5-(丙-1-基) 噻吩 | 2-(3, 4-dihydroxybut-1-ynyl)-5-(prop-1-ynyl) thiophene |
| 2-(3, 4-二羟基丁-1-炔基)-5-(戊-1, 3-二炔基)-α-三联噻吩 | 2-(3, 4-dihydroxybut-1-ynyl)-5-(penta-1, 3-diynyl)-α-terthienyl |

| | |
|---|---|
| 2, 3-二羟基丁二酸 (酒石酸) | 2, 3-dihydroxybutanedioic acid (tartaric acid) |
| (3*S*)-4-二羟基丁酸 | (3*S*)-4-dihydroxybutanoic acid |
| 3, 4-二羟基对-1-薄荷烯 | 3, 4-dihydroxy-*p*-menth-1-ene |
| 1, 4-二羟基对薄荷-2-烯 | 1, 4-dihydroxy-*p*-menth-2-ene |
| (1*R*, 2*S*, 4*S*, 5*R*)-2, 5-二羟基对薄荷烷 | (1*R*, 2*S*, 4*S*, 5*R*)-2, 5-dihydroxy-*p*-menthane |
| (1*S*, 2*R*, 4*S*, 5*S*)-2, 5-二羟基对薄荷烷 | (1*S*, 2*R*, 4*S*, 5*S*)-2, 5-dihydroxy-*p*-menthane |
| (1*S*, 2*S*, 4*R*, 5*S*)-2, 5-二羟基对薄荷烷 | (1*S*, 2*S*, 4*R*, 5*S*)-2, 5-dihydroxy-*p*-menthane |
| 2, 5-二羟基对薄荷烷 | 2, 5-dihydroxy-*p*-menthane |
| 2, 5-二羟基对苯二甲酸 | 2, 5-dihydroxy-1, 4-benzenedicarboxylic acid |
| 3, 20-二羟基-对映-1 (10), 15-粉红单端孢二烯 | 3, 20-dihydroxy-*ent*-1 (10), 15-rosadiene |
| 3, 7-二羟基-对映-1 (10), 15-粉红单端孢二烯 | 3, 7-dihydroxy-*ent*-1 (10), 15-rosadiene |
| 2β, 15-二羟基-对映-半日花-7, (13*E*)-二烯 | 2β, 15-dihydroxy-*ent*-labd-7, (13*E*)-diene |
| 3, 15-二羟基-对映-半日花-7-烯-17-酸 | 3, 15-dihydroxy-*ent*-labd-7-en-17-oic acid |
| 3, 15-二羟基-对映-半日花-7-烯-17-酸-3-*O*-β-D-葡萄糖苷 | 3, 15-dihydroxy-*ent*-labd-7-en-17-oic acid-3-*O*-β-D-glucoside |
| 17, 17-二羟基-对映-贝壳杉-15-烯-19-酸 | 17, 17-dihydroxy-*ent*-kaur-15-en-19-oic acid |
| 2β, 15α-二羟基-对映-贝壳杉-16-烯 | 2β, 15α-dihydroxy-*ent*-kaur-16-ene |
| 16β, 17-二羟基-对映-贝壳杉-19-酸 | 16β, 17-dihydroxy-*ent*-kaur-19-oic acid |
| 17, 18-二羟基-对映-贝壳杉-19-酸 | 17, 18-dihydroxy-*ent*-kaur-19-oic acid |
| 16α, 17-二羟基-对映-贝壳杉-19-酸 | 16α, 17-dihydroxy-*ent*-kaur-19-oic acid |
| 16β, 17-二羟基-对映-贝壳杉烷 | 16β, 17-dihydroxy-*ent*-kaurane |
| (16*R*, 19)-二羟基-对映-贝壳杉烷 | (16*R*, 19)-dihydroxy-*ent*-kaurane |
| 16α, 19-二羟基-对映-贝壳杉烷 | 16α, 19-dihydroxy-*ent*-kaurane |
| 2β, 16α-二羟基-对映-贝壳杉烷 | 2β, 16α-dihydroxy-*ent*-kaurane |
| 二羟基蒽二酮 (柯嗪、1, 8-二羟基蒽醌) | dantron (chrysazin, 1, 8-dihydroxyanthraquinone) |
| 二羟基蒽酚 (1, 2, 10-蒽三酚, 白茜素, 去氧茜素) | anthrarobin (1, 2, 10-anthracenetriol, leucoalizarin, dihydroxyanthranol) |
| 1, 4-二羟基蒽醌 | 1, 4-dihydroxyanthraquinone |
| 1, 8-二羟基蒽醌 | 1, 8-dihydroxyanthraquinone |
| 2, 6-二羟基蒽醌 | 2, 6-dihydroxyanthraquinone |
| 二羟基蒽醌 | dihydroxyanthraquinone |
| 1, 3-二羟基蒽醌-2-苄酯 (2-苄基黄紫茜素) | 2-benzyl-1, 3-dihydroxyanthraquinone (2-benzyl xanthopurpurin) |
| 1, 5-二羟基蒽醌 (蒽绛酚) | 1, 5-dihydroxyanthraquinone (anthrarufin) |
| 1, 8-二羟基蒽醌 (二羟基蒽二酮、柯嗪) | 1, 8-dihydroxyanthraquinone (dantron, chrysazin) |
| 1, 3-二羟基蒽醌 (异茜草素、紫茜蒽醌、黄紫茜素) | 1, 3-dihydroxyanthraquinone (xanthopurpurin, purpuroxanthine, xanthopurpurine, purpuroxanthin) |
| 1, 2-二羟基蒽醌-2-*O*-β-D-木糖基-(1→6)-β-D-葡萄糖苷 (茜草酸) | 1, 2-dihydroxyanthraquinone-2-*O*-β-D-xylosyl-(1→6)-β-D-glucoside (ruberythric acid) |
| 4, 4′-二羟基二苯基甲烷 | 4, 4′-dihydroxydiphenyl methane |

| | |
|---|---|
| 1, 3-二羟基-2, 7-二甲氧基𠮿酮 | 1, 3-dihydroxy-2, 7-dimethoxyxanthone |
| 1, 5-二羟基-2, 3-二甲氧基𠮿酮 | 1, 5-dihydroxy-2, 3-dimethoxyxanthone |
| 1, 7-二羟基-2, 3-二甲氧基𠮿酮 | 1, 7-dihydroxy-2, 3-dimethoxyxanthone |
| 2′, 4′-二羟基二氢查耳酮 | 2′, 4′-dihydroxydihydrochalcone |
| 2′, 6′-二羟基二氢查耳酮-4′-*O*-(3″-*O*-没食子酰基)-β-D-吡喃葡萄糖苷 | 2′, 6′-dihydroxydihydrochalcone-4′-*O*-(3″-*O*-galloyl)-β-D-glucopyranoside |
| 3, 4-二羟基二氢沉香呋喃 | 3, 4-dihydroxydihydroagarofuran |
| 二羟基二氢沉香呋喃 | dihydroxydihydroagarofuran |
| 1′, 2′-二羟基二氢大叶茜草素 | 1′, 2′-dihydroxydihydromollugin |
| 7, 4′-二羟基二氢黄酮 | 7, 4′-dihydroxy-dihydroflavone |
| 14β, 20α-二羟基二氢兰金断肠草碱 (14β, 20α-二羟基二氢兰金氏断肠草碱、14β, 20α-二羟基二氢兰金钩吻定) | 14β, 20α-dihydroxydihydrorankinidine |
| 5α, 6α-二羟基二氢麦角甾醇 | 5α, 6α-dihydroxydihydroergosterol |
| 2′, 3′-二羟基二氢栓质花椒素 | 2′, 3′-dihydroxydihydrosuberosin |
| 2, 3-二羟基二氢栓质花椒素丙酮化物 | 2, 3-dihydroxydihydrosuberosin acetonide |
| 5, 6-二羟基二氢酸浆苦素 (5, 6-二羟基二氢酸浆苦味素) A、B | 5, 6-dihydroxydihydrophysalins A, B |
| (7*R*, 8*R*)-7, 8-二羟基二氢细辛脑 | (7*R*, 8*R*)-7, 8-dihydroxydihydroasarone |
| (7*S*, 8*R*)-7, 8-二羟基二氢细辛脑 | (7*S*, 8*R*)-7, 8-dihydroxydihydroasarone |
| (2*S*, 3*S*, 4*R*, 8*E*)-2-[(2′*R*)-2′, 3′-二羟基二十二碳酰氨基]-8-十八烯-1, 3, 4-三醇 | (2*S*, 3*S*, 4*R*, 8*E*)-2-[(2′*R*)-2′, 3′-dihydroxydocosanoyl amino]-8-octadecen-1, 3, 4-triol |
| (2*S*, 3*S*, 4*R*, 8*E*)-2-[(2′*R*)-2′, 3′-二羟基二十六碳酰氨基]-8-十八烯-1, 3, 4-三醇 | (2*S*, 3*S*, 4*R*, 8*E*)-2-[(2′*R*)-2′, 3′-dihydroxyhexacosanoyl amino]-8-octadecen-1, 3, 4-triol |
| (2*S*, 3*S*, 4*R*, 8*E*)-2-[(2′*R*)-2′, 3′-二羟基二十三碳酰氨基]-8-十八烯-1, 3, 4-三醇 | (2*S*, 3*S*, 4*R*, 8*E*)-2-[(2′*R*)-2′, 3′-dihydroxytricosanoyl amino]-8-octadecen-1, 3, 4-triol |
| (2*S*, 3*S*, 4*R*, 8*E*)-2-[(2′*R*, 3′*R*)-二羟基二十三碳酰氨基]-8-十八烯-1, 3, 4-三醇 | (2*S*, 3*S*, 4*R*, 8*E*)-2-[(2′*R*, 3′*R*)-dihydroxytricosanoyl amino]-8-octadecen-1, 3, 4-triol |
| (2*S*, 3*S*, 4*R*, 10*E*)-2-(2′, 3′-二羟基二十四碳酰氨基)-10-十八烯-1, 3, 4-三醇 | (2*S*, 3*S*, 4*R*, 10*E*)-2-(2′, 3′-dihydroxy-tetracosanoyl amino)-10-octadecen-1, 3, 4-triol |
| (2*S*, 3*S*, 4*R*, 8*E*)-2-[(2′*R*)-2′, 3′-二羟基二十四碳酰氨基]-8-十八烯-1, 3, 4-三醇 | (2*S*, 3*S*, 4*R*, 8*E*)-2-[(2′*R*)-2′, 3′-dihydroxytetracosanoyl amino]-8-octadecen-1, 3, 4-triol |
| (5*S*, 6*Z*, 8*E*, 10*E*, 12*R*, 14*Z*)-5, 12-二羟基二十碳-6, 8, 10, 14-四烯酸 | (5*S*, 6*Z*, 8*E*, 10*E*, 12*R*, 14*Z*)-5, 12-dihydroxyeicosa-6, 8, 10, 14-tetraenoic acid |
| (2*S*, 3*S*, 4*R*, 8*E*)-2-[(2′*R*)-2′, 3′-二羟基二十五碳酰氨基]-8-十八烯-1, 3, 4-三醇 | (2*S*, 3*S*, 4*R*, 8*E*)-2-[(2′*R*)-2′, 3′-dihydroxypentacosanoyl amino]-8-octadecen-1, 3, 4-triol |
| 3, 4-二羟基-反式-肉桂酸乙酯 | 3, 4-dihydroxy-*trans*-cinnamic acid ethyl ester |
| (±)-3, 9-二羟基凤梨百合素 | (±)-3, 9-dihydroxyeucomin |
| 3, 5-二羟基呋喃-2 (5*H*)-酮 | 3, 5-dihydroxyfuran-2 (5*H*)-one |
| (6β, 8β)-二羟基佛术-7 (11)-烯-12, 8α-内酯 | (6β, 8β)-dihydroxyeremophil-7 (11)-en-12, 8α-olide |
| 二羟基富马酸 | dihydroxyfumaric acid |
| 二羟基橄榄烷 | dihydroxymaaliane |

| 11, 14-二羟基钩吻素己 | 11, 14-dihydroxygelsenicine |
|---|---|
| 14, 15-二羟基钩吻素己 | 14, 15-dihydroxygelsenicine |
| 4, 4′-二羟基古柯间二酸 (4, 4′-二羟基秘鲁古柯酸) | 4, 4′-dihydroxytruxillic acid |
| 5α, 6β-二羟基谷甾醇 | 5α, 6β-dihydroxysitosterol |
| (7α, 22*S*)-二羟基谷甾醇 | (7α, 22*S*)-dihydroxysitosterol |
| (3*S*, 4*S*, 3′*S*, 4′*S*)-4, 4′-二羟基硅藻黄质 | (3*S*, 4*S*, 3′*S*, 4′*S*)-4, 4′-dihydroxydiatoxanthin |
| 3, 4-二羟基桂皮醇 | 3, 4-dihydroxycinnamyl alcohol |
| 二羟基桂皮醛 | dihydroxycinnamaldehyde |
| 3, 4-二羟基桂皮醛 (3, 4-二羟基肉桂醛) | 3, 4-dihydroxycinnamaldehyde |
| (*E*)-3, 4-二羟基桂皮酸 | (*E*)-3, 4-dihydroxycinnamic acid |
| 2, 4-二羟基桂皮酸 | 2, 4-dihydroxycinnamic acid |
| 3, 4-二羟基桂皮酸 (3, 4-二羟基肉桂酸) | 3, 4-dihydroxycinnamic acid |
| 3, 4-二羟基桂皮酸甲酯 | methyl 3, 4-dihydroxycinnamate |
| 2, 5-二羟基桂皮酸乙酯 | ethyl 2, 5-dihydroxycinnamate |
| 3, 4-二羟基桂皮酸乙酯 | ethyl 3, 4-dihydroxycinnamate |
| 二羟基桂皮酰胺 | dihydroxycinnamoyl amide |
| (3β, 12α, 13α)-3, 12-二羟基海松-7, 15-二烯-2-酮 | (3β, 12α, 13α)-3, 12-dihydroxypimar-7, 15-dien-2-one |
| 3′, 4′-二羟基汉黄芩素 | 3′, 4′-dihydroxywogonin |
| 2α, 3β-二羟基合瓣樟内酯 (2α, 3β-二羟基桂皮内酯) | 2α, 3β-dihydroxycinnamolide |
| 3, 3′-二-羟基红花袋鼠爪酮 | 3, 3′-bis-hydroxyanigorufone |
| 二羟基红苋甾酮 | dihydroxyrubrosterone |
| 5α, 6β-二羟基胡萝卜苷 | 5α, 6β-dihydroxydaucosterol |
| 7β, 25-二羟基葫芦-5, (23*E*)-二烯-19-醛-3-*O*-β-D-吡喃阿洛糖苷 | 7β, 25-dihydroxycucurbita-5, (23*E*)-dien-19-al-3-*O*-β-D-allopyranoside |
| 3β, 23-二羟基葫芦-5, 24-二烯-7β-*O*-β-D-吡喃葡萄糖苷 | 3β, 23-dihydroxycucurbita-5, 24-dien-7β-*O*-β-D-glucopyranoside |
| 二羟基葫芦素 D | dihydrocucurbitacin D |
| 3β, (23*R*)-二羟基环阿屯-24-烯-28-酸甲酯 3-磺酸盐 | methyl-3β, (23*R*)-dihydroxycycloart-24-en-28-oate 3-sulfate |
| 5β, 6β-二羟基环己-2-烯-1-*O*-β-吡喃葡萄糖苷 | 5β, 6β-dihydroxycyclohex-2-en-1-*O*-β-glucopyranoside |
| 2-(1, 4-二羟基环己基) 乙酸 | 2-(1, 4-dihydroxycyclohexyl) acetic acid |
| 2-(1, 4-二羟基环己基) 乙酸甲酯 | 2-(1, 4-dihydroxycyclohexyl) acetic acid methyl ester |
| 12α, 16β-二羟基环木菠萝烷-3, 24-二酮 | 12α, 16β-dihydroxycycloartane-3, 24-dione |
| (+)-(2*R*, 7*S*)-1, 7-二羟基-2, 7-环十四碳-4, 8, 12-三烯-10-炔-6-酮 | (+)-(2*R*, 7*S*)-1, 7-dihyrdroxy-2, 7-cyclotetradec-4, 8, 12-trien-10-yn-6-one |
| 二羟基黄芩素-7-*O*-β-D-葡萄糖醛酸苷 | dihydroxybaicalein-7-*O*-β-D-glucuronide |
| 3′, 4′-二羟基黄酮 | 3′, 4′-dihydroxyflavone |
| 5, 7-二羟基黄酮 | 5, 7-dihydroxyflavone |
| 7, 4′-二羟基黄酮 | 7, 4′-dihydroxyflavone |
| 7, 8-二羟基黄酮 | 7, 8-dihydroxyflavone |

| 6, 7-二羟基黄酮 | 6, 7-dihydroxyflavone |
|---|---|
| 5, 4′-二羟基黄酮-6-*C*-β-D-葡萄糖基鼠李糖基-7-*O*-葡萄糖苷 | 5, 4′-dihydroxyflavone-6-*C*-β-D-glucosyl rhamnosyl-7-*O*-glucoside |
| 5, 4′-二羟基黄酮-7-*O*-β-D-吡喃葡萄糖醛酸苷丁酯 | 5, 4′-dihydroxyflavonoid-7-*O*-β-D-glucuronopyranoside butyl ester |
| (2*S*)-7, 4′-二羟基黄烷 | (2*S*)-7, 4′-dihydroxyflavan |
| 7, 4′-二羟基黄烷酚 | 7, 4′-dihydroxyflavan |
| 7, 4′-二羟基黄烷酮 | 7, 4′-dihydroxyflavanone |
| 7, 8-二羟基黄烷酮 | 7, 8-dihydroxyflavanone |
| 7, 4′-二羟基黄烷酮 (甘草黄酮配质、甘草素、甘草苷元) | 7, 4′-dihydroxyflavanone (liquiritigenin) |
| 5, 7-二羟基黄烷酮-4′-*O*-α-L-吡喃鼠李糖基-β-D-吡喃葡萄糖苷 | 5, 7-dihydroxyflavanone-4′-*O*-α-L-rhamnopyranosyl-β-D-glucopyranoside |
| 3, 7-二羟基黄烷酮-4′-鼠李糖苷 | 3, 7-dihydroxyflavanone-4′-rhamnoside |
| 3, 5-二羟基甲苯 (地衣酚、地衣二醇、苔黑酚) | 3, 5-dihydroxytoluene (orcinol) |
| 2, 5-二羟基甲苯 (甲基氢醌、甲苯氢醌、鹿蹄草素) | 2, 5-dihydroxytoluene (methyl quinol, toluhydroquinone, pyrolin) |
| 5, 2′-二羟基甲氧基黄酮-2′-*O*-β-D-吡喃葡萄糖苷 | 5, 2′-dihydroxy-methoxyflavone-2′-*O*-β-D-glucopyranoside |
| (1*S*, 3*R*, 5*S*)-1, 3-二羟基间薄荷-8-烯 | (1*S*, 3*R*, 5*S*)-1, 3-dihydroxy-*m*-menth-8-ene |
| 2, 6-二羟基间二没食子酸 | 2, 6-dihydroxy-m-digallic acid |
| 2α, 23-二羟基姜味草酸 | 2α, 23-dihydroxymicromeric acid |
| 二羟基酒花黄酚 | dihydroxyxanthohumol |
| 11, 12a-二羟基绢毛萌豆酮 | 11, 12a-dihydroxymunduserone |
| 2, 7-二羟基卡达烯 (2, 7-二羟基杜松萘) | 2, 7-dihydroxycadalene |
| 6β, 18-二羟基卡斯-13, 15-二烯 | 6β, 18-dihydroxycass-13, 15-diene |
| 2, 5-二羟基莰烷 | 2, 5-dihydroxycamphane |
| 14, 15β-二羟基克莱因酮 | 14, 15β-dihydroxyklaineanone |
| (+)-5α, 9α-二羟基苦参碱 | (+)-5α, 9α-hydroxymatrine |
| 5α, 9α-二羟基苦参碱 | 5α, 9α-dihydroxymatrine |
| 13β, 21β-二羟基宽树冠木酮 | 13β, 21β-dihydroxyeurycomanone |
| 2α, 7-二羟基宽叶缬草-2-*O*-β-D-吡喃葡萄糖苷 | 2α, 7-dihydroxykess-2-*O*-β-D-glucopyranoside |
| 2α, 7-二羟基宽叶缬草烷 | 2α, 7-dihydroxykessane |
| 2, 6-二羟基莨菪烷 | 2, 6-dihydroxytropane |
| 3, 5-二羟基联苄 | 3, 5-dihydroxybibenzyl |
| 5, 4′-二羟基联苄-3-*O*-β-D-葡萄糖苷 | 5, 4′-bihydroxybibenzyl-3-*O*-β-D-glucoside |
| 8β, 9α-二羟基灵芝酸 J | 8β, 9α-dihydroganoderic acid J |
| 8β, 9α-二羟基灵芝酸 J 甲酯 | methyl 8β, 9α-dihydroganoderate J |
| 6, 6′-二羟基硫双萍蓬草碱 | 6, 6′-dihydroxythiobinupharidine |
| 5, 9-二羟基龙脑-2-*O*-β-D-吡喃葡萄糖苷 | 5, 9-dihydroxyborneol-2-*O*-β-D-glucopyranoside |
| 7α, 15-二羟基罗汉松-8 (14)-烯-13-酮 | 7α, 15-dihydroxypodocarp-8 (14)-en-13-one |
| (23*S*, 24*S*, 25*S*)-23, 24-二羟基罗斯考皂苷元 | (23*S*, 24*S*, 25*S*)-23, 24-dihydroxyruscogenin |

| | |
|---|---|
| (25*S*)-(3β, 14α)-二羟基螺甾-5-烯 | (25*S*)-(3β, 14α)-dihydroxyspirost-5-ene |
| (25*S*)-(3β, 14α)-二羟基螺甾-5-烯-3-*O*-β-D-吡喃葡萄糖基-(1→2)-β-D-吡喃葡萄糖基-(1→4)-β-D-吡喃半乳糖苷 | (25*S*)-(3β, 14α)-dihydroxyspirost-5-en-3-*O*-β-D-glucopyranosyl-(1→2)-β-D-glucopyranosyl-(1→4)-β-D-galactopyranoside |
| (3β, 12β, 22α, 25*R*)-3, 12-二羟基螺甾醇-5-烯-27-酸 | (3β, 12β, 22α, 25*R*)-3, 12-dihydroxyspirosol-5-en-27-oic acid |
| (3*R*)-3′, 8-二羟基驴食草酚 [(3*R*)-3′, 8-二羟基绒叶军刀豆酚、(3*R*)-3′, 8-二羟基维斯体素] | (3*R*)-3′, 8-dihydroxyvestitol |
| 7′-二羟基马台树脂醇 | 7′-dihydroxymatairesinol |
| (22*E*, 24*R*)-3β, 5α-二羟基麦角甾-23-甲基-7, 22-二烯-6-酮 | (22*E*, 24*R*)-3β, 5α-dihydroxyergost-23-methyl-7, 22-dien-6-one |
| (22*E*, 24*R*)-9α, 15α-二羟基麦角甾-4, 6, 8 (14), 22-四烯-3-酮 | (22*E*, 24*R*)-9α, 15α-dihydroxyergost-4, 6, 8 (14), 22-tetraen-3-one |
| (22*E*, 24*R*)-3β, 5α-二羟基麦角甾-7, 22-二烯-6-酮 | (22*E*, 24*R*)-3β, 5α-dihydroxyergost-7, 22-dien-6-one |
| 3β, 5α-二羟基麦角甾-7, 22-二烯-6-酮 | 3β, 5α-dihydroxyergost-7, 22-dien-6-one |
| 5, 6-二羟基麦角甾醇 | 5, 6-dihydroergosterol |
| 1, 4-二羟基牻牛儿-(5*E*), 10 (14)-二烯 | 1, 4-dihydroxygermacr-(5*E*), 10 (14)-diene |
| 7, 11-二羟基密叶辛木素 (富秦素、火地林仙素) | 7, 11-dihydroxyconfertifolin (fuegin) |
| 2, 4-二羟基嘧啶 | 2, 4-dihydroxypyrimidine |
| 3, 4-二羟基绵马烷 | 3, 4-dihydroxyfilicane |
| 6, 8-二羟基缅茄苷 (6, 8-二羟基阿福豆苷) | 6, 8-dihydroxyafzelin |
| (8*R*, 9*R*)-二羟基母菊炔甲酯 | (8*R*, 9*R*)-dihydroxymatricarine methyl ester |
| 8β, 14-二羟基木香烯内酯 | 8β, 14-dihydroxycostunolide |
| 1, 3-二羟基萘 | 1, 3-dihydroxynaphthalene |
| 5, 8-二羟基萘醌 | naphthazarin |
| 1, 2-二羟基柠檬烯 | 1, 2-dihydroxylimonene |
| 4′β, 15β-二羟基牛角瓜亭 | 4′β, 15β-dihydroxycalactin |
| 3, 4-二羟基哌啶酸 | 3, 4-dihydroxypipecolic acid |
| 12, 13-二羟基坡模酸 (12, 13-二羟基坡模醇酸、12, 13-二羟基果渣酸) | 12, 13-dihydroxypomolic acid |
| 16β, 20β-二羟基蒲公英-3-*O*-棕榈酸酯 | 16β, 20β-dihydroxytaraxast-3-*O*-palmitate |
| 21β-二羟基齐墩果-12-烯 | 21β-dihydroxyolean-12-ene |
| 16α, 28-二羟基齐墩果-12-烯 | 16α, 28-dihydroxyolean-12-ene |
| 28, 30-二羟基齐墩果-12-烯 | 28, 30-dihydroxyolean-12-ene |
| 3, 11α-二羟基齐墩果-12-烯 | 3, 11α-dihydroxyolean-12-ene |
| 2β, 3β-二羟基齐墩果-12-烯-23, 28-二酸 | 2β, 3β-dihydroxyolean-12-en-23, 28-dioic acid |
| 3α, 23-二羟基齐墩果-12-烯-28, 29-二酸 | 3α, 23-dihydroxyolean-12-en-28, 29-dioic acid |
| 2β, 3β-二羟基齐墩果-12-烯-28-酸 | 2β, 3β-dihydroxyolean-12-en-28-oic acid |
| 3α, 24-二羟基齐墩果-12-烯-28-酸 | 3α, 24-dihydroxyolean-12-en-28-oic acid |
| 3β, 16α-二羟基齐墩果-12-烯-28-酸 | 3β, 16α-dihydroxyolean-12-en-28-oic acid |

| | |
|---|---|
| 3β, 19α-二羟基齐墩果-12-烯-28-酸-(28→1)-β-D-吡喃葡萄糖酯 | 3β, 19α-dihydroxyolean-12-en-28-oic acid-(28→1)-β-D-glucopyranosyl ester |
| 2β, 22β-二羟基齐墩果-12-烯-29-酸 | 2β, 22β-dihydroxyolean-12-en-29-oic acid |
| 3β, 22α-二羟基齐墩果-12-烯-29-酸 (雷公藤三萜酸 A) | 3β, 22α-dihydroxyolean-12-en-29-oic acid (triptotriterpenic acid A) |
| 3β, 22β-二羟基齐墩果-12-烯-29-酸 (雷公藤三萜酸 B) | 3β, 22β-dihydroxyolean-12-en-29-oic acid (triptotriterpenic acid B) |
| 3β, 16α, 20α-16, 28-二羟基齐墩果-12-烯-29-酸-3-*O*-β-D-吡喃葡萄糖基-(1→2)-*O*-[β-D-吡喃葡萄糖基-(1→4)]-α-L-吡喃阿拉伯糖苷 | 3β, 16α, 20α-16, 28-dihydroxyolean-12-en-29-oic acid-3-*O*-β-D-glucopyranosyl-(1→2)-*O*-[β-D-glucopyranosyl-(1→4)]-α-L-arabinopyranoside |
| 16α, 28-二羟基齐墩果-12-烯-30-醛 | 16α, 28-dihydroxyolean-12-en-30-aldehyde |
| 16α, 28-二羟基齐墩果-12-烯-30-酸 | 16α, 28-dihydroxyolean-12-en-30-oic acid |
| 3β, 28-二羟基齐墩果-12-烯基棕榈酸酯 | 3β, 28-dihydroxyolean-12-enyl palmitate |
| 3β, 16α-二羟基齐墩果-28-酸 | 3β, 16α-dihydroxyolean-28-oic acid |
| 21β-二羟基齐墩果酸 | 21β-dihydroxyoleanolic acid |
| 2α, 23-二羟基齐墩果酸 | 2α, 23-dihydroxyoleanic acid |
| 2α, 21β-二羟基齐墩果酸-3-*O*-β-D-吡喃葡萄糖苷 | 2α, 21β-dihydroxyoleanoic acid-3-*O*-β-D-glucopyranoside |
| (1α, 6β)-1, 6-二羟基窃衣素 | (1α, 6β)-1, 6-dihydroxytorilin |
| 2β, 6β-二羟基去甲莨菪烷 (包公藤丙素) | 2β, 6β-dihydroxynortropane (baogongteng C) |
| 3, 5-二羟基肉桂酸二十八酯 | octacosyl 3, 5-dihydroxycinnamate |
| 1-(3′, 4′-二羟基肉桂酰) 环戊二烯-2, 5-二醇 | 1-(3′, 4′-dihydroxycinnamoyl) cyclopentadien-2, 5-diol |
| 1-(3′, 4′-二羟基肉桂酰基) 环戊-2, 3-二酚 | 1-(3′, 4′-dihydroxycinnamoyl) cyclopenta-2, 3-diol |
| 3-(3, 4-二羟基肉桂酰基) 奎宁酸 | 3-(3, 4-dihydroxycinnamoyl) quinic acid |
| 3, 8-二羟基乳茄-6-烯-5, 14-内酯 | 3, 8-dihydroxyactar-6-en-5, 14-olide |
| 3, 4-二羟基乳酸正丁酯 | *n*-butyl 3, 4-dihydroxyphenyl lactate |
| 5, 7-二羟基色原酮 | 5, 7-dihydroxychromone |
| 3, 7-二羟基色原酮-5-*O*-鼠李糖苷 | 3, 7-dihydroxychromone-5-*O*-rhamnoside |
| 5, 7-二羟基色原酮-7-*O*-β-D-葡萄糖苷 | 5, 7-dihydroxychromone-7-*O*-β-D-glucoside |
| 5, 7-二羟基色原酮-7-*O*-β-D-葡萄糖醛酸苷甲酯 | 5, 7-dihydroxychromone-7-*O*-β-D-glucuronide methyl ester |
| 5, 7-二羟基色原酮-7-*O*-芸香糖苷 | 5, 7-dihydroxychromone-7-*O*-rutinoside |
| 6, 8-二羟基山柰酚 | 6, 8-dihydroxykaempferol |
| 6, 8-二羟基山柰酚-3-*O*-β-D-葡萄糖苷 | 6, 8-dihydroxykaempferol-3-*O*-β-D-glucoside |
| 8, 9-二羟基麝香草酚 | 8, 9-dihydroxythymol |
| 12β, 21-二羟基升麻醇-3-*O*-α-L-吡喃阿拉伯糖苷 | 12β, 21-dihydroxycimigenol-3-*O*-α-L-arabinopyranoside |
| *N*-[(2*S*, 3*R*, 4*E*)-1, 3-二羟基十八碳-4-烯-2-基] 十六酰胺 | *N*-[(2*S*, 3*R*, 4*E*)-1, 3-dihydroxyoctadec-4-en-2-yl] hexadecanamide |
| 8, 16-二羟基十六酸 | 8, 16-dihydroxyhexadecanoic acid |
| (*R*)-1, 2-二羟基十三碳-3, 5, 7, 9, 11-五炔 | (*R*)-1, 2-dihydroxytridec-3, 5, 7, 9, 11-pentayne |
| 3-[(8′*R*, 9′*R*)-二羟基十五烷基] 苯酚 | 3-[(8′*R*, 9′*R*)-dihydroxypentadecyl] phenol |
| 二羟基匙羹藤三乙酸酯 | dihydroxygymnemic triacetate |

E

| | |
|---|---|
| 4, 4′-二羟基双苄基醚 | 4, 4′-dihydroxydibenzyl ether |
| (3*S*, 4*S*, 3′*S*, 4′*S*)-4, 4′-二羟基双四氧嘧啶 | (3*S*, 4*S*, 3′*S*, 4′*S*)-4, 4′-dihydroxyalloxanthin |
| 1α, 6β-二羟基-顺式-桉叶油-3-烯-6-*O*-β-D-吡喃葡萄糖苷 | 1α, 6β-dihydroxy-*cis*-eudesm-3-en-6-*O*-β-D-glucopyranoside |
| 7-*O*-12α, 13β-二羟基松香-8 (14)-烯-18-酸 | 7-*O*-12α, 13β-dihydroxyabiet-8 (14)-en-18-oic acid |
| 13β, 18β-二羟基松香-8 (14)-烯-7-酮 | 13β, 18β-dihydroxyabiet-8 (14)-en-7-one |
| 7α, 15-二羟基松香-8, 11, 13-三烯-18-醛 | 7α, 15-dihydroxyabieta-8, 11, 13-trien-18-al |
| 15, 18-二羟基松香-8, 11, 13-三烯-7-酮 | 15, 18-dihydroxyabieta-8, 11, 13-trien-7-one |
| 8, 8′-二羟基松脂素 (青刺尖木脂醇、扁核木醇) | 8, 8′-dihydroxypinoresinol (prinsepiol) |
| 8, 9-二羟基素馨苦苷 (8, 9-二羟基素馨素) | 8, 9-dihydroxyjasminin |
| 二羟基酸浆苦素B | dihydroxyphysalin B |
| (1β, 3β, 5β)-1, 3-二羟基蒜藜芦宁-12 (13)-烯-11-酮 | (1β, 3β, 5β)-1, 3-dihydroxyjervanin-12 (13)-en-11-one |
| (1β, 3α, 5β)-1, 3-二羟基蒜藜芦宁-12-烯-11-酮 | (1β, 3α, 5β)-1, 3-dihydroxyjervanin-12-en-11-one |
| 2β, 6α-二羟基蒜味香科科素 | 2β, 6α-dihydroxyteuscordin |
| 2β, 6β-二羟基蒜味香科科素 | 2β, 6β-dihydroxyteuscordin |
| 11, (19*R*)-二羟基他波宁 [11, (19*R*)-二羟基柳叶水甘草碱] | 11, (19*R*)-dihydroxytabersonine |
| 3, 4-二羟基桃叶珊瑚苷 | 3, 4-dihydroxyaucubin |
| 2, 5-二羟基甜没药-3, 10-二烯 | 2, 5-dihydroxybisabol-3, 10-diene |
| (1*S*, 6*S*)-1α, 10-二羟基甜没药醇-2, 11-二烯-4-酮 | (1*S*, 6*S*)-1α, 10-dihydroxybisabol-2, 11-dien-4-one |
| 1, 3-二羟基屾酮 | 1, 3-dihydroxyxanthone |
| 1, 5-二羟基屾酮 | 1, 5-dihydroxyxanthone |
| 2, 7-二羟基屾酮 | 2, 7-dihydroxyxanthone |
| 1, 7-二羟基屾酮 (优屾酮) | 1, 7-dihydroxyxanthone (euxanthone) |
| 1, 5-二羟基屾酮-6-*O*-β-D-葡萄糖苷 | 1, 5-dihydroxyxanthone-6-*O*-β-D-glucoside |
| 5, 20-二羟基蜕皮激素 | 5, 20-dihydroxyecdysone |
| D-二羟基托品烷 | D-dihydroxytropane |
| L-二羟基托品烷 | L-dihydroxytropane |
| 3, 6-二羟基托品烷 | 3, 6-dihydroxytropane |
| 二羟基脱氢二松柏醇 | dihydroxydehydrodiconiferyl alcohol |
| 7β, 15-二羟基脱氢松香酸 | 7β, 15-dihydroxydehydroabietic acid |
| 7α, 18-二羟基脱氢松香塔醇 | 7α, 18-dihydroxydehydroabietanol |
| 7β, 18-二羟基脱氢松香塔醇 | 7β, 18-dihydroxydehydroabietanol |
| 3, 8-二羟基脱氢异-α-风铃木醌 (3, 8-二羟基脱氢异-α-拉杷醌) | 3, 8-dihydroxydehydroiso-α-lapachone |
| 16β, 22α-二羟基伪蒲公英甾醇-3β-*O*-棕榈酸酯 | 16β, 22α-dihydroxypseudotaraxasterol-3β-*O*-palmitate |
| 二羟基吴茱萸次碱 | dihydroxyrutaecarpine |
| 36, 47-二羟基五十一碳-4-酮 | 36, 47-dihydroxyhenpentacont-4-one |
| 2, 4-二羟基烯丙基苯-2-*O*-β-D-吡喃葡萄糖苷 | 2, 4-dihydroxyallyl benzene-2-*O*-β-D-glucopyranoside |
| 3, 4-二羟基烯丙基苯-3-*O*-α-L-吡喃鼠李糖基-(1→2)-β-D-吡喃葡萄糖苷 | 3, 4-dihydroxyallyl benzene-3-*O*-α-L-rhamnopyranosyl-(1→2)-β-D-glucopyranoside |

| | |
|---|---|
| 3, 4-二羟基烯丙基苯-3-*O*-α-L-吡喃鼠李糖基-(1→6)-β-D-吡喃葡萄糖苷 | 3, 4-dihydroxyallyl benzene-3-*O*-α-L-rhamnopyranosyl-(1→6)-β-D-glucopyranoside |
| 3, 4-二羟基烯丙基苯-4-*O*-α-L-吡喃鼠李糖基-(1→6)-β-D-吡喃葡萄糖苷 | 3, 4-dihydroxyallyl benzene-4-*O*-α-L-rhamnopyranosyl-(1→6)-β-D-glucopyranoside |
| 3, 4-二羟基烯丙基苯-4-*O*-β-D-吡喃葡萄糖苷 | 3, 4-dihydroxyallyl benzene-4-*O*-β-D-glucopyranoside |
| (2*S*, 7*S*, 11*S*)-(8*E*, 12*Z*)-2, 10-二羟基溪苔酮 | (2*S*, 7*S*, 11*S*)-(8*E*, 12*Z*)-2, 10-dihydroxypellialactone |
| (7*R*, 8*S*)-7, 8-二羟基细辛脑 | (7*R*, 8*S*)-7, 8-dihydroxyasarone |
| (7*S*, 8*S*)-7, 8-二羟基细辛脑 | (7*S*, 8*S*)-7, 8-dihydroxyasarone |
| 4β, 9β-二羟基香橙烯 | 4β, 9β-dihydroxyaromadendrene |
| 5, 7-二羟基香豆素 | 5, 7-dihydroxycoumarin |
| 6, 7-二羟基香豆素 | 6, 7-dihydroxycoumarin |
| 二羟基香豆素 | dihydroxycoumarin |
| 6, 7-二羟基香豆素 (七叶树内酯、七叶亭、七叶内酯、秦皮乙素、马栗树皮素) | 6, 7-dihydroxycoumarin (esculetin, aesculetin) |
| 7, 8-二羟基香豆素 (瑞香素、瑞香内酯、祖师麻甲素、白瑞香素) | 7, 8-dihydroxycoumarin (daphnetin) |
| 5, 7-二羟基香豆素-5-*O*-β-D-吡喃葡萄糖苷 | 5, 7-dihydroxycoumarin-5-*O*-β-D-glucopyranoside |
| 7, 8-二羟基香豆素-7-β-D-葡萄糖苷 (瑞香苷、白瑞香苷) | 7, 8-dihydroxycoumarin-7-β-D-glucoside (daphnin) |
| (–)-4β, 7α-二羟基香木兰烷 | (–)-4β, 7α-dihydroxyaromadendrane |
| 4β, 10α-二羟基香木兰烷 | 4β, 10α-dihydroxyaromadendrane |
| 7′-二羟基香柠檬素 | 7′-dihydroxybergamottin |
| 6′, 7′-二羟基香柠檬亭 | 6′, 7′-dihydroxybergamottin |
| (24*R*)-24, 25-二羟基向日葵醇 | (24*R*)-24, 25-dihydroxyhelianol |
| (24*S*)-24, 25-二羟基向日葵醇 | (24*S*)-24, 25-dihydroxyhelianol |
| (24*R*)-24, 25-二羟基向日葵醇辛酸酯 | (24*R*)-24, 25-dihydroxyhelianyl octanoate |
| (24*S*)-24, 25-二羟基向日葵醇辛酸酯 | (24*S*)-24, 25-dihydroxyhelianyl octanoate |
| 1α, 15-二羟基小皮伞烯 | 1α, 15-dihydroxymarasmene |
| 3α, 15-二羟基小皮伞烯 | 3α, 15-dihydroxymarasmene |
| 3, 4-二羟基杏仁酸 | 3, 4-dihydroxyalmond acid |
| 3α, 13-二羟基熊果-11-烯-23, 28-二酸-13, 28-内酯 | 3α, 13-dihydroxyurs-11-en-23, 28-dioic acid-13, 28-lactone |
| 3β, 23-二羟基熊果-12, 19 (29)-二烯-28-*O*-β-D-吡喃葡萄糖酯 | 3β, 23-dihydroxyurs-12, 19 (29)-dien-28-*O*-β-D-glucopyranosyl ester |
| 3α, 19α-二羟基熊果-12, 20 (30)-二烯-24, 28-二酸 | 3α, 19α-dihydroxyurs-12, 20 (30)-dien-24, 28-dioic acid |
| 3, 28-二羟基熊果-12-烯 | 3, 28-dihydroxyurs-12-ene |
| 3α, 19α-二羟基熊果-12-烯-24, 28-二酸 | 3α, 19α-dihydroxyurs-12-en-24, 28-dioic acid |
| 3β, 19α-二羟基熊果-12-烯-24, 28-二酸 | 3β, 19α-dihydroxyurs-12-en-24, 28-dioic acid |
| 1β, 3β-二羟基熊果-12-烯-27-酸 | 1β, 3β-dihydroxyurs-12-en-27-oic acid |
| 1β, 3β-二羟基熊果-12-烯-28-酸 | 1β, 3β-dihydroxyurs-12-en-28-oic acid |
| 2, 3-二羟基熊果-12-烯-28-酸 | 2, 3-dihydroxyurs-12-en-28-oic acid |
| 3, 24-二羟基熊果-12-烯-28-酸 | 3, 24-dihydroxyurs-12-en-28-oic acid |

| | |
|---|---|
| 3α, 24-二羟基熊果-12-烯-28-酸 | 3α, 24-dihydroxyurs-12-en-28-oic acid |
| 3β, 19α-二羟基熊果-12-烯-28-酸 | 3β, 19α-dihydroxyurs-12-en-28-oic acid |
| 3β, 23-二羟基熊果-12-烯-28-酸 | 3β, 23-dihydroxyurs-12-en-28-oic acid |
| 3β, 24-二羟基熊果-12-烯-28-酸 | 3β, 24-dihydroxyurs-12-en-28-oic acid |
| 3β, 6β-二羟基熊果-12-烯-28-酸 | 3β, 6β-dihydroxyurs-12-en-28-oic acid |
| 2α, 3β-二羟基熊果-12-烯-28-酸 (2α-羟基熊果酸、可乐苏酸) | 2α, 3β-dihydroxyurs-12-en-28-oic acid (2α-hydroxyursolic acid, corosolic acid) |
| 19α, 23-二羟基熊果-12-烯-28-酸-3β-*O*-[β-D-吡喃葡萄糖醛酸基-6-*O*-甲酯]-28-*O*-β-D-吡喃葡萄糖酯苷 | 19α, 23-dihydroxyurs-12-en-28-oic acid-3β-*O*-[β-D-glucuronopyranosyl-6-*O*-methyl ester]-28-*O*-β-D-glucopyranoside ester |
| 19α, 23-二羟基熊果-12-烯-28-酸-3β-*O*-β-D-吡喃葡萄糖醛酸基-6-*O*-甲醚 | 19α, 23-dihydroxyurs-12-en-28-oic acid-3β-*O*-β-D-glucuronopyranosyl-6-*O*-methyl ester |
| 19, 24-二羟基熊果-12-烯-3-酮-28-酸 | 19, 24-dihydroxyurs-12-en-3-one-28-oic acid |
| 1, 19α-二羟基熊果-2 (3), 12-二烯-28-酸 (山香二烯酸) | 1, 19α-dihydroxyurs-2 (3), 12-dien-28-oic acid (hyptadienic acid) |
| 3β, 19α-二羟基熊果-28-酸 | 3β, 19α-dihydroxyurs-28-oic acid |
| 6β, 19α-二羟基熊果-3-氧亚基-12-烯-28-酸 | 6β, 19α-dihydroxyurs-3-oxo-12-en-28-oic acid |
| 19α, 24-二羟基熊果酸 | 19α, 24-dihydroxyursolic acid |
| 2, 24-二羟基熊果酸 | 2, 24-dihydroxyursolic acid |
| 2α, 19α-二羟基熊果酸 | 2α, 19α-dihydroxyursolic acid |
| 2α, 24-二羟基熊果酸 | 2α, 24-dihydroxyursolic acid |
| 2ξ, 20β-二羟基熊果酸 | 2ξ, 20β-dihydroxyursolic acid |
| 6α, 19α-二羟基熊果酸 | 6α, 19α-dihydroxyursolic acid |
| 6β, 19α-二羟基熊果酸 | 6β, 19α-dihydroxyursolic acid |
| 3β, 28-二羟基熊果烷 | 3β, 28-dihydroxyursane |
| 二羟基血根碱 | dihydroxysanguinarine |
| 3-(3′, 4′-二羟基亚苄基)-7-羟基-4-色原烷酮 | 3-(3′, 4′-dihydroxy-benzylidene)-7-hydroxychroman-4-one |
| 1, 7-二羟基-2, 3-亚甲二氧基呫酮 | 1, 7-dihydroxy-2, 3-methylenedioxyxanthone |
| (3*E*, 7*Z*, 11*Z*)-17, 20-二羟基烟草-3, 7, 11, 15-四烯-19-酸 | (3*E*, 7*Z*, 11*Z*)-17, 20-dihydroxycembr-3, 7, 11, 15-tetraen-19-oic acid |
| 26, 27-二羟基羊毛甾-7, 9 (11), 24-三烯-3, 16-二酮 | 26, 27-dihydroxylanost-7, 9 (11), 24-trien-3, 16-dione |
| 3α, 16α-二羟基羊毛脂-7, 9 (11), 24-三烯-21-酸 | 3α, 16α-dihydroxylanosta-7, 9 (11), 24-trien-21-oic acid |
| 3β, 16α-二羟基羊毛脂-7, 9 (11), 24-三烯-21-酸 | 3β, 16α-dihydroxylanost-7, 9 (11), 24-trien-21-oic acid |
| 5α-(6, 7-二羟基乙基)-4-(5′-羟甲基呋喃-2α-基-亚甲基)-2-甲氧基二氢呋喃-3-酮 | 5α-(6, 7-dihydroxyethyl)-4-(5′-hydroxymethyl furan-2α-yl-methylene)-2-methoxydihydrofuran-3-one |
| 5β-(6, 7-二羟基乙基)-4-(5′-羟甲基呋喃-2-基-亚甲基)-2α-甲氧基二氢呋喃-3-酮 | 5β-(6, 7-dihydroxyethyl)-4-(5′-hydroxymethyl furan-2-yl-methylene)-2α-methoxydihydrofuran-3-one |
| 2, 6-二羟基乙酰苯-4-*O*-β-D-吡喃葡萄糖苷 | 2, 6-dihydroxyacetophenone-4-*O*-β-D-glucopyranoside |
| 2, 6-二羟基乙酰苯基-5-[2′-亚甲基-2 (5*H*)-呋喃酮]-4-*O*-β-D-吡喃葡萄糖苷 | 2, 6-dihydroxyacetophenone-5-[2′-methylene-2 (5*H*)-furanone]-4-*O*-β-D-glucopyranoside |

| | |
|---|---|
| 1, 6-二羟基异巴西红厚壳素-5-*O*-β-D-葡萄糖苷 | 1, 6-dihydroxyisojacereubin-5-*O*-β-D-glucoside |
| 5, 7-二羟基异苯唑呋喃 | 5, 7-dihydroxyisobenzofuran |
| 5, 7-二羟基异苯唑呋喃-7-*O*-β-D-吡喃葡萄糖苷 | 5, 7-dihydroxyisobenzofuran-7-*O*-β-D-glucopyranoside |
| 9α, 13α-二羟基异丙亚基靛红辛素 A | 9α, 13α-dihydroxyisopropyl idenyl isatisine A |
| 7, 8-二羟基异丁酰基麝香草酚 | 7, 8-dihydroxyisobutyryl thymol |
| 1β, 14α-二羟基异海松-7, 15-二烯 | 1β, 14α-dihydroxyisopimar-7, 15-diene |
| 7, 4′-二羟基异黄酮 (大豆苷元、大豆黄素、大豆素、黄豆苷元) | 7, 4′-dihydroxyisoflavone (daidzein, daizeol) |
| 3′, 4′-二羟基异黄酮-7-*O*-β-D-吡喃葡萄糖苷 | 3′, 4′-dihydroxyisoflavone-7-*O*-β-D-glucopyranoside |
| 7, 4′-二羟基异黄酮-7-*O*-β-D-吡喃葡萄糖苷 | 7, 4′-dihydroxyisoflavone-7-*O*-β-D-glucopyranoside |
| 5, 4′-二羟基异黄酮-7-*O*-β-D-芹糖基-(1→6)-β-D-吡喃葡萄糖苷 | 5, 4′-dihydroxyisoflavone-7-*O*-β-D-apiosyl-(1→6)-β-D-glucopyranoside |
| (2*S**, 6*R**)-2, 6-二羟基异林仙烯宁 | (2*S**, 6*R**)-2, 6-dihydroxyisodrimenin |
| 1α, 6α-二羟基异木香酸甲酯 | methyl 1α, 6α-dihydroxyisocostate |
| (2*S*, 3*S*, 6*R*, 7*R*, 8*S*, 9*R*)-3, 8-二羟基异乳菇-4, 14-内酯 | (2*S*, 3*S*, 6*R*, 7*R*, 8*S*, 9*R*)-3, 8-dihydroxyisolactaran-4, 14-olide |
| (5*R*)-7-*O*-(2, 3-二羟基异戊基) 大豆苷元 | (5*R*)-7-*O*-(2, 3-dihydroxyisopentyl) daidzein |
| 2, 5-二羟基吲哚 | 2, 5-dihydroxyindole |
| 5, 6-二羟基吲哚-5-*O*-β-葡萄糖苷 | 5, 6-dihydroxyindole-5-*O*-β-glucoside |
| 二羟基印防己毒内酯 | dihydroxypicrotoxinin |
| 二羟基鹰叶刺素 | dihydroxybonducellin |
| 9, 14-二羟基硬脂酸 | 9, 14-dihydroxystearic acid |
| 9, 10-二羟基硬脂酸 | 9, 10-dihydroxystearic acid |
| 二羟基莸素醇 | dihydroxycaryoptinol |
| 3α, 11α-二羟基羽扇豆-20 (29)-烯-23, 28-二酸 | 3α, 11α-dihydroxylup-20 (29)-en-23, 28-dioic acid |
| 3α, 11α-二羟基羽扇豆-20 (29)-烯-23-醛-28-酸 | 3α, 11α-dihydroxylup-20 (29)-en-23-al-28-oic acid |
| 3α, 11α-二羟基羽扇豆-20 (29)-烯-28-酸 | 3α, 11α-dihydroxylup-20 (29)-en-28-oic acid |
| 3β, 30-二羟基羽扇豆-20 (29)-烯-28-酸 | 3β, 30-dihydroxylup-20 (29)-en-28-oic acid |
| 3β, 27-二羟基羽扇豆-20 (29)-烯-28-酸 (圆盘豆酸、棋子豆盘酸) | 3β, 27-dihydroxylup-20 (29)-en-28-oic acid (cylicodiscic acid) |
| 2α, 3β-二羟基羽扇豆-20-烯-28-酸 | 2α, 3β-dihydroxylup-20-en-28-oic acid |
| (20*S*)-3α, 29-二羟基羽扇豆-27-酸 | (20*S*)-3α, 29-dihydroxylup-27-oic acid |
| 2″, 3″-二羟基羽扇灰毛豆素 | 2″, 3″-dihydroxyupinifolin |
| 2β, 29-二羟基羽扇烷 | 2β, 29-dihydroxylupane |
| 1α, 2-二羟基羽状半裂素 | 1α, 2-dihydroxypinnatifidin |
| 4α, 5α-二羟基愈创木-11 (13)-烯-12, 8α-内酯 | 4α, 5α-dihydroxyguai-11 (13)-en-12, 8α-lactone |
| 4β, 12-二羟基愈创木-6, 10-二烯 | 4β, 12-dihydroxyguaia-6, 10-diene |
| (5α, 20*S*)-3β, 16β-二羟基孕甾-22-酸-(22, 16)-内酯 | (5α, 20*S*)-3β, 16β-dihydroxypregn-22-oic acid-(22, 16)-lactone |
| (20*S*)-21-二羟基孕甾-3, 12-二酮 | (20*S*)-21-dihydroxypregn-3, 12-dione |

| | |
|---|---|
| (17α, 20*R*)-二羟基孕甾-3, 16-二酮 | (17α, 20*R*)-dihydroxypregn-3, 16-dione |
| 11, 16-二羟基孕甾-4-烯-3, 20-二酮 | 11, 16-dihydroxypregn-4-en-3, 20-dione |
| (15α, 20*R*)-二羟基孕甾-4-烯-3-酮-6′-*O*-乙酰基-20-β-纤维二糖苷 | (15α, 20*R*)-dihydroxypregn-4-en-3-one-6′-*O*-acetyl-20-β-cellobioside |
| 3β, 21-二羟基孕甾-5-烯-(20*S*)-(22, 16)-内酯-1-*O*-α-L-吡喃鼠李糖基-(1→2)-[α-D-吡喃木糖基-(1→3)]-β-D-吡喃葡萄糖苷 | 3β, 21-dihydroxypregn-5-en-(20*S*)-(22, 16)-lactone-1-*O*-α-L-rhamnopyranosyl-(1→2)-[α-D-xylopyranosyl-(1→3)]-β-D-glucopyranoside |
| 12β, 14β-二羟基孕甾-5-烯-20-酮 | 12β, 14β-dihydroxypregn-5-en-20-one |
| 14β, 17α-二羟基孕甾-5-烯-20-酮 | 14β, 17α-dihydroxypregn-5-en-20-one |
| 3β, 14β-二羟基孕甾-5-烯-20-酮-3-*O*-β-D-吡喃葡萄糖苷 (葛缕子花苷 Ⅱ) | 3β, 14β-dihydroxypregn-5-en-20-one-3-*O*-β-D-glucopyranoside (carumbelloside Ⅱ) |
| 二羟基甾醇 Ⅰ, Ⅱ | dihydroxysterols Ⅰ, Ⅱ |
| 12, 13-二羟基泽兰素 | 12, 13-dihydroxyeuparin |
| 5β, 29-二羟基泽泻醇 A | 5β, 29-dihydroxyalisol A |
| 4, 8-二羟基芝麻脂素 | 4, 8-dihydroxysesamin |
| 3, 5-二羟基芪-3-*O*-β-D-葡萄糖苷 | 3, 5-dihydroxystilbene-3-*O*-β-D-glucoside |
| 3α, 7α-二羟基紫穗槐苷-4-烯-3-醇乙酸酯 | 3α, 7α-dihydroxyamorphin-4-en-3-ol acetate |
| 10′, 16′-二羟基棕榈酸乙酯 | ethyl 10′, 16′-dihydroxyhexadecanoate |
| (1*R*, 4*R*, 4a*S*, 7a*S*)-4, 7-二羟甲基-1-甲氧基-1, 4, 4a, 7a-四氢环戊-6-烯 [*e*] 吡喃-3-酮 | (1*R*, 4*R*, 4a*S*, 7a*S*)-4, 7-dihydroxymethyl-1-methoxy-1, 4, 4a, 7a-tetrahydrocyclopent-6-en [*e*] pyran-3-one |
| (1*R*, 4*S*, 4a*S*, 7a*S*)-4, 7-二羟甲基-1-甲氧基-1, 4, 4a, 7a-四氢环戊-6-烯 [*e*] 吡喃-3-酮 | (1*R*, 4*S*, 4a*S*, 7a*S*)-4, 7-dihydroxymethyl-1-methoxy-1, 4, 4a, 7a-tetrahydrocyclopent-6-ene [*e*] pyran-3-one |
| (1*R*, 4*R*, 4a*S*, 7a*S*)-4, 7-二羟甲基-1-羟基-1, 4, 4a, 7a-四氢环戊-6-烯 [*e*] 吡喃-3-酮 | (1*R*, 4*R*, 4a*S*, 7a*S*)-4, 7-dihydroxymethyl-1-hydroxy-1, 4, 4a, 7a-tetrahydrocyclopent-6-en [*e*] pyran-3-one |
| 5, 6-二羟甲基-1, 1-二甲基环己-4-烯酮 | 5, 6-dihydroxymethyl-1, 1-dimethyl cyclohex-4-enone |
| 2, 5-二羟甲基-3, 4-二羟基四氢吡咯 | 2, 5-dihydroxymethyl-3, 4-dihydroxypyrrolidine |
| 2, 3-二羟甲基-4-(3′, 4′-二甲氧苯基)-γ-丁内酯 | 2, 3-dihydroxymethyl-4-(3′, 4′-dimethoxyphenyl)-γ-butyrolactone |
| 2, 4-二羟甲基苯甲酸酯 | 2, 4-dihydroxymethyl benzoate |
| 3, 3-二羟甲基丙烯腈 | 3, 3-dihydroxymethyl propenyl cyanide |
| 2, 5-二羟甲基呋喃 | furan-2, 5-diyl dim-ethanol |
| 二羟麻黄碱 | dihydroxyephedrine |
| 二羟棕榈酸 | ustilic acid A |
| 二嗪农 | dimpylate |
| 12, 13-二氢-12, 13-二羟基补骨脂酚 | 12, 13-dihydro-12, 13-dihydroxybakuchiol |
| 12, 13-二氢-12, 13-环氧补骨树脂酚 | 12, 13-dihydro-12, 13-epoxybakuchiol |
| 1, 4-二氢-1, 4-乙桥蒽 | 1, 4-dihydro-1, 4-ethanoanthracene |
| 16β, 17-二氢-(–)-贝壳杉-19-酸甲酯 | methyl 16β, 17-dihydro-(–)-kaur-19-oate |
| 2, 3 -二氢-1, 1, 5, 6-四甲基-1*H*-茚 | 2, 3-dihydro-1, 1, 5, 6-tetramethyl-1*H*-indene |
| 1, 2-二氢-1, 1, 6-三甲基萘 | 1, 2-dihydro-1, 1, 6-trimethyl naphthalene |
| 3, 4-二氢-1, 2-开环小花小芸木宁 | 3, 4-dihydro-1, 2-secomicrominutinin |

| | |
|---|---|
| 3, 4-二氢-1, 2-开环小花小芸木宁-9-*O*-葡萄糖苷 | 3, 4-dihydro-1, 2-secomicrominutinin-9-*O*-glucoside |
| 3, 4-二氢-1, 2-开环小花小芸木宁甲酯 | 3, 4-dihydro-1, 2-secomicrominutinin methyl ester |
| 9, 10-二氢-1, 3, 6-三羟基-2-甲醛基蒽醌 | 9, 10-dihydro-1, 3, 6-trihydroxy-2-carboxaldehyde anthraquinone |
| 2, 3-二氢-1, 3-二氧亚基-1-氢吲哚-5-甲酸 | 2, 3-dihydro-1, 3-dioxo-1-hydro-indole-5-carboxylic acid |
| 1, 2-二氢-1, 5, 8-三甲基萘 | 1, 2-dihydro-1, 5, 8-trimethyl naphthalene |
| 1, 2-二氢-1, 6-二甲基呋喃并 [3, 2-*c*] 萘并 [2, 1-*e*] 氧杂环庚烷-10, 12-二酮 | 1, 2-dihydro-1, 6-dimethylfuro [3, 2-*c*] naphtho [2, 1-*e*] oxepin-10, 12-dione |
| 11, 14-二氢-1, 7 (2, 6)-二吡啶杂环十二蕃 | 11, 14-dihydro-1, 7 (2, 6)-dipyridinacyclododecaphane |
| 1, 2-二氢-1, 2, 3-三羟基-9-(4-甲氧苯基) 菲烯 | 1, 2-dihydro-1, 2, 3-trihydroxy-9-(4-methoxyphenyl) phenalene |
| 5, 6-二氢-11-甲氧基-2, 2, 12-三甲基-2*H*-萘并 [1, 2-*f*] [1] 苯并吡喃-8, 9-二酚 | 5, 6-dihydro-11-methoxy-2, 2, 12-trimethyl-2*H*-naphtho [1, 2-*f*] [1] benzopyran-8, 9-diol |
| 12, 13-二氢-13-α-羟基石头花苷元 | 12, 13-dihydro-13-α-hydroxygypsogenin |
| 13, 14-二氢-13-甲基-[1, 3] 二噁茂苯并 [5, 6-*c*]-1, 3-二噁茂 [4, 5-*i*] 菲啶-14-甲醇 | 13, 14-dihydro-13-methyl-[1, 3] benzodioxolo [5, 6-*c*]-1, 3-dioxolo [4, 5-*i*] phenanthridine-14-methanol |
| 9-二氢-13-乙酰基-浆果赤霉素 (9-二氢-13-乙酰基-巴卡亭) Ⅲ | 9-dihydro-13-acetyl-baccatin Ⅲ |
| 14, 15-二氢-14β, 15β-环氧-10-羟基攀援山橙碱 | 14, 15-dihydro-14β, 15β-epoxy-10-hydroxyscandine |
| 15, 16-二氢-15-甲氧基-16-氧亚基哈氏豆属酸 | 15, 16-dihydro-15-methoxy-16-oxohardwickiic acid |
| 3, 4β-二氢-15-脱氢山莴苣苦素 | 3, 4β-dihydro-15-dehydrolactucopicrin |
| 18, 19-二氢-(16*S*)-(*E*)-长春钦碱 | 18, 19-dihydro-(16*S*)-(*E*)-sitsirikine |
| 2, 3-二氢-16-羟基罗汉松内酯 | 2, 3-dihydro-16-hydroxypodolide |
| 15, 16-二氢-16-氢过氧普鲁肯酮 F | 15, 16-dihydro-16-hydroperoxyplukenetione F |
| 9 (β*H*)-9-二氢-19-乙酰氧基-10-去乙酰基浆果赤霉素Ⅲ | 9 (β*H*)-9-dihydro-19-acetoxy-10-deacetyl baccatin Ⅲ |
| 2, 3-二氢-1*H*-茚-1-酮 | 2, 3-dihydro-1*H*-inden-1-one |
| 18, 19-二氢-21-氧亚基钩吻明 | 18, 19-dihydro-21-oxokoumine |
| (±)-2, 3-二氢-2-(1-甲基乙烯基)-5-苯并呋喃甲酸甲酯 | (±)-2, 3-dihydro-2-(1-methyl vinyl)-5-benzofurancarboxylic acid methyl ester |
| (–)-2, 3-二氢-2-(1-羟基-1-羟基甲乙基)-7*H*-呋喃 [3, 2-*g*] [1] 苯并吡喃-7-酮 | (–)-2, 3-dihydro-2-(1-hydroxy-1-hydroxymethyl ethyl)-7*H*-furo [3, 2-*g*] [1] benzopyran-7-one |
| 2, 3-二氢-2 (1-羟基-1-羟甲乙基)-7*H*-呋喃 [3, 2-*g*] [1] 苯并吡喃-7-酮 | 2, 3-dihydro-2 (1-hydroxy-1-hydroxymethyl ethyl)-7*H*-furo [3, 2-*g*] [1]-benzopyran-7-one |
| (2*R*, 3*S*)-二氢-2-(3′, 5′-二甲氧基-4′-羟苯基)-3-羟甲基-7-甲氧基-5-乙酰基苯并呋喃 | (2*R*, 3*S*)-dihydro-2-(3′, 5′-dimethoxy-4′-hydroxyphenyl)-3-hydroxymethyl-7-methoxy-5-acetyl-benzofuran |
| (2*S*, 3*R*)-2, 3-二氢-2-(4-羟基-3-甲氧苯基)-3-羟甲基-7-甲氧基苯并呋喃-5-反式-丙烯-1-羟基-3-*O*-β-葡萄糖苷 | (2*S*, 3*R*)-2, 3-dihydro-2-(4-hydroxy-3-methoxyphenyl)-3-hydroxymethyl-7-methoxybenzofuran-5-*trans*-propen-1-hydroxy-3-*O*-β-glucoside |
| (2*R*, 3*R*)-2, 3-二氢-2-(4-羟基苯)-5-甲氧基-3-甲基-7-丙烯基苯并呋喃 | (2*R*, 3*R*)-2, 3-dihydro-2-(4-hydroxyphenyl)-5-methoxy-3-methyl-7-propenyl benzofuran |

| 2, 3-二氢-2, 2-二甲基-7-苯并呋喃醇 | 2, 3-dihydro-2, 2-dimethyl-7-benzofuranol |
| --- | --- |
| 3, 4-二氢-2, 2-二甲基萘酚并 [1, 2-*b*] 吡喃 | 3, 4-dihydro-2, 2-dimethyl naphthol [1, 2-*b*] pyran |
| 4, 7-二氢-2, 6-二甲氧基-9, 10-二氢菲 | 4, 7-dihydro-2, 6-dimethoxy-9, 10-dihydrophenanthrene |
| 6, 7-二氢-2-[2-(4-羟基苯乙基)]-4, 7-二甲基-5*H*-环戊烷 [*c*] 吡啶正离子 (*N*-对羟基苯乙基猕猴桃碱) | 6, 7-dihydro-2 [2-(4-hydroxyphenyl ethyl]-4, 7-dimethyl-5*H*-cyclopenta [*c*] pyridium (*N*-14-hydroxyphenyl ethyl actinidine) |
| 10, 23-二氢-24, 25-脱氢-21-氧亚基黄曲霉碱 | 10, 23-dihydro-24, 25-dehydro-21-oxo-aflavinine |
| 23, 24-二氢-25-去乙酰葫芦素 A | 23, 24-dihydro-25-deacetyl cucurbitacin A |
| 3, 4-二氢-2*H*-吡咯-5-醇 | 3, 4-dihydro-2*H*-pyrrol-5-ol |
| 3, 4-二氢-2*H*-吡喃 | 3, 4-dihydro-2*H*-pyran |
| 1, 3-二氢-2*H*-吲哚-2-酮 (氧化吲哚、2-吲哚酮) | 1, 3-dihydro-2*H*-indol-2-one (oxindole, 2-indolinone) |
| 2, 3-二氢-2-苯基-4*H*-苯并吡喃-4-酮 (黄烷酮) | 2, 3-dihydro-2-phenyl-4*H*-benzopyran-4-one (flavanone) |
| 2, 3-二氢-2-羟基-2, 4-二甲基-5-反式-丙烯基呋喃-3-酮 | 2, 3-dihydro-2-hydroxy-2, 4-dimethyl-5-*trans*-propenyl furan-3-one |
| 2, 3-二氢-2-羟基罗汉松内酯 | 2, 3-dihydro-2-hydroxypodolide |
| 2, 3-二氢-3, 3, 6-三甲基-1*H*-茚-1-酮 | 2, 3-dihydro-3, 3, 6-trimethyl-1*H*-indene-1-one |
| 3, 4-二氢-3, 3-二甲基-2*H*-萘并 [2, 3-*b*] 吡喃-5, 10-二酮 | 3, 4-dihydro-3, 3-dimethyl-2*H*-naphtho [2, 3-*b*] pyran-5, 10-dione |
| (2*R*, 3*R*, 4*R*)-3, 4-二氢-3, 4-二羟基-2-(3-甲基-2-丁烯基) 萘-1 (2*H*)-酮 | (2*R*, 3*R*, 4*R*)-3, 4-dihydro-3, 4-dihydroxy-2-(3-methyl-2-butenyl) naphthalen-1 (2*H*)-one |
| (2*S*, 3*R*, 4*R*)-3, 4-二氢-3, 4-二羟基-2-(3-甲基-2-丁烯基) 萘-1 (2*H*)-酮 | (2*S*, 3*R*, 4*R*)-3, 4-dihydro-3, 4-dihydroxy-2-(3-methyl-2-butenyl) naphthalen-1 (2*H*)-one |
| α, α′-二氢-3, 5, 3′, 4′-四羟基-4, 5′-二异戊烯基芪 | α, α′-dihydro-3, 5, 3′, 4′-tetrahydroxy-4, 5′-diisopentenyl stilbene |
| α, α′-二氢-3, 5, 3′, 4′-四羟基-5′-异戊烯基芪 | α, α′-dihydro-3, 5, 3′, 4′-tetrahydroxy-5′-isopentenyl stilbene |
| α, α′-二氢-3, 5, 3′-三羟基-4′-甲氧基-5′-异戊烯基芪 | α, α′-dihydro-3, 5, 3′-trihydroxy-4′-methoxy-5′-isopentenyl stilbene |
| α, α′-二氢-3, 5, 4′-三羟基-4, 5′-二异戊烯基芪 | α, α′-dihydro-3, 5, 4′-trihydroxy-4, 5′-diisopentenyl stilbene |
| α, α′-二氢-3, 5, 4′-三羟基-5′-异戊烯基芪 | α, α′-dihydro-3, 5, 4′-trihydroxy-5′-isopentenyl stilbene |
| 5, 6-二氢-3, 5-二-*O*-甲基缢缩马兜铃碱 | 5, 6-dihydro-3, 5-di-*O*-methyl constrictosine |
| 2, 3-二氢-3, 5-二羟基-6-甲基-4*H*-吡喃-4-酮 | 2, 3-dihydro-3, 5-dihydroxy-6-methyl-4*H*-pyran-4-one |
| 2, 3-二氢-3-[(15-羟苯基) 甲基]-5, 7-二羟基-6, 8-二甲基黄酮 | 2, 3-dihydro-3-[(15-hydroxyphenyl) methyl]-5, 7-dihydroxy-6, 8-dimethyl flavone |
| 2, 3-二氢-3-[(15-羟苯基) 甲基]-5, 7-二羟基-6-甲基-8-甲氧基黄酮 | 2, 3-dihydro-3-[(15-hydroxyphenyl) methyl]-5, 7-dihydroxy-6-methyl-8-methoxyflavone |
| 11α, 13-二氢-3α, 7α-二羟基耳叶苔内酯 | 11α, 13-dihydro-3α, 7α-dihydroxyfrullanolide |
| 18, 19-二氢-3β, 17β-莱氏金鸡勒碱 (18, 19-二氢-3β, 17β-金鸡纳叶碱) | 18, 19-dihydro-3β, 17β-cinchophylline |
| 3, 4-二氢-3β-甲氧基鸡屎藤苷 | 3, 4-dihydro-3β-methoxypaederoside |
| 2, 3-二氢-3β-羟基睡茄酮 | 2, 3-dihydro-3β-hydroxywithanone |

| | |
|---|---|
| 2, 3-二氢-3-甲氧基睡茄粘果酸浆素 (2, 3-二氢-3-甲氧基睡茄酸浆果素) | 2, 3-dihydro-3-methoxywithaphysacarpin |
| 7, 8-二氢-3-羟基-12, 13-亚甲二氧基-11-甲氧基联苯 [*b*,*f*] 噁庚英 | 7, 8-dihydro-3-hydroxy-12, 13-methylenedioxy-11-methoxy-dibenz [*b*,*f*] oxepine |
| 2, 3-二氢-3-羟基蓝花楹酮乙酯 | 2, 3-dihydro-3-hydroxyjacaranone ethyl ester |
| 4-[(2*R*, 3*S*)-2, 3-二氢-3-羟甲基-5-[(1*E*)-3-羟基-1-丙烯基]-7-甲氧基-2-苯并呋喃基]-2-甲氧苯基-β-D-吡喃葡萄糖苷 | 4-[(2*R*, 3*S*)-2, 3-dihydro-3-(hydroxymethyl)-5-[(1*E*)-3-hydroxy-1-propenyl]-7-methoxy-2-benzofuranyl]-2-methoxyphenyl-β-D-glucopyranoside |
| (4*S*)-3, 4-二氢-3-氧亚基-4-(丙-2-基)-1*H*-吡咯并 [2, 1-*c*] [1, 4] 噁嗪-6-甲醛 | (4*S*)-3, 4-dihydro-3-oxo-4-(propan-2-yl)-1H-pyrrolo [2, 1-c] [1, 4] oxazine-6-carbaldehyde |
| 3, 4-二氢-3-乙烯基-1, 2-二硫杂苯 | 3, 4-dihydro-3-vinyl-1, 2-dithiin |
| 2, 3-二氢-4 (1*H*)-喹诺酮 | 2, 3-dihydro-4 (1*H*)-quinolone |
| 11α, 13-二氢-4 (2)-汉菲林 | 11α, 13-dihydro-4 (2)-hanphyllin |
| (4*S*)-3, 4-二氢-4-(2-甲丙基)-3-酮-1*H*-吡咯并 [2, 1-*c*] [1, 4] 噁嗪-6-甲醛 | (4*S*)-3, 4-dihydro-4-(2-methyl propyl)-3-one-1H-pyrrolo [2, 1-c] [1, 4] oxazine-6-carbaldehyde |
| 3, 4-二氢-4-(4′-羟苯基)-5, 7-二羟基香豆素 | 3, 4-dihydro-4-(4′-hydroxyphenyl)-5, 7-dihydroxycoumarin |
| 3, 4-二氢-4-(4-羟基-3-甲氧苯基)-3-羟甲基-6, 7-二甲氧基-(3*R*, 4*S*)-2-萘甲醛 | 3, 4-dihydro-4-(4-hydroxy-3-methoxyphenyl)-3-(hydroxymethyl)-6, 7-dimethoxy-(3*R*, 4*S*)-2-naphthalene carboxaldehyde |
| 2, 3-二氢-4, 4-二甲基-11, 12-二羟基-13-异丙基菲酮 | 2, 3-dihydro-4, 4-dimethyl-11, 12-dihydroxy-13-isopropyl anthracone |
| 2, 3-二氢-4, 4-二甲基吲哚-4-羟基-2-酮 | 2, 3-dihydro-4, 4-dimethyl indole-4-hydroxy-2-one |
| 2, 3-二氢-4, 5, 7-三甲氧基-1-乙基-2-甲基-3-(2, 4, 5-三甲氧苯基) 茚 | 2, 3-dihydro-4, 5, 7-trimethoxy-1-ethyl-2-methyl-3-(2, 4, 5-trimethoxyphenyl) indene |
| 2, 3-二氢-4, 6, 8-三甲基-(2*H*)-萘烯酮 | 2, 3-dihydro-4, 6, 8-trimethyl-(2*H*)-naphthalenone |
| 2, 3-二氢-4, 6-二羟基-1*H*-异吲哚-1-酮 | 2, 3-dihydro-4, 6-dihydroxy-1*H*-isoindol-1-one |
| 11α, 13-二氢-4*H*-长叶山金草内酯 | 11α, 13-dihydro-4*H*-xanthalongin |
| 11β, 13-二氢-4*H*-绒毛银胶菊素 | 11β, 13-dihydro-4*H*-tomentosin |
| 2″, 3″-二氢-4′-*O*-甲基穗花杉双黄酮 | 2″, 3″-dihydro-4′-*O*-methyl amentoflavone |
| (4*S*)-3, 4-二氢-4-对羟苄基-3-氧亚基-1*H*-吡咯并 [2, 1-*c*] [1, 4] 噁嗪-6-甲醛 | (4*S*)-3, 4-dihydro-4-(p-hydroxybenzyl)-3-oxo-1H-pyrrolo [2, 1-c] [1, 4] oxazine-6-carbaldehyde |
| 二氢-4-葛缕醇 | dihydro-4-carveol |
| 2, 3-二氢-4-甲基-1*H*-吲哚 | 2, 3-dihydro-4-methyl-1*H*-indole |
| 2, 3-二氢-4-甲基呋喃 | 2, 3-dihydro-4-methyl furan |
| 10, 11-二氢-4-甲氧基二苯并 [*b*,*f*] 氧杂䓬-2-醇 | 10, 11-dihydro-4-methoxydibenzo [*b*,*f*] oxepin-2-ol |
| 9, 10-二氢-4-甲氧基-二苯并氧杂䓬-2-醇 | 9, 10-dihydro-4-methoxy-dibenzoxepin-2-ol |
| 7, 8-二氢-4-羟基-12, 13-亚甲二氧基-11-甲氧基联苯 [*b*,*f*] 噁庚英 | 7, 8-dihydro-4-hydroxy-12, 13-methylenedioxy-11-methoxy-dibenz [*b*,*f*] oxepine |
| (4*S*)-3, 4-二氢-4-羟基-2-[(2*R*)-2, 3-二羟基-3-甲亚丁基] 萘-1 (2*H*)-酮 | (4*S*)-3, 4-dihydro-4-hydroxy-2-[(2*R*)-2, 3-dihydroxy-3-methyl butylidene] naphthalen-1 (2*H*)-one |
| 2, 3-二氢-4-羟基-2-吲哚-3-乙腈 | 2, 3-dihydro-4-hydroxy-2-indole-3-acetonitrile |
| 二氢-4-羟基-5-羟甲基-2 (3*H*) 呋喃酮 | dihydro-4-hydroxy-5-hydroxymethyl-2 (3*H*) furanone |

| | |
|---|---|
| 6, 7-二氢-4-羟亚甲基-7-甲基-5*H*-环戊烷 [*c*] 吡啶 | 6, 7-dihydro-4-hydroxymethylene-7-methyl-5*H*-cyclopenta [*c*] pyridine |
| 1, 4-二氢-4-氧亚基-2-喹啉己酸 (马拉利胺) | 1, 4-dihydro-4-oxo-2-quinoline hexanoic acid (malatyamine) |
| 2, 3-二氢-5-(2-甲酰乙烯基)-7-羟基-2-(4-羟基-3-甲氧苯基)-3-苯并呋喃甲醇 | 2, 3-dihydro-5-(2-formyl vinyl)-7-hydroxy-2-(4-hydroxy-3-methoxyphenyl)-3-benzofuranmethanol |
| 6″, 7″-二氢-5′, 5‴-二辣椒碱 | 6″, 7″-dihydro-5′, 5‴-dicapsaicin |
| 二氢-5, 6-脱氢卡瓦胡椒素 | dihydro-5, 6-dehydrokawain |
| 2, 3-二氢-5, 7-二羟基-2, 6, 8-三甲基-4*H*-1-苯并吡喃-4-酮 | 2, 3-dihydro-5, 7-dihydroxy-2, 6, 8-trimethyl-4*H*-1-benzopyran-4-one |
| 2, 3-二氢-5, 7-二羟基-2, 6-二甲基-8-(3-甲基-2-丁酰基)-4*H*-1-苯并吡喃-4-酮 | 2, 3-dihydro-5, 7-dihydroxy-2, 6-dimethyl-8-(3-methyl-2-butenyl)-4*H*-1-benzopyran-4-one |
| 2, 3-二氢-5, 7-二羟基-2, 8-二甲基-6-(3-甲基-2-丁酰基)-4*H*-1-苯并吡喃-4-酮 | 2, 3-dihydro-5, 7-dihydroxy-2, 8-dimethyl-6-(3-methyl-2-butenyl)-4*H*-1-benzopyran-4-one |
| (4*S*, 5*S*)-二氢-5-[(1*R*, 2*S*)-2-羟基-2-甲基-5-氧亚基-3-环戊烯-1-基]-3-亚甲基-4-(3-氧代丁基)-2 (3*H*)-呋喃酮 | (4*S*, 5*S*)-dihydro-5-[(1*R*, 2*S*)-2-hydroxy-2-methyl-5-oxo-3-cyclopenten-1-yl]-3-methylene-4-(3-oxobutyl)-2 (3*H*)-furanone |
| 6, 7-二氢-5*H*-苯并 [7] 轮烯 | 6, 7-dihydro-5*H*-benzo [7] annulene |
| 5, 6-二氢-5-甲基-2-羟基菲啶 | 5, 6-dihydro-5-methyl-2-hydroxyphenanthridine |
| 3, 4-二氢-5-甲氧基-2-甲基-2-(4′-甲基-2′-氧亚基-3′-戊烯基)-9 (7H)-氧亚基-2H-呋喃 [3, 4-*h*] 苯并吡喃 | 3, 4-dihydro-5-methoxy-2-methyl-2-(4′-methyl-2′-oxo-3′-pentenyl)-9 (7H)-oxo-2H-furo [3, 4-*h*] benzopyran |
| 9, 10-二氢-5-甲氧基-8-甲基-2, 7-菲二醇 | 9, 10-dihydro-5-methoxy-8-methyl-2, 7-phenanthrenediol |
| 2, 3-二氢-5-羟基-1, 4-萘二酮 | 2, 3-dihydro-5-hydroxy-1, 4-naphthalenedione |
| 7, 8-二氢-5-羟基-12, 13-亚甲二氧基-11-甲氧基联苯 [*b*, *f*] 噁庚英 | 7, 8-dihydro-5-hydroxy-12, 13-methylenedioxy-11-methoxy-dibenz [*b*, *f*] oxepine |
| 5, 6-二氢-5-羟基-1*H*-吡啶-2-酮 | 5, 6-dihydro-5-hydroxy-1*H*-pyridine-2-one |
| 2, 3-二氢-5-羟基-2-甲基-1, 4-萘二酮 | 2, 3-dihydro-5-hydroxy-2-methyl-1, 4-naphthalenedione |
| (3*S*, 5*R*, 6*R*)-5, 6-二氢-5-羟基-3, 6-环氧-β-紫罗兰醇 | (3*S*, 5*R*, 6*R*)-5, 6-dihydro-5-hydroxy-3, 6-epoxy-β-ionol |
| (Z′)-3, 8-二氢-6, 6′, 7, 3′α-二藁本内酯 | (Z′)-3, 8-dihydro-6, 6′, 7, 3′α-diligustilide |
| (*Z*)-4, 5-二氢-6, 7-反式-二羟基-3-亚丁基苯酞 | (*Z*)-4, 5-dihydro-6, 7-*trans*-dihydroxy-3-butylidene phthalide |
| (*Z*)-4, 5-二氢-6, 7-顺式-二羟基-3-亚丁基苯酞 | (*Z*)-4, 5-dihydro-6, 7-*cis*-dihydroxy-3-butylidene phthalide |
| (6*S*)-5, 6-二氢-6-[(2*R*)-2-羟基-6-苯基己基]-2*H*-吡喃-2-酮 | (6*S*)-5, 6-dihydro-6-[(2*R*)-2-hydroxy-6-phenyl hexyl]-2*H*-pyran-2-one |
| 3, 4-二氢-6-*O*-二-反式-阿魏酰梓醇 | 3, 4-dihydro-6-*O*-di-*trans*-feruloyl catalpol |
| 3, 4-二氢-6-甲基香豆素 | 3, 4-dihydro-6-methyl coumarin |
| (+)-5 (6)-二氢-6-甲氧基土曲霉环酸 A | (+)-5 (6)-dihydro-6-methoxyterrecyclic acid A |
| 5′, 6′-二氢-6′-甲氧基原芹菜素 | 5′, 6′-dihydro-6′-methoxyprotoapigenin |
| (6*S*)-5, 6-二氢-6-羟基-2, 2-二甲基-2*H*-苯并 [*h*] 色烯-4 (3*H*)-酮 | (6*S*)-5, 6-dihydro-6-hydroxy-2, 2-dimethyl-2*H*-benzo [*h*] chromen-4 (3*H*)-one |
| (+)-5 (6)-二氢-6-羟基土曲霉环酸 A | (+)-5 (6)-dihydro-6-hydroxyterrecyclic acid A |

| 6, 7-二氢-6-羟基脱氢酸浆苦素 A、B | 6, 7-dihydro-6-hydroxydehydrophysalins A, B |
|---|---|
| 5, 6-二氢-6-戊基-2*H*-吡喃-2-酮 | 5, 6-dihydro-6-pentyl-2*H*-pyran-2-one |
| (*E*)-10, 11-二氢-6-氧亚基大西洋雪松酮 | (*E*)-10, 11-dihydro-6-oxoatlantone |
| (2*R*, 3*R*)-2, 3-二氢-7, 4′-二甲氧基黄酮 | (2*R*, 3*R*)-2, 3-dihydro-7, 4′-dimethoxyflavone |
| 8, 9-二氢-7, 7-二甲基-1*H*-呋喃并 [3, 4-*f*] 色烯-3 (7*H*)-酮 | 8, 9-dihydro-7, 7-dimethyl-1*H*-furo [3, 4-*f*] chromen-3 (7*H*)-one |
| (2*S*)-1, 2-二氢-7, 9-二羟基-2-(1-甲基乙烯基) 蒽 [2, 1-*b*] 呋喃-6, 11-二酮 | (2*S*)-1, 2-dihydro-7, 9-dihydroxy-2-(1-methyl ethenyl) anthra [2, 1-*b*] furan-6, 11-dione |
| 11α, 13-二氢-7α, 13-二羟基耳叶苔内酯 | 11α, 13-dihydro-7α, 13-dihydroxy-frullanolide |
| 11α, 13-二氢-7α-羟基-13-甲氧基耳叶苔内酯 | 11α, 13-dihydro-7α-hydroxy-13-methoxyfrullanolide |
| 23, 24-二氢-7β-羟基葫芦素 A、B | 23, 24-dihydro-7β-hydroxycucurbitacins A, B |
| 6″, 7″-二氢-7″-甲基黄牛茶酮 Ⅰ | 6″, 7″-dihydro-7″-methyl cochinchinone Ⅰ |
| 2, 3-二氢-7-甲氧基-2-(3, 4-二甲氧苯基)-3-甲基-5-[(1*E*)-丙烯基] 苯并呋喃 | 2, 3-dihydro-7-methoxy-2-(3, 4-dimethoxyphenyl)-3-methyl-5-[(1*E*)-propenyl] benzofuran |
| 2, 3-二氢-7-甲氧基-2-(3-甲氧基-4, 5-亚甲二氧苯基)-5-[(1*E*)-丙烯基] 苯并呋喃 | 2, 3-dihydro-7-methoxy-2-(3-methoxy-4, 5-methylenedioxyphenyl)-5-[(1*E*)-propenyl] benzofuran |
| 2, 3-二氢-7-甲氧基-2-(4′-羟基-3′-甲氧苯基)-3a-*O*-β-D-低聚吡喃木糖氧基-甲基-5-苯并呋喃丙醇 | 2, 3-dihydro-7-methoxy-2-(4′-hydroxy-3′-methoxyphenyl)-3a-*O*-β-D-oligoxylopyranosyloxy-methyl-5-benzofuranpropanol |
| 9, 10-二氢-7-甲氧基-2, 5-菲二醇 | 9, 10-dihydro-7-methoxy-2, 5-phenanthrenediol |
| (2*S*)-2, 3-二氢-7″-甲氧基扁柏双黄酮 | (2*S*)-2, 3-dihydro-7″-methoxyhinokiflavone |
| 5, 6-二氢-7-羟基山茱萸诺苷 | 5, 6-dihydro-7-hydroxycornoside |
| (+)-8, 9-二氢-8-(2-羟基-2-丙基)-2-氧亚基-2*H*-呋喃 [2, 3-*h*] 色烯-9-基-3-甲基-2-丁烯酯 | (+)-8, 9-dihydro-8-(2-hydroxy-2-propanyl)-2-oxo-2*H*-furo [2, 3-*h*] chromen-9-yl-3-methylbut-2-enoate |
| 7, 8-二氢-8-(4-羟苯基)-2, 2-二甲基-2*H*, 6*H*-苯并 [1, 2-*b*: 5, 4-*b*’] 二吡喃-6-酮 | 7, 8-dihydro-8-(4-hydroxyphenyl)-2, 2-dimethyl-2*H*, 6*H*-benzo [1, 2-*b*: 5, 4-*b*’] dipyran-6-one |
| 7, 8-二氢-8, 15-二羟基松香酸 | 7, 8-dihydro-8, 15-dihydroxyabietic acid |
| 6, 7-二氢-8, 8-二甲基-2*H*, 8*H*-苯并 [1, 2-*b*: 5, 4-*b*’] 二吡喃-2, 6-二酮 | 6, 7-dihydro-8, 8-dimethyl-2*H*, 8*H*-benzo [1, 2-*b*: 5, 4-*b*’] dipyran-2, 6-dione |
| 8, 9-二氢-8, 9-二羟基大柱香波龙三烯酮 | 8, 9-dihydro-8, 9-dihydroxymegastigmatrienone |
| 11α, 13-二氢-8-表苍耳亭 | 11α, 13-dihydro-8-epixanthatin |
| 3, 4-二氢-8-羟基-3, 5, 7-三甲基异香豆素 | 3, 4-dihydro-8-hydroxy-3, 5, 7-trimethyl isocoumarin |
| 3, 4-二氢-8-羟基-3-甲基-1*H*-2-苯并吡喃-4-酮 | 3, 4-dihydro-8-hydroxy-3-methyl-1*H*-2-benzopyran-4-one |
| 3, 4-二氢-8-羟基-3-甲基异香豆素 | 3, 4-dihydro-8-hydroxy-3-methyl isocoumarin |
| (–)-2, 3-二氢-9-*O*-β-D-葡萄糖氧基-2-异丙烯基香豆素 | (–)-2, 3-dihydro-9-*O*-β-D-glucosyloxy-2-isopropenyl coumarin |
| (+)-2, 3-二氢-9-羟基-2-[1-(6-芥子酰基)-D-葡萄糖氧基-1-甲乙基] 香豆素 | (+)-2, 3-dihydro-9-hydroxy-2-[1-(6-sinapinoyl)-D-glucosyloxy-1-methyl ethyl] coumarin |
| 二氢-*N*-咖啡酰酪胺 | dihydro-*N*-caffeoyl tyramine |
| 二氢-*O*-甲基柯式九里香宾碱 | dihydro-*O*-methyl koenimbine |
| (*R*)-(–)-8, 11-二氢-α-柏芳酮 | (*R*)-(–)-8, 11-dihydro-α-cuparenone |
| 22, 23-二氢-α-菠菜甾醇-β-D-葡萄糖苷 | 22, 23-dihydro-α-spinasterol-β-D-glucoside |

| | |
|---|---|
| 二氢-α-沉香呋喃 | dihydro-α-agrofuran |
| 二氢-α-古巴烯-8-醇(二氢-α-胡椒烯-8-醇) | dihydro-α-copaen-8-ol |
| 8, 11-二氢-α-花侧柏酮 | 8, 11-dihydro-α-cuparenone |
| 11β, 13-二氢-α-环广木香内酯 | 11β, 13-dihydro-α-cyclocostunolide |
| 11α, 13-二氢-α-环木香烯内酯 | 11α, 13-dihydro-α-cyclocostunolide |
| 22, 23-二羟基-α-鸡肝海绵甾酮 | 22, 23-dehydroxy-α-chondrillasterone |
| al-二氢-α-见血封喉素 | al-dihydro-α-antiarin |
| 二氢-α-松油醇 | dihydro-α-terpineol |
| 12, 13-二氢-α-檀香醇(12, 13-二氢-α-檀香萜醇) | 12, 13-dihydro-α-santalol |
| 二氢-β-沉香呋喃 | dihydro-β-agrofuran |
| 二氢-β-谷甾醇 | dihydro-β-sitosterol |
| 二氢-β-谷甾醇阿魏酸酯 | dihydro-β-sitosteryl ferulate |
| 二氢-β-环除虫菊新 | dihydro-β-cyclopyrethrosin |
| 11β, 13-二氢-β-环广木香内酯 | 11β, 13-dihydro-β-cyclocostunolide |
| 11α, 13-二氢-β-环木香烯内酯 | 11α, 13-dihydro-β-cyclocostunolide |
| al-二氢-β-见血封喉素 | al-dihydro-β-antiarin |
| 12, 13-二氢-β-檀香醇(12, 13-二氢-β-檀香萜醇) | 12, 13-dihydro-β-santalol |
| 二氢-β-紫罗兰醇 | dihydro-β-ionol |
| 二氢-β-紫罗兰酮 | dihydro-β-ionone |
| 二氢-γ-谷甾醇 | dihydro-γ-sitosterol |
| 二氢-γ-谷甾醇阿魏酸酯 | dihydro-γ-sitosteryl ferulate |
| 二氢阿尔伯糖醇酸甲酯 | methyl dihydroalphitolate |
| 二氢阿替生 F(二氢阿替素 F) | dihydroatisine F |
| 二氢阿魏酸 | dihydroferulic acid |
| 二氢阿魏酸-4-*O*-β-D-吡喃葡萄糖苷 | dihydroferulic acid-4-*O*-β-D-glucopyranoside |
| 7, 8-二氢阿牙潘泽兰内酯(7, 8-二氢阿牙泽兰品) | 7, 8-dihydroayapin |
| 二氢安贝灵 | dihydroambelline |
| 二氢八角枫香堇苷 A | dihydroalangionoside A |
| 3, 4-二氢巴西果蛋白 | 3, 4-dihydroexcelsin |
| 二氢白刺灵碱 | dihydronitrarine |
| 二氢白藜芦醇(二氢藜芦酚) | dihydroresveratrol |
| 二氢白屈菜红碱 | dihydrochelerythrine |
| 二氢白屈菜黄碱 | dihydrochelilutine |
| 二氢白屈菜玉红碱(二氢白屈菜宾) | dihydrochelirubine |
| 4, 5-二氢白色向日葵素 A | 4, 5-dihydroniveusin A |
| 二氢百部新碱 | dihydrostemoninine |
| 2, 3-二氢北豆根朴啡碱 | 2, 3-dihydrodauriporphine |
| 1, 3-二氢苯并 [*c*] 呋喃-1, 3-二酮 | 1, 3-dihydrobenzo [*c*] furan-1, 3-dione |
| 2, 3-二氢苯并呋喃 | 2, 3-dihydrobenzofuran |
| 1, 2-二氢苯蒽醌(茜素、茜草素) | 1, 2-dihydroxyanthraquinone (alizarin) |

| | |
|---|---|
| (4*R*)-5-[1-(3, 4-二氢苯基)-3-氧亚基丁基二氢呋喃-2-(3*H*)-酮 | (4*R*)-5-[1-(3, 4-dihydrophenyl)-3-oxobutyl]-dihydrofuran-2(3*H*)-one |
| 2, 3-二氢苯基十七碳-5-烯酸酯 | 2, 3-dihydropropyl heptadec-5-enoate |
| 二氢荜茇明宁碱 (二氢荜茇宁酰胺) | dihydropiperlonguminine |
| (–)-二氢荜澄茄苦素 | (–)-dihydrocubebin |
| 二氢荜澄茄苦素 (二氢荜澄茄脂素) | dihydrocubebin |
| 二氢荜澄茄脂素-4-乙酸酯 | hemiariensin (dihydrocubebin-4-acetate) |
| 2, 3-二氢蝙蝠葛波酚碱 (2, 3-二氢蝙蝠葛朴啡碱) | 2, 3-dihydromenisporphine |
| 2, 3-二氢扁柏双黄酮 | 2, 3-dihydrohinokiflavone |
| 二氢表假荆芥内酯 | dihydroepinepetalactone |
| 二氢表脱氧异青蒿素 B | dihydroepideoxyarteannuin B |
| 22, 23-二氢菠菜甾醇 | 22, 23-dihydrospinasterol |
| 22-二氢菠菜甾醇 | 22-dihydrospinasterol |
| 24-二氢菠菜甾醇 | 24-dihydrospinasterol |
| 二氢菠菜甾醇 | dihydrospinasterol |
| 二氢菠菜甾醇棕榈酸酯 | dihydrospinasteryl palmitate |
| 4, 5-二氢布卢门醇 A | 4, 5-dihydroblumenol A |
| 二氢菜豆酸-3-*O*-β-D-吡喃葡萄糖苷 | dihydrophaseic acid-3-*O*-β-D-glucopyranoside |
| 二氢菜豆酸-4′-*O*-β-D-吡喃葡萄糖苷 | dihydrophaseic acid-4′-*O*-β-D-glucopyranoside |
| (–)-二氢菜豆酸甲酯 | (–)-methyl dihydrophaseate |
| 二氢菜子甾醇 | dihydrobrassicasterol |
| 22-二氢菜籽甾醇 | 22-dihydrobrassicasterol |
| 11α, 13-二氢苍耳亭 | 11α, 13-dihydroxanthatin |
| 11β, 13-二氢苍耳亭 | 11β, 13-dihydroxanthatin |
| 二氢草木犀苷 | dihydromelilotoside |
| 二氢草木犀乙苷 | ethyl dihydromelilotoside |
| 二氢查耳酮 | dihydrochalcone |
| 二氢长春尼宁 (二氢文朵尼宁碱) | dihydrovindolinine |
| 18, 19-二氢长春钦碱 (18, 19-二氢西特斯日钦碱、18, 19-二氢西日京) | 18, 19-dihydrositsirikine |
| 11α, 13-二氢长叶山金草内酯 | 11α, 13-dihydroxanthalongin |
| 3, 4-二氢车叶草苷 | 3, 4-dihydroasperuloside |
| 二氢沉香呋喃 | dihydroagarofuran |
| β-二氢沉香呋喃倍半萜 Ⅰ～Ⅲ | β-dihydroagarofuran sesquiterpenoids Ⅰ～Ⅲ |
| 二氢赪桐定 | dihydroclerodin |
| 13, 14-二氢澄广花酸 | 13, 14-dihydrooropheic acid |
| 二氢赤松素 (二氢欧洲赤松素) | dihydropinosylvin |
| 二氢赤松素单甲醚 | dihydropinosylvin monomethyl ether |
| 二氢赤松素二甲醚 | dihydropinosylvin dimethyl ether |
| 二氢翅柄多子橘酰胺 | dihydroalatamide |

| | |
|---|---|
| 2-二氢臭椿酮 | 2-dihydroailanthone |
| 二氢川藏香茶菜素 F | dihydropseurata F |
| 二氢刺苞菊醛 A | dihydroacanthospermal A |
| 二氢刺巢菊素 (二氢斯提作菊素) | dihydrostizolin |
| 二氢刺穿心莲宁 | dihydroechioidinin |
| 二氢刺桐定碱 (二氢刺桐定) | dihydroerysodine |
| 二氢刺桐碱 | dihydroerythroidine |
| 二氢刺五加苷 A、B | dihydroeleutherosides A, B |
| 二氢催吐萝芙木醇 (二氢催吐萝芙叶醇、二氢吐叶醇) | dihydrovomifoliol |
| (-)-二氢催吐萝芙木醇 [(-)-二氢催吐萝芙叶醇] | (-)-dihydrovomifoliol |
| 二氢催吐萝芙木醇-*O*-β-D-吡喃葡萄糖苷 | dihydrovomifoliol-*O*-β-D-glucopyranoside |
| 19, 20-二氢催吐萝芙木烯宁 | 19, 20-dihydrovomilenine |
| 二氢脆叶香科科素 | dihydroteugin |
| 二氢大豆苷 | dihydrodaidzin |
| 二氢大豆黄素 (二氢大豆苷元) | dihydrodaidzein |
| (*E*)-10, 11-二氢大西洋雪松酮 | (*E*)-10, 11-dihydroatlantone |
| (*Z*)-10, 11-二氢大西洋雪松酮 | (*Z*)-10, 11-dihydroatlantone |
| 二氢大叶茜草素 | dihydromollugin |
| 1, 2-二氢丹参醌 | 1, 2-dihydrotanshinguinone |
| 二氢丹参内酯 | dihydrotanshinlactone |
| 1, 2-二氢丹参酮 | 1, 2-dihydrotanshinone |
| 二氢丹参酮 | dihydrotanshinone |
| 15, 16-二氢丹参酮 I | 15, 16-dihydrotanshinone I |
| 二氢丹参酮 I | dihydrotanshinone Ⅰ |
| 二氢丹参酮 Ⅱ A 酐 | dihydrotanshinone Ⅱ A anhydride |
| 8-二氢单端孢醇 A | 8-dihydrotrichothecinol A |
| 二氢单紫杉烯 | dihydroaplotaxene |
| 二氢胆固醇 | dihydrocholesterol |
| 11, 13-二氢道氏艾素 A | 11, 13-dihydroarteglasin A |
| 二氢地胆草内酯 | dihydroelephantopin |
| 14, 15-二氢地松筋骨草素 | 14, 15-dihydroajugapitin |
| 二氢地松筋骨草素 | dihydroajugapitin |
| 二氢碘酸组胺 | histamine dihydroiodate |
| 二氢东北石松明碱 A | dihydrolycopoclavamine A |
| 二氢东非马钱次碱 | dihydrousambarensine |
| (-)-11, 12-二氢东罂粟酮 | (-)-11, 12-dihydroorientalinone |
| 22-二氢豆甾-4-烯-3, 6-二酮 | 22-dihydrostigmast-4-en-3, 6-dione |
| 二氢豆甾醇 | dihydrostigmasterol |
| 22, 23-二氢豆甾醇 | 22, 23-dihydrostigmasterol |

| 22-二氢豆甾醇 | 22-dihydrostigmasterol |
|---|---|
| 二氢毒马钱碱 (二氢托锡弗林) | dihydrotoxiferine |
| 二氢杜茎山宁 | dihydromaesanin |
| 11, 13-二氢短舌匹菊素 | 11, 13-dihydrosantamarin |
| 11, 13-二氢堆心菊灵 | 11, 13-dihydrohelenalin |
| 二氢堆心菊灵 (多梗白菜菊素) | dihydrohelenalin (plenolin) |
| 二氢对香豆醇 | dihydro-*p*-coumaryl alcohol |
| 8, 14-二氢多花罂粟碱 | 8, 14-dihydrosalutaridine |
| (1*R*, 10*R*)-(–)-1, 10-二氢莪术二酮 | (1*R*, 10*R*)-(–)-1, 10-dihydrocurdione |
| (4*S*)-二氢莪术双环烯酮 | (4*S*)-dihydrocurcumenone |
| 10, 11-二氢二苯并 [*b*, *f*] 氧杂草 -2, 4-二醇 | 10, 11-dihydrodibenzo [*b*, *f*] oxepin-2, 4-diol |
| 9, 10-二氢二苯并氧杂草 -2, 4-二醇 | 9, 10-dihydrodibenzoxepin-2, 4-diol |
| 10, 11-二氢 -2, 7-二甲氧基 -3, 4-亚甲二氧基二苯并 [*b*, *f*] 噁庚英 | 10, 11-dihydro-2, 7-dimethoxy-3, 4-methylenedioxydibenzo [*b*, *f*] oxepine |
| 5, 6-二氢二色水仙碱 | 5, 6-dihydrobicolorine |
| 二氢二松柏醇 | dihydrodiconiferyl alcohol |
| 二氢番茄立定 | dihydrotomatillidine |
| 1, 8-二氢芳樟醇 | 1, 8-dihydrolinalool |
| (–)-二氢非瑟素 | (–)-dihydrofisetin |
| (+)-二氢非瑟素 | (+)-dihydrofisetin |
| 二氢非瑟素 (二氢漆黄素) | dihydrofisetin |
| 9, 10-二氢菲 | 9, 10-dihydrophenanthrene |
| 二氢菲 | dihydrophenanthrene |
| 二氢蜂斗菜螺内酯 | dihydrofukinolide |
| 二氢呋喃并双叶细辛酮 | dihydrofuranocaulesone |
| 11α, 13-二氢伽氏矢车菊素 | 11α, 13-dihydrojanerin |
| 二氢盖耶翠雀碱 | dihydrogeyerine |
| 二氢高山金莲花素 (二氢高山毒豆异黄酮) | dihydroalpinumisoflavone |
| 5α-二氢睾酮 | 5α-dihydrotestosterone |
| 二氢睾酮 | dihydrotestosterone |
| 二氢格里斯内酯 | dihydrogriesenin |
| 二氢钩吻碱子 (二氢钩吻素子、二氢钩吻明) | dihydrokoumine |
| (4*R*)-二氢钩吻素子 *N*4-氧化物 | (4*R*)-dihydrokoumine *N*4-oxide |
| (4*S*)-二氢钩吻素子 *N*4-氧化物 | (4*S*)-dihydrokoumine *N*4-oxide |
| 19, 20-二氢狗牙花胺 (19, 20-二氢山马茶明碱) | 19, 20-dihydrotabernamine |
| α-二氢孤挺花宁碱 | α-dihydrocaranine |
| 二氢谷甾醇阿魏酸酯 | dihydrositosteryl ferulate |
| 19, 20-二氢骨节心蛤碱 (19, 20-二氢膝果双喙木碱) | 19, 20-dihydrocondylocarpine |
| 二氢骨螺碱 | dihydromurexine |
| 二氢光叶花椒碱 (二氢两面针碱) | dihydronitidine |

| | |
|---|---|
| 二氢光泽石松碱 | dihydroluciduline |
| 二氢龟叶香茶菜贝壳杉素 (二氢尾叶香茶菜丙素) | dihydrokamebakaurin |
| 3, 4-二氢哈尔明碱 (骆驼蓬灵、哈马灵、哈尔马灵碱) | 3, 4-dihydroharmine (harmaline) |
| 二氢汉黄芩素 | dihydrowogonin |
| 6, 7-二氢黑麦草内酯 | 6, 7-dihydrololiolide |
| 二氢黑水罂粟菲酮碱 | amurinine |
| (–)-二氢黑水罂粟宁 | (–)-dihydroamuronine |
| (2*E*, 4*E*, 1′*S*, 2′*R*, 4′*S*, 6′*R*)-二氢红花菜豆酸 | (2*E*, 4*E*, 1′*S*, 2′*R*, 4′*S*, 6′*R*)-dihydrophaseic acid |
| 4′-二氢红花菜豆酸 (4′-二氢菜豆酸) | 4′-dihydrophaseic acid |
| 二氢红花菜豆酸 (二氢菜豆酸) | dihydrophaseic acid |
| (1′*R*, 3′*S*, 5′*R*, 8′*S*, 2*Z*, 4*E*)-二氢红花菜豆酸-3′-*O*-β-D-吡喃葡萄糖苷 | (1′*R*, 3′*S*, 5′*R*, 8′*S*, 2*Z*, 4*E*)-dihydrophaseic acid-3′-*O*-β-D-glucopyranoside |
| 4′-*O*-二氢红花菜豆酸-β-D-葡萄糖苷甲酯 | 4′-*O*-dihydrophaseic acid-β-D-glucopyranoside methyl ester |
| 二氢红花菜豆酸甲酯 | methyl dihydrophaseate |
| 二氢红花菜豆酸甲酯-3-*O*-β-D-葡萄糖苷 | methyl dihydrophaseate-3-*O*-β-D-glucoside |
| 6‴-二氢红花菜豆酰酸枣素 | 6‴-dihydrophaseoyl spinosin |
| 二氢胡椒酰胺 | dihydropiperamide |
| 23, 24-二氢葫芦素 A～D | 23, 24-dihydrocucurbitacins A～D |
| 23, 24-二氢葫芦素 B-2-*O*-葡萄糖苷 | 23, 24-dihydrocucurbitacin B-2-*O*-glucoside |
| 二氢葫芦素 F (二氢葫芦苦素 F、雪胆乙素) | dihydrocucurbitacin F |
| 二氢葫芦素 F-25-*O*-乙酸酯-2-*O*-β-D-葡萄糖苷 | dihydrocucurbitacin F-25-*O*-acetate-2-*O*-β-D-glucoside |
| 二氢葫芦素 F-25-乙酸酯 (葫芦素 Ⅱ a, 雪胆甲素 Ⅱ a) | dihydrocucurbitacin F-25-acetate (cucurbitacin Ⅱ a) |
| (±)-二氢槲皮素 | (±)-dihydroquercetin |
| (2*R*, 3*R*)-二氢槲皮素 | (2*R*, 3*R*)-dihydroquercetin |
| 二氢槲皮素 (黄杉素、紫杉叶素、花旗松素、蚊母树素) | dihydroquercetin (distylin, taxifoliol, taxifolin) |
| (2*R*, 3*R*)-二氢槲皮素-3-*O*-β-D-吡喃葡萄糖苷 | (2*R*, 3*R*)-dihydroquercetin-3-*O*-β-D-glucopyranoside |
| 二氢槲皮素-3′-*O*-吡喃葡萄糖苷 | dihydroquercetin-3′-*O*-glucopyranoside |
| (2*R*, 3*R*)-二氢槲皮素-4′, 7-二甲基醚 | (2*R*, 3*R*)-dihydroquercetin-4′, 7-dimethyl ether |
| (2*R*, 3*R*)-二氢槲皮素-4′-甲基醚 | (2*R*, 3*R*)-dihydroquercetin-4′-methyl ether |
| 二氢槲皮素-4′-甲醚 | dihydroquercetin-4′-methyl ether |
| 二氢槲皮素-7-*O*-β-D-吡喃葡萄糖苷 | dihydroquercetin-7-*O*-β-D-glucopyranoside |
| 二氢槲皮素-7-*O*-β-D-葡萄糖苷 | dihydroquercetin-7-*O*-β-D-glucoside |
| α (γ)-二氢花侧柏烯 | α (γ)-cuprenene |
| δ (ε)-二氢花侧柏烯 | δ (ε)-cuprenene |
| 二氢花椒内酯 | dihydroxanthyletin |
| 二氢花椒酰胺醇 [(2*E*, 4*E*, 8*Z*)-2′-羟基-*N*-异丁基-2, 4, 8-十四碳三烯酰胺] | dihydrobungeanool [(2*E*, 4*E*, 8*Z*)-2′-hydroxy-*N*-isobutyl-2, 4, 8-tetradecatrienamide] |
| 二氢化藁本内酯 | dihydroligustilide |
| 二氢环阿卡乌头碱 | dihydrocycloakagerine |

| | |
|---|---|
| 二氢环小叶黄杨非立定 | dihydrocyclomicrophillidine |
| 二氢环小叶黄杨非灵 | dihydrocyclomicrophylline |
| 5, 6-二氢-5, 6-环氧多枝炭角菌内酯 A | 5, 6-dihydro-5, 6-epoxymultiplolide A |
| 二氢黄柏素 | phellamuretin |
| 二氢黄檗叶苷 | dihydrophellozide |
| 7, 8-二氢黄蝶呤 | 7, 8-dihydroxanthopterin |
| 二氢黄卡瓦胡椒素 B | dihydroflavokawain B |
| 二氢黄芩苷 | dihydrobaicalin |
| 二氢黄芩黄酮 (二氢黄芩新素) | dihydroskullcapflavone |
| 1, 2-二氢黄瑞香芬 (1, 2-二氢黄瑞香丙素) | 1, 2-dihydrodaphnegiraldifin |
| 二氢藿香酮 | dihydroageratone |
| 二氢鸡蛋花素 | dihydroplumericin |
| 二氢鸡蛋花酸 | dihydroplumericinic acid |
| β-二氢鸡蛋花酸葡萄糖酯 | β-dihydroplumericinic acid glucosyl ester |
| 2α, 7α-二氢基二氢伏康树叶碱 (2α, 7α-二氢基二氢沃非灵) | 2α, 7α-dihydroxydihydrovoaphylline |
| $\Delta^{\alpha,\beta}$-二氢几内亚胡椒定碱 | $\Delta^{\alpha,\beta}$-dihydrowisanidine |
| $\Delta^{\alpha,\beta}$-二氢几内亚胡椒宁碱 | $\Delta^{\alpha,\beta}$-dihydrowisanine |
| 二氢加兰他敏 | dihydrogalantamine |
| 1, 2-二氢加兰他敏 | 1, 2-dihydrogalanthamine |
| 6, 7-二氢夹竹桃二烯酮 A | 6, 7-dihydroneridienone A |
| 二氢假荆芥邻羟内醚 | dihydronepetalactol |
| 二氢假荆芥内酯 | dihydronepetalactone |
| 二氢剑叶莎酸内酯 | dihydromach aerinic acid |
| 二氢姜酚 | dihydrogingerol |
| 二氢姜黄素 | dihydrocurcumin |
| [6]-二氢姜辣二酮 | [6]-dihydrogingerdione |
| [6]-二氢姜辣素 | [6]-dihydroxygingerol |
| 12, 13-二氢姜味草酸 | 12, 13-dihydromicromeric acid |
| 二氢焦莪术呋喃烯酮 | dihydropyrocurzerenone |
| 二氢芥子醇 | dihydrosinapyl alcohol |
| 二氢芥子酰阿魏酸酯 | dihydrosinapyl ferulate |
| 二氢金萼桃木素 | dihydrocalythropsin |
| 二氢金鸡纳碱 (二氢金鸡尼定) | dihydrocinchonidine |
| 二氢金鸡纳宁 (二氢金鸡宁、金鸡亭、假辛可宁、氢化辛可宁) | cinchonifine (dihydrocinchonine, cinchotine, pseudocinchonine, hydrocinchonine) |
| 二氢金鸡宁 (氢化辛可宁、金鸡亭、假辛可宁、二氢金鸡纳宁) | dihydrocinchonine (hydrocinchonine, cinchotine, pseudocinchonine, cinchonifine) |
| 5, 6-二氢金丝桃内酯 D | 5, 6-dihydrohyperolactone D |
| 11β, 13-二氢金子菊醛 A | 11β, 13-dihydrourospermal A |

E

| | |
|---|---|
| 二氢筋骨草马灵 | dihydroajugamarin |
| 二氢锦菊素(考氏飞蓬内酯、麦角内酯) | dihydrobigelovin (ergolide) |
| (8*S*)-7, 8-二氢京尼平苷 | (8*S*)-7, 8-dihydrogeniposide |
| 二氢京尼平苷 | dihydrogeniposide |
| 二氢九节碱(九节因、吐根酚碱、去甲吐根碱) | dihydropsychotrine (cephaeline, demethyl emetine) |
| α, β-二氢酒花黄酚 | α, β-dihydroxanthohumol |
| 1″, 2″-二氢酒花黄酚 C | 1″, 2″-dihydroxanthohumol C |
| 22, 23-二氢酒酵母甾醇 | 22, 23-dihydrocerevisterol |
| 二氢咖啡酸 | dihydrocaffeic acid |
| 二氢咖啡酸乙酯 | ethyl dihydrocaffeate |
| 二氢卡拉酮 | dihydrokaranone |
| 11β*H*-二氢卡米松醇 | 11β*H*-dihydrochamissonin |
| 二氢开环头花千金藤碱 | dihydrosecocepharanthine |
| 11, 13-二氢考氏飞蓬内酯 | 11, 13-dihydroergolide |
| 二氢苛丽酮 | dihydrokreysiginone |
| (–)-二氢柯楠醇 | (–)-dihydrocorynantheol |
| 二氢柯楠醇 | dihydrocorynantheol |
| 二氢柯楠因碱(二氢柯楠因) | dihydrocorynantheine |
| 二氢柯楠因碱 *N*-氧化物 | dihydrocorynantheine *N*-oxide |
| 二氢克罗酰胺 | dihydrogrossamide |
| 二氢克氏胡椒脂素 | dihydroclusin |
| (–)-二氢克氏胡椒脂素二乙酯 | (–)-dihydroclusin diacetate |
| 24, 25-二氢苦楝萜酮 | 24, 25-dihydrokulinone |
| 19, 20-二氢苦籽木辛碱(19, 20-二氢阿枯米辛) | 19, 20-dihydroakuammicine |
| 13, 21-二氢宽树冠木酮 | 13, 21-dihydroeurycomanone |
| 二氢奎尼丁 | dihydroquinidine |
| 二氢奎宁 | dihydroquinine |
| 二氢辣椒碱(二氢辣椒素) | dihydrocapsaicin |
| 二氢辣椒碱-β-D-吡喃葡萄糖苷 | dihydrocapsaicin-β-D-glucopyranoside |
| 二氢辣椒素酯 | dihydrocapsiate |
| 二氢簕欓碱(二氢簕欓花椒碱) | dihydroavicine |
| 二氢类阿魏酰哌啶 | dihydroferuperine |
| 9, 10-二氢类菲酚 | 9, 10-dihydrophenanthrenoid |
| 二氢离东莨菪碱 | dihydroaposcopolamine |
| 二氢篱笆毒鼠豆酚 | dihydrosepiol |
| 二氢立可沙明 *N*-氧化物 | dihydrolycopsamine *N*-oxide |
| 二氢栎瘿酸(3, 4-断熊果-12-烯-3-酸) | dihydroroburic acid (3, 4-*seco*-urs-12-en-3-oic acid) |
| $\Delta^{2,4}$-二氢邻苯二甲酸酐 | $\Delta^{2,4}$-dihydrophthalic anhydride |
| 二氢磷酸(2*R*)-1, 2-二羟基丙酯 | (2*R*)-1, 2-dihydroxypropyl dihydrogen phosphate |
| 二氢磷酸(2*S*)-2, 3-二羟基丙酯 | (2*S*)-2, 3-dihydroxypropyl dihydrogen phosphate |

| 23-二氢灵芝酸 N | 23-dihydroganoderic acid N |
|---|---|
| 二氢柳叶黄薇碱 | dihydrolyfoline |
| 5, 6-二氢柳叶野扇花定 | 5, 6-dihydrosarconidine |
| 二氢路因碱 | dihydroruine |
| 二氢轮叶十齿草碱 (二氢轮叶十齿水柳碱) | dihydroverticillatine |
| 2, 3-二氢罗汉松内酯 | 2, 3-dihydropodolide |
| 4′, 7′-二氢螺 [1, 3-二氧杂环戊烷-2, 2′-[4, 7] 环氧茚] | 4′, 7′-dihydrospiro [1, 3-dioxolane-2, 2′-[4, 7] epoxyindene] |
| 二氢骆驼蓬满碱 (二氢哈尔满) | dihydroharman |
| (1′*S*, 4*E*)-2, 3-二氢落叶醇 | (1′*S*, 4*E*)-2, 3-dihydroabscisic alcohol |
| 3, 4-二氢马鞭草苷 (3, 4-二氢马鞭草素) | 3, 4-dihydroverbenalin |
| 3, 4-二氢马鞭草醛 | 3, 4-dihydroverbenal |
| 6-二氢马鞭草素 | 6-dihydroverbenalin |
| 19-二氢马利筋素 (19-二氢马利筋属苷) | 19-dihydroasclepin |
| 二氢马铃薯叶甲定 | dihydroleptinidine |
| 二氢马桑米亭 | dihydrocoriamyrtin |
| 二氢马桑素 | dihydrotutin |
| 二氢麦角胺 | diergotan |
| D-二氢麦角醇 | D-dihydroxysergol |
| 二氢麦角碱 | circanol |
| 二氢麦角柯宁碱 | dihydroergocornine |
| 22, 23-二氢麦角甾醇 | 22, 23-dihydroergosterol |
| 二氢毛茶碱 | dihydroantirhine |
| 二氢毛茛苷元 | γ-hydroxymethyl-γ-butyrolactone |
| 二氢毛茛宁 | dihydroranunculinin |
| 二氢毛果青茶菜素 | dihydroisodocarpin |
| 二氢毛果延命草奥宁 | dihydrocarpalasionin |
| 11, 13-脱氢毛含笑内酯 (11, 13-脱氢绒叶含笑内酯) | 11, 13-dehydrolanuginolide |
| 二氢猕猴桃内酯 (二氢猕猴桃素) | dihydroactinidiolide |
| 二氢嘧啶酮 | dihydropyrimidinone |
| 二氢麽木苷 (二氢山茱萸素) | dihydrocornin |
| 二氢茉莉酮 | dihydrojasmone |
| 二氢茉莉酮酸甲酯 | methyl dihydrojasmonate |
| 二氢莫那可林 L | dihydromonacolin L |
| 11α, 13-二氢墨西哥蒿素 | 11α, 13-dihydroestafiatin |
| 11, 13-二氢母菊酮素 | 11, 13-dihydromatricarin |
| 二氢木豆素 | dihydrocajanin |
| 二氢木蝴蝶素 A (5, 7-二羟基-6-甲氧基黄烷酮) | dihydrooroxylin A (5, 7-dihydroxy-6-methoxyflavanone) |
| 11β, 13-二氢木兰内酯 | 11β, 13-dihydromagnolialide |
| (*S*)-2, 3-二氢木犀草素 | (*S*)-2, 3-dihydroluteolin |
| 二氢木犀草素 | dihydroluteolin |

| | |
|---|---|
| 二氢木香内酯 | dihydrocostuslactone |
| 11β, 13-二氢木香烯内酯 | 11β, 13-dihydrocostunolide |
| 二氢木香烯内酯 | dihydrocostunolide |
| 20, 21-二氢穆氏鸡骨常山碱 | 20, 21-dihydroalstonerine |
| 1, 4-二氢萘 | 1, 4-dihydronaphthalene |
| 3, 4-二氢萘-1 (2*H*)-酮 | 3, 4-dihydronaphthalen-1 (2*H*)-one |
| 1, 2-二氢萘-2-亚胺 | 1, 2-dihydronaphthalen-2-imine |
| 3, 4-二氢萘并 [2, 3-*c*] 吡喃-1-酮 | 3, 4-dihydronaphtho [2, 3-*c*] pyran-1-one |
| 2″, 3″-二氢南方贝壳杉双黄酮-7, 4′-二甲醚 | 2″, 3″-dihydrorobustaflavone-7, 4′-dimethyl ether |
| 二氢南美牛奶藤醇 (二氢牛奶菜醇) A | dihydroconduritol A |
| 二氢尼罗河杜楝素 (二氢尼洛替星) | dihydroniloticin |
| 22, 23-二氢尼莫西诺 | 22, 23-dihydronimocinol |
| 二氢拟芸香胺 | dihydrohaplamine |
| 7, 8-二氢鲶鱼黄质 | 7, 8-dihydroparasiloxanthin |
| 19-二氢牛角瓜亭 | 19-dihydrocalactin |
| (3*R*)-3, 4-二氢牛眼马钱林碱 | 3*R*-3, 4-dihydroangustoline |
| (3*S*)-3, 4-二氢牛眼马钱林碱 | 3*S*-3, 4-dihydroangustoline |
| 3, 14-二氢牛眼马钱托林碱 (3, 14-二氢牛眼马钱林碱) | 3, 14-dihydroangustoline |
| 24, 25-二氢牛油果烯醇乙酸酯 | 24, 25-dihydroparkeol acetate |
| (*E*)-二氢欧洲赤公素-2-羧基-5-*O*-β-D-吡喃葡萄糖苷 | (*E*)-dihydropinosylvin-2-carboxy-5-*O*-β-D-glucopyranoside |
| (*E*)-二氢欧洲赤松素-3-*O*-β-D-吡喃葡萄糖苷 | (*E*)-dihydropinosylvin-3-*O*-β-D-glucopyranoside |
| 二氢帕夏查耳酮 (二氢肾石苣苔酮) | dihydropashanone |
| D-二氢蒎脑 | D-dihydropinol |
| 14, 15-二氢攀援山橙碱 | 14, 15-dihydroscandine |
| 二氢苹婆酸 | dihydrosterculic acid |
| 11α, 13-二氢葡萄糖基中美菊素 C | 11α, 13-dihydroglucozaluzanin C |
| 11β, 13-二氢蒲公英酸 | 11β, 13-dihydrotaraxinic acid |
| 11, 13-二氢蒲公英酸-1′-*O*-β-D-吡喃葡萄糖苷 | 11, 13-dihydrotaraxinic acid-1′-*O*-β-D-glucopyranoside |
| 11β, 13-二氢蒲公英酸-β-吡喃葡萄糖酯 | 11β, 13-dihydrotaraxinic acid-β-glucopyranosyl ester |
| 3′, 4′-二氢千金藤松宾碱 | 3′, 4′-dihydrostephasubine |
| 14, 15-二氢乔德雷素 (14, 15-二氢乔德黄芩素) A～T | 14, 15-dihydrojodrellins A～T |
| 二氢芹菜素 | dihydroapigenin |
| 二氢青蒿素 B | dihydroarteannuin B |
| (11*R*)-(–)-二氢青蒿酸 | (11*R*)-(–)-dihydroartemisinic acid |
| 二氢青蒿酸 | dihydroartemisinic acid |
| 3, 9-二氢秋凤梨百合素 | 3, 9-dihydroeucomnalin |
| 二氢去甲毒马钱碱 (二氢去甲托锡弗林) Ⅰ | dihydronortoxiferine Ⅰ |
| 8, 14-二氢去甲多花罂粟碱 | 8, 14-dihydronorsalutaridine |
| 19, 20-二氢去甲氧羧基伏康树辛 | 19, 20-dihydrodecarbomethoxyvobasine |
| 二氢去甲一叶萩碱 | dihydronorsecurinine |

| 二氢去酰伽氏矢车菊素 | dihydrodesacyl janerin |
|---|---|
| 11α, 13-二氢去酰伽氏矢车菊素-(4-羟基巴豆酸酯) | 11α, 13-dihydrodesacyl janerin-(4-hydroxytiglate) |
| 11α, 13-二氢去酰洋蓟苦素 | 11α, 13-dihydrodesacyl cynaropicrin |
| 二氢去酰洋蓟苦素 | dihydrodesacyl cynaropicrin |
| 11α, 13-二氢去酰洋蓟苦素-(4-羟基巴豆酸酯) | 11α, 13-dihydrodesacyl cynaropicrin-(4-hydroxytiglate) |
| 2, 3-二氢去乙酰氧基母菊内酯 | 2, 3-dihydrodeacetoxymatricin |
| 二氢染料木苷 | dihydrogenistin |
| 二氢人参酮炔醇 | dihydropanaxacol |
| 二氢肉桂卡斯苷 | dihydrocinnacasside |
| 二氢肉珊瑚素 (二氢肉珊瑚苷元) | dihydrosarcostin |
| 二氢瑞诺木烯内酯 | dihydroreynosin |
| 11β, 13-二氢瑞诺素 (11β, 13-二氢瑞诺木烯内酯) | 11β, 13-dihydroreynosin |
| 1, 2-二氢瑞香毒素 | 1, 2-dihydrodaphnetoxin |
| 二氢瑞香多灵 B | dihydrodaphnodorin B |
| (±)-二氢萨阿米芹定 | (±)-dihydrosamidin |
| 2, 3 -二氢噻吩 | 2, 3-dihydrothiophene |
| 二氢桑色素 | dihydromorin |
| 5, 7-二氢色原酮-7-新橙皮糖苷 | 5, 7-dihydrochromone-7-neohesperidoside |
| 二氢沙米丁 | dihydrosamidin |
| 二氢沙米丁 (异戊氢吡豆素) | dihydrosamidin (dimidin) |
| 二氢山地乌头胺 | dihydromonticamine |
| 11, 13-二氢山金车素 | 11, 13-dihydroarnifolin |
| (2*R*, 3*R*)-二氢山柰酚 | (2*R*, 3*R*)-dihydrokaempferol |
| 二氢山柰酚 (香橙素) | dihydrokaempferol (aromadendrin, aromadendrine) |
| 二氢山柰酚-3-*O*-α-L-吡喃鼠李糖苷 (黄杞苷) | dihydrokaempferol-3-*O*-α-L-rhamnopyranoside (engelitin, engeletin) |
| (2*R*, 3*R*)-二氢山柰酚-3-*O*-β-D-吡喃葡萄糖苷 | (2*R*, 3*R*)-dihydrokaempferol-3-*O*-β-D-glucopyranoside |
| 二氢山柰酚-3-α-L-吡喃鼠李糖苷-5-*O*-β-D-吡喃葡萄糖苷 | dihydrokaempferol-3-α-L-rhamnopyranoside-5-*O*-β-D-glucopyranoside |
| 二氢山柰酚-3-α-L-鼠李糖苷-5-*O*-β-D-葡萄糖苷 | dihydrokaempferol-3-α-L-rhamnoside-5-*O*-β-D-glucoside |
| (2*R*, 3*R*)-二氢山柰酚-4-*O*-β-D-吡喃葡萄糖苷 | (2*R*, 3*R*)-dihydrokaempferol-4-*O*-β-D-glucopyranoside |
| 二氢山柰酚-4′-木糖苷 | dihydrokaempferol-4′-xyloside |
| 二氢山柰酚-5-*O*-β-D-吡喃葡萄糖苷 | dihydrokaempferol-5-*O*-β-D-glucopyranoside |
| 二氢山柰酚-7-*O*-β-D-吡喃葡萄糖苷 | dihydrokaempferol-7-*O*-β-D-glucopyranoside |
| 二氢山柰素 | dihydrokaempferide |
| 二氢山柰素-3-葡萄糖醛酸苷 | dihydrokaempferide-3-glucuronide |
| 二氢山芹醇 (二氢欧罗塞醇) | dihydrooroselol |
| 二氢山芹醇苷 | columbiananine |
| 11β, 13-二氢山莴苣素 | 11β, 13-dihydrolactucin |
| 11β, 13-二氢山莴苣素乙酸酯 (11β, 13-二氢莴苣内酯乙酸酯) | 11β, 13-dihydrolactucin acetate |

| | |
|---|---|
| 5, 6-二氢山茱萸诺苷 | 5, 6-dihydrocornoside |
| 3, 4-二氢珊瑚木苷 | 3, 4-dihydroaucubin |
| 11β, 13-二氢珊塔玛内酯 | 11β, 13-dihydrosantamarin |
| 8, 15-二氢石杉宁碱 | 8, 15-dihydrohuperzinine |
| 二氢石松碱 | dihydrolycopodine |
| 8, 15-二氢石松哌碱 A | 8, 15-dihydrolycoparin A |
| 二氢石蒜碱 | dihydrolycorine |
| α-二氢石蒜碱 | α-dihydrolycorine |
| 二氢薯蓣碱 | dihydrodioscorine |
| 2, 3-二氢水芹醇 | 2, 3-dihydrooenanthetol |
| 二氢睡菜苦苷 (二氢睡菜根苷乙、二氢睡菜辛) | dihydrofoliamenthin |
| 23, 24-二氢睡茄内酯 Ⅵ | 23, 24-dihydrowithanolide Ⅵ |
| 24, 25-二氢睡茄内酯 A～D | 24, 25-dihydrowithanolide A～D |
| 2, 3-二氢睡茄内酯 E | 2, 3-dihydrowithanolide E |
| 二氢睡茄内酯 E | dihydrowithanolide E |
| 2, 3-二氢睡茄酮-3β-*O*-硫酸盐 | 2, 3-dihydrowithanone-3β-*O*-sulfate |
| 二氢松柏醇 | dihydroconiferyl alcohol |
| 二氢松柏醇阿魏酸酯 | dihydroconiferyl ferulate |
| 8, 9-二氢素馨素 (8, 9-二氢素馨苦苷) | 8, 9-dihydrojasminin |
| 二氢苏里南维罗蔻木定 | dihydrocarinatidin |
| 二氢酸浆苦素 B | dihydrophysalin B |
| 二氢蒜氨酸 | dihydroalliin |
| (2*S*)-2, 3-二氢穗花杉双黄酮 | (2*S*)-2, 3-dihydroamentoflavone |
| (2″*S*)-2″, 3″-二氢穗花杉双黄酮 | (2″*S*)-2″, 3″-dihydroamentoflavone |
| 2, 3-二氢穗花杉双黄酮 | 2, 3-dihydroamentoflavone |
| (2*S*)-2, 3-二氢穗花杉双黄酮-4′-甲醚 | (2*S*)-2, 3-dihydroamentoflavone-4′-methyl ether |
| (2″*S*)-2″, 3″-二氢穗花杉双黄酮-4′-甲醚 | (2″*S*)-2″, 3″-dihydroamentoflavone-4′-methyl ether |
| 二氢莎草醌 | dihydrocyperaquinone |
| (11*R*)-11, 13-二氢塔揣定 [(11*R*)-11, 13-二氢三齿蒿定] A、B | (11*R*)-11, 13-dihydrotatridins A, B |
| 3-二氢拓闻烯酮 G | 3-dihydroteuvincenone G |
| $\Delta^{2,4}$-二氢酞酐 | $\Delta^{2,4}$-dihydrophthalic anhydride |
| 二氢酞酐 | dihydrophthalic anhydride |
| 13-二氢特勒内酯 | 13-dihydrotelekin |
| 11α, 13-二氢特勒内酯 | 11α, 13-dihydrotelekin |
| 11 (13)-二氢特勒内酯 [11 (13)-二氢特勒菊素] | 11 (13)-dihydrotelekin |
| 8, 15-二氢藤石松碱 (8, 15-二氢石松哌碱) A | 8, 15-dihydrolycoparin A |
| (–)-二氢天料木辛 | (–)-dihydrohomalicine |
| 11α, 13-二氢天名精醇 | 11α, 13-dihydrocarabrol |
| 二氢凸尖花椒二醇 | dihydrocuspidiol |

| | |
|---|---|
| 11, 13-二氢土木香内酯 | 11, 13-dihydroalantolactone |
| 11α, 13-二氢土木香内酯 | 11α, 13-dihydroalantolactone |
| 3β-二氢团花碱 | 3β-dihydrocadambine |
| 3α-二氢团花碱 (3α-二氢卡丹宾碱) | 3α-dihydrocadambine |
| 二氢团花碱 (二氢卡丹宾) | dihydrocadambine |
| 二氢豚草素 | damsin |
| 二氢豚草酸 | damsinic acid |
| (7*S*, 8*R*)-二氢脱氢二松柏醇 | (7*S*, 8*R*)-dihydrodehydrodiconiferyl alcohol |
| (–)-(7*S*, 8*R*)-二氢脱氢二松柏醇 | (–)-(7*S*, 8*R*)-dihydrodehydrodiconiferyl alcohol |
| (+)-二氢脱氢二松柏醇 | (+)-dihydrodehydrodiconiferyl alcohol |
| 二氢脱氢二松柏醇 | dihydrodehydrodiconiferyl alcohol |
| (7′*R*, 8′*S*)-二氢脱氢二松柏醇-4′-*O*-β-D-吡喃葡萄糖苷 | (7′*R*, 8′*S*)-dihydrodehydrodiconiferyl alcohol-4′-*O*-β-D-glucopyranoside |
| (7*S*, 8*R*)-二氢脱氢二松柏醇-4-*O*-β-D-吡喃葡萄糖苷 | (7*S*, 8*R*)-dihydrodehydrodiconiferyl alcohol-4-*O*-β-D-glucopyranoside |
| (–)-(7*S*, 8*R*)-二氢脱氢二松柏醇-4-*O*-β-D-吡喃葡萄糖苷 | (–)-(7*S*, 8*R*)-dihydrodehydrodiconiferyl alcohol-4-*O*-β-D-glucopyranoside |
| 二氢脱氢二松柏醇-4-*O*-β-D-吡喃葡萄糖苷 | dihydrodehydrodiconiferyl-4-*O*-β-D-glucopyranoside |
| 二氢脱氢二松柏醇-4-*O*-β-D-葡萄糖苷 | dihydrodehydrodiconiferyl-4-*O*-β-D-glucoside |
| (7R, 8S, 7′S)-二氢脱氢二松柏醇-7′-羟基-4-*O*-β-D-吡喃葡萄糖苷 | (7R, 8S, 7′S)-dihydrodehydrodiconiferyl alcohol-7′-hydroxy-4-*O*-β-D-glucopyranoside |
| (7*S*, 8*R*, 7′*S*)-二氢脱氢二松柏醇-7′-羟基-4-*O*-β-D-吡喃葡萄糖苷 | (7*S*, 8*R*, 7′*S*)-dihydrodehydrodiconiferyl alcohol-7′-hydroxy-4-*O*-β-D-glucopyranoside |
| (7*R*, 8*S*)-二氢脱氢二松柏醇-7′-氧亚基-4-*O*-β-D-吡喃葡萄糖苷 | (7*R*, 8*S*)-dihydrodehydrodiconiferyl alcohol-7′-oxo-4-*O*-β-D-glucopyranoside |
| (7*S*, 8*R*)-二氢脱氢二松柏醇-9′-*O*-β-D-吡喃葡萄糖苷 | (7*S*, 8*R*)-dihydrodehydrodiconiferyl alcohol-9′-*O*-β-D-glucopyranoside |
| (–)-(7*S*, 8*R*)-二氢脱氢二松柏醇-9′-*O*-β-D-吡喃葡萄糖苷 | (–)-(7*S*, 8*R*)-dihydrodehydrodiconiferyl alcohol-9′-*O*-β-D-glucopyranoside |
| (7*R*, 8*R*)-二氢脱氢二松柏醇-9′-*O*-β-D-吡喃葡萄糖苷 | (7*R*, 8*R*)-dihydrodehydrodiconiferyl alcohol-9′-*O*-β-D-glucopyranoside |
| (7*R*, 8*S*)-二氢脱氢二松柏醇-9′-*O*-β-D-吡喃葡萄糖苷 | (7*R*, 8*S*)-dihydrodehydrodiconiferyl alcohol-9′-*O*-β-D-glucopyranoside |
| (7*S*, 8*S*)-二氢脱氢二松柏醇-9-*O*-β-D-吡喃葡萄糖苷 | (7*S*, 8*S*)-dihydrodehydrodiconiferyl alcohol-9-*O*-β-D-glucopyranoside |
| (7*S*, 8*R*)-二氢脱氢二松柏醇-9-*O*-β-D-葡萄糖苷 | (7*S*, 8*R*)-dihydrodehydrodiconiferyl alcohol-9-*O*-β-D-glucoside |
| 二氢脱氢二松柏醇-9-*O*-β-D-葡萄糖苷 | dihydrodehydrodiconiferyl-9-*O*-β-D-glucoside |
| 二氢脱氢二松柏醇-9-异戊酸酯 | dihydrodehydrodiconiferyl-9-isovalerate |
| (7*R*, 8*S*)-二氢脱氢二松柏醇-二-9, 9′-*O*-β-D-吡喃葡萄糖苷 | (7*R*, 8*S*)-dihydrodehydrodiconiferyl alcohol-di-9, 9′-*O*-β-D-glucopyranoside |
| 二氢脱氢二松柏烯醇 | dihydrodehydrodiconifenyl alcohol |

E

| 二氢脱氢广木香内酯 | mokkolactone |
|---|---|
| 二氢脱氢木香内酯 | dihydrodehydrocostuslactone |
| 11β*H*-11, 13-二氢脱氢木香内酯-8-*O*-β-D-葡萄糖苷 | 11β*H*-11, 13-dihydrodehydrocostuslactone-8-*O*-β-D-glucoside |
| 二氢脱氢木香烯内酯 | dihydrodehydrocostunolide |
| (7*R*, 8*S*)-二氢脱氢双松柏醇 | (7*R*, 8*S*)-dihydrodehydrodiconiferyl alcohol |
| (7*S*, 8*R*)-二氢脱氢松柏醇 | (7*S*, 8*R*)-dihydrodehydroconiferyl alcohol |
| 二氢脱水浦杜赫素 | dihydroanhydropodorhizol |
| 二氢脱氧垂石松碱 | dihydrodeoxycernuine |
| 11, 13-二氢脱氧地胆草内酯 | 11, 13-dihydrodeoxyelephantopin |
| 17, 19-二氢脱氧地胆草内酯 | 17, 19-dihydrodeoxyelephantopin |
| 二氢薇甘菊内酯 | dihydromikanolide |
| 二氢维氏巴豆素 | dihydrocroverin |
| 二氢乌本苷 (二氢乌本箭毒苷、哇巴因) | dihydroouabain |
| 二氢吴茱萸次碱 | dihydrorutaecarpine |
| 二氢吴茱萸卡品碱 | dihydroevocarpine |
| 二氢五蕊翠雀碱 | dihydrogadesine |
| 二氢西贝母宁 | dihydroimpranine |
| 二氢西特斯日钦碱 (二氢长春钦碱、二氢西日京) | dihydrositsirikine |
| 二氢稀疏木瓣树胺 | dihydrodiscretamine |
| 18, 19-二氢狭花马钱碱 | 18, 19-dihydroangustine |
| 3, 14-二氢狭花马钱碱 | 3, 14-dihydroangustine |
| (*E*)-15, 16-二氢下层树炔酸 | (*E*)-15, 16-dihydrominquartynoic acid |
| 3, 4-二氢香豆素 | 3, 4-dihydrocoumarin |
| 二氢香豆素 | melilotol |
| 二氢香豆酸-*O*-β-D-吡喃葡萄糖苷 | dihydrocoumaric acid-*O*-β-D-glucopyranoside |
| 二氢香豆酮 | dihydrocoumarone |
| (+)-二氢香芹醇 | (+)-dihydrocarveol |
| 二氢香芹醇 (二氢葛缕醇) | dihydrocarveol |
| 二氢香芹醇乙酸酯 | dihydrocarveyl acetate |
| (–)-二氢香芹酚基-β-D-葡萄糖苷 | (–)-dihydrocarvy-β-D-glucoside |
| (+)-二氢香芹酮 | (+)-dihydrocarvone |
| 二氢香芹酮 (二氢葛缕酮) | dihydrocarvone |
| 二氢小白菊内酯 | dihydroparthenolide |
| 二氢小檗碱 | dihydroberberine |
| 二氢小麦黄素 | dihydrotricin |
| 二氢小皮伞酮 | dihydromarasomone |
| 二氢邪蒿素 (二氢邪蒿内酯) | dihydroseselin |
| 5, 6-二氢缬草三酯 | 5, 6-dihydrovalepotriate |
| 二氢缬草三酯 | dihydrovaltrate |

| 二氢溴酸奎宁 | quinine dihydrobromide |
|---|---|
| 二氢血根碱 | dihydrosanguinarine |
| 二氢鸦胆子苦醇 | dihydrobrusatol |
| 二氢鸦胆子苦素 | dihydrobruceine |
| 二氢鸦胆子宁 A | dihydrobruceajavanin A |
| 二氢崖摩宁 | dihydroamooranin |
| 二氢芫荽素 (二氢芫荽异香豆素) | dihydrocoriandrin |
| β-二氢岩藻甾醇 | β-dihydrofucosterol |
| 二氢眼黄素 (二氢虫眼黄素) | dihydroxanthommatin |
| 二氢羊毛甾醇 (二氢羊毛脂醇) | dihydrolanosterol |
| 二氢羊毛脂艾格醇 | dihydroagnosterol |
| 二氢杨梅素 (二氢杨梅树皮素) | dihydromyricetin |
| (2*R*, 3*R*)-二氢杨梅素-3′-*O*-葡萄糖苷 | (2*R*, 3*R*)-dihydromyricetin-3′-*O*-glucoside |
| 二氢洋槐黄素 (二氢刺槐乙素) | dihydrorobinetin |
| 11α, 13-二氢洋蓟苦素 | 11α, 13-dihydrocynaropicrin |
| 二氢榉黄素 (榉树醇) | keyakinol |
| 二氢药用樱草皂苷元 A | dihydropriverogenin A |
| 2, 3-二氢野鸢尾苷元 | 2, 3-dihydroirigenin |
| 3β, 4β-二氢叶苞菊酮 | 3β, 4β-dihydropallenone |
| 二氢一叶萩碱 | dihydrosecurinine |
| 二氢一枝黄花精酮 | dihydrosolidagenone |
| 11, 13-二氢依瓦菊林 | 11, 13-dihydroivalin |
| 15, 16-二氢蚁大青二醇 | 15, 16-dihydroformidiol |
| 二氢异-α-风铃木醌 | dihydroiso-α-lapachone |
| 二氢异阿魏酸 | dihydroisoferulic acid |
| 二氢异苯并呋喃 | phthalan |
| 1, 3-二氢异苯并呋喃-1, 3-二酮 | 1, 3-dihydroisobenzofuran-1, 3-dione |
| 19, 20-二氢异长春钦碱 | 19, 20-dihydroisositsirikine |
| 12-二氢异臭椿酮 | 12-dihydroisoailanthone |
| 二氢异丹参酮 I | dihydroisotanshinone I |
| (+)-8, 9-二氢异东方罂粟酮 | (+)-8, 9-dihydroisoorientalinone |
| 二氢异葫芦素 B | dihydroisocucurbitacin B |
| 二氢异葫芦素-β-25-乙酸酯 | dihydroisocucurbitacin-β-25-acetate |
| (+)-8, 9-二氢异疆罂粟酮 | (+)-8, 9-dihydroisoroemerialinone |
| 二氢异奎胺 | dihydroisoquinamine |
| 二氢异葡萄糖基紫箕内酯 (二氢异紫萁内酯苷) | dihydroisoomundalin |
| 二氢异石榴皮碱 | dihydroisopelletierine |
| 二氢异鼠李素 | dihydroisorhamnetin |
| 二氢异藤黄宁 | dihydroisomorellin |
| 11, 13-二氢异土木香内酯 | 11, 13-dihydroisoalantolactone |

| | |
|---|---|
| 11α, 13-二氢异土木香内酯 | 11α, 13-dihydroisoalantolactone |
| 二氢异土木香内酯 | dihydroisoalantolactone |
| (a*R*, 7*R*)-二氢异香桂醇 | (a*R*, 7*R*)-dihydroisosubamol |
| 二氢异止泻木西明 (二氢锥丝明) | dihydroisoconessimine |
| 二氢异紫萁林素 (二氢紫萁内酯苷) | dihydroisoosmundalin |
| 5, 6-二氢缢缩马兜铃碱 | 5, 6-dihydroconstrictosine |
| 二氢吲哚吡啶可灵 | dihydroindolopyridocoline |
| 二氢隐脉白坚木定 | dihydroobscurinervidine |
| 二氢隐脉白坚木碱 | dihydroobscurinervine |
| 二氢樱黄素 | padmakastein |
| 二氢硬桤木酮醇 A | dihydroyashabushiketol |
| 6α, 12α-二氢鱼藤素 | 6α, 12α-dihydrodeguelin |
| 二氢鱼藤酮 | dihydrorotenone |
| 11α, 13-二氢羽状堆心菊素 | 11α, 13-dihydropinnatifidin |
| 二氢玉蜀黍嘌呤 (二氢玉米素) | dihydrozeatin |
| 二氢玉蜀黍嘌呤-*O*-β-D-吡喃葡萄糖苷 | dihydrozeatin-*O*-β-D-glucopyranoside |
| 二氢玉蜀黍嘌呤-*O*-β-D-吡喃葡萄糖基-9-β-D-呋喃核糖苷 | dihydrozeatin-*O*-β-D-glucopyranosyl-9-β-D-ribofuranoside |
| 2, 3-二氢郁金素 | 2, 3-dihydroaromomaticin |
| (+)-二氢愈创木脂酸 | (+)-dihydroguaiaretic acid |
| 二氢愈创木脂酸 | dihydroguaiaretic acid |
| 二氢原地衣硬酸 | dihydroprotolichesterinic acid |
| 8, 9-二氢原厚壳桂螺酮碱 | 8, 9-dihydroprooxocryptochine |
| 二氢原吐根碱 | dihydroprotoemetine |
| 2′, 3′-二氢原芫花酮 | 2′, 3′-dihydroprotogenkwanone |
| 二氢圆锥茎阿魏素 | dihydroconferin |
| 二氢月桂烯 | dihydromyrcene |
| 二氢甾酮 | dihydrosterone |
| 11β, 13-二氢泽兰内酯 | 11β, 13-dihydroeupatolide |
| 2, 3-二氢粘果酸浆内酯 B | 2, 3-dihydroixocarpalactone B |
| 二氢掌叶防己碱 (二氢巴马亭) | dihydropalmatine |
| 二氢柘树黄酮 A、B | dihydrocudraflavones A, B |
| 二氢芝麻素 | dihydrosesamin |
| 二氢止泻木瑞辛 | dihydroconkuressine |
| 二氢芪 | dihydrostilbene |
| 11α, 13-二氢中美菊素 C | 11α, 13-dihydrozaluzanin C |
| 4β, 15-二氢中美菊素 A～C | 4β, 15-dihydrozaluzanins A～C |
| 2, 3-二氢珠藓黄酮 (2, 3-二氢泽藓黄酮) | 2, 3-dihydrophilonotisflavone |
| 二氢柱果内雄楝素 E 乙酸酯 | dihydrosapelin E acetate |
| 二氢锥丝碱 (二氢止泻木奈辛) | dihydroconessine |

| 二氢锥丝新 | dihydroconcuressine |
|---|---|
| 2, 3-二氢孜然芹醛 | 2, 3-dihydrocuminal |
| 二氢孜然芹醛 | dihydrocuminal |
| 二氢梓醇 | dihydrocatalpol |
| 3, 4-二氢梓实苷 | 3, 4-dihydrocatalposide |
| 二氢紫丁香苷 | dihydrosyringin |
| 1, 3-二氢紫杉素 (1, 3-二氢紫杉宁、1, 3-二氢红豆杉素) | 1, 3-dihydrotaxinine |
| 二氢紫苏醇 | dihydroperilla alcohol |
| 22, 23-二氢紫穗槐醇苷元 | 22, 23-dihydroamorphigenin |
| 二氢棕儿茶单宁 | dihydrogambirtannine |
| 二氢醉椒苦素 | dihydromethysticin |
| 二氢醉椒素 | dihydrokawain |
| 二氢醉茄素 A | dihydrowithaferin A |
| 1, 3-二取代异丙基-5-甲苯 | 1, 3-diisopropyl-5-methyl benzene |
| 3′, 4′-二去磺酸基欧苍术二萜苷 | 3′, 4′-didesulphatedatractyloside |
| 15, 16-二去甲半日花-8 (17)-烯-13-酮 (15, 16-二去甲-8 (17)-半日莸烯-13-酮) | 15, 16-dinorlabd-8 (17)-en-13-one |
| (+)-14, 15-二去甲半日花-8-烯-7, 13-二酮 | (+)-14, 15-bisnorlabd-8-en-7, 13-dione |
| 4′, 5-*O*-二去甲基环瓣蕊花格拉文 | 4′, 5-*O*-didemethylcyclogalgravin |
| (+)-3, 3′-二去甲基琉球络石醇 | (+)-3, 3′-bisdemethyl tanegool |
| 二去甲蓟罂粟碱 | bisnorargemonine |
| 二去甲罗米仔兰酰胺 | didemethyl rocaglamide |
| 16, 17-二去甲日本花柏醛 A | 16, 17-dinorpisferal A |
| 6, 6′-二去甲山豆根碱 | dauricoline |
| (+)-3, 3′-二去甲松脂素 | (+)-3, 3′-bisdemethyl pinoresinol |
| 3, 3′-二去甲松脂素 | 3, 3′-bisdemethyl pinoresinol |
| 3′-二去甲松脂素 (3′-二去甲松脂酚) | 3′-bisdemethyl pinoresinol |
| 二去甲伪三叉蕨素 | didemethyl pseudoaspidin |
| (19*E*)-9, 10-二去甲氧基-16-去羟基-11-甲氧基多花蓬莱葛碱 | (19*E*)-9, 10-didemethoxy-16-dehydroxy-11-methoxy-chitosenine |
| (19*E*)-9, 10-二去甲氧基-16-去羟基-11-甲氧基多花蓬莱葛碱-17-*O*-β-D-吡喃葡萄糖苷 | (19*E*)-9, 10-didemethoxy-16-dehydroxy-11-methoxy-chitosenine-17-*O*-β-D-glucopyranoside |
| (19*E*)-9, 10-二去甲氧基-16-去羟基多花蓬莱葛碱-17-*O*-β-D-吡喃葡萄糖苷 | (19*E*)-9, 10-didemethoxy-16-dehydroxychitosenine-17-*O*-β-D-glucopyranoside |
| (19*E*)-9, 18-二去甲氧基蓬莱葛胺 | (19*E*)-9, 18-didemethoxygardneramine |
| 5′, 5″-二去甲氧基松脂素 | 5′, 5″-didemethoxypinoresinol |
| 3, 3-二去甲氧基渥路可脂素 | 3, 3-didemethoxyverrucosin |
| (5′*R*)-3, 4-二去羟基-β, κ-胡萝卜烯-6′-酮 | (5′*R*)-3, 4-didehydroxy-β, κ-caroten-6′-one |
| 14, 15-二脱氢-10, 11-二甲氧基-16-表蔓长春花胺 | 14, 15-didehydro-10, 11-dimethoxy-16-epivincamine |
| 14, 15-二脱氢-10, 11-二甲氧基蔓长春花胺 | 14, 15-didehydro-10, 11-dimethoxyvincamine |

| | |
|---|---|
| 14, 15-二脱氢-10-羟基-11-甲氧基-16-表蔓长春花胺 | 14, 15-didehydro-10-hydroxy-11-methoxy-16-epivincamine |
| 14, 15-二脱氢-10-羟基-11-甲氧基蔓长春花胺 | 14, 15-didehydro-10-hydroxy-11-methoxyvincamine |
| 14, 15-二脱氢-16-表蔓长春花胺 | 14, 15-didehydro-16-epivincamine |
| 2, 3-二脱氢-5-*O*-甲基-11-表八角呋酮 E | 2, 3-didehydro-5-*O*-methyl-11-epiillifunone E |
| 2, 3-二脱氢-5-*O*-甲基八角呋酮 E | 2, 3-didehydro-5-*O*-methyl illifunone E |
| *O*, *N*-二去酰基-*N*-甲基粉蕊黄杨碱 A | *O*, *N*-dideacetyl-*N*-methyl pachysandrine A |
| 7, 14-二去酰石生诺顿菊酮 | 7, 14-bisdesacyl notonipetrone |
| 7, 13-二去乙酰基-9, 10-二去苯甲酰基紫杉奎宁 C | 7, 13-dideacetyl-9, 10-didebenzoyl taxchinin C |
| 7, 9-二去乙酰基巴卡亭 Ⅳ | 7, 9-dideacetyl baccatin Ⅳ |
| 2, 7-二去乙酰基-2, 7-二苯酰云南紫杉宁 F | 2, 7-dideacetyl-2, 7-dibenzoyl taxayunnanine F |
| 7, 9-二去乙酰基紫杉云亭 | 7, 9-dideacetyl taxayuntin |
| 7, 2′-二去乙酰氧基澳大利亚穗状红豆杉碱 (7, 2′-二去乙酰氧基穗花澳紫杉碱) | 7, 2′-didesacetoxyaustrospicatine |
| 二鞣花酸鼠李糖基-(1→4)-吡喃葡萄糖苷 | diellagic acid rhamnosyl-(1→4)-glucopyranoside |
| 1, 3-二肉桂酰-11-羟基苦楝子鹅耳枥 | 1, 3-dicinnamoyl-11-hydroxymeliacarpin |
| 二乳牛肝菌醌-4, 4 | diboviquinone-4, 4 |
| 二蕊紫苏定 | collinsonidin |
| 二蕊紫苏苷元 (石根草苷元) | collinsogenin |
| 2*H*, 6*H*-1, 5, 2-二噻嗪 | 2*H*, 6*H*-1, 5, 2-dithiazine |
| 1, 3-二噻烷 | 1, 3-dithiane |
| 二色波罗蜜素 A～C | styracifolins A～C |
| 二色波罗蜜辛 A～C | artostyracins A～C |
| 二色花鼠尾草醛 A、B | dichroanals A, B |
| 二色花鼠尾草酮 | dichroanone |
| 二色水仙碱 | bicolorin |
| 二色五味子灵 A | schisanbicolorin A |
| 二色五味子木脂素 A | schibicolignan A |
| 二砷杂蒽 | arsanthrene |
| 1-二十八醇 | 1-octacosanol |
| 10-二十八醇 | 10-octacosanol |
| 14-二十八醇 | 14-octacosanol |
| 二十八醇 | octacosanol |
| 二十八醇三十酸酯 | octacosanyl triacontanoate |
| 1-二十八醇乙酸酯 | 1-octacosanol acetate |
| 二十八醇棕榈酸酯 | octacosanyl palmitate |
| 二十八酸 (廿八酸、褐煤酸) | octacosanoic acid (montanic acid) |
| 二十八酸-α-菠甾醇酯 | octocosoic acid-α-spinasterol ester |
| 二十八酸乙酯 | ethyl octacosanoate |
| 二十八酸羽扇豆醇酯 | lupeol octacosanoate |

| 二十八酸酯 | octacosanoate |
|---|---|
| 二十八碳-10-烯-1, 12-二醇 | octacos-10-en-1, 12-diol |
| 二十八碳-1-烯 | octacos-1-ene |
| (6*R*, 8*S*)-二十八碳二醇 | (6*R*, 8*S*)-octacosanediol |
| (7*R*, 9*S*)-二十八碳二醇 | (7*R*, 9*S*)-octacosanediol |
| 二十八碳二酸 | octacosanedioic acid |
| 二十八烷 | octacosane |
| 14-二十八烯 | 14-octacosene |
| 1-二十八酰基甘油酯 | 1-octacosanoyl glyceride |
| 10-二十醇 | 10-eicosanol |
| 1-二十醇 | 1-eicosanol |
| 二十醇 | eicosanol |
| 1-二十二醇 | 1-docosanol |
| 二十二醇 | docosanol |
| 二十二酸 (山嵛酸、辣木子油酸) | docosanoic acid (behenic acid) |
| 二十二酸-1-甘油酯 | monobehenin |
| 二十二酸单甘油酯 | glycerol monodocosanoate |
| 二十二酸二十酯 | eicosyl behenate |
| 二十二酸三十醇酯 | triacontanyl docosanoate |
| 二十二酸乙酯 | ethyl docosanoate |
| *syn*-二十二碳-4, 6-二醇 | *syn*-docos-4, 6- diol |
| 1, 22-二十二碳二醇 | 1, 22-docosanediol |
| 二十二碳二酸 | docosanedioic acid |
| 二十二碳二烯酸 | docosadienoic acid |
| 二十二碳六烯酸 (色浮尼可酸) | docosahexaenoic acid (cervonic acid) |
| 9, 12, 15-二十二碳三烯醇 | 9, 12, 15-docosatrienol |
| 6, 9, 12, 15-二十二碳四烯酸甲酯 | methyl 6, 9, 12, 15-docosatetraenoate |
| 二十二碳酸 (廿二烷酸) | docosanoic acid |
| 二十二碳五烯酸 | docosapentenoic acid |
| 二十二烷 | docosane |
| 二十二烷酸环氧乙烷甲酯 | oxiranyl methyl docosanoate |
| *N*-二十二烷酰基苯甲酸乙酯 | ethyl *N*-docosanoyl anthranilate |
| 二十二烯酸 | docosenoic acid |
| (*Z*)-13-二十二烯酸 (芥酸、芝麻菜酸) | (*Z*)-13-docosenoic acid (erucic acid) |
| 13-二十二烯酰胺 (芥子酰胺) | 13-docosenamide (erucyl amide) |
| 2-二十九醇 | 2-nonacosanol |
| 10-二十九醇 | 10-nonacosanol |
| 1-二十九醇 | 1-nonacosanol |
| 二十九醇 | nonacosanol |
| 29-二十九内酯 | 29-nonacosanolide |

| | |
|---|---|
| 二十九酸 | nonacosanoic acid |
| 二十九酸羽扇豆醇酯 | lupeol nonacosanoate |
| 二十九碳-10-醇 | nonacos-10-ol |
| 二十九碳-15-醇 | nonacos-15-ol |
| 二十九碳-6, 10-二醇 | nonacos-6, 10-diol |
| 二十九碳-6, 21-二醇 | nonacos-6, 21-diol |
| 二十九碳-6, 8-二醇 | nonacos-6, 8-diol |
| (6*R*, 8*S*)-二十九碳二醇 | (6*R*, 8*S*)-nonacosanediol |
| (8*R*, 10*S*)-二十九碳二醇 | (8*R*, 10*S*)-nonacosanediol |
| 6, 10-二十九碳二醇 | 6, 10-nonacosanediol |
| 6, 21-二十九碳二醇 | 6, 21-nonacosanediol |
| 6, 8-二十九碳二醇 | 6, 8-nonacosanediol |
| 2-二十九酮 | 2-nonacosanone |
| 二十九酮 | nonacosanone |
| 10-二十九酮 | 10-nonacosanone |
| 二十九烷 | nonacosane |
| 二十六醇 (蜡醇) | hexacosanol (ceryl alcohol) |
| 二十六醇花生酸酯 | hexacosanol arachidate |
| 二十六醇辛酸酯 | hexacosanol octanoate |
| 二十六醇硬脂酸酯 | hexacosanol stearate |
| 二十六醇油酸酯 | hexacosanol oleate |
| 二十六醇棕榈酸酯 | hexacosanol palmitate |
| 二十六酸 (蜡酸) | hexacosanoic acid (cerotic acid) |
| 二十六酸-α-单甘油酯 | glycerol α-monohexacosanoate |
| 二十六酸-2, 3-二羟丙酯 | 2, 3-dihydroxypropyl hexacosanoate |
| 二十六酸甘油酯 | glycerol hexacosanoate |
| 二十六酸甲酯 | methyl hexacosanoate |
| 二十六碳-3, 6-二醇-12-酸 | hexaconsan-3, 6-diol-12-oic acid |
| 二十六烷 | hexacosane |
| 二十六烷-1-醇 | hexacosan-1-ol |
| 二十六烷醇 | hexacosyl alcohol |
| 1-*O*-二十六烷酰基甘油酯 | 1-cerotoyl glyceride |
| 二十六烯 | hexacosene |
| 3-二十六烯-25-酮 | heptacos-3-en-25-one |
| 二十六烯酸 | hexacosenoic acid |
| 2-二十七醇 | 2-heptacosanol |
| 14-二十七醇 | 14-heptacosanol |
| 1-二十七醇 | 1-heptacosanol |
| 二十七醇 | heptacosanol |
| 二十七酸 | heptacosanoic acid |

| 二十七酸二十七醇酯 | heptacosyl heptacosanoate |
|---|---|
| (6*R*, 8*S*)-二十七碳二醇 | (6*R*, 8*S*)-heptacosanediol |
| (8*R*, 10*S*)-二十七碳二醇 | (8*R*, 10*S*)-heptacosanediol |
| 2-二十七酮 | 2-heptacosanone |
| 二十七酮 | heptacosanone |
| 14-二十七酮 (肉豆蔻酮) | 14-heptacosanone (myristone) |
| 二十七烷 | heptacosane |
| 二十七烷-14-β-醇 | heptacosan-14-β-ol |
| 1-二十炔 | 1-eicosyne |
| 3-二十炔 | 3-eicosyne |
| 二十三-12-酮 | tricosan-12-one |
| 二十三-1-烯 | tricos-1-ene |
| 12-二十三醇 | 12-tricosanol |
| 7-二十三醇 | 7-tricosanol |
| 二十三醇 | tricosanol |
| 1-二十三酸 | 1-tricosanoic acid |
| 二十三酸 | tricosanoic acid |
| 二十三酸甲酯 | methyl tricosanoate |
| 二十三酸乙酯 | ethyl tricosanoate |
| 二十三烷 | tricosane |
| 11-二十三烯 | 11-tricosene |
| (*Z*)-9-二十三烯 | (*Z*)-9-tricosene |
| (*Z*)-14-二十三烯基甲酸酯 | (*Z*)-14-tricosenyl formate |
| 1-二十四醇 | 1-tetracosanol |
| 二十四醇 (木蜡醇) | tetracosanol (lignoceryl alcohol) |
| 二十四醇乙酸酯 | tetracosanyl acetate |
| 二十四酸 (木蜡酸) | tetracosanoic acid (lignoceric acid) |
| 1-α-二十四酸单甘油酯 | glycerol mono-1-α-tetracosanoate |
| 二十四酸单甘油酯 | glycerol monotetracosanoate |
| 二十四酸二十二酯 | docosanyl tetracosanoate |
| 二十四酸二十一醇酯 | heneicosanol tetracosanoate |
| 二十四酸甲酯 | methyl tetracosanoate |
| 二十四碳-20-烯-1, 18-二醇 | tetracos-20-en-1, 18-diol |
| 1, 24-二十四碳二醇二阿魏酸酯 | 1, 24-tetracosanediol diferulate |
| 二十四碳二烯酸 | tetracosadienoic acid |
| (11*Z*, 14*Z*, 18*Z*)-二十四碳三烯酸 | (11*Z*, 14*Z*, 18*Z*)-tetracosatrienoic acid |
| 二十四碳五烯酸 | tetracosapentaenoic acid |
| *N*-二十四碳酰胺基-$\Delta^4$-(5*E*), $\Delta^{11}$-1 (2*Z*)-鞘氨醇 | *N*-tetracosanamido-$\Delta^4$-5 (*E*), $\Delta^{11}$-1 (2*Z*)-sphingosine |
| 二十四烷 | tetracosane |
| (15*Z*)-二十四烯酸 (鲨鱼酸) | (15*Z*)-tetracosenoic acid (selacholeic acid) |

| 二十四酰基对羟基苯乙胺 | tetracosanoyl-*p*-hydroxyphenethyl amine |
|---|---|
| 二十四酰基对羟基苯乙胺（地丁酰胺） | tetracosanoyl-*p*-hydroxyphenethyl amine (violyedoenamide) |
| *N*-二十四硝基鞘氨醇葡萄糖 | *N*-lignoceryl sphingosyl glucose |
| 11-二十酸（11-花生酸） | 11-eicosanoic acid (11-arachidic acid) |
| 二十酸（花生酸、花生油酸） | eicosanoic acid (arachidic acid, arachic acid) |
| 二十酸 16-甲基-15, 16-十七二烯醇酯 | eicosanoic acid 16-methyl-15, 16-heptadecadienyl ester |
| 1-二十酸甘油酯 | glycerol 1-eicosanoate |
| 二十酸甲酯 | methyl eicosanoate |
| 二十酸十八酯 | octadecyl eicosanoate |
| 6′-*O*-[二十碳-(9″*Z*, 12″*Z*)-二烯酰]-β-D-葡萄糖基-β-谷甾醇 | 6′-*O*-[eicosa-(9″*Z*, 12″*Z*)-dienoyl]-β-D-glucosyl-β-sitosterol |
| (*E*)-二十碳-14-烯酸 | (*E*)-eicos-14-enoic acid |
| 二十碳二甲酸 | eicosanedicarboxylic acid |
| 1, 20-二十碳二酸 | 1, 20-eicosanedioic acid |
| 二十碳二酸 | eicosanedioic acid |
| 二十碳二烯 | eicosadiene |
| 11, 14-二十碳二烯酸 | 11, 14-eicosadienoic acid |
| 11, 14-二十碳二烯酸甲酯 | methyl 11, 14-eicosadienoate |
| 二十碳鞘氨醇烷 | icosasphinganine |
| (8*Z*, 11*Z*, 14*Z*)-二十碳三烯酸 | (8*Z*, 11*Z*, 14*Z*)-eicosatrienoic acid |
| 11, 14, 17-二十碳三烯酸 | 11, 14, 17-eicosatrienoic acid |
| 7, 10, 13-二十碳三烯酸 | 7, 10, 13-eicosatrienoic acid |
| 8, 11, 14-二十碳三烯酸 | 8, 11, 14-eicosatrienoic acid |
| 9, 12, 15-二十碳三烯酸 | 9, 12, 15-eicosatrienoic acid |
| (5*Z*, 8*Z*, 11*Z*)-二十碳三烯酸（蜂蜜酒酸） | (5*Z*, 8*Z*, 11*Z*)-eicosatrienoic acid (mead acid) |
| 二十碳三烯酸（花生三烯酸） | eicosatrienoic acid |
| 5, 11, 14-二十碳三烯酸（金松酸） | 5, 11, 14-eicosatrienoic acid (sciadonic acid) |
| 11, 14, 17-二十碳三烯酸甲酯 | methyl 11, 14, 17-eicosatrienoate |
| 二十碳四烯酸 | eicosatetraenoic acid |
| (*Z*)-5, 11, 14, 17-二十碳四烯酸甲酯 | methyl (*Z*)-5, 11, 14, 17-eicosatetraenoate |
| 二十碳五烯酸 | eicosapentaenoic acid |
| 5, 8, 11, 14, 17-二十碳五烯酸 | 5, 8, 11, 14, 17-eicosapentaenoic acid |
| (13*Z*)-二十碳烯酸（瓜拿纳酸） | (13*Z*)-eicosaenoic acid [paullinic acid, (13*Z*)-eicosenoic acid, 13-eicosenoic acid] |
| 二十烷 | eicosane |
| 二十五-1-烯 | pentacos-1-ene |
| 2-二十五醇 | 2-pentacosanol |
| 1-二十五醇 | 1-pentacosanol |
| 二十五醇 | pentacosanol |
| 二十五酸（新蜡酸） | pentacosanoic acid (neocerotic acid) |

| 二十五酸单甘油酯 | glycerol monopentacosanoate |
|---|---|
| (6*R*, 8*S*)-二十五碳二醇 | (6*R*, 8*S*)-pentacosanediol |
| 二十五烷 | pentacosane |
| (*Z*)-12-二十五烯 | (*Z*)-12-pentacosene |
| (*E*)-3-二十烯 | (*E*)-3-eicosene |
| 10-二十烯 | 10-eicosene |
| 1-二十烯 | 1-eicosene |
| 3-二十烯 | 3-eicosene |
| 5-二十烯 | 5-eicosene |
| 二十烯 | eicosene |
| (*Z*)-11, 19-二十烯醛 | (*Z*)-11, 19-eicosenal |
| 10-二十烯酸 | 10-eicosenoic acid |
| 9-二十烯酸 (鳕油酸) | 9-eicosenoic acid (gadoleic acid) |
| 11-二十烯酸甲酯 | methyl 11-eicosenoate |
| 3-*O*-[6′-*O*-(9*Z*)-二十烯酰基-β-D-吡喃葡萄糖酰] 谷甾醇 | 3-*O*-[6′-*O*-(9*Z*)-eicosenoyl-β-D-glucopyranosyl] sitosterol |
| 1-二十一醇 | 1-heneicosanol |
| 1-二十一酸 | 1-heneicosanoic acid |
| 二十一酸 | heneicosanoic acid |
| 二十一酸单甘油酯 | monoheneicosanoin |
| 二十一酸甲酯 | methyl heneicosanoate |
| *syn*-二十一碳-4, 6-二醇 | *syn*-heneicos-4, 6-diol |
| (6*R*, 8*S*)-二十一碳二醇 | (6*R*, 8*S*)-heneicosanediol |
| 二十一碳五烯酸 | heneicosapentaenoic acid |
| 二十一烷 | heneicosane |
| 5-二十一烷基-1, 3-二羟基苯 (5-二十一烷基间苯二酚) | 5-heneicosyl-1, 3-dihydroxybenzene |
| 10-二十一烯 | 10-heneicosene |
| 二十一烯 | heneicosene |
| 2, 4-二叔丁基-1, 3-戊二烯 | 2, 4-ditertbutyl-1, 3-pentadiene |
| 7, 9-二叔丁基-1-氧杂螺 [4.5]-6, 9-癸二烯-2, 8-二酮 | 7, 9-ditertbutyl-1-oxaspiro [4.5]-6, 9-decadien-2, 8-dione |
| 2, 6-二叔丁基-4-甲基苯酚 (2, 6-二叔丁基对甲酚、2, 6-二叔丁基对甲基苯酚) | 2, 6-di-*tert*-butyl-4-methyl phenol (2, 6-di-*tert*-butyl-*p*-cresol) |
| 3, 5-二叔丁基-4-羟基苯甲醛 | 3, 5-ditertbutyl-4-hydroxybenzaldehyde |
| 2, 4-二叔丁基苯酚 | 2, 4-ditertbutyl phenol |
| 2, 6-二叔丁基苯酚 | 2, 6-ditertbutyl phenol |
| 2, 6-二叔丁基对苯二酚 | 2, 6-ditertbutyl hydroquinone |
| 2, 6-二叔丁基对苯醌 | 2, 6-ditertbutyl-*p*-benzoquinone |
| 2, 6-二叔丁基对甲酚 (2, 6-二叔丁基-4-甲基苯酚、2, 6-二叔丁基对甲基苯酚) | 2, 6-di-*tert*-butyl-*p*-cresol (2, 6-di-*tert*-butyl-4-methyl phenol) |

| | |
|---|---|
| 2, 5-二叔丁基酚 | 2, 5-bis (1, 1-dimethyl ethyl) phenol |
| 5, 5-二叔丁基壬烷 | 5, 5-ditertbutyl nonane |
| 2, 4-二叔戊基苯酚 | 2, 4-ditertamyl phenol |
| 二水合瓜氨酸 | citrulline dihydrate |
| 二松香醇酸 | diabietinolic acid |
| 二酸 | dioic acid |
| 二缩氨基脲蓼二醛 | disemicarbazone polygodial |
| 二羰基 [(4, 5-η, κC1)-环庚-2, 4, 6-三烯-1-基] (η5-环戊二烯基) 钼 | dicarbonyl [(4, 5-η, κC1)-cyclohept-2, 4, 6-trien-1-yl] (η5-cyclopentadienyl) molybdenum |
| 11α, 12β-*O*, *O*-二惕各酰基-17β-通光藤苷元 B | 11α, 12β-*O*, *O*-ditigloyl-17β-tenacigenin B |
| 12β, 20-*O*-二惕各酰基水牛掌素糖苷 | 12β, 20-*O*-ditigloyl boucerin glycoside |
| 1α, 7α-二惕各酰氧基-3α-乙酰氧基-12α-乙氧基印楝波灵素 (1α, 7α-二惕各酰氧基-3α-乙酰氧基-12α-乙氧基印楝波力宁) | 1α, 7α-ditigloyloxy-3α-acetoxy-12α-ethoxynimbolinin |
| 3α, 6β-二惕各酰氧基-7β-羟基托品烷 | 3α, 6β-ditigloyloxy-7β-hydroxytropane |
| 3β, 6β-二惕各酰氧基-7β-羟基托品烷 | 3β, 6β-ditigloyloxy-7β-hydroxytropane |
| L-3α, 6β-二惕各酰氧基莨菪烷 | L-3α, 6β-ditigloyloxytropane |
| 3, 6-二惕各酰氧基托品烷 | 3, 6-ditigloyloxytropane |
| 二惕各酰氧基托品烷 (二惕各酰氧基莨菪烷) | ditigloyloxytropane |
| 二惕谷酰-D-二羟基托品烷 | ditigloyl-D-dihydroxytropane |
| 二萜过氧化物 | diterpene peroxide |
| 二萜化合物 EF-D | diterpenoid EF-D |
| 二萜萘嵌苯酮 | saloilenone |
| 二萜烯 | diterpenes |
| 3, 5-二酮-1, 7-二 (4-羟基-3-甲氧苯基) 庚烷 | 3, 5-dione-1, 7-bis (4-hydroxy-3-methoxyphenyl) heptane |
| 9, 10-二酮-3, 4-亚甲二氧基-8-甲氧基-9, 10-二氢菲酸 | 9, 10-dione-3, 4-methylenedioxy-8-methoxy-9, 10-dihydrophenanthrinic acid |
| 3, 17-二酮-5β-雄甾烷 | 3, 17-dione-5β-androatane |
| 14, 15-二脱氢-1 (1, 3)-苯杂环九蕃 | 14, 15-didehydro-1 (1, 3)-benzenacyclononaphane |
| (2β, 16*R*, 19*E*)-4, 5-二脱氢-1, 2-二氢-2-羟基-16-羟甲基苦籽木-4-季铵碱-17-甲酯 | (2β, 16*R*, 19*E*)-4, 5-didehydro-1, 2-dihydro-2-hydroxy-16-(hydroxymethyl)-akuammilan-4-ium-17-oate |
| 8, 9-二脱氢-10-羟基-6, 8-二甲基麦角灵 | 8, 9-didehydro-10-hydroxy-6, 8-dimethyl ergolin |
| (5α, 12β, 19α, 20*R*)-2, 3-二脱氢-16-甲氧基-20-[(3, 4, 5-三甲氧基苯甲酰) 氧基] 白坚木定-3-甲酸甲酯 | (5α, 12β, 19α, 20*R*)-2, 3-didehydro-16-methoxy-20-[(3, 4, 5-trimethoxybenzoyl) oxy] aspidospermidine-3-carboxylic acid methyl ester |
| (5α, 12β, 19α, 20*R*)-2, 3-二脱氢-16-甲氧基-20-[(3-甲基-1-氧亚基-2-丁烯基) 氧基] 白坚木定-3-甲酸甲酯 | (5α, 12β, 19α, 20*R*)-2, 3-didehydro-16-methoxy-20-[(3-methyl-1-oxo-2-butenyl) oxy] aspidospermidine-3-carboxylic acid methyl ester |
| 2, 3-二脱氢-2′, 7-二羟基-4′-甲氧基-3-[2′, 7-二羟基-4′-甲氧基异黄烷-5′-基] 黄酮 | 2, 3-didehydro-2′, 7-dihydroxy-4′-methoxy-3-[2′, 7-dihydroxy-4′-methoxyisoflavan-5′-yl] flavone |

| | |
|---|---|
| 2, 3-二脱氢-2′, 7-二羟基-4′-甲氧基-3-[2′, 7-二羟基-4′-甲氧基异黄烷-5′-基] 黄烷 | 2, 3-didehydro-2′, 7-dihydroxy-4′-methoxy-3-[2′, 7-dihydroxy-4′-methoxyisoflavan-5′-yl] flavan |
| 2, 3-二脱氢-2′, 7-二羟基-4′-甲氧基-3-[2′, 7-二羟基-4′-甲氧基异黄烷-6-基] 黄烷 | 2, 3-didehydro-2′, 7-dihydroxy-4′-methoxy-3-[2′, 7-dihydroxy-4′-methoxyisoflavan-6-yl] flavan |
| 6, 16-二脱氢-20-表沙地狗牙花碱 | 6, 16-didehydro-20-episilicine |
| 7, 8-二脱氢-27-脱氧类叶升麻素 | 7, 8-didehydro-27-deoxyactein |
| 7, 8-二脱氢-3, 7-二甲氧基-*N*-甲基吗啡-4-羟基-6-酮 | 7, 8-didehydro-3, 7-dimethoxy-*N*-methyl morphin-4-hydroxy-6-one |
| (2*E*)-2, 3-二脱氢-3-脲基-L-丙氨酸 | (2*E*)-2, 3-didehydro-3-ureido-L-alanine |
| 二脱氢-4-甲基-1-(1-甲乙基)-二环 [3.1.0] 己烷 | didehydro-4-methyl-1-(1-methyl ethyl)-bicyclo [3.1.0] hexane |
| 3-(3, 4-二脱氢-5-2*H*-吡咯基) 吡啶 (米喔斯明) | 3-(3, 4-didehydro-2*H*-pyrro-5-yl) pyridine (myosmine) |
| 8, 10-二脱氢-7, 9-二羟基麝香草酚 | 8, 10-didehydro-7, 9-dihydroxythymol |
| 4, 7-二脱氢-7-脱氧新酸浆苦素 A | 4, 7-didehydro-7-deoxyneophysalin A |
| (2, 11, 12, 19)-6, 7-二脱氢-8, 21-二氧亚基-11, 21-环白坚木定-2-甲酸酯 | (2, 11, 12, 19)-6, 7-didehydro-8, 21-dioxo-11, 21-cycloaspidospermidine-2-carboxylate |
| 3′-二脱氢阿佛罗苷 | 3′-didehydroafroside |
| 二脱氢阿佛罗苷 | didehydroafroside |
| 二脱氢百部碱 | didehydrostemonine |
| 二脱氢百部新碱 | bisdehydrostemoninine |
| α-二脱氢荜澄茄烯 | α-corocalene |
| 2, 3-二脱氢催眠睡茄辛 | 2, 3-didehydrosomnifericin |
| 二脱氢对叶百部碱 | didehydrotuberostemonine |
| 5, 6-二脱氢非洲白前苷元 (5, 6-二脱氢非洲鹅绒藤苷元) | 5, 6-didehydrocynafogenin |
| 3′-二脱氢高夫苷 | 3′-didehydrogomphoside |
| 二脱氢高夫苷 | didehydrogomphoside |
| 二脱氢海罂粟碱 | didehydroglaucine |
| 3, 14-二脱氢槐定碱 | 3, 14-didehydrosophoridine |
| 14′, 15′-二脱氢环长春碱 | 14′, 15′-didehydrocyclovinblastine |
| 20, 21-二脱氢尖头颤藻素 | 20, 21-didehydroacutiphycin |
| 13, 21-二脱氢卡斯苦木酮 | 13, 21-didehydrochaparrinone |
| 1, 2-二脱氢克里南-3α-醇 | 1, 2-didehydrocrinan-3α-ol |
| 2, 3-二脱氢苦树素 B | 2, 3-didehydropicrasin B |
| 二脱氢狼毒因 A | didehydrolangduin A |
| (3*S*)-16, 17-二脱氢镰叶芹醇 | (3*S*)-16, 17-didehydrofalcarinol |
| 6, 7-二脱氢罗氏旋覆花酮 | 6, 7-didehydroroyleanone |
| α, β-二脱氢洛伐他汀 | α, β-didehydrolovastatin |
| 二脱氢茉莉酮酸 | didehydrojasmonic acid |
| (+)-7, 8-二脱氢牛蒡子苷元 | (+)-7, 8-didehydroarctigenin |
| 5, 6-二脱氢千解草素 A | 5, 6-didehydropygmaeocin A |

| | |
|---|---|
| 5, 6-二脱氢人参皂苷 Rd | 5, 6-didehydroginsenoside Rd |
| 25, 27-二脱氢酸浆苦素 L | 25, 27-didehydrophysalin L |
| 二脱氢碎叶紫堇碱 | didehydrocheilanthifoline |
| 4, 7-二脱氢新酸浆苦素 A、B | 4, 7-didehydroneophysalins A, B |
| 3′-二脱氢叶黄素 | 3′-didehydrolutein |
| 二脱氢叶黄素 | didehydrolutein |
| 11, 13-二脱氢依生依瓦菊素 | 11, 13-didehydroivaxillin |
| 二脱氢异萼金刚大碱 | didehydrocroomine |
| 6, 7-二脱氢异管花多果树赛宁 | 6, 7-didehydroisotuboxenine |
| 二脱氢异落叶松脂素 | didehydroisolariciresinol |
| 二脱氢原百部碱 | didehydroprotostemonine |
| 1, 6: 3, 4-二脱水-β-D-吡喃阿洛糖 | 1, 6: 3, 4-dianhydro-β-D-allopyranose |
| 1, 4-二脱氧-1, 4-亚氨基-D-阿拉伯糖醇 | 1, 4-dideoxy-1, 4-imino-D-arabinitol |
| 1, 4-二脱氧-1, 4-亚氨基-阿拉伯糖醇 | 1, 4-dideoxy-1, 4-imino-arabinitol |
| 1, 4-二脱氧-1, 4-亚胺基-(2-*O*-β-D-吡喃葡萄糖基)-D-阿拉伯糖醇 | 1, 4-dideoxy-1, 4-imino-(2-*O*-β-D-glucopyranosyl)-D-arabinitol |
| 2, 3-二脱氧-2-烯-α-D-赤式吡喃己糖 | 2, 3-dideoxy-α-D-*erythro*-hex-2-enopyranose |
| 2, 6-二脱氧-3-*O*-甲基吡喃糖基光明醇 | 2, 6-dideoxy-3-*O*-methyl pyranosyl illustrol |
| 3, 4-二脱氧-3-烯-β-D-甘油-2-吡喃己酮糖甲苷 | methyl 3, 4-dideoxy-β-D-glycerol-hex-3-en-2-ulopyranoside |
| 3, 14-二脱氧穿心莲内酯 | 3, 14-dideoxyandrographolide |
| 14, 19-二脱氧穿心莲内酯-3-*O*-β-D-吡喃葡萄糖苷 | 14, 19-dideoxyandrographolide-3-*O*-β-D-glucopyranoside |
| 3, 14-二脱氧穿心莲内酯葡萄糖苷 | 3, 14-dideoxyandrographolide glucoside |
| 11, 11′-二脱氧轮枝孢素 (11, 11′-二脱氧沃替西林) A | 11, 11′-dideoxyverticillin A |
| 11, 11′-二脱氧轮枝孢素 (11, 11′-二脱氧沃替西林) | 11, 11′-dideoxyverticillin |
| 1, 9-二脱氧毛喉鞘蕊花素 | 1, 9-dideoxyforskolin |
| 1, 9-二脱氧鞘蕊花诺醇 B | 1, 9-dideoxycoleonol B |
| 2, 5-二脱氧-2, 5-亚氨基-D-甘油-D-甘露庚糖醇 | 2, 5-dideoxy-2, 5-imino-D-glycero-D-mannoheptitol |
| 二唾液酸神经节苷酯 | disialoganglioside |
| 二唾液酰基神经节四糖神经酰胺 | disialosyl gangliotetraosyl ceramide |
| 1, 2-二戊基环丙烯 | 1, 2-dipentyl cyclopropene |
| 二戊烯 (柠檬烯、苎烯、1, 8-萜二烯) | dipentene (limonene, cinene) |
| 二戊烯氧化物 | dipentene oxide |
| 二硒杂蒽 | selenanthrene |
| (*Z*)-4, 9-二烯-2, 3, 7-三硫杂葵烷-7-氧化物 | (*Z*)-4, 9-dien-2, 3, 7-trithiadec-7-oxide |
| 7, 22-二烯-3, 5, 6-三羟基麦角甾醇 | 7, 22-dien-3, 5, 6-trihydroxyergosterol |
| 9, 12-二烯-3β-齐墩果烷 | 9, 12-dien-3β-hydroxyolean |
| (3*R*, 6*R*, 7*E*)-4, 7-二烯-3-羟基-9-紫罗兰酮 | (3*R*, 6*R*, 7*E*)-4, 7-dien-3-hydroxy-9-ionone |
| (3β, 13α, 14β, 17α)-7, 2-二烯-3-乙酰羊毛甾醇 | (3β, 13α, 14β, 17α)-7, 2-dien-3-acetyl lanosterol |
| 5, 5′-二烯丙基-2, 2′, 3′-三甲氧基联苯醚 | 5, 5′-diallyl-2, 2′, 3′-trimethoxydiphenyl ether |

| | |
|---|---|
| 3, 5-二烯丙基-2-羟基-4-甲氧基联苯 | 3, 5-diallyl-2-hydroxy-4-methoxybiphenyl |
| 二烯丙基二硫化物 (二烯丙基二硫醚) | diallyl disulfide (diallyl disulphide) |
| 二烯丙基二硫醚 (二烯丙基二硫化物) | diallyl disulphide (diallyl disulfide) |
| 二烯丙基硫醚 (二烯丙基硫化物) | diallyl sulfide |
| 二烯丙基三硫醚 (大蒜新素) | diallyl trisulfide (allitridin) |
| 二烯丙基四硫醚 | diallyl tetrasulfide |
| 9, 12-二烯十八酸丁酯 | butyl 9, 12-octadecadienoate |
| 二烯酸 | dienoic acid |
| 5, 12-二烯熊果-3-*O*-α-D-半乳糖苷 | 5, 12-dienurs-3-*O*-α-D-galactoside |
| 1, 2-二酰基-3-*O*-(6′-磺酸基-α-D-吡喃奎诺糖基) 甘油 | 1, 2-diacyl-3-*O*-(6′-sulfo-α-D-quinovopyranosyl) glycerol |
| 1, 2-二酰基-3-羟基-*sn*-甘油 | 1, 2-diacyl-3-hydroxy-*sn*-glycerol |
| 1, 3-二酰基甘油 | 1, 3-diacyl glycerol |
| 1, 2-二酰基甘油 | 1, 2-diacyl glycerol |
| 1, 2-二酰基甘油基-3-*O*-2′-(羟甲基)-(*N*, *N*, *N*-三甲基)-β-丙氨酸 | 1, 2-diacyl glyceryl-3-*O*-2′-(hydroxymethyl)-(*N*, *N*, *N*-trimethyl)-β-alanine |
| 二酰基糖脂 | diacyl glycolipid |
| 二香草酰基四氢呋喃阿魏酸酯 | divanillyl tetrahydrofuran ferulate |
| (3*E*, 23*E*)-二香豆酰常春藤皂苷元 | (3*E*, 23*E*)-dicoumaroyl hederagenin |
| *N*, *N′*-二香豆酰基腐胺 | *N*, *N′*-dicoumaroyl putrescine |
| 4, 4′-二硝基-2, 3′-二硫叉基二苯甲醛 | 4, 4′-dinitro-2, 3′-disulfanediyl dibenzaldehyde |
| 1, 2-二硝基苯 | 1, 2-dinitrobenzene |
| *o*-二硝基苯 (邻二硝基苯、1, 2-二硝基苯) | *o*-dinitrobenzene (1, 2-dinitrobenzene) |
| 1, 2-二硝基苯 (邻二硝基苯、*o*-二硝基苯) | 1, 2-dinitrobenzene (*o*-dinitrobenzene) |
| 3, 5-二硝基苯甲酸 | 3, 5-dinitrobenzoic acid |
| 2, 4-二硝基苯腙 | 2, 4-dinitrophenyl hydrazone |
| 二辛基甲烷二烯丙基银杏酸 | dioctylmethane diallyl ginkgolic acid |
| 二辛基甲烷一烯丙基银杏酸 | dioctylmethane allyl ginkgolic acid |
| 12, 13*E*-二型泪柏烯 | 12, 13*E*-biformene |
| 1, 8-二溴-1-氯-7-(氯甲基) 辛烷 | 1, 8-dibromo-1-chloro-7-(chloromethyl) octane |
| 1, 4-二溴-2, 5-对苯二甲酸单-[2-(4-羧基苯氧基羰基) 乙烯基] 酯 | 1, 4-dibromo-2, 5-tetrephthalic acid mono-[2-(4-carboxy-phenoxycarbonyl) vinyl] ester |
| 6, 6′-二溴-3, 3′-氧叉基二苯甲酸 | 6, 6′-dibromo-3, 3′-oxydibenzoic acid |
| 2, 6-二溴-4-[2-(甲基胺) 乙基] 苯酚 | 2, 6-dibromo-4-[2-(methyl amino) ethyl] phenol |
| 1 (15) *E*, (2*Z*, 4*S*, 8*R*, 9*S*)-8, 15-二溴扁柏-1 (15), 2, 11 (12)-三烯-9-醇 | 1 (15) *E*, (2*Z*, 4*S*, 8*R*, 9*S*)-8, 15-dibromochamigra-1 (15), 2, 11 (12)-trien-9-ol |
| 1 (15) *Z*, (2*Z*, 4*R*, 8*S*, 9*R*)-8, 15-二溴扁柏-1 (15), 2, 11 (12)-三烯-9-醇 | 1 (15) *Z*, (2*Z*, 4*R*, 8*S*, 9*R*)-8, 15-dibromochamigra-1 (15), 2, 11 (12)-trien-9-ol |
| (*E*)-2, 3-二溴丙-2-烯酰腈 | (*E*)-2, 3-dibromoprop-2-enenitrile [(*E*)-2, 3-dibromoacryl onitrile] |
| 3, 3-二溴丙烯酸 | 3, 3-dibromoacrylic acid |

| | |
|---|---|
| 1, 2-二溴代奥赫托达-3 (8), 5-二烯-4-酮 | 1, 2-dibromoochtoda-3 (8), 5-dien-4-one |
| 二溴代乙酸 | dibromoacetic acid |
| 22, 23-二溴豆甾醇 | 22, 23-dibromostigmasterol |
| 22, 23-二溴豆甾醇乙酸酯 | 22, 23-dibromostigmasterol acetate |
| 二溴甘露醇 | mitobronitol |
| 6, 6′-二溴联苯-2, 2′-二甲酸 | 6, 6′-dibromobiphenyl-2, 2′-dicarboxylic acid |
| 二溴卫矛醇 | mitolactol |
| 二溴乙烷 | ethylene dibromide |
| 二雪松烯-1-氧化物 | dicedrene-1-oxide |
| 2, 2′-二亚甲基 [6-(1, 1-二甲乙基)-4-甲基] 苯酚 | 2, 2′-bismethylene [6-(1, 1-dimethyl ethyl)-4-methyl] phenol |
| 2, 6-二亚甲基吡啶 | 2, 6-dimethylene pyridine |
| 3, 4: 8, 9-二亚甲基二氧基紫檀碱 | 3, 4: 8, 9-dimethylenedioxypterocarpan |
| 3, 4-二亚甲基二氧紫檀碱 | 3, 4-dimethylenedioxypterocarpan |
| 22, 23-二亚甲基灵芝草酸 R、S | 22, 23-dimethylene ganodermic acids R, S |
| (2*S*)-2, 3-二-亚麻酰基甘油-6-*O*-(α-D-吡喃半乳糖基)-β-D-吡喃半乳糖苷 | (2*S*)-2, 3-bis-linolenoyl glycerol-6-*O*-(α-D-galactopyranosyl)-β-D-galactopyranoside |
| α, β-二亚麻酰基甘油半乳糖类脂 | α, β-dilinolenoyl glycerogalactolipid |
| 7, 25-二亚乙基三胺豆甾醇 | 7, 25-diethylenetriamine stigmasterol |
| 1, 2-*O*-二亚油酰-3-*O*-β-D-吡喃半乳糖基-*rac*-甘油 | 1, 2-*O*-dilinoleoyl-3-*O*-β-D-galactopyranosyl-*rac*-glycerol |
| 二亚油酰棕榈酰甘油酯 | dilinoleoyl palmitoyl glyceride |
| 二盐酸嘌呤霉素 | puromycin dihydrochloride |
| 二盐酸吐根碱 | emetine dihydrochloride |
| 3, 19-二氧半日花-8 (17), (11*E*), 13-三烯-16, 15-内酯 | 3, 19-dioxolabd-8 (17), (11*E*), 13-trien-16, 15-olide |
| (*E*, *E*, *E*)-13-(1, 3-二氧苯基)-*N*-(2-甲丙基)-2, 4, 12-十三碳三烯酰胺 | (*E*, *E*, *E*)-13-(1, 3-benzodioxol)-*N*-(2-methyl propyl)-2, 4, 12-tridecatrienamide |
| 4-[2-(2, 5-二氧代吡咯烷-1-基) 乙基] 苯乙酸酯 | 4-[2-(2, 5-dioxopyrrolidin-1-yl) ethyl] phenyl acetate |
| 二氧化硅 | silicon dioxide |
| 二氧化硫 | sulfur dioxide |
| 二氧化锰 | manganese dioxide |
| 二氧化铅 | lead dioxide |
| 二氧六环 (1, 4-二噁烷、1, 4-二氧杂环己烷) | dioxane (1, 4-dioxane, 1, 4-dioxacyclohexane) |
| 二氧柠檬烯 | limonene dioxide |
| 10, 22-二氧蕊烷 | 10, 22-dioxokopsane |
| 1, 3-二氧戊环 | 1, 3-dioxolane |
| 1, 3-二氧戊环-4-甲醇 | 1, 3-dioxolane-4-methanol |
| 1, 3-二氧新西兰罗汉松酚 (1, 3-二氧桃拓酚) | 1, 3-dioxetotarol |
| 9, 16-二氧亚基-10, 12, 14-十八碳三烯酸 | 9, 16-dioxo-10, 12, 14-octadecatrienoic acid |
| 8, 14-二氧亚基-11β, 13-二氢刺苞菊内酯 | 8, 14-dioxo-11β, 13-dihydroacan-thospermolide |

| | |
|---|---|
| 8, 13-二氧亚基-14-丁氧基加拿大白毛茛碱 | 8, 13-dioxo-14-butoxycanadine |
| 8, 13-二氧亚基-14-甲氧基加拿大白毛茛碱 | 8, 13-dioxo-14-methoxycanadine |
| 8, 13-二氧亚基-14-羟基加拿大白毛茛碱 | 8, 13-dioxo-14-hydroxycanadine |
| 3, 11-二氧亚基-19α-羟基熊果-12-烯-28-酸 | 3, 11-dioxo-19α-hydroxyurs-12-en-28-oic acid |
| 1, 6-二氧亚基-2 (3), 9 (10)-脱氢呋喃佛术烷 | 1, 6-dioxo-2 (3), 9 (10)-dehydrofuranoeremophilane |
| 2, 18-二氧亚基-2, 18-开环蕈青霉碱 | 2, 18-dioxo-2, 18-secopaxilline |
| 3, 7-二氧亚基-23, 24, 25, 26, 27-五去甲葫芦-5-烯-22-酸 | 3, 7-dioxo-23, 24, 25, 26, 27-pentanorcucurbit-5-en-22-oic acid |
| 11, 21-二氧亚基-2β, 3β, 15α-三羟基熊果-12-烯-2-*O*-β-D-吡喃葡萄糖苷 | 11, 21-dioxo-2β, 3β, 15α-trihydroxyurs-12-en-2-*O*-β-D-glucopyranoside |
| 11, 21-二氧亚基-3β, 15α, 24-三羟基齐墩果-12-烯-24-*O*-β-D-吡喃葡萄糖苷 | 11, 21-dioxo-3β, 15α, 24-trihydroxyolean-12-en-24-*O*-β-D-glucopyranoside |
| 11, 21-二氧亚基-3β, 15α, 24-三羟基熊果-12-烯-24-*O*-β-D-吡喃葡萄糖苷 | 11, 21-dioxo-3β, 15α, 24-trihydroxyurs-12-en-24-*O*-β-D-glucopyranoside |
| 2, 5-二氧亚基-4-咪唑烷基氨基甲酸 | 2, 5-dioxo-4-imidazolidinyl-carbamic acid |
| 5, 5-二氧亚基-5$\lambda^6$-二硫杂蒽 | 5, 5-dioxo-5$\lambda^6$-thianthrene |
| 4, 8-二氧亚基-6β-甲氧基-7α, 11-环氧卡拉布烷 | 4, 8-dioxo-6β-methoxy-7α, 11-epoxycarabrane |
| 4, 8-二氧亚基-6β-甲氧基-7β, 11-环氧卡拉布烷 | 4, 8-dioxo-6β-methoxy-7β, 11-epoxycarabrane |
| 4, 8-二氧亚基-6β-羟基-7α, 11-环氧卡拉布烷 | 4, 8-dioxo-6β-hydroxy-7α, 11-epoxycarabrane |
| (8*E*, 10*E*)-7, 12-二氧亚基-8, 10-十八碳二烯酸 | (8*E*, 10*E*)-7, 12-dioxo-8, 10-octadecadienoic acid |
| 1, 3-二氧亚基八氢苯并 [*c*] 呋喃-4, 5-二甲酸 | 1, 3-dioxooctahydrobenzo [*c*] furan-4, 5-dicarboxylic acid |
| 1, 3-二氧亚基八氢异苯并呋喃-4, 5-二甲酸 | 1, 3-dioxooctahydroisobenzofuran-4, 5-dicarboxylic acid |
| (+)-10, 11-二氧亚基刺桐特碱 | (+)-10, 11-dioxoerysotrine |
| 7, 11-二氧亚基-对映-海松-8 (9), 15-二烯-19-酸 | 7, 11-dioxo-*ent*-pimar-8 (9), 15-dien-19-oic acid |
| 7, 11-二氧亚基二氢栝楼二醇 | 7, 11-dioxodihydrokarounidiol |
| 14, 16-二氧亚基二十五酸 | 14, 16-dioxopentacosanoic acid |
| 3, 5-二氧亚基己酸 | 3, 5-dioxohexanoic acid |
| 3, 6-二氧亚基己酸 | 3, 6-dioxohexanoic acid |
| 5, 18-二氧亚基柯蒲烷 | 5, 18-dioxokopsan |
| 2, 6-二氧亚基哌啶-3-乙酸酯 | 2, 6-dioxopiperidine-3-acetate |
| 3, 11-二氧亚基齐墩果-12-烯 | 3, 11-dioxoolean-12-ene |
| 4, 5-二氧亚基脱氢三裂泡泡碱 (4, 5-二氧亚基脱氢巴婆碱) | 4, 5-dioxodehydroasimilobine |
| 1, 3-二氧亚基无羁萜-24-醛 | 1, 3-dioxofriedelan-24-al |
| 3, 24-二氧亚基无羁萜-29-酸 | 3, 24-dioxofriedel-29-oic acid |
| 3, 24-二氧亚基熊果-12-烯-28-酸 | 3, 24-dioxours-12-en-28-oic acid |
| 2, 6-二氧亚基-2, 6-亚胺基-D-甘油基-L-古洛庚糖醇 (α-高野尻霉素) | 2, 6-dideoxy-2, 6-imino-D-glycero-L-gulo-heptitol (α-homonojirimycin) |
| 11, 15-二氧亚基鹧鸪花宁 | 11, 15-dioxotrichilinin |
| 二氧元宝酮 A、B | dioxasampsones A, B |
| (*R*p)-1, 10-二氧杂 [10] 对环芳烷-12-甲酸 | (*R*p)-1, 10-dioxa-[10] paracyclophane-12-carboxylic acid |

| | |
|---|---|
| (*Sp*)-1, 10-二氧杂 [10] 对环芳烷-12-甲酸 | (*Sp*)-1, 10-dioxa [10] paracyclophane-12-carboxylic acid |
| 2, 7-二氧杂-18, 52-二氮杂-1, 5 (1, 5)-二环十一烷杂-3 (1, 3)-苯杂环七蕃 | 2, 7-dioxa-18, 52-diaza-1, 5 (1, 5)-dicycloundecana-3 (1, 3)-benzenacycloheptaphane |
| 5, 6′-二氧杂-2, 2′-螺二 [双环 [2.2.2] 辛烷] | 5, 6′-dioxa-2, 2′-spirobi [bicyclo [2.2.2] octane] |
| 7, 10-二氧杂-2-硫杂-4-硅杂十一烷 | 7, 10-dioxa-2-thia-4-silaundecane |
| 3′, 6-二氧杂-3, 6′-螺二 [双环 [3.2.1] 辛烷] | 3′, 6-dioxa-3, 6′-spirobi [bicyclo [3.2.1] octane] |
| 二氧杂蒽 {二苯并 [*b*, *e*] [1, 4] 二氧杂环己熳} | oxanthrene {dibenzo [*b*, *e*] [1, 4] dioxine} |
| (5*R*, 7*S*)-1, 8-二氧杂二螺 [4.1.4.2] 十三烷 | (5*R*, 7*S*)-1, 8-dioxadispiro [4.1.4.2] tridecane |
| 1, 4-二氧杂环已熳 (1, 4-二氧杂环已二烯、1, 4-二氧杂芑、1, 4-二喔星) | 1, 4-dioxine |
| 1, 4-二氧杂环已烷 (1, 4-二噁烷、二氧六环) | 1, 4-dioxacyclohexane (1, 4-dioxane, dioxane) |
| 1, 3-二氧杂环已烷-4, 6-二酮 | 1, 3-dioxane-4, 6-dione |
| 二氧杂环已烷木质素 | dioxane lignin |
| 1, 8-二氧杂环十八碳-2, 4, 6, 9, 11, 13, 15, 17-八烯 | 1, 8-dioxacyclooctadec-2, 4, 6, 9, 11, 13, 15, 17-octene |
| 1, 8-二氧杂环十八碳熳 | 1, 8-dioxacyclooctadecine |
| 1, 8-二氧杂环十八烷 | 1, 8-dioxacyclooctadecane |
| [1, 3] 二氧杂环戊熳并 [*d*] [1, 2] 氧杂磷杂环戊熳 | [1, 3] dioxolo [*d*] [1, 2] oxaphosphole |
| (*E*)-1, 6-二氧杂螺 [4.4] 壬-3-烯 | (*E*)-1, 6-dioxaspiro [4.4] non-3-ene |
| (*Z*)-1, 6-二氧杂螺 [4.4] 壬-3-烯 | (*Z*)-1, 6-dioxaspiro [4.4] non-3-ene |
| 1, 4-二氧杂螺 [4.5] 癸烷 (环已酮乙叉基缩酮) | 1, 4-dioxaspiro [4.5] decane (cyclohexanone ethylene ketal) |
| 1, 3-二氧杂戊熳环 | 1, 3-dioxole |
| 二叶金罂粟碱 | diphylline |
| 二乙胺 | diethyl amine |
| 3-二乙胺-5-甲氧基-1, 2-苯醌 | 3-diethyl amino-5-methoxy-1, 2-benzoquinone |
| 二乙基-2, 2′, 3, 3′, 4, 4′-六羟基联苯-6, 6′-二羧酸酯 | diethyl-2, 2′, 3, 3′, 4, 4′-hexahydroxybiphenyl-6, 6′-dicarboxylate |
| 3, 5-二乙基-2-甲基吡嗪 | 3, 5-diethyl-2-methyl pyrazine |
| (4a*R*, 9b*S*)-2, 6-二乙基-3, 4a, 7, 9-四羟基-8, 9b-二甲基-1-氧亚基-1, 4, 4a, 9b-四氢二苯并呋喃 | (4a*R*, 9b*S*)-2, 6-diethyl-3, 4a, 7, 9-tetrahydroxy-8, 9b-dimethyl-1-oxo-1, 4, 4a, 9b-tetrahydrodibenzofuran |
| 3, 9-二乙基-6-十三醇 | 3, 9-diethyl-6-tridecanol |
| 6, 6-二乙基-9, 9-二甲基氧杂螺 [4.4] 壬烷 | 6, 6-diethyl-9, 9-dimethyl-oxaspiro [4.4] nonane |
| *P*, *P*-二乙基-*N*-苯基次膦氨亚基替酰氯 | *P*, *P*-diethyl-*N*-phenyl phosphinmidoyl chloride |
| 8, 10-二乙基半边莲碱二醇 | 8, 10-diethyl lobelidiol |
| 8, 10-二乙基半边莲碱二酮 | 8, 10-diethyl lobelidione |
| 8, 10-二乙基半边莲碱酮醇 | 8, 10-diethyl lobelionol |
| 1, 2-二乙基苯 | 1, 2-diethyl benzene |
| 3′, 4-二乙基苯甲酰苯胺 | 3′, 4-diethyl benzanilide |
| 2, 3-二乙基吡嗪 | 2, 3-diethyl pyrazine |
| *O*, *O*-二乙基蝙蝠葛醇灵碱 | *O*, *O*-diethyl daurinoline |
| 二乙基二硫醚 | dicthyl disulfide |

| 二乙基砜 | diethyl sulfone |
|---|---|
| *N*, *N*-二乙基呋喃-2-甲酰胺 (*N*, *N*-二乙基糠酰胺) | *N*, *N*-diethyl-2-furamide |
| 二乙基硫代次膦酰氯 | diethyl phosphinothioic chloride (diethyl phosphinothioyl chloride) |
| 二乙基硫醚 | diethyl sulfide |
| 二乙基氰酰胺 | diethyl cyanamide |
| 5, 8-二乙基十二烷 | 5, 8-diethyl dodecane |
| 二乙基硒醚 | diethyl selenide |
| *N*, *N*-二乙基乙胺 | *N*, *N*-diethyl ethanamine |
| 二乙酸钙 | calcium diacetate |
| 1α, 7β-二乙酸基-5α, 12α-二羟基卡山-13 (15)-烯-16, 12-内酯-17β-酸甲酯 | 1α, 7β-diacetoxy-5α, 12α-dihydroxycass-13 (15)-en-16, 12-olide-17β-carboxylic acid methyl ester |
| 二乙烯基硫醚 | divinyl sulfide |
| 3, 7-二乙酰-14, 15-脱氧哈湾鹧鸪花素 | 3, 7-diacetyl-14, 15-deoxyhavanensin |
| 2, 9-二乙酰-5-桂皮酰趋光辛Ⅰ、Ⅱ | 2, 9-diacetyl-5-cinnamoyl phototaxicins Ⅰ, Ⅱ |
| 3, 12-二乙酰-7-苯甲酰-8-烟碱林醇 | 3, 12-diacetyl-7-benzoyl-8-nicotinyl ingol |
| 3, 12-二乙酰-7-苯乙酰-19-乙酰氧巨大戟萜醇 | 3, 12-diacetyl-7-phenyl acetyl-19-acetoxyingenol |
| 3, 12-二乙酰-8-苯甲酰林醇 | 3, 12-diacetyl-8-benzoyl ingol |
| 3, 12-二乙酰-8-烟酰-7-苯乙酰-19-乙酰氧巨大戟萜醇 | 3, 12-diacetyl-8-nicotinyl-7-phenyl acetyl-19-acetoxyingenol |
| 10, 2′-二乙酰败酱苷 | 10, 2′-diacetyl patrinoside |
| 3″, 6″-*O*, *O*-二乙酰柴胡皂草苷 b2 | 3″, 6″-*O*, *O*-diacetyl saikosaponin b2 |
| 3, 5-二乙酰刺花椒素 | 3, 5-diacetyl tambulin |
| 二乙酰桂南木莲碱氢氧化物 | diacetyl mangochinine hydroxide |
| 二乙酰环戊基胺 | diacetyl cyclopentyl amine |
| (+)-16α, 31-二乙酰黄杨定碱 | (+)-16α, 31-diacetyl buxadine |
| 12, 15-二乙酰基-13α (21)-环氧宽树冠木酮 | 12, 15-diacetyl-13α (21)-epoxyeurycomanone |
| 2′, 6′-二乙酰基-3, 6-二阿魏酰蔗糖 | 2′, 6′-diacetyl-3, 6-diferuloyl sucrose |
| 3, 3′-二乙酰基-4, 4′-二甲氧基-2, 2′, 6, 6′-四羟基二苯甲烷 | 3, 3′-diacetyl-4, 4′-dimethoxy-2, 2′, 6, 6′-tetrahydroxy-diphenyl methane |
| 2, 10-二乙酰基-5-桂皮酰基-7β-羧基趋光辛Ⅰ、Ⅱ | 2, 10-diacetyl-5-cinnamoyl-7β-hydroxyphototaxicins Ⅰ, Ⅱ |
| 2, 10-二乙酰基-5-桂皮酰趋光辛Ⅰ、Ⅱ | 2, 10-diacetyl-5-cinnamoyl phototaxicins Ⅰ, Ⅱ |
| 2, 6-二乙酰基-5-羟基苯并呋喃 | 2, 6-diacetyl-5-hydroxybenzofuran |
| 5, 10-二乙酰基-6, 20-环氧-3-苯基乙酰基续随子醇 | 5, 10-diacetyl-6, 20-epoxy-3-phenyl acetyl lathyrol |
| (*E*)-4-*O*-(2″-*O*-二乙酰基-6″-对-*O*-二乙酰基-6-对香豆酰基-β-D-吡喃葡萄糖基) 对香豆酸 | (*E*)-4-*O*-(2″-*O*-diacetyl-6″-*p*-*O*-diacetyl-6-*p*-coumaroyl-β-D-glucopyranosyl)-*p*-coumaric acid |
| 2, 5-二乙酰基-6-羟基苯并呋喃 | 2, 5-diacetyl-6-hydroxybenzofuran |
| 3, 12-*O*-二乙酰基-7-*O*-苯甲酰基-8-甲氧基巨大戟醇 | 3, 12-*O*-diacetyl-7-*O*-benzoyl-8-methoxyingenol |
| 7, 13-二乙酰基-7-去苯甲酰短叶紫杉醇 (7, 13-二乙酰基-7-去苯甲酰短叶老鹳草素醇) | 7, 13-diacetyl-7-debenzoyl brevifoliol |
| 1, 6-二乙酰基-7-去乙酰毛喉鞘蕊花素 | 1, 6-diacetoxy-7-deacetoxyforskolin |

| | |
|---|---|
| 1α, 2α-二乙酰基-8β-(α-甲基)-丁酰氧基-9α-苯甲酰氧基-12-异丁酰氧基-4β, 6β-二羟基-β-二氢沉香呋喃 | 1α, 2α-diacetyl-8β-(α-methyl)-butanoyloxy-9α-benzoyloxy-12-isobutanoyloxy-4β, 6β-dihydroxy-β-dihydroagarofuran |
| 1, 6-二乙酰基-9-脱氧毛喉鞘蕊花素 | 1, 6-diacetoxy-9-deoxyforskolin |
| 2‴, 4‴-二乙酰基-*O*-毛蕊花糖苷 | 2‴, 4‴-diacetyl-*O*-verbascoside |
| 4‴, 6″-二乙酰基-*O*-欧水苏苯乙醇苷 A | 4‴, 6″-diacetyl-*O*-betonyoside A |
| 3‴, 4‴-二乙酰基-*O*-药水苏苯乙醇苷 A～D | 3‴, 4‴-diacetyl-*O*-betonyosides A～D |
| 2‴, 3‴-二乙酰基-*O*-药水苏醇苷 D | 2‴, 3‴-di-acetyl-*O*-betonyoside D |
| 4‴, 6″-二乙酰基-O-药水苏醇苷 A | 4‴, 6″-diacetyl-O-betonyoside A |
| 3‴, 4‴-二乙酰基-*O*-异毛蕊花糖苷 | 3‴, 4‴-diacetyl-*O*-isoverbascoside |
| (*Z*)-6-*O*-(4″, 6″-二乙酰基-β-D-吡喃葡萄糖基)-6, 7, 3′, 4′-四羟基橙酮 | (*Z*)-6-*O*-(4″, 6″-diacetyl-β-D-glucopyranosyl)-6, 7, 3′, 4′-tetrahydroxyaurone |
| 6-*O*-(3″, 6″-二乙酰基-β-D-吡喃葡萄糖基)-7, 3′, 4′-三羟基橙酮 | 6-*O*-(3″, 6″-diacetyl-β-D-glucopyranosyl)-7, 3′, 4′-trihydroxyaurone |
| 6-*O*-(4″, 6″-二乙酰基-β-D-吡喃葡萄糖基)-7, 3′, 4′-三羟基橙酮 | 6-*O*-(4″, 6″-diacetyl-β-D-glucopyranosyl)-7, 3′, 4′-trihydroxyaurone |
| 二乙酰基苯甲酰基烟酰基二氢沉香呋喃四醇 | celapanigine |
| 二乙酰基大花旋覆花内酯 | diacetyl britannilactone |
| 1, 6-*O*, *O*-二乙酰基大花旋覆花内酯 | 1, 6-*O*, *O*-diacetyl britannilactone |
| 2‴, 4‴-*O*-二乙酰基恩比宁 | 2‴, 4‴-*O*-diacetyl embinin |
| 6″, 4‴-*O*-二乙酰基恩比宁 | 6″, 4‴-*O*-diacetyl embinin |
| 二乙酰基甘油酯 | diacetyl glyceride |
| 二乙酰基环戊基氮烷 | diacetyl cyclopentyl azane |
| 3, 20-二乙酰基甲氧基楝果宁 | 3, 20-diacetyl methoxymeliacarpinin |
| (+)-3α, 6β-二乙酰基鳞状茎文珠兰碱 | (+)-3α, 6β-diacetyl bulbispermine |
| 2″, 6″-*O*-二乙酰基芒柄花宁苷 | 2″, 6″-*O*-diacetyloninin |
| 3, 6-*O*, *O*-二乙酰基桃花心木内酯 | 3, 6-*O*, *O*-diacetyl swietenolide |
| 1, 12-二乙酰基鹧鸪花素 B (1, 12-二乙酰基垂齐林 B) | 1, 12-diacetyl trichilin B |
| 7, 9-二乙酰基紫杉云亭 | 7, 9-diacetyl taxayuntin |
| 二乙酰角胡麻苷 | diacetyl martynoside |
| 8, 12-*O*-二乙酰巨大戟醇-3, 7-二巴豆酸酯 | 8, 12-*O*-diacetyl ingenol-3, 7-ditiglate |
| 1, 6-二乙酰毛喉鞘蕊花素 | 1, 6-diacetyl forskolin |
| 11, 15-*O*, *O*-二乙酰牛尾草宁 D | 11, 15-*O*, *O*-diacetyl rabdoternin D |
| 二乙酰石松叶碱 | diacetyl lycofoline |
| 二乙酰脱桂皮酰基大西辛 Ⅰ | diacetyl decinnamoyl taxicin Ⅰ |
| 3, 19-*O*-二乙酰脱水穿心莲内酯 | 3, 19-*O*-diacetyl anhydroandrographolide |
| 24, 25-*O*-二乙酰榅桲萜 | 24, 25-*O*-diacetyl vulgaroside |
| (3*R*, 5*S*)-3, 5-二乙酰氧基-1-(3, 4-二甲氧苯基) 癸烷 | (3*R*, 5*S*)-3, 5-diacetoxy-1-(3, 4-dimethoxyphenyl) decane |
| (3*R*, 5*S*)-3, 5-二乙酰氧基-1-(4-羟基-3, 5-二甲氧苯基)-7-(4-羟基-3-甲氧苯基) 庚烷 | (3*R*, 5*S*)-3, 5-diacetoxy-1-(4-hydroxy-3, 5-dimethoxyphenyl)-7-(4-hydroxy-3-methoxyphenyl) heptane |

| | |
|---|---|
| (3*R*, 5*S*)-3, 5-二乙酰氧基-1-(4-羟基-3-甲氧苯基) 癸烷 | (3*R*, 5*S*)-3, 5-diacetoxy-1-(4-hydroxy-3-methoxyphenyl) decane |
| (3*S*, 5*S*)-3, 5-二乙酰氧基-1, 7-二 (3, 4-二羟苯基) 庚烷 | (3*S*, 5*S*)-3, 5-diacetoxy-1, 7-bis (3, 4-dihydroxyphenyl) heptane |
| (3*R*, 5*S*)-3, 5-二乙酰氧基-1, 7-二 (4-羟基-3-甲氧苯基) 庚烷 | (3*R*, 5*S*)-3, 5-diacetoxy-1, 7-bis (4-hydroxy-3-methoxyphenyl) heptane |
| (3*S*, 5*S*)-3, 5-二乙酰氧基-1, 7-二 (4-羟基-3-甲氧苯基) 庚烷 | (3*S*, 5*S*)-3, 5-diacetoxy-1, 7-bis (4-hydroxy-3-methoxyphenyl) heptane |
| (12*S*)-6α, 19-二乙酰氧基-18-氯-4α-羟基-12-惕各酰氧基新克罗-13-烯-15, 16-内酯 | (12*S*)-6α, 19-diacetoxy-18-chloro-4α-hydroxy-12-tigloyloxy-neoclerod-13-en-15, 16-olide |
| (12*S*, 2″*S*)-6α, 19-二乙酰氧基-18-氯化-4α-羟基-12-(2-甲基丁酰氧基) 新克罗-13-烯-15, 16-内酯 | (12*S*, 2″*S*)-6α, 19-diacetoxy-18-chloro-4α-hydroxy-12-(2-methyl butanoyloxy)-neoclerod-13-en-15, 16-olide |
| (3*R*, 5*S*)-3, 5-二乙酰氧基-[6]-姜二醇 | (3*R*, 5*S*)-3, 5-diacetoxy-[6]-gingerdiol |
| 3, 5-二乙酰氧基-1-(4-羟基-3, 5-二甲氧苯基)-7-(4-羟基-3-甲氧苯基) 庚烷 | 3, 5-diacetoxy-1-(4-hydroxy-3, 5-dimethoxyphenyl)-7-(4-hydroxy-3-methoxyphenyl) heptane |
| 12, 13-二乙酰氧基-1, 4, 6, 11-桉叶烷醇 | 12, 13-diacetoxy-1, 4, 6, 11-eudesmanetetol |
| 3, 5-二乙酰氧基-1, 7-双-(4-羟基-3-甲氧苯基) 庚烷 | 3, 5-diacetoxy-1, 7-bis-(4-hydroxy-3-methoxyphenyl) heptane |
| 7α, 12α-二乙酰氧基-11β-羟基新飞龙掌血素 | 7α, 12α-diacetoxy-11β-hydroxyneotecleanin |
| 6α, 7α-二乙酰氧基-13-羟基-8 (9), 14-半日花二烯 | 6α, 7α-diacetoxy-13-hydroxy-8 (9), 14-labd-dien |
| 6α, 12-二乙酰氧基-1β, 2β, 9α-三 (β-呋喃羰氧基)-4α-羟基-β-二氢沉香呋喃 | 6α, 12-diacetoxy-1β, 2β, 9α-tri (β-furancarbonyloxy)-4α-hydroxy-β-dihydroagarofuran |
| 3β, 13-二乙酰氧基-1β, 4α-二羟基桉叶-7 (11)-烯-12, 6α-内酯 | 3β, 13-diacetoxy-1β, 4α-dihydroxyeudesm-7 (11)-en-12, 6α-olide |
| 6α, 12-二乙酰氧基-1β, 9α-二 (β-呋喃羰氧基)-4α-羟基-2β-2-甲基-丁酰氧基-β-二氢沉香呋喃 | 6α, 12-diacetoxy-1β, 9α-di (β-furancarbonyloxy)-4α-hydroxy-2β-2-methyl butanoyloxy-β-dihydroagarofuran |
| (–)-(3*S*, 4*S*, 5*R*)-(*E*)-3, 4-二乙酰氧基-2-(己-2, 4-二炔基)-1, 6-二氧杂螺 [4.5] 癸烷 | (–)-(3*S*, 4*S*, 5*R*)-(*E*)-3, 4-diacetoxy-2-(hexa-2, 4-diynyl)-1, 6-dioxaspiro [4.5] decane |
| 15, 19-二乙酰氧基-2α, 7α-二羟基半日花-8 (17), (13*Z*)-二烯 | 15, 19-diacetoxy-2α, 7α-dihydroxylabd-8 (17), (13*Z*)-diene |
| 4α, 7β-二乙酰氧基-2α, 9α-二苯甲酰氧基-5β, 20-环氧-10β, 13α, 15-三羟基-11 (15→1)-迁紫杉烯 | 4α, 7β-diacetoxy-2α, 9α-dibenzoyloxy-5β, 20-epoxy-10β, 13α, 15-trihydroxy-11 (15→1)-*abeo*-taxene |
| 6α, 12-二乙酰氧基-2β, 9α-二 (β-呋喃羰氧基)-4α-羟基-1β-2-甲基-丁酰氧基-β-二氢沉香呋喃 | 6α, 12-diacetoxy-2β, 9α-di (β-furancarbonyloxy)-4α-hydroxy-1β-2-methyl butanoyloxy-β-dihydroagarofuran |
| 3-(2′, 3′-二乙酰氧基-2′-甲基丁酰基) 甜香阔苞菊萜烯酮 | 3-(2′, 3′-diacetoxy-2′-methyl butyryl) cuauhtemone |
| 6, 8-二乙酰氧基-3, 5-二甲基异香豆素 | 6, 8-diacetoxy-3, 5-dimethyl isocoumarin |
| (2*R*, 3*S*, 4*R*, 5*R*, 6*S*, 9*R*, 10*R*, 11*S*, 13*S*, 16*R*)-6, 19-二乙酰氧基-3-[(2*R*)-2-乙酰氧基-2-甲基丁酰氧基]-4, 18: 11, 16: 15, 16-三环氧-15α-甲氧基-7-克罗烯-2-醇 | (2*R*, 3*S*, 4*R*, 5*R*, 6*S*, 9*R*, 10*R*, 11*S*, 13*S*, 16*R*)-6, 19-diacetoxy-3-[(2*R*)-2-acetoxy-2-methyl butyryloxy]-4, 18: 11, 16: 15, 16-triepoxy-15α-methoxy-7-clerod-en-2-ol |

| | |
|---|---|
| (2*R*, 3*S*, 4*R*, 5*R*, 6*S*, 9*R*, 10*R*, 11*S*, 13*S*, 16*R*)-6, 19-二乙酰氧基-3-[(2*R*)-2-乙酰氧基-2-甲基丁酰氧基]-4, 18: 11, 16: 15, 16-三环氧-15β-甲氧基-7-克罗烯-2-醇 | (2*R*, 3*S*, 4*R*, 5*R*, 6*S*, 9*R*, 10*R*, 11*S*, 13*S*, 16*R*)-6, 19-diacetoxy-3-[(2*R*)-2-acetoxy-2-methyl butyryloxy]-4, 18: 11, 16: 15, 16-triepoxy-15β-methoxy-7-cleroden-2-ol |
| 14α, 15β-二乙酰氧基-3α, 7β-二苯甲酰基-9-氧亚基-2β, 13α-麻风树-(5*E*, 11*E*)-二烯 | 14α, 15β-diacetoxy-3α, 7β-dibenzoyl-9-oxo-2β, 13α-jatropha-(5*E*, 11*E*)-diene |
| (2*R*, 3*S*, 4*R*, 5*R*, 9*S*, 11*S*, 15*R*)-5, 15-二乙酰氧基-3-苯甲酰氧基-14-氧亚基假白榄基-6 (17), (11*E*)-二烯 | (2*R*, 3*S*, 4*R*, 5*R*, 9*S*, 11*S*, 15*R*)-5, 15-diacetoxy-3-benzoyloxy-14-oxolathyra-6 (17), (12*E*)-diene |
| (12*S*)-18, 19-二乙酰氧基-4α, 6α, 12-三羟基-1β-惕各酰氧基新克罗-13-烯-15, 16-内酯 | (12*S*)-18, 19-diacetoxy-4α, 6α, 12-trihydroxy-1β-tigloyloxy-neoclerod-13-en-15, 16-olide |
| 1β, 2β-二乙酰氧基-4α, 6α-二羟基-8α-异丁酰氧基-9β-苯甲酰氧基-15-(α-甲基) 丁酰氧基-β-二氢沉香呋喃 | 1β, 2β-diacetoxy-4α, 6α-dihydroxy-8α-isobutanoyloxy-9β-benzoyloxy-15-(α-methyl) butanoyloxy-β-dihydroagarofuran |
| 6α, 19-二乙酰氧基-4α-羟基-1β-惕各酰氧基新克罗-12-烯-15-酸甲酯-16-醛 | 6α, 19-diacetoxy-4α-hydroxy-1β-tigloyloxy-neoclerod-12-en-15-oic acid methyl ester-16-aldehyde |
| 1β, 9α-二乙酰氧基-4α-羟基-6β-异丁烯酰氧基卤地菊内酯 | 1β, 9α-diacetoxy-4α-hydroxy-6β-methacryloxyprostatolide |
| 1β, 9α-二乙酰氧基-4α-羟基-6β-异丁酰氧基卤地菊内酯 | 1β, 9α-diacetoxy-4α-hydroxy-6β-isobutyoxyprostatolide |
| 7β, 9α-二乙酰氧基-5α, 13α, 14β-三羟基-10-氧亚基紫杉-4 (20), 11-二烯 | 7β, 9α-diacetoxy-5α, 13α, 14β-trihydroxy-10-oxotax-4 (20), 11-diene |
| (3*E*, 7*E*)-2α, 10β-二乙酰氧基-5α, 13α, 20-三羟基-3, 8-开环紫杉-3, 7, 11-三烯-9-酮 | (3*E*, 7*E*)-2α, 10β-diacetoxy-5α, 13α, 20-trihydroxy-3, 8-secotax-3, 7, 11-trien-9-one |
| 9α, 10β-二乙酰氧基-5α, 13α-二羟基-4 (20), 11-紫杉二烯 | 9α, 10β-diacetoxy-5α, 13α-dihydroxy-4 (20), 11-taxdiene |
| 1β, 2β-二乙酰氧基-6α-苯甲酰氧基-9α-肉桂酰氧基-β-二氢沉香呋喃 | 1β, 2β-diacetoxy-6α-benzoyloxy-9α-cinnamoyloxy-β-dihydroagarofuran |
| 3, 5-二乙酰氧基-7-(3, 4-二羟苯基)-1-(4-羟基-3-甲氧苯基) 庚烷 | 3, 5-diacetoxy-7-(3, 4-dihydroxyphenyl)-1-(4-hydroxy-3-methoxyphenyl) heptane |
| 6, 11-二乙酰氧基-7-氧亚基-14β, 15β-环氧苦楝子新素-1, 5-二烯-3-*O*-β-吡喃葡萄糖苷 | 6, 11-diacetoxy-7-oxo-14β, 15β-epoxymeliacin-1, 5-dien-3-*O*-β-glucopyranoside |
| 1β, 15-二乙酰氧基-8α-羟基-9β-苯甲酰氧基-β-二氢沉香呋喃 | 1β, 15-diacetoxy-8α-hydroxy-9β-benzoyloxy-β-dihydroagarofuran |
| 1β, 15-二乙酰氧基-8β, 9β-二苯甲酰氧基-β-二氢沉香呋喃 | 1β, 15-diacetoxy-8β, 9β-dibenzoyloxy-β-dihydroagarofuran |
| 1α, 2α-二乙酰氧基-8β-异丁酰氧基-9α-苯甲酰氧基-13-(α-甲基) 丁酰氧基-4β, 6β-二羟基-β-二氢沉香呋喃 | 1α, 2α-diacetoxy-8β-isobutanoyloxy-9α-benzoyloxy-13-(α-methyl) butanoyloxy-4β, 6β-dihydroxy-β-dihydroagarofuran |
| 1α, 2α-二乙酰氧基-8β-异丁酰氧基-9α-苯甲酰氧基-13-异戊酰氧基-4β, 6β-二羟基-β-二氢沉香呋喃 | 1α, 2α-diacetoxy-8β-isobutanoyloxy-9α-benzoyloxy-13-isovaleryloxy-4β, 6β-dihydroxy-β-dihydroagarofuran |
| 5, 7-二乙酰氧基-8-甲基香豆素 | 5, 7-diacetoxy-8-methyl coumarin |
| 1β, 8α-二乙酰氧基-9α-(β-烟酰氧基)-12-苯甲酰氧基-β-二氢沉香呋喃 | 1β, 8α-diacetoxy-9α-(β-nicotinoyloxy)-12-benzoyloxy-β-dihydroagarofuran |

| | |
|---|---|
| 1β, 2β-二乙酰氧基-9α-β-苯氧杂环丁酰氧基-β-二氢沉香呋喃 | 1β, 2β-diacetoxy-9α-β-phenyl oxacyclobutanoyloxy-β-dihydroagarofuran |
| 1β, 2β-二乙酰氧基-9α-肉桂酰氧基-β-二氢沉香呋喃 | 1β, 2β-diacetoxy-9α-cinnamoyloxy-β-dihydroagarofuran |
| 1β, 8β-二乙酰氧基-9β-(β-烟酰氧基)-12-苯甲酰氧基-β-二氢沉香呋喃 | 1β, 8β-diacetoxy-9β-(β-nicotinoyloxy)-12-benzoyloxy-β-dihydroagarofuran |
| 1β, 8α-二乙酰氧基-9β-苯甲酰氧基-12-(β-烟酰氧基)-β-二氢沉香呋喃 | 1β, 8α-diacetoxy-9β-benzoyloxy-12-(β-nicotinoyloxy)-β-dihydroagarofuran |
| 1α, 6β-二乙酰氧基-9β-苯甲酰氧基-β-二氢沉香呋喃 | 1α, 6β-diacetoxy-9β-benzoyloxy-β-dihydroagarofuran |
| 1β, 2β-二乙酰氧基-9β-肉桂酰氧基-2β-己酰氧基-β-二氢沉香呋喃 | 1β, 2β-diacetoxy-9β-cinnamoyloxy-2β-hexanoyloxy-β-dihydroagarofuran |
| 1α, 2α-二乙酰氧基-9β-肉桂酰氧基-β-二氢沉香呋喃 | 1α, 2α-diacetoxy-9β-cinnamoyloxy-β-dihydroagarofuran |
| 2-(3, 4-二乙酰氧基丁-1-炔基)-5-(丙-1-基)噻吩 | 2-(3, 4-diacetoxybut-1-ynyl)-5-(prop-1-ynyl) thiophene |
| 5-(3, 4-二乙酰氧基丁炔-1)-2, 2′-联噻吩 | 5-(3, 4-diacetoxybut-1-ynyl)-2, 2′-bithiophene |
| 2, 3-二乙酰氧基美登木酮 | 2, 3-diacetoxylmaytenusone |
| 2β, 3α-二乙酰氧基齐墩果-5, 12-二烯-28-酸 | 2β, 3α-diacetoxyolean-5, 12-dien-28-oic acid |
| 1, 3-二乙酰氧基十四碳-4, 6-二烯-8, 10, 12-三炔 | 1, 3-diacetoxytetradec-4, 6-dien-8, 10, 12-triyne |
| 7β, 16α-二乙酰氧基睡茄内酯 D | 7β, 16α-diacetoxywithanolide D |
| 二乙酰氧基四羟基紫杉二烯 | diacetoxytetrahydroxytaxadiene |
| 3, 6-二乙酰氧基托品烷 | 3, 6-diacetoxytropane |
| 11β, 12α-二乙酰氧基新飞龙掌血素 | 11β, 12α-diacetoxyneotecleanin |
| 1, 2-二乙酰鹧鸪花内雄楝林素 C | 1, 2-diacetyl trichagmalin C |
| 1, 30-二乙酰鹧鸪花内雄楝林素 F | 1, 30-diacetyl trichagmalin F |
| 1β, 3α-二乙氧基-7-氢甲基-4-(3-甲基-丁酰氧甲基)环戊-4 (4α), 7 (7α)-二烯 [*c*] 吡喃-6-酮 | 1β, 3α-diethoxy-7-hydromethyl-4-(3-methyl-butyryloxymethyl)-cyclopenta-4 (4α), 7 (7α)-diene [*c*] pyran-6-one |
| 1β, 3α-二乙氧基-7-氧亚基-8β-甲基-1, 3, 4, 4a, 5, 6, 7, 7a-八氢环戊 [*c*] 吡喃对羟基苯乙醇-4β-甲酸酯 | 1β, 3α-diethoxy-7-oxo-8β-methyl-1, 3, 4, 4a, 5, 6, 7, 7a-octahydrocyclopenta [*c*] pyran-*p*-hydroxyphenylethanol-4β-carboxylate |
| 1, 1-二乙氧基丙烷 (丙醛二乙基缩醛) | 1, 1-diethoxypropane (propanal diethyl acetal, propionaldehyde diethyl acetal) |
| 1, 1-二乙氧基己烷 | 1, 1-diethoxyhexane |
| 1, 1-二乙氧基戊烷 | 1, 1-diethoxypentane |
| 1, 1-二乙氧基乙烷 | 1, 1-diethoxyethane |
| 1, 2-二乙氧基乙烷 | 1, 2-diethoxyethane |
| 1, 1-二乙氧正壬烷 | 1, 1-diethoxy-*n*-nonane |
| 1, 1-二乙氧正十四烷 | 1, 1-diethoxy-*n*-tetradecane |
| 3, 6-二异丙基-2, 5-哌嗪二酮 | 3, 6-diisopropyl-2, 5-piperazinedione |
| 2, 4-二异丙烯基-1-甲基-1-乙烯基环己烷 | 2, 4-diisopropenyl-1-methyl-1-vinyl cyclohexane |
| 1, 2-二异丙亚基乙氮烷 | 1, 2-diisopropylidenediazane |
| 二异丁基邻苯二甲酸二丁酯 | dibutyl diisobutyl phthalate |
| 9, 10-二异丁酰氧基-8-羟基麝香草酚 | 9, 10-diisobutyryloxy-8-hydroxythymol |

E

| | |
|---|---|
| 5, 5′-二异丁氧基-2, 2′-双呋喃 | 5, 5′-diisobutoxy-2, 2′-bifuran |
| 2, 4-二异氰氧基-1-甲基苯 | 2, 4-diisocyanano-1-methyl benzene |
| 6, 8-二异戊烯基高良姜素 | 6, 8-diprenyl galangin |
| 6, 8-二异戊烯基染料木素 | 6, 8-diprenyl genistein |
| 6, 8-二异戊烯基圣草酚 | 6, 8-diprenyl eriodictyol |
| 6, 8-二异戊烯基柚皮素 | 6, 8-diprenyl naringenin |
| 3′, 4′-二异戊酰阿米芹内酯 (3′, 4′-二异戊酰基凯林内酯) | 3′, 4′-diisovaleryl khellactone |
| 二异戊酰基甲烷 (2, 8-二甲基-4, 6-壬二酮) | diisovaleryl methane (2, 8-dimethyl-4, 6-nonanedione) |
| 二异辛基-1, 2-苯二甲酸酯 | diisooctyl 1, 2-benzenedicarboxylate |
| 二油酸一硬脂酸甘油酯 | stearodiolein |
| 二油酸一棕榈酸甘油酯 | palmitodiolein |
| α, β-二油酰基甘油半乳糖酯 | α, β-dioleoyl glycerogalactolipid |
| 1, 2-二油酰基磷脂酰胆碱 | 1, 2-dioleoyl phosphatidyl choline |
| (2*S*)-3, 3-二愈创木基-1, 2-丙二醇 | (2*S*)-3, 3-diguaiacyl-1, 2-propanediol |
| (1*S*, 2*R*)-1, 2-二愈创木基-1, 3-丙二醇 | (1*S*, 2*R*)-1, 2-diguaiacyl-1, 3-propanediol |
| (2*R*, 3*R*, 4*S*)-2, 3-二愈创木基-4-羟基四氢呋喃 | (2*R*, 3*R*, 4*S*)-2, 3-diguaiacyl-4-hydroxytetrahydrofuran |
| 二正丙醇镁 | magnesium bis (propan-1-olate) |
| 二正丙基氧化镁 | magnesium dipropoxide |
| 2, 6-二正丁基对甲苯酚 | 2, 6-di-*n*-butyl-*p*-cresol |
| 1, 2-二脂酰甘油基-4′-*O*-(*N*, *N*, *N*-三甲基) 高丝氨酸 | 1, 2-diacyl glyceryl-4′-*O*-(*N*, *N*, *N*-trimethyl) homoserine |
| 二脂酰甘油基-4′-*O*-(*N*, *N*, *N*-三甲基) 高丝氨酸 | diacyl glyceryl-4′-*O*-(*N*, *N*, *N*-trimethyl) homoserine |
| 二脂酰甘油基羟甲基三甲基-β-丙氨酸 | diacyl glyceryl hydroxymethyl trimethyl-β-alanine |
| 二脂酰甘油基三甲基高丝氨酸 | diacyl glyceryl trimethyl homoserine |
| 二仲丁基二硫化物 | *sec*-dibutyl disulfide |
| 二仲丁基二硫醚 | di-2-butyl disulfide |
| 二仲丁基三硫醚 | di-2-butyl trisulfide |
| 二仲丁基四硫醚 | di-2-butyl tetrasulfide |
| 二猪屎豆碱 | dicrotaline |
| 1, 3-二棕榈酸甘油酯 | 1, 3-dilinolein |
| α, γ-二棕榈酸甘油酯 | α, γ-dipalmitin |
| 二棕榈酰甘油 | dipalmitin |
| 1, 3-二棕榈酰基-2-山梨酸甘油三酯 | glycerol-1, 3-dipalmito-2-sorbate |
| 1, 2-二棕榈酰基-*sn*-甘油-3-磷酰氨基乙醇 | 1, 2-dipalmitoyl-*sn*-glycerol-3-phosphoethanolamine |
| 1, 2-二棕榈酰基-*sn*-甘油-3-磷酰肌肉肌醇 | 1, 2-dipalmitoyl-*sn*-glycerol-3-phosphomyoinositol |
| α, β-二棕榈酰基甘油半乳糖脂 | α, β-dipalmitoyl glycerogalactolipid |
| 二棕榈酰磷脂酰基胆碱 | dipalmitoyl phosphatidyl choline |
| 二棕榈酰硬脂酰甘油酯 | stearyl dipalmitoyl glyceride |
| 发卡亭 | falcatine |
| 发色皂苷 I | chromosaponin I |
| 发氏玉兰素 (辛夷脂素) | fargesin |

| | |
|---|---|
| 发氏玉兰脂酮(望春玉兰酮、望春花酮)A～D | fargesones A～D |
| 伐比托苷(牵牛托苷)A、B | pharbitosides A, B |
| 法筚枝苷(法荜枝苷,石楠茄苷、皮契荔枝苷) | fabiatrin |
| 法尔乌头碱(发尔乌头碱、法康乌头碱) | falaconitine |
| 法蒺藜烯 | fagonene |
| 法加麦二醇 | phagermadiol |
| 法莱酮 | ferenernone |
| 法罗宾 B | farobin B |
| 法呢基氢醌 | farnesyl hydroquinone |
| 法呢四烯 | 7, 11-dimethyl-3-methylene-1, 6, 10-dodectriene |
| 法尼基紫芝酚 A～D | ganosinensols A～D |
| 法尼亚蓼苷(凡尼克苷、宾西法尼亚蓼苷)A～F | vanicosides A～F |
| (–)-法诺斯蒂宁 | (–)-phanostenine |
| 法诺斯蒂宁(台湾千金藤宁碱) | phanostenine |
| 法萨尔韦酮 | phasalvione |
| 法生油酸(牛脂烯酸) | vaccenic acid |
| 法氏石松定碱(佛石松定) | fawcettidine |
| 法氏石松碱(法西亭碱、佛石松碱) | fawcettine |
| 法西亭明碱 | fawcettimine |
| (+)-法辛脂醇-1-*O*-β-D-吡喃葡萄糖苷 | (+)-faxinresinol-1-*O*-β-D-glucopyranoside |
| (+)-番薄荷酮[(+)-胡薄荷酮、(+)-长叶薄荷酮] | (+)-pulegone |
| 番红醇酸 | ipurolic acid |
| α-番红花素 | α-crocin |
| 番红花新苷甲、乙 | crosatosides A, B |
| 番红水芹酮(深黄水芹酮) | crocatone |
| 番荔枝二聚素 A(鄂贝乙酸酯 C) | annonebinide A (fritillebin C) |
| 番荔枝二聚素 B | annonebinide B |
| 番荔枝呋辛 B、C、F、G | squafosacins B, C, F, G |
| 番荔枝环素 A～I | cyclosquamosins A～I |
| (–)-番荔枝碱 | (–)-anonaine |
| 番荔枝碱 | annonaine (anonaine) |
| 番荔枝碱 | anonaine (annonaine) |
| 番荔枝降木脂苷 | squadinorlignoside |
| 番荔枝邻二醇素 A～C | squadiolins A～C |
| 番荔枝明 A～C | annosquamins A～C |
| 番荔枝莫辛 A | annomosin A |
| 番荔枝内酯(东京紫玉盘林素) | tonkinelin |
| 番荔枝宁(番荔枝素) | annonin |
| (–)-番荔枝三裂泡泡碱[(–)-番荔枝叶碱] | (–)-anolobine |
| 番荔枝斯坦定 | annonastatin |

| 番荔枝素 A～G | annosquamosins A～G |
|---|---|
| 番荔枝塔辛 (番荔枝太辛) | squamotacin |
| 番荔枝亭 I～III、A、B | annosquatins I～III, A, B |
| 番荔枝酮 | squamone |
| 番荔枝五醇 A～C | annopentocins A～C |
| 番荔枝酰胺 | squamosamide |
| 番荔枝辛 | annonacin |
| 番荔枝辛素 I、A～D | annosquacins I, A～D |
| 番荔枝新酮 (番荔枝辛酮) | annonacinone |
| 番荔枝叶碱 (番荔枝三裂泡泡碱) | anolobine |
| 番荔枝抑宁 A～D | squamostanins A～D |
| 番荔枝皂素 | muricatacin |
| 番木鳖次碱 | vomicine |
| 番木鳖定 | strychnosplendine |
| 番木鳖腐碱 | struxine |
| 番木鳖碱 (士的宁) | strychnine |
| 番木鳖碱 *N*- 氧化物 | strychnine *N*-oxide |
| 番木鳖明 | strychnospermine |
| 番木鳖辛 | strychnicine |
| 番木鳖杂灵 | strychnolethaline |
| 番木瓜胺 | carpasemine |
| 番木瓜苷 | carposide |
| 番木瓜碱 | carpaine |
| 番木瓜酶 (木瓜蛋白酶) | papayotin (papain) |
| 番前立定 | tomatillidine |
| 番茄胺 (番茄定) | tomatidine |
| 番茄奥苷 (番柿苷) A、B | esculeosides A, B |
| 番茄二糖 | lycobiose |
| 番茄苷 (蕃茄碱糖苷) | tomatoside |
| 番茄红素 (番茄烯) | lycopene |
| 番茄黄质 | lycoxanthin |
| 番茄碱 (番茄素) | α-tomatine (lycopersicin, licopersicin) |
| 番茄镰刀菌素 | lycopersin |
| 番茄萎焉素 | lycomarasmine |
| 番茄三糖 | lycotriose |
| 番茄属碱 | lycopersicon base |
| 番茄素 (番茄碱) | licopersicin (α-tomatine, lycopersicin) |
| 番茄素 (番茄碱) | lycopersicin (α-tomatine, licopersicin) |
| 番茄烯胺 (番茄定烯醇) | tomatidenol |
| 4- 番茄烯胺 -3- 酮 | 4-tomatiden-3-one |

| | |
|---|---|
| 番茄紫素(白英果红素) | lycophyll |
| 番石榴二醛 A～D | psiguadials A～D |
| 番石榴酚二醛 B～F | guajadials B～F |
| 番石榴酚苷 A～F | guavinosides A～F |
| 番石榴苷(番石榴素) | guaijaverin |
| 番石榴瓜二醛 A～C | guadials A～C |
| 番石榴瓜西二醛 A | guapsidial A |
| 番石榴内酯 | guajavolide |
| 番石榴宁(番石榴萜)A～D | psiguanins A～D |
| 番石榴鞣花苷 | amritoside |
| 番石榴鞣素 | arabinose ester hexahydroxydiphenic acid |
| 番石榴素(番石榴苷) | guajavarin |
| 番石榴酸 | psidiolic acid |
| 番石榴西二醛 A～C | psidials A～C |
| 番石榴香豆酸 | guavacoumaric acid |
| 番薯胺 | ipomine |
| 番薯蛋白素 A、B | sporamins A, B |
| 番薯树脂素(西蒙番薯素、野八角宁) Ⅱ～Ⅳ | simonins Ⅱ～Ⅳ, A |
| 番薯素苷(番薯亭苷) Ⅰ～Ⅳ | batatinosides Ⅰ～Ⅳ |
| 番薯糖苷(番薯苷)Ⅳ, A～P | batatosides Ⅳ, A～P |
| 番桫椤辛 A | cyathenosin A |
| 番泻苷 A | glysennid (sennoside A) |
| 番泻苷 A～E | sennosides A～E |
| 番泻苷元(番泻叶苷)B | sennidin (sennidine B) |
| 番泻苷元 A1(番泻叶苷 A) | sennidin A1 (sennidine A) |
| 番泻苷元 C | sennidin C |
| 番泻叶苷 A(番泻苷元 $A_1$) | sennidine A (sennidin $A_1$) |
| 番杏素 | tetragonin |
| 番樱桃醇(番樱桃酚) | eugenitol |
| 番樱桃马钱碱 | myrtoidine |
| (–)-番樱桃叶拟芸香素 | (–)-haplomyrfolin |
| 番樱桃叶拟芸香素 | haplomyrfolin (isopluviatolide) |
| 番樱桃叶下珠苷 A | phyllamyricoside A |
| 翻白叶苷(柔毛委陵菜苷)A | potengriffioside A |
| 翻白叶树苷 A～C | heterophyllosides A～C |
| 翻白叶树酸 | heterophyllic acid |
| 繁缕德酚 | stelladerol |
| 繁缕环肽(银柴胡环肽)A、B | stellaria cyclopeptides A, B |
| 繁缕碱 A、B | stellarines A, B |
| 繁缕素 A～H | stellarins A～H |

| | |
|---|---|
| 反丁烯原冰岛衣酸酯 | fumaprotocetraric acid |
| 反角鲨烯 | antisqualene |
| 反可巴醇 | anticopalol |
| 反曲刺桐素(乙状刺桐素、爱斯形刺桐素)A、B | sigmoidins A, B |
| 反曲刺桐素 B-4′-甲醚(爱斯形刺桐素 B-4′-甲醚) | sigmoidin B-4′-methyl ether |
| (–)-反曲刺桐素 E | (–)-sigmoidin E |
| (±)-反曲刺酮素 A | (±)-sigmoidin A |
| (+)-(*S*)-(反式-1-丙烯基)-L-半胱氨酸亚砜 | (+)-(*S*)-(*trans*-1-propenyl)-L-cysteine sulfoxide |
| (5*R*)-反式-1, 7-二苯基-5-羟基-6-庚烯-3-酮 | (5*R*)-*trans*-1, 7-diphenyl-5-hydroxy-6-hepten-3-one |
| 反式-(1*S*, 2*S*)-3-苯基-萘己环-1, 2-二醇 | *trans*-(1*S*, 2*S*)-3-phenyl acenaphthene-1, 2-diol |
| 6-反式-(2″-*O*-α-吡喃鼠李糖基)乙烯基-5, 7, 3′, 4′-四羟基黄酮 | 6-*trans*-(2″-*O*-α-rhamnopyranosyl) ethenyl-5, 7, 3′, 4′-tetrahydroxyflavone |
| 反式-(2*R*)-2, 3-二氢-2-羟基-3-甲基-1, 4-萘 | *trans*-(2*R*)-2, 3-dihydro-2-hydroxy-3-methyl-1, 4-nanphthalene |
| 反式-(3*S*, 4*S*)-3, 4-二羟基-1-四氢萘酮 | *trans*-(3*S*, 4*S*)-3, 4-dihydroxy-1-tetralone |
| 反式-(4*R*)-羟基-2-壬烯酸 | *trans*-(4*R*)-hydroxy-2-nonenoic acid |
| 反式-(*S*)-反式-对羟基苯乙醇对桂皮酸酯 | *trans*-(*S*)-*trans*-*p*-hydroxyphenyl ethanol-*p*-cinnamate |
| 反式-(*S*)-顺式-对羟基苯乙醇对桂皮酸酯 | *trans*-(S)-*cis*-*p*-hydroxyphenyl ethanol-*p*-cinnamate |
| 反式-(*Z*)-α-香柠檬醇 | *trans*-(*Z*)-α-bergamotol |
| (*E*)-3-{(2, 3-反式)-2-(4-羟基-3-甲氧苯基)-3-羟甲基-2, 3-二氢苯并[*b*][1, 4]二氧杂芑-6-基}-*N*-(4-羟基苯乙基)丙烯酰胺 | (*E*)-3-{(2, 3-*trans*)-2-(4-hydroxy-3-methoxyphenyl)-3-hydroxymethyl-2, 3-dihydrobenzo [*b*] [1, 4] dioxin-6-yl} -*N*-(4-hydroxyphenethyl) acrylamide |
| (*Z*)-3-{(2, 3-反式)-2-(4-羟基-3-甲氧苯基)-3-羟甲基-2, 3-二氢苯并[*b*][1, 4]二氧杂芑-6-基}-*N*-(4-羟基苯乙基)丙烯酰胺 | (*Z*)-3-{(2, 3-*trans*)-2-(4-hydroxy-3-methoxyphenyl)-3-hydroxymethyl-2, 3-dihydrobenzo [*b*] [1, 4] dioxin-6-yl} -*N*-(4-hydroxyphenethyl) acrylamide |
| (1, 2-反式)-*N*3-(4-乙酰胺丁基)-1-(3, 4-二羟苯基)-7-羟基-*N*2-(4-羟基苯乙基)-6, 8-二甲氧基-1, 2-二氢萘-2, 3-二甲酰胺 | (1, 2-*trans*)-*N*3-(4-acetamidobutyl)-1-(3, 4-dihydroxyphenyl)-7-hydroxy-*N*2-(4-hydroxyphenethyl)-6, 8-dimethoxy-1, 2-dihydronaphthalene-2, 3-dicarboxamide |
| *O*-(反式)阿魏酰阿拉伯呋喃糖基吡喃木糖 I | *O*-(*trans*) feruloyl-arabinofuranosyl xylopyranose I |
| 3-*O*-[(反式)-咖啡酰基]葡糖二酸 | 3-*O*-[(*trans*)-caffeoyl] glucaric acid |
| 反式, 反式-1, 7-二苯基-1, 3-庚二烯-5-醇 | *trans*, *trans*-1, 7-diphenyl-1, 3-heptadien-5-ol |
| 反式, 反式-2, 4-癸二烯醛 | *trans*, *trans*-2, 4-decadienal |
| 反式, 反式-3, 11-十三碳二烯-5, 7, 9-三炔-1, 2-二醇 | *trans*, *trans*-3, 11-tridecadien-5, 7, 9-triyn-1, 2-diol |
| 反式, 反式-吉马酮 | *trans*, *trans*-germacrone |
| 反式, 反式-角网藻酰胺 | *trans*, *trans*-ceratospongamide |
| 反式, 反式-十四碳二烯-8, 10-二炔-1, 5, 14-三醇 | *trans*, *trans*-tetradec-6, 12-dien-8, 10-diyn-1, 5, 14-triol |
| 反式-1, 2: 4, 5-二环氧萜烷 | *trans*-1, 2: 4, 5-diepoxy-*p*-menthane |
| 反式-1, 2-二-*O*-苯甲酰环己-1, 2-二醇 | *trans*-1, 2-di-*O*-benzoyl cyclohexan-1, 2-diol |
| 反式-1, 2-二苯乙烯 | *trans*-stilbene |
| (+)-反式-1, 2-二氢脱氢愈创木脂酸 | (+)-*trans*-1, 2-dihydrodehydroguaiaretic acid |
| 2-(反式-1, 4-二羟基环己烷)-5, 7-二羟基色原酮 | 2-(*trans*-1, 4- dihydroxycyclohexane)-5, 7-dihydroxy-chromone |

| | |
|---|---|
| 反式-1, 7-二苯基-1-庚烯-5-醇 | *trans*-1, 7-diphenyl-1-hepten-5-ol |
| 反式-1, 8-桉叶素-3, 6-二羟基-3-*O*-β-D-吡喃葡萄糖苷 | *trans*-1, 8-cineole-3, 6-dihydroxy-3-*O*-β-D-glucopyranoside |
| 反式-10-甲基-1-亚甲基-7-亚异丙基十氢萘 | *trans*-10-methyl-1-methylene-7-isopropylidene decahydronaphthalene |
| 反式-10-羟基-6-甲氧基-10-十八烯酸 | *trans*-10-hydroxy-6-methoxy-10-octadecenoic acid |
| 反式-10-羟基齐墩果苷阿魏酸酯 | *trans*-feruloyl- 10-hydroxyoleoside |
| 反式-11-羟基-5-甲氧基-11-十八烯酸 | *trans*-11-hydroxy-5-methoxy-11-octadecenoic acid |
| 9-反式-12-反式亚油酸 | 9-*trans*-12-*trans*-linoleic acid |
| 反式-13-十八烯酸甲酯 | methyl *trans*-13-octadecenoate |
| 反式-2-(+)-十一醇 | *trans*-2-(+)-undecanol |
| 反式-2-(+)-十一醛 | *trans*-2-(+)-undecanal |
| 反式-2-(3″, 4″-二甲氧苄基)-3-(3′, 4′-二甲氧苄基) 丁内酯 | *trans*-2-(3″4″-dimethoxybenzyl)-3-(3′, 4′-dimethoxybenzyl) butyolactone |
| 反式-2-(4″-羟基-3″-甲氧苄基)-3-(3′, 4-二甲氧苄基) 丁内酯 | *trans*-2-(4″-hydroxy-3″-methoxybenzyl)-3-(3′, 4-dimethoxybenzyl) butyolactone |
| (5*S*)-反式-2, 3, 6, 11-四氢-3-氧亚基-1*H*-氮茚并 [8, 7-*b*] 吲哚-5, 11-b (5*H*)-二甲酸 | (5*S*)-*trans*-2, 3, 6, 11-tetrahydro-3-oxo-1*H*-indolizino [8, 7-*b*] indole-5, 11b (5*H*)-dicarboxylic acid |
| 反式-2, 3-二羟基-9-苯基菲烯-1-酮 | *trans*-2, 3-dihydroxy-9-phenyl phenalen-1-one |
| 反式-2, 3-二羟基桂皮酸 | *trans*-2, 3-dihydroxycinnamic acid |
| 反式-2, 4-庚二烯醛 | *trans*-2, 4-heptadienal |
| 反式-2, 4-癸二烯醛 | *trans*-2, 4-decadienal |
| (6*S*)-2-反式-2, 6-二甲基-6-[3-*O*-(β-D-吡喃葡萄糖基)-4-*O*-(2-甲丁酰基)-α-L-吡喃阿拉伯糖氧基]-2, 7-辛二烯酸 | (6*S*)-2-trans-2, 6-dimethyl-6-[3-*O*-(β-D-glucopyranosyl-4-*O*-(2-methyl butyryl)-α-L-arabinopyranosyloxy]-2, 7-octadienoic acid |
| (6*S*)-2-反式-2, 6-二甲基-6-*O*-β-D-金鸡纳糖基-2, 7-三叶睡菜酸 | (6*S*)-2-*trans*-2, 6-dimethyl-6-*O*-β-D-quinovosyl-2, 7-menthiafolic acid |
| (6*R*)-2-反式-2, 6-二甲基-6-*O*-β-D-奎诺糖基-2, 7-三叶睡菜酸 | (6*R*)-2-*trans*-2, 6-dimethyl-6-*O*-β-D-quinovosyl-2, 7-menthiafolic acid |
| (*R*)-1, 反式-2, 顺式-4-三氯环戊烷 | (*R*)-1, *trans*-2, *cis*-4-trichlorocyclopentane |
| 2, 4-反式-28-羟基泡番荔枝酮 | (2, 4-*trans*)-28-hydroxybullatacinone |
| 反式-2-β-D-吡喃葡萄糖氧基-4-甲氧基肉桂酸 | *trans*-2-β-D-glucopyranosyloxy-4-methoxycinnamic acid |
| 1, 反式-2-二氯-*r*-1-环戊烷甲酸 | 1, *trans*-2-dichloro-*r*-1-cyclopentane carboxylic acid |
| 反式-2-癸烯醛 | *trans*-2-decenal |
| 反式-2-槐糖己烯醇苷 | *trans*-2-sophorose hexenolside |
| 反式-2-己烯-1-醇 | *trans*-2-hexen-1-ol |
| 反式-2-己烯-1-醛 | *trans*-2-hexen-1-al |
| 反式-2-己烯酸 | *trans*-2-hexenoic acid |
| 反式-2-甲基-2-(3-甲基环氧乙基)-1, 4-苯基丙酸酯 | *trans*-2-methyl-2-(3-methyl oxiranyl)-1, 4-phenylene propanoic acid ester |
| 反式-2-甲基环戊醇 | *trans*-2-methyl cyclopentanol |

| | |
|---|---|
| 反式-2-氯环己-1-醇 | *trans*-2-chlorocyclohexan-1-ol |
| 反式-2-氯环戊烷甲酸 | *trans*-2-chlorocyclopentane carboxylic acid |
| (1*R*, 2*R*, 4*S*)-反式-2-羟基-1, 8-桉叶素-*O*-D-吡喃葡萄糖苷 | (1*R*, 2*R*, 4*S*)-*trans*-2-hydroxy-1, 8-cineole-*O*-D-glucopyranoside |
| 反式-2-羟基异丙基-3-羟基-7-异戊烯-2, 3-二氢苯并呋喃-5-甲酸 | *trans*-2-hydroxyisoxypropyl-3-hydroxy-7-isopenten-2, 3-dihydrobenzofuran-5-carboxylic acid |
| 反式-2-十二烯醛 | *trans*-2-dodecenal |
| 反式-2-十三烯醛 | *trans*-2-tridecenal |
| 反式-2-十四烯-1-醇 | *trans*-2-tetradecen-1-ol |
| 反式-2-十四烯醛 | *trans*-2-tetradecenal |
| 反式-2-十一烯-1-醇 | *trans*-2-undecen-1-ol |
| 反式-2-顺式-8-癸二烯-4, 6-二炔-1-醇异戊酸酯 | *trans*-2-*cis*-8-decadien-4, 6-diyn-1-ol isovalerate |
| ω-反式-2-顺式-*n*-顺式-α-聚异戊烯醇 (桦木型) | ω-*trans*-2-*cis*-*n*-*cis*-α-polyprenols (betulaprenol type) |
| 反式-2-戊烯醛 | *trans*-2-pentene aldehyde |
| 反式-2-香豆酸 | *trans*-2-coumaric acid |
| 反式-2-辛烯醛 | *trans*-2-octenal |
| 反式-2-愈创木基-3-羟甲基-5-(顺式-3′-羟甲基-5′-甲酰基-7′-甲氧基苯并呋喃基)-7-甲氧基苯并呋喃 | *trans*-2-guaiacyl-3-hydroxymethyl-5-(*cis*-3′-hydroxymethyl-5′-formyl-7′-methoxybenzofuranyl)-7-methoxybenzofuran |
| 反式-3-己烯-1-醇 | *trans*-3-hexen-1-ol |
| (2, 3)-反式-3-(3-羟基-5-甲氧苯基)-*N*-(4-羟基苯乙基)-7-{(*E*)-3-[(4-羟基苯乙基) 氨基]-3-氧亚基丙-1-烯-1-基} -2, 3-二氢苯并 [*b*] [1, 4] 二氧杂芑-2-甲酰胺 | (2, 3)-*trans*-3-(3-hydroxy-5-methoxyphenyl)-*N*-(4-hydroxyphenethyl)-7-{(*E*)-3-[(4-hydroxyphenethyl) amino]-3-oxoprop-1-en-1-yl} -2, 3-dihydrobenzo [*b*] [1, 4] dioxine-2-carboxamide |
| 反式-3-(4, 8-二甲基-3, 7-壬二烯基) 呋喃 | *trans*-3-(4, 8-dimethyl-3, 7-nonadienyl) furan |
| 反式-3-(4′-甲氧苯基) 丙烯酸丁酯 | *trans*-3-(4′-methoxyphenyl) acrylic acid butyl ester |
| 反式-3-(4-甲氧苯基-2-*O*-β-D-吡喃葡萄糖苷) 丙烯酸甲酯 | *trans*-3-(4-methoxyphenyl-2-*O*-β-D-glucopyranoside) methyl propenoate |
| 反式-3-(4′-羟苯基) 丙烯酸丁酯 | *trans*-3-(4′-hydroxyphenyl) acrylic acid butyl ester |
| 反式-3-(4-羟苯基) 丙烯酸甲酯 | *trans*-methyl 3-(4-hydroxyphenyl) acrylate |
| (±)-反式-3-(2, 4, 5-三甲氧苯基)-4-[(*E*)-2, 4, 5-三甲氧基苯乙烯基]-环己烯 | (±)-*trans*-3-(2, 4, 5-trimethoxyphenyl)-4-[(*E*)-2, 4, 5-trimethoxystyryl]-cyclohexene |
| 反式-3, 3′-二羟基-2′, 5-二甲氧基芪 | *trans*-3, 3′-dihydroxy-2′, 5-dimethoxystilbene |
| 反式-3, 4, 5-三甲氧基桂皮醇 | *trans*-3, 4, 5-trimethoxycinnamyl alcohol |
| 反式-3, 4, 5-三羟基-6-乙酰基-7-甲氧基-2, 2-二甲基色烷 | *trans*-3, 4, 5-trihydroxy-6-acetyl-7-methoxy-2, 2-dimethyl chromane |
| 反式-3, 4-二羟基-5-甲氧基-6-乙酰基-7-甲氧基-2, 2-二甲基色烷 | *trans*-3, 4-dihydroxy-5-methoxy-6-acetyl-7-methoxy-2, 2-dimethyl chroman |
| (–)-(2*S*, 3*R*, 4*R*)-2, 3-反式-3, 4-顺式-4′, 7-二羟基黄烷-3, 4-二醇 | (–)-(2*S*, 3*R*, 4*R*)-2, 3-*trans*-3, 4-*cis*-4′, 7-dihydroxyflavan-3, 4-diol |
| (–)-(2*S*, 3*R*, 4*R*)-2, 3-反式-3, 4-顺式-4′-羟基黄烷-3, 4-二醇 | (–)-(2*S*, 3*R*, 4*R*)-2, 3-*trans*-3, 4-*cis*-4′-hydroxyflavan-3, 4-diol |

| 反式-3, 5-二甲氧基-4-羟基肉桂醛 | *trans*-3, 5-dimethoxy-4-hydroxycinnamaldehyde |
|---|---|
| (3*R*, 5*S*)-反式-3, 5-二羟基-1, 7-二苯基-1-庚烯 | (3*R*, 5*S*)-*trans*-3, 5-dihydroxy-1, 7-diphenyl-1-heptene |
| (3*S*, 5*S*)-反式-3, 5-二羟基-1, 7-二苯基-1-庚烯 | (3*S*, 5*S*)-*trans*-3, 5-dihydroxy-1, 7-diphenyl-1-heptene |
| (3*R*, 4*R*)-3, 4-反式-3′, 7-二羟基-2′, 4′-二甲氧基-4-[(2*S*)-4′, 5, 7-三羟基黄烷-6-酮] 异黄烷 | (3*R*, 4*R*)-3, 4-*trans*-3′, 7-dihydroxy-2′, 4′-dimethoxy-4-[(2*S*)-4′, 5, 7-trihydroxyflavan-6-one] isoflavan |
| 反式-3-*O*-对香豆酰奎宁酸 | *trans*-3-*O*-*p*-coumaroyl quinic acid |
| 反式-3-*O*-咖啡酰基奎宁酸 | *trans*-3-*O*-caffeoyl quinic acid |
| 反式-3β-咖啡酰氧基-2α-羟基熊果-12-烯-28-酸 | *trans*-3β-caffeoyloxy-2α-hydroxyurs-12-en-28-oic acid |
| *N*-反式-3-甲氧基酪胺 | *N*-*trans*-3-methoxytyramine |
| 反式-3-羟基-1, 8-桉叶素-3-*O*-β-D-吡喃葡萄糖苷 | *trans*-3-hydroxy-1, 8-cineole-3-*O*-β-D-glucopyranoside |
| 反式-3-羟基-2′, 3′, 5-三甲氧基芪 | *trans*-3-hydroxy-2′, 3′, 5-trimethoxystilbene |
| 3, 4-反式-3-羟甲基-4-[双(4-羟基-3-甲氧苯基)甲基]丁内酯 | 3, 4-*trans*-3-hydroxymethyl-4-[bis (4-hydroxy-3-methoxyphenyl) methyl] butyrolactone |
| 3, 4-反式-3-羟甲基-4-[双(3, 4-二甲氧苯基)甲基]丁内酯 | 3, 4-*trans*-3-hydroxymethyl-4-[bis (3-methoxy-4-methoxyphenyl) methyl] butyrolactone |
| 反式-3-十三烯-5, 7, 9, 11-四炔-1, 2-二醇 | *trans*-3-tridecen-5, 7, 9, 11-tetrayn-1, 2-diol |
| 反式-3-亚乙基-2-吡咯烷酮 | *trans*-3-ethylidene-2-pyrrolidone |
| (–)-反式-3′-乙酰基-4′-千里光酰阿米芹内酯 | (–)-*trans*-3′-acetyl-4′-senecioyl khellactone |
| 反式-3′-乙酰基-4′-千里光酰阿米芹内酯 | *trans*-3′-acetyl-4′-senecioyl khellactone |
| 反式-4-(4-羟苯基)-3-丁烯-2-酮 | *trans*-4-(4-hydroxyphenyl) but-3-en-2-one |
| 反式-4-(2, 6, 6-三甲基-2-环己烯-1-基)-3-丁烯-2-酮 | *trans*-4-(2, 6, 6-trimethyl-2-cyclohexen-1-yl)-3-buten-2-one |
| 2, 3-反式-4, 5-顺式-二烯-6-羰基硬脂酸 | 2, 3-*trans*-4, 5-*cis*-dien-6-carbonyl stearic acid |
| 反式-4-[3-甲基-(*E*)-丁-1-烯基]-3, 5, 2′, 4′-四羟基芪 | *trans*-4-[3-methyl-(*E*)-but-1-enyl]-3, 5, 2′, 4′-tetrahydroxystilbene |
| {3, 4-反式-4-[双(3, 4-二甲氧苯基)甲基]-2-氧亚基四氢呋喃-3-基}甲基-*O*-β-吡喃葡萄糖苷 | {3, 4-*trans*-4-[bis (3, 4-dimethoxyphenyl) methyl]-2-oxotetrahydrafuran-3-yl} methyl-*O*-β-glucopyranoside |
| 反式-4-*O*-β-D-吡喃葡萄糖基阿魏酸 | *trans*-4-*O*-β-D-glucopyranosyl ferulic acid |
| 反式-4-*O*-对香豆酰奎宁酸 | *trans*-4-*O*-*p*-coumaroyl quinic acid |
| 反式-4′-*O*-甲基阿米芹内酯 | *trans*-4′-*O*-methyl kellactone |
| *N*-反式-4-*O*-甲基阿魏酰基-4′-*O*-甲基多巴胺 | *N*-*trans*-4-*O*-methyl feruloyl-4′-*O*-methyl dopamine |
| 反式-4-*O*-咖啡酰基奎宁酸 | *trans*-4-*O*-caffeoyl quinic acid |
| 反式-4-氨基环己醇 | *trans*-4-aminocyclohexanol |
| 反式-4-丙烯基藜芦醚(甲基异丁香酚、异丁香酚甲醚) | *trans*-4-propenyl veratrole (isoeugenol methyl ether, methyl isoeugenol) |
| 反式-4-侧柏醇 | *trans*-4-thujanol |
| 反式-4-甲基桂皮酸 | *trans*-4-methyl cinnamic acid |
| 反式-4-甲氧基桂皮醇 | *trans*-4-methoxycinnamyl alcohol |
| 反式-4′-羟基-2′-桂皮醛 | *trans*-4′-hydroxy-2′-cinnamaldehyde |
| 反式-4′-羟基-2′-甲氧基桂皮醛 | *trans*-4′-hydroxy-2′-methoxycinnamaldehyde |
| 反式-4-羟基桂皮酸甲酯 | methyl *trans*-4-hydroxycinnamate |

| | |
|---|---|
| 反式-4-羟基环己-1-甲酸 | *trans*-4-hydroxycyclohex-1-carboxylic acid |
| 反式-4-羟基脯氨酸 | *trans*-4-hydroxyproline |
| 反式-4-羟甲基-D-脯氨酸 | *trans*-4-hydroxymethyl-D-proline |
| 反式-4-十六烯-6-炔 | *trans*-4-hexadecen-6-yne |
| (+)-反式-4′-惕各酰阿米芹内酯 | (+)-*trans*-4′-tigloyl khellactone |
| 反式-4-乙酰氨基环己醇 | *trans*-4-acetamidocyclohexanol |
| (+)-反式-4′-乙酰基-3′-惕各酰阿米芹内酯 | (+)-*trans*-4′-acetyl-3′-tigloyl khellactone |
| 反式-5-(2-噻吩基)-2-戊烯-4-炔-1-酸甲酯 | *trans*-5-(2-thienyl)-2-penten-4-yn-1-oic acid methyl ester |
| 反式-5-*O*-对香豆酰基奎宁酸 | *trans*-5-*O*-*p*-coumaroyl quinic acid |
| 反式-5-*O*-咖啡酰基奎宁酸 | *trans*-5-*O*-caffeoyl quinic acid |
| 17, (20*S*)-反式-5β-孕甾-16-烯-1β, 3β-二羟基-20-酮-1-*O*-α-L-吡喃鼠李糖基-(1→2)-β-D-吡喃岩藻糖苷-3-*O*-α-L-吡喃鼠李糖苷 | 17, (20*S*)-*trans*-5β-pregn-16-en-1β, 3β-dihydroxy-20-one-1-*O*-α-L-rhamnopyranosyl-(1→2)- β-D-fucopyranoside-3-*O*-α-L-rhamnopyranoside |
| 17, (20*S*)-反式-5β-孕甾-16-烯-1β, 3β-二羟基-20-酮-1-*O*-β-D-吡喃木糖基-(1→2)-α-L-吡喃鼠李糖苷-3-*O*-α-L-吡喃鼠李糖苷 | 17, (20*S*)-*trans*-5β-pregn-16-en-1β, 3β-dihydroxy-20-one-1-*O*-β-D-xylopyranosyl-(1→2)-α-L-rhamnopyranoside-3-*O*-α-L-rhamnopyranoside |
| 反式-5-甲氧基紫花前胡定醇 | *trans*-5-methoxydecursidinol |
| (*R*)-1, 反式-5-氯, 顺式-3-环己烷-1, 3-二甲酸 | (*R*)-1, *trans*-5-chloro, *cis*-3-cyclohexane-1, 3-dicarboxylic acid |
| 反式-6, 7-二羟基藁本内酯 (洋川芎内酯 I) | *trans*-dihydroxyligustilide (senkyunolide I) |
| 反式-6′-*O*-阿魏酰哈巴苷 (反式-6′-*O*-阿魏酰钩果草吉苷) | *trans*-6′-*O*-feruloyl harpagide |
| (6*S*)-2-反式-6-α-L-吡喃阿拉伯糖氧基-2, 6-二甲基-2, 7-辛二烯酸 | (6*S*)-2-*trans*-6-α-L-arabinopyranosyloxy-2, 6-dimethyl-2, 7-octadienoic acid |
| 反式-7, 8-二氢-7-(3, 4-亚甲二氧基)-苯基-1′-(2-氧丙基)-3′-甲氧基-8-甲基苯并呋喃 (三白脂 B) | *trans*-7, 8-dihydro-7-(3, 4-methylenedioxyl)-phenyl-1′-(2-oxopropyl)-3′-methoxy-8-methyl benzofuran (saurusine B) |
| 反式-7-对香豆酰基-5-羟基开环马钱醇 | *trans*-7-(*p*-coumaroyl)-5-hydroxysecologanol |
| 反式-7-羟基-3, 7-二甲基-1, 5-辛二烯-3-醇乙酸酯 | *trans*-7-hydroxy-3, 7-dimethyl-1, 5-octadien-3-ol acetate |
| 反式-8-甲基-*N*-香草基-6-壬烯酰胺 | *trans*-8-methyl-*N*-vanillyl-6-nonenamide |
| 反式-9-十八烯-1-醇 | *trans*-9-octadecen-1-ol |
| 反式-9-十八烯酸 | *trans*-9-octadecenoic acid |
| 反式-*N*-阿魏酰基-3-*O*-甲基多巴胺 | *trans*-*N*-feruloyl-3-*O*-methyl dopamine |
| (–)-反式-*N*-阿魏酰章胺 [(–)-反式-*N*-阿魏酰章鱼胺] | (–)-*trans*-*N*-feruloyl octopamine |
| 反式-*N*-阿魏酰章鱼胺 | *trans*-*N*-feruloyl octopamine |
| (2, 3)-反式-*N*-对羟基苯乙基阿魏酰胺 | (2, 3)-*trans*-*N*-(*p*-hydroxyphenethyl) ferulamide |
| 反式-*N*-对香豆酰酪胺 | *trans*-*N*-*p*-coumaroyl tyramine |
| (*S*)-反式-*N*-甲基四氢非洲防己碱 | (*S*)-*trans*-*N*-methyl tetrahydrocolumbamine |
| 反式-*N*-咖啡酰酪胺 | *trans*-*N*-caffeoyl tyramine |
| 反式-*N*-羟基桂皮酰酪胺 | *trans*-*N*-hydroxycinnamoyl tyramine |

| 反式-*N*-异阿魏酰酪胺 | *trans*-*N*-isoferuloyl tyramine |
|---|---|
| 2-*O*-反式-*p*-甲氧基肉桂酰基吡喃鼠李糖苷 | 2-*O*-*trans*-*p*-methoxycinnamoyl rhamnopyranoside |
| 反式-α, α, 5-三甲基-乙烯基四氢呋喃-2-甲醇 | *trans*-α, α, 5-trimethyl ethenyl tetrahydro-2-furanmethanol |
| 反式-α-金合欢烯 | *trans*-α-farnesene |
| 反式-α-香柠檬醇 | *trans*-α-bergamotol |
| (*Z*)-反式-α-香柠檬烯 | (*Z*)-*trans*-α-bergmotene |
| 反式-α-香柠檬烯(反式-α-佛手柑油烯) | *trans*-α-bergamotene |
| 反式-α-鸢尾酮 | *trans*-α-irone |
| 反式-β-金合欢烯(反式-β-麝子油烯) | *trans*-β-farnesene |
| (*Z*)-反式-β-金合欢烯[(*Z*)-反式-β-麝子油烯] | (*Z*)-*trans*-β-farnesene |
| 反式-β-罗勒烯 | *trans*-β-ocimene |
| 反式-β-石竹烯 | *trans*-β-caryophyllene |
| 反式-β-松油醇 | *trans*-β-terpineol |
| 反式-β-突厥蔷薇烯酮 | *trans*-β-damascenone |
| 反式-β-紫罗兰酮 | *trans*-β-ionone |
| 反式-β-紫罗酮-5, 6-环氧化物 | *trans*-β-ionon-5, 6-epoxide |
| 反式-ε-葡萄双芪 | *trans*-ε-viniferin |
| (±)-反式-阿米芹内酯 | (±)-*trans*-khellactone |
| 反式-阿米芹内酯 | *trans*-khellactone |
| (–)-反式-阿米芹内酯[(–)-反式-凯林内酯] | (–)-*trans*-khellactone |
| (+)-反式-阿米芹内酯[(+)-反式-凯林内酯] | (+)-*trans*-khellactone |
| 反式-阿魏醛 | *trans*-ferulaldehyde |
| 反式-阿魏酸 | *trans*-ferulic acid |
| 反式-阿魏酸-4-*O*-β-D-吡喃葡萄糖苷 | *trans*-ferulic acid-4-*O*-β-D-glucopyranoside |
| (+)-9′-*O*-反式-阿魏酸-5, 5′-二甲氧基落叶松脂素 | (+)-9′-*O*-*trans*-feruloyl-5, 5′-dimethoxylariciresinol |
| 反式-阿魏酸二十二醇酯 | decosyl *trans*-ferulate |
| 反式-阿魏酸二十六醇酯 | hexacosyl *trans*-ferulate |
| 反式-阿魏酸二十三醇酯 | tricosyl *trans*-ferulate |
| 反式-阿魏酸甲酯 | methyl *trans*-ferulate |
| *N*-(反式-阿魏酰)酪胺 | *N*-(*trans*-feruloyl) tyramine |
| *N*-反式-阿魏酰丁酸 | *N*-*trans*-feruloyl butanoic acid |
| 反式-阿魏酰基 | *trans*-feruloyl |
| 6-*O*-[α-L-(2″-反式-阿魏酰基)吡喃鼠李糖基]梓醇 | 6-*O*-[α-L-(2″-*trans*-feruloyl) rhamnopyranosyl] catalpol |
| 6-*O*-[α-L-(4″-反式-阿魏酰基)吡喃鼠李糖基]梓醇 | 6-*O*-[α-L-(4″-*trans*-feruloyl) rhamnopyranosyl] catalpol |
| β-D-(6-*O*-反式-阿魏酰基)呋喃果糖基-α-D-*O*-吡喃葡萄糖苷 | β-D-(6-*O*-*trans*-feruloyl) fructofuranosyl-α-D-*O*-glucopyranoisde |
| 10-*O*-(反式-阿魏酰基)京尼平苷酸 | 10-*O*-(*trans*-feruroyl) geniposidic acid |
| 3-*O*-反式-阿魏酰基-1-(4-羟苯基)乙-1, 2-二醇 | 2-*O*-*trans*-feruloyl-1-(4-hydroxyphenyl) ethan-1, 2-diol |
| *N*-反式-阿魏酰基-3′, 4′-二羟苯基乙胺 | *N*-*trans*-feruloyl-3′, 4′-dihydroxyphenyl ethyl amine |
| *N*-反式-阿魏酰基-3, 5-二甲氧基酪胺 | *N*-*trans*-feruloyl-3, 5-dimethyoxytyramine |

| | |
|---|---|
| *N*-反式-阿魏酰基-3-甲基多巴胺 | *N*-*trans*-feruloyl-3-methyl dopamine |
| *N*-反式-阿魏酰基-3-甲氧基酪胺 | *N*-*trans*-feruloyl-3-methoxytyramine |
| *N*-反式-阿魏酰基-4′-*O*-甲基多巴胺 | *N*-*trans*-feruloyl-4′-*O*-methyl dopamine |
| 6-*O*-反式-阿魏酰基-5, 7-二脱氧毛猫爪藤苷 | 6-*O*-*trans*-feruloyl- 5, 7-bisdeoxycynanchoside |
| 5-*O*-反式-阿魏酰基-α-L-呋喃阿拉伯糖乙苷 | ethyl-5-*O*-*trans*-feruloyl-α-L-arabinofuranoside |
| 1-*O*-反式-阿魏酰基-β-D-吡喃葡萄糖苷 | 1-*O*-*trans*-feruloyl-β-D-glucopyranoside |
| 1-*O*-反式-阿魏酰基-β-D-龙胆二糖苷 | 1-*O*-*trans*-feruloyl-β-D-gentiobioside |
| 反式-阿魏酰基菜油甾烷醇 | *trans*-feruloyl campestanol |
| 反式-阿魏酰基豆甾烷醇 | *trans*-feruloyl stigmastanol |
| *N*-反式-阿魏酰基甲氧基酪胺 | *N*-*trans*-feruloyl methoxytyramine |
| 6″-*O*-反式-阿魏酰基京尼平龙胆二糖苷 | 6″-*O*-*trans*-feruloyl genipingentiobioside |
| *N*-反式-阿魏酰基酪胺 (穆坪马兜铃酰胺) | *N*-*trans*-feruloyl tyramine (moupinamide) |
| *N*-反式-阿魏酰基哌啶 | *N*-*trans*-feruloyl piperidine |
| 反式-阿魏酰基苹果酸酯 | *trans*-feruloyl malate |
| *N*-反式-阿魏酰基去甲肾上腺素 | *N*-*trans*-feruloyl noradrenaline |
| *N*-反式-阿魏酰基色胺 | *N*-*trans*-feruloyl tryptamine |
| *N*-反式-阿魏酰基章胺 (*N*-反式-阿魏酰基去甲辛弗林) | *N*-*trans*-feruloyl octopamine |
| 6″-*O*-反式-阿魏酰荆芥苷 | 6″-*O*-*trans*-feruloyl nepitrin |
| *N*-反式-阿魏酰酪胺二聚体 | *N*-*trans*-feruloyl tyramine dimer |
| 3α-反式-阿魏酰氧基-2α-羟基熊果-12-烯-28-酸甲酯 | 3α-*trans*-feruloyloxy-2α-hydroxyurs-12-en-28-oic acid methyl ester |
| 2′-*O*-反式-阿魏酰栀子酮苷 | 2′-*O*-*trans*-feruloyl gardoside |
| 6-*O*-反式-阿魏酰梓醇 | 6-*O*-*trans*-feruloyl catalpol |
| 6′-*O*-反式-阿魏酰紫花前胡苷 | 6′-*O*-*trans*-feruloyl nodakenin |
| (1*S*, 2*S*, 4*R*)-1, 8-反式-桉叶素-2-*O*-(6-*O*-α-L-鼠李糖基)-β-D-吡喃葡萄糖苷 | (1*S*, 2*S*, 4*R*)-1, 8-*trans*-cineole-2-*O*-(6-*O*-α-L-rhamnosyl)-β-D-glucopyranoside |
| 反式-八朔柑橘宁 | *trans*-hassanin |
| 反式-白藜芦醇 | *trans*-resveratrol |
| 反式-白藜芦醇-3-*O*-β-D-吡喃葡萄糖苷 | *trans*-resveratrol-3-*O*-β-D-glucopyranoside |
| 反式-扁柏树脂酚 | *trans*-hinokiresinol |
| *N*-反式-菜椒酰胺 | *N*-*trans*-grossamide |
| 反式-草木犀苷 | *trans*-melilotoside |
| 反式-草木犀苷甲酯 | *trans*-melilotoside methyl ester |
| 反式-草木犀苷乙酯 | *trans*-melilotoside ethyl ester |
| 反式-侧柏酮 | *trans*-thujone |
| 反式-长叶松香芹醇 | *trans*-longipinocarveol |
| (±)-反式-橙花叔醇 | (±)-*trans*-nerolidol |
| 3, 4-反式-赤式-3, 5-双 (三聚磷酸酯)-4-戊酸内酯 | 3, 4-*trans*-*erythro*-3, 5-bis (tripolyphosphate)-4-pentanolide |
| 反式-赤松素 | *trans*-pinosylvin |
| 反式-赤松素单甲醚 | *trans*-pinosylvin monomethyl ether |

| | |
|---|---|
| 反式-赤松素氧代二甲醚 | *trans*-pinosylvin oxide dimethyl ether |
| 反式-刺番荔枝酮 | *trans*-murisolinone |
| 反式-大蒜烯 | *trans*-ajoene |
| (+)-反式-迪丁香树脂酚 | (+)-*trans*-diasyringaresinol |
| 反式-丁-2-烯 | *trans*-but-2-ene |
| 反式-丁烯二酸(延胡索酸, 富马酸) | *trans*-butenedioic acid (fumaric acid, *trans*-butene diacid) |
| 反式-对-2-蓋烯-1-醇 | *trans*-*p*-2-menthen-1-ol |
| 反式-对阿魏醇-4-*O*-[6-(2-甲基-3-羟基丙酰基)] 吡喃葡萄糖苷 | *trans*-*p*-ferulyl alcohol-4-*O*-[6-(2-methyl-3-hydroxypropionyl)] glucopyranoside |
| 反式-对阿魏酰基-β-D-吡喃葡萄糖苷 | *trans*-*p*-feruloyl-β-D-glucopyranoside |
| 反式-对薄荷-1α, 2β, 8-三醇 | *trans*-*p*-menth-1α, 2β, 8-triol |
| 反式-对薄荷-1α, 2β, 8-三羟基-8-*O*-β-D-(3′, 6′-二当归酰氧基)吡喃葡萄糖苷 | *trans*-*p*-menth-1α, 2β, 8-trihydroxy-8-*O*-β-D-(3′, 6′-diangeloyloxy) glucopyranoside |
| 反式-对薄荷-1α, 2β, 8-三羟基-8-*O*-β-D-(3′-当归酰氧基-6′-异丁氧基)吡喃葡萄糖苷 | *trans*-*p*-menth-1α, 2β, 8-trihydroxy-8-*O*-β-D-(3′-angeloyloxy-6′-isobutyloxy) glucopyranoside |
| 反式-对薄荷-1β, 2α, 8, 9-四醇 | *trans*-*p*-menth-1β, 2α, 8, 9-tetraol |
| 反式-对薄荷-2-烯-1, 7, 8-三醇 | *trans*-*p*-menth-2-en-1, 7, 8-triol |
| 反式-对薄荷-8-烯咖啡酸酯 | *trans*-*p*-menth-8-en-caffeate |
| 反式-对甲氧基桂皮酸 | *trans*-*p*-methoxycinnamic acid |
| 6-*O*-α-L-(2″-*O*-反式-对甲氧基桂皮酰基) 吡喃鼠李糖基梓醇 | 6-*O*-α-L-(2″-*O*-*trans*-*p*-methoxycinnamoyl) rhamnopyranosyl catapol |
| 6-*O*-α-L-(3-*O*-反式-对甲氧基桂皮酰基) 吡喃鼠李糖基梓醇 | 6-*O*-α-L-(3-*O*-*trans*-*p*-methoxycinnamoyl) rhamnopyranosyl catalpol |
| 6-*O*-α-L-(2″-*O*-反式-对甲氧基桂皮酰基-4″-乙酰氧基)吡喃鼠李糖基梓醇 | 6-*O*-α-L-(2″-*O*-*trans*-*p*-methoxycinnamoyl-4″-acetoxy) rhamnopyranosyl catapol |
| 反式-对芥子酰基-β-D-吡喃葡萄糖苷 | *trans*-*p*-sinapoyl-β-D-glucopyranoside |
| 6″-*O*-反式-对芥子酰京尼平龙胆二糖苷 | 6″-*O*-*trans*-*p*-sinapoyl genipingentiobioside |
| *N*-反式-对咖啡酰酪胺 | *N*-*trans*-*p*-caffeoyl tyramine |
| 反式-对羟苯基丙烯酸 | *trans*-*p*-hydroxyphenyl propenoic acid |
| 2′-*O*-反式-对羟基苯甲酰基-8-表马钱子酸 | 2′-*O*-*trans*-*p*-hydroxybenzoyl-8-epiloganic acid |
| 反式-对羟基苯乙醇-对-β-香豆酸酯 | *trans*-*p*-hydroxyphenyl ethanol-*p*-β-coumarate |
| *N*-反式-对羟基苯乙基阿魏酰胺 | *N*-*trans*-*p*-hydroxyphenethyl ferolamide |
| 反式-对羟基桂皮酸(反式-对羟基肉桂酸、反式-4-羟基桂皮酸) | *trans*-*p*-hydroxycinnamic acid (*trans*-4-hydroxycinnamic acid) |
| 反式-对羟基桂皮酸甲酯 | methyl *trans*-*p*-hydroxycinnamate |
| 反式-对羟基桂皮酸乙酯 | ethyl *trans*-*p*-hydroxycinnamate |
| 10-*O*-反式-对羟基桂皮酰-6α-羟基二氢水晶兰苷 | 10-*O*-*trans*-*p*-coumaroyl-6α-hydroxy-dihydromonotropein |
| 10-*O*-反式-对羟基桂皮酰鸡屎藤次苷 | 10-*O*-*trans*-*p*-coumaroyl scandoside |
| 反式-对羟基桂皮酰基吴茱萸苦素 | *trans*-*p*-hydroxycinnamoyl rutaevin |
| 3β-(反式-对羟基肉桂酰氧基)-2α-羟基齐墩果酸 | 3β-(*p*-hydroxy-*trans*-cinnamoyloxy)-2α-hydroxyoleanolic acid |

| | |
|---|---|
| 反式-对羟基香豆酸 | *trans-p*-hydroxycoumaric acid |
| *N*-反式-对羟基香豆酰基酪胺 | *N-trans-p*-hydroxycoumaroyl tyramine |
| 6″-*O*-反式-对-肉桂酰基京尼平龙胆二糖苷 | 6″-*O-trans-p*-cinnamoyl genipingentiobioside |
| 反式-对香豆醇 | *trans-p*-coumaryl alcohol |
| 反式-对香豆醇二乙酸酯 | *trans-p*-coumaryl diacetate |
| 反式-对香豆醛 (反式-对羟基桂皮醛) | *trans-p*-coumaryl aldehyde (*trans-p*-hydroxycinnamaldehyde) |
| 反式-对香豆酸 | *trans-p*-coumaric acid |
| 反式-对香豆酸-4-[芹糖基-(1→2)-葡萄糖苷] | *trans-p*-coumaric acid-4-[apiosyl-(1→2)-glucoside] |
| 反式-对香豆酸-4-*O*-(2′-*O*-β-D-呋喃芹糖基)-β-D-吡喃葡萄糖苷 | *trans-p*-coumaric acid-4-*O*-(2′-*O*-β-D-apiofuranosyl)-β-D-glucopyranoside |
| 反式-对香豆酸-4-*O*-β-D-吡喃葡萄糖苷 | *trans-p*-coumaric acid-4-*O*-β-D-glucopyranoside |
| 反式-对香豆酸-4-*O*-β-D-葡萄糖苷 | *trans-p*-coumaric acid-4-*O*-β-D-glucoside |
| 反式-对香豆酸谷甾醇酯 | sitosteryl *trans-p*-coumarate |
| 反式-对香豆酸甲酯 | methyl trans-*p*-coumarate |
| 3-*O*-反式-对香豆酰 (*E*)-马斯里酸酯 | 3-*O-trans-p*-coumaroyl (*E*)-maslinate |
| 1-*O*-反式-对香豆酰-β-D-吡喃葡萄糖 | 1-*O-trans-p*-coumaroyl-β-D-glucopyranose |
| 6‴-反式-对香豆酰党参苷 I | 6‴-*trans-p*-coumaroyl tangshenoside Ⅰ |
| 2′-反式-对香豆酰二氢吊钟柳次苷 | 2′-*p*-coumaroyl-dihydropenstemide |
| 10-*O*-反式-对香豆酰鸡屎藤次苷甲酯 | 10-*O-trans-p*-coumaroyl scandoside methyl ester |
| 反式-对香豆酰基 | *trans-p*-coumaroyl |
| 3β-*O*-(反式-对香豆酰基)-2α-羟基齐墩果酸 | 3β-*O*-(*trans-p*-coumaroyl)-2α-hydroxyoleanolic acid |
| 6-*O*-[α-L-(4″-*O*-反式-对香豆酰基) 吡喃鼠李糖基]梓醇 | 6-*O*-[α-L-(4″-*O-trans-p*-coumaroyl) rhamnopyranosyl] catalpol |
| 6-*O*-α-L-(4″-*O*-反式-对香豆酰基) 吡喃鼠李糖基梓醇 | 6-*O*-α-L-(4″-*O-trans-p*-coumaroyl) rhamnopyranosyl catalpol |
| 6-*O*-α-L-(2″-*O*-反式-对香豆酰基) 吡喃鼠李糖基梓醇 (囊状毛蕊花苷) | 6-*O*-α-L-(2″-*O-trans-p*-coumaroyl) rhamnopyranosyl catalpol (saccatoside) |
| 6″-*O*-(反式-对香豆酰基) 平卧钩果草别苷 | 6″-*O*-(*trans-p*-coumaroyl) procumbide |
| 反式-对-香豆酰基-10-羟基齐墩果苷 | *trans-p*-coumaroyl-10-hydroxyoleoside |
| 6-*O*-反式-对香豆酰基-1β-*O*-甲基梓树呋喃酸甲酯 | 6-*O-trans-p*-coumaroyl-1β-*O*-methyl ovatofuranic acid methyl ester |
| 6-*O*-反式-对香豆酰基-3α-*O*-甲基-7-脱氧地黄素 A | 6-*O-trans-p*-coumaroyl-3α-*O*-methyl-7-deoxyrehmaglutin A |
| 6-*O*-反式-对香豆酰基-3β-*O*-甲基-7-脱氧地黄素 A | 6-*O-trans-p*-coumaroyl-3β-*O*-methyl-7-deoxyrehmaglutin A |
| 6-*O*-反式-对香豆酰基-7-脱氧地黄素 A | 6-*O-trans-p*-coumaroyl-7-deoxyrehmaglutin A |
| 6″-*O*-反式-对香豆酰基京尼平龙胆二糖苷 | 6″-*O-trans-p*-coumaroyl genipingenitiobioside |
| *N*-反式-对香豆酰基酪胺 | *N-trans-p*-coumaroyl tyramine |
| *N*-反式-对香豆酰基去甲肾上腺素 | *N-trans-p*-coumaroyl noradrenaline |
| 6-*O*-反式-对香豆酰基山栀苷甲酯 | 6-*O-trans-p*-coumaroyl shanzhiside methyl ester |
| 3-*O*-反式-对香豆酰基委陵菜酸 | 3-*O-trans-p*-coumaroyl tormentic acid |
| 4′-*O*-反式-对香豆酰基玉叶金花苷酸甲酯 (4′-*O*-反式-对香豆酰玉叶金花诺苷) | 4′-*O-trans-p*-coumaroyl mussaenoside |

| | |
|---|---|
| *N*-反式-对香豆酰基章胺 (*N*-反式-对香豆酰基去甲辛弗林) | *N*-*trans*-*p*-coumaroyl octopamine |
| 6′-*O*-反式-对香豆酰京尼平苷 | 6′-*O*-*trans*-*p*-coumaroyl geniposide |
| 6α-*O*-反式-对香豆酰京尼平苷 | 6α-*O*-*p*-*trans*-coumaroyl geniposide |
| 6′-*O*-反式-对香豆酰京尼平龙胆二糖苷 | 6′-*O*-*trans*-*p*-coumaroyl genipingentiobioside |
| 6″-*O*-反式-对香豆酰荆芥苷 | 6″-*O*-*trans*-*p*-coumaroyl nepitrin |
| 3-*O*-反式-对香豆酰救必应酸 | 3-*O*-*trans*-*p*-coumaroyl rotundic acid |
| 2′-*O*-反式-对香豆酰马钱子酸 | 2′-*O*-*trans*-*p*-coumaroyl loganic acid |
| 3-*O*-反式-对香豆酰马斯里酸 | 3-*O*-*trans*-*p*-coumaroyl maslinic acid |
| 3β-*O*-反式-对香豆酰马斯里酸 | 3β-*O*-*trans*-*p*-coumaroyl maslinic acid |
| 3β-*O*-反式-对香豆酰委陵菜酸 | 3β-*O*-*trans*-*p*-coumaroyl tormentic acid |
| 3β-*O*-反式-对香豆酰氧基-2α-羟基熊果-12-烯-28-酸 | 3β-*O*-*trans*-*p*-coumaroyloxy-2α-hydroxyurs-12-en-28-oic acid |
| 2′-*O*-反式-对香豆酰玉叶金花苷酸 (2′-*O*-反式-对香豆酰驱虫金合欢苷酸) | 2′-*O*-*trans*-*p*-coumaroyl mussaenosidic acid |
| 2′-*O*-反式-对香豆酰栀子酮苷 | 2′-*O*-*trans*-*p*-coumaroyl gardoside |
| 反式-对乙氧基桂皮酸 | *trans*-*p*-ethoxycinamic acid |
| (–)-反式-2, 3-二氢-2, 3-二羟基-9-苯基菲烯-1-酮 | (–)-*trans*-2, 3-dihydro-2, 3-dihydroxy-9-phenyl phenalen-1-one |
| 反式-二氢槲皮素 | *trans*-dihydroquercetin |
| 反式-二乙酰兔耳草托苷 | *trans*-diacetyl lagotoside |
| 反式-芳樟醇-3, 7-氧化物-6-*O*-β-D-吡喃葡萄糖苷 | *trans*-linalool-3, 7-oxide-6-*O*-β-D-glucopyranoside |
| 反式-芳樟醇氧化物 | *trans*-linalool oxide |
| 反式-橄榄树脂素 | *trans*-olivil |
| 反式睾酮 | *trans*-testosterone |
| 反式-革叶基尔藤黄素 | *trans*-kielcorin |
| 反式-桂皮醛 (反式-肉桂醛) | *trans*-cinnamaldehyde |
| 9, 2′-反式桂皮醛环甘油-1, 3-缩醛 | 9, 2′-*trans*-cinnamic aldehyde cyclicglycerol-1, 3-acetal |
| 反式-桂皮酸 (反式-肉桂酸) | *trans*-cinnamic acid |
| 反式-桂皮酸-4-*O*-β-D-吡喃葡萄糖苷 | *trans*-cinnamic acid-4-*O*-β-D-glucopyranoside |
| 反式-桂皮酸乙酯 | *trans*-ethyl cinnamate |
| 6-*O*-反式-桂皮酰坚硬糙苏苷 A、B | 6-*O*-*trans*-cinnamoyl phlorigidosides A, B |
| 6′-*O*-反式-桂皮酰京尼平龙胆二糖苷 | 6′-*O*-*trans*-cinnamoyl genipingentiobioside |
| 反式-桂皮酰酪胺 | *trans*-cinnamoyl tyramine |
| *O*-反式-桂皮酰欧洲桤木醇 | *O*-*trans*-cinnamoyl glutinol |
| 8-*O*-反式-桂皮酰莸苷 A | 8-*O*-*trans*-cinnamoyl caryoptoside |
| 8-*O*-反式-桂皮酰玉叶金花诺苷 | 8-*O*-*trans*-cinnamoyl mussaenoside |
| 反式-红车轴草酰胺 | *trans*-clovamide |
| (±)-6, 7-反式-环氧大麻香叶酚 [(±)-6, 7-反式-环氧大麻萜酚] | (±)-6, 7-*trans*-epoxycannabigerol |

| (±)-6, 7-反式-环氧大麻香叶酚酸 | (±)-6, 7-*trans*-epoxycannabigerolic acid |
|---|---|
| 反式-黄皮香豆醇 | *trans*-clausarinol |
| 反式-茴香脑 | *trans*-anethole |
| 反式-火热回环菊碱 | *trans*-pellitorine |
| 反式-己-2-烯醛 | *trans*-hex-2-enal |
| 反式-甲基桂皮酸酯 | *trans*-methyl cinnamate |
| 反式-甲基异丁香酚 | *trans*-methyl isoeugenol |
| 反式-甲氧基比克白芷素 | *trans*-methoxybyakangelicin |
| 3-*O*-反式-甲氧基肉桂酰基吡喃鼠李糖苷 | 3-*O*-*trans*-*p*-methoxycinnamoyl rhamnopyranoside |
| 反式-甲氧基水合氧化前胡素 | *trans*-methoxy-oxypeucedanin hydrate |
| 反式-假荆芥内酯 | *trans*-nepetalactone |
| 反式-角鲨烯 | *trans*-squalene |
| 反式-芥子酸 | *trans*-sinapic acid |
| 反式-芥子酸甲酯 | methyl *trans*-sinapate |
| 反式-芥子酸葡萄糖苷 | *trans*-sinapic acid glucoside |
| 6″-*O*-反式-芥子酰基京尼平龙胆二糖苷 | 6″-*O*-*trans*-sinapoyl genipingentiobioside |
| *N*-反式-芥子酰基酪胺 | *N*-*trans*-sinapoyl tyramine |
| *N*-反式-芥子酰基章胺 (*N*-反式-芥子酰基去甲辛弗林) | *N*-*trans*-sinapoyl octopamine |
| 10-*O*-反式-芥子酰京尼平苷 | 10-*O*-*trans*-sinapoyl geniposide |
| 10-(6-*O*-反式-芥子酰葡萄糖基) 栀子二醇 | 10-(6-*O*-*trans*-sinapoyl glucopyranosyl) gardendiol |
| 11-(6-*O*-反式-芥子酰葡萄糖基) 栀子二醇 | 11-(6-*O*-*trans*-sinapoyl glucopyranosyl) gardendiol |
| 6′-*O*-反式-芥子酰素馨苷 A～L | 6′-*O*-*trans*-sinapoyl jasminosides A～L |
| 3α-反式-芥子酰氧基泽兰醇-18-*O*-β-D-吡喃葡萄糖苷 | 3α-*trans*-sinapoyloxyjhanol-18-*O*-β-D-glucopyranoside |
| 6′-*O*-反式-芥子酰栀子新苷 | 6′-*O*-*trans*-sinapoyl gardoside |
| 反式-金合欢酯 | *trans*-farnesyl ester |
| (–)-反式-菊烯醇-6-*O*-β-D-吡喃葡萄糖苷 | (–)-*trans*-chrysanthenol-6-*O*-β-D-glucopyranoside |
| 反式-菊烯乙酸酯 | *trans*-chrysanthenyl acetate |
| 反式-咖啡酸 | *trans*-caffeic acid |
| 反式-咖啡酸-3-*O*-β-D-吡喃葡萄糖苷 | *trans*-caffeic acid-3-*O*-β-D-glucopyranoside |
| 反式-咖啡酸甲酯 | methyl *trans*-caffeate |
| 反式-咖啡酸乙酯 | ethyl *trans*-caffeate |
| 反式-咖啡酰基 | *trans*-caffeoyl |
| 2-(2′-*O*-反式-咖啡酰基)-*C*-β-D-吡喃葡萄糖基-1, 3, 6, 7-四羟基屾酮 | 2-(2′-*O*-*trans*-caffeoyl)-*C*-β-D-glucopyranosyl-1, 3, 6, 7-tetrahydroxyxanthone |
| 6-*O*-[α-L-(2″-反式-咖啡酰基) 吡喃鼠李糖基] 梓醇 | 6-*O*-[α-L-(2″-*trans*-caffeoyl) rhamnopyranosyl] catalpol |
| 6-*O*-[α-L-(3″-反式-咖啡酰基) 吡喃鼠李糖基] 梓醇 | 6-*O*-[α-L-(3″-*trans*-caffeoyl) rhamnopyranosyl] catalpol |
| 2-*O*-(反式-咖啡酰基) 甘油酸 | 2-*O*-(*trans*-caffeoyl) glyceric acid |
| 10-*O*-(反式-咖啡酰基) 京尼平苷酸 | 10-*O*-(*trans*-caffeoyl) geniposidic acid |
| 2-*O*-(反式-咖啡酰基) 葡萄糖二酸 | 2-*O*-(*trans*-caffeoyl) glucaric acid |

| | |
|---|---|
| 6′-*O*-(反式-咖啡酰基)去乙酰车叶草酸甲酯 | 6′-*O*-(*trans*-caffeoyl) deacetyl asperulosidic acid methyl ester |
| 10-*O*-反式-咖啡酰基-6α-羟基京尼平苷 | 10-*O*-*trans*-caffeoyl-6α-hydroxygeniposide |
| 6-*O*-反式-咖啡酰基去桂皮酰球花明苷 | 6-*O*-*trans*-caffeoyl decinnamoyl globularimin |
| 6-*O*-反式-咖啡酰基十万错苷 E | 6-*O*-*trans*-caffeoyl asystasioside E |
| 反式-咖啡酰酒石酸(反式-单咖啡酰酒石酸) | *trans*-caftaric acid |
| *N*-反式-咖啡酰酪胺 | *N*-*trans*-caffeoyl tyramine |
| 5-反式-咖啡酰莽草酸 | 5-*trans*-caffeoyl shikimic acid |
| 6-*O*-反式-咖啡酰葡萄糖酸 | 6-*O*-*trans*-caffeoyl gluconic acid |
| 27-*O*-反式-咖啡酰圆盘豆酸 | 27-*O*-*trans*-caffeoyl cylicodiscic acid |
| *N*-反式-咖啡酰章胺(*N*-反式-咖啡酰去甲辛弗林) | *N*-*trans*-caffeoyl octopamine |
| 2′-*O*-反式-咖啡酰栀子酮苷 | 2′-*O*-*trans*-caffeoyl gardoside |
| 反式-卡瑞宁 | *trans*-karenin |
| 反式-可母尼醇 | *trans*-communol |
| 反式-可母尼酸(反式-欧洲刺柏酸、反式-半日花三烯酸) | *trans*-communic acid |
| 反式-辣薄荷醇 | *trans*-piperitol |
| 反式-邻羟基对甲氧基桂皮酸 | *trans*-*o*-hydroxy-*p*-methoxycinnamic acid |
| 反式-邻羟基桂皮酸 | *trans*-*o*-hydroxycinnamic acid |
| (*S*)-反式-轮环藤酚碱 | (*S*)-*trans*-cyclanoline |
| 反式-罗勒烯 | *trans*-ocimene |
| β-反式-罗勒烯 | β-*trans*-ocimene |
| 反式-螺缩醛烯醇醚多炔 | *trans*-spiroketalenol ether polyyne |
| 反式-麻叶千里光内酯 A | *trans*-cannabifolactone A |
| 反式-马鞭烯醇 | *trans*-verbenol |
| 反式-牻牛儿基丙酮(反式-香叶基丙酮) | *trans*-geranyl acetone |
| 反式-牡丹芪酚 D | *trans*-suffruticosol D |
| 反式-柠檬醛(反式-橙花醛) | *trans*-citral |
| α-反式-柠檬烯 | α-*trans*-cinene |
| 反式-柠檬烯氧化物 | *trans*-limonene oxide |
| 反式-欧芹酸 | *trans*-petroselaidic acid |
| (1*R*)-(+)-反式-蒎烷 | (1*R*)-(+)-*trans*-pinane |
| (1*S*)-(–)-反式-蒎烷 | (1*S*)-(–)-*trans*-pinane |
| (2, 4)-反式-泡泡曲素酮 | (2, 4)-*trans*-asitrocinone |
| 反式-泡状番荔枝素酮 | *trans*-bullatanocinone |
| 反式-葡萄辛(反式-葡萄素) B | *trans*-vitisin B |
| (–)-反式-葡萄辛 [(–)-葡萄素 B] | (–)-*trans*-vitisin B |
| 反式-千里光内酯 | *trans*-seneciolactone |
| 反式-羟基酒花黄酚 | *trans*-hydroxyxanthohumol |
| 反式-茄色苷 | *trans*-nasunin |

| | |
|---|---|
| (7′*S*, 8′*S*)- 反式 - 鹊肾树醇 A | (7′*S*, 8′*S*)-*trans*-streblusol A |
| 反式 - 肉苁蓉苷 D | *trans*-cistanoside D |
| 反式 - 肉桂醇 | *trans*-cinnamyl alcohol |
| 6-*O*- 反式 - 肉桂酰基 -8- 表金吉苷酸 | 6-*O*-*trans*-cinnamoyl-8-epikingisidic acid |
| 6″-*O*- 反式 - 肉桂酰京尼平龙胆二糖苷 | 6″-*O*-*trans*-cinnamoyl genipingentiobioside |
| *N*- 反式 - 肉桂酰酪胺 | *N*-*trans*-cinnamoyl tyramine |
| 3′-*O*- 反式 - 肉桂酰落新妇苷 | 3′-*O*-*trans*-cinnamoyl astilbin |
| 6′-*O*- 反式 - 肉桂酰四乙酰开环番木鳖苷 | 6′-*O*-*trans*-cinnamoyl secologanoside |
| 6′-*O*- 反式 - 肉桂酰异 -8- 表金吉苷酸 | 6′-*O*-*trans*-cinnamoyl-iso-8-epikingisidic acid |
| 反式 - 三十基 -4- 羟基桂皮酸酯 | *trans*-triacontyl-4-hydroxycinnamate |
| 反式 - 沙田柚马灵 | *trans*-grandmarin |
| 11- 反式 - 十八烯酸 | 11-*trans*-octadecenoic acid |
| 反式 - 十氢萘 | *trans*-decahydronaphthalene |
| 反式 - 十五碳 -10- 烯 -6, 8- 二炔酸 | *trans*-pentadec-10-en-6, 8-diynoic acid |
| (–)- 反式 - 石竹烯 | (–)-*trans*-caryophyllene |
| 反式 - 石竹烯 ( 反式 - 丁香烯 ) | *trans*-caryophyllene |
| 反式 - 石竹烯氧化物 | *trans*-caryophyllene oxide |
| (+)- 反式 - 水合蒎醇 | (+)-*trans*-sobrerol |
| (–)-1, 2- 反式 -2, 3- 顺式 -2, 3- 二氢 -1, 2, 3- 三羟基 -4-(4′- 甲氧苯基 ) 菲烯 | (–)-1, 2-*trans*-2, 3-*cis*-2, 3-dihydro-1, 2, 3-trihydroxy-4-(4′-methoxyphenyl) phenalene |
| 反式 - 松柏醇 | *trans*-coniferyl alcohol |
| 反式 - 松柏醇二乙酸酯 | *trans*-coniferyl diacetate |
| 反式 - 松柏醛 | *trans*-coniferyl aldehyde |
| (–)- 反式 - 松香芹醇 | (–)-*trans*-pinocarveol |
| 反式 - 松香芹醇 | *trans*-pinocarveol |
| (–)- 反式 - 松香芹乙酸酯 | (–)-*trans*-pinocarveol acetate |
| (–)- 反式 - 桃金娘烷醇 | (–)-*trans*-myrtanol |
| 反式 - 天竺桂醇 | *trans*-yabunikkeol |
| 反式 - 脱硫金莲葡萄糖硫苷 | *trans*-desulfoglucotropaeolin |
| (+)- 反式脱氢二异丁香酚 [(+)- 反式脱氢二异丁香油酚、芒卡樟素 A、(+)- 斜蕊樟素 A、(+)- 利卡灵 A] | (+)-*trans*-dehydrodiisoeugenol [(+)-licarin A] |
| 反式 - 脱氢母菊酯 | *trans*-dehydromatricaria ester |
| 反式 - 脱氢欧前胡醚 ( 反式 - 脱氢蛇床子素 ) | *trans*-dehydroosthole |
| 反式 - 韦得醇 -α- 环氧化物 | *trans*-widdrol α-epoxide |
| 反式 - 乌头酸 | *trans*-aconitic acid |
| 反式 - 乌头酸 -1- 乙酯 | *trans*-aconitate-1-ethyl ester |
| 反式 - 乌头酸 -5- 乙酯 | *trans*-aconitate-5-ethyl ester |
| 反式 - 乌头酸 -6- 乙酯 | *trans*-aconitate-6-ethyl ester |
| 反式 - 细辛脑 | *trans*-asarone |

| 反式-香豆酸 | *trans*-coumaric acid |
|---|---|
| 2-(2′-*O*-反式-香豆酰基)-*C*-β-D-吡喃葡萄糖基-1, 3, 6, 7-四羟基屾酮 | 2-(2′-*O*-*trans*-coumaroyl)-*C*-β-D-glucopyranosyl-1, 3, 6, 7-tetrahydroxyxanthone |
| 6′-*O*-反式-香豆酰京尼平苷 | 6′-*O*-*trans*-coumaroyl geniposide |
| 6′-*O*-反式-香豆酰京尼平苷酸 | 6′-*O*-*trans*-coumaroyl geniposidic acid |
| *N*-反式-香豆酰酪胺 | *N*-*trans*-coumaroyl tyramine |
| 2-*O*-反式-香豆酰马斯里酸 | 2-*O*-*trans*-coumaroyl maslinic acid |
| 2′-*O*-反式-香豆酰山栀苷 | 2′-*O*-*trans*-coumaroyl shanzhiside |
| 6′-*O*-反式-香豆酰山栀苷 | 6′-*O*-*trans*-coumaroyl shanzhiside |
| 2′-*O*-反式-香豆酰栀子酮苷 | 2′-*O*-*trans*-coumaroyl gardoside |
| α-反式-香柑油烯 | α-*trans*-bergamotene |
| 反式-香芹醇(反式-葛缕醇、反式-香苇醇) | *trans*-carveol |
| 反式-香叶醇 | *trans*-geraniol |
| 反式-新苦参碱 | *trans*-neomatrine |
| 反式-亚硫酸烯丙酯-3-烯丙基硫烷基烯丙酯 | *trans*-sulfurous acid allyl ester-3-allyl sulfanyl allyl ester |
| 反式-亚油酸甲酯 | methyl *trans*-linoleate |
| 反式-洋芫荽子酸 | *trans*-petroselinic acid |
| 反式-氧化白藜芦醇 | *trans*-oxyresveratrol |
| 反式-叶黄素 | *trans*-lutein |
| 反式-乙酸菊稀酯 | *trans*-daisy acetate |
| 反式-异阿魏酸 | *trans*-isoferulic acid |
| 6-*O*-反式-异阿魏酰基-5, 7-二脱氧毛猫爪藤苷 | 6-*O*-*trans*-isoferuloyl-5, 7-bisdeoxycynanchoside |
| 2-*O*-反式-异阿魏酰基吡喃鼠李糖苷 | 2-*O*-*trans*-isoferuloyl rhamnopyranoside |
| 3-*O*-反式-异阿魏酰基吡喃鼠李糖苷 | 3-*O*-*trans*-isoferuloyl rhamnopyranoside |
| 反式-异榄香素 | *trans*-isoelemicin |
| 反式-异迷迭香酸葡萄糖苷 | *trans*-salviaflaside |
| 2, 4-反式-异牛心番荔枝素 | 2, 4-*trans*-isoannonareticin |
| 反式-异莳萝脑 | *trans*-isodillapiol |
| (–)-反式-异紫堇杷明碱 *N*-氧化物 | (–)-*trans*-isocorypalmine *N*-oxide |
| 反式-银椴苷 | *trans*-tiliroside |
| 反式-云杉鞣酚 | *trans*-piceatannol |
| 反式-云杉新苷 | *trans*-piceid |
| 17, (20*S*)-反式-孕甾-5, 16-二烯-3β-羟基-20-酮 | 17, (20*S*)-*trans*-pregn-5, 16-dien-3β-hydroxy-20-one |
| 反式-藏红花酸 | *trans*-crocetin |
| 反式-藏红花酸-1-醛-1-*O*-β-龙胆二糖酯 | *trans*-crocetin-1-al-1-*O*-β-gentiobiosyl ester |
| 反式-藏红花酸-β-三葡萄糖基-β-龙胆二糖酯 | *trans*-crocetin-β-triglucosyl-β-gentiobiosyl ester |
| 反式-藏红花酸二钠盐 | disodium *trans*-crocetinate |
| 反式-植醇 | *trans*-phytol |
| (–)-反式-紫花前胡定醇 | (–)-*trans*-decursidinol |
| 反式-紫花前胡定醇 | *trans*-decursidinol |

F

| | |
|---|---|
| (+)-反式-紫花前胡定醇[(+)-反式-日本前胡二醇] | (+)-*trans*-decursidinol |
| (–)-反式-紫堇达明碱*N*-氧化物 | (–)-*trans*-corydalmine *N*-oxide |
| 9 (10) *Z*, α-反香柑油醇 | 9 (10) *Z*, α-*trans*-bergamotenol |
| 反折萝芙木灵碱 | flexicorine |
| 泛醌8～10 | ubiquinones 8～10 |
| D-泛酸 | D-pantothenyl alcohol |
| 泛酸 | pantothenic acid |
| 泛酸钙 | calcium pantothenate |
| D-(+)-泛酸钠盐 | D-(+)-pantothenic acid sodium salt |
| 梵茜草素(茜草色素、9, 19-二氢-1, 3-二羟基-9, 10-二氧亚基-2-蒽甲酸) | munjistin (9, 19-dihydro-1, 3-dihydroxy-9, 10-dioxo-2-anthracene carboxylic acid) |
| 梵茜草素甲醚 | munjistin methylether |
| 梵茜草素甲酯 | munjistin methylester |
| 方杆蕨素A～C | eruberins A～C |
| 方茎金丝桃素 | subalatin |
| 芳姜黄酮 | artumerone |
| (–)-芳姜黄烯 | (–)-arcurcumene |
| 芳姜黄烯(郁金烯) | arcurcumene |
| 芳姜黄烯-15-醇 | arcurcumen-15-ol |
| 芳姜酮 | arzingiberone |
| 芳莫那可林A | aromonacolin A |
| 芳羟香豆素 | oxycoumarine |
| 芳香白珠苷 | dhasingreoside |
| 芳香堆心菊素 | aromaticin |
| 芳香厚壳桂碱 | cryptodorine |
| 芳香花桂林碱(阿罗莫灵碱、阿罗莫灵) | aromoline |
| 芳香木瓣树宁 | venezenin |
| 芳香木瓣树素(阿罗明) | aromin |
| 芳香木瓣树辛 | aromicin |
| 芳香冉替醚酚(芳香润楠醇)A～E | odoratisols A～E |
| 芳香酸 | aromatic acid |
| 芳香酸浆苦素A、B | aromaphysalins A, B |
| β-芳樟醇 | β-linalool |
| 1-芳樟醇 | 1-linalool |
| α-芳樟醇 | α-linalool |
| D-芳樟醇(D-里哪醇、芫荽醇、伽罗木醇) | D-linalool (coriandrol) |
| DL-芳樟醇(里哪醇) | DL-linalool |
| (–)-芳樟醇[(–)-里哪醇] | (–)-linalool |
| 芳樟醇-3-*O*-α-L-吡喃阿拉伯糖基-(1″→6′)-β-D-吡喃葡萄糖苷 | linalool-3-*O*-α-L-arabinopyranosyl-(1″→6′)-β-D-glucopyranoside |

| 芳樟醇-*O*-β-D-葡萄糖苷-3, 4-二当归酸酯 | linalool-*O*-β-D-glucoside-3, 4-diangelicate |
| --- | --- |
| 芳樟醇-β-D-吡喃葡萄糖苷 | linaloyl-β-D-glucopyranoside |
| 芳樟醇甲酸酯 | linalyol formate |
| 芳樟醇葡萄糖苷 | linalool glucoside |
| 芳樟醇芹糖基葡萄糖苷 | linaloyl apiosyl glucoside |
| (*E*)-芳樟醇氧化物 | (*E*)-linalool oxide |
| (*Z*)-芳樟醇氧化物 | (*Z*)-linalool oxide |
| 芳樟醇氧化物 | linalool oxide |
| 芳樟醇乙酸酯 | bergamol (linaloyl acetate) |
| 芳樟醇乙酸酯 | linalyol acetate (bergamol) |
| 防风豆素 A～C | divaricoumarins A～C |
| 防风酚 (防风醇) | divaricatol |
| 防风灵 | sapodivarin |
| 防风酶双醇 | heramandiol |
| 防风嘧啶 | fangfengalpyrimidine |
| 防风色酮醇 (防风色原酮、北防风醇) | ledebouriellol |
| 防风酸性多糖 A～C | saposhnikovans A～C |
| 防风酯 A～C | divaricataesters A～C |
| 防己菲碱 (防己斯任碱) | stephanthrine |
| 防己诺林碱 (汉防己乙素、去甲汉防己碱) | fangchinoline (hanfangichin B, demethyl tetrandrine) |
| 防己属碱 | sinomenium base |
| α-放线素 | α-actinin |
| 飞安辛 | fiancine |
| 飞飞灵 | filfiline |
| 飞廉碱 | ruscopine |
| 飞龙次碱 | toddalinine |
| 飞龙掌血喹啉 | toddaquinoline |
| 飞龙掌血灵 | toddaculine |
| 飞龙掌血螺香素 A、B | spirotriscoumarins A, B |
| 飞龙掌血默碱 (飞龙掌血二聚碱) | toddalidimerine |
| 飞龙掌血内酯 (毛两面针素、陶达洛内酯) | toddalolactone |
| 飞龙掌血内酯醇 (飞龙掌血醇) | toddanol |
| (+)-飞龙掌血内酯醇 [(+)-飞龙掌血醇] | (+)-toddanol |
| (±)-飞龙掌血内酯醇 [(±)-飞龙掌血醇] | (±)-toddanol |
| 飞龙掌血内酯酮 (飞龙掌血酮) | toddanone |
| 飞龙掌血内酯烯醇 (飞龙掌血烯醇) | toddalenol |
| 飞龙掌血内酯烯酮 (飞龙掌血烯酮) | toddalenone |
| (±)-飞龙掌血宁 | (±)-toddanin |
| 飞龙掌血宁 | toddanin |
| 飞龙掌血双香豆精 (飞龙掌血辛) | toddasin |

| | |
|---|---|
| 飞龙掌血素 | toddaculin |
| 飞龙掌血酰胺 | toddaliamide |
| 飞龙掌血香豆喹啉酮 | toddacoumalone |
| 飞龙掌血香豆醌 | toddacoumaquinone |
| 飞龙掌血香豆素 A～D | toddalins A～D |
| 飞龙掌血香豆亭 | toddasiatin |
| 飞龙掌血新双香豆素 (飞龙掌血洛辛、飞龙掌血新香豆精) | toddalosin |
| 飞蓬苷 | erigeroside |
| 飞氏藻素 A | fischerellin A |
| 飞燕草苷 (飞燕草素二葡萄糖苷) | delphin (delphinidin diglucoside) |
| 飞燕草宁 | ajacinine |
| 飞燕草诺定 | ajacinoidine |
| 飞燕草素 (花翠素、翠雀色素、翠雀花素) | delphinidin (delphinidol) |
| 飞燕草素 -3, 5-*O*- 二吡喃葡萄糖苷 | delphinidin-3, 5-*O*-diglucopyranoside |
| 飞燕草素 -3, 5- 二 -*O*-(6-*O*- 丙二酰基 -β-D- 葡萄糖苷) | delphinidin-3, 5-di-*O*-(6-*O*-malonyl-β-D-glucoside) |
| 飞燕草素 -3, 5- 二葡萄糖苷 | delphinidin-3, 5-diglucoside |
| 飞燕草素 -3-[4-(对香豆酰基) 鼠李糖基 -(1→6)- 葡萄糖苷 ]-5- 葡萄糖苷 | delphinidin-3-[4-(*p*-coumaroyl) rhamnosyl-(1→6)-glucoside]-5-glucoside |
| 飞燕草素 -3′-*O*-(2″-*O*- 没食子酰基 -6″-*O*- 乙酰基 -β- 吡喃半乳糖苷) | delphinidin-3′-*O*-(2″-*O*-galloyl-6″-*O*-acetyl-β-galactopyranoside) |
| 飞燕草素 -3′-*O*-(2″-*O*- 没食子酰基 -β- 吡喃半乳糖苷) | delphinidin-3′-*O*-(2″-*O*-galloyl-β-galactopyranoside) |
| 飞燕草素 -3-*O*-(6″-*O*-α- 吡喃鼠李糖基 -β- 吡喃葡萄糖苷) | delphinidin-3-*O*-(6″-*O*-α-rhamnopyranosyl-β-glucopyranoside) |
| 飞燕草素 -3-*O*-(6-*O*- 丙二酰基 -β-D- 葡萄糖苷)-5-*O*-β-D- 葡萄糖苷 | delphinidin-3-*O*-(6-*O*-malonyl-β-D-glucoside)-5-*O*-β-D-glucoside |
| 飞燕草素 -3-*O*-(6′- 丙二酰基 )-β-D- 吡喃葡萄糖苷 | delphinidin-3-*O*-(6′-malonyl)-β-D-glucopyranoside |
| 飞燕草素 -3-*O*-(β-D- 吡喃葡萄糖苷 )-5-*O*-(6-*O*- 丙二酰基 )-(β-D- 吡喃葡萄糖苷 ) | delphinidin-3-*O*-(β-D-glucopyranoside)-5-*O*-(6-*O*-malonyl)-(β-D-glucopyranoside) |
| 飞燕草素 -3-*O*-β-D-[6-(*E*)- 对香豆酰基 ] 吡喃半乳糖苷 | delphinidin-3-*O*-β-D-[6-(*E*)-*p*-coumaryl] galactopyranoside |
| 飞燕草素 -3-*O*-β-D- 吡喃半乳糖苷 | delphinidin-3-*O*-β-D-galactopyranoside |
| 飞燕草素 -3-*O*-β-D- 吡喃葡萄糖苷 | delphinidin-3-*O*-β-D-glucopyranoside |
| 飞燕草素 -3-*O*- 对香豆酰基芸香糖苷 -5-*O*- 葡萄糖苷 | delphinidin-3-*O*-*p*-coumaroyl rutinoside-5-*O*-glucoside |
| 飞燕草素 -3-*O*- 葡萄糖苷 | delphinidin-3-*O*-glucoside |
| 飞燕草素 -3-*O*- 桑布双糖苷 | delphinidin-3-*O*-sambubioside |
| 飞燕草素 -3-*O*- 鼠李糖苷 -5-*O*- 葡萄糖苷 | delphinidin-3-*O*-rhamnoside-5-*O*-glucoside |
| 飞燕草素 -3-*O*- 芸香糖苷 | delphinidin-3-*O*-rutinoside |
| 飞燕草素 -3- 阿拉伯糖苷 | delphinidin-3-arabinoside |
| 飞燕草素 -3- 对香豆酸葡萄糖苷 | delphinidin-3-*p*-coumaric acid-glucoside |
| 飞燕草素 -3- 对香豆酰槐糖苷 -5- 单葡萄糖苷 (乌蔹色苷) | delphinidin-3-*p*-coumaroyl sophoroside-5-monoglucoside (cayratinin) |

| | |
|---|---|
| 飞燕草素-3-二葡萄糖苷 | delphinidin-3-diglucoside |
| 飞燕草素-3-槐糖苷-5-单葡萄糖苷 | delphinidin-3-sophoroside-5-monoglucoside |
| 飞燕草素-3-咖啡酰基芸香糖苷-5-葡萄糖苷 | delphinidin-3-caffeoyl rutinoside-5-glucoside |
| 飞燕草素-3-龙胆二糖苷 | delphinidin-3-gentiobioside |
| [6‴-(飞燕草素-3-龙胆二糖基)] (6″-芹菜素-7-葡萄糖基) 丙二酸酯 | [6‴-(delphinidin-3-gentiobiosyl)] (6″-apigenin-7-glucosyl) malonate |
| 飞燕草素-3-木糖葡萄糖苷 | delphinidin-3-xyloglucoside |
| 飞燕草素-3-葡萄糖苷 | delphinidin-3-glucoside |
| 飞燕草素-3-双咖啡酰基芸香糖苷-5-葡萄糖苷 | delphinidin-3-di-caffeoyl rutinoside-5-glucoside |
| 飞燕草素-3-芸香糖苷 | delphinidin-3-rutinoside |
| 飞燕草素二葡萄糖苷 (飞燕草苷) | delphinidin diglucoside (delphin) |
| 飞燕草素三葡萄糖苷 | delphinidin triglucoside |
| 飞燕草酸 (异戊酸、3-甲基丁酸、异缬草酸) | delphinic acid (3-methyl butanoic acid, isovalerianic acid, delphinic acid) |
| 飞燕草因碱 | ambiguine |
| (+)-飞燕亭碱 | (+)-chellespontine |
| 非对映扬甘比胡椒素 | diayangambin |
| 非硫酸化葡萄糖胺聚糖 | nonsulfated clycosaminoclycan |
| 非瑟素 (漆树黄酮、漆黄素酮、漆黄素、非瑟酮、5-脱氧槲皮素) | fisetin (5-deoxyquercetin) |
| 非砂仁二醛 | aframodial |
| 非斯酮 (大黄素甲醚、蜈蚣苔素、朱砂莲乙素) | physcion (parietin, emodin monomethyl ether, rheochrysidin) |
| 非替定碱 (腺毛唐松草碱) | fetidine |
| 非洲防己胺 (非洲防己碱) | columbamine |
| 非洲防己苦素 (防己内酯、古伦宾、咖伦宾、非洲防己素) | columbin |
| 非洲防己内酯 | chasmanthin |
| 非洲伏康树碱 (伏康树斯亭) | voacristine |
| 非洲伏康树羟基伪吲哚碱 | voacristinehydroxy-indolenine |
| 非洲桧素 (原蜡素) | procerin |
| 非洲核果木酸 | putric acid |
| 非洲红豆素 (阿夫罗摩辛、阿佛洛莫生、7-羟基-4′, 6-二甲氧基异黄酮) | afrormosin (afrormosine, 7-hydroxy-4′, 6-dimethoxyiso-flavone) |
| 非洲红豆素-7-*O*-β-D-吡喃葡萄糖苷 | afrormosin-7-*O*-β-D-glucopyranoside |
| 非洲红豆素-7-*O*-β-D-吡喃葡萄糖苷-6″-*O*-丙二酸酯 | afrormosin-7-*O*-β-D-glucopyranoside-6″-*O*-malonate |
| 非洲红豆素-7-*O*-β-D-葡萄糖苷-6″-*O*-丙二酸酯 | afrormosin-7-*O*-β-D-glucoside-6″-*O*-malonate |
| 非洲红豆素二葡萄糖苷 | afrormosin diglucosides |
| 非洲箭毒草林碱 (布蕃君) | distichine (buphanidrine) |
| 非洲楝苷 | khayanoside |
| 非洲楝内酯 A～E | khayanolides A～E |

| | |
|---|---|
| 非洲楝酮 | khayanone |
| 非洲山地龙血树苷 | afromontoside |
| 非洲鼠尾草酮 | aethiopinone |
| 非洲丝胶树碱 (丝胶树任) B、C | funtumafrines B, C |
| 非洲蛙毒素 | trypargine |
| 菲 | phenanthrene |
| 菲 -1, 10: 9, 8- 二碳内酯 | phenanthrene-1, 10: 9, 8-dicarbolactone |
| 菲 -2, 4, 9- 三醇 | phenanthrene-2, 4, 9-triol |
| 2-(菲 -2- 基) 蒽 | 2-(phenanthren-2-yl) anthracene |
| 菲 -3, 4- 二酮 | phenanthrene-3, 4-dione |
| 菲并 [1, 10-*bc*: 9, 8-*b*′*c*′] 二呋喃 -1, 9- 二酮 | phenanthro [1, 10*bc*: 9, 8-*b*′*c*′] difuran-1, 9-dione |
| 菲岛福木酮 Q | garcinielliptone Q |
| 菲岛福木烯酮 (近椭圆藤黄酮) A～H | subelliptenones A～H |
| 菲啶 {苯并 [*c*] 喹啉} | phenanthridine {benzo [*c*] quinoline} |
| 2- 菲酚 | 2-phenanthrol |
| 1, 10- 菲咯啉 | 1, 10-phenanthroline |
| 1, 8- 菲咯啉 | 1, 8-phenanthroline |
| 1, 9- 菲咯啉 | 1, 9-phenanthroline |
| 2, 7- 菲咯啉 | 2, 7-phenanthroline |
| 2, 8- 菲咯啉 | 2, 8-phenanthroline |
| 2, 9- 菲咯啉 | 2, 9-phenanthroline |
| 3, 7- 菲咯啉 | 3, 7-phenanthroline |
| 3, 8- 菲咯啉 | 3, 8-phenanthroline |
| 4, 7- 菲咯啉 | 4, 7-phenanthroline |
| 菲咯啉 (1, 7- 菲咯啉、1, 7- 二氮杂菲) | phenanthroline (1, 7-phenanthroline) |
| 菲利桂栎素 (乌冈栎鞣素) A～E | phillyraeoidins A～E |
| 菲律宾大叶藤苷 | tinophylloloside |
| 菲律宾南五味子醇 A、C | kadsuphilols A, C |
| 菲律宾南五味子内酯 A、B | kadsuphilactones A, B |
| 菲律宾南五味子素 A、B | kadsuphilins A, B |
| 菲律宾石梓苷 | gmephiloside |
| 菲律宾樟素 | cinnamophilin |
| 菲律宾紫金牛酮 | ardisenone |
| 菲瑞木苷 (鸡屎藤次苷甲酯) | feretoside (scandoside methyl ester) |
| 菲托道洛 | phytodolor |
| 菲烯 (莒) | phenalene |
| 绯红黄细心酮 B、E | coccineones B, E |
| 绯红南五味子木脂素 A | coccilignan A |
| 绯红南五味子内酯 A、B | coccinilactones A, B |
| 绯红南五味子酮 A～D | coccinones A～D |

| 肥牛木素 | ceplignan |
|---|---|
| 肥牛木素 -4-*O*-β-D- 吡喃葡萄糖苷 | ceplignan-4-*O*-β-D-glucopyranoside |
| 肥牛木素 -4-*O*-β-D- 葡萄糖苷 | ceplignan-4-*O*-β-D-glucoside |
| (2*S*, 3*R*)- 肥牛树木脂素 | (2*S*, 3*R*)-ceplignan |
| (2*R*, 3*S*)- 肥牛树木脂素 | (2*R*, 3*S*)-ceplignan |
| 肥酸 (1, 6- 己二酸) | adipic acid (1, 6-hexanedioic acid) |
| 肥酸二乙酯 | diethyl adipate |
| 肥皂草吡喃苷 | sapopyroside |
| 肥皂草苷 (皂草苷、皂草黄苷) | saponarin |
| 肥皂草苷 -4′-*O*- 葡萄糖苷 | saponarin-4′-*O*-glucoside |
| 肥皂草素 (皂草黄素、异牡荆苷、异杜荆素、异牡荆黄素、高杜荆碱、芹菜素 -6-*C*- 葡萄糖苷) | saponaretin (homovitexin, isovitexin, apigenin-6-*C*-glucoside) |
| 肥皂草素 -6″-*O*- 半乳糖苷 | saponaretin-6″-*O*-galactoside |
| 肥皂草皂苷 A～M | saponariosides A～M |
| 肥皂荚皂苷 A～G、$D_1$、$F_1$～$F_3$ | gymnocladus saponins A～G, $D_1$, $F_1$～$F_3$ |
| 腓尼基刺柏苷 | phoeniceoside |
| 榧黄素 (榧双黄酮) | kayaflavone |
| 榧树酮 | grandione |
| 柿漆酚 | shibuol |
| 肺衣内酯 A、B | lobarialides A, B |
| 费菜苷 | aizoonoside |
| 费城酸浆内酯 (毛酸浆内酯) A～D | philadelphicalactones A～D |
| 费达马嗪 | fedamazine |
| 费立嗪 | pheliozine |
| 分解樟脑酸 | camphoronic acid |
| 分勒任 | fendlerine |
| 分枝荚蒾苷 A | furcatoside A |
| 芬尼枝顶孢霉素 | phoenistatin |
| 芬氏唐松草定碱 | thalifendine |
| 芬氏唐松草碱 (塔里的嗪) | thalidezine |
| 芬氏唐松草亭碱 | thalidastine |
| 芬妥胺 | phentolamine |
| 吩嗪 -3- 酮 | phenoxazin-3-one |
| 酚酞 | phenolphthalein |
| 粉菝葜皂草苷 | fenbaqia saponin |
| 粉苞苣甾酮 (鸡肝海绵甾酮) | chondrillasterone |
| 粉孢牛肝菌肽 A、B | tylopeptins A, B |
| 粉背蕨酸 | alepterolic acid |
| 粉背蕨烯二醇 | cheilanthenediol |
| 粉背蕨烯三醇 | cheilanthenetriol |

| | |
|---|---|
| 粉背南蛇藤二醇 | celahypodiol |
| 粉背薯蓣苷 (粉背皂苷、粉背薯蓣孕甾糖苷) A～G | hypoglaucins (hypoglaucines) A～G |
| 粉防己碱 | fenfangjines A～D, G～H, T |
| 粉防己碱 D 盐酸盐 | fenfangjine D hydrochloride |
| 粉红动蕊花素 A～C | kinalborins A～C |
| 粉红聚端孢霉素 | roseocardin |
| 粉红菌寄生素醛 | rosellisin aldehyde |
| 粉红黏帚霉素 1A、1B、2A、2B | gliocladium roseums 1A, 1B, 2A, 2B |
| 粉瘤菌苷 A、B | lycogalinosides A, B |
| 粉瘤菌碱 (粉瘤菌红素) C | lycogarubins A～C |
| 粉瘤菌酸 A～C | lycogalic acids A～C |
| 粉瘤菌酸B二甲酯 | lycogalic acid B dimethyl ester |
| 粉瘤菌酸C二甲酯 | lycogalic acid C dimethyl ester |
| 粉瘤菌酯 A～G | lycogarides A～G |
| 粉绿虎皮楠素 A～D | daphniglaucins A～D |
| 粉绿歧舌苔内酯 | glaucescenolide |
| 粉绿色番荔枝素 | annoglaucin |
| 粉绿罂粟碱 | glaudine |
| 粉绿罂粟文 | glaupavine |
| 粉毛菌酮 A、B | coniochaetones A, B |
| 粉蕊黄杨胺 (粉蕊黄杨胺碱、富贵草胺、富贵草胺碱) A～H | pachysamines A～H |
| 粉蕊黄杨醇碱 (顶花板凳果碱) | terminaline |
| 粉蕊黄杨二醇 (板凳果二醇) A、B | pachysandiols A, B |
| 粉蕊黄杨环氮碱 A、B | pachystermines A, B |
| 粉蕊黄杨碱 A～D | pachysandrines A～D |
| 粉蕊黄杨内酯碱 (富贵草特明) A | pachysantermine A |
| 粉蕊黄杨三醇 | pachysantriol |
| 粉蕊黄杨酮醇 | pachysonol |
| 粉蕊黄杨酮碱 | pachysonone |
| 粉团蔷薇甲苷 | multifloside A |
| 粉状菊内酯 | farinosin |
| 粪臭素 (3-甲基吲哚) | scatole (skatole, 3-methylindole) |
| 粪臭素 (3-甲基吲哚) | skatole (scatole, 3-methylindole) |
| 粪鹅脱氧胆酸 | coprochenodeoxycholic acid |
| 粪箕笃碱 | longanine |
| 粪箕笃洛宁碱 A～K | stephalonines A～K |
| 粪箕笃宁碱 A～C | stephalonganines A～C |
| 粪箕笃酮碱 | longanone |
| 粪烯醇 | coprostenol |

| 粪甾醇 | fecosterol |
|---|---|
| 粪甾烷酸 | coprocholic acid |
| 丰城鸡血藤苷(丰城鸡血藤异黄酮苷)A～F | hirsutissimisides A～F |
| 丰花草碱 | borreline |
| 丰满木波罗素6、7 | cycloaltilisins 6, 7 |
| 风车子碱 | combretin |
| 风车子醌A～C | combrequinones A～C |
| 风车子葡萄糖苷 | combreglucoside |
| 风车子属醇 | combretol |
| 风车子素(风车子抑素) | combretastatin |
| 风车子素(风车子抑素)$A_1$～$A_6$、$B_1$～$B_4$、$C_1$、$D_1$、$D_2$ | combretastatins $A_1$～$A_6$, $B_1$～$B_4$, $C_1$, $D_1$, $D_2$ |
| 风车子素$A_1$-2′-β-D-葡萄糖苷 | combretastin $A_1$-2′-β-D-glucoside |
| 风铃草苷 | campanuloside |
| α-风铃木醌(α-拉杷醌) | α-lapachone |
| β-风铃木醌(β-拉杷醌) | β-lapachone |
| 风铃木醌(拉杷醌、拉帕醌、拉杷酮) | lapachone |
| 风龙北豆根灵 | acutudaurine |
| 风龙苷 | acutumoside |
| 风龙环碱(风龙亭碱) | sinoracutine |
| 风龙碱A～E | sinomacutines A～E |
| 风龙米定碱 | acutumidine |
| (–)-风龙木防己灵[(–)-中国木防己碱] | (–)-sinococuline |
| (+)-风龙宁碱 | (+)-tuduranine |
| 风轮菜苷A～H、Ⅰ～ⅩⅦ | clinopodisides A～H, Ⅰ～ⅩⅦ |
| 风轮菜酸A～Q | clinopodic acids A～Q |
| 风轮菜熊果皂苷A～D | clinopoursaponins A～D |
| 风轮菜皂苷(断血流皂苷)A | clinodiside A |
| 风轮皂苷A～H | clinoposides A～H |
| 风毛菊苷A、B | saussureosides A, B |
| 风毛菊碱 | saussurine |
| 风毛菊内酯(云木香内酯) | saussurea lactone |
| 风毛菊内酯-10-*O*-β-D-吡喃葡萄糖苷 | saussurea lactone-10-*O*-β-D-glucopyranoside |
| 风毛菊内酯素 | saupirin |
| 风毛菊诺苷 | saussurenoside |
| 风毛菊素 | saurine |
| 风藤克塔酮A | kadsuketanone A |
| 风藤素(海风藤素、风藤烯素)A～M | kadsurenins A～M |
| 风藤酮(海风藤酮) | kadsurenone |
| 风藤新素A～C | piperkadsins A～C |

| 风藤愈创素 A | kadsuguain A |
|---|---|
| 风信子苷 [矢车菊素-3-*O*-β-D-(6-对香豆酰基) 葡萄糖苷] | hyacinthin [cyanidin-3-*O*-β-D-(6-*p*-coumaroyl) glucoside] |
| 风信子醛苷 | yacinthin |
| 枫香槲寄生苷 | liquidamboside |
| 枫香醛 | liquidambronal |
| 枫香鞣质 | liquidambin |
| 枫香树二酸 A、B | liquiditerpenoic acids A, B |
| 枫香树内酯 A | liquidambolide A |
| 枫香酮醛 | ambronal |
| 枫香脂诺维酸 | liquidambronovic acid |
| 枫香脂熊果酸 | forucosolic acid |
| 枫杨苷 A、B | pterocaryosides A, B |
| 枫杨宁素 (枫杨鞣宁 B) | pterocarinin B |
| 枫杨宁素 C | pterocaryanin C |
| 枫杨鞣宁 A | pterocarinin A |
| 葑醇 (小茴香醇) | fenchyl alcohol (fenchol) |
| L-α-葑醇乙酯 | L-α-fenchyl acetate |
| (–)-葑酮 | (–)-fenchone |
| (+)-葑酮 | (+)-fenchone |
| (1*R*)-葑-2-酮 | (1*R*)-fench-2-one |
| α-葑烯 (α-小茴香烯) | α-fenchene |
| β-葑烯 (β-小茴香烯) | β-fenchene |
| 蜂巢草内酯 (绣球防风内酯) | leucolactone |
| 蜂巢蜡胶 | propolis |
| 蜂斗菜醇苷 A | fukinoside A |
| 蜂斗菜醇酮 | petasitolone |
| 蜂斗菜次螺内酯 | fukinanolide |
| 蜂斗菜单酯 A～D | japonins A～D |
| 蜂斗菜毒素 | fukinotoxin |
| 蜂斗菜酚 | petasiphenol |
| 蜂斗菜酚酮 | petasiphenone |
| 蜂斗菜碱 | petasinine |
| 蜂斗菜碱苷 | petasinoside |
| 蜂斗菜螺内酯 | fukinolide |
| 蜂斗菜内酯 A～H | bakkenolides A～H |
| (*S*)-蜂斗菜素 | (*S*)-petasin |
| 蜂斗菜酸 | fukinolic acid |
| 蜂斗菜亭 (蜂斗菜醇酯) | petasitin |
| 蜂斗菜酮 | fukinone |

| 蜂斗菜烷 | fukinane |
|---|---|
| 蜂斗菜烯碱 | petasitenine |
| 蜂斗菜酯 (蜂斗菜素) | petasin |
| 蜂斗醇 | petasol |
| 蜂毒多肽 | melittine |
| 蜂海绵脑苷 A | halicerebroside A |
| 蜂花醇 (茶醇 A、三十醇、三十烷醇) | melissyl alcohol (triacontanol, myricyl alcohol, thea alcohol A) |
| 蜂花醇 (茶醇 A、三十醇、三十烷醇) | myricyl alcohol (melissyl alcohol, triacontanol, thea alcohol A) |
| 蜂花酸 (三十酸) | melissic acid (triacontanoic acid, myricyl acid) |
| 蜂花酸 (三十酸) | myricyl acid (melissic acid, triacontanoic acid) |
| 蜂花酸二十七醇酯 | heptacosyl melissate |
| 蜂花烯 | melene |
| 蜂蜡 | beeswax |
| 蜂蜜毒素 | mellitoxin |
| 蜂蜜酒酸 [(5*Z*, 8*Z*, 11*Z*)- 二十碳三烯酸] | mead acid [(5*Z*, 8*Z*, 11*Z*)-eicosatrienoic acid] |
| 蜂蜜曲菌素 (蜂蜜曲霉素) | mellein |
| 蜂蜜曲霉蛋白酶 | semialkaline protease |
| (*R*)-(–)- 蜂蜜曲霉素 [(*R*)-(–)- 蜂蜜曲菌素] | (*R*)-(–)-mellein |
| 凤瓜因 | aoibaclyin |
| 凤梨百合醇 | eucomol |
| 凤梨百合素 | eucomin |
| (2*R*)- 凤梨百合酸 | (2*R*)-eucomic acid |
| 凤梨百合酸 -4- 甲酯 | 4-methyl eucomate |
| (2*R*)- 凤梨百合酸二甲酯 | dimethyl (2*R*)-eucomate |
| 凤梨百合酸甲酯 | methyl eucomate |
| 凤梨百合酸正丁酯 | *n*-butyl eucomate |
| 凤毛菊内酯 | japonicolactone |
| 凤毛菊内酯 -10-*O*-β-D- 葡萄糖苷 | japonicolactone-10-*O*-β-D-glucoside |
| 凤尾蕨苷 | pteridanoside |
| 凤尾蕨茚酮 (瓦利希毒苷、西南凤尾蕨苷、清明花瓦氏苷) | wallichoside |
| 凤尾辣木素 | spirochin |
| 凤仙花苷 A～D | balsaminsides A～D |
| 凤仙花腈 | balsamitril |
| 凤仙花腈 -3-*O*-β-D- 葡萄糖苷 | balsamitril-3-*O*-β-D-glucoside |
| 凤仙花醌 | balsaquinone |
| 凤仙花醌醇盐 | balsaminolate |
| 凤仙花醌酚 | impatienol |

F

| | |
|---|---|
| 凤仙花醌酚盐 | impatienolate |
| 凤仙花诺苷A～G | impatienosides A～G |
| 凤仙花酮A～E | balsaminones A～E |
| 凤仙萜四醇(凤仙花醇)-A | hosenkol-A |
| 凤仙萜四醇苷A～O | hosenkosides A～O |
| 凤仙甾醇 | balsaminasterol |
| 凤眼蓝类酸 | eichlerianic acid |
| 缝籽碱 | geissospermine |
| 缝籽木醇(叠籽木裂醇) | geissoschizol |
| 缝籽木嗪 | geissoschizine |
| 4-缝籽木嗪*N*-氧化物甲醚 | 4-geissoschizine *N*-oxide methyl ether |
| 缝籽木嗪甲醚(缝籽嗪甲醚、叠籽木裂嗪甲醚) | geissoschizine methyl ether |
| 缝籽木嗪甲醚-*N*-氧化物 | geissoschizine methyl ether-*N*-oxide |
| 缝籽木嗪酸 | geissoschizic acid |
| 缝籽木嗪酸*N*4-氧化物 | geissoschizic acid *N*4-oxide |
| 夫鲁松醇 | flossonol |
| 夫罗兰鞣质(中日老鹳草素) | furosin |
| 夫罗星 | furcosin |
| 呋达因 | funijudaine |
| 呋南并双叶细辛酮C | furanocaulesone C |
| 呋喃 | furan |
| 呋喃-(2″, 3″, 7, 6)-4′-羟基黄烷酮 | furano-(2″, 3″, 7, 6)-4′-hydroxyflavanone |
| β-(2-呋喃)丙烯酸 | β-(2-furyl) acrylic acid |
| 2*H*-呋喃[3′, 2′, 4, 5]呋喃并[2, 3-*h*]-1-苯并吡喃-2-酮 | 2*H*-furo [3′, 2′, 4, 5] furo [2, 3-*h*]-1-benzopyran-2-one |
| 2-(呋喃-2′-基)-5-(2″*R*, 3″*S*, 4″-三羟基丁基)-1, 4-哒嗪 | 2-(furan-2′-yl)-5-(2″*R*, 3″*S*, 4″-trihydroxybutyl)-1, 4-diazine |
| 1-呋喃-2-基-2-(4-羟苯基)乙酮 | 1-furan-2-yl-2-(4-hydroxyphenyl) ethanone |
| 1-(呋喃-2-羰基)哌啶-3-酮 | 1-(furan-2-carbonyl) piperidine-3-one |
| 呋喃-3-甲酸 | furan-3-carboxylic acid |
| α-L-呋喃阿拉伯聚糖 | α-L-arabinan |
| 呋喃阿拉伯糖 | arabinofuranose |
| β-L-呋喃阿拉伯糖 | β-L-arabinofuranose |
| 1-β-D-呋喃阿拉伯糖基尿嘧啶 | 1-β-D-arabinofuranosyluracil |
| α-D-呋喃阿拉伯糖甲苷 | methyl-α-D-arabinofuranoside |
| α-L-呋喃阿拉伯糖甲苷 | methyl-α-L-arabinofuranoside |
| α-D-呋喃阿拉伯糖乙苷 | ethyl-α-D-arabinofuranoside |
| α-L-呋喃阿拉伯糖乙苷 | ethyl-α-L-arabinofuranoside |
| 1, 3-呋喃桉二烯 | 1, 3-furanoeudesmadiene |
| α-D-呋喃半乳糖甲苷 | methyl-α-D-galactofuranoside |
| 3′-呋喃吡咯-2-甲酸酯 | 3′-furfuryl pyrrol-2-carboxylate |

| | |
|---|---|
| 呋喃并 [2′, 3′: 4, 5] 吡咯并 [2, 3-*b*] 咪唑并 [4, 5-*e*] 吡嗪 | furo [2′, 3′: 4, 5] pyrro [2, 3-*b*] imidazo [4, 5-*e*] pyrazine |
| 呋喃并 [2, 3-*g*] 喹啉 | furo [2, 3-*g*] quinoline |
| 呋喃并 [3′, 2′: 5, 6] 吡喃并 [3, 2-*b*] 咪唑并 [4, 5-*e*] 吡啶 | furo [3′, 2′: 5, 6] pyrano [3, 2-*b*] imidazo [4, 5-*e*] pyridine |
| 2*H*-呋喃并 [3, 2-*b*] 吡喃 | 2*H*-furo [3, 2-*b*] pyran |
| 呋喃并 [3, 2-*b*] 噻吩 [2, 3-*e*] 并吡啶 | furo [3, 2-*b*] thieno [2, 3-*e*] pyridine |
| 呋喃并 [3, 2-*g*] 吡咯并 [1, 2-*b*] 异喹啉 | furo [3, 2-*g*] pyrrolo [1, 2-*b*] isoquinoline |
| 呋喃并 [3, 2-*g*] 喹啉 | furo [3, 2-*g*] quinoline |
| 呋喃并 [3, 4-*c*] 吡咯并 [2, 1, 5-*cd*] 吲哚嗪 | furo [3, 4-*c*] pyrrolo [2, 1, 5-*cd*] indolizine |
| 呋喃并菲醌类色素 | furanophenanthraquinone pigment |
| 呋喃醇 | furanol |
| 呋喃大牻牛儿酮 | furanogermacrone |
| 呋喃大叶茜草素 | furomollugin |
| 呋喃豆叶九里香碱 | furostifoline |
| 2, 3-呋喃二醇 | 2, 3-furandiol |
| 呋喃二醇 | furandiol |
| 呋喃二萜 A、B | furanoditerpenes A, B |
| 2, 5-呋喃二酮 | 2, 5-furandione |
| 呋喃二酮 | furanodione |
| 呋喃二烯 (莪术呋喃二烯) | furanodiene |
| 呋喃蜂斗菜醇 | furanofukinol |
| 呋喃蜂斗菜宁 (呋喃蜂斗菜单酯) | furanojaponin |
| 呋喃佛术-14β, 6α-内酯 | furanoeremophilan-14β, 6α-olide |
| 呋喃佛术-6β, 10β-二醇 | furanoeremophilan-6β, 10β-diol |
| 呋喃佛术烷 | uranoeremophilane |
| 呋喃钩吻素子 (呋喃钩吻明) | furanokoumine |
| α-D-呋喃古洛糖甲苷 | methyl-α-D-gulofuranoside |
| 呋喃贯叶金丝桃素 | furohyperforin |
| 呋喃果糖 | fructofuranose |
| β-D-呋喃果糖 | β-D-frucofuranose |
| β-D-呋喃果糖丁苷 | butyl-β-D-fructofuranoside |
| β-D-呋喃果糖基-(2→1)-α-D-(6-*O*-芥子酰基) 吡喃葡萄糖苷 | β-D-fructofuranosyl-(2→1)-α-D-(6-*O*-sinapoyl) glucopyranoside |
| β-D-呋喃果糖基-(2→1)-(6-*O*-芥子酰基)-α-D-吡喃葡萄糖苷 | β-D-fructofuranosyl-(2→1)-(6-*O*-sinapoyl)-α-D-glucopyranoside |
| β-D-呋喃果糖基-(2→1)-β-D-呋喃果糖基-(2→1)-β-D-呋喃果糖基-α-D-吡喃葡萄糖苷 (耐斯糖、真菌四糖) | β-D-fructofuranosyl-(2→1)-β-D-fructofuranosyl-(2→1)-β-D-fructofuranosyl-α-D-glucopyranoside (nystose) |
| β-D-呋喃果糖基-α-D-(6-*O*-反式-芥子酰基) 吡喃葡萄糖苷 | β-D-fluctofuranosyl-α-D-(6-*O*-*trans*-sinapoyl) glucopyranoside |
| β-D-呋喃果糖基-α-D-(6-香草酰基) 吡喃葡萄糖苷 | β-D-fructofuranosyl-α-D-(6-vanilloyl) glucopyranoside |

| | |
|---|---|
| 1F (1-β-呋喃果糖基) 2-6G (1-β-呋喃果糖基)-2-蔗糖 | 1F (1-β-fructofuranosyl) 2-6G (1-β-fructofuranosyl)-2-sucrose |
| 1F-β-呋喃果糖基-6G (1-β-呋喃果糖基)-3-蔗糖 | 1F-β-fructofuranosyl-6G (1-β-fructofuranosyl)-3-sucrose |
| β-D-呋喃果糖基-α-D-吡喃半乳糖苷 | β-D-fructofuranosyl-α-D-galactopyranoside |
| β-D-呋喃果糖基-α-D-吡喃葡萄糖苷 (蔗糖) | β-D-fructofuranosyl-α-D-glucopyranoside (saccharobiose, sucrose, cane sugar, beet sugar, saccharose) |
| 10-*O*-呋喃果糖基黄花夹竹桃醚萜苷 | 10-*O*-fructofuranosyl theviridoside |
| 呋喃果糖基蔗糖 | fructofuranosyl sucrose |
| α-D-呋喃果糖甲苷 | methyl-α-D-fructofuranoside |
| β-D-呋喃果糖甲苷 | methyl-β-D-fructofuranoside |
| 5-*S*-α-D-呋喃果糖甲苷 | methyl-5-thio-α-D-fructofuranoside |
| α-D-呋喃果糖乙苷 | ethyl-α-D-fructofuranoside |
| β-D-呋喃果糖乙苷 | ethyl-β-D-fructofuranoside |
| α-D-呋喃果糖正丁苷 | *n*-butyl-α-D-fructofuranoside |
| β-*D*-呋喃果糖正丁苷 | *n*-butyl-β-D-fructofuranoside |
| 呋喃海岛巴豆内酯 A | furocrotinsulolide A |
| 呋喃核糖 | ribofuranose |
| 1-(β-D-呋喃核糖基)-1*H*-1, 2, 4-三嗪酮 | 1-(β-D-ribofuranosyl)-1*H*-1, 2, 4-triazone |
| 5-(β-D-呋喃核糖基) 尿嘧啶 | 5-(β-D-ribofuranosyl) uracil |
| 9-(β-D-呋喃核糖基) 嘌呤 (水粉蕈素) | 9-(β-D-ribofuranosyl) purine (nebularine) |
| 8-(β-D-呋喃核糖基) 腺嘌呤 | 8-(β-D-ribofuranosyl) adenine |
| 4-(α-D-呋喃核糖基硫) 苯甲酸 (4-羟苯基 1-硫-α-D-呋喃核糖苷) | 4-(α-D-ribofuranosyl thio) benzoic acid (4-carboxyphenyl 1-thio-α-D-ribofuranoside) |
| 呋喃黄皮碱 A～W | furoclausines A～W |
| 1-(2-呋喃基)-1-戊酮 | 1-(2-furyl)-1-pentanone |
| 1-(2-呋喃基)-(1*E*, 7*E*)-壬二烯-3, 5-二炔-9-醇 | 1-(2-furyl)-(1*E*, 7*E*)-nonadien-3, 5-diyn-9-ol |
| 1-(2-呋喃基)-(1*E*, 7*E*)-壬二烯-3, 5-二炔-9-醇苯甲酸酯 | 1-(2-furyl)-(1*E*, 7*E*)-nonadien-3, 5-diyn-9-ol benzoate |
| 1-(2-呋喃基)-(1*E*, 7*E*)-壬二烯-3, 5-二炔-9-醇对甲基苯甲酸酯 | 1-(2-furyl)-(1*E*, 7*E*)-nonadien-3, 5-diyn-9-ol *p*-methyl benzoate |
| 1-(2-呋喃基)-(1*E*, 7*E*)-壬二烯-3, 5-二炔-9-酸 | 1-(2-furyl)-(1*E*, 7*E*)-nonadien-3, 5-diyn-9-acid |
| 1-(2-呋喃基)-(1*E*, 7*Z*)-壬二烯-3, 5-二炔-9-醇 | 1-(2-furyl)-(1*E*, 7*Z*)-nonadien-3, 5-diyn-9-ol |
| 1-(2-呋喃基)-(7*E*)-壬烯-3, 5-二炔-1, 2-二醇二乙酸酯 | 1-(2-furyl)-(7*E*)-nonen-3, 5-diyn-1, 2-diol diacetate |
| 1-(2-呋喃基)-2-丙酮 | 1-(2-furyl)-2-propanone |
| 1-(3-呋喃基)-3-甲氧基-4-甲基-1-戊酮 | 1-(3-furanyl)-3-methoxy-4-methyl-1-pentanone |
| 1-(2-呋喃基) 己酮 | 1-(2-furanyl) hexanone |
| 2-呋喃基-2-对羟苯基乙酮 | furan-2-yl-2-(4-hydroxyphenyl) ethanone |
| [2, 3] 呋喃甲叉基 | [2, 3] furanomethano |
| 2-呋喃甲醇 | 2-furancarbinol (2-furanmethanol) |
| 2-呋喃甲醇 | 2-furanmethanol (2-furancarbinol) |
| 3-呋喃甲醇 | 3-furanmethanol |

| 3-呋喃甲醇-β-D-吡喃葡萄糖苷 | 3-furanmethanol-β-D-glucopyranoside |
|---|---|
| 2-呋喃甲醇乙酸酯 | 2-furanmethanol acetate |
| 3-呋喃甲醇乙酸酯 | 3-furyl methyl acetate |
| 呋喃甲基贯叶金丝桃素 | furoadhyperforin |
| α-呋喃甲醛 (α-糠醛) | α-furaldehyde (α-furfural) |
| 2-呋喃甲醛 (呋喃甲醛、糠醛) | 2-furaldehyde (furfural, 2-furancarboxaldehyde, furaldehyde) |
| 3-呋喃甲醛 (3-糠醛) | 3-furancarboxaldehyde (3-furfural, 3-furaldehyde) |
| 呋喃甲醛 (糠醛、2-呋喃甲醛) | furaldehyde (2-furaldehyde, furfural, 2-furancarboxaldehyde) |
| 2-呋喃甲酸 (2-呋喃酸、2-糠酸) | 2-furancarboxylic acid (2-furoic acid) |
| α-呋喃甲酸 (α-糠酸) | α-furoic acid |
| 3-呋喃甲酸 (3-呋喃酸、3-糠酸) | 3-furancarboxylic acid (3-furoic acid) |
| 呋喃甲酸 (糠酸、呋喃酸) | furancarboxylic acid (furoic acid) |
| 呋喃金缕梅糖 | hamamelofuranose |
| 呋喃卡苷 | furcatin |
| 呋喃辣红菇素 | furosardonin |
| α-D-呋喃来苏糖乙苷 | ethyl-α-D-lyxofuranoside |
| 呋喃灵芝酸 | furanoganoderic acid |
| 呋喃芦荟松 | furoaloesone |
| 呋喃醚 A | furanether A |
| 呋喃木糖酮酸 (D-木-5-呋喃己酮糖酸) | D-xylo-5-hexulofuranosonic acid |
| α-D-呋喃葡萄糖 | α-D-glucofuranose |
| 3-*O*-β-D-呋喃葡萄糖醛酸-6, 3-内酯棉根皂苷元 | 3-*O*-β-D-glucofuranosiduronic acid-6, 3-lactone-gypsogenin |
| β-D-呋喃葡萄糖乙苷 | ethyl-β-D-glucofuranoside |
| [2, 5] 呋喃桥 | [2, 5] furano |
| 10, 5-[2, 3] 呋喃桥苯并 [*g*] 喹啉 | 10, 5-[2, 3] furanobenzo [*g*] quinoline |
| 呋喃芹糖 | apiofuranose |
| 19-*O*-[β-D-呋喃芹糖基-(1→2)-β-D-吡喃葡萄糖基]-3, 14-二脱氧穿心莲内酯 | 19-*O*-[β-D-apiofuranosyl-(1→2)-β-D-glucopyranosyl]-3, 14-dideoxyandrographolide |
| 6-[(α-呋喃芹糖基-(1→6)-*O*-β-D-吡喃葡萄糖基) 氧基] 红镰玫素 | 6-[(α-apiofuranosyl-(1→6)-*O*-β-D-glucopyranosyl) oxy] rubrofusarin |
| β-D-呋喃芹糖基-(1→6)-*O*-β-D-吡喃葡萄糖酰氧基-5-*O*-甲基阿米芹诺醇 | β-D-apiofuranosyl-(1→6)-*O*-β-D-glucopyranosyloxy-5-*O*-methyl visamminol |
| 4-[β-D-呋喃芹糖基-(1→6)-β-D-吡喃葡萄糖氧基]-3-甲氧基苯丙酮 | 4-[β-D-apiofuranosyl-(1→6)-β-D-glucopyranosyloxy]-3-methoxypropiophenone |
| 6-*O*-D-呋喃芹糖基-1, 6, 8-三羟基-3-甲基蒽醌 | 6-*O*-D-apiofuranosyl-1, 6, 8-trihydroxy-3-methyl anthraquinone |
| 6′-*O*-呋喃芹糖基菊苷 (6′-*O*-呋喃芹糖基菊属苷) A | 6′-*O*-apiofuranosyl dendranthemoside A |
| 6′-β-D-呋喃芹糖基肉苁蓉苷 C | 6′-β-D-apiofuranosyl cistanoside C |

| | |
|---|---|
| 6'-*O*-β-D-呋喃芹糖基石竹苷 | 6'-*O*-β-D-apiofuranosyl dianthoside |
| 6-*O*-β-D-呋喃芹糖基玉叶金花苷酸 (6-*O*-β-D-呋喃芹糖基驱虫金合欢苷酸) | 6-*O*-β-D-apiofuranosyl mussaenosidic acid |
| 2-呋喃醛 | 2-furancaboxaldehyde |
| 呋喃三醇 | furantriol |
| 3-呋喃酸 | 3-furoic acid |
| 呋喃天竺葵酮 A、B | furopelargones A, B |
| 9-[2-(2 (5*H*)-呋喃酮-4)-乙基]-4, 8, 9-三甲基-1, 2, 3, 4, 5, 6, 7, 8-八氢萘-4-甲酸 | 9-[2-(2 (5*H*)-furanone-4)-ethyl]-4, 8, 9-trimethyl-1, 2, 3, 4, 5, 6, 7, 8-octahydronaphthalene-4-carboxylic acid |
| 9-[2-(2 (5*H*)-呋喃酮-4)-乙基]-4, 8, 9-三甲基-1, 2, 3, 4, 5, 6, 7, 8-八氢萘-4-酸甲酯 | 9-[2-(2 (5*H*)-furanone-4)-ethyl]-4, 8, 9-trimethyl-1, 2, 3, 4, 5, 6, 7, 8-octahydronaphthalene-4-carboxylic acid methyl ester |
| 9-[2-(2 (5*H*)-呋喃酮-4) 乙基]-4, 8, 9-三甲基-1, 2, 3, 4, 5, 6, 7, 8-八氢萘环-1-甲酯 | 9-[2-(2 (5*H*)-furanone-4) ethyl]-4, 8, 9-trimethyl-1, 2, 3, 4, 5, 6, 7, 8-octahydronaphthalene cyclo-1-methyl ester |
| 10α*H*-呋喃橐吾烯酮 | 10α*H*-furanoligularenone |
| 10β*H*-呋喃橐吾烯酮 | 10β*H*-furanoligularenone |
| 呋喃橐吾烯酮 | furanoligularenone |
| 呋喃网柄菌素 A、B | furanodictines A, B |
| 呋喃尾叶血桐素 | furanokurzin |
| 呋杷文 | fugapavine |
| 呋万素 (呋喃台湾崖豆藤素) A、B | furowanins A, B |
| 5α-呋甾-12-酮-20 (22)-烯-3β, 23, 26-三醇 | 5α-furost-12-one-20 (22)-en-3β, 23, 26-triol |
| (25*R*, *S*)-5α-呋甾-12-酮-20 (22)-烯-3β, 26-二醇 | (25*R*, *S*)-5α-furost-12-one-20 (22)-en-3β, 26-diol |
| (25*S*)-5α-呋甾-12-酮-22-甲氧基-3β, 26-二醇 | (25*S*)-5α-furost-12-one-22-methoxy-3β, 26-diol |
| 5α-呋甾-12-酮-22-甲氧基-3β, 26-二醇 | 5α-furost-12-one-22-methoxy-3β, 26-diol |
| (25*S*)-5α-呋甾-12-酮-2α, 3β, 22α, 26-四醇 | (25*S*)-5α-furost-12-one-2α, 3β, 22α, 26-tetraol |
| 5α-呋甾-12-酮-2α, 3β, 22α, 26-四醇 | 5α-furost-12-one-2α, 3β, 22α, 26-tetraol |
| 5α-呋甾-12-酮-3β, 22, 26-三醇 | 5α-furost-12-one-3β, 22, 26-triol |
| (25*R*)-5α-呋甾-12-酮-3β, 22α, 26-三醇 | (25*R*)-5α-furost-12-one-3β, 22α, 26-triol |
| (25*S*)-5α-呋甾-12-酮-3β, 22α, 26-三醇 | (25*S*)-5α-furost-12-one-3β, 22α, 26-triol |
| (25*S*)-5β-呋甾-1β, 2β, 3β, 4β, 5β, 22α, 26-七羟基-26-*O*-β-D-吡喃葡萄糖苷 | (25*S*)-5β-furost-1β, 2β, 3β, 4β, 5β, 22α, 26-heptahydroxy-26-*O*-β-D-glucopyranoside |
| (25*S*)-呋甾-1β, 3α, 5β, 22α, 26-五羟基-26-*O*-β-D-吡喃葡萄糖苷 | (25*S*)-furost-1β, 3α, 5β, 22α, 26-pentahydroxy-26-*O*-β-D-glucopyranoside |
| 呋甾-1β, 3β, 22α, 26-四醇 | furost-1β, 3β, 22α, 26-tetraol |
| (25*S*)-呋甾-1β, 3β, 5β, 22α, 26-五羟基-26-*O*-β-D-吡喃葡萄糖苷 | (25*S*)-furost-1β, 3β, 5β, 22α, 26-pentahydroxy-26-*O*-β-D-glucopyranoside |
| (25*S*)-5α-呋甾-20 (22)-烯-12-酮-3β, 26-二醇 | (25*S*)-5α-furost-20 (22)-en-12-one-3β, 26-diol |
| 5α-呋甾-20 (22)-烯-12-酮-3β, 26-二醇 | 5α-furost-20 (22)-en-12-one-3β, 26-diol |
| (25*R*)-5α-呋甾-20 (22)-烯-12-酮-3β, 26-二羟基-26-*O*-β-D-吡喃葡萄糖苷 | (25*R*)-5α-furost-20 (22)-en-12-one-3β, 26-dihydroxy-26-*O*-β-D-glucopyranoside |

| | |
|---|---|
| (25*R*)-5α-呋甾-20 (22)-烯-2α, 3β, 26-三醇 | (25*R*)-5α-furost-20 (22)-en-2α, 3β, 26-triol |
| (25*S*)-5-呋甾-20 (22)-烯-3, 26-二醇 | (25*S*)-5-furost-20 (22)-en-3, 26-diol |
| 5α-呋甾-20 (22)-烯-3β, 23, 26-三醇 | 5α-furost-20 (22)-en-3β, 23, 26-triol |
| (25*S*)-5α-呋甾-20 (22)-烯-3β, 26-二醇 | (25*S*)-5α-furost-20 (22)-en-3β, 26-diol |
| 5α-呋甾-20 (22)-烯-3β, 26-二醇 | 5α-furost-20 (22)-en-3β, 26-diol |
| 5β-呋甾-25 (27)-烯-1β, 2β, 3β, 4β, 5β, 6β, 7α, 22ζ, 26-九羟基-26-*O*-β-D-吡喃葡萄糖苷 | 5β-furost-25 (27)-en-1β, 2β, 3β, 4β, 5β, 6β, 7α, 22ζ, 26-nonahydroxy-26-*O*-β-D-glucopyranoside |
| 5β-呋甾-25 (27)-烯-1β, 2β, 3β, 4β, 5β, 7α, 22ζ, 26-八羟基-6-酮-26-*O*-β-D-吡喃葡萄糖苷 | 5β-furost-25 (27)-en-1β, 2β, 3β, 4β, 5β, 7α, 22ζ, 26-octahydroxy-6-one-26-*O*-β-D-glucopyranoside |
| 5β-呋甾-25 (27)-烯-1β, 2β, 3β, 4β, 5β, 7α, 22ξ, 26-八羟基-6-酮-26-*O*-β-D-吡喃葡萄糖苷 | 5β-furost-25 (27)-en-1β, 2β, 3β, 4β, 5β, 7α, 22ξ, 26-octahydroxy-6-one-26-*O*-β-D-glucopyranoside |
| 5α-呋甾-25 (27)-烯-3β, 12β, 22, 26-四醇 | 5α-furost-25 (27)-en-3β, 12β, 22, 26-tetraol |
| (25*R*)-5α-呋甾-2α, 3β, 22α, 26-四醇 | (25*R*)-5α-furost-2α, 3β, 22α, 26-tetraol |
| (5α, 25β)-呋甾-3, 22, 26-三醇 | (5α, 25β)-furost-3, 22, 26-triol |
| (25*R*)-5α-呋甾-3β, 22α, 26-三醇 | (25*R*)-5α-furost-3β, 22α, 26-triol |
| (25*S*)-5β-呋甾-3β, 22α, 26-三醇 | (25*S*)-5β-furost-3β, 22α, 26-triol |
| 呋甾-5 (6)-烯-3β, 22α, 26-三醇 | furost-5 (6)-en-3β, 22α, 26-triol |
| (25*R*)-呋甾-5, 20 (22)-二烯-3β, 26-二醇 | (25*R*)-furost-5, 20 (22)-dien-3β, 26-diol |
| (20*S*, 25*R*)-呋甾-5, 22-二烯-3β, 21α, 26-三醇 | (20*S*, 25*R*)-furost-5, 22-dien-3β, 21α, 26-triol |
| (25*S*)-呋甾-5-烯-1β, 3β, 22α, 26-四醇 | (25*S*)-furost-5-en-1β, 3β, 22α, 26-tetraol |
| (25α)-呋甾-5-烯-3, 22, 26-三醇 | (25α)-furost-5-en-3, 22, 26-triol |
| 5-呋甾-5-烯-3β, 17α, 22, 26-四醇 | 5-furost-5-en-3β, 17α, 22, 26-tetraol |
| 呋甾-5-烯-3β, 22α, 26-三醇 | furost-5-en-3β, 22α, 26-triol |
| (25*R*)-呋甾-5-烯-3β, 22ζ, 26-三醇 | (25*R*)-furost-5-en-3β, 22ζ, 26-triol |
| 呋甾-5-烯-3β, 22ζ, 26-三醇 | furost-5-en-3β, 22ζ, 26-triol |
| 呋甾-5-烯-3β, 22ζ-二醇 | furost-5-en-3β, 22ζ-diol |
| 呋甾-5-烯-3β, 26-二醇 | furost-5-en-3β, 26-diol |
| 呋甾烷醇糖苷 | furostanol glycoside |
| 呋甾烷醇皂苷 | furostanol saponin |
| 呋咱 (1, 2, 5-氧二氮杂环戊熳、1, 2, 5-噁二唑) | furazan (1, 2, 5-oxadiazole) |
| 弗吉尼亚雏菊内酯 | virginolide |
| 弗莱罗甘草苷元 | folerogenin |
| 弗瑞德齐墩果-5-烯-3-酮 | friedoolean-5-en-3-one |
| D: B-弗瑞德齐墩果-5-烯-3-酮 (黏霉酮、赤杨烯酮、黏胶贾森菊酮、欧洲桤木酮) | D: B-friedoolean-5-en-3-one (alnusenone, glutinone) |
| D: C-弗瑞德齐墩果-7, 9 (11)-二烯-3β, 29-二醇 | D: C-friedoolean-7, 9 (11)-dien-3β, 29-diol |
| D: C-弗瑞德齐墩果-8-烯-3α, 29-二醇 | D: C-friedoolean-8-en-3α, 29-diol |
| D: C-弗瑞德齐墩果-8-烯-3β, 29-二醇 | D: C-friedoolean-8-en-3β, 29-diol |
| D: C-弗瑞德熊果-7-烯-3-酮 | D: C-friedours-7-en-3-one |
| 弗氏戴尔豆素 | fremontin |

| 弗氏戴尔豆酮 | fremontone |
|---|---|
| 弗氏尖药木苷 (甲基鼠李糖苷) L | acofrioside L |
| 弗斯生 (佛氏乌头辛、丽乌辛) | foresticine |
| 伏贝灵 (折扇石松林碱) | flabelline |
| 伏车亭 | franchetine |
| 伏尔缬草三酯 A、B | volvaltrates A, B |
| 伏康碱 (伏康树辛) | vobasine |
| 伏康马钱辛 | vobatricine |
| 伏康树非尼定 (伏康树菲尼定) | voafinidine |
| 伏康树非宁 (伏康树菲宁) | voafinine |
| 伏康树哈灵 | voaharine |
| 伏康树里宁 | voalenine |
| (19*S*)-伏康树灵碱 [(19*S*)-表伏康任碱、(19*S*)-表老刺木亭] | 19*S*-voacangarine |
| 伏康树尼定 | vobasonidine |
| 伏康树叶碱 (沃非灵) | voaphylline |
| (+)-伏康树叶碱 [(+)-沃非灵] | (+)-voaphylline |
| 伏康树叶碱二醇 | voaphyllinediol |
| 伏康树叶碱羟基伪吲哚 | voaphylline hydroxyindolenine |
| 伏康直立拉齐木碱 | voastrictine |
| 伏拉卡品 | flavocarpine |
| 伏力得苷 B | fliederoside B |
| 伏立定 | flabellidine |
| 伏毛铁棒锤定 | flavaconidine |
| 伏毛铁棒锤菲碱 (伏毛铁棒锤胺) | flavamine |
| 伏毛铁棒锤菲碱乙酸酯 | flavadine |
| 伏毛铁棒锤碱 | flavaconitine |
| 伏毛铁棒锤精 | flavaconijine |
| 伏毛乌头碱 (3-乙酰乌头碱) | flaconitine (3-acetyl aconitine) |
| 伏冉宁 (欧鼠李宁碱、美洲茶胺 A) | frangulanine (ceanothamine A) |
| 伏石蕨甾酮 | lemmasterone |
| (*E*)-伏氏楝杜素 | (*E*)-volkendousin |
| (*Z*)-伏氏楝杜素 | (*Z*)-volkendousin |
| 伏氏楝金 | meliavolkin |
| 伏氏楝灵 (沃肯楝林素) | meliavolin |
| 伏氏楝宁 | volkensinin |
| 伏氏楝柠檬苦素 | meliavolkinin |
| 伏氏楝萜 | meliavolkenin |
| 伏氏楝亭 A、B | meliavolkensins A, B |
| 伏氏楝烯 | meliavolen |

| 伏替萨胺 (红花蕊木胺) | fruticosamine |
|---|---|
| 伏替素 (红花蕊木碱) | fruticosine |
| 伏文宁 | flavinine |
| 扶桑甾-4-烯-3β-*O*-乙酸酯 | rosaste-4-en-3β-*O*-acetate |
| β-扶桑甾醇 | β-rosasterol |
| β-扶桑甾醇棕榈酸酯 | β-rosasterol palmitate |
| 扶沙木碱 (5-氧阿朴菲碱) | fuseine |
| 芙蓉菊属素 | crossostephin |
| 佛飞定 | folifidine |
| 佛光草呋喃 | substolfuran |
| 佛光草吉马内酯 A～G | substolides A～G |
| 佛光草内酯 | substololide |
| 佛光草素 | substolin |
| 佛绕宁 | forsteronine |
| 佛氏乌头亭 (丽乌亭) | forestine |
| 佛手醇甲醚 (佛手柑内酯、佛手内酯、香柠檬内酯) | bergaptol methyl ether (bergaptene, bergapten, heraclin, majudin) |
| 佛手酚 (佛手醇) | bergaptol |
| 佛手酚-5-*O*-β-D-龙胆二糖苷 | bergaptol-5-*O*-β-D-gentiobioside |
| 佛手酚-*O*-β-D-吡喃葡萄糖苷 | bergaptol-*O*-β-D-glucopyranoside |
| α-佛手柑内酯 (α-香柠檬内酯) | α-bergapten |
| 佛手柑内酯 (香柠檬内酯、佛手内酯、佛手醇甲醚、佛手柑莰烯、佛手烯) | bergapten (bergaptene, bergaptol methyl ether, heraclin, majudin) |
| 佛手烯 (佛手内酯、佛手柑内酯、香柠檬内酯、佛手醇甲醚、佛手柑莰烯) | bergaptene (bergapten, bergaptol methyl ether, heraclin, majudin) |
| 佛手素 (佛手柑亭、佛手柑素、香柑素、香柠檬亭、香柠檬素) | bergaptin (bergamottin) |
| 9 (10), 11 (13)-佛术二烯-12-酸 | eremophil-9 (10), 11 (13)-dien-12-oic acid |
| 佛术蜂斗黄酮 | eremofukinone |
| 佛术烯 (荒漠木烯、艾里莫芬烯、雅槛蓝烯、雅槛兰树油烯) | eremophilene |
| 9 (10)-佛术烯-11-醇 | 9 (10)-eremophilen-11-ol |
| 佛术烯内酯 (艾里莫芬内酯、荒漠木烯内酯) | eremophilenolide |
| 佛西苦新 H | fusicoccin H |
| 佛州蛇鞭菊素 | provincialin |
| 茯苓次聚糖 | pachymaran |
| 茯苓环酮双烯三萜酸 | cyclohexanondientriterpenic acid |
| 茯苓聚糖 (茯苓多糖) | pachyman |
| 茯苓酸 | pachymic acid |
| 茯苓酸甲酯 | methyl pachymate |
| 茯苓糖 | pachymose |

| | |
|---|---|
| 茯苓替宾 | smitilbin |
| 茯苓新酸 A～H | poricoic acids A～H |
| 茯苓羊毛脂酮 A、B | poriacosones A, B |
| 茯砖茶素 A、B | fuzhuanins A, B |
| 1-氟-2, 4, 6-三甲基苯 | mesityl fluoride |
| (*Z*)-2-氟-2-丁烯 | (*Z*)-2-fluoro-2-butene |
| 氟仿 | fluoroform |
| 氟化钙 | calcium fluoride |
| 氟化氢 | hydrogen fluoride |
| 1-氟甲基-3-甲基萘 | 1-fluoromethyl-3-methyl naphthalene |
| 氟乐灵 | treflan |
| 氟乙酸 | fluoroacetic acid |
| 辐白莱菊素 | radiatin |
| 辐射叶鸡骨常山酸 | actinophyllic acid |
| 辐射织线藻素 | radiosumin |
| 福尔科纳乌头碱 | faleoconitine |
| 福建茶素 (蛇葡萄素、白蔹素) A～H | ampeloptins (ampelopsins) A～H |
| 福建假卫矛环氧萜 A～D | microfokienoxanes A～D |
| 福建假卫矛素 | forkienin |
| 福建三尖杉碱 (三尖杉因碱) | cephalofortuneine |
| 福橘素 (5, 6, 7, 8, 4′-五甲氧基黄酮 (橘皮素、福橘素、橘红素、红橘素、柑橘黄酮) | ponkanetin (5, 6, 7, 8, 4′-pentamethoxyflavone, tangeretin, tangeritin) |
| 福木苷 | fukugiside |
| 福木巧茶素 (伊格斯特素) | iguesterin |
| 福木素 | fukugetin |
| 福氏翠雀宁 | delfrenine |
| 福氏马尾杉明碱 (福地明) | fordimine |
| 福氏鼠尾草酮 | forskalinone |
| 福寿草毒苷 (侧金盏花毒苷) | adonitoxin |
| 福寿草毒苷元 | adonitoxigenin |
| 福寿草二酮 | fukujusonorone |
| 福寿草苷 A～K | amurensiosides A～K |
| 福寿草酮 | fukujusone |
| 福树苷 | spicataside |
| 斧柏烷 | thujopsane |
| 斧松二烯 | dolabradiene |
| 辅酶 $Q_{10}$ | coenzyme $Q_{10}$ |
| 辅酶 R (生物素、维生素 H) | coenzyme R (biotin, vitamin H) |
| 辅酶Ⅰ、Ⅱ | coenzymes Ⅰ, Ⅱ |
| 腐胺 (腐肉胺) | putrescine |

| 腐婢碱 | premnine |
|---|---|
| 腐黑物 | humin |
| 腐榕碱 | septicine |
| 腐生紫堇碱 (腐黑酸) | humosine |
| 腐殖酸 | humic acid |
| 腐质霉酮 | humicolone |
| 附地菜素 A～C | trigonotins A～C |
| 附球菌吖嗪 A～C | epicorazines A～C |
| 附属柄孢壳内酯 A～C | appenolides A～C |
| 附体肉桂酮 | apenone |
| 附子灵 (附子碱、附子宁碱) | fuziline |
| 附子硫萜碱 A、B | aconicatisulfonines A, B |
| 附子萜碱 A、B | aconicarchamines A, B |
| 附子亭 | fuzitine B |
| 阜康阿魏呋喃香豆素 A～M | fukanefuromarins A～M |
| 阜康阿魏色原酮 A～E | fukanefurochromones A～E |
| 阜康阿魏萜酮 A～E | fukanedones A～E |
| 阜康阿魏酮酯 A | fukaneketoester A |
| 阜康阿魏香豆素 A、B | fukanemarins A, B |
| 复叶耳蕨素 A、B | arachniodesins A, B |
| 复叶绵马素 BB | araspidin BB |
| L-副刀豆氨酸 | L-canaline |
| 副肌球蛋白 | paramyosin |
| [12]-副姜油酮 | [12]-paradol |
| 副绵马素 | paraaspidin |
| 富得卡酮 | fudecalone |
| 富胱氨酸多酚蛋白质 | cystine-rich polyphenolic protein |
| 富贵草二烯醇 A、B | pachysandienols A, B |
| 富贵草属碱 | pachysandra base |
| 富贵草酰胺碱 | pachystamine |
| 富马酸 (延胡索酸, 反式-丁烯二酸) | fumaric acid (*trans*-butenedioic acid, *trans*-butene diacid) |
| 富马酸单乙酯 | ethyl fumarate |
| 富马酸二乙酯 | diethyl fumarate |
| 富马酸可铁宁 | cotinine fumarate |
| 富马酸亚铁 | ferrous fumarate (feostat) |
| 富秦素 (火地林仙素、7, 11-二羟基密叶辛木素) | fuegin (7, 11-dihydroxyconfertifolin) |
| 富士动力精二葡萄糖苷 | fujikinetin diglucoside |
| 富思二烯酚 A | fusidienol A |
| 富斯千里光宁 | fuchsisenecionine |

| 富烯 | fulvene |
|---|---|
| 腹水草苷 | veronicastroside |
| 蝮蛇神经毒素 | agkistrodotoxin |
| 覆盆子苷 $F_1$～$F_7$ | goshonosides $F_1$～$F_7$ |
| 覆盆子酸 | fupenzic acid |
| 覆盆子酮(树莓酮) | frambinone (raspberry ketone) |
| 覆盆子酮葡萄糖苷 | raspberry ketone glucoside |
| 覆瓦南洋杉醇酸 | imbricatoloic acid |
| 覆瓦南洋杉二醇 | imbricatadiol |
| 覆瓦南洋杉醛酸 | imbricataloic acid |
| 伽马-16-烯-3α-醇 | gammacer-16-en-3α-ol |
| 伽马-16-烯-3β-醇 | gammacer-16-en-3β-ol |
| 伽马-16-烯-3β-醇乙酸酯 | gammacer-16-en-3β-ol acetate |
| 伽米纳苷(柿莫苷) | gamnamoside |
| 伽氏矢车菊素 | janerin |
| 伽氏矢车菊素-4-羟基巴豆酸酯 | janerin-4-hydroxytiglate |
| 钙化醇 | calciferol |
| 钙生榄仁树酮 A | termicalcicolanone A |
| (–)-盖尔格拉文 [(±)-瓣蕊花格拉文] | (–)-galgravin |
| 盖格尔内酯 | geigerin |
| 盖伦酒花黄酚 | xanthogalenol |
| 盖显脉香茶菜素(盖显脉香茶素)A、B | ganervosins A, B |
| 盖耶翠雀宁碱 | geyerinine |
| 甘氨胆酸 | glycocholic acid |
| 甘氨酸(氨基乙酸、乙氨酸) | glycine |
| 甘氨酸甜菜碱(三甲铵乙内盐、甜菜碱、氧化神经碱) | glycine betaine (betaine, lycine, glycocoll betaine, oxyneurine) |
| 甘氨酰胺(甘氨酸酰胺) | glycinamide |
| 甘氨酰苯胺(甘氨酸酰苯胺) | glycinanilide |
| 甘氨酰氯甲烷 | glycyl chloromethane |
| 甘氨猪脱氧胆酸 | glycohyodeoxycholic acid |
| 甘氨猪脱氧胆酸 | clycohyodeoxycholic acid |
| 甘巴豆酚 A | kompasinol A |
| 甘草苯并呋喃(甘草新木脂素) | licobenzofuran (liconeolignan) |
| 甘草吡喃香豆素(甘草吡喃香豆精) | licopyranocoumarin |
| 甘草查耳酮(胀果甘草查耳酮)A～E | licochalcones A～E |
| 甘草次酸(甘草亭酸) | glycyrrhetic acid (glycyrrhetinic acid, glycyrrhetin) |
| 18β-甘草次酸(乌热酸) | 18β-glycyrrhetic acid (uralenic acid) |
| 甘草次酸-3-*O*-单-β-D-葡萄糖醛酸苷 | glycyrrhetic acid-3-*O*-mono-β-D-glucuronide |
| 甘草次酸甲酯 | methyl glycyrrhetate |

| 甘草次酸乙酯 | glycyrrhetic acid acetate |
|---|---|
| 甘草多糖 UA～UC | glycyrrigans UA～UC |
| 甘草二酮 | licodione |
| 甘草发根菌查耳酮 A～D | licoagrochalcones A～D |
| 甘草发根菌苷 (刺果甘草苷) A～F | licoagrosides A～F |
| 甘草发根菌异黄酮 | licoagroisoflavone |
| 甘草芳基香豆素 | licoaryl coumarin |
| 甘草酚 | glycyol |
| 甘草酚 (甘草醇) | glycyrol |
| 甘草呋喃酮 | licofuranone |
| 甘草呋喃香豆酮 | licofuranocoumarin |
| 甘草苷 (光果甘草苷、甘草特苷) | liquiritin (liquiritoside) |
| 甘草苷 (光果甘草苷、甘草特苷) | liquiritoside (liquiritin) |
| 甘草苷元 (甘草黄酮配质、甘草素、7, 4′-二羟基黄烷酮) | liquiritigenin (7, 4′-dihydroxyflavanone) |
| 甘草苷元-4′-呋喃芹糖基-(1→2)-吡喃葡萄糖苷 | liquiritigenin-4′-apiofuranosyl-(1→2)-glucopyranoside (apioliquiritin) |
| 甘草苷元-7, 4′-二葡萄糖苷 | liquiritigenin-7, 4′-diglucoside |
| 甘草苷元-7-*O*-β-D-(3-*O*-乙酰基)-呋喃芹糖苷-4′-*O*-β-D-吡喃葡萄糖苷 | liquiritigenin-7-*O*-β-D-(3-*O*-acetyl)-apiofuranoside-4′-*O*-β-D-glucopyranoside |
| 甘草苷元-7-*O*-β-D-呋喃芹糖苷-4′-*O*-β-D-吡喃葡萄糖苷 | liquiritigenin-7-*O*-β-D-apiofuranoside-4′-*O*-β-D-glucopyranoside |
| 甘草苷元-7-甲基醚 | liquiritigenin-7-methyl ether |
| 甘草环氧酸 (甘草醇酸) | liquoric acid |
| 甘草黄酮 A～C | licoflavones A～C |
| 甘草黄酮醇 | licoflavonol |
| 甘草黄烷酮 | licoflavanone |
| 甘草拉苷 | licraside (licurazid, licuraside) |
| 甘草拉苷 | licuraside (licurazid, licraside) |
| 甘草拉苷 | licurazid (licuraside, licraside) |
| 甘草利酮 | licoricone |
| 甘草灵 (甘草香豆素-7-甲醚) | glycyrin (glycycoumarin-7-methyl ether) |
| 甘草宁 A～Y | gancaonins A～Y |
| 甘草宁 P-3′-甲醚 | gancaonin P-3′-methyl ether |
| 甘草宁-3′-*O*-甲醚 | gancaonin-3′-*O*-methyl ether |
| 甘草诺酚 A～C | gancaonols A～C |
| 甘草葡萄糖醛酸苷 A、B | glychionides A, B |
| 甘草瑞酮 | glycoricone |
| 18β, 20α-甘草酸 | 18β, 20α-glycyrrhizinic acid |
| 甘草酸 (甘草甜素) | glycyrrhizinic acid (glycyrrhizin) |

| 甘草酸铵 (甘草酸单铵盐) | ammonium glycyrrhizinate (monoammonium glycyrrhizinate) |
|---|---|
| 甘草酸单铵盐 (甘草酸铵) | monoammonium glycyrrhizinate (ammonium glycyrrhizinate) |
| 甘草酸二铵盐 | diammonium glycyrrhizinate |
| 甘草酸二钾盐 | dipotassium glycyrrhizinate |
| 甘草田二酮 | licoagrodione |
| 甘草甜素 (甘草酸) | glycyrrhizin (glycyrrhizinic acid) |
| 甘草萜醇 | glycyrrhetol |
| 18α-甘草亭酸 | 18α-glycyrrhetinic acid |
| 甘草亭酸 (甘草次酸) | glycyrrhetinic acid (glycyrrhetin, glycyrrhetic acid) |
| 18β-甘草亭酸甲酯 | methyl 18β-glycyrrhetinate |
| 甘草西定 | licoricidin |
| 甘草香豆素 | glycycoumarin |
| 甘草香豆酮 | licocoumarone |
| 甘草新酚 A～Z | kanzonols A～Z |
| 甘草新木脂素 (甘草苯并呋喃) | liconeolignan (licobenzofuran) |
| 甘草异黄酮 A、B | licoisoflavones A, B |
| 甘草异黄烷 A | licoriisoflavan A |
| 甘草异黄烷酮 | licoisoflavanone |
| 甘草皂苷 $A_3$、$B_2$、$C_2$、$D_3$、$E_2$、$F_3$、$G_2$、$H_2$、$J_2$、$K_2$ | licoricesaponins $A_3$, $B_2$, $C_2$, $D_3$, $E_2$, $F_3$, $G_2$, $H_2$, $J_2$, $K_2$ |
| 甘茶酚 A～F | thunberginols A～F |
| (±)-甘茶酚 C | (±)-thunberginol C |
| 甘川紫菀苷 A、B | smithosides A, B |
| 甘次酸芹葡醛酸苷 | apioglycyrrhizin |
| 甘胆酸 | glucocholic acid |
| 甘汞 (氯化亚汞) | calomel (mercurous chloride) |
| 甘黄芩苷元 | ganhuangenin |
| 甘椒酸 | pimentic acid |
| 甘菊环烃 (薁、甘菊环、甘菊蓝、茂并芳庚) | cyclopentacycloheptene (azulene) |
| D-甘露醇 | D-mannitol |
| 甘露醇 (甘露糖醇、虫草酸) | mannitol (manicol, mannite, manna sugar, cordycepic acid, diosmol, mannidex, osmosal, resectisol, osmitrol) |
| 甘露糖醇 (甘露醇、虫草酸) | osmitrol (mannitol, mannite, manna sugar, cordycepic acid, diosmol, mannidex, osmosal, resectisol, manicol) |
| D-甘露醇-1-*O*-β-D-吡喃葡萄糖苷 | D-mannitol-1-*O*-β-D-glucopyranoside |
| D-甘露醇单十六酸酯 | D-mannitol monohexadecanoate |
| 甘露庚酮糖 | mannoheptulose |
| D-甘露庚酮糖 | D-mannoheptulose |
| 甘露聚糖 (甘露多糖) | mannan |
| 甘露诺三糖 | manninotriose |
| 甘露三糖 | mannotriose |

| | |
|---|---|
| D-(+)-甘露糖 | D-(+)-mannose |
| L-(–)-甘露糖 | L-(–)-mannose |
| L-甘露糖 | L-mannose |
| 甘露糖(卡如宾糖、D-甘露糖) | seminose (carubinose, D-mannose, mannose) |
| D-甘露糖(卡如宾糖、甘露糖) | D-mannose (carubinose, mannose, seminose) |
| 甘露糖胺 | mannosamide |
| 甘露糖醇(甘露醇、虫草酸) | manna sugar (mannitol, mannite, manicol, cordycepic acid, diosmol, mannidex, osmosal, resectisol, osmitrol) |
| 甘露糖苷 | mannoside |
| 甘露糖醛酸 | mannuronic acid |
| D-甘露糖醛酸 | D-mannuronic acid |
| 甘露糖肽素 | mannopeptin |
| 甘露糖特异性植物凝集素 | mannose specific lectin |
| 甘露岩藻半乳聚糖 | mannofucogalactan |
| 甘密树脂素(甘密树素、甘密脂素、樟皮碱)A、B | nectandrins A, B |
| (–)-甘密树脂素[(–)-甘密脂素]A | (–)-nectandrin A |
| 甘青白刺灵碱 | tangutorine |
| 甘青大戟亭A～F | euphactins A～F |
| 甘青青兰苷A～D | dracotanosides A～D |
| 甘青铁线莲苷A、B | tanguticosides A, B |
| 甘青铁线莲皂苷A～D | clematangosides A～D |
| 甘青乌头碱 | tanaconitine |
| 甘青乌头灵 | tangirine |
| 甘青乌头明 | tangutimine |
| 甘青乌头辛A、B | tangutisines A, B |
| (+)-甘薯黑疤酮 | (+)-ngaione |
| 甘薯黑疤酮 | ipomeamarone |
| 甘松桉烯醇A | nardoeudesmol A |
| 甘松薁醇 | nardol |
| 甘松醇(9-马兜铃烯醇) | nardostachnol (9-aristolen-1α-ol) |
| 甘松醇二十二酸酯 | nardostachyl docosanoate |
| 甘松醇庚酸酯 | nardostachyl heptanoate |
| 甘松醇癸烯酸酯 | nardostachyl decenoate |
| 甘松醇环己酸酯 | nardostachyl cyclohexanoate |
| 甘松醇戊酸酯 | nardostachyl pentanoate |
| 甘松定 | nardin |
| 甘松二酯 | nardostachin |
| 甘松呋喃 | nardofuran |
| 甘松根酮 | gansongone |

| | |
|---|---|
| 甘松环氧化物 | nardonoxide |
| 甘松酮 | nardostachone |
| 甘松酮醇 | nardostachysol |
| 甘松烯醛 | nardal |
| 甘松香醇 A | narchinol A |
| 甘松香酮 A～E | kanshones A～E |
| 甘松新酮 | nardosinone |
| 甘松新酮二醇 | nardosinonediol |
| 甘松愈创酮 (甘松愈创木酮) A～K | nardoguaianones A～K |
| 甘肃大戟萜 A、B | ekanpenoids A, B |
| 甘肃黄芩素 I | rehderianin I |
| 甘肃棘豆苷 A | kansuensisoside A |
| 甘肃马先蒿素 B | kansuenin B |
| 甘遂-5 (6), 7, 24 (25)-三烯-3-二酮-21, 16-内酯 | tirucall-5 (6), 7, 24 (25)-trien-3-dion-21, 16-olide |
| 甘遂-7, 21-二烯 | tirucall-7, 21-diene |
| 甘遂-7, 24-二烯-3β-醇 | tirucall-7, 24-dien-3β-ol |
| 甘遂-7, 24-二烯-3β-醇乙酸酯 | tirucall-7, 24-dien-3β-ol acetate |
| 甘遂-7, 24-二烯醇 | tirucall-7, 24-dienol |
| 甘遂-7, 24-二烯醇乙酸酯 | tirucall-7, 24-dienol acetate |
| 甘遂-7, 25 (26)-二烯-3, 24-二酮-21, 16-内酯 | tirucall-7, 25 (26)-dien-3, 24-dione-21, 16-olide |
| 甘遂-7-烯-3, 24-二酮 | tirucall-7-en-3, 24-dione |
| 甘遂-8, 21-二烯 | tirucall-8, 21-diene |
| 甘遂醇 | kanzuiol |
| (24*Z*)-7, 24-甘遂二烯-3β, 27-二醇 | (24*Z*)-7, 24-tirucalladien-3β, 27-diol |
| 甘遂二烯醇 | tirucalladienol |
| 甘遂宁 A～E | ansuinins A～E |
| 甘遂素 (甘遂大戟萜酯) A～D | kansuiphorins A～D |
| 甘遂萜酯 A、B | kansuinines A, B |
| 甘遂烯酮 | kansenone |
| 甘遂烯酮醇 | kansenonol |
| 甘乌内酯 | glyuranolide |
| 甘五味子素 | ganschisandrin |
| 甘五味子酸 (五味子酸) | ganwuweizic acid (schizandronic acid, schisandronic acid) |
| 甘西鼠尾草醌 A | salviskinone A |
| 甘西鼠尾草酸甲 | przewalskinic acid |
| 甘西鼠尾草酮 | przewalskone |
| 甘西鼠尾甲苷 A | ganxinoside A |
| 甘西鼠尾新酮 A | neoprzewaquinone A |
| D-甘油 | D-glycerol |
| 甘油 (丙三醇) | glycerol |

| | |
|---|---|
| *sn*-甘油 1-磷酸酯 | *sn*-glycerol 1-phosphate |
| *sn*-甘油 3-磷酸酯 | *sn*-glycerol 3-phosphate |
| 甘油-1-(14-十五酸甲酯) | glycerol-1-(14-methyl pentadecanoate) |
| 甘油-2-*O*-α-L-吡喃岩藻糖苷 | glycerol-2-*O*-α-L-fucopyranoside |
| 4-*O*-(甘油-2-基)-二氢松柏醇-1′-*O*-β-D-吡喃甘露糖苷 | 4-*O*-(glycer-2-yl)-dihydroconiferyl alcohol-1′-*O*-β-D-mannopyranoside |
| D-甘油-D-半乳庚糖醇 | D-glycero-D-galactoheptitol |
| L-甘油-D-甘露-辛-2-酮糖 | L-glycero-D-manno-oct-2-ulose |
| D-甘油-D-葡萄庚糖 | D-glycero-D-glucoheptose |
| D-甘油-D-塔罗-庚糖 | D-glycero-D-tallo-heptose |
| 甘油-α, β-二亚麻酸酯-α′-鼠李糖基鼠李糖苷 | glycerol-α, β-dilinolenate-α′-rhamnosyl rhamnoside |
| D-甘油丁酮糖 (D-赤藓酮糖) | D-glycero-tetrulose (D-erythrulose) |
| 甘油二葡萄糖酯 | diglucosyl glyceride |
| 甘油二油酸酯 | diolein |
| α: α-甘油二油酸酯 | α: α-diolein |
| D-甘油-D-甘露辛酮糖 | D-glycero-D-mannooctulose |
| 甘油基-1, 6, 8-三羟基-3-甲基-9, 10-二氧亚基-2-蒽酸酯 | glyceryl-1, 6, 8-trihydroxy-3-methyl-9, 10-dioxo-2-anthracenecarboxylate |
| 甘油基-1-十八碳-9′, 12′, 15′-三烯酰基-2-十八碳-9″, 12″-二烯酰基-3-十六酸酯 | glyceryl-1-octadec-9′, 12′, 15′-trienoyl-2-octadec-9″, 12″-dienoyl-3-hexadecanoate |
| 甘油基-1-十八碳-9′, 12′, 15′-三烯酰基-2-十八碳-9″-烯酰基-3-二十酸酯 | glyceryl-1-octadec-9′, 12′, 15′-trienoyl-2-octadec-9″-enoyl-3-eicosanoate |
| α-1-甘油基-D-甘露糖苷-4-铵盐 | α-1-glyceryl-D-mannoside-4-ammonium salt |
| α-甘油基亚油酸酯 | α-glyceryl linoleate |
| 甘油磷酸胆碱 | glycerophosphoryl choline |
| 1-甘油磷酰基-2-羟基-3-[5′-脱氧-5′-(二甲基胂氧基)-β-呋喃核糖氧基] 丙烷 | 1-glycerolphosphoryl-2-hydroxy-3-[5′-deoxy-5′-(dimethyl arsinoyl)-β-ribofuranosyloxy] propane |
| DL-甘油醛 (2, 3-二羟基丙醛) | DL-glyceraldehyde (2, 3-dihydroxypropanal) |
| 甘油三蓖麻油酸酯 | ricinolein |
| 甘油三脱氢还阳参烯炔酸酯 | glycerol tridehydrocrepenynate |
| 甘油三亚麻酸酯 | trilinolenin |
| 甘油三亚油酸酯 | glycerol trilinoleate |
| 甘油三乙酸酯 | glycerol triacetate |
| 甘油三油酸酯 | glycerin trioleate (glycerol trioleate) |
| 甘油三月桂酸酯 | trilaurin |
| 甘油三酯 | triglyceride |
| D-甘油酸 | D-glyceric acid |
| 甘油酸 | glyceric acid |
| 甘油缩甲醛 (1, 3-二噁烷-5-醇) | glycerol formal (1, 3-dioxoane-5-methanol) |
| 甘油棕榈酸二亚油酸酯 | palmitodilinolein |

| | |
|---|---|
| 甘蔗甾醇 | ikshusterol (7α-hydroxysitosterol) |
| α- 甘蔗甾烯酮 | α-saccharostenone |
| 杆孢霉素 E～M | roridins E～M |
| 肝球蛋白 | heptoglobulin |
| 肝素 | heparin |
| 肝糖原 | liver starch |
| 柑橘吖啶酮 | citruscridone |
| 柑橘胺 | citrusamine |
| 柑橘查耳酮 (2, ′4′, 6, 4- 四羟基查耳酮) | chalconaringenin (2, ′4′, 6, 4-tetrahydroxychalcone) |
| 柑橘醇 | citrusol |
| 柑橘酚醛 | reticulatal |
| 柑橘苷 A、B | citrosides A, B |
| 柑橘黄烷酮 | citflavanone |
| 柑橘内酯 A | citriolide A |
| 柑橘柠檬烯 | citrus limonene |
| 柑橘缩酚 A | depcitrus A |
| 柑橘亭黄酮 A | citrusunshitin A |
| 柑橘酮 C | citropone C |
| 柑橘西诺 | citrusinol |
| 赶山鞭素 A～I | hyperattenins A～I |
| 赶山鞭酮 A～F | attenuatumiones A～F |
| 橄榄斑叶酚酸 | olivetolic acid |
| 橄榄斑叶酚酸乙酯 | ethyl olivetolate |
| 橄榄斑叶酸 | olivetoric acid |
| β- 橄榄醇 | β-maaliol |
| 橄榄醇 | maali alcohol |
| (+)- 橄榄醇氧化物 | (+)-maalioxide |
| 橄榄苦苷 (橄榄苦素) | oleuropein (oleuropeine) |
| 橄榄苦苷酸 (木犀榄苦苷酸) | oleuropeinic acid |
| 橄榄柔苷 (木犀榄洛苷) | oleuroside |
| 橄榄树脂素 (橄榄脂素、橄榄素) | olivil |
| (–)- 橄榄树脂素 [(–)- 橄榄脂素、(–)- 橄榄素] | (–)-olivil |
| 橄榄树脂素 -4′, 4″- 二 -*O*-β-D- 吡喃葡萄糖苷 | olivil-4′, 4″-di-*O*-β-D-glucopyranoside |
| 橄榄树脂素 -4′-*O*-β-D- 吡喃葡萄糖苷 | olivil-4′-*O*-β-D-glucopyranoside |
| 橄榄树脂素 -4″-*O*-β-D- 吡喃葡萄糖苷 | olivil-4″-*O*-β-D-glucopyranoside |
| 橄榄树脂素 -9-*O*-β- 吡喃葡萄糖苷 | olivil-9-*O*-β-glucopyranoside |
| 橄榄酸 | olivanic acid |
| 橄榄陶酸 | clivetoric acid |
| 橄榄酮 | canarone |
| 橄榄烷 | mailane |

| 橄榄形暗罗醇碱 | oliveroline |
|---|---|
| (–)-橄榄脂素-4″-*O*-β-D-吡喃葡萄糖苷 | (–)-olivil-4″-*O*-β-D-glucopyranoside |
| (–)-橄榄脂素-4′, 4″-二-*O*-β-D-吡喃葡萄糖苷 | (–)-olivil-4′, 4″-di-*O*-β-D-glucopyranoside |
| (–)-橄榄脂素-4′-*O*-β-D-吡喃葡萄糖苷 | (–)-olivil-4′-*O*-β-D-glucopyranoside |
| 干巴菌素 B～E | ganbajunins B～E |
| 干德哈瑞胺 (犍陀罗小檗明碱) | gandharamine |
| 干花豆素 A、B | cauliflorins A, B |
| 干酪菌素 A | tyromycin A |
| 干扰素 | interferon |
| 干朽菌酸 A～C | merulinic acids A～C |
| 赣皖乌头定 | finetiadine |
| 赣皖乌头碱 (赣乌碱) | finaconitine |
| 赣皖乌头宁 (兴国乌头碱) | finetianine |
| 赣皖乌头新碱 (新赣皖乌头碱) | neofinaconitine |
| 刚果河钩枝藤碱 A～D | ancistrocongolines A～D |
| 刚果胡椒素 (刚果荜澄茄脂素、几内亚胡椒素) | aschantin |
| 刚果买麻藤素 A～E | gneafricanins A～E |
| 刚毛黄素 | hirpidulin |
| 刚毛霉酸菌 C | hirsuitic acid C |
| 刚毛橐吾碱 A | ligulachyroine A |
| 刚毛香茶菜素 A～D | hispidanins A～D |
| 刚毛鹧鸪花醇 A、B | hispidols A, B |
| 刚毛鹧鸪花酮 | hispidone |
| 刚竹二聚物 A | phyllostadimer A |
| 岗松醇 | baecheol |
| 岗松素 A～I | baeckeins A～I |
| 岗松烯酮 A～C | frutescencenones A～C |
| 港口马兜铃素 A～E | ariskanins A～E |
| 杠板归黄苷 (杠板归素) A、B | perfoliatumins A, B |
| 杠柳-6-脱氧古洛糖葡萄糖苷 | glucoperigulomethyloside |
| 杠柳阿洛糖苷 | peripalloside |
| 杠柳次苷 (杠柳加拿大麻苷) | periplocymarin |
| 杠柳次寡糖 (杠柳糖) A～C | perisaccharides A～C |
| 杠柳毒苷元 (杠柳酮苷元) | periplocogenin |
| 杠柳二糖 | periplobiose |
| 杠柳苷 (杠柳毒苷、萝藦毒苷、北五加皮苷) | periplocin (periplocoside) |
| 杠柳苷元 | periplogenin |
| 杠柳苷元-3-*O*-(4-*O*-β-D-吡喃葡萄糖基-β-D-吡喃洋地黄糖苷) | periplogenin-3-*O*-(4-*O*-β-D-glucopyranosyl-β-D-digitalopyranoside) |

| | |
|---|---|
| 杠柳苷元-3-*O*-D-吡喃葡萄糖基-(1→4)-D-吡喃加拿大麻糖苷 | periplogenin-3-*O*-D-glucopyranosyl-(1→4)-D-cymaropyranoside |
| 杠柳苷元-3-*O*-α-L-吡喃鼠李糖苷 | periplogenin-3-*O*-α-L-rhamnopyranoside |
| 杠柳苷元-6-脱氧-β-D-古洛糖苷 | periplogenin-6-deoxy-β-D-guloside |
| 杠柳古洛柯糖苷 | periplogulcoside |
| 杠柳古洛糖苷 | periguloside |
| 杠柳寡糖 A～E | perisesaccharides A～E |
| 杠柳考苷 A、B | plocosides A, B |
| 杠柳葡苷 | glucoperiplocymarin |
| 杠柳强心甾佛宁素 A | periforgenin A |
| 杠柳散苷 (杠柳赛苷) A～E | periseosides A～E |
| 杠柳鼠李糖苷 (杠柳苷元-3-*O*-α-L-鼠李糖苷) | periplorhamnoside (periplogenin-3-*O*-α-L-rhamnoside) |
| 杠柳辛宁 | plocinin |
| 杠柳孕苷 (杠柳莫苷) A～I | perisepiumosides A～I |
| 杠柳甾过氧化物 A～E | periperoxides A～E |
| 高-18-表红豆裂碱 | homo-18-epiormosanine |
| 16*a*-高-5α-孕甾烷 | 16*a*-homo-5α-pregnane |
| 4a-高-5α-孕甾烷 | 4a-*homo*-5α-pregnane |
| 28α-高-β-香树脂醇乙酸酯 | 28α-homo-β-amyrin acetate |
| 高凹顶藻醇 | elatol |
| 高白蓬草碱 | elatrine |
| (+)-高白屈菜碱 | (+)-homochelidonine |
| α-高白屈菜碱 | α-homochelidonine |
| β-高白屈菜碱 | β-homochelidonine |
| γ-高白屈菜碱 | γ-homochelidonine |
| 高白屈菜碱 | homochelidonine |
| L-高半胱氨酸 (L-同型半胱氨酸) | L-homocysteine |
| 高半胱内酯 (同型半胱氨酸硫内酯) | homocysteinethiolactone |
| 高报春皂苷 | primulasaponin |
| 高北美圣草素 (高圣草酚、高圣草素、圣草酚-3′-甲醚) | eriodictyonone (homoeriodictyol, eriodictyol-3′-methyl ether) |
| 高槟榔碱 | homoarecoline |
| 高车前苷 (高车前宁) | homoplantaginin |
| 高车前素-4′-*O*-β-D-葡萄糖苷 | hispidulin-4′-*O*-β-D-glucopyranoside |
| 高橙皮素-7-*O*-芸香糖苷 | homoesperetin-7-*O*-rutinoside |
| 高穿心莲内酯 | homoandrographolide |
| 高串叶松香草酸 | homosilphiperfoloic acid |
| 高春侧金盏花苷 | homoadonivernite |
| 高刺桐亭 | homoerythratine |
| 高翠雀里定 (翠雀它胺、翠雀它明) | eldelidine (deltamine) |

| 高大苦油楝酮 | proceranone |
|---|---|
| 高东方蓼黄素 | homomethionin |
| 高杜荆碱 (异杜荆苷、异牡荆素、异牡荆黄素、肥皂草素、皂草黄素、芹菜素-6-*C*-葡萄糖苷) | homovitexin (isovitexin, saponaretin, apigenin-6-*C*-glucoside) |
| 高断交让木酸甲酯 | methyl homosecodaphniphyllate |
| 高二氢辣椒碱 (高二氢辣椒素) | homodihydrocapsaicin |
| 高二氢缬草三酯 | homodihydrovaltrate |
| (+)-高芳香花桂林碱 | (+)-homoaromoline |
| 高芳香花桂林碱 (高阿罗莫灵、高阿罗莫灵碱) | homoaromoline |
| 高飞燕草定 | elatidine |
| 高飞燕草碱 (高硬飞燕草碱) | elatine |
| 高夫苷 | gomphoside |
| 高夫来因 | homophleine |
| 高根色原酮 A～C | takanechromones A～C |
| 高谷胱甘肽 | homoglutathione |
| 高胱氨酸 | homocystine |
| 高荭草素 (异荭草苷、高荭草素、异红蓼素、合模荭草素、木犀草素-6-*C*-葡萄糖苷) | homoorientin (isoorientin, luteolin-6-*C*-glucoside) |
| β-高环柠檬醛 | β-homocyclocitral |
| 高黄绿桑 | chlorophorin |
| 高黄皮内酰胺 | homoclausenamide |
| 高黄芩辛 | scutaltisin |
| 高加蓝花楹三萜酸 (蓝花楹香豆酸) | jacoumaric acid |
| 高加索常春藤苷 A、B | hederacaucasides A, B |
| 高金合欢烯 | homofarnesene |
| L-高精氨酸 | L-homoarginine |
| 高精氨酸 | homoarginine |
| 高精胺 (均精胺) | homospermine |
| 高精脒 | homospermidine |
| 高榉树酮 | homozelkoserratone |
| 高巨桉酚 | homograndinol |
| 高辣椒碱 (高辣椒素) | homocapsaicin |
| 高丽槐林素 | maackolin (maackonine) |
| 高丽槐林素 | maackonine (maackolin) |
| L-高丽槐素 | L-maackiain |
| (–)-高丽槐素 | (–)-maackiain |
| (6α*R*, 11α*R*)-高丽槐素 | (6α*R*, 11α*R*)-maackiain |
| 高丽槐素 (马卡因、山槐素、朝鲜槐英) | maackiain |
| 高丽槐素-3-*O*-β-D-葡萄糖苷 (车轴草根苷、红车轴草根苷、三叶豆紫檀苷、三叶豆根苷) | maackiain-3-*O*-β-D-glucoside (trifolirhizin) |

| | |
|---|---|
| 高丽槐素-7-*O*-β-D-芹糖基-(1→6)-β-D-吡喃葡萄糖苷 | maackiain-7-*O*-β-D-apiosyl-(1→6)-β-D-glucopyranoside |
| 高丽槐素葡萄糖苷 | maackiain-mono-β-D-glucoside |
| 高良姜黄素(高良姜精、高良姜素、3, 5, 7-三羟黄酮) | norizalpinin (galangin, 3, 5, 7-trihydroxyflavone) |
| 高良姜素(高良姜精、高良姜黄素、3, 5, 7-三羟黄酮) | galangin (norizalpinin, 3, 5, 7-trihydroxyflavone) |
| 高良姜素-3-*O*-β-D-吡喃葡萄糖苷-7-*O*-β-L-吡喃鼠李糖苷 | galangin-3-*O*-β-D-glucopyranoside-7-*O*-β-L-rhamnopyranoside |
| 高良姜素-3-甲醚 | galangin-3-methyl ether |
| 高良姜萜内酯(红豆蔻内酯) | galanolactone |
| 高良姜萜醛A、B | galanals A, B |
| 高良姜烷A～E | alpinoids A～E |
| 高良姜酯醛 | galangal |
| 高粱醇 | sorghumol |
| 高粱醇(异山柑子萜醇、异乔木山小橘醇、异山柑子醇、异乔木萜醇) | sorghumol (isoarborinol) |
| 高粱醇-3-*O*-(*E*)-对羟基香豆素 | sorghumol-3-*O*-(*E*)-*p*-coumarate |
| 高粱醇-3-*O*-(*Z*)-对羟基香豆素 | sorghumol-3-*O*-(*Z*)-*p*-coumarate |
| 高粱酮 | sorgoleone |
| 高岭土果胶 | kaopectate |
| 高龙胆酸甲酯 | methyl homogentisate |
| 高氯酰苯 | perchloryl benzene |
| 高马灵碱(高马长春碱) | gomaline |
| 高杧果苷(高芒果苷) | homomangiferin |
| 高梅缨瓣素A | crossogumerin A |
| 高密花树醌 | homorapanone |
| 高木防己碱(异三叶木防己碱、异木防己碱、异三裂木防己碱、异三叶素) | homotrilobine (isotrilobine) |
| 高盆樱桃素A | puddumin A |
| 高千斤拔精(高红果千斤拔素) | homoflemingin |
| 高千金藤醇灵 | homostephanoline |
| 高三尖杉酯碱(高哈林通碱) | homoharringtonine |
| 高沙生蜡菊赞酚 | arenol |
| 高山地榆苷 | alpinoside |
| 高山红景天苷Ⅶ | sachaloside Ⅶ |
| 高山黄芩苷(野黄芩苷、高黄芩苷、灯盏花乙素、高山黄芩素-7-*O*-葡萄糖醛酸苷) | scutellarin (scutellarein-7-*O*-glucuronide) |
| 高山黄芩苷甲酯 | scutellarin methyl ester |
| 高山黄芩素(野黄芩素、高黄芩素、6-羟基芹菜素) | scutellarein (6-hydroxyapigenin) |
| 高山黄芩素-5-半乳糖苷 | scutellarein-5-galactoside |
| 高山黄芩素-6-*O*-[2-*O*-阿魏酰基-β-D-吡喃葡萄糖醛酸基-(1→2)-*O*-β-D-吡喃葡萄糖醛酸苷] | scutellarein-6-*O*-[2-*O*-feruloyl-β-D-glucuronopyranosyl-(1→2)-*O*-β-D-glucuronopyranoside] |

| | |
|---|---|
| 高山黄芩素-6-甲醚(高车前素、高车前苷元、粗毛豚草素、地纳亭、洋地黄次黄酮、毛花毛地黄亭) | scutellarein-6-methyl ether (hispidulin, dinatin) |
| 高山黄芩素-7-*O*-α-L-吡喃鼠李糖苷 | scutellarein-7-*O*-α-L-rhamnopyranoside |
| 高山黄芩素-7-*O*-β-D-吡喃葡萄糖苷 | scutellarein-7-*O*-β-D-glucopyranoside |
| 高山黄芩素-7-*O*-β-D-葡萄糖苷 | scutellarein-7-*O*-β-D-glucoside |
| 高山黄芩素-7-*O*-β-D-葡萄糖醛酸苷甲酯 | scutellarein-7-*O*-β-D-glucuronide methyl ester |
| 高山黄芩素-7-*O*-β-葡萄糖醛酰胺 | scutellarein-7-*O*-β-glucuronamide |
| 高山黄芩素-7-*O*-二葡萄糖醛酸苷 | scutellarein-7-*O*-diglucuronide |
| 高山黄芩素-7-*O*-葡萄糖醛酸苷(高山黄芩苷、野黄芩苷、高黄芩苷、灯盏花乙素) | scutellarein-7-*O*-glucuronide (scutellarin) |
| 高山黄芩素-7-芸香糖苷 | scutellarein-7-rutinoside |
| 高山黄芩素鼠李糖苷(珍珠梅素、珍珠梅属苷) | scutellarein rhamnoside (sorbarin) |
| 高山黄芩素四甲醚 | scutellarein tetramethyl ether |
| 高山金莲花素(高山毒豆异黄酮、高山金莲异黄酮) | alpinumisoflavone |
| 高山金莲花素-4′-甲醚 | alpinumisoflavone-4′-methyl ether |
| 高山龙胆内酯A | algiolide A |
| 高山芪黄苷 | achillinoside |
| 高山忍冬苷 | alpigenoside |
| 高山唐松草二酮碱(高山唐松草二酮) | thalpindione |
| 高山小橘酮 | homoglycosolone |
| 高山罂粟精宁 | alpinigenine |
| 高山罂粟宁 | alpinine |
| (–)-高圣草酚 | (–)-homoeriodictyol |
| 高圣草酚(高北美圣草素、高圣草素、圣草酚-3′-甲醚) | homoeriodictyol (eriodictyol-3′-methyl ether, eriodictyonone) |
| (2S)-高圣草酚-7, 4′-二-O-β-D-吡喃葡萄糖苷 | (2*S*)-homoeriodictyol-7, 4′-di-*O*-β-D-glucopyranoside |
| (2*S*)-高圣草酚-7-*O*-β-D-吡喃葡萄糖苷 | (2*S*)-homoeriodictyol-7-*O*-β-D-glucopyranoside |
| 高圣草酚-7-*O*-β-D-吡喃葡萄糖苷 | homoeriodictyol-7-*O*-β-D-glucopyranoside |
| 高圣草酚-7-*O*-β-D-葡萄糖苷 | homoeriodictyol-7-*O*-β-D-glucoside |
| 高圣草酚-7-*O*-β-D-葡萄糖苷-4′-*O*-β-D-(5‴-桂皮酰基)芹糖苷 | homoeriodictyol-7-*O*-β-D-glucoside-4′-*O*-β-D-(5‴-cinnamoyl) apioside |
| 高圣草酚-7-*O*-β-D-芹糖基-(1→5)-β-D-芹糖基-(1→2)-β-D-葡萄糖苷 | homoeriodictyol-7-*O*-β-D-apiosyl-(1→5)-β-D-apiosyl-(1→2)-β-D-glucoside |
| 高石蒜碱 | homolycorine |
| (+)-高石蒜碱*N*-氧化物 | (+)-homolycorine *N*-oxide |
| 高石蒜碱*N*-氧化物 | homolycorine *N*-oxide |
| L-高水苏碱 | L-homostachydrine |
| 高水苏碱 | homostachydrine |
| L-高丝氨酸 | L-homoserine |
| 高丝氨酸 | homoserine |
| 高丝氨酸内酯 | homoserine lactone |

| 高斯核果木酮 | gossweilone |
|---|---|
| 高塔尔芦荟素 | homonataloin |
| 高唐碱 (东亚唐松草宁) | takatonine |
| 高唐松草任碱 | homothalicrine |
| β- 高甜菜碱 | β-homobetaine |
| 高铁血红蛋白 | methemoglobin |
| (+)- 高豌豆素 [(+)- 易变黄檀素] | (+)-homopisatin [(+)-variabilin)] |
| 高尾乌头明 | takaosamine |
| 高尾乌头宁 | takaonine |
| 高尾细辛三酮 | heterotropatrione |
| 高乌甲素 | lamiridoside |
| 高乌宁碱甲～戊 | sinomontanines A～E |
| 高乌头尼亭 | sinomontanitine |
| 高乌头亭 A、B | sinaconitines A, B |
| 高西灵卡品 | homocylindrocarpine |
| 高香草酸 | homovanillic acid |
| 高香荚兰醇 (高香草醇) | homovanillyl alcohol |
| 高香荚兰醇 -4′- 糖苷 (高香草醇 -4′- 糖苷) | homovanillyl alcohol-4′-glycoside |
| 高缬草醛 | homobaldrinal |
| 高缬草三酯 Ⅰ、Ⅱ | homovaltrates Ⅰ, Ⅱ |
| 高新长梗粗榧碱 | homoneoharringtonine |
| 高形马陆碱 | homoglomerine |
| 高杏黄罂粟碱 | homoarmepavine |
| 高雄细辛素 | heterotropan |
| 高熊果酚苷 (高熊果苷) | homoarbutin |
| 高血糖激素 Ⅰ、Ⅱ | hyperglycemic hormones Ⅰ, Ⅱ |
| α- 高野尻霉素 (2, 6- 二氧亚基 -2, 6- 亚胺基 -D- 甘油基 -L- 古洛庚糖醇) | α-homonojirimycin (2, 6-dideoxy-2, 6-imino-D-glycero-L-gulo-heptitol) |
| 高乙酰缬草三酯 | homoacevaltrate |
| 高异瓜馥木烯酮 | homoisomelodienone |
| 高异三尖杉酯碱 | homoisoharringtonine |
| 高异沿阶草酮 | homoisopogons A～D |
| 高原儿茶酸 (同型原儿茶酸) | homoprotocatechuic acid |
| 高原唐松草碱 | thalcultrimine |
| (+)- 高原唐松草林碱 | (+)-thalifaroline |
| 高原唐松草灵碱 | thalmiculine |
| 高原唐松草米宁碱 | cultithalminine |
| 高原唐松草明碱 (高原唐松草明) | thalmiculimine |
| (+)- 高原唐松草宁碱 | (+)-thalifaronine |
| 高原唐松草宁碱 | thalifaronine |

| | |
|---|---|
| (+)-高原唐松草嗪 | (+)-thalifarazine |
| 高原唐松草替明碱 | thalmiculatimine |
| (+)-高原唐松草亭 | (+)-thalifaretine |
| (+)-高原唐松草辛 | (+)-thalifaricine |
| 高原天名精内酯 A、B | carpelipines A, B |
| 高原天名精香豆素 | carpesilipskyin |
| 高芸香酸 | terpenolic acid |
| 高展花乌头宁 | homochasmanine |
| 高紫铆查耳酮 | homobutein |
| 高紫檀素 (高紫檀酚) | homopterocarpin |
| 高足瓣豆碱 | homopodopetaline |
| 睾丸甾酮 | testosterone |
| 藁本酚 | ligustiphenol |
| 藁本苷 A～D | ligusinenosides A～D |
| 藁本内酯 (东当归酞内酯) | ligustilide |
| (*Z*)-藁本内酯 [(*Z*)-东当归酞内酯] | (*Z*)-ligustilide |
| 藁本内酯二聚体 | ligustilide dimer |
| 藁本酮 | ligustilone |
| 告依春 (告伊春) | goitrin |
| 戈壁天门冬炔素 B | gobicusin B |
| 戈迪绍旱地菊酚 C | gaudichaudol C |
| 戈迪绍旱地菊苷 A～E | gaudichaudiosides A～E |
| 戈迪绍旱地菊酮 | gaudichaudone |
| 戈迪绍山竹子酸 A～I | gaudichaudiic acids A～I |
| 戈梅拉毒马草醇 | gomerol |
| 戈氏藤黄二酮 (戈迪绍山竹子二酮) A～H | gaudichaudiones A～H |
| 戈亚单蕊菊内酯 | goyazensolide |
| 哥贡蒿内酯 | gorgonolide |
| 哥伦比亚苷 (哥伦比亚狭缝芹素) | columbianin |
| 哥伦比亚苷元 (哥伦比亚狭缝芹亭、二氢欧山芹素) | columbianetin |
| (*R*)-(–)-哥伦比亚苷元 [(*R*)-(–)-二氢欧山芹素、R (–)-哥伦比亚狭缝芹亭] | (*R*)-(–)-columbianetin |
| 哥伦比亚苷元-*O*-β-D-吡喃葡萄糖苷 | columbianetin-*O*-β-D-glucopyranoside |
| 哥伦比亚苷元-β-D-葡萄糖苷 | columbianetin-β-D-glucoside |
| 哥伦比亚苷元丙酸酯 | columbianetin propionate |
| 哥伦比亚苷元乙酸酯 (二氢欧山芹素乙酸酯) | columbianetin acetate |
| 哥伦比亚苷元异戊酸酯 | *O*-isovaleryl columbianetin |
| 哥伦比亚内酯 (二氢欧山芹醇当归酸酯、二异欧山芹素、哥伦比亚狭缝芹定) | columbianadin |
| 哥伦比亚乌头定 | columbidine |

| | |
|---|---|
| 哥伦比亚乌头碱 | columbianine |
| 哥伦比亚狭缝芹苷 | columbianoside |
| 哥伦黄芩素 C | scutecolumnin C |
| 哥伦鼠尾草二酮 | columbaridione |
| 哥明春 | germinitrine |
| 哥纳香吡喃酮 | goniopypyrone |
| 哥纳香醇 | goniothalenol |
| 哥纳香丁烯内酯 A、B | goniobutenolides A, B |
| 哥纳香二醇 | goniodiol |
| 哥纳香二醇-7-单乙酸酯 | goniodiol-7-monoacetate |
| 哥纳香二醇-8-单乙酸酯 | goniodiol-8-monoacetate |
| 哥纳香呋吡酮 | goniofupyrone |
| 哥纳香庚内酯 A、B | gonioheptolides A, B |
| 哥纳香碱 | goniothalactam |
| 哥纳香内酰胺 (呎半哥纳香碱) | goniopedaline |
| 哥纳香内酯 B | goniolactone B |
| 哥纳香宁 | gonionenin |
| 哥纳香三醇 | goniotriol |
| 哥纳香三宁 | goniotrionin |
| 哥纳香双呋酮 | goniodifurone |
| (+)-哥纳香素 | (+)-goniothalamin |
| 哥纳香素 | goniothalamicin |
| 哥纳香新 | goniocin |
| 哥瑞胺 | gerrardamine |
| 哥瑞宾 | geralbine |
| 哥瑞定 | gerrardine |
| 哥瑞灵 | gerrardoline |
| 哥苏亭 | girsutine |
| 割舌醇 | walsurol |
| 革耳菌萜 | namatolon |
| 革菌安亭 A～C | thelephantins A～C |
| 革叶常春藤苷 (黑海常春藤苷、科尔基斯常春藤苷) A、$A_1$、E、F | hederacolchisides A, $A_1$, E, F |
| 革叶基尔藤黄素 (双花金丝桃酮) | kielcorin (hyperielliptone) |
| 革叶荛花明 A、B | wiksphyllamins A, B |
| 革叶醉鱼草苷 A、B | buddlenoids A, B |
| 革质番荔枝七醇 A、B | coriaheptocins A, B |
| (–)-革质野扇花碱 D | (–)-vaganine D |
| 茖葱素 | allivicin |
| 格甘草苯乙酮 | glicophenone |

| 格甘草异黄烷酮 (甘草新异黄烷酮) | glicoisoflavanone |
|---|---|
| 格拉多苷 | grardoside |
| 格劳卡吴茱萸素 (愁辣树内酯) A | graucin A |
| 格雷拟洋椿色烯醇 | greveichromenol |
| 格里阿魏内酯 | grilactone |
| 格里菲钩枝藤碱 A、C | ancistrogriffines A, C |
| 格里菲思钩枝藤亭碱 A | ancistrogriffithine A |
| 格里风素 | griffonin |
| 格里富尼酮 D | griffonianone D |
| 格链孢醇甲醚 | alternariol methyl ether |
| 格列风内酯 (格里芬豆内酯) | griffonilide |
| 格列普瑞黏帚霉素 A～E | glisoprenins A～E |
| 格林纳达二烯 (格林纳达鞘丝藻二烯) | grenadadiene |
| 格林纳达酰胺 (格林纳达鞘丝藻酰胺) | grenadamide |
| 格林纳达酰胺 (格林纳达鞘丝藻酰胺) A～C | grenadamides A～C |
| 格林尼林 | gravilin |
| 格陵兰黄连碱 (格兰地新、四脱氢华紫堇碱、四脱氢碎叶紫堇碱) | groenlandicine (tetradehydrocheilanthifoline) |
| (–)-格鲁九节碱 | (–)-klugine |
| 格伦云杉烯醇 | gleenol |
| 格伦泽兰素 C | eupaglehnin C |
| 格木胺 | erythrophlamine |
| 格木碱 | erythrophleine |
| 格闹莨菪品 | gnoscopine |
| 格尼迪春 (格尼迪木春、南香春) | gniditrin |
| 格尼迪木灵 (哥尼迪木灵、南香大环素) | gnidimacrin |
| 格尼迪木灵棕榈酸酯 | gnidimacrin-20-palmitate |
| 格尼迪木素 (南香辛) | gnidicin |
| 格尼迪替定棕榈酸酯 | gnidilatidin-20-palmitate |
| 格尼迪亭 (哥尼迪亭) | gnidilatin |
| 格尼迪亭棕榈酸酯 (哥尼迪亭棕榈酸酯) | gnidilatin-20-palmitate |
| 格冉宁 | grantianine |
| 格瑞都内酯 | gradolide |
| 格瑞碱铝配合物糖苷 | grailsine-Al-glycoside |
| (+)-格氏绿心樟碱 | (+)-glaziovine |
| 格氏绿心樟碱 | glaziovine |
| 格氏小叶藤黄叫酮 (格里菲思小叶叫酮) | griffipavixanthone |
| 葛雌素 | miroestrol |
| 葛杜宁 | gedunin |
| 葛杜宁 -3-*O*-β-D- 吡喃葡萄糖苷 | gedunin-3-*O*-β-D-glucopyranoside |

G

| | |
|---|---|
| 葛根酚(葛香豆雌酚) | puerarol |
| 葛根呋喃 | puerariafuran |
| 葛根苷 A～D | puerosides A～D |
| 葛根素(葛根黄素、黄豆苷元-8-*C*-葡萄糖苷) | puerarin (daidzein-8-*C*-glucoside) |
| 葛根素-4′-*O*-葡萄糖苷 | puerarin-4′-*O*-glucoside |
| 葛根素-6″-*O*-木糖苷 | puerarin-6″-*O*-xyloside |
| 葛根素-7-木糖苷 | puerarin-7-xyloside |
| 葛根素木糖苷 | puerarinxyloside |
| 葛根素芹菜糖苷(美佛辛) | puerarin apioside (mirificin) |
| 葛根皂醇 A～C | kudzusapogenols A～C |
| 葛根皂醇 B 甲酯 | kudzusapogenol B methyl ester |
| 葛根皂苷 $A_3$ | kudzusaponin $A_3$ |
| 葛花苷 | kakkalide |
| 葛花宁 | kakkanin |
| 葛花素 | gehuain |
| 葛花酮 | kakkalidone |
| 葛花异黄酮(6, 4′-二羟基-7-甲氧基异黄酮) | kakkatin (6, 4′-dihydroxy-7-methoxyisoflavone) |
| 葛花皂苷Ⅰ | kakkasaponin Ⅰ |
| 葛荆林素 A | vitrifolin A |
| 葛拉赛酚 | glysapinol |
| 葛藟葡萄酚 A | flexuosol A |
| 葛缕薄荷醇(香芹薄荷醇) | carvomenthol |
| 葛缕醇乙酸酯 | carvyl acetate |
| 葛缕子花苷 Ⅱ (3β, 14β-二羟基孕甾-5-烯-20-酮-3-*O*-β-D-吡喃葡萄糖苷) | carumbelloside Ⅱ (3β, 14β-dihydroxypregn-5-en-20-one-3-*O*-β-D-glucopyranoside) |
| 葛漆酚(虫漆酚) | laccol |
| 蛤蜊黄质 [(3*S*, 5*S*, 6*S*, 3′*S*, 5′*S*, 6′*S*)-5, 6, 5′, 6′-四氢-β, β-胡萝卜素-3, 5, 6, 3′, 5′, 6′-六醇] | mactraxanthin [(3*S*, 5*S*, 6*S*, 3′*S*, 5′*S*, 6′*S*)-5, 6, 5′, 6′-tetrahydro-β, β-caroten-3, 5, 6, 3′, 5′, 6′-hexaol] |
| 蛤蜊素 A、B | mactins A, B |
| 隔山消二糖 | wilforibiose |
| 隔山消苷 A、C1N～C3N、C1G～C3G, D1N、F1N、G、G1G、K1N、M1N、W1N、W3N | wilfosides A, C1N～C3N, C1G～C3G, D1N, F1N, G, G1G, K1N, M1N, W1N, W3N |
| 隔山消内酯 A | wilfolide A |
| 隔山消素 | cynanforidin |
| 根长蠕孢菌醛 | helminthosporal |
| 根皮吡喃酮 | phloropyron |
| 根皮酚(间苯三酚、1, 3, 5-苯三酚) | phloroglucin (phloroglucinol, 1, 3, 5-benzenetriol) |
| 根皮酚苷 | glycyphyllin |
| 根皮呋喃昆布酚 | phlorofucofuroeckol |

| 根皮苷 (梨根苷) | phloridzoside (phloridzin, phlorizin) |
|---|---|
| 根皮昆布酚 (间苯三酚基双昆布酚、间苯三酚基鹅掌菜酚) | phloroeckol |
| 根皮绵马酚 | phloraspidinol |
| 根皮绵马素 | phloraspin |
| 根皮素 | phloretin |
| 根皮素 -2′-*O*- 木糖葡萄糖苷 | phloretin-2′-*O*-xyloglucoside |
| 根皮素 -2′-*O*- 葡萄糖苷 | phloretin-2′-*O*-glucoside |
| 根皮素 -3′, 5′- 二 -*C*-β-D- 吡喃葡萄糖苷 | phloretin-3′, 5′-di-*C*-β-D-glucopyranoside |
| 根皮素 -3′, 5′- 二 -*C*- 葡萄糖苷 | phloretin-3′, 5′-di-*C*-glucoside |
| 根皮素 -4′-*O*- 葡萄糖苷 | phloretin-4′-*O*-glucoside |
| 根皮酸 (对羟基苯丙酸) | phloretic acid (*p*-hydroxyphenyl propionic acid) |
| 根状白鲜醇 | radicol |
| L- 莨菪胺 (L- 东莨菪碱) | L-scopolamine (L-hyoscine) |
| 庚 -(4*Z*)- 烯 -2- 醇 -3- 甲基丁酸酯 | hept-(4*Z*)-en-2-ol-3-methyl butanoate |
| 庚 -(4*Z*)- 烯 -2- 醇丁酸酯 | hept-(4*Z*)-en-2-ol butanoate |
| 庚 -(4*Z*)- 烯 -2- 醇戊酸酯 | hept-(4*Z*)-en-2-ol pentanoate |
| 庚 -(4*Z*)- 烯 -2- 醇乙酸酯 | hept-(4*Z*)-en-2-ol acetate |
| (2*Z*, 5*E*)- 庚 -2, 5- 二烯二酸 | (2*Z*, 5*E*)-hept-2, 5-dien-dioic acid |
| 庚 -2- 酮 | hept-2-one |
| (2*R*)-1, 2- 二 -*O*-[(3*E*, 5*E*)- 庚 -3, 5- 二烯酰基] 甘油 | (2*R*)-1, 2-di-*O*-[(3*E*, 5*E*)-hept-3, 5-dienoyl] glycerol |
| 2- 庚醇 | 2-heptanol |
| 庚醇 | heptanol (heptyl alcohol) |
| 2- 庚醇乙酸酯 | 2-heptyl acetate |
| 庚醇乙酸酯 | heptyl acetate |
| 1, 7- 庚二甲酸 (杜鹃花酸、1, 9- 壬二酸、壬二酸) | 1, 7-heptanedicarbonylic acid (anchoic acid, azelaic acid, 1, 9-nonanedioic acid, lepargylic acid) |
| 2, 4- 庚二硫醇 | 2, 4-heptadithiol |
| 庚二酸 | heptanedioic acid (pimelic acid) |
| 庚二酸 | pimelic acid (heptanedioic acid) |
| 庚二酸铵钾 | ammonium potassium heptanedioate |
| 庚二酸氢钾 | potassium hydrogen heptanedioate |
| 1, 4- 庚二烯 | 1, 4-heptadiene |
| 2, 4- 庚二烯醛 | 2, 4-heptadienal |
| 1-(3- 庚环氧乙基) 辛 -7- 烯 -2, 4- 二炔 -1, 6- 二醇 | 1-(3-heptyl oxiranyl) oct-7-en-2, 4-diyn-1, 6-diol |
| 3- 庚基 -1, 6, 8- 三羟基异苯并二氢吡喃 -7- 甲酸 | 3-heptyl-1, 6, 8-trihydroxy-isochroman-7-carboxylic acid |
| 3- 庚基苯酚 | 3-heptyl phenol |
| 5- 庚基二氢 -2 (3*H*)- 呋喃酮 | 5-heptyldihydro-2 (3*H*)-furanone |
| 8- 庚基十五烷 | 8-heptyl pentadecane |

| | |
|---|---|
| 6-庚基四氢-2*H*-吡喃-2-酮 | 6-heptyl tetrahydro-2*H*-pyran-2-one |
| 庚基乙基醚 | heptyl ethyl ether |
| 庚腈 | heptanenitrile |
| 庚霉素 | heptaibin |
| γ-庚内酯 | γ-heptalactone |
| D-庚七醇 | D-volemitol |
| 庚醛 | heptaldehyde (heptanal) |
| 庚酸(毒水芹酸) | heptanoic acid (enanthic acid) |
| 庚酸甲酯 | methyl heptanoate |
| 庚酸钾 | potassium heptanoate |
| 庚酸乙酯 | ethyl heptanoate (cognac oil) |
| 庚糖 | heptose |
| 庚酮 | heptanone |
| 2-庚酮 | 2-heptanone |
| 3-庚酮 | 3-heptanone |
| 庚酮糖 | heptulose |
| 庚烷 | heptane |
| 庚烷-2-硫醇 | heptane-2-thiol |
| α-(5-庚烯-1, 3-二炔-1-基)-2′-(1, 2-二羟基乙基)噻吩 | α-(5-hepten-1, 3-diyn-1-yl)-2′-(1, 2-dihydroxyethyl) thiophene |
| (*E*)-3-庚烯-2-硫醇 | (*E*)-3-hepten-2-thiol |
| (*E*)-4-庚烯-2-硫醇 | (*E*)-4-hepten-2-thiol |
| (*Z*)-4-庚烯-2-硫醇 | (*Z*)-4-hepten-2-thiol |
| (3*E*)-3-庚烯-2-酮 | (3*E*)-3-hepten-2-one |
| 1-庚烯-3-酮 | 1-hepten-3-one |
| 6-庚烯-3-酮 | 6-hepten-3-one |
| 庚烯醇 | heptenol |
| β-庚烯醇 | β-heptenol |
| γ-庚烯醇 | γ-heptenol |
| (*Z*)-2-庚烯醛 | (*Z*)-2-heptenal |
| (*E*)-2-庚烯醛 | (*E*)-2-heptenal |
| 2-庚烯醛 | 2-heptenal |
| α-庚烯醛 | α-heptenal |
| 2-庚烯酸 | 2-heptenoic acid |
| 3-庚烯酸 | 3-heptenoic acid |
| 庚烯酸甲酯 | methyl heptenoate |
| 庚酰基 | heptanoyl |
| 工布乌碱(工布乌头定) | kongboendine |
| 工布乌头碱 | kongboenine |
| 弓果藤醇 | toxocarol |

| | |
|---|---|
| 宫部苔草酚 (宫边苔草酚、还龄多酚) C | miyabenol C |
| 宫部乌头碱 | miyaconitine |
| 宫部乌头碱酮 | miyaconitinone |
| 宫部乌头宁酮 | miyaconinone |
| 宫部乌头原碱 | miyaconine |
| 宫古酰胺 $A_1$、$A_2$、$B_1$、$B_2$ | miyakamides $A_1$, $A_2$, $B_1$, $B_2$ |
| 巩膜质 | selerotin |
| 共感黄檀素 | dalsympathetin |
| 共交让木碱 | codaphniphylline |
| 贡山三尖杉苷 (剑叶红铁木苷) A～C | lanceolosides A～C |
| 贡山三尖杉碱 A～D | cephalancetines A～D |
| 勾大青酮 (钩颏桐酮) | uncinatone |
| (–)-勾儿茶醇 | (–)-berchemol |
| 勾儿茶醇 | berchemol |
| 勾儿茶醇-4′-*O*-β-D-吡喃葡萄糖苷 | berchemol-4′-*O*-β-D-glucopyranoside |
| 勾儿茶苷 (勾儿茶内酯、勾儿茶精) | berchemolide |
| 沟孢青霉内酯 A | striatisporolide A |
| 沟果非洲砂仁内酯 | aulacocarpinolide |
| 沟果非洲砂仁素 A | aulacocarpin A |
| 沟酸浆隆酮 A～H | mimulones A～H |
| 沟酸浆酮 | diplacone |
| 沟斜菊素 (博斯里克利宁素) | bothrioclinin |
| 钩颏桐酮 (勾大青酮) | uncinatone |
| 钩毛茜草素 (钩毛茜草聚萘醌、钩毛茜草林素) A～C | rubioncolins A～C |
| 钩毛山蚂蟥酮 A～C | uncinanones A～C |
| 钩藤芬碱 (6′-阿魏酰基长春花苷内酰胺) | rhynchophine (6′-feruloyl vincoside lactam) |
| 钩藤苷 A | uncariaside A |
| 钩藤苷元 A～D | uncargenins A～D |
| 钩藤海因素 A | uncariarhyine A |
| 钩藤碱 (尖叶钩藤碱、钩藤碱酸甲酯) | rhynchophylline (rhynchophyllic acid methyl ester) |
| (4*S*)-钩藤碱 *N*-氧化物 | (4*S*)-rhynchophylline *N*-oxide |
| 钩藤碱 *N*-氧化物 | rhynchophylline *N*-oxide |
| 钩藤碱酸 | rhynchophyllic acid |
| 钩藤碱酸甲酯 (钩藤碱、尖叶钩藤碱) | rhynchophyllic acid methyl ester (rhynchophylline) |
| 钩藤里酸 | uncarilic acid |
| 钩藤利酸 (3β, 6β, 19α-三羟基熊果-12-烯-28-酸) | uncaric acid (3β, 6β, 19α-trihydroxyurs-12-en-28-oic acid) |
| 钩藤利酸 A | uncaric acid A |
| (±)-钩藤灵 A、B | (±)-uncarilins A, B |
| 钩藤日 A～F | uncarines A～F |

| 钩藤鞣素 Ia | rhinchoin Ia |
|---|---|
| 钩藤酸 (钩藤尼酸) A～J | uncarinic acids A～J |
| 钩藤萜碱 A～D | rhynchophyllioniums A～D |
| 钩藤酮醇 A～D | uncariols A～D |
| 钩藤熊果尼酸 | uncariursanic acid |
| 钩吻胺 D | gelegamine D |
| 钩吻巴豆碱 (钩吻巴豆定) | gelsecrotonidine |
| 钩吻巴林 (钩吻咔啉) A～C | gelebolines A～C |
| 钩吻巴明碱 | gelsebamine |
| 钩吻巴宁碱 | gelsebanine |
| 钩吻醇 | gelsemiol |
| 钩吻醇-6′-反式-咖啡酰基-1-葡萄糖苷 | gelsemiol-6′-*trans*-caffeoyl-1-glucoside |
| 钩吻醇碱 | kouminol |
| (19*R*)-钩吻醇碱 | (19*R*)-kouminol |
| (19*S*)-钩吻醇碱 | (19*S*)-kouminol |
| 钩吻次碱 (钩吻素己、钩吻尼辛) | gelsenicine |
| 钩吻迪奈碱 (钩吻二内酰胺) | gelsedilam |
| 钩吻丁香碱 (钩吻丁香定) | gelsesyringalidine |
| 钩吻定 | gelsedine |
| 钩吻定碱 A～E | gelseleganins A～E |
| 钩吻噁唑碱 (钩吻噁唑宁) | gelseoxazolidinine |
| 钩吻呋喃定 | gelsefuranidine |
| 钩吻苷 (胡蔓藤萜苷) A、B | eleganosides A, B |
| 钩吻加明 A～E | gelsegamines A～E |
| 钩吻碱 (钩吻碱甲) | gelsemine |
| 钩吻碱 *N*-氧化物 | gelsemine *N*-oxide |
| 钩吻碱丙 (常绿钩吻碱) | sempervine (sempervirine) |
| 钩吻碱辰 | kounidine |
| 钩吻碱丑 | koumininine |
| 钩吻碱丁 | koumicine |
| (4*R*)-钩吻碱甲 *N*-氧化物 | (4*R*)-gelsemine *N*-oxide |
| (4*S*)-钩吻碱甲 *N*-氧化物 | (4*S*)-gelsemine N-oxide |
| (19*Z*)-钩吻碱戊 | (19*Z*)-koumidine |
| 钩吻碱寅 | kouminicine |
| 钩吻碱子 *N*-氧化物 | koumine *N*-oxide |
| 钩吻降熊果烷 A～E | gelsenorursanes A～E |
| 钩吻精碱 | gelselegine |
| 钩吻柯楠碱 A～E | gelsecorydines A～E |
| 钩吻裂碱 (钩吻夏洛亭) | gelsochalotine |
| 钩吻绿碱 (常绿钩吻灵、1-甲氧基钩吻碱) | gelsevirine (1-methoxygelsemine) |

| | |
|---|---|
| (4*R*)-钩吻绿碱 *N*4-氧化物 [(4R)-常绿钩吻灵-N4-氧化物] | (4*R*)-gelsevirine *N*4-oxide |
| 钩吻麦定碱 | gelsemydine |
| 钩吻醚萜苷 (钩吻诺苷) A、B | geleganosides A, B |
| 19-(*Z*)-钩吻米定 | 19-(*Z*)-koumidine |
| 钩吻米定 | gelsemidine |
| 钩吻米宁 | gelseminine |
| 钩吻明碱 (钩吻萨胺) | elegansamine |
| 钩吻模合宁碱 (钩吻醚宁) | gelsemoxonine |
| 钩吻内酰胺 | gelsemamide |
| 钩吻尼定 (钩吻加尼定) A～C | geleganidines A～C |
| 钩吻宁胺 (钩吻尼明) A、B | geleganimines A, B |
| 钩吻宁碱 (钩吻加宁) A～D | gelseganines A～D |
| 钩吻双胺 (钩吻甘酰胺) | geleganamide |
| 钩吻素庚 | gelsenidine |
| 钩吻素卯 | kouminidine |
| 钩吻素戊 (钩吻米定) | koumidine |
| 钩吻素乙 (钩吻辛碱) | gelsemicine |
| 钩吻素子 (钩吻碱子、钩吻明) | koumine |
| (4*R*)-钩吻素子 *N*-氧化物 | (4*R*)-koumine *N*-oxide |
| (4*S*)-钩吻素子 *N*-氧化物 | (4*S*)-koumine *N*-oxide |
| 钩吻素子胺 | koureamine |
| 钩吻酸 (东莨菪内酯、东莨菪素、东莨菪亭、6-甲氧基伞形酮、7-羟基-6-甲氧基香豆素) | gelseminic acid (scopoletol, 6-methoxyumbelliferone, 7-hydroxy-6-methoxycoumarin, scopoletin, escopoletin) |
| 钩吻缩醛胺 | kounaminal |
| 钩吻萜 A～F | geleganoids A～F |
| 钩吻萜苷 A | gouwenoside A |
| 钩吻萜碱 (钩吻烯宁) A、B | gelsemolenines A, B |
| 钩吻萜酮 (钩吻环烯醚酮) | gelseiridone |
| 钩吻烯定 | gelselenidine |
| 钩吻香草碱 (钩吻香荚兰定) | gelsevanillidine |
| 钩吻香啶碱 A～C | gelselegandines A～C |
| 钩吻新碱甲 | gelsenine |
| 钩吻氧杂宁碱 Ⅱ | gelsemoxonmine Ⅱ |
| 钩吻杂定 (钩吻氧氮丙啶) | gelseziridine |
| 钩腺大戟宁素 A～C | sieboldianines A～C |
| 钩雄蕊酚 A～H | oncostemonols A～H |
| 钩枝藤碱 (钩枝藤定) | ancistrocladine |
| 钩枝藤灵 A | ancistrotectoriline A |
| 钩状胡椒素 A～C | piperaduncins A～C |

| 钩状碱(鹰爪花宁) | uncinine |
|---|---|
| 钩状石斛素 | aduncin |
| 狗肝菜苷 A～C | dicliriparisides A～C |
| 狗骨柴醇 A、B | tricalysiols A, B |
| 狗骨柴苷 A～U | tricalysiosides A～U |
| 狗骨柴内酯 A～I | tricalysiolides A～I |
| 狗骨柴酮 A、B | tricalysiones A, B |
| 狗骨柴酰胺 A～D | tricalysiamides A～D |
| 狗脊蕨素(东方狗脊蕨素) | woodorien |
| 狗脊蕨酸 | woodwardic acid |
| 狗筋蔓醇 | cucubalol |
| 狗筋蔓二醇 | cucubaldiol |
| 狗筋蔓苷元 A | cucubalugenin A |
| 狗筋蔓内酰胺 | cucubalactam |
| 狗筋蔓内酯 | cucubalactone |
| 狗舌草苷 A、B | tephrosides A, B |
| 狗娃花皂苷 5～8 | heteropappussaponins 5～8 |
| 狗牙花胺(山马茶明碱) | tabernamine |
| (+)-狗牙花宾碱 | (+)-hecubine |
| 狗牙花宾碱 | hecubine |
| 狗牙花丁(单瓣狗牙花碱)A、B | ervadivaricatines A, B |
| 狗牙花定碱 | pandine |
| 狗牙花弗林碱 A、B | lirofolines A, B |
| 狗牙花哈宁 | taberhanine |
| 狗牙花碱 | coronarine |
| (–)-狗牙花兰宁 | (–)-mehranine |
| 狗牙花明(塔卡明碱) | tacamine |
| 狗牙花明 *N*-氧化物 | tacamine *N*-oxide |
| 狗牙花莫宁 | tacamonine |
| 狗牙花莫宁 *N*-氧化物 | tacamonine *N*-oxide |
| 狗牙花尼亭 | janetine |
| 狗牙花任碱(榴花任、长花锥喉花碱) | conoflorine |
| 狗牙花色奇碱 | taberpsychine |
| 狗牙花素 | ervatamisin |
| 狗牙花亭碱 A～G | tabernaricatines A～G |
| 狗牙花叶定碱 | ervafolidine |
| 狗牙花叶碱 | ervafoline |
| 狗牙花因 | ervataine |
| α-狗枣三糖 | α-kolomiktriose |
| 枸骨醇 A 甲酯 | ilecornol A methyl ester |

| 枸骨苷 1～7 | gougusides 1～7 |
|---|---|
| 枸杞胺 | lyceamine |
| 枸杞苷Ⅰ～Ⅸ | lyciumosides Ⅰ～Ⅸ |
| 枸杞四萜六阿拉伯糖苷 | lyciumtetraterpenic hexaarabinoside |
| 枸杞素(枸杞环八肽)A～D | lyciumins A～D |
| 枸杞酸(2-*O*-β-D-吡喃葡萄糖基-L-抗坏血酸、抗坏血酸-2-*O*-β-D-吡喃葡萄糖苷) | 2-*O*-β-D-glucopyranosyl-L-ascorbic acid (ascorbic acid-2-*O*-β-D-glucopyranoside) |
| 枸杞物质 B | lycium substance B |
| 枸杞酰胺(橙黄胡椒酰胺乙酸酯)A～C | aurantiamide acetates (lyciumamides) A～C |
| 枸杞酰胺(橙黄胡椒酰胺乙酸酯)A～C | lyciumamides (aurantiamide acetates) A～C |
| 构棘苯酮(柘苯酮)A～E | cudraphenones A～E |
| 构棘酚 A、B | cochinchinols A, B |
| 构棘𠮿酮(格蓝拓𠮿酮)A～I | gerontoxanthones A～I |
| 构棘异黄酮 A | gerontoisoflavone A |
| 构皮黄酮醇 A | papyriflavonol A |
| 构树查耳酮 A | broussochalcone A |
| 构树查耳酮 B(补骨脂查耳酮、补骨脂酮、破故纸酮) | broussochalcone B (bavachalcone) |
| 构树醇(构树酚)A～E | broussonols A～E |
| 构树苷 A～E | broussosides A～E |
| 构树黄酮醇 A～G | broussoflavonols A～G |
| 构树黄烷 A | broussoflavan A |
| 构树碱 A～Q | broussonetines A～Q |
| 构树灵碱 | broussonpapyrine |
| 构树宁(沙纸宁)A～C | broussonins A～C |
| 构树宁碱(小构树亭碱)A、B | broussonetinines A, B |
| 构树噢哢(构树橙酮)A | broussoaurone A |
| 构树素(楮树素) | broussin |
| 构树酮 A～C | broussonetones A～C |
| 构树脂素(楮实子素)A～I | chushizisins A～I |
| 孤挺花定 | belladine |
| 孤挺花碱(石蒜碱、乙酰孤挺花宁碱) | bellamarine (lycorine, acetyl caranine) |
| 孤挺花林碱(安贝灵) | ambelline |
| 孤挺花宁碱 | caranine |
| 古巴二烯(王古王巴二烯) | copadiene |
| 古巴蜂胶酮 A | propolone A |
| 古巴萝芙木芬碱 | amerovolfine |
| 古巴萝芙木辛碱 | amerovolficine |
| α-古巴烯(α-胡椒烯、α-可巴烯、α-钴钯烯) | α-copaene |
| β-古巴烯(β-胡椒烯、β-可巴烯、β-钴钯烯) | β-copaene |
| α-古巴烯-11-醇(α-胡椒烯-11-醇) | α-copaen-11-ol |

| | |
|---|---|
| 古当归内酯 | archangelin |
| 古登堡菊素 | gutenbergin |
| D-古豆醇碱 | D-hygroline |
| L-古豆醇碱 | L-hygroline |
| 古豆碱 | hygrine |
| 古钩藤素 | buchanin |
| (+)-古柯二醇 | (+)-erythrodiol |
| 3β-古柯二醇 (3β-高根二醇) | 3β-erythrodiol |
| 古柯二醇 (高根二醇) | erythrodiol |
| 古柯二醇-3-*O*-乙酸酯 | erythrodiol-3-*O*-acetate |
| 古柯二醇-3-*O*-棕榈酸酯 | erythrodiol-3-*O*-palmitate |
| 古柯间二酸 (秘鲁古柯酸) | truxillic acid |
| 古柯邻二酸 | truxinic acid |
| 古柯米定 | cuscamidine |
| 古柯明 | cuscamine |
| 古柯宁 | cusconine |
| 古柯三醇 | erythrotriol |
| 古柯萜二醇 Y | erythroxydiol Y |
| L-古罗糖醛酸 | L-guluronic acid |
| 古洛糖 | gulose |
| D-古洛糖 | D-gulose |
| 古洛糖醛酸 | guluronic acid |
| D-古洛糖酸 | D-gulonic acid |
| D-古洛糖酸-γ-内酯 | D-gulono-γ-lactone |
| 古洛糖酸内酯 | gulonolactone |
| 古蓬阿魏酸甲酯 | methyl galbanate |
| 古山龙苷 A～D | gusanlungionosides A～D |
| 古山龙碱 C | gusanlung C |
| D-谷氨酸 | D-glutamic acid |
| L-谷氨酸 | L-glutamic acid |
| 谷氨酸 | glutamic acid |
| L-谷氨酸-γ-甲酰胺 | L-glutamic acid-γ-methyl amide |
| *N*5-谷氨酸基 | *N*5-glutamino |
| γ-L-谷氨酰-L-β-氨基异丁酸 | γ-L-glutamyl-L-β-aminoisobutanoic acid |
| γ-L-谷氨酰-L-苯丙氨酸 | γ-L-glutamyl-L-phenyl alanine |
| γ-L-谷氨酰-L-丙氨酰基甘氨酸 (去甲眼晶体酸) | γ-L-glutamyl-L-alanyl glycine (norophthalmic acid) |
| γ-L-谷氨酰-L-谷氨酸 | γ-L-glutamyl-L-glutamic acid |
| γ-L-谷氨酰-L-酪氨酸 | γ-L-glutamyl-L-tyrosine |
| γ-L-谷氨酰-L-山黧豆碱 | γ-L-glutamyl-L-lathyrine |
| γ-L-谷氨酰-*S*-(1-丙烯基) 半胱氨酸亚砜 | γ-L-glutamyl-*S*-(1-propenyl) cysteinsulfoxide |

| | |
|---|---|
| γ-L-谷氨酰-*S*-(β-羧基-β-丙基)-L-半胱氨酰甘氨酸 | γ-L-glutamyl-*S*-(β-carboxy-β-methyl ethyl)-L-cysteinyl glycine |
| γ-L-谷氨酰-*S*-(反式-1-丙烯基)-L-半胱氨酸 | γ-L-glutamyl-*S*-(*trans*-1-propenyl)-L-cystein |
| γ-L-谷氨酰-*S*-甲基-L-半胱氨酸 | γ-L-glutamyl-*S*-methyl-L-cystein |
| γ-L-谷氨酰-*S*-甲基-L-半胱氨酸亚砜 | γ-L-glutamyl-*S*-methyl-L-cysteinsulfoxide |
| γ-L-谷氨酰-*S*-烯丙基-L-半胱氨酸 | γ-L-glutamyl-*S*-allyl-L-cystein |
| γ-L-谷氨酰-*S*-烯丙基硫基-L-半胱氨酸 | γ-L-glutamyl-*S*-allyl mercapto-L-cystein |
| L-谷氨酰胺 | L-glutamine |
| 谷氨酰胺 | glutamine |
| γ-谷氨酰胺酰基-3, 4-二羟基苯 | γ-glutaminyl-3, 4-dihydroxybenzene |
| γ-谷氨酰胺酰基-4-羟基苯 | γ-glutaminyl-4-hydroxybenzene |
| γ-谷氨酰丙氨酸 | γ-glutamyl alanine |
| γ-L-谷氨酰甘氨酸 | γ-L-glutamyl glycine |
| γ-L-谷氨酰谷氨酰胺 | γ-L-glutamyl glutamine |
| γ-谷氨酰基 | γ-glutamyl |
| *N*-(γ-谷氨酰基)-β-氰基-L-丙氨酸 | *N*-(γ-L-glutamyl)-β-cyano-L-alanine |
| L-γ-谷氨酰基-L-次甘氨酸 | L-γ-glutamyl-L-hypoglycine |
| γ-谷氨酰基-*S*-反式-1-丙烯基半胱氨酸 | γ-glutamyl-*S*-*trans*-1-propenyl cysteine |
| γ-谷氨酰基-*S*-烷基半胱氨酸 | γ-giutamyl-*S*-alkyl cysteine |
| γ-谷氨酰基烟草香素 (γ-谷氨酰烟草宁碱) | γ-glutamyl nicotianine |
| γ-谷氨酰亮氨酸 | γ-glutamyl leucine |
| γ-L-谷氨酰-顺式-3-氨基-L-脯氨酸 | γ-L-glutamyl-*cis*-3-amino-L-proline |
| γ-谷氨酰丝氨酸 | γ-glutamyl serine |
| γ-谷氨酰肽 | γ-glutamyl peptide |
| γ-谷氨酰缬氨酸 | γ-glutamyl valine |
| γ-谷氨酰组氨酸 | γ-glutamyl histidine |
| 谷蛋白 | glutelin |
| 谷地翠雀辛 A、B | davidisines A, B |
| L-谷胱甘肽 | L-glutathione |
| 谷胱甘肽 | glutathione |
| 谷胱甘肽-*S*-转移酶 | glutathione *S*-transferase |
| 谷精草苷 (毛谷精草黄苷) A～C | eriocaulosides A～C |
| 谷精草素 A | eriocaulin A |
| D-谷树箭毒碱 | D-chondocurarine |
| 谷树箭毒素 | chondocurine |
| 谷树叶碱 | chondrofoline |
| 谷维醇 | oryzanol |
| 谷甾-4-烯-3-醇 | sitost-4-en-3-ol |
| 谷甾-5, 23-二烯-3β-醇 | sitost-5, 23-dien-3β-ol |
| 谷甾-5-烯-3, 7-二醇 | sitost-5-en-3, 7-diol |

G

| 谷甾-5-烯-3β-醇乙酸酯 | sitost-5-en-3β-ol acetate |
|---|---|
| 谷甾-5-烯-3-醇 | sitost-5-en-3-ol |
| 7α-谷甾醇 | 7α-sitosterol |
| α1-谷甾醇 | α1-sitosterol |
| α-谷甾醇 | α-sitosterol |
| γ-谷甾醇 | γ-sitosterol |
| δ-谷甾醇 | δ-sitosterol |
| 谷甾醇 (β-谷甾醇) | sitosterol (β-sitosterol) |
| β-谷甾醇-3-(6-亚油酰基) 吡喃葡萄糖苷 | β-sitosteryl-3-(6-linoleoyl) glucopyranoside |
| β-谷甾醇-3-(6-硬脂酰基) 吡喃葡萄糖苷 | β-sitosteryl-3-(6-stearoyl) glucopyranoside |
| β-谷甾醇-3-(6-棕榈酰基) 吡喃葡萄糖苷 | β-sitosteryl-3-(6-palmitoyl) glucopyranoside |
| β-谷甾醇-3-(6-棕榈油酰基) 吡喃葡萄糖苷 | β-sitosteryl-3-(6-palmitoleoyl) glucopyranoside |
| 谷甾醇-3-*O*-(2′, 4′-*O*-二乙酰基-6′-硬脂酰基)-β-D-吡喃葡萄糖苷 | sitosteryl-3-*O*-(2′, 4′-*O*-diacetyl-6′-stearyl)-β-D-glucopyranoside |
| 谷甾醇-3-*O*-(2′-*O*-硬脂酰基)-β-D-吡喃木糖苷 | sitosteryl-3-*O*-(2′-*O*-stearyl)-β-D-xylopyranoside |
| 谷甾醇-3-*O*-(4′-*O*-硬脂酰基)-β-D-吡喃木糖苷 | sitosteryl-3-*O*-(4′-*O*-stearyl)-β-D-xylopyranoside |
| β-谷甾醇-3-*O*-(6′-亚麻烯基)-β-D-吡喃葡萄糖苷 | β-sitosteryl-3-*O*-(6′-linolenoyl)-β-D-glucopyranoside |
| 谷甾醇-3-*O*-(6′-棕榈酰基)-β-D-葡萄糖苷 | sitosteryl-3-*O*-(6′-palmitoyl)-β-D-glucoside |
| 谷甾醇-3-*O*-[2′, 4′-二乙酰基-6′-*O*-十八酰基]-β-D-吡喃葡萄糖苷 | sitosteryl-3-*O*-[2′, 4′-*O*-diacetyl-6′-*O*-stearyl]-β-D-glucopyranoside |
| 谷甾醇-3-*O*-[2′-*O*-十八醇基]-β-D-吡喃木糖苷 | sitosteryl-3-*O*-[2′-*O*-stearyl]-β-D-xylopyranoside |
| 谷甾醇-3-*O*-[4′-*O*-十八醇基]-β-D-吡喃木糖苷 | sitosteryl-3-*O*-[4′-*O*-stearyl]-β-D-xylopyranoside |
| β-谷甾醇-3-*O*-[6′-*O*-油酰基]-β-D-吡喃葡萄糖苷 | β-sitosteryl-3-*O*-[6′-*O*-oleoyl]-β-D-glucopyranoside |
| 谷甾醇-3-*O*-6″-亚油基-β-D-吡喃葡萄糖苷 | sitosteryl-3-*O*-6″-linoleoyl-β-D-glucopyranoside |
| 谷甾醇-3-*O*-6-亚油酰基-β-D-吡喃葡萄糖苷 | sitosteryl-3-*O*-6-linoleoyl-β-D-glucopyranoside |
| β-谷甾醇-3-*O*-6-棕榈酰葡萄糖苷 | β-sitosteryl-3-*O*-6-palmitoyl glucopyranoside |
| β-谷甾醇-3-*O*-α-L-(6′-*O*-十六酰基) 葡萄糖苷 | β-sitosteryl-3-*O*-α-L-(6′-*O*-hexadecanoyl) glucoside |
| β-谷甾醇-3-*O*-β-D-(6-*O*-油酰基) 吡喃葡萄糖苷 | β-sitosteryl-3-*O*-β-D-(6-*O*-oleyl) glucopyranoside |
| β-谷甾醇-3-*O*-β-D-(6′-十六酰基) 吡喃葡萄糖苷 | β-sitosteryl-3-*O*-β-D-(6′-hexadecanoyl) glucopyranoside |
| β-谷甾醇-3-*O*-β-D-吡喃木糖苷 | β-sitosteryl-3-*O*-β-D-xylopyranoside |
| 谷甾醇-3-*O*-β-D-吡喃葡萄糖苷 | sitosteryl-3-*O*-β-D-glucopyranoside |
| β-谷甾醇-3-*O*-β-D-吡喃葡萄糖苷 (刺五加苷 A、苍耳苷、胡萝卜苷、芫荽甾醇苷) | β-sitosteryl-3-*O*-β-D-glucopyranoside (eleutheroside A, strumaroside, daucosterin, daucosterol, sitogluside, coriandrinol) |
| β-谷甾醇-3-*O*-β-D-吡喃葡萄糖苷-6′-十五酸酯 | β-sitosteryl-3-*O*-β-D-glucopyranoside-6′-pentadecanoate |
| 6′-(β-谷甾醇-3-*O*-β-D-吡喃葡萄糖基) 十六酸酯 | 6′-(β-sitosteryl-3-*O*-β-D-glucopyranosyl) hexadecanoate |
| 谷甾醇-3-*O*-β-D-葡萄糖苷 | sitosteryl-3-*O*-β-D-glucoside |
| β-谷甾醇-3-*O*-β-D-葡萄糖苷 | β-sitosteryl-3-*O*-β-D-glucoside |
| β-谷甾醇-3-*O*-β-D-葡萄糖苷-6′-*O*-二十酸酯 | β-sitosteryl-3-*O*-β-D-glucoside-6′-*O*-eicosanoate |
| β-谷甾醇-3-*O*-吡喃葡萄糖苷-6′-二十酸酯 | β-sitosteryl-3-*O*-glucopyranoside-6′-eicosanoate |

| | |
|---|---|
| 谷甾醇-3-*O*-硬脂酰基-β-D-吡喃葡萄糖苷 | sitosteryl-3-*O*-steroyl-β-D-glucopyranoside |
| β-谷甾醇-3β-D-吡喃葡萄糖醛酸苷 | β-sitosteryl-3β-D-glucuronopyranoside |
| β-谷甾醇-3β-*O*-β-D-(6′-*O*-二十酰基)吡喃葡萄糖苷 | β-sitosteryl-3β-*O*-β-D-(6′-*O*-eicosanoyl) glucopyranoside |
| β-谷甾醇-3β-吡喃葡萄糖苷 | β-sitosteryl-3β-glucopyranoside |
| β-谷甾醇-3β-吡喃葡萄糖苷-6′-*O*-棕榈酸酯 | β-sitosteryl-3β-glucopyranoside-6′-*O*-palmitate |
| 谷甾醇-3β-葡萄糖苷-6′-*O*-棕榈酸酯 | sitosteryl-3β-glucoside-6′-*O*-palmitate |
| 谷甾醇-6-酰基-β-D-葡萄糖苷 | sitosteryl-6-acyl-β-D-glucoside |
| β-谷甾醇-α-葡萄糖苷 | β-sitosteryl-α-glucoside |
| 谷甾醇-β-D-半乳糖苷 | sitosteryl-β-D-galactoside |
| β-谷甾醇-β-D-吡喃葡萄糖苷 | β-sitosteryl-β-D-glucopyranoside |
| 谷甾醇-β-D-葡萄糖苷 | sitosteryl-β-D-glucoside |
| β-谷甾醇-β-D-葡萄糖苷-6′-棕榈酸酯 | β-sitosteryl-β-D-glucoside-6′-palmitate |
| β-谷甾醇阿魏酸酯 | β-sitosteryl ferulate |
| β-谷甾醇吡喃葡萄糖苷 | β-sitosteryl glucopyranoside |
| 谷甾醇丙酸酯 | sitosteryl propionate |
| β-谷甾醇花生四烯酸酯 | β-sitosteryl arachidonate |
| 谷甾醇基-(6′-三十一碳酰基)-β-D-吡喃半乳糖苷 | sitosteryl-(6′-hentriacontanoyl)-β-D-galactopyranoside |
| 谷甾醇己酸酯 | sitosteryl caproate |
| β-谷甾醇葡萄糖苷 | β-sitosteryl glucoside |
| β-谷甾醇葡萄糖苷-6′-硬脂酸酯 | β-sitosteryl glucoside-6′-octadecanoate |
| β-谷甾醇十七酸酯 | β-sitosteryl heptadecanoate |
| 谷甾醇辛酸酯 | sitosteryl caprylate |
| β-谷甾醇亚油酸酯 | β-sitosteryl linoleate |
| 谷甾醇亚油酸酯 | sitosteryl linoleate |
| β-谷甾醇乙酸酯 | β-sitosteryl acetate |
| β-谷甾醇硬脂酸酯 | β-sitosteryl stearate |
| β-谷甾醇油酸酯 | β-sitosteryl oleate |
| 谷甾醇油酸酯 | sitosteryl oleate |
| β-谷甾醇棕榈酸酯 | β-sitosteryl palmitate |
| 3, 5-谷甾二烯-7-酮 | 3, 5-sitostadien-7-one |
| $\Delta^4$-β-谷甾酮 | $\Delta^4$-β-sitosterone |
| β-谷甾酮 | β-sitosterone |
| 4-β-谷甾酮 | 4-β-sitosterone |
| β-谷甾酮-1, 22-二烯 | β-sitosterone-1, 22-diene |
| 谷甾烷 | sitostane |
| 谷甾烷醇 | sitostanol |
| 4-谷甾烯-3-酮 | 4-sitosten-3-one |
| β-谷甾烯酮 | β-sitostenone |
| 骨化二醇 | calcifediol |
| 骨胶原 | bone collagen (ossein) |

| | |
|---|---|
| 骨胶原 | ossein (bone collagen) |
| 骨类黏蛋白 | osseomucoid |
| 骨碎补苷 A、B | davalliosides A, B |
| 骨碎补内酯 | davallialactone |
| 骨碎补素 | davallin |
| 骨碎补酸 | davallic acid |
| 骨碎补酮 | davanone |
| 骨碎补烯 | davallene |
| 钴 | cobalt |
| 鼓槌菲 | chrysotoxene |
| 鼓槌联苄 | chrysotobibenzyl |
| 鼓槌石斛素 | chrysotoxine |
| L-瓜氨酸 | L-citrulline |
| 瓜氨酸 | citrulline |
| 瓜馥木胺 | fissistigmine |
| 瓜馥木定碱 | fissoldine |
| 瓜馥木苷 (黑风藤苷) | fissistigmoside |
| 瓜馥木碱 A～C (瓜馥木碱甲～丙) | fissistigines A～C |
| 瓜馥木吗亭 A～D | fissistigmatins A～D |
| 瓜馥木内酰胺 | stigmalactam |
| 瓜馥木嗪胺 | fissoldhimine |
| 瓜馥木双烯酮 | melodienone |
| 瓜馥木亭 | fissistin |
| 瓜馥木酮 I、II | stigmahamones I, II |
| 瓜馥木酰胺 A、B | fissistigamindes A, B |
| 瓜馥木异内酰胺 | oldhamactam |
| 瓜馥木酯酮 | fissohamione |
| (*Z*)-瓜菊酮 | (*Z*)-cinerone |
| 瓜木酚苷 | plataplatanoside |
| 瓜木苷 A | alangitanifoliside A |
| 瓜木香堇苷 A～J | platanionosides A～J |
| 瓜木叶苷 | alangifolioside |
| 瓜拿纳酸 [(13*Z*)-二十碳烯酸] | paullinic acid [(13*Z*)-eicosenoic acid, (13*Z*)-eicosaenoic acid, 13-eicosenoic acid] |
| DL-瓜它布因 | DL-guatambuine |
| D-瓜它布因 | D-guatambuine |
| 瓜叶菊碱 | cruentine |
| 瓜叶马兜铃宾 A～C | ariscucurbins A～C |
| 瓜叶马兜铃素 A～D | aristofolins A～D |
| 瓜叶马兜铃素 A 钠盐 | sodium aristofolin A |

| | |
|---|---|
| 瓜叶乌宁 (瓜叶乌头宁) A～G | hemsleyanines A～G |
| 瓜叶乌头甲素 | guayewuanine A |
| 瓜叶乌头尼亭 (瓜叶乌头碱) A～G | hemsleyaconitines A～G |
| 瓜叶乌头亭 | hemsleyatine |
| 瓜叶乌头乙素 (滇乌碱、滇乌头碱、紫草乌乙素) | guayewuanine B (yunaconitine) |
| 瓜子金𠮿酮 | guazijinxanthone |
| 瓜子金皂苷 A～H (瓜子金皂苷甲～辛) | polygalasaponins A～H |
| 瓜子金皂苷 Ⅰ～LIII | polygalasaponins Ⅰ～LIII |
| 胍 | guanidine |
| 胍基丁胺 (鲱精胺) | agmatine |
| 胍基丁醇 | guanidino butanol |
| 胍基丁酸 | guanidino butanoic acid |
| γ-胍基丁酸 | γ-guanidinobutanoic acid |
| 胍生物碱 | guanidine alkaloid |
| γ-胍氧基丙胺 | γ-guanidinooxypropyl amine |
| 栝楼-3, 29-二羟基-3, 29-二苯甲酸酯 | karouni-3, 29-dihydroxy-3, 29-dibenzoate |
| 栝楼半缩酮 A、B | trichosanhemiketals A, B |
| 栝楼苯并木脂素 | trichobenzolignan |
| 栝楼蛋白 | trichosanthrip |
| 栝楼二醇 (栝楼萜二醇、栝楼仁二醇) | karounidiol |
| 栝楼二醇-3-苯甲酸酯 (栝楼萜二醇-3-苯甲酸酯) | karounidiol-3-benzoate |
| 栝楼根多糖 A～E | trichosans A～E |
| 栝楼素 (栝楼酯碱) | trichosanatine |
| 栝楼酸 (石榴酸) | trichosanic acid (punicic acid) |
| 1-栝楼酰基-2-亚油酰-3-棕榈酸甘油酯 | 1-trichosanoyl-2-linoleoyl-3-palmitoyl glyceride |
| 1-栝楼酰基-2, 3-二亚油酰甘油酯 | 1-trichosanoyl-2, 3-dilinoleoyl glyceride |
| (–)-栝楼酯碱 | (–)-trichosanatine |
| β-栝楼种蛋白 | β-kirilowin |
| 栝楼子糖蛋白 | trichokirin |
| 寡果聚糖 | oligofructan |
| 寡糖 A、$C_1$、$D_2$、$F_1$、$F_2$ | oligosaccharides A, $C_1$, $D_2$, $F_1$, $F_2$ |
| 挂玛洛木脂素 | guamarolin |
| 拐芹色原酮 (拐芹替辛) A | angeliticin A |
| 关东丁香苷 A、B | syrveosides A, B |
| 关附宁 | coldephnine |
| 关附素 (关附碱) A～J [关附甲素～癸素、(关附碱) 甲～癸] | guanfu bases A～J |
| 关附素 (关附碱) K～Z | guanfu bases K～Z |
| 关附素 H (氯化阿替新) | guanfu base H (atisiniumchloride) |
| 观音兰黄酮苷 (雄黄兰素) A、B | montbretins A, B |

G

| | |
|---|---|
| 观音莲明碱 (观音莲明、水芭蕉明碱) | lysicamine |
| 冠狗牙花定碱 (冠狗牙花定、狗牙花定) | coronaridine |
| 冠狗牙花定碱羟基伪吲哚 | coronaridine hydroxyindolenine |
| 冠裸穗豚草素 | coronopilin |
| 冠芒孢霉素 A、B | clavariopsins A, B |
| 冠崎黄酮 -2 (5, 4′- 二羟基 -6, 7- 亚甲二氧基黄酮) | kanzakiflavone-2 (5, 4′-dihydroxy-6, 7-methylenedioxyflavone) |
| 冠叶南蛇藤醇 A、B | celaphanols A, B |
| 冠叶南蛇藤素 A-1、B-2、B-3、C-1、D-2 | celafolins A-1, B-2, B-3, C-1, D-2 |
| 冠影掌碱 | lophocerine |
| 冠羽栓翅芹醇 | lophopterol |
| 蒄 | coronene |
| 管齿木素 | siphonodin |
| 管葱皂苷 A～C | fistulosides A～C |
| 管花党参碱 A、B | codotubulosines A, B |
| (+)- 管花多果树文碱 [(+)- 托布台碱、(+)- 土波台文碱] | (+)-tubotaiwine |
| 管花鹿药苷 A～E | henryiosides A～E |
| 管花肉苁蓉苷 (管花苷) A～E | tubulosides A～E |
| 管花肉苁蓉诺醇 | kankanol |
| 管花肉苁蓉诺苷 A～P、$H_1$、$H_2$、$J_1$、$J_2$、$K_1$、$K_2$ | kankanosides A～P, $H_1$, $H_2$, $J_1$, $J_2$, $K_1$, $K_2$ |
| 管花肉苁蓉糖 $A_1$、$A_2$ | cistantubuloses $A_1$, $A_2$ |
| 管黄素 | tuboflavine |
| 管赛宁 | tuboxenine |
| 管台文 | tubotaivine |
| 管叶定 | tubifolidine |
| 管叶素 | tubifoline |
| 管藻黄质 | siphonaxanthin |
| 管藻素 | siphonein |
| 贯叶金丝桃素 (贯叶连翘素) | hyperforin |
| 贯叶连翘苯酚苷 A | perforaphenonoside A |
| 贯叶连翘树脂 | hyperesin |
| (–)- 贯叶赝靛碱 | (–)-baptifoline |
| 贯叶赝靛碱 (穿叶赝靛碱、鹰靛叶碱、野靛叶素) | baptifoline |
| 贯众苷 | cyrtomin |
| 贯众蕨素 | cyrtopterinetin |
| 贯众素 | cyrtominetin |
| 灌丛冬青皂苷 $E_1$～$E_8$ | sapanins $E_1$～$E_8$ |
| 灌丛芸香素 | thamnosin |
| 灌豆定 | virgilidine |

| | |
|---|---|
| 灌豆碱(维吉利碱) | virgiline |
| 灌木千斤拔素 | flemiculosin |
| 灌木天冬苷 | dumoside |
| 灌木酮(灌木远志酮)A | frutinone A |
| 灌木香料酮 | fruticolone |
| 灌木亚菊苷 | ajanoside |
| 光苞紫菊苷(紫菊内酯)A～E | notoserolides A～E |
| 光刺苞果菊内酯(光刺苞菊种内酯) | glabratolide |
| 光刺苞菊内酯 | acanthoglabrolide |
| 光萼苔种素(直瓣扁萼苔素)A～F | perrottetins A～F |
| 光萼野百合碱 | usaramoensine |
| 光萼猪屎豆碱(猪屎豆碱、光萼野百合胺、光萼猪屎豆碱) | usaramine (mucronatine) |
| 光甘草轮(7, 2′-二羟基-3′, 4′-亚甲二氧基异黄酮) | glyzaglabrin (7, 2′-dihydroxy-3′, 4′-methylenedioxyisoflavone) |
| 光甘草酸 | glabric acid |
| 光贵巴木环庚三烯酚酮A、B | goupiolones A, B |
| 光果甘草醇(光甘草酚、光甘草醇) | glabrol |
| 光果甘草定(光甘草定) | glabridin |
| 光果甘草内酯 | glabrolide |
| 光果甘草宁(光甘草宁) | glabranin |
| 光果甘草素(光甘草素) | glabrene |
| 光果甘草酮(光甘草酮) | glabrone |
| 光果甘草香豆灵 | glabrocoumarin |
| 光果甘草香豆素 | liqcoumarin |
| 光果巨盘木色烯 | carpachromene |
| (+)-光果铁苏木素 | (+)-leiocarpin |
| (–)-光果铁苏木辛 | (–)-leiocin |
| 光黑壳素A～L | preussomerins A～L |
| 光滑草素(无毛狭叶香茶菜素)V～Y | glabcensins V～Y |
| 光滑黄皮素A～C | lenisins A～C |
| (–)-光滑锡生藤明碱 | (–)-cissaglaberrimine |
| (+)-光灰叶素 | (+)-glabratephrin |
| 光里白苷A～D | laevissiosides A～D |
| 光里白己酸苷A | hexanoside A |
| 光亮阿布藤碱 | splendidine |
| 光亮假龙胆醇 | nitiol |
| 光亮脚骨脆素A～K | casearlucins A～K |
| 光亮柱孢酚 | cylindrocarpol |
| 光牡荆素-1-*C*-葡萄糖苷 | lucenin-1-*C*-glucoside |
| 光牡荆素-2, 4′-二甲醚 | lucenin-2, 4′-dimethyl ether |

| | |
|---|---|
| 光牡荆素-3-*C*-葡萄糖苷 | lucenin-3-*C*-glucoside |
| 光牡荆素-7-鼠李糖苷 | lucenin-7-rhamnoside |
| 光牡荆素Ⅰ | lucenin Ⅰ |
| 光千屈菜胺 | lythramine |
| 光千屈菜定碱 | lythranidine |
| 光千屈菜碱 | lythranine |
| 光千屈菜新碱Ⅰ～Ⅶ | lythrancines Ⅰ～Ⅶ |
| 光秋水仙碱 | lumicolchicine |
| β-光秋水仙碱 | β-lumicolchicine (umicolchicine Ⅰ) |
| γ-光秋水仙碱 (γ-光华秋水仙碱) | γ-lumicolchicine (lumicolchicine Ⅱ) |
| 光色素 (二甲基异咯嗪) | lumichrome |
| 光水黄皮酚 | pongaglabol |
| 光水黄皮酚甲醚 | pongaglabol methyl ether |
| 光水黄皮呋喃Ⅰ、Ⅱ | glabras Ⅰ, Ⅱ |
| 光水黄皮色烯 Ⅱ | glabrachromene Ⅱ |
| 光水黄皮酮 | pongaglabrone |
| 光四室菊醇 | tetradymol |
| α-光檀香醇A | α-photosantalol A |
| 光乌头原碱 | lucaconine |
| 光叶巴豆萜A、B | laevinoids A, B |
| 光叶菝葜查耳酮 | smiglabrol |
| 光叶菝葜苷 | smiglanin |
| 光叶菝葜内酯A、B | smiglactones A, B |
| 光叶菝葜色原酮 | smilachromanone |
| 光叶菝葜脂醇 [1, 4-二 (4-羟基-3, 5-二甲氧苯基)-2, 3-二 (羟甲基)-1, 4-丁二醇] | smiglabranol [1, 4-bis (4-hydroxy-3, 5-dimethoxyphenyl)-2, 3-bis (hydroxymethyl)-1, 4-butanediol] |
| 光叶菝葜芪 | smiglastilbene |
| 光叶海桐苷A、B | pittogosides A, B |
| 光叶决明酮1 | floribundone 1 |
| (–)-光叶马鞍树碱 | (–)-tenuamine |
| 光叶桑素 (奶桑素) A～D | macrourins A～D |
| 光叶桑酮A～O | guangsangons A～O |
| 光叶山姜醇 | aokumanol |
| 光叶藤蕨苷A、B | stenopalustrosides A, B |
| 光叶绣线菊碱 | spiraqine |
| 光叶紫玉盘醇D～G | uvaribonols D～G |
| 光叶紫玉盘素 | uvaribonin |
| 光叶紫玉盘酮 | uvaribonone |
| 光叶紫玉盘脂素 | uvaribonianin |
| 光泽定 (光亮臭叶木素、芦西定、光泽汀、芦西丁) | lucidin |

| 光泽定-3-*O*-[β-D-吡喃木糖基-(1→6)-β-D-吡喃葡萄糖苷] | lucidin-3-*O*-[β-D-xylopyranosyl-(1→6)-β-D-glucopyranoside] |
|---|---|
| 光泽定-3-*O*-葡萄糖苷 | lucidin-3-*O*-glucoside |
| 光泽定-3-*O*-樱草糖苷 | lucidin-3-*O*-primeveroside |
| 光泽定-ω-甲醚 | lucidin-ω-methyl ether |
| 光泽定-ω-乙醚 | lucidin-ω-ethyl ether |
| 光泽定樱草糖苷[1, 3-二羟基-2-羟甲基蒽醌-3-*O*-木糖基-(1→6)-葡萄糖苷] | lucidin primeveroside [1, 3-dihydroxy-2-hydroxymethyl anthraquinone-3-*O*-xylosyl-(1→6)-glucoside] |
| 光泽精 | lucigenin |
| 光泽石松碱 | luciduline |
| 光泽石松灵碱(亮石松灵、光泽石松二醇碱) | lucidioline |
| 光泽乌头碱 | lucidusculine |
| 胱氨醇 | cystinol |
| L-胱氨酸 | L-cystine |
| 胱氨酸 | cystine |
| 胱硫醚 | cystathionine |
| 广东丝瓜苷(粤丝瓜苷、尖叶假龙胆苷)A～I | acutosides A～I |
| 广东丝瓜林素 | luffaculin |
| 广东丝瓜肽(广东丝瓜素) | luffangulin |
| 广东相思子三醇 | cantoniensistriol |
| 广东紫珠苷(紫珠苷)A | callicarposide A |
| 广东紫珠烯A | kwangpene A |
| 广东紫珠烯萜A～C | callipenes A～C |
| 广豆根黄酮苷(槐黄酮)A、B | sophoraflavones A, B |
| 广豆根素(山豆根酮) | sophoranone |
| 广防风二内酯(防风草二内酯) | ovatodiolide |
| 广防风苷A | epimeredinoside A |
| 广防风素 | anisomelin |
| 广防风酸(防风草酸) | anisomelic acid |
| 广防风托苷 | anisovatodside |
| 广防风叶素A、B | anisofolins A, B |
| 广霍香烷 | patchulane |
| 广藿香-1, 12-二醇 | patchoulan-1, 12-diol |
| (–)-广藿香-4-烯-6-酮 | (–)-patchoul-4-en-6-one |
| 广藿香奠醇 | pogostol |
| 广藿香吡啶 | patchoulipyridine |
| 广藿香醇(百秋李醇) | patchoulol (patchouli alcohol) |
| 广藿香酮 | pogostone |
| 广藿香烷 | patchoulane |
| α-广藿香烯 | α-patchoulene |

| | |
|---|---|
| β-广藿香烯 (β-绿叶烯) | β-patchoulene |
| γ-广藿香烯 (γ-绿叶烯) | γ-patchoulene |
| 广藿香烯 (绿叶烯) | patchoulene |
| 1-广藿香烯-4α, 7α-二醇 | 1-patchoulen-4α, 7α-diol |
| 广藿香烯醇乙酸酯 | patchoulenyl acetate |
| (–)-广藿香烯酮 | (–)-patchoulenone |
| 广藿香烯酮 | patchoulenone |
| 广寄生苷 (萹蓄苷、槲皮素-3-α-L-阿拉伯糖苷) | avicularoside (avicularin, quercetin-3-α-L-arabofuranoside) |
| 广金钱草碱 | desmodimine |
| 广金钱草内酯 | desmodilactone |
| (+)-β-广木香醇 | (+)-β-costol |
| 广椭圆小叶乳香树素 A | ovalifoliolatin A |
| 广西鹅掌柴苷 A～G | schekwangsiensides A～G |
| 广西鹅掌柴素 | schekwangsienin |
| 广西九里香碱 | kwangsine |
| 广玉兰赖宁苷 C | magnolenin C |
| 广玉兰立定苷 | magnolidin |
| 广玉兰内酯 (荷花玉兰内酯) | magnograndiolide |
| 广玉兰西丁苷 | magnosidin |
| 归叶棱子芹醇 | angelicoidenol |
| (–)-归叶棱子芹醇-2-*O*-β-D-吡喃葡萄糖苷 | (–)-angelicoidenol-2-*O*-β-D-glucopyranoside |
| (1*R*, 2*S*, 4*S*, 5*R*)-归叶棱子芹醇-2-*O*-β-D-吡喃葡萄糖苷 | (1*R*, 2*S*, 4*S*, 5*R*)-angelicoidenol-2-*O*-β-D-glucopyranoside |
| 归叶棱子芹醇-2-*O*-β-D-吡喃葡萄糖苷 | angelicoidenol-2-*O*-β-D-glucopyranoside |
| (+)-归叶棱子芹醇-2-*O*-β-D-吡喃葡萄糖苷 | (+)-angelicoidenol-2-*O*-β-D-glucopyranoside |
| (–)-归叶棱子芹醇-2-*O*-β-D-呋喃芹糖基-(1→6)-*O*-β-D-吡喃葡萄糖苷 | (–)-angelicoidenol-2-*O*-β-D-apiofuranosyl-(1→6)-*O*-β-D-glucopyranoside |
| (+)-归叶棱子芹醇-2-*O*-β-D-呋喃芹糖基-(1→6)-β-D-吡喃葡萄糖苷 | (+)-angelicoidenol-2-*O*-β-D-apiofuranosyl-(1→6)-β-D-glucopyranoside |
| 归叶棱子芹黄素 B | angelicoin B |
| 圭安宁 | guianine |
| 圭亚那马钱黄碱 | guiaflavine |
| 圭亚那马钱碱 | guiachrysine |
| 圭亚那维斯米亚酮 A～E | vismiaguianones A～E |
| 圭亚那下层树炔酸 | minquartynoic acid |
| 圭亚那香木内酯 | gutolactone |
| 龟花栩叶楸醌 A | stereochenol A |
| 龟叶香茶菜贝壳杉素 (尾叶香茶菜丙素) | kamebakaurin |
| 龟叶香茶菜素 (三羟基贝壳杉烯酮) | kamebanin |
| 龟叶香茶菜缩醛 A、B | kamebacetals A, B |

| 硅酸 | silicic acid |
|---|---|
| 硅酮 | silicone |
| 硅烷 | silane |
| 硅杂 | sila |
| 3-硅杂-3, 6′-螺二[双环[3.2.1]辛烷] | 3-sila-3, 6′-spirobi [bicycle [3.2.1] octane] |
| 硅杂苯 | silabenzene |
| 硅杂环己烷 | silacyclohexane |
| 硅杂环戊烷 | silacyclopentane |
| 硅藻黄质 | diatoxanthin |
| 鲑属黄质 | salmoxanthin |
| 鬼笔毒肽 | phallotoxin |
| 鬼笔毒肽拉斯 | phallisin |
| 鬼笔毒肽拉辛 | phallacin |
| 鬼笔毒肽咯因 | phalloin |
| 鬼笔毒肽萨斯 | phallisacin |
| 鬼笔毒肽色啶 | phallacidin |
| 鬼笔碱 | phalloidine |
| 鬼灯檠醇 | rodgersinol |
| 鬼箭羽碱(卫矛明碱) | alatamine |
| 鬼臼茶酸 | podophyllomeronic acid |
| (–)-鬼臼毒素 | (–)-podophyllotoxin |
| 鬼臼毒素(鬼臼脂素) | podophyllotoxin |
| 鬼臼毒素-1-乙醚 | podophyllotoxin-1-ethyl ether |
| 鬼臼毒素-4-*O*-β-*D*-葡萄糖苷 | podophyllotoxin-4-*O*-β-D-glucoside |
| 鬼臼毒素苷 | podophyllotoxin glucoside |
| 鬼臼毒酮(鬼臼脂毒酮) | podophyllotoxone |
| 鬼臼苦素 | picropodophyllin |
| 鬼臼苦酮(鬼臼苦素酮) | picropodophyllone |
| 鬼臼噻吩苷 | teniposide |
| 鬼臼树脂(鬼臼酯) | podophyllum resin (podophyllin) |
| 鬼臼素 | podophyllinic acid lactone |
| 鬼臼酸 | podophyllic acid (podophyllinic acid) |
| 鬼臼酯(鬼臼树脂) | podophyllin (podophyllum resin) |
| 鬼针草薄荷苷A、B | bidensmenthosides A, B |
| 鬼针草苷(婆婆针炔苷)A～G | bidenosides A～G |
| 鬼针草聚炔苷(2-*O*-β-D-吡喃葡萄糖氧基-1-羟基十三碳-5, 7, 9, 11-四炔) | cytopiloyne (2-*O*-β-D-glucopyranosyloxy-1-hydroxytridec-5, 7, 9, 11-tetrayne) |
| 鬼针草木脂素苷A、B | bidenlignasides A, B |
| 鬼针草植素A、B | bidenphytins A, B |
| 鬼针聚炔苷B | bipinnata polyacetyloside B |

| 癸-2, 4-二烯醛 | dec-2, 4-dienal |
|---|---|
| (2*Z*, 8*E*)-癸-2, 8-二烯-4, 6-二炔-1, 10-二羟基-1-*O*-β-D-吡喃葡萄糖苷 | (2*Z*, 8*E*)-dec-2, 8-dien-4, 6-diyn-1, 10-dihydroxy-1-*O*-β-D-glucopyranoside |
| (*E*)-癸-2-烯-4, 6-二炔-1, 10-二羟基-1-*O*-β-D-吡喃葡萄糖苷 | (*E*)-dec-2-en-4, 6-diyn-1, 10-dihydroxy-1-*O*-β-D-glucopyranoside |
| (*E*)-癸-2-烯-4, 6-二炔-1, 10-二羟基-1-*O*-β-D-呋喃芹糖基-(1→6)-β-D-吡喃葡萄糖苷 | (*E*)-dec-2-en-4, 6-diyn-1, 10-dihydroxy-1-*O*-β-D-apiofuranosyl-(1→6)-β-D-glucopyranoside |
| 1-癸醇 | 1-decanol |
| 癸醇 | decanol (decyl alcohol) |
| 癸醇 | decyl alcohol (decanol) |
| 3-癸醇 | 3-decanol |
| 1, 2-癸二醇 | 1, 2-decanediol |
| 4, 6-癸二炔-1-醇异戊酸酯 | 4, 6-decadiyn-1-ol isovalerate |
| 4, 6-癸碳二炔-1, 3, 8-三醇 | 4, 6-decadiyn-1, 3, 8-triol |
| 癸二酸 | decanedioic acid (sebacic acid) |
| 癸二酸 | sebacic acid (decanedioic acid) |
| 癸二酸二甲酯 | dimethyl sebacate |
| (*E*, *Z*)-2, 8-癸二烯-4, 6-二炔-1-醇-3-甲基丁酸酯 | (*E*, *Z*)-2, 8-decadien-4, 6-diyn-1-ol-3-methyl butanoate |
| (2*Z*, 8*Z*)-癸二烯-4, 6-二炔酸甲酯 | methyl (2*Z*, 8*Z*)-decadien-4, 6-diynoate |
| 2, 4-癸二烯醛 | 2, 4-decadienal |
| 2, 4-癸二烯酸对甲氧基苯乙酰胺 | 2, 4-decadienoic acid-*p*-methoxyphenethyl amide |
| 2, 4-癸二烯酸对羟基苯乙酰胺 | 2, 4-decadienoic acid-*p*-hydroxyphenethyl amide |
| 3-*O*-[(2*E*, 4*E*)-癸二烯酰基]-20-*O*-乙酰巨大戟烯醇 | 3-*O*-[(2*E*, 4*E*)-decadienoyl]-20-*O*-acetyl ingenol |
| 3-*O*-[(2*E*, 4*Z*)-癸二烯酰基]-20-*O*-乙酰巨大戟烯醇 | 3-*O*-[(2*E*, 4*Z*)-decadienoyl]-20-*O*-acetyl ingenol |
| 5-*O*-[(2′*E*, 4′*E*)-癸二烯酰基]-20-*O*-乙酰巨大戟烯醇 | 5-*O*-[(2′*E*, 4′*E*)-decadienoyl]-20-*O*-acetyl ingenol |
| 3-*O*-[(2*E*, 4*E*)-癸二烯酰基]-20-脱氧巨大戟萜醇 | 3-*O*-[(2*E*, 4*E*)-decadienoyl]-20-deoxyingenol |
| 3-*O*-[(2*E*, 4*Z*)-癸二烯酰基]-20-脱氧巨大戟萜醇 | 3-*O*-[(2*E*, 4*Z*)-decadienoyl]-20-deoxyingenol |
| 3-*O*-[(2*E*, 4*Z*)-癸二烯酰基]-5-*O*-乙酰巨大戟烯醇 | 3-*O*-[(2*E*, 4*Z*)-decadienoyl]-5-*O*-acetyl ingenol |
| 1-[(2*E*, 4*E*)-2, 4-癸二烯酰基] 吡咯烷 {1-[癸-(2*E*, 4*E*)-二烯酰] 四氢吡咯} | 1-[(2*E*, 4*E*)-2, 4-decadienoyl] pyrrolidine |
| 3-*O*-[(2*E*, 4*Z*)-癸二烯酰基] 巨大戟萜醇 (大戟因子 $E_1$) | 3-*O*-[(2*E*, 4*Z*)-decadienoyl] ingenol (euphorbia factor $E_1$) |
| 20-*O*-[(2*E*, 4*Z*)-癸二烯酰基] 巨大戟烯醇 | 20-*O*-[(2*E*, 4*Z*)-decadienoyl] ingenol |
| 3-*O*-[(2*E*, 4*E*)-癸二烯酰基] 巨大戟烯醇 | 3-*O*-[(2*E*, 4*E*)-decadienoyl] ingenol |
| 5-*O*-[(2*E*, 4*Z*)-癸二烯酰基] 巨大戟烯醇 | 5-*O*-[(2*E*, 4*E*)-decadienoyl] ingenol |
| 21-*O*-[(2′*E*, 4′*E*)-癸二烯酰基]-巨大戟烯醇 | 21-*O*-[(2′*E*, 4′*E*)-decadienoyl]-ingenol |
| 2, 4-癸二烯酰异丁胺 | 2, 4-decadienoyl isobutyl amide |
| 癸二酰基 | decanedioyl |
| 4-癸基-(*E*)-戊二烯醛 | 4-decyl-(*E*)-pentadienal |
| 10-癸基十九烷-1, 19-二醇 | 10-decyl nonadecane-1, 19-diol |
| 癸基油酸酯 | decyl oleate |

| | |
|---|---|
| γ-癸内酯 | γ-decalactone (γ-decanolactone) |
| γ-癸内酯 | γ-decanolactone (γ-decalactone) |
| δ-癸内酯 | δ-decalactone (δ-decanolactone) |
| δ-癸内酯 | δ-decanolactone (δ-decalactone) |
| 癸醛 (羊蜡醛) | caprinic aldehyde (decanal, capraldehyde, decyl aldehyde) |
| 2, 4, 7-癸三烯醛 | 2, 4, 7-decatrienal |
| (*E*, *E*, *E*)-2, 4, 6-癸三烯酸去二氢哌啶 | (*E*, *E*, *E*)-2, 4, 6-decatrienoic acid piperideide |
| 12-*O*-*n*-癸-2, 4, 6-三烯酰基大戟二萜醇-13-乙酸酯 | 12-*O*-*n*-dec-2, 4, 6-tricenoyl phorbol-13-acetate |
| 2, 4, 6, 8-癸四烯酸去二氢哌啶 | 2, 4, 6, 8-decatetraenoic acid piperideide |
| 癸酸 (羊腊酸) | decanoic acid (decylic acid, capric acid) |
| 癸酸甲酯 | methyl decanoate |
| 癸酸蓝 | decanoate (caprate, decylate) |
| 癸酸十一醇酯 | undecyl decanoate |
| 癸酸乙酯 | ethyl caprate |
| 2-癸酮 | 2-decanone |
| 5-癸酮 | 5-decanone |
| 3-癸酮 | 3-decanone |
| 癸烷 | decane |
| 1-癸烯 | 1-decene |
| 4-癸烯 | 4-decene |
| 癸烯 | decene |
| 3-癸烯-2-酮 | 3-decen-2-one |
| 2-癸烯-4, 6, 8-三炔酸甲酯 | methyl 2-decen-4, 6, 8-triynoate |
| (8*E*)-癸烯-4, 6-二炔-1-*O*-β-D-吡喃葡萄糖苷 | (8*E*)-decen-4, 6-diyn-1-*O*-β-D-glucopyranoside |
| (8*Z*)-癸烯-4, 6-二炔-1-*O*-β-D-吡喃葡萄糖苷 | (8*Z*)-decen-4, 6-diyn-1-*O*-β-D-glucopyranoside |
| (2*E*)-2-癸烯-4, 6-二炔-(9*Z*, 12*Z*)-十八碳二烯酸酯 | (2*E*)-2-decen-4, 6-diyn-(9*Z*, 12*Z*)-octadecadienoic acid ester |
| (8*E*)-癸烯-4, 6-二炔-1, 10-二醇 | (8*E*)-decen-4, 6-diyn-1, 10-diol |
| (2*E*, 8*R*)-癸烯-4, 6-二炔-1, 8-二羟基-8-β-D-呋喃芹糖基-(1→6)-β-D-吡喃葡萄糖苷 | (2*E*, 8*R*)-decen-4, 6-diyn-1, 8-dihydroxy-8-β-D-apiofuranosyl-(1→6)-β-D-glucopyranoside |
| (3*R*, 8*E*)-8-癸烯-4, 6-二炔-3, 10-二羟基-1-*O*-β-D-吡喃葡萄糖苷 | (3*R*, 8*E*)-8-decen-4, 6-diyn-3, 10-dihydroxy-1-*O*-β-D-glucopyranoside |
| 癸烯-4-酸 | decen-4-oic acid |
| (*Z*)-3-癸烯醇 | (*Z*)-3-en-decyl alcohol |
| 3-癸烯醇 | 3-decenol |
| (*E*)-癸烯醇 | (*E*)-decenol |
| 癸烯基菲 | decenyl phenanthrene |
| 2, 4-癸烯醛 | 2, 4-decenal |
| 2-癸烯醛 | 2-decenal |
| 12-*O*-癸酰巴豆醇-13-(2-甲基丁酸酯) | 12-*O*-decanoyl phorbol-13-(2-methyl butanoate) |

| 3-*O*-癸酰基-16-*O*-乙酰异德国鸢尾道醛 | 3-*O*-decanoyl-16-*O*-acetyl isoiridogermanal |
|---|---|
| 20-*O*-癸酰巨大戟烯醇 | 20-*O*-decanoyl ingenol |
| 癸酰乙醛 (鱼腥草素) | decanoyl acetaldehyde (houttuynin) |
| 贵州冬凌草素 A | guidongnin A |
| 贵州獐牙菜苷 A～K | kouitchensides A～K |
| 贵州獐牙菜萜苷 A、B | swertiakosides A, B |
| 桂莪术内酯 | gweicurculactone |
| 桂麻黄碱 | cinnamephedrine |
| 桂吗香豆素 | cineeromen |
| 桂南木莲碱 | mangochinine |
| 桂南木莲碱氯化物 | mangochinine chloride |
| 桂南木莲碱氢氧化物 | mangochinine hydroxide |
| 桂皮醇 (肉桂醇) | cinnamyl alcohol |
| 桂皮醇 (肉桂醇) | cinnamic alcohol |
| (*E*)-桂皮醇乙酸酯 | (*E*)-cinnamyl acetate |
| 桂皮醇乙酸酯 (肉桂醇乙酸酯) | cinnamyl acetate |
| 桂皮多糖 (肉桂多糖) AX | cinnaman AX |
| 桂皮苷 | cinnamoside |
| 桂皮基 (肉桂基) | cinnamyl |
| 桂皮醛 (肉桂醛) | cinnamaldehyde (cinnamic aldehyde, cinnamal) |
| 桂皮鞣质 $A_2$～$A_4$、$B_1$、$B_2$、$D_1$、$D_2$、Ⅰ | cinnamtannins $A_2$～$A_4$, $B_1$, $B_2$, $D_1$, $D_2$, Ⅰ |
| 桂皮酸 (肉桂酸) | cinnamic acid |
| (*E*)-桂皮酸 [(*E*)-肉桂酸] | (*E*)-cinnamic acid |
| 桂皮酸苯丙酯 (肉桂酸苯丙酯、桂皮酸苯丙醇酯) | phenyl propyl cinnamate |
| 桂皮酸苯乙酯 | phenyethyl cinnamate |
| 桂皮酸苄酯 (肉桂酸苄酯) | benzyl cinnamate |
| 桂皮酸丁酯 | butyl cinnamate |
| 桂皮酸桂皮醇酯 (苏合香素) | cinnamyl cinnamate (styracin) |
| 桂皮酸桂皮酯 | cinnamyl cinnamate |
| 桂皮酸环氧桂皮醇酯 | epoxycinnamyl cinnamate |
| 桂皮酸龙脑酯 | bornyl cinnamate |
| 桂皮酸松柏醇酯 (松柏醇桂皮酸酯) | coniferyl cinnamate (lubanyl cinnamate) |
| 桂皮酸乙酯 (肉桂酸乙酯) | ethyl cinnamate |
| 桂皮酸异丁酯 | isobutyl cinnamate |
| 桂皮酸羽扇豆醇酯 | lupeol cinnamate |
| 桂皮酸羽扇豆烯醇酯 | lupenyl cinnamate |
| 桂皮酸正丙酯 | *n*-propyl cinnamate |
| 5-桂皮酰-10-乙酰大西辛 Ⅰ、Ⅱ | 5-cinnamoyl-10-acetyl taxicins Ⅰ, Ⅱ |
| 4α-桂皮酰-2, 3-脱氢胡萝卜醇 | 4α-cinnamoyl-2, 3-dehydrocarotol |
| 12-*O*-桂皮酰-20-*O*-牛皮消酰肉珊瑚苷元 | 12-*O*-cinnamoyl-20-*O*-ikemaoyl sarcostin |

| 中文名称 | 英文名称 |
|---|---|
| 12-*O*-桂皮酰-20-*O*-惕各酰肉珊瑚苷元 | 12-*O*-cinnamoyl-20-*O*-tigloyl sarcostin |
| 1-桂皮酰-3-乙酰-11-甲氧基楝果宁 (1-肉桂酰-3-乙酰-11-甲氧基鹅耳枥楝素) | 1-cinnamoyl-3-acetyl-11-methoxymeliacarpinin |
| 5-桂皮酰-9, 10-二乙酰大西辛 I | 5-cinnamoyl-9, 10-diacetyl taxicin I |
| 5-桂皮酰-9-*O*-乙酰趋光辛 I | 5-cinnamoyl-9-*O*-acetyl phototaxicin I |
| 7-桂皮酰败酱苷 | 7-cinnamoyl patrinoside |
| 桂皮酰对酪胺 | cinnamoyl tyramine |
| 6′-*O*-桂皮酰哈巴苷 (6′-*O*-桂皮酰钩果草苷、6′-*O*-桂皮酰钩果草吉苷) | 6′-*O*-cinnamoyl harpagide |
| 4α-桂皮酰胡萝卜醇 | 4α-cinnamoyl carotol |
| 桂皮酰鸡屎藤次苷甲酯 | cinnamoyl scandoside methyl ester |
| 1-*O*-桂皮酰基-1-*O*-去苯甲酰日楝醛 | 1-*O*-cinnamoyl-1-*O*-debenzoyl ohchinal |
| 5α-(桂皮酰基) 氧-7β-羟基-9α, 10β, 13α-三乙酰氧基紫杉-4 (20), 11-二烯 | 5α-(cinnamoyl) oxy-7β-hydroxy-9α, 10β, 13α-triacetoxytaxa-4 (20), 11-diene |
| 2-*O*-桂皮酰基-1, 6-二-*O*-没食子酰基-β-D-葡萄糖 | 2-*O*-cinnamoyl-1, 6-di-*O*-galloyl-β-D-glucose |
| 2-*O*-桂皮酰基-1-*O*-没食子酰基-β-D-葡萄糖 | 2-*O*-cinnamoyl-1-*O*-galloyl-β-D-glucose |
| 12-*O*-桂皮酰基-20-烟酰基-二氢肉珊瑚素-3-*O*-β-D-吡喃磁麻糖基-(1→4)-β-D-吡喃夹竹桃糖基-(1→4)-β-D-吡喃磁麻糖苷 | 12-*O*-cinnamoyl-20-nicotinoyl-dihydrosarcostin-3-*O*-β-D-thevetopyranosyl-(1→4)-β-D-oleandropyranosyl-(1→4)-β-D-cymaropyranoside |
| (5a*R*, 6*R*, 9*R*, 9a*R*)-4-桂皮酰基-3, 6-二羟基-1-甲氧基-6-甲基-9-(1-甲乙基)-5a, 6, 7, 8, 9a-六氢二苯并呋喃 | (5a*R*, 6*R*, 9*R*, 9a*R*)-4-cinnamoyl-3, 6-dihydroxy-1-methoxy-6-methyl-9-(1-methyl ethyl)-5a, 6, 7, 8, 9a-hexahydro-dibenzofuran |
| 6β-桂皮酰基-7β-羟基柯桠树烯-5α-醇 | 6β-cinnamoyl-7β-hydroxyvouacapen-5α-ol |
| 1β-*O*-桂皮酰基-D-吡喃葡萄糖苷 | 1β-*O*-cinnamoyl-D-glucopyranoside |
| 2-(6-*O*-桂皮酰基-β-D-吡喃葡萄糖氧基)-3, 16, 20, 25-四羟基-9-甲基-19-去甲羊毛甾-5-烯-22-酮 | 2-(6-*O*-cinnamoyl-β-D-glucopyranosyloxy)-3, 16, 20, 25-tetrahydroxy-9-methyl-19-norlanost-5-en-22-one |
| 桂皮酰基-β-D-葡萄糖苷 | cinnamoyl-β-D-glucoside |
| 2-*O*-桂皮酰基-β-葡萄糖 | 2-*O*-cinnamoyl-β-glucose |
| *O*-桂皮酰基大西辛 I | *O*-cinnamoyl taxicin I |
| *O*-桂皮酰基大西辛 I 三乙酸酯 | *O*-cinnamoyl taxicin I triacetate |
| 12-*O*-桂皮酰基二氢肉珊瑚素-3-*O*-β-D-吡喃磁麻糖基-(1→4)-β-D-吡喃夹竹桃糖基-(1→4)-β-D-吡喃磁麻糖基-(1→4)-β-D-吡喃磁麻糖苷 | 12-*O*-cinnamoyl dihydrosarcostin-3-*O*-β-D-thevetopyranosyl-(1→4)-β-D-oleandropyranosyl-(1→4)-β-D-cymaropyranosyl-(1→4)-β-D-cymaropyranoside |
| 12-*O*-桂皮酰基-二氢肉珊瑚素-3-*O*-β-D-吡喃磁麻糖基-(1→4)-β-D-吡喃夹竹桃糖基-(1→4)-β-D-吡喃洋地黄毒糖基-(1→4)-β-D-吡喃磁麻糖苷 | 12-*O*-cinnamoyl dihydrosarcostin-3-*O*-β-D-thevetopyranosyl-(1→4)-β-D-oleandropyranosyl-(1→4)-β-D-digitoxopyranosyl-(1→4)-β-D-cymaropyranoside |
| 2-*O*-桂皮酰基没食子酰葡萄糖 | 2-*O*-cinnamoyl-glucogallin |
| 5-桂皮酰基紫杉因 B | 5-cinnamoyl taxin B |
| 8-桂皮酰苦槛蓝苷 | 8-cinnamoyl myoporoside |
| 2-桂皮酰葡萄糖 | 2-cinnamoyl glucose |
| 5-桂皮酰趋光辛 II | 5-cinnamoyl phototaxicin II |
| 12β-*O*-桂皮酰去羟基肉珊瑚苷元 | 12β-*O*-cinnamoylutendin |

G

| | |
|---|---|
| 20-*O*-桂皮酰肉珊瑚素 (20-*O*-桂皮酰肉珊瑚苷元) | 20-*O*-cinnamoyl sarcostin |
| 桂皮酰三乙炔素 A、B | cinnatriacetins A, B |
| 3-桂皮酰苏门树脂酸酯 | 3-cinnamoyl sumaresinolic acid |
| 12-桂皮酰泰勒纤冠藤酮-3-*O*-β-D-吡喃磁麻糖基-(1→4)-β-D-吡喃夹竹桃糖基-(1→4)-β-D-吡喃洋地黄毒糖基-(1→4)-β-D-吡喃磁麻糖苷 | 12-cinnamoyltayloron-3-*O*-β-D-thevetopyranosyl-(1→4)-β-D-oleandropyranosyl-(1→4)-β-D-digitoxopyranosyl-(1→4)-β-D-cymaropyranoside |
| 25-*O*-桂皮酰榅桲萜 | 25-*O*-cinnamoyl vulgaroside |
| 14-*O*-桂皮酰新欧乌林碱 | 14-*O*-cinnamoyl neoline |
| 8-*O*-桂皮酰新欧乌林碱 | 8-*O*-cinnamoyl neoline |
| 5α-桂皮酰氧基-10β-羟基-2α, 9α, 13α-三乙酰氧基紫杉-4 (20), 11-二烯 | 5α-cinnamoyloxy-10β-hydroxy-2α, 9α, 13α-triacetoxy-taxa-4 (20), 11-diene |
| 4α-桂皮酰氧基-2, 3-脱氢胡萝卜醇 | 4α-cinnamoyloxy-2, 3-dehydrocarotol |
| 5α-桂皮酰氧基-2α, 13α-二羟基-9α, 10β-二乙酰氧基-4 (20), 11-紫杉二烯 | 5α-cinnamoyloxy-2α, 13α-dihydroxy-9α, 10β-diacetoxy-4 (20), 11-taxadiene |
| 5α-桂皮酰氧基-9α, 10β, 13α-三乙酰氧基紫杉-4 (20), 11-二烯 | 5α-cinnamoyloxy-9α, 10β, 15α-triacetoxytaxa-4 (20), 11-diene |
| 3α-桂皮酰氧基-对映-贝壳-16-烯-19-酸 | 3α-cinnamoyloxy-*ent*-kaur-16-en-19-oic acid |
| 4α-桂皮酰氧基胡萝卜醇 | 4α-cinnamoyloxydehydrocarotol |
| 2′-桂皮酰玉叶金花诺苷 | 2′-cinnamoyl mussaenoside |
| 1-*O*-桂皮酰鹧鸪花宁 | 1-*O*-cinnamoyl trichilinin |
| 桂丝醇 | guisinol |
| 桂竹糖芥苷 (木糖糖芥苷) | erychroside |
| 桂竹香苷 | glucocheirolin |
| 桂竹香苷 A | glucocheirolin A |
| 桂竹香灵 (粪莱菔子素) | cheiroline |
| 桂竹香宁 | cheirinine |
| 桧醇 (香桧醇) | sabinol |
| 桧醇乙酸酯 | sabinyl acetate |
| 桧木醇 (扁柏酚) | hinokitiol |
| 桧脑 (杜松脑、桧樟脑) | juniper camphor |
| 桧酸 | sabinic acid |
| 桧酮 | sabinaketone |
| 桧烷 | sabinane |
| 桧烯 (香桧烯、桧萜) | sabinene |
| 棍掌碱 | coryneine |
| 棍掌碱氯化物 (*N*, *N*, *N*-三甲基多巴胺盐酸盐、氯化甲基多巴胺) | coryneine chloride (*N*, *N*, *N*-trimethyl dopamine hydrochloride) |
| 果胶多糖 | pectic polysaccharide |
| 果胶柳穿鱼苷 (柳穿鱼叶苷、柳穿鱼苷、里哪苷、大蓟苷) | pectolinarin (pectolinaroside, nedinarin) |
| 果胶柳穿鱼苷元-7-*O*-β-D-吡喃葡萄糖醛酸苷 | pectolinarigenin-7-*O*-β-D-glucuronopyranoside |

| 果胶柳穿鱼苷元 -7-*O*-β-D- 吡喃葡萄糖醛酸苷甲酯 | pectolinarigenin-7-*O*-β-D-glucuronopyranoside methyl ester |
|---|---|
| 果胶酸 | pectic acid |
| 果胶酯酶 | pectinesterase |
| 果聚糖 | fructan (fructosan, levulan) |
| 果生核盘菌素 | sclerosporin |
| L- 果糖 | L-fructose |
| D- 果糖 (D- 阿拉伯己 -2- 酮糖) | D-fructose (D-arabino-2-hexulose) |
| 果糖 (阿拉伯 -2- 己酮糖) | fructose (fruit sugar, arabino-2-hexulose) |
| 果糖 -1, 6- 二磷酸酯 | fructose-1, 6-diphosphate |
| 果糖 -1- 磷酸酯 | fructose-1-phosphate |
| 果糖 -2, 6- 二磷酸盐 | fructose-2, 6-bisphosphate |
| 果糖 -6- 磷酸酯 | fructose-6-phosphate |
| 果糖吡咯烷酮酸 | fructose pyrrolidonic acid |
| 果糖低聚糖 (低聚果糖) | fructo-oligosaccharides |
| β- 果糖苷 | β-fructoside |
| 果糖谷氨酰胺 | fructose glutamine |
| β-D- 果糖正丁醇苷 | *n*-butanol-β-D-fructoside |
| 果香菊苷 | chamaemeloside |
| 果香菊素 | nobilin |
| 过苯甲酸 | perbenzoic acid |
| 过环氧 | epidioxy |
| (1*S*, 4*R*, 5*S*, 6*R*, 7*S*, 10*R*, 11*R*)-4, 6- 过环氧 -4, 5- 环氧 -4, 5- 开环杜松 -12, 5- 内酯 | (1*S*, 4*R*, 5*S*, 6*R*, 7*S*, 10*R*, 11*R*)-4, 6-epidioxy-4, 5-epoxy-4, 5-secocadin-12, 5-lactone |
| 过甲酸 | performic acid |
| 过江藤定 A、B | nodifloridins A, B |
| 过江藤灵 A、B | lippiflorins A, B |
| 过江藤素 (过江藤亭) | nodifloretin |
| 过江藤亭 -7-*O*- 鼠李糖基葡萄糖苷 | nodifloretin-7-*O*-rhamnosylgucoside |
| 过江藤辛 | lippiacin |
| 过路黄苷 A、B | lysichrisides A, B |
| 1- 过羟基 -1, 2, 3, 4- 四氢萘 | 1-hydroperoxy-1, 2, 3, 4-tetrahydronaphthalene |
| 4- 过羟基环己 -2, 5- 二烯 -1- 甲酸乙酯 | 4-hydroperoxycyclohex-2, 5-dien-1-carboxylic acid ethyl ester |
| 4- 过氢氧 -5- 烯广防风二内酯 (4- 过氢氧 -5- 烯防风草二内酯) | 4-hydroperoxy-5-en-ovatodiolide |
| 25- 过氢氧环木菠萝 -23- 烯 -3β- 醇 | 25-hydroperoxycycloart-23-en-3β-ol |
| 24- 过氢氧环木菠萝 -25- 烯 -3β- 醇 | 24-hydroperoxycycloart-25-en-3β-ol |
| 过山蕨苷 A～C | camsibrisides A～C |
| 过山蕨素 | camptobisin |

| | |
|---|---|
| 过山蕨酸 | camptosoric acid |
| 过氧丙酸 | peroxypropionic acid |
| 过氧苍术内酯 Ⅲ | peroxiatractylenolide Ⅲ |
| 4, 4′-过氧叉二苯甲酸 | 4, 4′-peroxydibenzoic acid |
| 5α, 8α-过氧多花白树-6, 9 (11)-二烯-3α, 29-二苯甲酸酯 | 5α, 8α-peroxymultiflora-6, 9 (11)-dien-3α, 29-dibenzoate |
| 过氧红曲吡喃酮 | peroxymonascuspyrone |
| (22*E*, 24*R*)-5α, 8α-过氧化麦角甾醇-6, 9 (11), 22-三烯-3β-醇 | (22*E*, 24*R*)-5α, 8α-ergosterol peroxide-6, 9 (11), 22-trien-3β-ol |
| 过氧化酶 | peroxydase |
| 5α-过氧化氢桉叶-4 (15), 11-二烯 | 5α-hydroperoxyeudesma-4 (15), 11-diene |
| (–)-2β-过氧化氢克拉文洛醇 | (–)-2β-hydroperoxykolavelool |
| 5α-过氧化氢木香酸 | 5α-hydroperoxycostic acid |
| 过氧化野花椒醇碱 | peroxysimulenoline |
| 过氧化乙酰 | acetyl peroxide |
| 过氧化银胶菊内酯 (过氧小白菊内酯) | peroxyparthenolide |
| 过氧化元宝酮 A、B | peroxysampsones A, B |
| 过氧己酸 | peroxyhexanoic acid |
| 过氧甲酸 | peroxycarboxylic acid |
| 过氧九里香醇 | peroxymurraol |
| 过氧麦角甾醇 | peroxyergosterol |
| 过氧木香烯内酯 | peroxycostunolide |
| 过氧南艾蒿烯内酯 (南艾蒿素) | verlotorin |
| α-过氧千叶蓍酯 | α-peroxyachifolid |
| (*E*)-25-过氧羟基达玛-23-烯-(3β, 20*S*)-二醇 | (*E*)-25-hydroperoxydammar-23-en-(3β, 20*S*)-diol |
| (22*E*, 24*S*)-7α-过氧氢豆甾-5, 22 -二烯-3β-醇 | (22*E*, 24*S*)-7α-hydroperoxystigmast-5, 22-dien-3β-ol |
| 过氧酸橙内酯烯醇 (过氧酸橙素烯醇) | peroxyauraptenol |
| 3-(过氧羧基)-1-甲基吡啶氯化盐 | 3-(hydroperoxycarbonyl)-1-methyl pyridinium chloride |
| 10, 12-过氧脱氢白菖蒲烯 | 10, 12-peroxycalamenene |
| 5α, 8α-过氧脱氢丘陵多孔菌酸 (5α, 8α-过氧脱氢土莫酸) | 5α, 8α-peroxydehydrotumulosic acid |
| 过氧物酶 A、B | peroxidases A, B |
| 过氧物酶素 $A_3$ | peroxisomicine $A_3$ |
| β-过氧异千叶蓍酯 | β-peroxyisoachifolide |
| 过氧羽叶芸香灵 | peroxytamarin |
| 过氧泽兰蕙宁 A、B | peroxyeupahakonins A, B |
| 过氧竹红菌素 | peroxyhypocrellin |
| 过乙酸 | peracetic acid |
| 哈巴苷 (钩果草吉苷) | harpagide |
| 哈巴苷乙酸酯 (哈帕苷乙酸酯、钩果草吉苷乙酸酯) | harpagide acetate |

| 哈巴酯苷 (哈帕酯苷、钩果草酯苷) | harpagoside |
|---|---|
| (*Z*)-哈巴酯苷 [(*Z*)-哈帕酯苷、(*Z*)-钩果草酯苷] | (*Z*)-harpagoside |
| 哈博罗醌 A、B | gaboroquinones A, B |
| 哈德拉杜古蒂树碱 A、B | hadranthines A, B |
| 哈蒂文素 A～C | hativenes A～C |
| 哈尔醇 | harmol |
| 哈尔马拉宁碱 | harmalanine |
| 哈尔马拉西定碱 | harmalacidine |
| 哈尔马拉西宁碱 | harmalacinine |
| 哈尔马利定碱 | harmalidine |
| 哈尔马利辛碱 | harmalicine |
| 哈尔满 (哈尔满碱、骆驼蓬满碱、牛角花碱、西番莲林、1-甲基-β-咔啉) | harman (harmane, locuturine, aribine, passiflorin, 1-methyl-β-carboline) |
| 哈尔满-3-甲酸 | harman-3-carboxylic acid |
| 哈尔满碱 (哈尔满、骆驼蓬满碱、牛角花碱、西番莲林、1-甲基-β-咔啉) | harmane (harman, locuturine, aribine, passiflorin, 1-methyl-β-carboline) |
| γ-哈尔明碱 (γ-哈尔明、γ-去氢骆驼蓬碱) | γ-harmine |
| 哈尔明碱 (哈尔明、骆驼蓬明碱、脱氢骆驼蓬碱) | harmine |
| 哈佛地亚酚 (哈氏芸香酚、木橘碱) | halfordinol (aegelenine) |
| 哈勒任 | haslerine |
| 哈马比瓦内酯 A、B | hamabiwalactones A, B |
| 哈马定 | hamadine |
| 哈马酚 (哈尔马酚、骆驼蓬马酚、骆驼蓬酚、骆驼蓬洛酚) | harmalol |
| 哈马宁 | harmanine |
| 哈曼拉希酸 A | hamanasic acid A |
| 哈哪闹明 | hananomin |
| 哈奴脂素 [(–)-1-*O*-阿魏酰基开环异落叶松脂素] | hanultarin [(–)-1-*O*-feruloyl secoisolariciresinol] |
| 哈帕塔二烯酸 | haptadienic acid |
| 哈氏百日菊内酯 (哈阿格百日菊内酯) | haageanolide |
| (+)-哈氏豆属酸 [(+)-哈威豆酸] | (+)-hardwickiic acid [(+)-hardwickiic acid] |
| 哈氏豆属酸 (哈威豆酸) | hardwickiic acid |
| 哈氏罗汉松内酯 (豪氏罗汉松内酯) A、B | hallactones A, B |
| 哈氏唐松草嗪 | thalihazine |
| 哈氏唐松草嗪 *N*-氧化物 | thalihazine *N*-oxide |
| 哈宗藤碱 | hazuntine |
| 还亮草定 A～C | anthriscifoldines A～C |
| 还亮草碱 A～G | anthriscifolcines A～G |
| 还亮草明 A～J | anthriscifolmines A～J |
| 还阳参属苷 A～I | crepisides A～I |

| 还阳参烯炔酸 | crepenynic acid |
|---|---|
| 还原糖 | reducing sugar |
| 海岸桐香堇苷 | guettardionoside |
| 海巴戟素 (海滨木巴戟宁) A | citrifolinin A |
| 海巴戟素 (海滨木巴戟宁) B异构体 a、b | citrifolinin B epimers a, b |
| α-海豹胆酸 | α-phocaecholic acid |
| 海滨柳穿鱼苷 A～C | unranosides A～C |
| 海滨柳穿鱼素 | unranin |
| 海滨马鞭草查耳酮 (海滩马鞭草查耳酮) | littorachalcone |
| 海滨马鞭草酮 | littoralisone |
| 海滨木巴戟二酚 | soranjidiol |
| 海滨木巴戟二酚-6-*O*-β-樱草糖苷-1-羟基-2-樱草糖氧基-甲基蒽醌-3-酯 | soranjidiol-6-*O*-β-primeveroside-1-hydroxy-2-primeverosyloxy-methylanthraquinone-3-olate |
| 海滨木巴戟苷 (海滨木巴戟诺苷) | citrifolinoside |
| 海滨木巴戟苷 (海滨木巴戟诺苷) A | citrifolinoside A |
| 海滨木巴戟尼酮 | morindicininone |
| 海滨木巴戟素 A～C | nonins A～C |
| 海滨木巴戟萜素 | morindacin |
| 海滨木巴戟酮 | morindicinone |
| 海滨天芥菜宁碱 | curassavinine |
| 海滨天芥菜文碱 | curassavine |
| 海常素 (赪桐素、海州常山苦素、海常黄苷、海州常山黄酮苷) A～I | clerodendrins A～I |
| 海葱次苷甲 (原海葱苷 A、海葱原苷 A) | caradrin (talusin, proscillaridin A, coratol, urgilan) |
| 海葱原苷 A (海葱次苷甲、原海葱苷 A) | talusin (proscillaridin A, caradrin, coratol, urgilan) |
| 海葱二糖 | scillarabiose |
| 海葱苷甲 | scillaren A |
| 海葱苷元 | scillarenin |
| 海葱三糖 | scillatriose |
| 海葱甾 | scillanolide |
| 海葱皂苷 A～G | scillasaponins A～G |
| 海带氨酸草酸氢酯 | laminine dioxalate |
| 海带多酚 | kelp polyphenol |
| 海带多糖 (褐藻淀粉、海带淀粉、昆布多糖、昆布聚糖) | laminarin (laminaran) |
| 海带多糖-1 | laminarin polysaccharide-1 (LP1) |
| 海带多糖硫酸酯 | fucoidan-galactosan sulgate |
| 海胆棘色素 | spinochrome |
| 海胆灵 (刺孢曲霉碱、刺孢曲霉素、刺孢霉碱) | echinulin (echinuline) |
| 海胆色素 A (6-乙基-2, 3, 5, 7, 8-五羟基-1, 4-萘醌) | echinochrome A (6-ethyl-2, 3, 5, 7, 8-pentahydroxy-1, 4-naphthoquinone) |

| 海胆烯酮 | echinenone |
|---|---|
| 海岛轮环藤酚碱 (岛藤醇灵、海岛轮环藤诺林碱) | insulanoline |
| 海恩西阿苷元 A | heinsiagenin A |
| 海葱醇 | scillitol |
| 海枫藤苷 A、B | haifengtenosides A, B |
| 海茴香二醇 | crithmumdiol |
| 海金鸡菊亭 (海金鸡菊苷、海生菊苷、金鸡菊噢哢、6, 7, 3′, 4′- 四羟基噢哢) | maritimetin (6, 7, 3′, 4′-tetrahydroxyaurone) |
| 海金鸡菊亭 -6-*O*-β-D- 葡萄糖苷 | maritimetin-6-*O*-β-D-glucoside |
| 海金鸡菊亭 -7-*O*-β-D- 葡萄糖苷 | maritimetin-7-*O*-β-D-glucoside |
| 海金鸡菊因 (马里苷) | marein |
| 海金沙内酯 | lygodinolide |
| 海金沙素 | lygodin |
| 海柯 | hecogenone |
| (*R*, *S*)- 海柯皂苷元 | (*R*, *S*)-hecogenin |
| 海柯皂苷元 (核柯配基) | hecogenin |
| 海柯皂苷元 -3-*O*-β-D- 吡喃葡萄糖基 -(1→2)-β-D- 吡喃葡萄糖基 -(1→4)-β-D- 吡喃半乳糖苷 | hecogenin-3-*O*-β-D-glucopyranosyl-(1→2)-β-D-glucopyranosyl-(1→4)-β-D-galactopyranoside |
| 海柯皂苷元 -3-*O*-β-D- 吡喃葡萄糖基 -(1→4)-β-D- 吡喃半乳糖苷 | hecogenin-3-*O*-β-D-glucopyranosyl-(1→4)-β-D-galactopyranoside |
| 海柯皂苷元 -3-*O*-β- 吡喃木糖基 -(1→3)-β- 吡喃葡萄糖基 -(1→4)-β- 吡喃半乳糖苷 | hecogenin-3-*O*-β-xylopyranosyl-(1→3)-β-glucopyranosyl-(1→4)-β-galactopyranoside |
| 海柯皂苷元 -3-*O*-β- 吡喃葡萄糖基 -(1→2)-β- 吡喃葡萄糖基 -(1→4)-β- 吡喃半乳糖苷 | hecogenin-3-*O*-β-glucopyranosyl-(1→2)-β-glucopyranosyl-(1→4)-β-galactopyranoside |
| 海柯皂苷元乙酸酯 | hecogenin acetate |
| 海葵赤素 | actinoerythrin |
| 海葵素 | actinocongestin |
| 海兰地嗪 (鹤氏唐松草碱、白蓬草辛敏碱) | hernandezine (thalicsimine) |
| 海榄雌素 A～M | marinoids A～M |
| 海榄雌脂酮 A、B | marinnones A, B |
| 海狸胺 (海狸碱) | castoramine |
| 海离药草醇 | maristeminol |
| 海莲酸 | sexangulic acid |
| 海螺碱 | littorine |
| 海绿苷 A～C | anagallosides A～C |
| 海绿苷元 B | anagalligenin B |
| 海绿苷元酮 (海绿酮苷元) B | anagalligenone B |
| 海绿苷元酮 -3-*O*-[β-D- 吡喃木糖基 -(1→2)-β-D- 吡喃葡萄糖基 -(1→4)-α-L- 吡喃阿拉伯糖苷] | anagalligenone-3-*O*-[β-D-xylopyranosyl-(1→2)-β-D-glucopyranosyl-(1→4)-α-L-arabinopyranoside] |
| 海绿苷元酮 -3-*O*-[β-D- 吡喃葡萄糖基 -(1→4)-α-L- 吡喃阿拉伯糖苷] | anagalligenone-3-*O*-[β-D-glucopyranosyl-(1→4)-α-L-arabinopyranoside] |

| | |
|---|---|
| 海绿苷元酮-3-*O*-α-L-吡喃阿拉伯糖苷 | anagalligenone-3-*O*-α-L-arabinopyranoside |
| 海绿灵 | anagalline |
| 海绿石蕊酸 | merochlorophaeic acid (merochloropheic acid) |
| 海绿石蕊酸 | merochloropheic acid (merochlorophaeic acid) |
| 海绿素(海绿星苷)A～E | anagallisins A～E |
| 海绿甾苷(海绿宁)Ⅰ～Ⅳ | arvenins Ⅰ～Ⅳ |
| 海绿甾苷Ⅰ(琉璃繁缕苷Ⅰ、葫芦素B-2-*O*-葡萄糖苷) | arvenin Ⅰ (cucurbitacin B-2-*O*-glucoside) |
| 海杧果毒素(单乙酰黄花夹竹桃次苷乙、单乙酰黄夹次苷乙) | cerberin (monoacetyl neriifolin) |
| 海杧果苷(异黄花夹竹桃苷乙) | cerberoside |
| 海杧果苷元 | tanghinigenin |
| 海杧果苷元-L-费氏尖药木苷(海杧果苷元-L-甲基鼠李糖苷) | tanghinigenin-L-acofrioside |
| 17α-海杧果苷元-β-D-葡萄糖-3-氧代-(1→4)-α-L-黄花夹竹桃糖苷 | 17α-tanghinigenin-β-D-glucos-3-ulosyl-(1→4)-α-L-thevetoside |
| 海杧果苷元吡喃葡萄糖基黄花夹竹桃糖苷 | tanghinigenin-glucopyranosyl-thevetoside |
| 17β*H*-海杧果苷元黄花夹竹桃糖苷 | 17β*H*-tanghinigenin thevetoside |
| 海杧果苷元黄花夹竹桃糖苷 | tanghinigenin-thevetoside |
| 海杧果尼酸 | cerberinic acid |
| 海杧果宁 | tanghinin |
| 海杧果素(海杧果林素) | manghaslin |
| 海杧果叶苷A、B | cerleasides A, B |
| 海帽苦尔苷 | haemocorin |
| 海绵凤尾碱 | zarzissine |
| 海绵萜素B | hyrtiosin B |
| 海绵异硬蛋白 | sponginin |
| 海绵硬蛋白 | spongin |
| 海绵甾醇 | spongesterol |
| 海膜素A | halymecin A |
| 海墨菊内酯 | hymenolin |
| 海南巴豆内酯A～J | crotonolides A～J |
| 海南粗榧内酯 | hainanolide (harringtonolide) |
| 海南粗榧内酯醇 | hainanolidol |
| 海南粗榧新碱 | hainanensine |
| 海南冬青苷A～E | ilexhainanosides A～E |
| 海南冬青宁A～D | ilexhainanins A～D |
| 海南哥纳香醇甲 | howiinol A |
| 海南哥纳香素A | howiicin A |
| 海南哥纳香乙素 | howiicin B |
| 海南哥纳香酯甲 | howiinin A |

| 海南狗牙花胺 | ervahaimine |
|---|---|
| 海南狗牙花碱 A～C | ervahanines A～C |
| 海南狗牙花米定碱 A、B | ervahainamidines A, B |
| 海南九里香内酯 [7-甲氧基-8-(1′-乙酰氧基-2′-氧亚基-3′-甲丁基) 香豆素] | hainanmurpanin [7-methoxy-8-(1′-acetoxy-2′-oxo-3′-methyl butyl) coumarin] |
| 海南陆均松甾酮 | dacryhainansterone |
| α-海南轮环藤碱 | α-hainanine |
| 海南买麻藤宁 (海南买麻藤素) A～S | gnetuhainins A～S |
| 海南牛奶菜苷 (海南牛奶菜新苷) A | hainaneoside A |
| 海南蕊木碱 A～F | kopsihainins A～F |
| 海南蕊木宁 A、B | kopsihainanines A, B |
| 海南崖豆藤素 | pachylobin |
| 海南野扇花碱 A～D | sarcovagines A～D |
| 海南野扇花宁 C | sarcovagenine C |
| 海南皂苷元 (硬毛茄苷元) | hainangenin (solaspigenin) |
| 海尼钩枝藤碱 A | ancistroheynine A |
| (19*S*)-海尼山辣椒碱 | (19*S*)-heyneanine |
| 19-海涅狗牙花碱 | 19-heyneanine |
| 19*S*-海涅狗牙花碱 | 19*S*-heyneanine |
| 海涅狗牙花碱 (海尼山辣椒碱) | heyneanine |
| 海涅狗牙花碱羟基伪吲哚 | heyneanine hydroxyindolenine |
| 海帕刺桐碱 | hypophorine |
| 海蓬子宾 | saliherbine |
| 海蓬子碱 | salicornine |
| 海蓬子壳二孢吡咯酮 A | ascosalipyrrolidinone A |
| 海漆半日花酮 A～C | excolabdones A～C |
| 海漆苷 A、B | excoecariosides A, B |
| 海漆卡灵 A～S、$G_1$、$G_2$、$R_1$、$R_2$、$T_1$、$T_2$、$V_1$～$V_3$ | excoecarins A～S, $G_1$, $G_2$, $R_1$, $R_2$, $T_1$, $T_2$, $V_1$～$V_3$ |
| 海漆卡灵 F 二甲酯 | excoecarin F dimethyl ester |
| 海漆卡灵 M 二甲酯 | excoecarin M dimethyl ester |
| 海漆卡诺醇 A、B | excoecanols A, B |
| 海漆灵素 A～F | agallochaexcoerins A～F |
| 海漆宁 | excoecarianin |
| 海漆诺醇 A～G | excocarinols A～G |
| 海漆素 A～O | agallochins A～O |
| 海漆新醇 A～D | excoagallochaols A～D |
| 海蚯蚓素 | arenicochrome |
| 海人草素 | digeneaside |
| α-海人草酸 (α-红藻氨酸) | digenic acid (α-kainic acid) |

| 海萨崖椒酰胺 | hazaleamide |
|---|---|
| 海扇碱 (卡内精) | pectenine (carnegine) |
| 海蛇毒 a、b | hydrophitoxins a, b |
| 海蛇神经毒素 a～c | erabutoxins a～c |
| 海参-9 (11)-烯-3β, 12α-二醇 | holost-9 (11)-en-3β, 12α-diol |
| 海参-9 (11)-烯-3β-醇 | holost-9 (11)-en-3β-ol |
| 海参毒素 Ⅰ～Ⅲ | holotoxins Ⅰ～Ⅲ |
| 海参苷 A、B | holothurins A, B |
| 海参素 A～C | holothrins A～C |
| 海松-15 (16)-β-烯-8β, 11α, 20-三羟基-7-*O*-β-D-吡喃葡萄糖苷 | pimar-15 (16)-β-en-8β, 11α, 20-trihydroxy-7-*O*-β-D-glucopyranoside |
| 海松-8 (14), 15-二烯-14-醇 | pimar-8 (14), 15-dien-14-ol |
| 海松-8 (14), 15-二烯-18-酸 | pimar-8 (14), 15-dien-18-oic acid |
| L-海松-8-(14), 15-二烯-19-醇 | L-pimar-8-(14), 15-dien-19-ol |
| 海松-8 (14), 15-二烯-19-酸 | pimar-8 (14), 15-dien-19-oic acid |
| L-海松-8-(14), 15-二烯-19-酸 | L-pimar-8-(14), 15-dien-19-oic acid |
| (–)-海松-9 (11), 15-二烯-19-酸 | (–)-pimar-9 (11), 15-dien-19-oic acid |
| 海松二烯 | pimaradiene |
| 海松醛 | pimaral |
| L-海松酸 | L-pimaric acid |
| 海松酸 | pimaric acid |
| 海松烷 | pimarane |
| 海莎草酚 | remirol |
| 海棠苷 (金丝桃苷、槲皮素-3-*O*-半乳糖苷、紫花杜鹃素丁、海棠因) | hyperin (hyperoside, quercetin-3-*O*-galactoside) |
| 海棠果醇 | canophyllol |
| 海棠果林素 A、B | inophyllins A, B |
| 海棠果宁素 | inophinnin |
| 海棠果醛 | canophyllal |
| 海棠果素 P | inophyllum P |
| 海棠果酸 | canophyllic acid |
| 海棠果呫酮 A | inophyxanthone A |
| 海棠果酮 Ⅰ | inophynone Ⅰ |
| 海替定 (异叶乌头定) | hetidine |
| 海替生-2α, 11α, 13β-三醇 | hetisan-2α, 11α, 13β-triol |
| 海通酮 D、E | mandarones D, E |
| 海桐花苷 (海桐烷苷) $A_1$～$A_6$、$B_1$～$B_3$ | pittosporanosides $A_1$～$A_6$, $B_1$～$B_3$ |
| 海桐花黄质 $A_1$～$A_4$、$B_1$、$B_2$、$C_1$、$C_2$ | pittosporumxanthins $A_1$～$A_4$, $B_1$, $B_2$, $C_1$, $C_2$ |
| 海桐花新苷 (海桐苷) A、B | pittosporatobirasides A, B |
| 海桐黄质 $A_1$～$A_3$、B～D | tobiraxanthins $A_1$～$A_3$, B～D |

| 海桐酸酯 1 (白毛茛酸酯 1) | hycandinic acid ester 1 |
|---|---|
| 海头红二烯 A | plocamadiene A |
| 海头红素 | telfairine |
| 海兔胺酮 | aplaminone |
| 海兔醇 A～E | aplysiols A～E |
| 海兔二醇 | aplysiadiol |
| 海兔罗灵碱 A～C | aplyronines A～C |
| 海兔宁 A～P | aplysianins A～P |
| 海兔赛品碱 | aplysepine |
| 海兔双内酯 | aplydilactone |
| 海兔素 -20 | aplysin-20 |
| 海兔抑素 | aplysistatin |
| 海星甾醇 | asteriasterol |
| 海牙亭碱 [(±) 箭毒素、(±) 箭毒碱] | hayatine [(±)-curine, (±)-bebeerine] |
| 海牙亭宁碱 (海牙替宁碱、海牙亭宁) | hayatinine |
| 海燕神经节苷酯 A | asterinaganglioside A |
| 海燕皂苷 (海盘车皂苷) $P_1$～$P_4$ | asterosaponins $P_1$～$P_4$ |
| 海燕种苷 A～G | pectiniosides A～G |
| 海洋苷 | marine glycoside |
| 海洋酰胺 | tasiamide |
| 海罂粟胺 | glaucamine |
| 海罂粟定 | glaucidine |
| 海罂粟碱 (波尔定碱二甲基醚) | glaucine (boldine dimethyl ether) |
| 海罂粟属碱 (海罂粟酮碱) | glaucium base |
| 海芋素 A～E | alocasins A～E |
| 海芋酰胺 A、B | alomacrorrhizas A, B |
| 海藻糖 | mycose (trehalose) |
| 海藻糖 | trehalose (mycose) |
| α, β- 海藻糖 | α, β-trehalose |
| β, β- 海藻糖 | β, β-trehalose |
| α, α- 海藻糖 (α-D- 吡喃葡萄糖基 -α-D- 吡喃葡萄糖苷) | α, α-trehalose (α-D-glucopyranosyl-α-D-glucopyranoside) |
| 海藻糖酶 | trehalase |
| 海州常山醇苷 | trichotomoside |
| 海州常山二萜酸甲酯 | methyl clerodermate |
| 海州常山苷 (臭梧桐苷) A | clerodendroside A |
| 海州常山明素 A、B | trichotomins A, B |
| 海州常山酮 | trichotomone |
| 海州常山托苷 A、B | trichotomsides A, B |
| 海州骨碎补苷 | marioside |
| (–)- 亥茅酚 | (–)-hamaudol |

| | |
|---|---|
| (3′*R*)-(+)-亥茅酚 | (3′*R*)-(+)-hamaudol |
| 亥茅酚 | hamaudol |
| (+)-亥茅酚 | (+)-hamaudol |
| (3′*S*)-亥茅酚 | (3′*S*)-(–)-hamaudol |
| 亥茅酚-3′-乙酸酯 | hamaudol-3′-acetate |
| 亥茅酚-7-乙酸酯 | hamaudol-7-acetate |
| 蚶碱 | arcaine |
| 含生草脂素 B～D | hierochins B～D |
| 含笑苷 A、B | micheliosides A, B |
| 含笑碱 A (黄心树宁碱) | micheline A (ushinsunin, ushinsunine) |
| 含笑内酯 A | sphaelactone A |
| 含笑属碱 | michelia base |
| 含笑素 | michepressine |
| 含笑烯内酯 (乌心石环氧内酯) | michelenolide |
| 含羞草定碱 | mimopudine |
| 含羞草苷 | mimoside |
| L-含羞草碱 | L-mimosine |
| 含羞草碱 | mimosine |
| 含羞草碱-*O*-β-D-葡萄糖苷 | mimosine-*O*-β-D-glucoside |
| 含羞草宁素 A、B | kukulkanins A, B |
| 含羞草田皂角酚 | mimosifoliol |
| 含羞草田皂角酮 | mimosifolenone |
| 含羞云实醇 A～G | mimosols A～G |
| 韩都鞘丝藻肽素 A～C | hantupeptins A～C |
| 韩国人参皂苷 $R_1$ | korgoginsenoside $R_1$ |
| 寒地报春黄苷 | primflasine (primflasin) |
| 罕没药酚 | heerabomyrrhol |
| α-罕没药酚 | α-heerabomyrrhol |
| β-罕没药酚 | β-heerabomyrrhol |
| 罕没药树脂 | heeraboresene |
| 罕没药酸 | heerabomyrrholic acid |
| α-罕没药酸 | α-heerabomyrrholic acid |
| β-罕没药酸 | β-heerabomyrrholic acid |
| 罕没药烯 | heerabolene |
| 焯菜苷 | roripanoside |
| 焯菜素 (焯菜砜) | rorifone |
| 焯菜酰胺 | rorifamide |
| 汉伯藤黄素 | hanburin |
| 汉迪亚大戟醇 (汉地醇) | handianol |
| 汉防己甲素 (汉防己碱、特船君、倒地拱素、青藤碱A) | fanchinine (tetrandrine, sinomenine A) |

| 汉防己碱(汉防己甲素、特船君、倒地拱素、青藤碱A) | tetrandrine (sinomenine A, fanchinine) |
|---|---|
| (*S*, *S*)-(+)-汉防己碱 [(*S*, *S*)-(+)-汉防己甲素、(*S*, *S*)-(+)-特船君、(*S*, *S*)-(+)-倒地拱素] | (*S*, *S*)-(+)-tetrandrine |
| 汉防己碱-2′-*N*-α-氧化物 | tetrandrine-2′-*N*-α-oxide |
| 汉防己碱-2′-*N*-β-氧化物 | tetrandrine-2′-*N*-β-oxide |
| 汉防己碱单-*N*-2′-氧化物 | tetrandrinemono-*N*-2′-oxide |
| 汉防己素 | hanfangchin |
| 汉防己乙素(去甲汉防己碱、防己诺林碱) | hanfangichin B (demethyl tetrandrine, fangchinoline) |
| 汉黄芩苷 | wogonoside |
| 汉黄芩苷甲酯 | wogonoside methyl ester |
| 汉黄芩素 | wogonin |
| 汉黄芩素-5-β-D-吡喃葡萄糖苷 | wogonin-5-β-D-glucopyranoside |
| 汉黄芩素-5-β-D-葡萄糖苷 | wogonin-5-β-D-glucoside |
| 汉黄芩素-7-*O*-D-吡喃葡萄糖苷 | wogonin-7-*O*-D-glucopyranoside |
| 汉黄芩素-7-*O*-β-D-葡萄糖醛酸苷(木蝴蝶定) | wogonin-7-*O*-β-D-glucuronide (oroxindin) |
| 汉黄芩素-7-*O*-β-D-葡萄糖醛酸苷乙酯 | wogonin-7-*O*-β-D-glucuronide ethyl ester |
| 汉黄芩素-7-*O*-β-D-葡萄糖醛酸苷正丁酯 | wogonin-7-*O*-β-D-glucuronide butyl ester |
| 汉黄芩素-7-*O*-葡萄糖苷 | wogonin-7-*O*-glucoside |
| 汉黄芩素-7-*O*-葡萄糖醛酸苷 | wogonin-7-*O*-glucuronide |
| 汉黄芩素-7-*O*-葡萄糖醛酸苷甲酯 | wogonin-7-*O*-glucuronide methyl ester |
| 汉密尔查耳酮 | hamilcone |
| 汉密尔黄酮A、B | hamiltones A, B |
| 汉密尔噢哢 | hamiltrone |
| 汉密尔咕吨A | hamilxanthene A |
| 汉山姜醇 | hanalpinol |
| 汉山姜环氧萜醇(汉山姜米醇) | hanamyol |
| 汉山姜酮 | hanalpinone |
| 旱地菊-12, 21-二烯 | bacchara-12, 21-diene |
| 旱地菊酸甲酯 | methyl psilalate |
| 旱金莲硫糖苷(金莲葡萄糖硫苷) | glucotropaeolin |
| 旱金莲素 | tropaeolin |
| 旱金莲素硫代葡萄糖苷 | tropaeolin thio-glucoside |
| 旱莲苷A～D | ecliptasaponins A～D |
| 旱柳苷A | matsudoside A |
| 旱柳素Ⅰ | hanliuin Ⅰ |
| 旱柳酮A | matsudone A |
| 旱诺凯醇[日本桤木醇、1, 7-双(4-羟苯基)-3, 5-庚二醇] | hannokinol [1, 7-bis (4-hydroxyphenyl)-3, 5-heptanediol] |
| 旱诺凯酮[日本桤木素、1, 7-双(4-羟苯基)-5-羟基-3-庚酮] | hannokinin [1, 7-bis (4-hydroxyphenyl)-5-hydroxy-3-heptanone] |

| | |
|---|---|
| 旱芹苷 E | celerioside E |
| 旱芹素 | apigravin |
| 旱生香茶菜素 XⅣ、XⅦ | xerophilusins XⅣ, XⅦ |
| 旱生香茶菜素 A～N | xerophilusins A～N |
| (±)-杭白芷双香豆素 | (±)-dahuribiscoumarin |
| 杭白芷香豆素 A～J | andafocoumarins A～J |
| 蒿本柯苷 A | ligusticoside A |
| 蒿淀粉 | arteniose |
| 蒿黄素 (艾黄素、六棱菊亭、蒿亭、5-羟基-3, 6, 7, 3′, 4′-五甲氧基黄酮) | artemetin (artemisetin, 5-hydroxy-3, 6, 7, 3′, 4′-pentamethoxyflavone) |
| 蒿甲醚 | artemether |
| 蒿内酯 (蒿属内酯) A～D | arteminolides A～D |
| 蒿宁 | artanin |
| 蒿属醇 (牡蒿醇、蛔蒿醇) | artemisia alcohol |
| L-β-蒿属醇乙酸酯 | L-β-artemisia alcohol acetate |
| 蒿属酮 (黄花蒿酮、青蒿酮) | artemisia ketone |
| 蒿素 (苦艾素) | artemisin |
| 蒿萜内酯 (南艾蒿烯内酯) | artemolin |
| 蒿西定 A | artemisidin A |
| 蒿乙醚 | arteether |
| 蒿甾醇 | artemisterol |
| 蠔刺属碱 | severina base |
| 好望角芦荟苷 A、B | feroxins A, B |
| 好望角芦荟苷元 (好望角芦荟定) | feroxidin |
| 好望角芦荟内酯 | feralolide |
| 好望角锡生藤碱 | cissacapine |
| 好望角中柱楝内酯 1 | capensolactone 1 |
| 郝青霉灵 A、B | herqulines A, B |
| 号角树酸 | cecropiacic acid |
| 号角树酸-3-甲酯 | 3-methyl cecropiacate |
| 浩京素 | hodgkinsine |
| 浩来宁 | holeinine |
| 浩米酮 (荷茗草酮、荷茗草醌) | horminone |
| 浩斯替灵 | holstiline |
| 浩斯替因 | holstiine |
| 浩维亚豆碱 (浩维因) | hoveine |
| 诃子醇酸 (榄仁树酸、终油酸) | terminolic acid |
| 诃子次酸 | chebulic acid |
| 诃子次酸三乙酯 | triethyl chebulate |
| 诃子苷 Ⅰ、Ⅱ | chebulosides Ⅰ, Ⅱ |

| 诃子黄素(榄仁黄素)A、B | terflavins A, B |
|---|---|
| 诃子精酸(诃黎勒酸、诃子鞣酸、诃黎勒鞣花酸) | chebulagic acid |
| 诃子木脂素(榄仁树木脂素) | termilignan |
| 诃子宁 | chebulanin |
| 诃子诺酸(榄仁萜酸) | terminoic acid |
| 诃子鞣质 | terchebulin |
| 诃子鞣质酸 | luteic acid |
| 诃子素 | chebulin |
| 2, 4-诃子素-β-D-吡喃葡萄糖苷 | 2, 4-chebulyl-β-D-glucopyranoside |
| 诃子酸(诃尼酸、诃子尼酸、诃子林鞣酸) | chebulinic acid |
| 诃子五醇(诃五醇) | chebupentol |
| 禾本甾醇[4α-甲基麦角甾-7, 24 (24)-二烯醇] | gramisterol [4α-methyl ergost-7, 24 (24)-dienol] |
| 禾草碱(芦竹碱) | gramine (donaxine) |
| 禾草碱 *N*b-氧化物 | gramine *N*b-oxide |
| 禾草碱甲基氢氧化物 | gramine methohydroxide |
| 禾草酮A、B | graminones A, B |
| 禾串树烃酯Ⅰ、Ⅱ | balansenates Ⅰ, Ⅱ |
| 禾叶兰素 | callosin |
| 禾叶千里光碱 | graminifoline |
| 合成鱼腥草素 | houttuyninum syntheticum |
| 合果含笑内酯 | paramicholide |
| 合欢氨酸 | albizziine |
| L-合欢氨酸(L-脲基丙氨酸) | L-albizzine |
| 合欢草素1(没食子杨梅苷) | desmanthin 1 (gallomyricitrin) |
| 合欢草素2 | desmanthin 2 |
| 合欢催产素 | albitocin |
| 合欢苷 | allibiside |
| 合欢灵碱Ⅰ、Ⅱ | julibrines Ⅰ, Ⅱ |
| 合欢诺苷A、B | albibrissinosides A, B |
| 合欢三苷A | albiziatrioside A |
| 合欢三萜内酯甲 | julibrotriterpenoidal lactone A |
| 合欢属皂苷 $A_1$～$A_4$、$B_1$、$C_1$、$J_1$～$J_{35}$、Ⅰ～Ⅲ | albiziasaponin $A_1$～$A_4$、$B_1$、$C_1$、$J_1$～$J_{35}$、Ⅰ～Ⅲ |
| 合欢素Ⅱ | julibrin Ⅱ |
| 合欢皂苷 $A_1$～$A_4$、$B_1$、$C_1$、$J_1$～$J_{35}$、Ⅰ～Ⅲ | julibrosides $A_1$～$A_4$, $B_1$, $C_1$, $J_1$～$J_{35}$, Ⅰ～Ⅲ |
| 合欢皂苷元A | julibrogenin A |
| 合欢酯苷A～E | albizosides A～E |
| 合酒花苦素a | colupox a |
| 合萌酸钾 | potassium aeschynomate |
| 合模蜂斗菜螺内酯 | homofukinolide |
| 合模黄华碱 | homothermopsine |

| | |
|---|---|
| 合蕊木屾酮 | symphoxanthone |
| 合蕊五味子二内酯 A～S | propindilactones A～S |
| 合蕊五味子灵 A～D | schpropinrins A～D |
| 合蕊五味子木脂素 C | schproplignan C |
| 合蕊五味子内酯 A、B | schiprolactones A, B |
| 合蕊五味子宁 A～F | propinquanins A～F |
| 合蕊五味子三内酯 A、B | propintrilactones A, B |
| 合蕊五味子素 E～K | propinquains E～K |
| 合掌消苷 A～G | amplexicosides A～G |
| 合掌消苷元 B-3-*O*-β-D-吡喃磁麻糖苷 | amplexicogenin B-3-*O*-β-D-cymaropyranoside |
| 合掌消苷元 B-3-*O*-β-D-吡喃磁麻糖基-(1→4)-α-L-吡喃磁麻糖基-(1→4)-β-D-吡喃磁麻糖苷 | amplexicogenin B-3-*O*-β-D-cymaropyranosyl-(1→4)-α-L-cymaropyranosyl-(1→4)-β-D-cymaropyranoside |
| 合掌消苷元 C-3-*O*-β-D-吡喃磁麻糖苷 | amplexicogenin C-3-*O*-β-D-cymaropyranoside |
| 合掌消苷元 D-3-*O*-β-D-吡喃磁麻糖苷 | amplexicogenin D-3-*O*-β-D-cymaropyranoside |
| 合掌消属碱 A | vincetoxicum base A |
| 合子草苷 A～H | actinostemmosides A～H |
| 何帕-16-烯 | hop-16-ene |
| 何帕-17 (21)-烯 | hop-17 (21)-ene |
| 何帕-17 (21)-烯-3α-醇 | hop-17 (21)-en-3α-ol |
| 何帕-17 (21)-烯-3β-醇 | hop-17 (21)-en-3β-ol |
| 何帕-17 (21)-烯-3β-醇乙酸酯 [3β-乙酰氧基-何帕-17 (21)-烯] | hop-17 (21)-en-3β-ol acetate |
| 何帕-17 (21)-烯-3-酮 | hop-17 (21)-en-3-one |
| 何帕-17 (21)-烯-6α-醇 | hop-17 (21)-en-6α-ol |
| 何帕-22 (29)-烯 | hop-22 (29)-ene |
| 21α*H*-何帕-22 (29)-烯 | 21α*H*-hop-22 (29)-ene |
| 何帕-22 (29)-烯-24-醇 | hop-22 (29)-en-24-ol |
| 21α*H*-何帕-22 (29)-烯-3β, 30-二醇 | 21α*H*-hop-22 (29)-en-3β, 30-diol |
| 何帕-22 (29)-烯-3β-醇 | hop-(22) 29-en-3β-ol |
| 何帕-29-醇乙酸酯 | hop-29-ol acetate |
| 何帕-3-醇 | hop-3-ol |
| 何帕-6α, 22-二醇 | hop-6α, 22-diol |
| (+)-何帕-6α, 22-二醇 | (+)-hop-6α, 22-diol |
| 29-何帕醇 | 29-hopanol |
| 21α*H*-22-何帕醇 | 21α*H*-22-hydroxyhopanol |
| 何帕醇 | hydroxyhopane |
| 6α, 22-何帕二醇 | 6α, 22-hopandiol |
| 6, 22-何帕二醇 (泽屋萜) | 6, 22-hopandiol (zeorin) |
| 何帕酮 | hopenone |
| 17α*H*, 21β*H*-何帕烷 | 17α*H*, 21β*H*-hopane |

| 21-何帕烯 | 21-hopene |
|---|---|
| 22 (29)-何帕烯 | 22 (29)-hopene |
| 何帕烯Ⅱ | hopene Ⅱ |
| 何帕烯醇B | hopenol B |
| 何首乌甲素、乙素、丙素 | polygonimitins A～C |
| 何首乌内酯 $C_1$～$C_4$、D、E | polygonumnolides $C_1$～$C_4$, D, E |
| 和常山定碱 | orixidine |
| 和常山环醇碱 | orixidinine |
| 和常山碱 | orixine |
| 和常山宁(臭山羊碱) | japonine |
| 和常山酮 | orixinone |
| 和钩藤灵 | rhynchociline |
| 和厚朴酚 | honokiol |
| 和厚朴醛 | obovaaldehyde |
| 和厚朴新酚(日本厚朴酚) | obovatol |
| 和门克里素 | hernancorizin |
| 和密特酰胺(赫米特鞘丝藻酰胺)A、B | hermitamides A, B |
| 和尚菜内酯 | adenoculolide |
| 和尚菜酮 | adenoculone |
| 和乌胺(去甲乌药碱、去甲衡州乌药碱) | higenamine (demethyl coclaurine, norcoclaurine) |
| 河北冬凌草冷杉素A～E | hebeiabinins A～E |
| 河北冬凌草素K | hebeirubesensin K |
| 河川木蓝素A | hetranthin A |
| 河南半枝莲碱A～H | scutehenanines A～H |
| 河南翠雀碱 | honatisine |
| 河豚毒素 | tetrodotoxin |
| 河豚肝脏毒素 | hepatoxin |
| 河豚酸(河鲀酸) | tetrodonic acid |
| 河鲀戊糖 | tetrodopentose |
| 河溪花椒脂素 | pluviatide |
| 荷包牡丹碱 | dicentrine (eximine) |
| (–)-荷包牡丹碱 | (–)-dicentrine |
| 荷苞牡丹胺 | dichotamine |
| (+)-荷苞牡丹碱 | (+)-dicentrine |
| 荷苞牡丹属碱 | dicentra base |
| 荷苞牡丹酮碱(荷苞牡丹酮) | dicentrinone |
| 荷蒂芸香胺 | hortiamine |
| 荷蒂芸香碱 | hortiacine |
| 荷哈默辛碱(剑叶长春花辛碱) | horhammericine |
| 荷花山桂花糖A～F | arillatoses A～F |

| 荷莲豆碱 | cordatanine |
|---|---|
| 荷莲豆素 | cordacin |
| 荷叶苷 | nelunboside |
| 荷叶黄酮苷 | nulumboside |
| 荷叶碱 (酸枣仁碱 E) | nuciferine (sanjoinine E) |
| L-核-D-甘露壬糖 | L-ribo-D-mannononose |
| 核巴灵 | herbaline |
| 核白因 | herbaine |
| 核蛋白 | nucleoprotein |
| 5-核苷酸 | 5-nucleotide |
| 5′-核苷酸梅 | 5′-nucleotidase |
| 核果木素 A | putranjivain A |
| 核黄素 (维生素 $B_2$、乳黄素) | riboflavin (vitamin $B_2$) |
| 核黄素月桂酸酯 | riboflavin laurate |
| D-核己-2-酮糖 (D-阿洛酮糖) | D-ribo-hex-2-ulose (D-psicose) |
| 核拉定 | hellardine |
| 核拉文 | herclavine |
| 核佩斯亭 | herpestine |
| 核坡灵 | herbipoline |
| 核日春 | heleritrine |
| 核瑟因 | herbaceine |
| 核酸 | nucleoic acid |
| 核糖 | ribose |
| D-核糖 | D-ribose |
| D-核糖-1, 4-内酯 | D-ribono-1, 4-lactone |
| L-核糖-1, 4-内酯 | L-ribono-1, 4-lactone |
| 核糖醇 | ribitol |
| 1-核糖醇基-2, 3-二甲酮基-1, 2, 3, 4-四氢-6, 7-二甲基喹噁啉 | 1-ribityl-2, 3-diketo-1, 2, 3, 4-tetrahydro-6, 7-dimethyl quinoxaline |
| 核糖核酸 | ribonucleic acid |
| 9-核糖基玉蜀黍嘌呤 | 9-ribosyl zeatin |
| 核桃素 (胡桃鞣灵) A～D | glansrins A～D |
| 核替生 (异叶乌头素) | hetisine |
| 核替生酮 (脱氢异叶乌头素、脱氢核替生) | hetisinone (dehydrohetisine) |
| 核酮糖 | ribulose (adonose, araboketose, arabinulose) |
| D-核酮糖 (D-赤戊-2-酮糖) | D-ribulose (D-*erythro*-2-pentulose) |
| 核文 | hervine |
| 核新宁 | hercynine |
| 盒果藤苷 A～D | operculinosides A～D |
| 盒果藤酸 A～C | turpethic acids A～C |

| 盒果藤酯苷 A、B | turpethosides A, B |
|---|---|
| 赫柏托醇 | hebitol |
| 赫卡尼亚香科科苷 | teuhircoside |
| 赫里阿明碱 (天芥菜胺) | heliamine |
| 赫门塔明碱 (3-表文殊兰胺、网球花胺) | haemanthamine (3-epicrinamine, natalensine) |
| 赫塞青霉素 A | hesseltin A |
| 赫新夫林碱 | rhexifoline |
| 褐盖韧革菌内酯 | vibralactone |
| 褐盖韧革菌内酯 B | vibralactone B |
| 褐黑口蘑酸 | ustalic acid |
| 褐绿白坚木碱 | olivacine |
| 褐煤酸 (二十八酸、廿八酸) | montanic acid (octacosanoic acid) |
| 褐煤酸甲酯 | methyl montanate |
| 褐煤酸蜡酯 (褐煤酸二十六醇酯) | ceryl montanate |
| 褐舌藻醇 | spatol |
| 褐小菇酚 A～C | alcalinaphenols A～C |
| 褐云玛瑙螺肽 | fulicin |
| 褐藻胶 | algin |
| 褐藻酸 (藻胶酸、海藻酸、藻酸) | alginic acid |
| 褐藻酸盐 (海藻酸盐) | alginate |
| 鹤庆独活苷 | rapulasides A, B |
| 鹤庆独活三聚素 A | rapultririn A |
| 鹤庆五味子二内酯 A～C | wilsonianadilactones A～C |
| 鹤庆五味子果木脂素 A | willignan A |
| 鹤庆五味子甲素～辛素 | schisanwilsonins A～H |
| 鹤庆五味子木脂素 A～C | wilsonilignans A～C |
| 鹤虱内酯 | carpesialactone |
| 鹤乌碱 | scopaline |
| 黑百合宁碱 (哈帕卜宁碱) | hapepunine |
| 黑百合宁碱-3-*O*-α-L-吡喃鼠李糖基-(1→2)-β-D-吡喃葡萄糖苷 | hapepunine-3-*O*-α-L-rhamnopyranosyl-(1→2)-β-D-glucopyranoside |
| 黑百合宁碱-3-*O*-α-L-鼠李糖基-(1→2)-β-D-吡喃葡萄糖苷 | hapepunine-3-*O*-α-L-rhamnosyl-(1→2)-β-D-glucopyranoside |
| 黑百合宁碱-3-*O*-β-纤维二糖苷 | hapepunine-3-*O*-β-cellobioside |
| 黑斑海兔定 A、B | aplykurodins A, B |
| 黑柄炭角菌吡咯苷 A～D | xylapyrrosides A～D |
| 黑柄炭角菌萜 A～F | nigriterpenes A～F |
| 黑柄炭角菌酮 A～C | xylanigripones A～C |
| 黑茶藨子腈-5-阿魏酸酯 | nigrumin-5-ferulate |
| 黑茶藨子腈-5-对香豆酸酯 | nigrumin-5-*p*-coumarate |

| | |
|---|---|
| 黑茶渍素 | usnarin |
| 黑刺菌素 | adustin |
| 黑刺桐碱 | erythristemine |
| 黑葱花霉素 A、B | periconicins A, B |
| 黑翠碱甲、乙 | potanidines A, B |
| 黑翠宁碱 | potanine |
| 黑蛋巢菌醛 A～C | cyathusals A～C |
| 黑顶杯伞酸 A～C | acromelic acids A～C |
| 黑儿茶萤光素 | gambir fluorescein |
| 黑尔德卡酚 | hildecarpin |
| 黑粉毒 | ustilagotoxine |
| 黑粉菌素 (黑曲定) A～F | ustilaginoidins A～F |
| 黑粉宁 | ustilaginine |
| 黑高翠雀定 | blacknidine |
| 黑果菝葜苷 A～F | glaucochinaosides A～F |
| 黑果茜草萜 A、B | rubiprasins A, B |
| 黑胡椒酰胺 A～S | nigramides A～S |
| 黑花杠柳苷元 -3-*O*-α-L- 鼠李糖苷 | nigrescigenin-3-*O*-α-L-rhamnoside |
| 黑花杠柳苷元 -3-*O*-β-D- 脱氧古洛糖苷 | nigrescigenin-3-*O*-β-D-gulomethyloside |
| 黑花鸢尾素 | nigricanin |
| 黑花鸢尾素 -4′-*O*-β-D- 葡萄糖苷 | nigricanin-4′-*O*-β-D-glucoside |
| 黑黄檀亭 (黑特素、乌木黄檀亭) | melanettin |
| 黑及草屾酮苷 (椭圆叶花锚苷、3, 6, 8- 三甲氧基屾酮 -1-*O*- 樱草糖苷) | ellipticoside (3, 6, 8-trimethoxyxanthone-1-*O*-primeveroside) |
| 黑接骨木素 (西洋接骨木苷、苯乙腈葡萄糖苷) | sambunigrin |
| 黑芥子苷 (芥子苷、芥子酸钾、黑芥子硫苷酸钾) | sinigrin (potassium myronate) |
| 黑芥子硫苷酸 | myronic acid |
| 黑芥子硫苷酸钾 (芥子苷、芥子酸钾、黑芥子苷) | potassium myronate (sinigrin) |
| 黑荆苷 | mearncitrin (mearnsitrin) |
| 黑荆苷 | mearnsitrin (mearncitrin) |
| 黑荆素 | mearnsetin |
| 黑荆素 -3-(2″, 4″- 二乙酰基鼠李糖苷) | mearnsetin-3-(2″, 4″-diacetyl rhamnoside) |
| 黑荆素 -3-*O*-α-L- 吡喃鼠李糖苷 | mearnsetin-3-*O*-α-L-rhamnopyranoside |
| 黑荆素 -3-*O*-β-D- 吡喃葡萄糖苷 | mearnsetin-3-*O*-β-D-glucopyranoside |
| 黑荆素 -3-*O*-β- 吡喃葡萄糖醛酸苷 | mearnsetin-3-*O*-β-glucuronopranoside |
| 黑荆素 -3-*O*- 己糖苷异构体 | mearnsetin-3-*O*-hexoside isomer |
| 黑卡贝卡苷 D | cabenoside D |
| 黑壳楠碱 | lindoldhamine |
| 黑老虎木脂素 | kadcoccilignan |

| 黑老虎内酯 A～R | kadcoccilactones A～R |
|---|---|
| 黑老虎三酮 A～C | kadcotriones A～C |
| 黑老虎酸 (胭脂虫酸) | coccinic acid |
| 黑老虎酮 A～C | kadcoccitones A～C |
| 黑栗素 (胡桃醌、胡桃叶醌、胡桃酮) | regianin (juglone) |
| 黑龙江贝宁 | heilonine |
| 黑龙江野豌豆苷 A、B | amurenosides A, B |
| 黑龙江罂粟碱 (黑水罂粟菲酮碱) | amurine |
| 黑龙江罂粟宁 (黑水罂粟宁) | amuronine |
| 黑马灵 | hymaline |
| 黑麦草定 | lolinidine |
| 黑麦草苷 (散沫花酚苷) | lalioside |
| 黑麦草碱 | oline |
| 黑麦草内酯 (黑麦内酯、地芰普内酯) | loliolide (digiprolactone) |
| (–)-黑麦草内酯 [(–)-地芰普内酯、(–)-黑麦内酯] | (–)-loliolide [(–)-digiprolactone] |
| 黑麦草宁 | loninine |
| DL-黑麦草素 | DL-epiloliolide |
| (–)-黑麦草素 | (–)-epiloliolide |
| 黑麦酮酸 A～D | secalonic acids A～D |
| 黑鳗藤苷 A～L | stemucronatosides A～L |
| 黑鳗藤尼林 A | stephanthraniline A |
| 黑鳗藤托苷 A～N | mucronatosides A～N |
| 黑蔓醇酯 (东北雷公藤素醇) | regelinol |
| 黑蔓定碱 (东北雷公藤定碱) | regelidine |
| 黑蔓二醇酯 A、B | regelinoliols A, B |
| 黑蔓碱 (东北雷公藤碱) A～C | tripterregelines A～C |
| 黑蔓内酯 | regelide |
| 黑蔓素 (东北雷公藤林素) $A_1$～$A_{11}$、$B_1$、$B_2$、$C_1$～$C_4$、$D_1$、$E_1$～$E_8$、$F_1$、$F_2$、$G_1$、$G_2$ | triptogelins $A_1$～$A_{11}$, $B_1$, $B_2$, $C_1$～$C_4$, $D_1$, $E_1$～$E_8$, $F_1$, $F_2$, $G_1$, $G_2$ |
| 黑蔓酮酯 (东北雷公藤素) | regelin |
| 黑蔓酮酯 (东北雷公藤素) A、C、D | regelins A, C, D |
| 黑毛桩菇甾酮 C | atrotosterone C |
| 黑绵马素 | filicinigrin |
| 黑面色原酮 | melachromone |
| 黑面神苷 A、B | breyniosides A, B |
| 黑面神寇苷 A～G | fruticosides A～G |
| 黑面神美洲茶酸 | breynceanothanolic acid |
| 黑面神素 A～G | breynins A～G |
| 黑面神香堇苷 A～E | breyniaionosides A～E |
| 黑木金合欢素 | acamelin |

| | |
|---|---|
| 黑木金合欢亭 | melanoxetin |
| 黑牛角椒黄质 | nigroxanthin |
| 黑曲霉吡喃酮 A | asperpyrone A |
| 黑三棱苷 A | sparganiaside A |
| 黑桑醇 D～H | mornigrols D～H |
| 黑桑素 A～J | nigrasins A～J |
| 黑色驴豆呋喃 Ⅰ、Ⅱ | ebenfurans Ⅰ, Ⅱ |
| 黑色素 (头发黑素、黑素) | melanin |
| 黑色素碱 A～C | melanocins A～C |
| 黑色五味子单体苷 | schizandriside (schisandriside) |
| 黑色绣球海绵苷 (绣球海绵苷) A | iotroridoside A |
| 黑水翠雀辛 A～G | potanisines A～G |
| 黑水藤素 A | insignin A |
| 黑水缬草萜 A～C | heishuixiecaolines A～C |
| 黑水罂粟胺 (蓟罂粟胺、隐掌叶防己碱、隐品巴马亭) | muramine (cryptopalmatine) |
| 黑水罂粟菲酚碱 Ⅰ (黄金罂粟碱) | amurinol Ⅰ (nudaurine) |
| 黑水罂粟灵 (黑水罂粟螺酚碱) | amuroline |
| (+)-黑水罂粟宁 | (+)-amuronine |
| (–)-黑水罂粟西宁 | (–)-amurensinine |
| 黑水罂粟西宁 (黑水罂粟碱甲醚) | amurensinine |
| (–)-黑水罂粟西宁 *N*-氧化物 A、B | (–)-amurensinine *N*-oxides A, B |
| 黑水罂粟西宁 *N*-氧化物 A、B | amurensinine *N*-oxides A, B |
| (–)-黑水罂粟辛 | (–)-amurensine |
| 黑水罂粟辛 (黑龙江罂粟素) | amurensine |
| 黑蒴苷 | melasmoside |
| 黑斯卡灵 (莫斯卡灵、中美仙人掌毒碱) | mezcaline (mescaline) |
| 黑替定 | hyatidine |
| 黑团孢素 A、B | pericosines A, B |
| 黑团壳精宁 A～D | massarigenins A～D |
| 黑团壳内酯 A、B | massarilactones A, B |
| 黑团壳素 A、B | massarinins A, B |
| 黑乌霉康醇 | memnoconol |
| 黑乌霉球碱 A、B | memnobotrins A, B |
| 黑五味子酸 | nigranoic acid |
| 黑五味子酸 -26- 甲酯 | nigranoic acid-26-methyl ester |
| 黑五味子酸 -3- 乙酯 | nigranoic acid-3-ethyl ester |
| 黑线条藤黄屾酮 (黑线藤黄屾酮) A～V | nigrolineaxanthones A～V |
| 黑腺珍珠菜苷 A～E | heterogenosides A～E |
| 黑夜翠雀碱 | blacknine |
| 黑蚁素 | dendrolasin |

| 黑榆酮 A～C | davidianones A～C |
|---|---|
| 黑脂氧合酶素 | nigerloxin |
| 黑种草苷 A～D | nigellosides A～D |
| 黑种草灵 | nigelline |
| 黑种草酸 | nigellic acid |
| 黑种草酮 | nigellon |
| 黑足金粉蕨苷 A、B | contigosides A, B |
| 亨满宁 | hunnemannine |
| 亨宁萨胺 | henningsamine |
| 亨宁扫灵 (亨氏马钱林碱、亨氏马钱醇碱、核扫灵) | henningsoline |
| 衡州乌药艾酮 | coccudienone |
| 衡州乌药胺 | coclamine |
| 衡州乌药醇灵 | coclanoline |
| 衡州乌药定 | cocculidine |
| 衡州乌药芬碱 | cocclafine |
| 衡州乌药弗林 | coclifoline |
| 衡州乌药里定碱 (木防己叶碱、木防己里定碱、木防己里定) | cocculolidine |
| 衡州乌药灵 | cocculine |
| 衡州乌药替宁 | cocculitinine |
| 衡州乌药亭 | cocculitine |
| 衡州乌药维宁 | coccuvanine |
| 衡州乌药文 | coccuvine |
| 衡州乌药新碱 (木防己春碱) | coccutrine |
| (+)-衡洲乌药碱 | (+)-coclaurine |
| 红百金花内酯 (红百金花素) | *erythro*-centaurin |
| 红百金花素二甲缩醛 | *erythro*-centaurin dimethylacetal |
| 红百金花辛 | erythricin |
| 红柏酸 | thujic acid |
| 红斑红曲素 | rubropunctatin |
| 红棓酚 | purpurogallin |
| 红柄木犀苷 | armatuside |
| 红波罗花醇 | delavayol |
| 红波罗花碱 A～C | delavayines A～C |
| 红柴胡苷 A～C | scorzonerosides A～C |
| (7*Z*)-红车轴草大柱香波龙苷 Ⅰ、Ⅱ | (7*Z*)-trifostigmanosides Ⅰ, Ⅱ |
| 红车轴草根苷 (高丽槐素-3-*O*-β-D-葡萄糖苷、三叶豆紫檀苷、三叶豆根苷、车轴草根苷) | trifolirhizin (maackiain-3-*O*-β-D-glucoside) |
| 红车轴草黄酮 (车轴草醇、红车轴草酚) | pratol |
| 红车轴草素 (红车轴草异黄酮) | pratensein |

| | |
|---|---|
| 红车轴草素-7-*O*-β-D-吡喃葡萄糖苷 | pratensein-7-*O*-β-D-glucopyranoside |
| 红车轴草素-7-*O*-β-D-吡喃葡萄糖苷-6″-*O*-丙二酸酯 | pratensein-7-*O*-β-D-glucopyranoside-6″-*O*-malonate |
| 红车轴草素-7-*O*-β-D-葡萄糖苷 | pratensein-7-*O*-β-D-glucoside |
| 红车轴草素-7-*O*-β-D-葡萄糖苷-6″-*O*-丙二酸酯 | pratensein-7-*O*-β-D-glucoside-6″-*O*-malonate |
| 红车轴草素亭 | pratoletin |
| 红椿利酮(红椿酮)A～F | toonaciliatones A～F |
| 红椿林素(缘毛椿素、缅甸椿素) | toonacilin |
| 红椿亭A | toonaciliatine A |
| 红葱酚 | eleutherol |
| 红葱醌 | eleutherin |
| 红大戟素 | knoxiadin |
| 红大戟酸A | knoxivalic acid A |
| 红淡比鞣质A～C | cleyeratannins A～C |
| 红豆酚 | ormosinol |
| 红豆苷 | ormosinoside |
| 红豆裂碱 | ormosanine |
| 红豆杉(红豆杉萜)A～C | hongdoushans A～C |
| 红豆杉苷 | taxicatin |
| 红豆杉奎宁(中国紫杉素)A、B | taxuchins A, B |
| 红豆杉宁(中国紫杉辛宁、紫杉奎宁) Ⅰ | taxchinin Ⅰ |
| 红豆杉宁(中国紫杉辛宁、紫杉奎宁)A～N | taxchinins A～N |
| 红豆杉叶素(红豆杉氰苷) | taxiphyllin |
| 红豆树碱 | ormosine |
| 红豆树晶 | ormojine |
| 红豆树宁 | ormojanine |
| 红豆树宁碱 | ormosamine |
| 红豆树萨晶 | ormosajine |
| 红豆树属碱 | ormosia base |
| 红豆树西宁 | ormosinine |
| 红豆酸 | abric acid |
| 红豆皂苷 Ⅱ、Ⅴ | adzukisaponins Ⅱ, Ⅴ |
| 红分果爿酰胺A | *erythro*-coccamide A |
| 红粉苔酸 | lecanoric acid |
| 红根草对醌 | sapriparaquinone |
| 红根草二萜烯A～E | prionidipenes A～E |
| 红根草苷A、B | prionitisides A, B |
| 红根草邻醌 | sapriorthoquinone |
| 红根草林碱 | prioline |
| 红根草灵 | saprirearine |

| | |
|---|---|
| 红根草内酯 | sapriolactone |
| 红根草素 | salvonitin |
| 红根草酸酐 | saprionide |
| 红根草萜 A～F | prionoids A～F |
| 红根草亭 (红根草种素) | prionitin |
| 红根草酮 | hongencaotone |
| 红根草酮内酯 | prioketolactone |
| 红根草新对醌 | prineoparaquinone |
| 红根草新素 | salprionin |
| 红菇胺 | lepidamine |
| 红菇醇 | rulepidol |
| 红菇二醇 | rulepidadiol |
| 红菇二烯 A、B | rulepidadienes A, B |
| 红菇酚 | russuphelol |
| 红菇酚素 A～F | russuphelins A～F |
| 红菇降醇 | russulanorol |
| 红菇内酯 | lepidolide |
| 红菇诺醇 | rulepidanol |
| 红菇三醇 | rulepidatriol |
| 红菇酸 A | lepida acid A |
| 红古豆碱 | cuscohygrine |
| 红鹳酮 | phenicopterone |
| 红光皂苷元 | hongguanggenin |
| 红果壳内酯 | inophylloide |
| 红果瑞威那黄质 | humilixanthin |
| 红果山胡椒查耳酮 (红果山胡椒酚) | kanakugiol |
| 红果山胡椒二氢查耳酮 (二氢红果山胡椒酚) | dihydrokanakugiol |
| 红果山胡椒黄烷酮 (红果山胡椒素) | kanakugin |
| 红果山胡椒烷 | erythrane |
| 红果酸 (凤梨百合酸) | eucomic acid |
| 红果五味子素 | rubrisandrin A |
| 红海葱苷 | scilliroside |
| 红褐色葡萄枝霉酰胺 | rubrobramide |
| 红厚壳林素 A 甲酯 | inocalophyllin A methyl ester |
| 红厚壳林素 A、B | inocalophyllins A, B |
| 红厚壳林素 B 甲酯 | inocalophyllin B methyl ester |
| 红厚壳尼酸 (红厚壳酸、红厚壳酮酸、琼崖海棠酮酸) $A_1$～$A_3$、$B_1$、$B_2$ | calophynic acids (inophylloidic acids) $A_1$～$A_3$, $B_1$, $B_2$ |

| | |
|---|---|
| 红厚壳素 B [巴西红厚壳定、6-(3, 3-二甲烯丙基)-1, 5-二羟基呫酮] | calophyllin B [guanandin, 6-(3, 3-dimethyl allyl)-1, 5-dihydroxyxanthone] |
| 红厚壳酸 (红厚壳酮酸、琼崖海棠酮酸、红厚壳尼酸) $A_1$～$A_3$、$B_1$、$B_2$ | inophylloidic acids (calophynic acids) $A_1$～$A_3$, $B_1$, $B_2$ |
| 红厚壳塔玛内酯 A～P | tamanolides A～P |
| 红厚壳呫酮 A～C | calophyllumins A～C |
| 红厚壳烯酮内酯 | calophyllolide |
| 红厚壳香豆素 A～C | calocoumarins A～C |
| 红厚壳脂酸 | calophyllic acid |
| 红厚壳种内酯 (红厚壳内酯) | inophyllolide |
| 红花八角醇 | duinnianol |
| 红花八角内酯 A～D | dunnianolides A～D |
| 红花八角素 (红八角素、樟木钻素) | dunnianin |
| 红花倍半萜素 | cartorimine |
| 红花菜豆酸 (菜豆酸) | phaseic acid |
| 6‴-(–)-红花菜豆酰酸枣素 | 6‴-(–)-phaseoylspinosin |
| 红花袋鼠爪酮 | anigorufone |
| 红花杜鹃黄苷 | saffloroside |
| 红花苷 | carthamin |
| 红花黄色素 A、B | safflor yellows A, B |
| 红花疆罂粟胺 | roemeramine |
| (–)-红花疆罂粟定 | (–)-reframidine |
| 红花疆罂粟定 (斑点亚洲罂粟米定碱) | reframidine |
| 红花疆罂粟芬碱 (瑞木分) | remrefine |
| 红花疆罂粟碱 | reframine |
| 红花疆罂粟洛灵 | reomeroline |
| (–)-红花疆罂粟明 | (–)-refractamine |
| 红花疆罂粟明 | refractamine |
| (–)-红花疆罂粟莫灵 | (–)-reframoline |
| 红花疆罂粟莫灵 | reframoline |
| 红花疆罂粟宁 | roemeronine |
| 红花椒曼素 | rubemamin |
| 红花锦鸡儿素 A | cararosin A |
| 红花醌查苷 A、B | carthorquinosides A, B |
| 红花醌苷 A～D | saffloquinosides A～D |
| 红花龙胆酚酮 A～D | rhodanthenones A～D |
| 红花龙胆苷 A～C | rhodanthosides A～C |
| 红花龙胆种苷 A | rhodenthoside A |
| 红花明苷 A～C | safflomins A～C |
| 红花莫苷 $A_1$、$A_2$、$B_4$～$B_8$ | carthamosides $A_1$, $A_2$, $B_4$～$B_8$ |

| 红花羟色胺 (香矢车菊吲哚) | serotobenine (moschamindole) |
|---|---|
| 红花炔二醇 | safynol |
| 红花素 | carthamidin |
| 红花素 -7-*O*-β-D- 葡萄糖醛酸苷 | carthamidin-7-*O*-β-D-glucuronide |
| (±)- 红花亭 A～F | (±)-carthatins A～F |
| 红花托明苷 (红花明) | cartormin |
| 红花文殊兰酚苷 | amabiloside |
| 红花五味子二内酯 A～F | schirubridilactones A～F |
| 红花五味子苷 (鲁布利弗洛苷) A、B | rubriflosides A, B |
| 红花五味子灵 A～J | rubriflorins A～J |
| 红花五味子木脂素 A、B | rubrilignans A, B |
| 红花五味子素 | rubschisandrin |
| 红花五味子酮素 | schizanrutonin |
| 红花五味子酯 | rubschisantherin |
| 红花亚精胺 A、B | safflospermidines A, B |
| 红花岩黄芪香豆雌酚 A～H | hedysarimcoumestans A～H |
| 红化蕊木宁 A | mersinine A |
| 红灰青霉素 | erythroglaucin |
| 红茴香薁 A | illihenazulene A |
| 红茴香吡喃醇 A | illihenryipyranol A |
| 红茴香二酮 A | illihendione A |
| 红茴香呋喃醇 A | illihenryifunol A |
| 红茴香呋喃酮 A～C | illihenryifunones A～C |
| 红茴香内脂苷 A～G | illihenlactoneosides A～G |
| 红茴香内酯 A～G | henrylactones A～G |
| 红茴香素 (肾形香茶菜甲素) | henryin (reniformin A) |
| 红茴香酮 A～G | illihenryiones A～G |
| 红鸡蛋花醇 | rubrajaleelol |
| 红鸡蛋花醇 (红鸡蛋花诺醇) | rubrinol |
| 红鸡蛋花苷 | plumerubroside |
| 红鸡蛋花环烯醚萜 | rubradoid |
| 红鸡蛋花宁 | rubranin |
| 红鸡蛋花酸 | rubrajaleelic acid |
| 红鸡蛋花酮苷 | rubranonoside |
| 红鸡冠素 | rubrocristin |
| 红芥藜芦胺 (红藜芦碱、玉红芥芬胺) | rubijervine |
| 红景天苷 (毛柳苷、柳得洛苷、沙立苷、红景天素) | rhodioloside (salidroside, rhodosin) |
| 红景天吉定 | rhodiolgidin |
| 红景天吉素 | rhodiolgin |
| 红景天里定 | rhodalidin |

H

| | |
|---|---|
| 红景天林素 | rhodiolin |
| 红景天尼定 | rhodionidin |
| 红景天宁 (草质素-7-*O*-α-L-吡喃鼠李糖苷) | rhodionin (herbacetin-7-*O*-α-L-rhamnopyranoside) |
| 红景天氰苷 A～D | rhodiocyanosides A～D |
| 红景天鞣素 (3, 3′-二-*O*-没食子酰基原飞燕草素 $B_2$) | rhodisin (3, 3′-di-*O*-galloyl prodelphinidin $B_2$) |
| 红景天素 (红景天苷、柳得洛苷、沙立苷、毛柳苷) | rhodosin (rhodioloside, salidroside) |
| 红景天辛苷 | rhodiooctanoside |
| 红孔菌素 | pycnoporin |
| 红口水仙胺 | poetamine |
| 红口水仙碱 | poeticine |
| 红口水仙宁 | poetaminine |
| 红口水仙辛 | poetaricine |
| 红藜芦因 | rubiverine |
| 红镰玫素-6-*O*-β-D-呋喃芹糖基-(1→6)-*O*-β-D-吡喃葡萄糖苷 | rubrofusarin-6-*O*-β-D-apiofuranosyl-(1→6)-*O*-β-D-glucopyranoside |
| 红镰玫素-6-*O*-β-D-龙胆二糖苷 | rubrofusarin-6-*O*-β-D-gentiobioside |
| 红镰玫素龙胆二糖苷 | rubrofusarin gentiobioside |
| 红镰霉素三葡萄糖苷 | rubrofusarin triglucoside |
| 红链霉素 (红镰玫素) | rubrofusarin |
| 红蓼素 (豨莶灵、红蓼脂素) | orientalin |
| 红隆二酮 | hollongdione |
| 红轮千里光二萜素 A | flammein A |
| 红落叶松蕈碱 | agarythrine |
| 红毛丹内酯 A、B | lappaceolides A, B |
| 红毛破布木脂素 | rufescidride |
| 红毛七碱 | caulophine |
| 红毛悬钩子酸 | pinfaenoic acid |
| 红毛悬钩子酸-28-*O*-β-D-吡喃葡萄糖苷 | pinfaenoic acid-28-*O*-β-D-glucopyranoside |
| 红毛悬钩子萜葡萄糖酯 | glucosyl pinfaensate |
| 红毛紫钟苷 E | ardisimamiloside E |
| 红霉毒素 | rubratoxin |
| 红霉素 | erythromycin |
| 红门兰醇 (7-羟基-2, 4-二甲氧基-9, 10-二氢菲、红门兰酚) | orchinol (7-hydroxy-2, 4-dimethoxy-9, 10-dihydrophenanthrene) |
| α-红没药醇 (α-没药醇、α-甜没药萜醇) | α-bisabolol |
| β-红没药醇 (β-没药醇、β-甜没药萜醇) | β-bisabolol |
| 红没药醇 (甜没药醇、没药醇、甜没药萜醇) | bisabolol |
| α-红没药醇环氧化物 | α-bisabolol epoxide |
| 红没药醇氧化物 (甜没药醇氧化物) A～C | bisabolol oxides A～C |
| 红没药角鲨醛 A～D | bisabosquals A～D |

| | |
|---|---|
| 1, 3, 5, 10-红没药四烯 | 1, 3, 5, 10-bisaboltetraene |
| γ-红没药烯 | γ-bisabolene |
| β2-红没药烯 | β2-bisabolene |
| α-红没药烯 (α-没药烯、α-甜没药烯) | α-bisabolene |
| β-红没药烯 (β-没药烯、β-甜没药烯) | β-bisabolene |
| 红没药烯 (甜没药烯、没药烯) | bisabolene |
| 红没药烯-1, 4-环内桥接过氧化物 | bisabolen-1, 4-endoperoxide |
| 红母鸡草醇 (大叶山蚂蝗素) | gangetin |
| 红母鸡草素 (大叶山蚂蝗宁) | gangetinin |
| 红木荷皂苷 | schiwallin |
| 红木素 (胭脂树橙、胭脂树素、果泥粉) | bixin |
| 红木素甲酯 | methyl bixin |
| (±)-红楠素 D | (±)-machilin D |
| 红盘衣明 | ophioparmin |
| 红盘衣素 | haemoventosin |
| 红盘衣酸 | ventosic acid |
| 红楤木苷 A～C | rubranosides A～C |
| 红茄苳酮 | mucronatone |
| 红曲吡啶 A～D | monascopyridines A～D |
| 红曲丙素醇 A～D | monapilols A～D |
| 红曲丙烯酮 A～C | monapurones A～C |
| 红曲二内酯 (红曲二酮) | monascodilone |
| 红曲菲林酮 A～C | monaphilones A～C |
| 红曲红胺 (红曲紫色拉素) | monascorubramine |
| 红曲红色素 | monascorubrin |
| 红曲红素 | monascus red |
| 红曲黄素 | ankaflavin |
| 红曲蓝荧光素 A、B | monapurfluores A, B |
| 红曲灵 (紫红曲素) | monascupurpurin |
| 红曲螺内酯 A、B | monascuspirolides A, B |
| 红曲内酯 A | monascusic lactone A |
| 红曲嗜氮醇 A～D | monaphilols A～D |
| 红曲嗜氮酮 A～C | monascusazaphilones A～C |
| 红曲素 | monascin |
| 红曲酸 A～D | monascusic acids A～D |
| 红曲亭内酯 | monascustin |
| 红曲香豆素 (安卡红曲素) A～F | monankarins A～F |
| 红曲荧光素 A、B | monasfluores A, B |
| 红曲紫色素 (红斑红曲胺) | rubropunctamine |
| 红雀珊瑚素 | pedilstatin |

| 红雀珊瑚香豆素 A、B | pedilanthocoumarins A, B |
|---|---|
| 红乳菇素 A～E | lactarorufins A～E |
| 红桑黄酮 C | rubraflavone C |
| 红色木莲素 A～D | maninsigins A～D |
| 红色木莲新素 A、B | manneoinsigins A, B |
| 红色素 | haematochrome |
| 红山茶鞣质 (山茶单宁) A～H | camelliatannins A～H |
| 红山竹子屾酮 (红屾酮) | rubraxanthone |
| 红杉醇 (5-*O*-甲基-肌-肌醇) | sequoyitol (5-*O*-methyl-*myo*-inositol) |
| 红杉素 C | sequirin C |
| 红石蕊酸 | rhodocladonic acid |
| 红树碱 | rhizophorine |
| 红树素 A～E | rhizophorins A～E |
| 红丝线呋喃酮 A | lycifuranone A |
| 红丝线素 | peristrophine |
| 红丝线酰胺 | peristrophamide |
| 红松内酯 (松内酯) | pinusolide |
| 红松酸 | pinusolidic acid |
| 红松烯 | pinacene |
| 红算盘子素 A～D | glochicoccins A～D |
| 红梭霉毒素 | vomitoxin |
| 红藤苷 | sargencuneside |
| 红细胞生成素 | erythrogenin |
| 红苋甾酮 (暗红牛膝甾醇) | rubrosterone |
| 红芽木苷 A、B | pruniflorosides A, B |
| 红芽木黄酮 A | formosumone A |
| 红芽木酮 A～U | prunifloromes A～U |
| 红叶藤苷 | rourinoside |
| 红叶藤素 | rouremin |
| 红缨菊素 A～C | xanthopappins A～C |
| 红缘拟层孔菌酸 | fomitopsic acid |
| 红仔果碱 A、B | uniflorines A, B |
| α-红藻氨酸 (α-海人草酸) | α-kainic acid (digenic acid) |
| D-红藻酸 | D-rhodic acid |
| 红鹧鸪花灵 D | rubralin D |
| 红汁小菇定 | haematopodine |
| 红汁小菇定 B | haematopodine B |
| 红芝酸甲酯 A、B | methyl ganolucidates A, B |
| 红栀子皂苷 A～J | erythrosaponins A～J |

| 红紫青霉素 (ω-羟基大黄素) | citreorosein (ω-hydroxyemodin) |
|---|---|
| 红紫网球花碱 | punikathine |
| 荭 | rubicene |
| 荭草苷 (山黄麻苷) A、B | orientosides A, B |
| 荭草素 (红蓼素) | orientin |
| 荭草素-2″-*O*-木糖苷 | orientin-2″-*O*-xyloside |
| 荭草素-2″-*O*-葡萄糖苷 | orientin-2″-*O*-glucoside |
| 荭草素-2-*O*-α-L-鼠李糖苷 | orientin-2-*O*-α-L-rhamnoside |
| 荭草素-2″-*O*-β-D-吡喃葡萄糖苷 | orientin-2″-*O*-β-D-glucopyranoside |
| 荭草素-2″-*O*-吡喃葡萄糖苷 | orientin-2″-*O*-glucopyranoside |
| 荭草素-2″-*O*-对香豆酸酯 | orientin-2″-*O*-*p*-coumarate |
| 荭草素-2″-*O*-木糖苷 | orientin-2″-*O*-xyloside |
| 荭草素-6″-*O*-(*E*)-阿魏酰基-2″-*O*-木糖苷 | orientin-6″-*O*-(*E*)-ferulyl-2″-*O*-xyloside |
| 荭草素-7-鼠李糖苷 | orientin-7-rhamnoside |
| 荭草素-X″-*O*-(*E*)-阿魏酰基-2″-*O*-葡萄糖苷 | orientin-X″-*O*-(*E*)-ferulyl-2″-*O*-glucoside |
| 荭草素木糖苷 (春侧金盏花苷) | adonivernite |
| 虹彩烷三醇 (虹臭蚁烷三醇) | iridane triol |
| 虹臭蚁素 (阿根廷蚁素) | iridomyrmecin |
| 虹臭蚁烷四醇 | iridane tetraol |
| 洪赫尔亚丁花三糖苷 A | honghelotrioside A |
| 喉咙草素 A～D | saxifragifolins A～D |
| 喉毛花皂苷 A～H | comastomasaponins A～H |
| 猴耳环苷 | pithecelloside |
| 猴耳环碱 | pithecolobine |
| 猴菇菌素 Ⅲ、Ⅳ | herierins Ⅲ, Ⅳ |
| 猴头多糖 (猴头菇多糖) | hericium polysaccharide |
| 猴头菇内酯 A～H | erinaceolactones A～H |
| 猴头菌吡喃酮 A～C | erinapyrones A～C |
| 猴头菌醇 A～J | erinarols A～J |
| 猴头菌酚 A～D | hericenols A～D |
| 猴头菌碱 | hericirine |
| 猴头菌林 (异猴头菌素) | ihericerine (sohericerin) |
| 猴头菌素 | hericerin |
| 猴头菌素 A | hericerin A |
| 猴头菌多醇 A～Q | erinacins (erinacines) A～Q |
| 猴头菌酮 (猴头菌烯酮) A～K | hericenones A～K |
| 猴头菌烯 A～C | hericenes A～C |
| 猴头素 (猴头菌灵) A～L | erinacerins A～L |
| 猴头烯 D | erinacene D |
| 后马托品 | homatropine |

| | |
|---|---|
| 后清蛋白 | postalbumin |
| 后叶加压素 | vasopressin |
| 后甾酮 (坡斯特甾酮) | poststerone |
| 厚柄花酚 (厚足花酚、粗柄花酚、藿香黄酮醇、槲皮素-3, 3′, 7-三甲基醚) | pachypodol (quercetin-3, 3′, 7-trimethyl ether) |
| 厚管碱 (厚管狗牙花碱) | pachysiphine |
| 厚果醇 | dasycarpidol |
| 厚果红豆树碱 | dasycarpine |
| 厚果槐定 | pachycarpidine |
| 厚果槐碱 (D-鹰爪豆碱) | pachycarpine (D-sparteine) |
| 厚果鸡血藤甲素～戊素 (厚果崖豆藤素 A～E) | pachycarins A～E |
| 厚果皮苷元 | pachygenin |
| 厚果唐松草次碱 | thalidasine |
| 厚果唐松草次碱-2-α-*N*-氧化物 | thalidasine-2-α-*N*-oxide |
| 厚果唐松草碱 (唐松草卡品碱、唐松草卡品) | thalicarpine |
| 厚果酮 (林里奥酮、细纹厚果草酮) | lineolone (lineolon) |
| 厚花番荔枝灵 | araticulin |
| 厚环乳牛肝菌酚 (厚环乳牛肝酚) | bolegrevilol |
| 厚环乳牛肝菌素 D | grevillin D |
| 厚壳桂碱 | cryptaustoline |
| 厚壳桂灵 | cryptolline |
| 厚壳桂内酯 | cryptocaryalactone |
| 厚壳桂品 | cryptocarpine |
| 厚壳桂属碱 | cryptocarya base |
| 厚壳桂素 | cryonisine |
| 厚壳桂酮 | cryptocaryone |
| 厚壳桂酮 A、B | cryptocaryanones A, B |
| 厚壳树苷 B | ehretioside B |
| 厚壳树醌 | ehretiquinone |
| 厚壳树内酯 A、B | ehretilactones A, B |
| 厚壳树酸酯 | ehretiate |
| 厚壳树萜内酯 | ehretiolide |
| 厚壳树亭 | ehretine |
| 厚壳树酮 | ehretianone |
| 厚壳树酰胺 | ehretiamide |
| 厚壳树香豆素 | ehreticoumarin |
| (–)-厚露斯萘酮 [(–)-全柱花木脂酮] | (–)-holostyligone |
| 厚膜树苷 | fernandoside |
| 厚皮树醌酚 | lanneaquinol |
| 厚皮香酸 | ternstroemic acid |

| 厚皮香萜酸 | gymnantheraic acid |
|---|---|
| 厚朴酚 (木兰醇) | magnolol |
| 厚朴苷 (木兰苷) A | magnoloside A |
| 厚朴木脂素 (厚朴木酚素、木兰木脂素) A～I | magnolignans A～I |
| 厚朴木脂素 A-2-*O*-β-D-吡喃葡萄糖苷 | magnolignan A-2-*O*-β-D-glucopyranoside |
| 厚朴醛 (木兰醛) A～E | magnaldehydes A～E |
| 厚朴三醇 (木兰三酚) A、B | magnatriols A, B |
| 厚朴三酚 (台湾檫木酚) | randaiol |
| 厚朴辛碱 | magnofficine |
| 厚朴脂素 A～D | houpulins A～D |
| 厚藤素 A～H、I～IV、XVIII～XXX | pescapreins A～H, I～IV, XVIII～XXX |
| 厚网藻内酯 | pachyl actone |
| 厚缘藻内酯 | dilopholide |
| 厚缘藻醛 | dilkamural |
| 鲎肽Ⅰ、Ⅱ | tachyplesins Ⅰ, Ⅱ |
| 忽布酸 | lumulone |
| 忽布烯 | hymulene |
| 狐扁枝衣酸 | pulvinic acid |
| 狐尾藻苷 (多叶棘豆黄酮苷) | oxymyrioside |
| 狐衣酸 | vulpinic acid |
| L-胡薄荷酮 | L-pulegone |
| 胡蜂激肽 | vespulakinin |
| 胡黄连醇苷 A～I | scrosides A～I |
| 胡黄连酚苷 A～F | scrophenosides A～F |
| 胡黄连酚苷 C-7-乙醚 | scrophenoside C-7-ethyl ether |
| 胡黄连苷 | kutkoside |
| 胡黄连咖啡酸苷 A～C | scrocaffesides A～C |
| 胡黄连苦苷Ⅰ～Ⅳ | picrosides Ⅰ～Ⅳ |
| 胡黄连裂苷 A、B | picrosecosides A, B |
| 胡黄连龙胆苷 A～D、Ⅰ、Ⅱ | picrogentiosides A～D, Ⅰ, Ⅱ |
| 胡黄连洛苷 (玄参洛苷) A～D | scrophulosides A～D |
| 胡黄连素 | kutkin |
| 胡黄连酸 | picrorhiza acid |
| 胡黄连辛 D | piscrocin D |
| 胡黄连新苷 A、B | scroneosides A, B |
| 胡黄连甾醇 | kutkisterol |
| 胡椒比宁碱 | pipbinine |
| (+)-胡椒醇 | (+)-piperonyl alcohol |
| 胡椒二酮 (荜茇二酮) | piperadione |
| 胡椒酚 (佳味酚、蒌叶酚) | chavicol |

H

| 胡椒酚酸 | piperoic acid |
|---|---|
| 胡椒酚乙酸酯 | chavicol acetate |
| (±)-胡椒苷 | (±)-piperoside |
| 胡椒古尔扎碱 | pipgulzarine |
| 胡椒果钓樟碱 | lindcarpine |
| 胡椒海因碱 | pipyahyine |
| 胡椒环丁酰胺 A、B | pipercyclobutanamides A, B |
| 胡椒环己烯醇 (胡椒烯醇) A、B | piperenols A, B |
| 胡椒环酰胺 | pipercycliamide |
| 胡椒环氧化物 | pipoxide |
| 胡椒基丁醚 | piperonyl butoxide |
| 胡椒碱 | piperine (piperoyl piperidine) |
| 胡椒卡灵碱 | pipkirine |
| 胡椒利辛 | pipericine |
| 胡椒林碱 | piperyline |
| (+)-胡椒木醇 | (+)-beechenol |
| 胡椒内酰胺 A～S | piperolactams A～S |
| 胡椒内酰胺 C7: 1 (6*E*) | piperolactam C7: 1 (6*E*) |
| 胡椒内酰胺 C7: 2 (2*E*, 6*E*) | piperolactam C7: 2 (2*E*, 6*E*) |
| 胡椒内酰胺 C9: 1 (8*E*) | piperolactam C9: 1 (8*E*) |
| 胡椒内酰胺 C9: 2 (2*E*, 8*E*) | piperolactam C9: 2 (2*E*, 8*E*) |
| 胡椒内酰胺 C9: 3 (2*E*, 4*E*, 8*E*) | piperolactam C9: 3 (2*E*, 4*E*, 8*E*) |
| 胡椒内酰胺-C5: 1 (2*E*) | piperolactam-C5: 1 (2*E*) |
| 胡椒诺因碱 | pipnoohine |
| 胡椒曲宾碱 | pipyaqubine |
| 胡椒醛 (向日葵素、天芥菜精) | piperonal (heliotropine) |
| 胡椒萨伊定碱 | pipsaeedine |
| 胡椒杀虫碱 (假荜茇酰胺 B) | pipercide (retrofractamide B) |
| 胡椒酸 | piperic acid (piperonylic acid) |
| 胡椒酸甲酯 | methyl piperate |
| 胡椒塔灵 | pipataline |
| 胡椒替平 (胡椒替平碱) | pipertipine |
| 胡椒亭 (胡椒亭碱) | piperettine |
| 胡椒酮 (辣薄荷酮、洋薄荷酮) | piperitone (3-carvomenthenone) |
| 胡椒烷 | copane |
| 胡椒西亭 (胡椒西亭碱) | pipercitine |
| 胡椒烯 | piperitene |
| 胡椒烯酮 | piperenone |
| 胡椒酰胺 | piperamide |
| 胡椒酰胺 C 5: 1 (2*E*) | piperamide C 5: 1 (2*E*) |

| | |
|---|---|
| 胡椒酰胺 C 7: 1 (6*E*) | piperamide C 7: 1 (6*E*) |
| 胡椒酰胺 C 7: 2 (2*E*, 6*E*) | piperamide C 7: 2 (2*E*, 6*E*) |
| 胡椒酰胺 C 9: 2 (2*E*, 8*E*) | piperamide C 9: 2 (2*E*, 8*E*) |
| 胡椒酰胺 C 9: 3 (2*E*, 4*E*, 8*E*) | piperamide C 9: 3 (2*E*, 4*E*, 8*E*) |
| 胡椒新碱 (二氢胡椒碱) | piperanine |
| 胡椒雅辛碱 | pipilyasine |
| 胡椒油碱 A、B | piperoleins A, B |
| 胡椒油酸 A | pepper acid A |
| 胡椒脂碱 | chavicine |
| 胡椒祖贝定碱 | pipzubedine |
| 胡椒佐碱 | pipzorine |
| 胡芦巴噁唑烷 | trigoxazonane |
| 胡芦巴碱 (*N*-甲基烟酸甜菜碱盐) | trigonelline (caffearine, gynesine, *N*-methyl nicotinic acid betaine) |
| 胡芦巴素 B | fenugrin B |
| 胡芦巴肽酯 | fenugreekine |
| 胡芦巴皂苷 Ⅰa、Ⅰb、Ⅳa、Ⅷ | trigoneosides Ⅰa, Ⅰb, Ⅳa, Ⅷ |
| 胡萝卜-1, 4-β-氧化物 | carota-1, 4-β-oxide |
| 胡萝卜-1, 4-二烯 | carota-1, 4-diene |
| 胡萝卜-1, 4-二烯醛 | carota-1, 4-dienal |
| 胡萝卜-1, 4-二烯酸 | carota-1, 4-dienoic acid |
| 胡萝卜醇 | carotol |
| 胡萝卜二醇 (金枪鱼黄素) | tunaxanthin |
| 胡萝卜苷 (刺五加苷 A、苍耳苷、β-谷甾醇-3-*O*-β-D-吡喃葡萄糖苷、芫荽甾醇苷) | daucosterin (eleutheroside A, strumaroside, β-sitosteryl-3-*O*-β-D-glucopyranoside, daucosterol, sitogluside, coriandrinol) |
| 胡萝卜苷 (刺五加苷 A、苍耳苷、β-谷甾醇-3-*O*-β-D-吡喃葡萄糖苷、芫荽甾醇苷) | daucosterol (eleutheroside A, strumaroside, β-sitosteryl-3-*O*-β-D-glucopyranoside, daucosterin, sitogluside, coriandrinol) |
| 胡萝卜苷-6′-*O*-二十酸酯 | daucosterol-6′-*O*-eicosanoate |
| 胡萝卜苷-6′-苹果酸酯 | daucosterol-6′-malate |
| 胡萝卜苷木糖东莨菪素 | scupoletia |
| 胡萝卜苷棕榈酸酯 | daucosterol palmitate |
| 胡萝卜碱 | daucine |
| 胡萝卜苦苷 | daucusin |
| 胡萝卜脑 | daucol |
| β-胡萝卜素 | solatene (β-carotene) |
| 胡萝卜素 | carotene |
| α-胡萝卜素 | α-carotene |
| β-胡萝卜素 | β-carotene (solatene) |

| 13β-胡萝卜素 | 13β-carotene |
|---|---|
| β, β-胡萝卜素 | β, β-carotene |
| β, ε-胡萝卜素 | β, ε-carotene |
| β, φ-胡萝卜素 | β, φ-carotene |
| γ-胡萝卜素 | γ-carotene |
| δ-胡萝卜素 | δ-carotene |
| ε-胡萝卜素 | ε-carotene |
| ζ-胡萝卜素 | ζ-carotene |
| η-胡萝卜素 | η-carotene |
| ξ-胡萝卜素 | ξ-carotene |
| ψ, ψ-胡萝卜素 | ψ, ψ-carotene |
| (3*R*, 3′*R*)-β, β-胡萝卜素-3, 3′-二醇 [(3*R*, 3′*R*)-3, 3-二羟基-β-胡萝卜素、玉蜀黍黄素、玉蜀黍黄质、玉米黄质] | (3*R*, 3′*R*)-β, β-carotene-3, 3′-diol [(3*R*, 3′*R*)-3, 3-dihydroxy-β-carotene, zeaxanthin] |
| (3*R*, 4*R*, 3′*R*)-β, β-胡萝卜素-3, 4, 3′-三醇 | (3*R*, 4*R*, 3′*R*)-β, β-caroten-3, 4, 3′-triol |
| (3*S*, 4*R*, 3′*R*, 6′*R*)-β, ε-胡萝卜素-3, 4, 3′-三醇 | (3S, 4R, 3′R, 6′R)-β, ε-caroten-3, 4, 3′-triol |
| (+)-β, ε-胡萝卜素-3α, 3′α-二醇 | (+)-β, ε-caroten-3α, 3′α-diol |
| β, β-胡萝卜素-3β-醇 | β, β-caroten-3β-ol |
| α-胡萝卜素-5, 6-环氧化物 | α-caroten-5, 6-epoxide |
| β-胡萝卜素-5, 6-环氧化物 | β-caroten-5, 6-epoxide |
| α-胡萝卜素-5, 8-环氧化物 | α-caroten-5, 8-epoxide |
| β-胡萝卜素氧化物 (柠黄质) | β-carotene oxide (mutatochrome) |
| 胡萝卜酸 | daucic acid |
| 胡萝卜烯 | daucene |
| 胡萝卜烯醛 | daucenal |
| 胡麻草皂元 (胡麻花皂苷元) | heloniogenin |
| 胡麻花皂苷 (胡麻花苷、海洛因苷) A、B | heloniosides A, B |
| 胡麻素盘甲基醚 (5, 6, 7, 3′, 4′-五甲氧基黄酮、橙黄酮、甜橙黄酮、甜橙素) | pedalitin permethyl ether (5, 6, 7, 3′, 4′-pentamethoxyflavone, sinensetin) |
| 胡马酸 | humarain |
| 胡蔓藤定 | humantendine |
| 胡蔓藤苷 A、B | gelsemiunosides A, B |
| 胡蔓藤碱丙 | humantenidine |
| 胡蔓藤碱丁 (胡蔓藤灵) | humantenrine (humantenirine) |
| 胡蔓藤碱丁 (胡蔓藤尼灵) | humantenirine (humantenrine) |
| 胡蔓藤碱甲 (胡蔓藤明) | humantenmine |
| 胡蔓藤碱乙 (胡蔓藤宁) | humantenine |
| (4*S*)-胡蔓藤碱乙 *N*4-氧化物 | (4*S*)-humantenine *N*4-oxide |
| 胡蔓藤碱乙 *N*4-氧化物 | humantenine *N*4-oxide |
| (4*R*)-胡蔓藤碱乙 *N*4-氧化物 [(4R)-胡蔓藤宁-N4-氧化物] | (4*R*)-humantenine *N*4-oxide |

| 胡蔓藤酮碱(胡蔓藤氧杂宁) | humantenoxenine |
|---|---|
| 胡桃茈酮A、B | juglanperylenones A, B |
| 胡桃苯丁酯 | benzjuglansoic acid |
| 胡桃苯甲酸酯 | juglansbenzoate |
| (S)-胡桃醇酮[(*S*)-胡桃种萘醌] | (S)-regiolone |
| (–)-胡桃醇酮 [(–)-胡桃种萘醌] | (–)-regiolone |
| (4*R*)-(–)-胡桃醇酮 [(4*R*)-(–)-胡桃种萘醌] | (4*R*)-(–)-regiolone |
| 胡桃蒽苷A | juglanthracenoside A |
| 胡桃蒽醌A～C | juglanthraquinones A～C |
| 胡桃苷元A | juglangenin A |
| 胡桃醌(胡桃叶醌、胡桃酮、黑栗素) | juglone (regianin) |
| 胡桃啉苷(山柰酚-3-*O*-α-L-吡喃阿拉伯糖苷) | juglalin (kaempferol-3-*O*-α-L-arabinopyranoside) |
| 胡桃萘苷A～C | jugnaphthalenosides A～C |
| 胡桃萘酸 | naphthjuglansoic acid |
| 胡桃脑苷A | juglans cerebroside A |
| 胡桃宁(胡桃苷、核桃苷)A～D | juglanins A～D |
| 胡桃鞣宁A、B | glansreginins A, B |
| 胡桃酮A、B | juglanones A, B |
| 胡桃油酸酯 | regiaoleate |
| 胡桃种萘醌(胡桃醇酮) | regiolone |
| 胡桃棕榈酸酯 | regiapalmitate |
| 胡桐屾酮(红厚壳屾酮)A～I | caloxanthones A～I |
| DL-胡秃子碱 | DL-eleagnin |
| 胡颓子苷A～G | elaeagnosides A～G |
| 胡颓子果马钱碱 | strychnocarpine |
| 胡颓子碱(四氢哈尔满) | eleagnine (tetrahydroharman) |
| 胡颓子属碱 | elaeagnus base |
| 胡颓子酸(并没食子酸、鞣花酸) | elagostasine (gallogen, ellagic acid, benzoaric acid) |
| 胡柚迪辛 | honyudisin |
| 胡柚橘黄素 | honyucitrin |
| 胡柚明碱 | honyumine |
| 胡柚皮甲素 | huyoujiasu |
| 胡柚皮乙素 | huyouyisu |
| 胡柚三萜 | huyou-triterpenoid |
| 胡枝子胺 | lespedamine |
| 胡枝子代酚C | lespedeol C |
| 胡枝子酚 | lespeol |
| 胡枝子宁(哈杰宁)A～E | haginins A～E |
| 胡枝子素(胡枝子黄烷酮)A～J | lespedezaflavanones A～J |
| 胡枝子唑$A_1$～$A_6$、$B_1$～$B_3$、$C_1$、$D_3$～$D_6$、$E_1$、$E_2$、$F_1$、$H_1$ | lespedezols $A_1$～$A_6$, $B_1$～$B_3$, $C_1$, $D_3$～$D_6$, $E_1$, $E_2$, $F_1$, $H_1$ |

| | |
|---|---|
| 壶苞苔素 A～C | pusilatins A～C |
| 壶蒜碱 | urceoline |
| 葫芦-1 (10), 5, 22, 24-四烯-3α-醇 | cucurbita-1 (10), 5, 22, 24-tetraen-3α-ol |
| 葫芦-5 (10), 6, (23*E*)-三烯-3β, 25-二醇 | cucurbita-5 (10), 6, (23*E*)-trien-3β, 25-diol |
| 葫芦-5, (23*E*)-二烯-3β, 7β, 25-三醇 | cucurbita-5, (23*E*)-dien-3β, 7β, 25-triol |
| (23*E*)-葫芦-5, 23, 25-三烯-3, 7-二酮 | (23*E*)-cucurbit-5, 23, 25-trien-3, 7-dione |
| (23*E*)-葫芦-5, 23, 25-三烯-3β, 7β-二醇 | (23*E*)-cucurbit-5, 23, 25-trien-3β, 7β-diol |
| (23*E*)-葫芦-5, 23-二烯-3β, 7β, 19, 25-四羟基-7-*O*-β-D-吡喃葡萄糖苷 | (23*E*)-cucurbit-5, 23-dien-3β, 7β, 19, 25-tetrahydroxy-7-*O*-β-D-glucopyranoside |
| 葫芦-5, 24-二烯-3, 7, 23-三酮 | cucurbita-5, 24-dien-3, 7, 23-trione |
| 葫芦-5, 24-二烯醇 | cucurbita-5, 24-dienol |
| 葫芦-6, 24-二烯-3β, 23-二羟基-19, 5β-内酯 | cucurbita-6, 24-dien-3β, 23-dihydroxy-19, 5β-olide |
| 葫芦巴甾苷 A～D | trigofoenosides A～D |
| 葫芦巴皂苷 | graecunin glucoside |
| 葫芦巴总皂苷 Ⅱ、Ⅲ | fenugreek saponins Ⅱ, Ⅲ |
| 葫芦茶苷 A～J | tadehaginosides A～J |
| 葫芦茶素 | tadehaginosin |
| 葫芦茶酮 A～C | triquetrumones A～C |
| (*R*)-葫芦茶酮 D | (*R*)-triquetrumone D |
| 10α-葫芦二烯醇 | 10α-cucurbitadienol |
| 葫芦碱 | calebassinine |
| 葫芦箭毒素 B | calebassine B |
| 葫芦宁 | lagenin |
| 葫芦树苷 A～C | crescentosides A～C |
| 葫芦树素 | crescentins Ⅰ～Ⅴ |
| 葫芦素 (葫芦苦素) A～U | cucurbitacins A～U |
| 葫芦素 (葫芦苦素) Ⅰ、Ⅰa、Ⅱb | cucurbitacins Ⅰ, Ⅰa, Ⅱb |
| 葫芦素 Ⅱa (二氢葫芦素 F-25-乙酸酯, 雪胆甲素Ⅱa) | cucurbitacin Ⅱa (dihydrocucurbitacin F-25-acetate) |
| 葫芦素 A-2-*O*-β-D-吡喃葡萄糖苷 | cucurbitacin A-2-*O*-β-D-glucopyranoside |
| 葫芦素 B-2-*O*-β-D-吡喃葡萄糖苷 | cucurbitacin B-2-*O*-β-D-glucopyranoside |
| 葫芦素 B-2-*O*-葡萄糖苷 (琉璃繁缕苷Ⅰ、海绿甾苷Ⅰ) | cucurbitacin B-2-*O*-glucoside (arvenin Ⅰ) |
| 葫芦素 B-2-硫酸盐 | cucurbitacin B-2-sulfate |
| 葫芦素 E (α-喷瓜素) | cucurbitacin E (α-elaterin) |
| 葫芦素 E-2-*O*-β-D-葡萄糖苷 | cucurbitacin E-2-*O*-β-D-glucoside |
| 葫芦素 F-25-乙酸酯 | cucurbitacin F-25-acetate |
| 葫芦素 G-2-*O*-β-D-吡喃葡萄糖苷 | cucurbitacin G-2-*O*-β-D-glucopyranoside |
| 葫芦素 J-2-*O*-β-D-吡喃葡萄糖苷 | cucurbitacin J-2-*O*-β-D-glucopyranoside |
| 葫芦素 K-2-*O*-β-D-吡喃葡萄糖苷 | cucurbitacin K-2-*O*-β-D-glucopyranoside |
| 葫芦素 L | cucurbitacin L (23, 24-dihydrocucurbitacin Ⅰ) |
| 葫芦素 O-2-*O*-β-D-葡萄糖苷 | cucurbitacin O-2-*O*-β-D-glucoside |

| 葫芦素Ⅱa、Ⅱb(雪胆素甲、乙) | curcurbitacins Ⅱa, Ⅱb (hemslecins A, B) |
|---|---|
| 10α-葫芦萜-5, 24-二烯-3β-醇 | 10α-cucurbita-5, 24-dien-3β-ol |
| 葫芦亭 | calabatine |
| 葫芦辛 | calabacine |
| 葫蒜素 $A_1$～$A_3$、$B_1$～$B_3$ | scordinines (scordinins) $A_1$～$A_3$, $B_1$～$B_3$ |
| 葫蒜肽 | scormin |
| (+)-湖北马鞍树醇 | (+)-hupeol |
| 湖北山麦冬苷(湖北麦冬苷)A～D | lirioproliosides A～D |
| 湖北旋覆花内酯A～M | hupehenolides A～M |
| 湖贝啶 | hupehenidine |
| 湖贝苷 | hupehemonoside |
| 湖贝甲素 | hupehenine |
| 湖贝甲素苷 | hupeheninoside |
| 湖贝甲素乙酸酯 | hupeheninate |
| 湖贝嗪 | hupehenizine |
| 湖贝杉素 | fritillahupehin |
| 湖贝辛 | hupehenisine |
| 湖贝乙素 | hupehenirine |
| 槲斗酸 | valonic acid |
| 槲毒素 | lobinin |
| 槲果素4～7 | balanitins 4～7 |
| 槲寄苷甲(3′-甲基圣草酚-7-*O*-β-D-葡萄糖苷) | 3′-methyl eriodictyol-7-*O*-β-D-glucoside |
| 槲寄生毒素(槲寄生毒肽)$A_3$ | viscotoxin $A_3$ |
| 槲寄生酚苷A | viscoside A |
| 槲寄生黄素B | flavoyadorinin B |
| 槲寄生明 | viscumin |
| 槲寄生素 | viscolin |
| 槲寄生亭 | viscoloratin |
| 槲寄生酮 | mistletonone |
| 槲寄生酰胺 | viscumamide |
| 槲寄生新苷Ⅰ～Ⅶ | viscumneosides Ⅰ～Ⅶ |
| 槲寄生植物凝集素 | mistletoe lectin |
| 槲蕨醚A | drynaether A |
| 槲蕨色苷A、B | drynachromosides A, B |
| 槲栎鞣素(槲栎宁)A、B | alienanins A, B |
| 槲皮草莓醇 | luteoforol |
| D-槲皮醇 | D-quercitol |
| 槲皮醇(栎醇、1, 2, 3, 4, 5-环已五醇) | quercitol (1, 2, 3, 4, 5-cyclohexanepentol) |
| 槲皮醇-3-单葡萄糖苷 | quercitol-3-monoglucoside |
| 槲皮醇-3-二鼠李糖葡萄糖苷 | quercitol-3-dirhamnoglucoside |

| 槲皮醇-3-鼠李糖葡萄糖苷 | quercitol-3-rhamnoglucoside |
|---|---|
| 槲皮苷 (栎素、橡皮苷、紫花杜鹃素丙、槲皮素-3-*O*-L-鼠李糖苷) | quercitrin (quercitroside, quercimelin, quercetin-3-*O*-L-rhamnoside) |
| 槲皮苷-2″-没食子酸酯 | quercitrin-2″-gallate |
| 槲皮苷-3-*O*-α-L-阿拉伯糖苷 | quercitrin-3-*O*-α-L-arabinoside |
| 槲皮苷-3-*O*-葡萄糖醛酸苷 | quercitrin-3-*O*-glucuronide |
| 槲皮苷-3-*O*-鼠李糖苷 | quercitrin-3-*O*-rhamnoside |
| 槲皮苷-3′-葡萄糖苷 | quercitrin-3′-glucoside |
| 槲皮苷-7′-葡萄糖苷 | quercitrin-7′-glucoside |
| 槲皮苷-β-D-葡萄糖苷 | quercitrin-β-D-glucoside |
| 槲皮黄苷 (栎精、槲皮素、槲皮黄素) | sophoretin (meletin, quercetin, quercetol) |
| 槲皮黄素 (栎精、槲皮黄苷、槲皮素) | quercetol (meletin, sophoretin, quercetin) |
| 槲皮黄酮苷 | quercimeritroside |
| 槲皮曼苷 | quercimetrin |
| 槲皮素 (栎精、槲皮黄素、槲皮黄苷) | quercetin (meletin, sophoretin, quercetol) |
| 槲皮素-2, 6-二吡喃鼠李糖基吡喃半乳糖苷 | quercetin-2, 6-dirhamnopyranosyl galactopyranoside |
| 槲皮素-2G-鼠李糖基芸香糖苷 | quercetin-2G-rhamnosyl rutinoside |
| 槲皮素-3-(2, 6-二吡喃鼠李糖基吡喃半乳糖苷) | quercetin-3-(2, 6-dirhamnopyranosyl galactopyranoside) |
| 槲皮素-3-(4″-*O*-乙酰基)-*O*-α-L-吡喃鼠李糖苷-7-*O*-α-L-吡喃鼠李糖苷 | quercetin-3-(4″-*O*-acetyl)-*O*-α-L-rhamnopyranoside-7-*O*-α-L-rhamnopyranoside |
| 槲皮素-3-(β-D-吡喃葡萄糖基-6β-L-吡喃鼠李糖基苷-4-β-D-吡喃葡萄糖苷) | quercetin-3-(β-D-glucopyranosyl-6β-L-rhamnopyranoside-4-β-D-glucopyranoside) |
| 槲皮素-3, 3′, 4′-三磺酸盐 | quercetin-3, 3′, 4′-trisulphate |
| 槲皮素-3, 3′-*O*-二葡萄糖苷 | quercetin-3, 3′-*O*-diglucoside |
| 槲皮素-3, 3′-二-α-L-吡喃鼠李糖苷 | quercetin-3, 3′-di-α-L-rhamnopyranoside |
| 槲皮素-3, 3′-二甲醚 | quercetin-3, 3′-dimethyl ether |
| 槲皮素-3, 3′-二甲醚-4′-*O*-β-D-葡萄糖苷 | quercetin-3, 3′-dimethyl ether-4′-*O*-β-D-glucoside |
| 槲皮素-3, 3′-二甲氧基-7-*O*-α-L-吡喃鼠李糖基-(1→6)-β-D-吡喃葡萄糖苷 | quercetin-3, 3′-dimethoxy-7-*O*-α-L-rhamnopyranosyl-(1→6)-β-D-glucopyranoside |
| 槲皮素-3, 3′-二甲氧基-7-*O*-β-D-吡喃葡萄糖苷 | quercetin-3, 3′-dimethoxy-7-*O*-β-D-glucopyranoside |
| 槲皮素-3, 3′-二甲氧基-7-*O*-鼠李糖基吡喃葡萄糖苷 | quercetin-3, 3′-dimethoxy-7-*O*-rhamnosyl glucopyranoside |
| 槲皮素-3′, 4′, 7-三甲基醚 | quercetin-3′, 4′, 7-trimethyl ether |
| 槲皮素-3′, 4′, 7-三甲基醚-3-硫酸盐 | quercetin-3′, 4′, 7-trimethyl ether-3-sulfate |
| 槲皮素-3, 4′-二-*O*-β-D-葡萄糖苷 | quercetin-3, 4′-di-*O*-β-D-glucoside |
| 槲皮素-3′, 4′-二磺酸盐 | quercetin-3′, 4′-disulphate |
| 槲皮素-3, 4′-二甲基醚-7-*O*-葡萄糖苷 | quercetin-3, 4′-dimethyl ether-7-*O*-glucoside |
| 槲皮素-3, 4′-二甲醚 | quercetin-3, 4′-dimethyl ether |
| 槲皮素-3′, 4′-二甲醚 | quercetin-3′, 4′-dimethyl ether |
| 槲皮素-3, 4′-二甲醚-7-*O*-α-L-呋喃阿拉伯糖基-(1→6)-β-D-吡喃葡萄糖苷 | quercetin-3, 4′-dimethyl ether-7-*O*-α-L-arabinofuranosyl-(1→6)-β-D-glucopyranoside |

| 槲皮素-3, 4′-二甲氧基-7-*O*-芸香糖苷 | quercetin-3, 4′-dimethoxy-7-*O*-rutinoside |
|---|---|
| 槲皮素-3, 4′-二葡萄糖苷 | quercetin-3, 4′-diglucoside |
| 槲皮素-3, 5, 7, 3′, 4′-五甲醚 | quercetin-3, 5, 7, 3′, 4′-pentamethyl ether |
| 槲皮素-3, 7, 3′, 4′-四甲醚 | quercetin-3, 7, 3′, 4′-tetramethyl ether |
| 槲皮素-3, 7, 3′-三甲醚 | quercetin-3, 7, 3′-trimethyl ether |
| 槲皮素-3, 7, 4′-*O*-β-三吡喃葡萄糖苷 | quercetin-3, 7, 4′-*O*-β-triglucopyranoside |
| 槲皮素-3, 7, 4′-三甲醚 | quercetin-3, 7, 4′-trimethyl ether |
| 槲皮素-3, 7-*O*-二葡萄糖苷 | quercetin-3, 7-*O*-diglucoside |
| 槲皮素-3, 7-α-L-二鼠李糖苷 | quercetin-3, 7-α-L-dirhamnoside |
| 槲皮素-3, 7-二-*O*-α-L-吡喃鼠李糖苷 | quercetin-3, 7-di-*O*-α-L-rhamnopyranoside |
| 槲皮素-3, 7-二-*O*-β-D-吡喃葡萄糖苷 | quercetin-3, 7-di-*O*-β-D-glucopyranoside |
| 槲皮素-3, 7-二-*O*-β-D-葡萄糖苷 | quercetin-3, 7-di-*O*-β-D-glucoside |
| 槲皮素-3, 7-二葡萄糖醛酸苷 | quercetin-3, 7-diglucuronide |
| 槲皮素-3, 7-芸香糖二半乳糖苷 | quercetin-3, 7-rutinodigalactoside |
| 槲皮素-3-[O-α-L-吡喃鼠李糖基-(1→2)-*O*-[β-D-吡喃葡萄糖基-(1→6)]-β-D-吡喃半乳糖苷 | quercetin-3-[O-α-L-rhamnopyranosyl-(1→2)-*O*-[β-D-glucopyranosyl-(1→6)]-β-D-galactopyranoside |
| 槲皮素-3-[O-α-L-吡喃鼠李糖基-(1→2)-β-D-吡喃半乳糖苷 | quercetin-3-[O-α-L-rhamnopyranosyl-(1→2)-β-D-galactopyranoside |
| 槲皮素-3-D-葡萄糖基-L-鼠李糖苷 | quercetin-3-D-glucosyl-L-rhamnoside |
| 槲皮素-3-L-阿拉伯糖苷 (茴香苷) | quercetin-3-L-arabinoside (foeniculin) |
| 槲皮素-3-L-阿拉伯糖基-D-葡萄糖苷 | quercetin-3-L-arabinosyl-D-glucoside |
| 槲皮素-3-*O*-(2″, 3″-二-*O*-没食子酰基)-β-D-吡喃葡萄糖苷 | quercetin-3-*O*-(2″, 3″-di-*O*-galloyl)-β-D-glucopyranoside |
| 槲皮素-3-*O*-(2, 6-α-L-二吡喃鼠李糖基)-β-D-吡喃半乳糖苷 | quercetin-3-*O*-(2, 6-di-α-L-rhamnopyranosyl)-β-D-galactopyranoside |
| 槲皮素-3-*O*-(2″, 6″-α-L-二吡喃鼠李糖基)-β-D-葡萄糖苷 | quercetin-3-*O*-(2″, 6″-α-L-dirhamnopyranosyl)-β-D-glucoside |
| 槲皮素-3-*O*-(2, 6-二-*O*-α-L-吡喃鼠李糖基)-β-D-吡喃半乳糖苷 | quercetin-3-*O*-(2, 6-di-*O*-α-L-rhamnopyranosyl)-β-D-galactopyranoside |
| 槲皮素-3-*O*-(2, 6-二-*O*-β-D-吡喃葡萄糖基)-β-D-吡喃葡萄糖苷 | quercetin-3-*O*-(2, 6-di-*O*-β-D-glucopyranosyl)-β-D-glucopyranoside |
| 槲皮素-3-*O*-(2″, 6″-二没食子酰基)-β-D-葡萄糖苷 | quercetin-3-*O*-(2″, 6″-digalloyl)-β-D-glucoside |
| 槲皮素-3-*O*-(2, 6-二鼠李糖基葡萄糖苷) | quercetin-3-*O*-(2, 6-dirhamnosyl glucoside) |
| 槲皮素-3-*O*-(2G-α-L-鼠李糖基) 芸香糖苷 | quercetin-3-*O*-(2G-α-L-rhamnosyl) rutinoside |
| 槲皮素-3-*O*-(2G-α-鼠李糖基)-β-D-葡萄糖基-(1→6)-β-D-半乳糖苷 | quercetin-3-*O*-(2G-α-rhamnosyl)-β-D-glucosyl-(1→6)-β-D-galactoside |
| 槲皮素-3-*O*-(2G-β-D-吡喃木糖芸香糖苷) | quercetin-3-*O*-(2G-β-D-xylopyranosyl rutinoside) |
| 槲皮素-3-*O*-(2″-*O*-α-L-吡喃鼠李糖苷)-6″-*O*-α-D-吡喃鼠李糖基-β-D-吡喃葡萄糖苷 | quercetin-3-*O*-(2″-*O*-α-L-rhamnopyranoside)-6″-*O*-α-D-rhamnopyranosyl-β-D-glucopyranoside |
| 槲皮素-3-*O*-(2-*O*-α-L-吡喃鼠李糖基)-β-D-吡喃半乳糖苷 | quercetin-3-*O*-(2-*O*-α-L-rhamnopyranosyl)-β-D-galactopyranoside |

| | |
|---|---|
| 槲皮素-3-*O*-(2″-*O*-α-L-吡喃鼠李糖基)-β-D-吡喃葡萄糖醛酸苷 | quercetin-3-*O*-(2″-*O*-α-L-rhamnopyranosyl)-β-D-glucuronopyranoside |
| 槲皮素-3-*O*-(2″-*O*-α-鼠李糖基-6″-*O*-丙二酰基)-β-D-葡萄糖苷 | quercetin-3-*O*-(2″-*O*-α-rhamnosyl-6″-*O*-malonyl)-β-D-glucoside |
| 槲皮素-3-*O*-(2″-*O*-β-D-吡喃葡萄糖基)-α-L-吡喃鼠李糖苷 | quercetin-3-*O*-(2″-*O*-β-D-glucopyranosyl)-α-L-rhamnopyranoside |
| 槲皮素-3-*O*-(2″-*O*-β-D-吡喃葡萄糖基)-α-L-呋喃阿拉伯糖苷 | quercetin-3-*O*-(2″-*O*-β-D-glucopyranosyl)-α-L-arabinofuranoside |
| 槲皮素-3-*O*-(2″-*O*-β-D-吡喃葡萄糖基)-β-D-吡喃木糖苷 | quercetin-3-*O*-(2″-*O*-β-D-glucopyranosyl)-β-D-xylopyranoside |
| 槲皮素-3-*O*-(2-*O*-β-D-吡喃葡萄糖基)-β-D-吡喃葡萄糖苷 | quercetin-3-*O*-(2-*O*-β-D-glucopyranosyl)-β-D-glucopyranoside |
| 槲皮素-3-*O*-(2″-*O*-吡喃葡萄糖基)-β-D-吡喃葡萄糖苷 | quercetin-3-*O*-(2″-*O*-glucopyranosyl)-β-D-glucopyranoside |
| 槲皮素-3-*O*-(2″-*O*-对羟基香豆酰基)-β-D-吡喃葡萄糖苷 | quercetin-3-*O*-(2″-*O*-*p*-hydroxycoumaroyl)-β-D-glucopyranoside |
| 槲皮素-3-*O*-(2″-*O*-没食子酰基)-α-L-吡喃鼠李糖苷 | quercetin-3-*O*-(2″-*O*-galloyl)-α-L-rhamnopyranoside |
| 槲皮素-3-*O*-(2-*O*-没食子酰基)-α-L-鼠李糖苷 | quercetin-3-*O*-(2-*O*-galloyl)-α-L-rhamnoside |
| 槲皮素-3-*O*-(2″-*O*-没食子酰基)-β-D-吡喃葡萄糖苷 | quercetin-3-*O*-(2″-*O*-galloyl)-β-D-glucopyranoside |
| 槲皮素-3-*O*-(2″-*O*-没食子酰基)芸香糖苷 | quercetin-3-*O*-(2″-*O*-galloyl) rutinoside |
| 槲皮素-3-*O*-(2″-β-D-吡喃葡萄糖基)-α-L-鼠李糖苷 | quercetin-3-*O*-(2″-β-D-glucopyranosyl)-α-L-rhamnoside |
| 槲皮素-3-*O*-(2″-β-D-吡喃葡萄糖基)-β-D-吡喃半乳糖苷 | quercetin-3-*O*-(2″-β-D-glucopyranosyl)-β-D-galactopyranoside |
| 槲皮素-3-*O*-(2″-没食子酰基)-β-D-吡喃半乳糖苷 | quercetin-3-*O*-(2″-galloyl)-β-D-galactopyranoside |
| 槲皮素-3-*O*-(2″-没食子酰基)-β-D-葡萄糖苷 | quercetin-3-*O*-(2″-galloyl)-β-D-glucoside |
| 槲皮素-3-*O*-(2″-没食子酰基)鼠李糖苷 | quercetin-3-*O*-(2″-galloyl) rhamnoside |
| 槲皮素-3-*O*-(2″-没食子酰基)芸香糖苷 | quercetin-3-*O*-(2″-galloyl) rutinoside |
| 槲皮素-3-*O*-(3″-*O*-2‴-甲基-2‴-羟乙基)-α-L-吡喃鼠李糖苷 | quercetin-3-*O*-(3″-*O*-2‴-methyl-2‴-hydroxyethyl)-α-L-rhamnopyranoside |
| 槲皮素-3-*O*-(3″-*O*-2‴-甲基-2‴-羟乙基)-β-D-木糖苷 | quercetin-3-*O*-(3″-*O*-2‴-methyl-2‴-hydroxyethyl)-β-D-xyloside |
| 槲皮素-3-*O*-(4″-甲氧基)-α-L-吡喃鼠李糖苷 | quercetin-3-*O*-(4″-methoxy)-α-L-rahmnopyranoside |
| 槲皮素-3-*O*-(6″-*O*-丙二酰基)-β-D-葡萄糖苷 | quercetin-3-*O*-(6″-*O*-malonyl)-β-D-glucoside |
| 槲皮素-3-*O*-(6″-*O*-乙酰基)-β-D-吡喃半乳糖苷 | quercetin-3-*O*-(6″-*O*-acetyl)-β-D-galactopyranoside |
| 槲皮素-3-*O*-(6″-*O*-乙酰基)-β-D-吡喃葡萄糖苷 | quercetin-3-*O*-(6″-*O*-acetyl)-β-D-glucopyranoside |
| 槲皮素-3-*O*-(6″-咖啡酰基)-β-D-吡喃半乳糖苷 | quercetin-3-*O*-(6″-caffeoyl)-β-D-galactopyranoside |
| 槲皮素-3-*O*-(6″-*O*-巴豆酰基)-β-D-吡喃葡萄糖苷 | quercetin-3-*O*-(6″-*O*-crotonyl)-β-D-glucopyranoside |
| 槲皮素-3-*O*-(6″-*O*-丙二酰基)-β-D-半乳糖苷 | quercetin-3-*O*-(6″-*O*-malonyl)-β-D-galactoside |
| 槲皮素-3-*O*-(6″-*O*-反式-对香豆酰基)-β-D-吡喃葡萄糖苷 | quercetin-3-*O*-(6″-*O*-*trans*-*p*-coumaroyl)-β-D-glucopyranoside |
| 槲皮素-3-*O*-(6″-*O*-反式-香豆酰基)-β-D-葡萄糖苷 | quercetin-3-*O*-(6″-*O*-*trans*-coumaroyl)-β-D-glucoside |
| 槲皮素-3-*O*-(6″-*O*-没食子酰基)-β-D-吡喃半乳糖苷 | quercetin-3-*O*-(6″-*O*-galloyl)-β-D-galactopyranoside |

| 槲皮素-3-*O*-(6″-*O*-没食子酰基)葡萄糖苷 | quercetin-3-*O*-(6″-*O*-galloyl) glucoside |
|---|---|
| 槲皮素-3-*O*-(6-*O*-鼠李糖基)半乳糖苷 | quercetin-3-*O*-(6-*O*-rhamnosyl) galactoside |
| 槲皮素-3-*O*-(6″-*O*-乙酰基)-β-D-吡喃葡萄糖苷 | quercetin-3-*O*-(6″-*O*-acetyl)-β-D-glucopyranoside |
| 槲皮素-3-*O*-(6″-巴豆油酰基)-β-D-葡萄糖苷 | quercetin-3-*O*-(6″-crotonyl)-β-D-glucoside |
| 槲皮素-3-*O*-(6″-丙二酰基)-D-半乳糖苷 | quercetin-3-*O*-(6″-malonyl)-D-galactoside |
| 槲皮素-3-*O*-(6″-没食子酰基)-β-D-吡喃半乳糖苷 | quercetin-3-*O*-(6″-galloyl)-β-D-galactopyranoside |
| 槲皮素-3-*O*-(6″-没食子酰基)-β-D-吡喃葡萄糖苷 | quercetin-3-*O*-(6″-galloyl)-β-D-glucopyranoside |
| 槲皮素-3-*O*-(6″-没食子酰基)-β-D-葡萄糖苷 | quercetin-3-*O*-(6″-galloyl)-β-D-glucoside |
| 槲皮素-3-*O*-(6″-乙酰基-β-D-吡喃半乳糖苷)-7-*O*-α-L-吡喃鼠李糖苷 | quercetin-3-*O*-(6″-acetyl-β-D-galactopyranoside)-7-*O*-α-L-rhamnopyranoside |
| 槲皮素-3-*O*-(6′-正丁基)葡萄糖醛酸苷 | quercetin-3-*O*-(6′-n-butyl) glucuronide |
| 槲皮素-3-*O*-[2″-*O*-β-D-吡喃葡萄糖基]-β-D-吡喃葡萄糖苷 | quercetin-3-*O*-[2″-*O*-β-D-glucopyranosyl]-β-D-glucopyranoside |
| 槲皮素-3-*O*-[2″-*O*-(3, 4, 5-三羟基苯甲基酰基]葡萄糖苷 | quercetin-3-*O*-[2″-*O*-(3, 4, 5-trihydroxybenzoyl)] glucoside |
| 槲皮素-3-*O*-[2-*O*-β-D-吡喃葡萄糖基]-β-D-吡喃半乳糖苷 | quercetin-3-*O*-[2-*O*-β-D-glucopyranosyl]-β-D-galactopyranoside |
| 槲皮素-3-*O*-[2-*O*-反式-咖啡酰基-α-L-吡喃鼠李糖基-(1→6)-β-D-吡喃葡萄糖苷] | quercetin-3-*O*-[2-*O*-*trans*-caffeoyl-α-L-rhamnopyranosyl-(1→6)-β-D-glucopyranoside] |
| 槲皮素-3-*O*-[2-*O*-反式-咖啡酰基-β-L-吡喃鼠李糖基-(1→6)-β-D-吡喃葡萄糖苷] | quercetin-3-*O*-[2-*O*-*trans*-caffeoyl-β-L-rhamnopyranosyl-(1→6)-β-D-glucopyranoside] |
| 槲皮素-3-*O*-[6″-*O*-(*E*)-咖啡酰基]-β-D-吡喃葡萄糖苷 | quercetin-3-*O*-[6″-*O*-(*E*)-caffeoyl]-β-D-glucopyranoside |
| 槲皮素-3-*O*-[α-L-吡喃鼠李糖基-(1→4)-α-L-吡喃鼠李糖基-(1→6)-β-D-吡喃葡萄糖苷] | quercetin-3-*O*-[α-L-rhamnopyranosyl-(1→4)-α-L-rhamnopyranosyl-(1→6)-β-D-glucopyranoside] |
| 槲皮素-3-*O*-[α-L-鼠李糖基-(1→2)-β-D-吡喃葡萄糖苷]-5-*O*-β-D-吡喃葡萄糖苷 | quercetin-3-*O*-[α-L-rhamnosyl-(1→2)-β-D-glucopyranoside]-5-*O*-β-D-glucopyranoside |
| 槲皮素-3-*O*-[α-L-鼠李糖基-(1→3)或(1→4)]-β-D-葡萄糖苷 | quercetin-3-*O*-[α-L-rhamnosyl-(1→3) or (1→4)]-β-D-glucoside |
| 槲皮素-3-*O*-[α-L-鼠李糖基-(1→6)]-β-D-半乳糖苷 | quercetin-3-*O*-[α-L-rhamnosyl-(1→6)]-β-D-galactoside |
| 槲皮素-3-*O*-[鼠李糖基-(1→6)-4″-丙醇酰基葡萄糖苷]-4′-*O*-葡萄糖苷 | quercetin-3-*O*-[rhamnosyl-(1→6)-4″-lactoyl glucoside]-4′-*O*-glucoside |
| 槲皮素-3-*O*-{[6-*O*-(*E*)-芥子酸基]-β-D-吡喃葡萄糖基}-(1→2)-β-D-吡喃葡萄糖苷 | quercetin-3-*O*-{[6-*O*-(*E*)-sinapoyl]-β-D-glucopyranosyl}-(1→2)-β-D-glucopyranoside |
| 槲皮素-3-*O*-{2″-*O*-[(*E*)-6-*O*-阿魏酰基]-β-D-吡喃葡萄糖基}-β-D-吡喃半乳糖苷 | quercetin-3-*O*-{2″-*O*-[(*E*)-6-*O*-feruloyl]-β-D-glucopyranosyl}-β-D-galactopyranoside |
| 槲皮素-3-*O*-{2-*O*-[6-*O*-(*E*)-阿魏酰基]-β-D-吡喃葡萄糖基}-β-D-吡喃半乳糖苷 | quercetin-3-*O*-{2-*O*-[6-*O*-(*E*)-feruloyl]-β-D-glucopyranoside}-β-D-galactopyranoside |
| 槲皮素-3-*O*-{2″-*O*-[6-*O*-(*E*)-阿魏酰基]-β-D-吡喃葡萄糖基}-β-D-吡喃葡萄糖苷 | quercetin-3-*O*-{2″-*O*-[6-*O*-(*E*)-feruloyl]-β-D-glucopyranosyl}-β-D-glucopyranoside |
| 槲皮素-3-*O*-{2-*O*-[6-*O*-(*E*)-阿魏酰基]-β-D-吡喃葡萄糖基}-β-D-吡喃葡萄糖苷 | quercetin-3-*O*-{2-*O*-[6-*O*-(*E*)-feruloyl]-β-D-glucopyranosyl}-β-D-glucopyranoside |
| 槲皮素-3-*O*-{2-*O*-[6-*O*-(*E*)-芥子酰基]-β-D-吡喃葡萄糖基}-β-D-吡喃葡萄糖苷 | quercetin-3-*O*-{2-*O*-[6-*O*-(*E*)-sinapoyl]-β-D-glucopyranosyl}-β-D-glucopyranoside |

| | |
|---|---|
| 槲皮素 -3-*O*-2- 乙酰基 -α-L- 呋喃阿拉伯糖苷 | quercetin-3-*O*-2-acetyl-α-L-arabinofuranoside |
| 槲皮素 -3-*O*-6″- 咖啡酰基 -β-D- 吡喃半乳糖苷 | quercetin-3-*O*-6″-caffeoyl-β-D-galactopyranoside |
| 槲皮素 -3-*O*-6″-(3- 羟基 -3- 甲基戊二酰基 )-β-D- 吡喃葡萄糖苷 | quercetin-3-*O*-6″-(3-hydroxy-3-methyl glutaroyl)-β-D-glucopyranoside |
| 槲皮素 -3-*O*-6″-(3- 羟基 -3- 甲基戊二酰基 )-β-D- 葡萄糖苷 | quercetin-3-*O*-6″-(3-hydroxy-3-methyl glutaroyl)-β-D-glucoside |
| 槲皮素 -3-*O*-6″- 反式 - 香豆酰基 -β-D- 葡萄糖苷 | quercetin-3-*O*-6″-*trans*-coumaroyl-β-D-glucoside |
| 槲皮素 -3-*O*-D-(2″- 没食子酰基 )-β-D- 葡萄糖苷 | quercetin-3-*O*-D-(2″-galloyl)-β-D-glucoside |
| 槲皮素 -3-*O*-D-(6″- 香豆酰基 ) 葡萄糖苷 | quercetin-3-*O*-D-(6″-coumaroyl) glucoside |
| 槲皮素 -3-*O*-L- 阿拉伯糖苷 | quercetin-3-*O*-L-arabinoside |
| 槲皮素 -3-*O*-L- 吡喃鼠李糖苷 | quercetin-3-*O*-L-rhamnopyranoside |
| 槲皮素 -3-*O*-L- 呋喃阿拉伯糖苷 | quercetin-3-*O*-L-arabinofuranoside |
| 槲皮素 -3-*O*-L- 鼠李糖苷 | quercetin-3-*O*-L-rhamnoside |
| 槲皮素 -3-*O*-L- 鼠李糖苷 ( 槲皮苷、栎素、橡皮苷、紫花杜鹃素丙 ) | quercetin-3-*O*-L-rhamnoside (quercitrin, quercitroside, quercimelin) |
| 槲皮素 -3-*O*-α-(6‴- 对香豆酰基 ) 葡萄糖基 -β-1, 4- 鼠李糖苷 | quercetin-3-*O*-α-(6‴-*p*-coumaroyl) glucosyl-β-1, 4-rhamnoside |
| 槲皮素 -3-*O*-α-D- 吡喃葡萄糖苷 | quercetin-3-*O*-α-D-glucopyranoside |
| 槲皮素 -3-*O*-α-D- 吡喃鼠李糖苷 | quercetin-3-*O*-α-D-rhamnopyranoside |
| 槲皮素 -3-*O*-α-D- 呋喃阿拉伯糖苷 | quercetin-3-*O*-α-D-arabinofuranoside |
| 槲皮素 -3-*O*-α-D- 葡萄糖醛酸苷 | quercetin-3-*O*-α-D-glucuronide |
| 槲皮素 -3-*O*-α-L-(2, 4- 二 -*O*- 乙酰基 ) 吡喃鼠李糖苷 -7-*O*-α-L- 吡喃鼠李糖苷 | quercetin-3-*O*-α-L-(2, 4-di-*O*-acetyl) rhamnopyranoside-7-*O*-α-L-rhamnopyranoside |
| 槲皮素 -3-*O*-α-L- 阿拉伯糖苷 | quercetin-3-*O*-α-L-arabinoside |
| 槲皮素 -3-*O*-α-L- 半乳糖苷 | quercetin-3-*O*-α-L-galactoside |
| 槲皮素 -3-*O*-α-L- 吡喃阿拉伯糖苷 | quercetin-3-*O*-α-L-arabinopyranoside |
| 槲皮素 -3-*O*-α-L- 吡喃阿拉伯糖苷 -2″- 没食子酸酯 | quercetin-3-*O*-α-L-arabinopyranoside-2″-gallate |
| 槲皮素 -3-*O*-α-L- 吡喃阿拉伯糖基 -(1→2)-β-D- 吡喃葡萄糖苷 | quercetin-3-*O*-α-L-arabinopyranosyl-(1→2)-β-D-glucopyranoside |
| 槲皮素 -3-*O*-α-L- 吡喃阿拉伯糖基 -(1→6)-[2″-*O*-(*E*)- 对香豆酰基 ]-β-D- 吡喃半乳糖苷 | quercetin-3-*O*-α-L-arabinopyranosyl-(1→6)-[2″-*O*-(*E*)-*p*-coumaroyl]-β-D-galactopyranoside |
| 槲皮素 -3-*O*-α-L- 吡喃阿拉伯糖基 -(1→6)-[2″-*O*-(*E*)- 对香豆酰基 ]-β-D- 吡喃葡萄糖苷 | quercetin-3-*O*-α-L-arabinopyranosyl-(1→6)-[2″-*O*-(*E*)-*p*-coumaroyl]-β-D-glucopyranoside |
| 槲皮素 -3-*O*-α-L- 吡喃阿拉伯糖基 -(1→6)-β-D- 吡喃葡萄糖苷 | quercetin-3-*O*-α-L-arabinopyranosyl-(1→6)-β-D-glucopyranoside |
| 槲皮素 -3-*O*-α-L- 吡喃鼠李糖苷 | quercetin-3-*O*-α-L-rhamnopyranoside |
| 槲皮素 -3-*O*-α-L- 吡喃鼠李糖苷 -2″-(6‴- 对香豆酰基 )-β-D- 葡萄糖苷 | quercetin-3-*O*-α-L-rhamnopyranoside-2″-(6‴-*p*-coumaroyl)-β-D-glucoside |
| 槲皮素 -3-*O*-α-L- 吡喃鼠李糖苷 -7-*O*-α-D- 吡喃葡萄糖苷 | quercetin-3-*O*-α-L-rhamnopyranoside-7-*O*-α-D-glucopyranoside |
| 槲皮素 -3-*O*-α-L- 吡喃鼠李糖苷 -7-*O*-α-D- 葡萄糖苷 | quercetin-3-*O*-α-L-rhamnopyranoside-7-*O*-α-D-glucoside |

| | |
|---|---|
| 槲皮素-3-O-α-L-吡喃鼠李糖苷-7-O-α-L-吡喃鼠李糖苷 | quercetin-3-O-α-L-rhamnopyranoside-7-O-α-L-rhamnopyranoside |
| 槲皮素-3-O-α-L-吡喃鼠李糖苷-7-O-β-D-吡喃葡萄糖苷 | quercetin-3-O-α-L-rhamnopyranoside-7-O-β-D-glucopyranoside |
| 槲皮素-3-O-α-L-吡喃鼠李糖基-(1→2)-[α-L-吡喃鼠李糖基-(1→6)]-β-D-吡喃半乳糖苷 | quercetin-3-O-α-L-rhamnopyranosyl-(1→2)-[α-L-rhamnopyranosyl-(1→6)]-β-D-galactopyranoside |
| 槲皮素-3-O-α-L-吡喃鼠李糖基-(1→2)-[α-L-吡喃鼠李糖基-(1→6)]-β-D-吡喃葡萄糖苷 | quercetin-3-O-α-L-rhamnopyranosyl-(1→2)-[α-L-rhamnopyranosyl-(1→6)]-β-D-glucopyranoside |
| 槲皮素-3-O-α-L-吡喃鼠李糖基-(1→2)-α-L-吡喃鼠李糖基-(1→6)-β-D-吡喃半乳糖苷 | quercetin-3-O-α-L-rhamnopyranosyl-(1→2)-α-L-rhamnopyranosyl-(1→6)-β-D-galactopyranoside |
| 槲皮素-3-O-α-L-吡喃鼠李糖基-(1→2)-β-D-吡喃半乳糖苷 | quercetin-3-O-α-L-rhamnopyranosyl-(1→2)-β-D-galactopyranoside |
| 槲皮素-3-O-α-L-吡喃鼠李糖基-(1→6)-O-β-D-吡喃葡萄糖苷 | quercetin-3-O-α-L-rhamnopyranosyl-(1→6)-O-β-D-glucopyranoside |
| 槲皮素-3-O-α-L-吡喃鼠李糖基-(1→6)-β-D-吡喃半乳糖苷 | quercetin-3-O-α-L-rhamnopyranosyl-(1→6)-β-D-galactopyranoside |
| 槲皮素-3-O-α-L-吡喃鼠李糖基-(1→6)-β-D-吡喃葡萄糖苷-7-O-β-D-吡喃葡萄糖苷 | quercetin-3-O-α-L-rhamnopyranosyl-(1→6)-β-D-glucopyranoside-7-O-β-D-glucopyranoside |
| 槲皮素-3-O-α-L-呋喃阿拉伯糖苷 | quercetin-3-O-α-L-arabinofuranoside |
| 槲皮素-3′-O-α-L-鼠李糖苷 | quercetin-3′-O-α-L-rhamnoside |
| 槲皮素-3-O-α-L-鼠李糖苷 | quercetin-3-O-α-L-rhamnoside |
| 槲皮素-3-O-α-L-鼠李糖苷-7-O-α-L-鼠李糖基-(1→2)-β-D-葡萄糖苷 | quercetin-3-O-α-L-rhamnoside-7-O-α-L-rhamnosyl-(1→2)-β-D-glucoside |
| 槲皮素-3-O-α-L-鼠李糖苷-7-O-β-D-葡萄糖苷 | quercetin-3-O-α-L-rhamnoside-7-O-β-D-glucoside |
| 槲皮素-3-O-α-L-鼠李糖基-(1→2)-β-D-半乳糖苷-7-O-α-L-鼠李糖苷 | quercetin-3-O-α-L-rhamnosyl-(1→2)-β-D-galactoside-7-O-α-L-rhamnoside |
| 槲皮素-3-O-α-L-鼠李糖基-(1→2)-β-D-葡萄糖苷 | quercetin-3-O-α-L-rhamnosyl-(1→2)-β-D-glucoside |
| 槲皮素-3-O-α-L-鼠李糖基-(1→6)-β-D-半乳糖苷 | quercetin-3-O-α-L-rhamnosyl-(1→6)-β-D-galactoside |
| 槲皮素-3-O-α-L-鼠李糖基-(1→6)-β-D-吡喃半乳糖苷 | quercetin-3-O-α-L-rhamnosyl-(1→6)-β-D-galactopyranoside |
| 槲皮素-3-O-α-阿拉伯糖苷 | quercetin-3-O-α-arabinoside |
| 槲皮素-3-O-α-吡喃鼠李糖基-α-L-吡喃阿拉伯糖苷 | quercetin-3-O-α-rhamnopyranosyl-α-L-arabinopyranoside |
| 槲皮素-3-O-α-核糖苷 | quercetin-3-O-α-riboside |
| 槲皮素-3-O-α-鼠李糖基-(1→2)-β-半乳糖苷 | quercetin-3-O-α-rhamnosyl-(1→2)-β-galactoside |
| 槲皮素-3-O-α-鼠李糖基-β-D-葡萄糖苷 | quercetin-3-O-α-rhamnosyl-β-D-glucoside |
| 槲皮素-3-O-β-(2″, 6″-O-二没食子酰基)-β-D-吡喃半乳糖苷 | quercetin-3-O-β-(2″, 6″-O-digalloyl)-β-D-galactopyranoside |
| 槲皮素-3-O-β-(2″-O-乙酰基-β-D-葡萄糖醛酸苷) | quercetin-3-O-β-(2″-O-acetyl-β-D-glucuronide) |
| 槲皮素-3-O-β-(2″-乙酰基) 吡喃半乳糖苷-7-O-α-L-吡喃阿拉伯糖苷 | quercetin-3-O-β-(2″-acetyl) galactopyranoside-7-O-α-L-arabinopyranoside |
| 槲皮素-3-O-β-(3″-O-乙酰基-β-D-葡萄糖醛酸苷) | quercetin-3-O-β-(3″-O-acetyl-β-D-glucuronide) |
| 槲皮素-3-O-β-(6″-阿魏酰基) 吡喃半乳糖苷 | quercetin-3-O-(6″-feruloyl) galactopyranoside |

| | |
|---|---|
| 槲皮素-3-*O*-β-[6″-(*E*)-对香豆酰基吡喃葡萄糖苷]-7-*O*-β-吡喃葡萄糖苷 | quercetin-3-*O*-β-[6″-(*E*)-*p*-coumaroyl glucopyranoside]-7-*O*-β-glucopyranoside |
| 槲皮素-3-*O*-β-D-(2″-乙酰基半乳糖苷) | quercetin-3-*O*-β-D-(2″-acetyl galactoside) |
| 槲皮素-3-*O*-β-D-(6″-正丁基吡喃葡萄糖醛酸苷) | quercetin-3-*O*-β-D-(6″-*n*-butyl glucuronopyranoside) |
| 槲皮素-3-*O*-β-D-(6″-对香豆酰基)半乳糖苷 | quercetin-3-*O*-β-D-(6″-*p*-coumaroyl) galactoside |
| 槲皮素-3-*O*-β-D-(6″-咖啡酰基半乳糖苷) | quercetin-3-*O*-β-D-(6″-caffeoyl galactoside) |
| 槲皮素-3-*O*-β-D-(6″-没食子酰基)-β-D-吡喃半乳糖苷 | quercetin-3-*O*-β-D-(6″-galloyl)-β-D-galactopyranoside |
| 槲皮素-3-*O*-β-D-(6″-没食子酰基)吡喃葡萄糖苷 | quercetin-3-*O*-β-D-(6″-galloyl) glucopyranoside |
| 槲皮素-3-*O*-β-D-(6″-乙酰基葡萄糖苷) | quercetin-3-*O*-β-D-(6″-acetyl glucoside) |
| 槲皮素-3-*O*-β-D-{2-*O*-[6-*O*-(*E*)-芥子酰基]-β-D-吡喃葡萄糖基}-β-D-吡喃葡萄糖苷 | quercetin-3-*O*-β-D-{2-*O*-[6-*O*-(*E*)-sinapoyl]-β-D-glucopyranosyl}-β-D-glucopyranoside |
| 槲皮素-3-*O*-β-D-6″-咖啡酰基半乳糖苷 | quercetin-3-*O*-β-D-6″-caffeoyl galactoside |
| 槲皮素-3-*O*-β-D-6″-乙酰基吡喃阿洛糖苷 | quercetin-3-*O*-β-D-6″-acetyl allopyranoside |
| 槲皮素-3-*O*-β-D-6″-乙酰基吡喃葡萄糖苷 | quercetin-3-*O*-β-D-6″-acetyl glucopyranoside |
| 槲皮素-3-*O*-β-D-半乳糖苷 | quercetin-3-*O*-β-D-galactoside |
| 槲皮素-3-*O*-β-D-半乳糖苷-7-*O*-β-D-吡喃葡萄糖苷 | quercetin-3-*O*-β-D-galactoside-7-*O*-β-D-glucopyranoside |
| 槲皮素-3-*O*-β-D-半乳糖苷-7-*O*-β-D-葡萄糖苷 | quercetin-3-*O*-β-D-galactoside-7-*O*-β-D-glucoside |
| 槲皮素-3-*O*-β-D-半乳糖基-(2→1)-β-D-呋喃芹糖苷 | quercetin-3-*O*-β-D-galactosyl-(2→1)-β-D-apiofuranoside |
| 槲皮素-3-*O*-β-D-吡喃阿拉伯糖苷 | quercetin-3-*O*-β-D-arabinopyranoside |
| 槲皮素-3-*O*-β-D-吡喃半乳糖苷 | quercetin-3-*O*-β-D-galactopyranoside |
| 槲皮素-3-*O*-β-D-吡喃半乳糖苷-7-*O*-β-D-吡喃葡萄糖苷 | quercetin-3-*O*-β-D-galactopyranoside-7-*O*-β-D-glucopyranoside |
| 槲皮素-3-*O*-β-D-吡喃半乳糖基-(1→2)-β-D-吡喃葡萄糖苷 | quercetin-3-*O*-β-D-galactopyranosyl-(1→2)-β-D-glucopyranoside |
| 槲皮素-3-*O*-β-D-吡喃半乳糖基-(2→1)-*O*-β-D-吡喃葡萄糖苷 | quercetin-3-*O*-β-D-galactopyranosyl-(2→1)-*O*-β-D-glucopyranoside |
| 槲皮素-3-*O*-β-D-吡喃半乳糖基-(6→1)-α-L-鼠李糖苷 | quercetin-3-*O*-β-D-galactopyranosyl-(6→1)-α-L-rhamnoside |
| 槲皮素-3-*O*-β-D-吡喃木糖苷 | quercetin-3-*O*-β-D-xylopyranoside |
| 槲皮素-3-*O*-β-D-吡喃木糖基-(1→2)-*O*-β-D-吡喃半乳糖苷 | quercetin-3-*O*-β-D-xylopyranosyl-(1→2)-*O*-β-D-galactopyranoside |
| 槲皮素-3-*O*-β-D-吡喃木糖基-(1→2)-*O*-β-D-吡喃葡萄糖苷 | quercetin-3-*O*-β-D-xylopyranosyl-(1→2)-*O*-β-D-glucopyranoside |
| 槲皮素-3′-*O*-β-D-吡喃葡萄糖苷 | quercetin-3′-*O*-β-D-glucopyranoside |
| 槲皮素-3-*O*-β-D-吡喃葡萄糖苷 | quercetin-3-*O*-β-D-glucopyranoside |
| 槲皮素-3-*O*-β-D-吡喃葡萄糖苷-4′-*O*-α-L-吡喃鼠李糖苷 | quercetin-3-*O*-β-D-glucopyranoside-4′-*O*-α-L-rhamnopyranoside |
| 槲皮素-3-*O*-β-D-吡喃葡萄糖苷-6″-乙酸酯 | quercetin-3-*O*-β-D-glucopyranoside-6″-acetate |
| 槲皮素-3-*O*-β-D-吡喃葡萄糖苷-7-*O*-α-L-吡喃鼠李糖苷 | quercetin-3-*O*-β-D-glucopyranoside-7-*O*-α-L-rhamnopyranoside |

| | |
|---|---|
| 槲皮素-3-*O*-β-D-吡喃葡萄糖苷-7-*O*-β-D-龙胆二糖苷 | quercetin-3-*O*-β-D-glucopyranoside-7-*O*-β-D-gentiobioside |
| 槲皮素-3-*O*-β-D-吡喃葡萄糖基-(1→2)-*O*-β-D-吡喃半乳糖苷 | quercetin-3-*O*-β-D-glucopyranosyl-(1→2)-*O*-β-D-galactopyranoside |
| 槲皮素-3-*O*-β-D-吡喃葡萄糖基-(1→2)-α-L-吡喃阿拉伯糖苷 | quercetin-3-*O*-β-D-glucopyranosyl-(1→2)-α-L-arabinopyranoside |
| 槲皮素-3-*O*-β-D-吡喃葡萄糖基-(1→2)-α-L-吡喃鼠李糖苷 | quercetin-3-*O*-β-D-glucopyranosyl-(1→2)-α-L-rhamnopyranoside |
| 槲皮素-3-*O*-β-D-吡喃葡萄糖基-(1→2)-β-D-吡喃葡萄糖苷 | quercetin-3-*O*-β-D-glucopyranosyl-(1→2)-β-D-glucopyranoside |
| 槲皮素-3-*O*-β-D-吡喃葡萄糖基-(1→4)-α-L-吡喃鼠李糖苷 | quercetin-3-*O*-β-D-glucopyranosyl-(1→4)-α-L-rhamnopyranoside |
| 槲皮素-3-*O*-β-D-吡喃葡萄糖基-(1→6)-*O*-α-L-鼠李糖苷 | quercetin-3-*O*-β-D-glucopyranosyl-(1→6)-*O*-α-L-rhamnoside |
| 槲皮素-3-*O*-β-D-吡喃葡萄糖基-(1→6)-β-D-吡喃半乳糖苷 | quercetin-3-*O*-β-D-glucopyranosyl-(1→6)-β-D-galactopyranoside |
| 槲皮素-3-*O*-β-D-吡喃葡萄糖基-(2→1)-*O*-β-D-吡喃葡萄糖苷 | quercetin-3-*O*-β-D-glucopyranosyl-(2→1)-*O*-β-D-glucopyranoside |
| 槲皮素-3-*O*-β-D-吡喃葡萄糖基-(4→1)-α-L-吡喃鼠李糖苷 | quercetin-3-*O*-β-D-glucopyranosyl-(4→1)-α-L-rhamnopyranoside |
| 槲皮素-3-*O*-β-D-吡喃葡萄糖基-(6→1)-α-L-鼠李糖苷 | quercetin-3-*O*-β-D-glucopyranosyl-(6→1)-α-L-rhamnoside |
| 槲皮素-3-*O*-β-D-吡喃葡萄糖基-α-L-吡喃鼠李糖苷 | quercetin-3-*O*-β-D-glucopyranosyl-α-L-rhamnopyranoside |
| 槲皮素-3-*O*-β-D-吡喃葡萄糖基-β-D-吡喃木糖苷 | quercetin-3-*O*-β-D-glucopyranosyl-β-D-xylopyranoside |
| 槲皮素-3-*O*-β-D-吡喃葡萄糖基-β-D-吡喃葡萄糖苷 | quercetin-3-*O*-β-D-glucopyranosyl-β-D-glucopyranoside |
| 槲皮素-3-*O*-β-D-吡喃葡萄糖醛酸苷 | quercetin-3-*O*-β-D-glucuronopyranoside |
| 槲皮素-3-*O*-β-D-吡喃葡萄糖醛酸苷乙酯 | quercetin-3-*O*-β-D-glucuronopyranoside ethyl ester |
| 槲皮素-3-*O*-β-D-吡喃鼠李糖苷 | quercetin-3-*O*-β-D-rhamnopyranoside |
| 槲皮素-3-*O*-β-D-吡喃鼠李糖基-(1→2)-*O*-α-L-吡喃半乳糖苷 | quercetin-3-*O*-β-D-rhamnopyranosyl-(1→2)-*O*-α-L-galactopyranoside |
| 槲皮素-3-*O*-β-D-刺槐双糖苷 | quercetin-3-*O*-β-D-robinobioside |
| 槲皮素-3-*O*-β-D-呋喃阿拉伯糖苷 | quercetin-3-*O*-β-D-arabinofuranoside |
| 槲皮素-3-*O*-β-D-呋喃芹糖基-(1→2)-*O*-[α-L-吡喃鼠李糖基-(1→6)]-β-D-吡喃葡萄糖苷 | quercetin-3-*O*-β-D-apiofuanosyl-(1→2)-*O*-[α-L-rhamnopyranosyl-(1→6)]-β-D-glucopyranoside |
| 槲皮素-3-*O*-β-D-呋喃芹糖基-(1→2)-β-D-吡喃葡萄糖苷-7-*O*-α-L-吡喃鼠李糖苷 | quercetin-3-*O*-β-D-apiofuranosyl-(1→2)-β-D-glucopyranoside-7-*O*-α-L-rhamnopyranoside |
| 槲皮素-3-*O*-β-D-呋喃芹糖基-(2→1)-β-D-半乳糖苷 | quercetin-3-*O*-β-D-apiofuranosyl-(2→1)-β-D-galactoside |
| 槲皮素-3-*O*-β-D-槐糖苷 | quercetin-3-*O*-β-D-sophoroside |
| 槲皮素-3-*O*-β-D-龙胆二糖苷 | quercetin-3-*O*-β-D-gentiobioside |
| 槲皮素-3-*O*-β-D-龙胆二糖苷-7-*O*-β-D-葡萄糖醛酸苷 | quercetin-3-*O*-β-gentiobioside-7-*O*-β-D-glucuronide |
| 槲皮素-3-*O*-β-D-木糖苷 | quercetin-3-*O*-β-D-xyloside |
| 槲皮素-3-*O*-β-D-木糖基-(1→2)-β-D-葡萄糖苷 | quercetin-3-*O*-β-D-xylosyl-(1→2)-β-D-glucoside |

| 槲皮素-3-*O*-β-D-木糖基-(1→4)-α-L-鼠李糖苷 | quercetin-3-*O*-β-D-xylosyl-(1→4)-α-L-rhamnoside |
|---|---|
| 槲皮素-3′-*O*-β-D-葡萄糖苷 | quercetin-3′-*O*-β-D-glucoside |
| 槲皮素-3-*O*-β-D-葡萄糖苷 | quercetin-3-*O*-β-D-glucoside |
| 槲皮素-3-*O*-β-D-葡萄糖苷-2″-没食子酸酯 | quercetin-3-*O*-β-D-glucoside-2″-gallate |
| 槲皮素-3-*O*-β-D-葡萄糖苷-7-*O*-α-L-鼠李糖苷 | quercetin-3-*O*-β-D-glucoside-7-*O*-α-L-rhamnoside |
| 槲皮素-3-*O*-β-D-葡萄糖苷-7-*O*-β-D-龙胆二糖苷 | quercetin-3-*O*-β-D-glucoside-7-*O*-β-D-gentiobioside |
| 槲皮素-3-*O*-β-D-葡萄糖苷-7-*O*-β-D-葡萄糖醛酸苷 | quercetin-3-*O*-β-D-glucoside-7-*O*-β-D-glucuronide |
| 槲皮素-3-*O*-β-D-葡萄糖基-(1→2)-β-D-葡萄糖苷 | quercetin-3-*O*-β-D-glucosyl-(1→2)-β-D-glucoside |
| 槲皮素-3-*O*-β-D-葡萄糖基-(1→4)-*O*-α-L-鼠李糖苷 | quercetin-3-*O*-β-D-glucosyl-(1→4)-*O*-α-L-rhamnoside |
| 槲皮素-3-*O*-β-D-葡萄糖基-(2→1)-β-D-葡萄糖苷 | quercetin-3-*O*-β-D-glucosyl-(2→1)-β-D-glucoside |
| 槲皮素-3-*O*-β-D-葡萄糖基-(6→1)-α-L-鼠李糖苷 | quercetin-3-*O*-β-D-glucosyl-(6→1)-α-L-rhamnoside |
| 槲皮素-3-*O*-β-D-葡萄糖基-7-*O*-β-D-龙胆双糖苷 | quercetin-3-*O*-β-D-glucosyl-7-*O*-β-D-gentiobioside |
| 槲皮素-3-*O*-β-D-葡萄糖醛酸苷(米魁氏白珠树素) | quercetin-3-*O*-β-D-glucuronide (miquelianin) |
| 槲皮素-3-*O*-β-D-葡萄糖醛酸苷-6″-甲酯 | quercetin-3-*O*-β-D-glucuronide-6″-methyl ester |
| 槲皮素-3-*O*-β-D-葡萄糖醛酸苷-6′-甲酯 | quercetin-3-*O*-β-D-glucuronide-6′-methyl ester |
| 槲皮素-3-*O*-β-D-葡萄糖醛酸甲酯 | methyl quercetin-3-*O*-β-D-glucuronate |
| 槲皮素-3-*O*-β-D-葡萄糖醛酸钠盐 | quercetin-3-*O*-β-D-glucuronate sodium |
| 槲皮素-3-*O*-β-D-葡萄糖醛酸正丁酯 | butyl quercetin-3-*O*-β-D-glucuronate |
| 槲皮素-3-*O*-β-D-鼠李糖苷 | quercetin-3-*O*-β-D-rhamnoside |
| 槲皮素-3-*O*-β-D-新橙皮糖苷 | quercetin-3-*O*-β-D-neohesperidoside |
| 槲皮素-3-*O*-β-D-芸香糖苷 | quercetin-3-*O*-β-D-rutinoside |
| 槲皮素-3-*O*-β-D-芸香糖苷-7-*O*-β-D-葡萄糖醛酸苷 | quercetin-3-*O*-β-D-rutinoside-7-*O*-β-D-glucuronide |
| 槲皮素-3-*O*-β-L-吡喃鼠李糖苷 | quercetin-3-*O*-β-L-rhamnopyranoside |
| 槲皮素-3-*O*-β-L-吡喃鼠李糖苷-2″-乙酸酯 | quercetin-3-*O*-β-L-rhamnopyranosyl-2″-acetate |
| 槲皮素-3-*O*-β-L-吡喃鼠李糖基-(1→6)-β-D-吡喃葡萄糖苷 | quercetin-3-*O*-β-L-rhamnopyranosyl-(1→6)-β-D-glucopyranoside |
| 槲皮素-3-*O*-β-半乳糖苷 | quercetin-3-*O*-β-galactoside |
| 槲皮素-3-*O*-β-吡喃阿拉伯糖苷 | quercetin-3-*O*-β-arabinopyranoside |
| 槲皮素-3-*O*-β-刺槐双糖苷 | quercetin-3-*O*-β-robinobioside |
| 槲皮素-3-*O*-β-龙胆二糖苷 | quercetin-3-*O*-β-gentiobioside |
| 槲皮素-3-*O*-β-葡萄糖苷-7-*O*-β-葡萄糖醛酸苷 | quercetin-3-*O*-β-glucoside-7-*O*-β-glucuronide |
| 槲皮素-3-*O*-β-芸香糖苷 | quercetin-3-*O*-β-rutinoside |
| 槲皮素-3-*O*-阿拉伯糖苷 | quercetin-3-*O*-arabinoside |
| 槲皮素-3-*O*-阿拉伯糖基半乳糖苷 | quercetin-3-*O*-arabinosyl galactoside |
| 槲皮素-3-*O*-半乳糖苷(金丝桃苷、紫花杜鹃素丁、海棠苷、海棠因) | quercetin-3-*O*-galactoside (hyperin, hyperoside) |
| 槲皮素-3-*O*-半乳糖基-(1→6)-葡萄糖苷 | quercetin-3-*O*-galactosyl-(1→6)-glucoside |
| 槲皮素-3-*O*-半乳糖基-(6→1)-鼠李糖苷-7-*O*-葡萄糖苷 | quercetin-3-*O*-galactosyl-(6→1)-rhamnoside-7-*O*-glucoside |

| 槲皮素-3-*O*-吡喃半乳糖苷 | quercetin-3-*O*-galactopyranoside |
|---|---|
| 槲皮素-3-*O*-吡喃葡萄糖苷-7-*O*-鼠李糖苷 | quercetin-3-*O*-glucopyranoside-7-*O*-rhamnoside |
| 槲皮素-3-*O*-丙二酰基-β-D-葡萄糖苷 | quercetin-3-*O*-malonyl-β-D-glucoside |
| 槲皮素-3-*O*-巢菜糖苷 | quercetin-3-*O*-vicianoside |
| 槲皮素-3-*O*-刺槐双糖苷 | quercetin-3-*O*-robinobioside |
| 槲皮素-3-*O*-刺槐糖苷 | quercetin-3-*O*-robinoside |
| 槲皮素-3-*O*-单糖苷 | quercetin-3-*O*-monoglycoside |
| 槲皮素-3-*O*-二吡喃葡萄糖苷 | quercetin-3-*O*-diglucopyranoside |
| 槲皮素-3-*O*-二葡萄糖苷 | quercetin-3-*O*-diglucoside |
| 槲皮素-3-*O*-槐糖苷(白麻苷) | quercetin-3-*O*-sophoroside (baimaside) |
| 槲皮素-3-*O*-槐糖苷-7-*O*-葡萄糖苷 | quercetin-3-*O*-sophoroside-7-*O*-glucoside |
| 槲皮素-3-*O*-槐糖苷-7-*O*-葡萄糖醛酸苷 | quercetin-3-*O*-sophoroside-7-*O*-glucuronide |
| 槲皮素-3-*O*-甲基-7-*O*-β-D-葡萄糖苷 | quercetin-3-*O*-methyl-7-*O*-β-D-glucoside |
| 槲皮素-3′-*O*-甲醚 | quercetin-3′-*O*-methyl ether |
| 槲皮素-3-*O*-甲醚 | quercetin-3-*O*-methyl ether |
| 槲皮素-3-*O*-接骨双苷 | quercetin-3-*O*-scambubioside |
| 槲皮素-3-*O*-龙胆二糖苷 | quercetin-3-*O*-gentiobioside |
| 槲皮素-3-*O*-绵枣儿波苷 | quercetin-3-*O*-scillabioside |
| 槲皮素-3-*O*-木糖苷 | quercetin-3-*O*-xyloside |
| 槲皮素-3-*O*-葡萄糖苷(异槲皮苷) | quercetin-3-*O*-glucoside (isoquercitroside, isoquercitrin) |
| 槲皮素-3-*O*-葡萄糖苷-3′-*O*-二葡萄糖苷 | quercetin-3-*O*-glucoside-3′-*O*-diglucoside |
| 槲皮素-3-*O*-葡萄糖基半乳糖苷 | quercetin-3-*O*-glucosyl galactoside |
| 槲皮素-3-*O*-葡萄糖基鼠李糖基葡萄糖苷 | quercetin-3-*O*-glucosyl rhamnosyl glucoside |
| 槲皮素-3-*O*-桑布双糖苷 | quercetin-3-*O*-sambubioside |
| 槲皮素-3-*O*-鼠李葡萄糖苷 | quercetin-3-*O*-rhamnoglucoside |
| 槲皮素-3-*O*-鼠李葡萄糖苷-7-*O*-鼠李糖苷 | quercetin-3-*O*-rhamnoglucoside-7-*O*-rhamnoside |
| 槲皮素-3-*O*-鼠李糖苷-7-*O*-阿拉伯糖苷 | quercetin-3-*O*-rhamnoside-7-*O*-arabinoside |
| 槲皮素-3-*O*-鼠李糖苷-7-*O*-葡萄糖苷 | quercetin-3-*O*-rhamnoside-7-*O*-glucoside |
| 槲皮素-3-*O*-鼠李糖苷-7-*O*-葡萄糖醛酸苷 | quercetin-3-*O*-rhamnoside-7-*O*-glucuronide |
| 槲皮素-3-*O*-鼠李糖苷-7-*O*-鼠李糖苷 | quercetin-3-*O*-rhamnoside-7-*O*-rhamnoside |
| 槲皮素-3-*O*-鼠李糖基-(1→6)-半乳糖苷 | quercetin-3-*O*-rhamnosyl-(1→6)-galactoside |
| 槲皮素-3-*O*-鼠李糖基阿拉伯糖苷-7-*O*-鼠李糖苷 | quercetin-3-*O*-rhamnosyl arabinoside-7-*O*-rhamnoside |
| 槲皮素-3-*O*-鼠李糖基半乳糖苷-7-*O*-鼠李糖苷 | quercetin-3-*O*-rhamnosyl galactoside-7-*O*-rhamnoside |
| 槲皮素-3-*O*-新橙皮糖苷 | quercetin-3-*O*-neohesperidoside |
| 槲皮素-3-*O*-芸香糖苷(芦丁、芸香苷、紫皮苷、维生素P、紫槲皮苷、槲皮素葡萄糖鼠李糖苷) | quercetin-3-*O*-rutinoside (rutin, rutoside, vitamin P, quercetin glucorhamnoside, violaquercitrin) |
| 槲皮素-3-*O*-芸香糖苷-7-*O*-木糖基葡萄糖苷 | quercetin-3-*O*-rutinoside-7-*O*-xylosyl glucoside |
| 槲皮素-3-*O*-芸香糖苷-7-*O*-葡萄糖苷 | quercetin-3-*O*-rutinoside-7-*O*-glucoside |
| 槲皮素-3-*O*-芸香糖基-(1→2)-*O*-鼠李糖苷 | quercetin-3-*O*-rutinosyl-(1→2)-*O*-rhamnoside |

| | |
|---|---|
| 槲皮素-3-α-D-木糖苷-7-β-D-葡萄糖苷 | quercetin-3-α-D-xyloside-7-β-D-glucoside |
| 槲皮素-3-α-L-阿拉伯糖苷 (广寄生苷、萹蓄苷) | quercetin-3-α-L-arabofuranoside (avicularoside, avicularin) |
| 槲皮素-3-α-L-吡喃鼠李糖基-(1→6)-*O*-β-D-吡喃半乳糖苷 | quercetin-3-α-L-rhamnopyranosyl-(1→6)-*O*-β-D-galactopyranoside |
| 槲皮素-3-α-L-呋喃鼠李糖苷 | quercetin-3-α-L-rhamnofuranoside |
| 槲皮素-3-α-L-鼠李糖苷 | quercetin-3-α-L-rhamnoside |
| 槲皮素-3-α-L-鼠李糖苷-7-β-D-葡萄糖苷 | quercetin-3-α-L-rhamnoside-7-β-D-glucoside |
| 槲皮素-3-β-D-吡喃半乳糖基-6″-没食子酸酯 | quercetin-3-β-D-galactopyranosyl-6″-gallate |
| 槲皮素-3-β-D-吡喃木糖苷 | quercetin-3-β-D-xylopyranoside |
| 槲皮素-3-β-D-吡喃葡萄糖苷-4′-*O*-α-D-吡喃葡萄糖苷 | quercetin-3-β-D-glucopyranoside-4′-*O*-α-D-glucopyranoside |
| 槲皮素-3-β-D-吡喃葡萄糖基-(1→4)-α-L-吡喃鼠李糖苷 | quercetin-3-β-D-glucopyranosyl-(1→4)-α-L-rhamnopyranoside |
| 槲皮素-3-β-D-吡喃葡萄糖基-(1→6)-*O*-β-D-吡喃葡萄糖基-(1→4)-α-L-吡喃鼠李糖苷 | quercetin-3-β-D-glucopyranosyl-(1→6)-*O*-β-D-glucopyranosyl-(1→4)-α-L-rhamnopyranoside |
| 槲皮素-3-β-D-吡喃葡萄糖基-(6→1)-α-L-吡喃鼠李糖苷-7-α-L-吡喃鼠李糖苷 | quercetin-3-β-D-glucopyranosyl-(6→1)-α-L-rhamnopyranoside-7-α-L-rhamnopyranoside |
| 槲皮素-3-β-D-葡萄糖苷 | quercetin-3-β-D-glucoside |
| 槲皮素-3-β-D-葡萄糖苷-6-α-L-鼠李糖苷 | quercetin-3-β-D-glucoside-6-α-L-rhamnoside |
| 槲皮素-3-β-D-葡萄糖苷-7-α-L-鼠李糖苷 | quercetin-3-β-D-glucoside-7-α-L-rhamnoside |
| 槲皮素-3-β-D-葡萄糖基-(1→6)-β-D-半乳糖苷 | quercetin-3-β-D-glucosyl-(1→6)-β-D-galactoside |
| 槲皮素-3-β-D-葡萄糖醛酸苷甲酯 | quercetin-3-β-D-glucuronide methyl ester |
| 槲皮素-3-β-巢菜糖苷 | quercetin-3-β-vicianoside |
| 槲皮素-3-阿拉伯糖苷 | quercetin-3-arabinoside |
| 槲皮素-3-阿拉伯糖苷-7-葡萄糖苷 | quercetin-3-arabinoside-7-glucoside |
| 槲皮素-3-半乳糖二鼠李糖苷 | quercetin-3-galactodirhamnoside |
| 槲皮素-3-半乳糖苷 | quercetin-3-galactoside |
| 槲皮素-3-半乳糖基木糖苷 | quercetin-3-galactosyl xyloside |
| 槲皮素-3-半乳糖鼠李糖苷 | quercetin-3-galactorhamnoside |
| 槲皮素-3-吡喃鼠李糖苷-2″-没食子酸酯 | quercetin-3-rhamnopyranoside-2″-gallate |
| 槲皮素-3-刺槐二糖苷-7-葡萄糖苷 | quercetin-3-robinobioside-7-glucoside |
| 槲皮素-3′-刺槐双糖苷 | quercetin-3′-robinobioside |
| 槲皮素-3-刺槐双糖苷-7-鼠李糖苷 | quercetin-3-robinobioside-7-rhamnoside |
| 槲皮素-3-单-L-鼠李糖苷 | quercetin-3-mono-L-rhamnoside |
| 槲皮素-3-二阿拉伯糖苷 | quercetin-3-diarabinoside |
| 槲皮素-3-二鼠李糖苷 | quercetin-3-dirhamnoside |
| 槲皮素-3-磺酸酯 | quercetin-3-sulphate |
| 槲皮素-3-甲基-7-甲基醚-4′-硫酸盐 | quercetin-3-methyl-7-methyl ether-4′-sulfate |
| 槲皮素-3′-甲醚 | quercetin-3′-methyl ether |
| 槲皮素-3′-甲醚 (异鼠李黄素、异鼠李素) | quercetin-3′-methyl ether (isorhamnetol, isorhamnetin) |
| 槲皮素-3′-甲氧基-3-*O*-β-D-半乳糖苷 | quercetin-3′-methoxy-3-*O*-β-D-galactoside |

| 槲皮素-3′-甲氧基-3-*O*-β-D-芸香糖苷 | quercetin-3′-methoxy-3-*O*-β-D-rutinoside |
|---|---|
| 槲皮素-3-龙胆二糖苷 | quercetin-3-gentiobioside |
| 槲皮素-3-龙胆二糖苷-7-葡萄糖苷 | quercetin-3-gentiobioside-7-glucoside |
| 槲皮素-3-龙胆三糖苷 | quercetin-3-gentiotrioside |
| 槲皮素-3-木糖苷 (虎杖素、瑞诺苷) | quercetin-3-xyloside (reynoutrin) |
| 槲皮素-3-木糖苷-7-葡萄糖苷 | quercetin-3-xyloside-7-glucoside |
| 槲皮素-3-葡葡萄糖醛酸苷 | quercetin-3-glucuronide |
| 槲皮素-3-葡萄糖苷 | quercetin-3-glucoside |
| 槲皮素-3-葡萄糖苷硫酸酯 | quercetin-3-glucoside sulfate |
| 槲皮素-3-葡萄糖基-(1→4)-木糖基-(1→4)-鼠李糖苷 | quercetin-3-glucosyl-(1→4)-xylosyl-(1→4)-rhamnoside |
| 槲皮素-3-葡萄糖基-(1‴→4″)-鼠李糖苷-7-鼠李糖基-(1⁗→6‴)-葡萄糖苷 | quercetin-3-glucosyl-(1‴→4″)-rhamnoside-7-rhamnosyl-(1⁗→6‴)-glucoside |
| 槲皮素-3-葡萄糖基葡萄糖醛酸苷 | quercetin-3-glucoglucuronide |
| 槲皮素-3-桑布双糖苷 | quercetin-3-sambubioside |
| 槲皮素-3-鼠李糖半乳糖苷 | quercetin-3-rhamnogalactoside |
| 槲皮素-3-鼠李糖二葡萄糖苷 | quercetin-3-rhamnodiglucoside |
| 槲皮素-3-鼠李糖苷 | quercetin-3-rhamnoside |
| 槲皮素-3-鼠李糖苷-7-葡萄糖苷 | quercetin-3-rhamnoside-7-glucoside |
| 槲皮素-3-鼠李糖基-(1→3)-半乳糖苷 | quercetin-3-rhamnosyl-(1→3)-galactoside |
| 槲皮素-3-鼠李糖基-(1→6)-半乳糖苷 | quercetin-3-rhamnosyl-(1→6)-galactoside |
| 槲皮素-3-鼠李糖龙胆二糖苷 | quercetin-3-rhamnogentiobioside |
| 槲皮素-3-鼠李糖葡萄糖苷 | quercetin-3-rhamnoglucoside |
| 槲皮素-3-双半乳糖苷 | quercetin-3-digalactoside |
| 槲皮素-3-双葡萄糖苷 | quercetin-3-glucobioside |
| 槲皮素-3-双葡萄糖苷-7-葡萄糖苷 | quercetin-3-diglucosyl-7-glucoside |
| 槲皮素-3-新橙皮糖苷 | quercetin-3-neohesperidoside |
| 槲皮素-3-芸香糖苷 | quercetin-3-rutinoside |
| 槲皮素-3-芸香糖苷-7-半乳糖苷 | quercetin-3-rutinoside-7-galactoside |
| 槲皮素-3-芸香糖苷-7-葡萄糖苷 | quercetin-3-rutinoside-7-glucoside |
| 槲皮素-3-芸香糖苷-7-鼠李糖苷 | quercetin-3-rutinoside-7-rhamnoside |
| 槲皮素-4′-*O*-α-L-鼠李糖基-(1→6)-*O*-β-D-葡萄糖苷 | quercetin-4′-*O*-α-L-rhamnosyl-(1→6)-*O*-β-D-glucoside |
| 槲皮素-4′-*O*-β-D-半乳糖苷 | quercetin-4′-*O*-β-D-galactoside |
| 槲皮素-4′-*O*-β-D-吡喃葡萄糖苷 | quercetin-4′-*O*-β-D-glucopyranoside |
| 槲皮素-4′-*O*-β-D-吡喃葡萄糖苷-6″-没食子酸酯 | quercetin-4′-*O*-β-D-glucopyranoside-6″-gallate |
| 槲皮素-4′-*O*-β-D-葡萄糖苷 | quercetin-4′-*O*-β-D-glucoside |
| 槲皮素-4-*O*-吡喃葡萄糖苷-3-*O*-吡喃鼠李糖苷 | quercetin-4-*O*-glucopyranoside-3-*O*-rhamnpyranoside |
| 槲皮素-4′-*O*-葡萄糖苷 | quercetin-4′-*O*-glucoside |
| 槲皮素-4′-β-D-葡萄糖苷 | quercetin-4′-β-D-glucoside |
| 槲皮素-4-单-D-葡萄糖苷 (绣线菊苷) | quercetin-4-mono-D-glucoside (spiraeoside) |
| 槲皮素-4′-没食子酸酯-3-*O*-α-L-阿拉伯糖苷 | quercetin-4′-gallate-3-*O*-α-L-arabinoside |

| 槲皮素-5, 3-二-D-半乳糖苷 | quercetin-5, 3-di-D-galactoside |
|---|---|
| 槲皮素-5, 4′-二-*O*-β-D-吡喃葡萄糖苷 | quercetin-5, 4′-di-*O*-β-D-glucopyranoside |
| 槲皮素-5, 7, 4′-三-*O*-β-D-吡喃葡萄糖苷 | quercetin-5, 7, 4′-tri-*O*-β-D-glucopyranoside |
| 槲皮素-5-*O*-β-D-吡喃葡萄糖苷 | quercetin-5-*O*-β-D-glucopyranoside |
| 槲皮素-5-*O*-β-D-葡萄糖苷 | quercetin-5-*O*-β-D-glucoside |
| 槲皮素-5-甲醚 | quercetin-5-methyl ether |
| 槲皮素-5-葡萄糖苷 | quercetin-5-glucoside |
| 槲皮素-6-*C*-葡萄糖苷 | quercetin-6-*C*-glucoside |
| 槲皮素-6″-香豆酰基-3-*O*-D-半乳糖苷 | quercetin-6″-coumaroyl-3-*O*-D-galactoside |
| 槲皮素-7, 3′4′-三甲醚 | quercetin-7, 3′, 4′-trimethyl ether |
| 槲皮素-7, 4′-二磺酸盐 | quercetin-7, 4′-disulphate |
| 槲皮素-7, 4′-二甲醚-5-*O*-β-D-吡喃葡萄糖苷 | quercetin-7, 4′-dimethyl ether-5-*O*-β-D-glucopyranoside |
| 槲皮素-7, 4′-二葡萄糖苷 | quercetin-7, 4′-diglucoside |
| 槲皮素-7-*O*-(6″-*O*-乙酰基)-β-D-吡喃葡萄糖苷 | quercetin-7-*O*-(6″-*O*-acetyl)-β-D-glucopyranoside |
| 槲皮素-7-*O*-α-D-吡喃葡萄糖苷 | quercetin-7-*O*-α-D-glucopyranoside |
| 槲皮素-7-*O*-α-L-吡喃鼠李糖苷 | quercetin-7-*O*-α-L-rhamnopyranoside |
| 槲皮素-7-*O*-α-L-吡喃鼠李糖苷-3-*O*-α-L-吡喃鼠李糖基-(1→2)-β-D-吡喃葡萄糖苷 | quercetin-7-*O*-α-L-rhamnopyranoside-3-*O*-α-L-rhamnopyranosyl-(1→2)-β-D-glucopyranoside |
| 槲皮素-7-*O*-α-L-鼠李糖苷 | quercetin-7-*O*-α-L-rhamnoside |
| 槲皮素-7-*O*-β-D-[6″-*O*-(反式-阿魏酰)]吡喃葡萄糖苷 | quercetin-7-*O*-β-D-[6″-*O*-(trans-feruloyl)] glucopyranoside |
| 槲皮素-7-*O*-β-D-吡喃葡萄糖苷 | quercetin-7-*O*-β-D-glucopyranoside |
| 槲皮素-7-*O*-β-D-吡喃葡萄糖基-(1→6)-β-D-吡喃葡萄糖苷 | quercetin-7-*O*-β-D-glucopyranosyl-(1→6)-β-D-glucopyranoside |
| 槲皮素-7-*O*-β-D-龙胆二糖苷 | quercetin-7-*O*-β-D-gentiobioside |
| 槲皮素-7-*O*-β-D-葡萄糖苷 | quercetin-7-*O*-β-D-glucoside |
| 槲皮素-7-*O*-β-D-鼠李糖苷 | quercetin-7-*O*-β-D-rhamnoside |
| 槲皮素-7-*O*-半乳糖苷 | quercetin-7-*O*-galactoside |
| 槲皮素-7-*O*-鼠李糖基葡萄糖醛酸苷 | quercetin-7-*O*-rhamnoglucuronide |
| 槲皮素-7-*O*-新橙皮糖苷 | quercetin-7-*O*-neohesperidoside |
| 槲皮素-7-甲醚(鼠李素) | quercetin-7-methyl ether (rhamnetin) |
| 槲皮素-7-甲醚-3, 3′-双硫酸盐 | quercetin-7-methyl ether-3, 3′-disulfate |
| 槲皮素-7-葡萄糖苷 | quercetin-7-glucoside |
| 槲皮素-7-葡萄糖苷-3-槐糖苷 | quercetin-7-glucoside-3-sophoroside |
| 槲皮素-7-葡萄糖苷-3-葡萄糖半乳糖苷 | quercetin-7-glucoside-3-glucogalactoside |
| 槲皮素-7-葡萄糖苷-3-鼠李糖半乳糖苷 | quercetin-7-glucoside-3-rhamnogalactoside |
| 槲皮素-7-葡萄糖苷-3-鼠李糖葡萄糖苷 | quercetin-7-glucoside-3-rhamnoglucoside |
| 槲皮素-7-葡萄糖醛酸葡萄糖苷 | quercetin-7-glucuronoglucoside |
| 槲皮素-7-芸香糖苷 | quercetin-7-rutinoside |
| 3-(槲皮素-8-基)-2, 3-环氧黄烷酮 | 3-(quercetin-8-yl)-2, 3-epoxyflavanone |
| 槲皮素-*O*-β-D-吡喃半乳糖苷 | quercetin-*O*-β-D-galactopyranoside |

| | |
|---|---|
| 槲皮素-*O*-β-D-吡喃葡萄糖苷 | quercetin-*O*-β-D-glucopyranoside |
| 槲皮素-*O*-己糖苷 | quercetin-*O*-hexoside |
| 槲皮素半乳糖苷 | quercetin galactoside |
| 槲皮素丙糖苷 | quercetin trioside |
| 槲皮素葡萄糖苷 | quercetin glucoside |
| 槲皮素葡萄糖鼠李糖苷(槲皮素-3-*O*-芸香糖苷、芸香苷、紫皮苷、维生素P、紫槲皮苷、芦丁) | quercetin glucorhamnoside (quercetin-3-*O*-rutinoside, rutoside, vitamin P, rutin, violaquercitrin) |
| 槲皮素鼠李半乳糖苷 | quercetin rhamnogalactoside |
| 槲皮素鼠李糖苷 | quercetin rhamnoside |
| 槲皮万寿菊苷(槲皮万寿菊素-7-*O*-葡萄糖苷) | quercetagitrin (quercetagetin-7-*O*-glucoside) |
| 槲皮万寿菊素(六羟黄酮、栎草亭、藤菊黄素、6-羟基槲皮素) | quercetagetin (6-hydroxyquercetin) |
| 槲皮万寿菊素-3, 4′-二甲醚 | quercetagetin-3, 4′-dimethyl ether |
| 槲皮万寿菊素-3, 6, 3′-三甲醚 | quercetagetin-3, 6, 3′-trimethyl ether |
| 槲皮万寿菊素-3, 6, 3′-三甲醚-6-*O*-β-葡萄糖苷 | quercetagetin-3, 6, 3′-trimethyl ether-6-*O*-β-glucoside |
| 槲皮万寿菊素-3, 6, 3′-三甲醚-7-*O*-β-葡萄糖苷 | quercetagetin-3, 6, 3′-trimethyl ether-7-*O*-β-glucoside |
| 槲皮万寿菊素-3, 7, 3′, 4′-四甲醚 | quercetagetin-3, 7, 3′, 4′-tetramethyl ether |
| 槲皮万寿菊素-3-半乳糖苷 | quercetagetin-3-galactoside |
| 槲皮万寿菊素-6, 7, 3′, 4′-四甲醚 | quercetagetin-6, 7, 3′, 4′-tetramethyl ether |
| 槲皮万寿菊素-6, 7, 4′-三甲基醚 | quercetagetin-6, 7, 4′-trimethyl ether |
| 槲皮万寿菊素-7-*O*-葡萄糖苷(槲皮万寿菊苷) | quercetagetin-7-*O*-glucoside (quercetagitrin) |
| 槲葡醛酸苷(槲皮素-3-葡萄糖醛酸苷) | querciturone (quercetin-3-glucuronide) |
| 槲树苷(冬青栎苷A) | quercilicoside A |
| 蝴蝶草苷A、B | torenosides A, B |
| 蝴蝶花素A、B | irisjaponins A, B |
| 蝴蝶花萜醛A～C | iridojaponals A～C |
| 糊精 | dextrin |
| 虎刺醇 | damnacanthol |
| 虎刺醇-ω-乙醚 | damnacanthol-ω-ethyl ether |
| 虎刺楤木苷 | armatoside |
| 虎刺尼定 | damnidin |
| 虎刺醛(虎刺素) | damnacanthal |
| 虎耳草苷 | saxifragin |
| 虎耳草素(岩白菜内酯、岩白菜素、岩白菜宁、矮茶素、鬼灯檠素) | cuscutin (bergenit, vakerin, arolisic acid B, bergenin) |
| 虎皮楠-23-酸甲酯 | daphnan-23-oic acid methyl ester |
| 虎皮楠胺(交让木碱) | daphniphyllamine (daphniphylline) |
| 虎皮楠定碱A、B | daphnoldines A, B |
| 虎皮楠苷 | oldhamioside |
| 虎皮楠哈明碱A | daphnioldhamine A |

| 虎皮楠环定 A～L | daphnicyclidines A～L |
| --- | --- |
| 虎皮楠环素 A～K | daphnicyclidins A～K |
| 虎皮楠林碱 A | oldhamiphylline A |
| 虎皮楠明胺 A | oldhamine A |
| 虎皮楠明碱 | daphneomine |
| 虎皮楠明碱 A～D | dapholdhamines A～D |
| 虎皮楠宁碱 A～K | daphnioldhanins A～K |
| 虎皮楠缩醛 A | daphniacetal A |
| 虎皮楠唑胺 (虎皮楠佐碱) A～U | daphnezomines A～U |
| 虎皮楠唑酸 | daphnezomic acid |
| 虎舌红皂苷 (虎舌红苷) A～H | ardisimamillosides A～H |
| 虎尾兰皂苷元 [螺甾-5, 25 (27)-二烯-1β, 3β, (23S)-三醇] | sansevierigenin [spirost-5, 25 (27)-dien-1β, 3β, (23S)-triol] |
| 虎眼万年青苷 A | caudaside A |
| 虎掌草皂苷 (胡枝苷) A～D | huzhangosides A～D |
| 虎杖二苯乙烯苷 (蓼黄烷芪) A、B | polyflavanostilbenes A, B |
| 虎杖苷 (云杉新苷、白藜芦醇-3-*O*-葡萄糖苷) | polydatin (piceid, resveratrol-3-*O*-glucoside, polygonin) |
| 虎杖明 | cuspidatumin |
| 虎榛三醇 | ostryopsitriol |
| 虎榛三烯醇 | ostryopsitrienol |
| 琥珀腈 | succinonitrile |
| 琥珀醛酸 | succinaldehydic acid |
| 琥珀树脂醇 | succinoresinol |
| 琥珀松香醇 | succinoabietol |
| 琥珀松香醇酸 | succinoabietinolic acid |
| 琥珀酸 (丁二酸) | amber acid (succinic acid, butanedioic acid) |
| 琥珀酸 (丁二酸) | succinic acid (amber acid, butanedioic acid) |
| 琥珀酸单丁酯 | succinic acid monobutyl ester |
| 琥珀酸单甲酯 | succinic acid monomethyl ester |
| 琥珀酸二甲酯 | succinic acid dimethyl ester |
| 琥珀酸甲酯 | methyl succinate |
| 琥珀酸钠乙酯 | sodium ethyl succinate |
| 琥珀酰胺酸 | succinamic acid |
| 19-*O*-琥珀酰贝壳杉醇酸 | 19-*O*-succinyl agatholic acid |
| 琥珀酰苯胺酸 | succinanilic acid |
| 琥珀酰亚胺 (丁二酰亚胺) | succinimide |
| 琥珀氧松香酸 | succoxyabietic acid |
| 琥珀银松酸 | succinosilvinic acid |
| 互叶羊角藤原苷 C～L | gymnepregosides C～L |
| 花白苷 (无色花色苷、白花青素苷) | leucoanthocyanin |

| 花白蜡树苷 A、B | uhdosides A, B |
|---|---|
| 花白素 (无色花色素) | leucoanthocyanidin |
| (6*R*)- 花柏 -2, 7 (14)- 二烯 | (6*R*)-chamigra-2, 7 (14)-diene |
| 花柏醇 (扁柏螺烯醇) | chamigrenol |
| 花柏醛 (扁柏螺烯醛) | chamigrenal |
| α- 花柏烯 (α- 扁柏螺烯、α- 恰米烯) | α-chamigrene |
| β- 花柏烯 (β- 恰米烯、β- 扁柏螺烯) | β-chamigrene |
| 花柏烯 (扁柏螺烯、恰米烯) | chamigrene |
| β- 花柏烯酸 (β- 扁柏螺烯酸) | β-chamigrenic acid |
| 花瓣藓醛 A～F | mniopetals A～F |
| α- 花侧柏醇 | α-cuparenol |
| γ- 花侧柏醇 | γ-cuparenol |
| β- 花侧柏醇 (β- 柏芳醇) | β-cuparenol |
| δ- 花侧柏醇 (δ- 柏芳醇) | δ-cuparenol |
| 花侧柏醇 (花侧柏萜醇、叩巴萜醇) | cuparenol |
| (*R*)-(–)-α- 花侧柏酮 [(*R*)-(–)-α- 柏芳酮] | (*R*)-(–)-α-cuparenone |
| α- 花侧柏酮 (α- 花侧柏萜酮) | α-cuparenone |
| β- 花侧柏酮 (β- 花侧柏萜酮) | β-cuparenone |
| 花侧柏酮 (叩巴萜酮、花侧柏萜酮) | cuparenone |
| 花侧柏烷 | cuparane |
| 花侧柏烯 (柏芳烃) | cuparene |
| (+)- 花侧柏烯 [(+)- 柏芳烃] | (+)-cuparene |
| α- 花侧柏烯 (α- 柏芳烃) | α-cuparene |
| 花葱属皂苷元 A | polemoniumgenin A |
| 花耳烯酮 | dacrymenone |
| 花粉烷甾醇 | pollinastanol |
| 花梗龙胆宁 | pedicellanin |
| 花梗龙胆素 (柄苣醌甲醚) | pedicellin |
| 花梗鞣素 (赤芍素、夏栎鞣精) | pedunculagin |
| 花冠木碱 (腺冠木碱) | stemmadenine |
| (+)- 花桂碱 [(+)- 小花桂雄碱] | (+)-daphnandrine |
| 花见山碱 | hanamiyama base |
| 花椒吡喃酮 | zanthopyranone |
| (*E*)- 花椒醇 [(*E*)- 栓质花椒醇] | (*E*)-suberenol |
| 花椒定 (崖椒定碱) | fagaridine |
| 花椒毒酚 (黄毒酚) | xanthotoxol |
| 花椒毒酚 -8-*O*-β-D- 吡喃半乳糖苷 | xanthotoxol-8-*O*-β-D-galactopyranoside |
| 花椒毒酚 -8-*O*-β-D- 吡喃葡萄糖苷 | xanthotoxol-8-*O*-β-D-glucopyranoside |
| 花椒毒酚 -8-*O*-β-D- 吡喃葡萄糖苷 | xanthotoxol-8-*O*-β-D-glucopyranoside |
| 花椒毒酚 -8-β-D- 葡萄糖苷 | xanthotoxol-8-β-D-glucoside |

| 花椒毒内酯 (黄原毒、氧化补骨脂素、8-甲氧补骨脂素、花椒毒素) | ammoidin (methoxsalen, 8-methoxypsoralen, xanthotoxin) |
|---|---|
| 花椒毒素 (黄原毒、氧化补骨脂素、8-甲氧补骨脂素、花椒毒内酯) | xanthotoxin (methoxsalen, 8-methoxypsoralen, ammoidin) |
| 花椒杜松碱 A、B | zanthocadinanines A, B |
| 花椒二酮 | zanthodione |
| (–)-花椒酚 | (–)-xanthoxylol |
| (+)-花椒酚 | (+)-xanthoxylol |
| 花椒酚 | xanthoxylol |
| 花椒苷 A、B | zanthoxylosides A, B |
| 花椒根碱 (花椒朋碱) | zanthobungeanine |
| 花椒碱 (崖椒碱、2-甲氧基白鲜碱) | fagarine (8-methoxydictamnine) |
| β-花椒碱 (茵芋碱、缎木碱、7, 8-二甲氧基白鲜碱) | β-fagarine (skimmianine, chloroxylonine, 7, 8-dimethoxydictamnine) |
| 花椒碱 Ⅰ～Ⅲ | fagarines Ⅰ～Ⅲ |
| 花椒腈 | zanthonitrile |
| 花椒簕醇 | cuspidiol |
| 花椒明 | fagaramine |
| 花椒明碱 | znthobungeanine |
| 花椒内酯 (美洲花椒素、花椒树皮素甲) | xanthyletin |
| 花椒宁碱 | fagaronine |
| 花椒欧洲赤松碱 | zanthomuurolanine |
| 花椒醛 | piperonyl aldehyde |
| 花椒属碱 | fagara base |
| 花椒双喹诺酮 | zanthobisquinolone |
| 花椒素 (黄木灵) | xanthoxylin |
| 花椒酸 | zanthoionic acid |
| 花椒叶苷 A～E | zanthoionosides A～E |
| 花椒油素 | phloracetophenone-4, 6-dimethyl ether |
| 花葵素 (蹄纹天竺素、天竺葵素) | pelargonidin |
| 花葵素-3, 5-*O*-二吡喃葡萄糖苷 | pelargonidin-3, 5-*O*-diglucopyranoside |
| 花葵素-3, 5-*O*-二葡萄糖苷 | pelargonidin-3, 5-*O*-diglucoside |
| 花葵素-3-*O*-(6″-*O*-α-吡喃鼠李糖基-β-吡喃葡萄糖苷) | pelargonidin-3-*O*-(6″-*O*-α-rhamnopyranosyl-β-glucopyranoside) |
| 花葵素-3-*O*-(6′-丙二酰基)-β-D-吡喃葡萄糖苷 | pelargonidin-3-*O*-(6′-malonyl)-β-D-glucopyranoside |
| 花葵素-3-*O*-[6″-*O*-(2‴-*O*-乙酰基-α-吡喃鼠李糖基)-β-吡喃葡萄糖苷] | pelargonidin-3-*O*-[6″-*O*-(2‴-*O*-acetyl-α-rhamnopyranosyl)-β-glucopyranoside] |
| 花葵素-3-*O*-β-D-吡喃半乳糖苷 | pelargonidin-3-*O*-β-D-galactopyranoside |
| 花葵素-3-*O*-吡喃葡萄糖苷 | pelargonidin-3-*O*-glucopyranoside |
| 花葵素-3-*O*-葡萄糖苷 | pelargonidin-3-*O*-glucoside |
| 花葵素-3-*O*-芸香糖苷 | pelargonidin-3-*O*-rutinoside |

| 花葵素-3-*O*-芸香糖苷-5-*O*-葡萄糖苷 | pelargonidin-3-*O*-rutinoside-5-*O*-glucoside |
|---|---|
| 花葵素-3-半乳糖苷 | pelargonidin-3-galactoside |
| 花葵素-3-对香豆酰基葡萄糖苷-5-二丙二酰基葡萄糖苷 | pelargonidin-3-*p*-coumaroyl glucoside-5-dimalonyl glucoside |
| 花葵素-3-对香豆酰基芸香糖苷-5-葡萄糖苷 | pelargonidin-3-*p*-coumaroyl rutinoside-5-glucoside |
| 花葵素-3-槐糖苷 | pelargonidin-3-sophoroside |
| 花葵素-3-槐糖苷-5-葡萄糖苷 | pelargonidin-3-sophoroside-5-glucoside |
| 花葵素-3-咖啡酰基葡萄糖苷-5-二丙二酰基葡萄糖苷 | pelargonidin-3-caffeoyl glucoside-5-dimalonyl glucoside |
| 花葵素-3-咖啡酰基芸香糖苷-5-葡萄糖苷 | pelargonidin-3-caffeoyl rutinoside-5-glucoside |
| 花葵素-3-龙胆三糖苷 | pelargonidin-3-gentiotrioside |
| 花葵素-3-木糖基葡萄糖苷 | pelargonidin-3-xylosyl glucoside |
| 花葵素-3-芸香糖基-5-葡萄糖苷 | pelargonidin-3-rutinosyl-5-glucoside |
| 花葵素苷 | pelargonin |
| 花菱胺 | escholamine |
| (–)-花菱草醇 | (–)-eschscholtzinol |
| 花菱草定 | eschscholtzidine |
| 花菱草碱 | escholtzine |
| 花菱草嗪 | eschscholtzine |
| 花菱草属碱 B | eschscholtzia base B |
| (–)-花菱草酮 | (–)-eschscholtzinone |
| 花菱碱 | escholerine |
| 花锚苷 (1-*O*-樱草糖基-2, 3, 5, 7-四甲基呫酮) | haleniaside (1-*O*-primeverosyl-2, 3, 5, 7-tetramethoxy-xanthone) |
| 花锚洛苷 | corniculoside |
| 花锚色酮 A～C | halenichromones A～C |
| 花锚素 A、B | halenins A, B |
| 花锚酸 A～C | halenic acids A～C |
| 花盘飞蛾藤三醇 | disciferitriol |
| 花旗松素 (蚊母树素、黄杉素、紫杉叶素、二氢槲皮素) | taxifolin (distylin, taxifoliol, dihydroquercetin) |
| (2*R*, 3*S*)-(–)-花旗松素-3′-葡萄糖苷 | (2*R*, 3*S*)-(–)-axifolin-3′-glucoside |
| 花墙刺苷 (假连翘奥苷、假连翘苷) Ⅰ～Ⅳ | durantiosides Ⅰ～Ⅳ |
| 花墙刺苷Ⅰ四乙酸酯 | durantioside Ⅰ tetraacetate |
| 花墙刺苷Ⅰ五乙酸酯 | durantioside Ⅰ pentaacetate |
| 花墙刺苷Ⅱ四乙酸酯 | durantioside Ⅱ tetraacetate |
| 花墙刺苷Ⅳ四乙酸酯 | durantioside Ⅳ tetraacetate |
| 花青苷 (矢车菊色素苷) | cyanin |
| 花青素-3-*O*-半乳糖苷 (依啶苷) | cyanidin-3-*O*-galactoside (idein) |
| 花青素-3-*O*-芸香糖苷 (接骨木苷) | cyanidin-3-*O*-rutinoside (antirrhinin, sambucin) |

| | |
|---|---|
| 花青素鼠李葡萄糖苷 | keracyanin |
| 花青素原 | anthocyanogen |
| 花楸酸 | parasorbic acid |
| 花楸酸葡萄糖苷 | parasorboside |
| 花荵皂苷 B、C | polemoniosides B, C |
| 花荵皂苷元 (花葱熊果皂苷元) | polemoniogenin |
| 花色素苷 | anthocyanin |
| 花生醇 | arachic alcohol |
| 花生二烯酸 | eicosadienoic acid |
| 花生苷 | arachidoside |
| 花生碱 | arachine |
| 花生四烯酸 (全顺式 -5, 8, 11, 14- 二十碳四烯酸) | arachidonic acid (all-*cis*-5, 8, 11, 14-eicosatetraenoic acid) |
| 花生四烯酸甲酯 | methyl arachidonate |
| 花生四烯酸乙酯 | ethyl arachidonate |
| 11- 花生酸 (11- 二十酸) | 11-arachidic acid (11-eicosanoic acid) |
| 花生酸 (二十酸、花生油酸) | arachic acid (eicosanoic acid, arachidic acid) |
| 花生酸 1- 甘油酯 | glycerol 1-arachidate |
| 花生酸 10- 甲酮基二十四酯 | 10-ketotetracosyl arachidate |
| 3β- 花生酸豆甾醇酯 | stigmasteryl-3β-arachidate |
| 花生酸甲酯 | methyl arachidate |
| 花生酸正二十六醇酯 | *n*-hexacosanyl arachidate |
| 花生油酸 (花生酸、二十酸) | arachidic acid (eicosanoic acid, arachic acid) |
| 花田碱 | hanadamine |
| 花亭乌头宁 | scaconine |
| 花葶乌头碱 | scaconitine |
| 花药黄素 (花药黄质) | antheraxanthin |
| 花叶假杜鹃苷 | lupulinoside |
| 花叶假杜鹃脂素 A | chakyunglupulin A |
| 花褶伞酸 | paneolic acid |
| 花朱顶红咔啉 | vittacarboline |
| 华百部碱 | sinostemonine |
| 华北白前醇 | hancokinol |
| 华北白前醇 Ⅰa | hancockinol Ⅰa |
| 华北白前苷 A | hancoside A |
| 华北白前苷元 B | hancogenin B |
| 华北白前新苷 A～D | neohancosides A～D |
| 华北白前羽扇醇 (新白前醇) | hancolupenol |
| 华北白前羽扇醇二十八酸酯 (新白前醇二十八酸酯) | hancolupenol octacosanate |
| 华北白前羽扇豆烯酮 (新白前酮) | hancolupenone |

| 华北乌头碱 (一枝蒿庚素、宋果灵、准噶尔乌头碱) | napellonine (bullatine G, songorine, zongorine) |
|---|---|
| 华蟾蜍毒 (华蟾蜍毒素) | cinobufotoxin |
| 华蟾蜍色胺 | cinobufotenine |
| 华蟾毒 | cinobufoxin |
| 华蟾毒精 (华蟾蜍毒基) | cinobufagin |
| 华蟾毒精 -3- 氢辛二酸酯 | cinobufagin-3-hydrogen suberate |
| 华蟾毒精醇 (华蟾蜍毒醇) | cinobufaginol |
| 华蟾毒它灵 (华蟾蜍毒它灵) | cinobufotalin |
| 华东菝葜皂苷 (华东菝葜素) A、B | sieboldiins A, B |
| 华东菝葜皂苷元 | sieboldogenin |
| 华东菝葜皂苷元 -3-*O*-α-L- 吡喃阿拉伯糖基 -(1→6)-β-D- 吡喃葡萄糖苷 | sieboldogenin-3-*O*-α-L-arabinopyranosyl-(1→6)-β-D-glucopyranoside |
| 华东蓝刺头醇 A、B | echingriols A, B |
| 华东蓝刺头炔素 (华东蓝刺头炔) A | grijisyne A |
| 华东蓝刺头萜二聚体 A | echingridimer A |
| 华东唐松草碱 | thalifortine |
| 华厚壳桂碱 | caryachine |
| 华丽囊链藻二醇 | elegandiol |
| 华丽囊链藻酮 | eleganolone |
| 华丽蛇鞭菊素 (优雅风毛菊素) | eleganin |
| 华丽蓍醇 | magnificol |
| (–)- 华丽舒曼木苷 A | (–)-schumanniofioside A |
| 华列内泽兰素 A～E | eupahualins A～E |
| 华萝藦苷 | hemoside |
| 华萝藦苷 A～D | hemosides A～D |
| 华南毛蕨辛 A～C | parasiticins A～C |
| 华南远志碳苷 A～F | glomeratides A～F |
| 华南远志糖 (球腺糖) A～G | glomeratoses A～G |
| 华南远志呫酮 A～C | glomerxanthones A～C |
| 华南云实素 A～L | taepeenins A～L |
| 华南云实萜素 A、B | caesalpinistas A, B |
| (–)- 华宁泽兰素 A、B | (–)-eupachinins A, B |
| (+)- 华宁泽兰素 A、B | (+)-eupachinins A, B |
| 华桑呋喃 A～D | cathafurans A～D |
| 华桑素 A～C | cathayanins A～C |
| 华桑酮 A～J | cathayanons A～J |
| 华山矾苷 A～Y | symplocososides A～Y |
| 华鼠尾草醇 A、B | salvianols A, B |
| 华鼠尾草素 A～F | salviachinensines A～F |
| 华薯蓣皂苷元 | sinodiosgenin |

H

| | |
|---|---|
| 华西龙头草碱 A、B | meefarnines A, B |
| 华西龙头草素 (野八角烯宁) | fargenin |
| 华西龙头草素 (野八角烯宁) A～D | fargenins A～D |
| 华西龙头草素 B-6″, 3‴-二甲酯 | fargenin B-6″, 3‴-dimethyl ester |
| 华细锥香茶菜素 A、B | sincoetsins A, B |
| 华野菊苷 A | chrysinoneside A |
| 华月碱 (青藤碱) | cucoline (kukoline, sinomenine) |
| 华月碱 (青藤碱) | kukoline (cucoline, sinomenine) |
| 华泽兰丝素 A～D | eupachinsins A～D |
| 华泽兰丝素 A-2-乙酸酯 | eupachinsin A-2-acetate |
| 华泽兰素 A、B | eupasimplicins A, B |
| 华泽兰新内酯 Ⅰ～Ⅶ | eupatochinilides Ⅰ～Ⅶ |
| 华中冬青醇 | huazhongilexol |
| 华中冬青黄酮 | huazhongilxone |
| 华中冬青素 | huazhongilexin |
| 华中冬青酮-7-*O*-β-D-吡喃葡萄糖苷 | huazhongilexone-7-*O*-β-D-glucopyranoside |
| 华中五内酯素 | sphendilactone |
| 华中五味子二内酯 A、B | schisphendilactones A, B |
| 华中五味子木脂素 A～K | schisphenlignans A～K |
| 华中五味子内酯 A～C | schinalactones A～C |
| 华中五味子宁 A～D | schisansphenins A～D |
| 华中五味子宁醛 A | schisanspheninal A |
| 华中五味子四氢萘酮 A | schisphentetralone A |
| 华中五味子素 A～G | schisphenins A～G |
| 华中五味子萜素 A | sphenasin A |
| 华中五味子酮 | schisphenone |
| 华中五味子烯 A | schisansphene A |
| 华中五味子辛 A～C | schisphenthins A～C |
| 华中五味子酯 A | sphenanthin A |
| 华中五脂素 | sphenanlignan |
| 滑桃树阿宁 | trewianin |
| 滑桃树定 | trenudine |
| 滑桃树碱 | nudiflorine |
| 滑桃树灵 | treflorine |
| 滑桃树宁 | trewinin |
| 滑桃树新 (滑桃树辛) | trewiasine |
| 化香树醇 | platycarynol |
| 化香树宁 | strobilanin |
| 化香树宁 (化香树鞣宁) A～D | platycaryanins A～D |
| 化香树鞣质 | platycariin |

| 画形茶渍酸 (异墙茶渍酸) | isomuronic acid |
|---|---|
| 桦褐孔菌二糖 | inonotus obliquus disaccharide |
| 桦褐孔菌素 | fuscoporine |
| 桦九异戊烯醇 | betulanonaprenol |
| 桦木醇 (白桦脂醇、桦木脑、白桦醇) | trochol (betulinol, betulin) |
| 桦木酚 | betuletol |
| 桦木脑 (白桦脂醇、桦木醇、白桦醇) | betulin (betulinol, trochol) |
| 桦木四醇 | betulatetraol |
| α- 桦木烯醇 | α-betulenol |
| 桦木烯二酚酮 | betulafolienediolone |
| 桦木脂酚 A | betulifol A |
| 桦树酸 | beculinic acid |
| 桦叶荚蒾苷 | viburnalloside |
| 桦叶烯三醇 | betulafolientriol |
| 桦叶烯四醇 | betulafolienetetraol |
| 桦叶烯五醇 | betulafolienpentaol |
| 桦褶孔菌内酯 A、B | betulactones A, B |
| 桦褶孔菌素 A～C | betulinans A～C |
| 怀特大豆酮 (5, 7, 4′- 三羟基 -6- 异戊烯基异黄酮) | wighteone (5, 7, 4′-trihydroxy-6-prenyl isoflavone) |
| 怀特石松醇 B | wightianol B |
| (–)- 槐胺碱 | (–)-sophoramine |
| (+)- 槐胺碱 | (+)-sophoramine |
| 槐胺碱 (槐胺) | sophoramine |
| (–)- 槐定碱 | (–)-sophoridine |
| 槐定碱 | sophoridine |
| 槐定碱 *N*- 氧化物 | sophoridine *N*-oxide |
| 槐二醇 | sophoridiol |
| 槐酚 | sophorol |
| 槐酚酮 (槐角酚酮) | sophorophenolone |
| 槐根苷 A | sophoraside A |
| 槐根碱 (槐果碱、白刺花碱) | sophocarpine |
| 槐根碱 *N*- 氧化物 | sophocarpine *N*-oxide |
| (–)- 槐果碱 | (–)-sophocarpine |
| L- 槐花醇 | L-sophoranol |
| (+)- 槐花醇 | (+)-sophoranol |
| 槐花醇 (5- 羟基苦参碱) | sophoranol (5-hydroxymatrine) |
| (+)- 槐花醇 *N*- 氧化物 | (+)-sophoranol *N*-oxide |
| 槐花醇 *N*- 氧化物 | sophoranol *N*-oxide |
| 槐花二醇 | sophoradiol |
| 槐花二醇 -22-*O*- 乙酸酯 | sophoradiol-22-*O*-acetate |

| | |
|---|---|
| 槐花米甲素～丙素 | sophorins A～C |
| 槐花皂苷 Ⅰ～Ⅲ | kaikasaponins Ⅰ～Ⅲ |
| 槐花皂苷Ⅲ甲酯 | kaikasaponin Ⅲ methyl ester |
| 槐角苷 (槐属苷、槐苷、槐可苷、染料木素 -4'-*O*-β-葡萄糖苷) | sophoricoside (genistein-4'-*O*-β-glucoside) |
| 槐诺色烷 A～C | sophoranodichromanes A～C |
| 槐诺色烯 (山豆根酮色烯) | sophoranochromene |
| 槐属黄酮苷 | sophoraflavonoloside |
| 槐属黄烷酮 (砂生槐黄烷酮、槐黄烷酮) A～J | sophoraflavanones A～J |
| 槐属黄烷酮 G (苦甘草醇) | sophoraflavanone G (vexibinol) |
| 槐属碱 | sophora base |
| 槐属双苷 | sophorabioside |
| 槐属香豆雌烷 A | sophoracoumestan A |
| 槐素 A、B | japonicasins A, B |
| β- 槐糖 | β-sophorose |
| 槐糖 | sophorose |
| α- 槐糖 (2-*O*-β-D- 吡喃葡萄糖基 -α-D- 吡喃葡萄糖) | α-sophorose (2-*O*-β-D-glucopyranosyl-α-D-glucopyranose) |
| 槐糖苷 | sophoroside |
| 3β- 槐糖基 -20-β- 芸香糖基原 -2α- 羟基人参二醇皂苷 | 3β-sophorosyl-20-β-rutinosyl proto-2α-hydroxypanaxadiolsaponin |
| 3-*O*-β- 槐糖基 -7-*O*-β-D-(2-*O*- 阿魏酰基) 葡萄糖基山柰酚 | 3-*O*-β-sophorosyl-7-*O*-β-D-(2-*O*-feruloyl) glucosyl kaempferol |
| 槐糖正丁醇苷 | sophorose butanolside |
| 槐酮 A、B | sophoflavones A, B |
| 槐叶决明醌 | sengulone |
| 槐叶决明宁 | sopheranin |
| 槐异黄烷酮 A～D | sophoraisoflavanone A～D |
| 槐芪 A | sophorastilbene A |
| 槐紫檀苷 (槐树素) | sophojaponicin |
| 环 (D- 脯氨酸 -L- 缬氨酸) 二肽 | cyclo (D-proline-L-valine) |
| 环 (D- 丝氨酸 -L- 酪氨酸) 二肽 | cyclo (D-serineine-L-tyrosine) |
| 环 (L- 丙氨酸 -L- 脯氨酸) 二肽 | cyclo (L-alaine-L-proline) |
| 环 (L- 丝氨酸 -L- 酪氨酸) 二肽 | cyclo (L-serine-L-tyrosine) |
| 环 (L- 异亮氨酸 -L- 异亮氨酸) 二肽 | cyclo (L-isoleucine-L-isoleucine) |
| 环 (L- 异亮氨酸 - 缬氨酸) | cyclo (L-isoleucine-L-valine) |
| 环 (*S*- 脯氨酸 -*S*- 异亮氨酸) 二肽 | cyclo (*S*-proline-*S*-isoleucine) |
| 环 (苯丙氨酸 - 丙氨酸) 二肽 | cyclo (phenyl alanine-alaine) |
| 环 (苯丙氨酸 - 酪氨酸) 二肽 | cyclo (phenyl alanine-tyrosine) |
| 环 (苯丙氨酸 - 亮氨酸) 二肽 | cyclo (phenyl alanine-leucine) |
| 环 (苯丙氨酸 - 丝氨酸) 二肽 | cyclo (phenyl alanine-serine) |

| 环(苯丙氨酸-缬氨酸)二肽 | cyclo (phenyl alanine-valine) |
|---|---|
| 环(苯丙氨酸-异亮氨酸)二肽 | cyclo (phenyl alanine -isoleucine) |
| 环(丙氨酸-丙氨酸)二肽 | cyclo (alaine-alaine) |
| 环(丙氨酸-脯氨酸)二肽 | cyclo (alaine-proline) |
| 环(丙氨酸-缬氨酸)二肽 | cyclo (alaine-valine) |
| 环(酪氨酸-丙氨酸)二肽 | cyclo (tyrosine-alaine) |
| 环(酪氨酸-亮氨酸)二肽 | cyclo (tyrosine-leucine) |
| 环(亮氨酸-丙氨酸)二肽 | cyclo (leucine-alaine) |
| 环(亮氨酸-酪氨酸)二肽 | cyclo (leucine-tyrosine) |
| 环(亮氨酸-丝氨酸)二肽 | cyclo (leucine-serine) |
| 环(亮氨酸-苏氨酸)二肽 | cyclo (leucine-threonine) |
| 环(亮氨酸-缬氨酸)二肽 | cyclo (leucine-valine) |
| 环(亮氨酸-异亮氨酸)二肽 | cyclo (leucine-isoleucine) |
| 环(脯氨酸-酪氨酸)二肽 | cyclo (proline-tyrosine) |
| 环(脯氨酸-丝氨酸)二肽 | cyclo (proline-serine) |
| 环(缬氨酸-丙氨酸)二肽 | cyclo (valine-alaine) |
| 环(缬氨酸-脯氨酸)二肽 | cyclo (valine-proline) |
| 环(异亮氨酸-丙氨酸)二肽 | cyclo (isoleucine-alaine) |
| 环(异亮氨酸-缬氨酸)二肽 | cyclo (isoleucine-valine) |
| 环[(*S*)-脯氨酸-(*R*)-苯丙氨酸]二肽 | cyclo [(*S*)-proline-(*R*)-phenyl alanine] |
| 环[(*S*)-脯氨酸-(*R*)-亮氨酸]二肽 | cyclo [(*S*)-proline-(*R*)-leucine] |
| 9β, 19-环-24-甲基胆烷-5, 22-二烯-3β-*O*-[β-D-吡喃葡萄糖基-(1→6)-α-L-吡喃鼠李糖苷] | 9β, 19-cyclo-24-methyl cholan-5, 22-dien-3β-*O*-[β-D-glucopyranosyl-(1→6)-α-L-rhamnopyranoside] |
| 9, 19-环-24-羊毛甾烯-3β-醇(环木菠萝烯醇、阿庭烯醇、环阿屯醇) | 9, 19-cyclo-24-lanosten-3β-ol (cycloartenol) |
| 9β, 19-环-24-羊毛甾烯-3β-醇(环木菠萝烯醇、阿庭烯醇、环阿屯醇) | 9, 19-cyclo-24-lanosten-3β-ol (cycloartenol) |
| 9β, 25-环-3β-*O*-(β-D-吡喃葡萄糖基)刺囊酸 | 9β, 25-cyclo-3β-*O*-(β-D-glucopyranosyl) echynocystic acid |
| 9, 19-环-5β, 9β-雄甾烷 | 9, 19-cyclo-5β, 9β-androstane |
| 环桉烷醇 | cycloeucalanol |
| 环桉烯醇(环桉树醇、环优卡里醇) | cycloeucalenol |
| 环桉烯醇乙酸酯 | cycloeucalenyl acetate |
| 环桉烯酮 | cycloeucalenone |
| 5α, 7α*H*-6, 8-环桉叶-1β, 4β-二醇 | 5α, 7α*H*-6, 8-cycloeudesm-1β, 4β-diol |
| 环桉叶醇 | cycloeudesmol |
| 环奥丹尼烯棕榈酸酯 | cycloaudenyl palmitate |
| 环巴拉甾醇乙酸酯 | cyclobalanyl acetate |
| 环霸王鞭萜烯醇 | cycloroylenol |
| 环白黑多孔菌酮 | cycloleucomelone |
| 环苞菇脑脂苷 B | catacerebroside B |

| | |
|---|---|
| 环孢霉素 (环孢菌素) A～C | cyclosporins A～C |
| 环贝母碱 (环巴胺、环杷明) | cyclopamine |
| 1*H*-环丙基 [*e*] 薁 -7- 醇 | 1*H*-cycloprop [*e*] azulen-7-ol |
| 环丙基甲酮 | cyclopropyl ketone |
| 环丙熳并 [*de*] 蒽 | cyclopropa [*de*] anthracene |
| 1*H*-环丙萘 | 1*H*-cyclopropanaphthalene |
| 环丙烷 | cyclopropane |
| 环丙 -2- 烯甲酸 (环丙 -2- 烯羧酸) | cycloprop-2-ene carboxylic acid |
| (–)- 环丙烷柏芳醇 | (–)-cyclopropanecuparenol |
| 环丙烷花侧柏醇 | cyclopropane cuparenol |
| 环丙烷十八酸 | cyclopropane octadecanoic acid |
| 环丙亚基环己烷 | cyclopropylidenecyclohexane |
| 环波罗蜜素 (环波罗蜜品) A | cycloartocarpin A |
| 环补骨脂酚 C | cyclobakuchiol C |
| 环长春碱 A、B | cyclovinblastines A, B |
| 环长春罗新 (环长春洛辛) | cycloleurosine |
| 环朝鲜黄杨碱 B | cyclokoreanine B |
| 环除虫菊新 | cyclopyrethrosin |
| β- 环除虫菊新 | β-cyclopyrethrosin |
| 环楤木洛苷 A | cycloaraloside A |
| 21, 24- 环大戟 -7- 烯 -3β, 16β, 21α, 25- 四醇 | 21, 24-cycloeupha-7-en-3β, 16β, 21α, 25-tetraol |
| 环大蕉烯醇 | cyclomusalenol |
| 环大蕉烯酮 | cyclomusalenone |
| 环带状网翼藻酮 | cyclozonarone |
| 环单小叶黄芪苷 B | cyclounifolioside B |
| 环滇西八角内酯 | cyclomerrillianolide |
| 环丁二酸酐 | cyclic succinic anhydride |
| 1, 3- 环丁二烯 | 1, 3-cyclobutadiene |
| 环丁基 (2- 甲基戊 -1, 4- 二烯 -3- 基) 硫醚 | cyclobutyl-2-methyl pent-1, 4-dien-3-yl sulfide |
| 环丁羧酸环丁酯 | cyclobutyl cyclobutanecarboxylate |
| 环丁烷 | etane |
| 环东风橘内酯 | cycloseverinolide |
| 环都丽菊香豆素 | cycloethuliacoumarin |
| 环短枝菊香豆素 | cyclobrachycoumarin |
| 环短枝菊香豆素 -3′- 表异构体 | cyclobrachycoumarin-3′-epimer |
| 环二十四烷 | cyclotetracosane |
| (20*S*)-5α, 8α- 环二氧 -3- 氧亚基 -24- 去甲 -6.9 (11)- 二烯 -23- 酸 | (20*S*)-5α, 8α-epidioxy-3-oxo-24-nor-6.9 (11)-dien-23-oic acid |
| 环方土米烯醇乙酸酯 | cyclofontumienol acetate |
| 环费黄杨芬 | cyclorolfeine |

| 环费黄杨嗪 | cyclorolfoxazine |
|---|---|
| 环费黄杨星 C | cyclorolfeibuxine C |
| 环葑烯 | cyclofenchene |
| (+)-环橄榄树脂素 | (+)-cycloolivil |
| 环橄榄树脂素 | cycloolivil |
| (+)-环橄榄树脂素-4′-*O*-β-D-吡喃葡萄糖苷 | (+)-cycloolivil-4′-*O*-β-D-glucopyranoside |
| (+)-环橄榄树脂素-6-*O*-β-D-吡喃葡萄糖苷 | (+)-cycloolivil-6-*O*-β-D-glucopyranoside |
| 环橄榄树脂素-6-*O*-β-D-吡喃葡萄糖苷 | cycloolivil-6-*O*-β-D-glucopyranoside |
| 环高芋兰醇 | cyclohomonervilol |
| 环高芋兰醇-(*E*)-对羟基肉桂烯 | cyclohomonervilol-(*E*)-*p*-hydroxycinnamene |
| 环庚-1, 3, 5-三烯 | cycloheptyl-1, 3, 5-triene |
| 环庚-1, 3-二烯 | cyclohept-1, 3-diene |
| 1-环庚基-1-甲基-1-乙醇 | 1-cycloheptyl-1-methyl-1-ethanol |
| 4-环庚基-4′-环己基二联苯基 | 4-cycloheptyl-4′-cyclohexyl biphenyl |
| 环庚三烯酚酮 (卓酚酮) | tropolone |
| 环庚烷 | cycloheptane |
| 3-环庚烯-1-乙酸 | 3-cyclohepten-1-acetic acid |
| 2, 4, 6-环庚烯酮-2-胺 | 2, 4, 6-cycloheptenone-2-amine |
| 环栝楼二醇 | cyclokirilodiol |
| α-环广木香内酯 | α-cyclocostunolide |
| β-环广木香内酯 (β-环木香烯内酯) | β-cyclocostunolide |
| 1, 6-环癸二烯 | 1, 6-cyclodecadiene |
| 5*H*-环癸熳并 [*de*] 茚并 [1, 2, 3-*hi*] 并六苯 | 5*H*-cyclodeca [*de*] indeno [1, 2, 3-*hi*] hexacene |
| 环癸酮-1, 6-二烯 | cyclodecanon-1, 6-diene |
| 环癸烷 | cyclodecane |
| 环癸烯 | cyclodecene |
| 环何帕二醇 | cyclohopandiol |
| 环核苷 | cyclic nucleotide |
| β-环糊精 | β-cyclodextrin |
| γ-环糊精 | γ-cyclodextrin |
| α-环糊精 (环麦芽六糖) | α-cyclodextrin (cyclomaltohexaose, α-CD) |
| 环槐叶决明苷 (环槐叶决明皂苷) A | cyclosophoside A |
| 环黄皮内酰胺 (环黄皮酰胺) | cycloclausenamide |
| 环黄芪醇 (三萜环黄芪醇) | cycloastragenol |
| (+)-环黄杨胺定 [(+)-环黄杨酰胺定] | (+)-cyclobuxamidine |
| 环黄杨非立 | cyclobuxophyllinine |
| 环黄杨米仞 | cyclobuxomicreine |
| 环黄杨明 A、B | cyclobuxamines A, B |
| 环黄杨嗪 (环黄杨肖嗪) | cyclobuxoxazine |
| 环黄杨嗪 (环黄杨肖嗪) A | cyclobuxoxazine A |

| | |
|---|---|
| 环黄杨苏任 (环亚灌木黄杨碱) | cyclobuxosuffrine |
| 环黄杨苏任 (环亚灌木黄杨碱) K | cyclobuxosuffrine K |
| 环黄杨维定 | cyclobuxoviridine |
| 环黄杨肖星 | cyclobuxoxine |
| 环黄杨星 D | cyclobuxine D |
| 环积雪草咪酸 (环玻热米酸) | cyclobrahmic acid |
| 环基及树酮 (环小叶厚壳树醌) | cyclomicrophyllone |
| 环极大叶肉蜜茱萸碱 | cyclomegistine |
| 环己 -1, 4- 二酮 -1- 乙基 -1, 4, 4- 三甲基二缩酮 (1- 乙氧基 -1, 4, 4- 三甲氧基环己烷) | cyclohex-1, 4-dione-1-ethyl-1, 4, 4-trimethyl diketal (1-ethoxy-1, 4, 4-trimethoxycyclohexane) |
| 环己 -2- 烯 -1- 醇 | cyclohex-2-en-1-ol |
| 环己胺 | cyclohexyl amine |
| 环己醇 | cyclohexanol |
| 环己醇苯甲酸酯 | cyclohexanol benzoate |
| 环己二醇苯甲酸酯 | cyclohexanediol benzoate |
| 1, 2- 环己二酮 | 1, 2-cyclohexanedione |
| 2, 5- 环己二烯 -1, 4- 二酮 | 2, 5-cyclohexadien-1, 4-dione |
| 3-[环己基 (甲基) 氨基] 苯酚 | 3-[cyclohexyl (methyl) amino] phenol |
| 环己基苯 | cyclohexyl benzene |
| 13- 环己基二十六烷 | 13-cyclohexyl hexoacosane |
| 27- 环己基二十七碳 -7- 醇 | 27-cyclohexyl heptacos-7-ol |
| α- 环己基癸烷 | α-cyclohexyl decane |
| 环己基砷烷 (环己基胂) | cyclohexyl arsane |
| 环己甲酸酐 | cyclohexanecarboxylic anhydride |
| 环己甲酸乙酯 | ethyl cyclohexanecarboxylate |
| 环己六醇 (肌醇、肌肉肌醇、内消旋 - 肌醇、中肌醇) | cyclohexanehexol (myoinositol, *meso*-inositol, inositol) |
| 环己六醇单甲醚 | cyclohexanehexol monomethyl-ether |
| 环己熳 | inine |
| 环己肽 RA- Ⅰ ～RA- ⅩⅥ | rubia akanes RA- Ⅰ ～RA- ⅩⅥ |
| 环己肽苷 RA-V、RV-1 | glycocyclohexapeptides RA-V, RV-1 |
| 环己肽类 | cyclichexapeptides |
| 环己酮 | cyclohexanone |
| 环己酮 *S*- 乙基硒硫半缩酮 | cyclohexanone *S*-ethyl selenothiohemiketal |
| 8-(2′- 环己酮 )-7, 8- 二氢白屈菜红碱 | 8-(2′-cyclohexanone)-7, 8-dihydrochelerythrine |
| 环己酮丙 -2- 亚基腙 | cyclohexanone propan-2-ylidenehydrazone |
| 环己酮甲基半缩酮 | cyclohexanone methyl hemiketal |
| 环己酮缩氨基脲 | cyclohexanone semicarbazone |
| 环己酮乙叉基缩酮 {1, 4- 二氧杂螺 [4.5] 癸烷} | cyclohexanone ethylene ketal {1, 4-dioxaspiro [4.5] decane} |
| 环己酮异丙亚基腙 | cyclohexanone isopropylidenehydrazone |

| 环己烷 | cyclohexane |
|---|---|
| 环己烷-1, 2, 3, 4-四甲酸-3, 4-酐 | cyclohexane-1, 2, 3, 4-tetracarboxylic acid 3, 4-anhydride |
| 环己烷-1, 2-二甲酰亚胺 | cyclohexane-1, 2-dicarboximide |
| 环己烷单过氧-1, 4-二甲酸 | cyclohexanemonoperoxy-1, 4-dicarboxylic acid |
| 环己烷二硫代甲酸 | cyclohexanecarbodithioic acid |
| 环己烷过氧甲酸 | cyclohexaneperoxycarboxylic acid |
| 2-环己烷基癸烷 | 2-cyclohexyl decane |
| 2-环己烷基十二烷 | 2-cyclohexyl dodecane |
| 3-环己烷基十二烷 | 3-cyclohexyl dodecane |
| 环己烷甲醇 | cyclohexane methanol |
| 环己烷甲腈 | cyclohexanecarbonitrile |
| 环己烷甲醛 | cyclohexane carbaldehyde |
| 环己烷甲酸 | cyclohexanecarboxylic acid |
| 环己烷甲酰胺 | cyclohexanecarboxamide |
| 8-(环己烷甲酰胺基) 二苯并呋喃-3-甲酸 | 8-(cyclohexanecarboxamido) dibenzofuran-3-carboxylic acid |
| 环己烷甲酰苯胺 | cyclohexanecarboxanilide |
| 环己烷甲酰肼 | cyclohexanecarbohydrazide |
| 环己烷甲亚氨酰氯 (环己烷甲氨亚基替酰氯) | cyclohexane carboximidoyl chloride |
| 环己烷硫代甲酰氯 | cyclohexane carbothioyl chloride |
| 8-[(环己烷羰基) 氨基] 二苯并呋喃-3-甲酸 | 8-[(cyclohexanecarbonyl) amino] dibenzofuran-3-carboxylic acid |
| 环己烷硒硫代甲-*Se*-酸 | cyclohexanecarboselenothioic *Se*-acid |
| 环己烷腙甲酸 (环己烷腙基替甲酸) | cyclohexane carbohydrazonic acid |
| 1, 2, 3, 4, 5-环己五醇 (栎醇、槲皮醇) | 1, 2, 3, 4, 5-cyclohexanepentol (quercitol) |
| 环己烯 | cyclohexene |
| 2-环己烯-1-醇 | 2-cyclohexen-1-ol |
| 3-环己烯-1-醇 | 3-cyclohexen-1-ol |
| 2-环己烯-1-酮 | 2-cyclohexen-1-one |
| 4-(3-环己烯基-1)-3-丁烯酮 | 4-(3-cyclohexenyl-1)-3-butenone |
| 1-环己烯基甲基酮 | 1-cyclohexenyl methyl ketone |
| 2-环己烯基乙酸 | 2-cyclohexenyl acetic acid |
| 环己亚基甲酮 | cyclohexylidenemethanone |
| 环己锗烷 | cyclohexagermane |
| 环堇菜辛 (环状紫菌素) $O_1$～$O_{25}$、$Y_1$～$Y_5$ | cycloviolacins $O_1$～$O_{25}$, $Y_1$～$Y_5$ |
| 环堇黄质 | cycloviolaxanthin |
| 环锦熟黄杨烯碱 A、B | cyclovirobuxeines A, B |
| 环锦熟黄杨辛碱 (环维黄杨碱、环常绿黄杨碱、环维黄杨星) | cyclovirobuxine |
| 环巨冷杉内酯 | cyclograndisolide |

| | |
|---|---|
| 1, 16-环柯南-19-烯-17-酸甲酯 | 1, 16-cyclocoryn-19-en-17-oic acid methyl ester |
| 环苦参素 | cyclokuraridin |
| 环库尔特酮 | cyclocoulterone |
| 环阔叶缬草醇乙酸酯 | cyclokessyl acetate |
| 环荔枝生育三烯酚 A | cyclolitchtocotrienol A |
| (3*R*)-环裂豆醌 [(3*R*)-克氏环裂豆醌] | (3*R*)-claussequinone |
| 3′, 5′-环磷酸鸟苷 | cyclic guanosine 3′, 5′-monophosphate |
| 3′, 5′-环磷酸腺苷 | cyclic adenosine 3′, 5′-monophosphate |
| 环磷腺苷 | adenosine cyclophosphate |
| 7, 10-环硫-7, 9-十三碳二烯-3, 5, 11-三炔-1, 2-二醇 | 7, 10-epithio-7, 9-tridecadien-3, 5, 11-triyn-1, 2-diol |
| 环绿玉树烯醇 (24β-甲基-9β, 19-环羊毛甾-20-烯-3β-醇) | cyclotirucanenol (24β-methyl-9β, 19-cyclolanost-20-en-3β-ol) |
| 环马汉九里香碱 | cyclomahanimbine |
| 环马牙宁 B | cyclomalayanine B |
| 环麦芽六糖 (α-环糊精) | cyclomaltohexaose (α-cyclodextrin, α-CD) |
| 环毛大丁草酮 | cyclopiloselloidone |
| 环毛穗胡椒碱 A | cyclostachine A |
| 环美沙嗪 B | cyclomethoxazine B |
| 环醚大花旋覆花内酯 | britannilide |
| 环米糠醇 (24-甲基-9, 19-环羊毛甾-24-烯-3β-醇) | cyclobranol (24-methyl-9, 19-cyclolanost-24-en-3β-ol) |
| 环米冉宁 | cyclomikuranine |
| 环面包树酚 | cyclocommunol |
| 环木菠萝-(23*E*)-烯-3β, 25-二醇 | cycloart-(23*E*)-en-3β, 25-diol |
| 环木菠萝-(23*Z*)-烯-3β, 25-二醇 | cycloart-(23*Z*)-en-3β, 25-diol |
| 环木菠萝-22 (23)-烯-3β-醇 | cycloart-22 (23)-en-3β-ol |
| (23*E*)-环木菠萝-23, 25-二烯-3β-醇 | (23*E*)-cycloart-23, 25-dien-3β-ol |
| (23*Z*)-9, 19-环木菠萝-23-烯-3α, 25-二醇 | (23*Z*)-9, 19-cycloart-23-en-3α, 25-diol |
| 14 (23*Z*)-环木菠萝-23-烯-3β, 25-二醇 | 14 (23*Z*)-cycloart-23-en-3β, 25-diol |
| (23*Z*)-环木菠萝-23-烯-3β, 25-二醇 | (23*Z*)-cycloart-23-en-3β, 25-diol |
| 9, 19-环木菠萝-23-烯-3β, 25-二醇 | 9, 19-cycloart-23-en-3β, 25-diol |
| 环木菠萝-23-烯-3β, 25-二醇-3-乙酯 | cycloart-23-en-3β, 25-diol-3-acetate |
| 29 (30)-环木菠萝-24 (28)-烯-3-酮 | 29 (30)-norcycloart-24 (28)-en-3-one |
| 环木菠萝-24 (30)-烯-3β-醇 | cycloart-24 (30)-en-3β-ol |
| 环木菠萝-24-烯-3β, (23*R*), 28-三醇 3-磺酸盐 | cycloart-24-en-3β, (23*R*), 28-triol 3-sulfate |
| 环木菠萝-24-烯-3-酮 | cycloart-24-en-3-one |
| (3β, 24*S*)-环木菠萝-25-烯-3, 24-二醇 | (3β, 24*S*)-cycloart-25-en-3, 24-diol |
| 环木菠萝-25-烯-3, 24-二酮 | cycloart-25-en-3, 24-dione |
| 9, 19-环木菠萝-25-烯-3β, (24R)-二醇 | 9, 19-cycloart-25-en-3β, (24R)-diol |
| 9, 19-环木菠萝-25-烯-3β, 24ξ-二醇 | 9, 19-cycloart-25-en-3β, 24ξ-diol |
| 环木菠萝-25-烯-3β, 24ξ-二醇 | cycloart-25-en-3β, 24ξ-diol |

| | |
|---|---|
| (24*R*)-9, 19-环木菠萝-25-烯-3β, 24-二醇 | (24*R*)-9, 19-cycloart-25-en-3β, 24-diol |
| (24*R*)-环木菠萝-25-烯-3β, 24-二醇 | (24*R*)-cycloart-25-en-3β, 24-diol |
| (24*S*)-9, 19-环木菠萝-25-烯-3β, 24-二醇 | (24*S*)-9, 19-cycloart-25-en-3β, 24-diol |
| (24*S*)-环木菠萝-25-烯-3β, 24-二醇 | (24*S*)-cycloart-25-en-3β, 24-diol |
| 环木菠萝-3, 24-二酮 | cycloart-3, 24-dione |
| (24*R*)-环木菠萝-3α, 24*R*, 25-三醇 | (24*R*)-cycloart-3α, 24*R*, 25-triol |
| (24*S*)-环木菠萝-3β, 16β, 24, 25, 30-五羟基-3-*O*-(2-*O*-β-D-木糖基)-β-D-木糖苷 | (24*S*)-cycloart-3β, 16β, 24, 25, 30-pentahydroxy-3-*O*-(2-*O*-β-D-xylosyl)-β-D-xyloside |
| (24*R*)-环木菠萝-3β, 24, 25-三醇 | (24*R*)-cycloart-3β, 24, 25-triol |
| (24*S*)-环木菠萝-3β, 24, 25-三醇 | (24*S*)-cycloart-3β, 24, 25-triol |
| 环木菠萝素 (环桂木生黄素、环波罗蜜辛) | cycloartocarpesin |
| 环木菠萝酮 | cycloartanone |
| 环木菠萝烷醇 (环木菠萝醇) | cycloartanol |
| 环木菠萝烷醇阿魏酸酯 (环木菠萝醇阿魏酸酯) | cycloartanol ferulate |
| 环木菠萝烷醇乙酸酯 (环木菠萝醇乙酸酯) | cycloartanol acetate |
| 环木菠萝烯醇 (阿庭烯醇、环阿屯醇、9, 19-环-24-羊毛甾烯-3β-醇) | cycloartenol (9, 19-cyclo-24-lanosten-3β-ol) |
| 环木菠萝烯醇阿魏酸酯 | cycloartenyl ferulate |
| 环木菠萝烯醇乙酸酯 | cycloartenyl acetate |
| 环木菠萝烯酮 | cycloartenone |
| γ-环木香烯内酯 | γ-cyclocostunolide |
| (+)-环苜蓿烯 | (+)-cyclosativene |
| 环柠檬醛 | cyclocitral |
| α-环柠檬醛 | α-cyclocitral |
| β-环柠檬醛 | β-cyclocitral |
| 环牛心果碱 A、B | cycloreticulines A, B |
| 环佩醇 | cyclopenol |
| 环佩宁 | cyclopenine |
| 环匹阿尼酸 | cyclopiazonic acid |
| 环七蕃 | cycloheptaphane |
| 环桥酒饼簕素 | cycloepiatalantin |
| 环曲普鲁斯太汀 A～D | cyclotryprostatins A～D |
| 1*H*-环壬熳 | 1*H*-cyclononine |
| 环壬四烯 | onine |
| 环壬烷 | nonane |
| 环赛车烯 | cycloseychellene |
| 环三尖栝楼苷 A～C | cyclotricuspidosides A～C |
| 环三硼磷烷 | cyclotriboraphosphane |
| 环桑皮素 (环桑根素、环桑根皮素、环桑色烯、环桑皮色烯素) | cyclomorusin (cyclomulberrochromene) |

| 环桑色烯 (环桑皮色烯素、环桑皮素、环桑根素、环桑根皮素) | cyclomulberrochromene (cyclomorusin) |
|---|---|
| 环桑素 | cyclomulberrin |
| 7-环色假林仙烯酮 | 7-cyclocolorenone |
| 环色假林仙烯酮 | cyclocolorenone |
| (–)-环色假林仙烯酮 | (–)-cyclocolorenone |
| 环山羊豆苷 A、B | cyclogaleginosides A, B |
| K2-环蛇毒素 (K2-银环蛇毒素) | K2-bungarotoxin (K2-BGT) |
| α-环蛇毒素 (α-银环蛇毒素) | α-bungarotoxin (α-BGT) |
| β1-环蛇毒素 (β1-银环蛇毒素) | β1-bungarotoxin (β1-BGT) |
| β-环蛇毒素 (β-银环蛇毒素) | β-bungarotoxin (β-BGT) |
| γ-环蛇毒素 (γ-银环蛇毒素) | γ-bungarotoxin (γ-BGT) |
| 环蛇毒素 (银环蛇毒素) | bungarotoxin (BGT) |
| 3 (1, 10)-环十八烷杂-1, 5 (1, 3)-二环己烷杂环八蕃 | 3 (1, 10)-cyclooctadecana-1, 5 (1, 3)-dicyclohexanacyclooctaphane |
| 环十二熳 (环十二碳熳) | cyclododecine |
| 环十二碳-1, 3, 5, 7, 9, 11-六烯 | cyclododec-1, 3, 5, 7, 9, 11-hexaene |
| (1*Z*, 3*E*)-环十二碳-1, 3-二烯 | (1*Z*, 3*E*)-cyclododec-1, 3-diene |
| 环十二酮 | cyclododecanone |
| 环十二烷 | cyclododecane |
| 环十二烯 | cyclododecene |
| 9-环十九烯酮 | 9-cyclononadecenone |
| 环十六酮 | cyclohexadecanone |
| 环十六烷 | cyclohexadecane |
| 5-环十六烯-1-酮 | 5-cyclohexadecen-1-one |
| 环十七碳二烯-11-酮 | cycloheptadecadien-11-one |
| 环十七碳二烯-5-酮 | cycloheptadecadien-5-one |
| 环十七酮 | cycloheptadecanone |
| 9-环十七烯-1-酮 (香猫酮、灵猫香酮) | 9-cycloheptadecen-1-one (civetone) |
| 6-环十七烯酮 | 6-cycloheptadecenone |
| 环十四-1-酮 (环十四酮) | cyclotetradec-1-one |
| 环十四烷 | cyclotetradecane |
| 环十五醇 | cyclopentadecanol |
| 环十五内酯 | exaltolide |
| 环十五酮 | cyclopentadecanone |
| 环十五烷 | cyclopentadecane |
| 环石仙桃萜醇 | cyclopholidonol |
| 环石仙桃萜酮 | cyclopholidone |
| 环水龙骨甾烷衍生物 | cyclolanostane derivatives |
| 环水龙骨甾烯醇 (环麻根醇) | cyclomargenol |

| 环水龙骨甾烯醇乙酸酯 | cyclomargenyl acetate |
|---|---|
| 环水龙骨甾烯酮 | cyclomargenone |
| 环四氮氧烷 | cyclotetraazoxane |
| 环四谷氨肽 | cyclotetraglutamipeptide |
| 环四锗氧烷 | cyclotetragermoxane |
| 环苏黄杨宁 | cyclosuffrobuxinine |
| 环苏黄杨星 | cyclosuffrobuxine |
| 环蒜氨酸 | cycloalliin |
| 环肽 | cyclic peptide |
| (+)- 环头状花耳草碱 | (+)-cyclocapitelline |
| 环托品碱 | cyclotropine |
| 环望江南酸 A～C | cycloccidentalic acids A～C |
| 环望江南皂苷 Ⅰ～Ⅵ | cycloccidentalisides Ⅰ～Ⅵ |
| 环维黄杨碱 (环锦熟黄杨辛碱、环常绿黄杨碱、环维黄杨星) | cyclovirobuxine |
| 环维黄杨碱 (环锦熟黄杨辛碱、环常绿黄杨碱、环维黄杨星) A～D | cyclovirobuxines A～D |
| (+)- 环维黄杨碱 F | (+)-cyclovirobuxine F |
| 环纹菌素 A～F | annularins A～F |
| 环戊醇十一酸酯 | cyclopentanyl undecanoate |
| 环戊氮烷 | cyclopentaazane |
| 1, 3- 环戊二酮 | 1, 3-cyclopentanedione |
| 环戊二烯 | cyclopentadiene |
| *N*- 环戊基二乙酰胺 | *N*-cyclopentyl diacetamide |
| 环戊基顺式 -4- 十六烯酸 | cyclopentyl-*cis*-4-hexadecenoic acid |
| 环戊基硬脂酸 | cyclopentyl stearic acid |
| 8*H*- 环戊熳并 [3, 4] 萘并 [1, 2-*d*] [1, 3] 噁唑 | 8*H*-cyclopenta [3, 4] naphtho [1, 2-*d*] [1, 3] oxazole |
| 环戊熳并 [*cd*] 并戊轮 | cyclopenta [*cd*] pentalene |
| 环戊熳并 [*h*] 茚并 [2, 1-*f*] 萘并 [2, 3-*a*] 薁 | cyclopenta [*h*] indeno [2, 1-*f*] naphtho [2, 3-*a*] azulene |
| [1, 2] 环戊熳桥 | [1, 2] epicyclopenta |
| 环戊酮 *Se*- 乙基 *S*- 甲基硒硫缩酮 [1-(乙硒基)-1-(甲硫基) 环戊烷] | cyclopetanone *Se*-ethyl *S*-methyl selenothioketal [1-(ethyl selanyl)-1-(methyl sulfanyl) cyclopentane] |
| 环戊烷 | cyclopentane |
| 1, 2- 环戊烷全氢化菲 | perhydro-1, 2-cyclopentanophenanthrene |
| 22- 环戊烷氧基 -22- 去异戊基 -3β- 羟基呋喃甾烷醇 | 22-cyclopentyloxy-22-deisopenty-3β-hydroxyfuranstanol |
| Δ5, 22- 环戊烷氧基 -22- 去异戊基 -3β- 羟基呋喃甾烷醇 | Δ5, 22-cyclopentyloxy-22-deisopentyl-3β-hydroxyfuranstanol |
| 环戊烷氧基 -22- 去异戊基 -5- 烯 -3β- 羟基呋喃甾烷醇 | cyclopentyloxy-22-deisopentyl-5-en-3β-hydroxyfuranstanol |
| 2- 环戊烷乙醇 | 2-cyclopentyl ethanol |
| 15-(2- 环戊烯 -1- 基 )-8- 十五烯酸 | 15-(2-cyclopenten-1-yl)-8-pentadecenoic acid |

| | |
|---|---|
| 13-(2-环戊烯-1-基)-9-十三烯酸 | 13-(2-cyclopenten-1-yl)-9-tridecenoic acid |
| 15-(2-环戊烯-1-基)十五酸 | 15-(2-cyclopenten-1-yl) pentadecanoic acid |
| 环戊烯醇腈苷(蒴莲氰苷) | volkenin |
| 13-(2-环戊烯基)-4-十三烯酸 | 13-(2-cyclopentenyl)-4-tridecenoic acid |
| 2-(2′-环戊烯基)甘氨酸 | 2-(2′-cyclopentenyl) glycine |
| 环戊烯基甘氨酸 | cyclopentenyl glycine |
| 环戊烯基脂肪酸 | cyclopentenyl fatty acid |
| 环戊烯甲酸(阿立普诺酸) | cyclopentene carboxylic acid (aleprolic acid) |
| 环戊烯腈苷(铁线戴达莲素) | deidaclin |
| 环戊乙酸 | cyclopentaneacetic acid |
| V1环烯醚萜 | V1 iridoid |
| V3环烯醚萜 | V3 iridoid |
| 环烯醚萜苷二聚体 | dimer iridoid glucoside |
| 环烯醚萜柳穿鱼苷A～C | iridolinarins A～C |
| 环烯醚萜柳穿鱼酯苷A～D | iridolinarosides A～D |
| 环烯醚萜内酯 | iridoilacton |
| 环香唐松草苷(环腺毛唐松草苷)A、B | cyclofoetosides A, B |
| 环小萼苔-1β, 5α-二醇 | cyclomyl taylane-1β, 5α-diol |
| 环小萼苔-5α-醇 | cyclomyl taylane-5α-ol |
| 环小萼苔-5β-醇 | cyclomyl taylane-5β-ol |
| 环小萼苔醇-3-咖啡酸酯 | cyclomyl taylyl-3-caffeate |
| 环小花茴香内酯 | cycloparviflorolide |
| 环小花茴香酮 | cycloparvifloralone |
| 环小麦长蠕孢烯(环麦根腐烯) | cyclosativene |
| 环小头黄芪苷Ⅰ、Ⅱ | cyclocephalosides Ⅰ, Ⅱ |
| (−)-(*Z*)-环小叶黄杨胺 | (−)-(*Z*)-cyclobuxaphylamine |
| (−)-(*E*)-环小叶黄杨胺 | (−)-(*E*)-cyclobuxaphylamine |
| 环小叶黄杨非定A | cyclomicrophyllidine A |
| 环小叶黄杨非灵 | cyclomicrophylline |
| 环小叶黄杨因碱(环小叶黄杨碱、黄杨品碱K) | cyclomicrobuxeine (buxpiine, buxpiine K) |
| (−)-环小叶黄杨碱[(−)-环杨非灵]K | (−)-cyclobuxophylline K |
| 环小叶黄杨宁 | cyclomicrobuxinine |
| 环小叶黄杨素 | cyclomicrosine |
| 环小叶黄杨星 | cyclomicrobuxine |
| (+)-环小叶黄杨因碱 | (+)-cyclomicrobuxeine |
| 环心叶棱子芹二聚素A～C | cyclorivulobirins A～C |
| (1*E*, *R*p)-环辛-1-烯 | (1*E*, *R*p)-cyclooct-1-ene |
| (1*E*, *S*p)-环辛-1-烯 | (1*E*, *S*p)-cyclooct-1-ene |
| 环辛硅烷 | cyclooctasilane |
| [1, 5]环辛熳桥 | [1, 5] epicycloocta |

| 环辛四烯 | ocine |
|---|---|
| 环辛酮 | cyclooctanone |
| 环辛烷 | cycloocatane |
| 环辛烯酮 | cyclooctenone |
| 环新木姜子醇 (新木姜子烷醇、3β-24, 24-二甲基-9, 19-环羊毛甾-25-烯-3-醇) | cycloneolitsol (3β-24, 24-dimethyl-9, 19-cyclolanost-25-en-3-ol) |
| 环新蝾螈定 | cycloneosamandaridine |
| 环新蝾螈二酮 | cycloneosamandione |
| 环鸦片甾烯醇 (环劳顿醇、环鸦片烯醇) | cyclolaudenol |
| 环鸦片甾烯醇乙酸酯 | cyclolaudenyl acetate |
| 环鸦片甾烯酮 (环鸦片烯酮、环劳顿酮) | cyclolaudenone |
| (20*R*, 25*R*)-23, 26-环亚胺-3β-羟基-5α-胆甾-23 (N)-烯-6, 22-二酮 | (20*R*, 25*R*)-23, 26-epimino-3β-hydroxy-5α-cholest-23 (*N*)-en-6, 22-dione |
| 环亚麻肽 A～I | cyclolinopeptides A～I |
| *N*-环亚戊基甲胺 | *N*-cyclopentylidene methyl amine |
| 9, 10-环羊毛甾-25-烯-3β-醇乙酸酯 | 9, 10-cyclolanost-25-en-3β-ol acetate |
| 9, 19-环羊毛脂-24-烯-3, 23-二酮 | 9, 19-cyclolanost-24-en-3, 23-dione |
| 9, 19-环羊毛脂-24-烯-3-醇 | 9, 19-cyclolanost-24-en-3-ol |
| 环杨非灵 (环小叶黄杨碱) | cyclobuxophylline |
| 环杨非灵 (环小叶黄杨碱) O | cyclobuxophylline O |
| 环氧- | epoxy- |
| 2, 3-环氧-1-丁醇 | 2, 3-epoxy-1-butanol |
| (10*R*, 16S)-12, 16-环氧-11, 14-二羟基-18-氧亚基-17 (15→16), 18 (4→3)-二迁-松香-3, 5, 8, 11, 13-五烯-7-酮 | (10*R*, 16*S*)-12, 16-epoxy-11, 14-dihydroxy-18-oxo-17 (15→16), 18 (4→3)-di-*abeo*-abieta-3, 5, 8, 11, 13-pentaen-7-one |
| 12, 16-环氧-11, 14-二羟基-6-甲氧基-17 (15→16)-迁松香-5, 8, 11, 13, 15-五烯-3, 7-二酮 | 12, 16-epoxy-11, 14-dihydroxy-6-methoxy-17 (15→16)-*abeo*-abieta-5, 8, 11, 13, 15-pentaen-3, 7-dione |
| (10*R*, 16*S*)-12, 16-环氧-11, 14-二羟基-6-甲氧基-17 (15→16)-迁-松香-5, 8, 11, 13-四烯-3, 7-二酮 | (10*R*, 16*S*)-12, 16-epoxy-11, 14-dihydroxy-6-methoxy-17 (15→16)-*abeo*-abieta-5, 8, 11, 13-tetraen-3, 7-dione |
| 1, 2-环氧-1, 2-二氢番茄烯 | 1, 2-epoxy-1, 2-dihydrolycopene |
| (1*R*, 10*R*)-环氧-(–)-1, 10-二氢姜黄定 | (1*R*, 10*R*)-epoxy-(–)-1, 10-dihydrocurdine |
| 5β, 19-环氧-(19*R*)-甲氧基葫芦-6, (23*E*)-二烯-3β, 25-二醇 | 5β, 19-epoxy-(19*R*)-methoxycucurbita-6, (23*E*)-dien-3β, 25-diol |
| (3*S*, 4*R*, 5*S*)-(2*E*)-3, 4-环氧-(2, 4-己二炔基)-1, 6-二氧杂螺 [4.5] 癸烷 | (3*S*, 4*R*, 5*S*)-(2*E*)-3, 4-epoxy-(2, 4-hexadiynyl)-1, 6-dioxaspiro [4.5] decane |
| 环氧甘醚 (依托格鲁) | ethoglucid (etoglucid) |
| 5α, 6α-环氧-(22*E*)-麦角甾-8 (14), 22-二烯-3β, 7α-二醇 | 5α, 6α-epoxy-(22*E*)-ergost-8 (14), 22-dien-3β, 7α-diol |
| 5α, 6α-环氧-(22*E*, 24*R*)-麦角甾-8 (14), 22-二烯-3β, 7α-二醇 | 5α, 6α-epoxy-(22*E*, 24*R*)-ergost-8 (14), 22-dien-3β, 7α-diol |

| | |
|---|---|
| 5α, 6α-环氧-(22*E*, 24*R*)-麦角甾-8 (14), 22-二烯-3β, 7β-二醇 | 5α, 6α-epoxy-(22*E*, 24*R*)-ergost-8 (14), 22-dien-3β, 7β-diol |
| 5α, 6α-环氧-(22*E*, 24*R*)-麦角甾-8, 22-二烯-3β, 7α-二醇 | 5α, 6α-epoxy-(22*E*, 24*R*)-ergost-8, 22-dien-3β, 7α-diol |
| 5α, 6α-环氧-(22*E*, 24*R*)-麦角甾-8, 22-二烯-3β, 7β-二醇 | 5α, 6α-epoxy-(22*E*, 24*R*)-ergost-8, 22-dien-3β, 7β-diol |
| 5β, 19-环氧-(23*R*)-甲氧基葫芦-6, 24-二烯-3β-醇 | 5β, 19-epoxy-(23*R*)-methoxycucurbita-6, 24-dien-3β-ol |
| 5β, 19-环氧-(23*S*)-甲氧基葫芦-6, 24-二烯-3β-醇 | 5β, 19-epoxy-(23*S*)-methoxycucurbita-6, 24-dien-3β-ol |
| 5, 6-环氧-(24*R*)-甲基-7, 22-胆甾二烯-3β-醇 | 5, 6-epoxy-(24*R*)-methyl cholest-7, 22-dien-3β-ol |
| 20*S*, 25-环氧-(24*R*)-羟基-3-达玛烷 | 20*S*, 25-epoxy-(24*R*)-hydroxy-3-dammarane |
| 1′, 2′-环氧-(*Z*)-松柏醇-4-异丁酸酯 | 1′, 2′-epoxy-(*Z*)-coniferyl alcohol-4-isobutanoate |
| 12, 13-环氧-11-脱氧-5α, 6-二氢白藜芦碱-*N*, *O*-二乙酸酯 | 12, 13-epoxy-11-deoxy-5α, 6-dihydrojervine-*N*, *O*-diacetate |
| 12, 13-环氧-11-脱氧-6-氧亚基-5α, 6-二氢芥芬胺-*N*, *O*-二乙酸酯 | 12, 13-epoxy-11-deoxy-6-oxo-5α, 6-dihydrojervine-*N*, *O*-diacetate |
| (–)-1, 10-环氧-11-愈创木烯 | (–)-1, 10-epoxyguai-11-ene |
| 4β, 5α-环氧-1 (10), 11 (13)-吉马二烯-8, 12-内酯 | 4β, 5α-epoxy-1 (10), 11 (13)-germacradien-8, 12-olide |
| 7, 8-环氧-1 (12)-石竹烯-9β-醇 | 7, 8-epoxy-1 (12)-caryophyllene-9β-ol |
| (1*R*, 10*R*)-环氧-1, 10-二氢莪术二酮 | (1*R*, 10*R*)-epoxy-1, 10-dihydrocurdione |
| 1β, 10α-环氧-1, 10-二氢石竹烯 | 1β, 10α-epoxy-1, 10-dihydrocaryophyllene |
| (1*R*, 2*S*, 3*S*, 4*S*) 2, 3-环氧-1, 4-二羟基-5-甲基-5-环己烯 | (1*R*, 2*S*, 3*S*, 4*S*)-2, 3-epoxy-1, 4-dihydroxy-5-methyl-5-cyclohexene |
| 4α, 5α-环氧-10α, 14*H*-1-表黏旋覆花内酯 | 4α, 5α-epoxy-10α, 14*H*-1-epiinuviscolide |
| 4α, 5α-环氧-10α, 14-二氢粘性旋覆花内酯 | 4α, 5α-epoxy-10α, 14-dihydroinuviscolide |
| 10, 15-环氧-11 (15→1) 迁-10-去乙酰基浆果赤霉素 Ⅲ | 10, 15-epoxy-11 (15→1) *abeo*-10-deacetyl baccatin Ⅲ |
| (10*R*, 16R)-12, 16-环氧-11, 14, 17-三羟基-17 (15→16), 18 (4→3)-二迁-松香-3, 5, 8, 11, 13-五烯-2, 7-二酮 | (10*R*, 16*R*)-12, 16-epoxy-11, 14, 17-trihydroxy-17 (15→16), 18 (4→3)-di-*abeo*-abieta-3, 5, 8, 11, 13-pentaen-2, 7-dione |
| 12, 16-环氧-11, 14, 17-三羟基-6-甲氧基-17 (15→16)-迁松香-5, 8, 11, 13-四烯-7-酮 | 12, 16-epoxy-11, 14, 17-trihydroxy-6-methoxy-17 (15→16)-*abeo*-abieta-5, 8, 11, 13-tetraen-7-one |
| 10α, 14-环氧-11β*H*-愈创木-4 (15)-烯-12, 6α-内酯 | 10α, 14-epoxy-11β*H*-guai-4 (15)-en-12, 6α-olide |
| 8, 13-环氧-12, 13-二脱氢-14, 15, 16-三去甲半日花烷 | 8, 13-epoxy-12, 13-didehydro-14, 15, 16-trinorlabdane |
| 12, 15-环氧-12, 14-半日花二烯-8-醇 | 12, 15-epoxy-12, 14-labddien-8-ol |
| 16β, 17β-环氧-12β-羟基孕甾-4, 6-二烯-3, 20-二酮 | 16β, 17β-epoxy-12β-hydroxypregn-4, 6-dien-3, 20-dione |
| 8β (17)-环氧-12-半日花烯-15, 16-二醛 | 8β (17)-epoxylabd-12-en-15, 16-dial |
| 15, 16-环氧-12-氧亚基-对映-半日花-8 (17), 13 (16), 14-三烯-19-酸甲酯 | 15, 16-epoxy-12-oxo-*ent*-labd-8 (17), 13 (16), 14-trien-19-oic acid methyl ester |
| 13, 15-环氧-13-表云南紫杉辛 A (13, 15-环氧-13-表云南红豆杉酯甲) | 13, 15-epoxy-13-epitaxayunnansin A |
| 7β, 17-环氧-13-甲基罗汉松-8, 11, 13-三烯-12-醇 | 7β, 17-epoxy-13-methyl-podocarpa-8, 11, 13-trien-12-ol |
| 8, 13-环氧-14, 15, 16-三去甲-13-半日花醇 | 8, 13-epoxy-14, 15, 16-trinorlabd-13-ol |
| (22*R*)-13, 14-环氧-14, 15, 28-三羟基-1-氧亚基-13, 14-开环睡茄-3, 5, 24-三烯 18, 20: 22, 26-二内酯 | (22*R*)-13, 14-epoxy-14, 15, 28-trihydroxy-1-oxo-13, 14-secowitha-3, 5, 24-trien-18, 20: 22, 26-diolide |

| | |
|---|---|
| (12*R*, 13*R*)-8, 13-环氧-14-半日花烯-12-醇 | (12*R*, 13*R*)-8, 13-epoxy-14-labden-12-ol |
| 8, 13-环氧-14-半日花烯-12-醇 | 8, 13-epoxy-14-labden-12-ol |
| 8, 17-环氧-14-脱氧穿心莲内酯 | 8, 17-epoxy-14-deoxyandrographolide |
| 5α*H*-3β, 4β-环氧-14-氧亚基愈创木-1 (10), 11 (13)-二烯-6α, 12-内酯 | 5α*H*-3β, 4β-epoxy-14-oxoguai-1 (10), 11 (13)-dien-6α, 12-olide |
| 8, 13-环氧-15, 16-二去甲半日花烷 | 8, 13-epoxy-15, 16-dinorlabdane |
| 14β, 16-环氧-15α-羟基-对映-海松-8-烯-19-酸 | 14β, 16-epoxy-15α-hydroxy-*ent*-pimar-8-en-19-oic acid |
| (13, 28*S*)-环氧-16α, 28-二羟基-22α-(3-甲基-1-氧亚基丁酰氧基) 齐墩果烷 | (13, 28*S*)-epoxy-16α, 28-dihydroxy-22α-(3-methyl-1-oxobutoxy) oleanane |
| 13β, 28-环氧-16α, 30-齐墩果二醇 | 13β, 28-epoxy-16α, 30-oleandiol |
| 13β, 28-环氧-16α-羟基齐墩果烷 | 13β, 28-epoxy-16α-hydroxyoleanane |
| 1, 4-环氧-16-羟基二十一碳-1, 3, 12, 14, 18-五烯 | 1, 4-epoxy-16-hydroxyheneicos-1, 3, 12, 14, 18-pentene |
| 1, 4-环氧-16-羟基二十一碳-1, 3, 12, 14-四烯 | 1, 4-epoxy-16-hydroxyheneicos-1, 3, 12, 14-tetraene |
| 9, 13-环氧-16-去甲半日花-(13*E*)-烯-15-醛 | 9, 13-epoxy-16-norlabd-(13*E*)-en-15-al |
| 12, 16-环氧-17 (15→16), 18 (4→3)-二-迁松香-3, 5, 8, 12, 15-五烯-7, 11, 14-三酮 | 12, 16-epoxy-17 (15→16), 18 (4→3)-di-*abeo*-abieta-3, 5, 8, 12, 15-pentaen-7, 11, 14-trione |
| 15α, 16α-环氧-17-羟基-对映-贝壳杉-19-酸 | 15α, 16α-epoxy-17-hydroxy-*ent*-kaur-19-oic acid |
| 15β, 16β-环氧-17-羟基-对映-贝壳杉-19-酸 | 15β, 16β-epoxy-17-hydroxy-*ent*-kaur-19-oic acid |
| (4α, 15α)-15, 16-环氧-17-氧亚基贝壳杉-18-酸 | (4α, 15α)-15, 16-epoxy-17-oxokaur-18-oic acid |
| (17*S*, 20*R*, 22*R*)-5β, 6β-环氧-18, 20-二羟基-1-氧亚基睡茄-24-烯内酯 | (17*S*, 20*R*, 22*R*)-5β, 6β-epoxy-18, 20-dihydroxy-1-oxowitha-24-en-olide |
| (5β, 19*R*)-环氧-19, 25-二甲氧基葫芦-(6, 23*E*)-二烯-3β-醇 | (5β, 19*R*)-epoxy-19, 25-dimethoxycucurbit-(6, 23*E*)-dien-3β-ol |
| (19*R*)-7β, 19-环氧-19-甲氧基-5, 24-葫芦二烯-3β, 23-二醇 | (19*R*)-7β, 19-epoxy-19-methoxycucurbita-5, 24-dien-3β, 23-diol |
| (19*R*)-5β, 19-环氧-19-甲氧基-6, 24-葫芦二烯-3β, 23-二醇 | (19*R*)-5β, 19-epoxy-19-methoxycucurbita-6, 24-dien-3β, 23-diol |
| 5β, (19*R*)-环氧-19-甲氧基葫芦-6, (23*E*), 25-三烯-3β-醇 | 5β, (19*R*)-epoxy-19-methoxycucurbita-6, (23*E*), 25-trien-3β-ol |
| 5β, (19*R*)-环氧-19-甲氧基葫芦-6, (23*E*)-二烯-3β, 25-二醇 | 5β, (19*R*)-epoxy-19-methoxycucurbita-6, (23*E*)-dien-3β, 25-diol |
| 5β, (19*S*)-环氧-19-甲氧基葫芦-6, (23*E*)-二烯-3β, 25-二醇 | 5β, (19*S*)-epoxy-19-methoxycucurbita-6, (23*E*)-dien-3β, 25-diol |
| (19*R*, 23*E*)-5β, 19-环氧-19-甲氧基葫芦-6, 23, 25-三烯-3β-醇 | (19*R*, 23*E*)-5β, 19-epoxy-19-methoxycucurbita-6, 23, 25-trien-3β-ol |
| (19*R*, 23*E*)-5β, 19-环氧-19-甲氧基葫芦-6, 23-25-三烯-3β-羟基-3-*O*-β-D-吡喃阿洛糖苷 | (19*R*, 23*E*)-5β, 19-epoxy-19-methoxycucurbita-6, 23-25-trien-3β-hydroxy-3-*O*-β-D-allopyranoside |
| (19*R*, 23*E*)-5β, 19-环氧-19-甲氧基葫芦-6, 23-二烯-3β, 25-二醇 | (19*R*, 23*E*)-5β, 19-epoxy-19-methoxycucurbita-6, 23-dien-3β, 25-diol |
| (19*S*, 23*E*)-5β, 19-环氧-19-甲氧基葫芦-6, 23-二烯-3β, 25-二醇 [(19*S*, 23*E*)-5β, 19-环氧-19-甲氧基-6, 23-二烯-3β, 25-葫芦二醇] | (19*S*, 23*E*)-5β, 19-epoxy-19-methoxycucurbita-6, 23-dien-3β, 25-diol |

| | |
|---|---|
| (19*S*)-5β, 19-环氧-19-甲氧基葫芦-6, 24-二烯-3β, 23-二醇 | (19*S*)-5β, 19-epoxy-19-methoxycucurbita-6, 24-dien-3β, 23-diol |
| 15, 16-环氧-19-羟基-对映-克罗-3, 13 (16), 14-三烯-18-酸 | 15, 16-epoxy-19-hydroxy-*ent*-clerod-3, 13 (16), 14-trien-18-oic acid |
| (19*R*, 23*E*)-5β, 19-环氧-19-乙氧基葫芦-6, 23-二烯-3β, 25-二醇 | (19*R*, 23*E*)-5β, 19-epoxy-19-ethoxycucurbita-6, 23-dien-3β, 25-diol |
| (19*R*)-5β, 19-环氧-19-异丙氧基-6, 24-葫芦二烯-3β, 23-二醇 | (19*R*)-5β, 19-epoxy-19-isopropoxycucurbita-6, 24-dien-3β, 23-diol |
| 8, 12-环氧-1β-羟基桉叶-4 (15), 7, 11-三烯-6-酮 | 8, 12-epoxy-1β-hydroxyeudesm-4 (15), 7, 11-trien-6-one |
| 8, 9-环氧-1-十七烯-11, 13-二炔-10-醇 | 8, 9-epoxy-1-heptadecen-11, 13-diyn-10-ol |
| (2β, 9β, 10α, 16α, 20ξ, 24ξ)-20, 24-环氧-2-(β-D-吡喃葡萄糖氧基)-16, 25, 26-三羟基-9-甲基-19-去甲羊毛甾-5-烯-3, 11-二酮 | (2β, 9β, 10α, 16α, 20ξ, 24ξ)-20, 24-epoxy-2-(β-D-glucopyranosyloxy)-16, 25, 26-trihydroxy-9-methyl-19-norlanost-5-en-3, 11-dione |
| (2β, 9β, 10α, 16α, 20ξ, 24ξ)-20, 24-环氧-2-(β-D-吡喃葡萄糖氧基)-16, 25-二羟基-9-甲基-19-去甲羊毛甾-5-烯-3, 11-二酮 | (2β, 9β, 10α, 16α, 20ξ, 24ξ)-20, 24-epoxy-2-(β-D-glucopyranosyloxy)-16, 25-dihydroxy-9-methyl-19-norlanost-5-en-3, 11-dione |
| (2β, 3β, 9β, 10α, 16α, 20ξ, 24ξ)-20, 24-环氧-2-(β-D-吡喃葡萄糖氧基)-3, 16, 25, 26-四羟基-9-甲基-19-去甲羊毛甾-5-烯-11-酮 | (2β, 3β, 9β, 10α, 16α, 20ξ, 24ξ)-20, 24-epoxy-2-(β-D-glucopyranosyloxy)-3, 16, 25, 26-tetrahydroxy-9-methyl-19-norlanost-5-en-11-one |
| (2β, 3β, 9β, 10α, 16α, 20ξ, 24ξ)-20, 24-环氧-2-(β-D-吡喃葡萄糖氧基)-3, 16, 25-三羟基-9-甲基-19-去甲羊毛甾-5-烯-11-酮 | (2β, 3β, 9β, 10α, 16α, 20ξ, 24ξ)-20, 24-epoxy-2-(β-D-glucopyranosyloxy)-3, 16, 25-trihydroxy-9-methyl-19-norlanost-5-en-11-one |
| (1*S*, 2*E*, 4*S*, 8*R*, 11*S*, 12*E*)-8, 11-环氧-2, 12-烟草二烯-6-酮 | (1*S*, 2*E*, 4*S*, 8*R*, 11*S*, 12*E*)-8, 11-epoxy-2, 12-cembr-dien-6-one |
| (*S*)-12, 13-环氧-2, 4, 6, 8, 10-十三碳五炔 | (*S*)-12, 13-epoxy-2, 4, 6, 8, 10-tridecapentayne |
| 5, 12-环氧-2, 7, 8-三羟基杜松萘-14, 15-二醛 | 5, 12-epoxy-2, 7, 8-trihydroxycadalene-14, 15-dial |
| 1, 3-环氧-20, 25-环达玛-5-烯-21-*O*-β-D-吡喃葡萄糖苷 | 1, 3-epoxy-20, 25-cyclodammar-5-en-21-*O*-β-D-glucopyranoside |
| (1*R*, 3*S*, 20*S*)-1, 3-环氧-20, 25-环氧达玛-5-烯-21-*O*-β-D-吡喃葡萄糖苷 | (1*R*, 3*S*, 20*S*)-1, 3-epoxy-20, 25-epoxydammar-5-en-21-*O*-β-D-glucopyranoside |
| (20*R*, 25*S*)-12β, 25-环氧-20, 26-环达玛-2α, 3β-二醇 | (20*R*, 25*S*)-12β, 25-epoxy-20, 26-cyclodammar-2α, 3β-diol |
| (20*R*, 25*S*)-12β, 25-环氧-20, 26-环达玛-3β-醇 | (20*R*, 25*S*)-12β, 25-epoxy-20, 26-cyclodammar-3β-ol |
| (21*S*, 23*R*, 24*R*)-21, 23-环氧-21, 24-二羟基-25-甲氧基甘遂-7-烯-3-酮 | (21*S*, 23*R*, 24*R*)-21, 23-epoxy-21, 24-dihydroxy-25-methoxytirucall-7-en-3-one |
| (21*S*, 23*R*, 24*R*)-21, 23-环氧-21, 24-二羟基甘遂-7, 25-二烯-3-酮 | (21*S*, 23*R*, 24*R*)-21, 23-epoxy-21, 24-dihydroxytirucalla-7, 25-dien-3-one |
| (3*S*, 21*S*, 23*R*, 24*S*)-21, 23-环氧-21, 25-二甲氧基甘遂-7-烯-3, 24-二醇 | (3*S*, 21*S*, 23*R*, 24*S*)-21, 23-epoxy-21, 25-dimethoxytiru-call-7-en-3, 24-diol |
| (21*R*, 23*R*)-环氧-21α-甲氧基-7, 24, 25-三羟基-14-阿朴绿玉树烯-3-酮 | (21*R*, 23*R*)-epoxy-21α-methoxy-7, 24, 25-trihydroxy-14-apotirucallen-3-one |
| 13α, 14α-环氧-21α-甲氧基千层塔-3-酮 | 13α, 14α-epoxy-21α-methoxyserrat-3-one |

| | |
|---|---|
| (21*R*, 23*R*)-环氧-21α-乙氧基-24S, 25-二羟基阿朴绿玉树-7-烯-3-酮 | (21*R*, 23*R*)-epoxy-21α-ethoxy-24S, 25-dihydroxyapotirucalla-7-en-3-one |
| (21*R*, 23*R*)-环氧-21β-甲氧基-7, 24, 25-三羟基-14-阿朴绿玉树烯-3-酮 | (21*R*, 23*R*)-epoxy-21β-methoxy-7, 24, 25-trihydroxy-14-apotirucallen-3-one |
| 21, 23-环氧-21-甲氧基-17*H*-羊毛甾-7-烯-3, 24, 25-三醇 | 21, 23-epoxy-21-methoxy-17*H*-lanost-7-en-3, 24, 25-triol |
| 5, 6-环氧-22, 24-麦角甾-8 (14), 22-二烯-3, 7-二醇 | 5, 6-epoxy-22, 24-ergost-8 (14), 22-dien-3, 7-diol |
| 5, 6-环氧-22, 24-麦角甾-8 (9), 22-二烯-3, 7-二醇 | 5, 6-epoxy-22, 24-ergost-8 (9), 22-dien-3, 7-diol |
| 16, 23-环氧-22, 26-环亚胺胆甾-22 (*N*), 23, 25 (26)-三烯-3β-羟基-3-*O*-β-D-吡喃葡萄糖基-(1→2)-β-D-吡喃葡萄糖基-(1→4)-β-D-吡喃半乳糖苷 | 16, 23-epoxy-22, 26-epiminocholest-22 (*N*), 23, 25 (26)-trien-3β-hydroxy-3-*O*-β-D-glucopyranosyl-(1→2)-β-D-glucopyranosyl-(1→4)-β-D-galactopyranoside |
| 12, 13-环氧-22*S*, 25*S*, 5α-藜芦甾二烯胺-3β, 17, 24α-三醇-6-酮-*N*, *O* (3)-二乙酸酯 [3β, 17, 24α-三羟基-6-酮-*N*, *O* (3)-二乙酰基-12, 13-环氧-22*S*, 25*S*, 5α-藜芦碱] | 12, 13-epoxy-22*S*, 25*S*, 5α-veratramine-3β, 17, 24α-triol-6-one-*N*, *O* (3)-diacetate |
| 12, 13-环氧-22S, 25S, 5β-藜芦甾二烯胺-3β, 17, 23α-三醇-6-酮-*N*, *O* (3)-二乙酸酯 | 12, 13-epoxy-22*S*, 25*S*, 5β-veratramine-3β, 17, 23α-triol-6-one-*N*, *O* (3)-diacetate |
| 13, 28-环氧-23-羟基-3β-乙酰氧基齐墩果-11-烯 | 13, 28-epoxy-23-hydroxy-3β-acetoxyolean-11-ene |
| 13, 28-环氧-23-羟基齐墩果-11-烯-3-酮 | 13, 28-epoxy-23-hydroxyolean-11-en-3-one |
| 13β, 17β-环氧-24, 25, 26, 27-四去甲泽泻醇 A-23-酸 | 13β, 17β-epoxy -24, 25, 26, 27-tetranoralisol A-23-oic acid |
| (21*S*, 23*R*, 24*R*)-21, 23-环氧-24-羟基-21-甲氧基甘遂-7, 25-二烯-3-酮 | (21*S*, 23*R*, 24*R*)-21, 23-epoxy-24-hydroxy-21-methoxytirucalla-7, 25-dien-3-one |
| (24*R*, 28*R*)-环氧-24-乙基胆甾醇 | (24*R*, 28*R*)-epoxy-24-ethyl cholesterol |
| (24*S*, 28*S*)-环氧-24-乙基胆甾醇 | (24*S*, 28*S*)-epoxy-24-ethyl cholesterol |
| (20*R*, 24*R*)-环氧-25-达玛烯-3-酮 | (20*R*, 24*R*)-epoxy-25-dammaren-3-one |
| 5β, 19-环氧-25-甲氧基葫芦-6, 23-二烯-3β, 19-二醇 | 5β, 19-epoxy-25-methoxycucurbita-6, 23-dien-3β, 19-diol |
| (23*E*)-5β, 19-环氧-25-甲氧基葫芦-6, 23-二烯-3β-醇 | (23*E*)-5β, 19-epoxy-25-methoxycucurbit-6, 23-dien-3β-ol |
| (23*E*)-5β, 19-环氧-25-甲氧基葫芦-6, 23-二烯-9β, 19-二醇 | (23*E*)-5β, 19-epoxy-25-methoxycucurbit-6, 23-dien-9β, 19-diol |
| 20β, 28-环氧-28-羟基蒲公英甾-3β-醇 | 20β, 28-epoxy-28-hydroxytaraxast-3β-ol |
| (20*S*)-17β, 29-环氧-28-去甲羽扇豆-3β-醇 | (20*S*)-17β, 29-epoxy-28-norlup-3β-ol |
| 5α, 6α-环氧-2α, 4α-二羟基-1β-愈创-11 (13)-烯-12, 8α-内酯 | 5α, 6α-epoxy-2α, 4α-dihydroxy-1β-guai-11 (13)-en-12, 8α-olide |
| 5α, 6α-环氧-2α-乙酰氧基-4α-羟基-1β, 7α-愈创-11 (13)-烯-12, 8α-内酯 | 5α, 6α-epoxy-2α-acetoxy-4α-hydroxy-1β, 7α-guai-11 (13)-en-12, 8α-olide |
| 1α, 11α-环氧-2β, 11β, 12α, 20-四羟基苦木-3, 13-(21)-二烯-16-酮 | 1α, 11α-epoxy-2β, 11β, 12α, 20-tetrahydroxypicras-3, 13-(21)-dien-16-one |
| 1α, 11α-环氧-2β, 11β, 12β, 20-四羟基苦木-3, 13-(21)-二烯-16-酮 | 1α, 11α-epoxy-2β, 11β, 12β, 20-tetrahydroxypicras-3, 13-(21)-dien-16-one |

| | |
|---|---|
| 22*R*, 25-环氧-2β, 3β, 14, 20-四羟基-(5β)-胆甾-7-烯-6-酮 (本州乌毛蕨甾酮) | 22*R*, 25-epoxy-2β, 3β, 14, 20-tetrahydroxy-(5β)-cholest-7-en-6-one (shidasterone) |
| 16α, 23α-环氧-2β, 3β, 7β, 20β, 26-五羟基-10α, 23α-葫芦-5, 24-(*E*)-二烯-11-酮 | 16α, 23α-epoxy-2β, 3β, 7β, 20β, 26-pentahydroxy-10α, 23α-cucurbit-5, 24-(*E*)-dien-11-one |
| 16α, 23α-环氧-2β, 3β, 7β, 20β, 26-五羟基-10α, 23α-葫芦-5, 24-(*E*)-二烯-11-酮-2-*O*-β-D-吡喃葡萄糖苷 | 16α, 23α-epoxy-2β, 3β, 7β, 20β, 26-pentahydroxy-10α, 23α-cucurbit-5, 24-(*E*)-dien-11-one-2-*O*-β-D-glucopyranoside |
| 1, 2-环氧-2-甲基丁烷 | 1, 2-epoxy-2-methyl butane |
| 6-(2, 3-环氧-2-异丙基正丙氧基) 半枝莲亭素 C | 6-(2, 3-epoxy-2-isopropyl-n-propoxyl) barbatin C |
| (1*R*, 3*E*, 7*S*, 8*S*, 11*S*, 12*R*)-7, 8-环氧-3, 18-多拉贝拉二烯 | (1*R*, 3*E*, 7*S*, 8*S*, 11*S*, 12*R*)-7, 8-epoxy-3, 18-dolabelladiene |
| (3β, 6α, 12β, 20*S*)-20, 25-环氧-3, 12-二羟基达玛-6-*O*-β-D-吡喃葡萄糖苷 | (3β, 6α, 12β, 20*S*)-20, 25-epoxy-3, 12-dihydroxydammar-6-*O*-β-D-glucopyranoside |
| 8α, 17β-环氧-3, 19-二羟基-11, 13-对映-半日花三烯-15, 16-内酯 | 8α, 17β-epoxy-3, 19-dihydroxy-11, 13-*ent*-labdatrien-15, 16-olide |
| (3β, 4β, 22*S*, 24*S*, 25*R*)-5, 6-环氧-3, 4, 20, 22, 24, 25-六羟基-1-氧亚基麦角甾-26-酸-δ-内酯 | (3β, 4β, 22*S*, 24*S*, 25*R*)-5, 6-epoxy-3, 4, 20, 22, 24, 25-hexahydroxy-1-oxoergost-26-oic acid-δ-lactone |
| 5′, 6′-环氧-3, 5, 3′-三羟基-6, 7-二脱氢-5, 6, 5′, 6′-四氢-12, 13, 20-三去甲-β, β-胡萝卜素-19′, 11′-内酯-3-乙酸酯 | 5′, 6′-epoxy-3, 5, 3′-trihydroxy-6, 7-didehydro-5, 6, 5′, 6′-tetrahydro-12, 13, 20-trinor-β, β-caroten-19′, 11′-olide-3-acetate |
| 4, 7′-环氧-3′, 5-二甲氧基-4′, 9, 9′-三羟基-3, 8′-二木脂-7-烯 | 4, 7′-epoxy-3′, 5-dimethoxy-4′, 9, 9′-trihydroxy-3, 8′-bilign-7-ene |
| (3*S*, 5*R*, 6*S*, 7*E*, 9*R*)-5, 6-环氧-3, 9-二羟基-7-大柱香波龙烯 | (3*S*, 5*R*, 6*S*, 7*E*, 9*R*)-5, 6-epoxy-3, 9-dihydroxy-7-megastigmene |
| 13, 28-环氧-30, 30-二甲氧齐墩果-3β, 16α-二醇 | 13, 28-epoxy-30, 30-dimethyoxyolean-3β, 16α-diol |
| 22-29ξ-环氧-30-去甲何帕-13β-醇 | 22-29ξ-epoxy-30-norhop-13β-ol |
| 3β, 25-环氧-3α, 21α-二羟基-22β-当归酰氧基齐墩果-12-烯-28-酸 | 3β, 25-epoxy-3α, 21α-dihydroxy-22β-angeloyloxyolean-12-en-28-oic acid |
| 1β, 10β-环氧-3α-当归酰氧基-9β-乙酰氧基-8α, 11β-二羟基蜂斗菜内酯 | 1β, 10β-epoxy-3α-angeloyloxy-9β-acetoxy-8α, 11β-dihydroxybakkenolide |
| 3β, 25-环氧-3α-羟基-20 (29)-羽扇豆烯-28-酸 (阿里达橄榄萜苷) | 3β, 25-epoxy-3α-hydroxylup-20 (29)-en-28-oic acid (benulin) |
| 5α*H*-2β, 4β-环氧-3α-羟基愈创木-1 (10), 11 (13)-二烯-6α, 12-内酯 | 5α*H*-2β, 4β-epoxy-3α-hydroxyguai-1 (10), 11 (13)-dien-6α, 12-olide |
| (23*R*, 24*R*, 25*R*)-23, 26-环氧-3β, 14α, 21α, 22α-四羟基麦角甾-7-烯-6-酮 | (23*R*, 24*R*, 25*R*)-23, 26-epoxy-3β, 14α, 21α, 22-tetrahydroxyergost-7-en-6-one |
| (20*S*, 22*R*, 24*R*)-16, 22-环氧-3β, 14α, 23β, 25-四羟基麦角甾-7-烯-6-酮 | (20*S*, 22*R*, 24*R*)-16, 22-epoxy-3β, 14α, 23β, 25-tetrahydroxyergost-7-en-6-one |
| 13β, 28-环氧-3β, 16α-二羟基齐墩果烷 | 13β, 28-epoxy-3β, 16α-dihydroxyoleanane |
| 13, 28-环氧-3β, 23-二羟基-11-齐墩果烯 | 13, 28-epoxy-3β, 23-dihydroxy-11-oleanene |
| 20, 25-环氧-3β, 24α-二羟基达玛烷 | 20, 25-epoxy-3β, 24α-diol-dammarane |
| 1β, 2β-环氧-3β, 4α, 10α-三羟基愈创木-6α, 12-内酯 | 1β, 2β-epoxy-3β, 4α, 10α-trihydroxyguai-6α, 12-olide |
| 2α, 10α-环氧-3β, 5β, 6β, 14β, 16β-五羟基木藜烷 | 2α, 10α-epoxy-3β, 5β, 6β, 14β, 16β-hexahydroxygrayanae |
| 5, 13-环氧-3β, 8β-二羟基乳菇-5, 7 (13)-二烯 | 5, 13-epoxy-3β, 8β-dihydroxyactara-5, 7 (13)-diene |

| | |
|---|---|
| 13α, 14α-环氧-3β-甲氧基千层塔-21β-醇 | 13α, 14α-epoxy-3β-methoxyserrat-21β-ol |
| 13β, 14β-环氧-3β-甲氧基千层塔-21β-醇 | 13β, 14β-epoxy-3β-methoxyserrat-21β-ol |
| 5α, 6α-环氧-3β-羟基-(22*E*)-麦角甾-8 (14), 22-二烯-7-酮 | 5α, 6α-epoxy-3β-hydroxy-(22*E*)-ergost-8 (14), 22-dien-7-one |
| 5α, 6α-环氧-3β-羟基-(22*E*, 24*R*)-麦角甾-8, 22-二烯-7-酮 | 5α, 6α-epoxy-3β-hydroxy-(22*E*, 24*R*)-ergost-8, 22-dien-7-one |
| 21, 22β-环氧-3β-羟基-12-烯-28-齐墩果酸甲酯 | 21, 22β-epoxy-3β-hydroxyolean-12-en-28-oic acid methyl ester |
| (5β)-14β, 15β-环氧-3β-羟基-19-氧亚基蟾甾-20, 22-二烯内酯 | (5β)-14β, 15β-epoxy-3β-hydroxy-19-oxobufa-20, 22-dien olide |
| 5α, 6α-环氧-3β-羟基麦角甾-22-烯-7-酮 | 5α, 6α-epoxy-3β-hydroxyergost-22-en-7-one |
| 5, 13-环氧-3β-羟基乳菇-2 (9), 5, 7 (13)-三烯-4, 8-二酮 | 5, 13-epoxy-3β-hydroxyactara-2 (9), 5, 7 (13)-trien-4, 8-dione |
| 1, 5-环氧-3-羟基-1-(3, 4-二羟基-5-甲氧苯基)-7-(3, 4-二羟苯基) 庚烷 | 1, 5-epoxy-3-hydroxy-1-(3, 4-dihydroxy-5-methoxyphenyl)-7-(3, 4-dihydroxyphenyl) heptane |
| 1, 5-环氧-3-羟基-1-(3, 4-二羟基-5-甲氧苯基)-7-(4-羟基-3-甲氧苯基) 庚烷 | 1, 5-epoxy-3-hydroxy-1-(3, 4-dihydroxy-5-methoxyphenyl)-7-(4-hydroxy-3-methoxyphenyl) heptane |
| 1, 5-环氧-3-羟基-1-(4-羟基-3, 5-二甲氧苯基)-7-(4-羟基-3-甲氧苯基) 庚烷 | 1, 5-epoxy-3-hydroxy-1-(4-hydroxy-3, 5-dimethoxyphenyl)-7-(4-hydroxy-3-methoxyphenyl) heptane |
| (3*S*, 5*R*, 6*S*, 7*E*)-5, 6-环氧-3-羟基-7-大柱香波龙烯-9-酮 | (3*S*, 5*R*, 6*S*, 7*E*)-5, 6-epoxy-3-hydroxy-7-megastigmen-9-one |
| 6-环氧-3-羟基-7-大柱香波龙烯-9-酮 | 6-epoxy-3-hydroxy-7-megastigmen-9-one |
| (3*R*, 5*R*, 6*S*, 9ζ)-5, 6-环氧-3-羟基-β-紫罗兰醇 | (3*R*, 5*R*, 6*S*, 9ξ)-5, 6-epoxy-3-hydroxy-β-ionol |
| (2*R*, 4*S*, 4*aS*, 8*aS*)-4, 4a-环氧-4, 4a-二氢鸡蛋果素 | (2*R*, 4*S*, 4*aS*, 8*aS*)-4, 4a-epoxy-4, 4a-dihydroedulan |
| 6, 7-环氧-4, 5, 9, 13, 14, 20-六羟基瑞香-1, 15-二烯-3-酮-9, 13, 14-原苯甲酸酯 | 6, 7-epoxy-4, 5, 9, 13, 14, 20-hexahydroxydaphna-1, 15-dien-3-one-9, 13, 14-orthobenzoate |
| (20*S*, 22*R*)-5β, 6β-环氧-4β, 14β, 15α-三羟基-1-氧亚基睡茄-2, 24-二烯内酯 | (20*S*, 22*R*)-5β, 6β-epoxy-4β, 14β, 15α-trihydroxy-1-oxowitha-2, 24-dienolide |
| (20*S*, 22*R*)-3α, 6α-环氧-4β, 5β, 27-三羟基-1-氧亚基睡茄-24-烯内酯 | (20*S*, 22*R*)-3α, 6α-epoxy-4β, 5β, 27-trihydroxy-1-oxowitha-24-enolide |
| 13β, 14β-环氧-4-羟基-19-去甲阿松香-7-烯-6-酮 | 13β, 14β-epoxy-4-hydroxy-19-norabieta-7-en-6-one |
| (1*S*, 2*E*, 4*S*, 8*R*, 11*S*)-8, 11-环氧-4-羟基-2, 12 (20)-烟草二烯-6-酮 | (1*S*, 2*E*, 4*S*, 8*R*, 11*S*)-8, 11-epoxy-4-hydroxy-2, 12 (20)-cembr-dien-6-one |
| (1*S*, 2*E*, 4*S*, 7*E*, 11*S*, 12*S*)-11, 12-环氧-4-羟基-2, 7-烟草二烯-6-酮 | (1*S*, 2*E*, 4*S*, 7*E*, 11*S*, 12*S*)-11, 12-epoxy-4-hydroxy-2, 7-cembr-dien-6-one |
| 2β, 5-环氧-5, 10-二羟基-6α-当归酰氧基-9β-异丁酰氧基吉马-8α, 12-内酯 | 2β, 5-epoxy-5, 10-dihydroxy-6α-angeloyloxy-9β-isobutyloxygermacran-8α, 12-olide |
| 15, 16-环氧-5, 10-开环克罗-1 (10), 2, 4, 13 (16), 14-五烯-18, 19-内酯 | 15, 16-epoxy-5, 10-secoclerod-1 (10), 2, 4, 13 (16), 14-pentaen-18, 19-olide |
| 6, 12-环氧-5, 13-甲桥苯并 [4, 5] 环庚熳并 [1, 2-*f*] 异色烯 | 6, 12-epoxy-5, 13-methanobenzo [4, 5] cyclohept [1, 2-*f*] isochromene |

| | |
|---|---|
| (5α, 6α, 7α, 22*R*, 25*R*)-6, 7-环氧-5, 14, 20, 22-四羟基-1-氧亚基麦角甾-2-烯-26-酸-δ-内酯 | (5α, 6α, 7α, 22*R*, 25*R*)-6, 7-epoxy-5, 14, 20, 22-tetrahydroxy-1-oxo-ergost-2-en-26-oic acid-δ-lactone |
| 2β, 3β-环氧-5, 7, 4′-三羟黄烷-(4α→8)-表儿茶素 | 2β, 3β-epoxy-5, 7, 4′-trihydroxyflavan-(4α→8)-epicatechin |
| 6α, 7α-环氧-5α, (20*R*, 22*R*)-三羟基-1-氧亚基麦角甾-2, 24-二烯-26-酸-δ-内酯 | 6α, 7α-epoxy-5α, (20*R*, 22*R*)-trihydroxy-1-oxo-ergost-2, 24-dien-26-oic acid-δ-lactone |
| 12, 15-环氧-5α*H*, 9β*H*-半日花-8 (17), 13-二烯-19-酸 | 12, 15-epoxy-5α*H*, 9β*H*-labd-8 (17), 13-dien-19-oic acid |
| 16, 23-环氧-5β-胆甾三糖苷 | 16, 23-epoxy-5β-cholest triglycoside |
| 7α, 11α-环氧-5β-羟基-9-愈创木烯-8-酮 | 7α, 11α-epoxy-5β-hydroxy-9-guaiaen-8-one |
| (+)-6, 7-环氧-5-羟基樱草-4 (15)-烯-12-酸 | (+)-6, 7-epoxy-5-hydroxyhirsut-4 (15)-en-12-oic acid |
| (*Z*)-6, 7-环氧-6, 7-二氢藁本内酯 | (*Z*)-6, 7-epoxy-6, 7-dihydroligustilide |
| 5, 12-环氧-6, 9-二羟基-7-大柱香波龙烯-3-酮 | 5, 12-epoxy-6, 9-dihydroxy-7-megastigmen-3-one |
| (12*S*)-1α, 19-环氧-6α, 18-二乙酰氧基-4α, 12-二羟基新克罗-13-烯-15, 16-内酯 | (12*S*)-1α, 19-epoxy-6α, 18-diacetoxy-4α, 12-dihydroxy-neoclerod-13-en-15, 16-olide |
| 4α, 5α-环氧-6α-杜松-11 (13)-烯-12-酸 | 4α, 5α-epoxy-6α-cardin-11 (13)-en-12-oic acid |
| 7α, 11-环氧-6α-甲氧基卡拉布烷-4, 8-二酮 | 7α, 11-epoxy-6α-methoxycarabrane-4, 8-dione |
| 7α, 11-环氧-6α-羟基卡拉布烷-4, 8-二酮 | 7α, 11-epoxy-6α-hydroxycarabrane-4, 8-dione |
| 4α, 5α-环氧-6α-羟基紫穗槐烷-11-烯-12-酸乙酯 | 4α, 5α-epoxy-6α-hydroxyamorph-11-en-12-oic acid ethyl ester |
| 4α, 5α-环氧-6α-羟基紫穗槐烷-12-醇 | 4α, 5α-epoxy-6α-hydroxyamorphan-12-ol |
| 4α, 5α-环氧-6α-羟基紫穗槐烷-12-酸 | 4α, 5α-epoxy-6α-hydroxyamorphan-12-oic acid |
| 4α, 5α-环氧-6α-羟基紫穗槐烷-12-酸甲酯 | 4α, 5α-epoxy-6α-hydroxyamorphan-12-oic acid methyl ester |
| (12*S*)-15, 16-环氧-6β-甲氧基-19-去甲新克罗-4, 13 (16), 14-三烯-18, 6α, 20, 12-二内酯 | (12*S*)-15, 16-epoxy-6β-methoxy-19-norneoclerod-4, 13 (16), 14-trien-18, 6α, 20, 12-diolide |
| 14, 16-环氧-6-甲基-5 (10), 6, 8, 13-松香四烯-11, 12-二酮 | 14, 16-epoxy-6-methyl-5 (10), 6, 8, 13-abietatetraen-11, 12-dione |
| 1, 10-环氧-6-羟基茼蒿萜素 | 1, 10-epoxy-6-hydroxyeuryopsin |
| 1, 8-环氧-7 (11)-大根老鹳草烯-5-酮-12, 8-内酯 | 1, 8-epoxy-7 (11)-germacren-5-one-12, 8-olide |
| 5, 6-环氧-7-大柱香波龙烯-3, 9-二醇 | 5, 6-epoxy-7-megastigmen-3, 9-diol |
| (1*S*, 3*R*, 5*S*, 7*S*, 8*S*, 9*S*)-3, 8-环氧-7-羟基-1-丁氧基-4, 11-二氢荆芥烷 | (1*S*, 3*R*, 5*S*, 7*S*, 8*S*, 9*S*)-3, 8-epoxy-7-hydroxy-1-butoxy-4, 11-dihydronepetane |
| (1*S*, 3*R*, 5*S*, 7*S*, 8*S*, 9*S*)-3, 8-环氧-7-羟基-1-甲氧基-4, 11-二氢荆芥烷 | (1*S*, 3*R*, 5*S*, 7*S*, 8*S*, 9*S*)-3, 8-epoxy-7-hydroxy-1-methoxy-4, 11-dihydronepetane |
| (3*S*, 4*R*, 5*S*, 7*S*, 8*S*, 9*S*)-3, 8-环氧-7-羟基-4, 8-二甲基全氢化环戊 [*c*] 吡喃 | (3*S*, 4*R*, 5*S*, 7*S*, 8*S*, 9*S*)-3, 8-epoxy-7-hydroxy-4, 8-dimethyl perhydrocyclopenta [*c*] pyran |
| (3*S*, 4*S*, 5*S*, 7*S*, 8*S*, 9*S*)-3, 8-环氧-7-羟基-4, 8-二甲基全氢化环戊 [*c*] 吡喃 | (3*S*, 4*S*, 5*S*, 7*S*, 8*S*, 9*S*)-3, 8-epoxy-7-hydroxy-4, 8-dimethyl perhydrocyclopenta [*c*] pyran |
| 1β, 10β-环氧-8, 12-二羟基-3β-乙酰氧基-9β-当归酰氧基雅槛蓝-7 (11)-烯-8, 12-二半缩酮 | 1β, 10β-epoxy-8, 12-dihydroxy-3β-acetoxy-9β-angeloyloxyeremophil-7 (11)-en-8, 12-disemiketal |
| 7α, 8β-环氧-8α-二氢京尼平苷 | 7α, 8β-epoxy-8α-dihydrogeniposide |
| 7β, 8β-环氧-8α-二氢京尼平苷 | 7β, 8β-epoxy-8α-dihydrogeniposide |

| 环氧-8β-羟基-14-氧亚基刺苞菊内酯 | epoxy-8β-hydroxy-14-oxoacanthospermolide |
|---|---|
| 5, 13-环氧-8β-乳菇-3 (12) 5, 7 (13)-三烯-3β-醇 | 5, 13-epoxy-8β-lactara-3 (12) 5, 7 (13)-trien-3β-ol |
| 环氧-8β-异缬草酰氧基-14-氧亚基刺苞菊内酯 | epoxy-8β-isovaleroyloxy-14-oxoacanthospermolide |
| 6β, 7β-环氧-8-表福桂树苷 (6β, 7β-环氧-8-表美花福桂树苷) | 6β, 7β-epoxy-8-episplendoside |
| 13, 14-环氧-9, 11, 12-三羟基雷公藤内酯醇 | 13, 14-epoxide-9, 11, 12-trihydroxytriptolide |
| 7β, 11-环氧-9α, 10α-环氧-8-氧亚基艾里莫芬烷 | 7β, 11-epoxy-9α, 10α-epoxy-8-oxoeremophilane |
| 12, 13-环氧-9-羟基-7, 10-十九碳二烯酸 | 12, 13-epoxy-9-hydroxynonadec-7, 10-dienoic acid |
| 5, 12-环氧-9-羟基-7-大柱香波龙烯-3-酮 | 5, 12-epoxy-9-hydroxy-7-megastigmen-3-one |
| 5, 6-环氧-α-胡萝卜素 | 5, 6-epoxy-α-carotene |
| 环氧-β-紫罗兰酮 | epoxy-β-ionone |
| 5α, 6α-环氧-β-紫罗兰酮-3-*O*-β-D-吡喃葡萄糖苷 | 5α, 6α-epoxy-β-ionone-3-*O*-β-D-glucopyranoside |
| 16, 19-环氧-$\Delta^{14}$-蔓长春花醇 | 16, 19-epoxy-$\Delta^{14}$-vincanol |
| 环氧安贝灵 | epoxyambelline |
| 1β, 2β-环氧安贝灵 | 1β, 2β-epoxyambelline |
| 4α, 5α-环氧桉叶-11-烯-3α-醇 | 4α, 5α-epoxyeudesm-11-en-3α-ol |
| 4α, 5α-环氧桉叶-11-烯-3-酮 | 4α, 5α-oxidoeudesm-11-en-3-one |
| 5α, 6α-环氧桉叶-12, 8β-内酯 | 5α, 6α-epoxyeudesm-12, 8β-lactone |
| 4α, 15-环氧桉叶-1β, 6α-二醇 | 4α, 15-epoxyeudesm-1β, 6α-diol |
| 3β, 17-环氧奥巴生烷 | 3β, 17-epoxyvobasan |
| 2″, 3″-环氧八角黄皮酯 | 2″, 3″-epoxyanisolactone |
| 2, 3-环氧白花丹素 | 2, 3-epoxyplumbagin |
| 6β, 10β-环氧柏芳-3-烯 | 6β, 10β-epoxycupar-3-ene |
| 环氧柏木烷 | cedranoxide |
| 8, 14-环氧柏木烷 | 8, 14-cedranoxide |
| (*E*)-8β, 17-环氧半日花-12-烯-15, 16-二醛 | (*E*)-8β, 17-epoxylabd-12-en-15, 16-dial |
| 12, 13-环氧半日花-8 (17), 14-二烯-19-酸 | 12, 13-epoxylabd-8 (17), 14-dien-19-oic acid |
| 环氧薄荷醇乙酸酯 | epoxymenthyl acetate |
| 1, 2-环氧薄荷醇乙酸酯 | 1, 2-epoxymenthyl acetate |
| (4α, 15α)-15, 16-环氧贝壳杉-18-酸 | (4α, 15α)-15, 16-epoxykaur-18-oic acid |
| (–)-环氧贝壳杉烷 | (–)-16α, 17-epoxykaurane |
| 16β, 17-环氧贝壳杉烷 | 16β, 17-epoxykaurane |
| 环氧扁柏醇 | epoxyhinokiol |
| 2′, 3′-环氧别欧前胡素 | 2′, 3′-epoxide alloimperatorin |
| 环氧丙烷 | epoxypropane |
| 2, 3-环氧补骨脂酚 | 2, 3-xybakuehiol |
| 环氧长春碱 (长春罗新、洛诺生、长春洛辛) | leurosine (vinleurosine) |
| 环氧长春新碱 | formyl leurosine |
| 3α, 4α-环氧沉香呋喃 | 3α, 4α-oxidoagarofuran |
| 3β, 4β-环氧沉香呋喃 | 3β, 4β-epoxyagarofuran |

H

| | |
|---|---|
| 环氧沉香呋喃 | oxidoagarofuran |
| 环氧橙皮油内酯 | epoxyauraptene |
| 6′, 7′-环氧橙皮油内酯 | 6′, 7′-epoxyauraptene |
| (20*S*, 24*R*)-环氧达玛-12, 25-二羟基-3-酮 | (20*S*, 24*R*)-epoxydammar-12, 25-dihydroxy-3-one |
| 20*S*, 25-环氧达玛-3β, 24α-二醇 | 20*S*, 25-epoxydammar-3β, 24α-diol |
| (20*S*, 24*R*)-环氧达玛-3β, 25-二醇 | (20*S*, 24*R*)-epoxydammar-3β, 25-diol |
| 20, 24-环氧达玛-3β, 6α, 25-三醇 | 20, 24-epoxydammar-3β, 6α, 25-triol |
| 9, 10-环氧大麻三醇 | 9, 10-epoxycannabitriol |
| (3′*R*, 4′*R*)-3′-环氧当归酰氧基-4′-乙酰氧基-3′, 4′-二氢邪蒿素 | (3′*R*, 4′*R*)-3′-epoxyangeloyloxy-4′-acetoxy-3′, 4′-dihydroseselin |
| 6, 7-环氧丁香-3 (15)-烯-14-醇 | 6, 7-epoxycaryophyll-3 (15)-en-14-ol |
| 4α, β-环氧丁香-8 (14)-酮 | 4α, β-epoxycaryophyll-8 (14)-one |
| 环氧短舌匹菊素 | epoxysantamarin |
| 15, 16-环氧-对映-半日花-8 (17), 13 (16), 14-三烯-19-醇乙酸酯 | 15, 16-epoxy-*ent*-labd-8 (17), 13 (16), 14-trien-19-ol acetate |
| 15, 16-环氧-对映-半日花-8 (17), 13 (16), 14-三烯-19-醛 | 15, 16-epoxy-*ent*-labd-8 (17), 13 (16), 14-trien-19-al |
| 16α, 17-环氧-对映-贝壳杉烷 | 16α, 17-epoxy-*ent*-kaurane |
| 环氧二氢丁香素 | epoxydihydrocaryophyllin |
| 环氧二氢芳樟醇 | epoxydihydrolinalool |
| α-环氧二氢青蒿酸 | α-epoxydihydroartemisinic acid |
| 环氧二十碳三烯酸 | epoxyl eicosantrienoic acid |
| 环氧芳樟醇 | epoxylinalool |
| 1, 2-环氧芳樟醇 (1, 2-环氧芳香醇) | 1, 2-epoxylinalool |
| 1β, 10β-环氧呋喃佛术-6β-醇 | 1β, 10β-epoxyfuranoeremophil-6β-ol |
| 1β, 10β-环氧呋喃佛术-6β-基-2-羟甲基丙烯-2-酸酯 | 1β, 10β-epoxyfuranoeremophil-6β-yl-2-hydroxymethyl prop-2-enoate |
| 8, 12-环氧佛术-7, 11-二烯 | 8, 12-epoxyeremophil-7, 11-diene |
| 4, 5-环氧广防风二内酯 (4, 5-环氧防风草二内酯) | 4, 5-epoxovatodiolide |
| 17β, 21β-环氧何帕-3β-醇 | 17β, 21β-epoxyhop-3β-ol |
| 17β, 21β-环氧何帕-3-酮 | 17β, 21β-epoxyhop-3-one |
| 环氧何帕烷 | epoxyhopane |
| 17, 21-环氧何帕烷 | 17, 21-epoxyhopane |
| 环氧胡薄荷酮 | epoxypulegone |
| 1, 2-环氧胡薄荷酮 | 1, 2-epoxypulegone |
| (–)-5, 8-环氧胡萝卜-9-醇 | (–)-5, 8-epoxydaucan-9-ol |
| 环氧胡萝卜烯醛 A、B | epoxydaucenals A, B |
| 2, 3-环氧胡麻酮 | 2, 3-epoxysesamone |
| 5β, 19β-环氧葫芦-6, 22, 24-三烯-3α-醇 | 5β, 19β-epoxycucurbita-6, 22, 24-trien-3α-ol |
| (19*R*)-5β, 19-环氧葫芦-6, 23, 25-三烯-3β, 19-二醇 | (19*R*)-5β, 19-epoxycucurbita-6, 23, 25-trien-3β, 19-diol |

| | |
|---|---|
| (19*S*)-5β, 19-环氧葫芦-6, 23, 25-三烯-3β, 19-二醇 | (19*S*)-5β, 19-epoxycucurbita-6, 23, 25-trien-3β, 19-diol |
| (23*E*)-5β, 19-环氧葫芦-6, 23, 25-三烯-3β-醇 | (23*E*)-5β, 19-epoxycucurbit-6, 23, 25-trien-3β-ol |
| 5β, 19-环氧葫芦-6, 23, 25-三烯-3-羟基-3-*O*-吡喃阿洛糖苷 | 5β, 19-epoxycucurbita-6, 23, 25-trien-3-hydroxy-3-*O*-allopyranoside |
| 5β, 19-环氧葫芦-6, 23, 25-三烯-3-羟基-3-*O*-吡喃葡萄糖苷 | 5β, 19-epoxycucurbita-6, 23, 25-trien-3-hydroxy-3-*O*-glucopyranoside |
| 5β, 19-环氧葫芦-6, 23-二烯-3β, 19, 25-三醇 | 5β, 19-epoxycucurbita-6, 23-dien-3β, 19, 25-triol |
| (23*E*)-5β, 19-环氧葫芦-6, 23-二烯-3β, 25-二醇 | (23*E*)-5β, 19-epoxycucurbit-6, 23-dien-3β, 25-diol |
| 5β, 19-环氧葫芦-6, 23-二烯-3β, 25-二醇 | 5β, 19-epoxycucurbita-6, 23-dien-3β, 25-diol |
| 环氧化红没药烯 | bisabolene epoxide |
| (24*S*)-24, 25-环氧环木菠萝烷醇 [(24*S*)-24, 25-环氧环木菠萝醇] | (24*S*)-24, 25-epoxycycloartanol |
| (24*R*)-24, 25-环氧环木菠萝烯醇 | (24*R*)-24, 25-epoxycycloartenol |
| 环氧荒漠木蜂斗菜素醇 | epoxyeremopetasinorol |
| (3*S*, 4*R*)-3, 4-环氧茴芹素 | (3*S*, 4*R*)-3, 4-epoxypimpinellin |
| 11α, 12α-环氧基-3β, 6β-二羟基-24-去甲熊果-2-氧亚基-28, 13β-内酯 | 11α, 12α-epoxy-3β, 6β-dihydroxy-24-norurs-2-oxo-28, 13β-olide |
| (2*R*, 3*R*, 5*R*, 6*R*, 7*R*, 9*R*)-6, 7-环氧基-4 (15)-毛韧革烯-5-醇 | (2*R*, 3*R*, 5*R*, 6*R*, 7*R*, 9*R*)-6, 7-epoxy-4 (15)-hirsutene-5-ol |
| (4*R*), 15-环氧基-8β-羟基苍术内酯 Ⅰ、Ⅱ | (4*R*), 15-epoxy-8β-hydroxyatractylenolide Ⅰ, Ⅱ |
| (4*R*), 15-环氧基苍术内酯 Ⅰ、Ⅱ | (4*R*), 15-epoxylatractylenolides Ⅰ, Ⅱ |
| 9, 10-环氧基十七碳-16-烯-4, 6-二炔-8-醇 | 9, 10-epoxy-heptadec-16-en-4, 6-diyn-8-ol |
| 14α, 15α-环氧急折白坚木宁 | 14α, 15α-epoxyaspidofractinine |
| 7, 5, 13-环氧甲爪基苯并 [4, 5] 环庚熳并 [1, 2-*f*] 异色烯 | 7, 5, 13-(epoxymethanetriyl) benzo [4, 5] cyclohept [1, 2-*f*] isochromene |
| 环氧角鲨烯 | epoxysqualene |
| 2, 3-环氧角鲨烯 | 2, 3-epoxysqualene |
| 环氧金合欢黄白蓍草酯 | epoxyfarnachrol |
| 5, 13-环氧开环乳菇-2 (9), 5, 7 (13)-三烯-8-酮 | 5, 13-epoxysecolactara-2 (9), 5, 7 (13)-trien-8-one |
| 环氧考利宁 | epoxycollinin |
| 13α (21)-环氧宽树冠木酮 [13α (21)-环氧宽缨酮] | 13α (21)-epoxyeurycomanone |
| 7, 14-环氧楝树素 A、B | 7, 14-epoxyazedarachins A, B |
| 环氧灵芝醇 A～C | epoxyganoderiols A～C |
| 环氧岭南臭椿醇 | epoxymalabaricol |
| 环氧卵南美菊素 | epoxyovatifolin |
| 环氧卵南美菊素 (环氧卵叶柄花菊素) | epoxyovatifolin |
| 2β, 3β-环氧罗汉松内酯 | 2β, 3β-epoxypodolide |
| 环氧罗林果素 B | epoxyrolin B |
| 8, 9-环氧麦角甾-5, 22-二烯-3β, 15-二醇 | 8, 9-epoxyergost-5, 22-dien-3β, 15-diol |
| 17β, 20β-环氧麦角甾-5, 24 (28)-二烯-3β, 16β, 22α-三醇 | 17β, 20β-epoxyergost-5, 24 (28)-dien-3β, 16β, 22α-triol |

| | |
|---|---|
| 24, 28-环氧麦角甾-5-烯-3β, 7α-二醇 | 24, 28-epoxyergost-5-en-3β, 7α-diol |
| (22*E*, 24*R*)-9α, 11α-环氧麦角甾-7, 22-二烯-3β, 5α, 6α-三醇 | (22*E*, 24*R*)-9α, 11α-epoxyergost-7, 22-dien-3β, 5α, 6α-triol |
| 6, 9-环氧麦角甾-7, 22-二烯-3β-醇 | 6, 9-epidioxyergost-7, 22-dien-3β-ol |
| 5α, 6α-环氧麦角甾-8 (14), 22-二烯-3β, 7α-二醇 | 5α, 6α-epoxyergost-8 (14), 22-dien-3β, 7α-diol |
| 5α, 6α-环氧麦角甾-8, 22-二烯-3β, 7α-二醇 | 5α, 6α-epoxyergost-8, 22-dien-3β, 7α-diol |
| 16β, 21β-环氧蔓长春花卡定 (16β, 21β-环氧长春蔓定) | 16β, 21β-epoxyvincadine |
| 环氧猕猴桃苷 | epoxyactinidionoside |
| (–)-(1*S*, 4*S*, 9*S*)-1, 9-环氧没药-2, 10-二烯-4-醇 | (–)-(1*S*, 4*S*, 9*S*)-1, 9-epoxybisabol-2, 10-dien-4-ol |
| (3*R*, 4*R*, 6*S*)-3, 4-环氧没药-7 (14), 10-二烯-2-酮 | (3*R*, 4*R*, 6*S*)-3, 4-epoxybisabola-7 (14), 10-dien-2-one |
| 7, 8-环氧木脂素 | 7, 8-epoxylignan |
| 1, 3-环氧萘 | 1, 3-epoxynaphthalene |
| 环氧内酰胺烯 | epolactaene |
| 环氧尼巴碱 A | epoxynepapakistamine A |
| 18, 20-环氧牛角瓜素 | 18, 20-epoxycalotropin |
| (24*R*)-24, 25-环氧牛油果醇 | (24*R*)-24, 25-epoxybutyrospermol |
| (24*S*)-24, 25-环氧牛油果醇 | (24*S*)-24, 25-epoxybutyrospermol |
| 14, 15-环氧攀援山橙碱 | 14, 15-epoxyscandine |
| 14, 15-β-环氧攀援山橙碱 | 14, 15-β-epoxyscandine |
| 环氧匍匐矢车菊二醇内酯 | epoxyrepdiolide |
| 11α, 12α-环氧蒲公英赛-14-烯-3β-醇乙酸酯 | 11α, 12α-epoxytaraxer-14-en-3β-ol acetate |
| 11α, 12α-环氧蒲公英赛醇 | 11α, 12α-oxidotaraxerol |
| 11α, 12α-环氧蒲公英赛酮 | 11α, 12α-epoxytaraxerone |
| 20α, 21α-环氧蒲公英甾-3β, 22α-二醇 | 20α, 21α-epoxytaraxast-3β, 22α-diol |
| 20α, 21α-环氧蒲公英甾-3β-醇 | 20α, 21α-epoxytaraxast-3β-ol |
| 28, 29-环氧普氏猪胶树酮 A | 28, 29-epoxyplukenetione A |
| 6, 20-环氧千金二萜醇 | 6, 20-epoxylathyrol |
| 6, 20-环氧千金二萜醇-5, 15-二乙酸-3-苯乙酸酯 (千金子甾醇、续随二萜酯、大戟甾醇) | 6, 20-epoxylathyrol-5, 15-diacetate-3-phenyl acetate (euphorbiasteroid) |
| 6, 20-环氧千金二萜醇苯乙酸二乙酸酯 | 6, 20-epoxylathyrol phenyl acetate diacetate |
| 环氧千叶蓍内酯 | achillifolin |
| 4, 15-环氧羟基苍术内酯 | 4, 15-epoxyhydroxyatractylenolide |
| 环氧窃衣醇 | epoxytorilinol |
| α-环氧青蒿酸 | α-epoxyarteannuic acid |
| 环氧青蒿酸 | epoxyarteannuic acid |
| (+)-1, 5-环氧-去甲愈创木酮-11-烯 | (+)-1, 5-epoxy-norketoguai-11-ene |
| 环氧去乙酰卵南美菊素 (环氧去乙酰卵叶柄花菊素) | epoxydeacetyl ovatifolin |
| 14, 17-环氧乳白仔榄树胺 | 14, 17-epoxyeburnamine |
| 5, 13-环氧乳菇-1, 5, 9 (13)-三烯-8β-醇 | 5, 13-epoxylactara-1, 5, 9 (13)-trien-8β-ol |
| 5, 13-环氧乳菇-2, 5, 7 (13)-三烯-8β-醇 | 5, 13-epoxylactara-2, 5, 7 (13)-trien-8β-ol |

| 9, 17-环氧软紫草醇 (9, 17-环氧软紫草萜醇) | 9, 17-epoxyarnebinol |
|---|---|
| 环氧三嗪酮 | teroxirone |
| 2, 3-环氧山地阿魏烯醇 | 2, 3-epoxyakichenol |
| 8α, 9α-环氧山香酸 | 8α, 9α-epoxysuaveolic acid |
| 1, 2-环氧十八烷 | 1, 2-epoxyoctadecane |
| 1, 2-环氧十六烷 | 1, 2-epoxyhexadecane |
| 环氧树脂 | epoxyresin |
| 24, 25-环氧睡茄内酯 A～D | 24, 25-epoxywithanolides A～D |
| 6, 8-环氧-顺式-对薄荷-反式-1, 反式-2-二醇 | 6, 8-epoxy-*cis*-*p*-menth-*trans*-1, *trans*-2-diol |
| 环氧松柏醇 | epoxyconiferyl alcohol |
| 环氧苏合香素 | styracin epoxide |
| 5β, 6β-环氧酸浆苦素 A、B | 5β, 6β-epoxyphysalins A, B |
| 5, 6α-环氧酸浆苦素 C | 5, 6α-epoxyphysalin C |
| 5β, 6β-环氧酸浆苦味素 B (酸浆苦味素 F、酸浆苦素 F) | 5β, 6β-epoxyphysalin B (physalin F) |
| 环氧莎草薁 | epoxyguaine |
| 环氧田七皂苷 A | epoxynotoginsenoside A |
| 5α-环氧土木香内酯 | 5α-epoxyalantolactone |
| 1β, 10β-环氧脱氢白叶蒿定 | 1β, 10β-epoxydehydroleucodin |
| 1β, 2α-环氧万寿肿柄菊素 C | 1β, 2α-epoxytagitinin C |
| 24, 25-环氧维他内酯 A～D | 24, 25-epoxyvitanolides A～D |
| 环氧乌心石内酯 | epoxymicheliolide |
| 25, 26-环氧无羁萜-1, 3-二酮 | 25, 26-epoxyfriedel-1, 3-dione |
| 7, 24-环氧无羁萜-1, 3-二酮 | 7, 24-epoxyfriedel-1, 3-dione |
| 环氧喜马雪松烯 | oxidohimachalene |
| 19, 20-环氧细胞松弛素 Q | 19, 20-epoxycytochalasin Q |
| 7β, 8β-环氧香润楠宁 (7β, 8β-环氧祖奥红楠素) A | 7β, 8β-epoxyzuonin A |
| (14*R*)-环氧香紫苏醇 | (14*R*)-epoxysclareol |
| 4α, 5α-环氧向日葵醇 | 4α, 5α-epoxyhelianol |
| (4*R*, 5*R*)-环氧向日葵醇辛酸酯 | (4*R*, 5*R*)-epoxyhelianyl octanoate |
| 3β, 4β-环氧橡胶草醇 | 3β, 4β-epoxychrysothol |
| 环氧楔叶泽兰素 | eupacunoxin |
| 15, 16-环氧-新克罗-1, 3, 13 (16), 14-四烯-18, 19-内酯 | 15, 16-epoxy-neo-clerodan-1, 3, 13 (16), 14-tetraen-18, 19-olide |
| 7, 10-环氧雪香兰素内酯 | 7, 10-epoxy-hedyosminolide |
| (1*S*, 2*E*, 4*S*, 7*E*, 11*S*, 12*S*)-11, 12-环氧-2, 7-烟草二烯-4, 6-二醇 | (1*S*, 2*E*, 4*S*, 7*E*, 11*S*, 12*S*)-11, 12-epoxy-2, 7-cembr-dien-4, 6-diol |
| 18, 20-环氧洋地黄毒苷元-α-L-黄花夹竹桃糖苷 | 18, 20-epoxydigitoxigenin-α-L-thevetoside |
| 环氧氧代多拉贝拉二烯 | epoxyoxodolabelladiene |
| 环氧叶黄素 | epoxylutein |

| 环氧乙烷 | ethylene oxide |
|---|---|
| 环氧乙烯 | oxirene |
| 环氧异菖蒲大牻牛儿酮 | epoxyisoacoragermacrone |
| 4 (15)-β-环氧异特勒内酯 | 4 (15)-β-epoxyisotelekin |
| 环氧异土木香内酯 | epoxyisoalantolactone |
| 环氧印苦楝子素 | epoxyazadirachtin |
| 环氧羽扇豆醇 | epoxylupeol |
| 2‴, 3‴-环氧羽扇灰毛豆素 | 2‴, 3‴-epoxylupinifolin |
| 4α, 7α-环氧愈创木-10α, 11-二醇 | 4α, 7α-epoxyguai-10α, 11-diol |
| 10β, 11β-环氧愈创木-1α, 4α, 7α-三醇 | 10β, 11β-epoxyguai-1α, 4α, 7α-triol |
| 10β, 11β-环氧愈创木-1α, 4α-二醇 | 10β, 11β-epoxyguai-1α, 4α-diol |
| 7α, 10α-环氧愈创木-4α, 11-二醇 | 7α, 10α-epoxyguai-4α, 11-diol |
| 6β, 7β-环氧愈创木-4-烯-3-酮 | 6β, 7β-epoxyguai-4-en-3-one |
| 环氧泽兰内酯 | epoxyeupatolide |
| 13, 17-环氧泽泻醇 A | 13, 17-epoxyalisol A |
| 16, 23-环氧泽泻醇 A、B | 16, 23-oxidoalisols A, B |
| 13β, 17β-环氧泽泻醇 A、B | 13β, 17β-epoxyalisols A, B |
| 13β, 17β-环氧泽泻醇 B-23-乙酸酯 | 13β, 17β-epoxyalisol B-23-acetate |
| 1, 10-环氧指叶苔烯醛 | 1, 10-epoxylepidozenal |
| 2, 3-环氧中亚阿魏二醇-5α-香荚兰酸酯 | 2, 3-epoxyjaeschkeanadiol-5α-vanillate |
| 环氧朱唇素 | epoxysalviacoccin |
| 2, 3-环氧紫罗兰酮 | 2, 3-epoxyionone |
| 5, 6-环氧紫罗兰酮 | 5, 6-epoxyionone |
| (+)-环异大蒜素 | (+)-cycloisoallicin |
| 环异短葶斑鸠菊香豆酮环氧化物 | cycloisobrachycoumarinone epoxide |
| 环异短枝菊香豆素 | cycloisobrachycoumarin |
| 环益母草瑞宁 | cycloleonurinin |
| 环益母多肽 A～H | cycloleonuripeptides A～H |
| 环银线草醇 A | cycloshizukaol A |
| 环银线草醇 A-9-*O*-β-吡喃葡萄糖苷 | cycloshizukaol A-9-*O*-β-glucopyranoside |
| 环鱼骨木苷 (环胶黄芪苷) A～G | cyclocanthosides A～G |
| (–)-环御藏黄杨宁碱 | (–)-cyclomikuranine |
| 环原黄杨碱 A～C | cycloprotobuxamines A～C |
| 环原黄杨酰胺 | cycloprotobuxinamine |
| 环原黄杨星 C | cycloprotobuxine C |
| 环芸苔宁 | cyclobrassinin |
| 环芸苔宁碱 | cyclobrassinine |
| 环芸苔宁亚砜 | cyclobrassinin sulfoxide |
| 环早落叶大戟醇 | cyclocaducinol |
| 环状菜豆二氢异黄酮 (环奇维酮) | cyclokievitone |

| 环状金丝桃苯酮苷 | annulatophenonoside |
|---|---|
| 环状紫菌素 (环堇菜辛) $VY_1$、$Y_1$～$Y_5$ | cycloviolacins $VY_1$, $Y_1$～$Y_5$ |
| 缓激肽 | bradykinin |
| 缓激肽酶 | bradykininase |
| 荒漠木大吴风草素 A～E | eremofarfugins A～E |
| 荒漠木蜂斗菜素 $A_1$、$A_2$、$B_1$～$B_3$、$C_1$～$C_3$、$D_1$～$D_3$ | eremopetasitenins $A_1$, $A_2$, $B_1$～$B_3$, $C_1$～$C_3$, $D_1$～$D_3$ |
| 荒漠木蜂斗菜素醇 | eremopetasinorol |
| 荒漠木蜂斗菜素二酮 | eremopetasidione |
| 荒漠木蜂斗菜素酮 A、B | eremopetasinorones A, B |
| 荒漠木蜂斗菜素亚砜 | eremopetasinsulfoxide |
| 荒漠木内酯 | eremophilanolide |
| 荒漠木亚砜内酯 A、B | eremosulfoxinolides A, B |
| 皇冠贝母碱 | impericine |
| 黄鹌菜醇 A | youngia japonicol A |
| 黄鹌菜醇苷 A～D | youngiajaponicosides A～D |
| 黄白花败酱烯苷 | flavovilloside |
| 黄白火绒草苷 | polustrin |
| 黄白糖芥醇苷 | helveticosol |
| 黄白糖芥苷 (黄草次苷、糖芥苷、糖芥毒苷) | helveticoside (erysimin, erysimotoxin) |
| (*S*)- 黄棓酸甲酯 | methyl (*S*)-flavogallonate |
| 黄苞大戟萜 A～F | sikkimenoids A～F |
| 黄宝石羽扇豆素 (黄羽扇豆素) | topazolin |
| 黄柄曲霉素 A | asperflavipine A |
| 黄柏内酯 (吴茱萸内酯、柠檬苦素、白鲜皮内酯) | obaculactone (evodin, limonin, dictamnolactone) |
| 黄柏双糖苷 | dihydrophelloside |
| 黄柏酮 | obacunone |
| 黄柏酮-17-*O*-β-D- 葡萄糖 | obacunone-17-*O*-β-D-glucoside |
| 黄柏酮酸 (奥巴叩酸) | obacunonic acid (obacunoic acid) |
| 黄檗醇 A～H | phellodenols A～H |
| 黄檗酚内酯 | phellolactone |
| 黄檗苷 (黄柏环合苷) | phellodendroside |
| 黄檗碱 (黄柏碱) | phellodendrine |
| 黄檗精 | phellogine |
| 黄檗灵素 (黄柏苷) | phellamurin |
| 黄檗内酯 A | amurenlactone A |
| 黄檗宁 B | kihadanin B |
| 黄檗钦宁 A | phellochinin A |
| 黄檗钦素 (黄柏呈) | phellochin |
| 黄檗酸 A | phellodendric acid A |
| 黄檗萜内酯 A、B | kihadalactones A, B |

| | |
|---|---|
| 黄檗亭素 (脱氢异黄柏苷) | phellatin |
| 黄檗文素 (异黄柏苷) | phellavin |
| 黄檗辛素 D～G | phellodensins D～G |
| (2*R*)- 黄檗辛素 F | (2*R*)-phellodensin F |
| 黄檗叶苷 (黄柏兹德) | phellozide |
| 黄草乌定碱 | vilmoridine |
| 黄草乌碱 A～D | vilmorrianines A～D |
| 黄草乌碱 C (黄草乌碱丙、丽江乌头碱) | vilmorrianine C (foresaconitine) |
| 黄草乌碱宁 (萨柯乌头碱) | sachaconitine |
| 黄草乌亭碱 | vilmoraconitine |
| 黄草乌酮碱 (黄乌酮) | vilmorrianone |
| 黄蝉苷 | allamandoside |
| 黄蝉花定 | allamandin |
| 黄蝉花素 | allamdin |
| 黄蝉花辛 (黄蝉花狄辛) | allamandicin |
| 黄蝉米辛 | allamicin |
| 黄蝉素 (黄蝉辛) | allamcin |
| α- 黄蝉西定 | α-allamcidin |
| β- 黄蝉西定 | β-allamcidin |
| 黄常山定碱 | dichroidine |
| 黄常山碱丙 (常山碱丙) | γ-dichroine |
| 黄纯绿青霉素 E、F | xanthoviridicatins E, F |
| 黄疸素 (过江藤黄疸苷元) | icterogenin |
| 黄当归酚 E | xanthoangelol E |
| 黄蝶呤 | xanthopterin |
| 黄豆苷元 -8-*C*- 葡萄糖苷 (葛根素、葛根黄素) | daidzein-8-*C*-glucoside (puerarin) |
| 黄豆黄苷 (黄豆黄素苷) | glycitin |
| 黄豆黄素 | glycitein |
| 黄豆黄素 -4′-*O*-β-D- 葡萄糖苷 | glycitein-4′-*O*-β-D-glucoside |
| 黄豆黄素 -7-*O*-β-(6″-*O*- 琥珀酰基 )-D- 葡萄糖苷 | glycitein-7-*O*-β-(6″-*O*-succinyl)-D-glucoside |
| 黄豆树苷 (黄豆树皂苷) A～D | proceraosides A～D |
| 黄豆树黄酮 (白格黄酮) | albiproflavone |
| 黄豆树双黄酮 | leucaediflavone |
| 黄独苷 D～G | diosbulbinosides D～G |
| 黄菲灵 (淡黄贝母兰宁) | flavidinin |
| 黄粉末牛肝菌酮 | ravenelone |
| 黄粉末牛肝菌烯 (黄粉末牛肝菌素) A、B | pulveravens A, B |
| 黄蜂激肽 | polisteskinin |
| 黄甘草苷 | glycyroside |
| 黄甘草异黄酮 A | eurycarpin A |

| 黄甘草皂苷 | glyeurysaponin |
|---|---|
| 3′-黄苷酸 | 3′-xanthylic acid |
| 黄根醇 | xanthorrhizol |
| 黄瓜醇 | cucumber alcohol |
| 黄瓜大柱香波龙烷 Ⅰ、Ⅱ | cucumegastigmanes Ⅰ, Ⅱ |
| 黄瓜蓝素 | cusacyanin (plantacyanin) |
| 黄瓜蓝素 | plantacyanin (cusacyanin) |
| 黄瓜灵素 A、B | cucumerins A, B |
| 黄桧醇 (黄桧酚) | xanthoperol |
| 黄果厚壳桂素 | crykonisine |
| 黄果木素 A～G | ochrocarpins A～G |
| 黄果木酮 A～C | ochrocarpinones A～C |
| 黄果茄碱 | solanacarpine |
| 黄果茄灵碱 (刺茄碱) | solasurine |
| 黄果茄宁碱 | solaxanine |
| 黄果茄酮 | solanocarpone |
| 黄果茄甾醇 (黄果茄甾碱) | carpesterol |
| 黄海葵强心肽 A～C | anthopleurins A～C |
| 黄海棠酮 A～H | hyperascyrones A～H |
| 黄海罂粟碱 | glauflavine |
| 黄海罂粟灵碱 | pontevedrine |
| 黄褐毛忍冬苷甲 (黄褐毛忍冬皂苷 A) | fulvotomentoside A |
| 黄花白芨素 A | bletillin A |
| 3-黄花败酱醇 | 3-patriscabrol |
| 黄花败酱醇 (糙叶败酱醇) | patriscabrol |
| 黄花败酱醚萜 Ⅰ、Ⅱ | patriscadoids Ⅰ, Ⅱ |
| 黄花败酱皂苷 A～G | scabiosides A～G |
| 黄花贝母碱 (蔚西灵) | verticilline |
| 黄花菜木脂素 A | clemiscosin A |
| 黄花菜醛酸 | cleomaldic acid |
| 黄花草素 (臭矢菜素、黄花菜木脂素) A～E | cleomiscosins A～E |
| 黄花草素 A-4′-*O*-β-D-吡喃葡萄糖苷 | cleomiscosin A-4′-*O*-β-D-glucopyranoside |
| 黄花酢浆草苷 (垂酢浆草苷、朝鲜白头翁苷) A～C | cernuosides A～C |
| 黄花大花毛地黄苷 | lugrandoside |
| 黄花岛衣酸 | pinastric acid |
| 黄花蒽醌 | hemerocal |
| 黄花海罂粟碱 | glauvine (coryunnine) |
| 黄花蒿苷 A | artemisiannuside A |
| 黄花蒿内酯 | annulide |
| 黄花蒿双环氧化物 | annuadiepoxide |

| 黄花荷包牡丹碱 | chrycentrine |
|---|---|
| 黄花胡椒苷 A | flavifloside A |
| 黄花夹桃烯 | thevelene |
| 黄花夹竹桃次苷丁 (黄花夹竹桃西亭) | perusitin |
| 黄花夹竹桃次苷甲 (黄夹次苷甲、黄花夹竹桃伏苷、坎纳苷元 α-L-黄花夹竹桃糖苷) | peruvoside (encordin, cannogenin α-L-thevetoside) |
| 黄花夹竹桃次苷甲-2′-单乙酸酯 | peruvoside-2′-monoacetate |
| 黄花夹竹桃次苷戊 (黄花夹竹桃籽素) | thevefolin |
| 黄花夹竹桃二糖 | thevebiose |
| 黄花夹竹桃二糖苷 | thevebioside |
| 黄花夹竹桃新苷元-3-*O*-β-D-吡喃葡萄糖基-(1→4)-α-L-吡喃鼠李糖苷 | thevetiogenin-3-*O*-β-D-glucopyranosyl-(1→4)-α-L-rhamnopyranoside |
| 黄花夹竹桃新苷元-3-*O*-β-D-龙胆二糖基-(1→4)-α-L-吡喃鼠李糖苷 | thevetiogenin-3-*O*-β-D-gentiobiosyl-(1→4)-α-L-rhamnopyranoside |
| 黄花夹竹桃黄酮 | thevetiaflavon |
| 黄花夹竹桃黄酮素 | vertiaflavone |
| 17α-黄花夹竹桃林素 | 17α-neriifolin |
| 17β-黄花夹竹桃林素 | 17β-neriifolin |
| (–)-17β-黄花夹竹桃林素 | (–)-17β-neriifolin |
| 黄花夹竹桃林素 (黄花夹竹桃次苷乙) | neriifolin |
| 黄花夹竹桃林素乙酸酯 | neriifolin acetate |
| 黄花夹竹桃诺苷 Ⅰ～Ⅲ | pervianosides Ⅰ～Ⅲ |
| 黄花夹竹桃素 (黄夹苷、黄花夹竹桃苷) A～C | thevetins A～C |
| 黄花夹竹桃素 B 单乙酸酯 | thevetin B monoacetate |
| 黄花夹竹桃酸 A、B | thevefolic acids A, B |
| 黄花夹竹桃糖 | thevetose |
| 黄花夹竹桃新苷 A～I | thevetiosides A～I |
| 黄花夹竹桃新苷 H [黄花夹竹桃新苷元-β-龙胆二糖基-(1→4)-α-L-3-*O*-甲基鼠李糖苷] | thevetioside H [thevetiogenin-β-gentiobiosyl-(1→4)-α-L-3-*O*-acofrioside] |
| 黄花夹竹桃新苷 I | thevetioside I |
| 黄花夹竹桃新苷元 | thevetiogenin |
| 黄花夹竹桃新苷元-β-龙胆二糖基-(1→4)-α-L-3-*O*-甲基鼠李糖苷 (黄花夹竹桃新苷 H) | thevetiogenin-β-gentiobiosyl-(1→4)-α-L-3-*O*-acofrioside (thevetioside H) |
| 黄花夹竹桃熊果烯醇葡萄糖苷 | peruvianursenyl glucoside |
| 黄花夹竹桃熊果烯醇乙酸酯 A～C | peruvianursenyl acetates A～C |
| 黄花夹竹桃因 | theveneriin |
| 黄花夹竹桃种苷 (黄花夹竹桃弗苷) | neriifoside |
| 黄花椒碱 | xanthofagarine |
| 黄花九轮草皂苷 B | priverosaponin B |
| 黄花九轮草皂苷 B-22-乙酸酯 | priverosaponin B-22-acetate |

| 黄花龙胆三萜酯 | gentiatriculin |
|---|---|
| 黄花木胺 (剥管菌胺) | piptamine |
| 黄花木碱 | piptanthine |
| 黄花稔棘枝醌酮 | lippsidoquinone |
| 黄花三宝木碱 A～D | trigolutes A～D |
| 黄花三宝木素 A、B | trigolutesins A, B |
| 黄花三宝木酮 A | trigoflavidone A |
| 黄花鼠尾草苷 (迷迭香酸葡萄糖苷) | salviaflaside |
| 黄花鼠尾草苷甲酯 | salviaflaside methyl ester |
| 黄花水仙苷 | asphonin |
| 黄花乌头定 | acoridine |
| 黄花乌头芬 | corifine |
| 黄花乌头芬定 | coryphidine |
| 黄花乌头灵 | acorine |
| 黄花香茶菜苷 | sculponiside |
| 黄花香茶菜甲素、乙素 | sculponeatas A, B |
| 黄花香茶菜素 A～J | sculponeatins A～J |
| 黄花香科科素 (黄花石蚕素) | teuflin |
| 黄花远志苷 A～F | arillosides A～F |
| 黄花远志诺苷 A～D | arillatanosides A～D |
| 黄花远志素 A～F | arillanins A～F |
| 黄花皂帽花素 A、B | sootepensins A, B |
| 黄华胺 | thermopsamine |
| 黄华碱 (野决明碱) | thermopsine |
| 黄化碱 [16, 28-断茄啶-5, 22 (28)-二烯-3, 16-二醇] | etioline |
| 黄环氧素 | xanthoepocin |
| 黄夹次苷丙 (黄花夹竹桃次苷丙) | ruvoside (theveneriine) |
| 黄夹次苷丙 (黄花夹竹桃次苷丙) | theveneriine (ruvoside) |
| 黄夹次苷甲 (黄花夹竹桃次苷甲、坎纳苷元-α-L-黄花夹竹桃糖苷) | encordin (peruvoside, cannogenin-α-L-thevetoside) |
| 黄夹苷 (黄花夹竹桃苷、黄花夹竹桃素) A～C | thevetins A～C |
| 黄夹苦苷 (黄花夹竹桃臭蚁苷乙、黄花夹竹桃醚萜苷) | theviridoside |
| 黄夹子苦苷 (黄花夹竹桃臭蚁苷甲、黄花夹竹桃维苷) | theveside |
| 黄箭毒素 | xanthocurine |
| 黄金鸡菊苷 (黄诺马苷) | flavanomarein |
| 黄金树苷 | specicoside |
| 黄金树宁 | specionin |
| 黄金罂粟碱 (黑水罂粟菲酚碱 Ⅰ) | nudaurine (amurinol Ⅰ) |
| 黄堇胺 | spallidamine |
| 黄堇碱 (紫堇杷灵碱、紫堇杷灵) | corypalline |

| 黄槿醇 A、B | tiliacols A, B |
|---|---|
| 黄槿酮 A～D | hibiscones A～D |
| 黄荆二萜醇 (黄荆醇) | negundol |
| (16*R*)- 黄荆二萜醇 [(16*R*)- 黄荆醇] | (16*R*)-negundol |
| (16*S*)- 黄荆二萜醇 [(16*S*)- 黄荆醇] | (16*S*)-negundol |
| 黄荆二萜醛 (黄荆醛) | negundoal |
| 黄荆二萜素 (黄荆因) A～G | negundoins A～G |
| 黄荆呋喃醇 | negunfurol |
| 黄荆环烯醚萜苷 (黄荆苷) | negundoside |
| 黄荆降三萜素 (黄荆诺灵) A、B | negundonorins A, B |
| 黄荆醚萜苷 (黄荆达苷、蔓荆尼辛苷) | nishindaside |
| 黄荆木脂素 A | vitelignin A |
| 黄荆诺苷 | vitegnoside |
| 黄荆素 (黄荆定) A、B | negundins A, B |
| 黄荆新黄苷 (牡荆酚苷) | vitexoside |
| 黄荆种素 A、B | vitedoins A, B |
| 黄荆子胺 (黄荆胺) A、B | vitedoamines A, B |
| 黄荆子素 A～I | vitexdoins A～I |
| 黄精多聚糖 A～C | polygosipolysaccharides A～C |
| 黄精呋甾醇苷 PO6～PO9、Poc、Pod | polyfurosides PO6～PO9, Poc, Pod |
| 黄精苷 A～D | polygonatosides A～D |
| 黄精寡聚糖 A～C | polygosioligosaccharides A～C |
| 黄精黄酮 A～H | polygonatones A～H |
| 黄精碱 A、B | polygonatines A, B |
| 黄精林碱 A | polygonapholine A |
| 黄精螺甾醇 Poa | polyspirostanol Poa |
| 黄精螺甾醇苷 PO1～PO5、poa～poc | polyspirostanoside PO1～PO5, poa～poc |
| 黄精诺苷 (东北黄精甾苷) A、B、1～7 | polygonosides A, B, 1～7 |
| 黄精神经鞘苷 A～C | polygosicerabrosides A～C |
| 黄精素 | polygonatin |
| 黄精甾苷 Z | kingianoside Z |
| 黄决明素 -2-*O*-β-D- 吡喃葡萄糖苷 | chrysoobtusin-2-*O*-β-D-glucopyranoside |
| 黄决明素 -2-*O*-β-D- 葡萄糖苷 | chrysoobtusin-2-*O*-β-D-glucoside |
| 黄卡瓦胡椒素 (卡瓦胡椒黄素) B | flavokawain B (flavokawin B) |
| 黄卡瓦胡椒素 (卡瓦胡椒黄素) C | flavokawain C |
| 黄卡瓦胡椒素 A (2′- 羟基 -4, 4′, 6′- 三甲氧基查耳酮) | flavokawain A (2′-hydroxy-4, 4′, 6′-trimethoxychalcone) |
| 黄盔芹醇 (黄芹加醇) | xanthogalol |
| 黄盔芹林素 | xanthalin |
| 黄盔芹素 (黄芹加林) | xanthogalin |
| 黄葵内酯 | ambrettolide |

| 黄兰醇 (愈创醇、愈创木醇) | champacol (champaca camphor, guaiol, guaiac alcohol) |
|---|---|
| 黄兰碱 | champacaine |
| 黄连苷 (乌伦苷、深裂日本黄连苷) Ⅰ～Ⅺ | woorenosides Ⅰ～Ⅺ |
| 黄连花苷 C～O | davuricosides C～O |
| 黄连碱 | coptisine |
| 黄连宁 | worenine |
| 黄连亭 | coptine |
| 黄链格孢酸 Ⅰ、Ⅱ | xanalteric acids Ⅰ, Ⅱ |
| 黄瘤孢定 | chrysodin |
| 黄瘤孢素 | sepedonin |
| 黄瘤孢肽 | chrysosporide |
| 黄瘤孢肽氨醇 | chrysaibol |
| 黄龙胆醇 | gentioluteol |
| (+)- 黄栌醇 | (+)-fisetinidol |
| 黄栌醇 -(4α→8)- 儿茶素 | fisetinidol-(4α→8)-catechin |
| (–)- 黄栌醇 -(4α→8)- 儿茶素 | (–)-fisetinidol-(4α→8)-catechin |
| 黄栌醇 -(4α→8)- 儿茶素 -3- 没食子酸酯 | fisetinidol-(4α→8)-catechin-3-gallate |
| (+)- 黄栌醇 -(4β→8)- 儿茶素 | (+)-fisetinidol-(4β→8)-catechin |
| (–)- 黄栌醇 -4α- 醇 [(–)- 非瑟酮醇 -4α- 醇] | (–)-fisetinidol-4α-ol |
| (–)- 黄栌醇 -4β- 醇 [(–)- 非瑟酮醇 -4β- 醇] | (–)-fisetinidol-4β-ol |
| (+)-(2*S*, 3*R*)- 黄栌素 | (+)-(2*S*, 3*R*)-fustin |
| (+)- 黄栌素 | (+)-fustin |
| 黄栌素 (黄栌木素、黄颜木素) | fustin |
| (–)- 黄栌素 [(–)- 黄颜木素] | (–)-fustin |
| (–)- 黄栌素 -3-*O*- 没食子酸酯 [(–)- 黄颜木素 -3-*O*- 没食子酸酯] | (–)-fustin-3-*O*-gallate |
| 黄绿青霉吡喃酮 A～C | citreopyrones A～C |
| 黄绿青霉蒽甾 | citreoanthrasteroid |
| 黄绿香青酚 | araneosol |
| 黄麻醇 | corchorol |
| 黄麻醇苷 A | capsularol A |
| 黄麻醇苷元 | capsularogenin |
| 黄麻毒苷 A～C | corchosides A～C |
| 黄麻苷 | capsularin |
| 黄麻苦素 | corchoritin |
| 黄麻如苷 A、B | corchorusides A, B |
| 黄麻属醇苷 (长蒴黄麻素、长蒴黄麻灵) A | corchorosol (olitorin) A |
| 黄麻属苷 (长蒴黄麻苷) A、B | corchorosides (olitorisides) A, B |
| 黄麻双糖苷 (黄麻洛苷) | coroloside |
| 黄麻素苷 A～E | corchorusosides A～E |

H

| | |
|---|---|
| 黄麻素甲酯 | corosin methyl ester |
| 黄麻酸 (科罗索酸、可乐苏酸、2α-羟基熊果酸、2α, 3β-二羟基熊果-12-烯-28-酸) | corosolic acid (2α-hydroxyursolic acid, 2α, 3β-dihydroxyurs-12-en-28-oic acid) |
| 黄麻酸甲酯 (科罗索酸甲酯) | methyl corosolate |
| 黄麻酮 (圆果黄麻酮) | capsularone |
| 黄麻香堇醇 A～C | corchoionols A～C |
| 黄麻香堇苷 (黄麻诺苷、紫堇苷、黄麻紫罗苷) A～C | corchoionosides A～C |
| 黄麻香堇苷 C 四乙酸酯 | corchoionoside C tetraacetate |
| 黄麻辛 (黄麻素) | corosin |
| 黄麻星苷 A～D | corchorusins A～D |
| 黄麻脂肪酸 (长蒴黄麻酸) A～F | corchorifatty acids A～F |
| 黄毛豆腐柴苷 | premfulvaoside |
| 黄毛耳草碱 (地蜈蚣草碱) | chrysotricine |
| 黄绵马酸 | flavaspidic acid |
| 黄绵马酸 AB、BB、PB | flavaspidic acids AB, BB, PB |
| 黄没食子酮酸 (黄棓酸) | flavogallonic acid |
| (*S*)-黄没食子酮酸甲酯 | methyl (*S*)-flavogallonate |
| 黄木樨酸 | *o*-hydrocoumaric acid |
| 黄牛茶呫酮 A～D | cochinxanthones A～D |
| 黄牛茶酮 A～L | cochinchinones A～L |
| 黄牛茶新酮 | cochinchinoxanthone |
| 黄牛木树酮 A～F | cratoxyarborenones A～F |
| 黄牛木酮 | cratoxylone |
| 黄牛木呫酮 | cratoxyxanthone |
| 黄牛木新呫酮 A～D | cratoxylumxanthones A～D |
| 黄皮桉香烯 | clausantalene |
| 黄皮胺 A～D | clausamines A～D |
| 黄皮酚 | clausenol |
| 黄皮碱 A～Z | clausines A～Z |
| 黄皮兰辛 | lansine |
| 黄皮灵素 | clausarin |
| 黄皮明碱 A | clausenamine A |
| 黄皮纳胺 (黄皮亭黄皮纳胺) A～E | mafaicheenamines A～E |
| 黄皮纳灵 | clausenarin |
| 黄皮内酰胺 (黄皮酰胺) | clausenamide |
| 黄皮内酯 A～T | clauslactones A～T |
| 黄皮尼定 (山黄皮素) | clausenidin |
| 黄皮尼定甲醚 | clausenidin methyl ether |
| 黄皮尼定酸 | clausenidinaric acid |

| 黄皮宁 | clausenine |
|---|---|
| 黄皮诺内酯 | clausenolide |
| 黄皮诺内酯-1-乙醚 | clausenolide-1-ethyl ether |
| 黄皮萨酰胺Ⅰ | lansamide Ⅰ |
| 黄皮斯碱 | claulansitin |
| 黄皮斯酰胺1～4 | lansimides 1～4 |
| 黄皮素B | clausenain B |
| 黄皮萜醇[3β-羟基-23, 24, 24-三甲基羊毛甾-9 (11), 25-二烯] | lansiol [3β-hydroxy-23, 24, 24-trimethyllanost-9 (11), 25-diene] |
| 黄皮亭(黄皮呋喃香豆素、脱氢印黄皮内酯) | wampetin (dehydroindicolactone) |
| 黄皮西明 | clausenalansimins A, B |
| 黄皮香豆素A～C | lansiumarins A～C |
| 黄皮辛碱A～C | claulansines A～C |
| 黄皮新肉桂酰胺(黄皮斯莫酰胺)A～D | lansiumamides A～D |
| 黄皮新酰胺Ⅰ、Ⅱ | clausamides Ⅰ, Ⅱ |
| 黄皮吲哚 | clauseindole |
| 黄皮唑灵A～M | clauszolines A～M |
| 黄嘌呤 | xanthine |
| 黄嘌呤-3′-(二磷酸三氢酯) | xanthine-3′-(trihydrogen phosphate) |
| 黄嘌呤核苷(黄苷) | xanthosine |
| 黄萍蓬草碱 | nuphleine |
| (±)-黄埔鼠尾草酮 | (±)-salviaprione |
| 黄芪多糖Ⅰ～Ⅲ | astraglans Ⅰ～Ⅲ |
| 黄芪苷(紫云英苷、山柰酚-3-*O*-β-D-葡萄糖苷) | astragalin (kaempferol-3-*O*-β-D-glucoside) |
| 黄芪苷-6″-*O*-没食子酸酯 | astragalin-6″-*O*-gallate |
| 黄芪甲苷(黄芪皂苷A) | astragalin (astragaloside) A |
| (3*R*)-黄芪醌 | (3*R*)-astragaluquinone |
| 黄芪醌 | astragaluquinone |
| 黄芪醛 | astragal |
| 黄芪属碱 | astragalus base |
| 黄芪皂醇 | astragenol |
| 黄芪皂苷A(黄芪甲苷) | astragaloside (astragalin) A |
| 黄芪皂苷Ⅰ～Ⅷ | astragalosides Ⅰ～Ⅷ |
| 黄芪皂苷Ⅷ甲酯 | astragaloside Ⅷ methyl ester |
| 黄芪皂苷甲 | astragalus saponin A |
| 黄芪紫檀烷苷 | astrapterocarpan |
| 黄杞醇A、B | engelhardiols A, B |
| 黄杞苷(二氢山柰酚-3-*O*-α-L-吡喃鼠李糖苷) | engeletin (engelitin, dihydrokaempferol-3-*O*-α-L-rhamnopyranoside) |
| 黄杞庚烷氧化物A～D | engelheptanoxides A～D |

| 黄杞醌 | engelharquinone |
|---|---|
| 黄杞醌醇 | engelharquinonol |
| 黄杞醌环氧化物 | engelharquinone epoxide |
| 黄杞内酯 | engelharolide |
| 黄杞酸 | engelhardic acid |
| 黄杞酮 | engelhardione |
| 黄鞘蕊花素 H | xanthanthusin H |
| 黄芩苷 | baicalin |
| 黄芩苷甲酯 | baicalin methyl ester |
| 黄芩苷元 (黄芩配质、黄芩黄素、黄芩素) | noroxylin (baicalein) |
| 黄芩黄酮 Ⅱ (黄芩新素、5, 2′- 二羟基 -6, 7, 8, 6′- 四甲氧基黄酮) | skullcapflavone Ⅱ (neobaicalein, 5, 2′-dihydroxy-6, 7, 8, 6′-tetramethoxyflavone) |
| 黄芩黄酮 I -2′- 甲氧基醚 | skullcapflavone I-2′-methoxyl ether |
| 黄芩黄酮 Ⅰ (榄核莲黄酮、5, 2′- 二羟基 -7, 8- 二甲氧基黄酮) | skullcapflavone Ⅰ (panicolin, 5, 2′-dihydroxy-7, 8-dimethoxyflavone) |
| 黄芩黄酮 Ⅰ -2′- 甲醚 | skullcapflavone Ⅰ -2′-methyl ether |
| 黄芩黄酮 Ⅰ -2′- 葡萄糖苷 | skullcapflavone Ⅰ -2′-glucoside |
| 黄芩林素 | scutebaicalin |
| 黄芩内酯 (黄芩酮、半枝莲二萜) A～I | scutellones A～I |
| 黄芩素 (黄芩配质、黄芩黄素、黄芩苷元) | baicalein (noroxylin) |
| 黄芩素 -5, 6, 7- 三甲醚 | baicalein-5, 6, 7-trimethyl ether |
| 黄芩素 -6-*O*-β-D- 葡萄糖苷 -7- 甲醚 | baicalein-6-*O*-β-D-glucoside-7-methyl ether |
| 黄芩素 -6-*O*- 葡萄糖苷 | baicalein-6-*O*-glucoside |
| 黄芩素 -6- 甲醚 -7-*O*-β- 吡喃半乳糖醛苷 | baicalein-6-methyl ether-7-*O*-β-galactopyranuronoside |
| 黄芩素 -6- 葡萄糖苷 | baicalein-6-glucuronide |
| 黄芩素 -7-*O*-α-L- 鼠李糖苷 | baicalein-7-*O*-α-L-rhamnoside |
| 黄芩素 -7-*O*-β-D- 吡喃葡萄糖苷 | baicalein-7-*O*-β-D-glucopyranoside |
| 黄芩素 -7-*O*- 葡萄糖醛酸苷甲酯 | baicalein-7-*O*-glucuronide methyl ester |
| 黄芩素葡萄糖醛酸苷 | baicalein glucuronide |
| 黄芩萜苷 (韩信草苷) A～F、II | scutellariosides A～F, II |
| 黄芩萜素 A | scutellin A |
| 黄芩新素 (黄芩黄酮 Ⅱ、5, 2′- 二羟基 -6, 7, 8, 6′- 四甲氧基黄酮) | neobaicalein (skullcapflavone Ⅱ, 5, 2′-dihydroxy-6, 7, 8, 6′-tetramethoxyflavone) |
| 黄秋英素 (硫黄菊素) | sulphurtin (sulfuretin) |
| 黄曲霉阿素 | aflavarin |
| 黄曲霉毒素 $B_1$、$B_2$、$G_1$、$G_2$ | aflatoxins $B_1$, $B_2$, $G_1$, $G_2$ |
| β- 黄曲霉碱 | β-aflatrem |
| 黄曲霉唑 | aflavazole |
| 黄肉苁蓉苷 | pheliposide |
| (–)- 黄肉楠碱 | (–)-actinodaphnine |

| 黄肉楠碱(樟碱) | actinodaphnine |
|---|---|
| 黄肉楠内酯 A、B | actinolides A, B |
| 黄瑞香丙素(黄瑞香芬) | daphnegiraldifin |
| 黄瑞香林素 | daphgilin |
| 黄瑞香林素 -7′-*O*-β-D- 吡喃葡萄糖苷 | daphgilin-7′-*O*-β-D-glucopyranoside |
| 黄三叉蕨宁(黄三亚乙基蕨宁) | flavaspidinin |
| 黄三叉蕨酸 | toxifren |
| 黄色灵 | xantherine |
| 黄色猫尾木苷(黄木犀草苷)A～C | luteosides A～C |
| 黄山宁碱(黄刹灵) | huangshanine |
| 黄山药皂苷 A～D | dioscoresides A～D |
| 黄杉素(花旗松素、紫杉叶素、二氢槲皮素、蚊母树素) | distylin (taxifolin, taxifoliol, dihydroquercetin) |
| 黄石蒜碱 | sternbergine |
| 黄石蒜素(7-*O*- 甲基圣草酚) | sternbin (7-*O*-methyl eriodictyol) |
| 黄蜀葵花苷 A～F | floramanosides A～F |
| 黄鼠李苷(鼠李精) | xanthorhamnin (rhamnegin, xanthorhamnoside) |
| 黄鼠李苷(鼠李精) | xanthorhamnoside (rhamnegin, xanthorhamnin) |
| 黄苏木素 | plathymenin |
| 黄苏木酸 | vinhaticoic acid |
| 黄苏木酸甲酯 | methyl vinhaticoate |
| 黄素单核苷酸 | flavin mononucleotide |
| 黄素腺嘌呤二核苷酸 | flavin adenine dinucleotide |
| 黄素腺嘌呤二核苷酸二钠盐 | flavin adenine dinucleotide disodium salt |
| (*R*)- 黄檀苯酚 | (*R*)-dalbergiphenol |
| (*R*)-(+)- 黄檀酚 | (*R*)-(+)-dalbergiphenol |
| 黄檀酚 | dalbergiphenol |
| 黄檀色烯 | dalbergichromene |
| 黄檀素 | dalbergin |
| 黄檀素甲醚(*O*- 甲基黄檀素) | *O*-methyl dalbergin |
| 黄檀亭 A～E | dalberatins A～E |
| 黄檀酮 | dalbergenone |
| 黄檀异黄酮苷 | coromandelin |
| 黄唐松草碱 | thalictricine |
| 黄藤碱 | fibrecisine |
| 黄藤内酯 | fibralactone |
| 黄藤素(掌叶防己碱、巴马亭、巴马汀、小檗辛宁) | fibrauretin (palmatine, berbericinine) |
| 黄藤素甲 | fibranine |
| 黄藤素乙 | fibraminine |
| 黄体黄质(黄体呋喃素) | luteoxanthin |
| 黄体酮(孕酮、孕甾酮、助孕素) | progesterone (progestrone, progesti) |

| | |
|---|---|
| 黄酮 | flavone |
| 黄酮醇 | flavonol |
| 黄酮醇-3-葡萄糖苷 | flavonol-3-glucoside |
| 黄酮醇苷 | flavonol glucuronide |
| 黄酮苷 | flavonoid glycoside |
| 黄酮聚体 | flavan polymer |
| 黄烷 | flavane |
| 黄烷-3, 4, 4′, 5, 7-五醇 | flavan-3, 4, 4′, 5, 7-pentaol |
| 黄烷-3, 4, 4′, 7-四醇 | flavan-3, 4, 4′, 7-tetraol |
| 黄烷-3, 4, 4′-三醇 | flavan-3, 4, 4′-triol |
| 黄烷-3-醇 | flavan-3-ol |
| 黄烷醇 | flavanol |
| 黄烷醇鞣质 | flavanol tannin |
| 黄烷酮 (2, 3-二氢-2-苯基-4*H*-苯并吡喃-4-酮) | flavanone (2, 3-dihydro-2-phenyl-4*H*-benzopyran-4-one) |
| 黄烷酮二乙酰腙 | flavanone diacetyl hydrazone |
| 黄烷酮腙 | flavanone hydrazone |
| 黄烷香豆素 | flavanocoumarin |
| 黄细心碱 | punarnavine |
| 黄细心酸 | boerhaavic acid |
| 黄细心酮 | boeravinone |
| 黄细心文 | boerhavine |
| 黄细心烯 | boerhadiffusene |
| 黄细心鱼藤素 | diffusarotenoid |
| 黄细心甾醇 | boerhavisterol |
| 黄小檗碱 (*O*-甲基尖刺碱) | obaberine (*O*-methyl oxyacanthine) |
| 黄小檗树碱 | obamegine |
| 黄心树宁碱 (含笑碱 A) | ushinsunin (ushinsunine, micheline A) |
| 黄芽木酮 | cochinensoxanthone |
| 黄芽木酮 E | cracochinchinone E |
| 黄杨苯甲酰胺 | buxoxybenzamine |
| (+)-黄杨苯甲酰胺二烯宁碱 | (+)-buxabenzamidienine |
| 黄杨刀宁 | buxandonine |
| 黄杨德亭 | buxdeltine |
| 黄杨定 | buxidine |
| 黄杨噁嗪 C | buxozine C |
| 黄杨尔亭 H | buxaltine H |
| 黄杨芬 | buxalphine |
| 黄杨环胺 A | buxocyclamine A |
| 黄杨碱 (黄杨明、黄杨胺碱) E、F | buxamines E, F |

| 黄杨君 | buxandrine |
|---|---|
| (–)- 黄杨喀什米尔胺 | (–)-buxakashmiramine |
| 黄杨拉胺 | buxiramine |
| (+)- 黄杨马灵碱 | (+)-buxaquamarine |
| 黄杨米醇 (黄杨醇碱、黄杨胺醇碱) E | buxaminol E |
| 黄杨木定 (小叶黄杨碱) A～E | buxmicrophyllines A～E |
| 黄杨尼酮 | buxanidone |
| 黄杨匹定 | buxepidine |
| 黄杨品 (黄杨匹碱) | buxpine |
| 黄杨品碱 K (环小叶黄杨碱、环小叶黄杨因碱) | buxpiine K (buxpiine, cyclomicrobuxine) |
| 黄杨普辛 | buxpsiine |
| 黄杨日定 | buxeridine |
| 黄杨撒宁 | buxanine |
| 黄杨撒任 | buxarine |
| 黄杨撒亭 | buxatine |
| 黄杨萨马碱 | buxasamarine |
| 黄杨三宁 C | buxitrienine C |
| 黄杨森 | buxpsine |
| 黄杨属碱 | buxus base |
| 黄杨泰烯宁 M | buxithienine M |
| 黄杨亭 | buxetine |
| 黄杨酮碱 (黄杨叨碱、黄杨陶因碱) M | buxtauine M |
| 黄杨烯 | buxene |
| (+)- 黄杨酰胺定 [(+)- 黄杨胺定] | (+)-buxamidine |
| 黄杨小檗明碱 | calafatimine |
| 黄杨协宁 G | buxenine G |
| 黄杨协酮 | bexenone |
| 黄杨增 | buxazine |
| 黄杨兹定 B | buxazidine B |
| 黄药杜鹃利宁 | flavanthrinin |
| 黄药杜鹃素 | flavanthrin |
| 黄药子素 A～J (黄独甲素～黄独癸素) | diosbulbins A～J |
| 黄药子素 K～P | diosbulbins K～P |
| 黄叶槐碱 | mamanine |
| (+)- 黄叶槐碱 | (+)-mamanine |
| 黄羽扇豆苷元 (白羽扇豆苷元、白羽扇豆精宁) | lupalbigenin |
| 黄羽扇豆魏特酮 (羽扇豆怀特酮) | lupiwighteone |
| 黄樟脑 (黄樟素、黄樟醚、黄樟油素、烯丙基儿茶酚亚甲醚) | safrole (shikimol, allyl catechol methylene ether) |

H

| | |
|---|---|
| 黄樟素 (烯丙基儿茶酚亚甲醚、黄樟醚、黄樟脑、黄樟油素) | shikimol (allyl catechol methylene ether, safrole) |
| 黄珍珠梅苷 | flavosorbin |
| 黄钟花定 | tecostidine |
| 黄钟花苷 | tecomoside |
| 黄钟花碱 (黄钟花宁、太可马宁) | tecomanine (tecomine) |
| 黄钟花醌 (拉帕醇、风铃木醇、特可明、拉杷酚) | tecomin (lapachol, taiguic acid, greenhartin) |
| 黄钟花属碱 | tecoma base |
| 黄帚橐吾醇 A～D | virgaurols A～D |
| 黄帚橐吾内酯 | virgauride |
| 黄帚橐吾宁 | virgauronin |
| 黄帚橐吾素 A～C | virgaurins A～C |
| 黄珠子草宁 | virganin |
| 黄珠子草炔 | virgatyne |
| 黄珠子草素 | virgatusin |
| 黄紫堇碱 | ochotensine |
| 黄紫堇明碱 | ochotensimine |
| 黄紫堇钦碱 | corytenchine |
| 黄紫堇星碱 | corytensine |
| 黄紫茜素 (异茜草素、紫茜蒽醌、1, 3-二羟基蒽醌) | purpuroxanthin (xanthopurpurin, purpuroxanthine, xanthopurpurine, 1, 3-dihydroxyanthraquinone) |
| 黄紫茜素-3-*O*-β-D-葡萄糖苷 | xanthopurpurin-3-*O*-β-D-glucoside |
| 磺胺甲二唑 | sulfamethizole |
| 磺胺甲磺酸 | sulfanilamidomethane sulfonic acid |
| 磺胺甲嘧啶 | sulfamerazine |
| 磺丁噻二唑 | glybuzole |
| 磺内酰胺 | sultam |
| 磺内酯 | sultone |
| 磺酸化奎诺糖基二棕榈酰基甘油酯 | sulfonoquinovosyl dipalmitoyl glyceride |
| 4-磺酸基苯甲酸 | 4-sulfobenzoic acid |
| 磺酸基丙氨酸 | cysteic acid |
| 磺酸基奎诺糖基二脂酰基甘油 | sulfoquinovosyl diacyl glycerol |
| 6-磺酸基奎诺糖基甘油二酯 | 6-sulfoquinovosyl diglyceride |
| 5-磺酸基水杨酸 | 5-sulfosalicylic acid |
| 磺酸基糖脂 1 | sulfoglycolipid 1 |
| 磺酸基乙酸 | sulfoacetic acid |
| 磺酸基芸苔葡萄糖硫苷 | sulfoglucobrassicin |
| 磺酰泽泻醇 (泽泻磺醇) A～D | sulfoorientalols A～D |
| 灰阿布塔草碱 | macoline |
| 灰白银胶菊酮 | argentone |

| | |
|---|---|
| 灰褐纹口蘑甾醇 | portensterol |
| 灰黄霉酚酮 A | griseophenone A |
| (+)-灰黄霉素 | (+)-griseofulvin |
| 灰黄霉素 | griseofulvin (spirofulvin, grifulvin) |
| 灰菊素 (瓜菊酯) Ⅰ、Ⅱ | cinerins Ⅰ, Ⅱ |
| 灰藜苷 | chenoalbuside |
| 灰藜辛 | chenoalbicine |
| 灰莉素 | fagovatin |
| 灰绿曲霉酰胺 | asperglaucide |
| 灰毛脆枝菊素 | encecanescin |
| 灰毛豆林素 A | tephropurpulin A |
| (＋)-灰毛豆灵 [(+)-灰叶因] | (+)-purpurin |
| 灰毛豆宁素 (灰毛苯并呋喃酮) A、B | purpuritenins A, B |
| (+)-灰毛豆任 A、B | (+)-tephrorins A, B |
| (+)-灰毛豆素 | (+)-tephrosin |
| 灰毛浆果楝 | cipadesin |
| 灰毛浆果楝萜 A～G | cipadonoids A～G |
| 灰毛浆楝苦素 A | cipacinoid A |
| 灰毛菊内酯 | xerantholide |
| 灰毛束草碱 | incanine |
| 灰毛糖芥醇 | canesceol |
| 灰毛糖芥苷 | erydiffuside |
| 灰毛糖芥强心苷 | canescein |
| 灰葡萄孢菌素 (灰葡萄孢素) D | botcinin D |
| 灰桤木酮 | alnincanone |
| 灰青梅酮 | vaticinone |
| 灰岩香茶菜素 | calcicolin |
| 灰叶苯并吡喃酮 | purpurenone |
| 灰叶稠李苷 A | grayanoside A |
| 灰叶豆黄素 | vogeletin |
| 灰叶二醇 | tepurindiol |
| 灰叶甲醚 | purpureamethide |
| (±)-灰叶素 | (±)-tephrosin |
| 灰叶素 (灰毛豆素、灰叶草素、羟基鱼藤素) | tephrosin (hydroxydeguelin) |
| (–)-13α-灰叶素 [(–)-13α-羟基鱼藤素] | (–)-13α-tephrosin [(–)-13α-hydroxydeguelin] |
| 灰叶酮 | tephrone |
| 灰叶小冠花苷元 (克罗苷元) | coroglaucigenin |
| 灰叶小冠花苷元-3-*O*-α-L-吡喃鼠李糖苷 | coroglaucigenin-3-*O*-α-L-rhamnopyranoside |
| 灰叶小冠花苷元-3-*O*-β-D-吡喃葡萄糖基-(1→4)-α-L-吡喃鼠李糖苷 | coroglaucigenin-3-*O*-β-D-glucopyranosyl-(1→4)-α-L-rhamnopyranoside |

H

| | |
|---|---|
| (3*S*, 5*S*, 8*R*, 9*S*, 10*R*, 13*R*, 14*S*, 17*R*, 20*Z*, 2′*R*, 2″*S*)-3, 19-*O*-灰叶小冠花苷元二乳酸酯 | (3*S*, 5*S*, 8*R*, 9*S*, 10*R*, 13*R*, 14*S*, 17*R*, 20*Z*, 2′*R*, 2″*S*)-3, 19-*O*-coroglaucigenin dilactate |
| 灰叶小冠花苷元葡萄糖苷 | coroglaucigenin glucoside |
| (3*S*, 5*S*, 8*R*, 9*S*, 10*R*, 13*R*, 14*S*, 17*R*, 20*Z*, 2″*S*)-19-*O*-灰叶小冠花苷元乳酸酯 | (3*S*, 5*S*, 8*R*, 9*S*, 10*R*, 13*R*, 14*S*, 17*R*, 20*Z*, 2″*S*)-19-*O*-coroglaucigenin lactate |
| 灰叶烟草碱 | solaplumbine |
| 灰叶烟草宁碱 | solaplumbinine |
| 灰毡毛忍冬次皂苷 (灰毡毛忍冬苷、大花水苏苷) | macranthoside |
| 灰毡毛忍冬次皂苷甲、乙 [灰毡毛忍冬苷 (大花水苏苷) A、B) | macranthosides A, B |
| 灰毡毛忍冬二萜素 A、B | lonimacranthoidins A, B |
| 灰毡毛忍冬环烯醚萜醛 A～C | lonimacranaldes A～C |
| 灰毡毛忍冬三萜皂苷 $A_1$ | lonimacranthoside $A_1$ |
| 灰毡毛忍冬素 F、G | macranthoins F, G |
| 灰毡毛忍冬皂苷甲、乙 | macranthoidins A, B |
| 辉马钱灵 | splendoline |
| 辉片豆碱 | lamprolobine |
| 回环豆碱 | anacycline |
| 茴茴蒜素 A | ranunchinesin A |
| 茴芹醇 (茴香醇) | anisic alcohol (anisyl alcohol) |
| 茴芹醛 (茴香醛) | anisaldehyde |
| 茴芹素 (茴芹香豆素、茴芹内酯) | pimpinellin (pimpinelline) |
| 茴芹酸甲酯 | methyl anisate |
| 茴芹酮 | anisketone |
| 茴香胺 | anisidine |
| 茴香丙酮 | anisyl acetone |
| 茴香醇 (茴芹醇) | anisyl alcohol (anisic alcohol) |
| 茴香苷 (槲皮素-3-L-阿拉伯糖苷) | foeniculin (quercetin-3-L-arabinoside) |
| 茴香基甲基酮 | anisyl methyl ketone |
| 茴香洛苷 Ⅰ～Ⅺ | foeniculosides Ⅰ～Ⅺ |
| 茴香醚 (茴芹醚、苯甲醚、甲氧基苯) | anisole (phenyl methyl ether, methoxybenzene) |
| 茴香脑 (大茴香脑、对丙烯基茴香醚) | anethole (anise camphor, *p*-propenyl anisole) |
| 2-茴香醛 | 2-anisaldehyde |
| 3-茴香醛 | 3-anisaldehyde |
| 茴香醛 (对茴香醛、茴芹醛、4-甲氧基苯甲醛) | anisic aldehyde (*p*-anisaldehyde, 4-methoxybenzaldehyde) |
| 茴香酸 (茴芹酸) | anisic acid |
| 茴香酸对羟基苯乙酯 | *p*-hydroxyphenethyl anisate |
| D-茴香酮 | D-fenchone |
| 茴香酮 (小茴香酮、葑酮) | fenchone |
| 14-*O*-茴香酰新欧乌林碱 | 14-*O*-anisoyl neoline |

| 茴香樟脑 | fenchocamphorone |
|---|---|
| 蛔蒿醇乙酸酯 | artemisia alcohol acetate |
| 喙果黄素(喙果绞股蓝素) | yixingensin |
| 喙果皂苷(喙果绞股蓝苷)A、B | yixinosides A, B |
| 喙荚云实双内酯 | minaxaesalodilide |
| 喙荚云实素(南蛇勒素)A～G | caesalmins A～G |
| 喙荚云实星A | minaxin A |
| 喙牛奶菜碱(罗索他明、喙尖牛奶菜胺) | rostratamine |
| 喙柱牛奶菜苷乙 | marsdeoreophiside B |
| 混二蒽酮 | heterodianthrone |
| 火把花萜A～C | colquhounoids A～C |
| 火把莲酮-8-*O*-β-D-龙胆二糖苷 | knipholone-8-*O*-β-D-gentiobioside |
| (+)-火地林仙素[(+)-富秦素] | (+)-fuegin |
| 火棘苷A～C | pyrafortunosides A～C |
| 火棘山楂苷 | pyracanthoside |
| 火木层孔菌烯A～D | igniarens A～D |
| 火山岩草胡椒酮A、B | peperovulcanones A, B |
| 火烧花酮 | igeumone |
| 火石花素$A_1$、$B_1$ | gerdelavins $A_1$, $B_1$ |
| 火素麻林素A、B | helisterculins A, B |
| 火索麻灵素 | helisorin |
| 火索麻酸 | isorinic acid |
| 火筒树苷 | leeaoside |
| 火焰花苷A～F | curviflorusides A～F |
| 火焰树醇 | spathodol |
| 火焰树苷 | spathoside |
| 火焰树酸-28-*O*-β-D-吡喃葡萄糖苷 | spathodic acid-28-*O*-β-D-glucopyranoside |
| 火焰树萜苷A～C | spatheosides A～C |
| 火殃勒醇(金刚纂醇)A、B | antiquols A, B |
| 火殃勒灵A、B | antiquorins (antiquorines) A, B |
| 火叶藤黄醇(黄糜酚) | xanthochymol |
| 霍多林碱 | hodorine (hordonine) |
| 霍夫菊毒素Ⅱ | hofmeisterin Ⅱ |
| 霍山石斛链霉素A～C | huoshanmycins A～C |
| 霍亚鞘丝藻酰胺A | hoiamide A |
| 藿香醇 | agastinol |
| 藿香酚 | agastol |
| 藿香苷 | agastachoside |
| 藿香蓟酮 | conyzorigun |
| 藿香醌 | agastaquinone |

| 藿香诺酚 | agastanol |
|---|---|
| 藿香素 (藿香精) | agastachin |
| 藿香酮 | ageratone |
| 藿香烯醇 (藿香烯酚) | agastenol |
| 芨芨芹苷 (芨芹苷) | apterin |
| 肌氨酸 | sarcosine |
| 肌醇 (肌肉肌醇、内消旋-肌醇、中肌醇、环己六醇) | inositol (myoinositol, *meso*-inositol, cyclohexanehexol) |
| L-肌醇-1, 2, 3, 5-四当归酸酯 | L-inositol-1, 2, 3, 5-tetraangelate |
| L-肌醇-2, 3, 5, 6-四当归酸酯 | L-inositol-2, 3, 5, 6-tetraangelate |
| 肌醇单甲酯 | inositol monomethyl ether |
| 肌醇多磷酸酯 | inositol polyphosphate |
| D-肌醇甲酯 | D-ononitol |
| 肌醇甲酯 | ononitol |
| 肌醇磷酸甘油酯 | inositol phosphoglyceride |
| 肌醇五磷酸酯 | inositol pentaphosphate |
| 肌动蛋白 | actin |
| 肌动球蛋白 | actomyosin |
| 肌苷 (次黄嘌呤核苷、次黄苷) | inosine |
| 肌苷-5′-单磷酸 | inosine-5′-monophosphate |
| 肌苷三磷酸 | inosine triphosphate |
| 肌苷酸 | inosinic acid |
| 5′-肌苷酸 | 5′-inosinic acid |
| 肌苷一磷酸 | inosine monophosphate |
| 肌酐 (肌酸酐) | creatinine |
| 肌红蛋白 A、B | myoglobins A, B |
| 肌浆蛋白 | myogen (sarcoplasmic protein) |
| 肌球蛋白 | myosin |
| 肌肉肌醇 (肌醇、环己六醇、内消旋-肌醇、中肌醇) | myoinositol (inositol, *meso*-inositol, cyclohexanehexol) |
| 肌肉肌醇-1, 3, 4, 6-四当归酸酯 | myoinositol-1, 3, 4, 6-tetraangelate |
| 肌肉收缩调节神经肽 | muscle contraction-modulating neuropeptide |
| 肌乳酸 (L-乳酸、α-羟基丙酸、2-羟基丙酸) | sarcolactic acid (L-lactic acid, α-hydroxypropanoic acid, 2-hydroxypropanoic acid) |
| 肌酸 | creatine |
| 肌肽 | carnosine |
| 肌糖半乳糖苷 | galactinol |
| 肌抑制肽 | myoinhibiting peptide |
| 肌营养肽 | myotropic peptide |
| 鸡蛋果苷 | passiflarine |
| 鸡蛋果素 Ⅰ、Ⅱ | edulan Ⅰ, Ⅱ |
| 鸡蛋花定 | plumieridin |

| | |
|---|---|
| 鸡蛋花定 A、B | plumieridins A, B |
| 1α-鸡蛋花苷 | 1α-plumieride |
| 鸡蛋花苷 | plumieride |
| 鸡蛋花苷香豆素酯Ⅰ、Ⅱ | plumeride coumarates Ⅰ, Ⅱ |
| 鸡蛋花林醇 | champalinol |
| 鸡蛋花林宁 | champalinin |
| 鸡蛋花林素 A、B | champalins A, B |
| 鸡蛋花林酮 | champalinone |
| 鸡蛋花宁 | plumerianine |
| 鸡蛋花诺苷 | plumenoside |
| 鸡蛋花葡萄糖苷香豆素 | plumeride coumarate glucoside |
| 鸡蛋花素 | plumericin |
| 鸡蛋花西定 | plumericidine |
| 鸡豆黄素 A | pratensol A |
| 鸡肝海绵甾醇 (粉苞苣甾醇) | chondrillasterol |
| 鸡肝海绵甾醇吡喃葡萄糖苷 | chondrillasterol glucopyranoside |
| 鸡骨常山胺酸 | alstonamic acid |
| 鸡骨常山毒碱 | ditaine |
| 鸡骨常山苷 | alstonoside |
| 鸡骨常山碱 (狄他树皮碱、埃奇胺、埃奇定、糖胶树胺) | echitamine (echitamidine) |
| 鸡骨常山碱氯化物 (氯化埃奇胺) | echitamine chloride |
| 鸡骨常山诺星 A～D | alstonoxines A～D |
| 鸡骨常山醛 | alstonal |
| 鸡骨常山三氮碱 A | alistonitrine A |
| 鸡骨常山酸 (蓝刺头黄素) | echitin |
| 鸡骨常山酸 A、B | alstonic acids A, B |
| 鸡骨常山辛碱 | alstonisine |
| 鸡骨素 A～H | crassins A～H |
| 鸡骨香碱 A～C | cracrosons A～C |
| 鸡骨香斯素 (藏红花亭、番红花亭) A～L | crocrassins A～L |
| 鸡骨香素 A～P | crassifolins A～P |
| 鸡骨香酸 | crassifolius acid |
| 鸡骨香新素 A | crassifoliusin A |
| 鸡骨香酯 | crassifolius ester |
| 鸡冠刺桐酚 A～C | erycristanols A～C |
| 鸡冠刺桐林素 (鸡冠刺桐灵) A～C | erystagallins A～C |
| 鸡冠刺桐嘧啶 | crystamidine |
| 鸡冠刺桐宁碱 A、B | cristanines A, B |
| 鸡冠刺桐素 (海鸡冠刺桐素、3, 9-二羟基-2, 10-二异戊烯基紫檀-6a-烯) | erycristagallin (3, 9-dihydroxy-2, 10-diprenyl pterocarp-6a-ene) |

| 鸡冠刺桐亭 | erycristin |
| --- | --- |
| 鸡冠刺桐紫檀素 (刺桐酚素) | cristacarpin |
| 鸡冠花黄素 | cristatein |
| 鸡冠花素 | celosianin |
| 鸡冠鳞花草碱 A | cristatin A |
| 鸡冠血苋素 | tlatlancuayin |
| 鸡冠柱烯醇 (冠影掌烯醇、4-甲基胆甾-7-烯醇、4-甲基-7-胆甾烯醇) | lophenol (4-methyl cholest-7-enol, 4-methyl-7-cholestenol) |
| 鸡冠子苷 A | semenoside A |
| 鸡脚刺苷 | cirisumoside |
| 鸡脚刺醛 | circisumaldehyde |
| 鸡脚参醇 A～Y | orthosiphols A～Y |
| 鸡脚参木脂素 | orthosilignin |
| 鸡脚参诺醇 | orthosiphonol |
| 鸡脚参酮 A、B | orthosiphonones A, B |
| 鸡脚参新醇 A～E | siphonols A～E |
| 鸡毛松双黄酮 A、B | imbricataflavones A, B |
| 鸡纳酸 (喹诺酸) | quinovic acid |
| 鸡纳酸-(28→1)-*O*-β-D-吡喃葡萄糖酯苷 | quinovic acid-(28→1)-*O*-β-D-glucopyranoside ester |
| 鸡纳酸-3-*O*-(2′, 3′-*O*-异丙亚基)-α-L-吡喃鼠李糖苷 | quinovic acid-3-*O*-(2′, 3′-*O*-isopropylidene)-α-L-rhamnopyranoside |
| 鸡纳酸-3-*O*-(3′, 4′-*O*-异丙亚基)-β-D-吡喃岩藻糖苷 | quinovic acid-3-*O*-(3′, 4′-*O*-isopropylidene)-β-D-fucopyranoside |
| 鸡纳酸-3-*O*-β-D-吡喃葡萄糖苷 | quinovic acid-3-*O*-β-D-glucopyranoside |
| 鸡纳酸-3-*O*-β-D-吡喃葡萄糖苷-28-*O*-β-L-吡喃葡萄糖酯 | quinovic acid-3-*O*-β-D-glucopyranoside-28-*O*-β-L-glucopyranosyl ester |
| 鸡纳酸-3-*O*-β-D-吡喃葡萄糖苷-28-*O*-β-L-吡喃鼠李糖酯 | quinovic acid-3-*O*-β-D-glucopyranoside-28-*O*-β-L-rhamnopyranosyl ester |
| 鸡纳酸-3-*O*-β-D-吡喃葡萄糖基-(1→2)-β-D-吡喃葡萄糖基-(28→1)-β-D-吡喃葡萄糖酯 | quinovic acid-3-*O*-β-D-glucopyranosyl-(1→2)-β-D-glucopyranosyl-(28→1)-β-D-glucopyranosyl ester |
| 鸡纳酸-3-*O*-β-D-吡喃葡萄糖基-(1→4)-α-L-吡喃鼠李糖基-(28→1)-β-D-吡喃葡萄糖酯 | quinovic acid-3-*O*-β-D-glucopyranosyl-(1→4)-α-L-rhamnopyranosyl-(28→1)-β-D-glucopyranosyl ester |
| 鸡纳酸-3-*O*-β-D-吡喃葡萄糖基-(1→4)-β-D-吡喃岩藻糖苷 | quinovic acid-3-*O*-β-D-glucopyranosyl-(1→4)-β-D-fucopyranoside |
| 鸡纳酸-3-*O*-β-D-吡喃葡萄糖基-(1→4)-β-D-吡喃岩藻糖苷-(28→1)-β-D-吡喃葡萄糖酯 | quinovic acid-3-*O*-β-D-glucopyranosyl-(1→4)-β-D-fucopyranoside-(28→1)-β-D-glucopyranosyl ester |
| 鸡纳酸-3-*O*-β-D-吡喃葡萄糖基-(28→1)-β-D-吡喃葡萄糖酯 | quinovic acid-3-*O*-β-D-glucopyranosyl-(28→1)-β-D-glucopyranosyl ester |
| 鸡纳酸-3-β-D-吡喃葡萄糖基-(1→3)-吡喃鼠李糖苷 | quinovic acid-3-β-D-glucopyranosyl-(1→3)-rhamnopyranoside |
| 鸡纳酸-3-β-D-吡喃葡萄糖基-(28→1)-β-D-吡喃葡萄糖苷 | quinovic acid-3-β-D-glucopyranosyl-(28→1)-β-D-glucopyranoside |

| | |
|---|---|
| 鸡纳酸-3β-*O*-α-L-吡喃鼠李糖苷 | quinovic acid-3β-*O*-α-L-rhamnopyranoside |
| 鸡纳酸-3β-*O*-α-吡喃鼠李糖基-(28→1)-β-D-吡喃葡萄糖酯 | quinovic acid-3β-*O*-α-rhamnopyranosyl-(28→1)-β-D-glucopyranosyl ester |
| 鸡纳酸-3β-*O*-β-D-吡喃奎诺糖苷 | quinovic acid-3β-*O*-β-D-quinovopyranoside |
| 鸡纳酸-3β-*O*-β-D-吡喃葡萄糖基-(1→2)-β-D-吡喃葡萄糖苷 | quinovic acid-3β-*O*-β-D-glucopyranosyl-(1→2)-β-D-glucopyranoside |
| 鸡纳酸-3β-*O*-β-D-吡喃岩藻糖苷 | quinovic acid-3β-*O*-β-D-fucopyranoside |
| 鸡纳酸-3β-*O*-β-D-吡喃岩藻糖基-(28→1)-β-D-吡喃葡萄糖酯 | quinovic acid-3β-*O*-β-D-fucopyranosyl-(28→1)-β-D-glucopyranosyl ester |
| 鸡胚软骨蛋白(软骨蛋白) | chondroprotein |
| 鸡肉参碱A～C | mairines A～C |
| 鸡肉参素A、B | incarvmareins A, B |
| 鸡桑酚酮A | austraone A |
| 鸡桑呋喃A～C | austrafurans A～C |
| 鸡桑碱A～C | australisines A～C |
| 鸡桑素(铁苋菜素)A～C | australisins A～C |
| 鸡桑酮A、B | australones A, B |
| 鸡矢藤丙素醇(鸡矢藤醇)A | paederol A |
| 鸡矢藤多苷 | paederoscandoside |
| 鸡矢藤苷酸甲酯二聚物 | methyl paederosidate dimer |
| 鸡矢藤苷酸乙酯 | ethyl paederosidate |
| 鸡矢藤氧烷(鸡矢藤噁庚烷)A、B | paederoxepanes A, B |
| 鸡屎藤次苷 | scandoside |
| 鸡屎藤次苷甲酯(菲瑞木苷) | scandoside methyl ester (feretoside) |
| 鸡屎藤苷 | paederoside |
| 鸡屎藤苷鸡屎藤苷二聚体 | paederoside-paederoside dimer |
| 鸡屎藤苷鸡屎藤苷酸二聚体 | paederoside-paederosidic acid dimer |
| 鸡屎藤苷酸(鸡矢藤酸) | paederosidic acid |
| 鸡屎藤苷酸丁酯 | butyl paederosidate |
| 鸡屎藤苷酸二聚物 | paederosidic acid dimer |
| 鸡屎藤苷酸鸡屎藤苷酸二聚体 | paederosidic acid-paederosidic acid dimer |
| 鸡屎藤苷酸鸡屎藤苷酸甲酯二聚体 | paederosidic acid-paederosidic acid methyl ester dimer |
| 鸡屎藤苷酸甲酯(鸡矢藤酸甲酯) | methyl paederosidate (paederosidic acid methyl ester) |
| 鸡屎藤内酯 | paederia lactone |
| 鸡屎藤素 | paederinin |
| 鸡头薯醇A～H | khonklonginols A～H |
| 鸡头薯苷A～C | eriosemasides A～C |
| 鸡头薯素(鸡头薯亭)A～F | eriosematins A～F |
| 鸡头薯酮(绵三七酮)A～D | eriosemaones A～D |
| 鸡血藤醇 | milletol |

| 鸡油菌酸 | cibaric acid |
|---|---|
| 鸡子树洛苷 | vijaloside |
| 积雪草二糖苷 | asiaticodiglycoside |
| 积雪草苷 (亚洲积雪草苷) A～G | asiaticosides A～G |
| 积雪草黄醇 | castilliferol |
| 积雪草黄素 | castillicetin |
| 积雪草甲素 | centellin |
| 积雪草洛苷 | centellosides A～E |
| 积雪草咪酸 (玻热米酸、6β-羟基积雪草酸) | madecassic acid (brahmic acid, 6β-hydroxyasiatic acid) |
| 积雪草莫苷 (玻热模苷) | brahmoside |
| 积雪草尼苷 (参枯尼苷) | thankuniside |
| 积雪草尼酸 (参枯尼酸) | thankunic acid |
| 积雪草诺苷 (玻热米苷) | brahminoside |
| 积雪草炔醇 | cadiyenol |
| 积雪草酸 (亚细亚酸、亚洲积雪草酸) | asiatic acid |
| 积雪草酸甲酯 | methyl asiatate |
| 积雪草糖 | centellose |
| 积雪草替辛 (积雪草素) | asiaticin |
| 积雪草乙素 (积雪草辛) | centellicin |
| 积雪草皂醇 A | centellasapogenol A |
| 积雪草皂苷 A～K | centellasaponins A～K |
| 姬蕨苷 A～C | hypolosides A～C |
| 姬蕨素 A (蕨素 H) | hypolepin A (pterosin H) |
| 姬蕨素 B (蕨素 E) | hypolepin B (pterosin Z) |
| 姬蕨素 C (蕨素 I) | hypolepin C (pterosin I) |
| 姬蕨酮 | hypacrone |
| 姬松茸素 | blazein |
| 基点碱 | phomazarine |
| 基里卡矛果豆素 (奇里卡那尖荚豆素) A | chiricanine A |
| 基里克素 (柯基聚鳞木宁) | kirkinine |
| 基里克素 (柯基聚鳞木宁) B | kirkinine B |
| 基南普新 -12、13、24、28 | kynapcins-12, 13, 24, 28 |
| 畸形果鹤虱碱 A | lappulanocarpine A |
| 激动素 (动力精) | kinetin |
| 及己半日花烷 A～E | serralabdanes A～E |
| 及己内酯 A～D | serralactones A～D |
| 及己酮 A、B | serratustones A, B |
| 吉奥诺苷 (焦地黄苯乙醇苷、焦地黄诺苷) $A_1$、$A_2$、$B_1$、$B_2$、C～E | jionosides $A_1$, $A_2$, $B_1$, $B_2$, C～E |
| 吉伏米定 | gevmidine |

| 吉干亭 | gigantine |
|---|---|
| 吉九里香酚 | girinimbilol |
| 吉九里香酚乙酸酯 | girinimbilyl acetate |
| 吉九里香碱 (吉尼宾) | girinimbine |
| 吉柯叶碱 | bellaradine |
| 吉利柘树素 A～E | gericudranins A～E |
| 吉莉苷 | zierin |
| 吉莉酮 | zieron |
| 吉林人参醇 | ginsenjilinol |
| 吉林乌头胺 | akiramine |
| 吉林乌头拉定 | akiradine |
| 吉林乌头灵 | akirine |
| 吉林乌头米定 | akiramidine |
| 吉林乌头宁 A | kirinenine A |
| 吉林乌头瑞宁 | akiranine |
| 吉林乌头烷 | akirane |
| (1*S*, 10*S*, 4*S*, 5*S*)- 吉马酮 | (1*S*, 10*S*, 4*S*, 5*S*)-germacrone |
| (+)-(1*S*, 4*S*, 5*S*, 10*S*)- 吉马酮 -1 (10)-4- 双环氧化物 | (+)-(1*S*, 4*S*, 5*S*, 10*S*)-germacrone-1 (10)-4-diepoxide |
| (4*S*, 5*S*)- 吉马酮 -4, 5- 环氧化物 | (4*S*, 5*S*)-germacrone-4, 5-epoxide |
| 吉马酮异构体 | isogermacrone |
| 吉马新苷素 A～D | gymnemasins A～D |
| (1*E*, 4*E*)- 吉玛 -1 (10), 4, 7 (11)- 三烯 -9α- 醇 | (1*E*, 4*E*)-germacr-1 (10), 4, 7 (11)-trien-9α-ol |
| 吉莫皂苷 (匙羹藤萜苷、匙羹藤莫苷) A～F、$W_1$、$W_2$ | gymnemosides A～F, $W_1$, $W_2$ |
| 吉他洛苷 | gitaloxin |
| 吉他洛苷元 | gitaloxigenin |
| 吉他洛苷元双洋地黄毒糖苷 | gitaloxigenin bisdigitoxoside |
| 吉他洛苷元洋地黄毒糖苷 | gitaloxigenin monodigitoxoside |
| 吉托司廷 (基妥司丁) | gitostin |
| 吉托纤维二糖苷 | gitorocellobioside |
| 吉托辛纤维二糖苷 | gitoxin cellobioside |
| 吉祥草皂苷元 | reineckiagenin |
| 吉枝素 | geijerin |
| 吉枝烯 | geijerene |
| 极大叶艾里花木脂素 | megislignan |
| 极大叶肉蜜茱萸碱 | megistosarconine |
| 极大叶肉蜜茱萸醌 Ⅰ、Ⅱ | megistoquinones Ⅰ, Ⅱ |
| 极大叶肉蜜茱萸醛 | sarcomeginal |
| 极光锡生藤芬碱 | eletefine |
| 极宽刺桐素 A～C | erylatissins A～C |
| 极柔毛古柯碱 A～F | pervilleines A～F |

| | |
|---|---|
| 极小花矛果素 | minimiflorin |
| 急怒棕榈酚 | aiphanol |
| 2, 5-急折白坚木宁-16-醇 | 2, 5-aspidofractinin-16-ol |
| 2β, 5β-急折白坚木宁-16-醇 | 2β, 5β-aspidofractinin-16-ol |
| 棘刺毛蕊花苷 | verbaspinoside |
| 棘豆醇-3-*O*-α-L-鼠李吡喃糖基-(1→2)-β-D-吡喃葡萄糖基-(1→4)-β-D-吡喃葡萄糖醛酸苷 | oxytrogenol-3-*O*-α-L-rhamnopyranosyl-(1→2)-β-D-glucopyranosyl-(1→4)-β-D-glucuronopyranoside |
| 棘豆苷 {山柰酚-3-*O*-[β-L-吡喃鼠李糖基-(1→6)-β-D-吡喃葡萄糖苷]-7-*O*-α-L-吡喃鼠李糖苷} | oxytroside {kaempferol-3-*O*-[β-L-rhamnopyranosyl-(1→6)-β-D-glucopyranoside]-7-*O*-α-L-rhamnopyranoside} |
| 棘豆黄苷 A～G | oxytroflavosides A～G |
| 棘豆黄烷 A、B | oxytropisoflavans A, B |
| 棘豆属碱 | oxytropis base |
| 棘壳孢菌素 (刺壳孢菌素) A、B | pyrenocins A, B |
| 棘兰刺头替辛 | echinaticin |
| 棘兰刺头辛 (棘刺蓝刺头素) | echinacin |
| 棘皮色素 | echiochrome |
| 集花龙胆苷 (奥氏龙胆苷) | olivieroside |
| 蒺藜醇 | tribol |
| 蒺藜噁嗪 | terresoxazine |
| 蒺藜呋甾苷 A～J | tribufurosides A～J |
| 蒺藜宁 A～U | terrestrinins A～U |
| 蒺藜双酰胺 | terrestribisamide |
| 蒺藜酮 $A_2$ | terrestrinone $A_2$ |
| 蒺藜酰胺 | terrestriamide |
| 蒺藜酰亚胺 C | tribulusimide C |
| 蒺藜辛 (蒺藜素) A～K | terrestrosins A～K |
| (25*R*)-蒺藜辛 I | (25*R*)-terrestrosin I |
| (25*S*)-蒺藜辛 I | (25*S*)-terrestrosin I |
| 蒺藜新苷 A (蒺藜甾苷 B) | terrestroneoside A (terrestroside B) |
| 蒺藜甾苷 B (蒺藜新苷 A) | terrestroside B (terrestroneoside A) |
| 蒺藜皂苷 (刺蒺藜苷、蒺藜苷) A、B | tribulosides A, B |
| 蕺菜苷 A | houttuynoside A |
| 蕺菜黄素 A～E | houttuynoids A～E |
| 蕺菜碱 | cordarine |
| 蕺菜酰胺 A | houttuynamide A |
| 几内亚斑鸠菊醇 | vernoguinosterol |
| 几内亚斑鸠菊苷 | vernoguinoside |
| 几内亚格木碱 | erythrophleguine |
| (+)-几内亚胡椒素 [(+)-刚果胡椒素] | (+)-aschantin |
| 几内亚胡椒酰胺 | guineensine |

| 几内亚酰胺(几内亚鞘丝藻酰胺)A～G | guineamides A～G |
|---|---|
| 己-(4*Z*)-烯-1-醇-3-甲基丁酸酯 | hex-(4*Z*)-en-1-ol-3-methyl butanoate |
| 己-(4*Z*)-烯-1-醇丁酸酯 | hex-(4*Z*)-en-1-ol butanoate |
| 己-(4*Z*)-烯-1-醇戊酸酯 | hex-(4*Z*)-en-1-ol pentanoate |
| 己-(4*Z*)-烯-1-醇乙酸酯 | hex-(4*Z*)-en-1-ol acetate |
| 己-1, 3-二烯-5-炔 | hex-1, 3-dien-5-yne |
| (2*S*, 3*S*, 4*R*)-己-2, 3, 4-三醇 | (2*S*, 3*S*, 4*R*)-hex-2, 3, 4-triol |
| 2-(己-2, 4-二炔基)-1, 6-二氧螺[4.4]-3-壬烯 | 2-(hex-2, 4-diynyl)-1, 6-dioxaspiro [4.4] non-3-ene |
| 己-2, 4-二烯 | hex-2, 4-diene |
| 己-2-烯 | hex-2-ene |
| (*Z*)-己-3-烯-1-羟基-β-D-木糖基-(1→6)-β-D-吡喃葡萄糖苷 | (*Z*)-hex-3-en-1-hydroxy-β-D-xylopyranosyl-(1→6)-β-D-glucopyranoside |
| 己-3-烯-1-羟基-1-*O*-β-D-吡喃葡萄糖苷 | hex-3-en-1-hydroxy-1-*O*-β-D-glucopyranoside |
| 1-己胺 | 1-hexyl amine |
| 2-己醇 | 2-hexanol |
| 1-己醇 | 1-hexanol (1-hexyl alcohol) |
| 3-己醇 | 3-hexanol |
| 己醇 | hexanol (hexyl alcohol) |
| 1-己醇乙酸酯 | 1-hexyl acetate |
| 己二(二硫代)酸 | hexanebis (dithioic) acid |
| 己二(硫代)酸 | hexanebis (thioic) acid |
| 己二醇乙酸酯 | hexanediol acetate |
| 己二腈 | hexanedinitrile |
| 己二硫醚 | hexyldisulfide |
| 2, 4-己二醛 | 2, 4-hexadial |
| 己二醛 | hexanedial |
| 2, 4-己二炔-1-酮 | 2, 4-hexadiyn-1-one |
| 1, 6-己二酸(肥酸) | 1, 6-hexanedioic acid (adipic acid) |
| 己二酸二异丁酯 | bis (2-isobutyl) hexanedioate |
| 2, 5-己二酮 | 2, 5-hexanedione |
| (*Z*)-3, 5-己二烯醇丁酸酯 | (*Z*)-3, 5-hexadienyl butanoate |
| 2, 4-己二烯醛 | 2, 4-hexadienal (2, 4-hexadienedehyde) |
| 2, 4-己二烯醛 | 2, 4-hexadienedehyde (2, 4-hexadienal) |
| 己二烯酸 | hexadienoic acid |
| 2, 4-己二烯酸(山梨酸) | 2, 4-hexadienoic acid (sorbic acid) |
| 己过氧酸 | hexaneperoxoic acid |
| 己环醇 | hexacyclinol |
| 2-己基-1-癸醇(2-己基癸醇) | 2-hexyl-1-decanol (2-hexyl decanol) |
| 己基-β-D-吡喃葡萄糖基-(1→2)-β-D-吡喃葡萄糖苷 | hexyl-β-D-glucopyranosyl-(1→2)-β-D-glucopyranoside |
| 己基-β-槐糖苷 | hexyl-β-sophoroside |

| | |
|---|---|
| 己基-β-龙胆二糖苷 | hexyl-β-gentiobioside |
| 7-己基二十烷 | 7-hexyl eicosane |
| 2-己基呋喃 | 2-hexyl furan |
| 3-己基呋喃 | 3-hexyl furan |
| 2-己基癸醇 (2-己基-1-癸醇) | 2-hexyl decanol (2-hexyl-1-decanol) |
| 己基桂皮醛 (己基肉桂醛) | hexyl cinnamaldehyde |
| 己基过氧化氢 | hexyl hydrogen peroxide |
| 5-己基环戊-1, 3-二酮 | 5-hexyl cyclopenta-1, 3-dione |
| 3-己基-3-甲基环戊基苯 | 3-hexyl-3-methyl cyclopentyl benzene |
| 己基解乌头酸曲霉酸 | hexyl itaconic acid |
| 9-己基十七烷 | 9-hexyl heptadecane |
| 8-己基十五烷 | 8-hexyl pentadecane |
| 己基亚油酸 | hexyl linoleic acid |
| 己降葫芦素 D | hexanorcucurbitacin D |
| 己降葫芦素 D-2-*O*-β-D-吡喃葡萄糖苷 | hexanorcucurbitacin D-2-*O*-β-D-glucopyranoside |
| 己降葫芦素 I | hexanorcucurbitacin Ⅰ |
| 己可可碱 | pentifylline |
| 己硫代-*O*-酸 | hexanethioic *O*-acid |
| 己硫代酸-*S*-乙 (基) 酯 | *S*-ethyl hexanethioate |
| 己内酰胺 | caprolactam |
| γ-己内酯 | γ-hexalactone |
| (*E*)-2-己醛 | (*E*)-2-hexanal |
| 己醛 | hexanal |
| 己酸 2-丙烯酯 | 2-propenyl hexanoate |
| 己酸 (羊油酸) | hexanoic acid (caproic acid, hexoic acid, hexylic acid) |
| 己酸丙酯 | propyl hexanoate |
| 己酸丁酯 | butyl hexanoate |
| 己酸二十二酯 | docosyl hexanoate |
| 己酸酐 | hexanoic anhydride |
| 己酸己酯 (羊油酸己酯) | hexyl hexanoate (hexyl caproate) |
| 己酸甲酯 (羊油酸甲酯) | methyl hexanoate (methyl caproate) |
| 己酸十三-(13-甲基)-2-醇酯 | 2-(13-methyl)-tridecane caproate |
| 己酸辛酯 | octyl hexanoate |
| 己酸盐 | hexanoate (caproate) |
| 己酸乙酯 (羊油酸乙酯) | ethyl hexanoate (ethyl caproate) |
| 己酸植醇酯 | phytyl-1-hexanoate |
| 己糖 | hexose |
| 己糖胺 (氨基己糖) | hexosamine |
| 己糖醇 | hexitol |
| 己糖激酶 | hexodiase |

| 己糖醛酸 | hexuronic acid |
|---|---|
| 3-己酮 | 3-hexanone |
| 己酮茶碱 | lomifylline |
| 己酮可可碱 | pentoxifylline |
| 己酮糖 | ketohexose |
| 己烷 | hexane |
| 己烷-1-亚胺 | hexan-1-imine |
| 己烷-2-(3-甲基)丁酸酯 | hexan-2-(3-methyl) butanoate |
| 己烷-2, 4-二酮 | hexane-2, 4-dione |
| 己烷-2-丁酸酯 | hexan-2-butanoate |
| 己烷-2-戊酸酯 | hexan-2-pentanoate |
| 己烷-3-硒酮 | hexane-3-selone |
| 己烷雌酚 | hexestrol |
| 己烷二酰基二氮宾 | hexanedioyl bis (nitrene) |
| 己硒代醛 | hexaneselenal |
| 己硒代酸 | hexaneselenoic acid |
| 己硒代酸-*O*-乙酯 | *O*-ethyl hexaneselenoate |
| 己硒硫代-*Se*-酸 | hexaneselenothioic *Se*-acid |
| 己硒硫代酸 | hexaneselenothioic acid |
| 1-己烯 | 1-hexene |
| 己烯 | hexene |
| (*E*)-2-己烯-1-醇 | (*E*)-2-hexen-1-ol |
| (*Z*)-3-己烯-1-醇 [(*Z*)-3-己烯醇] | (*Z*)-3-hexen-1-ol [(*Z*)-3-hexenol] |
| (*Z*)-3-己烯-1-醇乙酸酯 | (*Z*)-3-hexen-1-ol acetate |
| 3-己烯 3-甲基丁酸酯 | 3-hexenyl 3-methyl butanoate |
| 2-(5-己烯-1, 3-二炔基)-5-(1-丙炔基) 噻吩 | 2-(5-hexen-1, 3-diynyl)-5-(1-propynyl) thiophene |
| 4-己烯-1-醇 | 4-hexen-1-ol |
| 己烯-1-醇 | hexen-1-ol |
| 2-己烯-1-醇 (2-烯己醇、2-己烯醇) | 2-hexen-1-ol (2-hexenol) |
| 3-己烯-1-醇丙酮酸酯 | 3-hexen-1-ol pyruvate |
| 3-己烯-2-酮 | 3-hexen-2-one |
| 5-(2-己烯-3-甲基丁基) 氧基-7-羟基香豆素 | 5-(2-hexen-3-methyl but) oxy-7-hydroxycoumarin |
| 2-己烯-4-酮 | 2-hex-4-enone |
| 3-己烯苯甲酸酯 | 3-hexenyl benzoate |
| (*Z*)-3-己烯苯甲酸酯 [(*Z*)-3-己烯基安息香酸酯] | (*Z*)-3-hexenyl benzoate |
| β-己烯醇 | β-hexenol |
| (*E*)-2-己烯醇 | (*E*)-2-hexenol |
| 己烯醇 | hexenol |
| γ-己烯醇 | γ-hexenol |
| 2-己烯醇 (2-烯己醇、2-己烯-1-醇) | 2-hexenol (2-hexen-1-ol) |

| | |
|---|---|
| (*Z*)-3-己烯醇[(*Z*)-3-己烯-1-醇] | (*Z*)-3-hexenol [(*Z*)-3-hexen-1-ol] |
| 己烯醇-β-D-葡萄糖苷 | hexnol-β-D-glucoside |
| 3-己烯醇巴豆酸酯 | 3-hexenyl tiglate |
| (3*Z*)-己烯醇葡萄糖苷 | (3*Z*)-hexenol glucoside |
| 3-己烯醇葡萄糖苷 | 3-hexenyl glucoside |
| 己烯雌酚 | stilboestrol |
| (*E*, *Z*)-2-己烯基-3-己烯酯 | (*E*, *Z*)-2-hexenoic acid-3-hexenyl ester |
| (*E*)-2-己烯基-D-吡喃葡萄糖苷 | (*E*)-2-hexenyl-D-glucopyranoside |
| (*Z*)-3-己烯基-*O*-α-L-吡喃阿拉伯糖基-(1→6)-β-D-吡喃葡萄糖苷 | (*Z*)-3-hexenyl-*O*-α-L-arabinopyranosyl-(1→6)-β-D-glucopyranoside |
| (*Z*)-3-己烯基-*O*-α-L-吡喃鼠李糖基-(1→6)-β-D-吡喃葡萄糖苷 | (*Z*)-3-hexenyl-*O*-α-L-rhamnopyranosyl-(1→6)-β-D-glucopyranoside |
| (*Z*)-3-己烯基-*O*-β-D-吡喃葡萄糖苷 | (*Z*)-3-hexenyl-*O*-β-D-glucopyranoside |
| (*E*)-2-己烯基-*O*-β-D-吡喃葡萄糖苷 | (*E*)-2-hexenyl-*O*-β-D-glucopyranoside |
| (*E*)-2-己烯基-α-L-吡喃阿拉伯糖基-(1→2)-β-D-吡喃葡萄糖苷 | (*E*)-2-hexenyl-α-L-arabinopyranosyl-(1→2)-β-D-glucopyranoside |
| (*Z*)-3-己烯基-α-L-吡喃阿拉伯糖基-(1→6)-β-D-吡喃葡萄糖苷 | (*Z*)-3-hexenyl-α-L-arabinopyranosyl-(1→6)-β-D-glucopyranoside |
| (*E*)-2-己烯基-α-L-吡喃阿拉伯糖基-(1→6)-β-D-吡喃葡萄糖苷 | (*E*)-2-hexenyl-α-L-arabinopyranosyl-(1→6)-β-D-glucopyranoside |
| (*E*)-2-己烯基-β-D-吡喃葡萄糖基-(1→2)-β-D-吡喃葡萄糖苷 | (*E*)-2-hexenyl-β-D-glucopyranosyl-(1→2)-β-D-glucopyranoside |
| (*E*)-2-己烯基-β-槐糖苷 | (*E*)-2-hexenyl-β-sophoroside |
| (*Z*)-3-己烯基-β-樱草糖苷 | (*Z*)-3-hexenyl-β-primeveroside |
| 2-己烯基甲醚 | 2-hexenyl methyl ether |
| (*Z*)-2-己烯基葡萄糖苷 | (*Z*)-2-hexenyl glucoside |
| 2-己烯醛 | 2-hexenal |
| (*Z*)-2-己烯醛 | (*Z*)-2-hexenal |
| (2*E*)-己烯醛 | (2*E*)-hexenal |
| 3-己烯醛 | 3-hexenal |
| 己烯醛 | hexenal |
| γ-己烯醛 | γ-hexenal |
| α-己烯醛 | α-hexenal |
| β-己烯醛 | β-hexenal |
| (*E*)-2-己烯醛水杨酸甲酯 | (*E*)-2-hexenal methyl salicylate |
| (*E*)-1-己烯酸 | (*E*)-hex-1-enoic acid |
| 3-己烯酸 | 3-hexenoic acid |
| 2-己烯酸-2-己烯酯 | 2-hexenoic acid-2-hexenyl ester |
| (*E*)-己烯酸-2-丁酯 | (*E*)-hexenoic acid-2-butyl ester |
| 4-己烯酸乙酯 | ethyl hex-4-enoate |
| 己酰胺 | hexanamide |

| 20-己酰基-10-甲氧基喜树碱 | 20-hexanoyl-10-methoxycamptothecin |
|---|---|
| 2-己酰基呋喃 | 2-hexanoyl furan |
| 20-己酰喜树碱 | 20-hexanoyl camptothecine |
| 己酰溴 | hexanoyl bromide |
| 己亚氨基替酰胺 | hexanimidamide |
| 己亚基胺 | hexylideneamine |
| 己亚基氮烷 | hexylideneazane |
| 脊霉素(香豆霉素)A1 | notomycin (coumermycin) A1 |
| 戟叶金石斛素A、B | lonchophylloids A, B |
| 戟叶马鞭草苷(矛叶马鞭草苷) | hastatoside |
| 戟叶牛皮消苷A～D | bungeisides A～D |
| 戟叶牛皮消苷元A～D | cynanbungeigenins A～D |
| 戟叶牛皮消内酯 | cynabungolide |
| 戟叶牛皮消酮 | cynabungone |
| 戟叶牛皮消甾苷A～C | cynabungosides A～C |
| 计马尼春碱(流苏藜芦林碱) | germanitrine |
| 计米大黄蒽酮 | germichrysone |
| 计米定碱(绿藜芦定、哥米定) | germidine |
| 芰脱苷 | gitoroside |
| 芰脱林 | gitorin |
| 芰脱皂苷 | gitonin |
| F-芰脱皂苷(F-支脱皂苷) | F-gitonin |
| 芰脱皂苷元(吉托皂苷元) | gitogenin |
| 芰脱皂苷元-3-*O*-α-L-吡喃鼠李糖基-(1→2)-β-D-吡喃半乳糖苷 | gitogenin-3-*O*-α-L-rhamnopyranosyl-(1→2)-β-D-galactopyranoside |
| 芰脱皂苷元-3-*O*-α-L-吡喃鼠李糖基-β-石蒜四糖苷 | gitogenin-3-*O*-α-L-rhamnopyranosyl-β-lycotetraoside |
| 芰脱皂苷元-3-*O*-β-D-吡喃半乳糖苷 | gitogenin-3-*O*-β-D-galactopyranoside |
| 芰脱皂苷元-3-*O*-β-D-吡喃木糖基-β-石蒜四糖苷 | gitogenin-3-*O*-β-D-xylopyranosyl-β-lycotetraoside |
| 芰脱皂苷元-3-*O*-β-D-吡喃葡萄糖基-(1→2)-β-D-吡喃半乳糖苷 | gitogenin-3-*O*-β-L-glucopyranosyl-(1→2)-β-D-galactopyranoside |
| 芰脱皂苷元-3-*O*-β-D-吡喃葡萄糖基-(1→4)-β-D-吡喃半乳糖苷 | gitogenin-3-*O*-β-D-glucopyranosyl-(1→4)-β-D-galactopyranoside |
| 季罗洛联苄B～F | tyrolobibenzyls B～F |
| 季戊四醇 | pentaerythritol |
| 荠苎黄酮 | mosloflavone |
| 荠苎烯 | orthodene |
| 荠葶烯{3, 6, 6-三甲基二环[3.1.1]庚-2-烯、3, 6, 6-三甲基-2-去甲蒎烯} | 3, 6, 6-trimethyl bicyclo [3.1.1] hept-2-ene (3, 6, 6-trimethyl-2-norpinene) |
| 寄生菌素A | hypomycin A |
| 寄生曲霉烯酮 | parasitenone |
| 蓟黄素(滨蓟黄素) | cirsimaritin |

J

| | |
|---|---|
| 蓟苦素 (洋飞廉苦素) | cnicin |
| 蓟炔醇 A～E | ciryneols A～E |
| 蓟炔酮 F | ciryneone F |
| 蓟素 (滨蓟黄苷) | cirsimarin (cirsitakaoside) |
| 蓟罂粟碱 | argemonine |
| L-蓟罂粟精 | L-munitagine |
| (–)-蓟罂粟宁碱 | (–)-argemonine |
| 蓟罂粟属碱 | argemone base |
| 鲫鱼胆皂苷 | maesaponin |
| 鲫鱼胆皂苷元 A | maesagenin A |
| 冀北翠雀碱 A～E | siwanines A～E |
| 鲦鱼酸 | clupanodonic acid |
| 加包宁 | gabonine |
| 加布尼碱 | gabunine |
| 加伏里素 (刺果番荔枝辛) | javoricin |
| 加杆哥纳香内酯 | gigantriocin |
| 加洁茉里苦素 (罗旦梅内酯、云南刺篱木内酯) | jangomolide |
| 加兰他敏 (雪花莲胺碱、加兰他明、雪花胺) | galanthamine (lycoremine) |
| 加兰他敏 *N*-氧化物 | galanthamine *N*-oxide |
| 加勒比鞘丝藻宾 A、B | carmabins A, B |
| 加雷决明酚 E～G | cassigarols E～G |
| 加里博鞘丝藻酰胺 | carriebowmide |
| 加立平 | galipine |
| 加立坡灵 | galipoline |
| 加利福尼亚蒿内酯 | artecalin |
| 加利果酸 (商陆尼酸) | jaligonic acid |
| 加罗林翠雀碱 | delcaroline |
| (–)-加拿大白毛茛碱 | (–)-canadine |
| L-加拿大白毛茛碱 (L-氢化小檗碱、L-坎那定) | L-canadine |
| 加拿大白毛茛碱 (氢化小檗碱、四氢小檗碱、白毛茛定、坎那定) | canadine (tetrahydroberberine, xanthopuccine) |
| (–)-β-加拿大白毛茛碱甲羟化物 [(–)-β-白毛茛定甲羟化物] | (–)-β-canadine methohydroxide |
| 加拿大麻醇苷 | cymarol |
| 加拿大麻苷 (罗布麻苷、磁麻灵、磁麻苷、K-毒毛旋花子次苷-α) | cymarin (K-strophanthin-α) |
| 加拿大麻酸 | cymarylic acid |
| D-加拿大麻糖 | D-cymarose |
| 加拿大麻糖 | cymarose |
| 加拿大麻糖苷 (山羊豆木犀草素、木犀草苷、香蓝苷、木犀草素-7-*O*-β-D-葡萄糖苷) | cynaroside (galuteolin, cinaroside, luteoloside, glucoluteolin, luteolin-7-*O*-β-D-glucoside) |

| 加拿大香脂 | balsam canada |
|---|---|
| 加拿大紫杉烯 | canadensene |
| 加拿蒿宁 (卡宁) | canin |
| 加拿蒿素 (蒿属种萜、清艾菊素 B) | artecanin (chrysartemin B) |
| 加那利毒马草烯醇 | ribenol |
| 加那利苷元-3-*O*-α-L-吡喃鼠李糖基-(1→5)-*O*-β-D-呋喃木糖苷 | canarigenin-3-*O*-α-L-rhamnopyranosyl-(1→5)-*O*-β-D-xylofuranoside |
| 加那利鼠尾草酚 | galdosol |
| 加那利松萝酮 | canarione |
| 加蓬醇 | galbanol |
| 加蓬酸 (古蓬阿魏酸) | galbanic acid |
| 加蓬紫玉盘苷 | klaivanolide |
| 加日任 | garlarine |
| 加山茱碱 | garryine |
| 加山茱叶碱 | garryfoline |
| 加氏哥纳香素 | goniothalamusin |
| (–)-(*S*)-加锡弥罗果碱 | (–)-(*S*)-edulinine |
| 加州脆枝菊素 (英西卡林) | encecalin |
| 夹可宁 | jaconine |
| 夹可嗪 | jacozine |
| 夹买定 | jamaidine |
| 夹明 | jamine |
| 夹洒替宁 | jaxartinine |
| 夹瑟糖苷 | jaceoside |
| 夹竹桃啶碱 | neriodin |
| 夹竹桃豆甾醇 | neristigmol |
| 夹竹桃二糖 | neribiose |
| 夹竹桃苷 A～F | oleasides A～F |
| 夹竹桃苷元 | neriagenin |
| 夹竹桃哦苷元 | oleagenin |
| 夹竹桃哦苷元-L-黄花夹竹桃糖苷 | oleagenin-L-thevetoside |
| $\Delta^{16}$-夹竹桃苷元-β-D-夹竹桃三糖苷 | $\Delta^{16}$-neriagenin-β-D-neritrioside |
| 夹竹桃麻苦素 (磁麻配基) | apocynamarin (cymarigenin) |
| 夹竹桃欧苷 (夹竹桃莫苷) $A_1$、$A_2$、$B_1$、$B_2$、$C_1$ | neriumosides $A_1$, $A_2$, $B_1$, $B_2$, $C_1$ |
| 夹竹桃欧苷元 A、B | neriumogenins A, B |
| 夹竹桃欧苷元 A-3-β-D-毛地黄糖苷 (夹竹桃属苷 D) | neriumogenin A-3-β-D-digitaloside (nerium D) |
| 夹竹桃欧苷元-β-夹竹桃三糖苷 | neriumogenin-β-neritrioside |
| 夹竹桃瑞苷 | neriaside |
| 夹竹桃三糖 | neritriose |
| 夹竹桃属苷 D (夹竹桃欧苷元 A-3-β-D-毛地黄糖苷) | nerium D (neriumogenin A-3-β-D-digitaloside) |

| 夹竹桃它罗苷 | neritaloside |
|---|---|
| 夹竹桃烃醇 | neriumol |
| 夹竹桃烃二醇 | nerifol |
| 夹竹桃脱氧毛地黄糖苷 | neridiginoside |
| 夹竹桃香豆酸 | neriucoumaric acid |
| β-夹竹桃熊果酸酯 | β-neriursate |
| 夹竹桃叶大戟素 | caudicifolin |
| 夹竹桃叶黄牛木酮 A、C | neriifolones A, C |
| 夹竹桃叶条蕨醇 | neriifoliol |
| 夹竹桃佐苷 | nerizoside |
| 佳露果素 | gaylussacin |
| 佳尼番荔枝素 | annojahnin |
| 嘉兰属碱 | gloriosa base |
| 嘉兰素 | gloriosine |
| 荚孢腔菌苷 | sporormielloside |
| 荚醇 | viburnitol |
| 荚果蕨酚 (荚果蕨醇、杜鹃花醇、紫花杜鹃素甲) | matteucinol |
| 荚果蕨酚-7-*O*-[4″, 6″-*O*-(*S*)-六羟基联苯酰基]-β-D-吡喃葡萄糖苷 | matteucinol-7-*O*-[4″, 6″-*O*-(*S*)-hexahydroxydiphenoyl]-β-D-glucopyranoside |
| 荚果蕨酚-7-*O*-β-D-吡喃葡萄糖苷 | matteucinol-7-*O*-β-D-glucopyranoside |
| 荚果蕨酚-7-*O*-β-D-呋喃芹糖基-(1→6)-β-D-吡喃葡萄糖苷 | matteucinol-7-*O*-β-D-apiofuranosyl-(1→6)-β-D-glucopyranoside |
| 荚果蕨酚-7-*O*-葡萄糖苷 | matteucinol-7-*O*-glucoside |
| 荚果蕨酚-7-二糖苷 (紫花杜鹃素乙) | matteucinol-7-diglycoside |
| 荚果蕨酚-7-鼠李糖苷 | matteucinol-7-rhamnoside |
| 荚果蕨苷 (马特西苷) | matteucinin |
| (±)-荚果蕨森素 A～D | (±)-matteucens A～D |
| 荚果蕨素 | matteucin |
| 荚蒾醇 A～K | viburnols A～K |
| 荚蒾二烯酮 $H_1$、$H_2$ | viburnudienones $H_1$, $H_2$ |
| 荚蒾二烯酮 $B_1$ 甲酯 | viburnudienone $B_1$ methyl ester |
| 荚蒾精宁 | viburgenin |
| 荚蒾螺内酯 | dilaspirolactone |
| 荚蒾宁 A～V | vibsanins A～V |
| 荚蒾宁碱 | viburnine |
| 荚蒾散醇 A | vibsanol A |
| 荚蒾烯酮 $B_1$ 甲酯 | viburnenone $B_1$ methyl ester |
| 荚蒾烯酮 $B_2$ 甲酯 | viburnenone $B_2$ methyl ester |
| 荚蒾脂酚 | vibruresinol |
| 荚膜多糖 | capsular polysaccharide |

| | |
|---|---|
| 3-[4-(甲氨基)-2-氧亚基-1-β-D-呋喃核糖基-1, 2-二氢嘧啶-5-基]丙酸 | 3-[4-(methyl amino)-2-oxo-1-β-D-ribofuranosyl-1, 2-dihydropyrimidin-5-yl] propanoic acid |
| 4′-甲氨基-3′, 7-二羟基黄烷醇 | 4′-methyl amino-3′, 7-dihydroxyflavanol |
| 5α-*O*-(3′-甲氨基-3′-苯基丙酰基)烟酸紫杉碱 | 5α-*O*-(3′-methyl amino-3′-phenyl propionyl) nicotaxine |
| (6*R*, 7*E*, 9*R*)-9-甲氨基-4, 7-大柱香波龙二烯-3-酮 | (6*R*, 7*E*, 9*R*)-9-methyl amino-4, 7-megastigmadien-3-one |
| (6*S*, 7*E*, 9*R*)-9-甲氨基-4, 7-大柱香波龙二烯-3-酮 | (6*S*, 7*E*, 9*R*)-9-methyl amino-4, 7-megastigmadien-3-one |
| (6*R*, 7*E*, 9*S*)-9-甲氨基-4, 7-大柱香波龙二烯-3-酮 | (6*R*, 7*E*, 9*S*)-9-methyl amino-4, 7-megastigmadien-3-one |
| 3-甲氨基-L-丙氨酸 | 3-methyl amino-L-alanine |
| 2-甲氨基苯甲酸甲酯 | methyl 2-(methyl amino) benzoate |
| 12-(2-*N*-甲氨基苯甲酰基)-4α, 5, 20-三脱氧巴豆醇-13-乙酸酯 | 12-(2-*N*-methyl aminobenzoyl)-4α, 5, 20-trideoxyphorbol-13-acetate |
| 12-(2-*N*-甲氨基苯甲酰基)-4β, 5, 20-三脱氧巴豆醇-13-乙酸酯 | 12-(2-*N*-methyl aminobenzoyl)-4β, 5, 20-trideoxyphorbol-13-acetate |
| 6-甲氨基嘌呤 | 6-methyl aminopurine |
| 甲胺磷 | methamidophos |
| 甲苯 | methyl benzene (toluene) |
| 甲苯 | toluene (methyl benzene) |
| 2-甲苯基-(2*E*, 6*S*)-6-羟基-2, 6-二甲基-2, 7-辛二烯酸酯 | 2-methyl phenyl-(2*E*, 6*S*)-6-hydroxy-2, 6-dimethyl-2, 7-octadienoate |
| 2-(4-甲苯基)-1, 2-丙二醇 | 2-(4-methyl phenyl)-1, 2-propanediol |
| 甲苯氢醌(甲基氢醌、鹿蹄草素、2, 5-二羟基甲苯) | toluhydroquinone (methyl quinol, pyrolin, 2, 5-dihydroxytoluene) |
| 甲苯氧基丁酯 | methyl phenoxybutyl ester |
| *N*-(α-甲丙基)-(2*E*, 4*E*)-癸二烯酰胺 | *N*-(α-methyl propyl)-(2*E*, 4*E*)-decadienamide |
| *N*-(2-甲丙基)-2, 4-癸二烯酰胺 | *N*-(2-methyl propyl)-2, 4-decadienamide |
| *N*-(2-甲丙基)-6-苯基-(2*E*, 4*E*)-己二烯酰胺 | *N*-(2-methyl propyl)-6-phenyl-(2*E*, 4*E*)-hexadienamide |
| (*E*)-4-[(2-甲丙基)氨基]-4-氧亚基-2-丁烯酸 | (*E*)-4-[(2-methypropyl) amino]-4-oxo-2-butenoic acid |
| 5-(1-甲丙基)壬烷 | 5-(1-methyl propyl) nonane |
| (*E*, *E*, *E*)-*N*-(2-甲丙基)-十六碳-2, 6, 8-三烯-10-炔酰胺 | (*E*, *E*, *E*)-*N*-(2-methyl propyl) hexadec-2, 6, 8-trien-10-ynamide |
| 2-甲丙基-β-D-吡喃葡萄糖苷 | 2-methyl propyl-β-D-glucopyranoside |
| 甲丙基二硫醚 | methyl propyl disulfide |
| L-甲丙基肼 | L-methyl-L-propyl hydrazine |
| 甲丙基硫醚 | methyl propyl sulfide |
| 甲丙基三硫醚 | methyl propyl trisulfide |
| 甲丙基三硒化物 | methyl propyl triselenide |
| 甲丙基酮 | methyl propyl ketone |
| 1-(2-甲丙酰基)-3-乙酰基-11-甲氧基楝卡品宁 I | 1-(2-methyl propanoyl)-3-acetyl-11-methoxymeliacarpinin I |
| L-甲叉吡咯双烷 | L-methylene pyrrolizidine |
| 4, 4′-(甲叉二氧基)二苯甲酸 | 4, 4′-(methylenedioxy) dibenzoic acid |
| 9, 10-甲叉二氧基石蒜-3 (12)-烯-1α, 2β-二醇 | 9, 10-methylenedioxygalanthan-3 (12)-en-1α, 2β-diol |

| | |
|---|---|
| 8, 9-甲叉二氧基文殊兰-1-烯-3α-醇 | 8, 9-methylendioxycrin-1-en-3α-ol |
| 6, 13-(甲叉基[1, 2]苯甲叉基)并五苯 | 6, 13-(methano [1, 2] benzomethano) pentacene |
| 4, 4′-甲叉基二苯甲酸 | 4, 4′-methylenedibenzoic acid |
| 22, 23-甲撑基胆甾-5, 7-二烯-3β-醇 | 22, 23-methylenecholest-5, 7-dien-3β-ol |
| 2-甲醇四氢吡喃 | 2-methanol tetrahydropyran |
| 2-甲丁基芥子油苷 | 2-methyl butyl glucosinolate |
| 14β-甲丁基十四碳-(2*E*, 8*E*, 10*E*)-三烯-4, 6-二炔-1-醇 | 14β-methyl butyryl tetradec-(2*E*, 8*E*, 10*E*)-trien-4, 6-diyn-1-ol |
| 2-甲丁基乙酸酯 | 2-methyl butyl acetate |
| 2-甲丁基异丁酸酯 | 2-methyl butyl isobutanoate |
| 21-(2-甲丁酰基)-山茶皂苷元 *E* | 21-(2-methyl butyryl) camelliagenin *E* |
| 2-甲丁酰间苯三酚(珊瑚花酚) | 2-methyl butyryl phloroglucinol (multifidol) |
| 甲丁酰酸模叶蓼酮(酸模叶蓼-2-甲基丁酰氧查耳酮) | melafolone |
| 6-甲庚基乙烯基醚 | 6-methyl isooctyl vinyl ether |
| 甲庚酮 | methyl hepthyl ketone |
| 甲胍 | methyguanidine |
| *N*-甲磺酰咪唑 | *N*-methanesulfonyl imidazole |
| 2-甲基-2-苯基十五烷 | 2-methyl-2-phenyl pentadecane |
| 2-甲基-2-丁烯 | 2-methyl-2-butene |
| 2-甲基-2-丁烯醛 | 2-methyl-2-butenyl aldehyde |
| 2-甲基-2-丁烯酸-3-(4-乙酰氧基-3, 5-二甲氧苯基)-2-丙烯酯 | 2-methyl-2-butenoic acid-3-[4-(acetoxy)-3, 5-dimethoxyphenyl]-2-propenyl ester |
| 2-甲基-2-丁烯酸-3-[4-(乙酰氧基)-3-甲氧苯基]-2-丙烯酯 | 2-methyl-2-butenoic acid-3-[4-(acetoxy)-3-methoxyphenyl]-2-propenyl ester |
| 2-甲基-2-硫醇 | 2-methyl-2-mercaptan |
| 2-甲基-2-羟基-5-甲氧基苯并[*d*]氢化呋喃-3-酮 | 2-methyl-2-hydroxy-5-methyloxybenzene [*d*] hydrofuran-3-one |
| 2-甲基-2-戊烯醛 | 2-methyl-2-pentenal |
| 1-甲基-1-(4-甲基-3-环己烯-1-乙醇) | 1-methyl-1-(4-methyl-3-cyclohexen-1-ethanol) |
| 1-甲基-1-(5-甲基-5-乙烯基)四氢呋喃-2-乙醇 | 1-methyl-1-(5-methyl-5-vinyl) tetrahydrofuran-2-ethanol |
| (*E*)-甲基3-(4-羟基苯)丙烯酸酯 | (*E*)-methyl 3-(4-hydroxyphenyl) acrylate |
| 12-*O*-甲基-1-*O*-去乙酰印楝波力宁 B | 12-*O*-methyl-1-*O*-deacetyl nimbolinin B |
| 12-*O*-甲基-1-*O*-惕各酰基-1-*O*-去乙酰印楝波力宁 B | 12-*O*-methyl-1-*O*-tigloyl-1-*O*-deacetyl nimbolinin B |
| (*E*)-1-甲基-1-丙烯基硫醚 | (*E*)-1-methyl thio-1-propene |
| 1-甲基-1-氮正离子杂双环[2.2.1]庚烷氯化物 | 1-methyl-1-azoniabicyclo [2.2.1] heptane chloride |
| (*S*)-(–)-2-甲基-1-丁醇 | (*S*)-(–)-2-methyl-1-butanol |
| (*E*)-3-甲基-1-丁烯-1-硫醇 | (*E*)-3-methyl-1-buten-1-thiol |
| (*Z*)-2-甲基-1-丁烯-1-硫醇 | (*Z*)-2-methyl-1-buten-1-thiol |
| (*Z*)-3-甲基-1-丁烯-1-硫醇 | (*Z*)-3-methyl-1-buten-1-thiol |
| (*E*)-2-甲基-1-丁烯-1-硫醇 | (*E*)-2-methyl-1-buten-1-thiol |

| | |
|---|---|
| 1-甲基-1-环己烯 | 1-methyl-1-cyclohexene |
| 2-(1-甲基-1-羟乙基)-5-乙酰苯并呋喃 | 2-(1-methyl-1-hydroxyethyl)-5-acetyl benzofuran |
| 2-(1-甲基-1-羟乙基)-5-乙酰基-6-羟基苯并呋喃 | 2-(1-methyl-1-hydroxyethyl)-5-acetyl-6-hydroxybenzofuran |
| (*R*)-4-甲基-1-异丙基-3-环己烯-1-醇 | (*R*)-4-methyl-1-isopropyl-3-cyclohexen-1-ol |
| 3′-*O*-甲基-(–)-表儿茶素 | 3′-*O*-methyl-(–)-epicatechin |
| 3′-*O*-甲基-(–)-表儿茶素-7-*O*-β-D-葡萄糖苷 | 3′-*O*-methyl-(–)-epicatechin-7-*O*-β-D-glucoside |
| 3-*O*-甲基-(+)手性-肌醇(松醇) | 3-*O*-methyl-(+)-*chiro*-inositol (pinitol, sennite, sennitol) |
| 4-*O*-甲基-(1*S*, 2*E*, 4*R*, 7*E*, 11*E*)-2, 7, 11-烟草三烯-4, 6-二醇 | 4-*O*-methyl-(1*S*, 2*E*, 4*R*, 7*E*, 11*E*)-2, 7, 11-cembrtrien-4, 6-diol |
| 甲基-(1-丙烯基)二硫化物 | methyl-(1-propenyl) disulfide |
| 甲基-(2, 4-二羟基-3-甲酰基-6-甲氧基)苯基甲酮 | methyl-(2, 4-dihydroxy-3-formyl-6-methoxy) phenyl ketone |
| 4α-甲基-(24*R*)-乙基胆甾-7-烯-3β-醇 | 4α-methyl-(24*R*)-ethyl cholest-7-en-3β-ol |
| 6-甲基-(*E*)-3, 5-庚二烯-2-酮 | 6-methyl-(*E*)-3, 5-heptadien-2-one |
| 7-*O*-甲基-(*S*)-芦荟醇-8-*C*-葡萄糖苷 | 7-*O*-methyl-(*S*)-aloesol-8-*C*-glucoside |
| 2-甲基-(*Z*)-2-二十二烷 | 2-methyl-(*Z*)-2-docosane |
| 甲基(苯基)丙硒烷 | methyl (phenyl) triselane |
| 甲基(丙基)三硒烷 | methyl (propyl) triselane |
| 12-*O*-(2-甲基)丁酰佛波醇-13-辛酸酯 | 12-*O*-(2-methyl) butyryl phorbol-13-octanoate |
| 12-*O*-(2-甲基)丁酰佛波醇-13-乙酸酯 | 12-*O*-(2-methyl) butyryl phorbol-13-acetate |
| 12-*O*-(2-甲基)丁酰基-4α-脱氧佛波醇-13-乙酸酯 | 12-*O*-(2-methyl) butyryl-4α-deoxyphorbol-13-acetate |
| 12-*O*-(2-甲基)丁酰基-4α-脱氧佛波醇-13-异丁酸酯 | 12-*O*-(2-methyl) butyryl-4α-deoxyphorbol-13-isobutanoate |
| 12-*O*-(α-甲基)丁酰基佛波醇-13-癸酸酯 | 12-*O*-(α-methyl) butyryl phorbol-13-decanoate |
| 3-甲基-[4-(1, 5-二甲基-4-己烯基)-3-羟苯基]甲酯 | 3-methyl-[4-(1, 5-dimethyl-4-hexenyl)-3-hydroxyphenyl] methyl ester |
| 甲基-[6]-姜辣醇 | methyl-[6]-gingerol |
| 1-甲基-11-羟基光色素 | 1-methyl-11-hydroxylumichrome |
| (7*R*, 9*R*, 11*R*)-*N*-甲基-11-烯丙基金雀花碱 | (7*R*, 9*R*, 11*R*)-*N*-methyl-11-allyl cytisine |
| 4-甲基-1-(1-甲乙基)-3-环己烯-1-醇 | 4-methyl-1-(1-methyl ethyl)-3-cyclohexen-1-ol |
| 4-甲基-1-(1-甲乙基)-3-环己烯-1-醇乙酸酯 | 4-methyl-1-(1-methyl ethyl)-3-cyclohexen-1-ol acetate |
| 4-甲基-1-(1-甲乙基)二环[3.1.0]-2-己烯 | 4-methyl-1-(1-methyl ethyl) bicyclo [3.1.0]-2-hexene |
| 4-甲基-1-(1-甲乙基)二环[3.1.0]己-3-酮 | 4-methyl-1-(1-methyl ethyl) bicyclo [3.1.0] hexan-3-one |
| 2-甲基-1-(对甲氧苄基)-6, 7-亚甲二氧基异喹啉氯化物 | 2-methyl-1-(*p*-methoxybenzyl)-6, 7-methylenedioxyisoquinolinium chloride |
| 2-甲基-1, 10-十一烷二醇 | 2-methyl-1, 10-undecanediol |
| 甲基-1, 2, 3, 4-丁内酯 | methyl-1, 2, 3, 4-butaneterol |
| 2-甲基-1, 2, 3, 4-四氢-β-咔巴啉 | 2-methyl-1, 2, 3, 4-tetrahydro-β-carboline |
| 1-甲基-1, 2, 3, 4-四氢-β-咔巴啉 | 1-methyl-1, 2, 3, 4-tetrahydro-β-carboline |
| 1-甲基-1, 2, 3, 4-四氢-β-咔啉-3-甲酸 | 1-methyl-1, 2, 3, 4-tetrahydro-β-carbolin-3-carboxylic acid |

| | |
|---|---|
| (−)-(1*S*, 3*S*)-1-甲基-1, 2, 3, 4-四氢-β-咔啉-3-甲酸 | (−)-(1*S*, 3*S*)-1-methyl-1, 2, 3, 4-tetrahydro-β-carbolin-3-carboxylic acid |
| (1*R*, 3*S*)-1-甲基-1, 2, 3, 4-四氢-β-咔啉-3-甲酸 | (1*R*, 3*S*)-1-methyl-1, 2, 3, 4-tetrahydro-β-carbolin-3-carboxylic acid |
| (1*S*, 3*S*)-1-甲基-1, 2, 3, 4-四氢-β-咔啉-3-甲酸 | (1*S*, 3*S*)-1-methyl-1, 2, 3, 4-tetrahydro-β-carbolin-3-carboxylic acid |
| 1-甲基-1, 2, 3, 4-四氢咔啉-3-甲酸 | 1-methyl-1, 2, 3, 4-tetrahydrocarbolin-3-carboxylic acid |
| 5-甲基-1, 2, 3, 4-四噻烷 | 5-methyl-1, 2, 3, 4-tetrathiane |
| 4-甲基-1, 2, 3-三噻烷 | 4-methyl-1, 2, 3-trithiane |
| *N*-甲基-1, 2, 5, 6-四氢-吡啶-3-甲酸乙酯 | *N*-methyl-1, 2, 5, 6-tetrahydro-pyridine-3-carboxylic acid ethyl ester |
| 4-甲基-1, 2-二硫杂-3-环戊烯 | 4-methyl-1, 2-dithia-3-cyclopentene |
| 5-甲基-1, 2-二硫杂-3-环戊烯 | 5-methyl-1, 2-dithio-3-cyclopentene |
| 3-甲基-1, 2-二硫杂-3-环戊烯 | 3-methyl-1, 2-dithia-3-cyclopentene |
| 2-(1-甲基-1, 2-二羟乙基)-5-乙酰苯并呋喃 | 2-(1-methyl-1, 2-dihydroxyethyl)-5-acetyl benzofuran |
| 2-(1-甲基-1, 2-二羟乙基)-5-乙酰基-6-羟基苯并呋喃 | 2-(1-methyl-1, 2-dihydroxyethyl)-5-acetyl-6-hydroxy-benzofuran |
| 3-甲基-1, 2-环戊二醇 | 3-methyl-1, 2-cyclopentanediol |
| 3-甲基-1, 2-氧硫杂环己烷-2, 2-二氧化物 | 3-methyl-1, 2-oxathiane 2, 2-dioxide |
| 2-甲基-1, 3, 6-三羟基-9, 10-蒽醌-3-*O*-(6′-*O*-乙酰基)-α-鼠李糖基-(1→2)-β-D-葡萄糖苷 | 2-methyl-1, 3, 6-trihydroxy-9, 10-anthraquinone-3-*O*-α-rhamnosyl-(1→2)-β-D-glucoside |
| 2-甲基-1, 3, 6-三羟基-9, 10-蒽醌 | 2-methyl-1, 3, 6-trihydroxy-9, 10-anthraquinone |
| 2-甲基-1, 3, 6-三羟基-9, 10-蒽醌-3-*O*-(6′-*O*-乙酰基)-α-L-鼠李糖基-(1→2)-β-D-葡萄糖苷 | 2-methyl-1, 3, 6-trihydroxy-9, 10-anthraquinone-3-*O*-(6′-*O*-acetyl)-α-L-rhamnosyl-(1→2)-β-D-glucoside |
| 2-甲基-1, 3, 6-三羟基-9, 10-蒽醌-3-*O*-(6′-*O*-乙酰基)-α-鼠李糖基-(1→2)-β-葡萄糖苷 | 2-methyl-1, 3, 6-trihydroxy-9, 10-anthraquinone-3-*O*-(6′-*O*-acetyl)-α-rhamnosyl-(1→2)-β-glucoside |
| 2-甲基-1, 3, 6-三羟基-9, 10-蒽醌-3-*O*-α-L-鼠李糖基-(1→2)-β-D-葡萄糖苷 | 2-methyl-1, 3, 6-trihydroxy-9, 10-anthraquinone-3-*O*-α-L-rhamnosyl-(1→2)-β-D-glucoside |
| 2-甲基-1, 3, 6-三羟基-9, 10-蒽醌-3-*O*-β-D-木糖基-(1→2)-β-D-(6′-*O*-乙酰基)葡萄糖苷 | 2-methyl-1, 3, 6-trihydroxy-9, 10-anthraquinone-3-*O*-β-D-xylosyl-(1→2)-β-D-(6′-*O*-acetyl) glucoside |
| 2-甲基-1, 3, 6-三羟基蒽醌 | 2-methyl-1, 3, 6-trihydroxyanthraquinone |
| 2-甲基-1, 3-二氧环戊基乙酸乙酯 | 2-methyl-1, 3-dioxycyclopentyl ethyl acetate |
| 4-甲基-1, 3-二氧己环 | 4-methyl-1, 3-dioxane |
| 2-甲基-1, 4-萘醌 | 2-methyl-1, 4-naphthoquinone |
| 2-甲基-1, 6-二羟基蒽醌 | 2-methyl-1, 6-dihydroxyanthraquinone |
| 2-甲基-1, 6-二羟基蒽醌-3-*O*-α-L-吡喃鼠李糖基-(1→2)-β-D-吡喃葡萄糖苷 | 2-methyl-1, 6-dihydroxyanthraquinone-3-*O*-α-L-rhamnopyranosyl-(1→2)-β-D-glucopyranoside |
| *N*-甲基-10, 22-二氧蕊木烷 | *N*-methyl-10, 22-dioxokopsane |
| (7*S*, 14*S*)-(−)-*N*-甲基-10-*O*-去甲基木瓣树宁碱 | (7*S*, 14*S*)-(−)-*N*-methyl-10-*O*-demethyl xylopinine |
| D-8-甲基-10-苯基山梗二醇 | D-8-methyl-10-phenyl lobelidiol |
| 8-甲基-10-羟基牛扁次碱 | 8-methyl-10-hydroxylycoctonine |
| 7-*O*-甲基-10-氧化麝香草酚龙胆二糖苷 | 7-*O*-methyl-10-oxythymol gentiobioside |

| | |
|---|---|
| 8-甲基-10′-氧亚基足吡喃酮 | 8-methyl-10′-oxopodopyrone |
| *N*-甲基-11-乙酰氧基石杉碱甲、乙 | *N*-methyl-11-acetoxyhuperzines A, B |
| 1-*O*-甲基-12-表欧乌头碱 | 1-*O*-methyl-12-epinapelline |
| (*Z*)-6-甲基-12-十七烯酸 | (*Z*)-6-methyl-12-heptadecenoic acid |
| (12*E*)-11-甲基-12-十四烯醇乙酸酯 | (12*E*)-11-methyl-12-tetradedenol acetate |
| 13β-甲基-13-乙烯基罗汉松-7-烯-3-酮 | 13β-methyl-13-vinyl podocarp-7-en-3-one |
| *N*-甲基-14-*O*-去甲表紫鸦片碱 | *N*-methyl-14-*O*-demethyl epiporphyroxine |
| 16-甲基-15-贝壳杉烯-19-酸 | 16-methyl-15-kauren-19-oic acid |
| *O*-甲基-16-表-$\Delta^{14}$-蔓长春花醇 | *O*-methyl-16-epi-$\Delta^{14}$-vincanol |
| *N*a-甲基-17-二氢鸭脚树叶醛碱 (*N*a-甲基乳白仔榄树酯胺) | *N*a-methyl burnamine |
| *N*b-甲基-19, 20-二氢兰金钩吻定 | *N*b-methyl-19, 20-dihydrorankinidine |
| 2-甲基-1*H*-吡咯 | 2-methyl-1*H*-pyrrole |
| 4-甲基-1*H*-咪唑-5-乙醇 | 4-methyl-1*H*-imidazole-5-ethanol |
| 3-甲基-1-丙基戊基 | 3-methyl-1-propyl pentyl |
| 2-甲基-1-丙烯-1-硫醇 | 2-methyl-1-propen-1-thiol |
| 甲基-1-丙烯基二硫醚 | methyl 1-propenyl disulfide |
| 2-甲基-1-丁醇 | 2-methyl-1-butanol |
| 3-甲基-1-丁醇 | 3-methyl-1-butanol |
| 3-甲基-1-丁酸 | 3-methyl-1-butanoic acid |
| 3-甲基-1-丁烯-3-基-6-*O*-β-吡喃木糖基-β-D-吡喃葡萄糖苷 | 3-methyl-1-buten-3-yl-6-*O*-β-xylopyranosyl-β-D-glucopyranoside |
| 2-甲基-1-庚-6-酮 | 2-methyl-1-hept-6-one |
| 4-甲基-1-庚醇 | 4-methyl-1-heptanol |
| 2-甲基-1-庚烯 | 2-methyl-1-heptene |
| 3-甲基-1-庚烯 | 3-methyl-1-heptene |
| 5-甲基-1-己醇 | 5-methyl-1-hexanol |
| *N*-甲基-1-甲基紫堇杷灵 | *N*-methyl-1-methyl corypalline |
| 4-甲基-1-甲乙基-3-环己烯-1-醇 | 4-methyl-1-methyl ethyl-3-cyclohexen-1-ol |
| 6-甲基-1-硫杂-2, 4-环己二烯 | 6-methyl-1-thio-2, 4-cyclohexadiene |
| 甲基-1-哌啶酮 | methyl-1-piperidyl ketone |
| *N*-甲基-1-脱氧野尻霉素 | *N*-methyl-1-deoxynojirimycin |
| 2-甲基-1-戊醇 | 2-methyl-1-pentanol |
| 3-甲基-1-戊醇 | 3-methyl-1-pentanol |
| 2-甲基-1-戊烯 | 2-methyl-1-pentene |
| 2-甲基-1-戊烯-3-醇 | 2-methyl-1-penten-3-ol |
| 6-甲基-1-辛醇 | 6-methyl-1-octanol |
| 4α, 15α (*Z*)-15-[(2-甲基-1-氧亚基-2-丁烯基) 氧基] 贝壳杉-16-烯-18-酸甲酯 | 4α, 15α (*Z*)-15-[(2-methyl-1-oxo-2-butenyl) oxy] kaur-16-en-18-oic acid methyl ester |

J

| | |
|---|---|
| 7-甲基-1-氧亚基八氢环戊 [*c*] 吡喃-4-甲酸 | 7-methyl-1-oxo-octahydrocyclopenta [*c*] pyran-4-carboxylic acid |
| 2-甲基-1-氧亚基丙氧基 | 2-methyl-1-oxopropoxy |
| 3-甲基-1-乙基苯酚 | 3-methyl-1-ethyl benzene |
| 1-甲基-2-(1-甲乙基) 苯 (1-甲基-4-异丙基苯) | 1-methyl-2-(1-methyl ethyl) benzene |
| 5-甲基-2-(1-二甲乙基)-2-己烯醛 | 5-methyl-2-(1-dimethyl ethyl)-2-hexenal |
| 5-甲基-2-(1-甲乙基) 环己醇 | 5-methyl-2-(1-methyl ethyl) cyclohexanol |
| *N*-甲基-2-(2-羟丁基)-6-(2-羟基戊基哌啶) | *N*-methyl-2-(2-hydroxybutyl)-6-(2-hydroxypentyl piperidine) |
| (*S*)-甲基-2-(2-羟基-3, 4-二甲基-5-氧亚基-2, 5-二氢呋喃-2-基) 乙酸酯 | (*S*)-methyl-2-(2-hydroxy-3, 4-dimethyl-5-oxo-2, 5-dihydrofuran-2-yl) acetate |
| *N*-甲基-2-(2-羟基丙基)-6-(2-羟基丁基)-$\Delta^3$-哌替啶 | *N*-methyl-2-(2-hydroxypropyl)-6-(2-hydroxybutyl)-$\Delta^3$-piperideine |
| 3-甲基-2-(2-戊烯基)-2-环戊烯-1-酮 | 3-methyl-2-(2-pentenyl)-2-cyclopenten-1-one |
| 3-甲基-2-(2-戊烯基)-4-*O*-β-D-吡喃葡萄糖基-$\Delta^2$-环戊烯-1-酮 | 3-methyl-2-(2-pentenyl)-4-*O*-β-D-glucopyranosyl-$\Delta^2$-cyclopenten-1-one |
| *N*-甲基-2-(2-氧代丁基)-6-(2-羟基丁基)-$\Delta^3$-哌替啶 | *N*-methyl-2-(2-oxobutyl)-6-(2-hydroxybutyl)-$\Delta^3$-piperideine |
| 3-甲基-2-(3, 7, 11-三甲基十二烷基) 呋喃 | 3-methyl-2-(3, 7, 11-trimethyl dodecyl) furan |
| 5-甲基-2 (3*H*)-呋喃酮 | 5-methyl-2 (3*H*)-furanone |
| 5-甲基-2-(6-甲基-5-庚烯-2-基) 苯酚 | 5-methyl-2-(6-methyl-5-hepten-2-yl) phenol |
| 1-甲基-2-(丙-1-烯基) 二硫化物 | 1-methyl-2-(prop-1-enyl) disulfide |
| *N*1-甲基-2, 16-二氢苦籽木辛碱-*N*4-甲基氯化物 | *N*1-methyl-2, 16-dihydroakuammicine-*N*4-methochloride |
| 7″-*O*-甲基-2, 3, 2″, 3″-四氢扁柏双黄酮 | 7″-*O*-methyl-2, 3, 2″, 3″-tetrahydrohinokiflavone |
| 2-甲基-2, 3, 3a, 4, 5, 8, 9, 10, 11, 11a-十氢-6, 10-二(羟甲基)-3-亚甲基-2-氧化环癸 [*b*] 呋喃-4-基-2-丙烯酸酯 | 2-methyl-2, 3, 3a, 4, 5, 8, 9, 10, 11, 11a-decahydro-6, 10-bis (hydroxymethyl)-3-methylene-2-oxocyclodeca [*b*] furan-4-yl-2-propenoic acid ester |
| *N*-甲基-2, 3, 6-三甲氧基吗啡烷二烯-7-酮 | *N*-methyl-2, 3, 6-trimethoxymorphinandien-7-one |
| *N*-甲基-2, 3: 9, 10-双甲叉二氧基-7, 13a-断-小檗烷 | *N*-methyl-2, 3: 9, 10-bismethylenedioxy-7, 13a-secoberbine |
| 5-甲基-2, 3-二氢-1*H*-吡咯 | 5-methyl-2, 3-dihydro-1*H*-pyrrole |
| 7-(3′-甲基-2′, 3′-环氧丁氧基)-8-(3″-甲基-2″, 3″-环氧丁基) 香豆素 | 7-(3′-methyl-2′, 3′-epoxybutyloxy)-8-(3″-methyl-2″, 3″-epoxybutyl) coumarin |
| 7-(3′-甲基-2′, 3′-环氧丁氧基)-8-(3″-甲基-2″-氧亚基丁基) 香豆素 | 7-(3′-methyl-2′, 3′-epoxybutyloxy)-8-(3″-methyl-2″-oxobutyl) coumarin |
| 8-甲基-2, 4, 6, 9, 11-五硫杂十二烷 | 8-methyl-2, 4, 6, 9, 11-pentathiadodecane |
| 1-甲基-2, 4-二 (丙-1-烯-2-基)-1-乙烯基环己烷 | 1-methyl-2, 4-di (prop-1-en-2-yl)-1-vinyl cyclohexane |
| 1-甲基-2, 4-二甲氧基-3-羟基蒽醌 | 1-methyl-2, 4-dimethoxy-3-hydroxyanthraquinone |
| 6-甲基-2, 4-二羟苯基-4-*O*-甲基-β-D-吡喃葡萄糖苷 | 6-methyl-2, 4-dihydroxyphenyl-4-*O*-methyl-β-D-glucopyranoside |

| 3-甲基-2, 4-己二烯 | 3-methyl-2, 4-hexadiene |
| --- | --- |
| 3′-(2-甲基-2, 4-己二烯酰) 粪壳菌素 | 3′-(2-methyl-2, 4-hexadienoyl) sordarin |
| 2-甲基-2, 4-戊二醇 | 2-methyl-2, 4- pentanediol |
| 6-甲基-2, 5-二羟甲基-γ-吡喃酮 Ⅲ | 6-methyl-2, 5-dihydroxymethyl-γ-pyranone Ⅲ |
| 6α-甲基-2, 6β-二羟甲基双环 [3.1.1] 庚-2-烯 | 6α-methyl-2, 6β-dihydroxymethyl bicyclo [3.1.1] hept-2-ene |
| 6α-甲基-2, 6β-二羟甲基双环 [3.1.1] 庚-2-烯-2β-*O*-葡萄糖苷 | 6α-methyl-2, 6β-dihydroxymethyl bicyclo [3.1.1] hept-2-en-2β-*O*-glucoside |
| *N*-甲基-2, 6-二 (2-羟基丁基)-$\Delta^3$-哌替啶 | *N*-methyl-2, 6-bis (2-hydroxybutyl)-$\Delta^3$-piperideine |
| 4-甲基-2, 6-二羟基苯甲醛 | 4-methyl-2, 6-dihydroxybenzaldehyde |
| 4-甲基-2, 6-二叔丁基苯酚 | 4-methyl-2, 6-ditertbutyl phenol |
| *N*-甲基-2, 6-双 (2-羟基-戊基) 哌啶氢氯化物 | *N*-methyl-2, 6-bis (2-hydroxy-pentyl) piperidine hydrochloride |
| 2-(8-甲基-2, 8, 9-三羟基-2-羟甲基双环 [5.3.0] 癸-7-基) 异丙醇葡萄糖苷 | 2-(8-methyl-2, 8, 9-trihydroxy-2-hydroxymethyl bicyclo [5.3.0] dec-7-yl) isopropanol glucoside |
| 2-(8-甲基-2, 8-二羟基-9-氧亚基-2-羟甲基双环 [5.3.0] 癸-7-基) 异丙醇葡萄糖苷 | 2-(8-methyl-2, 8-dihydroxy-9-oxo-2-hydroxymethyl bicyclo [5.3.0] dec-7-yl) isopropanol glucoside |
| 1-甲基-2-[(4*Z*, 7*Z*)-4, 7-十三碳二烯基]-4 (1*H*)-喹诺酮 | 1-methyl-2-[(4*Z*, 7*Z*)-4, 7-tridecadienyl]-4 (1*H*)-quinolone |
| 1-甲基-2-[(6*Z*, 9*Z*)-6, 9-十五碳二烯基]-4 (1*H*)-喹诺酮 | 1-methyl-2-[(6*Z*, 9*Z*)-6, 9-pentadecadienyl]-4 (1*H*)-quinolone |
| 1-甲基-2-[(*Z*)-10-十五烯基]-4 (1*H*)-喹诺酮 | 1-methyl-2-[(*Z*)-10-pentadecenyl]-4 (1*H*)-quinolone |
| 1-甲基-2-[(*Z*)-5-十一烯基]-4 (1*H*)-喹诺酮 | 1-methyl-2-[(*Z*)-5-undecenyl]-4 (1*H*)-quinolone |
| 1-甲基-2-[(*Z*)-6-十五烯基]-4 (1*H*)-喹诺酮 | 1-methyl-2-[(*Z*)-6-pentadecenyl]-4 (1*H*)-quinolone |
| 1-甲基-2-[(*Z*)-6-十一烯基]-4 (1*H*)-喹诺酮 | 1-methyl-2-[(*Z*)-6-undecenyl]-4 (1*H*)-quinolone |
| 1-甲基-2-[(*Z*)-7-十三烯基]-4 (1*H*)-喹诺酮 | 1-methyl-2-[(*Z*)-7-tridecenyl]-4 (1*H*)-quinoione |
| 1-甲基-2-[(*Z*)-9-十五烯基]-4 (1*H*)-喹诺酮 | 1-methyl-2-[(*Z*)-9-pentadecenyl]-4 (1*H*)-quinolone |
| 25-甲基-21-三十三烯-1, 9, 11-三醇 | 25-methyl tritriacont-21-en-1, 9, 11-triol |
| 3-甲基-22β, 23-二羟基-6-氧亚基卫矛酚 | 3-methyl-22β, 23-dihydroxy-6-oxotingenol |
| 24-甲基-22-脱氢羊毛索甾醇 (24-甲基-22-脱氢胆甾-7-烯醇) | 24-methyl-22-dehydrolathosterol |
| 14α-甲基-24α-乙基-5α-胆甾-9 (11)-烯-3β-醇 | 14α-methyl-24α-ethyl-5α-cholest-9 (11)-en-3β-ol |
| 14α-甲基-24β-乙基-5α-胆甾-9 (11), 25-二烯-3β-醇 | 14α-methyl-24β-ethyl-5α-cholest-9 (11), 25-dien-3β-ol |
| 4α-甲基-24ξ-甲基胆甾-3β, 22ξ-二醇 | 4α-methyl-24ξ-methyl cholest-3β, 22ξ-diol |
| 4α-甲基-24ξ-乙基-5α-胆甾-7-烯-3β, 22ξ-二醇 | 4α-methyl-24ξ-ethyl-5α-cholest-7-en-3β, 22ξ-diol |
| 4α-甲基-24-亚甲基胆甾-7-烯-3β, 4β-二醇 | 4α-methyl-24-methylenecholest-7-en-3β, 4β-diol |
| (20*S*)-4α-甲基-24-亚甲基胆甾-7-烯-3β-醇 | (20*S*)-4α-methyl-24-methylenecholest-7-en-3β-ol |
| 4α-甲基-24-亚甲基胆甾-8, 14-二烯-3β, 4β-二醇 | 4α-methyl-24-methylenecholest-8, 14-dien-3β, 4β-diol |
| 4α-甲基-24-亚甲基胆甾-8-烯-3β, 4β-二醇 | 4α-methyl-24-methylenecholest-8-en-3β, 4β-diol |
| 14-甲基-24-亚甲基二氢杧果二醇 | 14-methyl-24-methylene dihydromangiferodiol |
| 14-甲基-24-亚甲基二氢杧果酮酸 | 14-methyl-24-methylene dihydromangiferonic acid |

| | |
|---|---|
| (24*R*)-14α-甲基-24-乙基-5α-胆甾-9 (11)-烯-3β-醇 | (24*R*)-14α-methyl-24-ethyl-5α-cholest-9 (11)-en-3β-ol |
| 4α-甲基-24-乙基胆甾-7, 24-二烯醇 | 4α-methyl-24-ethyl cholest-7, 24-dienol |
| (24*R*)-4α-甲基-24-乙基胆甾-7, 25-二烯-3β-醇乙酸酯 | (24*R*)-4α-methyl-24-ethyl cholest-7, 25-dien-3β-ol acetate |
| 24-甲基-25 (27)-脱氢环木菠萝烷醇 | 24-methyl-25 (27)-dehydrocycloartanol |
| (24*S*)-24-甲基-25-脱氢胆甾醇 | (24*S*)-24-methyl-25-dehydrocholesterol |
| (24*S*)-24-甲基-25-脱氢花粉烷甾醇 | (24*S*)-24-methyl-25-dehydropollinastanol |
| 24β-甲基-25-脱氢鸡冠柱烯醇 | 24β-methyl-25-dehydrolophenol |
| 21α-甲基-25-乙基苦楝二醇 | 21α-methyl-25-ethyl melianodiol |
| 22-*O*-甲基-26-*O*-β-D-吡喃葡萄糖基-(25*R*)-5β-呋甾-1β, 2β, 3β, 4β, 5β, 22ζ, 26-七羟基-5-*O*-β-D-吡喃半乳糖苷 | 22-*O*-methyl-26-*O*-β-D-glucopyranosyl-(25*R*)-5β-furostan-1β, 2β, 3β, 4β, 5β, 22ζ, 26-heptahydroxy-5-*O*-β-D-galactopyranoside |
| (3β, 13α, 14β)-13-甲基-26-去甲熊果-8-烯-3-醇-异鲍尔山油柑烯醇乙酸酯 | (3β, 13α, 14β)-13-methyl-26-norurs-8-en-3-ol-isobauerenyl acetate |
| 6α-甲基-2α, 6β-二羟甲基双环 [3.1.1] 庚-2α-*O*-葡萄糖苷 | 6α-methyl-2α, 6β-dihydroxymethyl bicyclo [3.1.1] hept-2α-*O*-glucoside |
| 6α-甲基-2α, 6β-二羟甲基双环 [3.1.1] 庚烷 | 6α-methyl-2α, 6β-dihydroxymethyl bicyclo [3.1.1] heptane |
| *N*-甲基-2β-羟丙基哌啶 | *N*-methyl-2β-hydroxypropyl piperidine |
| 2α-甲基-2β-乙烯-3β-异丙基-环己-1β, 3α-二醇 | 2α-methyl-2β-ethylene-3β-isopropyl cyclohex-1β, 3α-diol |
| *N*-甲基-2-氨基乙基磷酸酯 | *N*-methyl-2-aminoethyl phosphate |
| 5-甲基-2-苯基-2-戊烯醛 | 5-methyl-2-phenyl-2-pentenal |
| 3-(1-甲基-2-丙烯基)-1, 5-环辛二烯 | 3-(1-methyl-2-propenyl)-1, 5-cyclooctadiene |
| 甲基-2-丙烯基二硫醚 | methyl-2-propenyl disulfide |
| 3-甲基-2-丁醇 | 3-methyl-2-butanol |
| 3-甲基-2-丁酮 | 3-methyl-2-butanone |
| 6-(3-甲基-2-丁烯基)-1, 5-二羟基屾酮 | 6-(3-methyl-2-butenyl)-1, 5-dihydroxyxanthone |
| 2-(3-甲基-2-丁烯基)-2-苯基-1, 3-二氧戊烷 | 2-(3-methyl-2-butenyl)-2-phenyl-1, 3-dioxolane |
| 1-(3′-甲基-2′-丁烯基)-2-羟基-3-甲酰咔唑 | 1-(3′-methyl-2′-butenyl)-2-hydroxy-3-formyl carbazole |
| 3′-(3-甲基-2-丁烯基)-4′-*O*-β-D-吡喃葡萄糖基-4, 2′-二羟基查耳酮 | 3′-(3-methyl-2-butenyl)-4′-*O*-β-D-glucopyranosyl-4, 2′-dihydroxychalcone |
| 6-(3-甲基-2-丁烯基)-7-甲氧基香豆素 | 6-(3-methyl-2-butenyl)-7-methoxycoumarin |
| 3-(3-甲基-2-丁烯基) 乙酰苯-4-*O*-β-D-吡喃葡萄糖苷 | 3-(3-methyl-2-butenyl)-acetophenone-4-*O*-β-D-glucopyranoside |
| 8-(3-甲基-2-丁烯基) 治疝草素 (欧芹酚甲醚、蛇床子素、甲氧基欧芹酚、欧前胡醚、王草素) | 8-(3-methyl-2-butenyl) herniarin (osthole, osthol) |
| 3-甲基-2-丁烯基-β-D-呋喃芹糖基-(1→6)-β-D-吡喃葡萄糖苷 | 3-methyl-2-butenyl-β-D-apiofuranosyl-(1→6)-β-D-glucopyranoside |
| *N*-3-甲基-2-丁烯基脲 | *N*-3-methyl-2-butenylurea |
| 3-甲基-2-丁烯酸十五醇酯 | 3-methyl-2-butenoic acid pentadecyl ester |
| (+)-(*Z*)-2-甲基-2-丁烯酸酯 | (+)-(*Z*)-2-methyl-2-butenoate |

| | |
|---|---|
| 3-*O*-(3-甲基-2-丁烯酰基)-8-甲氧基-9-羟基麝香草酚 | 3-*O*-(3-methyl-2-butenoyl)-8-methoxy-9-hydroxythymol |
| (*Z*)-2-甲基-2-二十二烷 | (*Z*)-2-methyl-2-docosane |
| 1-(4-甲基-2-呋喃基)-2-(5-甲基-5-乙烯基-2-四氢呋喃基)丙-1-酮 | 1-(4-methyl-2-furanyl)-2-(5-methyl-5-ethenyl-2-tetrahydrofuranyl) prop-1-one |
| 5-甲基-2-呋喃醛 | 5-methyl-2-furancaboxaldehyde |
| *N*-甲基-2-庚基-4-喹啉酮(青花椒碱) | N-methyl-2-heptyl-4-quinolinone (schinifoline) |
| *N*-甲基-2-庚基-4-喹诺酮 | *N*-methyl-2-heptyl-4-quinolone |
| 6-甲基-2-庚酮 | 6-methyl-2-heptanone |
| (3-甲基-2-环氧乙基)甲醇 | (3-methyl oxiran-2-yl) methanol |
| 6-甲基-2-甲酸吡啶 | 6-methyl-2-pyridine carboxyic acid |
| 1-甲基-2-甲酰基吡咯 | 1-methyl-2-carboxaldehydepyrrole |
| 5-甲基-2-糠基呋喃 | 5-methyl-2-furfuryl furan |
| 5-甲基-2-糠醛(5-甲基-2-呋喃甲醛) | 5-methyl-2-furfural (5-methyl-2-furaldehyde) |
| 4′-*O*-甲基-2″-羟基二氢高山毒豆异黄酮 | 4′-*O*-methyl-2″-hydroxydihydroalpinumisoflavone |
| 5-甲基-2′-去甲利奇槐酮A、B | 5-methyl-2′-demethyl leachianones A, B |
| 5-*O*-甲基-2-去异戊烯基瑞地亚木屾酮A、B | 5-*O*-methyl-2-deprenyl rheediaxanthones A, B |
| 1-甲基-2-壬基-4(1*H*)-喹诺酮 | 1-methyl-2-nonyl-4 (1*H*)-quinolone |
| 1-甲基-2-十二基-4(1*H*)-喹诺酮 | 1-methyl-2-dodecyl-4-(1*H*)-quinolone |
| 1-甲基-2-十四基-4(1*H*)-喹诺酮 | 1-methyl-2-tetradecyl-4 (1*H*)-quinolone |
| 1-甲基-2-十五基-4(1*H*)-喹诺酮 | 1-methyl-2-pentadecyl-4 (1*H*)-quinolone |
| 1-甲基-2-十一基-4(1*H*)-喹诺酮 | 1-methyl-2-undecyl-4 (1*H*)-quinolone |
| 5-甲基-2′-脱氧尿苷 | 5-methyl-2′-deoxyuridine |
| 5-甲基-2-戊基-2-己烯醛 | 5-methyl-2-phenyl-2-hexenal |
| 3-甲基-2-戊酮 | 3-methyl-2-pentanone |
| 4-甲基-2-戊酮 | 4-methyl-2-pentanone |
| (*E*)-3-(3′-甲基-2′-亚丁烯基)-2-吲哚酮 | (*E*)-3-(3′-methyl-2′-butenylidene)-2-indolinone |
| L-甲基-2-乙基苯 | L-methyl-2-ethyl benzene |
| (–)-(5*Z*)-6-甲基-2-乙烯基-5-庚烯-1, 2, 7-三醇 | (–)-(5*Z*)-6-methyl-2-ethenyl-5-hepten-1, 2, 7-triol |
| (+)-(5*Z*)-6-甲基-2-乙烯基-5-庚烯-1, 2, 7-三醇 | (+)-(5*Z*)-6-methyl-2-ethenyl-5-hepten-1, 2, 7-triol |
| 1-L-1-*O*-甲基-2-乙酰基-3-对香豆酰肌肉肌醇 | 1-L-1-*O*-methyl-2-acetyl-3-*p*-coumaryl myoinositol |
| 1-甲基-3-(1-甲乙基)苯 | 1-methyl-3-(1-methyl ethyl) benzene |
| 2-甲基-3-(1′, 2′, 3′, 4′-四羟基丁基)吡嗪 | 2-methyl-3-(1′, 2′, 3′, 4′-tetrahydroxybutyl) pyrazine |
| 2-甲基-3-(2′, 3′, 4′-三羟基丁基)吡嗪 | 2-methyl-3-(2′, 3′, 4′-trihydroxybutyl) pyrazine |
| 2-甲基-3-(3-甲基丁-2-烯基)-2-(4-甲基-3-戊烯基)环氧丁烷 | 2-methyl-3-(3-methylbut-2-enyl)-2-(4-methyl-pent-3-enyl)-oxetane |
| 2-甲基-3-(3-甲基丁)-2-烯基-2-(4-甲基戊)-3-烯基环氧丁烷 | 2-methyl-3-(3-methylbut)-2-enyl-2-(4-methylpent)-3-enyl oxetane |
| [(2*R*)-2αβ (*Z*), 3β]-2-甲基-3-(3-甲基环氧乙基)-4-(2-甲基-1-氧亚基丙氧基)苯基-2-丁烯酸酯 | [(2*R*)-2αβ (*Z*), 3β]-2-methyl-3-(3-methyl oxiranyl)-4-(2-methyl-1-oxopropoxyl) phenyl-2-butenoic acid ester |
| 1-甲基-3-(丙-1-烯基)三硫化物 | 1-methyl-3-(prop-1-enyl) trisulfide |

| 17-*O*-甲基-3, 4, 5, 6-四脱氢缝籽木嗪 | 17-*O*-methyl-3, 4, 5, 6-tetradehydrogeissoschizine |
|---|---|
| *N*-甲基-3, 4, 7, 8-四甲氧基莲花-7-烯-6-酮 | *N*-methyl-3, 4, 7, 8-tetramethoxyhasuban-7-en-6-one |
| 3′-*O*-甲基-3, 4-*O*, *O*-次甲基鞣花酸 | 3′-*O*-methyl-3, 4-*O*, *O*-methylidyne ellagic acid |
| 3′-*O*-甲基-3, 4-亚甲二氧基鞣花酸-4′-*O*-β-D-吡喃葡萄糖苷 | 3′-*O*-methyl-3, 4-methylenedioxyellagic acid-4′-*O*-β-D-glucopyranoside |
| 1-*O*-甲基-3, 5-*O*-双咖啡酰基奎宁酸甲酯 | 1-*O*-methyl-3, 5-*O*-dicaffeoyl quinic acid methyl ester |
| 2-甲基-3, 5-二羟基色原酮 | 2-methyl-3, 5-dihydroxychromone |
| 6-甲基-3, 5-庚二烯-2-酮 | 6-methyl-3, 5-heptadien-2-one |
| (*E*)-6-甲基-3, 5-庚二烯-2-酮 | (*E*)-6-methyl-3, 5-heptadien-2-one |
| 2-甲基-3, 5-羟基色原酮 | 2-methyl-3, 5-hydroxychromone |
| (*E*)-甲基-3-{4-[(*E*)-4-羟基-3-甲基丁-2-烯基氧基]苯基}丙烯酸酯 | (*E*)-methyl-3-{4-[(*E*)-4-hydroxy-3-methylbut-2-enyloxy] phenyl} acrylate |
| 24-甲基-31-去甲-(*E*)-23-脱氢环木菠萝烷醇 | 24-methyl-31-nor-(*E*)-23-dehydrocycloartanol |
| 24-甲基-31-去甲羊毛甾-9 (11)-烯醇 | 24-methyl-31-norlanost-9 (11)-enol |
| 7aβ-甲基-3aβ, 4, 5, 6, 7, 7a-六氢-1β-茚基甲酮 | 7aβ-methyl-3aβ, 4, 5, 6, 7, 7a-hexahydro-1β-indenyl methyl ketone |
| 2-*O*-甲基-3-*O*-β-D-吡喃葡萄糖基桔梗酸A二甲酯 | dimethyl 2-*O*-methyl-3-*O*-β-D-glucopyranosyl platycogenate A |
| 22-*O*-甲基-3β, 22ξ, 26-三羟基-26-*O*-β-D-吡喃葡萄糖基-(25*R*)-呋甾-5-烯 | 22-*O*-methyl-3β, 22ξ, 26-trihydroxy-26-*O*-β-D-glucopyranosyl-(25*R*)-furost-5-ene |
| 2β-甲基-3β-羟基-6β-哌啶十二醇 | 2β-methyl-3β-hydroxy-6β-piperidine dodecanol |
| 4α-甲基-3β-羟基木栓烷 | 4α-methyl-3β-hydroxyfriedelane |
| 1-甲基-3-氨基甲基吲哚 | 1-methyl-3-aminomethyl indole |
| 1-甲基-3-苯基丙磷烷 | 1-methyl-3-phenyl triphosphane |
| 1-甲基-3-苯基丙硒烷 | 1-methyl-3-phenyl triselane |
| 1-甲基-3-苯基二硫氧烷 | 1-methyl-3-phenyl dithioxane |
| 4-甲基-3-苯基香豆素 | 4-methyl-3-phenyl coumarin |
| 6-甲基-3-吡啶醇 | 6-methyl-3-pyridinol |
| 1-甲基-3-丙基苯 | 1-methyl-3-propyl benzene |
| 1-甲基-3-丙基三硫化物 | 1-methyl-3-propyl trisulfide |
| 2-甲基-3-丁烯-2-醇 | 2-methyl-3-buten-2-ol |
| 2-甲基-3-丁烯-2-羟基-β-D-吡喃葡萄糖苷 | 2-methyl-3-buten-2-hydroxy-β-D-glucopyranoside |
| 2-甲基-3-丁烯-2-羟基-β-D-呋喃芹糖基-(1→6)-β-D-吡喃葡萄糖苷 | 2-methyl-3-buten-2-hydroxy-β-D-apiofuranosyl-(1→6)-β-D-glucopyranoside |
| 2-甲基-3-丁烯-1-醇 | 2-methyl-3-buten-1-ol |
| 5-甲基-3-庚醇 | 5-methyl-3-heptanol |
| 4-甲基-3-庚酮 | 4-methyl-3-heptanone |
| 5-甲基-3-庚酮 | 5-methyl-3-heptanone |
| 6-甲基-3-庚酮 | 6-methyl-3-heptanone |
| 2-(4-甲基-3-环己烯-1-基)丙-2-醇 | 2-(4-methyl-3-cyclohexen-1-yl) prop-2-ol |
| 4-甲基-3-环己烯-1-甲醛 | 4-methyl-3-cyclohexane-1-carboxaldehyde |

| | |
|---|---|
| 15-甲基-3-甲氧基-(22*E*, 24*R*)-麦角甾-7, 22-二烯 | 15-methyl-3-methoxy-(22*E*, 24*R*)-ergost-7, 22-diene |
| 1-甲基-3-甲氧基-6, 8-二羟基蒽醌-2-甲酸 | 1-methyl-3-methoxy-6, 8-dihydroxyanthraquinone-2-carboxylic acid |
| 1-甲基-3-甲氧基-8-羟基蒽醌-2-甲酸 | 1-methyl-3-methoxy-8-hydroxyanthraquinone-2-carboxylic acid |
| 2-甲基-3-甲氧基蒽醌 | 2-methyl-3-methoxyanthraquinone |
| 2-甲基-3-羟基-4-甲氧基蒽醌 | 2-methyl-3-hydroxy-4-methoxyanthraquinone |
| 2-甲基-3-羟基吡啶 | 2-methyl-3-hydroxypyridine |
| 2-甲基-3-羟基蒽醌 | 2-methyl-3-hydroxyanthraquinone |
| 4-甲基-3′-羟基松叶蕨素 | 4-methy-3′-hydroxypsilotinin |
| 2-甲基-3-羟甲基-5-乙基吡嗪 | 2-methyl-3-hydroxymethyl-5-ethyl pyrazine |
| (1*S*, 3*S*)-1-甲基-3-羧基-6-羟基-8-甲氧基-1, 2, 3, 4-四氢异喹啉 | (1*S*, 3*S*)-1-methyl-3-carboxy-6-hydroxy-8-methoxy-1, 2, 3, 4-tetrahydroisoquinoline |
| 2-甲基-3-羰基二噁烷并-1-甲氧基-4, 5, 6-三羟基环己烷 | 2-methyl-3-carbonyl dioxane-1-methoxy-4, 5, 6-trihydroxycyclohexane |
| 2-甲基-3-戊酮 | 2-methyl-3-pentanone |
| 2-甲基-3-戊烯-1-醇 | 2-methyl-3-penten-1-ol |
| 4-甲基-3-戊烯-2-酮 | 4-methyl-3-penten-2-one |
| 7-甲基-3-亚甲基-1, 6-辛二烯 | 7-methyl-3-methylene-1, 6-octadiene |
| 4-甲基-3-亚甲基戊-1, 2, 5-三醇 | 4-methyl-3-methylenepent-1, 2, 5-triol |
| 4-甲基-3-亚甲基戊-1, 2, 5-三羟基-*O*-β-D-吡喃葡萄糖苷 | 4-methyl-3-methylenepent-1, 2, 5-trihydroxy-*O*-β-D-glucopyranoside |
| 2-甲基-3-氧亚基-17-雌二醇乙酸酯 | 2-methyl-3-oxo-17-estranyl acetate |
| *N*-(2-甲基-3-氧亚基癸酰基)-2-吡咯啉 | *N*-(2-methyl-3-oxodecanoyl)-2-pyrroline |
| 2-甲基-3-乙基-1, 3-庚二烯 | 2-methyl-3-ethyl-1, 3-heptadiene |
| 1-甲基-3-乙基金刚烷 | 1-methyl-3-ethyl adamantane |
| 1-甲基-3-异丙苯 | 1-methyl-3-isopropyl benzene |
| 甲基-3-异丙基-1-环己烯 | methyl-3-isopropyl-1-cyclohexene |
| 1-甲基-3-异丙氧基环己烷 | 1-methyl-3-isopropoxycyclohexane |
| 1-甲基-4-1-甲乙基-1, 4-环己间二烯 | 1-methyl-4-1-methyl ethyl-1, 4-cyclohexadiene |
| 1-甲基-4-(1-甲基亚乙基) 环己醇 | 1-methyl-4-(1-methyl ethylidene) cyclohexanol |
| 1-甲基-4-(1-甲基亚乙基) 环己烯 | 1-methyl-4-(1-methyl ethylidene) cyclohexene |
| 1-甲基-4-(1-甲乙基)-1, 4-环己二烯 | 1-methyl-4-(1-methyl ethyl)-1, 4-cyclohexadiene |
| 1-甲基-4-(1-甲乙基) 苯酚 | 1-methyl-4-(1-methyl ethyl) phenol |
| 1-甲基-4-(1-甲乙烯基) 苯 | 1-methyl-4-(1-methyl vinyl) benzene |
| 1-甲基-4-(1-甲乙烯基) 环己烯 | 1-methyl-4-(1-methyl vinyl) cyclohexene |
| 2-甲基-4-(1, 1-二甲乙基) 苯酚 | 2-methyl-4-(1, 1-dimethyl ethyl) phenol |
| 1-甲基-4-(1, 2, 2-三甲基环戊基) 苯 | 1-methyl-4-(1, 2, 2-trimethyl cyclopentyl) benzene |
| 2-甲基-4-(1-丙酰基) 苯基-β-D-吡喃葡萄糖苷 | 2-methyl-4-(1-propionyl) phenyl-β-D-glucopyranoside |
| 1-甲基-4-(4, 5-二羟苯基) 六氢吡啶 | 1-methyl-4-(4, 5-dihydroxyphenyl) hexahydropyridine |

| | |
|---|---|
| 1-甲基-4-(5-甲基-1-亚甲基-4-己烯基)环己烯 | 1-methyl-4-(5-methyl-1-methylene-4-hexenyl) cyclohexene |
| 1-甲基-4-(6-甲基庚-5-烯-2-基)苯 | 1-methyl-4-(6-methylhept-5-en-2-yl) benzene |
| 3-甲基-4-(3-氧亚基丁基)-苯甲酸 | 3-methyl-4-(3-oxobutyl)-benzoic acid |
| 3-甲基-4-(3-氧亚基丁基)环庚-2, 4, 6-三烯-1-酮 | 3-methyl-4-(3-oxobutyl) cyclohept-2, 4, 6-trien-1-one |
| 1-甲基-4-(异丙烯基)乙酸环己醇酯 | cyclohexanol 1-methyl-4-(1-isopropenyl) acetate |
| *N*-甲基-4, 5α-环氧-7, 8-二脱氢吗啡烷-3, 6α-二醇 | *N*-methyl-4, 5α-epoxy-7, 8-didehydro-morphinan-3, 6α-diol |
| 1-*O*-甲基-4, 5-二氢雪叶向日葵素 A | 1-*O*-methyl-4, 5-dihydroniveusin A |
| (2*R*, 3*R*, 4*S*, 6*S*)-3-甲基-4, 6-二(3-甲基-2-丁烯基)-2-(2-甲基-1-丙酰基)-3-(4-甲基-3-戊烯基)环已酮 | (2*R*, 3*R*, 4*S*, 6*S*)-3-methyl-4, 6-di (3-methyl-2-butenyl)-2-(2-methyl-1- propanoyl)-3-(4-methyl-3-pentenyl) cyclohexanone |
| 6α-*O*-甲基-4, 6-二氢莫那可林 L | 6α-*O*-methyl-4, 6-dihydromonacolin L |
| 2-甲基-4-[2′, 4′, 6′-三羟基-3′-(2-甲基丙酰基)苯基]丁-2-烯乙酸酯 | 2-methyl-4-[2′, 4′, 6′-trihydroxy-3′-(2-methyl propanoyl) phenyl] but-2-enyl acetate |
| 1-甲基-4-过氧甲硫基双环[2.2.2]辛烷 | 1-methyl-4-dioximethyl thio-bicyclo [2.2.2] octane |
| 1-甲基-4-甲基乙烯基环己烯 | 1-methyl-4-methyl vinyl cyclohexene |
| (*E*)-2-甲基-4-甲氧基-2-(1-丙烯基)苯基丙酸酯 | (*E*)-2-methyl-4-methoxy-2-(1-propenyl) phenyl propanoic acid ester |
| (2*Z*)-2-甲基-4-甲氧基-2-(1*E*)-1-丙烯苯基-2-丁烯酸酯 | (2*Z*)-2-methyl-4-methoxy-2-(1*E*)-1-propenyl phenyl-2-butenoic acid ester |
| 1-甲基-4-甲氧基-β-咔啉 | 1-methyl-4-methoxy-β-carboline |
| 1-甲基-4-甲乙基苯 | 1-methyl-4-(1-methyl ethyl) benzene |
| 9-*O*-甲基-4-羟基黄细心酮 A、B | 9-*O*-methyl-4-hydroxyboeravinones A, B |
| 7-甲基-4-三十酮 | 7-methyl-4-triacontanone |
| 16-甲基-4-神经鞘氨醇 | 16-methyl-4-sphingenine |
| 1-甲基-4-硝基萘 | 1-methyl-4-nitronaphthalene |
| 7-甲基-4-亚甲基-1-(1-甲乙基)-1, 2, 3, 4, 4a, 5, 6, 8a-八氢化萘 | 7-methyl-4-methylene-1-(1-methyl ethyl)-1, 2, 3, 4, 4a, 5, 6, 8a-octahydronaphthalene |
| (2*E*)-3-甲基-4-氧亚基-2-壬烯-8-醇 | (2*E*)-3-methyl-4-oxo-2-nonen-8-ol |
| 3-甲基-4-氧亚基戊酸 | 3-methyl-4-oxopentanoic acid |
| 3-甲基-4-异丙基苯酚 | 3-methyl-4-isopropyl phenol |
| 3′-甲基-4′-异丁酰基圣草酚 | 3′-methyl-4′-isobutyryl eriodictyol |
| α-甲基-5-(1-甲基乙烯)环已酮 | α-methyl-5-(1-methyl ethylene)-cyclohexanone |
| (*S*)-2-甲基-5-(1-甲基乙烯基)-2-环已烯-1-酮 | (*S*)-2-methy1-5-(1-methyl ethenyl)-2-cyclohexen-1-one |
| 1-甲基-5-(1-甲乙烯基)环已烯 | 1-methyl-5-(1-methyl vinyl) cyclohexene |
| 2-甲基-5-(1, 5-二甲基-4-已烯基)-1, 3-环已二烯 | 2-methyl-5-(1, 5-dimethyl-4-hexenyl)-1, 3-cyclohexadiene |
| 2-甲基-5-(1-甲基乙烯基)-1, 3-环已二烯 | 2-methyl-5-(1-methyl vinyl)-cyclohex-1, 3-diene |
| 2-甲基-5-(1-甲乙基)苯酚 | 2-methyl-5-(1-methyl ethyl) phenol |
| 2-甲基-5-(1-甲乙基)环已酮 | 2-methyl-5-(1-methyl ethyl) cyclohexanone |
| 2-甲基-5-(1-甲乙基)-双环[3.1.0]已-2-烯 | 2-methyl-5-(1-methyl ethyl)-bicyclo [3.1.0] hex-2-ene |

| | |
|---|---|
| 3-甲基-5-(1-异丙基)-苯酚氨基甲酸甲酯 | 3-methyl-5-(1-methyl ethyl)-phenol methyl carbamate |
| *N*-甲基-5-(3-吡啶基)-2-吡咯烷酮 | *N*-methyl-5-(3-pyridinyl)-2-pyrrolididone |
| 5-甲基-5-(4, 8, 12-三甲基十三烷基) 二氢-2 (3*H*)-呋喃酮 | 5-methyl-5-(4, 8, 12-trimethyl tridecyl) dihydro-2 (3*H*)-furanone |
| 5-甲基-5-(4, 8, 12-三甲基十三烷基)-二氢呋喃-2-酮 | 5-methyl-5-(4, 8, 12-trimethyl tridecyl)-dihydrofuran-2-one |
| 21-*O*-甲基-5, 14-孕二烯-3β, 14β, 17β, 21-四羟基-20-酮 | 21-*O*-methyl-5, 14-pregndien-3β, 14β, 17β, 21-tetrahydroxy-20-one |
| 21-*O*-甲基-5, 14-孕二烯-3β, 17β, 20, 21-四醇 | 21-*O*-methyl-5, 14-pregndien-3β, 17β, 20, 21-tetraol |
| 24-甲基-5, 7, 22-胆甾三烯醇 | 24-methyl-5, 7, 22-cholestatrienol |
| (–)-(2*S*)-8-甲基-5, 7, 4′-三羟基黄烷酮-7-*O*-β-D-葡萄糖苷 | (–)-(2*S*)-8-methyl-5, 7, 4′-trihydroxyflavanone-7-*O*-β-D-glucoside |
| 2-甲基-5, 7-二羟基色原酮 | 2-methyl-5, 7-dihydroxychromone |
| 2-甲基-5, 7-二羟基色原酮-7-*O*-β-D-吡喃葡萄糖苷 | 2-methyl-5, 7-dihydroxychromone-7-*O*-β-D-glucopyranoside |
| 2-甲基-5, 7-二羟基色原酮-7β-*O*-葡萄糖苷 | 2-methyl-5, 7-dihydroxychromone-7β-*O*-glucoside |
| 2-甲基-5, 8-二羟基萘醌 (2-甲基萘茜) | 2-methyl-5, 8-dihydroxynaphthoquinone (2-methyl naphthazarin) |
| 2-甲基-5-[(14*Z*)-十九烯基]-1, 3-间苯二酚 | 2-methyl-5-[(14*Z*)-nonadecenyl]-1, 3-resorcinol |
| 2-甲基-5-[(3-甲基-2-丁烯-1-基) 氧基]-1, 4-萘二酮 | 2-methyl-5-[(3-methyl-2-buten-1-yl) oxy]-1, 4-naphthalenedione |
| 2-甲基-5-[(8′*Z*)-十七烯基] 树脂苔黑酚 | 2-methyl-5-[(8′*Z*)-heptadecenyl] resorcinol |
| 2-甲基-5-[(8*Z*)-十三烯基] 树脂苔黑酚 | 2-methyl-5-[(8*Z*)-tridecenyl] resorcinol |
| 2-甲基-5-[(*Z*)-十九碳-14-烯基] 树脂苔黑酚 | 2-methyl-5-[(*Z*)-nonadec-14-enyl] resorcinol |
| 2-甲基-5-[(*Z*)-十七碳-8-烯基] 树脂苔黑酚 | 2-methyl-5-[(*Z*)-heptadec-8-enyl] resorcinol |
| (*Z*)-2-甲基-5-[14″-(1′, 3′-二羟苯基) 十四碳-8″-烯基] 间苯二酚 | (*Z*)-2-methyl-5-[14″-(1′, 3′-dihydroxyphenyl) tetradec-8″-enyl] resorcinol |
| 2-甲基-5-[2′-(5′, 8′-二羟基-1′, 4′-萘醌基)]-5-羟基-2-戊烯羧酸-δ-内酯 | 2-methyl-5 [2′-(5′, 8′-dihydroxy-1′, 4′-naphthoquinon)-yl]-5-hydroxypenten-2-oic acid-δ-lactone |
| 3′-*O*-甲基-5′-*O*-甲基沟酸浆酮 | 3′-*O*-methyl-5′-*O*-methyl diplacone |
| 3′-*O*-甲基-5′-*O*-羟基沟酸浆酮 | 3′-*O*-methyl-5′-*O*-hydroxydiplacone |
| (24*S*)-24-甲基-5α-胆甾-7, 16-二烯-3β-醇 | (24*S*)-24-methyl-5α-cholest-7, 16-dien-3β-ol |
| (22*E*, 24*S*)-24-甲基-5α-胆甾-7, 22-二烯-3β, 5, 6β, 9-四醇 | (22*E*, 24*S*)-24-methyl-5α-cholest-7, 22-dien-3β, 5, 6β, 9-tetraol |
| (22*E*, 24*S*)-24-甲基-5α-胆甾-7, 22-二烯-3β, 5, 6β-三醇 | (22*E*, 24*S*)-24-methyl-5α-cholest-7, 22-dien-3β, 5, 6β-triol |
| 24ξ-甲基-5α-胆甾-7-烯 | 24ξ-methyl-5α-cholest-7-ene |
| (24*S*)-24-甲基-5α-胆甾-7-烯-3β-醇 | (24*S*)-24-methyl-5α-cholest-7-en-3β-ol |
| 24ξ-甲基-5α-胆甾-7-烯-3β-醇 (24ξ-甲基羊毛索甾醇) | 24ξ-methyl-5α-cholest-7-en-3β-ol (24ξ-methyl lathosterol) |
| 24α-甲基-5α-胆甾-8 (14)-烯-3β-醇 | 24α-methyl-5α-cholest-8 (14)-en-3β-ol |
| 24β-甲基-5α-胆甾-8 (14)-烯-3β-醇 | 24β-methyl-5α-cholest-8 (14)-en-3β-ol |
| 4α-甲基-5α-胆甾-8 (14)-烯-3β-醇 | 4α-methyl-5α-cholest-8 (14)-en-3β-ol |

| | |
|---|---|
| 14-甲基-5α-胆甾-9(11)-烯-3β-醇 | 14-methyl-5α-cholest-9(11)-en-3β-ol |
| 24α-甲基-5α-胆甾烷-3-酮 | 24α-methyl-5α-cholestan-3-one |
| 14α-甲基-5α-麦角甾-9(11), 24(28)-二烯-3β-醇 | 14α-methyl-5α-ergost-9(11), 24(28)-dien-3β-ol |
| (24*R*)-14α-甲基-5α-麦角甾-9(11)-烯-3β-醇 | (24*R*)-14α-methyl-5α-ergost-9(11)-en-3β-ol |
| (24*S*)-14α-甲基-5α-麦角甾-9(11)-烯-3β-醇 | (24*S*)-14α-methyl-5α-ergost-9(11)-en-3β-ol |
| 14α-甲基-5α-麦角甾-9(11)-烯-3β-醇 | 14α-methyl-5α-ergost-9(11)-en-3β-ol |
| 24ξ-甲基-5α-羊毛脂-25-酮 | 24ξ-methyl-5α-lanost-25-one |
| 2-甲基-5β-十九碳-14-烯基树脂苔黑酚 | 2-methyl-5β-nonadec-14-enyl resorcinol |
| 3-甲基-5-氨基吡唑 | 5-amino-3-methyl pyrazole |
| 4-甲基-5-氨基乙烯基-6-羟基-2-*O*-3-吡啶甲腈 | 4-methyl-5-amino-vinyl-6-hydroxy-2-*O*-3-pyridine carbonitrile |
| 3-甲基-5-丙基-1, 2-二硫环戊烷 | 3-methyl-5-propyl-1, 2-dithiolane |
| 2-甲基-5-丙基壬烷 | 2-methyl-5-propyl nonane |
| 2-甲基-5-丙烯基吡嗪 | 2-methyl-5-propenyl pyrazine |
| 2-甲基-5-丙氧亚基-7-羟基色原酮 | 2-methyl-5-acetonyl-7-hydroxychromone |
| 24-甲基-5-胆甾烯-3-醇 | 24-methyl-5-cholesten-3-ol |
| 6-甲基-5-庚烯-2-醇 | 6-methyl-5-hepten-2-ol |
| 6-甲基-5-庚烯-2-酮 | 6-methyl-5-hepten-2-one |
| 6-甲基-5-庚烯-3-酮 | 6-methyl-5-hepten-3-one |
| 3′-*O*-甲基-5′-甲氧基沟酸浆醇 | 3′-*O*-methyl-5′-methoxydiplacol |
| 3′-*O*-甲基-5′-甲氧基沟酸浆酮 | 3′-*O*-methyl-5′-methoxydiplacone |
| *N*-甲基-5-甲氧色胺 | *N*-methyl-5-methoxytryptamine |
| 2-甲基-5-羟基-1, 4-萘醌(白花丹素、蓝雪醌、白花丹醌、石苁蓉萘醌、矶松素) | 2-methyl-5-hydroxy-1, 4-naphthoquinone (plumbagin, plumbagine) |
| 2-甲基-5-羟基-6-(2-丁烯基-3-羟甲基)-7-β-D-吡喃葡萄糖氧基-4*H*-1-苯并吡喃-4-酮 | 2-methyl-5-hydroxy-6-(2-butenyl-3-hydroxymethyl)-7-β-D-glucopyranosyloxy-4*H*-1-benzopyran-4-one |
| 2-甲基-5-羟基-7-*O*-咖啡酸乙酯色原酮 | 2-methyl-5-hydroxy-7-*O*-ethyl caffeate chromome |
| *N*-甲基-5-羟基东风橘碱 | *N*-methyl-5-hydroxyseverifoline |
| 2-甲基-5-羟基色原酮 | 2-methyl-5-hydroxychromone |
| 5-甲基-5-壬醇 | 5-methyl-5-nonanol |
| 2-甲基-5-壬基-1, 3-间苯二酚 | 2-methyl-5-nonyl-1, 3-resorcinol |
| 2-甲基-5-壬基酰树脂苔黑酚 | 2-methyl-5-nonyl resorcinol |
| 4-甲基-5-噻唑乙醇 | 4-methyl-5-thiazole ethanol |
| 2-甲基-5-羧甲基-7-羟基-4-色烷酮 | 2-methyl-5-carboxymethyl-7-hydroxy-4-chromanone |
| 2-甲基-5-羧甲基-7-羟基色原酮 | 2-methyl-5-carboxymethyl-7-hydroxychromone |
| 12-甲基-5-脱氢浩米酮(12-甲基-5-脱氢荷茗草醌) | 12-methyl-5-dehydrohorminone |
| 12-甲基-5-脱氢乙酰基浩米酮(12-甲基-5-脱氢乙酰基荷茗草醌) | 12-methyl-5-dehydroacetyl horminone |
| 3-甲基-5-戊基-1, 2-二硫环戊烷 | 3-methyl-5-pentyl-1, 2-dithiolane |
| 4-甲基-5-硝基辛二酸 | 4-methyl-5-nitrooctanedioic acid |

| | |
|---|---|
| 1-甲基-5-亚甲基-8-(1-甲乙基)-[(*S*)-(*E*, *E*)]-1, 6-环癸二烯 | 1-methyl-5-methylene-8-(1-methyl ethyl)-[(*S*)-(*E*, *E*)]-1, 6-cyclodecadiene |
| 2-甲基-5-乙基呋喃 | 2-methyl-5-ethyl furan |
| 5-甲基-5-乙基癸烷 | 5-methyl-5-ethyl decane |
| 2-甲基-5-乙酰基呋喃 | 2-methyl-5-acetyl furan |
| 4-甲基-5-异丙基-1, 2-苯二酚 | 4-methyl-5-isopropyl-1, 2-benzenediol |
| 8-甲基-5-异丙基-2-萘酚 | 8-methyl-5-isopropyl-2-naphathalenol |
| 8-甲基-5-异丙基-2-羟基-3-萘甲酸 | 8-methyl-5-isopropyl-2-hydroxy-3-naphthalene carboxylic acid |
| (*E*)-8-甲基-5-异丙基-6, 8-壬二烯-2-酮 | (*E*)-8-methyl-5-isopropyl-6, 8-nonadien-2-one |
| 8-甲基-5-异丙基-6, 8-壬二烯-2-酮 | 8-methyl-5-isopropyl-6, 8-nonadien-2-one |
| 2-甲基-5-异丙基环戊烯甲酸 | 2-methyl-5-isopropyl cyclopentene carboxylic acid |
| 2-甲基-5-异丙烯基环己醇乙酸 | 2-methyl-5-(1-methyl vinyl) cyclohexanol acetate |
| 21-*O*-甲基-5-孕甾烯-3β, 14β, 17β, 20, 21-五醇 | 21-*O*-methyl-5-pregnen-3β, 14β, 17β, 20, 21-pentaol |
| 21-*O*-甲基-5-孕甾烯-3β, 14β, 17β, 21-四醇 | 21-*O*-methyl-5-pregnen-3β, 17β, 20, 21-tetraol |
| 21-*O*-甲基-5-孕甾烯-3β, 14β, 17β, 21-四羟基-20-酮 | 21-*O*-methyl-5-pregnen-3β, 14β, 17β, 21-tetrahydroxy-20-one |
| (3*R*, 6*R*)-4-甲基-6-(1-甲乙基)-3-苯基甲基全氢化-1, 4-噁嗪-2, 5-二酮 | (3*R*, 6*R*)-4-methyl-6-(1-methyl ethyl)-3-phenyl methyl perhydro-1, 4-oxazine-2, 5-dione |
| 3′-*O*-甲基-6-(1, 1-二甲烯丙基) 圣草酚 | 3′-*O*-methyl-6-(1, 1-dimethyl allyl) eriodictyol |
| 3-甲基-6-(1-甲基乙烯基)-(3*R*)-反式-环己烯 | 3-methyl-6-(1-methyl ethenyl)-(3*R*)-*trans*-cyclohexene |
| 2-甲基-6-(4-甲基苯基) 庚-2-烯-4-酮 | 2-methyl-6-(4-methyl phenyl) hept-2-en-4-one |
| 4-甲基-6 (5*H*)-蝶啶酮 | 4-methyl-6 (5*H*)-pteridinone |
| (2*R*, 3*R*, 4*R*, 6*R*)-2-甲基-6-(9-苯壬基)-3, 4-哌啶二醇 | (2*R*, 3*R*, 4*R*, 6*R*)-2-methyl-6-(9-phenyl nonyl)-3, 4-piperidinediol |
| (2*R*, 3*R*, 4*S*, 6*S*)-2-甲基-6-(9-苯壬基)-3, 4-哌啶二醇 | (2*R*, 3*R*, 4*S*, 6*S*)-2-methyl-6-(9-phenyl nonyl)-3, 4-piperidinediol |
| (2*S*, 3*R*, 6*R*)-2-甲基-6-(9-苯壬基)-3-哌啶醇 | (2*S*, 3*R*, 6*R*)-2-methyl-6-(9-phenyl nonyl)-3-piperidinol |
| (2*S*, 3*S*, 6*S*)-2-甲基-6-(9-苯壬基)-3-哌啶醇 | (2*S*, 3*S*, 6*S*)-2-methyl-6-(9-phenyl nonyl)-3-piperidinol |
| 3-甲基-6, 7, 8-三氢吡咯并 [1, 2-a] 嘧啶-2-酮 | 3-methyl-6, 7, 8-trihydropyrrolo [1, 2-a] pyrimidin-2-one |
| *N*-甲基-6, 7-二甲氧基异喹诺酮 | *N*-methyl-6, 7-dimethoxyisoquinolone |
| 3α-甲基-6, 7-二脱氢-3*aH*-茚 | 3α-methyl-6, 7-didehydro-3*aH*-indene |
| *N*-甲基-6β-(癸-1′, 3′, 5′-三烯基)-3β-甲氧基-2β-甲基哌啶 | *N*-methyl-6β-(dec-1′, 3′, 5′-trienyl)-3β-methoxy-2β-methyl piperidine |
| *N*-甲基-6β, 7β-氧桥-托品-3-醇 托品酸酯 | *N*-methyl-6β, 7β-epoxy-tropan-3-ol tropate |
| 4-甲基-6-苯基-2*H*-2-吡喃酮 | 4-methyl-6-phenyl-2*H*-2-pyranone |
| 2-甲基-6-丙基十二烷 | 2-methyl-6-propyl dodecane |
| 4-甲基-6-庚烯-3-酮 | 4-methyl-6-hepten-3-one |
| 6-甲基-6-己烯-2-酮 | 6-methyl-6-hexen-2-one |
| 2-甲基-6-甲氧基-1, 2, 3, 4-四氢-β-咔巴啉 | 2-methyl-6-methoxy-1, 2, 3, 4-tetrahydro-β-carboline |

| | |
|---|---|
| 3-甲基-6-甲氧基-1, 8-二羟基蒽醌 | 3-methyl-6-methoxy-1, 8-dihydroxyanthrachinon |
| 3-甲基-6-甲氧基-8-羟基-3, 4-二氢异香豆素 | 3-methyl-6-methoxy-8-hydroxy-3, 4-dihydroisocoumarin |
| *N*-甲基-6-甲氧基苯并噁唑啉酮 | *N*-methyl-6-methoxybenzoxazolinone |
| 2-甲基-6-羟基苯异丁烯酸酯 | 2-methyl-6-hydroxyphenyl methacrylate |
| 8-甲基-6-壬烯酸 | 8-methyl-6-nonenoic acid |
| 7-甲基-6-十三烯 | 7-methyl-6-tridecene |
| 4-*O*-(3-*O*-甲基-6-脱氧-β-D-吡喃阿洛糖基)-β-D-加拿大麻糖甲苷 | methyl-4-*O*-(3-*O*-methyl-6-deoxy-β-D-allopyranosyl)-β-D-cymaroside |
| 2-甲基-6-亚甲基-2, 7-辛二烯醇 | 2-methyl-6-methylene-2, 7-octadienol |
| 2-甲基-6-亚甲基-2, 7-辛二烯醇乙酸酯 | 2-methyl-6-methylene-2, 7-octadienol acetate |
| (*Z*)-甲基-6-氧亚基-(*Z*), 4-庚二烯酸-*O*-β-D-龙胆二糖苷 | (*Z*)-methyl-6-oxo-(*Z*), 4-heptadienoic acid-*O*-β-D-gentiobioside |
| 2-甲基-6-氧亚基-2, 4-庚二烯酸-*O*-β-D-龙胆二糖酯 | 2-methyl-6-oxo-2, 4-heptadienoic acid-*O*-β-D-gentiobiosyl ester |
| 3-*O*-甲基-6-氧亚基染用卫矛醇 (3-*O*-甲基-6-氧亚基卫矛酚) | 3-*O*-methyl-6-oxotingenol |
| 3-甲基-6-氧亚基卫矛酚 (3-甲基-6-氧亚基染用卫矛醇) | 3-methyl-6-oxotingenol |
| 2-甲基-6-乙基辛烷 | 2-methyl-6-ethyl octane |
| 4-甲基-6-乙酰氧基己醛 | 4-methyl-6-acetoxyhexanal |
| 3-甲基-6-异丁基-2, 5-二酮哌嗪 | 3-methyl-6-isobutyl-2, 5-piperazinedione |
| 3-甲基-6-仲丁基-2, 5-二酮哌嗪 | 3-methyl-6-sec-butyl-2, 5-piperazinedione |
| 7-甲基-7, 12-二羟基牻牛儿基牻牛儿醇 | 7-methyl-7, 12-dihydroxygeranyl geraniol |
| *N*-甲基-7, 8-二甲氧基-2, 3-甲叉二氧基-六氢苯并菲啶-11β-醇 | *N*-methyl-7, 8-dimethoxy-2, 3-methylenedioxy-hexahydrobenzophenanthridin-11β-ol |
| 2-甲基-7, 9-十一碳二烯酸庚酯 | 2-methyl-7, 9-undecadienoic acid heptyl ester |
| 8-*C*-甲基-7-*O*-异戊烯基瑞士五针松素 | 8-*C*-methyl-7-*O*-prenyl pinocembrin |
| 4-甲基-7-甲氧基异苯并呋喃酮 | 4-methyl-7-methoxyphthalide |
| 5-甲基-7-甲氧基异黄酮 | 5-methyl-7-methoxyisoflavone |
| 2-甲基-7-羟基-8-甲氧基蒽醌 | 2-methyl-7-hydroxy-8-methoxyanthraquinone |
| (8-*O*-甲基-7-羟基芦荟大黄素苷 (8-*O*-甲基-7-羟基芦荟素) A、B | 8-*O*-methyl-7-hydroxyaloins A, B |
| 4-甲基-7-羟基香豆素 (4-甲基伞形花内酯、4-甲基伞形酮) | 4-methyl-7-hydroxycoumarin (4-methyl umbelliferone) |
| 2-甲基-7-羟甲基-1, 4-萘醌 | 2-methyl-7-hydroxymethyl-1, 4-naphthoquinone |
| 4-甲基-7-乙氧基香豆素 | 4-methyl-7-ethoxycoumarin |
| 1-甲基-7-异丙基菲 | 1-methyl-7-isopropyl phenanthrene |
| (3*E*, 5*E*, 7*E*)-6-甲基-8-(2, 6, 6-三甲基-1-环己烯)-3, 5, 7-环辛三烯-2-酮 | (3*E*, 5*E*, 7*E*)-6-methyl-8-(2, 6, 6-trimethyl-1-cyclohexen)-3, 5, 7-cyclooctatrien-2-one |
| *N*-甲基-8, 9-亚甲二氧基菲啶甲基磺酸盐 | *N*-methyl-8, 9-methylenedioxy-phenanthridinium methyl sulfate |

| | |
|---|---|
| *N*-甲基-8, 9-亚甲二氧基菲啶苹果酸盐 | *N*-methyl-8, 9-methylenedioxy-phenanthridinium malate |
| *N*-甲基-8β-甲氧基-2, 3: 10, 11-双甲叉二氧基丽春花烷 | *N*-methyl-8β-methoxy-2, 3: 10, 11-bis-methylenedioxy-rhoeadan |
| 1-*O*-甲基-8-甲氧基-8, 8a-二氢大苞藤黄素 | 1-*O*-methyl-8-methoxy-8, 8a-dihydrobractatin |
| 5-甲基-8-羟基补骨脂素 | 5-methyl-8-hydroxypsoralen |
| (*R*)-(–)-14-甲基-8-十六炔-1-醇 | (*R*)-(–)-14-methyl-8-hexadecynyl-1-ol |
| (*R*)-(–)-(*Z*)-14-甲基-8-十六烯-1-醇 | (*R*)-(–)-(*Z*)-14-methyl-8-hexadecen-1-ol |
| 24-甲基-9, 19-环羊毛甾-24-烯-3β-醇 (环米糠醇) | 24-methyl-9, 19-cyclolanost-24-en-3β-ol (cyclobranol) |
| 1-甲基-9*H*-芴 | 1-methyl-9*H*-fluorene |
| 14α-甲基-9β, 19-环-5α-麦角甾-24 (28)-烯-3β-醇 | 14α-methyl-9β, 19-cyclo-5α-ergost-24 (28)-en-3β-ol |
| 24β-甲基-9β, 19-环羊毛甾-20-烯-3β-醇 (环绿玉树烯醇) | 24β-methyl-9β, 19-cyclolanost-20-en-3β-ol (cyclotirucanenol) |
| 8-甲基-9′-氧亚基足吡喃酮 | 8-methyl-9′-oxopodopyrone |
| *N*-甲基-As, As-二苯基氨亚基替次胂酸 | *N*-methyl-As, As-diphenyl arsinimidic acid |
| 6-*O*-甲基-D-半乳糖 | 6-*O*-methyl-D-galactose |
| 2-*C*-甲基-D-赤藓醇 | 2-*C*-methyl-D-erythritol |
| 2-*C*-甲基-D-赤藓醇-1-*O*-β-D-(6-*O*-4-甲氧基苯甲酰基) 吡喃葡萄糖苷 | 2-*C*-methyl-D-erythritol-1-*O*-β-D-(6-*O*-4-methoxybenzoyl) glucopyranoside |
| 2-*C*-甲基-D-赤藓醇-1-*O*-β-D-(6-*O*-4-羟基苯甲酰基) 吡喃葡萄糖苷 | 2-*C*-methyl-D-erythritol-1-*O*-β-D-(6-*O*-4-hydroxybenzoyl) glucopyranoside |
| 2-*C*-甲基-D-赤藓醇-1-*O*-β-D-吡喃葡萄糖苷 | 2-*C*-methyl-D-erythritol-1-*O*-β-D-glucopyranoside |
| 2-*C*-甲基-D-赤藓醇-1-*O*-β-D-呋喃果糖苷 | 2-*C*-methyl-D-erythritol-1-*O*-β-D-fructofuranoside |
| 2-*C*-甲基-D-赤藓醇-3-*O*-β-D-吡喃葡萄糖苷 | 2-*C*-methyl-D-erythritol-3-*O*-β-D-glucopyranoside |
| 2-*C*-甲基-D-赤藓醇-3-*O*-β-D-呋喃果糖苷 | 2-*C*-methyl-D-erythritol-3-*O*-β-D-fructofuranoside |
| 2-*C*-甲基-D-赤藓醇-4-*O*-β-D-吡喃葡萄糖苷 | 2-*C*-methyl-D-erythritol-4-*O*-β-D-glucopyranoside |
| 2-*C*-甲基-D-赤藓醇-4-*O*-β-D-呋喃果糖苷 | 2-*C*-methyl-D-erythritol-4-*O*-β-D-fructofuranoside |
| 1-*O*-甲基-D-肌-肌醇 (1-*O*-甲基-D-肌肉肌醇、白坚皮醇、婆罗胶树醇) | 1-*O*-methyl-D-*myo*-inositol (bornesitol) |
| *O*-甲基-D-卡牙呈 | *O*-methyl-D-caryachine |
| β-甲基-D-葡萄糖苷 | β-methyl-D-glucoside |
| 4-*O*-甲基-D-葡萄糖醛酸 | 4-*O*-methyl-D-glucuronic acid |
| (4-*O*-甲基-D-葡萄糖醛酸基)-D-木聚糖 | (4-*O*-methyl-D-glucurono)-D-xylan |
| *O*-甲基-D-无盐掌定 | *O*-methyl-D-anhalonidine |
| (*S*)-甲基-L-半胱氨酸 | (*S*)-methyl-L-cysteine |
| (+)-(*S*)-甲基-L-半胱氨酸亚砜 | (+)-(*S*)-methyl-L-cysteine sulfoxide |
| (*S*)-甲基-L-半胱氨酸亚砜 | (*S*)-methyl-L-cysteinsulfoxide |
| 2-甲基-L-赤藓醇-1-*O*-(6-*O*-反式-芥子酰基)-β-D-吡喃葡萄糖苷 | 2-methyl-L-erythritol-1-*O*-(6-*O*-*trans*-sinapoyl)-β-D-glucopyranoside |
| 2-甲基-L-赤藓醇-4-*O*-(6-*O*-反式-芥子酰基)-β-D-吡喃葡萄糖苷 | 2-methyl-L-erythritol-4-*O*-(6-*O*-*trans*-sinapoyl)-β-D-glucopyranoside |

| | |
|---|---|
| 6-甲基-L-庚烯 | 6-methyl-L-heptene |
| 5-(*N*-甲基-L-酪氨酸)-6-(*O*-D-吡喃葡萄糖基-3-羟基-*N*-甲基-L-酪氨酸) 布氏茜素 | 5-(*N*-methyl-L-tyrosine)-6-(*O*-D-glucopyranosyl-3-hydroxy-*N*-methyl-L-tyrosine) bouvardin |
| 2-*O*-甲基-L-手性肌醇 | 2-*O*-methyl-L-*chiro*-inositol |
| 1-甲基-L-组氨酸 | 1-methyl-L-histidine |
| 3-甲基-L-组氨酸 | 3-methyl-L-histidine |
| *N*-甲基-*N*-[2-(*p*-茴香基) 乙基] 肉桂酰胺 | *N*-methyl-*N*-[2-(*p*-anisyl) ethyl] cinnamamide |
| *N*4-甲基-*N*4, 21-塔氏多果树宁 | *N*4-methyl-*N*4, 21-secotalpinine |
| (–)-6′-甲基-*N*-去甲网叶番荔枝碱 | (–)-6′-methyl-*N*-norreticuline |
| 6-*O*-甲基-*N*-去乙酰吐根苷酸 | 6-*O*-methyl-*N*-deacetyl ipecosidic acid |
| *N*-甲基-*N*-亚硝基脲 | *N*-methyl-*N*-nitrosourea |
| 甲基-*O*-β-D-吡喃葡萄糖苷 (*O*-β-D-吡喃葡萄糖甲苷) | methyl-*O*-β-D-glucopyranoside |
| *N*-甲基-*P*-苯基 (胺基替) 硫代膦-*O*-酸 | *N*-methyl-*P*-phenyl phosphonamidothioic-*O*-acid |
| α-甲基-α-(4-甲基-3-戊烯基) 环氧乙烷甲醇 | α-methyl-α-(4-methyl-3-pentenyl) oxirane methanol |
| *O*-12′-甲基-α-麦角异隐亭碱 | *O*-12′-methyl-α-ergokryptinine |
| *O*-12′-甲基-α-麦角隐亭碱 | *O*-12′-methyl-α-ergokryptine |
| 3-甲基-α-萘酚 | 3-methyl naphthalen-α-ol |
| 3-*O*-(6-*O*-甲基-β-D-吡喃葡萄糖醛酸基) 积雪草酸-28-*O*-β-D-吡喃葡萄糖苷 | 3-*O*-(6-*O*-methyl-β-D-glucuronopyranosyl) asiatic acid-28-*O*-β-D-glucopyranoside |
| 3-*O*-(6-*O*-甲基-β-D-吡喃葡萄糖醛酸基) 积雪草酸甲酯 | 3-*O*-(6-*O*-methyl-β-D-glucuronopyranosyl) asiatic acid methyl ester |
| 3-*O*-6′-*O*-甲基-β-D-吡喃葡萄糖醛酸基-28-*O*-甲基棉根皂苷元 | 3-*O*-6′-*O*-methyl-β-D-glucuronopyranosyl-28-*O*-methyl gypsogenin |
| 3-*O*-6′-*O*-甲基-β-D-吡喃葡萄糖醛酸基棉根皂苷元 | 3-*O*-6′-*O*-methyl-β-D-glucuronopyranosyl gypsogenin |
| 3-*O*-6′-*O*-甲基-β-D-吡喃葡萄糖醛酸基皂树皮酸 | 3-*O*-6′-*O*-methyl-β-D-glucuronopyranosyl quillaic acid |
| *N*-甲基-β-苯乙胺 | *N*-methyl-β-phenethyl amine |
| 1-甲基-β-咔啉 (哈尔满碱、哈尔满、骆驼蓬满碱、牛角花碱) | 1-methyl-β-carboline (harmane, harman, locuturine, aribine, passiflorin) |
| *O*-甲基-$\Delta^{14}$-表蔓长春花醇 | *O*-methyl-$\Delta^{14}$-epivincanol |
| *O*-甲基-$\Delta^{14}$-蔓长春花醇 | *O*-methyl-$\Delta^{14}$-vincanol |
| 甲基-$\lambda^{6}$-硫烷 | methyl-$\lambda^{6}$-sulfane |
| *N*b-甲基阿吉马蛇根碱 | *N*b-methyl ajmaline |
| *N*-甲基阿枯米定碱 | *N*-methyl akuammidine |
| 5-*O*-甲基阿米芹诺醇 (苯并吡喃防风醇、5-*O*-甲基维斯阿米醇、5-*O*-甲基齿阿米醇) | 5-*O*-methyl visamminol |
| 5-*O*-甲基阿米芹诺醇-4′-*O*-β-D-葡萄糖苷 (5-*O*-甲基维斯阿米醇-4′-*O*-β-D-葡萄糖苷) | 5-*O*-methyl visamminol-4′-*O*-β-D-glucoside |
| *O*-甲基阿塞洛林 | *O*-methyl atheroline |
| (+)-12-*O*-甲基安次邦克碱 | (+)-12-*O*-methyl angchibangkine |
| 2-(甲基氨基) 苯甲酸 | 2-(methyl amino) benzoic acid |

| | |
|---|---|
| *N*-(*N*-甲基氨甲酰基)-*O*-甲基球紫堇碱 | *N*-(*N*-methyl carbamoyl)-*O*-methyl bulbocapnine |
| 1-[2-(*N*-甲基铵乙基)]-3, 4, 6, 7-四甲氧基菲 | 1-[2-(*N*-methyl aminoethyl)]-3, 4, 6, 7-tetramethoxyphenanthrene |
| (12, 13*E*)-甲基奥济酸酯 [(12, 13*E*)-奥济丹尼豆酸甲酯] | (12, 13*E*)-methyl ozate |
| *N*-甲基澳洲茄胺 | *N*-methyl solasodine |
| 1-甲基-八氢萘-2 (1*H*)-酮 | 1-methyl-2 (1*H*)-octahydronaphthalenone |
| α-甲基巴豆油酸 [(*E*)-2-甲基丁-2-烯酸、巴豆酸、顺芷酸、惕各酸] | α-methyl crotonic acid [(*E*)-2-methyl-2-butenoic acid, tiglic acid] |
| *O*-甲基巴孚木季铵盐 | *O*-methyl balfourodinium salt |
| *O*-甲基巴福定 | *O*-methyl balfourodine |
| (–)-(*S*)-*O*-甲基巴福木季铵碱 | (–)-(*S*)-*O*-methyl balfourodinium |
| 13-甲基巴马亭红碱 | 13-methyl palmatrubine |
| 8-甲基巴拿马黄檀异黄酮 (8-甲基雷杜辛、8-甲基微凹黄檀素) | 8-methyl retusin |
| 8-*O*-甲基巴拿马黄檀异黄酮 (8-*O*-甲基微凹黄檀素) | 8-*O*-methyl retusin |
| 8-甲基巴拿马黄檀异黄酮-7-*O*-β-D-吡喃葡萄糖苷 | 8-methyl retusin-7-*O*-β-D-glucopyranoside |
| 8-甲基巴拿马黄檀异黄酮葡萄糖苷 | 8-methyl retusin glucoside |
| *N*-甲基巴婆碱 | *N*-methyl asimilobine |
| *N*-甲基巴婆碱-2-*O*-β-D-吡喃葡萄糖苷 | *N*-methyl asimilobine-2-*O*-β-D-glucopyranoside |
| 3′-*O*-甲基巴西苏木素 | 3′-*O*-methyl brazilin |
| *N*-甲基白刺灵碱 | *N*-methyl nitrarine |
| (*S*)-7-*O*-甲基白花前胡醇-3′-*O*-β-D-吡喃葡萄糖苷 | (*S*)-7-*O*-methyl peucedanol-3′-*O*-β-D-glucopyranoside |
| (*S*)-7-*O*-甲基白花前胡醇-3′-*O*-β-D-呋喃芹糖基-(1→6)-β-D-吡喃葡萄糖苷 | (*S*)-7-*O*-methyl peucedanol-3′-*O*-β-D-apiofuranosyl-(1→6)-β-D-glucopyranoside |
| 甲基白花酸藤子素 | methyl vilangin |
| L-甲基白坚木定 | L-methyl aspidospermidine |
| *N*-甲基白坚木定 (*N*-甲基白坚木米定) | *N*-methyl aspidospermidine |
| (+)-*N*-甲基白坚木定 [(+)-*N*-甲基白坚木米定] | (+)-*N*-methyl aspidosperimidine |
| L-甲基白坚木替定 | L-methyl aspidospermatidine |
| (–)-α-*N*-甲基白毛茛定碘化物 | (–)-α-*N*-methyl canadinium iodide |
| (–)-β-*N*-甲基白毛茛定碘化物 | (–)-β-*N*-methyl canadinium iodide |
| (–)-α-*N*-甲基白毛茛定氢氧化物 | (–)-α-*N*-methyl canadinium hydroxide |
| DL-*N*-甲基白雀胺 | DL-*N*-methyl quebrachamine |
| L-*N*-甲基白雀胺 | L-*N*-methyl quebrachamine |
| 3-*O*-甲基白色向日葵素 A | 3-*O*-methyl niveusin A |
| 7-*O*-甲基白蹄纹天竺素-3-葡萄糖苷 | 7-*O*-methyl leucopelargonidin-3-monoglucofuranoside |
| 7-*O*-甲基白杨素 | 7-*O*-methyl chrysin |
| *O*-甲基白汁藤内酰胺 | *O*-methyl leuconolam |
| 9a-*O*-甲基百部烯碱 | 9a-*O*-methyl stemoenonine |
| 甲基斑点酸 | methyl stictic acid |

| | |
|---|---|
| 4α-甲基斑鸠菊甾醇 [4α-甲基豆甾-8, 14, 24 (28′) 三烯-2-醇] | 4α-methyl vernosterol [4α-methyl stigmast-8, 14, 24 (28′)-2-trienol] |
| 7-甲基半齿泽兰林素 | 7-methyl eupatilin |
| (*S*)-甲基半胱氨酸 | (*S*)-methyl cysteine |
| (*S*)-甲基半胱氨酸硫氧化物 | (*S*)-methyl cysteine sulphoxide |
| (*S*)-甲基半胱氨酸亚砜 | (*S*)-methyl cysteinsulfoxide |
| α-D-甲基半乳糖苷 | α-D-methyl galactopyranoside |
| 甲基半乳糖苷 | methyl D-galactoside |
| 5-甲基胞苷 (5-甲基胞嘧啶核苷) | 5-methyl cytidine |
| 5-甲基胞嘧啶 | 5-methyl cytosine |
| 甲基北五味子素 (甲基戈米辛) O～R | methyl gomisins O～R |
| 19-*O*-甲基贝壳杉醇酸 | 19-*O*-methyl agatholic acid |
| 4-甲基苯-1, 3-二磺酸 | 4-methyl benzene-1, 3-disulfonic acid |
| *N*-甲基苯丙氨酸 | *N*-methyl phenyl alanine |
| 7-甲基苯并呋喃 | 7-methyl benzofuran |
| 2-甲基苯酚 | 2-methyl phenol |
| 3-甲基苯酚 | 3-methyl phenol |
| 4-甲基苯酚 (对甲酚、4-甲酚) | 4-methyl phenol |
| 甲基苯酚 (甲苯酚、苯甲酚) | cresol |
| 3-甲基苯酚-6-*O*-β-吡喃木糖基-(1→6)-*O*-β-D-吡喃葡萄糖苷 | 3-methyl phenyl-6-*O*-β-xylopyranosyl-(1→6)-*O*-β-D-glucopyranoside |
| 甲基苯酚丁酸酯 | methyl phenol butanoate |
| 甲基苯基甲醇 | methyl phenyl carbinol |
| 甲基苯基乙基醚 | methyl phenyl ethyl ether |
| 4-甲基苯甲醇 | 4-methyl benzyl alcohol |
| α-甲基苯甲醇 | α-methyl benzenemethanol |
| 3-甲基苯甲醛 | 3-methyl benzaldehyde |
| 2-甲基苯甲酸 | 2-methyl benzoic acid |
| 4-甲基苯甲酸 | 4-methyl benzoic acid |
| *N*-甲基苯甲酰胺 | *N*-methyl benzamide |
| 甲基苯甲酰芽子碱 (可卡因、柯卡因、古柯碱) | methyl benzoyl ecgonine (cocaine) |
| 4-*O*-甲基苯甲酰氧化芍药苷 | 4-*O*-methyl benzoyloxypaeoniflorin |
| 3-甲基苯乙酮 | 3-methyl phenyl ethanone (3-methyl acetophenone) |
| 1-甲基芘-2, 7-二醇 | 1-methyl pyrene-2, 7-diol |
| 4-*O*-甲基吡哆醇 (银杏毒素) | 4-*O*-methyl pyridoxine (ginkgotoxin) |
| 4′-甲基吡哆酸 | 4′-methyl pridoxine |
| *N*-甲基吡咯琳 | *N*-methyl pyrroline |
| α-甲基吡咯酮 | α-methyl pyrrol ketone |
| (*R*)-1-(1-甲基吡咯烷-2-基)-丙-2-酮 | (*R*)-1-(1-methyl-pyrrolidin-2-yl)-propan-2-one |
| *N*-甲基吡咯烷基古豆碱 A、B | *N*-methyl pyrrolidinyl hygrines A, B |

|  |  |
|---|---|
| 1-*O*-甲基-α-D-吡喃磁麻糖苷 | 1-*O*-methyl-α-D-cymaropyranoside |
| (4-*O*-甲基-α-D-吡喃葡萄糖醛酸)-D-木聚糖 | (4-*O*-methyl-α-D-glucopyranuronic acid)-D-xylan |
| 4′-*O*-甲基吡喃异黄酮 | 4′-*O*-methyl pyranoid isoflavone |
| 2-甲基吡嗪 | 2-methyl pyrazine |
| (9*R*)-9-*O*-甲基荜澄茄素 | (9*R*)-9-*O*-methyl cubebin |
| (9*S*)-9-*O*-甲基荜澄茄素 | (9*S*)-9-*O*-methyl cubebin |
| 3′-甲基扁枝衣酸 | 3′-methyl evernic acid |
| 甲基苄胺 | methyl benzyl amine |
| 甲基苄醚 | methyl benzyl ether |
| *N*a-甲基表富贵草胺 D | *N*a-methyl epipachysamine D |
| *O*-甲基表蔓长春花醇 | *O*-methyl epivincanol |
| 3″-*O*-甲基表没食子儿茶素没食子酸酯 | 3″-*O*-methyl epigallocatechin gallate |
| 3′-*O*-甲基表苏木酚 | 3′-*O*-methyl episappanol |
| 4-*O*-甲基表苏木酚 | 4-*O*-methyl episappanol |
| 3-*O*-甲基表西南獐牙菜内酯 B | 3-*O*-methyl episwercinctolide B |
| 甲基别古太酚 | methyl bigutol |
| 5-*O*-甲基别牛筋果酮 | 5-*O*-methyl allopteroxylin |
| 甲基别牛筋果酮 (牛筋果色原酮甲) | methyl allopteroxylin (perforatin A) |
| *O*-甲基别嚏木素 | *O*-methyl alloptaeroxylin |
| (–)-3-*O*-甲基滨生全能花星碱 | (–)-3-*O*-methyl pancracine |
| 23-*O*-甲基丙二酰基常春藤苷元-28-*O*-α-L-吡喃鼠李糖基-(1→4)-β-D-吡喃葡萄糖基-(1→6)-β-D-吡喃葡萄糖苷 | 23-*O*-methyl malonyl hederagenin-28-*O*-α-L-rhamnopyranosyl-(1→4)-β-D-glucopyranosyl-(1→6)-β-D-glucopyranoside |
| 2-甲基丙醛 | 2-methyl propanal |
| 2-甲基丙酸 | 2-methyl propionic acid |
| 2-甲基丙酸-2-羟基-2-(2-甲氧基-4-甲基苯基)-1, 3-丙二酯 | 2-methyl propanoic acid-2-hydroxy-2-(2-methoxy-4-methyl phenyl)-1, 3-propanediyl ester |
| 2-甲基丙酸-2-乙酰氧基-2-(2, 4-二甲基苯基)-1, 3-丙二酯 | 2-methyl propanoic acid-2-acetoxy-2-(2, 4-dimethyl phenyl)-1, 3-propanediyl ester |
| 2-甲基丙酸-3-乙酰氧基-2-羟基-2-(2-甲氧基-4-甲基苯基) 丙酯 | 2-methyl propanoic acid-3-acetoxy-2-hydroxy-2-(2-methoxy-4-methyl phenyl) propyl ester |
| 2-甲基丙酸丙酯 | propyl 2-methyl propionate |
| 1-(甲基丙硒烷基) 丙-1-酮 | 1-(methyl triselanyl) prop-1-one |
| 2-甲基丙烯酸 | 2-methacrylic acid |
| 甲基丙烯酸 (异丁烯酸) | methacrylic acid (methyl acrylic acid) |
| 6-*O*-甲基丙烯酰多梗贝氏菊素 | 6-*O*-methyl acryloyl plenolin |
| 甲基丙烯酰基 (异丁烯酰基) | methacryl (methacrylyl) |
| 6-*O*-(2-甲基丙烯酰基)-3-羟基愈创木-4 (15), 10 (14), 11 (13)-三烯-12, 8-内酯 | 6-*O*-(2-methyl propenoyl)-3-hydroxyguai-4 (15), 10 (14), 11 (13)-trien-12, 8-olide |
| 1-甲基丙烯酰基-3-乙酰基-11-甲氧基鹅耳枥楝素 (1-异丁烯酰基-3-乙酰基-11-甲氧基鹅耳枥楝素) | 1-methacryl-3-acetyl-11-methoxymeliacarpinin |

| | |
|---|---|
| (4β*H*)-8α-(2-甲基丙烯酰氧基)-2-氧亚基-1 (5), 10 (14), 11 (13)-愈创木三烯-12, 6α-内酯 | (4β*H*)-8α-(2-methyl propenoyloxy)-2-oxo-1 (5), 10 (14), 11 (13)-guaiatrien-12, 6α-olide |
| 2, 2-甲基丙酰胺 | 2, 2-methyl propanamide |
| 1-(1-甲基丙亚基) 硒代氨基脲 | 1-(1-methyl propylidene) selenosemicarbazide |
| 3, 3′-甲基并没食子酸 | 3, 3′-methyl ellagic acid |
| 甲基补骨脂黄酮 A | bavachinin A |
| 6-甲基草地乌头芬 | 6-methylumbrofine |
| 8-*O*-甲基草棉黄素-3-*O*-槐糖苷 | 8-*O*-methyl herbacetin-3-*O*-sophoroside |
| *O*-甲基侧籽厚壳桂碱 | *O*-methyl pleurospermine |
| 3-甲基查耳酮 | 3-methyl chalcone |
| 甲基长春芦竹碱 (甲基长春禾草碱) | methyl vingramine |
| 甲基长春籽胺 | methyl vingramine |
| *N*b-甲基长尾马钱碱 | *N*b-methyl longicaudatine |
| (–)-8-*O*-甲基长圆叶小檗碱 [(–)-8-*O*-甲基长圆小檗碱] | (–)-8-*O*-methyl oblongine |
| 甲基长柱虎皮楠碱 B | methyl longistylumphylline B |
| 甲基长柱唐松草碱 | methothalistyline |
| 甲基橙皮苷 | methyl hesperidin |
| 甲基橙皮苷查耳酮 | hesperidin methyl chalcone |
| 4′-甲基赤松素 | 4′-methyl pinosylvin |
| 2-*C*-甲基赤藓醇 | 2-*C*-methyl erythritol |
| 甲基赤芝酮 (甲基赤芝萜酮) | methyl lucidone |
| 甲基雏菊叶龙胆酮 | methyl bellidifolin |
| 5-*O*-甲基雏菊叶龙胆酮 (当药斋瑞呫酮、3, 5-二甲氧基-1, 8-二羟基-9*H*-呫酮) | 5-*O*-methyl bellidifolin (swerchirin, 3, 5-dimethoxy-1, 8-dihydroxyxanthone) |
| 21-*O*-甲基川楝子五醇 | 21-*O*-methyl toosendanpentaol |
| 21α-甲基川楝子戊醇 | 21α-methyl toosendanpentol |
| 8-甲基穿心莲内酯 | 8-methyl andrographolide |
| 8-甲基穿心莲素 | 8-methyl andrograpanin |
| *O*-甲基垂木防己碱 | *O*-methyl cocsoline |
| (+)-*O*-甲基垂木防己碱 | (+)-*O*-methyl cocsoline |
| 2′-*O*-甲基刺芒柄花素 | 2′-*O*-methyl formononetin |
| 4′-*O*-甲基刺桐素 A～C | 4′-*O*-methyl erythrinins A～C |
| 甲基达布林 | methyl dambullin |
| 21-甲基达玛-18 (28), 22 (29)-二烯 | 21-methyl dammar-18 (28), 22 (29)-diene |
| *N*-甲基打碗花碱 $B_2$～$B_5$、$C_1$ | *N*-methyl calystegines $B_2$～$B_5$, $C_1$ |
| 1-*O*-甲基大苞藤黄素 | 1-*O*-methyl bractatin |
| 11-甲基大丁草醇 | 11-methyl gerberinol |
| 甲基大果咖啡碱 | methyl liberine |
| *O*-甲基大果山胡椒辛碱甲碘化物 | *O*-methyl praecoxine methiodide |
| 1-*O*-甲基大黄酚 | 1-*O*-methyl chrysophanol |

| 8-*O*-甲基大黄酚 | 8-*O*-methyl chrysophanol |
|---|---|
| 甲基大黄酸 | methyl rhein |
| *N*-甲基大麦芽碱 | *N*-methyl hordenine |
| 3-*O*-甲基大叶兰酚 | 3-*O*-methyl gigantol |
| 3-甲基大叶兰酚 | 3-methyl gigantol |
| *O*-甲基大叶糖胶树托宁 | *O*-methyl macralstonine |
| 9‴-甲基丹酚酸 B | 9‴-methyl salvianolic acid B |
| 9′-甲基丹酚酸 B | 9′-methyl salvianolic acid B |
| 6-甲基丹参隐螺内酯 | 6-methyl cryptoacetalide |
| *N*-甲基单叶酒饼簕碱 | *N*-methyl atalaphylline |
| *N*-甲基单叶酒饼簕宁 | *N*-methyl atalaphyllinine |
| 25-甲基胆甾-1 (2), 7-二烯-3-酮-5α-醇 | 25-methyl cholest-1 (2), 7-dien-3-one-5α-ol |
| (24*S*)-24α-甲基胆甾-1β, 2β, 5α, 6β-四醇 | (24*S*)-24α-methyl cholest-1β, 2β, 5α, 6β-tetraol |
| 24-甲基胆甾-3β, 5α, 6β, 25-四醇-25-单乙酸酯 | 24-methyl cholest-3β, 5α, 6β, 25-tetraol-25-monoacetate |
| 24-甲基胆甾-3β-*O*-吡喃葡萄糖苷 | 24-methyl cholest-3β-*O*-glucopyranoside |
| 24β-甲基胆甾-4-烯-22-酮-3α-醇 | 24β-methyl cholest-4-en-22-one-3α-ol |
| 24-甲基胆甾-5, 24-二烯醇 | 24-methyl cholest-5, 24-dienol |
| 24-甲基胆甾-5, 22-二烯-3-醇 | 24-methyl cholest-5, 22-dien-3-ol |
| 24-甲基胆甾-5, 22-二烯醇 | 24-methyl cholest-5, 22-dienol |
| 24-甲基胆甾-5, 25-二烯-3β-醇 | 24-methyl cholest-5, 25-dien-3β-ol |
| (22*E*, 24*R*)-甲基胆甾-5, 7, 22-三烯-3β-醇 | (22*E*, 24*R*)-methyl cholest-5, 7, 22-trien-3β-ol |
| 24-甲基胆甾-5, 7, 22-三烯-3β-醇 | 24-methyl cholest-5, 7, 22-trien-3β-ol |
| 24β-甲基胆甾-5, 7-二烯-3β-醇 | 24β-methyl cholest-5, 7-dien-3β-ol |
| 24-甲基胆甾-5, 7-二烯-3β-醇 | 24-methyl cholest-5, 7-dien-3β-ol |
| 24-甲基胆甾-5-烯-3β-醇 | 24-methyl cholest-5-en-3β-ol |
| 24α-甲基胆甾-5-烯醇 | 24α-methyl cholest-5-enol |
| 24β-甲基胆甾-5-烯醇 | 24β-methyl cholest-5-enol |
| (22*E*, 24*R*)-甲基胆甾-6, 22-二烯-3β, 5α, 8α-三醇 | (22*E*, 24*R*)-methyl cholest-6, 22-dien-3β, 5α, 8α-triol |
| 24α-甲基胆甾-7, 22-二烯-3β, 5α, 6β-三醇 | 24α-methyl cholest-7, 22-dien-3β, 5α, 6β-triol |
| (22*E*, 24*R*)-甲基胆甾-7, 22-二烯-3β, 5α, 6β-三醇 | (22*E*, 24*R*)-methyl cholest-7, 22-dien-3β, 5α, 6β-triol |
| 24-甲基胆甾-7, 22-二烯-3β-醇 | 24-methyl cholest-7, 22-dien-3β-ol |
| (22*E*, 24*R*)-甲基胆甾-7, 22-二烯-3β-醇 | (22*E*, 24*R*)-methyl cholest-7, 22-dien-3β-ol |
| 4-甲基胆甾-7-烯-3β-醇 | 4-methyl cholest-7-en-3β-ol |
| 4α-甲基胆甾-7-烯-3β-醇 | 4α-methyl cholest-7-en-3β-ol |
| 24-甲基胆甾-7-烯-3β-醇 | 24-methyl cholest-7-en-3β-ol |
| 4-甲基胆甾-7-烯醇 (4-甲基-7-胆甾烯醇、鸡冠柱烯醇、冠影掌烯醇) | 4-methyl cholest-7-enol (4-methyl-7-cholestenol, lophenol) |
| (24*R*)-α-甲基胆甾-8 (14)-烯醇 | (24*R*)-α-methyl cholest-8 (14)-enol |
| (24*S*)-β-甲基胆甾-8 (14)-烯醇 | (24*S*)-β-methyl cholest-8 (14)-enol |
| 4α-甲基胆甾-8-烯醇 | 4α-methyl cholest-8-enol |

| | |
|---|---|
| 14α-甲基胆甾-9 (11)-烯-3β-醇 | 14α-methyl cholest-9 (11)-en-3β-ol |
| 24-甲基胆甾醇 | 24-methyl cholesterol |
| 24 ζ -甲基胆甾醇 | 24 ζ -methyl cholesterol |
| 24ξ-甲基胆甾醇 | 24ξ-methyl cholesterol |
| (24*S*)-β-甲基胆甾醇 | (24*S*)-β-methyl cholesterol |
| (24*R*)-α-甲基胆甾烷醇 | (24*R*)-α-methyl cholestanol |
| (24*S*)-β-甲基胆甾烷醇 | (24*S*)-β-methyl cholestanol |
| (–)-*O*-甲基黄巴豆亭 [(–)-*O*-甲基伏危亭] | (–)-*O*-methyl flavinatine |
| *O*-甲基淡黄巴豆亭碱 (*O*-甲基黄巴豆碱、*O*-甲基深山黄堇碱) | *O*-methyl flavinantine (*O*-methyl pallidine) |
| 甲基氮宾 | methyl nitrene |
| 2-*O*-甲基当药宁 (2-*O*-甲基獐牙菜宁) | 2-*O*-methyl swertianin |
| 甲基当药屾酮 (甲基当药宁、1, 8-二羟基-2, 6-二甲氧基屾酮) | methyl swertianin (1, 8-dihydroxy-2, 6-dimethoxyxanthone) |
| *O*-甲基倒卵灰毛豆素 | *O*-methyl obovatin |
| 6-*O*-甲基倒捻子宁 | 6-*O*-methyl mangostanin |
| 12-*O*-甲基灯架鼠尾草酮 B | 12-*O*-methyl candesalvone B |
| *N*b-甲基灯台树次碱 | *N*b-methyl scholaricine |
| 甲基钓樟酮 (乌药环戊烯二酮甲醚) | methyl linderone |
| *O*-甲基调料九里香醛 | *O*-methyl mukonal |
| 2-甲基丁-2-烯-1-醇 | 2-methylbut-2-en-1-ol |
| (2*S*, 3*R*)-2-甲基丁-1, 2, 3, 4-四醇 | (2*S*, 3*R*)-2-methylbut-1, 2, 3, 4-tetraol |
| (2*E*)-2-甲基丁-1, 4-二羟基-1-*O*-β-D-吡喃葡萄糖苷 | (2*E*)-2-methylbut-1, 4-dihydroxy-1-*O*-β-D-glucopyranoside |
| 3′-(3-甲基丁-2-烯基)-3′, 4′, 7-三羟基黄烷 | 3′-(3-methylbut-2-enyl)-3′, 4′, 7-trihydroxyflavane |
| (*Z*)-2-甲基丁-2-烯酸 | (*Z*)-2-methylbut-2-enoic acid |
| (*E*)-2-甲基丁-2-烯酸 (巴豆酸、惕各酸、顺芷酸、α-甲基巴豆油酸) | (*E*)-2-methyl-2-butenoic acid (tiglic acid, α-methyl crotonic acid) |
| 2-甲基丁-2-烯酸乙酯 | ethyl 2-methylbut-2-enoate |
| 2-甲基丁-3-烯-2-醇 | 2-methylbut-3-en-2-ol |
| 2-甲基丁胺 | 2-methyl butylamine |
| 2-甲基丁醇 | 2-methyl butanol |
| 3-甲基丁醇 | 3-methyl butanol |
| 3-甲基丁醇乙酸酯 | 3-methyl butyl acetate |
| 甲基丁碲烷硫醇 | methyl tetratellanethiol |
| 2-甲基丁二酸-4-乙酯 | 2-methyl butanedioic acid-4-ethyl ester |
| 1-甲基丁二酸二 (1-甲丙基) 酯 | 1-methyl succinic acid-di (1-methyl propyl) ester |
| 10-*O*-(4″-*O*-甲基丁二酰) 京尼平苷 | 10-*O*-(4″-*O*-methyl succinoyl) geniposide |
| 2-甲基丁硅烷 | 2-methyl tetrasilane |
| 5-(3″-甲基丁基)-8-甲氧基呋喃香豆素 | 5-(3″-methyl butyl)-8-methoxy-furanocoumarin |
| 6-(1-甲基丁基) 十三烷 | 6-(1-methyl butyl) tridecane |

| | |
|---|---|
| 3-甲基丁基-2-烯酰-1-*O*-β-D-吡喃葡萄糖基-β-D-呋喃芹糖苷 | 3-methylbut-2-enoyl-1-*O*-β-D-glucopyranosyl-β-D-apiofuranoside |
| 3-甲基丁基烯酰-6-*O*-α-D-吡喃葡萄糖基-β-D-呋喃果糖苷 | 3-methyl butanoyl-6-*O*-α-D-glucopyranosyl-β-D-fructofuranoside |
| 2-甲基丁腈 | 2-methyl butyronitrile |
| 2-甲基丁醛 | 2-methyl butanal |
| 3-甲基丁醛 | 3-methyl butanal |
| 2-甲基丁酸 | 2-methyl butanoic acid |
| (2*S*)-2-甲基丁酸 | (2*S*)-2-methyl butanoic acid |
| 3-甲基丁酸 | 3-methyl butanoic acid |
| α-甲基丁酸 | α-methyl butanoic acid |
| 2-甲基丁酸 2-甲基丁酯 | 2-methyl butyl 2-methyl butanoate |
| 3-甲基丁酸 2-甲基丁酯 | 2-methyl butyl 3-methyl butanoate |
| 2-甲基丁酸-2-二甲基丙酯 | 2-dimethyl propyl-2-methyl butanoate |
| 3-甲基丁酸 (*Z*)-8-癸烯-4, 6-二炔-1-醇酯 | (*Z*)-8-decen-4, 6-diyn-1-yl 3-methyl butanoate |
| 3-甲基丁酸 (异戊酸、异缬草酸、飞燕草酸) | 3-methyl butanoic acid (isovaleric acid, isovalerianic acid, delphinic acid) |
| 3-甲基丁酸 4, 6-癸二炔醇酯 | dec-4, 6-diyn-1-yl 3-methyl butanoate |
| 2-甲基丁酸 3-甲基丁酯 | 3-methyl butyl 2-methyl butanoate |
| 3-甲基丁酸苄酯 | 3-benzyl methyl butanoate |
| D-2-甲基丁酸苄酯 | benzyl D-2-methyl butanoate |
| 2-甲基丁酸丙酯 | propyl 2-methyl butanoate |
| 2-甲基丁酸丁酯 | butyl 2-methyl butanoate |
| 2-甲基丁酸己酯 | hexyl 2-methyl butanoate |
| 2-甲基丁酸甲酯 | methyl 2-methyl butanoate |
| α-甲基丁酸甲酯 | methyl α-methyl butanoate |
| 甲基丁酸款冬素酯 | methyl butanoic acid tussilagin ester |
| 2-甲基丁酸乙酯 | ethyl 2-methyl butanoate |
| 3-甲基丁酸乙酯 | ethyl 3-methyl butanoate |
| α-甲基丁酸乙酯 | ethyl α-methyl butanoate |
| 3-甲基丁酮 | 3-methyl butanone |
| 3-甲基-3-丁烯-1-醇 | 3-methyl-3-buten-1-ol |
| 3-甲基-3-丁烯-1-醇乙酸酯 | 3-methyl-3-buten-1-ol acetate |
| 3-甲基-3-丁烯基-β-D-呋喃芹糖基-(1→6)-β-D-吡喃葡萄糖苷 | 3-methyl-3-butenyl-β-D-apiofuranosyl-(1→6)-β-D-glucopyranoside |
| 甲基丁烯基硫醚 | methyl crotyl sulfide |
| 3-甲基-3-丁烯酮 | 3-methyl-3-butenone |
| 甲基丁酰苯间苯三酚 | methyl phlor-butyrophenon |
| (2′*S*)-甲基丁酰高大苦油楝内酯 | (2′*S*)-methyl butanoyl proceranolide |
| (2′*R*)-甲基丁酰高大苦油楝内酯 | (2′*R*)-methyl butanoyl proceranolide |

| | |
|---|---|
| 14α-甲基丁酰基-(2*E*, 8*E*, 10*E*)-白术三醇 | 14α-methyl butyryl-(2*E*, 8*E*, 10*E*)-atractylentriol |
| 14-(α-甲基丁酰基)-(2*E*, 8*E*, 10*E*)-白术三醇 | 14-(α-methyl butyryl)-(2*E*, 8*E*, 10*E*)-atractylentriol |
| 14-(α-甲基丁酰基)-(2*E*, 8*Z*, 10*E*)-白术三醇 | 14-(α-methyl butyryl)-(2*E*, 8*Z*, 10*E*)-atractylentriol |
| 12-(α-甲基丁酰基)-14-乙酰基-(2*E*, 8*E*, 10*E*)-白术三醇 | 12-(α-methyl butyryl)-14-acetyl-(2*E*, 8*E*, 10*E*)-atractylentriol |
| 15-*O*-(2-甲基丁酰基)-3-*O*-藜芦酰原藜芦因 | 15-*O*-(2-methyl butanoyl)-3-*O*-veratroyl protoverine |
| 15-(2-甲基丁酰基)白藜芦胺 | 15-(2-methyl butyryl) germine |
| 3, 15-*O*, *O*'-(2-甲基丁酰基)白藜芦胺 | 3, 15-*O*, *O*'-(2-methyl butyryl) germine |
| 2-(2-甲基丁酰基)间苯三酚-1-*O*-(6-*O*-β-D-呋喃芹糖基)-β-D-吡喃葡萄糖苷 | 2-(2-methyl butyryl) phloroglucinol-1-*O*-(6-*O*-β-D-apiofuranosyl)-β-D-glucopyranoside |
| 2α-(α-甲基丁酰基)-氧基-5α, 7β, 10β-三乙酰氧基-4 (20), 11-紫杉二烯 | 2α-(α-methyl butyryl)-oxy-5α, 7β, 10β-triacetoxy-4 (20), 11-taxadiene |
| 2α-(α-甲基丁酰基)-氧基-5α, 7β, 9α, 10β-四乙酰氧基-4 (20), 11-紫杉二烯 | 2α-(α-methyl butyryl)-oxy-5α, 7β, 9α, 10β-tetraacetoxy-4 (20), 11-taxadiene |
| 11α-*O*-2-甲基丁酰基-12β-*O*-2-苯甲酰基通光藤苷元B | 11α-*O*-2-methyl butyryl-12β-*O*-2-benzoyl tenacigenin B |
| 11α-*O*-2-甲基丁酰基-12β-*O*-惕各酰通光藤苷元B | 11α-*O*-2-methyl butyryl-12β-*O*-tigloyl tenacigenin B |
| 11α-*O*-2-甲基丁酰基-12β-*O*-乙酰通光藤苷元B | 11α-*O*-2-methyl butyryl-12β-*O*-acetyl tenacigenin B |
| 12α-甲基丁酰基-14-乙酰基-(2*E*, 8*E*, 10*E*)-白术三醇 | 12α-methyl butyryl-14-acetyl-(2*E*, 8*E*, 10*E*)-atractylentriol |
| 12α-甲基丁酰基-14-乙酰基-(2*E*, 8*Z*, 10*E*)-白术三醇 | 12α-methyl butyryl-14-acetyl-(2*E*, 8*Z*, 10*E*)-atractylentriol |
| 14α-甲基丁酰基十四碳-(2*E*, 8*E*, 10*E*)-三烯-4, 6-二炔-1-醇 | 14α-methyl butyryltetradec-(2*E*, 8*E*, 10*E*)-trien-4, 6-diyn-1-ol |
| *N*'-甲基丁酰肼 | *N*'-methyl butanohydrazide |
| 8β-(2-甲基丁酰氧基)-14-氧亚基-11β, 13-二氢刺苞菊内酯 | 8β-(2-methyl butyryloxy)-14-oxo-11β, 13-dihydroacanthospermolide |
| 29-(2-甲基丁酰氧基)-2α-羟基崖摩抑酮 | 29-(2-methyl butanoyloxy)-2α-hydroxyamoorastatone |
| 1α-(2-甲基丁酰氧基)-3, 14-二脱氢-2-石生诺顿菊酮 | 1α-(2-methyl butyryloxy)-3, 14-didehydro-2-notonipetranone |
| 8β-(2-甲基丁酰氧基)-9β-羟基-14-氧亚基刺苞菊内酯 | 8β-(2-methyl butyryloxy)-9β-hydroxy-14-oxo-acanthospermolide |
| 7-(3-甲基丁酰氧基)闭花木-13, 15-二烯-18-酸 | 7-(3-methylbutyroxy) cleistanth-13, 15-dien-18-oic acid |
| 5-[3-(2-甲基丁酰氧基)丙基]-2-(3′, 4′-亚甲二氧苯基)苯并呋喃 | 5-[3-(2-methyl butanoyloxy) propyl]-2-(3′, 4′-methylenedioxyphenyl) benzofuran |
| 5-[3-(2-甲基丁酰氧基)丙基]-7-甲氧基-2-(3′, 4′-亚甲二氧苯基)苯并呋喃 | 5-[3-(2-methyl butanoyloxy) propyl]-7-methoxy-2-(3′, 4′-methylenedioxyphenyl) benzofuran |
| 12α-(2-甲基丁酰氧基)哈氏豆属酸 | 12α-(2-methyl butyryloxy) hardwickiic acid |
| 12α-(2-甲基丁酰氧基)哈氏豆属酸甲酯 | 12α-(2-methyl butyryloxy) hardwickiic acid methyl ester |
| 12α-(2-甲基丁酰氧基)劲直假莲酸甲酯 | 12α-(2-methyl butyryloxy) strictic acid methyl ester |
| 2-(2-甲基丁酰氧基)乙基十四酸酯 | 2-(2-methyl butyryloxy) ethyl tetradecanoic acid ester |
| (1*S*, 5*S*, 6*R*, 7*S*, 9*R*, 10*S*)-5-甲基丁酰氧基-1, 4, 9-三羟基-2-氧亚基苍耳-11-烯-6, 12-内酯 | (1*S*, 5*S*, 6*R*, 7*S*, 9*R*, 10*S*)-5-methyl butanoyloxy-1, 4, 9-trihydroxy-2-oxoxantha-11-en-6, 12-olide |
| 16α*H*-17-甲基丁酰氧基-对映-贝壳杉-19-酸 | 16α*H*-17-methyl butyryloxy-*ent*-kaur-19-oic acid |

| | |
|---|---|
| 3-甲基丁酰氧基托品烷 | 3-methyl butyryloxytropane |
| (1*S*, 2*R*, 3*R*, 5*S*, 7*R*)-7-[(2′*S*)-甲基丁酰氧甲基]-2, 3-二羟基-6, 8-二氧杂[3.2.1]辛-5-甲酸甲酯 | (1*S*, 2*R*, 3*R*, 5*S*, 7*R*)-7-[(2′*S*)-methyl butanoyloxymethyl]-2, 3-dihydroxy-6, 8-dioxabicyclo [3.2.1] oct-5-carboxylic acid methyl ester |
| (*S*)-α-甲基丁酰紫草醌 | (*S*)-α-methyl butyryl alkannin |
| 甲基丁香酚(甲基丁香油酚、4-烯丙基藜芦醚、丁香油酚甲醚) | methyl eugenol (4-allyl veratrole) |
| 甲基丁香苷 | methyl syringin |
| 甲基丁香色原酮(番樱桃素亭) | eugenitin |
| 10-(2-甲基丁氧基)-8, 9-环氧麝香草酚异丁酯 | 10-(2-methyl butyloxy)-8, 9-epoxy-thymol isobutanoate |
| *N*-甲基东风橘碱 | *N*-methyl severifoline |
| 甲基东莨菪碱 | methyl scopolamine |
| 4β-甲基豆甾-7, 24 (28)-二烯-3β-醇 | 4β-methyl stigmast-7, 24 (28)-dien-3β-ol |
| 4α-甲基豆甾-7, 24 (28)-二烯-3-醇(24-亚乙基鸡冠柱烯醇、24-亚乙基冠影掌烯醇) | 4α-methyl stigmast-7, 24 (28)-dien-3-ol (24-ethylidene lophenol) |
| 4α-甲基豆甾-8, 14, 24 (28′)三烯-2-醇(4α-甲基斑鸠菊甾醇) | 4α-methyl stigmast-8, 14, 24 (28′)-2-trienol (4α-methyl vernosterol) |
| D-*N*-甲基毒芹碱 | D-N-methyl coniine |
| L-*N*-甲基毒芹碱 | L-*N*-methyl coniine |
| (+)-*N*-甲基毒芹碱 | (+)-*N*-methyl coniine |
| *N*-甲基毒参碱 | *N*-methyl coniine |
| 4α-甲基杜松-1α, 2α, 10α-三醇 | 4α-methyl cadin-1α, 2α, 10α-triol |
| *N*-甲基断伪番木鳖碱(伊卡金、依卡晶) | N-methyl secopseudostrychnine (icajine) |
| *N*-甲基断伪马钱子碱 | novacine |
| *N*-甲基缎木定A、B | *N*-methyl swietenidines A, B |
| *N*-甲基对酪胺盐酸盐 | *N*-methyl-*p*-tyramine hydrochloride |
| 甲基对硫磷 | methyl parathion |
| 8-(*O*-甲基-对香豆酰基)哈巴苷[8-(*O*-甲基-对香豆酰基)钩果草吉苷] | 8-(*O*-methyl-*p*-coumaroyl) harpagide |
| 1-*O*-甲基俄亥俄金发藓素B | 1-*O*-methyl ohioensin B |
| 4′-*O*-甲基萼翅藤素 | 4′-*O*-methyl calycopterin |
| 2-甲基蒽 | 2-methyl anthracene |
| 2-甲基蒽醌 | 2-methyl anthraquinone |
| 4-甲基儿茶酚 | 4-methyl catechol |
| 甲基儿茶酚(愈创木酚、邻甲氧基苯酚) | methyl catechol (guaiacol, *o*-methoxyphenol) |
| (+)-4′-*O*-甲基儿茶素-7-*O*-β-D-吡喃葡萄糖苷 | (+)-4′-*O*-methyl catechin-7-*O*-β-D-glucopyranoside |
| 3-甲基二环[2.2.2]辛酮 | 3-methyl bycyclo [2.2.2] octanone |
| 1-甲基-2, 3-二氢-1*H*-五唑 | 1-methyl-2, 3-dihydro-1*H*-pentazole |
| 甲基二氢草木犀苷 | methyl dihydromelilotoside |
| 1-*O*-甲基二氢俄亥俄金发藓素B | 1-*O*-methyl dihydroohioensin B |
| 7-*O*-甲基二氢汉黄芩素 | 7-*O*-methyl dihydrowogonin |

| | |
|---|---|
| 27-甲基二十八碳-1, 3-二醇 | 27-methyloctacos-1, 3-diol |
| 3-甲基二十九碳-3-醇 | 3-methyl nonacos-3-ol |
| 26-甲基二十七酸 | 26-methyl heptacosanoic acid |
| 21-甲基二十三酸 | 21-methyl tricosanoic acid |
| 2-甲基二十三烷 | 2-methyl tricosane |
| 2-甲基二十烷 | 2-methyl eicosane |
| 3-甲基二十烷 | 3-methyl eicosane |
| 13-甲基二十五烷 | 13-methyl pentacosane |
| *N*-甲基番荔枝叶碱 [(*R*)-裂叶罂粟碱] | *N*-methyl anolobine [(*R*)-roemeroline, (*R*)-roemerolin] |
| *N*-甲基番木鳖碱 | *N*-methyl strychnine |
| *N*-甲基反式-阿魏酰基-4-甲基多巴胺 | *N*-methyl-*trans*-feruloyl- 4-methyl dopamine |
| (+)-2-*N*-甲基防己诺林碱 | (+)-2-*N*-methyl fangchinoline |
| 甲基飞龙掌血酰胺 | methyl toddaliamide |
| 18-*O*-甲基飞燕草碱 | 18-*O*-methyl delterine |
| 13-甲基非洲防己胺 | 13-methyl columbamine |
| 3-甲基菲 | 3-methyl phenanthrene |
| *N*-甲基粉蕊黄杨胺碱 A | *N*-methyl pachysamine A |
| 5-甲基蜂蜜曲霉素 (5-甲基蜂蜜曲菌素) | 5-methyl mellein |
| 7-*O*-甲基凤梨百合醇 | 7-*O*-methyl eucomol |
| 2-甲基呋喃 | 2-methyl furan |
| 3-甲基呋喃 | 3-methyl furan |
| α-甲基呋喃 | α-methyl furan |
| 5-α-D-甲基呋喃果糖糠醛 | 5-α-D-fructofuranosyl methyl furfural |
| 5-β-D-甲基呋喃果糖糠醛 | 5-β-D-fructofuranosyl methyl furfural |
| 14-*O*-甲基弗斯生 (14-*O*-甲基丽乌辛) | 14-*O*-methyl foresticine |
| *N*1-甲基伏康树菲宁 | *N*1-methyl voafinine |
| 1-甲基伏康树叶碱 | 1-methyl voaphylline |
| α-甲基茯苓双糖苷 | α-methyl pachybioside |
| 甲基富马酸 (甲基延胡索酸) | methyl fumaric acid (mesaconic acid) |
| 5-*O*-甲基甘草酚 | 5-*O*-methyl glycyrol |
| 5-*O*-甲基甘草西定 | 5-*O*-methyl licoricidin |
| 3-*O*-甲基甘露糖 | 3-*O*-methyl mannose |
| 4-*O*-甲基橄榄斑叶酸 | 4-*O*-methyl olivetoric acid |
| 甲基高交让木酯 | methyhomodaphniphyllate |
| 3-甲基高良姜素 | 3-methyl galangin |
| 4′-甲基高山毒豆异黄酮 | 4′-methyl alpinumisoflavone |
| 4′-*O*-甲基高山毒豆异黄酮 | 4′-*O*-methyl alpinumisoflavone |
| 4′-甲基高山黄芩素 | 4′-methyl scutellarein |
| 4′-*O*-甲基高山黄芩素 | 4′-*O*-methyl scutellarein |
| 6-*O*-甲基高山黄芩素 | 6-*O*-methyl scutellarein |

| 2′-甲基高山金莲花素 | 2′-methyl alpinumisoflavone |
|---|---|
| 4′-*O*-甲基高山金莲花素 | 4′-*O*-methyl alpinumisoflavone |
| *N*-甲基高山罂粟宁 | *N*-methyl alpinine |
| 17-甲基睾丸酮 | 17-methyl testosterone |
| 4′-*O*-甲基根皮苷 | 4′-*O*-methyl phloridzin |
| 4′-*O*-甲基根皮素 | 4′-*O*-methyl phloretin |
| 6′-*O*-甲基根皮素 | 6′-*O*-methyl phloretin |
| 6-甲基庚醇 | 6-methyl heptanol |
| 3-甲基庚醇乙酸酯 | 3-methyl heptyl acetate |
| 甲基庚酮 | methyl heptanone |
| 2-甲基庚烷 | 2-methyl heptane |
| 3-甲基庚烷 | 3-methyl heptane |
| 4-甲基庚烷 | 4-methyl heptane |
| 2-甲基庚烯酮 | 2-methyl heptenone |
| 甲基庚烯酮 | methyl heptenone |
| 3′-*O*-甲基沟酸浆醇 | 3′-*O*-methyl diplacol |
| 3′-*O*-甲基沟酸浆酮 | 3′-*O*-methyl diplacone |
| 17-甲基沟斜菊素 | 17-methyl bothrioclinin |
| *N*b-甲基钩吻迪奈碱 (*N*b-甲基钩吻二内酰胺) | *N*b-methyl gelsedilam |
| 4′-*O*-甲基构树查耳酮 B | 4′-*O*-methyl broussochalcone B |
| 4-甲基谷氨酸 | 4-methyl glutamic acid |
| (*S*)-甲基谷胱甘肽 | (*S*)-methyl glutathione |
| 甲基钴胺素 | methyl cobalamin |
| *N*-甲基瓜馥木定碱 | *N*-methyl fissoldine |
| 甲基贯叶金丝桃素 | methyl adhyperforin |
| 2, 6, 8-甲基癸烷 | 2, 6, 8-methyl decane |
| 3-甲基癸烷 | 3-methyl decane |
| 4-甲基癸烷 | 4-methyl decane |
| 5-甲基癸烷 | 5-methyl decane |
| 3-甲基-3-癸烯-2-酮 | 3-methyl-3-decen-2-one |
| 2-甲基桂皮酸 | 2-methyl cinnamic acid |
| *N*-甲基桂皮酰胺 | *N*-methyl cinnamamide |
| 4α-甲基果尔果萜醇乙酸酯 | 4α-methyl gorgostanol acetate |
| *O*-甲基哈佛地亚酚 (*O*-甲基哈氏芸香酚) | *O*-methyl halfordinol |
| 1-甲基海因 | 1-methyl hydantoin |
| 5-甲基海因 | 5-methyl hydantoin |
| 2-*N*-甲基汉防己碱 | 2-*N*-methyl tetrandrine |
| (+)-2-*N*-甲基汉防己碱 | (+)-2-*N*-methyl tetrandrine |
| 7-甲基汉黄芩素 | 7-methyl wogonin |
| 7-*O*-甲基汉黄芩素 | 7-*O*-methyl wogonin |

J

| | |
|---|---|
| 7-*O*-甲基汉黄芩素-5-葡萄糖苷 | 7-*O*-methyl wogonin-5-glucoside |
| 21-甲基旱地菊-12, 22 (29)-二烯 | 21-methyl bacchara-12, 22 (29)-diene |
| 7-*O*-甲基浩米酮 (7-*O*-甲基荷茗草酮、7-*O*-甲基荷茗草醌) | 7-*O*-methyl horminone |
| 1-*O*-甲基合蕊木屾酮 | 1-*O*-methyl symphoxanthone |
| 4-*O*-甲基和厚朴酚 | 4-*O*-methyl honokiol |
| 6′-*O*-甲基和厚朴酚 | 6′-*O*-methyl honokiol |
| 甲基河岸泽兰色烯 A | methyl ripariochromene A |
| *N*-甲基荷叶碱 | *N*-methyl nuciferine |
| 8-*O*-甲基核丛青霉素胺 | 8-*O*-methyl sclerotiorinamine |
| 3′-*O*-甲基黑木金合欢亭 | 3′-*O*-methyl melanoxetin |
| 甲基红花明苷 C | methyl safflomin C |
| 4-*O*-甲基荭草素-2-*O*-α-L-鼠李糖苷 | 4-*O*-methyl orientin-2-*O*-α-L-rhamnoside |
| 甲基胡椒酚 (草蒿脑、爱草脑、对烯丙基茴香醚) | methyl chavicol (estragole, *p*-allyl anisole) |
| *N*-甲基胡椒果钓樟碱 | *N*-methyl lindcarpine |
| 3′-甲基槲皮素 | 3′-methyl quercetin |
| 3-甲基槲皮素 | 3-methyl quercetin |
| 3′-*O*-甲基槲皮素 | 3′-*O*-methyl quercetin |
| 3-*O*-甲基槲皮素 | 3-*O*-methyl quercetin |
| 4′-*O*-甲基槲皮素 | 4′-*O*-methyl quercetin |
| 7-甲基槲皮素 | 7-methyl quercetin |
| 甲基槲皮素 | methyl quercetin |
| 7-*O*-甲基槲皮素-3-*O*-(*R*)-L-吡喃鼠李糖苷 | 7-*O*-methyl quercetin-3-*O*-(*R*)-L-rhamnopyranoside |
| 4′-甲基槲皮素-3-*O*-β-吡喃葡萄糖苷 | 4′-methyl quercetin-3-*O*-β-glucopyranoside |
| 3′-*O*-甲基槲皮素-3-葡萄糖苷 | 3′-*O*-methyl quercetin-3-glucoside |
| 3′-*O*-甲基槲皮素-3-芸香糖苷 | 3′-*O*-methyl quercetin-3-rutinoside |
| 3-甲基槲皮素-7-*O*-β-D-吡喃葡萄糖苷 6″-*O*-丙二酸酯 | 3-methyl quercetin-7-*O*-β-D-glucopyranoside-6″-*O*-malonate |
| 3-甲基槲皮素-7-*O*-β-D-葡萄糖苷 | 3-methyl quercetin-7-*O*-β-D-glucopyranoside |
| 3′-*O*-甲基槲皮素-3-*O*-β-D-吡喃葡萄糖苷 | 3′-*O*-methyl quercetin-3-*O*-β-D-glucopyranoside |
| 2-甲基琥珀酸 | 2-methyl succinic acid |
| 24-甲基花粉烷甾酮 | 24-methyl pollinastanone |
| 7-*O*-甲基花葵素-3-*O*-[6-*O*-(α-吡喃鼠李糖基)-β-吡喃半乳糖苷 | 7-*O*-methyl pelargonidin-3-*O*-[6-*O*-(α-rhamnopyranosyl)-β-galactopyranoside] |
| 7-*O*-甲基花葵素-3-*O*-β-吡喃半乳糖苷 | 7-*O*-methyl pelargonidin-3-*O*-β-galactopyranoside |
| 3′-*O*-甲基花旗松素 | 3′-*O*-methyl taxifolin |
| 3-甲基桦木酚 (3, 6-二甲氧基山柰素) | 3-methyl betuletol (3, 6-dimethoxykaempferide) |
| 24-甲基环阿屯酮 | 24-methyl cycloartenone |
| 2-甲基环丙烷-2-甲酸乙酯 | 2-methyl cyclopropane-2-carboxylic acid ethyl ester |
| 1-甲基环丙烷-1-甲酸乙酯 | ethyl 1-methyl cyclopropane-1-carboxylate |

| 甲基环癸烷 | methyl cyclodecane |
|---|---|
| (2*R*, 6*R*)-6-{[(1*R*, 6*S*)-(6-甲基环己-3-烯-1-基)]甲基}哌啶-2-甲酸(2*S*)-丁-2-酯 | (2*R*, 6*R*)-6-{[(1*R*, 6*S*)-(6-methyl cyclohex-3-en-1-yl)] methyl} piperidine-2-carboxylic acid (2*S*)-butan-2-yl ester |
| 2-甲基环己胺 | 2-methyl cyclohexan-1-amine |
| 2-甲基环己醇 | 2-methyl cyclohexanol |
| 4-甲基环己醇 | 4-methyl cyclohexanol |
| (2-甲基环己基)胺 | (2-methyl cyclohexyl) amine |
| 1-[(1*R*, 4*R*)-4-甲基环己基]-2-[(1*S*, 4*S*)-4-甲基环己基]乙-1, 1, 2, 2-四腈 | 1-[(1*R*, 4*R*)-4-methyl cyclohexyl]-2-[(1*S*, 4*S*)-4-methyl cyclohexyl] ethan-1, 1, 2, 2-tetracarbonitrile |
| 甲基环己酸 | methyl cyclohexanoic acid |
| 2-甲基环己酮 | 2-methyl cyclohexanone |
| 3-甲基环己酮 | 3-methyl cyclohexanone |
| 4-甲基环己酮 | 4-methyl clohexanone |
| 甲基环己烷 | methyl cyclohexane |
| 4-甲基环己烷 | 4-methyl cyclohexanone |
| 3-甲基-3-环己烯-1-酮 | 3-methyl-3-cyclohexen-1-one |
| 24-甲基环木菠萝烷醇(24-甲基环木菠萝醇) | 24-methyl cycloartanol |
| 24-甲基环木菠萝烷醇阿魏酸酯 | 24-methyl cycloartanol ferulate |
| 1-甲基环十二烯 | 1-methyl cyclododecene |
| 3-甲基环十三碳-1-酮 | 3-methyl cyclotridec-1-one |
| 1-甲基环十一烯 | 1-methyl cycloundecene |
| 3-甲基环戊醇 | 3-methyl cyclopentanol |
| 3-甲基环戊氮-1-烯 | 3-methyl cyclopentaaz-1-ene |
| 2-甲基环戊酮 | 2-methyl cyclopentanone |
| (*R*)-(+)-3-甲基环戊酮 | (*R*)-(+)-3-methyl cyclopentanone |
| 3-甲基环戊酮 | 3-methyl cyclopentanone |
| 甲基环戊烷 | methyl cyclopentane |
| 1-甲基环辛烯 | 1-methyl cyclooctene |
| 2-(3-甲基环氧乙基)-1, 4-苯基-2-丁烯酸酯 | 2-(3-methyl oxiranyl)-1, 4-phenylene-2-butenoic acid ester |
| 2-(3-甲基-环氧乙基)甲醇 | 2-(3-methyl-epoxyethyl) methanol |
| 3-甲基环氧乙烷甲醇 | 3-methyl oxirane methanol |
| (±)-*O*-甲基黄巴豆碱 | (±)-*O*-methyl flavinantine |
| 7-*O*-甲基黄柏烯醇A、B | 7-*O*-methyl phellodenols A, B |
| (7′*S*, 8′*S*)-4-*O*-甲基黄花草素D[(7′*S*, 8′*S*)-4′-*O*-甲基黄花菜木脂素D] | (7′*S*, 8′*S*)-4-*O*-methyl cleomiscosin D |
| 甲基黄连碱 | methyl coptisine |
| *O*-甲基黄皮诺内酯 | *O*-methyl clausenolide |
| 1-甲基黄嘌呤核苷 | 1-methyl xanthosine |
| 7-*O*-甲基黄芩素(略水苏素) | 7-*O*-methyl baicalein (negletein) |

| | |
|---|---|
| *N*-甲基黄肉楠碱 | *N*-methyl actinodaphnine |
| 5-*O*-甲基黄檀酚 | 5-*O*-methyl dalbergiphenol |
| 6-甲基黄酮 | 6-methyl flavone |
| *N*-甲基黄杨叶碱 (*N*-甲基黄杨叶木瓣树碱) | *N*-methyl buxifoline |
| 甲基黄紫堇钦碱 (甲基黄堇钦碱) | corytenchirine |
| 10-甲基磺酰癸基异硫氰酸酯 | 10-methyl sulfonyl decyl isothiocyanate |
| 9-甲基磺酰基壬基芥子油苷 | 9-methyl sulfonyl nonyl glucosinolate |
| 8-甲基磺酰基辛基芥子油苷 | 8-methyl sulfonyl octyl glucosinolate |
| 8-甲基磺酰基异硫氰酸酯 | 8-methyl sulfonyl octyl isothiocyanate |
| 9-甲基磺酰基异硫氰酸酯 | 9-methyl sulfonyl nonyl isothiocyanate |
| 甲基磺酰甲烷 | methyl sulfonyl methane |
| 5-*O*-甲基霍斯伦树酮 | 5-*O*-methyl hoslundin |
| 2′-*O*-甲基肌苷 | 2′-*O*-methyl inosine |
| 5-*O*-甲基-肌-肌醇 (红杉醇) | 5-*O*-methyl-*myo*-inositol (sequoyitol) |
| (24*R*)-甲基鸡冠柱烯醇 | (24*R*)-methyl lophenol |
| 24-甲基鸡冠柱烯醇 (24-甲基冠影掌烯醇) | 24-methyl lophenol |
| 6-*O*-甲基鸡屎藤次苷甲酯 | 6-*O*-methyl scandoside methyl ester |
| (2*E*, 4*Z*)-3-甲基己-2, 4-二烯酸 | (2*E*, 4*Z*)-3-methyl hex-2, 4-dienoic acid |
| 2-甲基己醇 | 2-methyl hexanol |
| 4-甲基己醇 | 4-methyl hexanol |
| 3-甲基-3-己醇 | 3-methyl-3-hexanol |
| 5-甲基己腈 | 5-methyl hexanenitrile |
| 5-甲基己醛 | 5-methyl hexanal |
| 2-甲基己酸 | 2-methyl hexanoic acid |
| 3-甲基己酸 | 3-methyl hexanoic acid |
| 6-甲基己酸甲酯 | 6-methyl hexanoate |
| 3-*O*-甲基己糖胺 | 3-*O*-methyl hexosamine |
| 2-甲基己烷 | 2-methyl hexane |
| 3-甲基己烷 | 3-methyl hexane |
| 甲基计米决明蒽酮 (甲基珠节决明胚芽酮) | methyl germitorosone |
| *N*-甲基加拿大白毛茛碱 (*N*-甲基四氢小檗碱) | *N*-methyl canadine (*N*-methyl tetrahydroberberine) |
| β-甲基加拿大白毛茛碱 (β-甲基坎那定) | β-methyl canadine |
| *N*-甲基加拿大白毛茛碱氢氧化物 (*N*-甲基四氢小檗碱氢氧化物) | *N*-methyl canadine hydroxide (*N*-methyl tetrahydroberberine hydroxide) |
| *N*-甲基假木贼碱 (*N*-甲基新烟碱) | *N*-methyl anabasine |
| *O*-甲基尖刺碱 (黄小檗碱) | *O*-methyl oxyacanthine (obaberine) |
| 5-甲基间苯二酚 | 5-methyl resorcinol |
| 甲基剑叶波斯菊苷 (甲基线叶金鸡菊苷、甲基玉山双蝴蝶素) | methyl lanceolin |
| 甲基箭毒碱 | methyl curine |

| | |
|---|---|
| *O*-甲基箭毒素 | *O*-methyl curine |
| 4-*O*-甲基箭毒素 | 4-*O*-methyl curine |
| (+)-4″-*O*-甲基箭毒素 | (+)-4″-*O*-methyl curine |
| 2-*N*-甲基江南地不容碱 | 2-*N*-methyl excentricine |
| 6-甲基姜辣二醇双乙酸酯 | 6-methyl gingediol diacetate |
| (–)-*O*-甲基疆罂粟定 | (–)-*O*-methyl roemeridine |
| 2-甲基焦袂康酸-3-*O*-β-D-吡喃葡萄糖苷-6′-(O-4″-羟苯酸酯) | 2-methyl pyromeconic acid-3-*O*-β-D-glucopyranoside-6′-(O-4″-hydroxybenzoate) |
| 4α-甲基酵母甾醇 | 4α-methyl zymosterol |
| 2-*O*-甲基桔梗苷酸A甲酯 | methyl 2-*O*-methyl platyconate A |
| 甲基芥子油苷 | methyl glucosinolate |
| *O*-甲基金龟草醇 | *O*-methyl acerinol |
| 甲基金鸡纳树碱(甲基苏西宾、甲基红金鸡勒碱) | methyl succirubine |
| 甲基金雀花碱 | methyl cytisine |
| (–)-*N*-甲基金雀花碱 | (–)-*N*-methyl cytisine |
| *N*-甲基金雀花碱(*N*-甲基野靛碱) | *N*-methyl cytisine |
| *N*-甲基金雀花碱(葳严仙碱)A～E | *N*-methyl cytisines (caulophyllines) A～E |
| *N*-甲基金雀花碱二聚体 | *N*-methyl cytisine dimer |
| 4′-甲基金圣草素 | 4′-methyl chrysoeriol |
| *N*-甲基金罂粟碱氢氧化物 | *N*-methyl stylopium hydroxide |
| 3′-*O*-甲基堇紫黄檀酮 | 3′-*O*-methyl violanone |
| (3*R*)-3′-*O*-甲基堇紫黄檀酮 | (3*R*)-3′-*O*-methyl violanone |
| *O*-甲基九节碱 | *O*-methyl psychotrine |
| 3′-*O*-甲基九里香醇 | 3′-*O*-methyl murraol |
| 4′-*O*-甲基酒花黄酚 | 4′-*O*-methyl xanthohumol |
| *N*-甲基巨盘木碱(*N*-甲基榆橘叶宁碱) | *N*-methyl flindersine |
| 3-甲基咔唑(3-甲基卡巴唑) | 3-methyl carbazole |
| 3-*O*-甲基咖啡酸[(*E*)-阿魏酸、咖啡酸-3-甲基醚] | 3-*O*-methyl caffeic acid [(*E*)-ferulic acid, caffeic acid-3-methyl ether] |
| 3-*O*-(3′-甲基咖啡酰)奎宁酸 | 3-*O*-(3′-methyl caffeoyl) quinic acid |
| 甲基卡枯醇 | methyl kakuol |
| 12-甲基开环红花蕊木酸 | 12-methoxychanofruticosinic acid |
| *N*-甲基-开环-伪-β-蛇形马钱碱(*N*-甲基-开环-伪-β-可鲁勃林) | *N*-methyl *seco*-pseudo-β-colubrine |
| *O*-甲基开环谢氏百合辛碱 | *O*-methyl *seco*-schelhammericine |
| 2-甲基糠醛 | 2-methyl furfural |
| α-甲基糠醛 | α-methyl furfural |
| 5-甲基糠醛 | 5-methyl furfural |
| 6-甲基可待因 | 6-methyl codeine |
| 4-*O*-甲基克里特鸦葱苷Ⅰ | 4-*O*-methyl scorzocreticoside Ⅰ |

| 6-*O*-甲基克里特鸦葱苷Ⅰ | 6-*O*-methyl scorzocreticoside Ⅰ |
|---|---|
| *N*-甲基苦豆碱 | *N*-methyl aloperine |
| 25-*O*-甲基苦瓜洛苷元A～D | 25-*O*-methyl karavilagenins A～D |
| (23*R*)-23-*O*-甲基苦瓜素Ⅳ | (23*R*)-23-*O*-methyl momordicine Ⅳ |
| [21α-甲基苦楝醇-(21*R*, 23*R*)-环氧-24-羟基-21α-甲氧基]甘遂-7, 25-二烯-3-酮 | [21α-methyl melianol-(21*R*, 23*R*)-epoxy-24-hydroxy-21α-methoxy] triucalla-7, 25-dien-3-one |
| 21-*O*-甲基苦楝二醇 | 21-*O*-methyl melianodiol |
| 21β-甲基苦楝二醇 | 21β-methyl melianodiol |
| 21α-*O*-甲基苦楝二醇 | 21α-*O*-methyl melianodiol |
| 21 (α, β)-甲基苦楝酮二醇 | 21 (α, β)-methyl melianodiols |
| 甲基苦木酮碱(苦木碱丁、4, 5-二甲氧基铁屎米-6-酮) | methyl nigakinone (4, 5-dimethoxycanthin-6-one) |
| 5-甲基苦参新醇C | 5-methyl kushenol C |
| 甲基苦树苷A、B | methyl picraquassiosides A, B |
| 甲基块茎酮酸葡萄糖苷 | methyl tuberonic acid glucoside |
| *N*-甲基阔果芸香季铵碱 | *N*-methyl platydesminium |
| (*R*)-(–)-5-*O*-甲基阔叶黄檀素 | (*R*)-(–)-5-*O*-methyl latifolin |
| 5-*O*-甲基阔叶黄檀素 | 5-*O*-methyl latifolin |
| 7-*O*-甲基阔翼蜡菊苯酞 | 7-*O*-methyl platypterophthalide |
| 22-*O*-甲基辣椒苷A～G | 22-*O*-methyl capsicosides A～G |
| *N*-甲基酪胺 | *N*-methyl tyramine |
| *N*-甲基酪胺-*O*-α-L-吡喃鼠李糖苷 | *N*-methyl tyramine-*O*-α-L-rhamnopyranoside |
| 甲基锂 | methyl lithium |
| 甲基莲心碱(荷心碱) | neferine |
| *N*-甲基莲叶桐碱(*N*-甲基南地任) | *N*-methyl nandigerine |
| *N*-甲基莲叶桐任碱 | *N*-methyl ovigerine |
| (+)-*N*-甲基莲叶桐任碱 | (+)-*N*-methyl ovigerine |
| 10-*O*-甲基莲叶桐文碱 | 10-*O*-methyl hernovine |
| (+)-*N*-甲基莲叶桐文碱 | (+)-*N*-methyl hernovine |
| *N*-甲基莲叶桐文碱(*N*-甲基莲叶桐种碱) | *N*-methyl hernovine |
| *N*-甲基莲叶酮碱 | *N*-methyl hernangerine |
| (5*R*)-*O*-甲基辽东桤木酮醇 | (5*R*)-*O*-methyl hirsutanonol |
| (5*S*)-*O*-甲基辽东桤木酮醇 | (5*S*)-*O*-methyl hirsutanonol |
| 甲基裂叶蒿酚 | methyl lacarol |
| *N*-甲基邻氨基苯甲酸甲酯 | methyl *N*-methyl anthranilate |
| *N*-甲基邻氨基苯甲酰胺 | *N*-methyl anthranoyl amide |
| 甲基膦酸二乙基酯 | diethyl methyl phosphonate |
| 甲基膦酸氢钾 | potassium hydrogen methyl phosphonate |
| 1-*O*-甲基凌霄醇 | 1-*O*-methyl cachinol |
| 甲基硫代-6-尿米酮 | methyl thio-6-canthinone |
| 1-(1-甲基硫代丙基)-1-丙烯基二硫醚 | 1-(1-methyl thiopropyl)-1-propenyl disulfide |

| 1-甲基硫代丙基乙基二硫醚 | 1-methyl thiopropyl ethyl disulfide |
|---|---|
| 甲基硫代亚磺酸丙烯酯 | propenyl methyl thiosulfinate |
| 甲基硫代亚磺酸烯丙酯 | allyl methyl thiosulfinate |
| 甲基硫氰酸酯 | methyl thiocyanate |
| *N*-甲基六驳碱 | *N*-methyl laurotetamine |
| (+)-*N*-甲基六驳碱 | (+)-*N*-methyl laurotetanine |
| 8α-甲基六氢-1, 8 (2*H*, 5*H*)-萘二酮 | 8α-methyl hexahydro-1, 8 (2*H*, 5*H*)- naphthalenedione |
| 10-甲基龙船花萜苷 | 10-methyl ixoside |
| 11-甲基龙船花萜苷 | 11-methyl ixoside |
| 7-*O*-甲基芦荟二醇-8-*C*-葡萄糖苷 | 7-*O*-methyl aloediol-8-*C*-glucoside |
| 7-*O*-甲基芦荟树脂 A | 7-*O*-methyl aloeresin A |
| 甲基露乌碱 (甲基露蕊乌头碱) | methyl gymnaconitine |
| 甲基裸盖菇素 | baeocystin |
| 甲基氯土曲霉酸酯 | methyl chloroasterrate |
| L-*N*-甲基麻黄碱 | L-*N*-methyl ephedrine |
| *N*-甲基麻黄碱 | *N*-methyl ephedrine |
| 甲基麻黄碱 | methyl ephedrine |
| *O*-甲基马枯星碱 (*O*-甲基毒马钱辛碱) A、B | *O*-methyl masusines A, B |
| 甲基马钱素 | methyl loganin |
| 5-*O*-甲基马氏哥纳香碱 D | 5-*O*-methyl marcanine D |
| 7-甲基马尾藻色烯酚 | 7-methyl sargachromenol |
| 甲基吗啡 (可待因、吗啡-3-甲醚) | methyl morphine (codeine, codicept, morphine-3-methyl ether) |
| *N*-甲基吗啉 | *N*-methyl morpholine |
| 甲基麦冬黄酮 A、B | methyl ophiopogonones A, B |
| 甲基麦冬黄烷酮 (甲基麦冬二氢高异黄酮) A、B | methyl ophiopogonanones A, B |
| *O*-12′-甲基麦角柯宁碱 | *O*-12′-methyl ergocornine |
| 24-甲基麦角甾-5, 14, 26-三烯-3β-醇 | 24-methyl ergost-5, 14, 26-trien-3β-ol |
| 4α-甲基麦角甾-7, 24 (24′)-二烯醇 | gramiserol [4α-methyl ergost-7, 24 (24′)-dienol] |
| 4α-甲基麦角甾-7, 24 (24)-二烯醇 (禾本甾醇) | 4α-methyl ergost-7, 24 (24)-dienol (gramisterol) |
| 4β-甲基麦角甾-7, 24 (28)-二烯-3β-醇 | 4β-methyl ergost-7, 24 (28)-dien-3β-ol |
| 4-甲基麦角甾-8, 24 (28)-二烯 | 4-methyl ergost-8, 24 (28)-diene |
| *O*-甲基蔓长春花醇 | *O*-methyl vincanol |
| *O*-甲基芒籽碱 | *O*-methyl moschtaoline |
| N-甲基芒籽宁季铵碱 (*N*-甲基芒籽宁阳离子) | *N*-methyl atherosperminium |
| 7-*O*-甲基杧果苷 | 7-*O*-methyl mangiferin |
| 14-甲基杧果醛 (14-甲基杧果醇醛) | 14-methyl mangiferolic aldehyde |
| 4-*O*-甲基没食子酸 | 4-*O*-methyl gallic acid |
| 3-*O*-甲基没食子酸甲酯 | methyl 3-*O*-methyl gallate |
| 4-*O*-甲基没食子酸甲酯 | methyl 4-*O*-methyl gallate |

| | |
|---|---|
| 11-*O*-(3′-甲基没食子酰基)岩白菜素 | 11-*O*-(3′-methyl galloyl) bergenin |
| 11-*O*-(4′-*O*-甲基没食子酰基)岩白菜素 | 11-*O*-(4′-*O*-methyl galloyl) bergenin |
| 4-*O*-甲基没食子酰基羟基芍药苷 | 4-*O*-methyl galloyl-oxypaeoniflorin |
| 9′-*O*-甲基美商陆酚 A | 9′-*O*-methyl americanol A |
| 甲基迷迭香酸 | methyl rosmarinic acid |
| 3-*O*-甲基迷迭香酸甲酯 | methyl 3-*O*-methyl rosmarinate |
| 14β-甲基米团花二倍半萜酮 | 14β-methyl leucosesterterpenone |
| *O*-甲基秘鲁水仙碱 | *O*-methyl ismine |
| 6-甲基嘧啶-2, 4-(1*H*, 3*H*)-二酮 | 6-methyl pyrimidine-2, 4-(1*H*, 3*H*)-dione |
| 4-*O*-甲基蜜环菌定 | 4-*O*-methyl armillaridin |
| 5′-*O*-甲基蜜环菌醛 | 5′-*O*-methyl melledonal |
| 4-*O*-甲基蜜环菌酯 (4-*O*-甲基蜜环菌内酯、4-*O*-甲基蜜环菌醇酯) | 4-*O*-methyl melleolide |
| 3-甲基棉黄素-8-*O*-β-D-吡喃葡萄糖苷 | 3-methyl gossypetin-8-*O*-β-D-glucopyranoside |
| (+)-甲基茉莉酸 | (+)-methyl jasmonic acid |
| 7-*O*-甲基莫罗忍冬苷 | 7-*O*-methyl morroniside |
| 7α-*O*-甲基莫罗忍冬苷 | 7α-*O*-methyl morroniside |
| 7β-*O*-甲基莫罗忍冬苷 | 7β-*O*-methyl morroniside |
| *N*-甲基墨斯卡灵 | *N*-methyl mescaline |
| 4-*O*-甲基牡丹皮苷 A～C | 4-*O*-methyl mudanpiosides A～C |
| 4-*O*-甲基牡丹芍药苷 A、B | 4-*O*-methyl suffrupaeoniflorins A, B |
| 2′-*O*-甲基木豆酮 | 2′-*O*-methyl cajanone |
| *N*-甲基木姜子辛碱 | *N*-methyl litsericine |
| 甲基木糖苷 | methyl-D-xyloside |
| 7-*O*-甲基木犀草素-6-*C*-β-D-葡萄糖苷 | 7-*O*-methyl luteolin-6-*C*-β-D-glucoside |
| 4-*O*-11-甲基木犀榄苷-对羟基苯基-(6′-11-甲基木犀榄苷)-β-D-吡喃葡萄糖苷 | 4-*O*-11-methyloleoside-p-hydroxyphenyl-(6′-11-methyloleoside)-β-D-glucopyranoside |
| 2-甲基萘 | 2-methyl naphthalene |
| 1-甲基萘 | 1-methyl naphthalene |
| 甲基萘 | naphthalent |
| 1-甲基萘醌 | 1-methyl naphthoquinone |
| 2-甲基萘茜 (2-甲基-5, 8-二羟基萘醌) | 2-methyl naphthazarin (2-methyl-5, 8-dihydroxynaphthoquinone) |
| (+)-*N*-甲基南天竹宁碱 | (+)-*N*-methyl nantenine |
| *O*-甲基南天竹种碱 (南天宁碱、南天竹种碱甲醚、南天竹宁、南天竹啡碱) | *O*-methyl domesticine (nantenine, domestine) |
| 甲基尼泊尔鸢尾异黄酮 (甲基野鸢尾立黄素) | methyl irisolidone |
| (–)-甲基尼森香豌豆紫檀酚 | (–)-methyl nissolin |
| 9-*O*-甲基尼森香豌豆紫檀酚 | 9-*O*-methyl nissolin |
| 甲基尼氏山黧豆素 (甲基尼森香豌豆紫檀酚) | methyl nissolin |

| 甲基尼氏山黧豆素-3-*O*-吡喃葡萄糖苷 | methyl nissolin-3-*O*-glucopyranoside |
|---|---|
| (–)-4′-*O*-甲基尼亚酚 | (–)-4′-*O*-methyl nyasol |
| (+)-4′-*O*-甲基尼亚酚 | (+)-4′-*O*-methyl nyasol |
| 4′-*O*-甲基尼亚酚 | 4′-*O*-methyl nyasol |
| (–)-(*R*)-4′-*O*-甲基尼亚酚 | (–)-(*R*)-4′-*O*-methyl nyasol |
| 1-*O*-甲基尼亚小金梅草苷 | 1-*O*-methyl nyasicoside |
| (1*R*, 2*R*)-1-*O*-甲基尼亚小金梅草苷 | (1*R*, 2*R*)-1-*O*-methyl nyasicoside |
| (1*S*, 2*R*)-1-*O*-甲基尼亚小金梅草苷 | (1*S*, 2*R*)-1-*O*-methyl nyasicoside |
| *O*-甲基拟洋椿素 | *O*-methyl cedrelopsin |
| 1-D-1-*O*-甲基黏肌醇 | 1-D-1-*O*-methyl mucoinositol |
| D-1-*O*-甲基黏肌醇 | D-1-*O*-methyl mucoinositol |
| 5-甲基尿嘧啶 | 5-methyl uracil |
| 2′-*O*-甲基尿嘧啶核苷 | 2′-*O*-methyluridine |
| 6-甲基柠檬酸甲酯 | 6-methyl citrate |
| 甲基牛蒡酚 A | methyl lappaol A |
| 8-甲基牛扁次碱 | 8-methyl lycoctonine |
| 甲基狼毒乌头亭 (甲基牛扁亭) | delartine (methyl lycaconitine, delsemidine) |
| 甲基牛扁亭 (甲基狼毒乌头亭) | methyl lycaconitine (delartine, delsemidine) |
| 3′-*O*-甲基牛角瓜素 | 3′-*O*-methyl calotropin |
| 19-*O*-甲基牛眼马钱林碱 (19-*O*-甲基牛眼马钱托林碱、19-*O*-甲基牛狭花马钱碱) | 19-*O*-methyl angustoline |
| (8*E*)-4′-*O*-甲基女贞苷 | (8*E*)-4′-*O*-methyl ligustroside |
| *N*-甲基哌啶 | *N*-methyl piperidine |
| *N*-甲基哌啶-3-甲酸甲酯 | *N*-methyl piperidine-3-carboxylic acid methyl ester |
| *N*-甲基哌啶-3-甲酸乙酯 | *N*-methyl piperidine-3-carboxylic acid ethyl ester |
| *O*-甲基蓬嘉宾碱 (*O*-甲基旁遮普小檗碱) | *O*-methyl punjabine |
| *N*-甲基坡拉特德斯明 | *N*-methyl platydesmin |
| 3-*O*-甲基葡萄糖 | 3-*O*-methyl glucose |
| β-甲基葡萄糖苷 | β-methyl glucoside |
| α-甲基葡萄糖苷 | α-methyl glucoside |
| 甲基葡萄糖木犀榄苷 | methyl glucooleoside |
| 甲基七叶内酯 (甲基马栗树皮素) | methyl aesculetin |
| 4-甲基七叶树内酯 (4-甲基马栗树皮素) | 4-methyl esculetin |
| 7-甲基七叶树内酯 (7-甲基马栗树皮素) | 7-methyl esculetin |
| β-甲基七叶树内酯 (β-甲基马栗树皮素) | β-methyl aesculetin |
| 甲基七叶树普 | methyl aesculin |
| *O*-甲基漆叶花椒碱 | *O*-methyl zanthoxyline |
| *N*-甲基千金藤富林碱 | *N*-methyl stephuline |

| *N*-甲基千金藤异阿魏碱 | *N*-methyl stephisoferuline |
|---|---|
| 7β-(4-甲基千里光酰氧基)日本刺参萜-3 (14) *Z*, 8 (10)-二烯-2-酮 | 7β-(4-methyl senecioyloxy) oplopa-3 (14) *Z*, 8 (10)-dien-2-one |
| 6-*O*-甲基前多花水仙碱 | 6-*O*-methyl pretazettine |
| 3-甲基茜素 | 3-methyl alizarin |
| 6-甲基茜素 | 6-methyl alizarin |
| *N*-甲基羟胺 | *N*-methyl hydroxyamine |
| *O*-甲基羟基榆橘季铵碱 | *O*-methyl hydroxyptelefolonium |
| *O*-4-甲基羟基月芸香季铵碱盐酸盐 | *O*-4-methyl hydroxyluninium chloride |
| (1′*S*, 2′*S*)-1′-*O*-甲基鞘亮蛇床醇 | (1′*S*, 2′*S*)-1′-*O*-methyl vaginol |
| 3′-*O*-甲基鞘亮蛇床醇 | 3′-*O*-methyl vaginol |
| 12-甲基鞘蕊花酮 U | 12-methyl coleon U |
| 甲基茄烯醇 (甲基茄呢醇) | methyl solanesol |
| 5-*O*-甲基芹菜素 | 5-*O*-methyl apigenin |
| 7-甲基芹菜素 (7-甲基芹菜苷元) | 7-methyl apigenin |
| 7-甲基芹菜素-6-*C*-β-吡喃葡萄糖苷-2″-*O*-β-D-吡喃木糖苷 | 7-methyl apigenin-6-*C*-β-glucopyranoside-2″-*O*-β-D-xylopyranoside |
| 甲基芹菜素-7-*O*-β-D-吡喃葡萄糖醛酸苷 | methyl apigenin-7-*O*-β-D-glucuronopyranoside |
| 甲基氢醌 (鹿蹄草素、甲苯氢醌、2, 5-二羟基甲苯) | methyl quinol (pyrolin, toluhydroquinone, 2, 5-dihydroxytoluene) |
| 甲基氰化物 | methyl cyanide |
| 6-*O*-甲基琼脂糖 | 6-*O*-methyl agarose |
| *O*-甲基球紫堇碱 (*O*-甲基空褐鳞碱、*O*-甲基山延胡索宁碱) | *O*-methyl bulbocapnine |
| (+)-*O*-甲基球紫堇碱 [(+)-*O*-甲基山延胡索宁碱] | (+)-*O*-methyl bulbocapnine |
| 4-甲基巯基-2-庚硫醇 | 4-methyl thio-2-hept-thiol |
| *N*-甲基去甲基秋水仙辛 | *N*-methyl demecolchcine |
| (8*E*)-4′-*O*-甲基去甲女贞苷 | (8*E*)-4′-*O*-methyl demethyl ligustroside |
| *N*b-甲基去甲四叶萝芙木辛碱 (*N*b-甲基去甲四叶萝芙新碱) | *N*b-methyl nortetraphyllicine |
| 3-甲基去甲氧基卡瓦胡椒内酯 | 3-methyl demethoxyyangonin |
| *O*-甲基去乙酰白坚木飞灵 | *O*-methyl deacetyl aspidofiline |
| L-甲基去乙酰白坚木碱 | L-methyl deacetyl aspidospermine |
| 6-*O*-甲基去乙酰车叶草酸甲酯 | 6-*O*-methyl deacetyl asperulosidic acid methyl ester |
| 5-*O*-甲基染料木素 | 5-*O*-methyl genistein |
| *N*4-甲基热精胺 | *N*4-methyl thermospermine |
| (*E*)-3-甲基壬-2-烯-4-酮 | (*E*)-3-methylnon-2-en-4-one |
| 甲基壬基酮 | methyl nonyl ketone |
| 3-甲基壬烷 | 3-methyl nonane |
| 2-甲基壬烷 | 2-methyl nonane |
| 4-甲基壬烷 | 4-methyl nonane |

| | |
|---|---|
| 3′-*O*-甲基忍冬属黄酮 | 3′-*O*-methyl loniflavone |
| 2-*O*-甲基日本杜鹃素 Ⅵ、Ⅶ | 2-*O*-methyl rhodojaponins Ⅵ, Ⅶ I |
| *O*-甲基日本花柏酸 | *O*-methyl pisiferic acid |
| *O*-甲基柔毛等瓣木碱 | *O*-methyl isopiline |
| (–)-*N*-甲基柔毛等瓣木碱 | (–)-*N*-methyl isopiline |
| 3′-*O*-甲基鞣花酸-4′-*O*-(4-*O*-没食子酰基-α-L-吡喃鼠李糖苷) | 3′-*O*-methyl-ellagic acid-4′-*O*-(4-*O*-galloyl-α-L-rhamnopyranoside) |
| 3-甲基鞣花酸-4′-*O*-α-L-吡喃鼠李糖苷 | 3-methyl ellagic acid-4′-*O*-α-L-rhamnopyranoside |
| 3′-*O*-甲基鞣花酸-4-*O*-α-L-吡喃鼠李糖苷 | 3′-*O*-methyl ellagic acid-4-*O*-α-L-rhamnopyranoside |
| 3-甲基鞣花酸-4-*O*-β-D-吡喃木糖苷 | 3-methyl ellagic acid-4-*O*-β-D-xylopyranoside |
| 3′-*O*-甲基鞣花酸-4′-*O*-β-D-吡喃葡萄糖苷 | 3′-*O*-methyl ellagic acid- 4′-*O*-β-D-glucopyranoside |
| 12-甲基肉豆蔻酸 (12-甲基十四酸) | 12-methyl myristic acid (12-methyl tetradecanoic acid) |
| 13-甲基肉豆蔻酸 (13-甲基十四酸) | 13-methyl myristic acid (13-methyl tetradecanoic acid) |
| 1-甲基肉豆蔻酸乙酯 (1-甲基十四酸乙酯) | ethyl 1-methyl myristate (ethyl 1-methyl tetradecanoate) |
| 12-*O*-甲基肉质鼠尾草酚 | 12-*O*-methyl carnosol |
| 12-*O*-甲基肉质鼠尾草酸 | 12-*O*-methyl carnosic acid |
| *N*4-甲基蕊木酸酯 | *N*4-methyl kopsininate |
| *O*-甲基锐叶花椒碱 | *O*-methyl acutifolin |
| *O*-甲基瑞潘定 | *O*-methyl repandine |
| 甲基瑞士五针松三烯 | methyl cembratriene |
| (2*S*)-8-甲基瑞士五针松素 | (2*S*)-8-methyl pinocembrin |
| 甲基瑞士五针松烯 | methyl cembrenene |
| *O*-甲基瑞香醇灵 [瑞香楠君、花桂碱、(+)-小花桂雄碱] | *O*-methyl daphnoline (daphnandrine) |
| 4-甲基瑞香素 | 4-methyl daphnetin |
| *N*a-甲基萨杷晋碱 | *N*a-methyl sarpagine |
| (+)-(7*S*)-7-*O*-甲基赛氏曲霉酸 | (+)-(7*S*)-7-*O*-methyl sydonic acid |
| 4-*O*-甲基三白草新醇 H | 4-*O*-methyl saurucinol H |
| 3-甲基三硅硫烷 | 3-methyl trisilathiane |
| *O*-甲基三尖杉定碱 (*O*-甲基三尖杉定) | *O*-methyl taxodine |
| 甲基三尖杉定碱 (甲基三尖杉定) | methyl taxodine |
| 甲基三角薯蓣皂苷 | methyl deltoside |
| *N*-甲基三裂泡泡碱 (*N*-甲基巴婆碱) | *N*-methyl asimilobine |
| 29-甲基三十-1-醇 | 29-methyl triacont-1-ol |
| 2-甲基三十-8-酮-23-醇 | 2-methyl triacont-8-one-23-ol |
| 14-甲基三十二烷 | 14-methyl dotriacontane |
| 6-甲基三十三烷 | 6-methyl tritriacontane |
| 25-甲基三十酮 | 25-methyl triacontanone |
| (+)-12-*O*-甲基三心碱 | (+)-12-*O*-methyl tricordatine |
| 甲基三桠苦醇 B | methyl leptol B |

| | |
|---|---|
| 4-甲基伞形花内酯 (4-甲基-7-羟基香豆素、4-甲基伞形酮) | 4-methyl umbelliferone (4-methyl-7-hydroxycoumarin) |
| 4-甲基伞形基-β-D-吡喃半乳糖苷 | 4-methylumbelliferyl-β-D-galactopyranoside |
| 4-甲基伞形基-β-D-吡喃葡萄糖苷 | 4-methylumbelliferyl-β-D-glucopyranoside |
| 4-甲基伞形基-β-D-木糖苷 | 4-methylumbelliferyl-β-D-xyloside |
| 4-甲基伞形酮基-*N*-乙酰-β-D-氨基葡萄糖苷 | 4-methyl umbelliferyl-*N*-acetyl-β-D-glucosaminide |
| 4-甲基伞形乙酯 | 4-methyl umbelliferyl acetate |
| *N*-甲基散花巴豆碱 (奥可梯木种碱、格氏绿心樟碱) | *N*-methyl crotsparine (glaziovine) |
| 10-*O*-甲基桑橙呲酮 | 10-*O*-methyl macluraxanthone |
| *N*-甲基桑萨弗胺 | *N*-methyl sansalvamide |
| *S*-(+)-*N*b-甲基色氨酸甲酯 | *S*-(+)-*N*b-methyl tryptophane methyl ester |
| *S*-(+)-*N*-甲基色氨酸甲酯 | *S*-(+)-*N*-methyl tryptophan methyl ester |
| (+)-$N_b$-甲基色氨酸甲酯 | (+)-$N_b$-methyl tryptophan methyl ester |
| *N*-甲基色胺 | *N*-methyl tryptamine |
| 2′-*O*-甲基沙地马鞭草异黄酮 | 2′-*O*-methyl abronisoflavone |
| 5-*O*-甲基山慈姑醇 | 5-*O*-methyl shanciguol |
| *O*-甲基山豆根碱 | *O*-methyl dauricine |
| *O*-甲基山尖菜二烯醇 (脱氢山尖子素) | *O*-methyl cacalodienol (dehydrocacalohastin) |
| 4′-甲基山柰酚 | 4′-methyl kaempferol |
| 5-甲基山柰酚 | 5-methyl kaempferol |
| 4′-*O*-甲基山柰酚-3-*O*-[(4″→13‴)-2‴, 6‴, 10‴, 14‴-四甲基十六碳-13‴-羟基]-β-D-吡喃葡萄糖苷 | 4′-*O*-methyl kaempferol-3-*O*-[(4″→13‴)-2‴, 6‴, 10‴, 14‴-tetramethyl hexadec-13‴-hydroxy]-β-D-glucopyranoside |
| 14-*O*-甲基山香酸 | 14-*O*-methyl suaveolic acid |
| *O*-甲基山小橘酮 | *O*-methyl glycosolone |
| *N*-甲基山延胡索宁碱 | *N*-methyl bulbocapnine |
| (+)-*O*-甲基山延胡索宁碱 | (+)-*O*-methyl bulbocapnine |
| 3′-*O*-甲基山药素 Ⅲ | 3′-*O*-methyl batatasin Ⅲ |
| 3′-*O*-甲基山药素 Ⅲ-3-*O*-葡萄糖苷 | 3′-*O*-methyl batatasin Ⅲ-3-*O*-glucoside |
| *O*-甲基珊瑚樱碱 | *O*-methyl solanocapsine |
| (5α, 22*R*, 23*R*, 24*R*)-4α-甲基珊瑚甾-3β-醇 | (5α, 22*R*, 23*R*, 24*R*)-4α-methyl gorgost-3β-ol |
| 4-*O*-甲基芍药苷 | 4-*O*-methyl paeoniflorin |
| 4-甲基芍药花青素-7-*O*-β-D-葡萄糖苷 | 4-methyl peonidin-7-*O*-β-D-glucoside |
| 4-*O*-甲基蛇菰宁 | 4-*O*-methyl balanophonin |
| 3-*O*-甲基蛇莓苷 A | 3-*O*-methyl ducheside A |
| 甲基蛇足石杉明碱 (甲基蛇足石松碱) T | methyl lycoposerramine T |
| 5-甲基麝香草醚 | 5-methyl thymol ether |
| *O*-甲基深山黄堇碱 (*O*-甲基淡黄巴豆亭碱、*O*-甲基黄巴豆碱) | *O*-methyl pallidine (*O*-methyl flavinantine) |
| 25-*O*-甲基升麻醇 (25-*O*-甲基升麻环氧醇) | 25-*O*-methyl cimigenol |

| | |
|---|---|
| 15-*O*-甲基升麻醇 (15-*O*-甲基升麻环氧醇) | 15-*O*-methyl cimigenol |
| 25-*O*-甲基升麻醇苷 (25-*O*-甲基升麻环氧醇苷) | 25-*O*-methyl cimigenoside |
| 甲基升麻醇苷 (甲基升麻环氧醇苷) | methyl cimigenoside |
| 甲基升麻苷 | methyl cimicifugoside |
| 甲基升麻环氧醇 | methyl cimigenol |
| 3′-甲基圣草酚 | 3′-methyl eriodictyol |
| 7-*O*-甲基圣草酚 | 7-*O*-methyl eriodictyol |
| 7-*O*-甲基圣草酚 (黄石蒜素) | 7-*O*-methyl eriodictyol (sternbin) |
| 2-甲基十二-5-酮 | 2-methyl dodec-5-one |
| 8-甲基十二碳-7-烯酸壬酯 | 8-methyldodec-7-enoic acid nonyl ester |
| 2-甲基十二烷 | 2-methyl dodecane |
| 3-甲基十二烷 | 3-methyl dodecane |
| 4-甲基十二烷 | 4-methyl dodecane |
| 10-甲基十九烷 | 10-methyl nonadecane |
| 15-甲基十六酸 | 15-methyl hexadecanoic acid |
| 14-甲基十六酸 | 14-methyl hexadecanoic acid |
| 2-甲基十六酸 (2-甲基棕榈酸) | 2-methyl hexadecanoic acid (2-methyl palmitic acid) |
| 14-甲基十六酸甲酯 | methyl 14-methyl hexadecanoate |
| 15-甲基十六酸甲酯 | methyl 15-methyl hexadecanoate |
| 2-甲基十六烷 | 2-methyl hexadecane |
| 16-甲基十七酸 | 16-methyl heptadecanoic acid |
| 4-甲基十七酸 | 4-methyl heptadecanoic acid |
| 10-甲基十七酸甲酯 | methyl 10-methyl heptadecanoate |
| 16-甲基十七酸甲酯 | methyl 16-methyl heptadecanoate |
| 2-甲基十七烷 | 2-methyl heptadecane |
| 8-甲基十七烷 | 8-methyl heptadecane |
| 9-甲基十七烷 | 9-methyl heptadecane |
| 甲基十氢萘 | methyl decahydronaphthalene |
| 12-甲基十三酸 | 12-methyl tridecanoic acid |
| 12-甲基十三酸甲酯 | methyl 12-methyl tridecanoate |
| 11-甲基十三酸十四酯 | tetradecyl 11-methyl tridecanoate |
| 2-甲基十三烷 | 2-methyl tridecane |
| 3-甲基十三烷 | 3-methyl tridicane |
| 7-甲基十三烷 | 7-methyl tridecane |
| 12-甲基十四酸 (12-甲基肉豆蔻酸) | 12-methyl tetradecanoic acid (12-methyl myristic acid) |
| 13-甲基十四酸 (13-甲基肉豆蔻酸) | 13-methyl tetradecanoic acid (13-methyl myristic acid) |
| 1-甲基十四酸乙酯 (1-甲基肉豆蔻酸乙酯) | ethyl 1-methyl tetradecanoate (ethyl 1-methyl myristate) |
| 3-甲基十四烷 | 3-methyl tetradecane |
| 13-甲基十五酸 | 13-methyl pentadecanoic acid |
| 13-甲基十五酸甲酯 | methyl 13-methyl pentadecanoate |

| | |
|---|---|
| 14-甲基十五酸甲酯 | methyl 14-methyl pentadecanoate |
| 13-甲基十五酸十四酯 | tetradecyl 13-methyl pentadecanoate |
| 4-甲基十五烷 | 4-methyl pentadecane |
| 10-甲基十一酸 | 10-methylundecanoic acid |
| 4-甲基十一碳-1-烯 | 4-methyl undec-1-ene |
| 2-甲基十一烷 | 2-methyl undecane |
| 8-甲基十一烷 | 8-methyl hendecane |
| 2-甲基十一烷-6-苯 | 2-methylundecan-6-yl benzene |
| *N*-甲基石斛季铵碱 | *N*-methyl dendrobinium |
| *N*-甲基石斛碱 | *N*-methyl dendrobine |
| 甲基石榴皮碱 | methyl pelletierine |
| *N*-甲基石杉碱 A、B | *N*-methyl huperzines A, B |
| (15*R*)-15-甲基石松-5-酮 | (15*R*)-15-methyl lycopodan-5-one |
| *N*-甲基石松定 (*N*-甲基石松蒿碱) | *N*-methyl lycodine |
| 4-*O*-甲基石蒜碱 | 4-*O*-methyl lycorine |
| 6α-*O*-甲基石蒜宁碱 | 6α-*O*-methyl lycorenine |
| 6-*O*-甲基石蒜宁碱 | 6-*O*-methyl lycorenine |
| *O*-甲基石蒜宁碱 (*O*-甲基石蒜伦碱) | *O*-methyl lycorenine |
| *O*-甲基石蒜宁碱 *N*-氧化物 | *O*-methyl lycorenine *N*-oxide |
| D-3-*O*-甲基手性肌醇 | D-3-*O*-methyl chiro-inositol |
| L-2-*O*-甲基手性肌醇 | L-2-*O*-methyl-*chiro*-insitol |
| 2-*O*-甲基手性肌醇 (橡胶木醇、白雀木醇、橡醇) | 2-*O*-methyl *chiro*-inositol (quebrachitol) |
| 3′-甲基鼠李素 (鼠李秦素) | 3′-methyl rhamnetin (rhamnazin, rhamnacine) |
| 甲基鼠李糖苷 (弗氏尖药木苷) L | acofrioside L |
| 5-甲基树脂苔黑酚 | 5-methyl resorcinol |
| 3-甲基双环 [2.2.2] 辛酮 | 3-methyl bicyclo [2.2.2] octanone |
| 3-甲基双去甲卡瓦胡椒内酯 | 3-methyl bisnoryangonin |
| 甲基水黄皮醇 (甲基水黄皮二酮) | methyl pongamol |
| 8-*O*-甲基水晶兰苷甲酯 | 8-*O*-methyl monotropein methyl ester |
| 4-甲基水杨醛 | 4-methyl salicyl aldehyde |
| 甲基斯目锡生藤碱 (锡生藤碱、锡生藤新碱、锡生新藤碱) | methyl warifteine (cissampareine) |
| *N*-甲基四氢-β-咔啉 | *N*-methyl tetrahydro-β-carboline |
| *N*-甲基四氢哈尔醇 | *N*-methyl tetrahydroharmol |
| *N*-甲基四氢哈尔满 | *N*-methyl tetrahydroharman |
| *N*b-甲基四氢哈尔满 | *N*b-methyl tetrahydroharman |
| 甲基四氢哈尔满 (薄枝节节木碱) | methyl tetrahydroharman (leptocladine) |
| *N*-甲基四氢金雀花碱 | *N*-methyl tetrahydrocytisine |
| *N*-甲基四氢椭圆玫瑰树碱 | *N*-methyl tetrahydroellipticine |
| 甲基松柏苷 | methyl coniferin |

| | |
|---|---|
| 7-甲基苏打基亭 | 7-methyl sudachitin |
| 3′-*O*-甲基苏木酚 | 3′-*O*-methyl sappanol |
| 4-*O*-甲基苏木酚 | 4-*O*-methyl sappanol |
| 5-*O*-甲基酸藤子酚 | 5-*O*-methyl embelin |
| 7-*O*-甲基穗花杉双黄酮 | 7-*O*-methyl amentoflavone |
| 14-*O*-甲基缩醛-15-*O*-[6′-(对羟基苯乙酰基)]-β-D-吡喃葡萄糖基金子菊醛A | 14-*O*-methyl acetal-15-*O*-[6′-(*p*-hydroxyphenyl acetyl)]-β-D-glucopyranosylurospermal A |
| (+)-2-*N*-甲基台洛宾碱 | (+)-2-*N*-methyl telobine |
| 4-*O*-甲基苔色酸 | 4-*O*-methyl orsellinic acid |
| 4-*O*-甲基苔色酸乙酯 | 4-*O*-methyl orsellinic acid ethyl ester |
| (–)-*O*-甲基泰连蕊藤碱 | (–)-*O*-methyl thaicanine |
| 甲基唐松草碱氯化物 | thalistyline chloride |
| (–)-*O*-甲基唐松草帕文碱 | (–)-*O*-methyl thalisopavine |
| *O*-甲基唐松明碱 | *O*-methyl thalmine |
| *N*b-甲基糖胶树辛碱 | *N*b-methyl scholaricine |
| 7-*O*-甲基藤黄新酮E | 7-*O*-methyl garcinone E |
| *N*-甲基天芥菜胺(*N*-甲基赫里阿明碱) | *N*-methyl heliamine |
| 8-*O*-甲基天目金粟兰醇 | 8-*O*-methyl tianmushanol |
| 3-甲基铁屎米-2, 6-二酮 | 3-methyl canthin-2, 6-dione |
| 3-甲基铁屎米-5, 6-二酮 | 3-methyl canthin-5, 6-dione |
| 17-甲基同心结尼定 | 17-methyl parsonsianidine |
| 17-甲基同心结尼定-*N*-氧化物 | 17-methyl parsonsianidine-*N*-oxide |
| 甲基酮 | methyl ketone |
| 5-甲基托沃木屾酮 | 5-methyl tovoxanthone |
| 甲基脱镁叶绿素-b | methyl pheophorbide-b |
| 甲基脱氢银桦酚烷 | methyl dehydrograviphane |
| 甲基脱水白花酸藤子素 | methyl anhydrovilangin |
| *O*-甲基脱氧蓬嘉宾碱 | *O*-methyl deoxounjabine |
| *N*-甲基脱乙酰基秋水仙裂碱(脱羰秋水仙裂碱) | *N*-methyl deacetyl colchiceine (demecolceine) |
| 4′-*O*-甲基望春花素 | 4′-*O*-methyl magnolin |
| 5-*O*-甲基维斯阿米醇苷(4′-*O*-β-D-葡萄糖基-5-*O*-甲基阿米芹诺醇) | 5-*O*-methyl visammioside (4′-*O*-β-D-glucosyl-5-*O*-methyl visamminol) |
| 7-*O*-甲基维斯体素 | 7-*O*-methyl vestitol |
| *N*-甲基伪毒参羟碱 | *N*-methyl pseudoconhydrine |
| *N*-甲基伪麻黄碱 | *N*-methyl pseudoephedrine |
| 甲基伪麻黄碱 | methyl pseudoephedrine |
| D-*N*-甲基伪麻黄碱 | D-*N*-methyl pseudoephedrine |
| 甲基伪石蒜碱 | methyl pseudolycorine |
| 7-*O*-甲基伪野靛素 | 7-*O*-methyl pseudobaptigenin |

| | |
|---|---|
| 5β-甲基伪育亨烷(育亨碱) | 5β-methyl pseudoyohimbimbane (yohambinine) |
| 3-*O*-甲基尾叶牛皮消素 | 3-*O*-methyl caudatin |
| 3′-*O*-甲基魏穿心莲黄素(5-羟基-7, 8, 2′, 3′-四甲氧基黄酮) | 3′-*O*-methyl wightin (5-hydroxy-7, 8, 2′, 3′-tetramethoxyflavone) |
| 4′-*O*-甲基问荆吡喃酮-[3, 4-羟基-6-(3′-羟基-4′-甲氧基-*E*-苯乙烯基)-2-吡喃酮-3-*O*-β-D-葡萄糖吡喃糖苷 | 4′-*O*-methyl equisetumpyrone-[3, 4-hydroxy-6-(3′-hydroxy-4′-methoxy-*E*-styryl)-2-pyrone-3-*O*-β-D-glucopyranoside] |
| 12-*O*-甲基沃氏藤黄辛(12-*O*-甲基伏氏楝素) | 12-*O*-methyl volkensin |
| *N*-甲基乌药碱 | *N*-methyl coclaurine |
| (–)-*N*-甲基乌药碱 | (–)-*N*-methyl coclaurine |
| D-*N*-甲基乌药碱(D-*N*-甲基衡州乌药碱) | D-*N*-methyl coclaurine |
| *N*-甲基无瓣瑞香楠 | *N*-methyl apateline |
| *N*-甲基无根藤碱 | *N*-methyl cassythine |
| *O*-甲基无根藤碱 | *O*-methyl cassythine |
| 甲基吴茱萸素 | methyl evoxine |
| 5α-甲基午贝甲素 | 5α-methyl eduardinine |
| 2-[(*Z*)-4-甲基戊-1, 3-二烯-1-基]蒽醌 | 2-[(*Z*)-4-methyl pent-1, 3-dien-1-yl] anthraquinone |
| (*E*)-2-(4-甲基戊-1, 3-二烯)蒽醌 | (*E*)-2-(4-methylpent-1, 3-dienyl) anthraquinone |
| 2-甲基戊-1-烯-4-炔-3-醇 | 2-methylpent-1-en-4-yn-3-ol |
| 2-(4-甲基戊-3-烯基)蒽醌 | 2-(4-methylpent-3-enyl) anthraquinone |
| 甲基戊基酮 | methyl-*n*-pentyl ketone |
| 4-甲基戊基异硫氰酸酯 | 4-methyl amyl isothiocyanate |
| 甲基戊聚糖 | methyl pentosan |
| 4-甲基戊酸 | 4-methyl pentanoic acid |
| 1-甲基戊酸丙酯 | propyl 1-methyl pentanoate |
| 甲基戊糖Ⅰ、Ⅱ | methyl pentoses Ⅰ, Ⅱ |
| 2-甲基戊烷 | 2-methyl pentane |
| 3-甲基戊烷 | 3-methyl pentane |
| *N*2-甲基戊烷-1, 2, 5-三胺 | *N*2-methyl pentane-1, 2, 5-triamine |
| $\Delta^{5,6}$-3-(2′-甲基戊酰氧基)熊果酸环己酯 | cyclohexyl $\Delta^{5,6}$-3-(2′-methyl pentanoyl) ursolate |
| 9β-(3-甲基戊酰氧基-3-烯)小白菊内酯 | 9β-(3-methyl-pentoyl-3-en) parthenolide |
| 5-*O*-甲基西里伯黄牛木𠮿酮 | 5-*O*-methyl celebixanthone |
| 4′-*O*-甲基稀子蕨素 | 4′-*O*-methyl monachosorin |
| (–)-7′-*O*-甲基夏无碱 | (–)-7′-*O*-methyl decumbenine |
| 5′-*O*-甲基腺苷 | 5′-*O*-methyl adenosine |
| 6-*N*-甲基腺苷 | 6-*N*-methyl adenosine |
| 1-甲基腺嘌呤 | 1-methyl adenine |
| 甲基香草醛(甲基香荚兰醛) | methyl vanillin |
| 7-*O*-甲基香橙素 | 7-*O*-methyl aromadendrine |
| 7-甲基香橙素 | 7-methyl aromadendrin |

| | |
|---|---|
| 9-*O*-甲基香豆雌酚 (9-*O*-甲基拟雌内酯、9-*O*-甲基考迈斯托醇) | 9-*O*-methyl coumestrol |
| 12-*O*-甲基香豆雌酚 (12-*O*-甲基拟雌内酯、12-*O*-甲基考迈斯托醇) | 12-*O*-methyl coumestrol |
| 6-甲基香豆素 | 6-methyl coumarin |
| 7-甲基香豆素 | 7-methyl coumarin |
| 5-甲基香豆素-4-*O*-β-D-吡喃葡萄糖苷 | 5-methyl coumarin-4-*O*-β-D-glucopyranoside |
| 5-甲基香豆素-4-龙胆二糖苷 (大丁龙胆二糖苷) | 5-methyl coumarin-4-gentiobioside |
| 5-甲基香豆素-4-葡萄糖苷 | 5-methyl coumarin-4-glucoside |
| 5-甲基香豆素-4-纤维二糖苷 (大丁纤维二糖苷) | 5-methyl coumarin-4-cellobioside |
| 5-甲基香豆酸甲酯-3-*O*-α-L-吡喃鼠李糖基-(1→6)-β-D-吡喃葡萄糖苷 | 5-methyl coumaric acid methyl ester-3-*O*-α-l-rhamnopyranosyl-(1→6)-β-D-glucopyranoside |
| 5-甲基香豆酸甲酯-3-*O*-β-D-吡喃葡萄糖苷 | 5-methyl coumaric acid methyl ester-3-*O*-β-D-glucopyranoside |
| 12-甲基香附子-3-烯-2-酮-13-酸 | 12-methyl cyprot-3-en-2-one-13-oic acid |
| 3′-*O*-甲基香豌豆酚 | 3′-*O*-methyl orobol |
| 7-*O*-甲基香豌豆酚 | 7-*O*-methyl orobol |
| 3-*O*-甲基香豌豆酚-7-*O*-β-D-吡喃葡萄糖苷 | 3-*O*-methyl orobol-7-*O*-β-D-glucopyranoside |
| 3′-*O*-甲基香豌豆酚-7-*O*-β-D-葡萄糖苷 | 3′-*O*-methyl orobol-7-*O*-β-D-glucoside |
| 3-甲基香豌豆酚-7-*O*-β-D-葡萄糖苷-6″-*O*-丙二酸酯 | 3-methyl orobol-7-*O*-β-D-glucoside-6″-*O*-malonate |
| 甲基小檗碱 | methyl berberine |
| 甲基小花盾叶薯蓣皂苷 | methyl parvifloside |
| 甲基小蔓长春花辛 (甲基小长春蔓辛) | methoxyminovincine |
| 1-*O*-甲基小球合蕊木屾酮 | 1-*O*-methyl globuxanthone |
| β-甲基缬草酸 | β-methyl valeric acid |
| 6-甲基辛-4-基 | 6-methyloct-4-yl |
| 4-甲基辛酸 | 4-methyl octanoic acid |
| 2-甲基辛酸甲酯 | methyl 2-methyl octanoate |
| 2-甲基辛烷 | 2-methyl octane |
| 4-甲基辛烷 | 4-methyl octane |
| 1-*O*-甲基新大苞藤黄素 | 1-*O*-methyl neobractatin |
| 甲基新南美牛奶菜三糖苷 | methyl neocondurangotriose |
| *N*-甲基新烟草碱 | *N*-methyl anatabine |
| 甲基熊果苷 | methyl arbutin (methyl arbutoside) |
| 2α, 3β-7-*O*-甲基雪松脂素 | 2α, 3β-7-*O*-methyl cedrusin |
| 4-*O*-甲基雪松脂素 | 4-*O*-methyl cedrusin |
| 6-*O*-甲基鸦片尼索林碱-1-*O*-葡萄糖苷 | 6-*O*-methyl laudanosoline-1-*O*-glucoside |
| α-甲基牙节双糖苷 | α-methyl dredehongbioside |
| 甲基芽子碱 | methyl ecgonine |
| *O*-甲基崖椒酰胺 | *O*-methyl tembamide |

| | |
|---|---|
| 2-甲基亚磺酰-4-羟基-6-甲基硫苯基-1-偶氮甲酰胺 | 2-methyl sulfinyl-4-hydroxy-6-methyl thiophenyl-1-azoformamide |
| 4-(甲基亚磺酰甲基)苯酚 | 4-(methyl sulfinyl methyl) phenol |
| 1, 3-甲基亚基异色烯 | 1, 3-metheno-isochromene |
| *O*-甲基亚美罂粟碱 (*O*-甲基亚美尼亚罂粟碱、*O*-甲基杏黄罂粟碱) | *O*-methyl armepavine |
| *O*-甲基亚欧唐松草美辛 (*O*-甲基沙尔美生) | *O*-methyl thalmethine |
| 1-甲基亚乙基 | 1-methyl ethylidene |
| *N*-甲基亚乙基胺 | *N*-methyl ethylideneamine |
| *N*-甲基烟酸甜菜碱盐 | *N*-methyl nicotinic acid betaine |
| *N*-甲基烟酸甜菜碱盐 (胡芦巴碱) | *N*-methyl nicotinic acid betaine (trigonelline, caffearine, gynesine) |
| *N'*-甲基烟酰胺 | *N'*-methyl nicotinamide |
| *N*-甲基延胡索碱甲 (*N*-甲基紫堇达定) | *N*-methyl corydaldine |
| 甲基延胡索酸 (甲基富马酸) | mesaconic acid (methyl fumaric acid) |
| 甲基岩白菜素 | methyl bergenin |
| 3-*O*-甲基岩藻糖 | 3-*O*-methyl fucose |
| 甲基羊臭革舌兰酚 | loroglossol |
| 24-甲基羊毛索甾醇 | 24-methyl lathosterol |
| 24ξ-甲基羊毛索甾醇 (24ξ-甲基-5α-胆甾-7-烯-3β-醇) | 24ξ-methyl lathosterol (24ξ-methyl-5α-cholest-7-en-3β-ol) |
| 24-甲基羊毛索甾醇 (24-甲基胆甾-7-烯醇) | 24-methyl lathosterol |
| 24-甲基羊毛甾-9 (11), 25-二烯-3-酮 | 24-methyl lanost-9 (11) 25-dien-3-one |
| 2-*O*-甲基羊踯躅林素 Ⅰ | 2-*O*-methyl rhodomolin Ⅰ |
| 2-*O*-甲基羊踯躅素 Ⅺ、Ⅻ | 2-*O*-methyl rhodomolleins Ⅺ, Ⅻ |
| 5-甲基杨梅素 | 5-methyl myricetin |
| 3'-甲基杨梅素 (3'-甲基杨梅黄酮、拉克黄素) | 3'-methyl myricetin (larycitrin) |
| 4'-*O*-甲基杨梅素-3-*O*-[4''-*O*-β-D-半乳糖基]-β-D-吡喃半乳糖苷 | 4'-*O*-methyl myricetin-3-*O*-[4''-*O*-β-D-galactosyl]-β-D-galactopyranoside |
| 3'-甲基杨梅素-3-*O*-α-呋喃阿拉伯糖苷 | 3'-methyl myricetin-3-*O*-α-arabinofuranoside |
| 3'-甲基杨梅素-3-鼠李糖苷 (3'-甲基杨梅黄酮-3-鼠李糖苷) | 3'-methyl myricetin-3-rhamnoside |
| 甲基氧化偶氮醇 | methyl azoxymethanol |
| 4-*O*-甲基氧芍药苷 | 4-*O*-methyloxypaeoniflorin |
| 13-甲基氧杂环十四碳-2, 11-二酮 | 13-methyl oxacyclotetradec-2, 11-dione |
| 2-甲基腰果二酚 | 2-methyl cardol |
| 5-甲基叶状羽扇豆酚 | 5-methyl lupinifolinol |
| 甲基伊鲁库布素 A、B | methyl illukumbins A, B |
| (–)-7'-*O*-甲基依艮碱 | (–)-7'-*O*-methyl egenine |
| 1-甲基乙-1, 1-叉基 | 1-methyl ethane-1, 1-diyl |
| (3α, 14β)-3, 18-[(1-甲基乙-1, 1-二基) 二氧基]-对映-松香-7, 15 (17)-二烯-14, 16-二醇 | (3α, 14β)-3, 18-[(1-methyl ethan-1, 1-diyl) dioxy]-*ent*-abieta-7, 15 (17)-dien-14, 16-diol |

| 甲基乙二醛 (丙酮醛) | methylglyoxal |
|---|---|
| 3-甲基-3-乙基己烷 | 3-methyl-3-ethyl hexane |
| 3-[3-(1-甲基乙醛酸酯-2, 4, 6-三羟苄基)-2, 3-环氧黄烷酮 | 3-[3-(1-methyl glyoxylate-2, 4, 6-trihydroxyphenyl)-2, 3-epoxyflavanone |
| *N*-甲基乙烷亚胺 | *N*-methyl ethanimine |
| 10-(1-甲基乙烯基)-3, 7-环癸-2, 4-二烯-1-酮 | 10-(1-methyl vinyl)-3, 7-cyclodec-2, 4-dien-1-one |
| 甲基乙烯基乙氮烯 | methyl vinyl diazene |
| 1′-甲基乙酰肼 | 1′-methyl acetohydrazide |
| *N*-甲基乙酰肼 | *N*-methyl acetohydrazide |
| 1-甲基乙酰紫草素 | 1-methyl acetyl shikonin |
| 1-(1-甲基乙氧基)-2-丙醇 | 1-(1-methyl ethoxy)-2-propanol |
| *N*b-甲基异阿吉马蛇根碱 | *N*b-methyl isoajmaline |
| 5-*O*-甲基异巴西红厚壳素 | 5-*O*-methyl isojacareubin |
| 7-*O*-甲基异白羽扇豆精宁 | 7-*O*-methyl isolupalbigenin |
| 甲基异北五味子素 (甲基异戈米辛) O | methyl isogomisin O |
| 甲基异丙基苯 | methyl isopropyl benzene |
| 3-甲基-3-异丙基苯 | 3-methyl-3-isopropyl benzene |
| 甲基异丙基醚 | methyl isopropyl ether |
| *O*-甲基异波尔定碱 (白蓬草定、亚欧唐松草米定、唐松草坡芬碱、小唐松草定碱) | *O*-methyl isoboldine (thalicmidine, thaliporphine) |
| 甲基异丁基酮 (甲基异丁基甲酮) | methyl isobutyl ketone |
| (*E*)-甲基异丁香酚 | (*E*)-methyl isoeugenol |
| 甲基异丁香酚 (异丁香酚甲醚、反式-4-丙烯基藜芦醚) | methyl isoeugenol (isoeugenol methyl ether, *trans*-4-propenyl veratrole) |
| 2′-*O*-甲基异甘草素 (2′-*O*-甲基异甘草苷元) | 2′-*O*-methyl isoliquiritigenin |
| *O*-甲基异衡州乌药灵 (异衡州乌药定) | *O*-methyl isococculine (isococculidine) |
| 甲基异红花明苷 C | methyl isosafflomin C |
| 甲基异粒枝碱 (轮环藤宁、轮环藤宁碱、轮环藤碱) | methyl isochondodendrine (cycleanine) |
| 甲基异茜草素 (茜草定、1, 3-二羟基-2-甲基蒽醌) | rubiadin (1, 3-dihydroxy-2-methyl anthraquinone) |
| 甲基异茜草素-1-甲醚 | rubiadin-1-methyl ether |
| 甲基异茜草素-1-甲醚-11-*O*-β-樱草糖苷 | rubiadin-1-methyl ether-11-*O*-β-primeveroside |
| 甲基异茜草素-1-甲醚糖苷 | rubiadin-1-methyl ether glycoside |
| 甲基异茜草素葡萄糖苷 | rubiadin glucoside |
| 甲基异茜草素樱草糖苷 | rubiadin primeveroside |
| 7′-*O*-甲基异羌活醇 | 7′-*O*-methyl notoptol |
| 3-甲基异噻唑 | 3-methyl isothiazole |
| 甲基异石榴皮碱 | methyl isopelletierine |
| 甲基异鼠李素 | methyl isorhamnetin |
| 7-*O*-甲基异微凸剑叶莎醇 (7-*O*-甲基异尖叶军刀豆酚) | 7-*O*-methyl isomucronulatol |
| *N*-甲基异乌药碱 | *N*-methyl isococlaurine |

| | |
|---|---|
| 甲基异吴茱萸酮酚 | methyl evodinol |
| 甲基异益母草酮 A | methyl isoleojaponicone A |
| 3′-*O*-甲基异圆齿列当苷 | 3′-*O*-methyl isocrenatoside |
| *N*-甲基异紫堇定(蝙蝠葛任碱、蝙蝠葛林) | *N*-methyl isocorydine (menisperine) |
| *N*-甲基异紫堇定季铵 | *N*-methyl isocorydinium |
| 6-*O*-甲基意大利鼠李素(6-*O*-甲基意大利鼠李蒽醌) | 6-*O*-methyl alaternin |
| 4′-甲基茵陈色原酮 | 4′-methyl capillarisin |
| 7-甲基茵陈色原酮 | 7-methyl capillarisin |
| 甲基银桦酚烷 | methyl graviphane |
| 6-甲基吲哚 | 6-methyl indole |
| 3-甲基吲哚(粪臭素) | 3-methylindole (skatole, scatole) |
| 6-甲基隐丹参酮 | 6-methyl cryptotanshinone |
| 甲基印度黄皮精 | methyl madugin |
| 2-*O*-甲基印楝波力宁 A、B | 2-*O*-methyl nimbolinins A, B |
| 12-*O*-甲基印楝波力宁 A、B | 12-*O*-methyl nimbolinins A, B |
| 1-甲基茚满 | 1-methyl indan |
| 7-*O*-甲基鹰嘴豆芽素 A(7-*O*-甲基鹰嘴豆素 A) | 7-*O*-methyl biochanin A |
| 13α-甲基硬毛娃儿藤定碱 | 13α-methyl tylohirsutinidine |
| 13α-甲基硬毛娃儿藤碱 | 13α-methyl tylohirsutine |
| 13-甲基硬脂酸 | 13-methyl stearic acid |
| 4-*O*-11-甲基齐墩果苷对羟苯基-(6′-11-甲基齐墩果苷)-β-D-吡喃葡萄糖苷 | 4-*O*-11-methyl oleoside-*p*-hydroxyphenyl-(6′-11-methyl oleoside)-β-D-glucopyranoside |
| *O*-甲基榆橘季铵碱 | *O*-methyl ptelefolonium |
| *O*-4-甲基榆橘季铵碱盐酸盐 | *O*-4-methyl ptelefolonium chloride |
| (1*R*, 2*S*, 5*R*, 6*R*)-5′-*O*-甲基雨花椒酚 | (1*R*, 2*S*, 5*R*, 6*R*)-5′-*O*-methyl pluviatilol |
| 甲基雨花椒内酯 | methyl pluviatolide |
| 甲基玉山双蝴蝶素(甲基线叶金鸡菊苷、甲基剑叶波斯菊苷) | methyl lanceolin |
| 10-*O*-甲基玉簪碱 | 10-*O*-methyl hostasine |
| 4-甲基愈创木酚 | 4-methyl guaiacol |
| 甲基原非洲刺葵皂苷 | methyl proto-reclinatoside |
| 甲基原蒺藜亭 | methyl prototribestin |
| 甲基原普洛薯蓣皂苷元 Ⅱ | methyl protoprodiosgenin Ⅱ |
| 甲基原三角叶薯蓣皂苷 | methyl protodeltonin |
| 甲基原薯蓣皂苷 B | methyl protodioscin B |
| 甲基原薯蓣皂苷元四糖苷 | methyl protodiosgenin tetraglycoside |
| 10-*O*-甲基原苏木素 B | 10-*O*-methyl protosappanin B |
| 甲基原纤细薯蓣皂苷 | methyl protogracillin |
| 甲基原新薯蓣皂苷 | methyl protoneodioscin |
| 甲基原新纤细薯蓣皂苷 | methyl protoneogracillin |

| 甲基原蜘蛛抱蛋苷 | methyl protoaspidistrin |
|---|---|
| 甲基原棕竹皂苷 | methyl protorhapissaponin |
| 4-甲基月桂酸 | 4-methyl lauric acid |
| *O*-甲基月桂茵芋洛醇 | *O*-methyl laureolol |
| *O*-甲基月芸香季铵碱 | *O*-methyl luninium |
| 5-*O*-甲基越南黄牛木叫酮 C | 5-*O*-methyl formoxanthone C |
| 2-*O*-甲基云南石梓醇 | 2-*O*-methyl arboreol |
| 4′-*O*-甲基云杉新苷 | 4′-*O*-methyl piceid |
| 6-*O*-甲基云实酮 | 6-*O*-methyl caesalpinianone |
| 4α-甲基甾醇 | 4α-mesterol |
| 6-*O*-甲基泽兰素 | 6-*O*-methyleuparin (euparin methyl ether) |
| 10-*O*-甲基泽泻薁醇氧化物 | 10-*O*-methyl alismoxide |
| 25-*O*-甲基泽泻醇 A | 25-*O*-methyl alisol A |
| 10-*O*-甲基泽泻萜醇 A | 10-*O*-methyl orientalol A |
| *N*-甲基窄叶羽扇豆碱 | *N*-methyl angustifoline |
| 甲基獐牙菜宁 (甲基当药宁、甲基当药叫酮) | methyl swertianin (swertiaperennin) |
| (+)-*N*-甲基樟碱 | (+)-*N*-methyl actinodaphnine |
| 3-*O*-甲基-柘树三叫酮 G | 3-*O*-methyl cudratrixanthone G |
| (*S*)-甲基正丁烷硫代亚磺酸酯 | (*S*)-methyl n-butanethiosulfinate |
| α-甲基正丁酰紫草素 | α-methyl-*n*-butyryl shikonin |
| 甲基正庚基甲酮 | methyl *n*-heptyl ketone |
| 甲基正壬基甲酮 (甲基正壬酮、2-十一酮) | methyl n-nonyl ketone (2-undecanone) |
| 甲基正戊基甲酮 | methyl *n*-pentyl ketone |
| 1-甲基植基醚 | 1-methyl phytyl ether |
| 3-甲基植基醚 | 3-methyl phytyl ether |
| *N*20-甲基止泻木明 | *N*20-methyl holarrhimine |
| *N*3-甲基止泻木明 | *N*3-methyl holarrhimine |
| *O*-甲基肿柄菊素 | *O*-methyl diversifolin |
| 15-甲基珠光脂酸 | 15-methyl margaric acid |
| 甲基转移酶 | methyl transferase |
| 1-*O*-甲基准噶尔乌头碱 | 1-*O*-methyl songorine (1-*O*-methyl zongorine) |
| 6-*O*-甲基梓醇 | 6-*O*-methyl catalpol |
| 甲基紫草素 | methyl shikonin |
| (–)-*O*-甲基紫花疆罂粟定 | (–)-*O*-methyl roehybridine |
| *N*-甲基紫堇达定 (*N*-甲基紫堇达明碱、*N*-甲基延胡索碱甲) | *N*-methyl corydaldine |
| *O*-甲基紫堇杷灵 | *O*-methyl corypalline |

| | |
|---|---|
| *N*-甲基紫堇杷灵 | *N*-methyl corypalline |
| 甲基紫堇杷灵 (甲基黄堇碱) | methyl corypalline |
| 4′-*O*-甲基紫铆亭-7-*O*-[(6″→1″)-3‴, 11‴-二甲基-7‴-羟基亚甲基十二碳]-β-D-吡喃葡萄糖苷 | 4′-*O*-methyl butin-7-*O*-[(6″→1″)-3‴, 11‴-dimethyl-7‴-hydroxymethylenedodec]-β-D-glucopyranoside |
| *N*-甲基紫杉醇 | *N*-methyl paclitaxel |
| *N*-甲基紫杉酚 A～C | *N*-methyl taxols A～C |
| 甲基紫薇碱 | methyl lagerine |
| 3-甲基组氨酸 | 3-methyl histidine |
| 甲腈 | carbonitrile |
| 甲壳酶 | chitinase |
| 甲壳青 | crustacyanin |
| 甲壳甾酮 | crustecdysone |
| 甲壳质 (几丁质、壳多糖) | chitin |
| L-甲硫氨酸 (L-蛋氨酸) | L-methionine |
| 3-甲硫丙基硫苷 | glucoiberverin |
| 甲硫醇 | methanethiol (methyl mercaptan) |
| 甲硫醇 | methyl mercaptan (methanethiol) |
| 甲硫醇亚磺酸S-甲酯 | *S*-methyl methanthiosulfinate |
| 1-甲硫基-1-丙烯 | 1-(methythio)-1-propene |
| 5-(甲硫基)-4-戊烯腈 | 5-(methyl thio)-4-pentenenitrile |
| 1-(甲硫基) 庚-3-酮 | 1-(methylthio) hept-3-one |
| 4-[(甲硫基) 甲基]-2-氧杂-6, 9, 12-三硫杂十四烷 | 4-[(methyl sulfanyl) methyl]-2-oxa-6, 9, 12-trithiatetradecane |
| 5-(甲硫基) 戊基异硫氰酸酯 | 5-(methyl thio) pentyl isothiocyanate (berteroin) |
| 1-(甲硫基) 辛-3-酮 | 1-(methylthio) oct-3-one |
| (*S*)-甲硫基-L-半胱氨酸 | (*S*)-methyl mercapto-L-cysteine |
| 2-甲硫基苯并噻唑 | 2-methyl mercaptobenzothiazole |
| 2-甲硫基苯基-1-异硫氰酸酯 | 1-isothiocyanato-2-(methyl thio) benzene |
| 3-甲硫基丙醛 | 3-(methyl thio) propionaldehyde |
| 甲硫基丙醛 | methional |
| 4-甲硫基丁腈 | 4-methyl mercapto-butyronitrile |
| 7-甲硫基庚腈 | 7-methylthioheptane nitrile |
| 3-甲硫基己醛 | 3-methyl thiohexanal |
| 9-甲硫基壬腈 | 9-methyl thiononane nitrile |
| 5-甲硫基戊腈 | 5-methyl mercapto-pentanenitrile |
| 8-甲硫基辛腈 | 8-methyl thiooctane nitrile |
| 5-甲硫甲基戊腈 | 5-methyl thiomethyl pentanenitrile |
| 5′-甲硫腺苷 | 5′-methyl thioadenosine |
| 甲氯化阿枯米辛 (苦籽木辛碱甲氯化物) | akuammicine methochloride |
| 甲氯化花菱草嗪 | eschscholtzine methochloride |
| 甲氯化加拿大白毛茛碱 (甲氯化坎那定) | canadine methochloride |

| | |
|---|---|
| 甲氯化育亨醇 | yohimbol methochloride |
| 甲氯化仔榄树任 | huntrabrine methochloride |
| 5-甲醚-3-半乳糖苷 | 5-methyl ether-3-galactoside |
| 1-甲醚甲基异茜草素葡萄糖苷 | 1-methyl ether rubiadin glucoside |
| 甲铅烷叉基二(甲叉基)甲铅烷 | plumbanediyl bis (methylene) plumbane |
| 甲羟戊酸(甲瓦龙酸) | hiochic acid (mevalonic acid) |
| 2-甲巯基-4-庚硫醇 | 2-methyl thio-4-heptanethiol |
| 甲醛 | formaldehyde |
| 3-(1-甲醛基-3, 4-亚甲二氧基)苯甲酸甲酯 | 3-(1-formyl-3, 4-methylenedioxy) methyl benzoate |
| 甲醛甲酸(氧亚基乙酸、乙醛酸) | formyl formic acid (oxoacetic acid, glyoxylic acid, glyoxalic acid, oxoethanoic acid) |
| 甲双二嗪 | taurolidine |
| 甲酸(蚁酸) | methanoic acid (formic acid) |
| 甲酸苯乙酯 | phenyl ethyl formate |
| 甲酸苄酯(甲酸苯甲酯) | benzyl formate |
| 甲酸丁酯 | butyl formate |
| 甲酸酐 | carboxylic anhydride |
| L-甲酸甲酯-β-咔啉(苦木碱乙) | methyl β-carbolin-L-carboxylate (L-carbomethoxy-β-carboline, kumujian B) |
| 甲酸龙脑酯 | bornyl formate |
| 10-甲酸马钱素 | 10-carboxylic acid loganin |
| 甲酸十六醇酯 | hexadecyl formate |
| 甲酸戊酯 | amyl formate |
| 甲酸香茅酯 | citronellyl formate |
| 甲酸辛酯 | octyl formate |
| 甲酸乙酯 | ethyl formate |
| 甲酸异戊酯 | isoamyl formate |
| 甲酸正己醇酯 | *n*-hexyl formate |
| *N*-甲酸酯-*N*-去甲山延胡索二酮 | *N*-(methoxycarbonyl)-*N*-norbulbodione |
| 甲酮 | ketone |
| 7-甲酮基-12-*O*-惕各酰基佛波醇-13-乙酸酯 | 7-keto-12-*O*-tigloyl phorbol-13-acetate |
| 2-甲酮基-16-乙酰基奇任醇 | 2-keto-16-acetyl kirenol |
| 2-甲酮基-19-羟基蒜味香科科素 | 2-keto-19-hydroxyteuscordin |
| 1-甲酮基-3β, 19α-二羟基熊果-12-烯-24, 28-二甲酯 | 1-keto-3β, 19α-dihydroxyurs-12-en-24, 28-dioic acid dimethyl ester |
| 1-甲酮基-3β, 19α-二羟基熊果-12-烯-24, 28-二甲酯-3-*O*-β-D-阿拉伯糖苷 | 1-keto-3β, 19α-dihydroxyurs-12-en-24, 28-dioic acid dimethyl ester-3-*O*-β-D-arabinopyranoside |
| 4-甲酮基-4′-羟基-β-胡萝卜素 | 4-keto-4′-hydroxy-β-carotene |
| (3*S*, 3′*S*, 4′*S*)-4-甲酮基-4′-羟基硅藻黄质 | (3*S*, 3′*S*, 4′*S*)-4-keto-4′-hydroxydiatoxanthin |
| 3-甲酮基-4-羟基红根草邻醌 | 3-keto-4-hydroxysaprorthoquinone |

| | |
|---|---|
| 1-甲酮基-4-羟基十氢萘 | 1-keto-4-hydroxydecahydronaphthalene |
| (3*S*, 3′*S*, 4′*S*)-4-甲酮基-4′-羟基异黄嘌呤 | (3*S*, 3′*S*, 4′*S*)-4-keto-4′-hydroxyalloxanthine |
| 2-甲酮基-4-戊烯基芥子油苷 | 2-keto-4-pentenyl glucosinolate |
| 2-甲酮基-6, 10, 14-三甲基十五酮 | 2-keto-6, 10, 14-trimethyl pentadecanone |
| (*Z*)-12-甲酮基-7, 8, 9-三羟基-10-十六烯酸 | (*Z*)-12-keto-7, 8, 9-trihydroxy-10-hexadecenoic acid |
| 6-甲酮基-8-乙酰哈巴苷 (6-甲酮基-8-乙酰钩果草苷) | 6-keto-8-acetyl harpagide |
| 7-甲酮基-L-8 (14), 15-海松二烯-19-酸 | 7-keto-L-pimar-8 (14), 15-dien-19-oic acid |
| 11-甲酮基-α-香树脂酮 | 11-keto-α-amyrenone |
| 11-甲酮基-α-香树脂棕榈酸酯 | 11-keto-α-amyrinpalmitate |
| 7-甲酮基-β-谷甾醇 | 7-keto-β-sitosterol |
| 11-甲酮基-β-乳香酸 | 11-keto-β-boswellic acid |
| 3-甲酮基-β-紫罗兰酮 | 3-keto-β-ionone |
| 4-甲酮基-β-紫罗兰酮 | 4-keto-β-ionone |
| α-甲酮基-δ-胍基缬草酸 | α-keto-δ-guanidinovaleric acid |
| γ-甲酮基-δ-戊内酯 | γ-keto-δ-valerolactone |
| 24-甲酮基胆甾醇 | 24-ketocholesterol |
| 7-甲酮基佛波醇-12-(2-甲基) 丁酸酯 | 7-ketophorbol-12-(2-methyl) butanoate |
| 7-甲酮基佛波醇-12-巴豆酸酯 | 7-ketophorbol-12-tiglate |
| 7-甲酮基佛波醇-13-癸酸酯 | 7-ketophorbol-13-decanoate |
| 7-甲酮基佛波醇-13-乙酸酯 | 7-ketophorbol-13-acetate |
| 4-甲酮基癸酰组胺 | 4-ketodecanoyl histamine |
| 3-甲酮基红根草对醌 | 3-ketosapriparaquinone |
| 3-甲酮基环劳顿甾 | 3-ketocyclolaudant |
| 12-甲酮基韭葱皂苷元 | 12-ketoporrigenin |
| 6-甲酮基林石蚕定 (6-甲酮基蒜味香科科素) | 6-ketoteuscordin |
| 3-甲酮基齐墩果酸 | 3-ketooleanolic acid |
| 3-甲酮基齐墩果烷 | 3-ketooleanane |
| 9-甲酮基壬酸 | 9-ketononanoic acid |
| 4-甲酮基松脂素 (4-甲酮基松脂酚) | 4-ketopinoresinol |
| 3-甲酮基熊果-11-烯-13β (28)-内酯 | 3-ketours-11-en-13β (28)-olide |
| 4-甲酮基雪松醇 | 4-ketocedrol |
| 7-甲酮基异林仙烯宁 | 7-ketoisodrimenin |
| 2-甲酮基异缬草酸 | 2-ketoisovaleric acid |
| 1-甲酮基异隐丹参酮 | 1-ketoisocryptotanshinone |
| 4-甲酮基玉蜀黍黄质 | 4-ketozeaxanthin |
| 甲酮檀得萜酸 | ketosantalic acid |
| 甲酮叶黄素 | ketolutein |
| 甲瓦龙苷 | mevaloside |
| 甲瓦龙酸 (甲羟戊酸) | mevalonic acid (hiochic acid) |
| DL-甲瓦龙酸内酯 | DL-mevalonic acid lactone |

| | |
|---|---|
| [$^{13}$C] 甲烷 | [$^{13}$C] methane |
| [$^{2}H_1$] 甲烷 | [$^{2}H_1$] methane |
| 甲烷 (碳烷) | methane (carbane) |
| 甲烯丙基二硫化物 (甲烯丙基二硫醚) | methyl allyl disulfide |
| 2- 甲烯丙基邻苯二甲酸乙酯 | 2-methyl allyl phthalic acid ethyl ester |
| 甲烯丙基硫醚 | methyl allyl sulfide |
| 甲烯丙基三硫化物 (甲烯丙基三硫醚) | methyl allyl trisulfide |
| 甲烯丙基四硫化物 (甲烯丙基四硫醚) | methyl allyl tetrasulfide |
| 甲烯丙基五硫化物 (甲烯丙基五硫醚) | methyl allyl pentasulfide |
| *N*-[甲酰 (甲基) 氨基] 萨龙碱 B | *N*-[formyl (methyl) amino] salonine B |
| 9- 甲酰 -3- 甲基咔唑 | 9-formyl-3-methyl carbazole |
| 1- 甲酰 -β- 咔啉 | 1-formyl-β-carboline |
| 甲酰胺 | carboxamide |
| 3- 甲酰胺基丙酸 | 3-carboxamidopropanoic acid |
| *N*- 甲酰巴婆碱 | *N*-formyl asimilobine |
| *N*- 甲酰巴婆碱 -2-*O*-β-D- 吡喃葡萄糖苷 | *N*-formyl asimilobine-2-*O*-β-D-glucopyranoside |
| 19- 甲酰半日花 -8 (17), (13*E*)- 二烯 -15- 酸 | 19-formyl labd-8 (17), (13*E*)-dien-15-oic acid |
| 5- 甲酰苯并呋喃 | 5-formyl benzofuran |
| 8- 甲酰别美花椒内酯 | 8-formyl alloxanthoxyletin |
| 甲酰丹参酮 (醛基丹参酮) | formyl tanshinone |
| *N*9- 甲酰哈尔满 (*N*9- 甲酰骆驼蓬满碱) | *N*9-formyl harman |
| 2- 甲酰基 -2- 三联噻吩 | 2-formyl-2-terthienyl |
| 13-*O*-(2- 甲酰基) 丁酰基 -4- 脱氧 -4α- 佛波醇 | 13-*O*-(2-formyl) butyryl-4-deoxy-4α-phorbol |
| 2- 甲酰基 -1, 1, 5- 三甲基环己 -2, 4- 二烯 -6- 醇 | 2-formyl-1, 1, 5-trimethyl cyclohex-2, 4-dien-6-ol |
| 3- 甲酰基 -1, 4- 二羟基二氢吡喃 | 3-formyl-1, 4-dihydroxydihydropyran |
| 3- 甲酰基 -1, 6- 二甲氧基咔唑 | 3-formyl-1, 6-dimethoxycarbazole |
| *N*- 甲酰基 -17- 甲氧白坚木替宁 | *N*-formyl-17-meoaspidofractinine |
| 5- 甲酰基 -2, 2′- 联噻吩 | 5-formyl-2, 2′-bithiophene |
| 3′- 甲酰基 -2′, 4′, 6′- 三羟基 -5′- 甲基二氢查耳酮 | 3′-formyl-2′, 4′, 6′-trihydroxy-5′-methyl dihydrochalcone |
| 8-*O*- 甲酰基 -2, 6- 二甲基 -(2*E*, 6*Z*)- 辛二烯酸 | 8-*O*-formyl-2, 6-dimethyl-(2*E*, 6*Z*)-octadienoic acid |
| 4- 甲酰基 -2, 6- 二甲氧基苯甲酸 | 4-formyl-2, 6-dimethoxybenzoic acid |
| 5- 甲酰基 -2, 6- 二羟基 -1, 7- 二甲基 -9, 10- 二氢菲 | 5-formyl-2, 6-dihydroxy-1, 7-dimethyl-9, 10-dihydrophenanthrene |
| 5- 甲酰基 -2- 羟基 -1, 8- 二甲基 -7- 甲氧基 -9, 10- 二氢菲 | 5-formyl-2-hydroxy-1, 8-dimethyl-7-methoxy-9, 10-dihydrophenanthrene |
| 4- 甲酰基 -2- 氧亚基环己 -1- 甲酸 | 4-formyl-2-oxocyclohex-1-carboxylic acid |
| 28- 甲酰基 -3β- 羟基熊果 -12- 烯 | 28-formyl-3β-hydroxyurs-12-ene |
| 28- 甲酰基 -3β- 乙酰基熊果 -12- 烯 | 28-formyl-3β-acetoxyurs-12-ene |
| 1- 甲酰基 -3- 甲氧基 -6- 甲基咔唑 | 1-formyl-3-methoxy-6-methyl carbazole |
| 1- 甲酰基 -3- 羟基新奇果菌素 | 1-formyl-3-hydroxyneogrifolin |

| | |
|---|---|
| 5-甲酰基-3-氧亚基戊酸 | 5-formyl-3-oxopentanoic acid |
| 3-甲酰基-4, 5-二甲基-8-氧亚基-5*H*-6, 7-二氢萘 [2, 3-*b*] 呋喃 | 3-formyl-4, 5-dimethyl-8-oxo-5*H*-6, 7-dihydronaphtho [2, 3-*b*] furan |
| 20-甲酰基-4α-脱氧佛波醇-13-乙酸酯 | 20-formyl-4α-deoxyphorbol-13-acetate |
| 1-甲酰基-4-甲氧基-β-咔啉 | 1-formyl-4-methoxy-β-carboline |
| 1-甲酰基-4-羟基蒽醌 | 1-formyl-4-hydroxyanthraquinone |
| 4-[2-甲酰基-5-(甲氧甲基)-1*H*-吡咯-1-基] 丁酸 | 4-[2-formyl-5-(methoxymethyl)-1*H*-pyrrol-1-yl] butanoic acid |
| 4-[甲酰基-5-(甲氧甲基)-1*H*-吡咯-1-基] 丁酸 | 4-[formyl-5-(methoxymethyl)-1*H*-pyrrol-1-yl] butanoic acid |
| 4-[2-甲酰基-5-(甲氧甲基)-1*H*-吡咯-1-基] 丁酸甲酯 | 4-[2-formyl-5-(methoxymethyl)-1*H*-pyrrol-1-yl] butanoic acid methyl ester |
| 4-[甲酰基-5-(甲氧甲基)-1*H*-吡咯-1-基] 丁酯 | 4-[formyl-5-(methoxymethyl)-1*H*-pyrrol-1-yl] butanoate |
| 4-[2-甲酰基-5-(羟甲基)-1*H*-吡咯-1-基] 丁酸 | 4-[2-formyl-5-(hydroxymethyl)-1*H*-pyrrol-1-yl] butanoic acid |
| 4-[甲酰基-5-(羟甲基)-1*H*-吡咯-1-基] 丁酸 | 4-[formyl-5-(hydroxymethyl)-1*H*-pyrrol-1-yl] butanoic acid |
| (*E*)-16-甲酰基-5α-甲氧基直立拉齐木胺 | (*E*)-16-formyl-5α-methoxystrictamine |
| (*Z*)-16-甲酰基-5α-甲氧基直立拉齐木胺 | (*Z*)-16-formyl-5α-methoxystrictamine |
| 2-甲酰基-5-甲氧基呋喃 | 2-formyl-5-methoxyfuran |
| 4-(2-甲酰基-5-甲氧甲基吡咯-1-基) 丁酸甲酯 | 4-(2-formyl-5-methoxymethyl pyrrol-1-yl) butanoic acid methyl ester |
| (2*S*)-(2-甲酰基-5-羟甲基-1*H*-吡咯-1-基)-3-(4-羟苯基) 丙酸甲酯 | (2*S*)-(2-formyl-5-hydroxymethyl-1*H*-pyrrol-1-yl)-3-(4-hydroxyphenyl) propanoic acid methyl ester |
| 4-(2′-甲酰基-5′-羟甲基-1*H*-吡咯-1-基) 丁酸 | 4-(2′-formyl-5′-hydroxymethyl-1*H*-pyrrol-1-yl) butanoic acid |
| 4-(2-甲酰基-5-羟甲基吡咯-1-基) 丁酸 | 4-(2-formyl-5-hydroxymethyl pyrrol-1-yl) butanoic acid |
| 2-甲酰基-5-羟甲基呋喃 | 2-formyl-5-hydroxymethyl furan |
| 3-甲酰基-6-甲氧基-β-咔啉 | 3-formyl-6-methoxy-β-carboline |
| 3-甲酰基-6-甲氧基咔唑 | 3-formyl-6-methoxycarbazole |
| 3-甲酰基-6-羟基-2, 4, 4-三甲基-2, 5-环已二烯-1-酮 | 3-formyl-6-hydroxy-2, 4, 4-trimethyl-2, 5-cyclohexadien-1-one |
| (2*S*)-6-甲酰基-8-甲基-7-*O*-甲基瑞士五针松素 | (2*S*)-6-formyl-8-methyl-7-*O*-methyl pinocembrin |
| *N*-甲酰基-*N*-去乙酰基秋水仙碱 | *N*-formyl-*N*-deacetyl colchicine |
| 3-甲酰基-β-咔啉 | 3-formyl-β-carboline |
| 16-甲酰基贝壳杉-15-烯-19-酸 | 16-formyl kaur-15-en-19-oic acid |
| 2-甲酰基苯甲酸 | 2-carbamoyl benzoic acid |
| 3-甲酰基丙酸 | 3-formyl propanoic acid |
| 3-*O*-甲酰基齿孔酸 | 3-*O*-formyl eburicoic acid |
| 14-甲酰基二氢吴茱萸次碱 | 14-formyl dihydrorutaecarpine |
| (–)-*N*-甲酰基番荔枝碱 | (–)-*N*-formyl anonaine |

| (5-甲酰基呋喃-2-基)-甲基-2-(4-羟苯基)乙酸酯 | (5-formyl furan-2-yl)-methyl-2-(4-hydroxyphenyl) acetate |
|---|---|
| (5-甲酰基呋喃-2-基)-甲基-2-羟基丙酸酯 | (5-formyl furan-2-yl)-methyl-2-hydroxypropanoate |
| 20-甲酰基佛波醇-12-巴豆酸酯 | 20-formyl phorbol-12-tiglate |
| 20-甲酰基佛波醇-13-癸酸酯 | 20-formyl phorbol-13-decanoate |
| 20-甲酰基佛波醇-13-十二酸酯 | 20-formyl phorbol-13-dodecanoate |
| 甲酰基哈尔满 | formyl harman |
| 2-甲酰基红大戟素(2-甲酰红大戟定) | 2-formyl knoxiavaledin |
| 5-甲酰基花椒毒酚 | 5-formyl xanthotoxol |
| 4-甲酰基环己-1-甲酸 | 4-formyl cyclohex-1-carboxylic acid |
| 8-(3-甲酰基环己基)辛醛 | 8-(3-formyl cyclohexyl) octanal |
| 3-(甲酰基甲基)己二醛 | 3-(formyl methyl) hexanedial |
| 3-甲酰基咔唑(3-甲酰基卡巴唑) | 3-formyl carbazole |
| 6-甲酰基柠檬油素 | 6-formyl limettin |
| (–)-*N*-甲酰基脱氢番荔枝碱 | (–)-*N*-formyl dehydroanonaine |
| *N*-甲酰基脱氢莲叶桐任碱 | *N*-formyl dehydroovigerine |
| 3-*O*-甲酰基脱氢栓菌醇酸 | 3-*O*-formyl dehydrotrametenolic acid |
| 14-甲酰基吴茱萸次碱 | 14-formyl rutaecarpine |
| 9-*O*-甲酰基雪松脂素 | 9-*O*-formyl cedrusin |
| *C*-1-甲酰基氧基-3′-羟甲基罗米仔兰酯 | *C*-1-formyloxy-3′-hydroxymethyl rocaglate |
| *C*-1-甲酰基氧甲基罗米仔兰酯 | *C*-1-formyloxymethyl rocaglate |
| 2-甲酰基乙酸 | 2-formyl acetic acid |
| 6-甲酰基异麦冬黄酮 A | 6-formyl isoophiopogonone A |
| 3-甲酰基吲哚(吲哚-3-甲醛) | 3-formyl indole (indole-3-carbaldehyde) |
| *N*-甲酰加兰他明 | *N*-formyl galanthamine |
| *N*-甲酰金雀花碱 | *N*-formyl cytisine |
| 2-甲酰肼基乙酸 | 2-carbonohydrazidoyl acetic acid |
| 2β-*O*-甲酰克咯烷-9α-醇 | 2β-*O*-formyl clovan-9α-ol |
| *N*-甲酰刻叶紫堇胺 | *N*-formyl corydamine |
| (+)-*N*-甲酰莲叶桐任碱 | (+)-*N*-formyl ovigerine |
| *N*-甲酰密脉木宁 | *N*-formyl myrionine |
| *N*-甲酰哌啶 | *N*-formyl piperidine |
| α-甲酰三联噻吩 | α-formyl terthienyl |
| 5-甲酰四氢叶酸(亚叶酸) | 5-formyl tetrahydrofolic acid (folinic acid) |
| *N*-甲酰糖胶树灵碱 | *N*-formyl scholarine |
| *N*-甲酰脱氢莲叶桐任碱 | *N*-formyl dehydroovigerine |
| *N*-甲酰脱乙酰秋水仙碱 | *N*-formyl deacetyl colchicine |
| 1-甲酰新奇果菌素 | 1-formyl neogrifolin |
| 3β-甲酰熊果酸 | 3β-formylursolic acid |
| 17-甲酰氧基-28-去甲熊果-12-烯-3-醇 | 17-formyloxy-28-nor-urs-12-en-3-ol |

J

| | |
|---|---|
| *O*-甲酰硬柄小皮伞酮 | *O*-formyl oreadone |
| 6-(4-甲氧阿魏酰基)若榄蓝苷 | 6-(4-methoxyferuloyl) mioporoside |
| 4-(甲氧薄荷醇)苯-1, 2-二酚 | 4-(methoxymenthyl) benzene-1, 2-diol |
| 1-(4′-甲氧苯基)-(1*R*, 2*S*)-丙二醇 | 1-(4′-methoxyphenyl)-(1*R*, 2*S*)-propanediol |
| 3-(4-甲氧苯基)-2-甲基-2-丙烯酸 | 3-(4-methyoxyphenyl)-2-methyl-2-acrylic acid |
| (3*S*, 5*S*)-1-(4-甲氧苯基)-7-苯基庚-3, 5-二醇 | (3*S*, 5*S*)-1-(4-methoxyphenyl)-7-phenylhept-3, 5-diol |
| (4-甲氧苯基)甲醇 | (4-methoxyphenyl) methanol |
| (4-甲氧苯基)甲基-6-*O*-β-D-呋喃芹糖基-β-D-吡喃葡萄糖苷 | (4-methoxyphenyl) methyl-6-*O*-β-D-apiofuranosyl-β-D-glucopyranoside |
| 1-(4-甲氧苯基)乙烯酮 | 1-(4-methoxyphenyl) ethenone |
| 4-甲氧苯基-1-乙酮 | 4-methoxyphenyl-1-ethanone |
| 4-甲氧苯基丙醇丁酯 | 4-methoxyphenyl propanol butyl ether |
| 甲氧苯基丙酮 | methoxyphenyl acetone |
| 3-甲氧苯基甘油 | 3-methoxyphenyl glycerol |
| 甲氧苯基肟 | methoxyphenyl oxime |
| *N*-4-甲氧苯乙烯基肉桂酰胺 | *N*-4-methoxystyryl cinnamide |
| 5-甲氧补骨脂素 | 5-methoxypsoralen |
| 8-甲氧补骨脂素(黄原毒、氧化补骨脂素、花椒毒素、花椒毒内酯) | 8-methoxypsoralen (methoxsalen, xanthotoxin, ammoidin) |
| 甲氧番荔枝叶碱[(–)-木番荔枝碱] | *O*-methyl anolobine [(–)-xylopine] |
| 甲氧化钠 | sodium methoxide |
| 2-甲氧基-2-(4′-羟苯基)乙醇 | 2-methoxy-2-(4′-hydroxyphenyl) ethanol |
| 2-甲氧基-2-(4-羟苯基)乙醇 | 2-methoxy-2-(4-hydroxyphenyl) ethanol |
| 2″-甲氧基-2-表瑞香多灵 C | 2″-methoxy-2-epidaphnodorin C |
| 11-甲氧基-14, 15-二羟基-19-氧亚基钩吻素己 | 11-methoxy-14, 15-dihydroxy-19-oxogelsenicine |
| 11-甲氧基-14, 15-二羟基胡蔓藤碱丙 | 11-methoxy-14, 15-dihydroxyhumantenmine |
| 15α-甲氧基-14, 15-二氢叶下珠黄碱 | 15α-methoxy-14, 15-dihydrophyllochrysine |
| 15β-甲氧基-14, 15-二氢缘毛籽宁 | 15β-methoxy-14, 15-dihydroandranginine |
| 11-甲氧基-14, 15-脱氢-16-表蔓长春花胺 | 11-methoxy-14, 15-dehydro-16-epivincamine |
| (3*S*)-甲氧基-1, 7-双(4-羟苯基)-(6*E*)-庚烯-5-酮 | (3*S*)-methoxy-1, 7-bis (4-hydroxyphenyl)-(6*E*)-hepten-5-one |
| 1-甲氧基(1-甲基-2-环丁基)-1-丙烯 | 1-methoxy (1-methyl-2-cyclobutyl)-1-propene |
| 5-甲氧基-(+)-异落叶松脂素 | 5-methoxy-(+)-isolariciresinol |
| 11-甲氧基-(19*R*)-羟基钩吻精碱 | 11-methoxy-(19*R*)-hydroxygelselegine |
| 3-甲氧基-(22*E*, 24*R*)-麦角甾-7, 22-二烯 | 3-methoxy-(22*E*, 24*R*)-ergost-7, 22-diene |
| 22-甲氧基-(25*R*)-5α-呋甾-3β, 26-二醇 | 22-methoxy-(25*R*)-5α-furost-3β, 26-diol |
| 2 (3*S*)-甲氧基-(25*R*)-呋甾-5, 20 (22)-二烯 | 2 (3*S*)-methoxy-(25*R*)-furost-5, 20 (22)-diene |
| 22-甲氧基-(25*R*)-呋甾-5-烯-3, 26-二醇 | 22-methoxy-(25*R*)-furost-5-en-3, 26-diol |
| 甲氧基-(25*S*)-原Pb | methoxy-(25*S*)-proto-Pb |
| 6″-*O*-[7‴-甲氧基-(*E*)-咖啡酰基]京尼平龙胆二糖苷 | 6″-*O*-[7‴-methoxy-(*E*)-caffeoyl] gentiobiosyl genipin |

| | |
|---|---|
| 6-[2-甲氧基-(*Z*)-乙烯基]-7-甲基吡喃香豆素 | 6-[2-methoxy-(*Z*)-vinyl]-7-methyl-pyranocoumarin |
| (–)-(2*S*)-6-甲氧基-[2″, 3″: 7, 8]-呋喃黄烷酮 | (–)-(2*S*)-6-methoxy-[2″, 3″: 7, 8]-furanoflavanone |
| 2-(1-甲氧基-11-十二烯基)戊-2, 4-二烯-4-内酯 | 2-(1-methoxy-11-dodecenyl) pent-2, 4-dien-4-olide |
| 3-甲氧基-1-(1′-羟基-2′, 3′-环氧)苯酚 | 3-methoxy-1-(1′-hydroxy-2′, 3′-epoxy) phenol |
| 4-甲氧基-1, 2-苯并间二氧杂环戊烯 | 4-methoxy-1, 2-benzodioxole |
| 4-甲氧基-1, 2-苯二酚 | 4-methoxy-1, 2-dihydroxybenzene |
| 1-甲氧基-1, 2-丙二醇 | 1-methoxy-1, 2-propanediol |
| 3-甲氧基-1, 2-丙二醇 | 3-methoxy-1, 2-propanediol |
| (6aβ)-8-甲氧基-1, 2-甲叉二氧基阿朴菲烷 | (6aβ)-8-methoxy-1, 2-methylenedioxy-aporphine |
| 2-甲氧基-1, 3, 5-三甲基苯 | 2-methoxy-1, 3, 5-trimethyl benzene |
| 4-甲氧基-1, 3, 5-三羟基蒽醌 | 4-methoxy-1, 3, 5-trihydroxyanthraquinone |
| β-[(3-甲氧基-1, 3-二氧丙基)胺基]苯丙酸甲酯 | β-[(3-methoxy-1, 3-dioxopropyl) amino] benzenepropanoic acid methyl ester |
| 2-甲氧基-1, 3-二氧戊烷 | 2-methoxy-1, 3-dioxolane |
| 2-甲氧基-1, 4-萘醌 | 2-methoxy-1, 4-naphthoquinone |
| 2-甲氧基-1, 6-二甲基-5-乙烯基-9, 10-二氢菲-7-醇 | 2-methoxy-1, 6-dimethyl-5-vinyl-9, 10-dihydrophenanthren-7-ol |
| 5-甲氧基-1, 7-二苯基-3-庚酮 | 5-methoxy-1, 7-diphenyl-3-heptanone |
| (12*R*, 13*S*)-3-甲氧基-12, 13-环蒲公英赛烯-2, 14-二烯-1-酮-28-酸 | (12*R*, 13*S*)-3-methoxy-12, 13-cyclotaraxerene-2, 14-dien-1-one-28-oic acid |
| 6-甲氧基-12-羟基-3-甲氧基羰基-β-咔啉 | 6-methoxy-12-hydroxy-3-methoxycarbonyl-β-carboline |
| (–)-4-甲氧基-13, 14-二氢氧化巴马亭 | (–)-4-methoxy-13, 14-dihydrooxypalmatine |
| 11-甲氧基-14-羟基钩吻次碱 | 11-methoxy-14-hydroxygelsenicine |
| 11-甲氧基-14-羟基钩吻迪奈碱 | 11-methoxy-14-hydroxygelsedilam |
| 11-甲氧基-14-羟基胡蔓藤碱丙 | 11-methoxy-14-hydroxyhumantenmine |
| 8α-甲氧基-14-脱氧-17β-羟基穿心莲内酯 | 8α-methoxy-14-deoxy-17β-hydroxyandrographolide |
| 3β-甲氧基-15, 16-甲叉二氧基刺酮-1, 6-二烯 | 3β-methoxy-15, 16-methylenedoxyerythrina-1, 6-diene |
| 3α-甲氧基-16, 17-甲叉二氧基高刺酮-1 (6)-烯-2β-醇 | 3α-methoxy-16, 17-methylenedioxy-homoerythrin-1 (6)-en-2β-ol |
| 10-甲氧基-16-去(甲氧基羰基)蜡被狗牙花碱 | 10-methoxy-16-de (methoxycarbonyl) pagicerine |
| 15-甲氧基-16-氧亚基-15, 16*H*-哈氏豆属酸 | 15-methoxy-16-oxo-15, 16*H*-hardwickiic acid |
| 15-甲氧基-16-氧亚基-巢菊酸 | 15-methoxy-16-oxo-nidoresedic acid |
| 16α-甲氧基-17-贝壳杉醇 | 16α-methoxykaur-17-ol |
| 16α-甲氧基-17-羟基-对映-贝壳杉-19-酸 | 16α-methoxy-17-hydroxy-*ent*-kaur-19-oic acid |
| 16β-甲氧基-17-羟基-对映-贝壳杉烷 | 16β-methoxy-17-hydroxy-*ent*-kaurane |
| 11-甲氧基-19, 20α-二羟基二氢兰金断肠草碱 | 11-methoxy-19, 20α-dihydroxydihydrorankinidine |
| 11′-甲氧基-(19*S*)-海涅狗牙花碱 | 11′-methoxy-(19*S*)-heyneanine |
| 11-甲氧基-19-羟基他波宁 | 11-methoxy-19-hydroxytabersonine |
| 2-甲氧基-1*H*-吡咯 | 2-methoxy-1*H*-pyrrole |
| 4-甲氧基-1-甲基-2-喹啉 | 4-methoxy-1-methyl-2-quinoline |

| | |
|---|---|
| 4-甲氧基-1-甲基-2-喹诺酮 | 4-methoxy-1-methyl-2-quinolone |
| 4-甲氧基-1-萘酚 | 4-methoxy-1-naphthol |
| 4-甲氧基-1-叔丁氧基苯 | 4-methoxy-1-(1, 1-dimethyl ethoxyl) benzene |
| 4-甲氧基-1-乙烯基-β-咔啉 | 4-methoxy-1-vinyl-β-carboline |
| 6-甲氧基-2-(2-苯乙基) 色原酮 | 6-methoxy-2-(2-phenyl ethyl) chromone |
| 6-甲氧基-2 (3)-苯并噁唑啉酮 | 6-methoxy-2 (3)-benzoxazolinone |
| 1-甲氧基-2-(3′-戊烯基)-3, 7-二甲基苯丙呋喃 | 1-methoxy-2-(3′-pentenyl)-3, 7-dimethyl benzofuran |
| 11-甲氧基-2, 2, 12-三甲基-2*H*-萘并 [1, 2-*f*] [1] 苯并吡喃-8, 9-二酚 | 11-methoxy-2, 2, 12-trimethyl-2*H*-naphtho [1, 2-*f*] benzopyran-8, 9-diol |
| 7-甲氧基-2, 2, 4, 8-四甲基三环十一烷 | 7-methoxy-2, 2, 4, 8-tetramethyl tricycloundecane |
| 3′-甲氧基-2, 2′: 5′, 2″-三噻吩 | 3′-methoxy-2, 2′: 5′, 2″-terthiophene |
| (*E*)-1-(5-甲氧基-2, 2-二甲基-2*H*-6-色烯)-3-(3-甲氧苯基) 丙烯酮 | (*E*)-1-(5-methoxy-2, 2-dimethyl-2*H*-6-chromen)-3-(3-methoxyphenyl) propenone |
| 7-甲氧基-2, 2-二甲基色烯 | 7-methoxy-2, 2-dimethyl chromene |
| (3*R*)-4′-甲氧基-2′, 3, 7-三羟基异黄烷酮 | (3*R*)-4′-methoxy-2′, 3, 7-trihydroxyisoflavanone |
| (3*R*)-4′-甲氧基-2′, 3′, 7-三羟基异黄烷酮 | (3*R*)-4′-methoxy-2′, 3′, 7-trihydroxyisoflavanone |
| 3β-甲氧基-2, 3-二氢醉茄素 A | 3β-methoxy-2, 3-dihydrowithaferin A |
| 7-甲氧基-2, 3-甲叉二氧基苯并菲啶-7-醇 | 7-methoxy-2, 3-methylenedioxy-benzophenanthridin-7-ol |
| 4-甲氧基-2, 3-吲哚二酮 (菘蓝抗毒素) | 4-methoxyindole-2, 3-dione (isalexin) |
| α-甲氧基-2, 5-呋喃二甲醇 | α-methoxy-2, 5-furandimethanol |
| 3-甲氧基-2, 6, 6-三甲基环己-1-烯甲酸 | 3-methoxy-2, 6, 6-trimethyl cyclohex-1-enecarboxylic acid |
| 6-甲氧基-2, 9-二甲基-1, 2, 3, 4-四氢-β-咔啉 | 6-methoxy-2, 9-dimethyl-1, 2, 3, 4-tetrahydro-β-carboline |
| (+)-4-甲氧基-2-[(*E*)-3-甲基环氧乙基] 苯酚异丁酸酯 | (+)-4-methoxy-2-[(*E*)-3-methyl oxiranyl] phenol isobutanoate |
| 6-甲氧基-2-[2-(3′-甲氧苯基) 乙基] 色原酮 | 6-methoxy-2-[2-(3′-methoxyphenyl) ethyl] chromone |
| 6-甲氧基-2-[2-(4′-甲氧苯基) 乙基] 色原酮 | 6-methoxy-2-[2-(4′-methoxyphenyl) ethyl] chromone |
| 22α-甲氧基-20-蒲公英萜烯-3β-醇 | 22α-methoxy-20-taraxasten-3β-ol |
| 3-甲氧基-22-β-羟基-6-氧亚基卫矛酚 | 3-methoxy-22-β-hydroxy-6-oxotingenol |
| 11α-甲氧基-28-去甲-β-香树脂酮 (路路通酮 A) | 11α-methoxy-28-nor-β-amyrenone |
| 7-甲氧基-2*H*-1, 4-苯并噁嗪-3 (4*H*)-酮-2-*O*-β-D-吡喃葡萄糖苷 | 7-methoxy-2*H*-1, 4-benzoxazin-3 (4*H*)-one-2-*O*-β-D-glucopyranoside |
| 7-甲氧基-2*H*-1, 4-苯并噁嗪-3 (4*H*)-酮-2-*O*-β-吡喃葡萄糖苷 | 7-methoxy-2*H*-1, 4-benzoxazin-3 (4*H*)-one-2-*O*-β-glucopyranoside |
| (2*R*)-7-甲氧基-2*H*-1, 4-苯并噁唑嗪-3 (4*H*)-酮-2-*O*-β-吡喃半乳糖苷 | (2*R*)-7-methoxy-2H-1, 4-benzoxazin-3 (4*H*)-one-2-*O*-β-galactopyranoside |
| (2*R*)-7-甲氧基-2*H*-1, 4-苯并噁唑嗪-3 (4*H*)-酮-2-*O*-吡喃葡萄糖苷 | (2*R*)-7-methoxy-2*H*-1, 4-benzoxazin-3 (4*H*)-one-2-*O*-glucopyranoside |
| 5-甲氧基-2-苯并 [*c*] 呋喃酮-7-*O*-β-吡喃木糖基-(1→6)-β-吡喃葡萄糖苷 | 5-methoxyphthalide-7-*O*-β-xylopyranosyl-(1→6)-β-glucopyranoside |

| | |
|---|---|
| 4-甲氧基-2-苯基喹啉 | 4-methoxy-2-phenyl quinoline |
| 5α-甲氧基-2-吡咯烷酮 | 5α-methoxypyrrolidin-2-one |
| 1-甲氧基-2-丙醇乙酸酯 | 1-methoxy-2-propyl acetate |
| 6-甲氧基-2-甲基-1, 2, 3, 4-四氢-β-咔啉 | 6-methoxy-2-methyl-1, 2, 3, 4-tetrahydro-β-carboline |
| 8-甲氧基-2-甲基-2-(4-甲基-3-戊烯基)-2*H*-1-苯并呋喃-6-醇 | 8-methoxy-2-methyl-2-(4-methyl-3-pentenyl)-2*H*-1-benzopyran-6-ol |
| 3-甲氧基-2-甲基-5-戊基苯酚 | 3-methoxy-2-methyl-5-pentyl phenol |
| 6-甲氧基-2-甲基-β-咔啉阳离子 | 6-methoxy-2-methyl-β-carbolinum cation |
| 5-甲氧基-2-甲基苯并呋喃 | 5-methoxy-2-methyl benzofuran |
| (*R*)-3-甲氧基-2-甲基丙醇 | (*R*)-3-methoxy-2-methyl propanol |
| 1-甲氧基-2-甲基蒽醌 | 1-methoxy-2-methyl anthraquinone |
| 5-甲氧基-2-甲基呋喃色原酮 | 5-methoxy-2-methyl furanochromone |
| 6-甲氧基-2-甲基醌茜 | 6-methoxy-2-methyl quinizarin |
| 5-甲氧基-2-甲基色原酮 | 5-methoxy-2-methyl chromone |
| 7-甲氧基-2-甲基异黄酮 | 7-methoxy-2-methyl isoflavone |
| 1-甲氧基-2-甲氧甲基-3-羟基蒽醌 | 1-methoxy-2-methoxymethyl-3-hydroxyanthraquinone |
| 5-甲氧基-2-糠醛 | 5-methoxy-2-furaldehyde |
| 1-(6-甲氧基-2-萘基)乙酮 | 1-(6-methoxy-2-naphthyl) ethanone |
| 1-甲氧基-2-羟基-4-[5-(4-羟基苯氧基)-3-丙烯-1-炔基]苯酚 | 1-methoxy-2-hydroxy-4-[5-(4-hydroxyphenoxy)-3-penten-1-ynyl] phenol |
| 7-甲氧基-2′-羟基-5, 6-亚甲二氧基异黄酮 | 7-methoxy-2′-hydroxy-5, 6-methylenedioxyisoflavone |
| 1-甲氧基-2-羟基蒽醌 | 1-methoxy-2-hydroxyanthraquinone |
| 3-甲氧基-2-羟基二苯乙烯 | 3-methoxy-2-hydroxystilbene |
| 1′-甲氧基-2′-羟基二氢大叶茜草素 | 1′-methoxy-2′-hydroxydihydromollugin |
| 2β-甲氧基-2-去乙氧基-8-*O*-去酰白花地胆草林素-8-*O*-巴豆酸酯 | 2β-methoxy-2-deethoxy-8-*O*-deacyl phantomolin-8-*O*-tiglinate |
| 4-甲氧基-2-戊酮 | 4-methoxy-2-pentanone |
| (7*R*, 16*E*, 20*R*)-17-甲氧基-2-氧亚基柯诺塞-16-烯-16-甲酸甲酯 | (7*R*, 16*E*, 20*R*)-17-methoxy-2-oxo-corynox-16-en-16-carboxylic acid methyl ester |
| 6-甲氧基-2-乙酰基-3-甲基-1, 4-萘醌-8-*O*-β-D-吡喃葡萄糖苷 | 6-methoxy-2-acetyl-3-methyl-1, 4-naphthoquinone-8-*O*-β-D-glucopyranoside |
| 2-甲氧基-3-(1, 1′-二甲烯丙基)-6a, 10a-二氢苯并[1, 2-*c*]色原烷-6-酮 | 2-methoxy-3-(1, 1′-dimethyl allyl)-6a, 10a-dihydrobenzo [1, 2-*c*] chroman-6-one |
| 6-甲氧基-3-(1, 2-二羟基乙基)-β-咔啉 | 6-methoxy-3-(1, 2-dihydroxyethyl)-β-carboline |
| 2-甲氧基-3-(1-甲乙基)吡嗪 | 2-methoxy-3-(1-methyl ethyl) pyrazine |
| 甲氧基-3-(2-丙烯基)-苯酚 | methoxy-3-(2-propenyl) phenol |
| 6-甲氧基-3-(2-羟基-1-乙氧乙基)-β-咔啉 | 6-methoxy-3-(2-hydroxy-1-ethoxyl ethyl)-β-carboline |
| 6-甲氧基-3-(2-羟基乙基)-β-咔啉 | 6-methoxy-3-(2-hydroxyethyl)-β-carboline |
| 4-甲氧基-3-(3-甲基-2-丁烯基)苯酸 | 4-methoxy-3-(3-methyl-2-butenyl) benzoic acid |
| 15-甲氧基-3, 19-二羟基-8 (17), 11, 13-对映-半日花三烯-16, 15-内酯 | 15-methoxy-3, 19-dihydroxy-8 (17), 11, 13-*ent*-labdatrien-16, 15-olide |

| | |
|---|---|
| 7-甲氧基-3, 3′, 4′, 6-四羟基黄酮 | 7-methoxy-3, 3′, 4′, 6-tetrahydroxyflavone |
| 2′-甲氧基-3, 4, 4′-三羟基查耳酮 (3-脱氧苏木查耳酮) | 2′-methoxy-3, 4, 4′-trihydroxychalcone (3-deoxysappanchalcone) |
| 5′-甲氧基-3′, 4′-*O*-二甲基-3, 4-*O*, *O*-次甲基鞣花酸 | 5′-methoxy-3′, 4′-*O*-dimethyl-3, 4-*O*, *O*-methylidyne ellagic acid |
| 7-甲氧基-3′, 4′-二羟基黄烷酮 | 7-methoxy-3′, 4′-dihydroxyflavanone |
| 6-甲氧基-3, 4-脱氢-δ-生育酚 | 6-methoxy-3, 4-dehydro-δ-tocopherol |
| (2*S*)-7-甲氧基-3′, 4′-亚甲基二氧基黄烷 | (2*S*)-7-methoxy-3′, 4′-methylenedioxyflavane |
| (2*R*, 3*R*)-5′-甲氧基-3, 5, 7, 2′-四羟基黄烷酮 | (2*R*, 3*R*)-5′-methoxy-3, 5, 7, 2′-tetrahydroxyflavanone |
| 4-甲氧基-3, 5-二羟基苯甲酸 | 4-methoxy-3, 5-dihydroxybenzoic acid |
| 1-甲氧基-3, 6-二羟基-2-羟甲基-蒽醌 | 1-methoxy-3, 6-dihydroxy-2-hydroxymethyl-anthraquinone |
| (7*R*, 8*S*)-3-甲氧基-3′, 7-环氧-8, 4′-氧基新木脂素-4, 9, 9′-三醇 | (7*R*, 8*S*)-3-methoxy-3′, 7-epoxy-8, 4′-oxyneolignan-4, 9, 9′-triol |
| (7*S*, 8*S*)-3-甲氧基-3′, 7-环氧-8, 4′-氧基新木脂素-4, 9, 9′-三醇 | (7*S*, 8*S*)-3-methoxy-3′, 7-epoxy-8, 4′-oxyneolignan-4, 9, 9′-triol |
| (±)-(*E*)-4b-甲氧基-3b, 5b-二羟基荆三棱素 A | (±)-(*E*)-4b-methoxy-3b, 5b-dihydroxyscirpusin A |
| 25-甲氧基-3β, 7β-二羟基葫芦-5, (23*E*)-二烯-19-醛 | 25-methoxy-3β, 7β-dihydroxycucurbit-5, (23*E*)-dien-19-al |
| 6-甲氧基-3-丙烯基-2-吡啶甲酸 | 6-methoxy-3-propenyl-2-pyridine carboxylic acid |
| 7-甲氧基-3-甲基-2, 5-二羟基-9, 10-二氢菲 | 7-methoxy-3-methyl-2, 5-dihydroxy-9, 10-dihydrophenanthrene |
| 2-甲氧基-3-甲基-4, 6-二羟基-5 (3′-羟基) 桂皮酰苯甲醛 | 2-methoxy-3-methyl-4, 6-dihydroxy-5 (3′-hydroxy) cinnamoyl benzaldehyde |
| 6-甲氧基-3-甲基-β-咔啉 | 6-methoxy-3-methyl-β-carboline |
| 2-甲氧基-3-甲基吡嗪 | 2-methoxy-3-methyl pyrazine |
| 2-(3-甲氧基-3-甲基丁-1-烯基)-苯-1, 4-二酚 | 2-(3-methoxy-3-methylbut-1-enyl) benzene-1, 4-diol |
| 1-甲氧基-3-羟基-2-乙氧甲基蒽醌 | 1-methoxy-3-hydroxy-2-ethoxymethyl anthraquinone |
| 1-甲氧基-3-羟基-6-甲基蒽醌 | 1-methoxy-3-hydroxy-6-methyl anthraquinone |
| 4-甲氧基-3-羟基苯甲酸 | 4-methoxy-3-hydroxybenzoic acid |
| 2-甲氧基-3-羟基𠮿酮 | 2-methoxy-3-hydroxyxanthone |
| 5-甲氧基-3-十一基苯酚 | 5-methoxy-3-undecyl phenol |
| (*E*)-4-[4-(*Z*-3-甲氧基-3-氧亚基丙基-1-烯基) 苯氧基]-2-甲基丁烯-2-酸甲酯 | (*E*)-4-[4-(*Z*-3-methoxy-3-oxoprop-1-enyl) phenoxy]-2-methylbut-2-enoic acid methyl ester |
| 6-甲氧基-3-乙基-β-咔啉 | 6-methoxy-3-ethyl-β-carboline |
| 6-甲氧基-3-乙烯基-β-咔啉 | 6-methoxy-3-vinyl-β-carboline |
| 1-甲氧基-3-乙酰基吲哚 | 1-methoxy-3-acetyl indole |
| 2-甲氧基-3-异丙基吡嗪 | 2-methoxy-3-isopropyl pyrazine |
| 2-甲氧基-3-异丁基胡椒嗪 | 2-methoxy-3-isobutyl pyrazine |
| 1-甲氧基-3-吲哚甲醛 | 1-methoxy-3-indolecarbaldehyde |
| 1-甲氧基-3-吲哚甲酸 | 1-methoxy-3-indoleformic acid |

| 1-甲氧基-3-吲哚乙酸 | 1-methoxy-3-indoleacetic acid |
|---|---|
| 4-甲氧基-3-吲哚乙酸 | 4-methoxy-3-indoleacetic acid |
| 2-甲氧基-3-仲丁基吡嗪 | 2-methoxy-3-(1-methyl propyl) pyrazine |
| 5α-3′-甲氧基-4′-羟基苯甲酰中亚阿魏烯醇 | 5α-3′-methoxy-4′-hydroxybenzoyl ferujaesenol |
| 2-(3″-甲氧基-4″-羟苄基)-3-(3′-甲氧基-4′-羟苯基)-γ-丁内酯 | 2-(3″-methoxy-4″-hydroxybenzyl)-3-(3′-methoxy-4′-hydroxybenzyl)-γ-butyrolactone |
| 2-甲氧基-4-(2-丙烯-1-基) 戊基-6-乙酸酯-β-D-吡喃葡萄糖苷 | 2-methoxy-4-(2-propen-1-yl) penyl-6-acetate-β-D-glucopyranoside |
| 2-甲氧基-4-(2-丙烯基) 苯酚 | 2-methoxy-4-(2-propenyl) phenol |
| 2-甲氧基-4-(2-丙烯基) 苯基-β-D-吡喃葡萄糖苷 | 2-methoxy-4-(2-propenyl) phenyl-β-D-glucopyranoside |
| 1-甲氧基-4-(1-丙烯基) 苯 | 1-methoxy-4-(1-propenyl) benzene |
| 6α-甲氧基-4 (15)-桉叶-1β-醇 | 6α-methoxy-4 (15)-eudesm-1β-ol |
| 7-甲氧基-4 (15)-奥萜斯特烯-1β-醇 | 7-methoxy-4 (15)-oppositen-1β-ol |
| 2-甲氧基-4-(1-丙烯基) 苯酚 | 2-methoxy-4-(1-propenyl) phenol |
| 2-甲氧基-4-(1-丙酰基) 苯基-β-D-吡喃葡萄糖苷 | 2-methoxy-4-(1-propionyl) phenyl-β-D-glucopyranoside |
| 1-甲氧基-4-(2-丙烯基) 苯 | 1-methoxy-4-(2-propenyl) benzene |
| 2-甲氧基-4-(2′-羟乙基) 苯酚-1-*O*-β-D-吡喃葡萄糖苷 | 2-methoxy-4-(2′-hydroxyethyl) phenol-1-*O*-β-D-glucopyranoside |
| 2-甲氧基-4-(3-甲氧基-1-丙烯基) 苯酚 | 2-methoxy-4-(3-methoxy-1-propenyl) phenol |
| 2-甲氧基-4-(8-羟乙基) 苯酚 | 2-methoxy-4-(8-hydroxyethyl) phenol |
| 9-甲氧基-4-(甲基-2-氧亚基丁氧基)-7*H*-呋喃并 [3, 2-*g*] [1] 苯并吡喃-7-酮 | 9-methoxy-4-(methyl-2-oxobutoxy)-7*H*-furo [3, 2-*g*] [1] benzopyran-7-one |
| 5-甲氧基-4, 2′-环氧-3-(4′, 5′-二羟苯基) 吡喃并香豆素 | 5-methoxy-4, 2′-epoxy-3-(4′, 5′-dihydroxyphenyl) pyranocoumarin |
| 5-甲氧基-4, 4′-二-*O*-甲基开环落叶松脂素 | 5-methoxy-4, 4′-di-*O*-methyl secolariciresinol |
| 5-甲氧基-4, 4-二-*O*-甲基开环落叶松脂素 | 5-methoxy-4, 4-di-*O*-methyl secolariciresinol |
| 5-甲氧基-4, 4′-二-*O*-甲基开环落叶松脂素二乙酸酯 | 5-methoxy-4, 4′-di-*O*-methyl secolariciresinol diacetate |
| 5-甲氧基-4, 4-二-*O*-甲基开环落叶松脂素二乙酸酯 | 5-methoxy-4, 4-di-*O*-methyl secolariciresinol diacetate |
| 3′-甲氧基-4′, 5, 7-三羟基黄酮 | 3′-methoxy-4′, 5, 7-trihydroxyflavone |
| 1-甲氧基-4, 5-二氢白色向日葵素 A | 1-methoxy-4, 5-dihydroniveusin A |
| 1-(3′-甲氧基-4′, 5′-亚甲二氧苯基)-1ξ-甲氧基-2-丙烯 | 1-(3′-methoxy-4′, 5′-methylenedioxyphenyl)-1ξ-methoxy-2-propene |
| 1-(3-甲氧基-4, 5-亚甲二氧苯基)-2-2-当归酰氧基丙-1-酮 | 1-(3-methoxy-4, 5-methylenedioxyphenyl)-2-2-angeloyloxypropan-1-one |
| 3-甲氧基-4, 5-亚甲二氧基苯乙酮 | 3-methoxy-4, 5-methylene dioxyacetophenone |
| (*E*)-3-甲氧基-4, 5-亚甲二氧基桂皮醇 | (*E*)-3-methoxy-4, 5-methylenedioxycinnamic alcohol |
| (*E*)-3-甲氧基-4, 5-亚甲二氧基桂皮醛 | (*E*)-3-methoxy-4, 5-methylenedioxycinnamic aldehyde |
| (*E*)-3-甲氧基-4, 5-亚甲二氧基桂皮酸 | (*E*)-3-methoxy-4, 5-methylenedioxycinnamic acid |
| 2-甲氧基-4, 5-亚甲基二氧苯甲醛 | 3-methoxy-4, 5-methylene dioxybenzaldehyde |
| *N*-(3-甲氧基-4, 5-亚甲基二氧二氢肉桂酰基)-$\Delta^3$-吡啶-2-酮 | *N*-(3-methoxy-4, 5-methylenedioxydihydrocinnamoyl)-$\Delta^3$-pyridine-2-one |

J

| | |
|---|---|
| 2′-甲氧基-4′, 5′-亚甲基二氧反式-肉桂酰异丁基酰胺 | 2′-methoxy-4′, 5′-methylenedioxy-trans-cinnamoyl isobutylamide |
| 3-甲氧基-4, 5-亚甲基二氧化桂皮醛 | 3-methoxy-4, 5-methylene dioxycinnamaldehyde |
| 3-甲氧基-4, 5-亚甲基二氧基苯甲酸 | 3-methoxy-4, 5-methylene dioxybenzoic acid |
| *N*-(3-甲氧基-4, 5-亚甲基二氧肉桂酰基)-$\Delta^3$-吡啶-2-酮 | *N*-(3-methoxy-4, 5-methylenedioxycinnamoyl)-$\Delta^3$-pyridine-2-one |
| (2*S*)-7-甲氧基-4′, 6-二羟基黄烷酮 | (2*S*)-7-methoxy-4′, 6-dihydroxyflavanone |
| 2-甲氧基-4, 7-二羟基-9, 10-二氢菲 | 2-methoxy-4, 7-dihydroxy-9, 10-dihydrophenanthrene |
| 3-甲氧基-4-*O*-β-D-吡喃葡萄糖基苯甲酸甲酯 | 3-methoxy-4-*O*-β-D-glucopyranosyl methyl benzoate |
| 3-甲氧基-4-*O*-β-D-葡萄糖苷-(*E*)-阿魏酸 | 3-methoxy-4-*O*-β-D-glucoside-(*E*)-ferulic acid |
| 3-甲氧基-4-*O*-β-D-葡萄糖基苯甲酸 | 3-methoxy-4-*O*-β-D-glucosyl benzoic acid |
| 3-甲氧基-4-β-D-吡喃葡萄糖氧基苯丙酮 | 3-methoxy-4-β-D-glucopyranosyloxypropiophenone |
| 1β-甲氧基-4-表玉叶金花素 A | 1β-methoxy-4-epimussaenin A |
| 1α-甲氧基-4-表玉叶金花素 A | 1α-methoxy-4-epimussaenin A |
| 2-甲氧基-4-丙烯基苯酚 | 2-methoxy-4-propenyl phenol |
| 2-甲氧基-4-甲基-1-(1-甲乙基) 苯 | 2-methoxy-4-methyl-1-(1-methyl ethyl) benzene |
| 1-甲氧基-4-甲基-2-(1-异丙基) 苯 | 1-methoxy-4-methyl-2-(1-methyl ethyl) benzene |
| 1-甲氧基-4-甲基-2-异丙基苯 | 1-menthoxy-4-methyl-2-(1-methyl ethyl) benaene |
| 2-甲氧基-4-甲基-6-十八烷基苯甲酸 | 2-methoxy-4-methyl-6-octadecyl benzoic acid |
| 2-甲氧基-4-甲基-6-十四烷基苯甲酸 | 2-methoxy-4-methyl-6-tetradecyl benzoic acid |
| 2-甲氧基-4-甲基-6-十五烷基苯甲酸 | 2-methoxy-4-methyl-6-pentadecyl benzoic acid |
| 2-甲氧基-4-甲基苯酚 | 2-methoxy-4-methyl phenol |
| 2-甲氧基-4-甲基苯基-*O*-β-D-呋喃芹糖基-(1→6)-β-D-吡喃葡萄糖苷 | 2-methoxy-4-methyl phenyl-*O*-β-D-apiofuranosyl-(1→6)-β-D-glucopyranoside |
| 3-甲氧基-4-甲基苯甲醛 | 3-methoxy-4-methyl benzaldehyde |
| 3-甲氧基-4-甲基苯甲酸 | 3-methoxy-4-methyl benzoic acid |
| 7-甲氧基-4-甲基香豆素 | 7-methoxy-4-methyl coumarin |
| 1-(3-甲氧基-4-羟苯基)-2-(4-烯丙基-2, 6-二甲氧基苯氧基) 丙-1-醇 | 1-(3-methoxy-4-hydroxyphenyl)-2-(4-allyl-2, 6-dimethoxyphenoxy) propan-1-ol |
| 1-(3-甲氧基-4-羟苯基)-2-(4-烯丙基-2-甲氧基苯氧基) 丙-1-醇 | 1-(3-methoxy-4-hydroxyphenyl)-2-(4-allyl-2-methoxyphenoxy) propan-1-ol |
| 2-(3-甲氧基-4-羟苯基)-5-(3-羟丙基)-7-甲氧基苯并呋喃-3-甲醛 | 2-(3-methoxy-4-hydroxyphenyl)-5-(3-hydroxypropyl)-7-methoxybenzofuran-3-carbaldehyde |
| (+)-2-(3-甲氧基-4-羟苯基)-6-(3, 4-亚甲二氧基) 苯基-3, 7-二氧二环 [3.3.0] 辛烷 | (+)-2-(3-methoxy-4-hydroxyphenyl)-6-(3, 4-methylenedioxy) phenyl-3, 7-dioxabicyclo [3.3.0] octane |
| 2-(3-甲氧基-4-羟苯基) 丙-1, 3-二醇 | 2-(3-methoxy-4-hydroxyphenyl) prop-1, 3-diol |
| 3-(3-甲氧基-4-羟苯基) 丙基四十六酸酯 | 3-(3-methoxy-4-hydroxyphenyl)-propanyl hexatetracontanoate |
| 2-甲氧基-4-羟苯基-1-*O*-α-L-吡喃鼠李糖基-(1″→6′)-β-D-吡喃葡萄糖苷 | 2-methoxy-4-hydroxyphenyl-1-*O*-α-L-rhamnopyranosyl-(1″→6′)-β-D-glucopyranoside |

| | |
|---|---|
| 3-甲氧基-4-羟苯基-1-*O*-β-D-吡喃葡萄糖苷(它乔糖苷) | 3-methoxy-4-hydroxyphenyl-1-*O*-β-D-glucopyranoside (tachioside) |
| 1-(3′-甲氧基-4′-羟苄基)-4-甲氧基菲-2, 6, 7-三醇 | 1-(3′-methoxy-4′-hydroxybenzyl)-4-methoxyphenanthrene-2, 6, 7-triol |
| 1-(3′-甲氧基-4′-羟苄基)-4-甲氧基菲-2, 7-二醇 | 1-(3′-methoxy-4′-hydroxybenzyl)-4-methoxyphenanthrene-2, 7-diol |
| 1-(3′-甲氧基-4′-羟苄基)-7-甲氧基-9, 10-二氢菲-2, 4-二醇 | 1-(3′-methoxy-4′-hydroxybenzyl)-7-methoxy-9, 10-dihydrophenanthrene-2, 4-diol |
| 3-甲氧基-4-羟苄基乙醚 | 3-methoxy-4-hydroxybenzoyl ether |
| 3-甲氧基-4-羟基-3′, 4′-亚甲二氧基木脂素 | 3-methoxy-4-hydroxy-3′, 4′-methylenedioxylignan |
| 3-甲氧基-4-羟基-5-[(8′*S*)-3′甲氧基-4′-羟苯基丙醇]-(*E*)-桂皮醇-4-*O*-β-D-吡喃葡萄糖苷 | 3-methoxy-4-hydroxy-5-[(8′*S*)-3′-methoxy-4′-hydroxyphenyl propyl alcoho1]-(*E*)-cinnamic alcohol-4-*O*-β-D-glucopyranoside |
| 2-甲氧基-4-羟基-6-[(8*Z*)-十五烯基]苯-1-*O*-乙酸酯 | 2-methoxy-4-hydroxy-6-[(8*Z*)-pentadecenyl] benzene-1-*O*-acetate |
| 2-甲氧基-4-羟基-6-十三烷基乙酸苯酯(紫金牛脂酚D) | 2-methoxy-4-hydroxy-6-tridecyl phenyl acetate (ardisiphenol D) |
| 2-甲氧基-4-羟基-6-十五烷基苯-1-*O*-乙酸酯 | 2-methoxy-4-hydroxy-6-pentadecyl benzene-1-*O*-acetate |
| 3-甲氧基-4-羟基苯丙醇-*O*-β-D-吡喃葡萄糖苷 | 3-methoxy-4-hydroxyphenyl propanol-*O*-β-D-glucopyranoside |
| 3-甲氧基-4-羟基苯酚 | 3-methoxy-4-hydroxyphenol |
| 2-甲氧基-4-羟基苯酚-1-*O*-β-D-吡喃葡萄糖苷 | 2-methoxy-4-hydroxyphenol-1-*O*-β-D-glucopyranoside |
| 2-甲氧基-4-羟基苯酚-1-*O*-β-D-呋喃芹糖基-(1→6)-*O*-β-D-吡喃葡萄糖苷 | 2-methoxy-4-hydroxyphenol-1-*O*-β-D-apiofuranosyl-(1→6)-*O*-β-D-glucopyranoside |
| 1-(3-甲氧基-4-羟基-苯基)丙-1, 2-二醇 | 1-(3-methoxy-4-hydroxy-phenyl) prop-1, 2-diol |
| 2-甲氧基-4-羟基苯甲醛 | 2-methoxy-4-hydroxybenzaldehyde |
| 3-甲氧基-4-羟基苯甲醛 | 3-methoxy-4-hydroxybenzaldehyde |
| 5α-(3-甲氧基-4-羟基苯甲酰基)中亚阿魏二醇 | 5α-(3-methoxy-4-hydroxybenzoyl) jaeschkeanadiol |
| 1-[3-(3-甲氧基-4-羟基苯氧基)-1-丙烯基]-3-甲氧苯基-4-*O*-β-D-吡喃葡萄糖苷 | 1-[3-(3-methoxy-4-hydroxyphenoxy)-1-propenyl]-3-methoxyphene-4-*O*-β-D-glucopyranoside |
| 3-甲氧基-4-羟基苯乙醇 | 3-methoxy-4-hydroxyphenyl ethanol |
| 3′-甲氧基-4′-羟基苯乙酮 | 3′-methoxy-4′-hydroxyacetophenone |
| 3-甲氧基-4-羟基苯乙烯 | 3-methoxy-4-hydroxystyrene |
| 3-甲氧基-4-羟基-反式-苯丙烯酸正十八醇酯 | 3-methoxy-4-hydroxy-*trans*-benzeneacrylic acid octadecyl ester |
| 3-甲氧基-4-羟基桂皮醛(3-甲氧基-4-羟基肉桂醛) | 3-methoxy-4-hydroxycinnamaldehyde (3-methoxy-4-hydroxycinnamic aldehyde) |
| 2-甲氧基-4-羟基桂皮酸龙脑酯 | bornyl 2-methoxy-4-hydroxycinnamate |
| 7-甲氧基-4′-羟基黄酮 | 7-methoxy-4′-hydroxyflavone |
| 7-甲氧基-4′-羟基黄酮醇 | 7-methoxy-4′-hydroxyflavonol |
| 3-甲氧基-4-羟基绵马烷 | 3-methoxy-4-hydroxyfilicane |
| 2′-甲氧基-4″-羟基去甲氧基考布素 | 2′-methoxy-4″-hydroxydemethoxykobusin |

| | |
|---|---|
| 3′-甲氧基-4′-羟基异黄酮 | 3′-methoxy-4′-hydroxyisoflavone |
| 7-甲氧基-4′-羟基异黄酮 | 7-methoxy-4′-hydroxyisoflavone |
| 1-甲氧基-4-醛基-6-甲基-2, 3-二氢-3-茚酮 | 1-methoxy-4-formyl-6-methyl-2, 3-dihydro-3-indanone |
| 6-甲氧基-4-色原酮 | 6-methoxy-4-chromanone |
| 2-甲氧基-4-烯丙基苯酚 | 2-methoxy-4-allyl phenol |
| 9-甲氧基-4-氧亚基-α-拉帕醌 | 9-methoxy-4-oxo-α-lapachone |
| 2-甲氧基-4-乙烯基苯酚 | 2-methoxy-4-vinyl phenol |
| 2-甲氧基-4-乙酰基苯酚 | 2-methoxy-4-acetyl phenol |
| 1-(3-甲氧基-4-乙酰氧苯基)-2-(4-烯丙基-2, 6-二甲氧基苯氧基)丙-1-醇乙酸酯 | 1-(3-methoxy-4-acetoxyphenyl)-2-(4-allyl-2, 6-dimethoxyphenoxy) propan-1-ol acetate |
| 3-甲氧基-4-乙酰氧基-5-十三烷基苯酚 | 3-methoxy-4-acetoxy-6-tridecyl phenol |
| 3-甲氧基-4-乙酰氧基桂皮基当归酸酯 | 3-methoxy-4-acetoxycinnamyl angelate |
| 2-甲氧基-5-(*E*)-丙烯基苯酚-β-巢菜糖苷 | 2-methoxy-5-(*E*)-propenyl phenol-β-vicianoside |
| 6-甲氧基-5, 20, 40-三羟基-3-苯甲酰苯并呋喃 | 6-methoxy-5, 20, 40-trihydroxy-3-benzoyl benzofuran |
| 3′-甲氧基-5, 6, 7, 4′-四羟基黄酮 | 3′-methoxy-5, 6, 7, 4′-tetrahydroxyflavone |
| 4′-甲氧基-5, 6-二羟基异黄酮-7-*O*-β-D-吡喃葡萄糖苷 | 4′-methoxy-5, 6-dihydroxyisoflavone-7-*O*-β-D-glucopyranoside |
| 6-甲氧基-5, 6-二氢白屈菜红碱 | 6-methoxy-5, 6-dihydrochelerythrine |
| 11-甲氧基-5, 6-二氢卡瓦胡椒内酯 | 11-methoxy-5, 6-dihydroyangonin |
| 6-甲氧基-5, 7, 8, 4′-四羟基异黄酮 | 6-methoxy-5, 7, 8, 4′-tetrahydroxyisoflavone |
| 4′-甲氧基-5, 7-二羟基黄酮-(3-*O*-7″)-4‴, 5″, 7″-三羟基黄酮 | 4′-methoxy-5, 7-dihydroxyflavone-(3-*O*-7″)-4‴, 5″, 7″-trihydroxyflavone |
| 3′-甲氧基-5, 7-二羟基黄酮-6-*C*-波伊文糖基-4′-*O*-葡萄糖苷 | 3′-methoxy-5, 7-dihydroxyflavone-6-*C*-boivinopyranosyl-4′-*O*-glucopyranoside |
| 3-甲氧基-5, 7-二羟基黄酮醇 | 3-methoxy-5, 7-dihydroxyflavonol |
| 8-甲氧基-5-*O*-葡萄糖苷黄酮 | 8-methoxy-5-*O*-glucoside flavone |
| 12α-甲氧基-5α, 14β-二羟基-1α, 6α, 7β-三乙酸基卡山-13 (15)-烯-16, 12-内酯 | 12α-methoxy-5α, 14β-dihydroxy-1α, 6α, 7β-triacetoxy-cass-13 (15)-en-16, 12-olide |
| (22*E*)-7α-甲氧基-5α, 6α-环氧麦角甾-8 (14), 22-二烯-3β-醇 | (22*E*)-7α-methoxy-5α, 6α-epoxyergost- 8 (14), 22-dien-3β-ol |
| (19*R*)-甲氧基-5β, 19-环氧葫芦-6, 23-二烯-3β, 25-二醇 | (19*R*)-methoxy-5β, 19-epoxycucurbita-6, 23-dien-3β, 25-diol |
| 2-甲氧基-5-甲基-4-苯基呋喃 | 2-methoxy-5-methyl-4-phenyl furan |
| 4-甲氧基-5-羟基-1-四氢萘酮 | 4-methoxy-5-hydroxy-1-tetralone |
| 8-甲氧基-5-羟基补骨脂素 | 8-methoxy-5-hydroxypsoralen |
| 4-甲氧基-5-羟基甜没药-2, 10-二烯-9-酮 | 4-methoxy-5-hydroxybisabol-2, 10-dien-9-one |
| 4-甲氧基-5-羟基铁屎米-6-酮 | 4-methoxy-5-hydroxycanthin-6-one |
| 3′-甲氧基-5′-羟基异黄酮-7-*O*-β-D-葡萄糖苷 | 3′-methoxy-5′-hydroxyisoflavone-7-*O*-β-D-glucoside |
| 3-甲氧基-5′-去甲氧基密花卡瑞藤黄素 G | 3-methoxy-5′-demethoxycadensin G |
| 3-甲氧基-5-十一烷基苯甲酸 | 3-methoxy-5-undecyl benzoic acid |
| 3-甲氧基-5 乙酰基-31-三十三烯 | 3-methoxy-5-acetyl-31-tritriacontene |

| | |
|---|---|
| 2-甲氧基-5-乙酰氧基-6-甲基-3-[(*Z*)-10′-十五烯基]-1, 4-苯醌 | 2-methoxy-5-acetoxy-6-methyl-3-[(*Z*)-10′-pentadecenyl]-1, 4-benzoquinone |
| 2-甲氧基-5-乙酰氧基-6-甲基-3-十三基-1, 4-苯醌 | 2-methoxy-5-acetoxy-6-methyl-3-tridecyl-1, 4-benzoquinone |
| 2-甲氧基-6-(1-丙烯基)苯酚 | 2-methoxy-6-(1-propenyl) phenol |
| 4-甲氧基-6-(2′, 4′-二羟基-6′-甲苯基)-吡喃-2-酮 | 4-methoxy-6-(2′, 4′-dihydroxy-6′-methyl phenyl)-pyran-2-one |
| 4-甲氧基-6-(2-丙烯基)-1, 6-苯并间二氧杂环戊烯 | 4-methoxy-6-(2-propenyl)-1, 6-benzodioxole |
| 3-甲氧基-6, 17-二甲基-6α-吗啡烷-6-醇 | 3-methoxy-6, 17-dimethyl-6α-morphinan-6-ol |
| 5-甲氧基-6, 7-亚甲二氧基黄酮 | 5-methoxy-6, 7-methylenedioxyflavone |
| 5-甲氧基-6, 7-亚甲二氧基香豆素 | 5-methoxy-6, 7-methylenedioxycoumarin |
| 8-甲氧基-6, 7-亚甲二氧基香豆素 | 8-methoxy-6, 7-methylenedioxycoumarin |
| 12-甲氧基-6, 8, 11, 13-松香四烯-11-醇 | 12-methoxy-6, 8, 11, 13-abietetraen-11-ol |
| (*R*)-7-甲氧基-6, 8-二羟基-α-邓氏链果苣苔醌 | (*R*)-7-methoxy-6, 8-dihydroxy-α-dunnione |
| 2-甲氧基-6 [2-(4-甲氧苯基)乙烯基]吡喃-4-酮 | 2-methoxy-6-[2-(4-methoxyphenyl) vinyl] pyran-4-one |
| 2-甲氧基-6 [2-(苯基)乙烯基]吡喃-4-酮 | 2-methoxy-6-[2-(phenyl) vinyl] pyran-4-one |
| 12-甲氧基-6*H*-苯并 [*d*] 石脑油 [1, 2-*b*] 吡喃-6-酮 | 12-methoxy-6*H*-benzo [*d*] naphtho [1, 2-*b*] pyran-6-one |
| 7-甲氧基-6′-*O*-香豆酰基芦荟苦素 | 7-methoxy-6′-*O*-coumaroyl aloesin |
| 2α-甲氧基-6-*O*-乙基香水仙灵 | 2α-methoxy-6-*O*-ethyl oduline |
| (+)-3α-甲氧基-6β-乙酰鳞状茎文珠兰碱 | (+)-3α-methoxy-6β-acetyl bulbispermine |
| (2*S*)-5-甲氧基-6-甲基黄烷-7-醇 | (2*S*)-5-methoxy-6-methyl flavan-7-ol |
| 3-甲氧基-6-羟基-17-甲基吗啡烷 | 3-methoxy-6-hydroxy-17-methyl morphinane |
| (5*R*, 3*E*)-5-甲氧基-6-羟基-6-甲基-3-庚烯-2-酮 | (5*R*, 3*E*)-5-methoxy-6-hydroxy-6-methyl-3-hepten-2-one |
| 7-甲氧基-6-羟基香豆素 | 7-methoxy-6-hydroxycoumarin |
| 2-甲氧基-6-十三烷基-1, 4-苯醌 | 2-methoxy-6-tridecyl-1, 4-benzoquinone |
| 2-甲氧基-6-十五烷基-1, 4-苯醌 | 2-methoxy-6-pentadecyl-1, 4-benzoquinone |
| 2-甲氧基-6-十一烷基-1, 4-苯醌 | 2-methoxy-6-undecyl-1, 4-benzoquinone |
| 5-甲氧基-6-氧杂苯并 [*d*, *e*, *f*] 紫菀烯-3-酮 | 5-methoxy-6-oxabenzo [*d*, *e*, *f*] chrysen-3-one |
| 2-甲氧基-6-乙酰基-7-甲基胡桃醌 | 2-methoxy-6-acetyl-7-methyl juglone |
| 4-甲氧基-6-乙氧基-2-[(8′*Z*, 11′*Z*)-8′, 11′, 14′-十五碳三烯]间苯二酚 | 4-methoxy-6-ethoxy-2-[(8′*Z*, 11′*Z*)-8′, 11′, 14′-pentadecatriene] resorcinol |
| 5-甲氧基-7-(3, 3-二甲基烯丙氧基)香豆素 | 5-methoxy-7-(3, 3-dimethyl allyloxy) coumarin |
| 5-甲氧基-7-(3″-羟苯基)-1-苯基-3-庚酮 | 5-methoxy-7-(3″-hydroxyphenyl)-1-phenyl-3-heptanone |
| 5-甲氧基-7-(4″-羟苯基)-1-苯基-3-庚酮 | 5-methoxy-7-(4″-hydroxyphenyl)-1-phenyl-3-heptanone |
| 5-甲氧基-7-(4″-羟基-3″-甲氧苯基)-1-苯基-3-庚酮 | 5-methoxy-7-(4″-hydroxy-3″-methoxyphenyl)-1-phenyl-3-heptanone |
| 5-甲氧基-7-(4″-羟基-3″-氧苯基)-1-苯基-3-庚酮 | 5-methoxy-7-(4″-hydroxy-3″-oxyphenyl)-1-phenyl-3-heptanone |
| 5-甲氧基-7, 2′, 4′-三羟基-8-异戊烯基黄烷酮 | 5-methoxy-7, 2′, 4′-trihydroxy-8-prenyl flavanone |
| 3-甲氧基-7, 3′, 4′-三羟基黄酮 | 3-methoxy-7, 3′, 4′-trihydroxyflavone |

| | |
|---|---|
| 5-甲氧基-7, 8-亚甲二氧基香豆素 | 5-methoxy-7, 8-methylendioxycoumarin |
| 6-甲氧基-7, 8-亚甲二氧基香豆素 | 6-methoxy-7, 8-methylenedioxycoumarin |
| (–)-4′-甲氧基-7-*O*-(6″-乙酰基)-β-D-吡喃葡萄糖基-8, 3′-二羟基黄烷酮 | (–)-4′-methoxy-7-*O*-(6″-acetyl)-β-D-glucopyranosyl-8, 3′-dihydroxyflavanone |
| (–)-4′-甲氧基-7-*O*-β-D-吡喃葡萄糖基-8, 3′-二羟基黄烷酮 | (–)-4′-methoxy-7-*O*-β-D-glucopyranosyl-8, 3′-dihydroxyflavanone |
| 5-甲氧基-7-β-D-吡喃葡萄糖基-(–)-阿夫儿茶素 | 5-methoxy-7-β-D-glucopyranosyl-(–)-afzelechin |
| 6-甲氧基-7-甲基-8-羟基二苯 [*b*, *f*] 氧杂草 | 6-methoxy-7-methyl-8-hydroxydibenz [*b*, *f*] oxepin |
| 3-甲氧基-7-甲基胡桃醌 (3-甲氧基-7-甲基胡桃酮、3-甲氧基-7-甲基胡桃叶醌) | 3-methoxy-7-methyl juglone |
| 6-甲氧基-7-甲基香豆素 | 6-methoxy-7-methyl coumarin |
| 2-甲氧基-7-羟基-1-甲基-5-乙烯基菲 | 2-methoxy-7-hydroxy-1-methyl-5-vinyl phenanthrene |
| 6-甲氧基-7-羟基-4′-*O*-β-D-葡萄糖基异黄酮 | 6-methoxy-7-hydroxy-4′-*O*-β-D-glucosyl isoflavone |
| 6-甲氧基-7-羟基-8-异戊烯基香豆素 | 6-methoxy-7-hydroxy-8-prenyl coumarin |
| 5-甲氧基-7-羟基苯酞 | 5-methoxy-7-hydroxyphthalide |
| 5-甲氧基-7-羟基黄烷酮 | 5-methoxy-7-hydroxyflavanone |
| 3-甲氧基-7-羟基卡达烯醛 | 3-methoxy-7-hydroxycadalenal |
| 5-甲氧基-7-羟基香豆素 | 5-methoxy-7-hydroxycoumarin |
| 6-甲氧基-7-羟基香豆素 | 6-methoxy-7-hydroxycoumarin |
| 6-甲氧基-7-香叶氧基香豆素 | 6-methoxy-7-geranyloxycoumarin |
| 7-甲氧基-8-(1′-甲氧基-2′-羟基-3′-甲基-3-丁烯基)香豆素 | 7-methoxy-8-(1′-methoxy-2′-hydroxy-3′-methyl-3-butenyl) coumarin |
| 7-甲氧基-8-(1′-甲氧基-2′-羟基-3′-甲基-3′-丁烯基)香豆素 | 7-methoxy-8-(1′-methoxy-2′-hydroxy-3′-methyl-3′-butenyl) coumarin |
| 7-甲氧基-8-(2′, 3′-二羟基-3′-甲基丁基) 香豆素 | 7-methoxy-8-(2′, 3′-dihydroxy-3′-methyl butyl) coumarin |
| 7-甲氧基-8-(2′-甲基-2′-甲酰基丙基) 香豆素 | 7-methoxy-8-(2′-methyl-2′-formyl propyl) coumarin |
| 7-甲氧基-8-(2′-甲酰基-2′-甲丙基) 香豆素 | 7-methoxy-8-(2′-formyl-2′-methyl propyl) coumarin |
| 7-甲氧基-8-(2′-甲氧基-2′-羟基-3′-甲基丁基) 香豆素 | 7-methoxy-8-(2′-methoxy-2′-hydroxy-3′-methyl butyl) coumarin |
| 7-甲氧基-8-(2′-甲氧基-3′-羟基-3′-甲基丁基) 香豆素 | 7-methoxy-8-(2′-methoxy-3′-hydroxy-3′-methyl butyl) coumarin |
| 5-甲氧基-8-(2′-羟基-3′-丁氧基-3′-甲基丁氧基) 补骨脂素 | 5-methoxy-8-(2′-hydroxy-3′-butoxy-3′-methyl butyrloxy) psoralen |
| 7-甲氧基-8-(2′-羟基-3′-乙氧基-3′-甲基丁基) 香豆素 | 7-methoxy-8-(2′-hydroxy-3′-ethoxy-3′-methyl butyl) coumarin |
| 7-甲氧基-8-(2′-乙氧基-3′-羟基-3′-甲基丁基) 香豆素 | 7-methoxy-8-(2′-ethoxy-3′-hydroxy-3′-methyl butyl) coumarin |
| 甲氧基-8-(3-羟甲基-丁-2-烯氧基) 补骨脂素 | methoxy-8-(3-hydroxymethylbut-2-enyloxy) psoralen |
| 7-甲氧基-8-(3-甲基-2, 3-环氧-1-氧亚基丁基) 色烯-2-酮 | 7-methoxy-8-(3-methyl-2, 3-epoxy-1-oxobutyl) chromen-2-one |

| | |
|---|---|
| 7-甲氧基-8-(3-甲基-2-丁烯基)香豆素 | 7-methoxy-8-(3-methyl-2-butenyl) coumarin |
| (2*S*)-7-甲氧基-8-(3-甲氧基-3-甲丁基-1-烯基)黄烷酮 | (2*S*)-7-methoxy-8-(3-methoxy-3-methylbut-1-enyl) flavanone |
| 12-甲氧基-8, 11, 13-冷杉三烯-7β, 11-二醇 | 12-methoxy-8, 11, 13-abietatrien-7β, 11-diol |
| (8*S*)-3-甲氧基-8, 4′-氧代新木脂素-3′, 4, 9, 9′-四醇 | (8*S*)-3-methoxy-8, 4′-oxyneolignan-3′, 4, 9, 9′-tetraol |
| 3-甲氧基-8, 4′-氧新木脂素-3′, 4, 7, 9, 9′-五醇 | 3-methoxy-8, 4′-oxyneolignan-3′, 4, 7, 9, 9′-pentol |
| 6-甲氧基-8-*O*-α-L-鼠李糖基-β-苏里苷元 | 6-methoxy-8-*O*-α-L-rhamnosyl-β-sorigenin |
| 5-甲氧基-8-*O*-β-D-葡萄糖氧基补骨脂素 | 5-methoxy-8-*O*-β-D-glucosyloxypsoralen |
| 2-甲氧基-8-甲基-1, 4-萘二酮 | 2-methoxy-8-methyl-1, 4-naphthalenedione |
| 7-甲氧基-8-甲基芘-2-醇 | 7-methoxy-8-methylpyrene-2-ol |
| 7-甲氧基-8-甲酰基香豆素(九里香内酯醛、千里香库醛) | 7-methoxy-8-formyl coumarin (panicual) |
| (7*R*, 8*S*)-(7-甲氧基-8-羟基)细辛脑 | (7*R*, 8*S*)-(7-methoxy-8-hydroxy) asarone |
| (7*S*, 8*S*)-(7-甲氧基-8-羟基)细辛脑 | (7*S*, 8*S*)-(7-methoxy-8-hydroxy) asarone |
| 6-甲氧基-8-羟基苯甲酸丁酯-5-*O*-β-D-葡萄糖苷 | 6-methoxy-8-hydroxybenzoic acid butyl ester-5-*O*-β-D-glucoside |
| 5-甲氧基-8-羟基补骨脂素 | 5-methoxy-8-hydroxypsoralen |
| 7-甲氧基-8-羟基香豆素 | 7-methoxy-8-hydroxycoumarin |
| 4-甲氧基-8-戊基-1-萘酸 | 4-methoxy-8-pentyl-1-naphthoic acid |
| 5-甲氧基-8-香叶草氧基补骨脂素 | 5-methoxy-8-geranyloxypsoralen |
| (*E*)-10-甲氧基-8-氧亚基-9-十八烯酸甲酯 | (*E*)-10-methoxy-8-oxo-9-octadecenoic acid methyl ester |
| 7-甲氧基-8-乙酰基-2, 2-二甲基色烯 | 7-methoxy-8-acetyl-2, 2-dimethyl chromene |
| 4-甲氧基-8′-乙酰基橄榄树脂素-4-*O*-β-吡喃葡萄糖基-(1→6)-α-吡喃阿拉伯糖苷 | 4-methoxy-8′-acetyl olivil-4-*O*-β-glucopyranosyl-(1→6)-α-arabinopyranoside |
| 4-甲氧基-9, 10-二氢菲-2, 3, 6, 7-四醇 | 4-methoxy-9, 10-dihydrophenanthrene-2, 3, 6, 7-tetraol |
| 4-甲氧基-9, 10-二氢菲-2, 3, 7-三醇 | 4-methoxy-9, 10-dihydrophenanthrene-2, 3, 7-triol |
| 4-甲氧基-9, 10-二氢菲-2, 7-二-*O*-β-D-吡喃葡萄糖苷 | 4-methoxy-9, 10-dihydrophenanthrene-2, 7-di-*O*-β-D-glucopyranoside |
| 2-甲氧基-9, 10-二氢菲-2, 7-二醇 | 2-methoxy-9, 10-dihydrophenanthren-2, 7-diol |
| 2-甲氧基-9, 10-二氢菲-4, 7-二醇 | 2-methoxy-9, 10-dihydrophenanthren-4, 7-diol |
| 8-甲氧基-9-*O*-(2-甲基丁酰氧基)麝香草酚 | 8-methoxy-9-*O*-(2-methyl butyryloxy) thymol |
| 8-甲氧基-9-*O*-当归酰基麝香草酚 | 8-methoxy-9-*O*-angeloyl thymol |
| 8-甲氧基-9-*O*-异丁酰基麝香草酚 | 8-methoxy-9-*O*-isobutyryl thymol |
| 3β-甲氧基-9β, 19-环羊毛甾-(23*E*)-烯-25, 26-二醇 | 3β-methoxy-9β, 19-cyclolanost-(23*E*)-en-25, 26-diol |
| 2-甲氧基-9-苯基菲烯-1-酮 | 2-methoxy-9-phenyl phenalen-1-one |
| 2-甲氧基-9-甲基-3-氧杂双环[4.3.0]壬-7, 9-二醇 | 2-methoxy-9-methyl-3-oxabicyclo [4.3.0] non-7, 9-diol |
| 8-甲氧基-9-羟基麝香草酚 | 8-methoxy-9-hydroxythymol |
| 8-甲氧基-9-羟基麝香草酚-3-*O*-巴豆酸酯 | 8-methoxy-9-hydroxythymol-3-*O*-tiglate |
| 8-甲氧基-9-羟基麝香草酚-3-*O*-当归酸酯 | 8-methoxy-9-hydroxythymol-3-*O*-angelate |
| 3-甲氧基-9-羟基紫檀碱 | 3-methoxy-9-hydroxypterocarpan |

| | |
|---|---|
| (*E*)-11-甲氧基-9-氧亚基-10-十九烯酸甲酯 | (*E*)-11-methoxy-9-oxo-10-nonadecenoic acid methyl ester |
| 3-甲氧基-D-甘露糖-1, 4-内酯 | 3-methoxy-D-mannono-1, 4-lactone |
| 10-甲氧基-*N*1-甲基乳白仔榄树酯胺-17-*O*-藜芦酸酯 | 10-methoxy-*N*1-methylburnamine-17-*O*-veratrate |
| 5-甲氧基-*N*, *N*-二甲基色胺 | 5-methoxy-*N*, *N*-dimethyl tryptamine |
| 5-甲氧基-*N*, *N*-二甲基色胺 *N*-氧化物 | 5-methoxy-*N*, *N*-dimethyl tryptamine *N*-oxide |
| 12-甲氧基-*N*a-甲基维洛斯明碱 | 12-methoxy-*N*a-methyl vellosimine |
| 9-甲氧基-*N*b-甲基缝籽木醇 | 9-methoxy-*N*b-methyl geissoschizol |
| 12-甲氧基-*N*b-甲基沃洛亭 | 12-methoxy-*N*b-methyl voachalotine |
| 4-甲氧基-*N*-苯基苯胺 | 4-methoxy-*N*-phenyl aniline |
| 5-甲氧基-*N*-二甲基-5-色胺 | 5-methoxy-*N*-dimethyl tryptamine |
| 8-甲氧基-*N*-甲基巨盘木碱 (8-甲氧基-*N*-甲基二甲吡喃并喹啉酮) | 8-methoxy-*N*-methyl flindersine |
| D, L-3-甲氧基-*N*-甲基吗啡烷 | D, L-3-methoxy-*N*-methyl morphinane |
| 5-甲氧基-*N*-甲基色胺 | 5-methoxy-*N*-methyl tryptamine |
| 9-甲氧基-α-风铃木醌 (9-甲氧基-α-拉杷醌) | 9-methoxy-α-lapachone |
| 1-甲氧基-β-咔啉 | 1-methoxy-β-carboline |
| 3-甲氧基-β-咔啉 | 3-methoxy-β-carboline |
| 5-*O*-甲氧基阿夫儿茶素 | 5-*O*-methyl afzelechin |
| 4-甲氧基阿吗碱 | 4-methoxyajmalicine |
| 8-甲氧基氨基香豆素 (8-甲氧基细叶黄皮香豆素) H | 8-methoxyanisocoumarin H |
| 8-甲氧基巴拿马黄檀异黄酮 | 8-methoxyretusin |
| 5-甲氧基白当归素 | 5-methoxybyakangelicin |
| Ⅰ-5′-甲氧基白果素 | Ⅰ-5′-methoxybilobetin |
| L-5′-甲氧基白果素 | L-5′-methoxybilobetin |
| 5′-甲氧基白果素 | 5′-methoxybilobetin |
| 5β-甲氧基白坚木菲林碱 | 5β-methoxyaspidophylline |
| 17-甲氧基白坚木替宁 | 17-methoxyaspidofractinine |
| 甲氧基白毛茛碱 (那可汀、诺司卡品、那可丁、鸦片宁) | methoxyhydrastine (narcotine, noscapine, narcosine, opianine) |
| 11-甲氧基白屈菜红碱 | 11-methoxychelerythrine |
| 甲氧基白屈菜碱 | methoxychelidonine |
| D-17-甲氧基白雀胺 | D-17-methoxyquebrachamine |
| 6-甲氧基白鲜碱 | 6-methoxydictamnine |
| 8-甲氧基白鲜碱 (花椒碱、崖椒碱) | 8-methoxydictamnine (fagarine) |
| (7*S*, 8*S*)-5-甲氧基柏木苷 A | (7*S*, 8*S*)-5-methoxycupressoside A |
| 6-甲氧基半棉酚 | 6-methoxyhemigossypol |
| (3*R*)-8-甲氧基包被剑豆酚 | (3*R*)-8-methoxyvestitol |
| 6-甲氧基贝母兰宁 | 6-methoxycoelonin |
| 甲氧基苯 (茴香醚、茴芹醚、苯甲醚) | methoxybenzene (anisole, phenyl methyl ether) |

| | |
|---|---|
| 2-[2-(4′-甲氧基苯) 乙基] 色原酮 | 2-[2-(4′-methoxyphenyl) ethyl] chromone |
| 4-甲氧基苯丙酸 | 4-methoxybenzenepropanoic acid |
| 6-甲氧基苯并噁唑啉-2 (3*H*)-酮 | 6-methoxybenzoxazolin-2 (3*H*)-one |
| 6-甲氧基苯并噁唑啉酮 (薏苡素) | 6-methoxybenzoxazolinone (coixol) |
| 5-甲氧基苯并呋喃 | 5-methoxybenzofuran |
| 5-甲氧基苯并呋喃-2 (3*H*)-酮 | 5-methoxybenzofuran-2 (3*H*)-one |
| 3-甲氧基苯酚-1-*O*-α-L-吡喃鼠李糖基-(1→6)-*O*-β-D-吡喃葡萄糖苷 | 3-methoxyphenol-1-*O*-α-L-rhamnopyranosyl-(1→6)-*O*-β-D-glucopyranoside |
| 2-甲氧基苯酚乙酸酯 | 2-methoxyphenol acetate |
| 3-甲氧基苯甲醛 | 3-methoxybenzaldehyde |
| 4-甲氧基苯甲醛 (茴香醛、茴芹醛、对茴香醛) | 4-methoxybenzaldehyde (anisic aldehyde, *p*-anisaldehyde) |
| 4-甲氧基苯甲醛-2-*O*-[β-D-木糖基-(1→6)-β-D-吡喃葡萄糖苷] | 4-methoxybenzaldehyde-2-*O*-[β-D-xylosyl-(1→6)-β-D-glucopyranoside] |
| 2, 6-甲氧基苯甲醛氨基甲酰腙 | 2, 6-methoxybenzaldehyde (aminocarbonyl) hydrazone |
| 3-甲氧基苯甲酸 | 3-methoxybenzoic acid |
| 3-甲氧基苯甲酸乙酯 | ethyl 3-methoxybenzoate |
| 5-甲氧基苯酞-7-β-D-吡喃木糖基-(1→6)-β-D-吡喃葡萄糖苷 | 5-methoxyphthalide-7-β-D-xylopyranosyl-(1→6)-β-D-glucopyranoside |
| *N*-(4-甲氧基苯乙基)-*N*-甲基苯甲酰胺 | *N*-(4-methoxyphenethyl)-*N*-methyl benzamide |
| 4-甲氧基苯乙酸甲酯 | methyl 4-methoxybenzene acetate |
| 3-甲氧基苯乙酮 | 3-methoxyacetophenone |
| 4-甲氧基苯乙酮 | 4-methoxyacetophenone |
| 3-甲氧基吡啶 | 3-methoxypyridine |
| 4-甲氧基吡啶 | 4-methoxypyridine |
| 3-甲氧基吡啶 | 3-methoxypyridine |
| 9-[(5-甲氧基吡啶-2-基) 甲基]-9*H*-嘌呤-6-胺 | 9-[(5-methoxypyridine-2-yl) methyl]-9*H*-purin-6-amine |
| *N*-{9-[(5-甲氧基吡啶-2-基) 甲基]-9*H*-嘌呤-6-基}乙酰胺 | *N*-{9-[(5-methoxypyridine-2-yl) methyl]-9*H*-purin-6-yl}acetamide |
| 5-甲氧基吡咯烷-2-酮 | 5-methoxypyrrolidin-2-one |
| 5″-甲氧基扁柏内酯 | 5″-methoxyhinokinin |
| 4-(甲氧基苄基)-*O*-β-D-吡喃葡萄糖苷 | 4-(methoxybenzyl)-*O*-β-D-glucopyranoside |
| *N*-(3-甲氧基-苄基) 十八酰胺 | *N*-(3-methoxybenzyl) octadecanamide |
| 4-甲氧基苄基-β-D-葡萄糖苷 | 4-methoxybenzyl-β-D-glucoside |
| (8*S*)-3-甲氧基苄基四氢异喹啉-2, 12-二醇 | (8*S*)-3-methoxybenzyl tetrahydroisoquinolin-2, 12-diol |
| 3-甲氧基表梓素 | 3-methoxyepicatalpin |
| 1-甲氧基-2, 3-丙二醇 | 1-methoxy-2, 3-propanediol |
| 4-甲氧基丙烯基苯 | 4-methoxypropenyl benzene |
| 1-(3′-甲氧基丙酰基)-2, 4, 5-三甲氧基苯 | 1-(3′-methoxypropanoyl)-2, 4, 5-trimethoxybenzene |
| 5-甲氧基补骨脂素-8-*O*-β-D-吡喃葡萄糖苷 | 5-methoxypsoralen-8-*O*-β-D-glucopyranoside |
| 1-甲氧基菜豆素定 | 1-methoxyphaseollidin |

| | |
|---|---|
| 8β-甲氧基苍术内酯 I | 8β-methoxyatractylenolide I |
| 8-甲氧基草质素-3-*O*-β-D-槐糖苷 | 8-methoxyherbacetin-3-*O*-β-D-sophoroside |
| 4-甲氧基查耳酮 | 4-methoxychalcone |
| 11α-甲氧基柴胡皂苷 F | 11α-methoxysaikosaponin F |
| 11-甲氧基长春蔓胺 | 11-methoxyvincamine |
| 10-甲氧基长叶长春花碱 | 10-methoxycathafoline |
| 2 (*S*)-10-甲氧基长叶长春花碱 | 2 (*S*)-10-methoxycathafoline |
| 4′-甲氧基沉香四醇 | 4′-methoxyagarotetrol |
| 5′-甲氧基橙皮油素 | 5′-methoxyauraptene |
| (6*S*, 12*S*, 13*R*)-1-甲氧基橙桑青素 | (6*S*, 12*S*, 13*R*)-1-methoxycyanomaclurin |
| 5′-甲氧基川陈皮素 | 5′-methoxynobiletin |
| 2-甲氧基雌酮 | 2-methoxyestrone |
| 8-甲氧基刺果苏木林素 | 8-methoxybonducellin |
| 2-甲氧基粗雄花酮 | 2-methoxystypandron (2-methoxystypandrone) |
| 14-甲氧基翠雀叶乌头碱 | 14-methoxydelphinifoline |
| 3′-甲氧基大豆苷 | 3′-methoxydaidzin |
| 3′-甲氧基大豆苷-7-*O*-甲醚 | 3′-methoxydaidzin-7-*O*-methyl ether |
| 3′-甲氧基大豆苷元 (3′-甲氧基大豆素) | 3′-methoxydaidzein |
| 5″-甲氧基大风子品 | 5″-methoxyhydnocarpin |
| 5′-甲氧基大风子品 D | 5′-methoxyhydnocarpin D |
| 25-甲氧基大戟-8, 23-二烯-3β-醇 | 25-methoxyeupha-8, 23-dien-3β-ol |
| 5′-甲氧基大麻香叶酚酸 (5′-甲氧基大麻萜酚酸) | 5′-methoxycannabigerolic acid |
| 2′-甲氧基大叶茜草素 | 2′-methoxymollugin |
| 11-甲氧基戴氏马钱碱 (11-甲氧基魔鬼马钱碱) | 11-methoxydiaboline |
| (24*S*)-24α-甲氧基胆甾-5-烯-3β, 25-二醇 | (24*S*)-24α-methoxycholest-5-en-3β, 25-diol |
| 6-甲氧基当归素 (牛防风素) | 6-methoxyangelicin (sphondin) |
| 5′-甲氧基倒金不换素 | 5′-methoxyretrochinensin |
| 5′-甲氧基狄利格醇鼠李糖苷 | 5′-methoxydilignol rhamnoside |
| 7-甲氧基迪氏乌檀苷 | 7-methoxydiderroside |
| 甲氧基丁香酚 | methoxyeugenol |
| 5-甲氧基东莨菪内酯 (乌咔啉) | 5-methoxyscopoletin (umckalin) |
| 7β-甲氧基豆甾-5-烯-3β-醇 | 7β-methoxystigmast-5-en-3β-ol |
| (3β, 7α)-7-甲氧基豆甾-5-烯-3-醇 | (3β, 7α)-7-methoxystigmast-5-en-3-ol |
| 11-甲氧基毒鸡骨常山血平定 | 11-methoxyechitoserpidine |
| 3-甲氧基毒毛旋花子碱 (3-甲氧基伊卡马钱碱) | 3-methoxyicajine |
| 2-甲氧基毒鼠豆酚 | 2-methoxygliricidol |
| 10α-甲氧基杜松-4-烯-3-酮 | 10α-methoxycadin-4-en-3-one |
| 2-甲氧基对苯二酚-4-*O*-[6-*O*-(4-*O*-α-L-吡喃鼠李糖基) 紫丁香基]-β-D-吡喃葡萄糖苷 | 2-methoxyhydroquinone-4-*O*-[6-*O*-(4-*O*-α-L-rhamnopyranosyl) syringyl]-β-D-glucopyranoside |
| 3-甲氧基对羟基苯甲醛 | 3-methoxy-*p*-hydroxybenzaldehyde |

| 甲氧基对氢醌-4-β-D-吡喃葡萄糖苷 | methoxy-*p*-hydroquinone-4-β-D-glucopyranoside |
|---|---|
| 12α-甲氧基-对映-贝壳杉-9 (11), 16-烯-19-酸 | 12α-methoxy-*ent*-kaur-9 (11), 16-en-19-oic acid |
| 7-甲氧基钝叶决明素 | 7-methoxyobtusifolin |
| 2-甲氧基钝叶决明素 (钝叶决明素-2-甲醚) | 2-methoxy-obtusifolin (obtusifolin-2-methyl ether) |
| 7α-甲氧基多花白树-8-烯-3α, 29-二醇-3, 29-二苯甲酸酯 | 7α-methoxymultiflor-8-en-3α, 29-diol-3, 29-dibenzoate |
| 7β-甲氧基多花白树-8-烯-3α, 29-二醇-3, 29-二苯甲酸酯 | 7β-methoxymultiflor-8-en-3α, 29-diol-3, 29-dibenzoate |
| 7α-甲氧基多花白树-8-烯-3α, 29-二醇-3-乙酸酯-29-苯甲酸酯 | 7α-methoxymultiflor-8-en-3α, 29-diol-3-acetate-29-benzoate |
| 3′-甲氧基萼翅藤素 | 3′-methoxycalycopterin |
| 2-甲氧基蒽醌 | 2-methoxyanthraquinone |
| 5″-甲氧基耳草醇 A | 5″-methoxyhedyotisol A |
| 7β-甲氧基二羟基豆甾-5-烯-3β, 22β-二醇 | 7β-methoxystigmast-5-en-3β, 22β-diol |
| 10-甲氧基二氢暗褐菌素 | 10-methoxydihydrofuscin |
| 6-甲氧基二氢白屈菜红碱 | 6-methoxydihydrochelerythrine |
| 8-甲氧基二氢白屈菜红碱 | 8-methoxydihydrochelerythrine |
| 17-甲氧基二氢川藏香茶菜萜素 C | 17-methoxydihydropseurata C |
| (7*S*, 8*R*)-9′-甲氧基二氢二松柏醇-4-*O*-β-D-吡喃葡萄糖苷 | (7*S*, 8*R*)-9′-methoxydehydrodiconiferyl alcohol-4-*O*-β-D-glucopyranoside |
| 10-甲氧基二氢柯楠醇 | 10-methoxydihydrocorynantheol |
| 12-甲氧基二氢脱氢木香内酯 | 12-methoxydihydrodehydrocostuslactone |
| (7*S*, 8*R*)-5-甲氧基二氢脱氢双松柏醇 | (7*S*, 8*R*)-5-methoxydihydrodehydrodiconiferyl alcohol |
| (+)-(7*R*, 8*S*)-5-甲氧基二氢脱氢松柏醇 | (+)-(7*R*, 8*S*)-5-methoxydihydrodehydroconiferyl alcohol |
| 8-甲氧基二氢小果博落回碱 | 8-methoxydihydromacarpine |
| (±)-8-甲氧基二氢血根碱 | (±)-8-methoxydihydrosanguinarine |
| 6-甲氧基二氢血根碱 | 6-methoxydihdyrosanguinarine |
| 16-甲氧基番木鳖碱 | 16-methoxystrychnine |
| 6-*O*-(4-甲氧基-反式-肉桂酰) 梓醇 | 6-*O*-(4-methoxy-*trans*-cinnamoyl) catalpol |
| 5-甲氧基非洲红豆素 | 5-methoxyafrormosin |
| 5-甲氧基非洲红豆素二葡萄糖苷 | 5-methoxyafrormosin diglucosides |
| 5-甲氧基非洲红豆素葡萄糖苷 | 5-methoxyafrormosin glucoside |
| 4-甲氧基菲-2, 3, 6, 7-四醇 | 4-methoxyphenanthrene-2, 3, 6, 7-tetraol |
| 4-甲氧基菲-2, 3, 7-三醇 | 4-methoxyphenanthrene-2, 3, 7-triol |
| 4-甲氧基菲-2, 7-*O*-β-D-二葡萄糖苷 | 4-methoxyphenanthrene-2, 7-*O*-β-D-diglucoside |
| 4-甲氧基菲-2, 7-二醇 | 4-methoxyphenanthrene-2, 7-diol |
| 1-甲氧基菲西佛利醇 | 1-methyoxyficifolinol |
| 6-甲氧基蜂蜜曲霉菌 (6-甲氧基蜂蜜曲菌素) | 6-methoxymellein |
| 10-甲氧基缝籽木醇 | 10-methoxygeissoschizol |
| 8α-甲氧基呋喃二烯 (8α-甲氧基莪术呋喃二烯) | 8α-methoxyfuranodiene |

| | |
|---|---|
| 8β-甲氧基呋喃二烯 (8β-甲氧基莪术呋喃二烯) | 8β-methoxyfuranodiene |
| 5-甲氧基呋喃香豆素 | 5-methoxyfuranocoumarin |
| 22-甲氧基呋甾-3β, 26-二醇 | 22-methoxyfurost-3β, 26-diol |
| 22-甲氧基呋甾-5 (6)-烯-3β, 26-二醇 | 22-methoxyfurost-5 (6)-en-3β, 26-diol |
| 22α-甲氧基呋甾-5 (6)-烯-3β, 26-二醇 | 22α-methoxyfurost-5 (6)-en-3β, 26-diol |
| 22α-甲氧基呋甾-5-烯 | 22α-methoxyfurost-5-ene |
| 12-甲氧基伏康树叶碱 | 12-methoxyvoaphylline |
| (2″*R*)-2″-甲氧基橄榄苦苷 | (2″*R*)-2″-methoxyoleuropein |
| (7″*R*)-7″-甲氧基橄榄苦苷 | (7″*R*)-7″-methoxyoleuropein |
| (7″*S*)-7″-甲氧基橄榄苦苷 | (7″*S*)-7″-methoxyoleuropein |
| 8′-甲氧基橄榄树脂素 | 8′-methoxyolivil |
| 25-甲氧基刚毛鹧鸪花醇 A | 25-methoxyhispidol A |
| 4′-甲氧基高山黄芩素-7-*O*-D-葡萄糖苷 | 4′-methoxyscutellarein-7-*O*-D-glucoside |
| 4-甲氧基高山黄芩素-7-*O*-D-葡萄糖苷 | 4-methoxyscutellarein-7-*O*-D-glucoside |
| 8-甲氧基哥纳香二醇 | 8-methoxygoniodiol |
| 3′-甲氧基葛根素 | 3′-methoxypuerarin |
| 11-甲氧基钩吻巴豆碱 (11-甲氧基钩吻巴豆定) | 11-methoxygelsecrotonidine |
| *N*1-甲氧基钩吻碱 | *N*1-methoxygelsemine |
| 1-甲氧基钩吻碱 (钩吻绿碱) | 1-methoxygelsemine (gelsevirine) |
| 11-甲氧基钩吻精碱 | 11-methoxygelselegine |
| 11-甲氧基钩吻内酰胺 | 11-methoxygelsemamide |
| *N*-甲氧基狗牙花色奇碱 (*N*-甲氧基九节木叶山马茶碱) | *N*-methoxytaberpsychine (*N*-methoxyanhydrovobasinediol) |
| 7α-甲氧基谷甾醇 | 7α-methoxysitosterol |
| (19*R*)-甲氧基管花多果树文碱 [(19*R*)-托布台碱、(19*R*)-土波台文碱] | (19*R*)-methoxytubotaiwine |
| 19 (*S*)-甲氧基管花多果树文碱 [(19*S*)-托布台碱、(19S)-土波台文碱] | (19*S*)-methoxytubotaiwine |
| (19*S*)-甲氧基管花多果树文碱-*N*4-氧化物 | (19*S*)-methoxytubotaiwine-*N*4-oxide |
| 3′-甲氧基光甘草定 | 3′-methoxyglabridin |
| 6-甲氧基光亮臭叶木素乙酯 | 6-methoxylucidin ethyl ether |
| 5-甲氧基鬼臼毒素 | 5-methoxypodophyllotoxin |
| 4-甲氧基桂皮醇 | 4-methoxycinnamyl alcohol |
| 2-甲氧基桂皮醛 | 3-methoxycinnamaldehyde |
| 2-甲氧基桂皮酸 | 2-methoxycinnamic acid |
| (*E*)-4-甲氧基桂皮酸 | (*E*)-4-methoxycinnamic acid |
| 4-甲氧基桂皮酸 (对甲氧基桂皮酸) | 4-methoxycinnamic acid |
| 甲氧基桂皮酸乙酯 | ethyl methoxycinnamate |
| 4-*O*-(甲氧基桂皮酰基)-β-D-吡喃葡萄糖苷 | 4-*O*-(methoxycinnamoyl)-β-D-glucopyranoside |
| 9-甲氧基褐绿白坚木碱 | 9-methoxyolivacine |
| 11-甲氧基亨宁胺 (11-甲氧基亨氏马钱胺) | 11-methoxyhenningsamine |

| | |
|---|---|
| 2-甲氧基红花袋鼠爪酮 | 2-methoxyanigorufone |
| 甲氧基红花袋鼠爪酮 | methoxyanigorufone |
| 4-甲氧基红盘衣素 | 4-methoxyhaemoventosin |
| 15-甲氧基红松内酯酸 | 15-methoxypinusolidic acid |
| 3-甲氧基厚朴酚 | 3-methoxymagnolol |
| 11-甲氧基胡蔓藤碱甲 (11-甲氧基胡蔓藤明) | 11-methoxyhumantenmine |
| 11-甲氧基胡蔓藤宁 (11-甲氧基胡蔓藤碱乙) | 11-methoxyhumantenine |
| 2-甲氧基胡桃醌 | 2-methoxyjuglone |
| 7-甲氧基胡桃醌 (7-甲氧基胡桃酮) | 7-methoxyjuglone |
| (23*E*)-25-甲氧基葫芦-23-烯-3β, 7β-二醇 | (23*E*)-25-methoxycucurbit-23-en-3β, 7β-diol |
| 25-甲氧基葫芦-5 (6), (23*E*)-二烯-19-羟基-3-*O*-β-D-吡喃阿洛糖苷 | 25-methoxycucurbit-5 (6), (23*E*)-dien-19-hydroxy-3-*O*-β-D-allopyranoside |
| 25-甲氧基葫芦-5, (23*E*)-二烯-3β, 19-二醇 | 25-methoxycucurbit-5, (23*E*)-dien-3β, 19-diol |
| (23*E*)-7β-甲氧基葫芦-5, 23, 25-三烯-3β-醇 | (23*E*)-7β-methoxycucurbit-5, 23, 25-trien-3β-ol |
| (23*E*)-25-甲氧基葫芦-5, 23-二烯-3β, 7β, 19-三羟基-7-*O*-β-D-吡喃葡萄糖苷 | (23*E*)-25-methoxycucurbit-5, 23-dien-3β, 7β, 19-trihydroxy-7-*O*-β-D-glucopyranoside |
| 3-甲氧基槲皮素 | 3-trimethoxyquercetin |
| 8-甲氧基槲皮素 | 8-methoxyquercetin |
| 3′-甲氧基槲皮素-3-*O*-α-L-鼠李糖基-(1→2)-β-D-吡喃葡萄糖苷 | 3′-methoxyquercetin-3-*O*-α-L-rhamnosyl-(1→2)-β-D-glucopyranoside |
| 3′-甲氧基槲皮素-3-*O*-β-D-吡喃葡萄糖苷 | 3′-methoxyquercetin-3-*O*-β-D-glucopyranoside |
| 3′-甲氧基槲皮素-3-*O*-葡萄糖苷 | 3′-methoxyquercetin-3-*O*-glucoside |
| 6-甲氧基槲皮素-7-葡萄糖苷 | 6-methoxyquercetin-7-glucoside |
| 8-甲氧基花椒毒酚-5-β-葡萄糖苷 | 8-methoxyxanthotoxol-5-β-glucoside |
| 5-甲氧基花椒毒酚-8-β-葡萄糖苷 | 5-methoxyxanthotoxol-8-β-glucoside |
| 23-甲氧基环巴胺 | 23-methoxycyclopamine |
| 1-甲氧基环已-1-醇 | 1-methoxycyclohexan-1-ol |
| (23*E*)-25-甲氧基环木菠萝-23-烯-3β-醇 | (23*E*)-25-methoxycycloart-23-en-3β-ol |
| (23*S*)-23-甲氧基环木菠萝-24-烯-3β-醇 | (23*S*)-23-methoxycycloart-24-en-3β-ol |
| (*S*)-4-甲氧基黄檀醌 [(S)-4-甲氧基黄檀烯酮] | (*S*)-4-methoxydalbergione |
| (*S*)-4-甲氧基黄檀氢醌 [(S)-4-甲氧基黄檀醌醇] | (*S*)-4-methoxydalbergiquinol |
| 4-甲氧基黄檀烯酮 | 4-methoxydalbergione |
| 2′-甲氧基黄酮 | 2′-methoxyflavone |
| 3-甲氧基黄酮 | 3-methoxyflavone |
| 4-甲氧基黄酮 | 4-methoxyflavone |
| 5-甲氧基黄酮 | 5-methoxyflavone |
| 6-甲氧基黄酮 | 6-methoxyflavone |
| 7-甲氧基黄酮 | 7-methoxyflavone |
| 6-甲氧基黄酮醇 | 6-methoxyflavonol |
| 7-甲氧基黄酮醇 | 7-methoxyflavonol |

| | |
|---|---|
| (2*S*)-5-甲氧基黄烷-7-醇 | (2*S*)-5-methoxyflavan-7-ol |
| 5-甲氧基黄烷酮 | 5-methoxyflavanone |
| 6-甲氧基黄烷酮 | 6-methoxyflavanone |
| (+)-5-甲氧基灰叶因 | (+)-5-methoxypurpurin |
| 6α-甲氧基鸡屎藤次苷甲酯 | 6α-methoxyscandoside methyl ester |
| 6β-甲氧基鸡屎藤次苷甲酯 | 6β-methoxyscandoside methyl ester |
| 6-甲氧基鸡屎藤次苷甲酯 | 6-methoxyscandoside methyl ester |
| 3-甲氧基极小花矛果素 | 3-methoxyminimiflorin |
| 3-甲氧基戟叶堇菜酮 | 3-methoxydalbergione |
| 甲氧基荚果蕨素 | methoxymatteucin |
| (甲氧基甲硫烷基)氧基甲烷 | (methoxysulfanyl) oxymethane |
| 7-甲氧基假番荔枝醛 | 7-*O*-methyl unonal |
| 2-甲氧基间苯三酚 | 2-methoxyphloroglucinol |
| 甲氧基间二羟基苯甲酸 | methoxyresocylic acid |
| 5′-甲氧基姜黄素 | 5′-methoxycurcumin |
| 10-甲氧基去甲毒马钱辛碱(10-甲氧基去甲马枯辛)B | 10-methoxynormacusine B |
| 甲氧基角蒿酯碱 | methoxyincarvillateine |
| 6-甲氧基金凤花明素 | 6-methoxypulcherrimin |
| 10-甲氧基金鸡勒胺(10-甲氧基金鸡纳胺) | 10-methoxycinchonamine |
| 3-甲氧基金圣草酚-4′-*O*-β-D-吡喃葡萄糖苷 | 3-methoxychrysoeriol-4′-*O*-β-D-glucopyranoside |
| 12-甲氧基近山马茶碱(12-甲氧基拟佩西木碱) | 12-methoxyaffinisine |
| 10-甲氧基近山马茶碱 *N*4-氧化物(10-甲氧基拟佩西木碱-*N*4-氧化物) | 10-methoxyaffinisine *N*4-oxide |
| 6α-甲氧基京尼平 | 6α-methoxygenipin |
| 6α-甲氧基京尼平苷 | 6α-methoxygeniposide |
| 6β-甲氧基京尼平苷 | 6β-methoxygeniposide |
| 5-甲氧基京尼平苷酸 | 5-methoxygeniposidic acid |
| 6-甲氧基京尼平苷酸 | 6-methoxygeniposidic acid |
| *N*-甲氧基九节木叶山马茶碱(*N*-甲氧基狗牙花色奇碱) | *N*-methoxyanhydrovobasinediol (*N*-methoxytaberpsychine) |
| 5-甲氧基九里香醇 | 5-methoxymurraol |
| 6-甲氧基咔唑-3-酸甲酯(6-甲氧基卡巴唑-3-酸甲酯) | methyl 6-methoxycarbazole-3-carboxylate |
| 10-甲氧基卡菲尔萝芙木林碱 | 10-methoxyraucaffrinoline |
| 12-甲氧基开环红花蕊木酸甲酯 | methyl 12-methoxychanofruticosinate |
| 3-甲氧基开环落叶松脂素 | 3-methoxysecoisolariciresinol |
| 3′-甲氧基开环落叶松脂素 | 3′-methoxysecoisolariciresinol |
| 5-甲氧基糠醛 | 5-methoxyfurfural (5-methoxyfuraldehyde) |
| 2′-甲氧基考布素 | 2′-methoxykobusin |
| (16*E*)-17-甲氧基柯南-16, 18-二烯-16-甲酸甲酯 | (16*E*)-17-methoxycoryn-16, 18-dien-16-carboxylic acid methyl ester |

| | |
|---|---|
| 9-甲氧基柯楠碱 (帽柱木碱、帽柱木酸甲酯) | 9-methoxycorynantheidine (mitraphyllic acid methyl ester, mitragynine) |
| 甲氧基克尔百部碱 *N*-氧化物 | methoxystemokerrin *N*-oxide |
| 2′-甲氧基苦参酮 | 2′-methoxykurarinone |
| (2*S*)-2′-甲氧基苦参酮 | (2*S*)-2′-methoxykurarinone |
| 11-甲氧基苦籽木辛碱 | 11-methoxyakuammicine |
| (2*R*, 3*S*)-10-甲氧基奎宁-2-醇 | (2*R*, 3*S*)-10-methoxycinchonan-2-ol |
| (8*S*, 9*R*)-6′-甲氧基奎宁-9-醇 | (8*S*, 9*R*)-6′-methoxy-cinchonan-9-ol |
| 11-甲氧基喹叨啉 | 11-methoxyquindoline |
| 4-甲氧基喹啉酮 | ethoxy-2 (1*H*)-quinolinone |
| 7-甲氧基狼毒素 | 7-methoxychamaejasmin |
| 甲氧基雷琐酸 (甲氧基树脂苔黑酸) | methoxyresorcylic acid |
| (26*R*)-甲氧基类叶升麻素 | (26*R*)-methoxyactein |
| 11-甲氧基立马亭 | 11-methoxylimatine |
| 5-甲氧基联苄-3, 3′-二-*O*-β-D-吡喃葡萄糖苷 | 5-methoxybibenzyl-3, 3′-di-*O*-β-D-glucopyranoside |
| 11-甲氧基柳叶水甘草碱 (11-甲氧基他波宁) | 11-methoxytabersonine |
| 4′-甲氧基罗波斯塔黄酮 | 4′-methoxyrobustaflavone |
| *C*-3′-甲氧基罗米仔兰酰胺 | *C*-3′-methoxyrocaglamide |
| 8-甲氧基罗素丽钵花苷 | 8-methoxyeustomorusside |
| 5-甲氧基络石苷 | 5-methoxytracheloside |
| 5-甲氧基络石苷元 | 5-methoxytrachelogenin |
| (+)-5′-甲氧基落叶松树脂醇 | (+)-5′-methoxylariciresinol |
| (+)-7′-甲氧基落叶松脂素 | (+)-7′-methoxylariciresinol |
| 5′-甲氧基落叶松脂素 | 5′-methoxylariciresinol |
| (±)-5′-甲氧基落叶松脂素 | (±)-5′-methoxylariciresinol |
| (7*S*, 8*R*, 8′*R*)-(–)-5-甲氧基落叶松脂素-4, 4′-二-*O*-β-D-吡喃葡萄糖苷 | (7*S*, 8*R*, 8′*R*)-(–)-5-methoxylariciresinol-4, 4′-di-*O*-β-D-glucopyranoside |
| (3*R*)-5′-甲氧基驴食草酚 [(3*R*)-5-甲氧基绒叶军刀豆酚、(3*R*)-5′-甲氧基维斯体素] | (3*R*)-5′-methoxyvestitol |
| 6-甲氧基马兜铃次酸甲酯 | methyl 6-methyoxyaristolate |
| 6-甲氧基马兜铃内酰胺 | 6-methoxyaristololactam |
| 7-甲氧基马兜铃酸 A | 7-methoxyaristolochic acid A |
| 6-甲氧基马兜铃酸 A 甲酯 | 6-methoxyaristolochic acid A methyl ester |
| 6-甲氧基马兜铃酸 A～C | 6-methoxyaristolochic acids A～C |
| 6-甲氧基马兜铃酸甲酯 (马兜铃酸 D 甲醚甲酯) | methyl 6-methoxyaristolochate (aristolochic acid D methyl ether methyl ester) |
| 5-甲氧基马枯灵 | 5-methoxymaculine |
| (3β, 5α, 6β, 22*E*)-6-甲氧基麦角甾-7, 22-二烯-3, 5-二醇 | (3β, 5α, 6β, 22*E*)-6-methoxyergost-7, 22-dien-3, 5-diol |
| (22*E*, 24*R*)-6β-甲氧基麦角甾-7, 22-二烯-3β, 5α-二醇 | (22*E*, 24*R*)-6β-methoxyergost-7, 22-dien-3β, 5α-diol |
| (22*E*)-6β-甲氧基麦角甾-7, 22-二烯-3β, 5α-三醇 | (22*E*)-6β-methoxyergost-7, 22-dien-3β, 5α-triol |

| | |
|---|---|
| (22*E*, 24*R*)-6β-甲氧基麦角甾-7, 9 (11), 22-三烯-3β, 5α-二醇 | (22*E*, 24*R*)-6β-methoxyergost-7, 9 (11), 22-trien-3β, 5α-diol |
| 11-甲氧基蔓长春花考灵 (11-甲氧基长春任) | 11-methoxyvincorine |
| 10-甲氧基蔓长春花米定 | 10-methoxyvincamidine |
| 11-甲氧基毛荚蒾醛 | 11-methoxyviburtinal |
| 6-甲氧基毛蔓豆异黄酮 A | 6-methoxycalpogonium isoflavone A |
| 甲氧基毛蔓豆异黄酮 A | methoxycalpogonium isoflavone A |
| 3″-甲氧基毛瑞香素 G、H | 3″-methoxydaphnodorins G, H |
| 3-甲氧基毛瑞香素 H | 3-methoxydaphnodorin H |
| 4-甲氧基矛果豆素 | 4-methoxylonchocarpin |
| 9-甲氧基玫瑰树碱 | 9-methoxyellipticine |
| 7-甲氧基迷迭香酚 | 7-methoxyrosmanol |
| 4-甲氧基迷迭香酸甲酯 | methyl 4-methoxyrosmarinate |
| 8-甲氧基猕猴桃碱 | 8-methoxyactinidine |
| 1β-甲氧基米勒-(9*Z*)-烯内酯 | 1β-methoxymiller-(9*Z*)-enolide |
| 9α-甲氧基米勒-1 (10) *Z*-烯内酯 | 9α-methoxymiller-1 (10) *Z*-enolide |
| 5′-甲氧基蜜环菌拉辛 | 5′-methoxyarmillasin |
| 5′-甲氧基蜜橘黄素 | 5′-methoxynobiletine |
| 12-甲氧基绵毛胡桐内酯 B | 12-methoxycalanolide B |
| 6-甲氧基棉酚 | 6-methoxygossypol |
| 3′-甲氧基棉花皮素-3-*O*-β-D-吡喃葡萄糖基-8-*O*-β-D-吡喃木糖苷 | 3′-methoxygossypetin-3-*O*-β-D-glucopyranosyl-8-*O*-β-D-xylopyranoside |
| 3-甲氧基没食子酸 | 3-methoxygallic acid |
| 3-甲氧基没食子酸甲酯 | methyl 3-methoxygallate |
| 8-甲氧基没药芹二醇 | 8-methoxysmyrindiol |
| 5-甲氧基木橘辛素 (5-甲氧基异紫花前胡内酯、5-甲氧基印度榅桲素、5-甲氧基印度枸橘素) | 5-methoxymarmesin |
| 4′-甲氧基木兰二醛 | 4′-methoxymagndialdehyde |
| 4-甲氧基木兰醛 (4-甲氧基厚朴醛) B | 4-methoxymagnaldehyde B |
| 6-甲氧基木犀草素 (泽兰叶黄素、尼泊尔黄酮素、泽兰黄酮、印度荆芥素) | 6-methoxyluteolin (eupafolin, nepetin) |
| 7-甲氧基木犀草素-5-*O*-β-D-葡萄糖苷 | 7-methoxyluteolin-5-*O*-β-D-glucoside |
| 3′-甲氧基木犀草素-6-*C*-β-D-半乳糖醛酸基-(1→2)-α-L-吡喃阿拉伯糖苷 | 3′-methoxyluteolin-6-*C*-β-D-galactopyranosideuronic acid-(1→2)-α-L-arabinopyranoside |
| 6-甲氧基木犀草素-7-*O*-β-D-吡喃葡萄糖苷 | 6-methoxyluteolin-7-*O*-β-D-glucopyranoside |
| 3′-甲氧基木犀草素-7-*O*-β-D-葡萄糖苷 | 3′-methoxyluteolin-7-*O*-β-D-glucoside |
| 6-甲氧基木犀草素-7α-L-鼠李糖苷 | 6-methoxyluteolin-7α-L-rhamnoside |
| 6-甲氧基木犀草素-7-葡萄糖苷 | 6-methoxyluteolin-7-glucoside |
| 3′-甲氧基木犀草素-7-芹糖葡萄糖苷 | 3′-methoxyluteolin-7-apioglucoside |
| 4′-甲氧基苜蓿素 | 4′-methoxytricin |
| 4-甲氧基苜蓿素 | 4-methoxytricin |

| 4-甲氧基苜蓿紫檀素 | 4-methoxymedicarpin |
|---|---|
| 5-甲氧基南荛酚 | 5-methoxywikstromol |
| 3″-甲氧基尼亚酚 | 3″-methoxynyasol |
| 3″-甲氧基尼亚酚 | 3″-methoxynyasol |
| 3″-*O*-甲氧基尼亚酚 | 3″-*O*-methoxynyasol |
| 10-甲氧基拟佩西木碱 (10-甲氧基近山马茶碱) | 10-methoxyaffinisine |
| 4-甲氧基黏奥德蘑素 | 4-methoxymucidin |
| 2′-O-甲氧基尿嘧啶核苷 | 2′-O-methoxyluridine |
| 3-甲氧基牛蒡子-4″-*O*-β-D-木糖苷 | 3-methoxyarctii-4″-*O*-β-D-xyloside |
| 6-甲氧基牛蒡子醇-b | 6-methoxyarctinol-b |
| 7-甲氧基牛膝叶马缨丹二酮 | 7-methoxydiodantunezone |
| 6-甲氧基牛膝叶马缨丹二酮 | 6-methoxydiodantunezone |
| 甲氧基女贞子苷 | methoxynuezhenide |
| 2′-甲氧基欧花楸素 | 2′-methoxyaucuparin |
| 6ξ-甲氧基哌啶-2-酮 | 6ξ-methoxy-piperidine-2-one |
| 10-甲氧基攀援山橙碱 | 10-methoxyscandine |
| 15-甲氧基袢环丝裂菌素 P-3 | 15-methoxyansamitocin P-3 |
| 4′-甲氧基葡萄苜蓿素 | 4′-methoxyglucotricin |
| 4-甲氧基葡萄糖芸苔素 | 4-methoxyglucobrassicin |
| 6-甲氧基葡萄柚内酯 (6-甲氧基橙皮油内酯) | 6-methoxyaurapten |
| 7-甲氧基七叶黄皮碱 | 7-methoxyheptaphylline |
| 21α-甲氧基千层塔-13-烯-3-酮 | 21α-methoxyserrat-13-en-3-one |
| 6-甲氧基羟基月芸香定 | 6-methoxyhydroxyunidine |
| 6-甲氧基羟基月芸香季铵碱 | 6-methoxyhydroxyluninium |
| 5-甲氧基乔松素-7-*O*-β-D-葡萄糖苷 | 5-methoxypinocembrin-7-*O*-β-D-glucoside |
| 3′-甲氧基芹菜苷 | 3′-methoxyapiin |
| 7-甲氧基芹菜素 | 7-methoxyapigenin |
| (1*S*)-1-甲氧基青榆烯 C | (1*S*)-1-methoxylacinilene C |
| 5′-甲氧基丘生具盘木素 | 5′-methoxycollinin |
| 6-甲氧基去甲白屈菜红碱 | 6-methoxynorchelerythrine |
| 8-甲氧基去甲白屈菜红碱 | 8-methoxynorchelerythrine |
| 5-甲氧基去甲岩白菜素 | 5-methoxynorbergenin |
| 4-甲氧基去甲一叶秋碱 | 4-methoxy-norsecurinine |
| 6-甲氧基去硝基马兜铃酸 | 6-methoxydenitro-aristolochic acid |
| 6-甲氧基去硝基马兜铃酸甲酯 | 6-methoxydenitro-aristolochic acid methyl ester |
| 5-甲氧基髯毛灰毛豆酮 | 5-methoxybarbigerone |
| 6-甲氧基髯毛灰毛豆酮 | 6-methoxybarbigerone |
| 9-甲氧基日本厚朴酚 (9-甲氧基和厚朴新酚) | 9-methoxyobovatol |

| | |
|---|---|
| 23-甲氧基日楝宁内酯A、B | 23-methoxyohchininolides A, B |
| 1-甲氧基榕叶新劳塔豆酚 | 1-methoxyficifolinol |
| 6-甲氧基柔毛叉开香科科素C (6-甲氧基柔毛香科科素C) | 6-methoxyvillosin C |
| 4-甲氧基鞣花酸-3′-*O*-α-L-鼠李糖苷 | 4-methoxyellagic acid-3′-*O*-α-rhamnoside |
| 甲氧基肉桂酰基葡萄糖苷 | methoxycinnamoyl glucoside |
| 7β-甲氧基肉珊瑚素 | 7β-methoxysarcostin |
| 12-甲氧基肉质鼠尾草酸 | 12-methoxycarnosic acid |
| 2″-甲氧基瑞香多灵C | 2″-methoxydaphnodorin C |
| 4′-甲氧基瑞香多灵$D_1$、$D_2$、E | 4′-methoxydaphnodorins $D_1$, $D_2$, E |
| 3-甲氧基瑞香多灵H | 3-methoxyldaphnodorin H |
| 5-甲氧基噻唑 | 5-methoxythiazole |
| 3-甲氧基三普瑞白曲霉素 | 3-methoxyterprenin |
| 6-甲氧基伞形酮 (7-羟基-6-甲氧基香豆素、钩吻酸、东莨菪素、东莨菪内酯、东莨菪亭) | escopoletin (scopoletol, 6-methoxyumbelliferone, 7-hydroxy-6-methoxycoumarin, gelseminic acid, scopoletin) |
| 6-甲氧基伞形酮 (东莨菪素、东莨菪亭、东莨菪内酯、7-羟基-6-甲氧基香豆素、钩吻酸) | 6-methoxyumbelliferone (scopoletol, scopoletin, escopoletin, 7-hydroxy-6-methoxycoumarin, gelseminic acid) |
| 6-甲氧基色烷-2-酮 | 6-methoxychroman-2-one |
| 2α-甲氧基色原烷-3α, 5, 7-三醇 | 2α-methoxychroman-3α, 5, 7-triol |
| 甲氧基山刺番荔枝碱 | methoxyannomontine |
| 2-甲氧基山槐素 | 2-methoxymaackiain |
| 3-甲氧基山柰酚 | 3-methoxykaempferol |
| 6-甲氧基山柰酚 | 6-methoxykaempferol |
| 8-甲氧基山柰酚 | 8-methoxykaempferol |
| 7-甲氧基山柰酚-3-*O*-β-D-吡喃葡萄糖苷 | 7-methoxykaempferol-3-*O*-β-D-glucopyranoside |
| 6-甲氧基山柰酚-3-*O*-β-D-刺槐双糖苷 | 6-methoxykaempferol-3-*O*-β-D-robinobioside |
| 6-甲氧基山柰酚-3-*O*-半乳糖苷 | 6-methoxykaempferol-3-*O*-galactoside |
| 8-甲氧基山柰酚-3-*O*-葡萄糖苷 | 8-methoxykaempferol-3-*O*-glucoside |
| 6-甲氧基山柰酚-3-*O*-葡萄糖苷 | 6-methoxykaempferol-3-*O*-glucoside |
| 6-甲氧基山柰酚-3-*O*-芸香糖苷 | 6-methoxykaempferol 3-*O*-rutinoside |
| 4′-甲氧基山柰酚-7-*O*-β-芸香糖苷 | 4′-methoxykaempferol-7-*O*-β-rutinoside |
| 3′-甲氧基山柰酚-3-*O*-β-D-龙胆二糖苷 | 3′-methoxykaempferol-3-*O*-β-D-gentiobioside |
| 3′-甲氧基山柰酚-3-*O*-β-D-葡萄糖苷 | 3′-methoxykaempferol-3-*O*-β-D-glucoside |
| 6-甲氧基山柰素 | 6-methoxykaempferide |
| 2-甲氧基鳝藤酸 | 2-methoxyanofinic acid |
| (–)-5-甲氧基蛇菰宁 | (–)-5-methoxybalanophonin |
| 2-甲氧基麝香草酚异丁酯 | 2-methoxythymol isobutanoate |
| 25-*O*-甲氧基升麻醇苷 (25-*O*-甲氧基升麻环氧醇苷) | 25-*O*-methoxycimigenoside |
| 1-甲氧基十八烷 | 1-methoxyoctadecane |

| | |
|---|---|
| 10-甲氧基十七碳-1-烯-4, 6-二炔-3, 9-二醇 | 10-methoxyheptadeca-1-en-4, 6-diyn-3, 9-diol |
| 11β-甲氧基石杉碱乙 | 11β-methoxyhuperzine B |
| 4-甲氧基石竹酰胺(4-甲氧基瞿麦酰胺) B | 4-methoxydianthramide B |
| 甲氧基石竹酰胺(甲氧基瞿麦酰胺) R | methoxydianthramide R |
| 3-甲氧基蜀葵苷元 | 3-methoxyherbacetin |
| 8-甲氧基水合氧化前胡素 | 8-methoxyoxypeucedanin hydrate |
| 3′-甲氧基水黄皮黄素 | 3′-methoxypongapin |
| 5′-甲氧基水黄皮品素 | 5′-methoxypongapin |
| 4-甲氧基水杨醛 | 4-methoxysalicyl aldehyde |
| 4-甲氧基水杨酸 | 4-methoxysalicylic acid |
| 6-甲氧基水杨酸 | 6-methoxysalicylic acid |
| 2-甲氧基四氢堆心菊灵 | 2-methoxytetrahydrohelenalin |
| 10-甲氧基四叶萝芙新碱 | 10-methoxytetraphyllicine |
| 7-甲氧基松属素-7-*O*-β-D-吡喃葡萄糖苷 | 7-methoxypinocembrin-7-*O*-β-D-glucopyranoside |
| 15-甲氧基松香酸 | 15-methoxyabietic acid |
| 5′-甲氧基松脂素 | 5′-methoxypinoresinol |
| 5-甲氧基松脂素 | 5-methoxypinoresinol |
| 5-甲氧基苏北任酮 | 5-methoxysuberenon |
| 6-甲氧基苏里苷(6-甲氧基日本鼠李苷) | 6-methoxysorinin |
| 6-甲氧基苏里苷元-8-*O*-β-D-吡喃葡萄糖苷(6-甲氧基日本鼠李苷元-8-*O*-β-D-吡喃葡萄糖苷) | 6-methoxysorigenin-8-*O*-β-D-glucopyranoside |
| 6-甲氧基它波水甘草宁 | 6-methoxytabersonine |
| 16-甲氧基羰基-18, 19-二羟基乌檀碱 | 16-methoxycarbonyl-18, 19-dihydroxynaufoline |
| 17-(甲氧基羰基)-28-去甲异伊格斯特素 | 17-(methoxycarbonyl)-28-norisoiguesterin |
| (+)-*N*-(甲氧基羰基)-*N*-去甲樟花菱草碱 | (+)-*N*-(methoxycarbonyl)-*N*-norlauroscholtzine |
| (+)-*N*-甲氧基羰基-1, 2-亚甲二氧基异紫堇定碱 | (+)-*N*-methoxycarbonyl-1, 2-methylenedioxyisocorydine |
| 1-甲氧基羰基-2, 3-二羟基二苯并[*b*, *f*]噁庚英 | 1-methoxycarbonyl-2, 3-dihydroxydibenzo [*b*, *f*] oxepine |
| (甲氧基羰基甲基)苯基-4-*O*-β-D-吡喃葡萄糖苷 | (methoxycarbonyl methyl) phenyl-4-*O*-β-D-glucopyranoside |
| 16-甲氧基羰基乌檀碱 | 16-methoxycarbonyl naufoline |
| 3-甲氧基羰基吲哚 | 3-methoxycarbonyl indole |
| 12-甲氧基糖胶树定(12-甲氧基狄他树皮碱、12-甲氧基鸡骨常山碱) | 12-methoxyechitamidine |
| 3″-甲氧基天门冬烯炔二酚 | 3″-methoxyasparenydiol |
| 3-甲氧基铁屎米-5, 6-二酮 | 3-methoxycanthin-5, 6-dione |
| 1-甲氧基铁屎米-6-酮 | 1-methoxycanthin-6-one |
| 4-甲氧基铁屎米-6-酮 | 4-methoxycanthin-6-one |
| 5-甲氧基铁屎米-6-酮(5-甲氧基铁屎米酮) | 5-methoxycanthin-6-one (5-methoxycanthinone) |
| 2-甲氧基𠮿酮 | 2-methoxyxanthone |
| 11-甲氧基托布台碱 | 11-methoxytubotaiwine |

| 3-(3′-甲氧基托品酰氧基)托品烷 | 3-(3′-methoxytropoyloxy) tropane |
|---|---|
| 甲氧基脱氢胆甾醇 | methoxydehydrocholesterol |
| 5′-甲氧基脱氢二异丁香酚 | 5′-methoxydehydrodiisoeugenol |
| 5-甲氧基脱氢鬼臼毒素 | 5-methoxydehydropodophyllotoxin |
| 4β-甲氧基脱氢木香内酯 | 4β-methoxydehydrocostuslactone |
| 5-甲氧基脱氢松柏醇 | 5-methoxydehydroconiferyl alcohol |
| 7α-甲氧基脱氢松香酸 | 7α-methoxydehydroabietic acid |
| (2*R*)-5-甲氧基脱氢异-α-风铃木醌 | (2*R*)-5-methoxydehydro-iso-α-lapachone |
| (2*R*)-8-甲氧基脱氢异-α-风铃木醌 | (2*R*)-8-methoxydehydro-iso-α-lapachone |
| 8-甲氧基脱氢异-α-风铃木醌 | 8-methoxydehydro-iso-α-lapachone |
| 7α-甲氧基脱氧日本柳杉酚(7α-甲氧基脱氧柳杉树脂酚) | 7α-methoxydeoxycryptojaponol |
| 7-甲氧基椭圆玫瑰树碱 | 7-methoxyellipticine |
| 甲氧基万寿菊素(腋生依瓦菊林素、5, 7, 3′, 4′-四羟基-3, 6-二甲氧基黄酮) | methoxypatuletin (axillarin, 5, 7, 3′, 4′-tetrahydroxy-3, 6-dimethoxyflavone) |
| 甲氧基网地藻二烯 | methoxydictydiene |
| 10-甲氧基危西明(10-甲氧基维氏叠籽木胺) | 10-methoxyvellosimine |
| 甲氧基威尔士绿绒蒿定碱 | methoxymecambridine |
| 12-甲氧基维洛斯明碱 | 12-methoxyvellosimine |
| 5′-甲氧基维斯体素 | 5′-methoxyvestitol |
| 17-甲氧基伪苦籽木精碱 | 17-methoxypseudoakuammigine |
| 5-甲氧基伪原薯蓣皂苷 | 5-methoxypseudoprotodioscin |
| 1-甲氧基吴茱萸次碱 | 1-methoxyrutaecarpine |
| 18-甲氧基五蕊翠雀碱 | 18-methoxygadesine |
| 甲氧基五爪金龙酯 | methoxycairicate |
| 7-甲氧基西瑞香素 | 7-methoxydaphnoritin |
| 5′-甲氧基西藏脂醇 | 5′-methoxypodorhizol |
| 6-甲氧基锡兰紫玉盘烯醇(6-甲氧基锡兰紫玉盘环已烯醇) | 6-methoxyzeylenol |
| 10-甲氧基喜树碱 | 10-methoxycamptothecin |
| 11-甲氧基喜树碱 | 11-methoxycamptothecin |
| 9-甲氧基喜树碱 | 9-methoxycamptothecin (9-methoxycamptothecine) |
| 8-甲氧基纤细米仔兰灵 | 8-methoxymarikarin |
| (3-甲氧基酰胺基-2-甲基苯)氨基甲酸甲酯 | (3-methoxycarbonyl amido-2-methyl phenyl) cabamic acid methyl ester |
| (3-甲氧基酰胺基-4-甲基苯)氨基甲酸甲酯 | (3-methoxycarbonyl amido-4-methyl phenyl) cabamic acid methyl ester |
| 3-甲氧基香橙素 | 3-methoxyaromadendrin |
| 7-甲氧基香橙素 | 7-methoxyaromadendrin |
| 3′-甲氧基香豆雌酚 | 3′-methoxycoumestrol |
| 9-甲氧基香豆雌酚 | 9 methoxycoumestrol |

| | |
|---|---|
| 4-甲氧基香豆素 | 4-methoxycoumarin |
| 7-甲氧基香豆素 (治疝草素、脱肠草素) | 7-methoxycoumarin (herniarin) |
| 7-甲氧基香豆素-6-*O*-β-D-吡喃葡萄糖苷 | 7-methoxycoumarin-6-*O*-β-D-glucopyranoside |
| 6-甲氧基香豆素-7-*O*-β-吡喃葡萄糖苷 | 6-methoxycoumarin-7-*O*-β-glucopyranoside |
| 3′-甲氧基香豌豆酚 | 3′-methoxyorobol |
| 3′-甲氧基香豌豆酚-7-*O*-β-D-吡喃葡萄糖苷 | 3′-methoxyorobol-7-*O*-β-D-glucopyranoside |
| 16-甲氧基小长春蔓辛 | 16-methoxyminovincine |
| 6-甲氧基小花小芸木宁 | 6-methoxymicrominutinin |
| 甲氧基小花小芸木宁 | methoxymicrominutinin |
| 6-甲氧基小麦黄素 | 6-methoxytricin |
| 10-甲氧基小蔓长春花碱 | 10-methoxyvinorine |
| 11-甲氧基小蔓长春花辛宁 (11-甲氧基小长春蔓辛宁) | 11-methoxyminovincinine |
| 5-甲氧基邪蒿素 | 5-methoxyseselin |
| 5-甲氧基斜蕊樟素 A (5-甲氧基利卡灵 A) | 5-methoxylicarin A |
| 3′-甲氧基斜蕊樟素 B | 3′-methoxylicarin B |
| (7*R*, 7′*R*, 8*S*, 8′*S*)-5′-甲氧基新橄榄树脂素 | (7*R*, 7′*R*, 8*S*, 8′*S*)-5′-methoxyneoolivil |
| (7*S*, 7′*S*, 8*R*, 8′*R*)-5′-甲氧基新橄榄树脂素 | (7*S*, 7′*S*, 8*R*, 8′*R*)-5′-methoxyneoolivil |
| 2α-甲氧基熊果酸甲酯 | methyl 2α-methoxyursolate |
| 8-甲氧基血根碱 | 8-methoxysanguinarine |
| 1-甲氧基-2, 3-亚甲二氧基屾酮 | 1-methoxy-2, 3-methylenedioxyxanthone |
| 4-甲氧基烟酸 | 4-methoxynicotinic acid |
| 6-甲氧基芫花素 | 6-methoxygenkwanin |
| 7-甲氧基岩白菜素 (鬼灯檠新内酯) | 7-methoxybergenin |
| 12-甲氧基药用蕊木碱 | 12-methoxykopsinaline |
| (–)-12-甲氧基药用蕊木碱 | (–)-12-methoxykopsinaline |
| 4-甲氧基一叶秋碱 | 4-methoxysecurinine |
| 12-甲氧基伊波加明-18α-甲酸甲酯 | 12-methoxyibogamine-18α-carboxylic acid methyl ester |
| 12-甲氧基伊波加木胺 (12-甲氧基伊波加明、伊博格碱、伊波加因碱、伊波因) | 12-methoxyibogamine (ibogaine) |
| 13-甲氧基伊波加木胺 (马山茶碱) | 13-methoxyibogamine (tabernanthine) |
| 3-甲氧基依兰碱 | 3-methoxysampangine |
| 10β-甲氧基依兰烷-4-烯-3-酮 | 10β-methoxymuurolan-4-en-3-one |
| 甲氧基乙酸甲酯 | methyl methoxyacetate |
| 2-甲氧基乙酰苯 | 2-methoxyacetophenone |
| 1-甲氧基乙酰紫草素 | 1-methoxyacetyl shikonin |
| (2*S*)-3′-甲氧基异奥卡宁-7-*O*-β-D-吡喃葡萄糖苷 | (2*S*)-3′-methoxyisookanin-8-*O*-β-D-glucopyranoside |
| 8-甲氧基异刺果苏木林素 | 8-methoxyisobonducellin |
| 6-甲氧基异刺芒柄花素 | 6-methoxyisoformononetin |
| 8-甲氧基异德卡林碱 | 8-methoxyisodecarine |
| 8-甲氧基异高山黄芩素 | 8-methoxyisoscutellarein |

J

| | |
|---|---|
| 4′-甲氧基异黄酮-7-*O*-葡萄糖苷 | 4′-methoxyisoflavone-7-*O*-glucoside |
| 4′-甲氧基异黄酮-7-β-D-吡喃葡萄糖苷 | 4′-methoxyisoflavone-7-β-D-glucopyranoside |
| (–)-5′-甲氧基异落叶松脂素 | (–)-5′-methoxyisolariciresinol |
| 5-甲氧基异落叶松脂素 | 5-methoxyisolariciresinol |
| (–)-5′-甲氧基异落叶松脂素-2α-*O*-β-D-吡喃木糖苷 | (–)-5′-methoxyisolariciresinol-2α-*O*-β-D-xylopyranoside |
| (–)-5′-甲氧基异落叶松脂素-3α-*O*-β-D-吡喃葡萄糖苷 | (–)-5′-methoxyisolariciresinol-3α-*O*-β-D-glucopyranoside |
| (+)-5′-甲氧基异落叶松脂素-3α-*O*-β-D-吡喃葡萄糖苷 | (+)-5′-methoxyisolariciresinol-3α-*O*-β-D-glucopyranoside |
| 5′-甲氧基异落叶松脂素-3α-*O*-β-D-吡喃葡萄糖苷 | 5′-methoxyisolariciresinol-3α-*O*-β-D-glucopyranoside |
| (–)-(8*S*, 7′*R*, 8′*S*)-5′-甲氧基异落叶松脂素-9′-*O*-α-L-鼠李糖苷 | (–)-(8*S*, 7′*R*, 8′*S*)-5′-methoxyisolariciresinol-9′-*O*-α-L-rhamnoside |
| (+)-(8*S*, 7′*R*, 8′*R*)-甲氧基异落叶松脂素-9′-*O*-α-L-鼠李糖苷 | (+)-(8*S*, 7′*R*, 8′*R*)-methoxyisoariciresinol-9′-*O*-α-L-rhamnoside |
| (+)-5′-甲氧基异落叶松脂素-9′-*O*-β-D-吡喃木糖苷 | (+)-5′-methoxyisolariciresinol-9′-*O*-β-D-xylopyranoside |
| (+)-5-甲氧基异落叶松脂素-9-*O*-β-D-吡喃木糖苷 | (+)-5-methoxyisolariciresinol-9-*O*-β-D-xylopyranoside |
| (–)-5′-甲氧基异落叶松脂素-9′-*O*-β-D-吡喃葡萄糖苷 | (–)-5′-methoxyisolariciresinol-9′-*O*-β-D-glucopyranoside |
| 5-甲氧基异矛果豆素 | 5-methoxyisolonchocarpin |
| 6-甲氧基异牛膝叶马缨丹二酮 | 6-methoxyisodiodantunezone |
| 7-甲氧基异牛膝叶马缨丹二酮 | 7-methoxyisodiodantunezone |
| 8-甲氧基异欧前胡内酯(蛇床克尼狄林、异珊瑚菜素) | 8-methoxyisoimperatorin (cnidilin, isophellopterin) |
| 3-甲氧基异鼠李素 | 3-methoxyisorhamnetin |
| 1-甲氧基吲哚-3-乙腈 | 1-methoxyindole-3-acetonitrile |
| N-甲氧基吲哚-3-乙腈-2-(*S*)-β-D-吡喃葡萄糖苷 | N-methoxyindole-3-acetonitrile-2-(*S*)-β-D-glucopyranoside |
| 甲氧基油菜素 | methoxybrassitin |
| 6-甲氧基柚皮素(6-甲氧基柚皮苷元) | 6-methoxynaringenin |
| 6-甲氧基柚皮素-7-*O*-β-D-吡喃葡萄糖苷 | 6-methoxynaringenin-7-*O*-β-D-glucopyranoside |
| 3″-甲氧基羽扇豆叶灰毛豆素 | 3″-methoxylupinifolin |
| 3′-甲氧基玉米黄酮苷 | 3′-methoxymaysin |
| 1β-甲氧基玉叶金花素A | 1β-methoxymussaenin A |
| 11-甲氧基育亨宾 | 11-methoxyyohimbine |
| 4-甲氧基愈创木酚基甘油 | 4-methoxyguaiacyl glycerol |
| 5-甲氧基愈创木基丙三醇 | 5-methoxyguaiacyl glycerol |
| 4-甲氧基愈创木基甘油-7-*O*-β-D-吡喃葡萄糖苷 | 4-methoxyguaiacyl glycerol-7-*O*-β-D-glucopyranoside |
| 22-甲氧基原薯蓣皂苷 | 22-methoxyprotodioscin |
| 22-甲氧基原纤细薯蓣皂苷 | 22-methoxyprotogracillin |
| 22-甲氧基原新薯蓣皂苷 | 22-methoxyprotoneodioscin |
| 22-甲氧基原新纤细薯蓣皂苷 | 22-methoxyprotoneogracillin |
| 4-甲氧基圆盘豆素-4′-*O*-(6″-*O*-对香豆酰基-β-D-吡喃葡萄糖苷)[4-甲氧基奥卡宁-4′-*O*-(6″-*O*-对香豆酰基-β-D-吡喃葡萄糖苷)] | 4-*O*-methyl okanin-4′-*O*-(6″-*O*-*p*-coumaroyl-β-D-glucopyranoside) |

| | |
|---|---|
| 4-甲氧基圆盘豆素-4′-O-(6′-O-乙酰基-2″-O-咖啡酰基-β-D-吡喃葡萄糖苷) [4-甲氧基奥卡宁-4′-O-(6′-O-乙酰基-2″-O-咖啡酰基-β-D-吡喃葡萄糖苷)] | 4-O-methyl okanin-4′-O-(6′-O-acetyl-2″-O-caffeoyl-β-D-glucopyranoside |
| 4-甲氧基圆盘豆素-4′-O-乙酰基-β-D-吡喃葡萄糖苷(4-甲氧基奥卡宁-4′-O-乙酰基-β-D-吡喃葡萄糖苷) | 4-O-methyl okanin-4′-O-acetyl-β-D-glucopyranoside |
| 6-甲氧基月芸香宁 | 6-methoxylunine |
| 7-甲氧基早期灰毛豆酮 A、B | 7-methoxypraecansones A, B |
| 22-甲氧基皂苷 | 22-methoxysaponin |
| 16-甲氧基泽泻醇 A～E | 16-methoxyalisols A～E |
| 16β-甲氧基泽泻醇 B 单乙酸酯 | 16β-methoxyalisol B monoacetate |
| 16-甲氧基泽泻醇 B-单乙酸酯 | 16-methoxyalisol B-monoacetate |
| 25-甲氧基泽泻醇 F | 25-methoxyalisol F |
| (–)-4-甲氧基掌叶防己碱 [(–)-4-甲氧基巴马亭] | (–)-4-methoxypalmatine |
| 11-甲氧基直立拉齐木胺 | 11-methoxystrictamine |
| 5-甲氧基直立拉齐木胺 | 5-methoxystrictamine |
| 2-甲氧基中华卷柏醇 B | 2-methoxysinensiol B |
| 1β-甲氧基肿柄菊素 | 1β-methoxydiversifolin |
| 1β-甲氧基肿柄菊素-3-O-甲醚 | 1β-methoxydiversifolin-3-O-methyl ether |
| 15-甲氧基竹柏内酯 D | 15-methoxynagilactone D |
| 4′-甲氧基梓实苷 | 4′-methoxycatalposide |
| 3-甲氧基梓素 | 3-methoxycatalpin |
| (S)-甲氧基紫苜蓿烷 | (S)-methoxysativan |
| (–)-5′-甲氧基紫苜蓿烷 | (–)-5′-methoxysativan |
| 6-甲氧基紫杉叶素 | 6-methoxytaxifolin |
| 5-(甲氧甲基)-1H-吡咯-2-甲醛 | 5-(methoxymethyl)-1H-pyrrol-2-carbaldehyde |
| 4-(甲氧甲基) 苯基-1-O-β-D-吡喃葡萄糖苷 | 4-(methoxymethyl) phenyl-1-O-β-D-glucopyranoside |
| 5-甲氧甲基-2, 2′: 5′, 2″-三联噻吩 | 5-methoxymethyl-2, 2′: 5′, 2″-terthiophene |
| 7-甲氧甲基-2, 7-二甲基环庚-1-3-5-三烯 | 7-methoxymethyl-2, 7-dimethyl cyclohept-1, 3, 5-triene |
| 8-O-(2-甲氧甲基-2-丙烯酰基)-3-羟基愈创木-4 (15), 10 (14), 11 (13)-三烯-12, 6-内酯 | 8-O-(2-methoxymethyl-2-propenoyl)-3-hydroxyguai-4 (15), 10 (14), 11 (13)-trien-12, 6-olide |
| 5-甲氧甲基-2-呋喃甲醛 | 5-methoxymethyl-2-furancarboxaldehyde |
| 5-甲氧甲基-2-糠醛 | 5-methoxymethyl-2-furaldehyde |
| 5-甲氧甲基糠醛 | 5-methoxymethyl furfural |
| C-3′-甲氧甲基罗米仔兰酯 | C-3′-methoxymethyl rocaglate |
| 11-甲氧立马替宁 | 11-methoxylimatinine |
| 甲氧蔓菁素 | methoxybrassinin |
| N-甲氧羰基-11, 12-二甲氧基柯蒲木那林碱 (N-甲氧羰基-11, 12-二甲氧基药用蕊木碱) | N-carbomethoxy-11, 12-dimethoxykopsinaline (N-methoxycarbonyl-11, 12-dimethoxykopsinaline) |
| N-甲氧羰基-11, 12-亚甲二氧基药用蕊木碱 | N-methoxycarbonyl-11, 12-methylenedioxykopsinaline |
| (–)-N-甲氧羰基-11, 12-亚甲二氧基药用蕊木碱 | (–)-N-methoxycarbonyl-11, 12-methylenedioxykopsinaline |
| N-甲氧羰基-11-羟基-12-甲氧基柯蒲木那林碱 | N-carbomethoxy-11-hydroxy-12-methoxykopsinaline |

| | |
|---|---|
| *N*-甲氧羰基-12-甲氧基药用蕊木碱 | *N*-methoxycarbonyl-12-methoxykopsinaline |
| (–)-*N*-甲氧羰基-12-甲氧基药用蕊木碱 | (–)-*N*-methoxycarbonyl-12-methoxykopsinaline |
| 3-甲氧羰基-1-羟基蒽醌 | 3-carbomethoxy-1-hydroxyanthraquinone |
| 3-甲氧羰基-2-(3′-羟基)异戊基-1, 4-萘氢醌-1-*O*-β-D-葡萄糖苷 | 3-carbomethoxy-2-(3-hydroxy)-isopentyl-1, 4-naphthohydroquinone-1-*O*-β-D-glucoside |
| 4′-甲氧羰基-2′-羟苯基阿魏酸酯 | 4′-carbomethoxy-2′-hydroxyphenyl ferulate |
| 2-甲氧羰基-3-异戊烯基-1, 4-萘氢醌-二-*O*-β-D-葡萄糖苷 | 2-carbomethoxy-3-prenyl-1, 4-naphthohydroquinone-di-*O*-β-D-glucoside |
| 1-甲氧羰基-4-(1, 5-二甲基-3-氧亚基己基)-1-环己烯 | 1-carbomethoxy-4-(1, 5-dimethyl-3-oxohexyl)-1-cyclohexene |
| 1-甲氧羰基-4-羟基-β-咔啉 | 1-carbomethoxy-4-hydroxy-β-carboline |
| 1-甲氧羰基-β-咔啉 | 1-carbomethoxy-β-carboline |
| L-甲氧羰基-β-咔啉(苦木碱乙) | L-carbomethoxy-β-carboline (methyl β-carbolin-L-carboxylate, kumujian B) |
| 6-甲氧羰基苯酞{6-甲氧羰基-2-苯并[*c*]呋喃酮} | 6-carbomethoxyphthalide |
| 5-(1-甲氧乙基)-1-甲基-2, 7-二醇 | 5-(1-methoxyethyl)-1-methyl phenanthren-2, 7-diol |
| 5-(1-甲氧乙基)-2, 6-二羟基-1, 7-二甲基-9, 10-二氢菲 | 5-(1-methoxyethyl)-2, 6-dihydroxy-1, 7-dimethyl-9, 10-dihydrophenanthrene |
| 6-(1-甲氧乙基)-5, 7, 8-三甲氧基-2, 2-二甲基-2*H*-1-苯并吡喃 | 6-(1-methoxyethyl)-5, 7, 8-trimethoxy-2, 2-dimethyl-2*H*-l-benzopyran |
| 6-(1-甲氧乙基)-7-甲氧基-2, 2-二甲基色烯 | 6-(1-methoxyethyl)-7-methoxy-2, 2-dimethyl chromene |
| 1-甲氧乙基苯 | 1-methoxyethyl benzene |
| 4-甲氧乙基二氢草木犀苷 | 4-methoxyethyl dihydromelilotoside |
| 4-(1-甲乙基)-1, 5-环己二烯-1-甲醇 | 4-(1-methyl ethyl)-1, 5-cyclohexadien-1-methanol |
| 1-(1-甲乙基)-4-甲基-3-环己烯基3, 5-双(3-甲基-2-丁烯基)-4-羟基苯甲酸酯 | 1-(1-methyl ethyl)-4-methyl-3-cyclohexenyl 3, 5-bis (3-methyl-2-butenyl)-4-hydroxybenzoate |
| 2-(1-甲乙基)-5-甲基苯酚 | 2-(1-methyl ethyl)-5-methyl phenol |
| 2-(1-甲乙基)环己醇 | 2-(1-methyl ethyl) cyclohexanol |
| 3-[(1-甲乙基)硫]-1-丙烯 | 3-[(1-methyl ethyl) thio]-1-propene |
| 1-甲乙基苯(枯烯、异丙苯) | 1-methyl ethyl benzene (cumene, isopropyl benzene) |
| 1-甲乙基二硫醚 | 1-methyl ethyl disulfide |
| 4-甲乙基环己-3-烯-1-醇 | 4-methyl ethyl cyclohex-3-en-1-ol |
| 1-甲乙基肼 | 1-methyl hydrazine |
| 2-甲乙基硫代苯酚 | 2-methyl ethyl thiophenol |
| 3-(1-甲乙氧基)-6*H*-二苯并[*b*, *d*]吡喃-6-酮 | 3-(1-methyl ethoxy)-6*H*-dibenzo [*b*, *d*] pyran-6-one |
| 1-(1-甲乙氧基)丙烷 | 1-(1-methoxyethoxy) propane |
| 甲臜 | formazan |
| 甲正庚基酮 | methyl heptyl ketone |
| 3-*O*-(6′-甲酯)-β-D-吡喃葡萄糖醛酸基齐墩果酸-28-*O*-α-L-阿拉伯糖苷 | 3-*O*-(6′-methyl ester)-β-D-glucuronopyranosyl oleanolic acid-28-*O*-α-L-arabinopyranoside |

| | |
|---|---|
| 3-*O*-(6′-甲酯)-β-D-吡喃葡萄糖醛酸基齐墩果酸-28-*O*-β-D-吡喃甘露糖苷 | 3-*O*-(6′-methyl ester)-β-D-glucuronopyranosyl oleanolic acid-28-*O*-β-D-mannopyranoside |
| 3-*O*-(6′-甲酯)-β-D-吡喃葡萄糖醛酸基齐墩果酸-28-*O*-β-D-吡喃葡萄糖苷 | 3-*O*-(6′-methyl ester)-β-D-glucuronopyranosyl oleanolic acid-28-*O*-β-D-glucopyranoside |
| *N*-甲酯基-11-甲氧基-12-羟基柯蒲木那林碱 | *N*-carbomethoxy-11-methoxy-12-hydroxykopsinaline |
| *N*-甲酯基-11-羟基-12-甲氧基柯蒲木那林碱 | *N*-carbomethoxy-11-hydroxy-12-methoxykopsinaline |
| *N*-甲酯基-12-甲氧基柯蒲木那林碱 | *N*-carbomethoxy-12-methoxykopsinaline |
| 1′-甲酯苹果酰阿魏酸酯 | 1′-methyl ester maloyl ferulate |
| 8-甲酯蜀葵苷元-3, 7-二-*O*-β-D-吡喃葡萄糖苷 | herbacetin-8-methyl ester-3, 7-di-*O*-β-D-glucopyranoside |
| 甲酯型蝾螺胆蓝素 | turboglaucobilin |
| 甲状腺球蛋白 | thyroglobulin |
| 甲状腺素 (3, 5, 3′, 5′-四碘甲腺氨酸) | thyroxin (3, 5, 3′, 5′-tetraiodothyronine) |
| 甲状腺原氨酸 | thyronine |
| 贾伦花闭木醇 | djalonenol |
| 假阿枯米辛 (假阿枯米辛碱) | pseudoakuammicine |
| 假奥普番荔枝碱 | unonopsine |
| 假巴西胡椒碱 | pseudojaborine |
| 假白榄胺 | jatrophalactam |
| 假白榄内酰胺 | jatropham |
| 假白榄三酮 | jatrophatrione |
| 假白榄酮 | jatrophone |
| 假白屈菜季铵碱 (假白屈菜红碱、血根碱) | pseudochelerythrine (sanguinarine) |
| 假半脱毛灰叶素 (伪半秃灰叶双呋并黄素) | pseudosemiglabrin |
| 假被露珠香茶菜素 A | pseudoirroratin A |
| 假荜茇苷 | piperoside |
| 假荜茇果酰胺 | chabamide |
| 假荜茇酰胺 A～D | retrofractamides A～D |
| 假荜茇酰胺 B (胡椒杀虫碱) | retrofractamide B (pipercide) |
| 假长春碱二醇 | pseudovincaleukoblastinediol |
| 假胆碱酯酶 | pseudocholinesterase |
| 假地枫内酯 A | jiadifenlactone A |
| 假地枫皮醇内酯 | jiadifenolide |
| 假地枫皮醇酮 | jiadifenone |
| 假地枫皮醚烷 A、B | jiadifenoxolanes A, B |
| 假地枫皮宁素 | jiadifenin |
| 假地枫皮酸 A～P | jiadifenoic acids A～P |
| 假杜鹃苷 | barlerinoside |
| 假杜鹃醌 I | barleriaquinone I |
| 假杜鹃素 (8-*O*-乙酰山栀苷甲酯) | barlerin (8-*O*-acetyl shanzhiside methyl ester) |
| 假番荔枝醛 | unonal |

| 假番荔枝醛-7-甲醚 | unonal-7-methyl ether |
|---|---|
| 假防己宁(开德苷元) | kidjoranin |
| 假防己亭 A～J | tomentins A～J |
| 假费金(假山毛榉素) | nothofagin |
| 假腐败菌素 A、B | pseudodestruxins A, B |
| 假桂乌口树酮(乌口树酮) | tarennone |
| 假还阳参苷 A、B | crepidiasides A, B |
| 假还阳参苷 B(雅昆苦苣菜素葡萄糖苷) | crepidiaside B (jacquinelin glucoside) |
| 假海齿醇 | trianthenol |
| 假海柯皂苷元 | pseudohecogenin |
| 假厚藤素 I～XII | stoloniferins I～XII |
| (–)-假虎刺醇 | (–)-carissanol |
| 假虎刺苷 | acocanthin |
| 假虎刺酮(11-羟基埃杜斯马-4-烯-3-酮) | carissone (11-hydroxyeduesma-4-en-3-one) |
| 假虎刺烯酮 | carenone |
| 假黄花远志苷(黄花倒水莲糖)A～E | fallaxoses A～E |
| 假黄皮单萜 | excamonoterpene |
| 假黄皮卡明碱 | sansoakamine |
| 假黄皮喹诺酮碱 A | clausenaquinone A |
| 假黄皮双香豆素 A、B | cladimarins A, B |
| 假黄皮素(假黄皮灵素)A～M | excavatins A～M |
| 假黄皮亭碱 A～C | excavatines A～C |
| 假黄皮亭纳亭碱 A | clausenatine A |
| 假黄皮亭素 A、B | clauexcavatins A, B |
| 假黄皮瓦亭碱 A～G | clausevatines A～G |
| 假黄皮瓦亭素 A、B | claucavatins A, B |
| 假黄皮文 | clausenaexcavin |
| 假黄皮香豆素 A～I | excavacoumarins A～I |
| 假黄皮香豆素咔唑碱 A | carbazomarine A |
| 假荆芥酐 | nepetalic anhydride |
| 假荆芥内酯 | nepetalactone |
| 假荆芥内酯苷 | nepetaside |
| 假荆芥属苷(荆芥苷、尼泊尔黄酮苷、泽兰叶黄素-7-葡萄糖苷、印度荆芥素-7-葡萄糖苷) | nepitrin (nepetrin, eupafolin-7-glucoside, nepetin-7-glucoside) |
| 假荆芥酸 | nepetalic acid |
| 假荆芥酸苷 | nepetariaside |
| 假荆芥酮酸甲酯 | methyl nepetonate |
| (4αS, 7S, 7αR)-假荆芥酰胺 | (4αS, 7S, 7αR)-nepetalactam |
| 假蒟吡咯酮 A、B | chaplupyrrolidones A, B |
| 假蒟酚 A～F | sarmentosumols A～F |

| 假蒟碱 | sarmentosine |
|---|---|
| 假蒟米辛 | sarmentomicine |
| 假蒟素 A～D | sarmentosumins A～D |
| 假蒟亭碱 | sarmentine |
| 假蒟酰胺 A～C | sarmentamides A～C |
| 假咖啡苦皮树内酯 | sergeolide |
| 假考布素 | pseudokobusine |
| 假莨菪碱 (去甲莨菪碱、去甲天仙子胺) | pseudohyoscyamine (norhyoscyamine, solandrine) |
| 假利血平 | pseudoreserpine |
| 假利血平 16, 17- 立体异构体 | pseudoreserpine 16, 17-stereoisomer |
| 假连翘宁 I～V | durantanins I～V |
| 假连翘素 A～D | repenins A～D |
| 假连翘亭 (金露花素) A～C | durantins A～C |
| 假连翘种苷 (假连翘诺苷) | repenoside |
| 假硫双萍蓬定 | pseudothiobinupharidine |
| 假龙舌兰素 | furcreastatin |
| 假楼斗菜苷 A、B | paraquinosides A, B |
| 假楼斗菜宁 A～C | paraquinins A～C |
| 假马齿苋苷 A～C、$N_1$、$N_2$ | bacopasides A～C, $N_1$, $N_2$ |
| 假马齿苋苷 Ⅰ～Ⅹ | bacopasides Ⅰ～Ⅹ |
| 假马齿苋柯苷 (白花猪母菜苷) A、B、$A_1$～$A_3$ | bacosides A, B, $A_1$～$A_3$ |
| 假马齿苋柯苷元 (白花猪母菜苷元) $A_1$～$A_4$ | bacogenins $A_1$～$A_4$ |
| 假马齿苋拉苷 Ⅰ～Ⅲ | monnierasides Ⅰ～Ⅲ |
| 假马齿苋素 | bacosine |
| 假马齿苋甾醇 | bacosterol |
| 假马齿苋甾醇 -3-*O*-β-D- 吡喃葡萄糖苷 | bacosterol-3-*O*-β-D-glucopyranoside |
| 假马齿苋皂苷 A～G | bacopasaponins A～G |
| 假马齿苋皂宁 | hersaponin |
| 假毛果芸香碱 | pseudopilocarpine |
| 假蜜蜂花苷 (美利妥双苷、蜜力特苷、密力特苷) | melittoside |
| 假蜜蜂花苷十乙酸酯 | melittoside decaacetate |
| 假木贼胺 | anabasamine |
| DL- 假木贼碱 (DL- 新烟碱、DL- 毒藜碱) | DL-anabasine |
| 假木贼碱 (毒藜碱、新烟碱) | anabasine (neonicotine) |
| (–)- 假木贼碱 [(–)- 新烟碱、(–)- 毒藜碱] | (–)-anabasine |
| (±)- 假木贼碱 [(±)- 新烟碱、(±)- 毒藜碱] | (±)-anabasine |
| 假木贼属碱 | anabasis base |
| 假木贼因 | anabaseine |
| 假苜蓿素 | munchiwarin |
| 假脑酰胺 | pseudoceramide |

| | |
|---|---|
| 假纽子花碱 | paravallarine |
| 假排草苷 Ⅰ | lysikoianoside Ⅰ |
| 假棋盘花碱 | paeudozygadenine |
| 假秦艽苷 Ⅰ、Ⅱ | phlomisosides Ⅰ, Ⅱ |
| (24*S*)-假人参皂苷 [(24*S*)-拟人参皂苷] $F_{11}$、$RT_4$ | (24*S*)-pseudoginsenosides $F_{11}$, $RT_4$ |
| 假人参皂苷 $F_8$、$F_{11}$、$Rh_2$、$RS_1$、$RT_1$、$RT_4$、$RT_5$ | pseudoginsenosides $F_8$, $F_{11}$, $Rh_2$, $RS_1$, $RT_1$, $RT_4$, $RT_5$ |
| 假人参皂苷 $RT_1$ 丁酯 | pseudoginsenoside $RT_1$ butyl ester |
| 假人参皂苷 $RP_1$ 甲酯 | pseudoginsenoside $RP_1$ methyl ester |
| 假人参皂苷 $RT_1$ 甲酯 | pseudoginsenoside $RT_1$ methyl ester |
| 假蕊木宁 | pseudokopsinine |
| 假山道年 | paeudosantonin |
| (7′*S*)-假山胡椒内酯 | (7′*S*)-parabenzlactone |
| 假山胡椒内酯 | parabenzlactone |
| 假睡茄碱 | pseudowithanine |
| 假酸浆素 (假酸浆苷苦素) A、B | nicandrins A, B |
| 假酸浆烯酮 Ⅰ、Ⅱ | nicandrenones Ⅰ, Ⅱ |
| 假酸浆烯酮内酯 | nic-1-lactone |
| 假乌头碱 | pseudoaconitine |
| 假乌头原碱 | pseudoaconine |
| 假辛可宁 (二氢金鸡宁、金鸡亭、氢化辛可宁、二氢金鸡纳宁) | pseudocinchonine (dihydrocinchonine, cinchotine, hydrocinchonine, cinchonifine) |
| 假绣球素 | furcatin |
| 假烟叶树酮 A、B | solanerianones A, B |
| 假叶树苷 A | aculeoside A |
| 假叶树皂苷元-1-*O*-硫酸酯 | ruscogenin-1-*O*-sulfate |
| 假一枝蒿碱 | ψ-anthorine |
| 假依瓦菊素 | pseudoivalin |
| 假异考多苷 | pseudocaudostroside |
| 假鹰爪醇醛 | desmal |
| 假鹰爪黄酮 | desmosflavone |
| 假鹰爪碱 | desmosine |
| 假鹰爪酮 A～D | saiyutones A～D |
| 假荧光箭毒素 | pseudofluorocurine |
| 假育亨宾 | pseudoyohimbine |
| 假鸢尾葡萄糖苷 5a、5b、6a～6c、7、8 | iridalglucosides 5a, 5b, 6a～6c, 7, 8 |
| 假鸢尾三萜醇 A～H | iritectols A～H |
| 假茱萸苷 | aralidioside |
| 假紫草素 | arnebin |
| 尖瓣瑞香萜 A | daphnelnoid A |
| 尖被藜芦碱 | verapatuline |

| 尖刺碱 (欧洲小檗碱) | oxyacanthine |
|---|---|
| 尖萼水苏烯酮 | ribenone |
| 尖防己碱 (风龙明碱) | acutumine |
| 尖槐藤林素 | oxylin |
| 尖槐藤强心二糖苷 (尖槐藤苷) | oxystelmoside |
| 尖槐藤强心四糖苷 | oxyline |
| 尖槐藤素 | oxystelmin |
| 尖槐藤亭苷 | oxystine |
| 尖槐藤辛 | oxysin |
| 尖槐藤星苷 | oxysine |
| 尖槐藤种苷 (尖槐藤亭) | esculentin |
| 尖镰孢二酮 | oxysporidinone |
| 尖裂网地藻醇 A 乙酸酯 | acutilol A acetate |
| 尖裂网地藻醇 A、B | acutilols A, B |
| 尖佩兰内酯 A～D | eupalinins A～D |
| 尖清风藤碱 A | sinoacutine A |
| 尖山橙碱 Ⅰ | melofusine Ⅰ |
| 尖头颤藻素 | acutiphycin |
| 尖头瓶尔小草苷 A～G | pedunculosumosides A～G |
| 尖尾枫苷 A、B | longissimosides A, B |
| 尖尾枫素 A～D | callilongisins A～D |
| 尖药木苷 | opposide |
| 尖叶饱食桑素 G | brosimacutin G |
| 尖叶草醛 | aciphyllal |
| 尖叶长柄山蚂蝗查耳酮 C | oxyphyllumchalcone C |
| 尖叶花椒碱 | zanthoxyphylline |
| 尖叶花椒林碱 | zanoxyline |
| 尖叶假龙胆脂苷 A、B | gentiiridosides A, B |
| (–)-尖叶军刀豆酚 | (–)-mucronulatol |
| (*R*)-尖叶军刀豆酚 | (*R*)-mucronulatol |
| 尖叶军刀豆酚 -7-*O*- 葡萄糖苷 | mucronulatol-7-*O*-glucoside |
| (+)-(7*S*, 8*R*, 8′*R*)-尖叶蜡菊内酯 | (+)-(7*S*, 8*R*, 8′*R*)-acuminatolide |
| 尖叶木酚 | urophyllumol |
| (–)-尖叶木兰素 [(–)-粗毛淫羊藿素] | (–)-acuminatin |
| 尖叶石松醇碱 | acrifolinol |
| 尖叶石松碱 | acrifoline |
| 尖叶丝石竹苷 | acutifoliside |
| 尖叶唐松草定碱 | acutifolidine |
| 尖叶铁扫帚酚 | lesjunceol |
| 尖叶铁扫帚苷 A、B | meosides A, B |

| 尖叶铁扫帚罗酚 | lesjuncerol |
|---|---|
| 尖叶土杉甾醇 A | ponasterol A |
| 尖叶土杉甾酮 (坡那甾酮、台湾罗汉松甾酮) A～D | ponasterones A～D |
| 尖叶土杉甾酮苷 (坡那甾苷、台湾罗汉松甾酮苷) A | ponasteroside A |
| 尖叶新木姜子酮 (尖叶新楼子酮) A～C | neolitacumones A～C |
| 尖叶新木姜子酮 A | neolitamone A |
| 尖叶芸香碱 A～F | haplacutines A～F |
| 尖叶芸香亭 | acutine |
| 尖叶枣宁 (短刺枣碱) A、D、J | mucronines A, D, J |
| 尖叶锥鞣素 | cuspinin |
| 坚果醇 (日本榧树醇) | nuciferol |
| 坚龙胆吉苷 A～E | gentirigeosides A～E |
| 坚龙胆酸 | gentirigenic acid |
| 坚挺凹顶藻酚 | rigidol |
| 坚挺岩风素 | libanoridin |
| 坚硬糙苏苷 A～C | phlorigidosides A～C |
| 坚硬女娄菜苷 A | melandrioside A |
| 坚硬女娄菜林素 A～D | melrubiellins A～D |
| 间-4, 5-二甲氧基-1, 2-苯二甲酸 | *m*-hemipinic acid |
| 间氨基苯酚 | *m*-aminophenol |
| 间半蒎酸二甲酯 | dimethyl metahemipate |
| (1*S*, 3*S*)-(+)-间薄荷烷 | (1*S*, 3*S*)-(+)-*m*-menthane |
| 间苯二醇 | resorcin |
| 间苯二酚 (雷琐酚、树脂台黑酚) | *m*-benzenediol (resorcinol) |
| 间苯二甲酸 (异酞酸) | *m*-phthalic acid (isophthalic acid) |
| 间苯酚单宁 974-A、974-B | phlorotannins 974-A、974-B |
| 间苯三酚 (根皮酚、1, 3, 5-苯三酚) | phloroglucinol (phloroglucin, 1, 3, 5-benzenetriol) |
| 间苯三酚-1-*O*-β-D-吡喃葡萄糖苷 | phloroglucinol-1-*O*-β-D-glucopyranoside |
| 间苯三酚-1-*O*-β-D-葡萄糖苷 (幽门素) | phloroglucinol-1-*O*-β-D-glucoside (phlorin) |
| 间苯三酚单甲醚 | phloroglucinol monomethyl ether |
| 间苯三酚二甲醚 | phloroglucinol dimethyl ether |
| 3-间苯三酚基-2, 3-环氧黄烷酮 | 3-phloroglucinoyl-2, 3-epoxyflavanone |
| 2-*O*-间苯三酚基-6, 6′-双昆布酚 (2-*O*-间苯三酚基-6, 6′-双鹅掌菜酚) | 2-*O*-phloro-6, 6′-bieckol |
| 2-*O*-间苯三酚基鹅掌菜酚 (2-O-根皮昆布酚、2-O-间苯三酚基双昆布酚) | 2-*O*-phloroeckol |
| 2-*O*-间苯三酚基双鹅掌菜酚 | 2-*O*-phlorodieckol |
| 2-间苯三酚基双昆布酚 (2-根皮昆布酚、2-间苯三酚基鹅掌菜酚) | 2-phloroeckol |
| 间苯三酚甲酸 | phloroglucinol carboxylic acid |

| 间苯三酚甲酸甲酯 | phloroglucinol carboxylic acid methyl ester |
|---|---|
| 间苯三酚醛 | phloroglucinol aldehyde |
| 间苯三酚醛三甲醚 | phloroglucinol aldehyde trimethyl ether |
| 间苯三酚岩藻鹅掌菜酚 A | phlorofucoeckol A |
| 间二甲苯 | *m*-xylene |
| 间二甲基氢醌 | *m*-xylohydroquinone |
| 间二没食子酸乙酯 | ethyl *m*-digallate |
| 间甲苯酚 | *m*-cresol |
| 间甲苯乙醚 | *m*-cresyl ether |
| 间甲苯乙酸酯 | *m*-cresyl acetate |
| 间甲基对羟基桂皮酸 | *m*-methyl-*p*-hydroxycinnamic acid |
| 间甲氧基苯酚 | *m*-methoxyphenol |
| 间甲氧基苯甲醛 | *m*-methoxybenzaldehyde |
| 间甲氧基对羟基苯甲酸 | *m*-methoxy-*p*-hydroxybenzoic acid |
| 间甲氧基桂皮酸 | *m*-methoxycinnamic acid |
| 间甲氧基棕榈基氧化苯 | *m*-methoxypalmityloxybenzene |
| 间枯烯醇 | *m*-cumenol |
| 间雷琐酸 (间树脂苔黑酸) | *m*-resorcylic acid |
| 1, 8 (9)-间盖二烯-5-醇 | 1, 8 (9)-*m*-menthdien-5-ol |
| 间千金藤碱 (迈它千金藤碱) | metaphanine |
| 间羟苯基丙酮酸 | *m*-hydroxyphenyl pyruvic acid |
| 间羟苯基甘氨酸 | *m*-hydroxyphenyl glycine |
| 间羟苯基醚 | *m*-hydroxyphenoxybenzene |
| 间羟基苯甲醛 | *m*-hydroxybenzaldehyde |
| 间羟基苯甲酸 | *m*-hydroxybenzoic acid |
| β-间羟基苯甲酸甲酯 | methyl β-resorcylate |
| 2′-间羟基苯甲酰獐牙菜苷 | 2′-*m*-hydroxybenzoic sweroside |
| 间羟基桂皮酸 (3-羟基桂皮酸) | *m*-hydroxycinnamic acid (3-hydroxycinnamic acid) |
| 间双没食子酸 | *m*-digallic acid |
| 间脱氢二没食子酸 | *m*-dehydrodigallic acid |
| 间香豆酸 | *m*-coumaric acid |
| 7-*O*-间香豆酰氧基乌干达赪桐苷 | 7-*O*-*m*-coumaroyloxyugandoside |
| 间硝基苯甲醛 | *m*-nitrobenzaldehyde |
| 间硝基苯甲酸 | *m*-nitrobenzoic acid |
| 间辛弗林 (西内碱、去氧肾上腺素、脱氧肾上腺素) | *m*-synephrine (phenylephrine) |
| 间乙苯酚 | *m*-ethyl phenol |
| 间异丙基苯 | *m*-sopropyl benzene |
| 间孜然芹烃 (间聚伞花素、间伞花烃) | *m*-cymene |
| 间孜然芹烃-8-醇 | *m*-cymen-8-ol |
| 樫木内酯 A～C | dysoxylumolides A～C |

J

| 樫木素 A～C | dysoxylumins A～C |
|---|---|
| 樫木酸 A～D | dysoxylumic acids A～D |
| 柬埔寨龙血树醇 | cambodianol |
| 柬埔寨龙血树皂苷 A | dracagenin A |
| 柬埔寨藤黄醇 | camboginol |
| 柬埔寨藤黄素 | cambogin |
| 剪秋罗糖 | lychnose |
| 碱性蓖麻毒蛋白 | basic ricin |
| 翦股颖克灵 | agroskerin |
| 见霜黄素 | lacerain |
| 见霜黄素Ⅰ、Ⅱ | acerains Ⅰ, Ⅱ |
| 见血封喉阿洛糖苷 | antialloside |
| 见血封喉毒苷 A～G | antiaritoxiosides A～G |
| 见血封喉毒宁 A、B | antiarotoxinins A, B |
| 见血封喉酚 (3, 4, 5-三甲氧基苯酚) | antiarol (3, 4, 5-trimethoxyphenol) |
| 见血封喉酚芸香糖苷 | antiarol rutinoside |
| α-见血封喉苷 (α-见血封喉素、α-箭努子苷) | α-antiarin |
| β-见血封喉苷 (β-见血封喉素、β-箭努子苷) | β-antiarin |
| 见血封喉苷 (见血封喉素、箭努子苷) | antiarin |
| 见血封喉苷元 | antiarigenin |
| 见血封喉灵 A、B、F、I、K、L | anticarins A, B, F, I, K, L |
| 见血封喉洛苷 A～Z、ZA～ZC | antiarosides A～Z, ZA～ZC |
| 见血封喉醛 (三甲氧基水杨醛) | antiarolaldehyde (trimethoxysalicyl aldehyde) |
| 见血封喉酮 A～K | antiarones A～K |
| 见血封喉脱氧阿洛苷 | antiogoside |
| 见血封喉辛 A、B | antiarisins A, B |
| 见血封喉爪哇糖苷 | antiarojavoside |
| 剑刺仙人掌尼酸 (剑叶莎酸) | machaerinic acid |
| 剑刺仙人掌酸 | machaeric acid |
| 剑豆二酚 A～C | machaeridiols A～C |
| 剑豆酚 A～D | machaeriols A～D |
| 剑麻东 1 号皂苷 A～E | dongnosides A～E |
| 剑麻皂苷 A～G | sisalanins A～G |
| 剑麻皂苷元 | sisalagenin |
| 剑叶波斯菊酮 | lanceoletin |
| 剑叶鸡骨常山精 | lanceomigine |
| 剑叶沙酸甲酯 | methyl machaerinate |
| 剑叶莎属异黄烷 | duartin |
| 剑叶莎酸内酯 (剑刺仙人掌尼酸内酯) | machaerinic acid lactone |
| 剑叶沙酸内酯乙酸酯 | machaerinic acid lactone acetate |

| 剑叶铁树皂苷元 [(20*S*, 22*S*, 25*S*)-5α-呋甾-22, 25-环氧-1β, 3α, 26-三醇] | strictagenin [(20*S*, 22*S*, 25*S*)-5α-furost-22, 25-epoxy-1β, 3α, 26-triol] |
|---|---|
| 剑叶血竭素 (剑叶龙血素) | cochinchinenin |
| β-涧边草酸 | β-peltoboykinolic acid |
| 涧边草酸 (羟基齐墩果-12-烯-27-酸) | peltoboykinolic acid (hydroxyolean-12-en-27-oic acid) |
| 箭毒碱 | curarine |
| *C*-箭毒碱 | *C*-curarine |
| D-箭毒碱 (粒枝碱) | D-bebeerine (chondodendrine) |
| (±)-箭毒碱 [海牙亭碱、(±) 箭毒素] | (±)-bebeerine [hayatine, (±)-curine] |
| 箭毒木苷 A～O | toxicariosides A～O |
| 箭毒属碱 D | curare base D |
| (±)-箭毒素 [海牙亭碱、(±)-箭毒碱] | (±)-curine [hayatine, (±)-bebeerine] |
| 箭毒蛙碱 | batrachotoxin |
| 箭根薯苷 | taccaoside |
| 箭根薯酮内酯 A～M | taccalonolides A～M |
| 箭根薯甾苷 A～C | taccasterosides A～C |
| 箭头毒 (箭头碱) Ⅰ～Ⅴ | caracurines Ⅰ～Ⅴ |
| 箭头唐松草定碱 | thalcimidine (thalsimidine) |
| 箭头唐松草定碱 | thalsimidine (thalcimidine) |
| 箭头唐松草碱 | thalsimine |
| 箭头唐松草米定碱 | thalicsimidine |
| (–)-箭头唐松草莫宁 [(–)-唐松草蒙碱] | (–)-thalimonine |
| 箭头唐松草莫宁 *N*-氧化物 A | thalimonine *N*-oxide A |
| 箭头唐松草辛碱 | thalidicine |
| 箭叶橙素 | hystrixarin |
| 箭叶橙酮 | hystrolinone |
| 箭叶橙烯 Ⅰ | hystroxene Ⅰ |
| 箭叶苷 (箭藿苷) A～C | sagittatosides A～C |
| 箭叶藿苷 (箭叶淫羊藿素) A～C | sagittasines A～C |
| 箭叶水苏烯内酯 A | ballatenolide A |
| 箭叶素 A～G | sagittins A～G |
| 箭叶亭苷 A、B | sagittatins A, B |
| 箭叶橐吾萜素 A～E | ligulasagitins A～E |
| 江南地不容碱 | excentricine |
| 江南卷柏苷 A | moellenoside A |
| 江藤苷 (来江藤苷) | brandioside |
| 江西白英素 A～I | solajiangxins A～I |
| 江瑶毒素 | pinnatoxin |
| 江油乌头碱 | jiangyouaconitine |
| 姜醇 | zingiberol |

| | |
|---|---|
| (3*R*, 5*S*)-[6]-姜二醇 | (3*R*, 5*S*)-[6]-gingerdiol |
| (3*S*, 5*S*)-[6]-姜二醇 | (3*S*, 5*S*)-[6]-gingerdiol |
| 姜苷 A～C | zingiberosides A～C |
| 姜苷C甲酯 | zingiberoside C methyl ester |
| 姜花醇 | spicatanol |
| 姜花醇 A | hedychiol A |
| 姜花醇 B-8, 9-二乙酸酯 | hedychiol B-8, 9-diacetate |
| 姜花醇甲醚 | spicatanol methyl ether |
| 姜花二烯 | coronadiene |
| 姜花内酯 A～D | hedychilactones A～D |
| 姜花素 A～F | coronarins A～F |
| 姜花素 D 甲醚 | coronarin D methyl ether |
| 姜花素 D 乙醚 | coronarin D ethyl ether |
| 姜花素内酯苷Ⅰ、Ⅱ | coronalactosides Ⅰ, Ⅱ |
| 姜花酸 | spicatanoic acid |
| 姜花烯酮(草果药烯酮) | hedychenone |
| 姜黄奥二醇 | curcumadiol |
| 姜黄奥二酮 | curcumadione |
| 姜黄醇酮 | curcolone |
| 姜黄多糖 A～D | utonans A～D |
| 姜黄二醇 | curcudiol |
| 姜黄二环素 A～D | phacadinanes A～D |
| 姜黄鹤虱醇 A、B | curcarabranols A, B |
| 姜黄内酯 A、B | curcumenolactones A, B |
| 姜黄诺醇(莪术酮醇) | curcolonol |
| 姜黄素(姜黄色素、酸性黄、阿魏酰基甲烷) | curcumin (turmeric yellow, diferuloyl methane) |
| 姜黄素(姜黄色素、酸性黄、阿魏酰基甲烷) | turmeric yellow (curcumin, diferuloyl methane) |
| 姜黄素 P | curcumin P |
| (*S*)-(+)-姜黄酮 | (*S*)-(+)-turmerone |
| β-姜黄酮 | β-tumerone |
| 姜黄酮 | turmerone |
| α-姜黄酮 | α-turmerone |
| 姜黄酮醇 A、B | turmeronols A, B |
| 姜黄烯 | curcumene |
| α-姜黄烯 | α-curcumene |
| γ-姜黄烯 | γ-curcumene |
| β-姜黄烯 | β-curcumene |
| 姜黄烯醚 | curcumenether |
| 姜黄新酮 | curlone |
| 6-姜磺酸 | 6-gingesulfonic acid |

| [4]-姜辣醇 | [4]-gingerol |
|---|---|
| [12]-姜辣醇 | [12]-gingerol |
| [3]-姜辣醇 | [3]-gingerol |
| [5]-姜辣醇 | [5]-gingerol |
| 姜辣醇(姜辣素、姜酚、姜酮醇) | gingerol |
| [6]-姜辣醇{[6]-姜酮醇、[6]-姜辣素} | [6]-gingerol |
| [10]-姜辣醇{[10]-姜酚} | [10]-gingerol |
| [8]-姜辣醇{[8]-姜酚} | [8]-gingerol |
| 姜辣二醇(姜二醇、生姜二醇) | gingediol (gingerdiol) |
| [6]-姜辣二醇{[6]-生姜二醇} | [6]-gingediol {[6]-gingerdiol} |
| [10]-姜辣二醇{[10]-生姜二醇} | [10]-gingediol {[10]-gingerdiol} |
| [8]-姜辣二醇{[8]-生姜二醇} | [8]-gingediol |
| [6]-姜辣二醇-3-乙酸酯 | [6]-gingediol-3-acetate |
| [6]-姜辣二醇-5-乙酸酯 | [6]-gingediol-5-acetate |
| [6]-姜辣二醇双乙酸酯 | [6]-gingediol diacetate |
| [6]-姜辣二酮 | [6]-gingerdione |
| [10]-姜辣二酮 | [10]-gingerdione |
| 姜辣二酮 | gingerdione |
| 姜辣磺酸 | gingesulfonic acid |
| [8]-姜辣烯酮{[8]-姜烯酚} | [8]-shogaol |
| 姜三七醌 | stahlianthusone |
| 姜糖酯A～C | gingerglycolipids A～C |
| [6]-姜酮酚 | [6]-paradol |
| 姜酮酚(副姜油酮) | paradol |
| 姜味草酸 | micromeric acid |
| 姜烯 | zingiberene |
| α-姜烯 | α-zingiberene |
| 姜烯酚(生姜酚、姜辣烯酮) | shogaol |
| 姜烯酮(生姜烯酮、姜酮)A～C | gingerenones A～C |
| 姜油酮(生姜酮) | zingerone |
| 姜油烯 | zingerene |
| 姜状三七苷 $R_1$ | zingibroside $R_1$ |
| 姜状三七苷 $R_1$ 二甲酯 | zingibroside $R_1$ dimethyl ester |
| 豇豆醇 | vignaticol |
| 豇豆呋喃 | vignafuran |
| 豇豆矢车菊素 | vignacyanidin |
| (–)-浆果瓣蕊花素 | (–)-galbacin |
| (–)-浆果瓣蕊花亭 | (–)-galcatin |
| 浆果赤霉素(巴苦亭、巴卡亭、浆果乌桕素)Ⅰ～Ⅶ | baccatins Ⅰ～Ⅶ |
| 浆果赤霉素Ⅲ-13-桂皮酸酯 | baccatin Ⅲ-13-cinnamate |

J

| 浆果老虎楝素 A～F | cipatrijugins A～F |
|---|---|
| 浆果楝内酯 | cipadessalide |
| 浆果楝烯 A～D | cipaferens A～D |
| 浆果乌桕碱 | bukittinggine |
| 浆果紫杉亭 Ⅲ | taxabaccatin Ⅲ |
| 僵蚕丝氨酸蛋白酶 | bassiasin I |
| 僵蚕四酮 A～C | beauvetetraones A～C |
| (–)-疆罂粟定 | (–)-roemeridine |
| 疆罂粟哈尔明 | roeharmine |
| (+)-疆罂粟碱 | (+)-roemerine |
| (*R*)-疆罂粟碱 | (*R*)-roemerine |
| (–)-疆罂粟碱 | (–)-roemerine |
| 疆罂粟碱-*N*-氧化物 | roemerine-*N*-oxide |
| (–)-疆罂粟咔啉 | (–)-roecarboline |
| (+)-疆罂粟卡任 | (+)-roemecarine |
| (–)-疆罂粟酮 | (–)-roemerialinone |
| 19-去甲-10β-羟基马利筋素 | 19-nor-10β-hydroxyasclepin |
| 19-去甲-10-氢牛角瓜亭酸甲酯 | 19-nor-10-hydrocalactinic acid methyl ester |
| 19-去甲-16α-乙酰氧基-10β-羟基马利筋素 | 19-nor-16α-acetoxy-10β-hydroxyasclepin |
| 28-降-17-α-羽扇豆烷 | 28-reduced-17-α-lupane |
| 降虫菊酸 | chrysanthemic acid (chrysanthemumic acid, chrysanthemum monocarboxylic acid) |
| 降地中海荚蒾醛 | norviburtinal |
| 17-去甲-高大白坚木碱 | 17-nor-excelsinidine |
| (–)-1-去甲蔓长春花考灵 [(–)-1-去甲甲氧基长春任] | (–)-1-norvincorine |
| 降纹菌素 (隆纹黑蛋巢菌素) A～C | striatins A～C |
| (–)-降香卡朋 | (–)-odoricarpan |
| 降香萜烯醇 (降香醇、鲍尔烯醇、鲍尔山油柑烯醇) | bauerenol (baurenol) |
| 降香萜烯醇乙酸酯 (鲍尔山油柑烯醇乙酸酯) | bauerenyl acetate |
| 降香异黄烯 (降香黄烃) | odoriflavene |
| 降香紫檀素 | odoricarpin |
| 降真香素 | acronylin |
| 降紫香苷 | sissotrin |
| 交勃亭 | jobertine |
| 交链孢霉酚 (格链孢醇、交链格孢酚) | alternariol |
| 交链孢霉素 | altersetin |
| 交链草素 A～E | alternethanoxins A～E |
| 交链格孢酚-4-甲醚 | alternariol-4-methyl ether |
| 交让木胺酸 B | yuzurimic acid B |
| 交让木定碱 A～D | daphnimacropodines A～D |

| 交让木苷(车叶草酸甲酯、车叶草苷酸甲酯) | daphylloside (asperulosidic acid methyl ester) |
|---|---|
| 交让木碱(虎皮楠胺) | daphniphylline (daphniphyllamine) |
| 交让木明 A～O | daphmacromines A～O |
| 交让木明胺 A～E | macropodumines A～E |
| 交让木明碱 A～C | macrodumines A～C |
| 交让木内酯 A | daphnilactone A |
| 交让木品碱 | daphnimacropine |
| 交让木任 | yuzurine |
| 交让木属碱 | daphniphyllum base |
| 交让木酸 | yuzuric acid |
| 交让木西定 A、B | daphmacropodosidines A, B |
| 茭白素 A～D | makomotines A～D |
| 茭白吲哚 | makomotindoline |
| 娇嫩树孢子酸 A～D | tenellic acids A～D |
| 胶苍术苷(羧基苍术苷) | gummiferin (carboxyatractyloside) |
| 胶刺藻内酯 | gloeolactone |
| 胶地黄呋喃醛二甲缩醛 | jiofuraldehyde dimethyl acetal |
| 胶孔酮 A、B | aporpinones A, B |
| 胶苦瓜醇 A | cucurbalsaminol A |
| 胶霉毒素 | gliotoxin |
| 胶黏香茶菜素 | glutinosin |
| 胶烟草酮 | glutinosone |
| 胶原(胶原蛋白) | collagen (collagenous protein) |
| 胶原蛋白(胶原) | collagenous protein (collagen) |
| 胶州卫矛素 | kiautschovin |
| 胶皱孔菌二醇 | tremediol |
| 胶皱孔菌三醇 | tremetriol |
| 椒根碱 | artarine |
| 椒吴茱萸定 | xanthevodine |
| 椒吴茱萸灵 | xanthoxoline |
| 椒吴茱萸亭 | evoxanthine |
| 焦安哥拉紫檀内酯 | pyroangolensolide |
| 焦棓酸(焦性没食子酚) | pyrogallol |
| 焦地黄呋喃(胶地黄呋喃) | jiofuran |
| 焦地黄苷(胶地黄苷)A～C | jioglutosides A～C |
| 焦地黄脑苷酯 | jiocerebroside |
| 焦地黄内酯(胶地黄内酯) | jioglutolide |
| 焦地黄素(胶地黄素)A～F | jioglutins A～F |
| 焦儿茶酚(1, 2-苯二酚、1, 2-二羟基苯、儿茶酚、邻苯二酚) | pyrocatechol (1, 2-benzenediol, 1, 2-dihydroxybenzene, catechol, pyrocatechin, *o*-benzenediol) |

J

| 焦儿茶酚-1-*O*-β-D-吡喃木糖基-(1→6)-β-D-吡喃葡萄糖苷 | pyrocatechol-1-*O*-β-D-xylopyranosyl-(1→6)-β-D-glucopyranoside |
|---|---|
| 焦儿茶酚-*O*-β-D-吡喃葡萄糖苷 | pyrocatechol-*O*-β-D-glucopyranoside |
| 焦儿茶酚鞣质 | pyrocatechol tannin |
| L-焦谷氨酸 | L-pyroglutamic acid |
| 焦谷氨酸 (5-氧亚基脯氨酸) | pyroglutamic acid (5-oxoproline) |
| 焦谷氨酸 *N*-果糖苷 | pyroglutamic acid *N*-fructoside |
| 焦谷氨酸盐 | pyroglutamate |
| 焦谷氨酸乙酯 | ethyl pyroglutamate |
| 焦谷氨酰氨基葡萄糖 | pyroglutamyl glucosamine |
| 焦假乌头碱 | pyropseudoaconitine |
| 焦金鸡纳酸 | pyrocincholic acid |
| 焦金鸡纳酸-3-*O*-α-L-吡喃鼠李糖基-28-[β-D-吡喃葡萄糖基-(1→6)-*O*-β-D-吡喃葡萄糖基]酯 | pyrocincholic acid-3-*O*-α-L-rhamnopyranosyl-28-[β-D-glucopyranosyl-(1→6)-*O*-β-D-glucopyranosyl] ester |
| 焦金鸡纳酸-3β-*O*-α-L-吡喃鼠李糖基-(28→1)-β-D-吡喃葡萄糖酯 | pyrocincholic acid-3β-*O*-α-L-rhamnopyranosyl-(28→1)-β-D-glucopyranosyl ester |
| 焦卡洛烯苷 $A_1$ | jiocarotenoside $A_1$ |
| 焦磷酸四乙酯 | tetraethyl pyrophosphate |
| 焦迈康酸 | pyromeconic acid |
| 焦麦角碱 (冰草麦角文碱) | pyroclavine |
| 焦没食子酸 (邻苯三酚) | pyrogallic acid (1, 2, 3-trihydroxybenzene) |
| 焦木酸 | pyroligneous acid (pyroligneous vinegar) |
| 焦黏酸 | pyromucic acid |
| 焦蓬莪术烯酮 (焦莪术呋喃烯酮) | pyrocurzerenone |
| 焦硼酸钾 | potassium pyroborate |
| 焦硼酸钠 | sodium pyroborate |
| 焦曲霉囊胞素 F | austocystin F |
| 焦绒白乳菇内酯 | pyrovellerolactone |
| 焦松萝酸 | pyrousnic acid |
| 焦糖 | burnt sugar (caramel) |
| 焦脱镁叶绿酸甲酯-a | methyl pyrophaeophorbide-a |
| 焦脱镁叶绿酸乙酯-a | ethyl pyrophaeophorbide-a |
| 焦性没食子鞣质 | pyrogallol tannin |
| 鲛肝醇 | chimyl alcohol |
| 蕉病菌素苷 (西非羊角拗柔苷) | musaroside |
| iota-角叉菜胶 | iota-carrageenan |
| κ-角叉菜胶 | κ-carrageenan |
| β-角叉菜胶 | β-carrageenan |
| γ-角叉菜胶 | γ-carrageenan |
| ε-角叉菜胶 | ε-carrageenan |

| κ-角叉菜胶 | κ-carrageenan |
|---|---|
| μ-角叉菜胶 | μ-carrageenan |
| ν-角叉菜胶 | ν-carrageenan |
| 角叉胶(角叉菜胶) | carrageenan |
| 角蛋白 | keratin |
| 角果木素 A～G | ceriopsins A～G |
| 角果木辛 A～U | tagalsins A～U |
| 角蒿醇 | incarvilleaol |
| 角蒿二聚酮 | incarviditone |
| 角蒿芬碱 A *N*-氧化物 | incarvine A *N*-oxide |
| 角蒿芬碱 A～F | incarvines A～F |
| 角蒿苷 A～D | incarvillosides A～D |
| 角蒿隆酮 A | incarvilone A |
| 角蒿醛 | incarvillaldehyde |
| 角蒿酸 | incarvillic acid |
| (–)-角蒿萜 A | (–)-incarvoid A |
| (+)-角蒿萜 B | (+)-incarvoid B |
| 角蒿萜 C | incarvoid C |
| 角蒿萜酮 A | incarviatone A |
| (–)-角蒿酮 | (–)-incarvilleatone |
| (+)-角蒿酮 | (+)-incarvilleatone |
| 角蒿辛 A～F、A′～C′ | incasines A～F, A′～C′ |
| 角蒿原碱 | incarvilline |
| 角蒿酯碱(角蒿特灵酯碱) | incarvillateine |
| 角蒿酯碱 *N*-氧化物 | incarvillateine *N*-oxide |
| 角胡麻苷 | martynoside |
| 角胡麻异苷(马蒂罗苷) | martinoside |
| 角黄素(裸藻酮、鸡油菌黄质) | canthaxanthin |
| 角茴香碱 | hypecorine |
| 角茴香酮碱 | hypecorinine |
| 角堇苷(堇菜苷) | violutoside (violutin) |
| 角木素 | ceratiolin |
| 角秋水仙碱 | cornigerine |
| 角鲨胺 | squalamine |
| 角鲨烷 | squalane |
| 角鲨烯(鲨烯) | squalene |
| 绞股蓝达玛苷 A～D、L、LI | damulins A～D、L、LI |
| 绞股蓝番诺苷 | phanoside |
| 绞股蓝苷元 Ⅱ [(20*R*)-21, 24-环-3β, 25-二羟基-23(24)-达玛烯-21-酮] | gynogenin Ⅱ [(20*R*)-21, 24-cyclo-3β, 25-dihydroxy-dammar-23 (24)-en-21-one] |

| | |
|---|---|
| 绞股蓝属苷(绞股蓝莫苷)A～E | gynostemosides A～E |
| 绞股蓝糖苷 TN-1、TN-2 | gynosaponins TN-1, TN-2 |
| 绞股蓝糖苷 TR1 | gynosaponin TR1 [(20S)-2α, 3β, 12β, (24S)-pentahydroxydammar-25-en-20-*O*-β-D-glucopyranoside] |
| 绞股蓝梯隆皂苷(绞股蓝诺苷)A～E | gynosides A～E |
| 绞股蓝酮苷 A | gypentonoside A |
| 绞股蓝皂苷(绞股蓝苷、七叶胆苷) ι β、η、M | gypenosides ι β, η, M |
| 绞股蓝皂苷(绞股蓝苷、七叶胆苷) Ⅰ～ⅩⅩⅩⅦ | gypenosides Ⅰ～ⅩⅩⅩⅦ |
| 绞股蓝皂苷 Ⅲ(三七皂苷 $E_1$) | gypenoside Ⅲ (sanchinoside $E_1$) |
| 绞股蓝皂苷 C～E、$CP_1$～$CP_6$、$GC_1$～$GC_7$ | gypenosides C～E, $CP_1$～$CP_6$, $GC_1$～$GC_7$ |
| 绞股蓝皂苷元 H～M | gypensapogenins H～M |
| 脚骨脆醇 A、B | casearinols A, B |
| 脚骨脆素 A～T | casearins A～T |
| 脚骨脆酮 A、B | casearinones A, B |
| 教酒菌素(莱姆勃霉素) | chartreusin (lambdamycin) |
| 酵母氨酸 | saccharopine |
| 酵母多糖 | zymosan |
| 酵母甾醇 | zymosterol |
| 藠头苷 Ⅰ～Ⅵ | chinenosides Ⅰ～Ⅵ |
| 接骨木醇 A、B | sambucunols A, B |
| 接骨木二糖(桑布双糖) | sambubiose |
| 接骨木苷(花青素-3-*O*-芸香糖苷) | antirrhinin (sambucin, cyanidin-3-*O*-rutinoside) |
| 接骨木苷(花青素-3-*O*-芸香糖苷) | sambucin (antirrhinin, cyanidin-3-*O*-rutinoside) |
| 接骨木花色素苷 | sambicyanin |
| 接骨木灵 A | sambuculin A |
| 接骨木醚萜苷 D | williamsoside D |
| 接骨木辛 | sambucine |
| 接骨双苷 | scambubioside |
| 节果决明醇乙酸酯 | nodolidate |
| 节果决明苷 | nodososide |
| 节果决明内酯苷 | azralidoside |
| 节花茄醇 V | cilistol V |
| 节菱孢酮 | arthrinone |
| 节射素(加森菊吡喃) | jasopyran |
| 节肢蕨素 B | arthromerin B |
| 杰拉尔顿三叶草酚(5-去羟异鼠李素) | geraldol (5-dehydroxyisorhamnetin) |
| 杰拉尔顿三叶草酮(3, 5-去羟异鼠李素) | geraldone (3, 5-dehydroxyisorhamnetin) |
| 杰特因 | jetein |
| 洁小菇醌酸 | puraquinonic acid |
| 结节单歧藻碱 A～K | tolyporphins A～K |

| 结乌头碱 | jesaconitine |
|---|---|
| 结香苷 | cedgeworoside C |
| 结香苷 A～C | edgeworosides A～C |
| 结香黄烷素 (结香灵) A～I | edgechrins A～I |
| 结香素 (结香沃灵) | edgeworin |
| 结香酸 | edgeworic acid |
| 结香新素 | edgeworthin |
| 桔梗醇苷 | grandoside |
| 桔梗苷 C～E、$G_1$ | platycodosides C～E, $G_1$ |
| 桔梗苷酸 A～E | platyconic acids A～E |
| 桔梗苷酸 A 甲酯 | methyl platyconate A |
| 桔梗苷酸 A 内酯 | platyconic acid A lactone |
| 桔梗聚糖 | platycodonoside |
| 桔梗色素 | platyconin |
| 桔梗酸 A～C | platycogenic acids A～C |
| 桔梗糖苷 A～L、$G_1$～$G_3$、M-1～M-3 | platycosides A～L, $G_1$～$G_3$, M-1～M-3 |
| 桔梗皂苷 A (2″-*O*-乙酰基桔梗皂苷 D) | platycodin A (2″-acetyl platycodin D) |
| 桔梗皂苷 A～L、$D_2$、$D_3$ | platycodins A～L, $D_2$, $D_3$ |
| 桔梗皂苷 C (3″-*O*-乙酰桔梗皂苷 D) | platycodin C (3″-acetyl platycodin D) |
| 桔梗皂苷元 | platycodigenin |
| 桔梗皂苷元-3-*O*-β-D-吡喃葡萄糖苷 | platycodigenin-3-*O*-β-D-glucopyranoside (3-*O*-β-D-glucopyranosyl platycodigenin) |
| 睫毛向日葵酸 | ciliaric acid |
| 截短侧耳素 (多摺菌素、脆柄菇素 B) | pleuromutilin (drosophilin B) |
| 截尾海兔素 | dolabellin |
| 截尾海兔抑素 3、12、16、G | dolastatins 3, 12, 16, G |
| 截叶铁扫帚酸钾 | potassium lespedezate |
| 解蛋白酶 | proteolytic enzyme |
| 解痉醚 | spasmolytol |
| 解痉酮 | spadon |
| 解乌头尼酸-4-甲酯 | itaconic acid-4-methyl ester |
| 解线草内酯醇 | shizukolidol |
| 芥藜芦酮 | jervinone |
| 芥酸 [芝麻菜酸、(*Z*)-13-二十二烯酸] | erucic acid [(*Z*)-13-docosenoic acid] |
| 芥酸酰胺 | erucamide (erucyl amide) |
| 芥酸乙酯 | ethyl erucate |
| 芥子-9-*O*-[β-D-呋喃芹糖-(1→6)]-*O*-β-D-吡喃葡萄糖苷 | sinapyl-9-*O*-[β-D-apiofuranosyl-(1→6)]-*O*-β-D-glucopyranoside |
| 芥子醇 | sinapyl alcohol |
| 芥子醇-1, 3′-二-*O*-β-D-吡喃葡萄糖苷 | sinapyl alcohol-1, 3′-di-*O*-β-D-glucopyranoside |

J

| | |
|---|---|
| 芥子醇-1, 3-二吡喃葡萄糖苷 | sinapyl alcohol-1, 3-diglucopyranoside |
| 芥子醇-9-*O*-(*E*)-对香豆酰基-4-*O*-β-D-吡喃葡萄糖苷 | sinapyl alcohol 9-*O*-(*E*)-*p*-coumaroyl-4-*O*-β-D-glucopyranoside |
| 芥子醇葡萄糖苷 | sinapyl glucoside |
| 芥子碱 | sinapine |
| 芥子碱硫氰酸盐 | sinapine thiocyanate |
| 芥子碱硫酸氢盐 | sinapine bisulfate |
| 芥子酶 | myrosin |
| (*E*)-芥子醛 | (*E*)-sinapaldehyde |
| 芥子醛 [(2*E*)-3-(4-羟基-3, 5-二甲氧苯基)-2-丙烯醛] | sinapaldehyde [sinapic aldehyde, (2*E*)-3-(4-hydroxy-3, 5-dimethoxyphenyl)-2-propenal] |
| 芥子醛-4-*O*-β-D-吡喃葡萄糖苷 | sinapaldehyde-4-*O*-β-D-glucopyranoside |
| 芥子醛葡萄糖苷 | sinapaldehyde glucoside |
| 芥子酸 (白芥子酸) | sinapic acid (sinapinic acid) |
| 芥子酸甘油酯 | glycerol sinapate |
| 芥子酸苷 | sinapyglucoside |
| 芥子酸甲酯 | methyl sinapate |
| 芥子酸葡萄糖苷 | sinapic acid glucoside |
| 芥子酸葡萄糖酯 | glucosyl sinapinate |
| 芥子酸乙酯 | sinapic acid ethyl este |
| (7*E*)-芥子酸酯-4-*O*-β-D-吡喃葡萄糖苷 | (7*E*)-sinapate-4-*O*-β-D-glucopyranoside |
| 6-*O*-(*E*)-芥子酰-α-D-吡喃葡萄糖苷 | 6-*O*-(*E*)-sinapoyl-α-D-glucopyranoside |
| 6-*O*-(*E*)-芥子酰-β-D-吡喃葡萄糖苷 | 6-*O*-(*E*)-sinapoyl-β-D-glucopyranoside |
| (*E*)-芥子酰-β-*O*-吡喃葡萄糖苷 | (*E*)-sinapoyl-β-*O*-glucopyranoside |
| 芥子酰胺 (13-二十二烯酰胺) | erucyl amide (13-docosenamide) |
| 6-*O*-芥子酰鸡屎藤次苷甲酯 | 6-*O*-sinapoyl scandoside methyl ester |
| β-D-(3-*O*-芥子酰基) 呋喃果糖基-α-D-(6-*O*-芥子酰基) 吡喃葡萄糖苷 | β-D-(3-*O*-sinapoyl) fructofuranosyl-α-D-(6-*O*-sinapoyl) glucopyranoside |
| 芥子酰基-4-*O*-β-D-吡喃葡萄糖苷 | sinapoyl-4-*O*-β-D-glucopyranoside |
| 1′-*O*-芥子酰基-6′-*O*-没食子酰基-β-D-吡喃葡萄糖苷 | 1′-*O*-sinapoyl-6′-*O*-galloyl-β-D-glucopyranoside |
| 芥子酰基-9-蔗糖苷 | sinapoyl-9-sucrosecoside |
| 1-*O*-芥子酰基-β-D-吡喃葡萄糖苷 | 1-*O*-sinapoyl-β-D-glucopyranoside |
| 芥子酰基葡萄糖苷 | sinapoyl glucoside |
| 芥子酰基芹菜素-β-D-半乳糖基-6-*C*-阿拉伯糖苷 | sinapoyl apigenin-β-D-galactosyl-6-*C*-arabinoside |
| 芥子酰基甜菜素-5-*O*-β-葡萄糖醛酸基葡萄糖苷 | sinapoyl betanidin-5-*O*-β-glucuronosyl glucoside |
| 6-*O*-(*E*)-芥子酰基西伯利亚远志醇 | 6-*O*-(*E*)-sinapoyl poligalitol |
| 6′-*O*-芥子酰京尼平苷 | 6′-*O*-sinapoyl geniposide |
| 6‴-*O*-芥子酰兰香草苷 D | 6‴-*O*-sinapoyl incanoside D |
| 6′-*O*-芥子酰七叶苷 | 6′-*O*-sinapoyl esculin |
| 芥子酰千日红苷 Ⅰ | sinapoyl gomphrenin Ⅰ |

| 6′-*O*-芥子酰去葡萄糖基波叶刚毛果苷 | 6′-*O*-sinapoyl desglucouzarin |
| --- | --- |
| 芥子酰斯皮诺素 | sinapoyl spinosin |
| 6-芥子酰酸枣素 | 6-sinapoyl spinosin |
| 6‴-芥子酰酸枣素(6‴-芥子酰斯皮诺素) | 6‴-sinapoyl spinosin |
| 6‴-芥子酰皂草黄素 | 6‴-sinapoyl saponarin |
| 6′-*O*-芥子酰栀素馨苷(6′-*O*-芥子酰栀子诺苷) | 6′-*O*-sinapoyl jasminoside |
| 6′-*O*-芥子酰栀子诺苷 C | 6′-*O*-sinapoyl jasminoside C |
| 金不换苷(黄秦艽苷) A～D | veratrilosides A～D |
| 金不换苷元(黄秦艽苷元) | veratrilogenin |
| 金不换萘酚 | chinensinaphthol |
| 金不换萘酚甲醚 | chinensinaphthol methyl ether |
| 金不换素(华南远志素) | chinensin |
| 金钗石斛酚(金石斛碱) | nobiline |
| 金钗石斛苷 A～E | dendronobilosides A～E |
| 金钗石斛碱 A | dendronobiline A |
| 金钗石斛酮 | nobilone |
| 金蝉花多糖 CPA-1、CPB-2 | cordyceps cicadae polysaccharide A-1、B-2 |
| 金橙黄球果 | aurantiacone |
| 金疮小草明素 A～D | ajudecumins A～D |
| 金疮小草宁素 A、B | ajugadecumbenins A, B |
| 金疮小草素 A～N | ajugacumbins A～N |
| 金疮小草新素 | kiransin |
| 金疮小草甾酮 A | decumbesterone A |
| 金发藓宁 A、B | communins A, B |
| 金发藓素(北美金发藓素、俄亥俄金发藓素) A～H | ohioensins A～H |
| 金粉蕨苷 | onitinoside |
| (2*S*)-金粉蕨林素[(2*S*)-欧斯灵] | (2*S*)-onysilin |
| 金粉蕨林素(欧斯灵) | onysilin |
| 金粉蕨宁 | onychin |
| 金粉蕨素(金粉蕨亭) | onitin |
| 金粉蕨素-15′-*O*-β-D-吡喃葡萄糖苷 | onitin-15′-*O*-β-D-glucopyranoside |
| 金粉蕨素-2′-*O*-β-D-阿洛糖苷 | onitin-2′-*O*-β-D-alloside |
| 金粉蕨素-2′-*O*-β-D-吡喃葡萄糖苷 | onitin-2′-*O*-β-D-glucopyranoside |
| 金粉蕨素-2′-*O*-β-D-葡萄糖苷 | onitin-2′-*O*-β-D-glucoside |
| 金粉蕨辛(4-羟基蕨素 A) | onitisin (4-hydroxypterosin A) |
| 金粉蕨辛-2′-*O*-β-D-葡萄糖苷 | onitisin-2′-*O*-β-D-glucoside |
| 金凤花品素 | pulcherralpin |
| 金凤花素(金凤花明素) A～F | pulcherrimins A～F |
| 金柑苷(金橘苷) | fortunellin |
| 金刚菩提碱 | rudrakine |

| 金刚烷 | adamantane |
|---|---|
| 3-(1-金刚烷基)-2, 4-戊二酮 | 3-(1-adamantyl) penta-2, 4-dione |
| 金刚纂醇 | nerifoliol |
| 金刚纂素 A～G | euphonerins A～G |
| 金刚纂酮 | nerifolione |
| 金刚纂酮烯 | neriifolene |
| 金刚纂烯 | nerifoliene |
| 金光菊内酯 | rudbeckiolide |
| 金光菊酮 | rudbeckianone |
| 金龟草二醇 | acerinol |
| 金龟草二醇苷 | acerinol glycoside |
| 金龟草酮醇 | acerionol |
| 金果榄苷 | tinoside |
| (3*S*, 6*E*)-金合欢-1, 6, 10-三烯-3-醇 | (3*S*, 6*E*)-farnes-1, 6, 10-trien-3-ol |
| (2*E*, 6*E*)-金合欢醇 | (2*E*, 6*E*)-farnesol |
| α-金合欢醇 | α-farnesol |
| β-金合欢醇 | β-farnesol |
| 金合欢醇(法呢醇) | farnesol |
| 金合欢醇基丙酮(金合欢基丙酮、金合欢丙酮、法呢基丙酮) | farnesyl acetone |
| 金合欢醇乙酸酯 | farnesyl acetate |
| 1, 6-金合欢二烯-3, 10, 11-三醇 | 1, 6-farnesadien-3, 10, 11-triol |
| 金合欢苷 B、C | acaciosides B, C |
| 金合欢基阿魏醇(法呢费醇、法尼斯淝醇) A～C | farnesiferols A～C |
| (5*Z*, 9*E*)-金合欢基丙酮 [(5*Z*, 9*E*)-金合欢醇基丙酮] | (5*Z*, 9*E*)-farnesyl acetone |
| 金合欢腈苷 | proacaciberin |
| 金合欢宁 A～E | acacinins A～E |
| 金合欢醛 | farnesal |
| β-金合欢醛 | β-farnesal |
| 金合欢素(刺槐宁、刺槐素、刺黄素) | linarigenin (acacetin, buddleoflauonol) |
| 金合欢酸 | acacic acid |
| (2*E*, 6*E*)-金合欢酸甲酯 | methyl (2*E*, 6*E*)-farnesate |
| 金合欢酸内酯 | acacic acid lactone |
| 金合欢萜 A、B | acasianes A, B |
| 金合欢烷 | farnesane |
| (*Z*)-β-金合欢烯 | (*Z*)-β-farnesene |
| (*Z*, *E*)-α-金合欢烯 | (*Z*, *E*)-α-farnesene |
| (*Z*, *Z*)-α-金合欢烯 | (*Z*, *Z*)-α-farnesene |
| α-金合欢烯(α-法尼烯) | α-farnesene |
| β-金合欢烯(β-法尼烯) | β-farnesene |

| 金合欢烯(法呢烯、麝子油烯) | farnesene |
|---|---|
| (*E*)-β-金合欢烯[(*E*)-β-法尼烯] | (*E*)-β-farnesene |
| 金合欢辛素 | farnisin |
| 7-金合欢氧基香豆素 | 7-farnesyloxycoumarin |
| 金合欢皂苷元B | acacigenin B |
| 金环蛇毒素A、B | bungarus fasciatus toxins A, B |
| 金黄糙苏苷 | phlomuroside |
| 金黄槐碱 | sophochrysine |
| 金黄决明素(黄决明素) | chrysoobtusin |
| 金黄麦角酸 | chrysergonic acid |
| 金黄紫堇碱(斯氏紫堇碱) | aurotensine (DL-scoulerine) |
| 金鸡勒红 | cinchona red |
| 金鸡勒米酮 | cinchonaminone |
| 金鸡勒鞣酸 | cinchotannic acid |
| 金鸡米丁(氢化金鸡尼定) | cinchamidine (hydrocinchonidine) |
| 金鸡纳毒素(金鸡尼辛) | cinchotoxine (cinchonicine) |
| DL-金鸡纳宁 | DL-cinchonine |
| 金鸡纳宁(金鸡纳碱、金鸡宁、金鸡尼丁、辛可尼定) | cinchonine (cinchonidine) |
| 金鸡纳尼宁A～G | cinchonanines A～G |
| 金鸡纳属碱 | cinchona base |
| 金鸡纳树碱(红金鸡勒碱、红金鸡纳碱、苏西宾) | succirubine |
| 金鸡纳素(金鸡勒鞣质、辛可耐因、鸡纳树宁素)Ⅰa～Ⅰd、Ⅱa、Ⅱb、A-2、B-2、B-5、C-1 | cinchonains Ⅰa～Ⅰd, Ⅱa, Ⅱb, A-2, B-2, B-5, C-1 |
| 金鸡纳素Ⅰd-7-*O*-β-吡喃葡萄糖苷 | cinchonain Ⅰd-7-*O*-β-glucopyranoside |
| 金鸡纳酸(金鸡勒酸) | cincholic acid |
| 金鸡纳酸(喹啉-4-羧酸) | cinchonic acid |
| 3α, 17β-金鸡纳叶碱(3α, 17β-莱氏金鸡勒碱) | 3α, 17β-cinchophylline |
| 3β, 17α-金鸡纳叶碱(3β, 17α-莱氏金鸡勒碱) | 3β, 17α-cinchophylline |
| 金鸡尼勒胺(辛可那明、金鸡纳明、金鸡勒胺、金鸡纳胺) | cinchonamine |
| 金鸡尼酮(金鸡纳酮) | cinchoninone |
| 金鸡尼西醇 | cinchonicinol |
| 金鸡尼辛(金鸡纳毒素) | cinchonicine (cinchotoxine) |
| 金鸡亭(二氢金鸡宁、氢化辛可宁、假辛可宁、二氢金鸡纳宁) | cinchotine (dihydrocinchonine, hydrocinchonine, pseudocinchonine, cinchonifine) |
| 金吉二醇 | kingidiol |
| 金吉苷酸 | kingisidic acid |
| α-金鲫酮(3′-羟基-β, ε-胡萝卜-3, 4-二酮) | α-doradecin (3′-hydroxy-β, ε-daucan-3, 4-dione) |
| 金剑草素A、B | rubialatins A, B |
| 金锦香酸 | osbeckic acid |

| | |
|---|---|
| 金决明醌苷 | chrysoobtusin glucoside |
| 金连木黄酮 | ochnaflavone |
| 金连木黄酮-4′-*O*-甲醚 | ochnaflavone-4′-*O*-methyl ether |
| 金连木黄酮-7″-*O*-β-D-吡喃葡萄糖苷 | ochnaflavone-7″-*O*-β-D-glucopyranoside |
| 金连木黄酮-7-*O*-β-D-吡喃葡萄糖苷 | ochnaflavone-7-*O*-β-D-glucopyranoside |
| 金莲橙(硫氰酸苄酯) | tropeolin (benzyl thiocyanate) |
| 金莲花黄质 | trollixanthin |
| 金莲花碱 | trollisine |
| 金莲花色酚A | trolliusol A |
| 金莲花新苷 | trollisins Ⅰ, Ⅱ |
| 金莲酸 | globeflowery acid |
| 金缕梅鞣质(金缕梅单宁) | hamamelitannin |
| 金缕梅糖 | hamamelose |
| 金毛耳草蒽醌 | hydrotanthraquinone |
| 金毛耳草苷(耳草苷) | hedyoside |
| 金毛狗甘油 | cibotiglycerol |
| 金毛狗苷A～I | cibotiumbarosides A～I |
| 金毛狗脊苷 | cibotibaromeside |
| 金毛狗诺苷 | cibotinoside |
| 金梦树苷(优雅金合欢苷)A～C | kinmoonosides A～C |
| 金纽扣醇(千日菊醇、拟佩西木宁碱) | spilanthol (affinine) |
| 金纽扣质 | spilanthine |
| 金钱蒲春碱 | gramichunosin |
| 金钱蒲烯酮 | gramenone |
| 金钱松呋喃酸 | pseudolarifuroic acid |
| 金荞麦苷A | diboside A |
| 金荞麦素 | shakurichin |
| 金雀儿黄素 | cytisoside |
| 金雀花苷(扫帚黄素、金雀花素) | scoparoside (scoparin) |
| (–)-金雀花碱 | (–)-cytisine |
| 金雀花碱(金雀儿碱、野靛碱、金链花碱) | baptitoxine (cytisine, sophorine, ulexine) |
| 金雀花碱(金雀儿碱、野靛碱、金链花碱) | cytisine (baptitoxine, sophorine, ulexine) |
| 金雀花碱(金雀儿碱、野靛碱、金链花碱) | sophorine (baptitoxine, cytisine, ulexine) |
| 金雀花碱(金雀儿碱、野靛碱、金链花碱) | ulexine (baptitoxine, sophorine, cytisine) |
| 金雀花属苷 | sarothamnoside |
| 金雀花属碱 | cytisus base |
| 金雀花素(扫帚黄素、金雀花苷) | scoparin (scoparoside) |
| 金雀花素-2″-*O*-木糖苷 | scoparin-2″-*O*-xyloside |
| 金雀花素-2″-*O*-葡萄糖苷 | scoparin-2″-*O*-glucoside |
| 金雀异黄苷(染料木苷、染料木素-7-*O*-葡萄糖苷) | genistoside (genistin, genistein-7-*O*-glucoside) |

| | |
|---|---|
| 金雀异黄素 (染料木因、染料木黄酮、染料木素、5, 7, 4′- 三羟基异黄酮) | sophoricol (prunetol, genistein, genisteol, 5, 7, 4′-trihydroxyisoflavone) |
| 金色长蒴苣苔素 A | aurentiacin A |
| 金色酰胺醇 (橙黄胡椒酰胺) | aurantiamide |
| 金山五味子环酸 | schiglaucyclozic acid |
| 金山五味子素 A、B | schiglaucins A, B |
| 金山五味子酸 | schiglauzic acid |
| 金山五味子酮 A | schiglautone A |
| 金山五味子辛 A～O | schiglausins A～O |
| 金圣草素 (金圣草酚、金圣草黄素、柯伊利素) | chrysoeriol |
| 金圣草素 -4′-*O*-β-D- 吡喃葡萄糖苷 | chrysoeriol-4′-*O*-β-D-glucopyranoside |
| 金圣草素 -4′-*O*-β-D- 葡萄糖苷 | chrysoeriol-4′-*O*-β-D-glucoside |
| 金圣草素 -5- 甲醚 | chrysoeriol-5-methyl ether |
| 金圣草素 -6-*anti*-α-D- 吡喃葡萄糖苷 | chrysoeriol-6-*anti*-α-D-glucopyranoside |
| 金圣草素 -6-*C*-β-D- 吡喃波伊文糖苷 | chrysoeriol-6-*C*-β-D-boivinopyranoside |
| 金圣草素 -6-*C*-β-D- 吡喃波伊文糖苷 -4′-*O*-β-D- 吡喃葡萄糖苷 | chrysoeriol-6-*C*-β-D-boivinopyranoside-4′-*O*-β-D-glucopyranoside |
| 金圣草素 -6-*C*-β-D- 吡喃波伊文糖苷 -7-*O*-β-D- 吡喃葡萄糖苷 | chrysoeriol-6-*C*-β-D-boivinopyranoside-7-*O*-β-D-glucopyranoside |
| 金圣草素 -6-*C*-β- 吡喃波依文糖苷 | chrysoeriol-6-*C*-β-boivinopyranoside |
| 金圣草素 -6-*C*-β- 吡喃波依文糖苷 -7-*O*-β- 吡喃葡萄糖苷 | chrysoeriol-6-*C*-β-boivinopyranoside-7-*O*-β-glucopyranoside |
| 金圣草素 -6-*syn*-α-D- 吡喃葡萄糖苷 | chrysoeriol-6-*syn*-α-D-glucopyranoside |
| 金圣草素 -7-*O*-(2″-*O*-β-D- 吡喃葡萄糖基 -6‴-*O*- 乙酰基 -β-D- 吡喃葡萄糖苷 | chrysoeriol-7-*O*-(2″-*O*-β-D-glucopyranosyl-6‴-*O*-acetyl-β-D-glucopyranoside |
| 金圣草素 -7-*O*-(6″-*O*- 对香豆酰基 )-β-D- 吡喃葡萄糖苷 | chrysoeriol-7-*O*-(6″-*O*-*p*-coumaroyl)-β-D-glucopyranoside |
| 金圣草素 -7-*O*-[2″-*O*-(5‴-*O*- 咖啡酰基 )-β-D- 呋喃芹糖基 ]-β-D- 吡喃葡萄糖苷 | chrysoeriol-7-*O*-[2″-*O*-(5‴-*O*-caffeoyl)-β-D-apiofuranosyl]-β-D-glucopyranoside |
| 金圣草素 -7-*O*-[2″-*O*-(5‴-*O*- 阿魏酰基 )-β-D- 呋喃芹糖基 ]-β-D- 吡喃葡萄糖苷 | chrysoeriol-7-*O*-[2″-*O*-(5‴-*O*-feruloyl)-β-D-apiofuranosyl]-β-D-glucopyranoside |
| 金圣草素 -7-*O*-[6″ (*E*)- 对香豆酰基 -β-D- 吡喃葡萄糖苷 | chrysoeriol-7-*O*-[6″ (*E*)-*p*-coumaroyl]-β-D-glucopyranoside |
| 金圣草素 -7-*O*-[β-D- 吡喃葡萄糖醛酸基 -(1→2)-*O*-β-D- 吡喃葡萄糖醛酸苷 ] | chrysoeriol-7-*O*-[β-D-glucuronopyranosyl-(1→2)-*O*-β-D-glucuronopyranoside] |
| 金圣草素 -7-*O*-α-L- 吡喃鼠李糖基 -(1→2)-β-D- 吡喃葡萄糖苷 | chrysoeriol-7-*O*-α-L-rhamnopyranosyl-(1→2)-β-D-glucopyranoside |
| 金圣草素 -7-*O*-β-D- 吡喃葡萄糖苷 | chrysoeriol-7-*O*-β-D-glucopyranoside |
| 金圣草素 -7-*O*-β-D- 吡喃葡萄糖醛酸苷 -4′-*O*-β-D- 吡喃葡萄糖醛酸苷 | chrysoeriol-7-*O*-β-D-glucuronopyranoside-4′-*O*-β-D-glucuronopyranoside |
| 金圣草素 -7-*O*-β-D- 葡萄醛酸苷甲酯 | chrysoeriol-7-*O*-β-D-glucuronide methyl ester |
| 金圣草素 -7-*O*-β-D- 葡萄糖苷 | chrysoeriol-7-*O*-β-D-glucoside |

| | |
|---|---|
| 金圣草素 -7-*O*-β-D- 葡萄糖醛酸 -6″- 甲酯 | chrysoeriol-7-*O*-β-D-glucuronic acid-6″-methyl ester |
| 金圣草素 -7-*O*-β-D- 葡萄糖醛酸苷 | chrysoeriol-7-*O*-β-D-glucuronide |
| 金圣草素 -7-*O*-β-D- 新橙皮糖苷 | chrysoeriol-7-*O*-β-D-neohesperidoside |
| 金圣草素 -7-*O*-β-D- 芸香糖苷 | chrysoeriol-7-*O*-β-D-rutinoside |
| 金圣草素 -7-*O*- 芹糖基葡萄糖苷 | chrysoeriol-7-*O*-apiosyl glucoside |
| 金圣草素 -7- 槐糖苷 | chrysoeriol-7-sophoroside |
| 金圣草素 -7- 硫酸酯 | chrysoeriol-7-sulphate |
| 金圣草素 -7- 葡萄糖苷二硫酸酯 | chrysoeriol-7-glucoside disulfate |
| 金圣草素 -7- 葡萄糖苷硫酸酯 | chrysoeriol-7-glucoside sulfate |
| 金圣草素 -7- 芹糖葡萄糖苷 | chrysoeriol-7-apioglucoside |
| 金圣草素 -7- 三葡萄糖醛酸苷 | chrysoeriol-7-triglucuronide |
| 金圣草素 -7- 双葡萄糖醛酸苷 | chrysoeriol-7-diglucuronide |
| 金圣草素 -7- 芸香糖苷 | chrysoeriol-7-rutinoside |
| 金石蚕苷 (灰香科科苷) | poliumoside |
| 金石斛酚 C | ephemeranthol C |
| 金石斛醌 (7- 羟基 -2- 甲氧基 -9, 10- 二氢菲 -1, 4- 二酮) | ephemeranthoquinone (7-hydroxy-2-methoxy-9, 10-dihydrophenanthrene-1, 4-dione) |
| 金丝草酚 | pogonatherumol |
| 金丝海棠精 (美洋右柳素) A、B | biyouyanagins A, B |
| 金丝海棠内酯 A～E | biyoulactones A～E |
| 金丝海棠素 A～D | chipericumins A～D |
| 金丝海棠𠮿酮 A～D | biyouxanthones A～D |
| 金丝李橙酮 A | pauciaurone A |
| 金丝李素 A～G | paucinervins A～G |
| 金丝李酮素 A～D | paucinones A～D |
| 金丝李异黄酮 A | pauciisoflavone A |
| 金丝梅酚 | paglucinol |
| 金丝梅素 A、B | hypatulins A, B |
| 金丝梅酮 | patulone |
| 金丝梅𠮿酮 | paxanthone |
| 金丝梅𠮿酮宁 | paxanthonin |
| 金丝梅新𠮿酮 | padiaxanthone |
| 金丝刷素 | cladonioidesin |
| 金丝酸 A、B | lethaclado acids A, B |
| 金丝桃蒽醌 (金丝桃属素、金丝桃素、海棠素) | cyclosan (cyclowerol, hypericin) |
| 金丝桃二聚𠮿酮 | hyperidixanthone |
| 金丝桃苷 (槲皮素 -3-*O*- 半乳糖苷、紫花杜鹃素丁、海棠苷、海棠因) | hyperoside (hyperin, quercetin-3-*O*-galactoside) |
| 金丝桃苷 -2″-*O*- 没食子酸酯 | hyperin-2″-*O*-gallate |
| 金丝桃苷 -3-*O*-(2″- 没食子酰基)-β D- 吡喃葡萄糖苷 | hyperin-3-*O*-(2″-galloyl)-β-D-glucopyranoside |

| 金丝桃螺醇 | biyouyanagiol |
|---|---|
| 金丝桃绵马酚 A、B | hyperaspidinols A, B |
| 金丝桃内酯 A～D | hyperolactones A～D |
| 金丝桃色原酮 A、B | hyperimones A, B |
| 金丝桃素 (金丝桃属素、金丝桃蒽醌、海棠素) | hypericin (cyclowerol, cyclosan) |
| 金丝桃萜素 (金丝桃宁) Ⅰ、Ⅱ | chinesins Ⅰ, Ⅱ |
| 金丝桃酮 A、B | hyperiones A, B |
| 金丝桃屾酮 A～F | hyperxanthones A～F |
| 金丝元宝草酮 (元宝草新酮) A～S | hypersampsones A～S |
| 金松脑 (金松醇) | verticiol |
| 金松双黄酮 | sciadopitysin |
| 金松酸 (5, 11, 14-二十碳三烯酸) | sciadonic acid (5, 11, 14-eicosatrienoic acid) |
| 金粟兰桉内酯 | chloraeudolide |
| 金粟兰倍半萜 A～E | chlospicates A～E |
| 金粟兰苷 A | chloranoside A |
| 金粟兰冷杉醇 A～C | chlorabietols A～C |
| 金粟兰内酯 A～F | chloranthalactones A～F |
| 金粟兰素 A～J | spicachlorantins A～J |
| 金粟兰酸 | chloranthalic acid |
| 金粟兰酮 | chloranthatone |
| 金粟兰烯 D | chlorantene D |
| 金粟兰香豆素 | chloracoumarin |
| 金铁锁环素 A～G | tunicyclins A～G |
| 金铁锁环肽 (金铁锁素) A、B | psammosilenins A、B |
| 金铁锁碱 A～G | tunicoidines A～G |
| 金挖耳芬 A～C | divaricins A～C |
| (2*R*, 5*S*)-金挖耳内酯 A～D | (2*R*, 5*S*)-cardivarolides A～D |
| 金挖耳素 A～D | cardivins A～D |
| 金沃灵 | kimvuline |
| 金酰胺 (曲霉芬氨酯) | auranamide (asperphenamate) |
| (+)-金线吊乌龟碱 | (+)-cepharanthine |
| 金线吊乌龟卡辛碱 | cephakicine |
| 金线吊乌龟吗啡宁碱 | cephamorphinanine |
| 金线吊乌龟莫宁碱 | cephamonine |
| 金线吊乌龟木林碱 | cephamuline |
| 金线吊乌龟萨胺 | cephasamine |
| 金线吊乌龟苏精 | cephasugine |
| 金线吊乌龟亭碱 A～D | cepharatines A～D |
| 金线吊乌龟酮宁碱 | cephatonine |
| 金线吊乌龟酮宁碱-2-*O*-β-D-吡喃葡萄糖苷 | cephatonine-2-*O*-β-D-glucopyranoside |

| 金线连碱 (开唇兰碱) | anoectochine |
|---|---|
| 金线莲苷 | kinsenoside |
| 金阳乌头碱 | jynosine |
| 金腰苷 A～D | chrysosplenosides A～D |
| 金腰素 (猫眼草黄素) A、B | chrysosplenetins A, B |
| 金腰素 (猫眼草黄素、金腰酚、猫眼草醇 B、猫眼草酚 B、槲皮万寿菊素 -3, 6, 7, 3′- 四甲醚) | chrysosplenetin (polycladin, chrysosplenol B, quercetagetin- 3, 6, 7, 3′-tetramethyl ether) |
| 金翼黄芪苷 A | astrachrysoside A |
| 金银花苷 (金吉苷、高山忍冬苷、莫罗忍冬吉苷) | kingiside |
| 金罂粟碱 (刺罂粟碱、四氢黄连碱) | stylopine (tetrahydrocoptisine) |
| (–)- 金罂粟碱 -α- 甲羟化物 | (–)-stylopine-α-methohydroxide |
| (–)- 金罂粟碱 -β- 甲羟化物 | (–)-stylopine-β-methohydroxide |
| β- 金罂粟碱甲羟化物 | β-stylopine methohydroxide |
| α- 金罂粟碱甲羟化物 | α-stylopine methohydroxide |
| 金樱皂苷 A | laevigatanoside A |
| 金樱子鞣质 (金樱子素) A～G | laevigatins A～G |
| 金樱子皂苷 A (2α, 3α, 19α, 23- 四羟基熊果 -12- 烯 -28-β-D- 吡喃葡萄糖苷) | rosalaenoside A (2α, 3α, 19α, 23-tetrahydroxyurs-12-en-28- β-D-glucopyranoside) |
| 金樱子脂素 A、B | rosalaevins A, B |
| 金鱼草苷 | aureusin |
| 金鱼草醚萜苷 | antirrinoside |
| 金鱼草诺苷 (龙头花苷) | antirrhinoside |
| 金鱼草素 (噢哢斯定、4, 6, 3′, 4′- 四羟基噢哢) | aureusidin (4, 6, 3′, 4′-tetrahydroxyaurone) |
| 金鱼草素 -6-*O*- 葡萄糖醛酸苷 | aureusidin-6-*O*-glucuronide |
| 金鱼草素 -6- 葡萄糖苷 | aureusidin-6-glucoside |
| 金鱼花宾碱 B | minalobine B |
| 金盏草倍半萜苷 A、B | arvosides A, B |
| 金盏草三萜苷 A、B | arvensosides A, B |
| 金盏花苷 A～H | calendulosides A～H |
| 金盏花糖苷 A～C | calendulaglycosides A～C |
| 金盏花萜二醇 | coflodiol |
| 金盏花皂苷 A～D | calendasaponins A～D |
| 金盏菊二醇 | calenduladiol |
| 金盏菊花素 | calendin |
| 金盏菊黄酮苷 (异鼠李素 -3-*O*- 鼠李糖苷) | calendoflavoside (isorhamnetin-3-*O*-neohesperidoside) |
| 金盏菊黄酮双鼠李糖苷 | calendoflaside |
| 金盏菊糖苷 *C*-6′-*O*-7- 丁酯 | calendulaglycoside *C*-6′-*O*-7-butyl ester |
| 金盏勒碱 | arvelexin |
| 金针菇灵 | velin |
| 金针菇明 | flammin |

| 金针菇素 | flammulin |
|---|---|
| 金钟柏醇(望江南醇)Ⅰ、Ⅱ | occidentalols Ⅰ, Ⅱ (occidentalins A, B) |
| L-金紫堇碱 | L-capaurine |
| 1-金紫堇碱 | 1-capaurine |
| (–)-金紫堇碱 | (–)-capaurine |
| 金紫堇碱(咖坡林、咖坡任碱) | capaurine |
| 金紫堇碱甲醚 | capaurine methyl ether |
| 金足草醇 | goldfussinol |
| 金足草素A、B | goldfussins A, B |
| 筋骨草醇A、B | ajugols A, B |
| 筋骨草酚烷 | ajuganane |
| 筋骨草苷 | ajugoside |
| 筋骨草灵(筋骨草酯素、筋骨草素二萜)Ⅰ、Ⅱ | ajugarins Ⅰ, Ⅱ |
| 筋骨草马灵(筋骨草玛灵)$A_1$、$A_2$、$B_1$～$B_3$、$C_1$、$D_1$、$F_4$、$G_1$、$H_1$ | ajugamarins $A_1$, $A_2$, $B_1$～$B_3$, $C_1$, $D_1$, $F_4$, $G_1$, $H_1$ |
| 筋骨草马灵氯化物A、$A_1$、$A_2$ | ajugamarin chlorohydrins A, $A_1$, $A_2$ |
| 筋骨草内酯 | ajugalactone |
| 筋骨草素A～J | ajugaciliatins A～J |
| 筋骨草塔卡素A、B | ajugatakasins A, B |
| 筋骨草糖 | ajugose |
| 筋骨草新苷A | ajugasides A, B |
| 筋骨草新内酯B～D | ajugalides B～D |
| 筋骨草甾酮 C-20, 22-缩丙酮 | ajugasterone C-20, 22-acetonide |
| 筋骨草甾酮A～D | ajugasterones A～D |
| 堇菜苷 | violutin (violutoside) |
| 堇菜花苷(堇菜宁) | violanin |
| 堇菜辛A | violacin A |
| 堇菜甾醇A | violasterol A |
| 堇蝶呤 | violapterin |
| 堇根碱 | anchietine |
| (9*Z*)-堇黄质 | (9*Z*)-violaxanthin |
| 堇黄质(蝴蝶梅黄素、堇黄素) | violaxanthin |
| 堇金黄素(堇金黄质、金黄质、金黄素、异堇黄质)A、B | auroxanthins A, B |
| 堇叶苷A(中华青牛胆烯) | cordifolioside A (tinosinen) |
| 堇叶芥碱 | martinelline |
| (3*R*)-堇紫黄檀酮 | (3*R*)-violanone |
| 堇紫黄檀酮 | violanone |
| 锦鸡儿苯酚A | caraganaphenol A |
| 锦鸡儿橙酮 | carasinaurone |

| | |
|---|---|
| 锦鸡儿醇 A | cararosinol A |
| 锦鸡儿酚 A～C | caraphenols A～C |
| 锦鸡儿苷 A | caraganside A |
| 锦鸡儿宁 A、B | caragasinins A, B |
| 锦鸡儿西酚 A～D | carasinols A～D |
| 锦鸡儿新酚 A～D | carasiphenols A～D |
| 锦菊素 (毕氏堆心菊素) | bigelovin |
| 锦葵花苷 (锦葵色素苷) | malvin |
| 锦葵花素 (锦葵色素、锦葵素) | malvidin |
| 锦葵花素 -3, 5- 二葡萄糖苷 | malvidin-3, 5-diglucoside |
| 锦葵花素 -3-*O*-(6′- 丙二酸单酰基)-β-D- 吡喃葡萄糖苷 | malvidin-3-*O*-(6′-malonyl)-β-D-glucopyranoside |
| 锦葵花素 -3-*O*- 阿魏酰基芸香糖苷 -5-*O*- 葡萄糖苷 | malvidin-3-*O*-feruloyl rutinoside-5-*O*-glucoside |
| 锦葵花素 -3-*O*- 吡喃葡萄糖苷 | malvidin-3-*O*-glucopyranoside |
| 锦葵花素 -3-*O*- 对香豆酰基芸香糖苷 -5-*O*- 葡萄糖苷 | malvidin-3-*O*-*p*-coumaroyl rutinoside-5-*O*-glucoside |
| 锦葵花素 -3-*O*- 葡萄糖苷 (锦葵素 -3-*O*- 葡萄糖苷) | malvidin-3-*O*-glucoside |
| 锦葵花素 -3-*O*- 葡萄糖苷 -5-*O*- 葡萄糖苷 | malvidin-3-*O*-glucoside-5-*O*-glucoside |
| 锦葵花素 -3-*O*- 鼠李糖苷 -5-*O*- 葡萄糖苷 | malvidin-3-*O*-rhamnoside-5-*O*-glucoside |
| 锦葵花素 -3-*O*- 芸香糖苷 -5-*O*- 葡萄糖苷 | malvidin-3-*O*-rutinoside-5-*O*-glucoside |
| 锦葵花素 -3- 阿拉伯糖苷 | malvidin-3-arabinoside |
| 锦葵花素 -3- 葡萄糖苷 | malvidin-3-glucoside |
| 锦葵酸 | malvic acid |
| (+)- 锦熟黄杨胺醇 | (+)-semperviraminol |
| (+)- 锦熟黄杨胺定碱 | (+)-semperviramidine |
| (+)- 锦熟黄杨胺酮 | (+)-semperviraminone |
| (–)- 锦熟黄杨噁唑定碱 | (–)-semperviroxazolidine |
| 锦叶藓素 | dicranolomin |
| 近东罂粟灵碱 | orientaline |
| 近耳草肽 $B_1$、S | kalatas $B_1$、S |
| 近灰白白坚木碱 E、F | subincanadines E, F |
| 近琴巴豆醇 A～E | plaunols A～E |
| 近三花德普茄内酯 A～K | subtrifloralactones A～K |
| 近山马茶碱 (拟佩西木碱) | affinisine |
| 近无叶猪毛菜碱 | subaphyllin |
| 劲直胺 (直立拉齐木胺、长春蔓脒、蔓长春花米定) | strictamine (vincamidine) |
| 劲直假莲酸 | strictic acid |
| 劲直瑞兹亚醇 | strictanol |
| 荩草素 | anthraxin |
| 茎点克霉素 A～G、$B_1$、$B_2$ | phomactins A～G, $B_1$, $B_2$ |
| 茎点霉碱 A～C | phomacins A～C |
| 茎点霉萘烷 A～D | phomadecalins A～D |

| 茎点霉素 (薰点霉蒽醌) | phomarin |
|---|---|
| 茎点霉素 -6- 甲醚 | phomarin-6-methyl ether |
| 京大戟醛 | pekinenal |
| 京大戟素 A～G | pekinenins A～G |
| 京大戟酮 A、B | euphorpekones A, B |
| 京大戟辛 | euphpekinensin |
| (+)- 京尼平 | (+)-genipin |
| 京尼平 -1-β- 葡萄糖苷 | 1-β-glucogeniposide |
| 6α- 京尼平苷 | 6α-hydrogeniposide |
| 6β- 京尼平苷 | 6β-geniposide |
| 京尼平苷 (都桷子苷、去羟栀子苷) | geniposide |
| 京尼平苷酸 (都桷子苷酸) | geniposidic acid |
| 京尼平龙胆双糖苷 (都桷子素龙胆双糖苷) | genipin-1-β-D-gentiobioside |
| 京尼平尼酸 | genipinic acid |
| 京尼平酸 | genipic acid |
| 荆豆属碱 | ulex base |
| 荆豆酮 A、B | ulexones A, B |
| 荆芥定 | nepetidin |
| 荆芥苷 (假荆芥属苷、尼泊尔黄酮苷、泽兰叶黄素 -7- 葡萄糖苷、印度荆芥素 -7- 葡萄糖苷) | nepetrin (nepitrin, eupafolin-7-glucoside, nepetin-7-glucoside) |
| 荆芥替辛 | nepeticin |
| (±)-(*E*)- 荆三棱素 A | (±)-(*E*)-scirpusin A |
| 荆三棱素 A、B | scirpusins A, B |
| 旌节花鞣辛 A | praecoxin A |
| 旌节花素 | stachyurin |
| 旌节花酸 A～C | stachlic acid A～C |
| 旌节花甾酮 A～D | stachysterones A～D |
| 惊愕仙客来苷 | mirabilin |
| β- 晶状体蛋白 | β-crystallin |
| γ- 晶状体蛋白 | γ-crystallin |
| α- 晶状体蛋白 A、B | α-crystallins A, B |
| 1- 腈基 -2- 羟甲丙基 -1- 烯 -3- 醇 | 1-cyano-2-hydroxymethyl prop-1-en-3-ol |
| 1- 腈基 -2- 羟甲丙基 -2- 烯 -1- 醇 | 1-cyano-2-hydroxymethyl prop-2-en-1-ol |
| 精氨芬 | argifin |
| L- 精氨酸 | L-arginine |
| 精氨酸 | arginine (Arg) |
| 8- 精氨酸催产素 | 8-arginine oxytocine |
| *N*ω- 精氨酸基 | *N*ω-arginino |
| 精氨酸磷酸 | arginine phosphoric acid |
| 精氨酸酶 | arginase |

| 精氨酸葡萄糖苷 | arginine glucoside |
|---|---|
| 精氨酸双糖苷 | argininyl fructosyl glucose |
| 精胺 | spermine |
| L-精称猴精城 | L-lactinidine |
| 精液凝集素 | sperm agglutinatinin |
| 鲸蜡 | cetin |
| 鲸蜡醇 (1-十六烷醇) | cetanol (cetyl alcohol, 1-hexadecanol) |
| 肼 (乙氮烷) | hydrazine (diazane) |
| 4, 4′-肼二亚基二 (环己烷-1-甲酸) | 4, 4′-hydrazinediylidenedi (cyclohexane-1-carboxylic acid) |
| 2-肼基羰基乙酸 | 2-hydrazinecarbonyl acetic acid |
| 3-肼基-3-氧亚基丙酸 | 3-hydrazinyl-3-oxopropanoic acid |
| 5-肼亚基-5-羟基戊酸 | 5-hydrazinylidene-5-hydroxypentanoic acid |
| 4-肼亚基环己-1-甲酸 | 4-hydrazinylidenecyclohex-1-carboxylic acid |
| 颈花胺 | trachelanthamine |
| 9-(+)-颈花基天芥菜定 | 9-(+)-trachelanthyl heliotridine |
| 颈花碱 | trachelanthine |
| (+)-颈花脒 (毒豆碱) | (+)-trachelanthamidine (laburnine) |
| 颈花脒 (颈花米定) | trachelanthamidine |
| 景东厚唇兰素 | defuscin |
| 景洪哥纳香胺 | cheliensisamine |
| 景洪哥纳香甲素～丙素 | cheliensisins A～C |
| 景洪哥纳香碱 | cheliensisine |
| DL-景天胺 | DL-sedamine |
| L-景天胺 | L-sedamine |
| 景天胺 | sedamine |
| 景天定 | sedridin |
| 景天庚酮聚糖 | sedoheptulosan |
| 景天庚酮糖 (景天庚糖) | sedoheptulose |
| L-景天宁 | L-sedinine |
| 景天宁 | sedinine (sedinin) |
| 景天三七素 A、B | sedacins A, B |
| 景天酮 | sedinone |
| 九蕃 | nonaphane |
| 九芬 | nonaphene |
| 九华香茶菜甲素 (九华大尊甲素) | jiuhuanin A |
| 九节菖蒲酮 A | psycacoraone A |
| 九节定 (比川九节木定碱、九节木碱) | psychotridine |
| 九节碱 (吐根酚亚碱、吐根微碱) | psychotrine |
| 九节灵 A | psyrubrin A |

| 九节龙皂苷 A～V | ardipusillosides A～V |
|---|---|
| 九节醚萜素 | apsyrubrin A |
| (19*Z*)- 九节木叶山马茶碱 | (19*Z*)-taberpsychine |
| 九节木叶山马茶碱 | anhydrovobasindiol |
| 九节素 | psychorubrin |
| 九节辛碱 | psychotriasine |
| 九节叶狗牙花碱 | taberpsychin |
| 九里香阿酮 | murrayanone |
| 九里香胺 A～C | murrayamines A～C |
| 九里香丙素 (千里香辛) | murpanicin |
| 九里香草苷 | murrayin |
| 九里香橙皮内酯 | murrmeranzin |
| (*E*)- 九里香醇 | (*E*)-murraol |
| (*Z*)- 九里香醇 | (*Z*)-murraol |
| 九里香醇 | murraol |
| 九里香定碱 (千里香利定碱、圆锥定) A～C | paniculidines A～C |
| 九里香二聚素 A | murradimerin A |
| 九里香甲素 | isomexoticin |
| 九里香碱 (月橘碱) | murrayanine |
| 九里香精 | murralogin |
| 九里香咔唑醇 | murrayazolinol |
| 九里香咔唑碱 | murrayazoline |
| 九里香咔唑宁碱 | murrayazolinine |
| (±)- 九里香卡品 | (±)-murracarpin |
| (–)- 九里香卡品 | (–)-murracarpin |
| 九里香卡品 | murracarpin |
| 九里香醌 A～E | murrayaquinones A～E |
| 九里香林碱 A～D | murrayalines A～D |
| 九里香马灵 A、B | murramarins A, B |
| 九里香内酯醛 (千里香库醛、7- 甲氧基 -8- 甲酰基香豆素) | panicual (7-methoxy-8-formyl coumarin) |
| 九里香内酯烯醇醛 | panial |
| 九里香尼宾碱 | murranimbine |
| 九里香素 (迈九里香素、迈月橘素) | mexoticin |
| 九里香酸 (千里香林素) | paniculin |
| 九里香酮 | murrayone |
| 九里香香豆素 C | murrayacoumarin C |
| 九里香辛宁 | murrayacinine |
| 九里香亚卡品 A | murrayacarpin A |
| (*S*)- 九里香乙素 | (*S*)-murpanidin |

| 九里香乙素 (千里香定) | murpanidin |
|---|---|
| 九莲碱 | julianine |
| 九螺 [2.0.0.0.26.0.29.05.0.0.213.0.216.012.04.0.219.03] 二十一烷 | nonaspiro [2.0.0.0.26.0.29.05.0.0.213.0.216.012.04.0.219.03] heneicosane |
| 九螺旋烃 | nonahelicene |
| 1β, 2β, 3β, 4β, 5β, 6β, 7α, 23ξ, 26-九羟基呋甾-20 (22), 25 (27)-二烯-26-*O*-β-D-吡喃葡萄糖苷 | 1β, 2β, 3β, 4β, 5β, 6β, 7α, 23ξ, 26-nonahydroxyfurost-20 (22), 25 (27)-dien-26-*O*-β-D-glucopyranoside |
| 九味一枝蒿宁 A | bracteonin A |
| 九味一枝蒿素 A～E | ajubractins A～E |
| 九味一枝蒿酸 | bractic acid |
| 九味一枝蒿亭 A、B | bractins A, B |
| 九味一枝蒿辛 A～C | bracteosins A～C |
| 久苓草内酯 | alatolide |
| 久效磷 | monocrotophos |
| 韭菜阿魏酸酯素 A、B | tuberonoids A, B |
| 韭菜神经酰胺 | tuberceramide |
| 韭菜素宁 D | tuberosinine D |
| 韭葱酸 A～C | porric acids A～C |
| 韭葱皂苷元 A～C | porrigenins A～C |
| 韭莲碱 (韭菜莲碱、*O*-二甲基雪花莲碱) | carinatine (*O*-dimethyl galanthine) |
| 韭子苷 (块菌苷) A～U | tuberosides A～U |
| 韭子碱 (韭甾素) A～C | tuberosines A～C |
| 酒饼簕定 A～H | buxifoliadines A～H |
| 酒饼簕黄酮 | atalantoflavone |
| 酒饼簕碱 A、B | atalafoline A, B |
| 酒饼簕内酯 | atalantolide |
| 酒饼簕素 | atalantin |
| 酒花黄酚 (黄腐醇、黄腐酚) | xanthohumol |
| 酒花黄酚 B～M | xanthohumols B～M |
| D-(–)-酒石酸 | D-(–)-tartaric acid |
| DL-酒石酸 | DL-tartaric acid |
| D-酒石酸 | D-tartaric acid |
| L-(+)-酒石酸 | L-(+)-tartaric acid |
| 酒石酸 (2, 3-二羟基丁二酸) | tartaric acid (2, 3-dihydroxybutanedioic acid) |
| 酒石酸长春瑞滨 | vinorelbine tartrate |
| 酒石酸长春质碱 | catharanthine hemitartrate |
| 酒石酸钙 | calcium tartrate |
| 酒石酸钾 | potassium tartrate |
| 酒石酸氢钾 | potassium bitartrate |
| 酒渣碱 (酒粕黄嗪) | flazine (flazin) |

| 救必应皂酸 (铁冬青二酸) | rotundioic acid |
|---|---|
| 菊薁 (兰香油薁、母菊薁) | chamazulene (dimethulene) |
| 菊醇 (野菊花醇) | chrysanthemyl alcohol (chrysanthemol) |
| 菊醇乙酸酯 | chrysanthanyl acetate |
| 菊淀粉 (菊粉、菊糖) | alant starch (inulin, alantin, dahlin) |
| 菊粉 (菊糖、菊淀粉) | alantin (alant starch, inulin, dahlin) |
| 菊苷 (菊属苷、盐菊苷) A、B | dendranthemosides A, B |
| 菊蒿内酯 (清艾菊素) A、B | chrysartemins A, B |
| 菊花多糖 | chrysanthemum indicum polysaccharides |
| 菊花黄苷 | chrysontemin |
| 菊花萜二醇 A | chrysanthemdiol A |
| (*E*)- 菊花烯乙酸酯 | (*E*)-chrysanthenyl acetate |
| 菊花愈创木内酯 A～F | chrysanthguaianolactones A～F |
| 菊花皂苷 A、B | chrysanthellins A, B |
| 菊花脂苷 A、B | chrysantheIignanosides A, B |
| 菊黄质 | chrysanthemaxanthin |
| 菊苣醇内酯 | intybusoloid |
| 菊苣二醇 | cichoridiol |
| 菊苣苷 (野莴苣苷、6, 7- 二羟基香豆素 -7- 葡萄糖苷) | cichoriin (6, 7-dihydroxycoumarin-7-glucoside) |
| 菊苣抗毒素 | cichoralexin |
| 菊苣内酯 A | intybulide A |
| 菊苣素 | intybin |
| L- 菊苣酸 | L-cichoric acid |
| 菊苣酸 (二咖啡酰酒石酸) | cichoric acid (dicaffeoyl tartaric acid) |
| 菊苣替苷 | cichotyboside |
| 菊苣萜苷 B、C | cichoriosides B, C |
| 菊苣甾醇 | cichosterol |
| 菊壳二孢酮 A～C | chrysanthones A～C |
| 菊芹属碱 | erechtites base |
| 菊醛 | chrysanthemal |
| 菊三七苷 | gynuraoside |
| 菊三七碱甲 | seneciphyllinine |
| 菊三七碱甲 *N*- 氧化物 | seneciphyllinine *N*-oxide |
| (–)- 菊三七酮 | (–)-gynuraone |
| 菊三七烯醇 | gynurenol |
| 菊三七酰胺 Ⅰ～Ⅳ | gynuramides Ⅰ～Ⅳ |
| (1*S*)- 菊酸内酯 | (1*S*)-chrysanthemolactone |
| 菊糖 (菊粉、菊淀粉) | dahlin (alant starch, alantin, inulin) |
| 菊糖 (菊粉、菊淀粉) | inulin (alant starch, alantin, dahlin) |
| 菊烯醇 | chrysanthenol |

| 菊叶千里光内酯 | chrysanthemolide |
|---|---|
| 菊油环酮 | chrysanthenone |
| 菊油乙酸酯 | chrysanthenyl acetate |
| 橘草醚 A | ogarukaya ether A |
| 橘红青霉素 (大黄素 -6, 8- 二甲基醚) | emodin-6, 8-dimethyl ether |
| 橘红亭素 | melitidin |
| 橘黄裸伞毒素 A、B | gymnopilis A, B |
| 橘黄色素 | canarionic acid |
| 橘霉素 | citrinin |
| 橘皮苷 (陈皮苷、橙皮苷、橙皮素 -7-*O*- 芸香糖苷、橙皮素 -7-*O*- 鼠李葡萄糖苷) | cirmtin (hesperidin, hesperetin-7-*O*-rutinoside, hesperetin-7-rhamnoglucoside) |
| 橘皮素 (5, 6, 7, 8, 4′- 五甲氧基黄酮、福橘素、橘红素、红橘素、柑橘黄酮) | tangeretin (5, 6, 7, 8, 4′-pentamethoxyflavone, tangeritin, ponkanetin) |
| 橘皮素 (5, 6, 7, 8, 4′- 五甲氧基黄酮、福橘素、橘红素、红橘素、柑橘黄酮) | tangeritin (5, 6, 7, 8, 4′-pentamethoxyflavone, tangeretin, ponkanetin) |
| (*S*)- 橘酮 | (*S*)-citflavanone |
| 1*H*- 莒 -4- 甲酸 | 1*H*-phenalene-4-carboxylic acid |
| 枸橘福林 | ponfolin |
| 枸橘苷 (枳属苷、异樱花素 -7-*O*- 新橙皮糖苷) | poncirin (isosakuranetin-7-*O*-neohesperidoside) |
| 枸橘双香豆素 A、B | khelmarins A, B |
| 枸橘香豆素 | poncimarin |
| 枸橼苦素 (柑属环肽、柑属苷、甜橙脂苷) Ⅰ～Ⅳ, A～D | citrusins Ⅰ～Ⅳ, A～D |
| 枸橼内酯 | poncitrin |
| 枸橼酸 (柠檬酸、2- 羟基 -1, 2, 3- 丙三甲酸) | citric acid (2-hydroxy-1, 2, 3-propanetricarballylic acid) |
| 枸橼酸单甲酯 | citric acid symmetrical monomethyl ester |
| 枸橼酸二甲酯 | citric acid symmetrical dimethyl ester |
| 枸橼酸三甲酯 | citric acid symmetrical trimethyl ester |
| 枸橼酸血根碱 | sanguinarine citrate |
| β- 枸橼酰基 -L- 谷氨酸 | β-citryl-L-glutamic acid |
| 蒟蒻薯内酯 A、B | chantriolides A, B |
| 榉树宁 | keyakinin |
| 榉树酮 | zelkoserratone |
| 巨大哥纳香反素 A～C | gigantransenins A～C |
| 巨大哥纳香宁 | giganenin |
| 巨大哥纳香素 A、B | gigantetrocins A, B |
| 巨大哥纳香新 | gigantecin |
| 巨大戟醇 -12- 乙酸酯 | ingenol-12-acetate |
| 巨大戟醇 -3, 4: 5, 20- 双缩丙酮 | ingenol-3, 4: 5, 20-diacetonide |
| 巨大戟醇 -3, 7, 8, 12- 四乙酸酯 | ingenol-3, 7, 8, 12-tetracetate |

| 巨大戟醇三乙酸酯 | ingenol-triacetate |
|---|---|
| 巨大戟醇四乙酸酯 | ingenol-tetracetate |
| 巨大戟烯醇 (巨大戟醇、巨大戟萜醇、殷金醇) | ingenol |
| 巨大戟烯醇-1*H*-3, 4, 5, 8, 9, 13, 14-七脱氢-3-十四酸酯 | ingenol-1*H*-3, 4, 5, 8, 9, 13, 14-heptadehydro-3-tetradecanoate |
| 巨大戟烯醇-20-肉豆蔻酸酯 | ingenol-20-myristate |
| 巨大戟烯醇-20-棕榈酸酯 | ingenol-20-palmitate |
| 巨大戟烯醇-3-(2, 4-癸二烯酸酯)-20-乙酸酯 | ingenol-3-(2, 4-decadienoate)-20-acetate |
| 巨大戟烯醇-3, 20-二苯甲酸酯 | ingenol-3, 20-dibenzoate |
| 巨大戟烯醇-3, 4, 5-三羟基-20-棕榈酸酯 | ingenol-3, 4, 5-trihydroxy-20-hexadecanoate |
| 巨大戟烯醇-3, 5, 20-三乙酸酯 | ingenol-3, 5, 20-triacetate |
| 巨大戟烯醇-3-苯甲酸酯 | ingenol-3-benzoate |
| 巨大戟烯醇-3-当归酸酯 (巨大戟醇-3-当归酸酯) | ingenol-3-angelate |
| 巨大戟烯醇-3-当归酰基-5, 20-二乙酸酯 | ingenol-3-angeloyl-5, 20-diacetate |
| 巨大戟烯醇-3-肉豆蔻酸酯 | ingenol-3-myristate |
| 巨大戟烯醇-3-棕榈酸酯 | ingenol-3-palmitate |
| 巨大戟烯醇-5, 20-缩丙酮 (巨大戟醇-5, 20-缩丙酮) | ingenol-5, 20-acetonide |
| 巨大戟烯醇-5, 20-缩丙酮-3-当归酸酯 (巨大戟醇-5, 20-缩丙酮-3-当归酸酯) | ingenol-5, 20-acetonide-3-*O*-angelate |
| 巨大戟烯醇-5-当归酸酯 | ingenol-5-angelate |
| 巨大戟烯醇-6, 7-环氧-3-十四酸酯 | ingenol-6, 7-epoxy-3-tetradecanoate |
| 巨大戟烯醇-6-十二酸酯 | ingenol-6-dodecanoate |
| 巨大戟烯醇-6-十四-2, 4, 6, 8, 10-五烯酸酯 | ingenol-6-tetradec-2, 4, 6, 8, 10-pentenoate |
| 巨大戟烯醇二乙酸酯 | ingenol diacetate |
| 巨大灵芝内酯 A～G | colossolactones A～G |
| 巨大鞘丝藻内酯 | malyngolide |
| 巨大鞘丝藻内酯二聚体 | malyngolide dimer |
| 巨大鞘丝藻酸 | malyngic acid |
| 巨大鞘丝藻酰胺 A～W、3、4 | malyngamides A～W, 3, 4 |
| 巨大鞘丝藻酰胺 I 乙酸酯 | malyngamide I acetate |
| 巨大肉豆蔻酮 A、B | giganteones A, B |
| 巨花雪胆苷 (巨花雪胆皂苷) B | hemsgiganoside B |
| 巨兰苷 A、B | grammatophyllosides A, B |
| 巨楠定 A～C | grandines A～C |
| 巨楠碱 B | phoebegrandine B |
| 巨盘木胺 | flindersiamine |
| 巨盘木碱 (巨盘木素) | flindersine |
| 巨盘木色原酮 (巨盘木色酮) | flidersiachromone (flindersiachromone) |
| 巨盘木属碱 | flindersia base |
| α-巨球蛋白 | α-macroglobulin |

| 巨水仙碱 | magnarcine |
|---|---|
| 巨头刺草皂苷(大聚首花苷)A～G | giganteasides A～G |
| 苣叶木脂素 B | sonchifolignan B |
| 具柄黏丝裸囊菌醇 | myxostiol |
| 具柄黏丝裸囊菌内酯 | myxostiolide |
| 具毛冬青苷 A | ilexpubside A |
| 具叶柄葱芥苷 | alliarinoside |
| 锯齿春黄菊苷 | prionanthoside |
| 锯齿石松胺 | lycoserramine |
| 锯齿石松碱(蛇足石杉左明碱)A～C | serratezomines A～C |
| 锯齿石松替定 | serratidine |
| 锯齿泽兰内酯 | eupaserrin |
| 聚 W3 不饱和脂肪酸 | W3-polyunsaturated fatty acid |
| 聚-β-羟基丁酸 | poly-β-hydroxybutanoic acid |
| D-聚半乳糖醛酸 | D-galacturonan |
| 聚半乳糖醛酸 | polygalacturonic acid |
| 聚丙烯 | polypropylene (polypropene) |
| 聚丙烯酸钠 | sodium polyacrylate |
| 聚丙烯酸树脂 | polycarbophil |
| α-聚岛衣酸 | α-collatilic acid |
| 聚果榕醇乙酸酯 | gluanol acetate |
| 聚果榕酸 | racemosic acid |
| 聚合心皮酰胺 | syncarpamide |
| 聚花罂粟碱 | floribundine |
| 聚硫酸岩藻多糖 | fucansulfate |
| 聚炔竹节参苷 A～C | baisanqisaponins A～C |
| 聚伞凹顶藻醇 | thyrsiferol |
| 聚伞凹顶藻醇-23-乙酸酯 | thyrsiferyl-23-acetate |
| 聚伞花素(伞花烃、孜然芹烃、伞形花素、异丙基甲苯) | cymol (cymene, isopropyl toluene) |
| 聚伞圆锥花序花素 C | thyrsiflorin C |
| 聚山梨酯 | tween |
| 聚碳酸二甲基二对苯酚甲烷酯 | polydimdip carbonate |
| 聚糖醛酸 | polyuronic acid |
| 聚叶花葶乌头定 | vaginadine |
| 聚叶花葶乌头碱 | vaginatine |
| 聚叶花葶乌头灵 | vaginaline |
| 聚乙醇磺酸钠 | sodium polyethanol sulfonate |
| 聚乙醇酸 | polyglycolic acid |
| 聚乙二醇 | macrogol (polyethylene glycol) |

| 聚乙二醇 | polyethylene glycol (macrogol) |
|---|---|
| 聚乙二醇单鲸蜡醚 | cetomacrogol |
| 聚乙二醇单硬脂酸酯 | polyethylene glycolmonostearate |
| 聚乙二醇对异辛苯醚 | polyethylene glycol *p*-isooctyl phenyl ether |
| 聚乙炔 | polyacetylene |
| 聚乙炔 PQ-1～6 | polyacetylenes PQ-1～6 |
| 聚乙炔人参苷 -Ro | polyacetylene ginsenoside-Ro |
| 聚乙烯 | polyethylene (polythene) |
| 聚乙烯醇 | polyvinyl alcohol |
| 聚乙烯磺酸 | apolic acid |
| 聚乙烯磺酸钠 | sodium lyapolate |
| 聚异戊烯醇 | polyprenol |
| 卷柏石松碱 (石杉碱 A、亮石松碱、卷柏状石松碱) | selagine (huperzine A) |
| 卷柏素 A～M | selaginellins A～M |
| 卷柏糖 | selaginose |
| 卷柏新苷 A～C | tamariscinosides A～C |
| 卷柏酯 A | tamariscina ester A |
| 卷瓣兰蒽 | cirrhopetalanthrin |
| 卷瓣兰菲 | cirrhopetalanthin |
| 卷瓣兰菲定 | cirrhopetalanthridin |
| 卷瓣兰菲灵 | cirrhopetalin |
| 卷瓣兰联苄定 | cirrhopetalidin |
| 卷瓣兰联苄定灵 | cirrhopetalidinin |
| 卷瓣兰联苄灵 | cirrhopetalinin |
| 卷边网褶菌素 | involutin |
| 卷边网褶菌酮 | involutone |
| (+)- 卷翅栓翅芹醇 | (+)-ulopterol |
| 卷翅栓翅芹醇 (无劳帕替醇) | ulopterol |
| 卷丹皂苷 A | lililancifoloside A |
| 卷耳素 (芹菜素 -6-*C*- 木糖苷) | cerarvensin (apigenin-6-*C*-xyloside) |
| 卷耳素 -7-*O*-β-D- 吡喃葡萄糖苷 | cerarvensin-7-*O*-β-D-glucopyranoside |
| 卷耳素 -7-*O*- 葡萄糖苷 | cerarvensin-7-*O*-glucoside |
| 卷耳素 -8-*C*- 葡萄糖苷 | cerarvensin-8-*C*-glucoside |
| 卷曲鱼腥藻酰胺 | circinamide |
| 卷团宁 | rollicosin |
| 卷团素 C、D | rollidecins C, D |
| 卷叶金丝桃素 A、B | hyperevolutins A, B |
| 卷缘齿菌二醇 | repandiol |
| 绢毛榄仁苷 | sericoside |
| 绢毛向日葵素 A、B | argophyllins A, B |

| 决明蒽酚酮酯 1～4 | kleinioxanthrones 1～4 |
|---|---|
| 决明萘乙酮(决明酮、决明柯酮) | torachrysone |
| 决明萘乙酮-8-*O*-β-D-(6′-*O*-草酰基)葡萄糖苷 | torachrysone-8-*O*-β-D-(6′-*O*-oxalyl) glucoside |
| 决明萘乙酮-8-*O*-β-D-吡喃葡萄糖苷 | torachrysone-8-*O*-β-D-glucopyranoside |
| 决明萘乙酮-8-*O*-β-D-葡萄糖苷 | torachrysone-8-*O*-β-D-glucoside |
| 决明萘乙酮龙胆二糖苷 | torachrysone gentiobioside |
| 决明萘乙酮芹糖葡萄糖苷 | torachrysone apioglucoside |
| 决明萘乙酮四葡萄糖苷 | torachrysone tetraglucoside |
| 决明内酯-9-*O*-β-D-吡喃葡萄糖苷 | toralactone-9-*O*-β-D-glucopyranoside |
| 决明内酯-9-*O*-β-D-龙胆二糖苷 | toralactone-9-*O*-β-D-gentiobioside |
| 决明皮溶素 | cassilysin |
| 决明皮素 | cassilvsidin |
| 决明松 | torachryson |
| 决明种内酯(决明内酯) | toralactone |
| 决明种内酯-9-β-龙胆二糖苷(决明子苷 C) | toralactone-9-β-gentiobioside (cassiaside C) |
| 决明子苷 A～C、$B_2$、$C_1$、$C_2$ | cassiasides A～C, $B_2$, $C_1$, $C_2$ |
| 决明子苷 C(决明种内酯-9-β-龙胆二糖苷) | cassiaside C (toralactone-9-β-gentiobioside) |
| 决明子内酯 | cassialactone |
| 倔海绵酰胺 | dysidenamide |
| 蕨贝壳杉烷 $P_1$～$P_4$ | pterokauranes $P_1$～$P_4$ |
| 蕨贝壳杉烷 $P_1$-2-*O*-β-D-葡萄糖苷 | peterokaurane $P_1$-2-*O*-β-D-glucoside |
| 蕨苷 A～Z | pterosides A～Z |
| 蕨根苷(欧蕨伊鲁苷、欧洲蕨苷) | ptaquiloside |
| 蕨麻萜苷 A～G | potentillanosides A～G |
| 蕨内酰胺 | pterolactam |
| 蕨素 A～Z | pterosins A～Z |
| (2*R*, 3*S*)-蕨素 C | (2*R*, 3*S*)-pterosin C |
| 蕨素 C-3-*O*-β-D-葡萄糖苷 | pterosin C-3-*O*-β-D-glucoside |
| 蕨素 E(姬蕨素 B) | pterosin Z (hypolepin B) |
| 蕨素 H(姬蕨素 A) | pterosin H (hypolepin A) |
| 蕨素 I(姬蕨素 C) | pterosin I (hypolepin C) |
| (2*R*, 3*R*)-蕨素 L-2′-*O*-β-D-葡萄糖苷 | (2*R*, 3*R*)-pterosin L-2′-*O*-β-D-glucoside |
| 蕨素 P-14-*O*-β-D-吡喃葡萄糖苷 | pterosin P-14-*O*-β-D-glucopyranoside |
| (2*S*, 3*S*)-蕨素 Q～S | (2*S*, 3*S*)-pterosins Q～S |
| 蕨素 S-3-*O*-β-D-葡萄糖苷 | pterosin S-3-*O*-β-D-glucoside |
| (2*R*, 3*S*)-蕨素 C-14-*O*-β-D-吡喃葡萄糖苷 | (2*R*, 3*S*)-pterosin C-14-*O*-β-D-glucopyranoside |
| 蕨甾酮 | pterosterone |
| 蕨甾酮-3-*O*-β-D-吡喃葡萄糖苷 | pterosterone-3-*O*-β-D-glucopyranoside |
| 蕨藻红素 | caulerpin |
| 蕨藻碱 | caulerpine |

| 蕨藻酸 | caulerpinic acid |
|---|---|
| 蕨状戴尔豆素 | daleformis |
| 爵床定苷 A～C | justicidinosides A～C |
| 爵床酚 | justicinol |
| 爵床苷 A～M | procumbenosides A～M |
| 爵床环肽 A | justicianene A |
| 爵床林素 A | rostellulin A |
| 爵床萘内酯 A | procumphthalide A |
| 爵床树脂醇 | justiciresinol |
| 爵床亭 A～C | justins A～C |
| 爵床烯 | procumbiene |
| 爵床脂定 (爵床定) A、B | justicidins A, B |
| 爵床脂定 C (新爵床脂素 B) | justicidin C (neojusticin B) |
| 爵床脂定 D (新爵床脂素 A) | justicidin D (neojusticin A) |
| 均二氨基脲 | carbonohydrazide |
| 均二氨亚基脲 | carbadiazone |
| 均己胺 PA4 | homohexamine PA4 |
| 均戊胺 PA4 | homopentamine PA4 |
| 君迁子醌 | mamegakinone |
| 君子兰阿林碱 | cliviaaline |
| 君子兰阿亭碱 (君子兰双碱) | miniatine |
| 君子兰定碱 | clividine |
| 君子兰哈克碱 | cliviahaksine |
| 君子兰碱 | clivianine |
| 君子兰玛亭 | cliviamartine |
| 君子兰明 | clivimine |
| 君子兰尼定 | clivonidine |
| 君子兰宁 | clivonine |
| 君子兰亭 | clivatine |
| 君子兰西定 | cliviasindhine |
| 君子兰西亚碱 | clivisyaline |
| 君子兰辛 (垂笑君子兰亭 A) | cliviasin (cliviasine, nobilisitine A) |
| 莙荙碱 | befaine |
| 菌核曲霉酰胺 | scleramide |
| 菌甾醇 [真菌甾醇、(3β, 5α)-7-麦角甾烯-3-醇] | fungisterol [(3β, 5α)-ergost-7-en-3-ol] |
| 骏河毒素 | surgatoxin |
| 卡马拉酸 | camaric acid |
| 卡马拉酮素 | camarinin |
| β-咔啉-1-(4, 8-二甲氧基)-β-咔啉-1-乙基酮 | β-carbolin-1-(4, 8-dimethoxy)-β-carbolin-1-ethyl ketone |
| 9*H*-β-咔啉 (9*H*-吡啶并 [3, 4-*b*] 吲哚) | 9*H*-β-carboline (9*H*-pyrido [3, 4-*b*] indole) |

| | |
|---|---|
| β-咔啉 {β-咔巴啉、吡啶并 [3, 4-*b*] 吲哚} | β-carboline {pyrido [3, 4-*b*] indole} |
| β-咔啉-1-丙酸 | β-carbolin-1-propionic acid |
| [5-(9*H*-β-咔啉-1-基) 呋喃-2-基] 甲醇 | [5-(9*H*-β-carbolin-1-yl) furan-2-yl] methanol |
| (2*R*, 5*S*)-5-(9*H*-β-咔啉-1-基) 戊-1, 2, 5-三醇 | (2*R*, 5*S*)-5-(9*H*-β-carbolin-1-yl) pent-1, 2, 5-triol |
| (2*S*, 5*R*)-5-(9*H*-β-咔啉-1-基) 戊-1, 2, 5-三醇 | (2*S*, 5*R*)-5-(9*H*-β-carbolin-1-yl) pent-1, 2, 5-triol |
| β-咔啉-1-基-3-(4, 8-二甲氧基-β-咔啉-1-基)-1-甲氧丙基酮 | β-carbolin-1-yl-3-(4, 8-dimethoxy-β-carbolin-1-yl)-1-methoxypropyl ketone |
| β-咔啉-1-甲酸 | β-carbolin-1-carboxylic acid |
| 3β-咔啉-1-丙酸甲酯 | methyl 3β-carbolin-1-propionate |
| 3-β-咔啉-1-丙酸甲酯 (苦木碱壬) | methyl-3-β-carbolin-1-propionate (kumujanrine) |
| 4-(9*H*-β-咔啉-1-基)-4-氧亚基-丁-2-烯酸甲酯 | 4-(9*H*-β-carbolin-1-yl)-4-oxobut-2-enoic acid methyl ester |
| β-咔啉-1-甲酸-2-乙酯 | 2-ethyl β-carbolin-1-carboxylate |
| 咔啉-1-甲酸甲酯 | carbolin-1-carboxylic acid methyl ester |
| 咔啉-1-甲酸酰胺 | carbolin-1-carboxylic acid amide |
| β-咔啉-1-甲酸乙酯 | ethyl β-carbolin-1-carboxylate |
| 3-(β-咔啉-1-炔基) 丙酸甲酯 | 3-(β-carbolin-1-yl) propionic acid methyl ester |
| β-咔啉-3-丙酸 | β-carbolin-3-propionic acid |
| 1-(β-1-咔啉基)-3-(4, 8-二甲氧基-β-1-咔啉基)-1-丙酮 | 1-(β-carbolin-1-yl)-3-(4, 8-dimethoxy-β-carbolin-1-yl) propan-1-one |
| 1-(β-1-咔啉基)-4-(4, 8-二甲氧基-β-1-咔啉基)-2-甲氧基-1-丁酮 | 1-(β-carbolin-1-yl)-4-(4, 8-dimethoxy-β-carbolin-1-yl)-2-methoxybut-1-one |
| 咔啉生物碱 | carboline alkaloid |
| 4a*H*-咔唑 | 4a*H*-carbazole |
| 咔唑 | carbazole |
| 9*H*-咔唑 (9*H*-咔巴啉) | 9*H*-carbazole |
| 咔唑-3-酸甲酯 (卡巴唑-3-酸甲酯) | methyl carbazole-3-carboxylate |
| 咔唑生物碱 | carbazole alkaloid |
| 咖啡醇 | cafesterol (cafestol) |
| 咖啡豆醇 | kahweol |
| 咖啡碱 (咖啡因) | coffeinum (caffeine, guaranine) |
| 咖啡醛 | furfuryl mercaptan |
| 咖啡素 B | caffeicin B |
| (*E*)-咖啡酸 | (*E*)-caffeic acid |
| 咖啡酸 (3, 4-二羟基桂皮酸) | caffeic acid (3, 4-dihydroxycinnamic acid) |
| 咖啡酸-3, 4-二葡萄糖苷 | caffeic acid-3, 4-diglucoside |
| 咖啡酸-3-*O*-β-D-吡喃葡萄糖苷 | caffeic acid-3-*O*-β-D-glucopyranoside |
| 咖啡酸-3-*O*-葡萄糖苷 | caffeic acid-3-*O*-glucoside |
| 咖啡酸-3-甲基醚 [(*E*)-阿魏酸、3-*O*-甲基咖啡酸] | caffeic acid-3-methyl ether [(*E*)-ferulic acid, 3-*O*-methyl caffeic acid] |
| (*E*)-咖啡酸-4-*O*-β-D-吡喃葡萄糖苷 | (*E*)-caffeic acid-4-*O*-β-D-glucopyranoside |

| 咖啡酸-4-*O*-β-D-吡喃葡萄糖苷 | caffeic acid-4-*O*-β-D-glucopyranoside |
|---|---|
| 咖啡酸-4-*O*-β-D-葡萄糖苷 | caffeic acid-4-*O*-β-D-glucoside |
| 咖啡酸-β-D-葡萄糖酯 | caffeic acid-β-D-glucosyl ester |
| 咖啡酸-β-D-糖精 | caffeic acid-β-D-gluside |
| 咖啡酸苯甲酯 | phenyl methyl caffeate |
| 咖啡酸苯乙酯 | caffeic acid phenethyl ester (phenethyl caffeate) |
| 咖啡酸苯乙酯 | phenethyl caffeate (caffeic acid phenethyl ester) |
| 咖啡酸丁酯 | butyl caffeate |
| 咖啡酸二甲醚 | caffeic acid dimethyl ether |
| 咖啡酸二十八醇酯 | octacosyl caffeate |
| 咖啡酸二十醇酯 | eicosanyl caffeate |
| 咖啡酸二十二醇酯 | docosyl caffeate |
| 咖啡酸二十六醇酯 | hexacosyl caffeate |
| 咖啡酸二十三醇酯 | tricosyl caffeate |
| 咖啡酸二十四醇酯 | tetracosyl caffeate |
| 咖啡酸二十五醇酯 | pentacosyl caffeate |
| 咖啡酸二十一醇酯 | heneicosyl caffeate |
| (*E*)-咖啡酸甲酯 | methyl (*E*)-caffeate |
| (*Z*)-咖啡酸甲酯 | (*Z*)-methyl caffeate [(*Z*)-caffeic acid methyl ester] |
| 咖啡酸甲酯 | methyl caffeate |
| (*E*)-咖啡酸十八醇酯 | octadecyl (*E*)-caffeate |
| 咖啡酸十八醇酯 | octadecyl caffeate |
| 咖啡酸糖酯 A、B | caffeic acid sugar esters A, B |
| 咖啡酸乙烯酯 | vinyl caffeate |
| (*E*)-咖啡酸乙酯 | ethyl (*E*)-caffeate |
| 咖啡酸乙酯 | ethyl caffeate |
| 咖啡酸异戊烯酯 | prenyl caffeate |
| 咖啡酸羽扇豆醇酯 | lupeol caffeate |
| 咖啡酸正丁酯 | *n*-butyl caffeate |
| 咖啡酸正二十醇酯 | *n*-eicosanyl caffeate |
| 咖啡酸正十八醇酯 | *n*-octadecyl caffeate |
| 2 (3*S*)-12-*O*-咖啡酰-12-羟基月桂酸甘油酯 | 2 (3*S*)-12-*O*-caffeoyl-12-hydroxylauric acid glyceride |
| 6′-*O*-咖啡酰-8-乙酰哈巴苷 (6′-*O*-咖啡酰-8-乙酰钩果草吉苷、6′-*O*-咖啡酰基-8-乙酰哈帕俄苷) | 6′-*O*-caffeoyl-8-acetyl harpagide |
| 6-*O*-咖啡酰-D-吡喃葡萄糖 | 6-*O*-caffeoyl-D-glucopyranose |
| 4-*O*-咖啡酰-D-奎宁酸 | 4-*O*-caffeoyl-D-quinic acid |
| 6-*O*-咖啡酰-β-D-呋喃果糖基-(2→1)-α-D-吡喃葡萄糖苷 | 6-*O*-caffeoyl-β-D-fructofuranosyl-(2→1)-α-D-glucopyranoside |
| 咖啡酰胺-4-*O*-β-D-吡喃葡萄糖苷 | caffeic amide-4-*O*-β-D-glucopyranoside |
| 1-咖啡酰半乳糖-6-硫酯酯 | 1-caffeoyl galactose-6-sulphate |

| 咖啡酰二阿魏酰奎宁酸 | caffeoyl diferuloyl quinic acid |
|---|---|
| 咖啡酰甘油 | caffeoyl glycerol |
| L-*O*-咖啡酰高丝氨酸 | L-*O*-caffeoyl homoserine |
| 6″-*O*-咖啡酰哈巴苷 (6″-*O*-咖啡酰钩果草吉苷、6″-*O*-咖啡酰哈帕苷) | 6″-*O*-caffeoyl harpagide |
| 咖啡酰鸡蛋花苷 | caffeoyl plumieride |
| 13-*O*-咖啡酰鸡蛋花苷 | 13-*O*-caffeoyl plumieride |
| 10-*O*-咖啡酰鸡屎藤次苷甲酯 | 10-*O*-caffeoyl scandoside methyl ester |
| 6-*O*-α-L-(3″-*O*-咖啡酰基) 吡喃鼠李糖基梓醇 | 6-*O*-α-L-(3″-*O*-caffeoyl) rhamnopyranosyl catalpol |
| 6-*O*-[α-L-(4″-咖啡酰基) 吡喃鼠李糖基] 梓醇 | 6-*O*-[α-L-(4″-caffeoyl) rhamnopyranosyl] catalpol |
| 6-*O*-α-L-(2″-*O*-咖啡酰基) 吡喃鼠李糖基梓醇 | 6-*O*-α-L-(2″-*O*-caffeoyl) rhamnopyranosyl catalpol |
| 3′-*O*-[8″-(*Z*)-咖啡酰基] 迷迭香酸 | 3′-*O*-[8″-(*Z*)-caffeoyl] rosmarinic acid |
| 6′-*O*-[(*E*)-咖啡酰基] 任骨苷 A、B | 6′-*O*-[(*E*)-caffeoyl] rengyosides A, B |
| (3*E*, 23*E*)-3-咖啡酰基-23-香豆酰常春藤皂苷元 | (3*E*, 23*E*)-3-caffeoyl-23-coumaroyl hederagenin |
| 2-*O*-咖啡酰基-2-*C*-甲基-D-赤酮酸 | 2-*O*-caffeoyl-2-*C*-methyl-D-erythronic acid |
| 3-*O*-咖啡酰基-2-*C*-甲基-D-赤酮酸甲酯 | methyl 3-*O*-caffeoyl-2-*C*-methyl-D-erythronate |
| 2-*O*-咖啡酰基-2-*C*-甲基-D-赤酮酸甲酯 | 2-*O*-caffeoyl-2-*C*-methyl-D-erythronic acid methyl ester |
| 3-*O*-咖啡酰基-2-甲基-D-赤藓糖酸-1, 4-内酯 | 3-*O*-caffeoyl-2-methyl-D-erythrono-1, 4-lactone |
| 1-*O*-(*E*)-咖啡酰基-3-*O*-(*Z*)-对肉桂酰基奎宁酸正丁酯 | *n*-butyl 1-*O*-(*E*)-caffeoyl-3-*O*-(*Z*)-*p*-coumaroyl quinate |
| 5-*O*-咖啡酰基-3-*O*-芥子酰奎宁酸甲酯 | 5-*O*-caffeoyl-3-*O*-sinapoyl quinic acid methyl ester |
| 3-*O*-咖啡酰基-4-*O*-芥子酰奎宁酸 | 3-*O*-caffeoyl-4-*O*-sinapoyl quinic acid |
| 5-*O*-咖啡酰基-4-*O*-芥子酰奎宁酸 | 5-*O*-caffeoyl-4-*O*-sinapoyl quinic acid |
| 3-*O*-咖啡酰基-4-*O*-芥子酰奎宁酸甲酯 | 3-*O*-caffeoyl-4-*O*-sinapoyl quinic acid methyl ester |
| 5-*O*-咖啡酰基-4-*O*-芥子酰奎宁酸甲酯 | 5-*O*-caffeoyl-4-*O*-sinapoyl quinic acid methyl ester |
| 5-*O*-咖啡酰基-4-甲基奎宁酸 | 5-*O*-caffeoyl-4-methyl quinic acid |
| 1-*O*-(*E*)-咖啡酰基-5-*O*-(*Z*)-咖啡酰基奎宁酸正丁酯 | *n*-butyl 1-*O*-(*E*)-caffeoyl-5-*O*-(*Z*)-caffeoyl quinate |
| 3-*O*-咖啡酰基-5-*O*-芥子酰奎宁酸甲酯 | 3-*O*-caffeoyl-5-*O*-sinapoyl quinic acid methyl ester |
| 1′-*O*-咖啡酰基-6′-*O*-没食子酰基-β-D-吡喃葡萄糖苷 | 1′-*O*-caffeoyl-6′-*O*-galloyl-β-D-glucopyranoside |
| 2′-*O*-(*E*)-咖啡酰基-8α-羟基-11α, 13-二氢-3β-*O*-β-D-葡萄糖基中美菊素 C | 2′-*O*-(*E*)-caffeoyl-8α-hydroxy-11α, 13-dihydro-3β-*O*-β-D-glucozaluzanin C |
| 3-咖啡酰基-D-奎宁酸 | 3-caffeoyl-D-quinic acid |
| 6-*O*-咖啡酰基-D-葡萄糖 | 6-*O*-caffeoyl-D-glucose |
| 4-*O*-咖啡酰基-L-苏糖酸 | 4-*O*-caffeoyl-L-threonic acid |
| *O*-咖啡酰基-*O*-*p*-(*E*)-香豆酰基-β-D-吡喃葡萄糖苷 | *O*-caffeoyl-*O*-*p*-(*E*)-coumaroyl-β-D-glucopyranoside |
| 6-*O*-咖啡酰基-α-葡萄糖 | 6-*O*-caffeoyl-α-glucose |
| 3-*O*-咖啡酰基-α-葡萄糖酯 | 3-*O*-caffeoyl-α-glucopyranose |
| 1-*O*-(*E*)-咖啡酰基-β-D-吡喃葡萄糖苷 | 1-*O*-(*E*)-caffeoyl-β-D-glucopyranoside |
| 1-*O*-咖啡酰基-β-D-吡喃葡萄糖苷 | 1-*O*-caffeoyl-β-D-glucopyranoside |
| 1-*O*-(*E*)-咖啡酰基-β-D-龙胆二糖 | 1-*O*-(*E*)-caffeoyl-β-D-gentiobiose |

| | |
|---|---|
| 1-*O*-咖啡酰基-β-D-葡萄糖 | 1-*O*-caffeoyl-β-*D*-glucose |
| 咖啡酰基-β-D-葡萄糖酯苷 | caffeoyl-β-D-glucoside ester |
| 1-*O*-咖啡酰基-β-D-芹糖呋喃糖基-(1→6)-β-D-吡喃葡萄糖苷 | 1-*O*-caffeoyl-β-D-apiofuranosyl-(1→6)-β-D-glucopyranoside |
| 6-*O*-咖啡酰基-β-葡萄糖 | 6-*O*-caffeoyl-β-glucose |
| 3-*O*-咖啡酰基-β-葡萄糖酯 | 3-*O*-caffeoyl-β-glucopyranose |
| 咖啡酰基丙二酰基矢车菊色素苷 | caffeoyl malonyl cyanin |
| 6′-*O*-咖啡酰基对羟基苯乙酮-4-*O*-β-D-吡喃葡萄糖苷 | 6′-*O*-caffeoyl-*p*-hydroxyacetophenone-4-*O*-β-D-glucopyranoside |
| 咖啡酰基甘醇酸甲酯 | methyl caffeoyl glycolate |
| 1-*O*-咖啡酰基甘油酯 | 1-*O*-caffeoyl glyceride |
| 咖啡酰基己糖二酸 | caffeoyl hexaric acid |
| 1-*O*-咖啡酰基奎宁酸 | 1-*O*-caffeoyl quinic acid |
| (–)-5-咖啡酰基奎宁酸 | (–)-5-caffeoyl quinic acid |
| 3-*O*-(*E*)-咖啡酰基奎宁酸 | 3-*O*-(*E*)-caffeoyl quinic acid |
| 5-咖啡酰基奎宁酸 | 5-caffeoyl quinic acid |
| 3-*O*-咖啡酰基奎宁酸 (3-*O*-咖啡酰奎宁酸) | 3-*O*-caffeoyl quinic acid (heriguard) |
| 5-*O*-咖啡酰基奎宁酸 (新绿原酸) | 5-*O*-caffeoyl quinic acid (neochlorogenic acid) |
| 5-*O*-咖啡酰基奎宁酸丁酯 | butyl 5-*O*-caffeoyl quinate |
| 1-*O*-咖啡酰基奎宁酸甲酯 | methyl 1-*O*-caffeoyl quinate |
| 5-*O*-咖啡酰基奎宁酸甲酯 | methyl 5-*O*-caffeoyl quinate |
| 3-*O*-(*E*)-咖啡酰基奎宁酸正丁酯 | *n*-butyl 3-*O*-(*E*)-caffeoyl quinate |
| 咖啡酰基鹿梨苷 | caffeoyl calleryanin |
| (+)-9′-*O*-咖啡酰基落叶松脂素酯 | (+)-9′-*O*-caffeoyl lariciresinol ester |
| 3-*O*-咖啡酰基莽草酸 | 3-*O*-caffeoyl shikimic acid |
| 5-*O*-咖啡酰基莽草酸 | 5-*O*-caffeoyl shikimic acid |
| 4′-咖啡酰基木犀草素-6-吡喃葡萄糖苷 | 4′-caffeoyl luteolin-6-glucopyranoside |
| (–)-(*E*)-咖啡酰基苹果酸 | (–)-(*E*)-caffeoyl malic acid |
| 咖啡酰基苹果酸 | caffeoyl malic acid |
| 1-*O*-咖啡酰基葡萄糖苷 | 1-*O*-caffeoyl glucoside |
| 4-*O*-咖啡酰基葡萄糖苷 | 4-*O*-caffeoyl glucoside |
| 咖啡酰基矢车菊色素苷 | caffeoyl cyanin |
| 6′-*O*-咖啡酰基熊果苷 | 6′-*O*-caffeoyl arbutin |
| 2-*O*-咖啡酰基熊果苷 | 2-*O*-caffeoyl arbutin |
| 咖啡酰己糖Ⅰ、Ⅱ | caffeoyl hexoses Ⅰ, Ⅱ |
| 咖啡酰己糖苷 | caffeoyl hexoside |
| 2-咖啡酰甲基-3-羟基-1-丁烯-4-*O*-β-D-吡喃葡萄糖苷 | 2-caffeoyl methyl-3-hydroxy-1-buten-4-*O*-β-D-glucopyranoside |
| 咖啡酰酒石酸 | caffeoyl tartaric acid |
| 咖啡酰酒石酸单甲酯 | caffeoyl tartaric acid monomethyl ester |

| 咖啡酰酒石酸二甲酯 | caffeoyl tartaric acid dimethyl ester |
|---|---|
| 3-*O*-咖啡酰奎尼酸甲酯 | *3-O*-caffeoyl quinic acid methyl ester |
| 1-咖啡酰奎宁酸 | 1-caffeoyl quinic acid |
| 4-咖啡酰奎宁酸 | 4-caffeoyl quinic acid |
| 咖啡酰奎宁酸 | caffeoyl quinic acid |
| 3-咖啡酰奎宁酸 (绿原酸、咖啡鞣酸、咖啡单宁酸) | 3-caffeoyl quinic acid (chlorogenic acid, caffeotamic acid) |
| 4-*O*-咖啡酰奎宁酸 (隐绿原酸) | 4-*O*-caffeoyl quinic acid (cryptochlorogenic acid) |
| 3-*O*-咖啡酰奎宁酸丁酯 | butyl 3-*O*-caffeoyl quinate |
| 3-*O*-咖啡酰奎宁酸甲酯 | methyl 3-*O*-caffeoyl quinate |
| 3-*O*-咖啡酰奎宁酸乙酯 | ethyl 3-*O*-caffeoyl quinate |
| 咖啡酰莽草酸 | caffeoyl shikimic acid |
| *O*-咖啡酰莽草酸 I | *O*-caffeoyl shikimic acid I |
| 6′-*O*-咖啡酰毛蕊花糖苷 | 6′-*O*-caffeoyl acteoside |
| 咖啡酰葡萄糖 | caffeoyl glucose |
| 咖啡酰葡萄糖苷 | caffeoyl glucoside |
| 咖啡酰羟基丙二酸单甲酯 | caffeoyl tartronic acid monomethyl ester |
| 咖啡酰羟基丙二酸二甲酯 | caffeoyl tartronic acid dimethyl ester |
| 咖啡酰羟基乙酸甲酯 | caffeoyl glycolic acid methyl ester |
| 10-*O*-咖啡酰去乙酰交让木苷 | 10-*O*-caffeoyl deacetyl daphylloside |
| 6-*O*-咖啡酰狭叶糙苏苷 (6-O-咖啡酰线叶糙苏苷) A | 6-*O*-caffeoyl phlinoside A |
| 咖啡酰亚酒石酸 (咖啡酰丙醇二酸) | caffeoyl tartronic acid |
| 3β-[(*E*)-咖啡酰氧基]-D: C-无羁齐墩果-7, 9 (11)-二烯-29-酸 | 3β-[(*E*)-caffeoyloxy]-D: C-friedoolean-7, 9 (11)-dien-29-oic acid |
| *N*-咖啡酰氧基腐胺 | *N*-caffeoyl putrescine |
| 27-咖啡酰氧基齐墩果酸甲酯 | methyl 27-caffeoyloxyoleanolate |
| 9-咖啡酰氧基十六醇 | 9-caffeoyloxy hexadecanol |
| 29-咖啡酰氧基无羁萜 (29-咖啡酰氧基木栓酮) | 29-affeoyloxyfriedelin |
| 2-*O*-咖啡酰异柠檬酸 | 2-*O*-caffeoyl isocitric acid |
| 8-*O*-咖啡酰莸苷 | 8-*O*-caffeoyl caryoptoside |
| 8-*O*-咖啡酰玉叶金花诺苷 | 8-*O*-caffeoyl mussaenoside |
| 咖啡因 (咖啡碱) | caffeine (coffeinum, guaranine) |
| (–)-咖诺定 | (–)-capnoidine |
| 咖诺定 [(–)-山缘草定碱] | capnoidine [(–)-adlumidine] |
| 咖坡定 (咖坡定碱、金紫堇定) | capauridine |
| 咖坡明碱 (金紫堇明碱) | capaurimine |
| 咖萨胺 | cassamine |
| 咖萨定 | cassaidine |
| 咖萨美定 (无根藤米丁、美洲无根藤定) | cassamedine |
| 咖萨因 | cassaine |

| 咖瑟米定 | cassemidine |
|---|---|
| 咖维任 | caverine |
| 咖西胺 | caseamine |
| 咖西定 | caseadine |
| 咖锡亭 | casimiroitine |
| (±)-喀里多尼亚胡桐醇 | (±)-caledol |
| (±)-喀里多尼亚胡桐双醇 | (±)-dicaledol |
| 喀里多尼亚胡桐呫酮 C～F | caledonixanthones C～F |
| 喀麦隆黄烷 A、B | caloflavans A, B |
| 喀西茄苷 A、B | aculeatisides A, B |
| 喀西茄碱 | khasianine |
| 卡巴呋喃 | carbofuran |
| 卡博西碱 A | caboxine A |
| 卡布定 | cabudine |
| 卡布留文 | cabreuvin |
| 卡布木叶碱 | cabufiline |
| 1, 4-卡达二烯 | 1, 4-cadaladiene |
| 卡达二烯-1, 4 | cadala-1, 4-diene |
| 1, 3, 8-卡达三烯 | 1, 3, 8-cadalene |
| (–)-卡达烷-1, 4, 9-三烯 | (–)-cadala-1, 4, 9-triene |
| 1, 8-卡达烯 (1, 8-杜松萘) | 1, 8-cadalene |
| 卡达烯 (杜松萘、4-异丙基-1, 6-二甲萘) | cadalin (cadalene, 4-isopropyl-1, 6-dimethyl naphthalene) |
| 卡达烯-15-酸 | cadalen-15-oic acid |
| 卡定明碱 | candimine |
| 卡尔德酚 | cardanol |
| 卡尔基鞘丝藻毒素 | kalkitoxin |
| 卡尔吉吡喃酮 (卡尔基鞘丝藻吡喃酮) | kalkipyrone |
| 卡尔齐什止泻木醇 | holacurtinol |
| 卡尔文那酚 B | karwinaphthol B |
| 卡菲尔萝芙木林碱 | raucaffrinoline |
| 卡菲尔萝芙木林碱-*N*4-氧化物 | raucaffrinoline-*N*4-oxide |
| (10′*R*)-卡拉阿魏醇 | (10′R)-karatavicinol |
| 卡拉阿魏醇 A | karatavicinol A |
| 卡拉巴红厚壳呫酮 (咖拉巴呫酮) | calabaxanthone |
| 卡拉巴纳不碱 | karapanaubine |
| 卡拉布里恶臭草苷 A、B | calabricosides A, B |
| 卡拉达三烯 | calad-1, 4, 9-triene |
| 卡拉花青苷 | karacyanin |
| 卡拉帕洛宾碱 (卡拉帕白坚木碱) | carapanaubine |
| 卡拉帕洛宾碱 *N*b-氧化物 | carapanaubine *N*b-oxide |

K

| 卡拉酮 | karanone |
|---|---|
| (+)-卡拉酮 | (+)-karanone |
| 卡拉西内酯 | calaxin |
| 卡来克碱 | calycinine |
| 卡勒宾-A | calebin-A |
| 卡藜林(西印度苦香碱)A | cascarillin A |
| 卡鲁叶蒿素A～D | caruifolins A～D |
| 卡罗可醇 | kanokonol |
| 卡罗可醇乙酸酯 | kanokonol acetate |
| 卡罗可苷(缬草苷)A | kanokoside A |
| 卡罗星苷(青蛇藤辛) | calocin |
| 卡罗星宁苷(青蛇藤辛宁) | calocinin |
| 卡洛碱 | carolinianine |
| 卡洛灵A～C | carolins A～C |
| 卡马罗酸 | camarolic acid |
| 卡马乌头原碱 | cammaconine |
| 卡矛定 | carthamoidine |
| 卡矛洛醇 | kamolonol |
| 卡茂皂苷元(卡姆皂苷元) | kamogenin |
| 卡米森豚草素 | chamissarin |
| 卡米松醇二乙酸酯 | chamissonin diacetate |
| (–)-卡内精 | (–)-carnegine |
| 卡内精(巨人柱碱、海扇碱) | carnegine (pectenine) |
| 卡尼尔醇-3-*O*-β-D-吡喃葡萄糖基-(1→4)-*O*-α-L-吡喃阿拉伯糖基-(28→1)-β-D-吡喃葡萄糖酯 | kanerocin-3-*O*-β-D-glucopyranosyl-(1→4)-*O*-α-L-arabinopyranosyl-(28→1)-β-D-glucopyranosyl ester |
| α-卡茄碱(α-查茄碱) | α-chaconine |
| 卡茄碱(查茄碱) | chaconine |
| β1-卡茄碱[β1-查茄碱、茄啶-3-*O*-α-L-吡喃鼠李糖基-(1→2)-β-D-吡喃葡萄糖苷] | β1-chaconine [solanidine-3-*O*-α-L-rhamnopyranosyl-(1→2)-β-D-glucopyranoside] |
| 卡绕素(卡洛辛碱、长春柔辛) | carosine |
| 卡绕西定(长春柔西定) | carosidine |
| 卡如宾糖(D-甘露糖、甘露糖) | carubinose (mannose, D-mannose, seminose) |
| 卡萨蒙纳姜宁A～C | cassumunins A～C |
| 卡萨蒙纳姜素A～C | cassumunarins A～C |
| 卡山-13 (14), 15-二烯-3, 12-二酮 | cassa-13 (14), 15-dien-3, 12-dione |
| (–)-卡氏豆定碱 | (–)-camoensidine |
| 卡氏豆碱 | camoensine |
| 卡氏冠须菊二酰胺 | caracasandiamide |
| 卡斯蒂约烯D、E | castillenes D, E |
| 卡斯苦木内酯 | chaparrolide |

| 卡斯苦木素 (查帕苦树素) | chaparrin |
|---|---|
| 卡斯苦木酮 (卡帕里酮) | chaparrinone |
| (–)-卡斯苦木酮 [(–)-卡帕里酮] | (–)-chaparrinone |
| 卡托尼酸 (山道楝酸) | katonic acid |
| 卡托普利 (巯甲丙脯氨酸) | captopril |
| 11-卡瓦胡椒内酯 (11-甲氧基去甲洋蒿宁、11-甲氧基去甲央戈宁) | 11-methoxynoryangonin |
| 卡瓦胡椒内酯 (卡瓦胡椒宁、洋蒿宁、央戈宁、麻醉椒素) | yangonin |
| 卡瓦灵 | carnavaline |
| 卡文定碱 (卡维丁) | cavidine |
| 卡文西定碱 (咖文定碱、咖文西定) | cavincidine |
| 卡文辛 | canvincine |
| 卡西波红树胺 A | cassipoureamide A |
| 卡西波红树醇 | cassipourol |
| 卡烯内酯 | cardenolide |
| 卡新宁碱 | cassinine |
| DL-卡牙呈 | DL-caryachine |
| L-卡牙呈 | L-caryachine |
| 卡亚宁 | cajinin |
| 卡卓霉素 (新生霉素) | cathomycin (cathocin, novobiocin) |
| 开德苷元 (假防己宁) | kidjoranin |
| 开德苷元-3-*O*-α-L-吡喃磁麻糖基-(1→4)-β-D-吡喃磁麻糖基-(1→4)-α-L-吡喃洋地黄糖基-(1→4)-β-D-吡喃磁麻糖苷 | kidjoranin-3-*O*-α-L-cymaropyranosyl-(1→4)-β-D-cymaropyranosyl-(1→4)-α-L-diginopyranosyl-(1→4)-β-D-cymaropyranoside |
| 开德苷元-3-*O*-α-L-吡喃脱氧毛地黄糖基-(1→4)-β-D-吡喃加拿大麻糖苷 | kidjoranin-3-*O*-α-L-diginopyranosyl-(1→4)-β-D-cymaropyranoside |
| 开德苷元-3-*O*-α-吡喃洋地黄糖基-(1→4)-β-吡喃磁麻糖苷 | kidjoranin-3-*O*-α-diginopyranosyl-(1→4)-β-cymaropyranoside |
| 开德苷元-3-*O*-β-D-吡喃磁麻糖苷 | kidjoranin-3-*O*-β-D-cymaropyranoside |
| 开德苷元-3-*O*-β-D-吡喃加拿大麻糖基-(1→4)-α-L-吡喃脱氧毛地黄糖基-(1→4)-β-D-吡喃加拿大麻糖苷 | kidjoranin-3-*O*-β-D-cymaropyranosyl-(1→4)-α-L-diginopyranosyl-(1→4)-β-D-cymaropyranoside |
| 开德苷元-3-*O*-β-D-吡喃夹竹桃糖基-(1→4)-β-D-吡喃磁麻糖基-(1→4)-β-D-吡喃磁麻糖苷 | kidjoranin-3-*O*-β-D-oleandropyranosyl-(1→4)-β-D-cymaropyranosyl-(1→4)-β-D-cymaropyranoside |
| 开德苷元-3-*O*-β-D-吡喃葡萄糖基-(1→4)-α-L-吡喃脱氧毛地黄糖基-(1→4)-β-D-吡喃加拿大麻糖苷 | kidjoranin-3-*O*-β-D-glucopyranosyl-(1→4)-α-L-diginopyranosyl-(1→4)-β-D-cymaropyranoside |
| 开德苷元-3-*O*-β-吡喃加拿大麻糖苷 | kidjoranin-3-*O*-β-cymaropyranoside |
| 开德苷元-3-*O*-β-吡喃洋地黄毒糖苷 | kidjoranin-3-*O*-β-digitoxopyranoside |
| 13, 14-开环-13, 14-二氧亚基松香-13-烯-18-酸 | 13, 14-*seco*-13, 14-dioxoabiet-13-en-18-oic acid |
| 开环 [D-asp3] 微胱氨酸-RR | seco [D-asp3] microcystin-RR |
| 4, 6-开环-19, 20-环氧狭裂鸡骨常山碱 B | 4, 6-*seco*-19, 20-epoxyangustilobine B |

| | |
|---|---|
| 6, 7-开环-19, 20-环氧狭叶鸭脚树洛平碱 A、B | 6, 7-*seco*-19, 20-epoxyangustilobines A, B |
| 18, 19-开环-2α, 3α-二羟基-19-氧亚基熊果-11, 13 (18)-二烯-28-酸 | 18, 19-*seco*-2α, 3α-dihydroxy-19-oxours-11, 13 (18)-dien-28-oic acid |
| 18, 19-开环-3β-羟基熊果-12-烯-18-酮 | 18, 19-*seco*-3β-hydroxyurs-12-en-18-one |
| 8, 9-开环-4β-羟基-1α, 5β*H*-7 (11)-愈创木烯-8, 10-内酯 | 8, 9-*seco*-4β-hydroxy-1α, 5β*H*-7 (11)-guaien-8, 10-olide |
| 1, 10-开环-4ζ-羟基衣兰油烯-1, 10-二酮 | 1, 10-*seco*-4ζ-hydroxymuurolene-1, 10-dione |
| 7, 8-开环-9 (10), 11 (12)-愈创木二烯-8, 5-内酯 | 7, 8-*seco*-9 (10), 11 (12)-guaiadien-8, 5-olide |
| (23*R*, 25*R*)-3, 4-开环-9β*H*-羊毛甾-4 (28), 7-二烯-26, 23-内酯-3-酸甲酯 | (23*R*, 25*R*)-3, 4-*seco*-9β*H*-lanost-4 (28), 7-dien-26, 23-olid-3-oic acid methyl ester |
| (–)-(10β, 13aα)-开环安托芬 *N*-氧化物 | (–)-(10β, 13aα)-secoantofine *N*-oxide |
| 8α-*H*-开环桉叶内酯 | 8α-*H*-secoeudesmanolide |
| 1, 9a-开环百部烯碱 | 1, 9a-secostemoenonine |
| 开环贝壳杉烷 | secokaurane |
| 3, 4-开环表木栓醇-3-酸 | 3, 4-secofriedelan-3-oic acid |
| (+)-开环长叶烯二醇 | (+)-secolongifolenediol |
| 开环常绿钩吻酸 | secosemperviroic acid |
| 13, 14-开环胆甾-5-烯-3β, 27-二醇-27-甲酸酯-3β-十六碳-11′, 13′, 15′-三烯-1′-酸酯 | 13, 14-secocholest-5-en-3β, 27-diol-27-methanoate-3β-hexadec-11′, 13′, 15′-trien-1′-oate |
| 13, 14-开环胆甾-7-烯-3, 6α, 27-三醇-3, 27-二辛-5, 7-二烯酸酯 | 13, 14-secocholest-7-en-3, 6α, 27-triol-3, 27-dioct-5, 7-dienoate |
| 开环短舌匹菊内酯 A、B | secotanapartholides A, B |
| 7, 8-开环对弥罗松酮 | 7, 8-*seco*-*p*-ferruginone |
| 开环多根乌头亭 | secokaraconitine |
| 1, 2-开环二氢甲基伞形花内酯甲酯 | 1, 2-secodihydromethyl umbelliferone methyl ester |
| 开环钩藤利酸 | secouncarilic acid |
| 开环红厚壳内酯 | ponnalide |
| 开环红花蕊木酸 | chanofruticosinic acid |
| 开环红花蕊木酸甲酯 | methyl chanofruticosinate |
| 开环红花蕊木酸甲酯-*N*4-氧化物 | methyl chanofruticosinate-*N*4-oxide |
| 3, 4-开环环阿屯-4 (28), 24-二烯-29-羟基-23-氧亚基-3-甲酯 | 3, 4-secocycloart-4 (28), 24-dien-29-hydroxy-23-oxo-3-oic acid methyl ester |
| 开环荒漠木蜂斗菜烯内酯 | secoeremopetasitolide |
| 开环鸡脚参醇 A～C | secoorthosiphols A～C |
| 开环疆罂粟碱 | secoroemerine |
| 开环降假鸢尾酮 A | seconoriridone A |
| 开环交让木碱 | secodaphniphylline |
| 2, 3-开环韭葱皂苷元 | 2, 3-secoporrigenin |
| 开环拉拉藤苷 | secogalioside |
| 开环柳穿鱼奥苷 | secolinarioside |
| 开环氯代筋骨草马灵 | secochlorohydrin ajugamarin |
| 开环马钱醇 | secologanol |

| 开环马钱素 | secologanin |
|---|---|
| 开环马钱素二丁基乙缩醛 | secologanin dibutyl acetal |
| 开环马钱素二甲基乙缩醛 | secologanin dimethyl acetal |
| 开环马钱素酸 | secologanin acid |
| 开环马钱子酸 (断马钱子酸) | secologanic acid |
| 开环马醉木毒素 A、B | secopieristoxins A, B |
| 开环玫瑰醛 | secocarotanal |
| 3, 4-开环齐墩果-12-烯-3, 28-二酸 | 3, 4-secoolean-12-en-3, 28-dioic acid |
| 3, 4-开环齐墩果-13 (18)-烯-12, 19-二酮-3-酸 | 3, 4-secoolean-13 (18)-en-12, 19-dione-3-oic acid |
| 3, 4-开环齐墩果-4 (23), 12-二烯-3, 29-二酸 | 3, 4-secoolean-4 (23), 12-dien-3, 29-dioic acid |
| 6-*O*-开环羟基野菰内酯基筋骨草醇 | 6-*O*-secohydroxyaeginetoyl ajugol |
| 开环羟基野菰酸 | secohydroxyaeginetic acid |
| 开环青霉碱 B | secopenitrem B |
| 7, 8-开环全柱花酮 B | 7, 8-secoholostylone B |
| 1, 10-开环睡茄白曼陀罗素 B | 1, 10-secowithametelin B |
| 6, 7-开环田麦角碱 | 6, 7-secoagroclavine |
| 3, 4-开环甜没药醇-10-烯-3-酮-1, 4-内酯 | 3, 4-secobisabol-10-en-3-one-1, 4-olide |
| 6, 7-开环铁锈醇-6, 7-二醛 | 6, 7-secoferruginol-6, 7-dial |
| 开环头花千金藤碱 (开环金线吊乌龟碱) | secocepharanthine |
| (–)-开环土耳其雪花莲碱 | (–)-secoplicamine |
| 开环脱氢双松柏醇-4-*O*-β-D-吡喃葡萄糖苷 | secodehydrodiconiferyl alcohol-4-*O*-β-D-glucopyranoside |
| 开环魏察白曼陀罗素 (开环睡茄白曼陀罗素) | secowithametelin |
| 开环乌药叶内酯 A | secoaggregatalactone A |
| (+)-6, 7-开环狭裂鸡骨常山碱 [(+)-6, 7-开环狭叶鸭脚树洛平碱] B | (+)-6, 7-secoangustilobine B |
| 6, 7-开环狭叶鸭脚树洛平碱 (6, 7-狭裂鸡骨常山碱) A、B | 6, 7-secoangustilobines A, B |
| 开环香桂内酯 | secosubamolide |
| 开环香桂内酯 A | secosubamolide A |
| 开环香叶树内酯 A、B | secolincomolides A, B |
| 开环新南五味子尼酸 A | seconeokadsuranic acid A |
| 2, 3-开环雄甾烷 | 2, 3-secoandrostane |
| (24*Z*)-3, 4-开环羊毛甾-4 (30), 8, 24-三烯-3, 26-二酸 | (24*Z*)-3, 4-secolanost-4 (30), 8, 24-trien-3, 26-dioic acid |
| 开环羊踯躅内酯 A～H | secorhodomollolides A～H |
| 开环羊踯躅酮 | secorhodomollone |
| 开环氧化马钱素 (断氧代马钱子苷) | secoxyloganin |
| 2, 3-开环乙二酸孕甾-17-烯-16-酮 | 2, 3-secodicarboxypregn-17-en-16-one |
| 3, 4-开环异海松-4 (18), 7, 15-三烯-3-酸 | 3, 4-secoisopimar-4 (18), 7, 15-trien-3-oic acid |
| (–)-开环异落叶松脂素 | (–)-secoisolariciresinol |
| (±)-开环异落叶松脂素 | (±)-secoisolariciresinol |

| | |
|---|---|
| 开环异落叶松脂素(开环异落叶松脂醇、开环异落叶松树脂酚) | secoisolariciresinol |
| (+)-开环异落叶松脂素[(+)-开环异落叶松脂酚、(+)-开环异落叶松脂醇] | (+)-secoisolariciresinol |
| (–)-开环异落叶松脂素-4-*O*-β-D-吡喃葡萄糖苷 | (–)-secoisolariciresinol-4-*O*-β-D-glucopyranoside |
| 开环异落叶松脂素-4-*O*-β-D-吡喃葡萄糖苷 | secoisolariciresinol-4-*O*-β-D-glucopyranoside |
| 开环异落叶松脂素-9, 9′-缩丙酮 | secoisolariciresinol-9, 9′-acetonide |
| (–)-开环异落叶松脂素-9-*O*-α-L-吡喃阿拉伯糖苷 | (–)-secoisolariciresinol-9-*O*-α-L-arabinopyranoside |
| 3′-开环异落叶松脂素-9-*O*-β-D-吡喃葡萄糖苷 | 3′-secoisolariciresinol-9-*O*-β-D-glucopyranoside |
| 开环异落叶松脂素-9-*O*-β-D-吡喃葡萄糖苷 | secoisolariciresinol-9-*O*-β-D-glucopyranoside |
| 开环异落叶松脂素-9′-*O*-β-D-木糖苷 | secoisolariciresinol-9′-*O*-β-D-xyloside |
| (–)-开环异落叶松脂素-*O*-α-L-吡喃鼠李糖苷 | (–)-secoisolariciresinol-*O*-α-L-rhamnopyranoside |
| 开环异落叶松脂素-二-12-甲基十四酸酯 | secoisolariciresinol-di-12-methyl tetradecanoate |
| 开环异落叶松脂素二甲醚 | secoisolariciresinol dimethyl ether |
| 开环异落叶松脂素二甲醚二乙酸酯 | secoisolariciresinol dimethyl ether diacetate |
| 开环异披针叶黄肉楠内酯(开环异朝鲜木姜子内酯) | secoisolancifolide |
| 3, 4-开环羽扇豆-20 (29)-烯-3-酸甲酯 | 3, 4-secolup-20 (29)-en-3-oic acid methyl ester |
| 3, 4-开环羽扇豆-4 (23), 20 (29)-二烯-24-羟基-3-酸 | 3, 4-secolup-4 (23), 20 (29)-dien-24-hydroxy-3-oic acid |
| 开环愈创木烷二酮(光滑飞机草二酮) | chromolaevanedione |
| 开口箭赤苷 A～D | tupichinins A～D |
| 开口箭酚(开口箭醇) A～F | tupichinols A～F |
| 开口箭苷元 A～F | tupichigenins A～F |
| 开口箭黄苷 A | tupichiside A |
| 开口箭洛苷 H | tupiloside H |
| 开口箭木脂素 A | tupichilignan A |
| 开口箭素 | tupistrin |
| 开口箭孕烯醇酮 | tupipregnenolone |
| 开口箭甾苷 B～I | tupistrosides B～I |
| 开口箭皂苷元 | tupisgenin |
| 开链萜 | meroterpenoid |
| 开展香茶菜素 | effuscanin |
| 凯利斯碱 $B_2$ | calistegin $B_2$ |
| 凯林(凯刺素、呋喃并色原酮) | khellin (visammin, kelamin) |
| 凯林(凯刺素、呋喃并色原酮) | visammin (khellin, kelamin) |
| 凯林(凯刺素、呋喃并色原酮) | kelamin (visammin, khellin) |
| 凯努萨酮(可奴萨酮、韩槐酮) A～I | kenusanones A～I |
| 凯诺醇(阿米芹醇) | khellol |
| 凯诺醇葡萄糖苷 | khellol glucoside |
| 凯瑟罗新碱 | cathorosine |
| 凯特塔皂苷 $K_6$ (无患子属皂苷 A) | kizuta saponin $K_6$ (sapindoside A) |

| | |
|---|---|
| 凯文酮 | vignatin |
| 恺木宁 A | alunusnin A |
| (*S*)-(+)- 蒈 -3- 烯 | (*S*)-(+)-car-3-ene |
| (1*S*, 6*R*)- 蒈 -3- 烯 | (1*S*, 6*R*)-car-3-ene |
| 2- 蒈醇 | 2-caraneol |
| 3- 蒈醇 | 3-caraneol |
| 蒈烷 ( 长松针烷 ) | carane |
| 2- 蒈烯 | 2-carene |
| (+)-2- 蒈烯 | (+)-2-carene |
| (+)-4- 蒈烯 | (+)-4-carene |
| 4- 蒈烯 | 4-carene |
| β- 蒈烯 | β-carene |
| ξ-3- 蒈烯 | ξ-3-carene |
| α- 蒈烯 | α-carene |
| 3- 蒈烯 (δ-3- 蒈烯、长松针烯 ) | 3-carene |
| (+)-3- 蒈烯 ( 长松针烯 ) | (+)-3-carene |
| (±)-3- 蒈烯 -2, 5- 二酮 | (±)-car-3-en-2, 5-dione |
| (*E*)-2- 蒈烯 -4- 醇 | (*E*)-2-caren-4-ol |
| (*E*)-3 (10)- 蒈烯 -4- 醇 | (*E*)-3 (10)-caren-4-ol |
| 3- 蒈烯 -9, 10- 二甲酸 | 3-caren-9, 10-dicarboxylic acid |
| 楷勒碱 ( 牛耳枫新碱 ) | calycine |
| 勘尼皂苷元 [(25*R*)-5α- 螺甾 -1β, 3α- 醇 ] | cannigenin [(25*R*)-5α-spirost-1β, 3α-ol] |
| 坎得毒素 A | candletoxin A |
| *N*- 坎狄辛 | *N*-candicine |
| 坎高罗宁酸 ( 冬青叶美登木宁 ) | cangoronine |
| 坎高罗新 A、B | cangorosins A, B |
| 坎那定 ( 四氢小檗碱、白毛茛定、氢化小檗碱、加拿大白毛茛碱 ) | xanthopuccine (tetrahydroberberine, canadine) |
| 坎纳醇 ( 印第安麻苷元醇 ) | cannogenol |
| 坎纳醇 -3-*O*-6′- 脱氧 -β-D- 阿洛糖苷 -α-L- 鼠李糖苷 | cannogenol-3-*O*-6′-deoxy-β-D-alloside-α-L-rhamnoside |
| 坎纳醇 -3-*O*-6′- 脱氧 -β-D- 阿洛糖苷 -β-D- 葡萄糖苷 | cannogenol-3-*O*-6′-deoxy-β-D-alloside-β-D-glucoside |
| 坎纳醇 -3-*O*-α-L- 吡喃鼠李糖苷 | cannogenol-3-*O*-α-L-rhamnopyranoside |
| 坎纳醇 -3-*O*-α-L- 鼠李糖苷 | cannogenol-3-*O*-α-L-rhamnoside |
| 坎纳醇 -3-*O*-β-D- 吡喃半乳糖基 -(1→4)-*O*-α-L- 吡喃鼠李糖苷 | cannogenol-3-*O*-β-D-galactopyranosyl-(1→4)-*O*-α-L-rhamnopyranoside |
| 坎纳醇 -3-*O*-β-D- 甲基阿洛糖苷 | cannogenol-3-*O*-β-D-allomethyloside |
| 坎纳苷元 ( 印第安麻苷元 ) | cannogenin |
| 坎纳苷元 α-L- 黄花夹竹桃糖苷 ( 黄夹次苷甲、黄花夹竹桃次苷甲 ) | cannogenin α-L-thevetoside (encordin, peruvoside) |
| 坎纳苷元 -α-L- 鼠李糖苷 | cannogenin-α-L-rhamnoside |

| | |
|---|---|
| 坎内宾 | canembine |
| 莰尼酮 | camphenilone |
| 莰酮(樟脑、莰烷-2-酮) | bornan-2-one (camphor) |
| (+)-莰烷-2-酮 | (+)-bornan-2-one |
| 莰乌药醇(龙脑、内-2-龙脑烷醇、内-2-莰烷醇) | camphol linderol (borneol, endo-2-bornanol, endo-2-camphanol) |
| (+)-莰烯 | (+)-camphene |
| 康刀灵 | condoline |
| 康狄卡品 | condylocarpine |
| 康定翠雀定 | tatsidine |
| 康定翠雀碱 | tatsiensine |
| 康定翠雀宁 | tatsinine |
| 康定翠雀任 | tatsitine |
| 康定翠雀因 A～C | tatsienenseines A～C |
| 康定玉竹苷 A | pratioside A |
| 康夫素 | confusine |
| 康黑种草碱 | connigelline |
| 康枯康宁 | concusconine |
| 康奎胺(康硅胺、康奎明、表奎胺) | conquinamine (conchinamin, epiquinamine) |
| 康奎明(康硅胺、康奎胺、表奎胺) | conchinamin (conquinamine, epiquinamine) |
| 康尼碱 | conyrin |
| 康宁木霉宁 G | koninginin G |
| 康普顿碱 | comptonine |
| 康切胺 | conchairamine |
| 康切米定 | conchairamidine |
| 康丝枯宁 | conkurchinine |
| 康丝瑞明 | conarrhimine |
| 康藏荆芥醇 | prattol |
| 糠秕红光树素 A、B | knerachelins A, B |
| 2-糠醇 | furfuryl-2-ol |
| 糠醇 | furfuryl alcohol |
| 2-糠醇-(5′-11)-1, 3-环戊二烯 [5, 4-*c*]-1*H*-邻二氮杂萘 | 2-furyl carbinol-(5′-11)-1, 3-cyclopentadiene [5, 4-*c*]-1*H*-cinnoline |
| 糠苷 | nukain |
| 糠苷元 | nukagenin |
| 2-糠基-5-甲基呋喃 | 2-furfuryl-5-methyl furan |
| 糠基甲基硫醚 [2-(甲硫甲基)呋喃] | 2-[(methythio) methyl] furan |
| α-糠醛(α-呋喃甲醛) | α-furfural (α-furaldehyde) |
| 3-糠醛(3-呋喃甲醛) | 3-furaldehyde (3-furfural, 3-furancarboxaldehyde) |
| 糠醛(呋喃甲醛、2-呋喃甲醛) | furfural (2-furaldehyde, 2-furancarboxaldehyde, furaldehyde) |

| 2-糠酸 (2-呋喃酸、2-呋喃甲酸) | 2-furoic acid (2-furancarboxylic acid) |
|---|---|
| 糠酸 (呋喃酸、呋喃甲酸) | furoic acid (furancarboxylic acid) |
| 糠酸甲酯 | methyl furoate |
| 抗 A 血凝素 | anti A-hemagglutinin |
| 抗 A-植物血凝素 | anti A-phytohemagglutinin |
| 抗 N-植物血凝素 | anti N-phytohemagglutinin |
| 抗毒嘧啶 | antoxopyrimidine |
| L-(+)-抗坏血酸 | L-(+)-ascorbic acid |
| L-抗坏血酸 (维生素 C、3-亚氧基-L-古洛呋喃内酯) | L-ascorbic acid (vitamin C, 3-oxo-L-gulofuranolactone) |
| L-(+)-抗坏血酸-2, 6-二棕榈酸酯 | L-(+)-ascorbic acid-2, 6-dihexadecanoate |
| L-抗坏血酸-2, 6-二棕榈酸酯 | L-ascorbic acid-2, 6-dihexadecanoate |
| 抗坏血酸-2-*O*-β-D-吡喃葡萄糖苷 (2-*O*-β-D-吡喃葡萄糖基-L-抗坏血酸、枸杞酸) | ascorbic acid-2-*O*-β-D-glucopyranoside (2-*O*-β-D-glucopyranosyl-L-ascorbic acid) |
| L-抗坏血酸钠盐 | L-ascorbic acid sodium salt |
| 抗坏血酸氧化酶 | ascorbic acid oxidase |
| 抗利尿激素 | antidiuretic hormone |
| 抗痢夹竹桃碱 (锥丝碱、地麻素、康丝碱、倒吊笔碱) | neriine (conessine, wrightine, roquessine) |
| 抗痢鸦胆子苷 | bruceantinoside |
| 抗痢鸦胆子酸 A～F | bruceanic acids (bruceolic acids) A～F |
| 抗痢鸦胆子酸 E 甲酯 | bruceanic acid E methyl ester |
| 抗痢鸦胆子酸 A 甲酯 | bruceanic acid A methyl ester |
| 抗血栓素 | antithrombin |
| 抗异钩藤碱 *N*-氧化物 | antiisorhynchophylline *N*-oxide |
| 抗诱变剂 | antimutagenic |
| 抗真菌活性蛋白 | antifungal protein |
| 考布松 (可布酮、日本香附酮) | kobusone |
| 考布素 | kobusine |
| 考茨酸浆内酯 A、B | physacoztolides A, B |
| 考狄叶素 (心叶水团花碱) | cordifoline |
| φ-考多苷 | φ-caudoside |
| 考多苷 (卵萼羊角拗苷) | caudoside |
| 考多异苷 | caudostroside |
| φ-考多异苷 | φ-caudostroside |
| 考尔-2 (16), 19-二烯-17-酸甲酯 | cur-2 (16), 19-dien-17-oic acid methyl ester |
| 考盖皂苷元 (可盖皂苷元) | kogagenin |
| 考拉维酸 (羽叶哈威豆尼酸) | kolavenic acid |
| 考芦明 | corlumine |
| 考明定 (蔻岷定) | coumingidine |
| 考明干 | coumingaine |
| 考明碱 (蔻岷精) | coumingine |

K

| | |
|---|---|
| 考绕咖烯 | corocalene |
| 考绕品 | coulteropine |
| 考萨莫 A | kosamol A |
| 考瑟蔚胺碱 | korseveramine |
| 考瑟蔚灵碱 | korseverilline |
| 考瑟蔚宁碱 | korseverinine |
| 考瑟文宁碱 | korsevinine |
| 考辛碱 | korsine |
| 苛丽碱 | kreysigine |
| 苛丽宁 | kreysiginine |
| 柯待斯太汀 A～C | kodaistatins A～C |
| 柯蒂斯百部醇 | stemocurtisinol |
| 柯库木醇 | kokoonol |
| 柯拉多宁 | coladonin (koladonin) |
| 柯拉多宁 | koladonin (coladonin) |
| 柯里拉京 (鞣云实精、鞣云实素、诃子次鞣素、马桑云实鞣精) | corilagin |
| 柯伦氏泪柏酮 | colensanone |
| 柯伦氏泪柏烯酮 | colensenone |
| 柯楠醇 | corynantheol |
| 柯楠醇碱 (柯楠次碱) | rauhimbine (corynanthine) |
| 柯楠次碱 (柯楠醇碱) | corynanthine (rauhimbine) |
| 柯楠碱 (柯楠西定碱) | corynantheidine |
| 柯蒲木那林碱 (药用蕊木碱) | kopsinaline |
| 柯楠诺辛碱 (柯诺辛碱、柯诺辛) | corynoxine |
| 柯楠诺辛碱 (柯诺辛碱、柯诺辛) A、B | corynoxines A, B |
| (4*S*)-柯楠赛因碱 *N*-氧化物 [(4*S*)-脱氢钩藤碱 *N*-氧化物] | (4*S*)-corynoxeine *N*-oxide |
| 柯楠因碱 (柯楠因) | corynantheine |
| 柯杷碱 | corpaverine |
| 柯帕利酚 (考巴里三聚芪酚) A、B | copalliferol A, B |
| 柯蒲木胺 | kopsamine |
| 柯蒲木胺 *N*-氧化物 | kopsamine *N*-oxide |
| 柯蒲木酮碱 | kopsanone |
| 柯蒲素 | koparin |
| 柯钦山橙碱 A、B | melocochines A, B |
| 柯嗪 (二羟基蒽二酮、1, 8-二羟基蒽醌) | chrysazin (dantron, 1, 8-dihydroxyanthraquinone) |
| 柯氏白刺定碱 | komaroidine |
| 柯氏九里香宾碱 (*O*-甲基柯氏九里香酚碱) | koenimbin (koenimbine, *O*-methyl koenine) |
| 柯氏九里香酚碱 | koenine |
| 柯氏九里香甲碱 (*O*-甲基柯氏九里香碱) | koenigicine (*O*-methylkoenigine) |

| 柯氏九里香碱 | koenigine |
|---|---|
| 柯氏九里香洛林碱 | koeinoline |
| 柯氏青兰醌 | komaroviquinone |
| 柯式九里香卡任碱 | murrayacarine |
| 柯索酮 A | kissoone A |
| 柯托苷 | cotom |
| 柯桠豆醇 A | andirol A |
| 柯桠二蒽酮 | ararobinol |
| (5α, 6β, 8β)-柯桠树-6-醇 | (5α, 6β, 8β)-vouacapan-6-ol |
| (5α)-柯桠树-8 (14), 9 (11)-二烯 | (5α)-vouacapa-8 (14), 9 (11)-diene |
| (+)-柯桠树酸 | (+)-vouacapenic acid |
| (5α, 8β)-柯桠树烷 | (5α, 8β)-vouacapane |
| 柯桠树烯-5α-醇 | vouacapen-5α-ol |
| 柯桠素 (脱氧大黄酚、大黄根酸-9-蒽酮、大黄酚蒽酮) | chrysarobin (chrysophanic acid-9-anthrone, chrysophanol anthrone) |
| 科贝尔素 A、B | korberins A, B |
| 科环氧酮 | corepoxylone |
| 科勒坡苷元 (马利筋坡苷元) | clepogenin |
| 科雷内酯 | correolide |
| 科鲁普钩枝藤碱 A～E | korupensamines A～E |
| 科罗尔鞘丝藻酰胺 | kororamide |
| 科罗索林 (刺果番荔枝林素) | corossolin |
| 科罗索龙 (刺果番荔枝酮) | corossolone |
| 科罗索素 | corossoline |
| 科曼多菠萝蜜素 | artomandin |
| 科曼碱 A～D | communesins A～D |
| 科佩特阿魏酮 | fekolone |
| 科绕魏素 | croweacin |
| 科氏忍冬苷 | korolkoside |
| L-科斯糖 | L-kestose |
| 科兹玄参苷 A、B | scrokoelzisides A, B |
| 榼藤皂子苷 Ⅰ～Ⅳ | entada saponins Ⅰ～Ⅳ |
| 榼藤子苷 (尿黑酸-2-*O*-β-D-吡喃葡萄糖苷) | phaseoloidin (homogentisic acid-2-*O*-β-D-glucopyranoside) |
| 榼藤子酸 | entagenic acid |
| 榼藤子酰胺 A～C | entadamides A～C |
| 榼藤子酰胺 A-β-D-吡喃葡萄糖苷 | entadamide A-β-D-glucopyranoside |
| 壳二糖 | chitobiose |
| 壳囊孢素 A | cytoskyrin A |
| 壳囊孢酸 | cytosporic acid |
| 壳囊孢酮 A～E | cytosporones A～E |

K

| 壳皮质 | periostracel |
|---|---|
| 可待因 (甲基吗啡、吗啡-3-甲醚) | codeine (methyl morphine, codicept, morphine-3-methyl ether) |
| β-可待因 (内欧品、尼奥品) | β-codeine (neopine) |
| 可旦民碱 | codamine |
| 可的松 (皮质酮) | cortisone (adrenalex, cortone) |
| 可卡因 (柯卡因、古柯碱、甲基苯甲酰芽子碱) | cocaine (methyl benzoyl ecgonine) |
| 可可贝碱 | cocoberine |
| 可可碱 (可可豆碱) | theobromine |
| 可可碱乙酸钠 | sodium theobromine acetate |
| (*R*)-(+)-可可毛色二孢菌素 | (*R*)-(+)-lasiodiploidin |
| 可可莫平 | cucupine |
| 可可鞘丝藻酰胺 A、B | cocosamides A, B |
| 可拉山竹子黄烷酮 | kolaflavanone |
| 可拉酮 | kolanone |
| α-可鲁勃林 (α-蛇形马钱碱) | α-colubrine |
| β-可鲁勃林 (β-蛇形马钱碱) | β-colubrine |
| 可杷内文 (密脉白坚木碱) | compactinervine |
| 可瑞明 | coramine |
| 可食当归素 | edulisins Ⅳ, Ⅴ |
| 可食新劳塔豆二酚 | edudiol |
| 可他宁 | cotarnine |
| 可他酮 | cotarnone |
| 可铁林 | cotinine |
| 可疑飞氏藻酚 A、B | ambigols A, B |
| 克粑亭 | crispatine |
| 克尔百部碱 | stemokerrin |
| 克拉波皂苷元 | crabbogenin |
| 克拉顿芹素 | colladonin |
| 克拉精 | krelagine |
| 克拉松木素 | klasonlignin |
| 克拉瓦酸 | clavatoic acid |
| 克拉文洛醇 | kolavelool |
| 克里翠雀碱 | crispulidine |
| 克里翠雀普碱 | delphicrispuline |
| 克里米亚常春藤苷 (陶里卡常春藤苷) A～E、$G_3$、$H_1$、$H_2$ | taurosides A～E, $G_3$, $H_1$, $H_2$ |
| 克里特鸦葱苷 Ⅰ | scorzocreticoside Ⅰ |
| 克列班宁硝酸盐 | crebanine nitrate |
| 克列鞣质 (日本栗鞣质) | cretanin |

| 克罗-14-烯-3α, 4β, 13ξ-三醇 | clerod-14-en-3α, 4β, 13ξ-triol |
|---|---|
| 克罗纳帕品 | cronupapine |
| 克洛伯苷(倒卵叶山石榴苷、毛土连翘素) | xeroboside (hymexelsin) |
| 克洛法素 | xeroferin |
| 克默森茄碱 | commersonine |
| 克木毒蛋白 | camphorin |
| 克杞查灵(止泻木查林) | kurchaline |
| 克杞灵(止泻木林碱) | kurchiline |
| 克杞明(枯察明、止泻木查胺) | kurchamine |
| 克杞钦(止泻木钦碱) | kurchine |
| 克杞星(苦尔新宁碱、撒扣啶宁碱、止泻木切辛) | kurchessine (irehdiamine Ⅰ, sarcodinine) |
| 克杞叶灵(止泻木叶碱) | kurchiphylline |
| 克杞叶明 | kurchiphyllamine |
| 克什米尔鸢尾素 | iriskashmirianin |
| 克氏格尼迪木素 | kraussianin |
| 克氏胡椒脂素 | clusin |
| 克瓦宁 | kvannin |
| 克氏千里光碱(肾形千里光碱) | senkirkine (renardine) |
| 克沃任(山岗橐吾碱) | clivorine |
| 刻叶紫堇胺 | corydamine |
| 刻叶紫堇胺盐酸盐 | corydamine hydrochloride |
| 刻叶紫堇碱 | coryincine |
| 刻叶紫堇明碱(紫堇萨明、紫堇萨明碱) | corysamine |
| 肯普苷 A | kenposide A |
| 肯氏樫木酮(爪哇酮) A、B | schiffnerones A, B |
| 空心泡醇 | rosifoliol |
| 空心苋酸(喜旱莲子草酸) | philoxeroic acid |
| 空心苋皂苷 A～D | hollow alternanthera saponins A～D |
| 孔酚 | kongol |
| 孔乔斯银胶菊素 A | conchasin A |
| 孔雀草苷(万寿菊苷) | patulitrin |
| 孔雀草素(万寿菊素) | patuletin |
| 孔雀草素-3-*O*-[2-*O*-(*E*)-阿魏酰基-β-D-吡喃葡萄糖基-(1→6)-β-D-吡喃葡萄糖苷] | patuletin-3-*O*-[2-*O*-(*E*)-feruloyl-β-D-glucopyranosyl-(1→6)-β-D-glucopyranoside] |
| 孔雀草素-3-*O*-[5‴-*O*-阿魏酸基-β-D-呋喃芹糖基-(1‴→2″)-β-D-吡喃葡萄糖苷 | patuletin-3-*O*-[5‴-*O*-feruloyl-β-D-apiofuranosyl-(1‴→2″)-β-D-glucopyranoside |
| 孔雀草素-3-*O*-β-D-(2″-阿魏酸吡喃葡萄糖基)-(1→6)-[β-D-呋喃芹糖基(1→2)]-β-D-吡喃葡萄糖苷 | patuletin-3-*O*-β-D-(2″-feruloylglucopyranosyl)-(1→6)-[β-D-apiofuranosyl-(1→2)]-β-D-glucopyranoside |
| 孔雀草素-3-*O*-β-D-6″-对香豆酰葡萄糖苷 | patuletin-3-*O*-β-D-6″-(*p*-coumaroyl) glucoside |
| 孔雀草素-3-*O*-β-D-吡喃葡萄糖苷 | patuletin-3-*O*-β-D-glucopyranoside |

K

| | |
|---|---|
| 孔雀草素-3-*O*-β-D-龙胆二糖苷 | patuletin-3-*O*-β-D-gentiobioside |
| 孔雀草素-3-*O*-β-D-芸香糖苷 | patuletin-3-*O*-β-D-rutinoside |
| 孔雀草素-3-*O*-β-龙胆二糖昔 | patuletin-3-*O*-β-gentiobioside |
| 孔雀草素-3-*O*-葡萄糖苷 | patuletin-3-*O*-glucoside |
| 孔雀草素-3-*O*-芸香糖苷 | patuletin-3-*O*-rutinoside |
| 孔雀草素-3-葡萄糖基-(1→6)-[芹糖基-(1→2)]-葡萄糖苷 | patuletin-3-glucosyl-(1→6)-[apiosyl-(1→2)]-glucoside |
| 孔雀草素-3-鼠李糖基葡萄糖苷 | patuletin-3-rhamnoglucoside |
| 孔雀草素-7-*O*-(6″-异丁酰基)葡萄糖苷 | patuletin-7-*O*-(6″-isobutyryl) glucoside |
| 孔雀草素-7-*O*-(6″-异戊酰基)葡萄糖苷 | patuletin-7-*O*-(6″-isovaleryl) glucoside |
| 孔雀草素-7-*O*-[6″-(2-甲基丁酰基)]葡萄糖苷 | patuletin-7-*O*-[6″-(2-methyl butyryl)] glucoside |
| 口蘑氨酸(口蘑酸、赤口蘑氨酸) | tricholomic acid (*erythro*-tricholomic acid) |
| 口蘑内酯 A～C | tricholomalides A～C |
| 口蘑炔 A、B | tricholomenyns A, B |
| 叩卜任烯 | cuprenene |
| α-叩卜任烯 | α-cuprenene |
| 扣匹灵 | tokinelin |
| 扣匹素(东京紫玉盘宁)A～C | tonkinins A～C |
| 枯草醇素 | subtenolin |
| 枯醇 | cumic alcohol |
| 枯达灵 | cuspidaline |
| 枯拉定 | cularidine |
| 枯拉灵 | cularine |
| 枯拉明 | cularimine |
| 枯拉辛(苦来西碱) | cularicine |
| 枯里珍五月茶酚 A | barbatumol A |
| 枯美任 | kuramerine |
| 枯茗醇(孜然芹醇) | cuminol (cuminyl alcohol) |
| 枯茗醛(枯醛、对异丙基苯甲醛、孜然芹醛) | cuminal (cuminyl aldehyde, cumaldehyde, cuminaldehyde, *p*-isopropyl benzaldehyde, 4-isopropyl benzaldehyde) |
| 枯牧烯 | cumulene |
| 枯杷碱(西花椒碱、库柏碱、克斯巴林) | cusparine |
| 枯杷任 | cuspareine |
| 枯热洒苷元 | curassavogenin |
| (–)-枯梢菌素[(–)-核盘菌亭] | (–)-sclerodin |
| 枯树醇(樟油醇) | kusunol |
| 枯斯考尼丁(古柯尼定) | cusconidine |
| 枯酸(枯茗酸) | cumic acid |
| 枯烯(1-甲乙基苯、异丙苯) | cumene (1-methyl ethyl benzene, isopropyl benzene) |
| 枯杂灵 | curalethaline |

| 苦艾宾内酯 | artabin |
|---|---|
| 苦艾醇 | absinthol |
| 苦艾酸 | absinthic acid |
| 苦艾萜二醇 | absindiol |
| 苦艾萜内酯 | artanolide |
| 苦白蹄酸 | officinalic acid |
| 苦橙苷 | aurantiamarin |
| 苦樗酸 | ailanthic acid |
| 苦当药酯苷(苦獐牙菜素) | amaroswerin |
| 苦地衣酸 | picrolichenic acid |
| 苦丁茶奥苷A～G | ilekudinchosides A～G |
| 苦丁茶冬青醇A～E | ilekudinols A～C |
| 苦丁茶冬青醇D、E甲酯 | ilekudinol D, E methyl ester |
| 苦丁茶冬青苷A～J | ilekudinosides A～J |
| 苦丁茶苷A～D | cornutasides A～D |
| 苦丁茶内脂A | kudinchalactone A |
| 苦丁茶糖脂素A、B | cornutaglycolipides A, B |
| 苦丁醇酸 | kudinolic acid |
| 苦丁苷(苦丁冬青苷)A～O | kudinosides A～O |
| 苦丁勾苷A、B | kudingosides A, B |
| α-苦丁内酯 | α-kudinlactone |
| γ-苦丁内酯-3-*O*-β-D-吡喃葡萄糖基-(1→3)-[α-L-吡喃鼠李糖基-(1→2)]-α-L-吡喃阿拉伯糖苷 | γ-kudinglactone-3-*O*-β-D-pyranglucose-(1→3)-[α-L-rhamnopyranosyl-(1→2)]-α-L-arabinopyranoside |
| 苦豆根酮A～G | alopecurones A～G |
| 苦豆碱 | aloperine |
| 苦豆素A | alopecurin A |
| 苦豆子苷A | alopecuroides A |
| 苦毒毛旋花子苷(哇巴因、苦羊角拗苷、G-毒毛旋花子次苷) | gratibain (acocantherin, G-strophanthin, astrobain, ouabain) |
| 苦堆心菊素 | amaralin |
| 苦尔新宁碱(克杞星、撒扣啶宁碱) | irehdiamine Ⅰ (kurchessine, sarcodinine) |
| 苦甘草醇(槐属黄烷酮G) | vexibinol (sophoraflavanone G) |
| 苦甘草定(苦豆子定、利奇槐酮A) | vexibidin (leachianone A) |
| 苦瓜奥苷A～D | kuguaosides A～D |
| 苦瓜醇 | momordol |
| 苦瓜定-2′-*O*-β-D-吡喃葡萄糖苷 | momordin-2′-*O*-β-D-glucopyranoside |
| 苦瓜二醇A | charantadiol A |
| 苦瓜酚苷A | monordicophenoide A |
| 苦瓜苷Ⅰ～Ⅷ | charantosides Ⅰ～Ⅷ |
| 苦瓜苷A～G | charantosides A～G |

K

| 苦瓜苷元 E | charantagenin E |
|---|---|
| 苦瓜根素 A～X | kuguacins A～X |
| 苦瓜核糖体失活蛋白 | ribosome inactivating protein |
| 苦瓜混苷 | charantin |
| 苦瓜灵 (苦瓜林素) | momordicilin |
| 苦瓜洛苷 Ⅰ～ⅩⅢ | karavilosides Ⅰ～ⅩⅢ |
| 苦瓜洛苷元 A～F | karavilagenins A～F |
| 苦瓜脑苷 | momorcerebroside |
| 苦瓜内酯 | momordicolide |
| 苦瓜宁 | momordicinin |
| 苦瓜凝集素 | momordica charantia lectin |
| 苦瓜醛 | charantal |
| 苦瓜属苷 A～W、$F_1$、$F_2$ | momordicosides A～W, $F_1$, $F_2$ |
| 苦瓜属苷 G | momordicacoside (momordicoside) G |
| α (β)- 苦瓜素 | α (β)-momorcharin |
| α- 苦瓜素 | α-momorcharin |
| β- 苦瓜素 | β-momorcharin |
| γ- 苦瓜素 | γ-momorcharin |
| 苦瓜素 Ⅰ～Ⅷ | momordicines Ⅰ～Ⅷ |
| 苦瓜糖苷 A～I | kuguaglycosides A～I |
| 苦瓜亭 A、B | charantins A, B |
| 苦瓜酮 | durallone |
| 苦瓜烯醇 | momordenol |
| 苦瓜辛 | momordicin |
| 苦瓜熊果烯醇 | momodicaursenol |
| 苦瓜抑制剂 | momordica charantia inhibitor |
| 苦瓜皂苷 A～H | kuguasaponins A～H |
| 苦瓜子苷 A、B | momorcharasides A, B |
| 苦瓜子皂苷 Ⅰ、Ⅱ | momordica saponins Ⅰ, Ⅱ |
| 苦鬼臼毒素 | picropodophyllotoxin |
| L- 苦鬼臼毒素 -4-*O*-β-D- 吡喃葡萄糖苷 | L-picropodophyllotoxin-4-*O*-β-D-glucopyranoside |
| L- 苦鬼臼毒素 -4-*O*-β-D- 吡喃葡萄糖基 -(1→6)-β-D- 吡喃葡萄糖苷 | L-picropodophyllotoxin-4-*O*-β-D-glucopyranosyl-(1→6)-β-D-glucopyranoside |
| 苦鬼臼毒素 -4-*O*-β-D- 葡萄糖苷 | picropodophyllotoxin-4-*O*-β-D-glucoside |
| 苦鬼臼毒素乙酯 | picropodophyllotoxin acetate |
| 苦蒿素 | blinin |
| 苦苣菜丁烯酮苷 (苦苣菜香堇酮苷) A～C | sonchuionosides A～C |
| 苦苣菜苷 A～I | sonchusides A～I |
| 苦苣菜黄酮苷 | sonchoside |
| 苦苣菜叶素 | sonchifolin |

| 苦苣苔苷 | conandroside |
|---|---|
| 苦苣苔苷元 | gensneridin |
| 苦苣苔科苷 | gesnerin |
| 苦苣苔香茶菜素 (苣苔香茶菜素) A～C | gesneroidins A～C |
| 苦槛蓝氯素 | myopochlorin |
| 苦槛蓝萜苷 A～D | myobontiosides A～D |
| 苦郎树苷 A～C | sammangaosides A～C |
| 苦郎树诺苷 $A_1$、A～D | inerminosides $A_1$, A～D |
| 苦郎树素 | inermes |
| 苦郎树酸 (海州常山二萜酸) | clerodermic acid |
| 苦郎树酸甲酯 | clerodermic acid methyl ester |
| 苦枥木洛苷 | insuloside |
| 苦楝二醇 | meliandiol |
| 苦楝根碱 | azedarine |
| 苦楝降内酯 | azedararide |
| 苦楝苦素 A | melazolide A |
| 苦楝苦酸 | azedarachic acid |
| 苦楝素 (楝树素) A～C | azedarachins A～C |
| 苦楝酸 | kulonic acid |
| 苦楝萜醇内酯 (苦楝内酯) | kulolactone |
| 苦楝萜酸甲酯 (苦楝植酸甲酯) | methyl kulonate |
| 苦楝萜酮 (苦楝皮萜酮) | kulinone |
| 苦楝萜酮内酯 (苦内酯) | kulactone |
| 苦楝新醇 | melianoninol |
| 苦楝子醇 (苦楝子萜醇、苦楝醇) | melianol |
| 苦楝子二醇 | melianodiol |
| 苦楝子内酯 | melialactone |
| 苦楝子三醇 (苦楝三醇) | meliantriol |
| 苦楝子酮 (苦楝酮) | melianone |
| 苦龙胆素 (龙胆苦酯苷) B | amarogentin B |
| 苦马豆洛辛 $S_1$～$S_3$ | sphaerosins $S_1$～$S_3$ |
| 苦马豆宁 (苦马豆辛宁) | spherosinin |
| 苦马酸 (邻香豆酸、2-香豆酸、邻羟基桂皮酸) | coumarinic acid (*o*-coumaric acid, 2-coumaric acid, *o*-hydroxycinnamic acid) |
| 苦马酸-β-D-葡萄糖苷 | coumarinic acid-β-D-glucoside |
| 苦荬菜醇 A、B | ixerols A, B |
| 苦荬菜素 (苦荬菜内酯) A～U | ixerins A～U |
| 苦莓苷 $F_1$、$F_2$ | nigaichigosides $F_1$, $F_2$ |
| 苦木半缩醛 A～F | nigakihemiacetals A～F |
| 苦木碱 A～G | kumujians A～G |

| 苦木碱壬 (3-β-咔啉-1-丙酸甲酯) | kumujanrine (methyl 3-β-carbolin-1-propionate) |
|---|---|
| 苦木碱亭 (苦木双碱乙) | kumujantine |
| 苦木碱辛 | kumujancine |
| 苦木碱乙 (L-甲酯基-β-咔啉) | kumujian B (methyl β-carbolin-L-carboxylate, L-carbomethoxy-β-carboline) |
| 苦木苦味素 | quassinoid |
| 苦木利卡内酯 A～D | simalikalactones A～D |
| 苦木内酯 A～P | nigakilactones A～P |
| 苦木双碱甲 | kumujansine |
| 苦木素 | quassin |
| 苦木酸 | quassic acid |
| 苦木萜醇 | nigakinol |
| 苦木酮碱 (苦木酮、苦木碱己) | nigakinone |
| 苦木西碱 A～Y | picrasidines A～Y |
| 苦木脂素 A | picrasmalignan A |
| 苦皮树素 A～Q | picrodendrins A～Q |
| 苦皮素 (苦皮藤亭) A～P | angulatins A～P |
| 苦皮藤胺碱 (苦皮藤胺) | angulatamine |
| 苦皮藤苷 (苦皮藤倍半萜) A～H | angulatueoids A～H |
| 苦皮藤素 Ⅰ～ⅩⅨ | celangulatins (celangulins) Ⅰ～ⅩⅨ |
| 苦皮藤素 Ⅰ～ⅩⅨ | celangulins (celangulatins) Ⅰ～ⅩⅨ |
| 苦皮藤辛 A | angulatusine A |
| 苦皮藤酯 1～4 | kupitengesters 1～4 |
| 苦皮种素 (苦皮藤萜) Ⅱ～Ⅵ | angulatinoids Ⅱ～Ⅵ |
| 苦荞麦苷 A～G | tatarisides A～G |
| γ-1-苦茄碱 | γ-1-solamarine |
| γ-2-苦茄碱 | γ-2-solamarine |
| δ-苦茄碱 | δ-solamarine |
| α-苦茄碱 (α-欧白英碱) | α-solamarine |
| β-苦茄碱 (β-欧白英碱) | β-solamarine |
| 苦茄碱 (欧白英碱) | solamarine |
| 苦山柰萜醇 | marginatol |
| 苦参-15-酮 | matridine-15-one |
| 苦参胺 (苦参胺碱、苦拉拉碱) | kuraramine |
| (+)-苦参胺 [(+)-苦参胺碱、(+)-苦拉拉碱] | (+)-kuraramine |
| 苦参苯并二氢吡喃 (苦参色满) A～C | flavenochromanes A～C |
| 苦参查耳酮醇 (苦参啶醇) | kuraridinol |
| 苦参醇 | kurarinol |
| 苦参二酮 | sophoradione |
| 苦参酚 (苦参新醇) A～X | kushenols A～X |

| | |
|---|---|
| 苦参酚 E [苦参新醇 E、蔓性千斤拔素 D、6, 8-双 (3, 3-二甲烯丙基) 染料木素] | kushenol E [(*S*)-flemiphilippinin D, 6, 8-di (3, 3-dimethyl allyl) genistein] |
| 苦参黄酮 A～D | kushecarpins A～D |
| (–)-苦参碱 | (–)-matrine |
| (+)-苦参碱 | (+)-matrine |
| α-苦参碱 | α-matrine |
| 苦参碱 (母菊碱) | matrine (sophorcarpidine) |
| 苦参碱 *N*-氧化物 | matrine *N*-oxide |
| 苦参醌 A | kushenquinone A |
| 苦参素 | kushenin |
| 苦参酮 | kurarinone |
| (–)-苦参酮 | (–)-kurarinone |
| 苦参辛 | flavascensine |
| 苦参新醇 A (利奇槐酮 E) | kushenol A (leachianone E) |
| 苦参新醇 E [6, 8-双 (3, 3-甲烯丙基) 染料木素] | kushenol E [6, 8-di (3, 3-dimethyl allyl) genistein] |
| 苦参皂苷 Ⅰ～Ⅳ | sophoraflavosides Ⅰ～Ⅳ |
| 苦绳三糖苷 | dresitrioside |
| 苦绳双糖苷 | dresibioside |
| 苦绳四糖苷 | dresitetraoside |
| 苦石松定 (狐尾石松定碱) | alopecuridine |
| 苦石松碱 | alolycopine |
| 苦石松任 | alopecurine |
| 苦树醇 A、B | picrasinols A, B |
| 苦树苷 A～D | picraquassiosides A～D |
| 苦树内酯 | kusulactone |
| 苦树素 | picrasin |
| 苦树素苷 A～H | picrasinosides A～H |
| 苦树萜内脂 A～E | picraqualides A～E |
| 苦树西定碱 A～H | quassidines A～H |
| 苦提来宁 F | cotylenin F |
| 苦天茄苷 | solakhasoside |
| 苦瓦莫内酯 (睡茄曼陀罗诺内酯) | vamonolide |
| 苦味素 | bitter principles |
| 苦味酸 | picric acid |
| 苦味酸羟胺 | hydroxyamine picrate |
| 苦味远志苷 (细叶远志利苷、远志糖苷、远志蔗糖酯) A～D | tenuifolisides A～D |
| 苦味远志糖 (远志寡糖) A～Q | tenuifolioses A～Q |
| 苦乌头碱 (苯乌头原碱) | picraconitine (isaconitine, benzaconine) |
| 苦香木苦素 | cedrin |

| | |
|---|---|
| 苦香木内酯 A～E | cedronolactones A～E |
| α-苦辛 (苦苏苦素) | α-kosin |
| 苦辛木酸 | coussaric acid |
| 苦杏贝灵 | amarbeline |
| 苦杏苷 | amarogentine |
| 苦杏碱 | amaron |
| 苦杏碱醇 A、B | amaronols A, B |
| 苦杏仁苷酶 | amygdalase |
| 苦杏仁酶 | emulsin |
| 苦杏仁素 | laetrile |
| 苦杏仁酸 (扁桃酸) | mandelic acid (amygdalic acid) |
| 苦杏素 | amaroid |
| 苦玄参奥苷 A～C | picfeosides A～C |
| 苦玄参苷 Ⅰ～Ⅹ、ⅠA、ⅠB | picfeltarraenins Ⅰ～Ⅹ, ⅠA, ⅠB |
| 苦玄参苷元 Ⅰ～Ⅵ | picfeltarraegenins Ⅰ～Ⅵ |
| 苦玄参酮 | picfeltarraenone |
| 苦羊角拗苷 (哇巴因、G-毒毛旋花子次苷、苦毒毛旋花子苷) | acocantherin (ouabain, G-strophanthin, gratibain, astrobain) |
| 苦羊角拗苷 (哇巴因、苦毒毛旋花子苷、G-毒毛旋花子次苷) | astrobain (ouabain, acocantherin, gratibain, G-strophanthin) |
| 苦藏红花酸 (苦番红花酸) | picrocrocinic acid |
| 苦蘵利定 A～C | physangulidines A～C |
| 苦蘵内酯 (酸浆诺内酯) | physanolides |
| 苦蘵睡茄甾素 A～N | physangulatins A～N |
| 苦蘵素 A～O | physagulins A～O |
| 苦槠宁 A、B | sclerophynins A, B |
| 19-(*Z*)-苦籽木定碱 [19-(*Z*)-阿枯米定碱、19-(*Z*)-阿枯米定] | 19-(*Z*)-akuammidine |
| 苦籽木碱 (匹克拉林碱) | picraline |
| Ψ-苦籽木精碱 | Ψ-akuammigine |
| 苦籽木精酮碱 | akuammiginone |
| 苦籽木米宁 | akuaminine |
| 苦籽木米辛 | picramicine |
| (–)-苦籽木辛碱 [(–)-阿枯米辛] | (–)-akuammicine |
| 苦籽木辛碱 (阿枯米辛) | akuammicine |
| 苦籽木辛碱-*N*-氧化物 | akuammicine-*N*-oxide |
| 库柏宁 | cuspanine |
| 库得二醇 | kudtdiol |
| 库尔库斯麻疯树酮 (麻疯树萜酮) A～J | curcusones A～J |
| 库尔兹查耳酮内酯 | kurzichalcolactone |
| 库尔兹黄酮内酯 A、B | kurziflavolactones A, B |

| 库尔兹内酯 | kurzilactone |
|---|---|
| 库夫明(瓜馥木明) | kuafumine |
| 库赫斯坦阿魏酮 | kuhistaferone |
| 库赫斯坦醇 D | kuhistanol D |
| 库拉胺-2′-α-*N*-氧化物 | kurramine-2′-α-*N*-oxide |
| 库拉胺-2′-β-*N*-氧化物 | kurramine-2′-β-*N*-oxide |
| 库拉素(库拉素链霉素)A～D | curacins A～D |
| 库拉索芦荟苷 A | aloveroside A |
| (–)-库兰花椒胺 | (–)-culantraramine |
| (–)-库兰花椒胺 *N*-氧化物 | (–)-culantraramine *N*-oxide |
| (–)-库兰花椒胺醇 | (–)-culantraraminol |
| (–)-库兰花椒胺醇 *N*-氧化物 | (–)-culantraraminol *N*-oxide |
| 库洛胡黄连苷 | pikuroside |
| 库洛胡黄连苷 A～C | picrorhizosides A～C |
| 库曼豚草素 | paulitin |
| 库门鸢尾素甲基醚 | iriskumaonin methyl ether |
| 库姆仙客来苷 | cyclacoumin |
| 库森木苷 A、B | cussonosides A, B |
| 库松木皂苷 A～C | cussosaponins A～C |
| 库苏林 | cusculine |
| 库希洛苷(马钱子洛苷) | cuchiloside |
| 库页岛北芷内酯 | sachalinin |
| 库页红景天醇 A | sachalinol A |
| 夸马辛 | quachamacine |
| 夸特宁碱 | quaternin |
| 块根芍药灵 | paeobrin |
| 块根芍药素 | paeonihybridin |
| 块茎葛素 | tuberosin |
| 块茎苦苣菜素 | tubiferin |
| 块茎水甘草明 | tubersomine |
| 宽树冠木醇 | eurycomanol |
| 宽树冠木内酯(欧瑞苦码酮) | eurycomalactone |
| 宽树冠木酮(宽缨酮) | eurycomanone |
| 宽树冠木烯 | eurylene |
| 宽叶阿魏定 | cauferidin (kauferidin) |
| 宽叶阿魏定 | kauferidin (cauferidin) |
| 宽叶阿魏宁 | cauferinin |
| 宽叶阿魏素 | cauferin (kauferin) |
| 宽叶阿魏素 | kauferin (cauferin) |

K

| | |
|---|---|
| 宽叶阿魏素-4′-*O*-β-D-吡喃葡萄糖基-(1→6)-*O*-β-D-吡喃葡萄糖苷 | cauferin-4′-*O*-β-D-glucopyranosyl-(1→6)-*O*-β-D-glucopyranoside |
| 宽叶波苏茜素 | latifonin |
| 宽叶葱苷 A | karatavioside A |
| (25*S*)-宽叶葱苷 C | (25*S*)-karatavioside C |
| 宽叶葱苷元 D | karatavilagenin D |
| 宽叶甘松醇 (匙叶甘松西醇) | jatamansinol |
| 宽叶甘松素 (甘松素) | jatamansin |
| 宽叶甘松酸 | jatamansic acid |
| 宽叶金粟兰半日花烷 A～C | henrilabdanes A～C |
| 宽叶金粟兰醇 A～D | henriols A～D |
| 宽叶金粟兰素 A～C (金粟兰甲～丙素) | chloranthaols A～C |
| 宽叶十万错苷 | asysgangoside |
| 宽叶香蒲醇 | latifolol |
| 宽叶香蒲苷 (阔叶冬青苷) A～Q | latifolosides A～Q |
| α-宽叶缬草醇 | α-kessyl alcohol |
| 宽叶缬草内酯 A、B | volvalerelactones A, B |
| 宽叶缬草醛 A～G | volvalerenals A～G |
| 宽叶缬草素 A～D | valeneomerins A～D |
| 宽叶缬草酸 A～D | volvalerenic acids A～D |
| 宽叶缬草烷 (阔叶缬草醚) | kessane |
| 款冬二醇 | faradiol |
| 款冬二醇-3-*O*-棕榈酸酯 | faradiol-3-*O*-palmitate |
| 款冬花碱 | tussilagine |
| 款冬花内酯 | tussilagolactone |
| 款冬花素 A、B | tussfarfarins A, B |
| 款冬素 | tussilagin |
| 款冬酮 (款冬花酮) | tussilagone |
| 况得内酯 | quadrone |
| 盔瓣耳叶苔酮 | muscicolone |
| 盔状黄芩苷 | galeroside |
| 盔状黄芩林素 | galericulin |
| 盔状黄芩灵 A、B | scutegalerins A, B |
| 盔状黄芩素 A | scutegalin A |
| 奎胺 | quinamine |
| 奎洛刀宁 | quillobordonine |
| 奎洛定 | quillobodine |
| 奎那啶 | quinaldine |
| 奎萘酚 | quinaphthol |
| 奎尼丁 (奎尼定、奎宁丁) | quinidine |

| | |
|---|---|
| 奎尼内酯 | epi-γ-quinide |
| 奎尼酮 | quininone |
| 奎尼辛 | quinicine (quinotoxine) |
| 奎宁 | quinine |
| 奎宁啶 | quinuclidine |
| 奎宁尼酸 | quininic acid |
| 奎宁素 | quineensine |
| D-(–)-奎宁酸 | D-(–)-quinic acid |
| (–)-奎宁酸 | (–)-quinic acid |
| 奎宁酸 (奎尼酸) | quinic acid |
| 奎宁酸-4-*O*-香豆酯 | quinic acid-4-*O*-coumarate |
| 奎宁酸丁酯 | butyl quinate |
| 奎宁酸甲酯 | methyl quinate |
| 奎诺内酰胺素 A～C、$A_1$、$A_2$ | quinolactacins A～C, $A_1$, $A_2$ |
| 奎诺糖 (异鼠李糖、金鸡纳糖) | quinovose (isorhamnose) |
| 奎冉定 | quirandinen |
| 奎斯特醇 (常现青霉醇) | questinol |
| 奎斯特霉素 A | questiomycin A |
| 奎乙酰苯 | acetyl quinol |
| 葵花醇 A～L | heliannuols A～L |
| 葵花酮 A～C | heliannones A～C |
| 喹叨啉 | quindoline |
| 喹叨啉酮 | quindolinone |
| 喹啉 (喹诺林) | quinolin (quinoline) |
| 喹啉 (喹诺林) | quinoline (quinolin) |
| 喹啉-1 (2*H*)-甲酸 | quinolin-1 (2*H*)-carboxylic acid |
| 喹啉-2 (1*H*)-酮 | quinolin-2 (1*H*)-one |
| 喹啉-4-胺 | quinolin-4-amine |
| 喹啉-8-酚 (8-羟基喹啉) | quinolin-8-ol |
| 喹啉-2, 4-叉基 | 2, 4-quinolinediyl |
| 4-喹啉基胺 | 4-quinolyl amine |
| 4-喹啉基氮烷 | 4-quinolyl azane |
| 4 (1*H*)-喹诺酮 | 4 (1*H*)-quinolinone |
| 喹喏里西啶碱 | quinolizidine alkaloid |
| 4*H*-喹嗪 | 4*H*-quinolizine |
| 喹色亭酚儿茶素 | guibourtinidol-(4α→6)-catechin |
| 喹喔啉 {喹嗯啉、苯并 [*b*] 吡嗪} | quinoxaline {benzo [b] pyrazine} |
| 喹乙醇 | olaquindox |
| 2, 4 (1*H*, 3*H*)-喹唑二酮 | 2, 4 (1*H*, 3*H*)-quinazolinedione |
| 喹唑啉 (5, 6-苯并嘧啶) | quinazoline (5, 6-benzopyrimidine) |

| 2, 4-喹唑啉二酮 | benzouracil |
|---|---|
| 4 (3*H*)-喹唑酮 | 4 (3*H*)-quinazolone |
| 喹唑酮 | quinazolone |
| 4-喹唑酮 | 4-quinazolone |
| 魁蒿内酯 | yomogin |
| 魁蒿醛乙酸酯 | sajabalal acetate |
| 昆布醇 (海带醇) | laminitol |
| 昆布二糖 | laminaribiose |
| 3-*O*-β-D-昆布二糖基远志酸甲酯 | methyl 3-*O*-β-D-laminaribiosyl polygalacate |
| 昆布酚 (鹅掌菜酚) | eckol |
| 昆布聚糖(昆布多糖、海带多糖、褐藻淀粉、海带淀粉) | laminaran (laminarin) |
| 昆布素 (海带氨酸) | laminine |
| 昆明山海棠二醇 | hypodiol |
| 昆明山海棠苷 A | hypoglaside A |
| 昆明山海棠碱 (昆明山海棠宁) A～F | hyponines A～F |
| 昆明山海棠素 (昆明山海棠次碱) A～E | hypoglaunines A～E |
| 昆明山海棠萜酸 (山海棠萜酸、山海棠素萜酸) | hypoglauterpenic acid |
| 昆明香茶菜素 | rabdokunmin |
| 醌醇 | quinol |
| 醌醇葡萄糖苷 | quinol glucoside |
| 醌合氢醌 | quinhydrone |
| (*R*)-(−)-醌茜素-6-*O*-β-D-吡喃木糖苷 | (*R*)-(−)-skyrin-6-*O*-β-D-xylopyranoside |
| (*R*)-醌茜素-6-*O*-β-D-吡喃木糖苷 | (*R*)-skyrin-6-*O*-β-D-xylopyranoside |
| 醌式红花苷 | carthamone |
| 醌酸 | chinoic acid |
| 扩展内酯 A、B | expansolides A, B |
| 阔苞菊齿醇 | pleuchiol |
| 阔苞菊醇 A、B | plucheols A, B |
| 阔苞菊苷 A～E、$D_1$～$D_3$ | plucheosides A～E, $D_1$～$D_3$ |
| 阔苞菊酸 | pluchoic acid |
| 阔带明 | platydesmine |
| 阔荚合欢苷 (大叶合欢皂苷) A～H | lebbekanins A～H |
| 阔马酸 | cumalic acid |
| 阔叶合欢萜酸 | albigenic acid |
| 阔叶黄檀醇 | dalbinol |
| (*R*)-(−)-阔叶黄檀素 | (*R*)-(−)-latifolin |
| 阔叶黄檀素 (阔叶黄檀酚) | latifolin |
| 阔叶碱 | latifoline |
| 阔叶宁 | latifolinine |
| 阔叶破布木宁素 A～C | latifolicinins A～C |

| 阔叶千里光次酸 | platynecic acid |
|---|---|
| 阔叶千里光碱 (狗舌草碱) | platyphylline |
| 阔叶千里光碱 *N*- 氧化物 | platyphylline *N*-oxide |
| 阔叶千里光碱重酒石酸盐 | platyphylline tartrate |
| 阔叶山麦冬甾苷 Ⅰ、Ⅱ | liriopems Ⅰ, Ⅱ |
| 阔叶缬草醇 | kessyl alcohol |
| 阔叶缬草醇乙酸酯 | kessyl acetate |
| 阔叶缬草甘醇 | kessoglycol |
| 阔叶缬草甘醇二乙酸酯 | kessoglycol diacetate |
| 阔叶缬草甘油 | kessoglycerin |
| 阔叶缬草脑 (宽叶缬草烷醇) | kessanol |
| 阔叶缬草脑乙酸酯 | kessanyl acetate |
| 阔翼蜡菊苯酞 | platypterophthalide |
| 拉巴多酸模苷 | labadoside |
| 拉比瑞夫尔米 | labriformin |
| 拉比瑞夫米定 | labriformidin |
| 拉蒂碱 | radiatine |
| 拉克黄素 (3′- 甲基杨梅黄酮、3′- 甲基杨梅素) | larycitrin (3′-methyl myricetin) |
| 拉克萨爵床脂醇 | laxanol |
| 拉肯梅基内酯 (短叶罗汉松内酯) Ⅰ | rakanmakilactone Ⅰ |
| 拉拉藤苷 | galioside |
| 拉里亚苷元 A | larreagenin A |
| 拉马呈宁 | lamarchinine |
| 拉马京 | lamarckine |
| 拉马灵脑酸 | ramalinoric acid |
| 拉马宁碱 (莱曼沙枝豆碱、莱曼碱、12- 脱氢苦参碱) | lehmannine (12-dehydromatrine) |
| 拉马酸 (树花地衣酸) | ramalic acid (obtusatic acid) |
| 拉帕车脑 | lapachenole |
| 拉帕醇 (风铃木醇、特可明、黄钟花醌、拉杷酚) | lapachol (tecomin, taiguic acid, greenhartin) |
| 拉帕菲 A、B | lappaphes A, B |
| 拉齐木定 | rhazidine |
| 拉齐木那林 | rhazinaline |
| 拉齐木内酰胺 | rhazinilam |
| 拉齐木诺林 | rhazinoline |
| 拉色芹里定 | laserolide |
| (+)- 拉瑟芹素 | (+)-laserpitin |
| 拉瑟芹素 (拉塞尔匹亭、雷塞匹亭) | laserpitin |
| 拉坦尼根酚 Ⅰ ～ Ⅲ | ratanhiaphenols Ⅰ ～ Ⅲ |
| 拉提比达菊内酯 Ⅱ | ratibinolide Ⅱ |

| | |
|---|---|
| 拉肖皂苷元(拉克索皂苷元) | laxogenin |
| 拉肖皂苷元-3-*O*-[α-L-吡喃阿拉伯糖基-(1→6)]-β-D-吡喃葡萄糖苷 | laxogenin-3-*O*-[α-L-arabinopyranosyl-(1→6)]-β-D-glucopyranoside |
| 拉肖皂苷元-3-*O*-[β-D-吡喃木糖基-(1→4)-β-D-吡喃葡萄糖苷 | laxogenin-3-*O*-[β-D-xylopyranosyl-(1→4)-β-D-glucopyranoside] |
| 拉肖皂苷元-3-*O*-[β-D-吡喃葡萄糖基-(1→4)]-[α-L-吡喃阿拉伯糖基-(1→6)]-β-D-吡喃葡萄糖苷 | laxogenin-3-*O*-[β-D-glucopyranosyl-(1→4)]-[α-L-arabinopyranosyl-(1→6)]-β-D-glucopyranoside |
| 拉肖皂苷元-3-*O*-{*O*-(2-*O*-乙酰基-α-L-吡喃阿拉伯糖基)-(1→6)-β-D-吡喃葡萄糖苷 | laxogenin-3-*O*-{*O*-(2-*O*-acetyl-α-L-arabinopyranosyl)-(1→6)-β-D-glucopyranoside} |
| 拉肖皂苷元-3-*O*-{*O*-α-L-吡喃阿拉伯糖基-(1→6)-β-D-吡喃葡萄糖苷} | laxogenin-3-*O*-{*O*-α-L-arabinopyranosyl-(1→6)-β-D-glucopyranoside} |
| 拉肖皂苷元-3-*O*-{*O*-β-D-吡喃木糖基-(1→4)-*O*-[α-L-吡喃阿拉伯糖基-(1→6)]-β-D-吡喃葡萄糖苷 | laxogenin-3-*O*-{*O*-β-D-xylopyranosyl-(1→4)-*O*-[α-L-arabinopyranosyl-(1→6)]-β-D-glucopyranoside} |
| 拉肖皂苷元-3-*O*-β-D-吡喃木糖基-(1→4)-[α-L-吡喃阿拉伯糖基-(1→6)]-β-D-吡喃葡萄糖苷 | laxogenin-3-*O*-β-D-xylopyranosyl-(1→4)-[α-L-arabinopyranosyl-(1→6)]-β-D-glucopyranoside |
| 拉肖皂苷元-3-*O*-β-D-吡喃葡萄糖苷 | laxogenin-3-*O*-β-D-glucopyranoside |
| 拉肖皂苷元-3-*O*-β-D-吡喃葡萄糖基-(1→4)-[α-L-吡喃阿拉伯糖基-(1→6)]-β-D-吡喃葡萄糖苷 | laxogenin-3-*O*-β-D-glucopyranosyl-(1→4)-[α-L-arabinopyranosyl-(1→6)]-β-D-glucopyranoside |
| 拉兹马宁碱 | rhazimanine |
| 刺革链霉肽 A | tryptorubin A |
| 刺乌头碱(拉巴乌头碱) | lappaconitine |
| 喇叭茶醇(喇叭醇) | ledol |
| 喇叭茶苷(杜香苷、柔毛山黧豆苷、毛山黧豆苷) | palustroside |
| 喇叭茶苷(杜香苷、柔毛山黧豆苷、毛山黧豆苷)Ⅰ～Ⅲ | palustrosides Ⅰ～Ⅲ |
| 喇叭烯氧化物(杜香烯氧化物)-Ⅰ、Ⅱ | ledene oxides-Ⅰ, Ⅱ |
| 腊肠树醌(吊灯树酮) | kigelinone |
| 腊梅碱 | calycanthine |
| 蜡 | wax |
| 蜡醇(二十六醇) | ceryl alcohol (hexacosanol) |
| 蜡膏 | cerate |
| 蜡果杨梅醇 | myricerol |
| 蜡果杨梅酸 A～C | myriceric acids A～C |
| 蜡菊吡喃酮 | helipyrone |
| 蜡菊查耳酮 | helichromanochalcone |
| 蜡菊查耳酮 A、B | heliandins A, B |
| 蜡菊苷[槲皮素-3-(6′-对香豆酰)葡萄糖苷] | helichrysoside [quercetin-3-(6′-*p*-coumaroyl) glucoside] |
| 蜡菊花苷 A～M | everlastosides A～M |
| (2*R*)-蜡菊花素 | (2*R*)-helichrysin |
| (2*S*)-蜡菊花素 | (2*S*)-helichrysin |
| (2*R*)-蜡菊花素 A | (2*R*)-helichrysin A |

| (2*S*)-蜡菊花素 A | (2*S*)-helichrysin A |
|---|---|
| 蜡菊黄酮苷 (山龙眼酚苷) A、B | heliciosides A, B |
| 蜡菊素 (麦秆菊素) | bracteatin |
| 蜡菊素 -6-*O*- 葡萄糖苷 | bracteatin-6-*O*-glucoside |
| 蜡菊亭 | helichrysetin |
| 蜡梅定 | calycanthidine |
| 蜡梅苷 | meratin |
| D- 蜡梅碱 | D-calycanthine |
| (+)- 蜡梅碱 [(+)- 洋蜡梅碱、(+)- 夏蜡梅碱] | (+)-calycanthine |
| 蜡梅米定 | chimonamidine |
| 蜡蘑素 | laccarin |
| 蜡酸 (二十六酸) | cerotic acid (hexacosanoic acid) |
| 蜡酸二十六酯 (蜡酸蜡醇酯) | ceryl cerotate |
| 蜡酸蜂花酯 | myricyl cerotate |
| (+)- 辣薄荷醇 | (+)-piperitol |
| 辣薄荷醇 | piperitol |
| 辣薄荷醇 -γ, γ- 二甲烯丙基醚 | piperitol-γ, γ-dimethyl allyl ether |
| 辣薄荷基和厚朴酚 | piperityl honokiol |
| 辣薄荷酮氧化物 | piperitone oxide |
| 辣薄荷烯 | peperitene |
| 辣薄荷烯酮 (胡椒烯酮) | piperitenone |
| 辣薄荷烯酮氧化物 | piperitenone oxide (piperitenoxide) |
| 辣根碱 | cochlearine |
| 辣根属碱 | cochlearia base |
| 辣椒倍半萜醇 A～J | canusesnols A～J |
| 辣椒二醇 (椒二醇) | capsidiol |
| 辣椒苷 $A_1$～$A_3$、$B_1$～$B_3$、$C_1$～$C_3$、E、$E_1$ | capsicosides $A_1$～$A_3$, $B_1$～$B_3$, $C_1$～$C_3$, E, $E_1$ |
| 辣椒苷 V 甲酯 | capsicoside V methyl ester |
| 辣椒红素 (辣椒红、辣椒质) | capsanthin |
| 辣椒红素 -3, 6- 环氧化物 | capsanthin-3, 6-epoxide |
| 辣椒红素 -5, 6- 环氧化物 | capsanthin-5, 6-epoxide |
| 辣椒红素二肉豆蔻酸酯 | capsanthin dimyristate |
| 辣椒红素二棕榈酸酯 | capsanthin dipalmitate |
| 辣椒红素肉豆蔻酸酯 | capsanthin myristate |
| 辣椒红素肉豆蔻酸酯棕榈酸酯 | capsanthin myristate palmitate |
| 辣椒红素双月桂酸酯 | capsanthin dilaurate |
| 辣椒红素月桂酸酯 | capsanthin laurate |
| 辣椒红素月桂酸酯肉豆蔻酸酯 | capsanthin laurate myristate |
| 辣椒红素月桂酸酯棕榈酸酯 | capsanthin laurate palmitate |

| 辣椒红素棕榈酸酯 | capsanthin palmitate |
|---|---|
| (3*R*, 3′*S*, 5′*R*)- 辣椒红酯 | (3*R*, 3′*S*, 5′*R*)-capsanthin ester |
| 辣椒黄酮苷 A | capsicuoside A |
| 辣椒碱 (辣椒素) | capsaicine (capsaicin, styptysat) |
| 辣椒素 (辣椒碱) | styptysat (capsaicine、capsaicin) |
| 辣椒素 -β-D- 吡喃葡萄糖苷 | capsaicin-β-D-glucopyranoside |
| 辣椒素酯 | capsiate |
| 辣椒萜苷 Ⅱ、Ⅲ | capsianosides Ⅱ, Ⅲ |
| 辣椒萜苷 A～H | capsianosides A～H |
| 辣椒酮 | capsanthone |
| 辣椒酮 -3, 6- 环氧化物 | capsanthone-3, 6-epoxide |
| 辣椒新苷 $D_1$、$E_1$ | capsicosins $D_1$, $E_1$ |
| 辣椒玉红素 | capsorubin |
| (3*S*, 5*R*, 3′*S*, 5′*R*)- 辣椒玉红素酯 | (3*S*, 5*R*, 3′*S*, 5′*R*)-capsorubin ester |
| 辣蓼铁线莲皂苷 A～E | mandshunosides A～E |
| 辣木碱 | moringine |
| 辣木米宁 A、B | niaziminins A, B |
| 辣木米辛 | niazimicin |
| 辣木宁 A、B | niazinins A, B |
| 辣木素 | pterigospermin |
| 辣木籽素 | moringin |
| 辣千里光碱 | sceleratine |
| 辣乳菇二醛 (辣味乳菇二醛) | piperdial |
| 辣乳菇醛醇 (辣味乳菇醛醇) | piperalol |
| 辣味乳菇醇 A～E | lactapiperanols A～E |
| 蜊蛄素 | astacene |
| 来欧卡品 (平滑果哥纳香素、光果铁苏木素) | leiocarpin |
| 来欧辛 | leiocin |
| 来斯定碱 A | lasiodine A |
| D- 来苏醇 (D- 阿拉伯醇、D- 阿拉伯戊糖醇、D- 阿拉伯糖醇) | D-lyxitol (D-arabitol, D-arabino-pentitol, D-arabinitol) |
| D- 来苏 - 己 -2- 酮糖 (D- 塔格糖) | D-lyxo-hex-2-ulose (D-tagatose) |
| D-(–)- 来苏糖 | D-(–)-lyxose |
| 来苏糖 | lyxose |
| D- 来苏糖 | D-lyxose |
| 来苏糖苷 | lyxoside |
| 莱尔德醇 A | lairdinol A |
| 莱菔苷 b～d | raphanusides b～d |
| 莱菔硫烷 | sulforaphane (sulforaphan) |
| 莱菔素 (莱菔子素、萝卜硫素、萝卜素) | raphanin (sulforaphene) |

| 莱可菊内酯 A～F | lecocarpinolides A～F |
|---|---|
| (+)-莱曼沙枝豆碱 [(+)-莱曼碱、(+)-拉马宁碱] | (+)-lehmannine |
| 莱姆勃霉素 (教酒菌素) | lambdamycin (chartreusin) |
| (12*E*)-莱姆炔 A | (12*E*)-lembyne A |
| 莱普亭宁 (次勒帕茄碱) | leptinine |
| 莱氏翠雀碱-14-*O*-乙酰化物 | leroyine-14-*O*-acetate |
| 莱氏金鸡勒胺 (金鸡纳非胺、金鸡纳叶胺、3β, 17β-莱氏金鸡勒碱) | cinchophyllamine (3β, 17β-cinchophylline) |
| 莱氏金鸡勒碱 (金鸡纳非灵、金鸡纳叶碱) | cinchophylline |
| 3β, 17β-莱氏金鸡勒碱 (莱氏金鸡勒胺、金鸡纳非胺) | 3β, 17β-cinchophylline (cinchophyllamine) |
| 3α, 17α-莱氏金鸡勒碱 (异莱氏金鸡勒胺、异金鸡纳非胺) | 3α, 17α-cinchophylline (isocinchophyllamine) |
| 莱式五层龙芪酚 D | lehmbachol D |
| 莱歇尔醇 A、B | lecheronols A, B |
| DL-赖氨酸 | DL-lysine |
| L-赖氨酸 | L-lysine |
| 赖氨酸 | lysine |
| 赖氨酸茶碱 (茶碱 DL-赖氨酸盐) | paidomal (theophylline DL-lysinate) |
| 赖氨酸单盐酸盐 | lysine monohydrochloride |
| 赖氨酸钙 | calcium lysinate |
| 赖氨酸谷氨酸盐 | lysine glutamate |
| *N*6-赖氨酸基 | *N*6-lysino |
| 赖氨酸三甲铵乙内酯草酸氢盐 | lysine betaine dioxalate |
| 赖麻尼碱 (12, 13-脱氢苦参碱) | lemannine (12, 13-didehydromatridin-15-one) |
| 赖麻酰胺 | lemairamide |
| 兰伯罗汉松酸 | lambertic acid |
| (–)-兰伯罗汉松酸 | (–)-lambertic acid |
| 兰伯松脂素 (唐松素) A～C | lambertianins A～C |
| 兰伯松脂酸 (唐松酸、糖松酸) | lambertianic acid |
| 兰伯松脂酸甲酯 | methyl lambertianate |
| 兰檗亭 | lambertine |
| 兰定 A | cymbinodin A |
| 兰定 A 乙酸酯 | cymbinodin A acetate |
| 兰萼香茶菜素 (蓝萼甲素～蓝萼丙素) A～C | glaucocalyxins A～C |
| 兰蓟碱 | echiumine |
| 兰碱 A | cymbidine A |
| 兰金断肠草碱 (兰金氏断肠草碱、兰金钩吻定) | rankinidine |
| 兰卡假蒟酰胺 | langkamide |
| 兰玛毒苷 (齐墩果酸三糖苷毒素 B) | lemmatoxin (oleanoglycotoxin B) |
| 兰萨罗特阿魏醇-5α-对羟基苯甲酸酯 | lancerotol-5α-(*p*-hydroxybenzoate) |

| | |
|---|---|
| 兰塞因 | lanceine |
| 兰梭品(兰素品) | lanthopine |
| 兰香草苷 A～E | incanosides A～E |
| 兰香草醚萜苷 A、B | caryocanosides A, B |
| 兰香草醚萜素(兰香草酯苷)A、B | incanides A, B |
| 兰香草内酯 | caryocanolide |
| 兰香草品内酯 A～M | caryopincaolides A～M |
| 兰香草酮 | incanone |
| 兰香油精(母菊精) | chamazulenogen |
| 兰屿红厚壳酸 | blancoic acid |
| 兰屿花椒二醇 | integrifoliodiol |
| 兰屿花椒素 | integrifoliolin |
| 兰屿樫木苷 K～Q | cumingianosides K～Q |
| 兰屿内酯 | lanyulactone |
| 兰屿酰胺(朗玉酰胺)Ⅰ～Ⅲ | lanyuamides Ⅰ～Ⅲ |
| (–)-蓝桉醇 | (–)-globulol |
| 蓝桉醇(兰桉醇) | globulol |
| 蓝桉醛(桉醛)Ⅰ～Ⅶ、Ⅰ$a_1$、Ⅰ$a_2$、Ⅰb、Ⅰc、Ⅱa～Ⅱc、Ⅳa、Ⅳb | euglobals Ⅰ～Ⅶ, Ⅰ$a_1$, Ⅰ$a_2$, Ⅰb, Ⅰc, Ⅱa～Ⅱc, Ⅳa, Ⅳb |
| 蓝桉醛(桉醛)$B_1$-1、$G_1$～$G_7$、$T_1$、In-1 | euglobals $B_1$-1, $G_1$～$G_7$, $T_1$, In-1 |
| 蓝桉素 | eucaglobulin |
| 蓝菜林素 I | segelin I |
| 蓝刺头胺 | echinoramine |
| 蓝刺头定碱 | echinopsidine |
| 蓝刺头碱 | echinopsine |
| 蓝刺头醚碱 | echinorine |
| 蓝刺头木脂素 A | echinolignan A |
| 蓝刺头宁碱 | echinine |
| 蓝刺头炔噻吩 A | echinoynethiophene A |
| 蓝刺头噻吩 A～F | echinothiophenes A～F |
| 蓝刺头噻吩酮 A | grijisone A |
| 蓝刺头噻吩烯醇 | echinothiophenegenol |
| 蓝刺头属碱 | echinops base |
| 蓝刺头属萤光辛 | echinops fluorescine |
| 蓝翠雀素(蓝翠雀灵) | caeruline |
| 蓝耳草甾酮 | commisterone |
| 蓝矾(五水硫酸铜) | chalcanthite |
| 蓝堇非辛 | fumarophycine |
| 蓝果忍冬苷 A～C | caeruleosides A～C |
| 蓝花参酚苷(一一七脂苷) | wahlenbergioside |

| | |
|---|---|
| 蓝花参诺苷 A 甲酯 | wahlenoside A methyl ester |
| 蓝花参诺苷 A～D | wahlenosides A～D |
| 蓝花赝靛素 -7-*O*-β-D- 葡萄糖苷 -6″-*O*- 丙二酸酯 | texasin-7-*O*-β-D-glucoside-6″-*O*-malonate |
| 蓝花楹苷 | jacaranoside |
| 蓝花楹酮 | jacaranone |
| 蓝花楹酮 -7-*O*-2′- 吡喃葡萄糖酯 | jacaranone-7-*O*-2′-glucopyranosyl ester |
| 蓝花楹酮甲酯 | jacaranone methyl ester |
| 蓝花楹酮乙酯 | jacaranone ethyl ester |
| 蓝花楹酮乙酯 -4-*O*- 葡萄糖苷 | jacaranone ethyl ester-4-*O*-glucoside |
| 蓝环蛇毒素 | caeruleotoxin |
| 蓝灰扁尾海蛇毒素 A、B | laticauda colubrina toxins A, B |
| 蓝蓟定 | echimidine |
| 蓝蓟碱 | echivulgarine |
| 蓝蓟碱 -*N*- 氧化物 | echivulgarine-*N*-oxide |
| 蓝蓟醌 | echinone |
| 蓝蓟灵 | vulgarine |
| 蓝蓟灵 -*N*- 氧化物 | vulgarine-*N*-oxide |
| 蓝堇胺 | fumaramine |
| 蓝堇草碱 | leptopyrine |
| 蓝堇定 | fumaridine |
| 蓝堇碱 (富马碱、原阿片碱、原鸦片碱、前鸦片碱、普鲁托品、紫堇宁) | fumarine (protopine, macleyine, corydinine) |
| 蓝堇灵 (蓝堇林碱) | fumariline |
| 蓝堇宁 | fumarinine |
| 蓝堇亭 | fumaritine |
| 蓝堇瓦灵 | fumvailline |
| 蓝堇辛 | fumaricine |
| 蓝盆花皂苷 A～K | scabiosaponins A～K |
| 蓝桑橙素 (橙桑青素) | cyanomaclurin |
| 蓝丝菊素 (卡多帕亭) | cardopatine |
| 蓝溪藻叶黄素 | myxoxanthophyll |
| 蓝雪花苷 A | ceratoside A |
| 蓝叶藤胺 | tinctoramine |
| 蓝叶藤苷 A～C | tinctorosides A～C |
| 蓝叶藤内酯酮 (蓝叶藤内酯) | tinctoralactone |
| (5*S*, 7*R*, 10*S*)- 榄 -1, 3- 二烯 -11- 醇 | (5*S*, 7*R*, 10*S*)-elema-1, 3-dien-11-ol |
| 榄核莲黄酮 (黄芩黄酮Ⅰ、5, 2′- 二羟基 -7, 8- 二甲氧基黄酮) | panicolin (skullcapflavone Ⅰ, 5, 2′-dihydroxy-7, 8-dimethoxyflavone) |
| 榄核莲内酯 | paniculide |
| 榄仁树苷 A | terminoside A |

| 榄仁树鞣精 | tergallagin |
| --- | --- |
| 榄仁树鞣质 | tercatain |
| 榄烷 | elemane |
| 榄香-1, 3, 7 (11), 8-四烯-8, 12-内酰胺 | elema-1, 3, 7 (11), 8-tetraen-8, 12-lactam |
| 5β*H*-榄香-1, 3, 7, 8-四烯-8, 12-内酯 | 5β*H*-elem-1, 3, 7, 8-tetraen-8, 12-olide |
| (–)-β-榄香醇 | (–)-β-elemol |
| 榄香醇 | elemol |
| β-榄香醇 | β-elemol |
| 榄香窃衣酮 | elematorilone |
| 1, 3, 11 (13)-榄香三烯-8β, 12-内酯 | 1, 3, 11 (13)-elematrien-8β, 12-olide |
| 榄香三烯醇 (2-甲基-2-乙烯基-3-异丙基-5-异亚丙基环己醇) | 2-methyl-2-vinyl-3-isopropenyl-5-isopropylidenecyclohexanol |
| 榄香树脂醇 | brein |
| 榄香素 (榄香脂素、5-烯丙基-1, 2, 3-三甲氧基苯) | elemicin (5-allyl-1, 2, 3-trimethoxybenzene) |
| β-榄香酮酸 | β-elemonic acid |
| (–)-β-榄香烯 | (–)-β-elemene |
| α-榄香烯 | α-elemene |
| β-榄香烯 | β-elemene |
| δ-榄香烯 | δ-elemene |
| τ-榄香烯 | τ-elemene |
| γ-榄香烯 (γ-榄烯) | γ-elemene |
| 榄香烯 (榄烯) | elemene |
| 榄叶菊素 | olearin |
| 狼毒大戟苷 A～C | fischerosides A～C |
| 狼毒大戟甲素 (狼毒大戟萜内酯 A、狼毒大戟素 A) | fischeriana A |
| 狼毒大戟降二萜内酯 A | fischeria A |
| 狼毒大戟素 | fischeriana |
| 狼毒大戟乙素 (狼毒大戟萜内酯 B、狼毒大戟素 B) | fischeriana B |
| 狼毒苷 (瑞香狼毒苷) | chamaejasmoside |
| 狼毒灵 | stellerarin |
| 狼毒色原酮 | chamaechromone |
| 狼毒素 A～C | chamaejasmins A～C |
| 狼毒素甲基衍生物 | chaemaejasmenin derivate |
| 狼毒乌头碱 (牛扁次碱) | delsine (royline, lycoctonine) |
| 狼毒辛 A～E | stelleracins A～E |
| 狼毒新素 | neostellerin |
| 狼毒因 A～F | langduins A～F |
| 狼尾草麦角碱 | penniclavine |
| 榔色木酸 | lansic acid |
| 莨菪碱 (天仙子胺) | cytospaz (daturine, duboisine, hyoscyamine) |

| 莨菪品碱 (莨菪品、东莨菪品碱、莨菪内酯) | scopine |
|---|---|
| 劳丹尼定 (鸦片尼定碱、半日花酚碱、劳丹宁) | tritopine (laudanidine, laudanine) |
| DL-劳丹宁 | DL-laudanine |
| 劳丹宁 (鸦片尼定碱、劳丹尼定、半日花酚碱) | laudanine (tritopine, laudanidine) |
| DL-劳丹素 (DL-半日花素) | DL-laudanosine |
| 劳丹素 (鸦片辛碱、半日花素) | laudanosine |
| 劳丹鼬瓣花亭 (劳丹鼬瓣花素、半日花鼬瓣花素、半日花鼬瓣花亭) | ladanetin |
| 劳丹鼬瓣花亭-6-*O*-β-(6″-*O*-乙酰基) 吡喃葡萄糖苷 | ladanetin-6-*O*-β-(6″-*O*-acetyl) glucopyranoside |
| 劳丹鼬瓣花亭-6-*O*-β-D-吡喃葡萄糖苷 | ladanetin-6-*O*-β-D-glucopyranoside |
| 劳丹鼬瓣花亭-6-*O*-β-D-葡萄糖苷 | ladanetin-6-*O*-β-D-glucoside |
| 劳瑞灵 | laureline |
| 劳瑞浦京 | laurepukine |
| 劳瑞亭 (椭圆叶琼楠亭) | laurelliptine |
| 劳氏假番荔枝醛 | lawinal |
| 劳藻酚 | laurinterol |
| 劳藻烷 | laurane |
| 劳藻烯 (凹顶藻烯) | laurene |
| 老刺木胺 (沃坎胺、伏康树胺) | voacamine |
| 老刺木碱 (伏康京碱、老刺木精、伏康树碱) | voacangine |
| 老刺木碱-7-羟基假吲哚 | voacangine-7-hydroxyindolenine |
| 老刺木灵 | voacaline |
| 老刺木脒 | voacamidine |
| 老刺木任 | voacafrine |
| 老刺木素 | vobtusine |
| 老刺木辛 | voacafricine |
| 老刺木隐亭 | voacryptine |
| 老瓜头苷 A～C、I～L | komarosides A～C, I～L |
| 老虎楝素 (三叶鼠尾草素) A～I | trijugins A～I |
| 老牛筋苷 A～D | junceosides A～D |
| 老伞素 A～F | gerronemins A～F |
| 老鼠瓜苷 A、B | capparilosides A, B |
| 老鼠瓜辛 | capparidisine |
| 老鼠芳碱 | platycerine |
| 老鼠簕苷 A、B | ilicifoliosides A, B |
| 老鼠簕碱 | acanthifoline |
| 老鼠簕新苷 | acancifoliuside |
| 老头掌碱 | anhalonine |
| 姥鲛烷 (朴日斯烷、鲨肝油烷) | pristane |

| DL-酪氨酸 | DL-tyrosine |
| --- | --- |
| D-酪氨酸 | D-tyrosine |
| L-酪氨酸 | L-tyrosine |
| 酪氨酸 | tyrosine |
| 酪氨酸酶 | tyrosinase |
| L-酪氨酸甜菜碱 (麻根素) | L-tyrosine betaine (maokonine) |
| L-酪氨酰-L-丙氨酸酐 | L-tyrosyl-L-alanine anhydride |
| L-酪氨酰-L-亮氨酸酐 [L-顺式-3-(对羟苄基)-6-异丁基-2, 5-二酮哌嗪] | L-tyrosyl-L-leucine anhydride [L-*cis*-3-(*p*-hydroxybenzyl)-6-isobutyl-2, 5-piperazinedione] |
| L-酪氨酰-L-缬氨酸酐 [L-顺式-3-(对羟苄基)-6-异丙基-2, 5-二酮哌嗪] | L-tyrosyl-L-valine anhydride [L-*cis*-3-(*p*-hydroxybenzyl)-6-isopropyl-2, 5-piperazinedione] |
| 酪氨酰乙酸酯 | tyrosyl acetate |
| 酪胺 (对羟基苯乙胺) | tocosine (tyrosamine, tyramine, uteramine, *p*-hydroxy-phenethyl amine) |
| 酪胺盐酸盐 | tyramine hydrochloride |
| 酪醇 (对羟基苯乙醇) | tyrosol (*p*-hydroxyphenyl ethyl alcohol) |
| 酪醇-8-*O*-β-D-吡喃葡萄糖苷 | tyrosol-8-*O*-β-D-glucopyranoside |
| 酪蛋白 (干酪素) | casein |
| 乐果 | dimethoate |
| $\Delta^{13,18}$-乐园树醇酮 | $\Delta^{13,18}$-glaucarubolone |
| 乐园树醇酮 (乐园树酮素) | glaucarubolone |
| 乐园树素 (乐园树苷) | glaucarubin (α-kirondrin, glaumeba, glarubin) |
| 乐园树酮 | glaucarubinone |
| 簕欓花椒胺 (阿维森纳碱) | avicennamine |
| 簕欓花椒醇甲酯 | avicennol methyl ether |
| (*Z*)-簕欓花椒酮 | (*Z*)-avicennone |
| 簕欓花椒酮 (海榄雌酮) A～G | avicennones A～G |
| 簕欓碱 (簕欓花椒碱) | avicine |
| 簕欓内酯 | avicennin |
| 簕欓内酯醇 | avicennol |
| 簕竹木脂素 A | bambulignan A |
| 勒坡它登 | leptaden |
| 勒普替尼定 | leptinidine |
| 勒普妥卡品 (薄果菊素) | leptocarpin |
| 勒陶辛碱 | lettocine |
| 雷贝壳杉烷内酯 | tripterifordine |
| 雷波乌头定 | lepedine |
| 雷波乌头碱 | lepenine |
| 雷波乌头亭 | lepetine |
| 雷醇内酯 (15-羟基雷公藤内酯醇) | triptolidenol (15-hydroxytriptolide) |

| 雷德贝母胺 | raddeamine |
|---|---|
| 雷德三宝木素 A～F | rediocides A～F |
| 雷二羟酸甲酯 | triptodihydroxyacid methyl ether |
| 雷酚二萜酸 | triptonoditerpenic acid |
| 雷酚内酯 | triptophenolide |
| 雷酚内酯甲醚 | triptophenolide methyl ether |
| 雷酚萜 (14-羟基松香-8, 11, 13-三烯-3-酮) | triptonoterpene (14-hydroxy-abieta-8, 11, 13-trien-3-one) |
| 雷酚萜醇 | triptonoterpenol |
| 雷酚萜甲醚 (11-羟基-14-甲氧基松香-8, 11, 13-三烯-3-酮) | triptonoterpene methyl ether (11-hydroxy-14-methoxy-abieta-8, 11, 13-trien-3-one) |
| 雷酚酮内酯 | triptonolide |
| 雷酚新内酯 | neotriptophenolide |
| 雷公藤倍碱 A～E | wilfordinines A～E |
| 雷公藤苯 (雷酚萜酸) A～Q | triptobenzenes A～Q |
| 雷公藤丙素 (雷公藤醇内酯) | tripterolide |
| 雷公藤春碱 (雷公藤碱丁、雷公藤特碱、雷公藤春) | wilfortrine |
| 雷公藤醇 A、B | wilfordiols A, B |
| 雷公藤次碱 | wilforine |
| 雷公藤二萜酸 | triptoditerpenic acid |
| 雷公藤酚 (雷公藤醇) A～F | wilforols A～F |
| 雷公藤弗定 (雷公藤特弗定) A～F、$B_1$、$B_2$、$C_1$、$C_2$、$D_1$、$D_2$、$F_1$～$F_4$ | triptofordins A～F, $B_1$, $B_2$, $C_1$, $C_2$, $D_1$, $D_2$, $F_1$～$F_4$ |
| 雷公藤弗定宁 $A_1$、$A_2$ | triptofordinines $A_1$, $A_2$ |
| 14, 15-雷公藤福定 | 14, 15-tripterifordin |
| 雷公藤福定 (雷公藤立弗定) | tripterifordin |
| 雷公藤海日酸 (雷公藤毛状根酸) | triptohairic acid |
| 雷公藤红素 (雷公藤任、南蛇藤素、南蛇藤醇) | tripterine (celastrol) |
| 雷公藤甲素 (雷公藤内酯醇) | triptolide |
| 雷公藤碱 (雷公藤定、雷公藤定碱) | wilfordine |
| 雷公藤碱庚 | wilforzine |
| 雷公藤碱己 (卫矛宁碱、异卫矛碱、雷公藤明碱) | wilformine (euonine) |
| 雷公藤碱戊 | wilforidine |
| 雷公藤碱辛 | neowilforine |
| 雷公藤晋碱 (雷公藤碱乙) | wilforgine |
| 雷公藤精 | tripterigine |
| 雷公藤精碱 | wilforjing |
| 雷公藤康碱 | wilfordconine |
| 雷公藤奎因 | triptoquine |
| 雷公藤醌酸 A | triptoquinonoic acid A |

| 雷公藤灵 (雷公藤托宁) A、B | triptonines A, B |
|---|---|
| 雷公藤氯内酯醇 | tripchlorolide |
| 雷公藤内酯二醇 (雷公藤羟内酯、雷公藤乙素) | tripdiolide |
| 雷公藤内酯二醇酮 | tripdiotolnide |
| 雷公藤内酯甲、乙 (雷公藤内酯 A、B) | wilforlides A, B |
| 雷公藤内酯三醇 | triptriolide |
| 雷公藤内酯四醇 | triptotetraolide |
| 雷公藤内酯酮 (雷公藤羰内酯、雷公藤酮) | triptonide |
| 雷公藤宁 A、B | triptinins A, B |
| 雷公藤宁碱 A～H | wilfornines A～H |
| 雷公藤榕碱 | wilfordlongine |
| 雷公藤三萜内酯 A | triptoterpenoid lactone A |
| 雷公藤三萜酸 A (3β, 22α- 二羟基齐墩果 -12- 烯 -29- 酸) | triptotriterpenic acid A (3β, 22α-dihydroxy-olean-12-en-29-oic acid) |
| 雷公藤三萜酸 B (3β, 22β- 二羟基齐墩果 -12- 烯 -29- 酸) | triptotriterpenic acid B (3β, 22β-dihydroxy-olean-12-en-29-oic acid) |
| 雷公藤三萜酸 C | triptotriterpenic acid C |
| 雷公藤丝碱 A、B | wiforsinsines A, B |
| 雷公藤素 | wilforonide |
| 雷公藤酸 A | wilforic acid A |
| 雷公藤酸 A～F | wilfordic acids A～F |
| 雷公藤萜内酯 A～F | tripterlides A～F |
| 雷公藤亭 A～H | triptotins A～H |
| 雷公藤酮 | wilforone |
| 雷公藤希碱 | wilforcidine |
| 雷公藤西宁 A～H | wilforsinines A～H |
| 雷公藤辛碱 | wilfordsine |
| 雷公藤辛宁 A～L | triptersinines A～L |
| 雷公藤新碱 (卫矛酯胺) | evonimine |
| 雷公藤愈伤醇 | triptocallol |
| 雷公藤愈伤醇 A | triptocallin A (triptocalline A) |
| 雷公藤愈伤酸 A～D | triptocallic acids A～D |
| 雷公藤脂醇 | tripterygiol |
| 雷公藤植碱 | wilfordsuine |
| (+)- 雷醌内酯酮 | (+)-triptoquinonide |
| 雷曼树黄烷酮 A、B | remangiflavanones A, B |
| 雷曼树酮 A～C | remangilones A～C |
| 雷帕霉素 (西罗莫司) | sirolimus |
| D- 雷塞匹亭 | D-laserpitin |
| 雷酸盐 | fulminate |

| 雷琐酚 (间苯二酚、树脂台黑酚) | resorcinol (*m*-benzenediol) |
|---|---|
| γ- 雷琐酸 (2, 6- 二羟基苯甲酸) | γ-resorcylic acid (2, 6-dihydroxybenzoic acid) |
| α- 雷琐酸 (α- 树脂苔黑酸) | α-resorcylic acid |
| β- 雷琐酸 (β- 树脂苔黑酸、β- 二羟基苯甲酸) | β-resorcylic acid |
| α- 雷琐酸 -3-*O*-β-D- 吡喃葡萄糖苷 | α-resorcylic acid-3-*O*-β-D-glucopyranoside |
| 雷特素 | rhetsine |
| 雷藤二萜醌 (雷公藤醌) A～H | triptoquinones A～H |
| 雷萜二酚 | triptonodiol |
| 雷丸蛋白酶 | omphalia proteinase |
| 雷丸凝集素 | omphalia agglutinin |
| 雷丸素 | omphalin |
| 雷丸甾醇 A、B | leiwansterols A、B |
| 雷万德醌 (藏边大黄酮) 1～4 | revandchinones 1～4 |
| 雷文酸 | ravenic acid |
| 雷亚屾酮 | leiaxanthone |
| 肋麦角碱 | costaclavine |
| 肋柱花苷 A～D | carinosides A～D |
| 肋柱花萜苷 A、B | lomacarinosides A, B |
| 泪柏醇 (泪杉醇) | manool |
| 类阿魏酰哌啶 (阿魏胡椒碱) | feruperine |
| 类胆红素 | bilirubinoid |
| 类对香豆酰哌啶 | coumaperine |
| 类柿树青梅酚 | vatdiospyroidol |
| 类钩叶藤胺 -12- 甲基 -5-*O*-β-D- 吡喃葡萄糖苷 *N*- 氧化物 | plectocomine-12-methyl-5-*O*-β-D-glucopyranoside *N*-oxide |
| 类胡萝卜素 | carotenoids |
| 类胡萝卜素叶黄素 | carotenoids-lutein |
| 类黄檀素 | dalbergioidin |
| 类黄酮 Ⅸ | flavonoid Ⅸ |
| 类兰香草二萜 A～C | caryopterisoids A～C |
| 类葎草酮 | cohumulone |
| (–)- 类没药素甲 | (–)-istanbulin A |
| 类盘多毛孢素 A | pestalotiopsin A |
| 类皮质激素 | corticoid |
| 类脐菇素 A～D | omphalotins A～D |
| 类蛇麻酮 | colupulone |
| 类石菖蒲素 A～H | tatarinoids A～H |
| 类叶牡丹苷 A～C | leiyemudanosides A～C |
| 类叶升麻醇 | acteol |
| 类叶升麻苷 (毛蕊花糖苷、毛蕊花苷、洋丁香酚苷) | acteoside (verbascoside, kusaginin) |

| 类叶升麻苷异构体 (毛蕊花糖苷异构体) | acteoside isomer |
|---|---|
| 类叶升麻素 | actein |
| 类叶升麻素醇 | acteinol |
| 棱果榕胺 A～C | ficuseptamines A～C |
| 棱果榕碱 (腐榕碱) A～N | ficuseptines A～N |
| (*S*)-(+)- 棱果榕辛碱 | (*S*)-(+)-septicine |
| (–)- 棱果榕辛碱 | (–)-septicine |
| 棱角千里光碱 | angularine |
| 棱砂贝母芬碱 | delafrine |
| 棱砂贝母芬酮碱 | delafrinone |
| 棱砂贝母碱 | delavine |
| 棱砂贝母酮碱 | delavinone |
| (*R*)-(–)- 棱籽厚壳桂碱 [(R)-(–)- 小穗苎麻素] | (*R*)-(–)-cryptopleurine |
| 冷饭藤林素 A～D | kadsufolins A～D |
| 冷饭藤素 A～D | kadoblongifolins A～D |
| 冷蒿倍半萜苷 A、B | artemofriginosides A, B |
| 冷蒿黄酮苷 A、B | friginosides A, B |
| 冷蒿素 A～C | frigins A～C |
| 冷蕨苷 | cyrtoperin |
| 冷杉定 D、I、N、X、Y | abiesadines A～Y |
| 冷杉螺酮 A～H | abiespirones A～H |
| 冷杉内酯酸 | abiesolidic acid |
| 冷杉内酯酸 | abiesolidoic acid |
| 冷杉三萜素 A～Q | abiesatrines A～Q |
| 冷杉四萜烷 A、B、D、E | abiestetranes A, B, D, E |
| 离 -10′- 玉米黄质醛 | apo-10′-zeaxanthinal |
| 离 -11- 玉米黄质醛 | apo-11-zeaxanthinal |
| 离 -12′- 辣椒玉红素醛 | apo-12′-capsorubinal |
| 离 -12′- 玉米黄质醛 | apo-12′-zeaxanthinal |
| 离 -13- 玉米黄质酮 | apo-13-zeaxanthinone |
| 离 -14′- 玉米黄质醛 | apo-14′-zeaxanthinal |
| 离 -15- 玉米黄质醛 | apo-15-zeaxanthinal |
| 离 -8′- 辣椒玉红素醛 | apo-8′capsorubinal |
| 离 -8′- 玉米黄质醛 | apo-8′-zeaxanthinal |
| 离 -9- 玉米黄质酮 | apo-9-zeaxanthinone |
| 离阿托品 (去水阿托品、阿朴阿托品) | apoatropine (atropamine, atropyltropeine) |
| 离洛因 | lilloine |
| 离木宁 | discretinine |
| 离木亭 (稀疏木瓣树亭) | discretine |
| 离佩明 | limaspermine |

| 离去甲东莨菪碱 | aponorscopolamine |
|---|---|
| 离舌橐吾苷 A、B | liguveitosides A, B |
| 离生木瓣树胺 (稀疏木瓣树胺、离木明) | discretamine |
| 离天仙子碱 (离东莨菪碱、阿朴东莨菪碱、阿朴天仙子碱) | apohyoscine (aposcopolamine) |
| 离褶伞聚糖 A | lyophyllan A |
| 梨孢假壳酰胺 | apiosporamide |
| 梨根苷 (根皮苷) | phloridzin (phlorizin, phloridzoside) |
| 梨果仙人掌黄质 | indicaxanthin |
| 梨莓素 (柠檬内酯、柠檬油素、5, 7-二甲氧基香豆素) | citropten (limettin, 5, 7-dimethoxycoumarin) |
| 梨叶白坚木定 | pyridofolidine |
| 梨叶白坚木碱 | pyrifoline |
| 梨叶托沃木素 A～C | tovopyrifolins A～C |
| L-黎豆氨酸 | L-djenkolic acid |
| 黎豆胺 | stizolamine |
| 藜豆氨酸 | djenkolic acid |
| α-藜二醇 | α-chenopodiol |
| β-藜二醇 | β-chenopodiol |
| α-藜二醇单乙酸酯 | α-chenopodiol monoacetate |
| 藜二烯醇酮 | chenopodienolone |
| 藜碱 | chenopodine |
| 藜卢素 | verasine |
| 藜芦巴素 | veratrobasine |
| 藜芦白定 | veralbidine |
| 藜芦宾 | veralobine |
| 藜芦醇 | veratryl alcohol |
| 藜芦定 | veratridine |
| 藜芦尔宾 | veratralbine |
| *C*-藜芦酚甘油 | *C*-veratroyl glycol |
| 6-*O*-藜芦基梓醇酯 | 6-*O*-veratryl catalpol ester |
| 藜芦碱 | veratrine |
| 藜芦碱胺 | alkamine |
| 藜芦碱胺 A～D | veratrum alkamines A～D |
| 藜芦碱苷 (藜芦托素) | veratrosine |
| 藜芦碱硫酸盐 | veratrine sulfate |
| 藜芦碱硝酸盐 | veratrine nitrate |
| 藜芦碱盐酸盐 | veratrine hydrochloride |
| 藜芦精宁 | veragenine |
| 藜芦卡明 | veralkamine |
| 藜芦林宁 | veralinine |

| 藜芦洛嗪 | veralozine |
|---|---|
| 藜芦洛辛 | veralosine |
| 藜芦马林碱 (藜芦玛碱) | veramarine |
| 藜芦马林碱-3-甲酸酯 | veramarine-3-yl formate |
| 藜芦醚 | veratrole |
| 藜芦米定 | veralomidine |
| 藜芦米宁 | veramiline |
| 藜芦米宁-3-*O*-β-D-吡喃葡萄糖苷 | veramiline-3-*O*-β-D-glucopyranoside |
| 藜芦密他林 (大理藜芦次碱) | veramitaline |
| 藜芦明 (藜芦胺) | veramine |
| (–)-藜芦尼碱 | (–)-veranigrine |
| 藜芦宁 | veraminine |
| 12β-藜芦羟基酰棋盘花碱 | 12β-hydroxyveratroyl zygadenine |
| 藜芦嗪 (藜芦辛、藜芦生碱) | verazine |
| 藜芦嗪宁 | verazinine |
| 藜芦醛 | veratraldehyde (veratric aldehyde) |
| 藜芦醛 | veratric aldehyde (veratraldehyde) |
| 藜芦仞 | verareine |
| 藜芦任 | verarine |
| 藜芦瑟文 | veracevine |
| 藜芦酸 | veratric acid |
| 藜芦酸甲酯 | methyl veratrate |
| 藜芦西定 | veralosidine |
| 藜芦西宁 | veralosinine |
| 藜芦酰胺 | veratramide |
| 15-藜芦酰白藜芦胺 | 15-veratroyl germine |
| 15-*O*-藜芦酰白藜芦胺 | 15-*O*-veratroyl germine |
| 18-藜芦酰多根乌头碱 | 18-veratroyl karacoline |
| 藜芦酰基棋盘花碱 | veratroyl zygadenine |
| α-藜芦酰假乌头原碱 | α-veratroyl pseudaconine |
| 10-*O*-藜芦酰喜花草苷 | 10-*O*-veratroyl eranthemoside |
| 14-*O*-藜芦酰新欧乌林碱 | 14-*O*-veratroyl neoline |
| 6-*O*-藜芦酰梓醇 | 6-*O*-veratroyl catalpol |
| 藜芦辛亭 | veracintine |
| 藜芦芽醇 (多曼替醇) | dormantinol |
| 藜芦因 | verine |
| 藜芦甾二烯胺 | veratramine |
| 藜芦甾二烯胺 *N*-氧化物 | veratramine *N*-oxide |
| 藜芦甾二烯胺-3-乙酸酯 | veratramine-3-acetate |

| | |
|---|---|
| 22*S*, 25*S*, 5α-藜芦甾二烯胺-7 (8), 12 (14)-二烯-3β, 13β, 23β-三羟基-6-酮 | 22*S*, 25*S*, 5α-veratramine-7 (8), 12 (14)-dien-3β, 13β, 23β-trihydroxy-6-one |
| 藜芦兹定 | veralozidine |
| 藜麦皂苷A、B | quinoasaponins A, B |
| 藜三醇 | chenopotriol |
| 藜属苷A | chenopodiumoside A |
| 藜属碱 | chenopodium base |
| 藜属皂苷(藜苷)A、B | chenopodosides A, B |
| 藜四醇 | chenopotetraol |
| 藜烷酮 | chenopanone |
| 李叶黄牛木酮(圣栎鼠李素)H | geshoidin H |
| 李叶绣线菊苷A | prunioside A |
| 里奥克拉素 | rioclarin |
| 里白醇 | diplopterol |
| 里白烯 | diploptene |
| 里德巴福木季铵碱高氯酸盐 | ribalinium perchlorate |
| (–)-里德巴福木宁 | (–)-ribalinine |
| (+)-(*S*)-ψ-里德巴福木宁 | (+)-(*S*)-ψ-ribalinine |
| (±)-里德巴福木宁 | (±)-ribalinine |
| (*R*)-(+)-里德巴福木宁 | (*R*)-(+)-ribalinine |
| 里德巴福木宁(7-去羟基日巴里尼定) | ribalinine (7-dehydroxyribalinidin) |
| 里德巴福木异戊烯 | ribaliprenylene |
| 里格酚(东北雷公藤醇)A～C | regeols A～C |
| 里卡利酸(顺式-9, 反式-11, 反式-13-三烯-4-十八酮酸) | licanic acid (4-oxo-*cis*-9, *trans*-11, *trans*-13-octadecatrienoic acid) |
| 里克果素 | licoagrodin |
| 里克果酮 | licoagrone |
| 里拉苷(欧丁香苷) | lilacoside |
| 里哪苷(柳穿鱼叶苷、柳穿鱼苷、果胶柳穿鱼苷、大蓟苷) | nedinarin (pectolinarin, pectolinaroside) |
| 里奇悭木烯酮 | richenone |
| 里琪萘力宁 | lichnerinine |
| 里瑞牵牛苷 | ipolearoside |
| 理先蒂环烯醚萜苷 | lisianthioside |
| 理县香茶菜素 | lihsienin |
| 鲤胆醇(鲤胆甾醇、鲤醇) | cyprinol |
| 5α-鲤胆甾醇硫酸酯 | 5α-cyprinol sulfate |
| 鳢肠醛(鳢肠噻吩醛) | ecliptal |
| 鳢肠炔苷 Ⅰ | eprostrata Ⅰ |
| 鳢肠素 | ecliptine |

| 立方烷 | cubane |
|---|---|
| 立可沙明 (立可沙明碱、狼紫琴颈草胺、9-绿花白千层醇基倒千里光裂碱) | lycopsamine (9-viridifloryl retronecine) |
| 立可沙明 *N*-氧化物 | lycopsamine *N*-oxide |
| 立可沙明 *N*-氧化物异构体 | lycopsamine *N*-oxide isomer |
| 立血胺 | anaprel |
| 丽边木碱 | callichiline |
| 丽钵花苷 | eustomoside |
| 丽春花定 (丽春花碱、丽春花定碱) | rheadine (rhoeadine) |
| 丽春花定碱 (丽春花碱、丽春花定) | rhoeadine (rheadine) |
| 丽春花宁碱 | rhoeagenine |
| 丽春花王红碱 | rhoearubine |
| 丽江乌头碱 (黄草乌碱 C、黄草乌碱丙) | foresaconitine (vilmorrianine C) |
| 丽江乌头宁 (丽江乌头宁碱) | acoforestinine |
| 丽江乌头任碱 | acoforine |
| 丽江乌头亭 (丽江乌头亭碱) | acoforestine |
| 丽江乌头辛碱 | acoforesticine |
| 丽鲁碱 | laxiconitine |
| (–)-丽麻藤碱 | (–)-limacine |
| 丽日碱甲 | liconosine A |
| 丽乌碱 | liwaconitine |
| 丽叶碱 (美丽帽蕊木叶碱、恩卡林碱 D) | speciophylline (uncarine D) |
| 利范玫瑰树碱 A | ochrolifuanine A |
| 利佛灵碱 | lyfoline |
| 利科科钩枝藤碱 A～D | ancistrolikokines A～D |
| 利克飞龙 | licofelone |
| 利皮珀菊二醇 | lipidiol |
| 利奇槐醇 (勒奇黄烷醇、利奇槐酚) A～G | leachianols A～G |
| 利奇槐酮 (勒奇黄烷酮、里查酮) A～G | leachianones A～G |
| 利奇槐酮 A (苦甘草定、苦豆子定) | leachianone A (vexibidin) |
| 利奇槐酮 E (苦参新醇 A) | leachianone E (kushenol A) |
| 利塔木姜子碱 (亮叶木姜子宁、四氢二甲氧基二苯并喹啉二醇) | laetanine |
| 利血胺 (利血敏、利血平宁、瑞幸那胺、利辛胺) | rescinnamine (reserpinine, raubasinine, apoterin) |
| 利血比林 (利血平灵) | elliptamine (reserpiline) |
| 利血米醇 | rescinnaminol |
| 利血米定碱 | rescinnamidine |
| 利血平 | reserpine (crystoserpine, eskaserp) |
| 利血平 -4- 氧化物 | renoxidine |
| 利血平灵 (利血比林) | reserpiline (elliptamine) |

| 利血平酸甲酯 | methyl reserpate |
|---|---|
| 利血平宁(利血胺、利血敏、瑞辛那胺、利辛胺) | reserpinine (rescinnamine, raubasinine, apoterin) |
| 荔枝草倍半萜素 A～F | salviplenoids A～F |
| 荔枝草呋喃 | plebeiafuran |
| 荔枝草苷 | salviaplebeiaside |
| 荔枝草黄酮 | salpleflavone |
| 荔枝草内酯 A～C | plebeiolides A～C |
| 荔枝草萜酮 A～G | salplebeones A～G |
| 荔枝苷 A～C | litchiosides A～C |
| 荔枝生育三烯酚 A～G | litchtocotrienols A～G |
| 栎焦油酸 | queretaroic acid |
| 栎精(槲皮素、槲皮黄素、槲皮黄苷) | meletin (quercetin, sophoretin, quercetol) |
| 栎木鞣花素(3β-表栗木脂素、板栗鞣精) | vescalagin |
| 栎树酮 F | lophirone F |
| 栎叶鼠李素 | prinoidin |
| 栎叶鼠李素大黄素二蒽酮 A～D | prinoidin-emodin bianthrones A～D |
| 栎叶鼠李素二蒽酮 A、B | prinoidin bianthrones A, B |
| 栎瘿酸(夏栎酸) | roburic acid |
| 栗柄醇(栗柄金粉蕨醇) | lucidol |
| 栗豆树苷元-3-*O*-α-L-吡喃阿拉伯糖苷 | bayogenin-3-*O*-α-L-arabinopyranoside |
| 栗豆树苷元-3-*O*-β-D-吡喃葡萄糖苷 | bayogenin-3-*O*-β-D-glucopyranoside |
| 栗豆树素 | bayin |
| 栗苷 A～F | castanosides A～F |
| 栗米草苷 A | glinoside A |
| 栗木鞣花素(栗鞣精) | castalagin |
| 栗木甾酮(栗甾酮) | castasterone |
| 栗木脂苷 | chestnutlignansoide |
| 栗宁(栗木鞣质、栗色鼠尾草素) A～H | castanins A～H |
| 栗色鼠尾草醇 A～C | castanols A～C |
| 栗色鼠尾草内酯 | castanolide |
| 栗素 | setarin |
| 栗酰胺 | chestnutamide |
| 栗瘿鞣质 | chestanin |
| 栗瘿鞣质亭 | chesnatin |
| 栗子豆苷元(澳洲栗苷元、栗豆树苷元、贝萼皂苷元) | bayogenin |
| 栗子豆苷元-28-*O*-α-L-吡喃鼠李糖基-(1→4)-β-D-吡喃葡萄糖基-(1→6)-β-D-吡喃葡萄糖酯 | bayogenin-28-*O*-α-L-rhamnopyranosyl-(1→4)-β-D-glucopyranosyl-(1→6)-β-D-glucopyranosyl ester |
| 栗子豆苷元-3-*O*-纤维二糖苷 | bayogenin-3-*O*-cellobioside |
| 栗子豆苷元-3-葡萄糖苷 | bayogenin-3-glucoside |
| 粒体释放素 | granuliberin |

L

| | |
|---|---|
| 粒枝碱 (D-箭毒碱) | chondodendrine (D-bebeerine) |
| 粒状图腊树素 | granulosin |
| 綟木苷 (珍珠花苷) | ovalifolioside |
| 3-3″连-(2′-羟基-4-*O*-异戊二烯基查耳酮)-(2‴-羟基-4″-*O*-异戊二烯基二氢查耳酮) | 3-3″linked-(2′-hydroxy-4-*O*-isoprenyl chalcone)-(2‴-hydroxy-4″-*O*-isoprenyl dihydrochalcone) |
| 2, 2′-连氮基双 (3-乙基苯并噻唑啉-6-磺酸) | 2, 2′-azino-bis (3-ethyl benzothiazoline-6-sulphonic acid) |
| 连钱草酚 A～C | glechomols A～C |
| 连钱草酮 | glecholone |
| (2*R*, 3*S*)-连翘苯二醇 D [(2*R*, 3*S*)-3-(4-羟基-3-甲氧基苯)-3-甲氧基丙-1, 2-二醇] | forsythiayanoside D [(2*R*, 3*S*)-3-(4-hydroxy-3-methoxyphenyl)-3-methoxyprop-1, 2-diol] |
| 连翘二素 A | forsythidin A |
| 连翘酚 | forsythol |
| 连翘酚萜苷 A～C | suspensanosides A～C |
| 连翘苷 | forsythin |
| 连翘苷元 | forsythigenin |
| 连翘环己醇 (连翘醇) | rengyol |
| 连翘环己醇苷 A～C | rengyosides A～E |
| 连翘环己醇酮 (连翘环己酮) | rengyolone |
| 连翘环己醇氧化物 | rengyoxide |
| (+)-连翘环乙酮 | (+)-rengyolone |
| 连翘己四醇 | rengyquaol |
| 连翘碱 A | suspensine A |
| 连翘木脂苷 (连翘兰苷) A～E | forsythialansides A～E |
| 连翘木脂素 A、B | forsythialans A, B |
| 连翘三苷 A | forsydoitriside A |
| 连翘属苷 (朝鲜连翘苷) | forsythiaside |
| 连翘双黄酮 A、B | sythobiflavones A, B |
| 连翘酸 | suspenolic acid |
| 连翘萜苷 A～E | suspenoidsides A～E |
| 连翘酮苷 A～I | forsythoneosides A～I |
| 连翘烯苷 A～N | forsythensides A～N |
| 连翘烯乙醇苷 A、B | forsythenethosides A, B |
| 连翘新苷 B、C | lianqiaoxinosides B, C |
| 连翘扬苷 (连翘苯二醇) A、B | forsythiayanosides A, B |
| 连翘脂苷 A～P | forsythosides A～P |
| 连翘脂素 (连翘素、欧女贞苷元) | forsythigenol (phillygenin) |
| (*R*)-连翘种苷 | (*R*)-suspensaside |
| (*S*)-连翘种苷 | (*S*)-suspensaside |
| 连翘种苷 (连翘苷) A～C | suspensasides A～C |

| 连翘种苷甲酯 | suspensaside methyl ether |
|---|---|
| 连四甲苯 | prehnitol |
| 连香树定 | cercidin |
| 连香树鞣质 (连香树宁) A、B | cercidinins A, B |
| 连香素 | ceridin |
| 连柱金丝桃酮 A | hypercohone A |
| 莲桂林碱 | dehassiline |
| 莲花汉宁 | hasunohanine |
| 莲花掌苷 | lindleyin |
| 莲茎胺 | nelumstemine |
| 莲可宁碱 | lienkonine |
| 莲蕊苷 | nuciferoside |
| 莲心季铵碱 (莲因碱、忘忧枣碱) | lotusine |
| 莲心碱 | liensinine |
| 莲心碱二高氯酸盐 | liensinine diperchlorate |
| 莲心碱高氯酸盐 | liensinine perchlorate |
| 莲叶千金藤碱 (莲花碱、莲花宁碱) | hasubanonine |
| 莲叶桐醇 | hernanol |
| 莲叶桐酚 A～C | nymphaeols A～C |
| 莲叶桐格碱 (莲叶桐碱、南地任) | hernangerine (nandigerine) |
| 莲叶桐碱 (莲叶桐格碱、南地任) | nandigerine (hernangerine) |
| (+)- 莲叶桐林碱 | (+)-hernandaline |
| 莲叶桐林碱 A～D | hervelines A～D |
| 莲叶桐灵 | hernandaline |
| 莲叶桐灵碱 | ovihernangerine |
| 莲叶桐内酯 | hernolactone |
| 莲叶桐任碱 | ovigerine |
| 莲叶桐属碱 | hernandia base |
| 莲叶桐素 | hernanymphine |
| (–)- 莲叶桐酮 | (–)-hernone |
| 莲叶桐文碱 (莲叶桐文、莲叶酮种碱) | hernovine |
| (+)- 莲叶桐文碱 | (+)-hernovine |
| 莲叶桐异可利定 | oviisocorydine |
| 莲叶桐脂碱 (汝兰碱) | hernandine |
| 莲叶桐脂素 | hernandin |
| 莲叶酮宁 (莲叶桐宁碱) | hernandonine |
| 莲叶橐吾醇 A～D | nelumols A～D |
| 莲子草素 (空心莲子草素) A、B | alternanthins A, B |
| 莲子碱 | nelumbine |
| 莲座革菌素 (革菌素) A | thelephorin A |

| | |
|---|---|
| 莲座革菌宁 A、B | vialinins A, B |
| 联八苯叉 | octaphenylene |
| 联苯 | biphenyl |
| 联苯-2, 2′-叉基二锂 | biphenyl-2, 2′-diyl dilithium |
| 联苯-2, 4, 4′, 6-四酚 | biphenyl-2, 4, 4′, 6-tetraol |
| 2, 4-联苯-4-甲基-(2*E*)-戊烯 | 2, 4-diphenyl-4-methyl-(2*E*)-pentene |
| 1, 1′-联苯-6′, 8′, 9′-三羟基-3-烯丙基-4-*O*-β-D-吡喃葡萄糖苷 | 1, 1′-dibenzene-6′, 8′, 9′-trihydroxy-3-allyl-4-*O*-β-D-glucopyranoside |
| 联苯胺 | benzidine |
| 联苯二甲酸丁醇辛醇酯 | biphenyl dicarbocylic acid butyloctyl ester |
| α-联苯双酯 (二甲基-4, 4′-二甲氧基-5, 6, 5′, 6′-二亚甲基-二氧联苯-2, 2′-二甲酸酯) | dimethyl dicarboxylate biphenyl (dimethyl-4, 4′-dimethoxy-5, 6, 5′, 6′-dimethylene-dioxybiphenyl-2, 2′-dicarboxylate, α-DDB) |
| 2, 4′-联吡啶 | 2, 4′-dipyridyl |
| 1, 1′-联二环己烷 | 1, 1′-bicyclohexyl |
| 联咔唑基 (双咔唑基) | dicarbazyl |
| DL-联奎宁 | DL-conquinine |
| (1, 2′-联萘)-2-磺酸 | (1, 2′-binaphthalene)-2-sulfonic acid |
| (1, 1′-联萘)-3, 3′, 4, 4′-四胺 | (1, 1′-binaphthalene)-3, 3′, 4, 4′-tetramine |
| (1, 1′-联萘-3, 3′, 4, 4′-四基) 四胺 | (1, 1′-binaphthalene-3, 3′, 4, 4′-tetrayl) tetramine |
| (1, 1′-联萘-3, 3′, 4, 4′-四基) 四氮烷 | (1, 1′-binaphthalene-3, 3′, 4, 4′-tetrayl) tetrakis (azane) |
| 3, 8″-联芹菜素 (3, 8″-双芹菜苷元) | 3, 8″-biapigenin |
| 2, 2′-联噻吩-5-甲酸 | 2, 2′-bithiophene-5-carboxylic acid |
| 2, 2′-联噻吩-5-羧甲酯 | methyl 2, 2′-bithiophene-5-carboxylate |
| (*Z*)-1, 1′-联吲哚烯 | (*Z*)-1, 1′-biindenyliden |
| 镰孢假丝霉素 | saricandin |
| 镰孢菌素 A | fusarielin A |
| 镰孢霉内酯 A | fusanolide A |
| 镰孢霉素 A、B | fusacandins A, B |
| 镰孢哌嗪 A | fusaperazine A |
| 镰孢酸 | fusaric acid |
| 镰扁豆苷 (大麻药苷) A | doliroside A |
| 镰扁豆内酯 | dolicholide |
| 镰形棘豆素 A～F | oxytrofalcatins A～F |
| 镰叶车前苷 | crassoside |
| 镰叶芹醇 (人参炔醇、人参醇) | falcarinol (panaxynol, carotatoxin) |
| 镰叶芹醇酮 (福尔卡烯炔酮) | falcarinolone |
| (3*R*, 8*S*, 9*Z*)-镰叶芹二醇 | (3*R*, 8*S*, 9*Z*)-falcarindiol |
| 镰叶芹二醇 (法卡林二醇、福尔卡烯炔二醇) | falcarindiol |
| 镰叶芹二醇 8-乙酯 | falcarindiol-8-acetate |

| 镰叶芹二酮 | falcarindione |
|---|---|
| 镰叶芹酮 (法尔卡酮炔) | falcarinone |
| 链孢霉酚 G | altersolanol G |
| (1, 6)-*O*-链-α-D-吡喃葡萄糖 | (1, 6)-*O*-linked-α-D-glucopyranose |
| 链格孢苝醇 | alterperylenol (alteichin) |
| 链格孢酸 | alternarian acid |
| 链格孢烯酮酸 | alternarienonic acid |
| 链夹木素 | ormocarpin |
| 链霉鲁盾素 | lugdunomycin |
| 链蠕孢素 | catenarin |
| 1-链烯类 | 1-alkenes |
| 链甾醇 | desmosterol |
| 链珠藤内酯 | alyxialactone |
| 楝巴卡亚内酯 | bakayanolide |
| 楝毒素 $A_1$、$A_2$、$B_1$、$B_2$ | meliatoxins $A_1$, $A_2$, $B_1$, $B_2$ |
| 楝二醇 | cinamodiol |
| 楝二醇酸 A、B | melidianolic acids A, B |
| 楝碱 | azaridine |
| 楝卡品宁 (鹅耳枥楝素、楝果宁) A～E | meliacarpinins A～E |
| 楝宁酮 | melianinone |
| 楝钦素 A～K | meliarachins A～K |
| 楝瑟宁 A～X | meliasenins A～X |
| 楝树内酯 | azedaralide |
| 楝树宁 (印楝德林) | meldenin |
| 楝树辛 1、3 | azecins 1, 3 |
| 楝四醇烯酮 | meliatetraolenone |
| 楝素 A～C | melianins A～C |
| 楝特宁 | meliartenin |
| 楝萜内酯 | sendanolactone |
| 楝屾酮 | melianxanthone |
| 楝酮乙酸酯 | sendanone acetate |
| 楝辛 | meliacine |
| 楝叶吴萸素 (楝叶吴茱萸素) A、B | evofolins A, B |
| 楝叶吴萸素 A-8-*O*-β-D-葡萄糖苷 | evofolin A-8-*O*-β-D-glucoside |
| 楝抑素 (南岭楝素) 2～5 | meliastatins 2～5 |
| 凉山乌头碱 A～C | liangshansines A～C |
| 凉山乌头宁碱 | liangshanine |
| 凉山乌头亭 | liangshantine |
| 凉山香茶菜素 | liangshanin |
| 梁王茶苷 Ⅰ、Ⅱ | liangwanosides Ⅰ, Ⅱ |

| 梁王素 A | liangwanin A |
|---|---|
| 两面针哈宁 (特日哈宁碱) | terihanine |
| 两面针碱 (光花椒碱、光叶花椒碱) | nitidine |
| (7*S*, 8*S*)- 两面针宁 | (7*S*, 8*S*)-nitidanin |
| 两面针宁 | nitidanin |
| 两面针酸甲酯 | methyl nitinoate |
| 两面针酰胺 A～D | zanthoxylumamides A～D |
| 两色乌头碱 | albovionitine |
| 两似孔兹木素 A | kunzeagin A |
| 两头毛内酯 | argutalactone |
| 两头毛素 A～D | argutosins A～D |
| 两头毛萜碱 A、B | argutanes A, B |
| 两头毛亭 A、B | incargutines A, B |
| 两头毛辛碱 C、D | incargutosines C, D |
| 两形头曲霉噁庚英 | janoxepin |
| 两型曲霉醌 A | variecolorquinone A |
| L- 亮氨酸 | L-leucine |
| 亮氨酸 | leucine |
| 亮氨酸脑啡呔 | leucine-enkephaline |
| 亮氨酸醛 (亮氨醛) | leucinal |
| L- 亮氨酰 -L- 酪氨酸 | L-leucyl-L-tyrosine |
| 亮白蒿内酯 | lucentolide |
| 亮花木碱 | phaeanthine |
| 亮花木任 | phaeantharine |
| 亮菌甲素～丙素 [假蜜环菌素 (蜜环菌辛) A～C] | armillarisins A～C |
| 亮落叶松蕈定 (隐杯伞素) I～M, S | illudins I～M, S |
| 亮落叶松蕈定 M [(–)-1α, 7β- 二羟基伊鲁 -2, 9- 二烯 -8- 酮] | illudin M [(–)-1α, 7β-dihydroxy-illuda-2, 9-dien-8-one] |
| 亮落叶松蕈定 S (月亮霉素、月夜蕈醇、隐陡头菌素 S、伞菌醇) | illudin S (lampterol, lunamycin) |
| 亮绿蒿素 | arglabin |
| 亮马钱定 | lucidine |
| 亮乳烯 | lucilactaene |
| 亮肽素 (亮抑酶肽) | leupeptin |
| 亮叶巴戟天素 | oruwacin |
| 亮叶鲍迪豆烷 E | sucutinirane E |
| 亮叶猴耳环苷 A～C | pithelucosides A～C |
| (+)- 亮叶木姜子宁 [(+)- 利塔木姜子碱] | (+)-laetanine |
| 亮叶石冬青宁碱 | lucidinine |
| 量天尺苷 A～C | undatusides A～C |

| 辽东楤木苷 A～L | elatosides A～L |
|---|---|
| 辽东楤木苷 K 甲酯 | elatoside K methyl ester |
| 辽东楤木皂苷 IV～XV | congmunosides IV～XV |
| 辽东桤木苷 | hirsutoside |
| 辽东桤木酮 | hirsutanone |
| 辽东桤木酮醇 | hirsutanonol |
| 辽东桤木酮醇-5-*O*-(6-*O*-没食子酰基)-β-D-吡喃葡萄糖苷 | hirsutanonol-5-*O*-(6-*O*-galloyl)-β-D-glucopyranoside |
| 辽东桤木酮醇-5-*O*-β-D-吡喃葡萄糖苷 | hirsutanonol-5-*O*-β-D-glucopyranoside |
| 辽东桤木烯酮 | hirsutenone |
| 疗齿草属碱 | odontites base |
| 蓼查耳酮 | polygochalcone |
| 蓼二醛 (水蓼二醛、水蓼醛) | tadeonal (polygodial) |
| 蓼二醛缩二甲醇 | polygodial methylacetal |
| 蓼苷 A～D | polygonumosides A～D |
| 蓼黄烷醇 A | polygonflavanol A |
| 蓼萘芪 A、B | polynapstilbenes A, B |
| 蓼宁 A、B | polygonins A, B |
| 蓼属苷 (多穗蓼苷) | polystachoside |
| 蓼素 A、B | polygonumins A, B |
| (+)-蓼酮 [(+)-水蓼酮] | (+)-polygonone |
| 列当胺 | orobanchamine |
| 列当苷 | orobanchoside |
| 列当属苷 | phelipaeside |
| 列瓦巴豆素 | levatin |
| 列瓦巴豆亭 | crovatin |
| 劣乳菇醇 | deterrol |
| 烈香杜鹃环酸 | anthopogocyclolic acid |
| 烈香杜鹃色烷 | anthopogochromane |
| 烈香杜鹃色烯 A～C | anthopogochromenes A～C |
| 烈香杜鹃烯酸 | anthopogochromenic acid |
| 裂奥氏栀子烯醇 | secaubryenol |
| 裂冠藤苷 A～E | sinomarinosides A～E |
| 裂果草苷 | schismoside |
| 裂果薯皂苷 A、B | lieguonins A, B |
| (+)-裂榄莲叶桐素 [(8*S*, 8′*S*)-3, 4-二甲氧基-3′, 4′-亚甲基二氧木脂素-9, 9′-内酯] | (+)-dextrobursehernin [(8*S*, 8′*S*)-3, 4-dimethoxy-3′, 4′-methylenedioxylignan-9, 9′-olide] |
| 裂榄木脂素 | burselignan |
| 裂榄木脂素-9-*O*-α-L-吡喃阿拉伯糖苷 | burselignan-9-*O*-α-L-arabinopyranoside |
| 裂榄素 | burseran |

| 裂榄脂素 (裂榄宁) | bursehernin |
|---|---|
| 裂马兜铃烯 | aristolochene |
| 裂蹄木层孔菌醇 A、B | meshimakobnols A, B |
| 裂香旋覆花内酯 | graveolide |
| 裂须藻素 A | schizotrin A |
| 裂须藻肽 791 | schizopeptin 791 |
| 裂叶蒿酚 | lacarol |
| 裂叶角蒿醇 A | dissectol A |
| 裂叶荆芥醇 (裂叶荆芥一醇、荆芥醇) | schizonol |
| 裂叶荆芥二醇 (荆芥二醇) | schizonodiol |
| 裂叶荆芥苷 A～E | schizonepetosides A～E |
| 裂叶荆芥素 (荆芥素) A | schizotenuin A |
| 裂叶荆芥萜 A、B | petafolias A, B |
| 裂叶苣荬菜内酯 (珊塔玛内酯素、短舌匹菊素) | santamarin (santamarine, balchranin) |
| 裂叶牵牛子酸 | nilic acid |
| 裂叶忍冬黄素 | webbiaxanthin |
| 裂叶铁线莲苷 A | parvilobaside A |
| (*R*)- 裂叶罂粟碱 (*N*- 甲基番荔枝叶碱) | (*R*)-roemerolin [(*R*)-roemeroline, *N*-methyl anolobine] |
| 裂叶榆萜 (青榆烯、裂叶榆烯) A～C | lacinilenes A～C |
| 裂叶榆萜 -*C*-7- 甲醚 | lacinilene-*C*-7-methyl ether |
| 裂褶菌黄素 Ⅰ、Ⅱ | schizoflavins Ⅰ, Ⅱ |
| 裂褶菌制素 (裂褶菌素) | schizostatin |
| 邻 (邻甲氧基苯氧基) 苯酚 | *o*-(*o*-methoxyphenoxy) phenol |
| 邻氨基苯酚 | *o*-aminophenol |
| 邻氨基苯甲酸 (氨茴酸) | aminobenzoic acid (anthranilic acid) |
| 邻氨基苯甲酸甲酯 (氨茴酸甲酯) | methyl *o*-aminobenzoate (methyl anthranilate) |
| 邻苯二酚 (1, 2- 二羟基苯、1, 2- 苯二酚、儿茶酚、焦儿茶酚) | *o*-benzenediol (1, 2-dihydroxybenzene, 1, 2-benzenediol, pyrocatechol, catechol, pyrocatechin) |
| 邻苯二甲酸 (1, 2- 苯二甲酸、1, 2- 二甲酸苯、酞酸) | *o*-phthalic acid (phthalic acid, 1, 2-phthalic acid, 1, 2-benzenedicarboxylic acid) |
| 邻苯二甲酸 -1- 丁基脂 2- 环己基酯 | 1, 2-benzenedicarboxylic acid-1-butyl 2-cyclohexyl ester |
| 邻苯二甲酸 -1, 2- 二异辛酯 | 1, 2-diisooctyl phthalate |
| 邻苯二甲酸单 -2- 乙基己基酯 | mono-2-ethyl hexyl phthalate |
| 邻苯二甲酸单甲酯 | monomethyl phthalate |
| 邻苯二甲酸丁苄酯 | benzyl butyl phthalate |
| 邻苯二甲酸丁基 -2- 乙基己基酯 | butyl-2-ethyl hexyl phthalate |
| 邻苯二甲酸丁基十四酯 | butyl tetradecyl phthalate |
| 邻苯二甲酸丁基异丁酯 | butyl isobutyl phthalate |
| 邻苯二甲酸丁辛酯 | butyl octyl phthalate |

| 邻苯二甲酸丁酯 | butyl phthalate |
|---|---|
| 邻苯二甲酸二(2-丙基戊基)酯 | di (2-propyl amyl) phthalate |
| 邻苯二甲酸二(2-甲氧丙基)酯 | di (2-methoxypropyl) phthalate |
| 邻苯二甲酸二(2-乙庚基)酯 | bis (2-ethyl heptyl) phthalate |
| 邻苯二甲酸二(2-乙基)己酯 | bis (2-ethyl) hexyl phthalate |
| 邻苯二甲酸二丁酯 | dibutyl phthalate |
| 邻苯二甲酸二庚酯 | diheptyl phthalate |
| 邻苯二甲酸二甲氧乙酯 | dimethoxyethyl phthalate |
| 邻苯二甲酸二甲酯(酞酸二甲酯) | dimethyl phthalate |
| 邻苯二甲酸二壬酯 | dinonyl phthalate |
| 邻苯二甲酸二叔丁酯 | ditertbutyl phthalate |
| 邻苯二甲酸二辛酯 | dioctyl phthalate |
| 邻苯二甲酸二乙基已酯 | bis-ethyl hexyl phthalate |
| 邻苯二甲酸二乙酯 | diethyl phthalate |
| 邻苯二甲酸二异丙基酯 | bis (2-isopropyl) phthalate |
| 邻苯二甲酸二异丁酯 | bis (2-isobutyl) phthalate |
| 邻苯二甲酸二异辛酯 | diisoctyl phthalate |
| 邻苯二甲酸二正辛酯 | di-*n*-octyl phthalate |
| 邻苯二甲酸二仲丁酯 | di-sec-butyl phthalate |
| 邻苯二甲酸酐 | phthalic anhydride |
| 邻苯二甲酸叔丁酯 | tertbutyl phthalate |
| 邻苯二甲酸双(2-乙基)己醇酯 | 1, 2-benzenedicarboxylic acid bis (2-ethyl) hexyl ester |
| 邻苯二甲酸异丁基-2-(2-甲氧乙基)己基酯 | isobutyl-2-(2-methoxyethyl) hexyl phthalate |
| 邻苯二甲酸异丁酯 | isobutyl phthalate |
| 邻苯二甲酸正丁异丁酯 | *n*-butyl isobutyl phthalate |
| 邻苯二甲酸酯 | phthalate |
| 邻苯二甲酰单-2-乙酯 | mono-(2-ethyl hexyl) phthalate |
| 邻苯二甲酰二异丁酯 | diisobutyl phthalate |
| 邻苯甲醛甲酸(邻甲酰基苯甲酸) | phthalaldehydic acid |
| 邻苯三酚(焦没食子酸) | 1, 2, 3-trihydroxybenzene (pyrogallic acid) |
| 邻苄基苯甲酸 | *o*-benzyl benzoic acid |
| 邻二甲苯 | *o*-xylene |
| 邻二氯苯(1, 2-二氯苯) | *o*-dichlorobenzene (1, 2-dichlorobenzene) |
| 邻二羟基苯 | benzene-1, 2-diol |
| 邻氟苯基硫醇 | *o*-fluorothiophenol |
| 邻癸基羟胺 | *o*-decyl hydroxyamine |
| 邻茴香酸(邻甲氧基苯甲酸) | *o*-anisic acid (*o*-methoxybenzoic acid) |
| 邻甲基苯酚 | *o*-cresol |
| 邻甲基苯腈 | *o*-tolunitrile |
| 邻甲基苯乙酮 | *o*-methyl acetophenone |

| | |
|---|---|
| 邻甲基水黄皮二酮 | *o*-methyl pongamol |
| 邻甲氧基苯酚 (2-甲氧基苯酚、愈创木酚、甲基儿茶酚) | *o*-methoxyphenol (2-methoxyphenol, guaiacol, methyl catechol) |
| 邻甲氧基苯甲酸 (邻茴香酸) | *o*-methoxybenzoic acid (*o*-anisic acid) |
| 邻甲氧基茵陈二炔 | *o*-methoxycapillene |
| 邻焦儿茶酸 | *o*-pyrocatechuic acid |
| 邻氯二氯苄 | 2-chlorobenzal chloride |
| (11) 7, 14-邻内酯-1α-羟基佛罗里达八角内酯 | (11) 7, 14-ortholactone-1α-hydroxyfloridanolide |
| 7, 14-邻内酯-3-羟基佛罗里达八角内酯 | 7, 14-ortholactone-3-hydroxyfloridanolide |
| 邻羟苯基丙酮酸 | *o*-hydroxyphenyl pyruvic acid |
| 邻羟基苯甲醇 (2-羟基苯甲醇) | *o*-hydroxybenzyl alcohol (2-hydroxybenzyl alcohol) |
| 邻羟基苯甲醇-1-*O*-β-D-(3′-苯甲酰基) 吡喃葡萄糖苷 | *o*-hydroxybenzyl alcohol-1-*O*-β-D-(3′-benzoyl) glucopyranoside |
| 邻羟基苯甲基糖苷 | *o*-hydroxybenzyl glycoside |
| 邻羟基苯甲醛 (水杨醛) | o-hydroxybenzaldehyde (salicyl aldehyde) |
| 邻羟基苯甲酸 (2-羟基苯甲酸、水杨酸) | *o*-hydroxybenzoic acid (2-hydroxybenzoic acid, salicylic acid) |
| 邻羟基苯乙酸 (2-羟基苯乙酸) | *o*-hydroxyphenyl acetic acid (2-hydroxyphenyl acetic acid) |
| 邻羟基苯乙酮 | *o*-hydroxyacetophenone |
| 邻羟基对甲氧基桂皮酸 | *o*-hydroxy-*p*-methoxycinnamic acid |
| 邻羟基桂皮酸 (2-羟基桂皮酸、邻香豆酸、苦马酸) | *o*-hydroxycinnamic acid (*o*-coumaric acid, 2-hydroxycinnamic acid, coumarinic acid) |
| 邻羟基辣薄荷基厚朴酚 | piperityl magnolol |
| 邻羟基马尿酸 | *o*-hydroxyhippuric acid |
| 邻羟基氢化桂皮酸 (草木犀酸) | *o*-hydroxyhydrocinnamic acid (melilotic acid) |
| 邻羟基肉桂酰基-β-D-吡喃葡萄糖苷 | *o*-hydroxycinnamoyl-β-D-glucopyranoside |
| 邻三联苯 (1, 1′: 2′, 1″-三联苯) | o-terphenyl (1, 1′: 2′, 1″-terphenyl) |
| 邻伞花烯 | *o*-cymenl |
| 邻羧基苯正戊酮 | *n*-valerophenone-*o*-carboxylic acid |
| 邻烯丙基甲苯 | *o*-allyl toluene |
| 邻香豆醛 | *o*-coumaric aldehyde |
| 邻香豆酸 (2-香豆酸、邻羟基桂皮酸、苦马酸) | *o*-coumaric acid (2-coumaric acid, *o*-hydroxycinnamic acid, coumarinic acid) |
| 邻香豆酸-β-D-葡萄糖苷 | *o*-coumaric acid-β-D-glucoside |
| 邻香豆酸葡萄糖苷 (草木犀苷) | *o*-coumaric acid-β-D-glucoside (melilotoside) |
| 邻香豆酰基葡萄糖苷 | *o*-coumaroyl glucoside |
| 邻硝基苯酚 | *o*-nitrophenol |
| 3-(邻硝基苯基)-1-(间硝基苯基) 萘 | 3-(*o*-nitrophenyl)-1-(*m*-nitrophenyl) naphthalene |
| 邻乙基苯酚 | *o*-ethyl phenol |
| 邻异丙基苯 | *o*-isopropyl benzene |

| 邻异戊酰基二氧山芹醇 | *o*-isovaleryl colum bianetin |
|---|---|
| 邻孜然芹烃 (邻聚伞花素、*o*-异丙基甲苯) | *o*-cymene (*o*-isopropyl toluene) |
| 林背子双黄酮 | inokiflavone |
| 林醇 | ingol |
| 林地雏菊皂苷 $C_{12}$ | besysaponin $C_{12}$ |
| 林地鼠曲草苷 | sylviside |
| 林朵苷 (伯格龙胆苷) | rindoside |
| 林二醇 | lindiol |
| 林千里光辛 | silvasenecine |
| 林生钓钟柳苷 I | nemoroside Ⅰ |
| 林生乌头碱 | nemorine |
| 林生续断苷 Ⅰ～Ⅲ | sylvestrosides Ⅰ～Ⅲ |
| 林石蚕醛 | teuscorodal |
| 林石蚕素 | teuscorodonine |
| 林石蚕酮 | teuscordinone |
| 林仙蒿醇 A、B | drimartols A, B |
| 林仙内酯 | futronolide |
| (+)- 林仙素 | (+)-winterin |
| 林仙烷 | drimane |
| 林仙烯二醇 | drimendiol |
| 林荫千里光碱 | nemorensine |
| 林荫银莲花皂苷 (鹅掌草苷、松果苷) Ⅰ～Ⅶ | flaccidosides Ⅰ～Ⅶ |
| 林荫银莲灵 | flaccidinin |
| 林荫银莲素 (鹅掌草素) A、B | flaccidins A, B |
| 林泽兰内酯 A～M | eupalinilides A～M |
| 临泉半枝莲碱 A～D | scutelinquanines A～D |
| 磷吖啶 | acridophosphine |
| 磷蛋白 | phosphoprotein |
| 磷化氢 (膦) | phosphine |
| 磷肌酸 | phosphocreatine |
| 磷喹嗪 | phosphinolizine |
| 磷柳酸 | fosfosal |
| 磷酸 | phosphoric acid |
| 磷酸 -L- 精氨酸 | phospho-L-arginine |
| 磷酸川芎嗪 | ligustrazine phosphate |
| 磷酸胆碱 | phosphoryl choline |
| 磷酸二氢钾 | potassium dihydrogen phosphate |
| 磷酸钙 | calcium phosphate |
| 3′- 磷酸根 -5′- 腺苷酰硫酸根 | 3′-phospho-5′-adenylyl sulfate |
| 5- 磷酸核糖 | ribose-5-phosphate |

| 磷酸肌酸 | creatine phosphate (creatine phosphoric acid, phosphocreatine) |
|---|---|
| 磷酸肌酸 | phosphocreatine (creatine phosphoric acid, creatine phosphate) |
| 磷酸可待因 | codeine phosphate |
| 磷酸镁 | magnesium phosphate |
| 磷酸镁铵 | ammonium magnesium phosphate |
| 磷酸钠 | sodium phosphate |
| 磷酸氢钙 | calcium hydrogen phosphate |
| 磷酸三甲酯 | trimethyl phosphate |
| 磷酸三乙酯 | triethyl phosphate |
| 磷酸丝氨酸 | phosphoserine |
| 磷酸铁 | ferric phosphate |
| 磷酸烯醇丙酮酸羧化酶 | phosphoenolpyruvate caboxylase |
| 磷酸烯醇丙酮酸酯 | phosphoenolpyruvate |
| 5′-磷酸腺苷 | 5′-adenosine monophosphate |
| 磷酸乙醇胺 | phosphoryl ethanolamine |
| 磷糖蛋白 | phosphogly coproteins |
| 磷烷 | phosphane |
| $\lambda^5$-磷烷 (正膦) | $\lambda^5$-phosphane (phosphorane) |
| 磷钨酸 | phosphotungstic acid |
| 3′-*O*-磷酰基-5′-腺苷酰硫酸盐 | 3′-*O*-phosphonato-5′-adenylyl sulfate |
| 磷吲哚嗪 | phosphindolizine |
| 磷杂 | phospha |
| 5$\lambda^5$-磷杂苯并 [2, 1-*d*] 磷喹嗪 | 5$\lambda^5$-phosphinino [2, 1-*d*] phosphinolizine |
| 磷杂二十五烷基铵 | phosphapentacosanammonium |
| 磷杂菲 | phosphanthridine |
| 磷杂环己熳 (磷杂苯、膦咛) | phosphinine |
| 磷杂环己熳-2 (1*H*)-酮 [膦咛-2 (1*H*)-酮] | phosphinin-2 (1*H*)-one |
| 磷杂萘 | phosphinnoline |
| 磷杂茚 | phosphindole |
| 磷脂 | phospholipin |
| 磷脂单酯酶 | phosphoesterase |
| 磷脂酶 | phospholipase |
| 磷脂酸 | phosphatidic acid |
| 3-*sn*-磷脂酸 | 3-*sn*-phosphatidic acid |
| 2-磷脂酸 | 2-phosphatidic acid |
| 磷脂酰胆碱 (卵磷脂) | phosphatidyl choline (lecithin) |
| 磷脂酰甘油 | phosphatidyl glycerol |
| 磷脂酰肌醇 | phosphatidyl inositol |
| 磷脂酰石蒜碱 | phosphatidyl lycorine |

| | |
|---|---|
| 磷脂酰丝氨酸 | phosphatidyl serine |
| 磷脂酰丝氨酸缩醛磷脂 | phosphatidyl serine plasmalogen |
| 磷脂酰乙醇胺 | phosphatidyl ethanolamine |
| 磷脂质 | phosphatide |
| 鳞柄白鹅膏毒蛋白 | phallolysin |
| 鳞柄毒伞素 | virotoxin |
| 鳞灯芯柳珊瑚二萜内酯 A、B | junceelins A, B |
| 鳞盖蕨苷 | microlepin |
| 鳞毛蕨素 | dryopterin |
| 鳞毛蕨酸 A、B | dryopteric acids A, B |
| 鳞片酸 | squamatic acid |
| 鳞桑酸 | trilepisiumic acid |
| 鳞始蕨贝壳杉烯苷 C | lindokaurenoside C |
| 鳞叶甘草素 (北美甘草酚) A～C | glepidotins A～C |
| 鳞叶马尾杉碱 A | sieboldine A |
| 鳞鹧鸪花醇 | voleneol |
| 膦酸 | phosphonic acid |
| 膦酸二甲酯 | dimethyl phosphonate |
| 膦酸基乙酸 | phosphonoacetic acid |
| 膦羧基 (膦酰基) | phosphono |
| 灵菌红素 | prodigiosin |
| 灵猫香酮 (香猫酮、9-环十七烯-1-酮) | civetone (9-cycloheptadecen-1-one) |
| 灵香草苷 A～E | foenumosides A～E |
| 灵香草黄酮 A | lysiflavonoide A |
| 灵芝倍半萜素 A～C | ganosinensines A～C |
| 灵芝-7, 9-二烯酸 | ganode-7, 9-dien-ric acid |
| 灵芝-8-烯酸 | ganode-8-en-ric acid |
| 灵芝孢子酸 A | ganosporeric acid A |
| 灵芝草酸 Ja、Jb、N、O、$P_1$、$P_2$、Q～S、T-N、T-O、T-Q | ganodermic acids Ja, Jb, N, O, $P_1$, $P_2$, Q～S, T-N, T-O, T-Q |
| 灵芝醇 A～J | ganoderiols A～J |
| 灵芝醇 A 三酯 | ganoderiol A triacetate |
| 灵芝多糖 A～C | ganoderans A～C |
| 灵芝二醇 | ganodermadiol |
| (±)-灵芝酚 | (±)-lingzhiol |
| 灵芝酚 | lingzhiol |
| 灵芝碱甲、乙 | ganodines Ⅰ, Ⅱ |
| 灵芝卡利芬 A～C | ganocalidophins A～C |
| 灵芝亮醛 A～C | lucialdehydes A～C |
| 灵芝霉素 A、B | ganomycins A, B |

| | |
|---|---|
| 灵芝内酯 A～D | lingzhilactones A～D |
| 灵芝宁素 A～C | ganolucinins A～C |
| 灵芝嘌呤 | ganoderpurine |
| 灵芝醛 | ganoderma aldehyde |
| 灵芝醛 A、B | ganoderals A, B |
| 灵芝三醇 (紫芝萜三醇) | ganodermatriol |
| 灵芝四醇 (紫芝萜四醇) | ganodermatetraol |
| 灵芝酸 A～Z、$C_1$～$C_6$、$D_2$、Dm、$Lm_2$、$C_2$、Ma～Mk | ganoderic acids A～Z, $C_1$～$C_6$, $D_2$, Dm, $Lm_2$, Ma～Mk |
| 灵芝酸 D 甲酯 | methyl ganoderate D |
| 灵芝酸 H 丁酯 | butyl ganoderate H |
| 灵芝酸 α、β、γ、δ、ε、ζ、η、θ | ganoderic acids α, β, γ, δ, ε, ζ, η, θ |
| 灵芝酸 A～P 甲酯 | methyl ganoderates A～P |
| 灵芝酸 A 单丙酮化物甲酯 | methyl ganoderate A acetonide |
| 灵芝酸酯 E | ganoderate E |
| 灵芝萜内酯 A～D | ganoderlactones A～D |
| 灵芝萜酮二醇 (灵芝酮二醇) | ganodermanondiol |
| 灵芝萜酮三醇 | ganodermanontriol |
| 灵芝萜烯酮醇 | ganodermenonol |
| 灵芝酮 | ganodone |
| 灵芝酮 F | ganolucidate F |
| 灵芝酮 A | ganoderone A |
| 灵芝烯酸 (灵芝 -22- 烯酸) | ganoderenic acid |
| 22- 灵芝烯酸 A～D | 23-ganoderenic acids A～D |
| 灵芝烯酸 A～K | ganoderenic acids A～K |
| 灵芝烯酸 A～K 甲酯 | methyl ganoderenates A～K |
| 灵芝烯脂 A～D | ganodermasides A～D |
| 灵芝甾酮 | ganodosterone |
| 柃木花苷 (柃木苷) | euryanoside |
| 铃蟾皮宁 (铃蟾抗菌肽) | bombinin |
| 铃蟾皮宁样多肽 1～3 | bombinin-like peptides 1～3 |
| 铃蟾素 (蛙皮素) | bombesin |
| 铃蟾素样物质 | bombesin-like substance |
| 铃兰醇苷 (铃兰毒醇苷、铃兰毒醇) | perconval (convallatoxol) |
| 铃兰毒醇 (铃兰毒醇苷、铃兰醇苷) | convallatoxol (perconval) |
| 铃兰毒苷 (毒毛旋花子苷元 -α-L- 鼠李糖苷) | convallatoxin (strophanthidin-α-L-rhamnoside, convallaton) |
| 铃兰毒原苷 (铃兰糖苷) | convalloside |
| 铃兰苷 | convallarin |
| 铃兰黄酮苷 | keioside |
| 铃兰苦苷 (欧铃兰皂苷) | convallamarin |
| 铃兰苦苷元 (欧铃兰皂苷元) | convallamarogenin |

| | |
|---|---|
| 铃兰苦苷元-1-*O*-α-L-吡喃鼠李糖基-(1→2)-β-D-吡喃木糖苷-3-*O*-α-L-吡喃鼠李糖苷 | convallamarogenin-1-*O*-α-L-rhamnopyranosyl-(1→2)-β-D-xylopyranoside-3-*O*-α-L-rhamnopyranoside |
| 铃兰苦苷元-1-*O*-α-L-吡喃鼠李糖基-(1→2)-β-D-吡喃岩藻糖苷-3-*O*-α-L-吡喃鼠李糖苷 | convallamarogenin-1-*O*-α-L-rhamnopyranosyl-(1→2)-β-D-fucopyranoside-3-*O*-α-L-rhamnopyranoside |
| 铃兰强心苷 | convallaria cardiacglyciside |
| 铃兰若毒苷 | vallarotoxin |
| 铃兰新苷(洛孔苷、萎枯德皂苷、洛孔羊角拗苷) | lokundjoside |
| 铃兰皂苷 A～D | convallasaponins A～D |
| 铃兰种苷(铃兰洛苷) | majaloside |
| 铃小菇二醇 | tintinnadiol |
| 凌德草碱(翅果草碱) | rinderine |
| 凌霄醇 | cachinol |
| 凌霄苷 Ⅰ～Ⅴ | cachinesides Ⅰ～Ⅴ |
| 凌霄诺苷(紫葳苷)Ⅰ、Ⅱ | campenosides Ⅰ, Ⅱ |
| 凌霄缩酮素 | campsiketalin |
| 凌霄酮 | campsione |
| 凌霄西醇 | campsinol |
| 凌霄西苷 | campsiside |
| 陵水暗罗胺锌 | Zn polyanemine |
| 陵水暗罗碱 A～D | polynemoralines A～D |
| 菱蔫酸 | fusarinic acid |
| 菱鞣宁 A、B | trapanins A, B |
| 菱鞣素 | trapain |
| 菱鞣质 | traparin |
| 菱叶长春藤皂苷 $K_3$～$K_{12}$ | kizuta saponins $K_3$～$K_{12}$ |
| 菱叶常春藤酮 | rhombenone |
| (–)-菱叶野决明碱[(–)-菱叶黄花碱] | (–)-rhombifoline |
| 羚羊麻孢壳呋喃酮 A～C | kobifuranones A～C |
| 羚羊麻孢壳素 | kobiin |
| 零陵香豆樟脑(香豆精、香豆素、顺式-*O*-苦马酸内酯、1, 2-苯并哌喃酮) | tonka bean camphor (coumarin, *cis*-*O*-coumarinic acid lactone, 1, 2-benzopyrone) |
| 岭南臭椿醇(马拉巴醇) | malabaricol |
| 岭南臭椿二醇 | malabaricanediol |
| 13α*H*-岭南臭椿三烯 | 13α*H*-malabaricatriene |
| 岭南臭椿三烯 | malabaricatriene |
| 13β*H*-岭南臭椿三烯 | 13β*H*-malabaricatriene |
| 岭南臭椿素 | malanthin |
| 岭南臭椿酮(毛叶南臭椿酮)A、B | malabanones A, B |
| 岭南槐紫檀烷 | sophoraarpan |
| 岭南槐紫檀烷 A、B | sophoracarpans A, B |

| 岭南山竹子碱 A～D | oblongifoliagarcinines A～D |
|---|---|
| 岭南山竹子双呫酮 | garciobioxanthone |
| 岭南山竹子素 A～U | oblongifolins A～U |
| 岭南山竹子酮 A | garciniagifolone A |
| 岭南山竹子呫酮 A～C | oblongixanthones A～C |
| 岭南山竹子新呫酮 A | oblongifolixanthone A |
| 领春木苷 (云叶苷) | eupteleoside |
| 溜曲霉碱 A | speradine A |
| 刘寄奴醚萜 | artanoiridoid |
| 刘寄奴内酯 A、C | artanomaloides A, C |
| 刘寄奴酰胺 | anomalamide |
| 留柯诺内酰胺 (白汁藤内酰胺) | leuconolam |
| 留扣星 | leucoxine |
| 留兰香木脂素 A、B | spicatolignans A, B |
| 留绕考宾碱 (2′- 羟基长春碱、长春宾碱) | leurocolombine (2′-hydroxyvincaleukoblastine) |
| 留绕西定碱 [长春洛西定、长春西定、异长春碱、(4′α) - 长春花碱] | leurosidine [vinrosidine, (4′α) -vincaleukoblastine] |
| 流苏金石斛酚 A、B | fimbriols A, B |
| 流苏石斛甾素 | denfigenin |
| 流苏子内酯 | thysanolactone |
| 琉璃草碱 | cynoglossine |
| 琉璃草属碱 | cynoglossum base |
| 琉璃草亭 (澳琉璃草亭) | cynaustine |
| 琉璃苣木脂素苷 | officinalioside |
| (+)- 琉桑醇 | (+)-dorsteniol |
| 3, 3′- 硫 (叉基) 二丙酸 | 3, 3′-sulfanediyl dipropanoic acid |
| 硫胺素 (维生素 $B_1$) | thiamine (vitamin $B_1$) |
| 硫醇 | thiol |
| 5- 硫代 -2, 4, 6- 三硫杂庚 -2, 2- 二氧化物 | 5-thioxo-2, 4, 6-trithiahept-2, 2-dioxide |
| 1- 硫代 -β-D- 吡喃葡萄糖基 -1-[(*R*)-3- 羟基 -2- 乙基 -*N*- 羟基磺酰氧基] 丙酰胺酯 | 1-thio-β-D-glucopyranosyl-1-[(*R*)-3-hydroxy-2-ethyl-*N*-hydroxysulfonyloxy] propanimidate |
| 1- 硫代 -β-D- 吡喃葡萄糖基 -(1→1)-1- 硫代 -α-D- 吡喃葡萄糖苷 | 1-thio-β-D-glucopyranosyl (1→1)-1-thio-α-D-glucopyranoside |
| 硫代氨亚基替磺 -*O*- 酸 | thiosulfonimidic *O*-acid |
| 硫代氨亚基替磺 -*S*- 酸 | thiosulfonimidic *S*-acid |
| 硫代丙酮 | thioacetone |
| 硫代次膦 -*O*- 酸 | phosphinothioic-*O*-acid |
| 硫代次膦 -*S*- 酸 | phosphinothioic-*S*-acid |
| 硫代噁唑烷酮 | oxazolidinethione |
| 硫代甘油 (二羟丙硫醇) | thioglycerol (thioglycerin) |

| | |
|---|---|
| 3-(*SO*-硫代过羟基)丙腈 | 3-(*SO*-thiohydroperoxy) propanenitrile |
| 硫代磺-*O*-酸 | thiosulfonic *O*-acid |
| 硫代磺-*S*-酸 | thiosulfonic *S*-acid |
| 硫代己酸-*O*-乙酯 | *O*-ethyl hexanethioate |
| 硫代甲-*O*-酸 | carbothioic *O*-acid |
| 硫代甲-*S*-酸 | carbothioic *S*-acid |
| 4-(硫代甲酰基)苯甲酸 | 4-(thioformyl) benzoic acid |
| 硫代膦-*O*, *O*'-酸 | phosphonothioic *O*, *O*'-acid |
| 硫代膦-*O*, *S*-酸 | phosphonothioic *O*, *S*-acid |
| 硫代硫酸 | thioic *S*-acid |
| 硫代黏蛋白 | sulfomucin |
| 硫代黏多糖 | sulfomucopolysaccharide |
| 硫代苹果酸 | thiomalic acid |
| 硫代秋水仙碱苷 | coltramyl |
| 硫代肉桂酸 | thiocinnamic acid |
| 硫代山梨糖醇 | thiosorbitol |
| 3-(硫代羧基)丙酸 | 3-(thiocarboxy) propanoic acid |
| 硫代亚碘酸二苯酯 | diphenyl thiosulfinate |
| 硫代亚磺-*O*-酸 | thiosulfinic *O*-acid |
| 硫代亚磺-*S*-酸 | thiosulfinic *S*-acid |
| 硫代亚磺酸盐 | thiosulfinate |
| 硫代乙酸(硫代乙酸) | thioacetic acid |
| 硫代乙酸酐 | thioacetic anhydride |
| 10*H*-硫氮杂蒽 | 10*H*-phenothiazine |
| 硫氮杂蒽{二苯并[*b*, *e*]噻嗪、吩噻嗪} | phenothiazine |
| 1, 2-硫氮杂己环烷-1, 1-二氧化物 | 1, 2-thiazinane-1, 1-dioxide |
| 1, 2-硫氮杂己熳环 | 1, 2-thiazine |
| $1\lambda^{4,3}$-硫氮杂己熳环($1\lambda^{4,3}$-噻嗪) | $1\lambda^{4,3}$-thiazine |
| 硫蜂斗菜单酯(硫蜂斗菜宁) | *S*-japonin |
| 硫蜂斗菜螺内酯 | *S*-fukinolide |
| 硫呋喃蜂斗菜亭(硫呋喃蜂斗菜醇酯) | *S*-furanopetasitin |
| 硫光气 | thiophosgene |
| 硫化汞(银朱) | mercuric sulfide |
| 硫化氢(氢硫酸) | hydrogen sulfide (hydrosulfuric acid) |
| 硫化氢(氢硫酸) | hydrosulfuric acid (hydrogen sulfide) |
| 硫化羰 | carbonyl sulfide |
| 硫环红素 A | thiarubrin A |
| 硫黄菊苷(黄秋英苷) | sulfurein |
| 硫黄菊素(黄秋英素) | sulfuretin (sulphurtin) |
| 硫黄菊素-6-*O*-β-D-葡萄糖苷 | sulfuretin-6-*O*-β-D-glucoside |

L

| 硫黄菌素 A～H | sulphureuines A～H |
|---|---|
| 硫磺菊素葡萄糖苷 | sulfuretin glucoside |
| 2-硫基乙醇 | 2-mercaptaethanol |
| 5′-硫甲基-5′-硫代腺苷 | 5′-*S*-methyl-5′-thioadenosine |
| 硫葡萄糖二硫化物 | thioglucose disulfide |
| 1-β-D-硫葡萄糖钠盐 | 1-β-D-thioglucose sodium salt |
| 硫桥 | epithio |
| $\lambda^4$-硫桥 | $\lambda^4$-sulfano |
| 1-硫氰酸-2-羟基-3-丁烯 | 1-thiocyano-2-hydroxy-3-butene |
| 硫氰酸-4-甲基戊酯 | 4-methyl pentyl thiocyanate |
| 硫氰酸苄酯 (金莲橙) | benzyl thiocyanate (tropeolin) |
| 硫氰酸烯丙酯 | allyl thiocyanate |
| 硫氰酸酯 (硫氰酸盐) | thiocyanate |
| 硫秋水仙苷 | thiocolchicoside |
| 硫炔红素 A、B | thiarubrines A, B |
| 硫色多孔菌酸 | sulfurenic acid (sulphurenic acid) |
| 硫色多孔菌酸 | sulphurenic acid (sulfurenic acid) |
| 硫色曲霉碱 A～C | sulpinines A～C |
| 硫色烯 | thiochromene |
| 硫砷杂蒽 | phenothiarsine |
| 硫双萍蓬草碱 (硫双萍蓬定、硫双萍蓬草定碱) | thiobinupharidine |
| 硫酸 | sulfuric acid |
| 硫酸阿拉伯半乳聚糖 | arabinogalactan sulfate |
| 硫酸阿托品 | atropine sulfate |
| 硫酸阿托品一水物 | atropine sulfate monohydrate |
| 硫酸氨基葡萄糖 | glucosamine sulfate |
| 硫酸败酱皂苷 Ⅰ、Ⅱ | sulfopatrinosides Ⅰ, Ⅱ |
| 5β-硫酸蟾蜍醇 | 5β-bufolsulfate |
| 硫酸长春碱 | vinblastine sulfate |
| 硫酸长春文辛 | cavincine sulfate |
| 硫酸长春新碱 | vincristine sulfate |
| 硫酸长春因定 (卡擦定碱硫酸盐、硫酸卡生定碱) | cathindine sulfate |
| 硫酸长春质碱 | catharanthine sulfate |
| 硫酸蛋白多糖 | sulfated proteoclycan |
| L-硫酸刀豆氨酸 | L-canavanine sulfate |
| 硫酸毒扁豆碱 | eserine sulfate |
| 硫酸多糖 | sulfated polysaccharide |
| 硫酸钙 (石膏) | calcium sulfate |
| 硫酸化糖胺聚糖 | sulfated glycosaminoglycan |
| 硫酸黄连碱 | coptisine sulfate |

| 13-硫酸基二氢瑞诺素 | 13-sulfodihydroreynosin |
|---|---|
| 硫酸钾 | potassium sulfate |
| 硫酸尖刺碱(硫酸欧洲小檗碱) | oxyacanthine sulfate |
| 硫酸角质素 | keratan sulfate |
| 硫酸卡文西定碱(硫酸长春文西定) | cavincidine sulfate |
| 硫酸奎尼丁 | quinidine sulfate |
| 硫酸奎宁 | quinine sulfate |
| 硫酸魁蛤素 | arcaine sulfate |
| 硫酸留绕西文碱(硫酸长春西文) | leurosivine sulfate |
| 硫酸龙脑钙 | calcium bornyl sulfate |
| 硫酸铝钾 | aluminum potassium sulfate |
| 硫酸马安卓辛碱 | maandrosine sulfate |
| 硫酸镁 | magnesium sulfate |
| 硫酸脒基牛磺酸 | phosphotaurocyamine |
| 硫酸钠 | sodium sulfate |
| 硫酸牛膝苷 B、D | sulfachyranthosides B, D |
| 硫酸派绕生 | perosine sulfate |
| 硫酸皮肤素 | dermatan sulfate |
| 硫酸皮素 | demoitin |
| 硫酸氢乙酯 | ethyl hydrogen sulfate |
| 硫酸软骨素 | chondroitin sulfate |
| 硫酸软骨素 A～C | chondroitin sulfates A～C |
| 硫酸山梗碱 | lobeline sulfate |
| 硫酸鼠李聚糖 | rhamnan sulfate |
| 硫酸天仙子胺(硫酸莨菪碱) | hyoscyamine sulfate |
| 硫酸天仙子胺水合物 | hyoscyamine sulfate hydrate |
| 硫酸铁 | ferric sulfate |
| 硫酸铜 | cupric sulfate |
| 硫酸小檗碱 | berberine sulfate |
| 硫酸新霉素 | neomycin sulfate |
| 硫酸亚铁 | ferrous sulfate |
| 硫酸异长春碱(异长春碱硫酸盐、长春西定硫酸盐) | vinrosidine sulfate |
| 硫酸鹰爪豆碱 | sparteine sulfate |
| 1-*O*-硫酸酯基罗斯考皂苷元 | 1-*O*-sulforuscogenin |
| 3β-*O*-硫酸酯基-石头花苷元 | 3β-*O*-sulfate-gypsogenin |
| 3β-*O*-硫酸酯基-石头花苷元-28-*O*-β-D-吡喃葡萄糖酯苷 | 3β-*O*-sulfate-gypsogenin-28-*O*-β-D-glucopyranosyl ester |
| 4-硫酮基戊-2-酮 | 4-thioxopentan-2-one |
| 硫烷 | sulfane |
| $\lambda^4$-硫烷 | $\lambda^4$-sulfane |

| | |
|---|---|
| $\lambda^6$-硫烷 | $\lambda^6$-sulfane |
| 硫酰败酱皂苷 (硫酸败酱苷) Ⅰ、Ⅱ | sulfapatrinosides Ⅰ, Ⅱ |
| 3-*O*-(2-*O*-硫酰基-β-D-吡喃葡萄糖基) 刺囊酸 | 3-*O*-(2-*O*-sulfuryl-β-D-glucopyranosyl) echinocystic acid |
| 硫辛酸 | lipoic acid |
| α-硫辛酸 | α-lipoic acid (α-thioctic acid) |
| α-硫辛酸 | α-thioctic acid (α-lipoic acid) |
| β-硫辛酸 | β-lipoic acid |
| 3-硫亚基丁酸 | 3-thioxobutanoic acid |
| 4-硫亚基环己-1-甲硒醛 | 4-thioxocyclohex-1-carboselenaldehyde |
| 4-硫亚基戊-2-酮 | 4-sulfanylidenepentan-2-one |
| 硫愈创木薁 | *S*-guaiazulene |
| 硫杂 (噻) | thia |
| 1-硫杂-4-氮杂-2, 6-二硅杂环己烷 | 1-thia-4-aza-2, 6-disilacyclohexane |
| 1-硫杂-4-氮杂环庚-2, 4, 6-三烯 | 1-thia-4-azacyclohept-2, 4, 6-triene |
| 2-硫杂-6-磷杂-1, 4 (1, 3)-二环己烷杂环六蕃 | 2-thia-6-phospha-1, 4 (1, 3)-dicyclohexanacyclohexaphane |
| 1, 4-硫杂氮杂环庚-2, 4, 6-三烯 | 1, 4-thiazepinehept-2, 4, 6-triene |
| 3-硫杂二环 [3.3.1] 壬-1 (9), 5, 7-三烯 | 3-thiabicyclo [3.3.1] non-1 (9), 5, 7-triene |
| 3$\lambda^6$-硫杂螺 [$2.4^3.5^3$] 十二烷 | 3$\lambda^6$-thiaspiro [$2.4^3.5^3$] dodecane |
| 硫枝顶孢霉酮 | thiacremonone |
| 硫脂 | sulfatide |
| 榴花胺 | conoduramine |
| 榴花碱 (锥喉花碱) | conopharyngine |
| 榴花灵碱 (榴花灵、硬锥喉花碱) | conodurine |
| 瘤毛獐牙菜酚素 | pseudonolin |
| 瘤突胡椒定 | piperdardine |
| 瘤网地衣素 A～E | lecanorins A～E |
| 瘤状芸香草素 | tuberculatin |
| 瘤足蕨素 A | plagiogyrin A |
| 柳穿鱼奥苷 | linarioside |
| 柳穿鱼醇苷 | linarioloside |
| 柳穿鱼苷 (果胶柳穿鱼苷、柳穿鱼叶苷、里哪苷、大蓟苷) | pectolinaroside (pectolinarin, nedinarin) |
| 柳穿鱼黄素 (果胶柳穿鱼苷元、柳穿鱼素) | pectolinarigenin |
| 柳穿鱼黄素-7-*O*-α-L-吡喃鼠李糖基-(1‴→2″)-*O*-β-D-吡喃葡萄糖醛酸苷 | pectolinarigenin-7-*O*-α-L-rhamnopyranosyl-(1‴→2″)-*O*-β-D-glucuronopyranoside |
| 柳穿鱼黄素-7-*O*-β-D-吡喃葡萄糖苷 | pectolinarigenin-7-*O*-β-D-glucopyranoside |
| 柳穿鱼瑞苷 | linaride |
| 柳穿鱼烯酮 | linarienone |
| 柳穿鱼酰素 (柳穿鱼因苷) | linariin |
| 柳穿鱼香堇苷 (柳穿鱼素香堇苷) A～C | linarionosides A～C |

| (9*S*)-柳穿鱼香堇苷 A、B | (9*S*)-linarionosides A, B |
|---|---|
| 柳穿鱼叶苷 (柳穿鱼苷、果胶柳穿鱼苷、里哪苷、大蓟苷) | pectolinarin (pectolinaroside, nedinarin) |
| 柳穿鱼酯苷 | linaroside |
| 柳兰聚酚 | chanerol |
| 柳兰酸 | chamaeneric acid |
| 柳匍匐次苷 (匍匐柳素) | salirepin |
| 柳匍匐苷 | salireposide |
| 柳杉二醇 | cryptomeridiol |
| 柳杉二醇-11-*O*-β-D-吡喃木糖基-(1→6)-β-D-吡喃葡萄糖苷 | cryptomeridiol-11-*O*-β-D-xylopyranosyl-(1→6)-β-D-glucopyranoside |
| 柳杉二醇-11-α-L-鼠李糖苷 | cryptomeridiol-11-α-L-rhamnoside |
| 柳杉酚 | sugiol |
| 柳杉醌 | cryptoquinone |
| 柳杉宁 A～U | fortunins A～U |
| 柳杉石松醇 (石松隐四醇、伸筋草萜隐醇) | lycocryptol |
| 柳杉树脂酚 (日本柳杉酚) | cryptojaponol |
| 柳杉双黄酮 A、B | cryptomerins A, B |
| 柳杉酮 | cryptomerion |
| 柳杉酯 A | fortunate A |
| 柳珊瑚酸 | suberogorgin |
| (1β, 4β, 6α)-柳珊瑚烷-1, 4, 11-三醇 | (1β, 4β, 6α)-gorgonane-1, 4, 11-triol |
| (1β, 4β, 6β)-柳珊瑚烷-1, 4, 11-三醇 | (1β, 4β, 6β)-gorgonane-1, 4, 11-triol |
| 柳珊瑚甾醇 | gorgosterol |
| 柳叶白前苷 (野木瓜托苷、柳叶白前托甾苷) A～W、$C_1$～$C_3$、$D_1$～$D_3$、$V_1$～$V_3$、$I_1$、$I_2$、UA、UA1、UA2 | stauntosides A～W, $C_1$～$C_3$, $D_1$～$D_3$, $V_1$～$V_3$, $I_1$, $I_2$, UA, UA1～UA3 |
| 柳叶白前苷元 E-3-*O*-β-D-吡喃黄夹糖苷 | stauntogenin E-3-*O*-β-D-thevetopyranoside |
| 柳叶白前苷元-3-*O*-α-吡喃欧洲夹竹桃糖基-(1→4)-β-吡喃洋地黄毒糖基-(1→4)-β-吡喃欧洲夹竹桃糖苷 | stauntogenin-3-*O*-α-oleandropyranosyl-(1→4)-β-digitoxopyranosyl-(1→4)-β-oleandropyranoside |
| 柳叶白前素 | stauntonine |
| 柳叶白前甾苷 A～C | cynastauosides A～C |
| 柳叶白前皂苷 A、B | stauntosaponins A, B |
| 柳叶波氏木素 (博氏木林素、博萨林素、柳叶喙花素) | boscialin |
| 柳叶波氏木素-4′-*O*-β-D-吡喃葡萄糖苷 | boscialin-4′-*O*-β-D-glucopyranoside |
| 柳叶波氏木素-4-*O*-β-D-吡喃葡萄糖苷 | boscialin-4-*O*-β-D-glucopyranoside |
| 柳叶菜酰胺 A | epilobamide A |
| 柳叶柴胡醇 | busaliol |
| (–)-柳叶柴胡酚 | (–)-salicifoliol |
| 柳叶柴胡酚 (灌木柴胡脂素) | salicifoliol |
| 柳叶大戟素 | euphosalicin |

| | |
|---|---|
| 柳叶鬼针草酚 | cernuole |
| 柳叶筋骨草苷 A～F | ajugasaliciosides A～F |
| 柳叶筋骨草素 | ajugasalicigenin |
| 柳叶罗汉松酮 (柳叶野扇花酮、柳叶野扇花胺酮) M | salignone M |
| 柳叶萝芙木因宁甲氯化物 | raucubainine methochloride |
| 柳叶木兰碱 (千屈菜苷) | salicarin |
| 柳叶木兰素 (柳叶柴胡素、柳叶山梗碱) | salicifoline |
| (±)-柳叶木兰脂素 | (±)-magnosalicin |
| 柳叶木兰脂素 | magnosalicin |
| (+)-柳叶前胡酚 | (+)-guayarol |
| 柳叶水甘草碱 (他波宁、水甘草碱、它波水甘草宁) | tabersonine |
| 柳叶绣线菊新木脂醇 | salicifoneoliganol |
| 柳叶野扇花胺 | salignamine |
| 柳叶野扇花碱 | saligine |
| 柳叶野扇花肉桂酰胺 | saligcinnamide |
| 柳叶野扇花素 A～F | salignarines A～F |
| (*E*)-柳叶野扇花酮 [(*E*)-柳叶野扇花胺酮、(*E*)-柳叶罗汉松酮] | (*E*)-salignone |
| (*Z*)-柳叶野扇花酮 [(*Z*)-柳叶野扇花胺酮、(Z)-柳叶罗汉松酮] | (*Z*)-salignone |
| 柳叶野扇花酰胺 A～F | salignenamides A～F |
| 柳叶玉兰脂素 | magnosalin |
| 柳枝状红千层二酮 A、B | viminadiones A, B |
| 六孢素 (六环尾孢素) | hexascosporin |
| (+)-六驳碱 | (+)-laurotetanine |
| 六驳碱 | laurotetamine |
| 1, 2, 3, 4, 5, 6-六氮杂环戊熳 [*cd*] 并戊轮 | 1, 2, 3, 4, 5, 6-hexaazacyclopenta [*cd*] pentalene |
| 六芬 | hexaphene |
| 六环 [15.3.2.23, 7.12, 12.013, 21.011, 25] 二十五烷 | hexacyclo [15.3.2.23, 7.12, 12.013, 21.011, 25] pentacosane |
| 六环白绵马素 | hexaalbaspidin |
| 六环黄绵马酸 | hexaflavaspidic acid |
| 2, 3, 4, 5, 7, 7-六甲基-1, 3, 5-环庚三烯 | 2, 3, 4, 5, 7, 7-hexamethyl-1, 3, 5-cycloheptatriene |
| (6*E*, 10*E*, 14*E*, 8*E*)-2, 6, 10, 15, 19, 23-六甲基-2, 6, 10, 14, 18, 22-二十四碳六烯 | (6*E*, 10*E*, 14*E*, 18*E*)-2, 6, 10, 15, 19, 23-hexamethyl-2, 6, 10, 14, 18, 22-tetracosahexaene |
| 2, 2, 4, 15, 17, 17-六甲基-7, 12-二 (3, 5, 5-三甲基己基) 十八烷 | 2, 2, 4, 15, 17, 17-hexamethyl-7, 12-bis (3, 5, 5-trimethyl hexyl) octadecane |
| 1, 1, 8, 8, 12, 12-六甲基二螺 [4.1.4.2] 十三烷 | 1, 1, 8, 8, 12, 12-hexamethyl dispiro [4.1.4.2] tridecane |
| 2, 6, 10, 15, 19, 23-六甲基二十四烷-2, 6, 10, 14, 18, 22-六烯 | 2, 6, 10, 15, 19, 23-hexamethyltetracos-2, 6, 10, 14, 18, 22-hexaene |
| 2, 2, 3, 4, 5, 5-六甲基己烷 | 2, 2, 3, 4, 5, 5-hexamethyl hexane |

| | |
|---|---|
| *N*, *N*, 2, 2, 6, 6-六甲基哌啶酮盐酸盐 | *N*, *N*, 2, 2, 6, 6-hexamethyl piperidone chloride |
| 2, 3, 4, 5, 2′, 6′-六甲氧基-4′, 5′-亚甲二氧基查耳酮 | 2, 3, 4, 5, 2′, 6′-hexamethoxy-4′, 5′-methylenedioxychalcone |
| 3, 5, 6, 7, 8, 3′-六甲氧基-4′, 5′-亚甲二氧基黄酮 | 3, 5, 6, 7, 8, 3′-hexamethoxy-4′, 5′-methylenedioxyflavone |
| 5, 6, 7, 8, 3′, 5′-六甲氧基-4′-羟基黄酮 | 5, 6, 7, 8, 3′, 5′-hexamethoxy-4′-hydroxyflavone |
| 3, 5, 8, 3′, 4′, 5′-六甲氧基-6, 7-亚甲二氧基黄酮 | 3, 5, 8, 3′, 4′, 5′-hexamethoxy-6, 7-methylenedioxyflavone |
| 3′, 4′, 5, 5′, 6, 7-六甲氧基黄酮 | 3′, 4′, 5, 5′, 6, 7-hexamethoxyflavone |
| 3, 5, 6, 7, 3′, 4′, 5′-六甲氧基黄酮 | 3, 5, 6, 7, 3′, 4′, 5′-heptamethoxyflavone |
| 3, 5, 6, 7, 3′, 4′-六甲氧基黄酮 | 3, 5, 6, 7, 3′, 4′-hexamethoxyflavone |
| 3, 5, 6, 8, 3′, 4′-六甲氧基黄酮 | 3, 5, 6, 8, 3′, 4′-hexamethoxyflavone |
| 3, 5, 7, 8, 2′, 5′-六甲氧基黄酮 | 3, 5, 7, 8, 2′, 5′-hexamethoxyflavone |
| 5, 6, 7, 3′, 4′, 5′-六甲氧基黄酮 | 5, 6, 7, 3′, 4′, 5′-hexamethoxyflavone |
| 3, 3′, 4′, 5, 5′, 6, 7-六甲氧基黄酮 | 3, 3′, 4′, 5, 5′, 6, 7-hexamethoxyflavone |
| 5, 6, 7, 8, 3′, 4′-六甲氧基黄酮 | 5, 6, 7, 8, 3′, 4′-hexamethoxyflavone |
| 5, 6, 8, 3′, 4′, 5′-六甲氧基黄酮 | 5, 6, 8, 3′, 4′, 5′-hexamethoxyflavone |
| 5, 7, 8, 3′, 4′, 5′-六甲氧基黄酮 | 5, 7, 8, 3′, 4′, 5′-hexamethoxyflavone |
| 5, 6, 7, 8, 3″, 4″-六甲氧基黄酮 (川陈皮素、蜜橘黄素) | 5, 6, 7, 8, 3″, 4″-hexamethoxyflavone (nobiletin) |
| 3, 3′, 4′, 5, 6, 7-六甲氧基黄酮 (千层纸素 B 三甲基醚) | 3, 3′, 4′, 5, 6, 7-hexamethoxyflavone (oxyayanin B trimethyl ether) |
| 5, 6, 7, 8, 3′, 4′-六甲氧基黄酮醇 | 5, 6, 7, 8, 3′, 4′-hexamethoxyflavonol |
| (2*R*, 4*S*)-4, 5, 6, 7, 8, 4′-六甲氧基黄烷酮 | (2*R*, 4*S*)-4, 5, 6, 7, 8, 4′-hexamethoxyl flavanone |
| 六角景天素 (六棱景天素、蜀葵苷元-8-甲醚) | sexangularetin (herbacetin-8-methyl ether) |
| 六聚糖 (多聚己糖、己多糖) | hexasaccharide |
| 六聚体白色矢车菊素 | hexameric leucocyanidin |
| 六聚体血青蛋白 | hexameric hemocyanin |
| 2, 3, 5, 6, 8, 10-六硫代十一烷 | 2, 3, 5, 6, 8, 10-hexathiaundecane |
| 六六六 (六氯化苯) | benzene hexachloride |
| 六螺旋烃 | hexahelicene |
| 1, 1, 1, 7, 7, 7-六氯-2, 6-二羟基-4-庚酮 | 1, 1, 1, 7, 7, 7-hexachloro-2, 6-dihydroxyheptan-4-one |
| 1β, 2β, 3β, 4β, 5β, 6β-六羟基-(25*R*)-5β-螺甾烷 | 1β, 2β, 3β, 4β, 5β, 6β-hexahydroxy-(25*R*)-5β-spirostane |
| 2, 4, 5, 6, 7, 8-六羟基-1, 4, 9, 9-四甲基-3*H*-3a, 7-桥亚甲基甘菊环 | 2, 4, 5, 6, 7, 8-hexahydro-1, 4, 9, 9-tetramethyl-3*H*-3a, 7-methano azulene |
| 3β, 8, 12β, 14β, 17, 20-六羟基-14β, 17α-孕甾-5-烯 | 3β, 8, 12β, 14β, 17, 20-hexahydroxy-14β, 17α-pregn-5-ene |
| 2, 4, 7, 8, 9, 10-六羟基-3-甲氧基蒽-6-*O*-α-L-吡喃鼠李糖苷 | 2, 4, 7, 8, 9, 10-hexahydroxy-3-methoxyanthracene-6-*O*-α-L-rhamnopyranoside |
| 2, 4, 7, 8, 9, 10-六羟基-3-甲氧基蒽-6-*O*-β-L-吡喃鼠李糖苷 | 2, 4, 7, 8, 9, 10-hexahydroxy-3-methoxyanthracene-6-*O*-β-L-rhamnopyranoside |
| 2, 2′, 2″, 7, 7′, 7″-六羟基-4, 4′, 4″-三甲氧基-[9, 9′, 9″, 10, 10′, 10″]-六氢-1, 8, 1′, 6″-三联菲 | 2, 2′, 2″, 7, 7′, 7″-hexahydroxy-4, 4′, 4″-trimethoxy-[9, 9′, 9″, 10, 10′, 10″]-hexahydro-1, 8, 1′, 6″-triphenanthrene |
| 3β, 4α, 14α, 20*R*, 22*R*, 25-六羟基-5α-胆甾-7-烯-6-酮 | 3β, 4α, 14α, 20*R*, 22*R*, 25-hexahydroxy-5α-cholest-7-en-6-one |

| | |
|---|---|
| β, 2, 3′, 4, 4′, 6-六羟基-α-(α-L-吡喃鼠李糖基) 二氢查耳酮 | β, 2, 3′, 4, 4′, 6-hexahydroxy-α-(α-L-rhamnopyranosyl) dihydrochalcone |
| 2β, 3β, 14α, 20β, 22α, 25β-六羟基胆甾-7-烯-6-酮 | 2β, 3β, 14α, 20β, 22α, 25β-hexahydroxycholest-7-en-6-one |
| 2β, 3β, 14α, 20β, 24β, 25β-六羟基胆甾-7-烯-6-酮 | 2β, 3β, 14α, 20β, 24β, 25β-hexahydroxycholest-7-en-6-one |
| (22*S*, 25*S*)-1β, 3β, 4β, 5β, 26, 27-六羟基呋喃螺甾-5, 26-*O*-β-D-吡喃葡萄糖苷 | (22*S*, 25*S*)-1β, 3β, 4β, 5β, 26, 27-hexahydroxyfurospirost-5, 26-*O*-β-D-glucopyranoside |
| 1β, 2β, 3β, 4β, 5β, 26-六羟基呋甾-20 (22), 25 (27)-二烯-5, 26-*O*-β-D-吡喃葡萄糖苷 | 1β, 2β, 3β, 4β, 5β, 26-hexahydroxyfurost-20 (22), 25 (27)-dien-5, 26-*O*-β-D-glucopyranoside |
| 3, 5, 8, 3′, 4′, 5′-六羟基黄酮 | 3, 5, 8, 3′, 4′, 5′-hexahydroxyflavone |
| 3, 5, 7, 3′, 4′, 5′-六羟基黄酮 (杨梅素、杨梅树皮素、杨梅黄酮、杨梅黄素) | 3, 5, 7, 3′, 4′, 5′-hexahydroxyflavone (cannabiscetin, myricetin) |
| 3′, 4′, 5′, 5, 7, 8-六羟基黄酮-7-*O*-β-D-吡喃葡萄糖醛酸苷 | 3′, 4′, 5′, 5, 7, 8-hexahydroxyflavone-7-*O*-β-D-glucuropyranonide |
| 5, 7, 8, 3′, 4′, 5′-六羟基黄酮-7-*O*-β-D-葡萄糖醛酸苷 | 5, 7, 8, 3′, 4′, 5′-hexahydroxyflavone-7-*O*-β-D-glucuronide |
| (2*R*, 3*R*)-3, 5, 6, 7, 3′, 4′-六羟基黄烷 | (2*R*, 3*R*)-3, 5, 6, 7, 3′, 4′-hexahydroxyflavane |
| (2*RS*, 3*SR*)-3, 4′, 5, 6, 7, 8-六羟基黄烷 | (2*RS*, 3*SR*)-3, 4′, 5, 6, 7, 8-hexahydroxyflavane |
| 3, 3′, 4, 4′, 5, 7-六羟基黄烷 | 3, 3′, 4, 4′, 5, 7-hexahydroxyflavan |
| 六羟基黄烷酮 | hexahydroxyflavanone |
| 六羟基假紫罗兰酮 (六羟基假紫罗酮) | hexahydroxypseudoionone |
| 2, 3-六羟基联苯-4, 6-橡椀酰葡萄糖 | 2, 3-hexahydroxydiphenoyl-4, 6-valoneayl glucose |
| 2, 3-六羟基联苯-4-*O*-没食子酰基葡萄糖 | 2, 3-hexahydroxydiphenoyl-4-*O*-galloyl glucose |
| 2, 3-*O*-(*S*)-六羟基联苯二甲酰基-D-葡萄糖苷 | 2, 3-*O*-(*S*)-hexahydroxydiphenoyl-D-glucoside |
| 六羟基联苯基-(2, 3-D-葡萄糖) | hexahydroxydiphenyl-(2, 3-D-glucose) |
| 1, 2, 3, 4, 5, 7-六羟基螺甾-25 (27)-烯-6-酮 | 1, 2, 3, 4, 5, 7-hexahydroxyspirost-25 (27)-en-6-one |
| 1β, 2β, 3β, 4β, 5β, 7α-六羟基螺甾-25 (27)-烯-6-酮 | 1β, 2β, 3β, 4β, 5β, 7α-hexahydroxyspirost-25 (27)-en-6-one |
| 六羟基穗花杉双黄酮 | hexahydroxyamentoflavone |
| 1β, 2β, 3β, 4β, 5β, 6β-六羟基孕甾-16-烯-20-酮 | 1β, 2β, 3β, 4β, 5β, 6β-hexolhydroxypregn-16-en-20-one |
| 六羟基紫杉二烯 | hexahydroxytaxadiene |
| 2, 3, 4, 7, 8, 8α-六氢, 1*H*-3α, 7-亚甲基薁 | 2, 3, 4, 7, 8, 8α-hexahydro, 1*H*-3α, 7-methanoazulene |
| 1, 3, 4, 5, 6, 7-六氢-1, 1, 5, 5-四甲基-2*H*-2, 4-桥亚甲基萘 | 1, 3, 4, 5, 6, 7-hexahydro-1, 1, 5, 5-tetramethyl-2*H*-2, 4-methanonaphthalene |
| 六氢-1, 2, 4-三嗪酮 [5, 6-*e*] [1, 2, 4]-三嗪-3, 6-二酮 | hexahydro-1, 2, 4-triazino [5, 6-*e*] [1, 2, 4]-triazine-3, 6-dione |
| (12β*E*, 22*E*, 24*E*, 26*E*)-22, 23, 24, 25, 26, 27-六氢-12-(1-氧亚基-3-苯基-2-丙烯氧基)-单茎稻花素 | [12β (*E*), 22*E*, 24*E*, 26*E*]-22, 23, 24, 25, 26, 27-hexadehydro-12-[(1-oxo-3-phenyl-2-propenyl) oxy] simplexin |
| 六氢-14-去羟基穿心莲内酯 | hexahydro-14-dehydroxyandrographolide |

| | |
|---|---|
| 2, 3, 4, 5, 6, 7-六氢-1*H*-2-茚醇 | 2, 3, 4, 5, 6, 7-hexahydro-1*H*-inden-2-ol |
| 1, 2, 3, 3α, 8, 8α-六氢-2, 2, 8-三甲基-5, 6-甘菊蓝二甲醇 | 1, 2, 3, 3α, 8, 8α-hexahydro-2, 2, 8-trimethyl-5, 6-azulenedimethanol |
| 1, 3, 4, 5, 6, 7-六氢-2, 5, 5-三甲基-2*H*-2, 4a-桥亚乙基萘 | 1, 3, 4, 5, 6, 7-hexahydro-2, 5, 5-trimethyl-2*H*-2, 4a-ethanonaphthalene |
| 1, 3, 4, 5, 6, 7-六氢-2*H*-2, 4a-桥亚甲基萘 | 1, 3, 4, 5, 6, 7-hexahydro-2*H*-2, 4a-methanonaphthalene |
| 2, 4α, 5, 6, 7, 8-六氢-3, 5, 5, 9-四甲基-(*R*)-1*H*-苯并环庚烯 | 2, 4α, 5, 6, 7, 8-hexahydro-3, 5, 5, 9-tetramethyl-(*R*)-1*H*-benzocycloheptene |
| 2, 4a, 5, 6, 7, 8-六氢-3, 5, 5, 9-四甲基苯并环庚烯 | 2, 4a, 5, 6, 7, 8-hexahydro-3, 5, 5, 9-tetramethyl benzocycloheptene |
| (3α*R*)-六氢-3α-羟基-苯并呋喃-6 (2*H*)-酮 | (3α*R*)-hexahydro-3α-hydroxybenzofuran-6 (2*H*)-one |
| (5*S*, 11b*S*)-2, 3, 5, 6, 11, 11b-六氢-3-氧亚基-1*H*-氮茚并 [8, 7-*b*] 吲哚-5-甲酸 | (5*S*, 11b*S*)-2, 3, 5, 6, 11, 11b-hexahydro-3-oxo-1*H*-indolizino-[8, 7-*b*] indole-5-carboxylic acid |
| 1, 2, 4a, 5, 6, 8a-六氢-4, 7-二甲基-1-(1-甲基乙烯基)-2 (3*H*)-萘 | 1, 2, 4a, 5, 6, 8a-hexahydro-4, 7-dimethyl-1-(1-methyl vinyl)-2 (3*H*)-naphthalene |
| 1, 2, 4a, 5, 6, 8a-六氢-4, 7-二甲基-1-(1-甲乙基) 萘 | 1, 2, 4a, 5, 6, 8a-hexahydro-4, 7-dimethyl-1-(1-methyl ethyl) naphthalene |
| 1, 2, 4a, 5, 6, 8a-六氢-4, 7-二甲基-1-(1-亚甲基) 萘 | 1, 2, 4a, 5, 6, 8a-hexahydro-4, 7-dimethyl-1-(1-methylene) naphthalene |
| 1, 2, 3, 5, 6, 8a-六氢-4, 7-二甲基-1-异丙基萘 | 1, 2, 3, 5, 6, 8a-hexahydro-4, 7-dimethyl-1-isopropyl naphthalene |
| (1*E*, 4α, 4aα, 8aα)-2-[3, 4, 4a, 5, 6, 8a-六氢-4, 7-二甲基-1 (2*H*)-萘亚甲基] 丙醛 | (1*E*, 4α, 4aα, 8aα)-2-[3, 4, 4a, 5, 6, 8a-hexahydro-4, 7-dimethyl-1 (2*H*)-naphthalenylidene] propanal |
| 2, 4, 5, 6, 7, 7a-六氢-4, 7-甲醇-1*H*-茚 | 2, 4, 5, 6, 7, 7a-hexahydro-4, 7-methanol-1*H*-indene |
| 3, 5, 6, 7, 8, 8a-六氢-4, 8a-二甲基-6-(1-甲基乙烯基)-2 (1*H*)-萘酮 | 3, 5, 6, 7, 8, 8a-hexhydrogen-4, 8a-dimethyl-6-(1-methyl vinyl)-2 (1*H*)-naphthalene ketone |
| 4α, 5, 6, 7, 8, 8α-六氢-4, 8α-二甲基-6-(1-甲乙烯基)-2 (1*H*)-萘酮 | 4α, 5, 6, 7, 8, 8α-hexahydro-4, 8α-dimethyl-6-(1-methyl vinyl)-2 (1*H*)-naphthalenone |
| 4, 4α, 5, 6, 7, 8-六氢-4α, 5-二甲基-3-(1-甲乙烯)-2 (3*H*)-萘酮 | 4, 4α, 5, 6, 7, 8-hexahydro-4α, 5-dimethyl-3-(1-methyl ethylene)-2 (3*H*)-naphthalenone |
| 2, 3, 4, 4a, 10, 10a-六氢-6, 8-二羟基-7-(1-羟基-1-甲乙基)-5-甲氧基-2, 4a-二甲基-1-亚甲基-9 (1*H*)-菲酮 | 2, 3, 4, 4a, 10, 10a-hexahydro-6, 8-dihydroxy-7-(1-hydroxy-1-methyl ethyl)-5-methoxy-2, 4a-dimethyl-1-methylene-9 (1*H*)-phenanthrenone |
| (2*S*, 4*E*, 6*S*, 9*S*)-2, 3, 6, 7, 8, 9-六氢-6-羟基-4-(4-羟基苯酰氧基)-9-甲氧基-2-氧杂九元环-β-D-吡喃葡萄糖苷 | (2*S*, 4*E*, 6*S*, 9*S*)-2, 3, 6, 7, 8, 9-hexahydro-6-hydroxy-4-[(4-hydroxybenzoyl) oxy]-9-methoxy-2-oxoninyl-β-D-glucopyranoside |
| 六氢吡嗪 (哌嗪、1, 4-二氮杂环己烷) | hexahydropyrazine (piperazine) |
| 六氢单紫杉烯 | hexahydroaplotaxene |
| 六氢番茄烃 (六氢番茄红素、植物荧光烯) | phytofluene |
| (1*S*, 1′*S*, 2*S*, 2′*S*)-2, 2′-(1*R*, 3a*S*, 4*R*, 6a*S*)-六氢呋喃 [3, 4-*c*] 呋喃-1, 4-二基-双 (2, 6-二甲氧基-4, 1-苯)-双 (氧)-双-1-(4-羟基-3-甲氧苯基) 丙-1, 3-二醇 | (1*S*, 1′*S*, 2*S*, 2′*S*)-2, 2′-(1*R*, 3a*S*, 4*R*, 6a*S*)-hexahydrofuro [3, 4-*c*] furan-1, 4-diyl-bis (2, 6-dimethoxy-4, 1-phenylene)-bis (oxy)-bis-1-(4-hydroxy-3-methoxyphenyl) prop-1, 3-diol |

| | |
|---|---|
| 六氢合金欢丙酮 | hexahydroalloy acetone |
| 六氢假紫罗兰酮 (六氢假香堇酮) | hexahydropseudoionone |
| 六氢姜黄素 | hexahydrocurcumin |
| 六氢金合欢醇 (六氢法呢醇) | hexahydrofarnesol |
| 六氢金合欢基丙酮 (六氢法呢基丙酮) | hexahydrofarnesyl acetone |
| 1, 2, 3, 4, 4a, 8a-六氢萘 | 1, 2, 3, 4, 4a, 8a-hexahydronaphthalene |
| 六氢烟酸 | nipecotic acid |
| 六肽酰胺 | hexapeptide amide |
| 六脱氢马兜铃烷酮-2 | hexadehydroaristolan-2-one |
| 六雄温哥华草苷 (六蕊范氏小檗苷、温哥华苷) E、F | hexandrasides E, F |
| 1, 4, 6, 9, 10, 13-六氧杂-5λ$^6$-硫杂螺 [4.45.45] 十三烷 | 1, 4, 6, 9, 10, 13-hexaoxa-5λ$^6$-thiaspiro [4.45.45] tridecane |
| 六乙酰基-6-香草酰基梓醇 | hexaacetyl-6-vaniloyl catalpol |
| 六乙酰基梓醇 | hexaacetyl catalpol |
| 龙船花苷 | ixoroside |
| 龙船花萜苷 | ixoside |
| 龙胆胺 | gentianamine |
| 龙胆草醇 | scabranol |
| (*R*)-龙胆醇 | (*R*)-gentianol |
| 龙胆醇 | gentianol |
| 龙胆次碱 (秦艽碱乙、龙胆尼定) | gentianidine |
| 龙胆翠雀花素 | gentiodelphin |
| 龙胆定碱 | gentianadine |
| 龙胆二糖 | gentiobiose |
| β-龙胆二糖 | β-gentiobiose |
| β-龙胆二糖八乙酸酯 | β-gentiobiose octaacetate |
| β-D-龙胆二糖基-(1→4)-α-L-弗氏尖药木苷 | β-D-gentiobiosyl-(1→4)-α-L-acofrioside |
| 3′-*O*-β-龙胆二糖基-16α-羟基牛角瓜素 | 3′-*O*-β-gentiobiosyl-16α-hydroxycalotropin |
| 1-*O*-龙胆二糖基-3, 7-二甲氧基-8-羟基屾酮 | 1-*O*-gentiobiosyl-3, 7-dimethoxy-8-hydroxyxanthone |
| 1-*O*-β-D-龙胆二糖基-6-*O*-β-D-吡喃葡萄糖基-D-甘露醇 | 1-*O*-β-D-gentiobiosyl-6-*O*-β-D-glucopyranosyl-D-mannitol |
| 1-*O*-β-龙胆二糖基-D-甘露醇 | 1-*O*-β-gentiobiosyl-D-mannitol |
| 龙胆二糖基奥多诺苷 A | gentiobiosyl odoroside A |
| 龙胆二糖基夹竹桃苷 | gentiobiosyl nerigoside |
| 龙胆二糖基欧洲夹竹桃苷 | gentiobiosyl oleandrin |
| 龙胆二糖基葡萄糖基藏花酸 | gentiobiosyl glucosyl crocetin |
| 龙胆二糖基清明花毒苷 | gentiobiosyl beaumontoside |
| 龙胆二糖甾醇 | gentiobiosyl sterol |
| 龙胆苷 | gentioside |
| 龙胆苷元 | gentiogenin |

| 龙胆苷元醛 | gentiogenal |
|---|---|
| 龙胆根黄素葡萄糖苷 | gentisin glucoside |
| 龙胆黄碱 | gentioflavine |
| 龙胆黄素 (龙胆根黄素、1, 7-二羟基-3-甲氧基𠮿酮) | gentisin (1, 7-dihydroxy-3-methoxyxanthone) |
| 龙胆黄素醇 | gentisin alcohol |
| 龙胆碱 (龙胆宁碱、秦艽甲素、秦艽碱甲) | gentianine (erythricine) |
| 龙胆苦苷 | gentiopicroside (gentiopicrin) |
| 龙胆苦苷四乙酸酯 | gentiopicroside tetraacetate |
| 龙胆苦酯苷 (苦龙胆酯苷、苦龙苷、苦龙胆素) | amarogentin |
| 龙胆裂萜苷 (粗糙龙胆苷) A | gentiascabraside A |
| 龙胆芦亭 (欧龙胆碱) | gentialutine |
| 龙胆那宁 | gentiananine |
| 龙胆诺苷 A～D | gentiananosides A～D |
| 龙胆赛因 (三羟基龙胆𠮿酮) | gentisein |
| 龙胆三糖 | gentiotriose |
| 龙胆三糖甾醇 | gentiotriosyl sterol |
| 龙胆属碱 | gentiana base |
| 龙胆四糖甾醇 | gentiotetraosyl sterol |
| 龙胆酸 (5-羟基水杨酸、2, 5-二羟基苯甲酸) | gentisic acid (5-hydroxysalicylic acid, 2, 5-dihydroxybenzoic acid) |
| 龙胆酸-2, 5-二葡萄糖苷 | gentisic acid-2, 5-diglucoside |
| 龙胆酸-5-*O*-(6′-*O*-没食子酰基)-β-D-吡喃葡萄糖苷 | gentisic acid-5-*O*-β-D-(6′-*O*-galloyl) glucopyranoside |
| 龙胆酸-5-*O*-β-D-(6-*O*-香草酰基) 吡喃葡萄糖苷 | gentisic acid-5-*O*-β-D-(6-*O*-vanilloyl) glucopyranoside |
| 龙胆酸-5-*O*-β-D-(6′-水杨酰基) 吡喃葡萄糖苷 | gentisic acid-5-*O*-β-D-(6′-salicylyl) glucopyranoside |
| 龙胆酸-5-*O*-β-D-吡喃葡萄糖苷 | gentisic acid-5-*O*-β-D-glucopyranoside |
| 龙胆酸-5-*O*-β-D-葡萄糖苷 | gentisic acid-5-*O*-β-D-glucoside |
| 6′-龙胆糖基-8-表莫罗忍冬吉苷 | 6′-gentisoyl-8-epikingiside |
| 2′-龙胆糖基寒原龙胆苷 (2′-龙胆糖基耐寒龙胆苷) | 2′-gentisoyl gelidoside |
| 龙胆替苷 A～K | gentisides A～K |
| 龙胆替三糖 | gentianose |
| 龙胆萜苷 | gentianaside |
| 龙胆𠮿酮 (2, 8-二羟基-1, 6-二甲氧基𠮿酮) | 2, 8-dihydroxy-1, 6-dimethoxyxanthone (gentiacaulein) |
| 龙胆𠮿酮 (无茎龙胆素、2, 8-二羟基-1, 6-二甲氧基𠮿酮) | gentiacaulein (2, 8-dihydroxy-1, 6-dimethoxyxanthone) |
| 龙胆酮胺 | gentianaine |
| 龙蒿定 | artemidin |
| 龙蒿二醇 | artemidiol |
| 龙蒿苷 | estragonoside |
| 龙蒿素 | dracunculin |
| 龙江柳苷 (库叶红景天苷) | sachaliside |

| | |
|---|---|
| 龙口湾鞘丝藻宾 | dragomabin |
| 龙口湾鞘丝藻酰胺 A～E | dragonamides A～E |
| 龙葵苷 A～X、$Y_1$～$Y_9$ | solanigrosides A～X, $Y_1$～$Y_9$ |
| 龙葵螺苷 (龙葵宁) A、B | uttronins A, B |
| 龙葵莫苷 A | nigrumoside A |
| 龙葵素 Ⅰ、Ⅱ | nigrumnins Ⅰ, Ⅱ |
| 龙葵羊毛脂烯酮 | nigralanostenone |
| 龙葵皂苷 A、B | uttrosides A, B |
| (–)- 龙脑 | (–)-borneol |
| (+)- 龙脑 | (+)-borneol |
| L- 龙脑 (L- 莰醇) | L-borneol |
| 龙脑 (莰乌药醇、内 -2- 龙脑烷醇、内 -2- 莰烷醇) | borneol (camphol linderol, endo-2-bornanol, endo-2-camphanol) |
| 龙脑 -2-*O*-α-L- 呋喃阿拉伯糖基 -(1→6)-β-D- 吡喃葡萄糖苷 | borneol-2-*O*-α-L-arabinofuranosyl-(1→6)-β-D-glucopyranoside |
| 龙脑 -2-*O*-β-D- 吡喃葡萄糖苷 | borneol-2-*O*-β-D-glucopyranoside |
| 龙脑 -2-*O*-β-D- 呋喃芹糖基 -(1→6)-β-D- 吡喃葡萄糖苷 | borneol-2-*O*-β-D-apiofuranosyl-(1→6)-β-D-glucopyranoside |
| 龙脑 -6-*O*-β-D- 吡喃木糖基 -β-D- 吡喃葡萄糖苷 | borneol-6-*O*-β-D-xylopyranosyl-β-D-glucopyranoside |
| L- 龙脑 -7-*O*-[β-D- 呋喃芹糖基 -(1→6)]-β-D- 吡喃葡萄糖苷 | L-borneol-7-*O*-[β-D-apiofuranosyl-(1→6)]-β-D-glucopyranoside |
| 龙脑 -7-*O*-α-L- 呋喃阿拉伯糖基 -(1→6)-β-D- 吡喃葡萄糖苷 | borneol-7-*O*-α-L-arabinofuranosyl-(1→6)-β-D-glucopyranoside |
| L- 龙脑 -*O*-β-D- 吡喃葡萄糖苷 | L-borneol-*O*-β-D-glucopyranoside |
| L- 龙脑 -*O*-β-D- 呋喃芹糖基 -(1→6)-β-D- 吡喃葡萄糖苷 | L-borneol-*O*-β-D-apiofuranosyl-(1→6)-β-D-glucopyranoside |
| 龙脑厚朴酚 (冰片基厚朴酚) | bornyl magnolol |
| (+)- 龙脑胡椒酯 | (+)-bornyl piperate |
| 龙脑基胺 | bornyl amine |
| 龙脑烯 | bornene |
| (+)- 龙脑烯醇 -10-*O*-β-D- 吡喃葡萄糖苷 | (+)-campholenol-10-*O*-β-D-glucopyranoside |
| (+)- 龙脑烯醇 -10-*O*-β-D- 呋喃芹糖基 -(1→6)-β-D- 吡喃葡萄糖苷 | (+)-campholenol-10-*O*-β-D-apiofuranosyl-(1→6)-β-D-glucopyranoside |
| 龙脑烯醛 | cyclopentene |
| γ- 龙脑烯醛 | γ-campholene aldehyde |
| 龙脑香醇酮 (羟基达玛烯酮 Ⅱ) | dipterocarpol (hydroxydammarenone Ⅱ) |
| 龙脑香醇酮酸 | dryobalanoloic acid |
| 龙脑香二醇酮 | dryobalanone |
| 龙脑香环氧醇酮 | kapurone |
| 龙脑香环氧二醇 | kapurol |
| 龙脑香环氧烯酮 | futabanonc |

| 龙脑香内酯 | dryobalanolide |
|---|---|
| 龙脑香三醇 | dryoblanol |
| *C*-龙脑香烯 | *C*-gurjunene |
| (+)-γ-龙脑香烯 | (+)-γ-gurjunene |
| (–)-α-龙脑香烯 | (–)-α-gurjunene |
| G-龙脑香烯 (G-古芸烯) | G-gurjunene |
| α-龙脑香烯 (α-古芸碱、α-古芸烯、α-古云香烯) | α-gurjunene |
| β-龙脑香烯 (β-古芸烯、β-古芸碱) | β-gurjunene |
| γ-龙脑香烯 (γ-古芸烯) | γ-gurjunene |
| τ-龙脑香烯 (τ-古芸烯) | τ-gurjunene |
| 龙脑香烯 (古芸碱、古芸烯、古芸香烯) | gurjunene |
| γ-龙脑乙酸酯 | γ-bornyl acetate |
| 龙脑乙酸酯 (乙酸龙脑酯) | bornyl acetate |
| (–)-龙脑乙酸酯 [(–)-乙酸龙脑酯] | (–)-bornyl acetate |
| 龙脑酯 (冰片酯) | borneol ester |
| 龙舌兰苷 A～H | agavosides A～H |
| 龙舌兰黄烷酮 | agamanone |
| 龙舌兰诺苷 A～J | agamenosides A～J |
| 龙舌兰糖 | agavose |
| 龙舌兰皂苷元 | agavogenin |
| 龙胜香茶菜素 | lungshengrabdosin |
| 龙胜香茶菜乙素 | lunshengenin B |
| 龙胜香茶菜乙酯 A～G | lungshengenins A～G |
| 龙虱甾酮 | cybisterone |
| 龙头草苷 A～E | meehaniosides A～E |
| 龙头草碱 A～W | meehanines A～W |
| 龙虾肌碱 | homarine |
| 龙涎香 | ambergris |
| (8*R*, 13*E*)-龙涎香-13, 18 (25)-二烯-8-醇 | (8*R*, 13*E*)-ambra-13, 18 (25)-dien-8-ol |
| α-龙涎香八氢萘醇 | α-ambrinol |
| 龙涎香醇 | ambrein |
| 龙涎香精内酯 | ambreinolide |
| 龙涎香醛 | ambraaldehyde |
| 龙涎香烷 | ambrane |
| 龙须草醇 A | setchuenol A |
| 龙须菌酸 | pterulinic acid |
| 龙须菌酮 | pterulone |
| 龙血树苷 A～R | dracaenosides A～R |
| (25*R*)-龙血树苷 F、G | (25*R*)-dracaenosides F, G |
| 龙血树素 A、B | draconins A, B |

| | |
|---|---|
| 龙血素(岩棕素)A～D | loureirins A～D |
| 龙血藤苷A、B | dracontiosides A, B |
| (*R*)-(–)-龙牙草酚A、B | (*R*)-(–)-agrimols A, B |
| 龙牙草酮素 | pinguisone |
| 龙牙楤木苷A～C | durupcosides A～C |
| 龙牙楤木皂苷Ⅰ{屏边三七苷$R_1$、齐墩果酸-3-*O*-β-D-吡喃葡萄糖基-(1→3)-[α-L-呋喃阿拉伯糖基-(1→4)-β-D-吡喃葡萄糖醛酸苷} | tarasaponin Ⅰ{stipuleanoside $R_1$, oleanolic acid-3-*O*-β-D-glucopyranosyl-(1→3)-[α-L-arobinofuranosyl-(1→4)-β-D-glucuronopyranoside]} |
| 龙牙楤木皂苷Ⅰ～Ⅶ | tarasaponins Ⅰ～Ⅶ |
| 龙牙楤木皂苷Ⅲ甲酯 | tarasaponin Ⅲ methyl ester |
| 龙芽草醇A | agripilol A |
| 龙芽草素 | agrimonin |
| 龙眼内酯 | longanlactone |
| 龙珠醇内酯A～F | anomanolides A～F |
| 龙珠苷A、B | tubocaposides A, B |
| 龙珠内酯A～H | tubocapsanolides A～H |
| 龙珠诺苷A、B | tuboanosides A, B |
| 隆萼当归素A、B | oncosepalins A, B |
| 隆纹菌醛A、B | striatals A, B |
| 隆纹菌酸(隆纹黑蛋巢菌酸) | striatic acid |
| 蒌蒿内酯 | artselenoid |
| 蒌蒿素 | artselenin |
| 蒌叶酚 | chavibetol |
| 蒌叶酚乙酸酯 | chavibetol acetate |
| 耧斗菜定 | aquiledine |
| 耧斗菜苷A～F | aquilegiosides A～F |
| (+)-耧斗菜内酯 | (+)-aquilegiolide |
| 漏芦醇 | rhaponticol |
| 漏芦甾酮A、B | rhapontisterones A, B |
| 卢班丝酮A～C | rubanthrones A～C |
| 卢比皂苷元 | erubigenin |
| 卢归因碱 | luguine |
| 卢科三糖 | lucotriose |
| 卢马亭 | lumatine |
| 卢瑟醇 | lucernol |
| 卢氏冬凌草甲素～癸素 | ludongnins A～J |
| 卢氏冬凌草素 | ludongnin |
| 卢斯兰菲(4, 7-二羟基-2-甲氧基-9, 10-二氢菲) | lusianthridin (4, 7-dihydroxy-2-methoxy-9, 10-dihydrophenanthrene) |
| 卢乌碱 | ludaconitine |

| | |
|---|---|
| 卢新酮 | lucinone |
| 芦丁 (槲皮素-3-*O*-芸香糖苷、芸香苷、紫皮苷、维生素 P、紫槲皮苷、槲皮素葡萄糖鼠李糖苷) | rutin (quercetin-3-*O*-rutinoside, rutoside, vitamin P, quercetin glucorhamnoside, violaquercitrin) |
| 芦荟大黄素 (芦荟泻素) | aloe-emodin (rhabarberone) |
| 芦荟大黄素-3-羟甲基-*O*-β-D-葡萄糖苷 | aloe-emodin-3-hydroxymethyl-*O*-β-D-glucopyranoside |
| 芦荟大黄素-8-*O*-β-D-葡萄糖苷 | aloe-emodin-8-*O*-β-D-glucoside |
| 芦荟大黄素-ω-*O*-β-D-吡喃葡萄糖苷 | aloe-emodin-ω-*O*-β-D-glucopyranoside |
| 芦荟大黄素二葡萄糖苷 | aloe-emodin diglucoside |
| 芦荟大黄素苷 (芦荟苷、芦荟素) A、B | aloins (barbaloins) A, B |
| 芦荟大黄素双蒽酮 | aloe-emodin bianthrone |
| 芦荟多糖 | aloeferan |
| 芦荟苷 (芦荟大黄素苷、芦荟素) A、B | barbaloins (aloins) A, B |
| 芦荟苦素 (芦荟新苷、芦荟树脂) A～G | aloesins (aloeresins) A～G |
| 芦荟宁 | aloenin (aloearbonaside) |
| 芦荟宁 A | aloenin A |
| 芦荟树脂 (芦荟新苷、芦荟苦素) A～G | aloeresins (aloesins) A～G |
| 芦荟树脂鞣酚 | aloeresitannol |
| 芦荟松 | aloesone |
| 芦荟酸 | aloetic acid |
| 芦荟糖 | aloinose |
| 芦荟泻素 (芦荟大黄素、大黄醌) | rhabarberone (aloe-emodin) |
| 芦荟皂醇 Ⅲ-8-甲醚 | aloesaponol Ⅲ-8-methyl ether |
| 芦荟皂苷 Ⅰ、Ⅱ | aloesaponins Ⅰ, Ⅱ |
| 芦冉宁 | lurenine |
| 芦笋多糖 | asparagosin |
| 芦尾碱 | ashio base |
| 芦竹胺 | arundamine |
| 芦竹达啡 | arundaphine |
| 芦竹达吩 | arundafine |
| 芦竹达宁 | arundanine |
| 芦竹达嗪 | arundacine |
| 芦竹达素 | arundavine |
| 芦竹啶 | arundine |
| 芦竹啶宁 | arundinin |
| 芦竹碱 (禾草碱) | donaxine (gramine) |
| 芦竹宁 | donine |
| 芦竹任 | donaxarine |
| 芦竹瑞定 | donaxaridine |
| 芦竹赛宁 | donaxanine |
| 芦竹素 | arundoin |

| | |
|---|---|
| 芦竹辛 | donasine |
| 庐山香科素 A～D | teupernins A～D |
| 炉贝碱 (贝母素丁) | fritiminine |
| 炉甘石 | calamine |
| 鲁阿楝宁 A、B | ruageanins A, B |
| 鲁比民醛 (罗必明) | lubimin |
| 鲁大丁 (卡鲁斯蒿内酯素) | ludartin |
| 鲁佩拉金丝桃酮 | roeperanone |
| 鲁桑素 | multicaulisin |
| 鲁山冬凌草甲素～己素 | lushanrubescensins A～F |
| 鲁山冬凌草宁 A～D | rubluanins A～D |
| (2α, 3β, 12β, 25*R*)- 鲁斯可皂苷元 -5- 烯 -2, 3, 12- 三醇 | (2α, 3β, 12β, 25*R*)-spirost-5-en-2, 3, 12-triol |
| (3β, 7β, 12β, 25*R*)- 鲁斯可皂苷元 -5- 烯 -3, 7, 12- 三羟基 -3-*O*-α-L- 吡喃鼠李糖基 -(1→2)-*O*-[α-L- 吡喃鼠李糖基 -(1→4)]-*O*-β-D- 吡喃葡萄糖苷 | (3β, 7β, 12β, 25*R*)-spirost-5-en-3, 7, 12-trihydroxy-3-*O*-α-L-rhamnopyranosyl-(1→2)-*O*-[α-L-rhamnopyranosyl-(1→4)]-*O*-β-D-glucopyranoside |
| 鲁望橘内酯 | luvangetin |
| 鲁文千里光碱 (茹危宁) | ruwenine |
| 镥 | lutecium |
| 陆得威蒿内酯 A | ludovicin A |
| 陆地棉苷 | hirsutrin |
| 鹿草甾酮 | rapisterone |
| 鹿葱精 | squamigine |
| 鹿花菌素 | gyromitrin |
| 鹿藿属碱 | rhynchosia base |
| 鹿角菜醇 A 八乙酸酯 | trifuhalol A octaacetate |
| 鹿角草素 | glossogin |
| (+)- 鹿角杜鹃醇 | (+)-rhodolatouchol |
| 鹿角杜鹃苷 | rhodolatouside |
| 鹿角石蕊酸 | rangiformic acid |
| 鹿角缩酮 A | xyloketal A |
| 鹿角藤碱 | chonemorphine |
| 鹿角掌属碱 | echinocereus base |
| 鹿梨苷 | calleryanin |
| 鹿茸精 | pantocrine |
| 鹿石蕊酚 A、B | hanagokenols A, B |
| 鹿蹄草苷 A、B | pyrolasides A, B |
| 鹿蹄草素 (甲基醌醇、甲苯氢醌、2, 5- 二羟基甲苯) | pyrolin (methyl quinol, toluhydroquinone, 2, 5-dihydroxytoluene) |
| 鹿蹄草亭 | pyrolatin (pirolatin) |
| 鹿蹄草酮 A、B | pyrolones A, B |

| 鹿蹄橐吾醛 | liguhodgsonal |
|---|---|
| 鹿药苷 A～D | smilacinosides A～D |
| 路边青奥诺达 | geumonoid |
| 路边青素 (路边青苷、水杨梅苷、丁香酚巢菜糖苷) | gein (geoside, eugenyl vicianoside) |
| 路枯马木苷 (洋李苷木糖苷) | lucumin |
| 路路通二醇酸 (玷王巴香脂二醇酸) | liquidambrodiolic acid |
| 路路通酸 (白桦脂酮酸、桦木酮酸、白桦酮酸、路路通酮酸) | liquidambaric acid (liquidambronic acid, betulonic acid) |
| 路路通酸内酯 | liquidambaric lactone |
| 路路通酮酸 (白桦脂酮酸、桦木酮酸、白桦酮酸、路路通酸) | liquidambronic acid (betulonic acid, liquidambaric acid) |
| 路柔新碱 (长春西酮) | leurosinone |
| 路易斯费瑟酮 (野青树酮) | louisfieserone |
| 路因碱 | ruine |
| 鹭鸶兰苷 A～G | diuranthosides A～G |
| 露兜树素 A | pandanusin A |
| 露乌碱 (露蕊乌头碱) | gymnaconitine |
| 露西定 (长春花定) | roseadine |
| 露珠香茶菜素 | irroratin |
| 峦大八角宁 (东亚八角素、田代八角素) | tashironin |
| 峦大八角宁 (东亚八角素、田代八角素) A～C | tashironins A～C |
| 孪生哈氏豆酸 | harbinatic acid |
| 栾川冬凌草素 A、B | luanchunins A, B |
| 栾树素 -1 | koelreuterin-1 |
| 栾树萜 | paniculoid |
| 栾树酮 A、B | paniculatonoids A, B |
| 栾树皂苷 A、B | koelreuteria saponins A, B |
| 卵白蛋白 | ovalbumin |
| 卵孢菌素 | oosporein |
| 卵苯 | ovalene |
| 卵巢海盘车皂苷 1～5 | ovarian asterosaponins 1～5 |
| 卵传递蛋白 | ovotransferrin |
| Ψ- 卵萼羊角拗苷 (Ψ- 考多苷) | Ψ-caudoside |
| 卵黄高磷蛋白 | phosvitin |
| 卵黄磷蛋白 | vitellin |
| 卵黄球蛋白 | livetin |
| 卵黄素蛋白 | ovoflavoprotein |
| 卵类黏蛋白 | ovomucoid |
| (+)- 卵莲叶桐碱 | (+)-ovihernangerine |

| 卵磷脂(磷脂酰胆碱) | lecithin (phosphatidyl choline) |
|---|---|
| 卵南美菊素(卵叶柄花菊素、柄花菊素) | ovatifolin |
| 卵黏蛋白 | ovomucin |
| 卵糖蛋白 | ovoglycoprotein |
| 卵形胡椒碱 | piperovatine |
| 卵形玉簪甾苷 D | funkioside D |
| 卵叶巴豆醇(毛叶巴豆醇) | crocaudatol |
| 卵叶巴豆定 | crotocaudin |
| 卵叶巴豆素 | crotoncaudatin |
| 卵叶长春花碱(喀则瓦碱) | cathovaline |
| 卵叶长春花宁碱 | cathovalinine |
| 卵叶灰毛豆查耳酮 | obovatachalcone |
| 卵叶加里亚碱 | ovatine |
| 卵叶蓬莱葛碱 | gardovatine |
| 卵叶崖豆藤黄烷酮 A | ovaliflavanone A |
| 卵叶崖豆藤色烯 A、B | ovalichromenes A, B |
| 卵叶银莲花苷 A～C | begoniifolides A～C |
| (25*S*)-卵叶蜘蛛抱蛋苷 A | (25*S*)-typaspidoside A |
| 卵叶蜘蛛抱蛋苷 A | typaspidoside A |
| (+)-卵异紫堇定 | (+)-oviisocorydine |
| 轮环藤定碱 A～C | racemosidines A～C |
| α-轮环藤酚碱 | α-cyclanoline |
| 轮环藤酚碱(锡生藤酚灵、锡生藤醇灵) | cyclanoline (cissamine) |
| 轮环藤碱(轮环藤宁碱、轮环藤宁、甲基异粒枝碱) | cycleanine (methyl isochondodendrine) |
| 轮环藤诺林碱(轮环藤诺灵) | cycleanorine |
| (+)-轮环藤诺灵 | (+)-cycleanorine |
| 轮环藤属碱 A～D | cyclea bases A～D |
| 轮环藤辛宁 A～C | racemosinines A～C |
| 轮环藤新碱 | cycleaneonine |
| 轮生丰花草碱 | borreverine |
| 1*H*-[9] 轮烯 | 1*H*-[9] annulene |
| 轮烯(十二轮烯) | annulene |
| 轮叶党参苷 Ⅰ～Ⅲ | codonolasides Ⅰ～Ⅲ |
| 轮叶马先蒿苷 | verticillatoside |
| 轮叶木姜子醇(轮叶木姜子洛醇) A～H | litseaverticillols A～H |
| 轮枝孢菌素(沃替西林) D～F | verticillins D～F |
| 罗必明醇 | lubiminol |
| 罗布麻醇(罗布麻酚) A | apocynol A |

| 罗布麻宁 (加拿大麻素、夹竹桃麻素、香荚兰乙酮、乙酰香草酮、茶叶花宁) A～D | apocynins (apocynines, acetovanillones) A～D |
| --- | --- |
| 罗布麻宁-4-*O*-β-D-(6′-*O*-丁香酚基) 吡喃葡萄糖苷 | apocynin-4-*O*-β-D-(6′-*O*-syringyl) glucopyranoside |
| 罗布麻宁-4-*O*-β-D-吡喃木糖苷 | apocynin-4-*O*-β-D-xylopyranoside |
| 罗丹明酮 | rhodomyrtone |
| 罗丹松酮 (桃金娘松酮) A～I | rhodomyrtosones A～I |
| 罗丹酮 A | rhodomentone A |
| 罗丁醇 (α-香茅醇) | rhodinol (α-citronellol) |
| 罗浮粗叶木苷 (粗叶木香堇苷) A | lasianthionoside A |
| 罗汉柏-7β-醇 | thujopsan-7β-ol |
| 罗汉柏二烯 (斧柏二烯) | thujopsadiene |
| 3-罗汉柏酮 | 3-thujopsanone |
| (–)-罗汉柏烯 | (–)-thujopsene |
| 罗汉柏烯 | thujopsene |
| 罗汉柏烯-12-醇 | thujopsen-12-ol |
| 罗汉柏烯酮 | thujopsenone |
| 罗汉果醇 | mogrol |
| 罗汉果二醇苯甲酸酯 (罗汉果酯) | mogroester |
| 罗汉果黄素 | grosvenorine |
| 罗汉果苦苷 A (罗汉果醇-3, 24-二-*O*-β-吡喃葡萄糖苷) | mogrol-3, 24-di-*O*-β-glucopyranoside |
| 罗汉果莫苷 I | grosmomoside I |
| 罗汉果酸甲～戊 | siraitic acids A～E |
| 罗汉果皂苷 (罗汉果苷) Ⅰ～Ⅵ、Ⅰva、Ⅰa1、ⅡA、ⅡA2、ⅡE、ⅢE、ⅢA1、ⅢA2、Ⅳe | mogrosides Ⅰ～Ⅵ, Ⅰva, Ⅰa1, ⅡA, ⅡA2, ⅡE, ⅢE, ⅢA1, ⅢA2, Ⅳe |
| 罗汉杉内酯 A～R | makilactones A～R |
| 罗汉松-6, 8, 11, 13-四烯-12-羟基-13-异丙基乙酸酯 | podocarpa-6, 8, 11, 13-tetraen-12-hydroxy-13-isopropyl acetate |
| 罗汉松黄素 | podospicatin |
| 罗汉松内酯 A～E | podolides A～E |
| 罗汉松泼甾酮 | posterone (poststerone) |
| 罗汉松酸 | macrophyllic acid |
| α-罗汉松烯 | α-podocarprene |
| 罗汉松甾酮 A～D | makisterones A～D |
| 罗克斯米仔兰素 (山楞素) A～E | aglaroxins A～E |
| 罗勒醇 | ocimenol |
| 罗勒苷 | basilimoside |
| 罗勒洛醇 | basilol |
| 罗勒脑苷 A、B | ocimumosides A, B |
| (*E*)-罗勒烯 | (*E*)-ocimene |
| (*E*)-β-罗勒烯 | (*E*)-β-ocimene |

| | |
|---|---|
| (*Z*)-β-罗勒烯 | (*Z*)-β-ocimene |
| 罗勒烯 | ocimene |
| α-罗勒烯 | α-ocimene |
| β-罗勒烯 | β-ocimene |
| 罗勒烯环氧化物 | ocimeneepoxide |
| 罗勒烯酮 | ocimenone |
| 罗勒香豆素 | ocimarin |
| 罗林丹素 | rollitacin |
| 罗林纳素 | rollinacin |
| 罗林素 (罗林果抑素)-1、-2 | rolliniastatins-1, -2 |
| 罗林素 (罗林果抑素) Ⅰ | rolliniastatin Ⅰ |
| 罗林酮 | rollinone |
| 罗洛皂苷 | nolonin |
| 罗洛皂苷元 | nologenin |
| 罗米仔兰醇 (洛克米兰醇) | rocaglaol |
| 罗米仔兰醇鼠李糖苷 | rocaglaol rhamnoside |
| 罗米仔兰酸 | rocagloic acid |
| 罗米仔兰酰胺 (洛克米兰酰胺) | rocaglamide |
| 罗氏钩枝藤碱 A～D | ancistrobertsonines A～D |
| 罗氏核果木酮 | roxburgholone |
| 罗氏唐松草碱 | thalibrine |
| 罗氏小米草苷 | eukovoside |
| 罗氏小米草托苷 | eurostoside |
| 罗思氏菌素 (落地豆素) | rothindin |
| 罗斯考二苯并呋喃 | ruscodibenzofuran |
| 罗斯考皂苷 | ruscoside |
| 25 (*R*, *S*)-罗斯考皂苷元 | 25 (*R*, *S*)-ruscogenin |
| (25*R*)-罗斯考皂苷元 | (25*R*)-ruscogenin |
| (25*S*)-罗斯考皂苷元 | (25*S*)-ruscogenin |
| (25*S*)-罗斯考皂苷元 [(25*S*)-螺甾-5-烯-1β, 3β-二醇] | (25*S*)-ruscogenin [(25*S*)-spirost-5-en-1β, 3β-diol] |
| 罗斯考皂苷元 [鲁斯可皂苷元、假叶树皂苷元、(25*R*)-5-螺甾烯-1β, 3β-二醇] | ruscogenin [(25*R*)-spirost-5-en-1β, 3β-diol] |
| (25*S*)-罗斯考皂苷元-1-*O*-[α-L-吡喃鼠李糖基-(1→2)]-[β-D-吡喃木糖基-(1→2)]-β-D-吡喃岩藻糖苷 | (25*S*)-ruscogenin-1-*O*-[α-L-rhamnopyranosyl-(1→2)]-[β-D-xylopyranosyl-(1→2)]-β-D-fucopyranoside |
| (25*R*)-罗斯考皂苷元-1-*O*-[α-L-吡喃鼠李糖基-(1→2)]-[β-D-吡喃木糖基-(1→3)]-β-D-吡喃岩藻糖苷 | (25*R*)-ruscogenin-1-*O*-[α-L-rhamnopyranosyl-(1→2)]-[β-D-xylopyranosyl-(1→3)]-β-D-fucopyranoside |
| (25*S*)-罗斯考皂苷元-1-*O*-[α-L-吡喃鼠李糖基-(1→2)]-[β-D-吡喃木糖基-(1→3)]-β-D-吡喃岩藻糖苷 | (25*S*)-ruscogenin-1-*O*-[α-L-rhamnopyranosyl-(1→2)]-[β-D-xylopyranosyl-(1→3)]-β-D-fucopyranoside |

| | |
|---|---|
| (25*R*)-罗斯考皂苷元-1-*O*-α-L-吡喃鼠李糖基-(1→2)-[β-D-吡喃木糖基-(1→3)]-β-D-吡喃葡萄糖苷 | (25*R*)-ruscogenin-1-*O*-α-L-rhamnopyranosyl-(1→2)-[β-D-xylopyranosyl-(1→3)]-β-D-glucopyranoside |
| (25*S*)-罗斯考皂苷元-1-*O*-α-L-吡喃鼠李糖基-(1→2)-[β-D-吡喃木糖基-(1→3)]-β-D-吡喃葡萄糖苷 | (25*S*)-ruscogenin-1-*O*-α-L-rhamnopyranosyl-(1→2)-[β-D-xylopyranosyl-(1→3)]-β-D-glucopyranoside |
| (25*S*)-罗斯考皂苷元-1-*O*-α-L-吡喃鼠李糖基-(1→2)-[β-D-吡喃木糖基-(1→3)]-β-D-吡喃岩藻糖苷 | (25*S*)-ruscogenin-1-*O*-α-L-rhamnopyranosyl-(1→2)-[β-D-xylopyranosyl-(1→3)]-β-D-fucopyranoside |
| (25*S*)-罗斯考皂苷元-1-*O*-α-L-吡喃鼠李糖基-(1→2)-β-D-吡喃木糖苷 | (25*S*)-ruscogenin-1-*O*-α-L-rhamnopyranosyl-(1→2)-β-D-xylopyranoside |
| (25*S*)-罗斯考皂苷元-1-*O*-β-D-吡喃木糖苷-3-*O*-α-L-吡喃鼠李糖苷 | (25*S*)-ruscogenin-1-*O*-β-D-xylopyranoside-3-*O*-α-L-rhamnopyranoside |
| (25*S*)-罗斯考皂苷元-1-*O*-β-D-吡喃木糖基-(1→2)-[β-D-吡喃木糖基-(1→3)]-β-D-吡喃岩藻糖苷 | (25*S*)-ruscogenin-1-*O*-β-D-xylopyranosyl-(1→2)-[β-D-xylopyranosyl-(1→3)]-β-D-fucopyranoside |
| (25*R*)-罗斯考皂苷元-1-*O*-β-D-吡喃葡萄糖基-(1→2)-[α-L-呋喃阿拉伯糖基-(1→3)]-β-D-吡喃岩藻糖苷 | (25*R*)-ruscogenin-1-*O*-β-D-glucopyranosyl-(1→2)-[α-L-arabinofuranosyl-(1→3)]-β-D-fucopyranoside |
| (25*S*)-罗斯考皂苷元-1-*O*-β-D-吡喃葡萄糖基-(1→2)-[α-L-呋喃阿拉伯糖基-(1→3)]-β-D-吡喃岩藻糖苷 | (25*S*)-ruscogenin-1-*O*-β-D-glucopyranosyl-(1→2)-[α-L-arabinofuranosyl-(1→3)]-β-D-fucopyranoside |
| (25*S*)-罗斯考皂苷元-1-*O*-β-D-吡喃葡萄糖基-(1→2)-[β-D-吡喃木糖基-(1→3)]- β-D-吡喃葡萄糖苷 | (25*S*)-ruscogenin-1-*O*-β-D-glucopyranosyl-(1→2)-[β-D-xylopyranosyl-(1→3)]-β-D-glucopyranoside |
| (25*R*)-罗斯考皂苷元-1-*O*-β-D-吡喃葡萄糖基-(1→2)-[β-D-吡喃木糖基-(1→3)]-β-D-吡喃木糖苷 | (25*R*)-ruscogenin-1-*O*-β-D-glucopyranosyl-(1→2)-[β-D-xylopyranosyl-(1→3)]-β-D-xylopyranoside |
| (25*S*)-罗斯考皂苷元-1-*O*-β-D-吡喃葡萄糖基-(1→2)-[β-D-吡喃木糖基-(1→3)]-β-D-吡喃木糖苷 | (25*S*)-ruscogenin-1-*O*-β-D-glucopyranosyl-(1→2)-[β-D-xylopyranosyl-(1→3)]-β-D-xylopyranoside |
| (25*R*)-罗斯考皂苷元-1-*O*-β-D-吡喃葡萄糖基-(1→2)-[β-D-吡喃木糖基-(1→3)]-β-D-吡喃葡萄糖苷 | (25*R*)-ruscogenin-1-*O*-β-D-glucopyranosyl-(1→2)-[β-D-xylopyranosyl-(1→3)]-β-D-glucopyranoside |
| (25*R*)-罗斯考皂苷元-1-*O*-β-D-吡喃葡萄糖基-(1→2)-[β-D-吡喃木糖基-(1→3)]-β-D-吡喃岩藻糖苷 | (25*R*)-ruscogenin-1-*O*-β-D-glucopyranosyl-(1→2)-[β-D-xylopyranosyl-(1→3)]-β-D-fucopyranoside |
| (25*S*)-罗斯考皂苷元-1-*O*-β-D-吡喃葡萄糖基-(1→2)-[β-D-吡喃木糖基-(1→3)]-β-D-吡喃岩藻糖苷 | (25*S*)-ruscogenin-1-*O*-β-D-glucopyranosyl-(1→2)-[β-D-xylopyranosyl-(1→3)]-β-D-fucopyranoside |
| (25*S*)-罗斯考皂苷元-1-*O*-β-D-吡喃岩藻糖苷-3-*O*-α-L-吡喃鼠李糖苷 | (25*S*)-ruscogenin-1-*O*-β-D-fucopyranoside-3-*O*-α-L-rhamnopyranoside |
| (25*S*)-罗斯考皂苷元-1-*O*-β-D-吡喃岩藻糖基-3-*O*-α-L-吡喃鼠李糖苷 | (25*S*)-ruscogenin-1-*O*-β-D-fucopyranosyl-3-*O*-α-L-rhamnopyranoside |
| 罗斯考皂苷元-1-*O*-[2-*O*-乙酰基-α-L-吡喃鼠李糖基-(1→2)]-β-D-吡喃木糖基-(1→3)-β-D-吡喃岩藻糖苷 | ruscogenin-1-*O*-[2-*O*-acetyl-α-L-rhamnopyranosyl-(1→2)]-β-D-xylopyranosyl-(1→3)-β-D-fucopyranoside |
| 25 (*R*, *S*)-罗斯考皂苷元-1-*O*-[3-*O*-乙酰基-α-L-吡喃鼠李糖基-(1→2)]-β-D-吡喃岩藻糖苷 | 25 (*R*, *S*)-ruscogenin-1-*O*-[3-*O*-acetyl-α-L-rhamnopyranosyl-(1→2)]-β-D-fucopyranoside |
| 罗斯考皂苷元-1-*O*-[α-L-吡喃阿拉伯糖基-(1→2)]-β-D-吡喃葡萄糖苷 | ruscogenin-1-*O*-[α-L-arabinopyranosyl-(1→2)]-β-D-glucopyranoside |
| 罗斯考皂苷元-1-*O*-[α-L-吡喃鼠李糖基-(1→2)]-β-D-吡喃木糖基-(1→3)-β-D-吡喃岩藻糖苷 | ruscogenin-1-*O*-[α-L-rhamnopyranosyl-(1→2)]-β-D-xylopyranosyl-(1→3)-β-D-fucopyranoside |
| 25 (*R*, *S*)-罗斯考皂苷元-1-*O*-[β-D-吡喃葡萄糖基-(1→2)]-[β-D-吡喃木糖基-(1→3)]-β-D-吡喃岩藻糖苷 | 25 (*R*, *S*)-ruscogenin-1-*O*-[β-D-glucopyranosyl-(1→2)]-[β-D-xylopyranosyl-(1→3)]-β-D-fucopyranoside |

| | |
|---|---|
| 罗斯考皂苷元-1-*O*-α-L-吡喃鼠李糖基-(1→2)-4-*O*-硫酸酯基-α-L-吡喃阿拉伯糖苷 | ruscogenin-1-*O*-α-L-rhamnopyranosyl-(1→2)-4-*O*-sulfo-α-L-arabinopyranoside |
| 罗斯考皂苷元-1-*O*-α-L-吡喃鼠李糖基-(1→2)-4-*O*-硫酸酯基-β-D-吡喃岩藻糖苷 | ruscogenin-1-*O*-α-L-rhamnopyranosyl-(1→2)-4-*O*-sulfo-β-D-fucopyranoside |
| 罗斯考皂苷元-1-*O*-α-L-吡喃鼠李糖基-(1→2)-β-D-6-乙酰吡喃葡萄糖苷 | ruscogenin-1-*O*-α-L-rhamnopyranosyl-(1→2)-β-D-6-acetyl glucopyranoside |
| 25 (*R*, *S*)-罗斯考皂苷元-1-*O*-α-L-吡喃鼠李糖基-(1→2)-β-D-吡喃岩藻糖苷 | 25 (*R*, *S*)-ruscogenin-1-*O*-α-L-rhamnopyranosyl-(1→2)-β-D-fucopyranoside |
| 罗斯考皂苷元-1-*O*-α-L-吡喃鼠李糖基-(1→2)-β-D-吡喃岩藻糖苷 | ruscogenin-1-*O*-α-L-rhamnopyranosyl-(1→2)-β-D-fucopyranoside |
| 25 (*R*, *S*)-罗斯考皂苷元-1-*O*-β-D-吡喃葡萄糖基-(1→2)-[β-D-吡喃木糖基-(1→3)]-β-D-吡喃岩藻糖苷 | 25 (*R*, *S*)-ruscogenin-1-*O*-β-D-glucopyranosyl-(1→2)-[β-D-xylopyranosyl-(1→3)]-β-D-fucopyranoside |
| 25 (*R*, *S*)-罗斯考皂苷元-1-*O*-β-D-吡喃岩藻糖苷 | 25 (*R*, *S*)-ruscogenin-1-*O*-β-D-fucopyranoside |
| 罗斯考皂苷元-1-*O*-β-D-吡喃岩藻糖苷 | ruscogenin-1-*O*-β-D-fucopyranoside |
| 罗斯考皂苷元-1-*O*-硫酸酯 | ruscogenin-1-*O*-sulfate |
| 罗斯考皂苷元-1-硫酸酯-3-*O*-α-L-吡喃鼠李糖苷 | ruscogenin-1-sulfate-3-*O*-α-L-rhamnopyranoside |
| (25*S*)-罗斯考皂苷元-3-*O*-α-L-吡喃鼠李糖苷 | (25*S*)-ruscogenin-3-*O*-α-L-rhamnopyranoside |
| 罗斯考皂苷元-3-*O*-α-L-吡喃鼠李糖苷 | ruscogenin-3-*O*-α-L-rhamnopyranoside |
| 罗斯考皂苷元-3-*O*-β-D-吡喃葡萄糖基-(1→3)-α-L-吡喃鼠李糖苷 | ruscogenin-3-*O*-β-D-glucopyranosyl-(1→3)-α-L-rhamnopyranoside |
| 罗素丽钵花苷 | eustomorusside |
| 罗陀罗苷 A、B | daturataturins A, B |
| 罗星苷 (杠柳洛辛) | locin |
| 萝卜定 | raucaffridine |
| 萝卜灵 | raucaffriline |
| 萝卜硫素 (莱菔子素、莱菔素、萝卜素) | sulforaphene (raphanin) |
| (7′*R*, 8*R*, 8′*R*)-萝卜络石苷元-4-*O*-β-D-吡喃葡萄糖苷 | (7′*R*, 8*R*, 8′*R*)-rafanotrachelogenin-4-*O*-β-D-glucopyranoside |
| (7′*S*, 8*R*, 8′*R*)-萝卜络石苷元-4-*O*-β-D-吡喃葡萄糖苷 | (7′*S*, 8*R*, 8′*R*)-rafanotrachelogenin-4-*O*-β-D-glucopyranoside |
| 萝卜辛 (卡菲尔萝芙木辛碱) | raucaffricine |
| 萝芙碱宁 | rauwolfinine |
| 萝芙木醇 | verticillatol |
| 萝芙木苷宁 | rauvoxinine |
| 萝芙木甲素 | rauwolfia A |
| 萝芙木碱 (萝加灵碱、萝芙碱、西萝芙木碱、阿义马林、阿吗灵、阿吉马蛇根碱) | rauwolfine (ajmaline, raugalline) |
| 萝芙木碱 A～C | rauvovertines A～C |
| 萝芙木明碱 | ajmalimine |
| 萝芙木尼明碱 | ajmalinimine |
| 萝芙木宁碱 | ajmalinine |
| 萝芙木亭碱 (维替新拉亭、蔚西拉亭) | verticillatine |

| 萝芙木西定碱 | ajmalicidine |
|---|---|
| 萝芙木星 | rauvoxine |
| 萝芙宁 | rauvonine |
| 萝芙宁碱 | rauvanine |
| 萝芙素 | rauwolscine hydrochloride |
| 萝古斯亭 | raugustine |
| 萝加灵碱 (西萝芙木碱、阿义马林、阿吗灵、萝芙木碱、萝芙碱、阿吉马蛇根碱) | raugalline (rauwolfine, ajmaline) |
| 萝杰米定 | raujemidine |
| 萝莱碱 (萝尼生、萝赖碱、灰毛萝芙木碱) | raunescine |
| 萝藦胺 (萝摩米宁、加加明) | gagamine (gagaminine) |
| 萝藦胺-3-*O*-β-D-吡喃夹竹桃糖基-(1→4)-β-D-吡喃磁麻糖基-(1→4)-β-D-吡喃磁麻糖苷 | gagamine-3-*O*-β-D-oleandropyranosyl-(1→4)-β-D-cymaropyranosyl-(1→4)-β-D-cymaropyranoside |
| 萝藦醇 | gagaimol |
| 萝藦醇-7-甲酯 | gagaimol-7-methyl ester |
| 萝藦苷元 | metaplexigenin |
| 萝藦米宁 (萝摩胺、加加明) | gagaminine (gagamine) |
| 萝藦米宁-3-*O*-α-L-吡喃加拿大麻糖基-(1→4)-β-D-吡喃加拿大麻糖基-(1→4)-β-D-吡喃加拿大麻糖苷 | gagaminine-3-*O*-α-L-cymaropyranosyl-(1→4)-β-D-cymropyranosyl-(1→4)-β-D-cymaropyranoside |
| 萝藦酮 (热马酮、来门酮) | ramanone |
| 萝纳胺 | raunamine |
| 萝替辛 (直立长春花碱) | raunitincine (ervine) |
| 3*H*-螺 [1-苯并呋喃-2, 1′-环己 [2] 烯] | 3*H*-spiro [1-benzofuran-2, 1′-cyclohex [2] ene] |
| 螺 [4.4] 壬-2, 7-二烯 | spiro [4.4] non-2, 7-diene |
| 螺 [4.4] 壬-2-酮 | spiro [4.4] non-2-one |
| 螺 [4.5] 癸-1, 6-二烯 | spiro [4.5] dec-1, 6-diene |
| 螺 [4.5] 癸-1, 9-二烯 | spiro [4.5] dec-1, 9-diene |
| 螺 [4.5] 癸-1, 9-二烯-6-酮 | spiro [4.5] dec-1, 9-dien-6-one |
| 螺 [4.5] 癸烷 | spiro [4.5] decane |
| 螺 [5.5] 十一-1-烯 | spiro [5.5] undec-1-ene |
| 螺 [5.5] 十一-3-酮 | spiro [5.5] undec-3-one |
| 螺 [5.7] 十三蕃 | spiro [5.7] tridecaphane |
| 螺 [二环 [2.2.1] 庚-5-烯-2, 1′-[2, 12] 二氧杂环十二 [6] 烯] | spiro [bicyclo [2.2.1] hept-5-en-2, 1′-[2, 12] dioxacyclododec [6] ene] |
| 螺 [呋喃-3 (2H), 1′ (2′H)-萘]-5′-甲酸 | spiro [furan-3 (2H), 1′ (2′H)-naphthalene]-5′-carboxylic acid |
| 螺 [环戊烷-1, 1′-茚] | spiro [cyclopentae-1, 1′-indene] |
| 1′*H*-螺 [咪唑-4, 2′-喹喔啉] | 1′*H*-spiro [imidazolidine-4, 2′-quinoxaline] |
| 螺 [哌啶-4, 9′-氧杂蒽] | spiro [piperidine-4, 9′-xanthene] |
| 螺 [芴-9, 2′-[3] 硫杂双环 [2.2.2] 辛 [5] 烯] | spiro [fluorene-9, 2′-[3] thiabicyclo [2.2.2] oct [5] ene] |

| 螺苯并呋喃 | spirobenzofuran |
|---|---|
| 螺楮树宁 A、B | spirobroussonins A, B |
| 螺川楝 | spirosendan |
| 螺刺菊内酯 (莨叶旋花菊内酯) | spirafolide |
| 4*H*-2, 4′-螺二 [ [1.3] 二氧杂环戊熳并 [4, 5-*c*] 吡喃 ] | 4*H*-2, 4′-spirobi [ [1.3] dioxolo [4, 5-c] pyran] |
| 2′*H*, 3*H*-2, 3′-螺二 [ [1] 苯并噻吩 ] | 2′*H*, 3*H*-2, 3′-spirobi [ [1] benzothiophene] |
| 2, 2′-螺二 [ 双环 [2.2.1] 庚 ]-5-烯 | 2, 2′-spirobi [bicyclo [2.2.1] hept]-5-ene |
| 2, 2′-螺二 [ 双环 [2.2.2] 辛 ]-5′, 7-二烯-6-酮 | 2, 2′-spirobi [bicyclo [2.2.2] oct]-5′, 7-dien-6-one |
| 3, 3′-螺二 [ 双环 [3.3.1] 壬烷 ]-6, 6′-二烯 | 3, 3′-spirobi [bicyclo [3.3.1] nonane]-6, 6′-diene |
| 7, 7′-螺二 [ 双环 [4.1.0] 庚烷 ] | 7, 7′-spirobi [bicyclo [4.1.0] heptane] |
| 3, 3′-螺二 [ 吲哚 ] | 3, 3′-spirobi [indole] |
| 1′*H*, 2*H*-1, 2′-螺二薁 | 1′*H*, 2*H*-1, 2′-spirobi (azulene) |
| 1*H*, 1′*H*-2, 2′-螺二萘 | 1*H*, 1′*H*-2, 2′-spirobi (naphthalene) |
| 1*H*, 1′*H*-2, 2′-螺二萘-1-酮 | 1*H*, 1′*H*-2, 2′-spirobi (naphthalen)-1-one |
| 螺二氢苯并呋喃内酰胺 Ⅰ～Ⅵ | spirodihydrobenzofuranlactams Ⅰ～Ⅵ |
| 2, 4′-螺二色烯 | 2, 4′-spirobichromene |
| 1, 1′-螺二茚 | 1, 1′-spirobi (indene) |
| (+)-螺粉蕊黄杨碱 | (+)-spiropachysine |
| 螺粉蕊黄杨碱 (螺旋富贵草碱) A、B | spiropachysines A, B |
| 螺粉蕊黄杨碱-20-酮 | spiropachysine-20-one |
| 螺甘松醇 | spirojatomol |
| 螺环长春花碱 (伏卢卡胺、荧光多果树胺) | fluorocarpamine |
| 螺环长春花碱 *N*-氧化物 | fluorocarpamine *N*-oxide |
| 螺环都丽菊香豆素 | spiroethuliacoumarin |
| 螺环灵芝素 A～D | spirolingzhines A～D |
| 螺环少药八角酮 A、B | spirooliganones A, B |
| 螺环韦氏冷杉内酯 | spiroveitchionolide |
| 螺碱 (骨螺碱) | murexine |
| 螺卷丝囊霉素 A | cochliophilin A |
| 螺卡拉科裂果酮 A～F | spirocaracolitones A～F |
| 螺曲普鲁斯太汀 A、B | spirotryprostatins A, B |
| 螺日本棒束孢素 A、B | spirotenuipesines A, B |
| 螺穗戟醇 | stachenol |
| 螺穗戟酮 | stachenone |
| 螺缩酚酮 | depsidone |
| 螺缩酮烯醚多炔 | spiroketalenoetherpolyne |
| 螺团花碱 | spirocadambine |
| 螺烯醇醚 | spiroenolether |
| 螺稀疏侧孢霉素 | spirolaxine |

| | |
|---|---|
| 螺旋斑地锦酮二醇 | spirosupinanonediol |
| 螺旋假鸢尾醛 A～F | spirioiridotectals A～F |
| 螺旋南蛇勒素 | spirocaesalmin |
| 螺旋鱼腥藻素 | spiroidesin |
| 螺旋甾碱-3-*O*-α-L-吡喃鼠李糖基-(1→4)-*O*-β-D-吡喃半乳糖苷 | spirosl-3-*O*-α-L-rhamnopyrannosyl-(1→4)-*O*-β-D-galactopyranoside |
| 螺岩兰草酮(马铃薯螺二烯酮、马铃薯霉酮、马铃薯香根草酮) | katahdinone (solavetivone) |
| 螺鸢尾醛 | spiroiridal |
| (1β, 3β, 5β, 25*S*)-螺甾-1, 3-二羟基-1-[α-L-吡喃鼠李糖基-(1→2)-β-D-吡喃木糖苷] | (1β, 3β, 5β, 25*S*)-spirost-1, 3-dihydroxy-1-[α-L-rhamnopyranosyl-(1→2)-β-D-xylopyranoside] |
| (25*S*)-螺甾-1, 4-二烯-3-酮 | (25*S*)-spirost-1, 4-dien-3-one |
| (25*R*)-5α-螺甾-12-酮 | (25*R*)-5α-spirost-12-one |
| (25*R*, *S*)-5α-螺甾-12-酮-3β-醇 | (25*R*, *S*)-5α-spirost-12-one-3β-ol |
| (25*S*)-5α-螺甾-12-酮-3β-羟基-3-*O*-β-D-吡喃葡萄糖基-(1→4)-β-D-吡喃半乳糖苷 | (25*S*)-5α-spirost-12-one-3β-hydroxy-3-*O*-β-D-glucopyranosyl-(1→4)-β-D-galactopyranoside |
| (25*R*)-5β-螺甾-1β, 2β, 3β, 4β, 5β, 6β-六醇 | (25*R*)-5β-spirost-1β, 2β, 3β, 4β, 5β, 6β-hexaol |
| (25*R*)-5β-螺甾-1β, 2β, 3β, 4β, 5β-五羟基-1-*O*-β-D-吡喃木糖苷 | (25*R*)-5β-spirost-1β, 2β, 3β, 4β, 5β-pentahydroxy-1-*O*-β-D-xylopyranoside |
| (25*S*)-5β-螺甾-1β, 2β, 3β, 4β, 5β-五羟基-5-*O*-β-D-吡喃葡萄糖苷 | (25*S*)-5β-spirost-1β, 2β, 3β, 4β, 5β-pentahydroxy-5-*O*-β-D-glucopyranoside |
| (25*S*)-5α-螺甾-1β, 3α, 25-三醇(泼姆皂苷元) | (25*S*)-5α-spirost-1β, 3α, 25-triol (pompeygenin) |
| (25*R*, *S*)-螺甾-1β, 3α, 5β-三醇 | (25*R*, *S*)-spirost-1β, 3α, 5β-triol |
| (25*R*, *S*)-螺甾-1β, 3α, 5β-三羟基-3-*O*-β-D-吡喃葡萄糖苷 | (25*R*, *S*)-spirost-1β, 3α, 5β-trihydroxy-3-*O*-β-D-glucopyranoside |
| (25*R*)-5α-螺甾-1β, 3α-醇(勘尼皂苷元) | (25*R*)-5α-spirost-1β, 3α-ol (cannigenin) |
| (25*S*)-5β-螺甾-1β, 3β, 14β-三羟基-1-*O*-α-L-吡喃鼠李糖基-(1→2)-β-D-吡喃木糖苷 | (25*S*)-5β-spirost-1β, 3β, 14β-trihydroxy-1-*O*-α-L-rhamnopyranosyl-(1→2)-β-D-xylopyranoside |
| (25*R*)-螺甾-1β, 3β, 5β-三羟基-3-*O*-β-D-吡喃葡萄糖苷 | (25*R*)-spirost-1β, 3β, 5β-trihydroxy-3-*O*-β-D-glucopyranoside |
| (25*S*)-螺甾-1β, 3β, 5β-三羟基-3-*O*-β-D-吡喃葡萄糖苷 | (25*S*)-spirost-1β, 3β, 5β-trihydroxy-3-*O*-β-D-glucopyranoside |
| (25*R*, *S*)-螺甾-1β, 3β, 5β-三羟基-3-*O*-β-D-吡喃葡萄糖基-(1→4)-β-D-吡喃葡萄糖苷 | (25*R*, *S*)-spirost-1β, 3β, 5β-trihydroxy-3-*O*-β-D-glucopyranosyl-(1→4)-β-D-glucopyranoside |
| (25*R*)-5α-螺甾-1β, 3β-二醇(波锐斯巴皂苷元、布里斯苷元) | (25*R*)-5α-spirost-1β, 3β-diol (brisbagenin) |
| (25*R*)-5β-螺甾-1β, 3β-二羟基-1-*O*-α-L-吡喃鼠李糖基-(1→2)-β-D-吡喃木糖苷-3-*O*-α-L-吡喃鼠李糖苷 | (25*R*)-5β-spirost-1β, 3β-dihydroxy-1-*O*-α-L-rhamnopyranosyl-(1→2)-β-D-xylopyranoside-3-*O*-α-L-rhamnopyranoside |
| (25*S*)-5β-螺甾-1β, 3β-二羟基-1-*O*-α-L-吡喃鼠李糖基-(1→2)-β-D-吡喃木糖苷-3-*O*-α-L-吡喃鼠李糖苷 | (25*S*)-5β-spirost-1β, 3β-dihydroxy-1-*O*-α-L-rhamnopyranosyl-(1→2)-β-D-xylopyranoside-3-*O*-α-L-rhamnopyranoside |

| | |
|---|---|
| (25*R*)-5β-螺甾-1β, 3β-二羟基-1-*O*-α-L-吡喃鼠李糖基-(1→2)-β-D-吡喃木糖苷-3-*O*-β-D-吡喃葡萄糖苷 | (25*R*)-5β-spirost-1β, 3β-dihydroxy-1-*O*-α-L-rhamnopyranosyl-(1→2)-β-D-xylopyranoside-3-*O*-β-D-glucopyranoside |
| (25*R*)-5β-螺甾-1β, 3β-二羟基-3-*O*-β-D-吡喃葡萄糖基-(1→6)-β-D-吡喃葡萄糖苷 | (25*R*)-5β-spirost-1β, 3β-dihydroxy-3-*O*-β-D-glucopyranosyl-(1→6)-β-D-glucopyranoside |
| (25*R*)-5β-螺甾-1β, 3β-二羟基-3-*O*-β-D-呋喃果糖基-(2→6)-β-D-吡喃葡萄糖苷 | (25*R*)-5β-spirost-1β, 3β-dihydroxy-3-*O*-β-D-fructofuranosyl-(2→6)-β-D-glucopyranoside |
| (23*S*, 25*S*)-5α-螺甾-24-酮-3β, 23-二羟基-3-*O*-[α-L-吡喃鼠李糖基-(1→2)-*O*-β-D-吡喃葡萄糖基-(1→4)]-β-D-吡喃半乳糖苷 | (23*S*, 25*S*)-5α-spirost-24-one-3β, 23-dihydroxy-3-*O*-[α-L-rhamnopyranosyl-(1→2)-*O*-β-D-glucopyranosyl-(1→4)]-β-D-galactopyranoside |
| 螺甾-25 (27)-烯-1, 2, 3, 4, 5, 6, 7-七醇 | spirost-25 (27)-en-1, 2, 3, 4, 5, 6, 7-heptol |
| 螺甾-25 (27)-烯-1β, 2β, 3β, 4β, 5β, 6β, 7α-七醇 | spirost-25 (27)-en-1β, 2β, 3β, 4β, 5β, 6β, 7α-heptol |
| (20*S*, 22*R*)-螺甾-25 (27)-烯-1β, 2β, 3β, 4β, 5β, 7α-六羟基-6-酮 | (20*S*, 22*R*)-spirost-25 (27)-en-1β, 2β, 3β, 4β, 5β, 7α-hexahydroxy-6-one |
| 螺甾-25 (27)-烯-1β, 2β, 3β, 4β, 5β, 7α-六羟基-6-酮 | spirost-25 (27)-en-1β, 2β, 3β, 4β, 5β, 7α-hexahydroxy-6-one |
| 螺甾-25 (27)-烯-1β, 2β, 3β, 4β, 5β, 7α-六羟基-6-酮-4-*O*-β-D-吡喃木糖苷 | spirost-25 (27)-en-1β, 2β, 3β, 4β, 5β, 7α-hexahydroxy-6-one-4-*O*-β-D-xylopyranoside |
| 螺甾-25 (27)-烯-1β, 2β, 3β, 4β, 5β-五羟基-2-*O*-α-L-吡喃阿拉伯糖苷 | spirost-25 (27)-en-1β, 2β, 3β, 4β, 5β-penthydroxy-2-*O*-α-L-arabinopyranoside |
| 螺甾-25 (27)-烯-1β, 2β, 3β, 4β, 5β-五羟基-2-*O*-β-D-吡喃木糖苷 | spirost-25 (27)-en-1β, 2β, 3β, 4β, 5β-penthydroxy-2-*O*-β-D-xylopyranoside |
| (20*S*, 22*R*)-螺甾-25 (27)-烯-1β, 2β, 3β, 4β, 5β-五羟基-5-*O*-β-D-吡喃葡萄糖苷 | (20*S*, 22*R*)-spirost-25 (27)-en-1β, 2β, 3β, 4β, 5β-pentahydroxy-5-*O*-β-D-glucopyranoside |
| 螺甾-25 (27)-烯-1β, 2β, 3β, 5β-四羟基-5-*O*-β-D-吡喃葡萄糖苷 | spirost-25 (27)-en-1β, 2β, 3β, 5β-tetrahydroxy-5-*O*-β-D-glucopyranoside |
| 螺甾-25 (27)-烯-1β, 3α, 4β, 5β, 6β-五醇 | spirost-25 (27)-en-1β, 3α, 4β, 5β, 6β-pentol |
| 螺甾-25 (27)-烯-1β, 3α, 5β-三醇 | spirost-25 (27)-en-1β, 3α, 5β-triol |
| (24*S*)-螺甾-25 (27)-烯-1β, 3β, 4β, 5β, 6β, 24β-六羟基-24-*O*-β-D-吡喃葡萄糖苷 | (24*S*)-spirost-25 (27)-en-1β, 3β, 4β, 5β, 6β, 24β-hexahydroxy-24-*O*-β-D-glucopyranoside |
| (20*S*, 22*R*)-螺甾-25 (27)-烯-1β, 3β, 4β, 5β-四羟基-5-*O*-β-D-吡喃葡萄糖苷 | (20*S*, 22*R*)-spirost-25 (27)-en-1β, 3β, 4β, 5β-tetrahydroxy-5-*O*-β-D-glucopyranoside |
| (20*S*, 22*R*)-螺甾-25 (27)-烯-1β, 3β, 5β-三羟基-1-*O*-β-D-木糖苷 | (20*S*, 22*R*)-spirost-25 (27)-en-1β, 3β, 5β-trihydroxy-1-*O*-β-D-xyloside |
| 螺甾-25 (27)-烯-1β, 3β, 5β-三羟基-3-*O*-β-D-吡喃葡萄糖苷 | spirost-25 (27)-en-1β, 3β, 5β-trihydroxy-3-*O*-β-D-glucopyranoside |
| 螺甾-25 (27)-烯-1β, 3β, 5β-三羟基-3-*O*-β-D-吡喃葡萄糖基-(1→4)-β-D-吡喃葡萄糖苷 | spirost-25 (27)-en-1β, 3β, 5β-trihydroxy-3-*O*-β-D-glucopyranosyl-(1→4)-β-D-glucopyranoside |
| (20*S*, 22*R*)-螺甾-25 (27)-烯-1β, 3β, 5β-三羟基-5-*O*-β-D-吡喃葡萄糖苷 | (20*S*, 22*R*)-spirost-25 (27)-en-1β, 3β, 5β-trihydroxy-5-*O*-β-D-glucopyranoside |
| 螺甾-25 (27)-烯-1β, 3β, 5β-三羟基-5-*O*-β-D-吡喃葡萄糖苷 | spirost-25 (27)-en-1β, 3β, 5β-trihydroxy-5-*O*-β-D-glucopyranoside |

| | |
|---|---|
| 5β-螺甾-25 (27)-烯-1β, 3β-二羟基-1-*O*-α-L-吡喃鼠李糖基-(1→2)-β-D-吡喃木糖苷-3-*O*-α-L-吡喃鼠李糖苷 | 5β-spirost-25 (27)-en-1β, 3β-dihydroxy-1-*O*-α-L-rhamnopyranosyl-(1→2)-β-D-xylopyranoside-3-*O*-α-L-rhamnopyranoside |
| 5β-螺甾-25 (27)-烯-1β, 3β-二羟基-1-*O*-α-L-吡喃鼠李糖基-(1→2)-β-D-吡喃木糖苷-3-*O*-β-D-吡喃葡萄糖苷 | 5β-spirost-25 (27)-en-1β, 3β-dihydroxy-1-*O*-α-L-rhamnopyranosyl-(1→2)-β-D-xylopyranoside-3-*O*-β-D-glucopyranoside |
| 5β-螺甾-25 (27)-烯-1β, 3β-二羟基-3-*O*-β-D-吡喃葡萄糖基-(1→4)-β-D-吡喃葡萄糖苷 | 5β-spirost-25 (27)-en-1β, 3β-dihydroxy-3-*O*-β-D-glucopyranosyl-(1→4)-β-D-glucopyranoside |
| 5α-螺甾-25 (27)-烯-2α, 3β-二羟基-3-*O*-β-D-吡喃葡萄糖基-(1→2)-*O*-β-D-吡喃葡萄糖基-(1→4)-β-D-吡喃半乳糖苷 | 5α-spirost-25 (27)-en-2α, 3β-dihydroxy-3-*O*-β-D-glucopyranosyl-(1→2)-*O*-β-D-glucopyranosyl-(1→4)-β-D-galactopyranoside} |
| 5β-螺甾-25 (27)-烯-3β-羟基-3-*O*-β-D-吡喃葡萄糖基-(1→4)-β-D-吡喃葡萄糖苷 | 5β-spirost-25 (27)-en-3β-hydroxy-3-*O*-β-D-glucopyranosyl-(1→4)-β-D-glucopyranoside |
| 5β-螺甾-2α, 3β, 5, 24-四羟基-3-*O*-α-L-吡喃鼠李糖基-(1→2)-*O*-[α-L-吡喃鼠李糖基-(1→4)]-β-D-吡喃葡萄糖苷 | 5β-spirost-2α, 3β, 5, 24-tetrahydroxy-3-*O*-α-L-rhamnopyranosyl-(1→2)-*O*-[α-L-rhamnopyranosyl-(1→4)]-β-D-glucopyranoside |
| (25*R*, *S*)-5α-螺甾-2α, 3β-二醇 | (25*R*, *S*)-5α-spirost-2α, 3β-diol |
| (25*R*, *S*)-5α-螺甾-2α, 3β-二羟基-3-*O*-β-D-吡喃葡萄糖基-(1→2)-*O*-β-D-吡喃葡萄糖基-(1→4)-β-D-吡喃半乳糖苷 | (25*R*, *S*)-5α-spirost-2α, 3β-dihydroxy-3-*O*-β-D-glucopyranosyl-(1→2)-*O*-β-D-glucopyranosyl-(1→4)-β-D-galactopyranoside |
| (24*S*, 25*S*)-5β-螺甾-2β, 3β, 24-三羟基-3-*O*-α-L-吡喃鼠李糖基-(1→2)-*O*-[α-L-吡喃鼠李糖基-(1→4)]-β-D-吡喃葡萄糖苷 | (24S, 25S)-5β-spirost-2β, 3β, 24-trihydroxy-3-*O*-α-L-rhamnopyranosyl-(1→2)-*O*-[α-L-rhamnopyranosyl-(1→4)]-β-D-glucopyranoside |
| 25D, 5β-螺甾-2-烯 | 25D, 5β-spirost-2-ene |
| 25D-螺甾-3, 5-二酮 | 25D-spirost-3, 5-dione |
| 25α, 25β-螺甾-3, 5-二烯 | 25α, 25β-spirost-3, 5-diene |
| 25D-螺甾-3, 5-二烯 | 25D-spirost-3, 5-diene |
| (25*R*)-5α-螺甾-3-*O*-[*O*-(4-*O*-乙酰基-α-L-吡喃阿拉伯糖基)-(1→6)-β-D-吡喃葡萄糖苷] | (25*R*)-5α-spirost-3-*O*-[*O*-(4-*O*-acetyl-α-L-arabinopyranosyl)-(1→6)-β-D-glucopyranoside] |
| (25*R*)-5α-螺甾-3α-醇 (3-表替告皂苷元) | (25*R*)-5α-spirost-3α-ol (3-epitigogenin) |
| (25*R*)-5β-螺甾-3β, 12β-二羟基-3-*O*-β-D-吡喃葡萄糖基-(1→2)-β-D-吡喃半乳糖苷 | (25*R*)-5β-spirost-3β, 12β-dihydroxy-3-*O*-β-D-glucopyranosyl-(1→2)-β-D-galactopyranoside |
| (5β, 25*S*)-螺甾-3β, 15α, 23α-三羟基-3-*O*-D-吡喃葡萄糖基-(1→2)-β-D-吡喃半乳糖苷 | (5β, 25*S*)-spirost-3β, 15α, 23α-trihydroxy-3-*O*-D-glucopyranosyl-(1→2)-β-D-galactopyranoside |
| (25*R*)-螺甾-3β, 17α, 27-三醇 | (25*R*)-spirost-3β, 17α, 27-triol |
| (23*S*, 24*R*, 25*S*)-5α-螺甾-3β, 23, 24-三羟基-3-*O*-[α-L-吡喃鼠李糖基-(1→2)-β-D-吡喃葡萄糖基]-(1→4)-β-D-吡喃半乳糖苷 | (23*S*, 24*R*, 25*S*)-5α-spirost-3β, 23, 24-trihydroxy-3-*O*-[α-L-rhamnopyranosyl-(1→2)-β-D-glucopyranosyl-(1→4)]-β-D-galactopyranoside |
| (5β, 25*S*)-螺甾-3β, 23α-二羟基-3-*O*-D-吡喃葡萄糖基-(1→2)-β-D-吡喃半乳糖苷 | (5β, 25*S*)-spirost-3β, 23α-dihydroxy-3-*O*-D-glucopyranosyl-(1→2)-β-D-galactopyranoside |
| (24*S*, 25*S*)-5α-螺甾-3β, 24-二羟基-3-*O*-[α-L-吡喃鼠李糖基-(1→2)-*O*-β-D-吡喃葡萄糖基-(1→4)]-β-D-吡喃半乳糖苷 | (24*S*, 25*S*)-5α-spirost-3β, 24-dihydroxy-3-*O*-[α-L-rhamnopyranosyl-(1→2)-*O*-β-D-glucopyranosyl-(1→4)]-β-D-galactopyranoside |

| | |
|---|---|
| (25*R*)-5α-螺甾-3β, 6α, 23α-三羟基-6-*O*-β-D-吡喃葡萄糖苷 | (25*R*)-5α-spirost-3β, 6α, 23α-trihydroxy-6-*O*-β-D-glucopyranoside |
| (25*S*)-5β-螺甾-3β, 6α-二羟基-3-*O*-α-L-吡喃鼠李糖基-(1→4)-β-D-吡喃葡萄糖苷 | (25*S*)-5β-spirost-3β, 6α-dihydroxy-3-*O*-α-L-rhamnopyranosyl-(1→4)-β-D-glucopyranoside |
| (25*R*)-5α-螺甾-3β, 6β-二醇 | (25*R*)-5α-spirost-3β, 6β-diol |
| (25*R*)-5α-螺甾-3β-*O*-α-L-吡喃鼠李糖基-(1→2)-β-D-吡喃葡萄糖苷 | (25*R*)-5α-spirost-3β-*O*-α-L-rhamnopyranosyl-(1→2)-β-D-glucopyranoside |
| (25*R*)-5α-螺甾-3β-*O*-β-D-吡喃葡萄糖基-(1→3)-[β-D-吡喃葡萄糖基-(1→2)]-β-D-吡喃半乳糖苷 | (25*R*)-5α-spirost-3β-*O*-β-D-glucopyranosyl-(1→3)-[β-D-glucopyranosyl-(1→2)]-β-D-galactopyranoside |
| (25*R*)-5α-螺甾-3β-*O*-β-D-吡喃葡萄糖基-(1→3)-β-D-吡喃半乳糖苷 | (25*R*)-5α-spirost-3β-*O*-β-D-glucopyranosyl-(1→3)-β-D-galactopyranoside |
| (22*S*, 25*S*)-5α-螺甾-3β-醇 | (22*S*, 25*S*)-5α-spirost-3β-ol |
| (25*R*)-5α-螺甾-3β-醇 | (25*R*)-5α-spirost-3β-ol |
| (25*R*, *S*)-5α-螺甾-3β-醇 | (25*R*, *S*)-5α-spirost-3β-ol |
| (25*S*)-5α-螺甾-3β-羟基-3-[*O*-β-D-吡喃葡萄糖基-(1→2)-*O*-β-D-吡喃葡萄糖基-(1→4)]-β-D-吡喃半乳糖苷 | (25*S*)-5α-spirost-3β-hydroxy-3-[*O*-β-D-glucopyranosyl-(1→2)-*O*-β-D-glucopyranosyl-(1→4)]-β-D-galactopyranoside |
| (25*S*)-5β-螺甾-3β-羟基-3-*O*-α-L-吡喃鼠李糖苷 | (25*S*)-5β-spirost-3β-hydroxy-3-*O*-α-L-rhamnopyranoside |
| (25*S*)-5β-螺甾-3β-羟基-3-*O*-α-L-吡喃鼠李糖基-(1→2)-[α-D-吡喃鼠李糖基-(1→4)]-β-D-吡喃葡萄糖苷 | (25*S*)-5β-spirost-3β-hydroxy-3-*O*-α-D-rhamnopyranosyl-(1→2)-[α-D-rhamnopyranosyl-(1→4)]-β-D-glucopyranoside |
| (25*R*)-5β-螺甾-3β-羟基-3-*O*-β-D-吡喃葡萄糖苷 | (25*R*)-5β-spirost-3β-hydroxy-3-*O*-β-D-glucopyranoside |
| (25*S*)-5β-螺甾-3β-羟基-3-*O*-β-D-吡喃葡萄糖苷 | (25*S*)-5β-spirost-3β-hydroxy-3-*O*-β-D-glucopyranoside |
| (25*S*)-5β-螺甾-3β-羟基-3-*O*-β-D-吡喃葡萄糖基-(1→2)-[β-D-吡喃木糖基-(1→4)]-β-D-吡喃葡萄糖苷 | (25*S*)-5β-spirost-3β-hydroxy-3-*O*-β-D-glucopyranosyl-(1→2)-[β-D-xylopyranosyl-(1→4)]-β-D-glucopyranoside |
| (20R, 25S)-5β-螺甾-3β-羟基-3-*O*-β-D-吡喃葡萄糖基-(1→2)-β-D-吡喃半乳糖苷 | (20R, 25S)-5β-spirost-3β-hydroxy-3-*O*-β-D-glucopyranosyl-(1→2)-β-D-galactopyranoside |
| (25*S*)-5β-螺甾-3β-羟基-3-*O*-β-D-吡喃葡萄糖基-(1→2)-β-D-吡喃葡萄糖苷 | (25*S*)-5β-spirost-3β-hydroxy-3-*O*-β-D-glucopyranosyl-(1→2)-β-D-glucopyranoside |
| (25*R*)-5β-螺甾-3β-羟基-3-*O*-β-D-吡喃葡萄糖基-(1→4)-β-D-吡喃葡萄糖苷 | (25*R*)-5β-spirost-3β-hydroxy-3-*O*-β-D-glucopyranosyl-(1→4)-β-D-glucopyranoside |
| (25*S*)-5β-螺甾-3β-羟基-3-*O*-β-D-吡喃葡萄糖基-(1→4)-β-D-吡喃葡萄糖苷 | (25*S*)-5β-spirost-3β-hydroxy-3-*O*-β-D-glucopyranosyl-(1→4)-β-D-glucopyranoside |
| (25*R*)-5α-螺甾-3β-羟基-3-*O*-β-D-吡喃葡萄糖基-(1→2)-β-D-吡喃葡萄糖基-(1→4)-β-D-吡喃半乳糖苷 | (25*R*)-5α-spirost-3β-hydroxy-3-*O*-β-D-glucopyranosyl-(1→2)-β-D-glucopyranosyl-(1→4)-β-D-galactopyranoside |
| (25*R*)-螺甾-3β-羟基-6-酮-3-*O*-[α-L-吡喃阿拉伯糖基-(1→6)]-β-D-吡喃葡萄糖苷 | (25*R*)-spirost-3β-hydroxy-6-one-3-*O*-[α-L-arabinopyranosyl-(1→6)]-β-D-glucopyranoside |
| (25*R*)-螺甾-4-烯-3, 12-二酮 | (25*R*)-spirost-4-en-3, 12-dione |
| (25*S*)-螺甾-5 (6), 14 (15)-二烯-3β-醇 | (25*S*)-spirost-5 (6), 14 (15)-dien-3β-ol |
| (25*S*)-螺甾-5 (6)-烯-3β, 14α-二醇 | (25*S*)-spirost-5 (6)-en-3β, 14α-diol |
| (25*S*)-螺甾-5 (6)-烯-3β-醇 | (25*S*)-spirost-5 (6)-en-3β-ol |

| | |
|---|---|
| (25*R*)-螺甾-5 (6)-烯-3β-羟基-3-*O*-β-D-吡喃葡萄糖基-(1→4)-[α-L-吡喃鼠李糖基-(1→2)]-β-D-吡喃半乳糖苷 | (25*R*)-spirost-5 (6)-en-3β-hydroxy-3-*O*-β-D-glucopyranosyl-(1→4)-[α-L-rhmanopyranosyl-(1→2)]-β-D-galactopyranoside |
| (25*R*)-螺甾-5, 14-二烯-3β-羟基-*O*-α-L-吡喃鼠李糖基-(1→2)-β-D-吡喃木糖基-(1→4)-β-D-吡喃葡萄糖苷 | (25*R*)-spirost-5, 14-dien-3β-hydroxy-*O*-α-L-rhamnopyranosyl-(1→2)-β-D-xylopyranosyl-(1→4)-β-D-glucopyranoside |
| 螺甾-5, 25 (27)-二烯-1β, 3β, (23*S*)-三醇 (虎尾兰皂苷元) | spirost-5, 25 (27)-dien-1β, 3β, (23*S*)-triol (sansevierigenin) |
| (25*R*)-螺甾-5, 8 (14)-二烯-3β-羟基-3-*O*-α-L-吡喃鼠李糖基-(1→2)-[β-D-吡喃木糖基-(1→4)]-β-D-吡喃葡萄糖苷 | (25*R*)-spirost-5, 8 (14)-dien-3β-hydroxy-3-*O*-α-L-rhamnopyranosyl-(1→2)-[β-D-xylopyranosyl-(1→4)]-β-D-glucopyranoside |
| (25*R*)-螺甾-5-烯 | (25*R*)-spirost-5-ene |
| (25*R*, *S*)-螺甾-5-烯 | (25*R*, *S*)-spirost-5-ene |
| 螺甾-5-烯 | spirost-5-en |
| (25*R*)-螺甾-5-烯-12-酮 | (25*R*)-spirost-5-en-12-one |
| (25*S*, *R*)-螺甾-5-烯-12-酮-3β-醇 | (25*S*, *R*)-spirost-5-en-12-one-3β-ol |
| (25*R*)-螺甾-5-烯-1β, 3β-二醇 (罗斯考皂苷元、假叶树皂苷元) | (25*R*)-spirost-5-en-1β, 3β-diol (ruscogenin) |
| (25*S*)-螺甾-5-烯-1β, 3β-二醇 [(25*S*)-罗斯考皂苷元] | (25*S*)-spirost-5-en-1β, 3β-diol [(25*S*)-ruscogenin] |
| (25*R*)-螺甾-5-烯-23 (或24)-二氯甲基-1β, 3β-二醇 (阿巴马皂苷元) | (25*R*)-spirost-5-en-23 (or24)-dichloromethyl-1β, 3β-diol (abamagenin) |
| (25*S*)-螺甾-5-烯-23β, 14α-二醇 | (25*S*)-spirost-5-en-23β, 14α-diol |
| (25*S*)-螺甾-5-烯-2α, 3β-二羟基-3-*O*-α-L-吡喃鼠李糖基-(1→4)-[α-L-吡喃鼠李糖基-(1→2)]-β-D-吡喃葡萄糖苷 | (25*S*)-spirost-5-en-2α, 3β-dihydroxy-3-*O*-α-L-rhamnopyranosyl-(1→4)-[α-L-rhamnopyranosyl-(1→2)]-β-D-glucopyranoside |
| (25*R*)-螺甾-5-烯-3β, 17α-二羟基-3-*O*-α-L-吡喃鼠李糖基-(1→2)-[β-D-吡喃木糖基-(1→4)]-β-D-吡喃葡萄糖苷 | (25*R*)-spirost-5-en-3β, 17α-dihydroxy-3-*O*-α-L-rhamnopyranosyl-(1→2)-[β-D-xylopyranosyl-(1→4)]-β-D-glucopyranoside |
| 螺甾-5-烯-3β, 12β-二醇 | spirost-5-en-3β, 12β-diol |
| (25*R*)-螺甾-5-烯-3β, 14α, 17α-三羟基-3-*O*-α-L-吡喃鼠李糖基-(1→2)-β-D-吡喃葡萄糖糖苷 | (25*R*)-spirost-5-en-3β, 14α, 17α-trihydroxy-3-*O*-α-L-rhamnopyranosyl-(1→2)-β-D-glucopyranoside |
| (25*R*)-螺甾-5-烯-3β, 14α-二醇 | (25*R*)-spirost-5-en-3β, 14α-diol |
| (25*R*, *S*)-螺甾-5-烯-3β, 14α-二醇 | (25*R*, *S*)-spirost-5-en-3β, 14α-diol |
| (25*S*)-螺甾-5-烯-3β, 14α-二醇 | (25*S*)-spirost-5-en-3β, 14α-diol |
| (25*R*)-螺甾-5-烯-3β, 14α-二羟基-3-*O*-α-L-吡喃鼠李糖基-(1→2)-β-D-吡喃葡萄糖苷 | (25*R*)-spirost-5-en-3β, 14α-dihydroxy-3-*O*-α-L-rhamnopyranosyl-(1→2)-β-D-glucopyranoside |
| (25*R*)-螺甾-5-烯-3β, 14α-二羟基-3-*O*-β-L-吡喃鼠李糖基-(1→2)-[β-D-吡喃木糖基-(1→4)]-β-D-吡喃葡萄糖苷 | (25*R*)-spirost-5-en-3β, 14α-dihydroxy-3-*O*-β-L-rhamnopyranosyl-(1→2)-[β-D-xylopyranosyl-(1→4)]-β-D-glucopyranoside |
| (25*R*)-螺甾-5-烯-3β, 17α, 27-三醇 | (25*R*)-spirost-5-en-3β, 17α, 27-triol |
| (25*S*)-螺甾-5-烯-3β, 17α, 27-三醇 | (25*S*)-spirost-5-en-3β, 17α, 27-triol |
| (25*S*)-螺甾-5-烯-3β, 17α, 27-三羟基-3-*O*-[α-L-吡喃阿拉伯糖基-(1→6)]-β-D-吡喃葡萄糖苷 | (25*S*)-spirost-5-en-3β, 17α, 27-trihydroxy-3-*O*-[α-L-arabinopyranosyl-(1→6)]-β-D-glucopyranoside |

| | |
|---|---|
| (25*S*)-螺甾-5-烯-3β, 21-二羟基-3-*O*-α-L-吡喃鼠李糖基-(1→2)-[α-L-吡喃鼠李糖基-(1→4)]-β-D-吡喃葡萄糖苷 | (25*S*)-spirost-5-en-3β, 21-dihydroxy-3-*O*-α-L-rhamnopyranosyl-(1→2)-[α-L-rhamnopyranosyl-(1→4)]-β-D-glucopyranoside |
| (25*S*)-螺甾-5-烯-3β, 27-二羟基-30-[α-L-吡喃鼠李糖基-(1→2)-β-D-吡喃葡萄糖基-(1→3)]-β-D-吡喃葡萄糖苷 | (25*S*)-spirost-5-en-3β, 27-dihydroxy-30-[α-L-rhamnopyranosyl-(1→2)-β-D-glucopyranosyl-(1→3)]-β-D-glucopyranoside |
| (25*S*)-螺甾-5-烯-3β, 27-二羟基-3-*O*-[α-L-吡喃阿拉伯糖基-(1→6)]-β-D-吡喃葡萄糖苷 | (25*S*)-spirost-5-en-3β, 27-dihydroxy-3-*O*-[α-L-arabinopyranosyl-(1→6)]-β-D-glucopyranoside |
| (25*S*)-螺甾-5-烯-3β-醇 | (25*S*)-spirost-5-en-3β-ol |
| (25*R*)-螺甾-5-烯-3β-醇(薯蓣皂苷元、地奥配质、薯蓣皂苷配基) | (25*R*)-spirost-5-en-3β-ol (diosgenin, nitogenin) |
| (25*S*)-螺甾-5-烯-3β-羟基-3-*O*-α-L-吡喃鼠李糖基-(1→2)-[α-L-吡喃鼠李糖基-(1→4)]-β-D-吡喃葡萄糖苷 | (25*S*)-spirost-5-en-3β-hydroxy-3-*O*-α-L-rhamnopyranosyl-(1→2)-[α-L-rhamnopyranosyl-(1→4)]-β-D-glucopyranoside |
| (25*S*)-螺甾-5-烯-3β-羟基-3-*O*-β-D-吡喃葡萄糖基-(1→2)-β-D-吡喃葡萄糖基-(1→4)-β-D-吡喃半乳糖苷 | (25*S*)-spirost-5-en-3β-hydroxy-3-*O*-β-D-glucopyranosyl-(1→2)-β-D-glucopyranosyl-(1→4)-β-D-galactopyranoside |
| (25*S*)-螺甾-5-烯-3β-羟基-3-*O*-β-D-吡喃葡萄糖基-(1→4)-β-D-吡喃半乳糖苷 | (25*S*)-spirost-5-en-3β-hydroxy-3-*O*-β-D-glucopyranosyl-(1→4)-β-D-galactopyranoside |
| (25*S*)-螺甾-5-烯-3β-羟基-β-D-吡喃半乳糖苷 | (25*S*)-spirost-5-en-3β-hydroxy-β-D-galactopyranoside |
| (22*R*, 25*R*)-螺甾醇-5-烯-3β-醇 | (22*R*, 25*R*)-spirosol-5-en-3β-ol |
| 螺甾单孢太汀A、B | spiruchostatins A, B |
| 螺甾二烯 | spirostadiene |
| 5, 25 (27)-螺甾二烯-1β, 3β-二醇(新罗斯考皂苷元) | spirost-5, 25 (27)-dien-1β, 3β-diol (neoruscogenin) |
| 螺甾内酯 | spironolactone |
| 螺甾四醇(兰茂苷元、兰莫皂苷元)A～D | ranmogenins A～D |
| (25*R*)-5α-螺甾烷 | (25*R*)-5α-spirostane |
| 螺甾烷(螺旋甾烷、螺旋甾碱烷) | spirostane |
| 螺甾烷醇 | spirostanol |
| 螺甾烷醇皂苷 | spirostanol saponin |
| 螺甾烷苷 | spirostanglycoside |
| (25*S*)-5-螺甾烯-3β-醇(雅姆皂苷元、亚莫皂苷元) | (25*S*)-spirost-5-en-3β-ol (yamogenin) |
| 25 (27)-螺甾烯四醇A～C | 25 (27)-ranmogenins A～C |
| $\Delta^{25(27)}$-螺甾烯五醇 | $\Delta^{25(27)}$-pentrogenin |
| 裸柄吊钟花苷(裸柄吊钟花木糖苷、裸柄吊钟花脂苷) | koaburaside (nudiposide) |
| 裸柄吊钟花苷单甲醚 | koaburaside monomethyl ether |
| 裸柄吊钟花木糖苷(裸柄吊钟花苷、裸柄吊钟花脂苷) | nudiposide (koaburaside) |
| (7*R*′, 8*S*, 8′*R*)-裸柄吊钟花脂苷 | (7′*R*, 8*S*, 8′*R*)-nudiposide |
| 裸翠雀定 | denudatidine |
| 裸翠雀亭(无毛翟雀亭、光翠雀碱) | denudatine |
| 裸地胆草素 | nudaphantin |
| 裸果胡椒酮 | nudibaccatumone |

| 裸花紫珠苷 (迎春苷) A～D | nudiflosides A～D |
|---|---|
| 裸茎翠雀胺 | nudicaulamine |
| 裸茎耳草素 A～C | nudicaucins A～C |
| 裸茎番杏碱 | psilocauline |
| 裸麦角碱 (黑麦麦角碱) | secaclavine (chanoclavine) |
| 裸麦角碱 (开环麦角碱) | chanoclavine (secaclavine) |
| 裸伞烯 | gymnopilene |
| 裸伞异戊烯醇 $A_9$、A、B、D | gymnoprenols $A_9$, A, B, D |
| 裸蒴降木脂素 A、B | gymnothedelignans A, B |
| 裸蒴木脂素 A～W、$X_1$、$X_2$、$Y_1$、$Y_2$ | gymnothelignans A～W, $X_1$, $X_2$, $Y_1$, $Y_2$ |
| 裸酸 | nudic acid |
| 裸穗豚草素 A～C | psilostachyins A～C |
| 裸盖菇素 (裸头草碱) | indocybin (psilocybine) |
| 裸头草碱 (裸盖菇素) | psilocybine (indocybin) |
| 裸头草辛 (脱磷裸盖菇素) | psilocin (psilocine) |
| 裸菀酮 | gymnastone |
| 裸籽马钱子碱 | spermastrychinine |
| 洛宾 | lobine |
| 洛伐他汀 (莫那可林 K) | lovastatin (monacolin K) |
| 洛飞拉任 | lophilacrine |
| 洛非灵 (驱梅山梗灵) | lophiline |
| 洛柯定碱 (洛柯日定、长春瑞定) | lochneridine |
| 洛柯碱 (长春任碱) | lochnerine |
| 洛柯碱 *N*- 氧化物 | lochnerine *N*-oxide |
| 洛柯宁碱 (长春瑞宁) | lochnerinine |
| 洛柯绕定碱 (洛柯维定、长春维定) | lochrovidine |
| 洛柯绕文碱 (洛柯维文、长春洛文) | lochrovine |
| 洛柯绕辛碱 (洛柯维辛、长春维辛) | lochrovicine |
| 洛柯素 | lochneram |
| 洛柯文碱 (长春瑞文) | lochnerivine |
| 洛柯辛碱 (洛柯辛、长春瑞辛) | lochnericine |
| 洛柯皂苷元 | rockogenin |
| 洛克米兰酸甲酯 | methyl rocaglate |
| 洛美内酯 | lomevatone |
| 洛绕奎 | loroquine |
| 洛沃斯环酰胺 A～C | lobocyclamides A～C |
| β- 洛叶碱 | β-lofoline |
| 络石苷 (络石糖苷、2- 羟基牛蒡子苷) | tracheloside (2-hydroxyarctiin) |
| β- 络石苷 Ⅱ A、Ⅱ B | β-trachelosides Ⅱ A, Ⅱ B |

| | |
|---|---|
| (–)-络石苷元 | (–)-trachelogenin |
| 络石苷元(络石配质) | trachelogenin |
| 络石苷元-4′-*O*-β-龙胆二糖苷 | trachelogenin-4′-*O*-β-gentiobioside |
| 络石洛苷(络石皂苷、(络石三萜苷) | trachelosperoside |
| 络石内酯苷 | trachelinoside |
| 络石酰胺 | trachelogenin amide |
| 络石皂苷(络石三萜苷、络石洛苷)A-1、B-1、B-2、C-1、C-2、D-1、D-2、E-1、F、F-2 | trachelosperosides A-1, B-1, B-2, C-1, C-2, D-1, D-2, E-1, F, F-2 |
| 络石皂苷元(络石洛苷元)A～C | trachelosperogenins A～C |
| 骆驼蒿宁碱A～F | luotonines A～F |
| 骆驼蓬胺碱 | pegamine |
| 骆驼蓬醇碱 | peganol |
| 骆驼蓬定碱(鸭嘴花次碱) | peganidine |
| 骆驼蓬蒽醌Ⅰ、Ⅱ | peganones Ⅰ, Ⅱ |
| 骆驼蓬蒽醌Ⅱ-1-*O*-β-D-吡喃葡萄糖苷 | peganone Ⅱ-1-*O*-β-D-glucopyranoside |
| 骆驼蓬苷 | peganetin |
| D-骆驼蓬碱 | D-peganine |
| (–)-骆驼蓬碱[(–)-鸭嘴花碱] | (–)-peganine [(–)-vasicine] |
| 骆驼蓬灵(哈马灵、哈尔马灵碱、3, 4-二氢哈尔明碱) | harmaline (3, 4-dihydroharmine) |
| (±)-骆驼蓬宁碱 | (±)-peganine |
| 骆驼蓬宁碱(骆驼蓬碱、鸭嘴花碱、鸭嘴花种碱、番爵床碱) | peganine (vasicine) |
| 骆驼蓬属碱 | peganum base |
| 骆驼蓬酸 | pegaline |
| 落地生根毒素A、B | bryophyllins A, B |
| 落地生根甾醇 | bryophyllol |
| 落萼叶下珠萜A～C | phyllanflexoids A～C |
| 落花生苷A | arachiside A |
| 落花生碱 | araquine |
| 落花生油酸 | hypogaeic acid |
| 落花生油酸蜂花酯 | myricyl hypogaeate |
| 落葵薯苷$A_1$、$A_2$ | boussingosides $A_1$, $A_2$ |
| 落新妇苷 | astilbin |
| 落新妇酸 | astilbic acid |
| 落叶黄素 | laricetrin |
| (±)-落叶松树脂醇 | (±)-lariciresinol |
| 落叶松树脂酸 | laricinolic acid |
| 落叶松素(西伯利亚落叶松黄酮) | laricitrin |
| 落叶松素-3, 5′, 7-*O*-β-D-三吡喃葡萄糖苷 | laricitrin-3, 5′, 7-*O*-β-D-triglucopyranoside |

| 落叶松素-3, 5′, 7-O-β-D-三葡萄糖苷 | laricitrin-3, 5′, 7-O-β-D-triglucoside |
|---|---|
| 落叶松素-3, 5′-O-β-D-二吡喃葡萄糖苷 | laricitrin-3, 5′-O-β-D-diglucopyranoside |
| 落叶松素-3, 5′-O-β-D-二葡萄糖苷 | laricitrin-3, 5′-O-β-D-diglucoside |
| 落叶松素-3-O-葡萄糖苷 | laricitrin-3-O-glucoside |
| 落叶松素-5′-O-β-D-吡喃葡萄糖苷 | laricitrin-5′-O-β-D-glucopyranoside |
| 落叶松素-5′-O-β-D-葡萄糖苷 | laricitrin-5′-O-β-D-glucoside |
| 落叶松素吡喃阿拉伯糖苷 | laricitrin arabinopyranoside |
| 落叶松素吡喃半乳糖苷 | laricitrin galactopyranoside |
| 落叶松素吡喃葡萄糖苷 | laricitrin glucopyranoside |
| 落叶松素吡喃葡萄糖醛酸苷 | laricitrin glucuronopyranoside |
| 落叶松蕈酸 (松蕈酸) | agaricic acid (agaric acid) |
| (8R, 7′S, 8′R)-落叶松脂醇-9′-O-β-D-(6-O-反式-阿魏酰基) 吡喃葡萄糖苷 | (8R, 7′S, 8′R)-lariciresinol-9′-O-β-D-(6-O-trans-feruloyl) glucopyranoside |
| (–)-落叶松脂素 | (–)-lariciresinol |
| (+)-落叶松脂素 | (+)-lariciresinol |
| 落叶松脂素 (落叶松树脂醇、落叶松脂醇、落叶松脂酚) | lariciresinol |
| (+)-落叶松脂素-4, 4′-二-O-β-D-吡喃葡萄糖苷 | (+)-lariciresinol-4, 4′-bis-O-β-D-glucopyranoside |
| 落叶松脂素-4, 4′-二-O-β-D-吡喃葡萄糖苷 | lariciresinol-4, 4′-di-O-β-D-glucopyranoside |
| (–)-落叶松脂素-4, 4′-二-O-β-D-葡萄糖苷 | (–)-lariciresinol-4, 4′-di-O-β-D-glucoside |
| 落叶松脂素-4′-O-β-D-吡喃葡萄糖苷 | lariciresinol-4′-O-β-D-glucopyranoside |
| (+)-落叶松脂素-4-O-β-D-吡喃葡萄糖苷 | (+)-lariciresinol-4-O-β-D-glucopyranoside |
| 落叶松脂素-4-O-β-D-吡喃葡萄糖苷 | lariciresinol-4-O-β-D-glucopyranoside |
| (+)-1-落叶松脂素-4′-O-β-D-吡喃葡萄糖苷 | (+)-1-lariciresinol-4′-O-β-D-glucopyranoside |
| 落叶松脂素-4′-O-β-D-葡萄糖苷 | lariciresinol-4′-O-β-D-glucoside |
| 落叶松脂素-4-O-β-D-葡萄糖苷 | lariciresinol-4-O-β-D-glucoside |
| (+)-落叶松脂素-4′-O-β-D-吡喃葡萄糖苷 | (+)-lariciresinol-4′-O-β-D-glucopyranoside |
| 落叶松脂素-4-二-O-β-D-吡喃葡萄糖苷 | lariciresinol-4-di-O-β-D-glucopyranoside |
| (+)-落叶松脂素-9-O-β-D-吡喃葡萄糖苷 | (+)-lariciresinol-9-O-β-D-glucopyranoside |
| 落叶松脂素-9-O-β-D-吡喃葡萄糖苷 | lariciresinol-9-O-β-D-glucopyranoside |
| 落叶松脂素-9-O-β-D-葡萄糖苷 | lariciresinol-9-O-β-D-glucoside |
| 落叶松脂素-9-乙酸酯 | lariciresinol-9-acetate |
| (+)-落叶松脂素-9′-硬脂酸酯 | (+)-lariciresinol-9′-stearate |
| (+)-落叶松脂素-二-4-O-β-D-吡喃葡萄糖苷 | (+)-lariciresinol-di-4-O-β-D-glucopyranoside |
| 落叶松脂素二甲醚 | lariciresinol dimethyl ether |
| 落叶松脂素乙酸酯 | lariciresinol acetate |
| (S)-(+)-落叶酸 | (S)-(+)-abscisic acid |
| (+)-落叶酸 | (+)-abscisic acid |
| 落叶酸 (脱落酸、止权酸) | abscisic acid |
| 落叶酸-1′-O-β-D-吡喃葡萄糖苷 | abscisic acid-1′-O-β-D-glucopyranoside |

| | |
|---|---|
| 落叶酸-β-D-吡喃葡萄糖酯 | abscisic acid-β-D-glucopyranosyl ester |
| 落叶酸甲酯 | methyl abscisate |
| (+)-(6*S*, 7*E*, 9*Z*)-落叶酸酯 | (+)-(6*S*, 7*E*, 9*Z*)-abscisic acid ester |
| 落羽杉醌 | taxoquinone |
| 落羽杉萜烯 A～B | taxodisones A～B |
| 落羽松二酮 | taxodione |
| 落羽松酮 | taxodone |
| 驴食草酚 (瑞斯蒂酚、绒叶军刀豆酚、包被剑豆酚、维斯体素) | vestitol |
| (3*R*)-驴食草酚 [(3*R*)-绒叶军刀豆酚、(3*R*)-维斯体素] | (3*R*)-vestitol |
| (3*S*)-驴食草酚 [(3*S*)-绒叶军刀豆酚、(3*S*)-维斯体素] | (3*S*)-vestitol |
| 驴食草果酚 | vesticarpan |
| 驴食草烯酮 | vestitenone |
| 驴食豆呋喃 (驴食草素) | sainfuran |
| 驴蹄草苷 D | calcoside D |
| 驴蹄草黄素 | calthaxanthin |
| 驴蹄草内酯 | caltholide |
| 驴豚草内酯素 | burrodin |
| 吕宋果内酯 | strychnolactone |
| 吕宋荚蒾二醛 A、B | luzonidials A, B |
| 吕宋荚蒾醛 A、B | luzonials A, B |
| 吕宋荚醚萜 A～G | luzonoids A～G |
| 铝烷 | alumane |
| 铝杂 | aluma |
| 绿薁素 | verdazulene |
| 绿刺参苷 $A_1$、$A_2$、$B_1$、$B_2$、$C_1$、$C_2$ | stichlorosides $A_1$, $A_2$, $B_1$, $B_2$, $C_1$, $C_2$ |
| 绿翠雀宁碱 (变绿卵孢碱) | virescenine |
| 绿豆酚 | aureol |
| 绿海葱苷 | scilliglaucoside |
| 绿海葱苷元-3-酮 | scilliglaucosidin-3-one |
| 绿黑菌素 | ustiloxin |
| 绿花白千层醇 (绿花醇、白千层醇) | viridiflorol |
| 9-绿花白千层醇基倒千里光裂碱 (立可沙明碱、立可沙明) | 9-viridifloryl retronecine (lycopsamine) |
| 绿花倒提壶碱 (绿花琉璃草碱) | viridiflorine |
| 绿花倒提壶碱-*N*-氧化物 | viridiflorine-*N*-oxide |
| 绿花倒提壶酸 (绿花琉璃草酸) | viridifloric acid |
| 绿花海桐苷 | pittoviridoside |
| 绿花烯 (对白千层烯) | viridiflorene |

| 绿花夜香树甾苷 A | parquisoside A |
|---|---|
| 绿甲酸丙酯 | propyl chloroformate |
| 绿醌茜素 | verdoskyrin |
| 绿藜芦布定(哥布定、计布定碱、计巴丁、计莫亭碱) | germbudine |
| 绿藜芦林碱(计米特林、哥米春、胚芽春) | germitrine |
| 绿莲皂苷元(绿皂苷元、绿配基) | chlorogenin |
| 绿卵孢霉醇 A、B | virescenols A, B |
| 绿毛菌烃 | viridine |
| 绿绒蒿属碱 | meconopsis base |
| 绿色藤苦苷 | picroretin |
| 绿升麻醇 | foetidinol |
| 绿升麻醇-3-*O*-β-D-吡喃木糖苷 | foetidinol-3-*O*-β-D-xylopyranoside |
| 绿升麻醇-3-*O*-β-D-吡喃木糖基-(1→3)-β-D-吡喃木糖苷 | foetidinol-3-*O*-β-D-xylopyranosyl-(1→3)-β-D-xylopyranoside |
| 绿升麻苷 A～E | foetidinosides A～E |
| 绿舒筋酮 | mupinensisone |
| 绿树发酸 | virensic acid |
| 绿穗格木定碱 | norerythrostachaldine |
| (1*R*, 4*R*, 8*S*, 9*S*)-绿苔-5, 10-二烯 | (1*R*, 4*R*, 8*S*, 9*S*)-pinguisa-5, 10-diene |
| (–)-α-绿苔烯 | (–)-α-pinguisine |
| 绿微囊藻素 A～I | microviridins A～I |
| 绿心碱(6′-*O*-乳突杆菌碱) | rodiasine (6′-*O*-methyl phlebicine) |
| 绿心樟隐亭碱 | ocokryptine |
| 绿叶地锦酚 A～G | laetevirenols A～G |
| 绿叶甘橿苷 A、B | linderofruticosides A, B |
| 绿叶五味子素 A | schiviridin A |
| 绿茵礁鞘丝藻肽内脂 F、G | grassypeptolides F, G |
| 绿蝇黄质 | phoenicoxanthin |
| 绿玉树醇 | tirucallol |
| $\Delta^7$-绿玉树醇 | $\Delta^7$-tirucallol |
| 绿玉树素 A、B | tirucallins A, B |
| 绿玉树酮 | tirucallone |
| 绿玉树辛 | tirucalicine |
| 绿原碱 | chlorogenine |
| 绿原酸(咖啡单宁酸、咖啡鞣酸、3-咖啡酰奎宁酸) | chlorogenic acid (caffeotamic acid, 3-caffeoyl quinic acid) |
| 绿原酸甲酯 | methyl chlorogenate |
| 绿原酸乙酯 | ethyl chlorogenate |
| 绿原酸正丁酯 | chlorogenic acid *n*-butyl ester |

L

| 绿藻素 | chlorellin |
|---|---|
| 绿藻甾醇 (胆甾 -28- 甲基 -23, 24- 环丙烷 -Δ5-4- 酮) | lactucasterol (cholest-28-methyl-23, 24-cyclopropane-Δ5-4-one) |
| 绿籽山小橘素 | penangin |
| 葎草 -1, 6- 二烯 -3- 醇 | humul-1, 6-dien-3-ol |
| (2*E*, 6*E*, 9*E*)- 葎草 -2, 6, 9- 三烯 -8- 酮 | (2*E*, 6*E*, 9*E*)-humula-2, 6, 9-trien-8-one |
| 葎草醇 | humulol |
| 葎草二烯酮 | humuladienone |
| 葎草酚 | humulusol |
| 葎草灵酮 | humulinone |
| (9*E*)- 葎草三烯 -2, 6- 二醇 | (9*E*)-humulatrien-2, 6-diol |
| 葎草酮 (忽布酮) | humulone |
| 葎草烷 (蛇麻烷) | humulane |
| 3 (12), 7 (13), (9*E*)- 葎草烷三烯 -2, 6- 二醇 | 3 (12), 7 (13), (9*E*)-humulatrien-2, 6-diol |
| α- 葎草烯 | α-humulene |
| γ- 葎草烯 | γ-humulene |
| β- 葎草烯 (β- 蛇麻烯) | β-humulene |
| 葎草烯 (蛇麻烯、α- 石竹烯、α- 丁香烯) | humulene (α-caryophyllene) |
| 葎草烯 -1, 2- 环氧物 | humulene-1, 2-epoxide |
| 葎草烯醇 | humulenol |
| α- 葎草烯醇乙酸酯 | α-humulenol acetate |
| α- 葎草烯环氧化物 | α-humulene epoxide |
| 葎草烯环氧化物 Ⅰ～Ⅲ | humulene epoxides Ⅰ～Ⅲ |
| 葎草烯酮 Ⅰ、Ⅱ | humulenones Ⅰ, Ⅱ |
| 26- 氯 -26- 脱氧隐配质 | 26-chloro-26-deoxycryptogenin |
| (1*R*, 2*S*, 4*S*, 5*R*)-5- 氯 -(2*E*)- 氯乙烯基 -1, 4- 二溴 -1, 5- 二甲基环己烷 | (1*R*, 2*S*, 4*S*, 5*R*)-5-chloro-(2*E*)-chlorovinyl-1, 4-dibromo-1, 5-dimethyl cyclohexane |
| 3- 氯 -(*R*)-β- 羟基 -D- 酪氨酸 | 3-chloro-(*R*)-β-hydroxy-D-tyrosine |
| 1- 氯 -1, 2, 2, 2- 四氟乙烷 | 1-chloro-1, 2, 2, 2-tetrafluoroethane |
| 7- 氯 -1, 2, 3- 三羟基 -6- 甲氧基叫酮 | 7-chloro-1, 2, 3-trihydroxy-6-methoxyxanthone |
| 2- 氯 -1, 4- 苯醌 | 2-chloro-1, 4-benzoquinone |
| 3-[(1ξ, 11ξ)-11- 氯 -1- 甲基十三烷基]-2- 羟基 -β- 丙氨酸 | 3-[(1ξ, 11ξ)-11-chloro-1-methyl tridecyl]-2-hydroxy-β-alanine |
| 5- 氯 -2-( 辛 -2, 4, 6- 亚三炔基 )-5, 6- 二氢 -2*H*- 吡喃 | 5-chloro-2-(oct-2, 4, 6-tri-ynylidene)-5, 6-dihydro-2*H*-pyran |
| 4- 氯 -2, 4′- 氨叉基二苯甲酸 | 4-chloro-2, 4′-iminodibenzoic acid |
| 25- 氯 -24- 羟基甘遂 -7- 烯 -3- 酮 | 25-chloro-24-hydroxytirucall-7-en-3-one |
| 12α- 氯 -2α, 3β, 13β, 23- 四羟基齐墩果 -28- 酸 -13- 内酯 | 12α-chloro-2α, 3β, 13β, 23-tetrahydroxyolean-28-oic acid-13-lactone |

| | |
|---|---|
| 1-[(4-氯-2-甲基苯-1-基)乙氮烯基]萘-2-胺 | 1-[(4-chloro-2-methyl phenyl) diazenyl] naphthalen-2-amine |
| 1-(1-氯-2-萘基)-2-苯基乙氮烯-2-氧化物 | 1-(1-chloro-2-naphthyl)-2-phenyl diazene-2-oxide |
| 6-(3-氯-2-羟基-3-甲丁基)-5, 7-二甲氧基香豆素 | 6-(3-chloro-2-hydroxy-3-methyl butyl)-5, 7-dimethoxy-coumarin |
| 1-氯-2-乙氧基乙烷 | 1-chloro-2-ethoxyethane |
| 4-氯-3, 5-二甲氧基苯甲酸 | 4-chloro-3, 5-dimethoxybenzoic acid |
| 4-氯-3, 5-二甲氧基苯甲酸-*O*-阿拉伯糖醇酯 | 4-chloro-3, 5-dimethoxybenzoic acid-*O*-arabitol ester |
| 4-氯-3, 5-二甲氧基苯甲酸甲酯 | 4-chloro-3, 5-dimethoxy benzoic acid methyl ester |
| 2-(4-氯-3-羟基-1-丁炔)-5-(戊-1, 3-二炔基)噻吩 | 2-(4-chloro-3-hydroxybut-1-ynyl)-5-(pent-1, 3-diynyl) thiophene |
| 2-氯-3-羟基联苄 | 2-chloro-3-hydroxybibenzyl |
| 10-(6-氯-3-乙基-2-氧杂二环[2.2.1]庚-7-基)-癸-6, 9-二烯酸 | 10-(6-chloro-3-ethyl-2-oxabicyclo [2.2.1] hept-7-yl) dec-6, 9-dienoic acid |
| (2*E*, 4*E*, 5*Z*)-5-氯-4-(磺酸基亚甲基)庚-2, 5-二烯酸 | (2*E*, 4*E*, 5*Z*)-5-chloro-4-(sulfomethylidene) hept-2, 5-dienoic acid |
| 8-氯-5-(1-氯-3-羟基丙基)辛-1, 7-二醇 | 8-chloro-5-(1-chloro-3-hydroxypropyl) oct-1, 7-diol |
| 3-氯-5-(3-羟基丁基)-4, 6-二甲基壬-2, 8-二醇 | 3-chloro-5-(3-hydroxybutyl)-4, 6-dimethyl non-2, 8-diol |
| 6α-氯-5β-羟基醉茄素 A | 6α-chloro-5β-hydroxywithaferin A |
| 4-氯-5-羟基-3-甲基苯酚-1-*O*-α-L-吡喃鼠李糖基-(1→6)-β-D-吡喃葡萄糖苷 | 4-chloro-5-hydroxy-3-methyl-phenol-1-*O*-α-L-rhamnopyranosyl-(1→6)-β-D-glucopyranoside |
| 2-氯-*N*-(2-氯乙基)乙烷胺 | 2-chloro-*N*-(2-chloroethyl) ethanamine |
| 5-氯-α-三噻吩 | 5-chloro-α-terthiophene |
| 4-氯-β-谷甾酮 | 4-chloro-β-sitosterone |
| 3-氯白花丹素(3-氯矶松素) | 3-chloroplumbagin |
| 2-氯苯基-2, 4-二氯苯基乙氮烯氧化物 | 2-chlorophenyl-2, 4-dichlorophenyl diazene oxide |
| 2-氯吡嗪 | 2-chloropyrazine |
| 2-氯丙烯酸甲酯 | methyl 2-chloropropenoate |
| (3*Z*)-氯代呋新 | (3*Z*)-chlorofucin |
| 氯代赫克托素(赫克托鞘丝氯素) | hectochlorin |
| 氯代环己烷(环己基氯) | chlorocyclohexane |
| 氯丁醇 | chlorobutanol |
| 3-(4-氯丁基)戊-1, 4-二醇 | 3-(4-chlorobutyl) pent-1, 4-diol |
| *N*-4′-氯丁基丁酰胺 | *N*-4′-chlorobutyl butyramide |
| 3-氯对茴芹醛 | 3-chloro-*p*-anisaldehyde |
| 6-氯儿茶素 | 6-chlorocatechin |
| 氯二苯基甲锑烷(氯化二苯基锑) | chlorodiphenyl antimony (diphenyl antimony chloride, chlorodiphenyl stibine) |
| (2*R*)-12-氯-2, 3-二氢八角酮 E | (2*R*)-12-chloro-2, 3-dihydroillicinone E |

L

| 1-氯二十二烷 | 1-chlorodocosane |
|---|---|
| (12C) 氯仿 | (12C) chloroform |
| 氯仿 (三氯甲烷) | chloroform (trichloromethane) |
| 8-氯哥纳香二醇 | 8-chlorogoniodiol |
| (19*R*)-氯化-3-氧亚基柳叶水甘草碱 | (19*R*)-chloro-3-oxotabersonine |
| (19*S*)-氯化-3-氧亚基柳叶水甘草碱 | (19*S*)-chloro-3-oxotabersonine |
| 氯化阿替新 (关附素 H) | atisiniumchloride (guanfu base H) |
| 氯化铵 | ammonium chloride |
| 氯化白栝楼碱 | candicine chloride |
| 氯化白屈菜赤碱 (盐酸白屈菜红碱) | chelerythrine chloride |
| 氯化苯重氮盐 | benzenediazonium chloride |
| 氯化长柄唐松草里定 | przewalidine chloride |
| 氯化长圆小檗碱 (氯化长圆叶小檗碱) | oblongine chloride |
| 氯化刺槐定 | robinetinidin chloride |
| 氯化翠菊苷 | callistephin chloride |
| 氯化胆碱 | choline chloride |
| 氯化胆碱氯化物 | chlorocholine chloride |
| 氯化迪美替尼 | diosmetinidin chloride |
| 氯化二苯基锑 (氯二苯基甲锑烷) | diphenyl antimony chloride (chlorodiphenyl stibine, chlorodiphenyl antimony) |
| 氯化飞燕草素 (氯化翠雀啶) | delphinidin chloride |
| 氯化飞燕草素-3-*O*-葡萄糖苷 | delphinidin-3-*O*-glucoside chloride |
| 氯化非瑟酮定 | fisetinidin chloride |
| 氯化汞 (升汞、氯化高汞) | mercuric chloride |
| 氯化胡麻酮 | chlorosesamone |
| 氯化花葵素 | pelargonidin chloride |
| 氯化花葵素苷 | pelargonin chloride |
| 氯化花青苷 | cyanin chloride |
| 氯化花青素鼠李葡萄糖苷 | keracyanin chloride |
| 氯化甲铵 (氯化甲烷铵) | methyl ammonium chloride (methanaminium chloride) |
| 氯化甲基二氢化锡 (氯甲基甲锡烷) | chlorodihydridomethyltin (methyltin chloride dihydride, dihydridomethyltin chloride, chloromethyl stannane) |
| *N*-氯化甲基优吉敏碱 | *N*-chloromethylungiminorine |
| 氯化甲烷铵 (氯化甲铵) | methanaminium chloride (methyl ammonium chloride) |
| 氯化钾 | potassium chloride |
| 氯化锦葵花苷 | malvin chloride |
| 氯化锦葵花素-3-*O*-半乳糖苷 | malvidin-3-*O*-galactoside chloride |
| 氯化锦葵色素 | malvidin chloride |

| 氯化锦葵色素-3-β-葡萄糖苷(氯化蓝葡萄皮苷) | malvidin-3-β-glucoside chloride (oenin chloride) |
|---|---|
| (–)-氯化柯喃炔 | (–)-coralyne chloride |
| 氯化蓝葡萄皮苷(氯化锦葵色素-3-β-葡萄糖苷) | oenin chloride (malvidin-3-β-glucoside chloride) |
| 氯化两面针碱 | nitidine chloride |
| (19*R*)-氯化柳叶水甘草碱 | (19*R*)-chlorotabersonine |
| (19*S*)-氯化柳叶水甘草碱 | (19*S*)-chlorotabersonine |
| 氯化马枯素(氯化毒马钱辛碱) B | macusine B chloride |
| 氯化镁 | magnesium chloride |
| 氯化木兰花碱 | magnoflorine chloride |
| 氯化钠 | sodium chloride |
| 氯化千里香醇 | chloculol |
| 氯化芹素花青定 | apigeninidin chloride |
| 氯化氢(氯烷) | hydrogen chloride (chlorane) |
| 氯化芍药素 | peonidin chloride |
| 氯化芍药素-3-*O*-葡萄糖苷 | peonidin-3-*O*-glucoside chloride |
| 氯化十六烷基三甲基铵 | cetyl trimethyl ammonium chloride |
| 氯化矢车菊素(氯化花青定) | cyanidin chloride |
| 氯化天竺葵色素苷 | onin chloride |
| 氯化筒箭毒碱(氯化管箭毒碱) | tubocurarine chloride |
| 氯化锡生藤酚灵 | cissamine chloride |
| 氯化小檗碱(氯化黄连素) | berberine chloride |
| 氯化小叶九里香内酯醇 | chloticol |
| 氯化缬草三酯(氯化缬草素) | valechlorine |
| 氯化血根碱 | sanguinarine chloride |
| 氯化血红素 | hemin |
| 氯化亚汞(甘汞) | mercurous chloride (calomel) |
| 氯化乙烷重氮盐 | ethanediazonium chloride |
| 氯化乙酰胆碱 | acetyl choline chloride |
| 氯化掌叶防己碱 | palmatine chloride |
| 5-*t*-氯环己-1-*r*, 3-*c*-二甲酸 | 5-*t*-chlorocyclohex-1-*r*, 3-*c*-dicarboxylic acid |
| 4-氯环己-1-硫代甲酸硫代酸酐 | 4-chlorocyclohex-1-carbothioicthioanhydride |
| 2-氯环己-2, 5-二烯-1, 4-二酮 | 2-chlorocyclohex-2, 5-dien-1, 4-dione |
| (2*E*, 4*Z*)-5-氯己-2, 4-二烯酸 | (2*E*, 4*Z*)-5-chlorohex-2, 4-dienoic acid |
| 2-氯己烷 | 2-chlorohexane |
| 2-(氯甲基)-4-(4-硝基苯基)噻唑 | 2-(chloromethyl)-4-(4-nitrophenyl) thiazole |
| 3-氯甲基-4-碘-1, 1-二甲基戊-3-烯基 | 3-chloromethyl-4-iodo-1, 1-dimethylpent-3-enyl |
| 4-氯甲基-5-碘-2-甲基己-4-烯-2-基 | 4-chloromethyl-5-iodo-2-methyl hex-4-en-2-yl |

L

| | |
|---|---|
| 2′-*N*-氯甲基汉防己碱 | 2′-*N*-chloromethyl tetrandrine |
| 氯甲基甲锡烷 (氯化甲基二氢化锡) | chloromethyl stannane (methyltin chloride dihydride, dihydridomethyltin chloride, chlorodihydridomethyltin) |
| 3-氯-3-甲基戊烷 | 3-chloro-3-methyl pentane |
| 氯甲烷 | chloromethane |
| 氯菊素 | chlorochrymorin |
| 3-氯邻苯二甲酸氢-1-乙酯 | 1-ethyl hydrogen 3-chlorophthalate |
| 氯卵假散囊菌素 | chlovalicin |
| 氯马斯汀 | clemastine |
| 8-氯梅笠草醌 | 8-chlorochimaphilin |
| 氯霉素 | chloramphenicol (chloromycetin) |
| 氯霉素 | chloromycetin (chloramphenicol) |
| 6′-氯蜜环菌酯 F | 6′-chloromelleolide F |
| 氯匍匐矢车菊二内酯 | chlororepdiolide |
| 6-氯芹菜素 | 6-chloroapigenin |
| 6-氯芹菜素-7-*O*-β-D-吡喃葡萄糖苷 | 6-chloroapigenin-7-*O*-β-D-glucopyranoside |
| 氯氰菊酯 | cypermethrin |
| 氯人参炔二醇 | chloropanaxydiol |
| 氯麝香草酚 (氯麝酚) | chlorothymol |
| 1-氯十八烷 | 1-chlorooctadecane |
| 1-氯十九烷 | 1-chlorononadecane |
| (3*R*, 9*R*, 10*R*)-10-氯十七碳-1-烯-4, 6-二炔-3, 9-二醇 | (3*R*, 9*R*, 10*R*)-10-chloroheptadec-1-en-4, 6-diyn-3, 9-diol |
| 1-氯十一烷 | 1-chloroundecane |
| 氯四环 | chlortetracycline |
| 氯碳酸戊酯 | pentyl carbonochloridate |
| 2-氯羰基苯甲酸乙酯 | ethyl 2-(chlorocarbonyl) benzoate |
| 氯羰基乙酸 | chlorocarbonyl acetic acid |
| 2-氯腺苷 | 2-chloroadenosine |
| 氯乙 (酸)-4-硝基苯磺酸酐 | chloroacetic-4-nitrobenzenesulfonic anhydride |
| 6-(1-氯乙基)-5-(2-氯乙基)-1*H*-吲哚 | 6-(1-chloroethyl)-5-(2-chloroethyl)-1*H*-indole |
| *N*-(2-氯乙基) 丙胺 | *N*-(2-chloroethyl) propyl amine |
| (2-氯乙基) 丙基胺 | (2-chloroethyl) propyl amine |
| (2-氯乙基) 丙基氮烷 | (2-chloroethyl) propyl azane |
| 氯乙炔 | chloroethyne |
| 氯乙酸酐 | chloroacetic anhydride |
| 2-氯乙亚磺酸酐 | 2-chloroethanesulfinic anhydride |
| 略水苏素 (黄芩素-7-甲醚) | negletein (7-*O*-methyl baicalein) |
| 略水苏素-6-*O*-β-D-吡喃葡萄糖苷 | negletein-6-*O*-β-D-glucopyranoside |